国家重大出版工程项目

猪 病 学

（第 10 版）

DISEASES OF SWINE
10th EDITION

Jeffrey J. Zimmerman

Locke A. Karriker

Alejandro Ramirez　　　主编

Kent J. Schwartz

Gregory W. Stevenson

赵德明　张仲秋　周向梅　杨利峰　**主译**

中国农业大学出版社

·北京·

内 容 简 介

《猪病学》初版于1958年,本版为第10版,已于2012年在美国出版发行。《猪病学》自出版以来已成为欧美乃至全世界许多国家养猪业和猪病研究领域的经典著作。本版由来自美国、加拿大、法国、英国、瑞典、澳大利亚、丹麦、比利时、西班牙、墨西哥、荷兰、意大利、波兰、瑞士、韩国和西印度群岛等十几个国家和地区的132位著名养猪及猪病专家共同研讨和撰稿。为了更准确地反映原文内涵,译者组织了高水平的译校班子,让读者能更全面系统地了解所需要的知识。

全书共分为六部分70章。第一部分包括牧场评估、猪病的鉴别诊断、行为与福利等13种兽医实践方面的内容;第二部分叙述猪的心血管和造血系统、消化系统、免疫系统、被皮系统、乳腺系统、神经和运动系统、生殖系统、呼吸系统和泌尿系统等猪的各个机体系统的疾病;第三部分叙述猪腺病毒病、非洲猪瘟等23种病毒性疾病;第四部分包括细菌综述、放线杆菌病、大肠杆菌病等16种细菌性疾病及其他细菌感染;第五部分叙述包括外寄生虫病、球虫和其他原虫以及内寄生虫病等猪的寄生虫疾病;第六部分叙述包括营养缺乏症和营养过剩症、谷物和饲料中的霉菌毒素以及有毒矿物质、化学物质、植物和气体等方面的内容。

新版《猪病学》较前一版在全书的结构上进行了调整,更利于读者参考使用。此外对部分章节也进行了大幅度的修改和调整,如第一部分的兽医实践和第五部分的寄生虫病等章节。调整后更能满足教学、科研和生产各领域的需要。本书内容丰富,资料详细,信息量大,实用性强。为便于读者查找,在书后还列出了索引。本书可作为兽医教学和科研人员的参考书,也可作为养猪从业人员的重要工具书。

图书在版编目(CIP)数据

猪病学(第10版)/[美]齐默尔曼(Jeffrey J. Zimmerman)等主编;赵德明等主译.—北京:中国农业大学出版社,2014.8(2020.9重印)

ISBN 978-7-5655-0873-8

Ⅰ.①猪… Ⅱ.①齐…②赵… Ⅲ.①猪病-防治 Ⅳ.①S858.28

中国版本图书馆 CIP 数据核字(2013)第 296807 号

书　名	猪病学(Diseases of Swine)(第10版)			
作　者	[美]Jeffrey J. Zimmerman 等　主编			
	赵德明　张仲秋　周向梅　杨利峰　主译			

策划编辑	宋俊果　梁爱荣	责任编辑	洪重光　王艳欣　田树君　冯雪梅　潘晓丽
封面设计	郑　川	责任校对	陈　莹　王晓凤
出版发行	中国农业大学出版社		
社　址	北京市海淀区圆明园西路2号	邮政编码	100193
电　话	发行部 010-62818525,8625	读者服务部	010-62732336
	编辑部 010-62732617,2618	出　版　部	010-62733440
网　址	http://www.cau.edu.cn/caup	e-mail	cbsszs @ cau.edu.cn
经　销	新华书店		
印　刷	涿州市星河印刷有限公司		
版　次	2014年8月第1版　2020年9月第4次印刷		
规　格	889×1 194　16开本　67.5印张　1 813千字		
定　价	358.00元		

图书如有质量问题本社发行部负责调换

Diseases of Swine，10th edition by Jeffrey J. Zimmerman，Locke A. Karriker，Alejandro Ramirez，Kent J. Schwartz，and Gregory W. Stevenson

ISBN：978-0-8138-2267-9

This edition first published 2012 © 2012 by John Wiley & Sons，Inc.

本书简体翻译版本由 John Wiley & Sons，Inc. 授予中国农业大学出版社专有权利，全球出版发行。

著作权合同登记图字:01-2012-5808.

目　　录

表 目 录

译校者名单

章节名称	译者	校者
作者的话 Editors' Note	赵德明 （中国农业大学）	张仲秋 （农业部兽医局）

第一部分 兽医实践
Section I Veterinary Practice

章节名称	译者	校者
1.牧场评估 Herd Evaluation	祁克宗　涂健 （安徽农业大学）	杨秀进 （诺华动物保健　中国）
2.猪病的鉴别诊断 Differential Diagnosis of Diseases	秦玉明　庞万勇 （中国兽医药品监察所）	杨秀进 （诺华动物保健　中国）
3.行为与福利 Behavior and Welfare	王志刚　翟新验 （中国动物疫病预防控制中心）	王辉暖 （辽宁医学院）
4.种猪的利用年限 Longevity in Breeding Animals	梁宏德 （河南农业大学）	王　进 （军事医学科学院实验动物中心）
5.环境因素对健康的影响 Effect of the Environment on Health	黄　瑛 （中国药品生物制品检定所）	师福山 （浙江大学）
6.诊断水平的优化和样本采集 Optimizing Diagnostic Value and Sample Collection	李　军 （北京大学）	王　进 （军事医学科学院实验动物中心）
7.诊断试验方法的种类、性能及其结果的分析 Diagnostic Tests，Test Performance，and Considerations for Interpretation	王　衡　张桂红 （华南农业大学）	王运盛 （中国农业大学）
8.诊断数据的分析和应用 Analysis and Use of Diagnostic Data	周向梅 （中国农业大学）	王运盛 （中国农业大学）
9.药理学与药物防治 Drug Pharmacology，Therapy，and Prophylaxis	汤树生 （中国农业大学）	付永瑶 （中国农业大学）
10.猪的麻醉和外科手术 Anesthesia and Surgical Procedures in Swine	杨玉荣　梁宏德 （河南农业大学）	潘　博 （中国农业大学）

11. 猪病的传播与生物安全　　朱连德　　　　　　　康静静
Disease Transmission and Biosecurity　（勃林格殷格翰（中国）动物保健）　（中国农业大学）

12. 动物传染病和人类健康　　韩　伟　　　　　　　张思明
Preharvest Food Safety, Zoonotic　（中牧实业股份有限公司）　（军事医学科学院）
Disease, and the Human Health Interface

13. 展示猪和宠物猪的特殊考虑　　陈柏安　　　　　　　付永瑶
Special Considerations for Show and　（首都医科大学）　（中国农业大学）
Pet Pigs

第二部分　机体系统
Section II Body Systems

14. 心血管和造血系统　　杨秀进　　　　　　　张晓立
Cardiovascular and Hematopoietic　（诺华动物保健　中国）　（康龙化成）
Systems

15. 消化系统　　霍乃蕊　　　　　　　朱　婷
Digestive System　（山西农业大学）　（中国农业大学）

16. 免疫系统　　郑明学　　　　　　　张晓立
Immune System　（山西农业大学）　（康龙化成）

17. 被皮系统：皮肤、蹄与趾　　于　博　亓文宝　　张思明
Integumentary System: Skin, Hoof,　（华南农业大学）　（军事医学科学院）
and Claw

18. 乳腺系统　　王国永　程相朝　　吕　悦
Mammary System　（河南科技大学）　（中国农业大学）

19. 神经和运动系统　　岳　欣　　　　　　　朱连德
Nervous and Locomotor Systems　（康龙化成）　［勃林格殷格翰（中国）动物保健］

20. 生殖系统疾病　　施振声　　　　　　　林敬钧
Diseases of the Reproductive System　（中国农业大学）　（伊利诺伊州立大学）

21. 呼吸系统　　宁章勇　廖　明　　林敬钧
Respiratory System　（华南农业大学）　（伊利诺伊州立大学）

22. 泌尿系统　　汪开毓　　　　　　　丁天健
Urinary System　（四川农业大学）　（天津检验检疫局）

第三部分　病毒病
Section III Viral Diseases

23. 病毒概述　　祁克宗　涂　健　　刘春法
Overview of Viruses　（安徽农业大学）　（中国农业大学）

24. 猪腺病毒　　王天姝　　　　　　　林　竹
Porcine Adenoviruses　（中国疾病预防控制中心传染病　（中国农业大学）
预防控制所）

25. 非洲猪瘟病毒　　　　　　　　刘思当　　　　　　　　　　甘文强
Afican Swine Fever Virus　　　　（山东农业大学）　　　　　　（中国医学科学院药物研
究所）

26. 猪圆环病　　　　　　　　　　乔俊文　　　　　　　　　　康静静
Porcine Circoviruses　　　　　　（中科院上海药物研究所）　　（中国农业大学）

27. 猪指环病毒　　　　　　　　　娄忠子　　　　　　　　　　林　竹
Porcine Anelloviruses　　　　　　（山东农业大学）　　　　　　（中国农业大学）

28. 疱疹病毒　　　　　　　　　　孙艳明　　　　　　　　　　甘文强
Herpesviruses　　　　　　　　　（北京海洋馆）　　　　　　　（中国医学科学院药物研
究所）

29. 猪细小病毒　　　　　　　　　孙　斌　　　　　　　　　　周　洋
Porcine Parvovirus　　　　　　　（黑龙江八一农垦大学）　　　（中国农业大学）

30. 猪痘病毒　　　　　　　　　　王金秀　　　　　　　　　　付永瑶
Swinepox Virus　　　　　　　　（河南省动物疫病预防控制中心）　（中国农业大学）

31. 猪繁殖与呼吸障碍综合征病毒　张纯萍　　　　　　　　　　彭　云
Porcine Reproductive and Respiratory　（中国兽医药品监察所）　　（中国农业大学）
Syndrome Virus(Porcine Arterivirus)

32. 猪星状病毒　　　　　　　　　赵化阳　　　　　　　　　　师福山
Porcine Astroviruses　　　　　　（青华大学医学部）　　　　　（浙江大学）

33. 布尼亚病毒　　　　　　　　　支海兵　　　　　　　　　　王　进
Bunyaviruses　　　　　　　　　（中国兽医药品监察所）　　　（军事医学科学院实验动
物中心）

34. 猪杯状病毒病　　　　　　　　霍桂桃　　　　　　　　　　潘　博
Porcine Caliciviruses　　　　　　（中国农业大学）　　　　　　（中国农业大学）

35. 冠状病毒　　　　　　　　　　师福山　　　　　　　　　　王继宏
Coronaviruses　　　　　　　　　（浙江大学）　　　　　　　　（中国农业大学）

36. 丝状病毒　　　　　　　　　　亢文华　　　　　　　　　　朱　婷
Filovirus　　　　　　　　　　　（中国牧工商集团总公司）　　（中国农业大学）

37. 虫媒病毒黄病毒属　　　　　　周海云　　　　　　　　　　彭　云
Flaviviruses　　　　　　　　　　（山西农业大学）　　　　　　（中国农业大学）

38. 瘟病毒属　　　　　　　　　　杨春晓　朱瑞良　　　　　　姚　晧
Pestiviruses　　　　　　　　　　（山东农业大学）　　　　　　（中国农业大学）

39. 戊型肝炎病毒　　　　　　　　郎洪武　　　　　　　　　　师福山
Hepatitis E Viruse　　　　　　　（中国兽医药品监察所）　　　（浙江大学）

40. 流感病毒　　　　　　　　　　李慧姣　　　　　　　　　　林　竹
Influenza Virus　　　　　　　　（中国兽医药品监察所）　　　（中国农业大学）

41. 副黏病毒　　　　　　　　　　曹三杰　　　　　　　　　　林　竹
Paramyxoviruses　　　　　　　　（四川农业大学）　　　　　　（中国农业大学）

42. 小核糖核酸病毒 Picornaviruses	刘美丽 （北京大学）	吕　悦 （中国农业大学）
43. 呼肠孤病毒 Reoviruses(Rotaviruses and Reoviruses)	杨利峰 （中国农业大学）	姚　皓 （中国农业大学）
44. 逆转录病毒 Retroviruses	魏财文 （中国兽医药品监察所）	周　洋 （中国农业大学）
45. 水疱病毒 Rhabdoviruses	宁宜宝　刘　灿 （中国兽医药品监察所）	王继宏 （中国农业大学）
46. 披膜病毒 Togaviruses	康　凯 （中国兽医药品监察所）	师福山 （浙江大学）

第四部分　细菌病
Section Ⅳ Bacterial Disesses

47. 细菌综述 Overview of Bacteria	王金秀 （海南省动物疫病预防控制中心）	王　进 （军事医学科学院实验动物中心）
48. 放线杆菌病 Actinobacillosis	韩彩霞 （东北农业大学）	何　柳 （广州动物疾病控制中心）
49. 波氏菌病 Bordetellosis	吴长德 （沈阳农业大学）	袁　振 （中国农业大学）
50. 短螺旋体结肠炎 Brachysipiral Colitis	蒋玉文 （中国兽医药品监察所）	何　柳 （广州动物疾病控制中心）
51. 布鲁氏菌病 Brucellosis	徐雪芳 （中国疾病预防控制中心传染病预防控制所）	何　柳 （广州动物疾病控制中心）
52. 梭菌病 Clostridiosis	郑　杰 （北京华都诗华生物制品有限公司）	丁天健 （天津检验检疫局）
53. 大肠杆菌病 Colibacillosis	范运峰 （中国动物疫病预防控制中心）	赵　炜 （中国兽医药品监察所）
54. 丹毒 Erysipelas	赵　魁　贺文琦　高　丰 （吉林大学）	赵　炜 （中国兽医药品监察所）
55. 格拉瑟氏病 Glasser's Disease	赵　魁　贺文琦　高　丰 （吉林大学）	刘春法 （中国农业大学）
56. 钩端螺旋体病 Leptospirosis	牟爱生 （海南省动物卫生监督所）	王辉暖 （辽宁医学院）
57. 支原体病 Mycoplasmosis	赵　魁　贺文琦　高　丰 （吉林大学）	宋志琦 （中国农业大学）

58. 巴氏杆菌病　　　　　　　　　赵　魁　贺文琦　高　丰　　　　吴文玉
Pasteurellosis　　　　　　　　　（吉林大学）　　　　　　　　　（北京昭衍新药研究中心
　　　　　　　　　　　　　　　　　　　　　　　　　　　　　　股份有限公司）

59. 增生性肠炎　　　　　　　　　印春生　　　　　　　　　　　　袁　振
Proliferative Enteropathy　　　　（中国兽医药品监察所）　　　　（中国农业大学）

60. 沙门氏菌病　　　　　　　　　张交儿　　　　　　　　　　　　宋志琦
Salmonellosis　　　　　　　　　（农科院哈尔滨兽医研究所）　　（中国农业大学）

61. 葡萄球菌病　　　　　　　　　尹　朋　许剑琴　　　　　　　　周　洋
Staphylococcosis　　　　　　　　（中国农业大学）　　　　　　　（中国农业大学）

62. 链球菌病　　　　　　　　　　尹晓敏　　　　　　　　　　　　周　洋
Streptococcosis　　　　　　　　（中国农业大学）　　　　　　　（中国农业大学）

63. 结核病　　　　　　　　　　　郝俊峰　　　　　　　　　　　　刘春法
Tuberculosis　　　　　　　　　（中国科学院生物物理研究所）　（中国农业大学）

64. 其他细菌感染　　　　　　　　余　琦　　　　　　　　　　　　王　敏
Miscellaneous Bacterial Infections　（北京市畜牧兽医总站）　　　（中国农业大学）

第五部分　寄生虫病
Section Ⅴ Parasitic Diseases

65. 外寄生虫　　　　　　　　　　神翠翠　　　　　　　　　　　　刘春法
External Parasites　　　　　　　（中国农业出版社）　　　　　　（中国农业大学）

66. 球虫和其他原虫　　　　　　　汪　明　潘保良　　　　　　　　吴文玉　林　竹
Coccidia and Other Protozoa　　（中国农业大学）　　　　　　　（北京昭衍新药研究中心
　　　　　　　　　　　　　　　　　　　　　　　　　　　　　　股份有限公司；中国农业
　　　　　　　　　　　　　　　　　　　　　　　　　　　　　　大学）

67. 内寄生虫：蠕虫　　　　　　　叶思丹　　　　　　　　　　　　薛志新
Internal Parasites：Helminths　　（海南省动物卫生监督所）　　（中国农业大学）

第六部分　非感染性疾病
Section Ⅵ Noninfectious Diseases

68. 营养缺乏症和营养过剩症　　　范书才　　　　　　　　　　　　王　敏
Nutrient Deficiencies and Excesses　（中国兽医药品监察所）　　　（中国农业大学）

69. 谷物和饲料中的霉菌毒素　　　白　玉　　　　　　　　　　　　刘　进
Mycotoxins in Grains and Feeds　（北京淮通利华实验动物技术有　（中国农业大学）
　　　　　　　　　　　　　　　　限公司）

70. 有毒矿物质、化学物质、植物和气体　苏晓鸥　　　　　　　　　刘　进
Toxic Minerals，Chemicals，Plants，and　（上海实验动物中心）　　（中国农业大学）
Gases

原书作者信息
Contributing Authors

Caitlyn Abell
Department of Animal Science
109 Kildee Hall
Iowa State University
Ames, Iowa 50011

Claudio L. Afonso
United States Department of Agriculture
Agricultural Research Service
Southeast Poultry Research Laboratory
Athens, Georgia 30605

Soren Alexandersen
National Centres for Animal Disease
NCFAD-Winnipeg and ADRI-Lethbridge Laboratories
Canadian Food Inspection Agency
1015 Arlington Street
Winnipeg MB R3E 3M4
Canada

Gordon M. Allan
School of Biological Sciences
Queen's University Belfast
University Road
Belfast BT9 7BL, Northern Ireland
United Kingdom

Glen W. Almond
Department of Population Health and Pathobiology
College of Veterinary Medicine
North Carolina State University
1060 William Moore Drive
Raleigh, North Carolina 27607

Gary C. Althouse
New Bolton Center
382 West Street Road
School of Veterinary Medicine
University of Pennsylvania
Kennett Square, Pennsylvania 19348

David E. Anderson
Professor and Head, Agricultural Practices
Department of Clinical Sciences
College of Veterinary Medicine
Kansas State University
Manhattan, Kansas 66506

Virginia Aragon
Centre de Recerca en Sanitat Animal (CReSA)
Institut de Recerca i Tecnologia Agroalimentària (IRTA)
Universitat Autònoma de Barcelona
08193 Bellaterra
Barcelona
Spain

Marisa Arias Neira
Centro de Investigación en Sanidad Animal
Instituto Nacional de Investigación Agraria y Alimentaria
Ministerio de Ciencia e Innovación
Carretera de Algete a El Casar
28130 Valdeolmos
Spain

Alison E. Barnhill
Infectious Bacterial Diseases Research Unit
National Animal Disease Center
Agricultural Research Service
United States Department of Agriculture
1920 Dayton Avenue
Ames, Iowa 50010

Graham J. Belsham
Technical University of Denmark
National Veterinary Institute
Lindholm
4771 Kalvehave
Denmark

David A. Benfield
Food Animal Health Research Program
College of Veterinary Medicine
Ohio Agricultural Research and Development Center
Ohio State University
1680 Madison Avenue
Wooster, Ohio 44691

José M. Blasco
Unidad de Sanidad Animal
Centro de Investigación y Tecnología Agroalimentaria
    (CITA)
Gobierno de Aragón. Avda Montañana 930
50059 Zaragoza
Spain

Susan L. Brockmeier
Respiratory Diseases of Swine Research Project
National Animal Disease Center
Agricultural Research Service
United States Department of Agriculture
1920 Dayton Avenue
Ames, Iowa 50010

Ian H. Brown
Virology Department and Animal Health and Veterinary
    Laboratories Agency—Weybridge
New Haw, Addlestone
Surrey KT15 3NB
United Kingdom

Thomas O. Bunn
Diagnostic Bacteriology Laboratory
National Veterinary Services Laboratories
Animal and Plant Health Inspection Service
United States Department of Agriculture
1920 Dayton Avenue
Ames, Iowa 50010

Ranald Cameron
17/8 Sanford Street
St. Lucia QLD 4067
Australia

Steven A. Carlson
Department of Biomedical Sciences
College of Veterinary Medicine
Iowa State University
Ames, Iowa 50011

John Carr
Portec Australia
13 Camden Street
Belmont, Western Australia 6984
Australia

Teresa Casey-Trott
50 Stone Road East Building #70 Rm 106
Guelph, Ontario N1G 2W1
Canada

Chia-Yi Chang
Animal Health Research Institute
National Taiwan University
Tansui, New Taipei City 25158
Taiwan

Chih-Cheng Chang
Department of Veterinary Medicine
580 Hsin-Min Road
National Chiayi University
Chiayi City
Taiwan

Kyeong-Ok Chang
Department of Diagnostic Medicine and Pathobiology
College of Veterinary Medicine
Kansas State University
1800 Denison Avenue
Manhattan, Kansas 66506

Christopher C. L. Chase
Department of Veterinary and Biomedical Sciences
South Dakota State University
Brookings, South Dakota 57007

Jane Christopher-Hennings
Veterinary and Biomedical Sciences Department
Animal Disease Research and Diagnostic Laboratory
South Dakota State University
Brookings, South Dakota 57007

Johann Coetzee
Department of Veterinary Diagnostic and Production
    Animal Medicine
College of Veterinary Medicine
Iowa State University
Ames, Iowa 50011

Sylvie D'Allaire
Faculté de médecine vétérinaire
Université de Montréal
C.P. 5000
Saint-Hyacinthe, Quebec, J2S 7C6
Canada

Peter W. Daniels
Commonwealth Scientific and Industrial Research
    Organization (CSIRO)
Australian Animal Health Laboratory
PMB 24
Geelong 3220
Australia

Peter Davies
Department of Clinical and Population Sciences
College of Veterinary Medicine
University of Minnesota
St. Paul, Minnesota 55108

Scott A. Dee
Department of Clinical and Population Sciences
College of Veterinary Medicine
University of Minnesota
St. Paul, Minnesota 55108

Marten F. de Jong
Veterinary Specialist in Pig Health
Ret. Vet. Animal Health Service
Ruitenborghweg 7
NL 7722 PA Dalfsen
The Netherlands

Aldo Dekker
Central Veterinary Institute of Wageningen UR
PO Box 65
8200 AB Lelystad
The Netherlands

Gustavo Delhon
School of Veterinary and Biomedical Sciences
University of Nebraska-Lincoln
203 VBS, East Campus
Lincoln, Nebraska 68583

Mariano Domingo
Centre de Recerca en Sanitat Animal (CReSA)
Departament de Sanitat i Anatomia Animals
Facultat de Veterinaria
Universitat Autonoma de Barcelona
08193 Bellaterra
Barcelona
Spain

Stan Done
Animal Health and Veterinary Laboratories Agency (AHVLA)
West House Station Road
Thirsk, North Yorkshire YO7 1PZ
United Kingdom

Richard Drolet
Faculty of Veterinary Medicine
University of Montreal
PO Box 5000
Saint-Hyacinthe, Quebec J2S 7C6
Canada

Jitender P. Dubey
Animal Parasitic Diseases Laboratory
Animal and Natural Resources Institute
Agricultural Research Service
United States Department of Agriculture
Beltsville, Maryland 20705

Lily N. Edwards
Kansas State University
Department of Animal Science and Industry
Weber 248
Manhattan, Kansas 66506

Bernhard Ehlers
Robert Koch-Institut
Fachgebiet 12 "Virale Infektoinen"
Nordufer 20
13353 Berlin
Germany

William A. Ellis
OIE Leptospira Reference Laboratory
Veterinary Sciences Division
Agri-food and Biosciences Institute
Stoney Road, Stormont
Belfast, Northern Ireland
United Kingdom

Steve M. Ensley
Department of Veterinary Diagnostic and Production
　　Animal Medicine
College of Veterinary Medicine
Iowa State University
Ames, Iowa 50011

Gene A. Erickson
North Carolina Department of Agriculture
Rollins Animal Disease Diagnostic Laboratory
North Carolina Veterinary Diagnostic Laboratory System
Raleigh, North Carolina 27607

John M. Fairbrother
Reference laboratory for E. coli
3200 rue Sicotte
Saint-Hyacinthe, Québec J2S 2M2
Canada

Chantal Farmer
AAFC, Dairy and Swine R&D Centre
2000 College Street
Sherbrooke, Québec J1M 0C8
Canada

Ronald Fayer
Environmental Microbial and Food Safety Laboratory
Animal and Natural Resources Institute
Agricultural Research Service, United States Department of
　　Agriculture
Beltsville, Maryland 20705

Deborah Finlaison
Virology Laboratory
Elizabeth Macarthur Agriculture Institute
New South Wales Department of Primary Industries
Woodbridge Road, Menangle New South Wales
Australia 2568

Robert M. Friendship
Department of Population Medicine
University of Guelph
Guelph, Ontario N1G 2W1
Canada

Timothy S. Frana
Department of Veterinary Diagnostic and Production
　　Animal Medicine
College of Veterinary Medicine
Iowa State University
Ames, Iowa 50011

Julie Funk
Large Animal Clinical Sciences
B51A Food Safety and Toxicology Building
Michigan State University
East Lansing, Michigan 48824

Bruno Garin-Bastuji
Agence Nationale de Sécurité Sanitaire (ANSèS)
Lerpaz
Unité Zoonoses Bactériennes
23 ave du Général de Gaulle
94706 Masons-Alfort
France

Ian A. Gardner
Department of Health Management
Atlantic Veterinary College
University of Prince Edward Island
550 University Avenue
Charlottetown, Prince Edward Island CA1 4P3
Canada

Connie J. Gebhart
Department of Pathobiology
College of Veterinary Medicine
University of Minnesota
St. Paul, Minnesota 55108

Thomas W. Geisbert
Department of Microbiology and Immunology
University of Texas Medical Branch
301 University Boulevard
Galveston, Texas 77555

Marcelo Gottschalk
Faculté de Médecine Vétérinarire
Université de Montréal
Saint-Hyacinthe, Québec J2S 7C6
Canada

John H. Greve
College of Veterinary Medicine
Iowa State University
Ames, Iowa 50011

Ronald W. Griffith
Department of Veterinary Microbiology and Preventive
  Medicine
College of Veterinary Medicine
Iowa State University
Amcs, Iowa 50011

Carlton L. Gyles
Department of Pathobiology
University of Guelph
Guelph, Ontario N1G 2W1
Canada

Patrick G. Halbur
Department of Veterinary Diagnostic and Production
  Animal Medicine
College of Veterinary Medicine
Iowa State University
Ames, Iowa 50011

David J. Hampson
Animal Research Institute
School of Veterinary and Biomedical Sciences
Murdoch University
South Street
Murdoch, Western Australia 6150
Australia

Richard A. Hesse
Department of Diagnostic Medicine and Pathobiology
College of Veterinary Medicine
1800 Denison Avenue
Kansas State University
Manhattan, Kansas 66506

Chin-Cheng Huang
Animal Health Research Institute
Council of Agriculture
Executive Yuan
376 Chung-Cheng Road
Tansui, New Taipei City 25158
Taiwan

Anna K. Johnson
Department of Animal Science
College of Agriculture
Iowa State University
Ames, Iowa 50011

Kwonil Jung
Food Animal Health Research Program
Ohio Agricultural Research and Development Center
Department of Veterinary Preventive Medicine
The Ohio State University
Wooster, Ohio 44691

Locke A. Karriker
Department of Veterinary Diagnostic and Production
  Animal Medicine
College of Veterinary Medicine
Iowa State University
Ames, Iowa 50011

Tuija Kekarainen
Centre de Recerca en Sanitat Animal (CReSA)
Institut de Recerca i Tecnologia Agroalimentària
Universitat Autònoma de Barcelona
Campus de la Universitat Autònoma de Barcelona
08193 Bellaterra
Barcelona
Spain

Yunjeong Kim
Department of Diagnostic Medicine and Pathobiology
College of Veterinary Medicine
Kansas State University
1800 Denison Avenue
Manhattan, Kansas 66506

Peter D. Kirkland
Virology Laboratory
Elizabeth Macarthur Agriculture Institute
New South Wales Department of Primary Industries
Woodbridge Road, Menangle New South Wales 2568
Australia

Roy N. Kirkwood
School of Animal and Veterinary Sciences
The University of Adelaide 5005
Australia

Nick J. Knowles
Molecular Characterisation & Diagnostics Group
Institute for Animal Health
Pirbright Laboratory, Ash Road
Pirbright, Woking, Surrey GU24 0NF
United Kingdom

Frank Koenen
Veterinary and Agrochemical Research Centre
Groeselenberg 99
B-1180 Ukkel
Belgium

Marie-Frédérique Le Potier
Agence Nationale de Sécurité Sanitaire (ANSèS)
Laboratoire d'études et de recherches avicoles et porcines
UR Virologié Immunologie Porcines
Zoopôle Beaucemaine-Les Croix, BP 53
22440 Ploufragan
France

David S. Lindsay
Department of Biomedical Sciences and Pathobiology
Virginia-Maryland Regional College of Veterinary Medicine
1410 Prices Fork Road
Blacksburg, Virginia 24061

Crystal L. Loving
Respiratory Diseases of Swine Research Unit
National Animal Disease Center
Agricultural Research Service
United States Department of Agriculture
1920 Dayton Avenue
Ames, Iowa 50010

Alan T. Loynachan
Veterinary Diagnostic Laboratory
University of Kentucky
1490 Bull Lea Road
Lexington, Kentucky 40512

Joan K. Lunney
Animal Parasitic Diseases Laboratory
ANRI, ARS, USDA
Building 1040, Room 103, BARC-East
Beltsville, Maryland 20705

John S. Mackenzie
Faculty of Health Sciences
Curtin University
GPO Box U1987
Perth, Western Australia 6845
Australia

Guy-Pierre Martineau
Department of Animal Production
École Nationale Vétérinaire de Toulouse
23 Chemin des Capelles
BP 87614
Toulouse Cedex 3, 31076
France

Steven McOrist
School of Veterinary Medicine and Science
Room C20 Veterinary Academic Building
Sutton Bonington
Loughborough, Nottinghamshire LE12 5RD
United Kingdom

Daniel G. Mead
Southeastern Cooperative Wildlife Disease Study
589 D.W. Brooks Drive
College of Veterinary Medicine
The University of Georgia
Athens, Georgia 30602

Xiang-Jin Meng
Department of Biomedical Sciences and Pathobiology
College of Veterinary Medicine
Virginia Polytechnic Institute and State University
CRC-Integrated Life Science Building
1981 Kraft Drive, Room 2036
Blacksburg, Virginia 24061

Thomas C. Mettenleiter
Friedrich-Loeffler-Institut
Bundesforschungsinstitut für Tiergesundheit
Federal Research Institute for Animal Health
Südufer 10
17493 Greifswald-Insel Riems
Germany

Phillip S. Miller
University of Nebraska
Lincoln, Nebraska 68583

F. Christopher Minion
Department of Veterinary Microbiology and Preventive
  Medicine
College of Veterinary Medicine
Iowa State University
Ames, Iowa 50011

Thomas Müller
Institute for Epidemiology
Friedrich-Loeffler-Institut
Federal Research Institute for Animal Health
Seestrasse 55
D-16868 Wusterhausen
Germany

Michael P. Murtaugh
Department of Veterinary and Biomedical Sciences
College of Veterinary Medicine
University of Minnesota
St. Paul, Minnesota 55108

Eric A. Nelson
Veterinary and Biomedical Sciences Department
Animal Disease Research and Diagnostic Laboratory
South Dakota State University
Brookings, South Dakota 57007

Eric J. Neumann
Senior Lecturer in Pig Medicine and Epidemiology
Massey University
Private Bag 11 222
Tennent Drive
Palmerston North 4442
New Zealand

Tracy L. Nicholson
Virus and Prion Research Unit
National Animal Disease Center
Agricultural Research Service
United States Department of Agriculture
1920 Dayton Avenue
Ames, Iowa 50010

Ana M. Nicola
Laboratorio de Referecia de la OIE para Brucelosis
Coordinación General Laboratorio Animal
DILAB–SENASA
Ave. Fleming 1653
CP 1640, Martínez, Buenos Aires
Argentina

Sherrie R. Niekamp
National Pork Board
1776 NW 114th St
Clive, Iowa 50325

Simone Oliveira
University of Minnesota
Veterinary Diagnostic Laboratory
1333 Gortner Avenue #244
St. Paul, Minnesota 55108

Christopher W. Olsen
Department of Pathobiological Sciences and Office of
　Academic Affairs
School of Veterinary Medicine
University of Wisconsin-Madison
2015 Linden Drive
Madison, Wisconsin 53706

Steven C. Olsen
Infectious Bacterial Diseases of Livestock Research Unit
National Animal Disease Center
Agricultural Research Service
United States Department of Agriculture
1920 Dayton Avenue
Ames, Iowa 50010

Tanja Opriessnig
Department of Veterinary Diagnostic and Production
　Animal Medicine
College of Veterinary Medicine
Iowa State University
Ames, Iowa 50011

Gary D. Osweiler
Department of Veterinary Diagnostic and Production
　Animal Medicine
College of Veterinary Medicine
Iowa State University
Ames, Iowa 50011

Olli Peltoniemi
Department of Production Animal Medicine
Faculty of Veterinary Medicine
University of Helsinki
Paroninkuja 20, 04920 Saarentaus
Finland

Maurice B. Pensaert
Laboratory of Veterinary Virology
Faculty of Veterinary Medicine
Ghent University
Salisburylaan 133
9820 Merelbeke
Belgium

Christina E. Phillips
Department of Animal Science
University of Minnesota
335f An Sci/Vet Med
1988 Fitch Avenue
St. Paul, Minnesota 55108

Carlos Pijoan (deceased)
Department of Clinical and Population Sciences
College of Veterinary Medicine
University of Minnesota
St. Paul, Minnesota 55108

Karen W. Post
North Carolina Veterinary Diagnostic Laboratory System
Rollins Animal Disease Diagnostic Laboratory
1031 Mail Service Center
Raleigh, North Carolina 27699

John F. Prescott
Department of Pathobiology
Ontario Veterinary College, University of Guelph
50 Stone Road
Guelph, Ontario N1G 2W1
Canada

Alejandro Ramirez
Department of Veterinary Diagnostic and Production
Animal Medicine
College of Veterinary Medicine
Iowa State University
Ames, Iowa 50011

Duane E. Reese
Animal Science
University of Nebraska-Lincoln
Lincoln, Nebraska 68583

Karen B. Register
Virus and Prion Research Unit
National Animal Disease Center
Agricultural Research Service
United States Department of Agriculture
1920 Dayton Avenue
Ames, Iowa 50010

Gábor Reuter
Regional Laboratory of Virology
National Reference Laboratory of Gastroenteric Viruses
ÁNTSZ Regional Institute of State Public Health Service
H-7623 Szabadság u. 7.
Pécs
Hungary

Daniel L. Rock
Department of Pathobiology
College of Veterinary Medicine
University of Illinois at Urbana-Champaign
2522 Vet. Med. Basic Sciences Building, MC-002
2001 S. Lincoln Avenue
Urbana, Illinois 61802

Jessica M. Rowland
Foreign Animal Disease Diagnostic Laboratory
National Veterinary Services Laboratories
Animal and Plant Health Inspection Services
United States Department of Agriculture
Plum Island Animal Disease Center
Greenport, New York 11944

Raymond R. R. Rowland
Department of Diagnostic Medicine and Pathobiology
College of Veterinary Medicine
1800 Denison Avenue
Kansas State University
Manhattan, Kansas 66506

Linda J. Saif
Food Animal Health Research Program
Ohio Agricultural Research and Development Center
Department of Veterinary Preventive Medicine
The Ohio State University
Wooster, Ohio 44691

Luis Samartino
Instituto de Patobiología
Centro de Investigaciones en Ciencias Veterinarias y
Agronómicas
Instituto Nacional de Tecnologia Agropecuaria (INTA)
Buenos Aires
Argentina

José Manuel Sánchez-Vizcaíno
Universidad Complutense de Madrid
Facultad de Veterinaria
Avenida Puerta de Hierro s/n
28040 Madrid
Spain

Mónica Santín-Durán
Environmental Microbial and Food Safety Laboratory
Animal and Natural Resources Institute
Agricultural Research Service, United States Department of
Agriculture
Beltsville, Maryland 20705

Linda Scobie
Department of Biological and Biomedical Sciences
School of Health and Life Sciences
Glasgow Caledonian University
Glasgow, Scotland G4 0BA
United Kingdom

Joaquim Segalés
Centre de Recerca en Sanitat Animal (CReSA)
Departament de Sanitat i Anatomia Animals
Facultat de Veterinària
Universitat Autònoma de Barcelona
08193 Bellaterra
Barcelona
Spain

Karol Sestak
Tulane National Primate Research Center
Tulane University School of Medicine
18703 Three Rivers Road
Covington, Louisiana 70433

J. Glenn Songer
Department of Veterinary Microbiology and Preventive
Medicine
College of Veterinary Medicine
Iowa State University
Ames, Iowa 50011

Tomasz Stadejek
National Veterinary Research Institute
Department of Swine Diseases
Partyzantow Ave. 57
24-10 Pulawy
Poland

Kenneth Stalder
109 Kildee Hall
Department of Animal Science
Iowa State University
Ames, Iowa 50011

Alberto Stephano
Stephano Consultores, S.C.
Villa de Guadalupe 234
Villas del Campestre
Leon, Guanajuato, C.P. 37129
Mexico

Gregory W. Stevenson
Department of Veterinary Diagnostic and Production
　　Animal Medicine
College of Veterinary Medicine
Iowa State University
Ames, Iowa 50011

Guy St. Jean
Associate Dean for Academic Affairs and Professor of
　　Surgery
School of Veterinary Medicine
Ross University
St. Kitts
West Indies

André Felipe Streck
Institute for Animal Hygiene and Veterinary Public Health
University of Leipzig
An den Tierkliniken 1
04103 Leipzig
Germany

Ben W. Strugnell
Animal Health and Veterinary Laboratories Agency (AHVLA)
West House Station Road
Thirsk, North Yorkshire YO7 1PZ
United Kingdom

Mhairi A. Sutherland
AgResearch Ltd.
Ruakura Research Centre
East St, Private Bag 1323
Hamilton 3240
New Zealand

Sabrina L. Swenson
Diagnostic Virology Laboratory
National Veterinary Services Laboratories
Animal and Plant Health Inspection Service
United States Department of Agriculture
1920 Dayton Avenue
Ames, Iowa 50010

David J. Taylor
Emeritus Professor of Veterinary Bacteriology and Public
　　Health,
University of Glasgow
31, North Birbiston Road
Lennoxtown
Glasgow G66 7LZ
United Kingdom

Jens Peter Teifke
Friedrich-Loeffler-Institut
Federal Research Institute for Animal Health
Südufer 10
17493 Greifswald-Insel Riems
Germany

Eileen L. Thacker
National Program Leader, Animal Production and Protection
USDA—Agricultural Research Service
5601 Sunnyside Avenue
Beltsville, Maryland 20705

Charles O. Thoen
Department of Veterinary Microbiology and Preventive
　　Medicine
College of Veterinary Medicine
Iowa State University
Ames, Iowa 50011

Jill R. Thomson
Scottish Agricultural College Veterinary Services
Bush Estate, Peniculk
Midlothian, Scotland EH26OQE
United Kingdom

Montserrat Torremorell
Department of Clinical and Population Sciences
College of Veterinary Medicine
University of Minnesota
St. Paul, Minnesota 55108

Stephanie Torrey
Department of Animal and Poultry Science
50 Stone Road East Bldg #70 Rm 246
Guelph, Ontario N1G 2W1
Canada

Jerry L. Torrison
Veterinary Population Medicine
University of Minnesota
St. Paul, Minnesota 55108

Uwe Truyen
Institute for Animal Hygiene and Veterinary Public Health
University of Leipzig
An den Tierkliniken 1
04103 Leipzig
Germany

Anita L. Tucker
University of Guelph
Department of Animal and Poultry Science
Guelph, Ontario N1G 2W1
Canada

A. W. (Dan) Tucker
University of Cambridge
Department of Veterinary Medicine
Madingley Road
Cambridge CB3 0ES
United Kingdom

Edan R. Tulman
Department of Pathobiology and Veterinary Science
Center of Excellence for Vaccine Research
University of Connecticut
61 North Eagleville Road, U-3089
Storrs, Connecticut 06269

Valarie V. Tynes
Premier Veterinary Behavior Consulting
PO Box 1413
Sweetwater, Texas 79556

William G. Van Alstine
Veterinary Pathologist
Professor of Comparative Pathobiology
Purdue University
West Lafayette, Indiana 47907

Kristien Van Reeth
Laboratory of Virology
Faculty of Veterinary Medicine
Ghent University
Salisburylaan 133
B-9820 Merelbeke
Belgium

Phillipe Vannier
Agence Nationale de Sécurité Sanitaire (ANSèS)
Director of Animal Health and Welfare
Zoopôle Beaucemaine-Les Croix, BP 53
22440 Ploufragan
France

Elizabeth Wagstrom
National Pork Producers Council
123 C Street NW
Washington, DC 20001

Fun-In Wang
School of Veterinary Medicine
National Taiwan University
1 Sec 4 Roosevelt Road
Taipei 10617
Taiwan

Hana M. Weingartl
Special Pathogens Unit
National Centre for Foreign Animal Disease
Canadian Food Inspection Agency
1015 Arlington Street
Winnipeg, Mannitoba R3E 3M4
Canada

Tina Widowski
Department of Animal & Poultry Science
246 ANNU
University of Guelph
Guelph, Ontario N1G 2W1
Canada

David T. Williams
School of Biomedical Sciences
Curtin University
Perth, Western Australia 6845
Australia
and
Division of Microbiology and Infectious Diseases
PathWest Laboratory Medicine
Perth, Western Australia 6009
Australia

Susanna M. Williamson
Animal Health and Veterinary Laboratories Agency (AHVLA)
Rougham Hill
Bury St. Edmunds
Suffolk IP33 2RZ
United Kingdom

Richard L. Wood
1823 Northcrest Court
Ames, Iowa 50010-0605

Amy L. Woods
Advanced Veterinary Services
Wolcott, Indiana 47995

Michael J. Yaeger
Department of Veterinary Pathology
College of Veterinary Medicine
Iowa State University
Ames, Iowa 50011

Sang-Geon Yeo
College of Veterinary Medicine
Kyungpook National University
Daegu
Republic of Korea

Kyoung-Jin Yoon
Department of Veterinary Diagnostic and Production
    Animal Medicine
College of Veterinary Medicine
Iowa State University
Ames, Iowa 50011

Zhidong Zhang
National Centre for Foreign Animal Disease
Canadian Food Inspection Agency
1015 Arlington Street
Winnipeg, Manitoba R3E 3M4
Canada

Jeffrey J. Zimmerman
Department of Veterinary Diagnostic and Production
　Animal Medicine
College of Veterinary Medicine
Iowa State University
Ames, Iowa 50011

Joseph M. Zulovich
Extension Agricultural Engineer
Commercial Agriculture Program, University of Missouri
　Extension
Division of Food Systems and Bioengineering
University of Missouri
231 Agricultural Engineering Building
Columbia, Missouri 65211

作 者 的 话

《猪病学》由 Howard Dunn 联合艾奥瓦州立大学出版社于 1958 年初版,旨在为猪病的研究提供最新最全的参考。之后的九版,在内容结构上遵从了 Dunn 的设置,是兽医及动物保健领域的经典著作,我们希望第 10 版的《猪病学》仍然沿袭之前的传统。

我们希望本书可为兽医教学、科研人员和养猪及猪病防治从业人员提供一个有关猪传染性和非传染性疾病的简明全面的参考。为此,我们邀请了多个国家和地区的许多不同领域的权威专家共同撰稿。本书将繁杂多变的信息数据浓缩成精简、实用的知识体系,删减了诸如畜牧学、营养学、禽畜食品安全学等在网络或其他媒介形式显而易见的知识内容。为了帮助读者把握书中庞大的知识体系,本书对每一部分都做了详细的目录索引。

希望第 10 版的《猪病学》能够传承之前的精髓,并贯彻 Howard Dunn 编纂此书的初衷。

作者名字

Jeffrey J. Zimmerman

Locke A. Karriker

Alejandro Ramirez

Kent J. Schwartz

Gregory W. Stevenson

致谢

我们向 Christine Meraz 女士为本书编写所做的贡献和给予的帮助致以最衷心的感谢!

（赵德明译　张仲秋校）

第一部分
SECTION I

兽医实践
Veterinary Practice

1 牧场评估
Herd Evaluation

Alejandro Ramirez 和 Locke A. Karriker

引言
INTRODUCTION

伴随着养猪业产业结构的变化,猪场兽医的角色也在发生着变化。如今猪场兽医的主要精力放在预防治疗和改善猪群的健康状况上,而不是20年前传统的"消防车",即发病后的治疗上。猪场兽医肩负着对每一头猪提供防治措施,即提前预防和阻止疾病发生的双重责任。各种资源越来越多的限制(钱、劳动力和时间)导致这种责任对于兽医来说是一种挑战。因此,猪场兽医要有非常强的主动创新精神。通过应用新技术、流行病学规律、生物统计学和改良的诊断学方法为提高猪的身体素质和福利进行有次序的资源配置。一个成功的兽医不仅要会解决问题,同时也要为他们的场主创造机会,促进场主们的经济增长。

在开始对一个牧场进行任何评价之前,理解每一个在牧场工作的人员的工作目的和目标是非常重要的。支持那些反对场主干涉,而通过更好地了解场主的目标和约束确保猪群健康的人,这就要求猪场兽医师拥有创新精神,因为猪场兽医建议将随着场主的情况而经常发生变化。例如,在事实上场主可以专注于提高在一段时间内猪的平均日增重,同时降低成本,减少投入。一个老板或经理要求兽医回答最重要的问题是"我主要关心的是什么?"。

健康或产品问题的调查趋向于在现场环境中进行猪的检验。下面将讨论决定猪是否健康的因素。许多场主或猪场兽医作出的设想只能通过良好设计的牧场来实现。

实地考察的准备
PREPARING FOR A SITE VISIT
历史和记录
History and Records

历史记录评价应发生在任何猪群的评估或调查之前。回顾手术的医疗记录和过去实验室诊断报告有助于提供猪群预期的健康状况和指导性意见。看过去实际的报告而不是依赖于场主的介绍,特别是为一个新场主服务时历史记录是非常重要的。经验表明,即使有最好的意图,最好的管理人员和最好的场主,当淡化或忽略历史记录要比偏重经验容易出现误诊。

在现代猪场中用计算机做生产记录是很常见的。计算机化记录的价值在于可及时查询数据和能以有意义的方式进行总结。Morris(1982)第一个建议使用"相关性能的诊断"的概念。这种评估猪群性能并确定干预措施的做法创造了"亚临床"概念(Polson 等,1998)。亚临床症状很难准确预测疾病,但现代记录测量生产率差异(临床表现),

猪病学,第10版,由 Jeffrey J. Zimmerman,Locke A. Karriker,Alejandro Ramirez,Kent J. Schwartz,Gregory W. Stevenson 主编。

没有记录都应该引起注意的表现(亚临床表现)。在农场所有收集的包括记录的信息,应从"信任验证"这个角度对这些信息进行客观的评价。不准确或错误信息往往会导致错误的诊断和给出不恰当的治疗意见。

参照标准
Benchmarks

参照标准是用来区别问题区域或者识别可以改进的地方。研究报道了许多不同的标准(见 Polson 等的评论,1998)。也有人认为,养殖场自己的记录数据才是最好的生产标准(Lloyd 等,1987)。随着时间的推移,生产和工艺的变化,旧的标准可能不再实用了。不同的目标和具体的操作变化的约束,导致一些特定的标准可能没有产生相应的效用或影响。互联网时代,建议的标准信息变得更加可信,寻找出特定经营特性的参照标准也越来越重要。经验丰富的养殖场兽医能够解读错综复杂的数据并能够发现真实有用的数据。对于那些刚刚开始学习养殖场临床用药的兽医,最好是以参照标准为准。

从兽医和诊断学的角度认为,在实际生产过程中要更加关注了解不同的生产参数之间的关系而不是记住特定的值。从图 1.1 可以看出,这种角度看法是一种很好的方式。这个数字显示出不同的参数之间的相互关系,这些参数之间的相互作用又影响一个繁殖群的断奶仔猪的输出。猪场的生产能力(仔猪出栏量)基本上是由容量(母猪的存栏数或猪舍设备的空间大小)乘以效率(猪的出栏数由母猪的存栏数或猪舍设备的空间大小决定)。理解这种生产树的优点是可以在同一时间评估和干预所有影响生产力的因素,并在生产树的不同阶段实现。这个评价断奶仔猪数的例子显示仔猪提前断奶死亡率明显提高,但其他因素如母猪的转移和更换率或哺乳期长度可能最初没有考虑到。在养殖场场主将断奶日龄延迟到 28 d 以后的情况下,断奶仔猪的成活数/母猪/年将会变化。

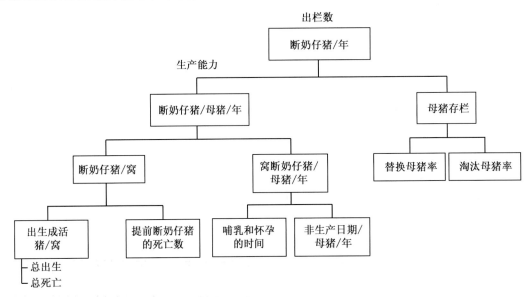

图 1.1 每年进行调查影响断奶仔猪的数量的变量而构建的断奶仔猪的生产出栏树。改自:Gary Dial。

报告的结构
Reporting Structure

报告的结构源自工人、管理阶层和场主在生产系统中的应用。这种报告方式也同时被应用在兽医报告的结论和建议中。新的场主询问和了解

正确的报告结构对猪场的兽医师很重要。这种方式适用于各类的业务。对于小型或家庭养殖场,重要的是要知道什么样的信息是场主要与工人分享的。

对于小规模或大型养殖场来说,经营者了解哪些信息需要与工作人员共享是非常重要的。在

一个较大的企业规模设置中（企业的所有权或企业合作者的部分产权），甚至了解决议是怎样制定的，由谁制定的及谁负责做兽医报告都是至关重要的。掌握报告的结构以确保兽医及其管理团队合作协调是关键的，一个协调一致的消息能被传递到工作人员中。提供信息给那些不相关的人实际上可能会阻碍进步，然而很多时候，这些与猪较近的养殖人员及他们日常流程的所有因素都可能影响着一个商业决定，可能他们自己并没有完全意识到。

在美国猪场的养殖主跟饲养人员通常是截然不同的。饲养人员可能只是专注于缩减劳动力，然而养殖主可能更加关注的是选择一个特定的治疗或预防的成本。兽医关注的是猪的饮食安全，最大限度地提高猪的健康和福利、企业运作的可持续性及养殖主的利益。最终，养殖主决定哪些是可以实施的。

生物安全
Biosecurity

生物安全一直是猪养殖场主多年关注的重要话题。制定协议来防止疾病传播到牧场，在养殖场现在已是司空见惯。兽医需要积极遵循正确的生物安全协议以确保食品供应的安全性。关于生物安全完整的详细信息，请参阅第11章。对于进行动物群体检查的兽医要充分认识到这个关键点，并在他们进行现场访问时能充分遵守生物安全准则。要做到这一点，兽医必须是主动的，并且在访问站点之前提出生物安全要求。提前通知将有助于确保兽医准备充分并能够在到达工作站点时按照正确的生物安全协议实施。

实地考察
SITE VISIT
进行四个环节的介绍
Introduction to the Four Circles

一个恰当的兽医评估的最重要的条件之一是一致性。关键是要确保兽医对动物群体检查一致的执行方式，以便全面和高效率地将重大事情发生的概率降至最低。日常的评估检查表对作出准确合理的调查可能会有所帮助，但很多时候完整的和彻底的调查是不实际的。清单核查的方法限制了兽医解决问题的能力，尤其是以守旧的办法来处理新的问题。对所有的农场制定一个有效的涉及很多领域的检查清单就像对设备的类型和设计调查一样，有太多的差异。然而农场明确的检查清单或特定方面的操作清单是很有用的。

另一个系统的方法涉及四个环节的概念（图1.2）。总体目标是使操作的评价过程系统化，以确保对涉及猪的健康和福利的所有相关信息进行评估。每个连续的环节变得更集中，对个别的猪进行最终的评价。最重要的问题是兽医必须能够在经历了这四个过程后对"目前疾病或福利的哪一个问题是迫在眉睫的？"作出回答。

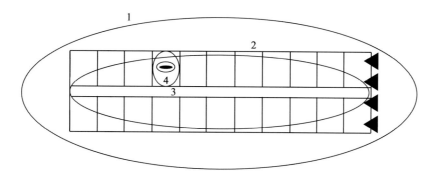

图 1.2　以四个环节方法的概念作出的种群评价。（1）在建筑/站点"外部"的完整的周期评价；（2）在建筑"内部"的完整的周期评价；（3）个体"围栏"中的完整的周期评价；（4）个体"动物"中的完整的周期评价。

环节 1:养殖场建筑物外部环境的评价
Circle 1:Evaluation of the Outside of the Building

第一环节需要到建筑外部环境观察以便对整体的场点作出评估。当访问一个新的场点时,第一个环节是尤其重要的。对外部环境的评价既可以让兽医评估临床猪,也可以告知养殖管理员对维护和设施管理加强注意。

当我们在场点上考察时,将对生物安全风险的操作有更好的理解。是否有任何其他的猪的场点在附近?这些场点的健康状况是否已知?从猪饲养地到公共道路有多近?这个特定的地点有哪些运送模式(饲料输送管,死尸的清除,员工停车)?如何保持场点的良好性?如果场点没有得到很好的维护,是否是由于缺乏细节或人手不足?任何一种原因都表明应根据兽医的建议来适应这些现实。例如,注重细节的经理人是很可能遵循复杂或详细的治疗方案的。

环节 2:养殖场建筑物内部环境的评价
Circle 2:Evaluation of the Inside of the Building

这种情况下,主要目的是使所有地区猪舍建筑的整体环境给人更好的感觉。建筑的另一侧必须是与各个道路口相通的。如果从一个建筑到另一个建筑的时间过长的话,当猪开始适应新的环境的时候,我们就很难辨别出养殖场通风设备的差异。

放养密度同样也是在这个时候评估。对于围栏之间以及畜棚之间放养密度的记录是非常重要的。低的放养密度可能表明着在个别的围栏或畜棚中有高的死亡率。建议的放养密度见表1.1。在考虑日龄的基础上用校正线对猪的尺寸及期望体重进行评估记为表 1.2。

通常所有畜棚的猪的健康也是在这个时候进行评估的。猪是否有咳嗽、打喷嚏或者有腹泻症状?这个数量应该是确定的。这样容易去估算在一个围栏中受感染猪的数量相对一个围栏中猪的总数量。例如,在每个围栏有 25 头猪,大约有 5 头猪咳嗽,这就预示着有大约 20% 的猪是受感染的。另一方面,如果在别的围栏发现仅仅一头或两头猪是受影响的,这就表明在畜棚的患病率接近 2%~4%。数量对于患病率不一定是精确的,通常我们更关心的问题是感染范围的大小(60% 与 10%)而不是临床症状确切的患病率(8% 与 12%)。测定患病率有三个主要的目的。在问题范围内允许调整解决问题的倾向性(如疾病或者动物福利问题是急需解决的事?)。其次帮助区分是猪群或是单个猪的问题,因此有助于判断正确的治疗标准(如对整个猪群或单个猪进行治疗)。最后,它为制订干预措施提供了一个基准线。这对于咳嗽在治疗 5 d 之后仍出现症状是非常重要的,患病率的改变从 25% 到 4% 显示是一个好的措施,预示无须采取更进一步的措施。

表 1.1 生长阶段每只猪的平均空间建议

生长阶段	室内		室外
	硬地	漏缝地板	
	每头猪平均占地/m²(ft²)		
后备母猪	1.86(20)	1.49(16)	2.32(25)
妊娠母猪	2.2(24)	1.86(20)	2.32(25)
妊娠母猪围栏	8(88)	NA	NA
分娩母猪产箱	4.4(48)	4.4(48)	NA
公猪	NA	1.86(20)	NA
保育期仔猪	NA	2.0(22)	NA
断奶仔猪 20 kg	0.37(4)	0.28(3)	0.74(8)
断奶仔猪 40 kg	0.37(4)	0.40(4.4)	0.74(8)
生长猪 60 kg	0.56(6)	0.53(5.8)	1.86(20)
成年猪 80 kg	0.74(8)	0.67(7.2)	1.86(20)
成年猪 110 kg	0.75(8)	0.75(8)	1.86(20)

NA,无。

来源:Dewey 和 Straw(2006).改自 English 等(1982),Baxter(1984a,b,c)Patience 和 Thacker(1989a,b),和 Gonyou 和 Stricklin(1998).

环节 3:对每个猪舍的评估
Circle3:Evaluation of Individual Pens

第三环节是对每个猪舍进行评估。基于第二环节,对猪舍的评估可引申为对猪场建筑更深一层的评估。兽医必须进入猪舍,仅通过简单地在通道中行走观察会忽视猪存在的问题,不能得到全面的评估报告。同时检查喂料器和喂水器是为了了解其是否适当,这一点是必需的(表 1.3)。饲养环境对猪群健康的影响参见第 5 章。

表 1.2 不同日龄和相对生长率的猪体重和日增重

日龄	慢增长				中型增长				理想化快增长			
	体重		前 20 d 的日增重		体重		前 20 d 的日增重		体重		前 20 d 的日增重	
d	lb	kg	lb	g	lb	kg	lb	g	lb	kg	lb	g
20	8~10	3.6~4.5			10~12	4.5~5.5			12~14	5.5~6.4		
40	18~22	8.2~10.0	0.50~0.60	227~273	22~26	10.0~11.8	0.60~0.70	273~318	26~30	11.8~13.6	0.70~0.80	318~364
60	33~40	15.0~18.2	0.75~0.90	341~409	40~47	18.2~21.4	0.90~1.05	409~477	47~54	21.4~24.5	1.05~1.20	477~545
80	54~64	24.5~29.1	1.05~1.20	477~545	64~74	29.1~33.6	1.20~1.35	545~614	74~84	33.6~38.2	1.35~1.50	614~682
100	82~95	37.3~43.2	1.40~1.55	636~705	95~108	43.2~49.1	1.55~1.70	705~773	108~122	49.1~55.5	1.70~1.90	773~864
120	110~126	50.0~57.3	1.40~1.55	636~705	126~142	57.3~64.5	1.55~1.70	705~773	142~160	64.5~72.7	1.70~1.90	773~864
140	138~157	62.7~71.4	1.40~1.55	636~705	157~176	71.4~80.0	1.55~1.70	705~773	176~198	80.0~90.0	1.70~1.90	773~864
160	165~187	75.0~85.0	1.35~1.50	614~682	187~209	85.0~95.0	1.50~1.65	682~750	209~235	95.0~106.8	1.65~1.85	750~841
180	191~216	86.8~98.2	1.30~1.45	591~659	216~241	98.2~109.5	1.45~1.60	659~727	241~271	109.5~123.2	1.60~1.80	727~818
20~60			0.63~0.75	284~341			0.75~0.88	341~398			0.88~1.00	398~455
60~180			1.32~1.47	598~667			1.47~1.62	667~735			1.62~1.81	735~822
0~180			1.06~1.20	482~545			1.20~1.34	545~609			1.34~151	609~684

来源：Dewey 和 Straw (2006)。

表 1.3　每头猪不同生长阶段的需水量、水流量、料槽间距

	需水量		料槽间距/头
	L/d	L/min	mm(in)
限制进食			
怀孕母猪	12～25	2	457～610(18～24)
泌乳母猪	10～30	2	
公猪	20	2	
保育期仔猪	1	0.3	
断奶仔猪	2.8	1	254(10)
生长猪	7～20	1.4	260(10)
成年猪	10～20	1.7	330(13)
自由采食			
断奶仔猪	2.8	1	60(2.3)
生长猪	7～20	1.4	65(2.5)
成年猪	10～20	1.7	76(3)

来源:Dewey 和 Straw(2006)。改自 Baxter(1984a,b,c),Patience 和 Thacker(1989a,b),*Swine Care Handbook*(2003)和 Muirhead 和 Alexander(1997a,b)。

猪舍内所有猪的行为都要进行评估,对个别的猪以及猪舍要特别关注和标记。在同一个猪舍内不同尺寸的猪要逐一标记(表1.2)。这对猪舍内的猪按尺寸排序及合理安排猪舍非常重要。这也是一个观察腹泻情况很好的机会。通常腹泻首先要标记的是可能在地板或者墙面上的排泄物的特性,其次需要去观察可能受感染的猪的情况。

关于要评估多少个猪舍没有明确规定。关键是确保不同位置的猪舍要被评估,以确保为第二环节的建筑环境评估提供有代表性的评估资料。注意个别猪的问题,特别是要与动物福利联系起来。

环节 4:对每头猪的评估
Circle4:Evaluation of Individual Pigs

第四环节也是最后一个环节,涉及对每头猪进行完整评估。猪从头到尾都是要被评估的。异常状态及潜在的慢性症状要记录下来。直肠的温度被用来评估传染病及病程(如急性传染伴有发烧)。表1.4提供了不同日龄猪正常的体温、呼吸和心率。关键是当环境温度增高时,健康猪的平均呼吸频率和身体温度也会增加。

对于猪群的繁殖检查,母猪的身体情况应该要定期评估(表1.5)。

表 1.4　不同年龄猪的正常体温、呼吸频率、心率

猪的年龄	直肠温度(范围±0.30℃,0.5°F)		呼吸频率	心率
	℃	°F	(次/min)	(次/min)
新生仔猪	39.0	102.2	50～60	200～250
1 h	36.8	98.3		
12 h	38.0	100.4		
24 h	38.6	101.5		
断奶前仔猪	39.2	102.6		
断奶仔猪(20～40 lb)(9～18 kg)	39.3	102.7	25～40	90～100
生长猪(60～100 lb)(27～45 kg)	39.0	102.3	30～40	80～90
成年猪(100～200 lb)(45～90 kg)	38.8	101.8	25～35	75～85
怀孕母猪	38.7	101.7	13～18	70～80
母猪				
怀孕前 24 h	38.7	101.7	35～45	
怀孕前 12 h	38.9	102.0	75～85	
怀孕前 6 h	39.0	102.2	95～105	
第一胎	39.4	102.9	35～45	
产后 12 h	39.7	103.5	20～30	
产后 24 h	40.0	104.0	15～22	
产后 1 周到断奶	39.3	102.7		
断奶后 1 d	38.6	101.5		
公猪	38.4	101.1	13～18	70～80

来源:Dewey 和 Straw(2006)。

表1.5 母猪体况评分

体况评分(BCS)	体况	背膘厚/mm(in)	概述	注释
BCS1	过度瘦	<10(<0.39)	肋骨、臀部和脊柱明显、可触及	母猪处于瘦弱体况,需要获得大量的肌肉及脂肪以便维持生产能力。需要加大饲喂量
BCS2	中等瘦	10～15(0.39～0.58)	肋骨、臀部和脊柱按压后可触及	要求适度增加饲喂量
BCS3	理想体况	15～22(0.59～0.89)	肋骨、臀部和脊柱大力按压后可触及,但肉眼不可见	监控饲喂量以便维持体况
BCS4	中等肥胖	23～29(0.90～1.13)	肋骨、臀部和脊柱不可触及	可能需要适度减少饲喂量
BCS5	过度肥胖	≥30(≥1.14)	肋骨、臀部和脊柱不可触及	母猪处于超胖体况,需要减少饲喂量使其回归BCS 3

改自:Ken Stalder。

对饲料或饲养变化提出建议,是在生殖周期阶段必须考虑的。母猪进入产房时应该是在她们的身体状况最佳的时候(目标体况评分,BCS3),而母猪离开产房后(哺乳期结束),要有低的BCSs。日常的饲料变化控制在小范围内(0.5～1.0 kg)效果才好。

兽医实践期确定需要治疗的猪和严重感染的猪有利于收集诊断样品。兽医实践期适合对猪安乐死,尸检和组织收集。猪诊断采集组织样品时,有几个要点需要考虑:

1.为了猪群的健康,可以考虑牺牲其中一头猪的生命,选择合适的猪采样时,应该进行适当的考虑。

2.具有整个猪群主要临床症状的猪,应该被选为样本。

3.应该选择疾病早期阶段的猪作为样本。在选择急性病例作为样本时,混合型感染应该被区分出来。

4.没有注射任何抗菌剂或经过治疗的动物,通常是首选。

剖检和组织样品收集所选择的动物的数量取决于诊断目标。作为一般规则,发现动物死亡时,第一步要做的是尸体剖检,直到找出疾病暴发的原因,证明这主要是猪群疾病的问题,而不是无关的动物个体的原因。根据尸检结果和临床评价,选择有代表性的安乐死的动物采集其新鲜组织作为样品。安乐死动物的数量取决于动物的个体状况及已安乐死动物的剖检结果。既要充分考虑疾病的多病因,又要意识到不是所有的动物在任一个时间点都携带所有致病菌,认识到这一点是非常重要的。这预示着在一个大的畜群,可能必须有足够的安乐死的动物来完全代表临床和病理上能发现和识别的多种疾病。而某些时候只有一个原发的病原时,一两头猪安乐死即可会做出诊断。最终的目标是牺牲最少数量的动物取得最大的诊断价值,这对于畜群来说是有益的。通常对临死动物要采样。在畜群中直接寻找出一些病原体(如从鼻拭子分离的A型流感病毒)是非常必要的。而另一方面,诊断一个潜在的并且具有普遍性的地方流行性病原体(如猪圆环状病毒2型)则需要有临床表现以及对应的损伤支持。

四循环概述
Summary of Four Circles

四循环的理念是获得系统而完整的临床状况的视野。它可以提供一个系统的视野以便决定需要实施哪些干预措施来减轻正在流行的疾病状况。它开始是用一个大的视野来概述然后再集中于特定的猪。它帮助鉴别哪些是不相关的猪,同时确定哪些是影响整个畜群的疾病问题并且需要处理,但是优先的处理顺序和建议要依据环境和就诊者的目标来确定。兽医的角色是去帮助引导客户有效地解决一些外界干预对诊治的影响。来自于系统化视野的信息将有助于辨别分析出哪些是病原体哪些是干扰因素,甚至是由于管理失误而引起的问题,将帮助兽医对现在的健康问题预知和期望制定一个更完整的评估。一旦熟练,其过程是快速的和非常有效的。

问询

Asking Questions

数据搜集过程不应该限制于兽医的观察。询问农场的工作者或者在他们控制范围内的其他工作人员的看法,这些都是非常有益的。这不仅是高层管理者应该做的(如猪场管理者或所有者),也是普通工作者应该做的。通常,管理者想出一些措施并希望在养殖场能予以实施,但是实际的工作者可能有不同的观点,这可能是普通工作者缺乏训练或者交流太少,或者双方不注重认识差异。这就是为什么对同一个问题咨询不同的人,不同的人对同一生产系统的认可或者得出一致的评估结果是非常重要的。这就要求问询时应该得到公开的表述,而不是用一个简单的是或者不是来回答。因此雇员在被问到怎样去执行一个措施时,应该"解释我如何做"而不是回答"告诉我如何做",这些是非常有益的。这样就能确保在实际操作前你能获得更多的细节,这会比只获得一个口头评价更有意义。有效的程序对排除潜在失误较多的操作特别有用,如人工授精。

在执行问询时,应非常注意对贮存及使用区域的检查,包括对冰箱和药品柜的检查。这一程序有助于支持和验证不同的工作人员对诊断和治疗措施的应答。例如,对工作人员说预分娩母猪进行常规免疫接种时,发现现场没有疫苗,就需要确定疫苗的管理和处理程序的操作是否符合规定。

现场记录

On-site Records

生产基地应具备现场治疗和死亡的记录。对原有的以及最新的死亡数量和死亡时间顺序做的记录对确定猪群状况是有帮助的。饲养者应记录以不同的方式实施安乐死的动物。比较好的做法是,制作一个假定的"死亡原因",教客户如何正确评价死亡率和做记录等。然而,研究显示死亡的记录和实际的死亡原因(Lower等,2007)之间有很大的差异。为了避免这种状况,应把重点放在实际观察上,可以由猪场管理员来做准确的观察检测。例如,护理员很难判断出与大肠杆菌相关的腹泻是导致死亡的原因。因此,死亡是应记录为由腹泻导致的。还应该有一个代码标注动物是自己死亡还是

安乐死。通过简单地缩小所提供的选项内容可以收集实用并且更为有效的死亡记录,注重一般的临床症状而不是某一个特定疾病的病因,培训所有的饲养者学会怎样对死亡进行分类。

对产房、仔猪室和育成房的记录包括日常水的消耗量和每日的室内最高与最低温度。这些记录的信息有利于建立与现实情况相符的模型(尤其是水),以便对今后的某一点进行预测判断(Brumm,2006)。这些记录的最高与最低室内温度有利于确定通风系统的功能。我们最好用单独的温度计去记录波动的温度,而不使用室内电子温度控制系统去记录,这样才能确定调控系统是否充分发挥功能。

对于繁殖猪群,还需要其他的记录保存在猪场。这些记录的形式和内容可以变化,可以手工记录或使用计算机。记录的日志对于确保日常工作正常运行是很有用的。例如,一个简单的精液记录可以跟踪到日期、时间和当前的贮存精液的温度以及精液贮存的操作者(例如:轻轻地用手摇动贮存精液的袋子或瓶子以便加入添加物后使其悬浮)。用手工记录的优点是,它保证了重要工作的正常运行,并写下每头猪的名字和原始特点。但在现实操作中,会有多个工人同时记录,但是却不能确保每一项记录都能够完成,那是因为会有工人认为其他的工人已经做了记录。

电脑记录不仅能够存取由农场提供的每日/周报告,而且能够从计算机中直接存取。在这我们不讨论电脑记录系统中那些报告。对于兽医来说,理解并且直接评估兽群之间的性能参数是非常重要的,而电脑记录系统的最大优势就是它能从多方面总结相关的参数,就像之前提到的,通过比较相关的参数,可以帮助兽医确定哪些性能参数是需要提高的。

在查看报告时,重要的是数据要基于时间或一个猪群整体来总结。在时间报告中,数据要简单地归结为一个特定的时间段。例如,1月份妊娠和分娩数据,应包括所有在1月份妊娠的母猪和在1月份分娩的母猪,这是两个不同的动物数。这些信息对监测猪群的整体性能是有帮助的,但它并不能评估一个特定猪的因果关系。为了更好地评估一个特定的检测组猪群,必须使用以一组猪为基础的报

告。在这种情况下，所有的参数都来源于一个特定的组，同组动物的繁殖和产仔数据仍然在不同的日期进行积累。对特定组猪群在不同干预措施下的所有影响数据的评估是非常有用的。

当检测到异常时，最重要的是收集所有数据并采取行动。当一名兽医要求工作人员或管理员收集数据，应该告知他们如何记录重要的数据，数据将如何使用，什么样的安全阈值，预计他们将采取的行动及没有行动的后果。例如，每天简单地记录存储精液的温度，当温度超出了范围，除非采取行动，否则数据没有价值。

诊断
DIAGNOSIS

一旦评价已经完成（四个环节）且数据已收集，那么对兽医临床观察的所有结果进行分析是必要的。希腊词语"诊断"的字面意思是"全面思考"（Morley，1991）。根据个体和临床表现作出诊断的过程中可以有所不同。最重要的是使其系统化，以确保决策的集中和客观。图 1.3 总结了实地调查和个案管理程序。下面简要介绍总结的几个不同的方法的案例。

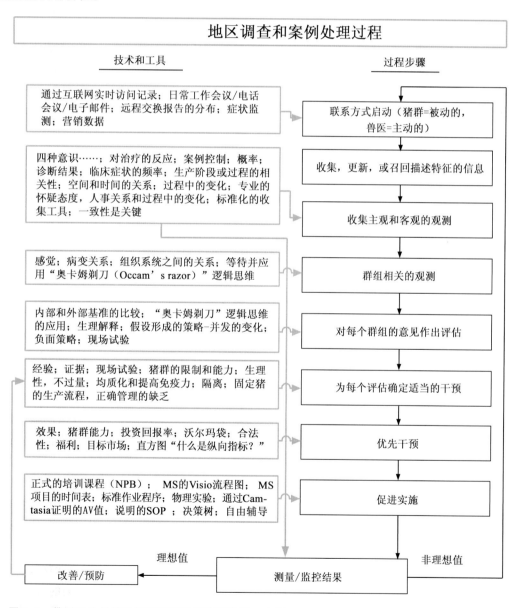

图 1.3 佛罗里达州的现场调查和案例管理流程。来源：Locke Karriker。

主观的观察，客观的数据，评估和结果计划
Subjective Observations, Objective Data, an Assessment, and the Resulting Plan

在兽医学界汇总数据的传统手段之一是利用特定的主观观察、客观数据、评估和计划（SOAP）过程，在收集数据时一般都采用感官分析（望、闻、问、切）。主观数据都集中于管理其他工作人员报告中的突出问题中。

病例数据都集中在识别问题，这些问题是由老板、经理、工作人员或其他定性报告所确定的。目标选择的重点就是集中在这些数据上。评估病情就是对主观观察、客观数据进行评价和解释。最后，根据评估的病情来计划采取行动。我们在做任何诊断之前需要使用这种 SOAP 方法进行周密的思考。这样才能系统性地确保诊断完全。坚持一致性原则是重中之重！

群体监测
Grouping Observations

很多时候统一的群体监测很有效果，特别是对基于组织系统间关系的分类上很有作用。群体监测也有助于应用"奥克姆剃刀"逻辑思考原则（最简单的解释往往更具有可能性意义）。换个例子来说，肺水肿、腹水和猪呼吸系统障碍往往是由循环系统障碍引起的，而不是由三个不同病原体单独引起的临床结果所致。在群体监测后，我们就可以归纳出一个特定病原的可能列表。

DAMNIT 方法
DAMNIT

这种方法着眼于提出一个完整的病因清单，这样确保包含所有的可能病因，避免过于狭窄而遗漏重点传染病。下面的列表帮助确定关联疾病的每个字母的缩写词术语：

D＝变性（Degenerative）

A＝畸形（Anomaly）

M＝代谢性（Metabolic）

N＝营养性或者肿瘤（Nutritional or neoplasia）

I＝炎症性，传染性或者免疫介导性（Inflammatory, infectious, or immune mediated）

T＝创伤或中毒（Trauma or toxicity）

特定字母缩写词的一个缺点是没能帮助建立优先级列表。它还可能使兽医（特别在其从业早期）列出一个冗长无关且无差异的列表。

五种生产输入模式
Five Production Inputs Model

鉴别诊断和危险因素列表的另一个记录方法是全面记录法，记录生产的所有方面。整合原因和风险因素的五种生产输入模式包括考虑营养、环境、疾病、遗传和管理。这种模式非常有用，因为它可确保能够考虑到导致临床问题的多种因素。近年来大幅上升的饲料价格已经使兽医考虑营养问题变得更加重要。高饲养成本促使人们转向利用可替代的饲料，其中就包括利用干酒糟颗粒（dry distiller grains, DDGs）。日粮中的变化和成分的变化对猪的健康的影响至今尚未被全面地研究清楚。在猪的健康和福利方面，环境同样起着至关重要的作用。关于这一点本书提及很多，特别是在第 3 章（行为与福利）、第 4 章（种猪的利用年限）和第 5 章（环境对猪健康的影响）中。疾病的内容通常是兽医的第一重心，而且它也是本书许多章节的重点。遗传的内容包括复杂的基因型，复杂的显性基因表达，特别是在临床症状的遗传因素方面。最后，管理人员（特别是涉及的人）也是畜牧业生产的一个必要组成部分。在世界的城镇化以及农业人员减少的情况下，受过基本农业技能培训的工人已经逐渐成为任何一个成功农业模式的必需组成成分。新入门的工人通常只有很少的养猪经验和知识，甚至一点没有。

五种生产输入模式能够综合不同的因素间相互作用，使其共同促进猪的健康生长。图 1.4 展示了导致仔猪腹泻的各种因素间的相互作用，这是一个简单的例子。

确定干预措施及其优先顺序
Determining Interventions and Prioritization

在观察和列举不同的可能病因以后，下一步骤就是确定适当的干预措施和实施顺序。在有经验的情况下，这一步骤就会变得简单。个人经验、客户的局限和能力、易用性能、成功的可能性，以

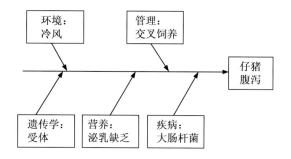

图 1.4　五种生产输入模式的仔猪腹泻分析图。来源：Kent Schwartz。

及干预的影响都对治疗措施的先后顺序选择有着重要的影响。重要的是，我们要时刻牢记客户的目标和宗旨。

从猪的角度来看，生存和健康的优先事项就是新鲜的空气、清洁的水、健康的食物，并根据需要采取适当的免疫或治疗。猪场所有者的意愿以及兽医的经验常常将干预治疗作为第一优先措施。猪处于疫苗潜能全部发挥的状态下，疫苗接种才会取得成功。从猪的角度来看，良好的空气质量是头等大事，然后才需要免疫或治疗，优先级类似于空气的还有优质饲料和水。

很多时候要想掌握不同病情的差异，诊断检查是必不可少的。本书前面已经讲过尸体检验了，本章节的最后将会讨论病理样本（血液或者组织液）的采集。第 2 章将涵括一些不同的诊断。进一步的常规诊断信息将会在第 6 章和第 7 章讲解。

通常，我们要优先考虑采取能够对最广泛的动物数量产生最大作用的干预措施。因为资源（时间和资金）永远是有限的，优先措施的选择要基于它的成本效益、猪的整体福利以及可持续性。经济利益不一定是最有益的，虽然其常常被当做首要目的。通常在对预期收益进行考虑后，那些需要大量投资的优先措施才会实施。

报告
Reporting

一旦确定优先干预措施以后，以简明扼要的方式向客户提供这些信息就会变得极为重要。书面报告或者客户信件是非常有用的工具，它们能够确保正确信息的传达。书面报告和说明能够减少误会。报告通常应该短，并且应包含有优先顺序的应对措施列表（只有两个或三个首要措施）。个人经验表明，提供太多的建议会导致客户找不到重点。他们可能只选择所需的或容易实施的建议。客户可能会觉得兽医的建议都采取了就安全了，但事实上这是一种错觉，并且他们可能已经忽略了最重要的建议。报告应该很短（最好是一页，最长不要超过两页），这样才能确保客户真正地了解报告。当然，有时需要全面综合的报告，但是例行调查报告还是越简单越好。客户信件需要及时回复（通常在几天内回复），这样可以最大限度地实施建议。完整或者复杂的报告还需要告知该猪场或公司报告的格式。兽医必须掌握并遵守合适的报告格式，以满足客户的期望。这种报告格式可作为帮助核心人员和决策者的一种方法。遵守正确的报告格式能确保每个人都能协同工作。

客户报告并不能替代医疗记录。兽医应该对临床观察和诊断的细节加以记录。这些完整的诊疗记录在将来能具有重要参考价值和法律价值，如它们能为适量或过量使用某抗生素的行为辩解。

检查结果
MONITORING OUTCOMES

保证客户能够衡量应对措施所产生的作用是非常重要的。兽医必须阐明他们所带来的价值，以便使检查结果被视为是资本而不是（昂贵的）负担。

样本收集
SAMPLE COLLECTION
血液取样
Blood Sampling

血液取样已经成为当今美国最常见的样本收集技术之一。我们可采取几种不同的技术采集猪的血液样本。由于猪的所有大血管都是不可见的，因此猪血液样本的收集是一种盲采血，这需要我们能够很好地理解猪的解剖位置。精通来自于实践。Dewey 和 Straw（2006）一书汇集了很多的血液样本采集信息。

猪的保定（Pig Restraint）。从猪和人的角度来看，猪的保定在安全采集样本过程中非常重要。猪的大小和保定器舒适程度决定了保定的方法。

图 1.5 和图 1.6 显示两种常用地保定方法。在这两例中,参与保定的人均是和进行采血的人同样重要的。猪需要被充分保定并维持一个正确的姿势,以便能够方便地找到目标血管。猪站立时,它的四条腿都应该直接站在地面上。它的脖子不应该被过分拉长,否则扎入血管就会变得更加困难。

图 1.5 猪重量在 20 kg 以下,在前腔静脉处采血,头静脉的位置用虚线表示。来源:Dewey 和 Straw(2006)。

前腔静脉(Anterior Vena Cava)。 找到猪的左颈沟,将针头插入胸廓内只露出针帽。针头朝向直指另一边的肩膀顶部。方向大概与中线呈 30°,与颈线呈 90°(图 1.7)。

描述主要血管的大致位置。猪右侧主要用于血液样品的采集,右边的迷走神经与左边的相比,有较少的神经来支配心脏和隔膜。穿刺迷走神经,可能会引起猪表现出呼吸困难、苍白病、惊厥等一些症状(Dewey 和 Straw,2006)。

颈静脉(Jugular Vein)。 刺入颈静脉的过程类似于前腔静脉,从前到后用针向胸口外插入约 5 cm(图 1.5)。猪的右边仍然是首选。颈静脉相对于前腔静脉位置比较浅,但是在许多其他物种中是不容易看见的。这个过程需要盲刺。

耳静脉(Ear Veins)。 耳静脉的显现可以通过使用轻微止血带(通常用一个橡皮筋捆住耳

图 1.6 猪血取样前将站立的猪保定,下面的圆圈显示该样品取自前腔静脉,上面的圆圈标出该样品从颈静脉采取。来源:Dewey 和 Straw(2006)。

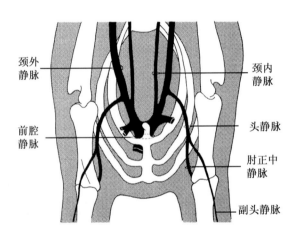

颈外静脉 颈内静脉 前腔静脉 头静脉 肘正中静脉 副头静脉

图 1.7 一些主要的血管位置与猪骨骼之间的关系。来源:Dewey 和 Straw(2006)。

朵或用某人的拇指按压)见图 1.8。用某人的手指来回轻微地拍打耳朵后面可以帮助刺激静脉。有颜色的猪耳朵要想使静脉显现是比较困难的。静脉穿刺是从不超过最大静脉的末梢(向耳朵尖)开始,如果形成了一个血肿,更换一个点仍然可以被用来采集样品。经常使用导管和注射器。对于一个快速聚合酶链反应(polymerase chain reaction,PCR)检测,通过用 20-号的针头耳缘静脉针扎,就能用聚酯纤维纱布收集到足够多的血液。

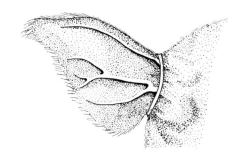

图 1.8 通过用橡皮筋捆在耳朵的底部显现猪耳静脉。来源：Dewey 和 Straw（2006）。

其他方法（Miscellaneous Methods）。尾巴采血法（Muirhead，1981），股静脉采血法（Brown等，1978），头静脉采血法（Sankari，1983；Tumbleson等，1968），心脏穿刺法（Calvert等，1977），眼眶静脉窦采血法（Huhn等，1969）都有报道。

口腔液体的收集
Oral Fluids Collection

在兽医临床检测中，口腔液体的收集用于猪药的研制已经越来越普遍，特别是在美国。口腔液体是一种唾液、口腔黏膜渗出物的混合物。口腔液体里包含了我们感兴趣的微生物和抗体（Prickett等，2008）。

口腔液体的收集过程简单、实用。它包括以下步骤：

1. 通过一个特殊的支架让一根棉绳挂在围栏上，通过索带，或者简单地系成一个结。棉绳的使用是由于它能收集大量的样品。绳子的规格建议仔猪是 1.3 cm（1/2 in），育成猪是 1.6 cm（5/8 in）。选择合适的绳长以便它能达到猪肩膀的顶端，当猪咀嚼绳索时，绳子会解开和拉伸，所以并不推荐绳索太长。

2. 让猪在围栏里咀嚼绳索 20～30 min。

3. 口腔液体的提取是将绳子的末端插入一次性塑料袋（或一次性塑料桶），挤压绳子以便让液体积累在袋子的一个角落。将袋子的一角剪下来，收集液体放入试管里。理论上，至少能收集到 4 mL 的样品。

样品需要冷藏直到测试。如果样品中含有大量的微粒，则需要离心 10 min。鉴定口腔液体的样品需要提交一份专门的测试方案来进行化验诊断。

（祁克宗、涂健译，杨秀进校）

参考文献
REFERENCES

Baxter S. 1984a. The pig's response to the thermal environment. In Intensive Pig Production. Environmental Management and Design. London: Granada Publishing, pp. 35–50.

——. 1984b. The pig's influence on its climatic environment. In Intensive Pig Production. Environmental Management and Design. London: Granada Publishing, pp. 55–62.

——. 1984c. Space and place. In Intensive Pig Production. Environmental Management and Design. London: Granada Publishing, pp. 216–248.

Brown JR, Tyeryar EA, Harrington DG, Hilmas DE. 1978. Lab Anim Sci 28:339–342.

Brumm MC. 2006. Patterns of Drinking Water Use in Pork Production Facilities. Nebraska Swine Report Publication EC 06–219. Lincoln, NE: University of Nebraska, pp. 10–13.

Calvert GD, Scott PJ, Sharpe DN. 1977. Aust Vet J 53:337–339.

Dewey CE, Straw BE. 2006. Herd examination. In BE Straw, JJ Zimmerman, S D'Alliare, DJ Taylor, eds. Diseases of Swine, 9th ed. Ames, IA: Blackwell Publishing, pp. 3–14.

English PR, Smith WJ, MacLean A. 1982. Weaning, mating and pregnancy maintenance. In The Sow—Improving Her Efficiency. Ipswich: Farming Press Ltd., p. 240.

Gonyou HW, Stricklin WR. 1998. Effects of floor area allowance and group size on the productivity of growing/finishing pigs. J Anim Sci 76:1326–1330.

Huhn RG, Osweiler GD, Switzer WP. 1969. Lab Anim Care 19:403–405.

Lloyd JW, Kaneene JB, Harsh SB. 1987. J Am Vet Med Assoc 191:195–199.

Lower A, Johnson C, Waddell J, et al. 2007. Improving the quality of mortality data through necropsy. In Proc Am Assoc Swine Vet, Orlando, FL, pp. 51–52.

Morley PS. 1991. Comp Cont Educ Pract Vet 13:1615–1621.

Morris RS. 1982. New techniques in veterinary epidemiology: Providing workable answers to complex problems. In Proc Brit Vet Assoc Centenary Cong, Reading, England, pp. 1–30.

Muirhead MR. 1981. Practice 3:16–20.

Muirhead MR, Alexander TJL. 1997a. Managing health and disease. In Managing Pig Health and the Treatment of Disease. Sheffield: 5M Enterprises Ltd., p. 103.

——. 1997b. Managing and treating disease in the weaner, grower and finishing periods. In Managing Pig Health and the Treatment of Disease. Sheffield: 5M Enterprises Ltd., p. 294.

Patience JF, Thacker PA. 1989a. Feeding the weaned pig. In Swine Nutrition Guide. Saskatoon: University of Saskatchewan, Prairie Swine Centre, pp. 186–187.

——. 1989b. Feeding management of market hogs. In Swine Nutrition Guide. Saskatoon: University of Saskatchewan, Prairie Swine Centre, pp. 206–207.

Polson DD, Marsh WE, Dial GD. 1998. J Swine Health Prod 6:267–272.

Prickett J, Simer R, Yoon K-J, et al. 2008. J Swine Health Prod 16:86–91.

Sankari S. 1983. Acta Vet Scand 24:133–134.

Swine Care Handbook. 2003. www.porkboard.org/SWAPoem.

Tumbleson ME, Dommert AR, Middleton CC. 1968. Lab Anim Care 18:584–587.

2 猪病的鉴别诊断
Differential Diagnosis of Diseases
Alejandro Ramirez

引言
INTRODUCTION

撰写本章的目的是为了提供在各种临床症状下猪病的鉴别诊断列表。这些疾病按照所涉及的系统来分类。因为本书在全世界范围内发行，但是疾病的流行有一定的地域性，所以列表中涉及的疾病尽可能全面。世界动物卫生组织（World Organization for Animal Health，OIE）有一个需要国家间进行通报的不断更新的疾病清单（www.oie.int）。该清单涉及的疾病对动物、公共卫生以及国际贸易均有影响。世界动物健康信息数据库（www.oie.int.wahis/public.php? page=disease）提供了所有OIE清单上疾病的暴发监测、地理分布情况和各国详细的疫情。

可以预想，读者可以参考本章内容对猪病进行鉴别诊断。在进行鉴别诊断过程中，特别是在处理棘手的病例时，开放性地综合考虑到所有可能的病因而不只是局限于一些常见疾病对确诊是有帮助的，而且可确保针对某系统或区域的新病不漏诊。大型猪群暴发的临床疾病往往是由多种原因造成的。因此，如果仅仅考虑某些单一的病因，则可能误导临床兽医。快速浏览各系统的章节（参看第二部分第14～22章）可有助于区分出列表的重要性。然后，才可能更好地在相关章节中查阅疾病（病因学、临床症状、诊断和预防），这些章节在大多数的图表中都有列出。

因为这些图表尽可能地囊括所有可能的病因，所以请记住：很多列出中的疾病都没有对应的商品化诊断试剂。第7章总结了很多现有的疾病诊断方法，包括方法的操作及对结果的判断等重要信息。

消化系统
DIGESTIVE SYSTEM

第15章提供了消化系统重要的信息，包括一些有用的摘要性的表格。如腹泻机理的诊断（表15.1），一些常见的胃肠疾病（表15.2），以及常见疾病的病理和确诊（表15.3）。

在表2.1和表2.2分别列举了引起腹泻和呕吐的常见病因及其大致发病日龄。给出大致日龄仅用于指导诊断疾病，仅是强调特定日龄的猪发生腹泻或者呕吐可能存在的原因，而不是暗示这些疾病仅发生于某个特定日龄段的猪只。表2.3列出了直肠脱垂的可能原因及其简要的解释。

呼吸系统
RESPIRATORY SYSTEM

呼吸系统的疾病综述见第21章。表2.4和表2.5概括了呼吸系统主要临床症状的鉴别诊断。

猪病学，第10版，由Jeffrey J. Zimmerman，Locke A. Karriker，Alejandro Ramirez，Kent J. Schwartz，Gregory W. Stevenson主编。

表 2.1　猪腹泻的病因及其常见日龄（参见第 15 章）

病因	常见日龄范围	章节
艰难梭菌	1～2日龄～1周龄	52
A 型产气荚膜梭菌	1～2日龄～1周龄	52
C 型产气荚膜梭菌	1～2日龄～2周龄	52
牛病毒性腹泻	1～2日龄～2周龄	38
肠球菌	1～2日龄～1周龄	47
埃希氏大肠杆菌	1～2日龄～3周龄	53
轮状病毒	1～2日龄～3周龄	43
捷申病毒	1～2日龄～3周龄	42
猪繁殖与呼吸障碍综合征病毒	1～2日龄～3周龄	31
传染性胃肠炎病毒	1～2日龄～成年	35
猪流行性腹泻病毒	1～2日龄～成年	35
弯曲杆菌	1～2日龄～成年	64
刚第弓形虫	1～2日龄～成年	66
非洲猪瘟病毒	1～2日龄～成年	25
猪瘟病毒	1～2日龄～成年	38
高热病（任何导致高热的情况）	1～2日龄～成年	20
低血糖症（无乳）	3～4日龄～1周龄	18
隐孢子虫	3～4日龄～2周龄	66
类圆线虫	3～4日龄～2周龄	67
猪等孢子虫	5～6日龄～3周龄	66
艾美耳球虫	5～6日龄～3周龄	66
猪札（如）病毒	5～6日龄～3周龄	34
猪星状病毒	1周龄～1月龄	32
铁中毒	1周龄～1月龄	68
腺病毒	2周龄～3周龄	24
SBM*	3周龄	15
沙门氏菌	3周龄～成年	60
有齿食管口线虫	3周龄～成年	67
抗生素引起的结肠炎	3周龄～成年	
毛肠短状螺旋体	1月龄～2月龄	50
耶尔森氏鼠疫杆菌	1月龄～2月龄	64

*SBM，大豆粉过敏。

续表 2.1

1～2日龄	3～4日龄	5～6日龄	1周龄	2周龄	3周龄	1月龄	2月龄	3月龄	4月龄	5月龄	6月龄	成年	章节
												水质	68
												胃溃疡	15
												猪圆环状病毒 2 型	26
												劳索尼亚氏细胞内寄生菌	59
												猪矛首线虫	67
												内阿米巴虫	66
												猪蛔虫	67
												猪痢疾螺旋体	50
												炭疽杆菌	64
												生物素缺乏	68
												烟酸缺乏	19,68
												维生素 D 中毒	22
												维生素 E 缺乏	68
												色氨酸中毒	68
												砷中毒	70
												铬中毒	68
												氟中毒	70
												盐中毒	70
												硒缺乏	68
												硫中毒	68
												黄曲霉毒素	69
												玉米赤霉烯酮	69
												呕吐毒素	69
												地美硝唑中毒	70
												莫能菌素中毒	19,70
												氨基甲酸酯中毒	70
												Dipyridal 除草剂	70
												有机磷酸盐中毒	70
											绵羊疱疹病毒 2 型		28

表 2.2　各种日龄猪呕吐的常见病因(参见第 15 章)

年龄段(列): 1~2日龄　3~4日龄　5~6日龄　1周龄　2周龄　3周龄　1月龄　2月龄　3月龄　4月龄　5月龄　6月龄　成年

病因	日龄范围	章节
传染性胃肠炎病毒	1~2日龄 ～ 成年	35
猪流行性腹泻病毒	1~2日龄 ～ 成年	35
伪狂犬病毒	1~2日龄 ～ 成年	28
非洲猪瘟病毒	1~2日龄 ～ 成年	25
猪瘟病毒	1~2日龄 ～ 成年	38
HEV	1周龄 ～ 2周龄	35
EEEV	1周龄 ～ 3周龄	46
小肠结肠炎耶尔森(氏)菌	2周龄 ～ 3周龄	64
腺病毒	3周龄 ～ 1月龄	24
猪蛔虫	2月龄 ～ 成年	67
呕吐毒素	2月龄 ～ 成年	69
T-2 毒素	2月龄 ～ 成年	69
葡萄穗霉毒素	2月龄 ～ 成年	19
二乙酰镳草镰刀菌烯醇	2月龄 ～ 成年	69
类圆线虫	3月龄 ～ 成年	67
锁肛	3月龄 ～ 4月龄	10
炭疽芽孢杆菌	4月龄 ～ 成年	64
烟酸缺乏	4月龄 ～ 成年	68
核黄素缺乏	4月龄 ～ 成年	68
硫胺素缺乏	4月龄 ～ 成年	68
维生素 B₆ 中毒	4月龄 ～ 成年	68
维生素 D 中毒	4月龄 ～ 成年	68
砷中毒	4月龄 ～ 成年	70
氟中毒	4月龄 ～ 成年	70
硒中毒	4月龄 ～ 成年	68
盐中毒	4月龄 ～ 成年	70
有机磷中毒	4月龄 ～ 成年	70
氨基甲酸酯中毒	4月龄 ～ 成年	70
苍耳子中毒	4月龄 ～ 成年	70
直肠狭窄	4月龄 ～ 5月龄	10
胃溃疡	5月龄 ～ 成年	15
毛球	6月龄 ～ 成年	15
异物	6月龄 ～ 成年	15

HEV,猪血凝性脑炎病毒;EEEV,东方马脑炎病毒。

表 2.3　造成猪直肠脱垂的原因(参见第 15 章)

原因	说明
腹泻	直肠内异常酸性粪便引起刺激、里急后重和脱垂。请参阅关于腹泻的相关章节以鉴别腹泻的各种原因。
咳嗽	咳嗽时腹压增加(特别是慢性长时间的咳嗽)引起直肠易位。请参阅咳嗽的相关章节以鉴别咳嗽各种原因。
扎堆	环境温度太低,扎堆在底部的猪腹部受压引起脱垂。
玉米赤霉烯酮	雌激素引起会阴部肿胀、里急后重和脱垂。
地面设计	笼养母猪因地面坡度过大,随妊娠发展对母猪的骨盆结构压力增大。
抗生素	有报道猪在饲喂添加有林可霉素或泰乐菌素的饲料后几周内发生直肠脱垂。当猪对抗生素适应后脱垂停止。
遗传因素	有零星文献报道某些公猪后代中出现群发。
产后	围产期复杂的病因。
产前	便秘和妊娠子宫重量的压力。
与里急后重有关的各种情况	尿道炎、阴道炎,配种造成的直肠或尿道损伤,尿道结石,饲料中盐分过多。

来源:Straw 等(2006)。

表 2.4　引起猪肺炎、呼吸困难或者咳嗽等的病因及其常见日龄(参见第 21 章)

<1周龄	1~4周龄	1月龄	2月龄	3月龄	4月龄	5月龄	6月龄	成年	章节
PCMV									28
	一氧化碳中毒								70
	猪增生性皮炎								17
		猪繁殖与呼吸障碍综合征病毒							31
		支气管败血性博代氏杆菌							49
		猪呼吸道冠状病毒							35
		破伤风杆菌							52
		化脓隐秘杆菌							64
		猪衣原体							64
		亚硝酸盐中毒							70
		煤焦油中毒							70
		甲烷中毒							70
		伪狂犬病毒							28
		刚第弓形虫							66
		兰氏类圆线虫							67
		猪瘟病毒							38
		非洲猪瘟病毒							25
		尼帕病毒							41
	HEV								35
	腺病毒								24

续表 2.4

<1周龄	1~4周龄	1月龄	2月龄	3月龄	4月龄	5月龄	6月龄	成年	章节
	缺铁性贫血(或失血性贫血)								14
	多杀性巴氏杆菌								58
	副猪嗜血杆菌								55
	胸膜肺炎放线杆菌								48
	猪放线杆菌								48
	链球菌								62
	A型流感病毒								40
		猪应激综合征							19
		蓝眼病副黏病毒							41
		猪嗜淋巴疱疹病毒							28
		猪霍乱沙门氏菌							60
		肉毒杆菌							52
		猪蛔虫							67
		后圆线虫							67
		猫肺并殖吸虫							67
		维生素A缺乏							68
		维生素D中毒							68
		有机磷中毒							70
		氨基甲酸酯中毒							70
		氯化烃中度							70
		五氯酚中毒							70
		除草剂中毒							70
		烟曲霉素							69
			猪圆环病毒2型						26
			猪丹毒						54
			分支杆菌						63
			猪支原体						57
			猪肺炎支原体						57
			硫化氢中毒						70
					棉酚中毒				70
								CM	53
								Puffer	21

PCMV:猪巨细胞病毒;HEV:血凝性脑炎病毒;CM:大肠杆菌乳腺炎;Puffer:河豚母猪综合征。

表 2.5 引起猪喷嚏的原因(参见第 21 章,尤其是其中的表 21.5)

萎缩性鼻炎	第 49 章
蓝眼病副黏病毒	第 41 章
环境污染物	
氨	第 5 章、第 58 章
尘埃、花粉、刺激物	第 5 章
血凝性脑脊髓炎病毒	第 35 章
猪巨细胞病毒	第 28 章
猪繁殖和呼吸障碍综合征病毒	第 31 章
伪狂犬病病毒	第 28 章

被皮系统
INTEGUMENTARY SYSTEM

被皮系统的疾病在第 17 章论述。表 2.6 列举了常见皮肤病的发生时间和病因。表 2.7 和表 17.2 则有助于依据病变位置和临床表现来锁定在皮肤疾病的鉴别诊断。

造血系统
HEMOPOIETIC SYSTEM

心血管系统和造血系统的疾病在第 14 章进行论述。贫血是一种常见的造血系统疾病临床症状表现。表 2.8 和表 14.7 列举了各种可能造成贫血的原因。

神经和运动系统
NERVOUS AND LOCOMOTOR SYSTEM

第 19 章论述了神经和运动系统疾病。值得注意是这两个系统的很多疾病都会有相似的临床表现。表 2.9 列举了引起猪神经症状的一些病因,表 19.8 则进一步对各种疾病进行鉴别诊断。表 2.10 列举了造成猪跛行的各种原因。

生殖系统
REPRODUCIVE SYSTEM

猪生殖系统在本书第 20 章进行论述。造成猪生殖损失的原因则见于表 2.11 和表 20.8。先天性异常虽然不与生殖性能直接相关,但是与妊娠有关。表 2.12 列举了一些常见的先天性异常。

表 2.6 猪常见的一些皮肤病(参见第 17 章)

周　龄											
1	2	3	4	8	10	14	18	32	50	100	156
由于创伤、缺血、外科手术等造成的伤口感染											
疥癣和虱子											
癣											
跳蚤、苍蝇和蚊子等昆虫的叮咬											
阳光灼伤或者光敏											
脓肿											
坏死杆菌病											
上皮增殖											
乳头和膝腐烂											
脓疱病											
血小板减少性紫癜											
猪增生性皮肤病											
金黄色葡萄球菌性痤疮											
猪痘											

续表 2.6

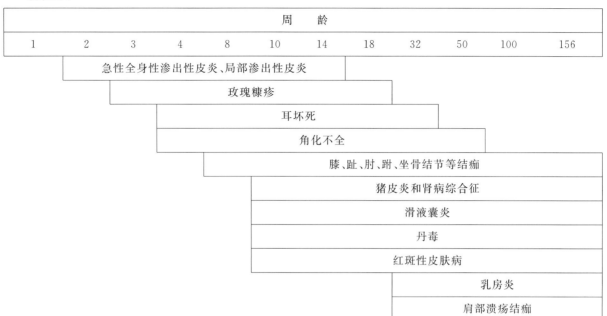

来源:Straw 等(2006)。

表 2.7　猪皮肤病病因(参见第 17 章,尤其是表 17.1 和表 17.2)

部位	正常组织	增生性/非增生性	病变区域界线	可能病因
面部	增厚	非增生性	不连续	金黄色葡萄球菌性
	扁平		不连续	痤疮、坏死性口炎
面部和蹄部	增厚		不连续	水疱病[a]
肩部	增厚		不连续	血肿、结痂
	扁平	非增生性	不连续	溃疡
膝盖、肘部和 跗关节	扁平	非增生性	不连续	膝腐烂
	增厚		不连续	结痂
	增厚		弥漫性	滑囊炎
耳	增厚		不连续	血肿
	扁平	非增生性	弥漫性	耳后部脂肪斑点
	扁平	增生性	不连续	耳坏死
	扁平	增生性	弥漫性	疥癣
耳、眼和乳房	扁平	非增生性	弥漫性	光敏作用
四肢末梢	扁平	非增生性	弥漫性	发绀或者继发于疾病而变红[b]
背部	增厚		不连续	跳蚤、苍蝇、蚊子
	增厚	增生性	弥漫性	皮肤多块状疾病
	增厚	增生性	弥漫性	角化过度
	扁平	非增生性	弥漫性	日光灼伤
	扁平	非增生性	不连续	上皮发育不全
腹侧腹部	增厚		不连续	糠疹,嗜酸性皮炎
	增厚		弥漫性	荨麻疹性疥癣
	扁平	非增生性	不连续	一过性红疹,乳头坏死
	扁平	非增生性	弥漫性	乳腺炎,良性围产期发绀
颈部腹侧区域	增厚		不连续	颌脓肿,结核病
	增厚		弥漫性	咽部炭疽

续表 2.7

部位	正常组织	增生性/非增生性	病变区域界线	可能病因
全身性	增厚		不连续	脓疱性皮炎,猪痘,外伤感染等,肿瘤、脓疮
	增厚		弥漫性	增生性皮肤病
	扁平	增生性	弥漫性	角化不全,蠕形螨、虱子、疥螨、渗出性皮炎
	扁平	非增生性	不连续	癣、红斑狼疮、血小板减少性紫癜、丹毒
	扁平	非增生性	弥漫性	一氧化碳中毒,猪应激综合征,少毛症,或者继发于菌血症或者病毒血症而发绀或发红
	扁平	非增生性	不连续	免疫复合物性疾病,可能与圆环病毒感染有关

来源:Straw 等(2006)。

[a] 口蹄疫、水疱病、水疱性口炎、猪水疱病、圣米盖尔海狮病毒、猪圆环病毒、药物疹。

[b] 沙门氏菌、副嗜血杆菌、放线杆菌、猪繁殖与呼吸障碍综合征、大肠杆菌、有机磷中毒、红细胞凝集性脑脊髓炎。

表 2.8 猪贫血的病因(参见第 14 章,尤其是表 14.7)

普通原因		寄生虫	
失血(急性或者慢性)	第 14 章	肝片吸虫	第 67 章
慢性疾病	第 14 章	跳蚤	第 65 章
胃溃疡	第 15 章	猪血虱	第 65 章
肠道出血综合征	第 15 章	猪鞭虫	第 67 章
细菌感染		猪巨吻棘头虫	第 67 章
劳森菌	第 59 章	兰氏类圆线虫	第 67 章
猪支原体	第 57 章	病毒	
沙门氏菌	第 60 章	猪病毒性腹泻病毒	第 38 章
缺乏或者毒性		猪繁殖与呼吸障碍综合征病毒	第 31 章
黄曲霉毒素	第 69 章		
抗凝血药物毒性[华法令阻凝剂、塔龙(brodifacoum)等]	第 70 章		
煤焦油毒性[泥鸽(clay pigeons)]	第 70 章		
钴毒性	第 68 章		
铜缺乏和中毒	第 68 章		
叶酸缺乏	第 68 章		
铁缺乏	第 68 章		
烟酸缺乏	第 68 章		
单端孢霉烯族毒素类	第 69 章		
维生素 B_{12} 缺乏	第 68 章		
维生素 B_6 缺乏	第 68 章		
维生素 E 缺乏	第 68 章		
维生素 K 缺乏	第 68 章		
玉米赤霉烯酮	第 69 章		

表 2.9　引起猪神经症状的病因(参见第 19 章,尤其是表 19.8)

普通或先天性		缺乏或者中毒	
大脑或脊髓受伤	第 19 章	汞中毒	第 70 章
先天性畸形	表 2.13	烟酸缺乏	第 68 章
先天性震颤	表 19.7	龙葵中毒	第 70 章
低血糖症	第 19 章	硝酸盐或者亚硝酸盐中毒	第 70 章
缺氧、氧供应不足	第 21 章	硝基呋喃中毒	第 70 章
中耳感染	第 19 章	有机磷中毒	第 70 章
细菌或者原生动物感染		泛酸缺乏	第 68 章
肉毒芽孢梭菌	第 52 章	五氯酚中毒	第 70 章
破伤风杆菌	第 52 章	苯氧基类除草剂中毒	第 70 章
大肠杆菌(通常断奶后1～2周)	第 53 章	磷缺乏	第 68 章
副猪嗜血杆菌	第 55 章	藜中毒	第 70 章
单核细胞增多性李斯特氏菌	第 64 章	核黄素缺乏	第 68 章
猪链球菌	第 62 章	氯化钠缺乏	第 68 章
刚第弓形虫	第 66 章	氟代醋酸钠中毒	第 70 章
其他细菌性脑膜炎	第 19 章	士的宁中毒	第 70 章
		链霉素中毒	第 19 章
缺乏或者中毒		维生素 A 缺乏	第 68 章
铵盐中毒	第 70 章	维生素 B_6 缺乏	第 68 章
氨苯砷酸	第 70 章	维生素 D 缺乏	第 68 章
砷中毒	第 70 章	脱水(盐中毒)	第 68 章
缺钙	第 68 章	病毒	
氨基甲酸中毒	第 70 章	非洲猪瘟	第 25 章
二氧化碳中毒	第 70 章	蓝眼病副黏病毒	第 41 章
一氧化碳中毒	第 70 章	猪瘟	第 38 章
氯代烃中毒	第 70 章	血凝性脑膜炎病毒	第 35 章
苍耳子中毒	第 70 章	尼帕病毒	第 41 章
缺铜	第 68 章	猪巨细胞病毒	第 28 章
敌敌畏中毒	第 70 章	猪繁殖与神经综合征病毒	第 19 章
硫化氢中毒	第 70 章	猪捷申病毒	第 42 章
潮霉素中毒	第 19 章	伪狂犬病毒	第 28 章
铁中毒	第 15 和 68 章	狂犬病毒	第 45 章
铅中毒	第 70 章		
镁缺乏或者中毒	第 68 章		

表 2.10 猪跛行病常发月龄(参见第 19 章)

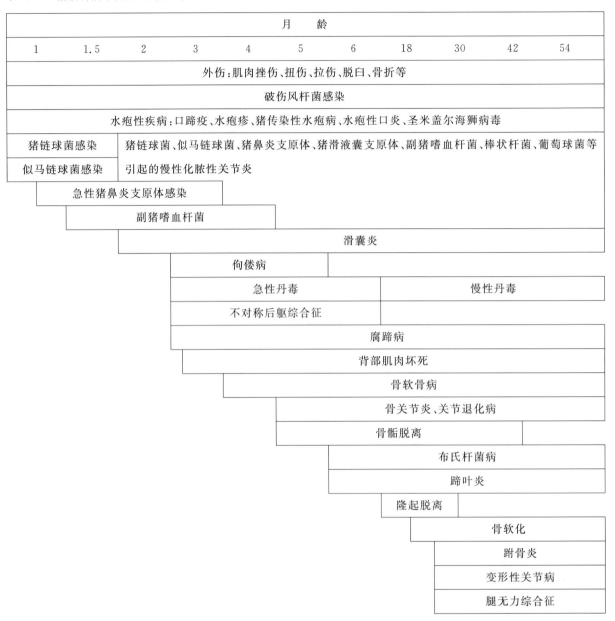

来源:Straw 等(2006)。

表 2.11　猪繁殖障碍的病因(参见第 20 章,尤其是表 20.8)

	流产	弱仔	僵猪	木乃伊胎	窝产仔数减少	章节
普通原因						
环境温度高	×	×	×		×	20
管理					×	20
营养					×	20
细菌感染						
放线杆菌	×					48
猪布氏杆菌	×	×	×			51
鼻疽杆菌	×					64
衣原体	×	×	×	×	×	64
猪丹毒	×					54
劳森菌	×					59
钩端螺旋体	×	×	×	×		56
单核细胞增多性李氏菌	×	×	×			64
猪支原体	×				×	57
沙门氏菌	×					60
金黄色葡萄球菌	×					61
链球菌	×					62
中毒和缺乏						
一氧化碳中毒	×	×	×			70
烟曲霉素	×					69
黑色葡萄穗霉	×					19
维生素 A 缺乏	×	×	×			19、68
玉米赤霉烯酮					×	69
寄生虫感染						
刚第弓形虫	×	×	×			66
病毒感染						
非洲猪瘟	×	×	×		×	25
蓝眼病副黏病毒	×	×	×	×		41
边界病病毒	×	×	×		×	38
牛病毒性腹泻	×	×	×		×	38
猪瘟病毒	×	×	×		×	38
脑心肌炎病毒	×	×	×	×		42
口蹄疫	×					42
流感 A 病毒	×	×	×		×	40
日本乙型脑炎病毒	×	×	×	×		37
曼那角病毒			×	×	×	41
尼帕病毒	×					41
细小病毒	×[a]			×	×	29
猪圆环病毒 2 型	×	×	×	×		26
猪巨细胞病毒		×	×		×	28
猪繁殖与神经综合征病毒	×					20
猪繁殖与呼吸障碍综合征病毒	×	×	×			31
伪狂犬病毒	×	×	×	×	×	28
捷申病毒		×	×	×	×	42

[a]细小病毒偶尔或者特定情况下可以造成猪流产。

表 2.12   猪常见的先天性异常(Cutler 等,2006 年)

缺陷	发病率/%	病因	诊断
脑过小	0.07	妊娠中期高温应激	高温应激史
		不明原因(大多数病例)	妊娠初期或者中期发育受到影响
小眼畸形		维生素 A 缺乏	受影响的窝次有多重缺陷;重的幼仔死亡;病史;饲料分析;血液和肝脏维生素 A 检测
		猪瘟感染	猪群感染猪瘟;病毒分离;荧光抗体检测;血清学检测;猪群中 AⅠ亚型猪瘟病毒感染造成的先天性震颤
		遗传因素	遗传方式不明;显性基因(?)
		不明原因	在胚胎发育的第 12～16 天受到不明因子的影响
神经管缺陷	0.04	不明原因	在胚胎发育的第 12～16 天受到不明因子的影响
(先天性无脑畸形、脑突出、脑积水、脊柱裂)		维生素 A 缺乏(脑积水)	受影响的窝次有多重缺陷;重的幼仔死亡;病史;饲料分析;血清和肝脏维生素 A 检测
先天性震颤	0.20	猪瘟病毒(AⅠ亚型)	猪群感染猪瘟;病毒分离;荧光抗体检测;血清学检测;发病仔猪不分品种和性别;髓鞘形成过少;小脑发育不全;脊髓髓磷脂的神经化学分析;脊髓横截面小
		所有类型(病毒未确定)	脊髓髓鞘形成过少;脊髓髓磷脂的神经化学分析;脊髓横截面小
		AⅢ型	长白猪单一伴性基因突变,仅影响公猪,与髓磷脂鞘缺陷有关
		Ⅳ型	不分性别,Saddleback 猪常染色体隐形基因
		伪狂犬病毒感染	猪群感染伪狂犬;病毒分离;血清学检测
		敌百虫	母猪妊娠中期曾经给药,大脑和小脑发育不全,浦肯野氏细胞缺如,神经传导递质改变
关节弯曲	0.10	烟草茎,曼陀罗,铁杉中毒,野生的黑樱桃	在怀孕的中前期接触有毒植物史
		维生素 A 缺乏	受影响的窝次有多重缺陷;严重的幼仔死亡;饲料分析,病史,血清和肝脏维生素 A 检测
		猪瘟弱毒疫苗病毒	怀孕早期免疫史
		猪瘟感染	猪群感染猪瘟;病毒分离;荧光抗体检测;血清学;猪群中先天性 AⅠ型震颤
		副黏病毒感染	怀孕期间曼那角(Menangle)病毒感染
		遗传因素	隐性基因(?);约克夏猪常染色体隐性基因
		不明原因(大多数病例)	在怀孕早期或者中期受到某因子的影响
细肢	0.10	不明原因	多与妊娠早期肢体血管缺陷有关
裂唇/腭裂	0.07	遗传因素	可能是隐性基因,波兰中国杂交猪裂唇可能是遗传性的
		不明原因(大多数病例)	在怀孕早期或者中期受到某因子的影响

续表 2.12

缺陷	发病率/%	病因	诊断
畸形尾巴	0.08	可能是遗传因素	遗传方式不确定,偶与泌尿生殖器缺陷相关
		不明原因	多与后肢运动缺陷有关,脊柱损伤
肌原纤维发育不全	1.05	遗传因素	长白猪常见,大白猪少见;可能与多基因遗传方式有关;发生率与母猪应激,地面滑,初生重,母猪营养等有关
		镰刀菌素	比其他类型的死亡率高,饲料分析
腹股沟疝	0.40	遗传因素	遗传方式不确定;发生率与环境相关
脐疝	1.00	不明原因	可能多基因遗传方式
肛门闭锁不全	0.40	遗传因素	可能多基因遗传方式或者常染色体隐性遗传或者常染色体显性遗传
少毛症		某些品种猪遗传因素	遗传方式不确定
		碘缺乏	僵猪、新生猪高死亡率,甲状腺肿大,皮肤水肿,饲料分析
上皮生成不全	0.05	遗传因素	可能常染色体隐性遗传,与肾盂积水相关
皮肤增生		遗传因素	常染色体隐性遗传,与致死性巨细胞肺炎有关
玫瑰糖疹		可能与遗传有关	遗传方式不确定;影响青年猪,尤其是长白猪;良性和可自愈
Von Willebrand's 病		遗传因素	波兰中国杂交猪隐性基因,小伤口过量出血,Ⅷ因子减少,血小板保留时间减少
肚脐出血	0.14~1.2	不明原因	脐带水肿,家族性遗传有关
心脏不全	0.03	不明原因	绝大多数见于4~8周龄仔猪,公猪多发
隐睾	0.39	可能是遗传	多基因传播,常见于左侧睾丸隐睾
母猪生殖系统发育不全,重复	0.68 0.06	可能有遗传因素	遗传方式不确定,生殖道不全或者重复
公猪假两性畸形	0.2~0.6	遗传因素	传播方式不确定,睾丸与雌性生殖道同处于腹腔
真假雌雄同体猪		遗传因素	遗传方式不确定,睾丸和卵巢组织同时有雌性生殖道

人畜共患病
ZOONOTIC

本书第 12 章对收获前食品安全和人畜共患病进行了讨论。表 2.13 列举了可能造成人畜共同感染的猪病。

致谢
ACKNOWLEDGMENTS

感谢 Robert Desrosiers、Phil Gauger、Eric Neumann、Kent Schwartz、Ernest Stanford 和 Locke Karriker 等专家的大力支持和指导。

表 2.13　具有潜在人畜共患病性质的猪病(参见第 12 章)

细菌性疾病		猫后睾吸虫	
布鲁氏菌病	第 51 章	并殖吸虫	第 67 章
弯曲杆菌	第 64 章	疥螨	第 65 章
大肠杆菌	第 64 章	血吸虫	
猪丹毒	第 54 章	类圆线虫	第 67 章
钩端螺旋体	第 56 章	亚洲带绦虫	第 67 章
李斯特单核细胞菌	第 64 章	猪带绦虫	第 67 章
伯克氏菌	第 64 章	旋毛虫	第 67 章
沙门氏菌	第 60 章	猪鞭虫	第 67 章
葡萄球菌	第 61 章	原虫	
链球菌	第 62 章	结肠小袋纤毛虫	第 66 章
耶尔森氏鼠疫杆菌	第 64 章	肉孢子虫	第 66 章
伪结核杆菌		人肉孢子虫	第 66 章
肠结肠炎耶尔森氏鼠疫杆菌	第 64 章	弓形虫	第 66 章
真菌		病毒	
小孢子癣菌	第 17 章	脑心肌炎病毒	第 42 章
寄生虫		罗斯河病毒	第 46 章
吸虫		禽流感病毒	第 40 章
绦虫		日本乙型脑炎	第 37 章
细粒棘球绦虫	第 67 章	萨努尔森林病毒	
布氏姜片吸虫	第 67 章	尼帕病毒	第 41 章
人似腹盘吸虫	第 67 章	狂犬病毒	第 45 章
陶氏颚口线虫	第 67 章	猪水疱病毒	第 42 章
刚刺颚口线虫	第 67 章	猪水疱性口炎病毒	第 45 章
美丽筒线虫	第 67 章		
巨吻棘头线虫	第 67 章		

改自:Glenda Dvorak。

(秦玉明、庞万勇译,杨秀进校)

参考文献
REFERENCES

Cutler RS, Fahy VA, Cronin GM, Spicer EM. 2006. Preweaning mortality. In BE Straw, JJ Zimmerman, S D'Alliare, DJ Taylor, eds. Diseases of Swine, 9th ed. Ames, IA: Blackwell Publishing, pp. 1005–1006.

Straw BE, Dewey CE, Wilson MR. 2006. Differential diagnosis of diseases. In BE Straw, JJ Zimmerman, S D'Alliare, DJ Taylor, eds. Diseases of Swine, 9th ed. Ames, IA: Blackwell Publishing, pp. 241–283.

3

行为与福利
Behavior and Welfare

Anna K. Johnson, Lily N. Edwards, Sherrie R. Niekamp, Christina E. Phillips, Mhairi A. Sutherland, Stephanie Torrey, Teresa Casey-Trott, Anita L. Tucker 和 Tina Widowski

动物福利和虐待动物的定义
DEFINING ANIMAL WELFARE AND ANIMAL CRUELTY

动物福利
Animal Welfare

英国布兰贝尔委员会（Brambell Commission）首次定义了动物福利（Brambell,1965）。在可查找到的当时的一篇科学文献中记载,该委员会提出了实现生产中动物福利需要具备的几个必要条件。1979 年,农场动物福利理事会（Farm Animal Welfare Council）修订了布兰贝尔委员会提出的这几个条件,归结为"五项自由"（five freedoms）。这"五项自由"构成了国际上许多农场动物福利教育和评估项目的基础,也成为欧盟制定规章制度的依据。"五项自由"为:

1. 当感到饥渴时,有及时获取新鲜饮水和食物,以维持全身健康和活力的自由;

2. 当身体感到不适时,有获得舒适的生活环境,包括掩蔽处和舒适休息区的自由;

3. 当身体疼痛、受伤和生病时,有获得预防或快速诊断和治疗的自由;

4. 能提供足够的空间、合适的设施,使动物能够展示正常行为,表现独有特性的自由;

5. 当感到恐惧和忧伤时,有获得消除精神上的痛苦,使身体得到良好治疗的自由。

这"五项自由"可应用于三个领域:健康上的生物功能;基于自然状态的方式,即自然条件下动物行为的附加值;基于情感的方式,如恐惧和悲伤,或是快乐。人们通过对这三个领域进行不同的组合,阐述着自己对动物福利的理解。邓肯（Duncan,1981）强调情感在动物福利中的重要性,特别是在评估动物福利过程中,情感被认为是唯一的有关因素（Duncan 和 Petherick,1991）。其他人则认为动物的生物功能是动物福利的最主要组成部分,如 Warnier 和 Zayan（1985）,Broom（1986）,Mormède（1990）,以及 Barnett 等（1991）。

随着时间的推移,动物福利的定义表述变得越来越复杂。目前 Broom（1986）的表述得到较为广泛认同。个体动物的福利就是"试图应对环境的状态"。该定义表述主要基于个体动物的生物功能。最近,世界动物卫生组织（World Organization for Animal Health,OIE）将动物福利定义为"动物如何应对它生活所需的条件",并举例说明好的动物福利包括生物功能、情感状态以及自然生活条件三者的有机结合（OIE,2010）。OIE 是世界贸易组织（WTO）认可的动物健康和福利的

猪病学,第 10 版,由 Jeffrey J. Zimmerman, Locke A. Karriker, Alejandro Ramirez, Kent J. Schwartz, Gregory W. Stevenson 主编。

国际标准制定者。因此,该定义在关于动物福利的国际性讨论,甚至是国际贸易中常作为参考。

动物福利的社会定义、法律定义和技术定义
Public, Legal, and Technical Definitions of Animal Welfare

过去认为,动物福利有三种定义:社会的、法律的和技术的(Gonyou,1993)。动物福利的社会定义反映了社会对动物的看法,它由社会已经获取的知识和经验决定,具有高度的可变性,总是随着社会的发展在不断变化。立法者构建的法律定义必须满足并能够被一般大众所接受,而且司法系统能清楚、简明地阐释。动物福利的技术定义由福利措施和可解释的科学数据组成。不同部门在解释动物福利时往往强调其中的一个类型,而忽视其他类型。养殖户和大动物兽医倾向于动物的生物功能,而消费者则倾向于动物的自然生活条件。目前需要一种能够综合评估生物功能(免疫功能、生长性等)、情感状态(恐惧、疼痛、饥饿等)和自然生活条件的方法,从而更好地衡量动物福利(Fraser等,1997)。

虐待动物的定义
Defining Animal Cruelty

虐待动物可分为虐待动物或忽视动物。虐待动物是一种故意行为,指个人故意对动物造成人身伤害或损伤(USLegal,2010),而忽视动物指的是在看护动物时不采取任何行动,这往往是由于主人缺乏这方面的知识或能力,可以通过教育和培训来纠正(ASPCA,2010)。虐待动物和忽视动物的情形包括但不限于恶意袭击或殴打动物,用电刺激动物敏感区域,有目的地不提供食物、水或减少照顾,以致严重的伤害或死亡(NPB,2010)。

虽然目前美国还没有对农场牲畜饲养进行管理的联邦法律,但在所有50个州中都有关于虐待动物的法律。各州的这些法律在语言、执法和处罚上均有不同,兽医和畜牧生产者必须熟悉这些州的法律。他们必须熟悉各州对牲畜的界定和分类,知道什么样的行为构成虐待,对违规行为适用

什么样的处罚,以及哪些强制性报告内容需要专门向兽医报告。

美国兽医医学协会和美国动物医院协会声明,如果因虐待动物从而对动物和人的健康和福利产生影响,当看护者的教育不合适或失败时,支持兽医向有关当局报告虐待动物案件(AAHA,2009),即使州内没有必须报告虐待动物的法律规定(AVMA,2009)。任何涉及动物保健的人员都应注意准确记录和存档这些案件。

家养猪和野猪的比较
Comparisons between the Domesticated and Wild Pig

当兽医在评估动物福利时,他们需找出证据以确定它们是否表现出正常的行为。他们有必要弄清楚,野猪或野生猪可能表现出什么样的行为,这种行为与家养猪之间存在什么样的联系。通过对各种驯化和野生祖代动物之间的比较而发现一个物种的行为习惯在驯化过程中是保持相对稳定的,而个别行为的数量或阈值可能发生改变(Price,1998)。也就是说,家养猪也可能表现出与野生祖代猪相同的行为,但不会频繁或更加频繁地表现这些行为。Stolba 和 Wood-Gush(1989)观察成年猪在半自然环境的行为,结果发现,虽然成年猪在限定的环境中生长,但也展现出了很多与欧洲野猪相同的行为,如觅食、吃草和筑巢。由于在限定环境中饲养的猪也有与在野生环境中生长的猪类似的行为需要,设计的猪的生长环境应能有机会充分展现出它们的天性。

野猪/野生猪与家养猪之间的行为偏差,可能表明动物福利受损。例如,刻板行为、重复表现出的无明显作用的行为,均可提示动物福利受到损害。猪的刻板行为包括咬闩、假嚼和腹部突缘。据说,当猪无法表现出觅食、筑巢或哺乳等积极行为时,将发生这类刻板行为(Fraser,1975)。但是,并非所有的行为偏差都会导致动物福利受损,比如非食肉行为就是一个对野外生存来说非常有用的行为,但对于处于被控制和保护的环境中饲养的动物来说则显得不是很重要。

动物福利的科学方式
SCIENTIFIC APPROACHES TO ANIMAL WELFARE

生物功能：生产、健康和免疫系统
Biological Function：Production，Health，and the Immune System

激活交感神经—肾上腺—髓质系统（即心率、肾上腺素和去甲肾上腺素）和下丘脑—垂体—肾上腺轴［即促肾上腺皮质激素（adrenocorticotropin hormone，ACTH）和皮质醇］所产生的生理和心理应激上的不同反应，常作为实验室研究中评价动物福利的指标。其他已被用来评价猪的应激反应的生理要素还包括内啡肽、乳酸盐、血液中的葡萄糖浓度、心率、呼吸率和脑电图。

由于这些应激反应影响关键的代谢，免疫和生殖过程的抗病性和生产性能，健康和生产性能也被用来作为动物福利的指标。高糖皮质激素水平可减少蛋白质合成和肌肉组织的增长（Spencer，1985），导致生长缓慢、体格瘦弱。饲养动物的生理应激反应也影响着下丘脑—垂体—卵巢轴。Hemsworth 等（1986，1987，1996）经过无数次的实验证明，管理员对猪实施不当处理给猪带来的心理压力对性能有影响。相对于交感神经处理，对猪的不愉快操作更可怕，可导致皮质类固醇激素水平长期升高，生长速度放缓，母猪的怀孕率较低，青年公猪生殖发育延迟。

在有压力的环境条件下，猪的免疫系统改变，传染病易感性提高（Kelley，1980）。血液中持续高水平的皮质类固醇激素可以减缓淋巴细胞增殖，减少抗体产生，损害猪抵抗感染的能力。免疫影响了另一个潜在的、已被用于评估动物福利的措施。Morrow-Tesch 等（1994）披露，猪的社会学属性对淋巴细胞受到美洲商陆有丝分裂原刺激后的细胞增殖有影响。优等猪和劣等猪比中间层面的猪增殖率更低。动物福利不仅可以通过性能和疾病发生率来评估，也可通过检查受伤的信号来衡量（Backstrom，1973；de Koning，1985），如代谢问题、疲劳引起的健康受损、骨密度下降，以及死亡率。

尽管生产性能一直被视为衡量动物福利的指标（Curtis，1987），低生产性能意味着福利存在问题，但仅有高水平的生产性能并不总是意味着高水平的福利。现在的共识是身体健康的动物受到市场欢迎，但是高生产性能的健康猪，精神上就有可能受到损害。

动物的情感状态
Affective States of Animals

动物的心理状态（即情感或情绪状态），是全身福利状况不可分割的组成部分。虽然科学界的某些领域很难接受动物能够体验到情感，但神经科学已经表明，在人类和动物的大脑结构和神经递质有类似的功能和结构（Butler 和 Hodos，2005；Jerison，1997；Panksepp 等，2002）。

MacLean（1990）所描述的"三位一体大脑"就是个简单的例子，爬行动物、哺乳动物以及人类的大脑区域之间相互适应。所有种群所共有的大脑中间区域就是大脑边缘区。边缘系统是在脊髓内皮层深处的顶部，包括杏仁核、海马和中脑的部分结构。边缘系统是人类和动物大脑的情感中心（Panksepp，1998）。控制愤怒和恐惧的情绪回路就在边缘系统（Panksepp，1990；Siegel，2005）。情绪可激发动物的行为。在研究某些管理和生产系统如何影响动物的情感状态时，研究人员、兽医，以及生产商通常将注意力集中在消极的情绪。例如，科学家们曾试图通过研究不同的断奶方法以减轻恐慌（即减少焦虑）。此外，管理员曾试图改善可引起恐惧的做法，如混群、运输和处理。挫折是我们研究的另一种情感，即经常表现出异常行为。例如，猪都非常喜欢从事某些行为，如拱根。如果它们不能这样做，它们就出现刻板症。Lay 等（1999）认为这两种行为表示猪的两种情感状态，圈养在围栏结构中的表示积极（玩耍），而圈养在四周环境都封闭的漏缝地板中则表示消极（攻击和刻板）。他们观察到，圈养在户外围栏结构中的猪异常行为更少，游戏的行为发生率更多。

动物的情绪状态不仅反映在行为变化，还通过激活下丘脑—垂体—肾上腺轴和交感—肾上腺—髓质系统改变某些生理参数，这就是"应激反应"。这些变化可以让动物在面对压力源时，做好是战斗还是逃跑的准备。重要的是许多应激反应的生理变化既来自正面的压力源，又来自负面的压力源，因此，在解释生理参数时要注意（Dawkins，1998）。

动物行为学家设计了一个实验,可用于测试各种动物如何感知不同的住房条件和管理系统。假设动物愿意接近它们找到的积极事物,而避免它们找到的不好事物,偏好测试就可用于衡量动物对资源或环境的动机。当有不同的情况可选择时,猪可以表达出对事物如饮食、地板样式、热环境和社会接触程度的相对偏好。Elmore(2010)的有关研究详细介绍了提供的各种资源如何影响母猪的动机和行为。

福利监测和评估
Welfare Monitoring and Assessment

监测和评估动物福利为生产者提供了评价福利标准的方法。这些标准随后可以用于决策最佳管理做法,并为生产者提供了一种可证明他们的猪受到了一定程度的照顾的途径。农场动物福利的措施通常分为两大类:基于资源或基于动物的措施。

基于资源的措施也被称为基于输入、基于管理或基于设计措施。包括空间许可、放养密度、饲料和水的数量与质量、检查频率和饲养人员培训,以及管理员特点,如态度、知识和能力。基于资源的措施其缺点是:它们是动物福利的间接指标,因而不能真实评价动物如何应对环境(Barnett 和 Hemsworth,2009)。但它的优点是可以在动物的福利受到负面影响之前找出动物福利缺乏的潜在原因。基于资源的措施被认为是"领先"指标,因此可以对正接受评估的猪采取纠正和预防措施(Manning 等,2007)。

基于动物的措施,也被称为基于输出或基于成果的措施。包括死亡率、发病率、淘汰率、跛行、受伤、身体状况、刻板行为、攻击行为和恐惧行为。使用基于动物的措施其优势是,它们是动物福利的直接指标,它们允许在系统设计和管理时改变(Blockhuis 等,2003)。缺点是它们往往"滞后",也就是说,猪在被评估时,任何现有的福利问题都已经发生了,只能在未来的生产周期中改变(Manning 等,2007)。我们的重点是,用基于动物的措施去找出动物的实际福利,并用基于资源的措施找出缺乏福利的潜在原因。以热舒适性为例,我们用一组缩成一团、瑟瑟发抖和聚堆的保育猪作为基于动物的措施,用恒温 27℃(80℉)作为基于资源的措施,我们能得出结论动物正经受冷应激,原因是由于非换气式通风或传感设备故障。如果要了解动物福利,找出可能原因,这两种措施都是必要的。

母性行为
MATERNAL BEHAVIORS

母猪的产前行为
Prefarrowing Behaviors of the Sow

后备母猪和经产母猪在产仔之前会表现出特定的行为模式(Widowski 和 Curtis,1989,1990)。非限制母猪(即户外围栏、室内棚屋)在产前最后 24 h 内发生筑巢行为,在产仔前 6～12 h 时行为最激烈(Jensen,1986)。同一时期,产房内饲养的母猪姿势变化不断增加,表明其烦躁不安,围栏内没有合适的材料以满足筑巢行为(Haskell 和 Hutson,1996)。

断奶前死亡率、挤压和创伤
Preweaning Mortality, Overlay, and Trauma

断奶前死亡率是一个在所有养猪系统都存在的福利和经济问题。仔猪存活率由涉及母猪、仔猪,以及环境之间的各种复杂的相互作用决定(Edwards,2002)。仔猪死亡率高的原因,包括压死、饥饿、疾病和撕咬,可能是受到营养、经验、年龄、健康和损伤状态的影响(Barnett 等,2001)。仔猪被母猪压死是仔猪断奶前死亡的最主要的原因,总共占 70%～80%(English 和 Morrison,1984)。从历史上看,压死一直被视为非主观自愿,主要是由于物理环境引起(Andersen 等,2005)。最近有一种假设,母性行为的差异可引起仔猪死亡率不同(Johnson 等,2007)。压死可以被看作是母猪没有能力保护她的后代。即使母猪在同一个产仔环境中,仔猪的死亡率也会有一个大的变化。Andersen 等(2005)发现,没有压死任何一头仔猪的母猪("非压死者")比那些压死几头仔猪的母猪("压死者")表现出更多的母性行为。非压死者展现出更多的筑巢行为,对仔猪的求救信号反应更迅速,在求救信号发出后很快启动鼻子来嗅闻仔猪,并在姿势变化期间用鼻子嗅闻更多的仔猪。这些研究表明,注重母性行为可能会减少断奶前死亡率。

产房设计严重影响断奶前死亡率。由于母猪

睡在产仔房,当母猪躺下时最容易压死仔猪,且在母猪翻身时几乎没有仔猪能幸免(Weary等,1996)。良好的产房设计可以减少压死事件的发生。在不良的分娩系统中,仔猪往往容易在母猪躺下或翻身时被压死(Damn等,2005)。

考虑到母猪和仔猪之间的相互关系,新生仔猪主要靠母猪的营养,但同时由于存在被压死的可能性,母猪又是仔猪福利的最大威胁(Grandinson等;2003 Lay等,1999)。营养不良或饥饿可能是仔猪更容易被压死的两种原因。首先,持续的哺乳尝试迫使仔猪要在很长的一段时间里与母猪保持密切接触(Alonso-Spilsbury等,2007)。第二,由于摄入奶量少,仔猪的活动力弱,在母猪转换姿势时,往往由于太瘦弱无法及时躲避(Marchant等,2001)。

撕咬
Savaging

母猪直接对新生仔猪侵犯(以下简称"撕咬")指的是用嘴攻击导致严重或致命的咬伤(Chen等,2008)。虽然原因知之甚少,但已报道的撕咬发生率在5%~12%之间(Harris和Gonyou,2003;Knap和Merks,1987;van der Steen等,1988)。尽管母猪在分娩前和分娩阶段姿势变化时撕咬的发生率很高,但母猪没有表现出明显的行为线索表明它们将提前撕咬(Chen等,2008)。疼痛和恐惧可能是母猪撕咬的原因(Pomeroy,1960)。其他原因可能包括母猪不能自我隔离、不能表现筑巢行为、天气压力、分娩过程中人类的干扰(Luescher等,1989)。撕咬几乎总是发生在分娩中或分娩后(Chen等,2008),且多见于初产母猪(Harris和Gonyou,2003)。Spicer等(1985)发现,母猪常常会直接撕咬第一个出生的仔猪,更有可能是因为之前交配时体重较轻。

Harris和Gonyou(2003)建议,持续保持分娩室的亮度,可以减少工作时间以外出生的仔猪被撕咬。如果发生撕咬,管理员可以用手采取几个步骤使母猪平静下来:按摩乳房、注射镇静剂(English等,1984)、将仔猪从母猪处移走直至整个分娩过程结束。不过,Chen等(2008)指出,在保证镇静恢复后行为不反复之前,镇静不能阻止该行为。

侵入性操作
INVASIVE PROCEDURES

我们如何辨别患病猪?
How Can We Recognize Pain in Swine?

根据国际疼痛协会(International Association for the Study of Pain,IASP)的定义,疼痛是指"实际的或潜在的组织损害所带来的不愉快的感觉,或者是伤害性感觉"。IASP补充说"尽管动物无法进行开口说话,但人们也不能否定其所经历的痛苦,以及需要适当的消除疼痛的治疗。"这一点很重要,特别是在动物使用声音、生理和行为,而不是用语言来表示疼痛时。疼痛是一个复杂的现象,它涉及多个神经细胞、神经化合物、不同的神经细胞受体与神经化学物质结合从而将疼痛信号传入脊髓和脑(Coetzee等,2008 a,b)。疼痛的复杂性不仅是感觉的传导、处理和反馈,也包括不同病理生理过程所引起的不同类型的疼痛,其中最重要的有急性、慢性疼痛。由于疼痛的复杂性,加大了对于疼痛治疗和控制的难度。

急性疼痛是机体的一种保护机制,一旦机体受到创伤,产生疼痛反射,躲避伤害性刺激,去险避害,这是一个短暂的过程。严重创伤引起的疼痛,例如外科手术,开始为急性疼痛,但可以因炎症造成慢性疼痛。慢性疼痛是一种持续性疼痛,不完全由创伤引起,通常由炎症,神经细胞变化,脊髓和脑神经细胞的过度兴奋引起(Gudin,2004)。这种过度兴奋现象,或"过激",是一种神经细胞敏感性增强的生理现象。由于大脑和脊髓是机体的疼痛中枢,有时会对痛觉过于敏感,因此,长时间反复的轻度疼痛,会引起剧烈疼痛。组织受损所造成的慢性炎症可以造成神经系统的过度兴奋,该现象在慢性疼痛中起着很大的作用。另外,脊髓和大脑的过度兴奋,将会使机体对止痛药产生耐受(Coetzee等,2008a)。在手术前,应重视对神经系统过度兴奋的预防;研究已经表明,如果在术前给患者使用镇痛药或抗炎药物,能减少镇痛或抗炎药物的使用,来控制手术后的疼痛。在美国,商品代饲养场中猪群在进行牙齿修剪,断尾,去势时往往不使用镇痛或麻醉剂(AVMA,2010;FDA,2010)。目前仍缺乏科学有效控制和减轻疼痛的措施。

断尾

Tail Docking

在北美,大多数的猪都会进行断尾(Hunter 等,1999),以防止咬尾(详见"口腔和肢体行为"一节中介绍的咬尾)。

断尾通常在仔猪出生后第一周内进行,断尾工具有牙剪、剪钳、剪刀、手术刀刀片和电气烧灼铁。尾部残端的长度取决于猪场的标准操作程序,通常情况下,尾部残端的长度至少为 2 cm(1 in),这样,尾部残端能遮盖母猪的阴户。

使用热烧灼铁断尾不会影响幼猪体内促肾上腺皮质激素、皮质醇或乳酸水平(Prunier 等,2005;Sutherland 等,2008),但使用剪刀断尾后 60 min 内,猪群的皮质醇水平有大幅升高(Sutherland 等,2008)。断尾后猪群出现的反应有夹紧尾巴(将尾巴夹在两后肢之间而不来回摇摆;Torrey 等,2009),摇尾(Noonan 等,1994),溜臀(Sutherland 等,2008)。此外,与对照组仔猪相比,断尾后仔猪产生更多的呼噜声(Noonan 等,1994),并且喜欢高声尖叫(Marchant-Forde 等,2009;Torrey 等,2009)。

有关不同断尾方法的比较以及缓解疼痛的研究相对较少。研究发现,与烧灼铁断尾相比,剪钳断尾会增加仔猪皮质醇的水平(Sutherland 等,2008)。与此相反,Marchant-Forde 和其他人(2009)发现,与剪钳相比,使用烧灼铁断尾时仔猪会大声嘶叫。断尾前进行局部麻醉或使用二氧化碳进行全身麻醉,能减少仔猪应激反应,但并没有降低皮质醇水平(Sutherland 等,2011)。

仔猪应按期进行断尾,以防止咬尾,目前,还没有断尾的替代方法。然而,可以优化饲养管理条件例如加大饲养空间,以防止咬尾(详见"口腔和肢体行为"一节中的阐述)。

断牙

Teeth Clipping

从出生到成熟早期,猪的犬齿和第三门齿基本长成。在出生后 2～3 d,仔猪间互相争抢,这 8 颗"乳牙"或"针"会伤害到母猪乳头(Fraser 和 Thompson,1991)。若保留仔猪的乳牙,则仔猪面部和乳房创伤的发病率较高,应尽可能在仔猪出生后一天内剪掉部分或剪掉全部牙齿(Fraser, 1975)。

剪牙时,应根据牙齿的部位和使用工具的不同,而采取不同的方法(电动磨具与剪钳)。为了防止牙髓腔内的血管和神经暴露以及感染,最好的办法是仅剪掉的牙齿尖锐的部分而不是将整个牙齿拔掉(Heinritzi 等,1994)。适当的设备和娴熟的技术,也有助于防止牙齿碎裂或者形成锋利的断面,导致舌头和牙龈撕裂,并引起口腔感染(Brown 等,1996;Meunier Salaünl 等,2002)。由于仔猪在出生后 72 h 内会寻找合适的乳头,建立哺乳顺序,一旦超出了这个时间才进行剪牙,反而可能增加感染的机会。

幼猪断齿不会影响体内促肾上腺皮质激素、皮质醇或乳酸水平(Prunier 等,2005);然而,磨牙比剪牙更能刺激 β-内啡肽的分泌(Marchant-Forde 等,2009)。剪牙后仔猪出现的应激行为反应包括打呼、躲避和尖叫(Marchant-Forde 等,2009;Noonan,1994)。

目前还没有研究发现任何药物能减少或消除仔猪断齿的行为或生理反应。因为仔猪在出生后一天内,机体的各项生理功能仍然是不成熟的,给予任何止痛药物,会对仔猪运动神经造成损伤,仔猪无法自由运动而被母猪压伤。因此,考虑到给仔猪服用止痛药会带来额外的物质和时间成本,大多数猪场的生产管理者不采取这种做法。

对于剪牙这一例行措施,北美的饲养管理者开始在实际的生产中考虑剪牙带来的劳动力成本和口腔损伤和感染的风险,并与不实施剪牙造成猪群间互相撕咬的风险进行比较。

去势

Castration

对雄性仔猪实施去势手术是商品代饲养场中一种常见的措施,降低性欲,减少性行为并防止公猪异味。公猪异味是烹调或食用猪肉或猪肉制品时常常出现的臊味或令人讨厌的气味,这些猪肉来源于性成熟未去势的公猪。

去势通常是通过用手术刀在阴囊任一侧造一个或两个切口,然后除去睾丸。可切断或捻断精索。去势通常在仔猪出生后的 1 周内进行。研究发现,去势后 6 h 内,仔猪不爱吮吸母乳(Mc-

Glone 等,1993),因此,在仔猪出生后 24 h 应避免进行去势,防止对仔猪初乳摄入和哺乳秩序造成影响。

若不对仔猪采取任何措施来缓解疼痛,与对照组动物相比,去势将增加体内皮质醇(Carroll 等,2006;Prunier 等,2005)、促肾上腺皮质激素和乳酸浓度(Prunier 等,2005),平均动脉压(Haga 和 Ranheim,2005)升高,心率(Haga 和 Ranheim,2005;White 等,1995)和呼吸频率加快(Axiak 等,2007)。仔猪去势后应激行为包括进食、运动、卧地减少,而且表现出一些与疼痛相关的行为(Carroll 等,2006;Hay 等,2003;McGlone 和 Hellman,1988;Moya 等,2007;Taylor 等,2001)。去势还会引起仔猪尖叫的频率增加(Puppe 等,2005)并表现出过多的攻击行为(Leidig 等,2009)。

口服阿司匹林和布托啡诺无法缓解去势仔猪的应激和疼痛(McGlone 等,1993)。实施全身麻醉包括注射全身麻醉药如甲苯噻嗪、盐酸氯胺酮、静脉注射愈创木酚甘油醚(McGlone 等,1993);氯胺酮、氯马唑仑和二甲苯胺噻嗪肌内注射或滴鼻(Axiak 等,2007),和气体麻醉药包括异氟烷(Hodgson,2006,2007;Walker 等,2004)、七氟烷(Hodgson,2007)和二氧化碳气体(Gerritzen 等,2008)等已被用来减轻去势仔猪的应激和疼痛。McGlone 等(1993)观察到采用全身麻醉增加仔猪的死亡率,并且幸存仔猪表现出神经系统抑制,无法正常摄食。注射麻醉或诱导麻醉剂(即氯胺酮、二甲苯胺噻嗪、异氟烷)可以维持麻醉 2 ~ 50 min(Axiak 等,2007;Hodgson,2006,2007;Walker 等,2004)。麻醉恢复期延长会增加仔猪被母猪压伤的风险,降低饲养存活率。术前实施局部麻醉能减少平均动脉血压(Haga 和 Ranheim,2005),减缓心率(White 等,1995),减少应激(McGlone 和 Hellman,1988;White 等,1995)。阴囊皮下(Haga 和 Ranheim 2005;White 等,1995)或睾丸内局部麻醉(Haga 和 Ranheim 2005;Leidig 等,2009)已被证明能减少仔猪疼痛和生理应激反应。此外,Haga 和 Ranheim(2005)发现,注射局部麻醉睾丸内局部麻醉与精索内局部麻醉具有同样的效果。Ranheim 等(2005)建议注射局部麻醉到睾丸作为局部麻醉剂,然后迅速

捻断精索,这样只需要注射一次麻醉剂。Ranheim 等(2005)表明,在注射 3 min 后,睾丸组织内局部麻药的浓度达到最高。与没有任何缓解疼痛措施相比,去势前 2,3,或 5 min 进行局部麻醉能减少仔猪尖叫频率,持续时间或次数(Leidig 等,2009;White 等,1995)。去势前 3 min 实施局部麻醉能有效缓解疼痛。

去势的替代方法包括生猪到达性成熟前屠宰(Dunshea 等,2001)、使用免疫去势技术、精子性别鉴定以选择雌性后代以及公猪异味进行遗传学控制。生猪性成熟前屠宰意味着胴体总量较低。然而,尽管体重仅有 80 ~ 90 kg(176 ~ 198 lb),5% 的胴体仍然出现公猪异味(Bonneau 等,1994)。此外,随着猪在屠宰时平均体重不断增加,生猪胴体的市场利润却不断减少(EF-SA,2004)。免疫去势技术指用促性腺激素释放激素(GnRH)免疫公猪,使公猪体内产生抗促性腺激素释放激素抗体,从而暂时抑制性激素对睾丸的刺激,抑制睾丸功能(Thun 等,2006)。目前,精子性别鉴定仍然处于实验阶段,尚未在饲养场内广泛实施(EFSA,2004;von Borell 等,2009)。

犬齿修剪
Tusk Trimming

长有犬齿(獠牙)的公猪容易对饲养人员和其他猪只造成伤害。当前,澳大利亚西部的饲养场规定,需要对公猪的犬齿进行修剪,防止对其他公猪造成伤害,加拿大境内立法禁止将长有犬齿的公猪和其他猪一同运输(1990 年动物卫生法)。但是,Paetkau 和 Whiting(2008)通过研究发现,公猪剪牙后无论是在运输途中或在猪圈内仍会对其他公猪造成伤害。公猪在合群时常发生争斗,它对其他公猪造成伤害的程度与饲养时间长短、饲养密度、公猪獠牙长短有关。

剪牙通常每年进行两次或在运输前进行,主要是使用剪钳(使用蹄剪或断线钳)或锯(用锯子或骨科/碎胎钳)去除公猪犬牙的尖端。用于剪牙的工具很多,锯是首选的方法,它能保证操作的精确度,减少牙髓暴露或破裂的概率。据 Bovey 等(2008)研究表明,当獠牙延伸到齿龈以外时,獠牙

内牙髓的长度相差较大,并且与公猪年龄无关。一般建议修剪的长度约为 1.5 cm(0.59 in),因为这一长度比目前发现的最长的牙髓腔稍微长一些。

Bovey 等(2008)通过免疫组织化学和组织学方法研究发现,公猪长牙的牙髓腔能延伸到牙龈线以外,并受血管和非血管区域的神经支配。这种神经支配很可能造成疼痛;然而,需要更多的研究来确定神经支配(自主神经或感觉)的类型。剪牙时过于靠近牙髓,容易造成牙髓腔暴露和细菌感染,并可能发展成牙龈炎、牙髓炎。目前对于修牙和由此造成的伤痛研究较少。单独饲养和运输能减少对公猪獠牙进行修剪。

摄食和饮水行为
FEEDING AND DRINKING BEHAVIORS

猪牙齿发育
Dental Development in the Pig

刚开始,仔猪的食物咀嚼能力依赖于齿颊的生长发育水平(Langenbach 和 Van Eijden,2001),但仔猪个体发育的这一生理特点往往被忽视。猪具有双套齿,在猪长到 2 岁左右,其乳齿就会脱落,长出恒齿(Tonge 和 McCance,1973)。猪的乳齿列数有 28 颗[$2\times$门牙(i)$^{上齿3}/_{下齿3}$,犬齿(c)$^1/_1$,前白齿(p)$^3/_3$,磨牙(m)$^0/_0$],其恒齿增加至 44 颗($2\times i^3/_3$,$c^1/_1$,$p^4/_4$,$m^3/_3$),是兽类哺乳动物中牙齿发育最完全的(Tonge 和 McCance,1973)。用于咀嚼饲料的大部分乳齿(如前白齿)在出生后第 1 周到第 5 周之间便会长出(Tucker 和 Widowski,2009),并逐渐影响断奶前的摄食行为。前白齿刚长出时,可导致牙龈出血和周围的局灶性炎症,并影响仔猪的进食,一直到 18 d 之后(Tucker 等,2010a)。到了第 21 天后,仔猪前白齿基本长出,能上下咬合,进食增加,饲养效率提高(Huang 等,1994)。断奶时,仔猪的 p^3 和 p_4 长出(即咬合所需的两个前白齿),在之后的 3 周猪群增重迅速(Tucker 等,2010b)。除了牙齿的发育,咀嚼肌的生长发育和咀嚼方式的学习也对摄食行为的建立十分关键。前白齿长出的时间与仔猪出生体重和前 2 周的日平均摄食量相关(Tucker 和 Widowski,2009)。

摄食和饮水行为的建立
Development of Feeding and Drinking Behaviors

仔猪独立摄食行为的建立(即进料和饮水)具有不同的方式和途径(综述,见 Widowski 等,2008a)。饮水是指对水的自由摄入(Hurnik 等,1995),指的是水的总消耗量,其中包括饲料中所含的水分(Fraser 和 Broom,1997)。提供碗式、乳头式或按压式饮水器有利于新生仔猪发现和进行饮水,在仔猪具备听觉后将更加有效。饮水行为发生在出生后几个小时内时,仔猪通过饮水来补充营养或水分,尤其是在高温的环境下(Fraser 等,1990;Phillips 等,2001)。仔猪出生时和出生后 4 周,总饮水量随年龄不断增加,但每千克体重的消耗量不变,基本维持在约 50～65 mL/kg(Phillips 和 Fraser,1990)。

断奶后,仔猪往往会立刻增加饮水时间,这可能是为了缓解饥饿感(通过增加胃部饱感),但会导致采食量降低,或为了减轻胃肠道对饲料的突然变化造成的不适(从高脂肪和高乳糖的流质食物到高蛋白质和淀粉的固体食物)。随着断奶后摄食方式的建立,饮水量也不断增多。

从哺乳喂养到独立摄食的过渡既需要仔猪机体外部器官的生长发育(即牙齿生长,胃肠道成熟),还需要机体内部的生长发育(即中枢神经系统的刺激;Huang 等,1994)。这一过程往往具有较大的个体差异,但在本质上始终是相同的。在现代集约化饲养中,人为控制断奶期间,将面临管理仔猪营养、情绪和环境等一系列问题。随着饲养模式的不断探索和设施设备的不断完善,将有利于帮助仔猪在早期就适应人工喂养模式,通过人工添加营养物质来替代母乳喂养(Appleby 等,1992;Delumeau 和 Meunier-Salaün,1995;Morgan 等,2001)。总体而言,当仔猪逐渐具备独立摄食能力,体格强壮,能够摄入比同窝出生仔猪更多的饲料时,它的生理成熟度已达到最佳状态(Appleby,1991)。

仔猪断奶前提供一些开食料,尤其是饲料混合物或稀粥,这样可以让仔猪熟悉固体饲料,并增加食欲(Fraser 等,1994;Toplis 等,1999)。开食料还可以通过刺激机体产生某些消化酶,来帮助胃肠道系统对断奶后饮食的适应（Passillé等，1989），这也是在断奶过程中帮助消化系统进行过渡的一个必要的步骤。19日龄前，窝内和窝间大多数仔猪采食量不大显著（Fraser等，1994），在断奶过程中，准备采用渐变喂养时，其有效性应考虑到断奶日龄。

排除干扰，增强摄食和饮水能力
Troubleshooting to Enhance Feeding and Drinking Behaviors

在饲养场中，为了获取食物和水等资源，每一猪圈内的猪群都会形成一个社会阶层或等级秩序（Bouissou，1965）。在激烈的竞争下，强势的动物可能有更多的机会获得饲料和水。如果饲养管理者能考虑到猪圈内饮水器与猪群数量的比例，则弱势动物可能有更多饮水的机会。同样地，通过增加饲养的空间和喂养次数（例如，为一群母猪提供多个饲料槽），侵占资源的情况将会减少。

口腔和肢体行为
ORAL AND LOCOMOTORY BEHAVIORS

咬尾
Tail Biting

咬尾症是指一只猪把另一只猪的尾巴放在嘴里吸吮、咀嚼。该行为可能会导致猪感染，椎管内脓肿，传播疾病，胴体损伤，在某些情况下，还会出现同类相残而亡（Kritas和Morrison，2007；Schrøder-Petersen和Simonsen，2001）。

对于畜场的动物福利水平评价来说，咬尾是一个严重影响动物福利和生产的问题（Goossens等，2008；Whay等，2003）。虽然断尾能减少猪群发生咬尾，但并不能完全避免，当猪被运送到肉食加工厂后，通常发现至少有2%的猪出现了咬尾（Moinard等，2003；Smulders等，2008）。

从饲养管理、环境以及个体因素等方面来看，引起猪的咬尾症的原因十分复杂（Schrøder-Petersen和Simonsen，2001）。越来越多的证据表明，拥挤的环境容易诱发咬尾症（Moinard等，2003；Randolph等，1981），尽管饲养空间充足，在断奶后一段时间，也易诱发咬尾症（Bovey等，2010；Smulders等，2008）。恶劣的生长环境也会诱导咬尾（Bolhuis等，2005；Moinard等，2003）。

然而，并非所有的猪都会咬尾，似乎有些猪可能具有攻击恶癖。具有攻击恶癖的猪，在断奶时体重比其他猪轻（Beattie，2005），更好动，更爱拱地（Keeling等，2004）。

适当增加哺乳和生长猪舍的饲养空间，安装铁环、咀嚼玩具或提供秸秆稻草均可帮助降低咬尾行为（Day等，2008；Zonderland等，2008）。这些玩具能使猪的注意力转移。断尾的长度也可以影响咬尾，但是，科学合理的长度仍然不确定。在流行病学研究中，Moinard等（2003）发现，对尾部进行1/4截断，咬尾增加了10倍。近日，Bovey等（2010）发现，与断尾长度[1.2 cm(0.5 in)]相比，断尾长度越长[4.5 cm(1.8 in)]越容易导致咬尾。品种的遗传因素与咬尾有关，观察认为某些瘦肉肌和背部脂肪厚度多的品种易出现咬尾症（Breuer等，2003）。及时隔离被咬猪和具有攻击恶癖的猪，能有效降低畜场中的攻击行为，保护被咬伤的猪。

拱腹
Belly Nosing

早在30年前，人们就已经发现猪的这种异常行为，拱腹是指仔猪用它的鼻子有节律地上下磨蹭其他猪的腹部（Fraser，1978）。长期下来，会造成腹部皮肤损伤，并有可能最终导致溃疡（Straw和Bartlett，2001）。

虽然拱腹与仔猪早期断奶有关（Fraser，1978；Worobec等，1999），但原因尚未确定。曾有人认为，此行为是仔猪对早期断奶的不适和应激的结果（Dybkjær，1992）。然而，由于拱腹行为与吮吸母乳的行为类似，因此许多研究人员认为它是一种哺乳行为（Fraser，1978，Metz和Gonyou等，1990；Widowski等，2008b）。

环境优化（EE）（Rodarte等，2004；Waran和Broom，1993）、哺乳设备（Rau，2002；widowski等，2005）、替代饮水器（Torrey和Widowski，2004）已经有效减低拱腹行为，但并不能消除。虽然大多数仔猪会或多或少出现一些拱腹现象，但并非所有的仔猪都出现，且该行为有很大的个体差异。尽管拱腹与仔猪的年龄和体重（Gardner等，2001；Torrey和Widowski，2006）相关，但目前还不清楚断奶仔猪的该行为主要出现的年龄或体重。品种的遗传因素与拱腹有关,长白猪比杜洛克猪更容易发生(Bench 和 Gonyou,2007,Breuer 等,2003)。

跛行
Lameness

跛行、蹄病可能会影响猪的行为。Stienezen(1996)曾观察了肢蹄部过长的母猪在产仔前和哺乳期间的行为特点。通过观察发现,在产仔前6 h 到产出第一头仔猪时,肢蹄部过长的母猪与对照组相比,行为上(站立、犬坐、卧地时间的长短)没有明显的差异,但在上午进食后,作者观察发现,外观正常(对照组)饲养母猪比患猪站立、摄食的时间要长。与正常猪相比,肢蹄部过长的母猪后肢站立不稳,常打滑。此外,患猪生出的仔猪通常比正常猪要瘦小。在另一项研究中,Leonard等(1997)发现,母猪肢蹄部过长,其摄食和站立时间也减少,重量下降,后肢容易打滑。这些结果表明,母猪肢蹄部过长,会给其造成不适,从而减少蹄部承重的时间。

兽医和饲养管理者在实际工作中,可以对畜场中动物进行评分,来评定其跛行的情况。实施计分系统不但需要快速,而且需要准确。目前应用于跛行评定的主要有两种评分系统,包括数值评分标准和运动评分(Quinn 等,2007)。数值评定值分为 4～6 级(1 表示动物四肢健全,6 表示动物蹄部无法抬起)。而运动评分是观察者对动物正常行走能力的评定。要求观察员在地面两点间 100 mm(4 in)进行标记,观察动物在两点间行走的情况,来评价动物是否跛行(Quinn 等,2007)。

人和动物之间的关系
HUMAN AND ANIMAL INTERACTIONS
管理员的角色以及人与猪之间的关系
The Role of the Caretaker and the Interaction of People and Pigs

长期以来,有一种普遍存在的理念就是,在猪群福利的维护上,管理员比生产系统的选择有着更重要的影响(Brambell,1965)。对于猪来讲,人类扮演着多种角色。人们通过环境的设计以及饲养管理体制的发展直接发挥作用。另外还直接通过提供日复一日的动物管理产生影响。

管理员对于某种饲养系统的成败起着关键作用,近些年来,他/她在动物福利中的角色受到了越来越多的关注(Hemsworth 等,1989,1993,1994)。有三个重要方面可以决定一个人是否可以成为一个成功的管理员:(1)管理员的知识和专业技术;(2)管理员的性格、态度和信仰(Broom 和 Johnson,1993);以及(3)管理员的环境变量(人事详情;Spoolder 和 Waiblinger,2009),这些因素可以互相影响。

对人类的恐惧
Fear of Humans

动物是"新生恐惧者";也就是说,它们对异常或不熟悉的事物会产生恐惧(Rushen,1996),而且过度恐惧也是动物生产商对于产量和管理预见性的忧虑。恐惧意指个体对潜在的威胁因素所产生的综合情感(Boissy 等,2007),而且已经被判定为多种动物种类的一种性格特点(Gosling,2001)。相对于未恐惧的动物来说,恐惧的动物很可能出现生长更慢、有效性更少、产量更低(Hemsworth 等,1987,1989,1993)的情况。

疲乏猪
Fatigued Pigs

Ritter 等(2009)曾经就养猪业的销售过程和运输损失发表了综合见解。运输损失涉及了销售过程中出现死亡或疲乏的猪只数量。疲乏猪指的是拒绝行走或不能保持和同龄猪群的同步,而且没有明显的损伤、创伤或疾病表现(Ritter 等,2005)。疲乏猪常根据张口呼吸、肌肉颤抖、皮肤污斑、异常发声来判定,而且如果给予充分时间,疲劳猪是可以恢复的(Ellis 等,2003;Ritter 等,2005)。疲劳猪是由应激诱导产生的。猪的疲劳综合征可能由多种原因促成,例如猪的个体特征、管理员、设施设计、运输和环境(Anderson 等,2002;Ellis 等,2003;Johnson 等,2010)。在北美洲,已经有研究证明设施设计(Beery,2007;Ritter 等,2007a)、卡车设计(Faucitano 等,2010)、季节(Hayne 等,2009)、一次转移动物的组内数量

（Correa 等，2010），以及如运输前清点猪群的管理策略，这些都可以对销售过程中猪群的运输损失造成影响。

争斗
AGGRESSION

发生争斗的有关报道通常是在猪群混合或分组饲养时出现。在生产过程中，有时为了保持均衡的窝仔数而将出生的仔猪混群，或者为了运输或包装方便而将断奶的仔猪混群，这些都可能发生争斗。当从产仔猪回到繁殖猪群时则出现了种源混群。为了解决群体内争端，混群后争斗阻止了入侵体进入该群体，并且建立了一种社会等级制度，该制度尽管会产生压力，但是相对短暂，而且在混群后的最初几个小时内快速降低，在 1～2 d 内达到基础水平（Pritchard，1996）。建立等级制度的有关争斗很难控制或预防。长期的缓慢争斗通常是对资源的过度竞争，例如食物、水、配偶和/或建巢地，而这种类型的争斗相对更容易控制（Barnett 等，1994；Csermely 和 Wood-Gush，1987；Edwards 等，1994；Seguin 等，2006）。有趣的是，该社会制度稳定性并不需要所有猪相互争斗来建立。Mendl 和 Erhard（1997）将某组中的 4 只猪与另一组中的 4 只猪进行了 11 次混养，在不熟悉的猪两两争斗的 16 种可能性并没有出现。因此，家养猪可能是通过对自我解读的方式或者对其他组别关系之间的认知来确定其争斗能力或者在猪群中的地位。在混养前采取视觉、听觉、嗅觉上（McGlone 1985）的混合的措施能够减少混养后的争斗（Durrell 等 2003）。

争斗的或被攻击的动物应激激素浓度上升（Otten 等，1999）、心率加快（Marchant 等，1995）、伤害增加、获取资源受限（O'Connell 等，2003），表明持续的争斗削减了福利。争斗的动物生长缓慢（Stookey 和 Gonyou，1994），生产性能降低（Mendl 等，1992）。在整个争斗行为发生期间，猪集中咬伤对手的头部和耳朵（Kelley，1980）。当猪与猪近距离接触时，它们都是努力保护自己的头部和耳朵（McGlone 和 Curtis，1985）。

有很多种措施可以降低猪的争斗性。据报道，猪圈形状可在短期内影响争斗性。例如，经常"隐藏"在角落的、饲养在圆形圈舍的猪比饲养在正方形或长方形圈舍的猪争斗性更强（Wiegand 等，1994）。圈舍坚实的屏障可减少混群后 12 h 内的母猪相互争斗的次数（Edwards 等，1993），母猪能长期受益。Barnett 等（1993）对比混群成年猪进入小圈舍［1.4 m²（15.07 ft²）/猪］时相互之间的争斗以及随之而来的报复，作者发现，15～90 min 内相互争斗较少，在这个时候围栏的存在并没有产生影响。随着时间的推移，猪很少独自躺卧和站立，而同时躺卧和使用围栏（如果有的话）的频率增加。将圈舍划分成不同的躺卧区，给每个小组的猪独立的"领地"，有利于降低猪争斗性（Bünger 和 Kallweit，1999）。

通过调整组群的大小也可以控制争斗性。有两个最佳分组的假设：（1）争斗的次数随着层级数而增加（Anderson 等，2000；Schmolke 等，2003）；（2）猪争斗性减弱，可能转向在大的社会群体中选择低争斗性策略，在商业化生产的情况下对猪的福利可能提供潜在的好处（Samarakone 和 Gonyou，2009）。对于大群体生产性能的影响见于 Wolter 和 Ellis（2002）以及 Turner 等的阐述（2003）。但是到今天为止，最佳群体大小、组内平衡、体重分配、空间容忍度在美国仍然悬而未决。

化学和营养干预措施可用于减少争斗。McGlone 和 Morrow（1988）比较青年三元混群猪，以确定雄甾烯酮（5α-雄甾-16-烯-3-1）的最低剂量。该雄甾烯酮可减少二元关系的新组合猪的敌对行为。他们得出结论，单独注射低至 0.5 g/猪的雄甾烯酮，可减少青年猪之间的争斗行为，这可能是减少新组合青年猪之间争斗的一种方式。Gonyou 等（1988）比较了当注射安哌齐特（肌内注射 1.0 mg/kg）、二甲苯胺噻嗪（肌内注射 2.2 mg/kg）或在混群之前注射生理盐水（肌内注射 0.1 mL/kg）时的争斗程度。这两种药物都降低了总的争斗数。安哌齐特比二甲苯胺噻嗪或生理盐水可减少更多的争斗。用安哌齐特处理过的猪没有比用其他方式处理的猪耳朵的伤口和其他伤口严重。安哌齐特处理过的猪比用盐水或阿扎哌隆处理过的猪第 1 天在采食上花得时间更少,但第 2 天的时间并没有显著差异。这两种药物都降低了敌对行为,但对生产性能并没有影响。类似的效应在使用抗争斗(安哌齐特;Barnett 等,1993,1996)药物和镇静药物(二甲苯胺噻嗪;Luescher 等,1990)中也存在。这些药物也有两面性,当药物持续作用时,争斗减少,而药物的影响消失后,争斗性又开始反弹,与未处理过的一样。

公猪的存在也影响争斗性。Grandin 和 Bruning(1992)比较未成年公猪在或不在围栏中时,公猪和母猪的变化。结果表明,公猪的存在降低了发病率和争斗的强度。Docking 等(2001)发现,当公猪存在时,相互争斗、皮肤损伤、母猪的奔跑距离在混群后的 28 h 内都减少了至少 28%。然而,Séguin 等(2006)发现,繁殖期过后出现公猪时,与对照组相比,混群母猪减少争斗和咬伤的效果不大,而是表现出更大的应激反应。

混群猪的早期社会经验也可以减少争斗(Pitts 等,2000)。断奶前的混群仔猪长远来看受益于社会经验。有社会经验的仔猪遇到不熟悉的仔猪时,能比断奶后的混群仔猪更容易形成稳定的统治阶层(D'Eath,2005)。早期的社会行为也增加了社会交往的一致性(D'Eath,2004)。然而,混群猪通过与其他猪反复混群、预混群或预暴露,其争斗的程度仍然减少得比较慢。随着反复的混群,猪断奶后再混群 3 次或 4 次,当日龄在 5 个月时,相比混群 1 次或 2 次的猪,其争斗性较少(Durrell 等,2003;van Putten 和 Buré,1997)。最后就是猪在混群之前进行预暴露(还有许多未经检验的潜在因素)。Kennedy 和 Broom(1996)在一个大圈舍中将 5 头母猪作为一组放在一个小圈舍里,在混群之前,让这些母猪进行 5 d 的嗅觉、听觉、视觉和有限的身体接触。一旦混群,与未暴露的混群母猪进行比较,在混群当天和随后的 2 周母猪的争斗性减少了 60%。Jensen 和 Yngvesson(1998)也报道了断奶仔猪预暴露对争斗性的影响,结果是争斗性减少。

EE 可能通过别的项目而不是圈舍里的猪来重新改变争斗性(Jensen 和 Pedersen,2010)。Elmore(2010)提出,EE 与生物学相关(即对动物的自然生物属性有影响)。环境的添加剂或修饰剂,可以通过改变物种特性(自然的)来应对压力(Moberg,2000),这种应对行为可能与动物的经验、积极的情感状态有关(Boissy 等,2007;Young,2003)。Schaefer 等(1990)对比了 EE 对新断奶仔猪争斗行为的影响。6 周龄母猪被分成两组,一组吊着一个汽车轮胎,另一组什么设备都没有。提供了轮胎和链装置的猪的争斗行为发生频率更低。其中最引人注目的是降低了头碰头的频率。在进一步的实验中,作者比较 28 日龄公猪和母猪,一组什么都没有,一组放一个奶嘴(糖一矿物质块悬挂在一个金属篮里),一组放跷跷板(金属柱,两端带橡胶带)。提供了玩乐设备的猪争斗行为会比以前少(与对照猪相比)。作者的结论是:用玩具丰富猪的生活环境,可以改变争斗行为频率。

尽管基于争斗性程度的可选择性应用仍处于起步阶段,猪的争斗性可能通过猪的可选择性来控制(Erhard 等,1997)。Turner 等(2000)确定基因对猪的争斗性有影响。通过皮肤损伤可以证明二者相关。猪混群后的争斗性被认为存在 0.22 的遗传性。当把所有的选择压力强加于损伤评估(LS)时,选择性压力对每一代 LS 的影响会降低 25%。Turner 等开展了进一步研究(2000),采用贝叶斯方法来评估猪在混群 24 h 内与争斗性相关的三个遗传特征:相互争斗的持续时间,是否受到或引发不可逆争斗(NRA)。作者得出的结论是肯定的,在评估遗传参数的基础上,选择培育低 LS(特别是身体中心区的 LS)值的猪预计将减少相互争斗和 NRA 的分布,但不会改变直接改变 NRA 的发生。

疾病对行为的影响
INFLUENCE OF DISEASE ON BEHAVIOR

很少有科学关注猪在患急性疾病和康复期间需要什么(Millman,2007)。在群体层面,患病和受伤的猪代表了弱势群体,它们有特别的需求和偏好(Millman,2007)。猪的圈舍和管理一般是针对健康猪的需求来设计的,而受到伤害的猪可能会由于标准环境不足而使得行为受到阻碍,受到欺凌,从而使伤害加剧(Millman,2007)。在疾病的急性期,猪的行为会受到改变,如活力、社会交往、采食、饮水减少,导致缩成一团,瑟瑟发抖,休息增加。关于"病态行为"的概念,请参阅 Hart(1998)。患病期间的行为表现是前后相关的,在一定的社会环境中表现出临床症状。猪的疾病和疼痛呈现微妙的行为指标,由于进化环境而被视为"坚忍的"(Flecknell,2000;Millman,2007)。然而,熟悉的环境和熟悉的同种之间,其行为反应相对比较稳定。

病猪栏可以隔离患病动物,为弱势群体量身定制满足其需要。但是,优化管理这些病猪栏、治疗栏和康复栏仍然遥遥无期。这些猪每天要检查多少次?它们在围栏中要呆多长时间?最佳的地板类型是什么?动物需要病猪围栏的比率是多少?这些问题到现在仍然没有答案(Millman,2007)。兽医在治疗方案中还要作出有关安乐死需求的决定。

安乐死
EUTHANASIA

猪在以下情况需要及时安乐死:严重受伤、无法行走、虚弱、疼痛,或康复的可能性不大。实施标准化安乐死可以提高猪群整体福利、减少继续照料淘汰猪(Morrow 等,2006)的经济成本。例如,对出生体重过低的仔猪可以建议实行安乐死[<0.9 kg(2 lb)],因为他们在断奶前有较高的死亡率(Smith 等,2007),并且断奶、进入肥育期后可能生长性能差(Fix 等,2010)。此外,猪进入育成舍后,以下情况建议安乐死,虚弱、瘸腿、患脱垂或有两个或多个并发症的情况(例如,受伤、疝),以显著提高猪群福利指数(Morrow 等,2006)。对于各种规模的猪,进行安乐死的方式应最大限度地减少疼痛和痛苦,同时使动物立即昏迷。死亡的过程从意识丧失开始、之后不久伴随脑功能和呼吸心跳骤停(AVMA,2007)。某些安乐死技术是有效的,在一个步骤中造成动物无知觉并死亡,而两步骤的方法是有效地击晕动物,但需要一个辅助步骤如放血实现动物死亡。

安乐死包括三个主要方式:中枢神经系统(CNS)抑制,缺氧,神经组织的物理性损伤(AVMA,2007)。麻醉剂过量直接抑制中枢神经系统,引发无意识的感应并陷入深度麻醉状态,其次是心脏和呼吸衰竭。缺氧限制了氧气输送到大脑,最终阻断心脏和肺的功能的重要中枢。物理性损伤破坏大脑,无论是脑震荡、极触电,或直接伤害,目标是损伤大脑皮层和脑干重要区域。前额叶皮层和脑干以及其连接丘脑的大脑区域相关的意识与觉醒(Seth 等,2005)。为了确保在无疼痛的情况下进行安乐死,整个过程应对动物失去知觉的迹象进行监视,直到死亡被确认。

观察脑干和脊髓或伤害反射,类似那些用于确定在屠宰或手术过程中的麻醉深度,是确定安乐死最切实可行的措施(Erasmus 等,2010)。脑干重点区域包括角膜、眼睑、瞳孔光反射,昏迷时触碰眼睑或角膜,动物不表现出眨眼反应,并在光照下保持瞳孔扩张(Gregory,2008)。任何无刺激的眨眼表示该动物是有知觉的(Grandin,2010)。然而,猪的眼反射作为麻醉深度的指标是不可靠的(Smith 和 Swindle,2008),在大脑皮质损伤、无意识后,脑干完整时,可观察到弱角膜反射(例如,头部电击;Grandin,2010)。因此,脊髓或伤害反射,如,刺鼻、踏板反射、肛门反射也是重要的麻木感评估指标(Kaiser 等,2006)。没有对疼痛刺激的反应表明动物不再感觉到疼痛。

除了感官反射,一些行为观察来评估安乐死的有效性也很重要。这些措施包括缺乏有节奏的呼吸,发声,失去肌肉张力(Gregory,2008)。有节奏的呼吸是恢复意识(阿尼尔,1991)的最早迹象之一。发声是疼痛或痛苦的一个标志,不应该出现在安乐死过程的任何时间(Warriss 等,1994)。瘫痪和舌肌伸出是一个可靠的指标。安乐死时,动物会出现踢或划桨的动作,四肢强直性痉挛,阵挛性肌肉痉挛。这是不自主的肌肉痉挛,不应该与随意运动或蓄意企图逃跑混淆(Grandin,2010)。

至目前为止,有关猪安乐死最合适方法的研究很少。兽医需要根据具体情况选择安乐死的方法,人的安全、成本、技术技能的要求,以及人员的喜好也应考虑在内。目前推荐的安乐死方法包括过量麻醉剂、二氧化碳、枪击、渗透和非穿透性紧固螺栓,钝伤和电击(头-心脏部和头部)。

由二氧化碳(CO_2)进行安乐死,需要至少 5 min,在一个预充电或逐渐填充系统(NPB,2009)中放入 90% 的 CO_2。二氧化碳通过改变脑脊髓液的 pH,引起无意识,最终导致缺氧死亡(RAJ,1999)。虽然 CO_2 能造成死亡,但这种方法是有争议的,意识丧失不是立即有效的(Chevillon 等,2004),动物有发声,呼吸困难的迹象,并观察到主动回避吸入的阶段(Raj 和 Gregory,1996)。

枪击,穿透性紧固螺栓,非穿透性紧固螺栓和钝力外伤造成大脑皮层和脑干直接的和不可逆的脑损伤,导致脑部物理损坏和死亡。枪击对超过 5 kg 猪是有效的(12 lb;AVMA,2007;NPB,2009),但子弹轨迹应遵循一定脑脊椎角度,并击中在脑干(Woods 等,2010)。紧固螺栓枪依靠脑震荡和破坏脑组织,动物会立即昏迷。足量的能量转移是必需的,其有效性取决于两个螺栓的直径和速度(Gregory,2007)。对反刍动物的各种组合螺栓直径和速度进行了研究,但对猪还缺少研究,应根据实际经验操作。目前,穿透性紧固螺栓对于体重超过 5 kg(12 lb)的猪被认为是可行的,非穿透性紧固螺栓不能引起足够的脑损伤,无法有效地击晕或杀死较大的猪(NPB,2009)。

电击安乐死是另一种物理方法,虽然在某些情况下,处于对人类的安全性的担忧,这是一个不太有利的选择(AVMA,2007)。电击是市面上唯一被使用的方法。重要的是要注意,只有头-心脏部和头部两方法是可以接受的。然而,头部电击只会导致意识丧失,但心脏没有骤停,因此,它是可逆的,必须在 15 s 内进行下一步骤(Anil,1991;Blackmore 和 Newhook,1981)。神经肌肉痉挛强直和阵挛性应该只是出现在头部电击(McKinstry 和 Anil,2004),但这些不会都出现在与头-心脏部电击,这种电击只导致心脏房颤(Gregory,2008;Wotton 和 Gregory,1986)。

对于哺乳仔猪,物理的安乐死方法可能是最实用的。虽然会影响美观,但这种方法已被证明是有效的,使用沉重的物器打击头部(Chevillon 等,2004)或头盖骨坚硬的表面上(Widowski,2008a),会造成心脏在 10 min 内骤停,动物立即麻木等。无须进行二次操作,非穿透性紧固螺栓用于哺乳仔猪是有效的,但到颅骨中的螺栓头的形状和深度十分重要。widowski 等(2008a)发现,用圆头螺栓撞击新生仔猪,一些仔猪表现出感知恢复,并在心脏骤停后出现变化。当螺栓头被修改一个圆锥形的形状,能导致更大深度的抑制,该方法被证明是非常有效的(Casey-Trott 等,2010)。钝伤和螺栓撞击后,动物会出现阵挛性抽搐(踢和拍打),需对脑干反射以及行为指标进行检查,以确保动物失去意识。

(王志刚、翟新验译,王辉暖校)

参考文献
REFERENCES

Alonso-Spilsbury. M, Ramirez-Necoechea R, Gonzalez-Lozano M, et al. 2007. J Anim Vet Adv 6:76–86.
American Animal Hospital Association (AAHA). 2009. Animal Abuse Reporting Statement American Animal Hospital Association. secure.aahanet.org. Accessed August 31, 2010.
American Society for the Pevention of Creulty to Animals (ASPCA). 2010. Reporting Cruelty FAQ. www.aspca.org. Accessed August 24, 2010.
American Veterinary Medical Association (AVMA). 2007.J Am Vet Med Assoc 218:669–696.
——. 2009. Animal Welfare AVMA Policy: Animal Abuse and Neglect. www.avma.org. Accessed August 31, 2010.
——. 2010. Backgrounder: Welfare implications of the castration of cattle. www.avma.org. Accessed June 30, 2010.
Andersen IL, Berg S, Bøe KE. 2005. Appl Anim Behav Sci 93:229–243.
Anderson DB, Ivers DJ, Benjamin ME, et al. 2002. Physiological responses of market hogs to different handling practices. In Proc Am Assoc Swine Vet, p. 399.
Anderson IL, Andenas H, Boe K, et al. 2000. Appl Anim Behav Sci 68:107–120.
Anil MH. 1991. Meat Sci 30:13–21.
Appleby MC, Pajor EA, Fraser D. 1991. Anim Prod 53:361–366.
——. 1992. Anim Prod 55:147–152.
Axiak SM, Jäggin N, Wenger S, et al. 2007. Schweiz Arch Tierheilkd 149:395–402.
Backstrom L. 1973. Environment and animal health in piglet production. Acta Vet Scand Suppl 41:1–240.
Barnett JL, Cronin GM, McCallum TH, et al. 1993. Appl Anim Behav Sci 36:135–148.
Barnett JL, Cronin GM, McCallum TH, et al. 1994. Appl Anim Behav Sci 39:339–347.
Barnett JL, Cronin GM, McCallum TH, et al. 1996. Appl Anim Behav Sci 50:121–133.
Barnett JL, Hemsworth PH. 2009. J Appl Anim Welf Sci 12:114–131.

Barnett JL, Hemsworth PH, Cronin GM, et al. 1991. Appl Anim Behav Sci 32:23–33.

Barnett JL, Hemsworth PH, Cronin GM, et al. 2001. Aust J Agric Res 52:1–28.

Beattie VE, Breuer K, O'Connell NE, et al. 2005. Anim Sci 80: 307–312.

Bench CJ, Gonyou HW. 2007. Appl Anim Behav Sci 105:26–41.

Berry NL. 2007. Loading system effect on performance, handling and meat quality at-tributes of finisher pigs. PhD dissertation, Iowa State University, Ames.

Blackmore DK, Newhook JC. 1981. NZ Vet J 29:219–222.

Blockhuis HJ, Jones RB, Geers R, et al. 2003. Anim Welf 12: 445–455.

Boissy A, Manteuffel G, Jensen MB, et al. 2007. Physiol Behav 92: 375–397.

Bolhuis JE, Schouten WGP, Schrama JW, et al. 2005. Appl Anim Behav Sci 93:213–228.

Bonneau M, Dufour R, Chouvet C, Roulet C, Meadus W, Squires E. 1994. J Anim Sci 72:14–20.

Bouissou MF. 1965. Ann Biol Anim Biochim Biophys 5:327–339.

Bovey K, Laplante B, Correa J, et al. 2010. The effects of docked tail length and nursery space allowance. In Proc 7th Annual Dr. Mike Wilson University of Guelph Swine Research Day, University of Guelph, ON, Canada, p. 5.

Bovey K, Lawlis P, DeLay J, et al. 2008. Innervation and condition of mature boar tusks at slaughter. Department of Animal and Poultry Science, University of Guelph, ON, Canada.

Brambell FWR. 1965. Report of the technical committee to enquire into the welfare of animals kept under intensive livestock husbandry systems. Cmnd. 2836. Her Majesty's Stationery Office, London.

Breuer K, Sutcliffe MEM, Mercer JT, et al. 2003. Appl Anim Behav Sci 84:58–74.

Broom D, Johnson KG. 1993. Stress and Animal Welfare. Oxford, UK: Chapman and Hall.

Broom DM. 1986. Br Vet J 142:524–526.

Brown JME, Edwards SA, Smith WJ, et al. 1996. Prev Vet Med 27: 95–105.

Bünger B, Kallweit E. 1999. Landbauforschung Volkenrode 44: 151–166.

Butler AB, Hodos W. 2005. Comparative Vertebrate Neuroanatomy: Evolution and Adaptation, 2nd ed. Hoboken, NJ: John Wiley & Sons.

Carroll JA, Berg EL, Strauch TA, et al. 2006. J Anim Sci 84: 1271–1278.

Casey-Trott TM, Millman ST, Lawlis P, et al. 2010. A non-penetrating captive bolt (modified Zephyr) is effective for euthanasia of neonatal piglets. In Proc Cong Int Pig Vet Soc, p. 1158.

Chen C, Gilbert CL, Yang G, et al. 2008. Appl Anim Behav Sci 109:238–248.

Chevillon P, Mircovich C, Dubroca S, et al. 2004. Comparison of different pig euthanasia methods available to farmers. In Proc Int Soc Anim Hyg. pp. 45–46.

Coetzee JF, Lubbers BV, Toerber SE, et al. 2008a. Am J Vet Res 69: 751–762.

Coetzee JF, Lubbers BV, Toerber SE, et al. 2008b. Am J Vet Res 69: 751–762, 46.

Correa J, Torrey S, Devillers N, et al. 2010. J Anim Sci 88: 4086–4093.

Csermely D, Wood-Gush DGM. 1987. Appl Anim Behav Sci 18: 389.

Curtis SE. 1987. Vet Clin North Am Food Anim Pract 3:369.

Damn BI, Forkman B, Pedersen LJ. 2005. Appl Anim Behav Sci 90:3–20.

Dawkins MS. 1998. Q Rev Biol 73:305–328.

Day JEL, Van de Weerd HA, Edwards SA. 2008. Appl Anim Behav Sci 109:249–260.

D'Eath RB. 2004. Aggress Behav 30:435–448.

———. 2005. Appl Anim Behav Sci 55:21–35.

de Koning R. 1985. On the well-being of dry sows. Doctoral thesis, Utrecht University, The Netherlands.

Delumeau O, Meunier-Salaün MC. 1995. Behav Processes 34: 185–196.

de Passillé AMB, Pelletier G, Menard J. 1989. J Anim Sci 67: 2921–2929.

Docking C, Kay R, Day J, et al. 2001. The effect of stocking density, group size and boar presence on the behaviour, aggression and skin damage of sows in a specialized mixing pen at weaning. In Proc British Society of Animal Science, p. 46.

Duncan IJH. 1981. Poult Sci 60:489–499.

Duncan IJH, Petherick JC. 1991. J Anim Sci 69:5017–5022.

Dunshea FR, Colantoni C, Howard K. 2001. J Anim Sci 79: 2524–2535.

Durrell JL, Beattie VE, Sneddon IA, et al. 2003. Appl Anim Behav Sci 84:88–99.

Dybkjær L. 1992. Appl Anim Behav Sci 35:135–147.

Edwards SA. 2002. Livest Prod Sci 78:3–12.

Edwards SA, Mauchline S, Marston GC, et al. 1994. Appl Anim Behav Sci 41:272.

Edwards SA, Mauchline S, Stewart AH. 1993. Farm Build Prog 113:20–23.

Ellis M, McKeith F, Hamilton D, et al. 2003. Analysis of the current downer situation: What do downers cost the industry and what can we do about it? In Proc 4th Am Meat Sci Assoc Pork Quality Symp Columbia, MO, p. 1.

Elmore MR. 2010. The impact of environmentally enriched housing on sow motivation, behavior and welfare. PhD dissertation, Purdue University.

English PR, Morrison V. 1984. Pig News Info 5:369–376.

English PR, Smith WJ, MacLean A. 1984. The Sow—Improving Her Efficiency, 2nd ed. Suffolk, UK: Farming Press Limited, pp. 186–218.

Erasmus MA, Turner PV, Widowski TM. 2010. J Appl Poult Res 19:288–298.

Erhard HW, Mendl M, Ashley DD. 1997. Appl Anim Behav Sci 54: 137–151.

European Food Safety Authority (EFSA). 2004. Welfare aspects of the castration of piglets. Scientific report of the Scientific Panel for Animal Health and Welfare on a request from the Commission related to welfare aspects of the castration of piglets. www.efsa.europa.eu. Accessed May 12, 2011.

Faucitano L, Torrey S, Bergeron R, et al. 2010. J Anim Sci 88:940.

Fix JS, Cassady JP, Holl JW, et al. 2010. Livest Sci 132:98–106.

Flecknell PA. 2000. Animal pain—An introduction. In P Flecknell, A Waterman-Pearson, eds. Pain Management in Animals. London: W.B. Saunders.

Food and Drug Administration (FDA). 2010. Guidance for industry development of target animal safety and effectiveness data to support approval of non-steroidal anti-inflammatory drugs (NSAIDS) for use in animals. www.fda.gov. Accessed June 24, 2010.

Fraser AF, Broom DM. 1997. Farm Animal Behaviour and Welfare. Wallingford, UK: CAB International.

Fraser D. 1975. Anim Prod 21:59–68.

———. 1978. Anim Behav 26:22–30.

Fraser D, Feddes JJR, Pajor EA. 1994. Can J Anim Sci 74:1–6.

Fraser D, Patience JF, Phillips PA, et al. 1990. Water for piglets and lactating sows; quantity, quality and quandaries. In W Haresign, DJA Cole, eds. Recent Advances in Animal Nutrition. London: Butterworths, pp. 137–160.

Fraser D, Thompson BK. 1991. Behav Ecol Sociobiol 29:9–15.

Fraser D, Weary DM, Pajor EA, et al. 1997. Anim Welf 6: 187–205.

Gardner JM, Duncan IJH, Widowski TM. 2001. Appl Anim Behav Sci 74:135–142.

Gerritzen MA, Kluivers-Poodt M, Reimert GM, et al. 2008. Animal 2:1666–1673.

Gonyou HW. 1993. J Agric Environ Ethics 2:37.

Gonyou HW, Parfet KAR, Anderson DB, et al. 1988. J Anim Sci 66:2856–2864.

Goossens X, Sobry L, Ödberg F, et al. 2008. Anim Welf 17:35–41.

Gosling SD. 2001. Psych Bull 127:45–86.

Grandin T. 2010. Improving livestock, poultry and fish welfare in slaughter plants with auditing programmes. In T Grandin, ed. Improving Animal Welfare: A Practical Approach. Wallingford, UK: CAB International, pp. 160–185.

Grandin T, Bruning J. 1992. Appl Anim Behav Sci 33:273–276.

Grandinson K, Rydhmer L, Strandberg E, et al. 2003. Livest Prod Sci 83:141–151.

Gregory NG. 2007. Animal Welfare and Meat Production, 2nd ed. Wallingford, UK: CABI, p. 299.

———. 2008. Meat Sci 80:2–11.

Gudin JA. 2004. Pharmacologic management of pain expert column: Expanding our understanding of central sensitization. www.medscape.com, article #481798, June 28, 2004.

Haga HA, Ranheim B. 2005. Vet Anaesth Analg 32:1–9.

Harris MJ, Gonyou HW. 2003. Can J Anim Sci 83:435–444.

Hart BL. 1998. Neurosci Biobehav Rev 12:123–137.

Haskell MJ, Hutson GD. 1996. Appl Anim Behav Sci 49:375–387.

Hay M, Vulin A, Genin S, et al. 2003. Appl Anim Behav Sci 82:201–218.

Hayne S, Samarakone T, Crowe T, et al. 2009. Variation in temperature within trucks transporting pigs during two seasons in two locations. Adv Pork Prod 20:Abstract #18.

Health of Animals Act. 1990. Health of Animals Regulation. Part XII. Transportation of Animals. laws.justice.gc.ca. Accessed on March 5, 2011.

Heinritzi K, Hutter ST, Reich E. 1994. The effect of different methods of tooth resection on piglets. In 13th Proc Congr Int Pig Vet Soc, Bangkok, p. 489.

Hemsworth PH, Barnett JL, Campbell RG. 1996. Appl Anim Behav Sci 49:389–401.

Hemsworth PH, Barnett JL, Coleman GJ. 1993. Anim Welf 2:33–51.

Hemsworth PH, Barnett JL, Coleman GJ et al. 1989. Appl Anim Behav Sci 23:301–314.

Hemsworth PH, Barnett JL, Hansen C. 1986. Appl Anim Behav Sci 15:303–314.

———. 1987. Appl Anim Behav Sci 17:245–252.

Hemsworth PH, Coleman GJ, Barnett JL. 1994. Appl Anim Behav Sci 39:349–362.

Hodgson DS. 2006. Vet Anaesth Analg 33:207–213.

———. 2007. Vet Anaesth Analg 34:117–124.

Huang X, Zhang G, Herring SW. 1994. Comp Biochem Physiol 107A:647–654.

Hunter EJ, Jones TA, Guise HJ, et al. 1999. Pig J 43:18–32.

Hurnik JF, Webster AB, Siegel P. 1995. Dictionary of Farm Animal Behavior, 2nd ed. Ames, IA: Iowa State University Press.

Jensen MB, Pedersen LJ. 2010. Appl Anim Behav Sci 123:1–6.

Jensen P. 1986. Appl Anim Behav Sci 16:131–142.

Jensen P, Yngvesson J. 1998. Appl Anim Behav Sci 58:49–61.

Jerison HJ. 1997. Evolution of the prefrontal cortex. In NA Kragnegor, GR Lyon, P Goldman-Rakic, eds. Development of the Prefrontal Cortex: Evolution, Neurobiology and Behavior. Baltimore, MD: Paul H. Brooks Publishing Co., pp. 9–27.

Johnson AK, Morrow JL, Dailey JW, et al. 2007. Appl Anim Behav Sci 105:59–74.

Johnson AK, Sadler LJ, Gesing LM, et al. 2010. Prof Anim Sci 2:9–17.

Kaiser GM, Heuer MM, Fruhauk NR, et al. 2006. J Surg Res 130:73–79.

Keeling LJ, Bracke MBM, Larsen A. 2004. Who tailbites and who doesn't in groups of fattening pigs? In Proc 38th Congress ISAE. Helsinki, Finland, p. 70.

Kelley KW. 1980. Ann Rech Vet 11:445–478.

Kennedy MJ, Broom DM. 1996. Factors modulating aggression received by pigs mixed individually into groups. In IJH Duncan, TM Widowski, DN Haley, eds. Proc 30th Int Congr Int Soc Appl Ethology. Guelph, ON: Center for Study of Animal Welfare, p. 52 (Abstract).

Knap PW, Merks JWM. 1987. Livest Prod Sci 17:161–167.

Kritas SK, Morrison RB. 2007. Vet Rec 160:149–152.

Langenbach GEJ, Van Eijden TMGJ. 2001. Am Zool 41:1338–1351.

Lay DC, Haussmann MF, Buchanan HS, et al. 1999. J Anim Sci 77:2060–2064.

Leidig MS, Hertrampf B, Failing K, et al. 2009. Appl Anim Behav Sci 116:174–178.

Leonard FC, Stienezen I, Lynch PB. 1997. Behaviour of sows with overgrown hooves in the farrowing house. In Agriculture Research Forum, Dublin.

Luescher UA, Friendship RM, Lissemore KD, et al. 1989. Appl Anim Behav Sci 22:191–214.

Luescher UA, Friendship RM, McKeown DB. 1990. Can J Anim Sci 70:363–370.

MacLean PD. 1990. The Triune Brain in Evolution. New York: Plenum Press.

Manning L, Chadd SA, Baines RN. 2007. Worlds Poult Sci J 63:46–62.

Marchant JN, Broom DM, Corning S. 2001. Anim Sci 72:19–28.

Marchant JN, Mendl MT, Rudd AR, et al. 1995. Appl Anim Behav Sci 46:49–56.

Marchant-Forde JN, Lay DC Jr., McMunn KA, et al. 2009. J Anim Sci 87:1479–1492.

McGlone JJ. 1985. J Anim Sci 61:559–565.

McGlone JJ, Curtis SE. 1985. J Anim Sci 60:20–24.

McGlone JJ, Hellman JM. 1988. J Anim Sci 66:3049–3058.

McGlone JJ, Morrow JL. 1988. J Anim Sci 66:880–884.

McGlone JJ, Nicholson RI, Hellman JM, et al. 1993. J Anim Sci 71:1441–1446.

McKinstry JL, Anil MH. 2004. Meat Sci 67:121–128.

Mendl MT, Erhard HW. 1997. Social choices in farm animals: To fight or not to fight? In Animal Choices, Vol. 20. BSAS Occasional Publication, pp. 45–53.

Mendl MT, Zanella AJ, Broom DM. 1992. Anim Behav 44:1107–1121.

Metz JHM, Gonyou HW. 1990. Appl Anim Behav Sci 27:299–309.

Meunier-Salaün MC, Bataille G, Rugraff Y, et al. 2002. J Anim Sci 85(Suppl 1):371.

Millman SM. 2007. Anim Welf 16:123–125.

Moberg GP. 2000. Biological responses to stress: Implications for animal welfare. In GP Moberg, JA Mench, eds. The Biology of Animal Stress: Basic Principles and Implications for Animal Welfare. Wallingford, UK: CAB International, pp. 1–21.

Moinard C, Mendl M, Nicol CJ, et al. 2003. Appl Anim Behav Sci 81:333–355.

Morgan CA, Lawrence AB, Chirnside J, et al. 2001. Anim Sci 73:471–478.

Mormède P. 1990. Neuroendocrine responses to social stress. In R Zayen, R Dantzer, eds. Social Stress in Domestic Animals. Dordrecht, The Netherlands: Kluwer, pp. 203–211.

Morrow WEM, Meyer RE, Roberts J, et al. 2006. J Swine Health Prod 4:25–34.

Morrow-Tesch JL, McGlone JJ, Salak-Johnson JL. 1994. J Anim Sci 72:2599–2609.

Moya SL, Boyle LA, Lynch PB, et al. 2007. Appl Anim Behav Sci 111:133–145.

National Pork Board (NPB). 2009. On farm euthanasia of swine: Recommendations for the producer. Pub. 04259-01/09, Des Moines, IA.

———. 2010. Pork Quality Assurance Program Plus (PQA Plus). Des Moines, IA, p. 100.

Noonan GJ, Rand JS, Priest J, et al. 1994. Appl Anim Behav Sci 39:203–213.

O'Connell NE, Beattie VE, Moss BW. 2003. Anim Welf 12: 239–249.

Otten W, Puppe B, Kanitz E, et al. 1999. Vet Med 46:277–292.

Paetkau L, Whiting T. 2008. Can Vet J 49:489–493.

Panksepp J. 1990. The psychoneurology of fear: Evolutionary perspectives and the role of animal models in understanding human anxiety. In GD Burrows, M Roth, JR Noyes, eds. Handbook of Anxiety No. 3, The Neurobiology of Anxiety. Amsterdam, The Netherlands: Elsevier/North-Holland Biomedical Press, pp. 3–58.

———. 1998. Affective Neuroscience: The Foundations of Human and Animal Emotions. New York: Oxford University Press.

Panksepp J, Knutson B, Burgdorf J. 2002. Addiction 97:459–469.

Phillips PA, Fraser D. 1990. Am Soc Agric Eng 6:79–81.

Phillips PA, Fraser D, Pawluczuk B. 2001. Am Soc Agric Eng 17:845–847.

Pitts AD, Weary DM, Pajor EA, et al. 2000. Appl Anim Behav Sci 68:191–197.

Pomeroy RW. 1960. J Agric Sci 54:31–56.

Price EO. 1998. Behavioural genetics and the process of animal domestication. In T Grandin, ed. Genetics and the Behaviour of Domestic Animals. London: Academic Press, pp. 31–65.

Pritchard V. 1996. Oestrous and mating behaviour in group housed sows and the effect of social dominance. MSc thesis, University of Aberdeen, UK.

Prunier A, Mounier AM, Hay M. 2005. J Anim Sci 83:216–222.

Puppe B, Schön PC, Tuchscherer A, et al. 2005. Appl Anim Behav Sci 95:67–78.

Quinn MM, Keuler NS, Lu Y, et al. 2007. Vet Surg 36:360–367.

Raj A. 1999. Vet Rec 144:165–168.

Raj A, Gregory N. 1996. Anim Welf 5:71–78.

Randolph JH, Cromwell GL, Stahly TS, et al. 1981. J Anim Sci 53:922–927.

Ranheim B, Haga HA, Ingebrigtsen K. 2005. J Vet Pharmacol Ther 28:481–483.

Rau JA. 2002. Behavior and performance of early-weaned pigs: Effects of trough-anchored blind teats and liquid food. MSc thesis, University of Guelph, Canada, pp. 81–85.

Ritter M, Ellis M, Benjamin M, et al. 2005. J Anim Sci 83:258.

Ritter M, Ellis M, Berry N, et al. 2009. Prof Anim Sci 25: 404–414.

Ritter M, Ellis M, Bertelsen C, et al. 2007a. J Anim Sci 85:3454.

Ritter MJ, Swan JE, Gillis MH, et al. 2007b. J Anim Sci 5:127.

Rodarte LF, Ducoing A, Galindo F, et al. 2004. J Appl Anim Welf Sci 7:171–179.

Rushen J. 1996. J Anim Sci 74:1990–1995.

Samarakone TS, Gonyou HW. 2009. Appl Anim Behav Sci 121:8–15.

Schaefer A, Salomons M, Tong A, et al. 1990. Appl Anim Behav Sci 27:41–52.

Schmolke S, Li Y, Gonyou H. 2003. J Anim Sci 81:874–878.

Schrøder-Petersen D, Simonsen H. 2001. Vet J 162:196–210.

Séguin M, Friendship R, Kirkwood R, et al. 2006. J Anim Sci 84:1227–1237.

Seth AKB, Baars BJ, Edelman DB. 2005. Criteria for consciousness in humans and other animals. Conscious Cogn 14:119–139.

Siegel A. 2005. The Neurobiology of Aggression and Rage. Boca Raton, FL: CRC Press.

Smith A, Stalder K, Serenius T, et al. 2007. J Swine Health Prod 15:213–218.

Smith AC, Swindle MM. 2008. Anesthesia and analgesia in swine. In RE Fish, MJ Brown, PJ Danneman, AZ Karas, eds. Anesthesia and Analgesia in Laboratory Animals, 2nd ed. Amsterdam, The Netherlands: Elsevier, pp. 413–439.

Smulders D, Hautekiet V, Verbeke G, et al. 2008. Anim Welf 17:61–69.

Spencer CSG. 1985. Livest Prod Sci 12:31–46.

Spicer E, Driesen S, Fahy V, et al. 1985. Aust Adv Vet Sci 122.

Spoolder HA, Waiblinger MS. 2009. Chapter 7: Pigs and humans. In JM Forde, ed. The Welfare of Pigs. Dordrecht, The Netherlands: Springer Science + Business Media, pp. 211–236.

Stienezen I. 1996. Welfare of confined sows with overgrown hooves in the farrowing house. MS thesis, Moorepark Dairy Production Research Institute, Fermoy, Ireland.

Stolba A, Wood-Gush DGM. 1989. Anim Prod 48:419–425.

Stookey JM, Gonyou HW. 1994. J Anim Sci 72:2804–2811.

Straw BE, Bartlett P. 2001. J Swine Health Prod 9:19–23.

Sutherland M, Bryer P, Krebs N, et al. 2008. Animal 2:292–297.

Sutherland MA, Davis BL, McGlone JJ. 2011. The effect of local or general anesthesia on the physiology and behavior of tail docked pigs. Animal 5:1237–1246.

Taylor A, Weary D, Lessard M, et al. 2001. Appl Anim Behav Sci 73:35–43.

Thun R, Gajewski F, Janett F. 2006. J Physiol Pharmacol 57: 189–194.

Tonge CH, McCance RA. 1973. J Anat 115:1–22.

Toplis P, Blanchard PJ, Miller HM. 1999. Creep feed offered as a gruel prior to weaning enhances performance of weaned piglets. In Proc 7th Conf Australasian Pig Sci Assoc, p. 129.

Torrey S, Devillers N, Lessard M, et al. 2009. J Anim Sci 87: 1778–1786.

Torrey S, Widowski TM. 2004. J Anim Sci 82:2105–2114.

———. 2006. Appl Anim Behav Sci 101:288–304.

Tucker A, Duncan I, Millman S, et al. 2010a. J Anim Sci 88:2277–2288.

Tucker A, Friendship R, Widowski TM. 2010b. J Swine Health Prod 18(2):68–74.

Tucker A, Widowski TM. 2009. J Anim Sci 87:2274–2281.

Turner S, Allcroft D, Edwards SA. 2003. Livest Prod Sci 82: 39–51.

Turner SP, Sinclair AG, Edwards SA. 2000a. Appl Anim Behav Sci 67:321–334.

USLegal. 2010. Animal Cruelty Law and Legal Definition. definitions.uslegal.com/a/animal-cruelty/. Accessed August 31, 2010.

van der Steen H, Schaeffer L, de Jong H, et al. 1988. J Anim Sci 66:271–279.

van Putten G, Buré RG. 1997. Appl Anim Behav Sci 54:173–183.

von Borell E, Baumgartner J, Giersing M, et al. 2009. Animal 3:1488–1496.

Walker B, Jäggin N, Doherr M, et al. 2004. J Vet Med 51: 150–154.

Waran N, Broom D. 1993. Anim Prod 56:115–119.

Warnier A, Zayan R. 1985. Effects of confinement upon behavioural, hormonal response and production indie in fattening pigs. In R Zayan, ed. Social Space for Domestic Animals. Dordrecht, The Netherlands: Martinus Nijhoff, pp. 128–150.

Warriss P, Brown S, Adams S. 1994. Meat Sci 38:329–340.

Weary D, Pajor E, Thompson B, et al. 1996. Anim Behav 51: 619–624.

Whay H, Main D, Green L, et al. 2003. Anim Welf 12:205–217.

White R, DeShazer J, Tressler C, et al. 1995. J Anim Sci 73: 381–386.

Widowski T, Curtis S. 1989. J Anim Sci 67:3266–3276.

———. 1990. Appl Anim Behav Sci 27:53–71.

Widowski T, Elgie R, Lawlis P. 2008a. Assessing the effectiveness of a non-penetrating captive bolt for euthanasia of newborn piglets. In Proc AD Leman Swine Conf, pp. 107–111.

Widowski T, Torrey S, Bench C, et al. 2008b. Appl Anim Behav Sci 110:109–127.

Widowski T, Yuan Y, Gardner J. 2005. Lab Anim 39:240–250.

Wiegand R, Gonyou H, Curtis S. 1994. Appl Anim Behav Sci 39:49–61.

Wolter B, Ellis M. 2002. Pig News Info 23:17N–20N.

Woods J, Shearer J, Hill J. 2010. Recommended on-farm euthanasia practices. In T Grandin, ed. Improving Animal Welfare: A Practical Approach. Wallingford, UK: CAB International, pp. 186–213.

World Organisation for Animal Health (OIE). 2010. Glossary of the Terrestrial Animal Health Code. www.oie.int/eng. Accessed August 25, 2010.

Worobec E, Duncan I, Widowski T. 1999. Appl Anim Behav Sci 62:173–182.

Wotton S, Gregory N. 1986. Res Vet Sci 40:148–151.

Young RJ. 2003. Environmental Enrichment for Captive Animals. Abingdon, Oxford, UK: Blackwell Publishing.

Zonderland J, Wolthuis-Fillerup M, van Reenen C, et al. 2008. Appl Anim Behav Sci 110:269–281.

4 种猪的利用年限
Longevity in Breeding Animals

Kenneth Stalder,Sylvie D'Allaire,Richard Drolet 和 Caitlyn Abell

在商品种猪生产中,母猪利用年限的缩短会导致经济效益低下以及动物福利问题。建立有效的淘汰措施是猪群健康管理的重要组成部分,而且从各方面都会影响猪群的经济效益。淘汰率偏高导致母猪群年轻化,青年母猪的生产能力低、非生产天数增多,其后代死亡率高,生长率和饲料利用率降低。同时淘汰率偏高需要补充较多的后备母猪,这就增加了疾病风险,提高了生产成本。如果后备母猪补充不足,将导致猪群比例失调,影响猪群的繁殖效率,破坏正常的生产秩序。反之,如果猪群淘汰率偏低,将导致母猪群老化,易感染某些疾病,繁殖水平也随之下降。

制定合理的淘汰程序时应根据种猪的平均利用年限、死淘原因、与淘汰相关的空怀天数、繁殖寿命和影响利用年限的风险因素进行综合决策。

利用年限的计算
MEASURES OF LONGEVITY

制定淘汰程序首先应确定猪群平均利用年限。利用年限可用去除率、淘汰率、更新率、后备母猪所占比例、存栏母猪的平均胎次以及母猪淘汰时的平均胎次等指标反映出来。也有学者建议采用其他的经济指标,例如群体中每天断奶仔猪数、仔猪的平均断奶天数或产每头仔猪所需天数(Culbertson 和 Mabry,1995;Lucia,1997;Stalder

等,2000,2003)。

"去除率"涵盖了所有类型的去除,包括淘汰、自然死亡和安乐死。去除率用猪群一年内被淘汰的猪的数量除以平均存栏量,乘以 100 来表示。去除率和死亡率应分别分析,安乐死的猪只数量也应与自然死亡率区别开。据报道,母猪的年去除率一般为 35%～55%(Boyle 等,1998;Dagorn 和 umaitre,1979;D'Allaire 等,1987;Dijkhuisen 等,1989;Engblom 等,2007;Friendshi 等,1986;Knauer 等,2007;Marsh 等,1992;Mote 等,2009;Paterson 等,1997a;Pattison 等,1980)。大多数猪场的去除率偏高。推荐的去除率范围是 39%～40%,其中淘汰数占 35%～36%,死亡数占 3%～5%(Dial 等,1992;Muirhead,1976)。猪场不同,去除率也不同,因为猪群规模、育种方式、品种和平均存栏量等因素都影响去除率。良种繁育场都应该提高去除率,以优化猪的遗传性能,提供遗传缺陷少的猪。市场变化趋势和经济状况也影响着畜主的淘汰策略和淘汰时间(Brandt 等,1999;Staldert 等,2004)。

由于"母猪平均存栏量"可能互不相同,很难比较不同母猪群的去除率。后备母猪在繁殖周期内分不同批次补充到猪群内,存栏量可能仅指成年母猪;也可能既包括成年母猪,又包括后备母猪。为了统一标准,建议年去除率仅统计被淘汰的性成熟母猪数量。

猪病学,第 10 版,由 Jeffrey J. Zimmerman,Locke A. Karriker,Alejandro Ramirez,Kent J. Schwartz,Gregory W. Stevenson 主编。

猪群的利用年限也可以用更新率来进行评估。更新率是用新增添猪的数量除以平均存栏量,然后乘以 100 来表示。存栏量恒定,去除率和更新率应相近。

淘汰时猪群的平均胎次反映了母猪在猪群内的平均饲养时间,由于平均胎次常受极值的影响,所以研究被淘汰母猪的胎次分布很有意义。对大多数种猪来说,预期繁殖寿命并不很高。研究报道,猪群的平均淘汰胎次是 2～5.6 胎,个别猪群为 2～8 胎(Arganosa 等,1981b;D'Allaire 等,1987;Koketsu 等,1999;Lucia 等,2000;Pedersen,1996;Stein 等,1990)。有些母猪早期就被淘汰了,因此自然寿命可能介于 12～15 岁(Pond 和 Mersmann,2001)之间。了解淘汰原因及淘汰时间,可较好地维持猪群的繁殖寿命。适时调整种猪群会改善母猪的生产寿命,并创造商业利润。如果母猪在利用年限内产仔较少,会影响后备母猪投资成本的回收(Stalder 等,2000,2003)。

后备母猪和初产母猪在淘汰总量中所占比例较高。研究报道,4 胎次以前被淘汰的母猪占淘汰总量的 50％～69％(Arganosa 等,1981b;Dagornang 和 Aumaitre,1979;D'Allaire 等,1987;Kangasniem,1996;Lucia,1997;Patersom 等,1997a)。7 胎次及以上的母猪被淘汰的可能性最大,其次是后备母猪和初产母猪(Tiranti 等,2004)。不同胎次的母猪被淘汰的具体原因也不同。初产母猪多因繁殖障碍和运动障碍被淘汰,而高胎次母猪多因生产性能低下和老龄化被淘汰(Boyle 等,1998;Lucia,1996;Paterson 等,1997a、b)。

推荐的理想胎次分布
Ideal Parity Distribution Recommendations

猪群理想的胎次分布结构是商品猪养殖的重要保障,可避免大规模地更换后备母猪。正如 Dial 等(1992)建议,要提供统一的猪群标准胎次分布很困难,因不同猪场猪群的最佳胎次分布情况不同,这与品种、更新费用、设备和畜牧管理技术水平不同等因素密切相关。种猪群理想的胎次结构是在母猪淘汰前可提供更多的胎次(Abell 等,2000)。种猪群中母猪的分布和不同年龄猪的比例为线性函数。最佳的猪群胎次分布是,90％

的后备母猪能成功转为初产母猪,90％的初产母猪能成功转为 2 胎次母猪(Leman,1992)。

母猪的淘汰依据
REASONS FOR SOWS LEAVING THE HERD
母猪的淘汰原因
Causes for Sow Culling

母猪不能满足繁殖需要时就被淘汰。分析淘汰原因有助于我们发现潜在的疾病风险或管理中存在的问题。多项研究揭示了母猪淘汰的普遍规律:其中繁殖障碍是主要原因,其次是年龄老化、繁殖性能低下、运动障碍、死亡和泌乳问题等因素。淘汰措施因时间、地域、群体和胎次不同而出现差异。

有的作者还用"主动淘汰(计划淘汰)"和"被动淘汰(计划外淘汰)"这些术语。要划分两者的界限是非常困难的,主动淘汰的原因通常指年龄老化、繁殖性能低下、产弱仔以及泌乳障碍,畜主根据上述原因主动确定淘汰时间;被动淘汰由其他原因引起,例如运动障碍和繁殖障碍,畜主对这些原因导致的淘汰难以预料。主动淘汰可以最大限度地减少空怀天数,并有助于做好新后备群的引进计划。

繁殖障碍造成的淘汰(Reproductive Failure Effects on Sow Culling)。繁殖障碍包括多种情况:后备母猪不发情、断奶母猪不发情、定期或不定期反复发情、不孕、绝产和流产等。繁殖障碍是母猪被淘汰的主要原因,占淘汰总量的 13％～49％。Paterson 等观察记录了母猪断奶后最长的空怀天数(Paterson 等,1997a)。所以加强母猪的繁殖管理并时刻关注每头母猪的繁殖状况是很有必要的。

青年母猪要比老龄母猪更容易因繁殖障碍而被选育淘汰(Dagorn 和 Aumaitre,1979;D'Allaire 等,1987;Dijkhuizen 等,1989;Lucia,1997;Paterson 等,1997a;Stein 等,1990),这些青年母猪平均每窝产仔 2～4 头。发情鉴定不准、过早配种、不适当的公猪刺激、发育不良的或过度利用的公猪配种、营养不良、传染病或中毒病、管理不当和环境太差都能导致青年母猪的繁殖障碍,使淘汰率偏高。猪群中的老龄母猪经历了选择过程(自然选择过程),不易发生繁殖障碍。未孕母猪在预计怀孕以后很长时间才被发现。应淘汰平均每75～79 d就反复发情的母猪,如果断奶后121～132 d仍不能产仔,也应被淘汰(Paterson等,1997a;Pattison等,1980)。减少空怀天数非常重要,这样可以降低饲料、劳力和未充分利用生产资料所产生的费用。要缩短这一时期,饲养管理中应注意区别最终是未能怀孕还是因妊娠检测不准而引起的空怀,猪场应针对这两种情况采取不同的措施。

后备母猪和初产母猪因不发情而被淘汰的多于老龄母猪(Lucia,1997;Paterson等,1997a)。各猪场淘汰率的不同与母猪自引进或断奶后到配种时的间隔期长短不同有关。有些猪场的间隔期太短,特别是青年母猪自断奶到配种的间隔期较长,造成不必要的淘汰,应进一步研究确定较合理的间隔期。流产不是淘汰的主要原因,小于淘汰总量的3%,但感染PRRS的猪群除外。

当因繁殖障碍被淘汰的比例较高时,应剖检观察猪群生殖道的生理状态,以便核实畜主的淘汰原因。Josse等(1980)检查了338头母猪的生殖道,并将检查结果与畜主提供的母猪淘汰原因进行比较。发现36%的母猪没有繁殖障碍。Eiharsson等(1974)检查了54头因不发情而被淘汰的后备母猪,发现其中23头黄体已经发育,有2头已怀孕。造成这种现象的原因可能是发情或妊娠检测不准、安静发情,也可能在决定淘汰到屠宰期间其生理状态发生了变化。

年龄老化(衰老)造成的淘汰(Age Effects on Sow Culling)。 年龄老化是母猪被淘汰的第二个主要原因,占淘汰总量的3%～33%,淘汰母猪的平均胎次为7～9胎。随着其他原因淘汰数量的下降,年龄老化引起的淘汰比例会相应提高。"年龄老化"和"生产性能低"有着密切关系,因为老龄母猪的显著特点就是繁殖性能下降。年龄老化是相对的,有的畜主淘汰了5～6胎次的母猪。根据Dijkhuizen等(1986)推荐的模式,最经济的平均淘汰胎次是10胎。因为更新猪群、青年母猪产仔窝数少、产仔率低以及较长的空怀期浪费很多资金,所以8胎次之前就淘汰母猪是很不经济的。Dijkhuizen等推荐的模式把年更新率、产仔和被淘汰母猪的平均胎次、平均屠宰费用和后备母猪

更新费用都计算在内了。

生产性能下降造成的淘汰(Inadequate Performance Effects on Sow Culling)。 分娩或断奶时仔猪数量少、断奶前死亡率高、仔猪初生体重或断奶体重低都属于繁殖性能下降。因繁殖性能下降所致淘汰数量占淘汰总量的4%～21%,在常见的淘汰原因中占第二位或第三位。Pomeroy(1960)认为,繁殖性能下降是母猪被淘汰的主要原因,约占淘汰总量的33%。但当时的主要原因是管理条件差,猪群规模小,通常不超过10头,而且是在户外产仔。对因生产性能下降而淘汰率较高的猪群进行胎次分析是很必要的。如果太多的青年母猪因生产性能下降而被淘汰,则应采取相应的措施,因为在第3胎以后每窝仔猪的数量会随着胎次的增加而增多。对于这样的猪群,靠淘汰来增强其繁殖力是无效的,因为淘汰后猪群中青年母猪较多,被淘汰的母猪被无经验的后备母猪取代,猪群的生产能力随之下降。Dijkhuizen等(1986)指出,从经济上考虑,即使第1胎的仔猪数低于平均数的50%,初产母猪也不应被淘汰。母猪产仔率低的重复性相当低,仅根据上一胎的产仔数推断下一胎的数量是不科学的。母猪不能因为产仔率低而在三胎之前就被过早淘汰。

运动障碍(Locomotor Problems)。 运动障碍包括骨软骨病、骨关节病、骨软化症、关节炎、弱腿症、后躯麻痹、腐蹄症、蹄和腿部受伤和骨折等。Dewey等(1993)检查了51头因跛行被淘汰的母猪,发现骨软骨病、传染性关节炎和蹄部损伤是造成跛行的主要原因。运动障碍所致淘汰数量占淘汰总量的9%～20%,有的可高达45%。Knauer等(2007)调查了大批母猪,发现超过80%患有至少一处腿部疾病。母猪由于运动障碍而被淘汰意味着高额的经济损失(Dijkhuizen,1989)。Paterson等(1997b)对由于运动障碍而被淘汰的母猪进行了一项调查,结果表明,25%的母猪因为动物福利而被施以安乐死,这些动物因未能出售而产生了巨大的经济损失。

泌乳问题(Milking Problems)。 泌乳问题包括乳房炎、不泌乳、泌乳量少及哺乳能力低下等。这些问题与生产性能下降有关,如泌乳量不足会

影响仔猪断奶体重和断奶前仔猪的死亡率。由这类原因淘汰的母猪数量占淘汰总量的 1%～15%。在有些文献中，哺乳问题还包括了围产期问题。在 Minnesota 州（美国）进行的一项调查中发现因泌乳原因淘汰的母猪平均胎次为 4.6 胎（D'Allair 等，1987）。据 Svendsen 等（1975）报道，母猪产第 2 胎时，因乳房炎而被淘汰的可能性大。Halgaard（1983）报道当母猪产第 3 或第 4 胎后，患乳房炎的危险性相应增加。

母猪死亡原因
Reasons for Sow Mortalities

大多数猪群的年死亡率为 3%～10%，但某些养殖场猪群的死亡率可高达 20%（Abiven 等，1998）。种猪群中的死亡风险呈现增加趋势，尤其在美国（Deen 和 Xue，1999；Koketsu，2000）。此外因种猪群的高死亡率导致的经济损失和动物福利问题也会影响工作人员的积极性（Deen 和 Xue，1999）。较多的自然死亡或安乐死引起很大损失（Dijkhuizen 等，1989、1990；Paterson 等，1997a），包括较长的非繁殖天数、额外的费用（如在淘汰和屠宰前的医疗费用）、无屠宰收入或整窝猪的死亡（因为母猪常在分娩时死亡）。

调查发现，大部分猪场把自然死亡和安乐死亡的母猪都统计在死亡数量之内。这提示在死亡率比较高的猪场，安乐死亡率和其原因应该进行单独分析，因为它可能会使死亡的损失明显增多。Paterson 等对 59 头猪只的调查研究发现，在 9% 的死亡率中自然死亡率为 5%，而安乐死亡率为 4%（Paterson 等，1997a）那些缺乏养猪经验、兽医技能低的工人不能很快发现患病母猪并采取及时有效的措施，以至于情况恶化并危及猪群生命（Loula，2000）。运输机构拒绝经停药期长的药物治疗的病猪送往屠宰场，因此，如果母猪的健康状况恶化，应提高安乐死致死率（安乐死亡率）。当治疗没有意义时，对母猪实行及时的安乐死也是对动物福利保护的一种体现。

母猪死亡时的平均胎次为 3.4～4.2 胎。不同研究报告及不同猪群之间的差异，与导致母猪死亡的某些特殊原因有关。如年龄因素，膀胱炎-肾盂肾炎多发于老龄母猪（Madec，1984；Paterson 等，1997a），而运动障碍多见于青年母猪（D'Allaire 等，1991；Dewey 等，1993；Doige，1982；Spencer，1979）。了解和控制导致母猪死亡的因素必须分析研究死亡原因。在畜主的报告中，许多母猪突然死亡或猝死，死前没有任何临床症状。如要确定某猪场母猪的真正死亡原因，全年内应剖检相当多数量的母猪以找出死亡的根本原因。标准化的诊断方案和诊断方法可以帮助分析确定猪群的死亡原因（Chagnon 等，1991；Pretzer 等，2000）。

母猪死亡的原因很多，其中有些发生率较高。腹腔器官扭转及异常、心力衰竭、膀胱炎-肾盂肾炎是导致母猪死亡的主要原因，而运动障碍和腿部疾病是导致安乐死的主要原因。

腹腔器官扭转及异常（Torsion and Abdominal Organ Accidents）。 腹腔器官扭转及异常是种猪死亡的主要原因之一。最常见的是胃、脾脏和肝叶发生扭转。胃扩张在没有扭转发生时也可发生（Sanford 等，1994；Ward 和 Walton，1980）。1980 年以前所发表的有关母猪死亡的研究报道并未将腹腔器官扭转作为死亡的主要原因。Karg 等研究报道室内和户外饲养的猪群因腹腔器官扭转及异常所导致的死亡率分别为 20.5% 和 4.1%（Karg 和 Bilkei，2002）。腹腔器官扭转比较常见于老龄母猪（Christensen 等，1995；Morin 等，1984）。尽管这种情况多发生于怀孕母猪，但处于繁殖周期任一阶段的母猪都可能因此病而死。剧烈运动、管理粗放、噪声及母猪发生兴奋都易导致腹腔器官发生扭转（Morin 等，1984）。饲养管理，甚至是厩舍类型，也可以影响腹腔器官扭转的发生率（Abiven 等，1998）。现已证明，任何使母猪快速采食、饮水的兴奋刺激因素都可能导致胃扩张及扭转，这些因素包括每日给饲次数、断料（在周末经常发生），甚至饲料研磨的精细度。剖检常见病猪胃内内容物过多，呈液体状。腹腔器官扭转和其他腹腔器官疾病很容易通过局部尸体剖检确诊，不需要进行实验室诊断。

心力衰竭（Heart Failure）。 许多研究报道认为心力衰竭是母猪死亡的主要原因之一（Abiven,1995；Chagnon 等,1991；D'Allaire 等,1991；Karg 和 Bilkei,2002；Maderbacher 等,1993；Senk 和 Sabec,1970；Smith,1984；Svendsen 等,1975），其致死数量占到死亡总量的 31%。但也有些报道没有将心力衰竭列入死亡原因，或者仅当作偶发病例（Hsu 等,1985；Jones,1967,1968；Madec,1984；Ward 和 Walton,1980）。心力衰竭很难确诊，尤其是急性病例，需依赖现代化的诊断方法。通过病猪出现的特征性病理变化，如皮肤发绀，心包、胸腔及腹腔积液，心室病变，肺水肿，肝和肺瘀血等也可确诊，要综合分析剖检病变、显微病变和微生物学检查以排除其他疾病。

猪对外界因素反应较为敏感，很大程度上是因为其心血管系统很脆弱，因此应尽量避免引起心力衰竭的因素。猪心脏解剖学和生理学许多特点较为独特，包括体积小、重量轻、收缩-舒张频率异常、心肌对缺氧过于敏感等。随着身体的增长，猪心脏重量占体重的比例逐渐减小（Stunzi 等,1959），成年猪的比例在所有家畜中是最小的（Lee 等,1975）。母猪的心脏重量大约占体重的 0.3%，比其他一些运动较多的动物（如犬为 0.8%）小得多（Bienvenu 和 Drolet,1991）。这种生理特点很容易造成其循环系统负担过重，且不易恢复，最终导致急性心力衰竭（Thielscher,1987）。

运动量不足对圈养猪的心血管系统功能也有影响。因此，凡是使母猪心血管系统负担加重的因素都易导致其发生心力衰竭，这些因素包括：肥胖、分娩、环境温度过高以及由交配、打架、运输等引起的应激（Drolet 等,1992）。

Drolet 等（1992）和 Christensen 等（1995）研究发现，死于心力衰竭的母猪比死于其他原因的母猪重且肥。因此，应科学合理饲喂怀孕母猪，避免过重或过肥。Chagnon 等研究了 137 头母猪死亡的原因，发现 43 头死于心力衰竭，其中超过 60% 的病例发生在围产期，这表明分娩增加了母猪心血管系统的负担（Chagnon 等,1991）。由环境高温引起的母猪心血管系统功能障碍导致某些猪群损失严重。D'Allaire 等调查研究了 130 个圈养种猪群，发现仅在占全年全长 0.8%（3/365

d）的 3 d 内，因持续高温致死的数量竟达到全年死亡总量的 11%（D'Allaire 等,1996），但只有 3 头母猪在当时送到附近的实验室进行尸检。正如 Sanford 等（1994）所述，很容易被畜主发现的死亡原因，如天气炎热，不能充分代表被送到实验室进行诊断的母猪的死因。圈养母猪对热应激很敏感，既不能靠在泥里打滚降低体温，也不能走到可以降低环境湿度和增加散热的通风处。适当的通风对圈养母猪尤其是对产房内的临产母猪有重要作用。当舍内温度和湿度过高时，可以采用移动性风扇和其他降温系统来缓解。也可以通过移去产热源（例如红外线灯），减少对母猪的刺激以及避开一天中最热的时候喂料以减少热应激。需要区别心力衰竭与遗传性疾病恶性高温（猪应激综合征）。

膀胱炎-肾盂肾炎（Cystitis-Pyelonephritis）。死于膀胱炎-肾盂肾炎的母猪占死亡总数的3%～15%（Christensen 等,1995；Jones 等,1968）。但有些研究报告认为尿道感染是母猪死亡的主要原因，其致死数占死亡总数的 40%（Jones,1967；Karg 和 Bilkei,2002；Madec,1984；Smith,1984）。从患膀胱炎-肾盂肾炎母猪体内最常分离到的细菌是大肠杆菌（Escherichia coli）和猪放线杆菌（Actinobaculum suis）（Carr 和 Walton,1993；D'Allaire 等,1991；Madec 和 David,1983；Smith,1984）。其他与尿道感染有关的细菌有变形杆菌（Proteus spp.）、链球菌（Streptococci）、肠球菌（Enterococci）、微球菌（Micrococci）、克雷伯氏杆菌（Klebsiellae）和化脓隐秘杆菌（Arcanobacterium pyogenes）。

在不能进行剖检或仅凭尿道局部病变难以确定死亡原因时，检测眼内液中尿素的浓度是诊断膀胱炎-肾盂肾炎的可靠方法（Drolet 等,1990）。死于膀胱炎-肾盂肾炎母猪的眼内液中尿素浓度（45～52 mmol/L）高于死于其他原因的母猪（9～10 mmol/L）（Arauz 和 Perfumo,2000；Chagnon 等,1991）。

母猪患膀胱炎-肾盂肾炎的危险性随年龄增长而增加（Jones,1967；Paterson 等,1997a），但有关这种年龄相关易感性的资料尚不充分。运动量少、腿部损伤（Madec 和 David，1983）以及肥胖（Smith，1983）常见于老龄母猪，更易诱发尿道感染，导致排尿频率降低，细菌排出量减少，为细菌繁殖提供了有利条件（Smith，1983）。也有作者认为饮水不足是导致该病的主要原因（Madec 和 David，1983）。圈养猪因运动量少和卫生条件差（如圈养猪有时不得不躺卧在自己的粪尿上）更易发生尿道感染（Madec 和 David，1983；Muirhead，1983）。

传染病（Infectious Diseases）。增生性肠炎、呼吸与繁殖障碍综合征和其他传染病的致死率也很高。虽然这些传染病通常呈短暂性暴发，但死亡率在这些偶发疾病中可高达 10%（Halbur 和 Bush，1997；Yates 等，1979）。多数研究报道，子宫内膜炎所致的死亡数量不足母猪死亡总量的 9%，常并发尿道感染，偶尔并发乳房炎（乳房炎通常不是引起死亡的原因）。

肺炎不是母猪死亡的主要原因，致死数量很少超过死亡总数的 5%。幼年猪通常比成年猪更易患肺炎（Pijoan，1986），这可以解释为什么肺炎不是成年母猪死亡的主要原因，而更容易感染青年母猪（Chagnon 等，1991）。

一些国家有感染诺维氏芽孢梭菌（*Clostridium novyi*）而引起母猪死亡的报道（Abiven，1995；Walton 和 Duran，1992）。由诺维氏芽孢梭菌感染引起的急性死亡（梭菌性肝炎）很难诊断，此菌常在动物死后初期侵入尸体，尤其在较温暖时更易侵入成年猪（Taylor 和 Bergeland，1992）。Duran 和 Walton（1997）从不同方面对该病进行了研究，发现感染母猪表现为全身性的浮肿、皮下气肿、体腔充满发臭的血样液体、肝肿大、肝实质发生气肿而呈海绵状。Mauch 等报道几例因感染梭菌（*Clostridium difficile*）而死于围产期的母猪，采用恩诺沙星治疗此病无效（Mauch 和 Bilkei，2003）。早期研究发现败血症和心内膜炎是母猪偶发的死亡原因。

子宫下垂和分娩并发症（Uterine Prolapse and Complications at Parturition）。因子宫下垂死亡的数量占死亡总数的比例一般低于 7%。本病多发于老龄母猪，其发病率高的原因尚不清楚，可能与骨盆口大、子宫长而软、骨盆及会阴部过度松弛有关，因此经常在老龄母猪中发生（Roberts，1986）。虽然偶尔有因难产和分娩并发症死亡的报道，但不能将围产期所有的死亡原因都归于此。如前所述，母猪在围产期死亡率较高与多种因素有关，畜主常将围产期母猪的精神委靡、过度劳累或行动迟缓综合病症误认为是难产。

畜群规模大小对母猪死亡率的影响（Herd Size Effects on Sow Mortality）。Christensen 等（1995）发现多于 100 头母猪的畜群其死亡风险比少于 50 头的畜群高出 3 倍。根据 S. D' Allaire 和 R. Drolet 未公开发表的数据，在对 130 头死亡母猪进行统计后发现 200 头及其以上规模畜群的死亡率明显高于少于 200 头规模的死亡率，其比例分别为 8% 和 6%。Koketsu（2000）研究发现畜群中母猪每增加 500 头，死亡率随之增加 0.44%。

季节与妊娠期对母猪死亡率的影响（Seasonal and Gestational Phase Effects on Sow Mortality）。有资料报道母猪的损失与季节有关系。英国 Jones（1967，1968）发现死亡的母猪中超过 55% 的发生于冬季。这些母猪冬季饲养于室内，夏季饲养于室外。有人研究了夏季死亡率偏高的原因，发现这些猪主要采用全封闭式饲养（Chagnon 等，1991；Deen 和 Xue，1999；Drolet 等 1992；Koketsu 2000）。室内饲养的母猪死亡率偏高与天气变暖后的热应激有关（D' Allaire 等，1996）。与上述报道相反，匈牙利农场每年室内与室外饲养时种猪的年死亡率分别为 5.1% 和 12.2%（Karg 和 Bilkei，2002）。

母猪在哺乳期（Abiven，1995），尤其是在围产期（Chagnon 等，1991；Deen 和 Xue，1999；Duran，2001；Madec，1984）时易出现危险。因此要对处于这一繁殖周期阶段的母猪加强护理以降低死亡率。通常，老龄母猪在这一阶段的死亡率较高（Deen 和 Xue，1999；Koketsu，2000）。

遗传因素对利用年限的影响
GENETIC FACTORS INFLUENCING LONGEVITY

Rydhmer 等（1994）和 Bidanel 等（1996）报道

遗传能够影响与母猪生产相关的各项指标,例如年龄、体重和发育期的背膘生长。此外杂交繁育或杂种优势也会影响母猪的生产年限(Serenius 等,2008)。Živković 等(1986)报道杂交母猪平均 5.3 胎淘汰,而纯种母猪平均 4.4 胎淘汰,两者之间相差 12%。在前三胎被淘汰的母猪中,纯种母猪占 55.2%,杂交母猪占 40.4%。Jorgensen(2000)指出与杂交母猪相比,纯种约克夏母猪的淘汰仔猪平均年龄和数量要低。值得注意的是,纯种母猪由于繁殖障碍和运动障碍而淘汰的比率较高。

利用年限也会受到杂交母猪品种的影响。Hall 等(2002)发现与具有 1/8 或 1/4 杜洛克猪品系的母猪(674 d,639 d)相比,具有 1/4 Meishan 品系的母猪(778 d)拥有更高的平均利用年限。这就使得具有 1/4 眉山品系的母猪平均淘汰胎数(4.54)高于具有 1/8 或 1/14 杜洛克猪品系母猪的平均淘汰胎数(3.79 和 3.67)。其三者的仔猪存活天数依次为 55.0 d,42.7 d 和 42.3 d。

提高种猪利用年限需要选择合适的杂交系。Johnson(2000)表示:国家猪肉委员会"母猪品系工程"的结果已经证明影响寿命与消耗的相关基因是可遗传的。相关的报道也提示遗传品系对于每头母猪的存活、仔猪比例和平均母猪寿命有影响。

四肢健全
Foot and Leg Soundness

前肢向内弯曲,后腿摇摆以及后腿骹关节笔直等特性都对利用年限不利(Jorgensen,1996),而弱骹骨的母猪对于其生产年限具有积极的影响。大量研究表明四肢的特性是可部分遗传的(Bereskin,1979;de Koning,1996;Huang 等,1995;Lundeheim,1987;Rothschild 和 Christian,1988;Serenius 等,2001),而且其中的一些构造特点与母猪的繁殖寿命有关(de Sevilla 等,2008,2009;Serenius 等,2004;Tarres 等,2006;Tiranti 和 Morrison,2006)。Rothschild 和 Christian(1988)表示对前肢优化母猪的筛选仅在五代以内有效,这也表明通过合理的筛选,腿部有问题

的母猪品质得以优化。Rothschild 等(1988)认为腿部疾病与背膘生长呈反相关关系。很多种猪保育供应商已经应用此规律多年,这也解释了为什么许多商人在畜群中寻找四肢有问题的母猪。很明显,一些健康的特征对于早期的淘汰很有意义。向内弯曲的前肢、悬垂的后腿、后腿中笔直的骹关节及后腿向上都不利于延长种猪的利用年限。

后备母猪的生长发育
Gilt Development

对后备母猪的生长发育进行有效管理可以培育出体格优秀(体重,背膘)和第一胎生理指标良好(年龄,发情期)的后备母猪,同时一个管理规范的后备母猪保育基地也能保持良好的经济效益。体格优秀和生理指标良好是充分使用母猪利用年限的重要组成部分(Williams 等,2005)。依据对实验数据和投入产出比例的分析,后备母猪的体重应达到 135～150 kg(300～330 lb)。体重低于 135 kg 的母猪前三胎产仔数量少于体重大于 135 kg 的母猪。此研究也提示饲养者可以忽略种猪身体中组织的储备(背膘,腰肌,深层组织储备)。背膘厚度在 16～19 mm(0.62～0.75 in)时进行筛选,但超出此范围时体重便成为筛选的决定性因素。

后备母猪保育基地需要拥有足够的空间以保证发情期不被延迟。应用公式 $A = kW^{0.667}$ 来计算保育室面积。其中 A 代表面积,k 是常数 0.036,W 代表后备母猪的体重(kg)(Levis,1997)。

在 185～200 日龄时,公猪试情,将性成熟的公猪每天在围栏周围暴露 5～15 min(Levis,1997),充分诱导母猪发情。成年公猪的活跃性包括充足的精液、发出声音和爬跨以及交配的倾向。记录每头母猪的发情日期以便于第二次或第三次发情时配种。以上内容阐述了如何促进初胎母猪产生最多数量的仔猪。后备母猪保育基地最为重要的一项管理措施就是留有足够数量的母猪以备不时之需。无论是由于公猪母猪月龄小,还是隔离或驯化时间不够,一旦公猪与母猪交配都将很

难弥补。因此母猪在配种前都要具备合适的年龄、体重和发情期。从某种意义上来讲，就像有一个"瓶颈"限制着生产。

平均哺乳期对母猪利用年限的影响
Average Lactation Length Effects on Sow Productive Lifetime

平均哺乳期的长短影响畜群每年的淘汰率。较短哺乳期的畜群即使每胎的淘汰率相似，但仍拥有较高的死淘率（D'Allaire 等，1989；Koketsu，2000，Paterson 等，1997a）。一般认为每头母猪每年产的仔猪数量随着哺乳期的缩短而增加。因为每头母猪在两胎之间在一定概率上会被淘汰，所产的胎数越多，被淘汰的概率也就越大。

公猪的利用年限
BOAR LONGEVITY

在人工授精应用不广泛的猪场，合理的公猪淘汰程序显得非常重要，因为它有利于公猪的更新。做好种公猪引进计划非常重要，因为公猪必须隔离一定时间，而其利用期限只有 1 年。公猪的淘汰率普遍较高。D'Allaire 和 Leman 调查了 84 个商品猪群，公猪年淘汰率平均为 59%（D'Allaire 和 Leman，1990）。公猪的配种期一般为 15～20 个月，波动范围为 0.3～38.5 个月（Argenosa 等，1981a；D'Allaire 和 Leman，1990；Le Denmat 等，1980）。在商品猪群中，过重、老龄化、繁殖障碍和运动障碍是公猪被淘汰的主要原因。公猪的品种不同，被淘汰的原因也不同：纯种猪中因繁殖障碍或腿部疾病被淘汰的比例高于杂种公猪，而杂种公猪因老龄和过重被淘汰的比纯种猪多（Le Denmat 和 Runavot，1980）。因此，商品猪群公猪被淘汰的原因不同于人工授精中心。

商品猪群的公猪因繁殖障碍被淘汰的比例比人工授精中心的低（Melrose，1966；Navratil 和 Forejtek，1978）。这个差别是由于人工授精中心公猪的精液必须定期检测，所以被淘汰的快且淘汰率高，公猪因精液质量差而被淘汰的比例高达 23%（Navratil 和 Forejtek，1978）。商品猪群公猪的繁殖性能低是难以鉴定的，要获得可靠的结论，需要收集大量资料，大约要检查 50 窝猪，计算出每窝猪中的每头猪与猪群平均值的差异。所以，没有足够的统计数据是不能做出淘汰的。再者，当收集到足够资料的时候，公猪已可能完成其在群体中的繁殖寿命。

公猪死亡率
Boar Mortality

因死亡淘汰的公猪不到淘汰公猪总量的 7%，一般死亡率要控制在 4% 以下（D'Allaire 和 Leman，1990）。Senk 和 Sabec（1970）分析了 30 头公猪的死亡原因，发现主要有心力衰竭（50%）、运动障碍（23%）、脾脏扭转（10%）、胃溃疡（7%）、心内膜炎（3%）和其他不明病因（7%）。

（梁宏德译，王进校）

参考文献
REFERENCES

Abell CE, Jones GF, Stalder KJ, et al. 2010. Prof Anim Sci 26: 404–411.

Abiven N. 1995. Mortalité des truies: Description des causes de mortalité et facteurs de risque d'un haut taux de mortalité. Mémoire ISPA. Ecole Nationale Vétérinaire de Nantes, France.

Abiven N, Seegers H, Beaudeau F, et al. 1998. Prev Vet Med 33: 109–119.

Arauz SM, Perfumo CJ. 2000. Rev Med Vet (Buenos Aires) 81: 342–344.

Arganosa VG, Acda SP, Bandian MM. 1981a. Phil Agric 64: 41–47.

Arganosa VG, Acda SP, De Guzman AL. 1981b. Phil Agric 64: 1–20.

Bereskin B. 1979. J Anim Sci 48:1322–1328.

Bidanel JP, Gruand J, Legault C. 1996. Genet Sel Evol 28: 103–115.

Bienvenu JG, Drolet R. 1991. Can J Vet Res 55:305–309.

Boyle L, Leonard FC, Lynch B, et al. 1998. Irish Vet J 51: 354–357.

Brandt H, von Brevern N, Glodek P. 1999. Livest Prod Sci 57: 127–135.

Carr J, Walton JR. 1993. Vet Rec 132:575–577.

Chagnon M, D'Allaire S, Drolet R. 1991. Can J Vet Res 55: 180–184.

Christensen G, Vraa-Andersen L, Mousing J. 1995. Vet Rec 137:395–399.

Culbertson MS, Mabry JW. 1995. J Anim Sci 73(Suppl 1):21.

Dagorn J, Aumaitre A. 1979. Livest Prod Sci 6:167–177.

D'Allaire S, Drolet R, Brodeur D. 1996. Can Vet J 37:237–239.

D'Allaire S, Drolet R, Chagnon M. 1991. Can Vet J 32:241–243.

D'Allaire S, Leman AD. 1990. Can Vet J 31:581–583.

D'Allaire S, Morris RS, Martin FB, et al. 1989. Prev Vet Med 7: 255–265.

D'Allaire S, Stein TE, Leman AD. 1987. Can J Vet Res 51: 506–512.

Deen J, Xue J. 1999. Sow mortality in the U.S.: An industry-wide perspective. Proc AD Leman Swine Conf 26:91–94.

de Koning G. 1996. Selection in breeding programmes against leg problems. In V Danielson, ed. Proc of the Nordiska Jordbruksforskares Forening Seminar 265—Longevity of Sows. Tjele, Denmark: Danish Institute of Animal Science, pp. 85–87.

de Sevilla X, Fàbrega E, Tibau J, et al. 2008. J Anim Sci 86:2392–2400.

de Sevilla X, Fàbrega E, Tibau J, et al. 2009. Animal 3:446–453.

Dewey CE, Friendship RM, Wilson MR. 1993. Can Vet J 34:555–556.

Dial GD, Marsh WE, Polson DD, et al. 1992. Reproductive failure: Differential diagnosis. In AD Leman, BE Straw, WL Mengeling, S D'Allaire, DJ Taylor, eds. Diseases of Swine, 7th ed. Ames, IA: Iowa State University Press, pp. 88–137.

Dijkhuizen AA, Krabbenborg RMM, Huirne RBM. 1989. Livest Prod Sci 23:207–218.

Dijkhuizen AA, Krabbenborg RMM, Morrow M, et al. 1990. Sow replacement economics: An interactive model for microcomputers. Compend Contin Educ Pract Vet 12:575–579.

Dijkhuizen AA, Morris RS, Morrow M. 1986. Prev Vet Med 4:341–353.

Doige CE. 1982. Can J Comp Med 46:1–6.

Drolet R, D'Allaire S, Chagnon M. 1992. Can Vet J 33: 325–329.

Drolet R, D'Allaire S, Chagnon M. 1990. J Vet Diagn Invest 2: 9–13.

Duran CO. 2001. Sow mortality. Compend Contin Educ Pract Vet 23:S76–S83.

Duran CO, Walton JR. 1997. Pig J 39:37–53.

Einarsson S, Linde C, Settergren I. 1974. Theriogenology 2: 109–113.

Engblom L, Lundeheim N, Dalin AM, et al. 2007. Livest Sci 106:76–86.

Friendship RM, Wilson MR, Almond GW, et al. 1986. Can J Vet Res 50:205–208.

Grindflek E, Sehested E. 1996. Conformation and longevity in Norwegian pigs. In V Danielsen, ed. Proc Nordiska Jordbruksforskares Forening Seminar 265—Longevity of Sows. Tjele, Denmark: Danish Institute of Animal Science, pp. 77–84.

Halbur PG, Bush E. 1997. J Swine Health Prod 5:73.

Halgaard C. 1983. Nord Vet Med 35:161–174.

Hall AD, Lo S, Rance KA. 2002. Acta Agric Scan Sec A 52: 183–188.

Hsu FS, Chung WB, Hu DK, et al. 1985. J Chin Soc Vet Sci 11: 93–101.

Huang SY, Tsou HL, Kan MT, et al. 1995. Livest Prod Sci 44: 53–59.

Johnson R. 2000. Role of genetics in gilt attrition. Proc AD Leman Swine Conf 28:105–109.

Jones JET. 1967. Br Vet J 123:327–339.

Jones JET. 1968. Br Vet J 124:45–54.

Jorgensen B. 1996. The influence of leg weakness in gilts, on their longevity as sows assessed by survival analysis. Proc Congr Int Pig Vet Soc 14:545.

——. 2000. Acta Vet Scand 41:105–121.

Josse J, Le Denmat M, Martinat-Botté F, et al. 1980. Schweiz Arch Tierheilkd 122:341–349.

Kangasniemi R. 1996. Reasons for culling of sows in the Finnish sow recording scheme. In V Danielsen, ed. Proc Nordiska Jordbruksforskares Forening Seminar 265—Longevity of Sows. Tjele, Denmark: Danish Institute of Animal Science, pp. 17–27.

Karg H, Bilkei G. 2002. Berl Münch Tierärzlt Wochr 115: 366–368.

Knauer M, Stalder KJ, Karriker L, et al. 2007. Prev Vet Med 82: 198–212.

Koketsu Y. 2000. Prev Vet Med 56:249–256.

Koketsu Y, Takahashi H, Akachi K. 1999. J Vet Med Sci 8: 513–515.

Le Denmat M, Runavot JP. 1980. J Rech Porcine France 12:149–156.

Le Denmat M, Runavot JP, Albar J. 1980. Techni-Porc 3:41–48.

Lee JC, Taylor JFN, Downing SE. 1975. J Appl Physiol 38: 147–150.

Leman AD. 1992. Reducing breeding costs and increasing sow longevity. In Pig Production Proc, 186. Sydney Post-Grad Foundation, pp. 181–188.

Levis D. 1997. Management of replacement gilts for efficient reproduction. University of Nebraska Cooperative Extension Bulletin No. EC97-274, University of Nebraska, Lincoln, NE.

Loula T. 2000. Increasing sow longevity: The role of people and management. Proc AD Leman Swine Conf 27:139–142.

Lucia T. 1997. Lifetime Productivity of Female Swine. PhD dissertation, University of Minnesota.

Lucia T, Dial GD, Marsh WE. 1996. Patterns of female removal. I. Lifetime productivity for reproduction and performance-related culls. Proc Congr Int Pig Vet Soc 14:540.

——. 2000. Livest Prod Sci 63:213–222.

Lundeheim N. 1987. Acta Agric Scan 87:159–173.

Madec F. 1984. Rec Méd Vét 160:329–335.

Madec F, David F. 1983. J Rech Porcine France 15:431–446.

Maderbacher R, Schoder G, Winter P, et al. 1993. Dtsch Tierarztl Wochenschr 100:468–473.

Marsh WE, Van Lier P, Dial GD. 1992. A profile of swine production in North America: I. PigCHAMP breeding herd data analysis for 1990. Proc Congr Int Pig Vet Soc 12:584.

Mauch CP, Bilkei G. 2003. Folia Vet 47:210–211.

Melrose DR. 1966. Vet Rec 78:159–168.

Morin M, Sauvageau R, Phaneuf JB, et al. 1984. Can Vet J 25: 440–442.

Mote BE, Mabry JW, Stalder KJ, et al. 2009. Prof Anim Sci 25: 1–7.

Muirhead MR. 1976. Vet Rec 99:288–292.

——. 1983. Vet Rec 113:587–593.

Navratil S, Forejtek P. 1978. Veterinarstvi 28:354–355.

Paterson R, Cargill C, Pointon A. 1997a. Epidemiology of reproductive failure and urogenital disease. Proc Pig Production—The A. T. Reid Course for Veterinarians. Post-Grad Foundation Vet Sci, Univ Sydney, pp. C223–C244.

——. 1997b. Lameness in breeding stock. Proc Pig Production—The A. T. Reid Course for Veterinarians. Post-Grad Foundation Vet Sci, Univ Sydney, pp. C247–C300.

Pattison HD, Cook GL, Mackenzie S. 1980. A study of culling patterns in commercial pig breeding herds. Proc Br Soc Anim Prod Harrogate, pp. 462–463.

Pedersen PN. 1996. Longevity and culling rates in the Danish sow production and the consequences of a different strategy of culling. In V Danielsen, ed. Proc Nordiska Jordbruksforskares Forening Seminar 265—Longevity of Sows. Tjele, Denmark: Danish Institute of Animal Science, pp. 28–33.

Pijoan C. 1986. Respiratory system. In AD Leman, B Straw, RD Glock, WL Mengeling, RHC Penny, E Scholl, eds. Diseases of Swine, 6th ed. Ames, IA: Iowa State University Press, pp. 152–162.

Pomeroy RW. 1960. J Agric Sci (Cambridge) 54:1–17.

Pond WG, Mersmann HJ. 2001. Biology of the Domestic Pig. Ithaca, NY: Cornell University Press, pp. 148–150.

Pretzer SD, Irwin CK, Geiger JO, et al. 2000. J Swine Health Prod 8:35–37.

Roberts SJ. 1986. Veterinary Obstetrics and Genital Diseases (Theriogenology), 3rd ed. Woodstock, VT: S.J. Roberts.

Rothschild MF, Christian LL. 1988. Livest Prod Sci 19:459–471.

Rothschild MF, Christian LL, Jung VC. 1988. Livest Prod Sci 19:473–485.

Rydhmer L, Eliasson-Selling L, Johansson K, et al. 1994. J Anim Sci 72:1964–1970.

Sanford SE, Josephson GKA, Rehmtulla AJ. 1994. Can Vet J 35:388.

Senk L, Sabec D. 1970. Zentralbl Veterinarmed B17:164–174.

Serenius T, Sevon-Aimonen AM, Mantysarri EA. 2001. Livest Prod Sci 69:101–111.

Serenius T, Sevon-Aimónen M-L, Kause A, et al. 2004. J Anim Sci 82:2301–2306.

Serenius T, Stalder KJ, Fernando RL. 2008. J Anim Sci 86:3324–3329.

Smith WJ. 1983. Cystitis in sows. Pig News Info 4:279–281.

———. 1984. Sow mortality—Limited survey. Proc Congr Int Pig Vet Soc 8:368.

Spencer GR. 1979. Am J Pathol 95:277–280.

Stalder KJ, Knauer M, Baas TJ, et al. 2004. Sow longevity. Pig News Info 25:53N–74N.

Stalder KJ, Lacy RC, Cross TL, Conatser GE. 2003. J Swine Health Prod 11:69–74.

Stalder KJ, Lacy RC, Cross TL, et al. 2000. Prof Anim Sci 16:33–40.

Stein TE, Dijkhuizen A, D'Allaire S, et al. 1990. Prev Vet Med 9:85–94.

Stünzi H, Teuscher E, Glaus A. 1959. Zentralbl Veterinarmed 6:640–654.

Svendsen J, Nielsen NC, Bille N, et al. 1975. Nord Vet Med 27:604–615.

Tarrés J, Bidanel JP, Hofer A, et al. 2006. J Anim Sci 84:2914–2924.

Taylor DJ, Bergeland ME. 1992. Clostridial infections. In AD Leman, BE Straw, WL Mengeling, S D'Allaire, DJ Taylor, eds. Diseases of Swine, 7th ed. Ames, IA: Iowa State University Press, pp. 463–464.

Thielscher HH. 1987. Pro Veterinario 3:12.

Tiranti K, Dufresne L, Morrison R, et al. 2004. Description of removal patterns in selected herds. Proc Congr Int Pig Vet Soc 18(2):592.

Tiranti KI, Morrison RB. 2006. Am J Vet Res 67:505–509.

Walton JR, Duran CP. 1992. Sow deaths due to Clostridium novyi infection. Proc Congr Int Pig Vet Soc 12:296.

Ward WR, Walton JR. 1980. Gastric distension and torsion and other causes of death in sows. Proc Congr Pig Vet Soc 6:72–74.

Williams NH, Patterson J, Foxcroft G. 2005. Adv Pork Prod 16:281–289.

Yates WDG, Clark EG, Osborne AD, et al. 1979. Can Vet J 20:261–268.

Živković S, Theodorovi M, Kovin S. 1986. World Rev Anim Prod 22:11–25.

5 环境因素对健康的影响
Effect of the Environment on Health
Joseph M. Zulovich

通常情况下，猪群被饲养于猪舍中。猪舍应为猪群提供一个理想的生长环境。一些建筑或设施问题必须加以处理和完善，以满足猪群对环境的需求。猪群生产方面的福利在第 3 章中已有讨论。对猪群生长造成影响的环境设施因素包括：(1)空气温度，(2)湿度水平，(3)空气速度或气流，(4)室内空气质量，(5)活动空间，(6)粪便处理，(7)饲料和水的摄取，(8)猪舍结构设计以及建设。这些因素会单独或共同影响猪群的环境。猪圈设施的好坏可以用有效性来表示。一个猪舍设施的有效性是指能否提供必要条件以满足猪群的生产性能，以及能否长期保持这些最佳条件。需要提供的条件包括上面列出的第一到第七项。至目前为止，用于评价猪舍设施有效性的精确数值尚未确定，但考察和比较不同猪舍之间猪群的生产性能可以提供一个相对的比较有效的猪舍设施。作为一个有效的猪舍，需要具备以下五个关键指标：

1. 正确选址，以尽量减少任何外界环境的影响；
2. 设计应考虑多种条件因素和饲养管理习惯；
3. 构造符合设计规格；
4. 操作时符合饲养管理习惯；
5. 设计应满足日后要求和设备更新的需要。

这五个标准缺一不可，按照这样的标准进行建设，将为养猪生产提供一个最佳的环境，并实现利润。

本章的总体目标是对猪群的环境进行概述，以了解猪舍的环境特点、管理特性、猪舍的设施或管理（如通风）与环境因素之间的相互关系，这样就可以开始对设施设备的运行参数进行评估，以提高猪的生产性能和健康水平。

基本要素
FUNDAMENTALS

下面提供几个基本的流程和概念，便于对猪群环境以及建筑设施的运行特性（如通风系统）等方面进行定量和定性分析。对这些基本要素的了解，将使我们更好地了解通风系统与猪舍设施的关系。随后，对基本传热系统的描述，也使我们了解猪群与其周围环境、建筑物以及其他物体热量传递交互的过程。

空气湿度
Psychrometrics

在评价猪群周围空气环境、了解通风系统的设计和操作之前，首先需要对空气-蒸汽混合物进行一个基本了解。空气湿度使我们能对空气-蒸汽混合物的热力学特性进行量化。空气-蒸汽混合物的七大特性包括：(1)干球温度，(2)湿球温度，(3)露点温度，(4)相对湿度，(5)湿度比，(6)焓（总热含量），和(7)比容。当两个独立的计量属性

猪病学，第 10 版，由 Jeffrey J. Zimmerman，Locke A. Karriker，Alejandro Ramirez，Kent J. Schwartz，Gregory W. Stevenson 主编。

确定时,可利用温湿图确定空气-蒸汽混合物的所有 7 个特殊属性。每个状态点的空气-蒸汽混合物有一组独特的属性值。焓湿图的基本形状如图 5.1 所示。图中底部的横坐标是空气-蒸汽混合物的干球温度,值由左到右增加。图 5.1 由左到右变高,因为与冷空气相比,温暖的空气可以容纳更多的水分。因此,垂直的刻度表示空气-蒸汽混合物中水分的数量。空气-蒸汽混合物的 7 个属性中,只有 3 个属性——干球温度、相对湿度和露点温度是需要重点介绍的基础知识,因为它们有助于了解空气-蒸汽混合物与猪舍内以及通风系统的关系。

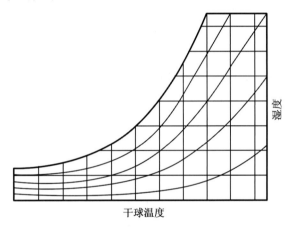

图 5.1 焓湿图的基本形状。

干球温度(Dry Bulb Temperature)。干球温度或空气温度是空气-蒸汽混合物的基本温度,并且很容易用温度计进行测量。为了获得空气-蒸汽混合物的状态,干球温度是最常测量的指标。一个给定的空气-蒸汽混合物状态值位于垂直线上的空气湿度与底轴上的干球温度的相交处,且该状态值由左到右逐渐增加。

相对湿度(Relative Humidity)。相对湿度可以直接使用现在的一些电子传感器测量。相对湿度通常以百分比表示,其定义是在相同的干球温度下,实际水蒸气压力与饱和空气水蒸气压力的比率。或者,简单来说,相对湿度表示在一个特定的温度下空气中包含的"所有"水分。相对湿度线在焓湿图上是从左下到右上的曲线。相对湿度 100% 的值位于焓湿图上最顶端的曲线上。由于暖空气比较冷的空气可以容纳更多的水分,因此实际空气-蒸汽混合物中的水分含量不能只由一

个相对湿度值确定。在焓湿图上,空气-蒸汽混合物的状态值可以由测得的干球温度与测量的相对湿度相交点得来。状态值一旦被确定,空气中的水分含量亦可被确定。

露点温度(Dew Point Temperature)。在测量相对湿度之前,测量露点温度通常用于找到空气-蒸汽混合物的状态值。露点温度的定义是指在气压和湿度比不变的情况下,空气中水分开始凝结的温度。在焓湿图上,露点温度在各种状态点的水平直线上。在干球温度与相对湿度为 100% 的交点上有一个特殊的露点温度。该露点温度与相对湿度为 100% 时空气的温度相等。露点温度的值随垂直方向空气湿度的变化而增加或减少;露点温度可以用来表示空气中水分的真实含量。

湿球温度(Wet Bulb Temperature)。湿球温度代表某个状态点的属性,通常是用基本的干湿球湿度计来测量的。干湿球湿度计是一个测量装置,包含两个相同的温度计。一个温度计是用来测量干球温度。另一个温度计的球体被湿布包裹。被湿布包裹的温度计中的水分蒸发时,带走球体的热量,使球体冷却,从而温度计的温度降低。温度降低的多少与空气中的水分含量成反比。当温度计内的读数稳定后,便可读出温度计上湿球温度。只要得到空气-蒸汽混合物的状态值,利用湿球温度就可以在焓湿图上查到其他所有属性值。许多干湿球湿度计提供计算尺-式装置,在测定干球和湿球温度后,可以用来确定相对湿度。然后,相对湿度可以用来确定空气-蒸汽混合物的状态值。

热传递
Heat Transfer Basics

热传递是指能量从一个物体传递到另一个物体的过程。猪舍内主要有两种形式的热能量转移。其中一种叫显热传递,是指热量从温度高的物体传到温度低的物体。另一种叫潜热传递,是指能量从高压或高湿的物体传到低压或低湿的物体。猪群代谢产生的能量会传递到其周围的环境中。适当的提高或减少显热传递或潜热传递,使其与猪群热量代谢率相适应,将有助于猪群获得热舒适性。如果出现过量的热传递,猪群的热量

损失,体温下降,其健康也会受到影响。如果没有足够的热传递,猪群的热应激和生产性能也会下降。如果环境温度过冷或过热,将会造成猪群代谢产热和传热的失衡,并导致猪群死亡。有关牲畜能量的更多讨论详见 DeShazer 等发表的文章(2009)。

传导(Conduction)。传导是显热传递的第一种形式,且被普遍认为是显热传递中最简单最容易理解的形式。传导依靠物体内部的温度差或两个不同物体的直接接触。热量是从高温物体传递到低温物体。例如,猪卧在冰冷的地面时,由于猪和地板之间温度的差异导致猪群散热,能量损失。当固体的内外表面存在温度差时,也会产生热传导。例如,墙壁内部温度高,外界温度低时,热量也会从墙体内向外传递。导热率与物体间温度差、两固体之间的电阻或通过的固体物体的质量有关。

对流(Convection)。对流是显热传递的第二种形式。对流换热是指固体和气体或液体之间的热能交换,是由于固体与流体之间的温度差造成的。热量从高温固体或流体传递到低温固体或流体。例如,当猪站在地面上,由于相对较寒冷的气流与猪表皮存在温度差,导致猪散热,能量损失。对流换热率依赖于物体间的温度差或整个固体表面的流体速度。

辐射(Radiation)。辐射是显热传递的第三种形式。通常被认为是最复杂的显热传递模式。辐射传热是指物体通过电磁波传递能量的过程。辐射能量转移与光传递遵循同样的规律:它是通过空间传播,以直线传播,并且它可以被反射、吸收或传递。传递对象吸收辐射能并转换为热能。发生辐射热传递的所有对象之间的距离至少有四分之三英寸,但与高温物体相比,低温物体能获得净辐射能量。一些辅助加热设施就是利用热辐射原理,从而提高猪群生产性能,例如,在产仔过程中利用热灯加热。热灯为仔猪和地面提供辐射能量,但不会使其他物体表面或房间内的空气温度升高。热辐射对猪的热舒适性也有负面影响。例如,即使周围的空气温度是可接受的,当猪群暴露于寒冷物体表面时,仍然会导致热量损失。这种情况可能在天气寒冷,隔热保温设施不足时容易出现。

蒸发(Evaporation)。蒸发是潜热转移的第一种形式。蒸发发生在温暖、潮湿的环境中,猪群表面的水分通过蒸发与周围的空气形成水-蒸汽混合物。蒸发传热的速率取决于潮湿的表面和周围的空气之间的蒸汽压力差。热能从蒸气压高的物体传递到蒸气压低的物体。露点温度与空气或潮湿的表面的蒸气压直接相关。因此,通过蒸发,热量从露点温度高的一个表面传递到周围露点温度低的空气中。如果表面温度等于或低于周围的空气的露点温度,则没有蒸发过程。

凝结(Condensation)。凝结是潜热传递的第二种形式类型。相对温暖、潮湿的水蒸气在相对寒冷的表面上形成液体的过程称为凝结。凝结速率取决于空气中水蒸气和固体表面之间的压力差。与蒸发相似,露点温度与空气和固体表面的蒸气压力直接相关。因此,通过凝结,热能从周围露点温度高的空气中传递到露点温度或表面温度低的固体上。如果固体或表面温度高于周围空气的露点温度,则没有凝结过程。

猪群环境
PIG'S ENVIRONMENT

猪群的环境可以分为三大方面——(1)热环境,(2)气体环境,和(3)物理环境。只有保证上述三大环境适宜,才能确保猪群生产性能良好和猪群健康。这些环境因素会在下面的章节分别阐述。在大多数情况下,上述三大类环境因素一般不会互相影响,它们仅和猪舍设施密切相关。但湿度例外,因为它会影响热环境,并受周围气体环境控制。

热环境
Thermal Environment

猪群周围的空气温度通常被认为是热环境的主要部分。各阶段猪群所需的温度范围见表5.1(MWPS,1990)。表5.1中提到的适宜温度区间,被称为温度适中区或等热区(Hillman,2009)。等热区的下限有效环境温度称为下限临界温度(lower critical temperature,LCT),在此温度范围内,动物的体温保持相对恒定,若无其他应激(如疾病)存在,动物的代谢强度和产热量正常(Hillman,2009)。对于猪群来说,精确的 LCT 值取决于其采食量和体重（DeShazer 和 Yen，2009）。与采食量较少的猪群相比，采食量较多的猪群其 LCT 值较低。上限有效环境温度称为上限临界温度（upper critical temperature，UCT）或蒸发临界温度（Hillman，2009）。一旦温度高于UCT，猪群便开始喘气或焦躁不安，以便向周围环境散热，从而保持体温。

表 5.1　不同年龄阶段猪群所需的温度范围

动物体重	最佳温度	适宜温度区间
授乳母猪		10～21℃（50～70℉）
新生仔猪	35℃（95℉）	32～35℃（90～95℉）
3 周龄仔猪	27℃（80℉）	24～29℃（70～85℉）
保育猪 5～14 kg（12～30 lb）	27℃（80℉）	24～29℃（70～85℉）
保育猪 14～23 kg（30～50 lb）	24℃（75℉）	21～27℃（70～80℉）
保育猪 23～34 kg（50～75 lb）	18℃（65℉）	16～21℃（60～70℉）
生长猪 34～82 kg（75～180 lb）	16℃（60℉）	13～21℃（55～70℉）
育肥猪 82 kg（180 lb）	13℃（55℉）	10～21℃（50～70℉）
妊娠母猪		10～21℃（50～70℉）

空气温度不是热环境的唯一组成部分。其他因素也可以影响猪群和周围环境之间的热交换。包括周围空气流速以及猪舍地面类型等。在生产中，如何解决这些因素对猪群热环境的影响也是需要面临的挑战。有效的环境温度（effective environmental temperature，EET）对气温与热环境中其他因素具有调节作用。例如，在温度不变的情况下，猪群在无垫料的猪舍中会比在有垫料的猪舍中感觉更温暖，并且在有垫料的猪舍内有效的环境温度较低。因此，在有垫料的猪舍内，需要增加空气温度，以弥补垫料中所含湿气造成的激冷效应。根据各种影响热环境等的因素，需要适当调整空气温度，此温度通常被称为设定温度值。通过在空气温度控制传感器上设定温度，为猪群生长提供舒适的热环境。设定温度值通常根据空气温度来设定。Gonyou 等（2006）在文献中全面阐述了猪在不同的生长阶段所需要的设定温度。

环境中的气体
Gaseous Environment

在下面几个段落中将详细阐述封闭式猪舍的室内空气质量问题。近年来，封闭式猪舍内空气质量控制的目标主要基于人员健康和安全的需要。最近一些研究数据表明，空气质量控制有利于人员的健康以及猪群的健康。

在 21 世纪，封闭式猪舍内空气质量控制设施受到重视。许多文献均提及现代化猪舍设施的设计需解决空气质量问题。通过设计、管理和运行相结合，极大地改善了猪舍内空气质量。因此，21世纪的猪舍设施在设计和管理方面具有一些显著的特点，以改善猪舍内空气质量。

21 世纪封闭式猪舍的现代化设施包括粪便处理系统、通风系统、整体设施管理以改善室内空气质量。氨水平经常被用来作为空气质量的评定指标。中西部规划项目（MWPS，1990）建议最佳的氨浓度应控制在 10 mg/L 内，这在具有良好通风系统的猪舍内是可以实现的。据国家职业安全和健康研究所（NIOSH）建议，每天工作 8 h 加权平均（time-weighted average，TWA）的畜场工人，畜场工作环境中氨浓度限值为 25 mg/L。据美国政府工业卫生委员会规定，每天工作 8～10 h 的畜场工人，畜场工作环境中氨浓度限值不得超过 25 mg/L。根据安全与健康管理局（OSHA）规定，畜场工人集中作业时，在 15 min 内，空气中氨浓度限值不超过 35 mg/L。目前尚未有证据表明氨浓度小于 10 mg/L 会影响猪群健康。

地下深坑是将粪便存储于猪舍地板下的储粪坑，该设施能使氨平均含量长年低于 10 mg/L，但有时氨浓度在几个小时或几天内却高达 50 mg/L或更高。正如前面提到的，OSHA 规定产业工人在短期（15 min）内接触氨浓度的限制是 35 mg/L。按照这一标准，工人每天应只能花 15 min 在氨浓度较高的猪舍内作业。

地下储粪坑还能减少空气中硫化氢。硫化氢是一种闻起来像臭鸡蛋的气体。当硫化氢的浓度达到 1 mg/L 时，大多数人都可以闻到。随着硫化氢浓度的增加，达到 50～100 mg/L 时，人们往往会失去对它的感受力。当硫化氢的浓度超过500 mg/L，则会致命。因此，硫化氢是一个巨大

的危险源,当人们闻不到硫化氢的气味时,它可能
已经达到了致命水平。硫化氢含量在具有地下储
粪坑系统的猪舍内通常非常低。然而,在某些特
殊情况下,如粪便泵送过程中,硫化氢的水平会升
高甚至达到致死水平。为了在粪便的搅拌和泵送
过程中降低硫化氢的水平,降低风险,应在天气条
件和猪群年龄允许的情况下,使猪舍内通风系统
加速运转。粪便泵送过程中,工人不允许进入建
筑物内。

猪舍的通风系统对于舍内空气质量控制也十
分关键。目前猪舍的通风系统已被广泛使用。其
关键在于在通风系统的设计和实际运行上。一年
中无论任何季节都需要进行通风换气,所需的最
低的空气交换量见表5.2。

表5.2 不同阶段猪群的通风换气率

体重	通风换气率
母猪和仔猪	每窝 0.009 4 m³/s(20 cfm)
4~14 kg(10~30 lb)	每头 0.000 47~0.000 94 m²/s (1~2 cfm)
14~23 kg(30~50 lb)	每头 0.001 4~0.001 9 m²/s (3~4 cfm)
23~34 kg(50~75 lb)	每头 0.002 4~0.003 3 m²/s (5~7 cfm)
34~82 kg(75~180 lb)	每头 0.003 3~0.004 2 m²/s (7~9 cfm)
82 kg 出栏体重(180 lb)	每头 0.004 7~0.005 7 m²/s (10~12 cfm)

注:cfm为每分钟立方英尺(ft³/min)。

不同大小的猪群所需的最低通风量如表5.2
所示,通风换气时需要采用连续、均匀的方式。通
风率需要保持恒定,并与当时的季节相适应。具
体所需的通风量取决于舍外的天气条件。通风系
统需要设有控制和管理系统,便于改变整个猪舍
内的通风率。

通风系统可以显著降低建筑物内的尘埃量。
如果空气交换大于所需的湿度,房舍内将趋于干
燥,并使灰尘浓度升高。空气相对湿度含量应为
40%~70%。

在冬季,大多数天气条件下,相对湿度应该是
60%~70%。在该范围内,尽量减少通风率的同
时,动物热消耗也降低,猪群仍处于健康状态。

已经证实高尘埃水平不利于猪群以及人类的
健康。尘埃水平可通过适当的通风换气来控制。

封闭式猪舍的尘埃水平受饲料和饲料处理方
式的影响。选用适当的饲料处理系统可减少在饲
料处理过程中产生的粉尘。饲料加工技术也影响
封闭式猪舍的尘埃水平。在饲料加工过程中添加
油能减少粉尘的产生。在饲料中添加油,可降低
至少75%的粉尘。

最后,设施管理实践中全进全出(all-in/all-out,AIAO)的生产模式已被证明可以改善猪群
的健康状况和生长性能。全进全出制度能提高舍
内空气质量,因为动物被清空后,场地被彻底清
洗,之后才将新的猪群迁入。这样,由于上一周期
所留下的尘埃均被除去,因此在新的饲养周期开
始后,舍内尘埃水平大大减少。

物理环境
Physical Environment

物理环境不是孤立存在的,它与热环境和气
体环境密切相关。通风系统在设计和使用过程
中,应充分考虑房舍或猪圈内猪群的数量,以确保
给猪群提供适宜的热环境和气体环境。

饲养空间(Space)。猪舍内物理环境包括猪
群的饲养空间。在炎热的夏天,狭小的饲养空间
会导致猪群产生过多的热应激。不同阶段生长猪
所需要的饲养活动空间见表5.3,其中还给出了
生猪出栏前适宜的饲养空间大小。按每只猪的最
大体重来算,每栏猪的数量应为10~25头。对于
一个保育猪舍来说,从仔猪断奶长至 27 kg
(60 lb),猪群饲养空间应为 0.33~0.37 m²/头
(3.5~4 ft²/头)。若保育猪舍内饲养空间小于
0.23 m²/头(2.5 ft²/头),则猪群的最终体重将难
以超过 18 kg(40 lb)。

表5.3 不同阶段生长猪所需要的饲养活动空间

体重/kg(lb)	每头猪饲养空间/m²(ft²)
断奶~14(断奶~30)	0.16~0.23(1.7~2.5)
14~27(30~60)	0.28~0.37(3~4)
27~45(60~100)	0.46(5)
45~68(100~150)	0.56(6)
68(150)	0.74(8)

水和饲料摄入(Water and Feed Access)。猪

舍内物理环境还包括饮水和摄食。水是猪群生长必不可缺的,猪舍内应为猪群提供自由饮水装置。一个猪圈内至少设置 2 处饮水装置。在单根供水管上安装含有两个乳头的饮水器实际上是无法提供两处饮水位置的,因为一头大猪可以同时占用饮水器上的两个乳头。在炎热的天气下,通过饮水可以有效缓解热应激。

饲料槽大小是决定猪舍内物理环境条件的另一重要部分。每个饲料槽容纳的猪群数量见表 5.4。表中推荐的每头猪所占用的饲料槽空间是根据饲料槽的最长限度确定的。最新的研究数据表明,每个饲养槽所容纳的猪群数量应不超过 10 头,如表 5.4 所示。这使得每头猪所占用的饲料槽空间增加了,可以更好地进行摄食。上述的新标准是经过最新的断奶-育成设施进行验证的。

表 5.4 生长猪所需的饲料槽空间

体重/kg(lb)	每个饲料槽容纳的猪数量
4～14(10～30)	2
14～23(30～50)	3
23～34(50～75)	4
34(75)	4～5
体重	每头猪所占用的饲料槽空间
4～23(10～50)	15～18 cm(6～7 ft)
23(50)	30～35 cm(12～14 ft)

注:每个饲养槽所容纳的猪数量应不超过 10 头。

设备和猪圈(Equipment and Penning)。长期以来,每栏猪的标准饲养量为 10～25 或 30 头猪。最新的断奶—育成设施表明,增加每栏猪的饲养数量将可以让猪的生产性能更好。每栏猪的饲养量为 50～200 头猪时有利于增加猪的生产性能。大型猪舍内的每头猪的饲料位见表 5.4。对于规模较大的猪群来说,饲料槽通常位于猪舍的中心[约 75 mm(3 in)厚],饮水器设置在饲料槽两端。这样,每头育成猪的饲养空间将降低到 0.67～ 0.70 m²(7.25～7.5 ft²)。由于育成猪通常喜欢静卧在猪圈的四周,所以每头猪需要的饲养空间较少,加上饲料槽和饮水器设在猪舍的中心位置,当猪摄食饮水时,相互干扰也较少。但是,大规模的饲养量将加大定位和治疗猪只的难度。

运输环境
TRANSPORT ENVIRONMENTS

本章迄今一直在讨论猪圈或房舍内的环境因素。运输环境是指将猪群从起点运送到终点的过程中使用的运输工具(卡车或其他车辆)内的环境。运输车辆内只提供少量的饲料和饮水。在运输过程中每头猪的活动空间通常比圈舍内小。由于运输车辆与外界环境是相通的,所以在运输过程中热环境和气体环境等方面通常难以控制。对于在运输时如何为猪群提供合理的环境,具体可查阅国家猪肉委员会公布的最新运输质量保证标准。

(黄瑛译,师福山校)

参考文献
REFERENCES

DeShazer JA, Hahn GL, Xin H. 2009. Basic principles of the thermal environment and livestock energetics. In JA DeShazer, ed. Livestock Energetics and Thermal Environmental Management. St. Joseph, MI: American Society of Agricultural and Biological Engineers, pp. 1–22.

DeShazer JA, Yen J. 2009. Energetics of biological processes. In JA DeShazer, ed. Livestock Energetics and Thermal Environmental Management. St. Joseph, MI: American Society of Agricultural and Biological Engineers, pp. 49–72.

Gonyou HW, Lermay SP, Zhang Y. 2006. Effects of the environment on productivity and disease. In BE Straw, JJ Zimmerman, S D'Allaire, DJ Taylor, eds. Diseases of Swine, 9th ed. Ames, IA: Blackwell Publishing, pp. 1027–1038.

Hillman PE. 2009. Thermoregulatory physiology. In JA DeShazer, ed. Livestock Energetics and Thermal Environmental Management. St. Joseph, MI: American Society of Agricultural and Biological Engineers, pp. 23–48.

MWPS. 1990. MWPS-32 Mechanical Ventilating Systems for Livestock Housing. MidWest Plan Service. Iowa State University Ames, IA.

6 诊断水平的优化和样本采集
Optimizing Diagnostic Value and Sample Collection
Jerry L. Torrison

诊断计划的发展
DEVELOPING THE DIAGNOSTIC PLAN

诊断方面的问题及对策
The Diagnostic Question and Response

　　兽医将待诊断的样本提交给诊断实验室,希望从实验室获得准确、及时的信息,对猪群进行正确的诊断并采取有效的措施控制病情。实验室诊断有助于产生大量有价值的信息,这是猪场场主、兽医和实验室诊断人员等多方合作的结果。实验室诊断过程可以是常规的或直接的,有时需要广泛的讨论和规划,这取决于问题的复杂性和是否有合适的测试方法。

　　诊断水平的优化始于明确诊断问题,诸如"这猪为什么死?"或者"发病猪群的临床症状是什么原因造成的?"等这些问题。解决上述问题的方法和处理下面问题的方法肯定有所不同,如"这些猪什么时候接触到病原体?"或"我们是否已经成功地清除(或者是这些猪不携带)疾病的病原体?"。提出明确的诊断问题是制订高效诊断计划的第一步(Cannon,2002)。

　　在确定诊断计划的细节之前我们必须要明确第二个问题:我们对诊断测试的结果该如何处理?如果这个问题不回答清楚,就没有办法确定详细的诊断计划。诊断测试的基本规则是对结果有合适的解释和应对措施。一系列其他问题都可以归结到这个基本问题上:根据结果,是否开展进一步测试? 是否有足够、适当的样本进行其他测试? 诊断实验室知道该实验计划吗? 实验结果将提交给谁?

　　例如利用收集精液时收集的血液样本诊断种公猪的猪繁殖与呼吸障碍综合征病毒(porcine reproductive and respiratory syndrome virus, PRRSV)。值得关注的是 PRRSV 感染种公猪,但母猪会因使用被感染公猪的精液而感染该病毒,从而导致病毒传播(Yaeger 等,1993)。种公猪常规检测 PRRSV,一旦种公猪种群感染 PRRSV,应急预案的核心内容应是什么(Reicks 等,2006a)? 提交样本测试时一定要提供明确的目的,并清楚了解测试结果将如何用于决策。

　　就抽样计划制订而言,第三个问题是获得明确的诊断所需的财务结构。在种公猪测试中,可以通过样本混合以达到风险和利益的最优化。设计试验计划时,要充分考虑样本混合对测试方法灵敏度的影响。方法对单个样本和混合样本的灵敏度可能会有所不同(Reicks 等,2006b;Rovira 等,2008)。预算不仅要考虑采样和测试费用,预算时也需同时考虑正确判断猪或猪群健康状况的可能性及错误判断可能导致的后果。

猪病学,第 10 版,由 Jeffrey J. Zimmerman,Locke A. Karriker ,Alejandro Ramirez,Kent J. Schwartz,Gregory W. Stevenson 主编。

诊断样本选择
Diagnostic Sample Selection

一旦明确诊断问题,即可制订诊断测试计划。样本的选择取决于可选用的方法(第7章)、疾病动态过程和病原体或毒素的生物学特性。以下几个因素有相对的时间上的先后顺序。这些因素包括临床症状(包括发热)、病原复制、抗原表达、病原消退以及抗体产生。

为达到样本选择的最优化,必须考虑猪或猪群的发病阶段。如果目的是为了分离病毒或细菌,采样必须在传染性病原感染性最强、病毒存在时完成。如果目的是检测针对特定病原的抗体,采样必须有足够的时间间隔,通常在病毒或细菌被清除后,抗体达到可检测水平时进行。这种动态变化随病原体的不同而不同,甚至相同的病原体,也会因特异性血清检测方法的不同而有变化(第7章)。

这些因素的开始和持续时间受到疾病、宿主因素(如年龄和免疫状况)、病原体因素(如剂量和毒性)的影响而出现差异。例如用病原直接接触法攻毒,猪口蹄疫病毒株会引起千差万别的临床病程(Alexandersen等,2003)。该报告展示了一个普遍的现象——传染性病原体与发热具有高度相关性,血液中抗体产生的同时病原体会被清除。

在猪群中,疾病病程的连续分布有利于查找到处于不同发病阶段的猪,从而有助于临床上采集多种样本。一般情况下,活体猪发热可作为病原存在与否的预测指标;发热的存在预示着发现病原体的可能性增加。因此,如果检测目的是病原本身,或者病原的抗原或基因,找到急性发热的猪是第一步;如果检测的目的是细菌分离,必须选择未经抗生素治疗的猪;如果检测的目的是检测抗体,选择有发热病史的猪更有可能成功。

在诊断计划中必须考虑病原体的生物学特征。如副猪嗜血杆菌(*Haemophilus parasuis*)在温暖的环境中存活能力较差,如果要进行细菌分离,需选用死后立即冷藏的猪。Morozumi 和

Hiramune(1982)发现起始浓度为 10^8 的副猪嗜血杆菌在 42℃ 含盐的溶液中能存活 1 h,37℃ 时能存活 2 h,25℃ 能存活 8 h。与此相反,相同浓度的大肠杆菌(*Escherichia coli*)在相同的温度范围内存活超过 8 h,活力基本不变。因此,如果目的是从被感染猪中培养副猪嗜血杆菌,样品采集和处理方法必须考虑细菌对温度的敏感性。在现有的送检病例中,就分离副猪嗜血杆菌而言,出现了在天气温暖的几个月间发病率低的情况,可能与样本采集有关(图6.1)。

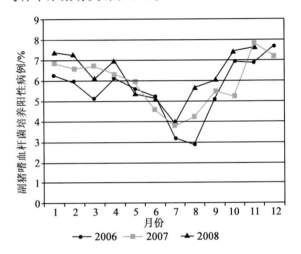

图6.1 2006—2008年明尼苏达大学兽医诊断实验室送检猪呼吸道疾病病例中组织培养副猪嗜血杆菌的阳性百分率。

病原生物学的另一个方面是病原存在的部位。如大肠是唯一发现肠道细菌猪痢疾短螺旋体(*Brachyspira hyodysenteriae*)的地方。对该病原的采样需要大肠和粪便,如仅送检小肠标本,病原体则无法被诊断和鉴别。

最后应考虑分离到的病原菌菌株和分离位置。如常见的消化道或呼吸道致病菌名称上一样,但是致病力或引起疾病的后果却不尽相同(Hanson,1988)。以副猪嗜血杆菌(*H. parasuis*)和大肠杆菌(*E. coli*)为例,在健康猪的呼吸道中可发现副猪嗜血杆菌,在消化道中可发现大肠杆菌。从健康猪的肺脏或鼻咽培养副猪嗜血杆菌或从其肠培养大肠杆菌没有显著的临床意义。如果检测的目的是寻找副猪嗜血杆菌引起多浆膜炎或脑膜炎的证据,应当尝试从纤维蛋白性渗出物和

脑组织中培养,而不是从肺实质中培养(Oliveira,2004)。同样,如果目的是找到大肠杆菌的强毒株,样本应该取自临床感染的猪,而不是随机的粪便样本。对分离株进行毒力基因型测试可以了解其可能的临床意义(Moon 等,1999)。

猪的尸检
THE PIG NECROPSY

猪兽医是少数能够开展猪尸体解剖的专业人员,其部分职责是对病猪进行常规的尸检(尸体解剖)(King 和 Meehan,1973;Pinto Carvalho 等,2008)。在人医中使用的术语"尸检"被翻译为"自我观察"。对猪的尸检,对临床医师是一个难得的机会,不仅可以了解所检查的猪个体的疾病过程,同时也是识别新出现的威胁健康因素的过程。尸检是整个流程的第一步,不仅仅是解剖和组织镜检,还包括开展大量的实验以及使用多种技术,用以找到病原体或找到病原体存在的证据(Dada 和 Ansari,1996)。

生产商一般都极有兴趣参与尸检,尸检给客户提供了一个极好的学习机会。生产商在抬猪、打开样品袋及记录检查结果时可以充当助手的角色。

尸体解剖一定要制定一个一致、全面、合乎逻辑且系统的规则。不同兽医之间规则可以不同,但同一兽医必须始终保持一致。

全面——有些情况下,可能只需要单一的器官如肺脏,用以解决一个特定的诊断问题,但是兽医通常要综合考虑是否有必要进行完整的尸检获取死猪的全部价值,以及解剖人员的时间、送检的时间和费用。

合乎逻辑——常规尸检也会因待解决的临床问题不同而产生差异,在一定程度上,还会受到被剖检猪的大小、尸体剖检位置的影响。对于每次尸检,系统、符合逻辑和实用是很重要的。

系统——在实际工作中,常规的做法是使用清单来减少操作错误,这是人医借鉴航空业的做法(Pronovost 等,2002)。用清单或尸体剖检表来记录所见,确保现场的干扰因素不影响系统、常规的尸体剖检程序。大多数诊断实验室会提供样

本申请表,内容包括病史、病变特征描述、疫苗使用情况和治疗史。

预先制备尸检工具箱是系统方法的一种形式(表 6.1),包括标记样本器皿,确保样本的正确分组和选取。样本容器可预先打印永久性标记。另一种方法是携带一包预先打印好的标签便于在收集样本的时候贴上。根据临床情况和样本类型调整印刷标签,使样本采集灵活方便(表 6.2 至表 6.7)。需要注意的是,事先印好的标签容易丢失,潮湿后会难以辨认。然而使用标签的主要目的是提供目录,以确保样本收集完整,如瓶子上还有其他的永久性标记可以识别猪的身份,标签的清晰度就不是特别重要。

表 6.1 推荐尸检工具箱组成

必备品

刀、磨刀钢棒、检查手套、无菌样本袋、永久签字笔、采血管、培养棉签、注射器和针头、手术刀片和刀柄、10%甲醛缓冲液

推荐品

预印样品袋标签或袋、安乐死溶液(适当防漏)或击晕枪、钢锯或小斧头、肋骨刀(枝剪)、产科线和手柄、触诊套袖、pH 试纸(pH 3~8)、载玻片、手电筒或头灯、外科剪和镊子

用福尔马林固定样本对确诊疾病进程或感染具有非常重要的病理学价值。组织病理学检查相对便宜,可检查多个组织和病变中的可疑病原体或疾病,并提示可能存在的却未被考虑到的损伤因素。对于某些疾病过程,免疫组化可在病变组织中发现致病病原体,是一个非常有用的手段。

组织病理学样本的厚度很少超过 1 cm。100%福尔马林是在水中溶解了 37%甲醛气体的饱和水溶液。10%的福尔马林的组织固定效果最好。市售浓缩缓冲福尔马林可用水制成 10%的中性甲醛缓冲液。10%中性甲醛缓冲液成分的配制比例如下:900 mL 蒸馏水,100 mL 37%甲醛溶液,8.0 g 氯化钠,4.0 g 磷酸二氢钾,6.5 g 磷酸氢二钾。另一种用来制备 10%非缓冲甲醛溶液的方法是将 37%的甲醛溶液与水按 1:9 的比例混合制成。

表 6.2　猪败血症——样本采集

组织/样本	新鲜(冷藏—非冷冻)	固定(10％甲醛缓冲液)
血清	5 mL	
全血	3 mL EDTA 抗凝血	
棉签拭子	脑,心外膜,关节(关节周围组织包括滑膜)	
脑		
肺	6 cm×6 cm×6 cm 每头猪两节并附可见气道	每头猪 3 块,来自具有不同的肉眼形态的受侵袭区域(2 cm×2 cm×1 cm)
心	4 cm×4 cm×4 cm/块	2 cm×2 cm×1 cm 包括左右心室和心间隔
肝	4 cm×4 cm×4 cm/块	2 cm×2 cm×0.5 cm
肾	一半的肾	0.5 cm 通过中心的切片
脾	5 cm/块	
淋巴结	下颌骨、胸骨、支气管、肠系膜、腹股沟浅表淋巴结	下颌骨、胸骨、支气管、肠系膜、腹股沟浅表淋巴结
回肠	10 cm/段	2 cm/段

来源:Gramer M,Rossow K,Torrison J。猪样品提交和诊断测试指导,明尼苏达州大学兽医诊断实验室,2005。

动物选择——3头被施以安乐死,具有典型症状、急性感染和未经治疗(如果有)的猪或3头刚死的猪。提交样本时,每头猪样品进行单独包装和编号。

注意:死于感染猪链球菌(S.suis)的猪常发急性脑膜炎,但是无胸腔或腹腔脏器肉眼病变。

EDTA:乙二胺四乙酸。

表 6.3　猪呼吸系统疾病——样本采集

组织/样本	新鲜(冷藏—非冷冻)	固定(10％甲醛缓冲液)
血清	5 mL	
棉签拭子	鼻道尾侧	
鼻甲		1 cm 厚
肺	6 cm×6 cm×6 cm 每头猪两节附可见气道	每头猪 3 块,来自具有不同的肉眼形态的受侵袭区域(2 cm×2 cm×1 cm)
淋巴结	下颌骨、胸骨、支气管、肠系膜、腹股沟浅表	下颌骨、胸骨、支气管、肠系膜、腹股沟浅表
扁桃体	1/2	1/2
心	4 cm×4 cm×4 cm/块	2 cm×2 cm×1 cm 包括左右心室和心间隔
肝	4 cm×4 cm×4 cm/块	2 cm×2 cm×0.5 cm
肾	一半的肾	0.5 cm 通过中心的切片
脾	5 cm/块	

来源:Gramer M,Rossow K,Torrison J。猪样品提交和诊断测试的指导。明尼苏达州大学兽医诊断实验室,2005。

动物选择——3头被施以安乐死具有典型症状、急性感染和未经治疗(如果有)的猪或3头刚死的猪。提交样本时,每头猪样品配以单独包装和编号。

表 6.4　猪的神经障碍——样本采集

组织/样本	新鲜(冷藏—非冷冻)	固定(10％甲醛缓冲液)
血清	5 mL	
棉签拭子:		
1.脑膜	1.开颅后立即擦拭脑膜。	
2.脑	2.棉签经过一个大脑半球进入侧脑室。	

续表 6.4

组织/样本	新鲜(冷藏—非冷冻)	固定(10%甲醛缓冲液)
脑	稍偏离脑中线纵切成两半。较大一半进行新鲜/冷藏。	在甲醛中固定较小一半。
脊髓	如果有临床症状,可以提交 5 cm 长的腰荐和颈胸脊髓。	如果有临床症状,可以提交 5 cm 长的腰荐和颈胸脊髓。
淋巴结	胸骨、支气管、下颌骨、腹股沟和肠系膜淋巴结1/2	胸骨、支气管、下颌骨、腹股沟和肠系膜淋巴结的1/2
扁桃体	1/2	1/2
肺	5 cm×5 cm×5 cm/块如果有不同的大体损伤,可以提交每个区域冷藏样本(包含直径0.3 cm 支气管)。如果各处大体损伤是相似的,可以提交两块样本。	2 cm×2 cm×1 cm/块（2 或 3 块)如果存在大体损伤应包含在内。
胸膜或心包膜	根据情况提交棉签或液体	
心		2 cm×2 cm×1 cm/块
肝	4 cm×4 cm×4 cm/块	2 cm×2 cm×0.5 cm
肾	一半的肾	0.5 cm 的切片,包括皮质和髓质
脾	5 cm/块	1 cm/块
空肠		两段,2 cm 长
回肠	10 cm/段	一段,2 cm 长

来源:Gramer M,Rossow K,Torrison J。猪样品提交和诊断测试的指导。明尼苏达州大学兽医诊断实验室,2005。

　　动物选择——3 头被施以安乐死、具有典型症状、急性感染和未经治疗(如果有)的猪或 3 头刚死的猪。提交样本时,每头猪样品进行单独包装和编号。

表 6.5 猪流产——样本采集

A. 最佳样本,冷藏

1. 三个完整的胎儿和胎盘来自受感染的窝或不同胎次,包括最新鲜胎儿。

　　注意:如果有干尸化胎儿,提交 9 个,3 个最小的,3 个中等的,3 个最大的(如果不能立即送到实验室,冷冻胎儿也可接受)。

2. 母猪血清(5 mL)——如果试图诊断猪繁殖与呼吸障碍综合征病毒,当母猪受到急性感染(停食和发热)时,收集血清最好。

B. 替代样本——注意:可以考虑多胎儿的混合组织。

组织/样本	新鲜(冷冻—非冷冻)	固定(10%甲醛缓冲液)
头	3	
胸腔液体	2 mL	
胃内容物	3 mL	
肺	3	3 个样本:1 cm×1 cm×1 cm
心	3	3 个样本:1 cm×1 cm×1 cm
肝	3	3 个样本:1 cm×1 cm×1 cm
肾	3	3 个样本:1 cm×1 cm×1 cm
脾	3	3 个样本:1 cm×1 cm×1 cm
胎盘	3	3 个样本:3 cm×3 cm
腹股沟浅淋巴结	3	3 个样本
干尸化保存胎儿(完整;如果可用)	9(见上文)	

来源:Gramer M,Rossow K,Torrison J。猪样品提交和诊断测试指导,明尼苏达州大学兽医诊断实验室,2005。

表 6.6 猪痢疾(出生至 4 周龄)——样本采集

组织/样本	新鲜(冷藏—非冷冻)	固定(10%甲醛缓冲液)
血清	5 mL	
脑	稍微偏离中把脑线纵切成两半。提交较大的一半新鲜/冷藏处理。	在甲醛中固定较小的一半。
扁桃体	1/2	1/2
肺	5 cm×5 cm×5 cm/块	2 cm×2 cm×1 cm
肝	4 cm×4 cm×4 cm/块	2 cm×2 cm×0.5 cm
肾	一半的肾	0.5 cm 的切片,包括皮质和髓质
脾	5 cm/片	1 cm/片
空肠	10 cm/段	4 节,2 cm/段,不打开
回肠	10 cm/段	1 节,2 cm/段,不打开
肠系膜淋巴结	整个淋巴结	1 cm/片
结肠祥	从小肠分别包装,大约 1/4 到 1/2 的结肠	2 节,2 cm/段,不打开
盲肠或结肠内液体	装在防渗漏容器内	

来源:Gramer M,Rossow K,Torrison J。猪样品提交和诊断测试的指导,明尼苏达州大学兽医诊断实验室,2005。

动物选择——3 头被施以安乐死猪,具有典型症状、急性感染和未经治疗(如果有)的猪或 3 头刚死的猪。提交样本时,每头猪样品进行单独包装和编号。

注意:理想情况下,猪死亡 15 min 内固定肠道组织保存最佳。

表 6.7 猪痢疾(1 月龄及以上)——样本采集

组织/样本	新鲜(冷藏—非冷冻)	固定(10%甲醛缓冲液)
血清	5 mL	
脑		1/2
扁桃体	1/2	1/2
肺	5 cm×5 cm×5 cm/块	2 cm×2 cm×1 cm
肝	8 cm×8 cm×4 cm/块	2 cm×2 cm×0.5 cm
肾	一半的肾脏	0.5 cm 的切片,包括皮质和髓质
脾	10 cm/片	1 cm/片
空肠	15 cm/段	2 节,2 cm/段,不打开
回肠	15 cm/段	2 节,2 cm/段,不打开
肠系膜淋巴结	整个淋巴结	1 cm 厚/片
结肠祥	两段 10 cm(和小肠分开装袋)	2 节,2 cm/节,不打开
盲肠或结肠内液体	10 mL 装于防渗漏容器	

来源:Gramer M,Rossow K,Torrison J。猪样品提交和诊断测试的指导。明尼苏达州大学兽医诊断实验室,2005。

动物选择——3 头被施以安乐死猪,具有典型症状、急性感染和未经治疗(如果有)的猪或 3 头刚死的猪。提交样本时,每头猪样品进行单独包装和编号。

注意:

1.理想情况下,猪死亡 15 min 内固定肠道组织达到最好的保存效果。

2.检查胃及食管部的溃疡。

3.肉眼检查盲肠鞭虫。

剖检安全
Necropsy Safety

对猪进行尸检时,安全始终是一个必须要考虑的问题。猪体内潜伏的微生物可能会传染给人或其他猪(Tucker,2006);体液会使地面变滑;在检查疾病过程中使用的锋利工具可能割伤剖检人员。从安全角度考虑,现场不是理想的尸检环境,因此应仔细设计尸检过程,减少受伤的风险。在检查过程中应当穿戴好能有效防护危害的个人防护装备,以防发生意外。至少应当始终佩戴防水手套,以减少皮肤接触组织和体液时所带来的被污染风险。

在尸检过程中安全使用手术刀是非常重要的。遵守以下三条刀具使用规则,可避免大部分因手术刀引起的伤害:(1)向外用力;(2)刀具只能作为刀使用;(3)保持刀具锋利。但为了节省时间或使用现有的资源,兽医常常会违反一条或多条规则,导致本可避免的事故发生。尸体解剖刀用于尸检以外的事情,可能会同时对手术刀和操作者造成伤害。使用锋利的手术刀是安全的,它能减少切割时间和力度,降低疲劳和刀片从切割面滑脱的概率,也减少了刀柄脱手的概率(McGorry等,2003)。

对于手术刀和其他尖锐器械的追踪很重要,尤其是在大型的尸检过程中,跟踪更是一个挑战。尸检过程中,如不使用刀具,可将刀片插入尸体大肌肉中以节省时间,并防止受伤。

磨刀
Knife Sharpening

磨刀和刀的锋利程度评价本身就是一门学问。在工业应用,如在肉类加工中,刀具的设计和保养对保证工作安全性和提高生产效率是非常重要的。对兽医而言,使用锋利的刀能够降低受伤的风险,还可以提高送检样品的质量,因为锋利刀具可切出较薄的组织块,能减少固定标本时造成的组织挤压伪象。

想要了解更多关于磨刀的知识,有些很好的资源可以利用。Griffen(2007)撰写了一个简短但十分全面的小册子,指导兽医如何管理尸体解剖刀,其中涵盖了刀具基础知识、磨刀设备的选择和磨刀技术。还有一篇通俗易懂的文章,其内容涉及刀具选择和维护的诸多方面,其中包含了7章关于磨刀的内容(Ward和Regan 2008)。

磨刀的原则可以归结为三个基本要点:(1)要轻柔;(2)要一致;(3)不能太快。

不论是依靠磨石、钢磨棒或是电动磨床,磨刀时都需轻压。沿着刀刃不均匀磨刀会损坏刀刃,刀刃过热也会改变金属的韧性。轻压还易于保持磨刀的角度,从而保证刀刃的均匀一致性。

磨刀装置和刀的角度应当保持一致。电动磨床一般有可调或不可调的角度设置。如手动磨刀,有装置可以连接到刀背的边缘以维持适当的角度,或将刀安装在保持一定角度的磨刀装置上,打磨面经过刀锋。另一种方法是,可通过操作练习,仔细地控制刀柄的角度来学习如何维持角度的一致性。

磨刀的角度取决于个人的喜好,但是也会有超出人们想象的更开放的角度或钝角出现。剔骨刀或尸体解剖刀的整体角度(也称为"包含"角度)通常被制成45°,即每侧的边缘被削尖呈22.5°的角。选择合适角度的刀时通常要综合考虑刀锋的锋利性和耐久性。当为减少挤压,切割实质组织或切割普通肌肉和结缔组织时,选择夹角为30°的刀比较容易切割。由于锐边减少了切割压力,同时这个角度更容易使其保持锋利度。

刀的边缘一般都可以使用钢磨棒进行日常维护。有研究表明,在家禽处理过程中每5~10刀后,镀钢的刀很快变钝(Szabo等,2001)。当刀变得太钝而无法使用钢磨棒打磨时,就需要用磨石或电动磨床来打磨,以使边缘角度和锐利度恢复正常。日常使用时,钢磨棒即可用来保持刀刃锋利。

猪剖检:外部检查
Pig Necropsy:External Examination

详细的猪病尸检诊断已经出版(Guillamon和Jalon,2002)。以下是接收诊断标本的实验室中较通用的指导原则。不同实验室、不同病理学家会有不同的偏好,与这里提到的通用原则可能有所不同。这种情况下,建议与诊断病理学家进行有效的沟通。

如猪还存活而即将被处以安乐死,收集血清

和全血必须在实施安乐死前进行。必须选择经批准的安乐死方法，并认真执行，以确保人员的安全和猪的福利。

评价和注意猪的整体身体状况。检查整个尸体外部的异常情况，并注意任何鼻、眼分泌物，眼睑水肿以及嘴和耳朵周围的皮肤损坏。可以收集皮肤样品，以避免在打开内部器官时皮肤受到污染。检查关节和脚部是否有肿胀或损伤以便进一步评价。对母猪而言，运用触诊进一步证实是否患有乳腺炎。在所有猪身上，都需查找是否有例如肛周颜色变化或灼伤等腹泻的证据。

猪剖检：内部检查
Pig Necropsy：Internal Examination

对体型较大的猪，尸检时采用左侧卧位（图6.2）。握住右前肢，肢体外展，第一刀从右下颌角切开皮肤和腋前肌肉，沿着右侧肋骨，翻开右前肢。从皮下组织向外切割皮肤可以减缓刀具变钝。第二个切口用相似的方法外翻右侧后肢。抬起脚使后肢外展，从腿与右侧腹部连接处切开，通过内部的大腿肌肉和髋关节囊（切断韧带），向后沿着大腿基部直到尾部侧面。

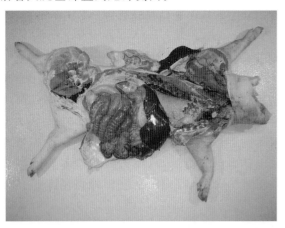

图6.2 猪尸体解剖——猪左侧卧使前后腿外展，打开胸腔和腹腔进行肉眼观察和样本采集。

同时检查和收集腹股沟淋巴结样本。切开皮下结缔组织和肌肉，通过中线向腹背侧翻开皮肤。

打开腹腔，小心不要戳破消化道，沿着肋骨的后缘向背侧切开，从胸骨直到背侧的脊柱，转向后直到腹腔的后缘，然后再转向腹侧，直到腹中线，如图6.2所示。此时，不要触碰任何腹部器官以

尽量减少污染。

胸腔（Thoracic Cavity）。根据猪的大小和可利用的工具，有以下几种打开胸腔的方法。对于仔猪，用刀很容易切开肋骨及胸骨交界处的肋骨软骨。另一种方法是，利用枝剪逐一剪断肋骨，沿着胸骨直到腹侧胸腔入口。用枝剪沿着脊柱开始，逐一剪断肋骨直到背侧胸廓入口，切开胸廓入口前部的肌肉和血管以及后部的横膈，取下肋骨。或每隔一根、两根或三根肋骨纵向切开肋间肌，手动向背部翻开单根或每组两或三根肋骨，翻到椎骨上，从而暴露胸腔。

此时可以检查肋骨以确定有无佝偻病或陈旧性骨折。剔净、取出单一肋骨，用手沿肋骨大弯方向弯曲肋骨直到肋骨断裂，由此来评估骨密度。处在发育期的猪其肋骨断裂时会发出明显的折断声，并能感觉到肋骨破裂。如无折断声可能是矿物质和（或）维生素失调，这需要进行进一步的检测来证实。对成年猪而言，肋骨是很难被折断的，如果断裂将会产生尖锐的折断声。这是一个常规完整尸检中重要的步骤。虽然代谢或营养失调的骨疾病在猪中很罕见，但这种鉴定方法非常简便、便宜、实用。通过正常肋骨的折断练习，获得正常猪肋骨折断基础知识，为以后对骨质密度低的判定打下基础。

通过和诊断实验室沟通，可以了解哪一块骨最适合作为骨密度测定的样品。可以送检一块未固定的长骨——如肋骨，进行矿物质分析，如怀疑骨密度有问题，再送检另一块固定后的肋骨的骨软骨交界处骨。已有报告证实肋骨比其他骨骼对饮食的改变更敏感，因此肋骨样本对评价骨密度具有重要意义（Walker等，1993）。

对于体型较小的猪，尸体的解剖可选择仰卧。前肢和至少一个后肢需要切开，方式参考如前所述的大型猪切开的方式。腹侧沿下颌线侧面切开皮肤，以此皮肤为起点，全长双侧矢状面切开，翻开腹侧体壁，暴露胸腔和腹腔，保持切面在被暴露器官之上。

此时，胸腔和腹腔就完全暴露出来，即可进行下一步的尸检。一个经验丰富的兽医会在钢磨棒上磨上几刀，并提醒自己"刀要锋利，精神要集中"（S. Held，私人交流）。根据主要临床感兴趣区，将按照不同的顺序检查和收集组织样本，使样本

的品质和完整性达到最佳。

下一步操作要考虑拟解决的主要临床问题。在大多数情况下,从胸腔开始检查和收集组织样本。然而,如果神经系统疾病或跛行是拟阐明的主要临床问题,为防止胸腔或其他组织污染设备和表面,可先收集神经系统的样品。

进行胸腔器官检查时,把舌、气管和肺脏成块取出。首先沿着两侧下颌骨中线做切口,从颌侧角到下颌顶,使用钝性分离,把舌头从下颌抬起并小心剥离,特别注意软腭的巨大扁桃体。收集扁桃体样本后,部分投入固定液中进行固定。通过向腹侧拉拽并结合钝性分离及仔细剔除,直到胸腔入口,进一步暴露气管和食管。此时可切开气管并进行肉眼检查。继续修剪胸腔的肺和心脏,最后切开隔膜处的食管和血管。肺脏和心脏可放回胸腔做进一步检查。

纵隔淋巴结位于近肺分叉点处的气管背面。如发现纵隔淋巴结、胸骨及颌下淋巴结肿大或出血,必须检查并采集样本。

只要肺出现独特的病变,就应收集肺样本,部分样品进行福尔马林溶液固定。当同样的病变出现在几个不同的肺叶时,采集一到二个样本就足够了。然而,如果这些区域在质地、颜色或外观上不同时,每一个独特的病变组织都应采集固定和不固定样本。在怀疑猪支原体肺炎(*Mycoplasma hyopneumoniae*)时,在固定和未固定样本中必须包含部分大气管。特别指出,猪的肺部疾病中往往在前腹侧叶较严重。通过颜色异常来判断肺炎不太可靠,特别是沉积性充血或中度自溶的肺。肺质地硬、有弹性或特殊的非塌陷区域等才是诊断肺部疾病更可靠的指标。

固定液固定的样本采集前文已阐述。由于肺部的特殊性,在检查和样本采集过程中动作需格外轻柔。如果在固定前肺部所受压力过大,导致呼吸道和肺泡腔受压,会影响到组织学检查。

未固定的肺部样本应足够大,用以细菌培养及一些其他试验[聚合酶链式反应(polymerase chain reaction,PCR)、病毒分离等]。一般来说,未固定的样本至少应有 5 cm(2 in)。固定的和未固定的肺部样本都应包括胸膜。如果出现胸膜炎症状,必须专门采集胸膜样本。

检查心脏时,应首先切开心包膜,让心脏暴露出来。如果存在过量的或异常的心包液,可用注射器收集。纤维蛋白性渗出物可用棉签收集。检查心脏的表面是否有炎症或出血。切开两个心室的中隔用以检查瓣膜的炎症、肌肉出血或纤维化。如果临床症状或病理学检查提示可能存在损伤,则收集所有损伤部位以及室间隔、乳头肌和左右心室制作固定样本,同时收集左右心室心肌标本用以非固定样本的制作。

腹腔(Abdominal Cavity)。首先注意肠道器官的位置,以确定是否出现肠扭转或扭曲。结肠袢位于猪的左侧,盲肠顶位于右侧。如怀疑有异常,纤维蛋白性渗出物可以用棉签收集,尿液可用注射器收集。实质器官采样包括肝、脾、淋巴结和肾,同样收集制作固定样本和未固定样本。在成年动物中,雌性的生殖系统和膀胱可进行大体病理学检查,常规检查通常不收集这些器官。对卵巢异常的检查,需与动物生殖周期和大体病变匹配。

接着检查小肠淋巴结(特别是肠系膜和胃肠淋巴结)的大小、质地和出血情况。采集回肠样本,找到盲肠和回盲韧带,就能很容易定位回肠。收集并固定回肠的近端和远端,同时留取长15 cm 的新鲜样本。空肠和十二指肠的采样类似,采集所有可疑区域。当怀疑肠道疾病时,应该纵向切开小肠和大肠进行黏膜检查。

从盲肠和结肠收集样本,制作成固定和非固定样本。应从结肠近端、中部和远端分别采集。快速打开降结肠或直肠,观察死亡时粪便的一致性。

所有的腹部器官采样完毕后,打开胃,沿着胃大弯切开。注意是否有饲料以及是否存在溃疡或出血。猪胃溃疡常位于非腺胃部分,也就是胃食管部。胃食管部应该特别仔细检查以排除胃溃疡,因为胃出血不是胃溃疡的可靠指标。常规诊断很少采集胃标本。

神经系统检查和采样(Neurological Case Examination and Sampling)。涉及神经系统症状的病例,就必须收集脑和(或)脊髓样本。当怀疑脑膜炎时,用棉签擦拭脑表面是比较简便的采样方法,适合不同体型的猪。向背侧倾斜头能露出寰枢椎的结合点,在略低于咽部切开。当头的倾斜角度更大时,可露出脊髓,用棉签直接插入枕骨大孔并推入脑腔直到遇到阻碍,棉签将停在大脑和小脑的交界处,这是猪体内引起脑膜炎的细菌采样的常用部位。在第一颈椎处切断颈椎(带脊髓)进行组织学检查。可以通过椎间盘用刀、枝剪或钢锯进行切割。送检棉签标本要进行需氧培养,含脊髓的椎骨标本需固定在甲醛溶液中。

完整的神经学调查,需收集和送检脑和脊髓。要取出脑,首先要剥开头骨上的皮肤,从前缘的眼睛,到侧部的耳,直到后部的枕骨大孔。然后环形切开颅骨,从枕髁到耳基部,从耳基部到眼窝,经过颅骨到另一个眼窝,回到另一侧耳基部,最终回到枕髁,掀开颅盖(图6.3)。根据可提供的工具和个人喜好,可选用锯或斧进行切割。先撬开颅盖,露出脑膜和脑,然后切断脑神经,取出脑。脑可纵向分开,一半保藏在甲醛中,一半不固定。

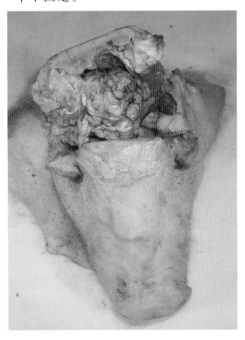

图6.3 猪脑尸检——猪头移除颅盖完全暴露大脑,进行大体病理学观察和采样。

仔猪的颅骨分离常用验尸刀插入鼻腔,刀尖到下颌骨尖,确保刀刃和刀尖朝向头背侧。小心利用刀柄的杠杆作用纵向切开头骨,并且用前述方法切断大脑的神经。

有些案例中需要部分或全部的脊柱,首选对已取出内脏后的躯体,修剪掉局部肌肉。如果需要胸椎,用刀或枝剪使肋骨从脊柱上脱离下来。

如果仅需要颈椎或腰椎,可以用刀、锯或枝剪将其从胸椎切离,并完整送检。另外,在原位将巴恩斯(Barnes)切角器用作咬骨钳以取出腹侧的椎体,从而暴露脊椎管。

关节炎和跛行动物采样(Arthritis and Lameness Sampling)。 如果关节炎和跛行是主要考虑的问题,在开胸之前进行关节取样是首选,这样避免细菌污染关节样本,如猪肺部可能存在正常菌株——猪链球菌(*Streptococcus suis*)。无菌技术以及关节的彻底检查是获得最佳样品的重要步骤。

现场工作中,采集清洁的关节样本是一个挑战。因此,一些兽医采用完整的关节,在诊断实验室内再小心地切割。这种方法能保证成功,但一些引起感染性关节炎的细菌取样条件要求苛刻,不可能在收集一天或两天后的关节样本中成功培养。因此,应小心剥离关节并收集关节液和组织,提高检出病原体的概率。

要想获得清洁样本,可先翻开皮肤,使其远离关节,然后用新的22号手术刀片通过关节囊探查骨的轮廓。关节正中肌肉很少,很容易切一个正中切口。干净的手术刀片不太可能像剖检刀会污染关节。在四肢远端,利用杠杆原理,暴露关节以便采集到关节液和关节样本。通过练习,每一个关节可以打开最小切口,使得污染的可能性大大降低。

当怀疑猪有残疾或关节炎问题时,有必要做多个关节检查。特别指出,根据猪的年龄和出现的临床症状不同,可选择不同的关节。

评论
FINAL COMMENTS

切记:正确送检标本需满足三点要求:(1)正确的猪;(2)正确的样本(表6.2至表6.7);(3)一个附有病史和鉴别诊断的完整申请表。所有需固定样本应当迅速放进10%甲醛缓冲液中以减少自溶,最大限度地提高诊断效果。未固定的样本应立即冷冻以减少继发性细菌的过度生长。

(李军译,王进校)

参考文献
REFERENCES

Alexandersen S, Quan M, Murphy C, et al. 2003. J Comp Pathol 129:268–282.

Cannon R. 2002. Prev Vet Med 52:227–249.

Dada M, Ansari N. 1996. J Clin Pathol 49:965–966.

Griffen D. 2007. Sharpening a knife: Information & tips from a veterinarian whose wife and meat cutting put him through college. University of Nebraska, pp. 1–10.

Guillamon M, Jalon J. 2002. A guide to necropsy diagnosis in swine pathology. ELANCO Animal Health, Greenfield, IN.

Hanson R. 1988. J Wildl Dis 24:193–200.

King L, Meehan M. 1973. Am J Pathol 73:514–544.

McGorry R, Dowd P, Dempsey P. 2003. Appl Ergon 34:375–382.

Moon H, Hoffman L, Cornick N, et al. 1999. J Vet Diagn Invest 11:557–560.

Morozumi T, Hiramune T. 1982. Natl Inst Anim Health Q (Tokyo) 22:90–91.

Oliveira S. 2004. J Swine Health Prod 12:308–309.

Pinto Carvalho F, Cordeiro J, Cury P. 2008. Pathol Int 58:568–571.

Pronovost P, Jenckes M, To M, et al. 2002. Jt Comm J Qual Improv 28:595–604.

Reicks DL, Munoz-Zanzi C, Rossow K. 2006a. J Swine Health Prod 14:258–264.

Reicks DL, Muñoz-Zanzi C, Mengeling W, et al. 2006b. J Swine Health Prod 14:35–41.

Rovira A, Cano J, Munoz-Zanzi C. 2008. Vet Microbiol 130:60–68.

Szabo RL, Radwin RG, Henderson CJ. 2001. AIHAJ 62:428–433.

Tucker A. 2006. Pig J 57:178–191.

Walker GL, Danielson DM, Peo ER Jr., et al. 1993. J Anim Sci 71:3003–3010.

Ward C, Regan B. 2008. Edge in the Kitchen: The Ultimate Guide to Kitchen Knives—How to Buy Them, Keep Them Razor Sharp, and Use Them Like a Pro. New York: William Morrow.

Yaeger MJ, Prieve T, Collins J, et al. 1993. Swine Health Prod 1:7–9.

7 诊断试验方法的种类、性能及其结果的分析
Diagnostic Tests,Test Performance,and Considerations for Interpretation

Jane Christopher-Hennings,Gene A. Erickson,Richard A. Hesse,Eric A. Nelson 和 Simone Oliveira

引言
INTRODUCTION

诊断检测可用于判断疾病的原因,还可以用于检测引起疾病的病原。引起疾病原因种类繁多,包括病毒、细菌、真菌、寄生虫以及毒素。但是,仅仅检测这些病原的存在并不能充分说明它们就是引发正在发生的具有特定临床症状疾病的病原体。同时,某些病原体只在某些特定的情况下才能引起疾病。因此,对于每个病例的正确诊断应该进行综合性分析,包括群体的流行病学、临床症状、剖检变化、病理组织学变化以及诊断试验的结果等。由于没有一种诊断方法具有100%的敏感性(如果某种方法敏感到可以准确地鉴定出所有感染猪只,那就不会存在"假阴性"的结果),同时也没有一种诊断方法具有100%的特异性(如果某种特异到可以正确地辨认出所有感染猪只,那就不会存在"假阳性"的结果)。因此,如果没有考虑到疾病发生的阶段和当前环境,仅采用一种诊断方法,最终将会得到一份错误的结果。应用多重检测方法或重复检测去判断某种检测方法对于是否能够鉴别出疾病的病因,是十分必要的。当得到一份诊断报告结果时,结合病情的发展、临床症状以及病理变化(如果有效的话)再次评估一次,也是有必要的(图7.1)。请参考第8章,如何阐明多重检测结果,如何在群发病检测中判断检测方法的敏感性和特异性。

本章内容将会介绍用于猪病诊断和猪病病原体检测的常用试验方法,同时将会进一步帮助读者选择合适的方法并阐明疾病最终的诊断结果。本章介绍的试验方法将以其英文名称开头字母先后为序,涉及检测方法的优点和缺点(表7.1)。

琼脂凝胶免疫扩散试验
Agar-Gel Immunodiffusion

琼脂凝胶免疫扩散试验(Agar-Gel Immunodiffusion,AGID)是一种血清学检测方法,主要用于检测针对某种抗原抗体的存在。它既可以用于检测宿主接触的病原体种类,也可以检测病原体的血清型。目前在猪流感(swine influenza virus,SIV)的血清学诊断中,以及不同血清型副猪嗜血杆菌菌株的诊断中经常得以应用(Del Río等,2003)。该方法具有便于应用和成本低的优点,使其仍然在某些实验室中继续应用,但是这种方法已经大规模地被间接血凝抑制试验(indirect hemagglutination inhibition,IHA)和酶联免疫吸附试验(enzyme-linked immunosorbent assay,ELISA)所取代,因为这些方法具有更高的特异性和敏感性。

猪病学,第10版,由 Jeffrey J. Zimmerman,Locke A. Karriker,Alejandro Ramirez,Kent J. Schwartz,Gregory W. Stevenson 主编。

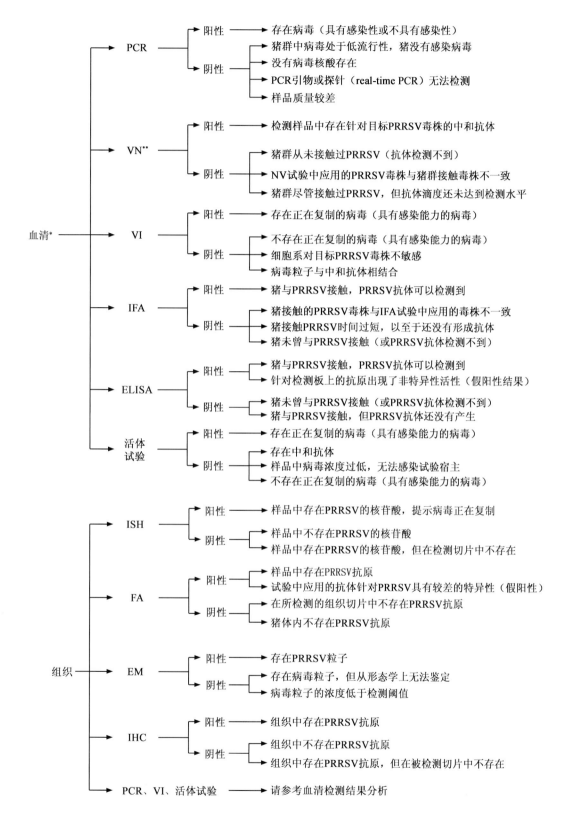

图 7.1 应用血清和组织对 PRRSV 进行诊断时,针对不同诊断方法可能出现的结果分析。* 血液拭子和口腔液可以用 PCR 进行检测。** VN=血清病毒中和试验。

表 7.1 不同诊断方法针对的被测物类型:致病原、抗原、抗体或核苷酸检测

抗原特异性检测	抗体特异性检测
	琼脂凝胶免疫扩散法(AGID)
抗原 ELISA	抗体 ELISA
细菌分离	
活体试验	
	缓冲布鲁氏菌抗原试验(BBAT)[a]
临床病理学诊断[b]	
补体结合试验(CF)	补体结合试验(CF)
电子显微镜检测(EM)	
荧光抗体检测(直接法或间接法)	
荧光免疫微球试验(FMIA)	荧光免疫微球试验(FMIA)
	荧光偏振分析(FPA)
	血凝抑制试验(HI)
免疫组织化学试验(IHC)	
	免疫过氧化物酶单层试验(IPMA)
	间接荧光抗体试验(IFA)
原位杂交检测(ISH)	
	微量凝集试验(MAT)[c]
寄生虫鉴定	
聚合酶链反应(PCR)	
病毒分离(VI)	

[a] 仅用于检测布鲁氏菌的抗体。

[b] 用于判断是否有某种抗原存在的间接方法。

[c] 仅用于检测钩端螺旋体的抗体。

这种方法是在包被有琼脂的平皿上进行,琼脂上打有7个孔(1个孔在中间,6个检测孔围绕其等距分布)。检测用抗原添加至中间孔中,标准阳性血清添加至某一检测孔中。检测血清添加至其余剩余孔中,孵育1～2 d。试验平皿在一个明亮的光源下进行观察,随着抗原和抗体的扩散,观察是否在抗原孔和抗体孔之间出现一条特异的白色沉淀线。如果在被检血清孔和抗原孔之间出现一条与标准阳性血清孔和抗原孔之间一致的白线,可判定为阳性结果。这种方法的特异性主要取决于所用抗原的质量。

细菌分离与培养
Bacterial Isolation/Culturing

细菌分离指的是复苏和鉴定临床样品中存在的细菌性微生物。这是一种常规的兽医实验室诊断技术,同时被认为是确定引起发病病例和致死病例具体细菌性病原菌的金标准。

对于大多数猪病致病菌,应用需氧或是厌氧培养方法可以很容易地从临床样品中分离得到。多数的临床相关病原可以在缺氧情况下,在传统的固体或是液体培养基中生长。但是,某些临床病原菌的生长还同时需要特殊的培养基和特定培养条件。例如,培养副猪嗜血杆菌时,需要在培养基中添加烟酰胺腺嘌呤二核苷酸,同时还需要在含有 5% CO_2 的条件下成长,而这样的条件对于普通细菌的分离是不需要的。因此,为了分离得到致病菌,一份完整的临床病史以及详尽的与收集病料有关的大体变化描述,对于指导病理学家和细菌学家采用合理的条件,去分离需要复杂营养的病原以及阐明结果是十分重要的(表7.2)。并不是所有的猪病相关病原体都可以在诊断实验室进行常规培养。例如,培养猪肺炎支原体时不但需要特殊的培养基和极其复杂的营养条件,而且培养4周以上才能达到测量水平(Thacker,2004)。

一旦获得一株细菌,还需要进行一些额外的试验对鉴定结果进行确认。如菌落的形态的观察、革兰氏染色以及一系列生化反应试验都要用来去进行确认鉴定。当确定猪致病菌种类时,表型和生化特征的鉴定是非常必要的。但是,在鉴定支原体的种类时,生化试验并不能够充分辨认

其种类,这时还可以应用 16S rRNA 基因的测序 (Cai 等,2003)。

表 7.2 用于分析和解答细菌分离试验阳性和阴性结果的思路

病原体	被测物	试验	结果	解释	附加试验
细菌	组织 体液[a] 血液 尿液 粪便	在固体或液体培养基中进行培养	阳性	样品中存在细菌病原体。	在"种"的水平上分析鉴定
			阴性	样品中不存在细菌病原体。 在样品送检前,猪使用过抗生素。 尽管样品中存在细菌性病原体,但其生长速度已经被共生菌或生长过快的共同感染的病原体远远超过。 虽然存在细菌性病原体,但已经不具有活力。 尽管存在细菌性病原体,但在相应的培养基上不能够进行分离。	送检样品进行 PCR 检测,并在组织切片上进行免疫组织化学检测

[a] 脑脊液、胸腔液、腹腔液、关节液。

对于分离自组织的细菌,应该结合临床症状和病理损伤进行谨慎的分析,进一步评价其与发病和致死的相关性。经常会出现这样的现象,细菌分离不能够区分共生的非致病菌株和致病菌株。例如,共生微生物中常常包括多杀性巴氏杆菌、猪链球菌、大肠杆菌、副猪嗜血杆菌以及产气荚膜梭菌等致病菌和非致病菌。进一步分析分离菌株的其他的特性,还需要应用血清学方法和分子生物学方法(Osek,2001)。对于猪病兽医来说,递交一份来自临床的、取自具有典型损伤特征的、感染特定细菌性病原体的样品是不太常见的,同时得到一份阴性分离结果也是不太可能的。当疑似微生物存在于原始病料中时,众多原因会造成阴性结果的出现,其中在采集样品后的抗生素处理以及缺乏冰箱保存是最主要的两点原因(Oliveira,2007)。阴性分离结果的出现,还有可能是由于某些呼吸道和消化道样品中共生菌的过度生长或是污染造成的(Fittipaldi 等,2003)。除此,如果基层兽医在送检样品时不能够准确地进行临床症状和病理损伤的描述以及适当的初步诊断,而将临床样品仅仅安排在普通的培养基和环境下培养,这样也将会影响需要特殊培养条件细菌的分离。

活体试验(猪活体试验)
Bioassay(Swine Bioassay)

活体试验是应用活的动物去检测具有传染性的或是具有某种病原体和物质的试验方法。猪已经被用来去检测多种具有感染能力的病毒[如猪繁殖与呼吸障碍综合征病毒(porcine reproductive and respiratory syndrome virus,PRRSV)、猪 2 型圆环病毒(porcine circovirus type 2,PCV2)、猪瘟病毒(classical swine fever virus,CSFV)和戊型肝炎病毒(hepatitis E)],随后应用聚合酶链反应(polymerase chain reaction,PCR)方法对结果进行检测(Christopher-Hennings 等,1995)。猪活体试验结果可以决定核酸检测结果与存在的活病毒是否一致。阴性猪感染传染性病原体后,对病毒血症情况以及血清转化情况进行定期的检测,检测结果可以说明病毒在感染宿主内的存在情况。由于在得到结果前,需要长期地饲养实验动物,因此这种方法的缺点是成本高、附加劳动力以及拖延评估时间。然而,在确定具体的样品是否具有传染性以及是否可以感染其他猪时,活体试验是最敏感和最有说服力的方法之一。猪活体试验还可以用来检测土壤中铅元素的相对活体利用率(虽然这种试验已经被非动物试验所取代)(Casteel 等,1997),同时鼠活体试验已经被用来检测猪肉香肠中传染性弓形虫的存在(De Oliveira Mendonça 等,2004)。

缓冲布鲁氏菌抗原试验
Buffered *Brucella* Antigen Test

缓冲布鲁氏菌抗原试验(*Buffered* Brucella Antigen Test,BBAT)是一种基本的结合试验方法,主要用来间接地检测血清中布鲁氏杆菌抗体的存在。目前所应用的 BBAT 采用含有来自于牛致病菌——流产布鲁氏杆菌,来检测猪群中是否感染有猪布鲁氏杆菌,这是因为这两种菌具有广泛的交叉反应活性(Nielsen 等,1999)。将血清与抗原(流产布鲁氏杆菌悬浮物)在玻璃平板上混匀,孵育并且轻微震荡。一旦出现凝集,则判断为阳性。针对不同种群血清特点,可以采用一些变化的检测抗原或检测形式进行监测。例如,卡片凝集试验、试管凝集试验、平板凝集试验(玫瑰红试验)以及利凡诺试验等。

BBAT 是一种简单快速的检测方法,从试验开始到得到结果大概仅需要 8 min。但是,这种方法缺乏敏感性和特异性。该方法仅适合进行群体感染情况的监测,不适合个体病例的检测。当所有(大于 6 月龄)的猪检测结果为阴性时,整个饲养猪群可以判定为布鲁氏杆菌阴性群(Nielsen 等,1999)。

尽管目前在美国,BBAT 用来检测猪布鲁氏杆菌病疑似血清,但是已经建议使用更加敏感和特异的方法给予取代,例如荧光偏振分析法(Nielsen 等,1999)。

临床病理学检测
Clinical Pathology

全血计数(complete blood counts,CBCs)结果提示有贫血症状时,可以间接暗示可能感染有猪附红细胞体类似的感染原。然而,由于存在多种非传染性贫血因素,因此如果进行直接鉴定的话,还需要应用 PCR 方法。全血计数和临床化学检测还可以用来检测炎症的类型、严重程度及其发生的位置,以及器官功能紊乱情况、感染病原体类型或是中毒情况。全血计数以及临床化学检测参数标准的设定应该针对目标猪群正常范围,同时参照猪群年龄、性别以及种群类型的变化情况(Evans,2006)。与特定种群中猪的正常生理标准比较才是有意义的。

补体结合试验
Complement Fixation

补体结合试验是应用免疫学方法来检测感染组织及体液中的抗原种类,测量自然感染或人工感染猪体内的抗体反应,以及分析相同种类病原体不同株或不同分型之间的抗原的关系(Rice,1960)。例如,直到商品化 ELISA 检测方法被应用以前,补体结合试验一直是检测胸膜肺炎放线杆菌抗体的常用方法(Enøe 等,2001)。补体结合试验(complement fixation,CF)的原理主要基于抗原-抗体复合物具有结合补体的能力(一种能够结合抗体后破坏病原体的血浆蛋白质),同时能够引起绵羊红细胞(sheep red blood cells,sRBCs)的溶解。将已知浓度的绵羊红细胞和抗绵羊红细胞抗体加入到反应体系中与补体反应。当样品中含有目标抗原的抗体时,形成的抗原-抗体复合物可以在加入 sRBCs 前消耗掉足够量的补体。因此,抗体阳性的样品表现为最小量的溶血现象;如果血清样品中缺乏目标抗原的特异性抗体时,则表现出最大的溶血活性。

补体结合试验可以检测任何抗原产生的抗体,目前在美国作为一种常规的试验方法来检测州内和州际之间运输的动物。然而,由于完成一次补体试验需要 2 d 的时间,而且对所需试剂的标准化具有很高的要求,因此这种方法在诊断实验室中很少应用。在多数实验室中,该方法已经被 ELISA 检测方法所取代。

电子显微镜技术
Electron Microscopy

电子显微镜技术(Electron Microscopy,EM)主要是用来直接观察病原微生物,特别是病毒性病原,而普通诊断技术是无法直接检测的。例如,电镜技术可以用来辨别非 A 型猪轮状病毒(B 型和 C 型),而目前应用的 ELISA 技术仅仅能够检测出 A 型病毒(Janke 等,1990)。应用透射电子显微镜技术(transmission EM,TEM)时,电子通过加热的钨丝产生,加速通过真空柱,在样品表面聚积,并应用电磁“透镜”将其投影至荧光屏或是感光基板上。为了使样本的观察效果更加明显,可以尝试使用多种染色技术。其中利用磷钨酸(phospho tungstic acid,PTA)进行负染,常被用来研究病毒的形态。利用负染进行电子显微镜观察,对于低浓度的检测具有中度的敏感性,它的检测下限是 10^6 个病毒粒子/μL 样品。电子显微技术在检测肠道病例时特别有效,因为在未经处理的粪便悬液中的致病性病毒粒子量普遍大于 10^6 个/g 粪便。在应用电子显微镜鉴定病毒时，病毒的大小、具体形态以及病毒粒子的量是十分重要的。该技术同样用于观察能够引起皮肤和黏膜损伤的病毒，如痘病毒、杯状病毒和小核糖核酸病毒［口蹄疫（foot-and-mouth disease，FMD、水疱性口炎病毒）］。负染电子显微镜技术可以观察组织匀浆和病毒分离的样品，可以用来鉴定新的或新出现的病原体。电子显微镜技术可以提供快速的诊断，但是鉴定病毒时，一定要保证含有大量的病毒粒子以及相对固定的形态，如轮状病毒和大的痘病毒，这些病毒具有典型的形态而且容易观察。而薄膜病毒则难于观察，不但形态不典型，而且看上去像碎片一样。在高通量的 ELISA 和 PCR 检测技术产生前，电子显微镜技术一直被广泛应用。由于购买和维护电子显微镜以及聘请电子显微镜专家需要高额成本，因此一些诊断实验室已经不提供这种诊断服务了，但是可以委托专业实验室完成该技术服务。

酶联免疫吸附试验(抗体 ELISA 和抗原 ELISA)
Enzyme-linked Immunosorbent Assay (ELISA) (Antibody ELISA and Antigen ELISA)

多种 ELISA 检测方法广泛应用于群体动物健康的检测和疾病的诊断。ELISA 技术特别适用于大量样品的快速分析，目前针对猪的重大疾病，市场上已经出现了各式各样的商品化 ELISA 试剂盒。ELISA 技术通过调整后可以用来检测针对特定抗原的抗体（抗体 ELISA），还可以用来检测实际的抗原（抗原 ELISA）。ELISA 试验诊断的敏感性和特异性高度依赖于方法建立时所选用试剂材料的种类和质量，以及诊断的预期目的。当检测一个低流行性而又要求强制报告的疾病时，高敏感性检测显得格外需要；当需要进行验证试验时，高特异性检测则十分重要。当用来检测猪体内特定抗原的抗体时，最常用的 ELISA 种类多为间接型、竞争型和阻断型。间接 ELISA 普遍使用纯化抗原包被检测孔，同时应用抗原溶解液包被对照孔以减少非特异性抗体附着。过程大致为，单一稀释浓度的检测抗体添加至检测孔中孵育，如果存在目标抗体，则会与包被的抗原结合。然后加入酶标记的抗猪血清的二抗，当加入酶标

记的底物时，结果将会出现颜色的变化。颜色强度的变化用测量的吸光度值（optical density，OD）来表示，同时需要阳性对照和阴性对照来进行计算。然后应用公式进行样品阳性率（sample-to-positive，S/P）的计算。例如，一些检测 PRRSV 的 ELISA 试剂盒中经常将阳性对照、阴性对照和样品分别添加至两个孔中，一个孔包被了正常的宿主细胞（normal host cell，NHC），另外一个包被了 PRRSV 抗原。ELISA 检测后，计算 S/P，公式为 S/P＝［OD 样品（PRRSV 抗原包被）-OD 样品（NHC 包被）］/［OD 阳性对照（PRRSV 抗原包被）-OD 阳性对照（NHC 包被）］。并制定某个"阈值"水平为阳性或隐性结果（如二进制结果）。由于计算 S/P 时，并不是采用"梯度"稀释的血清所得到的具有免疫学意义的结果，因此 S/P 值不能认为是血清的效价。血清的效价应该定义为血清经系列稀释后，能够产生免疫反应的最高稀释度的倒数。例如，血清中和试验的效价和血凝抑制抗体试验的效价分别衡量的是血清中能够中和病毒的抗体总量和血清中可以抑制血凝的抗体的总量。有些情况下，S/P 可与抗体滴度之间存在一定的联系，比如当线性关系可以建立时。

血清中抗体的含量可以采用间接 ELISA 检测。当有意外阳性结果出现时，可以采用阻断 ELISA 明确结果的特异性，以达到确认结果的目的（Erlandson 等，2005）。竞争 ELISA 或阻断 ELISA 采用抗原溶解物包被检测板，封闭后将已稀释的检测血清加入到检测孔中与被检抗原反应。洗涤后加入针对被检抗原的特异性酶标记的抗体，产生与检测血清抗体竞争的结果。阴性血清样品显色后吸光度最高，而含有特异性抗体的样本则会随着抗体水平的升高出现低吸光度的显色。这种方法已经用于分辨伪狂犬病毒 G1 和 gE 缺失疫苗免疫猪和自然感染猪；同样，应用核蛋白作为抗原，可以用来鉴定猪流感病毒。

ELISA 方法检测抗体的最大优势是快速、敏感、特异。抗体 ELISA 常用于群体检测，但是有些情况下用于检测个体猪的状况时，一旦出现假阳性结果就很难做出正确的解释。重复试验，或再取一份样品进行检测，或应用其他血清学方法进行确认性检测可能会有所帮助

(O'Connor 等,2002)。但是,类似间接荧光抗体法(indirect fluorescent antibody,IFA)、免疫过氧化物酶单层细胞分析法(iminunoperoxidaes monolayer assay,IPMA)、HI、VN(virus neutralization)和 CF 等抗体检测方法程序更加复杂,同时需要更多的时间。

ELISA 除了可以检测抗体,还可以用于检测抗原。抗原检测 ELISA 存在多种形式,包括传统 ELISA 板形式或是横向流装置,即常说的免疫检测试纸条。抗原检测 ELISA 是应用具体的抗体包被检测孔或检测板,而不是抗体 ELISA 中所应用的抗原。免疫检测试纸条常应用固相薄膜用于检测,并使记号线与吸水层相偶联。试纸条可以浸泡到样品中,也可以将样品加入到试纸条指定的区域内。这些方法可以用于检测血清或全血样品、组织匀浆物、排泄物样品,关键取决于目标病原体的分布、适合操作的方法以及所给样本中目标抗原的量。免疫酶检测方法可以用于多种猪病病原体的诊断,如 SIV、CSF(classical swine fever)、A 型轮状病毒、PCV2 等。抗原检测免疫学方法与 VI、PCR 或是 EM 相比较,其主要优点是快速、便捷、所需实验室设备简单。有些试纸条检测方法只采用田间现场装置或是农场设备即可。但是,对于某些病原体,检测方法的敏感性存在一定程度的挑战性,这时样品收集的时效性显得格外重要。应用免疫学方法检测时,目标抗原的量一定要充分,这样才能达到检测目的,同时需要高质量的抗血清或单克隆抗体用于建立理想的检测方法。

荧光抗体或间接荧光抗体检测抗原
Fluorescent Antibody (FA) or Indirect Fluorescent Antibody (IFA) for Antigen Detection

检测发病动物冰冻组织中感染病毒的细胞是一种经典的检测技术,这种技术具有快速、特异的特点。如果有一种假定的病原体在样本中存在的话,这种技术可以作为一种推断试验进行快速检测,因为这种技术在收到样品后 6 h 内即可完成诊断。荧光抗体(FA)的另外一种重要的应用是鉴定不能够引起细胞病变(cyto pathic effect,CPE)的病毒。应用单一特异性抗血清时,传染原

的免疫学证实及其精确性的鉴定都可以进行快速的确认。一共存在两种基本的 FA 步骤,即直接法和间接法。直接 FA 只需利用荧光标记的一抗;而间接荧光抗体(IFA)在应用非标记一抗后,还需使用一个荧光标记的二抗与一抗反应。两种形式的方法都需要应用单一特异性抗体,这种抗体不能够和其他病原体反应。由于存在化学计量学/几何学的原因,间接检测方法要比直接检测方法更加敏感。但是,与准备充分的直接荧光抗体相结合可以提供鲜明的荧光信号,以便利用荧光显微镜进行观察。直接 FA 染色步骤一般较短(45 min 左右),而 IFA 步骤则较长(1~2 h)。特定性病原体的冰冻切片检测是将发病动物的组织固定在低温样品夹上,使组织在低温箱中结冻,熟练地进行连续切片并进行 FA 染色(可用于多重样品的检测)。当样品移到载玻片上后,应用丙酮使组织固定在载玻片上保证染色和细胞渗透的进行,同时确保一抗可以和感染细胞中的抗原相互反应。切片染色过程的完成伴随着组织的水化,一抗(标记或是没有标记的)和疑似抗原反应结束后,洗掉切片上多余的试剂;如果是间接 FA,则在荧光观察前先要进行封片并加盖盖玻片。如果是间接染色过程,漂洗后的切片还要与荧光标记的二抗相互反应,然后封片,加盖盖玻片,荧光显微镜观察。为了使冰冻切片样品的荧光信号更便于观察,常常需要使用类似伊文思(Evans)蓝的负染试剂。应用 FA 检测细胞培养物中病原体的步骤基本上与上述是一致的,稍有不同的是,当使用塑料培养细胞时,常采用丙酮的水溶剂去固定检测板。对病毒分离培养物进行染色时,最好在刚刚出现细胞病变时或在某个固定的时间进行。当检测非细胞病变病毒或低水平感染的培养物时,常在接种后 3~5 d 进行染色。在一些病毒诊断性实验室,应用 FA 染色检测病毒非常普遍,因为该方法具有快速、廉价和推定诊断的特点。一抗质量的好坏对于得到准确的结果十分重要,因此需要对这些试剂的特异性和敏感性进行细致的检测。如果切割的组织切片上不存在感染细胞时,则会引起假阴性结果的出现。目前,由于缺乏熟练技术人员以及应用 PCR 和 ELISA 新技术的原因,这种检测技术的应用在很多实验室中逐渐地减少。

荧光微球免疫试验
Fluorescent Microsphere Immunoassay

应用荧光微球免疫试验(Fluorescent Microsphere Immunoassay,FMIA)可以同时检测一个样品中多个目标。这种检测技术应用到多种微球,每种微球具有各自的染色比率,利用流式细胞仪(Luminex X-Map™,Luminex Corporation,Austin,TX)可以进行彼此区分。在每种微球上包被不同的抗体或重组蛋白,分别用于捕捉样品中的抗原(能够与包被的特异性抗体结合的目标抗原)或者抗体(能够与包被的特异性抗原结合的目标抗体),如果目标分子结合到微球的话,则可以应用特殊的仪器检测荧光标记二抗的荧光值。微球还可以包被核苷酸探针来检测目标互补DNA。在应用这种方法进行检测前可以选用PCR作为初始步骤。目前这种检测方法已经开始用于猪病病原体和免疫蛋白的检测(Deregt等,2006;Lawson等,2010)。目前,由于该技术能够同时检测多种抗原的抗体,因此这项检测技术在今后群体性能分析和管理决策中将发挥巨大的作用(Khan等,2006)。

荧光偏振分析试验
Fluorescence Polarization Assay

荧光偏振分析试验(Fluorescence Polarization Assay,FPA)技术已经有效地应用于牛、猪、山羊、绵羊、野牛和鹿的布鲁氏菌的血清学检测中。由于流产布鲁氏杆菌、马耳他布鲁氏杆菌和猪布鲁氏杆菌对于共同的抗原决定簇存在非常明显的交叉反应,因此可以针对单一抗原对所有种类的布鲁氏杆菌进行诊断。小分子(如标记的抗原)可以进行高速的旋转,引起光线快速去极化;而大分子(如抗原抗体复合物)旋转缓慢,导致光线去极化速度降低。光线的这种去极化差别可以表现出毫极化单位(mP)的区别。如果在阴性对照之上出现一个明显的荧光偏振(FP)高峰则提示为阳性结果。当把界限设置为90 mP时,FPA具有99.02%敏感性和99.96%的特异性(Nielsen等,1999)。

FPA作为一种快速的检测方法,5 min左右就可以给出结果。该方法的准确性等同于甚至超过应用缓冲抗原平板凝集试验(buffered antigen plate agglutinotion test,BPAT)等血清学方法获得结果的准确性。FPA还可以在基层临床利用便携式仪器进行操作,避免了运送样品的需要,同时降低了成本(Nielsen等,1999)。

进行猪布鲁氏杆菌血清学群体检测时,FPA仍然作为一种推荐的检测方法。尽管有报道称该方法要比目前动物健康世界组织(World Organization for Animal Health,OIE)推荐的BBAT更加敏感和特异,但由于一些猪感染猪布鲁氏杆菌后不产生抗体,因此限制了该方法在个体动物检测中的应用(Nielsen等,1999)。

血凝抑制试验
Hemagglutination Inhibition

某些病毒具有凝集红细胞(RBCs)的作用,应用这种活性可以检测抗体的存在,因为当抗体与血凝相关决定簇相结合时可以抑制病毒凝集红细胞的活性(保护红血球)。目前,血凝抑制试验(Hemagglutination Inhibition,HI)检测常常用来进行SIV的血清学检测、评估SIV毒株自体疫苗制剂的活性以及检测猪细小病毒(porcine parvovirus,PPV)和凝血性脑脊髓炎病毒的抗体。在HI检测中,如果病毒粒子的凝血活性部分被血清中特异性抗体束缚后,红细胞的凝集将被阻断,结果导致在微量检测孔的底部出现"纽扣状"的红细胞(此时表明为样阳性结果,即存在针对抗原的抗体)。如果加入血清后病毒可以使红细胞凝集,则说明血清中没有抗体,此时在微量检测孔的底部出现均匀的垫状红细胞(如阴性结果时,即不存在针对抗原的结果)。对猪的血清一定要进行预处理以消除非特异性血凝素和/或血凝抑制物。在检测中通常采用1∶10的初始血清稀释度,系列稀释可以用来确定抗体的效价,即不具有血凝抑制活性的抗体最高稀释倍数。

应用HI进行SIV诊断时,这种方法要求具有亚型特异性,即H1或H3亚型病毒检测抗原必须与猪群中存在的SIV亚型病毒之间存在交叉反应。2010年在北美,至少需要6种HI检测抗原以达到检测的目的,包括αH1N1、βH1N1、γH1N1、δH1N1、新型(流行性)H1N1和H3N2。幸运的是,由美国农业部提供给兽医诊断实验室的 2001 β H1N1 抗原与感染有 β 或 γH1N1 病毒的猪血清之间具有很好的交叉活性。应用 γH1N1 或同源检测抗原可以很好地检测出自然感染的新型 H1N1 病毒猪血清。对于非免疫猪，如果 HI 抗体效价达到 1：40 或高于该值，则说明之前感染过 H1N1 病毒株。判定猪群 H3N2 亚型流感病毒感染需要较高的"阈值"，比如抗体滴度普遍为 1：40 时，需要设定 1：80 或以上的效价才可以判定为猪群自然感染。然而，急性期和恢复性血清的结果要比单一的 HI 结果更有意义；同时，收集血清的时间将决定着 HI 抗体效价的高低。对于 PPV 而言，HI 抗体效价达到或高于 1：256 时，提示为自然接触；母猪免疫灭活疫苗以后，HI 抗体效价经常可以达到 1：128；对于自然感染猪，HI 抗体效价可以达到 1：2 048 甚至为 1：4 096。

免疫组织化学检测
Immunohistochemistry

免疫组织化学检测（Immunohistochemistry，IHC）是一种应用特定的抗体以及酶或荧光染料标签检测福尔马林固定的、石蜡包埋组织中的病原体相关的抗原的免疫组织学技术。该技术具有很高的敏感性和特异性，广泛用于研究实验室和诊断实验室。应用固定和包埋的组织，IHC 对于疾病诊断具有重要的回顾性意义。更为重要的是，可以很容易地查阅到关于 IHC 方法及其在猪传染性疾病诊断应用中详细的资料（Ramos-Vara 等，1999）。大多数 IHC 实验的基础步骤包括组织样品的固定、石蜡包埋和切片制备。由于福尔马林能够使蛋白质交联，这种改变可以限制抗体与特定抗原结合位点的结合。因此，经常应用多种抗原修复方法使抗原暴露和恢复，进而使其更容易地被抗体识别。常用的方法包括酶消化法和热诱导抗原修复法。由于组织存在内源性酶活性，因此需要使用封闭试剂降低背景着色。然后进行间接或直接的染色过程。由于间接染色过程具有较高的敏感性，因此检测方法最常用，即在添加特异性的一抗之后，再添加一个标记的二抗。目前卵白素-生物素复合物法（ABC）应用的也比较广泛，这种方法主要是在添加未标记的一抗之后，再添加一种生物素化的二抗，然后应用卵白素-生物素过氧化物酶试剂与底物反应产生具有颜色的产物。

IHC 最显著的特点是，该方法能够清楚地展示出检测到的抗原与特异性组织损伤的关系。它还可以有针对性地用于鉴别某种抗原（如 PCV2）是否是假定疾病［如断奶仔猪多器官衰竭综合征（postweaning multisystemic wasting syndrome，PWMS）］的病因，因为对于某些抗原要比综合征状更容易检测出来。这种方法还可以对抗原进行定量分析，但是由于在整个组织中抗原并不是均匀分布的，因此选择合适的样品十分重要。IHC 检测方法要求具有高质量的抗体、最佳优化的固定以及针对合适的对照样品所确定的高度优化染色方法。

间接免疫荧光（间接免疫荧光或间接荧光抗体）和免疫过氧化物酶单层试验检测抗体
Indirect Immunofluorescence (Indirect Immunofluorescence or Indirect Fluorescent Antibody) and Immunoperoxidase Monolayer Assay for Antibody Detection

IFA 和免疫过氧化物酶单层试验（Immunoperoxidase Monolayer Assay，IPMA）可用于检测针对某种传染性抗原抗体的存在。IFA 试验应用到一种荧光标记的二抗，同时需要使用荧光显微镜。IPMA 应用到过氧化物酶标记的二抗和适当色素，仅需要标准的光源显微镜即可观察结果。IPMA 试验的显色反应比荧光显色更加稳定。IFA 试验在猪病诊断中最常用于进行 PRRSV 和 PCV2 的诊断（Magar 等，2000；Yoon 等，1992）。基本步骤包括在玻璃载片或 96 孔细胞培养板中准配好易感宿主细胞的感染单层培养物，常常要配对设置非感染宿主细胞为对照孔。单层细胞需要应用丙酮或丙酮/甲醇混合物进行固定以提高细胞膜的渗透性，同时允许抗体接触到内部的病毒抗原。稀释后的待检猪血清和对照血清与细胞共同孵育，然后加入标记的抗猪 IgG 或 IgM 的抗体。漂洗后，在荧光显微镜下进行观察，将能够观察到的病毒特异性荧光所对应的最高抗体稀释倍数设定为抗体的效价。相似的试验已经用于猪肠道病毒（Auerbach 等，1994）、劳森菌（Knittel 等，1998）以及其他病原体的检测。大多数 IPMA 步骤与上述方法相似,不同的是二抗为过氧化物酶标记,同时还要配合使用一个色素以达到显色的结果(Guedes 等,2002)。IFA 和 IPMA 都可以检测与感染宿主细胞抗原特异性结合的抗体,只是 IPMA 最终的结果不需要荧光显微镜即可检测到。IPMA 已经用于 PRRSV 的检测,尤其针对欧洲株,因为欧洲株在猪肺巨噬细胞(porcine alveolar macrophages,PAMs)上的生长状态远远好于在传代细胞系上的状态,而且在 PAMs 上很容易得到 IPMA 的染色结果。IFA 和 IPMA 检

测方法的一个优点是,通过利用系列稀释的样品,可以得到相对的抗体效价。然而,这两种方法的结果存在一定的主观性,有时结果判断还要依赖于实验技术员的经验;这些方法还需要在细胞培养物中存在指示病毒或细胞内寄生菌的复制。当检测抗原性易变的病毒(如 PRRSV)时,检测方法的敏感性会受到用于试验毒株之间抗原性差异的影响,以及感染给定动物病毒株之间抗原性差异的影响。表 7.3 展示了毒株变化对于 PRRSV IFA 检测结果的影响。

表 7.3 毒株变异性对于 PRRSV IFA 结果的影响

	攻毒后天数					
	0 d	4 d	7 d	11 d	14 d	28 d
猪♯1						
SD-23983	<20[a]	<20	40	640	1 280	1 280
Ingelvac PRRS MLV	<20	<20	40	1 280	2 560	2 560
Ingelvac PRRS ATP	<20	<20	<20	160	320	640
Lelystad Isolate	<20	<20	<20	<20	<20	<20
猪♯2						
SD-23983	<20	<20	20	640	1 280	2 560
Ingelvac PRRS MLV	<20	<20	20	640	1 280	2 560
Ingelvac PRRS ATP	<20	<20	<20	160	640	640
Lelystad Isolate	<20	<20	<20	<20	40	40
猪♯3						
SD-23983	<20	<20	80	640	1 280	2 560
Ingelvac PRRS MLV	<20	<20	40	640	1 280	2 560
Ingelvac PRRS ATP	<20	<20	<20	160	320	1 280
Lelystad Isolate	<20	<20	<20	<20	<20	40

[a] 终末滴度可以表示为血清最大稀释度的倒数,用以体现可以检测到的 PRRSV 特异性荧光强度。

显微凝集试验
Microscopic Agglutination Test

显微凝集试验(microscopic agglutination test,MAT)是猪钩端螺旋体病血清学检测的参考试验方法。检测方法主要原理基于特异性血清可以和活的钩端螺旋体细菌细胞发生反应。检测血清和活的钩端螺旋体细胞混合后可以引起凝集,这种变化可以在暗视野显微镜下观察到。结果以抗体效价形式展示出来,即与对照组相比较可以引起 50%活的钩端螺旋体细胞发生凝集时的抗体最高稀释倍数为抗体的效价(Chappel 等,1992)。

对于能够培养活钩端螺旋体的实验室,MAT 很容易被用来检测临床感染猪的相关血清。这种方法是一种十分敏感、成本低廉而又省时的检测方法。高 MAT 效价(>1:1024)与感染猪只分离到的钩端螺旋体之间的一致性是非常重要的(Chappel 等,1992)。MAT 的一个弊端是对于阳性结果存在主观定义,这种定义在不同人员和不同实验室之间是存在差异的。此外,一个单一读数具有较低的诊断意义。由于不同的实验室采用不同的效价极限值去定义阳性样品,因此两周内进行两次连续的检测被推荐用来检测感染恢复期的抗体效价。由于 MAT 可以检测 IgM 和 IgG,在急性感染猪只间要常常观察不同血清型之间的交叉反

应性;而且,第二次试验针对感染猪群的血清型可以提供更为明确的结果(Ahmad 等,2005)。

原位杂交试验
In Situ Hybridization

原位杂交试验(in situ hybridization,ISH)是指应用放射性同位素、荧光或是酶链接的核苷酸(DNA 或 RNA)与组织切片中特定病原体的特定互补 DNA 或 RNA 序列相杂交的试验方法。这种方法不同于 IHC,它可以检测组织切片中的蛋白抗原(而不是核苷酸)。由于针对病原体序列设计的 DNA 和 RNA 探针可以允许直接观察到组织中病原体复制的位置,因此 ISH 可以用来进行传染性疾病的检测。这种方法可以应用放射性和非放射性探针同时检测多种转录物。在兽医诊断实验室中应用最广泛的方法是使用地高辛(digoxigenin)标记的探针。阳性杂交信号在 IHC 染色的组织中同样可以看得到。ISH 常规方法包括应用蛋白酶 K 提高细胞的渗透性,与标记的 DNA 和 RNA 探针结合,抗体磷酸酶与探针结合,应用碱性磷酸酶使抗体显色。ISH 特别适用于致病机制的研究,还可以对目标组织中正在复制的病原体进行精确的辨认。如果只明确病原体核苷酸序列,但同时没有针对性抗体可用时,ISH 检测方法是十分有效的。这种方法具有非常高的敏感性,并已经用于诸如 PRRSV、PCV2 和 TTV (torque teno virus)等病原体的诊断。与 IHC 相比较,由于 IHC 需要大量的目标分子来产生阳性反应,而 ISH 不需要,因此 ISH 敏感性要高于IHC。除此之外,在进行致病机制研究时,由于DNA 或 RNA 可以感染组织中长期存在,因此ISH 信号可以在这样的组织中出现,但此时低含量的抗原却可能低于检测水平。ISH 不仅作为一种检测方法应用在每一个检测实验室,而且更是一种重要的研究手段应用于科研中。

寄生虫(内源性)的鉴别
Parasite (Internal) Identification

由于寄生虫在体内很难进化成成虫,因此粪便漂浮物常用来进行特定寄生虫虫卵的鉴别。首先准备好具有重力高于虫卵的溶液(如糖溶液),然后将粪便和这些具有特定重力的溶液混合。离心一段时间后,虫卵即可漂浮在溶液表面,应用显微盖玻片吸附虫卵,然后在显微镜的亮视野中分辨虫卵的形态(Corwin,1997)。这是一种快速、低廉的检测方法。为了能够区分虫卵和其他碎片,准确测量虫卵的大小显得格外重要。但是类似隐孢子虫这些非常小的寄生虫虫卵通过观察形态很难辨认出,这时可以应用 FA 或对粪便进行ELISA 检测。目前已经开始应用血清学抗体ELISA 检测人兽共患寄生虫抗原,如旋毛虫和弓形虫(Gebreyes 等,2008)。

聚合酶链式反应
Polymerase Chain Reaction,PCR

DNA 和 RNA 提取用于 PCR 病原检测(DNA and RNA Extractions for Detection of Pathogens by Polymerase Chain Reaction)。为应用 PCR 检测抗原抽提 DNA 和 RNA,在 PCR 检测之前,首先从样本中抽提出病原体的核苷酸(RNA 或 DNA)。抽提是一种应用化学法、物理法和机械法处理的过程,对 RNA 或 DNA 进行复性、浓缩和纯化的过程。把核苷酸从存在于临床样品中的蛋白质、脂类、碳水化合物等物质中分离出来,这样做可以使 PCR 反应过程免受其他杂质的干扰和抑制。少数情况下,在 PCR 反应前可以不对样品进行核苷酸的抽提,但是一定要对抽提过和未抽提过的样品进行对比,以保证对未抽提的样品进行 PCR 检测时具有同样的特异性和敏感性。目前针对特殊的样本(如血清、组织、细胞、全血)和特殊的核酸(如总 RNA、病毒 RNA、信使RNA、DNA 或是总核苷酸)设计有很多种商品化的便于操作的抽提方法,这些方法既可以手工操作也可以自动完成。不同的方法可以使用不同的机械过程进行核酸的抽取(如可以进行煮沸、涡旋、超声、应用玻璃球进行物理破坏后再进行酶消化)还可以使用不同的分离过程把核苷酸从其他物质中提取出来,如使用有机溶液(酚-氯仿)或使用二氧化硅、磁珠等进行结合。由于在猪病诊断中,诸如口腔液体、精液、血液拭子或全血等各种样品类型都可能需要进行检测,但目前商品化的试剂盒对于这些样品在设计上缺乏特异性。因此,对于现有的实验方案需要进行比较性研究,以保证这些方法在检测特殊类型样品时具有很高的特异性和敏感性。此外,针对不同类型的样品,核酸抽取方法正在不断的改进和优化,因此检测时需要应用最先进的、优质而又确实的抽提方法。对抽提方法进行评价时,需要应用广泛而大量的抽提核酸,在 PCR 检测中对核苷酸的质、量以及是否能够有效地进行 PCR 反应等各项指标进行检测。

PCR 反应过程(Polymerase Chain Reaction Process)。 PCR 是一种应用必要的试剂和环境进行 DNA 或 RNA 体外指数性扩增的试验技术。在诊断实验室中,PCR 主要用来扩增存在于临床样品中与临床相关的病毒和细菌体内的"种特异性"核酸序列。对筛选的抗原核酸进行扩增后,可以对目标片段进行测序分析以提高病原体鉴定的准确性或进行种群的区分。

核酸扩增的基本步骤起始于 RNA 或 DNA 的抽取,然而在不同温度下通过热循环进行指数扩增。温度的变化可以提供酶促反应使 RNA 反转录成 DNA(如果起始物为 RNA 的话,需要一步反转录反应),然后是 DNA 的变性、引物的结合、在 Taq 聚合酶的作用使 DNA 延长。周期的温度变化大概重复 30~40 次,如果扩增效率为 100% 时,理论上在每一次的温度周期变化中,DNA 可以扩增 1 倍,这样的话就可以由一个 DNA 拷贝转变成数十亿的拷贝数。以凝胶为基础的传统检测扩增产物的方法仍然在世界范围内应用于大多数实验室,然而更为先进敏感而又特异自动的检测系统[如实时 PCR(real-time PCR)]将很快地取代凝胶检测方法。

由于检测系统的独特性,PCR 已经成为目前评价检测临床样品中病毒性和细菌性病原体方法敏感性和特异性的金标准。与病原体分离方法相比较,PCR 检测方法具有明显的优势。因为该方法可以检测需要培养条件苛刻和不能存活的病原体(某些病原体预先用抗生素进行了处理),这些病原体可以应用 PCR 进行检测,却无法使用培养方法。除此之外,培养方法需要几天的时间去繁殖病毒或培养需要营养条件苛刻的细菌性病原体,而 PCR 方法则可以在 1 d 时间内完成检测。

凝胶型(Gel-based)PCR 技术(Gel-based Polymerase Chain Reaction Techniques)。 凝胶型 PCR 主要应用琼脂糖凝胶进行 PCR 扩增产物的检测。在凝胶检测之前,PCR 反应首先应用到一对"种特异性"引物,这对引物通过退火结合到目标核酸上,并在聚合酶的作用下开启目标序列的复制。一旦扩增产物形成后,将产物添加至在琼脂糖凝胶上预先准备好的孔内,然后在该系统上加载电流(电泳)。PCR 产物将沿着凝胶进行迁移,同时根据核酸的大小彼此分离,越小的片段在凝胶中迁移越快,并表明该片段具有较少的碱基对。在每一次的 PCR 反应中,已知的阳性对照常用来保证从临床样品中获得的扩增产物与目标病原体预期大小一致。在电泳中出现的特异性条带应该和阳性对照对应的条带大小一致。如果未出现大小一致的条带,则说明为阴性结果。通过应用嵌入式的荧光染料与双链核酸相结合,扩增产物所形成的荧光在紫外光下清晰可见。凝胶型 PCR 技术还可以用来检测多个目标,即多重 PCR。该方法的敏感性可以应用一种两步扩增的方法进行提高,这种方法即是所谓的"巢式 PCR"。在巢式 PCR 方法中,先采用一对外部引物对临床样品进行初始的检测和扩增,然后再应用一对内部引物进行二次扩增。凝胶型 PCR 还可以用来进行细菌(Oliveira 和 Pijoan,2004)和病毒分离株(Wesley 等,1998)的基因分型检测。

凝胶型 PCR 检测方法的建立和标准化过程比较容易,与实时 PCR 相比较,该方法不需要昂贵的仪器,同时成本低廉。凝胶型 PCR 主要的局限性包括较低的敏感性(如果不使用巢式 PCR)、观察电泳中 bp 大小时的主观判断性,同时由于该方法需要四个步骤:临床样品中 RAN 或 DNA 的抽取、PCR 反应、凝胶电泳以及紫外光下观察,因此该方法需要较长的时间得到结果。该方法另外的局限性是当扩增结束后需要将 PCR 管打开再进行电泳检测,这样在 PCR 反应中形成的数百万的扩增产物会像烟雾一样散发到空气中,造成实验室的污染。尤其是在巢式 PCR 检测时,开盖的频率更高一些。因此巢式 PCR 时很容易引起污染并造成假阳性结果的出现,除非实验室中已经制定有严格的要求杜绝这样的事情发生。这些措施大概包括使用抗气溶胶的移液器吸头、设置专用的房间(仪器室、加样室、PCR 反应运行室)、在添加完检测样品之后再进行阳性对照的添加;

以及调整阳性样品浓度,争取与临床样品中的浓度大概齐平。凝胶型 PCR 检测还具有其他的缺点,如进行凝胶电泳时,样品的数量会受到限制,通常情况下在一块凝胶中可以同时检测 14～28 个样品;与之比较,实时 PCR 方法在一台机器中一次可以检测 96～384 个样品。

文献中报道凝胶型 PCR 几乎可以检测所有的临床相关的猪病毒性和细菌性病原体。多数诊断实验室经常应用凝胶型 PCR 进行细菌性病原体的检测和分类,如多杀性巴氏杆菌(Lichtensteiger 等,1996)和产气荚膜梭菌(Meer 和 Songer,1997)毒性基因的检测,大肠杆菌黏附素和毒素的检测(Osek,2001),副猪嗜血杆菌(Oliveira 和 Pijoan,2004)、胸膜肺炎放线杆菌(Schaller 等,2001)以及猪链球菌的检测(Okwumabua 等,2003),短螺旋体进化的检测以及进行各种细菌基因型的分析(Versalovic 等,1991)。

实时(Real-time)PCR(Real-time Polymerase Chain Reaction)。实时 PCR 是一种应用自动化的系统,随着核苷酸的扩增,对产物进行实时检测和定量的方法,不需要进行凝胶电泳式的"终点"检测。双链核苷酸扩增产物可以发出荧光信号,这种信号可以被连接有实时热循化仪的计算机捕捉到,并对结果进行分析和报告。两种信号系统被大多数实验室用来进行临床样品中猪病病原体的检测,一种是双链 DNA 嵌入式染料,一种是标记的水解探针(Hoffmann 等,2009)。

嵌入式染料,如 SYBR Green®[(Life Technologies,Carlsbad,CA)],可以特异地结合到双链核苷酸上(阳性样品中的扩增产物),并产生荧光。这种荧光可以被计算机检测系统实时捕捉并进行报告。融解曲线分析可以进行温度的比较进而区分阳性样品和阳性对照中产生的双链扩增产物,同时可以在反应结束时呈现出结果,进一步确认对目标序列的检测。

TaqMan® 探针[(Life Technologies,Carlsbad,CA)]是一种特殊类型的水解探针,同样可以用于临床样品中病原体核苷酸的实时 PCR 的检测。在探针的一段连接有荧光染料标记的寡聚核苷酸,在探针的另外一侧连有一个淬灭基团,淬灭基团负责抑制完整探针中荧光染料荧光的释放。水解探针及上下游引物能与目标病原体的核酸序列具有特异的互补性。一旦探针与目标 DNA 相结合,它将在扩增反应中被 DNA 聚合酶水解,淬灭基团与荧光染料彼此分离,荧光被实时(real-time)仪器捕捉并报告以确认样品中存在目标病原体。

与凝胶的方法相比,实时荧光定量 PCR 具有以下的优势。实时荧光定量 PCR 的敏感性更高,因为对于阳性样品的检测是基于电脑程序对于荧光的发射程度进行的,而不是采用眼观的可视程度。此外,实时荧光定量 PCR 具有很高的特异性,因为采用了特异性的上下游引物并可通过溶解曲线进行确认。实时荧光定量分析能够进行定量分析,能够比较准确的估算样品中病原的含量。此外,实时荧光定量 PCR 还具有高通量、循环时间短(可以短到一小时,而凝胶的方法要好几个小时)的优点。同时,还能避免扩增产物气溶胶化产生污染,因为在整个检测过程中,管盖始终处于密闭的状态。与其他类型的 PCR 方法一样,实时荧光定量 PCR 容易受到来自临床样品中抑制剂的影响(Hoffmann 等,2009)。尽管实时荧光定量 PCR 方法快速敏感,特异性高,能做定量分析,但是它对设备和试剂的要求较高,价格也相对昂贵,在某些条件不成熟的实验室可能会限制其推广使用。

目前,很多实验室应用实时 PCP 进行病原体检测及其定量,如 PRRSV、SIV、PCV2、轮状病毒和猪肺炎支原体等。

定量 PCR(Quantitative Polymerase Chain Reaction)。猪病诊断中定量 PCR 主要通过实时 PCR 检测来完成,在定量 PCR 中需要用到由经过梯度稀释的已知浓度的 RNA 或 DNA 生成的标准曲线。再通过标准曲线,对临床样品中核苷酸的量进行推测分析。因为核苷酸一直在 PCR 反应中进行扩增,因此需要用到一种标准的方法对 DNA 拷贝数进行报告。当样品中的 DNA 在实时 PCR 中扩增时,在一个给定的循环中产生荧光的强度会突破一个特定的阈值。得到的数值即为循环阈值(cycle threshold,Ct),Ct 值与样品中存在的 DNA 成反比(如,当一个 Ct 值为 25 的样品中所含有的 DNA 量一定高于 Ct 值为 35 的样品)。定量 PCR 的结果常用来衡量个体猪或猪群中存在的病原体的量。这种方法还可以用于科研,评价疫苗的效力(Zuckermann 等,2007)以及不同 PRRSV 毒株的毒力(Johnson 等,2004)。然而,PCR 仅仅检测样品中存在核酸(RNA 或 DNA)的量,即便检测到了核酸,也不能说明样品中一定就存在具有复制能力的感染性病原体。就像某位科学家说的一样,"我们可以检测并衡量法老王体内存在 DNA 的量,但并不能说明他还健康的活着并四处周游"。同样道理,进行猪病检测时,通过 PCR 方法可以在血清中检测到 PRRSV,但这种病毒可能无法在任何细胞培养物中生长,也不会对猪产生传染性(图 7.2)。

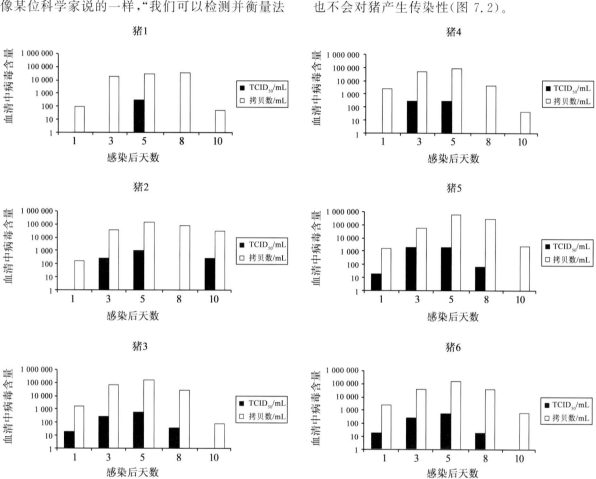

图 7.2 血清中病毒含量,TCID 50 /mL 为测得的病毒滴度,拷贝数/mL 为定量实时 PCR 方法测得的结果。数值为猪感染 PRRSV 后前 10 d 内测得的结果。该图经 Wasilk 等(2004)授权重新印制。

当获得一份临床样品的 PCR 结果时,要谨慎考虑,并常常需要对其传染性进行评价,尤其是环境样品或用于接种的血清。然而,当获得一份新鲜的保存完好送检样品时,在检测到的核酸的量与检测到的感染性病原体的量常常存在一定的关系。当应用 VI 和 PCR 方法对梯度稀释的血清进行检测时,PCR 方法获得的病毒浓度结果(拷贝数/mL)常常比 VI 获得的结果(TCID$_{50}$/mL)高出 3 log(图 7.3)。

然而,由于细胞培养和 PCR 条件的原因,感染剂量和应用 PCR 所获得的 DNA 拷贝数之间

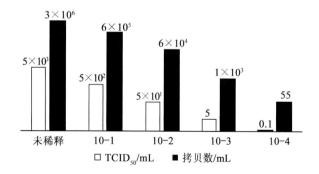

图 7.3 病毒 10 倍系列稀释后,中和试验测得的 TCID$_{50}$/mL 数值与实时 PCR 测得的拷贝数/mL 数值的对比。

的差别在不同实验室内是存在差异的。在检测
PCV2 时,同样发现拷贝数/mL 与 $TCID_{50}$/mL 的
比值处于很高的水平(Gilpin 等,2003)。由于在
样品中可能存在有非传染性和复制缺陷性病毒,
因此有时可以得到较高的 DNA 拷贝数;由于在
临床样品中得不到纯化的病毒,因此可能存在有
大量的亚基因组病毒核酸;由于培养病毒用到的
单层细胞是一种人工的系统,而且一般不是猪源
的,同时生长在培养皿或培养瓶中,因此细胞培养
物测得的结果仅仅是现有的感染能力。所以,即
便是多数病毒粒子都具有感染能力(Condit,
2007),病毒分离试验也不能计算出处理样品中所
有病毒粒子的量。影响细胞培养物中病毒感染效
价的因素包括 pH、用于分离病毒的细胞培养液
成分、培养时间、细胞类型、毒株种类、样品运送和
处理的方式,以及具有中和病毒活性的体外抗体
浓度。因此,在根据 PCR 反应推测结果时,有些
因素要引起注意,并把这些因素换算成感染性病
毒粒子的量($TCID_{50}$)。

多重 PCR(Multiplex Polymerase Chain Reaction)。多重 PCR 指的是在同一个 PCR 反应内同
时检测一种样品中多种靶基因的检测方法。该方
法却需要应用到多种引物对(进行实时 PCR 时,
可应用多种引物或探针),来检测多种靶基因。由
于在多重 PCR 反应中需要进行大量的优化过程,
以获得与检测单一靶基因时同样的敏感性和特异
性。因此,在某种程度上限制了同时检测靶基因
的数量。多重 PCR 方法在猪病诊断中已经用于
检测同一样品中产气荚膜梭菌毒力基因类型
(Meer 和 Songer,1997)、大肠杆菌独立和菌毛的
类型(Zhang 等,2007)以及多种病毒或多种病毒
基因型(如 PCV1 和 PCV2;1 型和 2 型 PRRSV;
多种亚型的 SIV)。

DNA 测序[Sequencing(DNA)]。核苷酸测
序使用是一种强有力的工具,为兽医分子诊断增
添了特异性和鉴别能力。通过进一步确定疑似病
原体的检测结果,以及对难以培养细菌性病原体
的检测达到了菌株的水平(如猪鼻支原体、猪滑液
囊支原体、短螺旋体),测序技术对 PCR 检测方法
起到了弥补作用。该方法还可用来检测细菌和病
毒分离株的类型,如猪肺炎支原体、PRRSV、
PCV2 以及 SIV DNA 或 cDNA(RNA 的反转录

产物)。测序技术首次报道于 20 世纪 70 年代早
期,当时还是通过凝胶电泳进行测定。由于这套
系统具有耗时性同时成本高的特点,因此这种独
特的技术仅仅用于科研领域。目前自动化的
DNA 测序技术以及随之而来的低测序成本使很
多诊断实验室应用这种技术进行常规的细菌和病
毒株类型的检测(Voelkerding 等,2009)。

目前大多数诊断实验室所采用的核苷酸测序
技术利用从临床样品中获得的 PCR 扩增产物,对
其进行纯化和测序。用来进行检测特定病原体的
基因序列,还可以通过测序确定其菌(毒)株类型。
核苷酸测序时,先将 PCR 扩增产物进行纯化,然
后应用自动的染色终止(dye-terminator)技术对
其测序。每一种双脱氧核苷酸(腺嘌呤、鸟嘌呤、
胞嘧啶、胸腺嘧啶)链末端标记具有不同波长的荧
光染料。测序反应过程类似常规 PCR,配合使用
一种荧光检测器对标记的双脱氧核苷酸进行报
告。每一种荧光峰在色谱图中记录出来,该结果
可以报告目标扩增产物的基因序列。该色谱图还
可以用来对序列的质量和纯度进行直观的检测。
目前测序技术发展迅速,下一代测序将会应用不
同的技术,运用更快的周期时间对更长的序列进
行测序。

DNA 测序作为一种工具常可以用来对目标
病原体的分子流行病学进行调查和分析。它可以
提供关于菌(毒)株变异的信息,帮助猪病兽医们
寻找生物安全的突破口,去判断疫苗免疫或者治
疗是否成功,去鉴定新出现的菌(毒)株。尽管诊
断实验室可以对单一基因进行测序,猪病兽医们
对此也承担得起,但是这种结果仅提供有限的信
息,不同株之间存在的明显的区别需要谨慎地分
析。例如,此时仅提供关于序列数据生物重要性、
毒力以及交叉保护性的文字记录。每一种病原体
的测序信息结果应该是唯一的,对于毒力和保护
性的分析应根据对测序基因的分析。测序技术的
缺点是它常常需要样品有高载量的病原体,这样
才会产生比 PCR 检测更为准确的数据。当样品
经 PCR 检测为阳性时,该样品有时也会产生可信
度低或是没有测序结果的数据。

细菌株的分型常常应用传统的凝胶型技术来

完成（Versalovic 等，1991）。基因组指纹图谱技术可以在凝胶分析中展示出某种特定细菌的一系列条带，这种技术可以在众多实验室中完成；然而，由于这种技术存在较低的特异性和重复性，很多诊断实验室已经对基于序列（sequence-based）分型系统产生了兴趣。目前多位点序列分型技术（multilocus sequence typing，MLST）被认为是基于序列细菌基因分型的金标准。该方法设计到对 7 个管家基因进行扩增测序，这些基因可以产生"种特异性"序列型（sequence type，ST）。目前已经发表多篇 MLST 用于检测临床相关猪病病原体的论文，如副猪嗜血杆菌（Olvera 等，2006）和猪肺炎支原体（Mayor 等，2008）。尽管 MLST 具有较高的检测能力，但是对于一种病原体的常规检测需要对 7 个基因进行测序，过程费时而且成本昂贵。与病毒相似，利用测序方法对送检临床样品进行菌株的分型同样基于对差异基因的直接扩增和测序。例如，通过对 P146 基因的测序，可以对猪肺炎支原体菌株分型进行分析。P146 是一种表达于猪肺炎支原体表面的黏附素样蛋白质，对该基因进行测序可以达到与 MLST 同样的鉴别目的（Mayor 等，2008）。这种方法可以用来证明猪肺炎支原体为气溶胶传播，也可以用来检测猪群中是否有新菌种的传入（Otake 等，2010）。

目前一些猪病病毒的基因组序列已经被测序，包括 SIV、PRRSV、PCV2、CSF、ASF（African swine fever）、PPV、TGEV（transmissible gastroenteritis）、特斯秦病毒（Teschen virus）、猪痘病毒（swinepox）、水疱性口炎病毒（vesicular stomatitis）、猪传染性水疱病毒（vesicular exanthema）和 FMD。对于病毒基因组进行全部或部分测序的目的包括：判断不同毒株之间的进化关系、为分析病毒随着时间的变化提供信息、鉴别基因组的突变及重组、针对基因组的保守区域建立分子检测方法、证实诊断检测结果、进行疫苗株和野毒株之间的鉴别及发现新的病毒。但是，同时一定要清楚对于特殊的病原体（如 PRRSV），DNA 测序方法存在着明显的局限性（表 7.4）。

与此同时，随着"多协作猪基因组测序联盟"

（multicollaborative Swine Genome Sequencing Consortium，SGSC）的出现，猪基因组 DNA 测序不断发展。这将进一步实现抗病基因或其他生物相关遗传标记物发现的可能性（Lunney，2010）。

表 7.4　PRRSV 基因测序应用的推荐

序列信息可用于：	序列信息不可用于：
1. 流行病学调查或种群中病毒的追踪	1. PRRSV 分离株毒力的鉴定，由于目前还没有鉴定出病毒的毒力基因。
2. 猪场内部分离株变异性的调查	2. 病毒分离株抗原性的鉴定，该鉴定可采用血清学方法进行分析，血清学方法已广泛用于 PRRSV 抗原性的分析。
3. PRRSV 野毒株与疫苗毒株的区分	3. 疫苗是否可以对分离株产生保护性，该分析只能在动物体内应用异源攻毒试验。
4. PRRSV 北美型与欧洲型的区分	
5. 不同时间段持续性感染猪或种群中 PRRSV 分离株的区分	

来源：Benfield and Rowland（2000）。

化学检测
Chemistry Testing

毒物的存在以及维生素和矿物质的缺乏是引起疾病综合征出现的重要原因。化学诊断与病史的了解、临床症状分析和尸体剖检对于诊断结果的分析都具有重要的作用。毒物内容将在第 70 章中详细地阐述，同时可以参阅内容详尽的参考文献（Osweiler 等，1976；Sachana 和 Hargreaves，2007）。

病毒分离
Virus Isolation

由于病毒是一种细胞内寄生物，因此在实验室中可以应用培养的细胞对临床样品中存在的病毒进行培养和分离。实验室使用哪一种细胞系主要取决于各种细胞系对于目标病毒的易感性。实验室中常常应用胰蛋白酶对新鲜组织进行消化来制备原代和第二代的细胞培养物，如可以应用

PAM 原代细胞用于 PRRSV 的诊断。另外一种选择是建立连续的细胞系,由于它们很稳定,在实验室中容易操作,而且对很多病毒都比较敏感。受精的鸡胚在病毒诊断中曾经应用十分广泛,但目前已经逐渐地被连续细胞系所取代了。然而,一些实验室仍然在使用受精的鸡胚培养某些甲型流感病毒株。

送检样品经处理后在敏感细胞上孵育,观察其细胞病变(CPE),典型的细胞形态学变化包括细胞溶解、合胞体的形成及包涵体的形成。尽管 CPE 是某些病毒的典型特征,但其结果常常不具有决定性,因此免疫荧光染色试验或其他试验经常用来对其结果进行最终的确认。在检测某些容易在细胞上复制的病毒,病毒分离(virus isolation,VI)是一种非常敏感的实验方法。此时,这种方法具有很高的决定性,同时可以为后期的测序或制备自体疫苗提供病毒分离株。当没有或者仅存在有限的序列信息供设计 PCR 引物参考时,PCR 方法很难用于检测新的病毒,此时 VI 可以作为一种有效的方法,达到检测新病毒的目的。

有些病毒的培养条件非常苛刻,在一些常用的细胞上无法复制。VI 需要应用保存在冰箱内的送检的新鲜样品,同时需要一段较长的时间才能获得结果(2 周或 2 周以上)。VI 还需要专业的仪器、技术及高质量的试剂以保证疑似病毒的分离。当处理具有高水平细菌污染的样品时,将为 VI 提出额外的挑战。

病毒中和试验(或血清病毒中和试验)
Virus Neutralization (or Serum Virus Neutralization)

血清病毒中和试验(serum virus neutralization,SVN)可以用于检测针对给定病毒的中和抗体的存在,并提示曾经感染过该病毒。经典的 SVN 涉及抗体和病毒的结合,进一步阻断感染易感宿主细胞。多种 SVN 可以用于猪病的血清诊断。这种检测方法可以提供定量的结果,检测成对的血清样品时(急性期和恢复期)可以对近期是否和病原体接触给予提示。如果有合适的单因子血清或单克隆抗体可以使用时,SVN 同样可以作为鉴定病毒分离株或确定病毒分离株血清型及种

类的工具。例如,这项检测方法可以应用于鉴别 A 群轮状病毒 G 亚型和 P 亚型,这种区分对于疫苗的选择和开发具有重要的作用。

由于抗原抗体相互作用的特异性本质,SVN 检测方法通常具有很高的特异性和敏感性。然而,当处理一些多变的病毒(如 PRRSV)时,由于不同毒株之间存在有限的交叉反应性,此时这种检测方法作为一种有用的常规检测方法,其特异性将更加明显。类似 PRRSV 的一些病毒可能不会诱导产生高水平的、可检测到的中和抗体;或者中和抗体反应出现时间延后几周,甚至是在初始感染后很长的时间存现中和抗体,这时就会限制 VN 检测在常规诊断中的实际应用作用。

当评价血清样品中病毒特异性中和抗体时,多数 SVN 试验都会涉及将恒定量的病毒添加至稀释的血清样品中进行检测。然后将混合物进行孵育,使样品内的中和抗体与病毒结合。再将敏感宿主细胞添加至血清/病毒混合物中,或将混合物加至已经准备好的单层宿主细胞中,共同孵育直至复制的病毒在宿主细胞中引起可见的细胞病变。如果没有中和抗体存在的话,CPE 将会很明显。如果病毒特异性中和抗体在血清样品中存在的话,在低血清稀释倍数时,不会见到明显的 CPE。此时,可以将出现有明显 CPE 的血清最高稀释倍数定义为抗体滴度或滴定终点。

传统 CPE-based VN 试验的衍生试验还包括蚀斑减少中和(plaque reduction neutralization,PRN)试验。该试验与传统方法相似,只是在孵育前 3～5 d,在单层细胞上覆盖一层软琼脂。任何存在于某个给定的检测血清稀释度中的、未被中和掉的感染性病毒粒子,将会感染宿主细胞,同时引起细胞裂解蚀斑的出现。此时,通过对单层细胞进行结晶紫、中性红或类似的染料进行染色,或通过对在检测血清和对照血清某个稀释倍数下出现的蚀斑进行计数,可以进行蚀斑的观察。通常将可以引起蚀斑形成单位出现 50%～90% 消减的最高血清稀释倍数定义为最终效价。

另外一种衍生形式是荧光焦点中和试验(fluorescent focus neutralization,FFN)。当处理具有感染宿主细胞能力但不能引起细胞病变的病毒时,FFN 检测方法显示出重要的作用。该方法操作步骤与传统的 CPE-based VN 相似,只是需

要在孵育后某个选定时间点，应用丙酮或类似的固定物将单层细胞进行固定，依照选定病毒的复制效率，一般在 24～48 h 内。然后对细胞进行常规的荧光染色，并对检测血清孔和对照孔中感染细胞的荧光进行计数。将可以引起荧光焦点形成单位（fluorescent focus forming units，FFU s）出现 50%～90% 消减的最高血清稀释倍数定义为最终效价。

（王衡、张桂红译，王运盛校）

参考文献
REFERENCES

Ahmad SN, Shah S, Ahmad FM. 2005. J Postgrad Med 51: 195–200.

Auerbach J, Prager D, Neuhaus S, et al. 1994. Zentralbl Veterinarmed B 41:277–282.

Benfield DA, Roland RRR. 2000. Methods and value of sequencing for differentiation of isolates of PRRSV. National Pork Producers Council and American Association of Swine Practitioners, 2(7).

Cai H, Archambault M, Prescott JF. 2003. J Vet Diagn Invest 15:465–469.

Casteel SW, Cowart R, Weis CP, et al. 1997. Fundam Appl Toxicol 36:177–187.

Chappel RJ, Prime RW, Millar BD, et al. 1992. Vet Microbiol 30: 151–163.

Christopher-Hennings J, Nelson EA, Nelson JK, et al. 1995. J Clin Microbiol 33:1730–1734.

Condit RC. 2007. Principles of virology, quantitative assay of viruses. In BN Fields, DM Knipe, P Howley, D Griffin, eds. Fields Virology, 5th ed. Philadelphia: Lippincott Williams & Wilkins, p. 37.

Corwin RM. 1997. J Swine Health Prod 5:67–70.

Del Río ML, Gutiérrez CB, Rodríguez Ferri EF. 2003. J Clin Microbiol 41:880–882.

De Oliveira Mendonça A, Domingues PF, Da Silva A, et al. 2004. Parasitol Latinoam 59:42–45.

Deregt D, Gilbert SA, Dudas S, et al. 2006. J Virol Methods 136: 17–23.

Enøe C, Andersen S, Sørensen V, et al. 2001. Prev Vet Med 51: 227–243.

Erlandson R, Evans R, Thacker B, et al. 2005. J Swine Health Prod 13:198–203.

Evans EW. 2006. Interpretation of porcine leukocyte responses (Chapter 59). In BF Feldman, JG Zinkl, NC Jain, eds. Schalm's Veterinary Hematology. Ames, IA: Blackwell Publishing, p. 411.

Fittipaldi N, Broes A, Harel J, et al. 2003. J Clin Microbiol 41: 5085–5093.

Gebreyes WA, Bahnson PB, Funk JA, et al. 2008. Foodborne Pathog Dis 5:199–203.

Gilpin DF, McCullough K, Meehan BM, et al. 2003. Vet Immunol Immunopathol 94:149–161.

Guedes RMC, Gebhart CJ, Deen J, et al. 2002. J Vet Diagn Invest 14:528–530.

Hoffmann B, Beer M, Reid SM, et al. 2009. Vet Microbiol 139: 1–23.

Janke BH, Nelson JK, Benfield DA, et al. 1990. J Vet Diagn Invest 2:308–311.

Johnson W, Roof M, Vaughn E, et al. 2004. Vet Immunol Immunopathol 102:233–247.

Khan I, Mendoza S, Yee J, et al. 2006. Clin Vaccine Immunol 13: 45–52.

Knittel JP, Jordan DM, Schwartz KJ. 1998. Am J Vet Res 59: 722–726.

Lawson S, Lunney J, Zuckermann F, et al. 2010. Vaccine 28: 5356–5364.

Lichtensteiger C, Steenbergen S, Lee R, et al. 1996. J Clin Microbiol 34:3035–3039.

Lunney JK. 2010. Viral diseases in pigs. In R Axford, J Owen, F Nicholas, S Bishop, eds. Breeding for Disease Resistance, 3rd ed. Oxfordshire, UK: CABI Publishing, pp. 141–165.

Magar R, Müller P, Larochelle R. 2000. Can J Vet Res 64: 184–186.

Mahony J, Chong S, Merante F, et al. 2007. J Clin Microbiol 45: 2965–2970.

Mayor D, Jores J, Korczak BM, et al. 2008. Vet Microbiol 127: 63–72.

Meer R, Songer J. 1997. Am J Vet Res 58:702–705.

Nielsen K, Gall D, Smith P, et al. 1999. Vet Microbiol 68: 245–253.

O'Connor M, Fallon M, O'Reilly PJ. 2002. Irish Vet J 555: 73–75.

Okwumabua O, O'Connor M, Shull E. 2003. A polymerase chain reaction (PCR) assay specific for Streptococcus suis based on the gene encoding the glutamate dehydrogenase. FEMS Microbiol Lett 218:79–84.

Oliveira S. 2007. J Swine Health Prod 15:99–103.

Oliveira S, Pijoan C. 2004. Vet Microbiol 99:1–12.

Olvera A, Cerdà-Cuéllar M, Aragon V. 2006. Microbiology 152: 3683–3690.

Osek J. 2001. J Vet Diagn Invest 13:308–311.

Osweiler GD, Carson TL, Buck WB, et al. 1976. Diagnostic toxicology. In Clinical and Diagnostic Veterinary Toxicology, 3rd ed. Dubuque, IA: Kendall/Hunt Publishing Company, pp. 44–61.

Otake S, Dee S, Corzo C, et al. 2010. Vet Microbiol 145: 198–208.

Ramos-Vara JA, Segalés J, Duran CO, et al. 1999. J Swine Health Prod 7:85–91.

Rice CE. 1960. Can J Comp Med Vet Sci 24:126–130.

Sachana M, Hargreaves AJ. 2007. Toxicological testing: in vivo and in vitro models. In RC Gupta, ed. Veterinary Toxicology, Basic and Clinical Principles. New York, NY: Elsevier, Academic Press, pp. 51–66.

Schaller A, Djordjevic S, Eamens G, et al. 2001. Anim Health Res Rev 5:317–320.

Thacker EL. 2004. J Swine Prod 12:252–254.

Versalovic J, Koeuth T, Lupski JR. 1991. Nucleic Acids Res 19: 6823–6831.

Voelkerding KV, Dames SA, Durtschi JD. 2009. Clin Chem 55: 641–658.

Wasilk A, Callahan J, Christopher-Hennings J, et al. 2004. J Clin Microbiol 42:4453–4461.

Wesley RD, Mengeling WL, Lager KM, et al. 1998. J Vet Diagn Invest 10:140–144.

Yoon KJ, Joo HS, Christianson WT, et al. 1992. J Vet Diagn Invest 4:144–147.

Zhang W, Zhao M, Ruesch L, et al. 2007. Vet Microbiol 123: 145–152.

Zuckermann F, Alvarez Garcia E, Luque I, et al. 2007. Vet Microbiol 123:69–85.

8 诊断数据的分析和应用
Analysis and Use of Diagnostic Data

Ian A. Gardner

　　兽医通过诊断性检查来评价个体猪和畜群的健康状态,生产能力和生殖状况。尽管检查的方式多种多样,包括问诊、体格检查和孕检,但是应用最频繁的检查方法则是那些与提交到实验室的样品有关的方法。实验室检查用于以下几个方面:

- 检测引起疾病暴发或生产力下降的病原或毒素;
- 评价个体猪的感染状况/易感情况;
- 检查畜群是否正受到病原体的感染或者是否正处于感染的危险中,如果感染,那么检查受感染动物的年龄或者生产群体(亚种群);
- 估算畜群或者猪群中带抗体动物的比例;
- 监测畜群对疫苗的血清学反应;
- 监测疾病控制和清除状态的进程和成功情况。

　　为了得到以上所述的各个目的,所用的最佳方法可能有所不同;根据所需信息,需要采用不同的检测试验、样品数量以及诊断策略。为了达到特定的目标,选择检测方法时一部分取决于所提交样品的质量和类型,一部分取决于接受样品的实验室或者其他合作实验室所做实验的可用性。一些附加因素,如费用,实验室能力,检测结果的周转时间,以及测试准确度(有时也称为有效性)也是需要考虑的重要因素。尽管很多开发者都普遍声称自己的检测方法同时具备高度的敏感性和特异性,但是对很多应用于猪病的检测方法来说,准确的估算(通常由敏感性和特异性来衡量)尚未公布。同时,对于实验室来说,各个实验室所用的实验方法不同,所得数据的再现性(重复性)通常都无法使用。

　　尽管通过实验方法的技术改造(如抗原纯化,单克隆抗体与多克隆抗体的使用,已经选择培养基的使用)往往能够改善一些检测区分感染猪和未感染猪的能力,显然所有的实验方法都是不完美的。

　　本章节中,描述了合理使用诊断数据的必要原则,以及根据不同的目的可能会提供合适实验策略和样品大小。一些检测方法的实用性正在加强,如快速血清学、微生物学和寄生虫检测试剂盒,聚合酶链反应(PCR),核酸探针,免疫组化和原位杂交,以及实验室提供的方法持续增多,就迫切需要人们能够了解每一种实验的诊断原则,仔细评价它们的优势和劣势。由于血清学实验普遍用于猪病实践中,因此我们已知的很多实例都涉及传染病的血清学实验。其他地方对实验解释相关议题的描述包括一个综合性的描述(Tyler 和 Cullor,1989)和一个关于食品动物环境的描述(Martin,1988),但是明确地专注于猪病的论文却很少。具体实验方法的优点、缺点和特征在第 7 章讨论。

猪病学,第 10 版,由 Jeffrey J. Zimmerman,Locke A. Karriker ,Alejandro Ramirez,Kent J. Schwartz,Gregory W. Stevenson 主编。

检测结果的差异
VARIATION IN TEST RESULTS

一些实验只能得到一个阳性结果或者阴性结果(如细菌和病毒分离),而其他实验(包括许多血液学的实验,临床化学实验和血清学实验)则会得到一个定量的结果,并且这个结果会因猪个体的不同而不同。定量的血清学实验所得的结果有以下两种类型:

- 如血清中和试验(serum neutralization, SN)的结果通常被报告为两倍稀释的有限数值或者效价;和
- 如酶联免疫吸附试验(enzyme-linked immunosorbent asays, ELISAs)的结果通常为无限大的光密度(吸光度)值或者理论上会出现的阳性样品比率(S/P)。

定量的血清学实验结果的多样性主要是由以下两个原因造成的:

- 感染猪和未感染猪血清学反应的生物学变异;
- 检测系统和方法本身存在的变化。

来源于动物的差异
Animal Sources of Variation

对于感染猪来说,血清学反应的结果主要取决于感染时间,微生物的感染剂量,感染是否为亚临床型或者临床型,疾病是否为全身性的或者温和的局灶性的,其他并发感染以及宿主自身的因素,如年龄。对于某些病原已经被免疫系统清除掉的急性传染病来说,先前感染的猪等到检测的时候很有可能已经检测不到了,因此,将这些感染猪称之为"带毒猪"往往更为合适。对于未感染猪来说,当暴露于交叉反应生物体时,可通过接种疫苗对抗特定病原,或者通过非特异性免疫刺激对抗其他病原,这种方式可能导致一些猪的反应增强,并最终导致出现假阳性的血清学结果。

来源于实验室的差异
Laboratory Sources of Variation

检测结果差异的来源包括多种形式的差异,如不同的实验室的差异,或者技术执行条件(如使用的试剂)的差异,或者实验说明的差异(多个实验室之间或者多个观察者之间的可变性)以及同样的人在不同的时间点解释的差异(观察者自身的差异)。通过对欧洲8个实验室检测猪繁殖与呼吸系统综合征(porcine reproductive and respiratory syndrome, PRRS)病毒时所使用的免疫过氧化物酶单层细胞试验(immunoperoxidase monolayer assay, IPMA)方法的可变性进行比较发现,各个实验室之间的实验条件通常都是不一样的(Drew,1995)。

敏感性和特异性
SENSITIVITY AND SPECIFICITY

参考标准
Reference Standard

我们认为每头猪所处的感染和疾病的状态可以通过一个参考标准来确定(当猪的真实状态能够被敏感性和特异性来确定时,就会定义一个金标准),大部分的猪类疾病则没有临死前的金标准。通常,参考标准被认为是最准确的检测或者结合一种特定疾病的检测,而且这些检测会随着诊断技术的发展而改变。

当病原体的分离培养或者抗原检测作为参考标准来评价一个新的检测时,由于方法的使用,阴性的培养结果可能会受到怀疑,可能有其他的证据证明猪没有感染。阴性结果作为一种标准经常应用于大量的组织和材料以及同一头猪的多个部位的病原体的分离培养。当其他标准不符合阴性的定义时,阴性结果作为标准的置信度也可能会增加。在确定猪肺炎支原体没有感染时,无临床和病理感染特征的猪群的阴性培养结果会比感染的或者状态未知的猪群的阴性培养结果更合适作为标准。

在一些病毒性的疾病中,SN或者其他的血清学检测经常作为标准与新的血清学检测进行比较。例如,Weigel等(1992)比较了两种ELISA方法和SN方法来检测狂犬病病毒(pseudorabies virus, PRV)的抗体和X糖蛋白。Lanza等(1993)比较了一种单克隆抗体捕捉ELISA和SN来进行传染性胃肠炎(transmissible gastroenteritis, TGE)的血清学诊断。将一种血清学检测作为标准来评估一个新的血清学检测的敏感性和特异性的问题在于:如果标准检测方法的敏感性比

较低并且与新的血清学检测所得到的结果不一致,这将会很难判断新的血清学检测是否更加准确。统计方法是不需要参考标准的(Enøe 等,2000;Hui 和 Walter,1980),它提供了一个预期的替代方案来获得慢性疾病的敏感性和特异性的评估。这些方法已经应用到胸膜肺炎放线杆菌血清 2 型(*Actinobacillus pleuropneumoniae serotype 2*,AP2)的血清学检测的评估和丹麦猪屠宰

病变检测准确度的评估以及扁桃体中经典猪瘟病毒的检测(Bouma 等,2001)。

术语的定义
Definition of Terms

一个定量的血清学检测结果可以形象地显示为二次重叠频率分布,比如应用到感染猪和未感染猪的样品检测的 ELISA 法(图 8.1)。

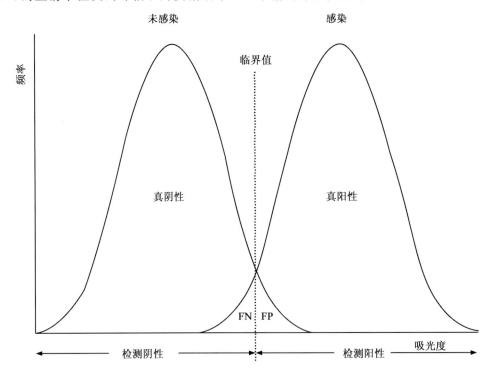

图 8.1   未感染猪(左边的曲线)和感染猪(右边的曲线)ELISA 结果的频率分布。吸光度(光密度)超过比色判断临界值的是阳性结果。尽管频数分析是根据正常的分布(高斯函数)来描绘的,然而分布经常是呈正态分布的(不正常的)。FN,假阴性;FP,假阳性。

通常猪的检测结果超过预先设定的阈值或者比色判断临界值时被归为阳性,而低于阈值的归为阴性。相反,对于一些检测来说,一个低的测试结果是代表感染的,例如颗粒浓度荧光免疫分析(particle concentration fluorescence immunoassays,PCFIA)和阻断 ELISA。

由于感染猪和未感染猪的检测结果分布重叠,比色判断临界值的指示导致一些猪所处感染状态被错误分类,可能出现 4 种互相矛盾的分类结果:阳性(检测和感染都呈阳性)、假阴性(检测阴性但实际上感染了)、假阳性(检测阳性但未感染)和阴性(检测和感染都呈阴性)。

当涉及敏感度的诊断和流行病学意义时,敏

感度可能是鉴定猪是否感染的准确检测方法:阳性/(阳性+假阴性)。例如:具有 80% 敏感性的检测会被准确鉴定为平均有 80% 的感染猪呈阳性和被错误的鉴定为 20% 的非感染性,因为它们检测结果呈阴性(假阳性)。对敏感度的诊断定义要与它在背景分析中的应用相区别(Saah 和 Hoover,1997)。在背景分析中,敏感性经常应用于最低的和比较低的检测限度的互换:最低数量的细菌或者最少量的 DNA、毒素、抗体或者高观察概率的残留,如>95%。一个更加敏感的免疫学的检测(ELISA 与 SN)有望应用到感染过程中个体猪的早期抗体检测。但是,在流行性由中度到高度以及处在不同感染时期的猪群诊断过程

中,高敏感性可能不是最重要的。针对敏感性在不同的应用中的差别举个例子,Blanchard 等(1996)用 PCR 检测猪肺炎支原体的敏感性(低检测限度)为每次试验 400 和 5 000 个微生物。当应用到支气管洗涤液时,PCR 只准确的检测了101/116的感染猪(诊断敏感性=87.1%)。

特异性是指准确鉴定没有感染猪的概率:阴性(假阳性+阴性)。90%的特异性是指准确的鉴定平均90%没有感染的猪作为阴性和错误鉴定10%的感染猪(假阳性),在背景分析中类似的术语是交叉反应和特异性分析,它反映具有相同特征的相关病原或者疾病有交叉反应的可能性(Saah 和 Hoover,1997)。交叉反应主要依赖于测试开发人员和研究者的实验和临床的经验,例如一项权威的研究用 8 种 PCR 来检测慢性感染猪扁桃体中的胸膜肺炎放线杆菌(*Actinbacillus pleuropneumoniae*)与猪放线杆菌(*Actinobacillus suis*)、小放线杆菌(*Actinobacillus minor*)、共生放线杆菌(*Actiinobacillus equuli*)、林氏放线杆菌(*Actinobacillus lignieresi*)、猪胸膜肺炎放线杆菌(*Actinobacillus porcitonsillarum*)和其他经常在扁桃体中分离到的病原:猪链球菌(*Streptococcus suis*)和副猪嗜血杆菌(*Haemophilus parasuis*)之间的交叉反应(Filtipaldi 等,2003)。

在大多数的情况下,尽管很难在同一个检测中同时实现诊断的高敏感性和高特异性,但这是值得做的。降低最低检测限度将会改善诊断的敏感性,这依靠细菌的数量、抗体滴度等等,尤其是在感染猪中,但是这样的改变可能会降低检测的特异性。猪进口国的购买者及管理者经常期望100%的敏感性从而将引进新病原的风险降到最低。这种类似的方法也可以应用到公共卫生关注的病原检测中,如沙门氏菌(*Salmonella* spp.)、旋毛虫(*Trichinella* spp.)和抗生素残留。尤其是畜群的所有者想要高特异性的检测来最大限度地出售后备的公猪和母猪。高特异性也是商业生产者参与检验—扑杀的净化措施所期望的,如果出现假阳性将会造成非常大的经济损失。

多个非特定的检测导致健康的和未接触的猪出现异常检测结果的概率增加,独立检测的数量的增加就可能导致至少一个异常检测结果的增加,例如,试想一头母猪被检测到感染了 10 种不相关的细菌和病毒,如果这头母猪从来没有真正接触任何兽医所不知道的病原,并且每一个检测有 95% 的特异性,所有的 10 项检测都是阴性的概率是 0.95^{10} 或者 60%。因此,至少有一项检测是阳性的概率是 40%。

敏感性和特异性的评价
Estimation of Sensitivity and Specificity

尽管在实际应用中对于传染病来说实验室诊断经常高估检测的敏感性和特异性,但是诊断的敏感性和特异性依然是由实验室诊断和现场诊断来共同决定的。实验室诊断的一个优点是它可以快速准确地确定猪的感染状况以进行随后相关的血清学试验。实验性的传染病最初被用于评价检测的效果,从商业化的群体中挑选出来的具有代表性的感染猪和非感染猪的样本应该被充分准确地评价,以确保自然感染的动物可以被准确地检测出来。检测结果应该以双盲的形式与相应的参考标准相比较进而避免引入偏差。敏感性、特异性和它们各自的置信区间都应该被准确地计算。随着样本大小的增加,敏感性和特异性的评估变得更加精密,置信区间变得更窄。用于检测评估实验的流行病学因素详见于其他有关文献(Greiner 和 Gardner 2000a)。

对不同临界值的检测的评估
Evaluation of a Test at Various Cutoff Values

对于确定一个试验的诊断限度和比较两个或更多试验的精确度来说,敏感性和特异性的数值是很有用的。因为许多临界值适合于定量试验,所以比较一系列的临界值试验比比较单个数值更加准确。敏感性和特异性之间的权衡因为临界值的改变可被绘制成一条接受者操作特征曲线(receiver-op erating characteristic, ROC)(Greiner 等,2000;Zweig 和 Campbell,1993)。ROC 曲线是把试验中所有可能的临界值对应于敏感性(y 轴)或者 1-特异性(x 轴),它在人医上被很好地应用于量化测试性能。Nodelijk 等(1996)用一条 ROC 曲线来反映用于检测 PRRS 病毒的商业化 ELISA 的精确性,Elbers 等(2002,2003)用 ROC

曲线分析法来评估 1997—1998 年应用临床症状和死后大体病变来检测荷兰猪瘟流行病的暴发这一方法。

检测临界值的选择
Selection of Test Cutoff Values

在测试临界值时，许多指标可以看作待测因子，包括测试目的（比如筛选和确定值），诊断为假阳性和假阴性的相关成本（包括经济上、社会效益上或政治层面上的影响），高度特异性准确检测的有效性，以及疾病的流行性（Greiner 等，2000）。确实，在不同条件下，各种临界值的合理使用可以取代测试值和误分类结果（假阴性与假阳性成本的比值）。许多诊断实验室为了简化结果，在做出 ELISA 和其他测试的阳性或阴性诊断报告时，仅给出临界值。这种方法存在两种缺陷。首先，当实验室或者实验操作人员选择某一特定值为临界值时，报告中的数据只显示阳性或阴性，相关从业者不能得到更多信息。在试验过程中，当 ELISA 的 S/P 比值或滴定结果远远超过而非只是紧紧接近所选择的临界值时，从业者往往深信猪群确实受到感染。概率比，它的范围是从零到无穷，用来量化与未感染猪群相比的感染猪群中，某一特定滴定值较频繁出现的次数（Gardner 和 Greiner，2006）。其次，实验室所选择的临界值可能使错误总值最小化，包括假阳性值及假阴性值，但是它并不能阐述两种错误诊断的不同成本。根据不同情况，假阳性诊断结果的成本可能要比假阴性结果和真实结果造成更严重影响。比如，在挑选奶牛时，兽医往往希望通过高特异性试验使诊断的假阳性结果最小化，特别是当奶牛并没有表现临床症状并且怀孕的时候，并没有其他理由将之剔除。另一方面，在筛选种用猪只用以发展猪群时，假阳性结果对顾客造成的危害可能没有假阴性结果严重，因为假阴性结果可能使受感染猪只进入未感染猪群。在理想情况下，从业者需要相关信息以满足他们在特定需要时选择最佳的临界值。

解决这一两难问题的一种方法是，在进行猪只的个体诊断时，设置两个特定域值：100% 敏感值（保证没有假阴性存在）和 100% 特异值（保证没有假阳性存在）。这一临界值区间确定了假阳性与假阴性值的存在范围。以这种方式评定，当结果小于这一临界值时认定为阴性，它具有 100% 的敏感性，当结果大于临界值时，认定为阳性，并具有 100% 特异性，当结果在这一区间时，认定为疑似感染病例。若要进一步确认，可能对疑似病例或中间值结果进行其他测试。

多重检验的使用与解释
USE AND INTERPRETATION OF MULTIPLE TESTS

诊断检查可能包括重复实验或附加实验以提高诊断的准确性。大多数诊断的准确性也确实基于使用多重检验，如病史、体检、实验室检查。多重检验可同时或顺序进行，结果可串行解释或并行解释，组合检验的敏感性和特异性不同于单个检验。平行检验组合的敏感性高于其中任一个检验，串行解释的特异性高于其中任一个检验。组合检验中感染猪和未感染猪的检验结果相互关联（术语称为依赖），因而特异性和准确性有时低于预期（Gardner 等，2000）。血清学试验检测同一类抗体可预测到结果相互关联，但如果是测定不同生物学应答的两种检验，其结果不太可能相互关联，如组织病理学试验和血清学试验。

并行解释和串行解释
Parallel and Series Interpretation

开展两个检验，结果有 4 种可能：双阳性，检验一阳性检验二阴性，检验一阴性检验二阳性，双阴性。并行解释时，其中一个检验阳性，猪为阳性，从而敏感性升高，但特异性降低。当两个检验均无特别高的敏感性，但检测不同类型的疾病，如早期和晚期，急性进行性和慢性进行性，并行检验结果有效。感染早期病原体培养可能比血清学检验更敏感，但感染晚期由于载菌量下降，血清学检验更敏感。血清学检验和病原体培养的组合检验特异性可能低于仅做病原体培养，但敏感性提高了。

串行解释时，两个检验均为阳性时猪才为阳性，因而特异性升高，敏感性降低。串行检验可能导致如下的诊断结果。第一个检验可能非常敏感，成本低，检测阳性的猪用另一个高特异性的方法复检，以确定是否假阳性，如果第一次检验检测为阴性，为节省成本，不再复检。尽管串行检验通常费时，但该检验策略允许兽医用更少的检验区分病畜。计算两个检验均为阳性的概率前提是假设第一次检验后阳性的预测值与第二次检验前疾病的流行性相等。弓形虫（Toxoplasma gondii）改良凝集检验（modified agglutination test，MAT）中，猪群流行性20%时阳性预测值为67.9%。如果进行附加检验，如敏感性45.9%、特异性96.9%的乳胶凝集试验（latex agglutination test，LAT）（Dubey 等，1995），那么 LAT 试验前，67.9%将作为新的流行性。假设 MAT 和 LAT 无相关性，第二次试验后，代入这些值到 Bayes'定理公式得阳性预测值为96.9%。如果无相关性的假设是正确的，基于 MAT 和 LAT 的阳性预测值比仅基于 MAT 的阳性预测值更能说明感染性。

检验策略的选择
Choosing among Testing Strategies

当可以进行两种检验方法诊断时，兽医可决定采用一种检验方法，也可采用两种。采用两种会产生额外的成本，因此需要向客户说明，并根据强调敏感性或特异性的需要选择串行检验或并行检验。如下述的布鲁氏菌例子，由于检验结果之间的相关性，多重血清学试验检测同一病原体的好处常少于预期。最终选择检验策略时，需要考虑的因素包括单个检验的敏感性和特异性，串行或并行检验时组合检验的敏感性和特异性，假阳性和假阴性诊断结果的损失，感染的流行性，增加更多检验产生的额外成本。

举例说明（Example）。Ferris 等（1995）以多个淋巴结的细菌学培养结果为参考标准，估计6种血清学试验检测231头猪布鲁氏菌病的特异性和敏感性。敏感性为57%〔自动化补体结合试验（automated complement fixation test，CFT）〕到85%（PCFIA，临界值0.81）之间。特异性为62%〔试管凝集试验（standard tube test，STT）〕到95%〔利凡诺试验（rivanol test）〕之间。PCFIA

和 STT 的敏感性分别是85%和83%，特异性分别是74%和62%。PCFIA 和 STT 并行检验的敏感性是87%，特异性是54%（任一检验结果为阳性时即为阳性）。与特异性较低的检验相比，并行检验敏感性提高2%，但特异性降低8%。假设两种检验结果无相关性，理论上组合检验的敏感性是98%，特异性是46%。观测值与预测值的差异最有可能的解释是检验结果之间有相关性。本例采用 PCFIA 和 STT 组合检验诊断成本提高但只获得极少信息。甚至考虑4个附加检验和并行检验，组合检验的敏感性也没有进一步提高（基于一个或更多检验，阳性值为40/46）。

检测结果的群体水平的解释
HERD-LEVEL INTERPRETATION OF TEST RESULTS

对群体单位健康状态的评估（群、畜棚、窝及其他的猪群的形式）通常比猪群中单个个体的健康评估要重要。通常被忽略的重要一点是群体水平的检测的概念是与个体检测不同的。对群体检测结果的理解通常是非常复杂的，尤其是当检测不是具有非常完美的特异性时。

群体感染状态
Herd Infectious Status

对畜群状态的分类，即是含有一种还是多种病原体，对于无特定病原体（specific pathogen-fee，SPF）和健康评估非常重要，在购买猪群时，需要对疾病传入的风险进行评估，并且对相关的危险因素进行研究。和个体检测的情况相似，动物群体的健康状况需要根据畜群的敏感性和特异性来确定，畜群水平检测结果的倾向可以根据 Martin 等（1992）描述的个体敏感性和特异性值来推断。除了丹麦 SPF 里面的肺炎支原体外（Sørensen 等，1992，1993），关于对猪群疾病方面的推测相关文献相对很少。

群体敏感性和特异性
Herd Sensitivity and Specificity

群体水平的敏感性是指一个感染群体检测出群体阳性结果的可能性。群体水平的特异性是指一个未感染群体检测出群体阴性结果的可能性。群体假阴性率和假阳性率可由 1 分别减去群体敏感性和群体特异性所得。群体水平的敏感性和特异性不仅是依赖于相应的个体敏感性和特异性，还依赖于所检测的样本数、感染群体中的感染流行情况、确定群体是否为阳性的个体阳性数（Christensen 和 Cardner，2000；Martin 等，1992）。通常，个体评估和群体评估是不同的。一项对 200 头 SPF 猪的感染实验（Sørensen 等，1997）表明，以阻断率 50％为临界点，猪肺炎支原体阻断性 ELISA 的个体敏感性和特异性均为 100％。以 20 头为一个群体对其检测群体诊断，至少有一个 ELISA 阳性猪的群体认为是一个阳性群体，则该 ELISA 的群体水平的敏感性和特异性分别为 93％和 96％（Sørensen 等，1992）。对群体敏感性的评估是不准确的，因为在研究过程中仅发现了 15 头新感染猪。在后续实验中仍然出现了类似的评估（Sørensen 等，1993）。

首先，被检测的样品数增加时，群体水平的敏感性会增加。相应地，群体假阴性率也会随着样品数的增加而减少。如果某种疾病的感染情况为中等而非较低（30％与 1％，图 8.2），样品数由 10 增加至 20，并且对该疾病的检测的敏感性为 50％，群体假阴性率会显著地降低。

第二，当用于确定该群体是否为阳性的个体阳性猪的数量增加时，群体水平的特异性会相应地增加，而敏感性会降低。如果 20 头的猪群中至少检出肺炎支原体阳性猪的数量由 1 头变成 2 头，则群体敏感性将由 100％降至 69％，然而特异性由 85％升至 98％（Sørensen 等，1993）。第三，当固定了被检测的样品数后，如果感染流行状态增加，那么就更容易判断猪群是否被感染了（参考图 8.2）。第四，当被检测的样品数增加时，检测出猪群中至少有一个阳性猪的可能性会增加，这降低了群体水平的特异性（图 8.3）。

用特异性较低的复合检测来评估个体猪的感染状态也具有相同的效果。检测混合样品也可用于猪群的诊断（如培养粪池中的沙门氏菌；Christensen 等，2002）。影响混合检测的群体敏感性和特异性的因素在别处做了描述（Christensen 和 Gardner，2000）。

在贸易中如何考虑群体敏感性和特异性将在解释个体检测的部分进行描述。对 SPF 猪来说，群体敏感性比群体特异性重要，因为未发现感染阳性猪的代价远远高于一个假阳性诊断的代价。

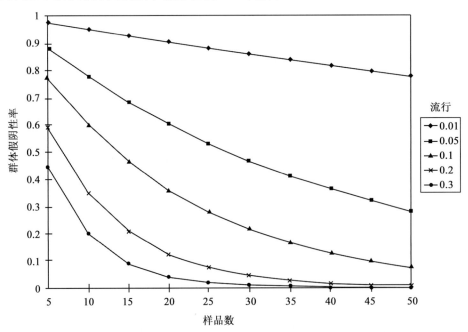

图 8.2　样品数和群中疾病的流行状态对假阴性率（1－群体敏感率）的影响，该检测方法的个体检测敏感性为 50％，特异性为 100％。

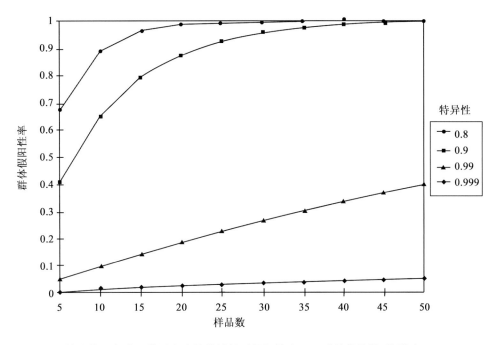

图 8.3 样品数和实验室检测方法的特异性对假阳性率（1－群体特异性）的影响。

群体水平的评估价值
Herd-Level Predictive Values

群体水平的评估价值类似于个体检测的评估价值，依赖于群体敏感性和特异性以及感染群体的流行状态。在这里，感染群体的流行状态表示在进行群体测试前群体感染可能性的最佳猜测。尽管可从州或国家调研中获得这些评估。兽医调查群体给出的感染状态的本地数据较为合适。在丹麦，每年约 10%～15% 的 SPF 级群体会再次感染肺炎支原体。每月取 20 头猪作为样本，将 1% 看作最可能的感染群体流行状态，然后用贝叶斯（Bayes）原理，Sørensen 等（1992）报道的群体水平敏感性和特异性分别为 93% 和 96%，阳性和阴性群体水平评估价值分别为 19% 和 99.9%。使用标准参考方法，仅有 1/5 的阳性群体作为确定感染，然而阴性群体检测结果是该群体未感染肺炎支原体的有利证据。

由于缺乏大量的个体检测的敏感性和特异性的数据，群体水平的敏感性、特异性及评估价值通常是未知的。通常，兽医仅能通过不完整的个体检测信息来得出群体的状态。阳性猪的数量、感染的明显流行状态（0～100% 检测阳性猪）用于判定猪群的状态。如果血清阳性率较高，可以很清楚地判断猪群是否被感染。但是如果血清阳性率较低（小于 20%），那怎么办呢？在这种情况下，仅了解特异性的信息将有利于判断猪群的感染状态。这个问题具有重要的实践含义，因为从未感染猪群中区分具有低感染率的猪群是非常困难的。

举例说明（Example）。 假设有 100 头母猪的未免疫猪场，使用 CFT 检测 AP2 后发现 5 头阳性猪（即血清阳性率为 5%），我们能得出什么结论？如果不知道测试的具体细节，而又缺乏猪群的发病记录，那么可以再屠宰阳性猪来培养其上呼吸道，包括扁桃体和鼻腔，以确定 AP2 是否存在。培养阳性结果可以证实感染发生，但阴性结果并不能排除感染，因为培养法不够灵敏。最近，有多种 PCR 检测法都证实了比标准的扁桃体分离活检和全扁桃体收集培养更为灵敏，提供了一种替代的评估方法（Fittipaldi 等，2003）。

如果一种已公布的 CFT 特异性的评估是可行的，然而仍需要做出更为合理的评判来避免非必需对检测阳性母猪的屠宰和培养。首先，如果 CFT 的特异性为 95%，100 头未感染母猪群中预计检出 5 头阳性猪。再次，如果特异性小于 95%，则假阳性率必会增加，因为在一个未感染猪群中假阳性猪的估计头数将大于 5。第三，如果特异性大约为 99％(估计,Enøe 等,2001),发现猪群中有 5 头阳性猪则高度意味着该猪群被感染了。

该案例中所得到的结论并不完全适用于下述情况,即从一个群中抽取少量样品来评估该群的感染状态。当在一个大群猪中随机抽取 30 头样品,阳性样品的比例可能不能反映猪群中阳性猪的比例(Carpenter 和 Gardner,1996)。如何选取适当的样品数以评估猪群的感染状态将在下一部分中进行详述。

流行评估
PREVALENCE ESTIMATION

通常来说,感染猪的患病率估计对于一个国家和地区的健康监测方案、接种疫苗、其他疾病控制及疫病扑灭程序来说至关重要。如果一个随机的猪样本被用以检测暴露于某种传染性病原体,阳性结果的比例(阳性数/测试数量)是一个明显(基于监测的)感染率的估计。如果为血清学检测,则将阳性患病率替换为术语"血清阳性率"。阳性患病率可能高估或低估了真正的患病率,这取决于监测方法的敏感性和特异性。可以通过修正不完善的敏感性和特异性测试的表观患病率将真正的患病率估计出来(Rogan 和 Gladen,1978):

真正的患病率＝(阳性患病率＋特异性－1)/(敏感性＋特异性－1)

为此,读者可以参考其他资料计算并估计真正的患病率的置信区间,(Greiner 和 Gardner,2000b)在估算的精确性时,估算的精度及估算者的信心主要依赖于样本大小,样本量越大,估算越精确。有时,通过计算得到真实的患病率为负数或零:该发现可能表明畜群没有感染。但是,如果敏感性和特异性是未知的,这个公式则不能应用,同时畜群感染的真实患病率也不能直接计算。

举例说明(Example)。假设当在猪群中母猪群筛选弓形虫使用的敏感性为 82.9％,特异性为 90.2％,此时可以得出 15％的血清阳性率估计。那么猪群感染真实的患病率是多少?将数值代入方程式中,真实的患病率＝(0.15＋0.902－1)/(0.829＋0.902－1)＝0.071(7.1％)。这样估算的真正的患病率大约只是已有测试结果的一半,表明大约 50％的阳性是假阳性。

Baggesen 等(1996)发现:在对丹麦屠宰的猪取 5 g 盲肠内容物培养后,沙门氏菌的感染率达 6.2％。虽然培养的敏感性可以依赖于被检内容物的体积和所选择的培养基,但该操作的敏感性和特异性被估计为 50％和 100％。因为只有 50％的被感染的猪可以通过培养被检测到,患病率会被双重低估。因此,真实的患病率应该是 6.2％×2 ＝ 12.4％。

贝叶斯(Bayesian)法还可用于真正的患病率计算,并为在抽样过程中因有限的样本量及已发表的测试精度研究所致的不确定性整合进真正的患病率估计提供方便(Branscum 等,2004)。

选择合适的样本数量
SELECTING APPROPRIATE SAMPLE SIZES

作为群体动物疫病调查和健康监控的组成部分,在采集样本之间需要对样本的规模大小等问题进行解决。一般来讲,选择样本的数量太少是最常见的错误,但是多样本选取造成的额外花销对于疾病的经济成本以及建立正确诊断的重要性是不利的。

群体中感染的探查
Detection of Infection if Present in the Herd

兽医人员常常需要对群体或者亚群中是否存在着感染做出诊断。为了保证测试具有 100％的特异性,单阳性通常被视为足以作为判断群体阳性结果的标准,但是血清学检测通常不具有完美的特异性,因此考虑一个以上的阳性结果是很有必要的。为了估计探查感染存在的群体数量,需要考虑以下两个水平:必要的置信水平通常为 95％和群体疾病的可能感染率。所选择的疾病感染水平应当是真实的,但是如果存在疑问,采取降低感染水平的办法以确保有足够数量的待检样品。如果所计算出的样本数相对于群体总数的比例过大,可适当下调样本数。

如果兽医的唯一目的只是探查有无感染,则没有必要进行随机采样,可对高发生率的群体进行直接检测,比如说,某种疾病的发生概率与动物的年龄相关,对于不同年龄段之间的动物就可以采用这种方法。或者对于临床上已经感染的动物和其他健康的猪群也可以使用。如果疾病存在年龄相关性的暴露风险,如丹麦发生的猪群沙门氏菌感染,就可以直接靶向寻找高风险群体来进行取样检测。如探查群体中的刚地弓形虫,母猪就是相对较好的样本群体,因为此病多发于生长育肥猪。如果要检测 PRRS 病毒,对较大的哺乳期仔猪(6～8 周龄)进行采样相对于母猪或育肥猪会是更好的选择。如果要从采用动物粪便培养或者抗原检测等方法进行肠道病原菌的探查,临床上发生腹泻的猪群更适合作为待检样本。

非随机性或者靶向的取样具有优势,即需要较少数量的样本就可以做出诊断。在某个疾病的暴发调查中,对在剖检时确定的典型病变进行直接培养,只需要很少的样本就能确诊。在其他情况下,当疾病感染处于亚临床阶段或者感染率不高时,就需要加大样本数量。比如说,一个样本数为 30 的抽检群体能给出的置信水平是 95%,假设检测方法敏感性良好,如果感染率至少为 10% 的话,30 个样本中至少有一个为阳性,如果敏感性低于 100% 时,阳性样本的数量将会增加。再比如说,如果采用粪便培养检测沙门氏菌只有 50% 的敏感性,至少需要死亡抽检数量为 60(如果敏感性为 100% 需要双倍的样本数量)才能满足指定的标准。

除了制定足够数量的抽检样本数量,实验室检测结果有时候是阴性的。如果在一个猪群的检测样本中检测结果是零阳性,但是并不代表整个猪群的结果是阴性。对于流行程度的估算下文将给出具体的说明。

流行率的估算
Prevalence Estimation

如果采样是随机的,感染的探查和流行率的估算结果通常可以在同一个抽检群体中获得。用以流行程度估算的随机样本通常是在单独的某个时间点进行采集的,当疾病的流行程度未知而制订计划时,推荐以 50% 的流行率计算,这样就可以保证收集到所需要的最大数目的样本。误差限制的选择相对来讲就客观得多,通常最常用的是 ±10% 和 ±20%,有时也用 ±5%,但是越精确的估计所消耗的花费就越多。

关于流行率的估算需要强调两点,第一,在中等程度的流行率(30%～70%),比起过高或者过低的流行率来讲,为了达到精确的估算所必需的样本数更大。对于一个固定大小的抽检样本,估算的准确性与流行率偏离 50% 的程度呈正相关。第二,小规模的抽检样本所获得的流行率远不能代表整个群体真正的水平。例如,Gardner 等(1996)用两个不同数量的样本 5 和 30 分别来估算某个大猪群中细小病毒的感染情况,结果发现采用 5 头作为抽检规模往往不能反映真实的流行率,即便是采用 30 头的样本作为检测目标在某些情况下对于流行率的估算也显得不准确。

有时即使优先计算所需要的样本规模并且采用完美的检验方法,对于随机采样的样本检测仍会出现没有阳性结果的状况。如果是这样的话,我们能得到的结论是什么?如果没有出现阳性结果,95% 水平上界的置信限制大约为 3 除以 n 的结果,在这里 n 为样本数(DiGiacomo 和 Koepsell,1986)。因此,如果 30 头的检测样本结果都是阴性时,上界 95% 的置信限制为 3/30 即为 10%。尽管兽医人员根据结果最初估算感染率为 0(未发生感染),但更准确的说法是这个群体在 95% 的置信区间内发生感染的流行率低于 10%。

如何正确解读阴性结果涉及健康认证方案的问题。只有对群体中所有动物采用 100% 敏感的方法进行检测,且全部结果都为阴性时,才有足够的证据说明此群体不存在某种病原的感染。在兽医实践中,认证通常要根据群体历史和对群体中样品的重复检测作为联合评估指标,并且要考虑到周围感染动物向健康动物之间病原的传播风险。从丹麦 SPF 计划获得的经验表明,每年群体猪肺支原体的再感染率为 10%～15%(Sørensen 等,1992,1993)。

对两个群体中的流行率和发病率差异的探查
Detection of a Difference in Prevalence or Incidence between Two Groups

对于某些调查而言,兽医人员需要知道两个群体中哪个群体感染中具有更高的流行率以及发病率。群体性因子包括年龄因素、生殖状态(怀孕和未怀孕以及流产和未流产)、生殖系统和饲喂类型以及其他对比性的因素。如果使用此种诊断方法发现感染性因子与结果如临床疾病、生殖失败或者猪体衰弱等之间有着很强的关联时，就会提供一种另外的证据来说明这种因子可能是造成此病的原因之一。这种对比性的方法常被用在不同年龄动物暴露于某种或者某些感染性因子的血清学检测中。

如果流行率的对比是调查的主要目的，所需要的样品规模是由置信水平和对于不同组别之间流行率预估的准确程度决定的。随着不同组别之间百分点的差别下降时，大数量的样本就显得很有必要了（表8.1）。

比如想要探查到5％的水平下检验效能为80％时，流行率为40％和10％的群体中存在显著性，所需要的抽检数量为38；如果是40％和20％两个群体中存在显著差异性时，所需要的样本规模91。这些计算表明常用与血清学检测的小数量样本规模（每个年龄段5～10头），数量太少而不能够做出正确的比较。比较流行率所需要的样本数可以参照书中表格（Fleiss，1981）或者通过公共领域软件如Epi Info等进行计算（可以用 wwwn. cdc.gov/epiinfo/）。

表 8.1　置信水平为 95％、检验效能为 80％情况下，两组间（一组有、一组无风险因子）在感染或疾病流行或发生间检测出具有显著差异必需的样本量

风险因子阴性组流行率/%										
风险因子阳性组流行率/%	0	10	20	30	40	50	60	70	80	90
10	93									
20	44	219								
30	27	71	313							
40	19	38	91	376						
50	14	24	45	103	407					
60	11	17	27	48	107	407				
70	9	12	18	28	48	103	376			
80	7	9	13	18	27	45	91	313		
90	5	7	9	12	17	24	38	71	219	
100	4	5	7	9	11	14	19	27	44	93

注：惯例下，风险因子阳性组比风险因子阴性组具有更高的流行率。样品数量不依赖于组群和随机取样。表里的数据是两组中每组所需要的数量。

结论
CONCLUSIONS

实验室的诊断结果最终到达猪场手里时，使用的人需要依据猪群信息，以及相关传染因子的重要性和疾病发生中的其他因素，对实验室结果做出评价。为了最大化实验室检测的效益，兽医应该做的事情如下：

1. 明确检测目标。例如，验证诊断，病原筛选以及病原流行预测等。

2. 选择具有良好内部和外部质量控制程序的，并对该病原或检测具有丰富经验的实验室。

3. 给实验室提供最大的机会来达到目标，如

A. 选择合适的样品类型，如选择组织而不是血清；

B. 使用正确的方法，如使用冷藏而不是冷冻也不是室温；

C. 保证样品来源于所要调查问题的具有代表性的猪，并且采集于发病合适阶段的猪；

D. 送检足够数量的样品来满足检测的特定目标，在大量样品的额外超支与做出正确的诊断之间加以平衡；

E. 如果解释结果模棱两可或者之前的诊断没有结果，则考虑包含一个对照组。

4. 对使用的检测方法的优势和缺点要了解。

5. 在对结果进行解释时，要考虑事先预测的

阳性和阴性检测结果的值。对于定量检测,要考虑检测结果与临界值之间的关系。

(周向梅译,王运盛校)

参考文献
REFERENCES

Baggesen DL, Wegener HC, Bager F, et al. 1996. Prev Vet Med 26:201–213.

Blanchard B, Kobisch M, Bové JM, et al. 1996. Mol Cell Probes 10:15–22.

Bouma A, Stegeman JA, Engel B, et al. 2001. J Vet Diagn Invest 13:383–388.

Branscum AJ, Gardner IA, Johnson WO. 2004. Prev Vet Med 66:101–112.

Carpenter TE, Gardner IA. 1996. Prev Vet Med 27:57–66.

Christensen J, Bagessen DL, Nielsen B, et al. 2002. Vet Microbiol 88:175–188.

Christensen J, Gardner IA. 2000. Prev Vet Med 45:83–106.

DiGiacomo RF, Koepsell TD. 1986. J Am Vet Med Assoc 189:22–23.

Drew TW. 1995. Rev Sci Tech 14:761–775.

Dubey JP, Thulliez P, Weigel RM, et al. 1995. Am J Vet Res 56:1030–1036.

Elbers ARW, Bouma A, Stegeman A. 2002. Vet Microbiol 85:323–332.

Elbers ARW, Vos JH, Bouma A, et al. 2003. Vet Microbiol 96:345–356.

Enøe C, Andersen S, Sorensen V, et al. 2001. Prev Vet Med 51:227–243.

Enøe C, Christensen G, Andersen S, et al. 2003. Prev Vet Med 57:117–225.

Enøe C, Georgiadis MP, Johnson WO. 2000. Prev Vet Med 45:61–81.

Ferris RA, Schoenbaum MA, Crawford RP. 1995. J Am Vet Med Assoc 207:1332–1333.

Fittipaldi N, Broes A, Harel J, et al. 2003. J Clin Microbiol 41:5085–5093.

Fleiss JL. 1981. Statistical Methods for Rates and Proportions, 2nd ed. New York: John Wiley & Sons.

Gardner IA, Carpenter TE, Leontides L, et al. 1996. J Am Vet Med Assoc 208:863–869.

Gardner IA, Greiner M. 2006. Vet Clin Pathol 35:8–17.

Gardner IA, Stryhn H, Lind P, et al. 2000. Prev Vet Med 45:107–122.

Greiner M, Gardner IA. 2000a. Prev Vet Med 45:3–22.

——. 2000b. Prev Vet Med 45:43–59.

Greiner M, Pfeiffer D, Smith RD. 2000. Prev Vet Med 45:23–41.

Hui SL, Walter SD. 1980. Biometrics 36:167–171.

Lanza I, Rubio P, Muñoz M, et al. 1993. J Vet Diagn Invest 5:21–25.

Martin SW. 1988. The interpretation of laboratory results. Vet Clin North Am Food Anim Pract 4:61–78.

Martin SW, Shoukri M, Thorburn MA. 1992. Prev Vet Med 14:33–43.

Nodelijk G, Wensvoort G, Kroese B, et al. 1996. Vet Microbiol 49:285–295.

Rogan WJ, Gladen B. 1978. Am J Epidemiol 107:71–76.

Saah AJ, Hoover DR. 1997. Ann Intern Med 126:91–94.

Sørensen V, Ahrens P, Barfod K, et al. 1997. Vet Microbiol 54:23–34.

Sørensen, Barfod K, Feld NC. 1992. Vet Rec 130:488–490.

Sørensen, Barfod K, Feld NC, et al. 1993. Rev Sci Tech 12:593–604.

Tyler JW, Cullor JS. 1989. J Am Vet Med Assoc 194:1550–1558.

Weigel RM, Hall WF, Scherba G, et al. 1992. J Vet Diagn Invest 4:238–244.

Zweig MH, Campbell G. 1993. Clin Chem 39:561–577.

9 药理学与药物防治
Drug Pharmacology, Therapy, and Prophylaxis

Locke A. Karriker, Johann Coetzee, Robert M. Friendship, 和 John F. Prescott

本章概述猪病药物治疗需考虑的主要因素，包括主要的猪用药物分类和生物制品，重点介绍抗菌药物和药物合理使用的基本原则。读者如需了解具体抗菌药物治疗原则可参考 Boothe 的综述(Boothe,2006)。麻醉剂、镇静剂以及麻醉方案等将于本书第 10 章"猪的麻醉和外科手术"进行详述。另外，Smith (2011)亦对猪麻醉剂进行了较为全面的综述。

药物治疗需考虑的主要因素
MAJOR CONSIDERATIONS FOR DRUG THERAPY

合理使用药物或生物制品来预防和治疗疾病是猪场兽医的一个重要责任，为此，猪场兽医应具备有关药物或生物制品的全面知识，包括使用药物或生物制品的风险及有关国家法规和国际法规。首先应考虑的因素是肉品的生产安全和动物福利的提高；其次应考虑的因素包括药物成本、药物效果和易用性。猪场管理或者猪场兽医应考虑的上述因素的展开说明见表 9.1。

任何一项药物治疗方案均需考虑到动物给药(任何化学物质)都可能对动物自身动态平衡造成潜在的不良影响。给予动物任何化学物质后，动物体内的能量系统、酶系统和物质代谢系统均需从正常生长的动态平衡状态调整至为消除进入体内的体外化学物质的非正常生长的动态平衡状态。因此，用药后动物受益程度远大于用药对动物造成的不良影响是选择药物治疗的一个先决条件。动物受益可以以动物的临床表现(最常见于传染病)已有改善或潜在的改善迹象为根据。所有药物使用前均需确保用药受益程度超过其所带来的风险。其目标是既能确保在人道、成本效益合理、对消费者安全和环境可持续的模式下生产出健康动物，又能将药物用量最小化。现代模式下的养猪业中已减少了对抗菌药物的依赖并且猪肉品质的安全性得以改善。

选择适宜的药物治疗方案有如下几个步骤：(1)综合已有的临床表现和诊断结果确定治疗目标；(2)根据病猪的具体生理状态选用药物；(3)根据药物产品的性能和使用规定制订治疗方案；(4)操作便利性和顺应性；(5)评价治疗效果和修正治疗方案(如有疗效不佳)。一般来说，确定猪病治疗方案最复杂的环节是抗菌药物的选择。制订一个完善治疗方案进行抗菌药物选择时可参照抗菌药物选择考虑因素表 9.2(S. P. A. C. E. D.)所列项目。

猪病学，第 10 版，由 Jeffrey J. Zimmerman, Locke A. Karriker, Alejandro Ramirez, Kent J. Schwartz, Gregory W. Stevenson 主编。

表 9.1　猪病用药考虑因素

主要考虑因素	深层次考虑因素
人类安全	药物对使用者的直接毒性;用药后动物组织中的药物残留对消费者的间接毒性
动物福利	预防或减少疾病;动物给药的易用性
机体损伤和副作用	对猪的直接毒性;组织损伤;药物间的拮抗作用;间接副作用;微生物的耐药性;正常微生物菌群的破坏
法规	药物的可用性;国家药物使用法规;国际药物出口法规;标签范围外的药物使用(美国 AMDUCA);兽医-畜主关系;休药期
药效与成本	药效评估;成本;治疗效益
药物用量与应用程序	给药途径与易用性;理化性质;药代动力学特性;药效动力学特性
治疗原则	使用剂量;使用剂量的增减;持续期;临床症状;药物试验数据
预防原则	使用剂量;持续期;临床症状;药物试验数据
记录保存	药物使用记录
药物稳定性	贮存条件

AMDUCA:美国动物药物使用说明法令(1994)(Animal Medicinal Drug Use Clarification Act of 1994).

表 9.2　抗菌药物选择考虑因素(S. P. A. C. E. D.)

抗菌谱	药物对病原菌的有效性,病原菌染色特性(革兰氏阴性菌或革兰氏阳性菌),病原菌代谢特性(需氧或厌氧菌)
药物动力学和药效动力学	药物在病原感染部位达到有效浓度的能力,浓度依赖型或时间依赖型以及 AUC 依赖型。药物在猪体内的分布容积,药物的蛋白结合率
不良反应	药物对动物安全性(需考虑患畜品种、年龄、疾病状态和繁殖状态),药物禁忌/毒性,药物对使用者的潜在风险
顺应性	管理者提供完整治疗方案的能力,药物用于猪的合法性
外界环境	猪场周边环境感染特征 产生耐药的可能性
诊断	病原鉴定,实际或估测易感性

AUC,药时曲线下面积。

确定治疗目标
Determining Treatment Objective

在当前抗菌药物治疗方案中,确定治疗目标的标准过程是一个包括病原菌分离培养鉴定以及检测分离菌株药物敏感性的诊断过程。具体到猪病抗菌药物治疗方案时,病猪隔离在一个完整的猪病诊断过程中也极为重要,其重要性在于确定病原菌所致损害存在于哪些组织。此外,还需明确目标猪群主要病原菌的代表性。由于猪群中病原菌不一定是单一菌群克隆,因此,往往需要对某一特定猪群的若干个代表性样品进行分离培养以及药物敏感性实验从而进行确认。多种病原菌可与同一类型的非致病性细菌在猪体内共生,例如肠道里的大肠杆菌(*Escherichia coli*)。

当分离培养菌及其药物敏感性的确认资料无法获得,或这些资料结果较难获得而又因动物福利等原因需紧急启动治疗方案时,一些其他可获得的相关资料可用于支持经验治疗。许多检测机构的诊断实验室收集和保存了许多客户送检的药物敏感性资料以及当地猪病的诊断案例资料,有的诊断实验室还汇总了许多常见分离菌株对常用抗菌药物的敏感性。几个美国知名大学的兽医诊断实验室的上述汇总资料可在网上(www. vads. org)查阅,在药物敏感性方面,这些资料比单一分离菌株随机开展的试验所获资料更具广泛性和代表性。

猪生理学的治疗选项和具体效果
Treatment Options and Specific Impacts of Swine Physiology

抗菌药物的主要类型(Major Classes of Antimicrobial Drugs)。关于抗菌药物的主要类

型、抗菌活性、药代动力学特性、药物毒性或其他不良反应及其主要临床应用的简要概述见表9.3。更详细的资料可查阅药物生产厂家的说明书或药理学相关教材，如 Prescott 主编的兽医抗菌药物治疗学(Prescott 等,2000)。

抗菌药物按药物和细菌之间相互作用的结果可分为杀菌药物和抑菌药物。杀菌药物具有代表性的标准是药物加入细菌培养液培养 24 h 后细菌数量下降为原来细菌数量的 1/1 000。杀菌药物应用于当宿主防御系统受到损伤时的严重威胁生命的感染和宿主防御系统不能完全发挥作用的重要组织(脑膜、心内膜和骨髓)的感染。在其他情况下，抑菌药物和杀菌药物具有同样效果。然而，应注意的是这种分类只是合理选用抗菌药物时应考虑的诸多因素之一。

如果可行的话，用窄谱抗菌药物比用广谱抗菌药物更合适，因为窄谱抗菌药物对正常菌群的干扰较少，产生广泛耐药性的可能性也较小。

在某种程度上，药物的使用剂量要根据动物的易感性、感染部位和抗菌物质的药代动力学和药效学性质来量身定制。然而，体外的易感性数据是从实验室中获得的，而获得这些易感数据的标准条件在真正的感染部位是不存在的。影响药物使用剂量的其他因素包括病原微生物以最小抑菌浓度(minimum inhibitory concentration, MIC)表示的易感性、抗菌物质在感染部位以活性形式表示的浓度(药物的药代动力学特性)和抗菌物质的药效学性质。一些抗菌药物(氨基糖苷类、氟喹诺酮类)是浓度依赖性药物(最佳活性依赖于高于 MIC 的药物浓度)，而其他药物(β-内酰胺类、大环内酯类、林可胺类以及三甲氧苄氨嘧啶和磺胺二甲嘧啶复合制剂)是时间依赖性药物(最佳活性取决于高于 MIC 的时间)。影响最佳抗菌疗法的复杂因素不在本章的讨论范围之内，但仍可得出结论:以往一些药物许可标注的推荐剂量因未考虑新出现的资料和理论，其效果往往不佳或不合适。因此，药物许可的推荐剂量需要进行修改。在美国，食品和药品管理局(Food and Drug Administration, FDA)灵活而专业的制定药物剂量范围的方法允许兽医根据致病原的 MIC 调整药物的使用剂量。尽管有许多因素影响药物的最佳使用剂量，但最常见的限制因素是药物毒性。超过推荐剂量的高阈值即常常意味着药物毒性。有时，药物的有限抗菌效果决定了药物使用的最高剂量。例如，β-内酰胺类药物的杀菌率有一个最佳的浓度，而氨基糖苷类和氟喹诺酮类药物的杀菌率与药物的浓度成比例。青霉素 G 在非过敏患者中事实上是无毒的，但其使用剂量被其抗菌作用所限制。相反，氨基糖苷类药物的使用剂量不受抗菌效果的限制，但受其毒性的限制。

影响猪病治疗持续期长短的因素尚不够明确，不同类型的感染对抗菌药物的反应不一，因此积累大量的临床感染经验对治疗反应的评估非常重要。对急性感染来说，不管治疗在临床上是否有效，药物使用的持续期不能超过 2 d。如果到时还不起效，应该重新考虑别的诊断和治疗方案。经临床和微生物学确诊后，急性感染的治疗应至少持续 2 d。对严重的急性感染而言，治疗可能持续 7~10 d。对慢性感染而言，治疗的周期可能显著增长。

特定疾病的药物选择(Drug Selection for Specific Diseases)。在本章不讨论所有药物产品的使用方法、注意事项及管理规定，也不讨论可能的治疗方案。读者如需了解更具体的药物治疗相关资料可查阅本书有关具体特定疾病的相关章节。此外，美国 FDA 网站上发布了可按品种进行查询搜索的已批准兽药产品的数据库，此数据库中的资料由美国 FDA 编辑(绿皮书)，数据库在网页中搜索" animal drugs at FDA "即可找到。本章节所涉及的具体内容可在下列网址(www. accessdata. fda. gov/ scripts/ animaldrugsatfda/)找到或可直接向 FDA 索取，FDA 的地址是 US FDA,5600 Fishers Lane, Rockville, MD 20857-0001, telephone 1-888-INFO-FDA (1-888-463-6332)。

为指导兽医临床用药，在此简述少量药物在特定猪病上的应用情况和药物特性。例如，对猪来说即使是极低剂量的替米考星通过胃肠外给药也可致命，然而，口服给药却被批准用于胸膜肺炎放线杆菌和多杀性巴氏杆菌感染(Backstrom 等,1994)。

表 9.3　猪用抗菌药物的主要类型，抗菌活性，药代动力学特性，毒性或其他副作用及其主要临床应用

药物种类	具体药物或药物举例	抗菌活性和耐药性	药代动力学特性	毒性或不良反应	主要应用
磺胺类药物	中效磺胺二甲嘧啶；其他磺胺类药物	抑菌；广谱，革兰氏阳性，革兰氏阴性需氧菌；厌氧菌；广泛的获得性耐药，胞内菌，原虫	肠道快速吸收，组织分布广泛	如果屠宰前 15 d 不停药，反复经口给药或饲料污染可引起肾脏残留超标	价值较小；主要用于促生长，可用于疾病预防
磺胺-双胺嘧啶组合类	磺胺二甲嘧啶-甲氧苄啶	杀菌；革兰氏阳性，革兰氏阴性需氧菌；厌氧菌；支原体和钩端螺旋体耐药药	肠道快速吸收，组织分布广泛，可穿过未发炎脑脊髓的血脑屏障	安全范围广	主要肌内注射，用于急性感染（肺炎，链球菌脑膜炎）；饲料给药用于治疗萎缩性鼻炎
β-内酰胺类	青霉烷；组 1：青霉素 G	杀菌作用对许多革兰氏阳性菌有高活性。一些营养要求高的革兰氏阴性菌如副猪嗜血杆菌和多杀性巴氏杆菌；厌氧菌；钩端螺旋体，肠内菌和支原体耐药药	肠道吸收差，组织分布相对较窄；仅可穿过发炎的血脑屏障。由于未结合的肌内注射猪药物排泄迅速，肌内注射使用的普鲁卡因青霉素是长效药物	安全药物；可能产生过敏反应或普鲁卡因诱导的兴奋	肌内注射使用对猪丹毒，包括脑膜炎在内的链球菌感染，梭菌感染效果很好；也可用于一些细菌性肺炎
β-内酰胺类	青霉烷；组 4：氨苄西林，阿莫西林	同青霉素 G。对革兰氏阴性需氧菌有更广的抗菌活性，但耐药性广泛	同青霉素 G，但口服吸收分布好，组织分布广	安全药物	与青霉素 G 相似；添加 β-内酰胺酶抑制剂（如克拉维酸）可恢复青霉烷在其他动物中的使用
β-内酰胺类	组 4，第三代头孢菌素；头孢噻呋	杀菌作用；包括大肠杆菌，沙门氏菌在内的革兰氏阴性需氧菌，革兰氏阳性需氧菌，厌氧菌。耐支原体	肠道吸收差，组织分布相对较窄；仅可穿过发炎的血脑屏障	如用于新生仔猪，易导致难辨梭状芽孢杆菌结肠炎；沙门氏菌对其耐药性可威胁人类健康	肌内注射使用对大肠菌症，沙门氏菌感染，革兰氏阴性菌肺炎等革兰氏阴性需氧菌感染有很好的效果
氨基糖苷类	庆大霉素，新霉素	杀菌作用；包括肠道菌在内的革兰氏阴性需氧菌	肠道吸收差，组织分布相对较窄	长期注射使用可产生肾脏毒性；持续性肾脏残留	庆大霉素肌内注射用于新生动物大肠杆菌感染；口服新霉素用于大肠杆菌感染
氨基糖苷类	安普霉素，壮观霉素	杀菌作用；包括肠道菌在内的革兰氏阴性需氧菌	肠道吸收差，组织分布相对较窄	长期注射使用可产生肾脏毒性；持续性肾脏残留	口服用于大肠杆菌感染
林可胺类	林可霉素	抑菌；革兰氏阳性需氧菌，包括猪痢疾短螺旋体在内的厌氧菌；支原体	肠道吸收好，组织分布广	对猪安全	口服用于控制短螺旋体感染；口服新霉素或肌内注射用于控制支原体感染

续表 9.3

药物种类	具体药物或药物举例	抗菌活性和耐药性	药代动力学特性	毒性或不良反应	主要应用
大环内酯类	泰乐菌素	抑菌；革兰氏阳性需氧菌、厌氧菌，一些革兰氏阴性需氧菌；支原体	肠道吸收良好，组织分布广泛	对猪安全；肌内注射刺激可引起水肿，瘙痒，肛突	口服用于控制增生性肠炎，萎缩性鼻炎，对钩端螺旋体病可能有效
氯霉素类	氟苯尼考	主要抑菌 对巴斯德菌某些种属可能具有杀菌作用； 对多杀性巴氏杆菌和胸膜肺炎放线杆菌的 MIC90 是 0.5 μg/mL；对博氏杆菌的 MIC90 是 8 μg/mL；对链球菌的 MIC90 是 2 μg/mL；对肠杆菌科的抗菌作用弱	肠道吸收良好，组织分布广泛	动物用药后可能出现肛周水肿和直肠外翻现象，停药后可消退	口服用于控制胸膜肺炎放线杆菌、多杀性巴氏杆菌、链球菌和博氏杆菌引起的猪呼吸道疾病； 注射液用于控制胸膜肺炎放线杆菌和多杀性巴氏杆菌引起的猪呼吸道疾病
截短侧耳素类	泰妙菌素	抑菌；革兰氏阳性需氧菌和厌氧菌，一些革兰氏阴性需氧菌，支原体，比泰乐菌素的活性更高	肠道吸收良好，组织分布广泛	对猪安全	口服用于控制短螺旋体感染，支原体感染，慢性肺炎，增生性肠炎和钩端螺旋体病
喹诺酮类	恩诺沙星	杀菌；革兰氏阴性需氧菌和一些革兰氏阳性需氧菌；对肺炎支原体、大肠杆菌和多杀性巴氏杆菌均有作用	组织中吸收和分布良好 当血液中药物峰浓度为 10 倍 MIC 或 AUC：MIC 比值为 125：1 时临床疗效最佳	虽然有过给药后出现跛行的报行的报道，但一般认为对猪安全	注射用恩诺沙星可用于控制胸膜肺炎放线杆菌、多杀性巴氏杆菌、副猪嗜血杆菌和链球菌引起的猪呼吸道疾病
四环素类	土霉素、金霉素	抑菌；广谱，对革兰氏阴性，革兰氏阳性菌都有效，但耐药谱极广。丹毒丝菌，嗜血杆菌、钩端螺旋体和巴氏杆菌除外	肠道吸收好，组织分布广	对猪安全	在允许使用的国家，口服用于特定疾病的预防。生长和非特定饲料，添加于饲料，偶尔用于肌内注射，用于敏感菌的治疗

有研究（Bimazubute 等,2010）表明,土霉素在鼻腔分泌物中可达到高于多杀性巴氏杆菌和博氏杆菌（猪萎缩性鼻炎的主要病原菌）MIC 的浓度,然而,只有通过 40 mg/kg 体重剂量（此剂量为许可推荐剂量的 4 倍量）进行肌内注射（intramuscular,IM）给药的方式才能达到这种效果。虽然给药后 4 h 药物在血浆和鼻腔分泌物中均可达到峰浓度,但药物在鼻腔分泌物中峰浓度为 6.29 μg/mL,而在血浆中的峰浓度为 19.4 μg/mL。以低于 40 mg/kg 体重的剂量肌内注射或以 400 mg/kg 体重剂量通过拌料给药均不能达到有效浓度。

恩诺沙星在许多动物（包括猪）体内被代谢为环丙沙星,代谢物（环丙沙星）同样也具有抗菌活性。不同年龄的猪体内恩诺沙星转化为环丙沙星的数量或比例不同。10 kg 体重猪体内未检测到由恩诺沙星原型转化为其相应的代谢物（环丙沙星）,而 76 kg 体重猪体内可检测到 52% 的环丙沙星（Bimazubute 等,2009）。

Cornick（2010）的研究表明,与不饲喂任何抗生素的猪群相比,饲喂亚治疗剂量的泰妙菌素或金霉素的猪群中在两周甚至更长的时间内排出大肠杆菌 O157：H7 的猪更少。试验数据表明,不饲喂任何抗生素的猪群在两个月甚至更长的时间内更易被感染或排出大肠杆菌,然而,田间试验极少能包含家庭个体养殖猪群的病原。用于生产商业猪的饲料药物给药方案已因存在食品安全风险而相应减少。

大多数药物动力学参数来源于对健康猪群的研究,而疾病对于药物动力学的影响以及在疾病情况下如何调整治疗方案则很少有人研究。Pijpers 等的研究表明,患有肺炎的病猪注射四环素后,平均血药峰浓度值比健康猪群更低,且达峰时间显著延迟（Pijpers 等,1991）。Tantituvanont 等的研究表明,头孢噻呋以相同剂量给药后,感染猪呼吸和繁殖综合征病毒（porcine reproductive and respiratory syndrome virus,PRRSV）的猪群血浆中药物浓度比健康猪群更低（Tantituvanont 等,2009）。

根据生产和管理现状确立治疗方案
Establishing Treatment Regimens Considering Production Logistics and Regulatory Constraints

给药途径（Routes of Drug Treatment）。通常,对个体动物注射给药多用于急性全身性感染,如败血症、急性肺炎或链球菌性脑膜炎等严重、迅速蔓延的感染。在给药方便时,或难以从猪群中区别病猪,或不便保定和打扰猪群体时优先选用群体给药。严重感染时优先选用肌内注射,因为肌内注射药物可使其被完全吸收,且在组织中的浓度比口服给药高。肌内注射的部位选在耳后颈外侧以防止药物引起局部组织损伤和避免因臀部肌内注射时可能导致的坐骨神经损伤等副作用。注射疫苗时可采用无针注射设备,但因该设备设有剂量限定装置而极少用于药物治疗。

对猪群而言,口服给药更容易实施,并可减少断针、脓肿和组织损伤等注射引起的问题。对于治疗非胃肠道疾病,以口服途径给药的药物效率较低,例如,阿莫西林口服给药的生物利用度范围是 11%～47%（Hernandez 等,2005）。饮水给药是一种比饲料给药更快速的处理病猪群的方法,它的优势在于能即时执行并且适用于不吃食的病猪;但饮水给药也有其劣势,因为并不是所有的药物都能溶解于水、水可能会被溅出和有些药物载体会堵住乳头式饮水器。饮水给药是通过含浓缩药物溶液的内嵌式比例混合器或含适量药物的水箱来实现的。根据环境温度和药物适口性的不同,猪的日饮水量为其体重的 8%～10%。

例如,Agerso 等的研究（Agerso 等,1998）表明,阿莫西林可通过饮水给药达到治疗效果,治疗期间其血浆药物浓度在 0.5～1.3 μg/mL 之间波动（血浆药物浓度的波动被认为是猪群饮水量消耗波动的反映）,含有阿莫西林的饮水消耗量随着猪舍温度的升高而增加。另外几个研究结果（Agerso 等,1998）亦表明,不同动物个体间的血浆药物浓度亦存在极大差异。因此,当我们选择饮水给药方案时,要充分考虑到上述差异。Dorr 等（Dorr 等,2009）的研究结果发现,当四环素按许可推荐剂量饮水给药时,血浆药物浓度存在极大差异,且血浆浓度往往低于 0.3 μg/mL,该药物浓度对于大多数病原菌来说均无疗效。另一研究亦表明（Mason 等，2009）四环素在猪群饮水给药时其生物利用度极低。

饲料给药是驱虫药物和抗菌药物最普遍的给药途径。但饲料给药在治疗急性感染时有明显的缺点，因为病猪可能不吃食，而且需要把已有的未添加药物的饲料吃完或换掉。因此，饲料给药通常仅用于预防和治疗慢性感染的长期给药模式。

实施便利性和依从性
Facilitating Implementation and Compliance

预防原则（Principles of Prophylaxis）。有些猪的特定疾病可用抗菌药物来预防。普遍接受的抗菌药物预防原则是：

- 给药必须直接针对特定的病原微生物或疾病。
- 药效确定的药物才可用于预防给药。预防应有一个尽可能短且与药效一致的持续期。
- 用于预防的剂量应该和用于治疗的剂量相同。
- 应使已知的副作用最小化。
- 猪群对该药可能产生过敏反应时不应用此抗菌药物来预防疾病。
- 要有可用的替代药物以备必要时使用。

有一种抗菌药物预防方案是"脉冲给药"法，即定期在饲料中添加治疗水平的特定药物，使其在短期达到治疗浓度，从而提高对一系列病原菌的免疫能力。该给药方案的使用需要根据该猪场充足的猪群疾病诊断历史资料来判断某些可能发生的疾病。当给药方案正确使用时能减少抗菌药物的使用量并提高动物福利。当猪群发生疾病时，在饲料中采用"脉冲给药"法和长期给药法均可提高猪群的生产性能和存活率，但"脉冲给药"法可提供足够的刺激以激活对支原体肺炎猪群的体液免疫功能，而长期给药法不具有此种功效（Walter 等，2000）。运用"脉冲给药"法对形成抗菌药物耐药性方法的研究目前仍不清楚。

疾病的及时预防特别重要，其重要性与及时治疗同样重要，预防和治疗的差别是预防往往是在未见临床症状时用药。Crane 等的研究结果（Crane 等，2006）表明，在对猪群攻毒胸膜肺炎放线杆菌前 10 d 和前 13 d 分别一次性注射头孢

噻呋晶体自由酸，与对照组（不给药组）相比，上述两种给药方案对猪群胸膜肺炎放线杆菌（mycoplasma hyopneumoniae）的清除率几无差异，但在对猪群攻毒胸膜肺炎放线杆菌前 7 d、前 4 d 和前 1 d 一次性注射头孢噻呋晶体自由酸时，则对猪群胸膜肺炎放线杆菌的清除能力更差。

法规（Regulation）。在许多国家中，抗菌药物在食品动物中的使用受法规的约束，因此作为兽医应该了解并遵守这些法规。法规中涉及特定制造商生产药物的报批过程，只有这些药物符合人和动物的安全标准并且在特定的剂量（许可范围的剂量/用途）对特定用途有效的情况下才给予报批。美国有关于如何使用抗菌药物的总体规范，当药物被批准用于人或食品动物时，只有当药物的实际使用符合《兽用药品应用分类法案》（Animal Medicinal Drug Use Clarification Act，AMDUCA）中的规范时方可允许标签外用药。然而，美国不允许通过拌药给药的标签外用药，且许多药物禁用于食品动物。上述法规中没有特别针对猪群用药方面的法规，因此在此章中不作进一步的讨论，但猪场兽医应随时关注最近的相关法规。

养猪生产的后勤管理过程中产生了用一支注射器联合用药或混合用药的需求，这种需求在短时间内对大批动物进行注射药物且动物不易保定时尤为明显。美国 FDA 对混合用药有极为严格的规定，其目的是确保混合用药的需求不会影响药物的审批过程和消费者保护。美国 FDA 制定的《符合性政策指南》（Compliance Policy Guides，CPG）中规定了哪些兽药是不适宜混合使用的，《符合性政策指南》的电子版可在网上下载，美国的猪场兽医应对此有所了解和掌握。在美国，不遵守这些法规会被罚款，严重的会被判刑。

药物休药期（Drug Withdrawal）。为了避免在肉产品中检出药物残留，大部分药物在临近屠宰前不准使用。大多数人都比较了解抗菌药物的休药期，但许多人却容易忽略大多数疫苗亦同样有休药期。一般来说，生长育肥猪在上市前不太可能注射疫苗，但是后备母猪需及时注射疫苗，其中有部分后备母猪仍需淘汰上市，应特别关注这些

淘汰上市的后备母猪的疫苗休药期。药物休药期的长短随着药物种类及其使用剂量的变化而改变。对使用标签范围剂量的药物来说,休药期详见包装内的说明书。对使用超出标签范围剂量的药物来说,休药期的信息可由生产制造商处获得,在一些情况下也可由国家或国际的数据库(如美国的食品动物残留限量数据库,在美国的免税号为 1-800- USFARAD;www. farad. org)中获得。如生产出口猪肉产品,作为猪场兽医应注意的是不同国家猪肉产品中的药物允许残留量有所不同,标签中规定的休药期仅在批准该兽药的国家有效。因此,一些药厂针对拟出口国家的残留限量标准修正了药物的休药期以避免药物残留超标。适应相应出口国家上市要求的最高残留限量非常重要,大多情况下出口药厂需了解拟出口国家的残留限量标准并提出相应的建议休药期。要求药厂提出休药期是强制性的,其目的是确保生产出的猪肉产品能合格上市。

限制耐药性的产生(Limiting Development of Resistance)。许多报告呼吁,关心食品动物和人类中抗菌药物的使用的“利益相关者”都应该参与到包括耐药性在内的所有全球策略中来(如,World Health Organization,2000a),同时应采取措施来加强动物抗菌药物的谨慎使用。如果某些药物在人类医学上是重点药物,那么这些药物就不应再作为动物生长促进剂使用(如,World Health Organization,2000b)。需重视的是,耐药机制不仅限于抗菌药物,也包括铜和锌(Fard 等,2011)。如前所述,在国家层面制定风险减缓法规时,也应考虑到即使亚治疗剂量的抗菌药物也可减少人类病原菌(猪源)的排出(Cornik,2010)。在国际上,世界动物卫生组织(World Organization for Animal Health;Office International des Epizooties)相继制定了针对动物中抗菌药物的使用风险管理建议和法规。除欧盟(European Union,EU)外,根据药物对人医的重要性和人类接触动物源耐药菌或耐药基因的可能性,其他国家也正在评估或重新评估抗菌药物在食品动物中的使用(如,Center for Veterinary Medicine,US FDA 2004;Health Canada,2002)。

有许多创新技术可减少生产过程中抗菌药物的使用量。虽然添加到精液中的抗菌药物在养猪生产过程所用的抗菌药物的总量中占的比例很少,但近年来却有一个关于如何限制其用量的创新研究(Morrell 和 Wallgren,2011),该研究应用单层离心法从细菌中分离精子,确定了无细菌污染的精液药物剂量。

近年来,许多国家已开始监测来自动物、食品和人类的重要致病菌[如,肠弯曲菌(Campylobacter jejuni)、沙门氏菌(Salmonella)]和“指示”共生菌[如,肠球菌种(Enterococcus species)]的耐药性。例如,美国 1996 年成立的国家抗菌药物耐药性监测系统(National Antimicrobial Resistance Monitoring System,NARMS)的任务是记录出现的耐药性问题,并提供数据以制定抗菌药物在食品动物上使用的公共健康政策。在加拿大,也有一个与 NARMS 相似的加拿大抗菌药物耐药性综合监测程序(Canadian Integrated Program for Antimicrobial Resistance Surveillance,CIPARS)。2010 年,据加拿大 CIPARS 报道(Deckert 等,2010),对人类健康重要的抗菌药物已很少用于生长育肥猪,而且在猪场分离到的菌株样品及其培养物中的耐药率很低。

耐多种药物的大肠杆菌和沙门氏菌血清型对头孢菌素有广谱耐药性(Winokur 等,2001;Zhao 等,2003)可能会在将来引起重大的关注。在这些耐药菌中,编码广谱头孢菌素耐药性的 cmy-2 基因在几种不同的质粒上均可发现,很容易通过细菌结合而转移(Caratolli 等,2002)。但是,Davies(2010)坚信,“抗菌药物耐药基因的编码并非来自食源病原菌。”

谨慎使用指导原则(Prudent Use Guidelines)。近年来抗菌药物耐药性和动物—人耐药性关系受到了人们的广泛关注,多数国家的兽医组织制定了谨慎使用指导原则来加强抗菌药物的使用。随着时间的推移,抗菌药物的使用会更加复杂,如果上述指导原则解决了根据特定疾病选择相应抗菌药物的问题,抗菌药物规范的使用就走出了第一步。美国猪兽医联合会的方针就是这样一个例子,见表 9.4。

表 9.4　美国猪兽医联合会(AASV)关于猪肉生产中抗菌药物合理治疗使用的基本指导原则

1. 强调预防策略,如合理的饲养管理和卫生、常规的健康监测和免疫

2. 在抗菌药物治疗前或联合使用时,应考虑其他治疗方案

3. 抗菌药物在兽医指导下的合理使用应符合兽医—畜主—病畜关系的所有要求

4. 抗菌药物的处方、兽医饲料给药指导和超标签范围使用必须有效符合兽医—畜主—病畜关系的所有要求

5. 抗菌药物的超标签范围使用必须符合《兽用药品应用分类法案》(《食品、药品和化妆品法案》的补充)及其法规

6. 不管抗菌药物的获取途径如何,兽医都应该与动物饲养员一起工作,以便正确地使用抗菌药物

7. 抗菌药物治疗使用的制度必须用当前的药理学资料和原则进行优化

8. 用于治疗人医或兽医上疑难感染的重要抗菌药物仅在仔细检查和合理论证后才能用于动物,而且在开始治疗时应尽可能考虑使用这些重要抗菌药物之外的药物

9. 在临床上,用培养和敏感性试验结果来辅助抗菌药物的选择

10. 抗菌药物的治疗使用仅限用于合理的临床适应症

11. 在能达到所需的疗效时,抗菌药物的治疗剂量应该最小化

12. 限制抗菌药物对病畜或危险动物的治疗使用,抗菌药物处理的动物数应最少化

13. 尽可能减少药物的环境污染

14. 准确记录治疗过程和结果,用以评价治疗方案

注:上述的基本原则发布在 AASV 网站(http://www.aasp.org/aasv/jug.html)。

结果评价
Assessing Outcomes

治疗失败(Treatment Failure)。治疗失败的原因有多种。下面的原因可以导致不恰当的选用抗菌药物:误诊、药物在感染部位无活性、对感染治疗失败、不正确或不适用的实验室诊断、病原微生物的耐药性、慢性感染(影响病原微生物的代谢状态)和采样错误。尽管药物的剂量不足也是一个很重要的原因,但上述原因更可能导致治疗失败。在治疗方案中操作者按处方给药是非常重要的。治疗失败后,必须重新进行诊断,重新采集样品进行实验室分析。

临床试验的评价(Evaluation of Clinical Trials)。评价药物对动物健康的影响和指导临床用药的最佳方法是在农场进行临床试验(Dohoo 等,2003)。在临床试验中,猪群自然感染疾病并在饲养在正常条件的农场,但给药处理是随机的,其中要设计一组对照组。因为进行临床试验比较困难,在试验设计和结果解释方面许多环节容易出错,一旦出错将导致不正确的治疗方案和整个治疗计划的失败。因此,为了正确评估药物的治疗效果,在农场进行试验或制药公司解释其发布的新药的功效时,生产实践者必须注意试验设计和结果解释方法的正确性。

首先,一项研究应该只有有限的几个研究目标(Dewey,1999),通常是有一个主要目标,也可能有两个或三个次要目标,并且主要目标和次要目标要有清楚的阐述。例如,在一个用药物来控制育肥猪肺炎的试验中,其主要目标是减少死亡率,研究者可能感兴趣的次要目标是提高生长率和减少体重的个体差异。如果主要目标是减少体重的个体差异,那么试验的设计可能就会完全不同。

临床试验的其他重要因素包括确定的研究群体、研究群体的随机分组、观察者人为因素的消除、彻底的跟踪调查和合理的分析(Dewey,1999)。一个常见的错误的试验设计是只根据对猪进行的统计分析,而正确方法是根据栏甚至猪舍而设计。统计分析应基于可给药的最小单元,因此,在一个按栏给料的饲喂试验中,栏就是进行统计分析的单位。因此,在饲养试验时,试验设计时如果一栏猪吃一种饲料,另一栏猪吃另一种饲料,那么进行统计分析时就应该以栏为单位。分析药物是否有效,所需的动物数,栏数和舍数应能用标准统计学参考书中的公式计算。单元数取决于你所期望的变异范围和差异显著性水平。例如,如果你认为生长率的变异系数(标准差/平均值)为 7%,检测的平均日增重差异为 5%时,每个处理组需 43 栏;但是,检测的平均日增重差异为

10%时,每个处理组仅需 12 栏。一般来说,置信水平选在 95%,即结果真实的可能性为 95%。P 值或显著性水平则正好相反(即 $P=0.05$ 表示偶然结果出现的概率是 5%)。统计检验力一般设在 80%,即当差异确实存在时,我们能统计计出差异的概率是 80%。因此,当处理组和对照组确实有差异时,无法通过统计区分的可能性是 20%。增加样本数可提高统计检验力。

尽可能地减少误差是很重要的。因此,研究对象分配到处理组时需做到真正的随机分配,若做不到真正的随机分配则需用一种替代的有系分配方法。对照组的干扰因素要与治疗组非常相似。例如,如果治疗组动物需要保定并注射一种药物,那么对照组动物也应该用相似的方式保定并注射安慰剂。动物饲养员和临床观察员应该对治疗组动物和对照组动物需进行盲法观察(观察时不应知道哪组动物是治疗组动物,哪组动物是对照组动物)。

临床试验中即使动物是随机分配且试验设计完美,也可能会有混淆的因素和其他来源的误差。因此,谨慎评价从临床试验中获得的信息是非常必要的,但临床试验仍是判断治疗措施效果的最好方法,无论多少体外研究也不能与农场临床试验的价值相媲美。

增强管理与生物安全(Enhancement of Management and Biosecurity)。现代饲养方法倾向于把动物分成不同的年龄组,便于不同生产组(年龄组)环境的清理,并通过严格的生物安全措施将疾病引入风险降至最低。上述方法是减少抗菌药物和其他治疗物品使用的最重要的方法。不管是否出现临床症状,免疫系统的激发会导致饲料报酬和生长率的降低。当健康的生长育肥猪被饲养于清洁的生物安全环境时,饲料中抗生素的价值是可疑的(Van Lunen,2003)。然而,即使在理想的管理条件下,仍会出现需要治疗的情况,并且成功的治疗决定于养殖者的辛勤,包括疾病早期临床症状的鉴定、合理的治疗和为病猪提供有助于康复的环境。

疫苗(Vaccines)。养猪生产中疫苗的广泛使用是猪场预防疾病的主要措施,许多猪场均有系统的疫苗免疫程序来消除病原菌的感染。已有研究(Heinonen 等,2011)报道了在生长育肥猪舍

联合应用抗菌药物和疫苗清除猪肺炎支原体感染的案例。疫苗免疫的有效性随着疾病(甚至猪群)的变化而改变。尽管免疫学和分子生物学领域发展迅速,但仍有一些疾病的疫苗只能发挥低等至中等的效力(Haesebrouck 等,2004),因此仍需要抗菌药物治疗和预防。

为了确定某猪群的免疫计划,猪场兽医需要对大量重要的因素进行评估。疫苗的成本效益是需要考虑的因素之一,包括免疫计划的成本估计(含免疫所需的人力)、免疫计划的预期效益估计(需知道疫苗的效力和猪群中存在的疾病的费用)和替代控制措施的价值估计。另外,兽医还需注意免疫可能引起的副作用,如导致补偿损失的潜在组织反应或导致生长减缓的短暂食欲下降。

免疫计划的制订是复杂的,而且不幸的是缺乏在农场实际条件下使用疫苗效力的准确数据和资料(Moon 和 Bunn,1993)。疫苗在实验感染模型中的效果很好,但在田间却无价值,这样的例子很多。猪的许多重要疾病常常是一种以上传染源与宿主、环境和管理因素的综合征。

养猪生产者有时会碰到无法预见的免疫失败,即一种疫苗在过去相似的条件下效果很好但现在却无效。免疫失败的可能原因包括疫苗的贮存和处理不当(如未冷藏或避光)、不正确的免疫方法(如皮下注射代替了肌内注射)或未对全群动物进行免疫。在通过饮水免疫时,有许多因素需要考虑,但最重要的因素是水中的氯,因为它会杀死疫苗中的弱毒菌(Kolb,1996)。

免疫程序的时间选择也常常是一个问题。为了更容易被接受并使劳动力降至最低,养猪业中常选用联合免疫,即动物常规保定(如断奶)时在某时间点进行一次性注射多种疫苗。在伴随该方法存在的问题中,受人关注的是刚断奶的仔猪中存在的高水平母源抗体会干扰免疫的效果。因此,最佳免疫时间的选择必须在最便利时间的免疫效果和在保证免疫效果的最佳时间进行免疫所需的额外劳动力成本和动物应激之间进行权衡。

使用被动免疫(Manipulating Passive Immunity)。喷雾干燥动物血浆蛋白粉被广泛用于刚断奶仔猪的饲料中,它可使生长率增加 27%(van Dijk 等,2001)。喷雾干燥动物血浆蛋白粉的作

用机理目前尚未完全清楚,但部分原因是喷雾干燥动物血浆蛋白粉含有免疫球蛋白,为缺乏母源抗体的刚断奶仔猪提供了一定程度的保护。血浆蛋白中和特定微生物的能力取决于血浆来源猪的免疫史和疾病史。

鸡卵黄中的特异性抗体也是刚断奶仔猪被动免疫的一个来源。制备卵黄抗体的蛋鸡已用大肠杆菌等猪的特定致病原进行免疫,免疫后会有大量抗体(IgY,高达 200 mg/蛋)分泌到蛋黄中(Marquardt 和 Li,2001),然后再把这些干卵黄掺入仔猪日粮。卵黄产品对预防仔猪断奶后感染大肠杆菌腹泻的试验效果并不一致(Chernysheva等,2004),其在饲料加工和通过猪胃肠道系统时的稳定性是需要考虑的主要方面。

其他疗法
OTHER THERAPEUTICS

直接饲喂的微生物制剂(益生菌)
Direct-Fed Microbials (Probiotic)

益生菌是饲料中活的微生物制剂,其作用是促进保持宿主动物健康的特定微生物在肠道内的增殖(Fuller,1989)。最广泛使用的益生菌是乳酸菌、肠道球菌、双歧杆菌和酵母菌(Alvarez-Olmos 和 Oberhelman,2001;Holzapfel 等,2001;Rolfe,2000)。促进肠道健康,特别是在猪正常肠道菌群经历巨变的断奶过程中,是多数有关益生菌研究的目的。

一般认为,如果充分谨慎地根据标准方法选择益生菌菌株,所得益生菌菌株在肠道疾病的预防上应该能起作用,但目前得到的研究结果却不一致。选择益生菌菌株有一系列的标准,其中包括可预见的和可测量的有益健康的指标。益生菌的筛选和选择包括体外试验和体内试验,其标准如下:

● 必须是非致病的、安全的。

● 必须能在酸性环境下和胆汁存在时保持稳定,能抵抗消化酶的降解。

● 必须能黏附肠上皮组织并能在宿主的胃肠道中持续存在。

另外,益生菌等微生态制剂必须在商业生产、饲料加工、贮存和运输中保持活性和稳定性,必须具有成本效益。

益生菌发挥保护或治疗作用的主要机制并不完全清楚,但认为有以下几种方式。益生菌能产生抗菌物质,如有机酸、游离脂肪酸、氨、过氧化氢和细菌素等(Alverez-Olmos 和 Oberhelman,2001)。另外,益生菌能增强宿主动物的特异性和非特异性免疫(Kailasapathy 和 Chin,2000),还能通过对微生物黏附位点的竞争抑制来防止致病微生物的寄居。

当益生菌在试验中被用来控制猪病和提高生长性能时,观察到了许多不一致的结果(Conway,1999)。益生菌不可能替代抗生素来控制疾病,但在促进肠道正常菌群的健康和减少沙门氏菌等病原菌的定植上占有一席之地。

人们对使用发酵液体饲料很感兴趣,因为它的使用与降低沙门氏菌的阳性率有相关性(van der Wolf 等,2001)。发酵液体饲料发挥有益作用的可能原因是:饲料中 pH 的降低和大量产有机酸细菌的存在对肠道正常菌群有益,从而创造了一个不适合沙门氏菌和其他大肠菌生长的环境。

噬菌体
Bacteriophages

噬菌体是侵袭细菌细胞的细菌病毒,其中溶菌噬菌体能破坏细菌的代谢,导致细菌溶解(Su-lakvelideze 等,2001)。从临床的角度看,噬菌体似乎是无辜的,它不攻击正常肠道菌群,在环境中极为常见。尽管溶菌噬菌体具有上述的作用,它们却不常用于预防和治疗中。近年来(Callaway等,2011)从猪粪中分离到一种具有破坏沙门氏菌和大肠杆菌活性的噬菌体,这将加快噬菌体在提高食品安全方面的实际运用进程。

营养素
Nutrients

通常大量使用具有生理活性的饲料成分来改善消化道的环境从而提高猪的生产性能和健康水平(Pettigrew,2003)。在仔培猪的饲料中加入氧化锌(2 500 mg/kg,2 周)能提高仔培猪的生长率并减少其腹泻率(Jensen-Waern 等,1998)。体外试验研究结果表明,锌具有抗菌作用,但大肠杆菌数量并未减少,而且血液循环中嗜中性粒细胞的功能未改变。需要注意的是,如果饲喂超过 3～4 周,高浓度的氧化锌会导致肝脏毒性。

相似地,在饲料中添加硫酸铜至 250 mg/kg 时可以促进生猪生长。然而,联合使用锌和铜不具有协同作用(Hill 等,2000)。饲喂含铜和锌的饲料,这些矿物质在粪便中的积累会引起环境问题。耐药性的产生不仅限于抗菌药物,在美国猪群的粪肠球菌中已证实存在可转移的铜耐药基因。

寻求猪饲料中抗菌素的替代物引发了人们对天然药物的兴趣,包括中草药、调味品、植物学药材和必需脂肪酸。这些药物通过提高适口性和发挥抗菌作用能提高动物的生长性能,但其效力的确证还需进一步的证据(Pettigrew,2003)。

为了促进生长和减少腹泻,常在断奶仔猪的饲料或饮水中加入有机酸(富马酸、甲酸、乳酸)(Tsiloyiannis 等,2001)。有机酸的促生长作用机制包括降低胃内 pH、减少大肠菌群、刺激胰脏外分泌、增强胃蛋白酶活性、改变肠道形态、增强摄入量和消化能力(Partanen,2001)。

酸化的影响各异,原因可归于饲料和动物因素的不同以及不同有机酸的性质差异。高浓度有机酸的使用会带来两个问题,一个是降低饲料的适口性,二是腐蚀猪舍中的水泥和钢(Canibe 等,2001)。

改变肠道菌群的一个替代方法是饲喂无法消化的物质,为有益菌如产乳酸菌提供底物。这类产品被称为益生元。益生元必须在胃肠道上部不能被水解或吸收;必须是一种或几种潜在有益共生菌的选择性底物;必须诱发有益于宿主健康的镇静或全身效果(Roberfroid,2001)。最常见的益生元是不能消化的寡糖,如低聚果糖和低聚甘露糖。一般而言,因为益生元可轻微提高生长率而被广泛用于养猪业。然而,关于它们促进健康的作用(如减少沙门氏菌的定植)需要进一步的证据。

饲料中加入酶的方法被广泛采用,酶可促进饲料效率的提高,在某些情况下能促进健康。例如,饲料中添加植酸酶可使猪消化以植酸形式存在的磷。酶的使用能使养猪业利用粗饲料颗粒,降低胃溃疡和沙门氏菌感染的发生率,但需要保持一个可接受的饲料转化率。联合上述技术配制饲料可使饲料中促生长作用的抗菌药物用量减少,如液体饲料或粗颗粒饲料、酶、益生菌、益生元和酸化剂的各种联合使用。

抗寄生虫药物
Antiparasitics

在现代限制饲养(非放养)过程中,很少出现寄生虫问题(Roepstorff 和 Jorsal,1989)。在良好的卫生和管理条件下,驱虫药的常规使用没有益处(Roepstorff,1997)。蛔虫病通常是主要关注的对象,且很多有效的产品能轻易地控制蛔虫病。

由于有良好的饲养条件和有效的药物(特别是阿维菌素),疥螨和虱引起的体外寄生虫病已不再是严重的问题。疥螨病和虱病的控制失败通常是由于不了解这些寄生虫的流行病学和饲养员的懒惰导致的(Cargill 等,1997)。抗寄生虫药物及其使用方法可参见表 9.5。

表 9.5 常见的猪用寄生虫药及其使用剂量

药物	使用剂量
敌敌畏	11.2～21.6 mg/kg 体重,添加于 1/3 的常规日粮中
多拉菌素	300 μg/kg 体重,肌内注射
芬苯达唑	9 mg/kg 体重,3～12 d,经饲料给药
伊维菌素	300 μg/kg,皮下注射或 100 μg/kg 体重给予 7 d,经饲料给药
哌嗪	275～440 mg/kg 体重,经饲料或饮水给药
酒石酸噻吩嘧啶	22 mg/kg 体重,1 d 治疗或 96 g/t 饲料用于预防

激素
Hormones

催产素(Oxytocin)被广泛应用于辅助分娩和刺激产奶。前列腺素(Prostaglandin F$_{2\alpha}$,PGF$_{2\alpha}$)及合成的类似物可用于诱导分娩。注射 200 IU 人绒毛膜促性腺激素和 400 IU 马绒毛膜促性腺激素可诱导母猪发情。断奶时注射促卵泡激素,然后在约 72～80 h 后注射黄体生成素可诱导排卵（Barnabe 等，2002），在这些激素许可使用的地方还可用于人工授精计划。孕酮（连续给药 14～18 d）可促使同期发情，因为它可抑制卵泡的成熟直至停药。更详细的描述可参见本书第 20 章"生殖系统"。

　　激素在一些国家也被用于促生长。猪生长激素（porcine somato tropin，PST）能显著影响饲料转化率、生长速度和胴体组成。莱克多巴胺（一种苯乙醇胺）或 β-兴奋剂在一些国家中允许作为饲料添加剂，其功能是一种重新分配剂，可以提高饲料转化率，增加瘦肉率。

抗炎药
Anti-inflammatory Drugs

　　酮基布洛芬、氟尼辛葡甲胺、地塞米松、吲哚美辛、美洛昔康等抗炎药物已在养猪生产过程的不同临床条件下使用，其使用效果不一致，大多数人建议上述抗炎药物的使用还需进行更多的研究。美洛昔康（Georgoulakis 等，2006）作为抗菌药物疗法的辅助药物，对患有呼吸道疾病的病猪具有减缓临床症状和减少复发概率的作用。此外，氟尼辛已被批准用于控制猪呼吸道疾病伴随的发热症状。

（汤树生译，付永瑶校）

参考文献
REFERENCES

Agerso H, Friis C, Haugegaard J. 1998. J Vet Pharmacol Ther 21:199–202.

Alvarez-Olmos MI, Oberhelman RA. 2001. Clin Infect Dis 32:1567–1576.

Backstrom L, McDonald J, Collins MT, et al. 1994. J Swine Health Prod 2:11–14.

Barnabe RC, Viana CHC, Candini PH, et al. 2002. Rev Brasileira Repro Anim 26:177–179.

Bimazubute M, Cambier C, Baert K, et al. 2009. J Vet Pharmacol Ther 33:183–188.

Bimazubute M, Cambier C, Baert K, et al. 2010. J Vet Pharmacol Ther 34:176–183.

Boothe DM. 2006. Principles of antimicrobial therapy. Vet Clin North Am Small Anim Pract 36:1003–1047.

Callaway TR, Edrington TS, Brabban A, et al. 2011. Foodborne Pathog Dis 8:261–266.

Canibe N, Zteien SH, Øverland M, et al. 2001. J Anim Sci 79:2123–2133.

Carattoli A, Tosini F, Giles WP, et al. 2002. Antimicrob Agents Chemother 46:1269–1272.

Cargill CF, Pointon AM, Davies PR, et al. 1997. Vet Parasitol 70:191–200.

Center for Veterinary Medicine, US Food and Drug Administration. 2004. Department Guidance for Industry #144—Preapproval Information for Registration of New Veterinary Medicinal Products for Food-Producing Animals with Respect to Antimicrobial Resistance—VICH GL27, Final Guidance, April 27, 2004. USFDA CVM website.

Chernysheva LV, Friendship RM, Gyles CL, et al. 2004. J Swine Health Prod 12:119–122.

Conway PL. 1999. Specifically selected probiotics can improve health and performance of pigs. In PD Cranwell, ed. Manipulating Pig Production VII. Werribee, Australia: Australasian Pig Science Association, pp. 220–224.

Cornick NA. 2010. Vet Microbiol 143:417–419.

Crane JP, Bryson WL, Anderson YC, et al. 2006. J Swine Health Prod 14:302–306.

Davies PR. 2010. Foodborne Pathog Dis 8:189–201.

Deckert A, Gow S, Rosengren L, et al. 2010. Zoonoses Public Health 57:71–84.

Dewey CE. 1999. J Swine Health Prod 7:253.

Dohoo I, Martin W, Stryhn H. 2003. Controlled trials. In Veterinary Epidemiologic Research. Charlottetown, Canada: AVC, pp. 185–206.

Dorr PM, Nemechek MS, Scheidt AB, et al. 2009. J Am Vet Med Assoc 235:299–304.

Fard RM, Heuzenroeder MW, Barton MD. 2011. Vet Microbiol 148:276–282.

Fuller R. 1989. J Appl Bact 66:365–378.

Georgoulakis IE, Petridou E, Filiousis G, et al. 2006. J Swine Health Prod 14:253–257.

Haesebrouck F, Pasmans F, Chiers K, et al. 2004. Vet Microbiol 100:255–268.

Health Canada. 2002. Use of Antimicrobials in Food Animals in Canada: Impact on Resistance and Human Health. Ottawa, Canada: Veterinary Drugs Directorate.

Heinonen M, Laurila T, Vidgren G, et al. 2011. Vet J 188:110–114.

Hernandez E, Rey R, Puig M, et al. 2005. Vet J 170:237–242.

Hill GM, Cromwell GL, Crenshaw TD, et al. 2000. J Anim Sci 798:1010–1016.

Holzapfel WH, Haberer P, Geisen R, et al. 2001. Am J Clin Nutr 73:365–373S.

Jensen-Waern M, Melin L, Lindberg R, et al. 1998. Res Vet Sci 64:225–231.

Kailasapathy K, Chin J. 2000. Immunol Cell Biol 78:80–88.

Kolb JR. 1996. Vaccination and medication via drinking water. Compend Contin Educ Pract Vet S75–S83.

Marquardt RR, Li S. 2001. Control of diarrhea in young pigs using therapeutic antibodies. In Proc AD Leman Swine Conf, pp. 227–239.

Mason SE, Baynes RE, Almond GW, et al. 2009. J Anim Sci 87:3179–3186.

Moon H, Bunn TA. 1993. Vaccine 11:213–220.

Morrell JM, Wallgren M. 2011. Anim Reprod Sci 123:64–69.

Partanen K. 2001. Organic acids—Their efficacy and modes of action in pigs. In A Piva, KE Bach Knudsen, JE Lindberg, eds. Gut Environment of Pigs. Nottingham, UK: Nottingham University Press, pp. 201–207.

Pettigrew JE. 2003. Alternative products: Are there any silver bullets? In Proc Annu Meet Am Assoc Swine Vet, Orlando, pp. 439–441.

Pijpers A, Schoevers EJ, van Gogh H, et al. 1991. J Anim Sci 69:2947–2954.

Prescott JF, Baggot JD, Walker RD. 2000. Antimicrobial Therapy in Veterinary Medicine, 3rd ed. Ames, IA: Iowa State University Press.

Roberfroid MB. 2001. Am J Clin Nutr 73:406–409S.

Roepstorff A. 1997. Vet Parasitol 73:139–151.

Roepstorff A, Jorsal SE. 1989. Vet Parasitol 33:231–239.

Rolfe RD. 2000. J Nutr 130:396–402S.

Smith C. 2011. AWIC Special Reference Brief: Swine Anesthesia and Analgesia, 2000–2010. United States Department of Agriculture, Animal Welfare Information Center SRB 11-01.

Sulakvelidze A, Alavidze Z, Morris GJ. 2001. Antimicrob Agents Chemother 45:649–659.

Tantituvanont A, Yimprasert W, Werawatganone P, et al. 2009. J Antimicrob Chemother 63:369–373.

Tsiloyiannis VK, Kyriakis SC, Vlemmas J, et al. 2001. Res Vet Sci 70:287–293.

van der Wolf PJ, Wolbers WB, Elbers ARW, et al. 2001. Vet Microbiol 78:205–219.

van Dijk AJ, Everts H, Nabuurs MJ, et al. 2001. Livest Prod Sci 68:263–274.

Van Lunen TA. 2003. Can Vet J 44:571–576.

Walter D, Holck JT, Sornsen S, et al. 2000. J Swine Health Prod 8:65–71.

Winokur PL, Vonstein DL, Hoffman LJ, et al. 2001. Antimicrob Agents Chemother 45:2716–2722.

World Health Organization. 2000a. Global Strategy for Containment of Antimicrobial Resistance. Geneva, Switzerland. WHO website.

———. 2000b. Global Principles for the Containment of Antimicrobial Resistance in Animals Intended for Food. Geneva, Switzerland. WHO website.

World Organization for Animal Health (OIE). 2003. Joint First FAO/OIE/WHO Expert Workshop on Nonhuman Antimicrobial Usage and Antimicrobial Resistance: Scientific Assessment. Geneva, Switzerland. WHO website.

Zhao S, Qaiyumi S, Friedman S, et al. 2003. J Clin Microbiol 41:5366–5371.

10 猪的麻醉和外科手术
Anesthesia and Surgical Procedures in Swine
David E. Anderson 和 Guy St. Jean

在过去的 10 年里,人类对食用家畜和其他商业用途家畜的人性化关注急剧增加,尤其在家畜遭受疼痛或痛苦时。手术刺激会给个体带来痛苦,因而公众尤其关注猪的手术程序。虽然公众与动物权利组织对动物的人性化关注的角度并不相同,但消费者都希望食用家畜和其他商业用途的家畜饲养过程,采用人道主义做法,避免过度的应激。因此,为维护消费者的信心,猪的外科医师要采用最好的人道主义做法。

外科手术成本与养猪业经济效益的冲突越来越明显,因此需要严格评价和预测外科手术的作用。兽医师必须直接满足于企业的需要,虽然在大多数情况下单个动物的手术不合算,但对于单个的基因改良猪、观赏猪和宠物猪通常具有很高的价值和意义,对费用的考虑较少。当较大的养殖场常发生腹股沟疝、脐疝、直肠脱垂、难产和肛门闭锁等疾病时,生产成本增加,因此需要认真调查并采取适当的预防措施。兽医师同时还是一个教师,需要给养殖场人员(负责人或有经验的技术人员)演示如何有效的给仔猪施行一些小手术(如去势、打耳号、剪犬齿、断尾)。保证这些手术过程正确和人道是兽医的责任。

鉴于纯种猪、宠物猪或动物模型猪的解剖和生理学特性与人相似,通常有很高的价值,经常需要在理想麻醉和无痛情况下施行外科手术。兽医师熟练的完成猪的外科手术,会大大增强畜禽顾问的自信。为养殖户提供优质服务是一名出色的兽医必备的条件之一。本章将介绍临床麻醉,常规仔猪手术程序,疝修复,消化、泌尿生殖及肌肉骨骼系统的常规手术程序。

麻醉
ANESTHESIA

仔猪的小型手术如打耳号、剪犬齿、断尾、去势,常在不麻醉的情况下操作。如果手术技术熟练,不麻醉时仔猪也能忍受。然而,公众越来越呼吁减少动物不必要的疼痛,因此,对于是否给猪采用麻醉也面临挑战。与其他动物相比较,猪对机械束缚器具有较强的抵抗,因此不易保定。成年猪最好在全身麻醉前禁食 24 h,仔猪由于长时间停止哺乳易患低血糖,最好在麻醉前 1~2 h 停止哺乳。

猪的恶性高热(猪应激综合征)是遗传性疾病,一般肌肉发达、皮下脂肪较少的猪容易发病。应激、注射麻醉药(乙酰丙嗪、氯胺酮、丁二酰胆碱)和吸入麻醉药都容易使易感猪发病。卤烷可引起猪恶性高热,异氟烷可缓解恶性高热的发生(Wedel 等,1993)。恶性高热常有以下症状:体温急剧升高、肌肉僵硬、心动过速、呼吸急促、血氧过少、心律不齐、血压不稳和肌红蛋白尿。严重时导致死亡,死亡是由于严重酸中毒、血管收缩、高钾

猪病学,第 10 版,由 Jeffrey J. Zimmerman,Locke A. Karriker,Alejandro Ramirez,Kent J. Schwartz,Gregory W. Stevenson 主编。
© 2012 John Wiley & Sons,Inc. 由 John Wiley & Sons,Inc. 2012 年出版。

血症、心输出量下降和血压过低造成外周循环改变所致。编码骨骼肌钙通道的兰尼碱受体（ry-anodine receptor）的一个常染色体隐性缺失者易患此病（Rosenberg 和 Fletcher，1994）。当受到触发因子的作用后，细胞内的钙离子升高，从而引起肌肉挛缩产热。恶性高热的治疗关键是早期识别并对症下药，一旦怀疑恶性高热，应立即停止挥发性麻醉剂的使用，并用冰袋和酒精擦洗降温。丹曲林钠对恶性高热的治疗效果显著，也可用做预防。猪的推荐治疗剂量 1～3 mg/kg，静脉注射；预防剂量 5 mg/kg，口服。

猪在镇静和麻醉之前建议使用抗胆碱能药物（阿托品和胃长宁）。硫酸阿托品（0.04 mg/kg，肌内注射）或胃长宁（0.02 mg/kg，肌内注射）可减少心动过缓、流涎、支气管收缩和呼吸道分泌物过多等症状。已禁食和禁水少于 24 h，接受浅麻醉的健康猪不需要补液，但长时间全身麻醉最好静脉输液。对于血容量不足或出现休克等症状的猪，最好在麻醉前或在麻醉过程中输液，经耳静脉输液最为方便（图 10.1）。

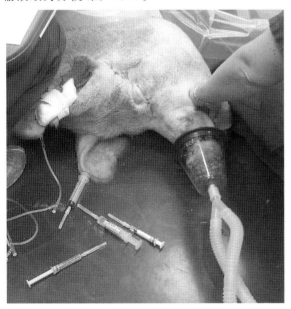

图 10.1 耳缘静脉埋针（18 号，5 cm 长），采用氰基丙烯酸盐黏合，用胶布和一卷支撑耳廓的纱布固定。在母猪剖腹产手术时，采用面罩给予气化的异氟烷和氧气混合吸入（Matt Miesner 提供图片）。

根据作者的经验，子宫内有死胎的猪剖腹产时，必须在麻醉前或麻醉过程中用平衡电解质溶液输液。猪剖腹产的麻醉方案很重要，需要认真

考虑，因为母体中的任何药物都可迅速到达胎儿体内，并且浓度相对较高。胎儿血脑屏障有一定的通透性，这些药物会对胎儿产生较强的麻醉作用。另外，由于新生动物肝酶系统和肾脏功能尚未发育完全，在出生后麻醉作用有可能仍然存在。因此，应当选择对胎儿副作用小的麻醉药物，全身麻醉对新生动物产生的危害比局部麻醉要大。

注射麻醉剂
Injectable Anesthetics

注射麻醉剂适合在"室外"条件下使用，与吸入性麻醉剂相比，注射麻醉药物所需设备较少。而吸入性麻醉药物价格昂贵，并且不易在户外条件下使用。注射麻醉剂需要找到合适的血管，猪体表静脉和动脉用于埋针和静脉注射的血管较少（Sakaguchi 等，1996），对于不同品种的猪，其血管位置也不同。耳静脉位于耳的后缘，是最安全也是最容易操作的。猪可以保定，再进行耳静脉注射或放置插管。在耳根部用手指、钳子或橡皮带压紧静脉使其充血扩张，耳部涂擦酒精并拍打使静脉膨胀、明显，然后插入小插管（20 号）输液或通过静脉注射麻醉药物。在麻醉或保定良好的猪，内侧隐静脉容易插管（图 10.2）。

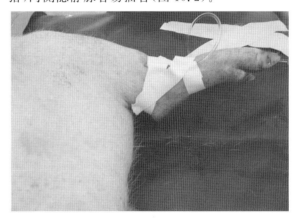

图 10.2 猪内侧隐静脉插入导管。

可通过肌内注射或吸入麻醉剂来诱导麻醉，然后再通过插管以给予静脉液体治疗或给药。无法静脉注射时，可以考虑脊髓腔麻醉，18 号的插管较容易的插入肱骨大结节或股骨的转子窝。大猪的脊髓腔有较厚的脂肪和纤维，会影响药物的吸收。

肌内注射时,一般使用 5 cm(2 in)长的针头注射到颈部肌肉,要确保药物注射到肌肉内,而不是脂肪内。为获得药物的最佳效果,尽可能使猪处于一个安静的环境中。几种麻醉剂联合使用效果常优于单独使用一种麻醉剂。

适用于猪的麻醉药物较少,实际上现在所有在猪体上使用的麻醉药都未经批准的,这被认为是标签外使用(Papich,1996)。然而,兽医工作者认识到为了减轻猪体疼痛、手术、服用药物而采用麻醉的必要性,必须选用标签外药物。为了保护公众,必须在猪肉上市前有合理的休药期,以保证动物产品不存在有害的药物残留。建议读者参考动物性食品药物残留数据库中猪的休药期,以确定合适的休药时间(www.farad.org)。

巴比妥类(Barbiturates)。 巴比妥类是一组副作用较高的麻醉药物,戊巴比妥和硫喷妥是最常用的巴比妥类药物。戊巴比妥是一种有效的中枢神经系统抑制剂,可静脉注射和睾丸内注射使用。但不推荐腹腔注射,因为这易引起猪的腹膜炎。由于仔猪没有成年猪那样完善的肝脏酶系统,所以戊巴比妥不能用于仔猪的全身麻醉。按照 10~30 mg/kg 的剂量静脉注射巴比妥类药物可使成年猪麻醉 20~30 min,在吞咽或其他呼吸道保护性反射重新出现之前,需要采取措施保持呼吸通畅。麻醉前给药如安定、乙酰丙嗪、甲苯噻嗪等可减少手术麻醉中戊巴比妥的用量(表 10.1)。使用戊巴比妥后恢复时间较长,需要对患病动物密切观察。睾丸内注射,在睾丸尾部下面的睾丸上 1/3 处注射,30% 的戊巴比妥溶液,剂量为 45 mg/kg。每个睾丸最大使用量为 20 mL,约 10 min 就会产生麻醉,20~40 min 后失去麻醉效果。去势手术应尽快进行,以防药物被动物体吸收而造成死亡(Henry,1968)。为防止误食睾丸,应将睾丸放置在安全的地方处理掉。曾发生过犬因食用含有麻醉药物的睾丸引起死亡的报道,而地板上的血迹中也有残留药物,也是危险的(Henry,1968)。短效巴比妥盐硫喷妥钠(10~20 mg/kg)可在吸入麻醉前或在小手术时使用。一般使用 2.5%~5% 的溶液,先快速注射一半剂量,当猪安静后,再继续注射,直到获得理想的麻醉效果。有时会发生呼吸暂停现象,应事先准备好辅助呼吸的措施。

乙酰丙嗪(Acepromazine)。 乙酰丙嗪可降低自主运动,单独使用可使猪产生轻微的和不稳定的镇静作用。乙酰丙嗪易导致血压过低和体温过低,因此不能用于体质衰弱的猪。推荐使用的最大剂量是 10 mg。有报道称乙酰丙嗪可降低恶性高热的发生率(Moon 和 Smith,1996)。乙酰丙嗪常与氯胺酮或替来他明-唑拉西泮联合使用效果更佳(表 10.1)。

苯二氮卓类(安定和咪达唑仑)Benzodiazepines(Diazepam and Midazolam)。 安定(1~2 mg/kg,肌内注射)可与氯胺酮或甲苯噻嗪联合使用(表 10.1)。由于咪达唑仑是水溶性的,所以比安定吸收更快、更完全,安定和咪达唑仑的恢复都比较平静,并且药效持续时间比甲苯噻嗪长。苯二氮卓类药物价格较贵,因此这些药物用于商品猪手术的可能性较小。

氮哌酮(Azaperone)。 氮哌酮是一种精神抑制药,可用于猪的镇静或安定(表 10.1)。镇静的程度依赖于剂量,有报道指出公猪使用时可导致阴茎异常勃起(Mooh 和 Smith,1996),所以剂量不应超过 1 mg/kg。静脉注射氮哌酮会导致兴奋,因此必须肌内注射,使用氮哌酮有时会产生一些副作用,已在使用氮哌酮的猪中见到过度流涎、体温过低、对声音过敏以及血压过低等症状(Greene,1979)。外科手术中氮哌酮常与其他药物联合使用,可在注射氯胺酮前先使用氮哌酮深度镇静。如果单独使用,常在外科手术的局部区域麻醉时采用氮哌酮。

α-2 受体兴奋剂(Alpha-2 Receptor Agonists)。 与其他肉用动物相比,猪对甲苯噻嗪不敏感(表 10.1)。甲苯噻嗪有镇静作用,但药效较短且很容易苏醒。甲苯噻嗪通常与其他药物联合使用,可使肌肉更好地松弛和平稳苏醒。有消化紊乱的猪使用甲苯噻嗪后出现呕吐症状。美托咪定是一种比甲苯噻嗪更有效的 α-2 受体兴奋剂(Sakaguchi 等,1992)。美托咪定与阿托品联合使用所产生的镇静效果要高于甲苯噻嗪,而且布托啡诺可加强其效果,麻醉状态的特征是体表镇痛作用明显,但内脏镇痛效果差。美托咪定、布托啡诺和氯胺酮联合使用可对猪产生非常好的外科麻醉效果(表 10.1),这种麻醉状况可被阿替美唑(240 μg/kg)消除,阿替美唑是一种有效的 α-2 受体选择拮抗剂。

表 10.1　用于猪的注射用麻醉剂

药物	剂量	途径	起效时间/min	持续时间/min
戊巴比妥	10～30 mg/kg	IV	1～10	15～45
	45 mg/kg	每只睾丸	10	10
硫戊巴比妥	10～20 mg/kg	IV	立即	2～10
乙酰丙嗪	0.1～0.5 mg/kg	IM	20～30	30～60
乙酰丙嗪	0.4 mg/kg	IM	5	15～30
和氯胺酮	15 mg/kg			
乙酰丙嗪	0.03 mg/kg	IM	2～4	40～50
和氯胺酮	2.2 mg/kg			
和舒泰	4.4 mg/kg			
安定	1～2 mg/kg	IM	10	20～40
和氯胺酮	10～15 mg/kg			
咪达唑仑	0.1～0.5 mg	IM	5～10	20～40
和氯胺酮	10～15 mg/kg			
氮哌酮	2～8 mg/kg	IM	5～15	60～120
甲苯噻嗪	0.5～3 mg/kg	IM	5	10
甲苯噻嗪	2 mg/kg	IM	7～10	20～40
和氯胺酮	20 mg/kg			
甲苯噻嗪	2.5 mg/kg	IM	7～10	30～60
和氯胺酮	25 mg/kg			
和曲马多	5 mg/kg			
甲苯噻嗪	4.4 mg/kg	IM	1～2	60
和氯胺酮	2.2 mg/kg			
和舒泰	4.4 mg/kg			
甲苯噻嗪	2 mg/kg	IM	5～10	70～100
和氯胺酮	20 mg/kg			
和咪达唑仑	0.25 mg/kg			
美托咪定	80 μg/kg	IM	1～5	60～120
和布托啡诺	200 μg/kg			
和氯胺酮	2 mg/kg			
美托咪定	80 μg/kg	IM	1～5	75～120
和布托啡诺	200 μg/kg			
和氯胺酮	10 mg/kg			
甲苯噻嗪	2 mg/kg	IM	1～5	60～120
和布托啡诺	200 μg/kg			
和氯胺酮	10 mg/kg			
异丙酚	11 mg/kg/h	IV	立即	连续输注
和芬太尼	2.5 mg/kg	IV	q30	

译者注:IV,静脉注射;IM,肌内注射。

氯胺酮(Ketamine)。氯胺酮可使动物迅速产生无意识状态（Thurmon，1986），该麻醉状态的特征是，体表镇痛作用明显，而内脏镇痛效果较差。氯胺酮是猪的许多化学保定和麻醉方案中的主要成分。氯胺酮可肌内注射、静脉注射或睾丸注射。氯胺酮(6 mg/kg)和甲苯噻嗪(2 mg/kg)联合使用睾丸注射，已成功应用于阉割术（Thurmon，1986）。单独使用氯胺酮会引起一些不良反应，如肌肉紧张，心动过速和高血压以及镇痛引起的神经错乱。氯胺酮通常与肌肉松弛剂或镇静剂如乙酰丙嗪、安定、甲苯噻嗪或氟哌利多联合使用。

替来他明-唑拉西泮（舒泰）[Tiletamine-Zolazepam (Telazol)]。舒泰具有松弛猪的肌肉、镇静和安定作用（Moon 和 Smith，1996）。与氯胺酮相比，舒泰的注射量较小。舒泰常与甲苯噻嗪或乙酰丙嗪联合用药，可产生较好的肌肉松弛且易于苏醒。

异丙酚(Propofol)。异丙酚常用做猪的静脉注射用麻醉药物（Martin-Cancho 等，2004）。腹部手术异丙酚的剂量是 11 mg/kg/h，并与芬太尼(2.5 mg/kg/30 min，静脉注射)联合使用。用异丙酚麻醉的猪需要较长时间才能恢复意识。

愈创甘油醚(Guaifenesin)。愈创甘油醚是一种作用于中枢的肌肉松弛剂，由于其麻醉作用较小，因此不宜单独使用。临床多用愈创甘油醚与硫喷妥钠、氯胺酮和甲苯噻嗪联合静脉注射产生麻醉效果（Thurmon，1986）。作者建议，将 500 mg 氯胺酮和 500 mg 甲苯噻嗪加入到 500 mL 含 5% 愈创甘油醚和 5% 葡萄糖的无菌水溶液中，将该混合液通过耳静脉插管以 0.5～1 mL/kg 的剂量快速注入猪体内，使猪麻醉，然后以 2.2 mg/kg/h 的速度连续注入来维持麻醉，在手术结束时使用育亨宾(0.125 mg/kg)或妥拉唑啉(2.5～5 mg/kg)拮抗甲苯噻嗪的作用，可加速苏醒（Thurmon，1986）。

曲马多(Tramadol)。近年来，有报道认为曲马多是联合用麻醉剂中可靠的一员（表 10.1）。曲马多是可待因的类似物，可与阿片样物质受体结合。曲马多是 μ-阿片受体的激动剂，刺激释放

5-羟色胺，可有效止痛。仔猪联合使用曲马多、甲苯噻嗪和氯胺酮，曲马多提高麻醉动物的疼痛阈值，并且在麻醉过程中没有副作用，对生理指标无影响（Ajadi 等，2009）。

联合注射用麻醉药物（Combinations of Injectable Anesthesia）。联合注射性麻醉药物可以提高麻醉效果和持续时间，而且更安全。Clutton 等(1997)研究了阿扎哌隆(1 mg/kg，肌内注射)和氯胺酮(2.5 mg/kg，肌内注射)联合使用对猪麻醉效果，将猪分为三组，分别采用以下麻醉剂量：(1)依托咪酯(200 μg/kg，静脉注射)和咪达唑仑(100 μg/kg，静脉注射)；(2)氯胺酮(2 mg/kg，静脉注射)和咪达唑仑(100 μg/kg，静脉注射)；(3)戊巴比妥(15～20 mg/kg，静脉注射)。由于戊巴比妥能产生较深的呼吸抑制、很难进行口腔气管插管、且站立时间延长，所以它的麻醉效果最差。另一个关于比较美托咪定-布托啡诺-氯胺酮（MBK，分别为三种麻醉药物的第一个字母）（MBK：80 μg/kg-200 μg/kg-10 mg/kg，全部肌内注射）和甲苯噻嗪-布托啡诺-氯胺酮（XBK：2 mg/kg-200 μg/kg-10 mg/kg，全部肌内注射），发现与 XBK 比较，MBK 的麻醉效果更好（Sakaguchi 等，1996）。

逆转剂(Reversal Agents)。有时需要逆转麻醉效果。育亨宾可逆性的 α-肾上腺受体拮抗剂，常用来拮抗甲苯噻嗪的作用。然而，很难逆转混合性麻醉剂的麻醉效果。Kim 等(2007)报道称用替来他明＋唑拉西泮＋甲苯噻嗪混合性麻醉剂麻醉的猪，采用育亨宾可以很快苏醒。具体是猪分别注射麻醉剂甲苯噻嗪＋唑拉西泮或甲苯噻嗪＋替来他明，猪获得苏醒(俯卧)的时间，与没有给予育亨宾的猪比较(76 min)，给予育亨宾的猪苏醒时间(52 min)明显减少。

吸入麻醉剂
Inhalation Anesthetics

吸入麻醉适用于病情严重、手术时间持续 30 min 以上、难度大的手术或价值高的猪。由于经济原因，猪最常用的吸入性麻醉剂是氟烷。氟烷具有诱导迅速、迅速改变麻醉深度和迅速从麻

醉状态恢复的生理特性,并且效果稳定。吸入性麻醉剂可通过开放或半开放系统用于仔猪,大猪最好使用半开放或封闭的系统,140 kg 以上的猪可使用为小动物设计的麻醉器械麻醉(Tranquilli,1986)。

诱导技术和麻醉方案的选择取决于病猪大小及病情、兽医师经验以及药物和设备条件。镇静的目的是在诱导麻醉前降低保定带来的应激(表10.1)。100 kg 以下的猪可用网保定,大猪可使用套头器或圈套器保定到箱子内。通过快速注射麻醉剂(巴比妥类)、混合性麻醉剂(表 10.1)或通过面罩给予高浓度的麻醉药物(5%的氟烷)来诱导麻醉。气管插管可保证麻醉剂的有效传输和防止吸入性肺炎的发生。据作者的经验,由于猪的面部、咽和喉的解剖特点,猪的气管插管比其他肉用动物更困难。要充分开张颌部使喉部暴露非常困难,因为猪的喉部细小、狭窄、并偏向腹侧,从咽到气管开口形成一个锐角。猪的咽部常发生痉挛,故采取达到一定深度的麻醉后(或在喉部喷入利多卡因),再插入导管减少痉挛的发生。

猪麻醉后俯卧,用绳套拉开上下颌,俯卧比背卧更容易进行气管插管(Theisen 等,2009)。熟练的技术员俯卧气管插管用时 17 s,背卧气管插管用时 58 s。然后配合使用喉镜及不同长度的压板,助手拉出舌。成年猪选用的压板长度必须大于 25 cm。将喉镜压板放在舌的基部并下压直到可无障碍地看到喉。气管内插管的规格为外径3~20 mm,长 25~50 cm,将有延展性的金属圈放入插管作为导向装置,前 5 cm 弯成 30°角。当见到喉开口时,将带有顶端稍微膨大探针的气管插管放入喉的开口,用探针的顶端推动气管插管,转动插管将其从喉部推入到气管。猪的气管直径很小,50 kg 的猪需直径 7~9 mm 的插管,成年猪需 10~14 mm 的插管(Tranquilli,1986)。有时,不需要给猪做气管插管,如需要面罩给予氧气,或给予气体麻醉剂(图 10.1)。

不建议采用面罩给予气体麻醉剂,因为这种做法不能保护气道的通畅,可能会引起呼吸窘迫或软腭移位而阻塞气道。然而,手术时间不超过 60 min 的手术方案,面罩给予气体麻醉剂

很方便。

为了保证吸入性麻醉安全,需要对病猪进行连续监测,常规监测的内容应包括脉搏强弱和频率、呼吸次数、黏膜颜色、毛细血管再充盈时间、血压和心电图,定时测量体温,并使用合适的卧垫。触摸耳中部的耳动脉脉搏,也可以直接听诊心脏,猪的正常心率范围为 60~90 次/min,在麻醉期间可能有很大波动。吸入性麻醉复苏期间易发生致死性并发症,需要进行持续、严格的监测(Monn 和 Smith,1996)。复苏时,猪俯卧于安静的环境,为防止软腭阻塞上呼吸道,应当保留气管内插管,直到猪可以自主摆动头部或不能再忍受插管时为止。猪在未完全苏醒前不应将其放回猪群。

局部麻醉
Local Anesthesia

在猪的手术中,不采取化学药品约束措施,而直接进行局部麻醉并不多见,即使保定时无明显疼痛,猪也会不停地挣扎。除了采用化学药品约束,用 2%的利多卡因对术部周围浸润麻醉有助于皮肤、浅层皮下组织的手术。利多卡因局部浸润麻醉也常用于脐和腹股沟疝的修复及精索硬癌的切除手术中。

硬膜外局部麻醉
Epidural Regional Anesthesia

腰荐椎的硬膜外腔麻醉是猪最常用的局部麻醉形式(图 10.3)(Skarda,1996)。

与全身麻醉不同,硬膜外腔麻醉需要的设备和费用都很少,同时麻醉时猪是清醒的,并且发生吸入性肺炎风险很小。与硬膜外腔麻醉相比,利多卡因局部浸润麻醉需要较大量的麻醉剂,会延迟伤口愈合,并且肌肉松弛和镇痛效果不理想。腰椎的硬膜外腔麻醉容易操作,适用于剖腹产、直肠、子宫或阴道脱垂整复、疝修复,以及包皮、阴茎或后肢的手术(Skarda,1996)。但出现交感神经传导阻滞和血压下降,休克或毒血症的猪不能进行腰荐的硬膜外腔麻醉(Skarda,1996)。另外,当猪具有攻击性时,采用全身麻醉比局部麻醉效果好。由于腰椎硬膜外腔注射失误(注射过量或蛛

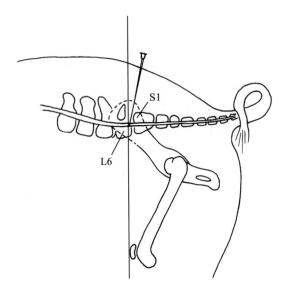

图 10.3　猪腰荐麻醉的注射部位（针的位置）。L6 是第 6 腰椎；S1 是第 1 荐椎。

网膜下腔注射）易产生心血管和呼吸衰竭等并发症，感染细菌还会引起髓膜炎。如果将药物注射到脊椎静脉中还易导致猪发生震颤、呕吐和抽搐等现象。

硬膜外腔麻醉最好在动物站立保定时进行，可将个体大的猪的头部套进牛用头绳套中。猪硬膜外腔麻醉的注射部位为腰荐间隙。猪的马尾样椎状脊髓终止于第 1 或第 2 荐椎，丝状末端在第 6 或第 7 尾椎骨终止。尽管髓膜可扩展到腰荐关节，但进入蛛网膜下腔的可能性很小。腰荐间隙位于两个髋结节的连线中间部位，该线位于膝关节前（Skarda,1996）。这条线穿过最后一个腰椎的棘突，此横断线向后 2.54～5.08 cm 处注射（图 10.3）。注射部位剪毛或剃毛，并用手术肥皂彻底刷洗消毒。在进针前先用局部麻醉剂进行局部浸润。30 kg 的猪选用长 6～8 cm 的 20 号针头；35～90 kg 的猪用长 10 cm 的 18 号针头；90 kg 以上的猪用长 12～16 cm 的 16 号针头。于最后腰椎和第 1 荐椎之间以与垂直线 10°的夹角由后向前下方呈斜角刺入针头，针头穿过皮肤、背部脂肪、肌肉，然后是纤维性的棘间韧带。针头到达韧带会遇到一个有阻力的区域，当针头穿透硬膜外腔韧带进入脊髓孔时可感到轻微的"噗"的一声。猪的腰荐间隙较大（1.5 cm×2.5 cm），可允许有相对较大的出错区域（Skarda,1996）。在注射麻

醉剂之前应试着回抽一下注射器，以保证未进入蛛网膜下腔或血管。如果针头正好位于硬膜外腔，注射时没有什么阻力。

最常用的麻醉剂是 2%的利多卡因，按照猪的体重或其体长计算使用剂量（Skarda,1996）。一般来讲，1 mL/9 kg 的剂量比较合适。10 min 之内出现镇痛效果，并可持续近 2 h。无论体重多大，总剂量不可超过 20 mL。4 mL/100 kg 以及 6 mL/200 kg 体重适用于站立去势术（Skarda,1996）；10 mL/100 kg、15 mL/200 kg 以及 20 mL/300 kg 适用于剖腹产（Skarda,1996）。对于侧卧保定的猪，不需要拉伸头部，如果拉伸头部，软腭可能阻塞呼吸道，使病猪窒息死亡（Benson,1986）。

28～35 kg 的猪在腰荐椎骨间硬膜外腔注射甲苯噻嗪（2 mg/kg 溶于 5 mL 0.9%的 NaCl 溶液），可在 10 min 内产生安定、温和的镇静作用，麻醉效果可扩展到肛门和脐部区域，并可持续至少 2 h（Ko 等,1992）。腰荐硬膜外腔注射甲苯噻嗪（1 mg/kg,10%的溶液）和利多卡因（10 mL,2%的溶液）合剂适用于大母猪剖腹产（Ko 等,1993）。猪静脉注射 0.003 mL/kg 的含有 50 mg/mL 的舒泰，50 mg/mL 的氯胺酮,50 mg/mL 的甲苯噻嗪的混合液后，对前肢有安定和肌松作用（Ko 等,1993）。在制备舒泰、氯胺酮和甲苯噻嗪合剂时，2.5 mL 10%的氯胺酮（250 mg）和 2.5 mL 10%的甲苯噻嗪（250 mg 甲苯噻嗪）用做稀释液代替蒸馏水。根据上述麻醉剂用量，必要时可多使用 0.1～0.5 mL。每头母猪平均给予 3 mL 该合剂，安静和安定状态平均可持续 105 min（Ko 等,1993）。母猪术后 12 h 能够行走，手术后静脉注射妥拉唑啉（2.2 mg/kg）可部分去除舒泰、氯胺酮和甲苯噻嗪所诱导的镇静，但不能拮抗甲苯噻嗪-利多卡因对硬膜外的麻醉作用（Ko 等,1993）。硬膜外腔麻醉结合全身麻醉后的效果可产生远达胸骨中部的麻醉，并且产生浅而平和的肌肉松弛效果。猪的腰荐部硬膜外腔注射美托咪定（0.5 mg/kg 稀释于 5 mL 0.9%的 NaCl 溶液）可产生镇静，但尾部到脐部的镇痛效果较差，此效果在 10 min 内产生，并且最少可持续 30 min。静脉给

予阿替美唑(0.2 mg/kg)可消除硬膜外腔给予的地托咪啶所诱导的镇静和安定作用(Ko 等，1992)。阿替美唑对硬膜外使用甲苯噻嗪所诱导的镇静和安定作用无效(Ko 等，1992)。

疼痛的控制
PAIN MANAGEMENT

对一些通常不采用麻醉剂的手术过程，人们经常探讨疼痛控制问题。首先关注的是猪的手术，如去势、断尾、耳标。一位加拿大兽医师临床实践统计发现，6 月龄以下的猪去势手术选用麻醉剂的比例少于 0.001％，6 月龄以下的肉牛去势手术选用的麻醉剂比例是 6.9％，6 月龄以下的奶牛去势手术选用的麻醉剂的比例是 18.7％(Hewson 等，2007)。在农场手术过程中执行疼痛的治疗，需要更多的研究和学习，这样兽医和生产者才能找到最佳的指导方案。关于疼痛保护和减轻疼痛的讨论，读者可以参考本书第 3 章"行为和福利"。

泌尿生殖系统手术
GENITOURINARY SURGERY
去势术
Castration

为了提高公猪生长能力，饲料转化率和肉的品质，公猪通常需要去势(Kiley，1976)。去势猪比未去势猪更易管理，而且青春期公猪的肉会产生难闻的气味，使其口味不佳。建议仔猪的去势，选在 2 周龄或少于 2 周龄这个时期，应激小也容易操作。14 日龄仔猪去势方法，将后肢挂在光滑的围栏上，手术部位用酒精或 2％的碘酒消毒，如果选用麻醉剂，可将利多卡因麻醉剂于腹股沟皮下注射到每个睾丸(每个部位 0.5 mL)和每个精索(每个部位 0.5 mL)上面，在每个睾丸的阴囊上做一个 1 cm 长的切口并将睾丸从阴囊中拉出。对较大的猪建议对精索贯穿结扎(见大猪的去势术部分)，并在表面使用抗菌软膏或喷雾剂。仔猪去势，通常不必使用全身抗菌素，将去势猪放在有保温灯下的产床中，使之逐渐康复。

大猪的去势术(Castration of Older Pigs)。猪一般在 2 周龄或 2 周龄前去势，但有时淘汰的成年育种公猪需要去势。大猪最好在镇静或全身麻醉后去势，但 50 kg 以下的猪人工保定或局部麻醉也可以去势(Becker，1986)。将公猪侧卧保定，并将术部消毒处理，在睾丸腹侧面的阴囊上做一个 4～6 cm 的切口，将睾丸和与之相连的鞘膜一起切除。将腹股沟脂肪和软组织从精索上剥掉，并检查有无腹股沟疝，转动鞘膜和精索直到精索紧紧地压挤到外腹股沟环(图 10.4)。

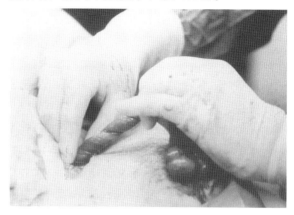

图 10.4 腹股沟疝的外科手术，显示将鞘膜和睾丸捻转迫使小肠进入腹腔。

做两个贯穿结扎(1 号铬制肠线)将鞘膜和精索固定到外腹股沟环的中部，这些缝合是为了封闭鞘膜腔并防止术后发生腹股沟疝，并缝合腹股沟环。也可使用去势器，但这种睾丸切除方法不能使鞘膜闭合并易发生腹股沟疝。无菌缝合伤口，可用 0 号铬制肠线以简单的连续方式缝合皮下组织来减少死腔和缩小术后肿胀，以 Mayo(Ford)锁边缝合皮肤。最好从手术当天开始连续使用 3 d 抗菌素来减少手术后感染，在此期间应将去势公猪关在清洁、干燥的圈舍内。

去势术的并发症(Complications of Castration)。猪去势术后最常见的并发症为出血、脓肿、精索硬癌、腹股沟疝以及形成水肿或血肿。曾报道一个非专业人员为一头 7 周龄猪去势后，发生了致死性出血性休克(Libke，1967)，将睾丸从 10 cm 长的切口中拉出切除后，发生了致死性出血，血液进入骨盆和腹腔造成死亡，因此只有对尸体进行剖检才能查明死亡原因，这一报道说明对所有不明原因死亡进行尸体剖检的重要性。在对去势术后发生脓肿的131头猪进行肉品检查过程中发现,有化脓性放线菌、α-溶血性链球菌、绿色链球菌、金黄色葡萄球菌和多杀性巴氏杆菌感染(Százados,1985)。约65%的脓肿是单细菌感染,35%为多细菌感染。发现的菌血症和败血症比例分别为28%和11%。对131头猪的肉品检验结果显示,有11%的肉不适合人们食用。McGavin和Schoneweis(1972)报道了一头在8周龄曾接受过去势手术的汉普夏猪发生双侧肾盂积水作为去势的并发症。在腹侧中线切口去除两个睾丸,并在去势后使用了碘酊,引发了软组织感染,导致尿道乙状弯曲发生进行性阻塞,尿液流出受阻而引起肾盂积水,猪在去势4周后死亡,这个病例说明了去势后在腹侧引流的重要性。

单侧去势术(Unilateral Castration)。需要切除单个睾丸的情况包括:睾丸创伤、血肿、水肿以及睾丸炎或睾丸鞘膜炎(Becker,1986)。受损伤睾丸所引起的肿胀、发热、压迫足以使正常睾丸的生育能力降低。猪全身麻醉后,从阴囊底部向上做一个6 cm长的切口,通过贯穿结扎和切除手术去掉睾丸。伤口可任其开放或缝合,为防止形成脓肿,缝合伤口时需要严格的无菌操作和洁净的室内环境。伤口也可以开放使其二期愈合,在其上面涂抹抗菌药膏,使用抗生素5～7 d,并且每天通过水疗法来减轻手术后肿胀,病公猪可在手术30～60 d后恢复配种。

睾丸畸形(隐睾、睾丸萎缩、睾丸异位)[Testicular Abnormality (Cryptorchidism,esticular Atrophy,and Ectopic Testicle)]。兽医师有时会遇到将去势公猪残余的睾丸组织切除的情况。胚胎猪睾丸在妊娠后的30 d内从腹腔下降到阴囊中,出生时就能触摸到(VanStraaten 等,1979)。真正的隐睾(猪在出生时睾丸未下降到阴囊)是猪的一种常见的先天性缺陷。根据杜洛克猪育种研究推断,此病与同型隐性基因的2个基因位点结合有关(Rothschild 等,1988)。有意思的是,出现先天性隐睾仔猪一般与产仔数和死亡率有关(Dolf等,2008),产仔数越多,则出现先天性隐睾的仔猪越多,还有很多患先天性隐睾的死胎。通过对拉康姆猪和约克夏猪的隐睾公猪后代研究发现,分别有10.9%和31.4%的雄性后代发生隐睾。在后天发生隐睾的猪中(出生时正常,但42日龄时只有一个睾丸)有3.8%的雄性后代发生隐睾。隐睾猪的睾丸通常在腹腔内,位于同侧肾脏和腹股沟环的中间(Thornton,1972)。但有缺陷的睾丸也可能位于腹股沟中,并且从腹股沟区域和腹膜腔都不容易触到(Lachmayr,1966)。手术最好先在有缺陷的腹股沟上做切口,如先切除下降睾丸,常常很难确定已切除了哪个睾丸,这样会使滞留睾丸的切除更加困难。尽管小于50 kg的猪可人工保定和局部麻醉,但多主张在全身麻醉后进行隐睾的手术。这种手术通常在腹股沟环上做一个6 cm长的切口。剖腹手术可在距腹股沟中线1～2 cm处做一个4 cm的切口(腹股沟旁切口)。也可在外腹股沟环前缘切口扩大腹股沟环,手指从骨盆边缘开始沿着背侧和腹侧壁探查,直到触到肾脏,这样就不必进入腹腔就可将睾丸切除。对观赏用猪,可用腹腔镜探查并切除腹腔中的睾丸,这样可保护外观,切口的并发症较少,切口愈合会更迅速。

隐睾与睾丸萎缩或变性(后天发生的隐睾)、睾丸异位有很大差别。睾丸萎缩患猪在出生和断奶时可触摸到正常的睾丸,随后不断萎缩,在42日龄时只存有一个睾丸。在对122头隐睾猪的研究中发现有21头猪是出生后发生的隐睾,这种猪在屠宰时只发现一个睾丸,有时可发现对侧有一小团淋巴组织或附睾,有些猪在屠宰时发现了许多异位的睾丸组织(Todd 等,1968),这些组织在肝、脾、肠系膜和其他腹腔脏器的表面呈现为光滑、粉红或棕红的结节,最初将这些团块误认为转移瘤,但组织学检查发现有卷曲的输精管和间质细胞。经常在去势的或未经去势的公猪中发现异位的睾丸组织。

阴茎脱垂
Prolapsed Penis

使用神经安定药后常会发生阴茎和包皮脱垂现象,另外阴茎损伤也会导致阴茎和包皮脱垂(图10.5)。

阴茎脱垂后,阴茎再次受损的风险很大,应尽

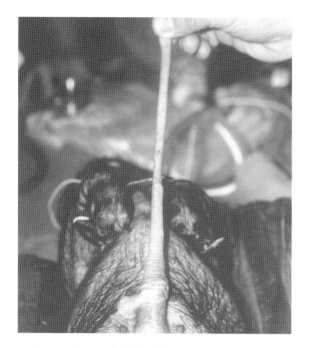

图 10.5　小型猪先天性阴茎脱垂。

快使阴茎和包皮恢复正常位置。治疗阴茎脱垂通常需要全身麻醉，用冷水全面清洁阴茎，并在表面使用抗菌软膏。如果阴茎有伤口，需要进行清创手术。如果阴茎伤口不是最近造成的（2～4 h），一般不缝合，因为缝合后有可能形成脓肿，可轻轻地按摩阴茎和包皮，使其完全回缩到鞘中，可用吸湿剂（如无水甘油、饱和硫酸镁溶液）消除水肿来减轻肿胀。将阴茎和包皮复位后，可用荷包缝合防止脱垂复发，应在 5～7 d 后拆线。如果有伤口或擦伤，每日需要进行包皮灌洗或全身使用抗菌素和抗炎药物。如果没有伤口，应当最少停止配种 14 d。如果有需要治疗的伤口，应停止配种30～60 d（根据伤口的严重程度确定）。最好在配种前对阴茎的损伤再次检查。

包皮憩室

Preputial Diverticulum

　　包皮憩室的异常可引起繁殖能力降低，出现包皮憩室炎、憩室溃疡、憩室积石、尿液潴留和阴茎偏离进入憩室（Dutton，1997；Tyler 等，2000；Wieringa 和 Mouwen，1983）。包皮憩室切除手术可使患病公猪恢复正常配种能力，一般需全身麻醉后进行手术。

　　憩室切除有 3 种术式：

　　1. 通过包皮孔的包皮憩室切除手术，将钳子经包皮孔插入憩室的一个叶，然后将此叶轻轻地从憩室口中翻转出来，对另一个叶进行同样的操作（图 10.6 至图 10.8）。包皮憩室的两个叶都翻转出来后，将憩室切除。青年公猪不必缝合，成年猪的憩室切口可以缝合。

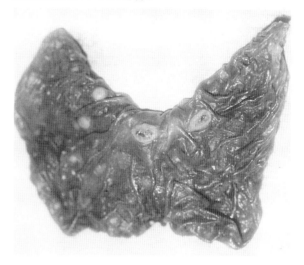

图 10.6　切除的包皮憩室。图示包皮憩室有广泛的溃疡。

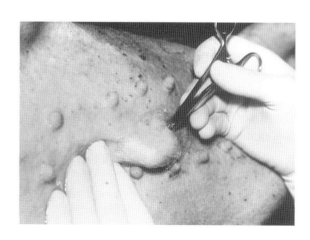

图 10.7　在幼年公猪包皮憩室的一个叶中插入钳子。

　　2. 在包皮憩室一个叶的外侧表面做一个 6 cm 长的切口，通过包皮孔将憩室翻转出来、切除并缝合。

　　3. 采取上述方法做一个 6 cm 长的切口，从周围软组织将憩室切开（图 10.9）、切除并缝合。

　　对于第 2 和第 3 种方法，由于污染会导致切口感染，一定要特别注意在切除憩室前不要刺

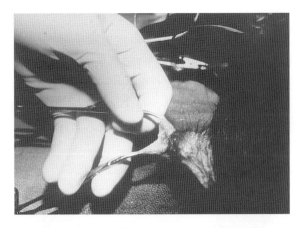

图 10.8　通过幼年公猪的包皮孔将包皮憩室翻转出。

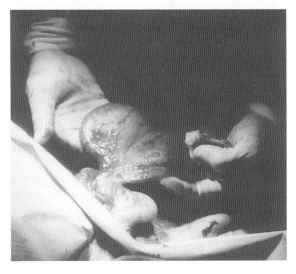

图 10.9　成熟公猪包皮憩室手术的切开和分离。

穿。建议在手术前用杀菌溶液冲洗包皮憩室来降低感染的机会。另外，在手术前用杀菌溶液或纱布填充憩室，这样在进行手术时更容易确定憩室的位置。

包皮脱垂
Preputial Prolapse

包皮脱垂可伴发于阴茎脱垂，或由包皮损伤和肿胀导致。如果包皮没有伤口可按阴茎脱垂中所述的方法将包皮复位到鞘内，用荷包缝合保持其回缩状态（Schoneweis，1971）。为保证能够排尿，需要仔细检查包皮的肿胀情况，可用吸湿剂（无水甘油、饱和硫酸镁溶液）来缓解包皮的水肿。将橡胶或聚亚胺醋制成的包皮滞留管放入包皮腔来防止脱出，但要保证能够排尿，在包皮孔处管和

相接触的皮肤进行留滞缝合，以互为 90°的角度缝合 4 个位置固定管子。也可将一个 1.25 cm 直径的彭罗斯（Penrose）引流管缝合到阴茎的头部（2～0 号铬制肠线）排尿。脱垂的包皮常有损伤，需要手术去除感染组织，可进行包皮的切断手术，但必须保留通向尿道憩室的开口。另外，在手术时可将包皮憩室切除。公猪全身麻醉后，将包皮向前拉出，直到露出正常的包皮上皮。穿过暴露的包皮进行留滞缝合或用交叉针（7.6 cm，18 号针头）固定来防止其缩回到鞘内。将损伤的组织切掉，并将包皮的两层用间断缝合方式缝合[2～0 号铬制肠线、PDS（polydioxanone）或聚乙醇酸缝合线]。吻合后，包皮的表面涂抹杀菌软膏，并重新将其放回到鞘内。在包皮口做一个荷包缝合并保持 7～10 d，停止配种 30～60 d。手术期间全程使用抗生素。

输精管切除术或附睾切除术
Vasectomy or Epididymectomy

采用输精管切除手术和附睾切除手术，建立的试情公猪用于人工授精或与高价值公猪配种母猪的发情鉴定，也用于促进后备母猪的发情（Becker，1986；Godke 等，1979）。输精管切除手术时，公猪全身麻醉仰卧保定，并在阴囊腹侧向后约 6 cm 处做一个长 4 cm 的切口，将每条精索抬起并切开，把输精管剥离出来（输精管挨着精索动脉，硬而灰白，无动脉脉搏），切除输精管 3～4 cm，结扎每个断端。切口处的被膜用 2～0 号 PDS 或聚乙醇酸缝线缝合，皮肤用 0 号聚乙内酰胺缝线以 Mayo（Ford）连续锁边方式缝合。公猪也可以在侧卧方式进行输精管切除手术（Althouse 和 Evans，1997b）。

公猪的附睾切除术与输精管切除手术相似，但更快，更容易操作（Althouse 和 Evans 1997a；Arkins 等，1989）。附睾切除术手术细节：在覆盖于附睾尾部（附睾尾）的阴囊上做一个长 2 cm 的切口来进行附睾切除手术。将附睾尾和长 1 cm 的附睾体剥离，结扎附睾尾，同时结扎暴露的附睾体，将结扎线之间的附睾切除。皮肤用 0 号聚乙内酰胺缝线以间断的方式缝合。

持久性系带
Persistent Frenulum

正常公猪在 4～6 月龄阴茎和包皮间的上皮组织萎缩，并在 7～8 月龄时性成熟分离。常见到公猪性成熟时阴茎和包皮之间的持久性系带，能引起配种失败（Roberts，1986）。可在全身麻醉状态下手术切除公猪持久性系带，也可在人工取精期间切除持久性系带。大多数情况不需结扎，并且切除后流血不多。手术后应停止配种 7～10 d。

阴道脱垂
Vaginal Prolapse

猪的阴道脱垂发生于产前，报道很少（Peek，1985）。阴道脱垂的原因还不清楚，但与排尿或排粪时的努责有关。当泌尿道膀胱发生逆转、排尿困难、膀胱炎及尿道炎时，可因努责而发生阴道脱垂。若能发现病因，应着重对因治疗，用冷水清洁阴道，可使用吸湿剂（如无水甘油、糖等）消除肿胀，用毛巾将脱出的部分包起来，通过轻缓恒定的施压来减轻水肿和肿胀。脱垂通常可在 15～20 min 整复，并在表面使用抗生素或杀菌软膏来减少继发性细菌性阴道炎的发生，使用抗炎药物可减少努责并缩短恢复期。在阴道周围进行 Buhner 缝合来防止脱垂复发。术后仔细观察，并在出现产仔的第一征兆时去除布纳（Buhner）缝合。如果骨盆部产道已发生了软组织的过度肿胀，需要在产仔过程的早期实施剖腹产手术。

膀胱异位（侧屈）
Bladder Displacement (Lateroflexed)

膀胱异位发生于多胎母猪的妊娠后期（Greenwood，1989；Scott，1977）。膀胱侧向异位，偶尔会呈后向异位，发生异位时会排尿困难。当母猪侧卧时，膀胱异位看起来像阴道脱垂。由于排尿困难，可见病猪努责，这样会导致直接的阴道脱垂。通过穿刺或导管插入术进行尿道膀胱减压可使膀胱复位。当异位复发时，可留置一个尿道插管用于排尿，并将其一直保留到分娩后，但留置尿道插管可导致上行性细菌性膀胱炎。

尿道阻塞
Urethral Obstruction

小型猪经常发生尿道阻塞，临床症状表现为腹部疼痛、尾部下垂、排尿努责、尿血、活动减少或不安、食欲减少、磨牙。引起尿道阻塞可能原因有尿结石，尿道息肉，尿道狭窄或损伤。由于尿道隐窝和黏膜瓣阻止导管通过，引起骨盆部尿道和膀胱的导管插入困难。内窥镜膀胱造口术和阳性对照尿道造影术有助于诊断远端尿道梗阻（Palmer 等，1998）。曾报道呈现大肚子症状的越南猪是因尿道息肉阻滞液体物质流出而引起的（Helman 等，1996）。手术治疗尿道阻塞的方法包括：尿道切开术、膀胱造口术并正常冲洗、内窥镜膀胱造口术、会阴的尿道造口术、耻骨前尿道造口术，这些方法已成功用于两例由于去势或尿道狭窄而患有尿道损伤的越南猪（Leon 等，1997），取出骨盆尿道，刮去尿道结石，黏膜缝合，控制排尿。有资料报道，尿道镜检和激光碎石术可成功治疗尿结石引起尿道梗阻（Halland 等，2002）。

膀胱造口术（Tube Cystostomy Procedure）。 患猪全身麻醉后背侧仰卧保定，靠近腹正中线 8～10 cm 处，从包皮口向后到骨盆边缘做 8 cm 切口。从腹腔取出膀胱，膀胱顶端切开，灌注生理盐水，排出尿和碎石，然后两次缝合。如果有胆结石收集器，去除积石会更方便。尤其要注意吸出三角区和尿道的积石，否则这些积石会在手术的过程中滑到尿道中，可以尝试用非梯度的冲洗方法清除尿道的积石。膀胱切口采用两层反向的缝合方法，使用 0 号或 0～2 号可被吸收的单纤丝缝线，然后在膀胱顶进行荷包缝合。从膀胱切口到腹腔切口放置合适导尿管（规格，12～18°F），导尿管的末端以荷包缝合的方式缝合在膀胱上，打紧结，用生理盐水使膀胱膨胀，并使膀胱紧贴体内，缝合切口。腹部切口采用常规方法缝合，根据外科手术医生的经验，可采用各种材料缝合。

卵巢摘除术
Oophorectomy

猪卵巢很少摘除，但为了便于研究或用于宠物，可能要对猪实施卵巢摘除手术。对于宠物猪，摘除卵巢简单易行,并且致死性出血的风险比切除卵巢子宫手术(ovariohysterectomy,OVX)的风险小。当选择 OVX 时,子宫阔韧带上的血管很多,并且需要结扎。可从腰旁、腹侧、中线旁或腹中线切口将两个卵巢切除。通常采用通过腰旁或腹中线切口进行卵巢摘除手术,通过这些切口较容易进入腹腔,发生术后并发症(切口感染、疝)的风险较小。在手术时,通常采用全身麻醉。通过腹中线实施手术,在脐后切口,并向后延伸。通过腰旁实施手术,在腰椎横突的下面,髋结节和最后一个肋骨的中间切口。通过切口取出两侧卵巢,在卵巢蒂的位置夹上两个止血钳,在靠近第一个止血钳的地方做两个结扎(2～0 号 Polyglactin 910),在两个止血钳之间将蒂切断,摘除卵巢,在闭合前必须观察每个卵巢的动脉是否出血。腹中线用 1 号 PDS 或 Polyglactin 910 以间断的缝合方式闭合。由于有术后切口发生疝的风险,因此不推荐在腹中线处用铬制肠线缝合。皮肤用 2 号聚乙内酰胺以 Mayo(Ford)锁边方式闭合。腰旁切口做三层缝合(腹横肌和腹膜、腹内和腹外斜肌、皮肤)。但是对发情周期还没有开始的宠物猪实施卵巢摘除手术,会发生子宫萎缩。由于切开子宫颈时有切开蓄脓子宫的潜在风险,对于性成熟母猪推荐使用 OVX。

子宫手术
SURGERY OF THE UTERUS

子宫摘除术
Hysterectomy

　　子宫切除手术可作为剖腹产的一部分进行,会在后面进行讨论。一般猪很少做子宫切除手术,有些患子宫瘤的宠物猪需要做子宫切除手术(Preissel 等,2009)。作者曾为患有子宫内膜异位的宠物猪做子宫切除手术。但为了研究的目的或做宠物猪,可能要求摘除猪的子宫(图 10.10)。

　　当为宠物猪实施子宫摘除手术时,卵巢也被摘除。子宫摘除手术时应全身麻醉,可通过腰旁、腹外侧、中线旁或腹中线切口摘除子宫。我们通常通过腰旁或腹中线切口摘除子宫,通过切口将子宫取出,按前面描述的方法摘除卵巢,将子宫的阔韧带进行 2～4 个重叠的简单间断

图 10.10　4 月龄宠物猪卵巢子宫摘除术,从腹腔取出子宫和卵巢。

缝合来代替大量的血管结扎,并对子宫颈内口前面的子宫体进行贯穿结扎,摘除子宫和卵巢,并按上述方法缝合切口,闭合前应当检查所有缝合处的止血情况。

剖腹产:适应症和判定分析
Cesarean Section: Indication and Decision Analysis

　　当胎猪不能经宫颈由子宫分娩出以及为了获得无菌或无特定病原(specific pathogen free,SPF)猪时需要剖腹产。为获得无菌猪的剖腹产,通常在母猪实施全身麻醉的情况下进行,详细过程在后面讨论。最常见的报道是猪难产,其原因有子宫无力、骨盆太小、产道扩张不充分、胎儿和母体比例失衡、胎儿先露异常和产道异常(Titze,1977)等。考虑到经济原因,剖腹产通常作为"最后的手段"。进行剖腹产的母猪死亡率通常较高,这是由于病猪在决定进行剖腹产时已承受着巨大的体力消耗、应激和休克。有意思的是,非初产母猪在剖腹产前虚脱的发生率(25.8%)高于初产母猪的发生率(16.4%,Dimigen,1972)。由于费用高,以及有过致死报道和送检治病猪的高死亡率,从而使得畜主和兽医师不愿进行剖腹产。我们认为在决定是否手术时没必要的拖延是造成剖腹产母猪和仔猪死亡的主要原因。当兽医师遇到难产母猪时,应在最初检查时尽早确定畜主是否愿意接受剖腹产的费用。其他影响决定是否进行剖腹产的因素,还包括难产的原因、母猪已经分娩了多

长时间、畜主已经手工助产了多长时间以及母猪的骨盆产道的肿胀或创伤情况如何。许多畜主擅长于取出仔猪，如果他们不知道难产的原因而未能成功取出仔猪则说明需要迅速进行剖腹产。猪剖腹产最常见的适应征为骨盆狭窄、宫颈和软组织扩张不充分、分娩时间太长（包括子宫无力）、胎儿与母体比例失衡以及产道的创伤（Titze，1977）。根据我们的经验，在适应症早期实施剖腹产，母猪成活率较高，并且仔猪的成活率也高。

体力耗尽、应激或休克的母猪在剖腹产前必须使之安定。分娩少于 18 h 死亡或淘汰的母猪为 13%，而分娩超过 18 h 的母猪则为 30%（Dimigen，1972）。在对突然死亡母猪的尸体剖检时发现，有近 10% 的母猪有胎儿滞留和毒血症（Sanford 等，1994）。给母猪注射安定方法简单易行，在耳静脉放置一个 16 或 18 号 5 cm(2in)的静脉导管，将导管缝住或黏住，迅速静脉输液（最初每小时 20～40 mL/kg，安定后每小时 4～10 mL/kg 0.9% 生理盐水或乳酸林格氏液），并持续于整个手术过程，通常当病猪安定后在静脉输液中加入右旋糖（终浓度为 1.25%）和钙（1 mL/kg）。对于处于休克状态的母猪可使用地塞米松（0.5～1.0 mg/kg，静脉注射）或氟尼克辛葡胺（1 mg/kg，静脉注射）。由于剖腹产前子宫内有损伤，增加了手术后发生败血性腹膜炎的风险，因此建议手术前后使用抗菌素（普鲁卡因青霉素 G，10 000 IU/kg 肌内注射；盐酸头孢噻呋，3～5 mg/kg 肌内注射；氧四环素，5～10 mg/kg 肌内注射）。对于生命垂危的猪，可在手术中镇静（见麻醉部分）或局部区域麻醉，也可使用硬膜外腔麻醉（腰荐部）。与身体保定和硬膜外腔麻醉剖腹产比较，通常选择全身麻醉，这样对病猪、外科医生和助手的压力最小。如果手术进行迅速，麻醉剂对胎儿的抑制时间也较短。手术过程中还需要监测母猪的呼吸次数和心跳频率，并适时调整支持性治疗。

剖腹产的手术过程（Surgical Approach for Cesarean Section）。剖腹产有许多手术程序，不同手术程序的选择取决于外科医生的经验、病猪的状况以及手术所使用的保定和麻醉方法。最常

用的是腰旁、腹外侧、腹中线、中线旁侧或乳腺旁侧（Mather，1966；Turner 和 McIlwraith，1989）。

对于腹中线或中线旁侧切口，由于有污染切口的风险，因此必须防止母猪活动。另外，也必须小心地避开或结扎乳房静脉，以防在手术过程中过度失血。根据我们的经验，腹中线和中线旁的切口手术后，发生感染的风险最大（接触地板污染和仔猪寻找乳头造成创伤）。作者建议母猪的剖腹产手术选用乳腺旁侧切口，乳腺旁侧切口与腹侧平行，横向与各区乳房平行（Mather，1966）（图10.11）。

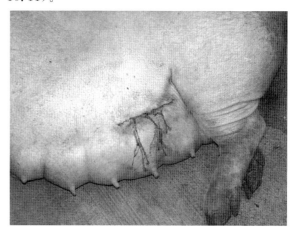

图 10.11　成年母猪乳腺旁切口的位置、表皮下缝合。这种缝合方式不需要拆线（Matt Miesner 提供图片）。

母猪侧卧保定，将后肢上端以内收的方式捆紧，并使之伸展。腹下切口从腹股沟前面约 10 cm 处开始，并向前扩展 15 cm。腹外侧切口，猪侧卧保定，切口从髋结节的前下方开始，向腹侧扩展到皮肤皱褶 5 cm 处。乳腺旁切口和腹外侧切口相对容易操作，手术时失血较少，并且在手术后不易感染。腹外侧切口所遇到的脂肪沉积较少，并且腹胁部的肉质不受影响。因子宫接近切口，也较容易取出子宫。

取出子宫角后，在与子宫角平行并尽可能靠近子宫角的分叉处做一个长 6～8 cm 的切口。要取出全部仔猪可能需要在子宫上做更多的切口。

剖腹产切口的缝合取决于手术状况，对于有存活的或最近死亡仔猪的健康子宫，我们使用 1 号铬制肠线，0 号 PDS 或聚乙醇酸用库兴或 Utrecht（改良库兴）的缝合方式缝合子宫。一些

兽医师提倡在剖腹手术时切除子宫(Schoneweis，1971)，这样做可在进入腹腔后迅速取出全部仔猪，在仔猪断奶后淘汰母猪，并且由于取出子宫后可由助手将仔猪取出而缩短手术时间，但剖腹产子宫切除有较高的发生致死性出血的风险。将子宫动脉用 0 号铬制肠线结扎，沿子宫角的长轴将阔韧带分开，并将子宫体用橡胶管结扎。可用 1 号铬制肠线将橡胶管缝到子宫体上。也可选用无菌的 1 cm 棉带(脐带绳)对子宫体进行贯穿结扎，然后将怀孕子宫切除。必须在切除子宫前实施可靠的止血措施，如果子宫动脉结扎不好会发生危及生命的出血，去除子宫后再结扎出血部位将会很困难。将腹横肌和腹膜一起、内外腹斜肌一起用 2 号铬制肠线或 1 号 PDS 或聚乙醇酸以简单的连续方式缝合。对于腹中线或中线旁切口的闭合，由于手术后疝形成比例较高，因此不推荐使用铬制肠线。我们使用 1 号 PDS 或聚乙醇酸以简单的间断或不连续的十字形方式缝合。皮肤用 0 号聚乙内酰胺以 Mayo(Ford)锁边的方式缝合。也可选用表皮式缝合方式，缝合方向与皮肤创缘相反，这种缝合方式不需要拆线(图 10.10)。手术后母猪最少保持舍饲 14 d。

子宫脱垂
Uterine Prolapse

　　母猪在分娩或产仔几天后有时可见到子宫脱垂。胎位不正、胎儿过大或产道的创伤肿胀、发炎所引起的过度努责是造成子宫脱垂的原因。子宫完全脱垂可引起大出血，因而对生命构成极大威胁，也可发生部分脱垂。子宫复位前必须使母猪安定，如果出现出血、血容量减少或休克(心动过速、末梢发绀)，应将母猪放入温暖的环境，耳静脉放入静脉插管进行输液，可快速给予高渗盐水(5～7 mL/kg，静脉注射，5～10 min 以上)，然后给予等渗溶液(每小时 5～10 mL/kg)。脱垂子宫的复位手术，可将母猪俯卧在一个倾斜的门板或台子上，抬高后躯。需要在腰荐区域进行硬膜外腔麻醉、镇静或全身麻醉，以消除母猪挣扎、努责和不安。将子宫用冷水彻底清洗，并检查裂伤和坏死情况，对于小的伤口可进行表面清创和缝合(0 号

铬制肠线，简单连续方式)，通过结扎受损血管或重叠组织边缘来止血。为增加局部压力来控制出血，可覆盖斯坦特固定膜缝合，然后可在子宫上使用吸湿剂(如无水甘油、糖等)来减轻水肿。将子宫用毛巾包住并从子宫角的顶端开始向子宫体的方向轻轻施压。大约 15 min 后，水肿缩小到可进行子宫角整复的程度，将每个子宫角从顶端逆行推送并逐渐缩小直至到达子宫体。由于骨盆软组织的广泛水肿和肿胀，推进时常常受阻。当发生这种情况时，需要进行左侧肷窝的剖腹手术(Raleigh，1977)。在左侧肷窝中部做一个长 10 cm 垂直方向的切口，将左臂伸入腹膜腔，抓住其中一个子宫角将其拉回到腹腔。右臂或在一名助手的帮助下从外部对脱出的子宫角轻轻施压。子宫复位后，去除所有存留的胎儿。剖腹手术的切口应做三层缝合(腹横肌和腹膜、腹内和腹外斜肌、皮肤)。用铬制肠线(3 号)或合成的可吸收缝合线(Polydioxinone，Polyglactin 910，聚乙醇酸)以简单的连续缝合方式缝合肌层。用聚乙内酰胺缝合线(2 号)以 Mayo(Ford)锁边的方式缝合皮肤。最好使用抗生素和抗炎症药物，防止发生感染，但需注意在屠宰前肉中的药物残留。最后，为防止脱垂复发，应在外阴周围做一个 Buhner 缝合，应将 Buhner 缝合(6.4 mm 宽的无菌棉带)置于阴唇和会阴皮肤结合处的深层来重建前庭括约肌的功能。Buhner 缝合可在 7～10 d 后拆除，此时发生脱垂的风险最小。通常使用催产素(20 U)来促进子宫和子宫颈的收缩和复原，子宫部分脱垂的母猪存活概率大(>75%)，但完全脱垂的猪预后存活率较低(存活率<50%)。

子宫摘除手术
Amputation of the Uterus

　　当发现完全脱垂的子宫出现过度出血或广泛撕裂、创伤或坏死时，需要进行子宫摘除手术。应当在摘除之前仔细检查子宫，确保没有陷入的膀胱或小肠。治疗过程中应当对可能出现血容量不足性或出血性休克加以注意。如果子宫肿胀，应当将其抬高，以此来消除静脉充血，用毛巾包住子宫，以便施压时不会对子宫壁造成进一步的损伤。

可用吸湿剂（如无水甘油、饱和硫酸镁溶液）来消除子宫的水肿。沿子宫周围对静脉进行贯穿结扎以减轻静脉充血，这样截断手术更容易完成。由于子宫壁厚，需要扎得非常紧才能完全闭合子宫动脉，所以要使用结实的缝合材料（0.5 cm 无菌棉带，3 号聚乙内酰胺缝合线）。对易移位的子宫进行固定缝合或用交叉针（用长 15 cm 的 18 号针头）固定，并将脱垂部分截除，出血处用 1 号铬制肠线结扎，然后将其放回到骨盆。在前庭括约肌处的阴唇中进行 Buhner 缝合或荷包缝合来防止存留组织的脱垂。病猪要尽快或在仔猪断奶后淘汰。

乳房摘除手术
Mastectomy

乳房感染猪放线菌（*Actinomyces suis*）会导致脓肿、肉芽肿和乳房瘘管的形成，要恢复母猪的正常生长需要切除乳房。母猪最少有 12 个完整的乳腺，在怀孕第一周或最后 4 周不适合进行手术，不应在泌乳期进行乳房切除手术。为了能够留下足够的组织使缝合组织的张力最小，在距肿胀基部约 1 cm 处做一个椭圆形切口。使用锐性和钝性的工具剥离去除腺体、肉芽肿和脓肿。不损伤腹部体表静脉（腹部皮下静脉），但必须止血。使用 2～0 号铬制肠线对横断血管进行结扎止血。伤口作三层缝合：深层皮下、浅表皮下和皮肤。用简易连续缝合方式（0 号铬制肠线，2～0 号 PDS 或聚乙醇酸缝合线）缝合每个皮下组织层。将每个缝合都固定到较深的组织层中来封闭所有的死腔，这样可降低手术后水肿、血肿和脓肿形成的可能性。手术前后需要使用抗生素。

腹部手术
ABDOMINAL SURGERY

脐疝
Umbilical Hernia

脐疝是猪的一种由基因异常导致的发育缺陷（Ding 等，2009）。脐疝是由于在脐部的腹壁不连续，腹腔内容物突出进入由皮肤和周围结缔组织构成的疝囊中形成的（图 10.12）。

在猪群中，脐疝的发生率在 0.4%～1.2%，

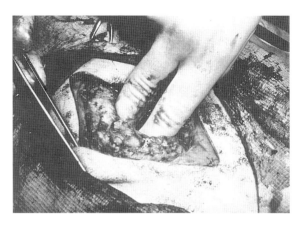

图 10.12　母猪脐疝的外科手术。环绕疝囊做一个椭圆形切口，切除多余的皮肤。

并随着品种和性别的不同有所变化（Searcy-Bernal 等，1994）。除遗传因素外，脐感染和脐脓肿也可导致脐疝。在出生切断脐带时，应当用碘酊消毒来降低感染的可能。患脐疝的猪会生长受阻或死于肠狭窄。在一项研究中发现，由美国斑点猪和杜洛克公猪配种生下的猪比用约克夏公猪配种生下的猪更易形成疝，并且猪的脐疝常在 9～14 周龄发生（Searey-Bernal 等，1994），一旦发现脐疝，在猪发生内脏凸出、肠狭窄或肠皮肤瘘造前，猪进行早期屠宰（1 个月内）。Lewis（1973）曾报道了一个 30 kg 去势公猪发生肠皮肤瘘的病例。直径较小的脐疝（如疝环小于 8 cm），最常发生肠嵌闭和肠绞窄。在屠宰厂，发生脐疝的猪估价较低。应尽早进行手术治疗。然而脐疝修补后能否恢复生长还不清楚。对于观赏用动物或宠物猪的脐疝，需要手术修补。

患脐疝的猪应当尽早进行疝缝合手术，将猪麻醉后仰卧保定于 V 形槽中，然后将手术区域清洁并准备手术。如果患畜是公猪，应将阴茎包皮、包皮憩室和阴茎反折到后面或一边，然后分离疝囊，切开疝环。如果疝囊出现脓肿则应当切除，并将疝环的边缘切掉。如果肠粘连到疝囊，则分离粘连，检查肠的活动性，如果肠的活动性良好，将肠还纳到腹腔，如果肠的活动性一般，应当进行肠的切除并吻合。如果未出现感染，可将疝囊推进腹腔，使用重叠、间断对接或简单的连续方式闭合腹部的缺陷，然后将包皮、包皮憩室和阴茎复位，并用可吸收缝合材料缝到腹部肌肉上。最后，用

不可吸收缝合材料将皮肤缝合。母猪脐疝的手术修补,沿疝囊做一椭圆形切口,去掉多余的皮肤。进行锐性或钝性剥离,将疝囊切除。缝合腹部肌肉、皮下组织和皮肤。全身使用抗生素 5 d,并在 10 d 后将皮肤缝合线拆掉。

腹股沟疝或阴囊疝修补术
Inguinal or Scrotal Hernia

腹股沟疝和阴囊疝是肠道或其他腹腔器官进入腹股沟引起的疾病。当腹股沟孔异常增大并且开放时形成疝,通过该孔使鞘膜腔与腹腔连通。阴囊疝是器官进入阴囊的一种更为严重的疝(Vogt 和 Ellersieck,1990)。腹股沟疝和阴囊疝在猪中常见,并已成为猪最常见的缺陷病(Vogt 和 Ellersieck,1990)。阴囊疝在猪中的发生率为 0～15.7%,预计总的发生率约为 1%(Vogt 和 Ellersieck,1990)。这些疝的发生与遗传有关(Ding 等,2009)。一项研究表明,与阴囊疝有关的解剖结构的改变受多种基因的影响,发生阴囊疝的遗传性倾向估计在杜洛克、长白猪和约克夏品系的猪群分别为 0.29、0.34 和 0.34(Vogt 和 Ellersieck,1990)。腹股沟疝和阴囊疝要与阴囊水肿、硬索癌和睾丸血肿相区别。通过获得完整的病史(如已去势的猪更易发生硬索癌)和直接触诊常可做出诊断。如果必要,可使用超声检查或用针抽吸。在去势时常会碰到腹股沟疝。这些疝中有一些会自然恢复,但以后会复发。在慢性腹股沟疝病例,可观察到肠嵌闭和肠绞窄。

猪在去势前进行腹股沟和阴囊疝的手术修补较为容易。将猪仰卧保定并抬高后肢,彻底清洁腹股沟和阴囊区域,即可准备进行手术。在发病腹股沟外环上切一个斜口,切开皮肤,钝性剥离皮下组织和鞘膜。保持鞘膜的完整,否则会包裹肠道。在阴囊上施压,将鞘膜从阴囊中慢慢地拉出后,通过腹股沟切口将整个疝囊切除,按摩鞘膜并扭转睾丸将肠推入到腹腔。将鞘膜和精索固定到腹股沟环,剪掉鞘膜和精索,并用间断或水平褥式缝合法缝合腹股沟环。通过在腹外部加压来检查疝缝合手术,然后用可吸收缝线缝合皮肤。作者推荐在进行去势前检查另一侧腹股沟环,以确定是否有双侧疝。在修复大疝气的手术中,阴囊会积聚大量的组织液,应在阴囊的最下面做一个切口引流。在修正阴囊疝的手术中若发现肠粘连或嵌闭,应将鞘膜打开并将肠管剥离或进行肠切除后进行吻合术。如果在去势后出现腹股沟疝,先要清洁和灌洗疝内肠管,扩张腹股沟环,将脱出的肠道还纳(如果认为肠是存活的),然后将腹股沟环闭合。

肠梗阻
Intestinal Obstruction

由于肠套叠或异物引起肠梗阻的临床症状主要表现为:精神抑制、呕吐、腹部膨胀和粪便减少,粪便可能含有血液和黏液,这种状况在活猪中很难诊断。如果能早期诊断,对于异物阻塞可进行腹中线剖腹手术和肠切开手术,对于肠套叠进行切除手术和吻合。8 岁的大肚患猪结肠梗阻,表现为精神沉郁、食欲不振、腹部膨胀(Gallardo 等,2003),剖腹手术探查发现结肠的离心祥和向心祥狭窄发生肠梗阻,经过结肠吻合手术后,猪恢复正常。7 月龄的大肚母猪经腹部触诊、腹部 X 线照片和手术探查诊断为原发性的巨结肠梗阻(Bassett 等,1999),切除大部分的结肠,并进行回肠结肠的吻合手术,猪存活下来并经过一段时间后,腹泻和粪便恢复正常。

肛门闭锁和直肠狭窄
ATRESIA ANI AND RECTAL STRICTURE

与其他动物比较,猪更常发生肛门闭锁,肛门闭锁也是引起肠梗阻的重要原因之一,是可以遗传的先天性缺陷病。最近,从小型猪体细胞核转染克隆的猪未肛门闭锁(Lee 等,2005)。如果观察病猪没有肛门开口、并且表现腹部膨胀、生长迟缓和呕吐,就可确诊(图 10.13)。

由于猪的呕吐物,所以往往到 3～4 周龄时才能做出肛门闭锁的诊断。雌性仔猪在直肠和阴道间可能出现瘘管,所以粪便可通过阴门排出。为了猪继续生存,必须进行肛门闭锁的手术治疗。麻醉后,将尾下面直肠突出的一块圆形皮肤切除,通常粪便会马上排出。如果直肠没有在皮肤开口处暴露,则必须进行骨盆剖开术。如果直肠的位

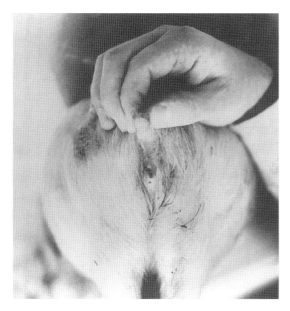

图 10.13 肛门闭锁的母猪。

置不对,或者直肠也发生了闭锁,则有可能无法进行肛门闭锁手术。患直肠狭窄但有肛门的猪常出现与肛门闭锁患猪相似的临床症状,年龄一般较大。大多数直肠狭窄病例是由直肠脱垂整复后窄缩,通常直肠由一条长 3~5 cm 的纤维组织封闭。患直肠狭窄的猪可通过结肠造口手术或回肠皮肤吻合术进行治疗,有报道 10 日龄的患猪已成功进行回肠皮肤吻合手术(Anderson 等,2000)。

直肠脱垂和直肠截断术
Rectal Prolapse and Rectal Amputation

猪常发生直肠脱垂,用力排便常导致直肠黏膜脱垂,黏膜水肿并出现出血病变。直肠脱垂的发生与许多因素有关,包括基因因素、腹泻、咳嗽、尾巴短、秋冬因寒冷而扎堆、慢性缺水、某些抗生素、玉米烯酮中毒以及日粮中含有过量的赖氨酸(比所需量多 20%)(Amass 等,1995)。直肠脱垂的诊断不困难,但应当注意确定脱垂物是否包含其他器官。

直肠脱垂最简单的手术方法是轻轻按摩使其还原,然后荷包缝合(Borobia-Belsue,2006)。先仔细检查,如果直肠黏膜是活的,并且未破的情况下,在距肛门 1 cm 的地方沿肛门开口将针刺入并穿出缝合,当结扎缝合时应当留一个手指大小的开口,缝线通常保留 5 d。如果黏膜坏死,可用多

种不同的方法治疗直肠脱垂(Vonderfecht,1978)。其方法之一是直肠截断术,该项手术所需器械有止血钳、手术刀、剪刀、组织钳、2 个长 7~10 cm(3~4 in)的 18 号针头、缝合材料和一个细橡胶管。麻醉后,将橡胶管插入直肠 5~8 cm(2~3 in),并以直角插入两个针头,使之穿过直肠和橡胶管并从对面方向穿出来将橡胶管固定。与皮肤交界处的黏膜如果仍然健康,在距其约 1 cm 处开始切除,将暴露的直肠黏膜整周环切,通常出血不多,可用纱布止血,直到各层都被切除,再将肛门背侧的动脉切断。脱垂的环切术完成后,由于直肠上连着橡胶管和针头,所以直肠还留在原处。如果不使用橡胶管和针头,为防止脱垂的直肠切断后缩回到动物体内,可在 2~3 个部位用组织钳固定(Kjar,1976)。

建议使用 0 号可吸收缝合材料,以间断的缝合方式将直肠的末端缝合在一起,然后将针拔掉,并将橡胶管从直肠中抽出,使直肠回缩到正常位置。直肠截断术的另一个方法是使用脱垂环、PVC 管、注射器管或褶皱管(Douglas,1985),将环或管放入直肠,然后尽可能在靠近肛门处绑上结扎线或橡胶带。为切断脱垂物的供血,必须将结扎线或橡胶带充分扎紧。粪便可能流出,也可能堵住管子。坏死的脱垂物通常会在 5~7 d 后脱落,直肠缩回,然后排便恢复正常。膀胱逆转、小肠变位和直肠狭窄是所见到与直肠脱垂有关的三种可能并发症(Peyton 等,1980)。

肌肉与骨骼的手术
MUSCULOSKELETAL SURGERY

猪常发生骨骼和肌肉的损伤,尤其是跛行。跛行是动物福利法规关注的一个焦点,并集中研究其原因和预防方法。最近,贝叶斯(Bayesian)分析了屠宰猪腿部异常疾病,明确了收集和分析精确数据的必要性(Jensen 等,2009)。此研究调查了三类腿部畸形:本身损伤、遗传缺陷和感染因素。对丹麦的死亡猪关于骨骼和肌肉异常方面的调查结果显示,72% 的猪有行动障碍(Kirk 等,2005),其中有 24% 是由化脓杆菌(*Arcanobacterium pyogenes*)引起的败血性关节炎,有 16% 是

肱骨或股骨骨折,蹄部和蹄底异常也很常见。分析危害因素可有效地预防四肢损伤,以下是对这些肢体损伤的治疗方法。

败血性关节炎
Septic Arthritis

败血性关节炎可由菌血症、关节感染细菌或局部感染扩散到关节引起。由直接感染或局部扩散引起的败血性关节炎可通过处理伤口、灌洗关节和全身抗生素疗法进行治疗。感染关节可能需要每天或每隔一天灌洗,持续 7~10 d 直到肉芽组织覆盖伤口。在关节中插入一个 18 或 14 号针头,将灭菌等渗电解质溶液[0.9%盐水,乳酸林格氏液(lactated Ringer's solution)]注射进关节腔灌洗。如果没有开放的伤口,需要再向关节插入另一个针头,并使两个针头尽可能离得远些,将约 500 mL 溶液冲过关节。为获得最大局部抗生素浓度,灌洗后可将抗生素直接注入关节。通过跛行的改善和创口的外观来评价治疗效果。

截趾术
Digit Amputation

当严重的蹄部脓肿或趾间关节的败血性关节炎引起单个趾功能丧失时需要进行截趾手术,这些损伤常由水泥地板或金属边角引起。截趾手术不能延误,如果感染已扩散到球节或肢体近端,截趾手术也无法治愈。同时也应当评价对侧趾的功能,以确定猪在截趾手术后能否依靠保留的趾走动。

全身麻醉后,清洁感染的趾并准备手术。先将止血带缚紧于手术部位的近端来防止在手术过程中发生广泛出血。从患趾的背侧正中线向远端切开皮肤及皮下组织,切口与蹄冠成 45°角通过皮肤和软组织做一个圆周切口。将皮肤向近体端翻上露出切断位置,用无菌产科线锯将趾切断。通过这一程序将第三趾骨和第二趾骨的一部分去除,第二趾骨的剩余部分也应当去除。将剩余组织清创、彻底清洁,并将皮肤对合盖住伤口。需要留一个足够大的开口用于引流,也可在伤口放置一个引流管,将蹄放入带软垫的绷带中 7~10 d。

在伤口愈合前每天清洁蹄部。在手术前后需要使用抗生素和抗炎症药物。

近端或远端趾间关节的关节强直术
Ankylosis of the Proximal or Distal Interphalangeal Joint

虽然近端或远端趾间关节的败血性关节炎需进行截趾手术。但是,后肢的外侧趾对正常行走和配种都很重要,通过促进关节强直来挽救趾是使之保持正常行走的一种选择。病猪全身麻醉,趾部进行手术准备:做一个长 1 cm 的切口通入关节,在远端趾间关节放置一个长 3.75 cm 的针头,在最远轴的冠状带与系部皮肤刺入针头,将针头插入到接触到骨头的位置。如果针头在关节腔内,可感觉到关节的边缘。如果只能感觉到坚硬的骨头,针头应当重新定向,通常需要向远端定向。在关节造口术完成后,用一个 4~6 mm 直径的钻头来破坏关节的关节面。用锐匙清除关节软骨并去除所有感染的软骨下骨组织。坏死的(有砂砾感且不平整)与健康(光滑而坚硬)的骨组织间的质地和硬度明显不同。彻底刮除所有感染的骨组织对建立有效的关节强直至关重要。用生理盐水和抗生素对组织进行 10~14 d 的充分灌洗。为了使关节保持强硬,需要严格限制运动 6~8 周。从远端延伸到腕或跗部的石膏夹可加速康复。

骨折修复
Fracture Repair

长骨骨折病猪常由于经济原因淘汰而不进行治疗,但常对有潜在基因改良价值的猪进行手术治疗。Vaughan(1966)报道了商品猪骨折固定的相关临床经验:与育种有关的骨折(2 头)、与地面有关的骨折(3 头)、与咬架有关的骨折(1 头),有 5 头猪的骨折原因不明。所治疗的最常见的骨折部位是:胫骨和腓骨(5 头)、股骨(3 头)、肱骨(2 头)和胫跗骨关节脱臼伴发肋骨骨折(2 头)。病猪的重量在 64~168 kg,年龄为 6 月龄到 2 岁龄。通过开放复位和接骨板内部固定后再全肢打石膏夹(3 头)或仅用全肢石膏夹(2 头)对胸骨和肋骨骨折进行治疗。股骨骨折使用接骨板（3 头）进行治疗；肱骨骨折（1 头）或用接骨板（1 头）进行治疗。胫跗骨关节脱臼伴发肋骨骨折使用接骨板和全肢石膏绷带（2 头）进行治疗。在这 12 头猪中，10 头恢复正常生产，2 头被淘汰。其中 1 头胫跗关节脱臼的猪发展为大肠杆菌性（*Escherichia coli*）骨髓炎，另 1 头肱骨骨折的猪在进行内固定手术时，发生了桡神经的永久损害。

　　Payne(1995)曾经报道了小型猪肱骨髁骨骨折的外科手术（图 10.14）。

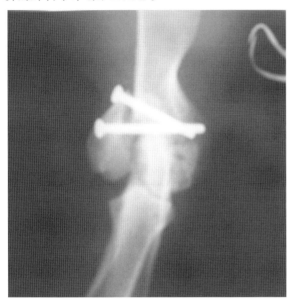

图 10.14　2 个骨螺钉固定大肚猪肱骨髁骨骨折。

　　肱骨内上髁突最容易骨折，小型猪也经常发生肱骨的 Y 型骨折和髁骨骨折。常使用固定螺丝和基施纳（Kirschner）钢丝修复骨折。5 头猪在手术 2 个月后复查，已可正常行走。

　　成年猪发生股骨骨折的因素与饲料中缺乏钙有关（Hejazi 和 Danyluk，2009）。股骨骨折会引起严重的经济损失，尤其出现在有价值的种猪时损失更严重。经过 6 个月诊断，有 20 例猪股骨骨折，钙磷不足（绝对浓度和钙磷比值）是引起疾病的原因之一（Rousseaux 等，1981）。病猪 20 周龄左右，体重 80～90 kg，走路一脚着地，一脚弓着，尸体剖检发现股骨髁从股骨颈上脱落。调整钙和磷比例以后，股骨骨折的临床症状明显减少。猪在电刺激后，常发生有股骨骨折，骨盆骨折，脊椎骨折等（Bildfell 等，1991）。多处的创伤和骨折及

营养缺乏，不利于手术后的修复，较大的股骨关节损伤经常引起跛行（Blowey，1992，1994）。10 月龄 150 kg 的巴克夏公猪股骨中部骨干倾斜的骨折经骨板修复，手术后 190 d 恢复正常（Grisel 和 Huber，1996）。

犬齿（尖牙）的拔除和切除
Canine Tooth (Tusk) Removal and Resection

　　由于生长过长的牙根嵌入下颌骨，因此拔除成年公猪的犬齿很不容易。公猪犬齿的拔除，通常需要全身麻醉。用骨膜分离器从外侧和前侧将下颌的齿龈和骨膜翻开，然后沿着齿根将齿槽的外侧牙槽板切除。在到达齿槽的牙周域后，用牙周分离器环绕牙的周围将牙周膜分离并拔除牙。清理齿槽，冲洗并缝合。也可让齿槽开放进行二期愈合。

　　切除下颌骨犬齿是防止尖牙咬伤人员和其他猪的一个简单而迅速有效的方法。公猪全身麻醉，并将产科线锯绕在牙上，为防止暴露齿髓腔，应在离开齿龈边缘约 3 mm 处用产科线锯将牙锯掉，根据需要每 6～12 个月重复行此过程来限制尖牙的生长。

（杨玉荣、梁宏德译，潘博校）

参考文献
REFERENCES

Ajadi AR, Olusa TA, Smith OF, et al. 2009. Vet Anaesth Analg 36: 562–566.
Althouse GC, Evans LE. 1997a. J Am Vet Med Assoc 210: 678–680.
——. 1997b. J Am Vet Med Assoc 210:675–677.
Amass SF, Schinckel AP, Clark LK. 1995. Vet Rec 137:519–520.
Anderson DE, Kim J-H, Hancock JD, et al. 2000. Contemp Top Lab Anim Sci 39:26–28.
Arkins S, Thomson LH, Giles JR, et al. 1989. J Anim Sci 67: 15–19.
Bassett JR, Mann EA, Constantinescu GM, et al. 1999. J Am Vet Med Assoc 215:1640–1643.
Becker HN. 1986. Castration, inguinal hernia repair, and vasectomy in boars. In DA Morrow, ed. Current Therapy in Theriogenology 2. Philadelphia: W.B. Saunders, pp. 985–987.
Benson GJ. 1986. Anesthetic management of ruminants and swine with selected pathophysiologic alteration. Vet Clin North Am Food Anim Pract 2:677–691.
Bildfell RJ, Carnat BD, Lister DB. 1991. J Vet Diagn Invest 3: 364–367.
Blowey RW. 1992. Vet Rec 131:312–315.
——. 1994. Vet Rec 134:601–603.
Borobia-Belsue J. 2006. Vet Rec 158:380.

Clutton RE, Blissitt KJ, Bradley AA, et al. 1997. Vet Rec 141: 140–146.

Dimigen J. 1972. Dtsch Tierarztl Wochenschr 79:235–237.

Ding NS, Mao HR, Guo YM, et al. 2009. J Anim Sci 87: 2469–2474.

Dolf G, Gaillard C, Schelling C, et al. 2008. J Anim Sci 86: 2480–2485.

Douglas RGA. 1985. Vet Rec 117:129.

Dutton DM, Lawhorn B, Hooper RN. 1997. J Am Vet Med Assoc 211:598–599.

Gallardo MA, Lawhorn DB, Taylor TS, et al. 2003. J Am Vet Med Assoc 222:1408–1412.

Godke RA, Lambeth VA, Kreider JL, et al. 1979. Vet Med Small Anim Clin 74:1027–1029.

Greene CJ. 1979. Animal anesthesia. London Lab Anim 187–197.

Greenwood J. 1989. Vet Rec 125:405–406.

Grisel GR, Huber MJ. 1996. J Am Vet Med Assoc 209: 1608–1610.

Halland SK, House JK, George LW. 2002. J Am Vet Med Assoc 220: 1831–1834.

Hejazi R, Danyluk AJ. 2009. Can Vet J 50:516–518.

Helman RG, Hooper RN, Lawhorn DB, et al. 1996. J Vet Diagn Invest 8:137–140.

Henry DP. 1968. Aust Vet J 44:418–419.

Hewson CJ, Dohoo IR, Lemke KA, et al. 2007. Can Vet J 48: 155–164.

Jensen TB, Kristensen AR, Toft N, et al. 2009. Prev Vet Med 89: 237–248.

Kiley M. 1976. Br Vet J 132:323–331.

Kim MJ, Park CS, Jun MH, et al. 2007. Vet Rec 161:620–624.

Kirk RK, Svensmark B, Ellegaard LP, et al. 2005. J Vet Med A Physiol Pathol Clin Med 52:423–428.

Kjar HA. 1976. J Am Vet Med Assoc 168:229–230.

Ko JCH, Thurmon JC, Benson GJ, et al. 1992. J Vet Anaesth 19: 56–60.

Ko JCH, Thurmon JC, Benson GJ, et al. 1993. Vet Med 88: 466–472.

Lachmayr VF. 1966. Wien Tierarztl Monatsschr 53:474–478.

Lee GS, Kim HS, Lee SH, et al. 2005. J Vet Sci 6:243–245.

Leon JC, Gill MS, Cornick-Seahorn JL, et al. 1997. J Am Vet Med Assoc 210:366–368.

Lewis AM. 1973. Vet Rec 93:286.

Libke KG. 1967. Vet Med Small Anim Clin 62:551–554.

Martin-Cancho MF, Carrasco-Jimenez MS, Lima JR, et al. 2004. Am J Vet Res 65:409–416.

Mather EC. 1966. Vet Med Small Anim Clin 61:890–891.

McGavin MD, Schoneweis DA. 1972. Cornell Vet 62:359–363.

Moon PF, Smith LJ. 1996. Vet Clin North Am Food Anim Pract 12:663–691.

Palmer JL, Dykes NL, Love K, et al. 1998. Vet Radiol Ultrasound 39:175–180.

Papich MG. 1996. Vet Clin North Am Food Anim Pract 12: 693–706.

Payne JT, Braun WF, Anderson DE, et al. 1995. J Am Vet Med Assoc 206:59–62.

Peek IS. 1985. Vet Rec 116:26.

Peyton LC, Colahan PT, Jann HW, et al. 1980. Vet Med Small Anim Clin 75:1297–1330.

Preissel AK, Brugger N, Stassen T, et al. 2009. Schweiz Arch Tierrheilkd 151:229–232.

Raleigh PJ. 1977. Vet Rec 100:89–90.

Roberts SJ. 1986. Infertility in male animals. In SJ Roberts, ed. Veterinary Obstetrics and Genital Diseases Theriogenology, 3rd ed. Ann Arbor, MI: Edwards Brothers, pp. 752–893.

Rosenberg H, Fletcher JE. 1994. Ann Acad Med Singapore 23: 84–97.

Rothschild MF, Christian LL, Blanchard W. 1988. J Hered 79: 313–314.

Rousseaux CG, Gill I, Payne-Crosten A. 1981. Aust Vet J 57: 508–510.

Sakaguchi M, Nishimura R, Sasaki N. 1992. J Vet Med Sci 54: 1183–1185.

Sakaguchi M, Nishimura R, Sasaki N, et al. 1996. Am J Vet Res 57: 529–534.

Sanford SE, Josephson GKA, Rehmtulla AJ. 1994. Can Vet J 35:388.

Schoneweis DA. 1971. J Am Vet Med Assoc 158:1410–1411.

Scott WA. 1977. Vet Rec 101:249–250.

Searcy-Bernal R, Gardner IA, Hird DW. 1994. J Am Vet Med Assoc 204:1660–1664.

Skarda RT. 1996. Vet Clin North Am Food Anim Pract 12: 579–626.

Százados I. 1985. Acta Vet Hung 33:177–184.

Theisen MM, Maas M, Hartlage MA, et al. 2009. Lab Anim 43: 96–101.

Thornton H. 1972. Vet Rec 90:217.

Thurmon JC. 1986. Vet Clin North Am Food Anim Pract 2: 567–591.

Titze K. 1977. Dtsch Tierarztl Wochenschr 84:135–138.

Todd GC, Nelson LW, Migaki G. 1968. Cornell Vet 48:614–619.

Tranquilli WJ. 1986. Techniques of inhalation anesthesia in ruminants and swine. Vet Clin North Am Food Anim Pract 2: 593–619.

Turner AS, McIlwraith CW. 1989. Cesarean section in the sow. In AS Turner, CW McIlwraith, eds. Techniques in Large Animal Surgery, 2nd ed. Philadelphia: Lea & Febiger, pp. 358–359.

Tyler JW, Waver DM, Shore MD, et al. 2000. Vet Rec 147:225.

van Straaten HWM, Colenbrander B, Wensing CJG. 1979. Int J Fertil 24:74–75.

Vaughan LC. 1966. Vet Rec 79:2–8.

Vogt DW, Ellersieck MR. 1990. Am J Vet Res 51:1501–1503.

Vonderfecht HE. 1978. Vet Med Small Anim Clin 73:201–206.

Wedel DJ, Gammel SA, Milde JH, et al. 1993. Anesthesiology 78: 1138–1144.

Wieringa W, Mouwen JM. 1983. Tijdschr Diergeneeskd 108: 751–760.

11 猪病的传播与生物安全
Disease Transmission and Biosecurity
Eric J. Neumann

介绍
INTRODUCTION

预防猪病传播和与之有着必然联系的生物安全是养猪业中现代兽医服务的基础。将疾病从猪舍中消除虽然很难达成,但仍是一个重要目标。幸运的是,通过努力消除疾病这一过程,疾病的传播及其发病概率或发生率(通常指严重程度)得以降低。这一章节通过介绍病原与宿主、生产工具及更广阔的环境间的相互作用,描述了一个了解传染病的知识框架,此框架被称作"疾病生态学"。根据特定病原从一个宿主转移到另一个新的易感宿主得以不断延续的机理,利用生态学框架对病原进行分类,为疾病控制与消除提供有意义的途径。一旦掌握这些知识,以科学为根据,就能够统一标准,建立合理且预期成功的生物安全项目。

猪病传播
DISEASE TRANSMISSION

猪病传播包括传染源通过感染宿主、有生命或无生命载体、环境等传播给易感宿主的所有机制。隐性感染是感染新的宿主所必需的。与隐性感染相比,显性感染指传染源传递给潜在宿主,此后很可能再通过这一潜在宿主进行病原体传播。

传染事件发生的可能性可以认为是一种成功的可能性,代表了若干连续事件发生的可能性的叠加,并且每个事件都有自己成功发生的条件概率。疾病传播需要病原成功从感染宿主中逃出,避开环境中存在的潜在危险,打破新的易感宿主的先天防御系统,然后到达适合其生长、繁殖或者适合其永久生存的部位(Zimmerman,2003)。

一些作者已详细阐述了区分传播模式和感染途径的必要性(Smith,2006)。传播模式可分为水平传播(同日龄或同代次动物之间相互传播)和垂直传播(感染母畜通过子宫或初乳将病原体传播给下一代)。水平传播又可进一步分为与感染动物的直接接触和间接接触引起传播,或通过暴露于以空气为媒介的病原体而造成的传播。

感染途径特指病原通过消化道、呼吸系统或者泌尿生殖系统、皮肤或结膜侵入宿主的方式。为了全面掌握疾病传播的决定性因素,人们必须抵制冲动,不能基于病原在感染动物与未感染动物之间最可能存在的、普遍的或重要的传播途径来对其进行系统分类。分子诊断技术的出现,以及先进的流行病学分析(通过便宜的电脑和简单方便的软件即可达成),使得人们对宿主、病原和环境之间复杂的相互作用有了一个更加全面的认识。我们可通过阐述当病原不在宿主体内时它寄居位置或者隐藏地点来理解疾病传播。 对于

猪病学,第 10 版,由 Jeffrey J. Zimmerman,Locke A. Karriker,Alejandro Ramirez,Kent J. Schwartz,Gregory W. Stevenson 主编。

兽医、动物学家及猪场人员来说，一个重要的目标是预防、控制，以及尽可能地消除商品猪群中的疾病。而了解病原的栖息地对实现此目标很重要。"如果我们在病原已侵入猪群时才与其斗争，那么我们将永远无法将其清除；如果病原有任何可藏匿的地方，我们则必须找到这些地方"（Halpin，1975）。

疾病生态学：宿主—病原—环境
ECOLOGY OF DISEASE：HOST-PATHOGEN-ENVIRONMENT

广义上，疾病是指由病原体感染或一定数量非感染原因引起的生理上或心理上的机能障碍，包括细胞病理学和临床症状。该篇描述的疾病仅指那些由病原体感染所导致的病理学变化和临床症状。病原体从宿主体内清除后，病症仍持续很长时间。根据感染后发病时间（最急性、急性、亚急性、慢性和持续感染或潜伏感染）、严重性（不明显、温和、中等、严重）或感染的器官系统可对疾病进行分类。一般情况下，各类的微生物都有可能成为猪群的潜在传染性病原体。

要理解疾病发生的原因和控制的方法，就需要了解宿主与病原体的生存环境。"疾病生态学"是可以综合恰当地描述宿主与病原体之间复杂的相互作用及环境变量的术语。该术语最早出现在约 50 年前的一篇科学文献中（Bejarano，1960），直到 21 世纪才在虫媒传播疾病及野生动植物疾病的讨论中首次使用。然而，近几年，此术语已经扩展到人类与动物疾病的流行病学研究方面，同时，传统的疾病控制措施与这种集空间、气象学、时间及人口等数据的分析于一体的技术的联合使用也变得更加广泛。生态学是研究生物体分布与数量，及其与环境间的相互作用的科学（Begon 等，2006）。它的深层含义是指生态系统随着时间进化到一个稳定的状态，并对外部影响作出相应反应以维持此稳定状态。在讲述疾病生态学时，我们可以通过猪肺炎支原体病原菌与处于传统、开放生长育肥舍环境里的仔猪之间的进化关系举例说明。随着时间发展，猪群中会发生大量感染，但未出现

明显的临床症状（地方流行性）。感染率、细菌的性质（表型与基因型）、系统的环境变量（生产能力、猪群密度、猪群饲养管理）和猪群自身发展（机体功能、体型大小、行为举止和机体防御系统）将会保持稳定。如果猪群没有受到外部环境的刺激，宿主、病原体或环境都没有必要发生改变。从更哲学的角度来说，我们甚至可以将国家政策（作为对猪病的环境贡献者）的影响纳入疾病生态学。在 2008 年的一篇文章里，Law 与 Mol 展开了一场关于"煮熟猪食政策"的讨论，文章提到用泔水饲喂猪群对 2001 年英国口蹄疫暴发的影响，并提出对此的反思。他们建议通过煮熟猪食这种"世俗与物质"的实践规则，这与通过隔离口蹄疫呈地方流行性国家与无口蹄疫国家来分辨穷人与富人的环境伦理学政客的观点形成鲜明对比。作者认为，"在 Heddon on the Wall 猪场煮沸猪食是为了重现发达农业与不发达农业的区别，这也是创造和保持生产力的地域分布的一项技术"。我们已经不是在自己的农场里进行封闭式的养猪，而是由当下的政治所影响，因此也应该将其纳入疾病生态学现代框架体系中。

疾病生态学中，一门研究以节肢动物为媒介而传播疾病的专业学科逐步形成，这一独特模式称为"地理流行病学"。与疾病生态学一样，地理流行病学来源于 19 世纪 60 年代的科学论文中，但是直到 21 世纪才开始频繁使用。"地理流行病学"具有明确的空间性，主要关注宿主、传播媒介和病原体之间的动态变化趋势，以及与病原传播给宿主的风险之间的联系（Reisen，2010）。地理信息系统与分析技术的结合让更多的科学家能够研究媒介性疾病（尤其是虫媒病原菌），以描述感染的疫源性。疫源性是特定病原体和由同时存在的空间地貌的重叠来决定的，提供了植被、海拔、活动范围、能支持足够数量感染性媒介的小气候、足够多的脊椎动物和易感宿主的这一不可或缺的组合。乙型脑炎病毒（Japanese encephalitis virus，JEV）是一种以蚊虫为媒介的黄病毒，是导致全球人类虫媒病毒性脑炎的最主要原因；圈养猪为乙型脑炎病毒最重要的宿主。最近利用地理

流行病学方法研究发现,在亚洲东南部与大洋洲地区人们感染数量呈季节性增加,发病时间比往年提前 2 个月,发病时长比预期长 2 个月(Hsu等,2008)。其原因可能与当地环境温度的变化,降雨频率与强度增加所引起的局部气候变化效应有关,而这两者均会导致蚊虫媒介发生生态学变化。对西尼罗河病毒(West Nile virus)及蓝舌病毒(bluetongue virus)的报道中也有类似的发现(Wraver 和 Reisen,2010);两种疾病均可在圈养猪中零星发现,但是它们在进一步传播中未必起作用(Sugiyama 等,2009;Teehee 等,2005)。地理流行病学方法有助于研究者判断可对感染地区养猪业造成实质冲击的重要公共卫生趋势。

表 11.1 衡量疾病频率的常用方法

公认名称	数量 (分子)	处于危险中的数量 (分母)	计算 (方法)	说明
患病风险	感染动物数量	假设群体中所有动物都有被感染的风险	$\dfrac{\text{感染动物数量}}{\text{群体中动物总数}}$	表示特定时间点群体中动物被感染的概率
发病风险	指定时间内新感染动物的累积数量	特指那些在指定时间初期易感动物数量	$\dfrac{\text{指定时间感染动物数量}}{\text{指定时间初期易感动物数量}}$	表示特定时期内动物发生感染的风险
发病率	指定时间内新感染动物的累积数量	指定时间内所有处于感染风险中的动物发生感染的时间总和	$\dfrac{\text{指定时间感染动物数量}}{\text{同一指定时间内处于感染风险的动物发生感染的时间累积和}}$	描述新的感染预期发生的概率

衡量疾病发生的方法
MEASURING THE OCCURRENCE OF DISEASE

衡量疾病发生过程中最重要的是明确动物群中存在感染风险的动物数量。表 11.1 列出了衡量疾病发生的常用方法。解释患病率与发病率时需要弄清楚两个重要的区别:(1)患病率主要用于评价在单个时间点发生感染的情况,而发病率指在某个指定时期内新的感染病例出现的频率;(2)患病率假设在确诊前群体中所有个体都有被感染的风险,而发病率仅考虑那些在特定时间初期的易感动物。

相比患病率,疾病传播的研究中更倾向于使用发病率,因为发病风险与发病率的计算仅考虑那些在指定时间初期已知的不会被感染的动物,而这种情况的发生与新的感染的累积也有关。发病率特指感染力或随着时间新的病例出现的概率,它是预测流行性疾病发病过程的决定因素。计算发病率时,为了准确计算动物个体发生感染前经过的时间,需要记录群体中每个个体处于危险状态的累积时间。图 11.1 为人工感染猪伪狂犬病毒(Aujeszky's disease virus,ADV;pseudor-abies virus)的猪群中患病风险、发病风险和发病率的区别,并对每一种测定方法都做出了适当的说明。

在相对稳定的群体中,如商品猪场中严重传染病很少的情况下,疾病发生率是不变的,患病率、发病率及疾病持续时间之间的关系可以用下面的公式表示(Dohoo,2003):患病率=(发病率×疾病平均持续时间)/[(发病率×疾病平均持续时间+1)]。从病原体逃出感染宿主开始,直到病原体在新的易感动物体内找到适合寄居生长的地方或细胞为止,一个疾病传播的过程才算完整,其中需要在此过程中发生的所有级联事件都必须成功完成。而这些级联过程中的每个事件都有成功的关联概率,有时具有条件性,有时则需依赖于前面发生的事件。这些概率事件的组合导致新的宿主具有被感染的可能,定性表示为低、中或高的可能性或者定量表示为 10%、50% 或 90% 的可能性。通常情况下,当人们认为病原体必定会在猪群间或者农场间传播时,可用"高度传染性"或"极具传染性"来简单描述这一病原体。考虑到现在实验室技术需要计算感染宿主排出病原体的准确数量及传播发生所需病原体的最小剂量,一些与可能成功传播相关术语的阐述是有用的。为了与病原体区分,"传染性(传染力)"用于描述能够在个体动物间传播的疾病,或者用于描述与没有传染因子的疾病相反的情况。例如,非病毒引起的肿瘤具有非传染性的,然而大部分常见猪病都是由传染因素引起,如细菌、病毒、外部或内部寄生虫以及真菌/酵母。相对的,"接触传染性"在本质上是描述传播发生过程中一系列必要事件可能成功发生的一个同义词。宿主、病原与环境变量的组合很可能使病原体从感染宿主传播到易感动物,同时也能够加快在个体间的传播速度,称这种传播方式为极具接触传染性。因此,如果猪先感染流感病毒2周,而后引起延迟性肺炎,并处于慢性阶段,在以前被称为是传染性疾病(病理上最初由流感病毒引起,继而细菌传播入肺部引起继发感染),但是最近从生态学角度分析,这类疾病并不具有接触传染性(这是由于流感病毒已不存在,而继发感染的细菌也不可能再传染给其他健康猪只)。

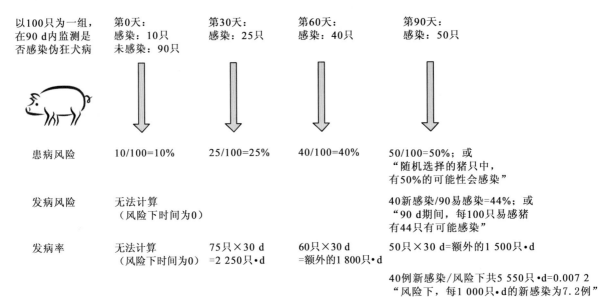

图 11.1 疾病发生的相对衡量方法。

参照感染剂量,一定数量的病原体必须成功传播至宿主,感染过程才能够成功建立。但感染剂量并不是指病原体到达宿主复制位点的数量,因为不管病原体暴露的途径是什么,理论上该数量与已知感染的病原数量是相同的。因为所有的传染性病原体和宿主猪均会发生正常的生物学变化(与病原体的毒力特征和宿主猪的主动免疫或先天免疫有关),所以人们必须考虑到感染剂量可能会随着病原体的不同而发生变化。为了使这种计算方式和记录的信息标准化,通常称病原感染力为"半数感染量或 ID_{50}"。病原的 ID_{50} 指造成宿主动物发生半数感染所需的病原体的数量。以猪繁殖与呼吸障碍综合征病毒(PRRSV)为例,口腔、鼻腔及非肠道途径感染后半数感染剂量分别被记录为 $10^{5.3}$,$10^{4.0}$,$10^{2.2}$ TCID$_{50}$(TCID$_{50}$ 与 ID$_{50}$ 的解释相似),为组织培养物感染剂量 50(Hermann 等,2005)。假设到达复制位点的病毒粒子数量相同,那么与非肠道感染途径相比,PRRSV 通过口腔感染途径到达复制位点所需病毒量比非肠道感染途径高 1 263 倍,这就揭示了口腔感染时,有其他的步骤参与了病原体到达复制位点的传播过程。

猪病发生的表现形式
PATTERNS OF DISEASE OCCURRENCE

从群体水平了解疾病发生的表现形式可以直观地假设疾病发生的原因以及怎样才能最好地预防、控制或根除疾病。判定疾病发生形式的关键是建立诊断标准。简单的就可通过阳性诊断结果来判定,但是更多的时候需要多种标准,如一种或多种临床症状的出现,典型的组织病理学变化,或未确诊的已知病原。一旦建立诊断标准(标准可能需要不断精确),就可以对疾病在时间和空间上进行定位。当猪群在开放状态下(以猪群中个体猪不断的进出为特征)饲养时,如在一个猪群连续不断流动的生长育肥猪农场,考虑到检测疾病发病率的难度,随时检查疾病进程对建立因果联系就显得尤为重要。

从时间上界定,疾病发生的方式可分为散发性、地方流行性和流行性。散发性疾病指疾病在一定时间内随机出现,即某一时间段内病例成群出现,但是各个病例之间发生的时间间隔又有所不同。这种情况可能是由于病原体与易感动物接触不频繁或缺乏诱发疾病发生的多种因素(病原)。地方流行性疾病通常指疾病发生时患病率稳定,发病率可以预测且不变,病例也以预料的速度发生。虽然地方流行性疾病通常被认为是低患病率的疾病,但导致生长猪产生肺炎症状的猪肺炎支原体是地方流行性疾病也可引发高患病率的一个典型案例。季节波动也符合地方流行性,这是因为季节影响也是可以预测的。地方流行性疾病的发生通常表示宿主与病原之间有长时间的适应,往往伴随低死亡率或不造成死亡。当发病率增加到一定程度,患病率超过预期水平,则预示着流行性疾病发生。根据疾病生态学的不同,流行性疾病发生的间隔可以是不变的或有变化的。由于病原毒力的变化,疾病生态学改变或新的病原的侵入,往往导致宿主和病原之间的不平衡,从而引起流行性疾病发生。

流行性曲线图可描述疾病发生的表现方式;图11.2表示散发性疾病、地方流行性疾病和流行性疾病的发生曲线。

流行性曲线能够阐释引起疾病的病原类型及流行病的感染阶段(感染早期、感染高峰期或感染末期)。迅速上升曲线指病因具有高度传染性或者潜伏期较短,例如流感病毒通过侵入急性感染猪造成的点暴发。此外,同源性疾病的发生也可产生相同的流行性曲线形状,例如一个生长育肥猪农场内的饲料污染了都柏林沙门氏菌(*Salmonella dublin*),整个群体同时发病或者在短时期内全部暴发疾病。曲线在病例发

生高峰期附近达到稳定水平时的持续时间及下滑曲线的斜率是易感动物的耐受函数。与点流行和同源性流行病相比,传播性传染病指首个感染病例(指示病例)复制病原体,并传播给另一批易感动物。第二批感染动物个体重复相同的步骤,散发一系列扩散波,每个波动之间的时间间隔相当于病原的潜伏期。对于高度传染性疾病,病原潜伏期很短的病原(类似于上面所述的流感病毒案例),波形很快出现,流行曲线显示点流行的形状。然而,潜伏期长或低传染性的病原体(如猪疥螨病)会产生一个显示一系列渐进性高峰的流行性波形,每个峰值出现的时间间隔相当于病原的一个潜伏期。通常地,由于疾病控制、隔离患病动物或清除常见病原等措施的执行,流行性疾病很少能够完成自身进化过程。所以,传染病流行曲线的检测对确定疾病的发生、监视疾病暴发过程及防制效果很有价值。

传染病的描述中,可简单地将动物群体划分为:易感动物、感染动物及康复动物。不同的感染动物机体产生的病理变化不同,所以也需要一些对其他疾病状态的描述:潜伏期(猪只被感染,但不具有传染性)、前驱期(猪只被感染,但不持续性传染其他动物)、康复期(不能抵御再次感染)及其他。为了更好地理解这些术语,Kennedy发表了下面的文章,文中使用草原之火来比喻传染性疾病的暴发(Kennedy和Roe,1987):

　　传染性疾病的流行就像草原之火。传染性疾病(草原之火)能否发生取决于当下的情况,"感染压力"(火花/火苗数量),群体中易感动物所占比例的阈值(干草)及易感动物群的规模与密度。群体中具有抵抗力的动物个体(青草)越多,传染病暴发的概率就越低。然而,如果感染压力(火苗)足够高,那么即使有抵抗力的个体也会受到感染(点燃)。人为干涉可能会影响发病过程。易感动物可能被免疫(阻止燃烧),病例可能被治愈(扑灭)。同时,具有感染性的动物与易感动物可以被隔离并进行检疫(把火间隔)。最终,随着易感动物数量下降到低于阈值,流行性疾病可能会自己消退,或者只达到地方流行性水平,一旦条件允许,将会再次帮助另一场传染性疾病发生。

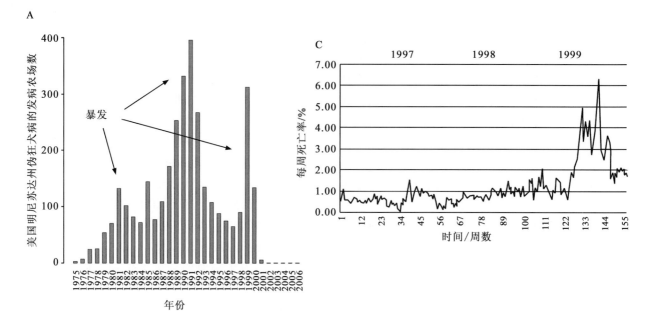

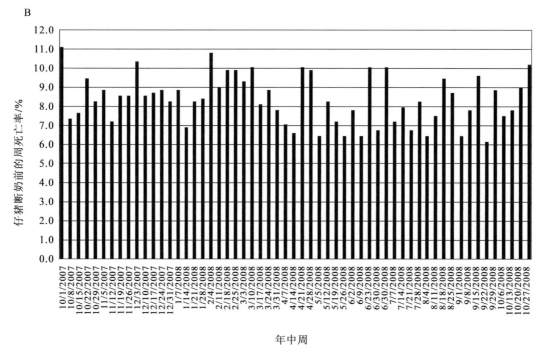

图 11.2 流行曲线 A 表示 1975—2006 年美国明尼苏达州零星暴发猪伪狂犬病的流行曲线（Anderson 等，2008）；B 表示美国一标准猪场断奶前每周死亡率的地方流行病曲线（Gillespie，2009）；C 表示断奶前后多系统综合征发生时的每周死亡率（Martelli 等，2000）。

目前，用于描述或预测动物群体中疾病传播事件本质的手段的发展存在很多种动机：其中一个很明显的原因便是促进外来疾病应答计划，其他不明显的原因包括动物福利（使感染疾病的动物数量最小化）、疾病管理策略的经济评估、支持在动物及动物产品国际贸易间的国家政策。利用

模型技术的数学模式或模拟疾病暴发的软件工具已经对传染性疾病发生的可能性、范围及时间过程提供了信息。

数学模型工具利用状态转移方法，假设所有个体都存在以下三种状态中的一种：易感（S），感染（I）或康复（R）。假设疾病为接触传染性疾病，

且疾病持续时间内个体间对其他动物仍然具有传染性,然后解答一系列微分方程,从而计算动物个体从一种疾病状态过渡至另一种状态的预测概率(Anderson,1982)。模型假设每个个体在特定时间只能有一种状态,易感动物与感染动物发生足够接触后立即被感染,根据病原体所具有的天生感染特性,感染个体也会以一定的概率感染其他动物,另外,感染动物在固定已知时间段内仍具有感染力。在感染末期,感染个体被假定为具有终生抵抗力。当动物个体既不是易感动物又不是感染动物时,这种简单的分类方法中忽略了潜伏状态,假设动物被感染后,机体立即产生了保护性免疫,且不是在感染末期,那么这种免疫反应可维持终生。当然,模型还假设了所有过程是不可逆的,因此,感染动物或有抵抗力动物不能再次成为易感动物。另外,当需要时,SIR 模型可以变化条件来适应可逆途径或额外的途径。SIR 模型通常以每天的疾病状态变化为基础,因此可灵活用于特定疾病的任何病程间隔。

如果以最简单的形式表示 SIR 模型,那么模型的运行只需要两个参数:传播系数 β 和康复系数 α。传播系数代表在指定暴发时间,以及指定 S 和 I 动物数量(或比例)的情况下,新感染病例发生的概率;传播系数与"繁殖比率"密切相关,"繁殖比率"是指在一个感染时期内,单个感染动物成功传播疾病的数量。在疾病暴发初期,几乎所有动物都是易感染的,"繁殖比率"R_0 常用来描述感染力。如果 R_0 大于 1,表示传播性疾病极有可能发生;R_0 等于 0,表示传播性疾病不可能发生;R_0 小于 1,表示感染消失,传播性疾病也不会发生。

康复系数代表个体脱离感染状态的比例,本质上与机体排出病原体的时间或病原在环境中感染力的持续时间有关。图 11.3 是一个简单的 SIR 模型的图表,阐述了随着疾病传染力的变化,对流行病的传播速度和发病规模的影响。

尽管 SIR 模型看起来极其简单,他们在评估潜在预防措施的效果方面却极其有用,尤其是在确定疾病暴发起点(随着时间反推确定指示病例或时间),或预测传染病何时暴发方面。对于复杂疾病,SIR 模型能扩展到将开放性群体(引入新的易感个体)的影响,潜伏期或康复动物再次感染的潜在可能性所造成的影响整合在一起。

猪病发生的表现形式与空间、时间因素有关。总结 SIR 模型的假设思想中最重要的一点为易感动物群中的所有个体发生感染的概率是相同的。近几年,空间相关的模型程序已经取代了传统传播模型方法(Pfeiffer,2008)。先进的电脑程序及无线电介导的地理信息系统的广泛应用,使得大多数流行病学家能够理解传播的空间模型。通过组合动物群体的空间与时间信息,动物个体间接触的范围与频率以及环境中相关的生态学因素,精确评估疾病在现实生活中发生传播的可能性很有可能会实现。最近,美国把这些方法作为区域性 PRRSV 消除项目中的一部分,将项目中与猪场的地理位置和与猪群流动有关的猪场进行定位(Mondaca-Fernandez 和 Morrison,2007);了解猪场间的关系对于高度传染性疾病控制项目的成功实施至关重要。类似的技术被应用于地理流行病学,当研究与虫媒相关的疾病风险时,需要了解地形、气候、空间位置及动物统计学。

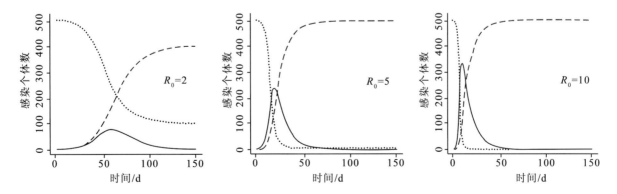

图 11.3　基本繁殖比率 R_0 对传染病速度与规模方面的影响(点线:易感动物;实线:感染动物;虚线:康复动物)。

疾病持续的机理
MECHANISMS OF DISEASE PERSISTENCE

兽医服务的本质在于控制动物疾病。阻止病原体在感染动物和易感动物间的传播是控制疾病的首要条件,因为疾病控制项目中依赖于感染后治疗所需的经济、道德与动物福利影响相当大。传播方式有多种,包括空气传播,与感染动物直接接触,或者通过有生命或无生命的媒介与感染物的间接接触。许多病原通过多种途径感染,包括通过消化道、生殖器官、呼吸系统、皮肤或接种(医源性或伤口)侵入易感动物。但是人们尽力通过管理这些传播方式或入侵途径仍无法有效地清除病原体,除非人们可以了解病原体如何在缺乏适合生存的宿主条件下仍能存活的机理。病原能够延续,必须要有一个在自然中存活的机制。全面研究病原体持续存活的机理,也有助于我们了解病原的潜在贮存地。由此,我们能更好的预测传统的重要猪病原体生态学变化所产生的影响,同时为了满足全球食物经销商、苛刻消费者及环境要求,相应地改变生产设备应对挑战。

根据病原体持续生存的机制对病原进行分类,这种分类方法对控制管理与根除项目的复杂性有明显的引导作用。通过修正早期发表的有关病原永存的见解(Matumoto,1969),根据根除病原体的复杂性程度,可将病原分为五类:以节肢动物为媒介的病原、短周期病原、长周期病原、有抵抗力的病原和共生病原。

以节肢动物为媒介的病原
Vector-borne Pathogens

病原体需要完全依赖于节肢动物才能完成感染宿主与易感宿主间的传播,这种病原被称为以节肢动物为媒介的病原。简单而言,这种传播过程具备以下两个特征,即媒介是有生命的,媒介在完成病原体的传播过程中是必需的。无生命媒介(如被含有沙门氏菌的猪粪污染的靴子)本质上是感染猪只自身的扩展,并且在传播过程中,污染的靴子并没有发挥任何的作用,且没有意义。另外,简单说明一下,由于已知的以虫媒传播的非洲猪瘟病毒(African swine fever virus,ASFV)或PRRSV并不仅仅依赖节肢动物为媒介传播,因

此并不适用于此。例如,ASFV 有三种不同的传播途径:钝缘蜱与野猪间的野生循环,钝缘蜱与家养猪间的循环,以及猪—猪之间的直接循环,所以,简单地控制媒介蜱并不能确保从感染商品猪群体中彻底根除疾病(Arzt 等,2010)。而以节肢动物为媒介的疾病的根除从本质上来说就是要控制节肢动物媒介,从而才能确保疾病的根除。

至少两种重要的猪传染性病原是仅以节肢动物为媒介的病原:JEV 和水疱性口炎病毒(vesicular stomatitis virus,VSV)。这两种病原均符合上述有关描述,但致病原因不同。虽然 JEV 在猪体产生的临床较温和,但猪作为该传染病的重要宿主,可以在一定地理区域内维持被感染的蚊子群体的存在。乙型脑炎病毒是一种全球重要的可感染人类的病原,而猪在 JEV 地理流行病学中扮演着重要角色。与 JEV 类似,VSV 也通过节肢动物媒介在猪群间传播(病毒可以在蚊、蝇、蠓等不同种属间重新获得)。然而,由于 VSV 的 New Jersey 血清型能较好的适应猪机体,所以该病的发生相对不那么频繁(Martinez 等,2003)。至少在无 FMDV 发生国家,VSV 产生的猪体水疱样病变,很难与 FMDV、猪传染病水疱病病毒(vesicular exanthema virus,VEV)及猪水疱病病毒(swine vesicular disease virus,SVDV)引发的病变相区分。VSV 在猪群中的临床暴发可对国际贸易引发短期内可预测的影响,直到别的外来病原被排除这种影响才会消失。

上述例子中,病原体侵入猪群、病原体在猪群中的维持,及病原体在猪只间的传播完全可以通过分别阻止它们与节肢动物媒介的接触来控制。这就使得控制、根除疾病简单化,当然实际上还是比较艰难的过程。

短周期病原
Short-cycle Pathogens

短周期病原指由于病原在宿主体外存活的能力有限,所以病原必须最大程度上快速传播到新的易感宿主的一种病原。首先,这些病原包括所有在机体外无法进行复制的病毒。然而,有较少一部分顽强的病毒与细菌可以在合适的环境中存活,但是数量并不增加,直到合适的生态学因素出现促使该病原体进入新的宿主,从而再次开始复

制。短周期病原的特点包括：宿主体外快速失活、潜伏期短暂、感染后立刻开始排毒（但并不持续一定时间）、保护性免疫力的快速形成、需要进入大量易感宿主以维持连续传播。

短周期病原以细菌与病毒为代表，其中猪流感病毒（swine in fluenza virus，SIV）为此类病原典型成员。SIV 通过口、鼻或空气传播进入呼吸系统。3～5 d 出现明显的临床症状，同时肺有高病毒载量。1 周内高水平病毒通过痰液或飞沫排出，此时临床症状快速减轻，激发固有免疫反应。易感动物的密度对病毒繁殖及传染很有必要。流感病毒在人体上传播呈明显的季节性，然而现代养猪业由于猪群密度大，接触易感动物的几率高，所以季节性不明显，因此也满足了病原体进入大量易感宿主的要求。在保证易感猪群（或者猪群）密度的情况下，病毒仍可以在猪群中进化；流感病毒基因漂移与重组的概率比由感染引起的免疫力快得多，因此能够得以存在于机体中。尽管具有肺细胞嗜性，猪呼吸冠状病毒仍然有与 SIV 相同的传播模式，因此也被称之为短周期病原。

部分肠道病原也被称为短周期病原。传染性胃肠炎病毒（transmissible gastroenteritis virus，TGEV）和相关冠状病毒、猪流行性腹泻病毒（porcine epidemic diarrhea virus，PEDV）有以下共同特点：口腔感染，数小时快速繁殖，短期内大量排毒及激发强壮的机体免疫应答。

由于此类病原需要大量的易感动物，感染宿主在短期内具有传染性，在宿主体外能够短暂生存，因此控制甚至根除短周期病原是可达到的目标。病原消除计划的基本原则为封群，使得病原无法接触新的易感动物（直接接触传播被限制）；面对疾病暴发，促进病原暴露于剩余的易感宿主，可以缩短流行病的持续时间，继而降低其接触其他易感动物的风险。

长周期病原
Long-cycle Pathogens

长周期病原指病原感染宿主后，宿主仍能在一定时间内维持感染性的病原。这些病原可能有短周期病原部分特点，如快速繁殖期。它们标志性的特点是能够在机体寻找生态位点，以抵抗机体正常免疫机制的清除。先天性或其他方式的垂直传播是长周期病原的共同特点。由于病原倾向于在宿主体内建立长期传染性机制，所以它们的传播并不依赖易感动物群的规模和密度，它们维持感染的能力主要依赖于群体的规模。

部分值得注意的病毒与一些独特的细菌属于这类病原。包括胸膜肺炎放线杆菌，猪肺炎支原体及分支杆菌属（尤其是禽型结核分支杆菌）等可以引起肺慢性感染的呼吸系统病原菌。有时会发生散在性暴发，尤其是胸膜肺炎放线杆菌。三种细菌均能在各自的生态位点长时间寄居（胸膜肺炎放线杆菌主要在肺脓肿，猪肺炎支原体主要在支气管上皮细胞外表面，禽型结核分枝杆菌主要在淋巴结或肺脓肿），从而逃避猪体免疫系统带来的直接影响，激发长时期的感染。同样地，具有肺细胞嗜性的长周期的病毒病原体包括 ADV 和 PRRSV。尽管该病原体具有短周期病原体快速繁殖的特点，但它最重要的流行病学特点是造成持续性感染。作为疱疹病毒的成员，ADV 在侵入机体并寄居在三叉神经后，表现出隐性感染，当猪受到生物应激时，该病原在系统位点发生再活化（为即将开始的传播做准备），进而引发疫病传播。神经细胞是猪机体最优先清除病原体的地方，因为病毒栖息在这些宿主细胞会对机体造成致命性的影响；由于神经系统自身的特点，任何机体免疫应答对神经的毁坏都有可能给机体带来负反应。尽管已有许多关于 PRRSV 感染的致病机理的报道，但该病毒如何逃逸免疫系统清除的机理仍不清楚。人们假设其机制为病毒喜好长期寄居在多种单核巨噬细胞系免疫细胞内，并具有逃逸机制，比如产生新病毒，表达诱导抗原表位，导致各种细胞因子调节障碍，及产生其他免疫信号等，但这些假设都还未被完全解释清楚（Mateu 和 Diaz，2007）。

长周期病原体也会出现在除呼吸系统之外的其他机体系统。猪体内各种血清型的钩端螺旋体可在肾脏和泌尿系统产生长期感染，猪附红细胞体长期寄居血液和造血系统，猪布鲁氏菌病在雄性动物生殖器官引发持续感染。肠道系统也是多种长周期病原体的栖息地。胞内劳森菌感染产生多种不同形式的临床症状，小肠慢性感染主要由细菌在肠上皮细胞和固有层细胞的持续性感染引起。结肠螺旋体（猪痢疾短螺旋体和肠道螺旋体）

可产生类似于胞内劳森菌感染所致的腹泻，但病情要更严重，它寄居在结肠上皮细胞内，可逃逸免疫应答，从而继续引发感染。沙门氏菌属，尤其是猪霍乱沙门氏菌，也是利用胞内寄生来逃避机体免疫机制。丹毒是另一种由细菌引起的疾病，可寄居在机体内，并逃逸免疫应答，经常在系统性疾病的急性发病阶段产生后遗症（产生独特红斑的皮炎病变是丹毒的标志），该病原长期寄居于关节液、滑液膜及周围组织以引起慢性关节炎。急性菌血症破坏血液屏障，使猪丹毒杆菌进入关节腔；急性感染过后，机体修复血液屏障，从而使病原逃避免疫清除机制。

长周期病原的重要性在于难以针对其建立有效的清除计划，除非彻底封群。与短期病原相同，长周期病原难以在有生命的宿主体外长时间存活，只是在宿主体内长期寄居。猪群中清除这些病原有一些较可靠的方案，但仍难以在养猪业消除该疾病。高效的诊断检测是大部分清除该类病原的重要措施。高效的疫苗和有效的检测诊断联合使用能将感染猪与接种疫苗猪相区分，以及高度精确、敏感和特有的诊断检测可区分感染与未感染 ADV 的动物，从而使猪伪狂犬病毒成为唯一被净化的长周期病原体。可以预测将来我们主要会通过控制计划而不是消除计划来对付大多数的长周期病原。然而，有效的控制计划可清除病原，但也需要全群检测和淘汰最后的持续感染猪。

有抵抗力的病原
Resistant Pathogens

许多病原体采取不死的策略，在退化或灭活环境中产生稳定的抵抗力。这种策略是进化选择压力的结果还是短期内宿主间传播失败的结果仍无法解释，但不管什么原因，部分病毒和细菌及猪线虫等已经成功利用这一策略。这类病原的特点为环境灭活时仍具有抵御能力，许多病原甚至可以生长数月或数年；寄居病原并不依赖于高密度的易感动物群体。另外一个与许多长周期病原共同的特征为它们可以任意感染不同的动物种类，但这个特征并不是长周期病原的必不可少的特征。

以两个重要的细菌举例说明。首先为炭疽杆菌（*Bacillus anthracis*）或"炭疽"。炭疽杆菌在猪体可引起许多病变和临床症状，从突然急性死亡到引发多灶性淋巴腺炎的轻微症状。尽管在现代养猪业很少见，但在历史上却是很严重的疾病，目前对于屠宰场工人，尤其是反刍动物场的工人来说，仍是非常严重的传染性疾病。炭疽杆菌为革兰氏染色阳性杆菌，当急性死亡动物将其排在体外时，炭疽杆菌接触充足氧气，并形成荚膜，使菌体能够抵挡高温、干燥、紫外线及化学消毒剂等引起的灭活效应。值得注意的是，掩埋暴发炭疽的动物所造成的环境污染仍能对易感动物造成严重的危害。炭疽杆菌可感染所有的哺乳动物。其次以梭菌属为例，产气荚膜梭菌（*Clostridium perfringents*）在许多商品猪群高度流行，同样地，诺维氏芽孢梭菌（*Clostridium novyi*）、肉毒梭菌（*Clostridium botulimum*）、气肿疽梭菌（*Clostridium chauvoei*）及其他梭菌属也是很好的有抵抗力的病原。与炭疽杆菌类似，产气荚膜梭菌为非特定种属的，革兰氏染色阳性杆菌，在合适的环境条件下可以形成芽孢。该病原通常感染仔猪，引起新生仔猪腹泻，在同窝之间具有高度流行性。通常，户外饲养母猪比室内饲养母猪所产的仔猪更容易发生梭菌性腹泻，这可能是由于定期对室内猪舍进行清洁消毒，尽管并不能清除细菌，但却降低了到达新生仔猪的细菌剂量。一些农场将检查产气荚膜梭菌的基因型作为确定产前母猪是否进行疫苗免疫的手段，但是一旦确诊疾病发生，猪场工作者更倾向于治疗该病，而不是努力消除该病病原体。产期荚膜梭菌虽然具有人畜共患传染性，但却很少直接从家畜传播给人。然而，与康复猪体内分离的病原菌相比，商品牛、羊和山羊上发现的病原体之间没有或有很小的基因变异。

体内寄生虫是抵抗力病原的主要成员。我们所熟悉的大部分猪线虫的成年形式在宿主体外相对比较脆弱。寄生虫的虫卵有环境抵御能力。蛔虫属（*Ascaris*）、奥斯特属（*Ostertagia*）、鞭虫属（*Trichuris*）及其他重要的猪线虫的生命周期有很大不同，但它们也有一些共同的特点：长且复杂的潜伏期（相对于细菌和病毒的潜伏期而言），有性繁殖，虫卵在典型的猪生长环境中可存活数年或数十年。这些虫卵能够成功抵御干燥环境、化学灭活，有时猪蛔虫甚至能够依靠自己逃脱环境中的物理清除。一些微小寄生虫包括旋毛虫和刚地弓形虫也有一些共同特征。虽然之前提及线虫属,如蛔虫偶尔会感染人,但是一些国家已认定旋毛虫和刚地弓形虫可对公共卫生造成实质性的威胁。

对于疾病传播、控制和消除而言,利用耐环境生命特征而保持永久存活的病原的存在既是机会也是挑战。由于上面所介绍的病原菌的寿命甚至比猪和人的寿命还要长,因此也说明了建立消灭疾病项目的难度。如果选择早期的养猪模式,那么可以肯定的是猪群中一定有抵抗力病原的存在。一旦第一次传播成功,感染动物可以通过排出大量病原以污染环境,然后在一周、一月、一年或数十年后再次传播病原。上面提到的体内寄生虫的清除取决于养猪的环境。污染的室内猪舍可以通过高度清洁,持续应用驱虫药和避免病原再次侵入的手段来清除病原。而对于户外饲养方式,则很难达到清除疾病的目标。从概念上讲,要想控制好这些具有抵抗力的病原,首先要避免易感动物与病原体的接触。实际上,这也是目前养猪业最大的问题。俗话说,"哪里有猪,哪里就有蛔虫"。

共生病原
COMMENSAL PATHOGENS

共生衍生自于拉丁单词 *commensalis*,*com*-的意思是共同,-*mensalis* 指生存,该词最早用于描述那些虽然寄居在消化道中,但对宿主并不造成危害的感染性生物体。该术语广泛用于描述两种生物既不相互依赖,又不相互寄生的关系。基于此,人们认为这类病原体与健康猪关系密切,但这并不是全部,因为这类病原体偶尔也可转变为毒力状态,引发暴发型的临床疾病。这种周期性发病的机制目前还知之甚少,然而,对人类而言,发病原因包括外来因子的存在扰乱体内稳态,或者减弱屏障功能(Tlaskalova-Hogenova 等,2004)。

多因子的因果关系是为了描述共生病原体引起临床疾病时必需的特殊辅因子的需要而产生的另一个专业术语。此类中最典型的猪病可能是猪圆环病毒相关疾病(porcine circovirus-associated diseases,PCVADs),其病原为最近才在猪体中发现的猪圆环病毒 2 型(porcine circovirus type2,PCV2)(Firth 等,2009)。尽管该病在世界各地的养猪场中都广泛流行,但是其相关临床表现仍然是建模实验的一个重大挑战(Madec 等,2008)。利用从感染猪场分离到的低传代野毒,可引发仔猪的非应答性衰竭征,但在试验状态下不能有效的复制。此病毒可引起典型的组织学变化,但很少达到疾病暴发时的严重程度和发病率。实验室感染或实地感染会导致大量排毒排出,随之发生疾病的高度流行和传播。然而,只有当病毒与其他感染性或非感染性因素共存时,才会表现PCVAD 临床症状。在感染猪场,用 PCV2 疫苗免疫已经感染或预期要感染的猪,可有效预防PCVAD 临床症状的发生(Kixmoller 等,2008;Neumann 等,2009);更有趣的是,许多证据都表明,接种 PCV2 疫苗可提高猪的生长性能(在病毒存在的情况下),且不表现任何 PCVAD 的临床症状(Agten 等,2010;Brons 等,2010;Luppi 等,2010;Sidler 等,2010)。

共生病原需要外来应激因子的存在才能产生临床症状,如副猪嗜血杆菌和链球菌。这两种细菌均可垂直传播与水平传播,世界上可能所有猪场中都至少存在这两种细菌种的其中一种。然而,从基因方面鉴别每个生物体不同的菌株发现,这些菌株拥有不同组合形式的各种已知毒力因子,但是特定菌株中某一种毒力因子的存在却并不足以解释临床疾病的发生。坊间存在这样的案例,有些猪场长时间内很少或甚至不存在上述两种病原中的任何一种所引起的临床疾病,但是当疾病自然暴发时却无法解释(MacInnes 和 Desrosiers,1999;Tokach,1993)。导致副猪嗜血杆菌或链球菌临床疾病暴发的外界刺激包括温度变化、饲料供应中断、与其他病原混合感染等(Drum 和 Hoffman,1998;Oliveira 和 Pijoan,2004;Villani,2003)。另外一种链球菌——猪葡萄球菌是猪体内的常见寄生菌,在大部分实例中,它在环境中就如同皮肤表面菌群的一部分一样。然而,该病原可引起渗出性皮炎或"油猪病",坊间报道及同行评审杂志的报道说明此病原可引起猪场中疾病散发及流行性发病,但却并不给予解释;假设引发疾病的辅助因子包括猪群水平低,清洁卫生,猪场饲养管理和养猪业整体水平低下(Clark,2002;Murray 和 Rademacher,2008;Schwartz,2002;Zoric 等,2009)。

大肠杆菌病,呈现新生仔猪腹泻(主要是表达菌毛抗原 F4、F5、F6、F41 的大肠杆菌)和断奶仔猪腹泻(表达菌毛抗原 F41 或 F18 的大肠杆菌)的临床症状,产生一些共生菌导致的临床症状。肠杆菌科的众多成员都被认为是共生生物,一般以缺少某种已知的菌毛抗原类型进行分类。然而,越来越多的报道表明典型的新生仔猪大肠杆菌病或断奶后腹泻的病例与非典型性大肠杆菌或未分型的大肠杆菌有关(Harel 等,1991)。大肠杆菌是"致病性"的还是"共生"的,以及特定的致病变种在这两种状态之间是否可以相互转换等问题仍没有解决。大肠杆菌致病变种间毒力因子交换的遗传机制[基因水平转移(horizontal gene transfer,HGT)],已经通过人类传染病有所描述(Croxen 和 Finlay,2010),通过这种机制感染的严重程度可以快速转换。猪体内的毒力因子与人体内已经发现的细菌分离株类似或相同,并且毒力因子间相互转换的遗传机制也很有可能与人类相同(Wu 等,2007;Zhang 等,2007)。猪场田间试验数据显示,刚出生后的仔猪群中存在多种菌毛类型的大肠杆菌,其中包括假定为致病类型的大肠杆菌,随着猪年龄的增长,每种菌毛类型的相对比例也会发生改变(Katouli 等,1995)。就这一点而言,已经被广泛研究的是 F4 菌毛类型,另外,已经从健康猪和腹泻猪中分离到一种表达 O149 菌体抗原的致病变种(Amezcua 等,2002,2008;Melin 等,2004)。猪场中大肠杆菌既可以作为共生菌,又可以成为病原的问题仍无法解释,可能与宿主、环境及表达致病因子的其他毒力因子有关。该菌基因改变的程度是随机的,还是选择压力的结果仍不得而知。

认识这些共生病原菌存在的意义在于充分意识到一些病原菌是不可能清除掉。共生病原的防控依赖于建立控制措施(免疫、治疗和饲养),暂时把主动权交给猪场和兽医,远离病原菌。

病因
CAUSATION

没有认识到疾病的起因,任何对于疾病传播的讨论都是不足的。早期对感染性疾病的研究为理解疾病起因带来了快速的和实质性的跳跃。然而,我们很快意识到单病原疾病不足以解释猪场中呈现的许多病症。Schwabe 于 1982 年发表了一篇关于世界对动物疾病控制理解进化的五个阶段的论文,从 19 世纪 60 年代人类依赖农业生存直至流行病学进化。表 11.2 为论文的总结,呈现了进化的 6 个阶段,把现在对动物疾病起因的理解和从生物学角度对疾病的管理整合在一起进行分析。

决定疾病起因的正式主张开始于 19 世纪中期,其中最著名的是 Jakob Henle 于 1838 年撰写的论文。随后,此主张经过他的学生 Robert Koch 的多次修改,并于 1890 年以一种广为认可的方式发表:即病原必须在适当的条件下引发疾病,偶然的非病理性的病原不应该引起其他疾病,病原必须从机体中分离并在干净培养基中培养,反复传代后,可再次进入宿主并引发疾病。这些关于病原与宿主间潜在关系的主张在 10 年内渐渐凸显出不足之处,尽管如此,该主张目前仍然能够对建立传染病起因提供有用的框架。由于 Henle-Koch 主张的局限性,作者曾努力以流行病学角度建立疾病生态学中病原—宿主—环境关系的因果标准。Hill 于 1965 年发表了决定疾病起因的一系列标准,阐述了流行病学诊断的本质:

关联的力量——假设因子与疾病间有强烈的关联(以相对风险、优势比及其他表示)。

一致性——应该由不同的人员,在不同地方、环境和时间内重复观察关联性。

特异性——一种(或一组)病原因子仅能产生一种疾病,且该疾病应该只能由该原因引起。

短暂性——病因必须早于结果;假定因子必须早于疾病的发生。

生物梯度——当接触的病原因子有一定梯度时,接触较高梯度会导致更严重(或更频繁)的疾病;存在剂量反应作用。

合理性——要符合生物学知识,我们掌握的知识相对于事实来说是有限的。

一致性——病因—结果关系的解释不应该与已知的自然历史和疾病生态学相冲突。

试验——清除假设因子带来的轻微(或发病频率低的)疾病,可能产生预期的试验证据。

类比——类似的已知的原因—结果的例子,能够支持因果关系的存在。

表 11.2　动物疾病管理科学的进展[a]

治疗的战略途径	病因理论	疾病困扰时的解决方法	预示疾病发生的典型信号	推动发展的危险因素	对危险因素的应答
没有(早期农耕时代与生存水平低下)	超自然现象	祈祷,驱魔,占卜,祭祀	役用动物死亡(牛、驴)	都市化需要更多的集约化生产	出现兽医"医治者"
当地兽医(直至公元1世纪)	自然环境因素,如臭氧	识别和治疗临床症状,如按手疗法 隔离 屠宰患病动物	军用动物死亡(马)	为了战争,运输和通信,过度依赖于马	军队兽医组织的发展
军事力量和当局(公元1世纪到1762年)	体液失调	疾病的临床诊断	牛瘟,多功能动物及人的死亡	人口密度增加使经济对动物瘟疫敏感	"大卫生觉醒";创建兽医学校和有组织的医学
兽医卫生当局(1762—1884年)	人为产生的环境性因素,如"污物"	牧场清洁 屠宰管理 诊所外观	欧洲持续出现重要动物瘟疫,开始认识人畜共患病	美国重复欧洲的经历	"微生物革命",建立专业的兽医实验室
地区/大众行动(1884—1960年)	具体病原体;致病因子	大量检测实验室诊断 传染病媒介控制 强化免疫 全群治疗 应用生态学 教育	认识非宿主特异性,不符合Henle-Koch假说,疾病综合征的鉴别	经济合理性的需求,出现棘手的"生产类型"疾病,识别集约化农业带来的特殊需求	建立专门的兽医流行病学服务
监督与选择行动(1960—2010年)	病原—宿主—环境间的相互作用	流行病学诊断 监督 定性与定量数据分析	动物瘟疫的出现,甚至在管理良好的猪场,人类疾病和家畜疾病的共同发生	新病毒的出现,野生病原传染到人和家畜,全球气候变化	空间因素的分析技术与分子进化技术
疾病生态学与地理流行病学(2010年)	疾病生态学与地理流行病学	风险管理 程序监控和统计过程控制 分子诊断	?	?	?

[a] 该表格参考了Schwabe(1982)的理论,且有细微变化,其中灰色区域为作者添加的。

　　了解上述标准有利于区分引发疾病的必要因子与充分因子。多因素疾病指暴露于几种独立病原因子而引发的疾病。必要因子指引发疾病必不可少的病原或风险因子。该定义告诉我们如果单个因子感染,可能不会引发疾病。其他风险因子或病原需同时存在才可以引发疾病。当一组指定的病原因子混合后感染引发疾病时,这组病原因子则被称为充分因子。必要因子和充分因子为理解疾病暴发调查提供了灵活的思路,其中真正引起疾病暴发的原因是未知的。然而,需要注意的是,当通过种种与疾病发生有关的潜在因素对引起疾病暴发的原因进行分类时,尤其是在疾病暴发的早期阶段,不可避免的是,一定要明确那些看起来与疾病发生有关的,而事实上却不是病因的因素。我们称这些因素为混淆变量或者"混淆因素"。如果一个因素与真正的病原变量及疾病发生有关,则这个因素就是一个混淆因素,但是混淆变量一定不是由疾病引起的。一个简单的实例可以帮助我们了解这个概念:事实上,我们都知道(1)抽烟与肺癌密切相关;(2)抽烟者食指大多被熏染成黄色;(3)只有抽烟者的食指才会有黄色的烟迹。如果早期科学家调查导致肺癌的原因,不考虑抽烟对肺癌的影响,他/她可能会错误地报道黄手指为导致肺癌的原因(如,上述 Hill 的标准中关于病因关系的有力证据)。不幸的是,多数现实情况并不是如此清楚,这是因为我们对风险因子及它们与疾病发生之间的关系缺乏足够的了解。为了组织人们在疾病研究过程中的思路,可以创建柱状图或"病因网"来评估在疾病暴发时混淆变量的作用。图 11.4 表示了导致猪呼吸道疾病的多种风险因子相互关系的病因网络图。这种借助于网络关系图的分析方法有助于我们评估事实、力量、风险因子间的交互关系和疾病结果(Stage 等,2004)。

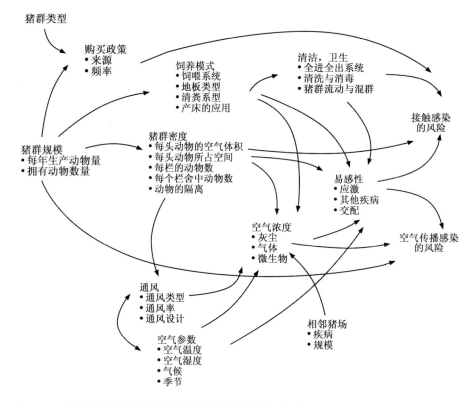

图 11.4　猪呼吸道疾病相关的风险因素的因果路径(引自:stark,2000)。

生物安全

BIOSECURITY

生物安全计划最基本的要求是管理猪场、畜牧业或国家引进新病原的风险,使牧场间地方性疾病的传播最小化,而实现这些目标的措施包括隔离感染动物和非感染动物(或者隔离病原),全面清洗畜舍及设备,并进行适当的消毒管理(Madec 等,2010)。然而,考虑生物安全比起仅仅考虑家畜健康来说更有必要。我们有义务发展一套更加全面的生物安全方法,有助于认识农业对人畜共患传染病传播的贡献,养殖动物是人类食源性病原菌的来源,以及我们对环境和生物多样性带来的更广泛的影响。下面将会描述在地方(猪场)、国家的及国际水平上建立生物安全计划的原则。

根本上,生物安全是管理猪场中特殊因偏差的两种来源:病原与人类。一个猪场生物学或财政能力的变化来源可归因于正常(或随机)变化或特殊因偏差。正常变化与猪生长的遗传潜能有关,根据现在或历史上对特殊变量的生物学、化学或物理性质的认识,显然可以预测大豆中赖氨酸含量或艾奥瓦州埃姆斯 12 月份的平均环境温度。相比之下,特殊因偏差是描述那些超出我们所认为的"正常"界限的变量值的波动;这种特殊波动可以定义为超过平均值+/-3 个标准差,此时,比正常预期,或者比人们所决定的实现目标的任何措施都更容易形成某一特殊结果。尽管在畜牧业生产过程中我们努力减小正常变化波动的幅度,但是由正常变化所引起的系统波动仍难以消除。然而,我们却可以通过彻底控制生产系统中的特殊因偏差(大小或频率),并最终将其完全清除。

生物安全作为一门学科,于20世纪90年代由一些学者在畜牧业相关杂志上发表,并一致决定了术语的定义和可能包含的活动范围(England,2002;Pyburn,2001)。同时,相关主题的文献综述(Amass和Clark,1999)中缺乏事实来支持兽医人员提供给客户的关于生物安全措施的建议。随后,该作者开始进行一系列揭开生物安全

神秘面貌的创新性研究(Amass等,2000),建立了常用消毒剂的有效性及其使用方法(Amass,2004),理解了疾病传播过程中人与非生命物体的作用(Amass等,2003a-c)。

随着全球对恐怖主义的忧虑,动物疾病的大规模暴发,包括一些新的人畜共患病原的出现(表11.3),大量组织开始发表供畜牧业生产者使用的生物安全规则。一些作者调查了美国关于生物安全的相关文献和专门刊登以农民为主的出版物的,搜索到111篇代表了全部的主要家畜物种的公开可用的文章(Moor等,2008)。

表11.3　1990—2010年的20年间猪病的发生和猪病原体的出现及再次出现

年份	疾病	发生地点	物种	参考文献
1991	PRRSV	美国,欧洲	猪	Terpstra C,Wensvoort,et al. Vet Q 1991;13:131-136.
1992	布鲁氏菌	美国	人类	Anonymous MMWR 1994 Feb 25;43(7):113-116.
1993	沙门氏菌属	丹麦	人类,猪	Wegener HC,Baggesen DL. Int J Food Microbiol 1996 Sep;32(1-2):125-131.
1994	圆环病毒2型	欧洲,加拿大	猪	Edwards S,Sands JJ. Vet Rec 1994 Jun 25;134 (26):680-681.
1995	乙型脑炎病毒	澳大利亚	人类,猪	Hanna JN,Ritchie SA,et al. MJA 1996;165:256-260.
1996	肠道螺旋体	英国	猪	Trott DJ,Stanton TB,et al. Int J Syst Bacteriol 1996 Jan;46(1):206-215.
1997	猪戊型肝炎病毒	美国	猪	Meng XJ,Purcell RH,et al. Proc Natl Acad Sci USA 1997 Sep 2;94(18):9860-9865.
1998	尼帕病毒	马来西亚	人类,猪	Anonymous MMWR 1999 Apr 30;48(16):335-337.
1999	西尼罗病毒	美国	人类	Promed-Mail:Archive Number 19990925.1708.
2000	猪瘟病毒	英国	猪	Promed-Mail:Archive Number 20000809.1331.
2001	口蹄疫病毒	英国	多种	Promed-Mail:Archive Number 20020825.5147.
2002	猪伪狂犬病毒	美国		Kirkland PD,Frost MJ,et al. Virus Res 2007 Oct;129(1):26-34.
2003	猪心肌炎病毒	澳大利亚	猪	Voss A,Loeffen F,et al. Emerg Infect Dis 2005 Dec;11(12):1965-1966.
2004	甲氧西林耐药性金黄的葡萄球菌	美国		Promed-Mail:Archive Number 20050819.2436.
2005	链球菌	中国	人类,猪	Promed-Mail:Archive Number 20060412.1087.
2006	猪高热病	中国	猪	Promed-Mail:Archive Number 20070607.1845.
2007	非洲猪瘟病毒	乔治亚州	猪	Promed-Mail:Archive Number 20081211.3896.
2008	埃博拉病毒	菲律宾	灵长类动物,猪	Promed-Mail:Archive Number 20081211.3896.
2009	H1N1流感病毒	世界各地	人类,猪	Anonymous MMWR;2009 Apr 24;58(15):400-402.
2010	口蹄疫病毒	日本	多物种	Promed-Mail:Archive Number 20100420.1284.

尽管许多文献中的建议有相似性,论文作者们推测太多可利用的信息很可能导致遵守生物安全的自觉性较差,因为人们会比较困惑究竟自己应该使用哪种规则。部分作者报道农场的工人并不好好遵守生物安全建议(Nespeca 等,1997;Vaillancourt,2005),意味着牧场工作人员并不清楚哪种生物安全措施(被告知要执行的)是最有用的或最重要的(Casal 等,2007)。

生物安全计划
Biosecurity Planning

牧场内群体水平下的生物安全计划[Within Farm (Herd Level)]。生物风险管理(biological risk management,BRM)是指帮助确定牧场(或兽医行业,其他家畜种属等)的传染性危害,评估每种有害生物的风险,然后针对每种危害建立相应计划的一种管理工具(Bickett-Weddle,2005)。基于传统的观点,如果一种疾病感染牧场时,那么该牧场的生物安全计划就失败了。然而,对于生物安全计划更现代的方法来说,比如 BRM 计划中的方法,则认为疾病风险只可以管理,并不能被完全排除。同时,由于每个牧场建立的生物安全计划不同,因此只用一种生物安全计划来满足所有牧场需求的想法并不符合逻辑。为了生物安全计划的发展,已经建立了几种以风险为基础的研究方法,包括兽医使用的网上工具——感染控制[美国艾奥瓦州立大学,食品安全与公共卫生中心(Center for Food Safety and Public Health,Iowa State Univrsity,Ames,IA)],一种以审计为基础的专门用于猪场的工具——动物疾病风险评估项目[www. padrap. org;美国猪兽医协会(American Association of Swine Veterinarians),Perry,IA],以及澳大利亚开发的专门用于猪的生物安全保险项目的危害分析及关键环节控制点(hazard analysis and critical control point,HACCP)[澳大利亚动物健康(Animal Health Australia,Deakin,Deakin,ACT,Australia)]。

HACCP 方法对于建立 BRM 计划很有帮助,最早起源于 20 世纪 60 年代美国国家航空航天局(National Aeronautice and Space Administra-tion,NASA)。当宇航员在太空中时,系统中的后勤规划师会支援宇航员,提供食品安全保障。当意识到质量系统的不足依赖于食物的终端产品检测(检测的准确定与可靠性,决定何种病原需要检测,检测的高成本和时间因素)时,NASA 通过生产工艺的质量监督系统而不是生产量,在皮尔斯伯里(Pillsbury)与工艺工程师合作发展了一种确保食品安全的方法。HACCP 的全部历史与发展在世界各地都有报道,并且鼓励读者深入阅读以获取更细节的知识(Dunkelberger,1995;Sperder 和 Stier,2009)。建立 BRM 计划有用的范例是对加工过程的监控,而非最终产品检测。

HACCP 基于以下 7 条原则进行实施:(1)识别潜在危害;(2)确定关键控制点(critical control points,CCPs),以便在此建立缓和侵入危害的方法;(3)在每个 CCP 附近建立关键限值;(4)创建一种监控每个关键控制点的方法;(5)当超过关键限值时,建立纠正措施;(6)建立记录保持程序,对 CCP 监控活动进行存档;(7)通过定期对最终产品进行质量检测,验证 HACCP 系统性能。正如上文所述,病原与人类代表了特殊因偏差的两种最重要的来源。相对于玉米粒、混凝土地板或机械风扇等来说,病原和人类都是有生命的变量,从而赋予它们应答猪场运营者的反馈的独特能力,由此很可能激发特殊因偏差的产生。病原体通过进化机制应对这种反馈,例如获取对抗菌药物的抵抗力(Aarestrup 等,2008),修饰应对猪体免疫系统的抗原递呈表位(Ostrowski 等,2002),获取毒力机制(Villa 和 Carattoli,2005),或简单的作为自然界中的新生病原体出现(Kirkland 等,2007)。人类对反馈的应答则是通过可预测的行为来实现的,这些行为都是典型的人类行为:避开不喜欢的任务;不会很好地顺从那些对自己没有直接利益或者那些对自己只有短期利益的项目;当不理解要求的任务时,不愿意寻找详细阐释;随自己意愿修改已经建立的步骤,使自己最适用。HACCP 方法作为发展 BRM 计划的基础,尤其是与那些有望遵循 BRM 计划的猪场工作人员协同作用时,可以为生物安全措施发展成为规范提供一个平台，而不是例外。该方法还帮助我们区分特殊因偏差和正常变化，确定特殊变化的原因，并对过程进行修复。

通过让猪接触啮齿类动物，利用 HACCP 管理疾病入侵的危害（如，细螺旋体病、弓形体病、猪痢疾和其他），并将此作为一个简单的例子来图示说明整个过程。第一步为确定过程中的危害。在这个例子中，第一步或者确定的危害是：缺乏有效的控制啮齿动物的方法，从而增加了猪与疾病载体接触的可能性。第二步为确定恰当的 CCPs，这一步可通过上面提到的建立流程图或因果网络图来协助表示。在这个控制啮齿动物的流程中，合理的 CCPs 项目可能包括诱饵站的设置与管理，建筑物外围的环境管理（避免材料的堆积，因为啮齿动物可能利用这些材料建立巢穴或者藏身之处，控制植物生长，防止饲料散落）。建立与监控这些 CCP 项目周围的关键限值比较简单，并且会实现 HACCP 的第三与第四步。例，通过昆虫管理公司的帮助可以估算诱饵使用率，以及通过简单的追踪诱饵的购买历史，监控农场的使用率，确保每个月要使用的诱饵的最合适数量。建立与监控环境管理 CCP 项目周围的关键限值需要一点创新性想法，而不是一味的辛苦工作：保持草的高度小于 10 cm，保持建筑物外围的行走范围内（和成年人胳膊伸展开的距离一样的宽度）碎片的清理，每天散落的饲料都应清扫干净。HACCP 项目的第五步，即建立纠正行动，在此例子中的描述也比较简单，但需要从两个阶段来考虑。第一个阶段是对失控的 CCP 立即给予关注，如"割草"或"清理散落的饲料"。第二个阶段与第一个阶段同等重要，但经常被忘记，即矫正 CCP 过程中不合规的，可能会带来负面影响的任何产品。在这个例子中，农场加入了一个清除钩端螺旋体的计划，因为可需要暴露于啮齿类动物，因此为了加入该计划，农场需要自身加强隔离、进入"非运输"时期、临时使用疫苗或药物、实行目标性的监控等。HACCP 的第六步为撰写制度，为与每个 CCP 相关的管理项目提供理论支持。这对农场工人来说看似是很繁重艰巨的工作，事实上

给有意向的兽医工作人员提供了增加价值的机会，同时为往后工作中确定疾病暴发或经济损失的原因提供了有用的信息。定期地，需要对 HACCP 监控项目进行确认，确保他们正在按计划完成工作。校验是 HACCP 第七步，也是最后一步的本质，还以控制啮齿类动物为例，校验这一步应该包括检查建筑物内是否有粪便、墙上是否有洞穴、是否有垫料等啮齿类动物存在的证据，夜间巡查，以尽可能的发现啮齿类动物，逮捕啮齿类动物，并对猪进行血清学疾病检查。

为了发展 BRM 项目，全面了解这个基于风险的进程对农场工人和兽医人员来说至关重要。因为它可以为农场主及其员工提供一个直观过程，为某农场组织者制定具体的生物安全需要提供逻辑化框架，可以帮助人们系统地分析 BRM 计划的有效性，能清楚的认识到不符合计划时会遭受的后果。

猪场及所处地理区域的不同，导致 BRM 计划中包含的元素也不同。所有的这些材料不只对于生产者及兽医组织有效（Moore 等，2008），而且对国家动物卫生部门及世界组织如世界动物卫生组织（World Organization for Animal Health，OIE）和联合国粮食与农业组织（Food and Agriculture Organization of the Uniter Nations，FAO）也有效。鼓励读者熟悉自己所需的材料，并且这些材料大多都可以通过网络免费获取。2010 年 FAO 把关于猪场生物安全的许多好的案例汇编成一本综合指南（Madec 等，2010）。考虑到 FAO 全球的读者，指南中特别讨论了能够代表猪行业中几种类型的问题，包括部分集约化程度较低的农村猪场，小规模的封闭性猪场及大规模集约化管理猪场。该指南对以风险为基础的 BRM 计划的发展并未进行明确讨论，但是却对生物安全失败而导致疾病入侵的主要原因提出了简洁的讨论；在现代集约化生产体系中，该指南对以风险为基础的 BRM 计划发展的早期规划阶段来说是很好的补充。

国家水平下猪场间的生物安全计划［Between Farms（National Level）］。生物安全计划

不会止步于猪场,并且在许多方面都不局限于农业范围内。由于种种原因,国家水平的生物安全计划相比 10 年前引起了人们更多的关注,比如已知的和感觉到的对国家生物安全的忧虑,恐怖主义,与动物瘟疫有关的大规模安乐死活动所造成的负面影响,新奇的和异常的人类、动物和人畜共患病原体的出现。当这些因素与越来越多的公共担忧结合起来时,包括人们对环境的关心,对全球气候变化的关注,对动物利用和生命的敏感性增高,及最近暴发的不寻常的食源性疾病,已经在国家政策制定者之间创建了一个范例转换,该范例的转换主要在于和谐。

　　2007 年 FAO 发表的一份关键指南文件中提出了生物安全的定义:"分析管理对人类、动植物生命与健康,以及环境有关的风险的一种战略和综合方法"(Hathaway 等,2007)。通过使用这个定义,作者提出了支持发展和谐的国家生物安全政策的观点,利用可能存在于不同的经济部门和某一个经济部门中不同行业中的协同效应。直观地说,可以获取建立一个权威部门的优势,可以管理所有的生物安全风险,包括初级生产中的动物饲料和牲畜,食品加工过程中的屠宰和加工,以及环境中水和空气的质量,这是因为所有这些经济部门涉及的活动都是相互依存的。这种国家生物安全模式由 FAO 的作者先行提出,也意味着在当时缺少足够的证据来建立一种协同的方法,事实上,也是对传统的生物安全方法的改进,通过这种新型方法,初级生产、食品加工及环境分别由单独的部门进行管理。同时,有力的证据也指出传统的国家生物安全模式中确实存在不足,所以目前转换到更现代方法的势头可能仍会继续,并伴随着一些优势与劣势的出现。

　　如同上文对地方水平下猪场的生物安全计划的描述,以风险为基础的生物安全计划对于国家水平下的猪场来说仍然很重要。当完成针对猪场的特定需求而制订的计划时,要求人们在相对较高的精细水平下来运行 HACCP 中的七个步骤,并且为了满足在国家水平下使用的需要,也需要进行一定的调整。HACCP 模式着重强调危害识别、特殊因偏差的认识,以及检测到失控事件后对进程和产品所采取的纠正措施。国家水平下的 HACCP 项目有些调整,把重点转移到对自然或者某一确定危害的深入了解:一个公认的危害可能发生的概率是多少,危害发生后引起的后果是什么,可能应用于预防危害发生的策略的成本效益比是多少?

　　OIE 在建立国家水平生物安全及动物健康的风险评估的统一框架上作出了先驱性的努力工作,这些思路目前被广泛用作多种风险分析类型的基础(Anonymous,2010)。OIE 风险分析项目包括:风险识别、风险评估、风险管理和风险交流(图 11.5)。

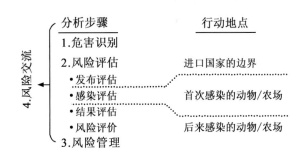

图 11.5　OIE 风险分析框架。

　　OIE 的危害识别步骤与 HACCP 的第一步相同,都是为了回答"错误的根源是什么?"这个问题,并依此执行风险分析,可能通过创造一系列有害的家畜病原或疾病来简单回答,也可能因为识别物种间或经济部门间的危害而变得更复杂。OIE 风险分析的第二步就是风险评估。区分风险评估与风险分析很重要。风险分析是指通过交流计划反映危害识别的整个过程及其结果。而风险评估特指与每个识别的危害相关的风险的特征,包括对发生的可能性及发生的严重性的评估。风险物品引进(如动物、动物产品、精液等)要通知政府执行风险评估,作为完整风险评估的一部分,OIE 规定需要完成以下四项任务:首先,准备评估结果的发布,描述引进事件中可能导致致病原引进国家的生物学路径,也包括估算这些事件可能发生的概率。第二,感染评估描述家畜(或人,或农场)感染那些成功越过防护屏障的外来病原的途径及相关的感染概率。第三,评估成功感染事件所造成的影响,如产品损失、福利影响及财政影响。必须包括猪场、国家的决定以及对部门间的交叉影响。作为前三个任务的小结,第四个任务为风险评价。风险评价包括评价所有事件发生的概率,从危害识别到影响评估,对与活动有关的风险进行整体评价。根据数据输入的质量及相关决策人的需要,风险评价可以是定量、定性的或描述性的。完成危害识别和风险评估后,下一步便是风险管理。风险管理指开发可能的减缓策略,这些策略用于管理在风险评估阶段鉴定出的任何残留风险。在全面的风险分析中,利用类似于风险评估的方法进行风险管理计划分析,将会产生三种重要的风险评价:风险入侵可能性的基线(计划活动发生前风险存在的状态);风险入侵的非限制可能性(如果计划活动已经实施,而风险缓和策略

未实施的情况下,风险有望发生);风险入侵的限制可能性(如果计划活动已经实施,且风险缓和策略也实施的情况下,风险仍然有望发生)。比较这三种风险评价,据此我们可得到一个风险的可接受水平,也可能包括宏观经济的成本效益分析。OIE 风险分析的第四步,即最后一步为风险交流。理论上,执行风险分析应该是一个参与性的过程,其中每一步都要跟风险决策者进行讨论,是一个反复、透明、公开的过程(将得到的结论告知风险决策者)。

更系统更和谐的国家生物安全系统的成功转移可能需要坚持不懈的努力。Breeze 于 2006 年在一篇论文中讨论这一主题,并用图表提出了科学家、政策制定者及动物行业利益相关者所需的转变,只有这些转变都发生,才能使转移成功完成(图 11.6)。

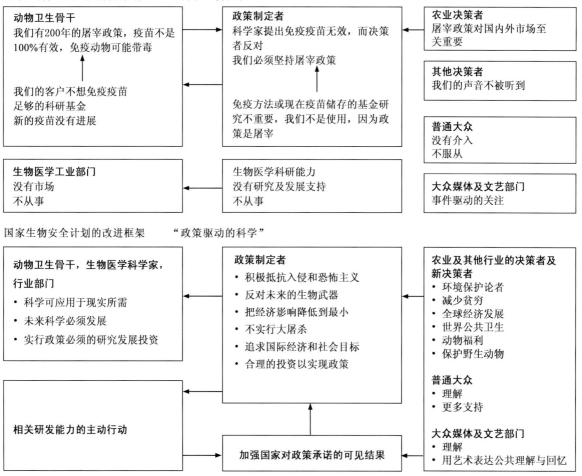

图 11.6 传统与现代的生物安全政策与科学的整合方法。

跨部门整合的国家生物安全规则的进化需要重新思考已经建立的传统的国家生物安全政策。跨境的疾病不再是农业部门自己的责任。贸易全球化，国家履行对世界条约协议的义务，与蓄意引进病原的威胁有关的国家安全事件需要政府多个分支机构与产业联合建立生物安全的国家政策。大部分国家越来越都市化，大众对原材料和食品加工的了解越来越少，使生物安全规划者的工作越来越艰难，也更有必要。消费者和公民要意识到国家生物安全计划是一把双刃剑：上下文中的教育是好事，但是脱离上下文的教育会是另一个挑战。例如，利用大量屠杀动物为主要政策对付外来疾病，并说服普通人信服，将会是一项越来越艰难的任务，即使这项政策是正确的应对措施。

引入外来疾病仅仅是一个随机事件。人们不可能频繁地或者公然地忽视边界安全的长期持有原则，比如不会在地方性流行 ASFV 的国家购买未加工的猪肉腊肠，并携带回国，然后随意将剩余的垃圾扔进后院的猪圈里。然而，现在每年有超过 20 亿的国际航空旅客（数据来源：Industry Statistics，June 2010；International Air Transport Association，Montreal，Quebec，Canada），从 2005 年以来，每年肯定都会发生一些很不可能发生的事件。

国际水平的边界生物安全计划[Across Borders(International Level)]。 国际层面跨境动物疾病管理的方法论与之前描述的国内生物安全政策相似。其附加的影响在于一个国家必须遵守当前的全球政治形势、全球经济和国际条约与协议。国际生物安全规定仅对那些与其他国家有贸易往来的国家比较复杂。如果没有国际贸易，就没有必要遵从其他国家的建议和要求。然而，绝大多数国家不可能不参加国际贸易而保持自身独立，事实上为了达成贸易条款，两个国家之间需要相互做出让步。

食品法典委员会（Codex Alimentarius Commission，CAC）、国际兽疫局（OIE）及世界贸易组织（World Trade Organization，WTO）等国际标准制定组织可制定一些作为统一框架使用的标准，如果没有强制标准，国家之间可以制定不同的贸易条件从而达成共识。食品法典委员会是联合国粮食与农业组织和世界卫生组织（World Health Organizaiton，WHO）为了建立食品、食品生产及食品安全相关的标准在 1963 年成立的。世界卫生组织是通过一个国际协议于 1924 年成立的（1920 年比利时暴发牛瘟做出的回应），该组织主要负责改善全球动物的健康状况，目前已经有 176 个成员国。世界卫生组织是联合国下属的一个与国际兽疫局有着相似作用的机构，但是它主要关注公共健康而不是动物健康状况；世界卫生组织成立于 1948 年。世界贸易组织负责实施动植物检疫措施协议（简称 SPS 协议）。自 1995 年起，SPS 协议是由世贸组织管理的一项国际条约。在 SPS 协议下，协商和维护食品、动物及植物产品的进口安全相关的指导方针。

2006 年，Rushton 提出了 4 条可导致跨境生物安全事件发生的根本威胁（Rushton 和 Upton，2006）：(1)本地野生动物发生或发现可传播疾病；(2)野生动物或鸟类迁徙运动导致疾病的传播；(3)合法或非法的野生动物和家畜出口带入疾病；(4)家畜饲养方式发生改变所导致的疾病的暴发或困境。Rushton 以在近期历史上发生过的符合他所说的四项威胁为例（发生在 20 多年前），有力地验证了他的假设。此外，自 2006 年提出这个观点后的四年内，符合其分类的大的疾病暴发有（promedmail. org；accessed September 1，2010）：(1)2007 年印度某城市的动物园内圈养的多种野生动物发生口蹄疫；(2)21 世纪蒙古国内的牛多次发生口蹄疫与炭疽，可能与小羚羊的迁徙有关；(3)2007 年非洲猪瘟被带入格鲁吉亚猪群中（随后传到其他国家），可能与非法进口或者饲喂来自于感染猪瘟的非洲国家的污染的泔水有关；(4)2008 年菲律宾大量猪只感染埃博拉（Reston-Ebola）病毒，可能与商品化猪场与大蝙蝠栖息地空间和生态学的重叠有关。至今没有人能够提出有力的证据使得这些正在发生的有趣的疾病能够很快结束。

其他未知的因素也应该加入到动物、人类及人畜共患疾病的全球贡献者名单中。现代社会广泛的互联性似乎已经创造了许多复杂的系统，并通过其不稳定性、不可预期性和相互依存性趋势被定义为非线性流动进程，失败时也无法预期产生的后果。谁会想到加利福尼亚宠物食品的污染、美国多个地区猪场感染三聚氰胺（随后产生的

人们对食用污染猪肉的担忧）等一系列的事件会
与中国供应的小麦蛋白被三聚氰胺污染有关
（Baynes 等，2008；Burns 2007）。

植物害虫以及管理植物害虫的生物安全计划
有其自身的历史渊源，但是贯穿商业化农业经济
部门（应用到商业化畜牧业部门）的一个主题就是
单一栽培令人满意的农作物品种带来的风险。引
进一种害虫，通过单一栽培提供大量的易感宿主
使其占据优势地位。美国中西部大豆锈病（*Pha-
kopsora pachyrhizi*）的引入（Li 等，2008）、北美
环太平洋地区森林和原木种植园中松树树皮甲
虫［大小蠹属（*Dend roctonus* spp.）］的流行感染
是现代农业中从广阔的生物领域引入合适害虫
的经典案例。那么商品化猪场本质上是不是代
表了哺乳动物单一培养？在现代商业化遗传育
种情况下，很难区分两个不同品种中之间的不
同。但至少从表型层面来说，全世界的猪都具
有相似性，仅凭这一点就能够被幸运的或狡猾
的病原体利用。

我们不能低估病原体和猪这两个最重要的特
殊因偏差的来源的重要性。病原体所扮演的角色
已经在前一段落描述过，然而，值得一提的是，人
类在其中所扮演的角色，人类已成为有意将传染
性疾病带入畜群的危险因素。农业生物恐怖主义
已经越来越成为让国家生物安全管理者和政策制
定者烦心的问题。虽然有人表明至今为止，北美
农业只发生过两次有目的性的生物袭击（一次是
一战时有意地用炭疽和马鼻疽医源性污染兽医设
备，另一起是 1997 年将用杀虫剂污染要加工成动
物饲料的滞销品）（Ackerman 和 Giroux，2006），
世界上用于改造病原体成为武器（针对人类或动
物）的投资越来越大（Szinicz，2005）。的确，我们
通过有效的分子和实验室手段创造生命的能力已
经日益熟练（Gibson 等，2010）。

区分特殊原因和正常变量（或信号对比噪声）
将成为风险分析家、生物安全管理者以及兽医未
来一个非常重要的必需技能。从而为在家畜疾病
范围内区分风险和现实提供证据。

基于证据的生物安全原则
PRINCIPLES OF EVIDENCE-BASED BIOSECURITY

描述一个猪场大小、生产性能、商业需求、地
理位置、当地工业密度、与其他猪场的互联性以及
建筑特征等的所有特征都是相同的，但这些特征
同时也导致很难制定一套适用于养猪业的万能计
划。但作为替换，在为猪场制定生物安全计划时
必须严格遵守以下 10 条基本准则。

猪场内清洁区和污染区之间必须有明显的边
界。这一边界可以是实际存在的，也可以是虚拟
的，但必须易于辨别。

消毒之前必须清扫猪圈。所有消毒药物的效
力在遇到有机质时都会大幅降低。

达到无菌状态只是一个神话，生物安全的目
标是降低猪群在病原体中的暴露水平。降低猪群
的暴露作用包括减少暴露时间和降低病原体密度
两方面。

人或猪群必须单向流动。流动方向应该优先
远离顾客、远离难以从疾病感染中恢复过来的群
体以及远离易感群体。

分类描述猪群健康状况（如非常健康、健康
等）没有任何意义。将猪场分为"可比的"以及
"能共存"的健康状况用处也非常有限。按期送
样至兽医诊断实验室是 BRM 计划不可或缺的
一部分。

引进种猪前进行种猪隔离和驯化。

猪群的健康状况只与其上次检测时一样。在
建立一个群体的疾病状况时，确定所需样本数时
也应该考虑诊断试验的敏感性及特异性。

采购猪时其健康状况不能保证。健康状况不
是静态的，也不是绝对的变量。疾病风险可以控
制，但不可能作为一种合约性的义务。

所有猪场的健康状况在一定时间后都会降
低。生物安全计划必须考虑 BRM 进程的投资回
报率并考虑支付时间。

规程作为 BRM 计划的一部分任何人必须遵
守，尤其是兽医人员。

（朱连德译，康静静校）

参考文献

REFERENCES

Aarestrup FM, Wegener HC, Collignon P. 2008. Expert Rev Anti Infect Ther 6:733–750.

Ackerman GA, Giroux J. 2006. Rev Sci Tech 25:83–92.

Agten S, Van Gorp V, Ballis BM. 2010. Effect of Porcilis PCV one shot vaccination on slaughter weight and mortality in a sub-clinically infected pig farm (P. 115). 21st International Pig Veterinary Society Congress. Vancouver, Canada, p. 421.

Amass SF. 2004. J Swine Health Prod 12:82–83.

Amass SF, Clark LK. 1999. Swine Health Prod 7:217–228.

Amass SF, Halbur PG, Byrne BA, et al. 2003a. J Swine Health Prod 11:61–68.

Amass SF, Pacheco JM, Mason PW, et al. 2003b. Vet Rec 153: 137–140.

Amass SF, Schneider JL, Ragland D, et al. 2003c. J Swine Health Prod 11:277–283.

Amass SF, Vyverberg BD, Ragland D, et al. 2000. Swine Health Prod 8:169–173.

Amezcua R, Friendship RM, Dewey CE. 2008. Can Vet J 49: 39–45.

Amezcua R, Friendship RM, Dewey CE, et al. 2002. Can J Vet Res 66:73–78.

Anderson LA, Black N, Hagerty TJ, et al. 2008. Pseudorabies (Aujeszky's Disease) and Its Eradication: A Review of the U.S. Experience (Technical Bulletin Number 1923). Washington, D.C.: United States Department of Agriculture.

Anderson RM. 1982. The Population Dynamics of Infectious Diseases: Theory and Applications. New York: Chapman and Hall London.

Anonymous. 2010. Terrestrial Animal Health Code 2010. Section 2. Risk Analysis. Paris: World Organization for Animal Health.

Arzt J, White WR, Thomsen BV, et al. 2010. Vet Pathol 47: 15–27.

Baynes RE, Smith G, Mason SE, et al. 2008. Food Chem Toxicol 46:1196–1200.

Begon M, Townsend CR, Harper JL. 2006. Ecology: From Individuals to Ecosystems. Malden, MA: Blackwell Publishing.

Bejarano JF. 1960. Health and disease, ecology and epidemiology. Rev Sanid Milit Argent 59:366–368.

Bickett-Weddle D. 2005. An overview of biological risk management. Center for Food Security and Public Health, Ames, IA, p. 10.

Breeze RG. 2006. Rev Sci Tech 25:271–292.

Brons N, Hughes AM, Adam MJ. 2010. 21st International Pig Veterinary Society Congress. Vancouver, Canada, p. 440.

Burns K. 2007. J Am Vet Med Assoc 230:1600–1620.

Casal J, De Manuel A, Mateu E, et al. 2007. Prev Vet Med 82: 138–150.

Clark T. 2002. 33rd Proc Annu Meet Am Assoc Swine Vet, pp. 269–270.

Croxen MA, Finlay BB. 2010. Nat Rev Microbiol 8:26–38.

Dohoo IR. 2003. Veterinary Epidemiologic Research. Charlottetown, Canada: AVC.

Drum SD, Hoffman LJ. 1998. Swine Health Prod 6:217–218.

Dunkelberger E. 1995. Food Drug Law J 50:357–383.

England JJ. 2002. Vet Clin North Am Food Anim Pract 18: 373–378.

Firth C, Charleston MA, Duffy S, et al. 2009. J Virol 83: 12813–12821.

Flint C, McFarlane B, Müller M. 2009. Environ Manage 43: 1174–1186.

Gibson DG, Glass JI, Lartigue C, et al. 2010. Science 329:52–56.

Gillespie TG. 2009. 40th Proc Annu Meet Am Assoc Swine Vet, pp. 521–526.

Halpin B. 1975. Patterns of Animal Disease. London: Baillière Tindall.

Harel J, Lapointe H, Fallara A, et al. 1991. J Clin Microbiol 29: 745–752.

Hathaway S, Hopper M, Bar-Yaacov K, et al. 2007. FAO Biosecurity Toolkit. Rome, Italy: Food and Agriculture Organization of the United Nations, p. 128.

Henle J. 1838. On Miasmata and Contagie (Translated from German by G Rosen). Baltimore, MD: Johns Hopkins Press.

Hermann JR, Munoz-Zanzi CA, Roof MB, et al. 2005. Vet Microbiol 110:7–16.

Hill AB. 1965. The environment and disease: Association or causation? Proc R Soc Med 58:295–300.

Hsu SM, Yen AM, Chen TH. 2008. Epidemiol Infect 136: 980–987.

Katouli M, Lund A, Wallgren P, et al. 1995. Appl Environ Microbiol 61:778–783.

Kennedy DJ, Roe RT. 1987. Basic Epidemiology for Field Veterinarians. Sydney, New South Wales, Australia: Department of Agriculture.

Kirkland PD, Frost MJ, Finlaison DS, et al. 2007. Virus Res 129: 26–34.

Kixmoller M, Ritzmann M, Eddicks M, et al. 2008. Vaccine 26: 3443–3451.

Koch R. 1890. Ueber bakteriologische Forschung. International Medical Congress. Berlin, Germany, p. 35.

Law J, Mol A. 2008. Geoforum 39:133–143.

Li X, Engelbrecht CJ, Mueller DS, et al. 2008. Plant Dis 92:975.

Luppi A, Bonilauri P, Mazzoni C, et al. 2010. 21st Proc Congr Int Pig Vet Soc, p. 432.

MacInnes JI, Desrosiers R. 1999. Can J Vet Res 63:83–89.

Madec F, Hurnik D, Porphyre V, et al. 2010. Good Practices for Biosecurity in the Pig Sector—Issues and Options in Developing and Transition Countries. Rome, Italy: The Food and Agriculture Organization of the United Nations, p. 74.

Madec F, Rose N, Grasland B, et al. 2008. Transbound Emerg Dis 55:273–283.

Martelli P, Terreni M, Amenna N, et al. 2000. 16th Proc Cong Int Pig Vet Soc, p. 634.

Martinez I, Rodriguez LL, Jimenez C, et al. 2003. J Virol 77: 8039–8047.

Mateu E, Diaz I. 2007. Vet J 177:345–351.

Matumoto M. 1969. Bacteriol Rev 33:404–418.

Melin L, Mattsson S, Katouli M, et al. 2004. J Vet Med B Infect Dis Vet Public Health 51:12–22.

Mondaca-Fernandez E, Morrison RB. 2007. Vet Rec 161: 137–138.

Moore DA, Merryman ML, Hartman ML, et al. 2008. J Am Vet Med Assoc 233:249–256.

Murray D, Rademacher C. 2008. 39th Proc Annu Meet Am Assoc Swine Vet, pp. 39–42.

Nespeca R, Vaillancourt JP, Morgan Morrow WE. 1997. Prev Vet Med 31:73–86.

Neumann E, Simpson S, Wagner J, et al. 2009. J Swine Health Prod 17:204–209.

Oliveira S, Pijoan C. 2004. Vet Microbiol 99:1–12.

Ostrowski M, Galeota JA, Jar AM, et al. 2002. J Virol 76: 4241–4250.

Pfeiffer D. 2008. Spatial Analysis in Epidemiology. Oxford, New York: Oxford University Press.

Pyburn D. 2001. Biosecurity: How do you define it? Iowa State University Swine Disease Conference for Swine Practitioners, Ames, IA, pp. 34–38.

Reisen WK. 2010. Annu Rev Entomol 55:461–483.

Rushton J, Upton M. 2006. Rev Sci Tech 25:375–388.

Schwabe C. 1982. Part I. Prev Vet Med 1:5–15.

Schwartz K. 2002. 33rd Annu Meet Am Assoc Swine Vet, pp. 425–428.

Sidler X, Kurmann J, Buergi E, et al. 2010. 21st Proc Congr Int Pig Vet Soc, p. 405.

Smith RD. 2006. Veterinary Clinical Epidemiology. Boca Raton, FL: CRC/Taylor & Francis.

Sperder WH, Stier RF. 2009. Food Saf Mag 42–46.

Stage FK, Carter HC, Nora A. 2004. J Educ Res 98:5–12.

Stark KD. 2000. Vet J 159:37–56.

Sugiyama I, Shimizu E, Nogami S, et al. 2009. J Vet Med Sci 71:1059–1061.

Szinicz L. 2005. Toxicology 214:167–181.

Teehee ML, Bunning ML, Stevens S, et al. 2005. Arch Virol 150:1249–1256.

Tlaskalova-Hogenova H, Stepankova R, Hudcovic T, et al. 2004. Immunol Lett 93:97–108.

Tokach LM. 1993. Swine Health Prod 1:29–30.

Vaillancourt J. 2005. 36th Proc Annu Meet Am Assoc Swine Vet, pp. 277–282.

Villa L, Carattoli A. 2005. Antimicrob Agents Chemother 49:1194–1197.

Villani DJ. 2003. Swine Health Prod 11:27–30.

Weaver SC, Reisen WK. 2010. Antiviral Res 85:328–345.

Wu X-Y, Chapman T, Trott DJ, et al. 2007. Appl Environ Microbiol 73:83–91.

Zhang W, Zhao M, Ruesch L, et al. 2007. Vet Microbiol 123:145–152.

Zimmerman J. 2003. Epidemiology and ecology. In J Zimmerman, KJ Yoon, eds. 2003 PRRS Compendium. Des Moines, IA: National Pork Board, p. 294.

Zoric M, Nilsson E, Lundeheim N, et al. 2009. Acta Vet Scand 51:2.

12 出栏前食品安全，动物传染病和人类健康
Preharvest Food Safety，Zoonotic Diseases，and the Human Health Interface

Julie Funk 和 Elizabeth Wagstrom

引言
INTRODUCTION

  饲养家猪的根本目的是给人类提供卫生和营养的蛋白质。这种高质量的蛋白质对人体营养具有积极的影响，但是仍有一些影响人类健康的风险。这些负面影响可以通过消费猪肉产品、接触生猪或环境暴露发生。在本章，我们对与食品传播、直接接触或处于与猪相关的环境时对人类健康存在的潜在风险做一综述。

与猪肉有关的食源性疾病风险
FOOD-BORNE DISEASE RISKS ASSOCIATED WITH PORK

物理性危害
Physical Hazards

  物理性食品传播危害是指能够经食品消费引起损伤的异物。和猪肉有关的物理性危害有两个主要来源：出栏前，在畜牧场主要来源于皮下注射的使用；出栏后，主要来源于与加工和包装环境有关的危害。有关物理性危害的频率和对健康影响的文献报告很少。由肉类与家禽的召回记录和美国农业部食品安全检验局(United States Department of Agriculture Food Safety Inspection Service，USDA FSIS)消费者投诉报告系统的被动监测报告可以估计出问题的程度。近期回顾表明，从1994年到2002年因物理性危害而召回的肉类和家禽占15%（Teratanavat 和 Hooker，2004）。2006年有982例消费者投诉案件，其中与异物投诉有关的报道占大多数，有499例（51%），这一比例5年间保持稳定。这些报道不是特定于猪肉产品，但代表了零售或消费中未被发现的危害的比例。基于美国食品和药物管理局(FDA)投诉记录系统的数据，人类最常见的与物理性危害有关的疾病/损伤是裂伤或口周区域的擦伤、胃肠疾病、牙齿损伤或牙齿修复（Anonymous，2008b）。

  出栏前物理危害的控制（Preharvest Control of Physical Hazards）。猪出栏前物理性危害风险主要有皮下注射针头的损坏和残存胴体内的注射针头碎片。许多因素导致皮下注射针头存在损坏的风险（Hoff 和 Sundberg，1999）。皮下注射针头的强度与破损有关。针头的强度取决于皮下注射针的长度、容量、中心原料和生产厂家。研究表明，皮下注射针头在静态负荷条件下容易破损。针头弯曲和重新变直都更容易破损。两次弯曲后又重拉直的针头破损率达96.7%。注射时顺应动物动作以降低针头出现危害的频率。此外，注射的位置以及动物动作都影响针头的强度。

猪病学，第 10 版，由 Jeffrey J. Zimmerman，Locke A. Karriker，Alejandro Ramirez，Kent J. Schwartz，Gregory W. Stevenson 主编。

适度保定、选针、注射技术是至关重要的，避免注射时发生断针事件。对生产者和职工进行培训是重要的预防干预措施，当发生断针事件，制定标准操作程序是一种控制猪肉物理性危害的最佳做法，包括坚持对可疑动物检察和与操作者的沟通。

监测加工过程是避免猪肉物理性危害的第二道防线。加工过程中监测/消除物理性危害的常见方法包括使用过滤器或筛子和磁铁（对整猪加工无效）进行物理分离，使用 X-射线进行检测。加工过程中，通过磁铁和 X-射线对针头的检测具有局限性，取决于针头的合金性质以及注射针的位置。

降低风险的另一个方法是彻底废用生产环境中具有物理性危害的皮下注射针头。为了控制物理性危害和进行皮内注射以提高免疫反应的指标，无针注射系统越来越多地用于猪群（Chase 等，2008）。

化学性危害
Chemical Hazards

化学性危害是有毒物质和其他一些供人类食用的可能导致食品不安全的化合物。出栏前控制化学性危害应主要关注的方面包括兽药、农药和环境污染物。其他潜在的出栏前化学性风险包括以经济欺诈为目的的掺假动物饲料或食物供应的蓄意破坏。

食品法典委员会是代表全球标准设置的主体，建立食品（包括肉类）残留限量标准。在美国，FDA 负责审批用于动物和动物饲料的所有药物。FDA 为化学性危害的耐受含量测定设立标准，USDA FSIS（美国农业部食品安全检查局）进行肉类化学残留的监督和检测。FDA 负责相关的化学残留检测的强制实施。

通过禁用或批准用于动物的化学药品测定最大残留限量（通过出栏前休药进行控制）来控制化学残留。食品法典委员会标准可能不同于那些关于化学残留的国内法规。为了满足进口国家的标准，作为出口到其他国家的猪肉可能需要采用不同处方和休药期，这严重影响了猪肉的国际贸易——猪肉产品经济成功的关键部分。意识到这些差异和在养殖场实施对满足出口要求是重要的。

在美国，标签不能显示休药的差异，可以通过咨询制药厂家获取这些不同休药期。

超出标签药物用法（Extra-label Drug Use）。 在美国，1994 年的《兽药使用澄清法》（AMDU-CA）允许兽医在特殊情况下，开不符合标签指示的兽药处方（超出标签药物用法，ELDU）。EL-DU 的有效性对动物健康和福利是至关重要的。从化学性危害安全的角度看，这有利于建立一个适当的休药期来避免药物的违规残留。在这种情况下，避免违规残留的重担只在于兽医处方。当出现 ELDU，AMDUCA 合规性指南时，表明兽医建立延长休药期。基于 ELDU 的算法和在非常时期内 ELDU 休药期的测定，可通过"动物食品残留的避免和消除项目"（www. farad. org/）获取相关信息。

猪肉兽药残留（Veterinary Drug Residues in Pork）。 USDA FSIS 在家畜中进行了两种类型的化学残留物抽样（Anonymous，2008a）：（1）定期抽样，包含从临床健康食用动物中随机抽取组织样本，目的是为了监督；（2）巡视员抽样，由厂内公共卫生兽医操作，检查动物中的药物残留，决定残留风险。定期抽样用于暴露评估，目的是考察研究。暴露评估用于评估人接触食品中的化学残留，当违规性残留发生时进行监管。当取样检查违规率达 1％ 或更高时对动物种群进行重新调查，对来自于农场的情报做出反应。

在美国，猪肉残留违规很少见（Anonymous，2008a）。在 2008 年美国所有分类的猪产品：市场猪、公猪/去势猪、母猪和焙烤乳猪，定期抽样检测中违规残留分别为 0.20％、0.37％、0.15％ 和 0.28％。公共卫生兽医对这些样本中违规残留率初始要求分别为市场猪 0.04％、公猪/去势猪 0.0％、母猪 0.03％、焙烤乳猪 0.0％。不论是暴露评估还是巡视员发起的抽样调查，违规残留（兽药占主体）主要是硫酸庆大霉素、磺胺甲嘧啶、卡巴氧和阿维菌素。在公猪/去势猪中两起残留事件不是兽药引起的，而是氯代烃化合物。这些数据显示，至少在美国，兽药残留在猪群中得到很好的控制。兽医人员和生产商保持警觉可以保证食品安全的水平，这是保护公共卫生所必需的。

二噁英（Dioxins）。 多氯二苯并二噁英（Poly-chlorinated dibenzo-p-dioxins，PCDDs）、多氯二

苯 并 呋 喃（polychlorinated dibenzofurans，PC-DFs）和多氯联苯（polychlo-rinated biphenyls，PCBs）由于它们相似的结构、生物系统活性和化学属性，被统称为二噁英。它们在环境中无处不在，通过生物性积累进入食物链。它们通常是由含氯产品形成的，所以被认为是工业污染物，焚化和森林火灾对二噁英的形成具有重要作用。人类接触二噁英的主要方式是进食动物源性产品或鱼类食品，特别是脂肪（Liem 等，2000）。动物接触二噁英主要是由于空气中的污染进入饲料，其次是接触污染的土壤（Huwe，2002）。

在世界范围内二噁英污染动物饲料零星的发生，包括在欧洲使用五氯苯酚治疗过的树木和面包厂干燥过程中的废物污染对饲料组分形成的污染（Huwe 等，2009）。在美国，球土被当做禽类和鲇鱼饲料中的抗凝剂使用，熔炼副产物的矿物质混合物也被认为是饲料中二噁英的污染物（Huwe 等，2009）。在爱尔兰，二噁英污染猪饲料后 2 个月内猪肉产品被召回（Dixon，2009），同时其余猪进行安乐死。

单一的毒性当量值（TEQ），即个体二噁英样混合物总和，是涉入或残留评估的决定依据。USDA（美国农业部）在 1990 年开始着手对商品进行调查。从 20 世纪 90 年代中期到 2008 年，TEQs 呈下降的趋势，尽管在 20 世纪 90 年代中期到 2002 年间猪肉食品显著降低，但是从 2002 年到 2008 年 TEQs 是很稳定的（Huwe 等，2009）。这与在欧洲和亚洲的调查水平相似（Huwe 等，2009），低于欧盟管理标准的食品中最低二噁英残留标注，即每克脂肪中含 1～3 pgTEQs（Huwe，2002）。

生物性危害
Biological Hazards

食品中的生物性危害主要是由细菌、病毒、寄生虫和其他感染源引起。本节主要介绍猪源性产品中相关的主要生物性危害。

沙门氏菌（Salmonella）。 沙门氏菌病是主要的食品源性疾病，在美国和全世界范围内危害公众健康。1998 年到 2002 年，沙门氏菌（Salmonella）是最常报道的食源性感染和疾病暴发的病原菌，也是美国食源性病原菌引起死亡的第二大病原菌（Anonymous，2009a）。沙门氏菌通常导致人类胃肠道综合征，例如腹泻、腹部绞痛和呕吐。免疫功能不全、年轻人和老年人是患病的重点人群。

在很长一段时间内认为猪和其他物种一样，可携带沙门氏菌呈亚临床感染。所有的脊椎动物和一些无脊椎动物已经被确认可以成为沙门氏菌的携带者。沙门氏菌在环境中普遍存在，长期生存，特别是在农场环境中（McLaren 和 Wray 1991；Plym-Forshell 和 Eskebo，1996）。广泛的宿主分布和持续存在于环境中给控制农场中的沙门氏菌带来了巨大的挑战。在美国，国家动物健康监测服务系统（National Animal Health Monitoring Service，NAHMS）2006 年对猪的调查显示（Anonymous，2009b），沙门氏菌阳性产品基地为 52.6％，阳性猪为 7.2％。

在猪屠宰过程中，沙门氏菌是唯一被 USDA 进行过程控制的食物源性病原体。危害分析和关键控制点（Hazard Analysis Critical Control Point，HACCP）/病原减少法规（Pathogen Reduction Act）的条文规定，以动物尸体中大肠杆菌属和沙门氏菌污染的检测作为肠道内容物污染的指标。最近来自 FSIS 的检测数据显示，自实施了 HACCP/病原减少法规以来，相对于 1988 年猪尸体中沙门氏菌 8.7％的阳性率，2009 年阳性率仅为 2.3％（Anonymous，2010）。这表明在收获和加工过程中对于污染物的控制取得了显著的进步。

美国主要在加工阶段对沙门氏菌进行控制。瑞典（Anonymous，1995）和丹麦（Mousing 等，1997）分别在 1961 年和 1993 年制订了沙门氏菌检测和控制计划。这些计划包括日常畜群的监控和加工过程的干预。如果确定农场沙门氏菌流行性高，那么需要强制性的干预措施。这些干预措施包括卫生习惯的改变、饲养程序的调整和猪的饲养流程的改变（例如：实行全进/全出的生猪饲养流程）。此外，确定有沙门氏菌流行的农场在农产品收获时将受到一定的处罚，如降低价格，或者将产品加工成熟食进行出售。对沙门氏菌流行的畜群使用不同的设备进行产品加工，或最后进行加工，以避免交叉污染。

尽管开展了大量的调查，但是仍缺少对于猪

沙门氏菌加工前(农场)进行干预有成本效益的强有力证据。文献回顾显示(Funk 和 Gebreyes,2004),农场沙门氏菌的流行与许多风险因素有关,包括卫生习惯、生产流程、饲养模式和季节。有证据表明对于农场沙门氏菌控制的成果可能因为收获后新猪群的引进造成二次感染而失败(Hurd 等,2002)。目前缺少对农场控制沙门氏菌实验方法的研究。文献显示疫苗接种(Denagamage 等,2007)和饲养模式(O'Connor 等,2008)对沙门氏菌控制可能起着至关重要的作用。不幸的是,两份研究报告的质量不足以支持这些调查。沙门氏菌控制策略的数学模型显示最重要的影响来自在收获和加工环节对沙门氏菌污染畜体的干预控制(Alban 和 Stärk,2005;Goldbach 和 Alban,2006)。为了充分了解收获期对沙门氏菌干预控制的作用和效果,需要对这些干预措施在农场临床控制中的效果进行评估。

弯曲杆菌(Campylobacter)。在美国和发达国家,弯曲菌病被认为是细菌中引起的食源性疾病最普遍的一种(Mead 等,1999)。人的临床症状包括胃肠道相关综合征:血样腹泻、恶心、发烧、头疼和腹部绞痛。大多数人弯曲菌病例是可自愈的,因此不需要任何抗菌剂的治疗。但也可能出现慢性后遗症,最典型的就是吉兰-巴雷综合征(Guillain-Barré syndrome,GBS)。在美国,大多数人临床病例由空肠弯曲杆菌(Campylobacter jejuni)引起的,也有一小部分归因于大肠弯曲杆菌(Campylobacter coli)(Horrocks 等,2009)。

在家畜、野生动物、家禽、野鸟的肠道和未经处理的水体中发现过弯曲杆菌(Horrocks 等,2009)。大多数感染的猪处于亚临床状态。猪出生后不久就成为弯曲杆菌的寄生地,猪群流行弯曲杆菌的报道很多。最近一项报道表明农场的流行率为 100%,个体猪阳性率范围为 25% ~ 100%。

弯曲杆菌污染零售猪产品的报道已经下降。2008 年 FDA 对零售猪产品进行了一项调查,报道指出 0.3% 的猪排骨呈弯曲杆菌阳性(Anonymous,2008c)。

预防弯曲杆菌污染猪产品的控制策略主要在于屠宰时控制粪便对畜体的污染。畜体的高炉冷却比传统的低温冷却可以更好地降低猪尸体上的弯曲杆菌(Thakur 和 Gebreyes,2005)。

小肠结肠炎耶尔森氏菌(Yersinia enterocolitica)。 美国每年有约 96 368 例公众感染耶尔森氏菌小肠结肠炎的病例(Mead 等,1999)。已经确认大多数耶尔森氏菌感染小肠结肠炎无临床症状,或者至少不到进行报道的程度。人的主要临床症状是有腹泻和/或呕吐的可自愈的发烧。

耶尔森氏菌小肠结肠炎临床病症也可以表现伪阑尾炎,但不需要进行手术。

耶尔森氏菌小肠结肠炎在一些活家畜中也可检测到,但是认为猪是唯一与人类感染有关的物种,并且是主要的致病性小肠结肠炎耶尔森氏菌的供菌者(Christensen,1980;Schiemann,1989;Toma 和 Deidrick,1975)。

美国猪群中关于小肠结肠炎耶尔森氏菌的研究很少。据估计小肠结肠炎耶尔森氏菌在收获期的猪群中流行程度大约为 25%。美国的农场中流行程度较高。Funk 等(1998)发现 92% 的市场至少有一头猪被小肠结肠炎耶尔森氏菌污染。在 Bowman 等(2007)的一项研究报告中显示,在美国 8 个养猪农场的 2 349 份样品中,120 份(5.1%)呈小肠结肠炎耶尔森氏菌阳性,这些阳性样本中 42.5% 带有可以使人类患病的毒力基因。8 个农场中 7 个农场至少发现一头阳性动物。在所有的阳性农场,都有随着猪的年龄成熟而疾病流行增加的趋势,准备上市的猪和母猪具有最高的流行率。

小肠结肠炎耶尔森氏菌是一种嗜冷的有机体,可以在冷藏条件下生长。在温带寒冷季节可以高度流行(Fukushima 等,1983;Toma 和 Deidrick,1975;Tsubokura 等,1976),在气候寒冷的区域流行更加普遍(Fredriksson-Ahomaa 和 Korkeala,2003;Smego 等,1999)。人在寒冷月份生病比较普遍,但是否与小肠结肠炎耶尔森氏菌嗜冷的特性有关或者与人类行为有关还不明确(Ray 等,2004)。

对于小肠结肠炎耶尔森氏菌特殊的控制方法主要是对粪便污染畜体的直接管理。在屠宰过程中用塑料袋隔离大肠可以有效的降低小肠结肠炎耶尔森氏菌对于畜体的污染(Nesbakken 等,1994)。

产志贺毒素的大肠杆菌(Shiga toxin-produ-cing *Escherichia coli*)。在美国,与产志贺毒素大肠杆菌(STEC)相关的食源性疾病发生率大约为4.57/100 000(Anonymous,2009b)。这些病例中,1.12/100 000 由 O157 血清组引起。严重的STEC 症状包括严重的腹部绞痛、腹泻(有时候血样)和呕吐。对于这些 STEC 感染的诊断,5%~10%可发展成威胁生命的并发症,即溶血性尿毒综合征(hemolytic uremic syndrome,HUS)。在美国主要集中在 O157 血清组,并导致大规模的疾病暴发。非 O157 STEC 疾病被极大的忽视,只有少数实验室有对 O157 STEC 的诊断试验(Brooks 等,2005)。

最近的报道表明非 O157 STEC 疾病占据了疾病的一大部分,在国内已经上升到 50%(Johnson 等,2006;Manning 等,2007;Phan 等,2007)。对于非 O157 STEC 的担心非常必要,因为猪肉制品是目前猪容易感染非 O157 血清群 STEC 的有力证据。

STEC(产 stx_{2e} 毒素)在很长时间内以引起猪水肿的流行病原而著称,可引起断奶后仔猪的胃肠道和中枢神经症状。对于来源于猪的 stx_{2e} STEC 菌株在人类临床疾病中的作用缺少明确的文献记载(Beutin 等,2008;Sonntag 等,2005;Werber 等,2008)。最近在美国猪群分离 STEC 菌株的交叉研究中显示其具有感染人类的潜在威胁(Fratamico 等,2004)。在 Fratamico 等(2004)的研究中,31.8%的猪呈 STEC 阳性,特别是所有的分离株都是非 O157 血清型。事实上,总共确定了 29 株含有 stx_1、stx_2 或 stx_{2e} 的 STEC 血清型。

在流行病学上,与污染了反刍动物粪便的食物产品相比,猪制品很少与食品源性疾病相关(Bettelheim,2007)。尽管如此,感染暴发和疾病流行还是与猪产品有关(Bettelheim,2007;Conedera 等,2007)。需要进一步研究猪肉对STEC 食物源性疾病的作用。

旋毛虫(*Trichinella spiralis*)。旋毛虫是线虫类寄生虫,在多种野生和家畜动物组织中被包囊包裹。主要是通过消耗这些未经加工的组织包囊或未经烹饪的感染动物的肉制品传播。虽然旋毛虫有 8 种,但只有旋毛虫(*T. spiralis*)对活家畜有重要意义。因为过去的一些饲养方式,例如:饲喂生的含有废弃物的肉制品和户外野生动物的尸体。因此传统上认为猪是最容易感染旋毛虫的活家畜。这些危险因素在很大程度上由于现在生产体系的封闭性已经被消除。

人感染旋毛虫的症状和临床表现包括:嗜酸性粒细胞增多、腹痛、发烧、眶周水肿、肌痛和罕见的死亡病例(Kennedy 等,2009)。在美国,对于旋毛虫病例的报道从 1947—1952 年的 393 例下降到 2002—2007 年每年的 11 例(Kennedy 等,2009)。在人类感染的下降反映了旋毛虫在商业猪产品中流行的下降,是猪进行圈养的结果(Gamble 和 Bush,1999)。目前美国旋毛虫感染病例主要与当前消费野生猎物有关,特别是熊(Kennedy 等,2009;Roy 等,2003)。

烹饪、腌制和冷冻均可以使猪旋毛虫失去活性。55℃可以杀死旋毛虫的幼虫;然而,必须要考虑到加热的不均匀性,一定要让肉制品的所有部分达到适当的温度。因为有抗冷冻特性的旋毛虫在美国具有低传染性,并且可在猪上持续存在,冷冻对杀死旋毛虫依旧是有效的方法(Kapel 和Gamble,2000)。

美国动物健康监测系统(NAHMS)根据每5~6 年对猪肉制品的调查,对调查结果进行了统计分析。自 1990 年以来,在部分调查的动物群中,旋毛虫血清学呈下降趋势。血清阳性率由1990 年的 0.16% 下降到 1995 年的 0.013%,在2000 年和 2006 年的调查中没有发现阳性样本。在商业养猪模式中旋毛虫被消除,伴随着一定数量的好产品的生产基地增加,这降低了旋毛虫感染的风险(D. E. Hill,私人通信)。然而,一个非封闭的产品生产体系可能是人感染旋毛虫风险增加的一个信号。Gebreyes 等(2008)报道了在利基市场、户外的不使用抗生素的种群中检测 324头动物有 2 例阳性,在传统的美国动物种群中292 份样本全部为阴性。

刚地弓形虫(*Toxoplasma gondii*)。尽管猫科动物是原生寄生虫刚地弓形虫的明确宿主,但是很多的物种显示对刚地弓形虫均易感。人类可以感染刚地弓形虫，主要有三个潜在途径：与猫粪便中的虫卵接触；进食烹饪过的或者生的感染动物食品；或者易感的怀孕妇女出现先天性感染。刚地弓形虫涉及公共健康问题，在美国，估计每年有 500～5 000 个新生儿在出生时先天性感染，约有 126 万人感染眼弓形虫病（Jones 等，2009）。Mean 等（1999）估计刚地弓形虫是美国食源性疾病导致死亡的第三大原因，主要是由于寄生虫裂殖子在免疫功能缺陷病人体内的活化。

由于进食了感染性虫卵的猫粪便污染的饲料或其他物质，猪感染刚地弓形虫而发病。也可以通过进食啮齿动物尸体或感染猪的尸体而引起感染发病。但是由于饲喂废弃物和猪的其他饮食习惯经现代猪饲养模式的改变而被极大地消除了，因此传统上认为猪是人类感染的源头。

作为 NAHMS 的一部分，USDA 每 5～6 年进行一次美国全国范围的猪群调查。1990 年只对母猪进行了检测，其中 20％血清阳性；1995 年，15％的母猪和 3.2％ 的生长育肥猪血清阳性；2000 年 6％的母猪和 0.9％的生长育肥猪血清阳性；2006 年只进行了生长育肥猪样本检测，2.6％血清阳性（Hill 等，2009）。需要关注的是，从 2006 年开始，血清学检测方法发生了改变，由原来的显微凝集试验（microscopic agglutimation test，MAT）改变为酶联免疫吸附试验（enzyme-linked immunosorbent assay，ELISA），使得这些结果的直接对比变得困难。NAHMS 的 2 000 份结果与 Mckean 等（2003）在 2002 年的观察类似，他们发现在中西部市场中的血清阳性率为 0.75％，Gebreyes 等（2008）发现在三个州的封闭性饲养猪群中血清阳性率为 1.1％。

NAHMS 的调查也搜集了关于生产实践中认为具有感染弓形虫风险因素的信息，通过分析这些数据发现，没有进行室内封闭饲养的农场猪群比那些完全进行封闭饲养的猪群阳性率高 7.7 倍（Hill 等，2009）。其他的风险因素包括没有使用诱饵/毒药/陷阱对啮齿类动物进行控制和某些尸体处理技术（Hill 等，2009）。在 Gebreyes 等（2008）的相关报道中也有类似的现象发生，即大范围散养的猪群血清阳性率比封闭饲养的猪群的

血清阳性率高 7 倍。

人类感染发病的百分比是不确定的，因为接触猫粪便和进食感染肉类的感染途径不同。一项交叉血清阳性率研究对比了在马里兰的一个区域内的素食者与肉食者，研究结果发现，素食者试验群体的血清阳性率减少了约 50％（Roghmann 等，1999）。可是，实验中对照组的血清阳性率（31％）比全美国平均值高出近 2 倍，但是素食者实验组的血清阳性率水平与全国平均值相似（Jones 等，2003）。此外，对照组人员是从商业渔民、海鲜加工厂工人和海鲜节的游客中招募而来的。这一点很重要，因为双壳类可以积聚卵囊，例如牡蛎和蛤蚌，进食生蚝、蛤蚌或贻贝是刚地弓形虫血清阳性的一个风险因素（Jones 等，2009）。

对原横跨美国 28 个主要地区的零售猪肉样本分析发现，0.38％的样本中可以分离到活体组织囊，0.57％的猪样本具有刚地弓形虫抗体。一项针对美国最近刚地弓形虫感染病例控制研究发现，进食生牛肉、半熟的羔羊、当地制作的干燥或烟熏的肉制品，从事肉制品加工工作、喝未经高温消毒的山羊奶和拥有三个或更多的宠物猫被认为是感染的高风险因素（Jones 等，2009）。在研究中显示进食猪肉不是一个显著的危险因素；然而，在美国，从封闭的产品生产体系进入到生态饲养的猪群中，可能增加接触刚地弓形虫的危险。

猪带绦虫（*Taenia solium*）。猪带绦虫通常称作猪肉绦虫，尽管其终末宿主是人类。猪是该寄生虫的自然中间宿主。人通过进食未经烹饪的含有猪带绦虫幼虫的囊尾蚴的猪肉而患猪带绦虫病。在感染的人肠道内可发现成虫，感染性虫卵通常通过粪便排出体外。在疾病流行的地区，不合格的环境卫生使得猪可以接触含有感染性绦虫卵的人的粪便。摄入体内后，虫卵在猪肠道孵化，然后移行到整个身体，优先在横纹肌或心肌部位存在（Acha 和 Szyfres，2003a）。

公共卫生问题主要因为人类摄取患者粪便内的虫卵。可以通过粪便污染水源、食物或者自身接种等发生。在这种情况下，绦虫幼虫移行到人的全身，就像在猪体内形成囊尾蚴。在人类，绦虫

移行的主要位置是中枢神经系统,导致脑囊虫病(neurocysticer cosis,NCC)(Carabin 等,2005a)。

据报道在低收入国家 NCC 是可预防性癫痫发生的一个主要原因。Carabin 等(2005b)估计,印度每年因 NCC 导致医疗护理和劳动力丧失的损失可达 6.34 亿美元。值得关注的是 90% 的印度人是穆斯林或印度教徒,他们不进食猪肉。然而,不完善的环境卫生导致人与人之间的传染,让猪可以接触到人的粪便,完成了该寄生虫的生命循环。

在美国,能在少量猪胴体内检测到囊尾蚴。1998 年,在 7 500 万的检测样本中只有一具胴体含可见的囊尾蚴经 USDA 确认感染而淘汰。尽管猪的感染很少见,但是在美国人感染趋势却有所增加,通常是因为到流行地区旅行或与流行国家的人相接触(Sorvillo 等,2007)。

非食品源性的人畜共患病
NON-FOOD-BORNE ZOONOSES

许多人畜共患病的风险来自与猪的接触。尽管以前有许多关于食源性疾病可以通过直接接触进行传播的讨论,但是以下疾病的主要传播方式却不是通过食物媒介。

耐甲氧西林金黄色葡萄球菌
Methicillin-resistant *Staphylococcus Aureus*

金黄色葡萄球菌是一种存在于动物和人类皮肤和黏膜表面常见的微生物。它是条件性致病菌,可引起表面和/或深部的感染。一小部分金黄色葡萄球菌可以抵抗甲氧西林,抵抗能力由 *mecA* 基因编码,编码盘尼西林结合蛋白 2a,可抵抗所有 β-内酰胺抗菌剂(Kluytmans,2010)。据估计在美国患病的人群中有 31.6% 是金黄色葡萄球菌,有 0.84% 是耐甲氧西林金黄色葡萄球菌(methicillin *S. aureus*,MRSA)(Graham 等,2006)

20 世纪 60 年代,出现 MRSA 感染,与卫生保健相关;20 世纪 90 年代末,认定为社区获得性 MRSA(Naimi 等,2003)。2004 年,一个新的 MRSA 菌株在荷兰分离鉴定,在使用脉冲场凝胶电泳尝试对该菌株进行分类时发现其可抵抗限制性内切酶 *Sma* I 的消化,菌株与猪接触有关(Voss 等,2005)。这株细菌属于多位点序列分型 ST398。MRSA ST398 通常抵抗四环素,对于其他抗菌剂的抵抗范围比大多数 MRSA 菌株窄。MRSA ST398 被称为与活畜相关的菌株,在一些食物和伴侣宠物中被发现。自荷兰的猪群被发现 MRSA 以来,已经出现了许多研究报道,MRSA 出现在世界各地的猪和猪肉产品中,兽医人员也对其已经进行了大量的报道。

欧洲食品安全机构(Europen Food Safety Agency,EFSA)2008 年在整个欧洲范围内对养猪农场进行了一项调查,24 个调查成员国中有 17 个国家确认为阳性农场,患病率为 22.8%(欧洲食品安全授权,2009)。饲养繁殖种群的阳性农场在 24 个成员国中占 12 个,患病率为 14%(范围 0~46%),饲养市场育肥猪的 MRSA 阳性农场在 24 个成员国中占 16 个,患病率 26.9%(范围 0~51%)(欧洲食品安全授权,2009)。ST398 是分离菌株主要的血清型,非 ST398 血清型菌株的平均值是 1.4%(欧洲食品安全授权,2009)。2008 年第一次报道了北美猪群中的 MRSA,当时 Khanna 等(2008)报道了 20 个农场中的 9 个农场阳性,24.9% 的猪阳性,主要是适应了 398 克隆复合物的温泉型菌株。在美国,一篇发表的文章报道了在一个产品加工体系中猪具有高的感染水平(70%),然而另外一个产品加工体系对 MRSA ST398 却是阴性(Smith 等,2009c)。美国一个对 13 个农场 312 头猪进行的稍大规模的研究发现,所有农场的患病率为 13%,在封闭性猪场中为 23%(Harper 等,2009)。MRSA ST398 是世界范围内猪和接触猪的工作人员中主要的血清型,尽管也进行了大量的研究,但仍可能有更多的类型需要确认。

MRSA 阳性状态的猪/养猪农场的风险因素包括动物资源、种群大小、年龄/进入种群的时间、运输、入栏和其他可能的因素(Broens 等,2009,2010)。在 MRSA 感染的动物中使用抗菌剂的效果不可确定,一些研究表明有效,其他研究表明没有多大效果(Broens 等,2010)。有人建议,由于

ST398 具有抗四环素的特性，因此可以使用四环素有助于发现在猪群中出现的 ST398。Aarestrup 等(2009)对来自丹麦猪的甲氧西林敏感型金黄色葡萄球菌(methicilin-sensitive *S. aureus*，MSSA)ST398 和 MRSA ST398 分离株进行了分析。他们发现 MSSA 和 MRSA 对四环素抵抗的百分率相似；然而，74% 的 MRSA ST398 分离株抵抗氯化锌，而没有 MSSA ST398 菌株表现出对锌的抵抗力。因此他们得出结论，使用含有锌复合物的非抗生素来预防断奶后仔猪的腹泻，可能对丹麦猪群中 MRSA 的紧急状况具有一定的贡献。

　　一些研究对接触猪的工作人员进行了取样，这些与阳性猪在同一条件下的工作的员工，具有高于预期的鼻腔定植率，尽管只有少量证据显示他们患 MRSA 临床疾病稍高于预期。据报道，和动物接触的兽医人员与普通大众相比具有高的 MRSA 定植率。已报道关于 ST398 MRSA 入侵的病例，虽然很少，但是确定人类病例是属于鼻腔携带者还是确切的临床感染变得困难。在欧洲已经得出结论，人类 ST398 菌株定植的可能性对于在医院内 MRSA 的流行作用小于与卫生保健相关的 MRSA 菌株。

　　MRSA ST398 和其他的 MRSA 菌株一样，已经在全世界范围内的猪和其他肉制品中分离到(de Boer 等，2009；Kluytmans，2010；van Loo 等，2007；Weese 等，2010a)。美国和欧洲的公共卫生机构没有发现污染的肉制品有增加 MRSA 风险的证据(疾病预防与控制中心，2008)。Weese 等(2010a)对从加拿大的零售店购买的样本进行细菌定量检测发现，37% 的阳性样本低于定量检测的最低阈值，大多数可定量样本中 <100 CFU/g。

猪链球菌

Streptococcus Suis

　　猪链球菌普遍存在于世界范围内的家养猪。猪感染后的临床症状包括中枢神经症状(头部倾斜和划水动作)、关节炎和多发性浆膜炎。自从该病 1978 年第一次报道，直到 2005 年人感染猪链球菌的病例全球共报道约 200 例。人的临床症状通常容易察觉，包括脑膜炎和/或败血症。2006 年，美国报道了第一例人感染猪链球菌病例(Willenburg 等，2006)，不过该此病例可能未进行最后诊断和报道。

　　2005 年，中国出现超过 200 例人感染猪链球菌病例。人类病例主要与屠宰加工业和处理来自临床患病动物未经烹饪的肉品相关(Gottschalk 和 Segura，2007；Yu 等，2006)。2005 年中国 28% 的病例出现了中毒性休克样综合征(Yu 等，2006)。对于中国疾病暴发的调查研究显示大多数病例接触了生病或死亡的患病猪，许多患者涉及动物屠宰加工行业(Gottschalk 和 Segura，2007；Yu 等，2006)。此外，调查研究还确定人感染病例由一个猪链球菌克隆株引起(Gottschalk 和 Segura，2007)。在从中国病例分离的病毒基因组中发现了毒力岛，但是对其在猪链球菌毒力上确切的功能和作用知之甚少(Chen 等，2007)。

艰难梭菌

Clostridium Difficile

　　猪的艰难梭菌在人畜共患病中的作用还不清楚。艰难梭菌是革兰氏阳性芽孢型厌氧菌，这一点对于引起人类肠道疾病至关重要。它是诊断中最常见的细菌，引起与医源性和抗生素相关的人类腹泻，是一种社区相关病原菌。艰难梭菌还可以从多种动物(Gould 和 Limbago，2010；Jhung 等，2008)；肉制品(Norman 等，2009；Songer 等，2007；Weese 等，2009)；蔬菜(Bakri，2009)；医院、畜舍、家居环境(Baverud 等，2003；Weese，2010b)；水(Al Saif 和 Brazier，1996)；宠物(Borriello 等，1983；O'Neill 等，1993；Weese 等，2010b)；健康人群(McDonald 等，2007；Rupnik，2010)中分离出来。

　　多种方法可用于艰难梭菌的分类，包括聚合酶链式反应(polymerase chain reaction，PCR)核糖分型，PFGE 和毒素分型，通常使用不止一种方法对菌株进行分类以辨别其间的差别。有两种艰难梭菌菌株在人具有显著的流行病学差异：toxinotype Ⅲ菌株认定 027/NAP1(NAP1)和 toxino-type Ⅴ菌株认定核糖核酸型(ribotype)O78。NAP1 作为重要的医院获得性感染源出现,可能是受氟喹诺酮类抗菌药使用的影响,导致其发病率和感染率升高(McDonald 等,2005)。核糖核酸型 O78 是一个重要菌株,社区相关艰难梭菌感染逐渐增加。这两个菌株,和其他菌株一样,已经在动物和食物资源中分离得到。人、动物和肉产品中菌株类型的重叠,因而产生了一些假设理论,即动物可能是人类感染最重要的来源。然而,有三种解释必须考虑:(1)共同的来源引起人和动物感染,(2)人到动物的传播,(3)动物到人的传播。

尽管粪便的商业毒素试验通常与培养结果不一致导致诊断变得复杂(Rupnik,2010;Songer,2004),但是艰难梭菌结肠炎在新生仔猪上并不罕见(Songer,2004)。多项研究检测了北美和全球猪艰难梭菌的患病率。取样和分离方法的不同导致不同研究之间表面上的流行度对比不切实际。如果认定粪便中排菌是污染猪肉的一个来源,这就可能对公众健康造成威胁,需要重点关注的是仔猪粪便中排菌的流行程度比与成年猪要高。Weese(2010c)等指出随着时间的推移细菌的定植显著的下降,如仔猪第 2 天排毒 74%,第 7 天56%,第 30 天 40%,第 44 天 23%,第 62 天3.7%。这与 Norman 等(2009)观察到的结果相似,50%哺乳仔猪和只有 3.9%成长育肥猪出现阳性粪便培养,Gebreyes(2009)发现 74.5%断奶仔猪,0.45%哺乳仔猪,0 育肥猪排毒。这些研究中主要分离的菌株是 toxinotype Ⅴ,但也分离到了其他的菌株。

对于包括猪肉在内的零售肉制品进行研究,表明有艰难梭菌流行。不同研究使用的技术不同,所以很难比较不同研究之间艰难梭菌的流行性。大多数研究使用扩菌步骤使艰难梭菌孢子增加到超出实际的数量。Weese 等(2009)发现只使用扩菌培养,14 个地面饲养猪群样本中 71%的为阳性。直接培养方法显示四个样本为阳性,三个样本 20 个孢子/g,一个样本 60 个孢子/g。此结果显示艰难梭菌污染肉制品并不常见,污染水平较低。艰难梭菌感染健康或者缺乏抵抗力的人的感染量尚不清楚。

甲型流感病毒
Influenza A Viruses

甲型流感病毒是 RNA 病毒,基因组由 8 个独立的片段组成,编码 11 个蛋白。流感病毒在大多数物种中是一个常见的病原,有中间传播的报道。当两个或多个毒株同时感染一个细胞时,种间传播给病毒提供了再分配,或者交换基因片段的机会。2009 年普遍流行的 H1N1 曾经被称作"四重配"病毒,因为它含有来自于欧亚猪流感病毒的神经氨酸苷酶(NA)和基质(M)基因,北美猪流感病毒人源聚合酶 B1(PB1)的三个重组蛋白,鸟源性聚合酶 B2(PB2)和聚合酶 A(PA);经典猪源血凝素(HA)、核蛋白(NP)和非结构(NS)基因。对 2009 年 H1N1 全国流行的进化学分析表明这一代毒株与最近的流行病原不同。事实上,病毒为了促进人与人之间的传播,通过在人体内的第二次重组已经适应了人这一宿主(Ding 等,2009)。Smith 等(2009b)提出了一种造成这种情况的可能性,即 1918、1957 和 1968 年全国流行的毒株通过一系列的多重重组形成,并在大流行前的一段时间内已经出现。他们还指出,这些毒株都是以前流行的人类病毒经过重组后出现的,但至少有一种病毒来自于动物(鸟类或哺乳动物)(Smith 等,2009a)。

在 1985—2005 年之间,至少有 37 例猪流感病毒(swine influenza virus,SIV)感染引起人畜共患病的人类病例(Meyers 等,2007;Van Reeth,2007)。这些感染主要是经典猪 H1N1 病毒引起,这 37 例人类病例不包括 1976 年迪克斯堡的事件中导致的 1 人死亡和 230 个士兵感染(Meyers 等,2007;Van Reeth,2007)。自那时起,美国报道了 11 例由三重重组 H1 感染的人类病例,其中包括一例猪到人的病例,这一病原 2007 年仍在美国俄亥俄州集市的猪群中流行(Shinde 等,2009;Vincent 等,2009)。确定被三重重组 H1SIV 感染的人都与猪有密切的接触,11 人中有 8人曾经与临床患病的猪接触过(Shinde 等,

2009)。尽管抗体的出现与其他因素有关,例如年龄和前期的流感疫苗接种,与猪有职业性接触的人约 23% 具有猪流感病毒抗体（Van Reeth,2007）。这些人群血清阳性是否与临床病例接触有关还不清楚。

戊型肝炎病毒
Hepatitis E Virus

戊型肝炎病毒（HEV）是热带和亚热带国家经肠道传染的零星的非甲型非乙型肝炎的主要原因。由于不合格的环境卫生导致了 HEV 通过水媒介在这些国家流行（Meng,2000）。由于 HEV 感染的死亡率通常比较低（<1%）,怀孕的妇女在亚洲和非洲死亡率接近 20%。尽管在美国和其他工业化国家对于人感染 HEV 的病例只是零星的报道,血清学调查显示大部分的人曾经接触过该病毒（Meng 等,2000）。美国和中国台湾的养猪工作者显示有血清转化的风险,但是这些工人的临床疾病背景却十分缺乏（Hsieh 等,1999；Meng 等,2002；Withers 等,2002）。

Meng 等（1997）第一次报道了一株来自猪的 HEV 与人的 HEV 十分相近,但明显的不同。后来中国台湾确定了一株来自于猪的 HEV 与来自于美国的猪的毒株明显不同,但与中国台湾的人源毒株相似（Hsieh 等,1999）。通常,从遗传学关系确认 HEV,对于全球人和猪 HEV 毒株的分子生物学研究发现,同一地区的猪和人的病毒分离株之间比他们本身与不同区域分离的同种病毒株之间更相似（Clemente-Casares 等,2003；Meng,2003）。猪 HEV 是普遍存在的,世界范围内猪群中 HEV 抗体随着样本动物年龄和区域的不同而改变,范围是 4.1%～79%（Smith,2001）。在啮齿动物、狗、牛、羊和山羊体内也发现存在抗 HEV 抗体（Meng,2000）。

2003 年,日本第一例具有直接证据的 HEV 人畜共患病传染病例被记录下来,是因为人进食了没有烹饪的猪肝和生的鹿肉（Yazaki 等,2003）。来自于日本食品杂货店的生猪肝中 HEV-RNA 的阳性率为 1.9%,美国食品杂货店的 127 份猪肝样本中有 14 份阳性（Feagins 等,2007；Yazaki 等,2003）。尽管像日本这样零星的病例强有力的表明 HEV 是人畜共患病,但是猪 HEV 对于人感染发病有多大作用还不明确。Meng 等（1999）在四个国家对猪进行调查,两个国家人 HEV 病例高度流行,两个国家人 HEV 病例流行率低。他们发现不管人病例是否流行,在这四个国家中猪 HEV 呈地方性流行。人接触 HEV（通过抗体反应检测）无论在发达还是不发达的国家并非罕见,然而在发达国家临床病例却很少见。

日本脑炎
Japanese Encephalitis

尽管日本脑炎病毒（Japanese encephalitis virus,JEV）对人经常导致不明显的感染,但其是世界范围内最常见的通过蚊子传播脑炎（Oya 和 Kurane,2007；van den Hurk 等,2009；Weaver 和 Reisen,2010）。JEV 分布于整个东亚、东南亚和南亚以及南太平洋（Oya 和 Kurane,2007；van den Hurk 等,2009）,与人口增长、水稻种植和猪产品生产相关。

涉禽是 JEV 主要的固有宿主；然而,猪在 JEV 的传播循环中非常重要,因为猪是唯一已知的可以满足病毒复制要求的哺乳动物宿主（van den Hurk 等,2009）。猪群高水平的 JEV 感染通常在人类流行之前出现（Acha 和 Szyfres,2003b）,哨兵猪提供了一个有用的体系用来评估 JEV 对人类的风险（Oya 和 Kurane,2007）。在亚洲一些区域,随着猪群总数的上升增加了人感染的风险,但是在日本,这种趋势相反。在过去的 40 年里,日本的猪产品大量增长,然而农场数量却降低了。随着更多的猪在现代化的设备中进行饲养,与居民区隔离,人感染 JEV 的病例已经下降,表明养猪场在不增加 JEV 对人传染的情况下可以持续发展（Oya 和 Kurane,2007）。

尼帕病毒
Nipah Virus

尼帕病毒（NV）1999 年在马来西亚第一次被确认,这一时期内猪群暴发呼吸系统疾病和脑炎,并伴随着与猪接触的人、屠宰场工人和参与屠宰感染动物的军队人员(Ali 等,2001)暴发致死性脑炎(Teng 等,2009)。目前没有护工之间出现人与人之间传染 NV 的报道(Teng 等,2009)。最近,在 2001、2003 和 2004 年,孟加拉 NV 被确诊为是引起那些没有与猪接触过的人出现致死性脑炎病例的主要原因(Bellini 等,2005)。

NV 属于亨尼帕病毒属(*Henipavirus*),副黏病毒科(Parmyxoviridae),与马的亨德拉(Hendra)病毒关系密切(Bellini 等,2005)。吃水果的蝙蝠[狐蝠属(*Pteropus*)和翼手目(Chiroptera)]是 NV 的自然提供者,人类通过与中间宿主如猪或者感染的蝙蝠、被蝙蝠污染的食物或物质,或者人与人之间直接接触发生感染(Bellini 等,2005;Teng 等,2009)。与蝙蝠相关的宿主种类在整个东南亚和南亚均有发现(Teng 等,2009)。自1998—1999 年在马来西亚暴发后还没有见到在猪群中暴发此类疾病。

雷斯顿-埃博拉病毒
Reston-Ebola Virus

雷斯顿-埃博拉病毒(REBOV)是线状病毒科的唯一成员,对亚洲猴具有致病性,但对非洲猴或人没有致病性(Morikawa 等,2007)。其他线状病毒成员可引起人类和非人类灵长类动物的急性致命性出血性疾病。

2008 年 7 月,曾在 USDA 外国动物疾病诊断实验室进行检测的猪样本中检测到来自菲律宾的 REBOV。这些样本与临床感染猪有关,被认为与高致病性猪繁殖与呼吸障碍综合征病毒(PRRSV)接触。REBOV 只在 PRRSV 阳性的样本中发现。菲律宾 141 人中 6 人与猪接触,REBOV 免疫球蛋白 G(IgG)抗体滴度阳性,但没有人发病(Barrette 等,2009)。

耐药性
ANTIMICROBIAL RESISTANCE

细菌性病原体的耐药性(AR)是一个世界性的公共卫生话题。很明显,人服用抗菌剂具有选择性地产生耐药性感染。科学和政治的辩论主要集中在动物抗菌剂对人类的耐药性的压力。

抗菌剂在动物上应用导致人类耐药性的证据包括:食源性病原体[例如:多重耐药(multidrug resistant,MDR)新港沙门氏菌(*Salmonella newport*)和耐喹诺酮类药物弯曲杆菌(fluoroquinolone-resistant *C.jejuni*)]和与家禽和猪有关的社区获得性公共感染[如,耐万古霉素肠球菌(vancomycin-resistant *Enterococcus* spp.)](Aarestrup 等,2000)。由于 AR 的基因可以在细菌间进行水平传播,非致病细菌可以作为 AR 的提供者。由于细菌性人畜共患病的 AR,欧盟颁布使用亚临床抗菌剂的禁令(Casewell 等,2003),美国不允许特异性使用喹诺酮类药物对鸡进行治疗(美国食品和药品管理局,卫生与人类服务部,2005)。

关于抗菌剂在动物应用的影响和最终对人类健康的影响尚不清楚。例如,在丹麦,停止使用阿伏帕星作为家禽和猪促进生长药物降低了耐万古霉素肠球菌的患病率(Anonymous,2009c)。然而,自从禁令出台后对猪以治疗为目的的抗菌剂的使用增加了,并且出现了一些病原体 AR 的改变。最近 Young 等(2009)对抗菌剂使用产品体系和邮寄产品进行了以下系统的对比和回顾,发现抗菌剂的使用和来自于家禽的耐喹诺酮类药物的弯曲杆菌(*Campylobacter*)之间有一定的关系,从其他物种中细菌分离株的 AR 普遍增加,AR 细菌还可从有机动物和动物产品中分离出来。由于取消使用亚临床抗菌剂而带来的食品安全方面的非预期效果开始显现(Singer 等,2007)。在食品动物上使用大环内酯类药物,可使人类治疗失败的可能性降到最低(Hurd 等,2004)。

无论是在人类还是动物健康方面,控制 AR 细菌出现最好的办法是明智地使用抗菌剂。正确的使用抗菌剂的指导说明正在形成(Anonymous,2009d)。

认证项目
CERTIFICATION PROGRAMS

美国有许多认证项目,主要集中在生产实践,确保提供安全和健康的猪肉制品。所有的这些项目都具有一定的第三方监督，确保生产实践的培训和执行。

猪肉质量保证计划
Pork Quality Assurance Plus

猪肉质量保证（PQA）项目在1989年被首次引进，主要关注猪肉中违规的药物残留。后来的修订增加了项目内容，关注更广的方面，包括：生理、化学和微生物危害。"PQA＋"计划是原始PQA的延伸，由猪肉基金会在2007年引入。"PQA＋"计划作为了一个持续改进的程序，在保留原始目的的基础上强调了猪肉产品中抗菌剂使用的责任、动物管理人员培训和动物保健和养护。"PQA＋"计划被美国肉类包装工很好的接受，他们大多数要求既要有认证标志，又要有生产地点的评估——谁提供了这些猪。

"PQA＋"计划在认证标志和审核有三个明确的方面："PQA＋"计划认证标志，"PQA＋"计划评估站点和"PQA＋"计划调查。"PQA＋"计划认证标志通过"PQA＋"计划顾问对生产商必须进行培训。认证标志是一个培训，不是对于"PQA＋"计划好产品实践的承诺评估。特别的"PQA＋"计划青年认证项目适用于年龄为8～19岁的青少年。认证每3年需要更新。"PQA＋"计划站点评估通过"PQA＋"计划顾问和评估生产商的一系列标准来执行。这些大多数关注动物保健和养护，但也有食品安全标准包括兽医/客户/患者之间的关系和充分的医疗及治疗记录。最后，"PQA＋"计划调查，由第三方评估执行，将评估"PQA＋"计划在行业中的履职情况和提供确切的改进和提升机会。

旋毛虫检测
Trichinae Herd Certification

USDA和猪肉行业组织（国家猪肉委员会、全国猪肉生产者委员会、美国猪兽医协会）共同合作形成了美国旋毛虫检测程序。这一程序一直坚持国际旋毛虫委员会（international Commission on Trichinellosis，ICT）的猪场控制建议，建议包括控制可能被人类消费的家畜和野生动物旋毛虫控制计划的方法（Gamble等，2000）。在这一程序下，执业兽医（qualified accredited veterinarian，QAV）审计符合生产实践的产品生产设施，重点关注旋毛虫感染猪场的风险因素。通过旋毛虫检测程序标准进行审计管制。通过检测在统计学上有效的来自于旋毛虫检测产品站点市场猪的样本来确定程序的效果。ICT建议在这样的控制程序下，单个胴体的检测可以排除。欧盟委员会也颁布了条例（欧盟委员，2005），对认证来自个体猪场或其他类别的猪场的样本提出了要求。此外，也可给予来自于旋毛虫检测地区官方认证的豁免权，忽略旋毛虫对地区家猪的风险。

安全饲养/安全食品
Safe Feed/Safe Food

美国饲料工业协会（American Feed Industry Associalion，AFIA）建立了安全饲养/安全食品认证流程，目前独自由AFIA操作执行。安全饲养/安全食品认证流程是一个自愿的、第三方认证的，最初的目标是美国和加拿大的饲料加工厂和饲料及原料相关生产机构。该流程已经建立了文件、培训、设施规划和控制、生产和处理、监控设备、基础设施、原材料购买、可追溯性和不良产品控制的标准。AFIA和全国猪肉委员会已经建立了对安全饲养/安全食品质量保证程序从生产者角度的介绍。

（韩伟译，张思明校）

参考文献
REFERENCES

Aarestrup FM, Agerso Y, Gerner-Smidt P, et al. 2000. Diagn Microbiol Infect Dis 37:127–137.

Aarestrup FM, Cavaco L, Hasman H. 2009. Vet Microbiol 142: 455–457.

Acha PN, Szyfres B. 2003a. Cysticercosis. In Zoonoses and Communicable Diseases Common to Man and Animals—Volume III. Washington, DC: Pan American Health Organization, pp. 166–175.

——. 2003b. Japanese encephalitis. In Zoonoses and Communicable Diseases Common to Man and Animals. Washington, DC: Pan American Health Organization, pp. 172–179.

Alban L, Stärk KDC. 2005. Prev Vet Med 68:63–79.

Ali R, Mounts AW, Parashar UD, et al. 2001. Emerg Infect Dis 7:759–761.

Al Saif N, Brazier JS. 1996. J Med Microbiol 45:133–137.

Anonymous. 1995. Swedish Salmonella control programmes for live animals, eggs, and meat, 1995. Commission Decision of 23rd of February, 1995. 95/50/EC, 2-23-1995.

——. 1996. Hazard Analysis Critical Control Point/Pathogen Reduction Act. Federal Register 61, 38805–38855.

——. 2008a. Food Safety and Inspection Service (FSIS) National Residue Program Data. USDA Food Safety and Inspection Service Chemistry. Downloaded September 10, 2010. www.fsis.usda.gov/PDF/2008_Red_Book.pdf.

——. 2008b. Public Health Risk-Based Inspection System for Processing and Slaughter: Appendix D, Data Sources. USDA Food Safety and Inspection Service National Advisory Committee on Meat & Poultry Inspection. Downloaded December 21, 2010. www.fsis.usda.gov/OPPDE/NACMPI/Feb2008/Processing_Appendix_D_041808.pdf.

——. 2008c. National Antimicrobial Resistance Monitoring Service Retail Meat Annual Report, 2008. Downloaded December 21, 2010. www.fda.gov/AnimalVeterinary/SafetyHealth/AntimicrobialResistance/NationalAntimicrobialResistanceMonitoringSystem/default.htm.

——. 2009a. Salmonella on U.S. Swine Sites—Prevalence and Antimicrobial Susceptibility. USDA APHIS VS Info Sheet N536.0109. Downloaded December 21, 2010. www.aphis.usda.gov/animal_health/nahms/swine/index.shtml.

——. 2009b. Preliminary Foodnet data on the incidence of infection with pathogens transmitted commonly through food—10 states, United States, 2008. MMWR 58:333–337.

——. 2009c. Danish Integrated Antimicrobial Resistance Monitoring and Research Programme. 2009. DANMAP 2009—Use of antimicrobial agents and occurrence of antimicrobial resistance in bacteria from food animals, foods and humans in Denmark. Copenhagen, Denmark.

——. 2009d. American Association of Swine Veterinarians Basic Guidelines of Judicious Therapeutic Use of Antimicrobials in Pork Production. Downloaded December 21, 2010. www.avma.org/issues/policy/jtua_swine.asp.

——. 2010. Progress Report on Salmonella Testing of Raw Meat and Poultry Products, 1998–2009. Downloaded December 21, 2010. www.fsis.usda.gov/Science/Progress_Report_Salmonella_Testing/index.asp.

Bakri M. 2009. Emerg Infect Dis 15:817–818.

Barrette RW, Metwally SA, Rowland JM, et al. 2009. Science 325:204–206.

Baverud V, Gustafsson A, Franklin A, et al. 2003. Equine Vet J 35:465–471.

Bellini WJ, Harcourt BH, Bowden N, et al. 2005. J Neurovirol 11:481–487.

Bettelheim KA. 2007. Crit Rev Microbiol 33(1):67–87.

Beutin L, Kruger U, Krause G, et al. 2008. Appl Environ Microbiol 74:4806–4816.

Borriello S, Honour P, Turner T, et al. 1983. J Clin Pathol 36:84–87.

Bowman A, Glendening C, Wittum TE, et al. 2007. J Food Prot 70(1):11–16.

Broens EM, Graat EA, van der Wolf PJ, et al. 2009. Methicillin-resistant Staphylococcus in animals: Veterinary and public health implications. Proc Am Soc Microbiol Conf, p. 16.

Broens EM, Graat EAM, van der Wolf PJ, et al. 2010. Prevalence study and risk factor analysis on MRSA in sow-herds. Proc Congr Int Pig Vet Soc, p. 120.

Brooks JT, Sowers EG, Wells JG, et al. 2005. J Infect Dis 192:1422–1429.

Carabin H, Budke CM, Cowan LD, et al. 2005a. Trends Parasitol 21:327–333.

Carabin H, Cowen LD, Willingham AL, et al. 2005b. The Monetary Impact of Taenia solium Cysticercosis in Four Countries. Presentation. Philadelphia: American Public Health Association.

Casewell M, Friis C, Marco E, et al. 2003. J Antimicrob Chemother 52:159–161.

Centers for Disease Control and Prevention. 2008. Letter to the U.S. House of Representatives Agricultural Committee.

Chase CCL, Daniels CS, Garcia R, et al. 2008. J Swine Health Prod 16:254–261.

Chen C, Tan J, Dong W, et al. 2007. A glimpse of streptococcal toxic shock syndrome from comparative genomics of S. suis 2 Chinese isolates. PLoS One 2:e315.

Christensen SG. 1980. J Appl Bacteriol 48:377–382.

Clemente-Casares P, Pina S, Buti M, et al. 2003. Emerg Infect Dis 9:448–454.

Conedera G, Mattiazzi E, Russo F, et al. 2007. Epidemiol Inf 135:311–314.

de Boer E, Zwartkruis-Nahuis JTM, Huijsdens XW, et al. 2009. Int J Food Microbiol 134:52–56.

Denagamage TN, O'Connor AM, Sargeant JM, et al. 2007. Foodborne Pathog Dis 4:539–549.

Department of Health and Human Services, US Food and Drug Administration. 2005. Final Decision of the Commissioner, Docket No. 2000N-I 57 1. Withdrawal of approval of the new animal drug application for enrofloxacin in poultry.

Ding N, Wu N, Xu Q, et al. 2009. Virus Genes 39:293–300.

Dixon B. 2009. News focus: Pork problems. Curr Biol 19:R3–R4.

European Community. 2005. Commission Regulation No. 2075/2005 of 5 December 2005 laying down specific rules on official controls for Trichinella in meat. Off J EC L338:60–82.

European Food Safety Authority. 2009. Analysis of the baseline survey on the prevalence of methicillin resistant Staphylococcus aureus (MRSA) in holdings with breeding pigs, in the EU, 2008, part A: MRSA prevalence estimates. EFSA J 7:1376–1377.

Feagins AR, Opriessnig T, Guenette DK, et al. 2007. J Gen Virol 88:912–917.

Fratamico PM, Bagi LK, Bush EJ, et al. 2004. Appl Environ Microbiol 70:7173–7178.

Fredriksson-Ahoomaa M, Korkeala H. 2003. Clin Microbiol Rev 16:220–229.

Fukushima H, Nakamura R, Ito Y, et al. 1983. Vet Microbiol 8:469–483.

Funk J, Gebreyes WA. 2004. J Swine Health Prod 12:246–251.

Funk JA, Troutt HF, Isaacson RE, Fossler CP. 1998. J Food Prot 61:677–682.

Gamble HR, Bessenov AS, Cuperlovic K, et al. 2000. Vet Parasitol 93:393–408.

Gamble HR, Bush E. 1999. Vet Parasitol 80:303–310.

Gebreyes W. 2009. Epidemiology, toxino- and geno-typing of Clostridium difficile in swine at farm, slaughter and retail. In National Pork Board Research Reports, 07-044. Downloaded December 21, 2010. www.pork.org.

Gebreyes WA, Bahnson PB, Funk JA, et al. 2008. Foodborne Pathog Dis 5:199–203.

Goldbach SG, Alban L. 2006. Prev Vet Med 77:1–14.

Gottschalk M, Segura M. 2007. Lessons from China's Streptococcus suis outbreak: The risk to humans. Proc Annu Meet Am Assoc Swine Vet.

Gould LH, Limbago B. 2010. Clin Infect Dis 51:577–582.

Graham PL, Linn SX, Larson EL. 2006. Ann Intern Med 144:318–325.

Harper AL, Male MJ, Scheibel RP, et al. 2009. Methicillin-resistant *Staphylococcus* in animals: Veterinary and public health implications. Proc Am Soc Microbiol Conf, pp. 16–17.

Hill DE, Haley C, Wagner B, et al. 2009. Zoonoses Public Health 57:53–59.

Hoff SJ, Sundberg P. 1999. Breakage and deformation characteristics of Japanese and U.S, manufactured hypodermic needles under static and dynamic loading. Proc Annu Meet Am Assoc Swine Pract, pp. 217–227.

Horrocks SM, Anderson RC, Nisbet DJ, et al. 2009. Anaerobe 15: 18–25.

Hsieh SY, Meng JJ, Wu YH, et al. 1999. J Clin Microbiol 37: 3828–3834.

Hurd HS, Doores S, Hayes D, et al. 2004. J Food Prot 67: 980–992.

Hurd HS, McKean JD, Griffith RW, et al. 2002. Appl Environ Microbiol 68:2376–2381.

Huwe J. 2002. J Agric Food Chem 50:1739–1750.

Huwe J, Pagan-Rodriguez D, Abdelmajid N, et al. 2009. J Agric Food Chem 57:11194–11200.

Jhung MA, Thompson A, Killgore GE, et al. 2008. Emerg Infect Dis 14:1039–1045.

Johnson KE, Thorpe CM, Sears CL. 2006. Clin Infect Dis 43: 1587–1595.

Jones JL, Dargelas V, Robert J, et al. 2009. Clin Infect Dis 49: 878–884.

Jones JL, Kruszon-Moran D, Wilson M. 2003. Emerg Infect Dis 9: 1371–1374.

Kapel CM, Gamble HR. 2000. Int J Parasitol 30:215–221.

Kennedy ED, Hall RL, Montgomery SP, et al. 2009. MMWR Surveill Summ 58:1–7.

Khanna T, Friendship R, Deway C, et al. 2008. Vet Microbiol 122:366–372.

Kluytmans JAJW. 2010. Clin Microbiol Infect 16:11–15.

Liem AKD, Furst P, Rappe C. 2000. Food Addit Contam 17: 241–259.

Manning SD, Madera RT, Schneider W, et al. 2007. Emerg Infect Dis 13(2):318–321.

McDonald LC, Coignard B, Dubberke E, et al. 2007. Infect Control Hosp Epidemiol 28:140–145.

McDonald LC, Killgore GE, Thompson A, et al. 2005. N Engl J Med 353:2433–2441.

McKean JD, Beary J, Brockus S, et al. 2003. Proc 5th Intl Symp Epidemiol Control Foodborne Path Pork, pp. 223–224.

McLaren IM, Wray C. 1991. Vet Rec 129:461–462.

Mead PS, Slutsker L, Dietz V, et al. 1999. Emerg Infect Dis 5: 607–625.

Meng XJ. 2000. J Hepatol 33:842–845.

———. 2003. Curr Top Microbiol Immunol 278:185–215.

Meng XJ, Dea S, Engle RE, et al. 1999. J Med Virol 59:297–302.

Meng XJ, Purcell RH, Halbur PG, et al. 1997. Proc Natl Acad Sci USA 94:9860–9865.

Meng XJ, Wiseman B, Elvinger F, et al. 2002. J Clin Microbiol 10: 117–122.

Meyers KP, Olsen CW, Gray GC. 2007. Clin Infect Dis 44: 1084–1088.

Morikawa S, Saijo M, Kuran I. 2007. Comp Immunol Microbiol Infect Dis 30:391–398.

Mousing J, Jensen PT, Halgaard C, et al. 1997. Prev Vet Med 29: 247–261.

Naimi TS, LeDell KH, Como-Sabitti K, et al. 2003. J Am Med Assoc 290:2976–2984.

Nesbakken T, Nerbrink E, Rotterud O, et al. 1994. Int J Food Microbiol 23:197.

Norman KN, Harvey RB, Scott HM, et al. 2009. Anaerobe 15: 256–260.

O'Connor AM, Denagamage T, Sargeant JM, et al. 2008. Prev Vet Med 87:213–228.

O'Neill G, Admas JE, Bowman RA, et al. 1993. Epidemiol Infect 111:257–264.

Oya A, Kurane I. 2007. J Travel Med 14:259–268.

Phan Q, Mshar P, Rabatsky-Ehr T, et al. 2007. Laboratory-confirmed non-O157 Shiga toxin-producing *Escherichia coli*—Connecticut, 2000–2005. MMWR 56:29–31.

Plym-Forshell L, Eskebo I. 1996. Acta Vet Scand 37:127–131.

Ray SM, Ahuja SD, Blake PA, et al. 2004. Population-based surveillance for *Yersinia enterocolitica* infections in Foodnet sites, 1996–1999: Higher risk of disease in infants and minority populations. Clin Infect Dis 38(Suppl 3):S181–S189.

Roghmann MC, Faulkner CT, Lefkowitz A, et al. 1999. Am J Trop Med Hyg 60(5):790–792.

Roy SL, Lopez AS, Shantz PM. 2003. Trichinellosis surveillance—United States 1997–2001. MMWR Surveill Summ 52:SS6.

Rupnik M. 2010. Clin Infect Dis 51:583–584.

Schiemann DA. 1989. *Yersinia enterocolitica* and *Yersinia pseudotuberculosis*. In MP Doyle, ed. Foodborne Bacterial Pathogens. New York: Marcel Dekker, pp. 601–672.

Shinde V, Bridges CB, Uyeki TM, et al. 2009. New Engl J Med 360: 2616–2625.

Singer RS, Cox JLA, Dickson JS, et al. 2007. Prev Vet Med 79: 186–203.

Smego R, Frean J, Koornhof HJ. 1999. Eur J Clin Microbiol Infect Dis 18:1–15.

Smith FJ, Vijaykrishna D, Bahl J, et al. 2009a. Nature 459: 1122–1125.

Smith GJD, Bahl J, Vijaykrishna D, et al. 2009b. PNAS 106: 11709–11712.

Smith JL. 2001. J Food Prot 64:372–380.

Smith TC, Male MJ, Harper AL, et al. 2009c. Methicillin-resistant *Staphylococcus aureus* (MRSA) strain 398 is present in midwestern U.S. swine and swine workers. PLoS One 4:e4258.

Songer JG. 2004. Anim Health Res Rev 5:321–326.

Songer JG, Trinh HT, Killgore GE, et al. 2007. Emerg Infect Dis 15(5):819–831.

Sonntag AK, Bielaszewska M, Mellmann A, et al. 2005. Appl Environ Microbiol 71:8855–8863.

Sorvillo FJ, DeGiorgio C, Waterman SH. 2007. Emerg Infect Dis 13:230–234.

Teng KK, Takebeb Y, Kamarulzamana A. 2009. Int J Infect Dis 13:307–318.

Teratanavat R, Hooker NH. 2004. Food Control 15:359–367.

Thakur S, Gebreyes WA. 2005. J Food Prot 68:2402–2410.

Toma S, Deidrick VR. 1975. J Clin Microbiol 2:478–481.

Tsubokura M, Fukuda T, Otsuki K, et al. 1976. Studies on *Yersinia enterocolitica*. II. Relationship between detection from swine and seasonal incidence, and regional distribution of the organism. Nippon Juigaku Zasshi 38:1–6.

van den Hurk AF, Ritchie SA, Mackenzie JS. 2009. Annu Rev Entomol 54:17–35.

van Loo IHM, Diedren BMW, Savelkoul PHM, et al. 2007. Emerg Infect Dis 13:1753–1755.

Van Reeth K. 2007. Vet Res 38:243–260.

Vincent AL, Sweson SL, Lager KM, et al. 2009. Vet Microbiol 137:51–59.

Voss A, Loeffen F, Bakker J, et al. 2005. Emerg Infect Dis 11: 1965–1966.

Weaver SC, Reisen WK. 2010. Antiviral Res 85:328–345.

Weese JS. 2010. Clin Microbiol Infect 16:3–10.

Weese JS, Avery BP, Rousseau J, et al. 2009. Appl Environ Microbiol 75:5009–5011.

Weese JS, Avery BP, Reid-Smith RJ. 2010a. Detection and quantification of methicillin-resistant *Staphylococcus aureus* (MRSA) clones in retail meat products. Lett Appl Microbiol 51: 338–342.

Weese JS, Finley R, Reid-Smith RR, et al. 2010b. Epidemiol Infect 138:1100–1104.

Weese JS, Wakeford R, Reid-Smith R, et al. 2010c. Longitudinal investigation of *Clostridium difficile* shedding in piglets. Anaerobe 16:501–504.

Werber D, Beutin L, Pichner R, et al. 2008. Emerg Infect Dis 14:1803–1806.

Willenburg KS, Sentuochnick DE, Zabocks RN. 2006. N Engl J Med 354:1325.

Withers MR, Correa MT, Morrow M, et al. 2002. Am J Trop Med Hyg 66:384–388.

Yazaki Y, Mizuo H, Takahashi M, et al. 2003. J Gen Virol 84:2351–2357.

Young I, Rajić A, Wilhelm BJ, et al. 2009. Epidemiol Inf 137:1217–1232.

Yu H, Jing H, Chen Z, et al. 2006. Emerg Infect Dis 12:914–920.

13 展示猪和宠物猪的特殊考虑
Special Considerations for Show and Pet Pigs
Amy L. Woods 和 Valarie V. Tynes

展示猪
SHOW PIGS

展示猪养猪业简介
Introduction to the Show Pig Industry

与商品猪生产行业相比,展示猪在猪养殖业仅有很小一部分的动物数量,因此在众多养猪业中展示猪养殖往往被忽视。然而,考虑到投入该行业的人和资金的数量时,展示猪养猪业是一个重要的商业部分。很难估计美国展示猪养猪业的确切大小和货币价值。在猪展览的注册和销售的基础上,据估计,每年约有 100 万头生猪经猪表演和展览进入食品链。还有一两百万头猪以展示猪形式出生和饲养,然后通过其他场地输入食物链。这些猪可能来自于同窝中未被选中作为展示猪的猪,作为展示猪的备份的猪或不符合特定展示重量标准的猪,等等。

随着展示猪养猪业的增长,出现了相当多的专为兽医产品和兽医服务的"特殊"市场。因为展示猪具有独特的性质,从业者需对行业的一些特殊注意事项具有一定的认识,这会让从业者更好地满足猪和客户端的需要。有许多不同类型的展示猪的客户,一些客户自己通过自繁自养来生产和销售他们的猪,而有些客户需要购买仔猪并且只饲养生长—肥育猪。有些客户可能只是暂时的

展示猪的生产者,其目标只是在当地的交易会中拥有一个项目。其他客户对展示猪养猪业是极其重视的,并在他们的展示猪上花费大量的时间、金钱和注意力。许多公猪种畜的市场精液对展示猪顾客来说有特殊意义。

有几个特点可以区分展示猪和商品猪。其中最重要的是个别的展示猪或宠物猪可以是非常有价值的——高达数十万美元。这些动物的繁殖和饲养主要用于展览,而猪肉的生产并不是必需的。同一只展示猪可能经常在一个展览季的不同的位置被展示。展览季将根据美国的地理区域而有所不同,但通常会持续 3 个月左右。许多较严谨的展示猪客户将参加累积奖金巡回展示,其中的猪可以通过在众多展示中赚取积分和金钱来确定它们的名次。这些猪可能在整个展览季的每月有多达 4 个展示。在展览季的高潮,猪可能会在一个最终展示中被展出并直接获得收获。另外,许多动物(特别是种畜)会在展览季后回家。这种展示时间表造就了独特的生物安全和健康问题。

生物安全
Biosecurity

当购买一个选定的展示猪时,其健康状况或来源往往不被考虑。购买者通常根据血统和外观来购买猪。兽医需要对客户提供适当的生物安全

猪病学,第 10 版,由 Jeffrey J. Zimmerman,Locke A. Karriker,Alejandro Ramirez,Kent J. Schwartz,Gregory W. Stevenson 主编。
© 2012 John Wiley & Sons,Inc. 由 John Wiley & Sons,Inc. 2012 年出版。

措施以及不同来源的猪混群所涉及风险的建议。治疗方案也可以在购买这些猪和第一次混群时一起说明。兽医还必须告知客户，在动物展示完携带回家时应采取的适当的生物安全措施。在2002年印第安纳州博览会后(印第安纳州展览季结束时)进行的一项调查显示，近一半的展览猪在博览会后会回家或到另一个农场(Amass等，2004)。通常情况下，这些动物展示回来后并没有相应的隔离或检测程序。

因为展示猪频繁运输，需经常跨越州界限，因此兽医必须知道州和联邦关于在其地区的运输、鉴别和展览的法规。一些州也必须做出对运输或展览之前和/或之后的关于隔离期限和检测程序的相关的规定。兽医也可以受聘于特定展示猪的销售和展览活动，以确保所有参与者符合任何州和联邦的关于鉴别、健康认证和动物健康的相关法规。由于展示猪主要是靠耳号来鉴别，兽医必须能熟练读取标准耳号来满足这些法规。

人畜共患的影响
Zoonotic Implications

人畜共患病的潜在危害对于商品猪肉的生产很重要，由于展示猪和其照顾者的密切接触以及广大市民也可以密切地与当地的交易会和展览会的动物接触，这种风险对于展示猪和宠物猪也正在逐渐增加。猪流感病毒(SIV)感染已在除了参观威斯康星州当地(Wells等，1991)和俄亥俄州(Vincent等，2009)的展览会而平常没有直接接触猪的人中发病，志贺毒素大肠杆菌O157：H7也存在于公共交易会的牛、猪、绵羊和山羊的粪便中(Keen等，2006)。

兽医必须具备快速地鉴别、治疗和/或建议从一个展览会中去除患病动物的能力，以尽量减少人畜共患病的传播风险。兽医也应该普及客户以及公众对这些人畜共患病的风险和向展览会官员对可能发生的人畜共患疾病事件提出建议。

一般健康问题
General Health Issues

疫苗接种及健康程序 (Vaccination and Health Protocols)。兽医应该参与制订展示猪客户的疫苗接种程序。用于商业群发病的临床症状、血清学检测或死亡猪的死后诊断的典型方法对于畜群规模相对较小的展示猪是不实际的。目前已建立一些展示猪的病史信息，这在制定接种协议时可供使用。此外，一些猪的销售和展示需要接种特定的疫苗。

展示猪的健康程序中必须包括定期对体内和体外寄生虫的治疗，因为二者在展示猪中都非常常见。由于展示猪在销售和展示时会广泛接触其他动物，因此展示猪的猪群感染疥癣的风险较高。因为展示猪往往圈养和/或活动在猪已经生活了多年的灰尘很多的地方或旧谷仓，这增加了其暴露于体内寄生虫的风险。通常必须在展示猪的整个生长期轮换使用含有抗寄生虫药的产品，如芬苯哒唑、敌敌畏和伊维菌素。还应该确保对全部展示猪的繁殖群进行周期性的抗寄生虫的治疗。

个别动物的用药 (Individual Animal Medicine)。与商业群中兽医重点关注群体用药不同，展示猪的兽医往往需要关注个别动物的问题。客户可致电他们的兽医来检查生病的、受伤的或跛脚的动物。常见的问题包括肺炎或腹泻，且兽医应该像在商业农场中一样同等对待这些问题。跛行在展示猪中是非常常见的，因为展示猪往往会进行很激烈的训练并且有很严重的肌肉损伤。常见的跛行问题是由软骨病(osleochondrosis，OCD)和骨关节炎(osteoarthritis，OA)、关节感染、蹄裂缝、垫瘀青和外伤导致的。展示猪跛行的感染性原因通常与猪滑液支原体或丹毒相关。对商品猪不会造成结果的跛行可以很容易地使展示猪不再适合预期的用途。很多展示猪的客户愿意在治疗效果好的情况下投资，因为他们往往对动物进行显著的金融、时间和感情的投入。虽然没有有效的数据证明关节补充剂的安全性，但是口服含葡萄糖胺和软骨素的关节补充剂被广泛用于促进关节健康和尽量减少软骨病和骨关节炎的问题。这些补充剂通常在展出前的几个星期或动物可能会开始出现关节僵硬的临床症状时饲喂。

户外演示猪的一种常见的问题是晒伤。严重的晒伤可使这些猪结痂，甚至使整个背部都有疤痕。在急性期，会出现神经功能缺损，后腿表现出由于整个背部的疼痛而引起的非同寻常的步态。晒伤应该用非处方的芦荟产品处理，除了在阴影中的部位。许多展示猪的生产者为防止晒伤，对浅色的猪在将它们带出去之前应用防晒霜。

兽医们也被要求对展出猪执行各种外科手术。这些手术对于大多数商品猪的农场在经济上是不恰当的。通常要求的展示猪外科手术包括以下内容：

1. 老年去势——很多展示猪在老年之前有作为种猪的前景，且老年时需要麻醉去势；

2. 阴囊破裂修补术；

3. 腹疝修补术——有时经常会存在脓肿；

4. 隐睾摘除术——可能会被饲养员在去势前要求做该手术，即如果只有一个睾丸下降或参展商在他们的猪开始呈现公猪行为时要求；

5. 脓肿清除——去势的后果，因伤势过重，或在注射部位；

6. 精索硬癌摘除——由于去势部位的感染和结疤；

7. 包皮憩室切除术——对公猪或去势公猪进行该术以消除尿池，因为很多的客户不喜欢定期手动清除其内容物；也对公猪为消除因阴部摩擦而进入憩室时进行；

8. 阴茎问题——检查和修复其系带或创伤；对麻醉公猪使用 24.5 cm（10 in）弯曲的博兹曼（Bozeman）子宫钳来将阴茎由腹腔取出是有用的；

9. 额外悬趾截肢术——一些品种不允许动物有额外的悬蹄来注册为纯种，所以决定进行这种手术可能有伦理道德的影响；

10. 直肠脱垂修复术——通常是在环境变冷的条件下和扎堆后的猪、咳嗽，或由于饲料的变化腹泻时进行该术。

麻醉选择和手术技术的详细介绍在这本书的第 10 章。

养殖管理
Breeding Management

兽医们经常接到关于展示猪猪群的人工授精技术和发情管理方面的求助和咨询。与商品猪农场不同，展示猪的母猪会特异性的与特定表型，或个体杂交后产生的可预测表型的野猪进行杂交。精液可从专门提供展示猪精液的公猪站购买，价钱一般非常昂贵。由于演览季的时间性，展示猪的生产者希望在非特定的时间能自繁自养动物。

兽医需要制订和实施同期发情方案。此外，许多展示猪的猪群规模小，并没有公猪可以在繁殖时来协助发情检测和刺激。

分娩管理
Farrowing Management

展示动物常见生产困难。展示猪的生产者倾向于繁养更多的母猪，以保证跟上展览业的最新的基因发展趋势。保证展示猪与种猪群的母猪表型一致是很困难的。展示猪出生时体重较重是由较低的窝产仔数和/或遗传类型所造成的。展示猪群的母猪往往过肥。这些因素的组合导致了难产率的增加。由于许多展示猪的生产者在帮助难产母猪时的经验没有商品猪生产者充足，并且动物有更大的货币价值，因此兽医更可能会被要求提供产科护理。在极端难产的情况下，可能会被要求剖宫产。

猪应激综合征
Porcine Stress Syndrome

尽管商品猪养猪业已经基本从猪群中消除了猪应激综合征（porcine stress syndrome，PSS），但是它仍在展示猪养猪业中存在。由于 PSS 与增加肌肉和消瘦有关，展示猪养猪业却在不经意间选择了这个基因。许多品种协会鼓励生产商消除 PSS，因此不允许含有杂合子（携带者）或隐性纯合（阳性特征者）的动物注册。例如，约克夏、汉普夏、杜洛克和长白不能在国家猪注册表中注册，除非它们是纯合的显性表型（阴性）。兽医可能会被要求提供帮助来验证动物的 PSS 状态。通常是在一个私人实验室进行血液测试。一些生产商可以通过在耳静脉放置一张吸墨纸卡熟练地抽取动物本身的小血液样本以进行测试。兽医可能在展示猪上观察到更多的临床 PSS，因此需要知道如何识别和避免它。

营养
Nutrition

营养方面展示猪养猪业与商品猪行业相比有很大的不同。通常，展示猪比同类商品猪被饲喂蛋白质含量更高的食物。展示猪饲料中使用各种各样的补充剂和饲料。其中一些通常包括人类食品或用于其他物种的饲料。这些补充剂的效率和安全性一般都无法获知。饲养成功的展示猪的外观往往会每隔几年就发生改变,相应地,也需要改变饲料的组成和补充剂来产生所需的外观。特别值得一提的是一种常用的补充剂是莱克多巴胺盐酸盐(ractopamine HCL)。兽医可指导客户正确地小批量饲喂这种补充剂从而来发挥重要的作用。

　　兽医必须知道一些非传统的饲料和补充剂,从而可以使用它们处理相关的健康问题。例如,展示猪饲料中脂肪含量的增加可导致腹股沟和腹部的脂肪组织炎(R. Bush,个人交流)。使猪达到特定重量级别的期望,可能会导致水潴留或通过使用利尿药从而引起脱水。

教育
Education

　　展示猪兽医必须积极参与客户的培训。许多展示猪的生产者缺乏像商品猪行业的生产者那样丰富的经验和知识。因为许多医药产品也应用于展示猪,兽医必须努力指导这些客户适当地使用、管理药品和停药时间。此外,除了达到个人客户的目的,兽医也需要在 4-H 或 FFA 团体中宣传关于一般猪保健、健康和疾病预防方面的知识。展示猪生产者也有机会参与正规的教育方案,如全国猪肉委员会(National Pork Board)的猪肉质量保证(Pork Quality Assurance. Plus,PQA +)或青年 PQA + 培训课程。

道德
Ethics

　　和展示猪生产者一起工作的任何兽医必须确定一套和他们所提供的程序和建议有关的道德标准。与许多竞争性行业相同,有客户会尽一切努力来获胜并可能会要求他们的兽医提供与良好判断或道德相矛盾的服务。从业者也必须考虑到他们的建议可能会影响所有的猪肉生产者和消费者。兽医可能会面临有些类别的道德困境,包括改变动物的鉴别,非法使用毒品和改变外科手术构象,等等。

　　除了已提到的明显道德问题,也有在特别展示中被禁止的日常兽医护理和治疗情况。例如,

很多展示中禁止使用任何"性能—提升产品",如非甾体抗炎药(nonsteroidal anti-inflammatory drugs,NSAIDs),因为它可能会掩盖跛脚问题。即使这些产品的使用按照标签指示,且符合法律上的休药期,也可能在展示中检测不到它们在猪的使用。大多数的展示需要对猪进行这些类药品的检验。与展示猪工作相关的兽医必须考虑到展示环节的规则可能并不总是符合适用于商品动物的法律标准。

致谢
Acknowledgments

　　笔者非常感谢所有促成本章内容的投入和帮助:Drs. Max Rodibaugh, Dave Farnum, Jodi Sterle,Keith Adams,Mr. Ryan Harrell,和 Mr. Alan Duttlinger。

小型宠物猪
MINIATURE PET PIGS

　　虽然小型猪的小尺寸使它们更适合作为宠物,但需要提醒主人的是,小型猪仍是猪科动物的成员,其与猪有类似的行为、环境需求、疾病和寄生虫。除一些例外,它们解剖和生理上的特点很像大型商业品种的猪,治疗也是相似的。

行为与训练
Behavior and Training

　　宠物猪的攻击性是一个需要重点关注的问题,且会导致许多猪被放弃或重新寻找主人(lord 和 Wittum,1997;Tynes 等,2007)。鉴于这个原因,宠物主人在他们购买宠物猪后应尽快接受关于其潜在问题的辅导。应该忽略希望宠物猪自己好起来而对人类没有攻击性这种问题。因为与大多数行为问题相同的情况是,攻击行为很少会在不治疗的情况下降低,且如果不及时治疗它通常会随着时间的推移而恶化。宠物猪通常在成熟后开始显示攻击行为(6 月龄至 3 岁),而通常情况下,首要攻击行为的受害者是家里的访客(Tynes 等,2007)。这被认为是它们对于一个不熟悉的人的正常反应,这和猪在遇到不熟悉的同类时的行为相似。宠物猪对家庭中熟悉的人的攻击行为通常也开始于成熟左右,且看起来是某种形式的主

动性的攻击。虽然许多宠物主人和培训人员都有描述这种行为，推荐同对待宠物犬一样来治疗具有攻击性的宠物猪；应该教导动物，人类是团体中的领导者。最安全和最简单的措施是在猪很小的时候就将其拴在马甲和皮带上来管束；推荐使用专门为小型猪设计的马甲，这比用于犬的马甲使用起来更合适和简单。然后可以教给宠物猪对一个简单命令作出回应，如在给宠物猪想要的任何东西之前说"坐"。使用食品诱惑来教会猪坐是比较简单的，就像你训练犬一样。它应该在饲喂，洗澡，宠爱，邀请到家具上，允许外出之前等情况下被要求坐下。

在有访客来临时猪应该总是穿着马甲，且一个负责任的成年人在访客到达时，应控制猪的皮带。一旦访客已经在家里呆了几分钟后，当宠物猪配合时，他们可以被允许（如果他们愿意与猪进行互动的话）要求猪坐下且奖励猪小块的水果、蔬菜、干谷物，或其他食品。或者，主人可以简单地将访客与宠物猪分开，即在访客到家的时候，把宠物猪带到另一个房间或畜舍。

保定
Restraint

物理保定（Physical）。和大型猪一样，小型猪也通过挣扎和叫声来反抗保定。在表面检查和接种疫苗时可能会需要使用物理保定，但在做更彻底的检查时，如獠牙修剪和甲（蹄）修整时往往需要化学保定。大部分主人将小型猪视为他们的宠物，如果将他们的猪视为农场动物会使得他们不高兴。出于这个原因，大多数人会愿意付费使用化学保定，而不是看到（或听到）他们的猪在物理保定时苦苦挣扎和尖叫。此外，小型猪比大猪有更小，更不稳定的心血管系统，且在物理保定时可能被逼到崩溃的地步。由于它们有关节脱位的倾向，不应该抓举它们的腿。因为小型猪可能会恐慌和剧烈摆动，因此很少对其使用鼻网；以前也出现过在使用鼻网时它们因挣脱而使保定不可靠而造成受伤的情况。

要举起小或中等大小的宠物猪，保定者应将一只胳膊放在猪前肢的前面，而另一个胳膊在后肢的后面，牢牢地握住猪使其贴在保定者的胸膛，并将它尽可能迅速和顺利地移动到体检桌上。一

旦将猪放在桌子上后，不要尝试坚决限制其运动；保定者可以简单地用胳膊固定。橡胶垫或其他防滑表面将大大减少猪的痛苦，并帮助保持冷静。如果保定猪的人牢牢抓住它的脖子、侧面、腹部或大腿内侧，这也将有助于保证猪的安静。连续地饲喂猪小块的食物（如果不打算麻醉时）通常会使它得到控制，使检查和疫苗接种顺利进行。

较大的猪可由两个人使用一种"消防员的带"来举起；保定者从两个侧面接近猪，每一个人把一只手臂放在猪前腿的前面，另一胳膊放在猪后腿的后面。然后，两个人抓其肘部将其抬起，然后将猪挤压在带中间。猪就可以迅速被放置在检查桌上。

经常用一个有洞的吊床样的吊索通过固定每个猪脚来保定宠物猪。吊索在帮助保定一些较大而温顺的猪时是非常有用的。许多猪在修整指甲和牙齿时会坐在吊索里。

化学保定（Chemical）。由于小型猪有较厚的身体脂肪，因此要实现注射剂的预期结果是具有挑战性的。对成年猪进行肌内注射可能需要约3.8或5 cm（1.5或2 in）长的注射针头。麻醉剂的首选注射部位是半膜肌或半腱肌。臀部肌内注射可能会导致跛行。常用的解离麻醉剂与麻醉后恢复期的延长和狂躁表现以及恢复后的怪异的行为有关。然而，当吸入麻醉不可用时，右旋美托咪啶（40 μg/kg），布托啡诺（0.3 mg/kg），咪达唑仑（0.3 mg/kg）混合在一个注射器且进行肌内注射被认为是安全可靠的，同时麻醉结束后恢复顺利。此外，右旋美托咪啶的效果是可以被阿替美唑逆转从而加速恢复。

经证明吸入麻醉也是安全和有效的，并提供了一个快速且相对可预见的麻醉恢复。大部分猪可以很容易地通过面罩吸入麻醉，最初的30～60 s包含有一氧化二氮与氧的气体，然后慢慢打开麻醉气体（异氟烷）。一旦猪明显放松，就应停止使用氮。

恶性高热已很少在小型猪中提到，但这种现象似乎并不常见。PSS基因的普遍性容易使小型猪更易患恶性高热，但目前原因尚不清楚。

小型猪应仔细监测从麻醉恢复过程中的并发症，如喉水肿、低体温和心血管损害等情况并不

少见。

疫苗接种
Vaccinations

　　尽管事实上许多宠物猪将永远不会和其他的猪接触,一些疫苗的接种在确保其继续保持良好的健康以及防止潜在的人畜共患疾病和对有经济利益的商品养猪业重要的疾病蔓延上仍然是重要的。没有一个单一的接种方案对所有宠物猪是最好的,但所有的猪都应该定期接种针对丹毒的疫苗。其他疫苗将取决于猪的年龄,疫苗接种之前的情况,猪生存的环境和地理区域以及接触到其他猪的可能性。

寄生虫
Parasites

　　对大型猪易感的寄生虫对小型猪也是易感的。疥癣虫(疥螨,*Sarcoptes scabiei*)是较常见的问题之一。小型猪往往在其外部耳道出现很多黑色有痂的渗出物,但这似乎是正常的,且耳螨(*Otodectes cynotis*)很少,如果有的话,会发现有排出物。然而,疥螨通常存在于受感染猪的耳拭子。

　　体内寄生虫,如蛔虫、鞭虫、蛲虫,在从信誉良好的饲养者处收购的猪中是不常见的,且大型蠕虫感染是罕见的,因为临床症状与体内寄生虫有关。然而,所有的宠物猪应在 8～12 周龄进行粪便浮选。在进入成年后,如果猪保持在一个干净的且没有暴露在有其他猪的环境中,粪便检查是不太重要的。如果粪便检查中鉴定出寄生虫,宠物猪可以用相同剂量的大型猪的驱虫药来治疗。

牙齿修整
Teeth Trimming

　　所有小型猪在 5～7 月龄时出现 4 个永久犬齿,在公猪中,这些牙齿不断生长。即使去势公猪的獠牙也可以达到危险的长度,虽然通常它们的生长速度比完整的公猪中要慢。最乖巧的猪也可以用这些长而锋利的牙齿做出损害家具和意外伤害人类的行为,因此建议定期修剪。麻醉使所有的参与过程更安全,更容易。产科线、高速牙科工具、电动打磨工具都被成功用于牙齿修整。应该避免使用粉碎工具,因为它们可以纵向造成牙齿的断裂,并引起疼痛和可能的感染。牙齿修整后应尽可能短,同时避免切断牙髓腔,牙齿的长度可以根据不同个体而不同。电动打磨工具上的砂光片可以用于磨平牙齿,使牙齿不再留有锋利的边缘。因为有破裂或感染的可能性,除非是必要的情况不推荐将宠物猪的犬齿去除。

蹄部修剪
Hoof Trimming

　　住在家里和缺乏在粗糙表面上锻炼的宠物猪通常需要定期修剪蹄部。过度生长的蹄会超过腿关节,且伴随着肥胖时是宠物猪一种常见的跛行原因。通常需要进行常规修剪,当猪进行麻醉时将最容易操作。然而,在被限制于吊索或保定它们的后背时,许多猪都会容忍这一过程。使用可能用于山羊或马的修剪器和锉进行蹄部修剪是很容易的。在某些情况下,特别是在其蹄部已经严重过度生长时,敏感板层组织(即“活肉”)将延长。深入切割“活肉”组织可能会导致持续数天的跛行,在可能的情况下应尽量避免。

常见的外科手术
Common Surgical Procedures

　　所有不准备用于繁殖的母猪都应该进行卵巢子宫切除术。5 岁以上的宠物猪中较高比例的生殖道肿瘤已经被注意到(Mozzachio 等,2004)。虽然这些肿瘤通常不是恶性的,它们可能会达到很大的尺寸,导致动物产生不适,偶尔出现绞痛样症状,心血管衰竭和死亡。摘除已经变得非常大的消化道肿瘤是比较困难的,且患者存在较高的风险。

　　如果在猪的体重达到约 11 kg(25 lb)之前进行卵巢子宫切除术,对外科医生来说更容易且对猪造成的压力也更少。对一个较小的动物,未成熟的生殖道可能难以进行手术;而对于较重的猪,有较多腹部脂肪,将很难达到生殖道,而导致失血过多,且增加裂开的风险。肥胖的患者有更大的麻醉风险。建议延腹正中线切开。应避免使用撑钩,因为它可能会造成损伤,导致脂肪内出血过多,并且通常它是不必要的。使用可吸收缝合线缝合皮肤,且皮下缝合和掩埋打结可以缓解以后去除缝线时的猪自然的挣扎。

所有拟作为宠物饲养的公猪都应去势,最好在 12 周龄之前。由于其不可预知的行为和强大的令人不快的气味,未去势的公猪可能不是很好的宠物。而早期去势可大大降低气味,并减少包皮憩室的大小,但是一些猪在去势后也会发出气味和排出一些排泄物。据 Lawhorn 等述(1994),在笔者的经验中,包皮憩室切除术大大增加了宠物主人的满意度。所有的宠物猪在 2～3 岁后进行绝育手术,如果包皮憩室切除术也在去势的时候进行,这样的动物作为宠物饲养会更令人满意。去势应使用和犬相类似的技术并通过阴囊前切口进行操作。输精管和相关的血管应结扎和切除。切除提睾肌、膜皮和多余的皮下组织,减少死角,并降低血肿形成的机会。用可吸收缝合线缝合皮肤,使用皮下缝合,这无须为以后拆线带来的限制和挣扎而斗争。

隐睾和腹股沟疝常见于小型猪。腹股沟环应在去势的时候进行检查,如果其是开放的应进行手术闭合。

常见疾病问题及治疗
Common Disease Problems and Therapeutics

宠物猪的身体检查应该和任何其他动物的身体检查相类似。在一项研究报告中显示,小型猪与较大的商品种猪的显著差异之一是其正常的静息直肠体温很可能是较低的温度,可低至 37.6℃(99.7°F)(lord 等,1999)。

虽然对发生在其他猪的所有相同疾病也易感,但对于正确接种疫苗、饲喂且安置的宠物猪,其疾病是罕见的。然而,可能包括如下健康问题:

1.肥胖——肥胖是宠物常见的问题,由于缺乏锻炼和喂养不当。许多宠物主人认为肥胖是正常的;他们不知道宠物猪的各种健康问题与肥胖相关。肥胖会导致慢性跛行且因眼睛周围的脂肪堆积过多而继发失明,并且肥胖会对心脏和肺空间有所限制。宠物主人必须认识到用商品宠物粮来饲养宠物猪,尤其针对小型猪的重要性。此外,

将食物放到食物依赖性的玩具中(空心球或有孔的塑料罐),或者干脆将食物撒到一个干净院子里的草地上,这样猪就需要消耗更多的能量来吃到食物。

2.关节炎——据报道,小型猪可以活到 15～18 岁。随着老龄化一个较为普遍的猪的健康问题的是关节炎。这通常继发于慢性肥胖和/或过度生长的蹄。持续跛行的猪最终会对消炎药和止痛药无反应,是在老年猪中实施安乐死的常见原因。

3.牙齿疾病——随着年龄的增长,猪会形成相当多的牙垢,严重的牙周疾病是不常见的。类似犬那样的定期清洁牙齿,对于某些宠物猪来说可能是有益的。在老年猪中最常见的牙齿问题是公猪中的獠牙根脓肿。在初步治疗后可能以下巴或下腭脓肿形式复发。X 光片可以用于诊断,往往揭示广泛的骨溶解。成功的治疗需要将獠牙去除。

4.子宫瘤——见"常见的外科手术"一节。

管理问题
Regulatory Issues

在主人发现地方法规禁止在他们的社区饲养猪后,许多猪会被它们的主人遗弃。在政府和许多人的眼中小型猪是农场动物,因此应该同样受到联邦条例和规则的约束来规范其行为和活动。虽然大多数业主否定他们的宠物猪进入食物链的可能性,但已经有这样的报道(Lord 和 Wittum,1997),且因为这个原因,当对宠物猪使用药物或处方时必须谨慎管理。必须避免在食用动物中使用非法药物,且药物释放说明中应包括提及药物的休药时间。

致谢
ACKNOWLEDGMENTS

作者衷心感谢在本章节宠物猪内容的准备中,Kristie Mozzachio,DVM,DACVP 和 Bruce Lawhorn,DVM 的帮助。

（陈柏安译,付永瑶校）

参考文献
REFERENCES

Amass SF, Schneider JL, Kenyon SJ. 2004. Swine Health Prod 12: 282–284.

Keen JE, Wittum TE, Dunn JR, et al. 2006. Emerg Infect Dis 12: 780–786.

Lawhorn BL, Jarrett PD, Lackey GF, et al. 1994. J Am Vet Med Assoc 205:92–96.

Lord LK, Wittum TE. 1997. J Am Vet Med Assoc 211:562–563.

Lord LK, Wittum TE, Anderson DE, et al. 1999. J Am Vet Med Assoc 215:342–344.

Mozzachio K, Linder K, Dixon D. 2004. Toxicol Pathol 32: 402–407.

Tynes VV, Hart BL, Bain MJ. 2007. J Am Vet Med Assoc 230: 385–389.

Vincent AL, Swenson SL, Lager KM, et al. 2009. Vet Microbiol 137: 51–59.

Wells DL, Hopfensperger DJ, Arden NH, et al. 1991. JAMA 265: 478–481.

第二部分
SECTION II

机体系统
Body Systems

14 心血管和造血系统
Cardiovascular and Hematopoietic Systems

Alan T. Loynachan

心血管和造血系统是向机体各系统输送氧气、营养物质、矿物质、蛋白质和细胞成分的必不可少的主要部件。两个系统中的任何一个系统发生疾病或出现功能异常都会对机体产生不利的影响。本章将简要介绍正常猪的解剖学和生理学以及较为频发的猪心血管和造血系统疾病的病理。

解剖学与生理学
ANATOMY AND PHYSIOLOGY

深入了解心血管的解剖学和生理学对正确地检测和评价猪心血管异常是必需的，所以进一步复习兽医参考资料是非常有益的，例如 *Textbook of Veterinary Anatomy* （Dyce 等，2010）和 *Duke's Physiology of Domestic Animals* （Reece，2004）。

造血系统
Hematopoietic System

血液是将维持生命活动的必要元素分布到全身各处的介质。猪每千克体重大约有 56～69 mL 血液（Fox 等，1984）。血液由细胞成分和非细胞成分组成。非细胞成分（水、矿物质、电解质、气体、酸碱调节离子、蛋白质、脂类和糖类）由其他系统调节，并进入心血管系统进行组织分布和排泄。

非细胞成分生物指标的直接或间接的改变都能够成为运动系统、消化系统、呼吸系统、泌尿生殖系统、内分泌系统、心血管系统或神经系统疾病的重要指标。猪非细胞生化分析物的参考范围见表14.1。

造血系统产生血液的细胞成分，包括淋巴的（淋巴细胞）和骨髓的（非淋巴样白细胞和红细胞）成分。造血作用主要发生在成年动物的骨髓，但在胎儿和新生动物则经常发生在髓外组织。猪的骨髓不经常被评估，但是据报道粒细胞和有核红细胞比例的参考范围为（1.77～2）∶1（Jain，1986；Sanderson 和 Phillips，1981）。猪的血液学参数因年龄、品种、性别、饮食、妊娠期、哺乳期、管理规范和季节的不同而不同。结果，正常的全血细胞参数（CBC）的参考值范围较宽（表 14.2）。Friendship 等（1984）和 *Schalm's Veterinary Hematology*（Thorn，2000）是基于年龄、性别和其他混合因素的参数范围的有用文献。

猪红细胞从循环系统移除之前一般流通86 d。形态学上，猪红细胞平均直径为 6 μm，缺乏嗜碱性彩斑，通常呈现异形红细胞症（Brockus 和 Andreasen，2003；Thrall，2004）。不成熟的红细胞、有核红细胞和网状红细胞正常存在于健康猪，但在尚未断奶的动物比例更高（Brockus 和 Andreasen，2003）。

猪病学，第 10 版，由 Jeffrey J. Zimmerman，Locke A. Karriker，Alejandro Ramirez，Kent J. Schwartz，Gregory W. Stevenson 主编。

猪白细胞和血小板的结构和功能与其他家畜的相同。*Schalm's Veterinary Hematology*（Thorn，2000）是猪白细胞形态和功能特征的一本实用参考书。

表14.1　猪临床生化分析物参考范围

生化分析物	参考范围	单位
天冬氨酸转氨酶（AST）	0～125	U/L
丙氨酸转氨酶（ALT）	0～103	U/L
碱性磷酸酶（ALP）	0～300	U/L
γ-谷氨酰转移酶（GGT）	0～82	U/L
谷氨酸脱氢酶（GD）	0～8	U/L
肌酸激酶（CK）	0～10 101	U/L
乳酸脱氢酶（LDH）	0～1 893	U/L
总蛋白	49～67	g/L
白蛋白	19～29	g/L
球蛋白	28～41	g/L
白蛋白/球蛋白比率	0.52～0.95	—
尿素	1.7～4.5	mmol/L
肌酸酐	88～130	μmol/L
总胆红素	0.0～1.0	μmol/L
胆固醇	2.0～4.2	mmol/L
甘油三酯	0.3～2.7	mmol/L
游离脂肪酸	0.0～1.0	mmol/L
葡萄糖	4.3～8.6	mmol/L
无机磷酸盐	2.8～4.3	mmol/L
钙	2.5～3.1	mmol/L
镁	0.9～1.2	mmol/L
钠	143.0～156.0	mmol/L
钾	4.8～7.8	mmol/L
钠/钾比率	19.4～28.8	—
氯化物	99.5～112.3	mmol/L
铁	9～54	μmol/L

来源：改自 Klem 等（2010）。

表14.2　猪血液学参数参考范围

血液学分析物	参考范围	单位
红细胞（RBCs）	6.4～8.4	$\times 10^{12}$/L
血红蛋白浓度（HGB）	105～135	g/L
血细胞比容（HCT）	0.34～0.44	L/L
平均红细胞体积（MCV）	49～59	fL
平均血红蛋白浓度（MCHC）	287～325	g/L
红细胞分布宽度（RDW）	15～24	%
血小板	211～887	$\times 10^9$/L
白细胞（WBCs）	15.6～38.9	$\times 10^9$/L
中性粒细胞	3.0～17.4	$\times 10^9$/L
淋巴细胞	7.7～20.4	$\times 10^9$/L
单核细胞	0.6～3.4	$\times 10^9$/L
嗜酸性粒细胞	0.1～2.3	$\times 10^9$/L
嗜碱性粒细胞	0.1～0.3	$\times 10^9$/L
未染色大细胞（LUCs）	0.1～1.4	$\times 10^9$/L

来源：改自 Klem 等（2010）。

心血管系统
Cardiovascular System

猪的心脏承担着运输血液到全身的任务。在解剖学上，心脏位于纵隔内，在第2～5肋之间。心脏是一个四腔室的双泵系统：右心房、右心室、左心房和左心室。左右心房分别收集来自肺静脉和全身各处静脉内的血液。右心室将缺氧血运输到肺部，在肺部经过气体交换变成含氧血，含氧血由左心室喷射到动脉系统。一系列作为单向调节器而工作的心脏瓣膜限制由于心脏收缩而导致的血液从高压区域倒流回射血心腔。动脉和微动脉将血液运输到外周组织，在此处毛细血管水平发生氧交换。然后缺氧血由微静脉和静脉运回到心脏。淋巴回流液通过淋巴管运回到血管系统。

心包膜是包围着心脏的纤维膜。它可以减少心脏的运动和阻碍心脏的过度膨胀。心包膜内1～2 mL的浆液可以减少心包膜与心外膜之间的摩擦。心外膜与心包膜相延续，形成心脏的外纤维层。心肌膜在心外膜的下层，由横纹肌构成，为泵血提供力量。心内膜位于心脏和瓣膜的内层，由血管内皮细胞、支持胶原蛋白、弹性蛋白和小口径血管构成。特定的电传导纤维分布于心外膜下、心肌层和心内膜下。电传导纤维协调心肌细胞节律性的去极化，后者引起心肌收缩。心脏窦房结产生的电冲动由自主神经系统控制。窦房结随后再将电冲动传至房室结、房室束、左右束支和蒲肯野纤维，最后刺激心肌细胞引起心脏的同步收缩。

心脏的剖检
POSTMORTEM EXAMINATION OF
THE HEART

心脏的剖检应该全面而有条不紊,以便心包膜、心肌、心内膜和大的血管都能被检查。所有可见的病变都应该描述,病变组织应该放在固定液中,以便病理学家进行显微镜检查。

动物死后,小心打开胸腔直至看到肺脏和心脏。心包腔应该在所有器官被移出之前在原位检查并打开。通常由于少量浆液性液体的存在,心外膜和心包膜会发出亮光。检查心包膜时重点看有无增厚、是否发生粘连、是否存在纤维蛋白以及心包液的量和性质。如果异常情况明显,则采集拭子、液体样本和组织标本做进一步的检查。

从内脏中移出心脏,检查外形、大小和颜色。相比骨骼肌,心脏在早期发生尸僵,使心脏呈现一种非常僵硬的状态。相反地,心脏可能变得扩张和松弛。死前由于心肌疾病心腔可能会扩大,死后自溶也可导致心腔扩张。观察心内膜可以帮助区分心腔是死前扩张还是死后扩张。死前的心腔扩张,心内膜常增厚且发生纤维化。为了准确地排除潜在的心肌疾病,应该对这些部分进行组织病理学观察。

检查心脏时,确保一致性的常规方法是从正常血流的方向观察心肌结构。右心房应该从后腔静脉打开,沿着右心房壁,穿过三尖瓣,沿着隔膜切到右心室的顶部,然后再沿着隔膜切到肺动脉瓣和流出道。左心房的右边应该垂直切入,切口延伸到左心室的顶端。切开二尖瓣可以看到主动脉瓣和流出道。清除血凝块,心脏在清水中涮净,观察心内膜有无增厚、颜色变苍白、出血和瓣膜变化。沿着心室壁、前庭和隔膜切开可以看到心肌的损伤有无延伸到心内膜或心外膜。因为位于腱索基部的乳头肌非常活跃且易受损,所以建议采取这部分的肌肉进行组织病理学观察。

心脏病理学
CARDIAC PATHOLOGY

心脏负责向外周器官提供充足的血液。心输出量是指单位时间心脏射出的血量,它受传导异常情况、心脏畸形、非心血管器官疾病和心

外膜、心肌或心内膜损伤的负性调节。心脏疾病的发生速度决定于潜在的病因和异常或病变组织的位置。

先天性异常
Congenital Anomalies

据报道,猪先天性心血管畸形在普通猪身上的发生率为 $0.49\% \sim 14.6\%$ (Salsbury,1970;Wang,1978)。畸形可能会有很小的病理影响或者导致致命的心血管危害。

Hsu 和 Du(1982)在对 1 906 只杂种和纯种猪的研究中检查出了 122 例心脏畸形。这项研究检查出的畸形猪从 1 日龄到 4 岁不等,但是发现发病率最高的猪集中在 29~110 日龄。在猪个体中常鉴别出一种或多种畸形。常见猪心血管畸形见表 14.3。

表 14.3 猪先天性心血管异常

异常
心脏位置
心脏异位
分流性的
闭锁,房室孔
房间隔缺损
房室通道缺损
动脉导管未闭
永存动脉干
心室中隔缺损
心瓣膜性的
左房室瓣的心内膜病
主动脉瓣下狭窄
三尖瓣闭锁不全
血管性的
主动脉狭窄
右主动脉弓

心包疾病
Diseases of the Pericardium

血液、漏出液、改性漏出液或者分泌液都可以在猪的心包内聚集。增加的心包液能够对心脏产生外部的压力,继而引起心脏房室舒张压的降低

和静脉充血。如果心包内物质不清理，就会继发充血性心力衰竭。

心包积血（Hemopericardium）。心包腔内因充满血液而发生扩张被称为心包积血。心包积血一般来源于心外膜或心包内主要血管的创伤性损伤。猪偶尔会发生心房、冠状动脉或者主动脉的先天性（idiopathic）破裂。这种相似的心血管破裂在铜缺乏的实验猪身上已经再现（Shields 等，1962）。这些发现表明铜缺乏症可能在先天性破裂发展过程中具有潜在作用。

心包积液（Hydropericardium）。心包腔内因充满清亮至淡黄色的漏出液或改性漏出液而发生的扩张被称为心包积液。这种情况的发生通常是由于血管内皮的非特异性损伤使液体和纤维蛋白进入心包腔。猪心包积液通常与水肿病、桑葚心病、恶病质、低白蛋白血症和充血性心力衰竭有关。心包液中有些细微的纤维蛋白不能就被认为是纤维素性心包炎，因为这些蛋白可能来自于改性漏出液。

心包炎（Pericarditis）。心包炎是猪心包疾病最常见的原因之一，即心包腔内蓄积炎性渗出物而发生扩张。根据纤维素的量、炎性细胞的数量以及是否存在化脓菌可将渗出物分为纤维素性、化脓性和纤维素性化脓性。心包炎可能源于细菌的血液传播或者是发生炎症的邻近组织，例如肺或胸膜通过淋巴累及引起的。大体上，心包因纤维素包被使其表面变得粗糙而呈"绒毛样"外观。如果间皮损伤严重或渗出物清理不及时，那么肉芽组织就会取代纤维素。慢性缩窄性心包炎可能会导致心功能障碍或者充血性心力衰竭。猪心外膜炎和心包炎发病原因见表 14.4。

心肌疾病
Diseases of the Myocardium

心肌炎（Myocarditis）。心肌炎可能是由经血液传播的病原体或者邻近心包膜或心内膜炎性损伤累及引起的。猪心肌炎通常由致病性的细菌和病毒引起（表 14.4）。虽然比较少见，刚第弓形虫、旋毛虫、猪带绦虫和牛带绦虫的寄生阶段都有可能感染心肌并产生结节性或囊性病变。无论什

表 14.4　炎性心脏病的感染病因

病变	参考章节
心内膜炎	
细菌性	
化脓隐秘杆菌（*Arcanobacterium pyogenes*）	64
猪丹毒杆菌（*Erysipelothrix rhusiopathiae*）	54
链球菌（*Streptococcus* sp.）	62
心肌炎	
细菌性	
与败血症有关的细菌	
链球菌	62
病毒性	
脑心肌炎病毒（Encephalomyocarditis virus）	42
口蹄疫病毒（Foot-and-mouth disease virus）	42
猪圆环病毒 2 型（Porcine circovirus 2）	26
猪繁殖与呼吸障碍综合征病毒（Porcine reproductive and respiratory syndrome virus）	31
伪狂犬病病毒［Pseudorabies virus (porcine herpesvirus 1)］	28
猪水疱病病毒（Swine vesicular disease virus）	42
心包炎和心外膜炎	
细菌性	
放线杆菌（*Actinobacillus* sp.）	48
副猪嗜血杆菌（*Haemophilus parasuis*）	55
支原体（*Mycoplasma* sp.）	57
溶血性曼氏杆菌（*Mannheimia hemolytica*）	64
多杀性巴氏杆菌（*Pasteurella multocida*）	58
沙门氏菌（*Salmonella* sp.）	60
葡萄球菌（*Staphylococcus* sp.）	61
链球菌（*Streptococcus* sp.）	62

么病因，心肌的炎症都可以通过诱导心肌变性和坏死、改变电传导和破坏心肌收缩来改变心血管功能。这些因素都可能导致与急性死亡有关的心律失常或者导致慢性心力衰竭。

心肌变性和坏死（Myocardial Degeneration and Necrosis）。猪心肌的变性和坏死是由一些对

心脏的直接损害引起的或者由全身性疾病继发引起的,主要原因包括注射性的铁中毒、电解质和棉酚中毒与营养性的心肌病。心肌坏死也可由肥厚性或扩张性心肌病、发热、贫血、弥散性血管内凝血、毒血症、神经病变(脑心综合征)、猪应激综合征、全身感染或者心肌炎症继发引起。引起猪心肌变性和坏死的大量潜在的病因使得准确地确定出某一种特定的致病原因变得非常困难。

桑葚心病(*Mulberry Heart Disease*)。猪桑葚心病是与猪缺乏维生素 E 和硒有关的多种疾病中的一种。起初在死亡的发病猪的心壁上发现有出血点。因为发病猪的心脏有透壁性的出血、外形像桑葚,所以就发明了"桑葚心病"这一术语。

桑葚心病零星地散发于幼龄快速生长的猪。尽管报道过猪桑葚心病的流行(Moir 和 Masters,1979),但该病的发生率依然很低。该病的临床症状不太明显,因为直到一般状态良好的猪突然死亡,该病才被发现。个别情况下,发病猪呈现虚弱、发绀、轻微黄疸、皮下水肿、心跳过速和血清肌酶增加(Gudmundson,1976)。该病导致的死亡一般认为与继发于心肌损伤的节律异常有关。一般通过尸体剖检来确诊猪的桑葚心病。

到目前为止,桑葚心病确切的病理生理学机制还不是完全清楚。最近的理论发现该病的发生与自由基的产生和清除平衡的丧失有关,即未补偿的氧化代谢压力。自由基是在正常氧化代谢过程中产生的高度活性分子。细胞通常用抗氧化清除剂来中和自由基,例如超氧化物歧化酶、谷胱甘肽过氧化物酶、维生素 E 和维生素 C。因为硒是参与谷胱甘肽过氧化物酶活性的必要物质,所以也被归为抗氧化清除剂。未清除的自由基可以通过与细胞蛋白、膜脂质和核酸发生反应而引起细胞损伤。缺少自由基清除剂可能导致更为严重的细胞损伤和死亡。

我们一般认为维生素 E 和/或硒缺乏是引起猪桑葚心病的必需因素。这一理论起初建立在缺乏维生素 E 或硒的猪桑葚心病复制实验(Grant,1961)。现在该假说已不再流行,原因是不能确定维生素 E、硒和谷胱甘肽过氧化物酶在桑葚心病发病动物身上具体的缺乏量(Nielsen 等,1989;Pallarés 等,2002;Rice 和 Kennedy,1989)。这就使得许多人认为桑葚心病可能是多因素决定的,而不单纯是与维生素 E 或硒缺乏有关。最近的研究假设认为死于桑葚心病的动物可能缺少自由基和自由基清除剂有效的平衡,使得动物易发生氧化损伤。诱发原因一般有包括应激在内的氧化损伤增强;组织内铁浓度增加(Korpela,1990);钙浓度增加和酶浓度降低(Korpela,1991);日粮中含有玉米油(Nolan 等,1995)、多不饱和脂肪酸、黄曲霉毒素、过量的维生素 A 或者谷物酒糟(dried distiller grains)。也有人假设认为可能有些动物个体由于遗传因素导致先天性倾向于自由基损伤、维生素 E 代谢异常或者维生素 E 的利用率低。

大体病理变化包括心包积液、肺水肿和透壁性心脏出血。具体来讲,心包经常被大量淡青色至淡黄色含有纤维素的液体充满而膨胀。心外膜、心肌和心内膜常有多灶性至成片点状瘀血斑。心肌坏死区域可能不太明显。

桑葚心病的组织学特征包括组织间隙出血,浆膜下水肿,不同程度的肌纤维变性、坏死和矿化。基于损伤发生时间长短,组织学特征可能会有所变化。在急性死亡病例,组织学变化主要以出血为主,变性和坏死现象少见或缺乏。亚急性病例,出血常常伴随着心肌变性、坏死和矿化。在心脏的小动脉和毛细血管、肾脏、肝脏、胃、肠、肠系膜、骨骼肌和皮肤也可见与食物性毛细血管疾病相似的微观病变。这些系统性的血管疾病在非特异性内皮细胞肥大、毛细管微血栓和纤维素样坏死方面的严重程度不同。死于桑葚心病的动物可能还有以下病理变化:小叶中心肝细胞坏死、骨骼肌变性和坏死(白肌病)、血管充血和间质水肿。

根据典型的大体病变和微观变化可以确诊桑葚心病。发现组织缺乏维生素 E 和硒可以支持判断,但不总是那么明显。

治疗发病动物通常比较困难,因为发病动物在缺乏明显临床症状的情况下迅速死亡。Van Vleet 等(1973)建议由于桑葚心病正在经历死亡损失增加的畜群对 1～4 月龄的猪肠外注射商品化有效的维生素 E-硒合剂产品。日粮中应该适当增加维生素 E 和硒,效果由多不饱和脂肪酸增加的水平来评价。补充维生素 E 比补充硒更为重要,因为后者与肝病密切相关,较低剂量的硒即可引起毒性。

心内膜疾病
Diseases of the Endocardium

大量猪心内膜病变都会涉及心脏瓣膜。破坏瓣膜的功能可能对血流动力学产生负面影响、降低心脏效率以及导致心脏肥大和/或房室膨大。心瓣膜病的后遗症包括腱索破裂、心内膜壁纤维化和血栓栓塞。

瓣膜性心内膜炎通常是猪的后天性心内膜病变。细菌病因经常与这些病变有关（表 14.4），猪链球菌是最常见的病因，偶尔可见于猪丹毒杆菌的流行。很少诊断出真菌和寄生虫病因。二尖瓣是最常发生病变的部位，其次是主动脉瓣、三尖瓣、肺动脉瓣。不管病变瓣膜如何，尸检结果都是由一个或多个从瓣膜小叶延伸而来的不规则的红灰色或黄色结节组成，并且这些结节有可能扩散到相邻的心内膜。基于炎性病灶外表形似小花，因此该病变被称为"菜花样瓣膜心内膜炎"。显微镜下观察到急性病变部位由溃烂的瓣膜内皮组成，该瓣膜内皮覆盖有纤维素、细菌菌落和不同数量的炎性细胞。慢性病变肉芽组织覆盖瓣膜。瓣膜功能障碍时听诊有杂音，患病动物可能死于心力衰竭。当这种菜花样结节从心内膜上脱落形成血栓性栓塞时，有可能发生组织梗死。

猪也可能发生瓣膜囊肿，囊腔内含有血液（血囊肿）或者黄色浆液（浆液囊肿）。这两种类型都可能是先天性的或者后天性的，没有太大的临床意义。

传导系统疾病
Diseases of the Conduction System

传导系统疾病在猪身上较为少见。异常情况可能会导致心肌节律失常，而心肌节律失常可能改变心脏的正常收缩，破坏循环系统的血流动力学，更严重的则导致急性死亡。大多数传导系统疾病继发于心脏、中枢神经系统和肺部的疾病；药品（例如麻醉药）；或者系统性的改变，例如体温过高或过低、贫血、休克、败血症、兴奋和电解质失衡（例如高钾血症、低血钙症）。这些疾病可能会引起异位冲动，而异位冲动可导致心动过速、震颤和纤颤或者导致传导改变，例如窦房结停搏、传导障碍和预激综合征。心电图对于传导系统疾病的诊断是必不可少的，这可以解释与猪传导系统疾病有关的流行病学数据的相对缺乏。

代偿机制
Compensatory Mechanisms

心脏不能产生新的心肌纤维来处理不断增加的工作负荷或修复受损的心肌纤维。因此，心血管系统只能利用代偿机制暂时增加心输出量，以满足系统代谢的需要。心脏扩张、心肌肥大和心动过速是心脏增加心输出量的代偿变化。神经激素也可以作用于血管系统以增加血管阻力、促进血管收缩和增加全身血容量。

心力衰竭
Heart Failure

当心脏代偿不能满足系统代谢的需要时，充血性心力衰竭就会随之而来。充血性心力衰竭的特征是心输出量减少和/或静脉回心血量减少。心力衰竭可能由心肌功能受损（心肌病变、肌纤维收缩功能降低、扩张性降低和节律失常）和心脏需求的增加（肺心病、压力负荷过度和容量超负荷）引起的。左右心脏的心力衰竭取决于病变组织的位置和潜在的机制。左心衰竭导致肺瘀血，病理表现为肺瘀血和水肿，临床表现为呼吸困难和咳嗽。右心衰竭引起的病理变化包括全身性的充血、水肿和组织缺氧。

血管病理学
VASCULAR PATHOLOGY

血管病理学可能源于不同的病因，进而导致异常的血流动力学、血管腔隙液体的流失、溶血性贫血和组织缺血。

血管破裂和动脉瘤
Vascular Rupture and Aneurism

医源性的大血管撕裂是一种与猪采血相关的常见副作用。撕裂伤以及其他原因引起的血管破裂都会引起低血容量休克和死亡。

铜是一种重要的元素，它被赖氨酰氧化酶用于交连血管壁上的胶原蛋白和弹性蛋白。由于缺乏足够的血管完整性，铜缺乏的猪易于发生动脉瘤（Coulson 和 Carnes，1963），相应的血管可能会膨胀、扩张和破裂。

血管变性和坏死
Vascular Degeneration and Necrosis

变性(Degeneration)。动脉粥样硬化自然发生于长期饲喂高胆固醇饲料的成年猪,该病发展缓慢且通常影响较大的动脉。动脉粥样硬化以血管腔隙变窄为特征,后者可引起血流动力学改变、血栓的形成、血管闭塞和组织梗死。显微镜下,血管壁因平滑肌细胞的脂质沉积、充满脂质的巨噬细胞和纤维结缔组织积聚而扩张。由于猪的动脉粥样硬化与人的动脉粥样硬化的机制和发展过程相似,因此猪已经成为人类疾病的研究模型。

由于维生素 D 中毒而发生的血管矿化时常在猪身上发现并且通常与偶尔的饲喂过量有关。维生素 D 中毒导致高钙血症和/或高磷血症。血钙或血磷浓度增加会引起血管和软组织的矿化,这将影响血管的弹性和器官功能。

坏死(Necrosis)。纤维素样坏死常继发于伴随血管壁纤维蛋白和血清蛋白沉积的内皮损伤。水肿病(第 53 章)、汞中毒(第 70 章)和食物性微血管病是与纤维素样坏死有关的三种猪病。

麦角菌产生的有毒的麦角生物碱(第 69 章)通过刺激血管平滑肌上的肾上腺素能神经来引起内皮细胞坏死和血管血栓的形成。刺激导致明显的血管收缩、血管内皮损伤和血栓的形成,以致有可能引起四肢和末端梗死。

血管栓塞
Vascular Thrombosis

血栓的特点是血管内凝血,诱发原因有内皮损伤、高凝障碍和异常的血流量。如果严重的话,它可能会完全封闭血管腔进而导致组织梗死。不管什么原因引起的动脉炎都可能引起血管内皮损伤和导致血管栓塞。弥散性血管内凝血(DIC)是引起猪血管栓塞的常见原因。由DIC引起的血管栓塞可能会影响所有器官系统的小动脉和毛细血管。败血症、内毒素、病毒感染、溶血反应、休克和大面积的组织坏死都会引起 DIC 的发生。

血管炎症
Vascular Inflammation

血管炎是一个集合名词,表示动脉、静脉或淋巴管的炎症。血管炎可能由传染源、药物反应、免疫介导机制引起的初级损伤或邻近组织炎性蔓延引起。发生炎症的血管渗透性增加并且易于发生血管栓塞。与猪血管炎有关的传染性病因见表 14.5。

表 14.5 猪血管炎的传染性病因

分类	参考章节
细菌性	
放线杆菌(*Actinobacillus* sp.)	48
猪丹毒杆菌(*Erysipelothrix rhusiopathiae*)	54
大肠杆菌(*Escherichia coli*)	53
副猪嗜血杆菌(*Haemophilus parasuis*)	55
钩端螺旋体(*Leptospira interrogans*)	56
沙门氏菌(*Salmonella* sp.)	60
猪链球菌(*Streptococcus suis*)	62
病毒性	
非洲猪瘟病毒(African swine fever virus)	25
猪瘟病毒(Classical swine fever virus)	38
绵羊疱疹病毒 2 型(Ovine herpesvirus 2)	28
猪圆环病毒 2 型(Porcine circovirus 2)	26
猪繁殖与呼吸障碍综合征病毒(Porcine reproductive and respiratory syndrome virus)	31

水肿
Edema

水肿是指脉管系统的液体流失进入组织间隙和细胞间隙所导致的渗出液异常聚集。水肿可能是由血管渗透性增加、血管内静水压增加、血管内渗透压降低和淋巴回流减少引起的。

血管渗透性增加是猪发生局部水肿的常见原因,常继发于血管损伤、炎症、I 型超敏反应、新血管形成、内毒素和弥散性血管内凝血。

通过增加血管内静水压来增加血管容积可能会导致全身或局部水肿。由于静脉充血和液体潴留导致心力衰竭时常见到这种机制的水肿。

血管内渗透压主要由血浆蛋白来维持,例如

白蛋白。血浆蛋白减少导致血管内胶体渗透压降低，促使液体渗入到组织间隙。低蛋白血症的原因包括肝病、营养不良和导致蛋白丢失的肠道疾病和肾病。

正常情况下组织液进入局部淋巴管。血栓形成、压迫或炎症造成的淋巴阻塞会减少组织液的回流进而导致局部水肿。

体腔疾病
Diseases of the Body Cavities

心包腔、胸膜腔和腹膜腔内通常含有少量浆液性液体。正常体腔液应该是无色到微黄色，透明到轻微浑浊，含有少于 2.5 g/dL 的蛋白质和 5 000 个/μL 的有核细胞（Rakich 和 Latimer，2003）。

准确地描述体腔液体可以帮助鉴别疾病的过程。体腔液增多或浑浊加深都是不正常的，这可能由细胞密度增加、蛋白质和脂质浓度增加、纤维蛋白增加、细菌定植或器官破裂引起。异常液体可分为漏出液、改性漏出液和渗出液。这些液体的特点见表 14.6。漏出液通常源于低蛋白血症导致的血浆渗透压降低。改性漏出液很少被诊断出，它可能与静水压上升、血管渗透性增加有关，或者由心脏疾病或肝脏疾病引起。渗出液通常由炎症过程中血管通透性增加引起。

表 14.6   体腔液分类与参数

项目	液体类型		
	漏出液	改性漏出液	渗出液
细胞密度/（个/μL）	<1 500	1 000~7 000	>5 000
颜色	无色	不定	黄色到黄褐色
蛋白质/（g/dL）	<2.5	2.5~5.0	>2.5
浑浊度	清亮	不定	浑浊到不透明

休克
Shock

休克是一种急性进行性的血流动力学改变和细胞代谢障碍的综合征。根据发生机制，休克可分为低血容量性、心源性和血管源性休克。不论机制如何，休克最终表现为血管低血压、组织灌流不足、细胞缺氧和酸中毒，并有可能导致死亡。

发生低血容量性休克时，血容量急剧下降引起血压降低。血容量降低可由血管系统全血的丧失（出血）或者液体的丢失（脱水）而引起。

发生心源性休克时，心脏不能有效地泵血。心内膜、心肌或者心包的损伤引起每搏输出量和心输出量的减少，进而阻碍泵血效率导致休克。

血管源性休克源于外周血管舒张。血管紧张度不足导致血液淤积、循环血量减少和组织灌流量不足。血管源性休克常见于猪，可由创伤、应激、过敏性反应、败血症、内毒素或中枢神经系统受损引起。

造血系统疾病
DISEASES OF THE HEMATOPOIETIC SYSTEM

贫血
Anemia

贫血是指血细胞比容、血红蛋白浓度或红细胞数量的下降。有很多贫血的分类方式：物理性质（红细胞大小和血红蛋白浓度）、骨髓反应（再生与非再生）和基本的病理过程（红细胞再生障碍、出血和溶血）。贫血的严重程度和潜在机制不同，贫血的临床症状就不同。贫血的临床症状一般表现为黏膜苍白、虚弱无力、心跳过速和/或呼吸急促。猪贫血的潜在原因见表 14.7。

红细胞再生障碍（Defective Erythropoiesis）。红细胞再生障碍是猪贫血的一个重要原因，一般由营养缺乏、慢性疾病和传染源引起。哺乳仔猪由于生长快、储铁量不足和缺少足够的膳食摄入而易得缺铁性贫血。仔猪大约每天需要 7 mg 铁，但只能通过母乳获得一半的需求量。现代的室内饲养条件使仔猪减少了从土壤中自然获取铁的量，这就需要更多地为仔猪补铁。患上红细胞再生障碍的仔猪刚出生时似乎很正常，但是大约 1~3 周龄时会变得瘦弱苍白，肺脏、肌肉和结缔组织会发生水肿。缺铁性贫血的特点是小红细胞症和血红蛋白过少。骨髓变得暗红并且增生，红细胞减退，由于长期性的缺失可能变得发育不良。

表 14.7　猪贫血的原因

分类
红细胞再生障碍
慢性疾病性贫血
营养缺乏
铁
铜
病毒感染
猪繁殖与呼吸障碍综合征病毒
溶血性
自身免疫性
新生儿溶血
红细胞破碎
弥散性血管内凝血
血管炎
红细胞寄生虫
猪附红细胞体（*Eperythrozoon suis*）
出血性
小肠结肠炎
增生性肠炎
沙门氏菌病
猪痢疾
胃溃疡
肠出血性综合征
寄生虫
外寄生虫
虱子（*Haematopinus suis*）
内寄生虫
猪巨吻棘头虫（*Macracanthorhynchus hirudinaceus*）
线虫（兰氏类圆线虫）（*Strongyloides ransomi*）
鞭虫（猪毛尾线虫）（*Trichuris suis*）
肚脐出血
血小板减少症

铜促进铁吸收并且有利于铁融入血红蛋白（Lee 等，1968）。因此，铜缺乏可导致铁的可利用性下降并有可能导致缺铁性贫血。

慢性疾病性贫血常伴随着多种传染性、炎性或者肿瘤过程。在机理上，慢性疾病性贫血继发于炎性因子对铁可利用性、红细胞生成素的产生以及骨髓对红细胞生成素的反应的影响。红细胞

一般是大小和血色正常，但是小红细胞症和血红蛋白过少可能很明显。临床评价通常取决于原发病过程，一旦原发病减轻贫血症也就缓和了。

某些病毒对贫血症的发展也有直接的作用。实验证明，猪繁殖与呼吸综合征病毒可以引起猪贫血症（Halbur 等，2002）。该病毒引起贫血症的确切机制还不是很清楚，但是推测该病毒可以直接或者间接破坏红细胞的生成。

溶血性贫血（Hemolytic Anemia）。溶血性贫血是指由于红细胞过早破坏而发生的贫血症。猪溶血性贫血与免疫介导机制、红细胞寄生虫和红细胞破碎有关。临床发病动物可能发生黄疸和血红蛋白尿。

新生儿溶血性贫血是猪和其他动物的一种免疫介导性疾病。溶血性贫血由于被动获取已致敏胎儿红细胞的母体抗体导致发病。一旦母体抗体进入新生儿循环系统，它就会附着在仔猪红细胞上并且激活补体级联反应。补体可溶解红细胞并且释放血红素进入血浆。

猪附红细胞体（第 57 章）是一种亲血性支原体，它能够附着和感染猪红细胞。血管外溶血继发于循环系统移出的感染红细胞。

微血管病性贫血是由循环系统中移出的受损红细胞引起的。红细胞穿过受损的血管时，红细胞膜可能变得支离破碎。血管炎、弥散性血管内凝血和血管肿瘤是猪微血管病性贫血的潜在病因。

出血性贫血（Hemorrhagic Anemia）。出血性贫血常继发于急性或慢性出血。出血的外部表现明显的病例通常有创伤和肚脐出血。出血的外部表现不明显的病例包括胃肠溃疡、肠道出血性综合征、小肠结肠炎、内外寄生虫和血小板减少症。临床症状因出血量的多少、疾病的病程快慢和损伤部位的不同而不同。在失血早期再生反应明显，但由于缺铁所以慢性病例的再生反应不明显。

血红蛋白紊乱
Hemoglobin Disorders

血红蛋白病理性改变降低了红细胞向组织输

氧的能力。碳氧血红蛋白血症和高铁血红蛋白血症已被认为是猪血红蛋白紊乱,这两种疾病都能导致发绀和缺氧。

一氧化碳中毒是一种潜在的致命性疾病,一般出现于取暖和通风不当的室内圈养的猪。一氧化碳是一种无色无臭无味的气体,是由于碳燃料部分或不完全氧化产生的。相比氧气,一氧化碳对血红蛋白有更高的亲和力,并且它能够破坏血红蛋白的输氧能力。由于碳氧血红蛋白的形成,患病动物的血液呈樱桃红色。未死的动物由于缺氧而发生中枢系统疾病。

长期接触过量氧化剂,例如硝酸盐和亚硝酸盐的猪有很高的风险患高铁血红蛋白血症。正常情况下,组成血红蛋白的铁元素必须处于还原型的亚铁状态,以有效地结合氧气,从而形成氧合血红蛋白为组织输送氧气。当亚铁血红蛋白被氧化成高铁血红蛋白时即不能输送氧气,高铁血红蛋白血症即发生。患病动物的血液变成了明显的黑巧克力棕色。

凝血功能障碍
Coagulation Disorders

出血性疾病在猪身上是相当罕见的,但可能由于母畜同步免疫接种(血小板减少性紫癜)(Nordstoga,1965)或者抗凝剂化合物(例如华法林)的消耗而得此病。病理性损伤仅限于多器官出血。通过识别母源性仔猪血小板同种抗体或者组织抗凝剂来诊断该病。

心血管和造血器官肿瘤
CARDIOVASCULAR AND HEMATOPOIETIC NEOPLASIA

因为猪短暂的寿命自然发生的肿瘤在猪身上很少能被诊断出来。猪肿瘤不常引发临床症状,在诊断标本或尸体剖检时通常被认为是偶发性损伤。猪心血管和造血系统最常见的肿瘤包括淋巴肉瘤、血管肉瘤、血管瘤和心脏横纹肌瘤。

淋巴肉瘤是猪最常被诊断出和最重要的肿瘤。淋巴肉瘤源于 T 淋巴细胞或 B 淋巴细胞的肿瘤性增生并常发生于不到 1 岁的乳猪。许多因素,例如 C 型病毒和遗传基因都与淋巴肉瘤的发生有关。多中心型、胸腺型和白血病形式的淋巴肉瘤均有,以多中心型的淋巴肉瘤最常见。猪多中心型淋巴肉瘤起源于 B 细胞并常发于脾、肝、肾、肠和骨髓。相反地,胸腺型淋巴肉瘤发生于纵隔内并起源于 T 细胞。猪很少发生白血病,但是该病可能发生在胸腺型或多中心型淋巴肉瘤的晚期。

猪的心血管肿瘤很少见。1978 年 Fisher 和 Olander 历时 11 年将鉴定的五种心血管肿瘤的组织和尸体标本递交至普渡大学。这些肿瘤分别被诊断为皮肤和睾丸血管肉瘤及皮肤和脑膜的血管瘤。

先天性心脏横纹肌瘤是唯一在猪心脏上经常被发现的肿瘤,是由发育异常的心肌纤维的非赘生性的增生性结节组成的(Omar,1969)。发病的心脏可能有白色清晰可见的心肌结节并已经妨碍到心腔。这些肿瘤中的大部分在尸体剖检时被认为是伴发性损伤,不能引起重大的病理变化。

(杨秀进译,张晓立校)

参考文献
REFERENCES

Brockus CW, Andreasen CB. 2003. Erythrocytes. In KS Latimer, EA Mahaffey, KW Prasse, eds. Duncan & Prasse's Veterinary Laboratory Medicine Clinical Pathology. Ames, IA: Iowa State Press, pp. 3–45.

Coulson WF, Carnes WH. 1963. Am J Pathol 43:945–954.

Dyce KM, Sack WO, Wensing CJG. 2010. Textbook of Veterinary Anatomy. St. Louis, MO: Saunders Elsevier.

Fisher LF, Olander HJ. 1978. J Comp Pathol 88:505–517.

Fox JG, Cohen BJ, Loew FM. 1984. Laboratory Animal Medicine. Orlando, FL: Academic Press.

Friendship RM, Lumsden JH, McMillan I, Wilson MR. 1984. Can J Comp Med 48:390–393.

Grant CA. 1961. Acta Vet Scand 2(Suppl 3):1–107.

Gudmundson J. 1976. Can Vet J 17:45–47.

Halbur PG, Pallarés FJ, Rathje JA, et al. 2002. Vet Rec 151:344–348.

Hsu FS, Du SJ. 1982. Vet Pathol 19:676–686.

Jain NC. 1986. Veterinary Hematology. Philadelphia: Lea & Febiger, pp. 240–255.

Klem TB, Bleken E, Morberg H, Thoresen SI, Framstad T. 2010. Hematologic and biochemical reference intervals for Norwegian crossbreed grower pigs. Vet Clin Pathol 39:221–226.

Korpela H. 1990. Ann Nutr Metab 34:193–197.

——. 1991. J Am Coll Nutr 10:127–131.

Lee GR, Nacht S, Lukens JN, Cartwright GE. 1968. J Clin Invest 47:2058–2069.

Moir DC, Masters HG. 1979. Aust Vet J 55:360–364.

Nielsen TK, Wolstrup C, Schirmer AL, Jensen PT. 1989. Vet Rec 124:535–537.

Nolan MR, Kennedy DG, Blanchflower WJ, Kennedy S. 1995. Int J Vitam Nutr Res 65:181–186.

Nordstoga K. 1965. Pathol Vet 2:601–610.

Omar AR. 1969. Pathol Vet 6:469–474.

Pallarés FJ, Yaeger MJ, Janke BH, et al. 2002. J Vet Diagn Invest 14:412–414.

Rakich PM, Latimer KS. 2003. Cytology. In KS Latimer, EA Mahaffey, KW Prasse, eds. Duncan & Prasse's Veterinary Laboratory Medicine Clinical Pathology. Ames, IA: Iowa State Press, pp. 304–330.

Reece WO. 2004. Duke's Physiology of Domestic Animals. Ithaca, NY: Comstock Pub./Cornell University Press.

Rice DA, Kennedy S. 1989. Am J Vet Res 50:2101–2104.

Salsbury DL. 1970. Vet Med Small Anim Clin 65:479–481.

Sanderson JH, Phillips CE. 1981. Pigs. In An Atlas of Laboratory Animal Hematology. New York: Oxford University Press, pp. 432–469.

Shields GS, Coulson WF, Kimball DA, Carnes WH, Cartwright GE, Wintrobe MM. 1962. Am J Pathol 41:603–621.

Thorn CE. 2000. Normal hematology of the pig. In BF Feldman, JG Zinkl, NC Jain, eds. Schalm's Veterinary Hematology. Philadelphia: Lippincott Williams & Wilkins, pp. 1089–1095.

Thrall MA. 2004. Erythrocyte morphology. In DB Troy, ed. Veterinary Hematology and Clinical Chemistry. Philadelphia: Lippincott Williams & Wilkins.

Van Vleet JF, Meyer KB, Olander HJ. 1973. J Am Vet Med Assoc 163:452–456.

Wang FI. 1978. Pathological study on cardiac diseases in swine. MS thesis, National Taiwan University, Taipei.

15 消化系统
Digestive System

Jill R. Thomson 和 Robert M. Friendship

引言
INTRODUCTION

从出生到上市,肠道疾病会影响猪的整个生命周期,极大地限制了全球猪的养殖效率和经济收益。疾病控制措施的有效改进,如新型疫苗以及抗微生物制剂的研发为疾病控制开辟了新的途径,然而也遇到了其他问题,如耐药性的形成,抗微生物生长促进剂的限制使用,公众对食品安全(特别是食源性致病菌和餐饮垃圾)的期望。继斯堪的纳维亚(Scandinavia)发起的计划之后,对沙门氏菌的检测和控制一直是许多国家的重要目标,这就需要在疾病全程控制的每一个环节制定新的卫生标准及管理标准。集约化养殖体系日益受到社会关注,消费者呼吁更为自然、有机、动物福利友好型的生产方法。为此,一些国家以及越来越多的国家已经开始或将制定相应的法律法规,如何有效控制肠道感染,养殖者和兽医工作者将面临新的挑战。在养殖过程中,新的疾病不断涌现,旧的疾病时常复发,均为常事。很显然,养殖方式需要改变,肠道疾病的防控或者根除需要寻求新的替代途径。

与此同时,研究者们一直对猪的肠道生理学、免疫学以及营养学之间的相互作用进行研究,此项工作(在后面部分进行简要阐述)为将来肠道疾病诊断及控制的实质性改进奠定了基础,随后的章节将对肠道疾病进行回顾(其他章节将对许多疾病进行详细介绍)。

解剖与组织学特征
ANATOMICAL AND HISTOLOGICAL FEATURES

经过多年的遗传选择,猪的体貌特征和生长特征均发生了很大的改变。然而肠道形态没有明显的改变,也很少受到关注。唯一的例外是抗F18 和 F4(K88)型大肠杆菌感染的猪基因型的发展——新基因型的猪肠道内没有这两种大肠杆菌致病所需的受体。

猪出生后,肠道在一系列因素的作用下迅速成熟,这些因素如氧化作用、营养、微生物群落的形成、皮质(甾)醇和表皮生长因子等激素。新生仔猪肠道功能紊乱、小肠结肠炎的发生与缺氧有关(Cohen 等,1991;Powell 等,1999)。出生时动脉血氧浓度的迅速增加是刺激肠道发育的关键因子。延时或长时分娩、先天性或临产期肺部感染等经常发生的事件可能是引起仔猪腹泻的诱因。仔猪出生后,肠内存在的营养刺激小肠迅速发育(Burrin 等,2000),激素和生长因子等许多因素也可刺激肠道发育(Sanglid,2001)。出生后及时吮吸乳汁对肠道的快速生长、提高仔猪活力以及提供初乳免疫很重要。

猪病学,第 10 版,由 Jeffrey J. Zimmerman, Locke A. Karriker, Alejandro Ramirez, Kent J. Schwartz, Gregory W. Stevenson 主编。

直到最近,人们才开始关注仔猪的出牙和牙的萌发对摄食行为的影响(Tucker 等,2010a)。仔猪出生时就有完全萌发的乳牙或獠牙。大多数乳前白齿在第 1～5 周萌发(Tucker 和 Widowski,2009),接着长出随着时间的推移被恒齿取代的其他乳齿。人们发现前白齿何时萌发会以不同的方式影响仔猪。17 日龄内的仔猪几乎不采食,可能与相关的不适有关。21 日龄后的仔猪有兴趣采食,可能是由于饲料的机械作用会使牙龈感觉舒服(Tucker 等,2010a)。由于牙齿萌发而导致的厌食会加剧仔猪过早断奶所产生的问题(Tucker 等,2010b)。

消化酶主要由胰腺和肠细胞产生。胰腺分泌淀粉酶、脂肪酶等酶类物质时受神经和激素控制,在出生后前 6 周,产酶量大增(Pluske,2001)。胎儿肠细胞具有很强的内噬(吞)活性,出生后 3～4 周内,这种肠细胞就逐渐被没有内噬活性的成年猪型肠细胞所取代。这个过程在小肠内按从前到后的顺序发生,是肠道成熟的一个重要组成部分(Baintner,1986)。肠细胞的这种变化会影响刷状缘酶的表达。乳糖酶活性在新生猪体内很高,断奶后逐步降低到最低水平。然而蔗糖酶和麦芽糖酶的活性在出生时低,断奶后增加(Pluske 等,1997)。刺激断奶前仔猪摄食更多的乳汁(Pluske 等,1996a,b)或饲喂菜豆(*Phaseolus vulgaris*)血凝素可加速肠道的成熟(Biernat 等,2001;Rădberg 等,2001)。这种通过食物促进肠道快速成熟的途径在减少或防止仔猪断奶后腹泻中将很有价值。

断奶会带来一些不良后果,例如母猪骤然停止泌乳,采食量低和不定量采食,生长停滞,不完整或渗漏的小肠上皮。断奶时肠道形态学变化包括绒毛变短和隐窝变深(Hampson,1986;Kelly 等,1991)。这些不利影响或者由食物引起(diet dependent),或者与食物无关(diet independent)(Boudry 等,2004;McCracken 等,1995)。断奶后 4～7 d 绒毛高度缩短了 30%～40%,但是在断奶后 14 d 又可复原(Verdonk 等,2001a)。而且,在断奶后 3～7 d,微绒毛的长度也变短了(Cera 等,1998)。

随意采食和饲料组成成分对黏膜构造具有重要影响(Makkink 等,1994;Pluske 等,1996b)。断奶后的低采食量或一段时间的饥饿使整个小肠肠道绒毛高度降低,空肠附近尤为严重。再者,饲料中的某些组分含有抗原蛋白、蛋白酶抑制剂、有害凝集素和单宁等抗营养因子,或不易消化也能引起肠道的形态学变化,并且影响恢复的速度。因此,饲喂富含乳制品和易消化成分而抗营养因子含量低的饲料可将肠道的形态学变化降低到最低程度。

原粮和豆科植物的种子对肠黏膜会产生不利影响,特别是仔猪的肠黏膜。豆科植物的种子和原粮适当热加工后可促进断奶仔猪的生长,这些热加工技术包括蒸煮、挤压膨化、微粒化和颗粒化(Lawlor 等,2001)。对刚断奶仔猪来讲,喂料时饲料的温度也会影响采食量和仔猪的生长性能。据报道,34℃的糊状饲料与 14℃的相比就会产生显著的有益影响(Reiners 等,2008)。

断奶时发生的厌食症可能会引起仔猪小肠局部炎症反应(McCracken 等,1999)。由于营养物质摄入不足,细胞间转运增强,这在断奶后最初 4 d 尤为明显(Verdonk 等,2001b)。采食量减少引起细胞间紧密连接处(细胞间转运途径)的渗透性增加,肠黏膜的完整性遭到破坏,因而导致血液中出现饮食毒素和内毒素。

断奶时食料改变以及由此引起的绒毛萎缩和隐窝增生,导致肠道消化能力和吸收能力的降低(Pluske 等,1997;Rådberg 等,2001),严重者,电解质和可溶性营养成分在肠腔滞留和渗透水可引起吸收不良型腹泻。引起吸收不良和消化不良的其他重要因素包括低采食量、细菌代谢物引起的炎症、轮状病毒、对食料中的过敏原的过敏反应(Hampson 和 Kidder,1986;Kelly,1990;Kenworthy,1976)。这些生理变化还能引起肠道菌群数量和平衡的改变,往往引起肠道致病菌增殖,导致严重的断奶后肠道疾病,例如大肠杆菌病。Pluske(2001)描述了刚断奶仔猪小肠形态和功能的变化。

已证明运输应激可使肠道 pH 降低,渗透性增加。运输刚结束时的肠道渗透性达到最高,休息 2～3 h 后开始下降（van der Meulen 等，2001）。肠道渗透性增加会引起细菌和/或内毒素由肠道迁移入血（Berg，1999；Zucker 和 Krüger，1998）。这似乎可以解释运输之后疾病增多的现象（Berends 等，1996）。

消化生理
Digestive physiology

肠黏膜通过两种渠道获得营养：食物（刷状缘膜）和血流（基底膜）。肠组织发育和功能发挥有其独特的营养需求。对于非常年轻的生长猪，多达 50% 的由日粮获得的赖氨酸、谷氨酸、亮氨酸和苏氨酸等关键氨基酸被胃肠组织所利用（Burrin 等，2001）。而所需的绝大部分氨基酸和葡萄糖是通过动脉血供应而不是通过日粮获得的。丙酮酸和乳酸等肠道发酵产物也可作为胃肠组织的营养物和代谢调节物（Burrin 等，2001）。氨基酸通过多种途径加以利用，例如形成分泌性黏液素（Stoll 等，1998），用于合成其他氨基酸（Stoll 等，1999），合成谷胱甘肽（Reeds 等，1997），合成核酸（Perez 和 Reeds，1998）。

新生仔猪的营养供应主要源自初乳和常乳。加之初乳和常乳中也含有大量的生物活性肽，它们在调节肠组织的生长和分化中发挥重要功能。乳肽关键基因的定向表达在将来很有潜力（Kelly 和 Coutts，1997）。饲喂低蛋白日粮时，肠道对氨基酸的需求相对较高并且被优先满足，从而限制了瘦肉组织生长对氨基酸的系统性利用（Ebner 等，1994）。微生物抗原（致病性和非致病性）接触刺激急性促炎反应（Johnson，1997；MacRae，1993），导致了饲粮氨基酸的损失以及生长繁殖时氨基酸利用度的降低（例如，缓慢的生长率）。在饲料中添加抗菌促生长剂就是通过抑制急性促炎反应而提高生长速率的。

日粮中的碳水化合物由蔗糖、低聚糖、淀粉和非淀粉多糖（NSP）组成。除蛋白质和脂肪外，这些是重要的膳食营养。降解碳水化合物的酶，其活性随猪龄和日粮组分的变化而变化。吃奶仔猪具有高效的乳糖前盲肠消化，断奶后则为蔗糖和淀粉的前盲肠消化。在小肠内未被消化的碳水化合物被大肠内的多种厌氧菌发酵，这些物质主要是 NSP，有时为一些吃奶仔猪难以消化的淀粉质。

增加日粮中的可发酵碳水化合物和麦麸可使胃肠总质量增加 5%～25%。可发酵碳水化合物主要使结肠增重，麦麸还可使胃部增重（Rijnen 等，2001）。

日粮中的大多数淀粉极易被消化，消化系统成熟的猪，约 98% 的淀粉是在小肠中被消化的（Bach Knudson 和 Canibe，2000；Glitsø 等，1998）。谷物如大麦、小麦、燕麦和黑麦，豆科植物种子如大豆、豌豆、蚕豆中含有 NSPs。尽管有一部分 NSPs 是在小肠消化，但主要是在大肠消化。食物往往需要 20～40 h 通过大肠，这就使大肠细菌有足够的时间降解食物。大肠中最常分离到的菌属有：链球菌、乳杆菌、梭菌、真杆菌、拟杆菌和消化链球菌（Moore 等，1987）。碳水化合物和 NSPs 在大肠内发酵产生的短链脂肪酸主要为醋酸、丙酸和丁酸，还可产生 H_2、CO_2 和 CH_4 等气体。进入大肠的 NSP 越多，微生物菌群的活性就越强（Bach Knudson 等，1991；Jensen 和 Jørgensen，1994），也使生成的短链脂肪酸（Giusi-Peter 等，1989）和气体增多（Jensen 和 Jørgensen，1994）。短链脂肪酸被大肠迅速吸收，为生长猪提供多达 24% 的能量需求（Yen 等，1991），为成年猪提供的能量更多。肠道对 NSPs 的总消化能力受许多复杂因素的影响，例如 NSPs 的来源、在日粮中的含量、可溶性、木质化程度，动物的年龄和体重，滞留时间，微生物组成（Bach Knudsen 和 Jørgensen，2001）。

摄食过多或者由于小肠对碳水化合物吸收不良，大量可发酵物到达大肠，可使其渗透压增高而引起腹泻。生成的大量挥发性脂肪酸（volatile fatty acid，VFA）超过了大肠的缓冲能力，使大肠 pH 降低，乳酸菌数量增多。大肠对乳酸的吸收速度低于 VFA，pH 进一步降低，组织中的水分和溶质随即涌入肠腔，肠道过度酸化可引起腹泻发生。成年猪具有较大的肠容积和较长的滞留时间，因此比生长猪具有更强的纤维素降解能力。就 NSP 消化能力而言，对改变了的日粮需要 3～5 周的适应时间（Longland 等，1993）。

以去壳大麦为主的饲料富含 β-葡聚糖，复合酶可明显增加断奶仔猪回肠对这种饲料的表观消化率（Yin 等，2001）。由于回肠的表观消化能力增强，后段肠道内的发酵便减少。同样的，在以小麦为主的饲料中添加某些酶类物质,可对生长猪产生有益影响(Hazzledine 和 Patridge,1996)。在猪非特异性结肠炎中,人们日益关注日粮因素的作用,特别是 NSP 和饲料加工方法(Strachan 等,2002;Thomson 等,2004)。尽管对这种与食物有关的结肠炎的发病机理知之甚少,但这种情况被认为是导致其他形式结肠炎的重要的因素。

免疫学
IMMUNOLOGY

在出生后最初的 24~48 h 里,猪的肠道可通过胞饮作用吸收免疫球蛋白等生物大分子,使新生仔猪通过初乳而获得被动免疫(Weström 等,1984)。尽管在产前就具有这种能力,但吸收功能主要发生在产后(Sangild 等,1999)。这是一个特殊的成熟过程,使仔猪一出生就对免疫球蛋白具有最大的吸收能力。早产仔猪对蛋白质的吸收能力不及足月出生的仔猪(Sangild 等,1997)。因此,胎儿成熟度是决定能否成功从初乳中吸收免疫球蛋白的一个重要因素。

仔猪肠道免疫系统发育还很不成熟,它的缓慢发育使猪对疾病易感性增加(Stokes 等,2001)。肠淋巴组织包括肠系膜淋巴结(mesenteric lymph nodes)、派尔氏结(Peyer's patch)和散布于黏膜固有层和上皮细胞间的淋巴细胞。在空肠有 11~26 个散在的派尔氏结,每个派尔氏结含有多个淋巴滤泡(B 淋巴细胞),淋巴滤泡间充满 T 淋巴细胞,合成 IgM、IgG、IgA 的浆细胞分布在皮下穹窿区(subepithelial lymphoid dome)以及滤泡之间(Brown 和 Bourne,1976)。穹窿区有高效表达 MHCⅡ抗原的树突状细胞。微皱褶细胞(microfold cell,M 细胞)被认为能够吸收肠腔内淋巴上皮上的抗原(Gebert 等,1994)。

成年猪肠道黏膜固有层密布淋巴细胞,在隐窝内以浆细胞和 B 淋巴细胞为主,而 T 细胞主要分布于绒毛中,CD8[+] 细胞位于皮下,CD4[+] 的分布与固有层毛细血管丛有关(Vega-Lopez 等,1993)。大部分上皮内淋巴细胞表达 CD2,在成年猪很多上皮内淋巴细胞还表达 CD8(Stokes 等,2001)。仔猪整体的免疫能力受到断奶年龄和断奶后光照时间等因素的影响。Niekamp 等(2007)发现在 28 日龄断奶优于 14 日龄或 21 日龄,光照 16 h 优于光照 8 h。

肠道免疫机理复杂:在功能上既能防止和控制有害肠道感染,却又能耐受日粮抗原和肠道菌群的无害抗原。黏膜上皮如若完整,便可形成一道有效屏障。IgA 抗体具有重要的防御功能。日粮中大量的蛋白质是经肠道跨膜吸收的(Telemo 等,1991;Wilson 等,1989)。

膳食蛋白的"肠道耐受"已经在猪体内得到了证实,通过调控对日粮蛋白的免疫应答来防止炎症反应和与外源蛋白吸收相关的组织损伤(Baily 等,1993)。肠道免疫系统各组分间的相互作用十分复杂,炎症和细胞凋亡原理以及免疫应答下调机理是当前研究的重点。

在外来抗原的刺激下,猪肠道免疫系统逐步发育完善。淋巴组织发育完熟需要 7~9 周的时间,如前所述,在 3~4 周龄的时候进行早期断奶,淋巴组织的成熟就被推迟,这在许多现代化养猪国家普遍发生(VegaLopez 等,1995),也就是仔猪断奶后易于受肠毒素型大肠杆菌(enterotoxigenic E. coli,ETEC)或其他病菌感染而引起腹泻的原因之一(Wellock 等,2007)。谷氨酰胺在肠道免疫中的功能日益受到关注。谷氨酰胺是肠细胞的一种重要氮源,在维持黏膜细胞完整和肠道屏障功能中发挥关键作用(den Hond 等,1999)。淋巴细胞关键性作用的发挥也依赖于谷氨酰胺的供应(Graham 等,2000)。谷氨酰胺缺乏会导致免疫抑制,而断奶后补饲谷氨酰胺被证明对肠黏膜结构和仔猪肠道免疫功能大有好处(Pierzynowski 等,2001)。在断奶后饲喂 2~4 周核苷酸可增强肠道免疫功能,这是因为核苷酸可提高 T 细胞介导的细胞免疫应答(Cameron 等,2001)。

Gallois 和 Oswald(2008)报道,在断奶仔猪饲料中添加酵母提取物、植物提取物、动物副产品等免疫调节物可增强仔猪的免疫功能,其中以经喷雾干燥的动物血浆制品,特别是猪血浆粉效果最为显著。很多研究表明,以致病性大肠杆菌对猪进行口服攻毒,饲喂喷雾干燥血浆粉的猪临床症状较轻,对生长性能的影响也较小(Bosi 等,2004;Niewold 等,2007;Torrallardona 等,2007;Yi 等,2005)。喷雾干燥血浆粉不仅可以提供特异性的抗体保护,血浆分子也可与猪肠道 E. coli 受体发生非特异性结合。

人们利用猪痢疾模型(swine dysentery chal-lenge model)对共轭亚油酸(conjugated linoleic acid,CLA)在预防细菌性大肠炎中的作用进行了研究(Hontecillas 等,2002)。攻毒前饲料中添加CLA并持续饲喂7或10周,不表现猪痢疾的临床症状和组织病变。尽管猪痢疾短螺旋体(Brachyspira hyodysenteriae)在肠道定植,饲喂CLA组的细胞因子水平和淋巴细胞亚群分布与未攻毒对照组无差异。这就说明CLA调节猪的免疫应答机理,使宿主对感染不做出免疫应答,而以细菌作为靶物质加以清除。寻求经济的、提高断奶仔猪和生长猪免疫力的方法能给猪的商业化养殖带来巨大的经济利益。

肠道菌群
GUT FLORA

猪的肠道菌群极其复杂和多样,对定性和定量研究造成困难。然而人们日益关注如何维持肠道健康并使其处于最佳功能状态。Robinson 等对大肠内的微生物菌群进行了研究和总结(1981,1984)。近几年,肠道上段微生物菌群也日益受到关注(Richards 等,2005)。大肠微生物区系的失衡,可破坏正常的细菌发酵并影响大肠对挥发性脂肪酸(VFAs)的吸收,与此同时,对水分吸收也相应减少,导致腹泻,在这种情况下,肠道黏膜并无形态学上的变化。

沿着猪的整个胃肠道,肠道环境(如 pH 和有机酸)和微生物活性变化明显(Bach Knudson 等,1991,1993)。日粮组分的差异也对这种变化产生影响,并且也影响肠道菌群的多样性。在一项含有不同水平可溶性和不溶性 NSP 的日粮的试验中,中、高含量的 NSP 可使小肠和直肠中微生物多样性增加(Hogberg 等,2001,2004)。高 NSP日粮诱导产生较高水平的丙酸,而低 NSP 日粮则诱导产生较高水平的乙酸,这就表明日粮中不同组分的碳水化合物可相应改变肠道的微生态平衡。可溶性和不溶性 NSP 的比例也会影响大肠菌群的多样性。可溶性 NSP 比例越高,大肠菌群的多样性就越丰富,与高比例不溶性 NSP 日粮相比,微生态平衡更加趋于稳定。

猪饲料蛋白质的数量和品质也会影响微生物区系,当大肠内可发酵碳水化合物和潜在可发酵蛋白质比例失衡时尤为明显(Bikker 等,2006;Piva 等,2006)。大肠微生物消化蛋白质可增加潜在毒性物质的含量,这些物质包括氨气、胺类物质和酚类物质等,从而引发肠道疾病(Bikker 等,2006;Nyachoti 等,2006)。

益生元是一种能够促进肠道中有益微生物增殖的化合物,而不是食物中的营养成分;益生菌是含有有益细菌的活菌制剂。益生元和益生菌制剂的潜在价值一直是许多关于肠道健康和预防肠道感染研究的主题内容。益生元通过两种途径来发挥益生作用:一是像低聚果糖这类化合物,可优先被双歧杆菌和乳杆菌等益生菌所利用,使它们成为优势菌(Houdjik,1998;Nemcova 等,1999);二是甘露糖与某些菌毛上有甘露糖特异性结合凝集素的致病菌结合,大肠杆菌和沙门氏菌就属此类病菌,如果添加含有甘露糖的化合物到饲料中,那么这些化合物就可与这些致病菌结合,减少了它们与肠黏膜细胞上受体位点的结合(McDonald 等,2002)。菊糖是从菊苣中提取的一种天然的果糖聚糖,具有益生元活性(Gibson 和 Roberfroid,1995;Roberfroid 等,1998)。断奶仔猪对菊糖的消化主要是由微生物在大肠内进行,使发酵代谢物的类型和浓度得以优化,N-戊酸盐和丙酸盐增加,醋酸盐和氨减少(Rossi 等,1997)。短链脂肪酸(如丁酸)刺激双歧杆菌和乳杆菌的生长繁殖。丁酸还调节大肠肠细胞的增殖、分化和细胞凋亡过程,因此对大肠健康具有直接的影响作用(Tako 等,2008)。大肠杆菌体外黏附试验中,5% 的菊糖可部分抑制 F4 阳性大肠杆菌黏附到小肠绒毛上。该研究还表明在外源抗原蛋白的刺激下,菊糖促进猪 IgA 和 IgM 的分泌,因而可能具有免疫调节功能(Rossi 等,2001)。给刚刚断奶的仔猪日粮中添加低聚果糖和/或甜菜浆,尽管不能降低仔猪腹泻的发生率,但可增加肠道中的双歧杆菌数,同时减少大肠杆菌数(Kleingebbink 等,2001)。双歧杆菌的数量因猪只而异,并且不到肠道总菌数的 1%(Mikkelsen 和 Jensen,2001)。某些植物代谢产物可与短链脂肪酸发生反应,抑制了 E. coli O157 等病原的生长增殖(Duncan 等,1998)。益生元的应用在将来可能具有重要的科学价值。

益生菌靠竞争性抑制作用来抑制病原菌,已被成功用来控制猪的耶尔森氏菌(Yersinia)等感染(Asplund 等,1996)。断奶后肠道菌群还不稳定之时,饲喂益生菌,特别是乳杆菌和双歧杆菌,有助于控制仔猪的肠道感染。益生菌也可通过占据受体位点,阻止肠道致病性大肠杆菌和其他革兰氏阴性细菌与肠细胞的结合(Mack 等,1999;Spencer 和 Chesson,1994)。这对改善一系列的肠道感染具有潜在的意义,尤其是对沙门氏菌、弯曲杆菌等引起人畜共患病的细菌。沙门氏菌感染在猪中普遍发生,导致临床或亚临床疾病(Lax 等,1995)。高达 30% 的育肥猪携带沙门氏菌,因此增加了屠宰时胴体受污染的危险(Berends 等,1996)。弯曲杆菌是人类肠道疾病最常见的病原,可从许多生肉包括生猪肉中分离到(Fricker 和 Park,1989;Stern 等,1985;Zanetti 等,1996)。猪体中主要是大肠弯曲杆菌(Stern 等,1985;Weitjnes 等,1993,1997;Young 等,2000),然而有些猪场却以空肠弯曲杆菌流行为主(Harvey 等,1999)。哺乳期与母猪的接触导致了仔猪弯曲杆菌病流行的发生,然而出生 24 h 后,将仔猪与母猪分离,单独饲喂,能够显著减少弯曲杆菌的带菌数量(Harvey 等,2001)。

饮食干预控制肠道感染
DIETARY INTERVENTIONS

人们对抑菌剂(antimicrobial agents)促进生长和提高饲料利用率的机制了解很少(Anderson 等,1999;Commission on Antimicrobial Feed Additives,1997),推测可能有两种机制:一是抑制细菌亚临床感染,减少病原体向组织内扩散;二是改变小肠黏膜结构,主要是增加绒毛高度、促进营养物质的吸收。

随着大多数抑菌促生长剂被欧盟禁用,选择其他方法控制肠道菌的数量和活性已经有所研究,包括:改善管理、饲喂方式、环境卫生;饲喂益生菌、益生元、酶、草药、植物提取物、预发酵饲料和有机酸(de lange 等,2010;Thomke 和 Elwinger,1998);选择性培育抗病品种;使用疫苗和细胞因子以及其他免疫调节剂,有机酸、氧化锌等无机化合物提高猪的免疫力;使用特异性的噬菌体或细菌素(Hampson 等,2001)。

找到有效的抗生素替代方法,需要清楚地了解其对不同生长阶段猪的促生长机制。

日粮纤维和谷物
Dietary Fiber and Cereals

饲料中纤维的形式可对猪大肠内微生物菌群构成和代谢活动产生影响(Bach Knudson 等,1991;Jensen 和 Jorgenson,1994;Reid 和 Hillman,1999;Varel 1985;Varel 等,1982)。然而,人们尚不清楚肠道共生微生物菌群是如何与病原菌作用的,因此,通过饮食控制肠道传染病,其作用机理也无从得知。

饮食还能够通过其他途径影响肠道感染,包括:改变了肠道某个部位微生物发酵的底物量或底物平衡,黏稠度,肠道受体位点的易接近性,肠的蠕动性等。例如已经证明,不同谷类和不同颗粒大小可改变猪大肠肠道上皮细胞的增殖以及凝集素模式(Brunsgaard,1998)。

食物也可影响肠道功能。熟大米中的某些成分可以抑制小肠的分泌功能,由 ETEC 等病原体引起的分泌性腹泻的程度也相应减轻(Mathews 等,1999)。

食管部(pars esophagea)溃疡是饮食影响肠道病理的一个典型例子,尤其是生长猪和肥育猪。这种损伤导致猪生长缓慢(Ayles 等,1996b),更为严重的是引起胃出血和胃穿孔,导致急性疾病和死亡(Friendship,1999)。许多研究已表明高精细小麦饲料与胃溃疡关系紧密(Accioly 等,1998)。细菌在胃溃疡中的作用尚不清楚,一些研究表明猪螺杆菌(Helicobacter suis)与胃溃疡有关(Barbisa 等,1995;Queiroz 等,1996),然而在其他研究中,这种相关性很弱或者不明确(Phillips,1999)。用海尔曼螺杆菌(H. heilmannii)实验感染,用富含碳水化合物流体喂食的无菌猪,未见其发生胃溃疡(Krakowka 等,1998),而用乳杆菌属和芽孢杆菌属的细菌接种,喂食同样的食物却发生了溃疡,可能是由于当有丰富的可利用糖类物质时,这些细菌更易发酵,发酵产生的短链脂肪酸导致了溃疡的发生(Krakowka 等,1998)。

早期关于饮食对断奶仔猪大肠杆菌病(colibacilloisis)影响的研究表明,饲料中添加一定量的纤维可减少该病的发病率并可减轻临床症状(Bertschinger 等,1978;Bolduan 等,1988)。随后以大肠杆菌病实验模型进行研究,对饲喂不同的断奶开食料进行了比较,不同研究小组,其结论不尽相同,说明这是一个未知领域。例如 McDonald 等(1997,1999,2001)的研究结果表明补饲可溶性 NSPs 使仔猪肠道内的大肠杆菌数增加,因而推测这种饲料可诱发腹泻。相反,Wellock 等(2008)发现补充可溶性 NSPs 的饲料却对 ETEC 攻毒仔猪具有保护效应。与饲喂不溶性 NSPs 组相比,腹泻的发生率显著降低,盲肠 pH 降低,乳杆菌：大肠菌群比升高。显然,在这个复杂领域里,添加物浓度、性质、小肠内容物黏度与肠道微生物的增殖相关,影响肠道的蠕动速率、发酵过程,最终影响刚断奶仔猪的健康。

饮食对猪痢疾的影响已研究了很多。一些研究表明,熟大米具有保护效应(Siba 等,1996),而其他研究则表明没有这种作用(Kirkwood 等,2000;Lindecrona 等,2003)。给患痢疾的病猪喂熟大米并不能缓解病情和缩短病程(Durmic 等,2000)。在一个实验中发现,饲喂不同的谷物——蒸玉米片或蒸高粱片能减少痢疾的发生(Pluske 等,1996a)。可溶性 NSP 和抗性淀粉被确认为促进大肠发酵和细菌肠道定植的重要因素。然而食物中添加富含不溶性 NSP 的燕麦壳,仍有保护性(Pluske 等,1998)。在以小麦为基料的饲料中添加酶或用挤压膨化增加淀粉在小肠的易消化性,以了解这两种处理对猪痢疾是否具有潜在的保护效应,但两种方法均不能阻止细菌在小肠内定植(Durmic 等,2000)。虽然高粱的可溶性 NSPs 含量也低,但以高粱为基料的饲料却对猪痢疾没有保护性(Durmic,2000)。饲料的粉碎粒度也很重要,与饲喂精细粉碎的饲料相比,饲喂粗糙的大颗粒麦类或高粱,感染猪痢疾的猪只明显增多(Hampson 等,2001);在一项比较研究中,大麦/黑小麦为基料的饲料配以油菜籽饼或菊苣根和甜扁豆(sweet lupins),研究发现,以 B. hyodysenteriae 攻毒,后者对猪具有 100% 的保护力(Thomsen 等,2007)。在这些猪的结肠微生物菌群中,双歧杆菌(bifidobacteria)和巨型球菌属(Megasphaera)细菌比例增高,可能抑制了 B. hyodysenteriae 定植(Molbak 等,2007)。然而瑞典的一项研究却发现饲料中高水平的豆饼添加量诱发猪腹泻的发生(Jacobson 等,2004)。在猪结肠螺旋体病中,与饲喂以小麦为基料的组相比,给猪喂熟大米可使感染推迟且症状减轻(Hampson 等,2000;Lindecrona 等,2004)。

日粮中如不溶性纤维含量较高,会使猪的有齿食道口线虫(Oesophagostomum dentatum)的载虫量增加(Petevicius 等,1997)。然而猪鞭虫(Trichuris suis)在肠道的定植却不会受到日粮所含碳水化合物形式的影响(Thomsen 等,2006)。实验感染时,日粮中添加菊苣根和甜扁豆并不能阻止猪鞭虫的定植(Thomsen 等,2007)。

日粮蛋白
Dietary Protein

为了使其适速生长,新断奶仔猪的商品化日粮中蛋白水平往往较高,然而高(21%)、低(13%)蛋白饲料的比较试验(Prohaszka 和 Baron,1980)结果表明,高蛋白日粮,特别是不易消化蛋白,使断奶仔猪患大肠杆菌病的概率增大。这些发现相继被许多自然感染和 ETEC 人工实验感染(Nyachoti 等,2006;Wellock 等,2006,2007)研究证实。蛋白质对 4 周龄断奶仔猪的影响显著大于 6 周龄断奶仔猪。在大规模商业化养殖条件下,减少断奶仔猪日粮的蛋白水平是否有利需要谨慎评价。然而降低日粮蛋白水平对面临 ETEC 感染压力大的断奶后仔猪或许有用,特别在因断奶后腹泻引起仔猪死亡频发的养殖场。

有机酸、无机化合物、脂肪酸
Organic Acids, Inorganic Compounds, and Fatty Acids

断奶开食料中抗生素的替代物包括:有机酸,如二甲酸钾(Roth 等,1998)。在开食料中添加1.8% 的二甲酸钾,在断奶后 4 周,可使胃、小肠末梢、盲肠和结肠中段内容物中的厌氧菌、乳酸菌、酵母菌以及大肠菌群的总数下降(Canibe 等,2001)。这种显著的抑菌效果归功于甲酸通过菌体细胞壁时产生的 H^+ 和阴离子,阻止了细菌蛋白质的合成,抑制了酶的活性,因此细菌的复制受阻(Partenen 和 Mroz,1999)。其他研究也证实增加甲酸浓度(Gabert 等,1995;Kirchgessner 等,1992)或使用二甲酸钾(Fevrier 等,2001),胃部和近侧结肠的大肠菌群总数减少。

已经证实,在断奶仔猪饲料中补饲有机酸或

其他盐类可降低断奶后腹泻的发病率,提高生长性能(Sutton 等,1991)。比较几种有机酸对大肠菌群的抑菌效果,由强到弱依次是:苯甲酸、反丁烯二酸、乳酸、丁酸、甲酸和丙酸。迄今为止,使用有机酸最多的是欧洲国家开展的沙门氏菌控制项目。临床试验证实,在生长猪和育肥猪饲料中添加甲酸或乳酸,显著降低了出栏猪沙门氏菌 ELISA 检测的血清阳性率(Creuz 等,2007;Dahl,2008)。添加有机酸到饮用水中也可获得相似效果(van der Wolf 等,2001)。这些有机酸对其他肠道微生物的影响未被深入研究,然而,当致病菌数目增多时,这些有机酸引起的大肠菌群数减少可能会给机体带来其他有益影响。

日粮中添加 2 500 mg/kg 的氧化锌可减少断奶仔猪的腹泻发生率,现已被广泛应用于猪的商业化养殖,但其作用机理尚不清楚(Holm,1998)。一项关于氧化锌对肠道菌群影响的研究表明,氧化锌饲喂组每克粪便中的大肠菌数、肠球菌数或产气荚膜梭菌(*Clostridium perfringens*)数与对照组无差异;然而,氧化锌处理组粪便中大肠菌群的多样性全面减少。在第二周,氧化锌处理组的生长速度显著高于对照组(Melin 等,2001)。然而,有些国家已经立法限制了氧化锌在饲料中的最高添加量。

精油
Essential Oils

体外研究表明有些含有精油的中药制品,具有抑菌性能。一般情况下,这些制品中酚类物质的抑菌活性最强,它通过增加菌体细胞膜的通透性而发挥作用(Burt,2004)。针对不同精油对鼠伤寒沙门氏菌(*Salmonella typhimurium*)和大肠杆菌 F4(*E. coli* F4)的抑菌性能进行了检验(Si 等,2006a),尽管它们在猪盲肠内容物中仍保持活性(Si 等,2006b),人工攻毒实验研究中效果却不明显。Michiels 等(2008)对体内研究效果减弱的原因进行了分析,并指出这是由于某些精油在胃部被吸收,因而不能到达小肠作用于细菌。

发酵流体饲料
Fermented Liquid Feeds

流体饲料可促进断奶仔猪的采食、生长、饲料转化和健康(Brooks 等,1996)。但是,用水浸泡饲料有利于细菌繁殖,进而降低饲料品质,存在健康隐患。饲喂发酵流体饲料而降低肠道 pH,是一种控制肠道感染的方法。以其作为新断奶仔猪的部分日粮,与未经发酵处理的流体小麦饲料相比,发酵饲料对近端空肠绒毛高度、绒毛高度与隐窝深度之比产生有益影响(Scholten 等,1999),具体机理尚不明确,可能是由于较低的 pH、较高的有机酸水平和改善了的微生态环境。与饲喂干料相比,发酵流体饲料使新断奶仔猪回肠末端、盲肠、结肠内的大肠杆菌数显著减少(Jensen 和 Mikkelsen,1998;Moran 等,2001)。接种乳酸菌(植物乳杆菌)发酵的饲料,饲喂前在 25℃浸泡 5 d。发酵阻止了细菌繁殖以及由肠道致病菌和其他腐败菌造成的饲料腐败变质。发酵温度与细菌存活关系重大。37℃比 20℃对抑制大肠杆菌更为有效(Beal 等,2001)。当然也有菌株间的差异,大肠杆菌 F4(K88)对发酵作用的抗性最强(Beal 等,2001)。在流体饲料发酵体系中温度是一个重要的控制因素。冷休克蛋白有助于大肠杆菌在低温下存活(Phadtare 等,1999)。预发酵处理不仅降低了饲料的酸度,还减少了其中的可溶性 NSP 含量(Hampson 等,2001)。

当可以选择时,仔猪更喜欢吃新鲜的流体饲料,而不是发酵的流体饲料(Demeckova 等,2001)。为防止变质,300 mg/L 的二氧化氯能够杀死流体饲料中的大肠菌群而不影响仔猪饲料的适口性和仔猪的生长性能(Demeckova 等,2001)。二氧化氯是一种强氧化剂,抑菌谱广,能有效杀灭细菌和病毒(Junli 等,1997)。与未消毒新鲜湿料相比,在新鲜湿料中添加二氧化氯对采食量未产生显著影响。有报道称二氧化氯是通过使菌体外膜层通透性增加而杀死大肠杆菌的(Berg 等,1986)。

腹泻仔猪的补液
REHYDRATION OF DIARRHEIC PIGLETS

在急性腹泻特别是肠毒素型大肠杆菌(ETEC)和轮状病毒感染暴发时,往往对仔猪进行口服补液。对大鼠和儿童的临床研究表明,降低口服补液溶液的渗透压对腹泻的进程和临床结果具有益影响(Thillainayagam 等,1998)。Kiers 等(2001a)用实验模型证实,与非感染组相比,低渗透压溶液可促进肠液的吸收,然而在 ETEC 感染所致的流体净吸收率(net fluid absorption)降低与渗透压无关。

在 ETEC 感染实验模型中,真菌发酵的大豆制品有助于防止断奶仔猪体液流失而维持体液平衡(Kiers 等,2001b)。其作用机理可能是阻止了大肠杆菌吸附于上皮细胞,也可能是改变了肠道毒素的毒性。

局部疾病和消化系统病理
REGIONAL DISEASES AND PATHOLOGY OF THE DIGESTIVE SYSTEM

口腔
The Oral Cavity

有几种公认的先天性的缺陷影响口腔。腭裂(cleft palate,palatoschisis)是由多种因素造成的发育异常。给怀孕早期母猪饲喂有毒植物例如毒夹竹桃(*Conium maculatum*)或粉蓝烟草(*Nicotiana glauca*)(Keeler 和 Crowe,1983;Panter 等,1985)可导致腭裂。同样,当孕猪饲料不慎受到凹叶野百合(*Crotalaria retusa*)的种子污染可导致仔猪腭裂(Hooper 和 Scanlan,1977)。短颌是一种渐进性的遗传性疾病,易与慢性萎缩性鼻炎发生混淆。舌肥大是一种罕见的先天性异常,妨碍正常的吮乳行为。上皮生成不全(epitheliogenesis imperfecta)影响齿龈和舌部,并且可见由于缺少上皮组织而形成的不规则、界线清楚的红色区域。

由创伤造成的口腔受损也比较常见。新生猪牙齿修剪不好会暴露牙髓。如果牙髓受到感染,牙髓炎、牙龈炎和骨髓炎会接踵而来。牙龈炎和牙周炎症的发生往往与牙齿修剪技术差有关,后者造成牙龈上皮损伤,随后可能引起口腔炎和牙根脓肿。从这些病变中往往可以分离到坏死梭菌(*Fusobacterium necrophorum*)。猪食管正上方咽部后壁有一个憩室,麦芒和其他纤维性物质可存留在这里,如果刺破咽部会导致咽部蜂窝织炎。这种情况通常仅见于幼猪。口腔炎也可由腐蚀性和毒性化合物等刺激性化学药物,或者烫伤引起。

晒伤也可导致猪鼻上皮起泡和腐烂。仔猪也偶发鹅口疮或念珠菌病,表现为舌、硬腭、咽部有苍白斑样病变,极少数病例延伸至食管和胃部。从病斑中可分离到念珠菌,频繁用药或者间歇病,例如猪繁殖与呼吸障碍综合征(porcine reproductive and respiratory syndrome,PRRS)病毒感染会诱发念珠菌病的发生。

许多重要的传染病引起猪口鼻发生病变,主要有病毒性水疱病,包括口蹄疫、猪水疱病、水疱性口炎等。造成的损伤表现为上皮发白、起泡、腐烂和上皮脱落。日晒和细小病毒偶发感染也可使猪鼻部表现类似于水疱病的症状。伪狂犬病,也称为奥叶兹基氏病(Aujeszky's disease,AD),除典型症状如坏死性扁桃体炎和肺炎外,鼻部也有水疱和糜烂。

据报道,患有渗出性皮炎(exudative epidermitis)的仔猪也会发生溃疡性舌炎和口腔炎。仔猪舌背,有时硬腭也可能发生由猪葡萄球菌感染引起的溃疡(Andrews,1979)。口腔溃烂和溃疡也可见于患有先天性猪痘的仔猪中。林氏放线杆菌(*Actinobacillns lignieresi*)能引起舌部肿胀和炎症,形成结节和溃疡。咽部和颈部软组织也可受到感染。在寄生虫感染中,囊尾蚴病(cysticercosis)和猪旋毛虫(*Trichinella spiralis*)对舌部和咀嚼肌造成损害。散养猪舌黏膜中的筒线虫(*Gongylonema*)可导致轻微的局部炎症(Zinter 和 Migaki,1970)。

扁桃体对口咽部的免疫监视具有战略性意义(Horter 等,2003)。猪链球菌、巴氏杆菌等大量细菌经常被运送至扁桃体(Torremorrell 等,1998)。隐窝炎症和淋巴增生与细菌感染有关。坏死性扁桃体炎发生于伪狂犬病病毒(pseudorabies virus,PRV)引起的伪狂犬病(pseudorabies),扁桃体是病毒复制的场所(Terpstra 和 Wensvoort,1988)。扁桃体炎也是猪水疱病的特征。伴有出血的坏死性扁桃体炎可由炭疽病引起。患有断奶后多系统衰竭综合征(postweaning multisytemic wasting syndrome,PMWS)的仔猪由于猪圆环病毒 2 型(porcine circovirus type 2,PCV2)感染,扁桃体淋巴组织萎缩退化(Chae,2004),扁桃体因此易受细菌感染,增加了罹患菌血症的风险。

很少有猪唾液腺疾病的报道，但维生素 A 缺乏可导致唾液腺炎（sialoadenitis）（Barker 等，1993）。唾液腺小叶间导管鳞状上皮化生（squamous metaplasia）导致唾液分泌停滞，继发感染和化脓性炎症，导致唾液腺严重肿胀。猪水疱病时可见唾液腺导管上皮细胞变性。

食管
The Esophagus

除角化过度、角化不全、真菌感染、阻塞、创伤外，食管出现问题的情形很少。角化过度和上皮增厚与维生素 A 缺乏或氯化萘（chlorinated naphthalene toxicity）中毒有关。食管角化不全发生于因锌缺乏导致的皮肤角化不全猪。猪贲门溃疡时，食管末端由于上皮角化不全而增厚，与此同时基底上皮细胞增生。食管溃疡还可引发反流性食管炎。分泌的胃液对鳞状上皮具有腐蚀性，造成黏膜溃烂、溃疡和炎症。某些病例在愈合过程中会形成环状疤痕，导致食管末端狭窄和肌肉过度增生。

免疫低下的、经过抗生素反复治疗的吃奶仔猪和断奶仔猪，或者是由于某些原因黏膜菌群受到严重干扰的仔猪易于感染白色念珠菌，导致真菌性食管炎。

食管阻塞和/或穿孔与摄入石头、土豆、苹果或玉米棒芯等大物体有关。穿孔也可能由误食一些金属线、钉子等锐物引起。穿孔部位发炎引起病理性狭窄，导致吞咽困难，狭窄或阻塞附近的食管部分膨胀。脑炎影响延髓和/或神经核，或控制吞咽的脑神经（Ⅴ、Ⅸ、Ⅹ、Ⅻ），导致吞咽困难，这种情形在猪中很少发生。线虫（筒线虫属）有时也寄生在食管黏膜中，使食管弯曲，然而这些寄生虫对猪似乎并无任何不利影响。

胃：胃溃疡
The Stomach: Gastric Ulceration

影响胃部的主要因素为一些物理性或功能性因素，最主要的是胃食管溃疡对食管部（pars esophagea）的影响。屠宰场的调查研究表明，90％的胃部损伤的情况为角化不全、溃烂和溃疡，具体为哪种情况与饲养管理有关（Diresen 等，1987）。不同猪群的患病率不同，疾病严重程度也

不同。食管部溃疡在不同年龄的猪中均有发生，但 3～6 月龄猪溃疡发生率最高。一些养殖场育肥猪胃溃疡导致的死亡率约为 1％～2％，更高的发病率见于散发病例（Deen，1993；Melnichouk，2002）。临产母猪也是一个相对高危群体。检查淘汰母猪发现，60％患有胃部溃烂，10％～15％患有胃溃疡（Hessing 等，1992；O'Sullivan 等，1996）。经常可在母猪胃部观察到大量的疤痕组织，意味着这些母猪曾患有严重的胃溃疡。据报道，胃溃疡是引起母猪死亡的一种常见原因（Chagnon 等，1991；Sanford 等，1994）。

不进行食管部检查则难以排除胃溃疡，食管部溃疡引起的损伤一般不延伸至整段食管和胃的腺体区域。溃疡和溃烂有时仅涉及一小部分或全部的胃鳞状上皮黏膜，溃疡最常发的位点在食管部和贲门黏膜的交接处（Penny 和 Hill，1973）。正常情况下，食管部上皮光滑，呈白色，表面带有光泽，与周围的腺体黏膜易于区分。损伤起初为角化过度型角化不全症，导致局部增厚和外观粗糙，然后涨破脱落，形成溃烂，最终表现为溃疡。

食管部上皮增生部位多数会被胆汁染成黄绿色，尤其是当表面粗糙和发生角化不全性增厚时。这种粗糙的褶皱面会自行成片脱落或容易被剥离。当整个食管部发生溃疡时，病灶呈鸟眼状或弹坑状外观——圆形溃疡灶边缘隆起。溃疡底部光滑而被误认为正常组织（Barker 等，1993）。Embaye 等（1990）揭示了肉眼可见损伤与微观损伤之间的关系，指出肉眼外观与微观检查结果直接相关，然而这些研究者们发现 155 个表观正常胃中，32％具有角化不全的组织学变化，30％带有轻微溃烂性损伤，显微镜下观察 23％发生了严重的溃疡。

疾病监测时，通常将胃部病变的肉眼检测与屠宰场监察计划紧密结合。对食管部检查时，应将胃部沿大弯切开，外翻。清除内容物、检查前冲洗可提高结果的准确性。屠宰场利用不同的分类依据对胃部损伤进行分级（Ayles 等，1996b；Chiristensen 和 Cullinane 1990）。

组织学上，病变由增厚和角化不全引起，有核细胞位于黏膜表面。上皮钉突和乳头状突起变长，嗜中性粒细胞和嗜酸性粒细胞出现在乳头状突起的顶端。上皮脱落和溃烂通常发生于细胞质

苍白、核物质降解的细胞（Embaye 等，1990）。食管部溃疡一般发生在黏膜下层，但也会深入到黏膜外肌层，并偶发于浆膜层（Barker 等，1993）。

当猪由于胃溃疡急性死亡时，尸检诊断最为直接。尸体苍白，但身体状况良好。胃部有未凝血、血凝块以及包裹不等量食物的纤维素性渗出物。肠内也可检测到血液。在出血性死亡病例中，溃疡通常深而广泛，而且溃疡表面可见黏附的血凝块。

溃疡发生迅速，由正常食管部组织发展到溃疡可能不会超过 24 h。临床症状反映了胃部的出血程度。几小时前还健康的猪突然死亡的现象经常发生，并且尸体极度苍白。如果失血缓慢，苍白、嗜睡、虚弱、呼吸急促等贫血症状明显，除此之外，还可发现粪便乌黑，有些猪还有腹痛症状，表现为磨牙弓背，可能还会呕吐。通常感染猪直肠温度低于正常体温。值得注意，并不是所有死于胃溃疡的猪胃部都有鲜血或血凝块。为了鉴别诊断胃溃疡与其他原因引起的贫血或出血性肠病，特别是猪出血性肠病，一定要肉眼检查食管部是否有溃疡。

胃溃疡倾向于在育肥猪中零星暴发，如一只猪突然倒地死亡，仔细观察会发现猪群中有的猪表现出贫血症状。发生溃疡但失血轻微时，动物外观表现健康状况正常。亚临床型溃疡是否减缓猪的生长速度的证据不一。不同研究者们尝试建立屠宰时胃部的病变程度与育肥阶段生长性能之间的相关性。某些研究发现二者没有关系（Backstrom 等，1981；Pocock 等，1969），然而 Elbers 等发现患有胃溃疡的猪，其日增重比正常猪每天低 50～75 g，后者的结果与 Ayles 等（1996b）的研究结果一致，Ayles 等对猪进行跟踪并用内窥镜检查胃溃疡。

溃疡可能发生快、痊愈亦快，这就给屠宰时胃部的病变程度与育肥阶段生长性能之间的相关性研究带来了难度。有时瘢痕或萎缩可作为发生过溃疡的证据。在一些极端病例中，食管部被彻底破坏，贲门端食管变得狭窄，这样的猪在采食后不久便呕吐，但是由于饥饿，马上又重新进食。这些猪尽管食欲良好，但与同舍猪相比生长缓慢。

有关胃溃疡的确切原因还不完全清楚，但有很多明确的因素与之相关。不管是空胃还是实胃，这些因素相互作用，尤其在影响胃内容物流动性、食物过胃速度等方面。通常情况下，增加胃内容物硬度的因素有助于防止胃溃疡的发生，增加胃内容物流动性的因素可增加胃溃疡发生的风险（Nielsen 和 Ingvartsen，2000）。

细粉饲料被证明可增加胃溃疡的发病率（Ayles 等，1996b；Hedde 等，1985；Mahan 等，1966；Maxwell 等，1970，1972；Potkins 和 Lawrence 1989a；Reimann 等，1968；Wondra 等，1995a）。颗粒性饲料也易诱发胃溃疡（Chamberlain 等，1967；Potkins 和 Lawrence，1989b）。日粮组分不同，胃溃疡的发生和严重程度亦不同，一般燕麦和大麦具有免除效应（Reese 等，1966），玉米和小麦饲料则多发溃疡（Smith 和 Edwards，1996）。

谷物加工方式也影响溃疡病的发生。谷物经锤片式粉碎机粉碎比辊式粉碎机粉碎易致溃疡（Nielsen 和 Ingvartsen，2000；Wondra 等，1995b）。饲料颗粒大小受谷物组分、粉碎工艺和加工的影响。小麦等谷物粉碎过程中容易被粉碎，因此比燕麦或大麦的颗粒粒径就小。用辊式粉碎机，谷物就不易被粉碎，粒径相应就较大。

另外，造粒过程使粒径进一步减小。Nielsen 和 Ingvartsen（2000）指出，一般大麦用辊式粉碎机粉碎可防止胃溃疡发生，而小麦粉碎和造粒溃疡易于发生，并且较为严重。整体上讲，小粒径精粉饲料会使胃内容物流动性增加，过胃迅速（Regina 等，1999），使胃近端的中性和胃远端之间酸性的 pH 梯度散失。

饲喂方法与饲料加工和饲料组分同等重要。中断日粮是溃疡形成的一个高危因子（Henry 1996），通过禁食来制造胃溃疡病变实验模型是一种公认方法（Lawrence 等，1998；Pocock 等，1968）。人们发现，与同群运输来即日屠宰的猪相比，在屠宰场滞留 24 h 后才屠宰的猪，其溃疡率增高，并且病情严重（Chamberlain 等，1967；Davies 等，1994；Lawrence 等，1998；Straw 等，1992）。至少有一项研究记载 24 h 禁食与溃疡患病数增加和病情加重无关（Eisemann 等，2002）。影响胃排空的各因素（如饲料颗粒大小）与禁食之间很可能存在互作影响，因而导致了上述研究结果的不同。

由于机械故障或人为因素,几乎所有的猪场经常会发生日粮供应中断。小母猪从育肥猪群转入种畜群的过渡期或者母猪接近临产时是溃疡高发期(Henry,1996)。天气炎热采食量大幅减少也可引起胃溃疡暴发(Deen,1993)。

引起急性传染病的因素和季节更迭也会引起溃疡,其方式与管理过程中出现的日粮中断相似。急性呼吸道疾病增加了罹患胃溃疡的风险(Dionissopoulos 等,2001),这可能是由于呼吸道疾病引起食欲减退,另外感染导致组氨酸大量合成,而组氨酸是促进胃酸分泌的强刺激物的原因。实验证实,注射组氨酸可人工引起食管部溃疡(Hedde 等,1985;Huber 和 Wallin,1965;Muggenburg 等,1966)。用 PRRSV 等病毒人工感染无菌猪不会引起胃溃疡,然而 PRRSV 和 PCV2 人工合并感染可引起剖腹产猪和没吃到初乳的猪发生胃溃疡(Harms 等,2001)。

研究证实食管部溃疡并不是由糖皮质激素介导产生的(Zamora 等,1980)。发生应激时,糖皮质激素缓慢升高,不会导致溃疡发生,也不会使溃疡加重(Jensen 等,1996)。溃疡发生具有遗传易感性。快速生长和/或低背膘与胃溃疡高发有关(Berruecos 和 Robinson,1972)。也有报道表明猪注射猪生长激素使溃疡发病率增加,病情加重(Smith 和 Kasson,1991)。

人们对于研究猪和人的胃溃疡相似性的感染因素有很大的兴趣。在胃腺体区可分离到螺杆菌(*Helicobacter*)样微生物(Mendes 等,1990)并且在猪群中十分普遍。超过 80% 的市售猪均有感染(Hellemans 等,2007;Szeredi 等,2005)。这些紧密缠绕的螺旋状细菌已被成功分离培养,并被命名为猪螺杆菌(*Helicobacter suis* sp. nov.)(Baele 等,2008)。研究工作者发现幽门区这些细菌的存在与食管部病变的发生和严重程度相关(Barbosa 等,1995;Queiroz 等,1996),然而其他研究者们则没发现这种相关性(Magras 等,1999;Melnichouk 等,1999;Szeredi 等,2005)。在人工感染研究中,细菌在胃腺部繁殖,引起胃炎并在食管部形成溃疡(Haeseb-rouck 等,2009;Krakowka 等,2005)。人们推测由于螺杆菌在胃窦中与盐酸分泌细胞紧密接触,刺激胃酸分泌,因此在螺杆菌感染引起的胃炎中,胃酸过度分泌,从

而对未加保护的食管部上皮造成间接损伤。许多疾病伴发胃溃疡,可能与导致厌食有关,这也是螺杆菌性胃炎与胃溃疡相关的可能机理之一。

许多溃疡发生的相关因子与经济竞争有关,例如饲喂精细粉碎料和选用生长快速的瘦肉型猪。因此,为减少胃溃疡的发生,需要做好经济考虑与动物福利二者之间的平衡。多数情况下治疗成本过高,费事,还往往不成功,加之很难对胃溃疡进行早期诊断,因此预防胃部病变被普遍认为是最好的解决途径。尽管许多致病因子以及营养、环境、管理之间复杂的相互作用可导致这种疾病的发生,但是饲料供应商、养殖户、生产人员、兽医之间的协同努力可制定出相关的饲料生产标准和管理措施,使胃溃疡不再成为降低猪生产性能的一个养殖问题(Henry,1996)。用辊式粉碎机代替锤片式粉碎机粉碎饲料是减少胃溃疡发生的最好方法(Nielsen 和 Ingvartsen,2000)。必须对饲喂过程进行严格监控,中断采食似乎是引起溃疡发生的一个主要原因。供料器和饮水器堵塞、热应激、适口性差的饲料或饲料中的致呕吐毒素都能引起溃疡。好的管理能将这些因素的发生和影响降低到最低程度。

人们进行了各种尝试,试图在猪饲料中添加各种保护性物质来预防溃疡。添加超过生理需求量的维生素 E 和 Se 等抗氧化剂并无效果(Davies,1993)。有证据表明添加维生素 U(methylmethionine sulfonium)可降低溃疡的发生率和严重程度(Elbers 等,1995b;Hegedus 等,1983)。苜蓿富含维生素 E、维生素 K 以及纤维素,高达 9% 的添加量并不能减轻注射了生长激素的猪的胃溃疡病情(Baile 等,1997)。添加葵花籽壳被证明可减轻损伤(Dirkzwager 等,1998)。

对能够减缓胃排空的物质进行试验,发现它们至少在试验中具有一定的效果。据报道,褪黑激素可使肠蠕动减慢,2.5 g/t 的低水平添加量就可降低溃疡的发生率(Ayles 等,1996a)。相似地,添加了聚丙烯酸钠的日粮,可在猪胃中滞留较长时间,胃溃疡也相应减少(Yamaguchi 等,1981)。有这样的情形,许多治疗剂可有效治疗或预防溃疡病,但由于溃疡病发生的多因素性以及这些因素间的相互作用,发现单一药剂或单一管理技术不可能完全防止所有养殖场内溃疡病的发生。

胃：其他胃部情况
The Stomach: Other Gastric Conditions

成年猪特别是母猪的胃有时过度膨胀，其原因还不清楚，据认为与采食了过多的粉碎得很细的谷物和水有关，结果引起过度发酵和气性膨胀。

胃扭转被认为是由于过快抢食，并且采食了大量的饲料和水后剧烈活动引起的。沿着胃的长轴方向尽管既可左向又可右向扭转，但顺时针方向的扭转最为常见。脾脏也经常受到牵连，由于充血而过度膨胀（Morin 等，1984）。气体和液体使胃急剧膨胀，黏膜高度充血。这种情况常导致迅速死亡。

在石头地面上户外散养的母猪，胃中经常可以发现石头等异物。啃石头是一种常规行为，但吞咽石头纯属偶然。在一些母猪的胃中，可发现有大量的胃结石，限制了采食量，导致母猪身体状况下降。

猪也发生胃静脉梗塞，与菌血症和毒血症有关，沙门氏菌病、猪丹毒、副猪嗜血杆菌病（Glässer's disease）等均可引起菌血症。胃静脉梗塞也见于猪瘟（CSF）（Elbers 等，2003）。胃底黏膜发红黑色，可见干酪样黏膜坏死。黏膜和黏膜下层毛细血管和小静脉中的纤维蛋白性血栓，是发生梗死的原因。有记载称猪皮炎和肾病综合征（PDNS）中，由于毛细血管发生纤维素样炎症，胃部多处发生梗死。

在由某些特定大肠杆菌菌株引起的水肿病中，胃壁水肿是典型变化。水肿影响黏膜下层，特别是胃大弯处。低蛋白血症、砷中毒、门静脉高压症等也可导致胃水肿，这些情况下的水肿病变不像猪水肿病那样严重。

在大多数情况下，猪胃炎的发生往往与食管部溃疡有关，如前所述，食管炎症会累及到贲门组织。部分食管念珠菌病（Candidiasis）发生时会引起溃疡部位上皮增生和角化不全。误食了砷、铊、福尔马林（甲醛溶液）、溴硝醇（布罗波尔）、磷肥等有毒化合物和含有毒素的稗草（Hymenoxon odorata）或刺蝥甲虫（Epicanta sp.）均可引起胃炎。在商业化养殖中，这些情况极少发生，很容易被排除。仔猪也偶发真菌性胃炎，通常与抗生素的反复使用有关。病变多表现为胃黏膜上有多处黄斑病灶，黄斑周围的胃黏膜高度充血。霉菌菌丝在黏膜定植，侵入组织和毛细血管，造成血栓。这些霉菌往往是接合菌目的根霉、犁头霉、毛霉属，而曲霉属很少见（Mahanta 和 Chaudhury，1985）。

在大型商业化养猪场中，几乎没有寄生虫引起的胃炎，但是在有机农场、小养殖场、庭院猪圈等这些不用驱虫药的地方却是个问题。受感染猪由于慢性胃炎而健康不佳。能引起胃炎的寄生虫中，需要注意红胃虫即红色猪圆线虫（Hyostrongylus rubidus），因为它可引起青年猪生长缓慢，成年猪体质下降。

其他寄生虫如似蛔属（Ascarops sp.）和泡首属（Physocephalus）的重度感染可引发胃炎。这些寄生虫在世界范围内广泛存在，见于野猪和可以接触牧草和粗饲料的粗放养殖的猪。西蒙属（Simondsia spp.）在欧洲、亚洲、澳洲均有发现并引起猪结节性胃炎。颚口属（Gnathostoma）寄生虫感染发生于亚洲，侵入黏膜并在黏膜下层的炎性囊肿中进行生长繁殖，重度感染可造成胃壁增厚。

肠道
The Intestinal Tract

先天性缺陷（Congenital Defects）。 锁肛症是猪最常见的肠道先天性缺陷，被认为具有遗传性（Norrish 和 Rennie，1968）。后肠的内胚层和肛门外胚层之间的隔膜未被穿通，就形成了肛门先天性闭锁症。这种缺陷出生时就很明显，可通过外科小手术加以矫正，除非同时伴有直肠闭锁。持续性 Meckel 氏憩室（persistent Meckel's diverticulum）是一种罕见的异常形态，脐肠系膜静脉仍然持续存在，它从肠管分支（类似于回肠）通向脐部，偶尔与肠缠结，引起腹部剧烈疼痛。

肠变位
Intestinal Displacements

肠变位和肠阻塞在猪群中很普遍，由许多原因引起。

直肠脱垂和直肠狭窄（Rectal Prolapse and Rectal Stricture）。 直肠脱垂较为常见，严重影响生长猪和成猪。直肠被复杂的筋膜、胶原纤维、肌肉和韧带固定在原位，如果这些支撑体系受到压力作用或者由于某些原因而减弱,直肠脱垂就会发生（Smith 和 Straw,2006）。直肠炎、尿道感染、便秘、咳嗽、分娩等会对直肠支撑体系产生压力,地面过度倾斜或其他任何原因引起的腹压升高等物理因素也可对直肠支撑体系产生压力。Brockman 等（2004）给 49～74 kg 的 10 头猪腹腔充水,当压力达到 29 597.484～45 729.446 Pa（222～343 mmHg）［平均值 38 930.024 Pa（292 mmHg）］时,成功复制了直肠脱垂病例。

所有年龄阶段的猪均可受到直肠脱垂的影响,甚至还会暴发和持续发生。据报道,该病的发生率为 1%～10%（Kjar,1976）、0.7%～4.7%（Garden,1988）,有时高达 10%～15%（Becker 和 Van der Leek,1988）。Perfumo 等（2002）发现从断奶到上市直肠脱垂的死亡率为 7.7%。Daniel（1975）指出母猪直肠脱垂可发生于任何规格的养殖场,发生率从 0.5%到 1%不等。

直肠脱垂有时与由病毒、细菌、寄生虫或真菌感染引起的小肠结肠炎有关（Pfeifer 1984;Straw 1987）。当炎症严重并刺激直肠时,可能引起直肠下坠和脱垂。老龄猪,尿道炎和阴道炎也可引起身体张力增大,引起直肠或/和阴道脱垂。

饲料的突然改变可能会导致直肠脱垂偶发。长期缺水或低纤维膳食会引起便秘,便秘使身体张力增大和直肠脱垂。其他一些引起直肠脱垂的因素与营养相关,例如高赖氨酸水平（Amass 等,1995）和羽扇豆中毒（Casper 等,1991）。

由公猪引起的直肠和尿道损伤也可导致下坠和脱垂。另外,随着母猪年龄增长或在孕期腹内容物变得沉重,盆膈逐渐萎缩,一个或多个直肠支撑结构破裂,随即引起直肠或/和阴道脱垂。

Guise 和 Penny（1990）注意到,高密度运输时,猪会发生直肠脱垂。在生长猪饲料中添加治疗水平的泰乐菌素（tylosin）以及用林可霉素治疗时,药物反应形成水肿,导致直肠脱垂,尤其是当这些药物首次使用时,但是临床症状通常会在72 h 内消退（Kunesh,1981）。直肠脱垂也与遗传因素有关（Becker 和 Van der Leek,1988;Hindson,1958;Saunders,1974）。

普遍认为直肠脱垂现象在冬季尤为频发,并得以证明（Gardner 等,1988;Kjar,1976;Prange 等,1987;Wilson,1984）。究其原因,可能是由于寒冷,猪只扎堆而引起,但一直没有客观数据支持这一假说。

直肠脱垂也是由霉菌毒素中毒引起的外阴阴道炎的一种常见后果（第 69 章）。

Gardner 等（1988）指出出生时体重偏轻（小于 1 000 g）的猪在其后期生活中更可能直肠脱垂。推测认为,出生时体重偏轻的猪,肌纤维较少,直肠支撑体系先天较弱,在快速生长期会因无力支撑而衰竭。Muirhead（1989）指出刚断奶仔猪用鼻拱肛门这一异常行为也会导致直肠脱垂（发生率为 4%～6%）,提高猪对外界气候环境的适应能力可防止直肠脱垂的进一步发生。van Sambraus（1979）报道了一例鼻拱肛门。

猪咳嗽时,直肠黏膜往往会暂时外凸。与扎堆一样,据认为长时间的持续咳嗽会导致直肠脱垂,但同样没有客观数据支持这一观点。Gardner 等（1988）确实没有找到咳嗽与直肠脱垂之间的相关性。在另一项研究中,发现在将断奶仔猪（30～35 kg）养于铺有垫草的畜栏中 3 周,可将直肠脱垂发生率从 4.7%显著降低至 0.7%（Garden,1985）。

腹泻并不是直肠脱垂的一种常见诱发因子。Gardner 等（1988）开展的一项畜群研究结果表明,传染性胃肠炎（transmissible gastroenteritis,TGE）的暴发并没有增加直肠脱垂的发生率。

断尾后盆腔神经中心感染或外伤,导致肛门括约肌松弛,或者咬尾均可导致直肠脱垂（Henry,1983）。

除了治疗和查出各个病例的特殊原因外,零星发生的直肠脱垂一般认为不值得实施专门的控制或预防措施（Smith 和 Straw,2006）。在常规操作中仅仅将直肠脱垂猪隔离,被隔离猪 10～14 d 后自愈,然而这种方法不利于动物福利,应该考虑采用 Douglas（1985）描述的简单的非外科手术处理。直肠脱垂有好多外科手术疗法（Chalmin,1960;Daniel,1975;Grosse-Beilage 和 Grosse-Beilage,1994;Hindson,1958;Ivascu 等,1976;Kjar,1976;Kolden,1994;Moore,1989;Schon,1985;Vonderfecht,1978）。

部分脱垂可自行痊愈,但更为普遍的是脱垂组织受损或被同舍猪只除去,随后在愈合过程中形成结痂,此时导致直肠狭窄(Becker 和 Van der Leek,1988;Häni 和 Scholl,1976;Jensen,1989;Prange 等,1987;Saunders,1974;Van der Gaag 和 Meijer,1974;Von Muller 等,1980)和进行性的肠阻塞,导致结肠显著膨胀。在被研究的未进行治疗、自行恢复的 25 头直肠脱垂猪中,Smith(1980)发现有 3 头最终因直肠完全闭锁而死亡,其余的猪生长正常,但屠宰时发现这些猪的直肠变得狭窄。直肠狭窄也可继发于感染。Wilcock 和 Olander(1977a)研究发现许多直肠狭窄的病例都曾患有严重的肠道疾病,并且往往可分离到鼠伤寒沙门氏菌(*Salmonella enterica* Typhimurium)。Wilcock 和 Olander(1977a)指出溃疡性直肠炎,也是引起直肠狭窄的可能原因。Wilcock 和 Olander(1977b)在随后的研究中通过注射氯丙嗪,实验制造了直肠狭窄病例,说明血栓形成与沙门氏菌病相关,前者诱发缺血性直肠炎,缺血性直肠炎造成直肠脱垂。Harkin(1982)等在疾病暴发调查研究中排除感染性原因和无患病史后,认为直肠脱垂的发生与遗传因素有很大的关系。直肠狭窄的治疗成本较高,但有相应的外科技术(Boyd 等,1988)。

有时严重的直肠脱垂会伴发阴道脱垂,裂伤到达阴道穹窿。

肠梗阻、肠阻塞和疝(Intestinal Obstruction, Impaction, and Hernia)。许多情况下均可发生肠阻塞和肠梗阻,例如饲养在刨花或其他纤维物质(泥煤)上的仔猪就会由于回肠或结肠阻塞了这些物质而死亡(图 15.1)。有时蛔虫(*Ascaris suum*)重度感染也会引起仔猪小肠阻塞。肠疝气与脐部闭合不全最为相关。脐带周围起支撑作用的肌肉支撑无力时影响脐带闭合,这时就导致肠疝气的形成。肠疝气的形成也与遗传和环境因子有关(Searcy-Bernard 等,1994;Zhao 等,2009)。环境因子包括分娩时脐带的过度拉伸、脐带夹的位置过于接近皮肤以及新生仔猪脐带的细菌性感染。深入研究表明生长猪慢性感染也可引起肠疝气的发生。对于肠疝气,小病变的后果并不严重,除非

进一步受到创伤或感染。下垂性大病变则往往会受到创伤,增大了患肠绞窄的风险,除非这种缺陷通过外科手术得以矫正。

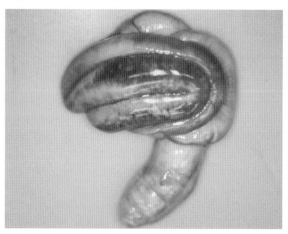

图 15.1 10 日龄仔猪发生的刨花性结肠梗阻。

经由腹股沟和鞘膜环到达阴囊的疝气也可发生。在疝气发生部位,如果肠道嵌闭,就会发生威胁生命的肠梗死。出于动物福利和经济因素的考虑,将患有脐带疝或阴囊疝的仔猪持续喂养成育肥猪是不明智的。这方面尽管没有专门的数据,但是 Straw 等(2009)报道患猪在育肥阶段的死亡率为 15%,并且其生长速率显著低于正常猪,存活并达到屠宰体重的患猪最多有 50% 患有腹膜炎(Keenliside,2006)。

肠扭转和肠道出血综合征(Intestinal Torsion and Hemorrhagic Bowel Syndromes)。沿着肠系膜长轴发生的肠扭转是引起猪快速死亡的常见情况,在小肠或/和大肠都可发生(图 15.2)。从腹后侧看为逆时针扭转,扭转与猪骤然的运动有关,例如突然减速并迅速改变方向,特别是饱腹或饮用大量水之后,或当采食高度可发酵饲料导致肠道充满气体的时候。一旦发生肠扭转,猪的腹部就会迅速膨胀。十二指肠前段 20~30 cm 处很肿胀并且颜色黑红,肠系膜脉管系统由于静脉回流受阻而极度瘀血。

猪肠道出血综合征又称为出血性肠综合征、猪肠道肿胀综合征或血肠,肠道外观与肠扭转相似,但剖检时无明显的肠变位或肠系膜扭转。其发生情况与肠扭转也相似,高度可发酵性饲料,特别是流体形式易于该病发生。自由采食新鲜乳清

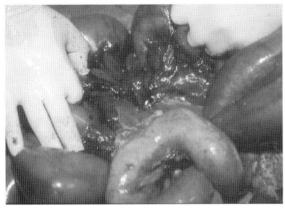

图 15.2 5 月龄猪肠系膜根部小肠扭转。上图：充满血红色液体的小肠缠绕成环，肿胀，出血。下图：肠系膜根部发生 360°扭转。

与肠扭转和/或肠道出血综合征密切相关，因此用"乳清膨胀"（whey bloat）来描述此种情形。如果不发生肠扭转这些猪将会由于腹内压力过高而死亡，腹腔压力测定结果支持该假说，Thomson 等（2007）在猪死亡后立即进行压力测定，结果约为 5 332.88 Pa（40 mmHg）。在猪的生物医学研究中，人工制造的这个压力可导致肠系膜静脉闭塞以及致死性的静脉回流受阻（Gudmundsson 等，2001）。将乳清进行发酵，限制采食量使其不超过20%，或者将其作为完全日粮的一部分进行饲喂而防止对过量乳清的优先吸收，这三种措施均可防止乳清膨胀现象的发生。在无乳清日粮引起肠道出血综合征的情况下，应当降低饲料的快速发酵性能，或者采用"少量多次"（little and often）饲喂策略有助于减少发病率。许多作者不赞成梭菌感染可引起肠道出血综合征的观点。Martineau 等（2008）综述了猪肠道膨胀综合征潜在的致病原因以及致病机理。其他形式的肠道疾病，例如小肠小区域扭结，以及该区域随后发生的肠道绞窄

很少发生。

回肠肌肉肥大（Muscular Hypertrophy of the Ileum）。 在适合屠宰的育肥猪中偶见回肠肌肉肥大。在回肠末端约有 30～50 cm 发生增厚、苍白并变硬，此处肠腔狭窄，黏膜和黏膜下层正常，但内肌层和外肌层增生，说明此过程继发于功能性阻塞。有些病例在回肠末端或回盲口处呈现环形狭窄。许多送检的回肠样品中，肠道狭窄的症状并没有延伸到与正常组织的连接处，因此不能确定其发病原因。尽管发生这种情况的机理未知，但很可能狭窄是由先前的炎症和溃疡中心形成。触诊时该病外观病变易与由胞内劳森氏菌（*Lawsonia intracellularis*）感染引起的猪增生性肠病（porcine proliferative enteropathy，PPE）/坏死性回肠炎混淆，但组织病变很容易将这两种情形区分。

肠气肿（Intestinal Emphysema）。 肠气肿、肠积气症（pneumatosis intestinalis）或"泡沫肠道"（bubbly gut）是屠宰时的另一偶然发现（Lazier 等，2008）。沿着肠壁在浆膜表面、肠系膜中可见大量充满气体、壁薄的囊性结构，在肠系膜淋巴结偶见（图 15.3）。Lazier 等报道了此种情况在一个猪群中的发病率为 20%，尽管这些猪只无任何临床症状，却可带来显著的经济损失。其发病机理与气体在淋巴管内集聚有关，原因未知。可能原因包括：（1）采食流体/乳清料后引起肠管短暂膨胀，气体从肠腔外溢。（2）产气条件致病菌在淋巴管内定植引起。由于患猪没有相关的浆膜炎症

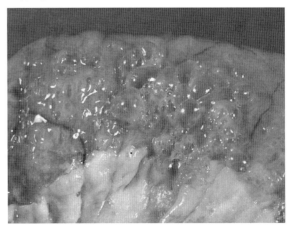

图 15.3 5 岁老龄屠宰猪的肠气肿（肠积气症、泡沫肠道）。在其所在猪群中此病的流行率大约为 20%（由 M. Hazlett 供图）。

或水肿,因此第二种解释可能成立。

肠道感染
Infectious Conditions Affecting the Intestines

许多形式的炎性和退行性变化影响到小肠和大肠。腹泻的机理包括分泌增加、吸收不良、炎症、肠通透性增加等(表 15.1)。分泌增加导致的腹泻呈水样,无明显大体病变,往往由肠道致病性大肠杆菌、有时由轮状病毒感染引起。等孢球虫属(*Isospora*),某些 *E. coli*,轮状病毒和冠状病毒等病毒感染引起肠细胞损伤和脱落,上皮脱落导致体液外渗,结果引起水样腹泻和脱水。冠状病毒和轮状病毒感染还与肠绒毛萎缩有关。在这些情况下,肠腔内充满液体,肠道松弛,无明显炎性病变。肠糜烂、坏死以及青年猪的出血性肠炎往往与 C 型产气荚膜梭菌(*C. perfringens*)感染有关;新生仔猪隐孢子虫(*Cryptosporidium parvum*)感染一般不会引起绒毛萎缩、变短以及绒毛融合,但会引起吸收不良性腹泻。沙门氏菌病,有时劳森氏菌病(Lawsonia)引起肠溃疡。大肠溃疡性盲肠结肠炎与猪痢疾相关,可能与沙门氏菌和劳森氏菌感染有关。所谓的“纽扣状溃疡”往往使人联想到猪瘟,殊不知也与猪霍乱沙门菌感染、有时与 PDNS(猪皮炎与肾病综合征)有关。猪在感染牛病毒性腹泻病毒时也有相似的病变(Terpstra 和 Wensvoort,1988)。隐窝上皮变性与球虫感染和牛病毒性腹泻病毒感染有关。在由猪等孢球虫(*Isospora suis*)引起的球虫病中,球虫在绒毛上皮中繁殖所造成的损伤导致绒毛萎缩,肠道糜烂,纤维素样坏死性肠炎,主要危害空肠末端和回肠。伪狂犬病病毒感染引起的肠道病变,其典型特征是隐窝坏死部位向深处延伸,引起肠道黏膜坏死、黏膜下层坏死以及肌层坏死(Narita 等,1998)。隐窝上皮细胞增生是胞内劳森氏菌(*L. intracellularis*)感染的主要特征,导致回肠和/或结肠黏膜增厚,受感染区的这种变化相当一致也很普遍,只是偶尔会发生息肉样生长,或者表现出与肠肿瘤相似的较大的凸出性病变,有些病例还会有纤维素性坏死性肠炎。

表 15.1 腹泻的机制

感染性病原	腹泻的主要病理生理学机制		
	分泌亢进	吸收障碍	炎症
大肠杆菌	+++	+	
A 型产气荚膜梭菌	+		
C 型产气荚膜梭菌		+	+++
艰难梭菌	+	+	+++
传染性胃肠炎		+++	
轮状病毒	+	++	
沙门氏菌	+		+++
胞内劳森氏菌		++	++
短螺旋体		+	++

上皮屏障遭到的任何破坏或肠道致病菌感染均可引起炎性细胞浸润。黏膜微小脓肿是耶尔森菌病(Yersiniosis)的特点,小肠结肠炎耶尔森菌(*Yersinia enterocolitica*)和假结核耶尔森菌(*Yersinia pseudotuberculosis*)都能使猪发病。PCV2、冠状病毒等病毒性肠道病原感染可引起肉芽肿性炎症。急性梭菌性肠炎可引起未断奶仔猪的肠道出血。胞内劳森氏菌引发的猪增生性出血性肠病(porcine proliferative hemorrhagic enteropathy),回肠出血量大,在没有肠道溃疡的情况下出现新鲜的大血凝块,可检测到形成水样、波特酒样结肠内容物并发生腹泻。胃溃疡可导致中度亚临床型出血或者大出血,黑粪症明显。在猪痢疾导致的溃疡性盲肠结肠炎中,结肠内容物带血,黏液分泌增加,导致黏液出血性下痢(mucohemorrhagic diarrhea),并且粪便带有新鲜血液。鞭虫(*Trichuris*)也可引起黏液出血性下痢。直肠肛管外伤(anorectal trauma),例如直肠脱垂时,粪便中也带鲜血。所有这些出血情况很显然会威胁到生命,如有可能,应尽快诊断和治疗。肠扭转和肠出血综合征时肠道严重出血,带血粪便出现之前就可能发生死亡。

肠道疾病是困扰养猪经济效益的最严重问题,疾病的流行方式因不同的国家、不同的养殖体系和不同健康状况的猪群而异。即使在同一农场内部,疾病情况也不稳定,不知所因,不同批次的发病情况也差异极大。多种肠道感染可同时发生,加剧了临床疾病的复杂程度,也增加了成功制定疾病控制措施的难度。我们在此简要提到的仅为几种主要疾病,全部疾病将在其他各章节详细　　描述(表 15.2 和表 15.3)。

表 15.2　猪常见胃肠疾病的鉴别诊断

病原	年龄	主要临床症状	章节
大肠杆菌 （ETEC,EPEC）	新生仔猪:1～4 日龄 断奶仔猪:断奶后 2～3 周	水样腹泻,色黄;脱水;突然死亡 腹泻,生长缓慢,瘦弱,死亡;神经症状,水肿,突然死亡(水肿病)	53 53
轮状病毒	1 日龄至 7 周龄,2～4 周龄频发	水样至浆状腹泻;可能为亚临床型;不同程度的脱水	43
C 型产气荚膜梭菌	1～14 日龄(更大年龄很少见)	出血性/水样腹泻;突然死亡	52
A 型产气荚膜梭菌	2～10 日龄(更大年龄很少见)	奶油状,水样腹泻(轻度),生长变慢	52
艰难梭菌	1～5 日龄(更大年龄很少见)	奶油状腹泻和脱水	52
隐孢子虫属	3 日龄至 6 周龄	轻度腹泻,粪便呈黄色;不同程度的脱水	66
猪等孢球虫	5～21 日龄(更大年龄猪偶发)	腹泻,粪便呈水样/黄色;脱水	66
冠状病毒: TGEV 和 PEDV	所有年龄	重度水样腹泻;快速脱水;死亡;常见呕吐	35
猪圆环病毒 2 型	6～16 周龄,更大年龄猪偶发	生长缓慢,瘦弱,精神萎靡,腹泻;常有呼吸或系统性症状	26
胃溃疡	断奶后任何年龄,主要为生长-肥育猪	无症状,严重时有黑粪症、贫血、苍白、死亡	15
胞内劳森氏菌	5 周龄左右至青年	腹泻粪便呈糊状;PHE 有水样出血性腹泻(波特酒色),体白,体弱,共济失调	59
猪痢疾短螺旋体	6 周龄至成年	腹泻粪便呈糊状、稀薄,粪便带有黏液和血液,嗜睡	50
结肠菌毛样短螺旋体	4 周龄到 4 月龄	腹泻粪便呈糊状、稀薄	50
沙门氏菌属	断奶后所有年龄阶段(断奶前几乎不发病)	粪便不成形,呈水样;含有纤维素、坏死组织或血团;多数感染呈亚临床型	60
有齿食道口线虫	断奶至成年	轻度腹泻,粪便稀薄	67
猪鞭虫	断奶至成年	糊状粪便,带血黏液	67
耶尔森菌	6 周龄左右到 4 月龄	腹泻粪便呈糊状、稀薄	64

注:ETEC,肠毒素型大肠杆菌;EPEC,肠致病型大肠杆菌;PHE,猪增生性出血性肠病;TGEV,传染性胃肠炎病毒;PEDV,猪流行性腹泻病毒。

表 15.3　一些猪常见胃肠疾病的病理及诊断

病原	肉眼病变	组织学病变	实验室确诊常用方法
大肠杆菌 （ETEC,EPEC）	肠内容物呈流体,水样;新生猪胃部积满乳汁,肠道和眼睑水肿	黏膜充血、肠上皮细胞上有细菌附着;血管病变;脑软化	致病菌分离培养,鉴定分离物的血清型和/或基因型;PCR 检测;组织 IHC
轮状病毒	流体状乳糜,肠道发白;胃内容物稀少	绒毛中度萎缩	病毒检测:PCR,抗原捕获-ELISA (agELISA),EM,PAGE;抗原组织 IHC,FAT
C 型产气荚膜梭菌	出血性肠炎;黏膜坏死;化脓性溃疡性胃炎	黏膜坏死、出血;革兰氏阳性杆菌的相关病变	组织病理学检查;致病菌分离培养并用 PCR 扩增 β-毒素基因加以确认;β-毒素 ELISA

续表 15.3

病原	肉眼病变	组织学病变	实验室确诊常用方法
A 型产气荚膜梭菌	水—奶油样肠内容物	绒毛顶端上皮轻度脱落,轻度化脓性炎症	组织病理学检查;病菌分离培养并用 PCR 扩增 β2-毒素基因加以确诊;β2-毒素 ELISA
艰难梭菌	结肠系膜水肿;结肠内容物呈奶油状	结肠多位点表层溃疡和化脓	组织病理学检查;毒素检测(ELISA);病原分离培养
隐孢子虫	流体状食糜	没有或轻微的黏膜萎缩;近上皮处有隐孢子虫卵囊	隐孢子虫卵囊的组织病理学检查和黏膜涂片检查;PCR
猪等孢球虫	流体状食糜,轻微至中度的纤维素性渗出,或小肠末端黏膜坏死	绒毛萎缩,纤维素性坏死性肠炎,细胞内球虫	组织病理学检查;病变处或黏膜压片不成熟孢子虫的观察
冠状病毒: TGE 病毒 PED 病毒	肠壁变薄、色白,内容物稀少	绒毛严重萎缩	组织病理学检查;粪便 PCR、ISH,或组织的 IHC、FAT 检测;血清学检验
猪圆环病毒 2 型(PCV2)	淋巴结普遍肿大,结肠系膜水肿,肺炎	淋巴组织缺失,淋巴组织发生组织细胞浸润;肉芽肿性肠炎	组织病理学检查;IHC、ISH 检测
胃溃疡	相连的食管部分溃疡和纤维化,可能出血并流入胃部,小肠也可能出血;黑粪症	疾病轻微时:角化过度,上皮脱落; 疾病严重时:深度坏死,固有层裸露,出血,肉芽肿,纤维化	肉眼检查;仔细检查与胃相连的食管部位
胞内劳森氏菌	小肠或大肠(回肠最常见)黏膜增厚,有时发生坏死或溃疡;在 PHE,回肠内有血凝块、黑粪症,尸体苍白	增生的肠细胞中可见弯曲的短杆菌(银染);在 PHE,血液渗出进入隐窝,而上皮细胞无损	组织病理学检查;组织 IFA、IHC、ISH 检查;粪便或组织 PCR 细菌检测;免疫学抗体检测
猪痢疾短螺旋体	盲肠结肠炎,有纤维素性渗出物,弥散性溃烂,出血;结肠内有黏液和血液	上皮溃烂,隐窝杯状细胞增生,纤维素性渗出;有大螺旋体	细菌培养检测,粪便或组织的 PCR 检测;银染组织病理学检查、IHC、ISH 检查
结肠菌毛样短螺旋体	轻微至中度结肠炎;造成的损伤不及赤痢螺旋体严重	与赤痢螺旋体相似,但较轻微;在某些病例,螺旋体附在上皮细胞表面	细菌培养检测,粪便或组织的 PCR 检测;银染组织病理学检查、IHC、ISH 检查
沙门氏菌	小肠和/或大肠纤维素出血性,局灶性或弥漫性溃疡和病变	弥漫性或局灶性溃疡;中性粒细胞浸润,纤维性血凝块;肝脏有炎症病灶	组织病理学检查;细菌培养检测;血清型、噬菌体型鉴定;mix-ELISA 法抗体检测
有齿食道口线虫	盲肠和结肠上段糜烂,水肿,肉芽肿	线虫寄生引起肉芽肿性盲肠结肠炎	粪便寄生虫学检查;组织病理学检查
猪鞭虫	盲肠结肠炎,糜烂,有时有黏液或血液	糜烂/溃疡和线虫移行或成虫引起的炎症	3~4 周内无肉眼病变;组织病理学检查;潜伏期内(7 周)粪便寄生虫卵检查
耶尔森菌	轻度肠炎和/或结肠炎	轻微的慢性、急性肠炎和/或结肠炎,肉芽肿,小脓肿	细菌培养检测

注:ETEC,肠毒素型大肠杆菌;EPEC,肠致病型大肠杆菌;PHE,增生性出血性肠病;TGE,传染性胃肠炎;PED,猪流行性腹泻;EM,电镜技术;PCR,聚合酶链式反应;IHC,免疫组化;FAT,免疫荧光检测;ISH,原位杂交;PAGE,聚丙烯酰胺凝胶电泳;IFA,间接荧光抗体。

乳猪的肠道疾病
Enteric Diseases in Suckling Piglets

在新生仔猪,肠毒素型大肠杆菌(ETEC)病仍然是一种很重要的疾病,C型产气荚膜梭菌只造成某些地理区域的猪群,尤其是户外散养的猪群患病(图15.4)。这两种疾病可通过免疫种猪,使仔猪出生后在肠"闭锁"之前及时吮食足够的初乳而加以控制。抗大肠杆菌F4(K88)种猪的育种成功,开创了激动人心的通过遗传选择来控制肠道疾病的新纪元。

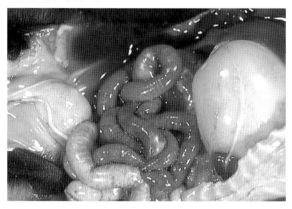

图15.4 C型产气荚膜梭菌引起4日龄仔猪空肠坏死和出血。

未断奶仔猪其他常见的肠道感染有轮状病毒和球虫(猪等孢球虫)感染,有些猪群也感染隐孢子虫。未断奶仔猪由沙门氏菌感染引起严重肠道疾病的情况罕见,尽管仔猪因与母猪粪便接触可能亚临床感染并散毒。传染性胃肠炎(transmissible gastroenteritis,TGE)和猪流行性腹泻(porcine epidemic diarrhea,PED)等病毒性疾病可引起易感仔猪极高的发病率和死亡率。呕吐消瘦病由凝血性脑脊髓炎病毒(hemagglutinating encephalomyelitis virus,HEV)感染引起,乳猪因呕吐而消瘦,但在近10~15年中,全球范围内该病的发病率降低了。猪腺病毒感染往往无临床症状,但偶尔可引起腹泻和呕吐,使2~7周龄的仔猪生长缓慢。尽管牛病毒性腹泻病毒也是猪的一种已知病原,但几乎没有任何报道。艰难梭菌(Clostridium difficile)是乳猪坏死性结肠炎的公认病原,并且可能具有人畜共患性。圆线虫属(Strongyloides sp.)的线虫可使10日龄到3月

龄的猪发病。寄生虫寄生在小肠的前半段,导致绒毛萎缩和肉芽肿性肠炎,最终引起腹泻和瘦弱。耐久肠球菌(Enterococcus durans)也可能是引起乳猪肠病的病原(Cheon和Chae,1996)。该菌附着在肠细胞微绒毛上,数量多时,引起肠细胞减少,绒毛轻度至中度萎缩。这可能是引起仔猪腹泻的首要原因,但一般情况下,该菌继发于其他病原体而起作用。其他提到的偶尔引起仔猪腹泻的病原微生物有脆弱拟杆菌(Bacteroides fragilis)(Collins等,1989)和猪衣原体(Chlamydia suis)(Rogers和Andersen,2000)。对猪粪便样本中的耐久肠球菌、脆弱拟杆菌和猪衣原体这三种微生物进行检测时,对结果应该谨慎解释,因为正常健康仔猪都携带有它们。除非了解其原因和有专门的控制措施,否则乳猪新的、刚涌现出的腹泻综合征可带来重大的经济损失,有必要付出大量的努力来研究严重的腹泻综合征,以便诊断并揭示其发病机理(Astrup等,2010;Gin等,2010)。

断奶后疾病
Diseases from Weaning Onward

先前提到的断奶前感染因子也能引起年轻断奶猪患病,其中大肠杆菌依然是引起断奶后腹泻和死亡的主要原因,轮状病毒病、球虫病和隐孢子虫病甚至可感染高达6周龄的猪。大肠杆菌产志贺毒素(Stx2e)菌株可引起断奶仔猪和生长猪水肿病,使其突然死亡或表现出神经症状。尽管患猪胃黏膜下层、结肠系膜、眼睑、前额等处发生明显水肿,但肠道黏膜无明显病变。新生仔猪艰难梭菌(C. difficile)感染或者断奶仔猪患有多系统衰竭综合征(postweaning multisystemic wasting syndrome,PMWS)时,肠系膜发生水肿。

当以免疫抑制为特征时,养猪场的疾病形式发生了显著改变。21世纪前10年全球范围内出现的PMWS使肠道疾病的模式发生了显著改变。患有PMWS的断奶仔猪普遍发生淋巴耗竭,包括肠道派尔氏结(Peyer's patches)和肠系膜淋巴结的淋巴细胞消减。发生PMWS的猪群,对轮状病毒、隐孢子虫、球虫等疾病的易感年龄范围增大,并且这些肠道疾病是引起患猪生长缓慢和瘦弱的主要原因。

腹泻是PMWS暴发的特征之一,也可能是

PCV2引起的病毒性肠炎的直接后果（Kim 等，2004；Ségales 等，2004）。小肠末端黏膜增厚，回肠和结肠亦有坏死的迹象，结肠系膜水肿。组织结构上，绒毛萎缩，发生肉芽肿性炎症，伴有多核巨细胞增生的组织细胞增生病（histiocytosis）；肠相关淋巴组织（gut-associated lymphoid tissue，GALT）和其他淋巴器官中的淋巴细胞减少，滤泡萎缩。显微镜下可见 PCV2 病毒包涵体，免疫组化分析也很容易检测到其他抗原沉积物。PCV2与沙门氏菌和短螺旋体共感染现象普遍发生（Zlotowski 等，2008）。肉眼观察，PCV2 引起的肠炎与猪增生性肠病（PPE）相似，需要进行组织病理学检查方可将二者区分（Jensen 等，2006）。除腹泻外，PMWS 另一个与腹泻同等重要的特征是轻度非特异性结肠炎。一般难以培养并分离出致病菌，但共生微生物表现出混合生长。组织学上，结肠隐窝和黏膜上皮发生混菌感染，慢性感染病例伴有隐窝炎症和杯状细胞增生，这意味着患猪结肠中条件致病菌过度增殖或菌群失调，可能与肠道免疫功能低下有关。

在整个生长和肥育阶段，造成经济损失最严重的疾病依然是猪痢疾、PPE、沙门氏菌病和猪结肠螺旋体病。PPE 由胞内劳森氏菌（*L. intracellularis*）感染引起，有关其研究取得了重要进展——血清学检验可用来对整个畜群进行筛查；口服疫苗被证明能够有效控制商品猪群 PPE 的发生。很可惜，猪痢疾和猪结肠螺旋体病尚没有商业化应用的血清学检验，到目前为止，疫苗研究也不成功。由结肠菌毛样短螺旋体（*Brachyspira pilosicoli*）感染引起的猪结肠螺旋体病在不同国家有不同的流行特点，人们逐渐认识到此种短螺旋体感染是引起腹泻和生长缓慢的原因之一。这种感染也可能症状轻微或呈亚临床型。在患有腹泻和结肠炎的生长肥育猪群，猪赤痢螺旋体（*Brachyspira hyodysenteriae*）、结肠菌毛样短螺旋体、胞内劳森氏菌、沙门氏菌和耶尔森氏菌混合感染的情况很常见。如何正确诊断以及找到有效的控制措施是兽医工作者面临的极大挑战。

不同养殖场，寄生虫感染情况很不同。许多养殖场已经成功摆脱了猪蛔虫（*Ascaris suum*）、食道口线虫（*Oesophagostomum* sp.）、鞭虫（*Trichuris* sp.）和圆线虫（*Hyostrongylus* sp.）等肠道寄生虫感染。然而"白斑肝"（white spot liver）在屠宰场时有发现，说明蛔虫感染依然是某些猪场应该重视的健康问题（图 15.5）。猪蛔虫重度感染时，导致仔猪肠管阻塞，虫体向胰管和胆管的移行会影响胰液和胆汁的流出，这种情况下的仔猪身体状况总是很差，并且摄食很少。在不允许使用常规驱虫药的有机养殖场，猪蛔虫已严重影响了猪的生长速率和生产率。

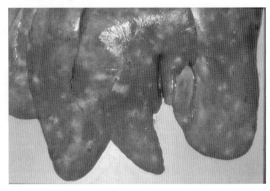

图 15.5　猪蛔虫幼虫在 5 月龄猪的肝脏移行形成的白色奶样斑点。

猪鞭虫和食道口线虫能引起猪的结肠炎，但往往被忽视，直到抗生素治疗无效才引起人们的进一步研究。猪鞭虫重度感染时，导致黏膜出血性盲肠结肠炎，其肉眼病变与猪痢疾相似，肉眼观察难以将二者区分，除非感染 3 周后，发育成肉眼可见的虫体，随后，腹泻、脱水、逐渐消瘦接踵而来。

某些艾美耳球虫（*Eimeria* spp.）具有潜在的致病性，它引起绒毛萎缩并引发肠炎。当健康老龄猪引入受到卵囊污染的环境（庭院和牧场）中时，也可发生球虫感染。而从未接触过病原的年轻成年猪被引入一个重度污染的环境时，球虫病（*I. suis* 或 *Eimeria* sp. 感染所致）偶尔会引起急性肠炎和结肠炎，包括出血在内。相同情况下，当引入感染环境中时，出血性肠病形式的 PPE 能引起这些从未接触过病原的年轻成年猪急性出血性腹泻和死亡。

寄生于散养猪小肠的棘头虫为猪巨吻棘头虫（*Macracanthorhynchus hirudinaceus*）。虫体体长可达 40 cm，以其吻突部的 6 排吻钩吸附于小肠黏膜，浆膜表面可见肉芽肿性结节。受感染猪生长缓慢，消瘦，贫血，偶尔会发生肠穿孔而引起死亡。结肠小袋纤毛虫（*Balantidium coli*）往往寄生于猪的大肠，是一种肠道固有生物，当出现退变性损伤或坏死性病变时，开始侵染黏膜。其他结肠内寄生的寄生虫有拟腹盘属和腹盘属的前后盘吸虫，不认为它们具有致病性。

除已提到的常见地方性疾病外，猪瘟（CSF）和非洲猪瘟（African swine fever，ASF）等流行病也严重影响到肠道健康。疑似有暴发时应当及时上报，适当组织调查以便对暴发加以控制和缩小感染的传播范围。除特别引起乳猪高发病率和高死亡率外，TGE 和 PED 可引起所有年龄阶段猪的严重腹泻。发生伪狂犬病（pseudo-rabies）时，除表现为较常见的坏死性鼻炎和扁桃体炎外，小肠末端会发生坏死性肠炎。TGE、CSF、ASF 和 PRV 感染的预防和控制措施很不相同，在一些由于地理、社会或政治原因不可能根除上述疾病的国家，或者持续受到不可控制的病毒传播野生载体威胁的国家，通过免疫接种来预防这些疾病。

腹腔
The Peritoneal Cavity

腹腔与消化系统的健康和正常功能的发挥密切相关。腹膜面积很大，甚至超过皮肤。正常状态下，腹膜光滑，有腹水湿润其表面，这些腹水处于静水压状态，可自由出入腹腔。

前面章节讨论过的疝气是猪最常见的先天性腹腔异常，残存的退化结构在尸体剖检时也偶见。这两种情况极少引起肠套叠而使猪只死亡。

腹腔内的异常内容物有血液、大量的浆液、炎性产物、肠内容物或尿液。腹腔异常内容物可由严重外伤或腹腔器官破裂引起。仔猪被母猪挤压往往引起肝破裂而导致腹腔积血。引起腹水的原因很多：低蛋白血症、贫血症、尿毒症、肝病、心力衰竭、全身性疾病、中毒、内毒素血症等，这些疾病本章不再赘述，相关章节有讨论。

生长猪往往会由于全身性细菌感染而引发腹膜炎，包括副猪嗜血杆菌（*Haemophilus parasuis*）感染（Glässer 氏病）、链球菌感染、猪放线菌（*Actinobacillus suis*）感染和支原体感染。其中最重要的是 Glässer 氏病，引起弥漫性的纤维素性腹膜炎，为多发性浆膜炎的一种表现形式。自行康复或经治疗康复的猪大多会发生纤维素性腹腔粘连，影响正常的肠道功能，引起极度不适，食欲减退，生长缓慢。患猪多时，会影响整个猪群的生产能力。

由大肠杆菌、化脓隐秘杆菌等条件致病菌引起的新生仔猪脐带感染和去势伤口感染也可引发腹膜炎。直肠狭窄的猪，器官过度扩张，发生结肠浆膜炎，随后引发腹膜炎。侵袭性细菌感染引起的肠炎或盲肠结肠炎也可引发腹膜炎。肠炭疽和结核病引起腹膜炎的情况罕见。肠炭疽时，感染通过淋巴扩散，使肠系膜呈胶冻样并且出血；而结核病呈局部病变，结核病灶往往着生于脾脏。猪发生有齿冠尾线虫（*Stephanurus dentatus*）感染时，腹膜炎局限于肾周组织的炎症和水肿，可能由幼虫从肝脏向肾脏移行而导致。

成年猪偶发肠系膜或腹膜骨化。此种病变往往是局灶性的，被认为是长期组织损伤或结痂的结果。在肠系膜根部，有不明原因的放射状针形钙化和骨形成，推测可能与年轻阶段发生的短暂性的局部扭转所致的"拉伸和剪切"损伤有关。通常这些病变较轻也不会产生后果。然而有报道描述了肠梗阻、肠穿孔、肠系膜扭转形成肠系膜异位钙化的机理（Forsythe，1987；Sanford 和 Rehmtulla，1994）。Sanford 和 Rehmtulla（1994）描述了一个约 28 cm 的 Y 形骨样病变充当了肠系膜扭转的支点。

猪发生腹腔肿瘤的概率极低。除肝和脾外，多中心淋巴瘤总是发生于肠系膜淋巴结。肿瘤转移导致输出淋巴管受阻，从而使肠系膜发生显著水肿。

胃脾韧带参与的脾扭转是一种常见现象。完全扭转时脾脏会由于充血肿胀而破裂，导致猪迅速死亡。脾脏部分扭转是否可以成功存活，取决于脾脏受影响区域的大小，相应的损伤偶见于屠宰猪或死于其他原因的猪。一般情况下，1/3～1/2 的脾脏被胃脾韧带和肠系膜缠绕包裹，在受影响区域会形成慢性粘连并发生萎缩。

肝脏
The Liver

罕见猪肝脏的先天性异常。有一种众所周知的情况，那就是胆囊异常会累及胆管，导致肝脏肿大，含有许多充满胆汁的起伏不平的囊性病变。肿大了的肝脏导致腹部膨胀，使仔猪行动不便，存活力下降。

　　创伤也是影响肝脏的一种重要因素。通常由于母猪不慎会造成新生仔猪肝破裂和出血死亡。肝小叶扭曲可发生于任何年龄阶段的猪只,常发生于左侧小叶,引起梗死。休克或肝破裂、肝出血引起死亡。营养不良性肝病与饮食相关,肝脏大面积坏死。在实验中,含硫氨基酸、维生素 E 和硒的同时缺乏是形成营养不良性肝病所必需的,其发病机理还不完全了解,认为与自由基的形成及其造成的损害有关,该病可引起快速生长猪的突然死亡。发生桑葚心病时,急性心肌病变和心肌出血引起充血性心力衰竭,肝脏也因充血而明显肿大和增重。增生性心内膜炎也有相似的病变,引起右侧循环衰竭,通常由慢性链球菌或丹毒丝菌感染引起。

　　许多全身性疾病引起肝脏的非特异性变化,包括充血和炎性细胞浸润。出血是败血症的特点。沙门氏菌病特别是猪霍乱沙门氏菌(*S. choleraesuis*)感染,引发多病灶性白色结节,即所谓的"副伤寒结节"。

　　寄生虫病无疑是危害肝脏最常见的情况。移行的蛔虫幼虫造成肝脏血管的出血性机械损伤,引起强烈的炎症。组织损伤修复应答反应以及对蛔虫幼虫排泄物和分泌物的超敏反应,均可引起嗜酸性粒细胞浸润和纤维变性。"白斑肝"给养殖者造成经济损失(图 15.5)。虫多时,成体蛔虫向上移行至胆管或胰管,导致阻塞、黄疸和胆管炎发生。其他影响肝脏的寄生虫感染包括细颈囊尾蚴(*Cysticercus tenicolis*)和处于中绦期的泡状带绦虫(*Taenia hydatigena*)(寄生于犬)感染。在猪腹腔中有时也可发现囊虫,往往附着在肝脏。未成熟的囊尾蚴在发育成熟之前在肝脏移行,导致肝脏血管弯曲出血。有齿冠尾线虫(*Stephanurus dentatus*)或猪肾虫感染在肝脏留下移行痕迹并导致肝炎。门静脉炎症在门静脉处形成血栓,是有齿冠尾线虫经口感染的又一特征。

　　肝脏中毒可能是急性的,也可能是慢性的。接触修建猪舍的或不慎泄漏于环境的柏油成分,可造成甲酚中毒,肝细胞严重坏死,导致猪猝死。慢性甲酚中毒导致黄疸发生、腹水形成以及由于肝组织的渐进性损害而造成贫血。新生仔猪偶发铁中毒,葡萄糖酐铁可使仔猪 24 h 内发生死亡。

中毒与维生素 E、Se 接近临界值或缺乏有关。发生在肝脏和肌肉中的由铁催化的脂质过氧化反应导致肝坏死和肝出血。

　　谷物受到曲霉或软毛青霉(*Penicillium puberulum*)污染导致的黄曲霉毒素中毒,病变是一慢性过程,肝脏病理性增大并逐渐纤维化,使猪生长缓慢和肝病发生。

　　除转移性淋巴瘤外,肝脏一般不发生肿瘤(图 15.6)。

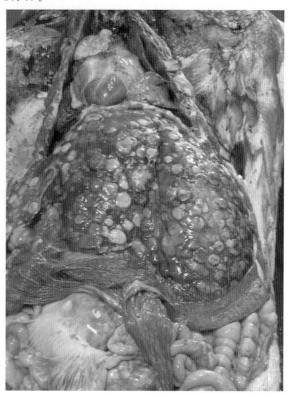

图 15.6　4 月龄小母猪的肝淋巴瘤。肠系膜淋巴结也发生严重浸润。

胰脏
The Pancreas

　　猪的胰脏状况很少被人关注。胰腺发育不全十分罕见,发生于生长不良的个别断奶猪只。重度感染时,猪蛔虫可侵入胰管,使其阻塞,引起胰腺坏死和急性胰腺炎。

致谢
ACKNOWLEDGMENTS

　　感谢作者 W. J. Smith 和 B. E. Straw 恩许在本章使用《猪病学》(第 9 版,2006)第 59 章"脱

垂"的全部内容；感谢 C. F. M de Lange 的审阅
工作。

（霍乃蕊译，朱婷校）

参考文献
REFERENCES

Accioly JM, Durmic Z, McDonald DE, et al. 1998. Proc 15th Proc Congr Int Pig Vet Soc 3:242.
Amass SF, Schinckel AP, Clark LK. 1995. Vet Rec 137:519–520.
Anderson DB, McCracken VJ, Aminov RI, et al. 1999. Pig News Inf 20:115–122.
Andrews JJ. 1979. Vet Pathol 16:432–437.
Asplund K, Hakkinen M, Bjorkroth J, et al. 1996. J Appl Bacteriol 81:217–222.
Astrup P, Larsen KV, Jorsal SE, Larsen LE. 2010. Proc 21st Proc Congr Int Pig Vet Soc, p. 751.
Ayles HL, Ball RO, Friendship RM, et al. 1996a. Can J Anim Sci 76:607–611.
Ayles HL, Friendship RM, Ball RO. 1996b. J Swine Health Prod 4:211–216.
Bach Knudsen KE, Canibe N. 2000. J Sci Food Agric 80:1253–1261.
Bach Knudsen KE, Jensen BB, Andersen JO, et al. 1991. Br J Nutr 65:233–248.
Bach Knudsen KE, Jensen BB, Hansen I. 1993. J Nutr 123:1235–1247.
Bach Knudsen KE, Jørgensen H. 2001. Intestinal degradation of dietary carbohydrates—From birth to maturity. In JE Lindberg, B Ogle, eds. Digestive Physiology of Pigs. Wallingford, UK: CAB International, pp. 109–120.
Backstrom L, Crenshaw T, Shenkman D. 1981. Am J Vet Res 42:538–543.
Baele M, Decostere A, Vandamme P, et al. 2008. Int J Syst Evol Microbiol 58:1350–1358.
Baile CA, Byatt JC, Curran DF et al. 1997. J Anim Sci 75(4):959–967.
Bailey M, Miller BG, Telemo E, et al. 1993. Int Arch Allergy Immunol 101:266–271.
Baintner K. 1986. Boca Raton, FL: CRC Press, pp. 1–216.
Barbosa AJA, Silva JCP, Nogueira AMMF, et al. 1995. Vet Pathol 32:134–139.
Barker IK, Van Dreumel AA, Palmer N. 1993. Pathology of Domestic Animals, Vol. 2, 4th ed. London: Academic Press, pp. 32, 65–72.
Beal JD, Moran CA, Campbell A, Brooks PH. 2001. The survival of potentially pathogenic E. coli in fermented liquid feed. In JE Lindberg, B Ogle, eds. Digestive Physiology of Pigs. Wallingford, UK: CAB International, pp. 351–353.
Becker HN, Van der Leek M. 1988. Proc Congr Int Pig Vet Soc 10:395.
Berends BR, Urlings HAP, Snijders JMA, Van Knapen F. 1996. Int J Food Microbiol 30:37–53.
Berg JD, Roberts PV, Matin A. 1986. J Appl Bacteriol 60:213–220.
Berg RD. 1999. Adv Exp Med Biol 473:11–30.
Berruecos JM, Robinson OW. 1972. J Anim Sci 35:20–23.
Bertschinger HU, Eggenberger E, Jucker H, et al. 1978. Vet Microbiol 3:281–290.
Biernat M, Gacsalyi U, Rådberg K, et al. 2001. Effect of kidney bean lectin on gut morphology. A way to accelerate mucosa development. In JE Lindberg, B Ogle, eds. Digestive Physiology of Pigs. Wallingford, UK: CAB International, pp. 46–48.
Bikker P, Dirkzwager A, Fledderus J, et al. 2006. J Anim Sci 84:3337–3345.
Bolduan G, Jung H, Schnabel E, et al. 1988. Pig News Inf 9:381–385.
Bosi P, Casini L, Finamore A, et al. 2004. J Anim Sci 82:1764–1772.
Boudry G, Péron V, Le Huërou-Luron I, et al. 2004. J Nutr 134:2256–2262.
Boyd JS, Taylor DJ, Reid J. 1988. Proc Congr Int Pig Vet Soc 10:403.
Brockman JB, Patterson NW, Richardson WS. 2004. Surg Endosc 18(3):536–539.
Brooks PH, Geary TM, Morgan DT, et al. 1996. Pig J 36:43–64.
Brown PJ, Bourne FJ. 1976. Am J Vet Res 37:9–13.
Brunsgaard G. 1998. J Anim Sci 76:2787–2798.
Burrin DG, Stoll B, Jiang R, et al. 2000. Am J Clin Nutr 71:1603–1610.
Burrin DG, Stoll B, van Goudoever JB, Reeds PJ. 2001. Nutrient requirements of intestinal growth and metabolism in the developing pig. In JE Lindberg, B Ogle, eds. In Digestive Physiology of Pigs. Wallingford, UK: CAB International, pp. 75–88.
Burt S. 2004. Int J Food Microbiol 94:223–253.
Cameron BF, Wong CW, Hinch GN, Singh D, Nolan JV, Colditz IG. 2001. Effects of nucleotides on the immune function of early-weaned piglets. In JE Lindberg, B Ogle, eds. Digestive Physiology of Pigs. Wallingford, UK: CAB International, pp. 66–68.
Canibe N, Steien SH, Øverland M, Jensen BB. 2001. Effect of formi—LHS on digesta and faecal microbiota, and on stomach alterations of piglets. In JE Lindberg, B Ogle, eds. In Digestive Physiology of Pigs. Wallingford, UK: CAB International, pp. 288–290.
Casper HH, Berg IE, Crenshaw JD, et al. 1991. J Vet Diagn Invest 3(2):172–173.
Cera KR, Mahan DC, Cross RF, et al. 1988. J Anim Sci 66:574–584.
Chae C. 2004. Vet J 168:41–49.
Chagnon M, D'Allaire S, Drolet R. 1991. Can J Vet Res 55:180–185.
Chalmin R. 1960. Thèse de Doctorat Vétérinaire. École Nationale Vétérinaire d'Alfort.
Chamberlain CC, Merrimann GM, Lidvall ER, et al. 1967. J Anim Sci 26:72–75.
Cheon DS, Chae C. 1996. J Vet Diagn Invest 8:123–124.
Christensen NH, Cullinane LC. 1990. NZ Vet J 38:136–141.
Cohen IT, Nelson SD, Modley RA, et al. 1991. J Pediatr Surg 26:598–601.
Collins JE, Bergeland ME, Meyers LL, et al. 1989. J Vet Diagn Invest 1:349–351.
Commission on Antimicrobial Feed Additives. 1997. Government Official Reports, SOU 1997:132, Ministry of Agriculture, Stockholm, Sweden.
Creuz E, Perez JF, Peralta B, et al. 2007. Zoonoses Public Health 54:314–319.
Dahl J. 2008. Pig J 61:6–11.
Daniel M. 1975. Thèse de Doctorat Vétérinaire. École Nationale Vétérinaire d'Alfort.
Davies PR. 1993. Proc A D Leman Swine Conf Univ Minnesota, pp. 129–135.
Davies PR, Grass JJ, Marsh WE, et al. 1994. Proc Congr Int Pig Vet Soc 13:471.
Deen J. 1993. Proc A D Leman Swine Conf, pp. 137–138.
de Lange CFM, Pluske J, Gong J, Nyachoti CM. 2010. Livest Sci 134:124–134.
Demeckova V, Moran CA, Caveney C, Campbell AC, Kuri V, Brooks PH. 2001. The effect of fermentation and/or sanitization of liquid diets on the feeding preferences of newly weaned

pigs. In JE Lindberg, B Ogle, eds. Digestive Physiology of Pigs. Wallingford, UK: CAB International, pp. 291–293.

den Hond E, Hiele M, Peeters M, et al. 1999. J Parenter Enteral Nutr 23:7–11.

Dionissopoulos L, deLange CFM, Dewey CE, et al. 2001. Can J Anim Sci 81:563–566.

Dirkzwager A, Elbers ARW, Vanderaar P, Vos JH. 1998. Livest Prod Sci 56:53–60.

Douglas RGA. 1985. Vet Rec 117:129.

Driesen SJ, Fahy VA, Spicer EM. 1987. Proc Pig Production (Sydney Univ) 95:1007–1017.

Duncan SH, Flint HJ, Stewart CS. 1998. FEMS Microbiol Lett 164:283–288.

Durmic Z. 2000. Evaluation of dietary fibre as a contributory factor in the development of swine dysentery. PhD thesis, Murdoch University, Murdoch, Western Australia.

Durmic Z, Pethick DW, Mullan BP, et al. 2000. J Appl Microbiol 89:678–686.

Ebner S, Schoknecht P, Reeds PJ, et al. 1994. Am J Physiol 266: R1736–R1743.

Eisemann JH, Morrow WEM, See MT, et al. 2002. J Am Vet Med Assoc 220:503–506.

Elbers ARW, Hessing MJC, Tielen MJM, et al. 1995a. Vet Rec 136: 588–590.

Elbers ARW, Vos JH, Bouma A, et al. 2003. Vet Microbiol 96: 345–356.

Elbers ARW, Vos JH, Hunneman WA. 1995b. Vet Rec 137: 290–293.

Embaye H, Thomlinson SR, Lawrence TLJ. 1990. J Comp Pathol 103:253–264.

Février C, Gotterbarm G, Jaguelin-Peyraud Y, et al. 2001. Effects of adding potassium diformate and phytase excess for weaned piglets. In JE Lindberg, B Ogle, eds. Digestive Physiology of Pigs. Wallingford, UK: CAB International, pp. 192–194.

Forsythe DW. 1987. Pig J 18:99–100.

Fricker CR, Park RWA. 1989. J Appl Bacteriol 66:477–490.

Friendship RM. 1999. Gastric ulcers. In BE Straw, WL Mengeling, S D'Allaire, DJ Taylor, eds. Diseases of Swine, 8th ed. Oxford, UK: Blackwell Scientific Publications, pp. 685–694.

Gabert VM, Sauer WC, Schmitz M, et al. 1995. Can J Anim Sci 75:615–623.

Gallois M, Oswald IP. 2008. Arch Zootech 11(3):15–32.

Garden S. 1985. Proc Cong Int Pig Vet Soc 15:100–107.

———. 1988. Rectal prolapse in pigs. Vet Rec 123:654.

Gardner IA, Hird DW, Franti CE, Glen J. 1988. Vet Rec 123: 222–225.

Gebert A, Rothkotter HJ, Pabst R. 1994. Cell Tissue Res 276:213–221.

Gibson GR, Roberfroid M. 1995. J Nutr 125:1401–1412.

Gin T, Guennec J, Morvan H, et al. 2010. Proc 21st Proc Cong Int Pig Vet Soc, p. 758.

Giusi-Perier A, Fiszlelewicz M, Rérat A. 1989. J Anim Sci 67: 386–402.

Glitsø LV, Brunsgaard G, Højsgaard S, et al. 1998. Br J Nutr 80:457–468.

Graham TE, Sgro V, Friars D, et al. 2000. Am J Physiol Endocrinol Metab 278:E83–E89.

Grosse-Beilage E, Grosse-Beilage I. 1994. Deut Tier Wochenschr 101(10):383–387.

Gudmundsson FF, Gislason HG, Dicko A, et al. 2001. Surg Endosc 15:854–860.

Guise HJ, Penny RHC. 1990. Anim Prod 49:511–515.

Haesebrouck F, Pasmans F, Flahou B, et al. 2009. Clin Microbiol Rev 22:202–223.

Hampson DJ. 1986. Res Vet Sci 40:32–40.

Hampson DJ, Pluske JR, Pethick DW. 2001. Dietary manipulation of enteric disease. In JE Lindberg, B Ogle, eds. Dietary Manipu-

lation of Enteric Disease. Wallingford, UK: CAB International, pp. 247–261.

Hampson DJ, Robertson ID, La T, et al. 2000. Vet Microbiol 73:75–84.

Hampson J, Kidder DE. 1986. Res Vet Sci 40:24–31.

Häni H, Scholl E. 1976. Schweiz Arch Tierheilkd 118:325–328.

Harkin JT, Jones RT, Gillick JC. 1982. Aust Vet J 59:56–57.

Harms PA, Sorden SD, Halbur PG, et al. 2001. Vet Pathol 38:428–539.

Harvey RB, Anderson RC, Droleskey RE, et al. 2001. Reduced Campylobacter prevalence in piglets reared in specialized nurseries. In JE Lindberg, B Ogle, eds. Digestive Physiology of Pigs. Wallingford, UK: CAB International, pp. 311–313.

Harvey RB, Young CR, Ziprin RL, et al. 1999. J Am Vet Med Assoc 215:1601–1604.

Hazzledine M, Partridge GG. 1996. Proc 12th Annu Carolina Swine Nutrition Conf, pp. 12–33.

Hedde RD, Lindsey TO, Parrish RC, et al. 1985. J Anim Sci 61: 179–186.

Hegedus M, Bokori J, Tamás J. 1983. Nature of vitamin U. Acta Vet Hung 31:155–163.

Hellemans A, Chiers K, Maes D, et al. 2007. Vet Rec 161: 189–192.

Henry S. 1983. Pig American, Jan, p. 45.

Henry SC. 1996. Large Anim Vet (January–February):8–11.

Hessing JJC, Geudeke MJ, Scheepens CJM, et al. 1992. Tijdschr Diergeneeskd 117:445–450.

Hindson JC. 1958. Vet Rec 70:214–216.

Högberg A, Lindberg JE, Leser T, et al. 2004. Acta Vet Scand 45: 87–98.

Högberg A, Melin L, Mattsson S, et al. 2001. Comparison between the ileocaecal and rectal microflora in pigs. In JE Lindberg, B Ogle, eds. Digestive Physiology of Pigs. Wallingford, UK: CAB International, pp. 296–299.

Holm A. 1998. Dansk Veterinær Tidsskrift 71:1118–1126.

Hontecillas R, Wannemeulher MJ, Zimmerman DR, et al. 2002. J Nutr 132:2019–2027.

Hooper PT, Scanlan WA. 1977. Aust Vet J 53:109–114.

Horter DC, Yoon K-J, Zimmerman JJ. 2003. Anim Health Res Rev 4:143–155.

Houdijk J. 1998. Effects of non-digestible oligosaccharides in young pig diets. PhD thesis, Wageningen Agricultural University, Wageningen, The Netherlands.

Huber WG, Wallin RF. 1965. Vet Med 60:551–558.

Ivascu I, Christea I, Gatina L. 1976. Proc Congr Int Pig Vet Soc 4:Z15.

Jacobson M, Fellstrom C, Lindberg R, et al. 2004. J Med Microbiol 53:273–280.

Jensen BB, Jørgensen H. 1994. Appl Environ Microbiol 60: 1897–1904.

Jensen BB, Mikkelsen LL. 1998. Feeding liquid diets to pigs. In PC Garnsworthy, J Wiseman, eds. Recent advances in animal nutrition. Nottingham, UK: Nottingham University Press, pp. 107–126.

Jensen KH, Pedersen LJ, Nielsen EK, et al. 1996. Physiol Behav 59(4/5):741–748.

Jensen TK, Vigre H, Svensmark B, et al. 2006. J Comp Pathol 135: 176–182.

Jensen V. 1989. Dansk Vet 72(10):557–565.

Johnson RW. 1997. J Anim Sci 75:1244–1255.

Junli H, Li W, Nenqi RLX, et al. 1997. Water Res 31:455–460.

Keeler RF, Crowe RW. 1983. Clin Toxicol 20:49–58.

Keenliside J. 2006. 8th Ann Swine Technol Workshop. Red Deer, Alberta, Canada.

Kelly D. 1990. Res Vet Sci 48:250–356.

Kelly D, Coutts APG. 1997. Digestive physiology of pigs. Proc 7th Int Symp INRA-SRP EEAP. JP Laplace, C Février, A Barbeau, eds. St-Malo, France, pp. 163–170.

Kelly D, Smyth JA, McCracken KJ. 1991. Br J Nutr 6:181–188.

Kenworthy R. 1976. Res Vet Sci 21:69–75.

Kiers JL, Nout MRJ, Rombouts FM, et al. 2001a. Net absorption of fluid in uninfected and ETEC-infected piglet small intestine: Effect of osmolality. In JE Lindberg, B Ogle, eds. Wallingford, UK: CAB International, pp. 277–279.

Kiers JL, Nout MRJ, Rombouts FM, et al. 2001b. Protective effect of processed soybean during perfusion of ETEC-infected small intestinal segments of early-weaned piglets. In JE Lindberg, B Ogle, eds. Digestive Physiology of Pigs. Wallingford, UK: CAB International, pp. 261–263.

Kim J, Ha Y, Jung K, et al. 2004. Can J Vet Res 68:218–221.

Kirchgessner M, Gedek B, Wiehler S, et al. 1992. J Anim Physiol Anim Nutr (Berl) 68:73–81.

Kirkwood RN, Huang SX, McFall M, et al. 2000. J Swine Health Prod 8:73–76.

Kjar HA. 1976. Proc Congr Int Pig Vet Soc 4:6.

Kleingebbink GAR, Sutton AL, Williams BA, et al. 2001. Effects of oligosaccharides in weanling pig diets on performance, microflora and intestinal health. In JE Lindberg, B Ogle, eds. Digestive Physiology of Pigs. Wallingford, UK: CAB International, pp. 269–271.

Kolden A. 1994. Norsk Vet 106(10):731–736.

Krakowka S, Eaton KA, Rings DM, et al. 1998. Vet Pathol 35(4):274–282.

Krakowka S, Rings DM, Ellis JA. 2005. Am J Vet Res 66:945–952.

Kunesh JP. 1981. Therapeutics. In AD Leman, RD Glock, WL Mengeling, RHC Penny, E Scholl, B Straw, eds. Diseases of Swine, 5th ed. Ames, IA: Iowa State University Press, p. 724.

Lawlor PG, Flood C, Fitzpatrick E, Lynch PB, Caffrey PJ, Brophy PO. 2001. The effect of weaning diet on the intestinal morphology of young piglets. In JE Lindberg, B Ogle, eds. Digestive Physiology of Pigs. Wallingford, UK: CAB International, pp. 54–56.

Lawrence BV, Anderson DB, Adeola O, et al. 1998. J Anim Sci 76:788–795.

Lax AJ, Barrow PA, Jones PW, et al. 1995. Br Vet J 151:351–377.

Lazier A, Friendship R, Hazlett M, et al. 2008. Proc Annu Meet Am Assoc Swine Vet, pp. 45–48.

Lindecrona RH, Jensen TK, Jensen BB, et al. 2003. Anim Sci 76:81–87.

Lindecrona RH, Jensen TK, Moller K. 2004. Vet Rec 154:264–267.

Longland AC, Low AG, Quelch DB, et al. 1993. Br J Nutr 70:557–566.

Mack DR, Michail S, Wie S, et al. 1999. Am J Physiol 276:G941–G950.

MacRae JC. 1993. Proc Nutr Soc 52:121–130.

Magras C, Cantet F, Koffi G, et al. 1999. J Rech Porc France 31:395–399.

Mahan DC, Pickett RA, Perry TW, et al. 1966. J Anim Sci 25:1019–1023.

Mahanta S, Chaudhury B. 1985. J Vet Med Mycol 23:395–397.

Makkink CA, Negulescu GP, Guixin Q, et al. 1994. Br J Nutr 72:353–368.

Martineau GP, Morvan H, Decoux M. 2008. J Rech Porc France 40:33–42.

Mathews CJ, MacLeod RJ, Zheng SX, et al. 1999. Gastroenterology 116:1342–1347.

Maxwell CV, Reimann EM, Hoekstra WG, et al. 1970. J Anim Sci 30:911–922.

Maxwell CV, Reimann EM, Hoekstra WG, et al. 1972. J Anim Sci 34:213–216.

McCracken BA, Gaskins HR, Ruwe-Kaiser PJ, et al. 1995. J Nutr 125:2838–2845.

McCracken BA, Spurlock ME, Roos MA, et al. 1999. J Nutr 129:613–619.

McDonald DE, Pethick DW, Mullan BP, et al. 2001. Soluble nonstarch polysaccharides from pearl barley exacerbate experimental postweaning colibacillosis. In JE Lindberg, B Ogle, eds. Wallingford, UK: CAB International, pp. 280–282.

McDonald DE, Pethick DW, Pluske JR, et al. 1999. Res Vet Sci 67:245–250.

McDonald DE, Pluske JR, Pethick DW, et al. 1997. Interactions of dietary nonstarch polysaccharides with weaner pig growth and post weaning colibacillosis. In PD Cranwell, ed. Manipulating Pig Production VI. Werribee, Australia: Australasian Pig Science Association, p. 179.

McDonald P, Edwards RA, Greenhalg JED, Morgan CA. 2002. Animal Nutrition, 6th ed. Harlow, Essex: Pearson Education, pp. 616–629.

Melin L, Katouli M, Jensen-Waern M, Wallgren P. 2001. Influence of zinc oxide on faecal coliforms of piglets at weaning. In JE Lindberg, B Ogle, eds. Digestive Physiology of Pigs. Wallingford, UK: CAB International, pp. 294–296.

Melnichouk SI. 2002. Can Vet J 43:23–225.

Melnichouk SI, Friendship RM, Dewey CE, et al. 1999. Swine Health Prod 7:201–205.

Mendes EN, Queiroz DM, Rocha GA, et al. 1990. J Med Microbiol 33:61–66.

Michiels J, Missotten J, Dierick N, et al. 2008. J Sci Food Agric 88:2371–2381.

Mikkelsen LL, Jensen BB. 2001. Bifidobacteria in piglets. In JE Lindberg, B Ogle, eds. Digestive Physiology of Pigs. Wallingford, UK: CAB International, pp. 285–288.

Mølbak L, Thomsen LE, Jensen TK, et al. 2007. J Appl Microbiol 103:1853–1867.

Moore JC. 1989. Pig Vet J 23:124.

Moore WEC, Moore LVH, Cato EP, et al. 1987. Appl Environ Microbiol 53:1638–1644.

Moran CA, Ward G, Beal JD, et al. 2001. Influence of liquid feed, fermented liquid feed, dry feed and sow's milk fed ad libitum, on the "ecophysiology" of the terminal ileum, caecum and colon of the postweaned piglet. In JE Lindberg, B Ogle, eds. Digestive Physiology of Pigs. Wallingford, UK: CAB International, pp. 266–268.

Morin M, Sauvageau R, Phaneuf JB, et al. 1984. Can Vet J 25:440–442.

Muggenburg BA, Kowalczyk T, Reese NA, et al. 1966. Am J Vet Res 27:292–299.

Muirhead MR. 1989. Int Pig Lett 9(1):3.

Narita M, Kimura K, Tanimura N, et al. 1998. J Comp Pathol 118:329–336.

Nemcová R, Bomba A, Gancarciková S, et al. 1999. Berl Münch Tierärztl Wochenschr 112:225–228.

Niekamp SR, Sutherland MA, Dahl GE, et al. 2007. J Anim Sci 85:93–100.

Nielsen EK, Ingvartsen KL. 2000. Acta Agric Scand A 50:30–38.

Niewold TA, van Dijk AJ, Geenen PL, et al. 2007. Vet Microbiol 124:362–369.

Norrish JG, Rennie JC. 1968. J Hered 59:186–187.

Nyachoti CM, Omogbenigun FO, Rademacher M, et al. 2006. J Anim Sci 84:125–134.

O'Sullivan T, Friendship RM, Ball RO, et al. 1996. Proc Annu Meet Am Assoc Swine Pract, pp. 151–153.

Panter KE, Keeler RF, Buck WB. 1985. Am J Vet Res 46:1368–1371.

Partanen KH, Mroz Z. 1999. Nutr Res 12:1–30.

Penny RHC, Hill FWG. 1973. Vet Annu 14:55–60.

Perez JF, Reeds PJ. 1998. J Nutr 128:1562–1569.

Perfumo CJ, Sanguinetti HR, Giorgio N, et al. 2002. Arch Med Vet 34:245–252.

Petkevicius S, Bach Knudsen KE, Nanse P, et al. 1997. J Parasitol 114:555–568.

Pfeifer CW. 1984. Nat Hog Farmer, Jan 15, p. 64.

Phadtare S, Alsina J, Inouye M. 1999. Curr Opin Microbiol 2: 175–180.

Phillips ND. 1999. Molecular detection and identification of gastric bacteria in pigs. Honors thesis, Murdoch University, Western Australia.

Pierzynowski SG, Valverde Piedra JL, Hommel-Hansen T, Studzinski T. 2001. Glutamine in gut metabolism. In A Piva, KE Bach Knudsen, JE Lindberg, eds. Gut Environment of Pigs. Nottingham, UK: Nottingham University Press, pp. 43–62.

Piva A, Galvano F, Biagi G, Casadei G. 2006. Biology of Nutrition in Growing Animals. London, UK: Elsevier, pp. 3–31.

Pluske JR. 2001. Morphological and functional changes in the small intestine of the newly weaned pig. In A Piva, KE Bach Knudsen, JE Lindberg, eds. Gut Environment of Pigs. Nottingham, UK: Nottingham University Press, pp. 1–27.

Pluske JR, Durmic Z, Pethick DW, et al. 1998. J Nutr 128: 1737–1744.

Pluske JR, Hampson DJ, Williams IH. 1997. Livest Prod Sci 51: 215–236.

Pluske JR, Siba PM, Pethick DW, et al. 1996a. J Nutr 126: 2920–2933.

Pluske JR, Williams IH, Aherne FX. 1996b. Anim Sci 62: 145–158.

Pocock EF, Bayley HS, Roe CK. 1968. J Anim Sci 27:1296–1302.

Pocock EF, Bayley HS, Slinger SJ. 1969. J Anim Sci 29:591–597.

Potkins ZV, Lawrence TLJ. 1989a. Res Vet Sci 47:60–67.

——. 1989b. Res Vet Sci 47:68–74.

Powell RW, Dyess DL, Collins JN, et al. 1999. J Pediatr Surg 34: 193–198.

Prange H, Uhlemann J, Schmidt A, et al. 1987. Monatsh Veterinärmed 42:425–428.

Prohaszka L, Baron F. 1980. Zentralbl Veterinarmed B 27: 222–232.

Queiroz DMM, Rocha GA, Mendes EN, et al. 1996. Gastroenterology 111:19–27.

Rådberg K, Biernat M, Linderoth A, et al. 2001. Induced functional maturation of the gut mucosa due to red kidney bean lectin in suckling pigs. In JE Lindberg, B Ogle, eds. Digestive Physiology of Pigs. Wallingford, UK: CAB International, pp. 25–28.

Reeds PJ, Burrin DG, Stoll B, et al. 1997. Am J Physiol 273: E408–E415.

Reese NA, Muggenburg BA, Kowalczyk T, et al. 1966. J Anim Sci 25:14–20.

Regina DC, Eisemann JH, Lang JA, et al. 1999. J Anim Sci 77:2721–2729.

Reid CA, Hillman K. 1999. Anim Sci 68:503–510.

Reimann EM, Maxwell CV, Kowalczyk T, et al. 1968. J Anim Sci 27:992–999.

Reiners K, Hessel EF, van der Weghe HFA. 2008. J Anim Sci 86: 3600–3607.

Richards JD, Gong J, de Lange CFM. 2005. Can J Anim Sci 85: 421–435.

Rijnen MMJA, Dekker RA, Bakker GCM, Verstegen MWA, Schrama JW. 2001. Effects of dietary fermentable carbohydrates on the empty weights of the gastrointestinal tract in growing pigs. In JE Lindberg, B Ogle, eds. Digestive Physiology of Pigs. Wallingford, UK: CAB International, pp. 17–20.

Roberfroid M, Van Loo J, Gibson GR. 1998. J Nutr 128:11–19.

Robinson IM, Allison MJ, Bucklin JA. 1981. Appl Environ Microbiol 41:950–955.

Robinson IM, Whipp SC, Bucklin JA, et al. 1984. Appl Environ Microbiol 48:964–969.

Rogers DG, Andersen AA. 2000. J Vet Diagn Invest 12:233–239.

Rossi F, Cox E, Coddeeris B, Portetelle D, Wavreille J, Théwis A. 2001. Inulin incorporation in the weaned pig diet: Intestinal coliform interaction and effect on specific systemic immunity.

In JE Lindberg, B Ogle, eds. Digestive Physiology of Pigs. Wallingford, UK: CAB International, pp. 299–301.

Rossi F, Ewodo C, Fockedey R, et al. 1997. Proc Int Symp Nondigestible Oligosaccharides. R Hartemink, ed. Wageningen, The Netherlands, p. 143.

Roth FX, Windisch W, Kirchgessner M. 1998. Agribiol Res 51: 167–175.

Sanford E, Rehmtulla AJ. 1994. J Swine Health Prod 2:17–18.

Sanford SE, Josephson GKA, Rehmtulla AS. 1994. Proc Congr Int Pig Vet Soc 13:476.

Sangild PT. 2001. Transitions in the life of the gut at birth. In JE Lindberg, B Ogle, eds. Digestive Physiology of Pigs. Wallingford, UK: CAB International, pp. 3–17.

Sangild PT, Trahair JF, Loftager MK, Fowden AL. 1999. Pediatr Res 45:595–602.

Sangild PT, Trahair JF, Silver M, et al. 1997. Proc Eur Assoc of Anim Prod 88:194–197.

Saunders CN. 1974. Vet Rec 94:61.

Scholten RHJ, van der Peet-Schwering CMC, Verstegen MWA, et al. 1999. Anim Feed Sci Technol 82:1–19.

Schon V. 1985. Dansk Vet 68:715–772.

Searcy-Bernard R, Gardner IA, Hird DW. 1994. J Am Vet Med Assoc 204:1660–1664.

Ségales J, Rosell C, Domingo M. 2004. Vet Microbiol 98: 137–149.

Si W, Gong J, Chanas C, Cui S, Yu H, Caballero C. 2006b. J Appl Microbiol 101:1282–1291.

Si W, Gong J, Tsao R, et al. 2006a. J Appl Microbiol 100: 296–305.

Siba PM, Pethick DW, Hampson DJ. 1996. Epidemiol Infect 116: 207–216.

Smith VG, Kasson CW. 1991. J Anim Sci 69:571–577.

Smith WJ. 1980. Proc Congr Int Pig Vet Soc 6:356.

Smith WJ, Edwards SA. 1996. Proc Congr Int Pig Vet Soc 14:693.

Smith WJ, Straw BE. 2006. Prolapses. In BE Straw, JJ Zimmerman, S D'Allaire, DJ Taylor, eds. Diseases of Swine. Ames, IA: Blackwell, pp. 965–970.

Spencer RJ, Chesson A. 1994. J Appl Bacteriol 77:215–220.

Stern NJ, Hernandez MP, Blankenship L, et al. 1985. J Food Prot 48:595–599.

Stokes CR, Bailey M, Haverson K. 2001. Development and function of the pig gastrointestinal immune system. In JE Lindberg, B Ogle, eds. Digestive Physiology of Pigs. Wallingford, UK: CAB International, pp. 59–66.

Stoll B, Burrin DG, Henry J, et al. 1999. Am J Physiol 277: E168–E175.

Stoll B, Henry J, Reeds PJ, et al. 1998. J Nutr 128:606–614.

Strachan WD, Edwards SA, Smith WJ, et al. 2002. Proc 17th Congr Int Pig Vet Soc, 2:214.

Straw B. 1987. Cornell Extension Bull, Fall.

Straw B, Bates R, May G. 2009. J Swine Health Prod 17:28–31.

Straw B, Henry S, Nelssen J, et al. 1992. Proc Congr Int Pig Vet Soc 12:386.

Sutton AL, Mathew AG, Scheidt AB, et al. 1991. Proc 5th Int Symp Digestive Physiology Pigs. MWA Versegren, J Huisman, LA den Hartog, eds. Wageningen, The Netherlands, pp. 442–427.

Szeredi L, Palkovics G, Solymosi N, et al. 2005. Acta Vet Hung 53: 371–383.

Tako E, Glahn RP, Welch RM, Lei X, et al. 2008. Br J Nutr 99: 472–480.

Telemo E, Bailey M, Miller BG, et al. 1991. Scand J Immunol 34: 689–696.

Terpstra C, Wensvoort G. 1988. Res Vet Sci 45:137–142.

Thillainayagam AV, Hunt JB, Farthing MJ. 1998. Gastroenterology 114:197–210.

Thomke S, Elwinger K. 1998. Ann Zootech 47:245–271.

Thomsen LE, Bach Knudsen KE, Hedemann MS, et al. 2006. Vet Parasitol 142:112–122.

Thomsen LE, Bach Knudsen KE, Jensen TK, et al. 2007. Vet Microbiol 119:152–163.

Thomson JR, Edwards SA, Strachan WD, et al. 2004. Proc 18th Congr Int Pig Vet Soc 2:885.

Thomson JR, Miller WG, Woolfenden NJ, et al. 2007. Pig J 59: 152–159.

Torrallardona D, Conde R, Badiola I, Polo J. 2007. Livest Sci 108: 303–306.

Torremorrell M, Calsamiglia M, Pijoan C. 1998. Can J Vet Res 62: 21–26.

Tucker AL, Duncan IJH, Millman ST, et al. 2010a. J Anim Sci 88: 2277–2288.

Tucker AL, Widowski TM. 2009. J Anim Sci 87:2274–2281.

Tucker AL, Widowski TM, Friendship RM. 2010b. J Swine Health Prod 18:68–74.

Van der Gaag I, Meijer P. 1974. Proc Congr Int Pig Vet Soc 3:v–v3.

van der Meulen J, de Graaf GJ, Nabuurs MJA, et al. 2001. Effect of transportation stress on intramucosal pH and intestinal permeability. In JE Lindberg, B Ogle, eds. Digestive Physiology of Pigs. Wallingford, UK: CAB International, pp. 329–331.

van der Wolf PJ, van Schie FW, Elbers AR, et al. 2001. Vet Q 23(3):121–125.

van Sambraus HH. 1979. Deut Tier Wechr 86:58–62.

Varel VH. 1985. Appl Environ Microbiol 49:858–862.

Varel VH, Pond WG, Pekas JC, et al. 1982. Appl Environ Microbiol 44:107–112.

Vega-Lopez MA, Bailey M, Telemo E, Stokes CR. 1995. Vet Immunol Immunopathol 44:319–327.

Vega-Lopez MA, Telemo E, Bailey M, et al. 1993. Vet Immunol Immunopathol 37:49–60.

Verdonk JMAJ, Spreeuwenberg MAM, Bakker GCM. 2001a. Nutrient intake level affects histology and permeability of the small intestine in newly weaned piglets. In JE Lindberg, B Ogle, eds. Digestive Physiology of Pigs. Wallingford, UK: CAB International, pp. 332–334.

Verdonk JMAJ, Spreeuwenberg MAM, Bakker GCM, et al. 2001b. Effect of protein source and feed intake level on histology of the small intestine in newly weaned piglets. In JE Lindberg, B Ogle, eds. Digestive Physiology of Pigs. Wallingford, UK: CAB International, pp. 347–349.

Vonderfecht HE. 1978. Vet Med Small Anim Clin 73:201–206.

Von Muller E, Schoon HA, Schultx LC. 1980. Deut Tier Wochenschr 87:196–199.

Weijtens MJBM, Bijker PGH, van der Plas J, et al. 1993. Vet Q 15: 138–143.

Weijtens MJBM, van der Plas J, Bijker PGH, et al. 1997. J Appl Microbiol 83:693–698.

Wellock IJ, Fortomaris PD, Houdjik JGM, et al. 2006. Anim Sci 82: 327–335.

Wellock IJ, Fortomaris PD, Houdjik JGM, et al. 2007. Livest Sci 108:102–105.

Wellock IJ, Fortomaris PD, Houdjik JGM, et al. 2008. Br J Nutr 99: 520–530.

Weström BR, Svendsen J, Ohlsson BG, et al. 1984. Biol Neonate 46:20–26.

Wilcock BP, Olander HJ. 1977a. Vet Pathol 14:36–42.

——. 1977b. Vet Pathol 14:43–55.

Wilson AD, Stokes CR, Bourne FJ. 1989. Res Vet Sci 46:180–186.

Wilson MR. 1984. Int Pig Lett 4(5):4.

Wondra KJ, Hancock JD, Behnke KC. 1995b. J Anim Sci 73:2564–2573.

Wondra KJ, Hancock JD, Kennedy GA, et al. 1995a. J Anim Sci 73:421–426.

Yamaguchi M, Takemoto T, Sakamoto K, et al. 1981. Am J Vet Res 42:960–962.

Yen JT, Nienaber JA, Hill DA, Pond WG. 1991. J Anim Sci 69:2001–2012.

Yi GF, Carroll JA, Allee GL, et al. 2005. J Anim Sci 83:634–643.

Yin YL, Baidoo SK, Liu KYG, et al. 2001. Effect of enzyme supplementation of different quality hulless barley on apparent (ileal and overall) digestibility of nutrients in young pigs. In JE Lindberg, B Ogle, eds. Digestive Physiology of Pigs. Wallingford, UK: CAB International, pp. 145–147.

Young CR, Harvey RB, Anderson RC, et al. 2000. Res Vet Sci 65: 75–78.

Zamora CS, Reddy VK, Frandle KA, et al. 1980. Am J Vet Res 41: 885–888.

Zanetti F, Varoli O, Stampi S, et al. 1996. Int J Food Microbiol 33: 315–321.

Zhao X, Du Z-Q, Vukasinovic N, et al. 2009. Am J Vet Res 70: 1006–1012.

Zinter DE, Migaki G. 1970. J Am Vet Med Assoc 157:301–303.

Zlotowski P, Corrêa AMR, Barcellos DESN, Cruz CEF, Asanome W, Barry AF, Alfieri AA, Driemeier D. 2008. Pesq Vet Bras 28: 313–318.

Zucker BA, Krüger M. 1998. Berl München Tierärztl 111(6): 208–211.

16 免疫系统
Immune System

Christopher C. L. Chase 和 Joan K. Lunney

引言
INTRODUCTION

在动物医学中可能没有什么比免疫系统及其在疾病与预防接种中的影响更能见证知识的爆炸式增长。在本章中,我们对前一版所提及的对猪免疫力和疫苗反应重要的关键概念补充了图解。

免疫应答起始于病原微生物突破各种屏障并接触免疫系统(图 16.1)。第一道防线是由吞噬细胞、各种细胞因子、趋化因子和蛋白质参与的先天性免疫应答。它们不仅能提供抗微生物保护,还能通过炎症过程募集细胞并且激活获得性免疫应答。

伴有大量 B 细胞、T 细胞增殖和细胞因子、抗体表达形式的获得性免疫应答提供病原体特异性记忆细胞,相同病原体再次感染时,起到持续性的保护作用。模式识别受体(PRRs),包括 Toll 样受体(TLRs),监视病原相关分子模式,并诱导不同信号通路,以激活免疫系统来抵抗感染。

先天性免疫应答通常在感染后不久被激活(图 16.2)。自然杀伤细胞(NK)与先天性免疫应答中其他细胞成分一样,拥有双重功能:攻击病毒感染细胞的先天性免疫应答和产生细胞因子协助激活获得性免疫应答(Gerner 等,2009)。初始动物(naïve animal)的获得性免疫应答可激活 T 细胞(产生细胞因子)、B 细胞(产生抗体)(图 16.2)。

猪淋巴系统的独特特征
UNIQUE FEATURES OF THE SWINE LYMPHOID SYSTEM

猪的淋巴系统主要由五大组织构成:淋巴结、淋巴滤泡、扁桃体、胸腺和脾脏(Rothkotter,2009)。与其他家畜相比,猪淋巴结的结构倒置。B 细胞生发中心在淋巴结的内部,而不是皮质区,并有较大的含 T 细胞的皮质区和副皮质区(Binns 等,1986;Pabst 和 Binns,1986)。肠道的淋巴滤泡组织也很特殊。很多动物在回肠上可见散在的淋巴滤泡(派尔氏结,PPs),而猪散在的淋巴滤泡在空肠上,还有连续的 PP 在回肠上(Liebler-Tenorio 和 Pabst,2006)。尽管 B 细胞的发育可能很重要,但是回肠上连续的 PPs 仅在生命的前几周存在,其确切的免疫作用尚不明确。

扁桃体是许多病原体进入免疫系统的侵入门户。最大的扁桃体是软腭扁桃体,有时被错误地称为腭扁桃体。猪也有咽扁桃体和舌扁桃体。在扁桃体隐窝和扁桃体表面,含有大量 T 细胞和 B 细胞;因为淋巴细胞数量很多,扁桃体被称为淋巴上皮。另外还发现,扁桃体是检测传染病病原的非常重要的取样部位(Horter 等,2003)。

猪病学,第 10 版,由 Jeffrey J. Zimmerman,Locke A. Karriker,Alejandro Ramirez,Kent J. Schwartz,Gregory W. Stevenson 主编。

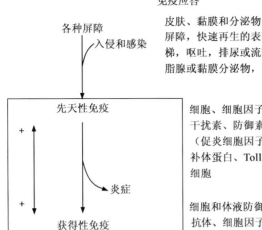

免疫应答

各种屏障 皮肤、黏膜和分泌物
　　入侵和感染 屏障，快速再生的表面、蠕动，黏膜纤毛活动
　　　　　　　　梯，呕吐，排尿或流眼泪，咳嗽，溶菌酶，皮
　　　　　　　　脂腺或黏膜分泌物，胃酸，共生有机体

先天性免疫 细胞、细胞因子和蛋白质防御
　　　　　　　干扰素、防御素、趋化因子、细胞因子
　　　　　　　（促炎细胞因子和T细胞刺激因子）、
　　　　　　　补体蛋白、Toll样受体、吞噬作用、NK
炎症 细胞

获得性免疫 细胞和体液防御
　　　　　　　抗体、细胞因子、趋化因子、辅助T细
　　　　　　　胞、细胞毒性T细胞

图16.1　免疫应答：各种屏障、先天性和获得性免疫应答（纽约罗切斯特 D. Topham 博士供图）。

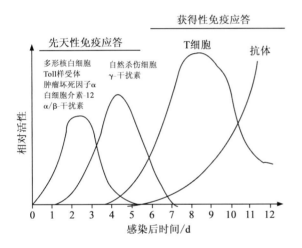

图16.2　宿主对感染的反应时间：先天性和获得性免疫应答的活化（纽约罗切斯特 D. Topham 博士供图）。

与大多数哺乳动物一样，胎儿期和新生仔猪的胸腺是产生 T 细胞的中枢淋巴器官。与其他哺乳动物一样，脾脏有两个主要功能：红髓区处理红细胞，白髓区诱导对抗如细菌感染引起的败血症的免疫应答。

先天性防御机制
INNATE DEFENSE MECHANISMS

先天性防御机制存在于正常动物体内，它不需要预先接触抗原，也不存在记忆功能。先天性免疫可使猪与病原接触时很快产生应答（图16.2）。先天性免疫系统会一直抵抗感染直到获得性免疫系统被激活；其在指导免疫系统激活，并产生抗体和细胞介导的免疫应答中发挥重要作用。

物理、化学和微生物屏障
Physical, Chemical, and Microbial Barriers

机体表面的物理、化学及微生物屏障是抵抗疾病的一个重要组成部分（图16.1）。这些因素包括上皮细胞、杀菌脂肪酸、正常菌群、黏膜，并受黏液流动、低 pH、胆汁和多种酶类的调节。

细胞
Cells

先天性免疫系统中细胞的重要功能之一是通过吞噬作用消除病原体。吞噬细胞吞噬、杀死、溶解入侵的细菌，在控制病毒和细菌感染以及杀死癌细胞中扮演着重要角色。吞噬细胞有两大类：一类是粒细胞，或叫做多形核白细胞，包括中性粒细胞、嗜碱性粒细胞、肥大细胞和嗜酸性粒细胞；另一类是单核吞噬细胞，包括循环血液中的单核细胞和组织巨噬细胞（图16.3）。

吞噬细胞能够参与以下以中性粒细胞为例描述的所有反应。巨噬细胞也在处理抗原时发挥重要作用；它们是关键的抗原递呈细胞（APCs），并与淋巴细胞相互作用，刺激细胞和体液免疫应答。

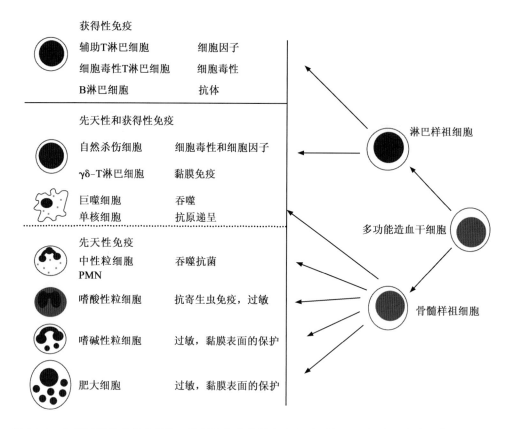

图 16.3 免疫系统的单核血细胞。先天性和获得性免疫细胞系与巨噬细胞和自然杀伤细胞有重叠,拥有重要的先天性和获得性应答(纽约罗切斯特 D. Topham 博士供图)。

粒细胞(Granulocytes)。中性粒细胞(PMN)产生于骨髓并且被释放到血液中。其在血流中的半衰期为 8 h。健康猪中性粒细胞主要经肠道和肺脏排出。中性粒细胞通过与内皮细胞疏松结合在毛细血管中迁移,在炎症极早期中性粒细胞就被激活(图 16.2)。

中性粒细胞的主要功能是吞噬和消灭入侵微生物。中性粒细胞首先必须通过趋化作用被吸引到达入侵微生物附近的作用位点。趋化因子可直接由某些微生物产生,或由某种补体成分裂解产生,或由炎症介质和趋化因子激活的内皮产生,或由感染或炎症部位的淋巴细胞产生并释放。趋化因子从炎症部位扩散并形成一个浓度梯度,引起毛细血管内皮细胞膜产生黏附分子,并导致毛细血管内中性粒细胞的数量增多。中性粒细胞进入组织并沿着趋化因子浓度梯度向感染部位迁移,摄取对吞噬活动易感的微生物。大多数病原微生物通过表面附着特定抗体和/或补体被调理后才能被中性粒细胞吞噬。

中性粒细胞胞浆中有含具有杀菌活性的多种水解酶和抗菌肽的膜结合溶酶体(Sang 和 Blecha,2009)。炎症局部中性粒细胞在短时间内死亡。水解酶释放并造成炎症反应和组织破坏。嗜中性的颗粒蛋白诱导炎性单核细胞向炎症部位黏附和迁移。

中性粒细胞利用有效的氧化代谢系统杀灭细菌;当受到调节粒子刺激时,暴发一系列氧化代谢反应,导致活性氧中间体(ROIs)的产生。这个反应是中性粒细胞最有力的杀菌机制之一,同时也具有杀真菌和杀病毒作用。中性粒细胞还可通过抗体依赖性细胞介导的细胞毒性(ADCC)作用机制控制一些病毒感染,在此作用机制中,抗体在中性粒细胞和被病毒感染的靶细胞之间架起了一座桥梁。猪的中性粒细胞在 ADCC 中非常活跃,甚至在猪胎儿和新生仔猪也是如此(Yang 和 Schultz,1986)。

嗜酸性粒细胞和中性粒细胞具有相同的吞噬和代谢功能,但是更侧重参与宿主抵抗某些寄生虫感染。嗜酸性粒细胞的胞吐作用强于胞吞作用；即它能有效地吸附并杀灭那些太大而不易被消化的移行的寄生虫，而不是摄取和杀灭小颗粒。嗜酸性粒细胞在协助控制某些过敏反应中也起着重要作用。

嗜碱性粒细胞和肥大细胞表面有免疫球蛋白E（IgE），所以它们主要与过敏反应休戚相关。这些细胞具有很重要的调控作用。它们释放激活获得性免疫应答所必需的炎症介质（Abraham 和 St. John，2010；Galli 和 Tsai，2010）。研究发现，猪体内的肥大细胞对肠道屏障的完整性，特别是早期断奶仔猪（小于 21 d）有重大影响（Moeser等，2007；Smith 等，2010）。早期断奶仔猪肠道固有层（LP）的肥大细胞含量很高，可以用肥大细胞脱粒阻滞剂治疗早期断奶仔猪肠黏膜功能障碍。

单核吞噬细胞：巨噬细胞和单核细胞（Mononuclear Phagocytes：Macrophages and Monocytes）。单核巨噬细胞系统由循环血液中的单核细胞、组织巨噬细胞、游走巨噬细胞（组织细胞）和树突状细胞（DCs）组成（图 16.3）。单核细胞由骨髓产生后释放到血流中，进入组织后变成巨噬细胞和 DCs（Ezquerra 等，2009）。肺部、脾窦、骨髓和淋巴结的毛细血管内皮里侧含有固定的巨噬细胞。组织巨噬细胞对捕获和清除来源于血液和淋巴的外来抗原及作为激活 T 细胞的抗原递呈细胞（APC）具有重要作用。游走巨噬细胞源于血液中的单核细胞，在全身各组织中均有分布。在某些部位，它们分化成向 T 淋巴细胞递呈抗原的DCs。高度分化的 APCs 包括神经系统中的神经胶质细胞、皮肤中的朗罕氏细胞和肝脏中的枯否氏细胞。未成熟的 DCs 在很多组织中都有分布；在激活时，它们向外周淋巴器官迁移并于其中分化成熟，在 T 淋巴细胞分化和激活中发挥重要作用（Bautista 等，2002；Summerfield 和 McCullough，2009）。

巨噬细胞具有像中性粒细胞一样杀灭细菌的能力。巨噬细胞是先天性细胞防御的第二道屏障。它们一般较晚到达炎症局部，在感染的早期不像中性粒细胞那样作用强烈。但是，与中性粒细胞不同的是，巨噬细胞维持抗病原体的活性，使其可杀灭对中性粒细胞有抵抗力的细菌，特别是在巨噬细胞由 T 淋巴细胞分泌的细胞因子激活

时。巨噬细胞和 DCs 对抗原进行加工并把它递呈给 T 淋巴细胞。这是细胞介导的获得性免疫应答和促进 B 淋巴细胞产生有效抗体反应的关键一步。

还有很多高度分化的组织巨噬细胞。肺泡巨噬细胞吞噬吸入的微粒和病原体，包括所遇见的少量细菌（Chitko-McKown 等，1991）。摄取微粒之后，它们通过以下两种通路之一离开肺泡：一种是通过气道上升到黏膜纤毛活动梯而排出，另一种是从肺泡上皮细胞间进入淋巴引流系统离开肺泡。之后肺泡巨噬细胞进入局部淋巴结，将捕获的抗原递呈给淋巴细胞以启动免疫应答。肺泡巨噬细胞是猪繁殖与呼吸障碍综合征病毒（PRRSV）的主要靶标，因此该病毒可阻止有效的抗病毒反应，并易导致细菌继发感染（Gómez-Laguna 等，2010；Jung 等，2010）。

肺血管内巨噬细胞黏附在肺血管内皮细胞上（Chitko-McKown 和 Blecha，1992）。显而易见，猪肺血管内巨噬细胞的首要机能是防御败血症而非防止呼吸道疾病的发生。肺血管内巨噬细胞能够有效地清除血液中的细菌（特别是革兰氏阴性菌或游离的内毒素），可以释放细胞因子和花生四烯酸代谢产物，从而显著促使肺部炎症反应的发生。

自然杀伤细胞（Natural Killer Cells）。自然杀伤（NK）细胞是先天性免疫应答中的淋巴细胞，无须抗原刺激就可杀死多种有核细胞。它们在感染后很快激活（1～2 d）（图 16.2）。和巨噬细胞一样，NK 细胞是先天性防御机制的重要组成部分，并且参与获得性免疫应答的激活（图 16.3）。

猪 NK 细胞和其他物种的 NK 细胞有着显著差异，猪的 NK 细胞是由小颗粒淋巴细胞介导激活的，这些淋巴细胞有分化抗原簇 2（CD2）T 细胞标志（Gerner 等，2009；Kim 和 Ichimura，1986）。有三个国际会议已经定义了猪的 CD 抗原（Haverson 等，2001；Lunney 等，1994；Piriou-Guzylack 和 Salmon，2008；Saalmüller 等，2005）。

猪 NK 细胞杀伤活性在这些细胞因子存在的时候会增强：干扰素-γ（IFN-γ）、白介素-2（IL-2）、IFN 诱导物（poly I：C）、人类的 IFN-α 和人类的IL-1α（Gerner 等，2009）。受到刺激的 NK 细胞产生 IFN-γ，可激活细胞介导的免疫系统成分，例

如细胞毒性 T 淋巴细胞(CTLs)、巨噬细胞和 NK 细胞,并且诱导辅助性 T 细胞(Th)分化成 Th-1 型通路,这对细胞介导的免疫和记忆很重要(Pintaric 等,2008)。总之,NK 细胞是先天性防御机制的重要组成部分,通过细胞因子活化来增强活性,参与细胞介导的免疫应答。

先天性免疫因子
INNATE IMMUNE FACTORS

防御素
Defensins

一类重要的分子家族有助于形成化学屏障,把感染局限在上皮表面并攻击入侵细菌,这类分子为抗菌肽或宿主防御肽(HDPs)。在猪,至少有 30 个 HDPs 被鉴定和表征(Brogden 等,2003;Sang 和 Blecha,2009)。HDPs 是阳离子短肽,主要分布于黏膜表面和吞噬细胞中。HDPs 有不同的结构和抗菌活性,可以在细胞处理过程中从功能上被区分。一些 HDPs 的浓度可因应答炎症反应和微生物的感染而增加。有可能 HDP 的抗菌和免疫调节功能是分开的,这为设计新的抗菌药创造了重大机遇。

补体
Complement

补体系统是一种至少由 20 种血清蛋白组成的酶级联反应系统。因为级联反应中有酶的参与,因而补体系统在反应过程中被显著地放大了。哺乳动物补体系统成分可被分成经典途径、替代途径、甘露聚糖结合途径,并涉及膜攻击复合物和调节蛋白。补体系统介导炎症反应及控制细菌感染;在过敏反应及超敏反应中,补体系统也扮演着重要角色。经典途径主要由 IgG 和 IgM 组成的抗原抗体复合物启动。替代途径既可能被抗原抗体复合物(IgA 和 IgE)活化,也可能被某些细菌产物(如内毒素或组织受损释放的蛋白酶)激活。甘露聚糖结合途径识别细菌表面不同于宿主细胞的特异性分子。随着补体系统第三种成分的裂解,三种途径结束,并开始形成膜攻击复合物。

任何补体途径的活化都可引起血管扩张和通透性增加,从而导致血清成分(包括抗体和补体)进入组织,帮助控制感染。活化过程中产生的补体成分具有趋化性,可吸引吞噬细胞到达感染部位。它们还可包被或调理传染因子,使之更容易被吞噬细胞吞噬。补体系统的组分还能破坏猪的细胞膜和一些细菌的细胞膜。

补体系统对于介导炎症反应和控制细菌感染非常重要。然而,如果在激活过程中调控不当,就会引起严重的甚至是危及生命的损伤。因此,有众多的补体调控因子可协助调控和终止已经启动的补体反应。

Toll 样受体
Toll - Like Receptors

Toll 样受体(TLRs)是先天性免疫的关键组分(Uenishi 和 Shinkai,2009)。Toll 样受体是一类细胞表面分子,可与微生物的多种分子结合,例如脂多糖、肽聚糖、富含非甲基化的胞嘧啶鸟嘌呤二核苷酸(CpG)寡核苷酸、双链 RNA(表16.1)。它们是早期检测微生物侵袭和机体应答的主要方法(图 16.2)。Toll 样受体与微生物组分的结合启动炎症反应,有助于活化其他的先天性免疫应答并启动获得性免疫应答。

细菌来源的疫苗佐剂通过与 Toll 样受体结合可增强对疫苗的免疫应答。和人类一样,II 型 TLRs 也存在于猪(表 16.1)。人们正在努力进行的是功能性单核苷酸多态性(SNPs)研究,可能会鉴定出改良的抗 TLR 基因的 SNPs 相关病原体的先天应答的猪。Toka 等(2009)证实 TLR7 和 TLR8 激动剂直接或间接地激活猪 NK 细胞,但是最佳水平的激活需要被这些复合物激活的辅助细胞分泌的细胞因子。这种激活的 NK 细胞对体外感染口蹄疫病毒(FMDV)的细胞具有细胞毒性。

细胞因子:I 型干扰素、肿瘤坏死因子-α、白细胞介素-6 和白细胞介素-8
Cytokines: Type I Interferons, Tumor Necrosis Factor -α, IL- 6, and IL-8

作为细胞间信号分子的细胞因子是由细胞分泌的小分子蛋白质或糖蛋白分子。免疫系统的所有细胞都能分泌某种细胞因子并被细胞因子所影响(图 16.4)。细胞因子的分泌通常是瞬间的,针对特定刺激反应,并且以较低浓度作用于局部。

细胞因子仅作用于有其特异受体的细胞;细胞因子受体表达的调控是调节细胞因子应答的一个重要机制。由于猪在经济和生物医学研究中的重要性,有关猪的细胞因子的研究资料大量涌现(Bailey,2009;Charley 等,2006;Dawson 等,2005;Murtaugh 等,2009)。大多数已研究的猪细胞因子与人类或小鼠的同源体相似。

一类细胞因子对于介导先天性免疫很重要。这类细胞因子包括Ⅰ型干扰素(IFN-α/β)、促炎细胞因子、IL-1β、IL-6 和肿瘤坏死因子 α(TNF-

α)。Sang 等(2010)发现猪Ⅰ型干扰素包括至少 39 个具有抗病毒活性和各种不同表型的功能基因。在病毒感染后,多种细胞均可产生Ⅰ型干扰素。Ⅰ型干扰素在病毒感染数小时后即可被检测到,使细胞抵抗病毒感染,提高自然杀伤细胞活性,增加细胞表面主要组织相容性复合体(MHC)或猪白细胞抗原(SLA)分子的表达,从而增加向 T 细胞的抗原递呈(Lunney 等,2009)。其他细胞因子和 γ-干扰素将在下面的获得性免疫中进行讨论。

表 16.1 Toll 样受体、配体和对免疫应答的作用

基因	配体	对免疫应答的作用	参考文献
TLR1	脂肽	对革兰氏阳性菌做出应答	Uenishi 和 Shinkai(2009)
TLR2	肽聚糖、脂磷壁酸、热休克蛋白	在被大肠杆菌(*Escherichia coli*)、发酵乳酸菌(*Lactobacillus fermentum*)处理后无菌猪的肠组织中 TLR2 的表达增加	Willing 和 Van Kessel(2007)
TLR2、TLR6		识别猪肺泡巨噬细胞中猪肺炎支原体(*Mycoplasma hyopneumoniae*)细胞体	Muneta 等(2003)
TLR3	双链 RNA	TLR3 的活化——α-干扰素的表达增加,巨噬细胞感染猪繁殖与呼吸障碍综合征病毒降低;对病毒做出应答	Miller 等(2009)
TLR4	脂多糖(LPS)(内毒素)、热休克蛋白	对革兰氏阴性菌做出应答——脂多糖和肠道鼠伤寒沙门氏菌(*Salmonella enteric*)血清型(Typhimurium)或猪霍乱沙门氏菌(*S. choleraesuis*);对宿主组织损伤做出应答	Burkey 等(2009b)
TLR5、TLR9	鞭毛蛋白、富含非甲基化 CpG 的 DNA	喂给肠道鼠伤寒沙门氏菌(*Salmonella enteric*)血清型(Typhimurium)或猪霍乱沙门氏菌(*S. choleraesuis*)后分泌增加	Burkey 等(2007)
TLR6	脂肽	对革兰氏阳性菌做出应答	Uenishi 和 Shinkai(2009)
TLR7	单链 RNA	增强猪的巨噬细胞中 TLR7 介导的基因转录活化;对病毒做出应答	Fernandez-Sainz 等(2010)
TLR7、TLR8	单链 RNA	对感染口蹄疫病毒细胞具有细胞毒性的 TLR 受体激动剂可以激活自然杀伤细胞;对病毒感染做出应答	Toka 等(2009)
TLR9	富含非甲基化 CpG 的 DNA	猪圆环病毒 2 型感染的 CpG-TLR9 细胞因子信号诱导剂和抑制剂;对细菌和病毒感染做出应答	Vincent 等(2007) Wikstrom 等(2007) Shimosato 等(2003)
NOD1	免疫生物活性乳酸菌、肽聚糖	诱导促炎细胞因子的产生	Tohno 等(2008a,b)
NOD2	胞壁酰二肽(MDP)反应;免疫生物活性乳酸菌	诱导促炎细胞因子的产生	Jozaki 等(2009),Tohno 等(2008b)

改自表 6.2(Lunney 等,2010a)。

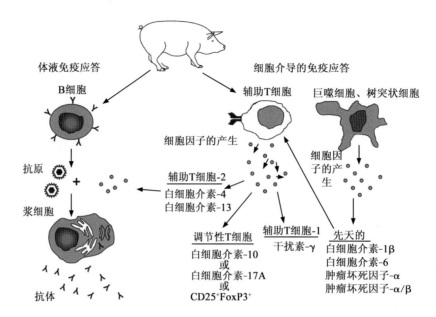

图 16.4　猪的适应性免疫应答中 T 细胞和 B 细胞的激活。

促炎细胞因子(IL-1、IL-6 和 TNF-α)主要是由巨噬细胞在细菌感染时产生,无须预先接触。它们也可以在病毒、原虫或真菌感染或组织损伤时产生。促炎细胞因子刺激肝脏产生急性期蛋白,刺激肌肉组织释放氨基酸,可诱导慢性感染中出现恶病质或消耗。此外,如果达到足够高的浓度,它们可诱导发热、食欲不振和疲劳。低浓度时,这些细胞因子促进淋巴细胞黏附于血管内皮细胞,使白细胞渗入组织,使巨噬细胞和树突状细胞移行进入二级淋巴结,激活获得性免疫应答。有效的免疫应答需要少量促炎细胞因子,如果量过大,会引起低血容量性休克和死亡。

获得性免疫
ADAPTIVE IMMUNITY

淋巴细胞群
Lymphocyte Populations

B 淋巴细胞和 T 淋巴细胞以及它们的产物是获得性免疫应答系统的组分。这个抗原驱动系统在第一次接触抗原后需要 2～3 周来达到最佳的功能。在第二次接触抗原时,由于回忆或者记忆反应,特异性免疫应答系统更迅速地达到最佳的活性。B 淋巴细胞和 T 淋巴细胞增强对疾病抵抗力的一个主要机制就是活化先天性防御机制(吞噬细胞、NK 细胞和补体系统),并且增加其效率。

猪外周循环血液中的淋巴细胞亚群与其他动物明显不同。与大多数其他哺乳动物相比,幼龄猪血液淋巴细胞数较高(大约 10^7/mL)。猪 T 淋巴细胞可以被分成许多亚群,包括最丰富的表达有 αβ-TCR 链 T 细胞受体(TCRs)的 T 细胞与相当部分的带有 γδ-TCR 链的 T 细胞(Duncan 等,1989;Hirt 等,1990;Saalmüller 和 Bryant,1994)。与已研究的其他哺乳动物相比,猪和反刍动物血液中 γδ T 细胞的数量要多得多。γδ T 细胞不会在血液和淋巴组织之间再循环,也没有 NK 细胞活性。与 αβ T 细胞一样,这些 γδ T 细胞可以表达 CD8-α 和猪淋巴细胞抗原(SLA)Ⅱ类分子(潜在的 T 细胞活化标记物),这表明它们具有细胞溶解活性或参与抗原递呈(Gerner 等,2009)。如同其他动物,αβ T 细胞也是 SLA Ⅰ类限制性 CD8⁺ CTL、CD4⁺ 辅助 T 细胞或调节性 T(Treg)细胞。对于猪来说,辅助 T 细胞表达其他相关的激活标志,包括 CD8-α、SLA Ⅱ类分子和 CD45RC。某些猪的调节性 T 细胞有一个类似于人类和小鼠的表型,可以抑制其他 T 细胞的增殖和产生 IL- 10(Gerner 等,2009)。

与其他动物相比,猪 αβ T 淋巴细胞至少具有三个特性(Lunney 和 Pescovitz,1987)。第一,大约 25% 的猪外周血 T 细胞在其表面同时表达 CD4 和 CD8 抗原,而不像其他物种仅仅只有一种抗原。有研究表明,许多双表达的 T 细胞是记忆细胞;然而,细胞同时具有 CD4 和 CD8 的功能意义还不清楚(Pescovitz 等,1994;Zuckermann 和

Husmann,1996)。第二,猪正常 CD4$^+$ 和 CD8$^+$ T 细胞比约为 0.6,与其他动物相反。人的 CD4$^+$/CD8$^+$ T 细胞比为 1.5～2.0。第三,处于静息状态的 CD8$^+$ 细胞优先表达 MHC Ⅱ类抗原。猪 T 淋巴细胞和其他动物 T 淋巴细胞之间这些差异的意义还不完全清楚。

γδ T 细胞主要分布于黏膜表面,尤其是作为肠上皮内的淋巴细胞。一般认为,对于防止黏膜感染和口服免疫耐受方面具有重要的作用(Thielke 等,2003)。γδ T 细胞在肠道增殖,经淋巴管进入血流,再返回肠道。胸腺和肠上皮细胞在 γδ T 细胞形成过程中的作用尚不清楚。猪循环 γδ T 细胞亚群可以作为抗原递呈细胞,具有产生 γ-干扰素和应答回忆抗原刺激在体外增殖的能力,并具有细胞毒性(Lee 等,2004;Takamatsu 等,2002)。

淋巴细胞循环
Lymphocyte Circulation

倒置的淋巴结结构为淋巴细胞从血液到淋巴组织的再循环提供了可能,这对淋巴细胞接触并识别抗原和促进诱导免疫应答所必需的细胞间相互作用很重要。猪淋巴细胞产生于骨髓,在胸腺(αβ T 细胞)和次级淋巴组织(B 细胞)中成熟。T、B 淋巴细胞在进入组织之前大约在血液中滞留 30 min。猪和其他动物的淋巴细胞都可通过两条通路进入淋巴结。离开血流进入皮下组织的淋巴细胞通过输入淋巴管进入淋巴结。淋巴细胞也可以通过附着在淋巴结微静脉的高内皮细胞直接进入淋巴结,然后移行到淋巴小结。在其他动物,淋巴细胞经输出淋巴管离开淋巴结,并经过胸导管返回循环系统(Roth 和 Thacker,2006)。而猪输出淋巴液中仅含有少量的淋巴细胞,淋巴结内的淋巴细胞直接重新进入血流,而不是通过输出淋巴管进入下一个引流淋巴结(Binns 等,1986)(图 16.5)。

猪淋巴细胞亚群特别优先选择流向肠道相关淋巴组织(GALTs)或体表淋巴结。例如,肠系膜淋巴结细胞(T 淋巴细胞和 B 淋巴细胞)优先定居于肠道(Salmon,1986)(图 16.6)。来源于肠道相关淋巴组织或外周淋巴结的猪乳腺中淋巴细胞大致相等。猪乳腺中淋巴细胞的这种双重来源表明乳腺局部的免疫应答并不主要依赖于经口免疫(Salmon,1987)。

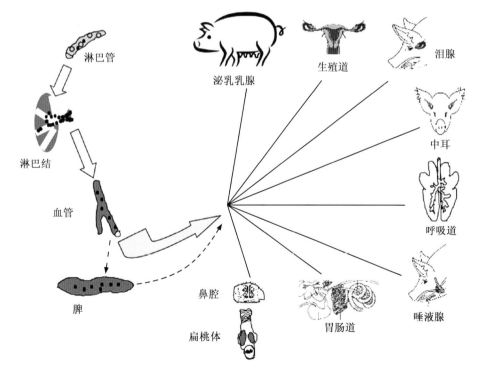

图 16.5 猪淋巴细胞循环和常见的黏膜免疫系统。正如图的左边所示,猪有特殊的淋巴细胞循环路径:淋巴细胞通过输入淋巴管进入淋巴结,但是通过血管,而不是通过输出淋巴管离开淋巴结。常见的黏膜免疫系统包括黏膜表面淋巴组织之间的 B 细胞和 T 细胞循环。

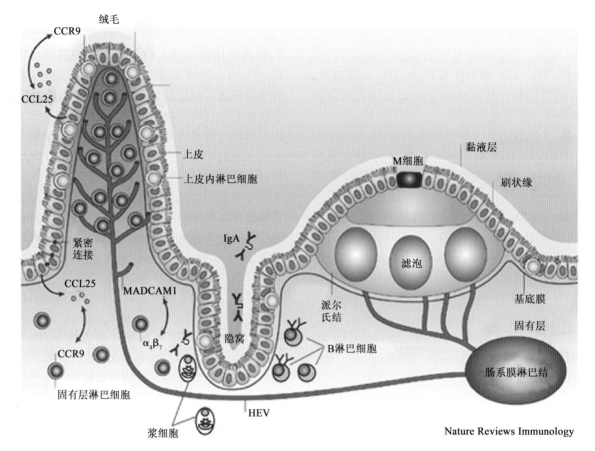

图 16.6　肠上皮黏膜免疫系统。固有层(LP)有散在的 T 细胞,上皮内有上皮内淋巴细胞(IELs)。B 细胞分散在固有层中,但常与产生 IgA(分泌运输至肠腔)的浆细胞一起出现在隐窝区。M 细胞促进抗原摄取和递送给机体淋巴组织。派尔氏结(PPs)和纵隔淋巴结(LNs)中的活化 T 细胞表达 $\alpha_4\beta_7$ 整合素,其在高内皮细胞微静脉(HEVs)与细胞黏附因子 MADCAM1 相互作用,协助 T 细胞返回黏膜固有层。由上皮细胞产生的趋化因子 CCL25 促使表达 CCR9 受体的淋巴细胞募集到固有层。经麦克米伦出版公司(Macmillan Publishers Ltd)许可,改自 *Nature Reviews Immunology*,Cheroutre 和 Madakamutil(2004)。

细胞免疫
Cell-mediated Immunity

抗原递呈(Antigen Presentation)。克隆增殖的启动和免疫应答都需要一个复杂的巨噬细胞、T 淋巴细胞和 B 淋巴细胞间相互作用的过程。巨噬细胞吞噬和破坏感染抗原,然后与 T 细胞接触时递呈结合到 SLA 分子的抗原片段。CD4 辅助 T 细胞只能有效识别细胞表面与 SLA Ⅱ 类分子结合的外来抗原。CD8[+] 细胞毒性 T 细胞主要杀死胞内感染细胞和肿瘤细胞。它们能识别那些胞内加工后被运送到细胞表面和 SLA Ⅰ 类分子结合的外来抗原。T 细胞不能对游离的可溶性抗原或整个细菌和病毒发生应答。因此,SLA Ⅰ 类分子和 SLA Ⅱ 类分子在抗原递呈中起着关键作用,并能显著地影响免疫应答的特性。SLA 分子具有高度多态性,并且个体之间存在遗传差异(Chardon 等,1999;Lunney 等,2009)。由遗传决定的 SLA 分子类型影响着猪对病原体的免疫应答和对某些传染病的抵抗能力。

为了使 Th 细胞充分活化,除了要求抗原与 MHC Ⅱ 类分子结合之外,Th 细胞也需要由抗原递呈细胞或其他 T 细胞释放的细胞因子的参与,并和位于抗原递呈细胞表面的共刺激分子相互接触(图 16.4)。由巨噬细胞释放的白细胞介素-1 可引起发热和吸引中性粒细胞,因而是诱导宿主对感染应答的一种关键调节物质。IL-1 可以作用于 Th 细胞并导致其分泌 IL-2,IL-2 诱导 T 细胞进行有丝分裂和克隆增殖。B细胞也能处理抗原,并通过MHC Ⅱ类分子将其递呈给Th细胞。在再次免疫应答过程中,一般认为B细胞是递呈抗原的主要细胞。

Th细胞在启动B细胞应答并使之产生抗体中起着关键性作用(图16.4)。B细胞通过其表面作为B细胞受体(BCRs)的免疫球蛋白与抗原接触。B细胞识别的抗原无须巨噬细胞在MHC Ⅱ类分子上递呈;尽管B细胞对抗原的最佳应答需要Th细胞释放的细胞因子,并与Th细胞表面的共刺激分子相接触。B细胞的有丝分裂、克隆增殖和IgM到IgG、IgA或IgE抗体的转型均有赖于Th细胞的辅助。

克隆选择与增殖(Clonal Selection and Expansion)。克隆选择是理解免疫应答的一个重要的基本概念。体内成熟的B细胞或T细胞表面都有识别抗原的受体。一种淋巴细胞上所有的抗原受体(T细胞抗原受体或B细胞抗原受体)识别相同的抗原。所有识别相同抗原的淋巴细胞组成一个"克隆",且来源于同一个祖先细胞。经血液循环、通过淋巴结迁移和再返回血流的淋巴细胞处于静息状态。在淋巴结内(或其他次级淋巴组织)的T淋巴细胞在外周被激活后与抗原递呈细胞(树突状细胞或巨噬细胞)上的抗原接触。B淋巴细胞可与进入淋巴结的抗原直接结合。淋巴细胞的B细胞抗原受体或T细胞抗原受体仅对其抗原受体识别的特定抗原做出应答。猪T细胞的特异性由T细胞抗原受体的可变区决定,因它们与抗原递呈细胞上的SLA分子递呈的外来抗原多肽相互作用(Gerner等,2009;Piriou-Guzylack和Salmon,2008)。

绝大多数淋巴结中与抗原接触的淋巴细胞不能做出应答。因此,对于从未接触过某个特定的病原体的动物,机体每个克隆中很少有能识别这种抗原的淋巴细胞。建立有效的初级免疫应答首先是要扩大识别抗原的淋巴细胞克隆。几天之内,克隆中将会有足够的淋巴细胞来完成有效的体液免疫应答或/和细胞免疫应答。如果动物以前就接触过该抗原,淋巴细胞克隆已经被扩大,那么仅需少数几次细胞分裂就能产生足够的完成免疫应答的淋巴细胞,比如疫苗接种或以前的病原体再次接触,会产生更快的保护来抵抗感染。克

隆扩大产生的细胞称为记忆细胞,如果以前接触的抗原近期再次侵犯,残存的循环抗体和效应T淋巴细胞可立即做出反应来控制感染。

辅助T细胞-1、辅助T细胞-2和调节性T细胞(Th-1,Th-2,and Treg Cells)。巨噬细胞分泌树突状细胞及其他T细胞的细胞因子,在启动和维持猪抗病毒性和细菌性病原体的免疫应答中起着重要作用(Dawson等,2005;Thanawongnuwech和Thacker,2003;Thanawongnuwech等,2000,2001;Zuckermann等,1998)(图16.4)。与其他物种相似,CD4$^+$T细胞分化为具有分泌细胞因子特征的辅助T细胞,包括Th-1细胞产生的IFN-γ,可激活巨噬细胞和刺激T细胞和B细胞增殖。猪Th-2细胞中的IL-4的作用尚有争议(Murtaugh等,2009)。IL-10的释放与一个调节性T细胞(Treg)亚群的诱导相关,并在抑制巨噬细胞功能和维持呼吸道内环境的稳定中起重要作用。其他Treg细胞(CD25$^+$ FoxP3$^+$)在猪身上也被确定(Silva-Campa等,2010),但是具体详情和评估还有待阐明。PRRSV感染后,细胞因子表达的时间和之间的平衡显然会影响抗病毒应答的效率,很可能使病毒持续感染(Charerntantanakul等,2006;Lunney等,2010b;Suradhat和Thanawongnuwech,2003)。

一类细胞因子调节淋巴细胞的活化、生长和分化。IL-2刺激已识别抗原的B细胞和T细胞增生,并激活NK淋巴细胞以增加细胞毒活性。IL-4对控制一些寄生虫必需的有效的IgE-肥大细胞-嗜酸性粒细胞炎性反应起重要作用,并可能导致对非寄生虫性抗原的过敏体征。其他细胞因子,比如IL-12,活化NK淋巴细胞和诱导CD4$^+$细胞分化;猪缺少IL-12受体上调,意味着该活化作用不突出(Solano-Aguilar等,2002)。IFN-γ使细胞能够抵御病毒感染(类似于IFN-α/β),是巨噬细胞、中性粒细胞和NK细胞的有效活化剂。TNF-α常与IFN-γ协同作用,激活吞噬细胞。TNF-α也能激活内皮细胞,导致白细胞渗出到炎灶。

另一类细胞因子,集落刺激因子(CSFs),通过骨髓祖细胞的扩增和分化来刺激造血功能。这类细胞因子包括可刺激各种白细胞产生的IL-3、刺激粒细胞和巨噬细胞生成的粒细胞-巨噬细胞

集落刺激因子(GM-CSF)、仅刺激生成粒细胞的粒细胞集落刺激因子(G-CSF)。集落刺激因子亦可增强成熟中性粒细胞和巨噬细胞的抗菌活性。

获得性免疫防御机制(Acquired Immune Defense Mechanism)。受刺激的淋巴细胞分泌的可溶性产物调节宿主防御体系的重要组成部分——淋巴细胞的活动。T淋巴细胞不仅是分泌细胞因子的主要细胞群,而且可通过分泌穿孔蛋白和颗粒酶溶解异常细胞。B细胞产生的抗体与之诱导抗原是相对应的,而细胞因子却不是。免疫应答过程中产生的细胞因子在调控宿主对病原的防御反应中发挥重要作用,它们部分通过直接参与、部分通过加强先天性免疫系统(即补体、吞噬细胞、NK细胞)及如前所述的Th细胞的适应性免疫应答机能活动来实现。

CTLs是对病毒感染和肿瘤的细胞介导的免疫应答的重要组成部分。CTLs是CD8⁺,仅识别细胞表面MHC Ⅰ类分子相关的抗原。MHC Ⅰ类分子递呈来源于细胞内合成蛋白的多肽类抗原,比如病毒蛋白。MHC Ⅰ类分子把抗原递呈到宿主细胞的表面,CTLs直接攻击这种带有外来抗原(如病毒抗原)的宿主细胞;而不攻击游离的细菌和病毒。已证明感染康复猪CTLs对猪瘟病毒、非洲猪瘟病毒和伪狂犬病毒(PRV)有特异性活性(Martins等,1993;Pauly等,1995;Zuckermann等,1990),但是对猪繁殖与呼吸综合征病毒无应答(Costers等,2009)。CTLs与靶细胞直接接触,在靶细胞表面分泌颗粒酶,诱导靶细胞凋亡(细胞程序性死亡),从而杀死靶细胞。CTLs激活和消除细胞内病原体(尤其是病毒的感染)需要Th细胞释放的IL-12和IFN-γ等细胞因子。

体液免疫
Humoral Immunity

免疫球蛋白(Immunoglobulins)。猪B细胞的发育是一个免疫球蛋白(Ig)基因重排与修饰的过程(Butler等,2009a,c;Schroeder和Cavancini,2010)(图16.7)。出生后,B细胞在骨髓中开始发育,不依赖于抗原刺激。但是随着发育,B细胞的命运越来越依赖于其对抗原刺激的应答。不成熟的B细胞表达IgM,当其离开骨髓发育成熟后表达IgM和IgD(图16.7)。

B细胞经过血液、次级淋巴器官和骨髓循环。当B细胞遇到相应抗原时会变成记忆B细胞或浆细胞。来源于克隆群的未受抗原刺激的B淋巴细胞表面有IgM单体及BCR;一个B细胞上的所有IgM分子都只对同种抗原有特异性。B细胞受抗原和CD4⁺ Th细胞产生的细胞因子刺激时,开始有丝分裂,产生更多的有可识别相同抗原的IgM的B细胞;有些则分化为可分泌IgM的浆细胞。当抗原特异性IgM抗体水平在血液中开始升高时,激活的Th细胞产生给B细胞传导信号的细胞因子,使其由产生IgM抗体转变为产生IgD、IgG、IgA或IgE(Crawley等,2003)。然后B细胞重排其遗传基因以产生具有相同抗原特异性(即相同的轻链结构和重链可变区)但属于不同类型(抗体分子的重链稳定区有变化)的抗体分子。抗体类型改变,其功能也将不同。Th细胞诱导B细胞分泌免疫球蛋白的类型很大程度上取决于抗原的性质和抗原在机体中被捕获的部位。淋巴结和脾脏中的Th细胞常诱导B细胞产生IgG。PPs和其他黏膜表面下的Th细胞则常诱导B细胞产生IgA和/或IgE,这取决于抗原的性质和个体的遗传素质。

猪免疫球蛋白表达的分子级联已由巴特勒(Butler)和他的同事进行了深入的探讨(Butler,2009a-c;Lunney等,2010a)。每个免疫球蛋白重链区的基因都是由参与成熟IgG抗体分子形成的基因(如 IGHV、IGHD、IGHJ、IGHG1)编码的,这些基因必须连在一起(图16.7)。猪有6个IgG抗体基因亚型。与其他哺乳动物相似,猪抗体亚型的主要差别在其铰链区。亚型的进化分歧似乎是通过基因复制与基因组基因转换的结合来实现的。当淋巴干细胞开始重排其免疫球蛋白基因时,B细胞的淋巴生成启动。对于IgG,始于从 IGHD到IGHJ(D-J)的重组,其后发生IGHV基因的重组。重组激活基因(RAG)诱导的体细胞超突变免疫球蛋白基因片段涉及外显子之间的内含子的切除。由于猪只有两个功能性IGDH基因片段和一个功能性IGJH基因片段,所以B淋巴细胞的生成过程比人和小鼠的简单得多。

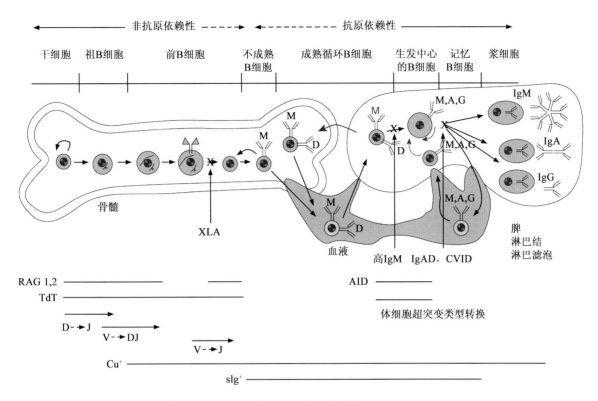

图 16.7 B 细胞发育和抗体产生。经美国过敏、哮喘、免疫学学会（American Academy of Allergy，Asthma，and Immnology）许可，改自 Schroeder 和 Cavancini（2010）。

XLA，X-连锁无丙种球蛋白血症；CVID，常见变异型免疫缺陷病。

尽管抗体分子不能单独杀死病原体，但它们在宿主防御反应中具有多种活性。抗体分子可包被病原体，阻止其黏附或穿透宿主细胞；它们可使病原体凝集，降低其感染性；可直接结合并中和毒素。抗体的一个很重要的功能是它可标记病原体以便补体、吞噬细胞和/或细胞毒性细胞对病原体进行破坏。

免疫球蛋白的种类（Classes of Immunoglobulins）。关于猪不同类型免疫球蛋白的特性，在本书前一版本（Porter，1986）和最近的综述文章（Butler 等，2009b，c；Crawley 等，2003）中做了详尽的描述。在猪和其他动物的血清中，IgG 是占主导地位的 Ig 类型，其在血清和初乳中占 Ig 总量的 80% 以上。与其他哺乳动物一样，IgA 是猪的主要黏膜 Ig，包括存在于成熟乳汁中的（Klobasa 和 Butler，1987；Porter，1969）。回肠部位比仔猪空肠 PPs 的 IgA 和 IgM 更多样，表明回肠 PP 中有更多样的菌群（Levast 等，2010）。IgM 属五聚体，单体之间以二硫键结合，约占血清和初乳 Ig 总量的 5%～10%。Zhao 等（2002）证实偶蹄类动物存在 IgD 基因，这表明 IgD 可能有不同于 IgM 的一些未知的生物学特性。

猪免疫系统产生的 IgA 远远超过其他类型的抗体。然而，大多数 IgA 存在于黏膜表面而非血清（图 16.6）。猪血清中的 IgA 以单体存在或靠 J 链连接在一起的二聚体形式存在（Porter 和 Allen，1972）。黏膜表面 IgA 主要为含 J 链和分泌组分（secretory component）的二聚体（详见"黏膜免疫"部分）。

实验表明，猪的 IgE 与其他动物的具有相同的理化特性，包括加热到 56℃ 会丧失生物活性（Roe 等，1993）。猪 IgE 多克隆抗血清可以抑制被动性皮肤过敏反应，在寄生虫感染的猪肠道固有层和肠系膜淋巴结发现了数量稀少的浆细胞，可在免疫印迹中与人类 IgE 发生反应。

多克隆抗体和单克隆抗体（Polyclonal and Monoclonal Antibodies）。感染或接种疫苗后动物产生的抗体为多克隆抗体，它可以识别多种抗原。

病原体是复合抗原,在其表面具有多种不同特异性的(抗原决定簇)抗原,因此它们可刺激多种 B 淋巴细胞、T 淋巴细胞克隆做出应答。这必然导致生成可识别该种微生物多种表面分子的抗体复合物。这种产生和存在于血清中的广谱抗体非常有助于猪战胜感染,但有时如果希望用血清研制诊断试剂,这种多克隆抗体的广谱性就是不利的一面。针对某一病原体生成的多克隆抗体可与另外一种病原体发生交叉反应,这样就干扰了检测的特异性。

单克隆抗体(mAbs)通常在许多研究性实验室生产,它的使用克服了多克隆抗体用作诊断和治疗试剂中的很多缺陷。小鼠源性单克隆抗体是由单个 B 淋巴细胞增殖而形成的,因此完全相同,具有均一的特异性。由于单克隆抗体可以针对特异性抗原而制备,这就克服了诊断试验中不同微生物之间的交叉反应问题。未来,如果能制备出抗微生物表面保护性抗原的单抗,那么可将其用于这种疾病的治疗或预防。因为制备的单抗浓度和纯度高,在被动免疫中,与多克隆抗体相比,大大减小了使用剂量,因而也降低了应用多抗被动免疫及其中的外源蛋白所带来的严重反应。正如小鼠源性单抗可以在人体内应用,预计在未来,单抗也可以用于猪病治疗(Presta,2008)。

黏膜免疫
MUCOSAL IMMUNITY

黏膜免疫:黏膜上皮细胞的作用
Mucosal Immunity: Role of the Mucosal Epithelium

黏膜免疫系统是第一道免疫防御屏障,可以阻止 90% 以上的病原体入侵。仅肠黏膜免疫系统内就含有 10^{12} 多个淋巴细胞,其中的抗体浓度高于体内其他组织(Burkey 等,2009a)。它不仅防止有害病原体的入侵,也对食物性抗原和肠道正常菌群产生免疫耐受。新生仔猪的黏膜免疫系统很不完善,经过最初 6 周的四个阶段逐渐发育成熟(表 16.2)。

表 16.2　新生仔猪黏膜免疫的发育阶段

阶段	猪年龄	免疫状态
1	新生仔猪	未发育的派尔氏结 少量黏膜抗原递呈细胞和 T 细胞
2	1 日龄至 2 周龄	出现非特异性增生或派尔氏结和 B 细胞 一些常规的、活化的、辅助性 T 细胞出现 MHC II$^+$细胞在固有层汇集出现
3	2～4 周龄	在固有层出现成熟的辅助性 T 细胞 IgM$^+$ B 细胞在肠隐窝区出现
4	4～6 周龄	在肠隐窝区出现阳性 IgA$^+$ B 细胞扩增 记忆性细胞毒性 T 细胞在上皮(上皮内 T 细胞)和固有层中出现

经 Elsevier,Bailey 和 Haverson (2006)许可,改自 Bailey 等(2005b)。

黏膜免疫系统不仅包括免疫细胞,还包括辅助识别抗原和调节免疫的黏膜上皮细胞。上皮细胞表面包被着黏多糖蛋白复合物层,这有助于保护细胞,同时上皮细胞也会与共生微生物和病原微生物不断接触。上皮细胞含有 Toll 样受体,但不在其表面上,而在细胞内膜,且只有在细胞被感染时才被激活(Philpott 等,2001)。上皮细胞可以表达具有趋化作用的趋化因子(如 CCL25),并且可以结合黏膜系统 T 细胞上的趋化因子受体 CCR9(Cheroutre 和 Madakamutil,2004)(图 16.6)。由上皮细胞产生的 CCL25 募集淋巴细胞至固有层,并进入黏膜上皮。

上皮内淋巴细胞和固有层免疫细胞
Intraepithelial Lymphocytes and Lamina Propria Immune Cells

上皮内 T 淋巴细胞是黏膜表面免疫的重要调节因子(图 16.6)(Burkey 等,2009A;Dunkley 等,1995)。在呼吸道感染和肠道感染中尤为如此。T 淋巴细胞对肠道免疫也发挥重要作用。猪体内存在大量的上皮内淋巴细胞,以 γδ T 细胞和 CTL 细胞为主(Salmon,1987;Thielke 等,2003)。

这些上皮内细胞出现于 4~6 周龄(表16.2)。与小肠上皮细胞接触的 CTL 细胞可能对破坏病毒感染的内皮细胞具有重要作用。在小肠中增殖的 γδ T 细胞经淋巴和血液循环后回到小肠。它们能产生 γ-干扰素,具有细胞毒性,并可通过 MHC Ⅱ型分子递呈抗原(Lee 等,2004;Takamatsu 等,2002)。

固有层是位于呼吸道、胃肠道、泌尿生殖道黏膜上皮下的一薄层结缔组织。除了平滑肌细胞、血管[包括高内皮微静脉(HEVs)]和淋巴管之外,固有层也有许多免疫细胞,包括巨噬细胞、树突状细胞、中性粒细胞、肥大细胞和淋巴细胞。树突状细胞是固有层中最早出现的细胞,在出生的几周内发生增殖。此时,肥大细胞也在固有层内出现,早期断奶仔猪(<21 日龄)的肥大细胞数量远高于 28 日龄断奶仔猪(Moeser 等,2007;Smith 等,2010)。固有层中的淋巴细胞在 1 周龄时出现,而成熟的 Th 细胞在 2~3 周龄时出现(表16.2)。固有层中 T 细胞需要很多信号激活,产生较高水平的细胞因子,且是记忆细胞;细胞毒性 T 淋巴细胞出现的较迟,在 4~6 周龄时出现,它也是记忆细胞。B 细胞首次出现于 2~4 周龄时的固有层隐窝区(表 16.2),IgA$^+$ B 细胞直到 4~6 周龄时才会出现(图 16.6 和表 16.2)。

归巢是固有层淋巴细胞的一项重要功能(Bailey,2009;Cheroutre 和 Madakamutil,2004)。T 细胞和 B 细胞在黏膜淋巴滤泡中(如派尔氏结)识别抗原和发育成熟之后,表达像 $\alpha_4\beta_7$ 整合蛋白的黏附分子。之后,淋巴细胞移行到肠系膜淋巴结,进入血液循环,再回到固有层淋巴组织,该处淋巴细胞黏附分子与高内皮微静脉中的归巢受体结合(如黏膜地址素细胞黏附分子 1,MAD-CAM1),最后淋巴细胞离开微静脉进入固有层淋巴组织(图 16.6)。

分泌型 IgA
Secretory IgA

黏膜免疫系统分泌的免疫球蛋白主要是 IgA。二聚体 IgA 由固有层中的浆细胞分泌,与黏膜上皮细胞基底膜上的免疫球蛋白多聚体受体结合,然后,被运输到黏膜上皮细胞的表面。裂解产物称为分泌组分,仍然与二聚体 IgA 结合在一起。分泌组分对保护 IgA 分子免受蛋白酶分解具有很重要的作用,并且还把 IgA 锚定在黏膜层,在黏膜表面形成保护层(图 16.6)。

分泌型 IgA 在黏膜免疫中起着重要的作用,它们可以凝集病原体、阻止其黏附于上皮细胞并中和毒素。免疫应答的其他组分可能在黏膜表面抵抗各种感染中也起着很重要的作用。例如,猪中性粒细胞在对抗原抗体复合物应答中可大量向小肠腔集中。中性粒细胞向肠腔募集依赖于循环 IgG 抗体、初乳抗体或局部诱导生成的 IgA 抗体的出现。实验显示,中性粒细胞移行进入消化道,随后破裂溶解,会导致乳铁蛋白、溶菌酶和阳离子蛋白浓度升高。这些物质可能有助于提高肠道对病菌感染的免疫力。

黏膜集合和弥散淋巴细胞
Organized and Diffuse Mucosal Lymphocytes

黏膜相关淋巴组织(MALTs)广泛分布于机体的黏膜表面(Liebler-Tenorio 和 Pabst,2006)。对于来自黏膜表面的抗原来说,MALT 是黏膜免疫的初始应答部位。这些 B 细胞、T 细胞和 APC 细胞的黏膜聚集处或滤泡被上皮所覆盖,这些上皮是包含一种见于肠道和支气管相关淋巴组织(BALTs)中的被称为圆顶细胞或 M 细胞的特化上皮细胞(图 16.6)。这些圆顶细胞可吞噬抗原,并运输其穿过上皮层。然后被抗原递呈细胞加工处理后将抗原递呈给 T、B 淋巴细胞。这些滤泡的排列与有 T 细胞区和 B 细胞生发中心的淋巴结一样。通常把从这些滤泡迁移至周围固有层的淋巴细胞称为弥散淋巴细胞(Bailey 和 Haverson,2006)。此系统的特点就是局部刺激会导致记忆性 T 细胞和 B 细胞不仅出现于附近黏膜,也出现于其他黏膜组织。

共同黏膜系统
Common Mucosal System

淋巴细胞可分为两个群:(1)一群在血液和全

身淋巴组织之间循环；(2)另一群在血流与黏膜表面相关淋巴组织间循环。在黏膜淋巴组织中，成熟的 T 细胞和致敏后产生 IgA 的 B 细胞会离开黏膜下淋巴组织并重新回到血流。这些淋巴细胞可通过上述的高内皮微静脉离开血液并停留在固有层(图 16.6)。B 细胞分化成浆细胞，后者分泌二聚体 IgA 抗体。多数细胞将重新返回到最初产生它们的黏膜表面(Bailey，2009)，其余细胞将遍布机体其他黏膜表面。这些归巢到机体其他黏膜相关淋巴组织的淋巴细胞构成"共同黏膜系统"(common immune system)(图 16.5)。因此，口服免疫可使 IgA 前体细胞移至支气管并分泌 IgA 到支气管黏膜。有特殊亲和性的淋巴细胞在母猪肠道被致敏，移行至乳腺成熟为浆细胞，分泌 IgA 到乳汁中。

黏膜免疫的发育和环境影响
Environmental Influences and Development of Mucosal Immunity

黏膜免疫，特别是肠黏膜相关淋巴组织受黏膜表面的环境因素影响很大(Bailey 和 Haverson，2006；Bailey 等，2005a，b；Inman 等，2010)。当猪在 14～24 日龄断奶时，它的肠黏膜相关淋巴组织发育不良，并经历一个迅速发育和不完全扩张时期(图 16.2)(Lalles 等，2007)。在对抗原产生的两次不同应答中，发育中的肠黏膜相关淋巴组织必须选择其中之一产生应答：一种是对病原体产生主动保护性应答，另一种是对共生微生物和食物性抗原产生主动耐受。两个重要的环境影响的关键控制点是在仔猪刚出生和断奶时(Bailey 等，2005a)。初乳对肠道生长发育以及非抗原特异性免疫都很重要(Bailey 和 Haverson，2006)。初乳对于特定抗原的免疫球蛋白的产生也很重要。初乳含有高水平的转化生长因子-β(TGF-β)。TGF-β 具有抗炎作用，并且能加速 IgA 抗体转变为普通食物蛋白，阻止主动免疫应答的表达，同时提高对食物抗原耐受性发育(Bailey 等，2005a)。共生微生物菌群对新生仔猪的肠黏膜相关淋巴组织的发育是非常必要的(Bailey 和 Haverson，2006)。仔猪在卫生条件良好(隔离

器饲养)和卫生条件差(母猪自己护理)条件下饲养的研究结果证实，卫生条件差的许多仔猪拥有更复杂的类似于不太卫生条件下饲养的成年猪的微生物菌群，并且拥有更多的树突状细胞(Inman 等，2010)。这些猪也拥有较高水平的 IL-4——与抗炎作用和 IgA 产生有关的细胞因子。

肠黏膜相关淋巴组织第二个主要环境控制点是断奶。断奶时，猪能产生主动免疫应答(Bailey 等，2005b)。断奶期有日粮改变、偶尔采食量低、生长发育不良、腹泻以及来自于肠道病原的疾病风险增加的特点。断奶时，能调节免疫应答(TGF-β)和对新生仔猪提供特异性免疫(Ig)的母乳因子不再有效，耐受性和主动免疫之间的平衡被打乱。断奶前期免疫系统的发育情况决定"断奶"肠黏膜相关淋巴组织危机的大小和严重性(Bailey 等，2005a)。令人遗憾的是生产中决定断奶的时机与免疫系统为"断奶"准备的时间不一致，使用免疫系统对断奶早期进行最佳疾病预防仍然是个问题。

胎儿和新生儿免疫
IMMUNITY IN THE FETUS AND NEONATE

先天性或获得性免疫系统的所有组分均可在子宫内发育，一出生便可行使功能。只不过它们没有成年猪那样高效(Hammerberg 等，1989)。由于正常的新生仔猪从未接触过病原，所以它还未对任何病原体产生过体液或细胞免疫(表 16.2；图 16.8)。接触病原后，产生初次抗体或发生细胞免疫应答需要经历 7～10 d 的时间(图 16.2)。

在此期间，抗感染依赖于先天性防御机制和由母猪被动传给仔猪的抗体。对于仔猪而言，由于母猪胎盘的上皮绒毛膜，抗体实际上不会经胎盘传递。母猪胎盘与胎儿血液循环之间隔有数层组织，有效阻断了抗体的运输。母猪同其他大家畜一样，后代是通过初乳被动获得母源抗体的。母猪妊娠末期初乳中抗体被浓缩。抗体大部分完整经过胃肠上皮细胞进入新生仔猪的循环血液中。初乳和常乳中的由母猪传给仔猪的抗体对新生仔猪的存活非常重要，我们将在下面做更详细的讨论。

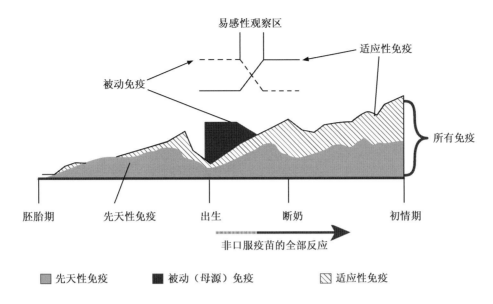

图 16.8　猪免疫应答系统的发育：从胚胎期到初情期。经 Elsevier 许可，改自 Chase 等(2008)。

先天性防御机制
Innate Defense Mechanisms

刚出生时，新生仔猪溶血性补体活力很低。溶血性补体活力与初生体重有关，较重的猪血清中补体浓度较高(Rice 和 L'Ecuyer，1963)。吃初乳仔猪的溶血补体滴度在出生后最初 3 周比未吃初乳仔猪的高。有证据显示，由猪外周血单核细胞(PBMCs)产生的天然 α-干扰素(IFN-α)的水平在出生时较低，以后逐渐升高，直至成年，其中在初情期前后显著增高(Nowacki 等，1993)。

与成年猪相比，新生仔猪吞噬细胞的吞噬活性较低(Osburn 等，1982)。与成年猪肺泡巨噬细胞相比，1 日龄仔猪肺泡巨噬细胞的氧化杀菌能力较低。7 日龄时，肺泡巨噬细胞的这些功能达到成年时的水平(Zeidler 和 Kim，1985)。新生仔猪肺血管内巨噬细胞数量很少，到 30 日龄时可增加 14 倍之多(Winkler 和 Cheville，1987)。由于吞噬细胞的吞噬活动依靠补体和/或抗体对多种感染因子的调理作用，所以吞噬的总效率可因抗体或补体水平不足而降低。有证据表明，猪胚胎的中性粒细胞具有与成年猪水平相当的 ADCC 活性。此外，在有大肠杆菌和初乳抗体存在的情况下，新生仔猪的中性粒细胞可以迅速转移至胃肠道(Sellwood 等，1986；Yang 和 Schultz，1986)。

获得性免疫机制
Acquired Immune Mechanisms

SPF 猪在出生后前几周内，其 CD2$^+$、CD4$^+$ 和 CD8$^+$ 血 T 淋巴细胞的百分含量随年龄增长而增高(Bianchi 等，1992；Joling 等，1994)。出生时外周血单核细胞(PBMC)的母细胞对丝裂原的反应性较低，4 周龄时开始增加(Becker 和 Misfeldt，1993)。黏膜淋巴系统在出生时也未发育完善，几周后开始发育成熟(Jericho，1970；Ramos 等，1992)。胎猪外周血液中的 NK 细胞没有活性，并且在出生后 2 周内活性一直较低(Yang 和 Schultz，1986)。

新生仔猪被动免疫
Passive Transfer in the Neonate

由于母猪的上皮绒毛膜胎盘的存在，仔猪刚出生时其血清中几乎无抗体，从初乳中吸收 IgG、IgG2 和 IgA，母猪初乳中这些抗体的含量比血清中高 3～4 倍(Roth 和 Thacker，2006)。初乳中 IgM 的浓度基本与血清相似。随后初乳被常乳取代，常乳中的 IgG 含量降低 5 倍。从 3 日龄直到泌乳末期，IgA 始终是母猪乳汁中主要 Ig。尽管因 Ig 类型而异，但乳汁内大部分 Ig 在乳腺中合成，而初乳中的 Ig 大多来自血清。

新生仔猪血液循环中 3 种主要免疫球蛋白

（IgG、IgA、IgM）都来源于初乳（Curtis 和 Bourne，1971；Porter，1969）。可是 IgA 比其他抗体吸收率低（Hill 和 Porter，1974；Porter，1973），这显然是由于猪初乳中 IgA 是缺乏分泌组分的二聚体 IgA。未吃初乳的新生仔猪于肠隐窝黏液中表达分泌组分。由于二聚体 IgA 和 IgM 与分泌组分具有亲和力，研究表明 IgA 和 IgM 与分泌组分结合在一起并滞留于隐窝的黏液内，故在初乳中吸收率比较低（Butler 等，1981）。在整个哺乳期，母猪常乳中 IgA 也可能与隐窝中分泌组分结合，并提供抗肠道病原体的较持久的保护力。

出生后 24～36 h，仔猪小肠停止吸收初乳中的免疫球蛋白。如果仔猪吸乳正常，吸收率降低的半衰期约为 3 h（Speer 等，1959）。Lecce 和 Morgan（1962）发现，通过肠道外给予维持营养，可使饥饿仔猪小肠吸收抗体的时间延长至 5 d。因此，仔猪在出生后最初的 24～36 h 内不予饲喂，仍可受益于初乳的摄入。研究表明，新生仔猪可从肠道中吸收初乳中的淋巴细胞进入其血液循环（Tuboly 等，1988；Williams，1993）。24 h 后，来自初乳的细胞出现在肝脏、肺、淋巴结、脾和胃肠组织中。与对照猪相比，获得初乳中淋巴细胞的猪对丝裂原的淋巴细胞转化反应性较高。至于这种被动吸收的淋巴细胞是否能从母猪传递具有临床意义的细胞介导或抗原特异性免疫力给仔猪，现在还不清楚。

应激、免疫抑制、营养与免疫 STRESS, IMMUNOSUPPRESSION, NUTRITION, AND IMMUNITY

生理和心理应激：中枢神经、内分泌和免疫系统的相互作用 Physical and Psychological Stress: Interactions of the Central Nervous, Endocrine, and Immune Systems

有充分的证据表明，生理性和心理性不良应激均能抑制动物的免疫功能，可能导致感染性疾病的发病率升高。在集约化养殖中，应激因素有过热、过冷、拥挤、混群、断奶、限饲、运输、噪声，这些因素在各种动物均可影响免疫系统功能（Blecha 等，1985；Kelley，1985；Westly 和 Kelley，1984；Yen 和 Pond，1987）。此外，社会状况、遗

传、年龄、应激（慢性或急性）持续期也是影响猪应激反应的重要因素（Salak-Johnson 和 McGlone，2007）。

免疫系统和中枢神经系统（CNS）通过"双轨"双向连接相互影响（Borghetti 等，2009）（图16.9）。特别是，激素［生长激素（GH）、糖皮质激素（GCs）、催乳素（PRL）、儿茶酚胺和胰岛素］和免疫系统的促炎介质（IL-1、IL-6、TNF-α）间存在着动态平衡。

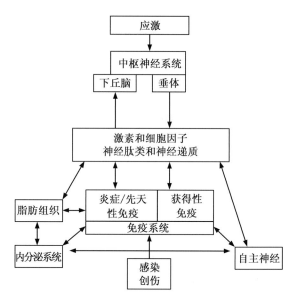

图 16.9　应激对免疫的影响。在中枢（CNS）和外周神经系统、内分泌系统、脂肪组织和免疫系统之间的双向通信网络。经 Elsevier 许可，改自 *The Lancet Oncology*，*Reiche* 等（2004）。

影响免疫系统和中枢神经系统相互作用的两条神经系统通路如下：神经内分泌（下丘脑-脑垂体轴）和植物神经系统（下丘脑-交感神经）（Borghetti 等，2009；Salak-Johnson 和 McGlone，2007）。对中枢神经的刺激通过下丘脑-脑垂体-内分泌的神经内分泌激活影响炎性、先天性和获得性应答反应。应激因素（运输、脱水、捕捉等）导致下丘脑活动加剧，同样，感染后急性期反应释放的促炎细胞因子（IL-1、TNF-α 和 IL-6）也刺激下丘脑活动（图 16.9）。下丘脑随后刺激脑垂体的活动从而引起激素释放。脑垂体释放的激素包括促甲状腺激素（TSH）、PRL、GH 和促肾上腺皮质激素（ACTH），其中 GH 与类胰岛素生长因子-1（IGF-1）活动相联系，ACTH 能够激活许多不同

内分泌系统包括肾上腺（GCs,即皮质醇）。

这些多系统内分泌相互作用的研究最初集中于 GC 的分泌和作用,其中 GC 通过抗炎细胞因子,如 IL-10,直接或间接抑制免疫功能的很多方面。然而,与其他动物相比,猪抗 GCs 免疫抑制的效应更强(Flaming 等,1994)。现在人们意识到神经内分泌系统能够通过许多机制改变免疫功能。神经介质(儿茶酚胺类、乙酰胆碱、神经肽、血管活性肠肽和 P 物质)可影响免疫系统。儿茶酚胺类抑制 IL-12 分泌,促进 IL-10 产生(Salak-Johnson 和 McGlone,2007)。生长激素,如 GH 和 IGF-1,促进免疫反应应答,促使骨髓免疫细胞增殖、增加促炎细胞因子的分泌、提高细胞毒性 T 淋巴细胞和 NK 细胞活性、促进胸腺 T 细胞发育等(Borghetti 等,2009)。TSH、GH、ACTH、PRL 和神经肽影响胸腺和 T 细胞发育。

最近,脂肪组织产生的脂肪因子和细胞因子的重要性已得到公认(Borghetti 等,2009)。研究得最清楚的脂肪因子——瘦素对免疫系统功能有积极的作用,包括在胸腺中维持 T 细胞的存活、增加单核细胞和中性粒细胞的杀伤性、促进树突状细胞的成熟。脂肪组织也产促炎细胞因子。有趣的是,仔猪断奶前有较高的脂肪因子基因的表达,包括较高的促炎细胞因子(Ramsay 等,2010)。

免疫系统能够改变神经内分泌活动(Kelley,1988)。仔猪早期(10～16 日龄)免疫激活可导致 28 日龄时体重轻很多(Fangman 等,1998;Schinckel 等,1995)。接受高水平抗原刺激的猪其体增重可降低,且其 107 d 饲料转化效率低,需多用 5.6 d 达 230 lb 和多用 3.6 d 才达到 264 lb 的上市体重(Schinckel 等,1995)。这可能与免疫细胞因子作用于胰岛素样生长因子-1 的分泌有关。激活的 Th 细胞、CTL 细胞和胸腺细胞,如胸腺上皮细胞,可以产生激素,如 GH、PRL、ACTH 和 TSH。胸腺激素、胸腺素直接作用于脑垂体分泌激素(Borghetti 等,2009)。

应激影响免疫发育的最重要因子之一是 Th-1 和 Th-2 的平衡。在多数情况下,Th-1 和 Th-2 比值平衡反映出细胞免疫(Th-1)和体液免疫(Th-2)将出现。Th-1/Th-2 的值或增或减可能不适合某些病原体,要清除细胞外病原体需要体液免疫(Th-2),而细胞内病原体需细胞免疫(Th-1)。混群、冷应激、热应激、拥挤、捕捉、断奶日龄均影响 Th-1/Th-2 的值(Salak-Johnson 和 McGlone,2007)。

对于仔猪来说,断奶是主要的应激因素。研究表明,3 周龄前断奶可对免疫系统和黏膜发育有长期的消极影响(Davis 等,2006;Hameister 等,2010;Moeser 等,2007;Niekamp 等,2007;Smith 等,2010)。在 2、3、4 周龄而不是 5 周龄断奶能够降低猪体内和体外通过克隆增殖引起免疫应答的淋巴细胞的分裂增殖(Blecha 等,1983)。与哺乳仔猪相比,同窝人工饲养的仔猪相同参数降低(Blecha 等,1986;Hennessy,1987)。在 3 周龄早期断奶可抑制仔猪肠系膜淋巴结细胞产生白介素-2(IL-2)的能力(Bailey 等,1992)。仔猪断奶(5 周龄)后 24 h 免疫接种可降低抗体应答,而断奶前 2 周接种疫苗没有抑制抗体应答(Blecha 和 Kelley,1981)。早期断奶能够引起促肾上腺皮质激素释放因子(CRF)持续增加和肥大细胞增生,导致肠黏膜功能障碍(Moeser 等,2007;Smith 等,2010)。然而,在该领域断奶期成功免疫接种的方法常有报道。

研究兴趣增加的领域是应激对怀孕母猪和其随后效应对发育中的仔猪免疫系统的作用(Bate 和 Hacker,1985;Bellinger 等,2008;Tuchscherer 等,2002)。母猪在分娩前 2 d 冷应激可导致仔猪血清 IgG 增多,但降低仔猪分泌 IgG 的能力。母猪妊娠最后 2 周热应激可致使仔猪 21 日龄内血清 IgG 和球蛋白降低(Machado-Neto 等,1987)。母猪分娩前 35 d,每天 5 min 的束缚应激,可导致 1 日龄和 3 日龄仔猪血清 IgG 水平降低,同时 1 日龄和 35 日龄仔猪胸腺变小。进一步研究表明,由于母猪受到应激,35 日龄仔猪 T 细胞、B 细胞增殖反应以及 NK 细胞活性较低(Tuchscherer 等,2002)。另据报道,母猪合圈(连续束缚)导致母猪合成抗体的能力下降,降低从初乳转移到仔猪血液的抗体数量(Kelley,1985)。

社会应激(混养小母猪四周,每周两次)可导致仔猪从 26 日龄至 60 日龄的研究结束时,白细胞、淋巴细胞、粒细胞总数显著减少(Couret 等,2009)。第 4 天 CD4$^+$/CD8$^+$ T 细胞比率也降低。内毒素在第 60 天诱导 TNF-α 的产生,在第 4 天和第 60 天增强丝裂原诱导的淋巴细胞增殖。采取相似试验设计的另一项关于母猪社会应激的研究表明可增加 28 日龄（断奶）和 60 日龄（转群）仔猪脑垂体和下丘脑神经递质的分泌（Otten 等，2010）。尽管这个研究不能直接表明对免疫系统的作用，但神经递质的变化可直接或间接影响免疫系统（图 16.9）。

免疫抑制性病原体
Immunosuppressive Infectious Agents

许多病原体可以抑制免疫功能，尤其是先天性免疫应答，使动物易于发生继发性感染。如猪肺炎支原体（*Mycoplasma hyopneumoniae*）、胸膜肺炎放线杆菌（*Actinobacillus pleuropneumoniae*）、野毒株或疫苗株的猪瘟病毒、猪繁殖与呼吸综合征病毒（PRRSV）或伪狂犬病毒的感染可加重猪多杀性巴氏杆菌性肺炎（Fuentes 和 Pijoan，1986，1987；Pijoan 和 Ochoa，1978；Smith 等，1973）。许多猪病原体，包括胸膜肺炎放线杆菌（Dom 等，1992；Tariq 等，1994）、伪狂犬病毒（Chinsakchai 和 Molitor，1992；Iglesias 等，1989a，b，1992）、猪流感病毒（Kim 等，2009）、猪呼吸与繁殖综合征病毒（Bautista 等，1993；Charley，1983）、猪圆环病毒 2 型（PCV2）（Chang 等，2006），可损伤或破坏组织巨噬细胞（常为肺泡巨噬细胞）和单核细胞。伪狂犬病毒也可以抑制 IFN-α（Brukman 和 Enquist，2006）。猪细小病毒在肺泡巨噬细胞和淋巴细胞内复制，并损害巨噬细胞的吞噬作用和淋巴细胞的增殖（Harding 和 Molitor，1988）。

PRRSV 和 PCV2 在多个水平调节免疫应答。有关这两种病毒详尽的致病机理和免疫抑制在其他章节阐述。然而，认识到这一点很重要，PRRSV 和 PCV2 对养猪业的冲击在于调节和改变免疫系统对其他病原体的控制能力。

细菌感染降低中性粒细胞和其他先天性免疫细胞的功能。猪肺炎支原体、鼠伤寒沙门氏菌（*Salmonella typhimurium*）、猪霍乱沙门氏菌（*Salmonella choleraesuis*）可改变猪中性粒细胞的功能（Roof 等，1992a，b）。另外，猪肺炎支原体也选择性地诱导 Th-2 应答反应，从而进一步降低免疫系统对呼吸道病原的控制。

营养对免疫的影响
Nutritional Influences on Immunity

免疫系统功能的维持需要能量、蛋白质、维生素和微量矿物质。营养不良和过剩均可导致免疫功能受损和增加对疾病的易感性。在现代养殖条件下，猪日粮是严格控制的。维持理想免疫功能的主要维生素和矿物质包括维生素 A、维生素 C、维生素 E 和复合维生素 B 以及铜（Cu）、锌（Zn）、镁（Mg）、锰（Mn）、铁（Fe）和硒（Se）。这些成分的平衡尤为重要，因为一种成分的不足或过量会影响另一种成分的利用和需要量（Wintergerst 等，2007）。

急性期反应（APR）会严重影响 Zn 代谢（Borghetti 等，2009）。Zn 是胸腺激素胸腺素和 T 细胞生成必需的辅因子。高浓度 GCs、IL-1、IL-6 导致 Zn 元素在不同组织，尤其在肝脏的重新分布，经尿液和粪便流失，引起低锌血症。应激和高水平 GC 引起 Zn 元素不足，从而降低抗感染能力，并导致 Th-1/Th-2 持续性比例失调，并偏向于 Th-2。Zn 缺乏也降低未致敏 T 细胞募集、自然杀伤细胞活性、CTL 前体细胞和导致淋巴器官（淋巴结、胸腺、脾、派尔氏结）发育不全（Borghetti 等，2009）。

预测猪免疫系统功能最适日粮的研究报道很少。用传统方法判别，最佳免疫功能日粮需要量可能与避免营养缺乏的需要量不同。另外，应激或快速生长的需求可能会改变最佳免疫功能的日粮需要量。

疫苗和免疫
VACCINES AND IMMUNITY

在这里讨论疫苗效力及免疫失败的一般原则。关于特定疾病免疫接种和保护性免疫的知识在其他章节讨论。

制订免疫程序
Developing a Vaccination Program

制订猪免疫程序之前应该先评价特定猪群疾病的风险。通常针对很多病原体的"全面免疫"程序并不适合所有的猪群。提出免疫接种程序前，仔细考察当地特有病和传入外来病的风险是十分有必要的。其次，应考虑母体免疫效果和猪的年龄。通常是线性的关系:猪年龄越小,免疫应答越弱;猪的年龄越大,免疫应答就越强。然而,从母源免疫提供的免疫保护看,却是相反的:猪年龄越小,由于高水平的母源抗体,免疫保护越好;猪的年龄越大,由于母源抗体水平降低,对疾病越敏感。

采用仔猪最小化接触病原的管理措施,如全进全出制和良好的生物安全程序,可以提高保护力,免疫前提供长期的观察是必要的。然而,在连续饲养和较低的生物安全管理系统的猪饲养系统中,有必要进行更积极的疫苗接种计划。

疫苗接种的间隔期
Interval between Vaccinations

动物接种疫苗后,效应性 B 细胞和效应性 T 细胞的数量增加(图 16.10)。然而,要想获得一个完全成熟的免疫应答,不仅细胞克隆扩增必须停止,而且细胞死亡(凋亡)的进程也必须启动。这个"渐退的过程"允许通过凋亡"剔除"免疫应答不良的,甚至可引起自身免疫的 T 淋巴细胞、B 淋巴细胞(Wagner,2007)。从免疫接种到获得成熟免疫应答稳态的整个过程至少需要 3 周。完全发育成熟的初次免疫应答然后可以被加强以获得记忆性的二次免疫应答;通常,猪的初次免疫和加强免疫间隔 2 周。这样做是为了给面对母源抗体的幼猪提供一个确保建立初次应答的机会。大部分商业化的疫苗佐剂比那些老一代免疫佐剂如明矾能更好地增强免疫(Wilson-Welder 等,2009)(表16.3)。因此,许多情况下,如果 3 周龄后初次免疫,3 周后或甚至更长时间进行加强免疫,这样才有效。再次接种必须在初次接种的 2 周内的说法是错误的;疫苗免疫的间隔期越长,记忆性应答的效果会更好。

疫苗接种的途径
Route of Vaccination

动物免疫系统保护肠道、呼吸道、乳腺和生殖道黏膜表面免受感染是特别困难的。体液免疫的抗体和细胞免疫的淋巴细胞主要在血液和组织中,它们通常不会在黏膜表面。因此,淋巴细胞通过黏膜表面协助防御系统控制病原入侵时,它们往往不能非常有效地控制黏膜表面的感染。即使在 IgG 和淋巴细胞相对丰富的肺部和乳腺,它们也不能像

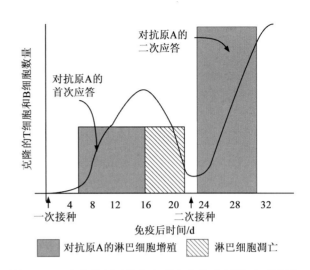

图 16.10 疫苗使用时机与加强应答的重要性(纽约罗切斯特 D. Topham 博士供图)

在组织中那样有效。如前所述,黏膜表面的防护很大程度上归功于分泌型 IgA、CTL 和 γδ T 细胞。

诱发黏膜免疫时,疫苗的接种途径很重要。为了在黏膜表面诱导分泌型 IgA 生成,疫苗最好经黏膜表面进入机体。可以通过喂饲疫苗给动物、雾化疫苗使动物吸入或者通过乳房内注射途径免疫接种。如果母猪肠道有传染性病原体,母猪不仅在肠道产生分泌型 IgA,还会在乳腺产生。母猪通过哺乳把能抵抗病原体的分泌型 IgA 传给仔猪,从而保护仔猪免受母猪肠道中病原体的感染。这种保护仅在哺乳仔猪持续哺乳期间有效。许多肠道感染的微生物不能被血液中 IgG 和 IgM 或全身性细胞免疫所控制。如果弱毒活疫苗通过注射接种,但到黏膜表面复制,它也可能诱导分泌型 IgA 的产生。此外,灭活疫苗对一些呼吸道病原体,如肺炎支原体和猪流感病毒(SIV),能够刺激 IgA 的产生。

佐剂
Adjuvants

佐剂可为改善疫苗性能提供一些机会(Wilson-Welder 等,2009)。它们用于灭活疫苗,以提高先天性免疫应答和抗原递呈的性能。它们可以作为免疫增强剂,将免疫应答导向 Th-1 或 Th-2 应答。佐剂注射疫苗通常用于克服预存免疫(母源免疫或主动免疫)(Morein 等,2002)。可供兽医使用的佐剂比人类多,在猪类最普遍使用的佐剂有明矾、水包油和卡波姆(carbopol)(表 16.3)。

表 16.3　目前商业化疫苗使用的佐剂

物种	人	人	家畜
地点	美国	英国和欧盟	全世界
佐剂/赋形剂	氢氧化铝、磷酸铝、硫酸铝钾（明矾）	氢氧化铝、磷酸铝、硫酸铝钾（明矾）	氢氧化铝、磷酸铝、硫酸铝钾（明矾）
		磷酸钙	皂素（QS-21）
		MF-59（角鲨烯）	油乳剂[a]、石蜡、矿物油、羊毛脂、角鲨烯、ISA-70、山小星蒜碱（IMS）
		AS04（脂质体配方）	甘油、卡波姆（聚合物）

经美国药学协会（American Association of Pharmaceutical Sciences）许可，改自 Wilson-Welder 等（2009）。

[a] 很多家畜疫苗佐剂的配方是有专利的，并且还没公开。

佐剂也已用来增强未成熟的免疫系统和刺激 Th-1 应答来平衡幼猪的免疫应答（幼猪的免疫应答偏向于 Th-2 应答），或包含于免疫抑制性病原疫苗成分中，如猪呼吸与繁殖综合征病毒（PRRSV），来帮助免疫系统形成有效的应答（Charerntanakul，2009）。两个试验性疫苗系统中已经被证实能打破非常年轻的猪的 Th-2 偏向。已证明，包括一个或多个未甲基化的 CpG 基序（CpG ODN）的寡聚脱氧核苷酸（ODNs）的小 DNA 序列作为疫苗佐剂时，是 Th-1 免疫应答的强效刺激因子。接种含 CpG ODN 佐剂的伪狂犬病毒（PRV）弱毒疫苗的 1 日龄仔猪，疫苗接种后的第一周，在对疫苗抗原应答中能显著地诱导细胞增殖和 IFN-γ 的产生（Linghua 等，2007）。这种疫苗也诱导产生高效价的抗体滴度。通过在含有 CpG ODN 佐剂的猪伪狂犬病毒疫苗中添加促炎 Th-1 诱导 IL-6 表达的质粒，可获得更好的 Th-1 免疫应答（Linghua 等，2006）。

自体疫苗的使用和"有计划的暴露"
Use of Autogenous Vaccines and" Planned Exposure "

自体疫苗是由来自将要应用该疫苗的某个畜群的因子或抗原组成。对各种细菌和病毒的自体疫苗的使用是常见的猪病医学实践（Chase，2004）。当诊断和分子技术被用于区分野毒株和商业疫苗株时，自体疫苗的价值最大。自体疫苗的科学应用对预防某些疾病是很重要的；与商业疫苗相比，采用自体疫苗节省成本并不是选择自体疫苗的主要因素。

传染性病原体不会同时均匀地感染所有动物。有计划的或有控制的暴露程序的目的是将畜群中的所有动物暴露于来自该畜群的活病原体，同时最小化任何相关疾病的影响。从免疫学角度来看，这种做法是简单地让感染（而不是疫苗）产生免疫应答。有一个使用含活 PRRSV 的血清感染某群猪的实践例子。这样做是为了获得对 PRRSV 的均匀接触和免疫抵抗力。这种做法并非没有风险。实施有控制的暴露程序之前，仔细考虑益处和风险是必要的。

美国农业部疫苗许可
United States Department of Agriculture Vaccine Licensing

由美国农业部（USDA）批准生产的商业疫苗，都是经过标准化测试确认是安全的和有效的。这并不意味着该疫苗在田间可能出现的所有条件下，必须能够诱导产生完全的免疫应答。这将是不现实的，因为免疫系统不能够在不利条件下提供如此强大的有效保护。

疫苗要被联邦政府 USDA 许可，必须在受控实验条件下通过测试。免疫组的发病率一定要显著低于未免疫的对照组。这种测试通常用健康的、非应激动物在控制性接触单一病原的良好环境条件下来进行。当免疫接种动物处于应激、其他传染病潜伏期，或由于过度拥挤或恶劣的卫生条件而暴露于大量病原体时，疫苗效力会大大降低。

免疫失败
Vaccination Failure

已接种疫苗的动物还会发病的原因有很多（Roth，1999）。免疫失败的主要原因包括：(1)疫苗免疫受母源抗体的干扰；（2）在感染后免疫接种；（3）疫苗和/或给药器材的操作不适当；（4）没有足够的时间发挥免疫应答；（5）接种疫苗时的免疫抑制。

　　仔猪在建立主动免疫应答中最主要的挑战之一是被母源抗体干扰（Hodgins 等，2004；Ma 和 Richt，2010；Opriessnig 等，2008）。为了进一步充分提供疫苗免疫的主动免疫应答，许多非肠胃途径疫苗的免疫接种时间需要评估母源抗体水平足够低的时机（Hodgins 等，2004；Opriessnig 等，2008）。与牛母源抗体半衰期 16～28 d 相比，猪母源抗体的半衰期是 11.3～20 d（Fulton 等，2004）。猪 PRRSV 母源抗体的半衰期为 16.2 d（Yoon 等，1995），SIV 母源抗体的半衰期为 14 d（Fleck 和 Behrens，2002），PCV2 母源抗体的半衰期为 19 d（Opriessnig 等，2004），PRV 母源抗体的半衰期为 11.3 d（Mueller 等，2005），猪瘟病毒母源抗体的半衰期为 11 d（Mueller 等，2005），猪细小病毒母源抗体的半衰期为 20 d（Paul 等，1982），猪肺炎支原体（*M. hyopneumoniae*）母源抗体的半衰期为 15.8 d（Morris 等，1994）。无论何处，预防接种的主要窗口期可以从几周到 3 个月。如图 16.8 所示，这因为动物的不同而有所差异，主要取决于母源抗体水平和疫苗的抗原性。这也为获得足够的疫苗应答提出了一个重大的挑战。抗体水平往往衰减到仍足以阻止疫苗应答的水平，但达不到抵抗野毒感染的水平，这就为微生物的感染提供了一个窗口机会。

　　机体接种疫苗后需要几天才能建立起有效的免疫应答。如果动物在免疫接种之前或接近接种时受到感染，该疫苗可能来不及诱导免疫。动物可能患上临床疾病，造成免疫接种失败。在这种情况下，疾病症状会在接种疫苗后不久出现，并可能被错误地归因于疫苗病毒引起的疾病。由致弱微生物组成的弱毒活疫苗也可能引起免疫抑制的动物发病。

　　疫苗处理和接种不当，即使正常健康动物也可能达不到预期的免疫效果。活菌和活病毒弱毒苗只有在被免疫动物体内生存并繁殖的情况下才有效。遵守适当的存储条件和适当的免疫接种方法对于维持疫苗的活力是非常重要的。未在冰箱存储疫苗或暴露于阳光可能使疫苗失活。即使疫苗存储在适当的条件下，许多疫苗也会由于过期而失活。因此，不应使用过期疫苗。使用化学消毒剂处理注射器和针头时，任何消毒剂残留都会使弱毒活苗失活。不当的稀释剂或混合使用也可灭活弱毒活疫苗。每种冻干疫苗都有专用的稀释液。适用于一种疫苗的稀释液可能灭活其他疫苗。有些疫苗和稀释液可能含有可灭活其他弱毒活疫苗的防腐剂。出于这些原因，以及多种其他的原因，不同的疫苗不宜混合并作为单一的"疫苗"来注射。

　　接种疫苗的时机很重要。幼龄动物由于年龄和/或母源抗体的存在，免疫接种可能是无效的。如果疫苗在动物群所有母源抗体消失后再接种，可能会使动物在建立自己的免疫应答之前的易感期延长。大多数兽医师和养殖者从时间和费用考虑认为，给年轻的猪频繁接种是不可取的。然而，在发病率异常高时，频繁的疫苗接种可能是合理的。

　　由应激、营养不良、合并感染、免疫系统未发育成熟或衰老等因素引起的免疫抑制也可能导致免疫接种失败。如果免疫抑制发生在疫苗接种时，那么疫苗不会诱导产生足够的免疫应答。如果免疫抑制发生在接种疫苗后的一段时间，那么即使机体曾对原来疫苗产生过充分的免疫应答，也会因为免疫力的降低而导致发病。使用免疫抑制剂，例如 GCs（糖皮质激素），也可能导致免疫失败。

致谢
ACKNOWLEDGMENTS

　　作者依据第九版对这章进行了改编（Roth 和 Thacker，2006）。

（郑明学译，张晓立校）

参考文献
REFERENCES

Abraham SN, St. John AL. 2010. Nat Rev Immunol 10:440–452.
Bailey M. 2009. Dev Comp Immunol 33:375–383.
Bailey M, Clarke CJ, Wilson AD, et al. 1992. Vet Immunol Immunopathol 34:197–207.
Bailey M, Haverson K. 2006. Vet Res 37:443–453.
Bailey M, Haverson K, Inman C, et al. 2005a. Proc Nutr Soc 64:451–457.
Bailey M, Haverson K, Inman C, et al. 2005b. Vet Immunol Immunopathol 108:189–198.

Bate LA, Hacker RR. 1985. Can J Anim Sci 65:87–93.

Bautista EM, Goyal SM, Yoon IJ, et al. 1993. J Vet Diagn Invest 5: 163–165.

Bautista EM, Gregg D, Golde WT. 2002. Vet Immunol Immunopathol 88:131–148.

Becker BA, Misfeldt ML. 1993. J Anim Sci 71:2073–2078.

Bellinger DL, Lubahn C, Lorton D. 2008. J Immunotoxicol 5: 419–444.

Bianchi ATJ, Zwart RJ, Jeurissen SHM, et al. 1992. Vet Immunol Immunopathol 33:201–221.

Binns RM, Pabst R, Licence ST. 1986. Swine Biomed Res 3: 1837–1853.

Blecha F, Kelley KW. 1981. J Anim Sci 53(2):439–447.

Blecha F, Pollmann DS, Kluber IEF. 1986. Can J Vet Res 50: 522–525.

Blecha F, Pollmann DS, Nichols DA. 1983. J Anim Sci 56(2):396–400.

Blecha F, Pollmann S, Nichols DA. 1985. Am J Vet Res 46: 1934–1937.

Borghetti P, Saleri R, Mocchegiani E, et al. 2009. Vet Immunol Immunopathol 130:141–162.

Brogden KA, Ackermann M, McCray PB Jr., Tack BF. 2003. Int J Antimicrob Agents 22:465–478.

Brukman A, Enquist LW. 2006. J Virol 80:6345–6356.

Burkey TE, Skjolaas KA, Dritz SS, Minton JE. 2007. Vet Immunol Immunopathol 115:309–319.

Burkey TE, Skjolaas KA, Minton JE. 2009a. J Anim Sci 87: 1493–1501.

Burkey TE, Skjolaas KA, Dritz SS, Minton JE. 2009b. Vet Immunol Immunopathol 130:96–101.

Butler JE, Klobasa F, Werhahn E. 1981. Vet Immunol Immunopathol 2:53–65.

Butler JE, Lager KM, Splichal I, et al. 2009a. Vet Immunol Immunopathol 128:147–170.

Butler JE, Wertz N, Deschacht N, et al. 2009b. Immunogenetics 61:209–230.

Butler JE, Zhao Y, Sinkora M, et al. 2009c. Dev Comp Immunol 33:321–333.

Chang H-W, Jeng C-R, Lin T-L, et al. 2006. Vet Immunol Immunopathol 110:207–219.

Chardon P, Renard C, Vaiman M. 1999. Immunol Rev 167:179–192.

Charerntantanakul W. 2009. Vet Immunol Immunopathol 129: 1–13.

Charerntantanakul W, Platt R, Roth JA. 2006. Viral Immunol 19: 646–661.

Charley B. 1983. Ann Virol 134:51–59.

Charley B, Riffault S, Van Reeth K. 2006. Ann NY Acad Sci 1081:130–136.

Chase CCL. 2004. Dev Biol 117:69–71.

Chase CCL, Hurley DJ, Reber AJ. 2008. Vet Clin Food Anim 24: 87–104.

Cheroutre H, Madakamutil L. 2004. Nat Rev Immunol 4:290–300.

Chinsakchai S, Molitor TW. 1992. Vet Immunol Immunopathol 30:247–260.

Chitko-McKown CG, Blecha F. 1992. Ann Rech Vet 23:201–214.

Chitko-McKown CG, Chapes SK, Brown RE, et al. 1991. J Leukoc Biol 50:364–372.

Costers S, Lefebvre DJ, Goddeeris B, et al. 2009. Vet Res 40:46.

Couret D, Jamin A, Kuntz-Simon G, et al. 2009. Vet Immunol Immunopathol 131:17–24.

Crawley A, Raymond C, Wilkie BN. 2003. Vet Immunol Immunopathol 91:141–154.

Curtis J, Bourne FJ. 1971. Biochim Biophys Acta 236:319–332.

Davis ME, Sears SC, Apple JK, et al. 2006. J Anim Sci 84: 743–756.

Dawson HD, Beshah E, Nishi S, et al. 2005. Infect Immun 73: 1116–1128.

Dom P, Haesebrouck F, De Baetselier P. 1992. Am J Vet Res 53: 1113–1118.

Duncan IA, Binns RM, Duffus WPH. 1989. Immunology 68: 392–395.

Dunkley M, Pabst R, Cripps A. 1995. Immunol Today 16: 231–236.

Ezquerra A, Revilla C, Alvarez B, et al. 2009. Dev Comp Immunol 33:284–298.

Fangman TJ, Ostlund EN, Tubbs RC, et al. 1998. Vet Rec 143: 327–330.

Fernandez-Sainz I, Gladue DP, Holinka LG, et al. 2010. J Virol 84(3):1536–1549.

Flaming KP, Goff BL, Frank DE, Roth JA. 1994. Comp Hematol Int 4:218–225.

Fleck R, Behrens A. 2002. 2002 Proc AASV. pp. 109–110.

Fuentes M, Pijoan C. 1986. Vet Immunol Immunopathol 13: 165–172.

Fuentes MC, Pijoan C. 1987. Am J Vet Res 48(10):1446–1448.

Fulton RW, Briggs RE, Payton ME, et al. 2004. Vaccine 22: 643–649.

Galli J, Tsai M. 2010. Eur J Immunol 40(7):1843–1851.

Gerner W, Kaser T, Saalmuller A. 2009. Dev Comp Immunol 33: 310–320.

Gómez-Laguna J, Salguero FJ, Barranco I, et al. 2010. J Comp Pathol 142:51–60.

Hameister T, Puppe B, Tuchscherer M, et al. 2010. Berl Munch Tierarztl Wochenschr 123:11–19.

Hammerberg C, Schurig GG, Ochs DL. 1989. Am J Vet Res 50(6):868–874.

Harding MJ, Molitor TW. 1988. Arch Virol 101:105–117.

Haverson K, Saalmuller A, Alvarez B, et al. 2001. Vet Immunol Immunopathol 80:5–23.

Hennessy KJ, Blecha F, Pollmann DS, Kluber EF. 1987. Am J Vet Res 48:477–480.

Hill IR, Porter P. 1974. Immunology 26:1239–1250.

Hirt W, Saalmuller A, Reddehase MJ. 1990. Eur J Immunol 20: 265–269.

Hodgins DC, Shewen PE, Dewey CE. 2004. J Swine Health Prod 12:10–16.

Horter DC, Yoon KJ, Zimmerman JJ. 2003. Anim Health Res Rev 4:143–155.

Iglesias G, Pijoan C, Molitor T. 1989a. Arch Virol 104:107–115.

———. 1989b. J Leukoc Biol 45:410–415.

———. 1992. Comp Immunol Microbiol Infect Dis 15:249–259.

Inman CF, Haverson K, Konstantinov SR, et al. 2010. Clin Exp Immunol 160:431–439.

Jericho KWF. 1970. Res Vet Sci 2:548–552.

Joling P, Bianchi ATJ, Kappe AL, Zwart RJ. 1994. Vet Immunol Immunopathol 40:105–117.

Jozaki K, Shinkai H, Tanaka-Matsuda M, et al. 2009. Mol Immunol 47:247–252.

Jung K, Gurnani A, Renukaradhya GJ, Saif LJ. 2010. Vet Immunol Immunopathol 136:335–339.

Kelley KW. 1985. Immunological consequences of changing environmental stimuli. In GP Moberg, ed. Animal Stress. Bethesda, MD: American Physiological Society, pp. 193–223.

———. 1988. J Anim Sci 66:2095–2108.

Kim B, Ahn KK, Lee YH, et al. 2009. J Vet Med Sci 71(5):611.

Kim YB, Ichimura O. 1986. Swine Biomed Res 3:1811–1819.

Klobasa F, Butler JE. 1987. Am J Vet Res 48:176–182.

Lalles J-P, Bosi P, Smidt H, et al. 2007. Proc Nutr Soc 66: 260–268.

Lecce JG, Morgan DO. 1962. J Nutr 78:263–268.

Lee J, Choi K, Olin MR, et al. 2004. Infect Immun 72: 1504–1511.

Levast B, De Monte M, Melo S, et al. 2010. Dev Comp Immunol 34:102–106.

Liebler-Tenorio E, Pabst R. 2006. Vet Res 37:257–280.

Linghua Z, Xingshan T, Fengzhen Z. 2007. Vaccine 25: 1735–1742.

Linghua Z, Yong G, Xingshan T, et al. 2006. Dev Comp Immunol 30:589–596.

Lunney JK, Eguchi-Ogawa T, Uenishi H, et al. 2010a. Chapter 6. In A Ruvinsky, M Rothschild, eds. The Genetics of the Pig, 2nd ed. Wallingford, UK: CAB International, pp. 101–133.

Lunney JK, Fritz ER, Reecy JM, et al. 2010b. Viral Immunol 23: 127–134.

Lunney JK, Ho C-S, Wysocki M, Smith DM. 2009. Dev Comp Immunol 33:362–374.

Lunney JK, Pescovitz MD. 1987. Vet Immunol Immunopathol 17: 135–144.

Lunney JK, Walker K, Goldman T, et al. 1994. Vet Immunol Immunopathol 43:193–206.

Ma W, Richt JA. 2010. Anim Health Res Rev 11:81–96.

Machado-Neto R, Graves CN, Curtis SE. 1987. J Anim Sci 65: 445–455.

Martins CLV, Lawman MJP, Scholl T, et al. 1993. Arch Virol 129:211–225.

Miller LC, Lager KM, Kehrli M. 2008. Clin Vaccine Immunol 16(3):360–365.

Moeser AJ, Ryan KA, Nighot PK, et al. 2007. Am J Physiol Gastrointest Liver Physiol 293:G413–G421.

Morein B, Abusugra I, Blomqvist G. 2002. Vet Immunol Immunopathol 87:207–213.

Morris CR, Gardner IA, Hietala SK, et al. 1994. Prev Vet Med 21:29–41.

Mueller T, Teuffert J, Staubach C, et al. 2005. J Vet Med B Infect Dis Vet Public Health 52:432–436.

Muneta Y, Uenishi H, Kikuma R, et al. 2003. J Interferon Cytokine Res 23:583–590.

Murtaugh MP, Johnson CR, Xiao Z, et al. 2009. Dev Comp Immunol 33:344–352.

Niekamp SR, Sutherland MA, Dahl GE, Salak-Johnson JL. 2007. J Anim Sci 85:93–100.

Nowacki W, Cederblad B, Renard C, et al. 1993. Vet Immunol Immunopathol 37:113–122.

Opriessnig T, Patterson AR, Elsener J, et al. 2008. Clin Vaccine Immunol 15:397–401.

Opriessnig T, Yu S, Thacker EL, Halbur PG. 2004. J Swine Health Prod 12:186–191.

Osburn BI, MacLachlan NJ, Terrell TG. 1982. J Am Vet Med Assoc 181(10):1049–1052.

Otten W, Kanitz E, Couret D, et al. 2010. Domest Anim Endocrinol 38:146–156.

Pabst R, Binns RM. 1986. Swine Biomed Res 3:1865–1871.

Paul PS, Mengeling WL, Pirtle EC. 1982. AJVR 43:1376–1379.

Pauly T, Elbers K, Konig M, et al. 1995. J Gen Virol 76: 3039–3049.

Pescovitz MD, Sakopoulos AG, Gaddy JA, et al. 1994. Vet Immunol Immunopathol 42:53–62.

Philpott DJ, Girardin SE, Sansonetti PJ. 2001. Curr Opin Immunol 13:410–416.

Pijoan C, Ochoa G. 1978. J Comp Pathol 88:167–170.

Pintaric M, Gerner W, Saalmüller A. 2008. Vet Immunol Immunopathol 121:68–82.

Piriou-Guzylack L, Salmon H. 2008. Vet Res 39:54.

Porter P. 1969. Biochim Biophys Acta 181:381–392.

——. 1973. Immunology 24:163–176.

——. 1986. Immune system. In AD Leman, BE Straw, WL Mengeling, RD Glock, eds. Diseases of Swine. Ames, IA: ISU Press, pp. 44–57.

Porter P, Allen WD. 1972. J Am Vet Med Assoc 160:511.

Presta LG. 2008. Curr Opin Immunol 20:460–470.

Ramos JA, Ramis AJ, Marco A, et al. 1992. Am J Vet Res 53: 1418–1426.

Ramsay TG, Stoll MJ, Caperna TJ. 2010. Comp Biochem Physiol 155:97–105.

Reiche EMV, Nunes SOV, Morimoto HK. 2004. Lancet Oncol 5: 617–625.

Rice CE, L'Ecuyer C. 1963. Can J Comp Med Vet Sci 27: 157–161.

Roe JM, Patel D, Morgan KL. 1993. Vet Immunol Immunopathol 37:83–97.

Roof MB, Kramer TT, Kunesh JP, Roth JA. 1992a. Am J Vet Res 53: 1333–1336.

Roof MB, Roth JA, Kramer TT. 1992b. Compend Contin Educ Pract Vet 14:411–424.

Roth JA. 1999. Adv Vet Med 41:681–700.

Roth JA, Thacker E. 2006. Immune system. Chapter 2. In Diseases of Swine, 9th ed. Ames, IA: Blackwell Publishing, pp. 15–35.

Rothkotter H-J. 2009. Dev Comp Immunol 33:267–272.

Saalmüller A, Bryant J. 1994. Vet Immunol Immunopathol 43: 45–52.

Saalmüller A, Lunney JK, Daubenberger C, et al. 2005. Cell Immunol 236:51–58.

Salak-Johnson JL, McGlone JJ. 2007. J Anim Sci 85:E81–E88.

Salmon H. 1986. Swine Biomed Res 3:1855–1864.

——. 1987. Vet Immunol Immunopathol 17:367–388.

Sang Y, Blecha F. 2009. Dev Comp Immunol 33:334–343.

Sang Y, Rowland RR, Hesse RA, Blecha F. 2010. Physiol Genomics 42:248–258.

Schinckel AP, Clark LK, Stevenson G, et al. 1995. J Swine Health Prod 3:238–234.

Schroeder HV, Cavancini L. 2010. J Allergy Clin Immunol 125:S41–S42.

Sellwood R, Hall G, Anger H. 1986. Res Vet Sci 40:128–135.

Shimosato T, Kitazawa H, Shinichiro K, et al. 2003. Biochim Biophys Acta 1627:56–61.

Silva-Campa E, Cordoba L, Fraile L, et al. 2010. Virology 396: 264–271.

Smith F, Clark JE, Overman BL, et al. 2010. Am J Physiol Gastrointest Liver Physiol 298:G352–G363.

Smith IM, Hodges RT, Betts AO, et al. 1973. J Comp Pathol 83:307–321.

Solano-Aguilar GI, Zarlenga D, Beshah E, et al. 2002. Vet Immunol Immunopathol 89:133–148.

Speer VC, Brown H, Quinn L, et al. 1959. J Immunol 83:632.

Summerfield A, McCullough KC. 2009. Dev Comp Immunol 33: 299–309.

Suradhat S, Thanawongnuwech R. 2003. J Gen Virol 84: 2755–2760.

Takamatsu HH, Denyer MS, Wileman TE. 2002. Vet Immunol Immunopathol 87:223–224.

Tarigan S, Slocombe RF, Browning GF, et al. 1994. Am J Vet Res 55:1548–1557.

Thanawongnuwech R, Thacker B, Thacker E. 2000. Proc 16th Intl Pig Vet Soc Cong, Melbourne, Australia, p. 173.

Thanawongnuwech R, Thacker EL. 2003. Viral Immunol 16: 357–367.

Thanawongnuwech R, Young TF, Thacker BJ, et al. 2001. Vet Immunol Immunopathol 79:115–127.

Thielke KH, Hoffmann-Moujahid A, Weisser C, et al. 2003. Eur J Immunol 33:1649–1656.

Tohno M, Shimazu T, Aso H, et al. 2008a. Mol Immunol 45: 1807–1817.

Tohno M, Ueda W, Azuma Y, et al. 2008b. Mol Immunol 45: 194–203.

Toka FN, Nfon CK, Dawson H, Golde WT. 2009. Clin Vaccine Immunol 16(6):866–878.

Tuboly S, Bernath S, Glavits R, et al. 1988. Vet Immunol Immunopathol 20:75–85.

Tuchscherer M, Kanitz E, Otten W, et al. 2002. Vet Immunol Immunopathol 86:195–203.

Uenishi H, Shinkai H. 2009. Dev Comp Immunol 33:353–361.

Vincent IE, Balmelli C, Meehan B, et al. 2007. Immunology 120:47–56.

Wagner DH. 2007. Clin Immunol 123:1–6.

Westly HJ, Kelley KW. 1984. Proc Soc Exp Biol Med 177: 156–164.

Wikstrom FH, Meehan BM, Berg M, et al. 2007. J Virol 81(10):4919–4927.

Williams PP. 1993. Can J Vet Res 57:1–8.

Willing BP, Van Kessel AG. 2007. J Anim Sci 85:3256–3266.

Wilson-Welder JH, Torres MP, Kipper MJ, et al. 2009. J Pharm Sci 98:1278–1316.

Winkler GC, Cheville NF. 1987. Microvasc Res 33:224–232.

Wintergerst EV, Maggini S, Hornig DH. 2007. Ann Nutr Metab 51:301–323.

Yang WC, Schultz RD. 1986. Dev Comp Immunol 10:405–418.

Yen JT, Pond WG. 1987. J Anim Sci 64:1672–1681.

Yoon KJ, Zimmerman JJ, Swenson SL, et al. 1995. J Vet Diagn Invest 7:305–312.

Zeidler RB, Kim HD. 1985. J Leukoc Biol 37:29–43.

Zhao Y, Kacskovics I, Pan Q, et al. 2002. J Immunol 169: 4408–4416.

Zuckermann FA, Husmann RJ. 1996. Immunology 87:500–512.

Zuckermann FA, Husmann RJ, Schwartz R, et al. 1998. Vet Immunol Immunopathol 63:57–67.

Zuckermann FA, Zsak L, Mettenleiter TC, et al. 1990. J Virol 64: 802–812.

17

被皮系统：皮肤、蹄与趾
Integumentary System: Skin, Hoof, and Claw
Ranald Cameron

结构与功能
STRUCTURE AND FUNCTION

皮肤作为内部器官和外界环境的屏障和交换介质，主要功能包括保持体液、电解质、大分子物质不流失，防止化学、物理和生物性因素的损伤或入侵，是触觉、压力、痛觉、痒和温度变化的感受器官。皮肤还可通过皮肤被毛、皮肤的血液供应及汗液分泌调节体温(Scott，1988)。此外，皮肤还具有重要的免疫功能。

皮肤是最大的机体器官，在有些动物中，其重量可占体重的 12%～24%。初生仔猪皮肤占体重的 10%～12%，成年猪的皮肤占体重的 7%左右，而在某些品种的猪，如成年梅山猪的皮肤可占体重的 10%～12%。

猪皮肤的组织结构与其他家畜的基本相同，与其他家畜相比，猪的皮肤与人的更加相似。猪的皮肤分为两层：表皮层与真皮层。在多数区域表皮包括 4 层结构，因为除吻突(snout)外，都缺乏透明层。表皮层相对较厚，主要细胞成分是基底层的角蛋白形成细胞、棘层的多角形细胞、颗粒层的扁平细胞和角质层的角质细胞。身体各个部位的表皮层厚度有所不同(Meyer 等，1978)。总体来说，身体背侧比腹侧皮肤厚而多毛。最厚的皮肤位于趾间、唇部、吻突和护盾部位，而护盾是老年公猪肩胛和肋部的特有结构。最薄的皮肤位于腋下、眼睑及胸腹腹侧部位(Marcarian 和 Calhoun，1966)。

真皮层由界限不明显的两层结构组成；其下是一层明显的脂肪组织(皮下组织)。真皮层的两层结构——乳头层和网状层——由结缔组织构成，其中分布有血管、神经、淋巴管及皮肤附属物。真皮内的细胞主要有纤维细胞、黑色素细胞和肥大细胞。皮下组织可见毛囊与汗腺。

猪的皮脂腺为分支管泡状腺，开口于主毛囊颈部。汗腺为盘曲管状顶浆分泌，分布于全身，与其他动物相比，除了吻突外，密度较低(25/cm²)。

猪短而粗壮的毛囊由附着于根鞘部的竖毛肌支配；鬃毛单根或三两呈簇。被毛包含 60%～70%的鬃毛和 30%～40%的软毛。也有特殊类型的被毛，特别是鼻镜部可见触毛(Marcarian 和 Calhoun，1966；Mowafy 和 Cassens，1975)。特殊的浆液黏液腺存在于腕腺中(位于腕部后方)及颌下腺(位于下颌间隙部)。

临床检查和诊断
CLINICAL EXAMINATION AND DIAGNOSIS

皮肤疾病包括仅限于发生在皮肤的病变或是内在的疾病表现于皮肤(表 17.1 和表 17.2)。只

猪病学，第 10 版，由 Jeffrey J. Zimmerman，Locke A. Karriker，Alejandro Ramirez，Kent J. Schwartz，Gregory W. Stevenson 主编。

表 17.1　猪的皮肤病病因

A. 传染性

细菌性	病毒性	真菌性	寄生虫性
渗出性皮炎	猪痘	小孢子菌病	疥螨病
链球菌病	猪水疱病	毛癣菌病	蠕形螨病
耳坏死	水疱性口炎	皮肤念珠菌	虱
螺旋体病	水疱疹		蚤
面部坏死	猪细小病毒		蚊
脓肿	自发性水疱病		蝇
丹毒	猪瘟		
巴氏杆菌病	非洲猪瘟		
沙门氏菌病			
乳腺炎			
水肿病			
炭疽			
恶性水肿			

B. 非传染性

环境性	营养性	遗传性	肿瘤性	其他病
晒伤	角化不全	玫瑰糠疹	黑色素瘤	皮炎/肾病综合征
光敏症	脂肪酸缺乏	增生性皮炎	横纹肌瘤	
皮肤坏死	碘缺乏	上皮增生不全	淋巴管瘤	
黏液囊炎	核黄素缺乏		乳头状瘤	
硬皮病	泛酸缺乏		纤维瘤	
肢蹄病变	生物素缺乏		血管瘤	
	维生素 A、维生素 C、维生素 E 缺乏		汗腺腺瘤	
			息肉	

表 17.2　皮肤病的鉴别诊断

患处	病变及症状	疾病
头、颈部	斑点、水疱、脓疱、脂溢性渗出物(皮脂溢)、结痂,在哺乳仔猪和断奶仔猪,尤其眼周围	渗出性皮炎
	脓疱、糜烂、结痂、脓肿	链球菌病
	斑块、脓疱、结痂、脱毛,伴有瘙痒	疥螨病
	脓疱、糜烂、坏死、结痂,在哺乳仔猪眼下面、脸颊部和唇	面坏死
	眼周围、结膜、额部水肿,多见于哺乳仔猪和青年育肥猪	水肿病(大肠杆菌)
	头、咽水肿	恶性水肿(梭菌)
	鼻、面部及颈部(脸颊)变为红色至紫红色	败血症
	母猪下颌散在溃疡、结痂	压迫性坏死
	鼻、唇、口及舌部有水疱,脓疱,糜烂	口蹄疫
		猪水疱病

续表 17.2

患处	病变及症状	疾病
		水疱疹
		水疱性口炎
		猪细小病毒病
		自发性水疱病
	水疱,溃烂,黑痂	猪痘
耳	仔猪耳尖和耳廓后缘黑色坏死,溃疡	耳坏死
		沙门氏菌病
		丹毒
	育肥猪耳廓基部深度溃疡,常为双侧性	溃疡性螺旋体病
	红斑,红色至紫红色斑点样变色	败血症
		猪瘟
		非洲猪瘟
		晒伤
	斑块,内耳有棕色或灰色痂,耳震颤,瘙痒,成年猪见灰色厚痂	疥螨病
	斑点,脓疱,黑痂	渗出性皮炎
		链球菌病
	圆形斑疹,小鳞屑,耳后和颈部变为粉色至红色	癣菌病(小孢子菌病)
背部	角化不全,脊柱两侧有干鳞屑,部分脱毛	必需脂肪酸、维生素 A、维生素 C 或维生素 E 或锌缺乏
		疥螨病
	新生仔猪无上皮(表观红色、光亮且面积大)	上皮增生不全
	母猪最后肋骨之间的脊柱上部、腰部脓肿,压迫性坏死	褥疮,由于产仔笼的限制或者是猪舍栏杆或尖锐物的压迫
肩部	母猪肩胛处皮肤呈大面积深度散在溃疡,坏死,结痂,常见于身体状态差时	褥疮,由于在太硬或钢筋结构地面分娩,摄入能量太少
腹下部	红斑,脓疱,深棕色痂,渗出	渗出性皮炎
		链球菌病
		疥螨病
		念珠菌病
		生物素缺乏
	红斑,圆形、菱形红色斑块,常伴有中央坏死,发热,厌食,关节炎	丹毒
	丘疹样的环状病变,环形脱屑,鳞片及鳞屑(3～14 周龄猪)	玫瑰糠疹
	粉色至红色圆形斑点,外周有鳞屑或结痂	癣菌病(小孢子菌病、毛癣菌病)
	丘疹,厚痂,有裂纹,渗出	锌缺乏(角化不全)
		增生性皮炎
		渗出性皮炎
	水疱、脓疱、黑痂,病变部位中央凹陷,周围呈圆形隆起	猪痘
	泌乳母猪病变处红色到紫色或黑色斑块,皮肤坏死	急性乳房炎
	乳头坏死,尤其是仔猪胸部乳头,乳头末端有暗红色或黑色斑块(痂)	由于产房卫生条件差,地面粗糙所致的外伤和感染

续表 17.2

患处	病变及症状	疾病
侧腹部和腹胁部	红斑,圆形或菱形红色斑块,伴有中央坏死,发热、厌食、关节炎	丹毒
	丘疹,水疱,脓疱,鳞屑,结痂,皮脂溢	渗出性皮炎
		链球菌病
	脓疱,鳞屑,皮肤严重卷曲,脱毛,结痂,伴有角化过度	疥螨病
		烟碱、泛酸、核黄素、维生素 A 缺乏
	腹胁部有红斑、糜烂或溃疡	腹胁部咬伤
	丘疹,丘疹样的环状病变,环形脱屑,鳞屑(3～14 周龄)	玫瑰糠疹
	大小不一的粉红色到红色圆形斑点,外周有鳞屑或结痂	癣菌病(小孢子菌病、毛癣菌病)
后腿及臀部	阴囊、外阴和会阴红斑	败血症
		晒伤
	尾坏死,溃疡,脓肿(肥育猪)	咬尾
	髋骨处大面积散在溃疡,坏死,结痂(成年猪)	褥疮
	红斑,黑色坏死,尤见于阴囊和外阴	猪皮炎/肾病综合征
	圆形隆起的小疹块,荨麻疹样反应	昆虫叮咬:蝇、蚊、虱
腿(肢)	红斑,皮肤变为红色到紫色,尤见于跗关节周围	败血症
	丘疹,丘疹样的环状病变,环形脱屑,股中部及腿部有鳞屑(3～14 周龄)	玫瑰糠疹
	丘疹,厚痂,有裂纹,乳头状瘤	角化不全(锌缺乏)
		渗出性皮炎
	新生仔猪无上皮(表观红色、光亮且面积大)	上皮增生不全
	关节(跗关节、肘、球节、坐骨结节)处皮肤过度纤维化,常溃疡	硬皮病
		黏液囊炎
	哺乳仔猪腕,尤其是跗关节处皮肤坏死	产房漏缝地板,粗糙所致的外伤
肢远端、冠状带、蹄	厚,干痂,深裂纹	角化不全
		增生性皮炎
		渗出性皮炎
		疥螨病
	冠状带及副指(趾)周围有水疱、脓疱、糜烂,动物跛行	口蹄疫
		猪水疱病
		水疱性口炎
		水疱疹
		猪细小病毒病
		自发性水疱病
	冠状带肿胀、化脓,有渗出物	蹄感染上行引起的腐蹄病
	蹄壁增厚,水平崤及沟与冠状带平行	增生性皮炎

发生皮肤病变的病如耳坏死、玫瑰糠疹及猪痘。全身病理生理状态疾病中有皮肤症状的包括:丹毒、猪瘟及皮炎/肾病综合征等。所以精准的病史调查至关重要,要先进行全身临床检查,再检查皮肤。皮肤检查的目标是确定损伤的性质(原发性还是继发性)和异常(水疱、脓疱、水肿或红斑)。接下来进行程序化的鉴别诊断。进行检测(皮肤刮取、培养或活检)以确诊并确定

治疗和相应预防方案。

病史
History

信息需来源于现场检查并且要完整。饲养模式与圈舍类型可以提供风险因素的线索。散养或开放式系统可能更易发生晒伤和光敏症。室内圈养更易发生母猪褥疮和仔猪乳头坏死。非全进全出饲养系统比全进全出系统发生渗出性皮炎等传染性疾病更多更频繁。

特别要检查环境状况；卫生条件差、环境温度和相对湿度高，饲养密度大更易暴发葡萄球菌性和链球菌性脓皮病。高密度高湿度饲养条件下也更易发生玫瑰糠疹。

某些皮肤疾病有季节性特征。还要确定近期是否有转群或新引进猪。比如，断奶仔猪混群因为打斗咬伤造成的保育猪渗出性皮炎发生率提高。

检查猪的外伤表现。自身剐蹭伤可能由螨虫或虱的瘙痒症造成。评估营养和食量可能有助于诊断，因为 B 族维生素、锌和必需脂肪酸的缺乏会造成皮肤干燥、粗糙，鳞屑性、脂溢性皮炎或角化不全。

品种偏好性皮肤病提示来自先天或遗传。玫瑰糠疹常见于长白猪和断奶时发生玫瑰糠疹的猪的后代。其他遗传病还包括增生性皮炎和上皮增生不全。

确定年龄因素和年龄分布。相当数量的疾病多见于特定年龄群。渗出性皮炎较少见于 6 周龄以上的猪。玫瑰糠疹仅见于 2～6 周龄仔猪。乳头坏死常发生于 24 h 以内的初生仔猪。营养缺乏则在仔猪断奶前不会发生。

确定损伤的时间。考察最初损伤的相关信息，其可表现出一种典型的临床变化。例如，猪痘最初可见斑疹，其后是水疱、脓疱，在痊愈之前破溃形成具有深色边缘的结痂。渗出性皮炎通常也在眼周形成斑疹和脓疱，而后扩散到仔猪身体其他部位。

皮肤损伤可能显而易见，但也要检查其他临床症状。其他症状的病史如厌食、沉郁、消瘦、倦怠、腹泻提示皮肤损伤可能是内部病变的结果。

发病率，即一定时间内发病动物的数量，可以提示传染性特征。有病死记录可能提示是渗出性皮炎和丹毒这样传播迅速的疾病，而先天性和遗传性疾病（如玫瑰糠疹）的猪群中的发病率往往不变。

对治疗效果的评估有助于鉴别诊断疾病。治疗效果的不同有助于鉴别细菌、病毒或是真菌感染，比如猪痘、链球菌性皮炎或是皮癣。玫瑰糠疹对任何治疗无效，而饲料添加锌和必需脂肪酸对角化不全却疗效显著。

临床检查
Clinical Examination

在详细检查皮肤之前，有必要进行全身临床检查，以确定皮肤病变是否为内部疾病的症状表现。

引起皮肤损伤及皮肤异常（如腹部颜色改变）的内部疾病包括丹毒、沙门氏菌病、巴氏杆菌病、乳腺炎、猪瘟、非洲猪瘟、皮炎/肾病综合征等。几乎所有的败血症和毒血症都能引起红斑或发绀——以皮肤呈红色至紫色为特征，尤其见于身体的末端，在白种猪易见。荨麻疹——皮肤呈现多发性粉色至紫色隆起——常见于丹毒、β-溶血性链球菌感染、饲料过敏或昆虫叮咬。皮肤呈蓝色至黑色，并伴有坏死，提示有坏疽。仔猪耳、尾部坏死时皮肤也呈黑色。皮肤苍白则常提示贫血，可能由失血引起。

瘙痒引起摩擦，表明猪只可能感染了疥螨或虱。摩擦同时伴有经常性的摇头，说明动物感染有耳螨，会导致耳血肿。耳血肿是由血液充盈引起的急性肿胀，常由打斗或摇头引起的外伤造成。耳血肿常见于长而耷耳的品种。除隔离外的其他方法常效果不佳，因为引流或切开血肿常导致继发血肿和感染。患有慢性疥螨病时，动物会因严重摩擦而出现脱毛和表皮脱落。

皮肤水肿表明动物患有全身性疾病，如低蛋白血症，脉管炎，败血梭菌（*Clostridium septicum*）引起的恶性水肿和大肠杆菌（*Escherichia coli*）引起水肿病时的血管通透性增加，后两种病引起头部水肿。

皮肤病变分为原发性和继发性两类;原发性病变是直接由皮肤的损伤和疾病所致;继发性病变是由疾病、继发感染、自身创伤等因素随病情发展而侵及皮肤所致。

临床兽医必须要鉴别原发性病变和继发性病变,然而,临诊动物所呈现的通常仅是继发性病变。因此,有必要对同栏其他近期感染猪只进行全身检查,以确定原发性病变的部位。

原发性病变(Primary Lesions)。斑疹,即直径小于 1 cm 的局限性扁平变色区,丘疹,即具不同颜色、质地较硬的皮肤隆起区,两者见于渗出性皮炎、丹毒和猪痘的早期。

斑块,即直径大于 0.5 cm 隆起的浅表皮病变。这种病变散布于青年育肥猪全身体表,时常与丹毒、玫瑰糠疹和伪狂犬病有关。

水疱是界限分明的圆形损伤(<1 cm),常含有浆液或炎性渗出液,呈苍白、半透明,是一些病毒性皮肤病的特征性病变,如猪痘、口蹄疫、猪水疱病和水疱性口炎。有报道猪细小病毒病也有相同的病变(Kresse 等,1985)

脓疱是充满炎症细胞(白细胞)的隆起病灶,可能呈泡状也可能扁平。呈现白色、黄色或红色(出血),在有些病例中还可见病灶周围充血。猪脓疱常与链球菌感染、渗出性皮炎和猪痘有关。

疹块是因皮肤水肿造成的边缘明显、隆起、圆形或卵圆形区域。颜色苍白或浅红色。水肿常与真皮有关。蝇、蚊的叮咬常会引起疹块。

继发性病变(Secondary Lesions)。皮肤鳞屑与鳞片提示外寄生虫感染(如疥螨 Sarcoptes scabiei)或细菌性皮肤病引起的角化异常和脱落。鳞屑可见于渗出性皮炎仔猪的薄皮肤处,玫瑰糠疹环状病变的内侧边缘,皮癣病变的边缘外侧。鳞屑混有皮脂和汗液,呈油腻或油状外观——皮脂溢。

结痂在猪皮肤的继发性病变中非常常见,是一种血清、皮脂、血液和皮肤碎屑附于正常皮肤形成的。结痂见于细菌感染和病毒性疾病,特别是猪痘和疥螨、虱引发的瘙痒症。

角化过度——角质层厚度增加,由营养相关的代谢紊乱,如维生素 A、锌、脂肪酸缺乏而引发,或者是由受压或摩擦形成的局部茧皮。患猪出现红斑及强烈瘙痒并伴有角化过度和棘层增生与饲料添加硫黏菌素有关(Laperle 等,1988)。

局限于表皮层的糜烂和侵及真皮层的溃疡是由较深部的细菌[葡萄球菌(Staphylococcus spp.)、链球菌(Streptococcus spp.)、坏死梭菌(Fusobacterium necrophorum)和螺旋体即猪包柔氏螺旋体"Borrelia suis"]感染造成,也可能由外伤或压迫造成。

严重搔抓会造成脱毛,常见于猪的肩部和臀部,由疥螨或虱还有蚊蝇等昆虫的袭扰造成。玫瑰糠疹的特征为典型的表皮环状病变,可见破溃的脓疱分布于周边,鳞屑衬于环状病变内边缘。

诊断检测
Diagnostic Tests

皮肤疾病可用一些相对简单的检测加以确诊。对猪而言,最常用的检测包括组织病理学活检,细菌和真菌的直接涂片镜检,细菌和病毒的分离培养和鉴别。

皮肤活检(Skin Biopsy)。皮肤活检可用于所有赘生性病变、所有持续性溃疡和久治不愈的皮肤病变。病程完全的原发性病变或者是早期的水疱、脓疱是最好的活检材料,而继发性病变的活检诊断价值不大。Scott(1988)描述的方法为用活检穿孔器或外科手术刀取下 6~9 mm 皮肤,后者更适合于较大的损伤、水疱、脓疱或皮肤特别厚的部位。必要时可以做局部麻醉。活检组织要小心吸印除去血液和表面物质,1~2 min 之内浸入10%的中性福尔马林固定液(含磷酸缓冲液)中固定。皮肤活检常进行苏木素伊红(H&E)染色。

未被固定的皮肤活检材料还可用于细菌和病毒的分离。做病毒分离时,皮肤只能用水或盐水清洗而不能用酒精。样品应在病毒运输介质中,4℃保存和运输。

直接涂片镜检常用于细菌或真菌的鉴定。对于细菌鉴定,脓疱、斑疹、溃疡的脓汁或渗出物可直接涂布于玻片上,风干,进行美蓝染色、革兰氏染色或吉姆萨(Diff-Quick)染色,光镜检查以确定细菌的类型(如球菌还是杆菌,革兰氏阳性还是阴性)(Scott,1988)。皮肤刮取物或直接压片可用于检测疑似真菌的疾病。组织刮取物需在用酒精除去皮肤脂肪后刮取。刮取物存于20%的氢氧化钠溶液中,孢子呈折射率高的球体,排列成链状或片状存在于毛囊、表皮屑及被毛的表面。皮肤刮取物还可以用来鉴定螨虫(参见"寄生虫病"部分)。

培养(Culture)。用注射器从完整的脓疱、水疱或脓肿内抽吸待检样品,培养效果最好。取自开放创面(糜烂、溃疡和窦道)的样品培养结果会发生混淆(Scott,1988)。常用的细菌培养基有血琼脂培养基或硫羟乙酸盐培养基。病毒的鉴定可采用组织培养或电镜观察。真菌培养可将毛发和皮肤刮取物(表面角蛋白)接种到萨布罗右旋糖琼脂上或真菌测定培养基(DTM)上(Scott,1988)。

细菌性疾病
BACTERIAL DISEASES

渗出性皮炎(油猪病、接触传染性脓疱、接触传染性脂溢性皮炎)
Exudative Epidermitis (Greasy Pig Disease, Impetigo Contagiosa, and Seborrhea Contagiosa)

渗出性皮炎由猪葡萄球菌(*Staphylococcus hyicus*)引起,这种菌可产生热敏感性表皮脱落毒素(在第61章有详尽论述)。哺乳仔猪最常见,同时也是受影响最严重的猪群。断奶仔猪感染率可高达80%,但死亡率通常较低。该病也可在较大日龄的猪群散发。

本病有急性、亚急性和慢性之分。病变常见于眼、鼻、唇、牙龈周围和耳后的皮肤,随着病变斑块变大,可发展为由皮脂、汗液和浆液相互混合形成潮湿、油腻的油状渗出物(图17.1A)。明显的红斑覆盖全身。患猪蹄部冠状带和蹄冠出现病变。偶尔可见眼结膜感染,引起眼睑肿胀,相互粘连。在严重病例中,病变呈全身性,侵及全身皮肤。渗出性皮炎还与波及到肾盂及肾小管的肾脏损伤有关(Blood和Jubb,1957)。

据Andrews报道,溃疡性舌炎和口炎也与本病有关(1979)。Blood和Jubb报道,在一次渗出性皮炎暴发时发现患畜出现神经症状(1957)。渗出性皮炎应与疥螨病、锌及其他营养缺乏引起的角化不全、猪痘、玫瑰糠疹、脓疱性皮炎和癣菌病进行鉴别诊断。

脓疱性皮炎(传染性脓皮病)
Pustular Dermatitis (Contagious Pyoderma)

脓疱性皮炎由链球菌感染(第62章)引起,可造成皮肤坏死和脓疱性皮炎。本病可直接由母猪传染给新生仔猪,也可通过擦伤的皮肤或断尾、剪耳、断尖牙、咬伤及外伤等组织病变而传播。身体任何部位的创伤一经感染,都会发展为蜂窝织炎、坏死、化脓、溃疡。本病应与溃疡性皮炎、渗出性皮炎、疥螨病、猪痘和丹毒做鉴别诊断。

耳坏死(耳坏死综合征、耳溃疡性螺旋体病)
Ear Necrosis (Necrotic Ear Syndrome and Ulcerative Spirochetosis of the Ear)

耳坏死是1~10周龄仔猪发生的一种综合征。它的特征是耳的任何部位出现双侧性或单侧性坏死,但幼猪好发于耳尖和耳廓后缘周围(图17.1B)。育肥猪则为耳基底部坏死,并且是许多猪只在任一时间同时发病。本病通常整栏暴发,感染率可高达80%。

病因可能是皮肤损伤后混合感染造成的。有人认为猪葡萄球菌最先感染患处,然后是致病性更强的链球菌和螺旋体(见"溃疡性皮炎"部分),导致坏死和溃疡。混群后猪相互咬伤是一个常见的诱因。较大的猪之间咬伤,互咬腹胁部、尾部也能引起感染。耳部疥螨感染,动物不安引起自残性外伤,使耳出现早期病变。

耳部病变程度不一,轻者耳尖、耳廓边缘、耳廓基底部出现表层皮炎(斑块),重者出现渗出性炎症、溃疡和坏死(Harcourt,1973)。坏死区皮肤干燥、结痂、卷曲,最终部分耳或全耳脱落。患病猪可能还有食欲不振,倦怠,不愿活动,发热等症状,偶尔可见死亡。

溃疡性皮炎(肉芽肿性皮炎)
Ulcerative Dermatitis (Granulomatous Dermatitis)

溃疡性皮炎表现为猪体表大部分和口腔周围溃疡、坏死或瘤样病变。更多特异的病症,如耳坏死、面部坏死、黏液囊感染、关节和骨突处形成骨痂,可能是各种形式的螺旋体病。病因是皮肤出现原发性外伤,随后被感染,常为多种微生物混合感染。耳、蹄、腿部的肉芽肿及肩部的溃疡中均出现螺旋体。早期的报道指出为猪疏螺旋体(*B. suis*),但一个最近的报道提示为密螺旋体(*Treponema pedis*)(Pringle 和 Fellstrom,2010),至少肩部溃疡如此。损伤多为混合感染,致病菌更有可能是猪葡萄球菌(*S. hyicus*)和 β-溶血性链球菌(*beta-hemolytic Streptococcus* spp.)。化脓性隐秘杆菌(*Arcanobacterium pyogenes*)为常见的继发感染菌(Camemn,1984)。

皮肤外伤感染经常与咬伤有关,尤其是面部、头部、腹胁部和尾部的咬伤。去势、褥疮、肿胀的黏液囊、溃疡和骨痂继发感染,导致螺旋体病。断齿时牙床感染会导致口腔病变。

病变最常见于青年猪或患有褥疮、黏液囊炎的育肥猪和成年猪。早期病变的特征是红斑、水肿,其后发生坏死、溃疡、肿胀,形成瘘管,瘘管内流出灰褐色黏稠脓汁。病变部位会继续扩大,可持续数月之久,并波及机体深部组织。中央部分会经常脱皮。

鉴别诊断应与下列疾病相区别:异物性脓肿、肿瘤、其他传染性肉芽肿、褥疮。

面部坏死(面部脓毒症)
Facial Necrosis (Facial Pyemia)

面部坏死好发于不足 1 周龄的哺乳仔猪,特征为面部双侧坏死性溃疡,溃疡面常覆有棕色硬痂,可由面部延伸至下颌区。

本病是因工作人员缺乏经验、断齿手法不当,仔猪吮乳时相互争斗受伤被感染所致。撕裂的面部被坏死梭杆菌(*F. necrophorum*)、链球菌(*Streptococcus* spp.)、猪疏螺旋体(*B. suis*)等微生物感染。

面部坏死常发生于窝产仔数较多(尤其是瘦弱仔猪),母猪泌乳缓慢,即母猪无乳或少乳时。

仔猪在出生后几天就可发生面部坏死,窝内仔猪发病率高低不等。病变最初是被其他仔猪咬伤的锯齿状伤口,感染后形成覆有褐色硬痂的浅表溃疡。然后硬痂扩大至唇和眼睑,导致仔猪张嘴、睁眼困难。这些仔猪因觅乳困难而饿死。面部坏死是渗出性皮炎暴发的诱因。

根据仔猪面部病变的性质及分布情况,本病易于诊断。对病变进行细菌学检查有助于感染细菌的鉴定。

小心去掉痂皮,涂敷洗必泰或碘附等刺激性小的消毒溶液或抗生素膏剂能消除感染,同时软化创面。防治措施为出生后 24 h 内,剪掉同窝所有仔猪高出牙床部分的犬齿和侧切齿。断牙器械必须严格消毒。大窝仔猪分散饲养,以避免吮乳时相互争抢乳头。注意产房卫生和防治泌乳缓慢等疾病也很重要。

特殊细菌病
Specific Bacterial Diseases

丹毒为猪的传染性疾病,由红斑丹毒丝菌(*Erysipelothrix rhusiopathiae*)(第 54 章)引起,常见形式有败血症型、非化脓性关节炎型、增生性心内膜炎型和皮肤病变型。急性丹毒表现为肢体末端(包括吻突、耳、肢下部、尾、阴囊以及颌、下腹部)皮肤出现红斑。红斑的颜色从粉红至紫色,是许多全身性疾病共有的特征,所以,仅仅根据红斑不足以诊断本病。丹毒的特异皮肤病变是:皮肤最初出现粉红或红色隆起的小丘疹,或直径为 3~6 cm 的大斑块(图 17.1C)。这类病变大多会发展成特征性菱形、隆起、坚硬易触摸到的斑块。随着病情的发展,病变部位的外周呈粉红色,中央坏死,呈蓝色或紫色(坏死)。这些散在的病变部位伴有动脉炎;小动脉呈急性细胞浸润,形成中性粒细胞性栓塞(Jubb 等,1985)。慢性丹毒时,皮肤坏死更严重,呈黑色、干燥、坚硬、极易剥离,偶尔也可见耳、尾、蹄壳脱落(Scott,1988)。脱毛现象更常见于病程长的病猪。

猪沙门菌病(第 60 章)会引起败血症,皮肤因而出现病变及颜色变化。这种类型一般由猪霍乱沙门氏菌引起。尽管断奶至 4 月龄的猪只感染率高，但所有日龄的猪均可感染。

腹部和躯体末端皮肤常见发绀。由于皮肤乳头层的毛细血管极度扩张充血，皮肤颜色异常；随之，毛细血管、小静脉和小动脉（较小范围）管内形成血栓，导致皮肤坏死和脱落。青年猪的皮肤坏死常波及耳、尾、蹄部。

沙门菌病的皮肤颜色异常与其他败血症（如猪瘟、丹毒、巴氏杆菌病）类似，因此进行鉴别诊断时必须考虑在内。本病引起的耳坏死与其他原因引起的坏死也应鉴别开来。

病毒性疾病
Viral Diseases

猪痘（接触性脓疱病、虱源性皮炎）是一种典型的痘病毒感染，主要发生于青年猪，缺少全身症状或很轻，感染部位通常限于腹部和咽喉（第 30 章）。猪痘感染后病变的演变呈典型痘病毒感染特征：红色斑疹发展为丘疹，然后水疱发展成脓疱，脓疱破裂，最后结痂。病变部位主要见于体侧、腹壁和股内侧，偶尔也出现于背部、面部和乳房（图 17.1D）。仔猪可在子宫内感染，出生时即有广泛的痘病病变，但并不常见。

经典猪瘟（猪瘟）由黄病毒科（*Togaviridae*）的瘟病毒引起。急性猪瘟可见患猪腹部、鼻、耳、股部出现弥散性红斑，随后皮肤变为紫色。患猪耳缘、尾、外阴可能发生坏死。慢性猪瘟的特征病变为患猪耳出现紫色斑点，全身被毛稀少。据报道，子宫内感染的仔猪患有先天性脱毛（Carbrey 等，1966）。

口蹄疫（第 42 章）、猪水疱病（第 42 章）、水疱性口炎（第 45 章）和水疱疹（杯状病毒）都能使猪的皮肤发生水疱性病变。这些疾病的病变及侵害部位相似。

非洲猪瘟（第 25 章）由一种 DNA 病毒引起，这种病毒目前尚未归类。病猪除有类似于猪瘟的发烧、沉郁、厌食、共济失调等全身症状外，还伴有四肢、鼻、腹部、耳变为紫色、发绀等症状。耳部皮肤和腹胁部皮肤有可能出血。

真菌病（癣菌病）
Fungal Diseases (Ringworm)

猪的真菌病一般为表皮真菌病，这类病只波及角化上皮细胞和毛发。已报道的见于猪的真菌有矮小孢子菌（*Microsporum nanum*）、犬小孢子菌（*Microsporum canis*）、石膏样小孢子菌（*Microsporum gypseum*）、须发癣菌（*Trichophyton mentagrophytes*）、红色发癣菌（*Trichophyton rubrum*）、断发癣菌（*Trichophyton tonsuran*）、疣毛癣菌（*Trichophyton verrucosum*）和白色念珠菌（*Candida albicans*）。

在散养猪群和密集饲养的猪群都有癣菌病的发生。任何年龄阶段的猪群都可感染，卫生条件差、饲养密度高、气温适宜、湿度大的地区发病率更高。垫料是重要的感染源。真菌孢子在干燥、寒冷的环境中可存活多年。一旦环境温度变暖，湿度增加，皮肤 pH 呈弱碱性，菌丝生长速度明显加快。癣菌为严格需氧菌。

猪只常见的真菌感染为矮小孢子菌，但犬小孢子菌能引起仔猪的癣菌病，在猪还发现了石膏样小孢子菌。癣菌病变可见于身体的任何部位（图 17.1E）。病变开始时常局限于小圆点，后以圆环状扩展，有些甚至可增大到覆盖猪体一侧。患猪皮肤呈浅红色到浅褐色，粗糙，但不隆起。外周形成干痂，一般不脱毛，不瘙痒。病变可能会被尘土掩盖，须冲洗才能发现。矮小孢子菌人工感染（Connole 和 Baynes，1966）病变：皮肤最初病变为脓疱或出现直径为 2 cm 的褐色湿性脱皮区。随着病变的扩大，周围形成新的脓疱，出现类似于自然感染的鳞屑、痂皮和污物沉积。2～3 周内病变程度不断加剧，9 周后痊愈。成年猪耳后常发生慢性感染，表现为褐色厚痂，可扩散至全耳和颈部。

须发癣菌是引起猪癣菌病的最常见病菌，但红色发癣菌、断发癣菌、疣毛癣菌也能引起猪的癣菌病。病变见于患猪咽、腹胁部、颈部、耳后和四肢。病变大小和形状不一，有的宽度可达 12.5 cm，近似于圆形。特征病变为红色或覆有一薄层褐色干痂。本病为自限性疾病，持续约 10 周（McPherson，1956）。Pepin 和 Austwick（1968）

报道了见于韦塞克斯(Wessex)猪群的类似病变。还报道过癣菌引起了一窝长白猪仔猪暴发癣菌病。Arora 等(1979)报道了红色发癣菌引起的几个病变处皮肤粗糙、红色;猪群中 10％的仔猪和 4％的母猪被感染。

皮肤念珠菌病是由白色念珠菌引起的,宿主抵抗力下降时发病。据报道,饲喂泔水、圈舍卫生条件差的育肥猪发生过本病,发生率为 40％。感染最严重的动物病变呈圆形,直径约为 2 cm,并覆有灰色湿性渗出物。病变见于四肢和侧腹部、下腹部。皮肤变厚、起褶、无毛、松垂(Reynolds

等,1968)。

治疗——如果可行,可除去痂皮并局部用药,如低浓度的碘溶液、苯甲酸水杨酸软膏、硫酸铜、环烷酸铜或噻苯咪唑软膏(2％～4％)甘油悬浮液。农用波尔多液(硫酸铜和生石灰的混合水溶液)治疗效果较好(Blood 和 Radostits,1989)。口服灰黄霉素,计量为 1 g/100 kg 体重,每天 1 次。连用 40 d,进行全身治疗。

维持良好的卫生条件即可防治本病,圈舍可用酚类消毒剂(2.5％～5％)、次氯酸钠(0.25％溶液),或用 2.0％甲醛、1.0％火碱溶液喷洒消毒。

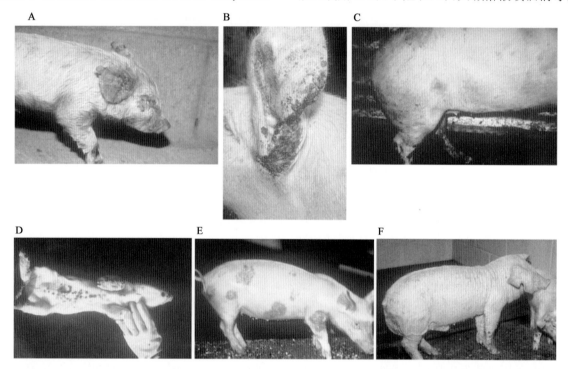

图 17.1　(A)渗出性皮炎(慢性);(B)耳坏死(螺旋体病);(C)丹毒;(D)猪痘;(E)癣(矮小孢子菌);(F)疥螨病。

寄生虫病
Parasitic Diseases

疥螨病是猪最常见的寄生虫性皮肤病,它是最重要的皮肤病之一,能造成一定的经济损失(第 65 章)。病原为猪疥螨的变种(*S. scabiei* var. *suis*)。

感染螨 3 周后皮肤出现病变,耳、眼、鼻周围出现小痂片,后发展为直径 5 mm 的斑块。耳部的病灶 12～18 周会减退、消失。螨在猪皮肤内打洞时会引起猪局部不适,出现早期瘙痒。随着耳

部病变的消退,臀部、腹胁部和腹部出现局灶性红斑丘疹,并伴有过敏反应。这些病变部位很少能检查到疥螨。过敏反应使瘙痒加剧,动物过度擦痒,使组织液渗出,体表油腻光亮。随后浆液、皮脂和汗液干涸后凝结成痂片。在病程更慢的病例出现过度角质化和结缔组织增生,结果皮肤变厚,形成皱褶(图 17.1F)。育肥猪的常见症状为摇耳,有些在耳的内表面形成大的血肿。慢性疥螨病常见于成年猪,耳的内表面、颈部周围、肢下部,尤其是跗关节处形成灰色、松动的厚痂。慢性疥螨常伴有大量的掉毛。

毛囊蠕形螨病在猪群内经济意义不大(第65章),体况差或瘦弱的猪可见有临床症状。病原为寄生于毛囊和皮肤皮脂腺的猪蠕形螨(*Demodex phylloides*)。

螨常侵害鼻和眼周围的松软皮肤,但能扩散至全身。后腹部皮肤感染也经常发生。病变最初是小红点,后变成有鳞屑的结节。这些结节内含有白色干酪样物质和许多螨虫。无临床表现的猪眼睛周围的皮肤刮取物中也可能查到疥螨。治疗一般无效,严重感染的动物应予以淘汰。

猪虱,即只感染猪的猪血虱(*Hematopinus suis*),能引起剧痒,导致动物在各种物体上持续蹭和摩擦(第65章)。虱嗜好寄生于颈周围、耳基底部、内耳、腿内侧和腹胁部,可以看见白色虫卵附于鬃毛,尤其是有色猪的鬃毛更明显。虱吸血引起相当强烈的刺激,猪在各种物体上摩擦身体,导致皮肤撕裂、出血。虱偏向于集中在破损皮肤处。动物持续不安会使体重减轻,增重缓慢。虱可能是猪痘和丹毒的传播媒介。

蚤[犬栉首蚤(*Ctenocephalides canis*)、猫栉首蚤(*Ctenocephalides felis*)、人蚤(*Pulex irritans*)和禽嗜毛蚤(*Echidnophaga gallinacea*)]、蚊[(伊蚊 *Aedes* spp.)]、蝇[家蝇(*Musca domestica*)、厩螫蝇(*Stomoxys calcitrans*)]和旋蝇[锥蝇(*Callitroga* spp.)]都可以影响猪(第65章)。临床症状为不同程度的擦伤,摩擦引起皮肤脱毛,表皮脱落和出血,病变处局限性隆起,呈圆形(团块状),或出现荨麻疹性水肿。

环境病
ENVIRONMENTAL DISEASES
晒伤
Sunburn

晒伤常见于开放饲养而日照防护不够的白猪,紫外线直接照射皮肤引起本病。

青年猪和从未接触阳光的猪群患病较严重。日照数小时内,猪只皮肤即出现红斑,以背部、耳后多见。皮肤水肿,患处发热,触摸疼痛。病情较重的猪步态谨慎,偶尔可见肌肉突然颤搐,骤然跳跃或突然腹卧,可能是疼痛造成的。患处皮肤干燥形成鳞屑、脱皮。青年猪可见尾、耳坏死和脱落。

简单有效的治疗方法是在皮肤上涂抹一层刺激性小的油,如植物油或轻矿物油。应提供足够的遮阴设施,避免动物直接日晒。

光敏症
Photosensitization

光敏症见于粗放饲养、自由放牧的猪群,这些猪群接触了外源性光敏因子和阳光。光敏症(对光高度敏感)是由于摄入了光敏因子所致,如金丝桃(*Hypericum perforatum*)中的金丝桃素、荞麦(*Fagopyrium esculentum*)、*Polygonum fagopyrum* 中的荞麦碱。其他作物,如油菜(*Brassica* sp.)、苜蓿(*Medicago sativa*)和三叶草(*Trifolium* sp.)等,也会引起原因不明的光敏症。能引起猪光敏反应的其他物质有酚噻嗪、四环素、磺胺(Amstrtz,1975),可能还有蚜虫(McClymont 和 Wynne,1955)。

病变多见于白皮肤猪、阳光直接照射的部位。病变的程度取决于光敏因子的浓度和日照时间(Jubb 和 Kennedy,1970)。

皮肤上出现红斑和水肿,有浆液渗出,干燥后造成毛粘连。光敏症引起的疼痛使猪步态谨慎,病情较重的猪会突然腹卧,又迅速站起或一侧跛行,与急性晒伤类似(Hungerford,1990)。耳增厚,结膜充血,可能伴有眼睑粘连(Amstutz,1975)。皮肤干燥、变硬,有裂纹,极度瘙痒。病变处有可能坏死,呈条状脱皮。耳和尾部可能脱落。

须与晒伤、丹毒和疥螨进行鉴别诊断。根据病变一般限于受日照的无色素部位或白皮区,以及摄入光敏因子或已知能引起光敏感的植物的病史可做出诊断。

患病动物应安置于暗室。注射用的皮质激素或抗组胺药可能是有效的。局部使用抗生素膏剂也可能有疗效。防治措施为避免猪只接触光敏因子、晚间放牧或将猪圈于室内。

皮肤坏死和外伤
SKIN NECROSIS AND TRAUMA

仔猪的皮肤坏死最常发生于膝盖、球节、跗关节、肘部、乳头、蹄冠和蹄底(图 17.2A)。先天性八字腿的仔猪常见跗关节、外阴和尾部坏死。母猪的皮肤坏死则常见于肩部、臀部和颌的一侧。仔猪在出生后 12～24 h 皮肤开始坏死(表现为小面积擦伤),并不断扩展,7 d 内病灶达到最严重的程度(Penny 等,1971)。地面硬而粗糙,尤其是产房内粗糙的混凝土地面会引起仔猪皮肤擦伤,出现病变。新铺的混凝土碱性 pH 地面和板条会使年龄较大猪出现创面。足底坏死则是因为生锈的金属丝网或金属地面摩擦而致。3 日龄的仔猪最常发生乳头坏死(Stevens,1984)。病变最初为出现易脱落的黑褐色的鳞屑或痂片,脱落后留下新鲜创面。胸部(前四个)乳头最常受侵,导致乳头闭塞失去功能。热的混凝土地面发病率最高,铺有橡胶垫、金属板、塑料包壳的金属丝网上发病率低。已经证明父系猪患乳头坏死与遗传有关,但是非遗传性病因比遗传性病因更常见(Stevens,1984)。母猪最常发生乳头坏死。膝(腕)部皮肤坏死常见于窝产仔猪较多时的瘦小仔猪以及母猪泌乳不足或者有乳腺炎时的仔猪。尾坏死始于尾基部,常常环绕整个尾巴,后变黑,可能脱落。争斗或感染可引起耳坏死。

母猪泌乳期间失重导致体质衰弱或老龄时体弱,再加上长期躺在坚硬地面(水泥和金属丝网)压迫皮肤导致皮肤坏死。青年母猪初产后也有可能出现皮肤坏死。

防治措施:对于仔猪来说,应着眼于避免粗糙、潮湿的接触面以及在产房趴卧区铺置垫草或橡胶垫。泌乳前、泌乳期间搞好饲养管理以维持良好的体况,产床内铺塑包地板(plastic-coated floor),促使母猪站立和经常运动可以有效防止母猪皮肤坏死。

关节处和骨突处皮肤纤维性增生肥厚导致硬皮病。硬皮主要见于球节、肘、跗关节和坐骨结节。这些部位变大变硬,充满液体。一旦感染则引起皮下脓肿。腿无力、蹄病变、肌无力或长期病卧的猪易发生硬皮病和滑液囊炎。

营养病
NUTRITIONAL DISEASES

Scott(1988)认为角化不全是一种见于生长

猪的营养性代谢紊乱症,其特征为无瘙痒、结痂性全身性皮炎(图 17.2B)。目前认为病因很复杂,包括锌和必需脂肪酸缺乏,钙、植酸以及其他影响锌吸收的螯合剂含量过高。胃肠疾病可诱发严重的锌缺乏和角化不全。

早期病变(斑点和丘疹)出现于腹部皮肤、股中部、腿远端。病变表面很快形成鳞屑,然后形成干燥的硬痂片。典型的角化病变特征为出现痂片和深裂。皮肤表面可能干燥、粗糙,但裂沟内堆积有皮脂、污物和碎片混合而成的潮湿褐色物质。严重时,动物生长缓慢,食欲降低,腹泻,有时还有呕吐。本病可能会影响睾丸的发育,很少出现死亡。

本病应与慢性疥螨病、渗出性皮炎、B 族维生素缺乏、碘缺乏鉴别诊断。根据饲料中长期缺乏锌、缺乏必需脂肪酸或含有影响锌吸收的因子的病史,结合典型病变及病变部位,可提示角化不全。

皮肤活组织检查有一定意义。血液中碱性磷酸酶和锌含量降低。饲料中补充锌和必需脂肪酸,若产生疗效,则证明诊断正确。

先天性和遗传性疾病
CONGENITAL AND HEREDITARY DISEASES
玫瑰糠疹(银屑样脓疱性皮炎)
Pityriasis Rosea (Pustular Psoriaform Dermatitis)

猪的玫瑰糠疹是指只发生于青年猪的外观呈环状疱疹的脓疱性皮炎,病变主要见于腹部腹侧和股内侧(图 17.2C)。本病有自限性,但猪的玫瑰糠疹在临床上和病理学上不同于人的玫瑰糠疹,因此称之为银屑样脓疱性皮炎更合适(Scott,1988)。虽然该病真正的病因目前还不清楚,但该病具有遗传性,患有本病的猪所产仔猪更易感染。长白猪发病率较高。曾试图人为传播本病或查证其传染性病原,但均未成功。剖腹取胎隔离饲养的仔猪也能患本病。

本病见于 3～14 周龄的青年猪。全窝或一窝中少数仔猪感染。病变最初为腹部、股内侧皮肤出现小的红斑丘疹。丘疹隆起但中央低,呈火山口状，迅速扩展成环状，外周呈鲜红色并隆起，环外为鳞屑。随着环状病灶的扩大，病灶中央恢复正常。多个环状病灶相互嵌合形成"马赛克"状。患猪通常不脱毛，少见瘙痒。本病一般持续 4 周，然后自行缓慢减退，创面愈合后皮肤恢复正常。如果断奶栏内饲养密度高，伴有高温、高湿，猪病情加重。创面可能会被猪葡萄球菌等细菌感染，本病变类似于渗出性皮炎。本病应与疥螨病、增生性皮炎、猪痘鉴别诊断。分离不到真菌或微生物有助于确诊。

皮肤活组织检查结果为银屑样表皮增生，表层血管周皮炎。浅层真皮发生轻微或中度的黏蛋白样变性，炎症细胞主要是嗜酸性粒细胞和中性粒细胞。以角化不全性角化过度为主（Scott，1988）。

治疗不能改变病程。良好的卫生条件可减少继发感染，存栏密度高，高温高湿会使发病率升高。最好能从种群中淘汰所产仔猪患有本病的种猪。

增生性皮炎
Dermatosis Vegetans

增生性皮炎是猪的一种遗传性疾病，并常常为先天性的。据认为该病的病因是起源于丹麦长白猪的一种半致死性常染色体隐性因子（Done 等，1967）。本病为红斑丘疹性皮炎，伴有蹄冠、蹄病变和肺炎。

本病的主要特征是皮肤病变，蹄异常，生长不良，呼吸功能紊乱。患猪出生时可能就有皮肤病变，但更常见于出生后 2～3 周。病变最初为在腹部和股内侧出现小的（直径 0.5～2.0 cm）粉红色隆起肿胀，后迅速扩大，遍及腹胁部和整个后躯。病变处覆有黄褐色、易碎、乳头状瘤样痂片，易脱落，脱落后露出粉红色颗粒状创面。病变处皮肤很厚，坚硬角化，有裂纹，外观上很像乳头状瘤。患病猪 5～8 周后可能死亡，但部分能存活，病变开始消退。

蹄部病变在出生时就明显可见，主趾与副趾的冠状带明显肿胀，有红斑，覆有一层黄褐色脂性渗出物。蹄壳增厚，形成平行于冠状带的嵴和沟。蹄的角质变黑。

呼吸功能紊乱是因为病畜同时患有巨细胞性肺炎。死前出现间质性肺炎和支气管肺炎症状，病程通常 4～6 周。但是，部分猪可存活 2～3 个月，但存活猪体质差、消瘦。极少有病猪能活到成熟期和配种期。

本病应与玫瑰糠疹、慢性渗出性皮炎、维生素缺乏鉴别诊断。2～3 周龄猪皮肤的临床变化和蹄的病变为本病的典型症状。病变处的极厚乳头状瘤样痂片也有代表性，结合呼吸症状即可判断为增生性皮炎。

皮肤活组织检查的结果为表皮的脓疱性皮炎，内含嗜酸性粒细胞和中性粒细胞的小脓肿，角化不全性角化过度。陈旧的病变部位可见增生性浅表血管周皮炎，真皮层内有多核巨细胞（Percy 和 Hulland，1967，1968）。肺脏组织学检查有助于正确诊断。Done 等（1967）认为检查时，肺脏内应充注 10％中性福尔马林，并浸泡于其中以固定，对肺多处取样进行检查。

本病尚无治疗措施，防治应着眼于检测并淘汰已经生产过患病仔猪的种猪。

上皮增生不全（皮肤发育不全）
Epitheliogenesis Imperfecta (Aplasia Cutis)

上皮增生不全是见于白猪和有色猪的一种遗传性先天性疾病，由单个常染色体隐性性状导致胚胎外胚层原发性分化不全引起。

病变处鳞状上皮间断不连续，各小区大小形状不规则，界限明显，常见于背部、腰部和四肢（图 17.2D）。本病可见于个别仔猪，也可能见于整窝仔猪。上皮增生不全还可能波及舌的背侧和前腹侧黏膜，同时发生输尿管积水和肾盂积水（Jub 和 Kennedy，1970）。病变部位恶化成大面积溃疡，后容易被感染；创面无法愈合或导致败血症，动物最后死亡。

肿瘤疾病
NEOPLASTIC DISEASES

关于猪肿瘤的报道相对较少，这可能是因为

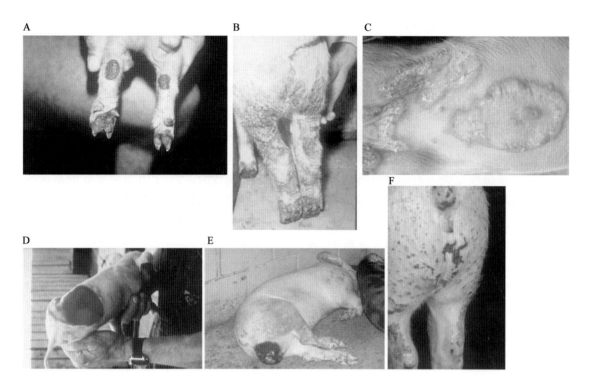

图 17.2 （A)皮肤坏死;(B)角化不全;(C)玫瑰糠疹;(D)上皮增生不全;(E)猪皮炎/肾病综合征;(F)猪皮炎/肾病综合征。

大多数猪在 6～8 月龄时已被屠宰,作种用也不过 4～5 年。但是进行报道的肿瘤有很多种,包括淋巴管瘤、横纹肌瘤、乳头状瘤、汗腺腺瘤、纤维瘤、血管瘤。

黑色素瘤,因成黑素细胞过度增殖所致,最常见于杜洛克猪,一般出生时就被发现。肿瘤多发生于腹胁部,直径为 1～4 cm,隆起,外观形状不规则,黑色、光亮。淋巴结、肾、肝、肺、心脏、脑、骨骼肌处可见转移瘤。

据报道,在荷兰的一个猪群,短期内至少每 25 头仔猪中有 1 头不足周龄的仔猪患有单发性或多发性横纹肌瘤,表明本病可能是遗传性疾病(Voss 等,1993)。

母猪,尤其是颈周围、背侧、耳部易患小的纤维样息肉或疣状病变。病变部位常出血,局部麻醉后可切除。

猪皮炎/肾病综合征
PORCINE DERMATITIS AND NEPHRO-PATHY SYNDROME

最近猪的皮炎/肾病综合征(PDNS)被报道

(Cameron,1995;Hélie 等,1995;Smith 等,1993;White 和 Higgins,1993)。本病的特征为多灶性皮肤病变,体重减轻,四肢水肿,血管炎、肾小球肾炎。肾脏的构造在第 22 章另述。病因不清,但病理组织学和免疫学变化表明发病机理可能是某种感染因子引起免疫复合物异常(抗原-抗体复合物沉积)所致。Thibault 等(1998)推测呼吸与繁殖障碍综合征病毒(PRRSV)感染在本病的发病机制中扮演重要角色,因为不管是急性还是慢性病例,应用免疫组织化学的方法在皮肤血管周围肾脏组织的巨噬细胞中都能检测到 PRRSV 的抗原。

Wellenberg 等(2004)认为猪圆环病毒 2 型可能是造成皮炎/肾病综合征的主要病原。他们报道皮炎/肾病综合征田间对照实验中,PCV2 的抗体异常高,并推断 PCV2 在皮炎/肾病综合征的临床和免疫病理学发展中起重要作用。他们推测过高含量的 PCV 抗体诱发了纤维蛋白(免疫复合物)沉积,比如,在肾脏毛细血管或肾小球囊壁上沉积则会引发炎症。流行病学中,他们还发现猪场发生断奶仔猪多系统衰竭综合征(PMWS)也可能归因于 PCV2。然而他们的研究表明 PRRSV 感染并不是皮炎/肾病综合征的主要病因,也不支持先前(Sierra 等,1997;Thompson 等,2001)推测的多杀性巴氏杆菌是主要病原的说法。

　　本病多发于 20～65 kg 的生长猪,最显著的临床症状为皮肤病变,体重迅速减轻,精神沉郁。皮肤病变形式多样,从大的红斑、斑点、出血性丘疹,到深褐色至黑色坏死的厚痂。主要见于耳、面部、肢下部、臀部、公猪阴囊、母猪外阴(图17.2E,图 17.2F)。

　　其他的临床症状包括:腹部腹侧和四肢皮下水肿,腿远端明显肿胀,关节肿胀并不少见。研究表明,早期断奶用药控制建立起无特定病原(SPF)猪群后不久就暴发了本病。3 个月内至少有 20 头育肥猪出现了典型症状。大多数患病猪在几周内死亡(R. Cameron,未公开发表的数据)。

　　本病易与丹毒、皮肤坏死以及在早期易与疥螨病混淆。临床症状和病变与猪瘟和非洲猪瘟很相似,必须慎重对待。尸检可见肾脏变大、苍白、有瘀血、体腔积液、皮下胶样浸润、关节内滑液增多。常见到胃溃疡和胃出血。肾脏病理组织学病变为弥漫性坏死性和增生性肾小球肾炎。肾小球内含有沉积蛋白、坏死细胞(主要是多形核白细胞)和红细胞。继发的肾脏变化为出现玻璃样/粒状管型,肾小管扩张。真皮和皮下组织内的小动脉出现坏死性脉管炎,引起皮肤病变。其他器官,如淋巴结、脾、胃、肝、膀胱、脑和关节内的小血管也可见脉管炎(Higgins,1993)。特征性变化还有尿液中尿素和肌酸浓度显著升高,钠和氯的浓度降低,蛋白含量很高,尿中还可检到红细胞和白细胞。由于病因不清,防治本病有一定困难。

(于博、亓文宝译,张思明校)

参考文献
REFERENCES

Amstutz JE. 1975. Heat stroke, sunburn, and photosensitization. In Diseases of Swine, 4th ed. Ames, IA: Iowa State University Press, p. 1014.

Andrews JJ. 1979. Vet Pathol 16:432–437.

Arora BM, Das SC, Patgiri GP. 1979. Indian Vet J 56:791–793.

Blood DC, Jubb KV. 1957. Aust Vet J 33:126–127.

Blood DC, Radostits OM. 1989. Veterinary Medicine, 7th ed. London: Bailliere Tindall, p. 979.

Cameron RDA. 1984. Skin diseases of the pig. Univ Sydney Post-Grad Found. Vet Sci Proc Vet Rev 23:9.

———. 1995. Pork J 16:28.

Carbrey EA, Stewart WC, Young SH, et al. 1966. J Am Vet Med Assoc 149:23–30.

Connole MD, Baynes ID. 1966. Aust Vet J 42:19–24.

Done JT, Loosmore RM, Saunders CN. 1967. Vet Rec 80:292–297.

Harcourt RA. 1973. Vet Rec 92:647–648.

Hélie P, Drolet R, Germain MC, Bourgault A. 1995. Can Vet J 36:150–154.

Higgins RJ. 1993. Glomerulonephropathy syndrome. Pig Vet J 31:160–163.

Hungerford TG. 1990. Diseases of Livestock, 9th ed. Sydney: McGraw-Hill, p. 678.

Jubb KVF, Kennedy PC. 1970. Pathology of Domestic Animals, Vol. 2. New York: Academic Press, p. 591.

Jubb KVF, Kennedy PC, Palmer N. 1985. Pathology of Domestic Animals, Vol. 1, 3rd ed. New York: Academic Press, p. 110.

Kresse JI, Taylor WD, Stewart WW, Eernisse KA. 1985. Vet Microbiol 10:525–531.

Laperle A, Morin M, Sauvageau R. 1988. Acute dermatitis in feeder pigs administered tiamulin. Proc Congr Int Pig Vet Soc 10, p. 250.

Marcarian NQ, Calhoun ML. 1966. Am J Vet Res 27:765–772.

McClymont GL, Wynne KN. 1955. Aust Vet J 31:112.

McPherson EA. 1956. Vet Rec 68:710–711.

Meyer W, Schwartz R, Neurand K. 1978. Curr Probl Dermatol 7:39–52.

Mowafy M, Cassens RG. 1975. J Anim Sci 41:1281–1290.

Penny RHC, Edwards MJ, Mulley R. 1971. Aust Vet J 47:529–537.

Pepin GA, Austwick PKC. 1968. Vet Rec 82:209.

Percy DH, Hulland TJ. 1967. Can Vet J 8:3–9.

———. 1968. Pathol Vet 5:419–428.

Pringle M, Fellstrom C. 2010. Vet Microbiol 142:461–463.

Reynolds IM, Miner PW, Smith RE. 1968. J Am Vet Med Assoc 152:182–186.

Scott DW. 1988. Large Animal Dermatology. Philadelphia: W.B. Saunders Company.

Sierra MA, Mulas JM, de las Molenbeek RF, et al. 1997. Eur J Vet Pathol 3:63–70.

Smith WJ, Thomson JR, Done S. 1993. Vet Rec 132:42.

Stevens RWC. 1984. Pig News Info 5:19–22.

Thibault S, Drolet R, Germain MC, et al. 1998. Vet Pathol 35:108–116.

Thomson JR, MacIntyre N, Henderson LEA. 2001. Vet Rec 149:412–417.

Vos JH, Borst GHA, de las Mulas JM, et al. 1993. Vet Pathol 30:271–279.

Wellenberg GJ, Stockhofe-Zurwieden N, de Jong MF, et al. 2004. Vet Microbiol 99:203–214.

White M, Higgins RJ. 1993. Vet Rec 132:199.

蹄与趾 * THE FEET AND CLAWS

简介
INTRODUCTION

研究显示蹄趾疾病的流行率和损伤的严重程度增加是由于圈舍地面坚硬特别是水泥地面导致的。蹄趾疾病常与跛行有关，会对生长速度和繁殖性能（由繁殖场的早期淘汰引起）造成负面影响。同时对动物福利有严重影响（Allerson 等，2008；Anil 等，2005；Bradley 等，2008；Penny 等，1963，1965）。哺乳仔猪（Gillman 等，2009）、断奶猪（Gillman 等，2009）、育肥猪（Mouttotou 等，1997，1999）、公猪和母猪（Anil 等，2007）的蹄病都有报道。影响蹄趾疾病流行率和损伤严重程度的因素包括蹄趾的构造、圈舍地面、营养和传染性因素。

蹄趾的结构与功能
STRUCTURE AND FUNCTION OF THE FOOT AND CLAW

猪是四趾动物，有两个承重趾（第三趾和第四趾）和两个非承重趾即悬趾（第二趾和第五趾），无第一趾。第三趾位于中间，第四趾在每蹄的外侧。"蹄"这个词通常指从趾尖到悬趾整个区域。每趾有爪或蹄——通常指角化组织形成的蹄壁、蹄底和蹄踵。每个趾覆盖第三趾骨和第二趾骨远端。副趾在较大趾的后侧，也具有完整骨骼（趾骨）。趾的掌面有大而明显的蹄踵（包裹足垫）、蹄底和蹄壁。猪的蹄底覆盖较小区域，无色素的软壁（白线）形成蹄壁和蹄底的连接。前后肢的侧趾比中间趾大。后肢大小差异更明显。

趾的纵切结构包括趾骨、皮下组织、真皮、血管基底膜和表皮。真皮位于表皮下，形成结缔组织支撑层，含有血管和神经。真皮层为基底层或生发层提供营养和激素以产生表层细胞。表皮层的上皮细胞均由这些细胞增殖和分化形成。真皮和基底膜对软/硬蹄甲角质层结构的形成极为重要。角质由上皮细胞通过复杂的角化过程产生。角蛋白的形成与生化交联，细胞内角质物质的合成和胞吐作用是角化过程的标志环节（Tomlinson 等，2004）。

真皮层被覆致密而排列整齐的基底层，这层细胞被推入下一层并分化形成棘层。进入分化末期，致密的嗜碱性颗粒在细胞中蓄积，即形成所谓的颗粒层。这一层形成角化的边界，死亡的细胞角化为角质细胞，形成角化层。这个过程依赖于适当的营养供应，包括维生素、矿物质和微量元素。这些营养对蹄甲的形成至关重要。上皮角化的营养供应不足会导致蹄甲质量下降，对环境中化学、物理和微生物性危害的敏感性提高，从而导致蹄的损伤和跛行。

病理损伤的分类与描述
CLASSIFICATION AND DESCRIPTIVE PATHOLOGY OF LESIONS

蹄趾损伤包括蹄踵、蹄底、白线、蹄壁和副趾的损伤。Anil 等（2007）将蹄的损伤分为烂蹄、裂蹄和增生。

蹄踵腐烂开始于掌面下，颜色变深似挫伤，进而糜烂，表现粗糙"锯齿"样损伤并伴潜在性出血，还可能发展成溃疡。持续性外伤可导致角化过度、肉芽肿及坏死（Penny 等，1963），常蔓延至蹄叉。Bradley 等（2008）对从白线到蹄踵区域的病理损伤进行了描述，包括呈环形结构类似于组织降解的蹄踵腐蚀，或者类似于伤口的有裂隙的刺激，或者横跨蹄踵的组织分离。

蹄底的损伤也首先见于挫伤，伴随皮下由褐变红的区域出血，常见于蹄踵和蹄底的连接部。蹄底的角化过度可能是糜烂和溃疡的延续。

趾的白线损伤，不论是轴向还是远轴向，始于硬组织磨损（糜烂）及蹄壁和蹄底或蹄壁与蹄踵之间（或两者都有）硬组织和软组织的分离（Bradley 等，2008；Penny 等，1965）。损伤会导致裂口扩大，

---

* 前肢为指，后肢为趾，本章以下内容，不作区分。译者注。

填充污物、粪便和异物常会导致蹄甲的变形和蹄壁与趾的分离。白线损伤为蹄部和真皮的感染打开了通道。

蹄壁开裂可能是始于白线的纵向断裂（假性蹄裂），也可能是始于冠状带的真性蹄裂。横向的断裂也会发生。假性蹄裂严重程度各不相同，从微小裂缝到边缘坏死的深裂（Penny 等，1963）。

冠状带脓肿（腐蹄病）非常像沿冠状带脓肿样病变的蹄叶感染。冠状带以上区域肿胀明显，肉芽窦形成脓性渗出。感染还会侵及蹄和趾的关节，引发严重跛行。

副趾的损伤，通常发生于母猪和公猪，会造成蹄甲的缺失，常伴有出血和深层组织的感染或是趾变长（过度增长）。

Da Silva 等（2010）发现大量趾的损伤与跛行母猪真皮炎症高度相关。作者认为各种真皮损伤的病理学与病因学可能并不相同，同时趾的潜在损伤对真皮炎症也有潜在影响。因为真皮中有大量的神经，炎症极易引发疼痛和跛行。

Deen 和 Winders（2008）建议用一个 0～3 分的统一评分体系来评价损伤，0＝没有损伤，1＝轻度损伤，2＝中度损伤，3＝严重损伤，严重损伤包括以下病理变化：蹄踵过度生长或糜烂（HOE）；从轻度过度生长和/或蹄踵软组织糜烂到严重过度生长和蹄裂；涉及蹄踵和蹄底的大多数或全部连接部的蹄踵-蹄底裂（HSC）损伤；涉及蹄壁与白线连接处的白线损伤；横向蹄壁开裂（CWH）即伴有严重损伤的涉及多个或深部横向断裂；纵向蹄壁开裂（CWV）即蹄壁纵向开裂并有多个或深部断裂；趾间损伤，即涉及一个或多个趾过长，该处病变严重并明显影响步态；另外，悬趾，中度或者严重趾过长（1 或 2 分）或断裂或缺失（3 分）。

蹄和趾的发病率
PREVALENCE OF FOOT AND CLAW LESIONS

据报道，蹄病在各个年龄的猪群普遍存在。在 Mouttotou 和 Green（1997）及 KilBride 等（2009）的各自研究中报道哺乳仔猪蹄底挫伤的发病率从 49.4％到 100％，蹄底糜烂发病率从15.5％到 49.1％。Zoric 等（2004）发现 87％的3～10 日龄哺乳仔猪患蹄底挫伤，同时 17 日龄还有 39％患病。

据报道（Mouttotou 等，1998），断奶仔猪患病率（至少一趾患病）为 50.2％，Gillman（2009）报道整群患病率为 39.6％。

在 Penny 等（1963）和 Mouttotou 等（1997）的两项研究中，育肥猪的蹄病率（至少有一处损伤）分别为 65.1％和 93.8％。断奶猪和育肥猪损伤相似，包括蹄踵、蹄底和趾尖的挫伤及糜烂，蹄踵剥离；白线损伤；蹄壁分离及假性蹄裂。

Osborne（1950）、Hogg（1952）及 Penny（1963）等早年的报道称母猪蹄病的流行率高。最近的报道发现 96％以上的淘汰散养母猪及 80％的淘汰圈养母猪患有至少有一处损伤（Gjein 和 Larssen，1995a）。Anil 等（2007）发现 184 头怀孕母猪中 88.6％至少有一处蹄壁损伤，86.4％有一处蹄踵损伤，66.3％的母猪有蹄踵和蹄底连接部的损伤，60.9％的有白线损伤。前肢损伤更严重，母猪侧趾的损伤比中间趾更严重。

蹄损伤与跛行之间的联系
ASSOCIATION BETWEEN FOOT LESIONS AND LAMENESS

Osborne（1950）和 Penny 等（1963,1965）早年报道蹄较严重的损伤和跛行有相关性，特别是成年母猪和公猪更明显。在蹄部损伤发生感染后，严重的蹄踵糜烂，严重白线裂开、纵向蹄壁裂感染和冠状带脓肿也更易见到跛行。

Anil 等（2007）发现母猪蹄白线损伤与跛行之间有明显相关性，而其他蹄部损伤与跛行没有相关性。但是，Anil 等后来的报道（2008）称蹄踵的损伤与蹄白线损伤一样与跛行有相关性。

对两个跛行发病率较低的商品猪场（母猪严重跛行低于 4％）进行研究，与跛行最常见的损伤是蹄踵糜烂和副趾过度增生。在这些猪群，白线和蹄侧壁的损伤并不是跛行的特征（Sounderman 等，2009）。

母猪跛行的早期发现和评估对早期防控与治疗非常重要。然而，Anil 等（2008）的研究表明对跛行的正确评分在轻度和不跛行的母猪群中非常困难。精确的评分有赖于经验和特别训练。

蹄趾损伤发病率的相关因素
FACTORS ASSOCIATED WITH THE PREVALENCE OF FOOT AND CLAW LESIONS

对蹄趾损伤发病率和严重程度的研究已经确定了一些相关因素,其中包括蹄趾的构造,环境特别是圈舍和地板的类型,营养及感染性因素。

趾的构造
Claw Conformation

大量研究表明趾的大小不一致,侧趾通常比中间趾大,侧趾更易于发生损伤和/或损伤更严重。趾大小不一致更易发生在后肢。

Penny 等(1963)测量了趾的大小,发现侧趾和中间趾的长度比为 1.11 : 1,宽度比为 1.13 : 1。通过检查 3 195 头猪,发现侧趾明显患有更多病变,在后肢更为明显。他们的结论是趾大小的不同更有可能是遗传的结果,中间趾较小在一定程度上受到侧趾的保护。因此,中间趾承重较轻,受损较小,而侧趾由于大小和位置的关系更易受损。

后续的报道基本赞同这些早期发现(Anil 等,2007, 2009;Bradly 等,2008,Gjein 和 Larssen,1995b)。Anil 等(2007)发现前肢比后肢患病更严重,母猪侧趾的患病比例比中间趾高。在讨论并参考其他人的研究后,Anil 等认为母猪在各条腿和各个趾之间上的体重分配(Kroneman 等,1993)对损伤的发展非常重要。侧趾蹄病更为常见是因为其比中间趾承重更大(Tubbs,1988),侧趾承担了 75% 的体重,同时占损伤的 80%(Webb,1984)。他还引用 Kroneman(1993)等的研究推断蹄的不同部位力量不同。软组织与硬组织连接的部位更易受伤。蹄球(heel bulb)承重最大,侧趾蹄球和侧趾远轴蹄壁连接处次之。趾尖是中间趾承重最大的区域。

Amstel 等(2009)发现前蹄比后蹄具有更大的承重稳定性,后腿中间趾承重稳定性最小。并推断这是因为更多的重量转移到了稳定性更高的后腿侧趾,这也可以解释那些趾的可视损伤被报道的发生率更高。

仔猪趾的大小不同可推断是遗传原因(Penny 等,1963)。R. Walters(个人交流)回顾了有关趾大小不同的文献,发现了遗传力差异大源于基因型差异和差异评分(测量法)的方法。与生长速率相似,遗传力的平均值为 0.27。Walter 认为在一个"平均"水平的群体,可以用选育的方法改良。Jørgensen 和 Andersen (2000)发现该值在长白猪和大白猪中分别是 0.13 和 0.19。Tarres 等(2006)在瑞士猪场大白猪群中测算母猪使用年限和肢蹄评分,得出结论:1999—2003 年间淘汰末位肢蹄评分的猪,使该猪群母猪使用年限得以提高。

地面类型
Type of Flooring

蹄趾损伤的发病率与圈舍和地面类型之间的关系,在哺乳仔猪、断奶猪、育肥猪和母猪均有报道。

哺乳仔猪蹄部损伤见于产床地面板条和趴卧区域坚硬,特别是饲养在水泥地面的猪群(Mouttotou 等,1999;Zoric 等,2004,2009)。降低产床板条的粗糙程度或是铺设垫料,会降低仔猪损伤的发病率和严重程度(Zoric 等,2009)。仔猪蹄底挫伤的发病率在漏缝地面上比在水泥地面上要高,甚至有垫料也是如此。漏缝地面增大了蹄底糜烂的风险(KilBride 等,2009)。

Gillman 等(2009)对各种饲养条件下,包括水泥地面、全漏缝或半漏缝地面和有数量不等的垫料的户外平养,从断奶到 14 周龄猪蹄病的发病率进行研究。趾糜烂与非高床饲养呈正相关,而非高床饲养中平养与蹄踵、蹄底糜烂呈负相关。蹄踵剥开与蹄踵/蹄底挫伤与漏缝地板呈正相关。

趾损伤在水泥地面饲养的育肥猪更为常见,特别是蹄壁开裂和白线开裂更为明显(Osborne,1950)。草垫地面的育肥猪蹄踵/蹄底糜烂和蹄踵剥开较少,但白线损伤、假性蹄裂、蹄壁分离和趾糜烂比水泥地面更多见。这些损伤在全漏缝地面或半漏缝地面上增多(Mouttotou 等,1999)。

Smith 和 Morgen(1998)发现在全漏缝地面或半漏缝地面上饲养育肥猪有趾的损伤。地面越粗糙发病率越高。在质量好的全漏缝地板上（粗糙程度适中，平滑，缝边角平整自然）与质量不好的地板上饲养相比蹄病发病率低。作者建议板条边角要圆滑平整，板条宽 13～14 cm，缝宽 1.8～2.4 cm，总缝长 10.0～17.7 m/头。

　　饲养在开放圈舍的怀孕母猪趾病发生率比饲养在封闭圈舍中特别是全漏缝或半漏缝地面圈舍的要高。然而，厚草垫料则会减少趾病发生，降低严重程度。相反，地面卫生状况差及高密度饲养则会增加趾病发病率和严重程度（Gjein 和 Larssen，1995b；Holmgren 等，2000）。

　　粗糙地面会导致趾病高发并增加跛行。水泥的 pH 从 7.4～8.3 并未影响发病率；但脏而湿的地面会使蹄底面变软，使其更易受创伤（Penny 等，1965）。母猪的各种趾病发病率在全漏缝地板的散养圈中比全漏缝的封闭圈中高（Anil 等 2007）。使用自动饲喂系统，可能因为猪挤在饲喂器入口，会导致蹄趾损伤几率的升高。体重增加会增加蹄壁损伤的发生，背膘厚度与蹄踵损伤呈正相关，但与蹄踵生长过度呈负相关。

营养和蹄甲的完整性
Nutrition and Hoof Horn Integrity

　　Tomlinson 等（2004）在关于牛角质和蹄甲生长的一篇综述中表示蹄甲上皮的角化过程受到多种生物活性分子和激素的调节与控制，这些调控物质有赖于包括维生素、矿物质和微量元素等营养成分的充分供应。到达上皮细胞的营养成分决定了蹄甲质量，进而决定蹄甲功能的完整性。

　　现在认为激素对蹄甲的生长也很重要。胰岛素、表皮生长因子、催乳素、糖皮质激素可能通过影响营养供应的方式影响蹄甲的生长。

　　蹄甲生长的营养需求包括氨基酸（半胱氨酸、组氨酸、蛋氨酸）、矿物质（钙、锌、铜、硒和锰）及维生素（维生素 A、维生素 D、维生素 E 和生物素）。除了生物素外，关于猪蹄甲生长营养需求的文献综述很少。现有的只是基于牛和马蹄甲生长和结构的知识。

　　氨基酸在建立角化蛋白生成细胞的结构完整性中起着关键作用。钙、锌和铜在角化过程中均起重要作用。锌在组织修复和铜在蹄甲的力量和弹性中起重要作用。

　　在奶牛日粮中添加锌可减少腐蹄病、蹄踵裂、趾间皮炎、蹄叶炎（Moore 等，1989）。同时牛铜缺乏会导致蹄裂、腐蹄病和蹄底脓肿。硒是一种抗氧化物质，可能保护和维持脂质丰富的细胞间质的完整性和生理功能（Tomlinson 等，2004）。然而过量的硒则会导致牛蹄甲质量差，导致跛行和蹄变形（Larson 等，1980）。

　　锰对骨和肌腱的发育及关节和软骨的强度有重要作用。维生素 A、维生素 D、维生素 E 对于蹄甲组织结构的形成和角化组织的质量是必不可少的。维生素 D 在钙的代谢中也有重要作用。

　　生物素在猪蹄趾完整性中的作用已被广泛研究（Hill，1992）。Tomlinson 等（2004）认为生物素可能是角化组织（皮肤、毛、甲和足垫）角化过程中维持完整性的最重要的维生素。生物素对细胞间质中复杂的脂质分子的形成至关重要（Mulling Hill 等，1999）。Hill（1992）引用大量早期试验猪生物素缺乏病例，症状包括有脱毛、皮肤病、蹄裂和跛行。

　　1977 年，Brooks 等在母猪日粮中添加生物素，结果蹄损伤降低 28%。Penny 等（1980）报道给 116 头经产和后备母猪的严重跛行猪群补充生物素。猪群分为 2 组，一半猪只在怀孕料中添加生物素 1 160 μg/d，在哺乳料中添加 2 320 μg/d，实验为期 12 个月，另一半做对照（不添加）。在实验开始时及其后每 3 个月对所有猪蹄包括蹄底面进行观察。已经患有蹄病的经产母猪经 12 个月后并无改善，然而进入繁育群并得到生物素添加的后备母猪蹄踵和白线的损伤明显减少。后蹄侧趾的损伤数量和损伤程度都有显著改善。作者推测生物素对后备猪进入繁育群非常重要是因为蹄甲能更好地抵御环境带来的外伤。

　　后续的研究（Misir 和 Blair，1986；Simmins 和 Brooks，1988）也报道补充生物素对避免蹄损伤、蹄壁硬度、足垫弹性有好处。结果显示生物素具有剂量和时间依赖性。在 Misir 和 Blair 的报道中，生物素的添加可显著降低悬趾足垫及悬趾以上部位发病率，在但对蹄裂无作用。

在一项对母猪繁殖性能与蹄病发生率和严重程度关系的研究中,Watkins 等(1991)向母猪饲喂玉米-豆粕基础日粮,在怀孕期-哺乳期日粮中添加 440 μg/kg d-生物素,但发现生物素的添加并不能显著影响蹄病的发生及其严重程度。然而在添加生物素的猪群中蹄病的评分有降低趋势。

然而,在 Lewis 等(1991)的类似研究中(涉及三个猪场),生物素在怀孕料和哺乳料中添加并不能降低母猪蹄病的发生和严重程度。实际上饲料中添加了生物素的母猪蹄裂比未添加母猪发病高,对于蹄侧壁开裂差异显著。另外,挫伤的发病率和严重程度在生物素添加群要高,同时群体×处理间作用显著。

Kornegay(1986)综述了生物素增加蹄壁硬度但降低蹄球的硬度,推测生物素的添加能降低蹄裂的发生但会增加蹄挫伤的发生。Kornegay的观点是许多环境和营养性因素影响造成母猪生物素的缺乏并改变日粮中生物素的需求。

许多关于蹄/甲损伤微观变化研究见诸报道。这些研究的结果争议广泛。Brooks 和 Simmins(1980)发现对于生物素缺乏的猪,生物素添加与否对蹄甲的强度没有影响。然而,Webb 等(1984)发现添加生物素对猪远轴侧蹄壁强度和硬度有改善。他们认为这能降低蹄对损伤的易感性。在 Webb 等(1984)和 Kempson 等报道的试验中,添加生物素的猪蹄甲的显微变化显示蹄甲强度和硬度提高。

Watkins 等(1991)认为文献中生物素添加效果的矛盾之处很可能反映了养猪生产中环境、营养和管理方式存在差异。生物素的含量可能极其依赖于谷物的种类和储存条件。发生霉变的谷物生物素含量降低(Hamilton 和 Veum,1984)。据报道,猪对谷物中的生物素吸收差,而以小麦或大麦为基础的日粮可能生物可利用的生物素含量不足(Misir 和 Blair,1986)。其他因素,如年龄、哺乳、抗生素药物、肠道疾病及接触粪便(吃粪便的猪)都可能会影响猪生物素的需求水平。

（于博、亓文宝译，张思明校）

参考文献
REFERENCES

Allerson M, Deen J, Ward TL. 2008. If sows were cows. In Proc Annu Meet Am Assoc Swine Vet, pp. 177–180.

Amstel SV, Ward T, Winders M, et al. 2009. Claw size in cull sows, quantification of a potential factor in lameness and culling. In Proc Annu Meet Am Assoc Swine Vet, pp. 375–476.

Anil SS, Anil L, Deen J. 2005. J Am Vet Med Assoc 226: 956–961.

——. 2008. Association between claw lesions and sow lameness. In Proc Congr Int Pig Vet Soc, p. 282.

——. 2009. JAVMA 235(6):734–738.

Anil SS, Anil L, Deen J, et al. 2007. J Swine Health Prod 15: 78–83.

Bradley CL, Maxwell CV, Johnson ZB, et al. 2008. The effect of parity and body weight on different claw measurements in the University of Arkansas sow herd over an 18 month period of time. In Proc Congr Int Pig Vet Soc, p. 283.

Brooks PH, Simmins PH. 1980. Vet Rec 107:430.

Brooks PH, Smith DA, Irwin VC. 1977. Vet Rec 101:46–50.

Da Silva A, Deen J, Ossent P, et al. 2010. Proc Annu Meet Am Assoc Swine Vet, p. 425.

Deen J, Winders M. 2008. Development of a claw lesion scoring guide for swine. In Proc Congr Int Pig Vet Soc, p. 579.

Gillman CE, KilBride AL, Ossent P, Green LE. 2009. Prev Vet Med 91:146–152.

Gjein H, Larssen RB. 1995a. Acta Vet Scand 36:433–442.

——. 1995b. Acta Vet Scand 36:443–450.

Hamilton CR, Veum TL. 1984. J Anim Sci 59:151–157.

Hill MA. 1992. Skeletal system and feed. In Diseases of Swine, 7th ed. Ames, IA: Iowa State University Press, pp. 163–195.

Hogg AH. 1952. Vet Rec 64:39–42.

Holmgren N, Eliasson-Selling L, Lundecheim N. 2000. Claw and leg injuries in group housed dry sows. Proc Congr Int Pig Vet Soc, p. 352.

Jørgensen B, Andersen S. 2000. Anim Sci 71:427–434.

Kempson SA, Currie RJW, Johnston AM. 1989. Vet Rec 124: 37–40.

KilBride AL, Gillman CE, Ossent P, et al. 2009. BMC Vet Res 5:31.

Kornegay ET. 1986. Livest Prod Sci 14:65–89.

Kroneman A, Vellenga L, Can de Wilt FJ, et al. 1993. Vet Q 15: 26–29.

Larson LL, Owen FG, Cole PH, Erickson ED. 1980. J Anim Sci 51(Suppl 1):296.

Lewis AJ, Cromwell GL, Pettigrew JE. 1991. J Anim Sci 69: 207–214.

Misir R, Blair R. 1986. Res Vet Sci 40:212–218.

Moore CL, Walker PM, Winter JR, et al. 1989. Zinc methionine supplementation for dairy cows. Trans Illinois State Acad Sci 82:99–108.

Mouttotou N, Green LE. 1997. Vet Rec 145:160–165.

Mouttotou N, Green LE, Hatchell FM, Lundervold M. 1997. Vet Rec 141:115–120.

Mouttotou N, Hatchell FM, Green LE. 1998. The prevalence and distribution of foot lesions in weaners and their association with floor characteristics. In Proc Congr Int Pig Vet Soc, p. 201.

——. 1999. Vet Rec 144:629–632.

Mülling C, Bragulla H, Reese S, et al. 1999. Anat Histol Embryol 28:103–108.

Osborne HG. 1950. Aust Vet J 26:316–317.

Penny RHC, Cameron RDA, Johnson S, et al. 1980. Vet Rec 107: 350–351.

Penny RHC, Osborne AD, Wright AI. 1963. Vet Rec 75: 1225–1235.

——. 1965. Vet Rec 77:1101–1108.

Simmins PH, Brooks PH. 1988. Vet Rec 122:431–435.

Smith WJ, Morgan M. 1998. Claw lesions their relationship with the floor surface. In Proc Congr Int Pig Vet Soc, pp. 206–207.

Sonderman J, Anil SS, Deen J, et al. 2009. Lameness prevalence and claw lesions in two commercial sow herds. In Proc Annu Meet Am Assoc Swine Vet, pp. 285–287.

Tarres J, Bidanel J, Hofer A, Ducrocq V. 2006. J Anim Sci 84: 2914–2924.

Tomlinson DJ, Mülling CH, Fakler TM. 2004. J Dairy Sci 87: 797–809.

Tubbs RC. 1988. J Vet Med 83:610–616.

Watkins KL, Southern LL, Miller JE. 1991. J Anim Sci 69: 201–206.

Webb NG. 1984. J Agr Eng Res 30:71–80.

Webb NG, Penny RHC, Johnston AM. 1984. Vet Rec 114: 185–189.

Zoric M, Nilsson E, Lundeheim N, et al. 2009. Acta Vet Scand 51: 23.

Zoric M, Sjolund M, Persson M, et al. 2004. J Vet Med B Infect Dis Vet Public Health 51:278–284.

18 乳腺系统
Mammary System
Guy-Pierre Martineau，Chantal Farmer，和 Olli Peltoniemi

乳腺解剖学结构
MAMMARY GLAND ANATOMY

Barone（1978）、Schummer 等（1981）、Calhoun 和 Stinson(1987)对猪乳腺的微观和宏观结构进行了系统描述。猪乳腺位于胸与腹股沟之间，在腹壁中线两侧平行排列。商品化品系的猪的乳腺一般在 12～18 个之间（Labroue 等，2001），而梅山猪的乳腺可以达到 22 个。来自法国的数据表明，目前 65％的纯系母猪有分泌功能的乳头可以达到 16 个甚至更多，而在 2002 年，仅有近 18％的纯系母猪达到这种水平。Muirhead（1991）指出，能留作种用的公猪和后备母猪应具备以下条件，有 14 个位置合适、发育良好的乳头，这些乳头的排列应该保持平行且易于被仔猪接触到。乳头位置的不合适常常导致母猪不能同时哺育 11 头或者 12 头仔猪。

乳腺（两对胸部的，四对腹部的，一对腹股沟的）由脂肪组织和结缔组织固着于腹壁。每个乳腺通常有一个乳头和两个相对独立的乳头管。如果在翻转乳头的情况下看不到输乳孔，是瞎乳头的几率就有 50％。有时也会发现较多具有分泌功能的小乳头以及成对与乳腺不相连而发育不全且无分泌功能的副乳头（Labroue 等，2001；Molenat 和 Thibeault，1977）。

未开产母猪的乳腺由分布于脂肪和结缔组织中的细胞团组成，而在泌乳期母猪的乳腺中，其大部分结缔组织被腺体实质所取代。泌乳母猪的乳腺由结构复杂的管泡状组织组成，其小叶中排列着分泌单位。小叶内衬有分泌乳汁功能的腺上皮细胞。分泌单位由无分泌功能的导管连接并通向乳头的开口处。母猪乳腺通常有 2 套完整的乳腺系统，两个系统通常相互交织，但每个系统的组成部分相互独立，同时在每个乳头上形成两个输乳孔（图18.1）。在输乳孔的周围没有发达的括约肌环绕，所以想通过输乳孔来治疗乳房内的疾病是不可能的。

从腋窝到腹股沟的长轴方向、腹中线两侧，动脉、静脉和淋巴管循环构成一个网状结构（Barone，1978；Lignereux 等，1996；Schummer 等，1981）。此外，在猪每对乳腺之间有一个静脉吻合处。

头侧乳腺和腹股沟侧乳腺的神经分布不同。头侧乳腺受最后第 8 对或第 9 对胸神经支配，而腹股沟侧乳腺主要受阴部神经支配（Gandhi 和 Getty，1996a，b；Ghoshal，1975）。更详细的乳腺解剖学和组织学介绍可参阅第 7 版《猪病学》（Smith 等，1972）。

猪病学，第 10 版，由 Jeffrey J. Zimmerman, Locke A. Karriker, Alejandro Ramirez, Kent J. Schwartz, Gregory W. Stevenson 主编。
© 2012 John Wiley & Sons, Inc. 由 John Wiley & Sons, Inc. 2012 年出版。

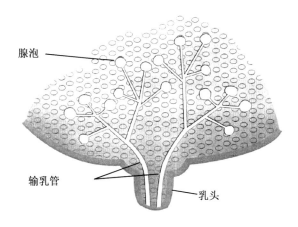

腺泡

输乳管

乳头

图 18.1 猪乳腺的结构。改自 Delouis(1986)。

乳腺发育
MAMMOGENESIS

乳腺的发育程度和泌乳能力与乳腺细胞的数量密切相关。乳腺在胎儿期就开始生长,但主要的生长阶段是在出生后,在妊娠后期的生长程度最大,有些动物在哺乳期乳腺仍在生长。

新生仔猪乳腺导管系统发育很不完善,主要由皮下的间充质组成(Hughes 和 Varley,1980)。90 日龄以前,乳腺组织和乳腺 DNA(代表着乳腺细胞数)的增生缓慢,而 90 日龄时其增长率提高了 4～6 倍(Sorensen 等,2002a)。青年母猪在配种后,其乳腺仍然很小,但是此时的乳腺有广泛的导管系统,同时其拥有多种向外生长的芽状物(Turner,1952)。

在青年母猪妊娠过程中,其大部分乳腺组织和乳腺 DNA 的增殖发生于怀孕的后 1/3 阶段(Hack 和 Hill,1972;Ji 等,2006;Kensinger 等,1982;Sorensen 等,2002)。在妊娠的第 45～112 天期间,乳腺湿重大约增加了 10 倍。乳腺经历了从脂肪组织和基质组织向有分泌功能的腺泡小叶组织的转变过程(Hacker 和 Hill,1972;Kensinger 等,1982)。在妊娠的早期和晚期之间,乳腺组织内容物的成分由高脂肪向高蛋白转换(Ji 等,2006),基于 DNA 增长的研究发现这种转变发生在妊娠的第 90 天左右,而基于蛋白质增长的研究表明这种转变发生在妊娠的第 75 天左右(Ji 等,2006)。毋庸置疑,这种转折点的出现与循环中雌激素、松弛素和催乳素等乳腺发育激素的循环浓度的增加有关(Ji 等,2006)。

乳腺的位置影响妊娠期乳腺的生长,最大的乳腺往往在中部位置(第三、第四和第五对),同时最小的乳腺往往在后部(第六、第七和第八对)(Ji 等,2006)。哺乳期乳腺的平均重量在第 5～21 天呈线性增加,增幅达 57%,同时这段时期乳腺内的平均 DNA 含量增加了 100%(Kim 等,1999a)。乳腺的重量达到最大时,其泌乳量也达到最大(Hurley,2001)。经产数对母猪乳腺的发育也有影响;经产 1、2、3 胎的母猪在妊娠期第 113 天和哺乳期第 26 天之间,其乳腺的湿重分别增加70%、20%、30%(Beyer 等,1994)。

影响乳腺发育的因素
Factors Affecting Mammary Gland Development

雌激素对于乳腺的发育是非常重要的(Kensinger 等,1986)。青年母猪在 90 d 时乳腺发育的增长率和卵巢活力的出现有关(Farmer 等,2004b;Sorensen 等,2002)。催乳素对初情期前的乳腺发育有影响,这种影响是通过刺激泌乳细胞的增加而实现的(Farmer 和 Palin,2005)。

在妊娠期,腺泡小叶细胞的形成与母体血液循环中雌激素和孕酮浓度升高有关(Ash 和Heap,1975),而此时催乳素的浓度仍然很低(Dusza 和 Krzymowska,1981)。在妊娠 105 d 以后,孕酮浓度的下降和雌激素浓度的升高与乳腺代谢活性的迅速增加有关(Kensinger 等,1986;Knight 等,1977;Robertson 和 King,1974),这可能是通过诱导乳腺组织中的催乳素受体而起作用的。在妊娠的后 1/3 阶段降低催乳素的水平可明显抑制青年母猪乳腺的发育(Farmer 等,2002),尤其是在妊娠的第 90～109 天(Farmer 和 Petit-clerc,2003)。

据 Buttle(1988)报道,妊娠 60 d 的青年母猪切除卵巢(但不是仅切除黄体),其乳腺小叶发育时间延迟。Hurley 等(1991)随后的研究证明松弛素在青年母猪妊娠后 1/3 阶段对其乳腺的发育起非常重要的作用。松弛素能够促进乳腺实质的生长,抑制脂肪组织的生长,而对乳腺实质细胞组成没有影响。松弛素作用于乳腺发育的机理仍不清楚,但是这种机制的发生似乎需要雌激素的诱导及其他乳腺激素如催乳素的相互作用(Hurley

等,1991)。

在母猪乳腺发育迅速的两个阶段(即从 90 日龄到初情期和妊娠的后 1/3 阶段),营养对于乳腺的发育程度有着很大的影响。Sorensen 等(2006)证明了 3 月龄到初情期这一阶段内,母猪的自由采食对于其乳腺最大程度的发育是必需的。Lyvers-Peffer 和 Rozeboom(2001)认为在 9～25 周龄的特殊时段,降低母猪能量的摄取会减少乳腺实质的重量,同时在妊娠结束时其乳腺 DNA 水平也很低,Farmer 等(2004b)等的研究也支持这种观点。虽然已经阐明能量供应对乳腺发育会产生影响,然而只要在 90～150 日龄和151～200 日龄保证每天分别摄取 2.5 kg 和 3.3 kg 的饲料,即使在该时期内饲喂低蛋白的日粮(14.1％～18.7％粗蛋白)也不会妨碍乳腺的发育。对 90 日龄到初情期的青年母猪饲喂植物雌激素也可以刺激其乳腺细胞数量的增加(Farmer 等,2010a)。

在妊娠的最后 1 个月增加母猪能量和蛋白质的摄入量,对其乳腺的发育是否有影响还不确定。Weldon 等(1991)报道,在母猪妊娠的 75～105 d 内,增加蛋白质的摄入量不利于乳腺的发育。Howard 等(1994)的研究表明在妊娠期提高能量摄入和脂肪添加对于怀孕母猪的乳腺发育没有作用。Kusina 等(1995)的研究也表明虽然妊娠期增加蛋白质的摄入量有利于乳汁的分泌,但这并非是促进乳腺发育的结果。相反,通过改变妊娠期青年母猪的蛋白质和能量的摄入量,使其机体的组成发生改变,则对于相同体重的青年母猪而言,脂肪型反而比瘦肉型的母猪的泌乳量要少(7.0 和 9.0 L/d)(Head 和 Williams,1991)。将 2 周龄的仔猪喂养成脂肪型或瘦肉型的青年母猪后,当泌乳开始时,Pluske 等(1995a)发现瘦肉型母猪比脂肪型母猪的泌乳量多,这表明泌乳初期分泌细胞的数量的多少对于母猪的泌乳量影响很大。

营养的供应对母猪哺乳期间乳腺的发育有影响。Kim 等(1999b)报道,在哺乳期提高总能量和蛋白质的摄入量对于乳腺的发育有协同作用,表现在哺乳期乳腺的湿重、蛋白和 DNA 水平总量的增加。

最近的研究表明,妊娠期和泌乳期间母猪的

饲养水平能影响其后代乳腺的发育。对妊娠后期及泌乳期的母猪饲料中补充 10％亚麻籽,能够增加其雌性后代初情期乳腺组织实质的重量及实质内蛋白质的含量(Farmer 等,2010)。妊娠期或初产母猪饲养水平的变化可能会对乳腺的发育产生持续性影响。

回乳
MAMMARY GLAND INVOLUTION

断奶后的前 7 d,哺乳过的母猪乳腺发生了很大的变化,明显的变化出现在断奶后的前 2 d(Ford 等,2003)。回乳引起了超过 2/3 的乳腺实质和细胞的丢失,这种现象发生在断奶的当天(Ford 等,2003)。回乳一般快速发生于产后的前 7～10 d,而且日粮营养水平影响这种现象的发生(Kim 等,2001)。个别在哺乳期没有被经常吮吸的乳腺在哺乳期就经历了回乳的过程,同时这些乳腺在断奶的前 7 d 内乳腺的实质组织没有进一步的减少(Ford 等,2003)。24 h 之内发生的回乳是可逆的,然而在哺乳后期产乳量将保持在较低水平(Kim 等,2001)。回乳发生 3 d 后就不可逆了(Theil 等,2005)。

回乳末期哺乳期经仔猪吮吸过的乳腺比没有被吮吸的乳腺要大,这提示随后的妊娠将会有更多的可再发育的乳腺组织及在下一个泌乳期将有更多的产乳量(Ford 等,2003)。Fraser 和 Rushen(1992)发现泌乳期乳头的吮吸可以明显提高下一个泌乳期的产乳量;相反,一项挪威的研究表明,一两次哺乳期未能活化的乳腺,在随后的哺乳期内完全可以泌乳(Gut-à Porta 等,2004)。

在泌乳高峰期(3～4 周)突然停止哺乳会导致母猪和乳腺代谢活性及内分泌状况的巨大变化。乳汁中的乳糖含量下降,乳汁中葡萄糖的浓度有个短暂的下降,随后血浆中葡萄糖和乳糖的浓度升高(Atwood 和 Hartmann,1995)。这可能是由于乳腺上皮细胞间连接紧密状况的改变引起的。断奶后 1 周腺泡开始退化(Hacker,1970),同时分泌腺体组织被脂肪组织代替,当再次怀孕时又有新腺泡系统在此开始发育(Delouis,1986)。乳腺缺少刺激后,催乳素有规律的分泌活动停止(Benjaminsen,1981),而促性腺激素浓度开始升高,从而启动下一个排卵周期(Stevenson

等,1981)。Ford 等(2003)认为在哺乳期的第 21 天断奶时,给予雌激素并不能全面加快回乳的速度。

从另一方面说,断乳的时间影响回乳的过程,这是因为乳腺上皮细胞间的紧密连接在泌乳的 22～44 d 会出现疏松的现象(Farmer 等,2007)。这表明回乳发生在乳腺功能完成改变的时间段对于乳腺在下一个泌乳期的发育是必需的(Hurley,1989)。当然对确保下一个泌乳期出现较长泌乳高峰期的最有效的处理措施还需要进一步研究确定。

泌乳生理学
PHYSIOLOGY OF MILK PRODUCTION
乳汁生成
Lactogenesis

乳汁合成的能力指乳腺合成乳成分如乳糖、酪蛋白和脂肪的能力,它常分为两个时期。泌乳 I 期是指乳腺合成乳汁成分的准备阶段,泌乳 II 期是指接近分娩时,乳汁开始合成和分泌(Hartmann 等,1995)。

在妊娠第 90～105 天腺泡内有大量的乳汁成分,表明泌乳 I 期过程开始(Kensinger 等,1982);但是,分娩前几乎挤不出乳汁。在妊娠后期及在初乳期,腺泡周围乳腺上皮细胞之间连接不再紧密。这就引起了渗出物从血浆渗出至乳汁中,同时腺泡中的乳汁成分也可渗回到血液中(图 18.2)。虽然血浆渗出有助于满足仔猪所需要的初乳量,但是作用的时间可能较为短暂。

初乳期母猪血浆中乳糖浓度较高(＞200 mmol/L)(Hartmann 等,1984),同时乳汁中所有的免疫球蛋白均来源于血浆(Bourne 和 Curtis,1973)。泌乳期血浆中乳糖的含量是低的(＜100 mmol/L)(Hartmann 等,1984),而且乳汁中大多数的免疫球蛋白是局部合成的(Bourne 和 Curtis,1973)。猪初乳期和哺乳期血浆中乳清蛋白(α-乳白蛋白和 β-乳球蛋白)浓度的变化相似(Dodd 等,1994)。

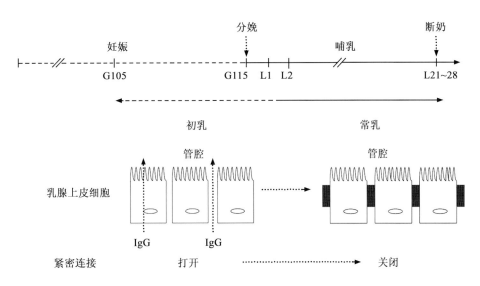

图 18.2 乳腺上皮细胞紧密连接在乳汁形成及分泌时的状态。改自 Foisnet(2010)。

乳汁合成的启动与产仔时血浆中黄体酮浓度的下降紧密相关(Hartmann 等,1984;Robertson 和 King,1974)。但是,妊娠后期给予母猪外源性的黄体酮能够延迟分娩,却不能推迟乳汁的大量合成(Foisnet 等,2010c;Whitely 等,1990)。然而,黄体酮浓度的下降(即通过前列腺素使黄体溶解)被认为是诱导猪乳腺合成大量乳汁的主要激素信号,乳腺初乳的减少引起大量乳汁的分泌(Hartmann 等,1995)。

松弛素与分娩的开始密切相关,因为在妊娠末期黄体酮浓度开始下降之前,松弛素的浓度往往增加。产前催乳素浓度上升,随后黄体酮和松弛素的浓度下降,似乎是催乳激素复合体(lactogenic homonal complex)的重要组分(Whitely 等,1990)。催乳素是启动母猪泌乳的一种关键性激素(Tucker,1985),抑制妊娠母猪分娩前催乳素高峰的来临,可以抑制随后的乳汁生成(Whita-cre 和 Threlfall,1981;Taverne 等,1982)。

排乳
Milk Ejection

在初乳期特别是在分娩时和分娩后 1 h,初乳很容易排出。分娩过程中,仔猪产出时子宫颈扩张和母猪的努责活动已足够引起乳汁的分泌(Castren 等,1989;Fraser,1984)。初乳的分泌频率是 10～20 min 一次。乳汁分泌是乳房压力升高引起的,可持续 1 min 或者更长的时间,但当每次排出 50～100 mL 初乳后,乳腺压力就随之降低,再要排乳就比较困难(Fraser,1984)。

初乳期后,哺乳母猪的乳汁分泌在一天之内是周期性变化的(Castren 等,1993;Chaloupková 等,2007;Lewis 和 Hurnik,1985;Whittemore 和 Fraser,1974)。乳汁从腺泡和导管系统排出需要神经内分泌的排乳反射,这种反射的发生依赖于仔猪对乳腺的吮吸(Fraser,1980),从而刺激了催产素和乳汁的释放(Hartmann 和 Holmes,1989)。催产素刺激腺泡腔周围的肌上皮细胞,压迫乳汁通过导管系统流向乳头(Ellendorf 等,1982)。乳房的刺激对于催产素的释放是必需的(Algers 等,1990),但是仔猪的生长率不受与催产素释放有关的乳腺内最大压力的影响(Kent 等,2003)。乳汁排出的前 30 s 血液循环中催产素的浓度上升(Ellendorf 等,1982)。乳汁排出的时间很短,仅持续 10～20 s(Fraser,1980)。Whitely 等(1985)也发现仔猪吮吸乳头或给予母猪催产素,母猪血液中松弛素浓度急剧上升,这表明松弛素能抵消催产素的作用,同时(或)负反馈调节脑垂体,抑制催产素分泌。

哺乳过程中,并非所有的哺乳活动都能成功。不成功的哺乳可能会影响个别仔猪或影响整窝仔猪的哺乳。在后一种情况中,还必须区分是仔猪吮吸障碍还是母猪排乳障碍(Illmann 和 Mad-lafousek,1995)。初乳后,不管是饲养在自然条件下还是在人工控制的环境中,引起整窝仔猪哺乳失败的情况更加常见(Castren 等,1993;Fraser,1977)。现已表明,乳腺内压力没有升高,血浆中催产素的浓度就不会升高(Ellendorf 等,1982)。据有关报道,哺乳期的前 10 d 内,哺乳失败的比

例可达 20%～40%(Fraser,1977;Jensen 等,1991)。尽管泌乳失败耗费仔猪大量的能量,但这也许在维持泌乳方面发挥重要作用(Algers,1993)。哺乳失败后血浆中催乳素浓度的升高,也证实了上述观点(Rushen 等,1993)。Rushen 等(1995)认为外源性的应激因素也可能会导致排乳障碍,例如,母猪饲养在新的环境中,哺乳障碍的比率就会升高。这种应激诱导的排乳障碍并非由于皮质醇或促肾上腺皮质激素(ACTH)浓度升高所致,很可能是阿片介导的催产素释放被抑制的结果。这种新环境的应激因素并不能引起乳腺释放催产素所需刺激阈值广泛的上升。

泌乳量的测定
Measuring Milk Production

测定母猪的泌乳量要比其他家畜困难,因为母猪的乳头较小且数量众多,使得手工挤奶或机械挤奶较为困难。此外,初乳期后,母猪乳汁的分泌是不连续的,因此,初乳期以后,乳汁分泌必须依赖外源的催产素刺激。母猪必须每天挤奶超过 24 次来模仿仔猪吮吸(Hernandez 等,1987)。因此,母猪全天的泌乳量多是通过一天之内数次测定的结果来推断的。据报道,24 h 内测定 7 或 8 次即可较好地估计每日泌乳量(Mahan 等,1971;Salmon-Legagneur,1965)。

哺乳前后对仔猪重量的测量常用来评估母猪的泌乳量,母猪第一个阶段的泌乳量常常会被低估,这是因为在该阶段母猪的泌乳量远远超过了仔猪的需求量,这可以用几窝仔猪摄取一头母猪的泌乳来纠正。在泌乳的中后期,乳汁的供给量是仔猪生长的限制性因素,同时这些方法对于估计母猪泌乳能力是一个好的方法。挤奶机对排乳量的评价结果重复性很好,同时挤奶机也被用来比较猪的不同乳头(Fraser 等,1985)和不同品种猪的排乳量(Grun 等,1993a)。

早期的研究表明,仔猪的生长情况并不能准确预测母猪泌乳量(Lewis 等,1978;Salmon-Legagneur,1956),但是目前的研究证明通过仔猪的生长情况可以准确预测不同哺乳期的乳汁量(Noblet 和 Etienne,1989)。要做到这一点,需要确保母猪产仔数是标准化的,同时仔猪没有接触到固体饲料。

泌乳模式
Pattern of Milk Production

通常把母猪的泌乳过程分 4 个阶段:初乳期、上升期、稳定期和下降期。现代化养猪场的母猪通常到达不了下降期,因为在泌乳的 28 d 内(处于稳定期)就已经给仔猪断奶了。典型的泌乳曲线如图 18.3 所示(Toner 等,1996),这和其他报道的曲线相似(Grun 等,1993b;Noblet 和 Etienne,1986;Shoenherr 等,1989)。有报道称泌乳的上升期终止于产后的 14~28 d 不等。这种差异与母猪的品种、营养状况、群体以及评估产乳量的方法有关。

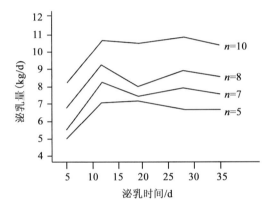

图 18.3　哺乳不同数量仔猪的初产母猪泌乳模式(经 Toner 等,1996,授权翻印)。

初乳期(Colostral Phase)。初乳和初乳期后分泌的乳汁相比,蛋白质(主要是免疫球蛋白)含量高,脂肪和糖类物质少(Dorland,1985)。初乳和乳汁成分的转变发生在分娩后的 24 h 左右,并且伴随着免疫球蛋白的浓度下降(Klobasa 等,1987)及脂肪和乳糖浓度的升高。在初乳的早期,乳腺的分泌是连续的,然而在随后初乳晚期,乳汁的分泌呈周期性(de Passillé 和 Rushen,1989a)。在产后的 48~72 h,仔猪便固定 1~2 个特定的乳头吃奶(de Passillé 等,1988;Fraser,1976;Roychoudhury 等,1995)。在产后的 48 h 内,任何尚未吮吸的乳腺开始回乳,从而变成无分泌功能的乳腺(Atwood 和 Hartmann,1993)。哺乳期乳汁的产量与被吮吸的乳腺的数量成正比(Auldist 等,1998)。

近期研究表明,营养、激素和环境对母猪整个泌乳形成机制的调控有重要作用(Farmer 和 Quesnel,2009)。对于一窝有 8~12 头仔猪的猪群来说,产后 24 h 内母猪的初乳量在 2.5~5 kg,平均初乳量为 3.5 kg。相比而言,在泌乳期的第 4 天的乳量为 5~10 kg/d,平均为 8 kg/d。初乳的总量是不定的,大约是早期泌乳量的一半(Devillers,2004;Devillers 等,2004a,b,2005,2006,2007;Farmer 等,2006,2007;Foisnet,2010;Foisnet 等,2010a-c;Le Dividich,2006;Le Dividich 等,1994a,2004,2007)。

上升期(Ascending Phase)。在哺乳期乳汁的上升期(直至约第 10 天),泌乳量随哺乳次数和每次哺乳量的增加而增加。泌乳第 10 天哺乳次数是第 2 天的 2 倍(分别是 35 次/d 和 17 次/d)(Jensen 等,1991),同时从第一周到第三周,每次的泌乳量从 29 g 增加到 53 g(Campbell 和 Dunkin,1982)。在上升期,母猪的泌乳量受仔猪需求量的调控,并且体重大的仔猪的需乳量比体重轻的多(King 等,1997)。在哺乳期的头 2 周,出生时体重大的仔猪比同窝体重小的仔猪摄入更多的母乳;然而,对于所有仔猪而言,其需乳量与其体重相关,这一点是相似的(Campbell 和 Dunkin,1982)。体重大的仔猪需乳量大,每次哺乳时摄入的母乳量大。

稳定期(Plateau Phase)。泌乳约 10 d 以后,泌乳量达到高峰(King 等,1997)。然而,在哺乳的后期,仔猪的生长可能受到母乳供应不足的抑制,对于哺乳期较长和每窝产仔数较多的情况而言,这种抑制更为明显(表 18.1)。在泌乳的第 7~28 天,饲喂添加牛奶和不添加牛奶饲料的仔猪,其体重差分别是 140 g(第 14 天)、756 g(第 21 天)和 1 761 g(第 28 天)(Reale,1987)。从 3 日龄到断奶饲喂添加牛奶饲料的仔猪,其平均日增重增加,分别为 120 g(第 7 天)、340 g(第 14 天)、910 g(第 21 天)(Wolter 等,2002)。据报道,21 d 的哺乳期中,每个仔猪的生长会受到 2 kg 以上的损失影响(Harrell 等,1993)。近些年来,随着高产母猪产仔数的增加,这种因母乳供应量不足而引起仔猪错失最佳生长的问题愈发严重。

表 18.1   采用最小二乘法,在校正仔猪初生体重之后(这些仔猪在哺乳期的 28 d 内没有死亡),对 59 窝大小不同的仔猪的体重进行分析

窝仔数/头	n	仔猪日龄/d				
		3	7	14	21	28
8	15	1.87	2.82	4.62	6.42	8.21
9	15	1.85	2.78	4.38	6.18	7.91
10	15	1.87	2.72	4.40	6.18	7.89
11	14	1.88	2.72	4.21	5.60	7.10

改自 Klopfenstein 等(2006)。

泌乳的调控
CONTROL OF MILK PRODUCTION

泌乳频率
Milking Frequency

周期性的哺乳始于母猪分娩后 10 h 左右(Lewis 和 Hurnik,1985),并且这个过程的发生是渐进性的(Algers 和 Uvnäs-Moberg,2007)。哺乳频率是决定乳产量的主要因素,其在哺乳期的第 8～10 天达到高峰,随后缓慢下降(Puppe 和 Tuchscherer,2000)。一般情况下,在哺乳早期(第 5 或 6 天)哺乳间隔是 36～40 min,在哺乳后期(第 18 或 20 天)哺乳间隔是 39～48 min(Farmer 等,2001;Fisette 等,2004)。哺乳频率在哺乳期的第 10 天昼夜相似,而在第 17 天夜间哺乳频率下降(van den Brand 等,2004)。

从乳腺中及时排出乳汁对维持母猪乳汁的分泌是至关重要的。事实上,吮乳与乳汁的排空是哺乳期乳腺生长的主要刺激因素。分娩时未发育的乳腺受吮乳的刺激仍可快速生长(Hurley,2001)。乳汁从乳腺上皮细胞分泌入腺泡腔并在其内聚集,腔内乳汁含有一种叫泌乳反馈抑制因子(FIL)的自分泌因子成分,这种自分泌因子抑制了腺泡上皮细胞的进一步泌乳(Peaker 和 Wilde,1987)。实际上乳汁在腺泡腔内的淤积是泌乳结束和腺泡退化的主要刺激因素(Boyd 等,1995)。乳汁排空的同时 FIL 也被去除,因而乳汁分泌又可继续进行。乳汁在乳腺内的积聚也造成乳腺内压力增大,从而使流入组织的血液减少(Hurley,2001)。而且,仔猪吮吸或按摩乳腺会促使血液中催乳素的浓度升高(Farmer,2001;Spinka 等,1999)。哺乳刺激增加,产奶量则增加,这体现了乳汁排空的重要性(Sauber 等,1994)。哺乳频率对于调整每日总奶产量(Spinka 等,1997)、调节母猪产奶量(Ellendorf 等,1982)、调节乳汁的分泌和乳腺发育(Auldist 等,2000)起着至关重要的作用。在每次哺乳后,乳腺中再度充满乳汁的时间在 35 min 以内(Spinka 等,1997)。

众所周知,同一产房的仔猪将同步哺乳(Wechsler 和 Brodmann,1996),这可能是受到其他仔猪哺乳的声音刺激造成的。录制的母猪哺乳时的声音确实能刺激仔猪的哺乳(Stone 等,1974),但母猪哺乳时的声音每隔 35～42 min 重放一次,哺乳次数并没有增加 8%(Cronin 等,2001;Fisette 等,2004)。另外,每隔 35 min 重放一次,到哺乳期结束时可增加母猪乳腺实质细胞数量(Farmer 等,2004a)。目前的研究表明,在整个哺乳期,将声音刺激作为日常管理方案是不合适的,但是这种措施却可通过增加哺乳频率及降低哺乳过程中吮吸中断行为的途径增加母猪的乳汁产量。

母猪营养(饲养水平和能量)对哺乳频率没有影响(van den Brand 等,2004),但母猪品种和其有关联,比如眉山系母猪比欧洲白母猪有更短的哺乳间隔时间(Farmer 等,2001;Fisette 等,2004)。重要的是,最短的哺乳时间间隔 35 min 对于乳腺腺体的再度充满乳汁是必要的,较长的哺乳间隔仅能略增加每次哺乳时的奶产量(Spinka 等,1997)。

激素调控
Hormonal Control

乳腺神经受体受到仔猪吮吸激活后,不但刺

激了母猪垂体后叶释放催产素,而且刺激了垂体前叶释放催乳素、生长激素(GH)、促肾上腺皮质激素(ACTH)和促甲状腺激素。垂体前叶释放的激素具有维持乳腺上皮细胞合成乳汁的功能(Delouis,1986)。

生长激素对于泌乳既有直接(作为一种对泌乳成分合成的营养调节因素)又有间接的作用(Flint 和 Gardner,1994)。生长激素的间接作用是增加作用于乳腺上皮细胞的类胰岛素生长因子1(IGF-1)的浓度,其是通过 IGF-1 受体作用于乳腺上皮细胞的。用免疫方法抑制血循环中生长激素释放因子,降低血液中生长激素和 IGF-1 的水平,则母猪的泌乳量显著下降,但仔猪的生长率不受影响(Armstrong 等,1994)。从而得出结论:生长激素在维持母猪泌乳中的作用是辅助性的而非必需。Ruan 等(2005)研究显示,乳腺转基因过表达 IGF-1 并不会影响母猪产奶量。

在哺乳期的不同阶段,系统地抑制催乳素分泌活动可使仔猪增重受到抑制(Farmer 等,1997)。这些结果表明,催乳素对于母猪泌乳的发生与维持都很重要。Plaut 等(1989)的研究结果也表明催乳素与其受体相结合是泌乳的主要效应物。

甲状腺激素对于乳腺的各种代谢和蛋白的合成功能是必需的(Trucker 等,1985)。促甲状腺激素(TRF)不但刺激甲状腺激素而且刺激催乳素的释放(Dubreuil 等,1990),从而可能会参与控制乳汁的生成。

最近的研究显示在胎盘排出时注射阿扎哌隆可促进哺乳行为,提高仔猪初乳摄入量(Biermann 等,2010),进而提高仔猪生产性能(Miquet 和 Viana,2010;Tseng 等,2010)。

水的供给
Water Availability

妊娠末期饮水量约为 1 L/h,到分娩结束前 12 h 增加至 2.6 L/h(Klopfenstein,2003)。一些母猪在产后 24 h 饮水很少(少于 10 L/d)。在这个过渡期后,哺乳期水的摄入量逐渐增加到 20~35 L/d。临近分娩时的饮水量增加部分原因是身体需水量增大的结果。实际上,分娩前几个小时,由于分娩过程的需要,母猪生殖系统含水量迅速增加(Dobson,1988)。

乳汁成分
COMPOSITION OF SOW MILK

猪乳中含有 100 多种不同的化学成分(Xu 综述,2003),其主要成分是乳糖、蛋白质(酪蛋白、α-乳糖、β-球蛋白、血清白蛋白以及免疫球蛋白)、脂类、泌乳细胞、白细胞、二价离子(钙离子、磷酸根离子、镁离子)和电解质(钠离子、钾离子和氯离子)。这些成分的含量随泌乳阶段的不同而变动(表 18.2)。Wu 等(2000)报道前部乳腺中免疫球蛋白和乳铁蛋白的浓度大于后部乳腺。这表明,前部乳腺乳蛋白合成较后部乳腺强。

常乳和炎性乳汁中的体细胞
Somatic Cells of Normal and Mastitic Milk

健康母猪乳腺分泌的乳汁中体细胞计数(SCC)为 100 万 ~ 400 万/mL(Drendel 和 Wendt,1993;Evans 等,1982;Hurley 和 Grieve,1988;Klopfenstein,2003;Magnusson 等,1991;Schollen-berger 等,1986),而牛奶中不足 100 万/mL(Smith 等,2001)。牛奶中体细胞主要是从乳腺上脱离的白细胞和上皮细胞(Harmon,1994)。不同类型细胞的数量随泌乳阶段的不同而变化。初乳期收集的乳汁大部分为白细胞(>98%),而后(第 7、14、28 天)主要是上皮细胞(Evans 等,1982;Magnusson 等,1991;Schollenberger 等,1986)。

感染乳腺分泌的乳汁,其体细胞的组成与初乳期以及回乳期的时候相似(Drendel 和 Wendt,1993),且 75% 以上是白细胞。哺乳期乳汁中细胞数超过 1 200 万/mL,并且白细胞比例升高是乳腺炎的征兆。Persson 等(1983)用乳腺分泌物中的体细胞数量从健康动物中区分亚临床感染病例,然而,SCC 作为一个诊断工具由于缺乏敏感性、特异性和低的预测值而没有实际的临床应用。

表 18.2　哺乳期的前期(第 1~2 天)和稳定期(第 10~15 天)母猪乳汁组成(平均值±SD)的变化

乳汁成分	前期 第 1~2 天	稳定期 第 10~15 天	差异	来源
乳糖/(mmol/L)	160±10	190±10	+30	Konar 等(1971)
钠/(mmol/L)	25±5	18±5	−7	Konar 等(1971)
钾/(mmol/L)	75±5	50±5	−25	Konar 等(1971)
氯化物/(mmol/L)	25±5	18±5	−7	Konar 等(1971)
钙/(mmol/L)	12±3	50±3	+38	Perrin(1955)
磷酸盐/(mmol/L)	12±1	14±1	+2	Perrin(1955)
镁/(mmol/L)	4±1	4±1	0	Perrin(1955)
总蛋白/(g/L)	64±6	51±5	−13	Klobasa 等(1987)
脂质/(g/L)	65±15	65±15	0	Klobasa 等(1987)
体细胞[a]/(10^3/mL)	1 060±790	2 012±990	+952	Schollenberger 等(1986)
白细胞[b]/(10^3/mL)	748±509	886±519	+138	Schollenberger 等(1986)
泌乳细胞/(10^3/mL)	152±103	503±315	+351	Schollenberger 等(1986)
无核细胞/(10^6/mL)	147±160	727±63	+580	Schollenberger 等(1986)
白细胞比例/%	70	44	−26	Schollenberger 等(1986)

来源:改自 Klopfenstein(2003)。

[a] 与第 1~2 天的乳汁(>8 000 10^3/mL,98%是白细胞)相比,第一次初乳(<12 h)中含有更多的体细胞(Evans 等,1982;Magnusson 等,1991)。

[b] 白细胞由中性粒细胞、嗜酸性粒细胞、淋巴细胞和巨噬细胞组成。

泌乳量的控制
MANIPULATION OF MILK PRODUCTION

饲养策略
Feeding Strategies

母猪应在生产周期中保持良好的身体状况(Einarsson 和 Rojkittikhun,1993)。然而,窝产仔数及泌乳量的增加对于保持母猪好的生理状况有较大的影响(Foxcroft 等,2007),同时经产次数少的母猪被希望获得大的体重及比以前胎次更快的生长速度等都会对母猪良好生理状况的保持造成一定困难。

泌乳需要的营养物质来源于饮食和母猪身体的储备,同时营养物质的相对重要性随着泌乳过程发生改变。机体储存的营养在泌乳早期比后期更能提供充足的能量来弥补营养摄取的不足(Pettigrew,1995),因此,在哺乳期间限制采食对产后第 1 周仔猪的生长没有影响,但到泌乳的第 4 周可明显降低仔猪的增重(Mullan 和 Williams,1989)。减少的程度取决于分娩时机体营养的储存情况,体能储存少的母猪最容易受到影响

(Mullan 和 Williams,1989)。对 25 000 头泌乳母猪进行的调查表明,随泌乳时间的推移,哺乳母猪采食量对仔猪体重的影响越来越大。

哺乳母猪摄入的蛋白质或氨基酸对整个哺乳期的产乳量非常关键。赖氨酸是泌乳母猪的第一限制性氨基酸,已证实仔猪每天增重 1 kg 需要饲料中含有氨基酸 26 g(Sohn 和 Maxwell,1999)。为了达到蛋白(氮)的平衡,Dourmad 等(1998)证实,普通泌乳量和高泌乳量的母猪每天分别需要天然赖氨酸 45 g 和 55 g。缬氨酸和异亮氨酸都能提高母猪的乳产量,进而提高仔猪的增重,而亮氨酸则不能(Kerr,1997,Sohn 和 Maxwell 等,1999)。这些氨基酸可被代谢为琥珀酰辅酶 A,因而可作为潜在性能源储存为乳腺所利用(Sohn 和 Maxwell,1999)。McNamara 和 Pettigrew(2002)的研究表明,母猪能够动员肌肉中的氨基酸以满足乳腺生长和泌乳的需要,能量摄取的增加可部分减缓泌乳所需蛋白质摄入量减少的影响。

根据有关确定泌乳量和日粮中能量水平之间关系的研究报告,Williams(1995)指出每头哺乳仔猪每天多增重 1 g 就要多消耗母猪 1 MJ 的代

谢能。Matzat 等（1990）指出母猪泌乳量和能量摄取存在线性相关关系，然而 Pluske 等（1995b）认为代谢能超过 75 MJ 并不改变仔猪的生长速度。增加头产母猪蛋白质的供应量可改善其泌乳性能，但存在一定的限度（King 等，1993b）。

人们应用了多种不同的饲养管理系统来确保泌乳母猪获得最大的采食量及妊娠母猪的瘦肉型体态，以充分发挥母猪的泌乳能力。通过湿拌料法可使母猪的采食量增加 8%，但是对哺乳 18 d 仔猪平均日增重并无影响（Genest 和 D'Allaire，1995）。同样，妊娠期通过饲喂膨化饲料，使哺乳期母猪的摄食量平均提高到 8%，也不能增加仔猪的平均体重（Farmer 等，1996）。哺乳期每天的饲喂次数由 2 次增加到 3 次（Genest 和 D'allaire，1995）或者是从 2 次增加到 4 次（Farmer 等，1996），并不影响母猪的采食量。有研究在哺乳期母猪日粮中添加脂肪类物质以增加能量密度和母猪哺乳期间能量的摄取，然而这并不能改变母猪体内能量的负平衡，但当给母猪饲喂高水平饲料时，容易导致仔猪较肥胖（van den Brand 等，2000）。

外源性激素
Exogenous Hormones

早期的研究表明，生长激素和生长激素释放因子能够增加 15%～22% 的乳汁产量（Harkins 等，1989），但是进一步的试验无法重复前者的结果（Smith 等，1991）。Michelchen 和 Ender（1991）的研究表明，生长激素对产仔较多的母猪的泌乳量影响并不大（每窝 13 头与每窝 8 头相比）。然而，在哺乳期使用生长激素的所有研究中，均发现母猪采食量减少、体重增加和背膘厚度减少的现象。

据报道，自然发生泌乳失败的母猪，其催乳素分泌水平非常低（Whitacre 和 Threlfall，1981）。这解释了为什么在泌乳当天注射一针催乳素后青年母猪（而非经产母猪）所产仔猪体重可增加 8%（Dusza 等，1991）。通过从妊娠第 107 天到哺乳期间，缓慢注射催乳素观察对母猪泌乳量的影响（Crenshaw 等，1989），结果显示其并不能提高母猪的泌乳量。这是因为在仔猪未吮吸乳腺之前注射催乳素，可能会导致乳腺分泌单位的早熟

（Boyd 等，1995）。在哺乳期的第 2～23 天每日给母猪注射催乳素对母猪泌乳量和仔猪的生长发育仍然没有影响（Farmer 等，1999）。这些研究结果提示，实际上，在哺乳期所有的催乳素的受体都已经饱和，因而进一步提高催乳素的浓度也无济于事。

母猪行为
SOW BEHAVIOR

食欲、饮欲及母猪的行为可以被用来监测母猪的状态（Oliviero 等，2008a），这对评估母猪和新生仔猪是否患上产后泌乳障碍综合征（PPDS）是非常有用的。尽管母猪的进食活动在分娩前的 24 h 内会下降，但是每日对母猪测量时，健康的母猪很少完全废食（Peltoniemi 等，2009；Quesnel 等，2009）。相反，患上 PPDS 疾病的母猪食欲完全废绝。食欲不振是对全身性炎症调节物（细胞因子和白介素）的反应，这些调节物可能是由于内毒素（脂多糖）的刺激引起的。炎症产物引起机体发热，同时促进免疫功能和机体的恢复（Johnson 2002；Weary 等，2009）。临产前水的摄取是增加的，同时水摄取的减少预示患上 PPDS 的风险增加。仔猪大多数时间将鼻子埋在母猪乳房下面表明仔猪处于饥饿和营养不良的状态，也许是 PPDS，并且这种风险很大（Weary 等，1996）。

自然情况下，在分娩后的第一天，母猪密切保持与窝及仔猪的距离，在产后的第一周母猪离开窝去觅食，同时在产后的第 10 天，母猪最终离开它的窝及仔猪（Jensen 1986；Jensen 等，1993，Stangel 和 Jensen，1991）。在分娩前一天，母猪站立的次数及持续时间是增加的（图 18.4A）。在分娩后的第一个 24 h，母猪处于非活动状态，之后母猪的活动与日俱增。第 3 天之后，母猪逐渐降低横向侧卧的时间，至第 21 天时已减少 50%。

在哺乳期间，母猪的哺乳行为发生改变，这可能与乳汁的供应相关。在母猪分娩后的前几天，当母猪的泌乳量超过仔猪的需求时，大部分（>85%）的吮乳由母猪引发，而被仔猪终止。当母猪的泌乳量低于仔猪的需求时（第 3～4 周），大部分吮乳由仔猪引起，被母猪终止（Jensen，1988；

Jensen 等,1991)。母猪通过远离仔猪或者通过转动腹部限制仔猪接近乳头来终止哺乳(de Passillé 和 Rushen,1989b)。在哺乳期的前 3 d,仔猪对各部位乳头刺激的时间和强度均能影响乳汁的产量(Algers 和 Jensen,1991)。现已表明,

哺乳频率影响仔猪体重的增加(Auldist 等,2000;Spinka 等,1997;Valros 等,2002)。Valros 等(2002)发现对于每个母猪的哺乳期,泌乳持续时间(200～250 min/d)及哺乳频率(20～30 次/d)是固定的,这表明每个母猪都有固定的哺乳模式。

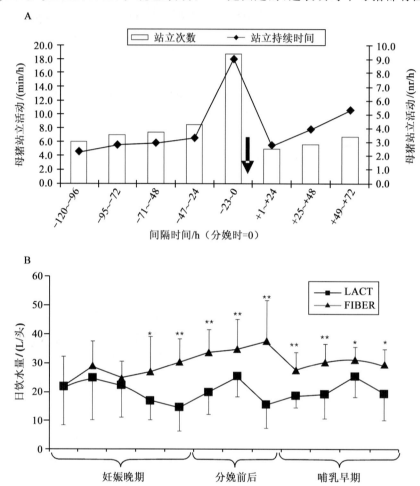

图 18.4 (A)母猪分娩(黑色箭头)前后每小时的不同间隔时间内站立的平均持续时间和次数。改自 Oliviero 等(2008b)。(nr 代表站立次数)(B)分娩前母猪饲喂低(3.8%)粗纤维(LACT)和高(7%)粗纤维(FIBER)泌乳日粮时,个体平均日饮水量。改自 Oliviero 等(2009)。星号表示数据统计的结果(* 0.05 和 ** 0.01)。

仔猪生长
PIGLET GROWTH

乳汁转换效力范围为 3.5～4.2(Beyer 等,1994;Le Dividich 等,2007;Noblet 和 Etienne,1986;Pluske 等,1998)。对于圈养仔猪来说,由于大部分摄入的乳汁用于维持生命,这个转换效力是比较低的(Le Dividich 等,2007)。母乳中能量和氮的表观消化率大约为 98%(Le Dividich

等,2007),初乳乳糖和脂肪的消化率接近 100%(Le Dividich 等,1994b)。

仔猪在出生后的前 24 h 内人工喂养初乳,并且与喂食母乳的仔猪饲养在相同的环境中,其采食初乳量超过 450 g/kg 初生重,是喂食母乳的仔猪平均采食量的 2 倍(喂食母乳的仔猪的采食初乳量为 210～370 g/kg 初生重)。这表明母猪限制仔猪摄取其初乳,可能是高产母猪的潜在问题。同时,60%～88%母猪产生的初乳即可用于维持

每窝仔猪的生存,因为每千克初生重摄入 160 g 初乳对于仔猪生存就足够了。

从出生到断奶,大窝仔猪的体重往往比小窝仔猪轻(Dyck 和 Swierstra,1987;Le Dividich 等,2004;Van der Lende 和 de Jager,1991),这种差异主要是由于初生重的不同和/或随后泌乳期每头大窝仔猪母乳摄取较少造成的。母猪高产也影响生长率,因为活仔猪的数量超过了乳腺的数量,并且初生重低的乳猪常常缺少足够的护理。研究数据显示,至少 1/3 窝高产母猪生产超过 15 头乳猪(Dourmad 等,2010),但这些母猪通常偏瘦,并可引起不良结果(表 18.3)。

表 18.3 窝仔数对新生仔猪的影响(数据来自法国某单一畜群 1 596 窝仔猪)

窝仔数	≤9	10～11	12～13	14～15	≥16
窝数百分比/%	12.2(195)	9.6(154)	17.3(276)	24.7(394)	36.3(579)
胎次	2.6	2.3	2.5	2.6	3.5
窝仔数:总出生数	7.1	10.6	12.6	14.5	17.7
窝仔数:活仔数	6.9	10.2	12.0	13.7	16.1
窝仔数:死胎数	0.3	0.4	0.6	0.8	1.5
平均初生重/kg	1.88	1.67	1.57	1.48	1.38
窝内 SD/kg	0.28	0.29	0.32	0.32	0.33
变异系数/%	15	18	21	22	24
小型仔猪(<75%的平均初生重)/%	6	9	12	13	16

改自 Quesnel 等(2008)。

生长率通常用平均日增重(ADG)来衡量,它与仔猪初生重有直接关系(Castren 等,1991;Le Dividich 等,2004;Tyler 等,1990)。当用数学方法把仔猪初生重校正为标准时,窝仔数的影响从第 3 天开始出现,第 7 天较小,以后随着哺乳的进程增大(Klopfenstein,2003)。Klopfenstein 的研究数据也表明,当母猪达到最大泌乳能力时(出生后 10～15 d),其泌乳量将成为仔猪生长的限制因素。

与窝内 SD 相比,变异系数(标准差 SD/平均值)是描述初生重差异最好的工具。当窝仔数从少于 10 只增加到大于 15 只时,平均初生重减少了 0.5 kg,变异系数由 10%增加到 24%。在大窝中,小仔猪占总出生数比例从 6%升到 16%。对于已知母猪,后续评价的变异系数不可重复(Quesnel 等,2008)。无论是常产母猪还是高产母猪,表 18.4 评价 1(P1)和评价 2(P2)中的青年母猪比老母猪具有更大的均一性(Bolet 和 Etienne,1982;Quesnel 等,2008)。因此,均一性本质上也是一个评价指标。的确,虽然 P2 母猪的总出生仔猪数少于 P1,但 P1 和 P2 母猪的变异系数相似(表 18.4)。胎次的影响很重要,因为已公布的科学数据大多数是青年母猪。怀孕早期母猪身体状况也会引起仔猪初生重的差异。母猪交配或分娩时更重,因此差异增加。

乳腺重量和猪 ADG 之间有很高的相关性,相关值为 0.59～0.68(Kim 等,2000;Nielsen 和 Sorensen,1998),这表明猪生长和乳腺大小之间有很大的关系。乳腺重量和横断面积之间的重要关联表明了横断面积是乳腺质量的有效标志(Kim 等,1999b)。

乳腺产奶的差异是仔猪体重差异的主要原因(Fraser 和 Jones,1975)。不同形状的乳腺取决于它们的解剖学位置。与后端乳腺相比,在泌乳期前端和中部乳腺生长有用空间受到限制可导致乳腺湿重和横断面积的比率增大。与前端和中部乳腺横向和中间扩展相比,后端乳腺可能更易于纵向扩展。1977 年 Scheel 等指出具有高初生重的猪更偏爱于前端乳腺,但 Hemsworth、Winfield 和 Kim 等指出猪的初生重和乳腺偏爱性没有重要关系。总而言之,发育良好和营养良好的前端和中部乳腺饲育的猪比其他乳腺饲育的猪具有更高的 ADG。前端和中部乳腺饲育的猪的重量差异没有统计学意义。

表 18.4   胎次（P）对初生仔猪性能的影响（数据来自法国某单一畜群 1 596 窝仔猪）

	P1	P2	P3-4	P5-6	P7+
窝数	432	349	470	261	86
窝仔数：总出生数	14.0	12.3	14.5	15.3	15.1
窝仔数：活仔数	13.2	11.7	13.5	14.4	13.3
窝仔数：死胎数	0.8	0.6	0.9	1.3	1.8
平均初生重/kg	1.45	1.64	1.57	1.47	1.44
窝内 SD/kg	0.28	0.31	0.33	0.34	0.35
变异系数/%	20	20	22	24	25
小型仔猪损失/%	11	11	13	15	16

改自 Quesnel 等（2008）。

仔猪死亡率
PIGLET MORTALITY

尽管现代的养猪业给人们带来了很大的效益，但随着窝仔数不断增加，从出生到断奶这段时期内仔猪的损失却似乎增加了（Boulot 等，2008）。断奶前仔猪死亡率常高于 10%，并且大部分集中在产后第一周（de Passillé 和 Rushen，1989b；Dyck 和 Swierstra，1987；English 和 Morrison，1984；Le Cozler 等，2004；Oliviero 等，2008b）。每窝产仔数与死亡率呈二次方关系，产仔数最多的窝中，其仔猪死亡率往往较高（Boulot 等，2008；Dyck 和 Swierstra，1987；Fahmy 和 Bernard，1971；Guthrie 等，1987），这些死亡可以归结于供应整窝仔猪具有泌乳功能的乳腺数目不够（Bilkei 等，1994；Chertkov，1986）。

仔猪的免疫保护
IMMUNE PROTECTION OF THE PIGLET

新生仔猪依赖摄取初乳获得被动免疫（Bourne，1976）。从初乳中吸收的免疫球蛋白可以使小肠对此种大分子蛋白进出通道关闭（Klobasa 等，1991），表明这种吸收可能仅发生于出生后首次饲喂的时段。Le Dividich 等指出第一头仔猪出生 3 h 后初乳免疫球蛋白 G(IgG)含量减少 31%。第一头仔猪 48 h 后的被动免疫水平比最后一只高 50%，这种差异在断奶后依然存在。人工饲养的仔猪，前 6 h 先饲喂 25 mL 初乳，接下来每小时饲喂一次牛乳，其出生后 24 h 的血浆免疫球蛋白浓度接近于自然喂养的仔猪（Klobasa 等，1991）。增加每小时内饲喂的次数，从 6 次增加到 12 次、18 次或 24 次，仔猪血浆中免疫球蛋白浓度并没有增加。另一方面，让仔猪在吃初乳前 24 h 禁食，然后首次饲喂初乳，不能降低饲喂后 12 h 和 18 h 血浆中免疫球蛋白浓度（Klobasa 等，1990）。因此，仔猪肠道对免疫球蛋白通道的关闭取决于摄入初乳的量，而非饲喂的时间。饲喂初乳 6 次可使仔猪获得充分的免疫保护。

放射性标记初乳免疫球蛋白显示母猪血清大约有 100% IgG、40% IgA 和 85% IgM（Bourne 和 Curtis，1973）进入初乳。在初乳产生期间 IgG 优先从血液分泌至乳腺分泌物中，导致血清 IgG 水平显著下降。虽然新生仔猪肠道上皮细胞存在 Fc 受体，但其摄取初乳免疫球蛋白却不受受体调节。IgG、IgM 和 IgA（不包括分泌型 IgA）经选择性转运至肠上皮细胞（Devillers 等，2006）。

摄取 IgG 的量受仔猪出生顺序的影响，因为从开始分娩到最后一头仔猪出生，初乳的成分迅速改变（Klobasa 等，2004；Le Dividich 等，2004）。据报道，死于断奶前的仔猪，其出生后血浆免疫球蛋白浓度较低（Hendrix 等，1978；Tyler 等，1990）。然而，如果把初生重作为变量，这种相应关系就不存在（Tyler 等，1990）。虽然最后出生的仔猪获得的免疫球蛋白比第一个出生的仔猪少，但它们死亡的几率并不因此而升高（Le Dividich 等，2004）。令人惊奇的是，大多数仔猪的死亡是由营养不良造成的而非疾病的缘故。

乳腺炎和产后泌乳障碍综合征
MASTITIS AND POSTPARTUM DYSGALACTIA SYNDROME

乳腺炎可能仅发生于一个或少数几个乳腺（单腺乳腺炎）或者所有乳腺都发生（多腺性乳腺炎、硬乳房综合征）。急性乳腺炎通常伴有全身性和局部症状，而母猪硬乳房综合征没有全身性症状。这两种情况主要发生在产后 3 d 内，导致仔猪快速饥饿。急性多腺性乳腺炎和硬乳房综合征往往很难区分。因此，虽然子宫炎是不常见的，但生产场家常称这两种情况为"急性乳腺炎"或"乳腺炎、子宫炎、无乳综合征（MMA）"。

断奶后和绝奶母猪乳腺炎常影响一个或少数几个乳腺。由于解剖学和乳腺萎缩过程的固有性差异，与母牛相比母猪乳腺炎很少发生。

慢性乳腺炎通常发生于断奶期间或断奶后，以在乳腺组织形成脓肿和肉芽肿结构为特征（Hultén 等，2003）。常见的环境细菌可通过哺乳期间仔猪损伤乳头进入乳腺，或通过群居断奶母猪的外伤性伤口，或通过与老母猪腹股沟乳腺的特殊解剖学相关损伤进入乳腺。

MMA 这个术语常在欧洲国家和文献中出现，但这是令人误解的，因为子宫炎仅有时发生于感染母猪。这些母猪可继续产少量乳，而不是表现出完全无乳。MMA 应被视作 PPDS 的严重形式。

当仔猪出现生长阻滞或饥饿的征兆，而似乎不影响乳腺本身时就是 PPDS。PPDS 和 MMA 之间的界限不清楚。

乳腺炎
Mastitis

急性和慢性单腺乳腺炎常见于泌乳或断奶母猪，老母猪和腹股沟乳腺最易发生。病原微生物与急性多腺性乳腺炎的相似。对乳头和乳腺外伤性损伤或者仔猪无法吮吸到乳头是重要危险因素。仔猪不能够吮吸老母猪腹股沟乳腺射乳期间的乳头，而未被吮吸的乳腺是潜在的感染对象。通常仔猪在出生 24 h 后选择一个特定的乳腺，因此，吮吸受感染乳腺的仔猪表现出生长障碍，而其他同窝仔猪发育正常。老母猪后天性乳腺形态问题、外伤性损伤或者其他乳头异常均可影响泌乳。因为任何时候都可能引起乳头损伤，在母猪分娩之前必须检查乳腺的完整性。应辨别出乳头损伤形成的危险因素。

外伤性乳头损伤可能是仔猪或其他母猪造成的损伤，也可能是来自环境的损伤。前部乳头比其他乳头更具有创伤的危险（Hultén 等，2003）。原发病灶往往被忽视，因而在后续哺乳过程中乳腺丧失泌乳能力。能授乳仔猪的数目应取决于有功能的乳腺数量或者直接将母猪淘汰不让其授乳。

乳腺炎是一个病理现象，主要表现为患病乳腺发炎、水肿、皮肤充血并伴有发热（＞40.3～40.5℃）以及母猪食欲减退（Van Gelder 和 Bilkei，2005）。乳腺炎可影响单个、多个以及所有乳腺。常常从感染乳腺炎的母猪分离到革兰氏阴性肠杆菌［埃希氏菌属（*Escherichia*）、肠道细菌属（*Enterobacter*）、柠檬酸细菌属（*Citrobacter*）和克雷伯杆菌属（*Klebsiella*）］（Klopfenstein 等，2006），而革兰氏阳性菌［链球菌、葡萄球菌和气球菌属（*Aerococcus* spp.）］很少见（Menrath 等，2010）。常从慢性疾病中分离到化脓性病原菌（隐秘杆菌属，链球菌和葡萄球菌）。由于大肠杆菌占优势，"肠杆菌性乳腺炎"（CM）经常被报道（Gerjets 和 Kemper，2009），1970—1990 年之间就有许多关于 CM 的研究。Kemper 和 Gerjets（2009）的近期研究数据显示前端和后端乳腺不同种类常见细菌在 PPDS 阳性和阴性母猪中的流行没有差异。

产后泌乳障碍综合征
Postpartum Dysgalactia Syndrome

母猪 PPDS 以产后第一天初乳和产奶不足为特征。PPDS 的后果取决于其严重性。具有临床症状的急性病例母猪引起仔猪高死亡率，而没有临床症状的 PPDS 母猪只是引起新生仔猪发育不良（Foisnet 等，2010b），在后来的参考文献中称为"问题窝"。母猪的临床症状变化很大，从亚临床到严重的全身性症状，从而使 PPDS 的诊断和流行病学预测变得困难。可用评估发生率和严重性的标准判定群内和群间畜群发生率，但标准、评估和报告的变化使得对 PPDS 的流行情况难以得出一个确切的结论。PPDS 的多变性给猪兽医执行预防和治疗措施带来了挑战。

产后泌乳障碍综合征的病理生理学（Pathophysiology of Postpartum Dysgalactia Syndrome）。 PPDS 的病理生理学机制尚未完全阐明，并且不存在一个单一路径（图 18.5）。泌乳和乳汁产生之间最少存在三种不同路径：一条由内毒素调节并通过先天性免疫系统发挥作用；一条由压力调节；最后一条与"健美综合征"（body building syndrome）相连。最后一条进一步分为"脂肪母猪综合征"（fat sow syndrome，FSS）和"肌肉型母猪综合征"（over-muscled sow syndrome，OMSS）。如图 18.5 所示，为了理解 PPDS 的发生机理和稳态及行为之间的相互联系应考虑泌乳和乳汁产生的影响。

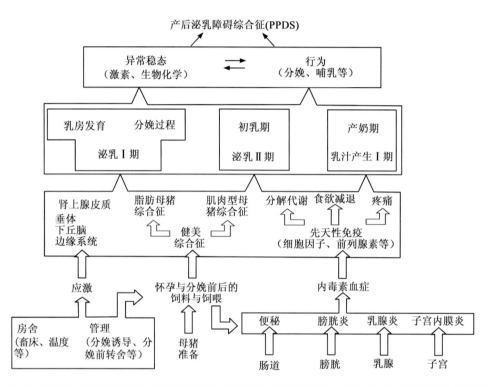

图 18.5　PPDS 的病理生理学。稳态被定义为"精细的、协调的维持生理学状态必需的机体组织新陈代谢变化"（Bauman 和 Curie，1980）。稳态控制包括三个主要特性：（1）慢性性质，即稳态调节所需要的是数小时或数天而不是数秒或数分钟；（2）同时对明显无联系的多组织和系统产生影响；（3）通过改变的稳态信号反应调节。

临床征兆和症状（Clinical Signs and Symptoms）。 Martineau 等（1992）概述了母猪、仔猪和畜群生长力可能表现出的一系列 PPDS 的早期和晚期征兆。在母猪这些可变指标包括局部征兆（生理结构上无乳头或无乳腺，乳腺水肿，无乳乳腺炎，阴道分泌物）和（或）全身征兆（无任何分泌物，发热，衰竭，食欲减退）。仔猪早期征兆包括窝内仔猪死亡、腹泻或者发育不全，而晚期征兆由窝内仔猪生长差异和断奶仔猪低体重组成。在畜群水平方面，指标包括 PPDS 对生产力影响的结果（每头母猪每年产断奶仔猪数）以及与断奶仔猪体重低或变幅大相关的其他结果。

并非所有母猪都具有相同的临床征兆范围或强度，并且患病母猪的数目可能不同。乳汁和初乳供应不足最常见的征兆是仔猪生长障碍。但是，只有在仔猪表现出生长发育不良或高死亡率时才能确定生长障碍。密切观察仔猪行为是"问题窝"早期检测的最好方法之一（Whittemore 和 Fraser，1974）。这些仔猪经常并长时间打架，体重减低，并且在哺乳间隔时仍然靠近母猪（Algers 和 de Passillé，1991）。虽然养育这些仔猪的母猪产奶量变少，但是大多数母猪表现不出可辨别征兆,使得母猪早期征兆的检测变得困难(Klopfenstein,2003)。据 Foisnet 等(2010b)报道,低初乳量母猪的临床表现是正常的。

文献报道的乳腺炎评估标准可能令人无所适从。例如,健康怀孕母猪正常直肠温度在 38.3～38.5℃(Elmore 等,1979;King 等,1972;Klopfenstein,2003;Klopfenstein 等,1997;Messias de Bragança 等,1997)。健康泌乳母猪的直肠温度很容易改变,最低值为 38.4℃(Cornette,1950;Ringarp,1960),最高值为 40.5℃(Messias de Bragança 等,1997)。Elmore 等(1979)称直肠温度大约在第一头仔猪出生前 24 h 开始上升,从分娩到断奶增加 1～1.5℃(Elmore 等,1979;King 等,1972),但同时也存在不一致的报道(Bories 等,2010;Hendrix 等,1978)(图 18.6A)。泌乳母猪直肠温度变化范围广的原因最有可能是生产增加的体内热和产房高温环境诱导热压力所引起的结果。但是,一些历史性报道将母猪产后直肠温度高于 39.3℃ 或 39.5℃ 认定为感染了 PPDS(Goransson,1989b;Hermansson 等,1978b;Hoy,2004;Madec 和 Leon,1992;Persson 等,1989)。最近研究指出养育"问题窝"和被认定为 PPDS 的母猪在怀孕结束和泌乳之前直肠温度与饲育"正常窝"母猪相似(Klopfenstein,2003)。泌乳母猪观察到的高直肠温度应考虑生理学的过热现象,而不应与发热混淆。

体温不应被误解或作为临床评价 PPDS 的单一指标(Marnell 等,2005;Meisner,2005;Pepys 和 Hirschfield,2001)。乳腺炎或 PPDS 母猪高直肠温度的观点被普遍接受,使得许多研究者在没有对仔猪生长和断奶前死亡率进行评估的情况下利用这个标准。因此,在本章中不包含这类已公布的许多关于 MMA 综合征研究结果。

产后泌乳障碍综合征的流行(Postpartum Dysgalactia Syndrome Prevalence)。动物或畜群水平 PPDS 的发病流行率高低取决于评估综合征发生率和严重性的标准。从前期研究发现,用于定义 PPDS 的症状和标准非常多(参考综述 Papadopoulos,2008)。经典性研究报告可用于进一步阐明提出的诊断标准的差异。有研究指出,当有一个或多个以下征兆时可以用于 MMA 分类:无乳、食欲减退、便秘、阴道分泌物、乳腺炎症或者

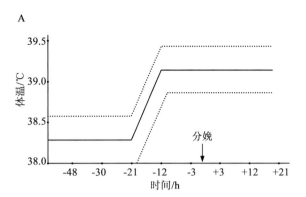

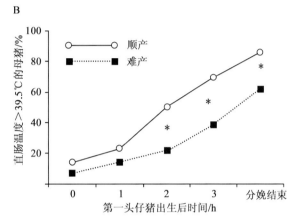

图 18.6 体温。(A)无线遥测产前母猪体温。虚线之间的区域是产前母猪体温范围。改自 Elmore 等(1979)。(B)14 头顺产和 14 头难产母猪产前产后直肠温度。难产母猪第二头仔猪出生后直肠温度大部分为 39.5℃。星号代表统计功效(* 0.05)。改自 Bories 等(2010)和 Sialelli 等(2010)。

直肠温度高于 39.8℃(Jorsal,1986)。相反,当乳细胞计数大于 1 000 万/mL,即使直肠温度正常(<39.5℃)且无临床乳腺炎出现(Persson 等,1996),也可定为产后无乳。

Bäckström 等(1984)将产后 3 d 内出现饿死仔猪和一种或数种临床征兆(食欲减退、发热、抑郁、乳腺炎征兆和阴道分泌物)定义为泌乳不足或无乳。依据发热严重性、产乳状态、食欲不振程度和仔猪状态判定的单个母猪得分,可将 PPDS 母猪分为泌乳减少、无临床乳腺炎症状的无乳以及有临床症状的无乳(van Gelder 和 Bilkei,2005)。Hirsch 等(2003)首次报道了一个详细的评分系统确定 PPDS 感染母猪,包括全身性行为轻度紊乱、食物摄取降低到正常的 1/3、出现病理学阴道分泌物、不明显的乳腺炎症以及体温等于或大于39.5℃ 等。

由于分类标准的可变性,报道的流行数据难以用于比较且可能高估实际流行率。Bäckström 等(1984)记录了超过 1 年伊利诺伊州 31 个猪群 16 405 例分娩母猪的发病情况:有 6.9% PPDS,群内流行率在 1.1%～37.2%,并且与畜群规模大小无关,经产母猪 PPDS 的平均流行率为 13%,初产母猪 4.2% 的平均流行率没有显著差异。Threlfall 和 Martin(1973)研究的密苏里州 27 656 例分娩母猪有 13% 的母猪感染 PPDS。据报道,瑞典畜群 PPDS 发生范围从小群的 5.5% 到大群的 10.3%(Bäckström 等,1982)。最近,丹麦的 Larsen 和 Thorup(2006)根据以下一个或数个征兆定义为 PPDS:食欲不振、乳腺异常(变红,肿胀)或者温度>39.4℃等,统计产后第一天流行率为 32.5%,第二天为 31.5%,第三天为 10.1%。虽然许多畜群存在 PPDS,但由于用于评估患病母猪标准的可变性,使得发病流行率的统计数据变动范围较大。

产后泌乳障碍综合征风险因素与预防(Postpartum Dysgalactia Syndrome Risk Factors and Prevention)。 PPDS 是典型的多风险因素疾病。许多因素足以增加 PPDS 发生几率,但是这些因素本身不是引起 PPDS 的必要原因。减少畜群"问题窝"发生率的一个重要方法是识别和纠正这些特定的风险因素。最近研究表明,现代化养猪业需利用优化管理和饲养方式等控制措施(Maes 等,2010;Papadopoulos 等,2010)。

由于不同的病理生理学途径可引起 PPDS(图 18.5),每一条途径都有多种潜在的风险因素,Matineau 和 Morvan 等建议利用动物、房舍、营养和水、管理、微生物、管理者等出现在畜群中的共六大主要风险分类法记录风险因素(Martineau 和 Morvan,2010)。

动物因素和体型(Animal Factors and Body Type)。 关于遗传学在 PPDS 发生中的作用的资料是有限的。Awad 等(1990)报道了奥地利 CM 的遗传倾向。法国学者调查许多不同遗传学的大畜群发现,影响早期初乳免疫系统质量的主要因素包括育种谱系、遗传型和母猪的胎次,来源于雌性系的母猪初乳 IgG 浓度高于雄性系母猪。同样地,来源于大白猪基因型的母猪初乳 IgG 浓度高于皮特兰母猪(Voisin 等,2006),但是可能是

因为研究的皮特兰猪数量较少。

母猪便秘和内毒素血症被认为是相关危险因子。母猪开始分娩时由于启动产乳需要液体增加肠道吸水率(Mroz 等,1995),同时也改变粪便黏度。"正常干燥粪便"和便秘之间的界限不清楚,公认的用于母猪便秘诊断的日常粪便评分也同样适用于畜群。养育"问题窝"的一些母猪需观察产后便秘(Hermansson 等,1978b;Ringarp,1960)。为了减少 PPDS 相关的泌乳早期便秘发生,常常在妊娠后期饲喂高纤维饲料(Ringarp,1960;Wallace 等,1974)。添加的纤维降低其他成分的浓度,但仍可满足营养需求(Goransson,1989a;Jensen,1981;Sandstedt 和 Sjogren,1982;Sandstedt 等,1979)。摄入低体积和纤维饲料会加剧便秘并增加吸收细菌内毒素的风险(Smith,1985a,b)。研究显示,便秘母猪的 PPDS 发生率较高并直接影响 PPDS 的发生(Hermansson 等,1978a;Persson 等,1996)。

减少饲料供应量和增加能量比例的饲养策略限制了饲料中的纤维量。虽然这个策略有助于确保母猪获得足够的怀孕晚期和产奶能量(Einarsson 和 Rojkittikhun,1993),但肠道低生理性活动期间浓缩的和低纤维饮食能引起严重的便秘,固体粪便可能引发生理性分娩障碍(Cowart,2007),并且可能是母猪肠道疼痛的根源,从而危害动物福利。

母猪分娩前水分摄入不足增加产后便秘。产后摄入水分不足和母猪低活动量被认为是早期泌乳问题的危险因子(Fraser 和 Phillips,1989)。FSS 和 OMSS 两种"健美综合征"是公认的重要 PPDS 危险因子。两者的调控都是从小母猪阶段开始的。视觉的"身体评分"评估是一个粗略的方法,中间的身体评分(1～5 的身体评分系列中为 3 或 4)的背部脂肪(Charette 等,1996)和瘦肉(H. solignac,个人交流)含量变化很大。身体评分仅能大约反映真实身体状况。脂肪很长时间来被认为是分娩母猪 PPDS 危险因子(Goransson,1989a)。在整个怀孕期的喂食量的小错误可导致分娩时母猪体重超重或过轻,使得 FSS 难以控制(Martineau 和 Klopfenstein,1996)。临时圈养的母猪体重更容易变化,攻击性越强的母猪往往超重,而温顺型母猪则体重过轻(Marchant,1997;

Martineau,1990）。

OMSS 也难以控制,因为它是一个新出现的综合征(Solignac 等,2010),并且关于现代高产母猪最佳喂养策略也存在争议。OMSS 是遗传改良和高产的直接结果(Solignac,2008;Solignac 等,2010),但现代和高产母猪偏瘦增加了母猪分娩前早期分解代谢阶段的风险。其中一个重要诱因是,单个胎儿体重增长率在怀孕早期为 4~5 g/d,在怀孕最后 10 d 为 50 g/d(Ji 等,2005),在怀孕后期蛋白沉积速度加快(Whittemore,1998)。怀孕期乳腺生长也增加。因此,母猪经常在分娩前已经处于分解代谢状态,利用自身身体储能产生大量乳并保持到泌乳期(van den Brand 和 Kemp,2006)。

血液非酯化脂肪酸(NEFAs)的升高是体重严重减轻和采食量下降相联系的分解代谢状态的显著标志(Messias de Braganca 和 Prunier,1999)。Le Cozler 等(1998)和 Oliviero 等(2009)发现在产前数日内 NEFAs 的循环浓度快速增加,并且在分娩时达到高峰。分解代谢状态也可以通过尿素和肌酸酐循环浓度定量,肌酸酐与尿素相比是更有效的指标,因为肌酸酐是肌肉肌酸新陈代谢的直接产物(Mitchell 和 Scholz,2001)。母猪临近分娩时肠道活性较低(Kamphues 等,2000)。研究发现,怀孕晚期增加饮食能量会影响泌乳早期饲料摄取,因为怀孕晚期过多能量摄取可引起葡萄糖耐受和胰岛素抗性降低(Boren 和 Carlson,2006)。

畜舍和环境（Housing and Environment）。Oliviero 等(2010)证明了母猪在产床里分娩持续时间比猪圈里长,这表明房舍通过增加分娩持续时间间接影响 PPDS。这可能就是密闭猪舍分娩的母猪群的饿死仔猪窝数高于牧场自然分娩的母猪群的原因(Bäckström 等,1982)。圈养在宽 60 cm 产床的母猪 PPDS 发生率高于圈养在宽 67 cm 产床的母猪(Cariolet,1991)。牧场饲养的怀孕母猪在产前数天转移至产床发生 PPDS 的几率高于同批母猪(Bäckström 等,1984)。虽然从妊娠舍转到产房,母猪面临很多环境变化,但研究结果表明这些变化对母猪没有危害。事实上,产前让母猪适应新环境的时间是在 1 周以上还是仅仅几天,对于降低"问题窝"仔猪发生率并无影响

(Klopfenstein 等,1995)。另外,Papadopoulos 等(2010)发现怀孕母猪在预期分娩前 4 d 转移至产房发生 PPDS 的危险高于分娩前 7 d 或更早时候转舍。因此,让母猪有一个适应分娩和泌乳新环境的阶段是必需的。使用漏缝地板的分娩栏可减少母猪发生慢性乳腺炎的风险(Hultén 等,2004)。完全漏缝地板可能是卫生的,但不利于动物社会行为(Munsterhjelm 等,2008),且有时会降低空气质量。

泌乳母猪热应激的影响包括减少采食量和产奶量(Quiniou 和 Noblet,1999)。其他研究表明高温环境直接影响母猪产奶,但不减少采食量(Messias de Bragança 等,1997)。产房温度控制是一个影响母猪泌乳性能的主要因素。给新生仔猪提供暖和环境是必要的,但也要考虑母猪的温度需求,因为母猪合适温度区域比仔猪低得多。为了使仔猪存活,一般推荐在分娩后 2~3 d 猪舍温度维持在 20~22℃ 的暖和环境。而过了这个关键时期,室温可以逐渐降低至 18℃,甚至在哺乳期的第 10 天可降至 15℃(Farmer 等,1998b)。实际上,当给仔猪提供干燥和无风的暖和环境时,在哺乳期的第 8 天,把周围环境温度降低至 15℃ 对母猪和窝仔都无伤害。保温灯的不恰当安置可引起乳腺过热,减少产奶量(Muirhead 和 Alexander,1997)。分娩时要提供额外的热量,但热源应远离母猪及其乳腺,不需要时迅速移开,以保证母猪的健康和增加乳产量。保温灯的位置对新生仔猪的活动范围有一定影响(Titterington 和 Fraser,1975)。

与圈养相比,提供足够大的空间和足够多的富集材料絮窝可以减少分娩母猪 PPDS 发生率(Bäckström 等,1984;Oliviero 等,2009)。据报道,改善产房的卫生水平有助于降低断奶前仔猪死亡率(Ravel 等,1996)。产房内电压不稳定也被怀疑是泌乳问题的根源(Gillepsie,1984),但这种怀疑难以证实(Robert 等,1996)。

营养、饲料和饲养（Nutrition, Feed, and Feeding）。泌乳期前几天减少饲料消耗量降低泌乳障碍的发生,并且在产后第一周有限制地逐渐增加母猪采食量可充分降低 PPDS 风险(Moser 等,1987;Neil 等,1996;Papadopoulos 等,2010)。添加纤维类饲料可能是应用最多的降低 PPDS 的

营养性措施。据 Papadopoulos 等(2008)研究表明,在预期分娩前 8 d 给予低不饱和脂肪酸 n-6:n-3 比率(鱼油)控制饮食,产后前几天改善饲粮摄入,可使临产母猪具有良好的代谢适应能力。

日粮中缺乏硒和维生素 E 与母猪泌乳期问题之间的关系备受关注(Trapp 等,1970;Whitehair 和 Miller,1986),因为这些微量的抗氧化剂营养素可减少内毒素的影响(Elmore 和 Martin,1986)。相对于 66 IU/kg 正常维生素 E,低水平维生素 E(16 或 33 IU/kg)是 PPDS 危险因素(Mahan,1991),但 Mahan 等(2000)随后指出日粮维生素 E 从 30 IU 增加到 60 IU 不能降低分娩时的 MMA 发生率。另外一项研究表明,在母猪妊娠第 30 天、第 60 天和第 100 天注射 400 IU 维生素 E 和 3 mg 硒,而喂食正常水平的这些营养素,可提高仔猪的成活率,但并不影响断奶仔猪体重(Chavez 和 Patton,1986)。

猪的兽医临床常报道霉菌毒素是 PPDS 的危险因素,然而唯一公认的霉菌毒素疾病是麦角中毒(Kopinski 等,2007)。麦角菌的麦角污染的谷物可能妨碍母猪产奶。的确,在母猪产前 6～10 d 饲喂 1.5% 的麦角无奶产出,而添加 0.6%～1.2% 的麦角引起的产奶量和新生仔猪死亡等问题减少(Kopinski 等,2007)。这种作用可能是由于麦角毒素抑制催乳素分泌造成的。

母猪和仔猪应该使用新鲜和高质量水源。地板光滑和地板肮脏是泌乳母猪活动减少的主要原因,也能引发许多健康问题,如 PPDS 或采食和饮水降低。

管理(Management)。 Papadopoulos 等(2008)调查显示,四个重要 PPDS 危险因素中的两个与管理相关:(1)怀孕母猪在预期分娩前 4 d 转移至产房与分娩前 7 d 或更早些时候相比,(2)诱导分娩。

诱导分娩增加 PPDS 发生的风险,不过有研究结果与其相反。利用前列腺素诱导一些 PPDS 母猪比例高的畜群分娩可有效降低 PPDS 发生(Cerne 和 Jochle,1981;Holtz 等,1983),而不影响其他畜群(Ehnvall 等,1977;Hansen,1979)。前列腺素能有效治疗乳汁形成受阻引起的 PPDS,因为黄体溶解不完全引起高浓度黄体激素,而黄体激素有可能抑制乳汁形成。虽然诱导母猪分娩引起仔猪血液变化,但是诱导怀孕 113 d 母猪分娩不改变分娩前后内分泌的周期性变化,也不影响初乳产量和 IgG 浓度(Foisnet 等,2010a,c)。

产后给予前列腺素有助于子宫复原和预防严重的临床子宫内膜炎(Waldmann 和 Heide,1996)。前列腺素是一种黄体溶解剂,可降低产前黄体激素,使黄体释放松弛素。现已广泛应用于诱导母猪分娩(Ehnvall 等,1977),可使催乳素浓度迅速升高并维持 6 h 左右(Hansen,1979)。

生产者(Producer)。 Papadopoulos 等(2010)最近报道,配备专人管理母猪分娩和照顾新生仔猪发生 PPDS 的风险低于无人管理母猪分娩。但是,助产作为非传染性因素增加了母猪 CM 的发生(Bostedt 等,1998)。无论是饲养员还是兽医帮助母猪分娩,都会导致母猪早期泌乳障碍增加 4 倍(Jorsal,1986),产后恶露分泌和子宫内膜炎的发病率也会增加(Bara 和 Cameron,1996)。定义 PPDS(乳腺炎或泌乳障碍)的标准不同,观察到现象的解释也可能不同。难产母猪助产可以降低 PPDS 发生。同样地,加强实际性监督管理与母猪生产力成正相关,这些措施包括经常人工协助、规律用药以及选择合适的交叉饲育仔猪,如来源其他批次的分娩母猪和人工哺乳器(Martel 等,2008)。前列腺素诱导分娩增加 PPDS 风险(Papadopoulos 等,2010)。可利用新技术来预测母猪分娩的起始,如光电传感器(Oliviero 等,2008b)。

患病母猪的治疗
TREATMENT OF THE DISEASED SOW

患病母猪需要及早且优先治疗,同时需要考虑 PPDS 的风险因素和预防措施。畜群健康策略应包含特定技术指导,以指导饲养员执行精确的诊断和适当的治疗。由于 PPDS 是一个与环境和管理变化相关的多因素临床状况,治疗方案关键点必须及时更新。就像催产素在排乳中的使用一样,所有 PPDS 病例可能都需使用非类固醇类抗炎药物(NSAIDs)。抗菌药物在个别情况下是批准使用的。

NSAIDs 能靶向缓解炎症和内毒素血症,并且对患病母猪健康有益。所用的药物包括:氟尼克辛（flunixin）（2 mg/kg）（Cerne 等，1984）、邻甲氯灭酸（tolfenamic acid）（2～4 mg/kg）（Rose 等，1996）、美洛昔康（meloxicam）（0.4 mg/kg）（Hirsch 等，2003）。治疗方案通常包括分娩当天的治疗，有时需要在第二天再次治疗。NSAID 占据了 PPDS 治疗费用的 1/3，而大部分费用都用于抗生素。经治疗后仔猪死亡率只要能降低 1% 就有治疗价值（Hirsch 等，2003）。

抗生素的选择应根据其对 PPDS 相关细菌性微生物的抗菌谱。事实上，患病母猪的最主要细菌很难鉴定。抗生素治疗的选择应根据全身临床现象，而不是仅依赖体温升高，这可能仅是生理学现象或正常变化。出现全身征兆即可使用抗生素。

治疗的另一个重要目的是刺激产奶以尽快将 PPDS 的影响降到最小。在临床 PPDS 病例中反复使用催产素可能使经常用药母猪提高产奶量。间隔 2～3 h 给予母猪 4～5 次 5～10 IU/头催产素直到恢复产奶（Martineau，2005）。两次注射之间应至少间隔 30 min。事实上，很多病例中 5 IU 就足以诱导产奶，并且这个浓度重复多次给药没有副作用。合成的催产素肠胃外投药是非常有效的刺激产奶的方法。肌肉给药途径很常见，但是利用静脉给药途径可以进一步提高这种效应。虽然有效且安全，但重复利用催产素可能对母猪有些危害。有关报道也证实超量使用催产素可能会造成仔猪生长速度降低（Blikei Papp，1994；Ravel 等，1996）和奶的 SCCs 增加（Garst 等，1999）。

疫苗接种预防 PPDS 很不成熟。通常不能在患 PPDS 母猪中检测到引起新生仔猪流行性腹泻的大肠杆菌菌株，但至少有一项研究发现它们是有益的（Fairbrother，2006）。非随机对照研究数据的缺乏和产房中存在的变异菌都对 PPDS 疫苗的使用提出了质疑。据报道，预防接种内毒素产物（脂多糖）可以减少奶牛的 CM。产前 4 周和 2 周用疫苗控制尿道感染相关的大肠杆菌可以提高母猪的总体泌乳性能（Pejsak 等，1988）。

母猪和仔猪康复性疗法是治疗严重 PPDS 病例的重要部分，特别是输液疗法。康复性疗法的主要目标是缓解脱水。患内毒素血症的母猪容易脱水（Reiner 等，2009）。若母猪不能饮水，可以通过静脉或直肠输液（Peltoniemi 和 Hälli，2004）。日常饮水需求一般认为大约是体重的 7%。如果是直肠输液，预期大约有 50% 回流，所以剂量应大于静脉输液。

对于患病仔猪，首先应提供替代能量来源，并且（或）将出生体重低的仔猪转移至其他健康母猪。初生重高的仔猪能够更好地转移，因为它们有许多能量储备。出生第一天的仔猪应饮用大量的自来水，特别是乳供应不足时（Fraser 等，1988）。当装一个产生气泡的饮水器时，饮水量进一步增加（Phillips 和 Fraser，1991）。在水中添加电解质或葡萄糖可利于防止脱水和促进仔猪生存。腹腔注射大约 15 mL 5% 葡萄糖可以暂时缓解脱水和饥饿（Fairbrother，2006）。然后仔猪可能有足够的灵敏性去找乳头以及吸吮。仔猪也可以给予乳复合物替代品和易消化的合适饲料。然而，一些乳替代品中的免疫球蛋白不可能包含某个牧场的特异性抗体，不能作为初乳的替代品。另外，给体温过低仔猪供暖永远是最重要的选择。

（王国永、程相朝译，吕悦校）

参考文献
REFERENCES

Algers B. 1993. J Anim Sci 71:2826–2831.
Algers B, de Passillé AMB. 1991. Sven Vet Tidn 43:659–663.
Algers B, Jensen P. 1991. Can J Anim Sci 71:51–60.
Algers B, Rojanasthien S, Uvnas Moberg K. 1990. Appl Anim Behav Sci 26:267–276.
Algers B, Uvnäs-Moberg K. 2007. Horm Behav 52:78–85.
Armstrong JD, Coffey MT, Esbenshade KL, et al. 1994. J Anim Sci 72:1570–1577.
Ash RW, Heap RB. 1975. J Endocrinol 64:141–154.
Atwood CS, Hartmann PE. 1993. Aust J Agric Res 44:1457–1465.
——. 1995. J Dairy Res 62:221–236.
Auldist DE, Carlson D, Morrish L, et al. 2000. J Anim Sci 78:2026–2031.
Auldist DE, Morrish L, Eason P, King RH. 1998. Anim Sci 67:333–337.
Awad M, Baumgartner W, Passering A, et al. 1990. Tierärztl Umschau 45:526–535.
Bäckstrom L, Connors J, Price W, et al. 1982. Mastitis-metritis-agalactia (MMA) in the sow: A field survey of MMA and other farrowing disorders under different gestation and farrowing housing conditions. Proc Congr Int Pig Vet Soc, p. 175.

Bäckström L, Morkoc AC, Connor J, Larson R, Price W. 1984. J Am Vet Med Assoc 185:70–73.

Bara MR, Cameron RDA. 1996. Proc Congr Int Pig Vet Soc, p. 574.

Barone R. 1978. École nationale vétérinaire, Lyon.

Bauman DE, Currie WB. 1980. J Dairy Sci 63:1514–1529.

Benjaminsen E. 1981. Acta Vet Scand 22:67–77.

Beyer M, Jentsch W, Hoffmann L, Schiemann R, Klein M. 1994. Arch Anim Nutr 46:7–36.

Biermann J, Jourquin J, van Gelderen R, Goossens L. 2010. Proc Congr Int Pig Vet Soc, p. 1187.

Bilkei G, Goos T, Bolcskei A. 1994. Prakt Tierarzt 75:16–21.

Bilkei Papp G. 1994. Magy Allatorv Lap 49:680–683.

Bolet G, Etienne M. 1982. Proc 14èmes Journées du Grenier de Theix, Clermont-Ferrand, France.

Boren CA, Carlson MS. 2006. Albeitar 100:14–16.

Bories P, Vautrin F, Boulot S, et al. 2010. J Rech Porcine France 42:233–239.

Bostedt H, Maier G, Herfen K, Hospen R. 1998. Tierärztl Prax 26:332–338.

Boulot S, Quesnel H, Quiniou N. 2008. Adv Pork Prod 19:1–8.

Bourne FJ. 1976. Vet Rec 98:499–501.

Bourne FJ, Curtis J. 1973. Immunology 24:157–162.

Boyd RD, Kensinger RS, Harrell RJ, Bauman DE. 1995. J Anim Sci 73:36–56.

Buttle HL. 1988. J Endocrinol 118:41–45.

Calhoun ML, Stinson AW. 1987. Integuments. In Textbook of Veterinary Histology. Philadelphia: Lea & Febiger, p. 351.

Campbell RG, Dunkin AC. 1982. Anim Prod 35:193–197.

Cariolet R. 1991. J Rech Porcine France 23:189–194.

Castren H, Algers B, de Passillé AMB, et al. 1993. Anim Prod 57:465–471.

Castren H, Algers B, Jensen P, Saloniemi H. 1989. Appl Anim Behav Sci 24:227–238.

Castren H, Algers B, Saloniemi H. 1991. Livest Prod Sci 28:321–330.

Cerne F, Jerkovic I, Debeljak C. 1984. Proc Congr Int Pig Vet Soc, p. 290.

Cerne F, Jochle W. 1981. Theriogenology 16:459–467.

Chaloupková H, Illmann G, Neuhauserová K, et al. 2007. J Anim Sci 85:1741–1749.

Charette R, Bigras-Poulin M, Martineau G-P. 1996. Livest Prod Sci. 46:107–115.

Chavez ER, Patton KL. 1986. Can J Anim Sci 66:1065–1074.

Chertkov DD. 1986. Zhivotnovodstvo 8:55–56.

Cornette M. 1950. Rec Méd Vét 126:31–36.

Cowart RP. 2007. Parturition and dystocia in swine. In RS Youngquist, WR Threlfall, eds. Large Animal Theriogenology. St. Louis, MO: Saunders, pp. 778–784.

Crenshaw TD, Grieshop CM, McMurtry JP, Schricker BR. 1989. J Dairy Sci 72:258–259.

Cronin GM, Leeson E, Cronin JG, Barnett JL. 2001. J Anim Sci 14:1019–1023.

Delouis C. 1986. Lactation. In JM Perez, P Mornet, A Rérat, eds. Le porc et son élevage bases scientifiques et techniques. Paris: Maloine Publishing, pp. 55–63.

de Passillé AMB, Rushen J. 1989a. Appl Anim Behav Sci 22:23–38.

——. 1989b. Can J Anim Sci 69:535–544.

de Passillé AMB, Rushen J, Hartsock TG. 1988. Can J Anim Sci 68:325–338.

Devillers N. 2004. Variabilité de la production de colostrum chez la truie. Origine et conséquences pour la survie du porcelet. PhD thesis, University of Rennes.

Devillers N, Farmer C, Le Dividich J, Prunier A. 2007. Animals 1(7):1033–1041.

Devillers N, Farmer C, Mounier AM, Le Dividich J, Prunier A. 2004a. Reprod Nutr Dev 44:381–396.

Devillers N, Le Dividich J, Farmer C, et al. 2005. J Rech Porcine France 37:435–442.

Devillers N, Le Dividich J, Prunier A. 2006. INRA Prod Anim 19(1):29–38.

Devillers N, van Milgen J, Prunier A, Le Dividich J. 2004b. J Anim Sci 78:305–313.

Dobson H. 1988. Softening and dilation of the uterine cervix. In JR Clarke, ed. Oxford Reviews of Reproductive Biology. Toronto: Oxford University Press, pp. 491–513.

Dodd SC, Forsyth IA, Buttle HL, et al. 1994. J Dairy Res 61:21–34.

Dorland WAN. 1985. Dorland's Illustrated Medical Dictionary, 26th ed. Philadelphia: Saunders.

Dourmad J-Y, Canario L, Gilbert H, et al. 2010. INRA Prod Anim. 23:53–64.

Dourmad JY, Noblet J, Etienne M. 1998. J Anim Sci 76:542–550.

Drendel C, Wendt K. 1993. Monatsh Veterinarmed 48:413–417.

Dubreuil P, Pelletier G, Petitclerc D, et al. 1990. Can J Anim Sci 70:821–832.

Dusza L, Krzymowska H. 1981. J Reprod Fertil 61:131–134.

Dusza L, Sobczak J, Jana B, Murdza A, Bluj W. 1991. Med Weter 47:418–421.

Dyck GE, Swierstra EE. 1987. Can J Anim Sci 67:543–547.

Ehnvall R, Einarsson S, Larson K, et al. 1977. Nord Vet Med 29:376–380.

Einarsson S, Rojkittikhun T. 1993. J Reprod Fertil Suppl 48:229–239.

Ellendorf F, Forsling ML, Poulain DA. 1982. J Physiol 333:577–579.

Elmore RG, Martin CE. 1986. Mammary glands. In AD Leman, BE Straw, WL Glock, WL Mengeling, HC Penny, E Scholl, eds. Diseases of Swine, 6th ed. Ames, IA: Iowa State University Press.

Elmore RG, Martin CE, Riley JL, Littledike T. 1979. J Am Vet Med Assoc 174:620–622.

Elsley FWH. 1971. Nutrition and Lactation in the Sow. London, UK: Butterworths.

English PR, Morrison V. 1984. Pig News Info 5:369–376.

Evans PA, Newby TJ, Stokes CR, Bourne FJ. 1982. Vet Immunol Immunopathol 3:515–527.

Fahmy MH, Bernard C. 1971. Can J Anim Sci 51:351–359.

Fairbrother JM. 2006. Coliform mastitis. In B Straw, JJ Immermann, S D'Allaire, DJ Taylor, eds. Diseases of Swine, 9th ed. Ames, IA: Blackwell Publishing, pp. 665–671.

Farmer C. 2001. Livest Prod Sci 70:105–113.

Farmer C, Devillers N, Rooke JA, Le Dividich J. 2006. Colostrum production in swine: From the mammary glands to the piglets. CAB Review: Perspectives in Agriculture, Veterinary Science, Nutrition and Natural Resources 3, pp. 1–16.

Farmer C, Fisette K, Robert S, et al. 2004a. Can J Anim Sci 84:581–587.

Farmer C, Knight C, Flint D. 2007. Can J Anim Sci 87:35–43.

Farmer C, Palin MF. 2005. J Anim Sci 83:825–832.

Farmer C, Palin M-F, Gilani GS, et al. 2010a. Animal 4:454–465.

Farmer C, Palin M-F, Hovey R. 2010. Can J Anim Sci 90:379–388.

Farmer C, Palin MF, Sorensen MT, Robert S. 2001. Can J Anim Sci 81:487–493.

Farmer C, Petitclerc D. 2003. J Anim Sci 81:1823–1829.

Farmer C, Petitclerc D, Sorensen MT, Dourmad JY. 2004b. J Anim Sci 82:2343–2351.

Farmer C, Quesnel H. 2009. J Anim Sci 87(Suppl 1):56–65.

Farmer C, Robert S, Choiniere Y. 1998b. Can J Anim Sci 78:23–28.

Farmer C, Robert S, Matte JJ. 1996. J Anim Sci 74:1298–1306.

Farmer C, Robert S, Rushen J. 1997. Livest Prod Sci 50:165–166.

——. 1998. J Anim Sci 76:750–757.

Farmer C, Sorensen MT, Petitclerc D. 2000. J Anim Sci 78: 1303–1309.

Farmer C, Sorensen MT, Robert S, Petitclerc D. 1999. J Anim Sci 77:1851–1859.

Fisette K, Laforest JP, Robert S, et al. 2004. Can J Anim Sci 84: 573–579.

Flint DJ, Gardner M. 1994. Endocrinology 135:1119–1124.

Foisnet A. 2010. Variabilité de la production de colostrum par la truie: Implication des changements endocriniens et métaboliques en période péripartum. PhD thesis, Université Européenne de Bretagne, France.

Foisnet A, Boulot S, Passet M, et al. 2010a. J Rech Porcine France 42:15–19.

Foisnet A, Farmer C, David C, Quesnel H. 2010b. J Anim Sci 88:1672–1683.

——. 2010c. J Anim Sci 88:1684–1693.

Ford JA Jr., Kim SW, Rodriguez-Zas SL, Hurley WL. 2003. J Anim Sci 81:2583–2589.

Foxcroft GR, Vinsky MD, Paradis F, et al. 2007. Theriogenology 68:30–39.

Fraser D. 1976. Br Vet J 129:324–336.

——. 1977. Br Vet J 133:126–133.

——. 1980. Appl Anim Eth 6:247–255.

——. 1984. Anim Prod 39:115–123.

Fraser D, Jones RM. 1975. J Agric Sci 84:387–391.

Fraser D, Nicholls C, Fagan W. 1985. J Agr Eng Res 31:371–376.

Fraser D, Phillips PA. 1989. Appl Anim Behav Sci 24:13–22.

Fraser D, Phillips PA, Thompson BK, et al. 1988. J Anim Sci 68: 603–610.

Fraser D, Rushen J. 1992. Can J Anim Sci 72:1–13.

Gandhi SS, Getty R. 1969a. Iowa State J Sci 44:15–30.

——. 1969b. Iowa State J Sci 44:31–43.

Garst AS, Ball SF, Williams BL, et al. 1999. J Anim Sci 77:1624–1630.

Genest M, D'Allaire S. 1995. Can J Anim Sci 75:461–467.

Gerjets I, Kemper N. 2009. J Swine Health Prod 17(2):97–105.

Ghoshal NG. 1975. Porcine nervous system. Spina nerves. In R Getty, ed. Sisson and Grossmann's the Anatomy of the Domestic Animal, 5th ed. Toronto: W.B. Saunders, pp. 1383–1396.

Gillepsie TG. 1984. Stray electric voltage. Proc Swine Herd Health Program Conf, p. 260.

Goransson L. 1989a. J Vet Med 36:474–479.

——. 1989b. J Am Vet Med Assoc 36:505–513.

Grun D, Reiner G, Dzapo V. 1993a. Reprod Dom Anim 28: 14–21.

——. 1993b. Reprod Dom Anim 28:22–27.

Gut-à Porta R, Baustad B, Jorgensen A. 2004. Proc Congr Int Pig Vet Soc Congr, p. 631.

Guthrie HD, Meckley PE, Young EP, Hartsock TG. 1987. J Anim Sci 65:203–211.

Hacker RR. 1970. Studies on the development and function of porcine mammary glands. PhD thesis, Purdue University, West Lafayette, IN.

Hacker RR, Hill DL. 1972. J Dairy Sci 55:1295–1299.

Hansen LH. 1979. Nord Vet Med 31:122–128.

Harkins M, Boyd RD, Bauman DE. 1989. J Anim Sci 67: 1997–2008.

Harmon RJ. 1994. J Dairy Sci 77:2103–2112.

Harrell RJ, Thomas MJ, Boyd RD. 1993. Proc Cornell Nutrition Conf Feed Manufacturers, pp. 156–164.

Hartmann PE, Holmes MA. 1989. Sow lactation. In JL Barnett, DD Hennessy, eds. Manipulating Pig Production II. Albury, Australia: Australasian Pig Science Association, pp. 72–97.

Hartmann PE, Thompson MJ, Kennaugh LM, Atwood CS. 1995. Metabolic regulation of sow lactation. In DP Hennessy, PD Cranwell, eds. Manipulating Pig Production V. Werribee, Australia: Australasian Pig Science Association, pp. 26–29.

Hartmann PE, Whitely JL, Willcox DL. 1984. J Physiol 347: 453–463.

Head RH, Williams IH. 1991. Mammogenesis is influenced by pregnancy nutrition. In DP Hennessy, PD Cranwell, eds. Manipulating Pig Production III. Werribee, Australia: Australasian Pig Science Association, p. 33.

Hemsworth PH, Winfield CG. 1976. Anim Prod 22(3):351–357.

Hendrix WF, Kelley KW, Gaskins CT. 1978. Porcine neonatal survival and serum gamma globulins. J Anim Sci 47:1281–1286.

Hermansson I, Einarsson S, Ekman L, Larsson K. 1978a. Nord Vet Med 30:474–481.

Hermansson I, Einarsson S, Larson K, Backstrom L. 1978b. Nord Vet Med 30:465–473.

Hernandez A, Diaz J, Avila A, Cama M. 1987. Cuban J Agr Sci 21: 292–294.

Hirsch AC, Philipp H, Kleemann R. 2003. J Vet Pharmacol Ther 26:355–360.

Holtz W, Hartmann JF, Welp C. 1983. Theriogenology 19: 583–592.

Howard KA, Nelson DA, Garcia-Sirera J, Rozeboom DW. 1994. J Anim Sci 72(Suppl 1):334.

Hoy S. 2004. Proc Congr Int Pig Vet Soc, p. 849.

Hughes PE, Varley MA. 1980. Reproduction in the Pig. London: Butterworths.

Hultén F, Persson A, Eliasson-Selling L, et al. 2003. Am J Vet Res 64:463–469.

Hultén F, Persson A, Eliasson-Selling L, et al. 2004. Am J Vet Res 65:1398–1403.

Hurley WL. 1989. J Dairy Sci 72:1637–1646.

——. 2001. Livest Prod Sci 70:149–157.

Hurley WL, Doane RM, O'Day Bowman MB, Winn RJ, Mojonnier LE, Sherwood OD. 1991. Endocrinology 128:1285–1290.

Hurley WL, Grieve RCJ. 1988. Vet Res Commun 12:149–153.

Illmann G, Madlafousek J. 1995. Appl Anim Behav Sci 44:9–18.

Jensen HM. 1981. Dansk Vet Tidsskr 64:659–662.

Jensen P. 1986. Appl Anim Behav Sci 16:131–142.

——. 1988. Appl Anim Behav Sci 20:297–308.

Jensen P, Stangel G, Algers B. 1991. Appl Anim Behav Sci 31:193–209.

Jensen P, Vestergaard K, Algers B. 1993. Appl Anim Behav Sci 38:245–255.

Ji F, Hurley WL, Kim SW. 2006. J Anim Sci 84:579–587.

Ji F, Wu G, Blanton JR, Kim SW. 2005. J Anim Sci 83:366–375.

Johnson RW. 2002. Vet Immunol Immunopathol 87:443–450.

Jorsal SE. 1986. Proc Congr Int Vet Pig Soc, p. 93.

Kamphues J, Tabeling R, Schwier S. 2000. Dtsch Tierärztl Wschr 107:380.

Kemper N, Gerjets I. 2009. Acta Vet Scand 51:26–33.

Kensinger RS, Collier RJ, Bazer FW. 1986. Domest Anim Endocrinol 3:237–245.

Kensinger RS, Collier RJ, Bazer FW, et al. 1982. J Anim Sci 54: 1297–1308.

Kent JC, Kennaugh LM, Hartmann PE. 2003. J Dairy Res 70: 131–138.

Kim SW, Easter RA, Hurley WL. 2001. J Anim Sci 79:2659–2668.

Kim SW, Hurley WL, Han IK, Stein HH, Easter RA. 1999b. J Anim Sci 77:3304–3315.

Kim SW, Hurley WL, Hant IK, Easter RA. 2000. J Anim Sci 78: 1313–1318.

Kim SW, Osaka I, Hurley WL, Easter RA. 1999a. J Anim Sci 77: 3316–3321.

King GJ, Willoughby RA, Hacker RR. 1972. Can Vet J 13:72–74.

King RH, Mullan BP, Dunshea FR, Dove H. 1997. Livest Prod Sci 47:169–174.

King RH, Toner MS, Dove H, Atwood CS, Brown WG. 1993. J Anim Sci 71:2457–2463.

Klobasa F, Habe F, Werhahn E. 1990. Berl Munch Tierarztl Wochenschr 103:335–340.

Klobasa F, Schroder C, Stroot C, Henning M. 2004. Berl Munch Tierarztl Wochenschr 117:19–23.

Klobasa F, Werhahn E, Butler JE. 1987. J Anim Sci 64:1458–1466.

Klobasa F, Werhahn E, Habe F. 1991. Berl Munch Tierarztl Wochenschr 104:223–227.

Klopfenstein C. 2003. Variation temporelle des caractéristiques comportementales et physiologiques des truies qui allaitent les portées à croissance faible et normale en période du péri-partum. PhD thesis, Université de Montréal, Montréal.

Klopfenstein C, Bigras Poulin M, Martineau GP. 1997. J Rech Porcine France 29:53–58.

Klopfenstein C, D'Allaire S, Martineau GP. 1995. Livest Prod Sci 43:243–252.

Klopfenstein C, Farmer C, Martineau GP. 2006. Mammary glands and lactation problems. In BE Straw, WL Mengeling, S D'Allaire, DJ Taylor, eds. Diseases of Swine, 9th ed. Ames, IA: Iowa State University Press, pp. 833–860.

Knight JW, Bazer FW, Thatcher WW, Franke DE, Wallace HD. 1977. J Anim Sci 44:620–637.

Konar A, Thomas PC, Rook JAF. 1971. J Dairy Sci 38:333–341.

Kopinski J, Blaney B, Downing J, et al. 2007. Aust Vet J 85:169–176.

Kusina J, Pettigrew JE, Sower AF, et al. 1995. J Anim Sci 73:189.

Labroue F, Caugant A, Ligonesche B, Gaudré D. 2001. J Rech Porcine France 33:145–150.

Larsen I, Thorup F. 2006. The diagnosis of MMA. Proc Int Pig Vet Soc, p. 256.

Le Cozler Y, David C, Beaumal V, Johansen S, Dourmad J-Y. 1998. Reprod Nutr Dev 38:377–390.

Le Cozler Y, Pichodo X, Roy H, et al. 2004. J Rech Porcine France 36:443–450.

Le Dividich J. 2006. The issue of colostrum in piglet survival: Energy and immunity. In Proc Nutr Biotechnol Feed Food Industries Proceed Annual Alltech Symp 22, pp. 1–13.

Le Dividich J, Herpin P, Mourot J, Colin A-P. 1994a. Comp Biochem Physiol 108A(4):663–671.

Le Dividich J, Herpin P, Rosario-Ludovino RM. 1994b. J Anim Sci 72:2082–2089.

Le Dividich J, Marion J, Thomas F. 2007. Can J Anim Sci 87:571–577.

Le Dividich J, Martineau GP, Thomas F, et al. 2004. J Rech Porcine France 36:451–459.

Lewis AJ, Speer VC, Haught DG. 1978. J Anim Sci 47:634–638.

Lewis NJ, Hurnik FJ. 1985. Appl Anim Behav Sci 14:225–232.

Lignereux Y, Rossel R, Jouglar JY. 1996. Rev Med Vet 147:191–194.

Lyvers-Peffer PA, Rozeboom DW. 2001. Livest Prod Sci 70:167–173.

Madec F, Leon E. 1992. J Vet Med 39:433–444.

Maes D, Papadopoulos G, Cools A, Janssens GPJ. 2010. Tierärztl Prax 1:15–20.

Magnusson U, Rodriguez Martinez H, Einarsson S. 1991. Vet Rec 129:485–490.

Mahan D. 1991. J Anim Sci 69:2904–2917.

Mahan DC, Becker DE, Norton HW, Jensen AH. 1971. J Anim Sci 33:35–37.

Mahan DC, Kim YY, Stuart RL. 2000. J Anim Sci 78:110–119.

Marchant J. 1997. Pig Farming April:36–37.

Marnell L, Mold C, Du Clos TW. 2005. Clin Immunol 17:104–111.

Martel G, Dourmad JY, Dedieu B. 2008. Livest Sci 116:96–107.

Martineau GP. 1990. Body building syndrome in sows. In Proc Annu Meet Am Assoc Swine Pract, pp. 345–348.

———. 2005. Postpartum dysgalactia syndrome and mastitis in sows. In CM Kahn, ed. Reproduction. The Merck Veterinary Manual, 9th ed. Whitehouse Station, NJ: Merck Co., pp. 1134–1137.

Martineau GP, Klopfenstein C. 1996. J Rech Porcine France 28:331–338.

Martineau GP, Morvan H. 2010. Les maladies de production 18:514–515.

Martineau GP, Smith BB, Doizé B. 1992. Vet Clin North Am Food Anim Pract 8:661–684.

Matzat PD, Hogberg MG, Fogwell RL, et al. 1990. Report of Swine Research, Mich State Univ. AS-SW-8904, p. 36–40.

McNamara JP, Pettigrew JE. 2002. J Anim Sci 80:2442–2451.

Meisner M. 2005. Curr Opin Crit Care 11:473–480.

Menrath A, Gerjets I, Reiners K, Kemper N. 2010. Bacterial pathogens present in the milk of healthy sows and sows with PDS (postpartum dysgalactia syndrome): Detailed analysis of isolated Aerococcus spp. In Proc Congr Int Pig Vet Soc, p. 1186.

Messias de Bragança M, Mounier AM, Hulin JC, Prunier A. 1997. J Rech Porcine France 29:81–88.

Messias de Braganca M, Prunier A. 1999. Domest Anim Endocrinol 16(2):89–101.

Michelchen G, Ender K. 1991. Arch Tierzucht 34:313–322.

Miquet J, Viana G. 2010. Proc Congr Int Pig Vet Soc p. 160.

Mitchell AD, Scholz AM. 2001. Techniques for measuring body composition of swine. In AL Lewis, L Southern, eds. Swine Nutrition. Boca Raton, FL: CRC Press, pp. 32–37.

Molenat M, Thibeault L. 1977. L'Élevage Porcin 108:33–36.

Moser RL, Cornelius SG, Pettigrew JE, et al. 1987. Livest Prod Sci 16:91–99.

Mroz Z, Jongbloed AW, Lenis NP, Vreman K. 1995. Nutr Res Rev 8:137–164.

Muirhead M. 1991. Int Pigletter 10:22–23.

Muirhead M, Alexander T. 1997. Mastitis, lactation failure. In MR Muirhead, TJL Alexander, eds. Managing Pig Health and the Treatment of Disease. Sheffield, England: 5M Enterprises Limited, pp. 236–239.

Mullan BP, Williams IH. 1989. Anim Prod 48:449–457.

Munsterhjelm C, Valros A, Heinonen M, et al. 2008. Reprod Domest Anim 43:584–591.

Neil M, Ogle B, Annér K. 1996. J Anim Sci 62:337–347.

Nielsen OL, Sorensen MT. 1998. J Anim Sci 76(Suppl 1):377 (Abstract).

Noblet J, Etienne M. 1986. J Anim Sci 63:1888–1896.

———. 1989. J Anim Sci 67:3352–3359.

Oliviero C, Heinonen M, Valros A, et al. 2008b. Anim Reprod Sci 105(3–4):365–377.

Oliviero C, Heinonen M, Valros A, et al. 2009. Anim Reprod Sci 119:85–91.

Oliviero C, Kokkonen T, Heinonen M, et al. 2010. Res Vet Sci 86(2):314–319.

Oliviero C, Pastell M, Heinonen M, et al. 2008a. Biosyst Eng 100:281–285.

Papadopoulos GA. 2008. Lactation physiology in sows: Impact of feeding strategies and risk factors for postpartum dysgalactia syndrome. PhD thesis, Ghent University, p. 229.

Papadopoulos GA, Vanderhaeghe C, Janssens GPJ, et al. 2010. Vet J 184:167–171.

Peaker M, Wilde CJ. 1987. News Physiol Sci 2:124–126.

Pejsak A, Tarasuik K, Jochle W. 1988. Proc Congr Int Vet Pig Soc, p. 307.

Peltoniemi OAT, Hälli O. 2004. Suomen eläinlääkärilehti 11:573–576.

Peltoniemi OAT, Tast A, Heinonen M, et al. 2009. Reprod Domest Anim doi:10.11:1439-0531.

Pepys MB, Hirschfield GM. 2001. Ital Heart 2:804–806.

Perrin DR. 1955. J Dairy Sci 22:103–107.

Persson A, Pedersen A, Goransson L. 1983. Proc Intern Conf Production Disease Farm Animals, Uppsala, Sweden, pp. 220–223.

Persson A, Pedersen E, Gorensen L, Kuhl W. 1989. Acta Vet Scand 30:9–17.

Persson A, Pedersen Morner A, Kuhl W. 1996. Acta Vet Scand 37: 293–313.

Pettigrew JE. 1995. The influence of substrate supply on milk production in the sow. In DP Hennessy, PD Cranwell, eds. Manipulating Pig Production V. Werribbee, Australia: Australasian Pig Science Associ ation, p. 129.

Phillips PA, Fraser D. 1991. Can J Anim Sci 71:223–236.

Plaut KI, Kensinger RS, Griel LC Jr., Kavanaugh JF. 1989. J Anim Sci 67:1509–1519.

Pluske JR, Williams IH, Aherne FX. 1995a. Nutrition of the neonatal pig. In MA Varley, ed. The Neonatal Pig—Development and Survival. Wallingford, UK: CAB International, pp. 187–235.

Pluske JR, Williams IH, Cegielski AC, et al. 1995b. Superalimentation of first litter sows during lactation. In DP Hennessy, PD Cranwell, eds. Manipulating Pig Production V. Werribbee, Australia: Australasian Pig Science Association.

Pluske JR, Williams IH, Zak LJ, et al. 1998. J Anim Sci 76: 1165–1171.

Puppe B, Tuchscherer A. 2000. Anim Sci 71:273–279.

Quesnel H, Brossard L, Valancogne A, Quiniou N. 2008. Animal 2:1842–1849.

Quesnel H, Meunier-Salaun M-C, Hamard A, et al. 2009. J Anim Sci 87:532–543.

Quiniou N, Noblet J. 1999. J Anim Sci 77:2124–2134.

Ravel A, D'Allaire S, Bigras Poulin M. 1996. Prev Vet Med 29: 37–57.

Reale TA. 1987. Supplemental liquid diets and feed flavours for young pigs. MSc thesis, University of Melbourne, Melbourne, Australia.

Reiner G, Hertampf B, Richard HR. 2009. Tierärztl Prax 37: 305–318.

Ringarp N. 1960. Acta Vet Scand 7:1–153.

Robert S, Matte JJ, Martineau GP. 1996. Am J Vet Res 57: 1245–1249.

Robertson HA, King GJ. 1974. J Reprod Fertil 40:133–141.

Rose M, Schnurrbusch U, Heinrotzi H. 1996. Proc Congr Int Pig Vet Soc, p. 317.

Roychoudhury R, Sarker AB, Bora NN. 1995. Indian J Anim Prod Manag 11:62–64.

Ruan WF, Monaco ME, Kleinberg DL. 2005. Endocrinology 146: 1170–1178.

Rushen J, Foxcroft GR, de Passillé AMB. 1993. Physiol Behav 53:265–270.

Rushen J, Ladewig J, de Passillé AMB. 1995. Appl Anim Behav Sci 45:53–61.

Salmon-Legagneur E. 1956. Ann Zootech 2:95–110.

——. 1965. Quelques aspects des relations nutritionnelles entre la gestation et la lactation chez la truie. Thèse de doctorat, Université de Paris, Paris, France.

Sandstedt H, Sjogren U. 1982. Sven Vet Tidn 34:487–490.

Sandstedt H, Sjogren U, Swahn O. 1979. Sven Vet Tidn 31: 193–196.

Sauber TE, Stahly TS, Ewan RC, Williams NH. 1994. J Anim Sci 72:364–364.

Scheel DE, Graves HB, Sherritt GW. 1977. J Anim Sci 45:219–229.

Schollenberger A, Degorski A, Frymus T, et al. 1986. J Vet Med A 33:31–38.

Schummer A, Wilkens H, Vollmerhaus B, Habermehl KH. 1981. The Circulatory System, the Skin, and the Cutaneous Organs of the Domestic Mammals, Vol. 3. New York: Springer-Verlag, p. 630.

Shoenherr WD, Stahly TS, Cromvell GL. 1989. J Anim Sci 67:482–488.

Sialelli J-N, Vautrin F, Bories P, Boulot S, Pere M-C, Martineau GP. 2010. Chronopart in catheterized commercial sows in conventional herds: Physiological, biochemical and hormonal follow-up in easy and difficult farrowing sows. Proc Congr Int Pig Vet Soc, p. 125.

Smith BB. 1985a. Theriogenology 3:283–296.

——. 1985b. Am J Vet Res 46:175–180.

Smith BB, Martineau GP, Bisaillon A. 1992. Mammary glands and lactation problems. In AD Leman, BE Straw, WL Mengeling, S D'Allaire, DJ Taylor, eds. Diseases of Swine, 7th ed. Ames, IA: Iowa State University Press, pp. 40–61.

Smith KL, Hillerton JE, Harmon RJ. 2001. Guidelines on normal and abnormal raw milk based on somatic cell counts and signs of clinical mastitis. National Mastitis Council.

Smith VG, Leman AD, Seaman WJ, Vanravenswaay F. 1991. J Anim Sci 69:3501–3510.

Sohn KS, Maxwell CV. 1999. Asian-Aust J Anim Sci 12: 956–965.

Solignac T. 2008. Porc Mag 424:133–135.

Solignac T, Keita A, Pagot E, Martineau GP. 2010. Proc Congr Int Pig Vet Soc, p. 124.

Sorensen MT, Farmer C, Vestergaard M, et al. 2006. Livest Prod Sci 99:249–255.

Sorensen MT, Sejrsen K, Purup S. 2002. Livest Prod Sci 75: 143–148.

Spinka M, Illmann G, Algers B, Stetkova Z. 1997. J Anim Sci 75: 1223–1228.

Spinka M, Illmann G, Stetkova Z, et al. 1999. Domest Anim Endocrinol 17:53–64.

Stangel G, Jensen P. 1991. Appl Anim Behav Sci 31:211–227.

Stevenson JS, Cox NM, Britt JH. 1981. Biol Reprod 24:341–353.

Stone CC, Brown MS, Waring GH. 1974. J Anim Sci 39:137.

Taverne M, Bevers M, Bradshaw JMC, et al. 1982. J Reprod Fertil 65:85–96.

Theil PK, Labouriau R, Sejrsen K, et al. 2005. J Anim Sci 83: 2349–2356.

Threlfall WR, Martin CE. 1973. Vet Med Small Anim Clin 68: 423–426.

Titterington RW, Fraser D. 1975. Appl Anim Eth 2:47–53.

Toner MS, King RH, Dunshea FR, et al. 1996. J Anim Sci 74: 167–172.

Trapp AL, Keahy KK, Whitenack DC, Whitehair CK. 1970. J Am Vet Med Assoc 157:289–300.

Tseng S, Jourquin J, Goossens L. 2010. Proc Congr Int Pig Vet Soc, p. 1188.

Tucker HA. 1985. Endocrine and neural control of the mammary gland. In BL BL Larson, ed. Lactation. Ames, IA: Iowa State University Press, pp. 39–79.

Turner CW. 1952. The Anatomy of the Udder of Cattle and Domestic Animals. Columbia, MO: Lucas Brothers, pp. 279–314.

Tyler JW, Cullor JS, Thurmond MC, et al. 1990. Am J Vet Res 51:1400–1406.

Valros AE, Rundgren M, Špinka M, et al. 2002. Appl Anim Behav Sci 76:93–104.

Van den Brand H, Heetkamp MJW, Soede NM, et al. 2000. J Anim Sci 78:1520–1528.

Van den Brand H, Kemp B. 2006. Proc Seventh Int Conf Pig Reprod, The Netherlands, pp. 177–189.

Van den Brand H, Schouten WGP, Kemp B. 2004. Appl Anim Behav Sci 86:41–49.

Van der Lende T, de Jager D. 1991. Livest Prod Sci 28:73–84.

Van Gelder KN, Bilkei G. 2005. Tijdsch Diergen 130:38–41.

Voisin F, Le Dividich J, Salle E, Martineau GP. 2006. On assessment of the immune quality of sow colostrum. In Proc Cong Int Pig Vet Soc, p. 299.

Waldmann KH, Heide J. 1996. Proc Congr Int Pig Vet Soc, p. 614.

Wallace HD, Thieu DD, Combs GE. 1974. Alfalfa meal as a special bulky ingredient in the sow diet at farrowing and during lactation. Res Report—Department of Animal Science, Gainesville, FL.

Weary DM, Huzzey JM, von Keyserlingk MAG. 2009. J Anim Sci 87:770–777.

Weary DM, Pajor EA, Thompson BK, Fraser D. 1996. Anim Behav 51:619–624.

Wechsler B, Brodmann N. 1996. Appl Anim Behav Sci 47: 191–199.

Weldon WC, Thulin AJ, MacDougald OA, et al. 1991. J Anim Sci 69:194–200.

Whitacre MD, Threlfall WR. 1981. Am J Vet Res 42:1538–1541.

Whitehair CK, Miller ER. 1986. Nutritional deficiencies. In AD Leman, BE Straw, WL Glock, WL Mengeling, HC Penny, E Scholl, eds. Diseases of Swine, 6th ed. Ames, IA: Iowa State University Press, pp. 746–762.

Whitely JL, Hartmann PE, Willcox DL, et al. 1990. J Endocrinol 124:465–484.

Whitely JL, Willcox DL, Hartmann PE, et al. 1985. Biol Reprod 33:705–714.

Whittemore C. 1998. The Science and Practice of Pig Production, 2nd ed. London, UK: Blackwell Science, pp. 91–130, 421–454.

Whittemore CT, Fraser D. 1974. Br Vet J 130:346–356.

Williams IH. 1995. Sow's milk as a major nutrient source before weaning. In DP Hennessy, PD Cranwell, eds. Manipulating Pig Production V. Werribee, Australia: Australasian Pig Science Association, pp. 107–113.

Wolter BF, Ellis M, Corrigan BP, DeDecker JM. 2002. J Anim Sci 80:301–308.

Wu WZ, Wang XQ, Wu GY, et al. 2010. J Anim Sci 88: 2657–2664.

Xu RJ. 2003. Composition of porcine milk. In RJ Xu, P Cramwell, eds. Nutrition. Nottingham, UK: Nottingham University Press, pp. 213–246.

19 神经和运动系统
Nervous and Locomotor Systems

Stan Done，Susanna M. Williamson，和 Ben W. Strugnell

引言
INTRODUCTION

临床兽医认为,高发病率和高死亡率疾病的暴发多与消化和呼吸系统相关。但是在所有的生产管理中,这些疾病通常表现出神经、肌肉、骨骼和关节的问题(Anil 等,2009),多见于个体发病,偶见群体性暴发。

神经性疾病多为突发或急性暴发,可能是传染性、中毒性疾病或外来动物源性疾病。而大部分骨病呈慢性病程,主要由骨结构形成缺陷、慢性感染或外伤造成。对大多数运动机能障碍性疾病,通过临床检查很难作出鉴别诊断。

总的来说,运动机能障碍可以造成生产各个阶段的经济损失。有数百份报道就曾经提到了关于跛行造成的经济损失。重要的是,造成各个农场经济损失的原因千差万别,而无数的风险因素促进了这些原因发生(D'Allaire,1987;D'Allaire 等,1987;Jones,1967;Smith 和 Robertson,1971;Svendsen 等,1979)。

结构与功能
NORMAL STRUCTURE AND FUNCTION

解剖、生理和病理基础知识是有效研究本章涉及的四个机体组成部分的基础,具体内容参见表 19.1。神经和运动作为一个组合系统,负责感觉、运动、反射和随意运动。主要基础知识如下:

神经
Nerves

大脑的颜色通常介于白色到黄色之间,新生仔猪的脑重量大约为 35 g,而成年猪则大约有110~120 g(Widdowson 和 Crabb,1976)。新生仔猪脊髓重量大约为 4 g,成年猪为 30~40 g。野猪的脑重量则一般较家猪要重 20%(Rohrs 和 Kruska,1969)。出生前 5 周和出生后 8 周内为脑快速成长阶段,而随后脑重量相对于体重的比值下降。

髓鞘形成开始于妊娠的第 55~60 天,在出生时达到高峰,这就解释了妊娠母猪病毒感染会影响髓鞘形成。髓鞘形成中有一个高峰时期,在 3 周龄左右(Dickerson 和 Dobbing,1967;Patterson 和 Done,1977;Sweaset 等,1976),并在 6 周龄左右结束。中枢神经系统(CNS)神经元弥补完成在 6 周龄左右结束,在此之后丧失的神经元将不能被替补,但是一旦机体被动员,雪旺氏细胞可以为损伤的髓鞘提供有限的修复。

关节和肌肉
Joints and Muscles

关节由与骨接触的关节软骨、分泌滑液的滑

猪病学,第 10 版,由 Jeffrey J. Zimmerman, Locke A. Karriker, Alejandro Ramirez, Kent J. Schwartz, Gregory W. Stevenson 主编。

膜、关节囊、肌腱和韧带构成,并可能与腱鞘相连。关节是运动系统中最重要的承重器官,而且极易在局部外伤和菌血症时感染。如果怀疑有关节疾病,在进行尸体剖检时应首先检查。

　　Sisson(1975)描述了猪的肌肉结构。从病理和医学角度考虑,相对于其他种属,猪的肌肉结构特征没有特别之处。

骨
Bones

　　骨并不是无活力的。骨骼持续保持很高的代谢活性,特别是矿物质代谢,而且根据肌肉、肌腱的机械压力和重塑的自身平衡机制的调整,骨骼结构持续变化(Goff,2010)。猪的骨骼生长在3～3.5岁时仍然可见,因为生长板能持续保持其功能(Getty,1975)。骨骺闭合时间表参见表19.2。

　　生长板的形状和大小多样;有些骨只有单一的生长板,其他的骨则不止一个。生长板并不就是骨骺板。关节骺软骨复合体中的骨骺生长可以增加次生骨中心钙化范围,例如肱骨头和大转子。随着骨骺的成熟,骨骺生长软骨逐渐变薄。但并不是所有的长骨都有骨骺。

表 19.1　神经运动系统方面相关的解剖、生理和病理参考文献

标题	参考文献
解剖	Sack (1982),Ashdown 等(2009)
神经解剖学和神经	Dellmann 和 McClure (1975),De Lahunta (1977),Yoshikawa (1968)
植物性神经系统	Swenson (1977),De Lahunta (1983)
脑发育	Widdowson 和 Crabb (1976)
野猪的大脑	Rohrs 和 Kruska (1969)
脑脊液	D'Allaire 和 de Rota (1980),Fankhauser (1962)
神经解剖学和行为	Signoret 等(1975)
脑发育	Marrable (1971),Larsell (1954),Done 和 Hebert (1968),Dickerson 和 Dobbing (1967)
眼睛	Prince 和 Diesem (1960),Diesen 等(1975),King (1978)
内耳	Dellmann (1971)
骨	Ham 和 Cormack (1979),Sisson (1975)
骨化	Ham 和 Cormack (1979)
肌肉	Handel 和 Stickland (1986),Ham (1979),Sack (1982),Sisson 和 Gandhi (1975)
肌张力	Simpson (1972),Palmer (1976)
神经肌肉接头	McComas (1977)
关节	Ghadially (1983),Ham 和 Cormack (1979),Doige 和 Horowitz (1975)
滑液	Getty (1975),Sokoloff (1978),Van Pelt (1974)
中枢神经系统疾病部位	Kornegay 和 Seim (1996),Lorenz 和 Kornegay (2004)
猪的解剖	Van Kruiningen (1971),Wells (1978),King 等(1979)
病理反应	Innes 和 Saunders (1962),Fankhauser 和 Luginbuhl (1968),Jubb 和 Kennedy (1970),Blackwood 和 Corsellis (1976)
神经病理分类学	Done (1957,1968),O'Hara 和 Shortridge (1966)
神经生物学种类	Done (1976),Nietfield (2010)
综述:运动	Dewey (1996),Doige (1988),Hilley (1982),Hill (1998)
中枢神经系统疾病	Done (1995),Done 和 Wells (2005)

表 19.2　猪前肢和后肢的骨骺闭合时间

前肢			后肢		
骨	骨骺	闭合时间/岁	骨	骨骺	闭合时间/岁
肱骨	近端	3.5	股骨	近端	3
	远端	1		远端	3.5
桡骨	近端	1	胫骨	近端	3.5
	远端	3.5		远端	2
尺骨	近端	3.5	腓骨	近端	3.5
	远端	3		远端	2～2.5
第三掌骨	近端	出生前	跗骨	近端	出生前
	远端	2		远端	2
第一指骨	近端	2	第一趾骨	近端	2
	远端	出生前		远端	出生前
第二指骨	近端	1	第二趾骨	近端	1
	远端	出生前		远端	出生前

对于新生儿和胎儿,骨骺区是连续的,它由松质骨取代,只留下了很薄的一层环形关节软骨。干骺端主要是松质骨,由一层很薄的皮质骨包裹。干骺端和骨管或骨融合,皮质骨变厚。在骨干中,实际上没有松质骨,形成骨髓腔储存骨髓。

骨表面除关节面以外都由一层骨膜覆盖,并且位于肌腱嵌入部位。在老年动物身上,除了肋骨、椎骨和盆骨外,骨髓均由脂肪替代。有一个增殖区域包括紧密水平排列的柱状扁平的骨细胞。肥大区包括扁平的骨细胞,后者增大形成球状的骨细胞。增殖区的骨细胞柱深入到干骺端形成长的骨小梁。这些骨小梁形成网格结构,称为一级骨松质。

次级骨松质的位置靠近骨干。骨干本身的骨小梁融合形成骨髓腔。

神经和运动疾病调查
INVESTIGATION OF NERVOUS AND LOCOMOTOR PROBLEMS

作出正确诊断调查的核心是搜集过去病史和现在症状,进行临床检查(在没有打扰动物的情况下进行远距离观察)、环境评价及个体动物病理检查。地面、设备、猪群和人的相互影响都会导致运动机能障碍。

全身检查一般从动物的四肢和蹄部开始。在多数部位,关节和肌肉周围没有皮下组织保护。可能会因为外力在这些地方发生囊肿,进而发生细菌感染。

胎儿或怀孕的异常,说明存在感染、中毒、遗传或发育畸形等原因。临床表现为异常分娩、流产、木乃伊胎、死胎或畸形胎。新生仔猪疾病的发生主要受产前、产后的母猪因素及母源抗体和新生仔猪所处环境等因素影响。保育—生长阶段的猪群由于母源抗体的减少或缺失、新感染源的接触、混群,尤其是断奶应激等,特别易于感染。生长育肥阶段的运动机能障碍都有前面两个阶段的后遗症,并由于不正确的饲喂而变得更加明显,甚至会持续整个成年阶段。

对于大动物来说,由于保定难度比较大,所以触诊就变得尤为重要。在条件允许的情况下,将动物转移到比较干净、地面平整的环境里。确定损伤部位有助于诊断损伤是来自于神经、骨骼、肌肉还是关节。根据四肢弯曲角度和其关节一致性的变化可以诊断损伤的位置。应特别对步态进行观察,可在干净平整的地面上进行。在蹄部受伤的情况下,猪可以腕关节着地行走。如果后蹄都疼痛,那么动物就会将身体重心由左右腿轮换支持。肌肉退化引起的肌肉疼痛,可能引起猪颤抖和蜷伏。

猪场兽医应该采取一套系统的检查方法,从

而把运动系统的各个部分全面地予以检查。例如，从蹄部开始向上检查到骨盆、肩部，然后是躯干和头部。骨盆检查常常被忽略，而临床实践中，是需要检查的，且一定要检查其对称性。臀部的疼痛可能意味着股骨骺脱离、骨折或脱臼。臀部运动时可以听到捻发音。身体或腿部姿势的异常可能说明腿畸形、背部肌肉坏死、脊椎炎和椎关节强硬。在尽可能保证猪和人员安全的情况下保定动物，可以进行更加全面彻底的检查。对个体、整圈、整栋舍及全群的细致、熟练、完整的检查很重要。这些内容在本书的其他章节予以阐述。

准确的病原学诊断常常需要通过血液学、化学、血清学、微生物学、饲料分析和病理学多方面检查实现。在得到授权后，兽医可以通过对多个典型感染猪只进行全面的尸体剖检来有效评估关节、脑和脊髓的病变。运动系统疾病暴发时一般应考虑有无外来动物疾病（foreign animal disease，FAD）的引入。

临床评估
CLINICAL ASSESSMENTS

使用正确的术语有效地表达运动性疾病的临床症状是非常重要的（表 19.3）。有时在死亡动物身上很难观察到任何症状。此时就应该仔细检查其他动物，并且彻底调查各种主要风险因素和最近的新的变化。评估最重要的部分为全面系统的尸体剖检。诊断上缺乏明显的肉眼病变，就要大量采集标本进行实验室分析调查。运动系统的六个部分（脑、脊髓、外周神经、骨骼、肌肉和关节）详细讨论如下，相关的原因在本章的多个表格中进行了归纳。

表 19.3　神经系统的描述性术语和临床症状

描述性术语	临床症状	可能受损部位
失明，失去嗅觉，眼球运动失控，瞳孔反射	嗅觉、视觉、眼反射、眼控制障碍	脑神经障碍（CN1～4,6）
面部感觉缺失	面部感觉障碍，咀嚼肌障碍	脑神经障碍（CN5）
面神经瘫痪	面部肌肉障碍，表达障碍	脑神经障碍（CN7）
抽搐	短暂失控的大脑活动，惊厥	大脑
震颤	不随意的有节奏的肌肉收缩，颤动	大脑，脊髓，外周神经，寒冷/疼痛
肌纤维自发性收缩	肌肉抽搐，不随意肌肉收缩	中枢神经系统，肌肉，其他
眼球震颤	不随意的有节奏的眼球运动	脑神经（CN6～8），脑干，脑膜炎
前庭症候群	绕圈转，头倾斜，偏侧症状，伏卧和划水	脑干，第8脑神经，耳炎
疼痛	不愿意动，呻吟	报告部位（report location）
共济失调	步态异常，运动范围过度，姿势障碍	小脑，脊髓
本体感受障碍	腿脚摆放不当，膝关节运动异常	小脑，脊髓，外周神经
松弛	肌张力降低	脊髓
痉挛	肌张力增加	大脑，脊髓
麻痹/瘫痪	完全失去感觉和运动功能，反射运动失去	脊髓
轻瘫	完全或部分丧失运动功能	大脑，前庭系统，脊髓
四肢瘫痪	所有四肢瘫痪	脊髓
截瘫	两后肢瘫痪	脊髓
偏瘫	一侧的前、后肢瘫痪	脊髓，脑干
单瘫	单肢瘫痪	外周神经，脊髓
肛门松弛	没有括约肌反应，无法排便或排尿	脊髓

神经系统
Nervous System

神经系统疾病的临床症状、可能的原发部位和原因很难鉴别诊断。症状包括视觉障碍、本体感觉丧失、无目的性运动、精神状态的改变、姿势和步态的改变和外伤的症状。在很多病例中，对神经系统疾病的评估非常困难，难度不亚于对突发死亡病例的鉴别诊断。诊断的标准步骤在 Kornegay 和 Seim(1996)的报道中进行了描述。

神经中枢的损伤会增加兴奋性和脊髓反射的敏感性，这种症状在猪传染性脑脊髓灰质炎(Teschen 病)中常见，而在塔尔范(Talfan)病和其他肠道病毒感染时少见。发生在下位运动神经元的损伤经常造成肌肉反射丧失和肌肉松弛性瘫痪。任何感觉或运动神经元的丧失都会造成反射活动的消失。上位运动神经元(UMN)会受到椎骨骨折、椎间盘脱出、肿瘤和脊椎炎的影响。刺激 UMN 会引起运动兴奋症状，例如，食盐中毒、伪狂犬病或铅中毒。脊髓损伤的位置决定是前肢、后肢或四肢受到影响，同时影响排粪和排尿功能。

小脑损伤会引起姿势异常、失去平衡、共济失调和精细肌肉运动失调。小脑皮质损伤的特点是共济失调、眼球震颤和震颤。猪经常发生小脑损伤，尤其是产后过程，但是小脑也是众多疾病的靶器官，包括 Teschen 病、伪狂犬病、细菌性脑膜炎和中耳疾病。在脑水肿时，颅内压增高，小脑可从枕骨大孔处脱出形成小脑疝。

小脑的功能包括随意运动、意识和行为。食盐中毒、内脏型幼虫转移和对氨基苯胂酸中毒时常引发抽搐。我们在此仅提供了一般性的规律，还有很多情况发生在其他的年龄段。脊髓损伤多发生于椎间盘压力过大或骨软骨病情况下。很多生长期的动物，脊髓脓肿的临床表现为咬尾症。

关节
Joints

在进行临床检查时采用触诊操作可发现潜在的关节疾病，但是确诊往往需要尸体剖检和实验室分析(细菌培养、关节液细胞学分析或组织学检查)。关节毛细血管网的结构特点决定了它们可以捕获血液循环中的化脓栓子，尤其在病毒感染时没有积极保护和免疫功能不全的幼年动物中常见。在病理检查的第一步所获取的样本必须是无菌的。

肌肉
Muscles

对肌肉组织进行眼观和触诊检查，可以大概了解肌肉的大小、软硬、力量、一般轮廓、对称性、一般运动、功能和步态。一般肌肉临床异常包括肌肉组织增加、肌肉组织减少、外伤、炎症或感染。肌肉萎缩可能由神经损伤导致，需要很长的时间进行修复，而且通常为纤维化。对于缓慢的渐进的肌肉功能紊乱，例如"皮特兰爬行病"(Pietrain creeper disease)表现为渐进的和不可逆进程。

骨
Bones

因为肌肉包裹着骨，临床上对骨的检查很不方便。骨骺头的折断和分离可以被明确诊断，但是其他的诊断则多依靠于病史、转归和死后解剖学的详细检查。很多骨发育异常多是胚胎或仔猪营养缺乏或发育缺陷造成的，后期的创伤或营养不足都会加重这些骨异常，尤其是母猪。

重要的外源性疾病或可报道病例
IMPORTANT FOREIGN OR REPORTABLE DISEASES

在我们讨论联合型的神经和运动性障碍和疾病时，应该要排除 FADs。对疾病的考虑各个国家不同，但是一般会报告给联邦或州政府。兽医的职责就是时刻保持警觉和尽职调查，并及时将 FAD 或其他需要报告的病例告知当局政府。当发现可疑病例时，应当及时寻求帮助开展深入调查。田间病例和谍本中所讲述的经典疾病是很少相似的。

水疱病可以造成跛行和/或发热，但是单凭临床症状很难诊断水疱病。口蹄疫病(FMD)是四种中最重要的疾病，其次是水疱性口炎(VS)。猪水疱病的重要性在于它和 FMD 的鉴别诊断，而猪传染性水疱病已经有 50 年没有出现了。

表现为出血性素质的疾病包括猪瘟(CSF)、非洲猪瘟(ASF)，在田间很难诊断。大量的神经系统症状包括结膜炎（一种常被忽视的早期症状），低头垂尾，由于发热而蜷缩，虚脱，蹒跚，共济失调，抽搐和死亡。

狂犬病在猪身上并不常发，临床症状多为"精神不振"并伴有后肢虚弱。猪对炭疽孢子并不敏感，只有在大量暴露时才会发病。感染的猪表现为精神沉郁，可能同时有颈淋巴腺炎和呼吸困难。

蓝眼病由副黏病毒感染引起，表现为中枢神经系统症状，墨西哥多发。在老龄动物，可能表现为生殖障碍。此病毒同时影响外周神经。

伪狂犬病病毒（PRV）的主要鉴别对象为"蓝眼"。在一些国家，PRV被彻底根除了，而另外一些国家，PRV则被控制但仍然是主要流行病。在一些其他国家，为地方性疾病。与蓝眼病相似，本病对于幼年猪比较重要，通常造成100％的发病率和死亡率。在某些情况下，双侧脑软化病变与其他的软化病会被混淆。

猪捷申病（Teschen disease）是由肠病毒Ⅰ型引起的一种严重的疾病，只在捷克斯洛伐克同名小镇附近发生过（Trefny，1930），但是毒力较弱的该病毒也在威尔士小镇 Talfan（Harding 等，1972）被分离出来。很多弱毒毒株被命名为 Talfan。自此之后，还发现了其他血清型并命名为Tescho 病毒，属于小核糖核酸病毒科。这些肠病毒在生长猪上散发表现为局部麻痹和瘫痪。

日本乙型脑炎是另外一种 FAD，偶尔会导致猪脑炎病。东方型马脑脊髓炎病毒有时会感染猪，造成 2 周龄以下猪的共济失调、抑郁、抽搐和死亡（Elvinger 等，1994）。镜下可见脑组织损伤。

Menangle 病毒会引发木乃伊胎、死胎、关节挛缩和颅面缺陷。病理检查通常发现脑和脊髓的变性，其中有嗜酸粒细胞包涵体和非化脓性脑炎。

尸体剖检
POSTMORTEM EXAMINATION

通过对那些急性感染有代表性的没有治疗过的猪进行系统化尸体剖检，可以明确诊断结果。有时候，连续对 3～5 只猪进行剖检很重要，以此建立针对该猪群的诊断。根据当时的外界条件和病原学，应该从死亡 1 h 以内的猪身上采集实验室诊断样本。如果有必要的话，应该调整尸检步骤从而立刻收集死后样本，避免二次污染。实验室检测应依照下列顺序进行：关节、脑、外周神经、内脏、脊髓和骨骼，这样我们可以确认诊断结果并避免二次污染。大体剖检步骤详细描述的最新版本见 Andrews 等（1986）。根据需要及时收集合适的样本，不要考虑太多原定样本采集计划，因为一旦尸体被抛弃，就再也没有机会重新收集样本了。样本可以保存在福尔马林溶液中，如果需要进一步检查可先冷冻或冷藏。同时也可以采集眼睛、膀胱和关节中的液体。

幼猪的脑可以通过手术刀沿中线纵向切开轻松取出。而要取出大猪的脑则需要特殊的工具，例如锯子或砍刀。脊髓切片对诊断来说意义重大。合适的工具和耐心可以帮助我们完整地取出脊髓神经，不伤害神经根和神经中枢。

使用锯取脑时，第一刀要从额骨靠近眼眶的地方开始（新生仔猪）或靠近鼻部的地方（大猪）。而第二和第三刀则应该从枕骨髁内角起到的第一刀的侧缘（每只眼睛的内眼角，与头骨长轴成45°角）。切开硬脑膜，取下小脑，沿嗅叶下刀，然后把头骨垂直反转，这样大脑就会由脑神经悬挂于空中，接着只要小心将其剪断就可取出脑。仔细检查软脑膜的透明度，如果在沟处（sulci）有混浊则证明存在脑膜炎。

通过紫外灯可以检查出脑中的坏死灶；死后坏死灶迅速腐败。组织学检查脑组织包括有嗅结节（olfactory tubercle）、中脑（在动眼神经处）、髓质（在脑闩）、小脑和其他脑组织的矢状面一起固定在福尔马林中，以防其他组织也需要一并检查。

如果怀疑损伤位于脊髓，要采集整条脊髓。当需要进行组织病理学检查时，可以通过塑胶塔固定脊髓以防止人为因素使其萎缩。另一种合理的方法是从颈椎、胸椎和腰椎各取一部分样本。对于一些特殊的疾病应该保留脊髓背根神经节（例如，Teschen 病），这些是诊断的重要辅助依据。每段样本都应该很好地固定在福尔马林中，并且进行冷冻处理以进行病原学诊断。

脑神经或外周神经都应该通过针线或大头针（从结缔组织）固定在纸板上以保持其形状不变，避免人为因素对样本的影响（例如，收缩）。如果要进行髓磷脂退化神经化学，肌纤维类型鉴定的组织化学，或感染源检测，则应该冷冻脊髓和肌肉。

刈除外耳,然后从头骨的长轴的直角方向垂直切下去,就可以暴露出中耳。通过类似手术的方式摘除眼球,修剪掉多余组织并固定于 Bouin 液中。

对骨骼的检查就比较麻烦了,但是收集有代表性的样本是明智的手段。有必要的话可以采集长骨的一端、完整的椎骨、椎骨间区域、肋骨包括肋软骨结合处。肋软骨结合处是很好的选择,因为这个样本可操作性强,而且可以提供包括骨、软骨、关节和骨髓多个方面的信息。纵切(0.5 cm)的骨骼和软骨固定在福尔马林中,使用酸脱钙,并进行组织学检查。X 线造影可以诊断骨骼的矿物质状态,可很好地评价骨密质。

动物死后应尽可能早地采集肌肉样本,且记下采集该样本的肌肉名称。应用钳子夹紧肌肉,然后切断肌肉,以此减少人为因素的影响。必须同时采集肌肉样本的纵切面和横切面,肌纤维的对角切面(diagonal section)没有诊断价值(Bradley,1978)。当对某一特殊疾病进行诊断时(例如营养性肌病),应选取某一特定肌肉以排除肌纤维类型这一变量的影响。例如膈、腓肠肌和冈上肌可被用来评估 Ⅱ 型肌纤维(Ruth 和 van Fleet,1974)。腰肌是对照组的最好选择,因为它位于腹腔的最深处,由脊柱保护,所以很少受到外伤和表层感染的影响。这个方法也同样适用于肌肉活组织检查。(Bradley,1978;Dubowitz 和 Brooke,1973)。

关节的检查
Examination of the Joints

对关节的检查和实验室样本的采集操作都需要使用无菌技术,这样可以预防污染。最好的技术与 Van Pelt(1974)在马上使用的技术相类似。如果一个关节发生感染,在进行下一步操作前对该关节无菌采样。关节样本和组织可按常规方法采取,一般会从以下 5 个关节采样:右腿膝关节、右侧髋关节、寰枕关节、右侧肘关节和右侧腕关节。在打开关节前进行无菌操作采集滑液。实验室样本分析方法包括涂片、抹片、关节液和组织培养、PCR 和镜下观察。

在表皮外伤和菌血症的情况下,细菌很容易穿过滑膜。细菌释放胶原蛋白和蛋白聚糖溶解酶,造成关节严重性损伤。滑液为澄清或柠檬色的黏性液体,存在于所有关节中。滑液由滑膜细胞分泌,其含有的透明质酸起到了润滑作用。发生炎症时,由于白细胞浸润或出血,滑液变为粉红色混浊和絮状液体。滑膜、关节囊和韧带上的末端神经使本体感觉到疼痛。

关节炎不可避免地会改变关节的大小和形状,其刺激滑膜细胞分泌大量滑液,造成关节肿胀。大量运动会造成关节纤维素性增生。先天性关节畸形会改变关节的形状。关节软骨的损伤通常发生在生长障碍时,却不会发生在炎症条件下,其几乎没有修复能力。

退行性关节炎(DJD)继发于分离性骨软骨炎(OCD)、化脓性关节炎和软骨下骨塌陷。关节软骨软化是由于蛋白聚糖溶解酶的作用。粗糙的原纤维软骨会发生骨质象牙化(骨骼表面光滑)。血管翳是由于在关节软骨表面形成一层血管性肉芽组织,其成因是由于慢性化脓性关节炎(例如猪丹毒和猪滑液支原体感染)。由于滑液膜和关节囊富含大量血管,炎症通常会引起其结构功能改变。

滑膜炎是由于关节运动不协调所致,所以它往往继发于 OCD、细菌感染和多发性关节炎。严重的化脓性关节炎和骨髓炎会造成局部红肿和微生物(链球菌、葡萄球菌、丹毒丝菌属、放线杆菌属、支原体、隐秘杆菌属或副猪嗜血杆菌)急性感染引起的纤维性化脓性渗出。如果病程进一步发展,会出现滑膜绒毛增生(红斑丹毒丝菌、猪鼻支原体感染)。椎间盘的病变很少,但是在胸椎和腰椎上部曾出现椎间盘脊髓炎,一般是由于猪丹毒菌血症或是咬尾引起的多种细菌感染。极少的情况下,椎间盘和椎骨都会受到损伤。

神经系统的检查
Examination of the Nervous System

对于胚胎和新生仔猪,存在各种神经系统先天畸形,包括脑体积减小、脑发育异常和无脑(大脑半球缺失)。猪瘟病毒感染和母猪妊娠期间热应激都会引起脑发育过小。维生素 A 不足将引起脑灰质减少。小脑发育不全是日本乙型脑炎病毒或瘟病毒属感染引起的典型缺陷。在大量脑膜液的压力下,大脑回变平;脑脊液也有可能增加。细菌感染引起的中脑水管堵塞和脑脊液经蛛网膜回流不畅可引起脑室扩张。弗兰克脑积水（Frank hydrocephalus）多散发，也可伴发日本乙型脑炎，表现为头骨愈合不全和脑膜突出。

大脑水肿引起的脑增大很常见。脓肿、囊肿或肿瘤样变引起的脑增大相对少见。临床上的诊断症状是随着脑内液体的增多压力随之增大，小脑从枕骨大孔处脱出形成小脑疝。如果观察到这个症状，可用棉签在枕骨大孔处采样进行细菌分离，然后取脑进行全面检查。

对脑的检查同时也包括对其质地一致性改变的观察。脑或/和脊髓的软化通常与血液灌注减少有关。坏死和液化将随后发生。曾在幼猪中发现大脑皮层坏死。大猪在食盐中毒/脱水、水肿病或硒中毒（多发于颈段和腰段脊髓）通常表现出大脑或/和脊髓的软化。某些情况下，可在脑实质或脑膜下发现囊状异物（猪囊尾蚴）。

脊髓损伤包括坏死，这种坏死会伴随有纤维软骨栓塞、硒毒性、烟酰胺缺乏。当骨折，脓肿，半椎体压迫脊髓神经时，在脊髓中也存在软化。脓肿与猪的咬尾行为相联系，并引发败血症或者化脓性细菌引起的淋巴转移。

在出现软化或肿瘤的部位，可能发生转移性钙化和矿物质沉积。颜色改变很少见，但是有可能出现黑色（黑色素）、黄色（黄疸）或苍白，这些可能表明存在组织软化。紫外荧光照射可以诊断死后 48 h 内的坏死灶。

肌肉的检查
Examination of the Muscle

局部性的细菌感染一般会引起肌炎。肌病则为先天的、遗传的或后天获得的。获得性肌病的发生源于毒素、自身免疫、内分泌失调、寄生虫感染、神经性功能障碍、恶病质或代谢失调。肌肉颜色的改变很常见。所有组织的颜色与两方面因素相关，即含血量和细胞含量。肌肉苍白可见于八字腿（Splayleg）和营养性肌肉萎缩。肌肉呈红色的情况包括梭菌感染引起的败血症和大体解剖时背部肌肉坏死或由于梭菌感染引起的肌炎。肌肉湿润是猪应激综合征（PSS）的表征，局部损伤的特征包括脓肿、异物反应、注射部位和细菌感染。肌肉出血在 CSF 或 ASF 出血性素质中常见。在肉眼检查实际肌肉组织时很难辨识肌肉萎缩。

肌肉张力和质地的改变可以通过触诊来了解。动物死后 24 h 内发生尸僵，这段时间里肌肉僵硬，关节不能开合。死后尸体迅速僵硬是由于肌肉紧张度增加的结果（酸度高和糖原储存减少）。

矿物质沉积往往发生于过去的感染部位，也可见于营养性肌病和慢性寄生虫囊肿。软肌肉是 PSS 和自溶的症状。梭状芽孢杆菌性肌炎的特征是肌肉干燥并且具有捻发音，而肌肉干燥、发黏则为脱水的指征。干燥的坚硬的和黑色的（DFD）肌肉是 PSS 的特征。脂肪变性或过量脂肪沉着有可能是遗传改变（Handel 和 Stickland，1986）。囊肿通常感觉为坚硬的砂状结节。

骨的检查
Examination of the Bones

猪骨形状和大小的改变相对多见。新生仔猪和胚胎四肢骨增厚的疾病为先天性骨肥大，这种致命的疾病具有遗传性。患有这种先天性骨肥大的仔猪出生时多为死胎，或出生后很快死亡。纤维性骨营养不良的症状可见头骨增厚。软骨营养障碍性侏儒症则见有遗传病史的猪出现骨头长度缩短，这种症状也可在维生素 A 过量的猪中观察到。佝偻病的特点之一就是长骨骨端膨大，具体表现为干骺端膨大，骨骺扁平。肋软骨交界处可诊断氟中毒。骨局部增大有可能说明此处存在骨髓炎、局部损伤或部分愈合的骨折。

非致死性电击和创伤可以引起长骨和椎骨骨折。骨折后骨的一端或两端的恶化，引起骨形状的改变。猪发生锰缺乏时会发生肢蹄畸形和骨骼变短。老年猪中导致生长板异常最大的原因是软骨疾病。

患有先天性卟啉症的猪骨颜色会改变。猪的牙齿和骨会呈现巧克力样的棕色。在维生素 C 缺乏时，在骨膜下和干骺端会发生出血。当骨髓炎引起的坏死和炎症发生时，血流量改变引起出血。CSF 时，在干骺端和长骨体生长部平行的位置出现多条色带变化。

引起骨韧度降低的疾病包括有佝偻病、骨软化、纤维性骨营养不良和骨质疏松。当发生骨质疏松、铜缺乏和成骨不全症时，猪易发骨折。当发生骨骺脱离时,多伴有关节附近的出血。一般在动物死后采集骨标本,通过测量骨折断力的数值评估骨的韧性。

鉴别诊断
DIFFERENTIAL DIAGNOSIS

下面我们将根据猪生长的几个重要阶段分步讨论,包括胚胎期、哺乳期、断奶后年龄组。具体按照神经、骨、肌肉和关节的顺序进行详细讨论,这个基本原则将作为我们对运动障碍疾病诊断的重要依据。我们首先讨论眼、耳和鼻的检查,因为这些是在一般外观检查中最先注意到的器官。请记住死后剖检也同样重视解剖结构的检查,但是顺序不同,首先是关节,然后神经和肌肉,最后是骨。

特殊感官:眼睛
Special Senses:Eyes

使用检眼镜检查活猪的眼睛是很难操作的,因此对猪眼底、角膜和结膜的详细描述很少。实际上评估视觉功能是通过观察失明时的行为特征以及检测简单的反射。眨眼反射和注视反射的完成都要依靠于视网膜到视觉皮质传导通道的完整。在大脑受损和对氨基苯胂酸中毒的情况下,视觉神经成为靶器官被破坏,以上反射消失。关于眼睛的其他神经症状请参考表 19.4。

表 19.4　眼睛的观察和病变(改自 Saunders 和 Jubb,1961)

观察到的现象	可能的原因
排出物:浆液样,黏的,化脓性	氨或其他气体,鼻炎,萎缩性鼻炎,PCMV,葡萄球菌,链球菌,伪狂犬病
眼睑的肿胀(水肿)	ASF,CSF,伪狂犬病,猪蓝耳病,水肿病,副猪嗜血杆菌
结膜的颜色	
灰色	预测试死亡 24 h 之后的变化
白色	贫血:失血,再生障碍性贫血(铁缺乏)
黄色	黄疸:肝脏疾病(毒素、细菌、病毒)
水合状态(眼球沉入眼眶)	全身性疾病的反映
出血	非洲猪瘟,猪瘟,败血症,凝血功能障碍,创伤
面部染色(眼泪)	伪狂犬病,猪瘟,泪管堵塞,萎缩性鼻炎,刺激性气体(氨)
结膜炎	丙型肝炎(HCV),猪流感,伪狂犬病,猪蓝耳病,猪巨细胞病毒,衣原体,支原体
白内障	核黄素缺乏症
失明	有机砷、铅、汞中毒,PRV,钠中毒,肉毒杆菌,维生素 A 缺乏
	无眼(Hale,1933)与小眼(Harding,1956)

新生儿(仔猪)和胚胎存在很多眼睛先天性畸形的情况,但是大部分都与维生素 A 缺乏有关,症状包括无眼、小眼畸形和眼睑内翻。

猪瘟病毒是引起结膜炎的主要感染源,ASF 也可以,但是这个症状经常在临床上被忽视。在日常生活中猪大量流泪和结膜炎,多与粉尘、氨气、硫化氢和其他有毒气体有关。伪狂犬病是引起结膜炎、视网膜炎和视神经炎的重要原因。其他感染源包括衣原体、支原体、猪巨细胞病毒(PCMV)、猪流感病毒(SIV);尤其是猪繁殖和呼吸综合征(PRRS)病毒会引起眼眶周围水肿。PC-MV(Edington 等,1988)可引起严重的伴有鼻分泌物的鼻炎,结膜炎,打喷嚏,同时还可以穿过胎盘屏障感染胎儿形成木乃伊胎、死胎或体弱感染仔猪。所有猪流感病毒的菌株都会造成结膜炎。少数情况下,眼眶骨折会造成眼睛变形。眼睛中曾发现过猪囊尾蚴。

眼球和视神经的大体剖检很难看到病变。组织学的检查却很必要。眼前房积脓即脓液出现在眼前房,很少在猪上观察到。在蓝眼病或外伤中,有时会看到角膜水肿(Stephano 等,1988)。维生素 B₂ 缺乏时会造成白内障,肠病毒性脑脊髓炎在猪引起视网膜炎和神经炎,而猪水疱病会引起视神经炎。

组织学上,有机砷中毒引起视神经、视神经束和外周神经变性。汞中毒引起失明,有机磷酸盐中毒引起流泪。潮霉素 B 毒性会引起白内障。铅中毒很少,但是会引起失明。母猪过量饲喂维生素 A 会引起其仔猪发生白内障。

角化病很少见,但会出现在下面的这些病中,如创伤、吸入毒性气体、伪狂犬病和衣原体感染。猪患有 GM2 酶缺乏性神经节苷脂贮积病时在视网膜上会出现多灶性白色沉积。

特殊感官:中耳和内耳
Special Senses:Middle and Inner Ears

检查中耳和内耳的方法是把头骨脱臼并去掉下颌骨,然后去掉鼓泡,检查内腔中是否有渗出液,使用棉签取样。咽鼓管的鼻咽口检查可以通过沿中线纵向切开颅骨。

在中耳发生炎症时会出现鼓膜破裂。中耳炎通常是由外耳炎发展来的,临床症状包括头歪向一侧。内耳炎会导致动物偏向一侧,例如头侧向发炎的一侧,水平性眼球震颤,共济失调(转圈或跌倒),同时伴有葡萄球菌感染。支原体感染被认为是引起中耳炎的重要病原。

胎儿的鉴别诊断
Differential Diagnosis of the Fetus

很多猪在幼龄时期就表现出各种疾病,这是由于母猪患有传染性疾病、中毒病和营养缺乏,这些疾病造成胎儿或新生仔猪表现出各种症状(表19.5)。胎儿大多表现为发育畸形而不是退化病。发育异常并不止局限于出生时所观察到的症状(Done,1976),有些症状在后期发育过程中逐步可见。先天性疾病包括发育畸形,致畸疾病,以及单纯孟德尔和连续遗传缺陷病。

胎儿神经系统 (Fetal Nervous System)。 Done(1976)对神经系统发育异常作了如下分类:畸形(例如宫内病毒感染引起的小脑发育不全);代谢病(例如溶酶体贮存病或猪神经节苷脂贮积病);成熟障碍,如肌纤维发育不全中出现的发育滞后;功能紊乱,通常没有明显的病理变化,如八字腿。

另外一种常见的猪遗传疾病是脑水肿,即大量的脑脊液扩张脑室。在额骨和顶骨融合不全时,会出现脑膜突出这种疾病。

小脑发育不全可由于母猪病毒感染引起(CSF,边界病/牛病毒性腹泻),一般是敌百虫中毒病的后遗症(Pope,1986)。维生素 A 缺乏对神经系统产生严重的影响一度很常见。妊娠期间,维生素 A 缺乏将导致疝形成和背腹侧神经根收缩。它引起死胎和胎儿无眼或小眼。其他异常包括有腭裂,水肿,高致死率或高发病率。少数情况下出现弓形虫病,母猪生下死胎和妊娠期延长。

胎儿关节和肌肉(Fetal Joints and Muscles)。 关节挛缩在出生时发生或在仔猪胚胎期发现。猪肌肉的先天畸形并不多见。

胎儿骨(Fetal Bones)。 胎儿骨发生畸形的情况很普遍,可以大概归纳为如下几类。感染性疾病很少引起骨畸形,但是 Menangle 病毒和 HCV 会造成骨畸形。软骨骨化畸形的类型包括胎儿大头、弯腿、蹄变形、骨肥大(Kaye,1962)、先天性腕骨弯曲、先天性半椎体形成的弓背。第二大类胎儿或仔猪畸形主要由于母猪在妊娠期间食用了有毒的植物。吃下欧毒芹或烟草中毒会造成骨畸形,明显症状为腭裂,也叫烟草中毒。

新生和哺乳期仔猪的鉴别诊断
Differential Diagnosis in Newborn and Suckling Pigs

神经系统(Nervous System)。 先天患有脑水肿的新生仔猪表现为关节僵硬,颤抖伴有疼痛,运动不协调(Hughes 和 Hart,1934),站立困难。

维生素 A 缺乏会造成四肢肌肉松弛性瘫痪,头歪向一侧,运动不协调,步态僵硬,脊柱前弯曲,兴奋,肌肉痉挛,夜盲症和瘫痪,渐进性运动功能失常,摇摆走姿,不安,犬样坐姿,无力,后肢瘫痪,失明和生长迟缓。由于部分脊髓、坐骨神经和股神经变性引起抽搐和瘫痪。死后剖检可能证明存在有脑水肿、脊髓腰椎间盘突出。

低血糖是造成动物死亡的常见原因,常见于新生仔猪,断奶后仔猪也有发生。新生仔猪血糖低,糖原储存不足,没有棕色脂肪,为了保证其血糖浓度,需要其每小时吸食一次乳汁。妊娠母猪营养状态,疾病状态,可泌乳的乳头数量少于仔猪数量,乳腺量不够,都是引起新生仔猪低血糖的原因。如果猪舍的地面潮湿干冷,会使仔猪能量需求增加,从而使低血糖症状恶化。如果仔猪患有疾病,可能会不吃奶,临床症状表现为体重下降,鸣叫,虚弱,贴地爬行,侧腹部划桨样前进,嘴角有泡沫,昏迷和死亡。

组织缺氧的发病率远比通常认为的高,具有诊断价值的临床症状有抑郁,吮吸无力,厌食,扎堆,嗜睡,颤抖,呻吟,昏迷,癫痫和死亡。饥饿和寒冷会导致组织缺氧,但是临床上很难区分缺氧和低血糖症。脐带撕裂,生产过程中脐带闭塞,难产,生产过程缓慢,蓝耳病导致脐带损伤,这些都与缺氧相关。一窝中的最后一只尤其易受到缺氧

的影响。猪舍供暖时空气中二氧化碳含量高,容易引起缺氧。

先天性震颤(CT)也称为"先天性肌肉痉挛"、"猪震颤综合征"、"猪受惊病",经常出现在新建小母猪群中,或者种公猪和小母猪分别来自不同的种群。我们已经叙述了六种不同的先天性震颤(表19.6),病理学鉴定是唯一的诊断途径,特别是神经化学方法(Patterson 和 Done,1977)。这种疾病通常只影响一小部分仔猪。可能的致病原因和主要症状在表19.7中作了详细描述。但是这种病的症状只有一个,就是大脑和脊髓髓鞘脱失。

表 19.5 影响运动系统的先天性疾病和新生仔猪疾病

病毒	临床症状/病变
先天性震颤[a]	出生时震颤;参见表 19.10 和表 19.11
牛病毒性腹泻(BVD)／边界病病毒(BDV)	小脑发育不全
(瘟病毒)	
猪瘟	小脑发育不全,脑过小
日本乙型肝炎病毒	小脑发育不全,脑积水
Menangle 病毒	木乃伊,死胎,关节挛缩,颅面畸形
饲料,毒素,其他	临床症状/病变
先天性震颤[a]	出生时震颤;参见表 19.10 和表 19.11
八字腿[a]	后腿僵直,髓鞘形成不全,肌肉发育不全
低血糖[a]	侧躺,划水状,嘴角起泡
组织缺氧	扎堆,无法吮乳,声音震颤
维生素 A 缺乏或中毒	畸形,小脑发育不全,死胎,失明,关节痉挛,弛缓性麻痹
敌百虫中毒	小脑发育不全
锰缺乏	关节弯曲
毒参属(铁杉)	腭裂,关节弯曲
Nicotiana(烟草)	腭裂,关节弯曲
Datum(曼陀罗)	关节萎缩
热应激	脑过小
遗传	参考文献
先天性震颤[a]	先天性震颤,见表 19.10 和表 19.11
怪癖性尾巴(Kinky tail),椎融合	Donald(1949),Nordby(1934)
无肢猪	Johnson(1940)
熊脚蹄(club foot),腓骨缺失,副指	Palludan(1961),Nordby(1939)
多指趾畸形	Hughes(1935),Malynicz(1982)
并指——一个脚趾	Detiefsen 和 Carmichael(1921),Leopold 和 Dennis(1972), Ross 等(1944)
软骨发育不良性矮小症	Jensen 等(1984)
先天性骨肥大——粗腿	Doige 和 Martineau(1984),Roels 等(1996)
脑积水	遗传的,多重原因
脑脊膜——骨未融合	多重原因
半椎体——椎骨中心骨化不良	Done 等(1998)
腭裂——未融合	Painter 等(1985)
先天性肌肉增生	Done 等(1990)

[a]最常见。

表 19.6　先天性震颤的分类与病因

	A Ⅰ	A Ⅱ	A Ⅲ	A Ⅳ	A Ⅴ	B
实地观察	猪瘟病毒	病毒：未知；与 PCV2 有关	遗传：与性染色体有关的隐性遗传	遗传：与常染色体有关的隐性遗传	化学物质：敌百虫	未知
窝感染比例	高	高	低	低	高	不定
窝感染率/%	>40	>80	25	25	>90	不定
感染猪的死亡率	中等至高	低	高	高	高	不定
感染猪性别	所有	所有	公	所有	所有	所有
品种	所有	所有	长白猪	白肩猪（saddleback）	所有	所有
后续交配中的复发	不会	不会	会	会	会	不定
暴发的持续性	<4 个月	<4 个月	不确定	不确定	<1 个月	不定

表 19.7　各种先天性震颤的主要特征及参考文献

类型	原因	主要特征	参考文献
A Ⅰ	猪霍乱	生殖障碍、小脑发育不全、脊髓小、脱髓鞘、少突胶质细胞肿胀	Harding 等（1966），Bradley 等（1985），Done（1976），Done 等（1984）
A Ⅱ	猪圆环病毒 2 型引起的先天性震颤	少突胶质细胞肿胀	Done 等（1986），Vanderkerckhove（1989）
A Ⅲ	长白猪常染色体隐性遗传	少突胶质细胞减少，髓鞘减少，脊髓发育不全	Harding 等（1973）
A Ⅳ	白肩猪常染色体隐性遗传，长白猪白肩猪杂交综合征	髓鞘脱失；大脑、小脑和脊髓发育不全	Berge 等（1987），Kidd 等（1986）
A Ⅴ	敌百虫毒性	在妊娠期 45～79 d 尤其在 75～79 d，小脑发育不全	Pope（1986），Wells（1977）
B	未知	无特征性的症状	Gedde-Dahl 和 Standal（1970）

CT 的主要临床症状是轻微震颤，在头部和四肢明显，而在睡觉时观察不到。这能够与小脑疾病导致的原发性震颤相区分，因为这种轻微震颤在安静时减轻而兴奋时严重。共济失调也很普遍。可能出现四肢无力的现象并伴随着从轻微震颤到抽搐的巨大变化。不同的骨骼肌群都会不同程度地出现震颤。有时，震颤可能会停止并只看到轻微的抽动，而在兴奋、寒冷或喝下寒冷的液体时震颤加重。震颤可能持续数周或数月。如果出生后 4～5 d 的仔猪吸吮有力，一般预后良好。如果仔猪呈现八字腿，一般脱髓鞘只影响了运动神经系统，而先天性震颤出现，脊髓的所有神经都发生了脱髓鞘。

只有猪瘟感染仔猪会发生 A Ⅰ 型 CT。A Ⅱ 型主要发生在北美，在实验基础上证明其与 PCV2 感染有关（Hines 和 Lukert，1994）。Stevenson 等（2001）对 PCV2 的作用进行了进一步研究，他通过原位杂交在神经组织中发现了 PCV2，动物来自于美国中西部四个农场的感染仔猪。检测患有 CT 的猪和患有 PMWS 的猪，其病毒序列一致性可达 99%（Choi 等，2002）。PCV2 可以感染发育中胎儿的神经组织，但是目前还缺乏相关证据证明 PCV2 是唯一病因。A Ⅳ 型通常称为"长白猪颤抖"，它多发于生长快，体脂率低，肌肉颜色苍白的母猪，Kidd 等（1986）也在杂交长白品种中观察到此症状。A Ⅴ 型一般与敌百虫中毒有关。值得记住的两个症状为 CT 猪一般不会死亡，且同时表现出 CT 和八字腿。两者的发生率的减少通常通过选择来进行。

在艾奥瓦州发生的猪生殖和神经系统综合征（PRNS）中分离出一株没有分类的病毒；它在试验中可以引起轻微脑脊髓炎（Pogranichniy 等，2008）。弓形体病很少会造成震颤、虚弱、摇摆走姿和死亡，而猪预后多表现为共济失调和失明。

猪繁殖和呼吸综合征病毒（PRRSV）能够引起脑膜脑炎，但是当有其他病毒和继发细菌感染时，并不表现出此症状。

凝血性脑脊髓炎病毒（HEV）和呕吐消耗性疾病可以引起外周神经（PNS）向中枢神经扩展性的神经病变。

小脑营养性缺乏多发于猪刚出生时，但是在3～8月龄时会出现共济失调和轻微震颤。这种疾病在约克夏猪和长白猪中出现，可能是常染色体隐性遗传。病程一般长达数天到数月，最后病猪侧卧不能站立。组织病理学检查有时可发现诊断性症状即未成熟神经元退化（Purkinje cells）。

脑脊髓血管病多发于5周龄断奶猪（Harding,1966）。大脑、中脑和脑干出现退行性血管变化，病猪表现为长达数小时的低头转圈，可能由于亚急性水肿病引起，也可能是由桑葚心引起的。

前庭综合征的症状为头转向生病一侧，并出现转圈的倾向。病因可能是细菌性脑炎影响了前庭神经、脑干和小脑，或咽炎感染上行引发耳咽鼓管感染。

由于缺氧和间断性大脑缺血引起大脑皮质硬化，缺血原因主要是颅小脑动脉（cranial cerebellar artery）由于压力发生堵塞或者扭曲。此病可继发于链球菌脑膜炎、弓形体病、伪狂犬病和维生素A缺乏。

我们不应该忽视各种外伤。后肢跛行，经常是单侧性的，可能猪群内多只猪的同一肢发生跛行，有时也可在接近断奶期的仔猪身上看到。猪群饲养员在日常护理工作中有时会对猪的后肢肌肉和坐骨神经造成损伤，如抓猪、运输、抓挣扎猪的后腿等（Strugnell 等,2011）。在大腿肌肉靠近坐骨神经的地方进行治疗性注射，会引起坐骨神经的刺激和损伤，甚至单侧跛行或瘫痪。颈部肌肉深层免疫注射疫苗会引起仔猪偶发局部炎症，或转移到其他组织引发肉芽肿性脊髓炎和神经炎，导致后肢麻痹或后肢瘫痪。

关节（Joints）。关节疾病一般多由感染引起。关节挛缩可导致40%～50%的仔猪的关节活动性部分保留或完全丧失。关节会固定在正常姿势，但大多数情况，其表现为特定姿势即四肢聚缩在身体内侧或过度展开，尤其是跗关节。严重感染的话，猪无法运动，轻度感染的动物可能可以存

活。对于该病的成因有很多说法，但病原学诊断很难确诊，一般认为该病成因与妊娠母猪中毒有关。毒物的来源大概包括如下几种：烟草（*Nicotiana tobacum*）、曼陀罗（*Datum stramonium*）、毒芹（*C. maculatum*）和野生黑樱桃（*Prunus scrotina*）。维生素A或镁缺乏都可能引起这种疾病。Menangle 病毒感染也可造成关节痉挛。Lomo（1985）认为这种疾病具有隐性遗传的特性。

如果关节肿胀的区域具有波动感，则表明关节中含有大量液体、脓汁或血液或是黏液囊腺炎，关节积液在猪病中很常见，因为猪经常会发生创伤、感染。因为关节囊和肌腱腱鞘相通，关节囊外的水肿有可能向肢蹄周围扩散。当维生素K缺乏时会引起关节肿大和结缔组织血肿。维生素A缺乏表现为关节无痛肿大，原因是因为骨骺板提前融合。肩关节增大、关节出血和股骨关节炎都是锌中毒的典型症状。

关节疾病的主要成因是感染，一般是细菌感染。多发性关节炎常见于断奶前仔猪，但流行情况不同。例如，根据 Nielsen 等（1975）的报道，有18%的窝和3.5% 4日龄的猪会受到感染发病。多数受到感染的猪3～5周龄时死亡。当进行断齿、剪尾或去势等操作时，如果消毒不好，则感染引发的关节炎的频率增多。

造成关节炎在新生仔猪中多发的原因有很多。仔猪的皮肤柔软、角质层薄，尤其是关节处的皮肤由于保护性的结缔组织少，很容易受到侵袭。多发性关节炎即指同一只猪的不止一个关节发病，这是引起新生仔猪先于断奶猪发生运动障碍的最常见原因。

虽然细菌感染的主要途径是通过扁桃体和小肠，但是关节炎的流行主要还是与败血症（来源于脐病）或表皮外伤引起的菌血症有关。产房内进行的断耳、断尾或打耳号是引起关节炎的主要原因。另外，仔猪猪舍的地板是环境中微生物和机会病原菌引发感染的重要来源。后备母猪所生的猪一般发病较严重，这说明在机体对关节炎病源的易感性方面免疫具有重要作用。公猪稍微容易被感染。引进新的猪群也会成为疾病暴发的前兆。

引起关节炎的很多细菌都是常见的、机会性或继发感染的。目前来说，最常见的是链球菌C

和 L 群,但是也包括金黄色葡萄球菌和其他链球菌,和其他肠杆菌、化脓隐秘杆菌和放线杆菌属。多发性关节炎最常见的致病菌是溶血性链球菌,大多数情况下是 *S. suis*,偶尔也有停乳链球菌(63%的情况,Smith 和 Mitchell,1977),通常在产后 24 h 发生化脓性感染(Stanford,1987a,b),同时伴发脑炎、耳炎或菌血症。关节症状包括滑液增加,滑膜发炎,纤维素性动脉外膜炎,由于渗出或化脓而导致的关节肿胀。腕关节、肘关节和髋关节感染高发。其他情况下,还会出现脑脊液混浊、肺炎、心内膜炎和齿龈炎。其他原因包括大肠杆菌、猪葡萄球菌、化脓隐秘杆菌和其他的葡萄状球菌。大部分引起感染的细菌都是寄生在母猪阴道或其他角落或环境的常见菌。而仔猪身体表面的皮肤外伤是引起感染的前提。免疫反应和炎症在对抗感染过程中起到了重要作用。

猪链球菌感染(Gottschalk 和 Segura,2005)和其他菌株可能发生的不同的变化取决于猪的基因型(参见本书第 62 章)。从妊娠母猪感染的情况多为猪出生 7～14 d 后发生菌血症性关节炎(Stanford 和 Tilker,1962)。它们在生长过程中将持续受到感染(Torremorell 和 Pijoan,1998;Walsh 等,1992)。

肌肉(Muscle)。从基因角度来说,肌肉大小是由先天决定的,但是后天的营养状态对于肌肉大小也起到决定性的影响。营养状况良好的动物比那些营养不良的动物肌肉量要高。很重要的一点就是,肌肉病不只影响心肌,也会影响其他器官的平滑肌,例如维生素 E 或硒缺乏引起的肌病、棉酚中毒和莫能菌素中毒。只有 PSS 和背肌坏死影响骨骼肌。

临床上对肌肉疾病的诊断通常需要死后剖检收集样本,通过组织学、电镜、组织化学或生物化学来确定损伤的程度(Patterson 和 Allen,1972)。通过仔细的大体检查,我们要仔细检查肿胀的肌肉、炎症、脓肿或囊肿样的结构。肢体末端的结构(神经、肌腱、韧带、骨和肌肉)很容易受到来自蹄部的微生物感染和危害。肌腱的病理学变化(例如钙化、肌腱炎、腱鞘炎和断裂)也可以通过尸体剖检进行检查。

先天性肌肉肥大是一种特殊的肌肉疾病(Done 等,1990),200 头仔猪中会有一只公猪有突出的大腿肌。出生时,患病仔猪不能控制它的腿,腿不能着地。仔猪行走时前腿僵硬,后腿内收。僵硬的关节外展,仔猪靠其蹄尖行走。随着年龄增长,缺陷更加明显。大体检查没有病变,但镜下观察可见肌细胞肥大,有时可见增生。曾发现患有此病的公猪的后代患有渐进性心脏衰竭,但是屠宰后未见任何大体和镜下损伤。

肌肉色素沉着的原因有内源性和外源性两种,但是一般不作为研究重点。有时,肌肉出现棕色改变,说明此处肌肉曾有出血。黑色素沉着则说明有黑素沉着病,极少数情况下,提示继发恶性黑色素瘤。经肠外注射给铁剂会引起急性毒性和死亡(本书第 70 章);越来越多的人怀疑维生素 E 摄入不足会引起色素沉积(Lannek 等,1962)。除了八字腿,很少有其他特殊的肌肉疾病。

八字腿(Splayleg)。一般在出生后数小时内仔猪出现八字腿。临床上,我们经常发现八字腿和 CT 会同时在同一头猪身上观察到。八字腿就是后腿向外侧伸展,不能使后腿内收,但是前肢不受到影响。在大多数情况下,这种症状只出现在少数几窝仔猪中,大概每四只中有一只发病。但是有时发病率也可达到 8%(Ward 和 Bradley,1980)。患病仔猪多为雄性,体重较轻,且由于其后肢移动不便所以经常被母猪压死在身下。出生后,正常的仔猪常有肌纤维发育不良,但是该症状在患有八字腿的仔猪身上更加明显。基本上,在前腿、腰肌和后腿肌肉中含有少量 Ⅰ 型纤维。5～6 日龄时,正常仔猪和患此病的仔猪之间的区别就不明显了。

此病的主要病理学症状是后肢内收肌轴突直径减小和髓鞘增厚(Szalay 等,2001),以及由于少突细胞生成的髓磷脂减少引起的髓鞘形成延缓,特别是发生在腰段脊髓的腹侧索。患有八字腿仔猪,其出生前髓鞘生成不完全,但是这种缺陷会在出生后的 2～3 周内逐步完善。如果患此病的仔猪能存活 3～5 周,则一般证明其髓鞘形成完成。如果患此病的仔猪能够在哺乳期间得到全面的营养,一般可以完全康复。

造成仔猪患有此病的复杂因素包括有每窝仔猪数过多,出生体重过低,地板光滑,胆碱缺乏(Cunha,1972),大白猪和长白猪基因,妊娠期过短(Ward,1978a,b)和雌激素样霉菌毒素。曾有报道说母猪食入储存在低温谷仓中的谷物上的镰孢菌后,会引起新生仔猪出现八字腿(Miller 等,1973)。如果在妊娠中期和妊娠 3 个月时食入,则 85% 的仔猪会出现八字腿(Steane,1985)。虽然认为这种疾病的发生与隐性遗传基因有关,但是其主要原因还是肌纤维发育不良和多基因遗传。对于本病一般采取辅助性治疗,可以通过绷带或挽具(harness)对腿进行固定。目前没有关于遗传因素的记载,积极预防的方法是选择没有此种病史的猪仔培育优秀种群。

骨
Bone

几乎很少的因素会影响哺乳期仔猪的骨。骨的丢失主要与鼻甲骨萎缩有关,通常发生于进行性萎缩性鼻炎,并且开始于哺乳期。引起本病的支气管炎败血波氏菌(*Bordetella bronchiseptica*)和多杀性巴氏杆菌(*Pasteurella multocida*)D 型会在相应的章节分别进行讨论。

断奶猪的鉴别诊断
DIFFERENTIAL DIAGNOSIS IN WEANED PIGS

很多新生仔猪和哺乳期仔猪的疾病都发生于断奶后。病原体感染是引起断奶后运动障碍的主要原因。这些病原广泛存在于猪群中,主动和被动免疫使猪产生了一定抵抗力,同时也表现出轻微的症状。但是种属的不同或新的病原体的引入偶尔会引起大规模暴发。

很多病毒感染都能造成运动系统疾病。PRRSV 有时会引起神经症状和潜在性脑炎、脊髓炎或脑膜炎。当同时存在伪狂犬病感染时,会表现出更加严重的临床症状(Narita 和 Ishii,2004),病例中报道了双重感染的猪出现非化脓性脑炎和多灶性脑软化,怀疑是由于 PRRS 的存在增加了 PRV 病毒的复制增殖。相似情况地,PCV2 最初不会引起脑炎,但是 Youssef 等(2004)报道了 PCV2 会引起急性神经症状和死亡的暴发。Correa 等(2007),对这一病例的脑损伤作了详细描述,临床症状包括划水样姿势,震颤,侧躺,经常存在继发性细菌感染。

Pohlenz 等(1974)描述了德国发生的一例恶性卡他热相似的状况,随后报道有相似病例在挪威(Loken 等,1998)、芬兰(Syrjala 等,2006)、美国(Alcaraz 等,2009;Gauger 等,2010)和 2010 年末在英国出现(K. Williamson,个人观察)。这些症状和牛群中发生的相似(精神萎靡,厌食,发烧,死亡或恢复),由绵羊疱疹病毒 2 型(OHV2)引起。跳跃病(louping ill)出现在放养猪,表现为非化脓性脑膜脑炎(Ross 等,1994)。脑心肌炎(EMC)病毒感染是相当常见的,但常表现为隐性病程,青年猪多表现为非化脓性脑膜脑炎引起的心脏衰竭与非化脓性心肌炎相关并导致突发性死亡(Maurice 等,2005)。

一种罕见的下位运动神经元遗传疾病为遗传性神经系统退化症(HPNSD)(O'Toole 等,1994)。猪表现为肌肉震颤,局部麻痹或共济失调,一般发生在 12～59 日龄,对称或非对称性后肢麻痹,双侧跗趾关节麻痹,不爱运动,只有一头猪表现出运动过量。在脊髓小脑干(spinocerebellor tract)和脊髓腹侧神经根出现了轴突退化。在特殊情况下,一些病毒病如 PRRS、PCV2 和 SIV 破坏了"地方性感染和疾病"的平衡。在免疫系统受到抑制的情况下,猪场会出现指征性的细菌感染。这对于神经系统也同等重要。

当猪群首次感染丹毒丝菌病或停止免疫接种时,丹毒丝菌会引起突然死亡。症状包括发烧,站立困难,由于关节炎和疼痛而不愿或不能移动。在美国发生放线杆菌感染时,引起败血症、关节炎并继发神经感染。当出现系统性副猪嗜血杆菌(*H. parasuis*)感染时,特别是继发于 PRRS 和 PCV2 感染后,发生以软脑(脊)膜炎和多(发性)浆膜炎为其典型特征的 Glasser's 病。李斯特菌引起脑炎,但一般呈现隐性病程。很多病例只有通过大脑组织培养或组织病理学诊断,才能发现脑膜炎、非化脓性脑炎(血管套)和微脓疡(Lopez 和 Bildfell,1989)。仔猪和生长期猪链球菌感染很普遍。猪链球菌 2 型是引起大多数脑膜炎的病原(Madsen 等,2002 a,b)。其他机会性条件菌在个体动物中引发散发的神经系统疾病。

存在多种主要的细菌毒素引起的疾病,细节将在相关章节中讨论。水肿病通常是在断奶仔猪中发生的急性致死性肠毒血症。该病发病范围广泛并在全球发病,但随着对其认识的深入和关注,发病率呈散发性。水肿病发生为暴发性,病程短,而且表现为突发死亡。一部分大肠杆菌含有菌毛[F18 或 F4(K88)],会产生志贺菌样的外毒素 SLT-IIE(STx2e)。

破伤风梭菌(*Clostridium tetani*)感染并不普遍,但是经常与污染环境内的去势操作有关。患病猪一般表现为急性病程,死亡前表现出步态僵硬,肌肉僵直,竖耳直尾,侧卧,角弓反张,后腿伸向身体后侧(伸肌强直综合征)。噪声会造成肌肉强直性痉挛;病变的确切位置很难检查到。这些症状可能与潜在的神经毒性有关。

肉毒杆菌(*Clostridium botulinum*)中毒很少在猪中发生。因为猪对食源性的肉毒杆菌具有很好的抵抗力。如果猪食用了含有 C 型菌株的死鱼,则会引起死亡。Doutre(1967)报道了一例肉毒杆菌污染的啤酒制造废料制造的猪饲料引起中毒的病例,感染猪的随意肌出现弛缓性麻痹。

葡萄状穗霉菌中毒,由穗霉菌(*Stachybotrys atra*)毒素污染的干草或稻草引起,可能引起毒血症。发霉的干草或稻草会导致精神沉郁,呕吐,震颤,突然死亡和流产。除了常见流行性细菌外,请记住布鲁氏菌病可引起明显的关节炎。

我们在这里不会讨论那些在第 70 章作为毒物讨论的化合物、矿物质或植物。有机磷酸盐中毒可以表现为急性病程,典型症状为副交感神经症状。但是在接触某些有机磷之后,会出现一些迟发症状,猪表现为由于脊髓神经脱髓鞘引起的共济失调,失声(喉返神经),呼吸困难(膈神经),脊髓的锥体干神经(long pyramidal tracts in the cord)受影响(除非协助,猪无法站立)。持续的犬样坐姿使尿液滞留在膀胱,并引起膀胱炎和肾盂肾炎。五氯苯酚,一度作为木材防腐剂使用,会引起后肢瘫痪。含苯氧基的除草剂现在很少使用了,但是它会引起精神沉郁、肌肉无力和后肢瘫痪。过量的镁会引起广泛性的麻醉和肌肉松弛。锌和铜中毒会引起饲喂泔水的猪发生贫血。铊中毒会引起虚弱,视力下降,感觉过敏,抽搐,休克和死亡,耐过动物通常会失明。其他会引起神经系统疾病的物质包括喹乙醇,会引起间断性的瘫痪

(Newsholme 等,1986)、生长迟缓和肾上腺皮质的损伤。维生素 D 过量则会引起震颤和里急后重(Wimsatt 等,1988)。

食盐中毒(缺水、钠离子中毒)会在后面进行讨论。当摄入氯化钠(盐水、乳清或饲料配制错误)过量,加上水分摄入不足(饮水结冰或没有),或再度有水时大量摄入水分,都会使食盐中毒加重。这会导致部分动物死亡,癫痫样抽搐,鼻子抖动,脖子肌肉收缩,头部不连贯运动,猪主动后退,犬样坐姿,鼻子前伸,脸部或耳朵抽搐。这些症状进一步发展为震颤,侧卧,跑步运动,虚脱,休克和死亡。后遗症出现失明和脑脊髓灰质软化。嗜酸性脑膜脑炎是短暂的大脑显微病变。严重的脱水可以通过摄入适量的水减轻,然后逐步增加给水量,在 4 h 之后才能使动物自由饮水。

几种矿物质缺乏会造成中枢神经系统、外周神经和感觉器官异常。钙和磷缺乏会导致过度敏感和后肢瘫痪。

镁缺乏会引起应激性亢进和抽搐。铜缺乏会表现为自然疾病(Bennetts 和 Beck,1942;Fletcher 和 Banting,1982;McGavin 等,1962;Wilkie,1959),其特征为背部过分下凹,共济失调和后肢瘫痪,后肢麻痹(paraplegia)。组织病理学可发现显著的脊髓脱髓鞘,影响背部的脊髓小脑干(Pritchard 等,1985)。

维生素 B_6 缺乏时,会造成猪出现小碎步前进的步态,共济失调,高度敏感,鹅样步态,癫痫。这种情况原来只发生在饲料中掺有烘焙废料(维生素 B_6 缺乏)时。Doyle(1937)曾报道过维生素 B_3 缺乏,表现为运动不协调、生长迟缓和鹅样步态。烟酸缺乏是由于饲料中含有抗代谢的 6-氨基烟酸(O'Sullivan 和 Blakemore,1980),这是由于玉米中色氨酸含量过低或抗代谢物含量过高的原因。

断奶后仔猪:神经
Postweaning: Nervous

影响神经系统功能的因素或损害很多(表 19.8)。感染源、营养元素和有毒物将在后边的章节中详细讨论,在本章只强调几个重点。本章也将讨论非感染源引起的神经损伤。

表 19.8　神经系统疾病的临床症状和病因

损害[a]	部位			主要症状							
	CNS-大脑	CNS-小脑/脑干	脊髓	眼球震颤	颤抖	运动神经兴奋	抽搐	运动不协调/前庭	感觉过敏/反射	麻痹/瘫痪/共济失调	视觉/听觉
感染性:病毒											
肠病毒:捷申病毒[a]	×		×		×				×	×	
猪圆环病毒 2 型(PCV2)[a]		×								×	
猪繁殖与呼吸障碍综合征病毒(PRRSV)[a]		×			×						
先天性震颤[a]	×		×		×						
非洲猪瘟(ASF)	×				×					×	
蓝眼(副黏病毒)	×		×		×	×				×	×
牛病毒性腹泻病毒(BVDV)/边界病病毒(BDV)(反刍动物瘟病毒)	×										
猪瘟(CSF)	×				×					×	
东方马脑炎病毒(EEE)	×				×		×				
脑炎心肌炎(EMC)	×										
肠病毒:捷申病毒 Teschen 株和 Talfan 株			×							×	
口蹄疫(FMD)	×									×	
戊型肝炎病毒(HEV)	×				×					×	×
日本 B 群黄病毒	×									×	
恶性卡他热病毒	×										
Menangle 病毒	×										
猪巨细胞病毒(PCMV)	×				×	×					
伪狂犬病(PRV)	×	×			×	×					
狂犬病	×	×			×					×	

续表 19.8

损害[a]	CNS-大脑	CNS-小脑/脑干	脊髓	眼球震颤	颤抖	运动神经兴奋	抽搐	运动不协调/前庭	感觉过敏/反射	麻痹/瘫痪/共济失调	视觉/听觉
传染性:细菌和寄生虫感染											
细菌性脑膜炎[a]	×	×						×		×	
细菌性脊髓炎[a]			×						×	×	
耳炎/前庭症状[a]	×							×			
猪放线杆菌(Actinobacillus suis)[a]	×									×	
化脓隐秘杆菌(Arcanobacterium pyogenes)[a]	×		×							×	
大肠杆菌(E. coli)感染[a]	×										
水肿病[a](E. coli)	×				×			×		×	×
红斑丹毒丝菌(Erysipelothrix rhusiopathiae)[a]										×	
副猪嗜血杆菌(Haemophilus parasuis)[a]	×		×	×						×	
猪鼻支原体(Mycoplasma hyorhinis)[a]										×	
猪滑液支原体(Mycoplasma hyosynoviae)[a]										×	
葡萄球菌[a]										×	
链球菌[a](C 和 L 群)		×		×						×	
类马链球菌(Streptococcus equisimilis)[a]									×	×	
猪链球菌(Streptococcus suis)[a]	×	×	×	×							
李斯特氏菌(Listeria)	×										

续表 19.8

损害[a]	CNS-大脑	CNS-小脑/脑干	脊髓	眼球震颤	颤抖	运动神经兴奋	抽搐	运动不协调/前庭	感觉过敏/反射	麻痹/瘫痪/共济失调	视觉/听觉
Burkolderia (meliodosis)	X									X	
肉毒杆菌中毒(C. botulinum)										X	
破伤风(Clostridium tetani)					X	X			X		
穗霉菌中毒					X						
内脏幼虫移行						X	X			X	
营养缺乏											
低血糖症[a]	X									X	
水（钠中毒）[a]	X				X	X	X				X
铜			X		X					X	
低血钙	X				X						
镁									X		
锰									X		
烟酸									X		
烟碱									X		
泛酸（维生素 B₃）						X			X		
维生素 B₆					X						
佝偻病：钙、磷和维生素 D					X			X			
维生素 A 缺乏					X					X	X
毒物											
硫化氢[a]					X						
铁中毒[a]					X					X	
硒中毒[a]										X	

续表 19.8

损害ᵃ	CNS-大脑	CNS-小脑/脑干	脊髓	眼球震颤	颤抖	运动神经兴奋	抽搐	运动不协调/前庭	感觉过敏/反射	麻痹/瘫痪/共济失调	视觉/听觉
钠中毒ᵃ											
先天性震颤——敌百虫ᵃ	×		×		×		×			×	
苋属(Amaranthus)(猪草)	×				×						
有机砷	×		×		×	×	×			×	×
金凤花	×				×					×	
一氧化碳/二氧化碳	×										
肉桂(Cassia)	×				×						
氯代烃类	×				×						
迟发性有机磷			×				×			×	
蒴特灵	×						×				
潮霉素								×			
离子载体(ionopore)											
铅					×				×		
水银					×			×			×
亚硝酸盐										×	
奥喹多司											
有机磷/氨基甲酸盐	×		×							×	
五氯苯酚										×	
卤代苯氧型除草剂										×	
海葱素									×	×	
茄科(龙葵)							×			×	

续表 19.8

损害[a]	CNS-大脑	CNS-小脑/脑干	脊髓	眼球震颤	颤抖	运动神经兴奋	抽搐	运动不协调/前庭	感觉过敏/反射	麻痹/瘫痪/共济失调	视觉/听觉
铊							X				
维生素 A										X	
维生素 D					X						
毒芹					X					X	
苍儿属（Xanthium）（苍耳属植物）							X				
非传染性：其他											
先天性震颤[a]	X		X		X					X	
八字腿[a]			X							X	
晒伤[a]										X	
创伤[a]										X	
关节挛缩	X		X							X	
纤维软骨栓塞			X							X	
热应激	X									X	
肝性脑病	X										
脑水肿	X				X						
小脑性生活力缺失（cerebellar abiotrophy）[b]		X								X	
骨肥大[b]											
皮特兰爬行[b]			X		X					X	
猪应激综合征[b]					X						

a 在美国最常见。

b 遗传性，多种因素作用。

对共济失调和瘫痪的诊断具有一定挑战性，一般需要诊断者对临床观察和描述详细，同时能细致认真地进行死后剖检，并收集完整的具有代表性的样本进行检测。瘫痪的部分成因列在表19.9中。

表 19.9　一些引起后肢麻痹和无力的因素

损伤类型	具体损伤
创伤	骨折，触电，注射失误（脊椎/脊髓），纤维软骨栓塞
细菌	脊椎脓肿，脊髓炎（如嗜血杆菌、链球菌）
病毒	肠道病毒（捷申病毒，捷申病，塔尔范病，伪狂犬病，猪圆环病毒，狂犬病）
毒素	硒，磷酸盐/迟发性有机磷酸酯，砷，汞，苋菜
遗传	小脑营养衰竭
营养	烟酰胺，泛酸，骨代谢性疾病
其他	双侧坐骨结节骺脱离，骨骺分离，肿瘤

硒中毒（详见第70章）是造成 CNS 症状的常见原因，主要是因为仔猪生长所需的安全剂量（0.3 mg/kg）和毒性剂量（4.0 mg/kg）间的安全范围小（Stowe 和 Herdt，1992；Stowe 等，1992）。Nathues 等在 2010 年报道过急性毒性试验，25 g/kg 的硒被意外添加到饲料中，结果猪表现对外界刺激反应性渐进性降低，瘫痪，且所有动物于 36～72 h 内发生死亡。毒性症状包括颈段和腰段脊髓两侧对称性局灶性脑软化（Casteel 等，1985；Harrison，1983；Penrith 和 Robinson，1996；Stave 等，1992），在延髓髓质的面神经核曾观察到。脑脊髓灰质软化也是硒中毒的代表症状之一，但其也是维生素 B_5 中毒（Wilson 和 Rake，1972）和表 19.10 所列疾病中观察到的症状。

表 19.10　中枢神经系统的软化灶

脊髓	硒中毒，烟酰胺缺乏，脊髓损伤，纤维软骨栓塞
小脑	桑葚心病，脑血管病，脑膜炎
脑干	水肿症，桑葚心病
大脑皮层	盐中毒/水匮乏，先天性缺氧，一氧化碳中毒，桑葚心病，伪狂犬病

Pass（1978）在描述一头妊娠早期后肢瘫痪的母猪时，首次提到纤维软骨的栓塞。损伤局限在腰椎和脊髓。母猪的第 5～6 腰椎间盘退化，纵列骨骺生长板破裂，软骨进入脊髓腔（spinal vessel），引起脊髓软化。目前我们还无法了解栓子是怎么进入脊髓腔的，但有可能是栓子从椎间盘的纤维状软骨上脱落，或者是透明软骨生长板被挤进了椎骨的髓腔中。也有可能是由于营养不均衡导致的代谢性骨病。

晒伤有时会引起共济失调（Williamson 等，2009）。Finley（1975）提到过椎骨脓肿。Orthocresylphenols 是一种有机磷化合物，引起迟发性后肢麻痹和瘫痪，我们称其为迟发性有机磷中毒。当畜群发生牛海绵状脑病时，经产母猪群暴发了脊髓退行性病变（Davies 等，1996）。这在平均胎次大于 10，大部分动物为第 6 或 7 胎的畜群中不常见。病猪表现为肌肉松弛性麻痹，在没有外力协助的情况下难以独立站立，出于动物福利考虑会对这些病猪进行安乐死。轴突病变表现为非对称性，伴上丘空泡化病变。尺骨神经、胫骨神经和腓骨神经出现广泛性的沃勒（Wallerian）退化。

大多数对于植物中毒的诊断是通过找到环境或消化道中的有毒植物进行的。当使用成年猪对弃耕地和森林进行清理时常引起此类中毒。当猪食欲下降，后腿和臀部出现蹒跚步态，头抵墙角站立时，我们怀疑发生了发霉玉米中毒（Fusarium）。肉桂种子会引起运动不协调，共济失调，蹒跚步态，体增重下降，和青年猪的死亡率升高（Colvin 等，1986；Flory 等，1992）。只有少数苍耳（Xanthium stumarium）幼苗可能引起精神沉郁，呕吐，虚弱，共济失调和颈部肌肉僵直，癫痫和死亡。死亡率不高，一般与有毒植物的数量成正比。茄属植物会引起麻木，精神沉郁，共济失调，肌肉震颤，食欲下降，癫痫和瞳孔扩张型休克。病猪首先表现为精神紧张，侧卧和踢腿。通过饮水摄入毒芹毒素会引起紧张，刨地，抽搐和肌肉收缩，瘫痪和死亡。病猪在抽搐前和过程中持续嚎叫（Barlow，2006）。

摄入毒芹毒素会快速引起腹胁部肌肉颤抖，进而由于运动神经末端损伤引起瘫痪（Hayashi 和 Muto，1901）。蕨菜可引起肌肉无力，在随后的 4～5 d 内发生死亡。毛茛引起耳部肌肉颤搐,焦躁2～3 d后发生瘫痪,而后死亡。苋会在夏末秋初时引起毒性,一般在使用马齿苋5～10 d后发作。症状包括颤抖,虚弱,运动不协调,踢腿和后肢完全瘫痪,胸骨着地伏卧。发病率不统一,但是致死率一般很高。在临床症状发生48 h内动物死亡。摄入海葱素会引起高度敏感,精神沉郁,虚弱,共济失调,瘫痪和在3 d内死亡。Chennells等(2006)描述了麦角碱引起的神经症状。

肝性脑病可能会发生,但是猪自然发病病例未见报道。本病指由于神经毒性物质引起肝功能障碍,造成中枢神经系统多灶性损伤。

一氧化碳中毒会引起嗜睡,运动失调,昏迷和由于缺氧引起的死亡,妊娠母猪多发流产(Dominick 和 Carson,1983;Jennings,2001;Wood,1978)。二氧化碳中毒会引起动物焦虑,摇摆步态,昏迷和死亡。硫化氢中毒会引起精神萎靡,运动失调,癫痫,昏迷和死亡。

除Teschen病毒外,感染其他肠道病毒所引起的临床症状虽不严重,但在临床诊断上却较为困难,需要采集样本进行病毒分离,并进行实验室诊断和特异性脊髓组织病理学诊断等才能确诊(Done 等,2005;Mills 和 Nielsen,1968;Pogranichniy 等,2003)。

目前还没有发现猪群患传染性海绵状脑病(TSE)的自然发病病例(Well 等,1987)。过去,即使给猪接种新几内亚震颤病的病料或者猪与患本病的人类接触,都不会引起猪发病。在实验条件下将牛 TSE 病料注射到猪体内,69 周后一头猪表现出轻微的攻击性倾向,并伴有食欲下降,精神沉郁,以及进行性后肢共济失调(Dawson 等,1990)。当猪大量接触 BSE 病料时,不显现出临床症状(Wells 等,2003)。所有的相关证据都表明猪并不是野生型 TSE 的易感动物。只有通过实验室脑内接种才会出现临床症状(Ryder 等,2000)。

断奶仔猪:关节
Postweaning:Joints

在多种传染性和非传染性因素的作用下,关节炎是2～4月龄猪中最为常见的一种疾病(表19.11)。很多感染是由于条件性致病菌引起的。不同年龄或不同来源的猪混群后,会引入新的或不同种属的微生物。现代化养殖场中,与关节疾病相关的致病因素很多,包括地板、外伤、操作、管理和营养。

表 19.11　感染关节的疾病和对关节的损伤

损伤/疾病	临床症状/病变
骨软骨病(隐性、显性、剥脱性)和骨骺脱离[a]	骨骼增长缺陷,可移动关节痛,参见正文和表 19.16 和表 19.17
细菌感染[a]	经常性突发关节痛,关节肿胀,发热,嗜睡,不愿走动
丹毒丝菌属(Erysipelothrix)	
副猪嗜血杆菌(Haemophilus parasuis)	
链球菌	
猪放线杆菌(Actinobacillus suis)	
猪滑液支原体(Mycoplasma hyosynoviae)	
猪鼻支原体(Mycoplasma hyorhinis)	
化脓隐秘杆菌(Arcanobacterium pyogenes)	
其他细菌(散发)	
损伤	四肢跛行
抗凝剂/维生素 K 缺乏	关节出血
病毒,毒素	先天性关节弯曲

[a]最常见。

关节损伤的特征性病变包括滑液增加，滑膜发炎，血管周围纤维性渗出，由于渗出和化脓而导致的关节肿胀。正常关节内滑液为少量澄清的黏液，如果滑液增多且变色浑浊（絮状）则是重要的病理指征。腕关节、肘关节和髋关节是关节炎的易发部位。大多数病猪同时有脑脊液混浊，同时伴发肺炎、心内膜炎和齿龈炎。

在冬天或秋天，4～12周龄的猪多发急性关节炎并发微生物感染，继发菌血症和多发性浆膜炎（Miniats 等，1986）。感染引发的症状包括发热，不能站立或移动，跛行和死亡。主要病原微生物包括猪滑液支原体（*M. hyosynoviae*）、副猪嗜血杆菌（*H. parasuis*）、猪链球菌（*S. suis*）、红斑丹毒丝菌（*E. ruhuiopathiae*）、猪鼻支原体（*M. hyorhinis*）和猪放线杆菌（*A. suis*）。此外，还有其他致病菌，尤其是链球菌、隐秘杆菌（*Arcanobacterium*）、肠杆菌（coliforms）或化脓菌（pyogenic organism），这些致病菌有时可从慢性病例中分离得到。

与关节炎相关支原体、嗜血杆菌、丹毒丝菌和链球菌，在相关章节中我们已进行详细讨论。猪滑液支原体主要影响体重大于30 kg年龄为12～14周龄以上的猪，症状表现为膝关节（stifles with hocks）、肘关节和肩关节出现无并发症的非化脓性关节炎（Blowey，1993；Hagedoorn-Olsen 等，1998，1999）。病猪在感染关节炎后24 h内站立困难，且与其他疾病引起的跛行难以鉴别诊断，特别是猪丹毒。动物不愿意站立（Ross 和 Duncan，1970；Ross 和 Spear，1973；Ross 等，1971），诊断方法过去主要是通过病原培养，但现在多为PCR诊断（Platts 等，2008）。

猪鼻支原体是一种分布广但不常见的病原，一般其发病率和致死率都很低，主要影响3～10周龄的猪（Friis 和 Feenstra，1994；Ross 和 Spear，1973）。这种支原体主要存在于猪鼻腔的浆膜面，可引起菌血症，同时也可存在于各关节内（跗关节、腕关节、肩关节、膝关节、飞关节、髋关节，偶见于寰枕关节）（Roberts 等，1963a，b；Ross 等，1973）。Rosaleshe 和 Nicholas（2010）对本病进行了详细的总结。有病例报道曾从患有结膜炎的猪关节中分离得到关节炎支原体（Binder 等，1990）。

副猪嗜血杆菌分布广，是一种感染率和致病率均较高的病原。可引起急性跛行，精神沉郁，发烧，呼吸困难，关节肿热，不愿站立或移动，震颤，瘫痪，脑膜炎和突然死亡（Hoefling，1994；Nielsen 和 Danielsen，1975；Smart 等，1986）。实验室经人工感染的猪可在60 h内发生严重损伤（Vahle 等，1997），随后则转为慢性病程，重要的是，对并发纤维性渗出的慢性病例难以进行病原学诊断。此病只能将急性感染且未经治疗的病猪样品进行病原培养或者通过PCR诊断。

红斑丹毒丝菌可以引起严重的疾病，其急性病程表现为发热，喜卧，步态僵硬，由于疼痛其重心在左右肢间转移，然后迅速躺下（Grabell 等，1962）。在介入治疗之后，病猪可能恢复健康，但是更多病猪将转入慢性病程（Franz 等，1996；Johnston 等，1987）。此病诊断方法包括细菌培养、PCR或免疫组织化学。发生超敏反应、形成血管翳、关节周围的纤维性病变以及外生骨疣都是慢性猪丹毒的症状。关节腔中形成的肉芽组织和结缔组织增生就像是细长的标签样粘在关节滑膜上（Grabell 等，1962）。

化脓隐秘杆菌可引起化脓、腱鞘炎和脊椎感染，甚至可导致椎体的完全塌陷，常继发于咬尾。猪放线杆菌和沙门氏菌有时能够引起菌血症，并发关节等组织局灶性感染。同样地，也可从个别动物的关节中分离出正常菌群。

断奶仔猪：肌肉
Postweaning:Muscle

由于猪应激综合征（PSS）在很大程度上已得到控制，原发性肌病现在发病率很低。肌病主要影响不同肌群，其最主要的症状是肌肉无力，站立时颤抖，肌肉肿胀或肌肉萎缩。所有这些都表现为运动或站立困难。除背部肌肉急性坏死的病例外，上述症状常伴发感觉失调。生化指标里常可观察到血浆肌酸磷酸激酶（CPK）上升和短暂性的肌蛋白尿，这些指标的变化都提示肌肉损伤的存在。表19.12归纳了几种对肌肉造成损伤的原因。

表 19.12　主要影响肌肉的疾病与损伤

损伤/疾病	临床症状/病变
八字腿	后肢内收肌纤维发育不良（见正文）
营养性肌病	白肌，白色条纹，砂质（见正文）
（维生素 E 与/或缺硒）[a]	注意：猪的心肌更易感染
创伤/注射部位肉芽肿或脓肿[a]	挫伤，出血，炎症，纤维化，脓肿
细菌感染[a]	通常由于创伤或败血症引起
猪放线杆菌	
化脓性细菌	
腐败梭菌，C 型产气荚膜梭菌，肖氏梭菌	坏死，出血，水肿；常由不卫生、不当的注射技术和/或创伤引起
猪应激综合征（PSS/PSE/DFD）	肌僵直，皮肤潮红，发热，迅速僵硬，乳酸中毒，恶性高热，可遗传（见正文）
出血：不适当的致昏	屠宰时尸体肌肉出血
出血：ASF，CSF	肌肉局灶性出血，其他临床症状与损伤
急性低血钙	虚弱，震颤，肌肉抽搐
脂肪变性	肌肉有过多脂肪，可遗传
棉酚中毒	心肌病：棉籽饼中发现毒素
莫能菌素中毒	肌病：泰妙菌素或盐霉素协同作用
先天性肌肥大	出生时运动失调，腿臀肉肥大，可遗传
寄生虫（猎旋毛虫）	肌痛，炎性结节（见第 67 章）

[a] 最常见。

猪应激综合征（Porcine Stress Syndrome）。 猪应激综合征（PSS）和劣质肉（猪肉表现为肉色苍白，质地松软和表面有汁液渗出）（PSE）与具有可变外显率的常染色体隐性基因有关（Bradley 和 Fell，1981；Bradley 和 Wells，1978；Swatland，1974）。繁育工作者积极地采取手段预防这种基因的增加，已经大大降低该病的发病率和流行率［长白猪（Landrace）曾高达 35%，皮特兰猪（Pietrain）95%］。在自然条件下，健康猪仔在应激条件下可能会突然死亡。皮特兰猪是人工基因选择的高瘦肉率低体脂的猪种，其易感性高。易感猪一般具有遗传学基础，其在过度疲劳的刺激（长途运输，交配，屠宰前紧张，环境型高压或兴奋）下引起应激。三氟溴氯乙烷是一种很好的刺激源，可以用来检测动物对刺激的敏感度（当时称为恶性高热；Jones 等，1972）。

临床上，病猪会突然发生呼吸窘迫、步态蹒跚、肌肉僵硬以及皮肤褪色。而发热、肌肉僵硬以及肌肉中乳酸盐增加会引起猪的急性死亡。病猪寒战并发热，甚至死亡后 1 h 左右仍发热。

如果猪只死亡后体内含有高水平的糖原，这种猪肉，尤其是腰部及腿部（畜体中高价值部分）的猪肉外观上与所谓的 PSE 劣质肉一样（Briskey，1964）。肌肉中有多量的水样渗出时（滴水），其商品形象不好。当肌肉中仅含极少量糖原时，pH 会升高，肌肉难于保存，最终变成 DFD 肉，这种肉在市场上同样不受欢迎。事实上是应激导致了糖酵解的加速。

由疲劳应激诱发的 PSS 是一种基因遗传性肌病，它表现为肌纤维摄取、储存及释放钙离子的遗传缺陷。Bonca（2009）最近报道了一例正常"ryrl"基因的突变，该基因位于第六染色体上，其编码的蛋白 ryanidine 负责控制骨骼肌纤维钙离子通道的开合。分子层面的改变使得"ryrl"基因的 1 843 位碱基的胸腺嘧啶被胞嘧啶取代。基因序列正常的动物能正常控制离子转移，但是基因序列改变的动物则不能，所以和正常动物比较，基因突变动物则可以观察到 2 倍左右的钙离子流失速率。

背部肌肉坏死是猪应激综合征的一个典型症

状（Bradley 等，1979）。本症一般散发于再次感染的体重超过 50 kg 的育肥猪。一般疼痛明显，移步艰难，背部肌肉（最长肌）肿胀，其触诊表现为疼痛发热。发病部位感觉丧失，不愿意站立，最终表现为犬样坐姿。单侧感染动物其身体偏向发病一侧，但两侧均发病动物则不能站立，甚至可能死亡。下肢关节可能有突球。肌肉损伤伴有酶指标显著升高，通过对最长肌的脊柱横切观察易于确诊，特征为颜色发暗和出血。

营养性肌病（Nutritional Myopathy）。 维生素 E 或硒缺乏会引起广泛性的骨骼肌肌病（Lannek 和 Linderg，1975；Mortimer，1983；Nafstad 和 Tollersrud，1970；Trapp 等，1970），但是最常见的症状为桑葚心或饮食型肝功能障碍。当猪饲料主要由硒缺乏或含有硒拮抗剂的土地上生长的植物组成时，这种硒缺乏所致症状则呈高发态势。食用过多含有维生素 E 抑制剂的植物，饲料中含有过量不饱和脂肪酸或铜，维生素 A 缺乏，霉菌毒素等易引起维生素 E 被破坏或阻碍其吸收。维生素 E 和硒（同时还有维生素 C 和丙酮酸盐）是有效的抗氧化剂，在治疗这种疾病时效果明显。

与其他家畜相比较，猪不易发骨骼肌营养障碍。当猪群发病时，可见病猪骨骼肌（最长肌）苍白，有条带样沉着（沙粒样，钙化肌纤维和肌束）。本症多见于体重为 50～60 kg 的猪，临床表现为共济失调，僵硬步态，摇摆步态，虚弱无力，瘫痪，精神沉郁，厌食和在侧卧后不久即死亡。慢性病例表现为跛行和蹄脱落。

大体解剖发现肌肉呈白色水肿，镜下观察可见肌细胞结构消失，呈空泡化，肌纤维断裂和矿物质沉积。主要变化包括Ⅰ型纤维的选择性损伤和Ⅱ型磷酸化酶活性的降低（Ruth 和 van Fleet，1974）。Gorham 等（1951）报道了黄脂病，食用鱼肉或鱼肉制品的动物表现为骨骼肌和心肌苍白，怀疑疾病的成因与维生素 E 缺乏有关。

其他肌病（Other Myopathies）。 莫能菌素中毒会引起猪的腹泻，嗜睡，呼吸困难，肌红蛋白尿和突然死亡，肌肉中酶特别是肌酸磷酸激酶

（CPK）和天冬氨酸转氨酶（AST-SGOT）的升高为疾病诊断的指标数据。活跃的肌肉（膈肌、大腿肌肉、肋间肌、最长肌及三头肌）较易感，变性的肌肉大体解剖可见肌肉苍白。镜下观察可见横纹肌透明变性，巨噬细胞浸润，而且如果去除离子载体后肌细胞仍存活，可见肌肉发生再生性恢复。如果饲料中莫能菌素超过 100 mg/kg，或同时含有盐霉素或泰妙菌素，则会引起本病（Kavanagh，1992；Miller 等，1986；Morris，1999；Tobin，1994；Umemara 等，1985；Van Vleet 等，1984）。相似的症状可见于饲料中添加抗生素氯霉素（现已禁止使用）。

后躯不对称综合征的症状出现于 2～3 月龄，其成为屠宰猪的普遍疾病（Bradley 和 Wells，1978；Done 等，1975）。从后部观察猪的大腿可见其患病一侧的肌肉组织体积较小，特别是内收肌、半膜肌、半腱肌和股二头肌，而正常的腿的肌肉则要发达很多。这种现象的成因主要是由于患病腿骨骼肌细胞数量的减少。目前病因不明。

Bradley 和 Wells（1978，1980；Wells 等，1980）首次提出了皮特兰爬行综合征，它是一种家族性遗传病，特点是进行性肌肉无力。此病初见于 3 周龄的动物，12 周龄时表现为永久性侧卧不能站立。每窝仔猪中都有大概 1/3 或 1/4 头仔猪带有这种常染色体隐性基因。症状先期表现为颤抖，然后发展为胸骨着地伏卧和震颤消失。最后猪不愿站立，肌肉无力，出现四肢弯曲爬行的姿势。

当进行合适的食品检查时，旋毛虫感染的发生率很低（第 67 章）。旋毛虫嗜好感染运动型横纹肌包括膈肌、肋间肌、咬肌和眼球肌。有时会在脑和脑膜上发现畸变的旋毛虫虫卵。临床症状包括剧烈的肌肉疼痛，增重减慢，瘙痒，食欲不振，后躯瘫痪和肌肉僵直。剖检时，很容易看到寄生虫的囊蚴，它们多为炎性结节，周围有嗜酸性细胞浸润。每个包囊中通常只有一个幼虫，但至今记载的最多可达 7 个幼虫。在感染旋毛虫后需要大概 8～25 d 才能形成囊蚴，囊蚴可以存活多年，但是钙化可以逐步破坏幼虫和包囊。近期 Gottstein

等(2009)对这一疾病进行了总结,Guenther 等(2008)对本病的 PCR 诊断方法进行了描述。

猪绦虫可能引起"米猪肉",其囊蚴常存在于猪心脏、舌头、横纹肌或其他肌肉。在横纹肌内可以发现肉孢子虫。每个包囊具有双层包膜,内含多个孢子,称为雷尼氏小体。大多数感染呈现隐性病程,偶尔表现为发热、腰肌无力和后肢瘫痪。死后剖检可见肌肉中水样淡色的小白囊。Avargal 等(2004)最近报道了野猪感染病例。

注射部位经常发生继发感染,尤其是在卫生条件不好、针头重复使用、注射动物身体淋湿或弄脏的情况下,感染的结果是由致病菌本身的特性决定的。大多数感染源为普通的菌群(链球菌、葡萄球菌和隐秘杆菌),大多数情况主要是革兰氏阴性菌的感染,最坏的情况时发生梭菌感染。

当注射部位不正确时,会损伤重要的神经,特别是坐骨神经。仔猪及妊娠母猪的后腿肌肉不发达,所以此部位极易发生由注射引起的神经损伤。不推荐将大腿后部作为注射部位,颈部血管少的肌肉才是注射的首选部位。

腐败梭菌(偶然情况下肖氏梭菌亦可)可通过伤口感染,引起肿胀,使肌肉内产气和变黑。腹部腹侧、头和颈部腹侧肌肉是易感部位。尽管本病呈散发,但常引起梭菌性肌炎和蜂窝织炎。炭疽杆菌在猪群中并不常见,症状包括肿胀,水肿和咽下结缔组织出血。副猪嗜血杆菌也可引起咬肌肌炎,并引起猪头部肿胀。

肌肉萎缩很常见。局灶性或广泛性的肌肉萎缩包括神经损伤性萎缩、废用性萎缩、衰老性萎缩和营养不良性萎缩,针对病例诊断需要通过镜下观察完成。肌细胞的局灶性肌病需要通过镜下诊断确诊(Bradley 和 Wells,1978),而发病肌细胞通常不到 1%。肌肉萎缩一般和 PCV2 或其他特异性疾病相关,但是大概有超过 30 种不同疾病表现为消瘦,所以如果要诊断为肌肉广泛萎缩性消瘦则需要通过特异性诊断方法完成。

Hulland(1974)报道了一例钙化型肌病,它是一种广泛性的家族遗传病。此病的特点是和骨骼接触的肌肉出现骨样的病变,其多发于 2 月龄的猪的椎骨、肋骨和蹠骨。为何损伤处的肌肉发生萎缩,其原因不明。

很多仔猪出生时或出生后会发生疝气,结缔组织和肌肉被包裹到疝囊中。形成原因是自然开口没有正确形成,一般包括四种情况:脐疝、腹股沟或阴囊疝、膈疝和会阴疝。但是一般只有脐疝和腹股沟疝常见。当在出生后早期肚脐发生感染时,容易引发脐疝,外伤将加重脐疝。而腹股沟疝则大多属于遗传原因,会阴疝很可能由于外伤引起。曾经也有过膈疝流行的报道(Schwartz,1991)。

肌肉脂肪变性并不常见(Bradley 和 Wells,1978),只在屠宰场中偶尔发现此类病例。本病为肌肉组织被脂肪组织所取代。Kirby(1981)报道了相关脂肪炎的案例,老年动物可能出现脂肪在肌肉中过量沉积,不过只有通过特殊染色和组织病理学方法才能诊断。Jennings(1985)报道了母猪低血钙症,其症状包括肌肉无力和突然死亡,母猪需要 1 周或以上的时间才能产下仔猪。生长期的猪会发生急性低血钙症,主要由于饲料中钙、维生素 D 和磷的比例不合理。病猪表现为颤抖,虚弱,不愿运动和俯卧,有可能被同圈的猪欺负。

断奶仔猪:骨
Postweaning:Bone

畜群内多只动物同时发生骨折时,有可能是由于电击或闪电造成(Van Alstine 和 Widmer,2003)。腰荐椎,胸椎,股骨,股骨颈(neck of femur),肱骨,肩胛颈骨(neck of scapula)和骨盆都易发骨折。有时腰荐椎连接处骨折会导致脊髓和神经的分离,如果不是致死性损伤,则可能引起后肢瘫痪,腹膜和会阴周出血,以及由于不能自主排尿引起的膀胱肿大。当大规模暴发骨质疏松时,会出现很多骨折病例(Douglas 和 Mackinnon,1993),多见于从产房转出的初产母猪,其盆腔、脊椎和股骨(Blowey,1994b)或其他骨均可发生骨折。有多种因素综合作用引起骨折的发生,包括提前配种,生长过快,哺乳过度,每窝产仔数多,哺乳和生长期母猪的饲料中营养不足等。由于不合适的饲料配比等因素,猪在快出栏时可能发生骨折。这种情况下,在屠宰场电击致昏时会增加猪股骨和脊椎骨折的几率,导致猪出血和猪肉产出下降。

脊柱后凸/脊柱前弯症既可能是一种先天性畸形,也可能是过早的性行为引起的脊柱韧带松弛相关疾病(Done 和 Gresham,1998)。使脊柱中长出一块额外的椎骨的遗传选择,导致骨骼承担了过多的肌肉(Pearson 和 Done,2004)。半椎体包括先天性和后天性两种。驼背动物是幼年快速生长期动物发生的代谢性骨病,也可能是猪代谢障碍和佝偻病的结果(特别是缺乏维生素 D)。

软木茄在南美很常见,其含有天然的维生素 D_3,能引起放养的猪和牛出现严重的骨骼和软组织钙化(Dobereiner 等,1975)。还可感染猪的腱鞘(Done 等,1976)。对于青年生长期猪,可观察到由于多种营养缺乏导致骨的生长受影响,随后会引起的长骨和关节软骨表面变形。成年猪则表现为皮质骨密度异常(Milkie,1959)。

摄入过量的维生素 A 会引起四肢短小,骨骼生长迟缓,骨髓减少和骨骺生长板提前愈合,同时会导致皮质变薄。Jensen 等(1983)介绍了 9～10 周龄猪出现的先天性维生素 C 缺乏症,其症状包括长骨和肋骨的骨骺端不透射线,骨骺变宽,骨骺板呈现唇样变形。长骨骨轴边缘骨膜下出血,组织病理学检查可见生长板类骨质减少。其成因可能是由于某一常染色体隐性基因(基因缺失)引起的 1-古洛糖酸内酯氧化酶的缺失。

Dobson (1969)报道了骨营养不良病例,其可能与猪维生素 A 过多症有关(Thompson 和 Robinson,1989)(表 19.13 和表 19.14)。

表 19.13 主要影响骨的疾病

损伤/疾病	临床表现
骨髓炎[a]	细菌感染,脓肿
骨折:创伤/营养[a]	
急性:出血,边缘锐利	摩擦音,出血(长骨,肋骨,椎骨)
慢性:胖胀	肿胀,伴有纤维化(肋骨,长骨)
触电:致死或亚致死[a]	骨折(腰荐椎,股骨)
骨软骨病(隐性、显性、剥脱性)	主要影响生长板,但可表现为关节病(见正文)
骨骺分离[a]	骨骺分离,出血(与骨软骨病有关)
双侧坐骨结节骺脱离[a]	骨骺分离,出血(与骨软骨病有关)
代谢性骨病[a]	可变的,取决于年龄,阶段,钙、磷、维生素 D 等的相互作用,其
幼年佝偻病[a]	他日粮或风险因素。干骺端扩大;骨强度降低
软骨病[a]	骨折;生长板扩大;急性低钙血症颤抖;死亡;骨折;软、脆、易
骨质疏松[a]	碎的骨头(见正文)
纤维性骨营养不良	
氟中毒	肋软骨交界处扩大
铜缺乏	骨质脆弱
锰缺乏	肢体畸形,长度下降
先天性骨质增生	四肢骨增厚,可遗传,致命
软骨发育不良性矮小症	骨骼缩短
过量的维生素 A	骨骼缩短
先天性卟啉症	骨骼变为棕褐色
软木茄(Solanum malacoxylon)(维生素 D 类似物)	过量的维生素 D_3,骨和软组织过度钙化
抗坏血酸(维生素 C)缺乏	骨膜下出血
猪瘟病毒	褪色线

[a] 最常见。

表 19.14 导致运动疾病的一些营养因素

损伤/疾病	临床	评价
维生素 D 缺乏[a]	佝偻病,关节肿大,跛行,骨骼脆弱,骨骼变脆,骨折,驼背	钙、磷、植酸酶、阳光、生长速度和年龄等因素相互作用,导致致病原因难以确定
维生素 E 缺乏[a]	营养性肌病	桑葚心病;见第 14 章
硒缺乏[a]	营养性肌病	见正文
低血糖(乳猪)[a]	昏迷,口吐白沫,横卧,划水样	见正文
钙和磷[a]	代谢性骨病	见正文(代谢性骨病)
生物素缺乏	跛行,蹄病	Bane 等(1980),Hamilton 和 Veum(1984),Simmins 和 Brooks(1988),Penny 等(1980)
钙缺乏——低血钙	突发性震颤,虚脱,血钙降低	Weibner 和 Weibner(1952),Chapman 等(1962),Storts 和 Koestner(1965)
泛酸缺乏	共济失调,鹅步,皮肤病	轻度结肠炎,皮肤病
烟酸缺乏症	共济失调,瘫痪,贫血,腹泻	脊髓软化,非特异性结肠炎
铜缺乏	共济失调,瘫痪,主动脉破裂	Teague 和 Carpenter(1951),Follis(1955),Fletcher 和 Banting(1982),Pritchard 等(1985)
锰缺乏	虚弱,动作不协调,跛行,罗圈腿,影响生殖系统	罕见;Neher 等(1956)
镁缺乏	过度敏感,搐搦	Miller 等(1940),Plumlee 等(1954)
烟酰胺缺乏症	麻痹,脊髓软化	
维生素 B_6	共济失调,鹅步,癫痫	饲喂泔水和面包店废物
锌缺乏	角化不全,跛行	Brink 等(1959)
维生素 C 缺乏	关节出血	Wegger 和 Palludan(1994)
维生素 A 缺乏		如果补充供给则少见,Dobson(1969),Pryor 等(1969)
新生期	死胎,畸形	
生长期	动作不协调,失明	

[a] 最常见。

骨代谢病:佝偻病
METABOLIC BONE DISEASES:RICKETS

Fox 等(1985)发现遗传性佝偻病是由于动物肾内缺乏维生素 D_2 到维生素 D_3 的转化酶。经典的佝偻病常见于 2~6 月龄的猪,是由于饮食营养缺乏引起的一种疾病。主要症状包括关节(腕关节、肩关节、肘关节和膝关节)肿胀。临床症状包括发育不良,矮小,跛行,长骨骨折和轻度瘫痪。如果断奶仔猪类骨质和生长板软骨基质矿化不良,解剖时可发现骨苍白柔软,肋骨在 X 射线下可透,在压力下发生弯曲而不是骨折。由于病猪经常发生骨折或骨骼弯曲,大体解剖时经常可见骨痂和骨折愈合的痕迹。关节表面凹陷,生长板增厚,呈不规则形。关节软骨或骨连接处出血。

佝偻病形成的关键因素包括钙/磷比例失衡;由于维生素 D_2 利用不完全导致血中活性维生素 D_3 不足(Pepper 等,1978);由于钙和磷的生物利用度不同导致的钙、磷比例严重偏离正常比例的 1.2:1;生存环境昏暗、缺少日光或维生素 D_3 供给不足;以及饲料中铁含量超标。这些致病因素是从最近收集的病例中总结出来的(Madson,

2010)。当饲料中的钙含量突然降低时，可以引起生长猪的急性低钙血症。尤其是将钙、磷或维生素 D 补充到其所需临界值时情况得到缓解即可判断为急性低钙血症，其症状包括颤抖和突发死亡。

佝偻病、骨软症和骨质疏松是相关的骨营养性疾病。佝偻病和软骨病更多的在生长期猪上观察到，而软骨病和骨质疏松多出现在成年猪（表 19.15）。在麻痹或瘫痪母猪中多观察到骨质疏松和骨软化的症状（Doige，1982；Gayle 和 Schwartz，1980），其症状多表现为跛行，不能站立，多处骨折（肱骨、股骨和椎骨）和后躯麻痹。触诊可见捻发音。剖检时，肱骨的前 1/3 和股骨的前 1/3 最易发生从干骺端到骨干粉碎性螺旋状骨折。其主要成因是骨形成（成骨细胞作用）和骨吸收（破骨细胞作用）不平衡，通常伴有钙的缺乏。严格讲软骨病就是骨骼变软，在泌乳后期，出现的"精神沉郁猪"有可能是由于趾骨、椎骨和股骨的骨折引起的（Gayle 和 Schwartz，1980）。母猪骨骼脱钙主要是因为泌乳引起钙的流失（Doige，1979，1982；Forsyth，1989）。这些猪的骨密度一般在 1.018，而正常猪的骨密度在 1.022（Spencer，1979）。病猪第六根肋骨横切面，骨皮质对全骨的比例为 0.2 或更低，而正常猪则为 0.3。Gayle 和 Schwartz（1980）对预防方法进行了总结。

表 19.15　骨营养不良（骨新陈代谢疾病）包括佝偻病、软骨病、纤维性骨营养不良和骨质疏松

名称	病因	临床症状	危害	病变
佝偻病（生长猪的软骨不规则骨化）	骨骼矿化缺陷；缺乏维生素 D、P、Ca 或 Ca：P 比例失调（少见遗传性）	跛行，僵硬，关节肿大，前肢弯曲，骨折	饲料混合错误，单一的饮食，胃肠吸收不好，缺乏日照（维生素 D）	低 P 或维生素 D：橡胶似的骨（肋骨），骨骺、生长板、关节面增大；低 Ca：骨脆，骨折
软骨病（就像佝偻病，但是发生在成年猪；非正常的骨重塑）	饮食经常缺乏 P 或维生素 D；骨骼矿化缺陷	骨畸形，例如驼背或脊柱前弯症；病理性骨折	饲料混合错误，不规则饮食，胃肠疾病影响吸收	机械应激部位皮质变薄，柔软如海绵状，伴有基质沉积
纤维性骨营养不良（营养性甲状腺机能亢进）	钙缺乏或 P 过量，骨骼矿化缺陷	跛行，僵硬，不愿抬腿，骨折，下颌肿胀，下颌骨处的牙齿可能会松动	饲料混合错误，不规则饮食	软骨，生长板密度正常，关节面损害，肋骨弯曲
骨质疏松，正常骨骨质减少，可能发生在生长猪和成年猪	饥饿，Ca 缺乏，骨的构建和重吸收不平衡	骨折——可致震颤，僵直或由于产后低血钙急性死亡	饲料混合错误，不规则饮食，胃肠疾病影响吸收	骨松质减少，长骨皮质变薄，骨脆易折
哺乳性骨质疏松，在断奶后母猪中更为明显	钙摄入不足，或哺乳期骨存储不足	后肢软弱或骨折；生产缓慢，子宫脱垂，有神经症状（震颤），可致死亡	饮食中低钙；窝产仔数高；推迟断奶；由滑动、交配、运动增加引起骨折	皮质薄的骨脆性增加，病理性骨折，特别是椎骨

　　每个病症都是单独的，但通常在同一个体中会同时有几种病发生。对于患病动物的诊断是通过病理学检查完成的。饲粮成分的相互作用很复杂且呈散发性，因此仅仅通过饲粮分析而得出诊断结果有时候并不可靠。

泌乳性骨质疏松(Spencer,1979),是由于大量的钙和磷优先从骨骼中被重吸收,从而使得乳汁中含有高水平的钙和磷。骨骼的形状不变但是密度降低。致病因素包括日照不足和周期性运动不足(母猪栏及产床活动限制),尤其是一般还处于生长期的初产后备母猪。由于摄入食物不足或钙、磷和维生素D不足或比例失衡均可引起骨软化病(Doige,1982;Gayle 和 Schwartz,1980)。大量骨矿化不全会引起骨软化,这是由于泌乳母猪甲状旁腺激素分泌升高。

Grondalen(1974b,c)在屠宰场曾发现淘汰母猪和公猪患有强直性脊柱炎,但是他认为这种疾病在猪1岁时就已经存在了。如果猪表现出腰肌疼痛并发展为弓背,摇摆走姿或拖后腿走动,应该怀疑其患有此病。其发病原因包括骨骼磨损,脊柱外伤,营养不良,遗传病,椎关节关节炎等(Grabell 等,1962;Grondalen,1974b,c)。最后椎骨可能融合,使疼痛减轻。强直性脊柱炎导致竹节样脊柱的骨桥形成(Doige,1979,1980 a,b)。

跛行和骨病
LAMENESS AND BONE DISEASE

对骨、肌肉和关节疾病的讨论中,我们发现跛行实际上是骨、肌肉和关节正常生理功能丧失后表现出的一种临床症状。仔猪多发跛行(Zoric,2010)。跛行的多发部位包括蹄、趾、足、小腿、大腿、肩和盆腔(骨骺分离)。一系列长期疾病也可导致跛行,如骨软骨病、关节炎、骨软化、骨质疏松、骨折及关节炎(Penny,1979;Wells,1984)。

Funkquist(1929)在瑞典长白公猪中首次发现了猪腿肌肉无力症状,表现为公猪无法站立爬跨,但现在此病主要是指6月龄以上的猪发生跛行(Walker 等,1966)。由于以往报道中提到的跛行描述不清或诊断标准不一,给跛行的评估造成了一定困难。

最近,Sonderman(2009)对美国两个商品猪场做关于跛行及蹄损伤的流行病学调查,发现不到4%的母猪患有跛行。其中蹄踵糜烂是最主要的病因,其次为悬蹄的过度生长。骨软骨病综合征(OCD)是种猪发生跛行最主要的原因(Dewey,

1993;Grondalen,1974a;Hill 等,1984a,b;Reiland,1975)。但是最近的一项研究认为 OCD 和跛行之间没有必然的联系,研究中的母猪均患有OCD,特别是肱骨内髁和尺骨鹰嘴,但并非都发生跛行。在种猪群中,高到100%的动物都患有蹄病(Penny,1979)。

总之,几乎所有的母猪都有腿无力,损伤或跛行,这已经成为母猪淘汰的主要原因(Barnett 等,2001)。而这种现象的成因很简单——与运动有关的身体部件多受营养、遗传、环境、管理和微生物感染等方面的影响(Abiven 等,1998,D'Allaire,1987;D'Allaire 等,1987;Reiland,1975)。采食过多导致的体重增加,超过骨骼负荷极限都会引起骨骼疾病,表现为跛行、走路疼痛和不愿站立。

Jensen 和 Toft(2009)把腿部疾病主要归纳为以下三类:第一是感染性关节炎(已在前面讨论);第二是物理性损伤;最后是骨软骨病。如果临床调查结果显示疾病是由骨骼引起,那就只能通过对骨骼的大体解剖和显微镜检来进行准确诊断。由于商品猪的寿命有限,很少患老年病(Ryan 等,2010)。

骨软骨病
OSTEOCHONDROSIS

骨软骨病是一种非感染性、退行性、广泛性软骨异常性疾病,通常猪的一条或多条腿同时发生渐进性、可转移性跛行(Hill,1990a,b;Reiland,1975)。10%的种猪(Grondalen,1974b),监测站40%的公猪(Reliand,1978b),加拿大约47%的淘汰母猪(Dewey,1996),以及养殖场中100%的6月龄的商品猪(Walker 和 Aherne,1987)患有骨软骨病。最近一项研究发现隐性骨软骨病(OCL)(病变局限在骨骺软骨)和显性骨软骨病(OCM)(损伤同时伴有骨内膜钙化)的发病率约有65%(Busch 等,2007),但是 OCD(形成关节软骨隙)发生率非常低,分别为7%(Busch 等,2007)和14%(Ytrehus 等,2004)。

OCD 通常影响6～20周龄的猪,但直到18月龄都不会痊愈。生长板愈合晚的骨受影响最多,包括股骨和胫骨内髁,肋骨肋软骨结合处,尺骨和第 6~8 腰椎。

很多术语描述了这种骨骼疾病,略举数例,如骨软骨炎、骨关节炎、退行性关节炎(DJD)、关节病、关节炎、多发性关节炎、干骺端发育异常等。但是这些名称大都不够准确,因为骨病的原发灶多出现在生长软骨中,然后才继发感染骨骼。事实上,这种软骨发育不良主要影响大多数快速生长的种猪的生长软骨及骨端软骨,表现为软骨和骨骼损伤(Olsson,1978)。

事实上,骨软骨病一词应该被用来描述引起骨骼疾病的一系列症状,包括快速生长猪(不分性别)表现出的四肢畸形或 DJD。目前一般认为,在猪软骨快速生长期,其体重增长过快且缺乏锻炼,是引起 OCD 的主要原因。表 19.16 中总结了本病研究的多个重要里程碑和影响生长率的遗传因素。

表 19.16 骨软骨病研究的历史成果

文献	成果
Funkquist(1929)	瑞典长白公猪不能交配
Smith(1966)	弱遗传病变
Thurley 等(1967)	病因复杂:锻炼,增重率
Fell(1967)	在美国发现猪 OCD 的遗传
Bjorklund 和 Svendsen(1980),Hill 等(1984a,1985b,1990)	OCD 发生在小于 15 日龄的猪,提示为遗传性状
Lundgren 和 Reiland (1970)	在患有 DJD 瑞典猪上应用软骨病
Grondalen(1974d),Perrin 等(1978),Nakano 等(1979b)	不影响生长速率
Grondalen(1974a-i)	涉及广泛的因素:特别是缺乏锻炼,遗传
Dammrich 和 Unselm(1972),Grondalen(1974b),Reiland(1975)	牵连不正常的骨构象
Reiland(1975)	描述胸腰段脊柱的 OCD
Perrin 和 Bowland(1977)	描述锻炼的效果
Reiland(1978c)	描述遗传效应
Reiland(1978c),Carlson 等(1988b)	最初 4 个月的生长率影响 OCD
Gouedegebuure 等(1980),Reiland (1978c),Carlson 等(1988a)	降低生长速度降低病变的发病率
Perrin 等(1978)	OCD 的多重影响
Reiland 和 Anderson (1979)	杂交实验
Sather(1980,1982)	分娩,增加 OCD 发生
Empel(1980)	生长缓慢猪没有 OCD
Van der Wal 等(1980)	遗传——长白猪的位点和病情轻重不一
Nakano(1981a)	饲养环境和腿无力
Farnum 等(1984)	遗传——小型猪不受影响
Hani 等(1984),Lundeheim(1987)	生长快的猪有更严重的病变
Lundeheim(1986)	OCD 的遗传——长白猪
Lundeheim(1987)	遗传——再次发生 OCD 的可能性选择
Woodard(1987a,b)	说明对骨的纵向生长的影响
Jorgensen 和 Sorensen(1998)	腿无力和长寿

软骨发育不良是大多数生长板,尤其是生长软骨发生损伤的主要原因,其中包括关节软骨骺(articular epiphyseal cartilage complex,AECC)损伤。软骨营养不良的软骨病灶出现钙化或骨化,或者其软骨细胞死亡,坏死的软骨细胞和变性的骨基质被纤维性结缔组织取代后钙化。在少数情况下,病变特征出现在干骺端软骨和骨的表面或软骨细胞增生钙化区;含血的囊肿或裂隙持续存在并阻碍骨化作用。

损伤可在 1 月龄以下仔猪(肌肉不发达)中持续恶化,这表明肌肉发达并不是引起疾病的主要原因,但有可能加重疾病的症状。曾在一日龄的仔猪中观察到 OCD,但是 AECC 与生长板成比例增厚,同时对应激刺激敏感(Hill 等,1984b,1990)。这将引起生长板部分增厚,影响干骺端生长,导致骨骼、关节乃至四肢变形。骨骼变形后会引起四肢关节运动不协调,继发骨关节炎。

过去,当 DJD 被确诊后,可以检测导致 AECC 的损伤。这些病例中,关节面最先出现损伤,暴露出软骨下骨。但是镜下观察到的最初的损伤是在关节软骨和干骺端生长软骨的交界面存在小的软骨溶解灶。损伤在局部进一步恶化到 AECC 的深层软骨并造成软骨细胞溶解,包括骨骺里的软骨和骨的结合处。新生的增殖细胞死亡,骨基质生成障碍或被破坏。在损伤周围出现新生的软骨细胞群试图修复损伤。在关节运动过程中,软化的变形软骨出现进一步损伤,如肿胀、出现裂纹或形成坑面。当 AECC 出现裂隙,软骨下骨进入关节腔,动物表现出关节的疼痛和跛行。软骨中的血管损伤是发病机制中的部分原因(Bullough 和 Heard,1967;Garlson 等,1986,1989,1990;Kincaid 等,1985;Kincaid 和 Lidwall,1982;Visco 等,1991;Woodard 等,1987b)。没有正常的血管形成,则随后的骨化作用不会发生。地板和饲料对此疾病没有影响,但影响生长率高低的遗传因素是关键因素。

Ytrehus(2004;Ytrehus 等,2004,2007)就 OCD 的情况进行了总结,认为是对骨骺端生长软骨的血液供应提前终止,导致软骨管缺血性坏死。他们认为 OCD 有三种不同的临床症状,包括:(1)OCL,镜下观察可见骨骺软骨生长区含有局灶性的软骨坏死病灶,但剖检时不可见;(2)OCM,光镜下或 X 光片中可见骨膜增厚或软骨变形;(3)OCD 的特征性损伤是有裂隙的关节软骨突入其下的骨中。

对骨软骨病的病理总结可参见表 19.17。关于 OCD 与跛行之间的关系仍有争议(Brennan 和 Aherne,1986;Franum 等,1984a,b,1998;Jorgensen 和 Nielsen,2005;Jorgensen 等,1995;Lundeheim,1987;Reilsen 等,1978a,b)。我们认为这与个体有关,并完全取决于损伤的范围及发病程度、关节的感染、动物的肌肉状况以及发病动物的年龄。很多继发疾病都会引起病情的复杂化,包括骨髓炎、骨折、大转子和小转子的损伤(Blowey,1992,1994a)。

现在普遍认为骨骺脱离和双侧坐骨结节骺脱离是 AECC 畸形的一部分,表现为股骨及坐骨结节骨骺端软化发生骨折。这些将在下面进行讨论。所有四肢的损伤形式和四肢各骨的生长模式相关。

母猪跛行
LAMENESS IN SOWS

Blowey(1994a)对母猪跛行进行了具体的分类,总结了 9 种引起母猪腿肌无力的主要原因。成年猪直到骨骺生长板愈合前仍表现出很多青年猪的症状。佝偻病的发病时间从出生后 8 周龄到骨骺融合,骨软化发病从 8 周龄开始,OCD 的发病时间则为 0～30 周龄,骨干骺端脱离发病时间从 15 周龄到生长板愈合,大龄的母猪或种公猪发生强直性脊柱炎。这种疾病的诊断方法需要首先排除造成跛行的其他原因,再通过对淘汰母猪的死后剖检才能确诊。

骨骺脱离
Epiphysiolysis

骨骺脱离是一种 OCD 相关的疾病,为近端股骨骺脱离。发病年龄一般为 5 月龄到 3 岁,因

表 19.17　骨软骨病的分类和大体病变

定义	
骨软骨病	软骨内成骨失败导致关节和骨骺软骨异常
剥脱性骨软骨病	有裂隙的关节软骨突入其下的骨中;肉眼可见;通常伴有步态和姿势改变
隐性骨软骨病	病变局限于骨骺端的软骨,在显微镜下可见,但是肉眼观察不到,可能没有症状
显性骨软骨病	病变伴随软骨骨化延迟,可以通过 X 射线或者肉眼观察到,可能有或没有临床症状
骨骺脱离	股骨近端骨骺脱离
双侧坐骨结节骺脱离	双侧坐骨结节骨骺脱离,动物犬坐,后肢向前伸展
病变分布	可以是单侧或者是双侧的,有对称性
关节位置	常见于骨骺闭合较晚的部位,包括尺骨(远端)、股骨、肱骨、胸腰椎、肋骨肋软骨结合处和肩胛骨关节窝
关节面	损伤易发于内侧表面(承受更大的重量)
软骨和骨端的主要损伤	骨端的主要病变包括关节软骨内陷于周围软骨下面;可能为厚的黄色或薄的红色(Grondalen,1974a;Reiland,1975);软骨及骨的边界可能呈现皱褶状(Reiland,1975);有软骨碎片(Grondalen,1974a;Nakano,1981b);软骨内部或其他层面有龟裂(Grondalen,1974a);软骨囊肿;骨干和骨骺之间有骨折;血管损伤(Nemeth 和 van der Valk,1976;Visco 等,1991)
慢性损伤	长骨变短;干骺端呈喇叭形;股骨和肱骨顶端变平;远端尺骨成熟前生长速度停止导致远端桡骨出现偏差;肘部碎裂导致出现一个半圆月牙形的凹痕
其他变化	滑液增多;韧带破裂;关节囊出血;关节囊增厚;关节囊内侧绒毛状变化(Grondalen,1974b;Nakano 等,1982)

为 3～7.5 岁后骨骺开始融合(Cunningham,1966;Duthie 和 Lancaster,1964;Grondalen,1974d;Nemeth 和 van der Valk,1976;Reiland,1975)。由于股骨生长区的虚弱,在髋关节压力过大的情况下就会引起骺脱离。临床上常表现为突发性的严重跛行,少数情况下呈隐性病程。有动物趴在地上不能自主站立,通常采食或饮水。单侧或两侧同时发病,触诊有捻发音。需要与此病进行鉴别诊断的疾病包括股骨骨折、脊椎椎管囊肿或腰椎骨折。如果损伤继发细菌感染,则多出现坏死灶。

双侧坐骨结节骺脱离
Apophysiolysis

双侧坐骨结节骺脱离也是一种 OCD 相关的疾病,为双侧坐骨结节骺在其生长过程中发生脱离,年轻母猪可见发病(Done 等,1979;Petterson 和 Reiland,1967;Van Alstine 和 Toben,

1989)。大多数发病动物为重胎(heavily pregnant)母猪,其症状多表现为犬样坐姿(后腿向前伸出)和触诊有捻发音。发病原因包括地板光滑使动物的附着在坐骨结节上的股二头肌肌腱过度拉伸。单侧损伤可造成一侧中度到重度跛行,双侧损伤时动物则表现为不能站立或行走(Done 等,1979)。

骨髓炎
Osteomyelitis

骨髓炎临床并不多见,但是它可引起跛行或由于椎骨的病理性骨折而导致脊髓受到压迫,常继发败血症或局部囊肿(咬尾症)。本病可能与双侧坐骨结节骺脱离症有关,常发于长骨的骨髓和干骺端及病理性骨折的部位。母猪多易发关节炎,但是本病开始时多为蹄脓性败血或其他表皮损伤(如肩部溃疡)。本病和脊柱炎并发时,病程更加复杂,可能进一步发展为骨关节炎。

增生性骨炎
Proliferative Osteitis

增生性骨炎多发于股骨大转子和肱骨上髁（Blowey，1992），常见于初次断奶的后备母猪。患病动物多呈现犬样坐姿，起立疼痛，病理检查可见肌肉中存在溶血性肿块。

骨折
Fractures of the Bone

所有年龄的猪都可发生骨折，在后备母猪和断奶后母猪中常见。如果仔猪患有低血糖或虚弱，或母猪躺下时压到仔猪均会造成仔猪的骨折。年龄稍大的仔猪可能被卡在圈栏或设备中，引起骨折。出栏母猪可能在运输途中发生骨折（Vaughan，1977）。如果某一特定年龄段猪群骨折率上升，则应对可引起发病的风险因素进行广泛调查研究，从饲料因素、栏舍、地板、机械性外伤、运输性外伤和饲养员操作手法等方面进行调查。

关节炎
Arthrosis

关节炎有时也被称为关节病、骨关节病或骨关节炎，它是慢性关节病时发生的一种非特异性的关节软骨退化（Palmer，1985）。发病率与年龄成正比，18月龄以下动物的发病率为 7%，18月龄以上动物发病率为 82%（Reiland，1975）。此病是由于骨软骨病导致骨骼的不稳定性损伤，但关节的表面损伤却被很多骨样的修复组织所填充（Grondalen，1974b；Nakano 等，1979a，Palmer，1985）。病理检查可见关节软骨纤维化、关节面溃疡、骨赘形成和滑膜及关节囊增厚。

肿瘤
Neoplasms

骨肿瘤不常见，主要包括上颌骨内形成的压迫鼻腔的骨肉瘤（S. Done，个人观察）、骨源性肉瘤（Harcourt，1973）、恶性黑色素瘤转移（Case，1964）、先天性黑色素瘤和多发性骨髓瘤（Rintisch 等，2010）。Fisher 和 Olander（1978）在一项主题为猪肿瘤的调查中，报道了一例脊髓黑色素瘤病例以及一例 6 月龄约克夏后备母猪的大脑皮质腹侧胶质母细胞瘤的情况。

蹄和趾
Hoof and Claw

本书第 66 章（原书如此，疑有误。译者注）将就蹄和趾相关疾病进行详细的讨论。

致谢
ACKNOWLEDGMENTS

本章的完成和前几版《猪病学》作者们的贡献是分不开的，所以特此感谢 Jack Done、Ray Bradley、Mike Hill 和 Cate Dewey。Weybridge 兽医实验室中心（现在已更名为 Agency-Weybridge 兽医实验室中心）是一家以猪肌肉和神经障碍性疾病为课题的研究中心，其创始人为 Jack Done，他和其同事 Ray Bradley、David Harding、David Thurley、Peter Ward、Gerald Wells 和 Tony Wrathall，以及皇家兽医学院的 J. T. E. Jones 教授对本书的创作提供了极大的帮助。

（岳欣译，朱连德校）

参考文献
REFERENCES

Abiven N, Seegers H, Beaudeau F, Laval A, Fournichon C. 1998. Prev Vet Med 33:109–119.

Alcaraz A, Warren A, Jackson C, et al. 2009. J Vet Diagn Invest 21:250–253.

Andrews J, Long GG. 1986. Necropsy techniques. Vet Clin North Am 2(1):147–199.

Anil SS, Anil L, Deen J. 2009. J Am Vet Med Assoc 235:734–738.

Ashdown RR, Done SH, Barnett SW. 2009. Color Atlas of Veterinary Anatomy: An Illustrated Guide, 2nd ed. Philadelphia: W.B. Saunders.

Avargal RS, Sharma JK, Juyal PD. 2004. Vet J 168:358–361.

Bane DP, Meade RJ, Hillcy HD, Lcman AD. 1980. Diseases in swine recorded by post-slaughter checks at a slaughterhouse in West Central Illinois. In Proc Cong Int Pig Vet Soc 6:359.

Barlow A. 2006. Pig J 57:254–258.

Barnett JL, Hemsworth PH, Cronin GM, et al. 2001. Aust J Agric Res 52:1–28.

Bennetts HW, Beck AB. 1942. Enzootic ataxia and copper deficiency in sheep of Western Australia. Bull Counc Sci Ind Res 147.

Berge GN, Fonnum F, Brodal P. 1987. Acta Vet Scand 28:321–332.

Binder A, Aumuller R, Likitsecharote B, Kirchoff H. 1990. J Vet Med B 37:611–614.

Bjorklund NE, Svendsen J. 1980. Perinatal mortality in pigs: Histological changes in various organs of intrapartal dead and newborn weak pigs. In Proc Cong Int Pig Vet Soc, p. 81.

Blackwood W, Corsellis JAN, eds. 1976. Greenfields Neuropathology, 3rd ed. London: Edward Arnold.

Blowey RW. 1992.Vet Rec 131:312–315.

——. 1993. *M. hyosynoviae* arthritis. In Proc Congr Int Pig Vet Soc 30:72–76.

——. 1994a. Pig J 32:88–90.

——. 1994b. Vet Rec 134:601–603.

Bonca G. 2009. Rev Rom Med Vet 19:21–28.

Bradley R. 1978. Br Vet J 134:434–443.

Bradley R. Done JT, Hebert CN, et al. 1985. J Comp Pathol 93:43–59.

Bradley R, Fell BF. 1981. Myopathies in animals. In J Walton, ed. Disorders of Voluntary Muscle, 4th ed. London: Churchill-Livingstone, pp. 824–872.

Bradley R, Wells GAH. 1978. Vet Ann 18:144–157.

——. 1980. The "Pietrain creeper" pig: A primary myopathy. In FG Rose, FC Behrens, eds. Animal Models of Human Diseases. Tunbridge Wells: Pitman Medical.

Bradley R, Wells GAH, Gray LJ. 1979. Vet Rec 104:183–187.

Brennan JJ, Aherne FX. 1986. Can J Anim Sci 66:777–709.

Brink MF, Becker DE, Terrill SW, Jensen AH. 1959. J Anim Sci 18:836–840.

Briskey EJ. 1964. Adv Food Res 13:89–103.

Bullough PG, Heard TW. 1967. Br Vet J 123:305–310.

Busch ME, Christensen G, Wachmann H, Olsen P. 2007. Dansk Vet 2:24–31.

Carlson CS, Hilley HD, Henrikson CA, Meuten DJ. 1986. Calcif Tissue Int 38:44–51.

Carlson CS, Hilley HD, Meuten DJ. 1989. Vet Pathol 26:47–54.

Carlson CS, Hilley HD, Meuten DJ, Hagan JM, Moser RL. 1988a. Am J Vet Res 49:396–402.

Carlson CS, Meuten DJ, Richardson DC. 1990. Proc Orthop Res Soc, p. 347.

Carlson CS, Wood CM, Kornegay ET, Dial GD. 1988b. Effect of porcine growth hormone on the severity of lesions of osteochondrosis in swine. In Proc Cong Int Pig Vet Soc, p. 235.

Case MT. 1964. J Am Vet Med Assoc 144:254–256.

Casteel SW, Osweiler GD, Cook WO. 1985. J Am Vet Med Assoc 186:1084–1085.

Chapman HL, Kastelic CY, Caron DV, Hays VW, Speer VC. 1962. J Anim Sci 21:112–118.

Chennells DC, Nelson K, Penlington N, et al. 2006. Pig Vet J 57:259–270.

Choi J, Stevenson GW, Kiupel M, et al. 2002. Can J Vet Res 66:217–224.

Colvin BM, Harrison LR, Sangster LT. 1986. J Am Vet Med Assoc 189:423–426.

Correa AMR, Zlotowski P, Barcellos DESN, et al. 2007. J Vet Diagn Invest 19:109–112.

Cunha TJ. 1972. Mineral and vitamin requirements of the growing pig in pig production. In Proceedings of the 18th Easter School of Agricultural Science, University of Nottingham, 1971, Butterworths, London, pp. 225–242.

Cunningham B. 1966. Ir Vet J 20:66–68.

D'Allaire A, de Rota L. 1980. Can J Comp Med 45:205–206.

D'Allaire S. 1987. Compend Contin Educ Pract Vet 9:F187–F191.

D'Allaire S, Stein TE, Leman AD. 1987. Can J Vet Med 51:506–512.

Dammrich K, Unselm J. 1972. Zentral Vet Med A 19:445–476.

Davies I, David GP, Bain MS, Done SH. 1996. Pig J 37:65–68.

Dawson M, Wells GAH, Parker BNJ, Scott AC. 1990. Vet Rec 127:338–341.

De Lahunta A. 1977. Veterinary Neuro-anatomy and Clinical Neurology. Philadelphia: Saunders, p. 439.

——. 1983. Veterinary Neuro-anatomy and Clinical Neurology, 2nd ed. Philadelphia: Saunders.

Dellmann H-D. 1971. Veterinary Histology: An Outline Text Atlas. Philadelphia: Lea and Febiger.

Dellmann H-D, McClure RC. 1975. The CNS. In R Getty, ed. Anatomy of the Domestic Animals, 5th ed. Philadelphia: W.B. Saunders.

Detiefsen JA, Carmichael WT. 1921. J Agric Res 20:595–604.

Dewey CE. 1993. Can Vet J 34:355–356.

——. 1996. Diseases of the nervous and locomotor systems. In BE Straw, JJ Zimmermann, S D'Allaire, DJ Taylor, eds. Diseases of Swine, 9th ed. Oxford: Blackwell Scientific Publishing, pp. 87–112.

Dickerson JWT, Dobbing J. 1967. Proc R Soc Lond (Biol) 166:384–395.

Diesen CD, Gandhi SS, Ellenport CR. 1975. Sense organs and common integument. In R Getty, ed. Anatomy of the Domestic Animals, 5th ed. Philadelphia: W.B. Saunders, pp. 1409–1417.

Dobereiner J, Done SH, Beltran LE. 1975. Br Vet J 131:175–185.

Dobson JJ. 1969. Aust Vet J 45:570–573.

Doige CE. 1979. Can J Comp Med 43:142–150.

——. 1980a. Can J Comp Med 44:382–389.

——. 1980b. Can J Comp Med 44:121–128.

——. 1982. Can J Comp Med 46:1–6.

——. 1988. Skeletal system. In RG Thomson, ed. Special Veterinary Pathology. Toronto: BC Decker, pp. 67–507.

Doige CE, Horowitz A. 1975. Can J Comp Med 39:7–16.

Doige CE, Martineau GP. 1984. Can J Comp Med 48:414–419.

Doige CE, Schoonderwoerd M. 1988. J Am Vet Med Assoc 193:691–693.

Dominick MA, Carson TL. 1983. Am J Vet Res 44:35–40.

Donald HP. 1949. J Agric Sci 39:164–165.

Done JT. 1957. Vet Rec 69:1341–1349.

——. 1968. Lab Anim 2:207–217.

——. 1976a. Developmental disorders of the CNS in animals. In CH Brandly, EL Jungherr, eds. Advances in Veterinary Science and Comparative Medicine, Vol. 20. New York: Academic Press, pp. 69–114.

Done JT, Allen WM, de Gruchy PM. 1975. Vet Rec 96:482–488.

Done JT, Hebert CN. 1968. Res Vet Sci 9:143–148.

Done JT, Woolley J, Upcott DH, Hebert CN. 1984. Zentral VetMed 31:81–90.

——. 1986. Br Vet J 142:145–150.

Done SH. 1995. In Pract 17:318–324.

Done SH, Dobereiner J, Tokarnia CH. 1976. Br Vet J 132:28–38.

Done SH, Gaudie CG, Hannam DAR, et al. 2005. Pig J 55:167–175.

Done SH, Gresham AC. 1998. Pig Vet J 41:134–141.

Done SH, Meredith MJ, Ashdown RR. 1979. Vet Rec 105:520–523.

Done SH, Potter RA, Courtenay A, Peissel K. 1998. Pig J 43:148–153.

Done SH, Walton JR, Carr J. 1990. Case presentation: An unusual disorder of the gait and conformation in neonatal piglets. In Proc Cong Int Pig Vet Soc, p.282.

Done SH, Wells GAH. 2005. Pig J 55:146–166.

Douglas RGA, Mackinnon JD. 1993. Leg weakness in weaned first sow litters. In Proc Congr Int Pig Vet Soc 30:77–80.

Doutre MP. 1967. Botulism in pigs in Senegal. Bull Off Int Epizoot 67:1497–1501.

Doyle LP. 1937. J Am Vet Med Assoc 90:656–662.

Dubowitz V, Brooke MH. 1973. Muscle Biopsy: A Modern Approach. Philadelphia: W.B. Saunders, pp. 77–101.

Duthie IF, Lancaster MC. 1964. Vet Rec 76:263–273.

Edington N, Broad S, Wrathall AE, Done JT. 1988. Vet Microbiol 16:189–193.

Elvinger F, Liggett AD, Tang ICN, et al. 1994. J Am Vet Med Assoc 205:1014–1016.

Empel W. 1980. Ann Warsaw Agric Univ 10:51–55.

Evans DG, Pratt JH. 1978. Br Vet J 134:476–492.

Fankhauser R. 1962. The cerebrospinal fluid. In JRM Innes, LZ Saunders, eds. Comparative Neuropathology. New York: Academic Press, pp. 21–54.

Fankhauser R, Luginbuhl H. 1968. Pathological Anatomy of the Central and Peripheral Nervous Systems of the Domestic Animals. Berlin and Hamburg: Paul Parey, p. 272.

Farnum CE, Wisman NJ, Hiley HD. 1984. Vet Path 21:141–151.

Fell BF, Jones AF, Boyne R. 1967. Vet Rec 81:341–346.

Finley GG. 1975. Can Vet J 16:114–117.

Fisher LF, Olander HJ. 1978. J Comp Pathol 88:505–517.

Fletcher JM, Banting LF. 1982. J S Afric Vet Med Assoc 54:43–46.

Flory W, Spainhour CB, Colvin B, Herbert CD. 1992. J Vet Diagn Invest 4:65–69.

Follis RH, Bush JA, Cartwright GE. 1955. Bull Johns Hopkins Hosp 97:405–410.

Forsyth DW. 1989. Osteoporosis and pathological fractures. In Proc Congr Int Pig Vet Soc 23:122–123.

Fox J, Maunder EMW, Randal VA, Care AD. 1985. Clin Sci 69:541–548.

Franz B, Davis ME, Horner A. 1996. FEMS Immunol Med Microbiol 12:137–142.

Fredeen HT, Sather AP. 1978. Can J Anim Sci 58:759–773.

Friis NF, Feenstra HH. 1994. Acta Vet Scand 35:93–98.

Funkquist H. 1929. Hereditas (Lund) 30:107–130.

Gauger PC, Patterson AR, Kim WI, Stecker KA, Madson DM, Loynachan AT. 2010. J Swine Health Prod 18:244–248.

Gayle LG, Schwartz WL. 1980. S West Vet 33:69–71.

Gedde-Dahl TW, Standal N. 1970. Anim Prod 12:665–668.

Getty, R. (ed.) Sisson and Grossman's. The Anatomy of the Domestic Animals, Vol. 2, 5th ed. Philadelphia: W.B. Saunders.

Ghadially FN. 1983. The Fine Structure of Synovial Joints. London: Butterworths, pp. 1–4.

Goff J. 2010. Overview of bone physiology. In Proc Swine Dis Conf Swine Pract November 4–5, 2010, Ames, IA, pp. 33–40.

Goodwin RFW. 1962. J Comp Pathol 72:214–232.

Gorham JR, Boe N, Baker GA. 1951. Cornell Vet 41:332–338.

Gottschalk M, Segura M. 2005. S. suis infections. In Proc Annu Meet Am Assoc Swine Vet 36:479–486.

Gottstein B, Pozio E, Nockler K. 2009. Clin Microbiol Rev 22:127–145.

Gouedegebuure SA, Hani HJ, van der Walk PC, et al. 1980. Vet Q 1:28–41.

Grabell I, Hansen HJ, Olsson S, et al. 1962. Acta Vet Scand 3:33–50.

Grondalen T. 1974a. Acta Vet Scand 15:1–25.

——. 1974b. Acta Vet Scand 15:26–42.

——. 1974c. Acta Vet Scand 15:43–52.

——. 1974d. Acta Vet Scand 15:53–60.

——. 1974e. Acta Vet Scand 15:147–149.

——. 1974f. Acta Vet Scand 15:555–573.

——. 1974g. Acta Vet Scand 15:553–573.

——. 1974h. Acta Vet Scand 15:574–586.

——. 1974i. Nord Vet Med 26:534–537.

Grondalen T, Vangen O. 1974. Acta Vet Scand 15:61–79.

Guenther S, Nockler K, Nikisch-Rosenegk M, Ladderaf M, Ewers C, Wieler LH, Schierack P. 2008. J Microbiol Meth 75:278–282.

Hagedoorn-Olsen T, Friis NF, Nielsen NC. 1998. M. synoviae infection profiles in three pig herds. In Proc Cong Int Pig Vet Soc, 15(2), p. 203.

Hagedoorn-Olsen T, Nielsen NC, Friis NF. 1999. J Vet Med A 46:317–325.

Hale F. 1933. Pigs born without eyeballs. J Hered 24:105.

Ham AW. 1979. Histology, 8th ed. Philadelphia: W.B. Saunders.

Ham AW, Cormack DH. 1979. Bones and joints. In AW Ham, eds. Histology, 8th ed. Philadelphia: Lippincott, pp. 380–387.

Hamilton CR, Veum TL. 1984. J Anim Sci 59:151–157.

Handel S, Stickland NC. 1986. J Comp Pathol 96:447–457.

Hani H, Schorrer D, Blum JK. 1984. Osteochondrosis in performance-tested pigs: Incidence in Swiss Landrace and Swiss Large White breeds, relationships to carcass characteristics, performance traits and leg weakness. In Proc Cong Int Pig Vet Soc, p. 266.

Harcourt RA. 1973. Vet Rec 93:159–161.

Harding DJD. 1956. Am J Ophthalmol 18:1087–1093.

——. 1966. Pathol Vet 3:83–88.

Harding DJD, Done JT, Derbyshire JB. 1966. Vet Rec 79:388–390.

Harding DJD, Done JT, Harbourne JF, et al. 1973. Vet Rec 92:527–529.

Harding DJD, Done JT, Kershaw GF. 1972. Vet Rec 69:824–832.

Harrison LH. 1983. Vet Pathol 20:268–273.

Hayashi M, Muto H. 1901. Arch Exp Pathol 48:96–103.

Hill MA. 1998. Locomotor disorders of swine. In Proc Cong Int Pig Vet Soc 15(1), p.254–259.

——. 1990a. Causes of degenerative joint disease (ostoeoarthrosis) and dyschondroplasia (osteochondrosis) in pigs. J Am Vet Med Assoc 157:107–112.

——. 1990b. J Am Vet Med Assoc 197:181–194.

Hill MA, Hilley HD, Feeney DA, et al. 1984b. Am J Vet Res 45:917–925.

Hill MA, Kincaid SA, Visco DM. 1990. Vet Rec 127:29–37.

Hill MA, Ruth GR, Hilley HD, Hansgen DC. 1984a. Am J Vet Res 45:903–906.

Hill MA, Ruth GR, Hilley HD, et al. 1985b. Vet Rec 116:40–47.

Hilley HD. 1982. Vet Clin North Am Large Anim Pract 4:225–258.

Hines RK, Lukert PH. 1994. Porcine circoviruses as a cause of congenital tremors in newborn pigs. In Proc Annu Meet Am Assoc Swine Pract, Chicago, IL, pp. 344.

Hoefling DC. 1994. Swine Health Prod 2:19–23.

Hughes EH. 1935. J Hered 26:415–427.

Hughes EH, Hart H. 1934. J Hered 25:111–118.

Hulland TJ. 1974. Muscle. In KFV Jubb, PC Kennedy, eds. Pathology of the Domestic Animals, 2nd ed. New York: Academic Press, pp. 453–494.

Innes JRM, Saunders LZ. 1962. Comparative Neuropathology. New York: Academic Press, p. 839.

Jennings DS. 1985. Pig J 14:47–51.

Jennings DS. 2001. Pig J 48:150–151.

Jensen PT, Basse A, Nielsen DH. 1983. Acta Vet Scand 24:392–402.

Jensen PT, Nielsen DH, Jensen P, Blue N. 1984. Nord Vet Med 36:32–37.

Jensen TB, Toft N. 2009. Pig News Info 30(2):1–8.

Johnson LE. 1940. J Hered 31:229–242.

Johnston KM, Doige CE, Osborne AD. 1987. Can Vet J 28:174–180.

Jones EW, Nelson TE, Anderson LL, et al. 1972. Anaesthesiology 36:42–51.

Jones JET. 1967. An investigation of the causes of mortality and morbidity in sows in a commercial herd. Br Vet J 12:327–339.

Jorgensen B, Ambjerg J, Aaslyng M. 1995. J Vet Med A 42:489–504.

Jorgensen B, Nielsen B. 2005. Anim Sci 81:319–324.

Jorgensen B, Sorensen MT. 1998. Livest Prod Sci 54:167–171.

Jubb KVF, Kennedy PC. 1970. Pathology of the Domestic Animals, Vol. 1. New York: Academic Press, pp. 117–119.

Kapel CMO, Webster P, Pozio E, et al. 1998. Parasitol Res 84:264–271.

Kavanagh NT. 1992. Pig J 28:116–118.

Kaye MM. 1962. Can J Comp Med 26:218–221.

Kidd ARM, Done JT, Wrathall AE, Pampiglione G, Sweasey D. 1986. Br Vet J 142:275–285.

Kincaid JA, Allhands RV, Pijanowski GJ. 1985. Am J Vet Res 46: 726–732.

Kincaid SA, Lidwall ER. 1982. Am J Vet Res 43:938–944.

King AS. 1978. Special senses. In Physiology and Clinical Anatomy of the Domestic Mammals, Volume 1, CNS. Oxford: Blackwell Science, pp. 100–114.

King JM, Dodd DC, Newsome ME. 1979. Gross Necropsy Techniques for Animals. Ithaca, NY: Arnold Printing.

Kirby PS. 1981. Steatitis in fattening pigs. Vet Rec 109:385.

Kornegay JN, Seim HB. 1996. Neurology and neurosurgery. In TG Hungerford Course for Veterinarians, Proceedings 266, February 12–16, University of Sydney, Australia.

Lannek N, Lindberg P. 1975. Adv Vet Sci Comp Med 19: 127–164.

Lannek N, Lindberg P, Tolleruz G. 1962. Nature (Lond) 195:1006.

Larsell O. 1954. Anat Rec 118:73–107.

Leopold WH, Dennis SM. 1972. Cornell Vet 62:269–272.

Loken T, Aleksanderson M, Reid H, Pow I. 1998. Vet Rec 143:464–467.

Lomo OD. 1985. Acta Vet Scand 25:419–424.

Lopez A, Bildfell R. 1989. Can Vet J 30:828–829.

Lorenz MD, Kornegay JN. 2004. Localization of the lesions in the nervous system. In Handbook of Veterinary Neurology, 4th ed. St. Louis, MO: Saunders, pp. 45–74.

Lundeheim N. 1986. OCD and growth rate in the Swedish pig progeny testing scheme. In Proc Cong Int Pig Vet Soc, p.434.

——. 1987. Acta Agric Scand 37:159–173.

Lundgren G, Reiland S. 1970. Calc Tiss Res 4(Suppl):150–153.

Madsen LW, Bak H, Nielsen B, et al. 2002a. J Vet Med B 49: 211–215.

Madsen LW, Svensmark B, Elvestad K, et al. 2002b. J Comp Pathol 126:57–65.

Madson D. 2010. Rickets and the diagnostic dilemma. In Proc Swine Dis Conf Swine Pract November 4–5, 2010, Ames IA, pp. 41–44.

Malynicz GL. 1982. Genet Sel Evol 14:415–420.

Marrable AW. 1971. The Embryonic Pig: A Chronological Account. London: Pitman Medical.

Maurice H, Nielsen M, Brocchi E. et al. 2005. Epidemiol Infect 133:547–557.

McComas AJ. 1977. Neuromuscular function and disorders. London: Butterworths, p. 364.

McGavin MD, Ranby PD, Tammemagi L. 1962. Aust Vet J 38: 8–14.

Miller DJS, O'Connor JJ, Roberts NL. 1986. Vet Rec 118:73–75.

Miller ER, Hitchcock JP, Kuan KK, et al. 1973. J Anim Sci 37: 287–288.

Miller RC, Keith TB, McCarthy MA, Thorp WTS. 1940. Manganese a possible factor influencing the occurrence of lameness in pigs. Proc Soc Exp Biol Med 45:50–51.

Mills JHL, Nielsen SW. 1968. Adv Vet Sci 12:33–104.

Miniats OP, Smart NL, Meyzger K. 1986. Glässer's diseases in South Western Ontario. I. A retrospective study. In Proc Cong Int Pig Vet Soc 9:279.

Morris J. 1999. Pig J 44:158–161.

Mortimer DT. 1983. Vet Rec 112:278–279.

Nafstad I, Tollersrud S. 1970. Acta Vet Scand 11:452–463.

Nakano T, Aherne FX, Thompson JR. 1979a. Can J Anim Sci 59: 491–502.

——. 1979b. Can J Anim Sci 59:167–179.

——. 1981a. Can J Anim Sci 61:335–342.

——. 1981b. Pig News Info 2:29–34.

Nakano T, Thompson JR, Aherne FX, Christian RG. 1982. Am J Vet Res 43:1840–1844.

Narita M, Ishii M. 2004. J Comp Pathol 1312:277–284.

Nathues H, Boehne I, Beilage TG, et al. 2010. Can Vet J 51: 515–518.

Neher GM, Doyle LP, Thrasher DM. 1956. Am J Vet Res 17: 121–128.

Nemeth F, van der Valk PC. 1976. Vascular lesions in epiphysiolysis capitis femoris in swine. In Proc Int Cong Prod Dis Farm Anim, pp. 226–228.

Newsholme SJ, Walton JR, Elliott G. 1986. Vet Rec 119:554–555.

Nielsen NC, Andersen S, Madsen A, Mortensen HP. 1971. Acta Vet Scand 12:202–219.

Nielsen NC, Bille N, Larsen JL, Svendsen J. 1975. Nord Vet Med 27:529–543.

Nielsen R, Danielsen V. 1975. Nord Vet Med 27:20–25.

Nietfield J. 2010. Troubleshooting causes of CNS diseases. In Proc Swine Dis Conf Swine Pract November 4–5, 2010, Ames IA, pp. 63–66.

Nordby JE. 1934. J Hered 25:171–174.

——. 1939. J Hered 30:307–310.

Nunonoya T, Tajinma M, Kuwuhara H. 1985. Jpn J Vet Sci 47:165–169.

O'Hara PJ, Shortridge EN. 1966. NZ Vet J 14:13–18.

Olsson SE. 1978. Acta Radiol 358(Suppl):9–12.

O'Sullivan BM, Blakemore WF. 1980. Vet Pathol 7:748–758.

O'Toole D, Ingram J, Welch V. 1994. J Vet Diagn Invest 6: 62–71.

Painter KE, Keeler RF, Buck WB. 1985. Am J Vet Res 46: 1368–1371.

Palludan B. 1961. Acta Vet Scand 2:32–59.

Palmer AC. 1976. Introduction to Animal Neurology, 2nd ed. Oxford: Blackwell Scientific Publications, p. 272.

Palmer NC. 1985. Bones and Joints. In KVF Jubb, PC Kennedy, NC Palmer eds. Pathology of Domestic Animals, Vol. 1, 3rd ed. New York: Academic Press, pp. 1–138.

Pass DA. 1978. Aust Vet J 54:100–101.

Patterson DSP, Allen WM. 1972. Br Vet J 128:101–111.

Patterson DSP, Done JT. 1977. Br Vet J 133:111–119.

Pearson R, Done SH. 2004. Pig J 53:207–219.

Penny RHC. 1979. Genetic, physiological, and anatomical factors contributing to foot and limb disorders in growing and adult pigs including a statistical review of foot and limb disorders in pigs attributable to floors. In Proc Congr Int Pig Vet Soc 4: 85–96.

Penny RHC, Cameron RDA, Johnson S, et al. 1980. Vet Rec 107:350–351.

Penrith ML, Robinson JTR. 1996. Onderstepoort J Vet Res 63:171–179.

Pepper TA, Bennett D, Taylor D. 1978. Vet Rec 103:4–8.

Perrin WR, Aherne FX, Bowland JP, Hardin RT. 1978. Can J Anim Sci 58:129–138.

Perrin WR, Bowland JP. 1977. Can J Anim Sci 57:245–253.

Petterson K, Reiland S. 1967. Svensk Vet Tidn 19:648–651.

Platts J, Strait E, Erickson B, et al. 2008. Diagnosis of M. hyosynoviae infection by culture and PCR. In Proc Annu Meet Am Assoc Swine Vet 39:295–296.

Plumlee MP, Thrasher DM, Beeson WM, et al. 1954. J Anim Sci 13:996–1003.

Pogranichniy RM, Janke B, Yoon KJ. 2003. J Vet Diagn Invest 15: 191–194.

Pogranichniy RM, Schwartz KJ, Yoon KJ. 2008. Vet Microbiol 131: 35–46.

Pohlenz J, Bertschinger HU, Koch W. 1974. A malignant catarrhal fever like syndrome in pigs. In Proc Congr Int Pig Vet Soc Lyon, pp. 1–3.

Pope AM. 1986. J Am Vet Med Assoc 189:761–763.

Prince JH, Diesem CD. 1960. The pig. In Anatomy and Physiology of the Eye and Orbit in Domestic animals. Springfield, IL: Charles C. Thomas, pp. 210–215.

Pritchard GC, Lewis G, Wells GAH, Stopforth A. 1985. Vet Rec 117:545–548.

Pryor WJ, Seawright AA, McCosker PJ. 1969. Aust Vet J 45: 563–569.

Reiland S. 1975. Osteochondrosis in the Pig: A Morphologic and Experimental Investigation with Special Reference to the Leg Weakness Syndrome. Stockholm, Sweden: Akademisk Avhandling.

——. 1978a. Acta Radiol 358(Suppl):14–22.

——. 1978b. Acta Radiol 358(Suppl):23–44.

——. 1978c. Acta Radiol 358(Suppl):107–122.

Reiland S, Anderson K. 1979. Acta Agric Scand 21:486–489.

Rintisch V, Munzel B, Klopfleisch R, Lahrmann KH. 2010. Berl Munch Tierarztl Wschr 123:70–73.

Roberts ED, Switzer WP, Ramsey FK. 1963a. Am J Vet Res 24:9–18.

——. 1963b. Am J Vet Res 24:19–31.

Roels S, Simoens P, Ducatelle R. 1996. Vet Rec 139:446–447.

Rohrs M, Kruska D. 1969. Deutsch Tierartzl Wschr 76:514–518.

Rosales RS, Nicholas RJ. 2010. Pig J 63:68–72.

Ross OB, Phillips PH, Bohstedt G, Cunha TJ. 1944. J Anim Sci 3:406–414.

Ross HM, Evans CC, Spence JA, Reid HW, Krueger N. 1994. Louping ill in free-ranging pigs. Vet Rec 134:99–100.

Ross RF, Dale JE, Duncan JR. 1973. Am J Vet Res 34:367–374.

Ross RF, Duncan JR. 1970. J Am Vet Med Assoc 157:1515–1518.

Ross RF, Spear ML. 1973. Am J Vet Res 34:373–378.

Ross RF, Switzer WP, Duncan JR. 1971. Am J Vet Res 32:1743–1749.

Ruth GR, van Fleet JF. 1974. Am J Vet Res 35:237–244.

Ryan WF, Lynch PB, O'Doherty JV. 2010. Vet Rec 166:268–271.

Ryder SJ, Hawkins SAC, Dawson M, et al. 2000. J Comp Pathol 22:131–143.

Sack WO. 1982. Horowitz/Kramer Atlas of musculoskeletal anatomy of the pig. In WO Sack, ed. Pig Anatomy and Atlas. Ithaca, NY: Veterinary Textbooks, pp. 61–187.

Sanford SE. 1987a. Can J Vet Res 51:481–486.

——. 1987b. Can J Vet Res 51:486–489.

Sanford SE, Tilker AME. 1962. J Am Vet Med Assoc 181: 673–676.

Sather AP. 1980. Can J Anim Sci 60:1061–1062.

Sather AP, Fredeen HT. 1982. Can J Anim Sci 62:1119–1128.

Saunders LZ, Jubb KV. 1961. Can Vet J 2:123–127.

Schwartz KJ. 1991. J Vet Diagn Invest 3:362–364.

Signoret JP, Baldwin BA, Fraser D, Hafez ESE. 1975. The behavior of swine. In ESE Hafez, ed. The Behaviour of Domestic Animals, 3rd ed. London: Bailliere Tindall, pp. 295–329.

Simmins PH, Brooks PH. 1988. Vet Rec 122:431–435.

Simpson JA. 1972. Muscle. In EM Chritchly, JL O'Leary, B Jennett, eds. Scientific Foundations of Neurology. London: William Heinemann Medical Books, pp. 44–58.

Sisson S. 1975. Porcine osteology. In R Getty, ed. The Anatomy of the Domestic Animals, 5th ed. Philadelphia: W.B. Saunders, pp. 1222–1227.

Sisson S, Gandhi SS. 1975. Porcine mycology. In R Getty, ed. The Anatomy of the Domestic Animals, 5th ed. Philadelphia: W.B. Saunders, pp. 1256–1282.

Smart NI, Miniats OP, Friendship RM, MacInnes J. 1986. Glässer's disease in southwestern Ontario II: Isolation of H. parasuis from SPF and conventional swine herds. In Proc Cong Int Pig Vet Soc 9:280.

Smith C. 1966. Anim Prod 8:345–348.

Smith WJ, Mitchell CD. 1977. Observations on injuries to suckled pigs confined on perforated metal floors with special reference to expanded metal. In Proc Congr Int Pig Vet Soc 1: 91–104.

Smith WJ, Robertson AM. 1971. Observations on injuries to sows confined in part-slatted stalls. Vet Rec 89:531–533.

Sokoloff L. 1978. The Joints and Synovial Fluid. New York: Academic Press.

Sonderman J, Anvil SS, Deen J, Ward T, Wilson M. 2009. Lameness and prevalence of claw lesions in two commercial sow herds. In Proc Annu Meet Am Assoc Swine Vet 40:283–287.

Spencer GR. 1979. Am J Pathol 95:277–280.

Stave HD, Eavey RJ, Granger L, Halsteads S, Yamini B. 1992. J Am Vet Med Assoc 201:242–245.

Steane DE. 1985. Congenital anomalies in pigs. In Proc Congr Int Pig Vet Soc 12:38–49.

Stephano HA, Gay GM, Ramirez TC. 1988. Vet Rec 122:6–10.

Stevenson GW, Kiupel M, Mittal SK, et al. 2001. J Vet Diagn Invest 13:57–62.

Storts RW, Koestner A. 1965. Am J Vet Res 26:280–294.

Stowe HD, Every AJ, Halstead S, Yamini B. 1992. J Am Vet Med Assoc 201:292–295.

Stowe HD, Herdt TH. 1992. J Anim Sci 70:3928–3933.

Strugnell BW, White MEC, Scholes SFE. 2011. Unilateral foot necrosis and progressive neurological deficits in grower pigs associated with severe sciatic neuritis caused by traumatic handling at weaning. Pig J 65 (in press).

Svendsen J, Olsson O, Nilsson C. 1979. Nord Vet Med 31:49–61.

Swatland HJ. 1974. Vet Bull 44:179–202.

Sweasey D, Patterson DSP, Glancy EM. 1976. J Neurochem 27:375–380.

Swenson MJ, ed. 1977. Duke's Physiology of Domestic Animals, 9th ed. Ithaca, NY: Cornell University Press.

Syrjala A, Saarinen H, Laing T, et al. 2006. Vet Rec 159:406–409.

Szalay F, Zsarnovszky A, Fekete S, et al. 2001. Anat Embryol 2003:53–59.

Teague HS, Carpenter LE. 1951. J Nutr 43:389–399.

Thompson KG, Robinson BM. 1989. NZ Vet J 37:155–157.

Thurley DC, Gilbert FR, Done JT. 1967. Vet Rec 143:394–395.

Tobin F. 1994. Pig J 32:99–102.

Torremorell MP, Pijoan C. 1998. Vet Rec 134:394–395.

Trapp AL, Keahey KK, Whitenack DL, Whitehair CK. 1970. J Am Vet Med Assoc 157:289–295.

Trefny L. 1930. Zverolek Obz 23:235–236.

Umemara T, Nakamura H, Goryo M, Itakura C. 1985. Vet Pathol 22:409–414.

Vahle JL, Haynew JS, Andrews JJ. 1997. J Vet Diagn Invest 7: 476–480.

Van Alstine WG, Toben CG. 1989. Cont Educ 11:874–879.

Van Alstine WG, Widmer R. 2003. J Vet Diagn Invest 15: 289–291.

Vanderkerckhove P, Maenhout D, Curvers P, et al. 1989. J Vet Med A 36:763–771.

Van der Wal PG, Van der Valk PC, Goedegebuure SA, Van Essen G. 1980. Vet Q 2:42–47.

Van Kruiningen HJ. 1971. Vet Clin North Am 1:163–189.

Van Pelt RW. 1974. J Am Vet Med Assoc 164:91–95.

Van Vleet JF, Ferrang VJ, Van Fleet JF. 1984. Am J Pathol 114:461–471.

Vaughan LC. 1969. Br Vet J 125:354–365.

——. 1977. Vet Rec 79:2–8.

Visco DM, Hill MA, Van Sickle DC, Kincaid SA. 1991. Vet Rec 128:221–228.

Walker B, Aherne FX. 1987. The effects of pre-weaning handling and post-weaning mixing on the incidence of OCD in pigs. Agric Forest Bull, University of Alberta, 1987 Special Issue, pp. 20–22.

Walker T, Fell BF, Jones AS, Boyne R, Elliott M. 1966. Vet Rec 79: 472–479.

Walsh B, Williams AE, Satsangi J. 1992. Rev Med Microbiol 3: 65–71.

Ward PS. 1978a. Vet Bull 48:279–285.

——. 1978b. Vet Bull 48:381–399.

Ward PS, Bradley R. 1980. J Comp Pathol 90:421–431.

Wegger I, Palludan B. 1994. J Nutr 124:241–248.

Weibner F, Weibner W. 1952. Wien Tierarztl Monatsschr 39: 612–621.

Wells GAH. 1977. Pig Farming 25:73–75.

——. 1978. Postmortem techniques for the pig. In Proc Congr Int Pig Vet Soc 2:19–25.

——. 1984. In Pract 6:43–53.

Wells GAH, Hawkins SAC, Austin AR, et al. 2003. J Gen Virol 84: 1021–1031.

Wells GAH, Pinsent PJN, Todd JN. 1980. Vet Rec 106:556–558.

Wells GAH, Scott AC, Johnson CT, Gunning RF, Hancock RD, Jeffrey M, Dawson M, Bradley R. 1987. Vet Rec 121:419–420.

Widdowson EM, Crabb DE. 1976. Biol Neonate 28:261–271.

Wilkie WJ. 1959. Aust Vet J 35:209–216.

Williamson S, Woodger N, Higgins RH, Hands I. 2009. Pig J 62: 84–87.

Wilson TM, Rake TR. 1972. Can J Comp Med 46:218–220.

Wimsatt JD, Marks SL, Campbell TW, et al. 1988. J Vet Intern Med 12:41–44.

Wood EN. 1978. The increased incidence of stillborn piglets associated with high levels of carbon monoxide. In Proc Congr Int Pig Vet Soc 3:117–118.

Woodard JC, Becker HN, Poulos PW. 1987a. Vet Pathol 24: 109–117.

——. 1987b. Vet Pathol 24:118–123.

Yoshikawa T. 1968. Atlas of the Brain of the Domestic Animals. Tokyo: University of Tokyo Press, pp. 1–33.

Youssef S, DeLay J, Welch K, et al. 2004. A confined outbreak of encephalomyelitis in a multi-aged group of pigs. Animal Health Laboratory Newsletter, University of Guelph 8:19.

Ytrehus B. 2004. Osteochondrosis: A morphological study of etiology and pathogenesis. Thesis, Norwegian School of Veterinary Science, Oslo, Norway.

Ytrehus B, Carlson CS, Ekman S. 2007. Vet Pathol 44: 429–448.

Ytrehus B, Grindflek E, Teige J, et al. 2004. J Vet Med A 51: 188–195.

Zoric M. 2010. Pig J 63:1–11.

<table>
<tr><td rowspan="3">20</td></tr>
</table>

生殖系统疾病
Diseases of the Reproductive System

Roy N. Kirkwood, Gary C. Althouse, Michael J. Yaeger, John Carr, 和 Glen W. Almond

母猪生殖系统的解剖生理学
FEMALE REPRODUCTIVE ANATOMY AND PHYSIOLOGY

在试图控制母猪繁育前，我们必须了解正常的卵巢生理过程和与生殖相关的内分泌知识。卵泡的发育可以分为以下两个阶段：非促性腺激素依赖阶段，多是指从原始卵泡发育至次级卵泡末这段时间，该阶段卵泡直径大多 0.4 mm；促性腺激素依赖阶段，多指三级卵泡从 0.4 mm 大小发育至排卵阶段。然而，猪的卵泡发育过程和牛的有所不同，牛的卵泡主要在促卵泡素（FSH）的作用下发育至排卵阶段，而猪则主要受促黄体素（LH）的调控（Driancourt 等，1995）。了解以上知识后，我们才能在合适的时间介入人为因素。若想进一步了解相关知识，读者可以参阅 Almond 等（2006），Spencer 和 Bazer（2004）的著作。

繁殖管理
CONTROL OF REPRODUCTION

小母猪的诱导发情
Estrus Induction in Gilts

一般而言，接触公猪是小母猪初情诱导的一种有效方式。适当刺激发情需要直接的身体接触。若仅做发情鉴定，则隔栏接触即可。若接触公猪后诱导发情效果不佳，则需要判断是否遵循

了诱导发情的相关要求（Kirkwood，1999），包括：小母猪和公猪的年龄、接触条件和环境等。

小母猪的年龄（Age of Gilts）。初情诱导的小母猪至少要 160 日龄，诱导明显则需要 180 日龄（图 20.1）。有事实表明，小母猪接触公猪后发情反应越迅速，其受孕率也越高。所以，小母猪若在接触公猪后 28 d 内没有发情表现，则应该予以淘汰。事实上，小母猪交配的年龄越小，被淘汰的也会越早。

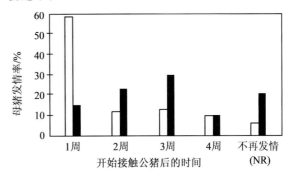

图 20.1 小母猪在不同日龄接触公猪对初情诱导效果的影响。白色柱代表 180 日龄的小母猪，黑色柱代表 160 日龄的小母猪。小母猪第一次接触公猪的日龄越大，初情诱导的时间和同步性就越好，但对产仔数没有影响。改自 Van Wettere 等（2006）。

公猪的年龄（Age of Boars）。公猪年龄需要足够大，一般应大于 10 月龄。公猪对小母猪的刺激效果主要取决于其分泌外激素的能力。外激素

猪病学，第 10 版，由 Jeffrey J. Zimmerman，Locke A. Karriker，Alejandro Ramirez，Kent J. Schwartz，Gregory W. Stevenson 主编。

由下颌腺分泌，而下颌腺必须在 10 月龄后才发育完全。但同时，也不需要选择年龄最大和最有气味的公猪，所以选择 10 月龄以上，能产生足够的外激素的公猪即可。

接触时长（Period of Contact）。小母猪每天需要与公猪进行至少 15 min 的身体接触，以保证所有的小母猪都与公猪有过接触。若小母猪是群饲，则应保证小母猪与公猪的比例最大为 12:1。由于我们不希望在初情期进行繁殖交配，所以可以选择使用不育的公猪（切除输精管或附睾的公猪）进行交配或者人工监督防止发生繁殖交配。事实上，初情期进行不受孕的交配可以提高下一次发情的繁殖交配成功率，产仔率可提高 5%~10%，每胎产仔数可提高 0.5~1.5 头。

小母猪和公猪的圈舍（Housing of Gilts and Boars）。小母猪的圈舍应距离公猪至少 1 m，而且最好位于下风处。若小母猪的圈舍与公猪相邻，则初情期会提早到来，但发情鉴定的成功率会降低。因为部分小母猪在进行初情诱导前可能发生耐受，难以进行有效的初情诱导。

发生接触的地点（Location of Contact）。应把小母猪带到公猪面前，而不能反过来。为了提高发情鉴定的准确度，应在不同的地方分别进行交配和鉴定。

小母猪诱导发情的其他注意事项（Other Considerations for Estrus Induction in Gilts）。其他变量，如每天用不同的公猪进行刺激或者一个圈舍的母猪始终用一只公猪进行刺激的效果通常与每天用同一只至少 10 月龄的公猪进行刺激的效果差不多。然而，若诱导效果不好，则可以考虑增加小母猪与公猪接触的频率，每天两次，或者每 2~3 d 更换一次公猪，这样部分刺激能力不强的公猪可以被其他公猪所弥补。在初情期后，仍应每间隔一天让小母猪与公猪接触一次，可以促进正常发情周期的发生。若缺少这部分的接触，则可能发生发情周期不规律，间情期延长（表 20.1）。

若接触公猪后效果不佳（如季节性不育），则应考虑进行激素治疗。可选择促性腺激素，注射 750~1 000 IU 的马绒毛膜促性腺激素（eCG），或者联合使用 400 IU 的 eCG 和 200 IU 的促黄体素类似物，即人绒毛膜促性腺激素（hCG）（PG600®，

表 20.1　接触公猪对母猪发情周期的影响

	接触公猪	不接触公猪
R. Siswadi 和 P. E. Hughes（未发表的数据资料）		
100 d 内的周期数	4.9	3.0
周期>25 d 的概率/%	3.0	32.0
Philip 等（1997）		
母猪有 3 个发情周期的概率/%	97.0	66.0
发情间隔/d	20.5±0.4	20.0±2.3

　　改自 Philip 等（1997）、Siswadi 和 Hughes（未发表的数据资料）。

Intervet/Schering-Plough Animal Health，Summit，NJ）。有证据表明联合使用 eCG/hCG 对小母猪进行诱导发情的效果要好于单独使用 eCG（发情率分别为 73% 和 15%；Manjarin 等，2009），说明卵泡的发育需要有促黄体素样活性物质的参与。若一群小母猪在注射 PG600 后反应不佳（如仅有 10%~15% 的小母猪有发情表现），则有可能是小母猪已经进入发情周期，错过了上一个发情期。这可以通过对母猪进行孕酮的 ELISA 检查来确认（Althouse 和 Hixom，1999）。此种情况下，应回顾母猪群的整个发情管理。

初情期前的小母猪，在给予 PG600 后，有 30% 的小母猪没有任何发情行为，在出现发情行为的小母猪中又有 30% 的发情不规律。造成此种现象的原因尚未确定，但怀疑部分小母猪是因为发育不成熟，难以对激素产生应答导致的。尽管在下一次发情时，小母猪的受孕率会有提高，但由于在注射促性腺激素后，周期性的发情行为会变得不规律，所以一般建议在诱导发情时再进行交配。但此要视情况而定，若小母猪在初情期诱导后，出现规律性的发情比例较高（如>90%），则在进入下一个自然发情期时进行交配是更好的选择。

断奶母猪的诱导发情
Estrus Induction in Weaned Sows

从断奶到再次发情的时间间隔（WEIs）过长（即 WEIs>5 d），会降低母猪的繁殖能力（Steverink 等，1999），增加其被淘汰的可能性。母猪易出现提前排卵现象，所以繁殖力下降可能是由于

排卵和交配的不同步造成的。也就是说，即使是每天进行发情检查，但母猪可能在表现出发情行为之前已经排卵（Kemp 和 Soede，1997），在排卵后进行人工授精的受孕率较低（Rozeboom 等，1997）。造成 WEI 延长的主要原因是母猪在泌乳期营养摄入不足。由于初产母猪在妊娠期食欲降低的比经产母猪更明显，所以，它们对环境影响也会更敏感。

　　有数据表明 WEI 过长可以导致各种问题的出现，故可以考虑用激素来刺激母猪发情。断奶母猪的诱导发情常用 eCG 或者 PG600（Kirkwood 等，1998），两者对诱导发情均有效。但若仅使用 eCG，则需要通过增大剂量（1 000 IU）来提高初产母猪的诱导发情率。更经济的方式是仅对断奶后进入乏情期 7 d 后的母猪注射促性腺激素。对于后种方式的诱导效果，存在各种说法（Manjarin 等，2010）。诱导效果似乎取决于乏情期的阶段，即卵巢对促性腺激素的反应能力。

控制排卵的时间
Controlling Time of Ovulation

　　取得高质量的精子后，应在排卵前 24 h 内输入到母猪体内（Kemp 和 Soede，1997）。若精子采集时间超过 48 h，则最好在 12 h 内输入到母猪体内（Bennemann 等，2005；Waberski 等，1994）。一般，WEI 和发情期呈反比。WEI 越短，发情期越长；WEI 越长，发情期越短。70% 的猪会在发情期排卵，总的来说，WEI 短的（3～5 d）母猪排卵也会比较晚（从发情到排卵的时间间隔＞40 h），而WEI 长的母猪排卵也会提前（多＜24 h）。

　　注射促性腺激素可以缩短 WEI，延长发情期（Knox 等，2001）。有研究表明母猪在诱导发情后交配，产仔率可以提高 10%～20%（Cassar 等，2004，2005）。排卵一般出现在 LH 峰后，所以可以通过使用外源性的激素来使排卵提前。85%～90% 的母猪在注射 hCG 后（42±2）h，或使用GnRH 或猪促黄体素（pLH）后的（38±2）h 排卵（Abad 等，2007；Langendijk 等，2000；图 20.2）。若注射促性腺激素诱导发情后，预测要 38 h 甚至更久才会出现排卵，则可注射 GnRH、pLH 或者hCG，因为它们可以更准确地预测排卵的时间。在确定排卵时间后，适时进行人工授精，即使仅进

行一次人工授精或者减少输入的精子量，仍可以保证受精率。

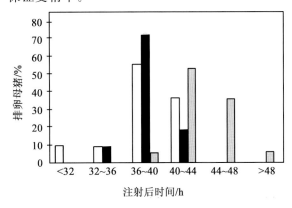

图 20.2　不同激素对经产母猪排卵时间的影响。GnRH（白色柱），LH（黑色柱），hCG（灰色柱）。

　　若大部分母猪在断奶 4 d 后出现自然发情，则可以在断奶 80～84 h 后注射 hCG 或者 pLH，且不需要先注射 eCG 或 PG600。因为这部分母猪本身排卵就较晚，在注射 hCG 或者 pLH 后可以调节 LH 峰的时间，从而控制排卵。在注射36～40 h 后，有发情行为的母猪即可进行交配。尽管只有 87% 的母猪进行了交配，但交配母猪的产仔率有所提高（90% vs. 70%；Cassar 等，2004）。诱导发情时，小母猪先后注射 GnRH 和1 000 IU 的 eCG 之后，产仔率一般都在 88%～90%，但大部分控制排卵的研究都以经产母猪为研究对象（Dr. S. Calamanti，未发表数据）。

　　从猪群管理的角度而言，准确预测排卵时间可以提高交配的效率。除了减少精子的输入量和人工授精的次数外，也可以减轻实验室发情鉴定和人工授精的工作量。更重要的是，若单次输精量减少，则可以通过输入单只公猪的精子来加强对种公猪的筛选。有研究表明，使用多只公猪的混合精液时，由于含有低质量的精子，可以造成受孕率降低（Foxcroft 等，2010）。所以使用混合精液前，必须对所有的种公猪进行筛查。

同步发情
Estrus Synchronization

　　若小母猪发情规律，那么在进入发情期前的4～6 d，我们所要做的就是配种和终止妊娠，或者饲喂丙烯雌酮［Matrix®（Intervet/Schering-

Plough Animal Health,Summit,NJ)或四烯雌酮（Regumate® Merck Animal Health,Boxmeer,The Netherlands)]。在进入发情周期后的 12 d内使用前列腺素 PGF$_{2a}$不会导致黄体的溶解，所以 PGF$_{2a}$在发情管理中使用有限。

丙烯雌酮是一种口服的孕酮类物质，它可以产生与孕激素相似的生物活性，抑制卵泡生长发育至中等卵泡（约 4 mm）。必须分开饲喂该药以确保每天每只小母猪都服用至少 15 mg，因为服用量不足会导致卵巢囊肿的发生（Kraeling 等，1981）。抑制发情一般在黄体溶解时才需要。在掌握发情周期的规律后，可以仅在发情鉴定后的12 d 到小母猪配种日前的 5 d 这段时间内饲喂丙烯雌酮，这样可以减少成本。一般距最后一次用药日期的 4～8 d,90%～95% 的小母猪会出现发情。

丙烯雌酮不仅可以用于小母猪的同期发情，也可以用于断奶母猪的同期发情。初产母猪的 WEI 会较长，无法预测，且以后每胎的胎儿数会较少。为了减少此种负效应，初产母猪在断奶后需要更长的恢复期，可以在下一个发情期不让母猪进行交配，这样可能会提高母猪的产仔率，所产仔猪体型也较大（Clowes 等，1994；Morrow 等，1989）。但这种方式的不足是会导致出现 21 d 的非生产期（NPDs），期间将会丧失 1.4～1.8 只猪的机会成本，同时对于预测母猪的繁殖次数也无益。但使用丙烯雌酮可以减少母猪的 NPDs 时长，预测下一次发情的时间，同时又获得 NPDs 的好处（Morrow 等，1989）。饲喂丙烯雌酮的好处在母猪断奶后的早期十分明显，可以减少断奶后的恢复时间（Koutsotheodoros 等，1998）。但要注意的是，丙烯雌酮需要在断奶当天或之前开始服用，大部分的母猪（>85%）会在距最后一次用药的 5～7 d 内发情。

繁殖管理：精子年龄、输精剂量、输精部位和人工授精的时间
Mating Management:Sperm Age,Dose,Site of Deposition,and Timing of Insemination

在发情鉴定后的 24 h,可以使用人工授精管将超过 2×10^9 个精子输入到子宫颈。一般多在排卵前 24 h 进行输精（Kemp 和 Soede,1997）。

但如果精子采集时间超过 48 h,则最好在排卵前12 h 输入母猪体内（Waberski 等,1994）。有的人工授精管可以将精子直接输入到子宫体内,此种方式所需精子量较少（1×10^9)且不影响母猪的受孕率（Watson 和 Behan,2002）。随着精子采集时间的延长,会产生自由基,导致细胞膜发生过氧化反应,减少精液中的有效精子量（Am-in 等,2010b）。有趣的是,若将采集时间过长的精液直接输入子宫内,并不会影响母猪的产仔率（Am-in 等,2010a）。

诱导分娩
Farrowing Induction

分娩期间母畜可能出现厌食,导致新生仔猪的死亡率升高。当死胎率或者新生仔猪的死亡率过高时应监测分娩过程,同时也可加强对初乳的管理。在监测分娩的同时,可以采取一些措施来增强仔猪的存活率。其中分开喂奶就是一种,分开喂奶即指在仔猪出生后就把它从母猪身边拿走,置于一个温暖的保育箱中。待生出 7 只仔猪后再一起放到母猪身边喂乳。接下来出生的仔猪同样从母猪身边拿走,置于保育箱。待分娩结束后,将第一组的仔猪和第二组的仔猪交换 1～2 h,此后再将所有的仔猪都置于母猪的身边。

最早只能在预产期前 2 d 进行诱导分娩,在计算妊娠期时应从最后一次交配的时间开始,此时最接近受精时间。在囊胚期,猪的肺脏发育呈指数式增长,妊娠 100 d 时,胎儿还没有形成肺泡,但到 113～117 d 时,肺已经发育完全。因此,在分娩时间的选择上,即使一个小的错误也有可能导致仔猪肺脏发育不完全。若时间选择准确,则仔猪的存活率一般不会很低。诱导分娩的母猪,其初乳内的脂肪含量可能偏低,但免疫球蛋白的含量不受影响（Jackson 等,1995）。

可以使用 PGF$_{2a}$或类似物进行诱导分娩,但从开始用药到分娩之间的间隔时间会有变化。在注射后的第二天,仅有 50%～60% 的母猪会出现分娩。外阴部仅需注射 50%,甚至是 25% 的肌内注射剂量即可达到肌内注射的效果。生殖道血管丰富,注射低剂量的 PGF$_{2a}$也可以达到局部的高浓度,而且可以降低肺部的首过效应。但若在外阴、皮肤结合处注射,母猪的耐受性较强,此时需

要选择 20×0.5 in 甚至更小的针头。

在注射 PGF$_{2\alpha}$ 后 20~24 h 注射催产素可以促进更快的同步分娩,但也可能导致分娩中断,此时就需要人工助产。可能由于分娩时子宫颈未完全扩张,产生的疼痛感导致肾上腺素大量释放,结合到子宫受体上,使宫缩停止。有趣的是,在头胎产出后使用催产素,认为此时子宫颈已经完全开张,难产的发生率以及死胎的数量也会提高。此外,产死胎多发生于头胎而并非一般认为的最后几胎(表 20.2)。催产素可以促进子宫收缩,导致脐带受损、引起胎儿缺氧,所以很多仔猪在出生时被胎粪污染。综上所述,除了在分娩过慢时进行治疗性用药,我们一般不建议在分娩时使用催产素。一种提高分娩预测准确性的方法是将 PGF$_{2\alpha}$ 总用量分两次注射,早上注射一次,6~8 h 后再注射一次。以此种方法诱导分娩时,84% 的母猪在第二天即出现分娩,而注射一次的母猪仅有 56% 出现分娩(Kirkwood 和 Aherne,1998)。

表 20.2 第一头仔猪产后催产素(OT)对产仔性能的影响

	对照	30 IU OT	40 IU OT
活产	8.3	8.7	8.7
死胎(第 1~4 头猪概率)/%	0	70.8	40.0
死胎(从第 9 头猪开始的概率)/%	83.3	20.8	40.0
难产/%		5	10	20

改自 Alonso-Spilsbury 等(2004)。

妊娠诊断
PREGNANCY DETECTION

准确的妊娠诊断是母猪繁殖效率最大化的关键。目前没有十全十美的妊娠诊断试验,但诊断技术已经有了很大的改善。

发情鉴定是一种妊娠诊断的方法,因为未受孕的母猪在交配后 18~24 h 会再次出现发情行为。但这种方法的准确率变化很大。若接触到公猪时,母猪表现出发情行为,此种情况下的准确率会较高。但即使是有公猪在场,大多数生产者也只能诊断出 50% 的未受孕母猪。若母猪由于囊性卵巢退化(cystic ovarian degeneration,COD),卵巢周期不规律或者假孕而长时间处于乏情期,则会出现假阳性的结果。有一些管理因素也会干扰发情鉴定,如将不同性情的母猪混养在一起,在大猪群中进行发情鉴定,在发情鉴定时没有让母猪接触到公猪。

在排卵后 3 d 至整个妊娠期,血清中孕酮的浓度会升高至 5 ng/mL 以上。因此,受孕母猪孕酮含量会很高,而未受孕母猪的孕酮含量则会较低(<5 ng/mL),降至发情期水平。母猪的间情期从 18~24 d 不等,平均 20~21 d。因此,采血测孕酮含量的最佳时间是在交配后 17~20 d。通过测定血清中孕酮的含量来进行妊娠诊断的敏感度可以达到 97%,但特异性则为 60%~90%(Almond 和 Dial,1986,1987;Larsson 等,1975)。延迟发情或返情不规律,假孕和囊性卵巢退化的母猪可能出现假阳性结果。

子宫会将大量胎儿中所含雌激素——硫酸雌酮分泌至母体血液中。妊娠 25~30 d,血清中的硫酸雌酮会达到顶峰,此时才能进行准确测定(Robertson 等,1978)。在妊娠 35~45 d,硫酸雌酮的含量会下降,但在 70~80 d 又会再次升高。血清中硫酸雌酮的含量高于 0.5 ng/mL 表示母猪受孕,低于 0.5 ng/mL 则表明未受孕。使用此种方法检测妊娠 25~30 d 的样品时,其敏感性大于 97%,特异性大于 88%(Almond 和 Dial,1986)。但硫酸雌酮升高较慢或者一胎中仔猪数少于 4 头时,可能出现假阴性的结果(Almond 和 Dial,1986)。

如果交配后 13~15 d 的血清中,PGF$_{2\alpha}$ 代谢物(PGFM)的浓度很低(<200 pg/mL)甚至检测不到时,可以判断母猪受孕。此种方法的敏感度可达 90%,特异性可达 70%(Bosc 等,1975),但对实验室条件要求较高。

通过直肠检查进行妊娠诊断是经济而又准确的一种方法(Cameron,1977)。该方法需要检查子宫颈和子宫,子宫中动脉的大小、充盈度和脉搏。但小母猪和产仔数较少的母猪,其骨盆腔和直肠太小,不适用于此方法。尽管此方法有很多应用价值,但在北美地区仍旧没有得到推广普及。

可以应用超声来探查胎儿的心动或者动脉的搏动。子宫动脉的搏动大约 50~100 次/min,

脐动脉为 150~250 次/min 且十分明显。将探头置于腹侧壁或者直肠内,这两种方法的敏感度(>85%)和特异性(>95%)没有很大的差别(Almond 和 Dial,1986)。进行妊娠诊断的最佳时间大约在 29~34 d。处于发情前期、发情期或者子宫内膜炎活动期的母猪,在检查中可能出现假阳性的结果。在嘈杂环境中检查,或者直肠探头被积粪所包围时则可能出现假阴性的结果。

当子宫充满液体时,可以使用振幅-深度超声仪(A 超)进行检测。交配后 30~75 d 进行检测,准确率基本在 95% 以上。在 75 d 以后至分娩这段时间进行诊断,由于尿囊液和胎儿生长的变化,假阴性率和不确定诊断会升高。使用不同类型的振幅-深度超声仪,其准确率和特异性会有所不同(Almond 和 Dial,1986)。充满尿液的膀胱、子宫积脓或者子宫内膜水肿都可能造成假阳性的结果。而在怀孕后 28 d 之前或者 80 d 之后检查则可能出现假阴性的结果。

实时超声成像(RTU)可用于母猪和小母猪的早期妊娠诊断。将 RTU 探头置于动物的腹侧壁,当发现生殖道中出现界限清晰、充满液体的泡状结构时即可认为受孕。目前,RTU 已成为妊娠诊断的常规检查。在怀孕后的第 21 天检查,3.5 mHz 探头扫查准确率可以达到 90%,5 mHz 探头可达到 96%(Armstrong 等,1997)。扫查人员的素质、检测的时间、仪器以及探头(3.5 mHz/5 mHz,线阵/扇阵)都会影响 RTU 的准确性。但在妊娠后 28 d 检查,相比于 21 d,以上各因素的干扰会大大减小。

难产
DYSTOCIA

难产或者导致分娩困难的情况(如母猪瘫痪综合征)在猪是比较常见的。了解正常的分娩过程是决定是否需要对母猪进行助产的关键。分娩前 4 d 左右出现外阴肿胀,分娩 2 d 前乳腺肿胀,乳汁在分娩前 48 h 呈浆液状,但在 24 h 内发生变化呈乳汁状。焦躁不安和筑巢行为一般出现在产前 24 h,但临近分娩的几个小时前会消失。在产前会断断续续地出现腹部阵缩,但除了在产出时,阵缩大多很微弱。一般黏着的呈淡红色的阴道分泌物出现后的 20 min 左右开始分娩。分娩的持续时间一般小于 3 h,但范围为 30 min 到 10 多个小时不等,每胎间隔时间多为 15~20 min。分娩结束后的 20 min 到 12 h 内排出胎膜。

母猪出现厌食,排出粉红色的阴道分泌物,阴道内可见胎粪,但不伴有腹壁阵缩;腹壁阵缩但没有胎儿产出;阵缩后停止用力;产出一胎或几胎后母猪停止用力;母猪无力;出现恶臭、异样颜色的分泌物时多表示发生难产。由于子宫肌肉无力导致的子宫无力在母猪很少见,但由于阻塞或分娩过度导致的继发性的子宫无力则较常见。可以将难产的原因按照来源不同分为母体型和胎儿型。Arthur 等(1989)曾经报道过以下几种难产的原因:无明显原因的子宫无力(37%)、臀先露(14.5%)、产道阻塞(13%)、两个胎儿同时进入产道(10%)、子宫向下偏移(9%)和胎儿过大(4%)。现在母猪管理中,前列腺素和催产素的使用不当也可以造成难产。

难产时应及时助产。为了提高助产的成功率,应在母猪分娩后每 30 min 观察一次,记录下所产仔猪数量以及分娩的间隔时间,这样可以更好地评价母猪的分娩状况。

可以通过检查阴道和子宫颈来纠正难产,必须严格遵循无菌操作,使用产科手套和润滑剂来解决产道阻塞和胎儿胎向不正的问题。不借助器械的助产是最安全的,在使用产科钳、产科钩、产科绳时必须格外小心,因为使用这些器械可能对母猪的生殖道造成损伤。在分娩后,应及时检查母猪的产道,然后再注射催产素。大剂量的催产素(>20 IU)可能造成子宫在一段时间内(3 h)对内源性和外源性催产素的不敏感。若发生污染,则必须注射抗生素。向子宫内注入抗生素或者碘溶液对促进子宫复旧或预防子宫感染的效果通常不佳。

产后子宫、阴道或外阴的撕裂可能造成出血。阴道和外阴的撕裂可以通过体外缝合解决,但严重的子宫撕裂或者子宫破裂必须通过开腹手术进行治疗。催产素可以促进子宫收缩,可用于治疗轻度的子宫撕裂。外阴的血肿会随着血液的重吸收而逐渐消散,但分娩栏中的尖锐突出物容易刺破血肿物。

阴道脱和子宫脱
VAGINAL AND UTERINE PROLAPSE

接近分娩、分娩过程中和分娩后几天均可见阴道脱或子宫脱的发生。据报道,很多因素都对此病的发生有影响,包括:遗传因素,饲喂环境,分娩后生殖道发生损伤,母猪经产胎数过多,营养状况以及雌激素样霉菌毒素的影响等。

外阴分泌物
VULVAR DISCHARGES

群体中偶尔几只猪出现外阴分泌物时,不需要过多担心,但若5%~10%,甚至更多的母猪出现外阴分泌物,此时需要引起注意。正常的生理过程可以导致出现外阴分泌物,但一些疾病也会导致出现此现象,并且可能导致出现不孕不育(图20.3)。在诊断时,需要首先判断分泌物是否异常,其次,异常分泌物是来源子宫还是生殖道。此时,分泌物的性状以及出现的时间有助于做出判断(Dial 和 MacLachlan,1988)。

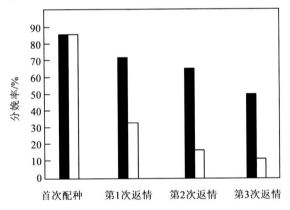

图20.3 连续性的返情对分娩率的影响。黑柱为健康母猪,白柱为有异常分泌物的母猪。

正常的外阴分泌物
Normal Vulvar Discharges

母猪在分娩后可见有分泌物排出,多为胎盘的残余物质和子宫分解物,通常在 2 d 内消失。母猪妊娠期最后 2~3 周多可见有少量的黏液脓性分泌物从阴道排出,这一般与外阴阴道黏膜的分泌和细胞的变化有关。接近发情期时也可见有分泌物的产生,此时,由于雌激素分泌的增加,子宫血流量增大,组织渗透性增强,有更多的白细胞迁移进入子宫。子宫在发情前期和发情期的收缩可以促进子宫内容物的排出。此时分泌物中包含有黏膜、阴道上皮细胞、精子、白细胞,偶尔可见红细胞,且分泌量不定。

异常的外阴分泌物
Abnormal Vulvar Discharges

母猪的外阴出血很常见,多见于母猪之间的咬伤(尤其是栏饲的母猪)、外伤或者由公猪导致的损伤。人工辅助交配或者人工授精都可以减少这种由交配引起的损伤。

交配或者进入发情期后 10 d 仍有脓性分泌物存在,则需怀疑子宫炎或者子宫内膜炎感染。致病菌可能在发情期时因为公猪的交配而进入子宫。生殖道中存在的一些非特异性病原菌可以导致子宫内膜炎的发生,如大肠杆菌(Escherichia coli)、链球菌(Streptococcus sp.)、葡萄球菌(Staphylococcus sp.)、化脓隐秘杆菌(Arcanobacterium pyogenes)、变形杆菌(Proteus)、克雷伯菌(Klebsiella)等。

发情期晚期对母猪进行授精(一般为第三次人工授精)容易导致异常分泌物的产生。高浓度的雌激素对子宫有保护作用,但在发情后期的早期,雌激素含量下降,导致子宫易发生感染。此外,血清中孕酮的含量和子宫内膜炎的发展也有很紧密的联系(De Winter 等,1992)。排卵后反复多次进行人工授精也可能促进子宫内膜炎的发生。

难产、创伤、流产和无菌操作不严格也可以导致分娩后发生子宫内膜炎。分娩后外阴分泌物长时间存在,如超过 6 d,可以提高母猪不孕的几率(Waller 等,2002)。子宫蓄脓,子宫内可见大量的脓性分泌物,是一种急性或慢性子宫化脓性炎症,但此病少见于猪。

有时膀胱炎或肾盂肾炎也可见有脓性外阴分泌物的产生,可伴有或不伴有血液。此时,分泌物中常见黏膜的存在,而且多发生在排尿的同时,尤其出现在排尿结束时,且与发情周期无关。可以通过尿检或者剖检膀胱肾脏来确诊是否存在尿路感染。

有外阴分泌物的母猪管理
Managing the Discharging Sow

　　大部分母猪在出现外阴分泌物不久后就再次发情,但此时交配很少受孕。若条件允许,可以使这些母猪在下一情期再次配种,以期下次发情时没有外阴分泌物的母猪的受孕率与连续交配的母猪相近。另一种做法是淘汰这些出现外阴分泌物的母猪。同时应该注意其他危险因素,包括围产期、交配、分娩及人工授精等过程的卫生和管理程序。

　　对出现外阴分泌物的母猪进行了许多治疗,但效果值得商榷。常用治疗是口服或注射抗生素。但关于致病菌的敏感抗生素了解甚少,所以难以评估治疗效果(Dial 和 MacLachlan,1988)。

先天性缺陷和肿瘤
CONGENITAL DEFECTS AND NEOPLASIA

　　母畜生殖系统发育缺陷很常见,包括:输卵管系膜囊肿;阴道、子宫颈或子宫角数量加倍;子宫、子宫颈、阴道、外阴不同程度的萎缩;雌雄间性(详见其他章节)。多认为以上各种情况与遗传相关。不同的个体表现也不同,可能会导致不育或者难产。还可见持久性处女膜、卵巢萎缩、乳头发育不良等先天性生殖系统缺陷疾病。这些病的发生几率较低,大多数情况下,难以找到病因或认为与遗传相关。

　　雌雄间性可见于猪。真性雌雄间性的猪同时拥有睾丸和卵巢组织,而假性雌雄间性的猪则只含有一种性腺,但拥有异性的其他生殖器。雌雄间性猪多拥有雌性外生殖器。大多数情况下,外阴眼观正常,阴蒂则有不同程度的增大,但部分个体可见阴蒂极度增大,但外阴发育不良或者呈阴茎样。部分个体表现出雄性行为,部分个体则表现有发情行为甚至能受孕。真性雌雄间性的个体是能够发情、排卵和怀孕的。假性雌雄间性在猪少见。基因分析后发现雌雄间性在猪为多基因控制。

　　对母猪生殖器官的肿瘤研究不多。有研究表明,此类肿瘤在猪发病率较低,最常见的是:平滑肌瘤、纤维瘤、囊肿腺瘤(cyst-adenoma)、纤维平滑肌瘤和恶性肿瘤(Akkermans 和 van Beusekom,1984)。

繁殖性能不足的诊断
DIAGNOSIS OF INADEQUATE REPRODUCTIVE PERFORMANCE

　　繁殖是一个极度复杂的过程,涉及很多特异性的生理功能。有很多因素都可以影响此过程,可分为:饲料、圈舍、环境、遗传、疾病和日常管理。它们之间也是相互关联的,一个出现问题可能会影响到其他的方面。一般,日常记录、详细的临床观察、病理检查和实验室诊断都可以提示我们繁殖失败的原因(Dial,1990)。繁殖失败可归属于生殖周期的不同阶段:乏情期、发情期、卵子生成期、受精期、着床期、发育成熟期。寻找不孕的原因需要我们搜集信息,并对各种信息加以准确的分析(Muirhead 和 Alexander,1997)。

繁殖目标
Reproductive Efficiency Targets

　　目前有很多商用体系可用于评估种畜群的繁殖性能。尽管不同的系统在数据录入、报告形式和报告内容上会有所不同,但所有的系统都会评估关于交配、分娩和断奶的信息。大多数的系统会以时间或者种群为标准,提供关于受精,泌乳,从断奶到交配的间隔时间,断奶后的仔猪存活率等相关信息。在生产报告中应包括生产目标和采取纠偏措施的阈值(干预水平),随着种畜群繁殖性能的变化,我们需要定期评估这些参数。

　　繁殖失败的原因有很多,需要鉴别诊断不同的疾病。大多数情况下通过检查记录即可找到病因或者排除某些病因。一般可以从环境、设施、管理、疾病和营养等方面来寻找原因,尤其需要结合日常记录来分析原因。例如,当母猪总产仔数没达到最佳状态时,我们需要从多方面来寻找原因,包括:产仔数的分布曲线,泌乳期时长,WEI,季节和环境温度,繁殖系统疾病,遗传性疾病,营养或者繁殖管理等方面。分析记录和流程图可以帮助我们找到繁殖性能降低的原因(Almond 等,2006;Carr,2008)。

　　寻找繁殖问题的原因时需要综合考虑以上各方面,并加以系统的分析:(1)确定分娩失败是否与生殖系统原因相关;(2)评估母畜返情的时间;(3)确定是母猪、公猪(自然受精和人工授精)还是人为因素造成的;(4)仔细观察,最好是能全程录像交配过程。部分分娩失败并不是由生殖系统的原因造成的。例如，水供应有问题、膀胱炎和肾盂肾炎引起的母猪死亡率较高的猪场，因为大多数母猪在怀孕期死亡，产仔率很低。一般猪场的分娩率应达到 87%，造成分娩失败的原因中，返情占 10%，流产<1%，在移送产房途中造成的妊娠失败<0.5%，妊娠过程中发生死亡的占 1%，被宰杀的占 1%。

关于返情，一般规律性的返情和不规律性的返情比例应为 4:1。了解早期的胚胎信号可以帮助计算再次配种的时间，有助于鉴别诊断各种疾病，详见图 20.4。

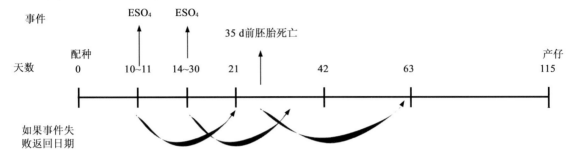

图 20.4 母体妊娠识别和不同时间段胚胎信号消失的影响。

公畜繁殖生理学
MALE REPRODUCTIVE PHYSIOLOGY

出生后的最初几个月对种公畜的生殖功能具有很大的影响。此时，睾丸间质细胞开始分化和增殖。出生后 1 个月内随着支持细胞开始增殖，公畜具有潜在的生精能力。此过程在出生后 3~4 个月时才会再次发生(Franca 等,2000)。关于公畜生殖系统的发育过程可参阅 Almond 等(2006)。

一般，精子生成的整个过程需要 35 d，再在附睾中呆 9~12 d 后才发育成熟。未射出的精子会随着尿液而逐渐排出，未排出的精子则会慢慢衰老，丧失受精能力，不久精子运动性下降，最终崩解。所以，从长期未发生交配的公猪体内采集的精液中，会存在大量的退行性精子。关于种公畜的生理发育过程，可参阅 Kuster 和 Althouse(2007)。

公猪行为学
Boar Behavior

未成熟的公猪对环境中的行为刺激尤为敏感。触觉刺激对公猪行为发育尤为重要。在隔离饲养、缺乏触觉刺激环境下长大的公猪青春期到来较迟，性欲较差，交配能力也较差。随着公猪的成长，人为的干预可以促使公猪产生接近或者逃避反射。一旦公猪留作种用，有许多因素可以影响到射精的时间和精子的质量，包括：采精频率，采精地点，采精前公猪的准备工作等。良好的种公猪管理应确保有足够的采精时间。在种公猪的管理上，推挤冲撞种公猪不利于将来采精工作的进行。

种公猪的训练
Boar Training

爬跨台畜采精的关键在于：必须在早期就开始对公猪进行训练——采精地点必须能让公猪立即注意到采精的台畜；公畜必须将采精地点和过程与采精的愉悦联系起来。

当公猪看到一个类似猪的不动的物体时，可以刺激公猪产生爬跨反射。所以，采精场所必须干净，而且除了采精台畜以外，不存在能分散公猪注意力的其他东西。当然，当采精台畜和地点使用时间久后，会散发出强烈的气味，此气味也可以刺激公猪，加速爬跨的过程。

年幼公猪对台畜的注意力时间较短暂，爬跨通常发生在训练初期的 5~7 min。若此时公猪对台畜没有任何兴趣，则此次训练中，公猪可能不会出现爬跨行为。在训练过程中，接触台畜前 5~10 min 给公猪注射 $PGF_{2\alpha}$(20 mg/只，肌内注射)可以促进爬跨行为的出现(Fonda 等,1981)。

若公猪将采精地点或采精过程与不好的感觉(如害怕、疼痛等)相联系，则训练会变得比较困难。采精过程中的不愉快的记忆会降低种公猪的性活动。所以，采精过程中避免粗暴采精和噪声是训练成功的关键。

年幼的未有过自然交配经历的公猪是最容易

训练的。年龄较大且有过自然交配经历的公猪，其训练时间会较长，且成功率较低。公猪开始训练的时间和训练的成功率之间是呈负相关的。若在10月龄之前开始训练，成功率可达90%；但在10~18月龄开始训练，则成功率仅为70%。

精液的采集
Semen Collection

精液采集最常用的方法是手套采精（Alt-

house，2007)，但目前已经出现了自动采精技术，且逐渐在推广流行。不管是哪一种技术，都必须通过挤压阴茎头来促进阴茎勃起和射精。在阴茎勃起后，减小阴茎末端的压力有利于精子的射出。在采精前要先清除包皮中的液体，包皮剃毛能极大地减少精液污染。关于减少精液污染的更多措施可见表20.3。包皮憩室切除术也可以减少精液的污染（Althouse 和 Evans，1994)。

表 20.3　降低精液污染的措施（公猪管理和实验室管理）

公猪的准备/精液的采集

1.包皮口周围去毛。

2.使用双层手套，在公猪准备过程结束后将外层手套扔掉，保证抓握阴茎的手套是清洁的。

3.为了减少精液的污染、降低交叉污染的风险，在采精过程中应使用一次性手套或进行手部消毒。

4.用一次性管清洁包皮口及其周围区域。

5.在采精前清洗包皮，防止包皮内残留液体。

6.水平持握阴茎，以最大程度地减小包皮中的液体造成的精液和精液采集容器污染。

7.射精初期的部分和采精管中的凝胶部分需要丢弃。

8.在将精液送到实验室之前需要处理橡胶圈和过滤器/纱布。

精液处理/实验室和圈舍的卫生设施

1.尽量使用一次性用具，以减少交叉污染。

2.若用具是反复利用且不能耐受高温灭菌或煮沸灭菌，则需要先用实验室级别的去污剂（无残留）和水进行清洗，再用蒸馏水清洗，最后用70%的酒精清洗。保证良好的通风直至无酒精残留。在首次使用前先用精液润洗。

3.一天工作结束时，要全面消毒工作台和各种污染的用具。

4.一天工作结束时，要消毒地面，可使用酚类消毒剂或者福尔马林。

5.样品送到后尽快根据每天的使用量分装精液。

6.可以使用紫外线对反复使用的用具和实验室进行消毒，同时还要考虑到人员的安全。

7.定期清洁种公猪的圈舍，防止地表过于潮湿和有机物质的堆积。

8.采精结束后，需要彻底清洁消毒采精场所和采精台畜。

精液的评价
Semen Evaluation

目前，已经能对精液的质量（如受精能力）进行常规的体外检查。很多检查都可以诊断出质量明显不佳的精子。在猪的人工授精产业中，标准的检查内容包括外观、精子运动性、精子形态、精子浓度以及射精量。关于可用于人工授精（AI）的精液要求参阅表20.4。同时，还有其他检查精子活力和功能的方法，但由于花费太大或者耗时而限制了其临床应用。

表 20.4　用于 AI 的新鲜精液的最低要求

精液参考变量	要求
外观	牛奶样至乳脂样黏稠度
颜色	灰白至白色
精子总活率（未稀释）	≥70%（48 h 内使用）
	≥80%（72 h 后使用）
异常形态	<25%（包括原生质滴的精子）
原生质滴	<15%（包括近端和远端原生质滴）

摘自 Althouse（2007). *Current Therapy in Large Animal Theriogenology*（Saunders)。

外观评估(Visual Assessment)。每一次采精后,都需要进行外观评价,包括透明度和颜色。正常情况下,精液应该呈灰白色,外观呈奶样。异常颜色包括棕色、红色、黄色,分别表示受到了脓液、血液、尿液的污染,此精液不能用于 AI。

精子的运动性和形态学(Motility and Morphology of Spermatozoa)。运动性一般通过计数精液中有较强运动力的精子所占的比例来表示。在精液的评估中,精子的运动性是最常用的检测指标。它既可以人为估测,也可以通过计算机辅助精液分析(CASA)系统来进行检测。人为估测,即在 200 或 400 倍放大的显微镜下观察精子的运动性。一般来说,精子的运动力是评估精子活力的指标,而不代表其受精能力。公猪的精子运动力一般在 80%,甚至更高。之前的研究表明,精子运动性≥60% 时,若母猪的繁殖率下降,可排除精子的原因(Flowers,1997)。

评价精子形态的方法有干片法和湿片法。干片法是利用染料使细胞轮廓变得更加明显,再置于显微镜的油镜下观察。湿片法是利用细胞本身进行对比,再借助显微镜或者 CASA 系统利用内部对比(相干涉或者微分干涉对比)对固定的单层精子进行评估。评估正常形态精子比例的方法已有报道(Kuster 等,2004)。正常情况下,异常精子的比例应低于 20%～25%(Althouse,1998)。

精子浓度和精子总量(Sperm Concentration and Total Number of Spermatozoa)。常通过分光光度计测量精液的透明度或 CASA 计数精子数量来测量不含凝胶的精液中精子的浓度。未经处理的精液一般过于浓稠,仪器难以进行测量。所以会先用等渗液进行稀释,根据公猪精液的测量要求进行提前校正;使用 CASA 系统时则要提前将所有的精液参数输入系统。这两种方法都是通过血细胞计数的方法来进行测量的,但由于过程繁琐、耗时较长而未在临床普及。

计算精子总数需要先测量精液的体积。一般多假设精液的密度为 1 g/mL,通过精液的重量计算得出体积,再通过体积乘以浓度即可计算出精子总数。

其他繁殖力检查(Other Fertility Tests)。精子在获得受精能力之前会经历一系列的生化、代谢和分子变化。目前有多种检查,包括:精子结合能力、精子低渗膨胀性、渗透压抗性、细胞膜/细胞器检查以及精子或精清的生化和分子检查。但这些检查在养猪业中的应用仍有待考察。

精液的处理
Semen Processing

精液稀释液(Semen Extenders)。精液稀释液可以为精液的保存提供营养和代谢支持。葡萄糖是主要的供能物质;电解质参与调节渗透压;缓冲液可以中和代谢废物,维持 pH;抗生素则用于减少细菌污染。储存时间越长,受精能力越低,而降低的速度主要取决于稀释液的成分。储存精液保持受精能力的时间长短受很多因素影响,包括种公猪本身,精液稀释液组成,精子浓度,储存温度。关于种公猪和精液稀释液对精液保存时间的影响可见图 20.5。此图表明,使两种公猪的储存精液活力最佳的稀释液不同。数据表明体外精液活性可能与稀释液的成分和某头公猪精液有关。若存在这种不相容,可尝试换用其他的稀释液。但不管使用何种稀释液,都需要根据保质期内要求的精子浓度来决定稀释液的最大使用量。

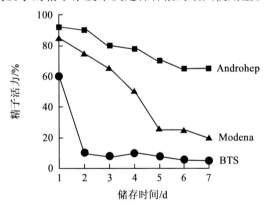

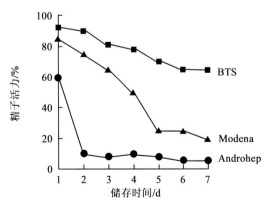

图 20.5 两头同窝出生的公猪的精子活力随时间的变化图。两头公猪的精子均分别储存在三种不同的稀释液中。上图代表 A 猪,下图代表 B 猪。A 猪和 B 猪的合并标准差分别为 7.3% 和 8.2%。

精液稀释过程（Semen Extension Procedures）。大部分的精液稀释液已商品化，以粉末的形式销售。使用前需先用纯净水［临床和实验室标准协会（CLSI）/美国病理学家协会（CAP）1级试剂］溶解，配制后需要留足够的时间让稀释液平衡，稳定其pH和渗透压，之后才能用于稀释精液。平衡过程一般需要45～60 min。

在稀释过程中，要使稀释液和精液之间的温差尽可能的小，这样有利于保留精子的活力。可以通过检测精液和稀释液的温度，调整稀释液的温度至精液温度的±2℃。用于人工授精的精液浓度为（25～65）×10^6/mL，体积为65～80 mL。稀释后的精液要冷却保存在15～18℃的环境中。目前，在养猪业中所有的精液均通过此途径用于人工授精，而冷冻精液由于繁殖率较低，很少用于临床。

培育稳健性测验
Breeding Soundness Examination

培育稳健性测验（BSEs）是一种常用于公猪的检查，是让公猪与母猪自然交配，通过观察其受孕率或者产仔率来判断公猪的受精能力。但使用异种精子交配时会对筛选的结果有干扰。还有很多因素可以影响产仔率和窝产仔数，因此，仅通过记录分析来对公猪进行筛选是很困难的。

当怀疑公猪受精力下降，或者发生某些疾病，尤其是与睾丸和阴茎相关时，可以进行BSEs检查。临床史包括：公猪以前的性欲和交配能力，病史，疫苗注射，治疗史，以及AI母猪的窝产仔数和产仔率等情况。

公猪的评价可以从以下几个方面来进行：体况，健康状况，骨骼状况，繁殖稳健性等。若公猪有任何先天性的问题可能对它的爬跨、交配等产生影响，需要进行稳健性检查。外生殖器的检查包括阴囊、睾丸、附睾、包皮等的检查。在18月龄时，公猪的睾丸开始变大，发育成熟的公猪，其睾丸至少有6.5 cm×10 cm（宽×长）。若有任何异常，如阴囊脓肿、阴囊外伤或者阴囊上有疤痕，都需要记录下来。包皮内有液体时要进行实验室检查，判断液体的性质，如脓液、血液。

不管是自然交配还是人工授精的公猪，大部分是以手套采精技术进行采精。当把公猪引领到允许交配的发情母猪旁时，在阴茎进入外阴前把握住阴茎，此后的操作同AI型公猪的采精过程

相似。精液的评价包括：计数精子总数，评估精子的活力和受精能力。BSE和AI型的精液评估基本相同，但对于BSE型的精液还需要考虑以下几个问题：（1）较干净的精液气味较小，而受到包皮中的液体、脓汁或者血液污染的精液有明显的气味；（2）一般公猪射出的液体量在150～250 mL，可在50～500 mL范围内波动。但未有过采精经历的公猪其射精量可能偏小。精液采集后再进行各种检测评估。

热应激和发热对精液的影响
Effects of Heat Stress and Fever

应激和过度采精是导致精液质量不佳的主要原因，其中，热应激是最常见的原因。热应激可以影响生精过程，导致精子运动力下降，形态异常的精子比例升高，精子总数减少。在热损伤后的10～14 d，射出液体就出现变化，此种变化可以持续几周的时间（图20.6）。所以，公猪的环境应该保持在27℃以下，50%的相对湿度，这样才可以有效避免热应激。

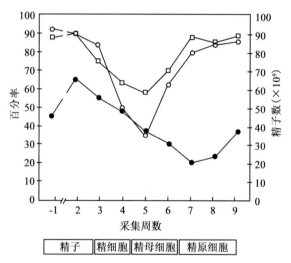

图20.6 热应激对精子质量以及恢复时间的影响。改自 Althouse（1992）。

感染性的疾病，注射疫苗，睾丸或者阴囊的创伤或撕裂等均可以造成公猪体温升高或者局部温度的升高。由于阴囊参与调解睾丸的温度，所以阴囊的异常也对精子生成有影响。通常，发生感染后精液的变化同热应激导致的变化相似。所以，为了减少全身性疾病的影响，发热时应进行用药，以保证公猪的体温在39.5℃以下。

局部感染（Localized Infections）。附睾炎可以导致睾丸和阴囊的肿胀，降低精子的受精能力，所以当出现附睾感染时，必须立刻引起重视。发热、感染、睾丸炎、阴囊炎可以引起生精小管的生殖上皮细胞发生退化而导致睾丸出现退行性变化，通常只能通过组织活检才能诊断。最终，睾丸萎缩出现松弛性睾丸，但部分公猪可能由于纤维化或者钙质沉着而出现睾丸变硬。尽管公猪的性欲不受影响，但射出液中的精子数减少，精子活力较差，异常形态的精子比例较高。若在8周内状况都没有改善，则可以淘汰此类公猪。

布鲁氏菌（*Brucella*）、衣原体（*Chlamydophila*）、日本乙型脑炎病毒、腮腺炎病毒等可以定植于睾丸实质组织中，干扰精子发生的过程。丹毒、支原体、猪流感等感染性疾病可以导致机体出现发热而间接影响精子发生的过程。口蹄疫病毒、猪瘟病毒、钩端螺旋体（*Leptospira*）、伪狂犬病病毒（PRV）、猪细小病毒（PPV）、猪圆环状病毒、猪水疱病和猪繁殖与呼吸障碍综合征病毒（PRRSV）则可以进入精液，通过精液将此病传染给母畜。

流产和繁殖疾病的诊断
DIAGNOSIS OF ABORTION AND REPRODUCTIVE DISEASES

黄体分泌孕酮维持妊娠，一旦孕酮分泌中断，妊娠终止。母体或者胎儿释放的皮质激素可以启动激素级联放大效应，导致子宫释放前列腺素，黄体溶解而引起分娩。因此，内分泌系统和母畜与胎儿之间的相互作用可以导致流产，而且，此过程可以受到感染性或非感染性疾病的影响。

假孕是指在没有受孕的情况下，黄体存在时间超过预期时出现的一种情况。在发情周期的11～12 d，对母猪使用雌二醇可以导致假孕的发生。短期处理（发情周期第11～12天用药），假孕时间持续较短；但长期处理（从发情周期第11或12天开始用药8～9 d），假孕时间持续长久（超过几周）。玉米受到粉红镰孢（*Fusarium roseum*）产生的玉米赤霉烯酮的污染后可以引起假孕的发生。当出现木乃伊胎时，妊娠期会延长数天。

目前有一个错误的观念，认为感染性原因造成的流产是一个急性的过程。简要介绍其过程如下：母体感染（第0天）→病原体局部增殖（第1～2天）→母体病毒血症/菌血症（第2～7天）→病原菌进入子宫造成胎儿的感染→流产发生（第14天之后）。

造成猪感染性流产的最常见原因是胎儿胎盘的感染或者母体的疾病。由于原因不同，临床症状、采样过程及检测都有不同。由胎儿胎盘感染造成的流产，需要注意以下几点：（1）母体在流产时会出现血清转化现象；（2）母体通常不会出现长时间的病毒血症或菌血症；（3）可以在胎盘或者流产的胎儿中检测到病原体。因此，此类型流产的诊断需要重点关注胎盘、胎儿和母体是否有血清转化现象的发生。而由母体疾病造成的流产通常发生在疾病的急性期，需要注意的是：（1）母体会表现有相关症状；（2）母体不会出现血清转化现象；（3）可以通过母体的血清、鼻拭子、扁桃体和组织检测病原体；（4）胎儿少见感染。因此，此类型流产的诊断应关注母体。

流产诊断的第一步是评估母猪在发生流产或临近流产时是否出现与疾病相关的症状。若存在，则需要同时采集母猪和胎儿的样品送检。根据母猪疾病的不同，样品的采集也有不同。例如猪流感病毒（SIV）可导致母猪发热，精神沉郁，厌食，呼吸症状包括咳嗽等。由于SIV不会引起病毒血症，所以认为流产是由母猪的疾病和应激导致的。此时，通过母猪鼻拭子检测病毒或者检查母猪是否有血清转化现象来进行诊断，而检查胎儿是没有意义的。

胎儿感染造成的流产，只要检查的样本足够多，通常可以从胎儿组织或胎盘检测到病原体。大量的研究表明，在母猪病毒血症或者菌血症期间，一般只有部分胎儿发生感染，但此后病原体在子宫内胎儿之间传播（Nielsen 等，1991）。结果在流产时，并不是一窝仔猪全部感染，因此若仅检查一两个胎儿，可能难以发现病原体。根据病原体和妊娠阶段的不同，对送检胎儿的数量要求也有不同。假设每个胎儿的感染几率为50%，一胎12只，若送检胎儿中至少有一只感染，在置信度达到90%～95%的范围内，计算后发现一胎要送检4～6个胎儿，最少不得低于3个（Benson 等，2002）。对大多数的检测试验，将不同胎儿的样本放在一起对诊断的敏感性不会产生很大的影响，尤其是聚合酶链式反应（PCR）。

妊娠的不同阶段，胎儿数较多，病原菌在子宫内的传播等都对胎儿胎盘性感染的繁殖疾病症状有影响。胎儿感染可以导致很多后果:胚胎死亡后吸收,死胎或木乃伊胎,流产,胎儿自溶,产死胎,或者分娩的胎儿体质弱,死亡率较高(Christianson,1992)。妊娠早期感染可能发生胚胎死亡后有部分胚胎被母体吸收,导致产仔数减少。病原体在子宫内胎儿间持续传播可以导致死胎和数量不等的木乃伊胎。在妊娠70 d后发生感染,机体可以产生免疫反应,产下携带病原体的活胎(Nielsen 等,1991)。临床常见母猪分娩的胎儿中同时有大小不等的木乃伊胎和外观健康的活胎。

猪流产:血清学诊断
Porcine Abortion:Serology

大部分的感染性流产是由于胎儿发生感染而导致的,流产常发生在母猪感染的14 d以后,故流产时母猪体内多可检测到抗体的存在。一般在产后2周内都难以检测到母猪体内抗体滴度的明显变化,所以检测母猪血清成对样本的诊断意义有限。但若抗体阴性则可以排除部分疾病。由母猪急性全身性疾病导致的流产则没有此血清转化现象,在疾病急性期和恢复期,母猪体内抗体的滴度都有升高。而一个母猪群内可以同时发生两种类型的流产。

出现全身性疾病的母猪多有急性感染的倾向,所以要同时采集疾病急性期和恢复期的血清样本。同时,急性期的样本还可以用于检测病原体,如利用PCR来检查PRRSV。

部分情况下,仅采集一次流产后的血清样本即可进行诊断,如:当畜群出现未进行过免疫的病原抗体(如PRRSV);抗体滴度异常高(如动物近期未进行过钩端螺旋体免疫,但血清内抗体滴度特别高)。但对一些地方性的病原体,如PPV、PCV2、疫苗抗原,若不进行连续多次的检测,则难以判断,最多也就只能提供间接证明而已。

流产的胎儿体液对很多病原体都存在非特异性的阳性反应,所以,胎儿体液的血清学检查可信度较低。

感染性流产的诊断
Diagnosis of Infectious Abortion

流产的诊断和其他疾病的诊断有明显的不同。其他疾病的诊断多为从发生急性感染、未进行过任何治疗且出现症状的具有代表性的患畜身上采集恰当的样本后诊断,大多数情况下可以找到病因。但流产诊断大部分情况下为"原因不明的",即无论是大体还是微观检查均没有发现病原体(表20.5)。

表20.5　艾奥瓦州立大学兽医诊断实验室从2003年1月到2010年1月对1 396头流产猪案例的诊断结果

	案例数	流产率/%
自发性	942	67
感染性	409	30
病毒性	318	23
细菌性	89	6.4
胎儿胎盘炎症、未知原因	40	3

由于影响因素太多,如激素、遗传、营养、毒素、创伤、代谢、缺氧和感染等,进行胚胎和胎儿死亡原因的诊断是十分具有挑战性的(Christianson,1992)。即使采样和检测都十分顺利,也只有1/3的流产可确诊,并且说明大部分的流产并不是由感染造成,进行诊断前需要更细致更全面的临床调查。诊断部分个体或散发的流产样本难以代表整个畜群的状况。当发生传染性流产时,可能出现以下几个指征:(1)妊娠母猪在流产前1～4周表现有一定的症状,如发热、抑郁、食欲不佳;(2)部分特定的子群体发生流产,如刚引进的母猪、小母猪;(3)集群性的流产;(4)渐进性的整个畜群都发生流产;(5)未注射疫苗的母猪发生流产。

组织采样的一般原则
General Tissue Sampling Guidelines

诊断母猪流产的常规样本见表20.6,每胎中需要送检至少4～6个胎儿的样本。送检完整的冷冻胎儿样本同样可以,尤其是胎儿冷冻后运输以最小化进一步自溶时。样本应该包括胎盘(尿绒毛膜),因为根据胎盘是否有损伤可以辅助判断是否为感染性的流产,更好地理解从胎儿组织中分离培养出细菌的诊断意义。在非细菌性感染的情况下,胎儿在子宫内发生死亡脱水后会木乃伊化,这在病毒导致的流产中很常见。测量胎儿/木乃伊胎的顶臀长度有利于估测胎儿在子宫内发生死亡的时间,将测得的长度(毫米)除以3后加21即可估测出死亡日龄。

组织病理学是一种常规诊断,可确定检出微

生物可能的致病作用。在实验室检测方法未能检测到病原体时,组织病理学可以根据炎症或者坏死判断是否存在感染性流产。当流行病学检查显示为感染性的过程,同时又有相关的损伤存在时,若初步检查未发现病原体,此时应扩大检查的病原体种类,进行更多的检查。

表 20.6 流产猪的胎儿组织采样准则

福尔马林固定的组织	新鲜冷冻的组织
脑	脑
心脏[a]	心脏
肺脏	肺脏
肝脏	肝脏
脾脏	脾脏
肾脏	肾脏
胎盘	胎盘
胸腺[b]	胎儿胸腔液体[c]
	胎儿胃内容物[d]
	血清±鼻拭子,流产猪的其他样品

[a] 心脏是 PCV2 和 EMCV 的胎儿靶器官。

[b] 胸腺用于 PRRSV 的免疫组织化学检查。

[c] 胎儿胸腔液体用于 PCR 诊断 PRRSV,也可用于做血清转化的检查。

[d] 胎儿胃内容物是细菌培养的污染最轻的样本,通过胃穿刺即可采集。

病毒对繁殖的影响
Viruses Affecting Reproduction

同其他家畜相比,病毒是导致猪感染性流产最常见的病因。目前在美国,60% 的感染性流产都是由 PRRSV 引起的(表 20.7)。尽管母猪的病毒性疾病可能是导致流产的原发性病因(如 SIV)或者是促进因素(PRRSV),但通常可见胎儿胎盘的感染。

尽管有很多病毒可以引起母猪的繁殖性疾病,但目前在北美 PRRSV、PCV2 和 PPV 是最常见的。在美国,其他引起流产的病毒包括 SIV、脑心肌炎病毒(EMCV)、猪肠道病毒(PEVs)、猪捷申病毒(PTVs)、牛病毒性腹泻病毒(BVDV)/边界病病毒(BDV)、猪水疱病、猪繁殖与神经综合征(PRNS)病毒、猪巨细胞病毒(PCMV),在野猪还可见 PRV。在其他国家,繁殖疾病由日本脑炎病毒(JEV)、猪瘟(CSF)、非洲猪瘟、梅那哥(Menangle)病毒和猪蓝眼病病毒感染导致。

表 20.7 409 头感染性流产猪案例常见病因的分类(艾奥瓦州立大学兽医诊断实验室 2003 年 1 月到 2010 年 1 月数据)

病因	诊断数量 (N=409)	感染性流产概率/%
猪繁殖与呼吸障碍综合征病毒(PRRSV)	232	57
猪圆环病毒 2 型(PCV2)	52	13
猪细小病毒(PPV)(木乃伊胎)	34	8.3
钩端螺旋体[a]	24	5.9
链球菌属(猪链球菌最常见)	12	2.9
大肠杆菌	11	2.7
化脓隐秘杆菌	6	1.5
葡萄球菌属(猪葡萄球菌最常见)	5	1.2
沙门氏菌	2	0.5

[a] 钩端螺旋体流产的数据来源于一次大暴发,是人为选择其中 71%(17/24)的案例的统计结果。

病毒性流产的诊断
Diagnosis of Viral Abortion

病毒导致的繁殖性疾病在大体检查时可见木乃伊胎的增加,多胎可见有胎儿异常(小脑发育不良、关节弯曲),脐带有节段性的出血水肿(PRRSV),出现很多针尖大坏死灶(PRV),心衰(PCV2、EMCV)。显微病变对病毒性流产更有诊断意义,检出率也更高。提示病毒感染的显微病变包括非化脓性脑炎(PRRSV、EMCV、PRV、PEV/PTV、BVDV-BDV)、心肌炎(PRRSV、EMCV、PCV2)、间质性肺炎(PRRSV、PCV2、PRV)、多组织坏死(PRV)。

不同的病毒,实验室检验的首选胎儿组织不同,但上文采样的原则中所说的关于样品提交的部分适用于所有的病毒。病毒性感染常见自溶的胎儿或木乃伊胎,这种胎儿不适于进行病毒分离。但荧光抗体检测(FAT)或者 PCR 可能从中检测到病毒的抗原或核酸,尤其是 PPV 或 PCV2 的感染。最好用新鲜的死胎、弱胎或者母猪样本来进行病毒的分离。

PCR 检测迅速,敏感性和特异性高,而且受胚胎自溶的影响较小。然而,PCR 难以区分同源性很近的毒株(如 PRRSV),对于部分样本类型可能是首选方法,分离病毒的能力也不是特别突出。由于特异性方法的出现,传统的病毒分离技术逐渐被淘汰,这导致引起流产的不常见病毒被确诊的数量越来越少。当常规检测病毒结果为阴性时,应考虑病毒分离,尤其在出现胎儿异常、木乃伊胎、间质性肺炎、心肌炎、脑炎或坏死时。

细菌性和真菌性流产
Bacterial and Fungal Abortion

尽管从流产后的分娩物中分离到各种细菌和真菌(Eustis 等,1981;Kirkbride 和 McAdaragh,1978),但一般并不认为它们是引起流产的原因。尽管菌血症急性期也可以导致母猪流产,但其导致胎儿胎盘感染是引起母猪细菌性流产的最常见机制。而真菌引起的母猪流产仅占流产的 0.3%(Kirkbride 和 McAdaragh,1978)。从流产的胎儿中分离得到的细菌可以大致分为以下三类:(1)原发性的传染性流产(流产是感染后的主要症状)的病因;(2)继发性的传染性流产(流产只是母猪感染后的一种症状)的病因;(3)非传染性的细菌性流产的病因。对群体的管理而言,不同种类的细菌重要性有很大的差异。

在考虑母猪细菌性流产时,感染并不等同于传染。从流产的胎儿中分离得到的大部分细菌都不认为是导致母猪流产的传染性致病菌,如大肠杆菌(E. coli)、化脓隐秘杆菌(A. pyogenes)、金黄色葡萄球菌(Staphylococcus aureus)。发生个体性流产或者零星流产时,常可以分离到这些细菌,在畜群层面上,这些细菌的诊断意义很有限。

钩端螺旋体(Leptospira)和猪布鲁氏菌(Brucella suis)是导致猪细菌性流产的主要原因。因为已经有针对钩端螺旋体的疫苗,且猪与病原体的接触(减少家畜与野生动物和未经处理的水源接触)减少,所以目前由钩端螺旋体导致的生殖疾病已经比较少见了。通过定期做血清学检查,将阳性结果的动物淘汰这种方式,目前在美国、北欧和澳大利亚的家猪中已经根除了猪布鲁氏菌。然而,仍存在由野猪将此病传染给家猪的可能性。

丹毒丝菌(Erysipelothrix)、猪放线杆菌(Actinobacillus suis)、沙门氏菌(Salmonella sp.)等可引起母猪群暴发性的传染性细菌性流产(Mauch 和 Bilkei,2004)。对畜群的意义取决于病原菌的致病力和畜群免疫力。希望繁育高度健康种猪的措施,在某种程度上,可能会导致种猪对哺育期仔猪和生长育肥猪而言很常见的传染性病

原菌缺乏抵抗力,如小母猪可能对曾经造成幼年猪感染的细菌缺乏抵抗力而出现菌血症/败血症,继而发生流产。若暴发流产后,从胎儿组织中分离得到传染性细菌[如猪葡萄球菌(Staphylococcus hyicus)],但不确定此细菌是否是导致流产的病原菌,则在做出最后诊断之前应检查更多窝的胎儿,以便在确定其畜群重要性或作为原发病因前,明确其是否持续存在。

细菌性流产的诊断
Diagnosis of Bacterial Abortion

细菌性流产的大体病变不常见,但可能出现:胎儿黄疸(钩端螺旋体),在腹腔脏器和胸腔脏器的表面有少量的纤维性渗出,胎盘出血、坏死或者有渗出。显微病变则更为常见,且常见于胎盘(68%)和肺(62%)。新鲜的胎盘和经福尔马林浸泡过的胎盘需要进行常规检查。

多选择肺和胃内容物做细菌培养检查,肾脏常用于检测钩端螺旋体。由于母体和环境的污染,即使从胎盘分离得到细菌也不能确诊,仍需进行显微检查,确定有无胎盘炎。

与中毒相关的流产和不育
Toxins Associated with Abortion and Infertility

中毒引起的不育和流产可以导致种畜群中很多动物同时发病,与传染性疾病相似。最常见的病因是一氧化碳和玉米赤霉烯酮。

一氧化碳中毒常由于加热设备的燃料燃烧不充分造成,胎儿的皮下组织、肌肉、腹腔脏器和胸腔脏器呈樱桃红是此病的标志,同时还可以检测胎儿胸水的一氧化碳血红蛋白含量,高于 2% 时即可确诊。

玉米赤霉烯酮是一种类雌激素的霉菌毒素,尽管它的结构和类固醇雌激素不同,但它可以和雌二醇-17β 受体相结合,导致母体表现出雌激素过多的症状(Meerdink,2004)。未妊娠的母猪在发情期早期内接触到玉米赤霉烯酮会出现持续发情症状,若在发情期中期接触,则会表现出乏情或假孕现象。而流产和死胎并不是玉米赤霉烯酮中毒的特征(Kirkbride 和 McAdaragh,1978)。表 20.8 总结了引起母猪感染性流产和中毒性流产的常见病因。

表 20.8 导致母猪流产、死胎和木乃伊胎的感染性和中毒性疾病

疾病	母猪症状	生殖状况	胎儿大体病变	诊断
PRRSV	中度抑郁,厌食,发热	长期流产,死胎或产弱胎	胎儿皮肤沾染胎粪,脐带水肿或节段性出血,肾周水肿,肠系膜水肿	PCR 检测胎儿胸水;若流产时母猪有急性病症,可 PCR 检测母猪的血清
PCV2	无	弱胎,死胎,木乃伊胎	心脏肥大或增生;体腔积液;肝脏肿大充血	免疫组化(IHC),PCR 检查胎儿心脏
细小病毒(PPV)	无	胚胎死亡重吸收(每胎产仔数变少),木乃伊胎	木乃伊胎(顶臀长度为 3~16 cm)	FAT/PCR 检查木乃伊胎肺脏;死胎可做血清学检查
伪狂犬病病毒(PRV)	一般无	胚胎死亡,木乃伊胎,死胎,产弱胎	肝脏、脾脏,可能有肺脏,出现多处白色的点状坏死灶	肺脏、肝脏、脾脏、脑、肾脏做 FAT、PCR 和病毒分离(VI)检查
甲型流感(SIV)	发热,精神倦怠,咳嗽,呼吸困难	不育,每胎产仔数减少,流产,死产	无	母猪鼻拭子、新鲜肺脏做 PCR、VI 或抗原捕获 ELISA;母猪疾病急性期和恢复期的血清样本检查
脑心肌炎病毒(EMCV)	无	产仔率下降,流产,木乃伊胎,死产,产弱胎	心脏上有白色病灶,胸水,心包积液,腹水	PCR、VI 检查心脏、肺、脾、肾、脑;胎儿血清学检查
肠道病毒,猪捷申病毒	无	不育,胚胎死亡,木乃伊胎,死产,新生仔猪死亡	无	VI、PCR、FAT 检查胎儿肺脏;胎儿血清学检查
猪瘟	发热,摄食减少,精神抑郁,共济失调,结膜炎,恶病质,皮肤出血	胚胎死亡重吸收,流产,木乃伊胎,死产,胎儿发育不良,新生仔猪死亡	腹水,广泛性的瘀血点,肺部发育不良,小颌畸形,小脑发育不良,小头畸形	PCR 检查扁桃体、肾、脾、肺和胎盘
牛病毒性腹泻(BVD)/边界病(BDV)病毒	无	受孕率较低,每胎产仔数较少,流产,死产,先天性异常,新生仔猪死亡	小脑发育不良	VI、FAT、PCR 检查脑、肺、脾、肾
猪繁殖与神经综合征(PRNS)	无	不育,流产	无	VI、FAT 检查扁桃体、脾、淋巴结
日本脑炎病毒(JEV)	无	流产,木乃伊胎,死产,产弱胎	皮下水肿,脑水肿,小脑发育不良,两腔积液,浆膜上出现瘀点	VI、FAT、IHC、PCR 检查脑、肝、脾、肺、胎盘;胎儿血清学检查

续表 20.8

疾病	母猪症状	生殖状况	胎儿大体病变	诊断
猪巨细胞病毒（PCMV）	无	每胎/产仔数减少，木乃伊胎，死产，新生仔猪死亡	小叶间肺水肿	VI、FAT、PCR 检查胎儿肺脏
蓝眼病病毒	暂时性的厌食，偶尔可见角膜混浊	不育，死产，木乃伊胎，偶尔发生流产	木乃伊胎	VI、FAT、PCR 检查脑、肺、肝、胎盘
梅那哥（Menangle）病毒	无	不育，活胎数减少，木乃伊胎，伴有先天性异常的死胎	发育不良，如：关节弯曲，短颌，脊柱后凸，肺发育不良，各种中枢神经系统（CNS）异常	VI 检查脑、肺、心脏；血清学检查
钩端螺旋体	暂时性发热，厌食，精神沉郁	不育，木乃伊胎，流产，死胎，产弱胎	偶尔出现胎儿黄疸	FAT、IHC、PCR 检查胎儿肾脏
猪布鲁氏菌	无	不育，流产，死产，产弱胎	胎盘炎	胎儿胃内容物、肝脏、肺、心包积液的细菌培养
衣原体	无	流产，不育	无	IHC、PCR、抗原捕获 ELISA 检查胎盘、肝脏
一氧化碳	无	流产，死胎，产弱胎	皮下组织、肌肉、腹腔脏器和胸腔脏器呈樱桃红	检查胎儿胸水中的一氧化碳血红蛋白含量
玉米赤霉烯酮	不育，乳房增大，外阴肿胀，持续发情，乏情，假孕	不育，胚胎死亡，每胎产仔数较少，猪体型较小，仔猪体内雌激素过多	无	检查食物

（施振声译，林敬钧校）

参考文献

REFERENCES

Abad M, Garcia JC, Sprecher DJ, et al. 2007. Reprod Dom Anim 42:418–422.
Akkermans JB, van Beusekom WJ. 1984. Vet Q 6:90–96.
Almond GW, Dial GD. 1986. J Am Vet Med Assoc 189:1567–1571.
——. 1987. J Am Vet Med Assoc 191:858–870.
Almond GW, Flowers WL, Batista L, et al. 2006. Diseases of the reproductive System. In BE Straw, JJ Zimmerman, D A'llaire, DJ Taylor, eds. Diseases of Swine, 9th ed. Ames, IA: Blackwell Publishing, pp. 113–147.
Alonso-Spilsbury M, Mota-Rojas D, Martinez-Burnes J, et al. 2004. Anim Reprod Sci 84(1–2):157–167.
Althouse GC. 1992. Biochemical composition of the spermatozoal plasma membrane in normal and heat-stressed boars. PhD thesis, Iowa State University.
——. 1998. J Swine Health Prod 6:128.
——. 2007. Artificial insemination in swine: Boar stud management. In Large Animal Theriogenology, 2nd ed. St. Louis, MO: Saunders, pp. 731–738.
Althouse GC, Evans LE. 1994. Agri-Prac 15:18–21.
Althouse GC, Hixom JE. 1999. J Swine Health Prod 7:65–68.
Am-in N, Kirkwood RN, Techakumphu M, et al. 2010b. Can J Anim Sci 90:389–392.
Am-in N, Tantasuparuk W, Sprecher D, et al. 2010a. Proc Congr Int Pig Vet Soc, p. 1091.
Armstrong JD, Zering KD, White SL, et al. 1997. Use of real-time ultrasound for pregnancy diagnosis in swine. In Proc Am Assoc Swine Pract, pp. 195–202.
Arthur GH, Noakes DE, Pearson H. 1989. Veterinary Reproduction and Obstetrics, 6th ed. London: Bailliere Tindall, pp. 193–218.
Bennemann PE, Diehl GN, Milbradt E, et al. 2005. Reprod Dom Anim 40:507–510.

Benson JE, Yaeger MJ, Christopher-Hennings J, et al. 2002. J Vet Diagn Invest 14:8–14.

Bosc MJ, Martinat-Botte F, Nicolle A. 1975. Ann Zootech 24: 651–660.

Cameron RDA. 1977. Aust Vet J 53:432–435.

Carr J. 2008. Bench-marking pig production breeding herd performance. In Proc Pig Vet Soc (Suppl):29–40.

Carson TL. 1990. Carbon monoxide-induced stillbirth. In CA Kirkbride, ed. Laboratory Diagnosis of Livestock Abortion, 3rd ed. Ames, IA: Iowa State University Press, pp. 186–190.

Cassar G, Kirkwood RN, Poljak Z, Friendship RM. 2004. J Swine Health Prod 12:285–287.

Cassar G, Kirkwood RN, Poljak Z, et al. 2005. J Swine Health Prod 13:254–258.

Christianson WT. 1992. Vet Clin North Am Food Anim Pract 8: 623–639.

Clowes EJ, Aherne FX, Foxcroft GR. 1994. J Anim Sci 72:283–291.

De Winter PJJ, Verdonck M, DeKruif A, et al. 1992. Anim Reprod Sci 28:51–58.

Dial GD. 1990. Computerized records: Use in troubleshooting reproductive problems of commercial swine herds. In Kansas State University Swine Day, pp. 1–14.

Dial GD, MacLachlan NJ. 1988. Comp Cont Ed Pract Vet 10: 63–69/529–538.

Driancourt MA, Locatelli A, Prunier A. 1995. Reprod Nutr Dev 35: 663–673.

Eustis SL, Kirkbride CA, Gates C, Haley LD. 1981. Vet Pathol 18: 608–613.

Flowers WL. 1997. J Reprod Fertil 52(Suppl):67–78.

Fonda ES, Diehl JR, Barb CR, et al. 1981. Prostaglandins 21: 933–943.

Foxcroft GR, Patterson J, Cameron A, et al. 2010. Application of advanced AI technologies to improve the competitiveness of the pork industry. In Proc Congr Int Pig Vet Soc, pp. 25–29.

Franca LR, Silva-Junior VA, Chiarini-Garcia H, et al. 2000. Biol Reprod 63:1629–1636.

Jackson JR, Hurley WL, Easter RA, et al. 1995. J Anim Sci 73: 1906–1913.

Kemp B, Soede NM. 1997. J Reprod Fertil 52(Suppl):79–89.

Kirkbride CA, McAdaragh JP. 1978. JAVMA 172:480–483.

Kirkwood RN. 1999. Cont Prof Dev 2:52–55.

Kirkwood RN, Aherne FX. 1998. J Swine Health Prod 6:57–59.

Kirkwood RN, Aherne FX, Foxcroft GR. 1998. J Swine Health Prod 6:51–55.

Kirkwood RN, Thacker PA, Aherne FX, et al. 1996. J Swine Health Prod 4:123–126.

Knox RV, Rodriguez-Zas SL, Miller GM, et al. 2001. J Anim Sci 79: 796–802.

Koutsotheodoros K, Hughes PE, Parr RA, et al. 1998. Anim Reprod Sci 52:71–79.

Kraeling RR, Dziuk PJ, Pursel VG, et al. 1981. J Anim Sci 52: 831–835.

Kuster CE, Althouse GC. 2007. Reproductive physiology and endocrinology of boars. In Large Animal Theriogenology, 2nd ed. St. Louis, MO: Saunders, pp. 717–721.

Kuster CE, Singer RS, Althouse GC. 2004. Theriogenology 61: 691–703.

Langendijk P, Bouwman E, Soede N, Kemp B. 2000. J Reprod Fertil (Abstract series) 26:35.

Larsson K, Edqvist L, Einarsson S et al. 1975. Nord Vet Med 27: 167–172.

Manjarin R, Cassar G, Sprecher DJ, et al. 2009. Reprod Dom Anim 44:411–413.

Manjarin R, Garcia JC, Dominguez JC, et al. 2010. J Anim Sci 88: 2356–2360.

Mauch C, Bilkei G. 2004. Vet J 168:186–187.

Meerdink GL. 2004. Mycotoxins. In KH Plumlee, ed. Clinical Veterinary Toxicology. St. Louis, MO: Mosby, pp. 273–275.

Morrow WEM, Leman AD, Williamson NB, et al. 1989. J Anim Sci 67:1707–1713.

Muirhead MR, Alexander TL. 1997. Reproduction: Noninfectious infertility. In Managing Pig Health and the Treatment of Disease: A Reference for the Farm, 1st ed. Sheffield, UK: 5M Enterprises.

Nielsen J, Rønsholt L, Sørensen KJ. 1991. Vet Microbiol 28:1–11.

Philip G, Hughes PE, Tilton J, et al. 1997. Manipulating pig production. In PD Cranwell ed. Manipulating Pig Production VI. Canberra, New South Wales, Australia: Australasian Pig Science Association, p. 61.

Robertson HA, King GJ, Dyck GW. 1978. J Reprod Fertil 52: 337–338.

Rozeboom KJ, Troedsson MHT, Shurson GC, et al. 1997. J Anim Sci 75:2323–2327.

Spencer TE, Bazer FW. 2004. Reprod Biol Endocrinol 2:49–64.

Steverink DWB, Soede NM, Groenland GJR, van Schie FW, Kemp B. 1999. J Anim Sci 77:801–809.

Van Wettere WHEJ, Revell DK, Mitchel M, Hughes PE. 2006. Anim Reprod Sci 95(1–2):97–106.

Waberski D, Weitze KF, Gleumes T, et al. 1994. Theriogenology 42:831–840.

Waller CM, Bilkei G, Cameron RD. 2002. Aust Vet J 10:545–549.

Watson PF, Behan JR. 2002. Intrauterine insemination of sows with reduced sperm numbers: Results of a commercially based field trial. 57:1683–1693.

21 呼吸系统
Respiratory System
William G. VanAlstine

引言
INTRODUCTION

在绝大多数的养猪地区,尤其是猪饲养密度大的地区,大都采用了密闭环境下的集约化养殖模式。在密闭的环境中,饲养密度过大容易导致由空气传播的病原在猪群内(Donham,1991;Buddle 等,1997)和猪群间传播(Jorsal 和 Thomsen 1988;Stark 等,1992;Christensen 等,1993)。在世界范围内,呼吸系统疾病持续造成养猪业的经济损失(Bak 等,2008;Dee 等,1997;Garner 等,2001;Grandia 等,2010;Jager 等,2010;Neumann 等,2005;Pejsak 等,1997;Sales 等,2010)。通常的原因是疾病引发的高死亡率、低增重率、料肉比升高以及疫苗使用增多、治疗和人工成本增加等。因此,呼吸系统疾病是现代养猪生产中最严重的问题之一。

呼吸系统的正常结构
STRUCTURE OF THE NORMAL RESPIRATORY SYSTEM

成熟的呼吸系统包括鼻腔,鼻咽部,喉,肺内、外支气管,细支气管以及气体交换系统(包括终末细支气管和肺泡,气体交换在肺泡内进行)。肺和胸腔被薄的、半透明的胸膜包裹。

肺脏有两套彼此独立的血流系统,包括肺动脉系统和支气管动脉系统。肺动脉系统形成围绕肺泡的毛细血管网,在此系统内流动的是来自右心室的静脉血。了解这种血流和气体循环系统间结构和功能上密切的平行关系,对于认识肺脏中可能的感染途径是很有必要的。支气管动脉系统向气管、支气管、细支气管甚至肺动脉壁周围的支持结构供血。

呼吸道
Conducting Airways

鼻腔被鼻中隔纵向分成两部分。两块鼻甲骨将每半个鼻腔分成上鼻道、中鼻道和下鼻道三部分(图 21.1)。鼻腔长度因猪的品种不同而有所差异。

图 21.1 正常猪鼻甲纵切面。NS,鼻中隔;T,鼻甲。

猪病学,第 10 版,由 Jeffrey J. Zimmerman,Locke A. Karriker,Alejandro Ramirez,Kent J. Schwartz,Gregory W. Stevenson 主编。

气管相对较短,其下端一分为二,形成两条主支气管,一条进入左肺(左支气管),一条进入右肺(右支气管)。此外,气管还分出一条独立的、小的支气管进入右肺前叶(尖叶)。支气管分支进入左肺前叶(尖叶)、左右肺中叶(心叶)、左右肺后叶(膈叶)和右肺的副叶(中间叶)(图21.2)。管状系统的最末分支是细支气管,每条细支气管又分为肺泡管和肺泡。

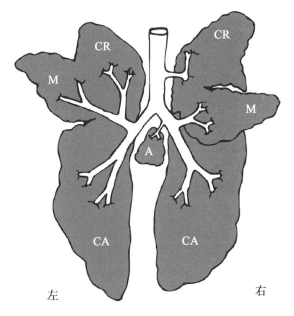

图21.2 肺脏分叶和支气管树分支的示意图。CR,前叶;M,中叶;CA,后叶;A,副叶。

鼻腔的前庭区被覆复层鳞状上皮。在鼻腔的其他部分衬以包含杯状细胞的假复层纤毛上皮。杯状细胞和黏液腺产生的双层黏液覆盖在纤毛上皮的表面,上皮向后延伸到咽、喉、气管和支气管。在细支气管临近肺泡时,其上皮细胞变矮,更接近于鳞状上皮。肺泡壁被覆单层扁平上皮细胞(Ⅰ型肺泡上皮细胞)和小部分立方上皮细胞(Ⅱ型肺泡上皮细胞)。Ⅱ型肺泡上皮细胞是Ⅰ型肺泡上皮细胞的前体细胞,可以替代和转化为Ⅰ型肺泡上皮细胞,并可以产生肺泡表面活性物质。肺泡壁的肺泡上皮细胞非常紧密地同毛细血管网结合在一起,形成血-气屏障。

肺脏的大体外观
Gross Appearance of the Lungs

猪肺分为7叶:右肺分为前叶、中叶、后叶和副叶;左肺分为前叶、中叶、后叶(图21.2)。左尖叶和心叶由心切迹分开,其余肺叶由深裂隙分隔。肺叶的大小和重量各不相同。表21.1列出了每个肺叶占全肺重量的百分比,它是由三个不同的研究测定出的数据。右肺占全肺重量的一半以上。肺叶被坚实的小叶间隔分成肺小叶,每一个小叶连接一个细支气管。小叶之间几乎没有气体交换。由于这种完全小叶的结构,支气管肺炎时渗出液会局限在感染的小叶内,可以清楚地看到正常组织和感染组织之间的界限。

表21.1 90～100 kg猪各肺叶占全肺重量的百分数

研究	N	左肺肺叶			右肺肺叶			
		尖叶	心叶	膈叶	尖叶	心叶	膈叶	副叶
A	11	7	7	32	12	8	30	5
B	20	5	7	32	6	9	36	5
C	13	5	6	29	11	10	34	5

注:A＝Morrison等,1985;B＝Heilmann等,1988;C＝W. Christensen(未发表的资料)。舍入误差引起百分比总数有一个为101%。改自第9版《猪病学》(Sorensen等,2006)。

N＝每次检查猪的头数。

正常呼吸系统的功能及防御机制
FUNCTION AND DEFENSE OF THE NORMAL RESPIRATORY SYSTEM

吸入的气体和来自肺动脉的静脉血在肺泡内进行气体交换。每次呼吸只能对全部肺泡气体容量中的一小部分进行更新。处于安静状态的猪,每次呼吸肺泡内气体的更新率为10%～15%。动物的年龄不同,正常的呼吸频率(呼吸次数/min)也不同(仔猪和育肥猪,25～40;育成猪,25～35;妊娠猪,15～20)。

呼吸道黏膜表面是猪与外界环境间的一个重要接触部位。肺泡表面积非常大(人的超过100 m²),而且通过吸入空气持续暴露于外界环境。因此,呼吸道具有强有力的、特殊的防御机制。呼吸道防御体系中最重要的成分见表21.2。

呼吸道的调节和过滤功能
Conditioning and Filtering by the Conducting Airways

气体在经过层层过滤和适当的调节后到达肺泡。鼻腔黏膜浅表的毛细血管网和表面的双层黏液分别对吸入的空气进行加温和加湿。绝大多数吸入的固体颗粒被吸附在鼻腔、咽、喉和气管的上皮黏液中。由于进入鼻腔气流的速度高且在鼻甲附近形成湍流,使得较大的颗粒($>30~\mu m$)撞击到鼻腔黏膜表面的双层黏液中。

表21.2　呼吸系统的物理性、体液和细胞防御成分

物理性/化学性

　　鼻毛

　　鼻甲骨(迂回曲折的气流)

　　纤毛上皮(调节颗粒的移动)

　　黏液(物理化学特性——例如,黏附能力、非特异性溶菌酶、干扰素、调理素、乳铁蛋白、白介素、α_1 抗胰岛素、补体成分、抗体等)

体液成分(黏液成分和多种免疫调节因子,如淋巴因子、趋化因子)

细胞性

　　肺泡巨噬细胞

　　血管内巨噬细胞

　　中性粒细胞

　　单核细胞

　　嗜酸性粒细胞

　　浆细胞

　　T淋巴细胞(辅助性淋巴细胞、抑制性淋巴细胞、细胞毒性淋巴细胞、自然杀伤细胞)

改自上一版《猪病学》(Sorensen 等,2006)。

　　直径大于 $10~\mu m$ 的颗粒在到达支气管树的分支前大部分被除去(Baskerville,1981)。上皮黏液吸附的颗粒经黏膜纤毛的清除机制处理。支气管和细支气管的纤毛不断向咽部转送黏液,纤毛的规律性摆动使黏液以 $4\sim15~mm/min$ 的速度运动(Done,1988)。和鼻腔黏液一样,从气管和支气管送至咽部的黏液被动物吞咽。直径小于 $5~\mu m$ 的颗粒可以到达肺泡。肺泡巨噬细胞是对抗肺泡中颗粒物的主要防御机制。

吞噬细胞
Phagocytes

　　肺泡巨噬细胞可以清除逃避了黏液防御机制而侵入肺泡的外来物质。非病原性颗粒和微生物可以通过简单的吞噬作用吞噬,然后通过黏液流或淋巴系统清除。病原微生物在分泌物的协助下被杀灭,分泌物如溶菌酶、干扰素、蛋白水解酶和酶抑制剂、调理素、乳铁蛋白、补体成分、氧自由

基、自由基清除剂和特异性的免疫球蛋白。含有吞噬活性和大量杀菌酶类的中性粒细胞,从血液中被募集到肺泡中,协助巨噬细胞的吞噬活动。健康猪支气管肺泡黏液中细胞成分的正常比例为:肺泡巨噬细胞 $70\%\sim90\%$,淋巴细胞 $5\%\sim18\%$,中性粒细胞 $4\%\sim12\%$,嗜酸性粒细胞最多 5%(Jolie 等,2000;Neumann 等,1985)。吞噬细胞系统还包括血管内巨噬细胞,猪肺脏中这种细胞的含量特别高(Bertram,1985,Ohgami 等,1989)。

　　如果进入机体的病原未被巨噬细胞很快清除,吞噬细胞将会加速活化,可以导致炎症或者组织损伤。由巨噬细胞释放的促炎细胞因子,通过激活和调节免疫反应在猪呼吸道疾病中起着重要作用,可促使机体清除病原体(Thanawongnu-wech 等,2004)。这种获得性免疫反应在理想状况下最终会发展到细胞介导的免疫反应,并在局部和全身产生特异性抗体。

免疫球蛋白
Immunoglobulins

　　特异性抗体的产生是非常重要的呼吸道免疫防御机制。呼吸道黏液的主要抗体成分是免疫球蛋白A(IgA)。IgM抗体是早期免疫反应的主要功能蛋白,尤其是新生仔猪。在下呼吸道接近肺泡的部位,黏液中免疫球蛋白的绝大部分是来自血液的IgG抗体。黏液中的免疫球蛋白主要阻止病原的初始定植和侵入机体。IgE抗体在对抗寄生虫的免疫反应具有重要作用,如肺线虫(*Metastrongylus* sp.)和移行的蛔虫幼虫。

细胞介导的免疫反应
Cell-mediated Immune Response

　　传统上,免疫反应分为体液免疫反应和细胞免疫反应。在体液免疫反应中,免疫球蛋白起着重要的作用,细胞介导的免疫反应(CMI)则不依赖于抗体。然而,免疫反应不能简单地划分为这两类,因为免疫反应涉及许多密切相关的机制和因素。一般来说,细胞介导的免疫反应的特征是包含了细胞毒性T细胞、自然杀伤(NK)细胞、活化的巨噬细胞以及细胞介导的抗体依赖性细胞毒

性作用。细胞介导的免疫反应不仅在病毒性呼吸系统感染如流感、猪繁殖与呼吸障碍综合征（PRRS）、圆环病毒 2 型（PCV2）感染和伪狂犬病病毒［PRV，奥耶斯基（Aujeszky's）病］感染中起着重要的作用，而且在猪肺炎支原体（*Mycoplasma hyopneumoniae*）的感染中也可能发挥着重要的作用（Fort 等，2008；Lowe 等，2005；Maes，2010；Tsai 等，2010）。

Toll 样受体是病原相关分子识别受体，可发出病原入侵的信号。该种受体在猪定位于 NK 细胞上，并在先天性免疫和获得性免疫中对病原体发挥重要作用（Toka 等，2009）。由猪白细胞抗原（SLA）基因复合体或主要组织相容性基因复合体（MHC）编码的表面蛋白在细胞免疫和体液免疫中起着重要的作用（Mallard 等，1989；Swindle，2007）。已发现 SLA 复合体在不同品种的猪之间存在基因的差异性（Vaiman 等，1979）。

因为妊娠母猪不能通过胎盘将免疫球蛋白传递给胚胎，仔猪在出生时体内是没有任何抗体的。尽管具有免疫能力，但是仔猪在出生后仍不能通过快速活化免疫反应来抵抗呼吸道疾病。因此，仔猪在出生后主要通过被动获得母体的免疫成分来保证存活，这些免疫成分包括：（1）通过初乳获得全身性的体液免疫；（2）通过常乳获得黏膜体液免疫；（3）通过母体乳房分泌物中的免疫细胞来获得细胞介导的免疫反应（Salmon，2000）。

初生仔猪肠道可以从初乳中吸收完整的具有免疫全能性的母体淋巴细胞（Bandrick 等，2006；Tuboly 和 Bernath，2002；Tuboly 等，1988）。Williams（1983）研究表明，这些被吸收的淋巴细胞在进食初乳 24 h 后就分布到了仔猪肝脏、肺脏、淋巴结、脾脏和胃肠道组织内。

黏膜免疫在猪呼吸系统防护中发挥着重要作用，证明了采用气雾免疫的方式对抗呼吸道疾病是可行的。在出生前几天，具有抗原性的完整的大分子物质可以从呼吸道管腔经上皮细胞进入血液，这种情况很大程度上在大龄猪种也可发生（Folkesson 等，1990）。黏膜淋巴组织也对抗原摄取起到一定的作用。对通过被动免疫获得抗体的仔猪进行伪狂犬病的免疫试验表明，通过呼吸道免疫不产生全身性免疫反应，但可以引起局部的免疫反应（Schlesinger 等，1990）。Nielsen 等（1990）采用呼吸道局部免疫的方法获得了对胸膜肺炎放线杆菌（*Actinobacillus pleuropneumoniae*）良好的免疫保护。然而利用亚单位疫苗局部或系统诱导黏膜免疫对抗猪肺炎支原体（*M. hyopneumoniae*）的实验效果多变（Maes，2010；Murphy 等，1993；Ogawa 等，2009）。但仍需进一步的研究来确认气雾免疫在实际生产中是否可行。

肺部原发和继发病原体
PRIMARY AND SECONDARY PATHOGENS IN THE LUNGS

上呼吸道是多种潜在病原体包括病毒、支原体、衣原体以及多种细菌滋生地。猪呼吸道的共生微生物比其他致病体更具有竞争优势，因为其数量更多。猪呼吸道的共生微生物和其他致病微生物之间没有绝对的区别。不同的研究将同一微生物归类为共生微生物或潜在致病微生物。例如，絮状支原体（*Mycoplasma flocculare*）、猪鼻支原体（*Mycoplasma hyorhinis*）以及副猪嗜血杆菌（*Haemophilus parasuis*）都属于健康猪上呼吸道经常可分离到的一类微生物。

健康猪体内的潜在或继发病原体包括猪鼻支原体（*M. hyorhinis*）、链球菌（非溶血性的、溶血性的）、葡萄球菌、大肠杆菌（*Escherichia coli*）、克雷伯氏杆菌（*Klebsiella*）、化脓隐秘杆菌（*Arcanobacterium pyogenes*）、支气管败血波氏菌（*Bordetella bronchiseptica*）、副猪嗜血杆菌（*H. parasuis*）以及巴氏杆菌（V factor-dependent）（Amass 等，1994；Castryck 等，1990；Ganter 等，1990；Hansen 等，2010；Lambotte 等，1990；Müller 和 Kilian 1990）。副猪嗜血杆菌和猪鼻支原体在正常猪体内无致病性。一旦猪的肺部防御系统受损，这些潜在病原体增殖，将会引起猪只发生多系统性疾病（Nielsen 和 Danielsen 1975），如多发性浆膜炎、滑膜炎以及脑膜炎。疾病的暴发可发生在首次接触某些病原体的独立小群体中，比如早期断奶的或者不同年龄间动物严格隔离的畜群。另外，疾病也可暴发在由剖腹产仔猪建立起来的 SPF 猪群中。（Nielsen 和 Dan-ielsen 1975；Smart 等，1989）。

一些诸如猪胸膜肺炎放线杆菌以及猪肺炎支原体的原发性病原虽然在猪群中常见，但极少能从健康猪体内分离得到（Castryck 等，1990；Friis，1974）。相比于临床疾病，这些病原体更多地存在于亚临床感染的猪只中（Regula 等，2000；Rohrbach 等，1993）。

原发和继发性细菌病原的表现因某些原因而有所差异，尤其是在被动免疫减弱和主动免疫保护建立之间免疫力缺乏的时期。主要原因如下，首先，胸膜肺炎放线杆菌（*A. pleuropneumoniae*）、肺炎支原体（*M. hyopneumoniae*）与副猪嗜血杆菌（*H. parasuis*）和猪鼻支原体（*M. hyorhinis*）相比具有更强的致病性。其次，副猪嗜血杆菌和猪鼻支原体可以感染乳猪鼻腔和气管支气管上皮细胞（Ross，1984）。这种原发感染在初乳抗体构成的体液免疫存在的情况下有助于机体主动免疫逐步发育，这对宿主有益。同时，由继发性病原如副猪嗜血杆菌和猪鼻支原体感染引起呼吸道外表面（胸膜、心包膜、腹膜、脑膜和关节）损伤，被感染组织和健康组织间有明显分界。相反，胸膜肺炎放线杆菌和猪鼻支原体等原发性病原更容易直接通过环境或者通过鼻腔或扁桃体上皮细胞入侵肺部。

菌株的变异对疾病的结果有影响。弱致病菌株可能产生保护性抗体来抵抗强致病性菌株，如胸膜肺炎放线杆菌（Nielsen 等，1990）。但不同品种的猪对一些原发病原体的易感性不同（Hoeltig 等，2010；Probst 和 Hoeltig，2010）。

猪群中往往都存在潜在的病原体并且这些病原体往往无法永久清除，如副猪嗜血杆菌、猪鼻支原体、猪链球菌或多杀性巴氏杆菌，亦可作为继发病原体，这些病原体可能对于猪群健康并无大碍。但是，胸膜肺炎放线杆菌和肺炎支原体等原发病原体的存在，可能会增加疾病复发的风险。

多种病原间的相互作用
Interaction between Infectious Agents

"猪呼吸道病综合征"（PRDC）一词说明了肺炎诱因的多样性，不仅有病毒性致病体、细菌性致病体，也包括环境因素、饲养管理以及遗传因素等（Brockmeier 等，2002）。PRDC 很少只由一种病原引起。呼吸系统疾病通常是由几种病原共同作用引起的（Brockmeier 等，2001；Hansen 等，2010；Palzer 等，2008）。众所周知，病毒以及支原体是猪严重细菌感染的诱因（Brockmeier 等，2008；Ellis 等，2008；Harms 等，2002；Kubo 等，1995；Lai 等，1986；Loving 等，2010；Maes，2010；Pol 等，1997；Scatozza 和 Sidoli，1986；Thacker 等，1999，2001；Van Reeth 和 Pensaert，1994；Yagihashi 等，1984）。表 21.3 列出了一些猪呼吸道疾病中常见的病原间相互作用。

表 21.3   一些研究证实的猪多病原感染

疾病	参考文献
支气管败血波氏菌，PRRSV，多杀性巴氏菌	Brockmeier 等（2001）
SIV，支气管败血波氏菌	Loving 等（2010）
猪肺炎支原体，PCV2	Opriessnig 等（2005）
PRCV，支气管败血波氏菌	Brockmeier 等（2008）
细环病毒，PCV2	Ellis 等（2008）
SIV，副猪嗜血杆菌，胸膜肺炎放线菌	Mousing（1991）
PCV2，SIV，猪肺炎支原体	Dorr 等（2007）
各种病毒和各种细菌病原体	Hansen 等（2010）

PRRSV，猪繁殖与呼吸综合征病毒；PCV2，猪圆环病毒 2 型；PRCV，猪呼吸系统冠状病毒；SIV，猪流感病毒。

引起猪呼吸道病综合征（PRDC）的病原体在不同国家、地区、养殖场之间差异显著（Thacker 等，2010）。原发性病原体如呼吸上皮损伤病毒（流感病毒），可通过降低宿主局部或全身的防御机能而使其易继发感染。原发性病原体通常是病毒或支原体，继发感染的病原通常是细菌。猪呼吸道病综合征最常见的病毒病原体包括猪蓝耳病病毒（PRRSV）、猪瘟（CSF）病毒、猪流感病毒（SIV）、伪狂犬病病毒（PRV）以及圆环病毒 2 型（PCV2）（Brockmeier 等，2002；Thacker 等，2010）。TTV2（Torque teno virus 2）是一种相对较新的病毒，可能会促进猪圆环病毒 2 型诱导的仔猪断奶后多系统衰竭综合征的发生（Ellis 等，

2008)，此外，该病毒还可能引发间质性肺炎，因此可能对猪呼吸道病综合征的发生起到一定的作用（Krakowka 和 Ellis，2008；Lang 等，2010）。除了经典的 SIVs（H1N1，H1N2，H3N2）能够感染猪以外，2009 年在人群中普遍流行的 A/H1N1 流感病毒同样也能感染猪群，大体和显微病变类似于经典猪流感病毒感染（Capuccio 等，2010；Kim 等，2010；Lange 等，2009；Smith 等，2009；Valheim 等，2010；Williamson 等，2010）。在鼻腔中，支气管败血波氏菌感染可以促进毒性菌株多杀性巴氏杆菌侵入和增殖，后者是进行性萎缩性鼻炎的重要病原（Pedersen 和 Barfod，1981）。

　　一般来说，多种病原合并感染比单一病原感染要严重得多。但是，病原之间的互相作用方式也很有趣。Van Reeth 和 Pensaert（1994）证实

了猪 SIV 和猪呼吸系统冠状病毒（PRCV）联合感染的临床症状要比 SIV 或 PRCV 单一感染严重得多。有趣的是，若先感染 PRCV，则可降低 SIV 的复制和感染动物的排毒，也许 PRCV 感染诱发产生高水平的干扰素会抑制 SIV 的复制。

呼吸系统病理学
RESPIRATORY PATHOLOGY

　　在病理学上，呼吸系统病变主要分为三类：鼻炎、肺炎和胸膜炎。通过肺炎的大体病变可以对病因（病毒性、细菌性、寄生虫性）做出判断（López，2007）。图 21.3 显示了肺炎形态学模型。表 21.4 列举了这些肺炎形态学模型相关的一些常见的猪呼吸道病原体。各种疾病的微观病变和大体病变的详细特征将在其他章节介绍，在此只介绍一些一般的病变特征。

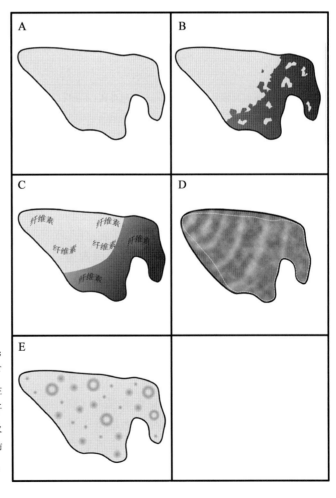

图 21.3　猪肺炎模型示意图。（A）正常肺；（B）化脓性支气管肺炎伴有不规则的肺前下部实变以及更明显的小叶间分叶；（C）纤维性/坏死性支气管肺炎前下部实变以及胸膜纤维素；（D）间质性肺炎，伴有非塌陷的肺以及所有小叶上的模糊的肋骨痕迹；（E）栓塞性肺炎，伴有多处小叶上散布的大小不同的结节。

表 21.4　肺炎的形态学分类

肺炎类型	病原体入侵途径	病变分布	肺脏质地	剖检所见及分泌物	所涉疾病	呼吸表现
化脓性支气管肺炎（小叶性）	气源性	肺前下部实变	坚实	支气管分泌白色或绿色分泌物	猪肺炎支原体和继发性致病菌感染，[a] 后圆线虫	呼吸加深，急促，咳嗽
纤维性支气管肺炎（小叶性）	气源性	肺前下部实变，伴有胸膜炎	非常坚实	肺内有纤维素胸膜表面常见纤维素	胸膜肺炎放线杆菌，波氏菌属	呼吸加深，咳嗽
间质性肺炎	气源性或血源性	弥散性	有弹性且有肋骨压痕	肺泡隔有不可见的分泌物	病毒（SIV，PRRSV，PRCV，PCV2，TTV），蛔虫迁移，革兰氏阴性菌败血症，急性气体吸入	频咳（SIV）或不咳嗽但急促呼吸
栓塞性肺炎	血源性（败血性栓子）	多病灶	结节状	化脓性病灶，周围组织充血或形成脓肿、肉芽肿	链球菌，猪放线杆菌，其他化脓菌，肺结核杆菌	通常无咳或轻微急咳

[a] 和支原体相关的继发感染的细菌通常包括猪链球菌、多杀性巴氏杆菌、金黄色葡萄球菌、化脓隐秘杆菌。

SIV,猪流感病毒；PRRSV,猪繁殖与呼吸综合征病毒；PRCV,猪呼吸系统冠状病毒；PCV2,猪圆环病毒 2 型；TTV,细环病毒。

鼻炎及气管炎

Rhinitis and Tracheitis

仔猪常发生鼻黏膜的炎症。鼻腔纤毛上皮和气管纤毛上皮都易被同种致病体感染。表 21.5 列出了一些猪鼻炎和喷嚏常见的病因。病因常为感染性的（伪狂犬病病毒、流感病毒、巨细胞病毒、支气管败血波氏菌、多杀性巴氏杆菌的产毒素菌株、猪鼻支原体），但空气污染如高水平的氨和灰尘也可以引起黏膜炎症。但是，一旦感染多杀性巴氏杆菌的强毒株，黏膜轻微的损伤也可以引起该菌的附着和增殖，引起渐进性萎缩性鼻炎，使鼻甲的结构和功能发生永久性的变形和萎缩（图 21.4）。萎缩性鼻炎引起鼻结构的变化是由于鼻甲骨代谢改变所致（Foged 等,1987）。除可能会影响生长速率外，萎缩性鼻炎可引起的经济损失尚不明确（Dumas 等,1990；Riising 等,2002；Scheidt 等,1990；Straw 和 Ralston,1986；Wilson 等,1986）。

与猪气管内呼吸纤毛相关的芽孢杆菌已经在患有其他呼吸疾病的猪的气管中被鉴定出来，但其是否为病原体还有待定论（Nietfeld 等,1995,1999）。

表 21.5　有喷嚏症状的呼吸系统疾病及其病原

疾病	病原
鼻炎	支气管败血波氏菌、巨细胞病毒、流感病毒、伪狂犬病病毒、凝血性脑脊髓炎病毒、灰尘、氨气
萎缩性鼻炎	支气管败血波氏菌和产毒素的多杀性巴氏杆菌

改自上一版《猪病学》（Sorensen 等,2006）。

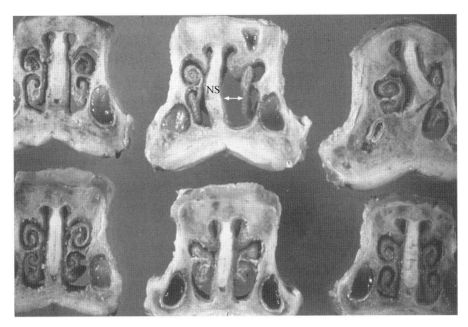

图 21.4　猪萎缩性鼻炎的大体病变。鼻中隔(NS)扭曲,鼻甲萎缩,鼻腔空间(箭头)增大(见彩插)。

支气管肺炎
Bronchopneumonia

支气管肺炎是生长猪的肺常见的一种病理损伤,以肺前下部实变为特征。支气管肺炎被病理学家分为化脓性支气管肺炎(小叶性)和纤维性支气管肺炎(大叶性)。伴有继发性细菌的呼吸系统病毒或猪肺炎支原体是引起生长猪支气管肺炎的主要病因。显微镜下,可见小呼吸道和肺泡被渗出物浸润。肺的感染部分非常坚实,并且有时会脆化。细菌性病原体在前下部的分布,可能是由于这个区域的防御机制不太有效以及重力的影响妨碍分泌物的清除。

化脓性支气管肺炎是猪肺炎支原体感染最常见的损伤。在无并发症的肺炎支原体感染情况下,肺的前下部包含散在的紫色小叶,这部分通常比正常肺组织更加塌陷。损伤组织与邻近的正常组织由小叶间隔清晰地区分开。受感染组织的开放性通道可分泌出白色渗出物。继发细菌性感染后的病灶可能会转变为更明显的灰—绿色,并且由于纤维组织的形成变得更坚实。肺线虫(*Metastrongylus* sp.)往往会阻塞小气道,大体类似于轻度的支气管肺炎,其通常影响多个肺小叶的边缘,甚至后叶也会受累。

纤维素性/坏死性支气管肺炎通常涉及整个肺叶,使其硬化、肿胀并经常于胸膜表面出现纤维素。具有潜在化脓性的严重细菌感染以及一些革兰氏阴性菌能引起明显的血管损伤并导致纤维素渗出。受影响的组织凸出于临近的正常组织且病变不局限在小叶内。胸膜肺炎放线杆菌感染通常引起伴有胸膜炎的纤维素性肺炎。在很多病例中,感染肺组织的胸膜表面都受到影响感染,所以纤维素性/坏死性肺炎又称为胸膜肺炎。在重症病例中,胸膜肺炎放线杆菌感染也能够影响后叶,通常伴随大量出血。重症感染可导致肺和胸壁的粘连。

间质性肺炎
Interstitial Pneumonia

间质性肺炎由于肺泡壁发生炎症反应而导致弥漫性肺泡损伤。与支气管肺炎不同,间质性肺炎病变波及整个肺脏,肺泡通常不会塌陷。坚韧性一致,通常可在胸膜表面见到肋骨压迹。间质性肺炎通常由病毒以及革兰氏阴性败血菌引起(沙门氏菌、副猪嗜血杆菌等)。由革兰氏阴性菌导致的间质性肺炎,肺常呈现水肿、发红、变重、小叶间隔增宽等。猪蛔虫移行至肺部后会引起肺叶大面积轻微出血,严重时会引发间质性肺炎。

栓塞性肺炎
Embolic Pneumonia

栓塞性肺炎由身体其他部位病变的细菌通过血流扩散引起,通常表现为多个小叶中随机分散的坚实的变色病灶。该型肺炎开始为小坏死点,炎性反应带环绕于该坏死点的周围。通常形成中心部位化为坏死或渗出的界限清晰的脓肿或肉芽肿。猪大部分肺脓肿是由化脓菌和分支杆菌(结核分支杆菌和鸟型结核分支杆菌)引起,并造成肺和胸淋巴结的结节状损伤(Gomez-Laguna 等,2010;Mohamed 等,2009)。胸膜表面脓肿破裂会引发局灶性胸膜炎或胸膜粘连。

肺炎的痊愈
Healing of Pneumonia

肺炎的痊愈期很大程度上取决于病因。单纯病毒性感染如猪流感引起的细支气管炎以及轻微间质性肺炎等不引起可见肺损伤的疾病,在2～3周内可痊愈。支气管肺炎的痊愈往往需要更长的时间,并且可能导致伴有胸膜胸壁粘连的肺纤维化。对 SPF 猪接种肺炎支原体引起的肺炎病变2个月后痊愈,但是,胸膜粘连和裂隙持续3个多月的时间(Bertschinger 等,1972;Kobisch 等,1993;Sørensen 等,1997)。通过比较屠宰时肺脏病变的血清转化时间,Wallgre 等(1994)估计活动性肺炎支原体病变持续期约为12周。Pattison(1956)发现接种肺炎支原体后肺部损伤性病变的持续时间可长达25周,估计是由于细菌再次感染所致。

胸膜炎
Pleuritis

副猪嗜血杆菌、猪链球菌、猪鼻支原体和放线杆菌可引起急性纤维素性胸膜炎和多发性浆膜炎,伴有或无肺炎。肺部与胸壁间的纤维粘连是引发纤维性胸膜炎的结果之一,也是屠宰猪最常见的损伤之一。这种紧密的粘连可能由某种肺炎相关的较为急性的胸膜炎经数月的时间发展而来(Christensen,1984)。Enoe 等(2002)报道,2型胸膜肺炎放线杆菌血清阳性和肺炎支原体血清阳性猪群分别有51%和29%的猪在屠宰时发现了慢性胸膜炎。

呼吸系统疾病的传播
TRANSMISSION

猪呼吸系统疾病是一种与经常见于发生肺炎的肺的呼吸系统病原相关的复杂的多因素的疾病(Palzer 等,2008)。许多已鉴定的细菌性病原都是机会性致病菌,当机体肺部防御机制被损伤时可致病。原发性和条件致病菌的混合感染会造成养猪业巨大的经济损失。呼吸系统疾病源于肺部防御系统功能丧失,应从肺、猪、农场和环境等水平对其进行评估。呼吸系统疾病在猪群间的传播主要通过两种不同的机制。首先,呼吸系统病原可以通过传染性接触(购买猪只、车辆的进出、鸟、啮齿类动物、人员等)传播。蝇类可能携带猪繁殖与呼吸障碍综合征病毒(PRRSV),飞行1.7 km以上,并有可能在养猪场间传播此病毒(Schurrer 等,2004,2005)。PRRS 还可以通过精液传入猪群(Swenson 等,1994;Gradil 等,1996)。第二种传播方式是气源性病原可远距离扩散,导致其在猪只间和猪场间迅速广泛的散布,此种传播方式对某些疾病很重要。

不同年龄组间传染病的传播
Transmission of Infection between Age Groups

虽然大多数大型猪场采用全进全出制度和多位点生产制度,但从仔猪到出栏的生产体系仍然存在。不同年龄组混群,猪只在生产系统中连续流动,使呼吸系统病原不断从年龄大的猪传递给年龄小的猪。呼吸系统疾病病原的复制主要集中于生长猪舍内,生长猪是猪群中的"病原制造器"。种畜由此而周期性感染。

混群和引猪
Commingling and New Introductions to a Herd

引入猪的来源极大地影响着整个猪群感染新的呼吸系统疾病的危险性。将不同来源的猪混合,而不采取稳妥的预防措施以保护健康的猪,通常是很危险的。当两个猪群的病原和潜在病原混合后,猪群的感染压力骤然上升,猪群中已经建立的感染和免疫之间的平衡被破坏。在丹麦 SPF

农场,感染呼吸系统疾病的风险随引入动物群数量和动物来源数量的增加而上升(Jorsal 和 Thomsen,1988)。Castryck 等(1990)在比利时传统的猪生产体系中也观察到了同样的情况。记录猪群呼吸系统病原的状况,特别是 PRRSV、胸膜肺炎放线杆菌、猪肺炎支原体,只从状况相似的猪群购买猪只有助于预防猪群呼吸系统疾病的暴发。建立引入种猪隔离设施,在实际引入猪群之前识别病原携带者或发病动物,对于避免原猪群暴露于病原是有益的。良好的生物安全措施对防止呼吸系统疾病病原通过其他途径进入猪场是非常重要的。

猪群间呼吸系统疾病的空气传播
Airborne Transmission of Respiratory Diseases between Herds

猪的呼吸系统疾病病原体,如肺炎支原体(Dee 等,2010;Goodwin,1985;Stark 等,1992)、猪呼吸道冠状病毒(Henningsen 等,1988)、口蹄疫病毒(Gloster 等,2003)、猪繁殖与呼吸综合征病毒(Dee 等,2010;Mortensen 等,2002)以及伪狂犬病病毒(Mortensen 等,1990)等,都可通过空气进行远距离传播。胸膜肺炎放线杆菌、支气管败血波氏菌以及肺炎支原体的近距离空气传播已经得到了实验证明(Brockmeier 和 Lager,2002;Kristensen 等,2004a,b;Stark 等,1998;Torremorell 等,1997)。很多猪群同时暴发典型流感也多可能是经由空气传播的。在丹麦,SPF 猪群的流感发生频率与邻近非 SPF 猪群的流感发生密切相关;法国北部布列塔尼猪群疾病流行也同样遵循空气传播的规律(Madec 等,1982)。影响空气传播呼吸系统疾病的因素包括养殖规模的扩大(Anderson 等,1990;Flori 等,1995;Mortensen 等,1990)、畜群的间隔小以及邻近养猪场的规模大(Flori 等,1995;Stark 等,1992)、养殖密度过大(Stark 等,1992)以及猪群胸膜肺炎放线杆菌的感染(Anderson 等,1990)。

病毒易发生突变并易受环境影响(Jacobs 等,2010;Van Alstine 等,1993),一些气候条件可促进疾病的空气传播,特别是季风的风向及风速,其他诸如阴天、湍流、地理等因素也起到重要影响。阴天、夜晚、高相对湿度有利于空气传播(Gloster 等,1981)。

影响呼吸系统疾病的其他因素
OTHER FACTORS INFLUENCING RESPIRATORY DISEASE

猪群或猪舍的动物数量
Number of Individuals in a Herd, Airspace, or Room

猪群密度高,猪流动式生产,猪感染水平传播呼吸系统疾病的几率大大增加(Enoe 等,2002;Flesja 和 Solberg 1981;Goldberg 等,2000;Jorsal 和 Thomsen 1988;Maes 等,2000;Mehlhorn 和 Hoy,1985;Pointon 等,1985;Stark 等,1992)。有趣的是,Hartley 等(1988)发现屠宰时猪的呼吸系统疾病和猪群的大小无关。

气候
Climate

Goodall 等(1993)对屠宰场的气象学资料进行总结发现,肺炎的发生与气温高低相关。低温季节猪群的肺炎发病率远高于高温季节,这说明气候因素可影响畜牧场呼吸系统疾病的发生(Bille 等,1975;Maes 等,2001a)。

气流
Airflow

空气交换率高常导致部分猪只受穿堂风和寒冷的侵袭。和人类一样,受到穿堂风的影响并且突然变冷易使猪发生呼吸系统感染。Scheepens(1996)报道,不断遭受穿堂风的断奶仔猪比对照组猪更常发生喷嚏和咳嗽。对照组和患萎缩性鼻炎的猪遭受同样的气候应激,则到达屠宰的时间相差 8 d;而两组猪均不接触恶劣的气候条件下,到达屠宰的时间仅相差 3 d。Flesja 等(1982)发现,猪圈侧面坚固时肺炎的发生率低,可能是因为阻止了穿堂风的作用,Maes 等(2001)发现漏缝地板且侧面较高猪圈里的猪发生严重肺炎性损伤的风险较高。Kelley(1980)报道,冷的穿堂风和大范围的温差对猪的免疫系统造成应激,从而增加了疾病的易感性。这一点在断奶仔猪得到了证实,断奶仔猪在受到冷穿堂风应激后,免疫功能大大降低(Scheepens 等,1988)。长期遭受冷应激且实验性感染多杀性巴氏杆菌的哺乳猪,同对照组相比,血清中 IgG 水平降低且多形核吞噬细胞的吞噬能力下降,一些仔猪肺脏局部细胞反应时间延迟。但是,感染过程、临床反应和死后变化不受冷应激的影响(Rafai 等,1987)。

空气污染
Air Pollution

　　密集饲养以及空气循环不畅严重影响空气质量和空气处理系统对空气中污染物的清除(Meyer 和 Manbeck,1986;Nicks 等,1989;Wathes,1983)。空气中氨气浓度过高不利于呼吸系统的健康。氨气浓度为 50~100 mg/L 时会严重干扰黏膜纤毛的正常功能(Curtis 等,1975a;Johannsen 等,1987;Neumann 等,1987)。正常情况下,猪圈中氨气的浓度不超过 20 mg/L。Clark 等(1993)发现,氨气的浓度为 18 mg/L 时不会影响支原体肺炎的发生。但是,流行病学研究表明,圈舍内空气中氨气浓度最高的猪群,呼吸系统疾病的发病率也最高(Pointon 等,1985)。当让猪对新鲜空气和含氨的空气(氨气浓度为 100 mg/L)选择时,猪往往倾向于新鲜空气(Smith 等,1996)。Donham(1991)发现,一些空气污染物,如灰尘、氨气和微生物,与猪的肺炎和胸膜炎是相关的;根据实验结果,Donham 指出,与人类和猪的健康呈剂量依赖性的空气污染物的最大安全剂量为:灰尘 2.4 mg/m³、氨气 7 mg/L、内毒素 0.08 mg/m³、微生物总量 10^5 CFU/m³、二氧化碳 1 540 mg/L。但是,很多研究尚未证实灰尘和呼吸系统疾病间存在关系(Curtis 等,1975b;Gilmour,1989;Jansen 和 Feddes,1995)。

并发症:肠炎
Concurrent Disease:Enteritis

　　以前患有腹泻(传染性肠胃炎病毒、轮状病毒以及肠道内其他类型的易感菌)的猪群,呼吸系统疾病的发生率比较高。主要是由于猪群整体的抗病性及免疫力降低所致(Allan 和 Ellis 2000;Jørgensen,1988;Marois 等,1989;Svensmark 等,1989)。

性别
Gender

　　通过对丹麦屠宰场屠宰猪的监测表明,去势公猪肺炎和胸膜炎的发病率比母猪高 10%(Kruijf 和 Welling 1988)。Andreasen 等(2001)发现在屠宰时去势公猪胸膜炎的损伤比母猪大得多,这可能是去势造成的应激、因去势处暴露于细菌和去势引起激素的变化导致了这种差异。

遗传
Heredity

　　呼吸系统疾病在某种程度上受遗传的影响。选育的肥胖型猪肺脏肺泡巨噬细胞的吞噬功能比瘦肉型猪的要强得多(Caruso 和 Jeska,1990)。对纯种汉普夏和约克夏猪群的临床观察表明,汉普夏比约克夏呼吸系统疾病的发病率低(Lundeheim 和 Tafvelin,1986)。他们还对 45 000 头汉普夏、约克夏和长白杂交猪进行了调查,结果发现汉普夏杂交猪比其他杂交猪肺炎和胸膜炎的发病率低得多,约克夏猪比长白猪对萎缩性鼻炎的易感性高(Lundeheim,1986;Smith,1983;Straw 等,1983)。另一项研究表明,汉普夏猪对胸膜肺炎放线杆菌的抵抗力明显高于其他品种(Hoeltig 等,2010)。长白与约克夏对猪圆环病毒 2 型感染的敏感性明显不同(Opriessnig 等,2006)。Ruzi 等(2002)研究表明,汉普夏、约克夏和长白对猪肺炎支原体的易感性不同,似乎与遗传相关。早期研究表明,许多遗传标记可能为提高猪对呼吸系统感染的抵抗力而采取的分子育种筛选有所帮助(Hoeltig 等,2010;Probst 和 Hoeltig,2010)。

呼吸系统疾病的监控和鉴别诊断
MONITORING AND DIAGNOSIS OF RESPIRATORY DISEASE

　　确诊呼吸系统疾病应该基于病史、临床观察、尸体剖检、大体和显微病变评价、实验室检测、屠宰检查。临床诊断仅仅是一种试探性诊断,因为呼吸系统可见的症状或许是其他器官功能障碍的结果。Andrews(1986)认为,尸检报告对呼吸系统疾病的初步诊断非常重要。同样,呼吸系统的病变,如急性/亚急性肺炎、慢性肺炎和胸膜炎,往往不表现临床症状或无典型的呼吸障碍。表 21.6 列出了一些损伤呼吸系统的常见因素。

表 21.6　损伤呼吸系统的畜群因素

因素
生产体系
猪群较大
饲养密度高
普通健康体系(非 SPF 或疾病最少性生产体系)
从健康状况不明或较差的猪群引进猪只
经生产设备不断运送猪只(不分批的运送)
使用常规种猪
使用纯种猪而不是杂交猪
饲养
保温和通风设施不好(引起温度调控、通气不佳,穿堂风)
同一空间内各种不同年龄的猪混合饲养,所用设施的隔离效果不佳
猪舍之间无固体隔离物隔离
生长猪舍或育成猪舍较大(有 200～300 头猪)
漏缝地板
营养
能量摄入不足
饲料中的常量和微量元素配比不适
存在非呼吸系统病原
非呼吸系统性疾病如大肠杆菌病、肠道病毒、痢疾寄生虫,如疥螨、蛔虫
管理不良
气候小环境控制不足
疾病症状监控不好
预防措施不当
对患病动物处置不当(隔离、治疗)
仔猪随机分布于母猪中
猪只在生长阶段多次移动或随意混合
卫生条件较差
生物安全措施差

改自上一版《猪病学》(Sorensen 等,2006)。

呼吸系统疾病的监测
Monitoring Respiratory Disease

呼吸系统疾病监测的目的是识别影响生产的临床以及亚临床疾病。健康状况监测的目的之一是在疾病造成重大经济损失之前及早发现并控制。田间观察、日常屠宰检查、血清学检查以及尸检通常是诊断和评估呼吸系统疾病严重性的重要依据。在一些国家经常大规模进行屠宰猪呼吸系统健康数据的搜集和评估(Mousing,1986;Rautiainen 等,2001)。

国家猪群健康监测计划常以屠宰检查作为监测猪群呼吸系统健康的重要工具之一。不同的健康监测程序对呼吸道的评估都有其特定的呼吸道采样和评估方法。对上市体重猪的屠宰检验有助于预测可能会对后续生产造成影响的慢性肺损伤以及呼吸系统疾病。现代化的屠宰设备以及屠宰生产线,使屠宰检验不如 10 年前那样普遍和实际。横纵血清学检查以及鼻拭子采集已逐渐取代屠宰检验来预测疾病的发生率、流行性以及养殖场存在的病原体(Andreasen 等,2000,2001;Chiers 等,2002;Maes 等,2001b)。和屠宰检查相比,血清学检测更易发现可能影响生产参数的亚临床感染(Regula 等,2000)。由悬于猪圈内的棉绳获得的口腔液(唾液和黏膜渗出液)可以成功地检测出呼吸系统病原体及相关的抗体(Kittawornrat 等,2010;Prickett 等,2008;Strait 等,2010)。肉汁(从屠宰猪的冷冻及解冻肌肉中收集)也可用来检测 PRRS、PRV 以及 2 型胸膜肺炎放线杆菌的抗体(Molina 等,2008;Wallgren 和 Persson 2000)。这些微损技术也许是监测一些呼吸系统疾病最简单有效的方法。

检验概述
General Concepts of Examination

屠宰检查:萎缩性鼻炎的检查(Slaughter Checks:Examining the Snout for Atrophic Rhinitis)。对猪萎缩性鼻炎的屠宰检验通常检测鼻的横切面(图 21.1 和图 21.4)。在前臼齿 1 和 2 之间进行横切,通过检查横切面可以做出诊断(Martineau-Doizé 等,1990)。有多种方法对萎缩性鼻炎进行病变评分(Backstrom 等,1985;Straw 等,1983),这些方法均基于对鼻结构的主观肉眼判断。D'Allaire 等(1988)指出,应该仔细比较不同的屠宰检验结果,应该由同一个有经验的人采用同种评分体系对不同的结果进行比较。Collins 等(1989)提出单个细胞视频形态测定技术可以给出更精确的有复验性的结果,Gatlin 等(1996)改进了此技术,但还不能实践推广。

屠宰检查:胸腔器官的检查(胸腔检查)[Slaughter Checks:Examining Thoracic Viscera (Plucks)]。生长猪肺炎的发展和消散很大程度

上取决于所患肺炎的种类和严重程度（Morrison 等，1985；Noyes 等，1988；Wallgren 等，1994）。呼吸道屠宰检查可能检测不到亚临床疾病或没有瘢痕而痊愈的生长猪疾病（Regula 等，2000）。

　　一般在屠宰线上无法对胸腔器官进行仔细的屠宰检验。通常将被检材料转移到合适的地方进行彻底的观察和触诊。肺炎的比例通常以病变部位坚实和褪色的肺占肺表面的百分比为依据（Bollo 等，2010；Clark 等，1993；Mousing 和 Christensen 1993；Sorensen 等，2006；Thacker 等，1999，2010）。以肺病变标准为评分标准，通过图像分析来确定整个肺脏得分。一些屠宰检查标准包含更多的详细信息，如肺炎类型，胸膜炎，粘连，肝脏和心脏的评估（Christensen 等，1999）。在屠宰厂获得的肺部数字图像的视觉评估可能是一种有效的替代图纸的方法（Baysinger 等，2010）。多数情况下，应对至少 30 头猪（尽可能的一致或知道年龄）进行屠宰检查，以便获得足够的样本，这样就可以对猪群内存在的问题进行正确的了解（Straw 等，1989）。

实验室检查
Laboratory Tests

　　从业者可以使用血清学、病毒分离和分子检测等各种手段检测猪呼吸系统疾病病原体的存在和暴露。随着诊断检查越来越灵敏，对每一个检测结果的阐释是至关重要的。呼吸系统疾病病原体实验室检查将在相关章节具体介绍。

呼吸系统疾病的控制
CONTROL OF RESPIRATORY DISEASES

　　所有重要的呼吸系统疾病均有病原微生物的参与，在实践中，对猪只进行病原微生物的隔离是非常困难的。控制猪群呼吸系统疾病的基本原则是清除或降低病原荷载量（降低感染压力）或最大限度地提高呼吸系统的防御机能（Sorense 等，2006）。清除或降低病原荷载量必须根据每个农场、地区和国家的情况综合考虑。大学、政府和养猪协会应尽力指导人们怎样扑灭和减少病原体。一些国家和地区建立了介绍猪呼吸系统疾病防控措施和生物安全措施等有用信息的网站。

用于减少或清除呼吸系统病原体的方法有很多，这些方法将在特定病原体章节中详细介绍。简要介绍如下，这些方法包括清群/建群或种群改良技术、早期断奶后隔离技术、不同年龄组动物间严格隔离技术、早期断奶技术、检测淘汰技术和采用接种疫苗、使用药物的策略（Dee 等，2001；Dritz 等，1996；Larsen 等，1990a，b；Pejsak 和 Truszczynski，2006；Rautiainen 等，2001；Sorensen 等，2006；Stegeman 等，1994；Van Oirschot 等，1996）。

　　一旦病原荷载量或流行性下降，宿主/病原体的平衡就会受到诸多因素影响。表 21.6 列出了一些可能会损害猪呼吸系统和影响猪健康的畜群因素。

　　生物安全对维持猪群的健康是非常重要的（Amass，2005a，b）。对车辆、设备和人员执行严格的卫生消毒将有助于减少病原体的引入和降低疾病在猪群间的传播。猪场工作人员应该知道，一些人类的细菌和病毒性呼吸系统疾病可以传染健康猪（Keenliside 等，2010；Nielsen 和 Frederiksen，1990）。

　　引种前应进行隔离、检疫、检测、治疗或使用疫苗，以防止呼吸系统病原被引进猪群内。

　　培训工作人员及早识别呼吸系统疾病症状，适当的营养，减少非呼吸系统的病原体，同一养殖区域的猪群按年龄分群并隔离，保持适当的饲养密度，避免过度拥挤，畜舍保持合适的温度、空气流通正常，减少空气中的氨气和尘埃，并确保适当的环境卫生对维持猪群呼吸系统的健康也是非常重要的。

（宁章勇、廖明译，林敬钧校）

参考文献
REFERENCES

Allan GM, Ellis JA. 2000. J Vet Invest 12:3–14.
Amass SF. 2005a. Pig J 55:104–114.
——. 2005b. Pig J 56:78–87.
Amass SF, Clark LK, Van Alstine WG, et al. 1994. J Am Vet Med Assoc 204:102–107.
Anderson PL, Morrison RB, Molitor TW, et al. 1990. J Am Vet Med Assoc 196:877–880.
Andreasen M, Mousing J, Krogsgaard Thomasen L. 2001. Prev Vet Med 52:147–161.

Andreasen M, Nielsen JP, Willeberg P, et al. 2000. Prev Vet Med 12:221–235.

Andrews J. 1986. Necropsy techniques. In The Veterinary Clinics of North America: Food Animal Practice, Vol. 2. Philadelphia: W.B. Saunders.

Bäckström L, Hoefling DC, Morkoc AC. 1985. J Am Vet Med Assoc 187:712–715.

Bak P, Havn KT, Bagger J, et al. 2008. The presence of respiratory pathogens in finisher farms impacts on performance. In Proc Congr Int Pig Vet Soc, p. 105.

Bandrick M, Pieters M, Pijoan C, et al. 2006. Cellular immune response in piglets following sow vaccination with Mycoplasma hyopneumoniae. In Proc Allen D. Leman Swine Conf 33:11.

Baskerville A. 1981. NZ Vet J 29:235–238.

Baysinger A, Polson D, Philips R, et al. 2010. Visual-only evaluation of lung lesions as an alternative to palpation at necropsy. In Proc Congr Int Pig Vet Soc, p. 659.

Bertram TA. 1985. Vet Pathol 22:598–609.

Bille N, Larsen JL, Svendsen J, et al. 1975. Nord Vet Med 27:482–495.

Bollo JM, Menjon R, Calvo E. 2010. Review of the "0 to 5 scoring method" for enzootic pneumonia slaughterhouse lesions. In Proc Congr Int Pig Vet Soc, p. 205.

Brockmeier SL, Halbur PG, Thacker EL. 2002. Porcine respiratory disease complex. In KA Brogden, JM Guthmiller, eds. Polymicrobial Diseases. Washington, DC: ASM Press, pp. 231–258.

Brockmeier SL, Lager KM. 2002. Vet Microbiol 89:267–275.

Brockmeier SL, Loving CL, Nicholson TL, et al. 2008. Vet Microbiol 128:36–47.

Brockmeier SL, Palmer MV, Bolin SR, Rimler RB. 2001. Am J Vet Res 62:521–525.

Buddle JR, Mercy AR, Skirrow SZ, et al. 1997. Aust Vet J 75:274–281.

Capuccio JA, Pereda A, Quiroga MA, et al. 2010. Lung histopathology from naturally infected pigs with pandemic H1N1 2009. In Proc Congr Int Pig Vet Soc, p. 587.

Caruso JP, Jeska EL. 1990. Vet Immunol Immunolopathol 24:27–36.

Castryck F, Devriese LA, Hommez J, et al. 1990. Bacterial agents associated with respiratory disease in young feeder pigs. In Proc Congr Int Pig Vet Soc 11:112.

Chiers K, Donne E, Van Overbeke I, Ducatelle R, Haesebrouck F. 2002. Vet Microbiol 85:343–352.

Christensen G. 1984. Dansk Vet Tidsskr 67:1067–1075.

Christensen G, Sørensen V, Mousing J. 1999. Diseases of the respiratory system. In BE Straw, S D'Allaire, WL Mengeling, DJ Taylor, eds. Diseases of Swine, 8th ed. Ames, IA: Iowa State University Press, pp. 927–928.

Christensen LS, Mortensen S, Botner A, et al. 1993. Vet Rec 132:317–321.

Clark LK, Armstrong CH, Scheit AB, Van Alstine WG. 1993. Swine Health Prod 1:10–14.

Collins MT, Bäckström LR, Brim TA. 1989. Am J Vet Res 50:421–424.

Curtis SE, Anderson CR, Simon J, et al. 1975a. J Anim Sci 41:735–739.

Curtis SE, Drummond JG, Grunloh DJ, et al. 1975b. J Anim Sci 41:1512–1521.

D'Allaire S, Bigras-Poulin M, Paradis MA, et al. 1988. Evaluation of atrophic rhinitis: Are the results repeatable? In Proc Congr Int Pig Vet Soc 10:38.

Dee S, Otake S, Corzo C, et al. 2010. Long distance airborne transport of viable PRRSV and Mycoplasma hyopneumoniae from a swine population infected with multiple viral variants. In Proc Congr Int Pig Vet Soc, p. 153.

Dee SA, Bierk MD, Deen J, et al. 2001. An evaluation. Can J Vet Res 65:22–27.

Dee SA, Joo HS, Polson DD, et al. 1997. Vet Rec 140:498–500.

Done SH. 1988. Some aspects of respiratory defence with special reference to immunity. Pig Vet Soc Proc 20:31–60.

Donham KJ. 1991. Am J Vet Res 52:1723–1730.

Dorr PM, Baker RB, Almond GW, et al. 2007. J Am Vet Med Assoc 230:244–250.

Dritz SS, Chengappa MM, Nelssen JL, et al. 1996. J Am Vet Med Assoc 208:711–715.

Dumas G, Denicourt M, D'Allaire S, et al. 1990. Atrophic rhinitis and growth rate: A potential confounding effect related to slaughter weight. In Proc Congr Int Pig Vet Soc 11:385.

Ellis JA, Allan G, Krakowka S. 2008. Am J Vet Res 69:1608–1614.

Enoe C, Mousing J, Schirmer AL, et al. 2002. Prev Vet Med 54:337–349.

Flesja KI, Forus IB, Solberg I. 1982. Acta Vet Scand 23:169–183.

Flesja KI, Solberg I. 1981. Acta Vet Scand 22:272–282.

Flori J, Mousing J, Gardner IA, et al. 1995. Prev Vet Med 25:51–62.

Foged NT, Pedersen KB, Elling F. 1987. FEMS Microbiol Lett 43:45–51.

Folkesson HG, Weststrom BR, Pierzynowski SG, et al. 1990. Lung permeability to different-sized macromolecules in developing pigs. In Proc Congr Int Pig Vet Soc 11:430.

Fort M, Fernandes LT, Nofrarias M, et al. 2008. Vet Immunol Immunopathol 129:101–107.

Friis NF. 1974. Acta Vet Scand 15:507–518.

Ganter M, Kipper S, Hensel A. 1990. Bronchoscopy and bronchoalveolar lavage of live anaesthetized pigs. In Proc Congr Int Pig Vet Soc 11:109.

Garner MG, Whan IF, Gard GP, et al. 2001. Rev Sci Tech 20:671–685.

Gatlin CL, Jordan WH, Shryock TR, et al. 1996. Can J Vet Res 60:121–126.

Gilmour MI. 1989. Dis Abstr Int (B) 49:2521.

Gloster J, Blackall RM, Sellers RF, et al. 1981. Vet Rec 108:370–374.

Gloster J, Champion HJ, Sorensen JH, et al. 2003. Vet Rec 152:525–533. Erratum in: Vet Rec 152:628.

Goldberg TL, Weigel RM, Hahn EC, et al. 2000. Prev Vet Med 43:293–302.

Gomez-Laguna J, Carrasco L, Guillermo R, et al. 2010. J Vet Diagn Invest 22:123–127.

Goodall EA, Menzies FD, McLoughlin EM, et al. 1993. Vet Rec 132:11–14.

Goodwin RFW. 1985. Vet Rec 116:690–694.

Gradil C, Dubuc C, Eaglesome MD. 1996. Vet Rec 138:521–522.

Grandia J, Berges AC, Falceto MV. 2010. Swine respiratory diseases in Aragon (Spain): Economic, pathology, and microbiological study during the year 2008. In Proc Congr Int Pig Vet Soc, p. 648.

Hansen MS, Pors SE, Jensen HE, et al. 2010. J Comp Path 143:120–131.

Harms PA, Halbur PG, Sorden SD. 2002. J Swine Health Prod 10:27–30.

Hartley PE, Wilesmith JW, Bradley R. 1988. Vet Rec 123:173–175.

Heilmann P, Muller G, Finsterbusch L. 1988. Arch Exper Vet Med 42:490–501.

Henningsen D, Mousing J, Aalund O. 1988. Dansk Vet Tidsskr 71:1168–1177.

Hoeltig D, Gerlach GF, Waldman K-H. 2010. Porcine genetic markers for resistance to bacterial respiratory tract infections. In Proc Congr Int Pig Vet Soc, p. 196.

Jacobs AC, Hermann JR, Muñoz-Zanzi C, et al. 2010. J Vet Diagn Invest 22:257–260.

Jager HJ, McKinley TJ, Wood JL, et al. 2010. A tool to assess the economic impact of pleurisy in slaughter pigs. In Proc Congr Int Pig Vet Soc, p. 191.

Jansen A, Feddes JJR. 1995. Can Agric Eng 37:211–216.

Jolie R, Olson L, Backstrom L. 2000. J Vet Diagn Invest 12:438–443.

Jørgensen B. 1988. Dansk Vet Tidsskr 71:9–23.

Jorsal SE, Thomsen BL. 1988. Acta Vet Scand 84:436–437.

Keenliside JM, Wilkinson C, Forgie S, et al. 2010. Pandemic H1N1 influenza virus infection in a swine herd. In Proc Congr Int Pig Vet Soc, p. 254.

Kelley KW. 1980. Ann Vet Res 11:445–478.

Kim S, Yeo C-I, Bae C-W, et al. 2010. Outbreak of 2009 pandemic influenza A H1N1 in Korean pigs. In Proc Congr Int Pig Vet Soc, p. 584.

Kittawornrat A, Prickett JR, Main R, et al. 2010. Surveillance using oral fluid samples—PRRSv, SIV, PCV2, and TTV field data. In Proc Congr Int Pig Vet Soc, p. 661.

Kobisch M, Blanchard B, Le Potier MF. 1993. Vet Res 24:67–77.

Krakowka S, Ellis JA. 2008. Am J Vet Res 69:1623–1629.

Kristensen CS, Angen O, Andreasen M, et al. 2004a. Vet Microbiol 98:243–249.

Kristensen CS, Botner A, Takai H, et al. 2004b. Vet Microbiol 99:197–202.

Kruijf JM, Welling AAWM. 1988. Tijdschr Diergeneeskd 113:415–417.

Kubo M, Kimura K, Kobayashi M, et al. 1995. Jpn Agric Res Quart 29:201–205.

Lai SS, Ho WC, Chang WM. 1986. Persistent infection of pseudorabies virus resulted in concurrent infections with Haemophilus spp in pigs. In Proc Congr Int Pig Vet Soc 9:335.

Lambotte JL, Pecheur M, Charlier F, et al. 1990. Aerosol infection with Bordetella bronchiseptica: Morphological alterations in the respiratory tract and in the lung of piglets. In Proc Congr Int Pig Vet Soc 11:106.

Lang C, Söllner H, Barz A, et al. 2010. Association between TTV genogroups 1 and 2 and PCV2 as well as various respiratory pathogens—A retrospective study. In Proc Congr Int Pig Vet Soc, p. 649.

Lange E, Kalthoff D, Blohm U, et al. 2009. J Gen Virol 90:2119–2123.

Larsen H, Jørgensen PH, Szancer J. 1990a. Eradication of Actinobacillus pleuropneumoniae from a breeding herd. In Proc Congr Int Pig Vet Soc 11:18.

Larsen S, Jørgensen PH, Nielsen PA. 1990b. Elimination of specific pathogens in 3 to 4 week piglets by use of strategic medication. In Proc Congr Int Pig Vet Soc 11:387.

López A. 2007. Respiratory system. In MD McGavin, JF Zachary, eds. Pathologic Basis of Veterinary Disease, 4th ed. St. Louis, MO: Elsevier, pp. 463–558.

Loving CL, Brockmeier SL, Vincent AL, et al. 2010. Microb Pathog 49:237–245.

Lowe JF, Husmann R, Firkins LD, et al. 2005. J Am Vet Med Assoc 226:1707–1711.

Lundeheim N, Tafvelin B. 1986. Pathological lesions at slaughter in Swedish pig production—Hampshire crosses compared with Landrace and Yorkshire crosses. In Proc Congr Int Pig Vet Soc 9:380.

Madec F, Gourreau JM, Kaizer C. 1982. Epidemiol Sante Anim 2:56–64.

Maes D. 2010. Mycoplasma pneumoniae infections in pigs: Update on epidemiology and control. In Proc Congr Int Pig Vet Soc, pp. 30–35.

Maes D, Chiers K, Haesebrouck F, et al. 2001b. Vet Res 32:409–419.

Maes D, Deluyker H, Verdonck M, et al. 2000. Vet Res 31:313–327.

Maes D, Deluyker H, Verdonck M, et al. 2001a. Vet Rec 148:41–46.

Mallard BA, Wilkie BN, Kennedy BW. 1989. Vet Immunol Immunopathol 21:139–151.

Marois P, DiFranco E, Boulay G, Assaf R. 1989. Can Vet J 30:328–330.

Martineau-Doizé B, Larochelle R, Boutin J, et al. 1990. Atrophic rhinitis caused by toxigenic Pasteurella multocida type D: Morphometric analysis. Proc Int Pig Vet Soc 11:63.

Mehlhorn G, Hoy S. 1985. Influence of endogenic and exogenic factors on the prevalence rate of lung lesions of fattening pigs and sows. In Proc 5th Int Congr Anim Hyg, Hannover, pp. 391–396.

Meyer DJ, Manbeck HB. 1986. Dust levels in mechanically ventilated swine barns. Am Soc Agr Eng Paper 86:4042.

Mohamed AM, El-Ella GA, Nasr EA. 2009. J Vet Diagn Invest 21:48–52.

Molina RM, Chittick W, Nelson EA, et al. 2008. J Vet Diagn Invest 20:735–743.

Møller K, Kilian M. 1990. J Clin Microbiol 28:2711–2716.

Morrison RB, Hilley HD, Leman AD. 1985. Can Vet J 26:381–384.

Mortensen S, Mousing J, Henriksen CA, et al. 1990. Evidence of long distance transmission of Aujeszky's disease virus. II: Epidemiological and meteorological investigations. In Proc Congr Int Pig Vet Soc 11:279.

Mortensen S, Stryhn H, Sogaard R, et al. 2002. Prev Vet Med 53(1–2):83–101.

Mousing J. 1986. Dansk Vet Tidsskr 69:1149–1159.

——. 1988. Acta Vet Scand 84(Suppl):253–255.

——. 1991. The relationship between serological reactions to swine respiratory infections and herd related factors. Proc 6th Int Symp Vet Epidemiol Econ, Ottawa pp. 416.

Mousing J, Christensen G. 1993. Acta Vet Scand 34:151–158.

Murphy D, Van Alstine WG, Clark K, et al. 1993. Am J Vet Res 54:1874–1880.

Neumann EJ, Kliebenstein JB, Johnson CD, et al. 2005. J Am Vet Med Assoc 227:385–392.

Neumann R, Leonhardt W, Ballin A, et al. 1985. Arch Exp Vet Med 39:525–534.

Neumann R, Mehlhorn G, Buchholz I, et al. 1987. J Vet Med (B) 34:241–253.

Nicks B, Dechamps P, Canart B, et al. 1989. Ann Med Vet 133:613–616.

Nielsen JP, Frederiksen W. 1990. Atrophic rhinitis in pigs caused by a human isolate of toxigenic Pasteurella multocida. In Proc Congr Int Pig Vet Soc 11:75.

Nielsen R, Danielsen V. 1975. Nord Vet Med 27:20–25.

Nielsen R, Loftager M, Eriksen L. 1990. Mucosal vaccination against Actinobacillus pleuropneumoniae infection. In Proc Congr Int Pig Vet Soc 11:13.

Nietfeld JC, Fickbohm BL, Rogers DG, et al. 1999. J Vet Diagn Invest 11:252–258.

Nietfeld JC, Franklin CL, Riley LK, et al. 1995. J Vet Diagn Invest 7:338–342.

Noyes EP, Feeney D, Pijoan C. 1988. A prospective radiographic study of swine pneumonia. In Proc Congr Int Pig Vet Soc 10:67.

Ogawa Y, Oishi E, Muneta Y, et al. 2009. Vaccine 27:4543–4550.

Ohgami M, Doershuk CM, English D, et al. 1989. J Appl Physiol 66:1881–1885.

Opriessnig T, Fenaux M, Thomas P, et al. 2006. Vet Pathol 43:281–293.

Opriessnig T, Thacker EL, Yu S, et al. 2005. Vet Pathol 41:624–640.

Palzer A, Ritzman M, Wolf G, Heinritzi K. 2008. Vet Rec 162:267–271.

Pattison IH. 1956. Vet Rec 68:490–494.

Pedersen KB, Barfod K. 1981. Nord Vet Med 33:513–522.

Pejsak Z, Stadejek T, Markowska-Daniel I. 1997. Vet Microbiol 55:317–322.

Pejsak ZK, Truszczynski MJ. 2006. Pseudorabies review. In BE Straw, JJ Zimmerman, S D'Allaire, DJ Taylor, eds. Diseases of Swine, 9th ed. Ames IA: Blackwell Publishing, pp. 419–433.

Pointon AM, McCloud P, Heap P. 1985. Aust Vet J 62:98–101.

Pol JM, van Leengoed LA, Stockhofe N, et al. 1997. Vet Microbiol 55:259–264.

Prickett J, Simer R, Christopher-Hennings J, et al. 2008. J Vet Diagn Invest 20:156–163.

Probst I, Hoeltig D. 2010. Identification of genetic modulators for susceptibility of pigs to an infection with *Actinobacillus pleuropneumoniae*. In Proc Congr Int Pig Vet Soc, p. 602.

Rafai P, Neumann R, Leonhardt W, et al. 1987. Acta Vet Hung 35:211–223.

Rautiainen E, Oravainen J, Virolainen JV, et al. 2001. Vet Scand 42:355–364.

Regula G, Lichtensteiger CA, Mateus-Pinilla NE et al. 2000. J Am Vet Med Assoc 217:888–895.

Riising HJ, van Empel P, Witvliet M. 2002. Vet Rec 150:569–571.

Rohrbach BW, Hall RF, Hitchcock JP. 1993. J Am Vet Med Assoc 202:1095–1098.

Ross RF. 1984. Chronic pneumonia of swine: Emphasis on mycoplasmal pneumonia. In Proc Am Assoc Swine Pract, Kansas City, Mo, pp. 79–95.

Ruiz A, Galina L, Pijoan C. 2002. Can J Vet Res 66:79–85.

Sales TP, Soares P, Brito WM, et al. 2010. Cost of *Mycoplasma hyopneumoniae* outbreak in Brazil. In Proc Congr Int Pig Vet Soc, p. 620.

Salmon H. 2000. Adv Exp Med Biol 480:279–286.

Scatozza F, Sidoli L. 1986. Effects of *Haemophilus pleuropneumoniae* infection in piglets recovering from influenza. In Proc Congr Int Pig Vet Soc 9:150.

Scheepens CJM. 1996. Climatic stress in swine: Hazards for health. Pig J Proc 37:130–136.

Scheepens CJM, Tielen MJM, Hessing MJC. 1988. Influence of climatic stress on health status of weaner pigs. In Proc 6th Int Congr Anim Hyg, (Environment and Animal Health), Skara, Sweden, Vol. 2, I Ekesbo, ed. pp. 543–547.

Scheidt AB, Mayrose VB, Hill MA, et al. 1990. J Am Vet Med Assoc 196:881–884.

Schlesinger KJ, Williams JM, Widel PW. 1990. Intranasal administration of pseudorabies (Bartha K61) vaccine in neonates and grow/finish pigs: Safety and efficacy of vaccination and effects of virulent challenge exposure. In Proc Congr Int Pig Vet Soc 11:260.

Schurrer JA, Dee SA, Moon RD. 2004. Am J Vet Res 65:1284–1292.

——. 2005. Am J Vet Res 66:1517–1525.

Smart NL, Miniats OP, Rosendal S, Friendship RM. 1989. Can Vet J 30:339–434.

Smith GJD, Vijaykrishna D, Bahl J, et al. 2009. Nature 459:1122–1125.

Smith JH, Wathes CM, Baldwin BA. 1996. Appl Behav Sci 49:417–424.

Smith WJ. 1983. Infectious atrophic rhinitis: Non-infectious determinants. In Atrophic Rhinitis in Pigs. Copenhagen: CEC Rep Eur En, pp. 149–151.

Sørensen V, Ahrens P, Barfod K, et al. 1997. Vet Microbiol 54:23–34.

Sorensen V, Jorsal SE, Mousing J. 2006. Diseases of the respiratory system. In BE Straw, JJ Zimmerman, S D'Allaire, DJ Taylor, eds. Diseases of Swine, 9th ed. Ames IA: Blackwell Publishing, pp. 149–178.

Stark KD, Keller H, Eggenberger E. 1992. Vet Rec 131:532–535.

Stark KD, Nicolet J, Frey J. 1998. Appl Environ Microbiol 64:543–548.

Stegeman JA, Tielen MJM, Kimman TG, et al. 1994. Vaccine 12:527–531.

Strait E, Roe C, Levy N, et al. 2010. Diagnosis of *Mycoplasma hyopneumoniae* in growing pigs. In Proc Congr Int Pig Vet Soc, p. 139.

Straw BE, Bürgi EJ, Hilley HP, Leman AD. 1983. J Am Vet Med Assoc 182:607–611.

Straw BE, Ralston N. 1986. Comparative costs and methods for assessing production impact on common swine diseases. In Proc Economics of Animal Diseases, Michigan State Univ, pp. 165–180.

Straw BE, Tuovinen VK, Bigras-Poulin M. 1989. J Am Vet Med Assoc 195:1702–1706.

Svensmark B, Nielsen K, Dalsgaard K, et al. 1989. Acta Vet Scand 30:63–70.

Swenson SL, Hill HT, Zimmermann JJ, et al. 1994. J Am Vet Med Assoc 204:1943–1948.

Swindle MM. 2007. Swine in the Laboratory: Surgery, Anesthesia, Imaging, and Experimental Techniques, 2nd ed. New York: CRC Press, p. 366.

Thacker BJ, Strait EL, Kesl LD. 2010. Comparison of mycoplasmal lung lesion scoring methods. In Proc Congr Int Pig Vet Soc, p. 144.

Thacker EL, Halbur PG, Ross RF. 1999. J Clin Microbiol 37:620–627.

Thacker EL, Thacker BJ, Janke BH. 2001. J Clin Microbiol 39:2525–2530.

Thanawongnuwech R, Thacker B, Halbur P, et al. 2004. Clin Diagn Lab Immunol 11:901–908.

Toka FN, Nfon CK, Dawson H, et al. 2009. Clin Vac Immunol 16:866–878.

Torremorell M, Pijoan C, Janni K, et al. 1997. Am J Vet Res 58:828–832.

Tsai Y-C Jeng C-R, Hsiao S-H, et al. 2010. Vet Res 41:60.

Tuboly S, Bernath S. 2002. Adv Exp Med Biol 503:107–114.

Tuboly S, Bernath S, Glavits R, et al. 1988. Vet Immunol Immunopath 20:75–85.

Vaiman M, Chardon P, Renard C. 1979. Immunogenetics 9:353–361.

Valheim M, Gamlem H, Gjerset B, Larsen LE, Lium B. 2010. Lung pathology in slaughtered pigs from Norwegian herds naturally infected with pandemic influenza A (H1N1) 2009 virus. In Proc Congr Int Pig Vet Soc, p. 588.

Van Alstine WG, Kanitz CL, Stevenson GW. 1993. J Vet Diagn Invest 5:621–622.

Van Oirschot JT, Kaashoek MJ, Rijsewijk FA, et al. 1996. J Biotechnol 44:75–81.

Van Reeth K, Pensaert MB. 1994. Am J Vet Res 55:1275–1281.

Wallgren P, Beskow P, Fellström C, et al. 1994. J Vet Med (B) 41:441–452.

Wallgren P, Persson M. 2000. J Vet Med B 47:727–737.

Wathes CM. 1983. Vet Rec 113:554–559.

Williams PP. 1993. Can J Vet Res 57:1–8.

Williamson S, Tucker AW, McCone IS, et al. 2010. Implications of clinical, virological and epidemiological findings in the first cases of pandemic (H1N1) 2009 virus infection in English pigs for the control of swine influenza. In Proc Congr Int Pig Vet Soc, p. 73.

Wilson MR, Takov R, Friendship RM, et al. 1986. Can J Vet Res 50:209–216.

Yagihashi T, Nunoya T, Mitui T, et al. 1984. Jpn J Vet Sci 46:705–713.

22 泌尿系统
Urinary System
Richard Drolet

解剖
ANATOMY

猪肾脏呈蚕豆形,表面光滑,褐色。背腹面呈长形、扁平,长度至少是宽度的2倍。肾脏内缘中部有一凹陷,即肾门,是血管、神经和输尿管进出肾脏的地方。肾脏位于腰肌下,第四腰椎的腹侧。左、右肾的相对位置并非完全对称,通常左肾位置较右肾靠前,并且左肾前端最远可达最后肋间处;但在其他一些动物中,左右肾的前后位置相反。成年猪的两肾占身体的重量比大约为0.50%～0.66%(Sisson,1975)。

肾脏外包一层极薄的易剥落的纤维被膜。在肾脏切面上,皮质和髓质的相对界限很明显(图22.1)。猪肾为多锥形或多叶形肾,外观没有牛肾的分叶现象典型。肾小叶的髓质部分称为肾锥体;一些是单个型,另一些是复合型,即由两个或更多最初分离的肾锥体集聚而成。肾锥体的白色尖端,即肾乳头,伸入肾盂或肾盂分支,后者被称为肾盏。单一肾锥体的肾乳头一般狭窄,呈圆锥形,而分布于肾两端的复合型肾锥体的肾乳头,则宽大、扁平。每个肾含有8～12个肾乳头。肾脏集合管开口于肾乳头顶部。

输尿管,即肾盂向下的延续部分,形成一个急弯而离开肾脏。它们与膀胱颈几乎成直角穿透膀胱肌层,最终到达膀胱颈背侧,并斜穿黏膜下层,微突于黏膜面,在膀胱黏膜形成输尿管开口。新生仔猪,穿行于膀胱黏膜下的输尿管长度约为5 mm,而成年猪输尿管的平均长度则为35 mm(Carr等,1990)。位于膀胱内的输尿管起到瓣膜的作用,它能防止膀胱输尿管返流。

猪的膀胱大、颈长。充满尿液时,下垂于腹腔内。膀胱由一条中央韧带(位于腹部)和两条侧韧带支持。成年母猪的尿道长约7～8 cm,尿道外口位于阴道和尿道外前庭接合处的腹侧。尿道外口下有一隐窝,即尿道下憩室。公猪尿道开口于阴茎顶部,呈裂隙状。

生理学
PHYSIOLOGY

组织生理学
Histophysiology

肾脏具有许多重要生理功能:从体内排出代谢废物,保持水分,调节酸碱平衡和电解质组成。此外,它还有内分泌功能,能分泌多种激素,如红细胞生成素、肾素、前列腺素和维生素 D_3。

肾脏的许多功能是由众多微小的解剖结构,即肾单位来完成的。肾单位形成肾脏的实质。猪肾的肾单位有100万个以上。

猪病学,第10版,由Jeffrey J. Zimmerman,Locke A. Karriker,Alejandro Ramirez,Kent J. Schwartz,Gregory W. Stevenson主编。
© 2012 John Wiley & Sons,Inc. 由 John Wiley & Sons,Inc. 2012 年出版。

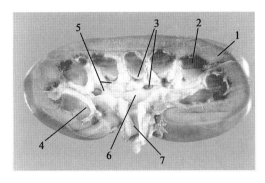

图 22.1 育肥猪肾的切面。(1)皮质；(2)髓质；(3)肾乳头；(4)复合肾乳头；(5)肾盏；(6)肾盂；(7)输尿管。

新生仔猪的肾脏发育不全，出生后的前 3 个月肾脏会继续发育(Friis,1980)。肾单位，即肾脏的功能单位，由肾小体、近曲小管、髓祥和远曲小管组成。肾小体由肾小球(动脉毛细血管球)和肾小囊构成。肾脏执行其功能的首要机制是肾小球的滤过作用。被过滤的血浆体积实质上取决于肾脏灌流量、血压和肾小球自身的完整性。肾小球过滤产物是血浆超滤液，它包含有水、葡萄糖、盐、离子、氨基酸和少量的小分子质量蛋白质。

肾小球滤过物进入肾单位管状部分后，动物根据自身的需要，调控肾小管对滤液的吸收和分泌。滤液流经近曲小管时，成分变化明显，肾单位的这一部位分布有分化完善、代谢活跃的上皮细胞。例如，在近曲小管，滤过的葡萄糖(血糖量正常的动物)100%通过主动转运而全部被重吸收，许多其他物质如水、钠、氨基酸、白蛋白、碳酸氢盐大部分也被重吸收(Banks,1993)。

与其他动物明显不同的是，猪近曲小管从肾小球滤液中重吸收的尿酸盐的量极少。肾小管分泌多种内源性或外源性化合物以辅助清除肾小球滤液中的部分物质。

滤液最后到达集合管，可能在此被进一步浓缩。正常情况下，由于下泌尿道的黏膜面覆盖有变移上皮，即尿上皮，因此，进入肾盂后的尿液在下泌尿道中成分变化不大。

尿液
Urine

猪每天的尿液量取决于饲料,饮水量,环境温度和湿度,猪的大小和体重等。关于猪日排尿量的正常范围的准确数据很少。Salmon-Legagneur

等(1973)报道妊娠母猪和泌乳母猪的平均日排尿量分别为 9 L、5.3 L。其他一些因素如采用的给水系统若能影响饮水习惯,也能影响尿液的生成。

成年猪尿液的比重是家畜尿液比重中最轻的一个,平均约为 1.020(血浆＞1.020)(Ruckebusch 等,1991)。青年猪的尿比重更低。尿比重一般与尿量呈负相关。尿液 pH 一般为 5.5～7.5。它受代谢与饲料成分的影响;饥饿或高蛋白饲料能降低尿液 pH。尿素分解菌(如猪真杆菌 *Actinobaculum suis*)引起泌尿道感染时,尿液明显碱化。

如上所述,只有少量蛋白质能透过肾小球,其中绝大部分在近曲小管处被重吸收,因此,正常尿液里常规方法检测不到蛋白质。蛋白尿有一定的诊断意义,但应结合尿比重进行分析。蛋白尿症状明显,表明动物患有肾脏疾病,如肾小球肾炎(GN)(蛋白质的通透性增加),肾小管坏死(蛋白质吸收减少),肾盂肾炎(炎症),以及下泌尿道炎症。但是,尿液中有蛋白并不一定是病理性的,某些时候动物会出现暂时的生理性或功能性蛋白尿。仔猪出生后的前几天,由于仔猪血液中含有大量的初乳蛋白,而肾小球对初乳蛋白有通透性,因而出现蛋白尿。剧烈的生理活动(如运输)或强烈应激或摄入大量蛋白质时,均可见暂时的蛋白尿。

尿液颜色取决于尿色素的含量,一般为黄色至琥珀色。动物患有某些潜在的泌尿道疾病时,尿液颜色异常。尿沉渣检查很有意义,因为它能提供重要的诊断信息(如患膀胱炎-肾盂肾炎时)。

肾功能不全
Impaired Renal Function

某些病理情况下,肾功能严重不全会继发导致肾衰。肾衰可以是肾前性(如使肾脏血流量减少的疾病)、肾后性(如尿路阻塞)或肾源原发性(如广泛性肾实质疾病)。

肾衰可导致代谢性酸中毒,电解质失衡,血管内堆积大量代谢废物,如血尿氮(BUN)和肌酸。测定 BUN 和血清肌酸含量可用于评价肾脏功能。与 BUN 相比,血清肌酸的含量更能准确地反映肾小球的滤过率,因为它受非肾因子的影响较小。动物摄入高蛋白的饲料或患有使蛋白质分解代谢加强的疾病，均可出现 BUN 浓度升高。Friendship 等（1984）报道了断奶猪、育肥猪、小母猪和母猪 BUN 和血清肌酸的正常波动范围。例如，据报道，母猪 BUN 的平均浓度为 5.3 mmol/L（$n=102$）（Friendship 等，1984）和 5.0 mmol/L（$n=120$）（Mclaughlin 和 Mclaudin，1987），而这两份资料报道的肌酸平均浓度分别为 160 μmol/L 和 186 μmol/L。

发育异常
DEVELOPMENTAL ANOMALIES

机体所有系统都能出现发育异常，泌尿道也不例外。泌尿道发育异常包括肾脏发育异常和下泌尿道发育异常。这些泌尿系统发育异常疾病中的许多在猪相对罕见，造成的经济损失也不大。这些发育异常疾病中有少数几个在猪常见，但很少表现出临床症状。有例子证明，发育异常在某种程度上具有遗传性。

肾脏畸形
Malformations of the Kidneys

家畜常发的一些典型的肾脏发育异常也可发生于猪。据报道，在挪威屠宰的猪中，肾表面凹陷及胎儿肾分叶现象相当普遍（Jansen 和 Nordstoga，1992）。单侧肾脏发育不全（先天性萎缩）偶见于猪，但较其他家畜常见（Von Hofliger，1971）。双侧肾脏发育不全的动物显然无法生存，但这种情况也会发生于胎儿和死产仔猪身上。已有关于猪双侧肾发育不全和肾先天性萎缩的报道，科学界认为这种疾病与遗传有关（Codes 和 Dodd，1965；Mason 和 Cooper，1985）。肾脏错位（肾脏异位）并不少见，一侧肾脏，通常是左肾，向尾部移位到骨盆区（Sisson，1975）。可见到大量猪单侧肾脏 2 倍大的例子（Nieberle 和 ColmJ，1967）。但猪很少发生马蹄肾，它是由于两肾在前端或后端融合，而形成一马蹄状（Nieberle 和 Cohrs，1967）。猪肾发育不良，即因异常分化而出现的肾实质发育紊乱的情况也很少见（Maxie 和 Newman，2007）。

先天性肾囊肿常见于各种动物，但在猪发病率较高（图 22.2）。肾脏内出现单个或几个囊肿，常称为单一性肾囊肿，常见于屠宰场，受损肾脏常失去功能。囊肿腔内充满浆液，大小不一，直径从几毫米至比整个肾脏还大均可见到。囊肿经常发生于皮质，突出于肾脏表面，它是否透明取决于囊肿壁内纤维结缔组织的含量。组织学上，这些囊肿都有一层管状上皮细胞，外包一层纤维膜。

先天性肾囊肿的另一种形式是多发性肾囊肿，它的发病率相对较低。其特征是绝大部分的肾实质被大量体积较小的囊肿侵占。肝脏内也可以发现这种囊肿结构（胆管囊肿）。患病仔猪常在新生期因肾衰而死亡（Webster 和 Summers，1978）。

单一性肾囊肿与多发性肾囊肿的区别并不十分严格。Wells 等（1980）报道，在某屠宰场肾病异常率高的一个猪群，将近 50％ 的病例是由于肾囊肿的流行所造成的。受损肾内，从一极到另一极分布有不同数目和大小的囊肿。进一步调查表明，发病猪是长白公猪的后代。发现本病是一种常染色体显性性状，可遗传。囊肿的数目取决于多基因遗传（Wijeratne 和 Wells，1980）。

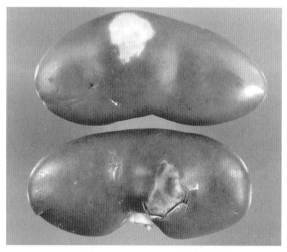

图 22.2　屠宰母猪的先天性肾囊肿。

下泌尿道畸形
Malformations of the Lower Urinary Tract

下泌尿道发育异常似乎少见于猪，与肾脏异常一样，它的流行病学特点也不清楚。已报道常见于猪的下泌尿道畸形有：多重输尿管（Benko，1969）、持久脐尿管（Weaver，1966）和先天性输尿管闭塞（Nieberle 和 Cohrs，1967）。

循环障碍
CIRCULATORY DISTURBANCES

　　泌尿道与机体其他组织一样会发生循环障碍。循环障碍引起的病变在尸检时有一定的诊断意义。

出血
Hemorrhage

　　患败血症动物的肾脏和下泌尿道的任何部位（图 22.3）可见弥散性出血点和出血斑。由沙门氏菌、链球菌、红斑丹毒丝菌（*Erysipelothrix rhusiopathiae*）和放线杆菌（*Actinobacillus* spp.）感染导致的败血症常引起这类病变。这类病变也常见于急性猪瘟和非洲猪瘟，以及其他病毒血症如巨细胞病毒感染（Orr 等，1988）。在患有急性肾小球肾炎、某些急性中毒和触电死亡的动物肾皮质中偶尔也可出现瘀点。值得一提的是，健康的初生仔猪常在肾皮质中出现体积较大且密集的血管极，常被误认为肾皮质瘀点。

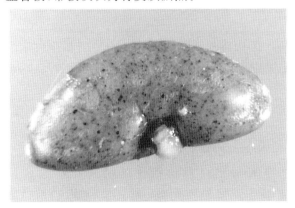

图 22.3　患有猪葡萄球菌败血症的仔猪的肾脏上出现大量出血点。

　　肾内或被膜下大范围的出血常因外伤、坏死或凝血障碍所致，包括抗凝血类灭鼠药中毒，也可发生于弥散性血管内凝血。机体各系统，包括泌尿道广泛出血，是仔猪同种免疫性血小板减少性紫癜的一种典型病理特征，这是由于仔猪从母体初乳中被动获得了抗血小板抗体（Andersen 和 Nielsen，1973；Dimmock 等，1982）。该病比较常见，患病仔猪出生时表现正常，但出生后 1～3 周因出血性素质而死亡。

梗死
Infarction

　　肾梗死在猪肾脏疾病中不常见，它是一种缺血性凝固性坏死灶，由肾动脉或肾动脉分支阻塞所引起。梗死灶的位置和面积通常取决于被阻塞的血管的分布情况。阻塞常是由血栓或无菌栓（腐败性栓塞引起的结果在栓塞性肾炎中讨论）引起。有些情况下，肾实质梗死主要与肾脏血管炎（Jansen 和 Nordstoga，1992），包括多发性动脉炎结节有关（Niderle 和 Cohrs，1967）。

　　偶尔可见猪双侧性肾皮质坏死，认为是两肾皮质大部分梗死所致（Hani 和 Lndermuhle，1980）。它的特征是弥散性血管内凝血，而且这种现象多发生于肾皮质的小动脉血管。这些损伤的发病机制尚不清楚，但与败血症、内毒素血症和胃出血性溃疡引起的出血性休克有关。

肾小球疾病
GLOMERULAR DISEASES

　　主要涉及肾小球的疾病有肾淀粉样变和肾小球肾炎，关于猪肾脏淀粉样变的报道极少（Jakob，1971；Maxie 和 Newman，2003）。肾小球肾炎是动物肾脏疾病中重要的一类，近年来，它在猪群中的发病率逐步升高。

肾小球肾炎
Glomerulonephritis

　　许多机制可引起肾小球发生炎症变化，如免疫性、血栓形成性、中毒性和其他无明显特征的机制。发生于人和动物的很多肾小球肾炎（GN）病例都是由免疫介导的。

　　免疫性肾小球受损的主要类型有：免疫复合物（抗原-抗体复合物）沉积、原位免疫复合物形成、补体旁路激活和细胞介导的过程（Spargo 和 Taylor，1988）。由于发炎的肾小球中经常可见免疫球蛋白和补体，因而抗体介导的损害引起人们的高度重视。兽医上，根据不同的形态学形式，将免疫介导的 GN 划分为膜性、增生性、膜性增生性和渗出性肾小球肾炎。

　　尽管 GN 的发病机制目前已经很清楚，但许多病例的病因或诱导因素仍不明确。理论上，GN 可能由多种因素诱导,包括药物、化学品、食物过敏、内源性抗原和致病性微生物(Drolet 等,1999)。

GN 并非经常发生于猪群,只是偶尔散发(Bourgault 和 Drolet,1995;Maxie 和 Newman,2007;Nieberle 和 Cohrs,1967;Slauson 和 Lewis,1979)。据报道,它还是某些慢性感染性疾病如猪瘟、非洲猪瘟(Choi 和 Chae,2003;Hervas 等,1996;Martin-Fernandez 等,1991)、全身性巨细胞病毒感染(Yoshikawa 等,1998)以及 A 群链球菌脓肿(Morales 和 Guzman,1976)的继发症。这些病例中产生的 GN 可能是由肾小球免疫复合物所引起,其中的抗原与引起这些慢性病的致病因子有关联(Slauson 和 Lewis,1979)。还有少数关于猪营养诱导性 GN 的报道。这与摄入富含蛋白的副产品(Elling,1979)及含有"黑斑菌"的饲料(Müller,1977)有关。

在挪威的约克夏仔猪中发现一种遗传性肾脏疾病,形态学上将其划分为膜性增生性 GN II 型(Jansen,1994)。这种家族性疾病与肾小球内形成的免疫复合物无关,但很可能是由蛋白"H 因子"的常染色体隐性缺失所致(Jansen 等,1995)。H 因子的缺乏激活补体活化旁路途径,随后,使大量补体沉积在肾小球内、膜内致密物沉积以及系膜增生。发生这种疾病的挪威约克夏仔猪是研究人类膜性增生性 GN II 类疾病(致密沉积物病)的可靠的动物模型(Jansen 等,1998)。

许多患有全身性脉管炎(主要指免疫介导性脉管炎)的动物同时还可观察到广泛性或局灶性GN。例如,猪皮炎-肾病综合征(PDNS)就能明显观察到广泛性或局灶性 GN。这种现象最早于1993 年(Smith 等,1993;White 和 Higgins,1993)在英国被描述,而后出现在世界大部分地区。此病主要影响哺乳仔猪和生长猪,在种猪上少见(Drolet 等,1999)。虽然在英国和其他国家出现了较高发病率且死亡率在 0.25% 至超过 20% 的案例(Segales 等,2005),但在猪群中表现出此病流行学特征的通常不到 1%。

患病动物出现一种具有皮肤和肾脏趋向性的全身性坏死性脉管炎(Hélie 等,1995;Smith 等,1993;Thibault 等,1998)。皮肤血管病引起一种明显的皮肤病(见第 17 和第 26 章)。急性病例,肾病变可能有渗出性 GN,偶尔也可见坏死性、脉

管性 GN。对于不同的个体,其他组织血管损伤的频率和分布差别很大(Thomson 等,2002)。一些非典型病例中可见皮下疾病而没有肾脏损伤,反之亦然(图 22.4)。发现有 GN 的病猪,如果身体别处无任何血管损伤,可能不应该被诊断为PDNS,因为猪可发生与此综合征无关的肾小球疾病。

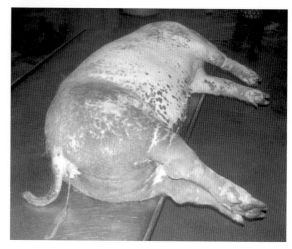

图 22.4 患 PDNS 的猪可见有多灶性或大片红斑,且多分布于后躯。

在 PDNS 中,肾小球及全身血管损伤被认为是免疫应答介导的,可能是通过 III 型超敏反应,该超敏反应的特征是在这些部位沉积大量抗原抗体聚合物或免疫复合物(Hélie 等,1995;Sierra 等,1997;Smith 等,1993;Thibault 等,1998;Thomson 等,2002;Wellenberg 等,2004)。多年以来,几种细菌和病毒包括猪繁殖和呼吸综合征(PRRS)病毒和猪圆环病毒 2 型(PCV2)被指为PDNS 的可能致病因子(Opriessnig 等,2007)。近 10 年研究指出 PCV2 与 PDNS 之间存在一定关系。目前,这种病毒是如何直接或间接导致PDNS 的发生还不得而知。近期研究发现,患PDNS 的动物 PCV2 病毒的感染量常常相对较低(Olvera 等,2004),但其 PCV2 抗体滴度却很高(Wellenberg 等,2004)。

近年来,还报道了许多其他猪肾小球疾病病例(Carrasco 等,2003;Jansen 和 Nordstoga,1992;Pace 等,1998;Shirota 等,1984、1995;Tamura 等,1986;Yoshie,1991)。

虽然前面提到的几种肾小球肾炎都伴有其他

疾病(如慢性感染、基因缺失、全身性脉管炎等)，但大多数自发性肾小球肾炎是先天性的(原发性先天性肾小球肾炎)(Bourgault 和 Drolet，1995；Shirota 等，1986；Slauson 和 Lewis，1979)。

GN 的临床意义不一，变化范围大，从患病动物只出现亚临床疾病，到暴发性或猝死性疾病均可发生。Shirota 等(1986)发现在他们所检查的100 头正常屠宰的猪中，许多猪的肾小球系膜细胞沉积有含 IgG 和 C3 补体的免疫复合物。这种肾小球系膜细胞增生性 GN 只有在对肾脏进行显微检查时才能发现，通常不会引起临床症状。

据 Bourgault 和 Drolet(1995)报道，原发性GN 的病猪中，至少有 1/3 死于增生性和渗出性GN。挪威约克夏仔猪患遗传性 GN 以死亡告终；患病仔猪出生后 11 周内因肾衰而死(Jansen 等，1995)。患有皮炎/肾病综合征的猪也常有死亡(Hélie 等，1995；Kavanagh，1994；Segalés 等，1998；Smith 等，1993；Thomson 等，2002；White 和 Higgins，1993)。在这种情况下，患病猪能否存活，取决于内脏器官，尤其是肾脏器官血管损伤的程度和严重性。

与其他家畜发生 GN 不同的是(除家族性肾小球病外)，猪的患病年龄相对年轻。GN 主要见于断奶猪和育肥猪(1.5～6 月龄)，偶尔可见于种猪，少见于哺乳仔猪。临床症状表现为厌食、昏睡、不愿运动、皮下水肿、体质迅速衰弱和死亡。

根据临床症状无法诊断 GN，因为 GN 的许多症状无特征性。在大的生产单位，根据个体血和尿的指标来考虑群体用药没有很大的实际意义。患有 PDNS 的病猪主要在后肢和肾周围区域出现出血，皮肤坏死，因而较易被临床诊断(Segalés 等，2003)。患有 GN 的病猪伴发有低蛋白血症、低白蛋白血症和持久性蛋白尿时，提示动物可能患有蛋白丢失性肾小球病。尿中蛋白/肌酸比值会升高(Hélie 等，1995)。蛋白尿、血尿、脓尿常发生于下泌尿道损伤，也可发生于患有严重的 GN 即急性渗出性 GN 的动物。患病动物血液中尿素和肌酸浓度升高，表明动物肾功能衰弱(Drolet 等，1999；Hélie 等，1995；Jansen 等，1995；Thomson 等，2002；White 和 Higgins，1993)。

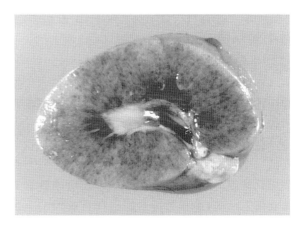

图 22.5　肥育猪的急性肾小球肾炎肾实质的皮质部水肿，有小的瘀点[Bourgault 和 Drolet，1995；经美国兽医实验室诊断协会(American Association of Veterinary Laboratory Diagnosticians)许可转载]。

GN 的大体病变可能缺乏、很轻微或很明显。肾脏外观的变化主要取决于肾小球的病变程度和病情所处阶段(如急性或慢性)。急性 GN 时，肾脏由轻到重呈不同程度的肿大，苍白，水肿，皮质有瘀点(图 22.5)。急性肾炎最大的不同在于，它是由多种细菌性败血症[红斑丹毒丝菌(*E. rhusiopathiae*)、猪放线杆菌(*Actinobacillus suis*)、猪霍乱沙门氏菌(*Salmonella choleraesuis*)]、急性病毒血症(猪瘟、非洲猪瘟、巨细胞病毒感染)及中毒引起。随着病情发展，肾脏表面呈小颗粒状，发展到慢性时，肾脏因皮质进行性纤维化而萎缩。此时，眼观无法区别本病和慢性间质性肾炎。但两者与慢性肾盂肾炎能区分，因为慢性肾盂肾炎所引起的纤维化区域形状不规则，病变区域间常有正常的肾实质部分，仔细检查还可在肾盂和肾乳头处发现明显的病变。GN 的某些病例会出现肾周围和皮下水肿，体腔积液。多次发现，胃溃疡的高发病率与 GN 有关(Bourgault 和 Drolet，1995；Jansen，1993；Kavanagh，1994；White 和 Higgins，1993)。

GN 通常采用对症治疗，但人们一般不重视猪 GN 的治疗，因为在正常饲养管理条件下，活猪很少能诊断出。针对患有 PDNS 的病猪，已尝试着用多种抗菌剂、抗炎药及多种维生素补充物治疗，但无明显疗效(Segalés 等，2003)。

肾小管疾病
TUBULAR DISEASES

在某些条件下,会发生一种以肾小管上皮细胞变性为主要特征的肾脏疾病。在这些情况下肾小管上皮细胞先变性,进而坏死和脱落。

急性肾小管坏死,常称为肾病,是动物急性肾衰的一个重要原因(图 22.6)。近曲小管的上皮细胞代谢很活跃,因而极易因持续缺血或肾毒素而受损,持续缺血和肾毒素是这种肾病的两个主要原因。

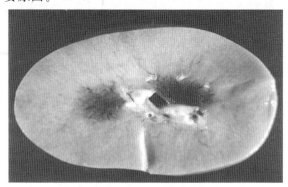

图 22.6 乙烯乙二醇中毒死亡的母猪肾脏苍白、肿胀,伴有急性肾小管坏死。因水暖系统的一个阀门泄漏导致几头猪中毒。

缺血性肾小管坏死
Ischemic Tubular Necrosis

缺血性肾小管坏死主要是由与内毒素、循环血量过低、心源性或肾源性因素等引起的休克相关的严重持久的低血压所造成的(Maxie 和 Newman,2007)。肾的这些病变严重威胁生命,它们所引起的肾衰常被引发休克的原发病的全身症状所掩盖。

肾毒性肾小管坏死
Nephrotoxic Tubular Necrosis

据文献记载,家畜肾毒性肾小管坏死,与家畜误食了许多外源性天然和合成化合物有关。这些毒性物质可能影响肾小管的功能,并且最终通过多种机制损伤细胞,包括影响细胞呼吸的代谢改变,干扰肾小管的转运系统,损害特殊的细胞器(Brown 和 Engelhardt;1987)。

植物、真菌毒素、抗菌药、重金属、乙烯乙二

醇,以及一些其他的工业化合物对猪都可能是肾毒性的。部分毒物在第 69 章和第 70 章中涉及。

许多植物对动物,尤其是反刍动物有肾毒性。几种苋类植物,尤其是红根苋(反枝苋,Amaranthus retroflexus),猪一旦食用可引起急性肾衰。这种疾病发生于夏季和初秋,与猪有机会接触这些植物的月份一致。猪通常食入 1 周后出现临床症状。其特征症状是:虚弱、震颤、共济失调,迅速发展为后躯麻痹和伏卧,最后死亡(Osvveiler 等,1969)。

一些曲霉和青霉属真菌产生肾毒性物质,污染用作饲料的谷物。赭曲霉毒素 A 和橘霉素是最常见的肾毒性真菌毒素。单胃动物,尤其猪食用含赭曲霉毒素 A 的霉变饲料后会发生严重的疾病。真菌毒素中毒后很少出现急性临床症状,而亚急性至慢性的消耗性疾病则较常见(Osweiler,1996)。

关于家畜发生的与抗生素相关的肾脏疾病都有着详细的记载。被认为有潜在肾毒性的抗生素有氨基糖苷类、四环素类(或它们的降解产物)、磺胺类。引起这些药物中毒的因素有给药剂量、给药途径、疗程、药物的溶解性及动物的健康状况(脱水、休克、先前患有肾病)。

乙烯乙二醇是引起猪中毒的另一个潜在原因。许多抗冻溶液中含有高浓度的乙烯乙二醇,该物质自身并无毒性,但通过胃肠道消化吸收后,一部分乙烯乙二醇在肝中被酶氧化,随后转化成数种肾毒性化合物,最后代谢为草酸盐。猪摄入乙烯乙二醇达 4~5 mL/kg 体重时便会发生中毒(Carson,2006)。猪意外接触到机器维护时排出的或从排水管排出的用来防止冰冻的抗冻溶液时会中毒。

许多金属化合物有肾毒性,如无机汞、砷、镉、铝、铊、铋。但因这些导致猪肾中毒的病例相对少见。

并非所有的肾毒性肾小管坏死急性病例肾脏的眼观病变都是明显的,但肾脏可能表现为轻微肿胀,苍白和湿润(图 22.6)。在反枝苋(A. retroflexus)中毒时,这些肾脏病变通常伴有肾周围明显水肿,可能伴随出血,并且机体其他部位可能出现浆液性渗出(Osweiler 等,1969)。在严重的急性肾小管坏死时,动物会因急性肾衰而死亡。而从该病的急性期幸存下来的动物要么康复,要

么发展成进行性肾纤维化,后者可能会导致慢性肾衰。这种转为慢性的现象较常见于赭曲霉毒素 A 中毒的猪(Gook 等,1986;Krogh,1977;Rutqvist 等,1978)。

组织学上,急性肾小管坏死的一般特征是:近曲小管和远曲小管的上皮细胞肿胀、坏死,肾小管腔内出现颗粒管型,肾小管扩张,间质轻度水肿。乙烯乙二醇中毒的一个特征是:肾小管内沉积大量的草酸钙结晶。急性中毒后幸存动物的肾脏上皮明显再生,最终,至少是部分动物,出现间质纤维化,并伴有局灶性肾单位缺失和间质轻度炎性浸润。

实际上,对于这些中毒目前尚缺乏有效的治疗方法,故对那些中毒的动物主要采取支持疗法或对症疗法。当怀疑某种肾毒素中毒后,应立即采取措施确保毒素快速消退或立即切断猪中毒来源。一些经验的方法可用于防止猪中毒。如在谷物储存时保持干燥是预防霉菌中毒,如赭曲霉素 A 中毒的最好办法之一。

肾小管间质疾病
TUBULOINTERSTITIAL DISEASES

肾小管间质疾病是指一类以间质炎症和肾小管损伤为主要特征的疾病,即间质性肾炎(如钩端螺旋体引起的)、栓塞性肾炎和肾盂肾炎(猪泌尿系统主要疾病之一)。见于人的免疫介导性肾小管间质疾病很少发生于家畜。

间质性肾炎
Interstitial Nephritis

钩端螺旋体可能是猪间质性肾炎最常见病因之一。多种血清型的钩端螺旋体,即以猪为贮藏宿主的波摩那型(Pomona)钩端螺旋体、塔拉索夫型(Tarassovi)钩端螺旋体和澳大利亚型(Australis)钩端螺旋体,能引发猪的重要疾病,这些疾病多与繁殖障碍有关,如不育、流产、弱胎或死胎。它的发病机制是钩端螺旋体穿过黏膜表面或皮肤,持续数天直到产生体液免疫应答为止的菌血症,病原体选择性定位并滞留于机体内抗体作用不到的部位,如眼玻璃体液、脑脊液、生殖道及肾脏近曲小管管腔(PreScott,2007)。钩端螺旋体从血液进入肾实质的间质组织,最终进入肾小管腔,这一过程诱发了多灶性间质性肾炎(Cheville 等,1980)。

间质性肾炎的病变程度不一,尤其是波摩那型钩端螺旋体感染时,从无眼观病变到广泛可见病变均可出现。病变散在分布,表现为形状大小不一致、界限不清的白色病灶,病情严重时病灶相互融合。这些病灶的组织学变化为间质组织中淋巴细胞、浆细胞和巨噬细胞浸润,伴有周围肾单位的变性。慢性时会出现间质纤维化。

在大多数情况下,病变范围不大,不至于引起肾衰,因此无全身症状的动物会在相对较长时间内从尿液中排出钩端螺旋体,排出的这种尿液便成为一个重要的污染源。随着病程发展,钩端螺旋体尿的排出缓解,呈间歇性,但据报道,在某些病例钩端螺旋体尿会长达 2 年之久(Mitchell 等,1966)。

关于猪间质性肾炎的病变与这些肾脏内钩端螺旋体的检出之间的关系方面的研究结果差异极大(Baker 等,1989;Boqvist 等,2003;Hunter 等,1987;Jones 等,1987;McErlean,1973)。可能影响研究结果的因素包括:感染钩端螺旋体的血清型;采用的钩端螺旋体检测方法;疾病发展阶段;钩端螺旋体病的流行程度及在特定区域引起猪间质性肾炎的其他传染因素。例如,钩端螺旋体病在越南南部的肥猪和母猪中具高发性(Boqvist 等,2002,2003),而根据对魁北克西南部屠宰猪所作的相同调查表明,这种病很少见(Drolet 等,2002;Ribotta 等,1999)。

严重的全身性 PCV2 感染影响哺乳仔猪和生长猪,最初于 1996 年在加拿大被称为断奶后多系统衰竭综合征(PMWC)(Clark,1996;Harding,1996),此后在世界很多地方都有病例报道。它的特征是进行性消瘦,出现呼吸症状,增生性淋巴结病,且某些病例还出现腹泻,皮肤发白或黄疸(Allan 和 Ellis,2000;Segales 和 Domingo,2002)。淋巴组织细胞样至肉芽肿样病变见于淋巴组织以及其他组织,还有间质性肺炎、肾炎、肝炎。在某些病例中大体病变可见间质性肾炎,表现为肾实质内有白色病灶(图 22.7)。Sarli 等(2008)对这些肾进行组织学检测发现肾小管间质性肾炎,出现不同比例的淋巴细胞、浆细胞、巨噬细胞和多核巨细胞。利用原位杂交技术,他们还发现肾小管上皮细胞 PCV2 核酸表达量比间质炎性细胞要高。目前也有关于以广泛性肾坏死及 PCV2 感染

图 22.7　自然感染猪圆环病毒 2 型引起的间质性肾炎。

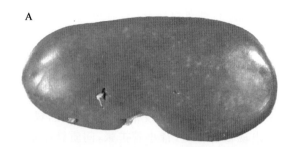

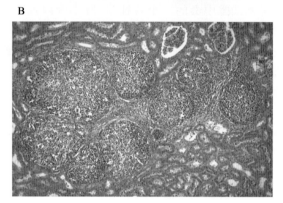

图 22.8　（A）一头患有多灶性间质性肾炎的屠宰猪的肾脏，可见肾皮质散在分布轮廓清晰的白点。（B）间质性肾炎界线清晰的病灶区域可见明显的淋巴囊肿（囊肿性肾炎）。

肾小管上皮细胞并伴随肾间质水肿及出血（火鸡蛋肾）为特征的病例报道（Imai 等，2006）。

　　猪间质性肾炎的多灶性病变也见于其他细菌（见栓塞性肾炎）和病毒血源性感染。虽然在大多数病例中这些病变不会影响肾功能，但它们预示着某种全身性疾病，因而具有诊断意义。

　　由全身性病毒感染所引起的间质性肾炎的病变一般只有通过显微镜才能观察到，特征为出现非化脓性炎症病灶。可引起这些病变的病毒有巨细胞病毒（Kelly，1967）、腺病毒（Nietfeld 和 Leslie-Steen，1993；Shadduck 等，1967）、PRRS 病毒以及其他病毒。实验室利用仔猪人工感染 PRRS 病毒 2～3 周后成功地复制出了非化脓性间质性肾炎的多灶性病变（Cooper 等，1997；Rossow 等，1995）。这些病变可出现于肾皮质和肾髓质。自然感染的猪也常有类似的肾脏病变。

　　多灶性间质性肾炎眼观病变常被称为白斑肾或白点肾，这是一些地方的屠宰场中猪肾受损的普遍病因（Drolet 等，2002）。大体病变可见几个直径在 1～3 mm 的白色病灶（图 22.8），随机分布或是许多广泛散布。组织学上，这些病灶由单核细胞组成，它们通常以淋巴囊肿样存在［囊肿性肾炎（follicular nephritis）］。这类间质反应可能表现为对于长期局部抗原刺激所作的非特异性免疫应答。一项研究表明，虽然这些病变的确切病因还不确定，但与猪细小病毒的存在有统计学上的显著关联，而且在肾脏被同时检测出猪细小病毒和 PCV2 时，PCV2 具有更大的关联（Drolet 等，2002）。

栓塞性肾炎
Embolic Nephritis

　　当各种细菌侵害到肾脏血管，引起菌血症或败血症性血栓栓塞时可造成栓塞性肾炎。菌血症时，在肾脏微循环（尤其间质和肾小球毛细血管网）中的微生物堆积成小团，引起小的化脓灶的形成。早期的眼观病变为整个肾皮质对称分布着小的出血灶，然后，形成白色到黄色小（1～3 mm）脓肿，其周围可能有充血带（图 22.9）。这些病变多

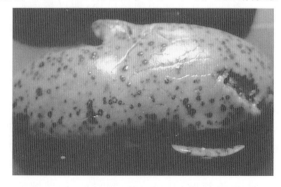

图 22.9　猪放线杆菌引起的栓塞性肾炎，散在的化脓灶周围有充血带。

见于皮质,但在髓质也能发现。当进行尸体剖检时发现这种病变,说明动物极有可能患有败血症。对于猪应考虑到猪放线杆菌(*Actinobacillus suis*)、链球菌(*Streptococcus* spp.)、红斑丹毒丝菌(*E. rhusiopathiae*)、大肠杆菌(*Escherichia coli*)、葡萄球菌(*Staphylococcus* spp.)、化脓隐秘杆菌(*Arcanobacterium pyogenes*)等的感染。

化脓性栓子进入血液,堵塞肾脏动脉血管,则引起败血性血栓栓塞,使肾脏出现大小不一的坏死化脓灶(图 22.10)。尸检时若发现此类病变,应仔细检查左心瓣膜(二尖瓣和主动脉瓣)是否患有增生性心内膜炎。这些情况很可能是链球菌(*Streptococcus* spp.)、红斑丹毒丝菌(*E. rhusiopathiae*)和大肠杆菌(*E. coli*)等引起的。

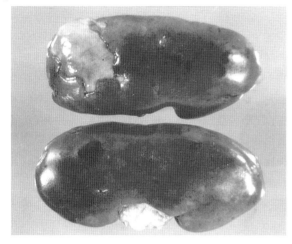

图 22.10 猪链球菌心内膜炎引起的感染性血栓栓塞性肾炎。

膀胱炎-肾盂肾炎复合症
Cystitis-Pyelonephritis Complex

尿液形成于肾,流经输尿管贮存于膀胱。输尿管瓣膜防止尿液从膀胱回流至肾。尿液由膀胱经尿道排出体外,母畜的尿道与阴道相通。尿道后段与阴道不是无菌状态,此处的微生物主要是细菌。这些细菌如果逆行感染泌尿道的无菌部分,则会引起膀胱炎和肾盂肾炎。

据记载,膀胱炎-肾盂肾炎复合症是引起母猪死亡的主要原因之一(D'Allaire 和 Drolet,2006)。世界各地均有过猪膀胱炎-肾盂肾炎的报道,管理方式的改变,尤其是妊娠母猪圈舍形式的改变,引起发病率升高。

从患有膀胱炎和肾盂肾炎的病猪分离到许多细菌,如大肠杆菌(*E. coli*)、化脓隐秘杆菌(*A. pyogenes*)、链球菌(*Streptococcus* spp.)、葡萄球菌(*Staphylococcus* spp.)(Carr 和 Walton,1993)。这些内源性和条件致病菌,一般定植于下泌尿道,常引起"非特异性"的泌尿道感染,详见其各自章节。*Actinobaculum suis* 是一种特异性的尿道病原,是引起猪上行性感染的重要原因之一。*Actinobaculum suis* 常使母猪的死亡率升高,并且据 Caar 和 Walton(1993)报道,从接近半数的患有膀胱炎和肾盂肾炎的病猪分离到了猪放线杆菌,这些病例放线杆菌单独存在或与其他细菌混合存在。

膀胱炎-肾盂肾炎复合症的致病机理由下泌尿道感染开始。通常情况下,正常排尿是保持膀胱无菌的基本条件,而出现任何引起膀胱尿液潴留的因素(水重吸收障碍或排尿减少)均可导致该病的发生(Maxie 和 Newman,2007)。

由于妊娠期限制性饲养模式的推行,增加了泌尿道感染的几率。在限制栏内饲养可导致很多问题,如降低水的可得性,增加会阴粪便污染,体重超标,腿伤,所有这些问题均可导致排尿频率减少,促进泌尿生殖道细菌繁殖。老年母猪更易感染,因为老年动物更易出现肥胖、四肢损伤和缺乏锻炼(D'Allaire 和 Drolet,2006)。

一旦膀胱感染,导致肾脏感染(肾盂肾炎)可能的最明显机制为膀胱输尿管反流。靠近膀胱的输尿管及输尿管口变形(膀胱炎母猪可能发生),有助于感染尿液上行回流至输尿管和肾(Maxie 和 Newman,2007)。

根据疾病严重程度和感染阶段的不同,泌尿道感染的临床症状各有不同。许多泌尿道感染的病例无症状,也没有明显的损伤,仅在尿检时被发现。而其他一些病例则表现为急性或严重的膀胱炎-肾盂肾炎,可导致患病动物死亡、急性肾衰竭等。有症状的猪一般不发热,表现为厌食、血尿和脓尿。尿的颜色常呈红棕色,气味极大。猪链球菌感染时,由于细菌分泌脲酶裂解尿素为氨,尿pH 从正常的 5.5~7.5 增加至 8~9。从感染初期幸存的猪常出现体重减轻,生产力下降,所以常过早地被淘汰。

膀胱黏膜表面的炎症反应可能是卡他性、出血性、脓性或坏死性的,膀胱壁可能增厚。膀胱腔内可能有鸟粪石。输尿管内常充满渗出物,直径可增至 2.5 cm。

检查肾脏,单侧或双侧性肾盂肾炎为主要病变。肾盂区因充有血液、脓汁和恶臭气味的尿液而扩张,并且常常发生不规则溃疡及乳头坏死。这些化脓性病变最后会不规则地波及至肾髓质,甚至皮质,导致肾脏表面变形、变色。皮质内的炎症病灶多分布于肾的两端。由于分布于肾两极的复合乳头的乳头管因肾盂内压而无法关闭(Carr等,1991;Ransley 和 Risdon,1974),所以这些复合乳头极易发生脓毒性尿向肾内回流。长期患有肾盂肾炎的猪,肾脏最终会发生纤维化(图 22.11)。

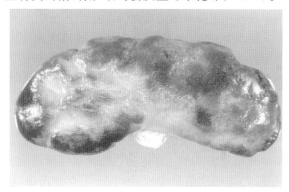

图 22.11   母猪慢性肾盂肾炎。

镜下观察,可见坏死性输尿管炎和肾盂肾炎,且在病灶内可见细菌团块,上皮细胞增生和脱落,杯状细胞化生,上皮内囊肿形成(Woldemeskel 等,2002)。肾小管内可能有蛋白管型、细菌及脓性渗出物。间质内有单核细胞、中性粒细胞,可能还会发生纤维化。输尿管瓣膜可能有炎症、坏死和纤维化。

动物排尿频繁,而且尿液呈血色、浑浊,则可以初步诊断为膀胱炎和肾盂肾炎。检查尿沉渣很有必要,因为其中可能含有炎性细胞、红细胞、颗粒状管型、细菌和结晶(Carr 和 Walton,1992)。血中尿素及肌酸酐则表明已出现肾衰。由于本病的眼观病变明显,所以确诊并不困难。

有时测定眼液中的尿素浓度有助于诊断死亡动物的膀胱-肾盂肾炎,尤其是已不可能做尸检或很难确定动物死亡是否由泌尿道病变引起时(Drolet 等,1990)。因膀胱-肾盂肾炎死亡的母猪眼睛房水尿素(45～92 mmol/L)明显比因其他原因死亡的母猪房水尿素含量(9～10 mmol/L)更高(Arauz 和 Perfumo,2000;Chagnon 等,1991)。

若在疾病早期正确应用抗生素可以成功治疗泌尿道感染。抗生素治疗的详细内容请参阅第 53 章。

尿路感染的预防包括配种、分娩和整个妊娠期间保持良好的卫生条件。圈舍设计要合理,以减少种畜群内病原的传播,并确保及时有效地清除粪便。建议任何时候均能自由饮水,以减少因饮水缺乏而导致的泌尿道感染。因老年猪更易患泌尿道感染,故应适时扑杀,以保持种畜群母猪合理的胎次分布。

肿瘤
NEOPLASIA

由于猪群的平均年龄较小,所以肿瘤并不常见。然而,报道显示,幼龄动物最易发生肿瘤疾病(Nielsen 和 Moulton,1990)。猪泌尿道的肿瘤主要是肾脏的肿瘤。下泌尿道也有发生肿瘤的报道(Nieberle 和 Cohrs,1967),但发生率极低。

胚胎肾瘤,也称作肾胚细胞瘤,是猪最常见的肿瘤之一,也是猪最常见的原发性肾肿瘤,但各地区的发病率有所不同。从命名上可知,这种肿瘤似乎起源于胚胎的肾胚基。肿瘤原发于肾,很少原发于肾周组织(可能原发于胚胎肾组织的残迹)。患病动物年龄一般都较小,大部分可存活至出栏年龄而没有明显的临床症状,死后检验才可发现肿瘤。胚胎肾瘤主要表现为存在于一侧肾脏的单个瘤块,但也可以是双侧肾脏都有或是多瘤块(Nielsen 和 Moulton,1990)。肿瘤体积会很大、坚硬、苍白、结节状。与患有胚胎肾瘤的其他哺乳动物相比,猪胚胎肾瘤很少发生转移。该肿瘤的组织形态学结构很特别,类似于杂乱无章的胚胎肾组织。发生该肿瘤的原始组织具有多能性,它能分化形成并存于肿瘤的上皮和间质。Hayashi 等(1986)根据猪肾胚细胞瘤的组成成分,将它分为四类:肾胚细胞型、上皮型、间质型和混合型。他们记录的肾胚细胞瘤病例中只有少数发生转移。

其他原发性肾肿瘤不常见于猪。偶尔发生肾癌(Anderson 等,1969;Sandison 和 Anderson,1968)。原发于肾盂的肿瘤极少(Vitovec,1977)。

肾脏肿瘤可能继发于一些多系统或全身性肿瘤,如恶性淋巴瘤(淋巴肉瘤)。在猪恶性淋巴瘤比较普通,主要为多中心型和胸腺型。多中心型和胸腺型淋巴肉瘤分别主要侵害淋巴结和胸腺,进入晚期时,病畜会出现肝、脾、肾和其他器官的浸润,因此肾脏表现为体积变大、颜色苍白,或者有散在分布的突出于皮质表面的白色结节(图

22.12)。在这种情况下，一些患病动物可能发展为白血病。在某些病例中肾损伤会表现为出血（Marcato，1987；Stevenson和DeWitt，1973），有可能与一些全身感染性疾病混淆（图22.13）。后期损伤的机制还不是非常清楚，可能与凝血障碍或血管内的肿瘤细胞引起梗塞而导致的急性梗死有关。

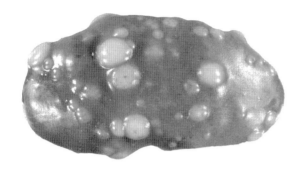

图22.12 育肥猪的淋巴瘤。肾脏有大量肿瘤结节。

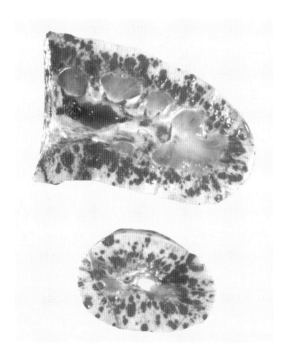

图22.13 患白血病淋巴瘤的小母猪肾脏大量出血点。组织学观察，病灶内间质出血，内含淋巴样肿瘤细胞。

其他疾病
MISCELLANEOUS CONDITIONS
尿石症
Urolithiasis

尿石症即在泌尿道里出现结石或尿石。镜下观察，尿石是盐类结石（多晶状体），含有少量的有机物。"结晶尿症"是指光镜观察时，尿液里出现异常的晶体样沉淀物。猪尿石的组成和意义还研究得不够深入。但是，已发现了多种结石，如碳酸钙、钙磷石灰（磷酸钙）、鸟粪石（六氢磷酸铵镁）、尿石和尿酸盐。形成尿石的诱因有饲料、尿pH、饮水不足、尿淤积，以及先前存在的泌尿道疾病。

与其他家畜相比，猪患有尿石症的几率较小。本病散发于各年龄段的猪，偶尔可见于屠宰的猪。有数起关于暴发阻塞性尿石症的报道（Inoue等，1977；Sim，1978；Smyth等，1986）。暴发此病的猪有断奶猪、育肥猪和种猪，暴发的诱因还不清楚。患有阻塞性尿石症的动物食欲下降，少尿或无尿、腹胀、腹痛，有的死于肾后性尿毒症。有时膀胱会破裂。治疗阻塞性尿石症理论上可行，但无经济效应。

母猪膀胱里有时有黄色沉积物，但似乎无临床意义。尸检时，这些沉积物与脱落的上皮细胞混存，使尿液变浑，因而易误诊为膀胱炎。患有膀胱炎和肾盂肾炎的母猪偶尔也出现感染诱导性结石（图22.14）。

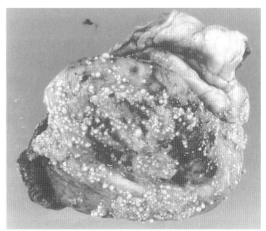

图22.14 患有慢性化脓性膀胱炎的母猪膀胱内有感染诱导性结石。

尿酸和尿酸盐尿石常见于新生仔猪的肾脏（图22.15），分布于髓质和肾盂，表现为小的橘红色沉淀物。这种特殊形式的尿石症主要见于未获得母乳的仔猪（母乳中含有体液和营养素），或患有厌食、腹泻等引起脱水的消耗性疾病（如传染性胃肠炎）的仔猪。这些仔猪为满足能量需要，加速分解组织蛋白和嘌呤，以及与脱水相关的肾功能降低使这些仔猪血中尿酸盐和尿酸浓度升高。肾小球滤液中过量的溶质被重吸收的少,最后沉积在髓质和肾盂内(Maxie 和 Newman,2007)。

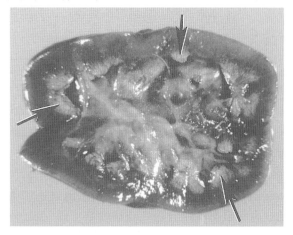

图 22.15 脱水哺乳仔猪肾髓质内有尿酸盐结石(箭头)。

肾盂积水
Hydronephrosis

肾盂、肾盏充满尿液而扩张,伴有肾实质的进行性萎缩,是肾盂积水的特征。本病不常见于猪,但偶尔散发。该病的发病机制为下泌尿道内,即从肾盂至尿道后段,出现了某种形式的阻碍物,堵塞尿液的正常通道。引起堵塞的原因有尿道结石,尿通道内渗出物,输尿管扭结,外源性灶性压迫(脓肿、肿瘤),外伤后或炎症后尿通道狭窄。

单侧肾盂严重积水(图 22.16)不易被发现,这是因为另一个正常肾脏可有效代偿。在这些病例,感染肾的肾盂和肾盏极度扩张,挤压肾实质,皮质组织可能变为一薄层。依据阻塞的位置不同还有可能造成输尿管积水。长期患病动物的肾脏会转变为一个大的充满液体的囊,外包极度紧张的肾被膜,受损肾脏需几个月才可发展至这种严重病变。由于尿液滞留会诱发感染,滞留的尿液有时会转变为脓性渗出物。患有双侧肾盂积水的动物常在肾病变完全发展之前,便死于尿毒症。

寄生虫感染
Parasitic Infections

猪是许多寄生性蠕虫的终末宿主或中间宿主(第 67 章)。与机体其他系统相比,泌尿道只能寄生极少数寄生虫。肾脏偶尔会感染肾膨结线虫(*Dioctophyma renale*)[巨肾虫(giant kidney warm)]和某些绦虫的幼虫。嗜好寄生于猪泌尿系统的最重要的蠕虫是有齿肾线虫(*Stephanurus dentatus*),也被称为猪肾线虫。

有齿肾线虫是一种圆线虫,分布广泛,尤其是分布于气候温暖地区,包括美国南部。在地方性流行区域,由于它能引起动物死亡,生长迟缓,饲料利用率降低,屠宰废弃,因而有齿肾线虫感染有着重要的经济意义(Batte 等,1966)。线虫幼虫需要潮湿且适宜的庇护所,故饲养在泥土上的猪最易感染此病。幼虫通过穿透猪皮肤或被猪吞食感染。也有可能经胎盘感染(Batte 等,1966)。

幼虫进入宿主体内就蜕皮,移行至肝脏,在肝脏居留数月,使肝脏严重受损、发炎。肝实质内的寄生虫常引起猪群肝脏病变(Hale 和 Marti,1983)。某些幼虫最终从肝脏游离出来,移行至腹腔和体内其他各种器官,诱发严重的炎症反应。部分成虫会停留于肾周组织,也有极少数停留于肾内以完成生活史。在膀胱的炎症结节内可见长约 3 cm 线虫,这些结节与肾盂或输尿管相通,从而使它们可以成功地将虫卵排至尿液。该寄生虫病的潜伏期至少为 9 个月,成年动物尿液排卵长达两年之久(Batte 等,1960,1966)。寄生虫的防治与治疗见第 67 章。

其他
Other Conditions

猪维生素 D 急性中毒时会发生肾钙化,常见于饲料中无意添加了过量的维生素 D_3(Kurtz 和 Stowe,1979;Long,1984)。中毒的猪嗜睡、呕吐、腹泻、呼吸困难、死亡。剖检时,显著的肉眼病变有:出血性胃炎或胃肠炎,心肌坏死,肺水肿和充血。组织形态学上,除上述眼观病变外,肾、心肌、肺、胃肠道和血管都出现了大面积的钙化,并伴有

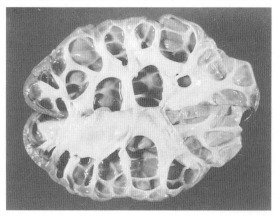

图 22.16 慢性单侧性肾盂积水。

不同程度的变性。

近年来有生长猪慢性盐中毒的报道（Alonso等，2010）。中毒猪肾皮质常出现严重的、双侧的弥漫性间质纤维化，肾小球消失、硬化。

猪肾盂、输尿管和膀胱内的上皮细胞偶尔发生黏液样化生。这种非特异性的、发生机理不明的病变见于猪的多种疾病，如渗出性皮炎、大肠杆菌（E. coli）性肠炎、猪霍乱和化脓性关节炎（Brobst 等，1971）和尿道感染。

也有关于屠宰猪肾盂不明原因骨化的报道（Bundza，1990）。

鉴别诊断
DIFFERENTIAL DIAGNOSIS

主要基于肾大体病变表现进行鉴别诊断，详见表22.1。

表22.1　基于尸检时肾脏大体病变表现进行鉴别诊断

大体病变	鉴别诊断
肾大小正常，分布大量瘀点	● 细菌性败血症（图22.3） ● 急性病毒病：猪瘟（CSF），非洲猪瘟（ASF），巨细胞病毒 ● 电处死 ● 某些中毒
肾肿大，有瘀点	● 急性肾小球肾炎[a]（GN）包括PDNS（图22.5）
肾肿大，颜色苍白	● 急性GN[a] ● 急性肾小管坏死[a]：不同毒物（图22.6） 　注意：有时伴随间质水肿（见，GN）
大量肾出血（出血面积比瘀点大）	● 创伤 ● 坏死 ● 凝血障碍：抗凝血药中毒，同族免疫性血小板减少症
单侧或双侧肾脏有红色或白色坏死病灶（经常在皮质部为楔形）	● 急性或亚急性梗死：血栓症，血管炎，血栓
肾脏呈片状苍白或肾实质白色病灶	● 间质性肾炎：圆环病毒，钩端螺旋体，不明原因（图22.7和图22.8） 　注意：肾脏也可因圆环病毒感染肿大
肾脏大量微小脓肿	● 化脓性栓塞性肾炎：红斑丹毒丝菌（Erysipelothrix rhusiopathiae）、猪放线杆菌（Actinobacillus suis）（图22.9）
单侧或双侧肾脏有渗出物，肾盂扩张，乳突状坏死，不对称实质化脓性病灶	● 肾盂肾炎[a]：包括猪放线杆菌（Actinobaculum suis）等在内的不同细菌引起
肾弥漫性苍白、质地硬，肾被膜明显纤维化	● 慢性GN[b] ● 慢性肾小管坏死[b]：一些毒素因子如赭曲霉毒素A ● 慢性间质性肾炎（猪上不常见）
单侧或双侧肾脏有不规则纤维化带，纤维带中夹杂正常肾组织，肾盂扩张，呈乳头畸形	● 慢性肾盂肾炎（图22.11）
单侧或双侧肾脏有不规则纤维化带，纤维带中夹杂正常肾组织，肾盂正常	● 慢性梗死（脓性或非脓性） ● 肾发育不良（很少见）
单侧或双侧肾脏有液体囊肿，未与肾盂相通	● 先天性肾囊肿（图22.2）
单侧或双侧肾脏肾盂肾盏扩张，肾实质萎缩，囊肿较大	● 肾盂积水[b]（梗阻性肾病）（图22.16）
单侧或双侧肾脏有不同大小的外生性结节	● 淋巴瘤（常呈双侧性）（图22.12和图22.13） ● 胚胎肾瘤（常呈单侧性） ● 其他肿瘤（很少）

[a] 可能发生急性肾衰竭。
[b] 可能发生慢性肾衰竭。

（汪开毓译，丁天健校）

参考文献
REFERENCES

Allan GM, Ellis JA. 2000. J Vet Diagn Invest 12:3–14.

Alonso C, Llanes N, Segalés J. 2010. A case on chronic salt intoxication in growing pigs. In Proc Congr Int Pig Vet Soc 21(1):98.

Andersen S, Nielsen R. 1973. Nord Vet Med 25:211–219.

Anderson LJ, Sandison AT, Jarrett WFH. 1969. Vet Rec 84: 547–551.

Arauz SM, Perfumo CJ. 2000. Rev Med Vet (Buenos Aires) 81: 342–344.

Baker TF, McEwen SA, Prescott JF, Meek AH. 1989. Can J Vet Res 53:290–294.

Banks WJ. 1993. Urinary system. In WJ Banks, ed. Applied Veterinary Histology, 3rd ed. Baltimore, MD: Mosby-Year Book, pp. 374–389.

Batte EG, Harkema R, Osborne JC. 1960. J Am Vet Med Assoc 136: 622–625.

Batte EG, Moncol DJ, Barber CW. 1966. J Am Vet Med Assoc 149:758–765.

Benko L. 1969. Vet Rec 84:139–140.

Boqvist S, Chau BL, Gunnarsson A, et al. 2002. Prev Med 53: 233–245.

Boqvist S, Montgomery JM, Hurst M, et al. 2003. Vet Microbiol 93:361–368.

Bourgault A, Drolet R. 1995. J Vet Diagn Invest 7:122–126.

Brobst DF, Cottrell R, Delez A. 1971. Vet Pathol 8:485–489.

Brown SA, Engelhardt JA. 1987. Comp Cont Educ 9:148–159.

Bundza A. 1990. Can Vet J 31:529.

Carr J, Walton JR. 1992. Characteristics of plasma and urine from normal adult swine and changes found in sows with either asymptomatic bacteriuria or cystitis and pyelonephritis. In Proc Congr Int Pig Vet Soc 12:263.

——. 1993. Vet Rec 132:575–577.

Carr J, Walton JR, Done SH. 1990. Observations on the intravesicular portion of the ureter from healthy pigs and those with urinary tract disease. In Proc Congr Int Pig Vet Soc 11:286.

——. 1991. Pig Vet J 27:122–141.

Carrasco L, Madsen LW, Salguero FJ, et al. 2003. J Comp Pathol 128:25–32.

Carson TL. 2006. Toxic minerals, chemicals, plants, and gases. In BE Straw, JJ Zimmerman, S D'Allaire, DJ Taylor, eds. Diseases of Swine, 9th ed. Ames, IA: Blackwell Publishing, pp. 971–984.

Chagnon M, D'Allaire S, Drolet R. 1991. Can J Vet Res 55: 180–184.

Cheville NF, Huhn R, Cutlip RC. 1980. Vet Pathol 17: 338–351.

Choi C, Chae C. 2003. Vet Rec 153:20–22.

Clark EG. 1996. Pathology of the post-weaning multisystemic wasting syndrome of pigs. In Proc West Can Assoc Swine Pract, pp. 22–25.

Cook WO, Osweiler GD, Anderson TD, Richard JL. 1986. J Am Vet Med Assoc 188:1399–1402.

Cooper VL, Heese RA, Doster AR. 1997. J Vet Diagn Invest 9:198–201.

Cordes DO, Dodd DC. 1965. Pathol Vet 2:37–48.

D'Allaire S, Drolet R. 2006. Longevity in breeding animals. In BE Straw, JJ Zimmerman, S D'Allaire, DJ Taylor, eds. Diseases of Swine, 9th ed. Ames, IA: Blackwell Publishing, pp. 1011–1025.

Dimmock CK, Webster WR, Shiels IA, Edwards CL. 1982. Aust Vet J 59:157–159.

Drolet R, D'Allaire S, Chagnon M. 1990. J Vet Diagn Invest 2: 9–13.

Drolet R, D'Allaire S, Larochelle R, et al. 2002. Vet Rec 150: 139–143.

Drolet R, Thibault S, D'Allaire S, Thomson JR, Done SH. 1999. Swine Health Prod 7:283–285.

Elling F. 1979. Acta Pathol Microbiol Scand 87A:387–392.

Friendship RM, Lumsden JH, McMillan I, et al. 1984. Can J Comp Med 48:390–393.

Friis C. 1980. J Anat 130:513–526.

Hale OM, Marti OG. 1983. J Anim Sci 56:616–620.

Häni H, Indermühle NA. 1980. Vet Pathol 17:234–237.

Harding JG. 1996. Post-weaning multisystemic wasting syndrome (PMWS): Preliminary epidemiology and clinical presentation. In Proc West Can Assoc Swine Pract, p. 21.

Hayashi M, Tsuda H, Okumura M, Hirose M, Ito N. 1986. J Comp Pathol 96:35–46.

Hélie P, Drolet R, Germain MC, Bourgault A. 1995. Can Vet J 36: 150–154.

Hervas J, Gomezvillamandos JC, Mendez A, et al. 1996. Vet Res Comm 20:285–299.

Hunter P, Van Der Vyver FH, Selmer-Olsen A, et al. 1987. Onderstepoort J Vet Res 54:59–62.

Imai DM, Cornish J, Nordhausen R, et al. 2006. J Vet Diagn Invest 18:496–499.

Inoue I, Baba K, Ogura Y, Konno S. 1977. Pathology of the urinary bladder in urolithiasis in swine. Nat Inst Anim Hlth Quart 17:186.

Jakob W. 1971. Vet Pathol 8:292–306.

Jansen JH. 1993. Acta Pathol Microbiol Immunol Scand 101:281–289.

——. 1994. J Vet Med A41:91–101.

Jansen JH, Hogasen K, Grondahl AM. 1995. Vet Rec 137: 240–244.

Jansen JH, Hogasen K, Harboe M, Hovig T. 1998. Kidney Int 53:331–349.

Jansen JH, Nordstoga K. 1992. J Vet Med A39:582–592.

Jones RT, Millar BD, Chappel RJ, Adler B. 1987. Aust Vet J 64: 258–259.

Kavanagh NT. 1994. Vet Rec 134:311.

Kelly DF. 1967. Res Vet Sci 8:472–478.

Krogh P. 1977. Nord Vet Med 29:402–405.

Kurtz HJ, Stowe CM. 1979. Acute vitamin-D toxicosis in swine. In Proc Am Assoc Vet Lab Diagn 22:61–68.

Long GG. 1984. J Am Vet Med Assoc 184:164–170.

Marcato PS. 1987. Vet Res Comm 11:325–337.

Martin-Fernandez J, Igual A, Rueda A, et al. 1991. Histol Histopathol 6:115–121.

Mason RW, Cooper R. 1985. Aust Vet J 62:413–414.

Maxie MG, Newman SJ. 2007. Urinary system. In MG Maxie, ed. Jubb, Kennedy, and Palmer's Pathology of Domestic Animals, 5th ed. San Diego, CA: Saunders, pp. 425–522.

McErlean BA. 1973. Vet J 27:185–186.

McLaughlin PS, McLaughlin BG. 1987. Am J Vet Res 48: 467–473.

Mitchell DA, Robertson A, Corner AH, et al. 1966. Can J Comp Med 30:211–217.

Morales GA, Guzman VH. 1976. Proliferative glomerulonephritis in young pigs. In Proc Congr Int Pig Vet Soc 4:R1.

Müller E. 1977. Dtsch Tierarztl Wochenschr 48:43–45.

Nieberle K, Cohrs P. 1967. Urinary organs. In Textbook of the Special Pathological Anatomy of Domestic Animals. Toronto: Pergamon Press, pp. 659–720.

Nielsen SW, Moulton JE. 1990. Tumors of the urinary system. In JE Moulton, ed. Tumors in Domestic Animals, 3rd ed. Berkeley, CA: University of California Press, pp. 458–478.

Nietfeld JC, Leslie-Steen P. 1993. J Vet Diagn Invest 5: 269–273.

Olvera A, Sibila M, Calsamiglia M, Segalés J, Domingo M. 2004. J Virol Methods 117:75–80.

Opriessnig T, Meng X-J, Halbur PG. 2007. J Vet Diag Invest 19:591–615.

Orr JP, Althouse E, Dulac GC, Durham JK. 1988. Can Vet J 29: 45–50.

Osweiler GD. 1996. Mycotoxins. In GD Osweiler, ed. Toxicology. Philadelphia: Williams and Wilkins, pp. 409–436.

Osweiler GD, Buck WB, Bicknell EJ. 1969. Am J Vet Res 30: 557–566.

Pace LW, Schreibman AE, Bouchard G, Luger AM. 1998. Immune-complex mediated glomerulonephritis in miniature swine. In Proc Congr Int Pig Vet Soc 15:394.

Prescott JF. 2007. The urinary system. In MG Maxie, ed. Jubb, Kennedy, and Palmer's Pathology of Domestic Animals, 5th ed. San Diego, CA: Saunders, pp. 481–490.

Ransley PG, Risdon RA. 1974. Lancet 2:1114.

Ribotta M, Higgins R, Perron D. 1999. Can Vet J 40:809–810.

Rossow KD, Collins JE, Goyal SM, Nelson EA, Christopher-Hennings J, Benfield DA. 1995. Vet Pathol 32:361–373.

Ruckebusch Y, Phaneuf LP, Dunlop R. 1991. The urinary collecting and voiding system. In Y Ruckebusch, L-P Phaneuf, R Dunlop, eds. Physiology of Small and Large Animals, 1st ed. Hamilton: B.C. Decker, pp. 184–188.

Rutqvist L, Bjorklund NE, Hult K, Hokby E, Carlsson B. 1978. Appl Environ Microbiol 36:920–925.

Salmon-Legagneur E, Gayral JP, Leveau JM, et al. 1973. J Rech Porcine France 5:285–291.

Sandison AT, Anderson LJ. 1968. Cancer 21:727–742.

Sarli G, Mandrioli L, Panarese S, et al. 2008. Vet Pathol 45: 12–18.

Segalés J, Allan G, Domingo M. 2005. Anim Health Res Rev 6:119–142.

Segalés J, Domingo M. 2002. Vet Quart 24:109–124.

Segalés J, Piella J, Marco E, et al. 1998. Vet Rec 142:483–486.

Segalés J, Rosell C, Domingo M. 2003. Porcine dermatitis and nephropathy syndrome. In A Morilla, K-J Yoon, JJ Zimmerman, eds. Trends in Emerging Viral Infections of Swine, 1st ed. Ames, IA: Iowa State Press, pp. 313–318.

Shadduck JA, Koestner A, Kasza L. 1967. Pathol Vet 4:537–552.

Shirota K, Koyama R, Nomura Y. 1986. Jpn J Vet Sci 48:15–22.

Shirota K, Masaki T, Kitada H, et al. 1995. Vet Pathol 32: 236–241.

Shirota K, Nomura Y, Saito Y. 1984. Vet Pathol 21:158–163.

Sierra MA, de las Mulas JM, Molenbeek RF, et al. 1997. Eur J Vet Pathol 3:63–70.

Sim WW. 1979. Urinary obstruction in weaned piglets leading to increased mortality. In Proc Pig Vet Soc 4:57–59.

Sisson S. 1975. Porcine urogenital system. In R Getty, ed. Sisson and Grossman's the Anatomy of Domestic Animals, 5th ed. Philadelphia: W.B. Saunders, pp. 1297–1303.

Slauson DO, Lewis RM. 1979. Vet Pathol 16:135–164.

Smith WJ, Thomson JR, Done S. 1993. Vet Rec 132:47.

Smyth JA, Rice DA, Kavanagh NT, Collins DS. 1986. Vet Rec 119:158–159.

Spargo BH, Taylor JR. 1988. The kidney. In E Rubin, JL Farber, eds. Pathology, 1st ed. Philadelphia: J.B. Lippincott, pp. 832–889.

Stevenson RG, DeWitt WF. 1973. Can Vet J 14:139–141.

Tamura T, Shirota K, Une Y, Nomura Y. 1986. Jpn J Vet Sci 48:1183–1189.

Thibault S, Drolet R, Germain MC, D'Allaire S, Larochelle R, Magar R. 1998. Vet Pathol 35:108–116.

Thomson JR, Higgins RJ, Smith WJ, Done SH. 2002. J Vet Med A49:430–437.

Vitovec J. 1977. J Comp Pathol 87:129–134.

von Höfliger H. 1971. Schweizer Archiv Tierheilkund 113: 330–337.

Weaver ME. 1966. Anat Rec 154:701–704.

Webster WR, Summers PM. 1978. Aust Vet J 54:451.

Wellenberg GJ, Stockhofe-Zurwieden N, de Jong MF, et al. 2004. Vet Microbiol 99:203–214.

Wells GAH, Hebert CN, Robins BC. 1980. Vet Rec 106: 532–535.

White M, Higgins RJ. 1993. Vet Rec 132:199.

Wijeratne WVS, Wells GAH. 1980. Vet Rec 107:484–488.

Woldemeskel M, Drommer W, Wendt M. 2002. J Vet Med A 49:348–352.

Yoshie T. 1991. Jpn J Nephrol 33:179–189.

Yoshikawa T, Yoshikawa H, Oyamada T, Saitoh A. 1988. Immune-complex glomerulonephritis associated with porcine cytomegalovirus infection. In Proc Congr Int Pig Vet Soc 10:245.

第三部分
SECTION Ⅲ

病毒疾病
Viral Diseases

32 猪星状病毒
Porcine Astroviruses

33 布尼亚病毒
Bunyaviruse

34 猪杯状病毒
Porcine Caliciviruses

35 冠状病毒
Coronaviruses

36 丝状病毒
Filovirus

37 黄病毒属
Flaviviruses

38 瘟病毒属
Pestiviruses

39 戊型肝炎病毒
Hepatitis E Virus

40 流感病毒
Influenza Virus

41 副黏病毒
Paramyxoviruses

42 小核糖核酸病毒
Picornaviruses

43 呼肠孤病毒(轮状病毒和呼肠孤病毒)
Reoviruses (Rotaviruses and Reoviruses)

44 逆转录病毒
Retroviruses

45 水疱病毒
Rhabdoviruses

46 披膜病毒
Togaviruses

23

病毒概述
Overview of Viruses
Kyoung-Jin Yoon

病毒，病毒颗粒和病毒的结构
VIRUS, VIRION, AND VIRUS STRUCTURE

病毒是单细胞的、细胞内的、具有与其他已知的单细胞生物明显不同特征的寄生物（表23.1）。所有病毒的一个重要特征是它们必须在活细胞内才能复制。事实上，它们依靠宿主细胞来提供复制所必需的各种原料。历史上病毒的概念能够被确立的原因，就在于通过无菌材料（经过无菌膜滤过）后仍会导致疾病这一现象。使用小于300 nm小孔的材料过滤仍然被用作一种将病毒与细菌及其他微生物分离的方法。

"病毒颗粒"是独立于细胞外的一个完整的传染性病毒（图23.1）。病毒颗粒内包含有编码复制作用和（或）结构作用蛋白质的RNA或DNA。基因可以单链或双链，可以是线性或环状，并且可以包含一个或多个片段。蛋白外衣（"衣壳"）保护病毒基因组，这两者共同组成核衣壳。核衣壳有时被一种外部结构（"包膜"）覆盖，这是核衣壳（未成熟的）穿过细胞膜，也就是细胞质的、胞质内的或核膜所必需的。由于在自然的过程中，病毒包膜的结构（双层脂膜）与细胞膜从来源上是相同的，但是病毒包膜表面还含有额外的蛋白。这些蛋白质是由病毒基因而不是宿主基因组编码，并且这些蛋白可与处于包膜与核衣壳之间的基质蛋白（疱疹病毒为被膜）连接。这些包膜蛋白，有时候称为包膜糖蛋白、包膜相关蛋白或者包膜突起，在病毒的感染和复制的过程中发挥关键作用。例如，它们参与病毒与附着受体结合，也参与膜融合、病毒脱壳以及子代病毒的释放（即受体破坏）过程。

病毒是由新合成的成分在宿主细胞浆和细胞核内组装而成。一旦完成组装，它们以出芽、膜融合以及胞溶的方式离开细胞。一些病毒颗粒内含有一些非结构蛋白（病毒DNA/RNA聚合酶），这些蛋白可在下一轮复制的起始阶段合成病毒基因组的中间复制形态。或者，病毒的基因组可能编码聚合酶或复制酶，同时在病毒复制周期的起始阶段会表达复制蛋白。

病毒的分类
VIRUS CLASSIFICATION

分类是组织和处理信息的一种方法。早期，人们根据可见的病毒特征来进行病毒分类：病毒性疾病或病理性相关的病毒（如肝炎病毒）、流行病学或生态学特性的病毒（如虫媒病毒）。后来，病毒结构（大小和形状）、反应性（pH、温度等）、抗原性（血清学交叉反应性）都被纳入分类系统。

猪病学，第10版，由 Jeffrey J. Zimmerman、Locke A. Karriker、Alejandro Ramirez、Kent J. Schwartz、Gregory W. Stevenson 主编。

© 2012 John Wiley & Sons, Inc. 由 John Wiley & Sons, Inc. 2012 年出版。

表 23-1 单细胞微生物基本属性之间的比较

性质	细菌	支原体	立克次氏体	衣原体	病毒
大小＞300 nm[a]	是	是	是	是	否
生长在人工培养基	是	是	否	否	否
通过二分裂法分裂	是	是	是	是	否
同时包含 DNA 和 RNA	是	是	是	是	否
含有胞壁酸	是	否	是	否	否
对抗生素敏感	是	是	是	是	否

[a]某些支原体和衣原体直径＜300 nm。

来源：改编自 Murphy 等(1999)。

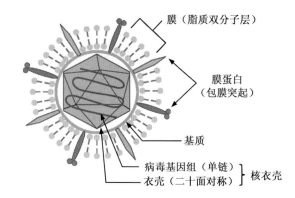

图 23.1 一个被二十面体衣壳所包围的单链基因组的病毒因子

目前，病毒分类由首要和次要两种条件组成。首要条件包括(1)基因特征(RNA/DNA、成股/片状/环状/线状、极性/单倍体/双倍体)和(2)病毒结构(形态学、包膜、衣壳对称性、衣壳数目)。次要条件是病毒复制的方法。根据初级特征，病毒可分为(1)有包膜的 DNA 病毒，(2)无包膜的 DNA 病毒，(3)有包膜的 RNA 病毒和(4)无包膜的 RNA 病毒(图 23.2)。

了解病毒属于哪种类型具有临床应用价值。例如从遗传学角度 DNA 病毒比 RNA 病毒在复制过程中更稳定，这也意味着 DNA 病毒的抗原性比 RNA 病毒更稳定。有膜的病毒对环境应激比无膜的病毒更敏感，因此当暴露于脂类溶剂或清洁剂时，有膜的病毒更容易失去传染性。这些基本的概念对于应对不同类别病毒引起的疾病的防控策略的制定上具有应用意义。

病毒的分类和命名法是根据国际委员会关于病毒分类学的规则(ICTV)制定的。通用的病毒分类级别顺序是目、科、亚科、属、种。目被用来将具有较远遗传进化关系的科归类，例如保守基因、序列或区域。亚科仅被用于分类那些在同一科中有复杂关系的病毒。在种以下，病毒可以被分类为"毒株"或"变异株"，这个分类可能对病毒诊断和疫苗开发有用，但却不是正式的分类或分类标准。

病毒命名
VIRUS NOMENCLATURE

病毒的分类命名法规则由目、科、亚科、属和种(表 23.2)组成。目的后缀以"-virales"结尾，科的后缀以"-viridae"结尾，亚科的后缀以"-virinae"结尾，属的后缀以"-virus"结尾。在种或以下的分类(包括型、亚型、基因型、血清型、毒株、变异株)没有正式的后缀。

在正式的命名法中，科、亚科与属名是斜体的，并且第一个字母是大写的。种的名称不大写(除非它们是根据一个地名命名的)也不用斜体。以下是病毒正确的分类术语的例子：

1. 疱疹病毒目，疱疹病毒科，α-疱疹病毒亚科，水疱病毒属，疱疹病毒 1(奥叶兹基氏病病毒或猪伪狂犬病毒)；

2. 单股负链 RNA 病毒目，副黏病毒科，副黏病毒亚科，亨尼帕属，尼帕病毒；

3. 网巢病毒目，动脉炎病毒科，动脉炎病毒属，猪繁殖与呼吸障碍综合征(PRRS)病毒；

4. 环病毒科，环状病毒属，猪圆环病毒；

5. 正黏病毒科，流感病毒属，猪流感病毒 H1N1。

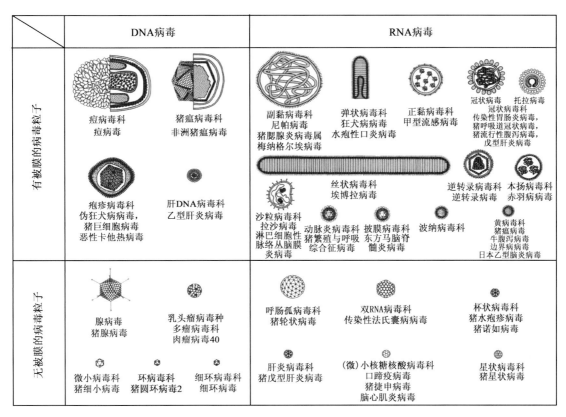

图 23.2 根据形态特征和核酸组成对病毒进行分类。1999 年经 Murphy 等的许可后改编。LCMV：淋巴细胞脉络<u>丛</u>脑膜炎病毒；EEE：东部马脑脊髓炎；CSF：猪瘟；BVD：牛病毒性腹泻；TGE：传染性胃肠炎。

表 23.2 可感染猪的病毒按照目、科、属的分类

目	科	亚科	属	种
疱疹病毒目 （Herpesvirales）	疱疹病毒科 （Herpesviridae）	α-疱疹病毒亚科 （Alphaherpesvirinae）	水痘病毒属 （Varicellovirus）	伪狂犬病病毒（Pseudorabies virus（suid herpesvirus 1））
		β-疱疹病毒亚科 （Betaherpesvirinae）	未命名 （Unassigned）	猪巨细胞病毒（Porcine cytomega-lovirus（suid herpesvirus 2））
		丙型疱疹病毒亚科 （Gammaherpesvirinae）	玛卡病毒属 （Macavirus）	猪嗜淋巴疱疹病毒（猪疱疹病毒3-5），恶性疱疹热病毒（羊疱疹病毒 2）（Porcine lymphotropic her-pesvirus（suid herpesviruses 3-5），malignant catarrhal fever virus（o-vine herpesvirus 2））
单股负链病毒目 （Mononegavirales）	纤丝病毒科 （Filoviridae）		埃博拉病毒属 （Ebolavirus）	莱斯顿埃博拉病毒，萨伊埃博拉病毒（Reston ebolavirus, Zaire ebo-lavirus）
	副黏病毒科 （Paramyxoviridae）	副黏病毒亚科 （Paramyxovirinae）	亨尼帕病毒属 （Henipavirus）	尼帕病毒（Nipah virus）
			腮腺炎病毒属 （Rubulavirus）	猪腮腺炎病毒，梅那哥病毒（Por-cine rubulavirus，Menangle virus）
	弹状病毒科 （Rhabdoviridae）		水疱性病毒属 （Vesiculovirus）	水疱性口膜炎病毒（Vesicular sto-matitis virus）
			狂犬病毒属 （Lyssavirus）	狂犬病病毒（Rabies virus）

续表 23.2

目	科	亚科	属	种
网巢病毒目（Nidovirales）	动脉炎病毒科（Arteriviridae）		动脉炎病毒属（Arterivirus）	猪繁殖与呼吸综合征病毒（Porcine reproductive and respiratory syndrome virus）
	冠状病毒科（Coronaviridae）	冠状病毒亚科（Coronavirinae）	猪流行性腹泻病毒属（Alphacoronavirus）	猪流行性腹泻病毒（Porcine epidemic diarrhea virus）
				传染性胃肠炎病毒（transmissible gastroenteritis virus）
				猪呼吸道冠状病毒（porcine respiratory coronavirus）
			新型冠状病毒属（Betacoronavirus）	血凝性脑脊髓炎病毒（Hemagglutinating encephalomyelitis virus）
		环曲病毒亚科（Toroviriniae）	环曲病毒属 托拉病毒属（Torovirus）	猪环曲病毒（Porcine torovirus）
小核糖核酸病毒目（Picornavirales）	小核糖核酸病毒科（Picornaviridae）		肠道病毒（Enterovirus）	猪 B 型肠道病毒，猪水泡病病毒（Porcine enterovirus B，swine vesicular disease virus）
			心肌炎病毒属（Cardiovirus）	脑心肌炎病毒（Encephalomyocarditis virus）
			口蹄疫病毒属（Aphthovirus）	口蹄疫病毒（Foot-and-mouth disease virus）
			捷申病毒属（Teschovirus）	猪捷申病毒（Porcine teschovirus）
			博卡病毒属 脊病毒属（Kobuvirus）	猪博卡病毒（Porcine kobuvirus）
			肠道病毒属（Sapelovirus）	猪肠道病毒（Porcine sapelovirus）
			仙台病毒属（Senacavirus）	塞内卡谷病毒（Seneca Valley virus）
	腺病毒科（Adenoviridae）		腺病毒属（Metaadenovirus）	猪腺病毒（A，B，C）（Porcine adenovirus（A，B，C））
	细环病毒科（Anelloviridae）		细环病毒属（Iotatorquevirus）	猪细环病毒（1，2）（Torque teno suid virus（1，2））
	非洲猪瘟病毒科（Asfaviridae）		非洲猪瘟病毒属（Asfivirus）	非洲猪瘟病毒（African swine fever virus）
	星状病毒科（Astroviridae）		星状病毒属（Mamastrovirus）	猪星状病毒（Porcine astrovirus）
	本扬病毒科（Bunyaviridae）		布尼亚病毒属（Orthobunyavirus）	阿卡班病毒，Oya 病毒，浪博病毒，塔希纳病毒（Akabane virus，Oya virus，Lumbo virus，Tahyna virus）
	杯状病毒科（Caliciviridae）		杯状病毒属 疱疹病毒属（Vesivirus）	猪水疱疹病毒（Vesicular exanthema of swine virus）
			札如病毒属（Sapovirus）	猪札如病毒（Swine sapovirus）
			诺如病毒属（Norovirus）	猪诺如病毒（Swine norovirus）

续表 23.2

目	科	亚科	属	种
			病毒属 (*Valovirus*)	St-Valérien 病毒 (St-Valérien virus)
	环病毒科 (Circoviridae)		环病毒属(*Circovirus*)	猪圆环病毒(1,2)(Porcine circovirus (1, 2))
	黄病毒科 (Flaviviridiae)		黄病毒属(*Flavivirus*)	日本乙型脑炎病毒,西尼罗病毒,墨莱溪谷脑炎病毒(Japanese encephalitis B virus, West Nile virus, Murray Valley encephalitis virus)
			瘟病毒属(*Pestivirus*)	猪瘟病毒,牛病毒性腹泻病毒,绵羊瘟病毒, Bungowannah 病毒(Classical swine fever virus, bovine viral diarrhea virus, border disease virus, Bungowannah virus)
	肝炎病毒科 (Hepeviridae)		肝炎病毒属 (*Hepevirus*)	猪戊型肝炎病毒(Swine hepatitis E virus)
	正黏病毒科 (Orthomyxoviridae)		甲型流感病毒属 (*Influenza virus A*)	猪流感病毒(Swine influenza virus)
细小病毒目 (Parvoviridae)		细小病毒科 (Parvovirinae)	细小病毒属 (*Parvovirus*)	猪细小病毒(Porcine parvovirus)
			病毒属 (*Hokovirus*)	猪的 Hoko 病毒(猪的 Hoko 病毒 3[a])(Porcine hokovirus (porcine parvovirus 3))
			Cn 病毒属 (*Cnvirus*)	猪细小病毒 2(H-1 细小病毒)(Porcine parvovirus 2 (H-1 parvovirus))
			未命名	猪细小病毒 4(Porcine parvovirus 4)
	痘病毒科 (Poxviridae)	脊椎动物痘病毒亚科 (Chordopoxvirinae)	猪痘病毒属 (*Suipoxvirus*)	猪痘病毒(Swine poxvirus)
	呼肠孤病毒科 (Reoviridae)	病毒亚科 (Sedoreovirinae Sedoreovirinae)	轮状病毒属 (*Rotavirus*)	猪轮状病毒(Porcine rotavirus)
		病毒亚科 (Spinareovirinae Spinareovirinae)	正呼肠孤病毒属 (*Orthoreovirus*)	猪呼肠病毒(Porcine reovirus)
	逆转录病毒科 (Retroviridae)	正逆转录病毒亚科 (Orthoretrovirinae)	γ 逆转录病毒属 (*Gammaretrovirus*)	猪的内源性逆转录病毒(Porcine endogenous retrovirus)
	披盖病毒科 (Togaviridae)		α 病毒属 (*Alphavirus*)	东方马脑炎病毒,格塔病毒,鹭山病毒(Eastern equine encephalitis virus, Getah virus, Sagiyama virus)

[a] Proposed names 暂定名。

虽然在种的分类水平上没有正式的后缀,但对于一些病毒还有一些约定俗成的名称,例如,疱疹病毒属。疱疹病毒1的官方名称是奥叶兹基氏病病毒(也称为伪狂犬病病毒)。根据惯例,猪繁殖与呼吸障碍综合征病毒更适当的名称是"猪的动脉炎病毒属"。

在正式使用中,一个完整的病毒分类描述的一个例子是"猪繁殖与呼吸障碍综合征(PRRS)病毒是动脉炎病毒属,动脉炎病毒家族..."在非正式命名中,所有的术语都使用小写字体书写,除了那些根据地方或个人的名字命名的病毒;它们没有用斜体,不包括正式的后缀和该分类单元名称以下的名称,例如,"动脉炎病毒家族"和"捷申病毒属。"

病毒分类的实验室方法
LABORATORY METHODS FOR VIRUS CLASSIFICATION

病毒粒子的结构表征
Characterization of Virion Structure

电子显微镜(EM)是观察临床样本中病毒和描述病毒粒子形态(形状和尺寸)最常用的仪器。大多数病毒的形态是独特的,可以使用 EM 将一个未知的病毒归类到正确的种属中。外膜以及某些情况下核衣壳的对称性可以通过 EM 确定。当处理一个非可培养病毒,这种方法特别有用。该方法可用于检验液体样品(囊液、尿液、粪便)和组织。低诊断灵敏度是 EM 最大的局限,该诊断过程的灵敏度和鉴别病毒的准确性可以通过包括病毒-特异性抗体在内的实验程序提高(免疫电镜术)。

超滤可以用来估计病毒粒子的大小。在这一过程中,浓缩、纯化的病毒悬浮液通过一系列不同尺寸的膜过滤器孔(10~300 nm),再使用其他的实验室方法检测每种滤液中的滤过性病毒(存在和数量)。病毒粒子的大小是根据两个过滤器孔径的尺寸确定的——即允许病毒通过孔的尺寸和其他不允许病毒通过或减少了通过率的尺寸。EM 用于检测脱水病毒粒子的大小,而超滤用于检测水合病毒粒子的大小。

病毒外膜是否存在通常可以通过暴露病毒到脂质溶剂(乙醚、氯仿)或洗涤剂(脱氧胆酸钠;Triton® X-100,陶氏化学公司,美联,MI)来确定。有外膜的病毒颗粒暴露后传染性很容易被破坏,而无外膜病毒则保留其传染性。

病毒的分子质量(M)可通过基于斯维德伯格方程的流体动力学数据估计:$M = RT_s / D(1-\nu\delta)$,其中 $M = 1$ 摩尔病毒的质量,$R =$ 每摩尔气体常量,$s =$ 沉淀系数,$D =$ 扩散系数,$\nu =$ 部分特定体积,$\delta =$ 溶剂的密度和 $T =$ 绝对温度。沉降系数和扩散系数可以通过蔗糖梯度移动的距离或分析超速离心法分别计算出来,参照病毒中已知的 s 或 D 值。对于 RNA 部分特定体积(ν)通常为 $0.55 \text{ cm}^2/\text{g}$。

病毒基因组鉴别
Characterization of Viral Genome

无论是酶或化学方法都可以用于确定病毒中的核酸类型。在酶方法中,病毒材料用 RNA 酶或 DNA 酶消化,然后进行凝胶电泳,以确定被酶消化的遗传物质。化学方法中使用二甲苯作用 DNA 或使用苔黑素作用 RNA 来确定其基因组的构成。

Feulgen 染色是组织学中一特定的细胞化学技术,能够指示在病毒样品中 DNA 或染色体物质的存在。它是基于将 DNA 而不是 RNA 通过酸水解释放醛的作用转化为脱嘌呤酸。当使用 Schiff 试剂处理样品时,醛的存在使样品显示品红色(粉红色或红色)。当然,也可以复染样品为绿色背景。Feulgen 反应是一种半定量的方法,除非细胞中残留的醛仅仅是由 DNA 水解产生才能适用。该反应是不适合于活细胞的。

吖啶橙染色技术可以用来区分感染细胞的病毒是单链 DNA 或 RNA 病毒还是双链 DNA 或 RNA 病毒。双链 DNA 或 RNA 发出可见的黄绿色荧光,单链 RNA 或 DNA 显示橙红色。结合细胞(细胞核与细胞质)中荧光物质的位置,核酸复合物种类(DNA 和 RNA)以及其链数都可以确定。

如果某种病毒具有一个以上分子的双链 RNA 或 DNA,电泳技术可以被用于确定其类型。

例如,对于某些病毒,如轮状病毒,基于 RNA 片段迁移模式的电泳类型已被用于确定其病毒分类。病毒核酸的极性(感应)可以通过提取病毒基因组进行转染或体外转译来确定。正病毒基因组转染适当的细胞产生的病毒粒子,这样的一个基因材料可以作为 mRNAs 翻译成蛋白质。在特定条件下,体外转译也可以表现出同样的效果。

基因技术是强大的分类学工具且越来越多地用于鉴定病毒。包含所有的病毒类群的基因组序列的公共数据库,如 GenBank ®,为未知病毒的分类学鉴别提供了参考。此外,针对基因组中保守基因的聚合酶链反应(PCR)或基于基因芯片的试验,可以快速在科或属的水平上识别病毒。

特异性病毒表型的鉴别
Characterization of Specific Viral Phenotypes

血凝(HA)指的是凝集血红细胞(RBCs)的能力,是一个显著的病毒特征。有传染性的病毒无须进行 HA 试验,只要将与血红细胞凝集的蛋白质保持活性和功效即可。正黏病毒和副黏病毒能够在低温下(4～22℃)凝集某些物种的 RBCs,而某些其他类型的病毒能在较高的温度中(37℃)凝集特定物种的 RBCs。HA 的特异性可以在病毒特定抗血清获得之后通过血凝抑制试验进行确认。

一些病毒家族的成员能够产生红细胞吸附现象。也就是说,细胞被这些病毒感染后,在病毒粒子出芽点位置的胞质膜上会结合 RBCs。一旦确定为细胞已被病毒感染的就能够用红细胞吸附试验进行评估。

福尔马林固定的镜检法即用苏木精和曙红对感染的细胞进行染色是一种可行的鉴定病毒的实验室技术,可被用来鉴定在细胞培养液中病毒感染的包涵体(核内或胞浆内)或合胞体的形成。这些特性对于鉴别某些病毒是非常有用的。

病毒科的特征
CHARACTERISTICS OF VIRAL FAMILIES

病毒科具有独特的理化性质和生物学特性,这些特性能够将其与其他病毒分辨开(表 23.3)。

一些具备独特的结构、复制性能或生物性能并能感染猪的病毒科将逐一阐述。有关的详细信息,请参阅相关章节。

DNA 病毒
DNA Viruses

腺病毒科(第 24 章)[Family Adenoviridae (Chapter 24)]。 腺病毒科的病毒体是独特的六角形状,伴有长的纤维突出核衣壳。这些病毒在细胞核内复制并且是已知的能够对它们的复制品进行宿主免疫反应调节的病毒。许多腺病毒造成了持续性感染,并可能被免疫抑制重新激活。一些人、牛、鸡的腺病毒在实验动物中表现出致癌能力,但没有在其自然宿主上导致肿瘤。腺病毒往往有低中度致病性,在猪群中一般不会引起严重的疾病。

细环病毒科(第 27 章)[Family Anelloviridae (Chapter 27)]。 这是一个有 9 个属的新病毒科,其中包括了人类和动物的细环病毒(TTVs)。病毒体无外膜,包含一个单链反义环状 DNA。该病毒与环病毒科有相似的基因组构成及基因表达。由于不能由细胞体外培养来鉴定,因此该科的某些病毒在疾病中的作用还不是很清楚。

非洲猪瘟病毒科(第 25 章)[Family Asfarviridae (Chapter 25)]。 非洲猪瘟病毒(ASFV)是家猪和某些野生猪的一种重要的病原体,并且是该家族中唯一的成员。病毒粒子具有被膜,包含由大于 1892 个衣壳蛋白组成的复杂的二十面体外壳。该病毒 DNA 具有共价闭合端,且编码的蛋白质高达 200 种。虽然细胞核对病毒 DNA 的合成是必要的,但 DNA 复制主要发生在细胞质中。病毒粒子通过出芽或细胞裂解的方式释放。该病毒通过接触以及软蜱(属钝缘蜱属)传播。

圆环病毒科(第 26 章)[Family Circoviridae (Chapter 26)]。 虽然病毒包含有义 DNA,但是该病毒利用双义转录策略(在病毒的有义 DNA 链编码某些基因和在 DNA 链互补链编码其他基因)。病毒是在环境中非常稳定的。复制发生在细胞周期中 S 期的细胞核中。在 20 世纪 90 年代末,猪 2 型圆环病毒(PCV2)被确定是一个全球分布的病原体。

表 23.3　可感染动物和人的病原性病毒科及其可鉴定的物理化学特性

科	病毒			基因组			病毒聚合酶	病毒装配[b]
	直径(nm)	外膜	对称性[a]	种类	结构	大小(kb)		
纤丝病毒科(Filoviridae)	(800～950)×80	＋	H	RNA	单链线性	18.9～19.1	＋	细胞质
痘病毒科(Poxviridae)	(250～300)×200	＋	C	DNA	双链线性	130～375	＋	细胞质
非洲猪瘟病毒科(Asfarviridae)	175～215	＋[c]	I	DNA	双链线性	170～190	－	细胞质
虹彩病毒科(Iridoviridae)	160～350	±	I	DNA	双链线性	150～300		细胞质
副黏病毒科(Paramyxoviridae)	150～600	＋	H	RNA	单链线性	15～18	＋	细胞质
疱疹病毒科(Herpesviridae)	150～200	＋	I	DNA	双链线性	120～235		细胞核
杆状套病毒科(Roniviridae)	(150～200)×(40～60)	＋	H	RNA	单链线性	26.2	－	细胞质
沙粒病毒科(Arenaviridae)	100～300	＋	H	RNA	环状分节段	10～14		细胞质
弹状病毒科(Rhabdoviridae)	180×75	＋	H	RNA	单链线性	13～16	＋	细胞质
冠状病毒科(Coronaviridae)	80～160	＋	H	RNA	单链线性	20～33	－	细胞质
正黏病毒科(Orthomyxoviridae)	80～120	＋	H	RNA	单链线性分节段	10～14.6	＋	细胞质
本扬病毒科(Bunyaviridae)	80～120	＋	H	RNA	单链线性分节段	11～22.7		细胞质
腺病毒科(Adenoviridae)	80～110	－	I	DNA	双链线性	32～40		细胞核
逆转录病毒科(Retroviridae)	80～100	＋	I	RNA	单链线性	7～11	－	细胞质
呼肠孤病毒科(Reoviridae)	60～80	－	I	RNA	双链线性分节段	16～27	＋	细胞质
披盖病毒科(Togaviridae)	65～70	＋	I	RNA	单链线性	9.7～11.8		细胞质
动脉炎病毒科(Arteriviridae)	50～70	＋	I	RNA	单链线性	13～15	－	细胞质
双 RNA 病毒科(Birnaviridae)	60	－	I	RNA	双链线性分节段	7		细胞质
博尔纳病毒科(Bornaviridae)	50～60	＋	I	RNA	单链线性	8.9	＋	细胞核
黄病毒科(Flaviviridae)	40～60	＋	I	RNA	单链线性	9.5～12.5		细胞质
乳头瘤病毒科(Papillomaviridae)	40～55	－	I	DNA	双链线性	5.3～8		细胞核
多瘤病毒科(Polyomaviridae)	40～55	－	I	DNA	双链线性	5.3～8		细胞核
肝 DNA 病毒科(Hepadnaviridae)	40～48	＋	I	DNA	双链线性	3～3.3	＋	细胞核
杯状病毒科(Caliciviridae)	35～39		I	RNA	单链线性	7.4～8.3		细胞质
细环病毒科(Anelloviridae)	30～32	－	I	DNA	单链线性	2～4	＋	?[d]
肝炎病毒科(Hepeviridae)	27～34		I	RNA	单链线性	7.1～7.2	－	?
星状病毒科(Astroviridae)	27～30		I	RNA	单链线性	6.8～7.9		细胞质
小核糖核核酸病毒科(Picornaviridae)	22～30	－	I	RNA	单链线性	7～8.5		细胞质
细小病毒科(Parvoviridae)	18～26		I	DNA	单链线性	5	＋	细胞核
环病毒科(Circoviridae)	17～24		I	DNA	环状分节段	1.7～2.3		细胞核

注释:病毒科按照病毒粒子的尺寸排序(从大到小)。
a 病毒粒子对称性缩写词:复合体(C),二十面体(I),螺旋形(H)。
b 病毒粒子装配位置:细胞质(Cy),细胞核(Nu)。
c 细胞内病毒粒子未折叠。
d 信息不明确是指体外培养方法不明确。
来源:改编自 Murphy 等(1999)。

疱疹病毒科（第 28 章）[Family *Herpesviridae* (Chapter 28)]。疱疹病毒科的病毒有外膜，具有明显的突起，在外膜和衣壳之间含有一个独特的蛋白质被称为内膜。病毒在细胞核内复制，通过核膜出芽时构成一个包膜。所有的疱疹病毒感染的一个共同特征是其感染性是终身的，持续性感染（潜伏期）偶然复发。γ 疱疹病毒是致癌的。疱疹病毒已被发现可感染大多数动物物种。伪狂犬病病毒（猪疱疹病毒 1）和猪巨细胞病毒（猪疱疹病毒 2）是众所周知的猪疱疹病毒病。猪淋巴细胞疱疹病毒、绵羊疱疹病毒 2、猪恶性卡他性热病的病原，也属于这个科。

细小病毒科（第 29 章）[Family *Parvoviridae* (Chapter 29)]。细小病毒在环境中很稳定。病毒的复制以及病毒粒子的组装发生在细胞核。典型的细小病毒复制发生在宿主细胞周期的 S 期，以便病毒可以利用宿主 DNA 复制机制复制病毒的 DNA。在复制开始时，形成 DNA 发夹结构是细小病毒复制的一个独特的特性。该结构为进一步复制提供了形成双链 DNA 中间体的模板。猪细小病毒（1 型）是分布于全球，对猪经济产业有重要影响的病原。

痘病毒科（第 30 章）[Family *Poxviridae* (Chapter 30)]。典型的痘病毒是有包膜的病毒，呈"砖"形或"哑铃"形并具有独特的外膜，而副痘病毒呈卵球形。该病毒具有非常独特的外部结构和复杂的内部结构。病毒的复制和病毒粒子的组装发生在细胞质中离散的位点（称为病毒质），这种有包膜的病毒粒子以出芽的方式释放。痘病毒已在大多数动物物种中被发现。然而，该病毒科除了牛痘病毒外，其宿主范围较窄，主要通过直接接触（例如创伤、擦伤）、污染物或气溶胶传播。节肢动物间的机械传播已有报道。猪痘病毒是这个科唯一的猪病原体。

RNA 病毒
RNA Viruses

动脉炎病毒科（第 31 章）[Family *Arteriviridae* (Chapter 31)]。猪繁殖与呼吸障碍综合征病毒是在这个科中唯一的猪感染病毒。动脉炎病毒复制的特征是通过一组嵌套的亚基因组 mRNAs 复合体进行基因表达。动脉炎病毒主要攻击目标是巨噬细胞，并且建立慢性、持续性且无潜伏期的感染。

星状病毒科（第 32 章）[Family *Astroviridae* (Chapter 32)]。其名字的来源在于电镜下可观察到的特有的呈五角星或六角形形状的病毒颗粒。病毒粒子无被膜，为对称的多面体。病毒的复制和组装发生在细胞质中，通过细胞溶解释放。猪星状病毒已被发现存在于腹泻猪的粪便中，但其在肠道疾病中的作用机理还不清楚。

本扬病毒科（第 33 章）[Family *Bunyaviridae* (Chapter 33)]。本扬病毒科呈球形，由细小的膜粒包裹，包含由碱基配对的末端核苷酸形成的三段环状螺旋核衣壳。基因组由三个环状、反义（或某些病毒中为双义）、单链 RNA（11～21 kb）分子（L，M，S）组成。病毒在细胞质中复制，以从高尔基体膜出芽的方式释放。本扬病毒科病毒（阿卡班病毒、Oya 病毒、塔希纳病毒和浪博病毒）能从猪中偶然性地被分离。

杯状病毒科（第 34 章）[Family *Caliciviridae* (Chapter 34)]。电镜下，杯状病毒大部分呈对称的"杯"状，在其表面形成凹陷。病毒的复制以及病毒粒子的组装发生在细胞质中，通过细胞溶解的方式释放。杯状病毒主要通过粪-口途径传播。猪水泡疹病毒属于这个科。

冠状病毒科（第 35 章）[Family *Coronaviridae* (Chapter 35)]。冠状病毒有被膜，病毒粒子呈球形（冠状病毒属）或杆/肾（托拉病毒属）形。该病毒科的病毒外膜表面有独特的大棒形突起。和动脉炎病毒类似，基因的表达是通过一组嵌套的亚基因组 mRNAs 复合体合成。病毒粒子在细胞质中组装和成熟并通过内质网和高尔基体膜以出芽的方式释放。猪冠状病毒包括传染性胃肠炎病毒（TGEV）、猪呼吸道冠状病毒（PRCV）、猪流行性腹泻病毒（PEDV）、猪血凝性脑脊髓炎病毒（HEV）和猪托拉病毒。

丝状病毒科（第 36 章）[Family *Filoviridae* (Chapter 36)]。电镜下丝状病毒颗粒呈长丝状，具有多形性（"U"形、"6"形、循环形或脊形）。其复制发生在细胞质，通过预制的核衣壳出芽并组装被膜。核衣壳在细胞质中积累，形成突出的包涵体。该科病毒被认为是非常危险的，生物安全 4 级（BSL4）实验室才可研究该病毒。莱斯顿埃博拉病毒和萨伊埃博拉病毒都能感染猪。

黄病毒科（第 37 章）[Family *Flaviviridae* (Chapter 37)]。黄病毒科病毒粒子呈球形，有细

小的膜粒包裹不对称。虽然它被认为具有二十面体结构,但核心结构还不是很清楚。病毒在细胞质中复制,但外膜来源不确定。

可感染猪的黄病毒属病毒(乙型脑炎病毒、西尼罗病毒和墨莱溪谷脑炎病毒)可通过蚊虫叮咬传播。猪瘟病毒属病毒(古典猪瘟病毒、牛病毒性腹泻病毒 1 和 2 和绵羊瘟病毒)主要通过直接和间接接触感染。

肝炎病毒科(第 39 章)[Family Hepeviridae (Chapter 39)]。肝炎病毒科病毒颗粒是球形且无外膜的。肝炎病毒科与杯状病毒科成员有类似的形态和基因组结构,但其复制酶接近风疹病毒科和披膜病毒科 α 病毒属。体外细胞培养体系尚未建立。人类和动物的戊型肝炎病毒是这个科的唯一成员。

正黏病毒科(第 40 章)[Family Orthomyxoviridae (Chapter 40)]。正黏病毒大多是球形但偶有丝状。病毒外膜上包含大的独特的功能和抗原性(血凝素和神经氨酸酶)膜粒。病毒在细胞核和细胞质中复制,病毒颗粒组装并通过质膜出芽的方式释放。在这个科里最有名的病原体是 A 型流感病毒。除了通过跨物种感染外,基因漂变(点突变)和基因移位(重组)驱动流感病毒基因、抗原和生物进化。流感病毒在水禽中通过水传播,在脊椎动物中主要通过接触传播。

副黏病毒科(第 41 章)[Family Paramyxoviridae (Chapter 41)]。副黏病毒粒子的形状是多形性(球形和线形)。病毒有外膜,包含人字形核。包膜被大的膜粒覆盖,包含两个主要的行使不同功能的糖蛋白(血凝素和融合蛋白)。病毒在细胞质中复制,病毒颗粒组装并通过质膜出芽的方式释放。猪副黏病毒(蓝眼病副黏病毒、尼帕病毒和梅那哥病毒)主要是通过密切接触传播。

小核糖核酸病毒科(第 42 章)[Family Picornaviridae (Chapter 42)]。小核糖核酸病毒是一个小的无囊膜病毒,具有二十面体对称性结构。病毒粒子细胞质中装配,通过细胞溶解的方式释放。水平传播,主要通过接触,粪-口或空气途径传播。该科中主要的感染猪的病原体是口蹄疫病毒,猪水疱病病毒,猪捷申病毒和脑心肌炎病毒。

呼肠孤病毒科(第 43 章)[Family Reoviridae (Chapter 4)]。病毒粒子有一个独特的外观,即含有多个核衣壳(每个都是二十面体对称的),而多核衣壳结构也影响不同属病毒的形态。基因组是线性双链 RNA,但在不同病毒属可分为 10～12 片段。复制和组装发生在细胞质中,常常与颗粒状或纤维状包涵体连接。轮状病毒是仔猪腹泻的主要原因,而呼肠孤病毒在病猪的作用还不确定。

逆转录病毒科(第 44 章)[Family Retroviridae (Chapter 44)]。逆转录病毒的病毒粒子包含一个二倍体基因组(两分子的线性有义单链 RNA 装配成反向二聚体)。逆转录病毒复制有两个独有的特征:(1)通过病毒的反转录酶由 RNA 反转录为双链 DNA;(2)由病毒全长的基因组 RNA 转录产生病毒双链 DNA 后,DNA 被整合到宿主基因组中。病毒颗粒组装并通过质膜出芽释放。逆转录病毒广泛分布在脊椎动物中,可导致许多不同的疾病,包括白血病、淋巴瘤、恶性肉瘤、癌、免疫缺陷病、自身免疫性疾病和下运动神经元疾病。相反,猪内源性逆转录病毒(PERVs)不致病,因此在猪体组织异种移植供人类使用的安全方面有重要意义。

弹状病毒科(第 45 章)[Family Rhabdoviridae (Chapter 45)]。弹状病毒病毒粒子为"子弹"形。病毒的复制发生在细胞质中,装配并通过不同细胞膜出芽释放,通过哪种细胞膜取决于属。在受感染的细胞中,狂犬病病毒形成一种突出的细胞质包涵体(内基小体)。许多弹状病毒是由节肢动物传播,但狂犬病病毒通过咬伤传播。可感染猪的弹状病毒包括水疱性口炎病毒、狂犬病病毒。

披膜病毒科(第 46 章)[Family Togaviridae (Chapter 46)]。披膜病毒粒子为球形,病毒的复制由对应 3′端基因组的亚基因组 mRNA 合成的结构蛋白整合。复制发生在细胞质,组装并通过宿主细胞膜出芽释放。α 病毒属可通过吸血节肢动物如蚊子在脊椎动物间传播。已报道的猪披膜病毒科包括东方马脑炎病毒、格塔病毒、鹭山病毒和罗斯河病毒。

（祁克宗、涂健译,刘春法校）

参考文献
FURTHER READING

Ackermann H-W, Berthiaume L. 1995. Atlas of Virus Diagrams. Boca Raton, FL: CRC Press.

Baron S, ed. 1996. Medical Microbiology, 4th ed. Galveston, TX: University of Texas Medical Branch.

Hsiung GD, Fong CKY, landry ML. 1994. Hsiung's Diagnostic Virology, 4th ed. New Haven, CT: Yale University Press.

King AMQ, Adams MJ, Carstens EB, Lefkowitz EJ, eds. Virus Taxonomy: Classification and Nomenclature of Viruses: Ninth Report of the International Committee on Taxonomy of Viruses. San Diego, CA: Elsevier (in press).

Knipe DM, Howley PM, eds. 2007. Fields Virology, 5th ed. Philadelphia: Lippincott Williams & Wilkins, pp. 981–1000.

Mahy BWJ, ed. 1985. Virology: A Practical Approach. Oxford: IRL Press.

Murphy FA, Gibbs EPJ, Horzinek MG, Studdert MJ, eds. 1999. Veterinary Virology, 3rd ed. San Diego, CT: Academic Press.

24 猪腺病毒
Porcine Adenoviruses
David A. Benfield 和 Richard A. Hesse

背景
RELEVANCE

腺病毒的首次分离是源于一头腹泻猪的肛门拭子(Haig 等,1964)。自首次报道后,腺病毒相继在患有腹泻(Coussement 等,1981;McAdaragh 等,1980)、脑炎(Kasza,1966)、肾炎(Nietfeld Leslie-Steen,1993)、患有呼吸系统疾病(Hirahara 等,1990)的猪,夭折的胎猪(Dee,1995),还有未表现出临床症状的猪(Clarke 等,1967;Sharpe 和 Jessett,1967)身上分离得到。一般来说,猪腺病毒(PAVs)在猪群中的致病性趋于中等,也不导致严重的疾病和明显的经济影响。

病因学
ETIOLOGY

猪腺病毒属于腺病毒科(Adenoviridae),哺乳动物腺病毒属(*Mastadenovirus*)。目前分 3 种和 5 个血清型,血清型是通过病毒中和实验确定的(Clarke 等,1967;Haig 等,1964;Hirahara 等,1990;Kadoi 等,1995;Kasza,1966)。种 A 包括血清型 1、2 和 3;种 B 包括血清型 4;种 C 包括血清型 4(Büchen-Osmond,2003)。血清型 1 分离自腹泻猪的肛门拭子(Haig 等,1964),血清型 2 和 3 分离自猪的正常排泄物(Sharpe 和 Jessett,1967),4 型分离自患肠炎并具有神经系统症状的

猪的脑组织(Kasza,1966),5 型则分离自患呼吸系统疾病的猪的鼻分泌物(Hirahara 等,1990)和新生仔猪的脑组织(Kadoi 等,1995)。

腺病毒的形态、结构和物理性质与其他腺病毒相似。病毒体是一个没有囊膜的二十面体,直径80～90 nm。衣壳由 252 个衣壳蛋白、242 个六聚体和 12 个五聚体组成,这 12 个五聚体分别位于整个病毒体的 12 个角。从每个五聚体发射一个末端突起的纤维蛋白,长 20～50 nm。腺病毒基因组是单条双链线状 DNA,长约 32～34 kb(Kleiboeker 等,1993;Nagy 等,2001;Reddy 等,1998)。基因组包含了足够编码 10 个蛋白的遗传信息,但由于一个复杂的 RNA 拼接机制使得其实际上编码了多达 40 个蛋白(Kleiboeker,2006)。猪腺病毒的 DNA 含一个末端倒置重复序列,而其复制方式和其他腺病毒的早期(复制)和晚期(结构)蛋白质表达相似。

猪腺病毒可以在体外的原代和传代猪肾脏细胞(PK-15)、原代甲状腺(Dea 和 Elazhary,1984)、原代睾丸细胞培养物中分离和扩增(Hirahara 等,1990)。在接种后的 2～5 d,体外复制产生细胞病变效应(cytopathic effect,CPE)。CPE 以受感染细胞的肿胀、变圆、葡萄样聚合,和最终细胞从基底层脱落为特征(Derbyshire 等,1968)。腺病毒复制最值得注意的形态学特征是病毒的核内包涵体的产生。这些 Cowdry A 型核内包涵体

猪病学,第 10 版,由 Jeffrey J. Zimmerman、Locke A. Karriker、Alejandro Ramirez、Kent J. Schwartz、Gregory W. Stevenson 主编。

曾在细胞培养物（Derbyshire 等,1968）和各组织，特别是在自然条件下的肾脏（图 24.1）、远端空肠和盲肠的肠上皮和实验感染的猪中被观察到（Coussement 等,1981;Ducatelle 等,1982;Sanford 和 Hoover,1983）。包涵体的细胞核含有大量的晶态病毒蛋白（Koestner 等,1968）。

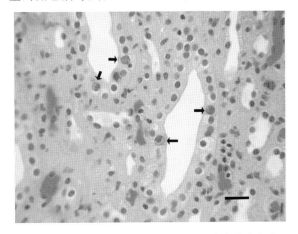

图 24.1　猪肾脏肾小管上皮细胞内的乳头状突起内的腺病毒包涵体（伊红染色）。黑色条直径＝30 μm。照片由美国堪萨斯州立大学 Jerome Nietfeld 提供。

公共卫生
ROLE IN PUBLIC HEALTH

　　尽管人类腺病毒可通过实验感染猪（Betts 等,1962），但猪是目前已知的唯一对猪腺病毒敏感的物种。

流行病学
EPIDEMIOLOGY

　　一般来说，腺病毒的宿主范围是有限的，而且没有已知的由猪向人传播猪腺病毒的动物传染性疾病。腺病毒相对比较稳定，在室温下抵制热失活可长达 10 d,但很容易被漂白剂、甲醛、乙醇和酚类化合物灭活（Derbyshire 和 Arkell,1971）。

　　血清学研究表明，大多数成年动物都具有腺病毒抗体，但其临床发病率很低，提示感染通常是亚临床的。大多数的血清学研究是在 19 世纪60—70 年代进行的，而目前现状的研究数据匮乏。研究表明英国西南部 26％～53％ 的猪群具有种群特异性抗体（Darbyshire,1967;Darbyshire 和 Pereira,1964）。其他来自英国的报道显示通过病毒中和和免疫扩散测验,50％～60％ 的成年猪具有腺病毒抗体（Darbyshire,1967;Kasza 等,

1969）。魁北克市 4 型腺病毒的患病率显著下降，一研究报道猪的患病率为 83/540(15.2％)（Dea 和 Elazhary,1984），另一个研究报道猪的患病率为 64/350(18.3％)（Elazhary 等,1985）。

　　大多数自然条件下的猪腺病毒感染是通过粪口途径,或者可能通过气溶胶暴露进行水平传播（Benfield,1990）。其中参与的带菌者还是未知的。由于该病毒相当的稳定，所以非生物传播如靴子、衣服、床上用品、运输车和饲料用具都是有可能的。

　　大多数腺病毒感染后的腹泻发生在 1～4 周龄的猪中（Abid 等,1984;Coussement 等,1981;Sanford 和 Hoover,1983）。腺病毒最常从幼猪的肛门拭子分离得到,而很少在成年动物中分离到（Derbyshire 等,1966）。成年动物表现出的高抗体效价可以预防病毒的主动复制。有报道指出,直到断奶后 14 周仍然有猪腺病毒从排泄物中脱落（Derbyshire 等,1966），实验接种后 48 d 猪腺病毒仍可在脑、鼻组织、咽、肺和肠中分离得到（Kasza,1966）。感染后的 45 d,(FV)病毒抗原通过免疫荧光也可在肠细胞中观察到,提示可能发生长期脱落（Kleiboeker,2006）。

致病机理
PATHOGENESIS

　　猪腺病毒最常与猪的胃肠道疾病相关（Abid 等,1984;Coussement 等,1981;Derbyshire 等,1966,1975;Ducatelle 等,1982;Haig 等,1964;Sanford 和 Hoover,1983），也有报道呼吸系统（Hirahara 等,1990）、生殖系统（Dee,1995）和神经性（Edington 等,1972;Kasza,1966;Shadduck 等,1967）病症与猪腺病毒感染相关,但是很少把猪腺病毒看做这些临床表现的主要病原。

　　猪的腺病毒感染通过摄食和/或吸入发生。最初的复制发生在扁桃体和小肠末端的绒毛状肠细胞和淋巴组织（Coussement 等,1981;Ducatelle 等,1982;Sanford 和 Hoover,1983;Shadduck 等,1967;Sharpe 和 Jessett,1967）。在所有的实验性研究中,不受接种途径影响,病毒复制总存在于短、粗的小肠绒毛上覆盖的淋巴组织或回肠里的派伊尔结上。

　　仔猪口服接种 4 型猪腺病毒,接种后 3～4 d 发生水泄,持续至感染后 3～6 d。腺病毒微粒存在于小肠内容物直到接种后第 9 天。最早在接种后 24 h 最晚于接种后 15 d,便可在空肠末端绒毛

上皮细胞中发现抗原,接种后 45 d 便可在猪体内扩散(Ducatelle 等,1982)。另一项研究报道,8 d 的无菌仔猪在接种 48 h 后发生腹泻,通过光学显微镜和免疫荧光,猪腺病毒包涵体和抗原在短的钝的绒毛上覆盖的绒毛淋巴细胞聚集和在回肠的派伊尔结中可观察到(McAdaragh 等,1980)。

缺乏初乳的猪感染猪腺病毒可以引起肺炎和肾脏、甲状腺以及淋巴结的病变(Shadduck 等,1967)。妊娠母猪接种可导致流产,病毒可在胎儿组织中复制(Dee,1995)。腺病毒还可能参与混合感染。血清 4 型腺病毒与猪肺炎支原体结合可导致更为严重的肺炎(Kasza 等,1969),而且腺病毒包涵体通常可在猪圆环病毒相关疾病的肾脏中观察到(PCVAD)(J. Nietfeld,personal communication)。

临床症状
CLINICAL SIGNS

自然条件或实验感染猪腺病毒最常见临床症状是水样至糊样腹泻为特征的胃肠道疾病。剖腹产并且初乳缺乏的仔猪在口鼻接种 3~4 d 后可见典型的腹泻,并持续 3~6 d。猪可能会出现中度脱水和体重减轻,但死亡率非常低(Coussement 等,1981;Derbyshire 等,1969,1975;Ducatelle 等,1982;Sanford 和 Hoover,1983)。呼吸系统症状和流产在临床很少见。

病理变化
LESIONS

感染猪腺病毒的猪并无特殊的病症。常见的组织学上的损伤包括绒毛状变钝和空肠和回肠末端肠细胞存在核内嗜碱包涵体,空肠和回肠末端的肠细胞是主要的病毒复制场所(Coussement 等,1981;Ducatelle 等,1982)。自然感染的病例,感染的上皮细胞通常分布在派伊尔淋巴集结附近的肠绒毛的侧面或顶端或者是短而钝绒毛的末端。这些肠细胞脱落,细胞核包含大量的嗜酸性到双嗜性包涵体(Sanford 和 Hoover,1983)。实验接种病毒的肺、肾脏中常见核内包涵体(图 24.1),脑中偶见(Shadduck 等,1967)。

Shadduck 等在 1967 年发现仅仅当猪通过脑内接种的时候可诱发脑炎;口或鼻接种引起非化脓性肺炎。核内包涵体可见于各种器官中,包括肺、肾脏和脑。在接种数周后可在这些组织中分离到病毒。

间质性肾炎曾见于自然感染腺病毒的猪。肾脏损伤包括炎症和髓质小管细胞系的核内包涵体。这些细胞通过直接 FA 染色、电子显微镜和从肾脏中分离到病毒来确定是否为腺病毒感染(Nietfeld 和 Leslie-Steen,1993)。也有报道腺病毒感染的哺乳猪出现皮肤和内脏出血的异常现象(Tang 等,1995)。

诊断
DIAGNOSIS

猪胃肠道和呼吸道疾病的鉴别诊断应考虑腺病毒感染的可能性。鉴定猪腺病毒的诊断技术包括排泄物或小肠内容物的负染色法电子显微镜观察,通过感染细胞的免疫荧光或免疫组织化学染色检测病毒抗原。采用冷冻切片的免疫荧光染色很快速,而且结果在样品提交的当天就可使用。免疫组织化学同样能提供腺病毒的快速和特异性识别,但是通常需要 1~2 d 的处理时间。尽管核内包涵体可在尸体解剖样品中观察到,但是猪腺病毒的存在与否还是要通过免疫荧光染色、免疫组织化学或病毒分离来确定。

腺病毒通常可在来自粪便标本的细胞培养物或肺或肾脏的匀浆中分离到。猪腺病毒能在猪原代肾脏细胞、PK-15 细胞、猪原代腺细胞和猪睾丸细胞复制并诱导 CPE。猪群中腺病毒的普遍存在使结果分析很复杂。换言之,人们多次从猪肾脏、脾脏或睾丸的原代细胞培养产物中分离出腺病毒(Hirahara 等,1990)。这可以作为一个外来中介"问题"——什么时候猪肾原代细胞可用作疫苗基质或用于异种器官移植程序(把猪组织移植给人类)。一旦被分离,腺病毒的血清型可用各型抗血清通过病毒中和试验确定,但我们很少这样做,因为这样的抗血清不容易得到。

临床疾病抗体滴度上升,可进行腺病毒感染的血清学诊断。通过病毒中和试验或间接地免疫荧光试验进行血清型诊断,腺病毒感染细胞在这里作为基底用来观察腺病毒(Dea 和 Elazhary,1984)。

聚合酶链反应(PCR)技术和定量 PCR(qPCR)技术的发展是为了检测环境中粪便性污染物中的血清 3 型猪腺病毒(Hundesa 等,2006;Maluquer de Motes,2004)。迄今为止,PCR 还未作为猪腺病毒临床样本检测的诊断工具。

免疫
IMMUNITY

　　由于大多数腺病毒都是没有临床症状的或只引起中度疾病,所以关于猪腺病毒免疫方面的信息很少。大多是成年猪对腺病毒的免疫反应显示阳性结果。初乳缺乏和传统初生的仔猪在哺乳前是没有接触腺病毒抗体的。哺乳后,抗体滴度峰值在几天的时间里达到一个最高值并一直持续到断奶后的8~9周。由于腺病毒在断奶后频繁地脱落使得初乳抗体滴度大大地减少,可以推断抗体是具保护性的,至少是中度感染(Derbyshire等,1966)。

预防和控制
PREVENTION AND CONTROL

　　猪腺病毒通常引起较为温和的疾病和较少的经济后果,所以猪腺病毒疫苗没有商业化生产。控制和防护最好通过不断的加强环境卫生,减少环境中粪便的污染。猪腺病毒已作为载体用于其他物种的基因导入(Bangari 和 Mittal,2004)和选择性分娩以及接种疫苗异种蛋白的表达(Ferreira等,2005)。

(王天妹译,林竹校)

参考文献
REFERENCES

Abid HN, Holscher MA, Byerly CS. 1984. Vet Med 79:105–107.

Bangari DS, Mittal SK. 2004. Virus Res 105:127.

Benfield DA. 1990. Enteric adenoviruses of animals. In LJ Saif, KW Theil, eds. Viral Diarrheas of Man and Animals. Boca Raton, FL: CRC Press, pp. 115–136.

Betts AO, Jennings AR, Lamont PH, Page Z. 1962. Nature (Lond) 193:45–46.

Büchen-Osmond C. 2003. Mastadenovirus. In: ICTVdB—The universal virus database, version 3. ICTVdB management, the Earth Institute, Biosphere 2 Center. Oracle, AZ: Columbia University.

Clarke MC, Sharpe HBA, Derbyshire JB. 1967. Arch Gesamte Virusforsch 21:91–97.

Coussement W, Ducatelle R, Charlier G, Horrens J. 1981. Am J Vet Res 42:1905–1911.

Darbyshire JH. 1967. Vet Res 81:118–121.

Darbyshire JH, Pereira HG. 1964. Nature (Lond) 201:895–897.

Dea S, Elazhary MASY. 1984. Am J Vet Res 45:209–212.

Dee SA. 1995. Compend Contin Educ Vet Pract 17:962–972.

Derbyshire JB, Arkell S. 1971. Br Vet J 127:137–141.

Derbyshire JB, Chandler RL, Smith K. 1968. Res Vet Sci 9:300–303.

Derbyshire JB, Clarke MC, Collins AP. 1975. J Comp Pathol 85:437–443.

Derbyshire JB, Clarke MC, Jessett DM. 1966. Vet Rec 79:595–599.

——. 1969. J Comp Pathol 79:97–100.

Ducatelle R, Coussement W, Hooren J. 1982. Vet Pathol 19:179–189.

Edington N, Kasza L, Christofinis GJ. 1972. Res Vet Sci 13:289–291.

Elazhary MASY, Dea S, Mittal KR, Higgins R. 1985. Can Vet J 26:190–192.

Ferreira TB, Alves PM, Aunins JG Carrondo MFT. 2005. Gene Ther 12:S73–S83.

Haig DA, Clarke MC, Pereira MS. 1964. J Comp Pathol 74:81–84.

Hirahara T, Yasuhara H, Matsui O, et al. 1990. Jpn J Vet Sci 52:1089–1091.

Hundesa A, DeMotes CM, Bofill-Mas S, et al. 2006. Appl Environ Microbiol 72:7886–7893.

Kadoi K, Inoue Y, Ikeda T, et al. 1995. J Basic Microbiol 35:195–204.

Kasza L. 1966. Am J Vet Res 27:751–758.

Kasza L, Hodges RT, Retts AO, Trexler PC. 1969. Vet Rec 84:262–267.

Kleiboeker SB. 2006. Porcine adenovirus. In BE Straw, J Zimmerman, S D'Allaire, DJ Taylor, eds. Diseases of Swine, 9th ed. Ames, IA: Blackwell Publishing Company, pp. 287–290.

Kleiboeker SB, Seal BS, Mengeling WL. 1993. Arch Virol 133:357–368.

Koestner A, Kasza L, Kindig O, Shadduck JA. 1968. Am J Pathol 53:651–665.

Maluquer de Motes C, Clemente-Casares P, Hundesa A, et al. 2004. Appl Environ Microbial 70:1448–1454.

McAdaragh JP, Eustis S, Benfield DA. 1980. Adenovirus associated with diarrhea in pigs. Abstract. In Conf Res Workers Anim Dis Chicago, IL, November, pp. 10–11.

Nagy M, Nagy E, Tuboly T. 2001. J Gen Virol 82:525–529.

Nietfeld J, Leslie-Steen P. 1993. J Vet Diagn Invest 5:269–273.

Reddy PS, Idamakanti N, Song JY, et al. 1998. Virology 251:414–426.

Sanford SE, Hoover DM. 1983. Can J Comp Med 47:396–400.

Shadduck JA, Koestner A, Kasza L. 1967. Pathol Vet 4:537–547.

Sharpe HB, Jessett DM. 1967. J Comp Pathol 77:45–50.

Tang KN, Baldwin CA, Manseli JL, Styer EL. 1995. Vet Pathol 32:433–437.

25 非洲猪瘟病毒
African Swine Fever Virus

José Manuel Sánchez-Vizcaíno 和 Marisa Arias Neira

背景
RELEVANCE

非洲猪瘟(African swine fever,ASF)于1921年在肯尼亚第一次被报道,当时该病从非洲野猪传播给家猪(*Sus scrofa*),引起了一种死亡率为100%的疾病(Montgomery,1921)。在1957年之前该病只存在于非洲,之后,该病由安哥拉传播到了里斯本,表现为一种死亡率接近100%的急性症状(Manso Ribeiro等,1958)。该病于1960年传播到西班牙,随后到达法国(1964)、意大利(1967、1969、1993)、马耳他(1978)、比利时(1985),直至1986年新西兰也发生该病的流行。ASF成为了葡萄牙和西班牙的一种地方病,直到1995年,因成功地实施了集中扑灭净化措施,从而两国扑灭该疫病。ASF在19世纪70年代到达西半球,包括古巴(1971)、巴西(1978)、多明尼加共和国(1978)和海地(1979),但是之后被彻底根除了。当前,ASF是很多撒哈拉以南的非洲国家的地方病。在欧洲,ASF是撒丁岛(意大利)的一种地方病,在2007年,该病进入了高加索地区和俄罗斯联邦,这对于它周边的欧洲或亚洲国家都是一个威胁。

非洲猪瘟病毒(ASFV)是一种大型的、复杂的虹形病毒,能导致高传染性、出血性疾病,所有品种和年龄的猪均可感染。ASF是一种复杂的疾病,还有可能引起向四周快速传播和重大的社会经济问题。以西班牙为例,政府为扑灭ASF的项目(1985—1995)花费了将近1亿美元(Arias和Sánchez-Vizcaíno,2002)。对ASF的成功控制很大程度上依赖实验室快速诊断技术和严格的公共卫生控制措施。现在还没有治疗措施或者有效的疫苗来控制该病,因此,ASF被认为是危害较大的全球性动物疾病。

病因学
ETIOLOGY

ASFV是一个复杂的二十面体DNA病毒,是非洲猪瘟病毒科(Asfarviridae)、非洲猪瘟病毒属(*Asfivirus*)的唯一成员(Dixon等,2005)。其病毒粒子包括许多同轴心结构,外部有六角形膜(图25.1),六角形膜是病毒穿过细胞膜出芽时形成的(Carrascosa等,1984)。电子显微镜观察表明,AS-FV病毒粒子的平均直径大约是200 nm。

ASFV的基因组与痘病毒基因组很相似。该病毒基因组包括一个线性的双链DNA分子,根据病毒株的不同其大小约为170~190 kb(Blasco等,1989)。它包含一个共价修饰、末端反向重复、大小为2.1~2.9 kb的序列。整个DNA序列两条链包含151~167个开放阅读框。

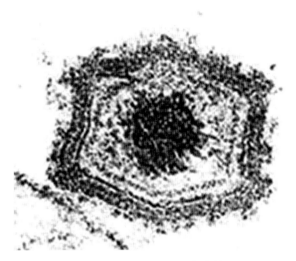

图 25.1 电子显微镜下的 ASFV 病毒粒

DNA 的结构包括两个可变的末端和一个 125 kb 左右的保守的中心区域（Blasco 等，1989）。左侧可变区（38～47 kb）和右侧可变区（13～16 kb），编码五个多基因家族（MGFs），分别叫做 MGF100，MGF110，MGF300，MGF360 和 MGF505/530（Yanez 等，1995）。MGF 的片段（3～20 kb）的缺失和插入是基因组的大小变化的原因所在。不同来源的 ASFV 分离株在 MGF 上的显著不同提示这些区域或许与抗原变异演化和免疫逃逸机制相关。较小变异（<1 kb）多发生在 125 kb 的保守中心区中的中心可变区（CVR）。

从不同地区和宿主（家猪、疣猪、扁虱）上分离得到的 11 株非洲和欧洲 ASFV 分离株，毒力大小各不相同，在基因组水平也呈现显著的遗传差异（De Villier 等，2010）。此分析揭示源于同一谱系的强弱毒株也存在遗传差异性，强毒分离株含有 350 或者 505 个多拷贝基因家族，而弱毒株则是缺失的。这些区域已经功能分析证实为侵染巨噬细胞和蜱传宿主范围的重要决定因素（Burrage 等，2004；Zsak 等，2001）。

在细胞内的病毒粒子中至少有 28 种结构蛋白被证实（Tabarés 等，1980），有超过 100 种的病毒诱导蛋白从被感染猪的巨噬细胞中发现（Estevez 等，1986）。黏附蛋白 p12 和 p24 在病毒粒子的细胞外膜被发现，而蛋白 p150，p37，p34，p14 位于病毒核内。病毒外膜还有 CD2v（红细胞吸附蛋白）蛋白，该蛋白是病毒粒子唯一的糖蛋白。某些蛋白，比如病毒衣壳的主要成分 p72 或者病毒外膜的主要成分 p54、p30、p12 等都具有抗原

性。据报道，有超过 50 种特异蛋白质都有免疫性，能够与感染或康复猪血清发生反应。尽管没有证实它们在诱导保护性免疫中的作用（Neilan 等，2004），但可以作为血清学诊断的候选抗原。

ASFV 不能诱导中和抗体，因此还没有对血清型进行分类。但是，基于 p72 基因的部分核酸序列分析的基因型分型，已经明确了 22 种 ASFV 的基因型（Boshoof 等，2007）。亚型是根据 p54 的全基因序列比对分型；通过对 B602L 中的 CVR 的分析可以做更进一步区分（Gallardo 等，2009）。

ASFV 的 22 种基因型都是在非洲发现的。首先在非洲西部发现的基因Ⅰ型，其余 21 种基因型是在非洲大陆东部和南部发现的。起先在欧洲和西半球分离到的 ASFV 基因型都是在非洲西部发现的基因Ⅰ型。但是，就像在非洲东南部存在的所有基因型一样，基因Ⅱ型也在 2007 年的时候传播到了高加索地区（EFSA，2010）。

ASFV 在 pH 4～10 的溶液中比较稳定，但是在 pH<4 或者 pH>11.5、不含血清的培养基中会立刻失活（EFSA，2010）。该病毒能在 5℃（41℉）的血清中存活 6 年，在 pH 13.4、含 25% 的血清培养基中能存活数日。60℃（144℉）加热 30 min（Plowright 和 Parker，1967），或者 56℃（133℉）加热 70 min（Mebus，1988）ASFV 就能被灭活。许多溶剂能够通过溶解囊膜使该病毒失活，但是 ASFV 能够抵抗蛋白酶和核酸酶降解（Plowright 和 Parker，1967）。

ASFV 流行株主要通过猪的单核细胞或巨噬细胞培养分离鉴定，病毒在普通细胞中不能复制。在实验室多株 ASFV 已经在普通细胞中适应生长，包括 VERO、MS 和 CV 细胞系。最近，COS-1 细胞系已经用于流行株的分离鉴定和滴定，以及实验室工程 ASFV 毒株传代（Hurtado 等，2010）。

公共卫生
ROLE IN PUBLIC HEALTH

ASFV 不会感染人，也不会直接对公共卫生造成危害（EFSA，2009）。但是，ASFV 对猪及猪产品、食品安全有很重要的社会和经济影响，特别是在那些以猪产品为主要蛋白质来源的国家。

流行病学
EPIDEMIOLOGY

ASF 是撒哈拉以南 20 多个非洲国家的地方流行病。在欧洲，ASF 是撒丁岛（Sardinia）地区（意大利）的流行病。分子流行病学的研究证明，这是由于 19 世纪 70 年代基因 I 型毒株的引入导致的（1978）。在 2007 年 6 月，ASF 在格鲁吉亚暴发，随后在高加索地区发现了这种病毒。随后，这种病毒很快扩散到了阿美尼亚、阿塞拜疆和前苏联，然后到达了乌克兰边境，以及苏联西北部波罗的海和巴伦支海附近。这次暴发是由在非洲东南部流行的基因 II 型引起的。调查结果已经证明，这次暴发是由于 2007 年欧洲 ASFV 的单一入侵，到现在为止还没有发生分子的变异（URL-欧盟 ASF 研究实验室，CISA-INIA 动物卫生研究中心，2010）。

不论是野猪还是家猪，都是 ASFV 的天然宿主。欧洲野猪比较容易被 ASFV 感染，表现的临床症状和死亡率与家猪很相似（McVicar 等，1981；Sánchez Botija，1982）。相反，有三种非洲野猪可以隐性带毒，成为病毒储存器，这三种动物是：疣猪（*Phacochoerus aethiopicus*）、大林猪（*Hylochoerus meinertzhageni*）和非洲野猪（*Potamochoerus porcus*）（De Tray，1957）。

在非洲，ASFV 的传播有一个比较复杂的循环周期，包括非洲野猪、软蜱虫和家猪。在东部和南部地区，病毒传播遵循一个古老的森林型周期，涉及软蜱和无症状感染疣猪和丛林猪。在流行地区发现了两种传统的传播方式：一种是不包括疣猪的猪/蜱传播方式，另一种是猪/猪传播方式（Jori 和 Bastos，2009）。

在欧洲，健康动物包括家猪和野猪与蜱的直接接触造成的传播是最常见的传播途径。ASFV 在家猪中的传播通过口腔、呼吸道以及其他裸露的部位（Colgrove 等，1969）。猪还有其他感染方式，比如说蜱的叮咬（Plowright 等，1969）；皮肤的伤口；肌内注射、皮下注射、腹腔注射、静脉注射（McVicar，1984）。

许多种软蜱都是 ASFV 的携带者和传播者，包括非洲钝缘蜱（*Ornithodoros moubata*）和伊比利亚半岛的游走钝缘蜱（*Ornithodoros erraticus*）（Plowright 等，1969；Sánchez Botija，1963）。在伊比利亚半岛还会有像游走钝缘蜱这样的生物携带者发生的间接传播，尤其是在户外养猪生产。这些病毒携带者在欧洲西部的危害还不清楚。通过比较在欧洲和在非洲软蜱对 ASFV 的复制，发现了一个疾病流行病学方面的重要区别。ASFV 经卵传播和种间传播的方式已经在非洲钝缘蜱上得到证明（Plowright 等，1970），但是在欧洲，在游走钝缘蜱上只发现了种间传播的传播方式。非洲也存在钝缘软蜱能够在实验条件下将 ASFV 传播给家猪（Mellor 和 Wilkinson，1985）。在南美以及北美广泛分布的许多种类的蜱都能携带和传播 ASFV（Groocock，1980）。经过测验，所有种类的钝缘蜱都对 ASFV 易感（EFSA，2010）。

ASFV 的潜伏期变化范围很大（4～19 d），这取决于它的种类以及它传播的途径。被野毒株感染的家猪在潜伏期即在临床症状显现之前就向外界排毒。观察到临床表现之后，ASFV 能够通过分泌和排泄使排毒达到高峰，包括鼻涕、唾液、粪便、尿液、结膜渗出物、肠道内气体和伤口流出的血液。同时，伴随高抗体水平，康复猪能保持长时间的病毒血症，而且病毒能在组织中存活数周至数月。因此，一旦在家猪中发现 ASFV，家猪会成为该病重要的传染源，并且是在 ASF 扑杀过程中重要的考虑对象。

非洲野猪中感染 ASFV 时组织中含有较低滴度的病毒，毒血症不明显或不出现（Plowright，1981）。这类病毒已经足够通过扁虱传播感染家猪，但却不能引起哺乳动物间的相互感染。这样的传播方式使得在非洲境内扑灭 ASFV 非常困难。

ASFV 在环境中比较稳定，能够在污染的环境中保持感染性超过 3 d，在猪的粪便中保持感染性能达到数周。ASFV 能够在室温保存的血清或血液中存活 18 个月，在腐烂的血液中存活 15 周（EFSA，2009）。ASFV 能够在冰生肉中存活数周至数月。在腌制处理的产品中，比如巴拿马火腿，经过 300 d 的腌制处理后就不会发现有感染性的病毒（McKercher 等，1987）。西班牙腌制的猪肉产品，比如塞拉诺火腿和肘子，经过 140 d 后就不会存在 ASFV，伊比利亚腰子经过 112 d 后不含 ASFV（Mebuset 等，1993）。70℃（158℉）制成的熟的或者罐头火腿中从没发现过有感染性的 ASFV。ASFV 在去骨肉，含骨肉，绞肉里 110 d

就会失去感染性,在烟熏的去骨肉里面 30 d 就会失去感染性(Adkin 等,2004)。

ASFV 在脂质溶剂、洗涤剂、氧化剂里面很容易失活,比如说次氯酸盐和苯酚,还有一些对时间和温度比较依赖的商业性的消毒剂。例如,ASFV 与 2.3% 的氯和 3% 的邻苯基苯酚,或者合成的碘溶液接触 30 min 就会失活。其他使 ASFV 失活的有效措施包括福尔马林、氢氧化钠、β-丙内酯、甘油醛和乙酰亚乙胺(EFSA,2010)。

总之,肥皂水、洗涤剂、碱性物质对畜舍、器具、衣物、工具、人类居所等消毒非常有效。飞机上的消毒剂推荐使用 Virkon®。被病毒污染的饲料、饮水和肥料应该被掩埋或者焚烧。被 ASFV 污染的猪粪可以用 1% 的氢氧化钠或者氢氧化钙 4℃(39℉)处理 3 min 或者 0.5% 的氢氧化钠或氢氧化钙处理 30 min(Turner 和 Williams,1999)。扑杀蜱建议使用杀虫剂(有机磷脂类和合成的拟除虫菊酯)。

致病机理
PATHOGENESIS

ASFV 主要在病毒入侵部位附近淋巴结的单核细胞和巨噬细胞中进行复制。经口感染时,病毒首先在扁桃体和下颌淋巴结的单核细胞和巨噬细胞中进行复制,然后经血液和/或淋巴转移至病毒二次复制的场所——淋巴结、骨髓、脾、肺、肝和肾。病毒血症通常在感染后 4~8 d 出现,由于缺乏中和抗体,将持续数周或数月。

ASFV 最先是在单核细胞和巨噬细胞中复制的(Malmquist 和 Hay,1960;Minguez 等,1988),也会在内皮细胞(Wilkinson 和 Wardley,1978)、肝细胞,肾小管上皮细胞(Gómez-Villamandos 等,1995)和中性粒细胞中复制(Carrasco 等,1996)。目前还未发现在 B 淋巴细胞和 T 淋巴细胞复制(Minguez 等,1988)。病毒进入易感细胞是通过受体介导的内吞作用(Alcami 等,1989),然后在细胞核附近的不同细胞质中复制。

ASFV 易与血液红细胞膜(Quintero 等,1986)和血小板(Gómez-Villamandos 等,1996)相互作用,能够引起感染猪的血细胞吸附现象。

急性病例中的出血机理是由于在疾病后期,在内皮细胞中复制的病毒使内皮细胞的吞噬活性增强引起的。亚急性病例中的出血机理主要是因

为血管壁的通透性升高而引起(Gómez-Villamandos 等,1995)。急性病例中淋巴细胞减少的机理与淋巴器官的 T 区淋巴细胞凋亡有关(Carrasco 等,1996),但是还不能证明 ASFV 能在 T 细胞和 B 细胞中复制(Gómez-Villamandos 等,1995;Minguez 等,1988)。这表明会涉及其他机制,例如,ASFV 感染的巨噬细胞释放细胞因子或细胞凋亡因子。

亚急性非洲猪瘟表现为暂时性血小板减少(Gómez-Villamandos 等,1996)。肺血液内巨噬细胞的活化可在急性和亚急性非洲猪瘟的后期引起肺水肿(死亡的主要原因)(Carrasco 等,1996;Sierra 等,1990)。

宿主的遗传因素或者是免疫因素是否决定了野生非洲野猪(疣猪和丛林猪)组织中病毒滴度低和不易察觉的病毒血症还不是很清楚(Plowright,1981)。相似的,欧洲野猪比家猪表现出较高抗感染能力的原因也不是很清楚。

临床症状
CLINICAL SIGNS

非洲野猪对该病有很强的抵抗力,一般不表现出临床症状。不管是急性还是慢性感染,家猪和欧洲野猪表现有明显的临床症状,ASF 的临床症状和许多其他猪的疾病很相似,特别是猪瘟(猪霍乱)和猪丹毒。

ASFV 自然感染的潜伏期大约为 4~19 d。在实验条件下,潜伏期可以缩短为 2~5 d,潜伏期的长短与接种的剂量和接种的途径有关(Mebus 等,1983)。发病率取决于该毒株是引起急性还是慢性疾病,病毒释放的途径和是否存在出血(异位显性或者是出血性腹泻)。一般发病率在 40%~85% 之间。同样的,死亡率由 ASFV 毒株的毒力决定。高致病性毒株死亡率可高达 90%~100%;中致病性毒株在成年动物能引起 20%~40% 的死亡率,在幼年动物中引起 70%~80% 的死亡率;低致病性毒株能够造成 10%~30% 的死亡率。

ASF 的临床症状既包括急性的(很少或没有临床症状的突然死亡),也包括亚急性的或者是隐性感染,这取决于病毒的毒力、感染剂量和感染途径。非洲 ASFV 病毒一般会导致急性症状,但是在一些地区,可能会引起亚急性和慢性的感染。

ASF 急性症状表现为食欲减退、高温(40~

42℃;104～108℉)、白细胞减少、肺水肿、淋巴组织的大量坏死和出血、皮下出血(特别是耳朵和两翼的出血)和高死亡率(Gómez-Villamandos 等，1995;Mebus,1988;Mebus 等,1983;Moulton 和 Coggins,1968)。在感染后期,可以看到病猪急促的呼吸,由于肺部的病变鼻腔分泌大量的黏液。在一些临床病例中可能会出现鼻出血、便秘、呕吐,可能还会有一定程度的腹泻。有时会观察到肛门出血(黑粪便)。有时会看到很明显的皮疹(大量充血导致皮肤发紫)或者是青紫的斑点,这些斑点在四肢、耳朵、胸部、腹部和会阴部位为不规则的紫色。可能还会出现血肿和一些坏死组织,这些症状在感染中等致病毒株的猪中较为明显。怀孕母猪常发生流产。

在某些地区存在着亚急性和慢性病例。亚急性的特征是血小板暂时性减少、白细胞减少和广泛性出血性病变(Gómez-Villamandos 等,1997)。

高致病性的 ASFV 毒株主要能够导致急性病例。中致病性毒株导致的临床症状变化多样:急性、亚急性和慢性。低致病性毒株一般导致慢性的症状。

病理变化
LESIONS

ASF 有很多种病变类型,这取决于病毒毒株的毒力。急性和亚急性以广泛性的出血和淋巴组织的坏死为病变特征。相反,在一些慢性或者亚临床病例病变很轻或者不存在病变(Gómez-Villamandos 等,1995;Mebus 等,1983)。

病变发生的主要部位包括脾脏、淋巴结、肾脏和心脏(Sánchez Botija,1982)。脾脏可呈暗黑色、肿大、梗死和质度脆弱(图 25.2),有时见被膜下出血的大梗死灶。淋巴结见出血、水肿、易碎,常似暗红色血肿(图 25.3)。由于充血和被膜下出血,淋巴结切面呈大理石样变。肾脏表面及切面皮质部有斑点状出血(图 25.4),肾盂也有点状出血。有些病例可见带有出血的浆液性心包积液。在心内、外膜可见斑点状出血。在急性 ASF 还能看到一些其他病变,例如,腹腔内有浆液出血性渗出物,整个消化道黏膜水肿、出血。肝脏和胆囊充血,膀胱黏膜斑点状出血。胸腔积液及胸膜斑点状出血,以及常见肺水肿。脑膜、脉络膜、脑组织发生较为严重的充血(Mebus 等,1983)。

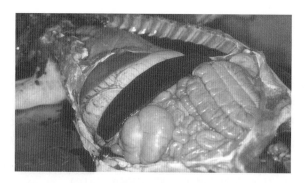

图 25.2 急性 ASF 中肿大变暗的脾脏

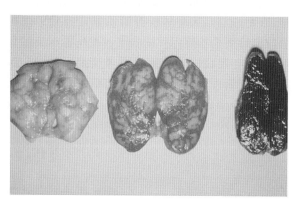

图 25.3 正常猪淋巴结(左)、亚急性 ASF 猪淋巴结(中)、急性 ASF 猪淋巴结(右)

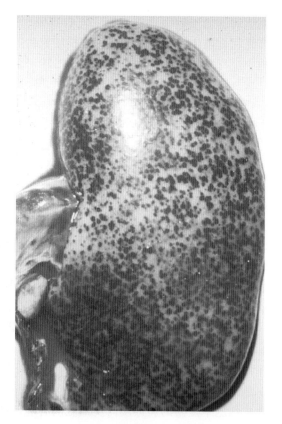

图 25.4 急性 ASF 猪,肾脏皮质表面很多出血斑

亚急性与急性的病变很相似,但亚急性的病变较轻。亚急性的主要病变特征是肾脏和淋巴结有较大的出血点。脾脏肿大出血。肺部水肿、出血,个别病例可见间质性肺炎。

在急性 ASF 病例,血管和淋巴器官会出现组织病理学病变。主要包括出血、血管内形成微血栓以及内皮细胞的损伤,并伴有内皮下坏死细胞的大量聚集(Gómez-Villamandos 等,1995)。急性和亚急性具有的主要特征病变,脾脏出血性肿大是由于脾架构组织缺失造成的,脾架构的缺失是因为病毒入侵后的复制以及脾固有淋巴细胞坏死造成的。急性 ASF 的淋巴组织病变主要见于淋巴器官的 T 细胞区,但仍未观察到 ASFV 能在淋巴细胞中进行复制(Carrasco 等,1996;Minguez 等,1988)。

慢性 ASF 主要病变特征是呼吸道的变化,但是病变很轻或者不明显(Gómez-Villamandos 等,1995;Mebus 等,1983)。病变包括纤维素性胸膜炎、胸膜粘连、干酪样肺炎和淋巴网状组织增生。纤维素性心包炎和坏死性皮肤病变也很常见(Moulton 和 Coggins,1968)。

诊断
DIAGNOSIS

实验室检测是准确诊断 ASF 所必需的,因为 ASF 的临床症状和病变与猪的其他一些出血性疾病很相似,比如,猪瘟(猪霍乱)、猪丹毒和败血性沙门细菌病。不能根据临床症状和眼观病变来判断是否是 ASF。

尸检发现,高致病性毒株感染致死的动物有很严重的肺水肿和脾肿大(较为严重的疾病),脾变成暗红色,横跨整个腹腔(图 25.2)。这是 ASF 的典型病变,称之为脾充血性肿大、出血性梗死和出血性脾炎。这种患病动物还会出现淋巴结出血,特别是胃、肝、肾等器官淋巴结,出血涉及皮质层和髓质层。在肾脏、膀胱黏膜、咽和喉、胸膜、心内膜及心包膜有点状出血,心包积液,腹水,胸腔积液,肝瘀血。

很多实验室检查方法都可以用来诊断 ASF(Arias 和 Sánchez-Vizcaíno 2002a;Oura 和 Arias,2008)。实验室诊断常检查的器官包括淋巴结、肾脏、脾脏、肺、血液和血清。病变组织可用于病毒的分离、检测。组织渗出液和血清主要做抗体检测,但也可以用来检测病毒粒子。

最方便、最安全、最常用的 ASF 检测方法是直接免疫荧光(DIF)(Bool 等,1969)、血细胞吸附试验(HA)(Malmquist 和 Hay,1960)和聚合酶链式反应(PCR)(Agüero 等,2003,2004;King 等,2003)。

DIF 检测的是脾脏、肺、淋巴结、肾脏等组织器官的病毒抗原,检查可通过组织触片或冷冻切片进行。通过共轭免疫荧光的方法来检测 AS-FV。DIF 用来检测急性 ASF 具有快速、经济和高敏感性的特点。但是,当检测亚急性或者慢性 ASF 时,DIF 的敏感性只有 40%。这种敏感性的降低可能是由于在组织中形成抗原-抗体复合物,这种组织中的抗原-抗体复合物能阻断 ASFV 抗原与标记的抗 ASFV 免疫球蛋白结合(Sánchez-Vizcaíno,1986)。

由于血细胞吸附试验(HA)的特异性和敏感性,HA 一般用于较宽范围的检测,HA 方法应该被用来评估疑似暴发,特别是当其他测试为否定结果时,应该用 HA 方法进行确诊。血细胞吸附试验是利用红细胞能吸附在体外培养的感染 AS-FV 的巨噬细胞膜表面。在 ASFV 诱导的细胞病变出现前,红细胞能在巨噬细胞周围形成典型的玫瑰花环(Malmquist 和 Hay,1960)(图 25.5)。但是,尽管 HA 试验是检测 ASFV 的最敏感的方法,但应该指出的是,一些 ASFV 分离株能诱导巨噬细胞的病变,而不能出现血细胞吸附现象(Sanchez Botija,1982)。这些毒株可利用 PCR 或者 DIF 方法检测细胞培养物进行确定。

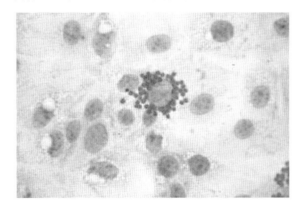

图 25.5 红细胞吸附现象:红细胞与被 ASFV 感染的巨噬细胞连接

基于 PCR 技术的方法,在检测目前流行的 ASFV 毒株及无血细胞吸附现象和致病性较低的毒株时显示出高度的一致性、特异性和高敏感性(欧盟 ASF 实验室,CISA-INIA 健康动物研究中心,2010)。引物和探针都是根据病毒基因组中的高度保守区域 VP72 设计的(Agüero 等,2003,2004;King,2003)。

当出现 ASFV 抗体时就证明被感染了,因为现在还没有行之有效的疫苗。该病急性病例引起高死亡率,在血清学确诊前大量的感染猪就会死亡。然而,在亚急性疾病,一定比例的猪从感染中恢复过来,并产生高水平的 ASFV-特异性抗体:免疫球蛋白 M(IgM)能检测到 4 DPI,IgG 能检测到 6~8 DPI。病毒感染后抗体在体内循环的存在与病毒相同,大约持续 6 个月(Arias 和 Sánchez-Vizcaíno,2002a;Wilkinson,1984),有的在病毒感染几年后仍能被检测到。病毒进入体内早期就显现并随后持续存在的抗体,使得它们可用于检测亚急性和慢性表现的病例。鉴于同样原因,作为病毒扑灭计划的一部分,在实施监测策略方面发挥很大的作用(Arias 和 Sánchez-Vizcaíno,2002b)。很多技术已经适用于 ASF 抗体的检测,但以酶联免疫吸附测定(ELISA)(Sánchez-Vizcaíno,1986;Sánchez-Vizcaíno 等,1979)和免疫印迹(IB)(Pastor 等,1987)试验最为常用。

ELISA 对于大范围的 ASF 血清学检测是最有效的,也适用于针对该病的防控和扑灭工作(Arias 和 Sánchez-Vizcaíno,2002b)。世界动物卫生组织(OIE)推荐的 iELISA 或商品化的 c-ELISA 方法都得到了广泛应用。保存条件较差的样品可能对 ELISA 的敏感性有所影响(Arias 等,1993),但是以一种重组蛋白作为包被抗原的 ELISA 方法不受这方面的限制(Gallardo 等,2006)。

IB 是一种高度特异性、敏感性、简单易学的技术。它曾经被用来验证 ELISA 试验的准确性(Arias 和 Sánchez-Vizcaíno,2002b),而且当血清样品疑似保存较差时也推荐使用这种方法(Arias 等,1993)。

免疫
IMMUNITY

抗 ASF 感染的免疫机制目前还不清楚,并且开发有效疫苗的所有设想尚未成功。感染 ASFV 后存活下来的猪只能对所感染的相应病毒具有抵抗力。同理,接种了弱毒 ASFV 疫苗的猪只有在感染同源的强毒病毒时才能存活。但是,当感染异源的病毒时不能提供有效免疫保护(Ruiz Gonzalvo 等,1981)。显然,建立保护性免疫的主要困难是缺少相应的中和抗体和病毒毒株之间的高度变异性。

早期的实验已经证明在自然感染或者是人工感染猪的血清内缺少抵抗 ASFV 的中和抗体。实际上,ASFV 的特异性抗体从没有被证明过是真正意义上的中和病毒的抗体。然而,康复猪用口蹄疫疫苗免疫时能产生正常水平的中和抗体,该实验证明了 ASFV 感染对体液免疫反应不存在负面影响(De Boer,1967)。

将被 ASFV 感染的猪或者其他被感染动物的血清转移给其他动物并不能使其受体动物抵抗 ASFV 的感染(De Boer,1967;De Boer 等,1969),并且最近的一些实验表明,具有高度抗原性蛋白 p30、p54 和 p72 的抗体没有保护性(Neilan 等,2004)。然而,注射抗体的猪能够表现出对 ASFV 的部分抵抗性,比如说,能够延迟临床症状的表现,能够改善临床症状,能够降低病毒血症水平,还能提高存活率(Onisk 等,1994;Schlafer 等,1984a,b;Wardley 等,1985)。

体内外研究表明抗体在补体-介导细胞溶解和抗体-依赖细胞介导细胞毒性(ADCC)过程中有一定的作用。这些实验同时证明自然杀伤细胞(NK)具有重要的作用(Leitao 等,2001)。从康复的猪中分离的细胞毒性 T 淋巴细胞能够破坏病毒感染的巨噬细胞(Martins 和 Leitao 等,1994),这表明在免疫过程中细胞介导的免疫起主要作用。因此,与体液免疫和与细胞免疫相关的免疫机制在抵抗 ASFV 感染的过程中发挥作用。

预防和控制
PREVENTION AND CONTROL

任何情况下,只要有可疑的 ASF 感染猪,应该限制猪及猪产品的流动,立即进行诊断。要牢记,低致病性的 ASFV 毒株不能通过其引起的症状或病变来证明它们的存在。

目前还没有比较有效的措施或者疫苗来对抗 ASFV。自 1963 年在葡萄牙开始尝试第一个弱毒活疫苗(Manso Ribeiro 等,1963),已经为寻找有效的疫苗进行了很多尝试,但一直没有成功。但是,经过 20 多年的努力,在葡萄牙和西班牙扑灭了 ASFV,证明疫苗并不是净化 ASF 所必需。

因为 ASFV 引起的经济损失较大,也因为还没有控制该病的有效疫苗,所以,保护不存在 ASF 的地区免受 ASFV 的侵入变得非常关键。流行病学研究表明,国际机场和港口中被污染的垃圾是 ASFV 重要的传染源(EFSA,2010)。因此,所有飞机和轮船上剩余的食物都应该被焚烧。

在一些发现温和型和隐性感染的欧洲地区,比如撒丁区,防控措施主要依靠控制猪及猪产品的流动,结合广泛的血清学调查来检测带毒猪。在 ASF 流行的非洲地区,最重要的是控制天然宿主,也就是软蜱(非洲钝缘蜱)和疣猪,采取措施阻止它们和家猪接触。在欧洲东部,有必要认识到自然病毒存储器在生物循环中的作用,应该控制家猪、野猪以及猪副产品的流动。

在畜群中控制和净化 ASF 的方法因不同的地区或者大陆、流行病的形势和情况、经济资源以及邻近地区的形势特点而不同。在 1985—1995 年期间,西班牙成立了一个范围广泛的组织来扑灭 ASF,这个组织得到了欧盟的支持(Arias 和 Sánchez-Vizcaíno,2002b;Bech-Nielsen 等,1995)。这个组织能够取得成功主要是采取了以下措施:

● 扑灭 ASF 的暴发,发现并屠宰携带 ASFV 的动物,彻底消灭感染的畜群;对感染畜群的养殖者进行充足的经济补助是很有必要的。

● 改善动物饲养设施,以防止疾病蔓延,例如,足浴、卫生罩、残留物和泥浆处理。改善生物安全及公共卫生措施以避免病毒在畜群之间传播,这对扑灭疾病具有重要作用。

● 建立一个流动的兽医网络队伍负责管理公共场所的卫生;做好动物标识;进行流行病学调查;收集种猪血清样品进行血清学调查,在屠宰场做好血清学控制,以及进行准确诊断。流动兽医队伍也可以鼓励并帮助养猪生产者建立自己的卫生协会。

● 严格控制动物的流动,对用于育肥或者育种的猪进行严格检疫。运输车辆也需要进行严格的清洗和消毒。

● 养殖者的直接参与和积极参与根除计划是成功扑灭该病的最重要因素。

每个国家都应该设计一个应对 ASF 意外侵入的计划,并时刻做好准备以防 ASF 的暴发流行。

(刘思当译,甘文强校)

参考文献
REFERENCES

Adkin A, Coburn H, England T, et al. 2004. Risk assessment for the illegal import of contaminated meat and meat products into Great Britain and the subsequent exposure of GB livestock (IIRA): Foot and mouth disease (FMD), classical swine fever (CSF), African swine fever (ASF), swine vesicular disease (SVD). Veterinary Laboratories Agency, New Haw.

Agüero M, Fernández J, Romero L, et al. 2003. J Clin Microbiol 41:4431–4434.

Agüero M, Fernández J, Romero L, et al. 2004. Vet Res 35:551–563.

Alcami A, Carrascosa AL, Viñuela E. 1989. Virology 171:68–75.

Arias M, Escribano JM, Sánchez-Vizcaíno JM. 1993. Vet Rec 133:189–190.

Arias M, Sánchez-Vizcaíno JM. 2002a. African swine fever. In A Morilla, KJ Yoon, JJ Zimmerman, eds. Trends in Emerging Viral Infections of Swine. Ames, IA: Iowa State Press, pp. 119–124.

——. 2002b. African swine fever eradication: The Spanish model. In A Morilla, KJ Yoon, JJ Zimmerman, eds. Trends in Emerging Viral Infections of Swine. Ames, IA: Iowa State Press, pp. 133–139.

Bech-Nielsen S, Fernández J, Martínez-Pereda F, et al. 1995. Br Vet J 151:203–214.

Blasco R, Aguero M, Almendral JM, Vinuela E. 1989. Virology 168:330–338.

Bool PH, Ordas A, Sánchez Botija C. 1969. Bull Off Int Epizoot 72:819–839.

Boshoff CI, Bastos AD, Gerber LJ, Vosloo W. 2007. Vet Microbiol 121:45–55.

Burrage TG, Lu Z, Neilan JG, et al. 2004. J Virol 78:2445–2453.

Carrasco L, de Lara PC, Martín de las Mulas J, et al. 1996. Vet Res 27:305–312.

Carrascosa JL, Carazo JM, Carrascosa AL, et al. 1984. Virology 132:160–172.

Colgrove G, Haelterman EO, Coggins L. 1969. Am J Vet Res 30:1343–1359.

De Boer CJ, Hess WR, Dardiri AH. 1969. Arch Gesamte Virusforsch 27:44–54.

De Boer CV. 1967. Arch Gesamte Virusforsch 20:164–179.

De Tray DE. 1957. J Am Vet Med Assoc 130:537–540.

De Villier EP, Gallardo C, Arias M, et al. 2010. Virology 400:128–136.

Dixon LK, Escribano JM, Martins C, et al. 2005. The Asfarviridae. In CM Fauquet, MA Mayo, J Maniloff, U Desselberger, LA Ball, eds. Virus Taxonomy: Classification and Nomenclature of Viruses. The Eighth Report of the International Committee on Taxonomy of Viruses. San Diego, CA: Elsevier Academic Press, pp. 135–143.

Estevez A, Marquez MI, Costa JV. 1986. Virology 152:192–206.

European Food Safety Authority (EFSA). 2009. Scientific report submitted to EFSA prepared by Sánchez-Vizcaíno JM, Martinez-López B, Martinez-Avilés M, et al. on African swine fever, pp. 1–141.

——. 2010. EFSA panel on animal health and welfare: Scientific opinion on African swine fever. EFSA J 8(3):1556 doi:10.2903/j.efsa.2010.1556.

Gallardo C, Blanco E, Rodríguez MJ, et al. 2006. J Clin Microbiol 44:1489–1495.

Gallardo C, Mwaengo DM, Macharia JM, et al. 2009. Virus Genes 38:85–95.

Gómez-Villamandos JC, Bautista MJ, Carrasco L, et al. 1997. Vet Pathol 34:97–107.

Gómez-Villamandos JC, Bautista MJ, Hervas J, et al. 1996. J Comp Pathol 59:146–151.

Gómez-Villamandos JC, Hervas J, Mendez A, et al. 1995. J Gen Virol 76:2399–2405.

Groocock CM, Hess WR, Gladney WJ. 1980. Am J Vet Res 41:591–594.

Hurtado C, Bustos MJ, Carrascosa AL. 2010. J Virol Methods 164:131–134.

Jori F, Bastos ADS. 2009. EcoHealth 6:296–310.

King DP, Reid SM, Hutchings GH, et al. 2003. J Virol Methods 107:53–61.

Leitao A, Cartaxeiro C, Coelho R, et al. 2001. J Gen Virol 82:513–523.

Malmquist WA, Hay D. 1960. Am J Vet Res 21:104–108.

Manso Ribeiro J, Azevedo R, Teixeira J, et al. 1958. Bull Off Int Epizoot 50:516–534.

Manso Ribeiro JJ, Petisca NJ, Lopes Frazao F, Sobral M. 1963. Bull Off Int Epizoot 60:921–937.

Martins CL, Leitao AC. 1994. Vet Immunol Immunopathol 43:99–106.

McKercher PD, Yedloutschnig RJ, Callis JJ, et al. 1987. Can Inst Food Sci Technol J 20:267–272.

McVicar JW. 1984. Am J Vet Res 45:1535–1541.

McVicar JW, Mebus CA, Becker HN, et al. 1981. J Am Vet Med Assoc 179:441–446.

Mebus CA. 1988. Adv Virus Res 35:251–269.

Mebus CA, House C, Ruiz F, et al. 1993. Food Microbiol 10:133–143.

Mebus CA, McVicar JW, Dardiri AH. 1983. Comparison of the pathology of high and low virulence African swine fever infections. In Wilkinson PJ ed. Proceedings of CEC/FAO expert consultation in African swine fever research, Sardinia, Italy, September 1981, pp. 183–194.

Mellor PS, Wilkinson PJ. 1985. Res Vet Sci 39(3):353–356.

Minguez I, Rueda A, Domínguez J, Sánchez-Vizcaíno JM. 1988. Vet Pathol 25:193–198.

Montgomery RE. 1921. J Comp Pathol 34:159–191.

Moulton J, Coggins L. 1968. Cornell Vet 58:364–388.

Neilan JC, Zsak L, Lu Z, et al. 2004. Virology 319:337–342.

Onisk D, Borca M, Kutish G, et al. 1994. Virology 198:350–354.

Oura CAL, Arias M. 2008. 2.8.1. African swine fever. In Manual of Diagnostic Tests and Vaccines for Terrestrial Animals, Vol. 2, 6th ed. Paris: OIE, World Organisation for Animal Health, pp. 1069–1082.

Oura CAL, Powell PP, Parkhouse RM. 1998. J Gen Virol 79:1427–1438.

Pastor MJ, Laviada MD, Sánchez-Vizcaíno JM, Escribano JM. 1987. Can J Vet Res 53:105–107.

Plowright W. 1981. African swine fever. In JW Davis, LH Karstand, DO Trainer, eds. Infectious Diseases of Wild Mammals, 2nd ed. Ames, IA: Iowa State University Press, pp. 178–190.

Plowright W, Parker J. 1967. Arch Gesamte Virusforsch 21:383–402.

Plowright W, Parker J, Peirce MA. 1969. Vet Rec 85:668–674.

Plowright W, Perry CT, Peirce MA. 1970. Arch Gesamte Virusforsch 31:33–50.

Quintero J, Wesley RD, Whyard TC, et al. 1986. Am J Vet Res 47:1125–1131.

Ruiz Gonzalvo F, Carnero ME, Bruyel V. 1981. Immunological responses of pigs to partially attenuated ASF and their resistance to virulent homologous and heterologous viruses. In PJ Wilkinson, ed. Rome, Italy: FAO/CEC Expert Consultation in ASF Research, pp. 206–216.

Sánchez Botija C. 1963. Bull Off Int Epizoot 60:895–899.

——. 1982. Rev Off Int Epizoot 1:1065–1094.

Sánchez-Vizcaíno JM. 1986. African swine fever diagnosis. In J Becker, ed. African Swine Fever. Boston, MA: Martinus Nijhoff Publishing, pp. 63–71.

Sánchez-Vizcaíno JM, Martín L, Ordas A. 1979. Adaptación y evaluación del Enzimoinmunoensayo para la detección de anticuepos para la Peste porcina africana. Laboratorio 67:311–319.

Sánchez-Vizcaíno JM, Slauson D, Ruiz F, Valero F. 1981. Am J Vet Res 42:1335–1341.

Schlafer DH, McVicar JW, Mebus CA. 1984b. Am J Vet Res 45:1361–1366.

Schlafer DH, Mebus CA, McVicar JW. 1984a. Am J Vet Res 45:1367–1372.

Sierra MA, Carrasco L, Gómez J, Martín J, et al. 1990. J Comp Pathol 102:323–334.

Sierra MA, Gómez-Villamandos JC, Carrasco L, et al. 1991. Vet Pathol 28:178–181.

Tabarés E, Marcotegui MA, Fernández M, Sánchez Botija C. 1980. Arch Virol 66:107–117.

Turner C, Williams SM. 1999. J Appl Microbiol 87:148–157.

URL (European Union Reference Laboratory for ASF), CISA-INIA Centro de investigación en Sanidad Animal. 2010. Activities of CRL. Annual Meeting of National African Swine Fever Laboratories, May 18, 2010. Pulawy, Poland.

Wardley RC, Norley SG, Wilkinson PJ, Williams S. 1985. Vet Immunol Immunopathol 9:201–212.

Wilkinson PJ. 1984. Prev Vet Med 2:71–82.

Wilkinson PJ, Wardley RC. 1978. Br Vet J 134:280–282.

Yañez RJ, Rodríguez JM, Nogal ML, et al. 1995. Virology 208:249–278.

Zsak L, Lu Z, Burrage TG, et al. 2001. J Virol 75:3066–3076.

26 猪圆环病
Porcine Circoviruses

Joaquim Segalés, Gordon M. Allan 和 Mariano Domingo

引言
RELEVANCE

20 世纪 90 年代后期,北美和欧洲检测到了一种未知的猪圆环病毒(Allan 等,1998;Ellis 等,1998)。该病毒与已知的由 PK-15 细胞培养污染物中分离的 PCV 不同(Tischer 等,1974,1982)。最早的细胞污染物对猪并无致病性(Allan 等,1995;Tischer 等,1986),命名为 1 型圆环病毒(PCV1),新出现的与临床疾病相关的 PCV 命名为 PCV2(Allan 等,1999b)。

PCV2 感染后会引起断奶仔猪多系统衰竭综合征(PMWS)(Clark,1996;Harding,1996)、猪皮炎肾病综合征(PDNS)(Rosell 等,2000b)、猪呼吸道疾病综合征(Kim 等,2003)以及生殖系统疾病(West 等,1999)。有人提议用"猪圆环病毒病"(PCDVs)一词表示与 PCV2 相关的一类疾病或者境况(Allan 等,2002b)。而北美地区通常用"猪圆环病毒相关疾病"(PCVADs)一词(Opriessnig 等,2007)。猪圆环病毒病中,只有 PMWs 可以对猪产业造成全球性的影响。自 2007 年开始,已有一些 PCV2 商业疫苗得到批准,因此由 PMWS 和 PCV2 亚临床感染引起的经济损失也显著降低了(Kekarainen 等,2010)。

病因学
ETIOLOGY

PCVs 属圆环病毒科圆环病毒属(Segales 等,2005a)。PCVs 为无包膜病毒,直径为 12~23 nm(图 26.1)(Rodríguez-Cariño 和 Segalés,2009;Tischer 等,1982)。核衣壳呈二十面体对称型。三维立体试验显示其多角形轮廓中含有 60 个衣壳蛋白(Cap),组装成 12 个轻微突出的由五部分组成的单元,整个直径约 20.5 nm(Crowther 等,2003)。PCV 是一个共价闭环单股 DNA 病毒(ssDNA),其中 PCV1 基因组含

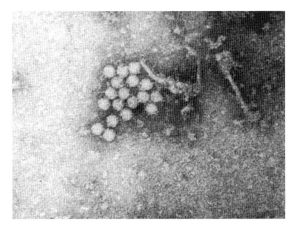

图 26.1 感染猪分离的负链 PCV2 颗粒透射电镜图。病毒粒子直径为 15~20 nm。

1 759 个核苷酸,PCV2 含 1 767～1 768 个核苷酸(Hamel 等,1998;Meehan 等,1998)。PCV1 和 PCV2 可能具有共同的进化起源,但其共同的祖先还未确定(Olvera 等,2007)。

当 PCV 感染一个细胞后,ssDNA 转化为双股 DNA(dsDNA)中间体,这个中间体被认为 PCV 是一种复制形式(RF)(Mankertz 等,2004)。RF 为双义基因组,由正链和负链编码。PCV2 由 11 个公认的开放阅读框组成(Hamel,1998),但仅有三个表达蛋白。ORF1(Rep 基因)位于正链,顺时针排列,编码非结构复制酶蛋白 Rep 和 Rep',长度分别为 314 和 178 个氨基酸(AAs)(Cheung,2003;Mankertz 等,1998)。ORF2(核衣壳基因)位于负链,逆时针排列,编码核衣壳蛋白(Cap),是唯一的结构蛋白(233～234 AA)(Mankertz 等;Nawagitgual 等,2000)。ORF3 位于负链,逆时针排列,与 ORF1 基因完全重叠。ORF3 编码非结构蛋白(总长度为105AA)。体外试验结果表明,ORF3 蛋白诱导 PK-15 细胞凋亡(Liu 等,2005)。与野生型 PCV-2 相比,ORF3 缺失的 PCV2 突变体对猪的毒性较低。

对世界范围内的 PCV2 病毒分析的结果显示,它们具有相近的系统进化关系,核苷酸同源性超过 93%(Larochelle 等,2003;Mankertz 等,2000)。大多数的 PCV2 基因序列可归于两大组:PCV2 基因型 a 和 b(Gagnon 等,2007;Grau-Roma 等,2008;Olvera 等,2007;Segalés 等,2008;Timmusk 等,2008)。PCV2a 较 PCV2b 基因变异程度大,说明 PCV2a 较 PCV2b 古老(Grau-Roma 等,2008)。然而,两种基因型可能在大约 100 年前起源于共同的祖先,然后才开始独自进化路程,并在相同的宿主和地区共同循环(Firth 等,2009)。1996—2000 年初,PCV2a 在临床感染的猪群中是最为流行的基因型,而今 PCV2 b 为主要的基因型。北美和欧洲 PCV2b 的出现与更为严重的临床疾病的出现有关(Carman 等,2006;Cortey 等,2011;Timmusk 等,2008;Wiederkehr 等,2009)。在丹麦的档案材料中人们发现了第三种基因型(PCV2c)(Dupont 等,2008;Segalés 等,2008)。

相同或不同基因型的 PCV2 毒株可能在同一头猪身上同时循环(Cheung 等,2007;de Boisseson 等,2004;Gagnon 等,2007;Grau-Roma 等,2008;Hesse 等,2008)。体内和体外实验病毒重组提供了证据(Cheung,2009;Hesse 等,2008;Lefebvre 等,2009;Olvera 等,2007),新的基因型的出现可能是共同存在于同一动物的毒株重组的结果。魁北克(加拿大)已鉴定出了含有 PCV1 ORF1 和 PCV2a ORF2 的重组病毒,但是由于此重组病毒与嵌合灭活疫苗毒株具有相似性,因此对它的确切起源尚有争议(Gagnon 等,2010)。

起初,由于 PCV 毒株对单克隆抗体和多克隆抗体的反应相似,因此人们认为 PCV2 毒株间不存在重要的抗原差异(Allan 等,1999b;McNeilly 等,2001)。然而后续的研究表明 PCV2 基因型间存在着抗原差异(Lefebvre 等,2008a;Shang 等,2009)。但是尽管存在差异,由一种基因型诱导的免疫力也会赋予机体对其他基因型感染时的保护(Opriessnig 等,2008c)。当前基于 PCV2a 分离株的 PCV2 疫苗全部对 PCV2b 感染具有有效的保护,进一步证实了抗原交叉保护的结论(Fort 等,2008)。

理化和生物学特性
Physicochemical and Biological Properties

PCV1 在 CsCl 中的浮力密度为 1.37 g/mL,不能凝集多种动物的红细胞,耐酸,在 pH=3 的环境下仍可存活,耐氯仿,70℃(158℉)环境中仍可稳定存活 15 min(Allan 等,1994b)。PCV2 的生物学和理化性质并不十分明确,感染力在酸性缓冲液中会有一些下降,但即使是在 pH <2 的条件下也仍然存活,pH=11～12 条件下感染力会显著下降(Kim 等,2009)。PCV2 可抵抗高温 56℃(133℉)1 h,和 75℃(167℉)15 min 的灭活,这说明该病毒可以在环境处于高温时,仍能保持感染力,例如夏天(Kim 等,2009;O' Dea 等,2008)。将 PCV2 在市售消毒剂(双氯苯双胍己烷、福尔马林、碘酒、氧化剂和酒精)中室温下作用 10 min 至 24 h,病毒滴度会明显下降(Kim 等,2009;Martin 等,2008;Royer 等,2001)。

实验室培养

Laboratory Cultivation

将病毒接种于半悬浮的单层无 PCV 的 PK-15 细胞可使 PCVs 在体外得以很好的复制。因为 PCV 病毒并不产生细胞致病效应，所以病毒复制可通过免疫荧光或免疫过氧化物酶染色法来监测(Allan 和 Ellis，2000)。研究已经表明 PCV1 可在其他的猪源细胞系和 Vero 细胞中进行复制(Allan 等，1994a；Tischer 等，1982)。PCV DNA 的复制似乎依赖于 S 期(Tischer 等，1987)或细胞修复期所表达的细胞酶(Sánchez 等，2003)。对细胞进行葡萄糖胺处理可以提高病毒的产量，但需要注意的是葡萄糖胺具有细胞毒性(Allan 和 Ellis，2000)。

公共卫生

ROLE IN PUBLIC HEALTH

PCVs 并不会涉及公共卫生，但在两种拟用于儿童的轮状病毒疫苗中发现的 PCV DNA 却引起了人们的广泛关注(Kuehn，2010；Victoria 等，2010)。猪的疫苗中以前也曾检测到了 PCV1 DNA(Quintana 等，2006)。这些数据反映出了疫苗生产中的质量控制问题。

流行病学

EPIDEMIOLOGY

尽管流行度低于 PCV2，但是 PCV1 在猪群中广泛存在(Calsamiglia 等，2002)。野生猪中也检测到了 PCV1，且核苷酸序列与家养猪的 PCV1 基因组属于同组(Csagola 等，2008)。同样，PCV2 也广泛存在，家养猪和野生猪是 PCV2 的自然宿主(Allan 和 Ellis，2000；Segalés 和 Domingo，2002；Vicente 等，2004)。从野生猪分离的 PCV2 的核苷酸序列几乎与家养猪分离的 PCV2 核苷酸序列一致，并且也包括 PCV2a 和 PCV2b 两种基因型(Ellis 等，2003；Schulze 等，2004；Sofia 等，2008)。

除了猪以外的其他物种，包括人，均对 PCV2 不易感(Allan 等，2000b；Ellis 等，2001，2000；Rodríguez-Arrioja 等，2003)。但是小鼠却例外，PCV2 可以在小鼠进行复制，并可在鼠间进行一定程度的传播(Kiupel 等，2001；Opriessnig 等，2009a)，说明小鼠可能作为中间宿主或机械性媒介，目前已在猪场的小鼠和大鼠中发现了 PCV2，但在猪场外的啮齿动物中并未发现该病毒。

口鼻接触被认为是病毒传播的主要途径，但在鼻、扁桃体、支气管及眼分泌物、粪便、唾液、尿液、初乳、乳汁以及精液中也已检测到了 PCV2 病毒(Krakowka 等，2000；Larochelle 等，2000；Park 等，2009；Segalés 等，2005b；Shibata 等，2003，2006)。猪可经食用病毒血症动物的组织而感染该病毒(Opriessnig 等，2009c)。产仔前三周的怀孕母猪经鼻腔接触 PCV2 可发生胎盘感染(Ha 等，2008，2009；Park 等，2005)。人工授精时，污染 PCV2 的精子可引起 PCV2 阴性母猪发生繁殖障碍，且胎儿也具有感染性(Madson 等，2009a)。然而，尚不清楚精液中自然流出的 PCV2 数量是否足以感染母猪或胎儿。

PCV2 阴性猪与感染猪混养可使 PCV2 在猪群间进行传播(Albina 等，2001；Bolin 等，2001)。直接接触传播比不同笼间动物的传播更为有效(Andraud 等，2008)。纵向试验对血清、鼻分泌物、粪便中的 PCV2 进行量化，结果发现农场中大多数猪可在 4～11 周时感染该病毒(Carasova 等，2007；Grau-Roma 等，2009)。小部分母猪及仔猪可在哺乳期间就罹患病毒血症(Larochelle 等，2003；Pensaert 等，2004；Shibata 等，2006；Sibila 等，2004)。

单个猪或猪群感染 PCV2 的持久性还没有进行广泛的研究，但 Bolin 等(2001)的研究结果发现实验接种 PCV2 后直到 125 d，仍可在猪的组织中分离到病毒或检测到病毒的 DNA。实地试验中，直到 22 周仍能在猪血清中检测到病毒 DNA(Rodríguez-Arrioja 等，2002)。在 7～70 日龄猪的血清中可反复检测到 PCV2 病毒(Grau-Roma 等，2009)，进一步证实了尽管一些动物体内有高水平的 PCV2 特异抗体存在，但仍然处于持续感染状态(McIntosh 等，2006；Rodríguez-Arrioja 等，2002)。

断奶仔猪多系统衰竭综合征(PMWS)的风险因素
Risk Factors for Postweaning Multisystemic Wasting Syndrome

已有报道证实 PMWS 可以进行水平传播,主要通过将感染猪与健康猪混合饲喂、PMWS 阴性猪和感染猪隔栏饲喂进行研究(Kristensen 等,2009),但感染和非感染因素均被认为在 PMWS 中起着作用。引起 PMWS 的感染因素包括猪圆环病毒感染和/或猪繁殖和呼吸综合征病毒感染(PRRSV)(Rose 等,2003;Segalés 等,2002)。PMWS 的非感染性风险因素的汇总见表 26.1。

表 26.1 PMWS 的非感染性风险因素

	增加 PMWS 的风险因素	降低 PMWS 的风险因素
动物	性别(雄性)	性别(雄性)
	出生地	
	出生时低体重	
	育肥开始阶段体重低	
设施	大量的母猪共同饲养	相邻育肥间之间由深坑分开
	保育和生长阶段圈窝大	可淋浴的设施
	靠近其他猪场	
管理方法	频繁的交叉饲养	保育期按性别将猪群分开
	断乳和育肥阶段间隔期短	断乳时体重最低
	进入保育期的个体年龄和体重范围大	怀孕期群养母猪
	保育期持续流动	访问者访问前很多天未接触猪
	购买后备母猪	使用来自授精中心的精液
	注射技术差导致母猪颈部受伤	
	断乳早(<21 d)	
免疫/治疗/营养	后备母猪免疫蓝耳病毒	萎缩性鼻炎免疫
	母猪免疫大肠杆菌	体外寄生虫的定期治疗
	分别使用丹毒和猪细小病毒疫苗免疫后备母猪	分娩时使用催产素
		保育初始阶段定量供给冻干血浆

PPPSV,猪繁殖和呼吸综合征病毒。

经出版方同意,表格由修改 Grau-Roma 等(2011)文章中的表格而来。

致病机理
PATHOGENESIS

PCV2a 和 PCV2b 均具有致病性,均可以引起 PMWS(Allan 等,1999a;Lager 等,2007)。2000 年早期发生了 PMWS 的大流行,与之相伴的是 PCV2a 到 PCV2b 基因型的变异(Carman 等,2008;Cortey 等,2011;Dupont 等,2008;Timmusk 等,2008;Wiederkehr 等,2009),且认为 PCV2b 毒株较 PCV2a 毒性大。然而,这些基因型间的毒力差异还不清楚(Harding 等,2010;Opriessnig 等,2006b)。

病毒起初开始复制的靶细胞,PCV2 感染的早期情况,以及体内试验中支持 PCV2 复制的细胞类型目前还知之甚少。PCV2 并不编码其自身的 DNA 聚合酶,且推测 S 期的细胞对完成病毒感染周期来说是必需的(Tischer 等)。基于此,具有高分裂水平的细胞对病毒复制应该是最有效的细胞。早期的研究表明巨噬细胞和淋巴细胞在 PCV2 病毒复制中并不具有十分重要的作用(Gilpin 等,2003;Vincent 等,2003),然而后期的研究发现它们(主要是巨噬细胞)如同内皮细胞和上皮细胞一样支持病毒的复制(Hamberg 等,2007;Pérez-Martín 等,2007;Rodríguez-Cariño 等,

2010;Yu 等,2007)。外周血液单核细胞(PB-MCs)中的 PCV2 感染白细胞亚群后的鉴定表明,循环的 T 淋巴细胞(CD4[+]和 CD8[+])和 B 淋巴细胞(作用次于前者)支持 PCV2 病毒复制(Lefebvre 等,2008b;Lin 等,2008;Yu 等,2007),但来源于 PBMC 的单核细胞并非如此(Lefebvre 等,2008b;Lin 等,2008;Yu 等,2007)。猪感染 PCV2 后,在感染猪单核细胞/巨噬细胞系的细胞质中发现了高浓度的病毒(Rosell 等,1999;Sánchez 等,2004)。体外实验也表明 PCV2 感染了这些细胞后,这些细胞处于持续性感染,且伴随少量病毒复制或者无病毒复制(Gilpin 等,2003;Vincent 等,2003)。基于该原因,一般认为单核细胞更多的是在宿主体内传播 PCV2 病毒,而非 PCV2 复制的主要靶点(Vincent 等,2003)。对 PMWS 感染猪的淋巴结及细胞培养的超微研究说明线粒体可能在 PCV2 复制中起着一定作用(Rodríguez-Cariño 等,2010,2011)。

PCV2 病毒血症在接种后约第 7 天时首次检测到,14~21 d 时达到高峰(Allan 等,1999a;Opriessnig 等,2008b;Rovira 等,2002)。实地条件下,血清转化通常发生在 7~12 周龄,抗体可以一直持续到 28 周龄(Rodríguez-Arrioja 等,2002)。淋巴组织含有最高浓度的 PCV2(Quintana 等,2001;Rosell 等,1999),但同样可能在肾脏和呼吸道的上皮细胞、内皮细胞、淋巴细胞、肠细胞、肝细胞、平滑肌、胰腺腺泡和导管细胞中检测到病毒的存在(McNeilly 等,1999;Rosell 等,1999;Sánchez 等,2004;Shibahara 等,2000)。

PMWS 的致病机理
Pathogenesis of Postweaning Multisystemic Wasting Syndrome

PMWS 是一种多因素共同作用的疾病,PCV2 感染是其中的一个因素。尽管 PMWS 可在实验条件下进行复制,但是依旧缺乏一种明确的、可一直重复的疾病模型。重复性最好的 PMWS 模型建立的基础为共同接种 PCV2 和其他感染性和/或非感染性因子的存在(Allan 等,2004)。实验条件下 PMWS 的复制容易发生变化的原因还不清楚,但可能与猪的来源、接种时动物的年龄、免疫情况、基因易感性、PCV2 毒株、接种

类型、感染剂量和感染途径有关。整合分析(Meta-anslysis)显示实验在以下条件下最有可能复制出 PMWS,初乳期猪,<3 周,每头猪接种高剂量的 PCV2b[>1×10[5] 组织培养感染剂量 50%(TCID 50)],同时接种另一种病原(Tomás 等,2008)。Harding 等(2010)通过分别接种 PCV2a 和 PCV2b 两种基因型毒株 7 d 能够复制 PMWS。不同 PCV2 基因型双重感染无菌猪会导致严重的疾病,但如果接种的病毒来源于同一种基因型则不会产生这种情况。

实地实验观察显示一定基因系的猪可能对 PMWS 更为易感。长白猪较杜洛克猪和皮特兰猪更易于发生 PMWS 的研究结果更进一步证实了以上观点(Opriessnig 等,2006a,2009b)。然而,实地试验也曾报道了不一致的观点,一个试验结果显示皮特兰公猪对 PMWS 无任何影响(Rose 等,2005),而另一个试验结果也显示断奶仔猪 PMWS 感染率较低,PMWS 相关死亡率也较低(López-Soria 等,2004)。

其他病毒感染或非感染性因素会刺激和/或激活 PCV2 感染猪的免疫系统,加速 PCV2 的复制,增加组织和血清中的病毒载量(Allan 等,1999a,2000a;Harms 等,2001;Kennedy 等,2000;Krakowka 等,2001;Rovira 等,2002)。这些结果表明 PCV2 感染和免疫刺激可能是 PMWS 发展进程中的重要事件,但是共同感染和免疫刺激在引起 PCV2 感染猪 PMWS 形成中的确切机制还不清楚(Kekarainen 等,2010)。

反过来讲,严重感染猪的 PMWS 的一般特征也暗示了免疫抑制的存在(Darwich 等,2004;Segalés 和 Mateu 2006),例如,显微镜下的淋巴病变(Clark 1997;Rosell 等,1999),PMWS 与条件致病菌的联系(Carrasco 等,2000;Clark 1997;Núñez 等,2003;Segalés 等,2003;Zlotowski 等,2006),以及 PBMCs 和淋巴组织亚细胞群中免疫细胞的改变(Chianini 等,2003;Darwich 等,2002;Nielsen 等,2003;Segalés 等,2001)。

免疫抑制的最明显的证据是 PMWS 感染猪的淋巴组织,可见 B 淋巴细胞和 T 淋巴细胞的耗竭,巨噬细胞的增多,滤泡间树突状细胞的减少或重新分布(Chianini 等,2003)。淋巴组织中,主要是 CD4[+]淋巴细胞减少,其次为 CD8[+]细胞(Sarli

等,2001)。

另一个暗示免疫抑制发生的特征是 PMWS 感染猪的 PBMC 细胞亚型的改变,主要是淋巴细胞减少(Darwich 等,2002;Nielsen 等,2003)。试验条件下,仅在接种 PCV2 后形成 PMWS 的猪体内观察到了 B 淋巴细胞和 T 淋巴细胞的减少。T 细胞亚群的改变主要是 CD4$^+$ 和 CD8$^+$ 记忆 T 细胞的改变。PCV2 接种但无临床症状的猪体内,细胞毒性(CD4$^-$CD8$^+$)和 γδ(CD4$^-$CD8$^-$)T 淋巴细胞较对照组升高,也说明了 T 淋巴细胞对 PCV2 感染的积极应答。

淋巴细胞耗竭和淋巴细胞减少是 PMWS 感染猪的特征,但还不清楚淋巴细胞消耗是 PCV2 感染的直接作用还是间接作用。PCV2 感染的外周血单核细胞可见细胞变性的典型变化(Lefebvre 等,2008b),B 淋巴细胞和 T 淋巴细胞也发生了变性,尽管比例较低,但却支持着 PCV2 的复制(Pérez-Martín 等,2007;Yu 等,2007)。或者,也可认为淋巴细胞的耗竭可能是病毒诱导凋亡的结果,但这一结论仍有争议(Kiupel 等,2005;Krakowka 等,2004;Mandrioli 等,2004;Resendes 等,2004b;Shibahara 等,2000)。

体外实验也说明 PCV2 具有免疫抑制作用。比如,将 PCV2 病毒加入培养的肺泡巨噬细胞中,特定细胞因子和/或趋化因子(Chang 等,2006)的产量会发生改变。PCV2 感染的肺泡巨噬细胞的功能性改变可能便于 PCV2 的传播,同样使猪更易于发生条件感染和继发肺部感染。体外实验结果显示 PCV2 可损害树突状细胞的功能。PCV2 感染骨髓源树突状细胞但并不干扰骨髓细胞的成熟,以及处理和递呈抗原至 T 淋巴细胞的能力(Vincent 等,2005,2003),但 PCV2 会与浆细胞样树突状细胞(aka 天然干扰素生成细胞)发生相互作用,从而损害其对危险信号的反应能力(Vincent 等,2007)。PCV2 引起的树突状细胞功能的损害并不需要病毒进行复制,但却由病毒 DNA 调控,同时这种调控呈剂量依赖性,也就是说低浓度的 dsDNA(RF)有助于抑制发生(Vincent 等,2007)。

将 PCV2 加入 PBMCs(不论来自健康猪还是临床感染猪)中都会改变其细胞因子的水平(Darwich 等,2003a)。PCV2 似乎也调控机体对其他病原的免疫反应,也就是说,PCV2 下调细胞因子记起抗原反应的能力(Kekarainen 等,2008b)。PCV2 诱导的对细胞因子表达和记起抗原反应的抑制作用与整个病毒以及来源于其基因组的特定 DNA 序列有关。相反,PCV2 病毒样粒子(VLPs)并不显示对任何抑制干扰素-α(IFN-α)的作用或调控 IFN-α 反应的能力(Kekarainen 等,2008a)。

PCV2 诱导单核细胞释放白介素-10(IL-10),从而抑制一些细胞因子反应。活体外试验中,PCV2 感染猪的血清中增加的细胞因子水平与 PMWS 的形成有关(Darwich 等,2003b;Stevenson 等,2006)。近来的试验数据表明 IL-10 生成细胞来源于骨髓系和淋巴样细胞,但是这些细胞很少,甚至从不感染 PCV2(Crisci 等,2010;Doster 等,2010)。

生殖系统疾病的致病机理
Pathogenesis of Reproductive Disease

PCV2 在体内的复制可产生无透明带的桑椹胚及胚泡(Crisci 等,2010;Doster 等,2010),但该发现与自然发生的生殖系统疾病之间的关联性还不清楚。猪的胎盘对 PCV2 很易感,且随着发育阶段的深入,其易感性也增加(Mateusen 等,2004)。妊娠 57、75 和 92 d 时胎盘内直接接种病毒显示 PCV2 在接种的胎儿体内均可进行复制,在妊娠 57 d 时其复制水平较高(Sánchez 等,2001)。胎儿的 PCV2 易感细胞包括心肌细胞、肝细胞和单核/巨噬系统的细胞(Sánchez 等,2003)。在心脏中发现心肌炎样病变,且心脏组织中含有最高的病毒滴度以及最高比例的感染细胞。

Pensaert 等(2004)报道了因妊娠期 57 d 接种 PCV2 而死亡的木乃伊胎,仍可传播 PCV2 于相邻的未感染胎儿。母猪分娩时,妊娠期 75 d 接种病毒的胎儿会发生死胎,而妊娠期 92 d 接种病毒的胎儿却无任何病变。这两例动物的心脏组织均为病毒阳性,且出生仔猪为 PCV2 抗体阳性。

PCV2 鼻内接种怀孕母猪或人工授精 PCV2 污染的精液会引起胎儿/新生仔猪的感染和发生繁殖障碍(Madson 等,2009a;Park 等,2005)。

Park 等（2005）在预产期前对 6 头母猪鼻内接种 PCV23 周,随后,三头母猪流产,三头母猪发生早产。在死胎和流产胎儿的淋巴和非淋巴组织中检测到了 PCV2 抗原和核苷酸,但是未观察到 PM-WS 样病变和心脏病变。Madson 等（2009a）用 PCV2a 污染的精液人工授精三头母猪,结果发现接受 PCV2b 污染精液的母猪随后怀孕,而且维持妊娠一直到最后,但大多数胎儿为木乃伊胎,伴有与 PCV2 抗原相关的心肌样病变;接受 PCV2a 的母猪不能怀孕,其原因是由于早期 PCV2a 引起的胚胎死亡还是其他不得而知。

临床症状和病理变化
CLINICAL SIGNS AND LESIONS

PCV2 广泛存在,且大多数 PCV2 为亚临床感染。实地试验中,PCV2 感染猪的比例及它们的病毒载量在哺乳后逐渐上升,同时伴随母源免疫保护力的下降。大多处于 PMWS 感染猪群中的猪会感染 PCV2,一部分会发展为 PMWS。试验条件下感染 PCV2 后,比较 PCV2 接种猪群与阴性对照,生产力指标方面很少能检测到不同（Fernandes 等,2007）,但农场的无临床疾病的生产力记录评价显示使用 PCV 疫苗降低了死亡率,提高了每日的平均收益（ADG）（Redindl 等,2010）。

断奶仔猪多系统衰竭综合征
Postweaning Multisystemic Wasting Syndrome

PMWS 较易侵袭 2～4 月龄猪,感染盛行通常发生在猪群中 PMWS 显现的时候（Grau-Roma 等,2009）。这段时间内,临床感染猪的血清中具有较高的病毒浓度,能散播大量病毒,并且研究结果证实与亚临床感染猪相比,临床感染猪具有相对较弱的抗体反应（Fort 等,2007；Grau-Roma 等,2009）。受感染农场的发病率一般为 4%～30%（有时为 50%～60%）,死亡率为 4%～20%（Segalés 和 Domingo,2002）。

PMWS 的临床特征为消瘦、皮肤苍白、呼吸困难,有时会发生腹泻、黄疸（图 26.2）（Harding 和 Clark,1997）。早期临床表现常为皮下淋巴结肿大。

图 26.2 与右侧对照同等年龄健康猪相比,图左侧的 PMWS 感染猪表现为严重的发育缓慢及背骨突出。

PMWS 的病变主要集中在淋巴组织,疾病早期临床阶段的最显著特征为淋巴结肿大（Clark 1997；Rosell 等,1999）。但在 PMWS 疾病晚期,淋巴结常呈正常大小或萎缩（Segalés 等,2004）,此外,病猪胸腺也常常出现萎缩（Darwich 等,2003a）。PMWS 感染猪的淋巴结组织病理学病变特征主要表现为淋巴细胞减少,大量组织细胞及多核巨细胞浸润（图 26.3）（Clark 1997；Rosell 等,1999）。胸腺皮质萎缩也是主要特征（Darwich 等,2003a）。组织细胞及树突状细胞内可看到胞内病毒包涵体（图 26.4）。

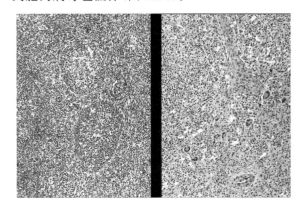

图 26.3 右侧显示的为 PMWS 感染猪肠系膜淋巴结的组织病理学变化,左侧为对照组。右图可见淋巴滤泡缺失,伴随淋巴细胞减少及巨噬细胞及多核巨细胞的出现。（H.E 染色,原图比例:100 倍）。

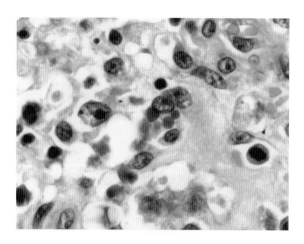

图 **26.4** PCV2 感染 PMWS 猪的浅表腹股沟淋巴结内出现圆形胞内包涵体(H.E 染色,原图比例:1 000 倍)。

肺有时扩张,无萎陷,质地橡皮样,病变呈弥漫性或斑块样分布。显微镜下可见间质性肺炎的病理变化,与大体病变一致。支气管周围纤维化及纤维素性细支气管炎常常发生在疾病的后期(Clark 1997;Segalés 等,2004b)。

在一些 PMWS 病例中,肝肿大或萎缩,颜色发白、坚硬且表面呈颗粒状,对应的显微镜下可见大面积细胞病变及炎症(Clark 1997;Segalés 等,2004)。疾病后期可见全身黄疸。肝脏的显微镜下病变可从轻度的淋巴组织细胞性肝炎到大面积炎症,伴随凋亡小体,及肝板结构的破坏,到小叶周围的纤维化(Rosell 等,2000a)。

一些猪肾脏皮质表面会出现白点(非化脓间质性肾炎),许多组织中可见到局灶性淋巴组织细胞浸润(Segalés 等,2004)。偶有以血管炎为主的脑病的报道(Correa 等,2007;Seeliger 等,2007)。

猪皮炎和肾病综合征
Porcine Dermatitis and Nephropathy Syndrome

PDNS 一般易侵袭仔猪、育肥猪和成年猪(Drolet 等,1999)。尽管也有高发病率的报道(Gresham 等,2000),但 PDNS 的发病率通常情况下小于 1%(Segalés 等,1998)。大于 3 月龄的猪死亡率将近 100%,年轻猪死亡率将近 50%。严重感染时患病猪在临床症状出现后几天内就全部死亡。感染后耐过猪一般会在综合征开始后的 7~10 d 内恢复,并开始增重(Segalés 等,1998)。

PNDS 猪一般呈现食欲减退、精神不振、轻度发热或不呈现发热症状(Drolet 等,1999)。喜卧、不愿走动,步态僵硬。最显著症状为皮肤出现不规则的红紫斑及丘疹,主要集中在后肢及会阴区域(图 26.5),有时也会在其他部位出现。随着病程延长,破溃区域会被黑色结痂覆盖。这些破溃会逐渐褪去,偶尔留下疤痕(Drolet 等,1999)。斑点及丘疹病变在显微镜下对应的改变为坏死性血管炎相关的皮肤坏死及出血(Segalés 等,1998)。全身特征性症状表现为坏死性脉管炎。PDNS 患猪的组织块中未能够确切检测到与 PDNS 血管病变相关的 PCV2 抗原和核苷酸。

图 **26.5** PDNS 感染猪后肢皮肤坏死点,呈扩散趋势(H.E 染色,原图放大 1 000 倍)。

死于 PDNS 的猪一般表现为双侧肾肿大,皮质表面呈颗粒状,红色点状坏死,肾盂水肿(Segalés 等,2004)。这些病变与纤维素性坏死性肾小球炎并伴有非化脓性间质性肾炎的病变相一致。病程稍长的猪会表现慢性肾小球肾炎的症状(Segalés 等,1998)。一般 PNDS 发病猪的皮肤及肾脏都会呈现病理变化,但有时仅会出现单一的皮肤或肾脏病变。有时会出现淋巴结肿大或发红,脾脏梗死(Segalés 等,1998)。显微镜下观察可见,PDNS 猪淋巴结的病变与 PMWS 淋巴结病变相似(Rosell 等,2000b)。

生殖系统疾病
Reproductive Disease

PCV2 感染与母猪流产及死胎相关(West 等,1999),但 PCV2 感染对于繁殖障碍的作用在实地试验中还不清楚,即一些报道认为其发生率极低(Ladekjaer-Mikkelsen 等,2001;Maldonado 等,2005;Pensaert 等,2004;Sharma 和 Saikumar,2010),而另一些报道却认为 PCV2 感染可导致高达 13%～46% 的胎儿流产和/或死胎(Kim 等,2004;Lyoo 等,2001)。

PCV2 相关的生殖系统疾病中,死胎或死亡的新生仔猪一般呈现慢性、静脉性肝瘀血及心脏肥大,多个区域呈现心肌变色(West 等,1999)等病变。显微镜下对应的病理变化主要表现为非化脓性、纤维素性和/或坏死性心肌炎(Mikami 等,2005;West 等,1999)。

诊断
DIAGNOSIS

发生 PCV2 感染的农场(PCR 或血清学检测证实)且未发现与 PCVD 对应的临床症状时,可定义为一个亚临床感染的农场。猪繁殖呼吸综合征(PRRS)的呼吸方式与 PMWS 呼吸方式是不同的,同时众多可引起消瘦的疫病和原因与 PMWS 也不同(Harding 和 Clark,1997),须进行鉴别诊断。PDNS 的鉴别诊断应注意可引起皮肤由红到暗,及肾点状出血的所有病因(Segalés,2002)。应特别关注 PDNS、猪瘟、非洲猪瘟之间大体病变的相似性。PCV2 引起的繁殖障碍与其他引起母猪发生流产和死胎的猪病不易区分。

断奶仔猪多系统衰竭综合征
Postweaning Multisystemic Wasting Syndrome

单只猪或猪群符合下列症状或病理变化时则可判断为患 PMWS。

1.生长缓慢,消瘦,持续呼吸困难及腹股沟淋巴结肿大,有时发生黄疸;

2.淋巴组织呈现中度至重度组织病理变化特征;

3.病变淋巴组织或其他组织中含有中滴度至高滴度 PCV2 病毒。

以上定义并不排除与 PMWS 共存的其他疾病的可能。疑似 PMWS 感染猪的临床症状或病理肉眼变化都不足以确诊该病。猪群的 PMWS 诊断,主要基于临床过程中是否有一定数量的动物消瘦,死亡率是否超过预期水平和/或猪场的历史水平和如前所述的单只猪 PMWS 的诊断症状

(Segalés 等,2003)。这种定义方式对于大流行的情况非常有用,但 PMWS 会演化到一个较为慢性的、轻微的形式,且仅伴有较低的死亡,这会增加疑似感染 PMWS 并随之接种 PCV2 疫苗的猪场的诊断难度。

猪皮炎及肾病综合征
Porcine Dermatitis and Nephropathy Syndrome

PDNS 的诊断标准中并不包括 PCV2 的检测。PDNS 诊断主要参照以下两大标准(Segalés,2002):

1.出血性和坏死性皮肤病变,主要在后肢及会阴区域和/或肿胀及变白的肾脏,伴有广泛的肾皮质瘀血。

2.全身坏死性脉管炎,坏死性及纤维素性肾小球肾炎。

生殖系统疾病
Reproductive Disease

诊断 PCV2 相关生殖系统疾病应该参照三个标准(Segalés 等,2005a):

1.后期的流产和死胎,有时可见到胎儿明显的心肌肥大。

2.心肌损伤,表现为广泛的纤维组织增生和/或坏死性心肌炎。

3.心肌损伤部位及其他死胎组织中可含有大量的 PCV2。

近来的研究表明定义对于繁殖障碍急性期的诊断是有用的,而定量 PCR 可以作为一种长期范围内敏感的诊断方法使用(Hansen 等,2010)。血清学无助于子宫内感染 PCV2 的检测。

实验室确诊
Laboratory Confirmation

已有多种方法可用于检测组织中的 PCV2 病毒。原位杂交(ISH)及免疫化学(IHC)广泛用于 PCVD 诊断(McNeilly 等,1999;Rosell 等,1999)。PMWS 或 PDNS 感染猪的 PCV2 抗原或核酸可在组织细胞的细胞质、多核巨细胞、单核/巨噬细胞及其他细胞中检测到(Segalés 等,2004)。流产胎儿中,常可在心肌细胞中检测到 PCV2(Madson 等,2009a;West 等,1999)。

组织中 PCV2 病毒的含量与显微镜下 PM-WS 淋巴结病变高度相关（图 26.6）（Rosell 等，1999）。因为 PMWS 感染猪与 PCV2 亚临床症状感染猪之间最大的区别就在于在病变组织中 PCV2 含量的不同，组织或血清中病毒定量的检测技术可以很好地用于诊断 PMWS（Brunborg 等，2004；McNeilly 等，2002；Olvera 等，2004）。然而，定量 PCR 用于 PMWS 诊断需要一定的种群数量，个体猪 PMWS 的诊断还依赖于病理组织学以及组织中 PCV2 的检测（Grau-Roma 等，2009）。定量 PCR 技术不应作为诊断 PCVD 的手段，因为病毒广泛分布，在没有临床症状存在的情况下阳性结果很常见。

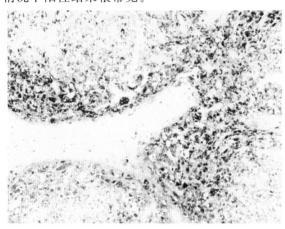

图 26.6　PMWS 感染猪肠系膜淋巴结中的多核巨细胞及巨噬细胞（黑染的细胞）胞浆内可见明显的 PCV2 核酸颗粒（原位杂交技术用于检测 PCV2，亮绿复染，原图比例：100 倍）

用于检测 PCV2 抗体的血清学诊断技术已经研发（Segalés 和 Domingo，2002），然而，利用血清学技术进行 PCVD 的诊断还存在问题，因为 PCV2 病毒广泛存在，且 PMWS 感染和非感染猪的血清转化形式非常相似。正因如此，PCV2 抗体动力学引起了人们的兴趣，因为其在 PCV2 免疫监测和评价母源免疫对疫苗接种干扰中可能起作用（Fachinger 等，2008；Fort 等，2008；Opriessnig 等，2008a）。

免疫
IMMUNITY

实地实验中，早期初乳抗体在泌乳期及保育期会逐渐下降，其后发生血清转化（Blanchard 等，2003；Larochelle 等，2003；Rodríguez-Arrioja

等，2002；Rose 等，2002）。一般在年龄小于 4 周的猪不会观察到 PMWS 的发生（Segalés 和 Domingo，2002），说明一定水平的母源免疫力对于 PMWS 的发生具有保护作用（Allan 等，2002a；Calsamiglia 等，2007；Grau-Roma 等，2009）。

特定的免疫应答可在接种后的 2～3 周形成（Fort 等，2009a；Meerts 等，2005；Pogranichniy 等，2000；Resendes 等，2004a；Steiner 等，2009）。实地试验中，血清转化常发生在亚临床感染和 PMWS 感染的猪身上（Grau-Roma 等，2009；Larochelle 等，2003；Rodríguez-Arrioja 等，2002）。一些实地试验发现其总的抗-PCV 抗体滴度水平在无 PMWS 和 PMWS 感染猪之间无差别（Larochelle 等，2003；Sibila 等，2004），但另一些人报道在 PMWS 感染猪体内发现较弱的体液免疫应答（Grau-Roma 等，2009；Meerts 等，2006）。试验条件下，延迟的免疫应答或低的总抗体滴度已经证实与 PMWS 发生有关（Bolin 等，2001；Ladekjaer-Mikkelsen 等，2002；Meerts 等，2006；Okuda 等，2003；Rovira 等，2002）。很多的这类研究说明 PCV2 在亚临床感染和 PMWS 感染猪身上持续存在，且这些猪具有高的总抗体滴度，但并不能区别中和抗体和非中和抗体。

PCV2 感染猪在接种后的 10～28 d 形成 PCV2-特异中和抗体（Fort 等，2007；Meerts 等，2005；Pogranichniy 等，2000）。试验条件下，低的中和抗体滴度与增加的 PCV2 复制水平和 PMWS 的发展有关。Meerts 等（2006）研究了自然感染猪的中和抗体动力学，发现母源中和抗体会被动地转给所有的猪仔，PMWS 猪不会发生中和抗体的血清转化。Fort 等（2007）显示中和抗体的水平与自然感染猪的临床病理状态有关。

因此，不充分的体液免疫反应（Bolin 等，2001；Okuda 等，2003；Rovira 等，2002）以及较差的中和抗体应答（Fort 等，2007；Meerts 等，2006）与增加的病毒复制水平，严重的淋巴结病变，及最终 PMWS 的形成有关。然而，有人认为过量的 PCV2 血清抗体滴度会引发 PDNS（Wellenberg 等，2004）。

关于细胞介导的 PCV2 感染猪的免疫反应的报道相对较少（Fort 等，2009a；Meerts 等，2005；Steiner 等，2009）。亚临床感染 PCV2 可形成特异的体液和 T 细胞免疫，尽管其动力学过程相对较慢。通过测量分泌 IFN-γSCs（SCs）的细胞数量而得出的辅助 T 细胞和细胞毒性 T 细胞免疫应答的动力学结果依赖于个体动物和接种后测定细胞的时间。总的来看，当前关于 PCV2 感染的适应性免疫反应数据说明，通过测量 IFN-γSCs 而知的细胞介导反应，以及重要的中和抗体反应，主要负责感染动物的病毒清除（Fort 等，2009a）。有假说认为以上任何一种或者两种反应的失败就会导致 PMWS 的发生。

预防和控制
PREVENTION AND CONTROL

一般认为 PMWS 是多种因素而引起的疾病，使用 PCV2 疫苗可对其进行控制。当前所有的疫苗均来源于 PCV2a 毒株（Kekarainen 等，2010）。

报道认为疫苗改善了每日平均收益和饲料转化率，降低了死亡率，减少了医疗费用，降低了病毒载量和 PMWS 病变（Cline 等，2008；Desrosiers 等，2009；Fachinger 等，2008；Horlen 等，2008；Kixmoller 等，2008；Pejsak 等，2009；Segalés 等，2009）。

一些报道中说明母猪接种疫苗后增加了繁殖力并降低了服务退回的次数（Kekarainen 等，2010）。然而，在一个使用 PCV2 商品化亚单位疫苗的试验中（Madson 等，2009b）发现，接种 PCV2 疫苗的猪在妊娠期 56 d 时接触病毒可能发生 PCV2 的垂直传播。母猪产仔时，PCV2 感染和/或低的 PCV2 血清滴度增加了其幼仔整体的 PMWS 发病率（Allan 等，2002a；Calsamiglia 等，2007）。因此，用于降低母猪病毒血症和增加母源免疫力的措施应该会减少有问题的猪群 PMWS 的发病率。

PCV2 疫苗对于猪的有效性可能依赖于体液免疫，可通过母源后天被动获得（母猪接种疫苗），或主动诱导（猪接种疫苗）获得（Fort 等，2008，2009b；Opriessnig 等，2010）。然而，抗体反应低，以及免疫后无抗体形成，并不一定没有保护力。细胞介导的免疫力对于保护力而言是同等重要的（Fenaux 等，2004；Pérez-Martín 等，2010）。疫苗诱导的 PCV2 特异性 IFN-γSC 的产生证实了细胞介导的猪仔 PCV2 亚单位疫苗的免疫力形成（Fort 等，2009b）。值得关注的是接种疫苗后高水平的母源抗体会干扰血清转化的激活（Fort 等，2009b），但是实地试验下疫苗的有效性还没有进行充分的评价。

接种疫苗前，预防和控制要集中于消灭不利的环境因素和感染因素，以及 PMWS 的诱发原因，例如 Madec's 20 点建议（Ellis 等，2004；Madec 等，2000；Segalés 等，2005a），这些因素也与 PMWS 的控制相关。

此外，据报道一些农场通过饮食的改变可实现 PMWS 的部分控制，尽管该结论尚有争议（Segalés 等，2005a）。一项研究发现共轭亚油酸（CLA）改善了 PCV2 感染对免疫系统的作用（Bassaganya-Riera 等，2003），但这些数据还没有定论。

一些实验和实地的研究结果证实，免疫激活在引发 PMWS 疾病中可能是一个重要因素（Krakowka 等，2001，2007；Kyriakis 等，2002）。实际生产管理中，与可能引入小部分猪 PMWS 风险相比，停止有效疫苗的使用对种群的风险要大得多。因此，PMWS 感染畜群的"麻烦制造者"应该重新考虑接种计划，以免同时感染 PCV2（Opriessnig 等，2004）。

（乔俊文译，康静静校）

参考文献
REFERENCES

Albina E, Truong C, Hutet E, et al. 2001. J Comp Pathol 125:292–303.
Allan G, McNeilly F, McNair I, et al. 2002a. Pig J 50:59–67.
Allan GM, Ellis JA. 2000. J Vet Diagn Invest 12:3–14.
Allan GM, Kennedy S, McNeilly F, et al. 1999a. J Comp Pathol 121:1–11.
Allan GM, Krakowka S, Ellis JA. 2002b. Pig Prog 18:2.
Allan GM, Mackie DP, McNair J, et al. 1994a. Vet Immunol Immunopathol 43:357–371.
Allan GM, McNeilly F, Cassidy JP, et al. 1995. Vet Microbiol 44:49–64.
Allan GM, McNeilly F, Ellis J, et al. 2000a. Arch Virol 145:2421–2429.
Allan GM, McNeilly F, Ellis J, et al. 2004. Vet Microbiol 98:165–168.
Allan GM, McNeilly F, Kennedy S, et al. 1998. J Vet Diagn Invest 10:3–10.
Allan GM, McNeilly F, McNair I, et al. 2000b. Arch Virol 145:853–857.
Allan GM, McNeilly F, Meehan BM, et al. 1999b. Vet Microbiol 66:115–123.
Allan GM, Phenix KV, Todd D, McNulty MS. 1994b. Zentralbl Veterinarmed B 41:17–26.
Andraud M, Grasland B, Durand B, et al. 2008. Vet Res 39:43.
Bassaganya-Riera J, Pogranichniy RM, Jobgen SC, et al. 2003. J Nutr 133:3204–3214.
Blanchard P, Mahe D, Cariolet R, et al. 2003. Vet Microbiol 94:183–194.
Bolin SR, Stoffregen WC, Nayar GP, Hamel AL. 2001. J Vet Diagn Invest 13:185–194.
Brunborg IM, Moldal T, Jonassen CM. 2004. J Virol Methods 122:171–178.
Calsamiglia M, Fraile L, Espinal A, et al. 2007. Res Vet Sci 82:299–304.
Calsamiglia M, Segalés J, Quintana J, et al. 2002. J Clin Microbiol 40:1848–1850.
Carasova P, Celer V, Takacova K, et al. 2007. Res Vet Sci 83:274–278.

Carman S, Cai HY, DeLay J, et al. 2008. Can J Vet Res 72: 259–268.

Carman S, McEwen B, DeLay J, et al. 2006. Can Vet J 47: 761–762.

Carrasco L, Segalés J, Bautista MJ, et al. 2000. Vet Rec 146: 21–23.

Chang HW, Jeng CR, Lin TL, et al. 2006. Vet Immunol Immunopathol 110:207–219.

Cheung AK. 2003. Virology 313:452–459.

——. 2009. Arch Virol 154:531–534.

Cheung AK, Lager KM, Kohutyuk OI, et al. 2007. Arch Virol 152:1035–1044.

Chianini F, Majo N, Segalés J, et al. 2003. Vet Immunol Immunopathol 94:63–75.

Clark EG. 1996. Post-weaning multisystemic wasting syndrome. In Proc West Can Assoc Swine Pract, pp. 19–20.

——. 1997. Post-weaning multisystemic wasting syndrome. In Proc Annu Meet Am Assoc Swine Pract, 28 pp. 499–501.

Cline G, Wilt V, Diaz E, Edler R. 2008. Vet Rec 163:737–740.

Correa AM, Zlotowski P, de Barcellos DE, et al. 2007. J Vet Diagn Invest 19:109–112.

Cortey M, Pileri E, Sibila M, et al. 2011. Vet J 187:363–368.

Crisci E, Ballester M, Domínguez J, et al. 2010. Vet Immunol Immunopathol 136:305–310.

Crowther RA, Berriman JA, Curran WL, et al. 2003. J Virol 77: 13036–13041.

Csagola A, Kiss I, Tuboly T. 2008. Acta Vet Hung 56:139–144.

Darwich L, Balasch M, Plana-Duran J, et al. 2003a. J Gen Virol 84: 3453–3457.

Darwich L, Pie S, Rovira A, et al. 2003b. J Gen Virol 84: 2117–2125.

Darwich L, Segalés J, Domingo M, Mateu E. 2002. Clin Diagn Lab Immunol 9:236–242.

Darwich L, Segalés J, Mateu E. 2004. Arch Virol 149:857–874.

de Boisseson C, Beven V, Bigarre L, et al. 2004. J Gen Virol 85: 293–304.

Desrosiers R, Clark E, Tremblay D, et al. 2009. J Swine Health Prod 17:148–154.

Doster AR, Subramaniam S, Yhee JY, et al. 2010. J Vet Sci 11: 177–183.

Drolet R, Thibault S, D'Allaire S, et al. 1999. J Swine Health Prod 7:283–285.

Dupont K, Nielsen EO, Baekbo P, Larsen LE. 2008. Vet Microbiol 128:56–64.

Ellis J, Clark E, Haines D, et al. 2004. Vet Microbiol 98:159–163.

Ellis J, Hassard L, Clark E, et al. 1998. Can Vet J 39:44–51.

Ellis J, Spinato M, Yong C, et al. 2003. J Vet Diagn Invest 15: 364–368.

Ellis JA, Konoby C, West KH, et al. 2001. Can Vet J 42:461–464.

Ellis JA, Wiseman BM, Allan G, et al. 2000. J Am Vet Med Assoc 217:1645–1646.

Fachinger V, Bischoff R, Jedidia SB, et al. 2008. Vaccine 26: 1488–1499.

Fenaux M, Opriessnig T, Halbur PG, et al. 2004. J Virol 78: 6297–6303.

Fernandes LT, Mateu E, Sibila M, et al. 2007. Viral Immunol 20: 541–552.

Firth C, Charleston MA, Duffy S, et al. 2009. J Virol 83: 12813–12821.

Fort M, Fernandes LT, Nofrarías M, et al. 2009a. Vet Immunol Immunopathol 129:101–107.

Fort M, Olvera A, Sibila M, et al. 2007. Vet Microbiol 125: 244–255.

Fort M, Sibila M, Allepuz A, et al. 2008. Vaccine 26:1063–1071.

Fort M, Sibila M, Pérez-Martín E, et al. 2009b. Vaccine 27: 4031–4037.

Gagnon CA, Music N, Fontaine G, et al. 2010. Vet Microbiol 144: 18–23.

Gagnon CA, Tremblay D, Tijssen P, et al. 2007. Can Vet J 48:811–819.

Gilpin DF, McCullough K, Meehan BM, et al. 2003. Vet Immunol Immunopathol 94:149–161.

Grau-Roma L, Crisci E, Sibila M, et al. 2008. Vet Microbiol 128:23–35.

Grau-Roma L, Fraile L, Segalés J. 2011. Vet J 187:23–32.

Grau-Roma L, Hjulsager CK, Sibila M, et al. 2009. Vet Microbiol 135:272–282.

Gresham A, Giles N, Weaver J. 2000. Vet Rec 147:115.

Ha Y, Ahn KK, Kim B, et al. 2009. Res Vet Sci 86:108–110.

Ha Y, Lee YH, Ahn KK, et al. 2008. Vet Pathol 45:842–848.

Hamberg A, Ringler S, Krakowka S. 2007. J Vet Diagn Invest 19:135–141.

Hamel AL, Lin LL, Nayar GP. 1998. J Virol 72:5262–5267.

Hansen MS, Hjulsager CK, Bille-Hansen V, et al. 2010. Vet Microbiol 144:203–209.

Harding JC. 1996. Postweaning multisystemic wasting syndrome: Preliminary epidemiology and clinical findings. In Proc West Can Assoc Swine Pract, p. 21.

Harding JC, Clark EG. 1997. J Swine Health Prod 5:201–203.

Harding JC, Ellis JA, McIntosh KA, Krakowka S. 2010. Vet Microbiol 145:209–219.

Harms PA, Sorden SD, Halbur PG, et al. 2001. Vet Pathol 38:528–539.

Hesse R, Kerrigan M, Rowland RR. 2008. Virus Res 132:201–207.

Horlen KP, Dritz SS, Nietfeld JC, et al. 2008. J Am Vet Med Assoc 232:906–912.

Karuppannan AK, Jong MH, Lee SH, et al. 2009. Virology 383:338–347.

Kekarainen T, McCullough K, Fort M, et al. 2010. Vet Immunol Immunopathol 136:185–193.

Kekarainen T, Montoya M, Domínguez J, et al. 2008a. Vet Immunol Immunopathol 124:41–49.

Kekarainen T, Montoya M, Mateu E, Segalés J. 2008b. J Gen Virol 89:760–765.

Kennedy S, Moffett D, McNeilly F, et al. 2000. J Comp Pathol 122:9–24.

Kim HB, Lyoo KS, Joo HS. 2009. Vet Rec 164:599–600.

Kim J, Chung HK, Chae C. 2003. Vet J 166:251–256.

Kim J, Jung K, Chae C. 2004. Vet Rec 155:489–492.

Kiupel M, Stevenson GW, Choi J, et al. 2001. Vet Pathol 38: 74–82.

Kiupel M, Stevenson GW, Galbreath EJ, et al. 2005. BMC Vet Res 1:7.

Kixmoller M, Ritzmann M, Eddicks M, et al. 2008. Vaccine 26: 3443–3451.

Krakowka S, Ellis J, McNeilly F, et al. 2004. Vet Pathol 41: 471–481.

Krakowka S, Ellis J, McNeilly F, et al. 2007. Can Vet J 48: 716–724.

Krakowka S, Ellis JA, McNeilly F, et al. 2001. Vet Pathol 38: 31–42.

Krakowka S, Ellis JA, Meehan B, et al. 2000. Vet Pathol 37:254–263.

Kristensen CS, Baekbo P, Bille-Hansen V, et al. 2009. Vet Microbiol 138:244–250.

Kuehn BM. 2010. JAMA 304:30–31.

Kyriakis SC, Saoulidis K, Lekkas S, et al. 2002. J Comp Pathol 126: 38–46.

Ladekjaer-Mikkelsen AS, Nielsen J, Stadejek T, et al. 2002. Vet Microbiol 89:97–114.

Ladekjaer-Mikkelsen AS, Nielsen J, Storgaard T, et al. 2001. Vet Rec 148:759–760.

Lager KM, Gauger PC, Vincent AL, et al. 2007. Vet Rec 161: 428–429.

Larochelle R, Bielanski A, Muller P, Magar R. 2000. J Clin Microbiol 38:4629–4632.

Larochelle R, Magar R, D'Allaire S. 2002. Virus Res 90:101–112.
——. 2003. Can J Vet Res 67:114–120.
Lefebvre DJ, Costers S, Van Doorsselaere J, et al. 2008a. J Gen Virol 89:177–187.
Lefebvre DJ, Meerts P, Costers S, et al. 2008b. Vet Microbiol 132:74–86.
Lefebvre DJ, Van Doorsselaere J, Delputte PL, Nauwynck HJ. 2009. Arch Virol 154:875–879.
Lin CM, Jeng CR, Chang HW, et al. 2008. Vet Immunol Immunopathol 124:355–366.
Liu J, Chen I, Kwang J. 2005. J Virol 79:8262–8274.
López-Soria S, Segalés J, Nofrarías M, et al. 2004. Vet Rec 155:504.
Lorincz M, Csagola A, Biksi I, et al. 2010. Acta Vet Hung 58:265–268.
Lyoo KS, Park YH, Park BK. 2001. J Vet Sci 2:201–207.
Madec F, Eveno E, Morvan P, et al. 2000. Livest Prod Sci 63:223–233.
Madson DM, Patterson AR, Ramamoorthy S, et al. 2009a. Vet Pathol 46:707–716.
Madson DM, Patterson AR, Ramamoorthy S, et al. 2009b. Theriogenology 72:747–754.
Maldonado J, Segalés J, Martínez-Puig D, et al. 2005. Vet J 169:454–456.
Mandrioli L, Sarli G, Panarese S, et al. 2004. Vet Immunol Immunopathol 97:25–37.
Mankertz A, Caliskan R, Hattermann K, et al. 2004. Vet Microbiol 98:81–88.
Mankertz A, Domingo M, Folch JM, et al. 2000. Virus Res 66:65–77.
Mankertz A, Mankertz J, Wolf K, Buhk HJ. 1998. J Gen Virol 79(Pt 2):381–384.
Martin H, Le Potier MF, Maris P. 2008. Vet J 177:388–393.
Mateusen B, Maes DG, Van Soom A, et al. 2007. Theriogenology 68:896–901.
Mateusen B, Sanchez RE, Van Soom A, et al. 2004. Theriogenology 61:91–101.
McIntosh KA, Harding JC, Ellis JA, Appleyard GD. 2006. Can J Vet Res 70:58–61.
McNeilly F, Kennedy S, Moffett D, et al. 1999. J Virol Methods 80:123–128.
McNeilly F, McNair I, Mackie DP, et al. 2001. Arch Virol 146:909–922.
McNeilly F, McNair I, O'Connor M, et al. 2002. J Vet Diagn Invest 14:106–112.
Meehan BM, Creelan JL, McNulty MS, Todd D. 1997. J Gen Virol 78(Pt 1):221–227.
Meehan BM, McNeilly F, Todd D, et al. 1998. J Gen Virol 79(Pt 9):2171–2179.
Meerts P, Misinzo G, Lefebvre D, et al. 2006. BMC Vet Res 2:6.
Meerts P, Van Gucht S, Cox E, et al. 2005. Viral Immunol 18:333–341.
Mikami O, Nakajima H, Kawashima K, et al. 2005. J Vet Med Sci 67:735–738.
Nawagitgul P, Morozov I, Bolin SR, et al. 2000. J Gen Virol 81:2281–2287.
Nielsen J, Vincent IE, Botner A, et al. 2003. Vet Immunol Immunopathol 92:97–111.
Núñez A, McNeilly F, Perea A, et al. 2003. J Vet Med B Infect Dis Vet Public Health 50:255–258.
O'Dea MA, Hughes AP, Davies LJ, et al. 2008. J Virol Methods 147:61–66.
Okuda Y, Ono M, Yazawa S, Shibata I. 2003. J Vet Diagn Invest 15:107–114.
Olvera A, Cortey M, Segalés J. 2007. Virology 357:175–185.
Olvera A, Sibila M, Calsamiglia M, et al. 2004. J Virol Methods 117:75–80.
Opriessnig T, Fenaux M, Thomas P, et al. 2006a. Vet Pathol 43:281–293.
Opriessnig T, Fenaux M, Yu S, et al. 2004. Vet Microbiol 98:209–220.
Opriessnig T, Madson DM, Prickett JR, et al. 2008a. Vet Microbiol 131:103–114.
Opriessnig T, McKeown NE, Zhou EM, et al. 2006b. J Gen Virol 87:2923–2932.
Opriessnig T, Meng XJ, Halbur PG. 2007. J Vet Diagn Invest 19:591–615.
Opriessnig T, Patterson AR, Elsener J, et al. 2008b. Clin Vaccine Immunol 15:397–401.
Opriessnig T, Patterson AR, Jones DE, et al. 2009a. Can J Vet Res 73:81–86.
Opriessnig T, Patterson AR, Madson DM, et al. 2009b. J Anim Sci 87:1582–1590.
Opriessnig T, Patterson AR, Madson DM, et al. 2010. Vet Microbiol 142:177–183.
Opriessnig T, Patterson AR, Meng XJ, Halbur PG. 2009c. Vet Microbiol 133:54–64.
Opriessnig T, Ramamoorthy S, Madson DM, et al. 2008c. J Gen Virol 89:2482–2491.
Park JS, Ha Y, Kwon B, et al. 2009. J Comp Pathol 140:208–211.
Park JS, Kim J, Ha Y, et al. 2005. J Comp Pathol 132:139–144.
Pejsak Z, Podgorska K, Truszczynski M, et al. 2009. Comp Immunol Microbiol Infect Dis 33:e1–e5.
Pensaert MB, Sanchez RE Jr., Ladekjaer-Mikkelsen AS, et al. 2004. Vet Microbiol 98:175–183.
Pérez-Martín E, Gómez-Sebastián S, Argilaguet JM, et al. 2010. Vaccine 28:2340–2349.
Pérez-Martín E, Rovira A, Calsamiglia M, et al. 2007. J Virol Methods 146:86–95.
Pogranichniy RM, Yoon KJ, Harms PA, et al. 2000. Viral Immunol 13:143–153.
Quintana J, Segalés J, Calsamiglia M, Domingo M. 2006. Vet J 171:570–573.
Quintana J, Segalés J, Rosell C, et al. 2001. Vet Rec 149:357–361.
Reindl M, Dewey CE, Vilaca K, et al. 2010. The impact of PCV2 viremia in a high health Canadian swine herd, a vaccination trial comparing two commercial vaccines. In Proc Annu Meet Am Assoc Swine Vet 21:379–380.
Resendes A, Segalés J, Balasch M, et al. 2004a. Vet Res 35:83–90.
Resendes AR, Majó N, Segalés J, et al. 2004b. J Gen Virol 85:2837–2844.
Rodríguez-Arrioja GM, Segalés J, Calsamiglia M, et al. 2002. Am J Vet Res 63:354–357.
Rodríguez-Arrioja GM, Segalés J, Domingo M, Plana-Duran J. 2003. Vet Rec 153:371–372.
Rodríguez-Cariño C, Duffy C, Sánchez-Chardi A, et al. 2011. J Comp Pathol 144:91–102.
Rodríguez-Cariño C, Sánchez-Chardi A, Segalés J. 2010. J Comp Pathol 142:291–299.
Rodríguez-Cariño C, Segalés J. 2009. Vet Pathol 46:729–735.
Rose N, Abhervé-Guéguen A, Le Diguerher G, et al. 2005. Livest Prod Sci 95:177–186.
Rose N, Larour G, Le Diguerher G, et al. 2003. Prev Vet Med 61:209–225.
Rosell C, Segalés J, Domingo M. 2000a. Vet Pathol 37:687–692.
Rosell C, Segalés J, Plana-Duran J, et al. 1999. J Comp Pathol 120:59–78.
Rosell C, Segalés J, Ramos-Vara JA, et al. 2000b. Vet Rec 146:40–43.
Rovira A, Balasch M, Segalés J, et al. 2002. J Virol 76:3232–3239.
Royer RL, Nawagitgul P, Halbur PG, Paul PS. 2001. J Swine Health Prod 9:4.
Sánchez RE Jr., Meerts P, Nauwynck HJ, Pensaert MB. 2003. Vet Microbiol 95:15–25.

Sánchez RE Jr., Meerts P, Nauwynck HJ, et al. 2004. J Vet Diagn Invest 16:175–185.

Sánchez RE, Nauwynck HJ, McNeilly F, et al. 2001. Vet Microbiol 83:169–176.

Sarli G, Mandrioli L, Laurenti M, et al. 2001. Vet Immunol Immunopathol 83:53–67.

Schulze C, Segalés J, Neumann G, et al. 2004. Vet Rec 154:694–696.

Seeliger FA, Brugmann ML, Kruger L, et al. 2007. Vet Pathol 44:621–634.

Segalés J. 2002. J Swine Health Prod 10:277–281.

Segalés J, Allan GM, Domingo M. 2005a. Anim Health Res Rev 6:119–142.

Segalés J, Alonso F, Rosell C, et al. 2001. Vet Immunol Immunopathol 81:37–44.

Segalés J, Calsamiglia M, Olvera A, et al. 2005b. Vet Microbiol 111:223–229.

Segalés J, Calsamiglia M, Rosell C, et al. 2002. Vet Microbiol 85:23–30.

Segalés J, Collell M, Jensen HE, et al. 2003. Pig J 52:41–47.

Segalés J, Domingo M. 2002. Vet Q 24:109–124.

Segalés J, Mateu E. 2006. Vet J 171:396–397.

Segalés J, Olvera A, Grau-Roma L, et al. 2008. Vet Rec 162:867–868.

Segalés J, Piella J, Marco E, et al. 1998. Vet Rec 142:483–486.

Segalés J, Rosell C, Domingo M. 2004. Vet Microbiol 98:137–149.

Segalés J, Urniza A, Alegre A, et al. 2009. Vaccine 27:7313–7321.

Shang SB, Jin YL, Jiang XT, et al. 2009. Mol Immunol 46:327–334.

Sharma R, Saikumar G. 2010. Trop Anim Health Prod 42:515–522.

Shibahara T, Sato K, Ishikawa Y, Kadota K. 2000. J Vet Med Sci 62:1125–1131.

Shibata I, Okuda Y, Kitajima K, Asai T. 2006. J Vet Med B Infect Dis Vet Public Health 53:278–280.

Shibata I, Okuda Y, Yazawa S, et al. 2003. J Vet Med Sci 65:405–408.

Sibila M, Calsamiglia M, Segalés J, et al. 2004. Am J Vet Res 65:88–92.

Sofia M, Billinis C, Psychas V, et al. 2008. J Wildl Dis 44:864–870.

Sorden SD. 2000. J Swine Health Prod 8:133–136.

Steiner E, Balmelli C, Gerber H, et al. 2009. BMC Vet Res 5:45.

Stevenson LS, McCullough K, Vincent I, et al. 2006. Viral Immunol 19:189–195.

Timmusk S, Wallgren P, Brunborg IM, et al. 2008. Virus Genes 36:509–520.

Tischer I, Gelderblom H, Vettermann W, Koch MA. 1982. Nature 295:64–66.

Tischer I, Mields W, Wolff D, et al. 1986. Arch Virol 91:271–276.

Tischer I, Peters D, Rasch R, Pociuli S. 1987. Arch Virol 96:39–57.

Tischer I, Rasch R, Tochtermann G. 1974. Zentralbl Bakteriol Orig A 226:153–167.

Tomás A, Fernandes LT, Valero O, Segalés J. 2008. Vet Microbiol 132:260–273.

Vicente J, Segalés J, Hofle U, et al. 2004. Vet Res 35:243–253.

Victoria JG, Wang C, Jones MS, et al. 2010. J Virol 84:6033–6040.

Vincent IE, Balmelli C, Meehan B, et al. 2007. Immunology 120:47–56.

Vincent IE, Carrasco CP, Guzylack-Piriou L, et al. 2005. Immunology 115:388–398.

Vincent IE, Carrasco CP, Herrmann B, et al. 2003. J Virol 77:13288–13300.

Wellenberg GJ, Stockhofe-Zurwieden N, de Jong MF, et al. 2004. Vet Microbiol 99:203–214.

West KH, Bystrom JM, Wojnarowicz C, et al. 1999. J Vet Diagn Invest 11:530–532.

Wiederkehr DD, Sydler T, Buergi E, et al. 2009. Vet Microbiol 136:27–35.

Yu S, Opriessnig T, Kitikoon P, et al. 2007. Vet Immunol Immunopathol 115:261–272.

Zlotowski P, Rozza DB, Pescador CA, et al. 2006. Vet J 171:566–569.

27 猪指环病毒
Porcine Anelloviruses
Tuija Kekarainen 和 Joaquim Segalés

引言
RELEVANCE

1997 年，Nishizawa 等从一例输血后发生急性感染的非甲-戊型肝炎病的日本病人血清中发现一种新型病毒（Nishizawa 等，1997），最初根据该病人的首字母缩写将这种病毒命名为 TT 病毒（TTV），后来依据病毒的基因组特征重新命名为细环病毒（Torque teno virus，TTV），拉丁文"Torque teno"即为"细环"之意（Todd 等，2005）。一般认为人的细环病毒与肝病、呼吸系统疾病、血液系统疾病和肝癌有关。然而，该病毒在各种动物感染中的原发作用还不清楚，因此它被认为是一种脊椎动物非致病性的伴发病毒（Simmonds 等 1999；Zein，2000）。

迄今在猪体内发现两种细环病毒，分别为细环病毒 1 型（TTSuV1）和 2 型（TTSuV2）。猪细环病毒研究起步较晚，关于 TTSuV 流行病学调查的文章于 2004 年（McKeown 等，2004）和 2005 年（Bigarré 等，2005）才先后有报道。TTSuV 与猪圆环病毒病（PCVAD）有关，如断奶仔猪多系统衰竭综合征（PMWS）（Ellis 等，2008；Kekarainen 等，2006）和皮炎肾病综合征（PDNS）（Krakowka 等，2008）。

病因学
ETIOLOGY

越来越多的 TTV 病毒被划归入国际病毒分类委员会新建立的指环病毒科（Anelloviridae）。指环病毒科的成员尽管有很大的遗传差异，但均有相似的基因组特征。当前，该科有 9 个病毒属。壬型细环病毒属（Iotatorquevirus）含有感染猪的两种病毒，TTSuV 的分级基本上按几个暂定的同源性（pairwise identity，PI）范围：变种（＞95％ PI），亚型（85％～95％ PI），型（67％～85％PI），种（55％～67％）及属（36％～55％）（Huang 等，2010）。

TTV 是一种无囊膜的二十面体，病毒粒子的直径为 30～32 nm。在氯化铯中的浮力密度为 1.31～1.33 g/mL（血清病毒），1.33～1.35 g/mL（粪便病毒）（Okamoto 等，1998）。

TTV 基因组是单股负链环状 DNA，因宿主不同，长度在 2.1～3.8 kb 之间（TTSuV 基因组 2.8 kb）（Okamoto 等，2002）。全基因组分析，宿主特异的 TTV 病毒包括人源、非人灵长类、树鼩、家猪、猫源和犬源的病毒，其基因组特征非常一致（Inami 等，2000；Niel 等，2005；Okamoto 等，2001，2002）。猪细环病毒基因组的非翻译区

猪病学，第 10 版，由 Jeffrey J. Zimmerman，Locke A. Karriker，Alejandro Ramirez，Kent J. Schwartz，Gregory W. Stevenson 主编。
© 2012 John Wiley & Sons，Inc. 由 John Wiley & Sons，Inc. 2012 年出版。

（UTR）约占基因组大小的 24％（Okamoto 等，2002）。该区域含有所有细环病毒都高度保守的序列。和其他 ssDNA 病毒一样，UTR 区域含有调节病毒复制和基因转录的序列（Mankertz 等，2004）。UTR 区的启动子和增强子元件在不同细胞系培养中调节基因转录的能力有所差异（Kamada 等，2004；Suzuki 等，2004）。

TTSuV 病毒的基因组和转录组特征与人源细环病毒相似，不过序列同源性只有 50％（Niel 等，2005；Okamoto 等，2002）。从 TTSuV 基因组可转录出三组不同大小的 mRNAs（Okamoto 等，2002）。与圆环病毒类似，开放阅读框（ORF）1 编码 635AA 的假定囊膜蛋白，其基因图具有 ssDNA 病毒复制相关蛋白的特征。ORF2（73 AA）编码络氨酸磷酸酶蛋白；ORF3（224 AA）编码蛋白的功能还未知。最近研究证实，人源的 TTV 多达 6 种不同蛋白采用相同的可变剪切策略（Qiu 等，2005）。

TTSuV 的泛组织嗜性提示病毒可在不同宿主细胞内增殖（Aramouni 等，2010；Bigarré 等，2005），但体外培养却未发现这种现象。刺激分裂的外周血单核细胞（peripheral blood mononuclear cells，PBMCs）可以感染人源 TTV，并可以释放具有感染性的病毒粒子（Maggi 等，2001；Mariscal 等，2002）。同时，复制型病毒基因组可以在肝脏、骨髓细胞和 PBMCs 中检测到，这证实了病毒可以在这些宿主细胞内复制（Okamoto 等，2000；Zhong 等，2002）。

公共卫生
ROLE IN PUBLIC HEALTH

目前还未曾有猪源指环病毒感染人的报道。某些人医药品含有猪源性 TTSuV DNA 成分，但其生物学特性尚不确定（Kekarainen 等，2009）。

流行病学
EPIDEMIOLOGY

追溯性研究表明，TTSuV 至少 1985 年前就已广泛流行（Segalés 等，2009）。迄今没有对 TTSuV 的地域分布做过专门研究，但有大量报道证实，TTSuV 在加拿大、中国、法国、德国、意大利、韩国、西班牙、泰国和美国的猪群中广泛存在（Bigarré 等 2005，Kekarainen 等 2006；Martelli 等，2006，McKeown 等，2004）。因此，可以推断该病呈世界流行。

TTV 的宿主谱较广，如家猪、牛、羊、猫、犬和鸡（Leary 等，1999；Okamoto 等，2002）；以及野生动物，如野猪（Martínez 等，2006）和树鼩（Okamoto 等，2001）。每种特异宿主的 TTV 均有一定的遗传差异存在，但是人源 TTV 可以在实验室条件下感染大猩猩（Luo 等，2000），基因组相似性较高的 TTSuV 可以在野猪和家猪间传播。

TTSuV 可以垂直和水平传播。TTSuV 可以垂直传播的证据是，病毒粒子可以从胚胎组织、血液、精液和初乳中检到（Kekarainen 等，2007；Martínez-Guinó 等，2009，2010）。其实，垂直传播对病毒在猪群中的长期存在具有重要意义。动物出生头几周针对血液中病毒 DNA 的鉴定可能为阴性（Sibila 等，2009b），但对组织中 DNA 的检测却为阳性（Aramouni 等，2010），胎儿病毒感染的途径还不明确，但或许病毒污染的精液和通过血胎盘途径的感染在病毒垂直传播中起到重要作用。

仔猪在第 1 周，TTSuV 从鼻腔拭子和粪便样品中检出率较低（Sibila 等，2009a）。粪便的病毒检出率前 15 周均比较低，但鼻腔拭子的检出率却随着周龄增加而升高（TTSuV1 约 30％ 和 TTSuV2 约 55％）。检出率的提高和检出组织种类范围的扩大提示病毒的有效性传播，这或许与猪只之间口-鼻传播有关。

当下，病毒难以体外培养导致对病毒环境耐受和消毒剂易感性研究的停滞；然而，其理化性质很可能与圆环病毒类似。

致病机理
PATHOGENESIS

指环病毒侵染复制的起始部位还不清楚。在胚胎期，仔猪的肺脏、心脏、脾脏和肾脏有高滴度的 TTSuV 病毒，这提示有大量细胞支持病毒增殖（Aramouni 等，2010）。在成年动物，所有组织都含有高滴度的病毒，但还不能确定是由于病毒在这些组织的活跃复制还是由于病毒的时间性蓄积造成的。

健康动物可很高比例地检测到 TTSuV（Kekarainen 和 Segalés，2009）。显然，仅 TTSuV 单独感染不出现明显的临床症状；但是，该病毒与可造成重大经济损失的重要疫病 PMWS（Ellis 等，2008；Kekarainen 等，2006）和 PDNS（Krakowka 等，2008）有极大关联。TTSuV 很可能具有不同的遗传性和临床表现。

临床症状
CLINICAL SIGNS

目前尚未有关于 TTSuV 感染的临床症状报道，也未有关于猪只常规临床病理学实验的报道。无特异病原猪接种含有 TTSuV1 病毒的组织匀浆，可以导致轻微的间质性肺炎、暂时性胸腺萎缩、膜性肾小球肾炎和肝脏轻度的淋巴细胞浸润（Krakowka 和 Ellis，2008）。近半数无特异病原猪腹膜接种 TTSuV 7 d 后口鼻接种 PCV2 可以诱发急性致死性的 PMWS（Ellis 等，2008）；而单独接种其中一种或 PCV2 先于 TTSuV 接种均不能诱发 PMWS。此结果提示，TTSuV 感染或许是导致 PMWS 的必需辅助因子。

诊断
DIAGNOSIS

目前还未有检测抗体及病毒分离的方法建立。但基于 PCR 技术的检测方法已有报道（Segalés 等，2009），包括实时荧光定量 PCR（qPCR）检测血清中 TTSuV1 和 TTSuV2（Gallei 等，2009；Lee 等，2010），以及一个非特异性 qPCR 方法检测猪源 TTSuV 和牛源 TTV（Brassard 等，2010）。

免疫
IMMUNITY

目前尚未有 TTSuV 免疫反应的相关报道。参考 2010 年 Aramouni 等的研究报道，高剂量的病毒接种也不能诱导成年动物抗病毒免疫。此外，胎儿产前子宫内感染产生免疫反应并导致终生带毒，这成为在猪体内引发免疫耐受的可能性。针对这一现象尚需进一步研究证实。

预防和控制
PREVENTION AND CONTROL

猪 TTSuV 感染的危害及其在畜群安全上的影响还不甚明晰。

（娄忠子译，林竹校）

参考文献
REFERENCES

Aramouni M, Segalés J, Cortey M, Kekarainen T. 2010. Vet Microbiol 146:350–353.
Bigarré L, Beven V, de Boisseson C, et al. 2005. J Gen Virol 86:631–635.
Brassard J, Gagne MJ, Houde A, et al. 2010. J Appl Microbiol 108:2191–2198.
Ellis JA, Allan G, Krakowka S. 2008. Am J Vet Res 69:1608–1614.
Gallei A, Pesch S, Esking WS, et al. 2009. Vet Microbiol 43:202–212.
Huang YW, Ni YY, Dryman BA, Meng XJ. 2010. Virology 396:289–297.
Inami T, Obara T, Moriyama M, et al. 2000. Virology 277:330–335.
Kamada K, Kamahora T, Kabat P, Hino S. 2004. Virology 321:341–348.
Kekarainen T, López-Soria S, Segalés J. 2007. Theriogenology 68:966–971.
Kekarainen T, Martinez-Guino L, Segalés J. 2009. J Gen Virol 90:648–653.
Kekarainen T, Segalés J. 2009. Vet J 180:163–168.
Kekarainen T, Sibila M, Segalés J. 2006. J Gen Virol 87:833–837.
Krakowka S, Ellis JA. 2008. Am J Vet Res 69:1623–1629.
Krakowka S, Hartunian C, Hamberg A, et al. 2008. Am J Vet Res 69:1615–1622.
Leary TP, Erker JC, Chalmers ML, et al. 1999. J Gen Virol 80:2115–2120.
Lee SS, Sunyoung S, Jung H, et al. 2010. J Vet Diagn Invest 22:261–264.
Luo K, Liang W, He H, et al. 2000. J Med Virol 61:159–164.
Maggi F, Fornai C, Zaccaro L, et al. 2001. J Med Virol 64:190–194.
Mankertz A, Caliskan R, Hattermann K, et al. 2004. Vet Microbiol 98:81–88.
Mariscal LF, Lopez-Alcorocho JM, Rodriguez-Inigo E, et al. 2002. Virology 301:121–129.
Martelli F, Caprioli A, Di Bartolo I, et al. 2006. J Vet Med B Infect Dis Vet Public Health 53:234–238.
Martínez L, Kekarainen T, Sibila M, et al. 2006. Vet Microbiol 118:223–229.
Martínez-Guinó L, Kekarainen T, Maldonado J, et al. 2010. Theriogenology 74:277–281.
Martínez-Guinó L, Kekarainen T, Segalés J. 2009. Theriogenology 71:1390–1395.
McKeown NE, Fenaux M, Halbur PG, Meng XJ. 2004. Vet Microbiol 104:113–117.
Niel C, Diniz-Mendes L, Devalle S. 2005. J Gen Virol 86:1343–1347.
Nishizawa T, Okamoto H, Konishi K, et al. 1997. Biochem Biophys Res Commun 241:92–97.
Okamoto H, Akahane Y, Ukita M, et al. 1998. J Med Virol 56:128–132.
Okamoto H, Nishizawa T, Takahashi M, et al. 2001. J Gen Virol 82:2041–2050.

Okamoto H, Takahashi M, Nishizawa T, et al. 2000. Biochem Biophys Res Commun 270:657–662.

Okamoto H, Takahashi M, Nishizawa T, et al. 2002. J Gen Virol 83:1291–1297.

Qiu J, Kakkola L, Cheng F, et al. 2005. J Virol 79:6505–6510.

Segalés J, Martínez-Guinó L, Cortey M, et al. 2009. Vet Microbiol 134:199–207.

Sibila M, Martínez-Guinó L, Huerta E, et al. 2009a. Vet Microbiol 139:213–218.

Sibila M, Martínez-Guinó L, Huerta E, et al. 2009b. Vet Microbiol 137:354–358.

Simmonds P, Prescott LE, Logue C, et al. 1999. J Infect Dis 180: 1748–1750.

Suzuki T, Suzuki R, Li J, et al. 2004. J Virol 78:10820–10824.

Todd D, Bendinelli M, Biagini P, et al. 2005. Genus *Anellovirus*. In CM Fauquet, MA Mayo, J Maniloff, U Desselberger, LA Ball, eds. Virus Taxonomy: Classification and Nomenclature of Viruses. The Eighth Report of the International Committee on Taxonomy of Viruses. San Diego, CA: Elsevier Academic Press, pp. 335–341.

Zein NN. 2000. J Pediatr 136:573–575.

Zhong S, Yeo W, Tang M, et al. 2002. J Med Virol 66:428–434.

28 疱疹病毒
Herpesviruses

Thomas C. Mettenleiter，Bernhard Ehlers，Thomas Müller，Kyoung-Jin Yoon 和 Jens Peter Teifke

综述
OVERVIEW

疱疹病毒可以感染软体动物到哺乳动物之间不同的物种。到目前为止已经有 200 多株具有明显特征的疱疹病毒株得到确认。疱疹病毒属于最复杂、分布最广泛的病毒。依据病毒粒子的形态学特征和病毒自身复制的生物学特征，疱疹病毒归属于疱疹病毒目疱疹病毒科（Davison，2010；Davison 等，2009）。

感染爬行动物、鸟类和哺乳动物类的疱疹病毒，在基因组序列和基因排列上具有高度的同源性，组成疱疹病毒科（Herpesviridae）；然而，感染两栖类和鱼类动物的疱疹病毒的系统发育性相距甚远，被称为鱼类疱疹病毒科（Alloherpesviridae）。迄今为止唯一从软体动物分离到的疱疹病毒（牡蛎疱疹病毒 OsHV-1 从牡蛎中分离得到）是贝类疱疹病毒科（Malacoherpesviridae）的唯一成员。

除了病毒粒子的形态学，所有疱疹病毒都具备在感染宿主体内形成一种潜伏状态的能力，可以在感染宿主的整个生命周期内潜伏存在。在潜伏期内，病毒基因的表达受到限制，只满足潜伏期病毒维持的要求，不进行感染性病毒的复制。经过复活后，感染性病毒重新进行复制，可感染易感动物个体。这种显著的生物学特性是疱疹病毒感染的特点，同时也是其长期以来成功进化的原因。

通过遗传特性和基因分析，疱疹病毒科分为三个亚科：α 疱疹病毒亚科（Alphaherpesvirinae）、β 疱疹病毒亚科（Betaherpesvirinae）和 γ 疱疹病毒亚科（Gammaherpesvirinae）。所有三个亚科的疱疹病毒均与猪有关（表 28.1）。

表 28.1 猪疱疹病毒[a]

分类名称	通用名称	属	亚科
猪疱疹病毒 1 型	伪狂犬病病毒（奥耶兹氏病病毒）	水痘病毒属	α 疱疹病毒亚科
猪疱疹病毒 2 型	猪巨细胞病毒	未分类	β 疱疹病毒亚科
猪疱疹病毒 3 型	猪嗜淋巴细胞疱疹病毒 1 型	恶性卡他热病毒属	γ 疱疹病毒亚科
猪疱疹病毒 4 型	猪嗜淋巴细胞疱疹病毒 2 型	恶性卡他热病毒属	γ 疱疹病毒亚科
猪疱疹病毒 5 型	猪嗜淋巴细胞疱疹病毒 3 型	恶性卡他热病毒属	γ 疱疹病毒亚科
绵羊疱疹病毒 2 型	绵羊恶性卡他热病毒	恶性卡他热病毒属	γ 疱疹病毒亚科

[a] 然而猪是猪疱疹病毒 1～5 型的主要/唯一宿主，绵羊疱疹病毒 2 型最先在绵羊上发现，但是在猪可以造成溢出感染。

猪病学，第 10 版，由 Jeffrey J. Zimmerman，Locke A. Karriker，Alejandro Ramirez，Kent J. Schwartz，Gregory W. Stevenson 主编。

© 2012 John Wiley & Sons，Inc. 由 John Wiley & Sons，Inc. 2012 年出版。

α疱疹病毒亚科（Alphaherpesvirinae）具有快速的溶菌复制周期，主要在感觉神经中枢神经元上进行潜伏。α疱疹病毒亚科包含四个属：单纯病毒属（Simplexvirus），包括人单纯疱疹病毒1型［HSV-1；根据形态学称为人疱疹病毒1型（HHV-1）］、人单纯疱疹病毒2型（HSV-2）、牛疱疹病毒2型（BoHV-2；牛乳头炎病毒）；水痘病毒属（Varicellovirus），包括人带状疱疹病毒（VZV或HHV-3）、牛疱疹病毒1型和5型（BoHV-1，传染性牛鼻气管炎病毒；BoHV-5，牛脑炎疱疹病毒）和马疱疹病毒1型和4型（EHV-1，EHV-4）；传染性喉气管炎病毒属（Iltovirus），包括传染性家禽气管炎病毒（禽疱疹病毒1型）；马立克病毒属，包括马立克氏病病毒（禽疱疹病毒2型）。

β疱疹病毒亚科（Betaherpesvirinae），其成员具有比α疱疹病毒亚科和γ疱疹病毒亚科的病毒成员较大的基因组。β疱疹病毒亚科的成员具有长的复制周期和严格宿主特异性。其成员包括：巨细胞病毒属（Cytomegalovirus）（人巨细胞病毒或人疱疹病毒HHV-5）；鼠巨细胞病毒属（Muromegalovirus，鼠疱疹病毒1型或鼠巨细胞病毒）；玫瑰疹病毒属（Roseolovirus）（人巨细胞病毒6型）；象疱疹病毒属（Roseolovirus）（象疱疹病毒1型）。

γ疱疹病毒亚科（Gammaherpesvirinae），其成员包括：具有优先和潜在传染淋巴细胞群特性的淋巴隐伏病毒属（Lympho-cryptovirus）［Epstein-Barr病毒（EBV）或HHV-4］；猴病毒属（Rhadinoviru）［卡波西氏肉瘤疱疹病毒（KSHV）或HHV-8；恶性卡他热病毒属（Macavirus）［恶性卡他热（MCF）病毒或狷羚疱疹病毒1型（Al-HV-1）］；马疱疹病毒属（Percavirus）（从单蹄类动物和食肉类动物中分离出来），含有EHV-2型和5型，鼬科动物疱疹病毒1型。

疱疹病毒形态学
Herpesvirus Morphology

疱疹病毒粒子含有四个基本结构：核，含有线性、双股DNA基因组；十二面体的核蛋白壳；来自于宿主细胞嵌入式的脂质层，大部分为糖蛋白；外壳是一个连接外膜和病毒粒子类似于RNA病毒的一个蛋白质结构（图28.1）。然而，所有的疱疹病毒目的所有成员的疱疹病毒粒子具有完全相同的基本形态学。病毒粒子的直径在200 nm左右，这决定于病毒粒子的外壳。直径约为100 nm的核衣壳蛋白通过三角划分法测量具有16个对称的十二面体构成，因此由150个六邻体和12个五邻体组成了162个衣壳蛋白。

蛋白结合受体和主要的免疫原位于病毒包膜上，他们大多数由碳水化合物进行修饰，因此以糖蛋白的形式存在。疱疹病毒科的糖蛋白B（gB）、gH、gL、gM和gN属于保守蛋白。糖蛋白B和gH与gL构成的异质二聚体组成了病毒粒子包膜与宿主细胞膜融合的核心调节机制，gM-gN二聚体的功能主要集中在病毒粒子的装配期间。

疱疹病毒基因组组装和基因表达
Herpesvirus Genomic Organization and Gene Expression

疱疹病毒基因组包含一个线性的双股DNA分子，其大小在123 000（类人猿水痘病毒属）～300 000个碱基对（锦鲤疱疹病毒），编码70（水痘带状疱疹病毒，VZV）和252（人巨细胞病毒，HHV-5）个预测蛋白。许多疱疹病毒基因组除了具有唯一的独特序列外还存在重复序列，这些重复序列可以是同向的，也可以是反向的，可以存在于重复序列中，也可以存在于不同的位点。在所

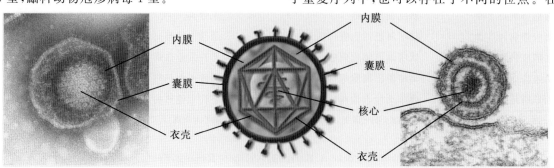

图28.1 典型的疱疹病毒粒子形态学（PRV；来自 Mettenleiter 2008，在出版商允许下再版）。

有的疱疹病毒科成员中大约有 40 个保守的基因和基因产物（Mettenleiter 等，2008）。由于病毒衣壳结构、病毒粒子成熟、多个壳蛋白和膜蛋白、病毒基因组的复制、剪切和包装机制，核苷酸代谢中具有酶功能蛋白质的需求，这些保守基因和基因产物大多存在于基因块和包含蛋白中。每种疱疹病毒大约有一半的基因/蛋白质在细胞培养的过程中不是必需的，包括那些在体内与病毒传播和感染及与免疫调节和回避有关的基因、蛋白质。

病毒的复制

Herpesvirus Replication

病毒的复制是一个复杂的过程（图 28.2）。游离的病毒粒子对于靶细胞的吸附通过病毒粒子包膜上病毒编码的糖蛋白来进行调节。这一机制引发了病毒粒子包膜与宿主细胞膜的融合。融合最初发生在细胞的表面，但是可能在内吞作用完成后就已经开始融合了。核衣壳释放到细胞溶质后，通过微管被细胞机动蛋白转运到核膜孔，在这里核衣壳完成与膜孔顶点的对接，病毒基因组 DNA 通过核膜孔进入细胞核。

在细胞核内，在伴随着具有级联模式的 α、β、γ 基因表达后，线性病毒基因组开始环化和表达。病毒衣壳的组装在细胞核内进行，组装好的病毒粒子离开细胞核，通过出芽在细胞核膜内侧达到最终的成熟，因此病毒粒子需要一个初始的薄膜，确保病毒粒子通过细胞核外膜，最终进入细胞溶质。病毒间层蛋白在第二次病毒组装过程中吸附到病毒粒子上，第二次病毒组装通过二次出芽过程进入高尔基体网的囊泡中，在一个细胞分泌小

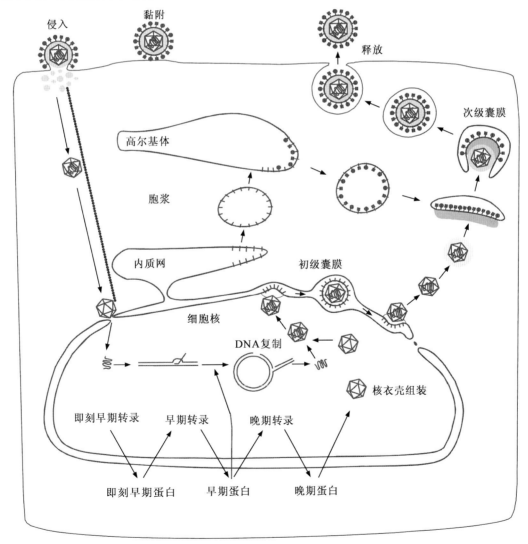

图 28.2 疱疹病毒复制周期（经出版人允许后，Mettenleiter 2004 年再版）。

泡内形成最终的病毒粒子。通过囊泡质膜的融合将成熟的病毒粒子释放出来。尽管或多或少地出现一些偏差,但这种基本的复制周期适用于所有的疱疹病毒(Mettenleiter 等,2009)。

疱疹病毒的传播不仅可以通过病毒粒子之间进行,还可以通过细胞与细胞之间的直接接触进行传播。目前还不清楚是完整的病毒颗粒还是亚病毒颗粒(如核衣壳)介导了这种直接传播方式。

疱疹病毒可以持续存在主要是因为其具有在感染宿主上建立终身潜伏的能力。因此,即使是在临床症状消失后病毒基因组还可以持续地存在。自然复活后可以形成感染性病毒粒子,可以感染易感动物。α疱疹病毒在外周上皮细胞复制后主要在感觉神经中枢进行潜伏,而β疱疹病毒主要在外周神经网进行潜伏,如分泌腺。γ疱疹病毒主要在淋巴细胞网状系统进行潜伏,主要是B细胞和T细胞。不同的疱疹病毒亚科通过不同的机制进行潜伏状态的建立和维持。然而,他们都有一个与潜伏相关基因的限制表达,这段基因不含有溶菌酶病毒基因。

疱疹病毒1型(奥耶兹氏病病毒;伪狂犬病病毒)
SUID HERPESVIRUS 1 (AUJESZKY'S DISEASE VIRUS;PSEUDORABIES VIRUS)

引言
Relevance

尽管疱疹病毒1型(SuHV-1)的分类命名表明伪狂犬病毒(PRV)的自然宿主是猪,然而临床上第一次描述PRV是1813年在牛上。这是因为PRV感染猪,特别是老年猪,只会见到轻微的呼吸道症状或者在临床上观察不到症状,然而对于其他易感动物,PRV却总是致命的,其特征是出现严重的中枢神经症状。由于出现了狂犬病一样症状的感染牛的照片,因此1849年在瑞士使用伪狂犬对该病毒进行了命名。同样的,在19世纪上半叶,由于PRV在患病的牛可以引起过度的瘙痒,美国人用"疯痒"一词来形容该病毒。

1902年,匈牙利内科医生 Aladár Aujeszky 报道了在患病的公牛、犬和猫上分离到的感染源,并证明这种病原与狂犬病毒不同(Aujeszky,1902)。这种病原可以在兔子上繁殖,并出现典型的临床症状。豚鼠和小白鼠也被发现属于易感动物,而鸡和鸽子可以抵抗该病毒的感染。因此,作为 Aujeszky 疾病(AD),这种疾病开始被广泛地认知。直到1931年,Richard Shope 确定"疯痒"的病原也存在于美国家庭饲养的猪体内。1933年,德国的 Erich Traub 第一次在体外移植器官中进行了 PRV 的培养。一年以后,Sabin 和 Wright 报道了 PRV 和单纯疱疹病毒之间的血清学关系,将 PRV 归属到疱疹病毒组中。

在猪健康中的角色
Role in Swine Health

尽管 PRV 可以感染除了高等灵长类动物之外所有的哺乳动物,但是只有在猪体内可以进行有效的感染,因此将猪定义为其自然宿主。在第二次世界大战后 PRV 感染猪的情况骤然上升,特别是在欧洲出现了猪的集约化育种和产仔建立后。20世纪70年代,由于动物和动物性产品的全球性流动,PRV 变成了世界范围内养猪业的一个主要灾难。

尽管不同区域和不同毒株的毒力不同,但是通过引起仔猪致命的感染和怀孕母猪的流产,它们给养殖业带来惨重的损失。猪感染 PRV 具有年龄差异性,年龄较小的猪更容易感染,并出现特征性的神经症状,如共济失调、抽搐、突然死亡等。相反,年龄大的猪(大于1岁)主要出现呼吸窘迫或亚临床感染。在怀孕动物,PRV 感染胎儿可导致胎儿吸收、木乃伊胎或者流产。

早期的根除计划主要集中在剔除感染的种畜,这种方法在英国和斯堪的纳维亚的村庄取得过成功。然而,现今的分子生物学产品,第一个所谓的标记疫苗可以通过血清学检测来区分免疫的动物和被感染过的动物。这些疫苗的制作基于对成本的控制,最终将 PRV 消灭根除(van Oirschot,1999)。

病原学
Etiology

PRV 属于水痘病毒属,α疱疹病毒亚科,疱疹病毒科(Davison 2010)。目前只有一个血清型。病毒分离株最初通过特异性序列的内切酶剪切后的限制性病毒基因进行分类确认,如 HI 或 Kpn I(Herrmann 等,1984)。

2004 年,各种 PRV 毒株的全基因组序列被公布(Klupp 等,2004)。PRV 基因组包含 143 461 个核苷酸和至少 72 个开放阅读框编码的 70 个不同蛋白(图 28.3)。病毒的基因组含有一长(U_L)一短(U_S)两个独特区域,由两个大的反向重复序列[末端重复序列(TR)和内部重复序列(IR)]用以把 U_S 区域括在一起。这导致 Us 相对于 U_L 反向和病毒基因组两种异构形式的存在,这就是经典的 D 疱疹病毒基因组。

实验室培养(Laboratory Cultivation)。 由于 PRV 的宿主广泛,因此对于不同分离株的初始培养在许多细胞系上均可实现。通常用于 PRV 复制和实验分析的细胞系有 PK-15、Madin-Darby 牛肾细胞系(MDBK)或者灵长类动物的 Vero 细胞。PRV 在细胞培养过程中进行裂解性复制,细胞的破坏(蚀斑形成)或由于具有融合活性的病毒糖蛋白暴露于细胞表面造成的细胞合胞体,证明了病毒在培养中可出现细胞病变效应(CPE)。CPE 的出现取决于病毒的感染剂量,而不是通常所见到的 24~72 h。感染的细胞可通过 PRV 特异性单克隆抗体(mAbs)免疫染色明确地观察到。在基因工程方面,病毒变异表达报告蛋白可以用来追踪细胞培养中的病毒感染和实验动物的感染情况,如 β-半乳糖蛋白或者荧光蛋白。由于 PRV 具有在神经元网络中经突触传递的能力,这些病毒还可以用于神经元电路跟踪(Curanovic 和 Enquist,2009)。

公共卫生
Role in Public Health

尽管有从假定感染 PRV 人群中分离到病毒的报道,但这些都不能算作结论。因为通常情况下人们认为,即使是在自身接种病毒的情况下,人类也能够抵抗 PRV 的自然感染(Jentzsch 和 Apostoloff,1970)。

流行病学
Epidemiology

除了挪威、澳大利亚和大多数东南亚岛屿国家,AD 广泛分布于世界范围内。特别是在猪群密集的地区易发病。20 世纪 60 年代以前,在东欧之外的地方没有这种疾病,但是到 20 世纪 80 年代末这种病已经扩展到全球。这主要是由于高致病性 PRV 毒株的出现和猪饲养方式的改变造成的,尤其是猪大量生产和连续的母猪分娩。结果 PRV 成为感染家畜猪群最重要的传染病之一。

最近几十年来,由于不断出现的各种控制措施和全国性的消除计划推行,在世界上的一些地区的家养猪群中 AD 实际上已经消失。在欧洲的奥地利、塞浦路斯、捷克共和国、丹麦、芬兰、法国(除个别省外)、德国、匈牙利、卢森堡、荷兰、瑞典、瑞士、斯洛伐克和英国大不列颠群岛(英格兰、苏格兰、威尔士),PRV 已经在家养猪群中被消灭。加拿大、新西兰和美国也消灭了 AD(Hahn 等,2010;MacDiarmid,2000;Müller 等,2003)。在已经消灭 PRV 的国家,PRV 疫苗是禁止使用的。目前,AD 依然是欧洲东部和东南部、拉丁美洲、非洲和亚洲等地区的地方性疾病。然而更多的国家开始实施 PRV 的全国性消除计划。

在世界范围内,尽管在人工饲养环境下的猪群中已经消灭了 PRV,但是在非人工饲养的猪群中 PRV 却依然广泛存在,包括野生猪、野猪和杂交猪群(Müller 等,2000,2011)。尽管野猪群中的 AD 与人工饲养下无 AD 猪群并不相互影响,但是野猪中该种疾病的存在表明 PRV 被重新带入无病毒种群和区域的危险时刻存在。

在欧洲,许多国家的野猪种群中存在 PRV,例如法国、德国、西班牙、意大利、斯洛文尼亚、克罗地亚和捷克共和国。在这些国家,全国范围内猪群中血清阳性率为 4%~6%(Müller 等,2000,2011)。在美国 PRV 依然是野生猪种群中的地方性疾病(Hahn 等,2010)。尽管世界其他地方野猪种群中 PRV 的流行情况并不明确,但是整个欧洲和美国一样,均有 PRV 毒株从野猪和野生猪中分离的报道(Hahn 等,2010;Müller 等,2010)。

通过 BamH I 限制性片段长度多态性分析显示,大多数 PRV 分离株的分子生物学特征主要有四种基因组类型。I 型主要发现于美国和中欧,然而 II 型和 III 型分别主要在中欧和北欧流行,IV 型仅限于亚洲区域。在主要的基因组类型中,

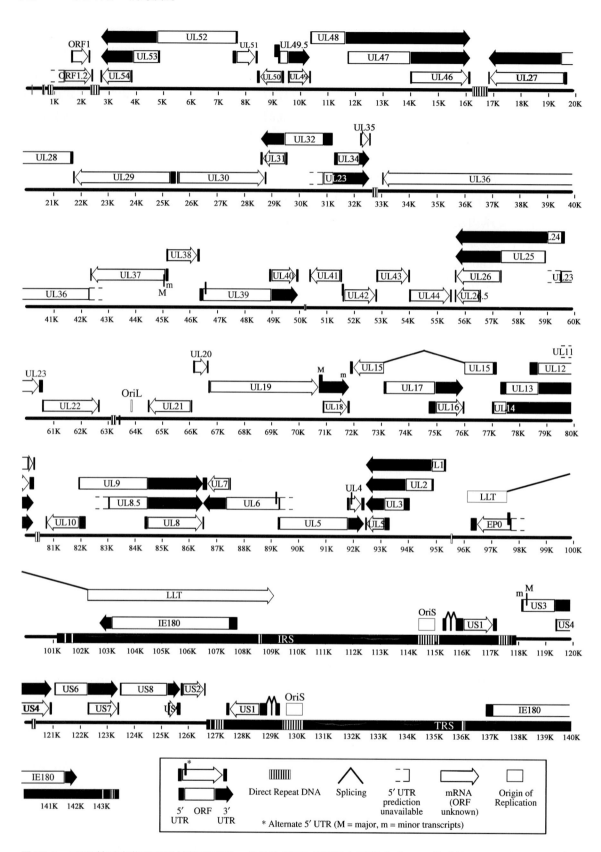

图 28.3 PRV 转录产物和基因结构预测图。在线性 PRV 基因组中可以看到 UL,其后是 IR、US 和 TR。图中描述了预测的开放阅读框的位置,5 中和 3n 端非编码区,DNA 重复序列,外显子和复制起始位点(Ori)(Klupp 等,2004,经过美国微生物学会允许再版)。LLT:大潜伏转录物;UTR:非编码区。

通过对不同地区 PRV 分离株 gC 基因部分序列的分析(Fonseca 等,2010;Hahn 等,2010),可以确定有一些亚型的存在(Christensen,1995;Herrmann 等,1984)。

易感种群(Susceptible Species)。猪是 PRV 唯一的自然宿主,但病毒可以自然感染牛、羊、猫、犬和老鼠,并可以引起致命性疾病(Pensaert 和 Kluge,1989)。除此之外,还有棕熊、黑熊、弗罗里达美洲豹、浣熊、丛林狼、鹿和农场毛皮动物物种(貂和狐狸)感染 PRV 的报道(Banks 等,1999;Bitsch 和 Munch,1971;Glass 等,1994)。只有猪(猪科 Suidae)在感染 PRV 后能够存活(Enquist 等,1998)。然而其他偶蹄类动物亚目猪亚目(Suina),例如,西猯科(Tayassuidae)(野猪类)和河马,到目前还不明确是不是对 PRV 易感。因此,在美国西南部自由存在的野猪类动物中低 PRV 血清阳性率(<1%)不得不给予高度的重视(Corn 等,1987)。对于实验动物,兔子是最易感的,在接种部位可出现强烈的局部瘙痒症状。豚鼠的易感性较低,皮下接种可能出现抵抗现象,但是通过脑内或者腹膜内接种可引起豚鼠感染发病(Ashworth 等,1980)。

传染(Transmission)。通常情况下,除了仔猪外(1×10^2 TCID$_{50}$),使其他动物感染都需要高质量的病毒,如需要大于 $1 \times 10^{4\sim5}$ 半数组织培养感染剂量(TCID$_{50}$)。因此 PRV 并不具有强的感染性(Wittmann,1991)。口服接种比鼻腔接种更能获得大量的病毒(Jakubik,1977)。

病毒的传播主要靠猪与猪的直接接触,或是与 PRV 污染的感染物相接触,例如污染的草甸和水源、肉制品和老鼠的尸体、浣熊、猪和其他感染的动物。鼻腔黏膜和口腔是主要的入侵部位(Donaldson,1983)。结膜感染可能导致动物的快速发病。猪群之间的传染还有可能发生在繁殖期间,由于接触病毒污染的阴道黏膜或精液(Beran,1991)。在野生猪和野猪种群中,PRV 病毒主要通过性交途径进行传播。其次是嗜食同类(Hahn 等,2010),这种传播模式与我们见到的人工饲养猪群的传播方式不同,主要是污染的分泌物、排泄物和呼吸的气体为主要传染源(Romero 等,2001)。在孕期,PRV 可以通过胎盘进行垂直传播,主要发生在怀孕的最后 3 个月。这种病毒还可以通过初乳传染给仔猪(Beran,1991)。

在较好的条件下(空气中有大量的病毒,具有通风设备),PRV 病毒可以通过室内空气的流动进行散布和传播,同时可以在室外进行短距离的传播,但主要取决于天气的情况(Vannier,1988)。长距离的风媒传播对于 PRV 病毒来讲还存在争议(Christensen 等,1990)。尽管犬、猫和一些野生动物,例如,浣熊、臭鼬和老鼠,被认为是感染区的病毒携带者(Kirkpatrick 等,1980),但是由于它们的排泄物中的病毒量低并且很快死亡的原因,它们在病毒传染过程中的作用是有限的(Wittmann,1991)。

对于人工饲养的猪群 PRV 感染的野猪的危害性是有限的,除非他们能够直接接触,例如,在繁殖季节或者在饲养过程中直接接触。处于病毒潜伏期或者疾病感染期猪的贸易或者运输具有疾病传播的高风险,感染猪散落的病毒可以快速感染新的种群(Blaha,1989;Wittmann,1991)。痊愈后,猪携带的处于潜伏期的病毒可以活化,例如,通过运输应激可以活化潜伏的病毒。基于这个原因,世界动物卫生组织(OIE)制定了不同疾病状态区域猪群之间移动的国际标准和规范(免费,暂时免费,地方病;OIE,2009)。

排毒的时间和途径(Duration and Routes of Shedding)。感染猪所有的身体分泌物、排泄物和呼吸物中都含有高浓度的 PRV。鼻腔和咽部的病毒滴度最高效价可达 $1 \times (10^6 \sim 10^8)$ TCID$_{50}$。$18 \sim 25$ d 后可以在口咽拭子中分离到病毒,病毒滴度可达 1×10^6 TCID$_{50}$。在病毒排泄的高峰期,一只感染的猪在 24 h 内可以向空气中排泄 $1 \times 10^{5.3}$ TCID$_{50}$ 的病毒(Müller 等,2001;Wittmann,1991)。在病毒血症和临床症状出现之前,病毒在感染后 $1 \sim 2$ d 开始排毒,感染后 $2 \sim 5$ d 达到高峰,可持续 17 d。在流产和生产时,经胎盘传播可以导致大量的病毒排出(Beran,1991;Blaha,1989)。在阴道和包皮分泌物中可以发现病毒,射出的精液中可以存活 12 d,在乳汁中可以存活 $2 \sim 3$ d。病毒偶尔在尿液中排毒,并且在直肠拭子(不是粪便)中检测到病毒,可以存活 10 d(Wittmann,1991)。

环境中存在的能力(Persistence in the Environment)。感染性 PRV 对外界环境具有较强的抵抗力,主要取决于 pH、湿度和温度(Pejsak 和 Truszczynski,2006;Wittmann,1991)。通常情况

下,24 h 内可以降低 50% 的传染性(Schoenbaum 等,1990)。紫外线、干燥或干旱条件下可以使病毒失去活性。然而,在 pH4~12 的范围内病毒相对稳定,甚至 pH 达到 2.0 和 13.5 时,完全让病毒失活还需要 2~4 h(Benndorf 和 Hantschel,1963)。病毒相对耐热,在正常或者低温下稳定,在 25℃(77℉)、15℃(59℉)和 4℃(39℉)下可分别保持 6、9 和 20 周活性。在低温情况下可在几周之内让病毒失去活性,例如,−18~−25℃(0~−13℉),和−40℃(−140℉),PRV 病毒可以保持稳定达一年之久。在高温情况下,60℃(140℉)60 min,100℃(212℉)1 min 可以迅速灭活病毒。

在悬浮液中,PRV 可以保持 1~2 个月的传染性,这主要取决于季节的变化(Kretzschmar,1970)。高病毒剂量($10^{6.5}$ TCID$_{50}$/mL)在 4℃(39℉)下 27 周后可以检测到病毒,在 23℃(73℉)下 15 周后可以检测到病毒。在 pH 9.6 和 44℃(111℉)的充气水泥浆中传染性 8~21 d 后消失。传染性病毒在土壤中可存在 5~6 周,在干草和稻草中可以存活 15~40 d,在夏季和冬季的麻布袋和木制品中可以分别存活 10 d 或 15 d(Wittmann,1991)。在被乳酸菌发酵的泔水中,病毒在 20℃(68℉)和 30℃(86℉)下 24 h 内失去活性,但是在 10℃(50℉)下可存活 48 h,在 5℃(41℉)可存活 96 h。将泔水加热到 70℃(158℉)或者 80℃(176℉),可分别在 10 或 5 min 内灭活病毒。成年猪的肉制品在 4℃(39℉)下不能使病毒灭活。然而,在肉食品中,认为病毒在−18℃(0℉)下,可存活 40 d 内,通过对肉及肉食品的加热 80℃(176℉)处理可以使 PRV 灭活。

敏感消毒剂(Susceptibility to Disinfectants)。石炭酸化合物、过氧乙酸、福尔马林、2%氢氧化钠、磷酸三钠碘消毒剂、1%~2%的季胺类化合物、次氯酸盐、氯制剂(双氯苯双胍己烷)都是有效的消毒剂(Beran,1991),对有机物的副作用较小。对于大规模的消毒,将氯化钙事先溶解在水中,未加工的氯化铵,准备至少 1%活性甲醛可以使用。建议使用石灰做消毒泥浆(20 kg Ca(OH)$_2$/m^3)。PRV 对于 pH 4~12 的浮动变化具有抵抗力(Benndorf 和 Hantschel,1963);因此,只能在有限的范围内使用纯酸和纯碱溶液进行该病毒的消毒。这一现象同样适用于以苯酚和酒精为基础的消毒剂(Blaha,1989)。

致病机理
Pathogenesis

在经过口鼻途径感染天然宿主,在上呼吸道上皮细胞完成初始复制后,病毒获得了进入神经元支配的面部和口咽部区域,特别是嗅觉器官、三叉神经和舌咽神经。通过快速的轴突逆向转运,病毒向心方向传播,并到达感染神经元的细胞体,在这里相继开始出现细胞裂解和病毒的潜伏性感染。PRV 还可以跨越神经元的突触来感染更高级别的神经元(Pomeranz 等,2006)。病毒血症使病毒散布到多个器官,病毒可以在上皮细胞、血管内皮细胞、淋巴细胞和巨噬细胞中进行复制(Kritas 等,1999;Mettenleiter,2000)。

PRV 在 CNS 的复制以非化脓性脑膜脑炎为特征,可引起严重的中枢神经紊乱(Enquist,1994;Pensaert 和 Kluge,1989)。三叉神经节、骶神经节和扁桃体认为是猪主要的病毒潜伏位点。骶神经节是野生猪种群中 PRV 最常见的位点,支持了这些病毒主要是通过性交而不是呼吸道途径传播的假设,就像人工环境中猪群的主要病毒潜伏位点在三叉神经节一样(Romero 等,2001)。除了猪的其他物种,PRV 具有严格的神经浸润性(Mettenleiter,2000)。

毒力因子(Virulence Factors)。PRV 毒株的毒力千差万别,分离株涉及猪的疾病严重程度的影响和病毒的脱落数量和持续时间(Maes 等,1983)。毒力还可以影响 PRV 毒株的组织嗜性。然而高致病性的 PRV 毒株主要感染神经组织,中等和低毒力的 PRV 毒株对于神经组织的感染性较弱,但是具有明显的亲肺性。具有高适应性和致弱的 PRV 毒株具有对繁殖系统的趋向性(Romero 等,2001)。

PRV 毒力由多基因控制(Lomniczi 和 Kaplan,1987;Lomniczi 等,1984)。在病毒膜糖蛋白、病毒编码的酶和非必需衣壳相关蛋白中发现了决定毒力的蛋白质(Mettenleiter,2000)。依据它们在病毒细胞培养时在病毒复制中的作用,糖蛋白(g)既是非必需的(gC、gE、gG、gI、gM、gN)又是必需的(gB、gD、gH、gK、gL)。从病毒毒力角度来讲,糖蛋白介导 PRV 吸附到靶细胞,因为 gC 和 gD 可能是直接决定了病毒趋向性,因此需要特别关注。涉及核苷酸代谢的病毒编码的酶,例如,胸苷激酶或dUTPase,是毒力大小的主要决定因素,他们的失活导致了病毒毒力大量衰弱。病毒包膜糖蛋白也决定了病毒的神经嗜性和毒力(Card等,1992;Karger和Mettenleiter,1993)。在三叉神经和嗅神经通道神经入侵感染时,糖蛋白gE是一个关键性的蛋白质。gE基因的缺失可以显著降低病毒的毒力,导致神经元细胞感染受限(reviewed in Enquist等,1998)。糖蛋白gC是一个主要的病毒膜蛋白,在细胞培养中可以使病毒有效地吸附细胞,在决定病毒的神经元感染性方面没有明显的作用,但是可以和gE一起作用来影响病毒的神经毒力。除了gE和胸苷激酶,其他PRV基因的失活被证明导致了病毒的弱化。事实上,许多基因的失活在一定变量范围内降低了PRV的毒力,这些基因编码产物在病毒细胞培养中并不是病毒复制所必需的基因(详见Mettenleiter,2000)。

潜伏期(Latency)。疱疹病毒一个显著的标志就是他们具有形成持续潜伏状态的能力,可以伴随宿主的一生(Wittmann和Rziha,1989)。在PRV感染时,病毒主要潜伏在三叉神经节和骶神经节,但是也可以在扁桃体中建立(Romero等,2003)。在潜伏期复制的病毒不具有传染性,但是病毒的基因组DNA却保留额外的染色体(Brown等,1995;Cheung,1995;Gutekunst,1979;Rziha等,1986)。在潜伏期激活启动子的控制下(LAP;Jin等,2000),只有一小部分内部重复序列和与UL相连区域(Cheung,1989;Priola等,1990)的病毒基因组被转录为8.4 kb的RNA,覆盖了一个由mRNA编码的主要即刻早期IE180蛋白质的反向区域。因此,目前假定为两种转录产物的杂交构造可能介导了病毒潜伏和活化的维持和确立机制(Mettenleiter等,2008)。然而,病毒潜伏期建立和活化的准确的分子生物学机制目前还不清楚。

因为潜伏期的PRV具有潜在的活化和排出感染性病毒的危险,因此潜在带毒的动物是疾病控制的主要威胁。应激(运输、保定、温度)和荷尔蒙失调(妊娠、产仔)均可以使病毒活化。使用病毒DNA或潜伏期相关转录产物检测潜伏期病毒,可使用PCR或核酸杂交技术进行检测。因为PRV没有潜伏期抗原,因此没有特异性血清学检测方法。可以通过试验方法活化病毒,例如,给动物口服大剂量的皮质类固醇可出现病毒排毒和传播(Mengeling等,1992)。有趣的是,潜伏期位点的前定植受到攻毒后随后定植的影响(Schang等,1994)。尽管弱化活疫苗株在动物体内的复制有限,毒力效价降低,但是它们仍然可以出现PRV的潜伏期状态。

临床症状
Clinical Signs

感染剂量、感染途径和宿主的种类直接影响猪群的病毒潜伏期。潜伏期通常是1～8 d,但是也可能持续3周。在其他易感动物,病程一般是急性的,2～3 d的潜伏期。

猪感染PRV可出现高烧,继而出现厌食、精神委靡、消化不良、口水增多、呕吐、战栗,最终出现显著的共济失调,尤其是后腿症状最明显。呼吸道症状主要有咳嗽、打喷嚏、呼吸困难,并可能出现吸入性肺炎。对于成年猪,呼吸道症状的出现是高发病率的主要原因。

高发病率和高死亡率以及临床症状的出现和加重,取决于猪的年龄和免疫状态(Nauwynck,1997)。此外,PRV的感染途径和毒株的毒力也是重要的影响因素(Schmidt等,2001)。

通常情况下,PRV感染完全易感猪群可出现高的发病率和死亡率,特别是幼年猪,主要以脑膜脑炎和病毒血症的相关症状为主。对于不到7 d的仔猪,疾病以无明显临床症状的突然性死亡为特征。对于2～3周的仔猪,可出现严重的中枢神经系统症状,例如,战栗、共济失调、惊厥、震颤、运动失调和无力(图28.4),死亡率可达100%。年龄大的动物(3～6周)可出现神经症状,但通常出现与年龄相关的抵抗性。4周大的动物的死亡率可以降到50%,5个月大的仔猪不会超过5%,随着感染猪年龄的增长死亡率还可以降到更低。

临床症状可以存在6～10 d。动物可以在几天后康复,但是在整个发病过程中体重下降。在育成和育肥猪,由于种群密度大,临床症状可以增强,动物经常由于继发细菌性肺炎而死亡。初产母猪和母猪的临床症状决定于妊娠的不同阶段,包括胚胎死亡、吸收胎、木乃伊胎、流产或死胎,还有呼吸道症状和高烧。感染PRV愈后的猪成为潜伏期感染猪(Nauwynck,1997)。

图 28.4　仔猪感染 PRV。PRV 鼻内感染 4～6 周仔猪后观察到中枢神经症状包括共济失调和抽搐。

在与其他猪病毒混合感染的病例中，例如，猪繁殖与呼吸障碍综合征病毒（PRRSV）、猪圆环病毒 2 型（PCV2）和猪流感病毒（SIV），在断奶和断奶后仔猪可形成严重的通常致命的增生性坏死性肺炎（PNP）（Morandi 等，2010）。

一些特殊的猪群对 PRV 具有天然的抵抗力，他们具有特定的数量性状位点（Reiner 等，2002），但是具体的机制还不明确。

在 PRV 感染的非人工饲养的猪群，临床症状非常稀少，表明 PRV 多样化的循环已经高度适应了宿主种群（Müller 等，2001）。在西班牙和德国，在幼年野猪群中很少有自然临床 AD 的报道，表明这些地域性毒可以导致野猪发病，他们的临床学和病理学与家猪的 AD 完全一致（Gortazar 等，2002；Schulze 等，2010）。

对于其他易感动物物种，感染急性致命性过程是其特征。通常，极度瘙痒导致严重的自我伤害是唯一可以见到的临床症状。农场的死老鼠、鼠类、犬或猫是 PRV 出现的警示器，这时感染的猪群开始出现临床症状。这同样适用于猎犬。

病理变化
Lesions

大体病变（Gross Lesions）。 对于猪没有 AD 特异性大体病变，通常没有或者只存在微小的变化。大体病变可能出现在非神经组织，包括淋巴器官，呼吸、消化和繁殖通道。尤其是缺少被动免疫的乳猪，在上述部位可见大量的坏死灶，同时在肝脏、脾脏和肾上腺也可见坏死灶。典型的渗出性角膜结膜炎、浆液性纤维素性坏死性鼻炎、喉炎、气管炎、坏死性扁桃体咽炎可以见到。除了软脑膜出血，中枢神经症状不存在大体病变。

大体病变在上呼吸道最常见，包括伴有上皮细胞坏死和坏死性喉气管炎的鼻炎，通常与多病灶的扁桃体坏死同时发生。下呼吸道的病变可能出现肺水肿和分散的坏死性小病灶，出血或支气管性间质性肺炎（Becker，1964）。然而，肺部的病变缺少一致性，病变部位变红，病变部位可分散到整个肺组织，特别是颅侧肺叶。

大量小的急性出血性坏死点（直径 1～3 mm）是 α 疱疹病毒感染动物后在肝脏、脾脏（图 28.5）、肺脏、肠道、肾上腺和肠道部位的病变特征。

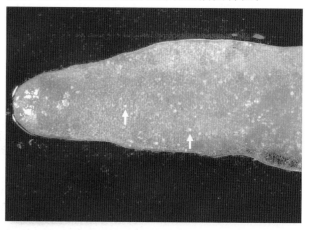

图 28.5　PRV 感染后脾实质急性多病灶凝固性坏死灶（箭头所示两处坏死灶）（感谢德国代特莫尔德 W. Thiel 教授）。

在母猪，流产后可以见到坏死性胎盘炎和子宫内膜炎，同时伴有子宫壁的增生和水肿（Kluge 和 Maré，1978）。流产的胎儿可能出现浸渍，或者偶尔出现木乃伊胎［死胎、木乃伊胎、胚胎死亡、不孕症（SMEDI）］。对于胎儿或者新生仔猪，肝脏、脾脏、肺脏和扁桃体上通常可见坏死点（Kluge 和

Maré,1976)。PRV 感染也可以引起阴囊的水肿。

微观病变(Microscopic Lesions)。感染猪的微观病变反映了 PRV 的神经入侵和亲上皮性的属性。CNS 病变的特征是灰质和白质部位的非化脓性脑膜脑脊髓炎,三叉神经和脊柱旁的神经节神经炎(图 28.6;Baskerville 等,1973)。在神经元变性或者大脑的非化脓性炎症反应出现之前可出现死亡。如果动物能够存活较长时间,CNS 的损伤可以明显地观察到,主要是神经元的变性和坏死、噬神经细胞现象、卫星现象和胶质细胞增生。特别是仔猪更容易出现大脑炎,伴随着大脑皮层、脑干、脊神经节和基底神经节最严重的病变。

血管套主要由致密的核破裂的单核细胞组成。相同的病变可以在脊髓见到,特别是颈部和胸椎部分。脑膜覆盖的大脑和神经索区域由于单核细胞的浸润可能出现增生的现象。

在猪细胞核内通常检测不到嗜酸性颗粒,但是可以在神经元细胞、胶质细胞、少突神经胶质细胞和内皮细胞上检测到。还有关于胃肌间神经丛中神经元细胞变性的淋巴浆细胞性感染的描述。

上皮病变由多个凝固性或者溶细胞性的区域组成,肝脏、扁桃体、肺脏、脾脏、胎盘和肾上腺局部出血、坏死,特征是核内包涵体的出现。病毒的核内包涵体是除神经系统外常见的病变(Kluge 等,1999)。病变出现在扁桃体隐窝上皮细胞,与坏死灶相连,经常在呼吸道上皮出现,在结缔组织和细胞脱落后的凹陷部位出现。然而,特异性病变必须经过免疫染色进行确认。

黏膜上皮坏死和黏膜下层单核细胞渗出发生在上呼吸道(Baskerville,1971,Baskerville 等,1973)。在肺脏可出现支气管、细支气管和肺细胞的坏死。另外,支气管周围的黏液腺上皮细胞在感染过程中也可能受到影响。肺水肿和细胞浸润可能是多病灶和弥散性的。淋巴细胞、巨噬细胞和低频率的浆细胞、嗜中性粒细胞都是典型的炎症细胞。

在子宫,淋巴组织细胞型子宫内膜炎、阴道炎和坏死性胎盘炎,形成绒毛膜窝的凝固性坏死(Bolin 等,1985;Kluge 等,1999)。坏死病变导致的滋养层退化时可出现核内包涵体(Kluge 等,1999;Kluge 和 Maré,1978)。

在雄性生殖道,可以观察到精曲小管的变性和睾丸白膜上的坏死点(Hall 等,1984)。患有渗出性睾丸鞘膜炎的公猪在覆盖生殖器的浆膜层可见坏死和炎症病变。

流产或死胎的仔猪通常没有患有脑炎的证据,但是在肝脏和其他实质器官可以见到坏死灶,也可以见到细支气管坏死和间质性肺炎病灶。肠道黏膜上皮坏死灶包括黏膜肌层和肌肉层(Narita 等,1984b)。变性的隐窝上皮细胞内可出现核内包涵体。

结缔组织和内皮组织的加入导致出血和纤维蛋白渗出的发生。可以见到小动脉、小静脉,扁桃体周围的淋巴管和颌下淋巴结的坏死性血管炎(Narita 等,1984a)。内皮细胞细胞核固缩和破裂,中性粒细胞通过血管壁浸润。受到影响的内皮细胞中经常出现核内包涵体(Kluge 等,1999)。

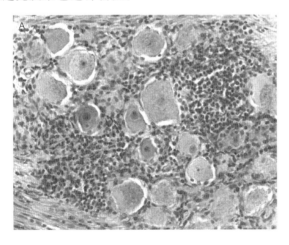
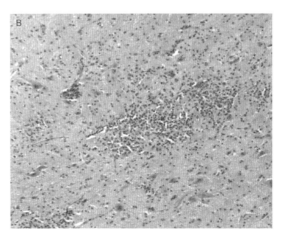

图 28.6 A.神经细胞核周体的变性和坏死的三叉神经节淋巴浆细胞性神经节神经炎;B.髓质的多个非化脓性脑炎融合病灶,可见神经元细胞变性和血管套现象。PRV 实验性感染 8 d 后病变。

诊断

Diagnosis

鉴别诊断(Differential Diagnosis)。大多数的传染性和非传染性疾病在猪可以引起与伪狂犬病类似的临床症状,包括狂犬病、猪脑脊髓灰质炎(捷申病毒感染)、经典和非洲猪瘟、尼帕病毒感染、日本脑炎、猪血凝性脑脊髓炎、细菌性脑膜炎(如猪链球菌感染)、猪流感、盐中毒、低血糖症、有机砷或汞中毒、先天性震颤、脑心肌炎(EMC)及其他可以引起流产的疾病,高致病性 PRRSV 和 PCV2 感染。

除了猪的其他物种,PRV 具有严格的神经入侵性(Mettenleiter,2000)。在这些动物的 CNS 疾病中,如狂犬病、痒病(羊)和牛海绵状脑病(BSE)以及可引起动物持续性瘙痒的疾病或症状都须进行鉴别诊断。

病理检查(Pathological Examination)。猪的三叉神经节、嗅觉神经节和扁桃体是分离和检测 PRV 的首选组织。病毒可以在其他器官找到,例如,肺脏、脾脏、肝脏、肾脏、淋巴结和咽部黏膜。对于带有潜伏期病毒的猪,对于家猪的三叉神经节和野猪的骶神经节最容易成功分离到病毒。

病毒抗原既可以通过免疫荧光对冰冻切片进行检测,还可以通过免疫组织化学法对福尔马林固定的石蜡切片进行检测。通过原位杂交可以使 PRV-DNA 可视化。除了猪的其他物种,支配瘙痒部位的脊髓段应当收集起来。感染区域的皮肤和皮下组织应该收集上交。

进行病毒分离的样本应当送到具有冷冻条件的实验室。死后的血清可以收集起来进行血清学检测。也可以用肉汤进行血清学实验。

实验室诊断(Laboratory Confirmation)。病毒感染的快速检测是 PRV 有效控制所必需的。临床观察只能对 AD 的怀疑提供充足的证据,因为对于猪 PRV 的感染不能出现能够确定诊断的临床症状或者大体解剖病变。因此实验室诊断是必须要进行的。

病毒检测(Virus Detection)。可使用免疫过氧化物酶和/或免疫荧光染色检测病毒抗原,在压片和组织冰冻切片使用多克隆或单克隆抗体进行检测,例如大脑、肺脏和扁桃体(Allan 等,1984;Onno 等,1988)。诊断通过病毒在常规细胞培养

分离后最终确认,分离培养需要约 $2\sim5$ d,具体时间取决于病毒特异性 CPE 的形成。

许多细胞系可以用来进行 PRV 的复苏,包括兔肺细胞(ZP)、兔肾细胞(PK-13)、仓鼠肾细胞(BHK-21)、猪肾细胞(PK-15,SK6)、非洲绿猴肾细胞(VERO)、貂肺细胞(ML)、雪貂肾细胞(FK)、绵羊胎儿肺细胞(OFL)、牛鼻甲细胞(BT)、火鸡胚胎肾细胞(TEK)(Onyekaba 等,1987)。通常情况下,常规的实验室条件下使用猪肾细胞系进行 PRV 的复苏。

PRV 可以从感染动物的分泌物和排泄物以及组织中分离得到,例如大脑、扁桃体、肺脏和脾脏。在潜伏期感染的猪,三叉神经节和扁桃体部位始终可以进行病毒的分离。因为 PRV 的 CPE 没有特异的特征,CPE 可以依据流行 PRV 毒株和细胞系的改变而改变,病毒最终通过使用抗血清或单克隆抗体的免疫荧光技术、免疫过氧化物酶染色或中和试验来确定。在没有出现明显的 CPE 的情况下,需要进行病毒盲传操作。目前已经有关于使用壳瓶技术快速检测 PRV 的描述(Tahir 和 Goyal,1995)。

通过使用直接杂交滤膜方法(Belak 和 Linne,1988)、DNA 斑点杂交实验(McFarlane 等,1986)和 PCR 技术(Jestin 等,1990)可对病毒 RNA 进行检测。针对于敏感性,以上每种分子生物学技术都有其优点和不足,特别是每种技术的费用和检测速度(Pensaert 和 Kluge,1989)。可以选用 PCR 技术检测分泌物或组织样本中的 PRV 病毒。通常,引物序列应对应不同 PRV 毒株的基因组保守区域。一些常用的编码 gB、gC、gD 或 gE 的 PCR 靶基因已经建立(Müller 等,2010;Schang 和 Osorio,1993),但是还没有国际性的引物基因标准。PRV 特异性巢式 PCR 和实时定量反转录 PCR(RT-PCR)实验(Tombácz 等,2009;van Rijn 等,2004)已经证明可以对野毒株和基因缺失疫苗毒株进行鉴别诊断(Ma 等,2008)。

抗体检测(Antibody Detection)。在一段时间内,病毒中和(VN)试验曾被认为是血清抗体实验的参考标准(Bitsch 和 Ekildsen,1982),但是目前已经被酶联免疫吸附试验(ELISAs)所替代。强大而敏感的间接或竞争 ELISAs 可检测全 PRV 或针对明确的病毒抗原进行检查(Toma,

1982)。也可以选择使用乳胶凝集试验(LAT；Rodgers 等,1996)和免疫印迹法。VN 和 LAT 都是高度可信的,但是他们不能区分是自然感染还是免疫引起的抗体。ELISAs 可以针对 gE(或 gC 和 gG)(van Oirschot 等,1986)检测血清抗体来区分疫苗抗体,因此建立了一个标志或免疫动物(DIVA)鉴别诊断的概念。ELISAs 成为了 AD 消除计划的一个关键部分。

免疫
Immunity

　　PRV 主要的抗体依赖性抗原和细胞介导免疫已经明确(Mettenleiter,1996)。尽管主要的早期蛋白诱导抗体生成反应,但是主要抗原是膜糖蛋白。糖蛋白 gC 的吸附是补体非依赖性中和抗体(Hampl 等,1984；Lukacs 等,1985)和 T 细胞介导免疫反应(Ober 等,2000；Zuckermann 等,1990)的一个主要目标。针对于 gB 和 gD 的补体非依赖性中和抗体已经得到确认(Hampl 等,1984；Lukacs 等,1985)。这些抗体的功能是抑制病毒粒子的吸附(抗-gC、抗-gD)或侵入(抗-gB)。结合以上发现,可以确定含有 gB、gC 或 gD 的亚单位疫苗,和表达这些蛋白的 DNA 疫苗,至少可以产生一定的免疫水平,抵抗病毒的感染(Gerdts 等,1997；Mettenleiter,1996)。

　　像其他疱疹病毒一样,PRV 也尝试通过免疫逃避来避免细胞免疫反应。感染细胞表面的抗体与病毒糖蛋白的结合导致它们的内陷,这可能可以将病毒隐藏起来躲避免疫系统(vande Walle 等,2003)。这一效果由细胞内 gD 和 gB 占主导的 C-末端的胞吞作用结构基元介导(Ficinska 等,2005)。gE-gI 复合物具有 Fc 受体活性(Favoreel 等,1997),因此也可能对病毒的免疫入侵和 PRV gC 与补体因子 3 的结合有一定的贡献(Huemer 等,1992)。阻碍主要组织相容性复合体(MHC)经典 I 型独立抗原的表达对免疫入侵也有一定的影响,MHC-1 型独立抗原表达主要由 gN 介导的由细胞质到内质网通过 TAP 转运的肽段的调节来完成(Koppers-Lalic 等,2005)。

　　尽管存在这样的免疫逃避机制,但灭活病毒、改造的活毒、蛋白抗原或 DNA 疫苗接种诱导的牢固免疫可以抵抗 PRV 感染。特别是通过体外细胞培养或鸡胚传代的弱化活病毒,虽然不能够阻止病毒感染和后期区域性病毒的隐性感染,但已被证明可卓有成效地降低 AD 的临床症状(Bartha,1961)。然而,事先在神经节潜伏的疫苗病毒可降低 PRV 野毒重复潜伏感染(Schang 等,1994)。

　　免疫应答(Immune Responses)。猪 PRV 感染和免疫后免疫应答可快速开始。然而,由于 PRV 毒株的不同、感染途径的区别和猪个体免疫能力的差别,免疫应答可出现细微的变化。

　　动物出现临床症状时 PRV 特异性血清抗体已经产生(Kretzschmar,1970)。使用高度敏感的血清学实验,接种后 5~7 d 就可以检测到抗体,但是直到接种后 12 dVN 才能检测到抗体。被感染的动物,接种后 7 d 之内的抗体几乎是单一的免疫球蛋白 M(IgM),这样可持续到接种后 18 d；然而在免疫的动物,在 18 d 时抗体基本已经消失(Müller 等,2001；Rodák 等,1987)。IgG 抗体在感染动物(接种后 7 d)比在免疫猪(接种后 10 d)上出现后达到较高的平均滴度速度要快。相反,IgA 抗体在接种感染猪 10 d 之后才会出现。

　　相似的抗体动力学和分布在口咽拭子上可以观察到,IgG 和 IgM 滴度显著低于血清中的水平,然而口咽拭子中 IgA 的滴度却高于血清水平(Rodák 等,1987)。接种 3 周后 IgG 抗体达到峰值,通常情况下,猪可以终身维持这一抗体水平。只有在特殊的病例中,病毒的中和抗体在 2~3 个月后消失(Blaha,1989)。

　　保护性免疫(Protective Immunity)。病毒感染后产生的免疫是持久和稳定的,可以抵抗病毒血症和临床疾病。即使是大量的脑内接种也可以被抵抗。然而消除性免疫还没有实现。尽管需要显著高于感染剂量的病毒才能引起外源性感染,但是在一个被感染的种群很容易排出这些病毒。处于潜伏期感染的猪,由于免疫抑制或暴露于毒性更强的病毒可导致潜伏期 PRV 活化,进而导致病毒中和抗体滴度升高。然而没有证据表明潜伏期病毒的活化与任何独特的免疫学反应有关(Mengeling,1991)。

　　母体免疫(Maternal Immunity)。不论是家猪还是野猪,经过免疫的母猪即使经过一年之久,也可以将特异性的 PRV 抗体传给他们的后代。通常情况下,产后 14~15 d 可以检测到母源病毒中和抗体,主要是 IgG。抗体持续时间取决于最初的抗体浓度(Iglesias 和 Trujano,1989;Müller 等,2005)。PRV 感染家猪 11 d 野猪 21 d 时的母源抗体的半衰期被认为比其他感染时抗体浓度要高。然而,使用 ELISAs 在产后 27 周可检测抗 PRV 抗体,比 VN 实验检测到抗体的时间长 2 倍(Müller 等,2005;Tenhagen 等,1995)。

母源免疫可以阻止 PRV 感染新生仔猪,保护仔猪对抗临床疾病,将病毒的复制限制在 CNS 内。但是,母体免疫水平和接受母体免疫的保护新生仔猪对于神经入侵抵抗之间的关系取决于 PRV 毒株。高滴度病毒中和抗体可以完全保护新生仔猪抵抗病毒的神经入侵,然而低滴度病毒中和抗体却不能(Kritas 等,1999)。来自于母体的抗体可以抑制仔猪对疫苗免疫产生反应(Tielen 等,1981;Weigel 等,1995),但是表达 PRV 糖蛋白的重组牛痘病毒疫苗能够避开来自于母体的抗体,刺激机体提高免疫力(Brockmeier 等,1997)。

预防和控制
Prevention and Control

由于 1970 年前后 AD 疾病的快速增加,许多国家开始推进检测和屠杀计划,包括 1980 年早期的英国和丹麦。尽管付出了昂贵的代价,这些国家在国内的猪群中成功地消灭了 AD,但是由于贸易和空气媒介的传播,还有新的疫情暴发。在其他没有感染的国家,使用灭活疫苗(特别针对饲养动物)或改良的弱毒活毒疫苗(育成猪)进行地毯式的免疫接种来控制疾病的发生。鉴于疫苗可以有效地减少疾病的发生,这些国家决定不再消灭病毒,因为没有疫苗可以阻止高致病性区域病毒的隐性感染、后期的活化和病毒的排毒。

1986 年,来源于弱毒的重组 DNA 疫苗在美国获得批准是一个主要的进步(Kit 和 Kit,1991)。这个疫苗携带一个缺失胸苷激酶的基因,这个基因与病毒的毒力有关。同时,他发现了许多经典 AD 疫苗毒株,例如 Bartha 毒株(Bartha,1961),携带缺失编码产生免疫的糖蛋白 gE (Mettenleiter 等,1985)的基因,但不会减弱疫苗

的效价。测量动物体内抗 gE 抗体的鉴别 ELISA 实验形成后(van Oirschot 等,1986),通过与标记疫苗的共同使用,使疫苗接种未感染 PRV 的动物(PRV 阳性,但 gE 阴性)与感染 PRV 野毒的动物(gE 阳性)的鉴别成为可能。后来,其他不必要的糖蛋白,例如 gC 或 gG 也通过基因工程技术进行删除,用来作为适当的血清学试验系统的标记物。因此,第一个来自于活疫苗的标记疫苗开始在世界范围内广泛应用(Quint 等,1987)。高效的 DIVA 疫苗和精确的鉴别 ELISAs 方法的联合使用使得在世界范围内消灭 AD 成为可能。

猪巨细胞病毒
PORCINE CYTOMEGALOVIRUS

背景
Relevance

猪巨细胞病毒(porcine cytomegalovirus,PCMV)感染起源于"包涵体鼻炎"这一术语,但不要和牛传染性鼻气管炎相混淆),因为通过组织病理学观察,在患鼻炎的猪鼻甲骨黏膜的巨细胞内发现了嗜碱性核内包涵体(Done,1955)。电子显微镜观察表明是一种在鼻甲骨黏膜腺、泪腺、唾液腺和肾小管上皮存在的疱疹病毒(Duncan 等,1964)。此病毒用细胞培养时生长缓慢,并产生插入"带有细胞核内包涵体的"巨细胞(reviewed in Yoon 和 Edington,2006)。

PCMV 感染普遍存在。PCMV 几乎存在于所有的猪群,但除了幼年猪外很少见到临床疾病的出现,常诱发致命性的全身感染。对易感猪群,该病毒能够引起胎儿和仔猪死亡、发育迟缓、鼻炎和肺炎和一些神经症状(Yoon 和 Edington,2006)。

病因学
Etiology

PCMV(SuHV-2)属于疱疹病毒科 β-疱疹病毒亚科,但没有分配属(表 28.1;Davison,2010)。近年来,对聚合酶(gB)和主要的核衣壳蛋白基因的研究表明,PCMV 遗传性比巨细胞病毒更接近于人疱疹病毒 6 型和 7 型(Rupasinghe 等,2001;Widen 等,2001)。

PCMV 粒子具有典型的疱疹病毒粒子形态（Duncan 等，1965；Valicek 和 Smid，1979）。虽然一些遗传变异的现象在不同地方 PCMV 分离株的聚合酶和 gB 基因中有所体现，但是其血清型或基因型还未确定（Widen 等，2001）。抗原变异的可能性已经有报道（Tajima 和 Kawamura，1998）。该病毒对氯仿和其他消毒剂敏感，在 0℃以下保存具有传染性（Booth 等，1967）。

PCMV 可以从猪肺巨噬细胞中分离得到，体外培养可以繁殖达到 $1 \times 10^{5\sim6}$ TICD$_{50}$/mL 的最大滴度，例如猪肺原代细胞（PL）、猪原代睾丸细胞（ST）、PK-15 细胞系、猪鼻甲骨细胞（PT）（Yoon 和 Eding，2006）。

被感染的巨细胞中可看到嗜碱性核内包涵体，偶尔可见到嗜酸性核内包涵体（图 28.7）（Watt 等，1973）。因为细胞培养中不出现 CPEs，所以需要通过免疫染色进行确认（图 28.8）。

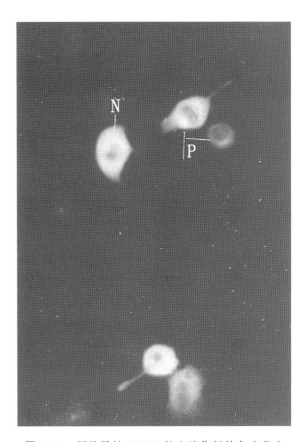

图 28.8　用特异性 PCMV 抗血清作间接免疫荧光染色后，出现荧光的肺巨噬细胞，核膜染色最深（N），也可看到细胞浆荧光及零散的核旁荧光（P）（×480）

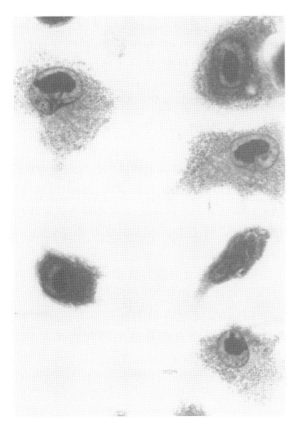

图 28.7　用 PCMV 感染 11 d 后的猪肺巨噬细胞。在肿大的细胞中嗜碱性核内包涵体清晰可见（May-Grünwald-Giemsa；×720）（R. G. Watt 赠）

公共卫生
Role in Public Health

PCMV 在猪群中普遍存在，在猪可以形成隐性感染，与人和灵长类动物的巨细胞病毒相似（Garkavenko 等，2004；Tucker 等，1999）。尽管没有人类感染的报道，但是可能使用活的猪细胞、组织和器官进行异种器官移植，让我们不得不考虑对于免疫功能不全的人接触 PCMV 时有可能造成感染。在猪与灵长类动物进行异种器官移植时有关于 PCMV 跨物种转播的报道（Mueller 等，2002），但是猪与灵长类动物胰岛的异种器官移植试验没有发现表明 PCMV 或者其他病毒传染给接受器官的灵长类动物（Garkavenko 等，2008）的证据。更多最近的数据显示 PCMV 可以在体外感染人纤维母细胞（Whitteker 等，2008）。尽管没有过 PCMV 感染疾病的报道，但是在非人类的器官接受灵长类动物体内检测到了 PCMV

（Ekser 等，2009）。PCMV 在传统和常规的公众健康领域没有相关作用。

流行病学
Epidemiology

PCMV 在全世界非常流行，其传染性也是普遍存在的，在欧洲、北美和日本，90％以上的猪群曾受到过感染，98％以上的动物血清呈阳性（Goltz 和 Roberts，2002；Deim 等，2006；Yoon 和 Edington，2006）。

对于 4 周龄的哺乳仔猪 IBR 是一种急性的亚急性病。尚未发现其他动物和节肢动物感染的报道。自然感染 PCMV 仅限于猪。病毒在老鼠、兔、犬、牛和鸡胚中均不能复制。然而，Mueller 等（2002 年）在接受猪器官移植的狒狒组织中检测到了病毒。

PCMV 可通过口腔鼻腔水平传播，但是垂直传播也有报道（Yoon 和 Edington 等，2006）。感染常常发生在商业农场中围产期的猪群中（Watt，1978）。

在鼻和眼分泌液、尿液和子宫颈液体中都可以分离出 PCMV（Yoon 和 Edington 等，2006）。在猪场中，大多数猪在 3～8 周龄间经由鼻腔分泌物可排毒（Plowright 等，1976）。这表明通常是由于与已经感染的猪群接触而诱发病毒感染。病毒可能从隐性感染状态复发（Edington 等，1976c；Narita 等，1985）。

在自然环境中，PCMV 的稳定性和持久性仍不确定。还没有发现针对该病毒的特效消毒剂。

致病机理
Pathogenesis

病毒复制的最初部位是在鼻黏膜腺、泪腺或副泪腺（哈氏腺）。经病毒接种的 3 周龄猪在感染后 14～21 d 可检测到细胞相关的病毒血症（Edington 等，1976c，1977）。该病毒在鼻腔排泄物中持续存在 10～30 d。先天感染的猪终生排毒（Edington 等，1977）。胎儿发生死亡时在宫颈液的排泄物中发现病毒的存在。

病毒复制的次级部位随着年龄的变化而变化。在哺乳仔猪或正在生长的猪，病毒扩散到鼻黏膜腺、哈氏腺、泪腺、肾小管，在附睾和食管的黏液腺较少，肝细胞和十二指肠上皮细胞很少感染。

在胚胎或新生猪，病毒主要感染毛细血管内皮和淋巴样组织的窦状隙，进而 PCMV 扩散至全身，出现全身性损伤（Edington 等，1977，1988）。这一观察对在准备进行异种器官移植的猪群中消灭 PCMV 非常重要。因此，来自于捐赠者的脾脏应该作为质量控制程序检查的一部分进行检查（Clark 等，2003）。

临床症状
Clinical Signs

PCMV 感染的潜伏期年可能为 10～20 d（Edington 等，1977）。在病毒血症阶段，病畜变得倦怠、厌食。新生仔猪可能在没有明显的临床症状情况下出现死亡，然而，其他猪常常表现为颤抖、打喷嚏、呼吸困难、增重较慢和鼻炎。有时候由于结膜分泌物在眼睛周围可以观察到颜色变黑。大于 3 周的猪，病程通常由亚临床转到温和型，但是可以引起胎儿或新生仔猪发病。感染的病猪出现呼吸症状，例如打喷嚏、流出卡他性鼻液、咳嗽伴发呼吸困难、鼻炎或神经性疾病（Yoon 和 Edington，2006）。PCMV 感染与萎缩性鼻炎之间没有任何关系（Edington 等，1976b）。感染猪可出现胚胎死亡和不孕症（Edington 等，1977，1988；L'Ecuyer 等，1972；Yoon 等，1996）。

在不同年龄段的猪，PCMV 证明与猪呼吸道疾病综合征（PRDC）有关（Orr 等，1988）。研究发现 PCMV 与 PCV2 感染之间有显著的关系，因此推断 PCMV 的出现是由于 PRDC 的恶化（Hansen 等，2010）。

尽管在年龄大的猪上只发生单纯的感染，只出现亚临床症状，但先天性或新生儿感染发病率却达到 100％。在幼年种群死亡率可达 10％，但是出现二次细菌或病毒感染时死亡率可到达 50％（Yoon 和 Edington，2006）。

病理变化
Lesions

虽然病毒对胎儿或新生动物网状内皮组织可引起全身性感染，然而对于老龄动物上皮细胞是其靶向组织（Edington 等，1976a）。

宏观变化通常只在系统性 PCMV 感染不足

3周的仔猪身上见到,在病例中可以见到卡他性鼻炎、胸膜积水和心包积液、肺水肿和皮下水肿和肾脏瘀斑。胎儿感染后可出现死胎、木乃伊胎、胚胎死亡和不孕症。

　　显微镜下,在鼻黏膜腺(图28.9)、副泪腺及泪腺的腺泡和导管上皮、肾小管上皮中可看到嗜碱性核内包涵体、巨细胞和巨大核。复制的主要部位表现为局灶状淋巴样组织增生(图28.10)。

　　可以见到,间质性肾炎和伴随有包涵体的中枢神经系统内随机分布的局灶性胶质细胞增生主要发生在脉络丛、小脑和嗅叶(Yoon和Edington,2006)。在急性致命性综合征中,大多数包涵体见于毛细血管内皮细胞和淋巴组织的窦状隙细胞中。血管损伤导致了多灶性水肿和出血发生。在血管、肺泡和脾脏内可见到含有包涵体的单核细胞和巨噬细胞。局部的肝细胞坏死和肾小球毛细血管上皮细胞包涵体形成成为进一步损伤。

诊断
Diagnosis

　　PCMV感染引起的呼吸和生殖的疾病必须同猪经典猪瘟病毒、肠道病毒、细小病毒、猪繁殖与呼吸障碍综合征(PRRS)病毒和伪狂犬病毒的感染做出鉴别诊断。病毒分离或检测病毒DNA的PCR试验方法可以用来进行病毒的阳性鉴定(Fryer等,2001;Hamel等,1999;Widen等,1999)。临死前鼻腔分泌物棉拭子、鼻黏膜刮削屑和全血可以作为病毒鉴定样本(Edington等,1976a;Watt等,1973)。

　　死后剖检首选样本鼻甲骨黏膜、肺、肺部灌洗得到的巨噬细胞和肾。早期繁殖障碍中,胎儿的脑、肝脏和骨髓有时会分离出PCMV(Yoon和Edington,2006)。

　　用原代细胞或传代细胞可以分离病毒。用免疫染色方法可以检测冰冻组织中的病毒抗原。包涵体、巨大细胞和巨大核一起可以作为确定诊断的依据(Yoon和Edington,2006)。一个种群中

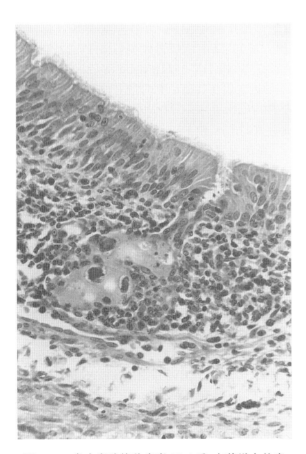

图28.9　鼻内实验接种病毒18 d后,在其增大的表层黏膜腺上皮中可见嗜碱性核内包涵体、半透明晕环和明显的核膜(H.E;×480)。

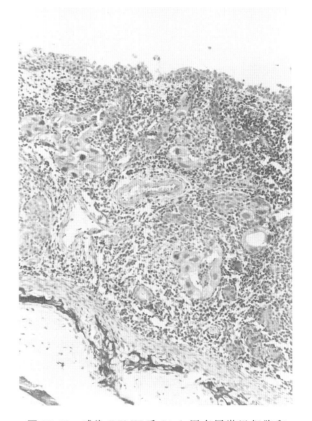

图28.10　感染PCMV后24 d,固有层淋巴细胞和浆细胞严重浸润,黏膜腺的许多腺泡仍有巨细胞及明显的包涵体(H.E;×120)。

PCMV 的感染可以通过成长或育肥猪的血清样本的血清学检查来确认。ELISAs 试验可以用来鉴别 IgG 和 IgM 抗体反应（Tajima 等,1994）。需要注意的是子宫感染 PCMV 不能诱导产生 PCMV 特异性抗体。因此,新生仔猪血清中没有来自于母源的病毒抗体。

免疫
Immunity

实验感染 PCMV2～3 周后通过间接免疫荧光抗体(IFA)试验可检测到抗体,大约感染后第 6 周 IFA 可检测抗体水平达到高峰并一直持续到感染后最少 10 ～ 11 周（Edington 等,1976c,1977）。通过 IFA 可以发现血清抗体水平增高和病毒血症消失,但是鼻腔排泄物中的病毒仍持续 2～3 周。先天性和新生的仔猪病毒感染不产生抗体,但是仍然排毒,发生致命的全身性感染（Edington 等,1977）。仔猪获得母源抗体而得到保护,但是在 PCMV 呈地方性流行的饲养单位,似乎在循环母源抗体存在时才释放病毒（Plowright 等,1976）。母源抗体大约持续两个月（Tajima 等,1994）。

预防和控制
Prevention and Control

迄今尚未有有效的 PCMV 疫苗或特效的治疗方法。原有种群引进新动物具有高风险,因为它可以激发潜伏感染或引起易感猪群的原发感染。

猪嗜淋巴疱疹病
PORCINE LYMPHOTROPIC HERPESVIRUSES
背景
Relevance

对健康猪群(野猪)淋巴组织和白细胞两种猪疱疹病毒的遗传物质进行 PCR 检查,发现了猪嗜淋巴疱疹病毒 1(PLHV-1)和猪嗜淋巴疱疹病毒 2(PLHV-2)。序列分析显示它们属于第一个猪疱疹病毒,属于 γ-疱疹病毒亚科（Ehlers 等,1999a）。2003 年,鉴定了第三个猪 γ-疱疹病毒,猪嗜淋巴疱疹病毒 3(PLHV-3)（Chmielewicz 等,2003a）。

对于 PLHVs 的致病能力知道得很少。然而,在健康猪中该种病毒的出现（Chmielewicz 等,2003a;Ehlers 等,1999a;Ulrich 等,1999）引起了人们对于猪与人之间异种器官移植的安全性的考虑。由于 PLHVs 在全世界范围的广泛流行使人们更加担心,在作为组织和器官提供者的猪群中消除该病毒很困难（Tucker 等,2003）,由 PLHV-1 引起的猪嗜淋巴疱疹病毒病具有高的死亡率（Goltz 等,2002;Huang 等,2001）。

病因学
Etiology

PLHV 病毒在细胞培养中的不成功阻碍了对于其基因组的确定与描述。因此,从 PLHV 阳性猪的样本中应用 PCR 的染色体步移技术直接进行其基因组的扩充。PLHV-1、PLHV-2、PLHV-3 分别有约 101、68 和 98 个碱基,发现这些碱基包含多于 60 个与其他疱疹病毒一一对应的基因（Chmielewicz 等,2003a;Goltz 等,2002;Lindner 等,2007）。在对比疱疹病毒中的保守基因时,国际病毒分类委员会(ICTV)将 PLHVs 划分为 γ-疱疹病毒亚科,命名为猪疱疹病毒 3 型(PLHV-1)、猪疱疹病毒 4 型(PLHV-2)、猪疱疹病毒 5 型(PLHV-3)（Davison 等,2009）。PLHVs 的近亲属在其他种类的猪上被发现,例如普通疣猪（*Phacochoerus africanus*）和髯猪（*Sus barbatus*）（Ehlers 和 Lowden,2004）。

系统发育分析表明 PLHVs 与一组反刍动物的 γ-疱疹病毒关系密切(图 28.11)。这组病毒成员可引起外源宿主［AlHV-1,牛疱疹病毒 2(OvHV-2),山羊疱疹病毒 2］出现 MCF（Li 等,2003;Russell 等,2009）。这些病毒全部属于新发现的恶性卡他热病毒属（*Macavirus*）（Davison 等,2009）。

大约有 100 kb 确定了 PLHV-1 和 PLHV-3 包含的 ORFs、ORF03 到 ORF69［ORF 依据疱疹病毒松鼠猴属（HVS）命名］。此外,确认 5 个 ORFs 只与 γ-疱疹病毒 AIHV-1、马疱疹病毒 2(EHV-2)和/或 EBV 相对应,而不是 HVS 或 KSHV。这些编码病毒 BCL-2 蛋白（ORFE4/BALF1）、G 蛋白耦合受体（ORFE5/BALF1）、早期反式激活因子（ORFE6/BALF1）、细胞融合蛋白（ORFE7/BALF1）、细胞吸附蛋白（ORFE8/BALF1）（Chmielewicz 等,2003a;Goltz 等,2002;Lindner 等,2007）。

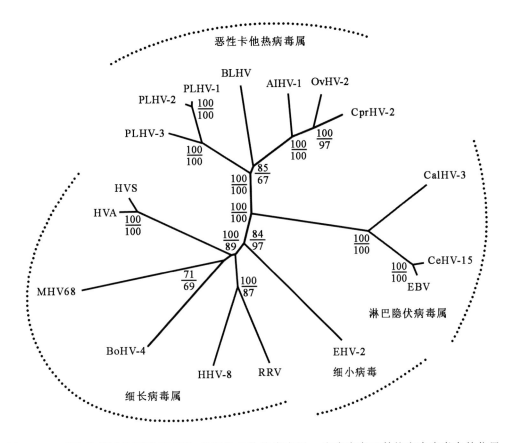

图 28.11 系统发育树显示了 PLHVs 在恶性卡他热病毒属 γ-疱疹病毒亚科的疱疹病毒中的位置。其中包括了恶性卡他热病毒属、蛙猴疱疹病毒，马疱疹病毒和淋巴隐伏病毒属的成员。本系统发育树是依据对糖蛋白 B 和 DNA 聚合酶序列进行的多氨基酸序列对比分析建立的。数据程序数值设定为 100 个重复作为系统发育树的分支点。上面的值是对相邻/关键点的分析获得的，下面的值是由质量的分析获得的（改编自 Chmielewicz 等，2003a；经出版商允许再版印刷）。

由于长的基因组内重复区域，通过染色体步移技术不能扩充 PLHV 基因组。然而，Gardella 凝胶电泳和印迹技术显示 PLHV 整个基因组的长度比 EBV 基因组长度（～170 kb）稍短一些（Chmielewicz 等，2003a）。

超过 20 个猪细胞系经过 PCR 检测含有 PL-HV 序列，发现其中的 B 细胞系 L123 携带 PHLV-3 基因组（Chmielewicz 等，2003a）。然而，尝试进行诱导有效的裂解细胞复制却失败了（B. Ehlers，未发表数据）。尝试从初始样本中进行 PLHV 的分离还没有报道。因此，裂解细胞培养系统尚未建立。

公共卫生
Role in Public Health

PLHVs 具有引起用于实验的免疫抑制猪产生高死亡率的淋巴增生性疾病的危险，这类似于人移植后的淋巴增生性疾病（PTLD）。PLHVs 与 AIHV-1 和 OvHV-2 之间关系密切，他们对于自己的自然宿主没有伤害，但是却能够引起其他动物的 MCF。猪细胞、组织和器官为人与人之间进行同体移植器官短缺提供了潜在的解决办法（Yang 和 Sykes，2007），但是潜在的致病力和世界范围内的 PHLVs 在猪群中的流行，使人们对猪与免疫抑制的人类之间遗体器官移植后的结果更加关注和考虑（Ehlers 等，1999a；Mueller 和 Fishman，2004）。

流行病学
Epidemiology

在 PLHVs 流行病学方面的知识比较有限，但是不断有数据证明 PLHVs 分布在猪群和世界范围内猪群相近的野猪科中。在德国、意大利、法国、比利时、丹麦、爱尔兰、英国、美国、澳大利亚和越南的家猪($S.$ $scrofa$ $domestica$)中检测到 PL-HVs,在德国、美国和澳大利亚的野猪($S.$ $scrofa$)中检测到 PLHVs(Chmielewicz 等,2003a,b;Ehlers 等,1999a;Garkavenko 等,2004;Goltz 等,2002;McMahon 等,2006;Tucker 等,2003;Ulrich 等,1999;B. Ehlers,数据未发表)。PLHV-1 的序列从卷毛须猪($S.$ $barbatusoi$)、婆罗洲须猪($S.$ $barbatus$)、印尼野猪($S.$ $celebensis$)和普通疣猪($Phacochoerus$ $africanus$)中扩充得到。PL-HV-3 的序列在鹿猪确定,与 $S.$ $arbatus$ 中 PL-HV-3 DPOL 基因序列的一致性达 98%(Ehlers 和 Lowden,2004)。

德国通过实时 PCR 技术确定 PHLVs 在家猪中的流行。取决于样本的类型(血液、脾脏和肺脏),估计流行中 48%～62% 是 PLHV-1,16%～41% 是 PLHV-2,54%～78% 是 PLHV-3。德国的野猪,在骨髓样本中 PLHV-1 检测情况是 1:19,PLHV-2 检测情况是 18:19(Ulrich 等,1999)。来自于爱尔兰家猪脾脏样本中 PLHV-1、

PLHV-2、PLHV-3 的阳性率分别为 74%、21% 和 45%(McMahon 等,2006)。在新西兰,95% 的仔猪(20 周)和猪(>6 个月)用 PCR 检测 PLHV-2 为阳性。PLHV-1 没有检测到,PLHV-3 没有进行检测(Garkavenko 等,2004)。在美国,从成年大白猪和成年小型猪 PLHV 序列中分别扩充出 80% 和 67%(Tucker 等,2003)。这些数据表明在商业养殖和试验用猪群中 PLHV 高度流行。还进一步揭示了在编码区域种内变异的较低(低于 1%)。这说明 PLHVs 遗传性稳定,并能够很好地适应他们的自然宿主。

很少有数据可以总结 PLHV 的传播模式。已经证明剖腹产的猪感染 PLHVs 的频率显著低于传统养育的猪。这种感染率降低可能表明 PL-HVs 很少在子宫内传染,但是在产后经常患病(Tucker 等,2003)。使用 ELISA 和 PCR 方法对出生后的仔猪重复进行分析检测,证明了水平传播方式是主要传播途径。这些数据表明通过接触感染的母畜可重新感染 PLHV,并且随后出现血清转型(图 28.12;Brema 等,2008)。

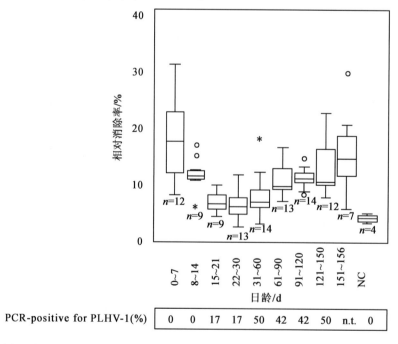

图 28.12　不同年龄仔猪 PLHV 抗体滴度分析。血清来自新生仔猪到 5 月龄仔猪,分为 9 个年龄组(0～7,8～14,15～21,22～30,31～60,61～90,91～120,121～150 和 151～156 d)。所有血清使用抗 PLHV 抗体 ELISA 进行检测。箱线图下方标注为改组试验样本数量(n)。异常值(圆圈)和极值(星号)在图中分别标记。ELISA 实验中每孔使用 1.25 g 抗原(PLHV-1 糖蛋白 B 的 N 端部分),1:50 稀释的猪血清。应用 PCR 对外周血白细胞进行 PLHV-1 DNA 进行分析。图标下方的方框内除了 PCR 阳性样本的百分比(Brema 等,2008,经出版商允许再版印刷)。

致病机理、临床症状与病理变化
Pathogenesis, Clinical Signs, and Lesions

在野外条件下，与 PLHV 感染相关的临床疾病还不清楚。与 γ-疱疹病毒自然感染角马（AIHV-1）和羊（OvHV-2）关系密切，可以水平传播给牛和猪引起高死亡率的淋巴组织增生病MCF（Russell 等，2009）。因此，PLHVs 可能对外源宿主和自然宿主具有相似的致病力。对于自然宿主的感染一般很难观察到，因为在商业情况下一般 6 个月左右猪便被屠杀。

在试验条件下，PLHVs 的致病性来自于对进行造血干细胞移植后出现免疫抑制的小型猪的试验。可以观察到 PTLD 高的发生率。B 细胞出现增生，多数动物死亡（Huang 等，2001）。在PTLD 感染个体，检测到大量的 PLHV-1 复制基因组。此外，在 PTLD 猪出现了一些 PLHV-1 基因转录产物，但在健康猪中却不曾看到，这强烈地提示 PLHV-1 在 PTLD 中的诱导作用（Goltz 等，2002；Huang 等，2001）。在进行异体脾脏移植后的小型猪上有相似的发现报道（Dor 等，2004）。

试验感染 PTLD 猪的临床症状与由人类 γ-疱疹病毒-Epstein-barr 病毒（EBV）引起的人的PTLD 症状相似。主要症状有嗜睡、发烧、厌食、淋巴结肿胀、白细胞增多。感染 PTLD 的猪表现为淋巴网状内皮器官肿胀、气道阻塞、呼吸衰竭。显微镜下可见免疫母细胞、类浆细胞和浆细胞的混合物，这是感染 PTLD 猪的典型症状（Huang等，2001）。

具有作为猪-人异种器官移植捐赠者的潜质，如细胞、组织和器官。理论上 PLHV 具有与人异种器官移植受捐者的人疱疹病毒重组的可能，经过重组可增加新的致病特性的风险。此外，通过PLHVs 活化遗体器官移植患者体内人疱疹病毒，可能导致裂解性感染和对移植器官的排斥反应（Santoni 等，2006）。

诊断
Diagnosis

以核酸核抗体为基础的诊断试验可用于 PLHV 的诊断。三种独立的 RT-PCR 试验方法形成了对猪样本中 PLHV-1、PLHV-2、PLHV-3 基因组拷贝数的定量测定（Chmielewicz 等，2003a）。用于针对性检测某一特定 PLHV 或同时检测 PLHV-1 和-2 的单循环常规 PCR 试验已经发布（Chmielewicz 等，2003a；Ehlers 等，1999a）。PLHV 非常低的种间变异（编码区<1%）保证了PCR 和 RT-PCR 引物的结合位点的守恒。

此外一种使用退化引物、可对所有哺乳动物和禽类动物疱疹病毒进行检测的通用疱疹 PCR技术已经设计完成（Ehlers 等，1999b）。这一试验方法很容易地扩增 PLHV 的 DNA 聚合酶序列（Chmielewicz 等，2003a；Ehlers 等，1999a）。然而，许多猪的样本并非只感染一种 PLHV 病毒。由于统一引物的自然退化和普遍结合的属性，在复合物中只能有一种病毒被优先扩增。因此，使用通用疱疹 PCR 技术对感染多个 PLHV 病毒的单一样本进行同时诊断通常不能获得成功。

通过上面描述的 PCR 试验方法，通常在血液中的白细胞、淋巴网状内皮器官（脾脏、淋巴结、扁桃体和骨髓）、肺脏中检测到 PLHVs（Chmielewicz 等，2003a；Ehlers 等，1999a；Ulrich等，1999）。因为活猪不能提供器官样本，因此通常依赖于对白细胞的检测来诊断 PLHV。这一点需要注意，因为 PLHV 在脾脏和肺脏中比在血液中更容易检测到（Chmielewicz 等，2003a）。

目前只公布了一个血清学实验，一种 ELISA方法来检测抗 PLHV 抗体。这一实验用来分析来自于不同年龄和不同地方的猪群的血清样本。血清阳性率范围为 38%（仔猪）～90%（小母猪）和 100%（育种母猪、小型猪和屠宰猪）。对比针对同一样本血清使用 PCR 检测的阳性率（20%、80% 和 0～75%），这种 ELISA 方法适用于 PL-HV 的诊断（Brema 等，2008）。

免疫
Immunity

关于 PLHV 免疫效果及应答类型尚知甚少。实验体系依赖的病毒细胞培养尚未成功，病毒培养的感染实验还未实现。目前出现了一种ELISA 方法用于检测猪血清中抗 PLHV 抗体，使用 PLHV-1 的重组 gB 作为抗原。一个 12 头仔猪的猪群从出生到 156 d 重复进行抗 PLHV抗体检测。在出生时，检测到的抗体可能是母源性抗体，这些抗体在出生后 3 周降到最低水平。此后，由于与感染的母畜接触发生新的 PLHV 感染,因此可看到血清出现新的改变(Brema 等, 2008)(图 28.12)。

通过 RT-PCR 对微珠-分类 B 细胞、T 细胞和巨噬细胞的分析显示(Chmielewicz 等, 2003b),在血液中,PLHVs 主要感染 B 细胞。在免疫抑制的小型猪出现 PTLD 后,可观察到 PL-HV-1 基因组复制增多的同时伴随着 B 细胞增多(Huang 等,2001)。此外,在 PTLD 感染的猪发现了 ORF 的转录产物,这个 ORF 编码一个 B 细胞进入的蛋白(Goltz 等,2002)。

预防和控制
Prevention and Control

关于猪与人遗体器官移植风险的考虑一个主要的目标就是让器官提供猪群无 PLHV。对于早期断奶的仔猪消除 PLHV 没有取得成功(Mueller 等,2005),但是通过剖腹产,阻断饲养繁殖条件,显著地降低了 PLHVs 的流行(Tucker 等,2003)。这些结果表明获得无 PLHV 感染的动物是一个长期的过程,是必须要实现的目标。

牛疱疹病毒 2 型,引起猪恶性卡他热
Ovine Herpesvirus 2 Causing Porcine Malignant Catarrhal Fever

背景(Relevance)。MCF 是一个零星的、系统的 γ-疱疹病毒感染有蹄类动物的一种疾病。MCF 第一次被描述为致死性疾病,主要感染牛,临床特征是高热、大量的鼻腔分泌物、角膜混浊、伴随淋巴细胞减少的普遍的淋巴结病变、炎症、黏膜表面坏死和结节性脉管炎。在欧洲,与羊的接触被认为是先决条件(Götze 和 Liess,1930),然而在非洲,传染源是病毒隐形携带者的野生牛羚(*Connochaetes taurinus*)(Plowright 等,1960)。后来,世界范围报道了与羊相关(SA)的形式,是一个范围较大变种,属于牛亚科和鹿科(Hüssy 等,2000;Müller-Doblies,1998;Plowright, 1990)。

特别是在斯堪的纳维亚国家,报道了一种在猪与 MCF 相似的自然发生的疾病(Løken 等, 1998)。然而,第一例 MCF 感染猪的病例报道来自于意大利和德国,一头感染的母猪出现了与牛类似的疾病临床症状(Kurtze,1950;Morselli, 1901)。在过去的十年里,关于猪的疾病主要出现

在挪威,但是后来在其他国家也相继发现,如芬兰、瑞典和北美(Alcaraz 等,2009;Bratberg, 1980;Gauger 等,2010;Grytting,1974;Holmgren 等,1983;Løken 等,2009;Okkenhaug 和 Kjelvik, 1995;Syrjälä 等,2006)。瑞士也有关于猪 MCF 病例的报道(Pohlenz 等,1974)。虽然病原学还没有明确,但是在大多数的报道中,均提到了动物在患病之前与羊接触的情况(Albini 等,2003a)。

猪感染 MCF 比较少见,在猪病文献中少有记载(Alcaraz 等,2009)。少有的一些 MCF 病例的报道都是主要基于一些敏感的临床症状做出的诊断,目前还没有特异的诊断方法和工具(Albini 等,2003a)。对比猪其他疱疹病毒疾病,及时现场诊断技术不足,但是猪的 MCF 并没有给猪群带来明显的危险。

病因学
Etiology

已经确定有两个 MCF 病原学形式:(1)与牛羚相关形式(WA-MCF),由 AIHV-1 引起;(2)与羊相关形式(SA-MCF),由 OvHV-2 引起,在世界范围内发生(Baxter 等,1993;Meier-Trummer 等,2010)。针对于这两种形式的分子生物学,他们都属于恶性卡他热病毒,γ-疱疹病毒亚科,与PLHV-3 关系密切(图 28.11)。相对于 AIVH-1, 目前没有进行 OvHV-2 的细胞培养系统。

公共卫生
Public Health

目前没有关于 OvHV-2 感染人类的报道。

流行病学
Epidemiology

关于 OvHV-2 引起猪 MCF 的认识知之甚少,尽管最近欧洲国家和北美有些病例证明病原为 OvHV-2(Albini 等,2003a,b;lcaraz 等, 2009)。这可能反映了分子生物学有限的能力和相当一部分病例可能尚未被确认。然而,也不能排除低的 MCF 疾病患病率可能是由于猪对该种疾病的易感性比较低。

通常情况下,γ-疱疹病毒的宿主范围比较窄(Ackermann,2005,2006;Meier-Trummer 等, 2010)。然而,OvHV-2 的自然宿主范围却比较

广泛,例如羊、山羊、牛、北美野牛、猪、北美黑尾鹿,和至少在试验中的兔子和仓鼠(Ackermann,2006;Albini 等,2003b;Jacobsen 等,2007;Li 等,2003;Løken 等,1998;O'Toole 等,2007)。羊和山羊在感染后可处于健康状态,然而其他的易感宿主可出现 MCF(Meier-Trummer 等,2010)。

OvHV-2 的精确传播模式尚未确定,但是有令人信服的证据表明主要的传播模式是经过鼻腔分泌物的接触或喷出进行传播(Li 等,2004;Løken 等,2009),主要是 1 岁以下的羔羊(Russell 等,2009)。然而,也有关于农场里没有与羊接触的牛群暴发 SA-MCF 的记载(Kersting,1985)。因为猪和羊通常情况下生活环境没有相关联系,这也就解释了猪群中罕有 MCF 出现的原因(Alcaraz 等,2009)。

MCF 易感动物被认为是终身宿主,不进行病毒的传播,因此在疾病暴发时不进行病毒的传播(Russell 等,2009)。OvHV-2 通过羊呼吸道途径传播已经通过检测鼻腔分泌物具有传染性而证实了(Taus 等,2005)。

致病机理
Pathogenesis

可以在患有 MCF 猪的组织中检测到 OvHV-2 DNA,但是在健康猪检测不到。OvHV-2 和其他猪 γ-疱疹病毒的混合感染从来没有发现过(Albini 等,2003a,b)。

MCF 在反刍动物有自动免疫样病理学机制,主要是由在少数感染细胞的影响和调解下非感染淋巴细胞的功能引起。感染 MCF 牛和北美野牛的大脑结节性脉管炎和血管周炎含有大量的 OvHV-2 感染的淋巴细胞 CD8[+],这已经通过原位 PCR 证实。因此,MCF 的发病机理是由于病毒感染的直接作用引起,在损伤部位发现了失调的细胞毒性 T 细胞(Russell 等,2009)。目前还不清楚这种模式是否适用于猪。

临床症状
Clinical Signs

感染猪的临床症状和损伤与资料中描述的 MCF 感染牛的症状和损伤相似。通常,大于 3 个月的任何年龄的猪都可以被感染(Løken 等,1998)。

针对于潜伏期感染的猪还没有得到可信的数据。牛在接触羊后 9 d 就可以出现临床症状,但是一些病例在接触羊后 70 d 或更长的时间才出现。北美野牛接触羊后,潜伏期一般是一个月或者更久。

临床上,猪 MCF 可出现持续的高热(40.5~42℃;105~107.6℉)、厌食、沮丧、体重下降、躺卧、脉搏显著增加和带有狭窄哨音鼾声的呼吸困难。呼吸窘迫可能是因为鼻腔的排泄物堵塞和鼻孔外部分干燥的结痂阻碍了上呼吸道造成的。经常出现眼睛分泌物、双侧角膜水肿和角膜结膜炎。CNS 疾病的症状可能出现,大多数症状是共济失调(中央前庭)、感觉过敏、震颤、带有抽搐的平衡失调(Alcaraz 等,2009)。在挪威的病例报告中,经常可以见到腹泻,但是瑞士的病例中只有四例出现腹泻(Løken 等,1998)。在皮肤表面可见到大量小的连成片、稍微隆起的红点。怀孕的母猪在发生死亡前可能出现流产(Albini 等,2003b)。

血液学改变可包括淋巴细胞减少和中度的中性粒细胞增多,还可以看到血清生化的异常,例如尿素、总胆红素和肌酐升高(Løken 等,1998)。

病毒的潜伏期和临床症状的严重程度随着病毒、宿主的变化而改变,其他影响因素还不完全了解。证据表明可出现亚临床和临床病程,主要取决于动物是否由于人工操作而产生应激。疾病的临床病程通常较短,死亡通常发生在感染后 2~4 d(Løken 等,1998)。

病理变化
Lesions

宏观病变比较缺乏,不具有典型性。通常患有 MCF 的猪身体处于良好的状态。在猪的皮肤上可见到发绀区域或瘀点。充血的皮肤外可以覆盖一层好的结痂。淋巴结中度肿大、充血、切面潮湿。呼吸道黏膜具有充血和覆盖有黏脓性渗出物的特征性病变。肺脏充血和水肿;可形成卡他性或化脓性支气管炎和支气管肺炎。脾脏和肝脏可出现充血。没有关于消化道一致的大体病变报道。肾脏偶尔肿胀,颜色苍白,大量的直径达 5 mm 的红点在灰色的表皮可见。大体检查时 CNS 表现正常,尽管可以见到脑膜充血。在解剖时还可见到角膜混浊、结膜炎和肢端的黄萎病（Albini 等,2003b;Løken 等,1998）。

最一致的组织学变化和猪 MCF 标志性的病变是在 CNS 和其他器官的结节性脉管炎。这个表现以许多器官的多量外膜和透壁的单核细胞、病灶和血管壁部分纤维蛋白样坏死为特征,包括心肌、脾脏、CNS、皮肤和肾脏。淋巴组织增生样结节性脉管炎、相关的变性和坏死在中小动脉的血管中层和动脉外膜最显著（全动脉炎）。

在皮肤,真皮中血管周围和血管内单核炎症细胞的出现与真皮下水肿和局部表皮坏死有关。淋巴结副皮质区的弥散性坏死导致淋巴结出现淋巴细胞增生。由于淋巴细胞和浆细胞的增多,使肺脏的肺泡隔增厚。在肝脏可见到小叶和门静脉周围淋巴细胞的堆积。在肾脏,多病灶的淋巴浆细胞样间质性肾炎,伴随着坏死性动脉炎和动脉外膜炎出现在急性期的淋巴滤泡（图 28.13）。

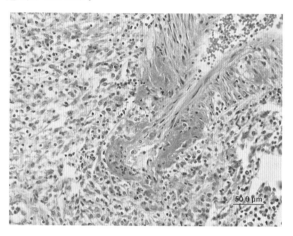

图 28.13 肾脏,有结节样脉管炎和透明状纤维蛋白样坏死的大血管（H.E,Alcaraz 等允许,2009）。

大脑、小脑和脑膜出现轻度温和的血管套和单核细胞的浸润性透壁渗出,包括一些组织细胞核少量的带有最低限度核碎裂碎片的中性粒细胞,包浆渗出到 VirchowRobin 间隙。视觉病变由角膜水肿和淋巴浆细胞样结膜炎组成。葡萄膜和视网膜有大量淋巴细胞浸润,在血管及血管壁周围最显著（Løken 等,1998）。还可出现淋巴细胞性视神经炎。相似的适当的急性淋巴细胞浸润可出现在肾上腺皮质的球状带和肠道黏膜下层（Alcaraz 等,2009）。很少见到核内包涵体。

诊断
Diagnosis

可对 AD、经典猪瘟、非洲猪瘟、猪肠道病毒感染、PCV2 感染和狂犬病进行鉴别诊断。剖检时的大体病变对于病因诊断不具有显著的特异性,确诊 MCF 需要进行组织病理学包括分子生物学试验。在牛,全动脉炎是最显著的组织学损伤。在大脑可见到一致的病变。特别是在牛,使用显微镜检查围绕在脑垂体周围的硬膜外颈动脉细脉网可见到典型的血管套。动脉炎、淋巴样增生和上皮内大量淋巴细胞浸润的联合出现是 MCF 的特征,其在本质上与反刍动物经典头和眼型 MCF 一致（Løken 等,1998）。

对于 MCF 的诊断需要结合临床症状、组织病理学、血液中特异性病毒抗体的检查或外周血白细胞的 DNA,或淋巴组织样本进行综合检查（Baxter 等,1993）。OIE 认定组织病理学作为牛 MCF 的最终诊断方法,例如,检测 OvHV-2-DNA 序列的 PCR 试验。使用针对保守抗原的特异性单克隆抗体（15A）,形成了精确的竞争性 ELISA［(CI)-ELISA］试验方法（Li 等,1994,2001）。最近几年出现了一种直接 ELISA 方法,提供了一种简便、物美价廉的选择。传统的和 RT-PCR 试验可以非常灵敏地检测 OvHV-2 感染猪,还可用于自然环境下系统发育和流行病学以及 MCF 易感宿主的研究（Albini 等,2003a;Baxter 等,1993;Hüssy 等,2001;Russell 等,2009）。

免疫
Immunity

目前还没有预防接种。

预防和控制
Prevention and Control

尽管在欧洲和北美猪 MCF 的发病率比较低,但是阻止猪和羊的接触以降低任何传染是非常重要的。

致谢
ACKNOWLEDGMENT

我们非常感谢 Viola Damrau 在本章节准备

过程中给予的帮助和支持。

（孙艳明译，甘文强校）

参考文献
REFERENCES

Ackermann M. 2005. Schweiz Arch Tierheilkd 147:155–164.
——. 2006. Vet Microbiol 113:211–222.
Albini S, Zimmermann W, Neff F, et al. 2003a. Schweiz Arch Tierheilkd 145:61–68.
Albini S, Zimmermann W, Neff F, et al. 2003b. J Clin Microbiol 41:900–904.
Alcaraz A, Warren A, Jackson C, et al. 2009. J Vet Diagn Invest 21:250–253.
Allan GM, McNulty MS, McCracken RM, McFerran JB. 1984. Res Vet Sci 36:235–239.
Ashworth LA, Baskerville A, Lloyd G. 1980. Arch Virol 63:227–237.
Aujeszky A. 1902. Über eine neue Infektionskrankheit bei Haustieren. Zentralbl Bakteriol Orig 32:353–357.
Banks M, Torraca LS, Greenwood AG, Taylor DC. 1999. Vet Rec 145:362–365.
Bartha A. 1961. Experimental reduction of virulence of Aujeszky's disease virus. Magy Allatorvosok Lapja 16:42–45.
Baskerville A. 1971. Res Vet Sci 12:590–592.
Baskerville A, McFerran JB, Dow C. 1973. Vet Bull 43:465–480.
Baxter SI, Pow I, Bridgen A, Reid HW. 1993. Arch Virol 132:145–159.
Becker CH. 1964. Zur Bedeutung der Lunge für die pathologisch anatomische Diagnose der Aujeszkyschen Krankheit des Schweines. Monatsh Veterinarmed 19:5–11.
Belak S, Linne T. 1988. Res Vet Sci 44:303–308.
Benndorf E, Hantschel H. 1963. Zum Verhalten des Aujeszkyvirus bei veschiedenen Wasserstoffkonzentrationen. Arch Exp Vet Med 17:1357–1362.
Beran GW. 1991. Transmission of Aujeszky's disease virus. In Proceedings of the 1st International Symposium on the Eradication of Pseudorabies (Aujeszky's) Virus. St. Paul, Minnesota, USA, pp. 93–111.
Bitsch V, Ekildsen M. 1982. Complement-dependent neutralization of Aujeszky's disease virus by antibody. In G Wittmann, SA Hall, eds. Current Topics in Veterinary Medicine and Animal Science, Vol. 17. Boston, MA and The Hague: Martinus Nijhoff, pp. 41–49.
Bitsch V, Munch B. 1971. Acta Vet Scand 12:274–284.
Blaha T. 1989. Aujeszky's disease (pseudorabies). In T Blaha, ed. Applied Veterinary Epidemiology. Amsterdam: Elsevier, pp. 83–87.
Bolin CA, Bolin SR, Kluge JP, Mengeling WL. 1985. Am J Vet Res 46:1039–1042.
Booth JC, Goodwin REW, Whittlestone P. 1967. Res Vet Sci 8:338–345.
Bratberg B. 1980. Acute vasculitis in pigs: A porcine counterpart to malignant catarrhal fever. In Proc Congr Int Pig Vet Soc, pp. 353.
Brema S, Lindner I, Goltz M, Ehlers B. 2008. Xenotransplantation 15:357–364.
Brockmeier SI, Lager KM, Mengeling WL. 1997. Res Vet Sci 62:281–285.
Brown TT, Shin KO, Fuller FJ. 1995. Am J Vet Res 56:587–594.
Card JP, Whealy ME, Robbins AK, Enquist LW. 1992. J Virol 66:3032–3041.
Cheung AK. 1989. J Virol 63:2908–2913.
——. 1995. Am J Vet Res 56:45–50.
Chmielewicz B, Goltz M, Franz T, et al. 2003a. Virology 308:317–329.
Chmielewicz B, Goltz M, Lahrmann KH, Ehlers B. 2003b. Xenotransplantation 10:349–356.
Christensen LS. 1995. APMIS Suppl 48:1–48.
Christensen LS, Mousing J, Mortensen S, et al. 1990. Vet Rec 127:471–474.
Clark DA, Fryer JF, Tucker AW, et al. 2003. Xenotransplantation 10:142–148.
Collett MG, Roberts DC. 2002. J S Afr Vet Assoc 73:44–46.
Corn JL, Lee RM, Erickson GA, Murphy DC. 1987. J Wildl Dis 23:552–557.
Curanovic D, Enquist LW. 2009. Future Virol 4:591–603.
Davison AJ. 2010. Vet Microbiol 143:52–69.
Davison AJ, Eberle R, Ehlers B, et al. 2009. Arch Virol 154:171–177.
Deim Z, Glávits R, Biksi I, et al. 2006. Vet Rec 158:832–834.
Donaldson AI. 1983. Vet Rec 113:490–494.
Done JT. 1955. Vet Rec 67:525–527.
Dor FJ, Cheng J, Alt A, et al. 2004. Xenotransplantation 11:101–106.
Duncan JR, Ramsey EK, Switzer WP. 1965. Am J Vet Res 29:939–946.
Edington N, Plowright W, Watt RG. 1976a. J Comp Pathol 86:191–202.
Edington N, Smith IM, Plowright W, Watt RG. 1976b. Vet Res 98:42–45.
Edington N, Watt RG, Plowright W. 1976c. J Hyg (Lond) 77:283–290.
Edington N, Watt RG, Plowright W, et al. 1977. J Hyg (Lond) 78:243–251.
Edington N, Wrathal AE, Done JT. 1988. Vet Microbiol 17:117–128.
Ehlers B, Borchers K, Grund C, et al. 1999b. Virus Genes 18:211–220.
Ehlers B, Lowden S. 2004. J Gen Virol 85:857–862.
Ehlers B, Ulrich S, Goltz M. 1999a. J Gen Virol 80:971–978.
Ekser B, Rigotti P, Gridelli B, Cooper DK. 2009. Transpl Immunol 21:87–92.
Enquist IW. 1994. Semin Virol 5:221–231.
Enquist LW, Husak IJ, Banfield BW, Smith GA. 1998. Adv Virus Res 51:237–347.
Favoreel H, Nauwynck HJ, van Oostfeldt P, et al. 1997. J Virol 71:8254–8261.
Ficinska J, van Minnebruggen G, Nauwynck HJ, et al. 2005. J Virol 79:7248–7254.
Fonseca AA Jr., Camargos MF, de Oliveira AM, et al. 2010. Vet Microbiol 141:238–245.
Fryer JF, Griffiths PD, Fishman JA, et al. 2001. J Clin Microbiol 39:1155–1556.
Garkavenko O, Dieckhoff B, Wynyard S, et al. 2008. J Med Virol 80:2046–2052.
Garkavenko O, Muzina M, Muzina Z, et al. 2004. J Med Virol 72:338–344.
Gauger PC, Patterson AR, Kim WI, et al. 2010. Swine Health Prod 18:244–248.
Gerdts V, Jons A, Makoschey B, et al. 1997. J Gen Virol 78:2139–2146.
Glass CM, McLean RG, Katz JB, et al. 1994. J Wildl Dis 30:180–184.
Goltz M, Ericsson T, Patience C, et al. 2002. Virology 294:383–393.
Gortazar C, Vincente J, Fierro Y, et al. 2002. Ann NY Acad Sci 969:210–212.
Götze R, Liess J. 1930. Untersuchungen über das Bösartige Katarrhalfieber des Rindes. Schafe als Überträger. Dtsch Tierarztl Wochenschr 38:194–200.
Grytting I. 1974. Ondartet katarrfeber hos gris [Malignant catarrhal fever in pigs]. Nor Vet Tidsskr 86:489–490.
Gutekunst DE. 1979. Am J Vet Res 40:1568–1572.

Hahn EC, Fadl-Alla B, Lichtensteiger CA. 2010. Vet Microbiol 143: 45–51.

Hall LB, Kluge JP, Evans LE, Hill HT. 1984. Can J Comp Med 48: 192–197.

Hamel AL, Lin L, Sachvie C, et al. 1999. J Clin Microbiol 37: 3767–3768.

Hampl H, Ben-Porat T, Ehrlicher L, et al. 1984. J Virol 52: 583–590.

Hansen MS, Pors SE, Jensen HE, et al. 2010. J Comp Pathol 143: 120–131.

Herrmann S, Heppner B, Ludwig H. 1984. Pseudorabies viruses from clinical outbreaks and latent infections grouped into four major genome types. In G Wittmann, RM Gaskell, eds. Current Topics in Veterinary Medicine and Animal Science, Vol. 27. Boston, MA and The Hague: Martinus Nijhoff, pp. 387–401.

Holmgren N, Bjorklund NE, Persson B. 1983. Acute vasculitis among swine in Sweden. Nord Vet Med 35:103–106.

Huang CA, Fuchimoto Y, Gleit ZL, et al. 2001. Blood 97: 1467–1473.

Huemer HP, Larcher C, Coe NE. 1992. Virus Res 23:271–280.

Hüssy D, Müller-Doblies U, Stäuber N, et al. 2000. Diagnosis and pathogenesis of the putative ovine herpesvirus 2, agent of malignant catarrhal fever. In E Brocchi, A Lavaza, eds. 5th International Congress of Veterinary Virology, Brescia, Italy, pp. 105–106.

Hüssy D, Stäuber N, Leutenegger CM, et al. 2001. Clin Diagn Lab Immunol 8:123–128.

Iglesias G, Trujano M. 1989. Zentralbl Veterinarmed B 36:57–62.

Jacobsen B, Thies K, von Altrock A, et al. 2007. Vet Microbiol 124:353–357.

Jakubik J. 1977. Zentralbl Veterinarmed B 24:765–766.

Jentzsch KD, Apostoloff EA. 1970. Z Gesamte Hyg 16:692–696.

Jestin A, Foulon T, Pertuiset B, et al. 1990. Vet Microbiol 23:317–328.

Jin L, Schnitzlein W, Scherba G. 2000. J Virol 74:6333–6338.

Karger A, Mettenleiter TC. 1993. Virology 194:654–664.

Kersting KW. 1985. Compend Contin Educ Pract Vet 7:663–668.

Kirkpatrick CM, Kanitz CL, McCrocklin SM. 1980. J Wildl Dis 16:601–614.

Kit S, Kit M. 1991. Prog Med Virol 38:128–166.

Kluge JP, Beran GW, Hill HT, Platt KB. 1999. Pseudorabies (Aujeszky's disease). In BE Straw, S D'Allaire, WL Mengeling, DJ Taylor, eds. Disease of Swine, 8th ed. Ames, IA: Iowa State University Press, pp. 233–246.

Kluge JP, Maré CJ. 1976. Gross and microscopic lesions of prenatal pseudorabies (Aujeszky's disease) in swine. In Proc Congr Int Pig Vet Soc 4:G3.

——. 1978. Natural and experimental in utero infection of piglets with Aujeszky's disease (pseudorabies) virus. Am Assoc Vet Lab Diagn 21:15–24.

Klupp BG, Hengartner CJ, Mettenleiter TC, Enquist LW. 2004. J Virol 78:424–440.

Koppers-Lalic D, Reits E, Ressing M, et al. 2005. Proc Natl Acad Sci USA 102:5144–5149.

Kretzschmar C. 1970. Die Aujeszysche Krankheit: Diagnostik, Epizootiologie und Bekämpfung. Jena: Gustav Fischer Verlag, pp. 131–135.

Kritas SK, Pensaert MB, Nauwynck HJ, Kyriakis SC. 1999. Vet Microbiol 69:143–156.

Kurtze H. 1950. Übertragung des «Bösartigen Katarrhalfiebers des Rindes» auf ein Schwein. Dtsch Tierarztl Wochenschr 57:261.

L'Ecuyer C, Corner AH, Randall GC. 1972. Porcine cytomegalic inclusion disease: Transplacental transmission. In Proc Congr Int Pig Vet Soc 2:99.

Li H, McGuire TC, Müller-Doblies UU, Crawford TB. 2001. J Vet Diagn Invest 13:361–364.

Li H, Shen DT, Knowles DP, et al. 1994. J Clin Microbiol 32: 1674–1679.

Li H, Taus NS, Lewis GS, et al. 2004. J Clin Microbiol 42: 5558–5564.

Li H, Wunschmann A, Keller J, et al. 2003. J Vet Diagn Invest 15: 46–49.

Lindner I, Ehlers B, Noack S, et al. 2007. Virology 357: 134–148.

Løken T, Aleksandersen M, Reid H, Pow I. 1998. Vet Rec 143: 464–467.

Løken T, Bosman AM, van Vuuren M. 2009. J Vet Diagn Invest 21:257–261.

Lomniczi B, Kaplan AS. 1987. Virology 161:181–189.

Lomniczi B, Watanabe S, Ben-Porat T, Kaplan AS. 1984. J Virol 52: 198–205.

Lukacs N, Thiel HJ, Mettenleiter TC, Rziha HJ. 1985. J Virol 56: 166–173.

Ma WJ, Lager KM, Richt JA, et al. 2008. J Vet Diagn Invest 20: 440–447.

MacDiarmid SC. 2000. Aust Vet J 78:470–471.

Maes RK, Kanitz CL, Gustafson DP. 1983. Am J Vet Res 44:2083–2086.

McFarlane G, Thawley DG, Solorazano RF. 1986. Am J Vet Res 47: 2329–2336.

McMahon KJ, Minihan D, Campion EM, et al. 2006. Vet Microbiol 116:60–68.

Meier-Trummer CS, Ryf B, Ackermann M. 2010. Vet Microbiol 141:199–207.

Mengeling WL. 1991. J Vet Diagn Invest 3:133–136.

Mengeling WL, Lager KM, Volz DM, Brockmeier SL. 1992. Am J Vet Res 53:2164–2173.

Mettenleiter TC. 1996. Vet Immunol Immunopathol 54: 221–229.

——. 2000. Vet Res 31:99–115.

——. 2004. Virus Res 106:167–180.

——. 2008. Pseudorabies virus. In BW Mahy, MH van Regenmortel, eds. Encyclopedia of Virology. Oxford: Elsevier, pp. 341–351.

Mettenleiter TC, Keil G, Fuchs W. 2008. Molecular biology of animal herpesviruses. In TC Mettenleiter, F Sobrino, eds. Molecular Biology of Animal Viruses. Norfolk: Caister Academic Press, pp. 375–456.

Mettenleiter TC, Klupp BG, Granzow H. 2009. Virus Res 143:222–234.

Mettenleiter TC, Lukács N, Rziha HJ. 1985. J Virol 56:307–311.

Morandi F, Ostanello F, Fusaro L, et al. 2010. J Comp Pathol 142: 74–78.

Morselli R. 1901. La febbre catarrhale maligna dei bovini è contagiosa? G R Soc Vet 1901:813–815.

Mueller NJ, Barth RN, Yamamoto S, et al. 2002. J Virol 76: 4734–4740.

Mueller NJ, Fishman JA. 2004. Xenotransplantation 11: 486–490.

Mueller NJ, Kuwaki K, Knosalla C, et al. 2005. Xenotransplantation 12:59–62.

Müller T, Bätza HJ, Schlüter H, et al. 2003. J Vet Med B Infect Dis Vet Public Health 50:207–213.

Müller T, Conraths FJ, Hahn EC. 2000. Infect Dis Rev 2:27–34.

Müller T, Hahn EC, Tottewitz F, Kramer M, Mettenleiter TC, Freuling C, 2011. Arch Virol 156:1691–1705.

Müller T, Klupp BG, Freuling C, et al. 2010. Epidemiol Infect 12:1–11.

Müller T, Teuffert J, Staubach C, et al. 2005. J Vet Med B Infect Dis Vet Public Health 52:432–436.

Müller T, Teuffert J, Zellmer R, Conraths FJ. 2001. Am J Vet Res 62:252–258.

Müller-Doblies U. 1998. Untersuchungen zur Diagnostik, Epidemiologie und Ätiologie des Bösartigen Katarrhalfiebers beim Rind in der Schweiz. Inaugural dissertation, University of Zurich.

Narita M, Haritani M, Moriwaki M. 1984a. Nippon Juigaku Zasshi 46:119–122.

Narita M, Kuto M, Fukush OA, et al. 1984b. Vet Pathol 21: 450–452.

Narita M, Shimizu M, Kawanuru H, et al. 1985. Am J Vet Res 46: 1506–1510.

Nauwynck H. 1997. Vet Microbiol 55:3–11.

O'Toole D, Taus NS, Montgomery DL, et al. 2007. Vet Pathol 44: 655–662.

Ober BT, Teufel B, Wiesmüller KH, et al. 2000. J Virol 74: 1752–1760.

Office International des Épizooties (OIE). 2009. Aujeszky's disease. In Terrestrial Animal Health Code, Vol. 2, 18th ed., online. Paris: OIE, Chapter 8.2.

Okkenhaug H, Kjelvik O. 1995. Malignant catarrhal fever in pigs: Diagnosis, clinical findings and occurrence, and reports of two outbreaks (Ondartet katarrfeber hos gris). Nor Vet Tidsskr 107:199–203.

Onno M, Jestin A, Wicolas JC. 1988. Rapid diagnosis of Aujeszky's disease in fattened pigs by direct immunoperoxidase labelling in nasal cells. Vet Med Rev 59:152–156.

Onyekaba C, Bueon L, King P, et al. 1987. Comp Immunol Microbiol Infect Dis 10:163–166.

Orr JP, Althouse E, Dulac GC, Durham JPK. 1988. Can Vet J 29:45–50.

Pejsak ZK, Truszczynski T. 2006. Aujeszky's disease (pseudorabies). In BE Straw, J Zimmerman, S D'Allaire, DJ Taylor, eds. Diseases of Swine, 9th ed. Ames, IA: Blackwell Publishing Company, pp. 419–433.

Pensaert MB, Kluge JP. 1989. Pseudorabies virus (Aujeszky's disease). In MB Pensaert, ed. Virus Infections of Porcines. New York: Elsevier, pp. 39–64.

Plowright W. 1990. Malignant catarrhal fever virus. In Z Dinter, B Morein, eds. Virus Infections of Ruminants. New York: Elsevier, pp. 123–150.

Plowright W, Edington N, Watt RG. 1976. J Hyg (Lond) 75:125–135.

Plowright W, Ferris RD, Scott GR. 1960. Nature 188:1167–1169.

Pohlenz J, Bertschinger HU, Koch W. 1974. A malignant catarrhal fever-like syndrome in sows. In Proc Congr Int Pig Vet Soc, pp. V15-1–V15-3.

Pomeranz L, Reynolds AE, Hengartner CJ. 2006. Microbiol Mol Biol Rev 69:462–500.

Priola S, Gustafson DP, Wagner EK, Stevens JG. 1990. J Virol 64: 4755–4760.

Quint W, Gielkens A, Van Oirschot J, et al. 1987. J Gen Virol 68: 523–534.

Reiner G, Melchinger E, Kramarova M, et al. 2002. J Gen Virol 83: 167–172.

Rodák L, Smid B, Valicek L, Jurák E. 1987. Vet Microbiol 13: 121–133.

Rodgers SJ, Karges SL, Saliki JT. 1996. J Vet Diagn Invest 8: 168–171.

Romero CH, Meade PN, Homer BL, et al. 2003. J Wildl Dis 39: 567–575.

Romero CH, Meade PN, Shultz JE, et al. 2001. J Wildl Dis 37: 289–296.

Rupasinghe V, Iwatsuki-Horimoto K, Sugii S, Horimoto T. 2001. J Vet Med Sci 63:609–618.

Russell GC, Stewart JP, Haig DM. 2009. Vet J 179:324–335.

Rziha HJ, Mettenleiter TC, Ohlinger V, Wittmann G. 1986. Virology 155:600–613.

Santoni F, Lindner I, Caselli E, et al. 2006. Xenotransplantation 13:308–317.

Schang LM, Kutish GF, Osorio FA. 1994. J Virol 68:8470–8476.

Schang LM, Osorio FA. 1993. Rev Sci Tech 12:505–521.

Schmidt J, Gerdts V, Beyer J, et al. 2001. J Virol 75: 10054–10064.

Schoenbaum MA, Zimmermann JJ, Beran GW, Murphy DP. 1990. Am J Vet Res 51:331–333.

Schulze C, Hlinak A, Wohlsein P, et al. 2010. Berl Munch Tierarztl Wochenschr 123:359–364.

Syrjälä P, Saarinen H, Laine T, et al. 2006. Vet Rec 159:406–409.

Tahir RA, Goyal SM. 1995. J Vet Diagn Invest 7:173–176.

Tajima T, Hironao T, Kajikawa T, et al. 1994. J Vet Med Sci 56: 189–190.

Tajima T, Kawamura H. 1998. J Vet Med Sci 60:107–109.

Taus NS, Traul DL, Oaks JL, et al. 2005. J Gen Virol 86:575–579.

Tenhagen BA, Bollwahn W, Seidler MJ. 1995. Dtsch Tierarztl Wochenschr 102:86–90.

Tielen MJ, van Exsel AC, Brus DH, Truijen WT. 1981. Tijdschr Diergeneeskd 106:739–747.

Toma B. 1982. Serological diagnosis of Aujeszky's disease using enzyme-linked immunosorbent assay (ELISA). In G Wittmann, SA Hall, eds. Current Topics in Veterinary Medicine and Animal Science, Vol. 17. The Hague: Martinus Nijhoff, pp. 65–74.

Tombácz D, Tóth JS, Petrovszki P, Boldogkoi Z. 2009. BMC Genomics 10:491.

Tucker AW, Galbraith D, McEwan P, Onions D. 1999. Transplant Proc 31:915.

Tucker AW, McNeilly F, Meehan B, et al. 2003. Xenotransplantation 10:343–348.

Ulrich S, Goltz M, Ehlers B. 1999. J Gen Virol 80:3199–3205.

Valicek L, Smid B. 1979. Zentralbl Veterinarmed B 26:371–381.

van de Walle GR, Favoreel HW, Nauwynck HJ, Pensaert MB. 2003. J Gen Virol 84:939–948.

Vannier P. 1988. The control programme of Aujeszky's disease in France: Main results and difficulties. In JT van Oirschot, ed. Vaccination and Control of Aujeszky's Disease. Boston, MA: Kluwer Academic Publishers, pp. 215–226.

van Oirschot JT. 1999. J Biotechnol 73:195–205.

van Oirschot JT, Rziha HJ, Moonen PJ, et al. 1986. J Gen Virol 67: 1179–1182.

van Rijn PA, Wellenberg GJ, Hakze-van der Honing R, et al. 2004. J Virol Methods 120:151–160.

Watt RG. 1978. Res Vet Sci 24:147–153.

Watt RG, Plowright W, Sabo A, Edington N. 1973. Res Vet Sci 14: 119–121.

Weigel RM, Lehman JR, Herr L, Hahn EC. 1995. Am J Vet Res 56: 1155–1162.

Whitteker JL, Dudani AK, Tackaberry ES. 2008. Transplantation 86:155–162.

Widen BF, Lowings JP, Belak S, Banks M. 1999. Epidemiol Infect 123:177–180.

Widen F, Goltz M, Wittenbrink N, et al. 2001. Virus Genes 23: 339–346.

Wittmann G. 1991. Comp Immunol Microbiol Infect Dis 14:165–173.

Wittmann G, Rziha HJ. 1989. Aujeszky's disease (pseudorabies) in pigs. In G Wittmann, ed. Herpesvirus Diseases of Cattle, Horses and Pigs. Boston, MA: Kluwer Academic Publishers, pp. 230–325.

Yang YG, Sykes M. 2007. Nat Rev Immunol 7:519–531.

Yoon KJ, Edington N. 2006. Porcine cytomegalovirus. In BE Straw, J Zimmerman, S D'Allaire, DJ Taylor, eds. Diseases of Swine, 9th ed. Ames, IA: Blackwell Publishing Company, pp. 323–329.

Yoon KJ, Henry SC, Zimmerman JJ, Platt KB. 1996. Vet Med 91: 779–784.

Zuckermann FA, Zsal L, Mettenleiter TC, Ben-Porat T. 1990. J Virol 64:802–812.

29 猪细小病毒
Porcine Parvovirus
Uwe Truyen 和 André Felipe Streck

背景
RELEVANCE

1965 年，Anton Mayr 和同事在德国慕尼黑取猪的原代细胞系用于繁殖猪瘟病毒时发现并分离出来污染的猪细小病毒（PPV）（Mahnel，1965，cited after Mayr 等，1968；Siegl，1976）。若干年后发现，该病毒可以引起地方性繁殖障碍，并且遍布全世界（Cartwright 和 Huck，1967；Joo 等，1976a；Mengeling 和 Cutlip，1976）。

猪感染细小病毒引起的繁殖障碍，以死产、木乃伊胎、胚胎死亡及不育症为特点（SMEDI）。感染母猪不表现典型征状，只有在母猪血清反应为阴性时，病毒才会传染给胎儿。猪细小病毒很可能是引起全球猪繁殖障碍最重要的原因。

猪新型细小病毒最近确定包括猪细小病毒 2 型、猪细小病毒香港株和猪细小病毒 4 型。DNA 检测表明它们同属于细小病毒科，但是它们可能是细小病毒属系统发生上不同的成员，也可能是博卡病毒属的成员（Blomstrom 等，2009；Cheung 等，2010；Hijikata 等，2001；Lau 等，2008）。目前还未确定这些病毒对猪健康状态的影响。

病因学
ETIOLOGY

猪细小病毒属于细小病毒科，细小病毒亚科，细小病毒属。它是一种自主性细小病毒，其复制过程不需要辅助病毒。与肉食动物细小病毒相近，像犬细小病毒、猫瘟病毒，猪细小病毒直径大约 28 nm，包含 60 个结构蛋白 VP1 和 VP2 的拷贝。VP2 分子占 90%，VP1 占 10%。衣壳的结构是一个简单对称的正二十面体（Simpson 等，2002）。

猪细小病毒基因组是包含大约 5 000 个碱基的单链 DNA 分子。像所有细小病毒一样，DNA 复制需要位于末端复杂的回文发夹结构。基因组编码四个从两个启动子转录的蛋白质。"选择性剪接"扩展这个小基因组的编码能力。非结构蛋白 NS1 和 NS2 在病毒的复制，尤其是在 DNA 的复制过程起作用。结构蛋白 VP1 和 VP2 是通过细小病毒基因组转录、翻译得来的。较小蛋白（VP2）是从较大蛋白（VP1）相同 RNA 模板上剪接得到的。因此，VP2 的全部序列呈现在 VP1 中，但是后者有一个包含大约 120 个氨基酸的独特的氨基终端（参见 Cotmore 和 Tattersall 2006 的文章《细小病毒基因组构建与基因表达的观察》）。一些分子被蛋白酶翻译后修饰，以产生较小的蛋白 VP3。

最近的分离株序列分析显示了猪细小病毒的主动进化。特别是衣壳蛋白（VP1）基因序列的排列和种系发育的研究显示了一个新的病毒群，以特异的核苷酸和氨基变异为特征（Zimmermann 等，2006）（图 29.1）。数据初步表明这些"新病毒"

猪病学，第 10 版，由 Jeffrey J. Zimmerman，Locke A. Karriker，Alejandro Ramirez，Kent J. Schwartz，Gregory W. Stevenson 主编。

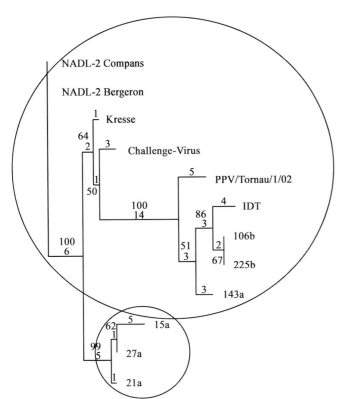

图 29.1 基于衣壳蛋白（VP1）的 DNA 序列的 PPV 分离株的种系发生。种系发生树通过最大简约法计算、循环 100 次校正，两条主链已标注，新病毒型的序列用 PPV-27a 表示。

在欧洲猪群传播，也可能在全球范围内传播。"新病毒"的外观很重要，因为衣壳蛋白的变异会影响病毒的抗原属性。在不同血清试验中，例如病毒中和反应或血清凝集抑制检测，只有一个猪细小病毒血清型，并且所有的隔离群表现出高滴度交叉反应。然而，新病毒中交叉中和反应的差异已经通过血清抑制"典型"猪细小病毒的试验得到证实。（Zeeuw 等，2007）无论新病毒类型是一个新的抗原类型还是一个新的基因型，都需要深入研究。

猪细小病毒可以凝集许多动物的红细胞，包括鼠、猴、鸡、几内亚猪和人（O 型血）的纤细胞（Siegl，1976）。该病毒能在许多猪的细胞系中培养（PK-15，SPEV，猪睾丸细胞及其他细胞），进而引起显著的细胞病变。

公共卫生
ROLE IN PUBLIC HEALTH

没有证据能证明猪细小病毒对人有传染性，或对公共卫生有影响。

流行病学
EPIDEMIOLOGY

PPV 在全球大部分地区呈地方流行。虽然只有妊娠母猪表现出临床症状（繁殖障碍），但是此病毒可迅速在易感猪体内繁殖。该病毒随着急性感染猪的粪便及其他分泌物流出，PPV 达到一定量后，不会在环境中失活形成流行。因为 PPV 能在环境中保持传染能力数月，污染圈舍或设备，所以成为持续性传染源。

该病毒能在群体中经污染媒介传播，例如衣物、靴子及设备。同样有报道称，啮齿类动物作为机械性的携带者可将该病毒引入猪群。该病毒也可以通过感染公猪来感染种群。不论 PPV 是否存在患病公猪精液中或者精液中的 PPV 代表环境污染物，这些问题都未解决。有很多报道称 PPV 存在于自然感染的公猪精液中（Cartwright 和 Huck，1967；Ruckerbauer 等，1978）。

70%酒精和 0.05%季铵盐以及低浓度次氯酸钠（2 500 μg/L）和 peracetic acid（0.2%）作用不能灭活 PPV，但是通过乙醛消毒剂和高浓度的次氯酸钠（25 000 μg/L）及 7.5%过氧化氢作用后容易失活。该病毒具有相对热稳定性,90℃(194℉)干热(不是湿热)不能灭活(Eterpi 等,2009)。

如果足够比例的母猪通过接种或自然接触获得免疫,PPV 不会立刻引起猪群发病。然而,该病毒甚至可以在接种的猪只体内增殖(Józwik 等,2009)且已经得到证实,接种与对照组不免疫的相同抗体滴度的母猪后抗体滴度迅速上升,攻毒后仍然主动排毒。因此,病毒在畜群内的循环,不能仅靠接种起到绝对预防。

致病机理
PATHOGENESIS

PPV 的发病机理反映了病毒传染给胎儿的能力(Mengeling 等,2000)。然而,目前尚未弄清楚 PPV 如何穿过猪的胎盘屏障,像其他病毒一样,猪细小病毒可以以三种方式到达胎儿:体液,如血液或淋巴液通过胎盘细胞层连续的进行性复制或在细胞,如巨噬细胞、淋巴细胞(Mengeling 等,2000)。

经过淋巴细胞复制后,PPV 是通过病毒血症分布全身(Brown 等,1980;Paul 等,1980)。然而,猪胎盘上皮绒毛由六层组织构成,完全分离了母体与胎儿的血液循环系统,胎盘细胞间紧密相连甚至不允许小分子通过,例如,抗体。胎盘细胞不易感染 PPV 病毒,尚无证据表明 PPV 存在于胎盘组织中,所以病毒不可能通过进行性的复制穿过屏障(Mengeling 等,1978)。因此,病毒最可能通过免疫细胞到达胎儿。研究表明此病毒同时存在于猪淋巴组织(Lucas 等,1974;Mengeling 等,2000)和妊娠母猪循环系统的胎儿淋巴细胞中(Rudek 和 Kwiatkowska,1983)。没有发现病毒在巨噬细胞中复制,但是被吞噬的 PPV 仍然保持一段时间的传染性(Paul 等,1979)。

在胎儿体内利于 PPV 病毒的复制,因为发育中胎儿的大多数组织的有丝分裂指数高。研究表明该病毒可以在很多组织和器官中被检测到,没有特定的组织嗜性(Wilhelm 等,2005)。

PPV 通过一系列相互作用进入细胞,释放遗传物质进入细胞区室,并在区室内增殖(Harbison 等,2008)尚不清楚。PPV 进入细胞的机制,但是包括网格蛋白介导的内吞作用或者大胞饮作用,紧接着通过内体途径转运(Boisvert 等,2010)。内体转运和酸化对 PPV 进入细胞核非常必要(Boisvert 等,2010)。内体酸化导致病毒衣壳的可逆性修饰,使病毒可以逃离内体(Farr 等,2005;Vihinen-Ranta 等,2002)。磷脂酶 A2(PLA2)模体必须从衣壳暴露。该模体的活性对于破坏囊泡膜导致孔洞形成是必不可少的(Girod 等,2002)。病毒到达细胞核后,PPV 使用细胞的自我复制机制进行复制。病毒在细胞中的复制阶段使用 DNA 聚合酶进行 DNA 复制。这解释了病毒复制为什么需要细胞有较高的复制指数(Rhode,1973)。

疾病严重程度的影响因素
Factors Affecting the Severity of Disease

公认的几个 PPV 生物性的致病性有明显差异(Choi 等,1987;Kresse 等,1985;Mengeling 和 Cutlip,1975;Mengeling 等,1984)。一些类型的 PPV 是完全非致病性的,即使在实验过程中接种于胎儿,也不会被感染;有些则相反,但有可能感染妊娠 70 d 的免疫功能正常的胎儿(表 29.1)。

致病性的遗传基础仍不清楚,但结构蛋白 VP1 似乎发挥了重要作用。据推测,组织嗜性(至少部分地)决定致病性或毒力(Bergeron 等,1996)。致病性的(Kresse)和非致病性(NADL-2)的 PPVs 来源的重组病毒的体外研究表明"同素异形的决定因素",以及衣壳蛋白的单个氨基酸影响分离株在特定细胞系中增殖的能力。Kresse 与 NADL-2 之间的基因组对比表明,二者的非编码区几乎是相同的。非结构区域中发现的所有差异基因均是沉默的,八项鉴定出的结构基因(VP1/VP2)差异中的六个,其编码序列是不同的。VP2 氨基酸中的五个变异与田间毒株的比较一致(I-215-T,D-378-G,H-383-Q,S-436-P 和 R-565-K),其中的三个(D-378-G,H-383-Q 和 S-436-P)认为是引起组织嗜性差异(Bergeron 等,1996)。Vasudevacharya 与 Compans(1992)研究表明仅两个变异的 PPV 变异株在体外即可感染犬细胞。其中一个突变发生在非结构基因上,其他在衣壳基因(Vasudevacharya 和 Compans,1992)。

表 29.1　病毒血症,胎盘传播,猪细小病毒引起死亡

病毒分离株	口腔接种后的病毒血症	子宫内接种后胎儿死亡	口腔接种后的胎盘传播	具有免疫功能胎儿的死亡
NADL-2	−	+	−	−
NADL-8	+	+	+	−
Kresse	+	+	+	+
KBSH	−	−	−	−

除了组织嗜性,VP1 基因下游一个 127 核苷酸序列基因重复的缺失也与毒力有关。也就是说,除了有毒力的田间毒株外,所有检测的毒株均缺失该重复(Bergeron 等,1996;Soares 等,2003;Zimmermann 等,2006)。

PPV 的致病性也受其他病毒的影响。特别是,无菌猪复制多系统衰竭综合征(PMWS)试验中培养液污染了低水平的 PPV(Ellis 等,1999)引起混合感染猪圆环病毒 2 型(PCV2),可以增加 PMWS 病变的严重程度(Kennedy 等,2000)。然而,PPV 混合感染不是 PMWS 发展的必要条件(Ellis 等,2004)。

临床症状
CLINICAL SIGNS

PPV 感染的唯一及主要临床症状是母畜生殖障碍。接种疫苗的种群生殖障碍率低,但是 PPV 病毒在未接种疫苗或疫苗接种不当的种群中可以造成毁灭性的流产风暴。有描述腹泻的粪便中含 PPV 和 PPV 样结构,囊泡样皮肤病变分离出 PPV(Brown 等,1980;Dea 等,1985;Duhamel 等,1991)。这些报告表明发现很少,病毒的病原学作用尚待全面了解。

即使在实验条件下,后备母猪和公猪感染 PPV 后的临床表现依然健康,除了呈阴性的后备母猪或种猪生殖障碍(Mengeling 和 Cutlip,1976;Mengeling 和 Paul,1981;Thacker 等,1987;Zeeuw 等,2007)。接种后 5～10 d 会有轻微及短暂的淋巴细胞减少,与性别和年龄无关(Joo 等,1976a;Mengeling 和 Cutlip,1976;Zeeuw 等,2007)。

感染早期及潜伏期没有明确定义。显然,该病毒首先在扁桃体和口腔/鼻腔复制。1～3 d 之后,病毒到达淋巴系统,导致无细胞病毒血症。PPV 敏感孕畜接种 15 d 左右出现胎盘传播和随后的胚胎/胎儿感染(Brown 等,1980;Mengeling 等,1978;Paul 等,1980)。

生殖临床症状与发生感染的妊娠阶段有关(图 29.2)。在妊娠开始,由透明带保护胎体,不容易感染。此后,在妊娠 35 d,PPV 感染导致胚胎死亡和孕畜的胎儿组织吸收。怀孕 35 d,胎儿器官形成已基本完成,胎儿的骨骼开始骨化。在此之后 PPV 感染通常会导致胎儿死亡,紧接着形成木乃伊胎。同时在妊娠大约 70 d 时,胎儿能够有效地免疫,消除病毒。70 d 后,胎儿感染的临床症状不明显,仔猪出生时携带 PPV 抗体(Bachmann 等,1975;Joo 等,1977;Lenghaus 等,1978;Mengeling 等,2000)。

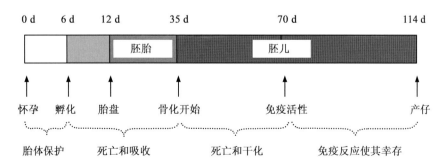

图 29.2　妊娠期 PPV 感染的结果。改编自 Mengeling 等(2000)

PPV 普遍感染猪,但是因为可能感染数周后才出现 PPV 感染典型表现,从而使生殖障碍的损失很难估计,即返回到发情指数或受影响的窝的观察次数增加了。同样,对胎儿组织的诊断测试,往往会产生假阴性,这可能是来自胎儿组织和自溶状态高滴度抗体的母猪。

使用复杂的灭活疫苗的血清抗体滴度检测 PPV 感染。然而,世界各地区的血清学调查表明,在 70%～100% 的牛群中存在 PPV 抗体(Foni 和 Gualandi,1989;Nash,1990;Oravainen 等,2005;Robinson 等,1985)。PPV 滴度≥512(一个典型的接种后滴度)表明,约 40% 的动物来自接种疫苗的牛群(Oravainen 等,2005)。

病理变化
LESIONS

PPV 试验接种于公猪、母猪、经产母猪都不会产生肉眼可见病变(Bachmann 等,1975;Lenghaus 等,1978;Mengeling 和 Cutlip,1976;Thacker 等,1987)。胚胎死亡随后由流体和软组织吸收,是 PPV 感染最常见现象。胎儿的眼观病变包括不同程度的发育迟缓。偶见身体表面上的血管显著充血和血液渗入结缔组织(Bachmann 等,1975;Lenghaus 等,1978;Mengeling 和 Cutlip,1976;Thacker 等,1987)。充血,水肿,出血与体腔血性浆液积存和出血性变色,死亡和脱水后,逐渐变得较暗(木乃伊化),是典型的 PPV 感染(图29.3)。胎盘脱水,颜色从棕色至灰色,多余的胎水体积缩小(Joo 等,1977;Lenghaus 等,1978)。胎儿获得免疫能力后无宏观的变化(Bachmann等,1975)。

PPV 也可引起仔猪皮肤病变。Kresse 等(1985)认为 PPV 与仔猪的一种传染病相关,这种传染病以口腔和鼻腔中裂缝样和水疱样病变为特征。Whitaker 等(1990)认为 PPV 与仔猪坏死和渗透性损伤有关。然而,通过实验室手段将这种病毒接种到仔猪皮肤,并没有发现病变,由此得到的结论是,PPV 更倾向于引发仔猪继发性皮肤病(Lager 和 Mengeling,1994)。

当这些母猪的胎儿经子宫接种这种病毒后,尸检可见母猪组织有微观病变。血清阴性的母猪在妊娠 70 d 感染病毒,在接种后 12 d 和 21 d 尸检发现单核细胞聚集于子宫内膜附近以及深部固有层中。在大脑、脊髓、眼脉络血管周围可见浆细胞和淋巴细胞的血管套现象。(Hogg 等,1977)。但在妊娠早期接种(35 d、50 d、60 d),7 d 和 10 d 的剖检发现母畜的病变很相似。然而,那时候子宫的病变更为严重,并且在子宫内膜和子宫肌层周围的血管广泛地存在单核细胞的血管套现象(Lenghaus 等,1978)。胎儿接种后,仅血清反应阳性的母猪,其子宫可见淋巴细胞局灶型聚集(Cutlip 和 Mengeling,1975)。

胎儿病理学的变化往往是广泛性的,并且其主要微观病变使正在发育的器官发生细胞坏死(Joo 等,1977;Lenghaus 等,1978)。皮下和肌肉组织发生出血。肺、肾和骨骼肌常见坏疽和矿化,尤其是在肝脏和心脏等部位(Lenghaus 等,1978)(图 29.4)。当胎儿具有免疫活性后,显微镜下可见的病变主要是子宫内膜增厚和单核细胞渗出。脑膜脑炎特点为大脑的灰质和白质外周血管套的外膜细胞、组织细胞和少量的浆细胞增生,PPV 感染、分娩推迟的活胎或死胎可见软脑膜现象(Hogg 等,1977;Joo 等,1977;Narita 等,1975)。

PPV 也可引起仔猪非化脓性心肌炎,以轻度到中度的单核细胞浸润和心肌之间出血为特点(Bolt 等,1997)。

对野猪的睾丸进行接种,引起生精上皮严重退化,伴随着多核细胞的形成和脱落。肌内接种未见微观病变(Thacker 等,1987)。

诊断
DIAGNOSIS

当观察到生殖障碍,与 PPV 感染结果一致时即认为是 PPV,如发情周期回升或者分娩延迟并且伴有木乃伊胎和弱胎数目的增多,尤其在第一胎或者第二胎的母畜多见。同一窝猪既有正常猪,也有在不同发育阶段死亡的木乃伊胎是 PPV 感染的明显标志。PPV 感染正常情况下不引起流产,成年猪也没有临床症状(Mengeling,1978;Mengeling 和 Cutlip,1975)。考虑到临床现象,鉴别诊断还包括伪狂犬病(Aujeszky's 症)、布氏杆菌病、细螺丝体病、猪繁殖与呼吸障碍综合征、弓形虫病、非特异性细菌感染子宫等。

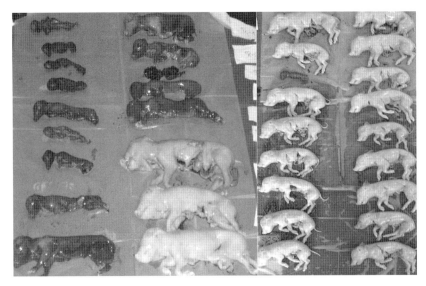

图 29.3　母猪妊娠 90 d 接种后显示出不同程度的病变。母猪妊娠 40 d 接触不同的 PPV 分离株（27a 和 NADL-2）。每窝胎儿被按照在子宫中位置放置，子宫颈的胎儿在上面（Zeeuw 等,2007）。

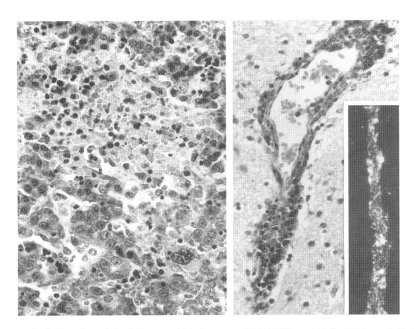

图 29.4　经口鼻感染母猪后胎儿感染 PPV 的组织。(A)母猪妊娠 40 d 感染 PPV,42 d 后致死,活胎儿的肝脏发现坏死灶;胎儿有许多宏观的病变[苏木精和曙红染色(H.E);×400]。(B)与 A 同窝出生的仔畜的脑部单核细胞外周血管套;胎儿无宏观的病变(H.E;×320)。插图:母猪妊娠 46 d 攻毒,25 d 后致死,病毒抗原作用于胎儿脑部血管(如显微镜;×312.5)。图片 A 和图片 B 来源于 T.T. Brown,Jr,National Animal Disease Center,Ames,IA。

　　实验室确认 PPV 感染包括木乃伊胎和胎儿遗骸。通过免疫荧光技术观察胎儿组织的病毒抗原是诊断 PPV 的一种可靠的方式（Mengeling, 1978;Mengeling 和 Cutlip,1975）。或者来自于成对仔猪和母猪的血清可以用来证明 PPV 感染。

然而血清要在流产时采集,第二个样品要在 2～4 周后采集。胎儿、死胎的血液和体液或者在吮吸初乳以前胎儿的脐带血均可以用来测试 PPV 的特异性抗体。

　　这种病毒在肾和睾丸内易于存活,原代细胞

表现出高风险的外源因子污染,并且细胞的分裂指数较低。因此,连续细胞系(ESK,PK-15,SK6,ST,STE 和 SPEV)通常是用于病毒繁殖和滴定(Mengeling,1972;Zimmermann 等,2006)。PPV在细胞培养时引起的细胞病变包括核内包涵体、核固缩、颗粒化、形状不规则、增殖慢和随后的细胞死亡(Cartwright 等,1969;Mengeling,1972)。免疫荧光显微镜可以用来确认 PPV 感染细胞和滴定病毒(Johnson,1973;Mengeling,1978)(图29.5)。另外,由于 PPV 生成血细胞凝集素,因此可以根据 PPV 对特定种属红细胞的凝集活性滴定病毒(Joo 等,1976b;Siegl,1976)。PPV 感染缓慢,呈进行性,胎儿死亡后 PPV 消失(Mengeling 和 Cutlip,1975)。病毒成功复苏的可能性将取决于采样时胎儿组织的状况,但无法从自溶的组织中分离病毒。

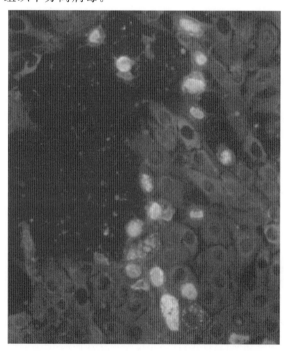

图 29.5 感染 PPV 的 PK-15 细胞的间接荧光反应。感染后 5 d 可见阳性细胞核的荧光(×400)。

杂交技术,如 DNA 提取后非放射性探针(Oraveerakul 等,1990)和原位杂交(Waldvogel等,1995)检测检查临床样品灵敏度高。对于日常的诊断,聚合酶链反应(PCR)是诊断胎儿组织、精子和其他样品中的 PPV 的最有效的技术。已描述的 PCR 方案很多(Chen 等,2009;Gradil 等,1994;Miao 等,2009;Molitor 等,1991;Prikhod,

ko 等,2003;Soares 等,1999;Wilhelm 等,2006),包括多重 PCR(Cao 等,2005;Huang 等,2004;Kim 和 Chae,2003),尤其是同时诊断 PPV 和PCV2 的多重 PCR。这些方案相对于血凝实验有较高的诊断敏感性和特异性,并且可以更好地诊断自溶组织中的 PPV。

无法获得胎儿组织时,血清学的诊断方法可能是一种有效的诊断方法,然而 PPV 通常患病率较高,感染后观察到繁殖障碍的延迟时间,对结果难以解释。由于此原因,成对的血清样品,应评价相应环境下两个样品之间的抗体滴度的变化。由于病毒不能通过胎盘屏障,胎儿体液或血液中的阳性抗体和食用初乳前的猪是评判宫内感染的指标。

HI 法是常用的检测和定量 PPV 特异性血清抗体的方法。重要的是,培养温度及红细胞源可以影响 HI 的结果。HI 试验检测的血清通常是由热灭活预处理[56℃(133°F),30 min]随后通过吸附红细胞(去除非特异性凝集素)和高岭土(消除或减少血凝的非特异性抑制剂)(Mengeling,1972;Morimoto 等,1972)。

酶联免疫吸附试验(ELISA)相对于 HI 是一个更好的选择,因为它可以标准化、自动化的高通量的测试。此外,它不需要预处理检测血清(Hohdatsu 等,1988;Westenbrink 等,1989)。鉴别ELISA 可以区别 PPV 感染的动物和接种疫苗的动物(Madsen 等,1997;Qing 等,2006)。灭活疫苗只产生抗体的结构蛋白(VP),而特异性酶联免疫吸附检测产生抗非结构蛋白抗体(NS1),在受感染的猪病毒复制蛋白表达。

免疫
IMMUNITY

血清反应阳性的母猪生产的仔猪在第一天吃初乳时即受到抗体保护。初乳中 PPV 抗体是血清中的 10 倍。抗体在仔猪出生后第二周开始产生,对于大多数猪来说,母源抗体水平稳定地降低直到第 20 周后检测不到抗体滴度。某些母源抗体可以持续长达 9 个月,并且干扰小母猪对疫苗应答的能力。一旦母源抗体减弱,抗体和 PPV 的DNA 表明动物感染 PPV(Streck 等,2011)。

田间感染或接种疫苗后的几天会发生主动免

疫。HI 法或病毒中和试验可以早在感染后 6 d 检测出抗体。商业灭活疫苗诱导产生的抗体与田间感染后产生的抗体有明显的区别。通过 HI 法疫苗的抗体滴度通常≤1∶500 或者更低,然而感染的滴度超过 1∶2 000。抗体的持久性可持续 4 个月到 4 年(Johnson 等,1976;Joo 和 Johnson,1977)。抗体可以预防临床疾病,但也可能发生田间病毒感染并散毒(Jóźwik 等,2009)。细胞免疫力也可描述是否感染 PPV,一些病毒的增殖-PPV 的抗原接触后特异性 CD4$^+$ CD8$^+$ T 细胞增殖已被证明(Ladekjaer-Mikkelsen 和 Nielsen,2002)。

预防和控制
PREVENTION AND CONTROL

PPV 在猪中流行很普遍,而且在环境中有很高的稳定性,这些因素导致很难建立和维持无 PPV 感染的育种猪。商品猪更实际的目标是维持种群对 PPV 的免疫力。过去,饲养者在母猪第一次生产之前通过各种方式感染 PPV。例如,有意使母猪接触被病毒污染的组织。这种方法既不可靠而且危险,因为这会导致猪群中其他病原体的传播,如猪瘟病毒。更喜欢依赖于繁殖母猪的常规接种免疫。

大多数商业疫苗以组织培养化学纯的方式为基础(福尔马林、β-丙内酯、乙烯亚胺),派生的病毒用油和铝胶作为佐剂,这些疫苗诱导的抗体滴定量足以防病而不发生传染疾病(Jóźwik 等,2009)。在控制的研究中,抗体的浓度被灭活的疫苗所刺激,在疫苗接种后的 4～13 个月被检测出。(Joo 和 Johnson,1977;Vannier 等,1986)。因此以 4～6 个月的间隔有规律地对母猪进行免疫,也许对猪群保护性抗体维持是有必要的。

经过改良的活病毒也得到了很好的发展,用 MLVS 来免疫诱导出长久持续的免疫应答,在接种后短时间内出现病毒血症与脱落。几乎没有对于 MLVS 的报道,大多数都是以 NADL-2 病毒为免疫病毒(Paul 和 Mengeling,1980,1984)。经过血液比口更有效,和病毒施用的数量有关的随后的病毒脱落和抗体滴度,在所有情况下,胎盘传播被防止了。有限的实验感染与参考菌株的怀孕母猪 Impfstoffwerke Dessau-Tornau(IDT),菌株 Stendal,菌株 NADL-2,和现场隔离 PPV-143 没有发现这些病毒传播给胎儿和一个非常强烈的体液免疫反应的诱导(Jóźwik 等,2009;Zeeuw 等,2007)。

已经描述了几种亚单位疫苗,大多数基于病毒 VP2 蛋白在杆状病毒系统中的表达。他们提供了保护与灭活,全病毒疫苗(Antonis 等,2006)。

评论对 PPV 感染的疫苗接种策略是必要的,利用全部病毒疫苗保护犬、猫细小病毒非常常见,已经替代了 MLVS,很少有许可的灭活疫苗仍有特殊的用途,例如,接种过疫苗的外来猫科动物,MLVS 在食肉动物中能诱导出长久有效的免疫应答能提供保护很多年,在猪中需密切关注新的 PPV 基因型和抗原基因型,新 PPV 疫苗诱导的持久免疫力和防止所有的流行病毒毒株在猪的数量是必要的。

(孙斌译,周洋校)

参考文献
REFERENCES

Antonis AF, Bruschke CJ, Rueda P, et al. 2006. Vaccine 24: 5481–9540.

Bachmann PA, Sheffy BE, Vaughan JT. 1975. Infect Immun 12: 455–469.

Bergeron J, Hébert B, Tijssen P. 1996. J Virol 70:2508–2515.

Blomström AL, Belák S, Fossum C, et al. 2009. Virus Res 146: 125–129.

Boisvert M, Fernndes S, Tijssen P. 2010. J Virol 84:7782–7792.

Bolt DM, Hitni H, Mtiller E, Waldvogel AS. 1997. J Comp Pathol 117:107–118.

Brown TT Jr., Paul PS, Mengeling WL. 1980. Am J Vet Res 41: 1221–1224.

Cao S, Chen H, Zhao J, et al. 2005. Vet Res Commun 29: 263–269.

Cartwright SF, Huck RA. 1967. Vet Rec 81:196–197.

Cartwright SF, Lucas M, Huck RA. 1969. J Comp Pathol 79: 371–377.

Chen HY, Li XK, Cui BA, et al. 2009. J Virol Methods 156: 84–88.

Cheung AK, Wu G, Wang D, et al. 2010. Arch Virol 155: 801–806.

Choi CS, Molitor TW, Joo HS, Gunther R. 1987. Vet Microbiol 15: 19–29.

Cotmore SF, Tattersall P. 2006. Structure and organization of the viral genome. In J Kerr, SF Cotmre, ME Bloom, RM Linden, CR Parrish, eds. Parvoviruses. London: Hodder Arnold, pp. 72–94.

Cutlip RC, Mengeling WL. 1975. Am J Vet Res 36:1751–1754.

Dea S, Elazhary MASY, Martineau GP, Vaillancourt J. 1985. Can J Comp Med 49:343–345.

Duhamel GE, Bargar TW, Schmitt BJ, et al. 1991. J Vet Diagn Invest 3:96–98.

Ellis J, Clark E, Haines D, et al. 2004. Vet Microbiol 98:159–163.

Ellis JA, Krakowka S, Lairmore MD, et al. 1999. J Vet Diagn Invest 11:3–14.

Eterpi M, McDonnell G, Thomas V. 2009. J Hosp Infect 73:64–70.

Farr GA, Zhang L, Tattersall P. 2005. Proc Natl Acad Sci U S A 102:17148–17153.

Foni E, Gualandi GL. 1989. A serological survey of swine parvovirus infection in Italy. Microbiologica 12:241–245.

Girod A, Wobus CE, Zádori Z, et al. 2002. J Gen Virol 83:973–978.

Gradil CM, Harding MJ, Lewis K. 1994. Am J Vet Res 55:344–347.

Harbison CE, Chiorini JA, Parrish CR. 2008. Trends Microbiol 16:208–214.

Hijikata M, Abe K, Win KM, et al. 2001. Jpn J Infect Dis 54:244–245.

Hogg GG, Lenghaus C, Forman AJ. 1977. J Comp Pathol 87:539–549.

Hohdatsu T, Baba K, Ide S, et al. 1988. Vet Microbiol 17:11–19.

Huang C, Hung JJ, Wu CY, Chien MS. 2004. Vet Microbiol 101:209–214.

Johnson RH. 1973. Isolation of swine parvovirus in Queensland. Aust Vet J 49:257–259.

Johnson RH, Donaldson-Wood CR, Joo HS, Allender U. 1976. Observations on the epidemiology of porcine parvovirus. Aust Vet J 52:80–84.

Joo HS, Donaldson-Wood CD, Johnson RH. 1976a. Arch Virol 51:123–129.

Joo HS, Donaldson-Wood CD, Johnson RH, Campbell RSF. 1977. J Comp Pathol 87:383–391.

Joo HS, Donaldson-Wood CR, Johnson RH. 1976b. Aust Vet J 52:51–52.

Joo HS, Johnson RH. 1977. Aust Vet J 53:550–552.

Jóźwik A, Manteufel J, Selbitz HJ, Truyen U. 2009. J Gen Virol 90:2437–2441.

Kennedy S, Moffett D, Mcneilly F, et al. 2000. J Comp Pathol 122:9–24.

Kim J, Chae C. 2003. Can J Vet Res 67:133–137.

Kresse JI, Taylor WD, Stewart WW, Eernisse KA. 1985. Vet Microbiol 10:525–531.

Ladekjaer-Mikkelsen AS, Nielsen J. 2002. Viral Immunol 15:373–384.

Lager KM, Mengeling WL. 1994. J Vet Diagn Invest 6:357–359.

Lau SKP, Woo PCY, Tse H, et al. 2008. J Gen Virol 89:1840–1848.

Lenghaus C, Forman AJ, Hale CJ. 1978. Aust Vet J 54:418–421.

Lucas MH, Cartwright SF, Wrathall AE. 1974. J Comp Pathol 84:347–350.

Madsen ES, Madsen KG, Nielsen J, et al. 1997. Vet Microbiol 54:1–16.

Mayr A, Bachmann PA, Siegl G, Sheffy BE. 1968. Arch Gesamte Virusforsch 25:38–51.

Mengeling WL. 1972. Am J Vet Res 33:2239–2248.

——. 1978. J Am Vet Med Assoc 172:1291–1294.

Mengeling WL, Cutlip RC. 1975. Am J Vet Res 36:1173–1177.

——. 1976. Am J Vet Res 37:1393–1400.

Mengeling WL, Cutlip RC, Barnett D. 1978. Porcine parvovirus: Pathogenesis, prevalence, and prophylaxis. In Proc Congr Int Pig Vet Soc 5:KA 15.

Mengeling WL, Lager KM, Vorwald AC. 2000. Anim Reprod Sci 60-61:199–200.

Mengeling WL, Paul PS. 1981. Am J Vet Res 42:2074–2076.

Mengeling WL, Pejsak Z, Paul PS. 1984. Am J Vet Res 45:2403–2407.

Miao LF, Zhang CF, Chen CM, Cui SJ. 2009. Vet Microbiol 138:145–149.

Molitor TW, Oraveerakul K, Zhang QQ, et al. 1991. J Virol Methods 32:201–211.

Morimoto T, Ito Y, Tanaka Y, Fujisaki Y. 1972. Natl Inst Anim Health Q (Tokyo) 12:137–144.

Narita M, Inui S, Kawakami Y, Maeda A. 1975. Natl Inst Anim Health Q (Tokyo) 15:24–28.

Nash WA. 1990. Vet Rec 126:175–176.

Oravainen J, Heinonen M, Tast A, et al. 2005. Reprod Domest Anim 40:57–61.

Oraveerakul K, Choi CS, Molitor TW. 1990. J Vet Diagn Invest 2:85–91.

Paul PS, Mengeling WL. 1980. Am J Vet Res 41:2007–2011.

——. 1984. Am J Vet Res 45:2481–2485.

Paul PS, Mengeling WL, Brown TT. 1979. Infect Immun 25:1003–1007.

Paul PS, Mengeling WL, Brown TT Jr. 1980. Am J Vet Res 41:1368–1371.

Prikhod'ko GG, Reyes H, Vasilyeva I, Busby TF. 2003. J Virol Methods 111:13–19.

Qing L, Lv J, Li H, et al. 2006. Vet Res Commun 30:175–190.

Rhode SL. 1973. J Virol 4:856–861.

Robinson BT, Cartwright SF, Danson DL. 1985. Vet Rec 117:611–612.

Ruckerbauer GM, Dulac GC, Boulanger P. 1978. Can J Comp Med Vet Sci 42:278–285.

Rudek Z, Kwiatkowska L. 1983. Cytogenet Cell Genet 36:580–583.

Siegl G. 1976. The Parvoviruses. In S Gard, C Hallauer, eds. Virology Monographs 15. New York: Springer-Verlag Wien, pp. 47–52.

Simpson AA, Hébert B, Sullivan GM, et al. 2002. J Mol Biol 315:1189–1198.

Soares RM, Cortez A, Heinemann MB, et al. 2003. J Gen Virol 84:1505–1515.

Soares RM, Durigon EL, Bersano JG, Richtzenhain LJ. 1999. J Virol Methods 78:191–198.

Streck AF, Gava D, Souza CK, et al. 2011. Berl Münch Tierärztl Wochenschr 124:10–14.

Thacker BJ, Joo HS, Winkelman NL, et al. 1987. Am J Vet Res 48:763–766.

Vannier P, Brun A, Chappuis G, Reynaud G. 1986. Ann Rech Vet 17:425–432.

Vasudevacharya J, Compans RW. 1992. Virology 187:515–524.

Vihinen-Ranta M, Wang D, Weichert WS, Parrish CR. 2002. J Virol 76:1884–1891.

Waldvogel AS, Broll S, Rosskopf M, et al. 1995. Vet Microbiol 47:377–385.

Westenbrink F, Veldhuis MA, Brinkhof JMA. 1989. J Virol Methods 23:169–178.

Whitaker HK, Neu SM, Pace LW. 1990. J Vet Diagn Invest 2:244–246.

Wilhelm S, Zeeuw EJL, Selbitz HJ, Truyen U. 2005. J Vet Med B Infect Dis Vet Public Health 52:323–326.

Wilhelm S, Zimmermann P, Selbitz HJ, Truyen U. 2006. J Virol Methods 134:257–260.

Zeeuw EJL, Leinecker N, Herwig V, et al. 2007. J Gen Virol 88:420–427.

Zimmermann P, Ritzmann M, Selbitz HJ, et al. 2006. J Gen Virol 87:295–301.

30

猪痘病毒
Swinepox Virus

Gustavo Delhon,Edan R. Tulman,Claudio L. Afonso 和 Daniel L. Rock

背景
RELEVANCE

猪痘（SWP）病毒是一种猪的温和性、急性、典型性皮肤型的痘病病毒。SWP 呈世界性分布，其发生通常与猪的饲养条件欠佳有关。只有极个别猪群由于仔猪被严重感染而导致发病率高，其他猪群的死亡率可忽略不计。临床症状和流行病学对 SWP 的鉴别诊断很有帮助。

病因学
ETIOLOGY

猪痘病毒（SWPV）是痘病毒科（Poxviridae）猪痘病毒属（*Suipoxvirus*）的唯一成员（Moyer 等,2000）。SWPV 粒子在形态上与牛痘病毒很相似,在水平面上呈大小为 320 nm×240 nm 的砖样结构（图 30.1）（Blakemore 和 Abdussalam,1956;Cheville,1966a;Teppema 和 De Boer,1975）。病毒粒子是由一个中央双侧凹陷的核或者边缘由两个椭圆体构成的病毒核心和至少两层脂质膜组成（Blakemore 和 Abdussalam,1956;

Cheville,1966a;Conroy 和 Meyer,1971;Kim 和 Luong,1975;Smid 等,1973;Teppema 和 De Boer,1975）。SWPV 对乙醚敏感。

SWPV 基因组为含有 150 个基因的双股 DNA,估计为 146 kb。它有与其他痘病毒科（Poxviridae）成员相同的特点,含有一个保守的中心染色体区域。这个区域含有病毒粒子在细胞内复制和成熟所必需的基因（Afonso 等,2002）。尽管 SWPV 与其他痘病毒属（山羊痘病毒属 *Capripoxvirus*、兔痘病毒属 *Leporipoxvirus*、亚塔痘病毒属 *Yatapoxvirus*）在遗传上相关,但是该病毒代表痘病毒属中的一个独特的种。它的基因组末端有一个独特的补充基因,目前认为这个基因可以影响病毒/宿主间的相互作用以及 SWPV 的毒力、宿主范围与病毒的朝向有关（Afonso 等,2002;Massung 等,1993）。

尽管有报道称 SWPV 的抗原交叉反应有限,但是猪痘病毒有很独特的抗原性。有证据表明 SWPV 的抗体不能起到交叉保护、交叉中和作用或者不能有效将其他痘病毒蛋白免疫沉淀（De Boer,1975;Massung 和 Moyer,1991;Meyer 和

猪病学,第 10 版,由 Jeffrey J. Zimmerman,Locke A. Karriker,Alejandro Ramirez,Kent J. Schwartz,Gregory W. Stevenson 主编。
© 2012 John Wiley & Sons,Inc. 由 John Wiley & Sons,Inc. 2012 年出版。

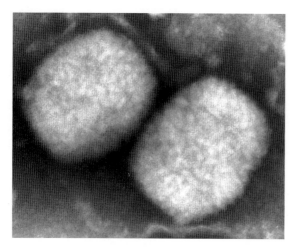

图 30.1　猪痘病毒复染照片。独立呈砖形,表面有复杂的细丝编织纹样(图片由 D. A. Gregg 提供)。

Conroy,1972;Ouchi 等,1992;Shope,1940)。

虽然有报道称,有些 SWPV 分离株在猪细胞上培养第一代即可诱导产生细胞病变(CPE)(Afonso 等,2002;Paton 等,1990),但是通常新分离的 SWPV 很难在猪细胞上培养复制。这就需要在产生 CPE 之前多次传代,同时需持续保持对猪的致病力(Garg 和 Meyer,1972;Kasza 和 Griesemer,1962;Kasza 等,1960;Meyer 和 Conroy,1972)。SWPV 在对细胞接种后(PI)3~5 d 就会产生 CPE 的特征性病变和相对较小的独立的斑(<1.5 mm)(Kasza 等,1960;Massung 和 Moyer,1991;Meyer 和 Conroy,1972)。SWPV 的 CPE 的特征性病变包括细胞质空泡和产生包涵体、核泡以及细胞变圆和凝集(Borst 等,1990;De Boer,1975;Kasza 等,1960;Meyer 和 Conroy,1972)。PI 4 h 和 8 h 后时,感染的细胞中都有 SWPV 的 mRNA 表达,同时在 PI 4 h 时有病毒的蛋白合成(Massung 和 Moyer,1991)。

SWPV 在非猪细胞系或鸡尿囊膜上培养或适应的绝大多数尝试均以失败告终(Garg 和 Meyer 1972;Kasza 等,1960;Meyer 和 Conroy,1972),这说明 SWPV 在细胞水平上的复制有严格的宿主范围。后来有报道称适应细胞培养的 SWPV 可以在非猪细胞系中复制,尽管滴度较低(Barcena 和 Blasco,1998;Hahn 等,2001)。

由于 SWPV 有严格的宿主范围,因此可以用作疫苗表达的载体(Foley 等,1991;Tripathy,1999)。表达伪狂犬病病毒(PRV)和典型猪瘟病毒抗原的 SWPV 遗传工程载体已经构建成功,并且可以在猪体内诱导产生针对 PRV 的免疫应答(Hahn 等,2001;van der Leek 等,1994)。此外,SWPV 可以在非猪细胞系中表达抗原,并且可以作为非猪种属动物的一种安全的、宿主范围严格的疫苗载体(Barcena 和 Blasco,1998;Winslow 等,2003,2005)。若已知 SWPV 的全基因组序列和独立、宿主范围基因,则可以构建效力更强,应用更广泛的致弱的、宿主范围限制性严格的 SWPV 疫苗载体(Afonso 等,2002)。

公共卫生
ROLE IN PUBLIC HEALTH

没有证据表明猪痘病毒能感染人或者在公共卫生中起重要作用。

流行病学
EPIDEMIOLOGY

猪是猪痘病毒的唯一宿主。不像牛痘病毒,SWPV 不能试验性地感染或适应几种哺乳动物和禽类(Schwarte 和 Biester,1941;Shope,1940)。仅有一篇报道称在兔皮内注射 SWPV 后可以引起非生产性的痘病(Datt,1964)。这种宿主限制说明猪是 SWPV 的自然贮藏宿主。

SWP 呈世界性分布。来自欧洲的有限的血清学调查说明有 8%~19%的猪血清样本中含有抗 SWPV 抗体(De Boer,1975;Paton 等,1990)。仔猪经常被感染,但成年猪则很少有临床症状(Kasza 等,1960;McNutt 等,1929)。发病率有时很高(接近 100%),但死亡率通常可以忽略(低于 5%)(De Boer,1975)。总之,SWP 产生的经济损失很小。

SWP 的自然传播途径还不是很清楚,但通常认为与猪的饲养卫生条件不好有关。SWP 的流行与猪虱(猪血虱,*Haematopinus suis*)的流行有关。猪虱能够机械性传播 SWPV,并影响痘病皮肤症状的范围和分布,常常发生在角质化程度较低的腹部和腹股沟部位(Kasza 等,1960;Manninger 等,1940;Shope,1940)。然而没有猪虱也会发生猪痘病,这说明有其他昆虫在本病的传播中起作用或者存在水平传播(De Boer,1975;Jubb 等,1992;Paton 等,1990;Schwarte 和 Biester,

1941)。零星的 SWPV 垂直传播病例显示先天感染 SWPV 会产生全身性器官损伤样的死胎（Afonso 等，2002；Borst 等，1990；Paton 等，1990）。

致病机理
PATHOGENESIS

SWPV 能通过已破损的皮肤进入宿主体内，并在表皮层棘细胞层的角质化细胞中复制（Meyer 和 Conroy，1972）。尽管在表皮的棘细胞中发现了成熟的病毒粒子（Teppema 和 De Boer，1975），在真皮的巨噬细胞中检测到了病毒抗原（Cheville，1966b），但都不能说明 SWPV 能在这些类型的细胞中复制。除浅表淋巴结有中等程度的变化外，皮肤以外的其他组织很少受影响。可以从感染动物的皮肤（Kasza 和 Griesemer，1962）和局部淋巴结（皮肤症状严重时）（Kasza 和 Griesemer，1962）中分离到感染性的病毒，最早分离时间为实验性皮内接种 3 d 后。病毒血症出现在病毒性表皮向皮内扩散、复制以及先天性感染时；然而，无法从感染动物的血液中分离到病毒（Borst 等，1990；Kasza 和 Griesemer，1962；Paton 等，1990；Shope，1940）。

关于 SWPV 致病机理方面的研究很少。病毒毒力及宿主范围有关的病毒基因可引起宿主免疫反应改变和细胞凋亡抑制，这在该病的病程中起作用（Afonso 等，2002；Kawagishi-Kobayashi 等，2000；Massung 等，1993）。SWPV 含有与细胞和病毒中的 CD47 编码基因相同的序列，其编码的蛋白可结合 α/β 干扰素（IFN）、IFN-γ、肿瘤坏死因子（TNF）-α、白细胞介素-18（IL-18）和 CC 趋化因子。这些基因产物能潜在地改变宿主免疫应答，包括自然杀伤细胞（NK）和 T 细胞应答，从而减轻 SWPV 的复制和散播。SWPV TNF 结合蛋白可以与猪源的 TNF 高度亲和，但无法与其他种属动物的 TNF 亲和（Rahman 等，2006）。SWPV 编码的蛋白与宿主主要组织相容性复合体（MHC）-I、NFκB 活化剂、Bcl-2 家族蛋白、丝氨酸蛋白酶以及蛋白酶受体 PKR 相似。已知其他痘病毒的一些类似蛋白可在病毒复制的部位干扰或延迟炎症反应。

临床症状
CLINICAL SIGNS

SWPV 会引起猪疹性皮炎。3 月龄前的仔猪易感染 SWP，成年猪多发展为慢性、自我限制型疾病。多样的皮肤症状多发生在感染动物的侧腹、腹部、腿和耳内侧，很少发生在脸部（De Boer，1975；Jubb 等，1992；Kim 和 Luong，1975；McNutt 等，1929；Olufemi 等，1981；Schwarte 和 Biester，1941）。症状还会出现在哺乳母猪的奶头以及乳猪的脸部、唇部和舌头上（Olufemi 等，1981）。先天感染的猪，全身及口腔内都会出现症状（Borst 等，1990；Paton 等，1990）。当昆虫机械传播病毒时，病变的分布与昆虫的叮咬部位有关。

尽管有报道称本病具有较长的潜伏期（Shope，1940），但在自然情况下，本病的潜伏期为 4～14 d（De Boer，1975；McNutt 等，1929），实验性皮下或静脉接种的潜伏期为 3～5 d（Kasza 和 Griesemer，1962；Schwarte 和 Biester，1941）。

最初的病变为扁平、灰白色的直径为 3～5 mm 的圆形斑疹。2 d 后，变为丘疹，高 1～2 mm，直径 1～2 cm，偶尔还会发生丘疹融合（图 30.2）。丘疹还会伴有轻微的短暂的体温升高和食欲下降（Kasza 和 Griesemer，1962；Kasza 等，1960）。没有或有短暂的真性水疱期（Borst 等，1990；Datt，1964；Kasza 和 Griesemer，1962；

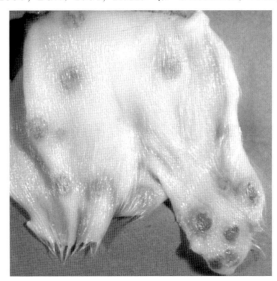

图 30.2 猪自然感染组痘病毒的皮肤病变（图片由 B. Brodersen 授权使用）。

Meyer 和 Conroy,1972)。病变出现 1 周后常呈中间凹陷且皱缩。最终会结痂、脱落,留下褪色的斑点(Kasza 和 Griesemer,1962)。完全康复要在发病后 15～30 d,但也会因为继发细菌感染而病程延长(De Boer,1975;McNutt 等,1929;Miller 和 Olson,1980;Schwarte 和 Biester,1941)。

病理变化
LESIONS

SWPV 感染最明显的组织学病变是表皮棘层角质化细胞的水疱变性(图 30.3A、B)(Borst 等,1990;Cheville,1966a;Kasza 和 Griesemer,1962;McNutt 等,1929;Meyer 和 Conroy,1972;Olufemi 等,1981;Paton 等,1990;Schwarte 和 Biester,1941;Teppema 和 De Boer,1975)。表皮细胞异常增生不像其他痘病毒感染时那样显著,这可能与缺少 SWPV 编码的痘病毒表皮生长因子类似基因的同源物有关(Afonso 等,2002;McNutt 等,1929;Schwarte 和 Biester,1941)。感染猪痘病毒的细胞,细胞质变亮增大,并含有类似于 B 型痘病毒包涵体的嗜酸性包涵体(图 30.3B)(Teppema 和 De Boer,1975),与相对应的病毒抗原的抗体反应很强(Cheville,1966b)。在毛囊的外根鞘也发现有水样变性和包涵体(Kasza 和

Griesemer,1962;Meyer 和 Conroy,1972)。感染猪痘病毒的细胞的细胞核内染色质边集,同时细胞核中央有一个像羊痘病毒感染角质化细胞形成的细胞核空泡样的大空泡(图 30.3B)(Cheville,1966a;Kasza 和 Griesemer,1962;McNutt 等,1929;Meyer 和 Conroy,1972;Plowright 和 Ferris,1958;Teppema 和 De Boer,1975)。在角质化细胞间没有明显的液体积聚。角质化细胞的顶端在感染后期会发生坏死。真皮层有白细胞浸润,表皮有轻度感染(图 30.3A),真皮巨噬细胞中很少有病毒抗原(Cheville,1966b)。如果累及腹股沟淋巴结,则出现水肿、充血、增生,但很少有含病毒抗原的细胞(Cheville,1966a;Kasza 和 Griesemer,1962)。

感染 SWPV 细胞的超微结构中细胞内角蛋白前体(张力丝)明显减少,同时缺少表皮棘层的特征性细胞间的镶嵌连结(Cheville,1966a;Teppema 和 De Boer,1975)。每个包涵体都含有电子致密的中心核,周围由片层体和成熟痘病毒粒子环绕(Cheville,1966a;Conroy 和 Meyer,1971;Kim 和 Luong,1975;Smid 等,1973;Teppema 和 De Boer,1975)。大的清晰的核内空泡,更精确地说,是缺少薄膜和包含类似于细胞质中的横向条纹的小纤维的低电子密度区域。

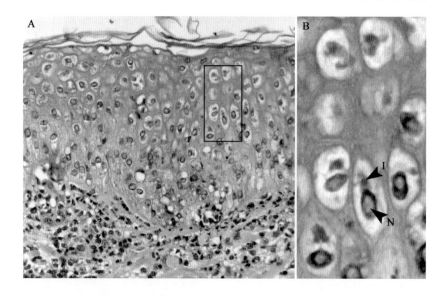

图 30.3 SWPV 引起的组织病理学变化。(A)皮肤切片,示表皮棘层细胞的水样变性和真皮的炎症细胞。(B)A 图中黑框区域的放大,示气球样角质化细胞,包括细胞质内包涵体(I)和核中心空泡化(N)。H.E 染色(图片由 D.A.Gregg 授权使用)。

诊断

DIAGNOSIS

对 SWP 的诊断基于感染痘病毒动物的皮肤症状。鉴别诊断包括水泡病过敏性皮肤反应、晒伤、细菌性皮炎、癣病和寄生虫性皮肤病［粉螨 *Acarus*（*Tyroglyphus*）spp.、疥螨］（Blood 和 Radostits，1989；Yager 和 Scott，1985）。含有 SWPV 的细胞可以通过电子显微镜和组织病理学方法确诊，本病特有的表皮变化有：棘层角质化细胞气球样变，细胞质中有嗜酸性包涵体和空泡化核。SWPV 特异性抗体与在猪细胞（原代猪肾细胞 PK-15 细胞系）中培养的病毒中和（Borst 等，1990；Meyer 和 Conroy 1972；Paton 等，1990）或组织样品、感染细胞培养物的免疫组织化学分析确诊（Garg 和 Meyer，1973；Mohanty 等，1989；Paton 等，1990）。如果有多丘疹/脓疱渗出物或结痂物时，它们是临床分离病毒的首选病料。在确定病料中不含猪痘病毒前应将病料至少盲传 7 代（De Boer，1975）。

血清中和及抗体凝集试验可以检出恢复期血清中 SWPV 的特异性抗体（De Boer，1975；Shope，1940）。由于猪不会产生可靠的高水平的中和抗体（Kasza 等，1960；Shope，1940），所以病毒中和试验阴性结果并不能说明没有 SWPV 的感染。

最新的 SWPV 基因组序列和 SWPV 独有的基因序列的确定，将为发展以快速、敏感以及特异性 PCR 反应为基础的检测、诊断试验提供可能（Afonso 等，2002）。

尽管人类接种牛痘疫苗后，鉴别牛痘病毒感染猪与 SWP 感染猪变得重要，但这不再是 SWP 诊断所关切的（Shope，1940）。

免疫

IMMUNITY

康复的猪可以抵抗猪痘病毒的侵袭，这说明感染猪痘病毒可以产生保护性免疫力（De Boer，1975；Garg 和 Meyer，1972；Kasza 等，1960；Schwarte 和 Biester，1941；Shope，1940）。然而，本病的免疫和保护机制还不清楚。SWPV 最早在接种（PI）7 d 后才产生中和活性。但是，仍有

报道 SWPV 低中和滴度、延后的抗体反应动力学和在接种 50 d 后仍缺少中和抗体（Kasza 等，1960；Meyer 和 Conroy，1972；Shope，1940；Williams 等，1989）。哺乳期仔猪可以获得母源抗体保护（Manninger 等，1940），但是也有报道新生仔猪有高死亡率（Olufemi 等，1981）。在实验性感染的猪外周血单核细胞中发现 SWPV 引起的细胞核有丝分裂降低和增殖反应（Williams 等，1989）。

预防和控制

PREVENTION AND CONTROL

目前对 SWPV 没有特异性的治疗方法。抗生素治疗可以控制细菌的继发感染。由于 SWPV 的经济影响低，所以，目前还没有研制出疫苗。日常饲养管理中，应加强饲养管理，改善饲养条件，包括体外寄生虫的控制。

（王金秀译，付永瑶校）

参考文献

REFERENCES

Afonso CL, Tulman ER, Lu Z, et al. 2002. J Virol 76:783–790.
Barcena J, Blasco R. 1998. Virology 243:396–405.
Blakemore F, Abdussalam M. 1956. J Comp Pathol 66:373–377.
Blood DC, Radostits OM. 1989. Veterinary Medicine: A Textbook of the Diseases of Cattle, Sheep, Pigs, Goats and Horses, 7th ed. London: Bailliere Tindall, pp. 571–958.
Borst GH, Kimman TG, Gielkens AL, van der Kamp JS. 1990. Vet Rec 127:61–63.
Cheville NF. 1966a. Am J Pathol 49:339–352.
——. 1966b. Pathol Vet 3:556–564.
Conroy JD, Meyer RC. 1971. Am J Vet Res 32:2021–2032.
Datt NS. 1964. J Comp Pathol 74:62–69.
De Boer GF. 1975. Arch Virol 49:141–150.
Foley PL, Paul PS, Levings RL, et al. 1991. Ann N Y Acad Sci 646:220–222.
Garg SK, Meyer RC. 1972. Appl Microbiol 23:180–182.
——. 1973. Res Vet Sci 14:216–219.
Hahn J, Park S-H, Song J-Y, et al. 2001. J Virol Methods 93:49–56.
Jubb TF, Ellis TM, Peet RL, Parkinson J. 1992. Aust Vet J 69:99.
Kasza L, Bohl EH, Jones DO. 1960. Am J Vet Res 21:269–273.
Kasza L, Griesemer RA. 1962. Am J Vet Res 23:443–450.
Kawagishi-Kobayashi M, Cao C, Lu J, et al. 2000. Virology 276:424–434.
Kim JCS, Luong LC. 1975. Vet Med Small Anim Clin 70:1043–1045.
Manninger R, Csontos J, Salyi J. 1940. Uber die atiologie des pockenartigen ausschlages der ferkel. Archiv fur Tierheilkunde 75:159–179.
Massung RF, Jayarama V, Moyer RW. 1993. Virology 197:511–528.
Massung RF, Moyer RW. 1991. Virology 180:355–364.
McNutt SH, Murray C, Purwin P. 1929. Am Vet Med Assoc 74:752–761.

Meyer RC, Conroy JD. 1972. Res Vet Sci 13:334–338.

Miller RC, Olson LD. 1980. Am J Vet Res 41:341–347.

Mohanty PK, Verma PC, Rat A. 1989. Acta Virol 33:290–296.

Moyer RW, Arif B, Black DN, Boyle DB, et al. 2000. Family *Poxviridae*. In MHV van Regenmortel, CM Fauquet, DHL Bishop, EB Carstens, MH Estes, SM Lemon, J Maniloff, MA Mayo, DJ McGeoch, CR Pringle, RB Wickner, eds. Virus Taxonomy: Classification and Nomenclature of Viruses. The Seventh Report of the International Committee on Taxonomy of Viruses. San Diego, CA: Academic Press, pp. 137–157.

Olufemi BE, Ayoade GO, Ikede BO, et al. 1981. Vet Rec 109: 278–280.

Ouchi M, Fujiwara M, Hatano Y, et al. 1992. J Vet Med Sci 54: 731–737.

Paton DJ, Brown IH, Fitton J, Wrathall AE. 1990. Vet Rec 127:204.

Plowright W, Ferris RD. 1958. Br J Exp Pathol 39:424–435.

Rahman MM, Barrett JW, Brouckaert P, McFadden G. 2006. J Biol Chem 281:22517–22526.

Schwarte LH, Biester HE. 1941. Pox in swine. Am J Vet Res 2: 136–140.

Shope RE. 1940. Swine pox. Arch Gesamte Virusforsch 1: 457–467.

Smid B, Valicek L, Mensik J. 1973. Zentralbl Veterinarmed B 20: 603–612.

Teppema JS, De Boer GF. 1975. Arch Virol 49:151–163.

Tripathy DN. 1999. Adv Vet Med 41:463–480.

van der Leek ML, Feller JA, Sorensen G, et al. 1994. Vet Rec 134: 13–18.

Williams PP, Hall MR, McFarland MD. 1989. Vet Immunol Immunopathol 23:149–159.

Winslow BJ, Cochran MD, Holzenburg A, et al. 2003. Virus Res 98:1–15.

Winslow BJ, Kalabat DY, Brown SM, et al. 2005. Vet Microbiol 111:1–13.

Yager JA, Scott DW. 1985. The skin and appendages. In KVF Jubb, JA Yager, DW Scott, eds. Pathology of Domestic Animals, Vol. 1, 3rd ed. Orlando, FL: Academic Press, pp. 407–549.

31

猪繁殖与呼吸障碍综合征病毒(猪动脉炎病毒属)

Porcine Reproductive and Respiratory Syndrome Virus (Porcine Arterivirus)

Jeffrey J. Zimmerman，David A. Benfield，Scott A. Dee，MichaelP. Murtaugh，Tomasz Stadejek，Gregory W. Stevenson 和 Montserrat Torremorell

背景
RELEVANCE

20 世纪 80 年代，美国猪群暴发了几次疾病，特点为严重的繁殖障碍、呼吸道疾病、生长迟缓以及死亡率增加(Hill，1990;Keffaber，1989;Loula，1991)。当时该病的病因不明。1990 年 11 月德国也暴发了具有相似临床症状的疾病(OIE，1992)。但是该病在德国与美国的暴发之间并没有相关性(Anonymous，1991)。该病传播迅速，仅 1991 年 5 月德国记录在案的就暴发了 3 000 余次，并在此后的 4 年间传遍整个欧洲(Baron 等，1992;Bøtner 等，1994;Edwards 等，1992;OIE 1992;Pejsak 和 Markowska-Daniel，1996;Plana Duran 等，1992a;Valíček 等 1997)。在亚洲，该病于 1988 年首先在日本暴发(Hirose 等，1995)，中国台湾于 1991 年也暴发该病(Chang 等，1993)。

1991 年，Koch 的推断得到了证实，并确定该病的病原是一种新的 RNA 病毒，(Terpatra 等，1991a;Wensvoort 等，1991)。很快，在美国(Collins，1991;Collins 等，1992)和加拿大(Dea 等，1992a,b)也分离到了该病毒。在荷兰和美国首次分离到的病毒分别被命名为 Lelystad 病毒和猪的繁殖障碍和呼吸综合征(SIRS)病毒(BIAH-001)。1991 年，欧洲科研人员首次在文献中引入"猪繁殖与呼吸障碍综合征"(PRRS)这一术语(Terpstra 等，1991b)。

目前，猪繁殖与呼吸障碍综合征病毒(PRRSV)的起源不明。然而，该病毒已经在世界上大部分养猪地区流行，而且难以控制。Neumann 等(2005)估计美国养猪生产者每年因 PRRS 而损失 560.32 美元。最近的一项研究认为，除了在 PRRSV 疫苗、诊断和生物安全方面的花费以外，美国每年因 PRRS 导致的损失仍高达 668.58 美元(Holtkamp 等，2011)。因此，从猪群、地区乃至国家层面根除 PRRSV 被认为是最好的解决问题之道。

病因学
ETIOLOGY

分类学
Taxonomy and Classification

PRRSV 与马动脉炎病毒(EAV)、小鼠促乳

猪病学，第 10 版，由 Jeffrey J. Zimmerman，Locke A. Karriker，Alejandro Ramirez，Kent J. Schwartz，Gregory W. Stevenson 主编。

酸脱氢酶病毒(LDV)和猴出血热病毒都属于动脉炎病毒科,冠状病毒科以及杆状套病毒科均为套病毒目的成员(Cavanagh,1997)。PRRSV主要分为两个遗传谱系,分别以基因1型和基因2型为代表。这两个原型基因组分别为Lelystad病毒(1型)和VR-2332(2型),两者的核酸序列差异约为44%。1型和2型均发现于1990年前后,1型首先在欧洲发现,2型首先在北美洲发现。今天,两个基因型均在世界范围内广泛分布,其中1型主要分布于欧洲,2型主要分布于北美洲和亚洲。

主要针对编码大囊膜糖蛋白开放阅读框(ORF)5的遗传进化分析结果表明,1型和2型PRRSVs之间差异很大。1型病毒之间成对核酸的变异约为30%,而2型病毒之间的变异大于21%。虽然PRRSV的起源不明,但是1型和2型病毒之间的广泛差异表明,其原型是在相当长的时期内、在不同的生态和地理环境中独立进化的,有可能来自非猪宿主。

1型PRRSVs有多个遗传谱系。与其他地区的1型PRRSVs相比,俄罗斯、白俄罗斯、乌克兰、立陶宛和拉脱维亚的病毒遗传谱系差异更明显,而且它们遗传分化的起始时间可能更早。这些遗传谱系资料表明,在西欧首次报道流行性暴发之前很久,前苏联就鉴定出了1型PRRSV,因此前苏联是1型PRRSV进化的源头地区(Stadejek等,2006)。由于政治原因,直到20世纪90年代东西欧之间才可以进行动物转运,这两个地区1型PRRSV遗传谱系的明显不同与该历史事实相符。

2型PRRSV已经鉴定出9种不同的ORF 5谱系(Shi等,2010)。其中7个谱系主要为北美分离株,另外两个谱系则全部为东亚分离株。亚洲系,包括一些北美大流行后期谱系,可能在大流行前就已经分别进化了,这表明,与1型PRRSV相同,在PRRS成为被认可的新猪病之前,2型PRRSV就已经发生了广泛的传播和进化。亚洲2型PRRSV的出现主要是由北美谱系的引入所导致,该谱系在当地发生多样性变异,进而导致了新病的暴发和毒力的增强(An等,2007,2010;Hu等,2009;Shi等,2010)。

主要强调ORF 5的进化分类方法可能会掩盖PRRSV基因组其他区的重要遗传差异。因此,对PRRSV进行全基因组分析,并比较多个蛋白编码区,包括广泛用于RNA病毒进化分析的聚合酶基因等,有利于描绘出PRRSV遗传关系和进化起源更完整的图谱。

猪繁殖与呼吸障碍综合征病毒的其他分析方法(Other Methods of Describing Porcine Reproductive and Respiratory Syndrome Virus Isolates)。限制性片段长度多态性(RFLP)分型是根据ORF5中限制性内切酶的模式进行分析的(Wesley等,1998)。限制性内切酶在预定的核酸序列位置切断核酸链,因此,有同种RFLP模式的病毒含有相同的限制性酶切位点,从而初步认为具有反映亲缘关系的相似核酸序列。然而,RFLP有以下几个主要缺点:(1)不适用于1型PRRSVs(仅有一个例外),(2)PFLP型与临床分离株的亲缘关系不一致,(3)RFLP模式不稳定,随着病毒在猪群中的传播而发生改变(Cha等,2004;Yoon等,2001),并且(4)RFLP鉴定技术太复杂。截止到2011年中期,已经发现了至少4种Mlu I消化模式、72种Hinc II消化模式和9种Sac II消化模式(K.Rossow,个人交流)。

血清分型也是对PRRSV进行分群的一种方法,感染猪的免疫血清和1型、2型的单克隆抗体分别与相应的PRRSVs发生特异性反应,但该方法难以鉴定同一血清型内不同毒株之间的关系。而且不同猪在PRRSV感染后的抗体反应强度不同,因此这一方法的局限性就更加明显(Johnson等,2007)。根据病毒中和(VN)特性进行血清分型是一种可行的方法,但是并非所有的感染猪都能检测到中和抗体(Nelson等,1994)。此外,VN在鉴定相关病毒类别方面重复性差,而且交叉中和结果与接种毒力PRRSV后的有效交叉保护并不一致。相反的,不发生血清交叉中和的病毒之间却经常出现免疫交叉保护(Opriessnig等,2005)。

通过预测GP5的N-连接糖基化模式进行PRRSV的糖型簇分离也可获得免疫交叉反应的相关信息。但是,该方法尚不能提供常用的PRRSV生物行为或特性的信息,而且也不适用于1型PRRSV。近来已出现了一种可用于1型和2型PRRSVs分型的体系(Kim,2008)。但目前既没有关于该方法的公开数据资料,也没有确认该方法有效性的公开报道。

准种问题使同一型内 PRRSVs 的分组更加复杂。感染宿主中的 RNA 病毒突变率高,可能是一群突变明显的基因组。理论上讲,遗传多样性增加了病毒的繁殖适应性,这对其成功进化可能是必要的。准种可能有助于解释 PRRSV 独特的遗传多样性,有利于免疫耐受突变株的选择。然而,从猪到猪的连续传代并不会增加猪个体中病毒的遗传变异,而且在实验室或临床环境下尚无证据表明逃脱突变毒株具有免疫选择特性(Chang 等,2002,2009;Goldberg 等,2003)。因此,PRRSV 中准种的作用或重要性不明。

理化和生物学特性
Physicochemical and Biological Properties

PRRSV 是一种有囊膜的单股正链小 RNA 病毒。病毒粒子的核蛋白衣壳内含有 15 kb 左右大小的传染性 RNA 基因组,核衣壳外为 5~6 种结构蛋白的含脂囊膜包绕。病毒粒子为小的多形性球体,直径 50~70 nm,整个病毒表面均覆盖着小的突起(Benfield 等,1992;Spilman 等,2009)。感染性病毒粒子在氯化铯中的浮密度为 1.18~1.22 g/cm³(Benfield 等,1992)。在 −70℃(−94℉)条件下,PRRSV 在培养基、血清和组织中可稳定保存,但是随着温度的增加其半衰期变短。脂溶剂可灭活病毒,而且低浓度的离子或非离子洗涤剂可破坏病毒的囊膜,使其丧失感染活性,因此病毒在洗涤剂中非常不稳定。

基因组结构和基因表达
Genomic Organization and Gene Expression

PRRSV 的基因组结构与其他动脉炎病毒相似,含有约 15 000 个核苷酸,形成 9 个 ORFs,这些 ORFs 是由基因组和亚基因组(sg)mRNAs 表达产生的。ORFs 1a 和 1b 占整个基因组的 80%,负责编码病毒转录、复制和免疫调节所需蛋白的裂解、同源重组和 RNA 复制。ORF 1a 和 ORF 1ab 可翻译为大的多肽,经蛋白水解后形成约 12 个非结构蛋白(NSPs)。

病毒的结构蛋白由基因组 3'末端 ORF 1ab 下游的 7 个 ORFs(2,2b 和 3~7)编码。病毒 5' 前导序列与每个 ORF 上游保守的前导编码体结合,形成亚基因组(sgm)信息,进而完成表达。对每个 sgmRNA(sgmRNA2 和 sgmRNA5 除外)前导序列下游的第 1 个 ORF 进行翻译,并开始蛋白表达,每个 sgmRNA 编码位于不同阅读框中的两个蛋白(Johnson 等,2011;Wu 等,2005)。

sgmRNA 不是随机形成的,其中 sgmRNA7 含量最多,其次是 sgmRNA6 和 sgmRNA5。结构蛋白的含量与此相似,其中核衣壳(N)含量最多,其次是 ORF6 和 ORF5 的产物 M 和 GP5。在 1 型和 2 型 PRRSVs 中,ORF7 的非编码、非翻译 5'端前导序列和 3'端非翻译序列下游均为保守序列。这些序列对于病毒的复制是必要的。

第三种 RNA,即不规则(heteroclite)RNA,是由基因组 RNA 与 5'前导序列下游非典型结合位点结合形成的,位于 3'末端编码结构蛋白的 ORFs 内(Yuan 等,2000)。只要病毒生长,就会产生不规则 RNA,虽然其大小不同,但是都缺乏编码聚合酶的 nsp9。它们可与病毒体整合并进行翻译(Yuan 等,2004)。但第三种 RNA 在病毒感染和致病性方面的作用仍需进一步研究。

非结构蛋白(Nonstructural Proteins)。PRRSV 全基因组 RNA 分子可翻译形成两个大的多聚蛋白,其中一个多聚蛋白可形成 NSPs。ORF 1a 可以翻译成一个约 260~277 ku 的大多聚蛋白,经蛋白水解后形成小的活性蛋白,其中包括 4 种蛋白酶(nsps-α,nsp1-β,nsp2 和 nsp4),这些活性蛋白可继续分解 ORF 1a 和 ORF 1b 的产物。在 ORF 1a 的末端,PRRSV 有一个不同寻常的 RNA 环状结构,它位于第 1 个 ORF 的末端,能绕过终止密码子并继续翻译第 2 个 ORF,从而形成 ORF 1ab 的多聚蛋白,该多聚蛋白中还含有一个约 160~170 ku 的蛋白。ORF 1a 产生的蛋白酶将 ORF 1b 形成的多聚蛋白分解为约 6 个具有复制活性的蛋白,包括一个解旋酶、一个 RNA 依赖的 RNA 聚合酶和一个核糖核酸内切酶。与高尔基复合体一样,该复制复合体位于细胞核周区。

PRRSV 的囊膜蛋白具有相似定位,表明病毒关键的生物合成和组装等均发生在高尔基复合体中。nsp1-α 和 nsp1-β 不仅具有内肽酶活性,可能还有助于病毒致病性的产生,其途径包括直接阻断 1 型干扰素(IFN)的合成或者抑制信号通路

(Beura 等,2010;Chen 等,2010)。由于高毒力变异株具有易变性并且常常发生框内缺失,所以 nsp2 具有广泛的基因大小多型性。但 nsp2 区并不能决定病毒的毒力(Zhou 等,2009a)。

结构蛋白(Structural Proteins)。 含量最多的结构蛋白是 N 蛋白,N 蛋白较小(15 ku),含有较多的碱性氨基酸,与病毒 RNA 共同装配成具有感染性的病毒粒子。在感染细胞中 N 蛋白的表达水平较高,约占病毒粒子总蛋白量的 20%～40%。N 蛋白穿过核膜定位于核仁,并可能通过影响 rRNA 前体的加工以及核糖体的生物发生进而影响核的复制(Yoo 等,2003)。由于其表达水平较高、抗原性较好,因此可以作为免疫诊断分析的较好靶位,但是目前这些抗体在免疫保护中的作用不明。

两个主要的囊膜蛋白是:①非糖基化的基质(M)膜蛋白,该蛋白没有信号序列,主要聚积在内质网上;②病毒囊膜,GP5 与 M 蛋白形成二硫化异二聚体后相互结合而成囊膜的一部分。经信号肽分解后,GP5 含有长约 30 个氨基酸的胞外结构域,可能含有 2～5 个 N-聚糖。由于易变的糖基化作用,其在十二烷基磺酸钠(SDS)-聚丙烯酰胺凝胶电泳时的片段大小为 25～35 ku。GP5-M 异源二聚体对于病毒体的形成是必要的,但仅有该二聚体并不能使病毒具有感染力(Das 等,2010;Wissink 等,2005)。

29～30 ku 的 GP2、45～50 ku 的 GP3 和 31～35 ku 的 GP4 糖蛋白含量均较低,并且形成一个三聚膜蛋白复合体。只有这三个蛋白同时存在的情况下,才能进行蛋白组装、形成病毒体并使病毒产生感染力(Wissink 等,2005)。该三聚结构可以单独或者通过与 GP5 的相互作用使病毒产生感染性(Das 等,2010;Wissink 等,2005)。这也是用 PRRSV 的 GP5 取代 EAV 的 GP5 后,EAV 仍然能够感染猪巨噬细胞的原因(Dobbe 等,2001)。这个小的膜糖蛋白复合体与 CD163 相互作用,从而使病毒可以侵入猪细胞(Calvert 等,2007;Das 等,2010)。

实验室培养
Laboratory Cultivation

1 型和 2 型 PRRSVs 主要在猪肺巨噬细胞、淋巴组织和树突状细胞中生长,而无法在单核细胞中生长。在实验室中,可使用仔猪的肺泡巨噬细胞和猴的肾脏细胞,尤其是非洲绿猴 MA-104 细胞及其产品 MARC-145 细胞系来培养 PRRSV。1 型 PRRSV 容易在猪巨噬细胞中生长,而难以适应猴细胞培养。2 型 PRRSV 在巨噬细胞中生长更好,但盲传几代后,通常也能够适应猴细胞培养,而适应细胞培养后的疫苗毒最好从 MARC-145 细胞分离(de Abin 等,2009)。1 型和 2 型 PRRSV 体外生长能力不同,因此,尽可能用猪巨噬细胞和猴细胞两种细胞进行病毒分离(Ⅵ)。

根据 PRRSV 感染时宿主细胞表面分子(特别是 CD163 和唾液酸黏附素)的特点,已经建立了转基因 PK-15 和 CHO 细胞系,疫苗毒和临床分离毒株均可在此细胞系中生长(Delrue 等,2010;Van Gorp 等,2008)。由于 1 型和 2 型 PRRSV 临床分离株都容易在该细胞系中生长,因此使得病毒分离(Ⅵ),特别是 1 型病毒的分离变得更加容易。

公共卫生
PUBLIC HEALTH

PRRSV 不感染人或者人源细胞,因此对公共卫生没有影响。

流行病学
EPIDEMIOLOGY

地理分布
Geographical Distribution

除了几个主要地区外,世界上的大部分养猪地区都存在 PRRSV。在欧洲,目前尚未发现 PRRSV 的国家包括瑞典(Carlsson 等,2009;Elvander 等,1997)、挪威(OIE,1997)、芬兰(Bøtner,2003)、瑞士(Corbellini 等,2006)。大洋洲的新喀里多尼亚(OIE,1996)、新西兰(Motha 等,1997)和澳大利亚(Garner 等 1996,1997)均未发现 PRRSV。南美洲的阿根廷(Perfumo 和 Sanguinetti,2003)、巴西(Ciacci-Zanella,2004)、古巴(Alfonso 和 Frias-Lepoureau,2003)以及加勒比海的某些地区也可能都是无 PRRSV 地区。

虽然准确评价某个国家或地区野毒株流行性

的资料相对缺乏，但是在猪密集饲养的感染区，60%～80%的猪场均为具有典型临床症状的感染。通过检测接种疫苗或感染后产生的疫苗毒抗体可以进行血清流行病学评价。减毒（MLV）疫苗株可在临床散布和传播（Bøtner 等，1997；Christopher-Hennings 等，1996，1997；Mengeling 等，1998）。

易感动物
Susceptible Species

小鼠、大鼠（Hooper 等，1994）和豚鼠（J. Zimmerman，尚未出版的资料）等许多动物对 PRRSV 都不易感。Wills 等（2000b）的研究结果表明，PRRSV 在猫、犬、小鼠、负鼠、浣熊、家鼠、臭鼬、家雀或八哥体内不能复制。Zimmerman 等（1997）报道野鸭（绿头鸭 Anas platyrhynchos）对 PRRSV 易感，但此后的研究未能证实这一点。野猪容易感染 PRRSV，但血清学调查结果表明，自由生活的野猪很少感染 PRRSV（Albina 等，2000；Lutz 和 Wurm，1996；Oslage 等，1994；Saliki 等，1998；Wyckoff 等，2009）。（Trincado 等，2004b）。总科猪上科的其他动物（Sus spp.，西貒、疣猪和鹿猪）对于 PRRSV 的易感性不明。

排毒途径
Routes of Shedding

感染动物通过唾液（Wills 等，1997a）、鼻腔分泌物（Christianson 等，1993；Rossow 等，1994a）、尿（Wills 等，1997a）、精液（Swenson 等，1994a）排出病毒，偶尔经粪便（Christianson 等，1993）排毒。怀孕后期感染的母猪可通过乳汁排出病毒（Wagstrom 等，2001）。病毒变体通过猪体排毒时，其排毒量差异很大（Cho 等，2006）。

由于人工授精技术的广泛应用，因此人们目前较为关注病毒通过精液的传播。不同公猪其精液的排毒时间差别很大（Christopher-Hennings 等，1996）。Christopher-Hennings 等（1995a）检测了染毒约 92 d（DPI）的公猪精液中的病毒 RNA，结果从一头安乐死处死的 101 DPI 公猪的尿道球腺中分离到了 PRRSV。某研究结果证实 MLV 疫苗接种后大约 39 d 就能从精液中检测到病毒，但是在接种疫苗之前遇有应激等情况时精

液中检测不到病毒或者排毒量减少（Christopher-Hennings 等，1997）。

持续感染
Persistent Infection

猪感染 PRRSV 后表现为慢性、持续感染，这是 PRRSV 感染最重要的流行病学特征。感染试验和动物体内的病毒检测证实 PRRSV 具有持续感染的特性。许多研究结果表明，病毒感染后 100～165 d 即可检测到感染性病毒粒子，扁桃体和淋巴组织中含量甚高（Allende 等，2000；Benfield 等，2000b；Fangman 等，2007；Horter 等，2002；Will 等，1997b）。持续感染与猪被感染时的大小无关。不管是子宫内胎儿（Benfield 等，1997，2000b；Rowland 等，1999）、仔猪还是成年猪（Bierk 等，2001；Christopher-Hennings 等，1995a；Fairbanks 等 2002；Zimmerman 等，1992），均会发生持续感染。病毒对抗动物主动免疫反应的机制尚不清楚，但可以肯定的是这与病毒在动物体内不断发生变异而逃避宿主的免疫反应无关。Chang 等（2002，2009）发现，持续感染动物体内 PRRSV 的变异率相对较低。

传播途径
Transmission

猪对 PRRSV 易感，主要经鼻腔、肌肉内、口腔、子宫和阴道等途径传播。相同的感染剂量、不同的感染途径对猪的感染力不同。Yoon 等（1999）报道肌内接种少于或等于 20 个 PRRSV 粒子即可使猪感染发病。Hermann 等（2005）的研究结果表明，经口和肌肉染毒时的半数动物感染剂量，即半数感染量（ID_{50}），分别为 $1\times10^{5.3}$ 和 $1\times10^{4.0}$。根据 Benfield 等（2000a）的研究结果，人工染毒的 ID_{50} 约为 $1\times10^{4.5}$。

PRRSVs 的感染能力可能不同。Cutler 等（2011）认为感染毒株 MN-184 气溶胶时的 ID_{50} 为 $1\times10^{0.26}$。而 Hermann 等（2009）认为感染毒株 VR-2332 气溶胶时的 ID_{50} 为 $1\times10^{3.1}$。这两个试验结果是同一实验室在相似的试验条件下得到的。

猪容易经胃肠道外途径感染（在皮肤破损的情况下），对其他途径的感染则抵抗力较强。在临

床上,胃肠道外感染途径可能包括剪耳、断尾、修牙、打烙印、注射药物和生物制品等标准饲养操作。同样,由于 PRRSV 可在感染猪的唾液中持续存在几周,因此,猪之间互相攻击时发生的撕咬、伤口、刮擦和/或擦伤均可导致胃肠道外感染的发生。Bierk 等(2001)证实带毒母猪和易感猪互相攻击时能够传播 PRRSV。其他能够导致经血液和唾液传播的行为,如咬尾和咬耳等,也可导致该病的传播。

PRRSV 传染易感猪的间接途径有许多(Cho 和 dee 的综述,2006),包括污染物、PRRSV 污染的注射器、感染猪唾液和血液污染的人员以及污染的昆虫媒介(苍蝇和蚊子)等。气溶胶的间接传播与病毒变体和环境因素有关。PRRSV 从排毒猪群经空气传播至易感猪群的风险因素包括:伴有短时大风的定向低速风、低温、高相对湿度和低日光水平等(Dee 等,2010)。

垂直传播
Vertical Transmission

PRRSV 能够经过患病母猪的胎盘屏障传染胎儿,导致死胎、带毒仔猪的出现,带毒仔猪可能为弱胎或临床表现正常的仔猪(Bøtner 等,1994;Christianson 等,1992;Terpstra 等,1991a)。有些猪可能不会受到垫草中 PRRSV 的感染。PRRSV 能在母猪妊娠 14 d 以后的胎儿体内复制,但是由于大多数的 PRRSV 仅能在怀孕后期通过胎盘屏障进入胎儿体内,因此在母猪怀孕的前两个阶段(共有三个阶段),胎儿一般不会感染病毒(Christianson 等,1993;Lager 和 Mengeling,1995;Mengeling 等,1994;Prieto 等,1996a,b)。Park 等(1996)的试验结果表明,在母猪怀孕 90 d 时染毒,低毒力和高毒力 PRRSV 穿透胎盘屏障的能力相同。

猪场内的传播
Transmission within Herds

一旦感染,PRRSV 往往在一个猪场内无休止地循环传播。由于持续存在的 PRRSV 由带毒动物传染给不断出现的易感动物,这些易感动物既可由出生、购入产生,又可由于动物失去免疫保护性而产生,因此形成了 PRRSV 的地域性传播。

病毒可从带毒母猪通过子宫,或者在产后传给仔猪,或者通过易感猪与感染猪的混群,而使病毒持续循环传播。在断奶等情况下,将易感动物与带毒动物混群饲养可使大量易感动物迅速感染。Dee 和 Joo(1994a)对 3 个猪场的研究表明,80%~100%的猪在 8~9 周龄时就已感染 PRRSV;Maes(1997)对 50 个猪场进行的研究发现,96%的育肥猪血清学检测结果为阳性。但是在地区性感染的猪场中,不同组别、不同畜栏或畜舍的动物之间感染率差异很大。Houben 等(1995)甚至发现同窝仔猪之间的感染也有差别。在同窝出生的仔猪中,有的早在 6~8 周龄时就可发生血清学转化,而其他的在 12 周龄(即血清学监测末期)时血清学检测结果仍为阴性。

猪场间的传播
Transmission between Herds

研究结果证实感染猪、含有病毒的精液和气溶胶有助于 PRRSV 在猪场间的传播(Dee 等,1992;Dee 等,2010;Mousing 等,1997;Weigel 等,2000)。Mortensen 等(2002)的研究发现,PRRSV 是通过带毒动物和精液的引入以及相邻农场带毒气溶胶的扩散而进入阴性猪群的。Torremorell 等(2004)估计 80%以上的感染是由于相邻农场的扩散、PRRSV 阳性猪的运输、未严格执行生物安全措施或昆虫的传播引起的。

与感染猪群相邻是主要的致病因素。与 PRRSV 阳性猪群相距越近,感染的可能性越大,随着距离的增加,感染的可能性变小。Le Potier 等(1997)发现,在怀疑经地域传播而感染的猪场中,有 45%距离感染源不足 500 m(0.3 mi),只有 2%的农场与感染源相距 1 km。

另外,Goldberg 等(2000)对伊利诺斯州(美国)和艾奥瓦州东部(美国)的 55 个猪场中分离到的病毒进行了 ORF5 基因测序,结果发现分离株的遗传相似,而与地理位置无关。据此,他们认为 PRRSV 主要是通过动物或者精液而感染猪群的,与相邻猪场的区域扩散关系不大。

在环境中的稳定性
Stability in the Environment

感染动物通过唾液、尿和粪便排出病毒从而

污染环境,产生了潜在的污染物传播。PRRSV
对热和干燥敏感,在热和干燥的条件下能够迅速
失活。在 25～27℃ 条件下,除感染当天外,其他
时间在塑料、不锈钢、橡胶、苜蓿、木屑、干草、玉
米、仔猪饲料或棉衣上均检测不到感染性的病毒
(Pirtle 和 Beran,1996)。在特定的温度、湿度和
pH 条件下,PRRSV 可保持长时间的感染力。在
温度为 −70℃ 和 −20℃ 时,PRRSV 能存活几个
月甚至几年。Jacobs 等(2010)发现,4 株 2 型毒
株在溶液中的灭活率没有差异,病毒的半数灭活
时间分别为:4℃（39℉）— 155 h,10℃（50℉）—
84.5 h,20℃（68℉）— 27.4 h 和 30℃（68℉）—
1.6 h。在血清和组织中,PRRSV 的热稳定性与
在媒介中的基本相同。将猪血清于 25℃ 分别放
置 24、48 和 72 h,可分别从 47%、14% 和 7% 的血
清样品中分离到 PRRSV。当将血清置于 4℃ 或
者 −20℃ 放置 72 h 后,可从 85% 的血清样品中分
离到 PRRSV（Van Alstine 等,1993）。PRRSV
在 pH 为 6.5～7.5 的条件下稳定,但是在 pH 低
于 6 和高于 7.5 时可迅速丧失感染力（Benfield
等,1992；Bloemraad 等,1994）。

消毒

Disinfection

氯仿、乙醚等脂溶剂可使 PRRSV 失活（Ben-
field 等,1992）。PRRSV 在含有低浓度去污剂的
溶液中极不稳定,这是由于去污剂破坏了病毒囊
膜,使病毒释放出不具有感染性的核心颗粒,从而
使病毒失去了感染性（Snijder 和 Meulenberg,
2001）。Shirai 等(2000)报道,在室温条件下用氯
(0.03%)10 min、碘(0.007 5%)1 min、季铵化合
物(0.006 3%)1 min 即可杀灭 PRRSV。消毒措
施包括干燥和热辅助干燥,此外,在寒冷和温暖的
环境中,含有戊二醛和氯化季铵盐的泡沫消毒剂
也能有效灭活产房和运输工具中的 PRRSV（Dee
等,2004,2005a,b）。

致病机理

PATHOGENESIS

目前已经用无菌猪、剖腹产/不饲喂初乳的猪
或者普通猪对 PRRSV 的感染进行了研究（Duan
等,1997b；Halbur 等,1995b,1996a；Rossow 等,

1994a,1995,1996a）。染毒后,病毒首先在局部的
巨噬细胞中复制,然后迅速向淋巴器官、肺扩散,
有时也向其他组织扩散。毒力较强的 PRRSV 能
使某些猪在感染后 12 h 就出现病毒血症,至 24 h
时病毒会侵染所有猪的淋巴组织和肺脏。血清、
淋巴结和肺脏中病毒滴度的最大峰值出现在感染
后 7～14 d,其值为每毫升血清或者每克组织中
$1×(10^2～10^5)$ $TCID_{50}$。通常,肺脏中的病毒滴
度最高。

PRRSV 主要在分化良好的单核细胞子细胞
中复制,这些子细胞具有 220 ku 的糖蛋白受体
(唾液酸黏附素)和一个跨膜糖蛋白（CD163）。
PRRSV 与唾液酸黏附素结合后,经受体介导的
内吞作用进入细胞内（Duan 等,1998；Kreutz 和
Ackermann,1996；Nauwynck 等,1999；Wissink,
2003a）,而 CD163 对于 PRRSV 从早期的核内体
到胞浆的内化是必要的,是病毒复制的前提条件
之一（Calvert 等,2007；Van Gorp 等,2009）。有
助于 PRRSV 复制的主要分化细胞包括肺泡巨噬
细胞（PAM）、肺血管内巨噬细胞（PIM）（Thana-
wongnuwech 等,1997a；Wensvoort 等,1991）和
淋巴组织巨噬细胞（Duan 等,1997b）等。因此,
PRRS 急性感染时这些组织中 PRRSV 的滴度最
高,而且组织损伤最为严重。

PRRSV 的复制需要 PAM 或者其他巨噬细
胞的成熟和/或活化（Duan 等,1997a；Molitor 等,
1996,1997；Thacker 等,1998）。PRRSV 在分化
的 PAM 子细胞中复制,而分化的 PAM 子细胞吞
噬细菌、产生超氧阴离子杀灭溶酶体中细菌的能
力最强（Molitor 等,1996）。与较大日龄的猪相
比,PRRSV 在仔猪 PAM 和 PIM 中复制后的滴
度更高（Mengeling 等,1995；Thanawongnuwech
等,1998b）。与此类似的是,当给仔猪和较大日
龄的猪接种相同的 PRRSV 时,仔猪复制病毒的
滴度更高,排毒更多（Cho 等,2006；van der Lin-
den 等,2003）。PRRSV 也可在小胶质细胞中复
制（Molitor 等,1997）,但是并不能在所有的单核
细胞中复制,如在外周血单细胞、腹腔巨噬细胞和
骨髓母细胞中,PRRSV 就不能复制（Duan 等,
1997a,b）。

在肺脏和淋巴结中可观察到最多的 PRRS
病毒抗原和/或核酸,在心脏、脑、肾脏以及其他组

织中的血管周围和血管内巨噬细胞中也经常可以观察到,但是在肺泡细胞、鼻腔上皮细胞、内皮细胞、纤维原细胞、精细胞核和精母细胞却很少看到(Halbur 等,1995a,b,1996a;Magar 等,1993;Pol 等,1991;Rossow 等,1996a;Sirinarumitr 等,1998;Sur 等,1997;Thanawongnuwech 等,1997a)。

一般说来,临床疾病的发生和病理损伤程度与病毒最高滴度的出现时间和组织有关,如在感染后的 7～14 d,肺脏和淋巴结中的病毒滴度最高。比较而言,在死胎和先天感染的活仔体内,淋巴器官中而非肺脏中的病毒抗原和核酸最多(Cheon 和 Chae,2001)。

血清中的病毒滴度在达最高峰值后迅速降低。虽然用反转录聚合酶链式反应(RT-PCR)方法在染毒后 251 d 仍能检测到血清中的病毒RNA,但是感染后 28 d,大部分猪不会再出现病毒血症(Duan 等,1997b;Wills 等,2003)。先天性感染仔猪病毒血症的持续时间更长一些,大约在出生后的 48 d 仍可分离到病毒,并且极少数仔猪感染后 228 d 仍可通过 RT-PCR 方法检测到病毒(Rowland 等,2003)。

出现病毒血症后,先天和后天感染的猪均可在此后的长时间内通过扁桃体(Wills 等,1997c)和/或淋巴结,特别是腹股沟和胸骨淋巴结(Bierk 等,2001;Xiao 等,2004)处存在的病毒而持续感染。在感染后 132～157 d,用病毒分离方法仍可检测到病毒(Rowland 等,2003;Wills 等,1997c)。病毒可通过持续低量的方式,在淋巴组织中复制病毒(Allende 等,2000b)。

细胞损伤的机制
Mechanisms of Cell Injury

PRRSV 在肺脏、淋巴组织以及其他组织(虽然较少)的巨噬细胞中复制,通过各种机制导致细胞损伤并出现临床疾病。这些机制包括感染细胞的凋亡、邻近非感染细胞的程序性死亡(间接或旁观凋亡)、诱发炎性细胞因子的产生、诱导多克隆B B 细胞的活化以及巨噬细胞吞噬和杀菌作用的减弱,进而导致对败血症的易感性增加(也可能是由于 PRRSV 的其他免疫修饰作用)。

直接和间接(旁观)凋亡是 PRRSV 感染过程中细胞死亡的主要原因。在病毒滴度较高的急性感染期,病灶周围只有一小部分巨噬细胞被PRRSV 感染(Duan 等,1997b;Mengeling 等,1995),但是却有大量凋亡的单核细胞散在分布(Sirinarumitr 等,1998;Sur 等,1998)。凋亡细胞中几乎不含 PRRSV,而且在感染 PRRSV 后10～14 d 发生凋亡的单核细胞最多。这表明PRRSV 可诱导与感染细胞相邻的非感染细胞的凋亡。从形态学上分析,大多数的凋亡细胞为典型的巨噬细胞,少数为典型的淋巴细胞。

PRRSV 感染细胞的死亡原因除凋亡之外还有坏死,包括活化半胱天冬氨酸酶(caspase)和线粒体介导的通路(Costers 等,2008;Lee 和 Kleiboeker 等,2007)。PRRSV 诱导细胞间接凋亡的原因不明,但可能是由于感染巨噬细胞释放或分泌的物质如 p25、细胞凋亡因子、活性氧或者一氧化氮导致的(Choi 和 Chae,2002;Labarque 等,2003;Suárez,2000)。

PRRSV 感染的巨噬细胞能够分泌促炎细胞因子,这些细胞因子可能具有正面(促使白细胞数量增加、诱发免疫反应以及减少病毒的复制)和负面(血管渗透性增加,导致肺水肿和支气管收缩)的双重效应。对 PRRSV 感染的猪和未感染的对照猪进行支气管肺泡灌洗,研究结果表明感染猪体内细胞因子(包括 γ-IFN、a-TNF、IL-1、IL-6、IL-10 和 IL-12)的含量均升高(Choi 等,2001;Suradhat 和 Thanawongnuwech,2003;Thanawongnuwech 等,2003;van Gucht 等,2003)。这些细胞因子主要是由位于炎性中心的肺泡壁巨噬细胞和 γ-IFN 阳性的淋巴细胞产生的(Choi 等,2001;Chung 和 Chae,2003;Thanawongnuwech 等,2003)。在这些细胞因子中,TNF-α、IL-1 和IL-6 为促炎性细胞因子,能够促进白细胞的聚集和活化、增加毛细血管的渗透性(肺水肿)并诱导发热、厌食和精神沉郁等系统反应。TNF-α 和IL-1 也能引起支气管高度反应和收缩等哮喘样症状。

PRRSV 在淋巴器官中的复制也与多克隆 B 细胞的活化有关。临床上表现为淋巴结增生,而在显微镜下为淋巴滤泡增生(Lamontagne 等,2001)。新生的无菌仔猪染毒后出现淋巴组织增生,所有血清免疫球蛋白含量均大幅增加(其中仅

1%对 PRRSV 具有特异性),产生循环免疫复合物,免疫复合物沉积在已经发生炎性反应的肾小球基底膜上,并且产生针对高尔基体和双链 DNA (dsDNA)的自身抗体(Lemke 等,2004)。

临床症状
CLINICAL SIGNS

在北美洲（Bilodeau 等,1991；Keffaber, 1989；Loula,1991；Moore,1990；Sanford,1992）、南美洲(Dewey,2000)、欧洲（Anon,1992；Busse 等,1992；de Jong 等,1991；Gordon,1992；Hopper 等,1992；Leyk,1991；Wensvoort 等,1991；White,1992a,b）和亚洲（Chiou,2003；Thanawong-nuwech 等,2003；Tong 和 Qiu,2003；Yang 等,2003），同一猪群内部 PRRS 的临床症状基本相同。

猪群之间 PRRS 的临床表现差别较大,有的根本无异常症状,有的则表现为大多数猪的死亡。PRRSV 的临床症状受病毒毒株、宿主的免疫状态、宿主的易感程度、脂多糖的外露程度、并发感染以及其他管理因素的影响(Blaha,1992；White, 1992a)。

猪群发生 PRRS 的临床表现主要是个体出现急性病毒血症(Collins 等,1992；Pol 等,1991；Terpstra 等,1991a)和经胎盘传染给胎儿的繁殖障碍(Terpstra 等,1991a)。PRRSV 分离株的毒力差别很大,低毒力的分离株仅能引起猪群亚临床感染性流行或者地方性流行（Morrison 等,1992）,而高毒力的分离株则能引起严重临床感染,猪群的免疫状况不同,感染后的临床表现也不同。

如果 PRRSV 感染未免疫的猪群或未免疫地区的猪群,那么所有年龄的猪都会受到感染,从而引起该病的流行。地区性的流行主要发生在已经免疫过并且免疫毒株与感染毒株同源的猪群中。对于地方性流行的 PRRS 来说,表现出临床症状的猪为猪群中的易感猪,并且多为母源抗体消失后的保育-生长猪、和/或以前未受感染的小母猪或经产母猪以及它们先天感染的后代仔猪。

如果 PRRSV 毒株的抗原发生足够大的变异,那么该毒株作为一种新的、与免疫相对无关的毒株,就会使 PRRSV 感染的地方性流行变为流行性暴发。近来研究发现,一株 Nsp2 基因缺失的高毒力 2 型 PRRSV 已开始在中国华东地区快速散播（Li 等,2007；Tian 等,2007；Zhou 等,2008）。

流行性传播
Epidemic Infection

PRRS 流行的第一阶段持续 2 周或 2 周以上,此时所有年龄的猪均可发病,发病率为 5%~75%,是由急性病毒血症引起的,主要特征为厌食和精神沉郁。上述症状起始于猪群生产的一个或多个阶段,根据猪群的规模和组成不同,可在 3~7 d 或更长时间内传播至整个生产阶段。发病猪食欲不振,持续 1~5 d,在隔离猪群中其传播常常需要 7~10 d 或者更长时间,因而常用"滚动性食欲不振"(" rolling inappetence")这个术语来描述。发病猪也常表现出如下临床症状:淋巴细胞减少、发热、直肠温度 39~41℃(102~106°F)、呼吸急促、呼吸困难以及四肢皮肤出现短暂的"斑点"样充血或发绀。

急性病例的第一阶段结束后,疾病进入第二阶段,持续 1~4 个月。该阶段的主要特征为繁殖障碍,主要发生在怀孕后第三期出现病毒血症的母猪,其所产活仔猪在断奶前的死亡率升高。当繁殖障碍和断奶前死亡率恢复至疾病暴发前的水平时,大部分猪群仍会持续发生地方性感染。

母猪(Sows)。 在疾病的急性期,1%~3%的母猪流产,流产一般发生在妊娠后 21~109 d。母猪表现为明显的流产、流产后的不规则发情或不孕（Hopper 等,1992；Keffaber,1989；Loula, 1991；White,1992a）。在个别急性病例中,母猪可出现无乳（Hopper 等,1992）、共济失调（de Jong 等,1991）的症状,和/或疥癣、萎缩性鼻炎或膀胱炎/肾盂肾炎等地方性疾病的急剧恶化（White,1992a）。

急性发病母猪的死亡率通常为 1%~4%,有时还伴有肺水肿和/或膀胱炎/肾炎等（Hopper 等,1992；Loula,1991）。母猪严重急性 PRRSV 感染的流产率可达 10%~50%,死亡率约 10%,并且伴有共济失调、转圈和轻瘫等神经症状（Epperson 和 Holler,1997；Halbur 和 Bush,1997）。

大约 1 周后出现后期繁殖障碍,并持续 4 个月左右。在急性感染病例中也有部分感染母猪不表现出临床症状。通常,5%～80%的母猪会在怀孕后100～118 d产仔,所产仔猪中有正常猪、弱仔猪、新鲜死胎(分娩过程中死亡)、自溶死胎(褐色)和部分木乃伊胎儿或完全木乃伊胎儿的各种组合。一般来说,死胎占一窝仔猪的0～100%,占整个产仔群中所产仔猪总数的7%～35%。随着时间的推移,仔猪从主要为死胎和大的部分木乃伊化的胎儿变为小的较完全木乃伊化胎儿,再变为弱小胎儿,最后变为正常大小和有活力的猪(Keffaber,1992;Loula,1991;White,1992a)。在一些猪场,大多数的异常仔猪为活产、早产、体弱和体小的猪,但少数为死胎(Gordon,1992)。母猪围产期的死亡率可达1%～2%(Jong等,1991;Keffaber,1989)。此后,耐过母猪发情延迟、不孕率升高。

公猪(Boars)。急性病例除厌食、精神沉郁和呼吸道症状外,还出现性欲缺失和精液质量不同程度地降低(de Jong等,1991;Feitsma等,1992;Prieto等,1994)。精液变化出现于病毒感染后的2～10周,表现为精子的运动能力降低和顶体缺乏,但是尚不清楚是否会影响受孕率(Lager等,1996;Prieto等,1996a,b;Swenson等,1994b;Yaeger等,1993)。但是公猪精液中的PRRSV会通过性交传染给母猪,这一点是非常重要的(Swenson等,1994b;Yaeger等,1993)。

哺乳仔猪(Suckling Pigs)。在繁殖障碍末期的1～4个月,早产弱仔的死亡率非常高(约60%),并且伴发精神沉郁、消瘦/饥饿、外翻腿姿势、呼吸急促、呼吸困难("喘鸣")和球结膜水肿。有时个别病例会出现震颤或划桨运动(Keffaber,1989;Loula,1991)、前额轻微突起(Gordon,1992)、贫血和血小板减少并伴有脐部等部位的出血以及细菌性多发性关节炎和脑膜炎的增加(Hopper等,1992;White,1992a)。英国病例经常出现水样腹泻(Gordon,1992;Hopper等,1992;White,1992a),但在其他地方很少出现这种症状(Keffaber,1989;Leyk,1991)。

断奶和生长猪(Weanling and Grower Pigs)。保育猪或生长-育肥猪急性感染PRRSV后经常出现厌食、精神沉郁、皮肤充血、呼吸加快和/或呼吸困难但不咳嗽、毛发粗乱、日增重不同程度减少,以致出现猪个体的大小不等(Moore,1990;White,1992b)。一些地方流行病比平时多发,死亡率高达12%～20%(Blaha,1992;Keffaber等,1992;Loula,1991;Moore,1990;Stevenson等,1993;White,1992a)。最常出现的地方流行病包括链球菌性脑膜炎、败血性沙门氏菌病、革拉瑟氏病、渗出性皮炎、疥癣和细菌性支气管肺炎。

猪群的地方性传播
Endemic Infection of Herds

猪群一旦发生PRRSV感染,几乎全部会转变为地方性感染。在地方性感染猪群中,PRRS经常表现为易感保育猪或生长-育肥猪定期的或者偶然的典型急性PRRS暴发(Keffaber等,1992;Stevenson等,1993)。易感小母猪或者猪群中新引入的公猪感染PRRSV时也会表现出临床症状(Dee和Joo,1994b;Dee等,1996;Grosse-Beilage和Grosse-Beilage,1992),易感母猪有时也会出现临床症状。小母猪或公猪急性感染的临床症状与流行性暴发时相同。流行性PRRSV导致的繁殖表现取决于被感染小母猪/母猪的数量和被感染时所处的繁育阶段,两者对其繁殖性能的影响都很大(Torrison等,1994)。如果感染的小母猪数量很少,那么仅表现为散发性流产、不规律性再发情、未受孕小母猪和后期繁殖障碍并伴有异常胎儿产出等典型PRRS症状。只有在对每一产次进行评估后才能确认是否是散在性的(White,1992b)。另外一种情况是,小母猪有可能不会感染PRRSV,除非处于各孕期的易感小母猪数量较多。在这种情况下,种猪群中地方性PRRS流行的表现为小母猪(有时包括母猪的)周期性暴发小规模PRRS,其临床症状与大群暴发时相同(Dee和Joo,1994b)。

影响疾病严重程度的因素
Factors Affecting the Severity of Disease

PRRS的临床症状受许多因素的影响,目前还无法完全了解。这些影响因素包括毒株、免疫状态(在其他章节有讨论)、宿主的易感性、脂多糖(LPS)的暴露程度和并发感染等。管理方面,如猪的流动、畜舍的设计、温度调控等可能也有影响,但是关于这方面的研究资料很少。

不同的 PRRSV 毒株在遗传性(Li 等,2007;Murtaugh 等,1995;Tian 等,2007)、抗原性(Nelson 等,1993;Wensvoort 等,1992)、致呼吸道疾病和损伤的严重程度(Halbur 等,1995b,1996a,b;van der Linden 等,2003a)以及致繁殖障碍的严重程度(Mengeling 等,1996a,1998;Park 等,1996)等方面均不同。与低毒力毒株相比,高毒力毒株能在肺脏和淋巴组织中产生更多的病毒抗原(Halbur 等,1996a)、更高滴度的病毒血症,并且病毒血症持续时间更长(Grebennikova 等,2004;van der Linden 等,2003),同时肺部细胞能释放出更多的 IFN-γ(Thanawongnuwech 等,2003)。

对纯种动物所进行的一些研究表明,不同品种动物感染 PRRSV 后,疾病的严重程度不同。Halbur 等(1998)报道显示,不同品种的猪在肺损伤、肺部含有 PRRSV 抗原阳性细胞的数量以及心肌炎和脑膜炎的发病率方面存在明显差异。Christopher-Hennings 等(2001)报道,不同品种的感染公猪精液中 PRRSV 的存活时间也存在差异。

细菌脂多糖是细菌细胞壁的主要成分,在通风条件较差的畜舍,尘土中脂多糖的含量较高(Zejda 等,1994)。经气管给予已感染 PRRSV 的猪 LPS,同时设立仅感染 PRRSV 和仅给予 LPS 的对照,结果发现,试验猪的临床呼吸道症状更为严重,这是由于给予 LPS 后 IL-1、IL-6 和 a-TNF 的含量比对照猪增高 10～100 倍所致,但是,肺部的外观和显微病变以及支气管肺泡冲洗液中的炎性细胞数量均与对照猪相同(Labarque 等,2002;van Gucht 等,2003)。

猪感染 PRRSV 后,对一些细菌和病毒性疾病的易感程度增加,而且可与某些细菌或者病毒病产生附加或协作效应,从而导致更严重的疾病,这种疾病比感染其中任何单一疾病都要严重。先天和后天感染 PRRSV 都可使猪对猪链球菌性败血症的易感性增加(Feng 等,2001;Galina 等,1994)。研究结果表明,其作用机制可能是由病毒在肺血管巨噬细胞(PIMS)和肺泡巨噬细胞(PAMS)内复制并将其杀死以及病毒感染的 PIMS 和 PAMS 的吞噬作用和杀菌能力减弱引起的(Thanawongnuwech 等,1997b;1998a,b;

2000a,b)。这种机制使得急性感染 PRRSV 的猪对其他细菌引起的败血症更易感,但是缺乏相关的试验证明。断奶仔猪感染 PRRSV 后,对支气管炎博德特菌所引发的支气管肺炎的易感性增加(Brockmeier 等,2000)。这可能是由于 PRRSV 感染 PAMS 进而导致其杀菌能力减弱引起的(Thanawongnuwech 等,1997b)。感染霍乱沙门氏菌后,PRRSV 急性感染和出现严重临床症状的病例均增多(Wills 等,2000a)。猪感染 PRRSV 后,可使猪圆环病毒 2 型(PCV2)的复制明显加快,导致更为严重的 PRRS 病毒性肺炎且并发 PCV2 相关的多系统衰竭综合征(Allan 等,2000;Harms 等,2001)。虽然临床观察到 PRRSV 感染的猪对胸膜肺炎放线杆菌、多杀性巴氏杆菌和副猪嗜血杆菌所引起的疾病易感性增加,但是并未得到试验证实(Cooper 等,1995;Pol 等,1997;Segalés 等,1999)。其他研究也表明 PRRSV 与某些细菌或者病毒之间存在着相加或增强作用。也就是说,两者并发会引起比任何单一疾病都更为严重的疾病。这些细菌或病毒包括肺炎支原体、猪呼吸道冠状病毒、猪流感病毒和 Aujeszky's 病毒(Shibata 等,2003;Thacker 等,1999;van Reeth 等,1996,2001)。PRRSV 和典型猪瘟病毒之间没有协同作用(Depner 等,1999)。

病理变化
LESIONS
新生仔猪病变
Postnatal Lesions

PRRSV 感染后所有日龄的猪都表现出相似的病理变化。由于毒株的毒力不同,因此其引起病变的严重程度和病变范围也就不同(Done 和 Paton,1995;Halbur 等,1996b)。大部分研究病变的染毒试验均是用 1～70 日龄的哺乳猪或断奶猪进行的(Collins 等,1992;Dea 等,1992c;Halbur 等,1995b,1996a,b;Pol 等,1991;Rossow 等,1994a,1995)。感染后 4～28 d 以及 28 d 之后经常能看到肺脏和淋巴结的大体或显微病变,这两个部位是病毒复制的主要场所。此后观察到的显微病变不太一致,在感染后约 7～14 d 时,偶尔可在肾脏、脑、心脏和其他部位病毒粒子比较少,而病毒粒子主要位于血管周围和血管内的巨噬细胞和内皮细胞中。也可在繁殖障碍母猪的子宫屏障和公猪的睾丸处发现病变。小于等于 13 日龄的猪染毒后,会出现该病的特征性病变,如感染后 6~23 d 会发生眼周浮肿、感染后 11~14 d 会发生阴囊肿大、感染后 2~7 d 会发生皮下水肿等(Rossow 等,1994a,1995)。

感染后 4~28 d 以及 28 d 之后,会出现间质性肺炎,其中以感染后 10~14 d 时最为严重。肺脏尖叶病变轻微或病变呈弥散性分布。被感染的肺实质有弹性、质地稍坚硬、不塌陷、灰黑色带有斑点而且湿润。严重病变为弥漫性分布,软组织上有斑点或者呈现红褐色、不塌陷、质地坚实、橡胶状且非常湿润。在显微镜下,由于肺泡腔充满巨噬细胞、淋巴细胞和浆细胞,可能还有增生的Ⅱ型肺成纤维细胞,从而肺泡壁扩张。肺泡中可能有坏死的巨噬细胞、细胞碎片和浆液。淋巴细胞和浆细胞在呼吸道和血管周围形成套。在为数不多的细胞增生和纤毛缺失的支气管上皮细胞相关研究资料中也提到了 PRRSV 抗原(Done 和 Paton,1995;Pol 等,1991)。在 PRRS 实际感染病例中,特别是保育猪和生长/育成猪病例中,PRRS 的肺部病变通常比较复杂,或者因为被并发的细菌和/或病毒性疾病产生的病变所掩盖而难以分辨。

PRRSV 感染后 4~28 d 或者更长时间后,淋巴结出现病理变化(Dea 等,1992c;Halbur 等,1995b;Rossow 等,1994a,b,1995)。大部分感染病猪体内的许多淋巴结通常会增大至原先的 2~10 倍。染毒早期,增大的淋巴水肿,呈棕褐色、硬度中等。此后,淋巴结变硬、颜色变为白色或者浅棕褐色。偶尔可见多个充满液体、直径为 2~5 mm 的皮质囊肿。显微病变主要在生发中心。感染早期,生发中心坏死并消失。此后,生发中心变得非常大并呈爆炸形,其中充满淋巴细胞。皮质部分可能含有小囊,其间含有数量不等的内皮细胞以及蛋白液、淋巴细胞和多核原核细胞(Rossow 等,1994b;1995)。显微检查发现,在胸腺、脾脏的小动脉周围淋巴鞘以及扁桃体和 Peyer's 淋巴集结的淋巴滤泡有轻度的坏死、消失和/或增生(Halbur 等,1995b;Pol 等,1991)。

感染后 9 d 以上时,心脏中可能出现轻度至中度的多灶性淋巴组织细胞脉管炎和血管周围心肌炎(Halbur 等,1995a,1995b;Rossow 等,1994a,1995)。偶尔可见轻度的心肌纤维性坏死和浦肯野纤维的淋巴细胞套(Rossow 等,1995)。

感染后 7 d 以上时,小脑、大脑和/或脑干中可能会出现轻度的淋巴组织细胞白质脑炎或脑炎(Collins 等,1992;Halbur 等,1996b;Rossow 等,1995;Thanawongnuwech 等,1997a)。可出现局部淋巴细胞和巨噬细胞形成的血管套以及多灶性神经胶质细胞增生。某个出现神经症状的 PRRS 临床病例中也观察到了坏死性脉管炎病变(Thanawongnuwech 等,1997a)。

感染后 14~42 d 时,在肾小球和肾小管周围的组织偶尔会出现轻度的淋巴组织细胞聚积(Cooper 等,1997;Rossow 等,1995)。Cooper 等(1997)报道了一些严重程度不等的局部脉管炎,其中以骨盆和骨髓最为严重。受感染血管内皮肿胀、血管内皮下蛋白液聚积、纤维蛋白中层坏死、血管内壁和周围淋巴细胞和巨噬细胞聚积。

染毒后 12 h,鼻黏膜上皮纤毛群集或缺乏、上皮细胞肿胀、缺失或鳞状上皮样化生(Collis 等,1992;Halbur 等,1996b;Pol 等,1991;Rossow 等,1995)。感染后 7 d 时,上皮和黏膜下固有层出现淋巴细胞和巨噬细胞。

自然或者实验感染 PRRSV 的怀孕母猪的子宫常出现显微病变(Christianson 等,1992;Lager 和 Halbur,1996;Stockhofe-Zurwieden 等,1993)。子宫肌层和子宫内膜水肿,伴有淋巴组织细胞血管套。在子宫内膜上皮和胚胎滋养层之间的小血管和微孔间隙中,偶尔会出现局灶性淋巴组织脉管炎,其中含有嗜酸性的蛋白液和细胞碎片。

感染后 7~25 d 时,5~6 月龄公猪的输精管出现萎缩(Sur 等,1997)。输精管的生发细胞中含有 PRRSV 抗原和核酸,出现含有 2~15 个核的巨细胞以及精子凋亡,有时甚至根本没有精子产生。

胎儿病理变化
Fetal Lesions

若怀孕母猪妊娠 100 d 或大于 100 d,在正常产仔期之前产下一窝不同比例组合的临床正常仔猪、体型较小或者体型正常但较弱的仔猪、已经死亡的各种自溶仔猪和木乃伊仔猪的话，就应该怀疑为猪的 PRRS 繁殖障碍。对胎儿和死胎进行病理剖检很难见到病变。但没有病变并不能排除 PRRS 感染的可能性。有时在流产胎儿或死胎会出现局部水肿以及出血导致脐带扩张等症状，这些是 PRRSV 感染的重要指征。

PRRSV 感染的仔猪可能包括不同数量的正常仔猪、体型较小的弱仔猪、出生时刚刚死亡的仔猪（分娩时死亡的）、已经死亡的自溶仔猪（分娩前在子宫内已经死亡的）、部分或者完全的木乃伊胎。通常，死胎外部包裹着厚厚一层胎粪和羊水的褐色混合物；这一症状通常表明胎儿受到压迫并发生了缺氧或者仅发生了缺氧（Lager 和 Halbur,1996;Stockhofe-Zurwieden 等,1993)。因为子宫内无菌，所以自溶胎儿的病变多为非特异性的。

PRRSV 的特异性大体或显微病变很少见，而且表现也不尽相同。在子宫内自溶较轻或无自溶的胎儿最容易发现该特点（Bøtner 等,1994;Collins 等,1992;Done 和 Paton,1995)。出生时的活胎或者出生几天后死亡的仔猪更容易观察到病理变化。胎儿的大体病变包括肾周水肿、脾脏韧带水肿、肠系膜水肿、胸腔积水和腹水（Dea 等,1992c;Lager 和 Halbur,1996;Plana Duran 等,1992b)。显微病变较轻且为非化脓性病变，如肺脏、心脏和肾脏的局部动脉炎和动脉周炎（Lager 和 Halbur,1996;Rossow 等,1996b)，偶尔伴有 II 型肺成纤维细胞增生的多点性间质性肺炎（Plana Duran 等,1992b;Sur 等,1996)，轻度的门静脉周肝炎（Lager 和 Halbur,1996)，伴有心肌纤维缺失的心肌炎（Lager 和 Halbur,1996;Rossow 等,1996b) 以及多点性的白质脑炎（Rossow 等,1996b)。

具有诊断意义的特征性病变是：由坏死性化脓和淋巴组织细胞脉管炎引起的局部出血导致脐带扩增为正常直径的三倍（Lager 和 Halbur,1996)。

亚洲的特有病变
Unique Lesions Described in Asia

2006 年夏,2 型 PRRSV 变异株在中国华东地区传播，引起 PRRS 的暴发流行，导致两百多

万头猪的感染，和平均 20% 的死亡率（Li 等,2007;Tian 等,2007;Zhou 等,2008)。临床病例的大体病变除了上述描述之外，还有一些特征性病变，包括肾皮质、肝包膜和胸膜脏层出现瘀点和瘀斑，有时还可观察到脾梗死和血尿。但是，当使用从感染猪群分离出的病毒进行攻毒时，却只能观察到 PRRS 的典型症状，并不能发现上述特有病变（Li 等,2007;Zhou 等,2008)。目前尚不清楚这些"特有"病变是由 PRRSV 变异毒株引起的还是由于混合感染细菌性病原引起的。有研究发现 PRRSV 与链球菌、大肠杆菌、副猪嗜血杆菌和其他细菌存在共感染的现象（Li 等,2007;Tian 等,2007)。

诊断
DIAGNOSIS

在繁育猪发生繁殖障碍以及任何日龄猪发生呼吸道疾病的猪场可能均存在 PRRSV。在临床感染 PRRSV 的猪群繁殖记录上通常能够发现如下症状：流产、早产、死胎、断奶前死亡率增加以及非生产时间延长等。但缺乏明显的临床症状并不表明猪群没有感染 PRRSV。

仔猪出生后感染强毒 PRRSV 后，各年龄段的猪均会出现明显的间质性肺炎和淋巴结肿大。这些大体病变提示可能感染了 PRRSV，但由于其他病毒和细菌性疾病也能引起相似的病变，因此并不具有诊断意义。有时需要根据典型显微病变进行大胆的假设性诊断。但是，必须检测到 PRRSV 才能确诊。

表 31.1 概述了各种诊断方法及推荐用法。根据感染地区不同，所进行的鉴别诊断可能包括经典猪瘟病毒、巨细胞病毒、血凝性脑脊髓炎病毒、细螺旋体病毒、细小病毒、PCV2、伪狂犬病（Aujeszky's disease）病毒、猪流感病毒和捷申病毒（Halbur 等,2003)。一般来说，目前多种病毒和/或细菌的共同感染使临床现象更加复杂，难以诊断。因此，确切的诊断需要诊断实验室确诊病毒、病毒产物和/或抗体的存在（表 31.1)。

表 31.1　PRRSV 诊断技术的应用概述

分析	易感性	特异性	感染不同时期(感染后天数[DPI])最适宜的分析样本				
			子宫内感染	1～28 DPI	30～90 DPI	≥90 DPI	检测的最长时限
VI	中	高	最好采集活猪的样品。死胎或木乃伊胎样品的诊断价值有限。参考急性感染1～28 DPI 的组织样品列表。脐带和脐带血也可以作为样品	血清、唾液、肺脏、扁桃体、淋巴结、肺灌洗液、心脏、肾脏、脾脏、胸腺	扁桃体、口腔拭子、血清、肺灌洗液	扁桃体、口腔拭子;分离成功率低	1～35 DPI 时血清和大部分组织样品的检测结果为阳性。淋巴组织保持阳性的时间更长
FA	中	与从感染猪分离的 PRRSV有关	活猪的肺脏组织	肺脏或者巨噬细胞(肺灌洗液)	肺灌洗液或者肺灌洗液中巨噬细胞的直接培养物	无推荐的组织样品——诊断敏感性低	4～14 DPI
IHC	中	高	活猪的大部分组织	同 VI	30～70 DPI 时淋巴组织的诊断价值不大	无推荐的组织样品——诊断敏感性低	4～14 DPI
RT-PCR	高	高	活猪的大部分组织均可用于检测病毒;死胎的胸腔积液及组织诊断价值不大	公猪的唾液、血清、精液或血拭子以及 VI 样品	扁桃体、口腔拭子、肺灌洗液;样品诊断价值较高	扁桃体、口腔拭子和淋巴结;成功率低	与 VI 结果相似,有报道称 RT-PCR 可检测更长时间
ELISA	高	高	脐带血中的抗体,但仅限于 VI 或 RT-PCR 阳性的仔猪	唾液、肌肉浸出液(肉汁)、血清	血清	血清	9～14 DPI 时可检测到抗体,持续至少 12 个月
IFA	高	与测试的 PRRSV 有关	脐带血中的抗体,但仅限于 VI 或 RT-PCR 阳性的仔猪	肌肉浸出液(肉汁)	血清	血清	9～14 DPI 时可检测到抗体,持续约 5 个月
VN	低	与测试的 PRRSV 有关	无法检测死胎或活猪样品	血清	血清	血清	初始检测时间不同,但是通常在 28～46 DPI,持续至少 12 个月

　　VI,病毒分离;FA,冷冻样品的荧光抗体;IHC,福尔马林固定组织的免疫组化分析;RT-PCR,反转录聚合酶链式反应;ELISA,商品化 HerdChek® PRRS IDEXX;IFA,间接荧光抗体;VN,病毒中和。

病理学评价
Pathological Evaluation

　　PRRSV 没有特征性的眼观或者显微病变,流产胎儿或者死胎基本对疾病的诊断没有任何帮助。所有日龄的感染猪均出现间质性肺炎和淋巴结肿大的临床症状(Lager 和 Halbur,1996;Stevenson 等,1993)。间质性肺炎是主要的显微病变。

病毒分离
Virus Isolation

　　尽管不同分离毒株的复制速度差异很大,但一般来说,日龄较小的猪体内 RRSV 含量高而且持续时间长,感染后 4～7 d 达到峰值,随后下降,至感染后 28～35 d 即无法检出。哺乳、断奶和生长猪的病毒血症出现在感染后 28～42 d,而母猪和公猪的病毒血症则出现在感染后 7～21 d(Christopher-Hennings 等,1995a,b;Kittawornrat 等,2010;Mengeling 等,1996)。在病毒血症消失后的几周内,仍能从肺脏冲洗液、口腔液体、扁桃体和淋巴结中检测到感染性病毒和/或病毒RNA(Horter 等,2002;Mengeling 等,1995;Ramirez 等,2011;Rowland 等,2003;Wills 等,2003)。扁桃体和淋巴结中病毒的存活时间要比血清、肺脏和其他组织中长。例如,在实验条件下,感染后 130 和 157 d 时可分别从扁桃体和口腔拭子中分离到病毒(Rowlang 等,2003;Wills 等,2003)。

进行病毒分离的样品应在采集后立即冷藏(4℃)保存,并在24～48 h内运送至诊断实验室。这是因为 PRRSV 不耐热,而且稳定存活的 pH 范围也较窄(Benfield 等,1992;Bloemraad 等,1994;Jacobs 等,2010;Van Alstine 等,1993)。

可以用猪肺泡巨噬细胞(PAMs)或者非洲猴肾细胞 MA-104 亚细胞系(CL-2621,MARC-145)进行病毒分离(Benfield 等,1992;Kim 等,1993)。据报道,PAMs 比 MARC-145 更容易分离到病毒,可能是在抗体存在的情况下 PAMs 细胞上的 Fc 受体增强了 PRRSV 分离的成功几率(Yoon 等,2003)。

分离到的 PRRSV 在 PAMs 和 MA-104 细胞上的生长能力不同(Bautista 等,1993),因此为了最大可能地从临床标本中分离出病毒,应该用两种细胞进行病毒分离(Yoon 等,2003)。由于减毒活疫苗中的病毒已经适应了 MRAC-104 细胞系,因此在使用 MRAC-145 细胞系分离病毒时得到的分离结果可能有偏向性。强制使用 PAMs 可以确保成功地分离 1 型(欧洲型)和类欧洲型 PRRSV(Christopher-Hennings 等,2002;Wensvoort 等,1991)。

用细胞培养物分离的 PRRSV 可以用 RT-PCR 方法来确证,也可以用 PRRSV 特异的单克隆抗体如荧光抗体(FA)或免疫组化(IHC)方法观察感染细胞胞浆中病毒抗原的存在来确诊(Nelson 等,1993)。还可以用负染色电镜(EM)法观察细胞培养液中的病毒粒子。

病毒检测
Detection of Virus

用 10% 的中性福尔马林固定肺脏、扁桃体、淋巴结、心脏、脑、胸腺、脾脏和肾脏,进行显微评价和免疫组化检测(Halbur 等,1994;Van Alstine 等,2002;Yaeger 等,1993)。免疫组化和组织病理学技术相结合可直接观察到细胞质中显微病变内部或者邻近部位的 PRRSV 病原(Halbur 等,1994)。为了避免 PRRSV 抗原的降解以及 IHC 阳性细胞的损失,组织必须在固定 48 h 内进行处理(Van Alstine 等,2002)。最好在急性感染期(感染后 4～14 d)观察病变和病毒抗原,此时感染细胞质中的病毒滴度最高、抗原数量最多。用

IHC 方法检测肺脏中的 PRRSV 抗原至少需要检测尖叶肺脏的 5 个切片,能鉴定 90% 以上的 PRRSV 感染猪(Yaeger 等,2002)。

也可以用 FA 检测冷冻肺脏中的病毒抗原(Benfi 等,1992;Halbur 等,1996a;Rossow 等,1995)。应该在病毒复制高峰期采集组织。FA 测试比 IHC 更快、更经济,但缺点是需要新鲜的组织样品。

IHC 和 FA 都是用单克隆抗体来检测感染细胞胞质中的病毒核酸抗原。这两种方法都与操作者区分阳性结果与非特异背景染色的技术和能力有关。阳性的 IHC 或 FA 结果可以用 VI 或 RT-PCR 方法确诊。

目前已经研发出一种快速检测 PRRSV 的免疫色谱试纸条(Zhou 等,2009b)。如要进行该项测试,需要将血清或组织匀浆加至含有针对 PRRSV 核衣壳(N)和膜(M)蛋白特异性单克隆抗体的混合物中。病毒与抗体结合后,抗原-抗体复合物即被色谱试纸条捕获。当标记的抗体能与单克隆抗体结合,该反应即为阳性反应。目前该试纸条还未商品化。

首次进行的 PRRSV RT-PCR 是用来检测公猪精液和血清中 PRRSV 的(Christopher-Henningse 等,1995b,1996,2001)。RT-PCR 方法可以检测精液中的 PRRSV,而不必进行病毒分离或生物分析。因此,已经出现了大量的 PRRSV PCRs,并且 PCR 检测技术也一直在快速发展。目前在北美和世界上的许多其他地区都可以使用两种商品化的实时反转录聚合酶链式反应(qRT-PCR)来检测 1 型和 2 型 PRRSVs。PRRSV RT-PCR 的主要缺点是结果假阳性、不能检测遗传多样的分离株、一次检测 1 型和 2 型 2 种基因型的毒株,而且实验室之间难以得到一致性结果。PCR 技术的持续发展和标准商业分析的广泛应用将会继续克服这些缺点。

在急性感染中,用于病毒分离的血清和组织样品也适用于 PCR 诊断分析。虽然在感染后 92 d 仍能在精液中检测到病毒,但公猪感染后前 6 d 时的血清是 PRRSV 检测的最好样品(Reicks 等,2006a,b),平均检测时间为 35 DPI(Christopher-Hennings 等,1995a,b,2001)但该方法并不推荐使用血清、精液或血液作为检测样品,因为会降低

RT-PCR 的敏感性(Rovira 等,2007)。在持续感染的猪,应用 PCR 方法能够检测出 PRRSV 核酸的时间与样品有关,86 DPI 的淋巴结(Bierk 等,2001)、92 DPI 的精液(Christopher-Hennings 等,1995)、105 DPI 的口腔拭子(Horer 等,2002)和251 DPI 时的血清和扁桃体均质物中均仍能检测出病毒核酸。

用 qRT-PCR 方法检测个体或整栏猪的唾液样品可用于监控猪群中的 PRRSV(Prickett 等,2008b)。根据猪群循环模式的不同,PRRSV 的检测期从 2 周至几个月不等(Ramirez 等,2011)。Kittawornrat 等(2010)连续 3 周以上检测了许多公猪唾液样品中的病毒。PCR 方法能检测唾液中稳定存在的病毒,但是在检测前样品需冷冻或冷藏,以保持病毒的完整性(Prickett 等,2010)。应该用 PCRs 证实唾液中病毒功能的完整性(Chittick 等,2011)。间隔 2~4 周取样对于监控猪群中的 PRRSV 循环是非常有效的(Prickett 等,2008a;Ramirez 等,2011)。

在应用方面,PCR 方法不能区分感染性和非感染性病毒,这对于检测结果的解释可能是重要的。对精液和口腔拭子进行 PCR 分析和活的PRRSV 的生物测定,两种方法的符合率分别为94% 和 81%(Christopher-Hennings 等,1995b;Horter 等,2002),这表明 PCR 检测结果阳性的样品中可能含有感染性病毒。但是,病毒稳定性研究结果表明,qRT-PCR 结果不能反映感染性PRRSV 随时间的灭活情况(Hermann 等,2006;Jacobs 等,2010)。因此,PCR 能检测灭活的PRRSV,而且灭活的 PRRSV 在环境中是相对稳定的。

作为一种新近发展的技术,环介导等温扩增(LAMP)技术具有 RT-PCR 的优点,并且不需要大多数实验室 PCR 分析所用的复杂设备。该技术与 RT-PCR 方法相似,均为扩增 DNA 中的特异片段。但是 LAMP 能够在水浴或热模块等恒温条件下扩增,而不需要热循环仪。根据浊度(与扩增 DNA 的量有关)直接观察反应管中的扩增产物,或者将 SYBN® green 加入反应混合液中,观察其颜色变化情况(黄变绿)(Li 等,2009;Rovira 等,2009)。虽然 RT-LAMP 比 RT-PCR 的诊断敏感性低,但由于 RT-PCR 仪器设备太昂贵或其技术难以实施,因此前者可能更适用于实验室检测(Rovira 等,2009)。

分离病毒的特点
Characterization of Isolates

在进行测序分析前,可用 ORF5 限制性片段长度多态性(RFLP)区分 PRRSV 毒株(Umthun 和 Mengeling,1999;Wesley 等,1998)。人们越来越多地认识到:在鉴定毒株的遗传关系方面,RFLP 不是一种敏感的方法。也就是说,遗传方面不同的 PRRSV 可能具有相似的 RFLP 模式。测序和系统进化分析在区分 PRRSV 方面提供了更准确的结果。但是,RFLP 仍旧是目前最常用的 PRRSVs 特性分析方法。

为了避免细胞培养过程中选择、变异或者核酸改变所引起的可能偏差,通常直接对诊断样品ORF 5 和 ORF 6 的 PCR 产物进行测序。ORF 5基因序列具有高度的可变性并且有庞大的序列数据库可用于比较。树状图(系统发生树)表明了病毒在遗传相似性/不相似性之间的系统关系。通过树状图可以了解基因序列之间的相似和差异。

抗体检测
Detection of Antibody

由于血清容易大量采集,便于多次分析,并且易于贮存(可作为将来诊断的参照),因此实验人员热衷于采用血清学诊断方法。也可检测唾液样品中的抗体(Prickett 等,2010)。用急性和康复期血清样品进行血清转化(阴转阳)是血清学诊断PRRSV 感染的确定方法。用间接荧光抗体(IFA)法检测到 PRRSV 特异抗体的滴度增加或用酶联免疫吸附分析(ELISA)检测到感染猪群中的 S/P 率升高也能表明感染了 PRRSV。

由于血清学分析不能区分所检测出的抗体是由于初次感染、再次感染还是疫苗免疫所产生的,因此血清学诊断方法不能有效地确定畜群是之前感染过 PRRSV 或是免疫过。由于 PRRSV的高流行性,因此单个血清样品用处有限。单个的血清学阳性结果不能说明 PRRSV 感染的因果关系。哺乳仔猪和断奶仔猪体内检测到的抗体可能是由于母源抗体所引起的,通常 3~5 周龄的仔猪体内仍存在母源抗体。

IFA、ELISA 和 VN 是三种最常用的检测 PRRSV 抗体的方法。用 IFA 方法可分别在 5 DPI 和 9～14 DPI 时检测到 IgM 和 IgG 抗体（Joo 等，1997）。IgM 抗体可持续存在至 21～28 DPI，而 IgG 抗体的峰值出现于 30～50 DPI，并且感染后的 3～5 个月内仍可检测出来。IFA 方法的敏感性受检测人员的技术水平的影响以及该方法所用的 PRRSV 毒株与实际导致猪场抗体产生的毒株之间的不同而影响。通常使用 IFA 分析方法对可疑假阳性 ELISA 检测结果进行确证，也常用在检测肌肉浸出液和唾液样品中 PRRSV 抗体的监控程序中（Molina 等，2008a；Prickett 等，2010）。

商业化 ELISA 试剂盒（HerdChek Ⓡ X3 RPRRS ELISA，IDEXX 实验室，Westbrook，ME）是 PRRSV 抗体检测的"参考标准"。该分析方法敏感、特异、标准化并且快速。三家诊断实验室用 1445 份阴性血清所进行的研究表明，其诊断特异性为 99%（艾奥瓦州立大学，2010）。测试的靶抗体是由 PRRSV 的北美分离株和欧洲株的核衣壳抗原所产生的。早在 9 DPI 时即可检测到抗体，检测峰值出现于 30～50 DPI，感染后 4～12 个月抗体检测结果变为阴性。不同猪的 ELISA 抗体反应差异很大，因此该分析不适于评估 PRRSV 的感染阶段（Robert，2003）。

对某个地方即时采集的样品进行 ELISA 检测，所得出的阴性和阳性结果却难以准确解释。ELISA 检测结果为阴性的样品可能有以下几种解释：(1)猪未感染；(2)近来猪已被感染但还没出现血清转化；(3)猪受到持续性感染，并且已经转变为血清阴性；(4)猪已经清除了感染并转为血清阴性；或者(5)由于测试方法敏感性较低，因此未检测出已被感染（Yoon 等，2003）。ELISA 检测的阴性结果可能是由于猪受到持续感染，可通过分离感染病毒或者检测扁桃体、淋巴组织或口腔拭子中的病毒或病毒 RNA 进行确证（Fangman 等，2007；Horter 等，2002）。

除了商业化的 ELISA 用核衣壳蛋白作抗原外，研究还发现，在 PRRSV 感染过程中，nsp1、2 和 7 都可以诱导产生高水平的抗体。目前已研发出一种 ELISA 方法，用 nsp2 和 nsp7 来监测猪对北美和欧洲 PRRSV 的抗体反应。14 DPI 时可检测到抗体，并且在前 126 DPI 时，用 nsp2 或 nsp7 作为抗原的 ELISA 检测结果与 2X ELISA 试剂盒的结果符合性良好。nsp7 ELISA 也解决了 2X ELISA 试剂盒 98% 的可疑假阳性结果问题。因此，可以将 nsp7 ELISA 作为商业化 2X ELISA 试剂盒的潜在替代或者确证试剂盒（Brown 等，2009）。

血清-病毒中和(VN)分析可以检测能够中和细胞培养物中定量 PRRSV 的抗体。该分析方法具有高度特异性，但是抗体在感染后 1～2 个月才会产生（Benfield 等，1992）。所测试的抗体经常在 60～90 DPI 达到峰值，并且持续存在 1 年左右。同 IFA 一样，当用同一种病毒进行分析时，VN 反应是最强烈的。由于目前实验室间的 VN 测试方法还未标准化，因此通常情况下，该方法还不能作为常规诊断检测方法。

免疫
IMMUNITY

虽然感染 PRRSV 可诱导保护性免疫反应，但是该保护过程产生缓慢。例如，保护性免疫是"封闭群"猪 PRRSV 消除的基础机制（Schaefer 和 Morrison，2007；Torremorell 等，2002），在闭群期间，通过预防接种或接种减毒活疫苗，猪群生活在含有活毒的同一空间中，并要求至少 200 d 内不能引入其他猪。在该过程中，病毒的完全消除（即清除性免疫）的标识是，当猪群中引入易感猪时，不出现新的感染。

对于诱导保护来说活病毒是必要的。灭活病毒、亚单位蛋白和其他实验疫苗都不含有活的 PRRSV，不能诱导对 PRRSV 的有效免疫。尽管目前已经大范围地检测了与毒力或与保护密切相关的主要膜蛋白和含有结构和非结构编码区的重组病毒，但是仍未发现有助于保护性免疫的特性。

随着日龄的增加，猪的易感性降低，也就是说，母猪对 PRRSV 感染的抵抗力比断奶仔猪更强（Klinge 等，2009）。虽然免疫诱导可能与年龄无关，但是有关仔猪的感染和免疫相关的信息在应用于日龄较大的猪时应该谨慎。尽管对 1 型和 2 型 PRRSVs 的免疫相同，但是大多数的研究是用 2 型 PRRSVs 进行的。

先天免疫
Innate Immunity

　　早期研究表明,PRRSV 能抑制 IFN-α 的产生,PRRSV 感染后肺脏中很难发现先天性抗病毒反应(Albina 等,1998;van Reeth 等,1999)。直接抑制机制包括 PRRSV NSP 干扰先天免疫信号通路,从而破坏了 1 型 IFN 和炎性细胞因子的表达(Beura 等,2010;Chen 等,2010;Luo 等,2008;Sun 等,2010)。PRRSV 感染后细胞和组织中 IL-10 表达的诱导情况也支持了其抑制先天性免疫的特点(Suradhat 和 Thanawongnuwech,2003;Suradhat 等,2003)。然而,全球对 PRRSV 先天性免疫方面的研究表明,宿主与病原之间的相互作用比想象的更为矛盾和复杂。PRRSV 干扰视黄酸 I 基因(RIG-1)信号进而抑制了 IFN-β 的表达(Luo 等,2008),但是 PRRSV 和感染细胞中累积的 IFN-β 转录产物能诱导 RHIV-1(一种 RNA 解旋酶,是人 RIG-1 的猪同源基因)的产生(Genini 等,2008;Zhang 等,2000)。体内感染后,血清中 IFN-γ 的水平升高(Faaberg 等,2010;Genini 等,2008;Wesley 等,2006)。全基因组表达谱表明,细胞和组织具有不同的先天抗病毒反应(Genini 等,2008;Xiao 等,2010;Zhang 等,1999)。细胞和组织中 IL-10 表达的诱导明显不同于血清中的情况,但这种不同与 PRRSV 的感染状态无关(Klinge 等,2009;Suradhat 和 Thanawongnuwech,2003;Suradhat 等,2003)。

　　对病毒分离株进行细胞培养时,各个毒株对 IFN-α 的诱导力和敏感性不同,这可能说明动物不可能对 PRRSV 感染产生先天免疫反应(Lee 等,2004)。这些完全不同的作用可以解释已发现的 PRRSV 对宿主致病性和免疫反应方面的差异,但是先天反应在抗 PRRSV 免疫方面的重要性迄今不明。

　　PRRSV 感染并不能诱导动物对同时给予的无关抗原产生抗体,这表明目前对 PRRSV 的免疫调节作用的了解仍旧很少(Mulupuri 等,2008)。尽管免疫作用不明,但是另外的体内先天反应对于感染早期的反应生物标记可能有意义(Gnanandarajah 等,2008;Xiao 等,2010)。

B 细胞反应
B-cell Response

　　动物针对 PRRSV 许多结构和 NSPs 的体液免疫出现在感染后 1 周内(Brown 等,2009;de Lima 等,2006;Johnson 等,2007)。2~4 周左右 IgM 转变为 IgG。IgG 峰值出现在 4~5 周左右,并维持较长时间(Molina 等,2008b;Mulupuri 等,2008)。不同蛋白之间,特别是 GP5 和 M 蛋白的胞外和胞内结构域,在抗体反应的强度和动力学方面存在差异(Molina 等,2008b;Mulupuri 等,2008)。与同时给予的不相关蛋白抗原相比,针对 GP5 和 M 蛋白的 IgG 抗体出现时间和到达峰值的时间都较晚(Mulupuri 等,2008)。

　　一旦动物对 PRRSV 产生体液免疫,就会持续很长时间。令人感兴趣的是,即使淋巴结中存在病毒,抗 N 抗体可能也会减少。既然许多血清学诊断都是针对核衣壳抗原的,因此有可能误将免疫动物诊断为非免疫动物(Batista 等,2004)。

　　从解剖学上看,分泌活性高的 PRRSV 特异性记忆 B 细胞分布在不同淋巴组织,特别是肺和生殖区的引流淋巴结。脾和扁桃体是 PRRSV 特异性 B 细胞的主要贮存场所。与此形成鲜明对比的是,大鼠骨髓既不是免疫诱导位点,也不是记忆性 B 细胞的贮存场所(Mulupuri 等,2008)。

　　GP4 和 GP5 特异的抗体可以中和病毒感染性(Jiang 等,2008;Ostrowski 等,2002;Pirzadeh 和 Dea,1997;Vanhee 等,2010;Weiland 等,1999;Wissink 等,2003;Yang 等,2000),上述研究与囊膜糖蛋白 GP2、GP3、GP4、GP5 和非糖基化 M 蛋白共存于一个多亚基复合体中相一致,该复合体可介导易感细胞的感染(Das 等,2010;Wissink 等,2005)。因此,抗体介导的中和作用可能是由于其直接干扰或空间位阻造成的。

　　中和抗体在控制 PRRSV 感染方面的作用尚有争议。初次感染时中和抗体主要出现在病毒血症结束之后,但是中和抗体的滴度是病毒血症严重程度和持续时间的最好预测指标(Molina 等,2008b)。给予猪 PRRSV 特异抗体可以增强或抑制依赖于抗体滴度的感染(Yoon 等,1996),或者预防繁殖性疾病以及病毒向后代的传播(Osorio 等,2002)。据报道,GP5 的关键中和表位是高度保守的(Plagemann 等,2002),但是免疫原性和病毒中和对于糖基化的改变是敏感的(Ansari 等，2006)。GP4 的中和表位高度可变，因此其中和作用只能是同源的(Vanhee 等，2010)。

　　流感病毒已经在中和抗体滴度和保护性方面建立了良好关系，与之相比，猪在 VN 和对PRRSV 的保护性方面尚未建立明确联系。包括中和表位的遗传变化、免疫显性改变、糖基化导致的表位包埋以及宿主反应等许多方面的改变等都可能与此有关。既然中和抗体能够控制病毒血症，因此抗体介导策略有可能成为一种免疫治疗方法。

T 细胞反应
T-cell Response

　　由于不知道体外抗原特异的 T 细胞数量，而且没有工具和试剂检查体内外的抗原特异反应，因此对 T 细胞免疫了解很少。就 PRRSV 来说(除一个研究外)，一直难以解决经典细胞培养系统中蛋白特异的 T 细胞增殖或细胞毒性问题(Bautista 等，1999)。新方法可能会解决这一问题(Jeong 等，2010)。对白细胞培养物中活的PRRSV 进行 IFN-γ 酶联免疫斑点技术(ELIS-POT)分析的结果表明，PRRSV 感染具有稳定的T 细胞反应，但是其重要性不明(Xiao 等，2004)。既然 IFN-γ 是由 Th-1 辅助性 T 细胞、活化的细胞毒性 T 细胞和自然杀伤细胞产生的，因此其来源难以保证。IFN-γ 分泌细胞经常随着猪日龄的增加而增加，但是与 PRRSV 感染的消除无关(Klinge 等，2009)。

　　细胞因子的表达虽然可以反映 Th-1 或 Th-2调节的 T 细胞反应指标，但在猪却并不能提供任何信息(Murtaugh 等，2009)。调节性 T 细胞(Tregs)、Th3 细胞因子和 IL-10 都是由 PRRSV诱导产生或 PRRSV 感染的树突状细胞诱导产生的(Gomez-Laguna 等，2009；Silva-Campa 等，2009，2010；Wongyanin 等，2010)。因为免疫诱导的延迟和持续性感染都暗示 T 细胞反应是被抑制(而不是促进)的，所以，在 PRRSV 感染中，Tregs 可能起了重要作用。

保护性免疫
Protective Immunity

　　之前感染 PRRSV 后，猪会对以后的攻毒产生保护作用。初次感染完全结束后，免疫保护是

对体内存在的记忆性 B 细胞和 T 细胞诱导的前提。病毒血症结束之前，体内含有针对病毒结构和非结构蛋白的记忆性 B 细胞(Mulupuri 等，2008)。它们在淋巴组织中富集，尤其以扁桃体中的含量最高，同时扁桃体也是病毒持续存在的主要位点。

　　虽然记忆性 B 细胞数量非常多，但是对病毒攻击没有回忆应答(Foss 等，2002)。猪通常对感染具有很强的抵抗力，但是作为一种记忆标志，抗体水平却没有明显变化。进一步的研究发现，对PRRSV 感染的预防是意义深远的(Foss 等，2002)。既然这些研究表明免疫保护机制并非完全依赖记忆性淋巴细胞，因此有助于疫苗研发。就 PRRSV 相关的大鼠动脉炎病毒来说，对其感染的耐受是由靶巨噬细胞的大量减少引起的(Cafruny 等，2003)。猪对 PRRSV 的耐受可能也有着相似的机制。

　　在建立清除性免疫之前，对攻毒的耐受可能是首次攻毒后持续免疫的结果。在保护性的理解方面的一个缺点就是，几乎所有的攻毒试验都是在首次感染结束之前进行的，这样就不能确定该保护是否有记忆性。在商品化猪场，PRRSV 感染的持续时间经常超过了商品猪的寿命。

交叉保护
Cross-protection

　　1 型和 2 型 PRRSVs 的巨大遗传差异对于免疫保护具有重要意义。用特定分离株制备的疫苗所产生的免疫保护作用依赖于疫苗诱导的交叉性免疫保护。如果免疫在很大程度上具有毒株特异性，那么不仅难以做到疫苗有效的保护，而且这一想法也是不切实际的。但是在进行的交叉保护研究结果基本表明，生长猪在健康临床指征、肺病变和组织病变以及生产性能等方面都有明显的改进(Johnson 等，2004；Mengeling 等，2003；Opriessnig 等，2005)。虽然对怀孕母猪的研究较少，但是结果也表明疫苗对母猪的繁殖性能具有明显改进(Lager 等，1999；Mengeling 等，1999)。

　　目前大家主要关心的是临床交叉保护效果，特别是对 PRRS 引起的繁殖障碍的交叉保护。在经过常规疫苗或接种程序产生牢固免疫的畜群中经常高频率暴发 PRRS；此外，不完全的保护可使少数仔猪发生病毒血症，从而可能导致下游保

育猪暴发 PRRS。比较来看,在育成猪暴发 PRRS时接种疫苗会部分减少疾病的严重性,并减少上市时的经济损失,因此可以看做是一种成功。虽然免疫交叉保护的证据令人信服,但是不一致的临床效果也说明,除了病毒遗传变异之外,生物因素也会影响其交叉保护效果。这些因素可能包括猪对病毒感染敏感性方面的生理变化(Klinge 等,2009)和对感染耐受性方面的遗传变化(Halbur 等,1997;Lewis 等,2009;Petry 等,2007)。

母体免疫
Maternal Immunity

断奶猪感染 PRRSV 与母源抗体的减少有关,而且母源保护的持续时间与中和抗体滴度有关(Chung 等,1997)。但是,与免疫母猪所产的保育猪相比,非免疫母猪所产的保育猪感染 PRRSV 时临床症状较轻,而且病毒血症的持续时间也较短(Shibata 等,1998)。这一发现表明感染可能具有抗体依赖性增强的特性,或者保育猪在子宫中已经发生 PRRSV 感染,或者保育猪已被母猪奶中的 PRRSV 感染(Wagstrom 等,2001;Yoon 等,1996)。

预防和控制
PREVENTION AND CONTROL

预防
Prevention

预防 PRRSV 的目的是阻止 PRRSV 进入未感染猪群,并阻止新的变异毒株进入 PRRSV 感染猪群(Dee 等,2001;Pitkin 等,2009)。目前的措施包括使用隔离设施和对引入的种猪进行检测,对运输车辆和往来设备进行清洁和干燥,遵守人员进入程序,如用进入淋浴设施或 Danish(丹麦)进入系统,并且应用昆虫控制程序,即使用屏风遮挡、栖息地管理和使用杀虫剂。

对于养殖密度大的地区的猪群,预防 PRRSV 还可以使用空气过滤或空气处理系统。过滤一直是实验室和临床条件下有效减少 PRRSV 和其他经空气传播病毒(如猪肺炎支原体等)引入风险的措施(Dee 等,2010;Pitkin 等,2009)。Spronk 等(2010)的研究表明,临床采用空气过滤措施能够阻止养殖密度较大地区的两个大型种群感染 PRRSV,而在同一观察期,未进行空气过滤的 5 个相似规模猪群则均感染了 PRRSV。

控制
Control

PRRS 尚无特异疗法。因此,控制 PRRS 的目的是限制病毒在生产各环节的传播。即便如此,也不可能制定出针对地方性感染猪群的相同 PRRS 控制措施。

小母猪适应(Gilt Acclimatization)。 在种猪群,可以在引入猪群前使用已经对 PRRSV 产生免疫反应的后备猪来控制病毒的循环传播(Dee,2003;FitzSimmons 和 Daniels,2003)。小母猪适应可以采用以下三种免疫策略(任选其一即可):(1)与 PRRSV 感染动物接触,(2)有目的地感染 PRRSV,或者(3)接种疫苗(Dee 等,1994;FitzSimmons 和 Daniels,2003)。使血清学阴性的猪在适应或隔离圈舍中感染 PRRSV 或接种 MLV 疫苗是经典的做法(FitzSimmons 和 Daniels,2003)。当这些动物不再出现病毒血症时,会极大降低将病毒传给公猪群的可能性,应该此时将动物引入种猪群。在后备小母猪 2～4 月龄时感染病毒,可以保证有足够时间使其产生免疫以及在引入种猪群之前感染完全消除。所有感染都以 PRRSV 阴性小母猪开始。尽管感染方法不同,但目的都是获得持续性的 PRRSV 攻毒感染并康复。

通过与 PRRSV 感染动物接触,可使引入的 PRRSV 阴性猪制造产生小母猪生产圈舍。PRRSV 感染的断奶猪和淘汰母猪也可以作为感染源。但是,当母猪产生免疫力后,病毒在猪群中的传播就会停止,此时,后备猪就不能被感染,也就不能获得小母猪适应。

还可以用 PRRS 暴发时所产弱胎和死胎仔猪的污染组织或者同一农场中出现病毒血症的猪血清阴性后备母猪(Batista 等,2002;Dee,2003;FitSimmons 和 Daniels,2003)。由于 PRRSV 之间日益增加的遗传异质性以及商业疫苗对新鉴定 PRRSV 变异体不能提供足够的交叉保护,因此,近来使用含有临床活病毒的血清进行的感染已经增加。但是,这一方法具有内在风险,需谨慎使用,而且还要有高质量的控制标准。

MLV 疫苗可产生保护性免疫,并能获得一致的小母猪感染。MLV PRRSV 疫苗的主要缺点是对 PRRSV 变异株的交叉保护性差。用 MLV 疫苗时,该空间内的所有猪都要进行同时接种,并且要实行全进全出管理。在母猪适应过程中,可以将灭活疫苗用作 MLV 疫苗的补充疫苗或者感染临床毒株后的补充疫苗,但是灭活疫苗自身的免疫效果较差。

种猪群的控制 (Breeding-herd Control)。 坚持应用适应性方案引入后备种猪可以解决种猪群中的 PRRS 感染,并能生产出 PRRSV 阴性的仔猪。不需要另外针对繁育/保育猪的免疫程序。

MLV 疫苗一直用于减少种猪群中的易感猪(Dee,1996;Gillespie,2003),促进 PRRSV 阴性猪的产生(Gillespie,2003;Rajic 等,2001)和限制 PRRS 暴发时临床毒株的复制(后者成功的可能性仍在探讨中)。目前,已经批准了一些用于未怀孕母猪的疫苗,其他的还未得到批准。给未感染的怀孕末期母猪接种疫苗会使胎儿受到感染(Mengeling 等,1996a)。

在疾病急性暴发时也可以使用急性病猪(即病毒血症期)的血清进行有计划地接种,此法也可以增强种猪群对现存变异的 PRRSV 有免疫。这种接种方法仍为实验性的,兽医应当密切观察其应用情况。在疾病暴发时,这种接种方法虽然不会减少临床损失,但可能会缩短暴发时间和减少 PRRSV 阴性断奶仔猪产生。

暂时中止后备猪的引入(暂时的种群关闭)可能会减少近期 PRRSV 感染的损失或者加速 PRRSV 阴性断奶猪的产生(Dee 等,1994;Torremorell 等,2003)。也就是说,中止引入近来感染的后备猪可以获得更为稳定的猪群。虽然 2～4 个月就足以减少病毒感染的效应,但却并不能完全消除病毒。

猪的管理 (Pig Management)。 在哺乳仔猪群,需要根据限制病毒在仔猪中传播的管理实际来制定 PRRS 的控制措施(Henry,1994;McCaw,2000,2003)。这些措施包括限制出生 1 d 之内的不同窝仔猪之间的流动、人为破坏断奶前慢性感染仔猪的出现以及严格保持保育猪的全进全出等。

控制断奶猪群中慢性 PRRS 是一个棘手问题。在猪不断流动的地方,病毒从日龄较大的感染猪传播到最近断奶的仔猪,从而导致病毒的循环传播。

可以采用淘汰部分病猪的方法来控制 PRRSV 在慢性感染猪群中的横向传播。淘汰部分病猪可以明显改善其他猪的日增重、减少死亡并能从总体上减少护理的经济损失(Dee 等,1993;Dee 等,1997)。这种方法的缺点是需要淘汰日龄较大的猪,而且可能需要定期重复淘汰以维持生产性状的改进。

另外一种从生长猪中清除病毒而不必采用淘汰法的方法是普遍接种 MLV 疫苗,并保持猪的单向流动(Dee 和 Phillips,1998)。在难以清除 PRRSV 的某些地方,常采用这种措施来限制 PRRSV 的传播。MLV 疫苗也可用于控制临床毒株在断奶猪之间的传播。具有临床毒株感染横向传播(即养殖密度大的地区)风险的猪,如果引入前接种了 MLV 疫苗,那么引入后就具有明显更好的生产表现。

断奶猪的控制措施也包括 PRRSV 感染时控制并发的副猪嗜血杆菌、猪链球菌和猪流感病毒等并发感染。针对个体感染猪可能需要进行适当的疫苗免疫和治疗。

根除 (Eradication)。 猪群中 PRRSV 的根除要根据猪在健康和生产性能方面的明显改进来判断。曾有文献描述过猪群中 PRRSV 的自然消除(Freese 和 Joo,1994),但 PRRSV 的自然消除在目前的生产系统中是极少发生的。感染猪场成功根除 PRRSV 的确切方案包括:整体淘汰/更新猪群、部分淘汰、早期隔离断奶猪、检测-淘汰以及猪群的关闭等(Dee,2004;Torremorel 等,2003)。种猪群中 PRRSV 的成功消除依赖于阴性未感染猪的引入,此时病毒的循环被阻断。如前所述,成功的控制策略最后要达到的目标是获得经过免疫的无病毒猪群,那么就需要准备好猪群以备病毒的根除。为了防止猪群再次感染,成功的根除计划也应该包括制定严格的生物安全措施(Torremorell 等,2004)。

整体的猪群淘汰和更新是非常成功的方法,但是该方法花费巨大,而且只要存在并发性的疾病就不能中止更新。这种方法可能仅适用于种猪群,因为在种猪群中病毒会不断复制,而其他措施根本无法消除病毒,因此必须用整体淘汰/更新的方法才能根除病毒的传播。

当哺乳猪群的流动完全停止时,部分淘汰的方法也适用于生长猪群中病毒的清除(Dee 等,

1993；Dee 等，1997）。这种措施可以清除仔猪场中的病毒。但是，针对较大的猪群（＞500 头母猪），还需要采取其他措施，如猪群关闭或检测-淘汰等以在猪群流动之前先清除种猪群中的病毒。

早期隔离断奶也适用于从感染猪群中生产 PRRSV 阴性的猪。但是，由于母猪群中 PRRSV 的活性不同，PRRSV 阴性猪群的产生可能不同（Donadeu 等，1999；Gramer 等，1999）。为了使这种方法获得最大可能的成功，必须执行断奶猪全进全出的隔离生产方式。此外，当用几种方法生产出阴性仔猪后，用阳性感染猪群来建立阴性未感染猪群的愿望很快就能实现了（Torremorell 等，2002b）。

由于 PRRSV 不能在免疫过的猪群中长期存在，因此用猪群关闭的方法来消除 PRRSV 是可行的（Molina 等，2008b；Torremorell 等，2003）。这种方法模仿了传染性胃肠炎病毒的（TGEV）根除方法，即在所有的动物都有可能感染病毒的情况下，让所有的动物都感染病毒并且不引入新的后备猪（Harris 等，1987）。在根除 PRRSV 感染时，推荐至少关闭猪群 200 d，但是由于农场和猪的流动情况不同，不同农场的关闭期可能略有差别。在淘汰或者有计划地减少已感染动物之后，就要引进阴性后备猪。应用该方法一段时间后，就能产生阴性的种猪群。该方法在隔离场区外猪群的成功率大于 90％。异地繁育以及其他生产管理方面的措施能够最小化猪群关闭的损失。

通过检测-淘汰根除 PRRSV 包括检测所有种猪血液中的 PRRSV 抗体和 PRRSV（RT-PCR），并淘汰农场中所有的阳性猪。用于检测-淘汰的猪群必须具备以下条件：为隔离猪群；距离上次 PRRSV 感染的时间多于 12 个月且猪群中的 PRRSV 感染率低于 25％。

智利和瑞典已经完全根除了 PRRSV（Carlsson 等，2009；Torremorell 等，2008）。在北美，已经开始执行根除 PRRSV 的地区性程序，而且范围正在扩大（Corzo 等，2010）。地区性程序要求所有成员之间的有力协调与合作，这对于保持重要地区无 PRRSV 病毒是极其重要的。

疫苗（Vaccines）。几个研究已经表明接种 PRRSV 疫苗能够产生保护性免疫反应、减轻临床症状和减少病毒排泄（Cano 等，2007 a，b；Gorcyca 等，1995；Hesse 等，1996；Mengeling，1996；

Plana Duran 等，1995）。可以根据当地情况选用各种 MLV 和灭活疫苗。虽然使用某些 MLV 疫苗可能会使猪感染 PRRSV，但是 MLV 疫苗确实能够产生更加有效的免疫反应。通常认为，灭活疫苗的保护性较差，但是如果与减毒活疫苗联合使用或者用于之前感染过 PRRSV 的猪时，会刺激记忆应答反应并诱导产生中和抗体。

给临床猪群接种疫苗后，可能会出现不同的效果。出现这种差异的原因可能是市场上销售的疫苗有所不同以及疫苗的接种途径不同造成的。同样，免疫的结果也反映了不同地区流行变异株的差异以及/或疫苗株与临床流行毒株之间交叉保护方面的关系。此外，接种减毒活疫苗也会出现毒力返强的情况（Nielsen 等，2001）。疫苗毒株与临床 PRRSV 毒株在传播方式、存留时间、经胎盘传播和先天性感染、精液外排以及诱导保护性免疫反应的时间等方面都具有相似的特点。除此之外，我们还必须进行更多其他的研究以提供更加安全有效的产品来控制 PRRSV。

（张纯萍译，彭云校）

参考文献
REFERENCES

Albina E, Carrat C, Charley B. 1998. J Interferon Cytokine Res 18:485–490.

Albina E, Mesplede A, Chenut G, et al. 2000. Vet Microbiol 77:43–57.

Alfonso P, Frías-Lepoureau MT. 2003. PRRS in Central America and the Caribbean region. In J Zimmerman, K-J Yoon, eds. The PRRS Compendium, 2nd ed. Des Moines, IA: National Pork Board, pp. 217–220.

Allan G, McNeilly F, Ellis J, et al. 2000. Arch Virol 145: 2421–2429.

Allende R, Laegreid WW, Kutish GF, et al. 2000. J Virol 74: 10834–10837.

An TQ, Tian ZJ, Xiao Y, et al. 2010. Emerg Infect Dis 16: 365–367.

An TQ, Zhou YJ, Liu GQ, et al. 2007. Vet Microbiol 123:43–52.

Anonymous. 1991. The new pig disease: conclusions reached at the seminar held. In The new pig disease. Porcine reproductive and respiratory syndrome. A report on the seminar/workshop held in Brussels on April 29–30 and organized by the European Commission (Directorate General for Agriculture), pp. 82–86.

——. 1992. Vet Rec 130:87–89.

Ansari IH, Kwon B, Osorio FA, Pattnaik AK. 2006. J Virol 80: 3994–4004.

Baron T, Albina E, Leforban Y, et al. 1992. Ann Rech Vet 23: 161–166.

Batista L, Dee SA, Rossow KD, et al. 2004. Vet Rec 154:25–26.

Batista L, Pijoan C, Torremorell M. 2002. J Swine Health Prod 10(4):147–150.

Bautista EM, Goyal SM, Yoon I-J, et al. 1993. J Vet Diagn Invest 5:163–165.

Bautista EM, Suarez P, Molitor TW. 1999. Arch Virol 144: 117–134.

Benfield D, Nelson J, Rossow K, et al. 2000b. Vet Res 31:71.

Benfield DA, Christopher-Hennings J, Nelson EA, et al. 1997. Persistent fetal infection of porcine reproductive and respiratory syndrome (PRRS) virus. In Proc Annu Meet Am Assoc Swine Pract, pp. 455–458.

Benfield DA, Nelson C, Steffen M, Rowland RRR. 2000a. Transmission of PRRSV by artificial insemination using extended semen seeded with different concentrations of PRRSV. In Proc Annu Meet Am Assoc Swine Pract, pp. 405–408.

Benfield DA, Nelson E, Collins JE, et al. 1992. J Vet Diagn Invest 4:127–133.

Beura LK, Sarkar SN, Kwon B, et al. 2010. J Virol 84:1574–1584.

Bierk M, Dee S, Rossow K, et al. 2001. Can J Vet Res 65:261–266.

Bilodeau R, Dea S, Sauvageau RA, Martineau GP. 1991. Vet Rec 129:102–103.

Blaha T. 1992. Epidemiological investigations into PEARS in Germany: Consequences in fattening pigs. In Proc Congr Int Pig Vet Soc 12:126.

Bloemraad M, de Kluijver EP, Petersen A, et al. 1994. Vet Microbiol 42:361–371.

Bøtner A. 2003. The PRRS situation in Denmark, Norway, Finland, and Sweden. In J Zimmerman, K-J Yoon, eds. The PRRS Compendium, 2nd ed. Des Moines, IA: National Pork Board, pp. 233–238.

Bøtner A, Nielsen J, Bille-Hansen V. 1994. Vet Microbiol 40: 351–360.

Bøtner A, Stradbygaard B, Sorensen KJ, et al. 1997. Vet Rec 141: 497–499.

Brockmeier S, Palmer M, Bolin S. 2000. Am J Vet Res 61: 892–899.

Brown E, Lawson S, Welbon C, et al. 2009. Clin Vaccine Immunol 16:628–635.

Busse FW, Alt M, Janthur I, et al. 1992. Epidemiologic studies on porcine epidemic abortion and respiratory syndrome (PEARS) in Lower Saxony of Germany. In Proc Congr Int Pig Vet Soc 12:115.

Cafruny WA, Jones QA, Haven TR, et al. 2003. Virus Res 92: 83–87.

Calvert JG, Slade DE, Shields SL, et al. 2007. J Virol 81: 7371–7379.

Cano JP, Dee SA, Murtaugh MP, Pijoan C. 2007a. Vaccine 25: 4382–4391.

Cano JP, Dee SA, Trincado C, et al. 2007b. Am J Vet Res 68: 565–571.

Carlsson U, Wallgren P, Renström LHM, et al. 2009. Transbound Emerg Dis 56:121–131.

Cha S-H, Chang C-C, Yoon K-J. 2004. J Clin Microbiol 42: 4462–4467.

Chang CC, Chung WB, Lin MW, et al. 1993. Porcine reproductive and respiratory syndrome (PRRS) in Taiwan. I. Viral isolation. J Chin Soc Vet Sci 19:268–276.

Chang CC, Yoon K-J, Zimmerman JJ, et al. 2002. J Virol 76: 4750–4763.

Chang CC, Yoon K-J, Zimmerman JJ. 2009. J Swine Health Prod 17:318–324.

Chen Z, Lawson S, Sun Z, et al. 2010. Virology 398:87–97.

Cheon D, Chae C. 2001. J Comp Pathol 124:231–237.

Chiou M-T. 2003. An overview of PRRS in Taiwan. In J Zimmerman, K-J Yoon, eds. The PRRS Compendium, 2nd ed. Des Moines, IA: National Pork Board, pp. 281–283.

Chittick WA, Stensland WR, Prickett JR, et al. 2011. J Vet Diagn Invest 23:248–253.

Cho JG, Dee SA. 2006. Theriogenology 66:655–662.

Cho JG, Dee SA, Deen J, et al. 2006. Can J Vet Res 70:297–301.

Choi C, Chae C. 2002. Res Vet Sci 72:45–49.

Choi C, Cho W, Kim B, Chae C. 2001. J Comp Pathol 127: 106–113.

Christianson WT, Choi CS, Collins JE, et al. 1993. Can J Vet Res 57:262–268.

Christianson WT, Collins JE, Benfield DA, et al. 1992. Am J Vet Res 53:485–488.

Christopher-Hennings J, Faaberg KS, Murtaugh MP, et al. 2002. J Swine Health Prod 10(5):213–218.

Christopher-Hennings J, Holler L, Benfield D, Nelson E. 2001. J Vet Diagn Invest 13:133–142.

Christopher-Hennings J, Nelson EA, Nelson JK, Benfield DA. 1997. Am J Vet Res 58:40–45.

Christopher-Hennings J, Nelson EA, Benfield DA. 1996. Swine Health Prod 4(1):37–39.

Christopher-Hennings J, Nelson EA, Hines RJ, et al. 1995a. J Vet Diagn Invest 7:456–464.

Christopher-Hennings J, Nelson EA, Nelson JA, et al. 1995b. J Clin Microbiol 33:1730–1734.

Chung H, Chae C. 2003. J Comp Pathol 129:205–212.

Chung WB, Lin MW, Chang WF, et al. 1997. Can J Vet Res 61:292–298.

Ciacci-Zanella JR, Trombetta C, Vargas I, Mariano da Costa DE. 2004. Lack of evidence of porcine reproductive and respiratory syndrome virus (PRRSV) infection in domestic swine in Brazil. Ciência Rural 34:449–455.

Collins JE. 1991. Diagnostic note: Newly recognized respiratory syndromes in North American swine herds. Am Assoc Swine Pract Newsl 3:7–11.

Collins JE, Benfield DA, Christianson WT, et al. 1992. J Vet Diagn Invest 4:117–126.

Cooper V, Doster A, Hesse R, Harris N. 1995. J Vet Diagn Invest 7:313–320.

Cooper VL, Hesse RA, Doster AR. 1997. J Vet Diagn Invest 9: 198–201.

Corbellini LG, Schwermer H, Presi P, et al. 2006. Vet Microbiol 118:267–273.

Corzo C, Mondaca E, Wayne S, et al. 2010. Virus Res 154: 185–192.

Costers S, Lefebvre DJ, Delputte PL, Nauwynck HJ. 2008. Arch Virol 153:1453–1465.

Cutler TD, Wang C, Hoff SJ, et al. 2011. Median infectious dose (ID$_{50}$) of porcine reproductive and respiratory syndrome virus isolate MN-184 via aerosol exposure. Vet Microbiol 151: 229–237.

Das PB, Dinh PX, Ansari IH, et al. 2010. J Virol 84:1731–1740.

de Abin MF, Spronk G, Wagner M, et al. 2009. Can J Vet Res 73:200–204.

de Jong MF, Cromwijk W, Van't Veld P. 1991. The new pig disease: Epidemiology and production losses in the Netherlands. In The new pig disease. Porcine reproductive and respiratory syndrome. A report on the seminar/workshop held in Brussels on April 29–30 and organized by the European Commission (Directorate General for Agriculture), pp. 9–19.

de Lima M, Pattnaik AK, Flores EF, Osorio FA. 2006. Virology 353:410–421.

Dea S, Bilodeau R, Athanassious R, et al. 1992a. Vet Rec 130:167.

Dea S, Bilodeau R, Athanassious R, et al. 1992b. Can Vet J 33: 801–808.

Dea S, Bilodeau R, Athanassious R, et al. 1992c. Can Vet J 33: 552–553.

Dee S, Deen J, Burns D, et al. 2005a. Can J Vet Res 69:64–70.

Dee S, Torremorell M, Thompson B, et al. 2005b. Can J Vet Res 69:58–63.

Dee SA. 1992. Investigation of a nationwide outbreak of SIRS using a telephone survey. Am Assoc Swine Pract Newsl 4: 41–44.

———. 1996. The decision of using PRRS vaccine in the breeding herd: When and how to use it. In Proc AD Leman Swine Conf, pp. 143–146.

——. 2003. Approaches to prevention, control, and eradication. In J Zimmerman, K-J Yoon, eds. The PRRS Compendium, 2nd ed. Des Moines, IA: National Pork Board, pp. 119–130.

Dee SA, Deen J, Otake S, Pijoan C. 2004. Can J Vet Res 68: 128–133.

Dee SA, Joo HS. 1994a. Vet Rec 135:6–9.

——. 1994b. J Am Vet Med Assoc 205:1017–1018.

Dee SA, Joo HS, Henry S, et al. 1996. Swine Health Prod 4(4):181–184.

Dee SA, Joo HS, Pijoan C. 1994. Swine Health Prod 3(2):64–69.

Dee SA, Joo HS, Polson DD, et al. 1997. Vet Rec 140:247–248.

Dee SA, Molitor TW. 1998. Vet Rec 143:474–476.

Dee SA, Morrison RB, Joo HS. 1993. Swine Health Prod 1(5):20–23.

Dee SA, Otake S, Deen J. 2010. Virus Res 154:177–184.

Dee SA, Phillips R. 1998. Swine Health Prod 1(5):21–25.

Dee SA, Torremorell M, Rossow K, et al. 2001. Can J Vet Res 65: 254–260.

Delrue I, Van Gorp H, Van Doorsselaere J, et al. 2010. BMC Biotechnol 10:48.

Depner K, Lange E, Pontrakulpipat S, Fichtner D. 1999. Zentralbl Veterinarmed B 46:485–491.

Dewey C. 2000. Vet Res 31:84–85.

Dobbe JC, van der Meer Y, Spaan WJ, Snijder EJ. 2001. Virology 288:283–294.

Donadeu M, Arias M, Gomez-Tejedor C, et al. 1999. J Swine Health Prod 7(6):255–261.

Done SH, Paton DJ. 1995. Vet Rec 136:32–35.

Duan X, Nauwynck HJ, Pensaert MB. 1997a. Arch Virol 142: 2483–2497.

——. 1997b. Vet Microbiol 56:9–19.

Duan X, Nauwynxk H, Favoreel H, Pensaert M. 1998. J Virol 72:4520–4523.

Edwards S, Robertson IB, Wilesmith JW, et al. 1992. PRRS ("blue-eared pig disease") in Great Britain. Am Assoc Swine Pract Newsl 4:32–36.

Elvander M, Larsson B, Engvall A, et al. 1997. Nationwide surveys of TGE/PRCV, CSF, PRRS, SVD, L. pomona, and B. suis in pigs in Sweden. Epidémiol Santé Anim 31–32. 07.B.39.

Epperson B, Holler L. 1997. An abortion storm and sow mortality syndrome.In Proc Annu Meet Am Assoc Swine Pract, pp. 479–484.

Faaberg KS, Kehrli ME Jr., Lager KM, et al. 2010. Virus Res 154: 77–85.

Fairbanks K, Chase C, Benfield DA. 2002. J Swine Health Prod 10: 87–88.

Fangman TJ, Kleiboeker SB, Coleman M. 2007. J Swine Health Prod 15:219–223.

Feitsma H, Grooten HJ, Schie FW. 1992. The effect of porcine epidemic abortion and respiratory syndrome (PEARS) on sperm production. In Proc 12th Int Anim Reprod Congr, pp. 1710–1712.

Feng W, Laster S, Tompkins M, et al. 2001. J Virol 75: 4889–4895.

FitzSimmons MA, Daniels CS. 2003. Control in large systems. In J Zimmerman, K-J Yoon, eds. The PRRS Compendium, 2nd ed. Des Moines, IA: National Pork Board, pp. 137–142.

Foss DL, Zilliox MJ, Meier W, et al. 2002. Viral Immunol 15: 557–566.

Freese WR, Joo HS. 1994. Swine Health Prod 2(1):13–15.

Galina L, Pijoan C, Sitjar M, et al. 1994. Vet Rec 134:60–64.

Garner MG, Gleeson LJ, Holyoake PK, et al. 1997. Aust Vet J 75: 596–600.

Genini S, Delputte PL, Malinverni R, et al. 2008. J Gen Virol 89: 2550–2564.

Gillespie TG. 2003. Control with modified-live virus (MLV) PRRS vaccine. In J Zimmerman, K-J Yoon, eds. The PRRS Compendium, 2nd ed. Des Moines, IA: National Pork Board, pp. 147–150.

Gnanandarajah JS, Dvorak CM, Johnson CR, Murtaugh MP. 2008. J Gen Virol 89:2746–2753.

Goldberg TL, Hahn EC, Weigel RM, Scherba G. 2000. J Gen Virol 81:171–179.

Goldberg TL, Lowe JF, Milburn SM, Firkins LD. 2003. Virology 317:197–207.

Gomez-Laguna J, Salguero FJ, De Marco MF, et al. 2009. Viral Immunol 22:261–271.

Gorcyca D, Schlesinger K, Chladek D, et al. 1995. RespPRRS: A new tool for the prevention and control of PRRS in pigs. In Proc Annu Meet Am Assoc Swine Pract, pp. 1–22.

Gordon SC. 1992. Vet Rec 130:513–514.

Gramer ML, Christianson WT, Harris DL. 1999. Producing PRRS negative pigs from PRRS positive sows. In Proc Annu Meet Am Assoc Swine Pract, pp. 413–416.

Grebennikova T, Clouser D, Vorwald A, et al. 2004. Virology 321:383–390.

Grosse-Beilage E, Grosse-Beilage T. 1992. Epidemiological investigations into PEARS in Germany: Influence on reproduction. In Proc 12th Congr Int Pig Vet Soc, p. 125.

Halbur P, Rothschild M, Thacker B, et al. 1997. J Anim Breed Genet 115:181–189.

Halbur PG. 2003. Factors that influence the severity of clinical disease. In J Zimmerman, K-J Yoon, eds. The PRRS Compendium, 2nd ed. Des Moines, IA: National Pork Board, pp. 17–25.

Halbur PG, Andrews JJ, Huffman EL, et al. 1994. J Vet Diagn Invest 6:254–257.

Halbur PG, Bush E. 1997. Swine Health Prod 5(2):73.

Halbur PG, Miller LD, Paul PS, et al. 1995a. Vet Pathol 32: 200–204.

Halbur PG, Paul PS, Frey ML, et al. 1995b. Vet Pathol 32: 648–660.

Halbur PG, Paul PS, Frey ML, et al. 1996a. Vet Pathol 33: 159–170.

Halbur PG, Paul PS, Meng XJ, et al. 1996b. J Vet Diagn Invest 8: 11–20.

Halbur PG, Rothschild MF, Thacker BJ, et al. 1998. J Anim Breed Genet 115:181–189.

Harms P, Sorden S, Halbur P, et al. 2001. Vet Pathol 38: 528–539.

Harris DL, Bevier GW, Wiseman BS. 1987. Eradication of transmissible gastroenteritis virus without depopulation. In Proc Annu Meet Am Assoc Swine Pract, p. 555.

Henry S. 1994. Clinical considerations in "acute" PRRS. In Proc Annu Meet Am Assoc Swine Pract, pp. 231–235.

Hermann JR, Hoff SJ, Muñoz-Zanzi C, et al. 2006. Vet Res 38:81–93.

Hermann JR, Muñoz-Zanzi CA, Roof MB, et al. 2005. Vet Microbiol 110:7–16.

Hermann JR, Muñoz-Zanzi CA, Zimmerman JJ. 2009. Vet Microbiol 133:297–302.

Hesse RA, Couture LP, Lau ML, et al. 1996. Efficacy of PrimePac PRRS in controlling PRRS reproductive disease: Homologous challenge. In Proc Annu Meet Am Assoc Swine Pract, pp. 103–105.

Hill H. 1990. Overview and history of mystery swine disease (swine infertility/respiratory syndrome). In Proceedings of the Mystery Swine Disease Committee Meeting, Livestock Conservation Institute, Denver, Colorado, pp. 29–31.

Hirose O, Kudo H, Yoshizawa S, et al. 1995. J Jpn Vet Med Assoc 48:650–653.

Holtkamp D, Kliebenstein J, Zimmerman J, et al. 2011. An economic evaluation of PRRS elimination in the United States swine herd. Interim Report for the National Pork Board, Clive, IA.

Hooper CC, Van Alstine WG, Stevenson GW, Kanitz CL. 1994. J Vet Diagn Invest 6:13–15.

Hopper SA, White ME, Twiddy N. 1992. Vet Rec 131:140–144.

Horter DC, Pogranichniy RC, Chang CC, et al. 2002. Vet Microbiol 86:213–218.

Houben S, van Reeth K, Pensaert MB. 1995. Zentralbl Veterinarmed B 42:209–215.

Hu H, Li X, Zhang Z, et al. 2009. Arch Virol 154:391–398.

Iowa State University. 2010. PRRS X3. Veterinary Diagnostic and Production Animal Medicine on line report. http://vetmed.iastate.edu/diagnostic-lab/diagnostic-services/diagnostic-sections/serology/prrs3x.

Jacobs AC, Hermann JR, Muñoz-Zanzi C, et al. 2010. J Vet Diagn Invest 22:257–260.

Jeong HJ, Song YJ, Lee SW, et al. 2010. Clin Vaccine Immunol 17:503–512.

Jiang W, Jiang P, Wang X, et al. 2008. Virus Res 136:50–57.

Johnson CR, Griggs TF, Gnanandarajah JS, Murtaugh MP. 2011. J Gen Virol 92:1107–1116.

Johnson CR, Yu W, Murtaugh MP. 2007. J Gen Virol 88:1184–1195.

Johnson W, Roof M, Vaughn E, et al. 2004. Vet Immunol Immunopathol 102:233–247.

Joo HS, Park BK, Dee SA, Pijoan C. 1997. Vet Microbiol 55:303–307.

Keffaber K, Stevenson G, Van Alstine W, et al. 1992. SIRS virus infection in nursery/grower pigs. Am Assoc Swine Pract Newsl 4:38–39.

Keffaber KK. 1989. Reproductive failure of unknown etiology. Am Assoc Swine Pract Newsl 1:1–10.

Kim B. 2008. Making sense of PRRS virus sequences and a new view for PRRS inactivated vaccine—MJPRRS™: Old problem—New approach. In Proc Allen D. Leman Swine Conf 35:28.

Kim HS, Kwang J, Yoon IJ, et al. 1993. Arch Virol 133:477–483.

Kittawornrat A, Engle M, Johnson J, et al. 2010. Virus Res 154:170–176.

Klinge KL, Vaughn EM, Roof MB, et al. 2009. Virol J 6:177.

Kreutz LC, Ackermann MR. 1996. Virus Res 42:137–147.

Labarque G, Reeth K, van Gucht S, et al. 2002. Vet Microbiol 88:1–12.

Labarque G, van Gucht S, Nauwynck H, et al. 2003. Vet Res 34:249–260.

Lager KM, Halbur PG. 1996. J Vet Diagn Invest 8:275–282.

Lager KM, Mengeling WL. 1995. Can J Vet Res 59:187–192.

Lager KM, Mengeling WL, Brockmeier SL. 1996. Vet Rec 138:227–228.

——. 1997. Vet Microbiol 58:127–133.

——. 1999. Am J Vet Res 60:1022–1027.

Lamontagne L, Page C, Larochelle R, et al. 2001. Vet Immunol Immunopathol 82:165–181.

Le Potier M-F, Blanquefort P, Morvan E, Albina E. 1997. Vet Microbiol 55:355–360.

Lee SM, Kleiboeker SB. 2007. Virology 365:419–434.

Lee SM, Schommer SK, Kleiboeker SB. 2004. Vet Immunol Immunopathol 102:217–231.

Lemke C, Haynes J, Spaete R, et al. 2004. J Immunol 172:1916–1925.

Lewis CR, Torremorell M, Galina-Pantoja L, Bishop SC. 2009. J Anim Sci 87:876–884.

Leyk W. 1991. Observations in three affected herds in North Rhine Westphalia. In The new pig disease. Porcine reproductive and respiratory syndrome. A report on the seminar/workshop held in Brussels on April 29–30 and organized by the European Commission (Directorate General for Agriculture), pp. 3–4.

Li Q, Zhou Q-F Xue C-Y, et al. 2009. J Virol Methods 155:55–60.

Li Y, Wang X, Bo K, et al. 2007. Vet J 174:577–584.

Loula T. 1991. Mystery pig disease. Agri-practice 12:23–34.

Luo R, Xiao S, Jiang Y, et al. 2008. Mol Immunol 45:2839–2846.

Lutz W, Wurm R. 1996. Serological investigations to demonstrate the presence of antibodies to the viruses causing porcine reproductive and respiratory syndrome, Aujeszky's disease, hog cholera, and porcine parvovirus among wild boar (Sus scrofa, L., 1758) in Northrhine-Westfalia. Z Jagdwiss 42:123–133.

Maes D. 1997. Descriptive epidemiological aspects of the seroprevalence of five respiratory disease agents in slaughter pigs from fattening herds. Epidémiol Santé Anim 31–32. 05.B.19.

Magar R, Larochelle R, Robinson Y, Dubuc C. 1993. Can J Vet Res 57:300–304.

McCaw MB. 2000. J Swine Health Prod 8(1):15–21.

——. 2003. McREBEL management. In J Zimmerman, K-J Yoon, eds. The PRRS Compendium, 2nd ed. Des Moines, IA: National Pork Board, pp. 131–135.

Mengeling WL. 1996. An overview on vaccination for porcine reproductive and respiratory syndrome. In Proc AD Leman Swine Conf, pp.139–142.

Mengeling WL, Lager KM, Vorwald AC. 1994. Am J Vet Res 55:1391–1398.

——. 1995. J Vet Diagn Invest 7:3–16.

——. 1998. Am J Vet Res 59:52–55.

——. 1999. Am J Vet Res 60:796–801.

Mengeling WL, Lager KM, Vorwald AC, Clouser DF. 2003. Vet Microbiol 93:25–38.

Mengeling WL, Vorwald AC, Lager KM, Brockmeier SL. 1996. Am J Vet Res 57:834–839.

Molina RM, Cha SH, Chittick W, et al. 2008b. Vet Immunol Immunopathol 126:283–292.

Molina RM, Chittick W, Nelson EA, et al. 2008a. J Vet Diagn Invest 20:735–743.

Molitor TW, Bautista EM, Choi CS. 1997. Vet Microbiol 55:265–276.

Molitor TW, Xiao J, Choi CS. 1996. PRRS virus infection of macrophages: Regulation by maturation and activation state. In Proc Annu Meet Am Assoc Swine Pract, pp. 563–569.

Moore C. 1990. Clinical presentation of mystery swine disease in the growing pig. In Proceedings of the Mystery Swine Disease Committee Meeting, Livestock Conservation Institute, Denver, Colorado, pp. 41–49.

Morrison RB, Collins JE, Harris L, et al. 1992. Sero-epidemiologic investigation of porcine epidemic abortion and respiratory syndrome (PEARS, PRRS, SIRS). In Proc Congr Int Pig Vet Soc 12:114.

Mortensen S, Stryhn H, Sogaard R, et al. 2002. Prev Vet Med 53:83–101.

Motha J, Stark K, Thompson J. 1997. New Zealand is free from PRRS, TGE, and PRCV. Surveillance 24:10–11.

Mousing J, Permin A, Mortensen S, et al. 1997. Vet Microbiol 55:323–328.

Mulupuri P, Zimmerman JJ, Hermann J, et al. 2008. J Virol 82:358–370.

Murtaugh MP, Elam MR, Kakach LT. 1995. Arch Virol 140:1451–1460.

Murtaugh MP, Johnson CR, Xiao Z, et al. 2009. Dev Comp Immunol 33:344–352.

Nauwynck H, Duan X, Favoreel HW, et al. 1999. J Gen Virol 80:297–305.

Nelson EA, Christopher-Hennings J, Benfield DA. 1994. J Vet Diagn Invest 6:410–415.

Nelson EA, Christopher-Hennings J, Drew T, et al. 1993. J Clin Microbiol 31:3184–3189.

Neumann EJ, Kliebenstein JB, Johnson CD, et al. 2005. J Am Vet Med Assoc 227:385–392.

Nielsen HS, Oleksiewicz MB, Forsberg R, et al. 2001. J Gen Virol 82:1263–1272.

Office International des Épizooties (OIE). 1992. World Animal Health 1991. Volume VII. Number 2. Animal Health Status and Disease Control Methods (Part One: Reports), p. 126.

——. 1996. World Animal Health in 1995. Part 1. Reports on the Animal Health Status and Disease Control Methods and List A Disease Outbreaks—Statistics, p. 211.

——. 1997. World Animal Health in 1996. Part 1. Reports on the Animal Health Status and Disease Control Methods and List A Disease Outbreaks—Statistics, p. 249.

Opriessnig T, Pallares FJ, Nilubol D, et al. 2005. J Swine Health Prod 13:246–253.

Oslage U, Dahle J, Muller T, et al. 1994. Dtsch Tierarztl Wochenschr 101:33–38.

Osorio FA, Galeota JA, Nelson E, et al. 2002. Virology 302:9–20.

Ostrowski M, Galeota JA, Jar AM, et al. 2002. J Virol 76:4241–4250.

Otake S, Dee S, Corzo C, et al. 2010. Vet Microbiol 145: 198–208.

Park BK, Yoon IJ, Joo HS. 1996. Am J Vet Res 57:320–323.

Pejsak Z, Markowska-Daniel I. 1996. Reprod Dom Anim 31:445–447.

Perfumo CJ, Sanguinetti HR. 2003. Argentina: serological studies on PRRS virus. In J Zimmerman, K-J Yoon, eds. The PRRS Compendium, 2nd ed. Des Moines, IA: National Pork Board, pp. 209–211.

Petry DB, Lunney J, Boyd P, et al. 2007. J Anim Sci 85: 2075–2092.

Pirtle EC, Beran GW. 1996. J Am Vet Med Assoc 208:390–392.

Pirzadeh B, Dea S. 1997. J Gen Virol 78:1867–1873.

Pitkin AN, Deen J, Dee SA. 2009. Vet Microbiol 136:1–7.

Plagemann PG, Rowland RR, Faaberg KS. 2002. Arch Virol 147:2327–2347.

Plana Duran J, Bastons A, Urniza M, Vayreda M. 1995. Vaccine against porcine reproductive and respiratory syndrome (PRRS). In Proc 2nd International Symposium on Porcine Reproductive and Respiratory Syndrome, Copenhagen, Denmark, p. 37.

Plana Duran J, Vayreda M, Vilarrasa J, et al. 1992a. PEARS ("mystery swine disease")—Summary of the work conducted by our group. Am Assoc Swine Pract Newsl 4:16–18.

Plana Duran J, Vayreda M, Vilarrasa J, et al. 1992b. Vet Microbiol 33:203–211.

Pol JM, van Dijk JE, Wensvoort G, Terpstra C. 1991. Vet Q 13: 137–143.

Pol JM, van Leengoed LA, Stockhofe N, et al. 1997. Vet Microbiol 55:259–264.

Prickett J, Cutler S, Kinyon JM, et al. 2010. J Swine Health Prod 18:187–195.

Prickett J, Kim W, Simer R, et al. 2008a. J Swine Health Prod 16: 86–91.

Prickett J, Simer R, Christopher-Hennings J, et al. 2008b. J Vet Diagn Invest 20:156–163.

Prieto C, Sanchez R, Martin-Rillo S, et al. 1996a. Vet Rec 138: 536–539.

Prieto C, Suarez P, Martin-Rillo S, et al. 1996b. Theriogenology 46: 687–693.

Prieto C, Suarez P, Sanchez R, et al. 1994. Semen changes in boars after experimental infection with porcine epidemic abortion and respiratory syndrome (PEARS) virus. In Proc 13th Congr Int Pig Vet Soc, p. 98.

Rajic A, Dewey CE, Deckert AE, et al. 2001. J Swine Health Prod 9:179–184.

Ramirez A, Wang C, Prickett JR, et al. 2011. Efficient surveillance of pig populations using oral fluid. Prev Vet Med (in press).

Reicks DL, Munoz-Zani C, Mengeling W, et al. 2006a. J Swine Health Prod 14:35–41.

Reicks DL, Munoz-Zani C, Rossow K. 2006b. J Swine Health Prod 14:258–264.

Roberts J. 2003. Serological monitoring in infected sow herds. In J Zimmerman, K-J Yoon, eds. The PRRS Compendium, 2nd ed. Des Moines, IA: National Pork Board, pp. 75–86.

Rosenfeld P, Turner V, MacInnes JI, et al. 2009. Can J Vet Res 73: 313–318.

Rossow KD, Bautista EM, Goyal SM, et al. 1994a. J Vet Diagn Invest 6:3–12.

Rossow KD, Benfield DA, Goyal SM, et al. 1996a. Vet Pathol 33: 551–556.

Rossow KD, Collins JE, Goyal SM, et al. 1995. Vet Pathol 32: 361–373.

Rossow KD, Laube KL, Goyal SM, Collins JE. 1996b. Vet Pathol 33:95–99.

Rossow KD, Morrison RB, Goyal SM, et al. 1994b. J Vet Diagn Invest 6:368–371.

Rovira A, Abrahante J, Murtaugh M, Claudia M-Z. 2009. J Vet Diagn Invest 21:350–354.

Rovira A, Clement T, Christopher-Hennings J, et al. 2007. J Vet Diagn Invest 19:502–509.

Rowland R, Lawson S, Rossow K, Benfield D. 2003. Vet Microbiol 96:219–235.

Rowland RR, Steffen M, Ackerman T, Benfield DA. 1999. Virology 259:262–266.

Saliki JT, Rodgers SJ, Eskew G. 1998. J Wildl Dis 34:834–838.

Sanford E. 1992. Porcine epidemic abortion and respiratory syndrome (PEARS): Establishment and spread between 1987 and 1992 in Ontario, Canada. In Proc 12th Congr Int Pig Vet Soc, p. 117.

Schaefer N, Morrison R. 2007. J Swine Health Prod 15:152–155.

Segalés J, Domingo M, Solano G, Pijoan C. 1999. Vet Microbiol 64:287–297.

Shi M, Lam TT, Hon C-C, et al. 2010. J Virol 84:8460–8469.

Shibata I, Mori M, Uruno K. 1998. J Vet Med Sci 60: 1285–1291.

Shibata I, Yazawa S, Ono M, Okuda Y. 2003. J Vet Med B Infect Dis Vet Public Health 50:14–19.

Shirai J, Kanno T, Tsuchiya Y, et al. 2000. J Vet Med Sci 62:85–92.

Silva-Campa E, Cordoba L, Fraile L, et al. 2010. Virology 396:264–271.

Silva-Campa E, Flores-Mendoza L, Resendiz M, et al. 2009. Virology 387:373–379.

Sirinarumitr T, Zhang Y, Kluge J, et al. 1998. J Gen Virol 79:2989–2995.

Snijder EJ, Meulenberg JM. 2001. Arteriviruses. In DM Knipe, PM Howley, DE Griffin, RA Lamb, MA Martin, B Roizman, SE Straus, eds. Fields Virology, 4th ed. Philadelphia: Lippincott Williams and Wilkins, pp. 1205–1220.

Spilman MS, Welbon C, Nelson E, Dokland T. 2009. J Gen Virol 90:527–535.

Spronk G, Otake S, Dee S. 2010. Vet Rec 166:758–759.

Stadejek T, Oleksiewicz MB, Potapchuk D, Podgorska K. 2006. J Gen Virol 87:1835–1841.

Stevenson GW, Van Alstine WG, Kanitz CL, Keffaber KK. 1993. J Vet Diagn Invest 5:432–434.

Stockhofe-Zurwieden N, Navarro Camarro JA, Grosse-Beilage E, et al. 1993. Zentralbl Veterinarmed B 40:261–271.

Suárez P. 2000. Virus Res 31:47–55.

Sun Z, Chen Z, Lawson SR, Fang Y. 2010. J Virol 84:7832–7846.

Sur J, Doster A, Osorio F. 1998. Vet Pathol 35:506–514.

Sur J-H, Cooper VL, Galeota JA, et al. 1996. J Clin Microbiol 34:2280–2286.

Sur J-H, Doster AB, Christian JS, et al. 1997. J Virol 71: 9170–9179.

Suradhat S, Thanawongnuwech R. 2003. J Gen Virol 84: 2755–2760.

Suradhat S, Thanawongnuwech R, Poovorawan Y. 2003. J Gen Virol 84:453–459.

Swenson SL, Hill HT, Zimmerman JJ, et al. 1994a. J Am Vet Med Assoc 204:1943–1948.

Swenson SL, Hill HT, Zimmerman JJ, et al. 1994b. Swine Health Prod 2(6):19–23.

Terpstra C, Wensvoort G, Pol JMA. 1991a. Vet Q 13:131–136.

Terpstra C, Wensvoort G, Ter Laak EA. 1991b. The "new" pig disease: laboratory investigations. In The new pig disease. Porcine reproductive and respiratory syndrome. A report on the seminar/workshop held in Brussels on April 29–30, 1991 and organized by the European Commission Directorate General for Agriculture, pp. 36–45.

Thacker E, Halbur P, Ross R, et al. 1999. J Clin Microbiol 37:620–627.

Thacker EL, Halbur PG, Paul PS, Thacker BJ. 1998. J Vet Diagn Invest 10:308–311.

Thanawongnuwech R, Brown G, Halbur P, et al. 2000a. Vet Pathol 37:143–152.

Thanawongnuwech R, Halbur P, Ackermann M, et al. 1998a. Vet Pathol 35:398–406.

Thanawongnuwech R, Halbur P, Thacker E. 2000b. Anim Health Res Rev 1:95–102.

Thanawongnuwech R, Halbur PG, Andrews JJ. 1997a. J Vet Diagn Invest 9:334–337.

Thanawongnuwech R, Rungsipipat A, Disatian S, et al. 2003. Vet Immunol Immunopathol 91:73–77.

Thanawongnuwech R, Thacker E, Halbur P. 1997b. Vet Immunol Immunopathol 59:323–335.

——. 1998b. Vet Microbiol 63:177–187.

Tian K, Yu X, Feng Y, et al. 2007. PLoS One 2:e526.

Tong G, Qiu H. 2003. PRRS in China. In Zimmerman J, Yoon K-J, eds. TPRRS Compendium, 2nd ed. Des Moines, IA: National Pork Board, pp. 223–229.

Torremorell M, Geiger JO, Thompson B, Christianson WT. 2004. Evaluation of PRRSV outbreaks in negative herds. In Proc Congr Int Pig Vet Soc 1:103.

Torremorell M, Henry S, Christianson WT. 2003. Eradication using herd closure. In J Zimmerman, K-J Yoon, eds. The PRRS Compendium, 2nd ed. Des Moines, IA: National Pork Board, pp. 157–161.

Torremorell M, Moore C, Christianson WT. 2002. J Swine Health Prod 10:153–160.

Torremorell M, Rojas M, Cuevas L, et al. 2008. National PRRSV eradication program in Chile. In Proc Congr Int Pig Vet Soc 1:55.

Torrison J, Vannier P, Albina E, et al. 1994. Incidence and clinical effect of PRRS virus in gilts on commercial swine farms. In Proc 13th Congr Int Pig Vet Soc, p. 511.

Umthun AR, Mengeling WL. 1999. Am J Vet Res 60:802–806.

Valíček L, Pšikal I, Smid B, et al. 1997. Vet Med (Praha) 42:281–287.

Van Alstine WG, Kanitz CL, Stevenson GW. 1993. J Vet Diagn Invest 5:621–622.

Van Alstine WG, Popielarczyk M, Albergts SR. 2002. J Vet Diagn Invest 14:504–507.

Vanderheijden N, Delputte PL, Favoreel HW, et al. 2003. J Virol 77:8207–8215.

van der Linden I, Voermans J, van der Linde-Bril E, et al. 2003. Vaccine 21:1952–1957.

Van Gorp H, Van Breedam W, Delputte PL, Nauwynck HJ. 2008. J Gen Virol 89:2943–2953.

——. 2009. Arch Virol 154:1939–1943.

van Gucht S, van Reeth K, Pensaert M. 2003. J Clin Microbiol 41:960–966.

Vanhee M, Costers S, Van Breedam W, et al. 2010. Viral Immunol 23:403–413.

van Reeth K, Labarque G, Nauwynck H, Pensaert M. 1999. Res Vet Sci 67:47–52.

van Reeth K, Nauwynck H, Pensaert M. 1996. Vet Microbiol 48:325–335.

——. 2001. J Vet Med 48:283–292.

Waddell J, Philips R, Holck T, Anderson G. 2008. Pig vaccination as an essential part of a comprehensive PRRS control program. In Proc AASV. San Diego, CA, pp. 257–260.

Wagstrom EA, Chang CC, Yoon KJ, Zimmerman JJ. 2001. Am J Vet Res 62:1876–1880.

Weigel RM, Firkins LD, Scherba G. 2000. Vet Res 31:87–88.

Weiland E, Wieczorek-Krohmer M, Kohl D, et al. 1999. Vet Microbiol 66:171–186.

Wensvoort G, de Kluyver EP, Luijtze EA, et al. 1992. J Vet Diagn Invest 4:134–138.

Wensvoort G, Terpstra C, Pol JMA, et al. 1991. Vet Q 13:121–130.

Wesley RD, Lager KM, Kehrli ME Jr. 2006. Can J Vet Res 70:176–182.

Wesley RD, Mengeling WL, Lager KM, et al. 1998. J Diagn Invest 10:140–144.

White MEC. 1992a. The clinical signs and symptoms of blue-eared pig disease (PRRS). Pig Vet J 28:62–68.

——. 1992b. PRRS: Clinical update. Pig Vet J 29:179–187.

Wills R, Gray J, Fedorka-Cray P, et al. 2000a. Vet Microbiol 71:177–192.

Wills RW, Doster AR, Galeota JA, et al. 2003. J Clin Microbiol 41:58–62.

Wills RW, Osorio FA, Doster AR. 2000b. Susceptibility of selected non-swine species to infection with PRRS virus. In Proc Annu Meet Am Assoc Swine Pract, pp. 411–413.

Wills RW, Zimmerman JJ, Yoon K-J, et al. 1997a. Vet Microbiol 57:69–81.

Wills RW, Zimmerman JJ, Yoon K-J, et al. 1997b. Vet Microbiol 55:231–240.

Wissink EH, Kroese MV, van Wijk HA, et al. 2005. J Virol 79:12495–12506.

Wissink EHJ, van Wijk HAR, Pol JMA, et al. 2003. Arch Viol 148:177–187.

Wongyanin P, Buranapraditkun S, Chokeshai-Usaha K, et al. 2010. Vet Immunol Immunopathol 133:170–182.

Wu WH, Fang Y, Rowland RR, et al. 2005. Virus Res 114:177–181.

Wyckoff AC, Henke SE, Campbell TA, Hewitt DG. 2009. J Wildl Dis 45:422–429.

Xiao S, Jia J, Mo D, et al. 2010. PLoS One 5:e11377.

Xiao Z, Batista L, Dee S, et al. 2004. J Virol 78:5923–5933.

Yaeger M. 2002. J Vet Diagn Invest 14:15–19.

Yaeger MJ, Prieve T, Collins J, et al. 1993. Swine Health Prod 1(5):7–9.

Yang KS, Park PK, Kim JH. 2003. PRRS in the Republic of Korea. In J Zimmerman, K-J Yoon, eds. The PRRS Compendium, 2nd ed. Des Moines, IA: National Pork Board, pp. 253–255.

Yang L, Frey ML, Yoon KJ, et al. 2000. Arch Virol 145:1599–1619.

Yoo D, Wootton SK, Li G, et al. 2003. J Virol 77:12173–12783.

Yoon K-J, Chang C-C, Zimmerman JJ, Harmon KM. 2001. Adv Exp Med Biol 494:25–30.

Yoon KJ, Christopher-Hennings J, Nelson EA. 2003. Diagnosis. In J Zimmerman, K-J Yoon, eds. The PRRS Compendium, 2nd ed. Des Moines, IA: National Pork Board, pp. 59–74.

Yoon K-J, Wu LL, Zimmerman JJ, et al. 1996. Viral Immunol 9:51–63.

Yoon K-J, Zimmerman JJ, Chang C-C, et al. 1999. Vet Res 30:629–638.

Yuan S, Murtaugh MP, Faaberg KS. 2000. Virology 275:158–169.

Yuan S, Murtaugh MP, Schumann FA, et al. 2004. Virus Res 105:75–87.

Zejda JE, Barber E, Dosman JA, et al. 1994. J Occup Med 36:49–56.

Zhang X, Shin J, Molitor TW, et al. 1999. Virology 262:152–162.

Zhang X, Wang C, Schook LB, et al. 2000. Microb Pathog 28:267–278.

Zhou L, Zhang J, Zeng J, et al. 2009a. J Virol 83:5156–5167.

Zhou S-H, Cui S-J, Chen D-M, et al. 2009b. J Virol Methods 160:178–184.

Zhou YJ, Hao XF, Tian ZJ, et al. 2008. Transbound Emerg Dis 55:152–164.

Zimmerman J, Sanderson T, Eernisse KA, et al. 1992. Transmission of SIRS virus from convalescent animals to commingled penmates under experimental conditions. Am Assoc Swine Pract Newsl 4(4):25.

Zimmerman JJ, Yoon K-J, Pirtle EC, et al. 1997. Vet Microbiol 55:329–336.

32 猪星状病毒
Porcine Astroviruses
Gábor Reuter 和 Nick J. Knowles

背景
RELEVANCE

通过对猪腹泻粪便电镜检查,第一次发现了猪星状病毒(Bridger,1980;Geyer 等,1994;Shimizu 等,1990;Shirai 等,1985)。该病毒对猪肠道致病作用未知。人、火鸡、山羊感染星状病毒可出现肠道症状(Mendez 和 Arias,2007)。牛星状病毒接种牛犊后,并未出现明显临床症状(Woode 和 Bridger,1978;Woode 等,1984)。有证据表明不同物种间的星状病毒存在抗原差异(Mendez 和 Arias,2007),例如,猪星状病毒的抗体不与牛星状病毒反应(Bridger,1980)。

病因学
ETIOLOGY

星状病毒科(Astroviridae)分为哺乳动物星状病毒属(Mamastrovirus)(感染哺乳动物)和禽星状病毒属(Avastrovirus)(感染鸟)。猪星状病毒是其中一员,病毒直径约 30 nm、无被膜。星状病毒粒子形态特异,负染电子显微镜下可见粒子表面有 5 或 6 个点状星形花斑(图 32.1;Bridger,1980;Shimizu 等,1990)。并不是所有星状病毒粒子都存在上述特征,应与诺瓦克病毒(noroviruses)区别开。基因组为正义、单链 RNA,有 3 个

开放阅读框;除 3′端 poly(A)尾部结构,全长6.4~7.9 kb(Mendez 和 Arias,2007)。

遗传进化研究发现人类和动物星状病毒在系统进化树上属于不同分支(图 32.2;Jonassen 等,2001;Kapoor 等,2009;Lukashov 和 Goudsmit,2002;Reuter 等,2011)。同一物种存在不同亚型(血清型)的星状病毒,如人类(经典的 HAstV1-8,HAstV-MLB1 和 HMOAstVs)、蝙蝠、火鸡和猪。因此,星状病毒基因型高度差异,每个分支都有独立起源。基因学数据支持一种假说:过去曾发生过人类和动物星状病毒的跨种间传播,可能还经过了一些未知的中间宿主。尽管星状病毒基因类型众多,但跨种间传播的可能仍被低估,因为不同物种间没有通用的分子探针、抗体或寡核苷酸引物(Mendez 和 Arias,2007)。

日本(Jonassen 等,2001;Lukashov 和 Goudsmit,2002;Wang 等,2001)、捷克共和国(Indik 等,2006)和匈牙利(Reuter 等,2011)等国家曾报道过星状病毒部分基因组。核衣壳基因进化分析表明,仔猪体内分离到的星状病毒属于 2 种以上分支(PAstV-1 和 PAstV-2)(图 32.2)。PAstV-2最初发现于匈牙利(Reuter 等,2011)。

关于猪星状病毒的理化及生物特性报道较少。在日本和捷克共和国,通过向猪肾细胞系培养液内加入胰酶,可成功在病猪腹泻物分离到细

胞毒性星状病毒（Indik 等，2006；Shimizu 等，1990）；并通过免疫荧光和电镜验证。病毒浮力密度为 1.35 g/mL，并进行了血清-病毒中和试验。分离物对脂溶液稳定。56℃（133℉）温度下可耐受 30 min，对酸敏感（pH＝3.0）。可鉴定出 5 个分子质量在 13～39 ku 之间的结构蛋白。星状病毒的结构蛋白数量因宿主类型各异（Mendez 和 Arias，2007）。

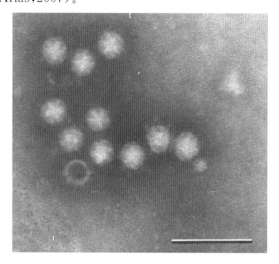

图 32.1　星状病毒粒子直径 30 nm，无被膜；负染电镜（negative stain electron microscopy）下可见一些病毒粒子表面出现 5 或 6 点状星形图案（来源 Bridger 1980）。

公共卫生
ROLE IN PUBLIC HEALTH

无证据表明猪星状病毒为人畜共患病。一般认为，星状病毒具有物种特异性，无证据显示猪星状病毒可跨越种间屏障传播。

流行病学
EPIDEMIOLOGY

该病存在于世界范围内，曾经在英国（Bridger 1980）、日本（Shimizu 等，1990）、南非（Geyer 等，1994）、捷克共和国（Indik 等，2006）和匈牙利（Reuter 等，2011）等国家的猪群粪便中分离到猪星状病毒。日本进行的血清学调查发现，8 个猪群的 128 头猪中，39％存在 PastV-1 中和抗体（只有一个猪场无阳性），群内流行程度 7％～83％不等（Shimizu 等，1990）。一般认为病毒通过粪-口传播。

致病机理、临床症状、病理变化及免疫
PATHOGENESIS, CLINICAL SIGNS, LESIONS, AND IMMUNITY

哺乳类物种感染星状病毒多会出现胃肠炎症状。一般认为星状病毒是引起少年儿童病毒性腹

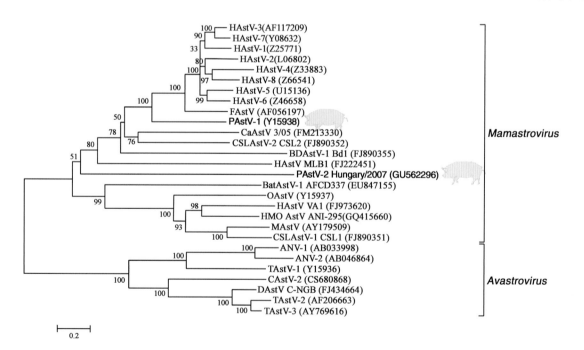

图 32.2　无根邻近树（unrooted neighbor-joining tree）显示猪星状病毒及该病毒科内其他代表性毒株核衣壳蛋白的关系。方框内为猪星状病毒（PastV-1 和 PastV-2）。并表示出公认的两个病毒属（*Mamastrovirus* 和 *Avastrovirus*）。

泻的第三或第四常见病原。只有和其他肠道病原体共存时,猪星状病毒自然感染才会出现严重腹泻(Bridger,1980;Shimizu 等,1990)。细胞培养的 PAstV-1 星状病毒经口腔灌注到 4 日龄仔猪,可出现中等程度腹泻(Shimizu 等,1990)。腹泻症状在灌注后 1 d 出现,并持续到 5~6 d。可从粪便分离到细胞毒性星状病毒,猪只血清并转阳。同样的,捷克科学家经口腔灌注猪星状病毒后的仔猪也可出现中度腹泻症状(Indik 等,2006)。上述并没有评价组织病变程度,但可以推测为,猪星状病毒可对肠道(特别是小肠)致病,然后出现断奶前后仔猪腹泻的症状。目前还没有关于猪星状病毒抗原性差异及其免疫性的数据。

诊断
DIAGNOSIS

目前针对该病尚无常规检测,但可用电镜观察、病毒分离、免疫荧光、RT-PCR 对自然发病动物进行诊断。可用病毒中和试验和免疫荧光抗体方法检测 PAstV-1 亚型血清转阳情况(Shimizu 等,1990)。但上述实验室检测方法的诊断效果还不详。

预防和控制
PREVENTION AND CONTROL

猪星状病毒可能只是引起仔猪断乳前后腹泻

症状的病毒之一。因为其在猪群的广泛存在和其病毒粒子的高稳定性,在已发病的猪场根除该病毒是非常困难的。通过临床表现来评估根除效果是非常困难的。如果猪星状病毒仅在肠道致病,可通过口服补液减轻病畜症状。无商品化疫苗可用。

(赵化阳译,师福山校)

参考文献
REFERENCES

Bridger JC. 1980. Vet Rec 107:532–533.
Geyer A, Steele AD, Peenze I, Lecatsas G. 1994. J S Afr Vet Assoc 65:164–166.
Indik S, Valicek L, Smid B, et al. 2006. Vet Microbiol 117: 276–283.
Jonassen CM, Jonassen TO, Saif YM, et al. 2001. J Gen Virol 82: 1061–1067.
Kapoor A, Li L, Victoria J, et al. 2009. J Gen Virol 90: 2965–2972.
Lukashov VV, Goudsmit J. 2002. J Gen Virol 83:1397–1405.
Mendez E, Arias CF. 2007. Astroviruses. In DM Knipe, PM Howley, eds. Fields Virology, 5th ed. Philadelphia: Lippincott Williams and Wilkins, pp. 981–1000.
Reuter G, Pankovics P, Boros Á. 2011. Arch Virol 156:125–128.
Shimizu M, Shirai J, Narita M, Yamane T. 1990. J Clin Microbiol 28:201–206.
Shirai J, Shimizu M, Fukusho A. 1985. Nippon Juigaku Zasshi 47: 1023–1026.
Wang QH, Kakizawa J, Wen LY, et al. 2001. J Med Virol 64: 245–255.
Woode GN, Bridger JC. 1978. J Med Microbiol 11:441–452.
Woode GN, Pohlenz JF, Gourley NE, Fagerland JA. 1984. J Clin Microbiol 19:623–630.

33

布尼亚病毒
Bunyaviruses
Chih-Cheng Chang

背景
RELEVANCE

布尼亚病毒是人和反刍动物的重要病毒性病原,但血清学调查表明,曾在世界多个地方监测到猪群感染布尼亚病毒(赤羽 Akabane、Oya、塔希纳 Tahyna 和浪博病毒 Lumbo)(Arunagiri 等,1991;Huang 等,2003;Hubálek 等,1993;Kono 等,2002;Lim 等,2007)。曾在中国台湾和韩国的猪群中分离到赤羽病毒(Huang 等,2003;Lim 等,2007)。在马来西亚一个怀疑尼帕病毒感染的猪体内分离到 Oya 病毒(Kono 等,2002)。

病因学
ETIOLOGY

布尼亚病毒是单股负链的有囊膜病毒,病毒粒子直径 80~100 nm。基因组由 3 段大小不同的负链 RNA 组成,即大(L)、中(M)、小(S)(Elliott,1985,1990)。L 片段编码一个具有复制和转录活性的多肽(L 蛋白)(Jin 和 Elliott,1991,1992),M 片段编码两个结构糖蛋白(G1 和 G2)和一个非结构蛋白(NSm)(Elliott,1985;Fazakerley 等,1988;Fuller 和 Bishop,1982;Gentsch 和 Bishop,1979;Gerbaud 等,1992)。这些糖蛋白可嵌入病毒粒子的囊膜中并突出于病毒粒子表面,在病毒的毒力、吸附、细胞融合和红血球凝集

活性中起关键作用(Schmaljohn,1996)。S 片段含有一个重叠阅读框,编码核衣壳蛋白(N)和非结构蛋白(NSs)(Elliott,1990)。

布尼亚病毒科包括 5 个病毒属,300 多种病毒,其中 4 个病毒属(布尼亚病毒属、汉坦病毒属、白蛉病毒属及乌库病毒属)可感染脊椎动物。以共同抗原关系和生物化学分析为基础进行分类,除汉坦病毒属外,布尼亚病毒属也属于节肢动物病毒(虫媒病毒),(Bishop,1985;Elliott,1990,1997)。布尼亚病毒属包括 5 个血清群(Bunyamera、布温巴、加州、瓜马和 辛波),约 170 种病毒(Calisher,1996)。在猪群中检测到的布尼亚病毒多属于加州(Lumbo 和 Tahyna 病毒)和辛波(Akabane 和 Oya 病毒)血清群(Calisher,1996;Elliott,1997)。

公共卫生
ROLE IN PUBLIC HEALTH

已知能感染猪的布尼亚病毒有 4 个,分别是 Akabane、Oya、Tahyna 和 Lumbo 病毒。其中人类对赤羽病毒和 Oya 病毒不易感(Bryant 等,2005),塔希纳病毒和与之亲缘关系很近的 Lumbo 浪博病毒在人群中广泛流行,偶尔伴发临床症状(Gould 等,2006;Vapalahti 等,1996)。目前猪在布尼亚病毒生态学中的作用还不明确,但可能居于次要位置地位。

流行病学
EPIDEMIOLOGY

布尼亚病毒特定的地理分布反映了它的传播媒介和宿主的分布情况。除欧洲外,世界其他地方也发现了辛波血清群的病毒,其主要是通过蠓和蚊子传播给脊椎动物(Calisher,1996)。同样,加州血清群中也包含了经蚊子叮咬传播的病毒(Elliott,1997)。

赤羽病病毒(辛波血清群)于 1968 年首次由日本从蚊子中分离出来,蠓和蚊子是赤羽病病毒的传播媒介(Jennings 和 Mellor,1989;Kurogi 等,1987;Oya 等,1961),该病毒的自然脊椎动物宿主是草食动物,有牛、山羊、长颈鹿、马和绵羊(Al-Busaidy 等,1988;Cybinski 等,1978)。然而近期的研究发现,蠓(库蠓)作为最初的传播媒介(Hsu 等,1997;Huang 等,2003),可能导致赤羽病病毒在亚洲猪群中的流行(Huang 等,2003;Lim 等,2007)。试验还发现,猪口鼻暴露可引起赤羽病病毒的传播,因此赤羽病病毒在猪群中的传播可能并不完全是由节肢动物引起(Huang 等,2003)。

韩国的流行病学调查表明,在监测的 15 个农场中,赤羽病病毒血清学反应呈阳性的猪比例占 37%(Lim 等,2007)。在台湾进行的血清学调查发现,约 75%的猪呈现赤羽病病毒血清抗体阳性,其中在种母猪中赤羽病病毒血清抗体阳性率达 99%(Huange 等,2003),在幼龄猪中赤羽病病毒血清抗体阳性比率很高(98%),暗示其有母源抗体的存在。20 周龄的猪群中血清学阳性抗体猪只下降至 17%;到后期成年猪中的血清学抗体阳性比率又升高至 71%。在台湾,牛赤羽病病毒血清学阳性比率高达 96%。

对从台湾分离到的猪(NT-14)和牛(PT-17)的赤羽病病毒分离株进行序列测定,结果表明二者其小 RNA 片段的序列同源性高达 99.6%。这暗示在台湾,猪在赤羽病的病毒-宿主-传播媒介这个循环中起着作用,且分离株 NT-14 和 PT-17 可能来自同一起源。

对猪群同样进行了其他布尼亚病病毒的血清学调查。在马来西亚对 Oya 病毒(辛波血清群)进行调查表明,来自 6 个地区 24 个农场的 360 份猪血清中有 93%呈血清学阳性反应(Kono 等,2002)。Hubálek 等(1993)报道在捷克有 38%的野猪呈现塔希纳病毒(加州血清型)血清学阳性反应。斯里兰卡也有猪对浪博病毒血清学反应呈阳性的报道,该病毒也是加州血清群的成员之一(Arunagiri 等,1991)。

致病机理
PATHOGENESIS

目前几乎没有针对布尼亚病毒感染猪群发病机理的报道。Huang 等用布尼亚病毒(分离株 NT-14)在试验条件下通过口鼻暴露的方式感染 4 周龄猪,在感染后 1~6 d 发现病毒血症。在这期间,从很多组织如脾脏、肺脏、脑、小肠、淋巴结、胸腺和唾液腺中分离到病毒,在接种后可持续 14 d 从鼻腔中分离到病毒。也可以从口鼻的排泄物中分离到病毒,但在粪便中没有分离到。将阴性猪与感染猪直接接触也没有发现感染。

临床症状与病理变化
CLINICAL SIGNS AND LESIONS

虽然不能确定赤羽病病毒能否导致怀孕母猪或胎儿发生病变,但其感染成年猪后临床症状不明显(Huang 等,2003)。在试验条件下,赤羽病毒(分离株 NT-14)不能诱导产生眼观的病理变化,但可观察到轻度的淋巴细胞性脑炎和大脑血管炎(Huang 等,2003)。目前还没有塔希纳或/和浪博病毒诱导产生临床症状和病理变化的描述,也未见 Oya 病毒感染猪后导致的病理变化,但 Kono 等(2002)发现 Oya 病毒能引起与尼帕病毒感染相似的临床症状。

诊断
DIAGNOSIS

布尼亚病毒可以在乳鼠中进行繁殖,也可在易感的细胞系中繁殖,这些细胞系包括 HmLu-1、BHK-21、Vero、MA-104、Marc-145 和蚊子细胞系(Bryant 等,2005;Gerdes,2008;Huang 等,2003;Kono 等,2002)。检测和鉴定布尼亚病毒的技术包括透射电镜、血清学检测(Huang 等,2003)、免疫组织化学、RT-PCR(Bryant 等,2005;Huang 等,2003)和序列测定(Saeed 等,2001)等。

预防和控制
PREVENTION AND CONTROL

现在对布尼亚病毒感染的猪没有有效的治疗方法或疫苗。布尼亚病毒对大多数常用消毒剂敏感，如次氯酸盐、去垢剂、双氯苯双胍乙烷和酚类化合物等。

（支海兵译，王进校）

参考文献
REFERENCES

Al-Busaidy SM, Mellor PS, Taylor WP. 1988. Vet Microbiol 17: 141–149.

Arunagiri CK, Perera LP, Abeykoon SB, Peiris JSM. 1991. Am J Trop Med Hyg 45:377–382.

Bishop DHL. 1985. Replication of arenaviruses and bunyaviruses. In BN Fields, ed. Virology. New York: Raven Press, pp. 1083–1110.

Bryant JE, Crabtree MB, Nam VS, et al. 2005. Am J Trop Med Hyg 73:470–473.

Calisher CH. 1996. History, classification, and taxonomy of viruses in the family Bunyaviridae. In RM Elliott, ed. The Bunyaviridae. New York: Plenum Press, pp. 1–17.

Cybinski DH, George TDS, Paull NI. 1978. Aust Vet J 54:1–3.

Elliott RM. 1985. Virology 143:119–126.

——. 1990. J Gen Virol 71:501–522.

——. 1997. Mol Med 3:572–577.

Fazakerley JK, Gonzales-Scarano F, Strickler J, et al. 1988. Virology 167:422–432.

Fuller F, Bishop DHL. 1982. J Virol 41:643–648.

Gentsch JR, Bishop DHL. 1979. J Virol 30:767–770.

Gerbaud S, Pardigon N, Vialat P, Bouloy M. 1992. J Gen Virol 73: 2245–2254.

Gerdes GH. 2008. Bunyaviral diseases of animals (excluding Rift Valley fever. In Manual of Diagnostic Tests and Vaccines for Terrestrial Animals, Vol. 2, 6th ed. Paris: OIE, World Organisation for Animal Health, pp. 1165–1176.

Gould EA, Higgs S, Buckley A, Gritsun TS. 2006. Emerg Infect Dis 12:549–554.

Hsu HS, Liao YK, Hung HH. 1997. The seasonal successional investigation of Culicoides spp. in cattle farms of Pintung district, Taiwan. J Chin Soc Vet Sci 23:303–310.

Huang CC, Huang TS, Deng MC, et al. 2003. Vet Microbiol 94:1–11.

Hubálek Z, Juricova Z, Svobodov I, Halouzka J. 1993. J Wildl Dis 29:604–607.

Jennings M, Mellor PS. 1989. Vet Microbiol 21:125–131.

Jin H, Elliott RM. 1991. J Virol 65:4182–4189.

——. 1992. J Gen Virol 73:2235–2244.

Kono Y, Yusnita Y, Mohn Ali AR, et al. 2002. Arch Virol 147: 1623–1630.

Kurogi H, Akiba K, Inaba Y, Matumoto M. 1987. Vet Microbiol 15:243–248.

Lim SI, Kweon CH, Tark DS, et al. 2007. J Vet Sci 8:45–49.

Oya A, Okuno T, Ogata T, et al. 1961. Jpn J Med Sci Biol 14: 101–108.

Saeed MF, Li L, Wang H, et al. 2001. J Gen Virol 82:2173–2181.

Schmaljohn CS. 1996. Bunyaviridae: The viruses and their replication. In BN Fields, DM Knipe, PM Howley, eds. Fields Virology, 3rd ed. New York: Raven Press, pp. 1447–1471.

Vapalahti O, Plyusnin A, Cheng Y, et al. 1996. J Gen Virol 77: 1769–1774.

34 猪杯状病毒
Porcine Caliciviruses

Nick J. Knowles 和 Gábor Reuter

背景
OVERVIEW

　　杯状病毒家族由五个病毒属组成：兔出血症病毒属、水疱疹病毒属、诺如病毒属、札幌病毒属及 *Nebovirus* 病毒属（Clarke 等，2011）。兔出血症病毒属由兔出血症病毒和欧洲野兔综合征病毒组成，而水疱疹病毒属则由猪水疱疹病毒、猫杯状病毒以及一些未分类的病毒组成。诺如病毒、札幌病毒和 *Nebovirus* 病毒由单一病毒组成，分别是诺瓦克病毒、沙波病毒和 Newbury 1 病毒。最近发现的杯状病毒与已存在的病毒属在系统发生上明显不同，属于三个新的病毒属：Tulane 病毒属（从恒河猴分离得到）（Farkas 等，2008）、St-Valérien 病毒属（从猪分离得到）（L'Homme 等，2009b）和鸡杯状病毒属（Wolf 等，2011）。感染猪的杯状病毒主要是该物种的水疱疹病毒、诺瓦克病毒、札幌病毒以及未分类的 St-Valérien 病毒。

　　杯状病毒粒子无包膜，呈二十面体对称。经电子显微镜负染技术测定该病毒粒子的直径为 27～40 nm；经冷冻电子显微镜和 X 射线晶体分析法测定其直径是 35～40 nm（Prasad 等，1999）。衣壳由主要结构蛋白 VP1 形成的 90 个二聚体组成，而 VP1 则在 $T = 3$ 二十面体晶格排列。诺如病毒的 VP1 蛋白形成一个由衣壳组成的亚单位和两个突出域。杯状蛋白衣壳结构的主要特征是在每个二十面体的 5 倍和 3 倍轴有 32 个杯状的凹陷。在负染色病毒制剂中，一些杯状凹陷明显且界限清楚，而在其他制剂中，这些杯状凹陷不太明显。

　　杯状病毒的基因组为单股正链 RNA，有两个或三个主要的开放阅读框（ORFs）。非结构蛋白在基因组的 5′端编码，结构蛋白在基因组的 3′端编码。杯状病毒在细胞浆中复制。在感染的细胞中发现主要有两种正链 RNA：（1）基因组大小的正链 RNA 作为大型多聚蛋白翻译的模板，这种大型多聚蛋白要经过病毒编码的蛋白酶切割后形成成熟的无结构蛋白；（2）和基因组共用 3′末端的亚基因组大小的正链 RNA，作为 3′端 ORF 编码 VP2 蛋白及 VP1 蛋白翻译的模板。在感染猫杯状病毒和圣米格尔海狮病毒的细胞中发现与全长基因组 RNA 尺寸相应的双股 RNA（dsRNA），说明复制是通过负链 RNA 进行的。

　　病毒粒子的相对分子质量（M_r）大约是 1.5×10^6。病毒粒子在 CsCl 的浮力密度是 $1.33 \sim 1.41 \ \mathrm{g/cm^3}$；在甘油酒石酸钾梯度中是 $1.29 \ \mathrm{g/cm^3}$。病毒粒子的 S20w 是 $160 \sim 187S$（Wawrzkiewics 等，1968）。目前已经确立杯状病毒家族一些成员的理化特性，总的来说，杯状病毒在环境中比较稳定，一些毒株对热和某些化学品具有抗性（乙醚、氯仿和温和的清洁剂）（Wawrzkiewcz 等，1968）。

猪病学，第 10 版，由 Jeffrey J. Zimmerman、Locke A. Karriker、Alejandro Ramirez、Kent J. Schwartz、Gregory W. Stevenson 主编。

肠道杯状病毒对酸稳定,水疱疹病毒在低于pH 4.5～5.0 的情况下不稳定。

猪水疱疹病毒
VESICULAR EXANTHEMA OF SWINE VIRUS

猪水疱疹(Vesicular Exanthema of Swine,VES)是一种急性、高度感染性疾病。其特点是发热,在口鼻部、口腔黏膜、脚掌、冠状垫及脚趾之间有水疱形成。猪水疱疹和猪口蹄疫、水疱性口炎、猪水疱病在临床上很难区分。

VES 最初发生于美国加利福尼亚州,在 20 世纪 50 年代广泛发生于美国各地,但消除该病所采取的措施是相当成功的。1959 年,美国宣布彻底消灭 VES,且 VES 被指定为外来动物物种疾病。在全世界任何国家或地区,VES 未被作为一个自然感染的猪病种类。

从 1972 年以来,从未成熟的 4 月龄大的加利福尼亚海狮幼崽、死亡的已断奶的北方海狗幼崽以及还在护理中的北方海象幼崽的喉咙和直肠拭子中被分离出一种不同于 VESV 的病毒,命名为圣米格尔海狮病毒(SMSV)。这种病毒也从阿拉斯加的海洋哺乳动物和商业性海豹肉以及南加利福尼亚海岸潮汐池收集的鲈鱼喜欢捕食的鱼类中分离得到。从鱼类和海洋哺乳动物中分离得到的SMSV 都能引起猪发生 VES。而且,从犊牛喉咙和直肠拭子分离得到的杯状病毒能引起暴露猪群发生临床水疱疹。

病因学
Etiology

水疱疹病毒属由两种病毒组成,即猪水疱疹病毒和猫杯状病毒。从犬、水貂和细胞培养污染物分离到的其他疱疹病毒与这两种病毒完全不同,且还未进行分类。VESE 大约有 40 个血清型(尽管还没有对所有的血清型都进行血清学监测比较)(Neill 等,1995)。已知 VESV 有 13 个血清型(VESV-B34,- A48,- B51,- C52,- D53,- E54,-F55,- G55,- H54,- I55,- J56,- K54),SMSV 有 17 个血清型(SMSV-1,- 2,- 4 到-7,SMSV-9 到-11, SMSV-13 到-17, SMSV-FADDL 7005,SMSV-693M,SMSV-3709),剩余的血清型是以这些血清型首次分离的宿主命名的,即加利福尼亚海狮病毒 02012181、斯特勒海狮病毒(SSLV)、V810,、SSLV-V1415、牛杯状病毒(BVC)BOS-1、BCV Bos-2、鲸目动物杯状病毒 Tur-1、灵长类动物杯状病毒 Pan-1、爬行动物杯状病毒 Cro-1、海象杯状病毒、臭鼬杯状病毒、兔杯状病毒和人类杯状病毒。20 世纪 30 年代分离得到了 7 种 VESV 血清型,40 年代以来遭到丢失或毁坏,并没有和以后分离到的血清型进行比较。SMSV 被发现是 SMSV-1 和 SMSV-2 的混合物。部分 SMSV-8 和 SMSV-12 基因组序列测定显示二者有别于VESV 的其他成员(N. J. Knowles 和 S. M. Reid,数据未发表)。所有在哺乳动物细胞培养物(如猴肾或猪肾)中复制的 VESV 成员通常都能引起快速及破坏性的 CPE。

公共卫生
Role in Public Health

一般认为这些病毒对公众健康没有明显的影响。然而,有报道称有两种海洋动物病毒的血清型可以感染人。SMSV-5 可以从病毒工作者的手掌和脚掌的水疱重新恢复培养得到(Smith 等,1998b)。另外感染的案例是在白令海处理患病的虎头海狮(北海狮)的工作人员的硬腭、上嘴唇和面部区域有水疱发生。(McA11 株)从发病后30 多天的人的喉咙洗涤物样本中分离出一种新型的水疱疹病毒。

流行病学
Epidemiology

在北美太平洋沿岸甚至远到北部的白令海已经发现了 VESV/SMSV 及相关病毒。1932—1951 年间在美国猪群暴发的 VES 仅局限到加利福尼亚州,而在 1951 年,B51 血清型的发病范围波及 41 个州和哥伦比亚地区。1954 年和 1956年另外两个血清型出现在新泽西州。

猪、鳍足类动物、鲸类动物、牛、马属动物、臭鼬、灵长类动物(包括人类)、爬行动物和鱼类可发生自然感染病例(Smith 等,1998a)。SMSV-7 和SMSV-17 分别在海狮肝吸虫(*Zalophatrema sp.*)和贻贝(*Mytiluscalifornianus*)分离获得。

实验结果证明,SMSV 中至少有六种血清型引起的猪水疱病与 VESV 感染导致的水疱病变没有明显区别(Berry 等,1990;Bresse 和 Dardiri,1977;Gelberg 和 Lewis,1982;Smith 等,1974,1980;Van Bonn 等,2000)。

美国暴发水疱病的主要传播方式是饲喂未经处理的且被污染的食品垃圾。然而通过直接接触患病动物也很容易发生感染(Madin,1975)。

临床症状及病理变化
Clinical Signs and Lesion

随着体温的不断升高,水疱可出现在以下单个部位或多个部位,如吻部、唇部、舌部、口腔黏膜、蹄掌、趾间及足部的冠状垫(Madin,1975)。病变也可发生在乳头部位,特别是哺乳母猪。

诊断
Diagnosis

对患猪的初步诊断主要基于发热和典型的水疱存在,这些水疱通常在 24~48 h 内破溃形成糜烂。与其他引起水疱性疾病的病毒进行实验室鉴别诊断是必不可少的,如口蹄疫病毒(口蹄疫病毒属,小核糖核酸病毒科)、猪水疱病病毒(肠道病毒属,小核糖核酸病毒科)以及水疱性口炎病毒(水疱病毒属,弹状病毒科)。

病毒检测可通过实验室的各种血清学方法来进行,包括补体结合实验(Bankowski 等,1953)、病毒中和实验(Bankowski 等,1953;Holbrook 等,1959)和酶联免疫吸附实验(ELISA)(Ferris 和 Oxtoby,1994)。然而,血清型为基础的检测依赖于每一种血清型病毒的抗血清。

电子显微镜可用于对上皮组织悬浮物或猪组织培养物进行传代后进行检测。各种反转录聚合酶链式反应(RT-PCR)(包括实时 RT-PCR)已经用于水疱疹病毒的鉴定(McClenahan 等,2009;Reid 等,1999,2007)。

VES 可从细胞培养物中分离获得(通常采用猪或猴肾细胞系)。一旦确定引发该病暴发的病毒的血清型,血清学检测方法就可用于被感染畜群的检测或诊断。

免疫
Immunity

感染 VESV 的动物在发生强烈的免疫反应后可以自行恢复,所产生的抗体至少在 6 个月内可保护动物免受同一血清型病毒的感染(Madin,1975)。感染后 10~12 d 可检测到中和抗体,感染后 21~28 d 抗体浓度达到顶峰。

预防和控制
Prevention and Control

VESV 感染后无特效治疗方法。目前没有可用于预防的疫苗,血清型的数量可能会阻碍 VESV 疫苗的发展。在怀疑是水疱疹的情况下,应尽快报告有关部门。用于饲喂猪的下脚料和鱼应先煮熟再饲喂。尽管自 20 世纪 50 年代以来还未发生过 VES,但 VES 类似病毒广泛存在于太平洋沿岸并周期性地感染美国西部的家畜或圈养野生动物。猪群仍然存在被水疱病感染的威胁。

猪杯状病毒(诺如病毒和札幌病毒)
PORCINE CALICIVIRUSES (NOROVIRUS AND SAPOVIRUSES)

猪肠道杯状病毒(Porcine Enteric Caliciviruses,PEGs)(诺如病毒和札幌病毒)最早在英国和美国发现,通过对断奶猪和哺乳仔猪的腹泻粪便进行电子显微镜扫描可检测到该种病毒(Bridger,1980;Saif 等,1980)。人们还未对猪杯状病毒展开广泛研究,目前还不清楚该病毒在自然发生的猪病中的作用。相比之下,杯状病毒在人类偶发性和流行性急性胃肠炎中的作用比较明确。

人类杯状病毒分属于两个病毒属,即诺如病毒属(以前称作类诺沃克病毒)和札如病毒属(以前称作类札幌病毒)(Mayo,2002)。现在这两个属的病毒(猪诺如病毒和猪札如病毒)被公认为养猪场感染的共同病原,而且杯状病毒可能在猪群胃肠疾病的发生中有着很重要的作用。目前已经提出杯状病毒潜在的跨物种传播和动物隐藏携带病毒问题可能成为影响公众健康的潜在因素(Mattison 等,2007;Reuter 等,2010;Wang 等,2005a)。然而,这个问题仍然是公众所关心的。鉴于有限的可用数据,到目前为止还没有证据表明已知的猪肠道杯状病毒直接威胁人类的健康。

猪诺如病毒
Porcine Noroviruses

猪诺如病毒,1980 年首次报道,其直径为 27～32 nm、衣壳无包膜且形态模糊(Bridger,1980)(图 34.1)。病毒的基因组由不包括 3′末端的 poly(A)尾巴的正链、单股 RNA 组成,长度为 7.3～7.7 kb。病毒基因组有 3 个开放阅读框,所编码的多聚蛋白经蛋白酶处理后产生几个非结构蛋白,包括 RNA 依赖的 RNA 聚合酶(RdRp)、一个主要衣壳蛋白(VP1)和一个次要衣壳蛋白(VP2)(Green,2007)。

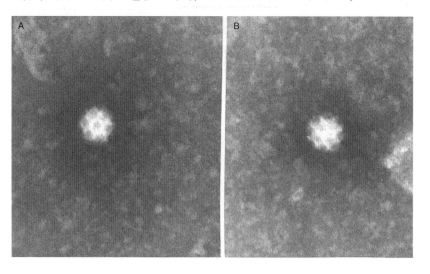

图 34.1 电镜负染色。图 A 和图 B:札幌病毒具有杯状病毒典型的形态特征,杯形凹面清晰,直径大约 35 nm。

诺如病毒在遗传上呈高度多样化。根据病毒衣壳的系统发生分析将其分为 5 个基因亚型(G),即从 G Ⅰ 到 G Ⅴ(Zheng 等,2006)。每一个亚型又分属为不同的基因型,G Ⅰ 有 8 个基因型,G Ⅱ 有 19 个基因型,G Ⅲ 有 2 个基因型,G Ⅳ 和 G Ⅴ 各有一个基因型(Wang 等,2005a;Zheng 等,2006)。由于该病毒各亚型间基因序列的高度多样性(高达 60%的氨基酸差异性),所以认为这些亚型可能代表不同的毒株(Zheng 等,2006)。人类诺如病毒存在 G Ⅰ 亚型,人和猪诺如病毒均有 G Ⅱ 亚型,(人:基因型 1～10 和 12～17,猪:基因型 18～19)。牛和绵羊诺如病毒属于 G Ⅲ 亚型,人类和狮子诺如病毒存在 G Ⅳ 亚型,小鼠诺如病毒为 G Ⅴ 亚型(图 34.2)。猪诺如病毒序列,包括原型猪诺如病毒株 Sw918/1997/JP(AB074893),均划分到人诺如病毒 G Ⅱ 亚型。但与人类诺如病毒不同的是,该病毒分属于三个不同的基因型(分别是基因型 11、18 和 19)(Sugieda 等,1998)。猪诺如病毒各基因型之间可能存在同源重组(Wang 等,2005a)。

目前已经确定日本、荷兰、美国、匈牙利、比利时、加拿大、中国、韩国、斯洛文尼亚和巴西的猪诺如病毒的基因组(Cunha 等,2010;Keum 等,2009;L'Homme 等,2009a;Mauroy 等,2008;Mijovski 等,2010;Reuter 等,2007;Shen 等,2009;Sugieda 和 Nakajima,2002;Sugieda 等,1998;van der Poel 等,2000;Wang 等,2005a)。有趣的是,Sw918/JP(基因型 11)和 QW101/2003/US(基因型 18)的病毒样颗粒(VLPs)与人的 G Ⅱ 诺如病毒存在抗体交叉反应(Farkas 等,2005;Wang 等,2005a)。而且,人重组诺如病毒的 VLP 可以在猪胃肠道组织的上皮细胞与组织-血型抗原(HB-GAs)发生特异性的结合(Tian 等,2007)。目前尚需更多的数据来证明人和猪的诺如病毒在抗原性上是否存在区别或联系以及人和猪的诺如病毒病是否由同一种病毒引起。

体外还未成功培养出猪诺如病毒,关于诺如病毒的理化性质和生化特点还不太清楚。总的来说,诺如病毒的特点是在环境中比较稳定和相对耐失活。

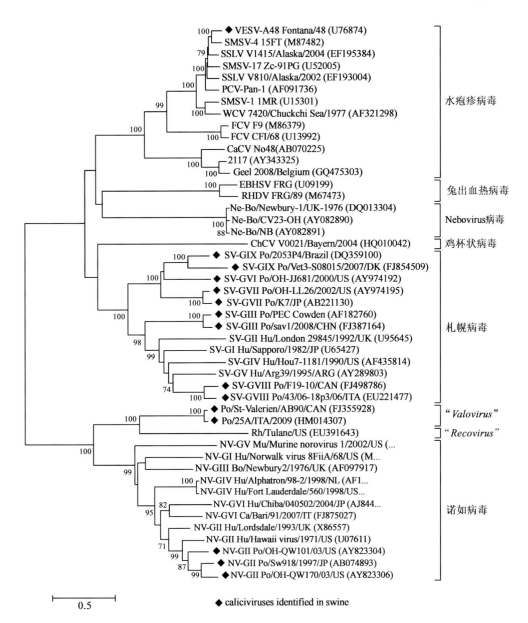

图 34.2 无根邻接进化树显示猪杯状病毒衣壳蛋白（猪诺如病毒、猪札幌病毒和 St-Valérien 病毒）和杯状病毒家族其他成员之间的相互关系。◆：表示从猪群中分离鉴定的杯状病毒，有 5 个属（水疱疹病毒、兔出血热病毒、Nebovirus 病毒、诺如病毒和札幌病毒已经确认，还有两个属（*Recovirus* 和 *Valovirus*）待定。

公共卫生

Role in Public Health

人和猪的诺如病毒在遗传学上和抗原性方面比较接近，由此提出杯状病毒潜在的跨物种传播和动物隐藏携带病毒问题可能成为影响公众健康的潜在因素（Mattison 等，2007；Reuter 等，2010；Wang 等，2005a）。鉴于有限的可用数据，到目前为止还没有证据表明已知的猪肠道杯状病毒直接威胁人类的健康。

流行病学

Epidemiology

人类、猪、牛、绵羊、小鼠和狮子都可以发生诺如病毒感染。目前认为自发诺如病毒感染的传播途径是粪-口途径。

1997 年对日本 26 个农场的 1 017 头正常屠宰猪的样本采用 RT-PCR 检测，仅有 4 头猪检测到了诺如病毒的 RNA，检出率较低，仅为 0.4%～6%（Sugieda 等，1998）。在荷兰从 100 个农场收集的 100 份育肥猪(3~9 月龄)粪便样本中仅有两份样本检测到诺如病毒的 RNA(Vander Poel 等,2000);在美国从 275 份正常成年猪的粪便样本中仅有 6 份检测到诺如病毒的 RNA;在匈牙利的 17 头 2 岁以下正常猪的样本进行检测,仅有一份为阳性(Reuters 等,2007)。这些数据可能低估了猪诺如病毒病的发生,因为检测中所使用的 PCR 引物是根据人诺如病毒设计的,同时也没有检测断奶前后腹泻仔猪诺如病毒的感染率。

从发病的地区分布来看,猪诺如病毒在全世界猪场的猪群当中广泛发生。知之甚少的是猪诺如病毒和自然疫源性疾病之间的联系。现在还不知道猪诺如病毒是否具有物种特异性。据推测,由于猪诺如病毒和人诺如病毒之间密切的遗传相似性,猪诺如病毒很可能是人类胃肠道诺如病毒感染的源头(Sugieda 和 Nakajima 2002;Van der Poel 等,2000)。

致病机理、临床症状、病理变化及免疫
Pathogenesis,Clinical Signs,Lesions, and Immunity

所有诺如病毒的检测样本都来自无临床症状的猪只,亚临床感染的猪只可能是猪诺如病毒发生的自然感染源。已复制的分离株 QW101/2003/US(基因型 18)来自轻微腹泻且有粪便脱落的限菌猪只(Wang 等,2005a)。

以人类诺如病毒 GⅡ感染 65 只无菌仔猪,其中 48 只(74%)产生轻微腹泻(Cheetham 等,2006)。组织病理学检查显示,在被检的 7 头猪中仅有一头猪的近端小肠发生轻微病变。在病毒复制实验中,31 个小肠上皮细胞样本中有 18 个样本可以通过复制得到诺如病毒。在接种后 21 d 后,使用抗体 ELISA 检测血清转阳情况发现在 22 只接种病毒的猪只中,有 13 只是阳性,提示人诺如病毒可以在猪群中复制。

在美国猪群中 GⅡ亚型诺如病毒血清阳性率是 97%,日本是 36%(Farkas 等,2005)。有关猪对诺如病毒的免疫反应、保护性免疫或母体抗体的作用还没有进行评估。推测这种保护性免疫反应的机制类似于其他肠道病毒。猪诺如病毒感染可能为研究人类诺如病毒感染所产生的保护性免疫提供有用的依据。

诊断
Diagnosis

目前还没有研发出用于实验室外猪诺如病毒的诊断测试方法。猪诺如病毒可通过电子显微镜、RT-PCR 及实时 RT-PCR 确定(Reuter 等,2007;Sugieda 和 Nakajima,2002;Sugieda 等,1998;van der Poel 等,2000;Wang 等,2005a)。然而,还未对用于猪诺如病毒感染的实验室分子检测方法的敏感性进行评估。

预防和控制
Prevention and Control

如果猪诺如病毒的流行病学和免疫学都类似于猪轮状病毒,那么很可能这些病毒就存在于环境中,也就不可能从猪群中彻底消灭诺如病毒的感染,也不可能预防仔猪的自发感染。但是,排泄物中猪肠道病毒的持久性依赖于排泄物的处理技术(Costantini 等,2007)。母猪初乳中的母源抗体可能会限制哺乳仔猪肠道的感染和损伤。以口服补液治疗可能会对该病毒感染有效。

猪札幌病毒
Porcine Sapoviruses

1980 年美国首次报道了猪札幌病毒(Saif 等,1980)并在 1999 年根据其遗传学特点命名为札如病毒(Guo 等,1999)。该病毒大小为 30~35 nm,衣壳无包膜,具有杯状病毒典型的杯形凹面结构。猪札幌病毒的基因组由正链单股 RNA 组成,去除 3′端的 poly(A)尾巴,其长度为 7.3~7.5 kb。整个基因组包含两个开放阅读框,编码的多聚蛋白经酶切处理形成几个无结构的蛋白,ORF1 中包含一个 RdRp 和一个主要的衣壳蛋白(VP1),ORF2 中是次要衣壳蛋白(VP2)(Green,2007)。

札幌病毒遗传上呈高度多样性。通过对主要

衣壳蛋白进行系统分析,确定札如病毒有五个亚型(Genogroup,G),即GⅠ到GⅤ(Green,2007)。后来又发现了新的札如病毒亚型(GⅥ到GⅩ)(Reuter等,2010;Wang等,2005b)。该病毒的每一亚型又分为不同的基因型。GⅠ和GⅡ亚型分别有3个基因型,从GⅢ到GⅩ,每个亚型都有一个基因型(Green,2007;Reuter等,2010)。由于这些亚型之间存在高度的序列多样性,于是认为这些不同的亚型代表不同的病毒株。人札如病毒属于GⅠ、GⅡ、GⅣ和GⅤ。猪札如病毒分属于GⅢ、GⅥ、GⅦ、GⅧ、GIX和GX(Figure34.2)。GⅢ毒株在猪群中的检出频率最高。猪群中也存在不同的札如病毒毒株的混合感染(Reuters等,2010)。猪札如病毒的不同基因型毒株之间也可发生基因重组(Hansman等,2005;Wang等,2005b)。系统发生分析表明,猪札如病毒遗传的多样性要高于人札如病毒,提示札如病毒在猪群中系统进化时间更久(Reuter等,2010)。另外,猪札如病毒的GⅧ亚型在遗传上比该病毒的其他亚型更加接近人札如病毒(特别是人札如病毒的GⅤ和GⅠ亚型)(Martella等,2008;Reuter等,2010;Wang等,2005b)。

对于猪札如病毒(也称猪肠道杯状病毒,Porcine Enteric Calicivirus,PEC)的研究内容要比猪诺如病毒更加广泛。PEC/Cowden是猪札如病毒GⅢ亚型的原型且已做详细研究(Flynnadn Saif 1988;Flynn等,1988;Guo等,1999,2001a;Parwani等,1990;Saif等,1980)。PEC/Cowden可以在猪肾原代细胞和传代的猪肾细胞系上成功培养,但仅局限于培养基中加入的是培养小肠内容物(Flynn和Saif,1988;Parwani等,1991)。有趣的是,证据表明胆汁酸可加入到病毒培养基中,因为其可影响蛋白激酶A的细胞信号通路(Chang等,2002,2004)。

公共卫生(Role in Public Health)。札如病毒所存在的潜在的跨物种传播和动物隐藏携带病毒问题可能成为影响公众健康的潜在因素。但鉴于有限的可用数据,到目前为止还没有证据表明已知的猪札如病毒会直接威胁人类的健康。

流行病学(Epidemiology)。采用RT-PCR的方法,许多国家的猪群(8%～67%)和猪场(7%～88%)都检测出猪札如病毒的RNA。这些国家包括比利时(Mauroy等,2008)、巴西(Barry等,2008)、加拿大(L'Homme等,2009a)、中国(Shen等,2009)、匈牙利(Nagy等,1996;Reuter等,2007)、意大利(Martella等,2008)、日本(Shirai等,1985;Sugieda和Nakajima 2002;Sugieda等,1998)、荷兰(Van der Poel等,2000)、韩国(Kim等,2006)、英国(Bridger 1980)、美国(Guo等,1999;Saif等,1980)委内瑞拉(Martinez等,2006),以及六个欧盟成员国(Reuter等,2010)。从地理分布来看,猪群和猪场札如病毒感染呈现世界广泛性的发生和流行循环。猪在很小的时候就会感染札如病毒(Reuter等,2010)。在一项关于猪札如病毒流行感染与PEC/Cowden感染关系的研究中显示,来自俄亥俄州猪群的30份患有PEC相关的断奶后腹泻的母猪血清样本中,至少有83%的样本可以和PEC/Cowden发生抗原抗体反应(Guo等,2001b)。

现在还不能确定猪札如病毒是否具有物种感染的特异性。目前,只有人、猪和水貂可发生札如病毒感染。札如病毒的自然传播主要通过粪-口途径。一般来说,札如病毒的特点是在环境中稳定,不容易失活。

致病机理(Pathogenesis)。用猪札如病毒PEC/Cowden株进行实验感染可导致肠道病理性改变及该病的发生(Flynn等,1988;Guo等,2001a)。通过口服或静脉接种PEC/Cowden也可导致十二指肠和空肠的损伤以及该病的发生,这对于肠道病毒来说是很罕见的。病毒在肠道上皮细胞复制可用抗PEC/Cowden血清进行免疫荧光检测。现已证明札如病毒的病毒粒子可存在于肠道内容物和血液中,最早的病毒血症与肠道杯状病毒感染有关。札如病毒通过血液进入小肠和绒毛的机制还不太清楚。当病毒通过口腔感染时,要在感染后9 d才能在粪便中检测到PEC/Cowden。静脉途径感染,至少要8 d才能在粪便中检测到该病毒。

临床症状（Clinical Signs）。猪札如病毒 PEC/Cowden 株经口腔感染后，潜伏期为 2～ 4 d，出现厌食，腹泻持续 3～7 d（Flynn 等，1988；Guo 等，2001a）。所有接种猪只都发生感染，出现中度到重度的腹泻症状。尽管在感染的猪只中出现肠道病变，但对照组的猪和接种组织培养适应性的 PEC 的猪并未出现临床症状。猪札如病毒是一种能引起猪腹泻的病毒。

病理变化（Lesions）。PEC/Cowden 株感染后出现的病理变化与其他肠道病原体所致的病理变化难以区别（Flynn 等，1988；Guo 等，2001a）。病变包括十二指肠和空肠绒毛缩短、变钝、融合或者消失。通过扫描电子显微镜观察，肠上皮细胞表面覆盖有不规则的微绒毛。隐窝细胞增生，绒毛/隐窝比率减少，同时伴有上皮细胞胞质空泡化，固有层多核细胞和单核细胞浸润。

诊断（Diagnosis）。目前还没有建立实验研究之外的猪札如病毒的诊断方法。通过电子显微镜、RT-PCR、实时 RT-PCR 可以检测到猪札如病毒（Reuter 等，2010；Sugieda 和 Nakajima 2002；Sugieda 等，1998；Van der Poel 等，2000；Wang 等，2005a）。然而目前还没有对用于猪札如病毒检测的分子测试方法的敏感性进行评估。另外还可以用 ELISA 来检测 PEC/Cowden（Guo 等，2001b）。

免疫（Immunity）。针对感染猪札如病毒后所诱导产生的免疫应答、保护性免疫以及母源抗体的作用还没有确定。目前认为机体对猪札如病毒的保护性免疫机制与其他肠道病毒相类似。然而，对猪札如病毒肠外阶段的致病机理的认识使得人们意识到其他免疫机制可能参与该病的控制。

预防和控制（Prevention and Control）。猪札如病毒的流行病学和免疫学与猪轮状病毒相似，而且这些病毒在环境中存在持久，所以不可能在猪群中消灭该病毒及预防仔猪发生自然感染。但是猪肠道病毒在动物粪便中的存活力取决于粪便处理技术（Costantini 等，2007）。而且初乳和常乳中的母源抗体可以限制札幌病毒的感染，减轻哺乳仔猪肠道的损伤。口服补液液体可能对防治该病有效。

ST-VA LÉRIEN 病毒
ST-VA LÉRIEN VIRUS

2009 年在加拿大的魁北克省报道了一种新型的猪杯状病毒（L'Homme 等，2009b）。基因组分析表明该病毒的正链 RNA 基因组由 6 409 个核苷酸组成，编码两个主要的 ORF 框。系统发生分析表明这些病毒与分离自圈养的少年恒河猴的诺如病毒和杜兰病毒属于同一祖先。目前认为 "*Valovirus*" 属是 St-Valérien 病毒的原型。

（霍桂桃译，潘博校）

参考文献
REFERENCES

Bankowski RA, Wichmann R, Kummer M. 1953. Am J Vet Res 14: 145–149.

Barry AF, Alfieri AF, Alfieri AA. 2008. Vet Microbiol 131: 185–191.

Berry ES, Skilling DE, Barlough JE, et al. 1990. Am J Vet Res 51: 1184–1187.

Bresse SS Jr., Dardiri AH. 1977. J Gen Virol 36:221–225.

Bridger JC. 1980. Vet Rec 107:532–533.

Chang KO, Kim Y, Green KY, et al. 2002. Virology 304:302–310.

Chang KO, Sosnovtsev SV, Belliot G, et al. 2004. Proc Natl Acad Sci U S A 101:8733–8738.

Cheetham S, Souza M, Meulia T, et al. 2006. J Virol 80: 10372–10381.

Clarke IN, Estes MK, Green KY, et al. 2011. Caliciviridae. In AMQ King, MJ Adams, EB Carstens, EJ Lefkowitz, eds. Virus Taxonomy: Classification and Nomenclature of Viruses. Ninth Report of the International Committee on Taxonomy of Viruses. San Diego, CA: Elsevier Academic Press, pp. 977–986.

Costantini VP, Azevedo AC, Li X, et al. 2007. Appl Environ Microbiol 73:5284–5291.

Cunha JB, de Mendonca MC, Miagostovich MP, et al. 2010. Res Vet Sci 89:126–129.

Di Martino B, Martella V, Di Profio F, et al. 2011. Vet Microbiol 149:221–224.

Farkas T, Nakajima S, Sugieda M, et al. 2005. J Clin Microbiol 43: 657–661.

Farkas T, Sestak K, Wei C, et al. 2008. J Virol 82:5408–5416.

Ferris NP, Oxtoby JM. 1994. Vet Microbiol 42:229–238.

Flynn WT, Saif LJ. 1988. J Clin Microbiol 26:206–212.

Flynn WT, Saif LJ, Moorhead PD. 1988. Am J Vet Res 49: 819–825.

Gelberg HB, Lewis RM. 1982. Vet Pathol 19:424–443.

Green KY. 2007. *Caliciviridae*: The noroviruses. In D Knipe, P Howley, eds. Fields Virology. Philadelphia: Lippincott Williams and Wilkins, pp. 949–979.

Guo M, Chang KO, Hardy ME, et al. 1999. J Virol 73: 9625–9631.

Guo M, Hayes J, Cho KO, et al. 2001a. J Virol 75:9239–9251.

Guo M, Qian Y, Chang KO, et al. 2001b. J Clin Microbiol 39: 1487–1493.

Hansman GS, Takeda N, Oka T, et al. 2005. Emerg Infect Dis 11: 1916–1920.

Holbrook AA, Geleta JN, Hopkins SR. 1959. Two new immunological types of vesicular exanthema virus. Proc Meet US Livest Sanit Assoc 63:332–339.

Keum HO, Moon HJ, Park SJ, et al. 2009. Arch Virol 154: 1765–1774.

Kim HJ, Cho HS, Cho O, et al. 2006. J Vet Med B Infect Dis Vet Public Health 53:155–159.

L'Homme Y, Sansregret R, Plante-Fortier E, et al. 2009a. Arch Virol 154:581–593.

L'Homme Y, Sansregret R, Plante-Fortier E, et al. 2009b. Virus Genes 39:66–75.

Madin SH. 1975. Vesicular exanthema. In HW Dunne, AD Leman, eds. Diseases of Swine, 4th ed. Ames, IA: Iowa State University Press, pp. 285–307.

Martella V, Lorusso E, Banyai K, et al. 2008. J Clin Microbiol 46: 1907–1913.

Martinez MA, Alcala AC, Carruyo G, et al. 2006. Vet Microbiol 116:77–84.

Mattison K, Shukla A, Cook A, et al. 2007. Emerg Infect Dis 13: 1184–1188.

Mauroy A, Scipioni A, Mathijs E, et al. 2008. Arch Virol 153: 1927–1931.

Mayo MA. 2002. Arch Virol 147:1655–1663.

McClenahan SD, Bok K, Neill JD, et al. 2009. J Virol Methods 161: 12–18.

Mijovski JZ, Poljsak-Prijatelj M, Steyer A, et al. 2010. Infect Genet Evol 10:413–420.

Nagy B, Nagy G, Meder M, et al. 1996. Acta Vet Hung 44:9–19.

Neill JD, Meyer RF, Seal BS. 1995. J Virol 69:4484–4488.

Parwani AV, Flynn WT, Gadfield KL, et al. 1991. Arch Virol 120: 115–122.

Parwani AV, Saif LJ, Kang SY. 1990. Arch Virol 112:41–53.

Prasad BV, Hardy ME, Dokland T, et al. 1999. Science 286: 287–290.

Reid SM, Ansell DM, Ferris NP, et al. 1999. J Virol Methods 82:99–107.

Reid SM, King DP, Shaw AE, et al. 2007. J Virol Methods 140: 166–173.

Reuter G, Bíró H, Szűcs G. 2007. Arch Virol 152:611–614.

Reuter G, Zimsek-Mijovski J, Poljsak-Prijatelj M, et al. 2010. J Clin Microbiol 48:363–368.

Saif LJ, Bohl EH, Theil KW, et al. 1980. J Clin Microbiol 12: 105–111.

Shen Q, Zhang VV, Yang S, et al. 2009. Arch Virol 154: 1625–1630.

Shirai J, Shimizu M, Fukusho A. 1985. Nippon Juigaku Zasshi 47: 1023–1026.

Smith AW, Berry ES, Skilling DE, et al. 1998b. Clin Infect Dis 26: 434–439.

Smith AW, Prato CM, Gilmartin WG, et al. 1974. J Wildl Dis 10: 54–59.

Smith AW, Skilling DE, Cherry N, et al. 1998a. Emerg Infect Dis 4:13–20.

Smith AW, Skilling DE, Dardiri AH, et al. 1980. Science 209: 940–941.

Sugieda M, Nagaoka H, Kakishima Y, et al. 1998. Arch Virol 143: 1215–1221.

Sugieda M, Nakajima S. 2002. Virus Res 87:165–172.

Tian P, Jiang X, Zhong VV, et al. 2007. Res Vet Sci 83:410–418.

Van Bonn W, Jensen ED, House C, et al. 2000. J Wildl Dis 36: 500–507.

van der Poel WH, Vinje J, van Der Heide R, et al. 2000. Emerg Infect Dis 6:36–41.

Wang QH, Han MG, Funk JA, et al. 2005a. Emerg Infect Dis 12: 1874–1881.

Wang QH, Han MG, Funk JA, et al. 2005b. J Clin Microbiol 43: 5963–5972.

Wawrzkiewicz J, Smale CJ, Brown F. 1968. Arch Gesamte Virusforsch 25:337–351.

Wolf S, Reetz J, Otto P. 2011. Arch Virol 156:1143–1150..

Zheng DP, Ando T, Fankhauser RL, et al. 2006. Virology 346: 312–323.

35 冠状病毒
Coronaviruses
Linda J. Saif，Maurice B. Pensaert，Karol Sestak，Sang-Geon Yeo 和 Kwonil Jung

综述
OVERVIEW

根据最新修改的分类学(Carstens,2010)，冠状病毒包括两个亚家族：① *Coronavirinae* 包括 *Alphacoronavirus*，*Betacoronavirus* 和 *Gammacoronavirus* 三种；② *Torovirinae* 包括 *Torovirus* 和 *Bafinivirus* 两种(Gonzalez 等,2003)。

目前已经鉴定出四种冠状病毒(CoVs)：传染性胃肠炎病毒(TGEV)在 1946 年即有报道；猪呼吸性冠状病毒(PRCV)是 TGEV 病毒的变种，在 1984 年分离出来；猪流行性腹泻病毒(PEDV)在 1977 年首次分离出来；猪脑脊髓炎红细胞凝集病病毒于 1962 年分离到。冠状病毒和 Toro 病毒可以影响猪的多种组织器官，包括消化道、呼吸道、外周和中枢神经系统以及乳腺，大多数的 Toro 病毒和 PRCV 病毒主要引起猪无症状的感染，而 TGEV、PEDV 和 HEV 却可以导致猪致死性肠道和神经疾病。

猪 Toro 病毒包括两种不同的属，即 α-Toro 病毒和 β-Toro 病毒。TGEV 和 PRCV 属于 α-Toro 病毒 1 型，与犬和猫的 CoVs 相似，PEDV 和人的两个 CoVs(229E 和 NL63)是同一个属下不同的种(*Alphacoronavirus*)，HEV 属于 β-Toro 属。和牛、人的 OC43、马和犬呼吸道 CoVs 一样，HEV 属于 β-Toro1 型，对于猪的 CoV,目前只有一个血清学被鉴定出来。

CoVs 病毒有包膜，呈现多形性，电镜负染色发现直径在 60～160 nm 之间(图 35.1)(Okaniwa 等,1968)，大多数有一个 12～25 nm 的单层棒状纤突(S 蛋白)，但是 HEV 和一些 β-Toro 病毒还有一个短的纤突，即血凝素酯酶蛋白(HE)。

基因结构和基因表达
Genomic Organization and Gene Expression

猪的 CoVs 包含一个大的含有多腺苷酸的单链 RNA(约 30 ku)，基因组的结构、复制方式和病毒蛋白的表达和其他人和动物的 CoVs 病毒相似(Enjuanes 和 Van der Zeijst,1995；Gonzalez 等,2003；Laude 等,1993)。CoV 基因组 RNA 具有感染性，TGEV 的普渡株和米勒株的基因为 28 546～28 580 个核苷酸，并且有 96% 的相似性(Penzes 等,2001；Zhang 等,2007)。大多数的 CoVs 可以在 1.18～1.20 g/mL 的蔗糖溶液中悬浮，病毒包膜中的磷脂类和糖脂类来源于宿主细胞，因此包膜的成分依据宿主细胞的不同而不同(Enjuanes 和 Van der Zeijst,1995)。

猪病学,第 10 版,由 Jeffrey J. Zimmerman,Locke A. Karriker,Alejandro Ramirez,Kent J. Schwartz,Gregory W. Stevenson 主编。

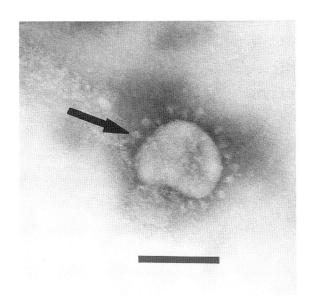

图 35.1 TGEV 电镜照片,显示典型的冠状病毒形态,箭头所指为病毒外包膜突起。横线=100 nm。

大多数的 CoVs 包含四种结构蛋白:一个大的表面糖蛋白(Spike 或 S);一个小的膜蛋白(SM),一个完整的膜糖蛋白(M),以及一个核衣壳蛋白(N),不过 HEV 病毒还含有 HE 蛋白(Carstens,2010)。

蛋白 N(47 ku)与 TGEV 的 RNA 结合形成一个螺旋状核糖蛋白复合物,这种结构与蛋白 M 在 TGEV 形成一个二十面体,这个 29~36 ku 糖蛋白 M,通过 3~4 跨越膜的部分牢固地镶嵌于病毒的包膜内,在 TGEV 病毒中,带有一个糖基的位点亲水性的 N 末端与干扰素的产生有关(Charley 和 Laude,1988)。TGEV 病毒 M 蛋白突出的 N 末端和 C 末端上的抗原位点能结合补体依赖的中和单克隆 抗体(MABs)(Woods,1988;Laude,1992)。

TGEV 的 S 蛋白(220 ku)是一个二聚体(Delmas 和 Laude,1990),主要作用是病毒的中和(非补体依赖性)、病毒在细胞膜上附着、细胞膜融合以及红细胞凝集。通过 PRCV 的 S 基因大量缺失,可以导致其 S 蛋白(170~1 90 ku)小于 TGEV 的 S 蛋白(220 ku)。在 TGEV 病毒和宿主细胞膜融合过程中,S 蛋白的两个高度保守的七肽重复区域(HR1 和 HR2)结构会发生改变(Ma 等,2005),TGEV 病毒进入细胞内可能是和

细胞膜胆固醇富集区域有关(Ren 等,2008),因为外源性的胆固醇可以降低病毒的感染性。

TGEV 病毒的 S 蛋白有四种不同的抗原位点(A、B、C、D),其中,通过强力中和单克隆抗体确认 A、B 为主要的免疫抗原决定簇(Correa,1990;Delmas 和 Laude,1990;Simkins 等,1992,1993),而其他位点(D、C)也能诱导中和抗体(Delmas 和 Laude,1990)。从氨基末端开始,Madrid Groug 将这些位点定为 C、B、D 和 A(Correa,1990),而 Paris Group 则定为 D、C 和 A、B(Delmas 和 Laude,1990)(本章会有说明)。用抗 TGEV 单克隆抗体的变异株,确认了 A 位点上的三个亚位点 Aa、Ab、Ac(Correa,1990)。TGEV 的 S 蛋白变异株或天然 TGEV 缺陷株可以减弱 TGEV 的毒性,PRCV 在氨基酸 585 处有一个丝氨酸/丙氨酸突变位点,该位点能够诱导中和抗体产生,以及和受体(氨肽酶 N)的结合(Zhang,2007)。

氨肽酶 N 已经证明是 TGEV 和 PEDV 病毒的细胞受体(Delmas,1992;Li,2007),病毒受体氨肽酶受体结合部和 S 蛋白上主要中和位置(SiteA)都在同一范围内(Godet,1994)。TGEV 和靶细胞糖蛋白的硅酸残基结合,这种结合可能与小肠绒毛上皮细胞感染有关(Schwegmann-Wessels 等,2002)。用唾液酶处理 TGEV 可增强其细胞凝集活力(Noda,1987;Schultze,1996),这种凝集活性位于 TGEVS 蛋白 N 末端部位,而 PRCVS 蛋白正缺少这一部位,因此,根据有无细胞凝集现象出现,可区别 PRCV 和 TGEV 毒株(Schultze,1996)。

差异与对比
Contrasts and Comparisons

有七种冠状病毒的抗原性与基因序列相关(Enjuanes 和 Van der Zeijst,1995),它们是猪传染性胃肠炎病毒(TGEV)、猪呼吸道冠状病毒(PRCV)、犬冠状病毒 (CCoV)、猫传染性腹膜炎病毒(FIPV)、猫肠道冠状病毒(FECoV)、猪流行性腹泻病毒(PEDV)和人类冠状病毒 (HCV 229 E)。根据病毒中和(VN)免疫荧光(IF)交叉反应以及用单克隆抗体与蛋白 S/N 或 M 进行鉴定,

它们都有 S 蛋白的抗原亚单位 Ac(Enjuanes 和 Van der Zeijst,1995),由于这些都是同一种的成分,说明这几种病毒其实是同一始祖病毒的变异株(Carstens,2010)。

2002 年以来出现的严重急性呼吸综合征(SARS)是一种新型的 β-冠状病毒(Carstens,2010),研究人员开始根据血清学收集 SARS 冠状病毒的信息,有报道称 SARS 冠状病毒与 α-冠状病毒 I 的抗体有交叉反应(TGEV、PRCV、CcoV 和 FECoV),而且主要是通过 N 蛋白(Ksiazek,2003;Sun 和 Meng,2004;Vlasova 等,2007),该发现可以使用 SARS 特异性 N 多肽片段对动物的血清进行检测(Vlasova 等,2007)。其中一种方法是用免疫印迹,这可以检测到 PEDV、PIPV、CCoV 和 TGEV 和水貂的 CoV(Have 等,1992;Zhou 等,1988),但是在 PEDV 和其他 TGEV 相关的 CoV 病毒上没有检测到交叉反应(Enjuanes 和 Van der Zeijst,1995)。

虽然,TGEV/CCV 和 FIPV 有抗原相关性,Reynolds(1980)认为,通过双向中和试验,可证明 TGEV 和 CCV 在血清学上是有区别的。另外,体外生物学特性差别也已查出,TGEV 和 CCV 均可生长于犬肾细胞,也可生长于猫传代细胞(Woods,1982),CCV 和 FIPV 均不能生长于猪睾丸细胞(ST)或猪甲状腺细胞上,而 TGEV 的分离物则可在这两种细胞上生长。

TGEV、CCV 和 FIPV 体内生物学特性方面也存在差别,它们对新仔猪致病性不同。FIPV 毒力与 TGEV 相似,引起腹泻和肠道病变,CCoV 感染后无临床症状,只有轻微的绒毛萎缩,急性感染犬所携带的 CCV 已被证明可感染仔猪,并产生 CCV 和 TGEV 血清中和抗体(Woods 和 Wesley,1992)。不过,实验感染 FIPV 的仔猪和怀孕母猪不产生 TGEV 中和抗体,但能对 TGEV 的感染有免疫作用。

反转录反应(RT-PCR)和单克隆抗体也被用来检测和鉴别这些有抗原相关性的冠状病毒。S 糖蛋白基因决定了宿主的种类,其 N 末端的 300 个氨基酸差别最大,与 TGEV 相比较,CCV 和 FIPV 则更为相似,在该区域,CcoV 和 FIPV 比

TGEV 有更大的相似性(Wesseling 等,1994)。RT-PCR 技术被用于区分美国 PRCV 毒株和 TGEV 毒株(Kim,2000a),用特异性抗 TGEV 糖蛋白 S 单克隆抗体也可能区分 TGEV 相关的冠状病毒。但其不能与 PRCV、FIPV 或 CCV 反应(Callebaut,1989;Laude,1993;Sanchez,1990;Simkins 等,1992)。

已经对 PRCV 毒株进行了部分或者全部的测序(Britton 等,1991;Costantini 等,2004;Kim 等,2000b;Rasschaert 等,1990;Vaughn 等,1995;Zhang 等,2007)。在 PRCV 基因中,有两种特性值得注意:①在近 S 基因 N 末端有大量缺失(621~681 核苷酸),从而形成一个较小的蛋白体;②不同缺失部位常随之消除 S 基因开放阅读框架的下游。这种遗传变化,可导致 PRCV 组织亲嗜性的改变(Ballesteros 等,1997;Sanchez 等,1999)。在 TGEV 和 PRCV 之间,两者的全部核苷酸和氨基酸的序列有 96%~98% 的同源性,这证明 PRCV 是由 TGEV 进化而来的,但它是通过一系列独立的因素发生所造成的。根据完整的基因组序列发现,PRCV 艾奥瓦州立大学-1 型病毒相比 TGEV 与米勒株更加相近(Zhang,2007)。SARS 病毒是最近新发现的 β-冠状病毒,能够引起的人的肺炎综合征(Ksiazek 等,2003;Peiris 等,2003),蝙蝠可能是 SASR 病毒的宿主,虽然血清检测为 SARS 并且用 RT-PCR 能够检测到病毒,但是给 PRCV 血清阳性的 6 周龄的猪接种 SARS 没有成功(Weingartl 等,2004),这可能是因为猪的体内本身含有 SARS 的抗体,因为 SARS 株的来源是从中国的猪身上分离到的(Chen 等,2005)。

尽管猪的 CoVs 都有着共同的生物学和分子学特性,但是在流行病学、临床症状和感染引起的病理变化方面不完全相同,因此这就要求对不同的疾病采取不同的预防和控制措施。在猪群比较丰富的国家,冠状病毒的暴发多呈地方性流行,然而 CoVs 很难被彻底清除,而且病毒可能在猪或者其他宿主(如蝙蝠)以及第二宿主上得到进化,以及通过中间传播进入肉食动物。

猪传染性胃肠炎和呼吸道冠状病毒
TRANSMISSIBLE GASTROENTERITIS VIRUS AND PORCINE RESPIRATORY CORONAVIRUS

背景
Relevance

传染性胃肠炎是一种高度接触传染性肠道疾病,以引起两周龄以下仔猪呕吐、严重腹泻和高死亡率(通常 100%)为特征。Doyle 和 Hutchings 于 1946 年首次报道了该病在美国发生,此后,世界上大多数国家都有该病发生的报道。虽然不同年龄的猪对 TGEV 和 PRCV 病毒均易感,但 5 周龄以上猪的死亡率较低。

PRCV 是 TGEV 的变异株,PRCV 病毒在美国的出现和流行使得 TGE 的临床症状不再明显(Yaeger 等,2002),然而,TGE 仍然能在北美地区 TGEV/PRCV 血清阴性的幼年猪中引起严重的腹泻。在欧洲的多数国家,由于 1984 年 PRCV 的出现,超过 95% 的猪群呈现 TGEV 血清阳性,并且很快传播欧洲(Brown 和 Cartwright,1986;Laude 等,1993;Pensaert,1989;Pensaert 等,1986,1993),在亚洲,TGEV 和 PEDV 经常同时流行,造成了巨大的经济损失,因而要求进行鉴别诊断(Kim,2001)。

病因学
Etiology

TGEV 属于 α 冠状病毒种、α 冠状病毒属和冠状病毒家族(Carstens,2010),TGEV 抗原在感染后早至 4~5 h 用免疫荧光(IF)于细胞浆中可以检测到(Pensaert,1970),病毒的成熟发生于细胞浆中,通过内质网出芽,常在细胞浆的空泡中观察到病毒粒子(直径 65~90 nm)(图 35.2A)(Pensaert,1970;Thake,1968;Wagner,1973),病毒从感染细胞排出后常见其排列于宿主细胞膜上(图 35.2B),已在被感染的猪睾丸细胞表面证实存在 TGEV 糖蛋白(Laviada,1990)。

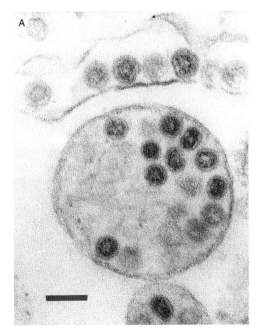

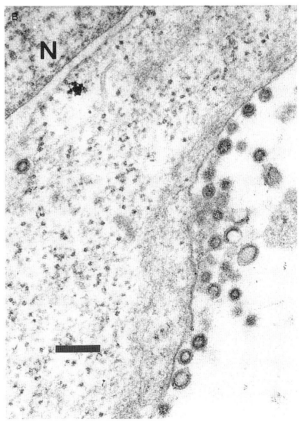

图 35.2 (A)TGEV 在猪肾细胞(感染后 36 h)内质网空泡中。横线=100 nm;(B)TGEV 排列于猪肾细胞膜上(感染 36 h)。N=核,横线=200 nm。

病毒在冷冻贮存时非常稳定,而在室温或室温以上不稳定。其感染性可在 5℃ 保持 8 周以上,20℃ 保持 2 周,35℃ 则仅保持 24 h(Haas 等,1995)。最近的研究表明可以用 TGEV 代替 SARS 病毒进行研究(Casanova 等,2009),TGEV 在 25℃ 的水里保持几天还具有感染性,而在 4℃ 保持几周都有感染性。

TGEV 病毒对光高度敏感,含有 $1×10^5$ 的病毒颗粒在阳光或者紫外线下 6 h 即可灭活(Cartwright 等,1965;Haelterman,1962),另外,0.03% 的福尔马林、1% 的 Lysovet(苯酚和乙醛混合液)、0.01% 的 $β$-丙内酯、1 mmol/L 的双价乙二胺、次氯酸钠、NaOH 和氯仿都能灭活 TGEV(Brown,1981;VanCott 等,1993)。野生株 TGEV 对蛋白酶有抗性,在猪的胆汁中和 pH 3 的环境中稳定(Laude,1981),这也使得病毒能够在胃和小肠中存活。不过 TGEV 弱毒株可能不一样,大多数的研究并不能确定 TGEV 的感染性与细胞传代次数或者病毒独立之间的关系(Laude 等,1981)。

公共卫生
Role in Public Health

猪是 TGEV 和 PRCV 自然感染的唯一宿主,目前还没有人感染的报道。

流行病学
Epidemiology

对一个猪场来说,可将 TGE 归纳为两种流行形式:流行和地方流行。另外,若感染了 TGEV 的变异株 PRCV,则会出现不同的模式,从而使 TGE 流行病学的研究复杂化(Pensaert,1989)。

传染性胃肠炎的流行性(Epidemic versus Endemic Transmissible Gastroenteritis。流行性 TGE 指该病于一个全部或大多数 TGEV/PRCV 阴性的和易感的猪场发生。当 TGEV 侵入这类猪场时,TGEV 常常很快感染所有年龄的猪,尤其是在冬天。大多数猪会发生不同程度的厌食、呕吐和腹泻。哺乳仔猪发病严重,迅速脱水,2～3 周龄以下猪死亡率很高,但随年龄增长死亡率逐渐下降。哺乳母猪常发病,表现厌食和无乳,从而

进一步导致仔猪死亡率上升。

由于美国没有和该病类似的疾病,所以诊断比较容易,然而在欧洲和亚洲,猪流行性腹泻也有相似的症状(Pensaert 和 de Bouck,1978)。同样,PRCV 在欧洲的出现也大大降低了 TGE 的发生率,而最近几年也没有 TGE 的报道(Brown 和 Paton,1991;Laude 等,1993;Pensaert 等,1993)。

地方流行性 TGE 是指本病和本病毒在一个猪场持续存在,这是由于不断地或经常地受到易感染猪的影响,易感猪感染后造成本病长期存在。地方流行 TGE 局限于仔猪出生率高的血清学阳性猪场(Stepanek,1979),以及不断增加易感猪到曾经暴发 TGE 猪群中。这种情况下,TGEV 在成年猪,尤其新引入猪场的猪传染较慢(Pritchard,1987)。育种母猪免疫后在哺乳期间通过初乳和常乳将抗体转移给仔猪,使仔猪获得不同程序的被动免疫,母猪通常不表现出临床症状,在这些猪群中,断奶后 6～14 d 仔猪出现 TGEV 感染所引起的轻微的腹泻症状,死亡率在 10%～20%。不同年龄的猪感染程度与猪场的管理体制和母猪免疫水平有关。

哺乳仔猪或刚断奶猪的地方流行性 TGE 难以诊断,而且必须与发生于仔猪的其他常见类型地方流行性腹泻,如轮状病毒腹泻和大肠杆菌病区别。只要易感猪或未完全免疫猪接触 TGEV,地方性流行性 TGE 就将在猪场中持续存在。目前还不清楚 TGEV 是来源于猪本身携带的病毒重新被激活,还是从猪群以外其他途径传入。

猪呼吸冠状病毒(Porcine Respiratory Coronavirus)。PRCV 是 TGEV 的一个变异株,它感染呼吸道并且不随粪便排出(Pensaert,1989),然而被 PRCV 感染的猪产生的抗体,能中和 TGEV 病毒。PRCV 是在欧洲屠宰猪血清调查中以及世界贸易检查中发现的。1984 年,比利时首次分离出 PRCV(Pensaert,1989),1989 年,在美国意外地发现有两个猪群的血清呈 TGEV 阳性,而它们既没有进行 TGEV 免疫注射,亦未发现任何 TGE 的临床症状(Hill,1990;Wesley,1990)。

猪群密度、猪场之间的距离及季节皆会影响

PRCV 的流行病学（Henningsen，1989；Pensaert，1989）。PRCV 通过空气或相互接触而感染所有年龄的猪。在高密度饲养地区，PRCV 能传播到几千米以外的邻近猪场，另外随邻近猪群规模的扩大，这些猪场被感染的危险度增加。

PRCV 呈亚临床感染，在西欧许多国家迅速广泛传播（Brown 和 Cartwright，1986；Henningsen，1989；Laude，1993；Van Nieuwstadt 等，1989），甚至传播到以前未曾发现 TGEV 的欧洲国家（Pensaert，1989）；不过，1995 年血清抽样调查表明，在艾奥瓦州（Iowa）的许多无临床症状的猪群中，PRCV 抗体呈阳性（Wesley，1997）。

在欧洲许多猪群中，PRCV 已经呈地方性流行（Laude，1993；Pensaert，1989；Pensaert，1993）。病毒在猪群中不断传播，主要感染 10～15 周之前的母源抗体消退的仔猪；将不同来源引进猪中，PRCV 血清学阳性和血清学阴性猪混合饲养，在短时间内，绝大多数混合猪群中的猪，血清学阳、阴性发生了转换。

用 PRCV 试验感染猪只表明，病毒在鼻分泌液中存留时间不到 2 周（Onno，1989；Van Cott，1993；Wesley，1990），尚无证据说明 PRCV 是通过粪便口腔传染。1993 年，据 Pensaert 报告，封闭种猪场的猪在断奶以后，即使还存在母源抗体的情况下，亦很快被感染，这说明，PRCV 通常感染新断奶仔猪而持续存在于猪群中。PRCV 可一年四季存在猪群中或者春夏两季临时消失，在寒冷的月份里又会出现于猪群中（Pensaert，1993）。这种无临床症状的感染时间却与欧洲的雨雾季节一致（Laude，1993）。和 PRCV 的流行分布特征一致，西班牙和英国 TGEV 血清阳性率也很低（0.0～7.6%）（Brown 和 Paton，1991；Pensaert，1993）。

其他传染性胃肠炎病毒相关的冠状病毒的出现（Emergence of Other Transmissible Gastroenteritis Virus-related Coronaviruses）。最近在欧洲有报道称暴发了犬致死性胃肠炎 TGEV 相关的 CCoV Ⅱ 型病毒（CcoV-Ⅱ）（Decaro 等，2009；Erles 和 Brownlie，2009），该病毒在关键复制区域和 TGEV 有极大的相似性（大于 96% 的氨基酸一样），说明 CcoV-Ⅱ 是 TGEV 的一个变异株（Carsten，2010）。根据对 S 蛋白的分析，CcoV-Ⅱ

b 是一个 TGEV 类似毒株（Decarco，2010），而且可能会出现新型的混合病毒感染（TGEV/CCoV）。

传播和贮主（Transmission and Reservoirs）。TGE 的主要流行特点之一是呈季节性，即在冬天，Haelterman（1962）认为这可能是由于病毒的特征所致，因为此病毒冷冻时相当稳定，但置于较高温度或阳光下就比较敏感，这使病毒冬季在猪场间传播有较大的可能性，尤其是附着于无生命的物体上。Haelterman（1962 年）认为至少有三种宿主：①病毒扩散呈亚临床症状的猪场；②除猪以外的宿主；③带毒猪。有研究显示 TGEV 可以在非猪动物身上存活，猫、犬和狐狸已被认为是 TGEV 从一个猪群传播到另一个猪群的可能带毒者，因为在不同的时间，它们通过粪便排出病毒（Haelterman，1962；McClurkin，1970），犬对 TGEV 感染无临床症状（除重复感染犬外；Klemm 和 Ristic，1976）且不产生抗 TGEV 抗体，但其所排出的病毒则能感染猪（Haelterman，1962；Reynolds 和 Garwes，1979）。

冬天在猪饲养区，大量集中的燕八哥可能为 TGEV 机械地从一个农场传播到另一个农场提供了一条途径。Pilchard（1965）报道给燕八哥口服 TGEV 32 h 后，仍能从粪便中检测到 TGEV。室内苍蝇（Musca domestica）也被认为是 TGEV 传播的可能媒介，有人从地方流行性猪场的苍蝇体内检测到 TGEV 抗原，而且试验感染苍蝇排毒能持续 3 d（Gough 和 Jorgenson，1983）。调查显示，欧洲中部地区野生猪群 TGEV 的抗体阳性率也大概有 30%（Sedlak，2008）。

与 TGEV 传播有关的第三种因素是感染猪排出活毒时间的长短和带毒猪的作用。用 PRCV 通过鼻腔试验感染猪 10 d 后仍带毒（Onno，1989；Wesley，1990b），不过还不清楚，PRCV 康复后的猪仍会持续传播多长时间。携带 TGEV 或 PRCV 病毒猪，其长期传播作用仍待进一步探讨。有报道称慢性或者持续感染的猪粪便中含有病原可长达 18 个月，这可能是猪群长期携带病毒的原因（Woods 和 Wesley，1998）。尽管在肠道和呼吸道感染 104 d 后仍可检出病毒，但不清楚这些病毒是否能以活毒形式从体内排出并导致新的感染。在已暴发 TGE 后的 3～5 个月,分别向该场增加易感猪,经血清学测定没有感染发生(Derbyshire,1969)。

致病机理
Pathogenesis

小肠和肠外传染性胃肠炎病毒的复制(Intestinal and Extraintestinal Replication of Transmissible Gastroenteritis Virus)。病毒感染 12～24 h 后,空肠细胞大量坏死,导致肠道内酶的活性显著降低(碱性磷酸酶、乳酸酶等),扰乱消化和细胞运输营养物质和电解质,引起急性吸收不良综合征(Moon,1978)。TGEV 感染猪引起腹泻的其他机制包括空肠钠运输的改变和血管外蛋白质丢失,前者引起肠道内电解质和水积聚(Butler,1974)。死亡的最终原因可能是脱水和代谢性酸中毒以及由于高血钾而引起的心功能异常。

空肠绒毛明显变短或萎缩(图 35.3),回肠病变稍轻微,但十二指肠近端通常不发生变化(Hooper 和 Haelterman,1966)。新生仔猪比 3 周龄猪的病毒增殖多,且绒毛萎缩严重(Moon,1978),说明新生猪对 TGEV 更易感。

临床发病抵抗力与年龄因素相关,其机制可能是因为新生的感染猪纤毛上皮被从隐窝来源的细胞替换速度较慢(Moon,1978),这些新绒毛细胞可抵抗 TGEV 感染(Pensaert,1970b;Shepherd,1979),这可能是由于免疫应答、干扰素(LaBonnardiere 和 Lau de,1981)或这些新生细胞不能支持病毒生长。

病毒剂量在感染中可能起主要作用。Witte 和 Walther(1976)证明感染市售猪(约 6 月龄)所需 TGEV 剂量比感染 2 日龄仔猪所需要剂量大 10 000 倍。

另外,如果给猪注射合成皮质类固醇、地塞米松(Shimizu 和 Shimizu,1979a)会加重临床症状,促进病毒增殖,地塞米松还会在 PRCV 感染时导致肺部轻度到中度的损伤(Jung,2007;Zhang,2008)。TGEV 细胞培养弱毒株与致弱大肠杆菌混合感染无菌猪比分别单独感染引起更为严重的疾病(Underdahl,1972);同样,如果 PRCV 和猪繁殖与呼吸障碍综合征病毒共同感染时,肺部的损伤也会加重(Jung,2009;Van Reeth,1996)。

病毒肠外复制的地方包括肺脏(肺泡巨噬细胞)和乳腺组织,口鼻感染 TGEV 的猪会出现肺炎的症状(Underdahl,1975)。TGEV 弱毒株能在体外培养肺泡巨噬细胞上增殖,强毒株却不能增殖(Laude,1984),说明这些细胞在肺感染中可能发挥作用。而且,在感染仔猪(VanCott 等,1993)和哺乳感染仔猪的母猪鼻腔里都检出了携带的 TGEV(Kemeny,1975)。和强毒株相比,弱毒株 TGEV 致病性降低,在肠道复制能力减弱,而在上呼吸道系统的复制能力增强(Frederick 等,1976;Hess 等,1977;VanCott 等,1993)。

此外,研究表明,TGEV 能在泌乳母猪乳腺中增殖(Saif 和 Bohl,1983),而且感染猪通过乳汁排毒(Kemeny 和 Woods,1977)。对野外条件下 TGEV 可能感染乳腺的意义尚不清楚。无论是它对泌乳缺乏(常在 TGEV 感染母猪中见到),还是对仔猪感染的迅速传播是否起作用,都值得研究。

猪呼吸道冠状病毒在呼吸道中的复制(Replication of Porcine Respiratory Coronavirus in the Respiratory Tract)。PRCV 亲嗜呼吸道细胞,它在猪的肺中繁殖,且病毒滴度高($10^7 \sim 10^8$ $TCID_{50}$),它也感染鼻腔、气管、大小支气管、肺泡的上皮细胞和肺泡巨噬细胞(Atanasova,2008;Jung,2007,2009;Pensarte,1986;O'Toole,1989),PRCV 主要在肺泡 1 型和 2 型细胞内复制,导致这些细胞坏死并增加固有免疫反应,引起 TNF-α 和 NO 的分泌(Jung,2009,2010)。固有免疫分泌的细胞因子开始能够抑制病毒的复制并调节 Th1 和 Th2 型细胞的免疫反应,最后导致病毒中和抗体的产生。

PRCV 感染后,病毒在鼻部的分泌可持续 4～6 d,感染后肺炎的严重程度和病毒的复制情况在 8～10 d 后达到高峰,此时会有大量的 T 淋巴细胞和 B 淋巴细胞发生,此时肺脏出现损伤和临床症状,而且也有较高滴度的中和抗体产生(Atanasova 等,2008;Jung 等,2009)。

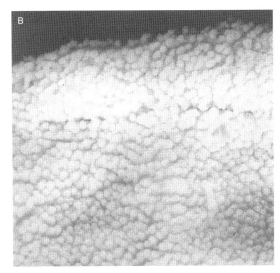

图 35.3　正常猪空肠绒毛(A)和 TGEV 感染猪空肠绒毛(B),此为通过解剖镜观察,约×10。

根据感染的条件和所用的毒株,PRCV 可以在血液、支气管淋巴结以及偶尔在小肠中检测到,然而病毒感染肠细胞后并不会扩散至邻近的细胞(Cox 等,1990a,b),而且粪便中量很低甚至检测不到。PRCV 在小肠复制的局限性可能与其 S 基因的缺失有关,从粪便和鼻腔中分离出的 PRCV 对比时发现,唯一的区别就是 S 基因的缺失(Costantini,2004)。

临床症状
Clinical Signs

流行性传染性胃肠炎(Epidemic Transmissible Gastroenteritis)。仔猪的典型症状是短暂的水样呕吐,通常黄色腹泻,体重迅速下降,脱水,在 2 周龄以下猪的发病率和死亡率较高。临床症状的轻重、发病持续期长短和死亡率与猪的年龄呈负相关,大部分不足 7 日龄仔猪出现症状后 2~7 d 死亡。大部分 3 周龄以上哺乳猪将存活,但可能在一段时间内体质虚弱。在断奶仔猪和母猪上的症状主要是食欲不振、短暂腹泻和呕吐。

潜伏期短,通常为 18~72 h,感染一般很快地传遍整个猪群,所以,大部分猪 2~3 d 受到感染,而这种情况,在冬季比夏季更容易发生(Haelterman,1962)。

地方流行性传染性胃肠炎(Endemic Transmissible Gastroenteritis)。地方流行性 TGE 最可能发生在仔猪出生率高和 TGEV 或者 PRCV 血清阳性的大猪场,感染猪的临床症状与同龄易感猪相似但较轻微,死亡率低,尤其是将猪放置在温暖环境。哺乳仔猪的临床症状可能与轮状病毒感染相似(Bohl,1978),在某些猪场,受管理情况制约,地方流行性 TGE 主要发生于断奶猪,而且可能与大肠杆菌、球虫或轮状病毒感染相混淆(Pritchard,1987)。

猪呼吸道冠状病毒(Porcine Respiratory Coronavirus)。实验表明,PRCV 感染大多数呈呼吸道亚临床症状,这可能是开始固有免疫的抗病毒作用以及之后的细胞介导的抗体对感染进行的控制(Atanasova 等,2008;Jung 等,2007,2009,2010;Zhang 等,2008)。临床症状主要包括:呼吸道症状,如咳嗽、腹式呼吸和呼吸困难;精神沉郁和厌食;体重略有下降(Lanza 等,1992;Van Reeth,1996;Wesley 和 Woods,1996)。

PRCV 所引起的临床症状还受到其他细菌或病毒的影响,如猪群感染其他呼吸道病毒尤其感染 PRRSV,也可改变其疾病的严重程度和临床症状。PRCV 和 PRRSV 混合感染时动物发热持续时间变长、体重减轻、肺炎时间也延长(Jung 等,2009;Van Reeth 等,1996)。PRRSV 能够抑制固有免疫反应,减少 IFN-α 的分泌以及降低 NK 细胞的细胞毒性作用,这可能加重 PRCV 感染时引起的肺炎(Jung,2009);PRCV 感染时,也能导致 PRRSV 引起的肺泡巨噬细胞凋亡更为严重。

传染性胃肠炎引起的损伤（Transmissible Gastroenteritis Virus Lesions）。肉眼变化常局限于胃肠道，胃内充满凝乳，黏膜充血（Hooper 和 Haelterman，1969），小肠充满黄色的液体，并且一般含有未消化的凝乳块。肠壁菲薄，几乎透明，可能是绒毛萎缩引起的。

TGE 的一个很重要的病变是空肠和回肠绒毛明显变短（图 35.3），而且这种情况比轮状病毒腹泻的症状还要严重（Bohl，1978），据报道，某些大肠杆菌株和球虫也产生这种病变（Hornich，1977）。小肠上皮细胞被 TGEV 感染后经透射电镜观察，揭示了微绒毛、线粒体、内质网和其他细胞器的变化。病毒颗粒主要位于细胞浆空泡中，在肠绒毛细胞和派尔氏淋巴集结圆顶区的 M 细胞、淋巴细胞和巨噬细胞中也观察到有病毒颗粒（Chu，1982；Thakc，1968；Wagner，1973）。

在地方流行性感染中，病理学变化和绒毛萎缩的程度差异较大（Pritchard，1987），Moxley 和 Olson 在 1987 年通过扫描电镜发现，在被 TGEV 感染猪，其被动免疫水平不但影响绒毛萎缩的程度，还会影响它们的分布，未感染 TGEV 母猪或用活弱毒苗免疫母猪，将它们所产仔猪与曾用强毒感染的母猪所产仔猪相比，后者绒毛萎缩程度有限。在部分免疫保护的猪中最先见到绒毛萎缩是在回肠而非空肠。从地方流行 TGE 的猪群，也观察到类似现象。

猪呼吸道冠状病毒损伤（Porcine Respiratory Coronavirus Lesions）。PRCV 主要引起上呼吸道和下呼吸道疾病，眼观病变和微观病变一般在肺脏，主要表现为肺实变和支气管肺炎，并伴有支气管周围和血管周围淋巴细胞浸润（Atanasova 等，2008；Cox 等，1990a；Halbur 等，1993；Jabrane 等，1994；Jung 等，2007，2009；O'Toole 等，1989）。支气管肺炎主要的变化有：(1)肺泡隔由于充斥巨噬细胞和淋巴细胞等炎性细胞而变厚；(2)2 型肺泡巨噬细胞增生、肥大；(3)由于上皮坏死，肺泡腔和细支气管内蓄积坏死的细胞和炎性细胞；(4)细支气管周或血管周淋巴细胞浸润。在感染后 10 d，PRCV 可以同时引起炎性反应（细胞坏死）和增生性（肺泡隔增厚）慢性支气管肺炎（Jung，2007，2009）。

诊断
Diagnosis

收集和保存适当的样品对确诊是必要的。虽然绒毛萎缩是严重感染猪的共同病变，但同样也发生于其他肠道传染病（轮状病毒、猪流行性腹泻、球虫病、有时是大肠杆菌）。TGE 的实验室诊断通常要进行下列一种或几种检查病毒抗原的检测：病毒核酸的检测，病毒显微镜检测，病毒的分离、鉴定或有效抗体应答的检测。

PRCV 的诊断程序相似，不过需要的是呼吸道的样本，综合临床症状、病理学检验和病毒在组织中的分布可提供初诊的依据。PRCV 不能造成腹泻或绒毛萎缩，只能在呼吸道组织中繁殖（Pensaert，1989），因此如果在肺脏检测到抗原、血清在 TGEV 和 PRCV 之间转换并且没有肠道疾病时需要考虑 PRCV 感染。

病毒抗原或核酸检测（Detection of Viral Antigen or Nucleic Acids）。在小肠上皮细胞中检测 TGE 病毒抗原或许是诊断仔猪 TGE 的简单和最常用的方法。免疫荧光（Pensaert，1970）和免疫组织化学（Shoup，1996）技术针对 TGEV 的 N 蛋白可以用于福尔马林固定的组织或冻存组织（图 35.4），但是这需要在感染的早期阶段检测。

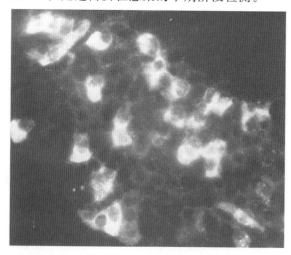

图 35.4 TGEV 感染猪的免疫荧光细胞压片来自空肠刮取物，用荧光抗体直接法染色（×350）。

TGEV 单克隆或多克隆抗体 ELISA 已被广泛应用于检测在细胞培养、粪便和肠内容物中的 TGEV（Sestak 等，1996，1999a；Van Nieustadt，

1998)和在鼻分泌物及肺组织匀浆中的 PRCV（Lanza,1995）。

实时定量 PCR(qRT-PCR)一般可以用来诊断 TGEV 并区分 TGEV 和 PRCV（Costantini 等,2004；Kim 等,2000a），利用跨越 S 基因缺失地方的引物已经可以使用 PCR 的方法诊断 PRCV。另外也可以用多重 RT-PCR 来同时检测 TGEV 和 PEDV 等（Ogawa,2009），该方法可以在一个样品里同时检测 9 个样品。另外，多微点矩阵杂交也可以用来快速区分 8 种 CoVs，包括 TGEV（Chen,2010）。

电子显微镜检测（Electron Microscopy）。 通过负反差透射电镜证明，在感染猪肠内容物和粪便中有 TGEV（图 35.5），而且，免疫电镜（IEM）比常规 EM 技术更好，前者对检测临床样品或细胞培养物中的 TGEV 更敏感，并可提供病毒血清学鉴定。此外，用 IEM 更易区分 TGEV 和常见的膜类碎片，而且同时可检测其他肠道病毒的存在（Saif,1977）。

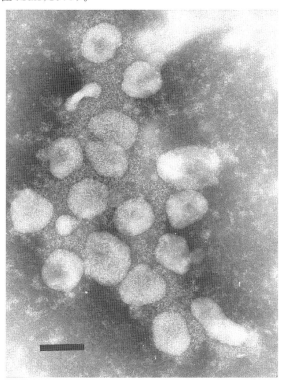

图 35.5 形成的典型病毒-抗体结合物通过 IEM 观察到的 TGEV 和无特定病原猪抗 TGEV 血清反应。横线＝100 nm。

病毒分离（Virus Isolation）。 感染猪粪便或肠道内容物病毒可以用细胞培养的方法分离，常用的细胞有原代和传代代猪肾细胞（Bohl 和 Kumagai,1965）、猪肾传代细胞系（Laude,1981）、猪唾液腺原代细胞（Laude,1981）、猪甲状腺原代细胞（Witte,1971）以及 McClurkin ST 传代细胞（McClurkin 和 Norman,1966）。初次分离野毒株可能没有明显的细胞病变（CPE），需连续传代才出现明显的 CPE，典型 CPE 由具有膨胀的、圆形或长形外观如气球的细胞组成（Kemeny,1978）。检测病毒 CPE 或蚀斑时，在细胞培养液中加胰酶制剂或胰蛋白酶（Bohl,1979）和使用较老的细胞（Stark,1975）可进一步提高细胞的敏感性。

猪肾细胞和睾丸细胞已被用于 PRCV 的分离，鼻拭子和肺组织匀浆可以用来分离 PRCV，CPE 的形成过程与 TGEV 相似，并逐渐可见到合胞体，与 SARS 冠状病毒在体外培养细胞造成相同的病变（Ksiazek 等,2003；Peiris 等,2003）。用特异性 TGEV 抗血清通过 VN,IF 或 IEM 能够鉴定细胞病毒培养物。不过，需要用抗 TGEV 的单克隆抗体来进一步证实以排除 PRCV 的可能（Garwes,1988）。也可用 RT-PCR 或 cDNA 探针将他们区分（Enjuanes 和 Van der Zeijst,1995；Kim 等,2000a；Laude 等,1993）。

血清学（Serology）。 检测 TGEV 抗体有助于诊断和控制 TGE。然而，由于 TGEV 和 PRCV 引起的中和反应在质和量方面都极其相似（Pensaert,1989），使 TGEV 的血清学诊断变得复杂。用阻断 ELISA 试验（后述）可以将两者区分。只引进血清学阴性猪也将有助于猪场保持无 TGEV 和 PRCV。

急性期和康复期血清样品之间抗体滴度上升是流行性 TGE 和感染 PRCV 可靠的诊断证据。猪群的有关病史和血清抗体水平有助于解释血清学检测结果。为判定一个猪场中地方流行性 TGE 或 PRCV 是否存在，可以检测 2～6 月龄猪的血清。这个年龄的猪群缺乏被动获得免疫抗体（Derbyshire,1969），因此，阳性结果表明有地方流行性 TGE 或 PRC。

TGEV 抗体可以通过数种不同血清学方法检测，最常用的是 VN 试验。感染 TGEV 后 7～8 d 即可检测出血清中和抗体，而且至少可持续存在 18 个月。很少资料报道有关 PRCV 中和抗体的持续时间。已经建立了非常敏感 ELISA 试验（Bernard，1989；Berthon，1990；Callebaut，1989；Garwes，1988；Setak，1999；Vn Nieuwstadt，1989），但此法均需要浓缩纯化病毒或者 S 基因包被 ELISA 板。

用阻断 ELISA 试验进行 PRCV 和 TGEV 在血清学上的鉴别（Blocking Enzyme-linked Immunosorbent Assay for Differentiation of Porcine Respiratory Coronavirus and Transmissible Gastroenteritis Virus）。TGEV 单克隆抗体研究表明，一些在 TGEV 有的抗原位点，在 PRCV 蛋白上却没有（Callebaut，1989；Delmas 和 Laude，1990；Sanchez，1990；Sestak，1999b；Simkins，1992，1993）。根据这些不同可以用阻断 ELISA 的方法来区分 TGEV 和 PRCV（Bernard，1989；Callebaut，1989；Garwes，1988；Simkins，1993）。

阻断 ELISA 只能用于猪群，因为个别猪可能由于 TGEV 或者 PRCV 抗体滴度较低而不能检测到（Callebaut，1989；Sestak，1999b；Simkins，1993）。另外，商业用的 ELISA 对于检测美国株的 PRCV 和 TGEV 精确度较低，因此并不能用于个体的检测（Sestak，1999b）。最近有一种新的 ELISA 方法，不仅能够区分 TGEV 和 PRCV，还能区分 TGEV 和 CcoV 和 CcoV-Ⅱ 型抗体（Elia，2010；Lopez，2009）。

免疫
Immunity

主动免疫（Active Immunity to Transmissible Gastroenteritis Virus）。猪口服强毒 TGEV 感染后，主动免疫的机制和持续期尚未彻底搞清。育成期猪肠内感染，可测到的血清抗体至少维持 6 个月，也可能维持数年（Stepanek 等，1979）。尽管血清抗体滴度可作为 TGE 血清学诊断方法，但不能显示主动免疫活动的程度。TGE 康复猪可抵抗以后短期内的攻毒，主要是由于肠黏膜局部免疫（VanCott 等，1994；Saif 等，1994；Brim 等，1995）。首次感染的年龄及免疫状况和攻毒的强弱会大大影响这种主动免疫的完善程度和持续期。

肠主动免疫的机制，可能与刺激分泌 IgA（sIgA）免疫系统有关，固有层内淋巴细胞分泌肠内 sIgA 抗体（VanCott 等，1993，1994；Saif 等，1994）。IgA 和分泌抗体细胞（ASCs）已经从口腔途径接种 TGEV 后猪的肠液和血清中检出，而肠道外接种途径接种的猪则检不出（Kodama，1980；Sprino 和 Ristic，1982；VanCott，1993，1994；Saif，1994）。Kodama（1980）认为，血清中 IgA 抗体的检测，如果源自肠道，可作为 TGE 主动免疫的指标。

最近，免疫酶联点（ELISPOT）技术，已被用来检查全身和局部肠有关淋巴组织（GALT）中 IgA 和 IgG 抗体活动。只有 TGEV 强毒株才能刺激 GALT 产生大量 IgA 抗体分泌细胞，而活的 TGEV 弱毒株（疫苗）或 PRCV 只诱导产生极少量的 IgA（抗体分泌细胞）（Van Cott，1993，1994；Saif，1994；Berthon，1990）。这些研究和其他研究（Stone，1982）表明，猪在出生时，即具备产生体液抗体和黏膜抗体的免疫能力。不过，在小肠中，需要更长的成熟时间，才能达到成年猪抗体免疫应答水平。

除局部抗体介导免疫外，细胞介导免疫（CMI）应答在抗 TGEV 感染的主动免疫中也起重要作用。数种试验已用于证明 CMI 对 TGEV 的作用，包括巨噬细胞移动抑制试验（Frederick 和 Bohl，1976），白细胞移动抑制试验（Woods，1977；Liou，1982），直接淋巴细胞性细胞毒的试验（Shimizu 和 Shimizu，1979b），淋巴细胞增殖反应（Shimizu 和 Shimizu，1979c；Welch，1988；Brim，1994，1995；Anton，1995，1996），同步细胞介导细胞毒性试验（SCMC）和抗体依赖性细胞介导细胞毒性试验（ADCMC）（Cepica 和 Derbyshire，1983）。对 CMI 抵抗 TGEV 感染的作用只有间接证据。口服强毒 TGEV 可感染猪肠相关淋巴组织的淋巴细胞（GALT），证实 CMI 的作用（Frederick 和 Bohl，1976；Shimizu 和 Shimizu 1979c；Welch，1988；Brim，1994，1995）；非肠道或口鼻接种弱毒 TGEV 或 PRCV 使猪只在全身许多部位（脾或外周血液淋巴细胞）发生 CMI。口腔感染 6 月龄猪后，CMI 在肠相关淋巴组织而不是全身淋巴细胞至少持续 110 d（Shimizu 和 Shimizu，1979c），而感染 7～11 日龄仔猪，则仅需 14～21 d 就产生 CMI（Welch，1988；Brim，1994）。最新证实，CD4 T 辅助细胞（T Helper cell）参与对 TGEV 淋巴细胞增殖反应（Anton，1995）。体外用 TGEV 抗原刺激时，树突状细胞分泌的 IFN-α 的释放会增多（Calzada-Nova，2010）。

用 TGEV 弱毒疫苗或者重组 TGEV 疫苗免疫母猪，证实了 TGEV 引起的淋巴细胞增殖反应和乳腺免疫之间有相关性（Park 等，1998）。虽然，淋巴细胞增殖研究表明，每一种 TGEV 中的三种主要蛋白质都存在着 T 细胞抗原位点，而 T 细胞抗原位点起主要作用的是蛋白 N（N321）（Anton，1995）。N321 肽诱导 T 细胞而在体内协助合成中和抗体即抗蛋白 S 的特异性抗体。两种 TGEV 结构蛋白的刺激即自身的蛋白 S 和重组的 N 蛋白，它们共同作用能最大限度地刺激免疫应答。这个发现，对 TGEV 亚单位（subunit）的最佳设计及抗 TGEV 重组疫苗都有重大影响。

新生仔猪缺乏淋巴细胞的细胞毒性，而在临产母猪中，此细胞毒性下降，曾认为缺少杀伤 TGEV 感染细胞的杀伤（K）和自然杀伤（NK）活性可能与新生仔猪和临产母猪对 TGEV 感染的敏感性增加有关（Cepica 和 Derbyshire，1984）。所以，CMI 或者固有免疫，通过快速消除 TGEV 感染的上皮细胞，在 TGEV 感染猪的康复或抵抗再感染中可能起到一定作用。

猪呼吸道冠状病毒诱导的主动免疫对传染性胃肠炎病毒的作用（Porcine Respiratory Coronavirus-induced Active Immunity to Transmissible Gastroenteritis Virus）。在欧洲，随着 PRCV 的广泛流行，TGE 流行暴发急剧减少，这使欧洲猪病研究人员提出是否猪呼吸道冠状病毒能诱导肠主动免疫从而预防 TGEV。多项研究一致认为，仅感染 PRCV 的哺乳或断奶猪再攻毒 TGEV 可部分地对 TGEV 攻毒起免疫保护作用，且不同程度地缩短了病程，减少了 TGEV 的排毒量和减轻了腹泻症状（Brim，1995；Cox，1993，VanCott，1994；Wesley 和 Woods，1996）。

这种部分免疫机制大概与 TGEV 中和抗体滴度迅速增加有关（Cox，1993；Wesley 和 Woods，1996），同时也与已感染 PRCV 猪的肠道内 IgG、IgA 抗体分泌细胞的数量迅速增加有关（Van Cott，1994；Saif，1994）。PRCV 组织嗜性的改变可能与抗体的转化有关系，即 TGEV 感染的猪在肠道诱导更多的 IgA ASC，而 PRCV 主要是在肺脏诱导 IgG ASC（Van Cott，1994）。研究人员推测，这种 PRCV 特异性抗体 IgG 和 IgA（ASCs）从与支气管有关的淋巴组织（BALT）迁移到 PRCV 感染的肠中去的现象可解释为：这是迅速免疫记忆应答，在经 TGEV 强毒刺激后，而诱发了部分抗体保护（VanCott，1994）。不过，在感染 PRCV 的新生猪，至少需要 6～8 d 时间来完成此种抗 TGEV 的部分免疫（Wesley 和 Woods，1996）。因此，在 TGEV 流行期间，用这种主动免疫方法来保护血清学阴性新生猪可能太迟。

传染性胃肠炎病毒的被动免疫（Passive Immunity to Transmissible Gastroenteritis Virus）。被动免疫可为新生仔猪抗 TGEV 感染提供及时保护，循环中被动免疫抗体主要来源于对初乳中免疫球蛋白（主要是 IgG）的吸收，这些体液抗体的功能主要是抵抗全身感染而非肠内感染（Hooper 和 Haelterman，1966；Sestak，2006）。哺乳期第一周 IgG 浓度开始减低，IgA 成为乳中的主要成分，IgA 由乳腺组织内来源于肠道的细胞分泌，IgA 分泌到乳汁中，对处于哺乳期的仔猪肠道被动免疫起重要作用。

通过被动免疫抵抗 TGEV 感染的机理已有介绍（Saif 和 Bohl，1979；Saif 和 Jackwood，1990；Saif 和 Sestak，2006），TGE 康复猪可将被动免疫传给它们的哺乳仔猪，哺乳仔猪由于经常吞食含有 TGEV 中和抗体的初乳或常乳而获得保护（Hooper 和 Haelterman，1966）。这些抗体在肠腔内能中和被食入的 TGEV，从而保护易感的小肠细胞。这可以由免疫母猪让其仔猪频繁哺乳而自然完成，也可通过连续让仔猪口服抗血清而人工完成。

母猪初乳和常乳中的 TGEV 抗体主要与 IgA 和 IgG 有关（Abou-Youssef 和 Ristic，1972 Bohl，1972；Saif，1972）。乳内 IgA 类 TGEV 抗体在肠道内比较稳定，能够提供最有效的保护，但 IgG 类乳内抗体如保持高滴度，或人工饲喂初乳 IgG 也有保护作用（Bohl 和 Saif，1975；Stone，1977）。乳中 IgG 类抗体是胃肠外途径或全身受抗原刺激后产生的，而 IgA 的存在则是由于肠道感染，即 IgA 免疫细胞在肠内经抗原致敏后转移到乳腺定位，并将 IgA 抗体分泌到初乳和常乳内（Bohl 和 Saif，1975；Saif 和 Bohl，1979；Saif 和 Jackwood，1990；Saif 和 Sestak，2006）。"肠-乳腺"免疫轴最早是在 TGEV 感染猪的过程中提出来的(Bohl,1972;Saif,1972),这是一种常见的黏膜免疫系统。这个概念对于产生有效的乳汁免疫有很重要的作用。

猪呼吸道冠状病毒诱导的被动免疫对传染性胃肠炎病毒的作用(Porcine Respiratory Coronavirus-induced Passive Immunity to Transmissible Gastroenteritis Virus)。 自 PRCV 在欧洲国家猪群中广泛流行以来,TGEV 在这些国家的发生率与严重性因此而减低,这也说明了以前接触PRCV 的猪群免疫水平对后来 TGEV 传染有一定的影响(Laude,1993;Pensaert,1989)。

自然感染 PRCV 母猪诱发不同水平的被动抗体(死亡率 44%~53%),从而保护了实验感染TGEV 的哺乳猪(Bernard,1989;Paton 和Brown,1990),在猪场暴发 TGE 期间,曾接触PRCV 的母猪所产的仔猪,也不同程度受到免疫保护(Pensaert,1989;Callebaut,1990)。同样,对在怀孕期间曾实验感染或再感染 PRCV 的哺乳母猪进行 TGEV 攻毒后,也发现有类似不同免疫水平的保护(死亡率平均为 30%~67%)(Callebaut,1990,De Diego,1992;Wesley 和 Woods,1993;Lanza,1995;Sestak,1996)。值得一提的是有关后两项研究称:在两次怀孕期间,母猪多次接触PRCV,其新生猪的死亡率最低(0~27%),母乳中的 IgA 和 IgG 的滴度最高。这项研究结果与其他报告相一致,母猪自然感染 PRCV,在怀孕期间再感染 PRCV,这些母猪的奶中有分泌抗TGEV 抗体 IgA,在对其后代用 TGEV 攻毒后,母乳具有高水平的保护能力(3/6 窝死亡率 0~12.5%)(Callebaut,1990)。除了保护性标志即母乳中的 IgA 抗体,另一项研究表明(Wesley 和Woods,1993),在母猪体内,PRCV 诱发的被动免疫起着抗 TGEV 作用,母猪诱发抗 TGEV 的主动免疫,从而防止母猪发病或无乳。

除了在接触 TGEV 或 PRCV 母乳中 IgA 抗体的数量不同外,研究人员调查了在病毒抗原表位上的潜在差别,这种抗原表位能被感染 PRCV和 TGEV 母猪所诱发的 IgA 乳抗体所识别(DeDiego,1992,1994)。在被 TGEV 感染的母猪,抗原亚位点 A(Aa,Ab,Ac),伴随抗原亚位点D(Madrid),它们是抗体 IgA 最佳诱发者,而感染

PRCV 后,抗原位点 D 和亚位点 Ab 则是免疫的主导者。因此,只有 IgA 识别至少抗原位点 A 和D,它们在体内提供良好的免疫保护,而任何类别球蛋白只识别一个在细胞培养中被病毒中和的抗原位点。

预防和控制
Prevention and Control

治疗(Treatment)。 特异性治疗 TGE 的抗病毒制剂尚未研制成功,SASR 病毒出现以后,研究人员开始尝试用不同的替代病毒来进行有效的抗体诱导,包括 TGEV。Ortego 和其同事使用TGEV 缺失突变株证明敲除 E 蛋白可以组织病毒向内质网的运输并抑制病毒成熟。另外也有使用 RNA 干扰技术猪睾丸细胞上针对病毒 RNA聚合酶进行干扰,以抑制 TGEV 的感染(Zhou,2007),尽管在体外对细胞有保护作用,但是体内研究结果却不太明显(Zhou,2010)。

虽然在 TGE 感染早期,于猪肠中可检测到高水平 1 型干扰素,但干扰素在 TGE 的恢复或致病机理中的作用尚无定论(LaBonnardiere 和Laude,1981)。最新研究表明,干扰素可能激活新生仔猪体内的自然杀伤性细胞(natural killer cell),它对 TGEV 的感染起着某种程度的抑制作用(Lesnick 和 Derbyshire,1988;Loewen 和 Derbyshire,1988)。另外,在 TGE 暴发期间,用 1~20 IU 人 α 干扰素给 1~12 日龄的仔猪口服,连续 4 d,其存活率明显高于未给药猪(Cummins,1995)。

目前可行的治疗方法仅仅是减少饥饿、脱水和酸中毒。非肠道补液、补充电解质和营养对治疗仔猪有效,但对于猪场不实用,禁忌用口服电解质溶液和葡萄糖溶液治疗仔猪(Moon,1978)。其他的措施还包括:提供温暖(最好32℃以上)无穿堂风和干燥的环境,并让口渴的TGEV 感染猪可自由接近水或营养液。这些措施将会减少受感染的 3~4 日龄以上猪的死亡率。抗细菌治疗对 2~5 周龄猪有益,特别是发生与大肠杆菌致病株的混合感染时。当发生疾病时,交叉哺乳或将已感染或易感的同窝仔猪哺乳于 TGE 免疫母猪是有用的(Stepanek,1979;Pritchard,1982)。

管理

Management

生物安全（Biosecurity）。潜伏期或那些排毒或带毒的猪是 TGEV 侵入猪场的来源，为避免发生侵入，预防措施是从无 TGEV 猪场引进猪，并且是血清学阴性和将这些猪在并群前在猪场隔离2～4 周。TGE 暴发后，感染猪症状消失后 4 周，才能将这种猪引入"清洁"猪场。TGEV 感染猪的粪便可被靴、鞋、衣服、车斗、饲料携带，并可能成为其他猪场感染的来源，这就要求严格的管理措施，特别是在冬天。

传染性胃肠炎和地方流行性传染性胃肠炎病毒流行的初始阶段（After Onset of Transmissible Gastroenteritis and Endemic Transmissible Gastroenteritis Virus）。TGE 发生后，当一个猪场发生 TGE，怀孕猪尚未感染，为最大限度地减少即将出生仔猪的损失可采取以下两种适当措施：① 如果这些母猪将在 2 周后产仔，可有意使它们接触强毒，例如已感染猪的肠道组织，这样它们在产仔期可获得免疫力；② 如果这些母猪在 2 周内产仔，尽可能提供设施和加强管理使它们至少在产后 3 周不被 TGEV 感染。

一些成功方法既可防止疫病传入种猪群，又不减少猪的饲养量，其步骤是（Harris，1987）① 猪场在 4～6 个月后，再引进一批新猪群；② 遇到 TGEV 暴发，给全场猪（包括新引入的猪）饲喂切碎的感染猪的肠道组织来消除易感猪，以缩短病程，并保证全群猪感染在同一水平上；③ 严格对产房及哺乳房的猪采取全进全出的方法；④ TGE 症状消失 2 个月后，且血清阴性时，方可引入新猪群，并监测 TGEV 血清学的变化。在控制 TGEV 的同时，必须注意潜在危害，包括其他病原侵入怀孕母猪或整个猪群。

其他控制或清除地方流行性 TGE 的措施还包括：① 对怀孕期血清学阳性母猪，在怀孕晚期或刚产仔后肌内注射或乳腺内注射 TGEV 弱毒活苗以加强免疫，增加乳中抗体水平和维持更久的被动免疫（Saif 和 Sestak，2006；Stepanek，1979）；尽管这种程序可能只推迟已感染猪 TGE 的发病，但有助于减少死亡率。② 通过清除病毒宿主来打断感染途径：防止敏感猪不断进入猪场，即暂

时改变产仔计划，暂时使用其他设施；使用较小的产房和哺乳房，以更好地成功应用"全进全出"管理制度。

免疫预防

Immunoprophylaxis

免疫接种（Vaccines and Vaccinations）。目前有几种获得许可生产的 TGEV 疫苗，均为灭活或弱毒活苗，允许给怀孕母猪和新生仔猪使用。这些疫苗与其功效将根据不同接种途径分别在下面几部分中进行讨论（Saif 和 Sestak，2006）。

许多变化因素使得对试验疫苗和商品疫苗的评价复杂化，数据之间常相互矛盾。这些因素包括接种剂量和 TGEV 株、接种猪的年龄、环境状况（尤其是温度），接种猪的泌乳能力和接种时母猪的免疫状态。如果之前已经感染的母猪在不知情的情况下进行免疫接种，这样可能在仔猪的免疫保护中出现不同的结果，这样的情况只能通过敏感性试验对 TGEV 和 PRCV 的抗体进行检测，并且需要知道测试动物的病史，因为 PRCV 的发生可以使 TGEV 的免疫更加复杂。

使用 TGEV 弱毒株口腔或鼻内接种免疫效果一般较差（Henning 和 Thomas，1981；Moxley 和 Olson，1989a；Saif 和 Bohl，1979；Saif 和 Sestak，2006），这可能是因为大部分弱毒株病毒在母猪肠内的表面增殖有限（Frederick，1976；Hess，1977），所以，导致对肠表层下 IgA 浆细胞的抗原刺激很少，相应地乳内 IgA 抗体分泌就很少。存在的困难仍是如何研制出既能刺激母猪肠内 IgA 抗体应答，又能完全致弱或不具备感染性不会感染新生仔猪发病的 TGEV 商品疫苗。

肠外免疫对于 TGEV 或 PRCV 血清阴性的猪保护性更低，这主要有两个缺点：① 接种猪产生很少或不产生肠道免疫，当感染 TGEV 后常发病。如果发生在泌乳期，则乳猪将吃不到足够的奶。② 这些接种母猪乳中的 TGEV 抗体是 IgA 类低滴度抗体，不能给乳猪提供理想的被动免疫。

目前，和血清阴性猪相比，在以前感染过 TGEV 或 PRCV 的母猪上进行肠外免疫会更有效果，这些疫苗在 TGE 经常出现地方流行性的猪群可能更加有用（Stepanek，1979）。

新生仔猪或断奶仔猪传染性胃肠炎的免疫
(Transmissible Gastroenteritis Vaccination of Neonatal or Weaned Pigs)。哺乳期的仔猪和育肥猪的主动免疫对于地方流行性感染非常重要,特别是在新断奶的仔猪中,因为新断奶的仔猪感染 TGEV 后死亡率会升高。美国已经生产有弱毒和灭活的 TGEV 疫苗,可以在出生后不久分别进行口腔或者腹膜内接种。不过,如果免疫猪体内还有母源抗体存在,那么经口服弱毒 TGEV 疫苗会影响主动免疫时抗体的产生。其他在幼年猪身上进行主动免疫的方法还包括人工合成 TGEV 蛋白,这方面会在人工合成疫苗方面描述。

血清学阴性的怀孕母猪进行传染性胃肠炎免疫 (Transmissible Gastroenteritis Vaccination of the Seronegative Pregnant Dam)。曾用各种病毒疫苗(强毒、弱毒、灭活和亚单位病毒)和不同的接种途径(口腔、鼻肉、肌肉、皮下和乳腺内)作激发乳汁免疫的试验(Bohl 和 Saif,1975;Moxley 和 Olson,1989a;Saif 和 Bohl,1979a;Saif 和 Jackwood,1990;Saif 和 Sestak,2006)。怀孕母猪口服强毒活苗通常能激发最高的免疫水平,使母猪获得保护免疫,并在乳汁中相应产生持续高滴度 IgA TGEV 抗体,仔猪吃奶后获得免疫保护。

重组合成疫苗方法 (Recombinant Vaccine Approaches)。在过去的 20 年中,人们把重点放在构建 TGEV 蛋白亚单位疫苗上,在 TGEV 的主要结构蛋白中,S 蛋白包含了主要的抗原位点,能够被病毒的中和抗体识别,并根据这些位点的连续区域(Delmas 和 Laude,1990),提出了用 S 蛋白设计抗原合成多肽(Posthumus 等,1991)。结果发现,含有辅助性 T 细胞抗原的 N 蛋白能够和 S 蛋白一起在体外诱导 TGEV 的特异性抗体(Anton 等,1996)。

目前主要用真核和原核表达系统如大肠杆菌、沙门氏菌、腺病毒、痘病毒、杆状病毒及植物表达 TGEV 的 S,M,N 蛋白(Enjuanes,1992;Godet,1991;Gomez,2000;Park,1998;Shoup,1997;Smerdou,1996;Torres,1996;Tuboly,2000)。在一些研究中,接种动物后产生了保护性抗体并有部分的保护力(Torres 等,1995;Park,1998;Shoup,1997)。在其他的一些研究中,并没有保护性抗体产生(Gomez 等,2000;Smerdou 等,1996;Tuboly 等,2000)。另外有一种新的方法,即对新生仔猪饲喂重组的免疫蛋白以产生对 TGEV 有中和能力的抗体(Bestagno,2007),如果用植物表达所用的免疫蛋白可能会有更好的性价比(Monger,2006)。

用原核载体表达的 TGEV 的 S 糖蛋白包被上糖基化依赖的抗原决定簇 A、B(有或者没有位点 C,D)后接种动物,能够产生各种水平的中和抗体和保护力;由痘病毒表达的 TGEV 的 S 糖蛋白只能产生低滴度的中和抗体,没有保护力(Hu 等,1985);由杆状病毒表达的 TGEV 的 S 糖蛋白产生的中和抗体能在血清、初乳和常乳中检测到(Shoup 等,1997;Tuboly 等,1995)。只有 S 糖蛋白结构中包含抗原位点 A 的才能产生高滴度的中和抗体。S 糖蛋白结构中包含抗原位点 C,D 的只能产生低滴度的中和抗体,不过,有意思的是,第一次接种后还可以刺激猪产生第二次血清抗体反应(Shoup 等,1997)。

同样地,用杆状病毒表达的 TGEV 的 S 糖蛋白乳房内注射,给母猪口服弱毒疫苗,结果 S 糖蛋白疫苗在乳汁中产生了抗体(Park,1988);用杆状病毒表达的 TGEV 的机构蛋白(S,N 和 M)和大肠杆菌的突变 LT 佐剂一起接种猪,结果产生 IgA 抗体,并且减少了粪便中的病毒数量(Sestak 等,1999a)。

人们把目光又转向了表达 TGEV S 蛋白的活载体疫苗,这主要是用人腺病毒来表达 TGEV 或 PRCV 的 S 蛋白(Callebaut,1996;Torres,1996;Tuboly 和 Nagy,2001),这种疫苗对于 TGEV 导致的死亡有不同的保护力,但是对于预防 TGEV 或 PRCV 感染的保护性较小。

由于 TGEV 的病理损伤主要在肠道,因此一种有效的疫苗应该是首先能够在肠道产生免疫反应(Saif 和 Jackwood 1990;Saif 和 Sestak,2006;VanCott 等,1993)。对 TGEV 疫苗的改善可能需要通过额外的黏膜免疫系统如免疫刺激复合物、可降解的微球体或者感染性的人工合成 TGEV 克隆,来增强 TGEV 的免疫原性和降低其致病性(Enjuanes,2005),最近用 TGEV 感染性的 cDNA 微小基因组的研究表明这种方法还可以用来探索来源于肠道或者呼吸道其他病原体的目的免疫原。

猪流行性腹泻病毒
PORCINE EPIDEMIC DIARRHEA VIRUS

背景
Relevance

1971 年,在英格兰地区的架子猪和育肥猪群中暴发了以前未发生过的急性腹泻(Oldham,1972)。乳猪不发病。该病蔓延至其他欧洲国家,被称为"流行性病毒腹泻(EVD)"。1976 年,在各年龄段的猪群(包括乳猪)中均暴发了类似 TGE 的急性腹泻(Wood,1977)。在此新出现的疾病发生之初,甚至在后期的该阶段,均认为 TGEV 和其他已知的致肠病病原体与该病的发生无关。1978 年,发现一种类似冠状病毒的病原与后来的此类疾病暴发有关(Chasey 和 Cartwright,1978;Pensaert 和 de Bouck,1978)。将分离于比利时的 CV777 进行实验接种,发现其对乳猪和育肥猪(DeBouck 和 Pensaert,1980)均有致病性。"猪流行性腹泻(PED)"和猪流行性腹泻病毒(PEDV)这一名称被提出(Pensaert 等,1982)并沿用至今。

1970s 和 1980s,PEDV 曾在欧洲广泛地流行,给多个养猪国家的乳猪业造成了严重亏损。从那以后,该病的流行较为罕见,常呈单发性,多与断奶仔猪和架子猪中反复性腹泻问题有关。但是,其流行仍可能在任何时间发生,如 2005—2006 年期间发生于意大利,主要是由于母猪种群中免疫力低下所致,推断至今意大利母猪种群免疫力仍旧低下。

在亚洲,PEDV 流行引起乳猪重大损失最先于 1982 年报道,随后在 1990s 和 2000s 又继续发生。因此,PED 问题在亚洲比在欧洲更为严重,其在经济方面的影响是不可估略的。目前尚无证据表明 PEDV 存在于西半球及澳大利亚。

病因学
Etiology

猪流行性腹泻病毒(PEDV)的形态和理化特征与冠状病毒科(Coronaviridae)其他成员类似。根据遗传和抗原特征,猪流行性腹泻病毒(PEDV)与猪传染性胃肠炎病(TGEV)、猫冠状病毒(FECoV)、犬胃肠炎病毒(CCoV)和人冠状病毒 229E(HCoV 229E)同属冠状病毒科的 α 病毒属。韩国的 Chinju99 毒株和中国的 LBJ/03 毒株整个 N 基因的核苷酸序列和氨基酸,与比利时的 CV777 毒株有 96% 的同源性(Junwei 等,2006;Lee 和 Yeo,2003)。韩国 Chinju99 毒株全部 S 基因,核苷酸水平上与 CV777 的同源性为 94.5%,在氨基酸水平上与 CV777 的同源性为 92.8%(Yeo 等,2003)。相似的 N 基因核苷酸序列在韩国和日本的毒株中也有发现(Kubota 等,1999)。

PEDV 可在 Vero 细胞(非洲绿猴肾细胞)上的持续增殖,但需在培养基中补充胰蛋白酶。细胞病变(CPE)包括空泡化和最多可达 100 个核的合胞体形成(Hofmann 和 Wyler,1988)。在日本,PEDV 成功地在猪膀胱和肾细胞上繁殖(Shibata 等,2000)。在早期研究中未发现该病毒有血凝性,但是最近研究发现,胰酶处理后该病毒能凝集兔的红细胞(Park 等,2010)。用经典的血清学方法进行比较,分离于不同大洲和国家的 PEDV 并无差异。不同地域所分离毒株的毒力差异未见报道。

公共卫生
Role in Public Health

PEDV 仅感染猪,因此对公共卫生没有影响。

流行病学
Epidemiology

在欧洲,从 1971 年直至 1980s 后期,PED 经常流行并引起仔猪的死亡,但 2000 年后,极少报道。在捷克,小于 21 日龄猪中采集的 219 份粪便样本种,27 份为 PEDV 阳性,且常混合其他肠道病毒(Rodák 等,2004)。在意大利,2005 年和 2006 年有该病流行,波及 63 个猪群,所有年龄段猪均发病,但是死亡率主要集中于乳猪(Martelli 等,2008)。由于该病的临床重要性较低,最近在欧洲未进行血清学调查,因此,PEDV 在欧洲猪群中的流行情况目前还不得而知。

在亚洲,PED 最初于 1982 年发生于日本(Takahashi 等,1983),随后不断发生,至 1990s,乳猪的死亡率从 30% 上升至 100%(Kuwahara 等,1988;Sueyoshi 等,1995)。1993 年,韩国首次发生 PED(Kweon 等,1993),所有日龄猪均可发

病。在 1990s，PED 占所有诊断的肠道病毒感染疾病的 50%（Chae 等，2000；Hwang 等，1994）。1994 年，对韩国 7 省的屠宰场猪进行血清学调查，结果显示，有 17.6%～79%（平均 45%）的猪为 PED 阳性（Kweon 等，1994）。在韩国最近进行的一次血清学调查，48 个农场的 1 024 头猪中有 754 头为阳性（Oh 等，2005）。在印度东北部，528 份血清样本中，有 21.2% 为 PEDV 抗体阳性（Barman 等，2003）。在泰国，2007—2008 年间，有 24 个农场发生 PED 的流行，波及 8 省。所有日龄猪均可感染，新生仔猪的致死率为 100%（Puranaveja 等，2009）。以上数据表明，PED 在亚洲部分国家和地区广泛流行。在中国，猪场频繁发生 PEDV 感染，尽管进行了疫苗免疫，但是在诸多省份中仍就持续发生且危害严重。

直接或间接粪-口传播是 PEDV 主要的传播途径，但并不是唯一的。易感猪场常于销售或购进猪只后 4～5 d 内暴发急性 PED，病毒的进入可能是通过感染的病猪，以及被污染的运输车、靴子等其他污染物。被感染猪可持续排毒 7～9 d，长期病毒携带猪未见报道。

种猪场该病暴发后，病毒可能自然消失或持续存在。分娩和断奶仔猪数量大的猪场，疾病暴发急性期之后，PEDV 通过感染断奶时丧失初乳免疫的下一窝仔猪而存活，因而呈现地方流行性。

致病机理
Pathogenesis

PED 发病机理研究是在经剖腹产、未吮初乳的仔猪中进行的，仔猪于 3 日龄时经口接种 CV777 分离株（DeBouck 等，1981a），接毒后 22～36 h 仔猪可观察到临床症状。免疫荧光技术和透射电镜观察证明，病毒在整段小肠和结肠的绒毛上皮细胞浆中复制。最早于接毒后 12～18 h 可见受感染的上皮细胞，于 24～36 h 时达到高峰。病毒在小肠内复制导致细胞变性，绒毛变短；腺窝深度比由正常的 7∶1 缩小为 3∶1。PEDV 在仔猪小肠中的致病特点与 TGEV 极为相似，但是不如 TGEV 明显。由于 PEDV 在小肠中复制和感染过程较慢，故其潜伏期较长。在结肠上皮也见到病毒复制，但未见细胞变性。Shibata 等（2000）报道，2 日龄到 12 周龄接种 PED 野毒的

SPF 猪具有日龄依赖的抗性，只有 2～7 日龄的猪只出现死亡。韩国和日本对 PEDV 致病性的描述与欧洲的类似（Hwang 等，1994；Kim 和 Chae，2003；Sueyoshi 等，1995）。

临床症状
Clinical Signs

PED 最主要的明显症状是水样腹泻。种猪场所有日龄的猪均可感染发病，仔猪发病率接近 100%，但母猪发病率高低不一。1 周龄以内仔猪常常持续腹泻 3～4 d 后因脱水而死，病死率平均为 50%，但有时高达 100%。日龄较大的仔猪约 1 周后可康复。母猪可能发生腹泻，或不发生腹泻，仅表现精神沉郁和厌食。其往往给人的印象是腹痛。育肥猪中，在同一猪舍单元的所有猪在 1 周内均出现腹泻症状。猪排泄水样粪便，且常表现为厌食和精神沉郁。在种猪场，该病表现为自限性，当怀孕母猪产生免疫力并通过母源抗体保护其后代后，可停止发生。疾病开始发生至疾病停止的时间通常为 3～4 周，但在大的、有多个独立的养殖单元的种猪场，可能持续时间要长。

急性暴发期之后，断奶后腹泻可能会持续存在，发展为反复性断奶性腹泻（Martelli 等，2008；Pijpers 等，1993）。PEDV 可能与多病因引起的架子猪腹泻综合征有关，在进入育肥期 2～3 周后出现，特别是多渠道来源的架子猪混养和持续将新的猪添加到育肥猪舍时（Van Reeth 和 Pensaert 1994）。

与 TGE 相比，PED 有一些临床症状与其相似，但 PEDV 在封闭的种猪场内以及同一育肥猪群内或不同育肥猪群间的传播较慢。病毒通常需要 4～6 周才能感染不同猪舍的猪群，甚至有的猪舍的猪群仍未感染。

病理变化
Lesions

在自然感染和实验感染的仔猪均有肉眼可见病变（Ducatelle 等，1982a；Hwang 等，1994；Pospischil 等，1981；Sueyoshi 等，1995）。肉眼观察，病变局限在小肠，腹泻早期，小肠内充满大量黄色液体并膨胀。新生仔猪严重脱水。镜下，可

见小肠上皮空泡形成和脱落,主要发生于绒毛上部。小肠绒毛萎缩至其原来的 2/3,肠道内酶活性显著下降。这些病理变化与 TGEV 的病变极为相似,但 PED 范围较小。在结肠,未能观察到组织病理学变化。

诊断
Diagnosis

通过直接检测到 PEDV 和/或其抗原可以做出病原学诊断。直接免疫荧光和免疫组化技术已用于哺乳仔猪小肠切片的检测,适用于腹泻后一天内处死、小肠上皮尚未完全脱落的组织诊断(Bernasconi 等,1995;Debouck 等,1981;Guscetti 等,1998;Sueyoshi 等,1995)。

于腹泻开始 1 d 后收集腹泻仔猪粪样进行直接电镜观察可见 PEDV 粒子,但若病毒的纤突表失或不清晰,直接电镜检查较为困难。此外,由于 PEDV 和 TGEV 的形态相同,必须通过免疫电镜法加以区分。

粪便中的野毒株可在 Vero 细胞或其他细胞系中分离。在出现 CPE 之前可能需要用胰酶处理和盲传,但可用 IF 做早期诊断(Hofmann 和 Wyler,1988;Shibata 等,2000)。

目前已建立了许多 ELISA 方法,通过多抗或单抗检测粪中的 PEDV 抗原(Callebaut 等,1982;Carvajal 等,1995a;van Nieuwstadt 和 Zetstra,1991)。对于在急性期腹泻收集的粪便样本,ELISA 是可靠的诊断方法。于断奶仔猪或架子猪收集的腹泻样本,必须从中抽取一部分进行 PEDV 检测。

粪便和小肠样本中 PEDV 的检测以及与 TEGV 相鉴别的方法还包括反转录聚合酶链式扩增反应(RT-PCR)(Ishikawa 等,1997;Kubota 等,1999)。

PEDV 的血清学诊断需要双份血清。可通过 ELISA 方法,用含有细胞培养的病毒的抗原(Carvajal 等,1995;Kweon 等,1994),或利用从被感染 Vero 细胞中分离的 S 和 N 病毒蛋白,检测 PEDV。在感染后第 7 天,用阻断 ELISA 可检测到抗体。也可利用 Vero 细胞的 VN 测试(Oh 等,2005)。

PEDV 感染的诊断必须与 TGE 相鉴别,在所有日龄猪急性腹泻时,仅可通过实验室诊断而确诊。在新生仔猪大肠杆菌感染或轮状病毒感染性腹泻中,成年猪不发病,通常小母猪或青年母猪所生的仔猪通常发病。必须通过实验室检测,将 PED 与其他引起断奶仔猪或架子猪引起腹泻的病原相区分。

免疫
Immunity

感染 PEDV 后的免疫反应与 TEGV 类似(Saif 和 Sestak,2006)。血清中有中和抗体出现,但是可能在肠道疾病方面没有重要的保护作用,因为其保护作用主要依赖于肠黏膜分泌的 IgA 抗体。免疫力持续较短,但当再次感染后,可迅速激起回忆应答,避免疾病的再次发生。

所有日龄的猪均可发病。1 周龄内的猪死亡率较高,需要获取母源性抗体以获得保护,特别是 IgA,主要通过有免疫力的母体的初乳或母乳获得。TGEV 的催乳保护机制也同样适用于 PED(Saif 和 Sestak,2006)。母猪可通过肠道感染 PEDV,随后激活肠道乳腺链接,从而诱导催乳免疫。断奶后猪失去催乳保护,因此对病毒易感。急性暴发之后,PEDV 可能作为反复性断奶后腹泻的一部分,在农场持续存在。

预防和控制
Prevention and Control

感染 PED 的哺乳仔猪应让其自由饮水,以减少脱水的发生,对于育肥猪建议停止喂料。

由于 PEDV 传播相对较慢,可采取一些预防措施暂时防止病毒进入分娩舍而侵害新生仔猪,这种方法有利于推迟仔猪的感染而减少死亡损失。当前,妊娠母猪暴露在病毒污染的粪便或者肠内容物下,可激发母猪乳汁中迅速产生免疫力,因而可缩短本病的流行时间。若连续数窝的断奶仔猪中均存在病毒,则可将仔猪断奶后立即移至别处至少饲养 4 周。

在欧洲,该病经济意义不大,无须研发疫苗。然而,该病在亚洲暴发非常严重,所以正在研制弱毒疫苗。

Bernasconi 等(1995)报道适应细胞的 CV777 病毒株,其基因序列明显改变。此外,这种适应细胞培养的病毒对剖腹产新生仔猪毒力很低,并且组织病理变化显著减少。韩国 KPEDV-9 毒株在 Vero 细胞上传 93 代后对新生仔猪的致病率降低,对妊娠母猪安全(Kweon 等,1999)。韩国另一毒株(DR13),在 Vreo 细胞上连续传代 100 次后毒力减弱,于分娩前 2～4 周口服(1 × $10^{7.0}$ TCID 50),可诱导母猪产生母源性抗体。这些免疫过的母猪所产的仔猪,PEDV 强度攻毒后死亡率为 13%,而未免疫对照组死亡率为 100%(Song 等,2007)。尽管活疫苗有一定的保护作用,但是其在自然条件下的效力仍需进一步证实。

在中国,由 TGE H 和 CV777 弱毒株组成的二价活疫苗,自 1997 年来,已用于 TGE 和 PED 的常规预防。

凝血性脑脊髓炎病毒(呕吐和消耗性疾病)
HEMAGGLUTINATING ENCEPHALOMYELI-TIS VIRUS (VOMITING AND WASTING DISEASE)

背景
Relevance

1962 年,在加拿大,Greig 等从患脑脊髓炎的哺乳仔猪脑组织中分离到一种从前未认识的猪病毒病原,命名为凝血性脑脊髓炎病毒(HEV)。后来将其归类为冠状病毒(Greig 等,1971)。1969 年,在英国从哺乳仔猪分离出一种抗原性相同的病毒,这些仔猪表现食欲不振、精神沉郁、呕吐以及发育障碍,但没有明显的脑脊髓炎的症状(Cartwright 等,1969)。称此病为呕吐消耗病(VWD)。后来 Mengeling 和 Cutlip(1976)使用同一野外分离株,实验性复制出疾病的两种主要形式。猪感染 HEV 很普遍,但这种感染通常是亚临床的,虽然一些暴发能导致相当大的损失(Alsop,2006;Quiroga 等,2008)。

病因学
Etiology

HEV 分属于冠状病毒科的 2 群冠状病毒属。病毒能自发地凝集鼠、兔、鸡等多种动物的红细胞。猪是 HEV 的自然宿主。虽然 HEV 能够引发不同的临床症状,但已知的病毒仅有一个血清型。猪对其的易感性和年龄相关,这可能是因为毒力不同,病理过程不同。在猪体内,病毒表现出强烈的嗜神经现象。病毒可以感染小鼠(Yagami 等,1986)和藤鼠(Hirano 等,1993),并且也表现出明显的嗜神经现象(Hirano 等,2004;Yagami 等,1986)。

在体外,只有猪细胞对 HEV 易感。HEV 首次分离于原代猪肾(PK)细胞培养物中并且细胞病变以产生明显的合胞体为特征(Greig 等,1962)。应用免疫荧光(IF)试验也可以证实 HEV 能在其他的猪细胞培养物中增殖,诸如成年猪的甲状腺、胎肺、睾丸细胞系、PK-15 细胞系、IBRS2 细胞系、SK 细胞系、SK-K 细胞系等,以及猪胚胎肾 KSEK6 细胞系。

公共卫生
Role in Public Health

已知猪是对 HEV 自然易感的唯一动物,HEV 对公共健康无严重威胁。

流行病学
Epidemiology

在 1960 年和 1990 年进行的血清学监测中证明猪感染 HEV 是很普遍和世界性的,在育肥猪和种猪中此疾病呈现地方性流行(Pensaert,2006)。在欧洲(比利时、英格兰、德国、北爱尔兰、法国、奥地利、丹麦),西半球国家(美国、加拿大、阿根廷),亚洲(日本、中国台湾)和澳大利亚进行的调查显示该病呈血清学阳性。

在兽群和猪群中疾病通过持续感染换群和断奶的动物来维持其在该种群的稳定。8～10 d 的病毒通过口、鼻分泌物排出(Pensaert 和 Callebaut,1974;Hirahara 等,1989)。通过接触鼻分泌物、鼻接触以及空气传播的方式感染。持续的病毒携带至今为止未被发现。

一般情况下,只有来源于非免疫母猪的,未满 3～4 周龄的猪,以口鼻途径接触 HEV,才可造成发病(Alexander,1962;Appel 等,1965)。已从母体中获得了抗体的仔猪,在相同条件下,常常不出现临床症状(Appel 等,1965),因为循环的抗体可以阻止病毒到达神经组织。较大的猪感染后也不出现临床症状。因为 HEV 呈地方性流行,通常对母猪进行免疫使其产生母源抗体来阻止其后代感染疾病。因此,此病的临床发病率很低而且通常发生在未进行过免疫的母猪猪群中,一般是平价母猪。值得一提的是最近关于 HEV 暴发的三个案例。2001 年,在加拿大的一个农场,从发生呕吐和随后产生麻痹症状的初生仔猪和早期断乳仔猪中分离到了 HEV(Sasseville 等,2001)。Alsop(2006)描述了一个关于 VWD 暴发的发生在 2002 年的一个 650 头母猪遗传的猪群的临床案例。Quiroga 等(2008)描述了一个 2006 年发生在阿根廷的伴随呕吐,消瘦和运动障碍症状的案例。疾病发生在这三个地方的 6 000 头母猪中,饲养员要承担 55% 责任并且均为一等或二等母猪。

致病机理
Pathogenesis

此病临床症状的形式和严重程度变化较小,主要和感染动物的年龄和病毒的毒力强度有关(Mengeling 和 Cutlip,1976),但是也依赖疾病的病理过程。

HEV 在猪体内主要在呼吸道中复制(Andries 和 Pensaert,1980a;Hirahara 等,1987;Mengeling 等,1972)。通过免疫荧光实验可以证实在病毒也可感染鼻黏膜上皮细胞、扁桃体、肺和一些小肠中未识别的细胞。病毒主要的复制可以导致温和的或亚临床症状。

通过对没吃初乳的仔猪鼻内接种有明显致病作用的 HEV 发现(Andries 和 Pensaert,1980b),病毒在接近侵入部位的局部复制后,通过外周神经蔓延到中枢神经(CNS),至少包括三种途径。第一种途径是从鼻黏膜和扁桃体到三叉神经节和脑干的三叉神经传感核;第二种途径是沿着迷走神经通过迷走神经传感节到脑干的迷走传感核;第三种途径是从肠神经丛到脊髓,也是在局部传感节复制后到脊髓。毒血症在发病机理中可能意义不大或根本就没有意义(Andries 和 Pensaert,1980a)。

在 CNS 系统中,首先在延髓出现界线分明的感染,以后逐渐进入整个脑干、脊髓,有时也进入大脑和小脑。脑荧光着色总是严格地出现在神经元的核周体和突起。呕吐是由病毒在迷走神经节复制而诱发或是由不同位置受感染的神经元对呕吐中枢产生的刺激所引发(Andries,1982)。为了阐明消耗病的发病机理,Andries(1982)证明病毒在胃壁内神经丛诱发的病变对胃内容物的滞留起着重要作用并且延迟胃排空。

临床症状
Clinical Signs

因为 HEV 主要在上呼吸道内复制,所以感染后可能最先出现打喷嚏和咳嗽等症状。开始发病时体温升高,但 1~2 d 内又恢复到正常范围。经 4~7 d 的潜伏期后可出现典型的临床症状。两种主要的临床症状主要发生在未满 3~4 周龄的仔猪,并且都是由病毒的嗜神经性引起:①典型的 VWD 伴随着频繁的呕吐现象最后可导致死亡或者继发性消瘦。②急性的脑脊髓炎症状伴随运动机能障碍。然而,两种临床症状可以同时发生在同一兽群中。

VWD 的主要症状是重复干呕和呕吐。仔猪刚吃奶不久停止吸吮,离开母猪,把吃进去的奶又吐出来。长时间呕吐及摄食减少导致便秘和体质迅速下降。初生的仔猪几天后就会严重脱水,表现呼吸困难,发绀,陷入昏迷状态而死亡。较大的猪食欲消失,很快消瘦,虽然呕吐不像发病开始阶段那样频繁,但并没有停止。有些猪下颌处肿得很大。这种"消耗"状态可能持续数周并且在断奶后的阶段中最明显。在急性 VWD 中,患猪可能也会出现一些神经症状,例如步态蹒跚,反应迟钝,战栗和眼球震颤。

在兽群或仔猪群中,发病率显著不同,主要由未免疫的新生仔猪的发病时间决定。在无母源抗体保护的出生后就被感染的仔猪群中发病率可以达到 100%。随着感染日龄的增加发病率显著地下降。死亡率是变化的,但是在新生仔猪中几乎是 100%。表现出消瘦的猪经常被处以安乐死。

在阿根廷报道的案例中只有乳猪发病(Quiroga 等,2008)。虽然患者表现出轻微的运动失调现象,但是呕吐和消瘦是主要的症状。19 个生产圈中有 10 个被感染。未满 1 周龄的仔猪发病率为 27.6%,3 周龄以下的猪发病率为 13.6%。在这个报道中,估计有 12.6% 的感染的未断奶仔猪死于 HEV。断奶后,29% 的猪表现出消瘦的症状,不同圈舍中的这个比例在 15%~40%。这个农场中共有 3 683 头猪死亡。

所谓的脑脊髓炎类型的发病,在出生后 4~7 d 的仔猪主要表现为打喷嚏、咳嗽和呕吐。呕吐持续 1~2 d,但是并不严重。在某些发病猪中,初期的症状是急性沉郁,爱挤在一起。发病 1~3 d 后出现多种神经紊乱的症候。常可见全身肌肉颤动和神经质。能够站立起来的猪一般是步态蹒跚,往后退行,最后呈犬坐姿势。这些猪很快变得很虚弱,不能站立,四肢呈划桨状,也可能出现失明、角弓反张及眼球颤动现象。最后猪变得虚脱、倒卧和呼吸困难,大部分病例在昏迷中死去。

仔猪的发病率和死亡率一般是 100%。在较大的猪最常见的是后躯麻痹,一般是发病轻而短暂。少数病例麻痹并伴随失明。在台湾报道的 30~50 日龄猪发病的特点是:发热,便秘,神经质,肌肉颤动,渐进性的前后肢麻痹,虚脱,卧地不起和划船样运动,其发病率为 4%,而死亡率 100%,猪在出现临床症状后 4~5 d 死亡(Chang 等,1993)。

病理变化
Lesions

自然感染 HEV 且有明显的肉眼病变仅见于某些慢性感染的猪,表现为恶病质和腹部鼓胀(Schlenstedt 等,1969)。

急性发病猪的扁桃体和呼吸系统可在显微镜下观察到上皮细胞变性和炎性细胞浸润的病变(Cutlip 和 Mengeling,1972;Narita 等,1989a)。具有非化脓性脑炎病变的猪,伴有神经症状的占 70%~100%,伴有 VWD 综合征的占 20%~60%。病变以血管周围套、神经胶质细胞增生和神经元变性为特征(Alexander,1962;Chang 等,1993;Narita 等,1989b;Richards 和 Savan,1960)。脑桥互罗里灰质、延髓及脊髓背上角表现最明显。

胃壁和肺脏的显微镜下变化只有在表现 VWD 综合征的猪身上才能看到。15%~85% 的发病猪会有胃壁神经节的变性和外周血管套变化,这一病变在幽门腺区表现最明显(Schlenstedt 等,1969)。

诊断
Diagnosis

可以通过病毒分离,免疫组化和 RT-PCR 进行疾病的诊断(Quiroga 等,2008)。在感染后刚出现症状时,尽可能快地将发病仔猪杀死,无菌采集扁桃体、脑和肺用做病毒分离,以便最后确诊。当猪已发病超过 2~3 d 时,分离病毒会很困难。将被选组织制备成悬液,接种到 PK 原代细胞、猪甲状腺次代细胞或猪的细胞系上。当产生合胞体、血吸附和血凝作用时,都表明有 HEV 存在。由于从感染 HEV 的猪采到的临床样品常常只含有很少量的感染性病毒,建议用细胞和培养液进行一次或多次盲传。

用 SN、蚀斑减数或 HI 试验能够鉴定出抗病毒抗体。HI 和 VN 检测对猪血清的诊断效果相似,VN 更有针对性(Sasaki 等,2003)。由于病毒的亚临床感染很普遍,所以,一定要仔细地测定抗体滴度。此外,只有在临床症状刚出现时就尽快拿到急性期血清,才能测到明显上升的抗体滴度。经过 6~7 d 潜伏期后才发病的猪,在这期间很可能已经有了高滴度的抗体,这样获得双价血清滴度上升的结果实际上已经不可能了。

对 HEV 感染、捷申泰法病和伪狂犬病一定要进行鉴别诊断。在仔猪和较大的猪的感染病例中,后两种病造成脑脊髓炎以及运动障碍的症状通常要比 HEV 感染的更严重。未免疫的猪发生伪狂犬病时典型症状是成年猪表现呼吸症状,母猪表现流产。这些病毒都能在 PK 和猪甲状腺细胞中生长,它们形成的 CPE 不同,并且只有 HEV 可以引起红细胞吸附和红细胞凝集。并且可以通过鉴别病毒的各种试验区分它们。

免疫
Immunity

在感染 HEV 7~9 d 后可在猪体内检测到

保护性抗体(HI,VN)。抗体的持续时间不能确定。因为随着年龄的增长,动物对 HEV 的易感性下降,所以预防 HEV 不需要持久免疫。新生仔猪可以通过初乳中的抗体获得持续 4～18 周的(平均为 10.5 周)保护(Paul 和 Mengeling,1984)。

控制
Prevention

在大部分猪场,HEV 的感染成为持久性的地方流行,通过接触传播,并且表现为呼吸途径的亚临床感染。常常是母猪在首次产仔之前就接触到了病毒,这样,通过初乳中的抗体保护后代仔猪。只有在母猪产仔时没有获得免疫的情况下(如新建的猪场或缺少足够的仔猪而使病毒不能生存下来的小型猪场),产下的仔猪在出生后 1 周内受到感染时才会表现出临床症状。在猪场保持有这种病毒会使处于初产的母猪获得免疫,为后代仔猪创造了一种预防发病的条件。

一旦临床症状明显,病变将会随病程发展,极少自然康复。母猪发病后 2～3 周产出的仔猪一般可通过母源抗体获得保护,在这之前,由未产生免疫力的母猪产下的仔猪,可在出生时注射特异性高免血清予以保护。在免疫后需要对猪群进行一个快速的诊断。目前还没有商业化的超免血清,但是从老猪体内收集血清(一般是在屠宰场)很可能含有 HEV 抗体。血清在使用前需要高温灭菌并检测抗体的效力。目前还没有针对 HEV 的疫苗。

猪凸隆病毒
PORCINE TOROVIRUS
背景
Relevance

ToV 病毒最先是在用电子显微镜观察英格兰的 3 周龄腹泻仔猪的排泄物时发现的(Scott 等,1987)。随后的研究发现,在成年猪和哺乳仔猪中该病有较高的血清学阳性率(81%～100%)而在亚临床症状的感染的断奶猪中也有较高的检出率(50%～75%)(Kroneman 等,1998;Pignatelli 等,2010)。随后欧洲、北美和南非等地区的报道表明 ToV 在被检猪群中呈地方性流行。但是,在韩国接受检查的 3～45 日龄仔猪的排泄物中只有 6.4%(295 头中有 19 头)呈 ToV 阳性(Shin 等,2010)。当然,有 74% 检出其他肠道病原。因此,目前还不能说明 ToV 和肠道疾病的关系,猪 ToV 病毒的致病性和其本质的病理变化也尚不清楚。

病因学
Etiology

猪 ToV 归属为冠状病毒科凸隆病毒亚科凸隆病毒属,该属目前共有四种病毒(Carstens,2010)。其基因组成、复制方式和相关特性都和该科的其他病毒相似(de Groot,2008)。和其他第二群冠状病毒一样,猪 ToV 病毒也有一个 HE 蛋白。和 CoV 病毒不同,ToV 病毒有一个较小的 N 蛋白(～18.7 ku)和一个管状的核衣壳(球形、杆状或肾形)(Kroneman 等,1998)。基因序列分析已经识别了猪 ToVs 的多种丛集(de Groot,2008;Pignatelli 等,2010;Shin 等,2010)。

流行病学和免疫
Epidemiology and Immunity

欧洲猪群的血清学检测和临床症状的检查数据显示,ToVs 在 14 个检测的农场中呈地方性流行。在荷兰的 10 个农场中,通过使母猪交叉感染马 ToV 病毒中和抗体,发现该病有较高的血清学阳性率(81%)(Kroneman 等,1998)。同样的在西班牙的农场,分别对母猪,哺乳仔猪(<1 周)和较大的仔猪(>11 周)用 ELISA 的方法检测 ToV 的 N 蛋白,为 100% 血清学阳性(Pignatelli 等,2010)。纵向的研究表明断奶猪的排泄物中也有 ToVs(RT-PCR 或 qRT-PCR),其中在出生后 4～14 d 断奶 1～9 d 的猪阳性率为 80%(Kroneman 等,1998),4～8 周的断奶猪阳性率为 50%～75%(Pignatelli 等,2010)。在这两个研究中,仔猪(<1 周)的抗体滴度较高,断奶猪的抗体滴度下降,超过 11 或 15 周龄的感染猪抗体滴度又有所增长。

虽然多数断奶后感染 ToVs 的猪可以收到母源抗体的保护。但是猪感染 ToV 后的免疫相关保护机制还不清楚。根据从其中一个农场观察到的现象,可以假设母源抗体的保护可以延迟感染仔猪自身的免疫应答,但是在其他农场,断乳前或断乳后的感染猪都能清除 ToV 毒株(Pignatelli 等,2010)。在韩国的一些农场的猪群中,对 ToV 从遗传角度的分型进行了研究。在接受调查的65 个韩国农场中 6.2% 的农场呈阳性,在有腹泻症状的仔猪 ToVs 中呈散发性流行(Shin 等,2010)。针对 S 和 N 基因的系统发育分析结果表明,在韩国来源不同农场的 ToV 毒株的分型不同。

诊断
Diagnosis

目前还未建立在细胞内繁殖 ToVs 的方法。在血清学研究中,用适用于马 ToV 的细胞培养方法来评价猪的病毒中和抗体交叉反应(Kroneman 等,1998;Pignatelli 等,2010)。目前已经建立了用猪重组纯化 ToV N 蛋白作为抗原的间接ELISA 方法(Pignatelli 等,2010)。在大多数情况下,ELISA 和 VN 检测方法可以很好地结合。首次感染产生的抗体滴度较低或者母乳中存在的抗体导致的持续的中和抗体交叉反应都可能在VN 检测方法中造成误差。

IEM 可以检测存在于猪排泄物中的 ToV 抗原抗体复合物,并将其和存在于粪便中的 CoVs(TGEV,PEDV)区分出来(Kroneman 等,1998)。目前可以以猪 ToVN 基因或 3′非转录区为靶位点通过 RT-PCR 和 qPCR 的方法分离 ToV 具体的毒性 RNA(Kroneman 等,1998;Pignatelli 等,2010;Shin 等,2010)。

预防和控制
Prevention and Control

相关数据表明,运输刺激、运动和再分配甚至是转圈都可以加剧猪感染同种或不同种 ToV 毒株(Pignatelli 等,2010)。因此,针对其他肠道CoV 感染的管理措施可以用来防控 ToVs。

(师福山译,王继宏校)

参考文献
REFERENCES

Abou-Youssef MH, Ristic M. 1972. Am J Vet Res 33:975–979.
Alexander TJ. 1962. Am J Vet Res 23:756–762.
Alsop JEE. 2006. J Swine Health Prod 14:97–100.
Andries K. 1982. Pathogenese en epizoötiologie van "vomiting and wasting disease," een virale infektie bij het varken. PhD dissertation, Med Fac Diergeneeskd Rijksuniv, Ghent 24:164.
Andries K, Pensaert MB. 1980a. Am J Vet Res 41:215–218.
——. 1980b. Am J Vet Res 41:1372–1378.
Anton IM, Gonzalez S, Bullido MJ, et al. 1996. Virus Res 46: 111–124.
Anton IM, Sune C, Meloen RH, et al. 1995. Virology 212: 746–751.
Appel M, Greig AS, Corner AH. 1965. Res Vet Sci 6:482–489.
Atanasova K, Van Gucht S, Barbe F, et al. 2008. Lung cell tropism and inflammatory cytokine-profile of porcine respiratory coronavirus infection. Open Vet Sci J 2:117–126.
Ballesteros ML, Sanchez CM, Enjuanes L. 1997. Virology 227: 378–388.
Barman N, Barman B, Sarma K, Pensaert M. 2003. Indian J Anim Sci 73:576–578.
Bernard S, Bottreau E, Aynaud JM, et al. 1989. Vet Microbiol 21:1–8.
Bernasconi C, Guscetti F, Utiger A, et al. 1995. Experimental infection of gnotobiotic piglets with a cell culture adapted porcine epidemic diarrhoea virus: Clinical histochemical findings.In Proc 3rd Congr ESVV. Interlaken, Switzerland, pp. 542–546.
Berthon P, Bernard S, Salmon H, Binns RM. 1990. J Immunol Methods 131:173–182.
Bestagno M, Sola I, Dallegno E, et al. 2007. J Gen Virol 88: 187–195.
Bohl E. 1979. Diagnosis of diarrhea in pigs due to transmissible gastroenteritis virus or rotavirus. In F Bricout, R Scherrer, eds. Viral Enteritis in Humans and Animals, Vol. 90. Paris, France: INSERM, pp. 341–343.
Bohl EH, Gupta RK, Olquin MV, Saif LJ. 1972. Infect Immun 6: 289–301.
Bohl EH, Kohler EM, Saif LJ, et al. 1978. J Am Vet Med Assoc 172: 458–463.
Bohl EH, Kumagai T. 1965. The use of cell cultures for the study of swine transmissible gastroenteritis virus. Proc US Livest Sanit Assoc 69:343–350.
Bohl EH, Saif LJ. 1975. Infect Immun 11:23–32.
Brim TA, VanCott JL, Lunney JK, Saif LJ. 1995. Vet Immunol Immunopathol 48:35–54.
Britton P, Mawditt KL, Page KW. 1991. Virus Res 21:181–198.
Brown I, Cartwright S. 1986. Vet Rec 119:282–283.
Brown IH, Paton DJ. 1991. Vet Rec 128:500–503.
Brown TT Jr. 1981. Am J Vet Res 42:1033–1036.
Butler DG, Gall DG, Kelly MH, Hamilton JR. 1974. J Clin Invest 53:1335–1342.
Callebaut P, Cox E, Pensaert M, Van Deun K. 1990. Adv Exp Med Biol 276:421–428.
Callebaut P, Debouck P, Pensaert M. 1982. Vet Microbiol 7: 295–306.
Callebaut P, Enjuanes L, Pensaert M. 1996. J Gen Virol 77: 309–313.
Callebaut P, Pensaert MB, Hooyberghs J. 1989. Vet Microbiol 20: 9–19.
Calzada-Nova G, Schnitzlein W, Husmann R, Zuckermann FA. 2010. Vet Immunol Immunopathol 135:20–33.
Carstens EB. 2010. Arch Virol 155(1):133–146.
Cartwright SF, Harris HM, Blandford TB, et al. 1965. J Comp Pathol 75:387–396.
Cartwright SF, Lucas M, Cavill JP, et al. 1969. Vet Rec 84: 175–176.

Carvajal A, Lanza I, Diego R, et al. 1995. J Vet Diagn Invest 7: 60–64.

Casanova L, Rutala WA, Weber DJ, Sobsey MD. 2009. Water Res 43:1893–1898.

Cepica A, Derbyshire JB. 1984. Can J Comp Med 48:258–261.

Chae C, Kim O, Choi C, et al. 2000. Vet Rec 147:606–608.

Chang GN, Chang TC, Lin SC, et al. 1993. Isolation and identification of hemagglutinating encephalomyelitis virus from pigs in Taiwan. J Chin Soc Vet Sci 19:147–158.

Charley B, Laude H. 1988. J Virol 62:8–11.

Chasey D, Cartwright SF. 1978. Res Vet Sci 25:255–256.

Chen Q, Li J, Deng Z, et al. 2010. Intervirology 53:95–104.

Chen W, Yan M, Yang L, et al. 2005. Emerg Infect Dis 11: 446–448.

Chu RM, Glock RD, Ross RF. 1982. Am J Vet Res 43:67–76.

Correa I, Gebauer F, Bullido MJ, et al. 1990. J Gen Virol 71(Pt 2): 271–279.

Costantini V, Lewis P, Alsop J, et al. 2004. Arch Virol 149: 957–974.

Coussement W, Ducatelle R, Debouck P, Hoorens J. 1982. Vet Pathol 19:46–56.

Cox E, Hooyberghs J, Pensaert MB. 1990a. Res Vet Sci 48: 165–169.

Cox E, Pensaert MB, Callebaut P. 1993. Vaccine 11:267–272.

Cox E, Pensaert MB, Callebaut P, van Deun K. 1990b. Vet Microbiol 23:237–243.

Cummins JM, Mock RE, Shive BW, et al. 1995. Vet Immunol Immunopathol 45:355–360.

Cutlip RC, Mengeling WL. 1972. Am J Vet Res 33:2003–2009.

Debouck P, Pensaert M. 1980. Am J Vet Res 41:219–223.

Debouck P, Pensaert M, Coussement W. 1981. Vet Microbiol 6: 157–165.

Decaro N, Mari V, Campolo M, et al. 2009. J Virol 83: 1532–1537.

Decaro N, Mari V, Elia G, et al. 2010. Emerg Infect Dis 16: 41–47.

De Diego M, Laviada MD, Enjuanes L, Escribano JM. 1992. J Virol 66:6502–6508.

De Diego M, Rodriguez F, Alcaraz C, et al. 1994. J Gen Virol 75: 2585–2593.

de Groot R. 2008. Molecular biology and evolution of toroviruses. In S Perlman, T Gallagher, EJ Snyder, eds. Nidoviruses. Washington, DC: ASM Press, pp. 133–146.

Delmas B, Gelfi J, L'Haridon R, et al. 1992. Nature 357:417–420.

Delmas B, Laude H. 1990. J Virol 64:5367–5375.

Derbyshire JB, Jessett DM, Newman G. 1969. J Comp Pathol 79: 445–452.

Doyle L, Hutchings LM. 1946. J Am Vet Med Assoc 108: 257–259.

Elia G, Decaro N, Martella V, et al. 2010. J Virol Methods 163: 309–312.

Enjuanes L, Sola I, Alonso S, et al. 2005. Curr Top Microbiol Immunol 287:161–197.

Enjuanes L, Sune C, Gebauer F, et al. 1992. Vet Microbiol 33: 249–262.

Enjuanes L, Van der Zeijst B. 1995. Molecular basis of transmissible gastroenteritis virus epidemiology. In SG Siddell, ed. The Coronaviridae. New York: Plenum Press, pp. 337–376.

Erles K, Brownlie J. 2009. Virus Res 141:21–25.

Frederick GT, Bohl EH, Cross RF. 1976. Am J Vet Res 37: 165–169.

Furuuchi S, Shimizu M, Shimizu Y. 1978. Natl Inst Anim Health Q 18:135–142.

Garwes DJ, Stewart F, Cartwright SF, Brown I. 1988. Vet Rec 122: 86–87.

Godet M, Grosclaude J, Delmas B, Laude H. 1994. J Virol 68: 8008–8016.

Godet M, Rasschaert D, Laude H. 1991. Virology 185:732–740.

Gomez N, Wigdorovitz A, Castanon S, et al. 2000. Arch Virol 145: 1725–1732.

Gonzalez JM, Gomez-Puertas P, Cavanagh D, et al. 2003. Arch Virol 148:2207–2235.

Gough PM, Jorgenson RD. 1983. Am J Vet Res 44:2078–2082.

Greig AS, Johnson CM, Bouillant AM. 1971. Res Vet Sci 12: 305–307.

Greig AS, Mitchell D, Corner AH, et al. 1962. Can J Comp Med Vet Sci 26:49–56.

Guscetti F, Bernasconi C, Tobler K, et al. 1998. Clin Diagn Lab Immunol 5:412–414.

Haas B, Ahl R, Bohm R, Strauch D. 1995. Rev Sci Tech 14: 435–445.

Haelterman EO. 1962. Epidemiological studies of transmissible gastroenteritis of swine. Proc US Livest Sanit Assoc 66: 305–315.

Halbur PG, Paul PS, Vaughn EM, Andrews JJ. 1993. J Vet Diagn Invest 5:184–188.

Harris D, Bevier G, Wiseman B. 1987. Eradication of transmissible gastroenteritis virus without depopulation. In Proc Annu Meet Am Assoc Swine Pract, p. 555.

Have P, Moving V, Svansson V, et al. 1992. Vet Microbiol 31: 1–10.

Henning ER, Thomas PC. 1981. Vet Med Small Anim Clin 76: 1789–1792.

Henningsen D, Mousing J, Aalund O. 1989. Porcint corona virus (PCV) i Danmark: En epidemiologisk traersnitsanalyse data. Dansk Vet Tidsskr 71:1168–1177.

Hess R, Chen Y, Bachmann PA. 1982. Active immunization of feeder pigs against transmissible gastroenteritis (TGE): Influence of maternal antibodies. In Proc Congr Int Pig Vet Soc 7:1.

Hess RG, Bachmann PA, Hanichen T. 1977. Zentralbl Veterinarmed B 24:753–763.

Hill H, Biwer J, Woods R, Wesley R. 1990. Porcine respiratory coronavirus isolated from two U.S. swine herds. In Proc Annu Meet Am Assoc Swine Pract, p. 333.

Hirahara T, Yamanaka M, Yasuhara H, et al. 1989. Nippon Juigaku Zasshi 51:827–830.

Hirahara T, Yasuhara H, Kodama K, et al. 1987. Nippon Juigaku Zasshi 49:85–93.

Hirano N, Haga S, Fujiwara K. 1993. Adv Exp Med Biol 342: 333–338.

Hirano N, Nomura R, Tawara T, Tohyama K. 2004. J Comp Pathol 130:58–65.

Hofmann M, Wyler R. 1988. J Clin Microbiol 26:2235–2239.

Hooper BE, Haelterman EO. 1966. J Am Vet Med Assoc 149: 1580–1586.

——. 1969. Can J Comp Med 33:29–36.

Hornich M, Salajka E, Stepanek J. 1977. Zentralbl Veterinarmed B 24:75–86.

Hu S, Bruszewski J, Smalling R, Browne JK. 1985. Adv Exp Med Biol 185:63–82.

Hwang E, Kim J, Jean Y, et al. 1994. Current occurrence of porcine epidemic diarrhea in Korea. RDA J Agri Sci 36:587–596.

Ishikawa K, Sekiguchi H, Ogino T, Suzuki S. 1997. J Virol Methods 69:191–195.

Jabrane A, Girard C, Elazhary Y. 1994. Can Vet J 35:86–92.

Jung K, Alekseev KP, Zhang X, et al. 2007. J Virol 81: 13681–13693.

Jung K, Gurnani A, Renukaradhya GJ, Saif LJ. 2010. Vet Immunol Immunopathol 136:335–339.

Jung K, Renukaradhya GJ, Alekseev KP, et al. 2009. J Gen Virol 90:2713–2723.

Junwei G, Baoxian L, Lijie T, Yijing L. 2006. Virus Genes 33: 215–219.

Kemeny LJ, Wiltsey VL, Riley JL. 1975. Cornell Vet 65:352–362.

Kemeny LJ, Woods RD. 1977. Am J Vet Res 38:307–310.

Kim L, Chang KO, Sestak K, et al. 2000a. J Vet Diagn Invest 12: 385–388.

Kim L, Hayes J, Lewis P, et al. 2000b. Arch Virol 145:1133–1147.

Kim O, Chae C. 2000. Vet Pathol 37:62–67.

——. 2003. J Comp Pathol 129:55–60.

Kim SY, Song DS, Park BK. 2001. J Vet Diagn Invest 13:516–520.

Knuchel M, Ackermann M, Muller HK, Kihm U. 1992. Vet Microbiol 32:117–134.

Kodama Y, Ogata M, Simizu Y. 1980. Am J Vet Res 41:740–745.

Kroneman A, Cornelissen LA, Horzinek MC, et al. 1998. J Virol 72:3507–3511.

Ksiazek TG, Erdman D, Goldsmith CS, et al. 2003. N Engl J Med 348:1953–1966.

Kubota S, Sasaki O, Amimoto K, et al. 1999. J Vet Med Sci 61: 827–830.

Kuwahara H, Nunoya T, Samejima T, Tajima M. 1988. J Jpn Vet Med Assoc 41:169–173.

Kweon C, Kwon BJ, Jung TS, et al. 1993. Isolation of porcine epidemic diarrhea virus (PEDV) infection in Korea. Korean J Vet Res 33:249–254.

Kweon CH, Kwon BJ, Kang YB, An SH. 1994. Cell adaptation of KPEDV-9 and serological survey on porcine epidemic diarrhea virus (PEDV) infection in Korea. Korean J Vet Res 34: 321–326.

Kweon CH, Kwon BJ, Lee JG, et al. 1999. Vaccine 17: 2546–2553.

La Bonnardiere C, Laude H. 1981. Infect Immun 32:28–31.

Lanza I, Brown IH, Paton DJ. 1992. Res Vet Sci 53:309–314.

Lanza I, Shoup DI, Saif LJ. 1995. Am J Vet Res 56:739–748.

Laude H, Charley B, Gelfi J. 1984. J Gen Virol 65:327–332.

Laude H, Gelfi J, Aynaud JM. 1981. Am J Vet Res 42:447–449.

Laude H, Gelfi J, Lavenant L, Charley B. 1992. J Virol 66: 743–749.

Laude H, Van Reeth K, Pensaert M. 1993. Vet Res 24:125–150.

Laviada MD, Videgain SP, Moreno L, et al. 1990. Virus Res 16: 247–254.

Lee HK, Yeo SG. 2003. Virus Genes 26:207–212.

Lesnick CE, Derbyshire JB. 1988. Vet Immunol Immunopathol 18: 109–117.

Li BX, Ge JW, Li YJ. 2007. Virology 365:166–172.

Loewen KG, Derbyshire JB. 1988. Can J Vet Res 52:149–153.

Lopez L, Venteo A, Garcia M, et al. 2009. J Vet Diagn Invest 21: 598–608.

Ma G, Feng Y, Gao F, et al. 2005. Biochem Biophys Res Commun 337:1301–1307.

Martelli P, Lavazza A, Nigrelli AD, et al. 2008. Vet Rec 162: 307–310.

McClurkin AW, Norman JO. 1966. Can J Comp Med Vet Sci 30: 190–198.

McClurkin AW, Stark SL, Norman JO. 1970. Can J Comp Med 34: 347–349.

Mengeling WL, Boothe AD, Ritchie AE. 1972. Am J Vet Res 33: 297–308.

Mengeling WL, Cutlip RC. 1976. J Am Vet Med Assoc 168: 236–239.

Monger W, Alamillo JM, Sola I, et al. 2006. Plant Biotechnol J 4: 623–631.

Moon HW. 1978. J Am Vet Med Assoc 172:443–448.

Moxley RA, Olson LD. 1989a. Am J Vet Res 50:111–118.

Moxley RA, Olson LR. 1989b. Am J Vet Res 50:708–716.

Narita M, Kawamura H, Haritani M, Kobayashi M. 1989b. J Comp Pathol 100:119–128.

Narita M, Kawamura H, Tsuboi T, et al. 1989a. J Comp Pathol 100: 305–312.

Noda M, Yamashita H, Koide F, et al. 1987. Arch Virol 96: 109–115.

Ogawa H, Taira O, Hirai T, et al. 2009. J Virol Methods 160: 210–214.

Oh JS, Song DS, Yang JS, et al. 2005. J Vet Sci 6:349–352.

Okaniwa A, Harada K, Park DK. 1968. Natl Inst Anim Health Q (Tokyo) 8:175–181.

Oldham J. 1972. Pig Farming (Suppl Oct):72–73.

Onno M, Jestin A, Cariolet R, Vannier P. 1989. Zentralbl Veterinarmed B 36:629–634.

Ortego J, Ceriani JE, Patino C, et al. 2007. Virology 368: 296–308.

O'Toole D, Brown I, Bridges A, Cartwright SF. 1989. Res Vet Sci 47:23–29.

Park JE, Cruz DJ, Shin HJ. 2010. Arch Virol 155:595–599.

Park S, Sestak K, Hodgins DC, et al. 1998. Am J Vet Res 59: 1002–1008.

Paton DJ, Brown IH. 1990. Vet Res Commun 14:329–337.

Paul PS, Mengeling WL. 1984. Am J Vet Res 45:932–934.

Peiris JS, Lai ST, Poon LL, et al. 2003. Lancet 361:1319–1325.

Pensaert M. 1989. Transmissible gastroenteritis virus (respiratory variant). In M Pensaert, ed. Virus Infections of Porcines, Vol. 2. Amsterdam, The Netherlands: Elsevier Science Publishers, pp. 154–165.

Pensaert M, Callebaut P, Vergote J. 1986. Vet Q 8:257–261.

Pensaert M, Cox E, van Deun K, Callebaut P. 1993. Vet Q 15: 16–20.

Pensaert M, Haelterman EO, Burnstein T. 1970. Arch Gesamte Virusforsch 31:321–334.

Pensaert MB. 2006. Hemagglutinating encephalomyelitis virus. In BE Straw, JJ Zimmerman, S D'Allaire, DJ Taylor, eds. Diseases of swine, 9th ed. Ames IA: Blackwell Publishing Company, pp. 353–358.

Pensaert MB, Callebaut P, Debouck P. 1982. Porcine epidemic diarrhea (PED) caused by a coronavirus: Present knowledge. In Proc Congr Int Pig Vet Soc 7:52.

Pensaert MB, Callebaut PE. 1974. Arch Gesamte Virusforsch 44: 35–50.

Pensaert MB, de Bouck P. 1978. Arch Virol 58:243–247.

Penzes Z, Gonzalez JM, Calvo E, et al. 2001. Virus Genes 23: 105–118.

Pignatelli J, Grau-Roma L, Jimenez M, et al. 2010. Vet Microbiol 146:260–268.

Pijpers A, van Nieuwstadt AP, Terpstra C, Verheijden JH. 1993. Vet Rec 132:129–131.

Pilchard EI. 1965. Am J Vet Res 26:1177–1179.

Pospischil A, Hess RG, Bachmann PA. 1981. Zentralbl Veterinaermed B 28:564–577.

Posthumus WP, Lenstra JA, van Nieuwstadt AP, et al. 1991. Virology 182:371–375.

Pritchard GC. 1987. Vet Rec 120:226–230.

Puranaveja S, Poolperm P, Lertwatcharasarakul P, et al. 2009. Emerg Infect Dis 15:1112–1115.

Quiroga MA, Cappuccio J, Pineyro P, et al. 2008. Emerg Infect Dis 14:484–486.

Rasschaert D, Duarte M, Laude H. 1990. J Gen Virol 71: 2599–2607.

Ren X, Glende J, Yin J, et al. 2008. Virus Res 137:220–224.

Reynolds DJ, Garwes DJ. 1979. Arch Virol 60:161–166.

Reynolds DJ, Garwes DJ, Lucey S. 1980. Vet Microbiol 5: 283–290.

Richards WPC, Savan M. 1960. Cornell Vet 50:132–155.

Rodák L, Smid B, Valícek L, et al. 2004. ELISA detection of group A rotavirus, transmissible gastroenteritis virus and porcine epidemic diarrhoea virus in faeces of piglets. In Proc Congr Int Pig Vet Soc 1:271.

Saif L, Bohl EH. 1979. Role of SIgA in passive immunity of swine to enteric viral infections. In P Ogra, D Dayton, eds. Immunology of Breast Milk. New York: Raven Press, pp. 237–248.

——. 1983. Ann NY Acad Sci 409:708–723.

Saif L, Jackwood DJ. 1990. Enteric virus vaccines: Theoretical considerations, current status, and future approaches. In

L Saif, KW Theil, eds. Viral Diarrheas of Man and Animals. Boca Raton, FL: CRC Press, pp. 313–329.

Saif LJ, Bohl EH, Gupta RK. 1972. Infect Immun 6:600–609.

Saif LJ, Bohl EH, Kohler EM, Hughes JH. 1977. Am J Vet Res 38: 13–20.

Saif LJ, Sestak K. 2006. Transmissible gastroenteritis virus and porcine respiratory coronavirus. In BE Straw, JJ Zimmerman, S D'Allaire, DJ Taylor, eds. Diseases of Swine, 9th ed. Ames, IA: Blackwell Publishing Company, pp. 489–516.

Saif LJ, van Cott JL, Brim TA. 1994. Vet Immunol Immunopathol 43:89–97.

Sanchez CM, Izeta A, Sanchez-Morgado JM, et al. 1999. J Virol 73:7607–7618.

Sanchez CM, Jimenez G, Laviada MD, et al. 1990. Virology 174: 410–417.

Sasaki I, Kazusa Y, Shirai J, et al. 2003. J Vet Med Sci 65: 381–383.

Sasseville AM, Gelinas AM, Sawyer N, et al. 2001. Adv Exp Med Biol 494:57–62.

Schlenstedt VD, Barnikol H, Plonait H. 1969. Erbrechen und Kummern bei Saugferkeln. Dtsch Tierarztl Wochenschr 76: 694–695.

Schultze B, Krempl C, Ballesteros ML, et al. 1996. J Virol 70: 5634–5637.

Schwegmann-Wessels C, Zimmer G, Laude H, et al. 2002. J Virol 76:6037–6043.

Scott AC, Chaplin MJ, Stack MJ, Lund LJ. 1987. Vet Rec 120:583.

Sedlak K, Bartova E, Machova J. 2008. J Wildl Dis 44:777–780.

Sestak K, Lanza I, Park SK, et al. 1996. Am J Vet Res 57:664–671.

Sestak K, Meister RK, Hayes JR, et al. 1999a. Vet Immunol Immunopathol 70:203–221.

Sestak K, Zhou Z, Shoup DI, Saif LJ. 1999b. J Vet Diagn Invest 11: 205–214.

Shibata I, Tsuda T, Mori M, et al. 2000. Vet Microbiol 72: 173–182.

Shimizu M, Shimizu Y. 1979a. Vet Microbiol 4:109–116.

——. 1979b. Infect Immun 23:239–243.

Shin DJ, Park SI, Jeong YJ, et al. 2010. Arch Virol 155:417–422.

Shoup DI, Jackwood DJ, Saif LJ. 1997. Am J Vet Res 58: 242–250.

Shoup DI, Swayne DE, Jackwood DJ, Saif LJ. 1996. J Vet Diagn Invest 8:161–167.

Simkins RA, Weilnau PA, Bias J, Saif LJ. 1992. Am J Vet Res 53: 1253–1258.

Simkins RA, Weilnau PA, Van Cott J, et al. 1993. Am J Vet Res 54: 254–259.

Smerdou C, Urniza A, Curtis R 3rd, Enjuanes L. 1996 Vet Microbiol 48:87–100.

Song DS, Oh JS, Kang BK, et al. 2007. Res Vet Sci 82:134–140.

Stepanek J, Mensik J, Franz J, Hornich M. 1979. Epizootiology, diagnosis and prevention of viral diarrhea in piglets under intensive husbandry conditions. In Proc 21st World Vet Congr Moscow 6:43.

Stone SS, Kemeny LJ, Woods RD, Jensen MT. 1977. Am J Vet Res 38:1285–1288.

Sueyoshi M, Tsuda T, Yamazaki K, et al. 1995. J Comp Pathol 113: 59–67.

Sun ZF, Meng XJ. 2004. J Clin Microbiol 42:2351–2352.

Takahashi K, Okada K, Ohshima K. 1983. Nippon Juigaku Zasshi 45:829–832.

Thake DC. 1968. Am J Pathol 53:149–168.

Torres JM, Alonso C, Ortega A, et al. 1996. J Virol 70: 3770–3780.

Tuboly T, Nagy E. 2001. J Gen Virol 82:183–190.

Tuboly T, Nagy E, Derbyshire JB. 1995. Can J Vet Res 59:70–72.

Tuboly T, Yu W, Bailey A, et al. 2000. Vaccine 18:2023–2028.

Underdahl NR, Mebus CA, Stair EL, Twiehaus MJ. 1972. Can Vet J 13:9–16.

Underdahl NR, Mebus CA, Torres-Medina A. 1975. Am J Vet Res 36:1473–1476.

VanCott JL, Brim TA, Lunney JK, Saif LJ. 1994. J Immunol 152: 3980–3990.

VanCott JL, Brim TA, Simkins RA, Saif LJ. 1993. J Immunol 150: 3990–4000.

van Nieuwstadt AP, Cornelissen JB, Zetstra T. 1988. Am J Vet Res 49:1836–1843.

van Nieuwstadt AP, Zetstra T. 1991. Am J Vet Res 52:1044–1050.

van Nieuwstadt AP, Zetstra T, Boonstra J. 1989. Vet Rec 125: 58–60.

Van Reeth K, Nauwynck H, Pensaert M. 1996. Vet Microbiol 48:325–335.

Van Reeth K, Pensaert M. 1994. Vet Rec 135:594–597.

Vaughn EM, Halbur PG, Paul PS. 1995. J Virol 69:3176–3184.

Vlasova AN, Zhang X, Hasoksuz M, et al. 2007. J Virol 81: 13365–13377.

Wagner JE, Beamer PD, Ristic M. 1973. Can J Comp Med 37: 177–188.

Weingartl HM, Copps J, Drebot MA, et al. 2004. Emerg Infect Dis 10:179–184.

Wesley RD, Woods RD. 1993. Vet Microbiol 38:31–40.

——. 1996. Am J Vet Res 57:157–162.

Wesley RD, Woods RD, Hill HT, Biwer JD. 1990. J Vet Diagn Invest 2:312–317.

Wesley RD, Woods RD, McKean JD, et al. 1997. Can J Vet Res 61: 305–308.

Wesseling JG, Vennema H, Godeke GJ, et al. 1994. J Gen Virol 75(Pt 7):1789–1794.

Witte KH. 1971. Zentralbl Veterinarmed B 18:770–778.

Witte KH, Walther C. 1976. Age-dependent susceptibility of pigs to infections with the virus of transmissible gastroenteritis. In Proc Congr Int Pig Vet Soc 4:K3.

Wood EN. 1977. Vet Rec 100:243–244.

Woods RD, Wesley RD. 1992. Can J Vet Res 56:78–80.

——. 1998. Adv Exp Med Biol 440:641–647.

Woods RD, Wesley RD, Kapke PA. 1988. Am J Vet Res 49: 300–304.

Yaeger M, Funk N, Hoffman L. 2002. J Vet Diagn Invest 14: 281–287.

Yagami K, Hirai K, Hirano N. 1986. J Comp Pathol 96:645–657.

Yagami K, Izumi Y, Kajiwara N, et al. 1993. J Comp Pathol 109:21–27.

Yeo SG, Hernandez M, Krell PJ, Nagy EE. 2003. Virus Genes 26: 239–246.

Zhang X, Alekseev K, Jung K, et al. 2008. J Virol 82:4420–4428.

Zhang X, Hasoksuz M, Spiro D, et al. 2007. Virology 358: 424–435.

Zhou J, Huang F, Hua X, et al. 2010. Virus Res 149:51–55.

Zhou JF, Hua XG, Cui L, et al. 2007. Antiviral Res 74:36–42.

Zhou YL, Ederveen J, Egberink H, et al. 1988. Arch Virol 102: 63–71.

36

丝状病毒
Filovirus

Jessica M. Rowland，Thomas W. Geisbert 和 Raymond R. Rowland

背景
RELEVANCE

2008 年 10 月，在菲律宾的猪群中发生了严重的疫情，现场诊断该疫情是由猪繁殖与呼吸障碍综合征病毒（porcine reproductive and respiratory syndromevirus，PRRSV）引起的。诊断标本被送到了美国农业部梅岛外来动物疫病诊断实验室（FADDL），进行 PRRSV 的分离（其实原文暗含 PRRSV 已被分离到，因此，可以理解为混合感染）。但是，用临床样品接种 Vero 细胞后，出现了细胞病变，而这一特性是 PRRSV 所没有的。利用病毒 DNA 基因芯片检测后结果表明，该Vero 细胞培养物中存在莱斯顿埃博拉病毒（*Reston ebolavirus*，REBOV）（Barrette 等，2009），并且，进一步跟踪研究结果证实，在猪场工人的血清中存在 REBOV 的特异性抗体。

有关本次埃博拉疫情更广泛的意义尚有待进一步确定。不过，本次疫情和相关研究至少表明，家猪可以感染 REBOV，并且，家猪和/或野猪极有可能也是丝状病毒的保毒宿主。

病因学
ETIOLOGY

有关丝状病毒的详细介绍可参阅 Sanchez 等于 2007 年发表的综述。埃博拉病毒为单股负链病毒目（Mononegavirales）、丝状病毒科（Filoviridae）成员之一。丝状病毒科包含两种病毒属成员，即埃博拉病毒（*Ebolavirus*）和马尔堡病毒（*Marburgvirus*）。马尔堡病毒只有一个亚型，即维多利亚湖马尔堡病毒。埃博拉病毒则有五个亚型：本迪布焦埃博拉病毒（*Bundibugyo ebolavirus*，BBOV）、苏丹埃博拉病毒（*Sudan ebolavirus*，SBOV）、扎伊尔埃博拉病毒（*Zaire ebolavirus*，ZEBOV）、科特迪瓦埃博拉病毒（*Ivory Coast* 或 *Cote d'Ivoire ebolavirus*，ICEBOV）和莱斯顿埃博拉病毒。猪源埃博拉病毒分离株 Reston-08 A，C，E 与最初于 1989 年分离的 REBOV 在核苷酸水平上的同源性为 97%（Barrette 等，2009），因此，猪源埃博拉病毒未被列为一个独立的种。

一般来说，单股负链病毒目中的病毒为有囊膜、不分节段、负链 RNA 病毒。不过，丝状病毒形态为多形和长丝状体（图 36.1）。REBOV 基因组大约 19 kb，编码 7 种结构蛋白（即 NP，VP35，VP40，GP，VP30，VP24 和 L 蛋白）和 1 种非结构蛋白（分泌型糖蛋白）。（译者注：原文描述 EBOV 有两种非结构蛋白是错的，应该只有一个！）

猪病学，第 10 版，由 Jeffrey J. Zimmerman，Locke A. Karriker，Alejandro Ramirez，Kent J. Schwartz，Gregory W. Stevenson 主编。

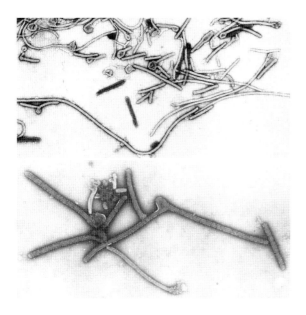

图 36.1　莱斯顿埃博拉病毒负染电镜照片,较低的照片放大倍数较大。

埃博拉病毒基因组 RNA 包裹着由 NP 蛋白和小 VP30 核蛋白组成的核衣壳。核糖核蛋白复合体外面包裹着基质蛋白 VP40 和 VP24。L 和 VP35 蛋白也同样是核糖核蛋白复合体的组成成分。病毒囊膜由单一糖蛋白(GP)组成。病毒感染期间,宿主的抗体反应主要是针对 NP 和 GP 蛋白。非结构蛋白的功能目前尚不清楚,但可能与病毒的致病性有关。

病毒吸附细胞和脱壳后,核衣壳释放到病毒进行复制的细胞浆中。单个 mRNA 由负链基因组合成而来。病毒蛋白聚集后,RNA 合成将转到生产由正链模板拷贝而来的负链基因组。核衣壳蛋白的聚集最终将形成在显微镜下可见的包涵小体。病毒组装后,成熟病毒粒子由细胞膜释放。

和其他的埃博拉病毒一样,莱斯顿埃博拉病毒可以用多种哺乳动物细胞系进行培养,通常使用 Vero 细胞来进行分离培养,并产生细胞病变,确定培养物是否存在 REBOV,可以采用 RT-PCR、抗原捕获 ELISA 和免疫组化进行鉴定。REBOV 的诊断以及实验室工作均应在生物安全 4 级实验室进行。

流行病学和公共卫生
EPIDEMIOLOGY AND ROLE IN PUBLIC HEALTH

Ebola 目前仅发生在非洲和菲律宾,其他地区偶尔出现病例都和感染猴子有关。例如 1989 年,从菲律宾运到美国佛吉尼亚州雷斯顿的食蟹猴,感染了 REBOV(Jahrling 等,1990)。2008 年菲律宾猪群中发生的 REBOV 可能也来源于附近的猕猴,因为 1989 年从菲律宾运到美国佛吉尼亚州雷斯顿的感染猴,正是来自于此地。

除了人和灵长类动物,埃博拉病毒还可以感染猪、试验用小鼠、豚鼠、蝙蝠、家犬(Allelaet 等,2005;Swanepoel 等,1996)。蝙蝠是主要的野生宿主(Leroy 等,2005,2009;Swanepoel 等,1996)。由于菲律宾的家猪主要是散养和饲养在开放的环境中,所以野猪也是重要的野生宿主。

菲律宾猪群的感染率和发病率都不清楚,对家猪的情况了解得很有限,而野猪的情况则一无所知(Barrette 等,2009)。来自四个地区的五组检测样品显示,有两个地区的猪群 REBOV 阳性,所有的 REBOV 阳性猪群 PRRSV 也是阳性,有些 PCV2 为阳性,但是 CSFV、FMDV、非洲猪瘟病毒和猪水疱病病毒均为阴性。

从猪与猪、猪与非人灵长类动物以及其他种类动物之间的传播感染方式尚不明确。埃博拉病毒通过破损的皮肤、针扎和黏膜表面传染。包括接触生肉、污染物和吸入雾化的病毒。

REBOV 在猪群间的传播途径尚不明确。在非人灵长类动物的感染模型中,REBOV 存在于所有的体液中,包括精液(Bausch 等,2008)。REBOV 能否通过精液由公猪传给母猪尚不明确,但是对养猪生产中大量应用人工授精的现象要高度重视的。

丝状病毒在室温下容易存活,但 60℃(140℉)可以灭活(Sanchez 等,2007)。常用消毒剂对丝状病毒都有很好的杀灭作用,如次氯酸钠、脂溶剂、酚类化合物等,在适宜的温度和附着物体的环境中,病毒对干燥有很强的抵抗力,比如在 4℃(39℉)、塑料器具表面经过 2 周后,其感染力仅下降 2 个滴度(Piercy 等,2010)。

致病机理、临床症状和病理变化
PATHOGENESIS, CLINICAL SIGNS, AND LESIONS

人类 REBOV 的报道主要见于职业暴露和实验室感染。在所有报道的病例中，只见到血清阳转，均未出现临床症状。2009 年菲律宾发病猪场的 141 名工人，其中 6 名出现血清抗体阳性，这可能和 6 名个人直接或间接接触了发病猪有关系（Barrette 等，2009）。

猪感染 REBOV 的临床症状和致病机理尚不完全清楚，但初步的报告显示 REBOV 不引起猪出现临床症状。确切地说，REBOV 可能在由其他病原如 PRRSV，引起的发病过程中起辅助作用。

在完成本节内容的写作后，Kobinger 等于 2011 年报道，在没有 PRRSV 参与的条件下，通过呼吸道黏膜感染扎伊尔埃博拉病毒，可以引起试验猪呼吸道症状，并在呼吸道黏膜检测到病毒复制。仔猪可以从试验猪获得感染。

在非人灵长类动物，鼻腔感染埃博拉病毒，可以引起病毒在上呼吸道复制，主要靶细胞是巨噬细胞和其他单核细胞。呼吸道是否为主要的感染途径还不是很清楚。感染的巨噬细胞可以传染给肺部的内皮细胞、淋巴结、肝脏和其他组织。菲律宾猪场的发病猪肺泡的坏死组织和炎性细胞中都检测到 PRRSV 和 REBOV（Barrette 等，2009）。肺部病变为猪繁殖与呼吸障碍综合征常见的间质性肺炎。在淋巴结也检测到 PRRSV 和 REBOV。

诊断
DIAGNOSIS

Saijo 等于 2001 年、Sanchez 等在 2007 年描述了埃博拉病毒感染的实验室诊断。样品的保存和处理活病毒均应在生物安全 4 级实验室进行。

在埃博拉病毒流行地区，要进行临床症状的观察和病毒分离鉴定，实验室确诊埃博拉病毒感染要进行病毒分离、血清学诊断和 RT-PCR。病毒分离使用 Vero 细胞和 Vero E6 细胞。连续观察 14 d 确定是否出现细胞病变，使用特异性抗体对细胞进行染色鉴定。使用电镜观察病毒独特的多形性丝状形态可以确诊（图 36.1）。常用间接免疫荧光法进行血清和体液抗体的检测，也可以使用 NP 蛋白作为抗原的间接免疫荧光法和 ELISA。Barrette 等于 2009 年报道，建立了检测感染猪埃博拉病毒 L 基因的 RT-PCR。

预防和控制
PREVENTION AND CONTROL

控制 REBOV 唯一可用的方法是扑杀和清空关闭猪场。接下来对动物和工人进行血清学监测。

REBOV 感染猪的先天和后天获得行免疫尚不清楚，也没有疫苗可用。灭活疫苗和亚单位疫苗在非人灵长类动物无免疫保护作用。目前疫苗的开发研究主要集中在水疱性口炎病毒重组疫苗和腺病毒 5 重组疫苗。利用载体系统表达的 GP 蛋白可以用作免疫抗原（Geisbert 等，2010）。针对人类研究的水疱性口炎病毒重组疫苗、腺病毒 5 重组疫苗以及其他的疫苗，可以考虑作为猪埃博拉病的潜在疫苗。

（亢文华译，朱婷校）

参考文献
REFERENCES

Allela L, Boury O, Pouillot R, et al. 2005. Emerg Infect Dis 11:385–390.

Barrette RW, Metwally SA, Rowland JM, et al. 2009. Science 325:204–206.

Bausch DG, Sprecher AG, Jeffs B, Boumandouki P. 2008. Antiviral Res 78:150–161.

Geisbert TW, Bausch DG, Feldmann H. 2010. Rev Med Virol 20:344–357.

Jahrling PB, Geisbert TW, Dalgard DW, et al. 1990. Lancet 335:502–505.

Kobinger GP, Leung A, Neufeld J, et al. 2011. J Infect Dis 204: 200–208.

Leroy EM, Epelboin A, Mondonge V, et al. 2009. Vector Borne Zoonotic Dis 9:723–728.

Leroy EM, Kumulungui B, Pourrut X, et al. 2005. Nature 438:575–576.

Piercy TJ, Smither SJ, Steward JA, et al. 2010. J Appl Microbiol 109:1531–1539.

Saijo M, Niikura M, Morikawa S, et al. 2001. J Clin Microbiol 39:1–7.

Sanchez A, Geisbert TW, Feldmann H. 2007. Chapter 40. In DM Knipe, PM Howley, eds. Fields Virology, 5th ed. Philadelphia: Lippincott Williams and Wilkins, pp. 1409–1448.

Swanepoel R, Leman PA, Burt FJ, et al. 1996. Emerg Infect Dis 2:321–325.

37 黄病毒

Flaviviruses

David T. Williams, John S. Mackenzie 和 Peter W. Daniels

综述
OVERVIEW

黄病毒属属于黄病毒科,由 70 个成员组成,包括几个对人类和动物健康具有非常重要影响的病原体。黄热病病毒是属和科的种类,并且来源于它的名称(拉丁语"flavus"的意思是"黄色")。虫媒病毒基于不同载体,分为三组:蜱虫携带,蚊子携带,未知载体。这章将讲解三种以蚊子为载体的感染猪的虫媒病毒,即日本脑炎病毒(JEV)、西尼罗河病毒[WNV,包括 Kunjin 亚型(KUNV)]和墨累山谷脑炎病毒(MVEV)。这些病毒属于 JEV 分类组,定义了其成员的抗原和遗传相关性。改组成员还包括 Cacipacore、Koutango、圣·路易斯(St. Louis)脑炎病毒、Usutu、Yaounde 病毒(Thiel 等,2005),这其中没有任何与猪的感染或疾病相关的病毒。JEV 的小组成员在鸟类脊椎动物宿主和库蚊种类的蚊子之间传播。

虫媒病毒为单股正链 RNA 基因组,长度约为 1.1 万个碱基。基因组本身具有传染性,并且在编码开放阅读框基因的两侧为非编码区域。三种结构蛋白[衣壳、前膜(prM)、封套膜(Env)蛋白]和七种非结构蛋白(NS1,NS2A,NS2B,NS3,NS4A,NS4B,NS5)由开放阅读框编码(Lindenbach 等,2007)。病毒基因组由核衣壳包裹,外面围绕来源于宿主的脂质膜,上面含有 prM/M 和 Env 蛋白。Env 蛋白参与细胞附着和进入,是神经毒性和神经入侵的一个重要决定因素(McMinn,1997)。细胞内通过 prM 裂解释放成熟病毒粒子之前先产生 M 蛋白,多聚蛋白的加工处理、病毒 RNA 复制和宿主免疫反应的调节都需要 NS 蛋白的一系列功能。非编码区域包括参与病毒 RNA 转录和复制的保守因子和二级结构。

虫媒病毒粒子为二十面体对称,直径 40~50 nm。病毒在 56℃血清孵育 30 min 很容易灭活,并且推荐该方法优先于针对细胞的血清学检测方法(Roehrig 等,2008)。目前已经报道了 WNV 在血样中灭活的几种方法,包括光化学疗法、巴氏灭菌法、低 pH 下的溶剂/洗涤剂或辛酸盐疗法(Lin 等,2005;Remington 等,2004)。虫媒病毒培养时能被含有吐温-20 的二乙烯亚胺或酶联免疫吸附试验(ELISA)缓冲液化学灭活(Mayo 和 Beckwith,2002;Pyke 等,2004a)。WNV 在细胞培养基中的热稳定性的评价表明,37℃孵育 3 d 可以减少 3logs 的病毒滴度,然而在 4℃时病毒没有变化(Mayo 和 Beckwith,2002)。

感染 WNV 或 JEV 的蚊子,直至死亡后 2 周,在包括高温和高湿的各种条件下,WNV 或 JEV 的 RNA 都能通过反转录-聚合酶链式反应(RT-PCR)检测到(Johansen 等,2002;Turell 等,

猪病学,第 10 版,由 Jeffrey J. Zimmerman、Locke A. Karriker、Alejandro Ramirez、Kent J. Schwartz、Gregory W. Stevenson 主编。

2002)。比较起来,培养病毒的能力在 24～48 h 后几乎失活。这些研究强调适当的样本处理对于诊断检测和突出样本的及时收集和样本的冷链存储的重要性和适用性。最近开发的虫媒病毒监测系统使用蜂蜜浸泡保存过滤物来检测捕获的蚊子吐出的病毒,这需要冷链和蚊子处理(Hall-Mendelin 等,2010)。若使用该系统,则 WNV RNA 至少能保存 7 d,以备之后的 RT-PCR 检测。

日本脑炎病毒
JAPANESE ENCEPHALITIS VIRUS

背景
Relevance

1933 年,Fujita 首次从日本人脑炎病例分离到 JEV,随后又在三带喙库蚊上分离到(Mitamura 等,1938,引自 Burke 和 Leake,1988)。在亚洲南部、东部和东南部,JEV 是人类病毒性脑炎和儿童时期病毒性神经性感染和残疾的主要原因(Burke 和 Leake,1988;Gould 和 Solomon,2008;Mackenzie 等,2007)。JEV 也是引起马致死性脑炎的重要病原,并且可以引起猪流产和死胎,也是一种引起重大经济损失的繁殖障碍性疾病。

病因学
Etiology

虽然通过多种血清学方法能鉴别 JEV 的两个主要的免疫类型,但实际上 JEV 只有一个血清型。JEV 分成 4 类,也可分成 5 类,不同的基因型基于 prM 和/或 Env 基因或全长的基因组序列(Solomon 等,2003;Uchil 和 Satchidanandam,2001;Williams 等,2000)。基因 1 型包括来自柬埔寨、韩国、泰国北部、越南、日本和澳大利亚的毒株;基因型 2 包括来自印度尼西亚、马来西亚、泰国南部和澳大利亚的毒株;基因型 3 包括已知地理范围分离的 JEV——除澳大拉西亚地区外,包括来自日本、中国、中国台湾、菲律宾、韩国和东南亚的毒株;基因型 4 包括只在印度尼西亚分离的毒株。根据全基因组全长系统发生学,Muar 毒株于 1952 年在新加坡分离到,现已成为五个基因型中的独立成员(Mohammed 等,2011)。

公共卫生
Role in Public Health

JEV 被认为对每年超过 40 000 脑炎病例中至少 10 000 的死亡是有责任的。其实这些数字通常被显著低估,事实上,每年有近 175 000 万人死于脑炎(Tsai,2000)。JEV 感染的病例中,在人,有 1/300～1/25 的比例会发生临床疾病(Burke 和 Leake,1988;Vaughn 和 Hoke,1992);因此,大多数人感染无症状。临床大约 25% 的日本脑炎病例是致命的,50% 的人有某种形式神经系统后遗症,如四肢瘫痪或精神迟钝等,大约 25% 的人能完全康复。

流行病学
Epidemiology

JEV 是一种动物传染的人畜共患病毒,传播循环包括库蚊属蚊子和特定种类的野生和家养鸟类和猪等脊椎动物宿主(Endy 和 Nisalak,2002)。人类感染 JEV 通常是因为被感染的蚊子叮咬,但它们是偶然的、以死亡告终的终末宿主。特别重要的是,JEV 的生态学为稻株栽培、载体密度和猪饲养在人类住所附近之间的相互影响(Gajanana 等,1997;Kanojia 等,2003)。

猪是 JEV 主要的放大宿主,特别是在流行地区,猪也是地方特有的保存宿主。猪在自然感染后形成高的、持续性的病毒血症。JEV 病毒血症会持续 2～4 d 并且能够感染各种蚊子。通过血清学调查,猪始终比其他家畜或野生动物有更高的几何平均病毒滴度。它们对吸血蚊子具有更大的吸引力,并且在特定的地区提供病毒传播的敏感指示器(Burke 等,1985a)。虽然在人类住所附近在空旷的地方饲养猪对人类存在潜在的危险,但在许多国家,猪已经被作为标记动物来监测病毒的活性,基本上用作早期的预警系统。

马、牛、水牛和山羊是以死亡告终的终末宿主(Mackenzie 等,2007),但因为它们吸引许多主要的传播载体,尤其是三带喙库蚊,在疾病暴发的情况下,它们都是监测和调节的优良潜在宿主(Johnsen 等,1974;Peiris 等,1993)。其他动物可能有相对较高的血清阳性率,如绵羊和犬,但是认为它们的病毒血症水平太低而不能感染蚊子(Banerjee 等,1979;Johnsen 等,1974)。

JEV 已经从小蝙蝠亚目至大蝙蝠亚目的蝙蝠中分离到(Mackenzie 等,2008;Sulkin 和 Allen,1974),但是它们在维持和传播中的潜在作用已经在小蝙蝠亚目中有所研究,病毒血症在感染蚊子中以足够高的水平持续长达 25～30 d。

野生鸟类,尤其是鹭科的种类,被认为是 JEV 的重要储藏宿主(maintenance hosts),并且可能在流行病中充当放大器(Scherer 等,1959;Soman 等,1977)。JEV 虽然已经可以从许多种类的鹭中分离到病毒,但最重要的无疑是黑冠夜鹭(夜鹭)。鸡很少出现感染并且可能在传播或监测中只有有限的作用。野生鸟类对 JEV 在新传入地区的传播有一定的影响(Scott,1988;Solomon 等,2003)。

JEV 已经从广泛种类的蚊子中分离到,但并不是所有的蚊子都有能力把病毒传播给新的宿主。众所周知,三带喙库蚊几乎是亚洲的主要载体,但某些其他种类的蚊子载体可能在当地非常重要,如雪背库蚊、魏仙库蚊、棕头库蚊、伪杂鳞库蚊、二带喙库蚊、致倦库蚊、致乏库蚊和常型曼蚊(Burke 和 Leake,1988;Rosen,1986;van den Hurk 等,2009;Vaughn 和 Hoke,1992)。JEV 的主要的库蚊载体是大米田间的品种,常在夜间叮咬动物和人,特别是在傍晚之后和清早的较短时间内,通过吸食动物和人的血液,将病毒传染给动物和人。

有许多推测是关于 JEV 是如何在北方的冬季是如何生存下来的。在这里有四个主要的假设:①病毒经垂直传播,在蚊子卵内过冬;②病毒幸存于冬眠的蚊子体内;③病毒幸存于冬眠的动物身体中,如冷血动物或蝙蝠;或者④病毒每年通过候鸟迁徙重新传入甚至源于地区主风带来的蚊群所致。也许,四种方法中的每种方法分别有助于蚊子过冬的各种不同情况。在自然或实验室条件下,在几种伊蚊和库蚊种类的蚊子上会发生垂直性传播(Rosen 等,1989)。

致病机理
Pathogenesis

目前几乎没有关于猪 JEV 发病机理的相关信息,我们信息的大多数来自于啮齿动物模型系统或人类感染(Chambers 和 Diamond,2003;Solomon 和 Vaughn,2002)。通过蚊子叮咬发生的感染,通常认为病毒首先在皮肤和局部淋巴结复制。这导致了最初的病毒血症,而正是因为病毒血症的发生,许多组织被感染,特别是肌肉(骨骼肌、心肌和平滑肌)、淋巴网状内皮细胞以及内分泌和外分泌系统的细胞。这些细胞和组织分泌的病毒能引起第二次病毒血症,通常发生在感染后 1～3 d(DPI),持续 4 d 左右。在感染后第 3 天病毒能到达中枢神经系统(Yamada 等;2004),并在感染后 7 d 穿过胎盘到达胎儿。目前还不清楚病毒是如何通过血脑屏障的,但目前认为可能是通过没有血脑屏障的嗅觉黏膜(Yamada 等,2009)或者通过血源播散(Solomon 和 Vaughn,2002)进行扩散的。通常新生儿和小动物比成年动物更容易发生中枢神经系统的感染。

病毒血症水平是否通过胎盘传播目前还不得而知。然而,事实是受影响的仔猪主要包括死胎、木乃伊胎、弱仔和出生正常的动物,这些表明子宫内的新生儿有着持续性感染。

临床症状
Clinical Signs

成年的猪一般不表现明显的感染迹象。受感染的怀孕母猪或后备母猪最常见的病症是繁殖障碍导致的流产、对仔猪的影响包括死胎、木乃伊胎或弱仔(Daniels 等,2002;Platt 和 Joo,2006)。母猪在怀孕之前的 60～70 d 感染 JEV 会导致繁殖障碍;在此后的感染不会影响仔猪。仔猪自然感染 JEV 通常症状不明显,但是近来的报道表明 2～40 日龄的幼龄动物有时会发生脑膜脑炎的组织学变化和不同程度的抑郁和后肢颤抖等消瘦症状(Yamada 等,2004)。JEV 与公猪不孕症的发生有关。公猪感染 JEV 可导致睾丸水肿、充血,从而导致精子运动减慢和精子异常。这些影响在大多数案例中通常是暂时的,可完全恢复。

病理变化

Lesions

母猪感染 JEV 没有特征性病变。然而,可在公猪鞘膜腔内看到聚集的黏液,鞘膜脏层以及附睾的纤维性增厚(Platt 和 Joo,2006)。死胎或弱仔通常出现脑积水、皮下水肿、小脑发育不全和脊柱髓鞘形成过少(OIE,2009)。同样也可发现胸膜积水、腹水、浆膜出血点、肝脾坏死点、淋巴结、脑膜和脊髓充血(Burns,1950)。感染公猪的微观损伤包括附睾、鞘膜和睾丸的水肿和炎症(Platt 和 Joo,2006)。感染仔猪可出现弥漫性非化脓性脑炎,在大脑和脊髓出现神经坏死、噬神经细胞现象、胶质结节和血管套等特征(Yamada 等,2004)。

诊断

Diagnosis

6 月龄以上动物在表现流产、产木乃伊胎或死胎、脑炎这些临床特征时,应注意鉴别诊断。包括伪狂犬病(Aujeszky's disease)病毒、经典猪瘟病毒、血凝性脑脊髓炎病毒、风疹病毒(blue eye paramyxovirus)、梅南高病毒、猪布氏杆菌病、猪捷申病毒、猪细小病毒、猪繁殖和呼吸综合征病毒和食盐中毒(OIE,2009)。

JEV 的实验室诊断参考标准和病毒的分离与鉴别。病毒血症仅持续几天,只能在血液或者脑脊液(CSF)中分离到病毒,因此,病毒的分离最好取自感染胎儿的脑、脾、肝或死胎和新生儿的胎盘组织。分离病毒的方法是把组织匀浆接种到乳鼠或者一定范围的易感细胞底物中。使用连续的白纹伊蚊细胞系 C6/36 是非常有效的,但其他的细胞系,例如,非洲绿猴肾(Vero)、幼仓鼠肾(BHK)和猪肾(PSEK)细胞系通常是敏感的。与脊椎动物细胞不同的是,正常情况下 JEV 不会引起 C6/36 细胞发生细胞病变(CPE)。因此,结果的证实还需要在脊椎动物细胞上进行培养和/或病毒抗原或 RNA 的检测。

分子生物学检测方法也经常用于实验室诊断。RT-PCR 可以检测和辨别脑脊液(CSF)、血清、组织培养悬浮液中的 JEV。传统的和实时的检测方法已经有所报道(Pyke 等,2004b;Tana-ka,1993)。在脑脊液中检测 JEV 的逆转录环介导等温扩增(RT-LAMP)试验方法已经形成并且提供了一种简单的核酸检测方法,该方法不需要复杂的设备也不需要技术人员(Parida 等,2006)。

使用特异性黄病毒单克隆抗体(MAb)可以在血清样本中和胎儿组织中应用免疫组织化学检测到 JEV(Iwasaki 等,1986;Yamada 等,2004)。

JEV 感染的诊断与其他虫媒病毒的诊断相同,常常是应用 ELISA 方法进行血清抗体的检测、血凝抑制(HI)、免疫荧光抗体(IFA)和病毒中和(VN)等的检测(Beaty 等,1995;Burke 等,1987;Clarke 和 Casals,1958;OIE,2010a)。免疫球蛋白 M(IgM)捕获(MAC-)ELISA 是经常选择的方法。

在老龄猪,血清学检测需要考虑许多因素,例如,疫苗接种史和年龄。母源抗体在一些猪持续存在长达 8 个月之久(Hale 等,1957)。在感染后 2～3 d 出现 IgM 并且持续存在至少 2 周时间(Burke 等,1985b),在其他一些动物,甚至可存在几个月。

黄病毒属病毒之间有高度的血清学交叉反应,特别是 JEV 群内的成员,因此在给出说明时要考虑血清学交叉反应的影响(Williams 等,2001)。在某些黄病毒循环感染的区域,应该包括平行检测。若没有其他可能感染黄病毒属成员的话检测结果可能是更可靠的,因为在 JEV 流行区域或者只能检测出针对 JEV 的 IgM,而没有其他的黄病毒属成员是不常见的。免疫球蛋白 G(IgG)比 IgM 有更广泛的交叉反应,而且在鉴别病毒特异性抗体方面更具有挑战力并需要更多具体的试验。经典的方法是测试病毒的中和抗体滴度,但该方法技术上有困难、时间花费较多且并不是每次都有清晰的结果(Mackenzie 等,2007)。虽然应用 JEV 特异性核衣壳单克隆抗体(MAb)能阻断抗原表位(B-ELISA)并能识别 IgG,但是抗体与黄病毒属成员都十分接近,如 MVEV,仍能起交叉反应(Williams 等,2001)。直接针对 prM 蛋白的抗体检测显示出更好的特异性(Cardosa 等,2002)。针对不同黄病毒属成员的大量抗体反应和不同血清抗体滴度测定同样可用来评估血清学结果的重要性（Pant 等，2006）。使用 ELISA 来检测仅发生在自然感染中产生的 NS1 抗体，可用于区分自然感染和灭活疫苗的抗体反应之间的差异（Konishi 等，2004）。

免疫
Immunity

黄病毒属病毒成员的 Env，prM 和 NS1 蛋白都具有免疫原性，它们对于诱导保护性免疫反应非常重要（Gubler 等，2007）。Env 蛋白是病毒粒子表面的主要成分，在感染期间是免疫显性的。虽然 prM 是未成熟病毒粒子的一部分，在特定条件下，病毒成熟期间不完全的蛋白水解为宿主免疫提供了病毒表面另一个靶点。感染细胞的表面分泌和表达 NS1 蛋白，抗 NS1 的抗体通过补体途径保护机体免受感染（Lindenbach 等，2007）。

在感染相似黄病毒属成员的猪身上已观察到 JEV 的交叉保护抗体反应。以前，提前暴露在 MVEV 中可阻碍或抑制 JEV 攻毒时的病毒血症程度和持续时间，同时也提高了针对 JEV 的交叉反应中和抗体的量（Lunt 等，2001，Williams 等，2001）。在感染 WNV 之后用 JEV 攻毒也会发生相似的抗体提高反应。然而，JEV 导致的病毒血症的水平不同，范围从低或无法检测到（Ilkal 等，1994；Williams 等，2001）至病毒滴度与初次感染的对照动物相同都有发生（Lunt 等，2001）。这种差异可能反映了病毒毒株、品种和/或检测方法的不同。逐渐的，这些研究发现在高发黄病毒属病毒感染的地区，之前感染相关黄病毒属成员的猪产生的交叉免疫保护性可能抑制随后 JEV 的感染；因此，病毒的放大和传播可能被限制，进而降低猪繁殖疾病的发生。

预防和控制
Prevention and Control

当前有很多关于 JEV 疫苗和将来的方向的总结（Monath，2002；WHO，2006；Wilder-Smith 和 Halstead，2010），大多数资料和努力的目标都集中在人类疫苗的开发，而不是猪用疫苗。

在日本（Igarashi，2002）、中国台湾和尼泊尔（Daniels 等，2002），已经开始使用来源于鼠脑的灭活疫苗或经减毒的弱毒疫苗来防止病毒扩增和预防猪的生殖性疾病。在抵抗自然感染和试验感染方面，已经证实弱毒疫苗比灭活疫苗更有效（Daniels 等，2002；Ueba 等，1978）。针对 JEV 的猪疫苗未被广泛应用的两个主要原因如下：①每年免疫大量新生动物的花费很高，②母源抗体出现时使用弱毒 JE 疫苗能达到有效免疫的时期受到限制（Igarashi，2002）。

Konishi 和同事探索了猪 DNA 疫苗的使用（Konishi 等，1992，2000）。当能有效诱导高的抗体滴度时，他们没有采取进一步的措施。然而，活病毒载体和 DNA 疫苗的开发增加了口服接种来控制 JEV 的可能性。在亚洲南部和东南部，口服疫苗是有优势的，因为这些地区的猪通常管理无序或者野生（Monath，2002）。

通过防止猪接触感染 JEV 的蚊子也能有效控制 JEV，但是通常情况下这是不切实际的，除非猪生活在无蚊子的环境中。

西尼罗河病毒
WEST NILE VIRUS

背景
Relevance

1937 年，WNV 首先在乌干达一个发烧的女人血液中分离到（Smithburn 等，1940）。它是最广泛分布的黄病毒属成员之一，其分布的地理范围包括非洲、中东、欧洲西部和东部的部分地区以及亚洲（Hubalek 和 Halouzka，1999；Murgue 等，2002）。该病毒是澳大利亚特有，存在 KUNV 亚型（Hall 等，2002）。1999 年，WNV 在北美检测到，当时，它的传入引起了纽约市的极度恐慌（Nash 等，2001）。此后，它迅速传遍整个美国、加拿大南部和中美、南美和加勒比海的部分地区。

在历史上，WNV 的感染与人、鸟和马的温和性疾病的零星发生有关，但这很少与神经性疾病有关。然而，从 20 世纪 90 年代中期开始，欧洲、地中海盆地和美国，暴发了大规模的人类疾病，其中包括高发病率的神经性疾病（Hayes 和 Gubler，2006；McLean 等，2002；Murgue 等，

2002），并伴随着大量马脑炎病例的出现和较高的鸟类死亡率（Castillo-Olivares 和 Wood，2004；CDC 2002）。10％左右的感染马会发展成神经性疾病，死亡率较高（40％～60％）（Castillo-Olivares 和 Wood，2004）。在疾病暴发的过程中出现了野生鸟类和商品鸟的大量死亡（Komar，2003；Weinberger 等，2001）。虽然 WNV 是典型的人畜共患病病原，但在猪感染后没有发现明显的相关性（Platt，2004；Teehee 等，2005）。

病因学
Etiology

　　按照全基因组和部分基因序列，最初提出将 WNV 分为两个不同遗传家系（Lanciotti 等，2002；Scherret 等，2001）。第 1 家系进一步分为 3 个分支：1a 家系，包括来自非洲、中东、欧洲和美洲的毒株，也包括最近暴发的毒株；1b 家系，由澳大利亚 KUNV 亚型组成；1c 家系，包括来自印度人和蚊子的毒株。第 2 家系由乌干达标准毒株和来自非洲和马达加斯加岛的毒株。最近的研究发现，WNV 家族中有由从欧洲、亚洲南部和东南部以及非洲西部分离到的毒株混合组成的额外毒株（Bondre 等，2007；Mackenzie 和 Williams，2009）。

公共卫生
Role in Public Health

　　人类感染中约 20％的人会出现临床症状，典型表现为自限性的西尼罗河（WN）热（Mostashari 等，2001）。不到 1％的患者会发展成神经性疾病（脑膜炎、脑炎或急性弛缓性麻痹），并且相关病例根据疾病的严重性，死亡率在 10％～50％不等（Sejvar，2007）。半数以上的幸存者会有后遗症，最长可持续 1.5 年。

流行病学
Epidemiology

　　WNV 存在地方性传播周期，涉及嗜人血的蚊子和鸟类。病毒能感染一定范围的载体和脊椎动物宿主，因此有利于它在全世界范围内的迅速传播。仅在美国，已经从大约 60 种蚊子、大于 300 种鸟类和大于 30 种非禽类宿主中分离到病毒（Gubler，2007）。库蚊种的蚊子是最常见的载体，但也已经从伊蚊、按蚊（疟蚊）和轲蚊属、脉毛蚊属、小蚊属、骚扰蚊亚属的成员中分离得到 WNV（Hall 等，2002；Hubalek 和 Halouzka，1999；Komar，2003）。来自血清学的调查和试验感染已经证明鸟类为 WNV 的主要的脊椎动物宿主（Komar，2003）。雀形目的品种，如麻雀、冠蓝鸦和常见的白头翁被认为是在城市中重要的流行病传播媒介，而迁徙性的品种如鹳（Ciconiiforms）可能对于病毒的远程传播和扩散是非常重要的。

　　大多数被 WNV 感染的非禽类种类（包括人和马），是偶然宿主并且认为在疾病的传播中它们仅扮演次要角色。尽管已经报道了家养和野生猪的 WNV 感染的血清学证据（Gard 等，1976；Geevarghese 等，1987；Gibbs 等，2006；Pant 等，2006），但从野生猪分离得到 WNV 只有有限的报道（Ilkal 等，1994）。而且，试验感染表明猪通常不是较好的 WNV 放大宿主（Ilkal 等，1994；Lunt 等，2001；Platt，2004；Teehee 等，2005）。病毒血症反应根据检测动物的年龄和病毒毒株的不同，从无法检出到中度的病毒血症的情况都有出现。断奶仔猪实验感染 NY99 毒株后，病毒滴度水平足以感染嗜血尖音库蚊，即每毫升 $1×(10^4～10^{5.5})$ 组织培养感染剂量中值（$TCID_{50}$）。然而，病毒血症峰值的持续时间相对较短，从 0.2～1.1 d 不等（Platt，2004）。对比感染 NY99 毒株的雀形目鸟，每毫升血液病毒滴度的斑块形成单位超过 $1×10^8$ 个，且能维持 4 d（Komar 等，2003）。成年猪饲喂感染 WNV 的小鼠不能产生抗体和病毒血症反应，表明与猫和鸟类不同，猪不容易通过摄入食物的方式发生感染（Platt，2004）。设计实验将感染和非感染控制的猪饲养在一起，发现它们之间并没有发生病毒的传播（Platt，2004；Teehee 等，2005），表明 WNV 不能逃脱感染的猪。

　　与 JEV 的传播类似，在热带和亚热带地区全年都能发生 WNV，但 WNV 仅在温带地区流行性发生。WNV 能在冬眠的成年蚊子身上过冬

（Nasci 等,2001),并且有报道证明了病毒能在库蚊种类的蚊子中垂直传播（Anderson 和 Main 2006),这些都说明了病毒在温带地区生存的潜在机制。之前已经提到过 WNV 通过有病毒血症的迁徙候鸟或者持续感染的鸟类再次引入（Kramer 等,2008)。扁虱在 WNV 的保存和过冬中有着重要作用（Lawrie 等,2004;Mumcuoglu 等,2005)。

致病机理、临床症状和病理变化
Pathogenesis,Clinical Signs,and Lesions

没有明确的证据发现猪的 WNV 感染与临床症状有关（Platt,2004;Teehee 等,2005),因此,几乎没有关于猪发病机理的资料。Platt（2004)观察到,在感染 WNV 的断奶仔猪脑部和脊髓组织会出现中度的血管套现象;然而,在这些组织中并不能检测到病毒抗原。有部分猪出现明显的血管套现象和脑膜炎。在该研究中,一头怀孕中期的母猪也被感染,该母猪的感染未对胎儿的发育造成影响,也未观察到异常的组织学特征。在胎儿神经系统组织也未检测到病毒抗原。若要全面评估 WNV 是否为生殖性病原,则需要更多的附加试验。

诊断
Diagnosis

血清学诊断是确定 WNV 感染的主要方式（Dauphin 和 Zientara,2007;Shi 和 Wong,2003)。人和兽医标本通常使用 ELISA（IgM 捕获、阻塞和 IgG)、HI 和空斑减少中和试验（PRNT)来检测。在很多情况下,阳性样本的确诊涉及 ELISA 筛选,之后还需进行 PRNT 检测。之前已经提到过针对 WNV 的微球流免疫检测,能快速、高通量检测 WNV 特异性的 IgM 和 IgG 抗体（Johnson 等,2005;Wong 等,2003)。已有报道称应用 HI 和 VN 试验以及特异性阻断 ELISAs 能有效进行家猪和野猪群的 WNV 血清抗体或实验感染的诊断（Blitvich 等,2003;Gibbs 等,2006;Ratho 等,1999)。与之前 JEV 的诊断相同,WNV 的血清学诊断会因为黄病毒属成员之间抗体交叉反应的存在而变得复杂。

通过细胞培养,使用常规或实时 RT-PCR 以及免疫试验可检测到脑脊液、血液或组织中的 WNV。有几种细胞系适合病毒的分离,包括 Vero、兔肾（RK-13)、中国仓鼠卵巢（CHO)和假鳞斑伊蚊克隆 AP-61 等细胞系。也能够进行鸡胚或者乳鼠脑内接种,但是这两种方法的敏感性不如细胞培养（OIE,2010b)。可应用 WNV 特异性抗体进行免疫检测或对细胞提取物进行 RT-PCR 检测来确定分离的是 WNV。

抗原捕获试验也能用于田间收集的禽类咽喉拭子和蚊子池的 WNV 检测（Burkhalter 等,2006;Hunt 等,2002)。来自感染鸟类和哺乳动物的组织固定样本,使用免疫组织化学染色也能检测 WNV 抗原。用这种方法检测哺乳动物组织时,应谨慎操作,因为在马神经系统样本中已经发现假阴性结果（OIE,2010b),也有报道称哺乳动物组织一抗能与组织发生非特异性结合（Kauffman 等,2003)。

目前已有关于在细胞培养、蚊子池、人类、马和禽样本的 WNV RNA 检测的 RT-PCR 试验的说明。这些方法包括传统的初级和巢式 RT-PCRs,实时 RT-PCR 和 RT-LAMP 试验（Jimenez Clavero 等,2006;Johnson 等,2001;Lanciotti 等,2000;Parida 等,2004;Shi 等,2001)。循环流行的 WNV 家系和检测方法的特异性是局部的重要注意事项。例如,仅针对澳大利亚地区的 WNV-KUNV（家系 1b)研发出了一种特异性的 RT-PCR 检测方法（Pyke 等,2004b),该方法对其他种类的 WNV 无效。

预防和控制
Prevention and Control

对于 WNV 感染目前尚无特异性的治疗措施。疫苗的研发主要针对人类、马和鹅疾病的预防（Arroyo 等,2004;Dauphin 和 Zientara,2007;Hall 和 Khromykh,2004)。唯一的兽医许可疫苗只能用于马和鹅。

载体活动的控制包括减少来源、杀虫剂的应用以及限制接触蚊子叮咬的公共教育方式来减少蚊子的数量（Kramer 等,2008)。WNV 的监测包括被动或主动辨别人类、马、野生动植物和鸟类群体的感染(特别是鸭科和哨兵鸡),同时捕获蚊子来监测载体的丰富程度并分离病毒(CDC,2010;Drebot 等,2003)。

墨累山谷脑炎病毒
MURRAY VALLEY ENCEPHALITIS VIRUS

背景
Relevance

在澳大利亚,MVEV 是人类最重要的引起神经性疾病的虫媒病毒。MVEV 也能引起马的致死性脑炎(Gard 等,1977;Williamson,2008)。虽然猪能感染 MVEV,但是没有相关报道(Kay 等,1985;Lunt 等,2001)。然而,猪可能在病毒传播的储存和维持中有一定作用。

病因学
Etiology

MVEV 的分离与抗原性紧密相关,而且标准血清学技术不能区分各种基因型。M 通过对部分 Env 和 NS5 基因的系统分析验证了 MVEV 的四种基因型 (Johansen 等,2007;Mackenzie 和 Williams,2009)。基因 1 型是澳大利亚的主要类型,而且最近来自巴布亚新几内亚(PNG)的毒株属于这种基因型。基因 2 型仅从澳大利亚西北部的金伯利地区的蚊子身上分离到。剩余的两种基因型分别为 1956 年从 PNG 分离的(G3)和 1966 年分离的(G4)。

公共卫生
Role in Public Health

在澳大利亚东部和东南部,1917 年和 1925 年间脑炎严重流行,但病因尚不明确。1951 年,在澳大利亚东南部达令河域暴发的脑炎中首次从致死性病例中分离到 MVEV(French 1952)。1974 年,重大疫情再次暴发,尽管在整个澳大利亚本土的 58 个病例中死亡了 13 个,但在澳大利亚东南部大部分地区观察到该病的再次暴发(Marshall,1988)。随后,出现大约 107 例人感染病例,但是它们几乎都位于澳大利亚的北部和西北部,故认为该病毒属于地方特有的。大多数人的感染是无症状的或只引起温和的发热,而且只有约 1:1 000 的感染个人发展为脑炎,致死率和发病率与日本脑炎类似(Spencer 等,2001)。

流行病学
Epidemiology

虽然 20 世纪 MVE 的流行主要发生在澳大利亚东南部,但现在在多数人感染的病例发生在澳大利亚北部,MVEV 在蚊子和水鸟之间存在流行循环。MVEV 的原则性载体是环喙库蚊,且从该种类蚊子分离到的毒株占总的 90% 以上。根据血清调查的结果和试验证据可知,主要的脊椎动物宿主属于鹳形目、鹈形目和雁形目的水鸟(Marshall,1988)。尤其是鹭科动物在 MVEV 传播中有显著作用。

实验证据表明,其他脊椎动物可能也有助于传播循环。灰色袋鼠和兔子在接种 MVEV 后会产生相对高水平的病毒血症,表明它们可能是病毒的即时放大器(Kay 等,1985)。犬和鸡感染后会产生相对温和的病毒血症反应,在病毒扩散中起次要作用,但值得注意的是,目前已经从哨兵鸡中分离到 MVEV(Campbell 和 Hore,1975)。

猪在 MVEV 的生态学中的作用目前还不清楚。血清学调查表明,澳大利亚东部地区的野猪有较高的血清阳性患病率(Gard 等,1976)。然而在接下来的 MVEV 攻毒试验感染中,猪只能产生中度到低级别的病毒血症(Kay 等,1985)。因为澳大利亚北部和东部的部分地区野猪的密度极高(Choquenot 等,1996),所以即使小比例的病毒血依然应能够感染蚊子载体,这对于 MVEV 的维持和扩散都是非常有利的(Marshall,1988)。然而,对澳大利亚北部环喙库蚊的宿主偏好的研究表明,大多数嗜血动物来自有袋目动物(>60%),表明寻找宿主的载体从野猪转移出去了(van den Hurk 等,2003)。有关其他地区需要做更多的工作来证实该发现。

MVEV 在澳大利亚西北部和南部地区流行,北部地区可能也有类似的情况,东部和东南部也有流行。新几内亚和印度尼西亚群岛也可能发现了 MVEV。其实 MVEV 是如何再次活动在这些地区的原因依然不清楚,因为该病在这些地区偶发或罕见。病毒可能通过迁移的带有病毒血症的水禽或者风吹的蚊子而被重新引入。有证据表明 MVEV 能在伊蚊的卵中度过干燥期(Broom 等,

1989)。因此,环境因素如风、降雨和温度可能影响传播和维持。

致病机理和临床症状
Pathogenesis and Clinical Signs

目前尚无猪感染 MVEV 的相关的疾病或临床症状的报道。文献中也没有提到任何关于病毒在生殖器官或胎儿感染导致次级放大证据。Kay 等(1985)完成了关于6~20周龄的家猪和野猪的感染试验。这些动物的病毒血症从低度到中度不等,持续时间为感染后1~5 d 不等。在某些猪,病毒滴度为5%~50%即被认为能感染环喙库蚊,但该说法未经过正式的检测。单个怀孕母猪在感染后14周产下猪崽的发生具有重大意义。据报道,这些新生仔猪既没有先天性缺陷,也没有死胎和木乃伊胎出现。虽然那头母猪没有出现可检测到的病毒血症,但是观察到了 HI 抗体反应。令人惊讶的是,在仔猪未检测到抗体并且在 MVEV 攻毒后半数仔猪形成了可追踪的病毒血症,说明母源抗体的保护作用很弱或基本不存在。关于怀孕母猪的进一步的研究需要彻底评估 MVEV 感染后是否会产生生殖疾病。

诊断
Diagnosis

大多数 MVEV 感染都能通过各种血清学试验来诊断,例如,HI,VN,IgM-IFA 和阻断 ELISA 等(Williams 等,2010)。HI,VN 试验和阻断 ELISA 已经用于野猪和试验感染猪的血清学调查中抗体的检测(Gard 等,1976;Lunt 等,2001;Williams 等,2001)。

MVEV 能在各种细胞系中培养,包括 C6/36,Vero,PSEK 和 DF-1 细胞系(禽)。临床样本或者蚊子上 MVEV 的分离已经使用 C6/36 或脊椎动物细胞培养,并且通过乳鼠或鸡胚绒毛膜尿囊膜接种成功获得。对固定的细胞使用 NS1 特异性抗体的酶联免疫反应已用来检测培养后的 MVEV 抗原(Broom 等,1998)。已有报道称传统或实时 RT-PCR 方法可用于检测细胞培养、人类临床样本和感染蚊子提取物中的病毒 RNA

(Pyke 等,2004b;Williams 等,2010)。

预防和控制
Prevention and Control

MVEV 的感染目前还没有保护性疫苗或特异性抗病毒药物的出现。预防主要集中在公共健康的评测,主要是监督患病人、哨兵鸡群和 MVEV 载体等(Spencer 等,2001)。后者影响载体管理和控制方案。在澳大利亚的一些州会定期监测哨兵鸡群的 MVEV 血清转变情况,这有助于 MVEV 的早期监测。国家相关卫生部门使用这些结果来发布感染地区的公共健康预警。

(周海云译,彭云校)

参考文献
REFERENCES

Anderson JF, Main AJ. 2006. J Infect Dis 194:1577–1579.

Arroyo J, Miller C, Catalan J, et al. 2004. J Virol 78:12497–12507.

Banerjee K, Ilkal MA, Bhat HR, Sreenivasan MA. 1979. Indian J Med Res 70:364–368.

Beaty BJ, Calisher CH, Shope RE. 1995. Arboviruses. In E Lennette, DA Lennette, ET Lennette, eds. Diagnostic Procedures for Viral, Rickettsial and Chlamydial Infections. Washington, DC: American Public Health Association, pp. 189–212.

Blitvich BJ, Bowen RA, Marlenee NL, et al. 2003. J Clin Microbiol 41:2676–2679.

Bondre VP, Jadi RS, Mishra AC, et al. 2007. J Gen Virol 88:875–884.

Broom AK, Hall RA, Johansen CA, et al. 1998. Pathology 30:286–288.

Broom AK, Wright AE, Mackenzie JS, et al. 1989. J Med Entomol 26:100–103.

Burke DS, Leake CJ. 1988. Japanese encephalitis. In TP Monath, ed. The Arboviruses: Epidemiology and Ecology. Boca Raton, FL: CRC Press, pp. 63–92.

Burke DS, Nisalak A, Gentry MK. 1987. J Med Virol 23:165–173.

Burke DS,, Tingpalapong M, Elwell MR, et al. 1985b. Am J Vet Res 46:2054–2057.

Burke DS,, Tingpalapong M, Ward GS, et al. 1985a. Southeast Asian J Trop Med Public Health 16:199–206.

Burkhalter KL, Lindsay R, Anderson R, et al. 2006. J Am Mosq Control Assoc 22:64–69.

Burns KF. 1950. Proc Soc Exp Biol Med 75:621–625.

Campbell J, Hore DE. 1975. Aust Vet J 51:1–3.

Cardosa MJ, Wang SM, Sum MS, Tio PH. 2002. BMC Microbiol 2:9.

Castillo-Olivares J, Wood J. 2004. Vet Res 35:467–483.

CDC. 2002. MMWR Morb Mortal Wkly Rep 51:1129–1133.

——. 2010. MMWR Morb Mortal Wkly Rep 59:769–772.

Chambers TJ, Diamond MS. 2003. Adv Virus Res 60:273–342.

Choquenot D, McIlroy J, Korn T. 1996. Managing Vertebrate Pests: Feral Pigs. Canberra, Australia: Australian Government Publishing Service.

Clarke DH, Casals J. 1958. Am J Trop Med Hyg 7:561–573.

Daniels PW, Williams DT, MacKenzie JS. 2002. Japanese encephalitis. In A Morilla, ZJJ Yoon K-J, eds. Trends in Emerging Viral Diseases of Swine. Ames, IA: Iowa State Press, pp. 249–263.

Dauphin G, Zientara S. 2007. Vaccine 25:5563–5576.

Drebot MA, Lindsay R, Barker IK, et al. 2003. J Infect Dis 14:105–114.

Endy TP, Nisalak A. 2002. Curr Top Microbiol Immunol 267:11–48.

French EL. 1952. Med J Aust 1:100–103.

Fujita T. 1933. Studies on the causative agent for epidemic encephalitis. Jpn J Exp Med 17:1441–1501.

Gajanana A, Rajendran R, Samuel PP, et al. 1997. J Med Entomol 34:651–659.

Gard GP, Giles JR, Dwyer-Grey RJ, Woodroofe GM. 1976. Aust J Exp Biol Med Sci 54:297–302.

Gard GP, Marshall ID, Walker KH, et al. 1977. Aust Vet J 53:61–66.

Geevarghese G, Shaikh BH, Jacob PG, et al. 1987. Indian J Med Res 86:413–418.

Gibbs SE, Marlenee NL, Romines J, et al. 2006. Vector Borne Zoonotic Dis 6:261–265.

Gould EA, Solomon T. 2008. Lancet 371:500–509.

Gubler DJ. 2007. Clin Infect Dis 45:1039–1046.

Gubler DJ, Kuno G, Markoff L. 2007. Flaviviruses. In DM Knipe, PM Howley, eds. Fields Virology, 5th ed. Philadelphia: Williams and Wilkins, pp. 1101–1152.

Hale JH, Lim KA, Colless DH. 1957. Ann Trop Med Parasitol 51:374–379.

Hall RA, Broom AK, Smith DW, Mackenzie JS. 2002. Curr Top Microbiol Immunol 267:253–269.

Hall RA, Khromykh AA. 2004. Expert Opin Biol Ther 4:1295–1305.

Hall-Mendelin S, Ritchie SA, Johansen CA, et al. 2010. Proc Natl Acad Sci USA 107:11255–11259.

Hayes EB, Gubler DJ. 2006. Annu Rev Med 57:181–194.

Hubalek Z, Halouzka J. 1999. Emerg Infect Dis 5:643–650.

Hunt AR, Hall RA, Kerst AJ, et al. 2002. J Clin Microbiol 40:2023–2030.

Igarashi A. 2002. Curr Top Microbiol Immunol 267:139–152.

Ilkal MA, Prasanna Y, Jacob PG, et al. 1994. Acta Virol 38:157–161.

Iwasaki Y, Zhao JX, Yamamoto T, Konno H. 1986. Acta Neuropathol (Berl) 70:79–81.

Jimenez-Clavero MA, Aguero M, Rojo G, Gomez-Tejedor C. 2006. J Vet Diagn Invest 18:459–462.

Johansen C, Susai V, Hall R, et al. 2007. Virus Genes 35:147–154.

Johansen CA, Hall RA, van den Hurk AF, et al. 2002. Am J Trop Med Hyg 67:656–661.

Johnsen DO, Edelman R, Grossman RA, et al. 1974. Am J Epidemiol 100:57–68.

Johnson AJ, Noga AJ, Kosoy O, et al. 2005. Clin Diagn Lab Immunol 12:566–574.

Johnson DJ, Ostlund EN, Pedersen DD, Schmitt BJ. 2001. Emerg Infect Dis 7:739–741.

Kanojia PC, Shetty PS, Geevarghese G. 2003. Indian J Med Res 117:104–110.

Kauffman EB, Jones SA, Dupuis AP, 2nd, et al. 2003. J Clin Microbiol 41:3661–3667.

Kay BH, Young PL, Hall RA, Fanning ID. 1985. Aust J Exp Biol Med Sci 63:109–126.

Komar N. 2003. Adv Virus Res 61:185–234.

Komar N, Langevin S, Hinten S, et al. 2003. Emerg Infect Dis 9:311–322.

Konishi E, Pincus S, Paoletti E, et al. 1992. Virology 190:454–458.

Konishi E, Shoda M, Ajiro N, Kondo T. 2004. J Clin Microbiol 42:5087–5093.

Konishi E, Yamaoka M, Kurane I, Mason PW. 2000. Virology 268:49–55.

Kramer LD, Styer LM, Ebel GD. 2008. Annu Rev Entomol 53:61–81.

Lanciotti RS, Ebel GD, Deubel V, et al. 2002. Virology 298:96–105.

Lanciotti RS, Kerst AJ, Nasci RS, et al. 2000. J Clin Microbiol 38:4066–4071.

Lawrie CH, Uzcategui NY, Gould EA, Nuttall PA. 2004. Emerg Infect Dis 10:653–657.

Lin L, Hanson CV, Alter HJ, et al. 2005. Transfusion 45:580–590.

Lindenbach BT, Thiel H-J, Rice CM. 2007. Flaviviridae: The viruses and their replication. In DM Knipe, PM Howley, eds. Fields Virology, 5th ed. Philadelphia: Lippincott, Williams and Wilkins, pp. 1101–1152.

Lunt RA, Boyle DG, Middleton DJ, et al. 2001. Arbovirus Res Aust 8:220–224.

Mackenzie JS, Childs JE, Field HE, et al. 2008. The role of bats as reservoir hosts of emerging neurological viruses. In C Schoskes Reiss, ed. Neurotropic Virus Infections. New York: Cambridge University Press, pp. 382–406.

Mackenzie JS, Williams DT. 2009. Zoonoses and Public Health 56:338–356.

Mackenzie JS, Williams DT, Smith DW. 2007. Japanese encephalitis virus: the geographic distribution, incidence and spread of a virus with a propensity to emerge in new areas. In E Tabor, ed. Perspectives in Medical Virology: Emerging Viruses in Human Populations. Amsterdam, The Netherlands: Elsevier, pp. 201–268.

Marshall ID. 1988. Murray Valley and Kunjin encephalitis. In TP Monath, ed. The Arboviruses: Epidemiology and Ecology. Boca Raton, FL: CRC Press, pp. 151–189.

Mayo DR, Beckwith WH. 2002. J Clin Microbiol 40:3044–3046.

McLean RG, Ubico SR, Bourne D, Komar N. 2002. Curr Top Microbiol Immunol 267:271–308.

McMinn PC. 1997. J Gen Virol 78:2711–2722.

Mohammed MA, Galbraith SE, Radford AD, et al. 2011. Infect Genet Evol 11(5):855–862.

Monath TP. 2002. Curr Top Microbiol Immunol 267:105–138.

Mostashari F, Bunning ML, Kitsutani PT, et al. 2001. Lancet 358:261–264.

Mumcuoglu KY, Banet-Noach C, Malkinson M, et al. 2005. Vector Borne Zoonotic Dis 5:65–71.

Murgue B, Zeller H, Deubel V. 2002. Curr Top Microbiol Immunol 267:195–221.

Nasci RS, Savage HM, White DJ, et al. 2001. Emerg Infect Dis 7:742–744.

Nash D, Mostashari F, Fine A, et al. 2001. N Engl J Med 344:1807–1814.

OIE. 2009. Japanese encephalitis. In OIE Technical Disease Card. Paris, France: World Organisation for Animal Health (OIE), pp. 1–6. http://www.oie.int/animal-health-in-the-world/technical-disease-cards/.

——. 2010a. Japanese encephalitis. In Manual of Diagnostic Tests and Vaccines for Terrestrial Animals 2010. Paris, France: World Organisation for Animal Health (OIE), pp. 231–239. http://www.oie.int/international-standard-setting/terrestrial-manual/.

——. 2010b. West Nile fever. In Manual of Diagnostic Tests and Vaccines for Terrestrial Animals 2010. Paris, France: World Organisation for Animal Health (OIE), pp. 377–385. http://www.oie.int/international-standard-setting/terrestrial-manual/.

Pant GR, Lunt RA, Rootes CL, Daniels PW. 2006. Comp Immunol Microbiol Infect Dis 29:166–175.

Parida M, Posadas G, Inoue S, et al. 2004. J Clin Microbiol 42:257–263.

Parida MM, Santhosh SR, Dash PK, et al. 2006. J Clin Microbiol 44:4172–4178.

Peiris JS, Amerasinghe FP, Arunagiri CK, et al. 1993. Trans R Soc Trop Med Hyg 87:541–548.

Platt KB. 2004. Characterization of West Nile virus infection in swine. Final Report, Project #02-118. National Pork Board .

Platt KB, Joo HS. 2006. Japanese encephalitis and West Nile viruses. In BE Straw, JJ Zimmerman, S D'Allaire, DJ Taylor, eds. Diseases of Swine, 9th ed. Ames, IA: Blackwell Publishing, pp. 359–365.

Pyke AT, Phillips DA, Chuan TF, Smith GA. 2004a. BMC Microbiol 4:3.

Pyke AT, Smith IL, van den Hurk AF, et al. 2004b. J Virol Methods 117:161–167.

Ratho RK, Sethi S, Prasad SR. 1999. J Commun Dis 31:113–116.

Remington KM, Trejo SR, Buczynski G, et al. 2004. Vox Sang 87:10–18.

Roehrig JT, Hombach J, Barrett AD. 2008. Viral Immunol 21:123–132.

Rosen L. 1986. Annu Rev Microbiol 40:395–414.

Rosen L, Lien JC, Shroyer DA, et al. 1989. Am J Trop Med Hyg 40:548–556.

Scherer WF, Buescher EL, McClure HE. 1959. Am J Trop Med Hyg 8:689–697.

Scherret JH, Poidinger M, Mackenzie JS, et al. 2001. Emerg Infect Dis 7:697–705.

Scott TW. 1988. Vertebrate host ecology. In TP Monath, ed. The Arboviruses: Epidemiology and Ecology. Boca Raton, FL: CRC Press, p. 257.

Sejvar JJ. 2007. Clin Infect Dis 44:1617–1624.

Shi PY, Kauffman EB, Ren P, et al. 2001. J Clin Microbiol 39:1264–1271.

Shi PY, Wong SJ. 2003. Expert Rev Mol Diagn 3:733–741.

Smithburn KC, Hughes TP, Burke AW, Paul JH. 1940. A neurotropic virus isolated from the blood of a native of Uganda. Am J Trop Med 20:471–473.

Solomon T, Ni H, Beasley DW, et al. 2003. J Virol 77:3091–3098.

Solomon T, Vaughn DW. 2002. Curr Top Microbiol Immunol 267:171–194.

Soman RS, Rodrigues FM, Guttikar SN, Guru PY. 1977. Indian J Med Res 66:709–718.

Spencer JD, Azoulas J, Broom AK, et al. 2001. Commun Dis Intell 25:33–47.

Sulkin SE, Allen R. 1974. Virus Infections in Bats, Vol. 8. Houston, TX: Buchdruckerei Merkur AG.

Tanaka M. 1993. J Virol Methods 41:311–322.

Teehee ML, Bunning ML, Stevens S, Bowen RA. 2005. Arch Virol 150:1249–1256.

Thiel H-J, Collett MS, Gould EA, et al. 2005. Flaviviridae. In CM Fauquet, MA Mayo, J Maniloff, U Desselberger, LA Ball, eds. Virus Taxonomy: Classification and Nomenclature of Viruses. The Eighth Report of the International Committee on Taxonomy of Viruses. London, UK: Elsevier Academic Press, pp. 981–998.

Tsai TF. 2000. New initiatives for the control of Japanese encephalitis by vaccination: minutes of a WHO/CVI meeting, Bangkok, Thailand, 13–15 October 1998. Vaccine 18 (Suppl 2):1–25.

Turell MJ, Spring AR, Miller MK, Cannon CE. 2002. J Med Entomol 39:1–3.

Uchil PD, Satchidanandam V. 2001. Am J Trop Med Hyg 65:242–251.

Ueba N, Kimura T, Nakajima S, et al. 1978. Biken J 21:95–103.

van den Hurk AF, Johansen CA, Zborowski P, et al. 2003. Med Vet Entomol 17:403–411.

van den Hurk AF, Ritchie SA, Mackenzie JS. 2009. Annu Rev Entomol 54:17–35.

Vaughn DW, Hoke CH. 1992. Epidemiol Rev 14:197–221.

Weinberger M, Pitlik SD, Gandacu D, et al. 2001. Emerg Infect Dis 7:686–691.

WHO. 2006. Japanese encephalitis vaccines. WHO Wkly Epidemiol Rec 81:331–340 (WER www.who.int/wer).

Wilder-Smith A, Halstead SB. 2010. Curr Opin Infect Dis 23:426–431.

Williams DT, Daniels PW, Lunt RA, et al. 2001. Am J Trop Med Hyg 65:379–387.

Williams DT, Johansen CA, Harnett GB, Smith DW. 2010. Murray Valley encephalitis virus. In D Liu, ed. Molecular Detection of Human Viral Pathogens. Boca Raton, FL: Taylor & Francis CRC Press, pp. 219–229.

Williams DT, Wang LF, Daniels PW, Mackenzie JS. 2000. J Gen Virol 81:2471–2480.

Williamson G. 2008. State and Territory Reports (Queensland). Animal Health Surveill Vol. 13, pp. 13–15.

Wong SJ, Boyle RH, Demarest VL, et al. 2003. J Clin Microbiol 41:4217–4223.

Yamada M, Nakamura K, Yoshii M, Kaku Y. 2004. Vet Pathol 41:62–67.

Yamada M, Nakamura K, Yoshii M, et al. 2009. J Comp Pathol 141:156–162.

38

瘟病毒
Pestiviruses

Peter D. Kirkland,Marie-Frédérique Le Potier,Phillippe Vannier 和 Deborah Finlaison

综述
OVERVIEW

瘟病毒是一类体积较小的(40～60 nm),有囊膜,近球形,单股正链 RNA 病毒,属于瘟病毒属黄病毒科(Becher 等,1999)。目前瘟病毒属包括四种正式确定的成员:猪瘟病毒(SCFV),牛病毒性腹泻病毒 1、2 群(BVDV-1,BVDV-2)及边界病毒(BDV)。

一些病毒的分子特征和新鉴定的病毒都暗示着瘟病毒属可能存在其他病毒。包括"长颈鹿瘟病毒"(Becher 等,1999;Harasawa 等,2000)、从胎牛血清及牛上分离的"HoBi"病毒及其相关病毒(Kreutz 等,2000;Schirrmeier 等,2004)、从美国叉角羚羊上分离的病毒(Vilcek 等,2005)及最近从一个暴发疾病的猪群中分离到的 Bungowannah 病毒(Kirkland 等,2007)。众所周知瘟病毒可以在种间传播,因尚缺乏在野外感染的证据,因此不排除猪还有感染其他瘟病毒的可能。

瘟病毒属中,猪病中最为重要的要属 SCFV。猪感染其他瘟病毒,如 BVDV 或 BDV 能引起发病,主要是引起繁殖障碍,没有明显的临床症状;Bungowannah 病毒能引起明显的临床症状,除引起严重的繁殖障碍外,还能引起子宫内慢性感染,其临床症状与低毒力 SCFV 的临床症状很难区分。不过,Bungowannah 病毒感染的地域分布极

为有限,目前只在澳大利亚的两个猪群中发现。

大多数瘟病毒在体外培养的细胞上不产生细胞病变,但一些 SCFV 株和部分从黏膜病病例中分离的 BVDV 株可产生细胞病变(Gallei 等,2008)。BVDV 产生细胞病变与其非结构蛋白 NS3 的表达有关,该蛋白由融合蛋白 NS2-3 加工而来。

瘟病毒的基因组长 12.5～16.5 kb,编码一个多聚蛋白(Meyers 等,1989),该多聚蛋白包含所有的结构蛋白(C、E^{rns}、E1、E2)及非结构蛋白(N^{pro}、p7、NS2-3、NS4A、NS4B、NS5A、NS5B),其编码顺序为:NH2-(N^{pro}-C-E^{rns}-E1-E2-p7-NS2-3-NS4A-NS4B-NS5A-NS5B)-COOH,该多聚蛋白在翻译的同时或翻译后,通过病毒与宿主细胞蛋白酶结合转变成成熟蛋白(Rumenapf 等,1993)。囊膜蛋白的结构和功能目前已比较明确,但是对于非结构蛋白目前还不清楚,关于病毒 RNA 复制及病毒粒子的装配机制目前也不清楚。病毒颗粒通过胞吐的方式由宿主细胞释放,通常不破坏宿主细胞的形态,能引起细胞病变的毒株属于例外,这些具有异常特性的毒株属于不引起细胞病变的突变体。

瘟病毒为囊膜病毒,对表面活性剂和脂溶剂非常敏感,但对高或低 pH 或者 60℃(140℉)以上温度有一定的抵抗力,病毒的灭活条件在不同

猪病学,第 10 版,由 Jeffrey J. Zimmerman,Locke A. Karriker,Alejandro Ramirez,Kent J. Schwartz,Gregory W. Stevenson 主编。
© 2012 John Wiley & Sons,Inc. 由 John Wiley & Sons,Inc. 2012 年出版。

毒株间有差别,并且受病毒储存液的影响很大,富含蛋白的环境通常能提高瘟病毒的稳定性。

公共卫生
Role in Public Health

尽管瘟病毒能在种属间传播,但在自然界中这种传播仅限于偶蹄动物之间。目前还没有人类感染瘟病毒的报道,所以对公共卫生及食品安全没有太大意义。

猪瘟
CLASSICAL SWINE FEVER (HOG CHOLERA)
背景
Relevance

猪瘟(SCF),曾经被称作猪霍乱(hog cholera)是一种世界性的高度接触性传染病,被世界动物卫生组织(OIE)列入 OIE 疾病名录。19 世纪早期就有关于 SCF 临床暴发的报道(Fuchs,1968;Kernkamp,1961;USDA,1889),1903 年被认定为病毒病(Wise,1981)。家猪和野猪是 SCFV 唯一的自然宿主,SCFV 流行于欧洲东部地区、亚洲东南部、美国中部及美国南部。尽管欧洲中部地区已从家猪中将 SCFV 根除,但 SCFV 仍然在某些野猪群中流行,所以,靠近感染 SCFV 野猪群的猪场有被重新感染的风险。

病因学
Etiology

SCFV 是相对稳定的 RNA 病毒(Vanderhallen 等,1999),但其抗原性和遗传学变化很大,不同毒株之间还可能进行重组(He 等,2007)。SCFV 不同毒株间的抗原变异可以用单克隆抗体进行鉴定(Edwards 等,1991),其遗传变异可通过基因组测序分析。例如采用分别针对 E2 及 Eʳⁿˢ 糖蛋白的两种单克隆抗体鉴定了 21 种抗原病毒类型(Kosmidou 等,1995)。

对新分离的 SCFV 毒株的鉴定已有标准化程序,包括基因组片段测序、构建进化树的算法及基因组分类。通常测定病毒基因组的三个区域:3′端聚合酶基因(NS5B);5′非翻译区(NTR)的 150 个核苷酸及编码 E2 的 190 个核苷酸。基因型的分类主要依据糖蛋白 E2,因该基因序列已公布的数据很多。

SCFV 有 3 个基因群(Lowings 等,1996),每一个群有 3～4 个亚群:1.1、1.2、1.3;2.1、2.2 及 2.3;3.1、3.2、3.3 及 3.4(Paton 等,2000)。通过对近 20 年分离毒株的系统发育分析表明,基因群与地理区域有关(Greiser-Wilke 等,2000a)。基因 1 群分离株来自于南美(Pereda 等,2005)及俄罗斯(Vlasova 等,2003);分离于欧洲西部、中部或东部(Blome 等,2010)及一些亚洲国家(Blacksell 等,2004;Kamakawa 等,2006;Pan 等,2005)的毒株大多数属于基因 2 群;基因 3 群主要包括来源于亚洲的分离株(Parchariyanon 等,2000)。位于德国汉诺威的 SCF 共同体参考实验室建立了一个关于全世界 SCFV 序列的访问网络数据库。这个数据库对鉴定来源于未曾感染区域的可能引起暴发的病毒非常有用。

流行病学
Epidemiology

在澳大利亚、新西兰、北美及西欧地区的家猪群中没有 SCF(Paton 和 Greiser-Wilke,2003)。南美的智利及乌拉圭已宣布根除 SCF。阿根廷从 1999 年就没有暴发过 SCF,并在 2004 年 4 月停止使用猪瘟疫苗(Vargas Teran 等,2004)。美国中部及南部的大部分区域继续通过使用疫苗来控制该病的暴发(Morilla 和 Carvajal,2002)。SCF 在亚洲仍然流行(Paton 等,2000),尽管在非洲的流行情况还不明确,但在马达加斯加及南非已有报道(Sandvik 等,2005)。

由于近几年 SCF 又入侵到已被根除的地区,所以这些地区有重新出现 SCF 流行的风险。例如,SCF 在古巴消失了 20 年后于 1993 年重新出现,古巴西部的暴发来源于实验室测定疫苗效力的玛格丽塔株(基因群 1.2),但是古巴东部暴发的 SCF 的病原来源不清楚,与加勒比株也没有相关性。该次暴发因有高易感猪群(未免疫)的存在而恶化,引起了巨大的经济损失(Frias-Lepoureau,2002;Pereda 等,2005)。尽管加勒比对发病猪群进行了销毁,但是还是有新的感染,政府不得不采取疫苗免疫措施加以控制。

在自然环境中,SCFV 主要传播途径有:通过与感染的家猪或野猪直接或间接接触以口鼻方式传播,或者是通过摄入被污染的饲料传播(Edwards,2000;Fritzemeier 等,2000;Horst 等,

1997)。在养猪场比较少的地区 SCF 已被根除，感染猪的运输及引入的代价是导致该区域 SCF 的暴发和迅速传播(Ribbens 等,2004)。

在实验条件下 SCFV 可以通过空气传播(Dewulf 等,2000;Weesendorp 等,2009),但是在野外这种传播方式还没有得到证实。对于完全易感的猪群及猪场密度高的区域,次要的传播途径也能引起相当严重的后果。对荷兰 1997—1998 年 SCF 流行数据分析表明:SCFV 可以在短距离内(在同一猪舍或者是直径不超过 500 m 的区域内)进行空气传播。用高压水枪打扫猪舍时所产生的气溶胶也可以成为 SCFV 的一种传播方式(Elbers 等,2001)。

学者探讨了荷兰暴发 SCF 时 SCFV 可能通过精液传播(Hennecken 等,2000),实验结果表明感染野猪的精子中能够携带 SCFV,因此认为 SCFV 可以通过人工授精的方式进行传播(de Smit 等,1999;Floegel 等,2000)。

啮齿类动物和宠物被认为是机械性传播的媒介,但大鼠和犬在实验条件下并不传播 SCFV(Dewulf 等,2001a)。因此,在 SCF 暴发时,将该区域的宠物进行安乐死处理并不合理,猪场暴发该病时禁止它们离开就可以了。

如果生物安全措施较差,SCFV 可以通过人类进行间接传播,例如,参观人员进入生产区时没有更换猪场提供的防护服及靴子(Elbers 等,2001)。但是,如果采取了基本的卫生措施,通过这种方式传播的风险将会很低。运输工具(卡车、拖车、汽车)能长距离携带被病毒污染的粪尿,但是运输模拟实验证明,这些分泌物如果不直接与猪接触,是不可能通过这种方式传播的(Dewulf 等,2002)。

在一个地区用定量的方法研究 SCFV 在动物间和猪群内传播会备受关注,该方法的目的之一是确定影响传播速率的生物和人口因素(Klinkenberg 等,2002)。实验表明,病毒的毒力能影响病毒传播动力学(Durand 等,2009)。感染高致病性 SCFV 毒株的猪在整个感染期从分泌物及排泄物中排除的病毒量要比感染中等或低毒力要多得多,但接种中等毒力的弱毒株引起的慢性感染是个例外,在整个感染期,由于持续的长时间排毒,大量的病毒随分泌物和排泄物排出。这表明慢性感染的猪在 SCFV 的传播过程中起着

关键性的作用。此外,这些病毒排出数据在区分不同毒株及临床感染表现的建模中具有重要的作用(Weesendorp 等,2011)。

预测疫情过程的数学模型可以提供决策指导,以控制疫情。在荷兰(Horst 等,1999)及比利时(Mintiens 等,2003)这些模型已被创建并用于数据测试。

关于 SCFV 的存活及灭活条件已经有相关的详细描述(Edwards,2000)。作为典型的囊膜病毒,SCFV 可以被有机溶剂(或者氯仿)及表面活性剂灭活。氢氧化钠(2%)被认为是最佳污染猪舍的消毒剂。

尽管 SCFV 是有囊膜病毒,在某些情况下,即在低温、潮湿、富含蛋白的条件下,能存活很长时间,例如冷藏肉,液态条件下 20℃(68℉)存活 2 周,4℃(39℉)能存活 6 周以上。SCFV 在 pH 5～10 的环境中相对稳定。pH 为 5 以下的失活速率则与温度有关。不同毒株对热和 pH 的稳定性不同,但主要依赖于灭活的介质。例如,60℃(140℉)灭活 10 min 可使 SCFV 感染细胞的能力完全丧失,但在 68℃去纤维蛋白血液(154℉)中至少可以存活 30 min。鼻腔接种高毒力及中等毒力的 SCFV,病毒在猪粪和尿中的活性与储存温度呈负相关,平均半衰期分别为 5℃(41℉)2～4 d、30℃(86℉)1～3 h。来源于粪的病毒存活时间有明显差异,但来源于尿中的没有差别(Weesendorp 等,2008)。因为这些原因,很难给环境中的 SCFV 存活情况建立统一标准。

致病机理
Pathogenesis

口鼻传播是 SCFV 最常见的传播方式,病毒最初在扁桃体内复制。从扁桃体到局部淋巴结,再通过外周血到达骨髓、内脏淋巴结、小肠和脾脏的淋巴组织,通常在 6 d 内完成全身感染。

在猪体内,SCFV 在单核巨噬细胞系统及血管内皮细胞中复制。SCFV 的感染能引起免疫抑制,其中和抗体在感染后 2～3 周才会出现。白细胞减少,特别是淋巴细胞减少是最先表现出来的典型变化(Susa 等,1992)。SCF 相关的白细胞减少症与每一种白细胞亚群都有关,其中对 B-淋巴细胞,辅助性 T 细胞及细胞毒性 T 细胞影响最大。病毒血症出现后不久,淋巴细胞亚群就会出

现缺失。

CSFV 感染引起骨髓及循环血液中白细胞的变化的严重性表明,病毒通过间接诱导对未感染细胞形成影响,例如可通过可溶性因子或者是细胞与细胞间接触,这些并不是由于病毒或病毒蛋白的直接作用引起的。研究表明高浓度糖蛋白 E^{rns} 体外能诱导淋巴细胞凋亡(Bruschke 等,1997)。但是感染细胞上清不能诱导细胞凋亡,其机制可能与 CSFV 感染能诱导迟发性细胞与体液免疫反应有关,但真正的机制还不清楚(Summerfield 等,2001)。

在细胞培养时,大多数 SCFV 毒株不引起细胞病变,也不诱导 IFN-α 的产生,实际上,SCFV 的感染能使细胞增强抗凋亡能力(Ruggli 等,2003)。这些通过观察获得的证据表明,CSFV 干扰细胞的抗病毒活性,提示在猪体内看到的病变可能与免疫病理学损伤有关。

SCFV 作用于单核-巨噬细胞系统导致一些介质分子的释放,这些介质的释放又促进疾病的发生。止血平衡失调和出血是由于 SCFV 感染产生的促炎因子及抗病毒因子诱导的血小板减少所致(Knoetig 等,1999)。SCFV 感染内皮细胞后释放的炎性细胞因子在免疫抑制及吸引单核细胞促病毒传播中发挥重要作用(Bensaude 等,2004)。最近发现 SCFV 可以在树突状细胞内复制,这些活动性较高的细胞可携带病毒到达机体的各个部位尤其是淋巴组织(Jamin 等,2004)。仅 SCFV 感染的树突状细胞与淋巴细胞间的相互作用而没有淋巴滤泡与环境中其他因素的作用不足以导致淋巴细胞缺失(Carrasco 等,2004;Jamin 等,2008)。

不同毒株的毒力不同,结果导致 SCFV 与宿主之间相互作用不同。逃逸宿主的先天性免疫使获得性免疫反应推迟并产生病变效应。比较基因芯片分析结果表明,SCFV 能干扰干扰素的产生,激活旁路杀伤途径杀伤淋巴细胞,使淋巴细胞减少,这些严重后果可能与宿主丧失干扰素产生能力有关。

临床症状
Clinical Signs

急性 SCF 最初的临床症状有食欲减退、嗜睡、结膜炎、呼吸困难、先便秘后腹泻(Cariolet

等,2008;Floegel-Niesmann 等,2009)。慢性 SCF 时也出现类似症状,但是病猪能生存 2~3 个月,同时一些非特异性的症状例如间歇热、慢性肠炎、消瘦也会出现。

一般情况下,最急性、急性、慢性及产前形成的 SCF 表现形式与病毒的毒力密切相关,但是由于不同日龄、品种、健康状态及免疫状态的猪对同一毒株的敏感性不同,所以 SCFV 的毒力是很难界定的(Depner 等,1997;Floegel-Niesmann 等,2009;Moennig 等,2003)。

从 19 世纪 80 年代早期开始,仅从临床症状诊断 SCF 一直存在问题,导致对暴发疫情的诊断延迟,从而给予病毒充分的传播时间(Durand 等,2009)。SCF 是能引起皮肤充血或发绀及非特异性临床症状的数种疫病之一,特别是感染了低毒力的 SCFV 毒株,从临床症状上很难与非洲猪瘟(ASF)、猪繁殖与呼吸障碍综合征(PRRS)及断奶仔猪皮炎和肾病综合征(PDNS)、沙门氏菌病或者香豆素中毒区分。SCF 最常见的症状是超过 40℃ 的高烧(140°F)(Floegel-Niesmann 等,2003),仔猪聚堆于墙角,仔猪的临床症状比成年猪明显,成年猪体温要低一些(40℃,140°F)。

SCFV 在妊娠的任何时期都能通过胎盘感染胎儿,是否导致流产和死胎取决于感染的毒株和妊娠的时间。然而,在妊娠 50~70 d 感染时出生仔猪会有持续性的病毒血症,这些仔猪最初没有临床症状,但是这些猪会被淘汰或者发生先天性震颤(Vannier 等,1981),这种感染被称为"迟发型 SCF"(Van Oirschot 和 Terpstra,1977),与反刍动物的 BVDV 相似,这种猪能持续向外排毒数月,是 SCFV 重要的存储宿主。

根据病毒毒力和宿主反应不同,猪在感染 SCFV 3~6 d 后出现临床症状、或者死亡、或者恢复、或者是继发慢性疾病。SCFV 感染后有一定的潜伏期,感染毒力较低的毒株时病程持续 13~19 d(Durand 等,2009)。由于感染后特别是感染中等或低毒力毒株时不会表现出明显的临床症状,容易被忽略,因此 SCFV 感染后 4~8 周内通常检测不到,这进一步增强了其传播的风险。

病理变化
Lesions

SCF 的病程不同其引起的病变严重程度及

波及范围也不同。在急性感染时,其病理变化主要是出血。常见白细胞减少症、血小板减少症、皮肤斑点状出血、淋巴结出血、喉头出血、膀胱出血、肾出血及回肠与盲肠连接处出血(图 38.1)。SCF 的特征性病变是脾脏边缘有多个出血性梗死灶,但这种病变并不常见(图 38.2),常见脾脏或扁桃体肿胀出血(图 38.3)。在慢性感染时,盲肠或大肠有扣状溃疡(图 38.4),以及全身淋巴组织严重缺失。出血及炎性病变是不常见的,甚至是不存在的,尽管血管内皮细胞有变性病变。先天性 SCF 会出现流产、木乃伊胎、死胎、先天性畸形,例如中央不典型增生髓鞘、小脑发育不全、脑过小及肺发育不良(van der Molen 和 van Oirschot,1981)。

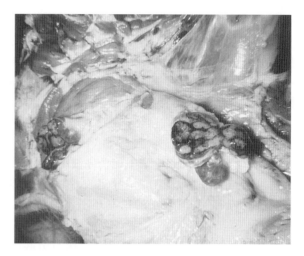

图 38.3　下颌淋巴结周边出血(由 W. C. Stewart 提供)。

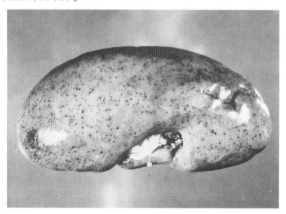

图 38.1　肾脏出现数量较多的点状出血(由 W. C. Stewart 提供)。

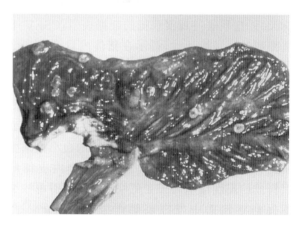

图 38.4　盲肠和结肠的扣状溃疡(由 L. D. Miller 提供)。

回肠、直肠、脑及呼吸系统,发现所有毒株引起的病变属淋巴结最为严重,其次是回肠的坏死灶及脑血管充血,因此,这些组织在 SCF 的诊断时具有重要意义。在早期的研究报道中,SCF 会引起的脾梗死及扁桃体坏死灶,但目前并不常见,另外呼吸系统表现为有轻微症状或无症状。

诊断
Diagnosis

近期 SCF 在欧洲的流行病学表明,SCF 的快速诊断和及时消灭 SCFV 感染动物是控制该病的关键,SCF 检测出来之前流行的时间越长其传播的几率就越大,应当认识到近期 75% 的 SCFV 流行病学诊断是靠牧场主或者兽医工作者根据临床观察确定的。评价猪群是否有 SCF 的标准操作程序已建立(Elbers 等,2002;Floegel-Niesmann 等,2009;Mittelholzer 等,2000)。但是,如

图 38.2　脾脏梗死(由 L. D. Miller 提供)。

Floegel-Niesmann 等(2009)对近 20 年分离于欧洲家猪或野猪的 6 株 SCFV 与参考株(Alfort,1987)引起的临床症状和病变进行了比较,对皮肤、皮下组织及浆膜、扁桃体、脾、肾、淋巴结、

果是用于猪场,临床标准的参考项目不能过于复杂,平均日增重和饲料消耗是两个有用的定量指标(Cariolet 等,2008),体温也是一个重要指标,因为 SCF 在最初临床症状出现前或出现时伴随高热发生。

由于 SCF 没有特征性的临床症状,所以通常需要实验室诊断。由于 SCFV、BVDV 及 BDV 的抗原相似,因此区别这些病原具有重要意义。已建立多种诊断 SCFV 的方法,包括病毒粒子(抗原或者核酸)或者病毒抗原特异性抗体。尽管瘟病毒通用的诊断方法在检测临床样品中起着重要作用,但是检测阳性样品必须用 SCFV 特异性的方法进行确诊。实时定量 RT-PCR(qRT-PCR)是目前应用最广泛的瘟病毒核酸检测方法,已有现成的检测瘟病毒通用方法和检测 SCFV 特异性方法。针对于不同瘟病毒的单克隆抗体已成功应用于病毒分离(VI)、荧光抗体检测(FAT)或者是 ELISA 检测中。

在疾病暴发时不可能采用所有的检测方法进行检测,但是可以根据检测目的和流行情况选择适当的检测方法。因为控制一场疫情暴发的关键是控制病毒在牧区内的传播,可以选择高敏感性、特异性及快速的 qRT-PCR 方法。因为病毒血症持续的时间短,检测抗体也是一种有用的方法,这种方法特别适用于临床症状出现超过 2 周的猪群(Greiser-Wilke 等,2007)。

猪瘟病毒的检测(Detection of Classical Swine Fever Virus)。由于不同毒株的毒力不同,检测方法和检测样品不同,SCFV 可在感染后 24 h 内检测到,病毒可以从组织匀浆、血清、血浆、血沉棕黄层及肝素或者是乙二胺四乙酸(EDTA)抗凝全血中分离到(Greiser-Wilke 等,2007)。

富含病毒的组织有扁桃体、脾、肾、回盲部淋巴组织及咽后淋巴结(Narita 等,2000),这些样品也同样可以应用于病毒的 RNA 分离或者抗原检测。

虽然 VI 是多数 SCFV 根除计划的参考方法,但是该方法只适应于实验室检测,不能满足控制病毒进一步传播的快速反应需求。使用 VI 的目的是分离病毒并对其特性进行鉴定以便于疫苗研究。SCFV 可以用猪肾细胞系(PK-15 或 SK6)分离,分离的关键是所用的细胞、培养基及试剂都要确保没有瘟病毒及其抗体存在。

qRT-PCR 与其他检测病毒或 RNA 的方法相比有许多优势。这种方法具有较高的敏感性(诊断及分析)和特异性,特别是探针法(Hoffmann 等,2009;Le Potier 等,2006)。探针杂交法比探针水解法敏感性高,但这两种方法都比 SYBR 方法敏感(Hoffmann 等,2005;Jamnikar Ciglenecki 等,2008)。当用同一种方法时,qRT-PCR 能在不同实验室中标准化,并具有较高的一致性。目前已有 SCFV 的商品化检测试剂盒(Le Dimna 等,2008)。

qRT-PCR 可用于多种样品检测 CSFV 的感染,主要包括全血、棉拭子及组织样品。除了全血外,血清、血浆或者是白细胞也可使用。适用于 VI 的组织样品包括扁桃体、脾、回肠及淋巴结,但肾用于 VI 的可用性差一些。

高质量、新鲜样品最好,qRT-PCR 方法也可以在病毒灭活组织中或者是用 VI 方法细菌污染或者是组织自溶情况下没有分离到病毒的样品中也能检测到病毒 RNA,例如,来自野猪的检测样品(Depner 等,2007)。因 qRT-PCR 不受抗体存在的影响,因此可以用于检测来源于任何日龄的动物样品。

完全康复动物的某些组织中可以长期检测到病毒 RNA,至少能从康复 9 周的猪扁桃体中检测病毒 RNA(Blome 等,2006)。

利用 qRT-PCR 方法扩增病毒的不同基因片段可以区分病毒种类(SCFV、BVDV 及 BDV)或者是 SCFV 的不同分离株。根据疫苗和需测试的样品,qRT-PCR 可以用于遗传上 DIVA(区分野毒感染和疫苗免疫动物)的检测(Beer 等,2007)。也就是说,如果疫苗中不包括病毒基因组,例如 E2 亚单位疫苗或者是引物位点缺失或取代疫苗,qRT-PCR 检测阳性结果就可以表明是野毒感染(Koenig 等,2007)。最近建立的 C-株特异性的 qRT-PCR(Leifer 等,2009)可以用于检测免疫弱毒疫苗的动物,但是检测到阳性结果不能排除野毒感染的可能性。特异性检测野毒感染的 PCR 的方法(Liu 等,2009;Zhao 等,2008)能用于或排除野毒感染,这决定于动物疫苗免疫状态。

高敏感性的 qRT-PCR 也可用于混合样品的检测(Depner 等,2007;Le Dimna 等,2008),使检测量显著增加。但也有其他方面的考虑,包括准备混合样品的时间,重新检测单个阳性样品所需时间。为保证检测方法的敏感性,需掌握操作方法的详细资料并对 RNA 水平进行检测,在混合样品前还需要比较临床病例和免疫猪群特点。

通常情况下,RT-PCR 检测阴性的样品被认为是未感染,且具有很高的可信度。相反,RT-PCR 检测阳性的结果并不意味着动物感染了 SCFV(Dewulf 等,2005;Haegeman 等,2006)。

抗原捕捉 ELISA 可以用于 SCFV 早期感染诊断,双夹心 ELISA 是以针对于多种病毒抗原的单抗或者是多抗为基础的方法,血清、血沉棕黄层、肝素或 EDTA 抗凝全血或者是组织匀浆可采用这些方法的检测。这些方法操作简单,也不需要组织培养设备,可以自动操作,并在 36 h 内出结果(Depner 等,1995)。但是要认识到抗原捕捉 ELISA 的局限性。目前可购买到的商品化试剂盒的敏感性要比细胞上的 VI 低(Blome 等,2006)。另外,这些方法用于检测仔猪血清样品的敏感性要比来自于成年猪或者是有轻微症状或亚临床症状的猪要高(Anonymous,2002)。为了弥补这些方法敏感性的不足,所有表现可疑的猪群都要检测。这些检测方法特异性较低,并出现假阳性结果。因此抗原捕捉 ELISA 仅用于有临床症状或符合 SCF 病变的猪及监控近期疑似感染的猪群。

间接 FAT 能用于冰冻切片病毒抗原的检测,敏感性高,可以批量检测样品,但这种方法很快被 qRT-PCR 取代,可用于将来 SCF 暴发时的检测。

SCFV 抗体检测(Detection of Antibodies to Classical Swine Fever Virus)。病毒中和实验(VN)是检测 SCFV 特异性抗体的参考方法,SCFV 中和抗体水平用滴定终点法测定,但是 VN 要求高质量血清及细胞培养系统。因为 VN 需要 3～5 d 获得结果,因此不适于常规的大规模检测。

因为瘟病毒间有抗体交叉反应,VN 可以用来检测动物感染的病毒类型,VN 检测需要两个或多个重复,SCFV 的中和抗体效价要与 BVDV 或者是 BDV 参考株的中和抗体效价进行比较,终点效价差别 4 倍或 4 倍以上可以认为是最高中和抗体效价的病毒感染(Anonymous,2002)。这种方法通常用于疾病暴发猪场周围的其他猪场控制措施解除前的检测。

检测抗 SCFV 抗体的 ELISA 方法用于进行流行病学调查,监控无 SCFV 区非常实用,竞争 ELISA 是建立在用抗 SCFV 血清与针对于 SCFV E2 蛋白的特异性单克隆抗体的竞争的基础上,利用竞争 ELISA 可以减少与其他瘟病毒抗体的交叉反应,常用的包被抗原是用昆虫杆状病毒表达的 E2(gp55)抗原。SCFV 感染后 10～15 d 可以用 ELISA 检测到抗体,与中和抗体出现的时间相似。

E^{rns}-ELISA 可用于区分鉴别用 E2 亚单位疫苗免疫的猪(Van Rijn 等,1999)。有些商品化的检测试剂盒缺乏敏感性和特异性,并且还与其他瘟病毒的抗体有交叉反应(Floegel-Niesmann,2001)。

抗原特异性的 ELISA 和亚单位、缺失突变或者是嵌合疫苗在未来研究中联合应用是非常有前景的,因此在 SCF 暴发时,应对现有可用的血清学方法与使用的免疫疫苗类型进行联合考虑,区别感染和疫苗免疫抗体的作用意义重大。

免疫
Immunity

虽然 SCFV 能诱导免疫抑制,但是感染后机体能产生中和抗体。中和抗体主要是由囊膜糖蛋白 E2 产生,囊膜蛋白 E^{rns} 和非结构蛋白 NS3 能诱导非中和抗体的产生,因此在感染后 10～20 d 中和抗体产生后可以清除病毒。

SCFV 特异性的中和抗体及其特异性的杀伤细胞是重要的有效免疫反应(Piriou 等,2003)。细胞免疫和中和抗体的双组合可提供快速、完全保护,将病毒清除。但是每一种免疫反应均具有避免 SCFV 引起的致命性感染的效果。E2 亚单位疫苗能诱导高滴度的保护猪免受病毒感染的中和抗体(Bouma 等,1999),也能保护相关的瘟病毒或嵌合病毒的实验性感染,但未检测到针对这些病毒的中和抗体(Beer 等,2007;Reimann 等,2004;Voigt 等,2007)。

已免疫或者感染过的猪对于病毒的再次感染有一定的抵抗力,SCFV 是一种相当稳定的 RNA 病毒,并且在不同基因型之间甚至与 BVDV 有交叉保护作用,仔猪母源抗体的保护能力能持续 8～12 周,这主要取决于初乳的中和抗体水平(Kaden 和 Lange,2004),但能干扰疫苗的反应(Vandeputte 等,2001)。

预防和控制
Prevention and Control

SCF 是一种在世界各地流行的全球性疾病，尽管有些地区已经根除 SCFV，但在根除和流行的边界地区及一些野猪群中仍然存在（Laddomada，2000）。目前 SCFV 根除的地区存在再次出现的风险，SCFV 根除地区生产者和兽医工作者在检测 SCF 的暴发中发挥着重要作用，但是早期检测需要预警和对临床症状知识的培训。

为适应国际贸易需求，无 SCF 地区采取"不免疫"政策，即通过销毁感染或者可疑猪群及实施检疫政策来控制 SCF（Anonymous，2001）。欧洲在根除 SCF 暴发后已重申"不免疫"政策，这种做法尤其适合养猪密度高的地区，因为这些地区存在很多增加该病传播风险的因素（Koenen 等，1996；Mintiens 等，2003）。在某些情况下，像 1997 年在荷兰的 SCF 暴发，限制屠宰猪的转移措施，避免了大量动物被安乐死。虽然疫苗的使用影响了经济效益，即接种区至少 1 年禁止国际贸易，但是在面对 SCF 的暴发时，将来还是要考虑疫苗的紧急免疫。

目前有许多可供使用的 SCFV 疫苗，包括著名的中国"C 株"、Thiverval 株，新的能够用于区分野毒感染和疫苗毒的标记疫苗（Beer 等，2007；van Oirschot，2003）。传统的活疫苗能产生高水平的保护力，并在免疫 2 周后可以产生中和抗体（Dahle 和 Liess，1995；Vandeputte 等，2001），能维持 6～10 个月，免疫途径（肌肉或口腔）影响不大（Kaden 和 Lange，2001；Kaden 等，2008）。活疫苗的最大缺点是不能与野毒感染所产生的抗体进行区分。

商品化的 E2 重组亚单位疫苗提供了一种区分疫苗免疫动物的方法，已进行两个 E2 标记疫苗的免疫攻毒和传播试验的效力评估，但结果不一。一次免疫 3 周后接种 SCFV，能防治临床症状的发生并降低死亡率（Bouma 等，1999），免疫后至少需要 2 周的时间才能提供临床保护作用（Bouma 等，2000；Uttenthal 等，2001），免疫后攻毒过早，疫苗不会提供任何临床保护作用，也不能减少病毒的携带量（Uttenthal 等，2001）。

对 E2 标记疫苗效力评价结果表明，即使疫苗免疫 2 次，在第二次免疫后 14 d 接种病毒，SCFV 仍然可以通过胎盘屏障，使用 2 次疫苗免疫程序能防止妊娠母猪出现临床症状，但是不能阻止 SCFV 的水平和垂直传播（Dewulf 等，2001b）。

因此在大多数紧急免疫时，免疫动物不能阻止 SCFV 的胎盘感染，疫苗不能控制"带毒母猪综合征"，最终导致 SCF 的迟发型感染（Depner 等，2001）。

目前，以遗传工程构建为基础的 SCF 疫苗研发为主要方向，有 5 个目标：SCFV 免疫原性多肽；DNA 疫苗；表达 SCFV 蛋白的病毒载体疫苗；嵌合瘟病毒；反向补充缺失 SCFV 基因（复制子）（Beer 等，2007）。

野猪猪瘟（Classical Swine Fever in Wild Boars）。1990 年欧洲已经在家猪中禁用猪瘟疫苗，但是病毒借助家猪与野猪的接触而周期性地侵入家猪群中。在德国的一些地区，野猪的数量逐渐上升，导致病毒在野猪群中流行（Fritzemeier 等，2000；Moennig，2000）。

近期暴发的数据显示，SCFV 对野猪的感染几乎是无害的，使用天然或人工屏障措施，是使 SCFV 局限于特定区域直到最终被消灭的重要措施（Pol 等，2008）。

控制野猪中 SCFV 的经典措施，包括在易感猪群存在的地区减少引起病毒在易感群中传播的狩猎行为，针对性对易感动物进行狩猎后免疫，比如幼龄母猪。用标准方法难以根除 SCFV 的地区，尝试借助利用诱饵口服接种 C 株疫苗（Kaden 等，2000）。已证明 C 株疫苗对于其他动物是安全的（Chenut 等，1999）。在猪口服疫苗 10 d 内可以诱导产生较强的免疫保护力（Kaden 和 Lange，2001）。

然而，最近野外条件下口服疫苗的数据显示，3 倍剂量的疫苗才能在野猪获得足够的免疫保护力。由于幼龄野猪不容易采食到带有疫苗的诱饵，这些野猪很难获得足够的免疫保护力（Kaden 等，2002）。至少在 SCFV 进入该地区的前一年使用，疫苗用于预防的效果更好，这样有足够的时间达到高的群体免疫水平（Rossi 等，2010）。

使用疫苗时，在野猪唯一区分疫苗免疫和野毒感染的方法是 DIVA qRT-PCR（Leifer 等，

2009）。目前需要一种能口服的 DIVA 疫苗，并且能够通过血清学检测区别免疫群体中野毒感染。亚单位 E2 标记疫苗不能用于口服方式免疫，并且需要至少一次非经口的方式才能有效。嵌合瘟病毒是目前最有希望的口服活病毒候选疫苗，已证明该类疫苗的安全性，并能诱导有效的保护性免疫（Reimann 等，2004）。

BUNGOWANNAH 病毒
BUNGOWANNAH VIRUS

背景
Relevance

2003 年 6 月在澳大利亚新南威尔士南方地区暴发了一场严重疾病，以高的死胎率、断奶前死亡率和木乃伊胎为特征，因为该病暴发时病原不清楚，被称作"猪心肌炎综合征"（PMC）（McOrist 等，2004），紧接着一种称作 Bungowannah 病毒的瘟病毒被鉴定为 PMC 的病原（Finlaison 等，2009,2010；Kirkland 等，2007）。

Bungowannah 病毒仅在澳大利亚的两个农场中发现，其来源还不清楚。Bungowannah 病毒对猪胎儿有高致病性，其遗传特征与 SCFV 相似。临床上常见 Bungowannah 病毒与低毒力的 SCFV 混合感染，由于所有针对该病毒的诊断方法都会与瘟病毒属的所有成员反应，因此尚不能检测到该病毒。在尚未建立针对该病的诊断方法，并对全球猪群进行流行病学调查之前，还不清楚这个新的瘟病毒的危害。

病因学
Etiology

虽然从遗传学角度来看，Bungowannah 病毒与 SCFV 有明显的差别，但是其分子特征与瘟病毒属成员相似。从进化树分析及与瘟病毒属其他成员的低交叉反应表明，该病毒是变异最大的病毒（Kirkland 等，2007）。Bungowannah 病毒在培养细胞上不产生病变，但在连续培养的猪肾细胞系 PK-15 上滴度最高（Kirkland 等，2007）。

流行病学
Epidemiology

Bungowannah 病毒仅在澳大利亚新南威尔

士的两个猪场中发现，这种病毒的起源还不清楚，2010 年已在一个地区内根除了该病原，另一个地区也开始净化。与感染猪场相邻的其他猪场没有感染，也没有在澳大利亚其他猪场中发现。德国用血清学检测没有检测到针对该病毒的抗体。PMC 综合征在高度易感猪群中多见，在 SCFV 感染或者是表现出类似临床特征的国家中可能存在，但还没有被认识到。

在野外，Bungowannah 病毒只感染猪（McOrist 等，2004），实验室内还可以感染未怀孕的绵羊和牛，还不确定其能否感染反刍动物胎儿。

持续性感染的动物能向外界环境中排出大量病毒，出生后动物可普遍通过口鼻传播，猪通过鼻腔接种可以实验性感染，目前，还不清楚能否通过胚胎或者是精液传播。

如果动物在妊娠时期初次感染，通过胎盘感染胎儿的可能性很高。调查发现感染母猪产的窝仔中胚胎感染率高达 87%。

人工鼻腔接种感染 5～6 周的仔猪，通过 qRT-PCR 检测发现，感染后 3～10 d 可从口咽部及鼻腔经分泌物排毒，排毒期间，粪便或者是眼分泌物中排出病毒的量明显降低，有限的实验证明短暂感染的动物很难引起该病的传播。

人工感染妊娠母猪发现，Bungowannah 病毒的流行病学与子宫内感染 BVDV、BDV 及低毒力的 SCFV 相似（D. Finlaison，未出版）。在妊娠任何一个阶段感染母猪，都能从分娩时的胎盘和液体中检测到大量的病毒 RNA。因此胎儿渗出液及胎盘是主要的环境污染源。

所有感染仔猪出生时都能排泄大量的 Bungowannah RNA 病毒，而无论胎儿是在其免疫系统发育到有免疫活性（70 d）前感染，还是在其后感染。出生后病毒排出的时期与妊娠时间病毒感染呈负相关，在妊娠后期感染的胎儿排毒时间最短（1～2 周龄），在妊娠 55～75 d 时感染，大多数仔猪出生时已产生 Bungowannah 病毒特异性的抗体。

野外没有发现持续性感染 Bungowannah 病毒的动物，但是在实验性感染中有持续性感染发生，这些猪通过口咽分泌物、尿和粪排出大量 Bungowannah 病毒，容易感染其他未感染猪。

关于 Bungowannah 病毒在环境中的生存特

性及对消毒剂的敏感性研究目前还未进行,其特性可能与 SCFV 和 BVDV 相似。已感染猪场成功根除该病的主要措施包括消灭感染动物、消毒〔变性剂、卫康消毒剂(Antec International,London,UK)、次氯酸钠〕及现场采用生物安全措施等。

致病机理

Pathogenesis

Bungowannah 病毒的主要传播途径可能为口鼻,可能与 SCFV 一样,首先在扁桃体中复制。虽然这需要进一步验证,但现有结果表明最早于感染后 3 d 的口咽分泌物中检测到病毒,并且扁桃体的病毒含量很高。

与 SCFV 不同的是,任何剂量的 Bungowannah 病毒进行产后感染,都不表现明显的临床症状(Finlaison 等,2012)。因此,该病主要是胎儿在子宫内感染所致,其症状和病变表现与妊娠期感染的时间有关。经实验验证了子宫内直接感染,20 d 后整窝仔猪大部分被感染(Finlaison 等,2010)。

母猪在妊娠 35 d 感染,整窝仔猪中的大多数严重感染,约 40% 的死胎或木乃伊胎,70% 存活的仔猪也在 3 周前死亡,仅少数猪能活到断奶后,但 80% 以上都有病毒持续性感染。

妊娠母猪在约 55、75、90 d 时感染会导致 10%～15% 胎儿死产,木乃伊胎的数量接近于正常生产的数量。妊娠 90 d 感染时,断奶前仔猪的死亡率升高(29%)。持续性感染的猪能产生免疫耐受,大部分不产生体液免疫反应。可能在妊娠 57～73 d 时,胎儿能产生针对 Bungowannah 病毒的体液免疫反应(Finlaison 等,2010)。

临床症状

Clinical Signs

到目前为止,Bungowannah 病毒感染后仅出现一次暴发(McOrist 等,2004)。Bungowannah 病毒感染最明显的表现是子宫内感染,2～3 周龄健康仔猪感染,最初导致突然死亡,暴发后 2～3 周其形式发生了变化,突发性死亡数量减少,死产数量及断奶前死亡率升高。成窝感染活着的胎儿,其出生后生命活力大大降低,从暴发猪场获得

的信息表明,这些成窝感染的胎儿大小与未感染胎儿没有明显区别。某些猪场的暴发高峰期,断奶前死亡率达到 50%,40% 的胎儿胎死腹中,13% 为木乃伊胎。一个大约有 30 000 头母猪的综合猪场,由于 PMC 在 15 个月内大约死 50 000 头猪(Finlaison 等,2009)。

PMC 暴发时没有意识到 Bungowannah 病毒能引起持续性感染,后来人工感染时发现,妊娠 56 d 的母猪能产生持续性感染,那些由妊娠约 35 d 感染病毒的母猪生产的仔猪生存能力很差,并且在产后早期阶段死亡率很高。少数出生时临床表现正常的仔猪,在断奶周表现出类似"迟发型 SCF"的症状,与同群同日龄未感染仔猪相比发育障碍,死亡率和发病率较高。在妊娠 55 d 时感染的母猪,其产的一小部分仔猪有持续性感染,并且比同群相同日龄的仔猪生长缓慢,但是存活时间较长,其中一些猪血清转为阴性,能清除病毒感染并停止排毒,之后生长良好。"慢性感染"要比"持续性感染"更有利,因为持续性感染表现为终身排毒。

出生后感染 Bungowannah 病毒的临床症状轻微,通过鼻腔接种以感染断奶仔猪,发现在感染后 3～5 d 出现病毒血症,感染后有轻度的短暂体温上升,其他症状不明显(Finlaison 等,2012)。与之类似的是受 PMC 影响的猪群,感染猪临床表现正常,采食量和体温正常(McOrist 等,2004)。一旦该病毒在猪群中流行,而感染发生在第一次交配之前,尽管能感染传播,但此时不表现临床症状。

病理变化

Lesions

PMC 自然病例同时伴发高死胎率(新近的及长时间自溶的)、木乃伊胎及断奶前死亡率(McOrist 等,2004),可见一系列的大体病变,一些死产仔猪皮下水肿特别是头部和胸部最明显、心脏扩张,心脏出现不规则的苍白区、心包增大、胸腔及腹腔积液,偶尔在胸腔及腹腔内脏中有纤维素性渗出物。胎盘未见眼观病变,50% 以上的死产猪免疫球蛋白 G(IgG)升高。用 Bungowannah 病毒实验性感染妊娠 35 d 的母猪,所产仔猪会出现紫癜,7 d 后自愈,面部没有短鬃,大脑有

白色的局灶性坏死。感染 6 周后的断奶仔猪剖检未发现大体病变。

组织病理学检查,感染仔猪偶尔可见急性、亚急性的多灶性非化脓性心肌炎与心肌坏死。炎症反应轻微且局灶化,心肌纤维结构轻微破坏。多数日龄较大的新生仔猪有早期的心肌纤维化,感染仔猪偶尔会出现非化脓性间质性肺炎、脑炎、肝炎及淋巴结炎(McOrist 等,2004)。

诊断
Diagnosis

尽管 Bungowannah 病毒仅在澳大利亚发现,其来源仍然不清楚,但需要与其他引起猪繁殖障碍的病原进行鉴别诊断。除此之外,其临床表现与 SCFV、BVDV 及 BDV 的子宫内感染及"迟发型"SCF 相似。实验室诊断需要采集 qRT-PCR、组织病理学及血清学样品。

快速诊断 Bungowannah 病毒感染胎儿的有效方法是用 qRT-PCR 检测病毒 RNA(Finlaison 等,2009),此方法易于从胎儿液体、咽棉拭子及感染胎儿的组织中检测到病毒 RNA。病毒可以从肺和淋巴组织等多个组织中分离到,但不属于常规诊断方法,qRT-PCR 的敏感性更高。另外,该病毒在培养细胞上不产生病变,因此需要用免疫过氧化物酶染色来检测培养细胞中的病毒。

过氧化物酶相关的免疫检测方法(PLA)及 VN 血清学检测方法,主要用于监测和监控疾病的发生。PLA 用于诊断时,对检测样品的质量要求不高,而这些样品往往不能用于 VN 检测,这种方法特别适合于胎儿样品,大约 50% 的死产仔猪的 IgG 水平升高,并能在血清及体腔的渗出液中检测到病毒特异性的抗体。心包积液及胸腔积液的质量要好于腹腔积液。

免疫
Immunity

到目前为止,只对 Bungowannah 病毒引起的体液免疫反应进行了研究,通过鼻腔接种方式人工感染断奶仔猪,在感染后 10 d 检测到特异性抗体(Finlaison 等,2012),直接感染胎儿 17 d 后可以产生特异性抗体(Finlaison 等,2010)。出生后仔猪,其特异性抗体的产生与病毒血症的消失及

病毒的清除有关。尽管在妊娠 70 d 左右的胎儿具有免疫反应能力,并能产生可检测的针对 Bungowannah 病毒的特异性抗体(Finlaison 等,2010),但是胎儿的体液免疫反应在出生前是不能清除病毒。仔猪吃过母乳后,抗体水平升高并至少持续 2~3 个月,目前还不知道这些自然获得的抗体能在仔猪出生后持续多长时间,母源抗体在持续性感染及来自感染猪场的未感染仔猪的体内大约维持 2 个月后减弱。

预防和控制
Prevention and Control

目前,还没有治疗 PMC 特效方法,也没有针对 Bungowannah 病毒的疫苗,因为该病毒的起源还不清楚,对于该病毒仅采取一般性的生物安全措施来防止该病毒进入猪群。如果在暴发初期检测到了 Bungowannah 病毒感染,可以采取措施将该病的影响降到最低,从产后仔猪传播几率很低的情况看,其最主要的传染源是分娩的感染胎儿或者是持续性感染的仔猪。在暴发时,重要的是在感染猪接触到种猪前将其扑杀,防止给妊娠母猪造成任何传播机会。

对 Bungowannah 病毒感染,通过采取扑杀、清除、消毒、现场生物安全措施及重新更换未感染猪群等措施可达到净化的目的。

牛病毒性腹泻病毒和边界病病毒
BOVINE VIRAL DIARRHEA AND BORDER DISEASE VIRUSES

背景
Relevance

除了 SCFV 和 Bungowannah 病毒外,猪还对其他瘟病毒易感,BVDV 和 BDV 可由偶蹄动物跨物种间传播(Carbrey 等,1976;Terpstra 和 Wensvoort,1988)。

与 BVDV 或者 BDV 混合感染,会使 SCFV 的控制和根除计划变得复杂。使用交叉中和实验和单克隆抗体检测方法(Leforban 等,1990a;Wensvoort,1989)已经从猪上分离到 BVDV,但由于鉴定时采用了多克隆抗体,而将其误认为是 SCFV。同样抗 BVDV 或者 BDV 的抗体可以在检测 SCFV 的方法中起交叉反应。这是因为瘟

病毒间有抗体交叉反应,所以在根据 SCF 计划检测瘟病毒抗体时需要对其病原进行鉴定。

1964 年澳大利亚学者首次报道 BVDV 能感染猪,但直到 1973 年才从自然感染的猪中分离到 BVDV(Fernelius 等,1973)。瘟病毒感染能导致胎儿畸形(Terpstra 和 Wensvoort,1988;Vannier 等,1988;Wensvoort 和 Terpstra,1988),BVDV 或者 BDV 感染妊娠母猪后会出现先天性感染的 SCF 病理变化。

尽管猪自然感染 BVDV 或者是 BDV 的情况不常见,某些地区的猪舍靠近反刍动物饲养圈时也能发生种间传播,妊娠母猪最容易感染,继而感染少数胎儿,并进一步传播病原。如果用了该病毒污染的疫苗,将会带来更大的影响。

病因学
Etiology

BVDV 和 BDV 是典型的瘟病毒,从形态和结构上很难与 SCFV 相区别(Laude,1979)。但可以利用其各自特异性的单克隆抗体及病毒基因的分子特征来区分。

流行病学
Epidemiology

对于无 SCFV 的国家(澳大利亚、爱尔兰、英国、丹麦),其猪群中 BVDV 抗体的阳性率估计在 1.6%~43.5%,这取决于动物的年龄以及与牛接触的程度(Jensen,1985)。而有 SCFV 的国家,BVDV 抗体的阳性率大致与无 SCFV 的国家相同。

牛是 BVDV 传染猪群的最广泛的来源,对于有奶牛的牧场,潜在感染源是用 BVDV 污染的乳清蛋白或牛奶饲喂母猪(Terpstra 和 Wensvoort,1988),在某些情况下,猪与近期免疫过 BVDV 的牛接触后发生感染(Stewart 等,1971)。在其他一些报道中,猪和牛饲养在不同棚舍内,但是人和器具在猪舍和牛棚间自由移动也引起了猪和牛的间接接触(Carbrey 等,1976)。

持续性感染仔猪的长期存在是妊娠母猪感染 BVDV 和 BDV 最主要的感染源(Terpstra 和 Wensvoort,1988;Vannier 等,1988)。如果母猪在妊娠早期感染,仔猪就会出现持续性的 BDV

感染,BDV 可以通过胎盘而感染胎儿,仔猪形成免疫耐受且持续性感染(Vannier 等,1988)。病程与妊娠奶牛的 BDV 感染相似(Baker,1987)。实验感染妊娠母猪,其所产仔猪中既有病毒阳性也有抗体阳性的仔猪,这表明胎儿被感染时间的多变性(Edwards 等,1995)。先天感染 BDV 的仔猪似乎能排出大量的病毒,因为易感幼龄仔猪的血清转阳较快,产生了较高滴度的抗体。相反,如果仔猪在出生后感染,不会发生接触传染,这表明病毒排出量较少或者是无病毒排除(Vannier 等,1988)。

猪也能通过污染病毒的弱毒疫苗(SCF 或者伪狂犬病)或者其他生物制品感染(Vannier 等,1988;Wensvoort 和 Terpstra,1988)。虽然,污染物可能来源于牛或羊,牛血清产品为 BVDV 的重要污染源。

致病机理
Pathogenesis

BVDV 和 BDV 可感染胚胎期猪,对出生后的猪相对来说无致病性,个别猪可能出现体温轻微升高,白细胞轻微减少或血小板减少(Makoschey 等,2002)。

已证明 BVDV 和 BDV 在猪能通过子宫内感染(Stewart 等,1980;Vannier 等,1988;Wrathall 等,1978)。疾病的临床发生程度取决于感染发生的妊娠时间。如果母猪在妊娠前 3 个月感染 BVDV 或 BDV,临床症状是比较严重的,母猪在交配后 25~41 d 时感染,其胎儿或生产的仔猪临床症状和病理损伤最严重(Leforban 等,1990b;Mengeling,1988)。在实验条件下,通过子宫内感染 BVDV 或 BDV 的仔猪将会出现持续性感染,且表现为免疫耐受。母源抗体消失后,大部分仔猪检测不到主动性体液免疫反应,此外,能从仔猪上分离到排出的病毒,这一点可以作为幼龄仔猪接触感染的证据。

妊娠母猪实验性感染 BDV,发现其仔猪直到 13~14 日龄时才表现出临床症状,临床症状推迟出现的原因尚不清楚,但是仔猪吸收初乳中的抗体会阻止病毒的复制和/或延缓仔猪胎盘感染病程(Leforban 等,1990b;Mengeling,1988;Vannier 等,1988)。Dahle 等(1993)用 BVDV 毒株 Osloss/2482 鼻腔接种断奶仔猪,4 周后接种低剂量的 SCFV,接种 SCFV 后,只有一头猪出现发热的临床症状,而大多数动物均有病毒血症。

临床症状
Clinical Signs

猪自然感染 BVDV 的情况经常发生,且呈隐性感染。然而,在某些情况下,与 CSF 以外的其他瘟病毒自然感染可引起繁殖障碍,如低受孕率、产仔数量少及少数流产,也有高热和疝痛痉挛的症状(Carbrey 等,1976)。在荷兰和法国,母猪产前 4 个月接种是由反刍动物瘟病毒污染的 SCF 或者是伪狂犬病疫苗,其仔猪的临床表现与先天性 SCF 一致(Vannier 等,1988;Wensvoort 和 Terpstra,1988)。仔猪的临床症状包括贫血症、被毛粗糙、生长缓慢、消瘦、先天性震颤、结膜炎、痢疾、多发性关节炎、皮肤瘀斑和耳朵发蓝(Terpstra 和 Wensvoort,1988)。

据报道,BDV 感染母猪后能引起繁殖障碍,如重复发情、木乃伊胎和死胎(Vannier 等,1988)。母猪感染后大多数仔猪有眼睑水肿、运动失调,偶尔有腹泻和关节炎,出生 2 d 后的死亡率为 30%～70%。

母猪在妊娠 30～32 d 时实验性接种 BDV 野毒株,病毒通过胎盘感染胎儿,新生仔猪体重轻,体型短小(Wrathall 等,1978)。Leforban 等(1990b)报道 BDV 感染引起围产期死亡率升高,存活仔猪在产后第 2 周出现眼睑水肿、高热及贫血症状,仔猪生长缓慢,呼吸困难及腹泻,部分仔猪在 2 月龄时死亡。没有呼吸和肠炎症状的仔猪生长正常,但吻突畸形,一头出现额凸。从死亡仔猪的血液和器官中均能分离到 BDV,但是活猪分离不到病毒。将 40 日龄的 SPF 猪与通过胎盘感染的仔猪接触,SPF 猪无临床症状,但产生了较高水平的 BDV 抗体,该抗体足以抵抗 SCFV 的轻度感染。

病理变化
Lesions

猪只出生后感染 BVDV 和 BDV 时有轻微或者无临床症状。当与感染了 BVDV NADL 毒株 11 d 的犊牛接触后,发现有一头猪出现了小肠充血的现象(Stewart 等,1971)。用从猪体上分离到的一株 BVDV 实验性感染妊娠母猪,实验结果表明在感染后 1 周有短暂的白细胞减少症出现(Carbrey 等,1976),并能通过胎盘导致子宫内胎儿感染,其出生后的胎儿或仔猪出现持续性的病理性失调症。来自荷兰自然暴发的 13 例 BVDV 感染表明,最常见的病理变化主要包括慢性肠炎,以淋巴结、心外膜及肾脏出血为特征的败血症。消化道黏膜还经常发生卡他性炎、肥大或溃疡。也注意到有扁桃体坏死、黄疸、多发性浆膜炎、多发性关节炎及胸腺萎缩病变(Terpstra,1987)。用从猪上分离的 BVDV 感染妊娠 42～46 d 的母猪后,会引起胎儿软脑膜和脉络丛淋巴细胞和巨噬细胞浸润,在血管周围及血管外膜有淋巴细胞和巨噬细胞聚集(Stewart 等,1980)。

妊娠 34 d 的母猪实验性接种 BDV 可引起仔猪小脑发育不全,其发生率为 9/19,这 9 例中有一例为脑脊膜突出(Wrathall 等,1978)。法国 BDV 分离株 Aveyron(Chappuis 等,1984)接种妊娠 30 d 的母猪后,其生产的部分仔猪的淋巴组织有损伤,死产仔猪或产后不久死亡的仔猪淋巴结及其他淋巴组织有明显的出血性病变。组织学观察发现淋巴结、脾及扁桃体有明显的亚急性炎症,主要特征为淋巴细胞、浆细胞、嗜酸性多形核白细胞聚集,刺激淋巴滤泡增生,网状细胞增生,淋巴细胞发生核浓缩、核破碎,导致淋巴组织萎缩。胸腺、肝及神经组织则未见病理变化(Leforban 等,1990b)。

诊断
Diagnosis

BVDV 和 BDV 的分离方法与 SCFV 相似,用于诊断的组织来源也与 CSFV 的相同,如扁桃体、脾、肾和加肝素或 EDTA 抗凝的全血。对于从猪分离的 BVDV 和 BDV 毒株,在同源物种的反刍动物源细胞系生长更好,而不是猪源细胞系,并且能达到较高的滴度(Wensvoort 等,1989)。在无 SCF 的国家,BVDV 和 BDV 要与 SCFV 鉴别诊断,所有 SCF 疑似病例都要检测 BVDV 和 BDV。

瘟病毒有相同的抗原,用于检测抗 CSFV 抗体的血清学试验可能与针对反刍动物瘟病毒的抗体有交叉反应。其实际意义在于，猪血清中存在抗反刍动物瘟病毒的抗体，经常导致 SCFV 检测时出现假阳性，这在 SCFV 根除计划和血清学调查中是一个大问题（Jensen，1985）。

免疫
Immunity

在猪上用疫苗免疫的方法预防 BVDV 和 BDV 的实际意义不大，所以很少有关于猪对这两种病毒免疫反应的研究报道，其免疫反应特点被认为与猪感染 SCFV 相似。

预防和控制
Prevention and Control

为预防猪感染 BVDV 和 BDV，要杜绝其与牛或羊直接或间接接触。自然感染 BVDV 主要发生于饲喂奶牛产品或牛下水的猪，因此必须严禁这种做法。

在使用活疫苗时，由于生产疫苗中使用了病毒污染的培养基或生产疫苗的细胞，就会在不经意间传播病毒，用于生产疫苗种毒的细胞可能被 BVDV 或者 BDV 污染。事实上，部分批次的 SCF 和伪狂犬病疫苗已被瘟病毒（可能是 BDV）污染，因为该疫苗毒株是在传代的羔羊细胞上生产的（Vannier 等，1988；Wensvoort 和 Terpstra，1988）。牛和非牛来源的细胞系都可以被瘟病毒污染，所有的细胞系在使用前必须仔细监测这些病毒的存在与否。细胞污染的主要来源是在细胞培养中作为营养来源的牛血清。胎儿感染 BVDV 非常常见，批量生产的胎牛血清通常是很多幼牛或胎儿血清的混合物，因此，BVDV 的污染几率很高（Rossi 等，1980）。Hobi 病毒是一种从几批胎牛血清中分离到的一种新病毒（Stahl 等，2007），但是对于其感染猪的能力目前还不清楚。因此，为了避免这些病毒在不同种属间传播，强烈建议对牛血清及其相关的生物制品建立系统的检测和处理措施。

（杨春晓、朱瑞良译，姚晗校）

参考文献
REFERENCES

Anonymous. 2001. Council directive 2001/89/EC ON community measures for the control of classical swine fever. Official J Eur Communities L316, 1. 12.2001:5–35.

——. 2002. Commission decision approving a Diagnostic Manual establishing diagnostic procedures, sampling methods and criteria for evaluation of the laboratory tests for the confirmation of classical swine fever. Official J Eur Communities L39:71–88.

Baker JC. 1987. J Am Vet Med Assoc 190:1449–1458.

Becher P, Orlich M, Kosmidou A, et al. 1999. Virology 262:64–71.

Beer M, Reimann I, Hoffmann B, Depner K. 2007. Vaccine 25:5665–5670.

Bensaude E, Turner JL, Wakeley PR, et al. 2004. J Gen Virol 85:1029–1037.

Blacksell SD, Khounsy S, Boyle DB, et al. 2004. Virus Res 104:87–92.

Blome S, Grotha I, Moennig V, Greiser-Wilke I. 2010. Vet Microbiol 146:276–284.

Blome S, Meindl-Böhmer A, Loeffen W, et al. 2006. Rev Sci Tech Off Int Epiz 25:1025–1038.

Bouma A, Desmit AJ, Dejong MCM, et al. 2000. Vaccine 18:1374–1381.

Bouma A, de Smit AJ, Dekluijver EP, et al. 1999. Vet Microbiol 66:101–114.

Bruschke CJ, Hulst MM, Moormann RJ, et al. 1997. J Virol 71:6692–6696.

Carbrey EA, Stewart WC, Kresse JI, Snyder ML. 1976. J Am Vet Med Assoc 169:1217–1219.

Cariolet R, Bougeard S, Rault J-C, et al. 2008. Importance des observations cliniques et nécroscopiques dans la détection précoce d'un cas de peste porcine classique. Journées de la Recherche Porcine 40:45–48.

Carrasco CP, Rigden RC, Vincent IE, et al. 2004. J Gen Virol 85:1633–1641.

Chappuis G, Brun A, Kato F, et al. 1984. Isolement et caractérisation d'un pestivirus dans un foyer d'enterocolite leucopenie chez des moutons de l'Aveyron. Epidemiol Santé Anim 6:117–118.

Chenut G, Saintilan AF, Burger C, et al. 1999. Vet Microbiol 64:265–276.

Dahle J, Liess B. 1995. Berl Munch Tierarztl Wochenschr 108:20–25.

Dahle J, Schagemann G, Moennig V, Liess B. 1993. Zentralbl Veterinarmed B 40:46–54.

Depner K, Hoffmann B, Beer M. 2007. Vet Microbiol 121:338–343.

Depner K, Paton DJ, Cruciere C, et al. 1995. Rev Sci Tech 14:677–689.

Depner KR, Bouma A, Koenen F, et al. 2001. Vet Microbiol 83:107–120.

Depner KR, Hinrichs U, Bickhardt K, et al. 1997. Vet Rec 140:506–507.

de Smit AJ, Bouma A, Terpstra C, Vanoirschot JT. 1999. Vet Microbiol 67:239–249.

Dewulf J, Koenen F, Ribbens S, et al. 2005. J Vet Med B Infect Dis Vet Public Health 52:367–371.

Dewulf J, Laevens H, Koenen F, et al. 2000. Vet Rec 147:735–738.

——. 2001a. Vet Rec 149:212–213.

——. 2002. J Vet Mcd B Infect Dis Vet Public Health 49:452–456.

Dewulf J, Leavens H, Koenen F, et al. 2001b. Vaccine 20:86–91.

Durand B, Davila S, Cariolet R, et al. 2009. Vet Microbiol 135:196–204.

Edwards S. 2000. Vet Microbiol 73:175–181.

Edwards S, Moennig V, Wensvoort G. 1991. Vet Microbiol 29:101–108.

Edwards S, Roehe PM, Ibata G. 1995. Br Vet J 151:181–187.

Elbers ARW, Bouma A, Stegeman JA. 2002. Vet Microbiol 85:323–332.

Elbers ARW, Stegeman JA, deJong MCM. 2001. Vet Rec 149:377–382.

Fernelius AL, Amtower WC, Lambert G, et al. 1973. Can J Comp Med 37:13–20.

Finlaison DS, King KR, Frost MJ, Kirkland PD. 2009. Vet Microbiol 136:259–265.

Finlaison DS, King KR, Kirkland PD. 2012. An experimental study of Bungowannah virus in weaner aged pigs. Vet Microbiol (in press).

Finlaison DS, Cook RW, Srivastava M, et al. 2010. Vet Microbiol 144:32–40.

Floegel G, Wehrend A, Depner KR, et al. 2000. Vet Microbiol 77:109–116.

Floegel-Niesmann G. 2001. Vet Microbiol 83:121–136.

Floegel-Niesmann G, Blome S, Gerss-Dülmer H, et al. 2009. Vet Microbiol 139:165–169.

Floegel-Niesmann G, Bunzenthal C, Fischer S, Moennig V. 2003. J Vet Med B Infect Dis Vet Public Health 50:214–220.

Frias-Lepoureau MT. 2002. Reemergence of classical swine fever in Cuba, 1993 to 1997. In A Morilla, ZJ Yoon K-J, eds. Trends in Emerging Viral Infections of Swine. Ames, IA: Iowa State Press, pp. 143–147.

Fritzemeier J, Teuffert J, Greiserwilke I, et al. 2000. Vet Microbiol 77:29–41.

Fuchs F. 1968. Schweinepest. In H Röhrer, ed. Handbuch der virusinfektionen bei Tieren, Vol. 3, Jena, Germany: Gustav Fischer Verlag.

Gallei A, Blome S, Gilgenbach S, et al. 2008. J Virol 82:9717–9729.

Greiser-Wilke I, Blome S, Moennig V. 2007. Vaccine 25:5524–5530.

Greiser-Wilke I, Fritzemeier J, Koenen F, et al. 2000a. Vet Microbiol 77:17–27.

Greiser-Wilke I, Zimmermann B, Fritzemeier J, et al. 2000b. Vet Microbiol 73:131–136.

Haegeman A, Dewulf J, Vrancken R, et al. 2006. J Virol Methods 136:44–50.

Harasawa R, Giangaspero M, Ibata G, Paton DJ. 2000. Microbiol Immunol 44:915–921.

He CQ, Ding NZ, Chen JG, Li YL. 2007. Virus Res 126:179–185.

Hennecken M, Stegeman JA, Elbers ARW, et al. 2000. Vet Q 22:228–233.

Hoffmann B, Beer M, Reid SM, et al. 2009. Vet Microbiol 139:1–23.

Hoffmann B, Beer M, Schelp C, et al. 2005. J Virol Methods 130:36–44.

Horst HS, Dijkhuizen AA, Huirne RBM, Meuwissen MPM. 1999. Prev Vet Med 41:209–229.

Horst HS, Huirne RBM, Dijkhuizen AA. 1997. Rev Sci Tech Off Int Epiz 16:207–214.

Jamin A, Gorin S, Cariolet R, et al. 2008. Classical swine fever Vet Res 39:7.

Jamnikar Ciglenecki U, Grom J, Toplak I, et al. 2008. J Virol Methods 147:257–264.

Jensen MH. 1985. Acta Vet Scand 26:72–80.

Kaden V, Heyne H, Kiupel H, et al. 2002. Berl Munch Tierarztl Wochenschr 115:179–185.

Kaden V, Lange B. 2001. Vet Microbiol 82:301–310.

Kaden V, Lange E. 2004. Vet Microbiol 103:115–119.

Kaden V, Lange E, Fischer U, Strebelow G. 2000. Vet Microbiol 73:239–252.

Kaden V, Lange E Steyer H, et al. 2008. Vet Microbiol 130:20–27.

Kamakawa A, Thu HTV, Yamada S. 2006. Vet Microbiol 118:47–56.

Kernkamp H. 1961. The natural history of hog cholera. In GT Mainwaring, DK Sorensen, eds. Symposium on Hog Cholera. St. Paul, MN: University of Minnesota, pp. 19–28.

Kirkland PD, Frost MJ, Finlaison DS, et al. 2007. Virus Res 129:26–34.

Klinkenberg D, de Bree J, Laevens H, de Jong MCM. 2002. Epidemiol Infect 128:293–299.

Knoetig SM, Summerfield A, Spagnuoloweaver M, Mccullough KC. 1999. Immunology 97:359–366.

Koenen F, Van Caenegem G, Vermeersch JP, et al. 1996. Vet Rec 139:367–371.

Koenig P, Hoffmann B, Depner KR, et al. 2007. Vet Microbiol 120:343–351.

Kosmidou A, Ahl R, Thiel HJ, Weiland E. 1995. Vet Microbiol 47:111–118.

Kreutz LC, Donis R, Gil LH, et al. 2000. Braz J Med Biol Res 33:1459–1466.

Kummerer BM, Meyers G. 2000. J Virol 74:390–400.

Laddomada A. 2000. Vet Microbiol 73:121–130.

Laude H. 1979. Arch Virol 62:347–352.

Le Dimna M, Vrancken R, Koenen F, et al. 2008. J Virol Methods 147:136–142.

Leforban Y, Edwards S, Ibata G, Vannier P. 1990a. Ann Rech Vet 21:119–129.

Leforban Y, Vanier P, Cariolet R. 1992. Ann Rech Vet 23:73–82.

Leforban Y, Vannier P, Cariolet R. 1990b. Pathogenicity of border disease and bovine viral diarrhoea viruses for pig: experimental study on the vertical and horizontal transmission of the viruses. In Proc Congr Int Pig Vet Soc, p. 204.

Leifer I, Depner K, Blome S, et al. 2009. J Virol Methods 158:114–122.

Le Potier M, Le Dimna M, Kuntz-Simon G, et al. 2006. Validation of a real-time RT-PCR assay for rapid and specific diagnosis of classical swine fever virus. In P Vannier, D Espeseth, eds. New Diagnostic Technology: Applications in Animal Health and Biologics Controls. Basel, Switzerland: S. Karger AG, pp. 179–186.

Liu L, Hoffmann B, Baule C, et al. 2009. J Virol Methods 159:131–133.

Lowings P, Ibata G, Needham J, Paton D. 1996. J Gen Virol 77:1311–1321.

Makoschey B, Liebler-Tenorio EM, Biermann YMJC, et al. 2002. Dtsch Tierarztl Wochenschr 109:225–230.

McOrist S, Thornton E, Peake A, et al. 2004. Aust Vet J 82:509–511.

Mengeling W. 1988. The possible role of bovine viral diarrhoea virus in maternal reproductive failure of swine. In Proc Congr Int Pig Vet Soc, p. 228.

Meyers G, Rumenapf T, Thiel HJ. 1989. Virology 171:555–567.

Mintiens K, Laevens H, Dewulf J, et al. 2003. Prev Vet Med 60:27–36.

Mittelholzer C, Moser C, Tratschin JD, Hofmann MA. 2000. Vet Microbiol 74:293–308.

Moennig V. 2000. Vet Microbiol 73:93–102.

Moennig V, Floegel-Niesmann G, Greiser-Wilke I. 2003. Vet J 165:11–20.

Morilla A, Carvajal MA. 2002. Experiences with Classical Swine Fever vaccination in Mexico. In A Morilla, ZJ Yoon K-J, eds. Trends in Emerging Viral Infections of Swine. Ames, IA: Iowa State Press, pp. 159–164.

Narita M, Kawashima K, Kimura K, et al. 2000. Vet Pathol 37:402–408.

Pan CH, Jong MH, Huang TS, et al. 2005. Arch Virol 150:1101–1119.

Parchariyanon S, Inui K, Damrongwatanapokin S, et al. 2000. Dtsch Tierarztl Wochenschr 107:236–238.

Paton DJ, Greiser-Wilke I. 2003. Res Vet Sci 75:169–178.

Paton DJ, McGoldrick A, Greiser-Wilke I, et al. 2000. Vet Microbiol 73:137–157.

Pereda AJ, Greiser-Wilke I, Schmitt B, et al. 2005. Virus Res 110:111–118.

Piriou L, Chevallier S, Hutet E, et al. 2003. Vet Res 34:389–404.

Pol F, Rossi S, Mesplede A, et al. 2008. Vet Rec 162:811–816.

Reimann I, Depner K, Trapp S, Beer M. 2004. Virology 322:143–157.

Renson P, Blanchard Y, Le Dimna M, et al. 2010. Vet Res 41:7.

Ribbens S, Dewulf J, Koenen F, et al. 2004. Vet Q 26:146–155.

Rossi CR, Bridgman CR, Kiesel GK. 1980. Am J Vet Res 41:1680–1681.

Rossi S, Pol F, Forot B, et al. 2010. Vet Microbiol 142:99–107.

Ruggli N, Tratschin JD, Schweizer M, et al. 2003. J Virol 77:7645–7654.

Rumenapf T, Unger G, Strauss JH, Thiel HJ. 1993. J Virol 67:3288–3294.

Sandvik T, Crooke H, Drew TW, et al. 2005. Vet Rec 157:267.

Schirrmeier H, Strebelow G, Depner K, et al. 2004. J Gen Virol 85:3647–3652.

Stahl K, Kampa J, Alenius S, et al. 2007. Vet Res 38:517–523.

Stewart WC, Carbrey EA, Jenney EW, Brown CL, Kresse JI. 1971. Bovine viral diarrhea infection in pigs. J Am Vet Med Assoc 159:1556–1563.

Stewart WC, Miller LD, Kresse JI, Snyder ML. 1980. Am J Vet Res 41:459–462.

Summerfield A, Mcneilly F, Walker I, et al. 2001. Vet Immunol Immunopathol 78:3–19.

Susa M, Konig M, Saalmuller A, et al. 1992. J Virol 66:1171–1175.

Terpstra C. 1987. Vet Q 9 (Suppl 1):50S–60S.

Terpstra C, Wensvoort G. 1988. Res Vet Sci 45:137–142.

USDA. 1889. Hog cholera: Its history, nature and treatment as determined by the inquiries and investigations of the Bureau of Animal industry. Washington, DC, Government Printing Office.

Uttenthal A, Le Potier MF, Romero L, et al. 2001. Vet Microbiol 83:85–106.

Vandeputte J, Too HL, Ng FK, et al. 2001. Am J Vet Res 62:1805–1811.

Vanderhallen H, Mittelholzer C, Hofmann MA, et al. 1999. Arch Virol 144:1669–1677.

van der Molen EJ, van Oirschot JT. 1981. Zentralbl Veterinarmed B 28:190–204.

Vannier P, Leforban Y, Carnero R, Cariolet R. 1988. Ann Rech Vét 19:283–290.

Vannier P, Plateau E, Tillon JP. 1981. Am J Vet Res 42:135–137.

Van Oirschot JT. 2003. Vet Microbiol 96:367–384.

Van Oirschot JT, Terpstra C. 1977. Vet Microbiol 2:121–132.

Van Rijn PA, Vangennip HGP, Moormann RJM. 1999. Vaccine 17:433–440.

Vargas Teran M, Calcagno Ferrat N, Lubroth J. 2004. Ann N Y Acad Sci 1026:54–64.

Vilcek S, Ridpath JF, Van Campen H, et al. 2005. Virus Res 108:187–193.

Vlasova A, Grebennikova T, Zaberezhny A, et al. 2003. J Vet Med B Infect Dis Vet Public Health 50:363–367.

Voigt H, Merant C, Wienhold D, et al. 2007. Vaccine 25:5915–5926.

Weesendorp E, Backer J, Stegeman A, Loeffen WL. 2011. Vet Microbiol 147:262–273.

Weesendorp E, Stegeman A, Loeffen WL. 2008. Vet Microbiol 132:249–259.

——. 2009. Vet Microbiol 135:222–230.

Wensvoort G. 1989. J Gen Virol 70:2865–2876.

Wensvoort G, Terpstra C. 1988. Res Vet Sci 45:143–148.

Wensvoort G, Terpstra C, de Kluijver EP, et al. 1989. Vet Microbiol 21:9–20.

Wise G. 1981. Hog cholera and its eradication. A review of the U.S. experience. APHIS, USDA, APHIS, pp. 91–55.

Wrathall AE, Bailey J, Done JT, et al. 1978. Zentralbl Veterinarmed B 25:62–69.

Zhang G, Flick-Smith H, McCauley JW. 2003. Virus Res 97:89–102.

Zhao JJ, Cheng D, Li N, et al. 2008. Vet Microbiol 126:1–10.

39 戊型肝炎病毒
Hepatitis E Virus

Xiang-Jin Meng,Patrick G. Halbur 和 Tanja Opriessnig

背景
RELEVANCE

戊型肝炎病毒（HEV）可引起人戊型肝炎，这在很多亚非发展中国家是一个重要的公共健康问题。戊型肝炎也流行于发达工业国家。HEV主要通过粪-口途径传播，感染人类的主要途径是饮用水或供水设施的污染。人类感染戊型肝炎的致死率很低（不到 1%），但孕期致死率可升至 25%。Meng 等首次于美国在仔猪上分离并定性第一例动物 HEV 毒株——猪戊型肝炎病毒（猪HEV）。尽管猪 HEV 仅导致猪产生肝炎的轻微病变，没有临床疾病的症状，但人类直接接触感染猪或食用未煮熟的猪肉却存在人畜共患风险。

病因学
ETIOLOGY

HEV 属于肝炎病毒科。迄今为止在哺乳动物上已至少发现 4 种主要基因型：基因 1 型和 2型只以人为宿主，基因 3 型和 4 型是人畜共患型。因此，目前世界上所有从猪上分离到的猪 HEV株都属于基因 3 型或 4 型。HEV 是球状无囊膜的病毒颗粒，直径 32～34 nm。猪 HEV 不能有效地在细胞上增殖。

猪 HEV 基因型是大约 7.2 kb 的多聚腺苷酸、单股正链 RNA 分子。其基因组包含 3 个开放阅读框（ORFs），一个短的 5′端非编码区（NCR）和一个短的 3′NCR。ORF1 编码非结构蛋白，ORF2 编码有免疫原性的衣壳蛋白，ORF3编码一个小的多功能性蛋白。ORF2 和 ORF3 由一条多顺反子 mRNA 翻译得来，两个部分互相重叠但都不与 ORF1 重叠。

公共卫生
ROLE IN PUBLIC HEALTH

戊型肝炎是一种人畜共患疾病，猪是储存宿主。人畜传染的涉及因素有职业相关性接触和食品安全，猪 HEV 从猪体异种移植到人的受体上。

猪 HEV 的基因 3 型和 4 型可感染猕猴和黑猩猩。相反的，人 HEV 的基因 3 型和 4 型可感染猪。无论发展中国家还是发达工业国家，猪饲养者和猪病兽医人员感染 HEV 的风险都在不断增加。例如，美国的猪病兽医 HEV 抗体阳性的可能性是其他献血者的 1.5 倍。Withers 等（2002）报道指出，相比，美国北卡罗来纳州（一个生产猪的主要州）的猪工作人员抗 HEV 抗体流行率（10.9%）是对照组（2.4%）的 4.5 倍。

感染猪的粪便中排出大量 HEV，由此引起了人们对环境安全的担忧。含 HEV 的肥料和粪便会污染灌溉水和海岸水，进而污染农产品或贝类。研究者在污水中检测到了猪源性的 HEV。几起

猪病学，第 10 版，由 Jeffrey J. Zimmerman，Locke A. Karriker，Alejandro Ramirez，Kent J. Schwartz，Gregory W. Stevenson主编。
© 2012 John Wiley & Sons，Inc. 由 John Wiley & Sons，Inc. 2012 年出版。

散发的急性戊型肝炎病例已被证实与食用被污染的肉和未做熟的猪肝有关。食品店出售的猪肝中HEV RNA检测结果为阳性的日本约占2%,美国达到11%。另外,美国市场上感染病毒的猪肝都有传染性。这些数据提供有力证据给我们,HEV可通过直接接触感染猪或食用被污染的猪肉传播给人类。

流行病学
EPIDEMIOLOGY

不论人类是否流行戊型肝炎,猪HEV感染在世界范围内是普遍存在的。除了家养猪,猪HEV也能感染野猪。实验条件下,猕猴和黑猩猩也对猪HEV基因型3和4型易感。HEV对猪的血清流行按年龄划分为:2月龄以下的猪呈血清阴性,而大多数3月龄以上的猪呈血清阳性。猪感染通常发生在2～3月龄时,即母源抗体刚消失时。感染猪通常有病毒血症并持续1～2周,排便散播病毒3～7周。

猪HEV在猪间的传播途径可能是粪便-口腔传播,感染猪的粪便可能是病毒传播的主要来源。据推测,猪的感染途径有:与感染猪的直接接触或食用已被粪便污染的饲料或水源。但是,在猪口腔内接毒来复制HEV感染的实验没有成立。因此,不能排除其他的传播途径。

通过适当的烹饪,商品猪肝中猪HEV的感染活性可完全被灭活,如油炸或煮5 min以上。然而,将已污染病毒的猪肝匀浆在56℃(133℉)孵育1 h,未使病毒失活。HEV在肠道内的酸性和弱碱性环境中可保持活性。

致病机理
PATHOGENESIS

猪HEV的致病机理尚不清楚,科学家认为HEV摄入后先在胃肠道内复制,随即散播到其靶器官——肝脏。病毒在肝脏中的复制已被证明。猪HEV也在肝外的多种器官中被分离到,包括小肠、结肠以及肝和肠系膜淋巴结等。

临床症状
CLINICAL SIGNS

自然感染和人工感染猪HEV的猪无临床症状,从感染病毒到由粪便排毒,整个潜伏期持续1～4周。猪群感染HEV的比例相当高(有些猪群高达80%～100%);然而,猪HEV的发病率和致死率目前尚不清楚。

病理变化
LESIONS

将猪HEV人工感染无特定病原体(SPF)猪,未见异常临床症状,但在接种后(DPI)的7～55 d内出现轻度到中度的肝和肠系膜淋巴结肿胀。人工感染猪显微镜下可见轻度到中度多灶性淋巴浆细胞性肝炎和局灶性肝细胞坏死为特征的病变疽(图39.1)。在20 DPI时,肝脏炎症和肝细胞坏死最为严重。妊娠后备母猪感染猪HEV,显微镜下可见轻度多灶性淋巴组织细胞性肝炎,有些后备母猪可观察到个别肝细胞坏死的症状。在繁殖系统或胎儿中,未见与HEV感染有关的病理损伤出现的迹象。

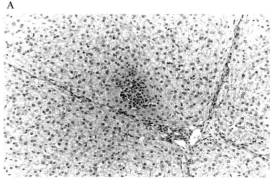

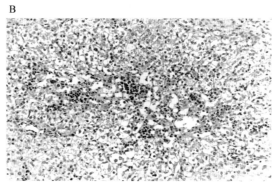

图39.1 人工感染猪HEV或人HEV的猪肝脏组织学病变。

A.人工感染猪HEV的猪的肝脏,接种后(DPI)14 d表现为轻度的淋巴细胞、浆细胞和巨噬细胞局灶性浸润和肝窦状隙轻度的弥漫性炎症。

B.人工感染人HEV US-2株的猪的肝脏,14 DPI表现为中度淋巴浆细胞性和组织细胞性肝炎及严重的肝细胞空泡变性和肿胀。H.E染色。(经美国微生物学会许可后,引自Halbur等,2001)。

诊断
DIAGNOSIS

研究猪 HEV 的工作比较难,因为该病毒在细胞上不能增殖,不引起猪临床症状。目前,诊断猪群是否感染 HEV 主要依赖聚合酶链式反应(PCR)和酶联免疫吸附试验(ELISA)检测方法。然而这两种方法敏感性和特异性很大程度上还不明确。据报道,一例基于猪 HEV 衣壳抗原蛋白的 ELISA 方法检测结果与通过基因 1 型人类 HEV 衣壳抗原蛋白获得的结果具有良好相关性。研究人员还开发了特异性 RT-PCR 和实时PCR(real-time PCR)等检测方法。

免疫
IMMUNITY

猪 HEV 衣壳蛋白是免疫原,可诱导产生免疫保护。猪 HEV、人 HEV 和禽源 HEV 的衣壳蛋白有相同的抗原决定簇。迄今为止,包括猪HEV 在内的所有被鉴定的 HEV 毒株都显示属于同一个血清型。灵长类动物交叉攻毒实验证实:不同基因型的人 HEV 毒株感染可产生交叉保护。血清阳性母猪所产仔猪母源抗体可持续7~9 周。研究人员认为,母猪的母源抗体可提供针对仔猪 HEV 感染的免疫保护。

预防和控制
PREVENTION AND CONTROL

对于猪 HEV 的主要担心是人畜共患病的潜伏感染。目前尚没有对抗 HEV 感染的疫苗,但如果有可用的疫苗给猪进行免疫,将有利于减小人畜传播的可能性,消除食品安全的隐患。适当的个人卫生和公共卫生能够减小 HEV 的传播。

(郎洪武译,师福山校)

参考文献
REFERENCES

Emerson SU, Purcell RH. 2003. Rev Med Virol 13:145–154.
Feagins AR, Opriessnig T, Guenette DK, et al. 2007. J Gen Virol 88:912–917.
——. 2008. Int J Food Microbiol 123:32–37.
Halbur PG, Kasorndorkbua C, Gilbert C, et al. 2001. J Clin Microbiol 9:918–923.
Huang YW, Opriessnig T, Halbur PG, Meng XJ. 2007. J Virol 81:3018–3026.
Kasorndorkbua C, Thacker BJ, Halbur PG, et al. 2003. Can J Vet Res 67:303–306.
Meng XJ. 2010a. J Viral Hepat 17:153–161.
——. 2010b. Vet Microbiol 140:256–265.
Meng XJ, Halbur PG, Shapiro MS, et al. 1998. J Virol 72:9714–9721.
Meng XJ, Purcell RH, Halbur PG, et al. 1997. Proc Natl Acad Sci USA 94:9860–9865.
Meng XJ, Wiseman B, Elvinger F, et al. 2002. J Clin Microbiol 40:117–122.
Pina S, Buti M, Cotrina M, et al. 2000. J Hepatol 33:826–833.
Takahashi M, Nishizawa T, Miyajima H, et al. 2003. J Gen Virol 84:851–862.
Williams TP, Kasorndorkbua C, Halbur PG, et al. 2001. J Clin Microbiol 39:3040–3046.
Withers MR, Correa MT, Morrow M, et al. 2002. Am J Trop Med Hyg 66:384–388.
Yazaki Y, Mizuo H, Takahashi M, et al. 2003. J Gen Virol 84:2351–2357.

40 流感病毒
Influenza Virus
Kristien Van Reeth, Ian H. Brown 和 Christopher W. Olsen

背景
RELEVANCE

猪流感样疾病的首次报道是在 1918 年美国和欧洲人类流感病毒大流行时。当时的基因分析证明早期的 H1N1 猪流感病毒，即"经典"的 H1N1 猪流感病毒（SIVs）谱系的鼻祖，与 1918 年人流感病毒密切相关，它们均起源于完整的鸟类始祖病毒（见 Taubenberger 和 Palese, 2006 综述）。

流感病毒是猪群急性呼吸道病暴发的主要病原之一（Loeffen 等, 1999; Terebuh 等, 2010），但常呈亚临床感染。猪流感的流行病学包含了人源、禽源以及猪源一系列病毒复杂的相互作用。相反的，猪被视作在病毒基因重组和/或适应中起重要作用的中间宿主，从而导致流感病毒往具有人类流行潜力的方向发展（Subbarao 等, 2006; Webster 等, 1992）。

近 20 年来，不断有研究记录人源、禽源和/或猪源病毒在猪体内的基因重组。这些重组病毒从根本上改变了世界许多地区猪流感的流行病学。此外，1957 年及 1968 年的人流感病毒是通过重组产生的（Kawaoka 等, 1989; Van Reeth, 2007 中的论述），尽管不能证实这种重组发生于猪体内。最近发生的 H1N1 流行性的流感病毒（pH1N1）是 2009 年源于北美谱系和欧亚谱系进化分支的猪流感病毒之间重组的结果（Garten 等, 2009; Smith 等, 2009），即使也未能证实实际的基因重组事件是在猪、人还是其他流感病毒宿主体内发生的。

病因学
ETIOLOGY

流感病毒属于正黏病毒科，为多形性。有囊膜的病毒直径在 80～120 nm（图 40.1）。病毒的脂质囊膜使其对表面活性剂及常用抗病毒消毒剂极其敏感。流感病毒以 8 个不连续的反义 RNA 片段编码 10 或 11 个病毒蛋白。流感病毒基因组的这种分节段特性使得共感染同一宿主的两个病毒在复制时可以交换 RNA 片段，即众所周知的基因"重组"过程。

流感病毒按照血清型、亚型、基因型进行分类。根据共同核心蛋白、基质（M）蛋白及核蛋白（NP），将流感病毒分为 A、B 和 C 三个血清型，只有 A 型流感病毒作为猪流感的病原具有临床意义。依据突出于病毒囊膜表面的血凝素（HA 或 H）及神经氨酸酶（NA 或 N）刺突状糖蛋白的性质，A 型流感病毒可以分为不同的亚型。有 16 种不同的 HA 亚型和 9 种不同的 NA 亚型，可以从抗原性及基因型上进行区别。病毒的血凝素及神经氨酸酶共同定义了该病毒的亚型，例如 H1N1, H3N2。

猪病学，第 10 版，由 Jeffrey J. Zimmerman, Locke A. Karriker, Alejandro Ramirez, Kent J. Schwartz, Gregory W. Stevenson 主编。
© 2012 John Wiley & Sons, Inc. 由 John Wiley & Sons, Inc. 2012 年出版。

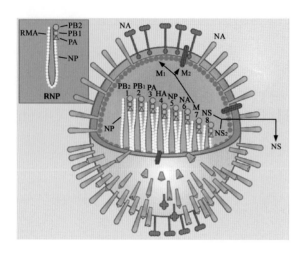

图 40.1 流感病毒结构。血凝素(HA)、神经氨酸酶(NA)及部分基质蛋白(M2)位于病毒粒子外表面形成囊膜外的刺突。病毒的 RNA 片段由核蛋白(NP)包裹并通过三种聚合酶(PB2,PB1,PA)复合物相结合。八个片段依据长度进行排列,HA 基因位于 4,NA 基因位于 6。NS1 是唯一的非结构蛋白,且不作为病毒粒子的组分(经作者许可,图片来自 Wright 和 Webster,2001)。

A 型流感病毒分离株的命名按照以下惯例进行:A/来源物种/分离地点/分离株序号/分离年份,例如 A/猪/威斯康辛/125/98。如果没有指定宿主,则默认为人源分离株。关于流感病毒的结构及遗传学特性的详细介绍在其他地方可以找到(Wright 等,2007)。

病毒的血凝素糖蛋白介导与宿主细胞唾液酸受体的连接,也是诱导中和抗体(Abs)的主要靶分子。在分子水平上,唾液酸通过 α-2,3 或 α-2,6 键与半乳糖残基相连。在结合实验中,人流感病毒与 2,6-键("人型")受体结合,而禽流感病毒与 2,3-键("禽型")受体结合。人们曾一度认为人类对禽流感病毒(AIVs)不易感,因为人类呼吸道中不表达禽型受体,这是把问题看得过分简单化(Bateman 等,2008,2010;Nicholls 等,2008)。病毒的唾液酸结合性也是其具有红细胞凝集特性的原因,而且这种特性可用于一些诊断中[血凝及血凝抑制(HI)实验见下注]。病毒 NA 通过破坏唾液酸及相邻糖残基的连接键使病毒从被感染细胞上释放出来。

逐渐地,了解 A 型流感病毒的流行病学及进化不仅需要亚型(H,N),还需要基因型。基因分型是通过测定每个病毒 RNA 片段的基因序列并按照这些序列进行病毒的进化分析。这些分析结果可以定义基于每个病毒基因起源的宿主物种及地理区域的进化谱系。一个进化谱系是指在某个特定基因上有着共同遗传起源的一组病毒。一个病毒可能包含来自不同谱系的基因,反映个体基因的起源不同。近年来,基因分型已成为人们了解全球范围内猪源流感病毒的起源及不断进化极其重要工具。

公共卫生
ROLE IN PUBLIC HEALTH

世界卫生组织的 Martin Kaplan 于 1957 年亚洲流感流行性期间曾提出过动物在人流感的生态学及流行病学上的潜在意义,并且发起了一个跨学科的专家网络(Kaplan,1969,1980),作为早期应对流感的"一个健康"计划。Bernard Easterday 博士于 1976 年首次证明了猪流感(SI)传染给猪场养殖人员(Easterday,1980;Pawlisch 等,1976)。现在越来越多的证据支持源于猪流感病毒的感染病例的发生,以及流感病毒从人到猪,从猪到鸟类,以及在一定范围内从鸟类到猪的种间传播。

猪流感病毒来源的感染病例在全世界范围内均有报道,包括经典的 H1N1 猪源病毒,也有鸟类谱系病毒及多个血清学亚型和基因型的重组病毒(见综述文章 Myers 等,2007;Newman 等,2008;Sancho 等,2009;Shinde 等,2009;Van Reeth,2007)。这些报道中记录的感染人数远少于世界范围内接触猪的人数。人类 SIV 抗体血清学的检查结果表明存在更广泛的但未确诊的 SIV 感染(Gray 等,2007;Myers 等,2006,2007;Olsen 等,2002;Terebuh 等,2010)。然而,由于很难准确区分猪与人流感病毒感染,血清学检测很受限。在历史上,除 1976 年在迪克斯堡新泽西的猪流感暴发外(Top 和 Russell,1977),关于猪源病毒在人与人之间的传播的证据很有限(Myers 等,2007)。唯独 2009—2010 年流行性的情况不同。

流行性需要流感病毒出现两个特性:①病毒

必须具有足够的抗原独特性以便逃脱宿主的免疫监视。②病毒必须足以适应感染人以便在人与人之间传播。这种病毒可能完全由动物宿主传播而来,例如,1918 年流行性的毒株完全由禽源病毒引起(Taubenberger 和 Palese,2006)。或者它们通过一种具有独特的免疫原性血凝素的病毒与另一种最好是已经适应于感染人类的病毒之间发生基因重组而产生。1957 年流行性的"亚洲流感"病毒及 1968 年流行性的"香港"毒株都是通过后一种方式产生的,即一种新型禽源病毒[提供新的 HA 及 PB1(以及 1957 年的 NA)基因]与之前的季节性流行的人流感病毒间的重组(Kawaoka 等,1989;Webby 和 Webster,2001;Webster 等,1992)。

　　流感病毒极大地受宿主范围因素所限制,从而限制了种间的传播(Landolt 和 Olsen,2007;Neumann 和 Kawaoka,2006),特别是在鸟类及哺乳动物宿主之间的种间传播。因此,只有一小部分的病毒亚型在哺乳动物体内定植,例如,人的 H1、H2 和 H3,猪的 H1 和 H3 及马的 H3 和 H8。而所有 HA 和 NA 亚型的流感病毒都能在野生水禽(即全球流感病毒的贮存宿主)中找到(Hinshaw 等,1980;Webby 和 Webster,2001;Webster 等,1992)。依据病毒毒株及鸟类的品种不同,水禽流感病毒能够感染并从呼吸道和/或消化道排毒(Webster 等,1978)。肠道感染能使病毒随排泄物排出并污染湖水长达数周至数月(Hinshaw 等,1980;Stallknecht 等,1990)。这种特性与禽流感暴发(Rohani 等,2009)以及可能在病毒从鸟类向猪的传播有关(Karasin 等,2000b,2004)。

　　来自所有 8 种流感病毒基因片段在宿主范围内均存在,即"多基因"物种特异性(Landolt 和 Olsen,2007;Neumann 和 Kawaoka,2006),但是 HA 起到了主要作用,因为它与受体结合,且不同宿主的唾液酸受体不同(Ito,2000;Landolt 和 Olsen,2007;Matrosovich 等,2000;Nicholls 等,2008)。

　　一直以来流感病毒学中始终存在的问题是"禽源和哺乳动物源病毒间发生的重组在哪种动物中能产生一种新型的流行性毒株"? 人们曾以为是"猪",因为猪的组织既表达禽类的 2,3 唾液酸受体,又表达人类的 2,6 唾液酸受体(Ito 等,1998;Nelli 等,2010;Van Poucke 等,2010)。的确,猪对禽源及人源的流感病毒都易感,并因此成为基因重组的"混合容器"宿主(Brown,2000;Ito 等,1998;Karasin 等,2000b,2004;Kida 等,1994;Pensaert 等,1981;Scholtissek 等,1998;Van Reeth,2007;Webster 等,1992)。然而,物种唾液酸的特异性远比我们曾经认为的要复杂(Bateman 等,2010;Gambaryan 等,2005;Nicholls 等,2008;van Riel 等,2010)。例如,病毒与某一特定唾液酸结合可能不会导致细胞的有效感染(Bateman 等,2008,2010);流感病毒的有效感染可能还需要二级受体(Chu 和 Whittaker,2004)。此外,人类及一些陆生家禽品种也表达这两种唾液酸受体(Gambaryan 等,2002;Landolt 和 Olsen,2007;Wan 和 Perez,2006;Webby 和 Webster,2001)。

　　尽管如此,猪仍然成为焦点,特别是因为 2009 年 pH1N1 病毒的基因起源。基因分析清楚地表明:2009 年 pH1N1 病毒的进化演变起源于北美和欧亚谱系猪类流感病毒间的一种独特的"洲际"重组(Garten 等,2009;Smith 等,2009)。然而,需要强调的是,不能靠推测假设这种重组事件发生于猪体内,或者是因为假定它的重组起源,而先验地认为在世界范围内该病毒在未来的 10～17 年间都发生在猪体内(Smith 等,2009;图 40.2)。

流行病学
EPIDEMIOLOGY

易感动物种类
Susceptible Species

　　除了家猪和人类之外,已证明猪流感病毒也感染野猪(Saliki 等,1998)、家养火鸡(Choi 等,2004;Hinshaw 等,1983;Ludwig 等,1994;Olsen 等,2006;Suarez 等,2002;Tang 等,2005;Wood 等,1997;Wright 等,1992)以及在罕见的情况下感染放养水禽(Olsen 等,2003;Ramakrishnan 等,2010)。

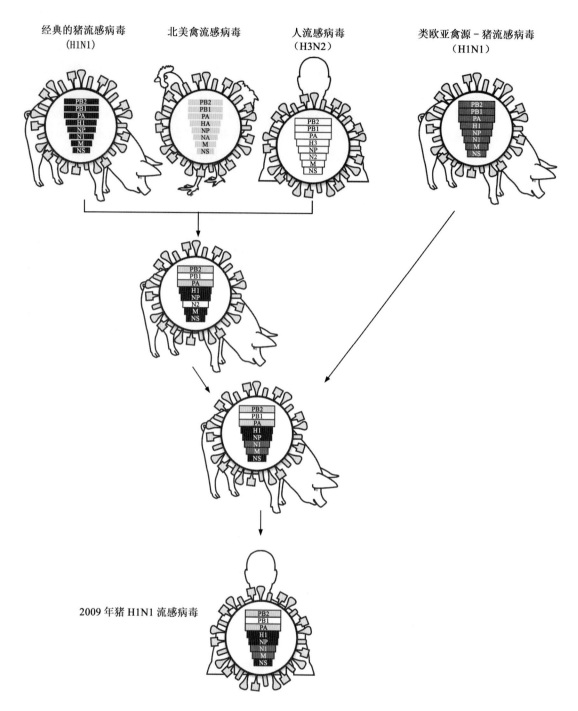

图 40.2 2009 年猪 H1N1 流感病毒的起源。编码 HA 和 M 蛋白的基因可能来源于类欧亚禽源-猪流感病毒(H1N1),其余 6 个基因与人、猪和禽源病毒基因混合的三重组 H1N2 猪流感病毒密切相关,这种三重组 H1N2 猪流感病毒在美国猪群中流行。这两种病毒 10 年前可能在猪体内或其他动物体内发生重组(经出版商许可,自 Neumann 等,2009)。

在实验条件下,猪能被多种亚型的禽流感病毒感染(Kida 等,1994)并且禽流感病毒自然感染猪的病例在世界范围内也有记载。例如,已从加拿大或亚洲猪体内分离到 H1N1,H3N2,H3N3 及 H4N6 病毒 (Brown,2000; Guan 等,1996; Karasin 等,2009)。2000b,2004;Kida 等,1988) 以及从亚洲猪体内分离到 H5N1 和 H9N2 病毒 (Choi 等,2005;Peiris 等,2001;Shi 等,2008;Takano 等,2009)。这些由禽到猪的传播在流行病学上通常以死亡告终,不会在猪群中继续传播。这与实验研究结果一致,表明禽流感病毒在猪体内复制及在猪群中传播的限制性(Choi 等,2005;De Vleeschauwer 等,2009a,b;Lee 等,2009;Lipatov 等,2008;Manzoor 等,2009)。因此,禽流感病毒必须突变或与适应猪的病毒发生重组才能在猪体内有效复制,且禽源与猪源病毒基因的重组已在猪体内建立。事实上,欧洲的禽源猪流感 H1N1 病毒是唯一的适应猪的完全禽源病毒(Brown 等,1997;Donatelli 等,1991;Kyriakis 等,2011;Scholtissek 等,1983;Van Reeth 等,2008)。

人流感病毒偶尔也能从猪体内分离到。尤其是人源 H3N2 病毒经常从亚洲猪体内分离出来,而在欧洲及北美洲猪体内偶尔也能分离到(Brown,2000;Hinshaw 等,1978;Karasin 等,2000c)。如禽流感病毒一样,人源流感病毒在猪之间的有效传播似乎需要适应新的宿主。因此,北美及欧洲猪群中保持的 H3N2 病毒是人源及适应猪的基因混合重组。

猪源 HA 抗原漂移通常比人类 HA 抗原漂移慢。例如,最近欧洲猪流感 H3N2 病毒仍然与 20 世纪 70 年代和 80 年代的人源病毒的抗原性有关,而当前人源病毒已与其祖先渐渐产生漂移(de Jong 等,1999,2007;Kyriakis 等,2011)。有趣的是,人源与猪源病毒 HA 基因进化速度似乎相似,但猪源病毒明显在对免疫反应不太重要的区域发生突变(de Jong 等,2007;Nerome 等,1995)。然而,需要全面分析不同的猪流感病毒谱系的遗传和抗原性以及与人类谱系进行比较,以充分了解猪流感病毒的漂移及其对免疫反应的意义。

传播
Transmission

历史上,北部气候性猪流感的暴发常常发生于秋末冬初,常与寒冷气温及秋雨有关。然而,研究表明:猪流感病毒全年发生(Hinshaw 等,1978;Kyriakis 等,2011;Olsen 等,2000;Van

Reeth 和 Pensaert,1994),且随着养猪生产移向限制系统,季节性的疾病发生已变得不那么突出。

猪流感病毒的准确传播方式及其群体动力学只在有限程度上进行了定义。流感病毒通常通过动物的移动向畜群传播。病毒传播的基本途径是通过猪与猪之间的鼻咽接触,鼻腔分泌物中的病毒滴度在排毒高峰期达到≥1×10^7 感染颗粒/mL(De Vleeschauwer 等,2009a,b;Landolt 等,2003;Larsen 等,2000;Van Reeth 等,2003a)。已证明人流感病毒通过气溶胶传播,而在澳大利亚马流感病毒的传播发生在相隔数千米距离的养殖场之间(Tellier,2009 中的论述)。因此,在大量猪群密集的区域,空气传播可能导致了猪流感病毒的传播,这也许可以解释在高生物安全标准的猪场中猪流感的感染。大部分情况下,在特殊管理的育成猪群中能清除掉病毒,特别是那些以全进全出方式管理的畜群,这将在稍后进行介绍。在从仔猪到育成猪的猪场中,随母源免疫力的不断下降会持续存在幼龄易感仔猪,有些情况下,病毒可能会在猪群中持续存在(Loeffen 等,2009)。

地理分布
Geographic Distribution

猪流感病毒在全世界大部分地方的猪群中存在,可能无论猪群饲养在什么地方。然而,病毒亚型及基因型的分布却随着不同的地理区域有很大变化。

北美猪流感(Swine Influenza in North America)。自从 1930 年 Shope 初次分离到病毒开始,经典的 H1N1 谱系流感病毒成为 20 世纪 90 年代北美猪流感的主要病原(Chambers 等,1991;Hinshaw 等,1978;Olsen 等,2000)。从 1965 年至 20 世纪 80 年代,美国经典 H1N1 猪流感病毒的抗原性和基因型保持高度保守(Luoh 等,1992;Noble 等,1993;Sheerar 等,1989),但在 20 世纪 90 年代期间,分离到了抗原及基因的变异株(Olsen 等,1993,2000;Rekik 等,1994)。

在 1998 年,随着两种重组 H3N2 病毒基因型的分离,北美猪流感的流行病学发生了戏剧性的变化:①一个包含经典猪源病毒及人季节性流感病毒基因的双重重组体,它在种群中不再持续存在;②包含人流感病毒谱系的 HA、NA 及 PB1 基因;经典型 H1N1 猪流感病毒谱系的 M、NP 及 NS 基因;以及北美禽源病毒谱系的 PA 和 PB2 基因的三重重组体(tr)H3N2 病毒(Karasin 等,2000c;Zhou 等,1999)。后者病毒在北美的猪群内广泛分布并且随时间推移进化为四种不同的系统分支(Ⅰ～Ⅳ)(Olsen 等,2006;Richt 等,2003;Webby 等,2000,2004)。

trH3N2 和现存经典 H1N1 猪流感病毒的共流行及随后的重组导致了 trH1N2(Choi 等,2002a,b;Karasin 等,2000a,2002)及 trH1N1(Subbarao 等,2006)的出现及传播,其中 H1(trH1N2)或 H1 和 N1(trH1N2)基因来自经典的 H1N1 猪流感病毒谱系,其余的基因则来自经典的猪源/人源/禽源 tr 基因型。这种猪源/人源/禽源的 M、NP、NS、PA、PB1 及 PB2 基因的三重混合现在被称为"TRIG"(triple reassortant internal gene)基因盒(Vincent 等,2008)。最近,在美国的猪群中出现另外一种 trH1 基因型的病毒并传播。这些病毒包含了 TRIG 基因盒,但是它们的 H1 和/或 N1 或 N2 基因起源于季节性人流感病毒(Vincent 等,2009b)。

为清楚起见,美国的猪流感病毒 H1 的 HA 基因被分成四个分支:α(完整的经典 H1N1 猪源病毒);β 及 γ(含经典猪源病毒 H1 HA 基因的 trH1N1 及 trH1N2 基因漂移变异株病毒);以及 δ(带有季节性人流感病毒 H1 HA 基因,两个亚分支的 trH1N1 及 trH1N2 病毒)(Vincent 等,2009b,c)。

另外,从美国及加拿大暴发流感的猪群中分离出以 TRIG 为基础的重组病毒,包括 trH2N3 及 H3N1 病毒,还有双重组的 H1N2 及 H1N1 病毒(Karasin 等,2006;Ma 等,2006,2007),但这些病毒都没有在猪群中定植下来。

欧洲猪流感(Swine Influenza in Europe)。在欧洲,占主导地位的 H1N1 猪流感病毒具有完整的禽源基因组,该禽源基因组是在 1979 年从野鸭传到猪的(Pensaert 等,1981;Scholtissek 等,1983)。这些类禽源的 H1N1 病毒建立了稳定的谱系,并从 1979 年起在欧洲大陆呈地方流行病(Pensaert 等,1981;Scholtissek 等,1983)。这些病毒的抗原性及基因型与经典的 H1N1 猪源病毒明显不同,而经典的 H1N1 猪源病毒在欧洲不再存在(Brown 等,1997;Donatelli 等,1991)。

欧洲的 H3N2 猪流感病毒起源于 1968 年的"香港"人流感病毒,但它们通过与类禽源的 H1N1 病毒进一步重组而进化,导致了 H3N2 病毒带有人源 HA、NA 糖蛋白及禽源内部蛋白(Campitelli 等,1997;Castrucci 等,1993;de Jong 等,1999;Haesebrouck 等,1985)。

从 20 世纪 90 年代中期开始,在欧洲的猪体内也存在 H1N2 病毒。主要流行的 H1N2 病毒保留了这些重组体 H3N2 病毒的基因型,但它们获得了一个 20 世纪 80 年代时期人类谱系的 H1 基因(Brown 等,1998;Marozin 等,2002;Schrader 和 Süss,2003;Van Reeth 等,2004)。

因此,三个主要的流感病毒亚型分享共同的内部基因,但他们的 HA 基因有着明显区别。所有三个亚型病毒在欧洲高密度饲养地区的猪群中呈地方性流行,而未接种的母猪通常有两个甚至全部三个亚型的抗体(Van Reeth 等,2008)。然而,也存在区域性的差异,H3N2 病毒在某些区域已不存在(Kyriakis 等,2011)。偶有散在的带有不同 HA/NA 基因组合的新型 H1 和 H3 重组病毒,但在猪群中不再存在(Bálint 等,2009;Brown 等,1994;Marozin 等,2002;Moreno 等,2009)。

亚洲猪流感(Swine Influenza in Asia)。亚洲的猪流感流行病学比欧洲及北美的更为复杂。自 20 世纪 70 年代以来,H3N2 病毒在亚洲反复从人类向猪传播,香港/68 流行性流感病毒变异株在猪体内与当时人的 H3N2 病毒同时流行(Kida 等,1988;Nerome 等,1995;Peiris 等,2001;Sun 等,2009;Yu 等,2007,2008b)。人 H1N1 病毒在亚洲的猪体内分布似乎不那么广泛,除中国之外的其他亚洲地区并无报道(Lu 等,2010;Sun 等,2009;Yu 等,2007,2009b)。

猪流感病毒从北美到欧洲或从欧洲到北美之间的传播即使存在也较少,但北美和欧洲的猪流感病毒均已传入亚洲。例如,在华南,同时存在着长期流行的经典 H1N1 猪流感病毒、欧洲类禽源的 H1N1 病毒以及北美 H1N2 病毒（Guan 等，1996；Lu 等，2010；Qi 等，2009；Vijaykrishna 等，2010；Yu 等，2009a）。各种 H3N2 重组病毒遍及亚洲，有些与欧洲或北美谱系的病毒相似（Takemae 等，2008；Yu 等，2008b）。结果是当地出现了其他的病毒，很明显这些猪流感病毒在亚洲具有独特性（Nerome 等，1995；Shu 等，1994；Sun 等，2009）。同时流行如此多的基因多样性猪流感病毒导致了多种极复杂的重组病毒的产生（Lu 等，2010；Vijaykrishna 等，2010；Xu 等，2011；Yu 等，2008b，2009a）。

更复杂的是，尽管缺乏一些地区的数据，亚洲不同地区的情况也有显著差异。例如，在日本，H1N2 病毒已经成为自 20 世纪 80 年代以来的一个主要流行谱系，其中 H1 来自经典的 H1N1 猪流感病毒，N2 来自早期人类 H3N2 病毒（Ouchi 等，1996；Saito 等，2008；Sugimura 等，1980）。这些 H1N2 病毒在亚洲其他地区似乎不存在。相反，普遍存在于中国及韩国的 trH1N2 在日本未检测到（Jung 和 Song，2007；Vijaykrishna 等，2010）。

在过去的十年中，多次发生 H5N1、H5N2，特别是 H9N2 禽流感病毒越过种间障碍传播到猪体内（Cong 等，2008；Lee 等，2009；Peiris 等，2001；Yu 等，2008a）。这并不奇怪，因为这些病毒在亚洲某些禽群中呈地方流行。在有些情况下，这些病毒以有限的范围在猪群中传播，但在猪体内（至今）没有形成稳定谱系，H1N1、H3N2 或 H1N2 亚型病毒同样如此（Choi 等，2005；Jung 等，2007；Nidom 等，2010；Santhia 等，2009）。最近几年，从猪体内已经分离到各种由最近适应猪体的病毒与禽源病毒之间发生重组的流感病毒，有几株含禽源的 H5 或 H9（Bi 等，2010；Cong 等，2007，2010；Lee 等，2009；Shi 等，2008）。这样的病毒是否会造成猪流感的地方流行还是个未知数。

2009 年流行性 H1N1 猪病毒感染（2009 Pandemic H1N1 Virus Infection in Pigs）。伴随 2009 年世界范围内人类 pH1N1 的出现，同样的病毒从世界多个地区未表现明显临床症状的猪体内分离到（Forgie 等，2011；Hofshagen 等，2009；Howden 等，2009；Pereda 等，2010；Vijaykrishna 等，2010；Welsh 等，2010）。猪的感染最初明显起源于被感染的人类（人畜共患性传播），但随后通过猪与猪之间进行传播。尽管 2009 年的 pH1N1 被称为"猪流感"，但从流行病学上没有证据表明猪的感染导致了人类的广泛传播。2000 年和 2003 年泰国的 H1N1 猪流感病毒代表了在 pH1N1 病毒之前唯一经测序的重组病毒例子，这些重组病毒的 HA 片段来自经典的 H1N1 猪流感病毒，NA 片段来自欧亚 H1N1 猪流感病毒谱系，但它们的组成仍然不同于流行性的病毒（Kingsford 等，2009；Takemae 等，2008）。2010 年在香港已经监测到以流行性病毒为背景，仅有类禽源的 H1N1 猪流感病毒 HA 基因的重组病毒（Vijaykrishna 等，2010）。

致病机理
PATHOGENESIS

猪流感的发病机理已经研究清楚，与人流感的致病机理十分相似（De Vleeschauwer 等，2009a；Khatri 等，2010；Van Reeth 等，1998）。病毒复制局限于猪的上呼吸道和下呼吸道（鼻黏膜、鼻窦、气管及肺）的上皮细胞，并且病毒只通过呼吸道途径排出及传播。因此，感染性病毒可从这些组织中分离到，也可从扁桃体及呼吸道淋巴结、肺泡灌洗液（BAL）及鼻腔、扁桃体或口咽拭子中分离出来（Brown 等，1993；De Vleeschauwer 等，2009a，b；Heinen 等，2001b；Khatri 等，2010；Landolt 等，2003；Richt 等，2003；Vincent 等，2009a）。在大部分实验研究中，在接种后 1 d 起能分离到病毒，7 d 后则检测不到病毒。相对于上呼吸道，猪流感病毒明显容易在下呼吸道繁殖（De Vleeschauwer 等，2009a；Khatri 等，2010）。这些结果是通过病毒滴定及免疫组化确定的，这些方法显示支气管、细支气管及肺泡上皮细胞中存在大量的病毒抗原阳性细胞，而鼻黏膜中阳性细胞则较少（图 40.3）。在肺泡巨噬细胞中同样发现病毒核酸或抗原，但不能证明这些细胞产生了有效感染（Brookes 等，2010；Jung 等，2002；Weingartl 等，2010）。

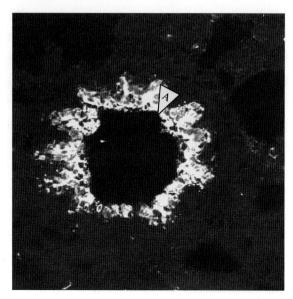

图 40.3　猪肺脏病毒抗原阳性细胞的免疫荧光染色结果。在细支气管（A）中，高达 100％的上皮层细胞发生感染。

猪流感病毒不太可能分布于呼吸道之外的组织。脑干是唯一的除呼吸道之外能偶尔分离出少量病毒的组织（De Vleeschauwer 等，2009a）。仅有一例研究显示脑干存在低的病毒滴度及短暂病毒血症（Brown 等，1993）。在少数研究中，粪便、肠道及脾脏偶尔能通过 PCR 检测为阳性，但从未证明在呼吸道之外的组织中出现病毒阳性细胞（Brookes 等，2010；De Vleeschauwer 等，2009a）。用 2009 pH1N1 病毒感染猪的试验证实猪肉及肌肉组织中不存在病毒（Brookes 等，2010；Vincent 等，2009a）。

猪流感感染很容易通过对流感易感猪进行试验接种而产生，接种可通过鼻内（IN）、气溶胶或气管（IT）暴露途径，但病毒在呼吸道的复制动力学以及肺部炎症和疾病的严重程度随着接种途径及接种剂量的不同有明显的差异。

气管接种后出现带有中性粒细胞的特征性肺脏渗出物及典型的下呼吸道疾病（肺脏病毒滴度高，可超过 1×10^8 感染颗粒/g 组织），并伴随有高热（≥41℃，≥106℉）及嗜睡（De Vleeschauwer 等，2009a；Van Reeth 等，1998，2002）。

用感染强度较弱的方法（鼻内接种或气管接种低剂量的病毒）导致肺部病毒载量增加趋缓，肺部炎症减弱以及较少特征性的临床症状，这些症状主要有流鼻涕、打喷嚏、低度到中度的发热或亚临床感染症状（Brown 等，1993；Larsen 等，2000；Richt 等，2003）。

在疾病的急性感染期，由宿主产生的细胞因子似乎决定了亚临床感染和疾病之间的差别。气管接种后肺泡灌洗液中的干扰素-α 和干扰素-γ、肿瘤坏死因子-α 及白介素-1、白介素-6 和白介素-12 的滴度显著高于鼻内接种后这些细胞因子的滴度。实验研究表明需要较高的肺部病毒载量诱导高水平的细胞因子，反过来这些细胞因子诱导典型的肺部炎症及疾病（Barbé 等，2011；Kim 等，2009；Van Reeth 等，1998，2002）。因此，任何可能降低范围内猪体内病毒复制的因素，例如，部分主动或被动免疫以及降低感染的卫生措施，都可能降低临床症状的严重性。然而，许多细胞因子也具有抗病毒或者免疫刺激作用，因而可能有助于流感病毒的清除。

试验感染研究还没有得出关于猪流感病毒不同谱系或毒株之间在发病机理和毒力上差别的可信证据。偶尔报道的差异似乎是由于猪个体之间的生物差异、试验变化或病毒间的复制能力差异所致（Landolt 等，2003；Richt 等，2003；Sreta 等，2009；Vincent 等，2006，2009b）。用人流感或者禽流感病毒对猪进行感染试验常导致温和型或亚临床感染，这与猪呼吸道的低到中度的病毒滴度相一致（Choi 等，2005；De Vleeschauwer 等，2009a；Landolt 等，2003；Lipatov 等，2008）。2009 pH1N1 病毒对猪的致病过程同在猪群中呈地方性流行的猪流感病毒相似（Brookes 等，2010；Lange 等，2009；Vincent 等，2009a；Weingartl 等，2010）。

临床症状
CLINICAL SIGNS

典型的猪流感暴发以高热（40.5～41.5℃，105～106.7℉）、厌食、倦怠、扎堆、卧地不起、呼吸急促以及几天后的咳嗽为特征。吃力的腹式呼吸及呼吸困难最为典型。经过 1～3 d 的潜伏期后，突然发病。发病率高（高达 100％），但当单一感染时死亡率低（通常低于 1％）。通常在发病后 5～7 d 快速痊愈。临床上典型的急性猪流感的暴发一般只限于完全易感的血清阴性猪，不论是无免疫保护力的保育猪或是老龄猪（Loeffen 等，1999）。

感染 H1N1、H1N2 及 H3N2 亚型病毒有着相似的临床症状且所有亚型及家系的病毒都伴随有严重的呼吸道症状（Karasin 等，2000a，b，c；Loeffen 等，1999；Zhou 等，1999）。实验研究尚未有力的证实猪流感病毒的株系之间有毒力差异（见上方）。

几个其他除免疫状态之外的因素可能也决定着猪流感病毒感染的临床结果，这些因素包括年龄、感染压力、气候条件、猪舍条件及并发感染。可以确定的是，继发感染细菌如胸膜肺炎放线杆菌、多杀性巴氏杆菌，猪肺炎支原体、副猪嗜血杆菌及 2 型猪链球菌，可加重猪流感病毒感染的严重性及进程。

其他的呼吸道病毒，如猪呼吸道冠状病毒（PRCV）及猪繁殖与呼吸障碍综合征病毒（PRRSV）通常与猪流感一样在相同年龄发生感染（Van Reeth 和 Pensaert，1994）。这些病原中，PRRSV、猪肺炎支原体及猪流感病毒在表现猪呼吸道综合征（PRDC）临床症状的 10～22 周龄猪体内经常能检测到（Thacker 等，2001）。几次将猪流感病毒与猪肺炎支原体、猪呼吸道冠状病毒或猪繁殖与呼吸障碍综合征病毒一同进行双重感染的试验显示，双重感染比单一病毒感染临床症状更严重（Brockmeier 等，2002）。然而，将任何两种感染性病原结合很难可靠地复制出疾病，并且其他研究未能表明疾病的加重。因此，猪呼吸道综合征（PRDC）的发病机理仍难以解释。

猪群暴发流感之后，饲养人员及兽医偶有报告猪群的繁殖力下降，例如，不孕、流产、弱仔及死产的增多。然而，很少有数据说明流感病毒感染猪的生殖道或直接导致繁殖性疾病。

病理变化
LESIONS

单纯猪流感的眼观病变主要是病毒性肺炎。病变大都局限于肺的尖叶及心叶。肺部的肉眼可见感染比例在不同试验间及试验内有着显著差异，但在感染后 4～5 d 有超过一半的肺部感染（Khatri 等，2010；Landolt 等，2003；Richt 等，2003）。通常，感染的肺组织和正常的肺组织之间交界明显，且病变区呈紫色坚硬状。小叶间明显水肿，气道充满血色、纤维素性渗出，相连的支气管及纵隔淋巴结肿大。在自然发病的猪流感中，这些病变可能很复杂且被并发感染特别是细菌感染所掩盖。

在显微镜下观察，猪流感的病变特点主要有肺脏上皮细胞坏死、支气管上皮细胞层脱落/剥离以及气道充满坏死的上皮细胞和以中性粒细胞为主的炎性细胞浸润（Haesebrouck 和 Pensaert，1986；Haesebrouck 等，1985）（图 40.4）。气管接种后 24 h 收集的肺泡灌洗液中，中性粒细胞高达细胞总数的 50％，而在未感染的健康猪中以巨噬细胞为主（Barbé 等，2011；Khatri 等，2010；Van Reeth 等，1998）。嗜中性粒细胞不仅造成气道阻塞，还通过释放相应的酶导致肺部损伤。几天后，支气管周围及血管周围发生淋巴细胞浸润（Landolt 等，2003；Richt 等，2003）。在田间暴发典型临床症状的猪流感也有相似的病理损伤（Loeffen 等，1999）。然而，与临床症状一致，肺部病变也轻微或不明显。

免疫
IMMUNITY

猪流感病毒感染的适应性免疫应答包括抗体的产生和细胞介导免疫（CMI）。抗体反应主要针对 HA、NA、M 及 NP 蛋白（Wright 等，2007）。然而，只有针对 HA 抗原球状头部区域的抗体能阻止病毒黏附宿主细胞受体并中和病毒的感染性。这些抗体可通过病毒中和试验（VN）及血凝抑制试验（HI）进行测定。针对 NA 抗原的抗体主要在被感染细胞释放少量病毒引起感染之后发挥作用。针对其他蛋白质的抗体不能阻止感染发

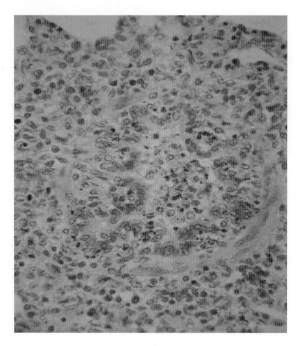

图 40.4 实验感染 SIV 的猪,终末细支气管上皮细胞发生脱落。管腔完全被脱落的上皮细胞及中性粒细胞堵塞。

生,但它们可以介导抗体依赖性的细胞杀伤作用。

T 细胞能广泛地定向作用于所有内部和表面蛋白表位。CD4$^+$ T 细胞或辅助性 T 细胞促进抗体及 CMI 反应,而 CD8$^+$ T 细胞则分化为细胞毒性 T 细胞(CTLs),它能直接杀伤病毒感染细胞从而帮助清除肺部的病毒。因此,CTLs 是 CMI 反应的关键因素,但对猪的研究主要是检测了辅助性 T 细胞的活性,因为在技术上很难对远交动物品种的 CTLs 进行定量。同样,大部分研究重点在血清抗体反应上,而呼吸道的黏膜抗体对于保护最为重要。

猪流感病毒感染的免疫反应快速、高效,在接种后 1 周内即可完全清除呼吸道的病毒。接种后 7 d 起可检测到 T 细胞反应(Heinen 等,2001a,b;Khatri 等,2010;Larsen 等,2000)。接种后 7~10 d 可检测到血清中的 HI 抗体,接种后 2~3 周抗体达到高峰(Heinen 等,2000;Larsen 等,2000)。抗体滴度可以持续几周维持高水平,在接种后 8~10 周开始下降(Van Reeth 等,2004,2006)。猪的血清中也有 NA 及 NP 抗体(Heinen 等,2000,2001a;Van Reeth 等,2003a)、中等水平

的 M1 抗体及低水平到至可变水平的 M2 外部蛋白抗体(Kitikoon 等,2008)。鼻腔及肺部灌洗液中也存在完整病毒的抗体及 NP 特异的抗体(Heinen 等,2000;Khatri 等,2010;Kitikoon 等,2006,2009;Larsen 等,2000;Vincent 等,2008)。

和预期相同,免疫球蛋白 M(IgM)及随后的免疫球蛋白 G(IgG)是血清中的主要抗体类型,而免疫球蛋白 A(IgA)是鼻腔洗液中的主要抗体类型(Heinen 等,2000;Larsen 等,2000)。Larsen 等(2000)证明在鼻黏膜组织中存在抗体分泌细胞,这也证实抗体是在猪呼吸道局部产生。肺部的抗体至少部分是由血清渗出的,在猪的肺泡灌洗液中主要成分是病毒特异的 IgG 也证实了这一点(Heinen 等,2000)。然而,猪流感病毒感染猪的肺泡灌洗液中也发现大量的 IgA(Kitikoon 等,2006;Larsen 等,2000),不排除肺实质产生局部抗体的可能性。

首次感染猪流感病毒后,对于相同或相似的毒株再次感染有坚强的保护力(De Vleeschauwer 等,2011;Larsen 等,2000;Van Reeth 等,2003a)。根据对人类的研究结果,推测这种免疫力能够持续数年,但在猪体内的准确免疫持续期还无相关研究。HA 特异的 VN 抗体可能是这种"同源"免疫力的主要成分,对于猪的其他免疫机制的保护作用研究仍然处于空白。

由于不同亚型及不同谱系流感病毒的共同流行,猪在一生中可能接触到多种抗原型不同的猪流感病毒。在血凝抑制试验中,H1 和 H3 亚型猪流感病毒间无血清学交叉反应,在某些情况下,H1 和 H3 谱系内的病毒之间也不存在血清学交叉反应。然而,一些感染试验研究表明:在缺乏 HI 抗体交叉反应的流感病毒之间存在交叉保护力。首次感染经典 H1N1 猪流感病毒(α 分支)的猪在 5 周后能抗 trH1N2 病毒(γ 分支)的攻击(Vincent 等,2008)。

先前感染欧洲型类禽源猪流感病毒也能对随后感染北美 trH1N1 猪流感病毒产生保护力(De Vleeschauwer 等,2011),同样也能对 2009 pH1N1 病毒(Busquets 等,2010)感染产生保护力。在任意两个欧洲猪流感病毒亚型之间发现了

更多有限的交叉保护力（Heinen 等，2001a；Van Reeth 等，2003a，2004）。例如，初次感染 H1N1 的猪在鼻拭子中仍带有 H1N2 攻击病毒，只是持续时间比未接触过流感病毒的对照猪短 1～2 d。然而，在同时感染 H1N1 和 H3N2 的猪中，对 H1N2 的交叉保护力显著提高。

尽管这些研究中使用的病毒之间缺乏交叉反应性血凝抑制抗体，但在某些情况下，VN 和/或 NI 抗体以及细胞介导的免疫反应是有交叉反应的。这些免疫机制对"广谱"保护的相关作用需要进一步的研究。此外，田间试验发现交叉保护作用不明显。

肌内注射猪流感病毒灭活疫苗后的免疫反应与活病毒感染后的免疫反应有根本区别。疫苗免疫力极大地依赖于是否针对疫苗毒株的 HA 抗原诱导产生高滴度的血清 HI 及 VN 抗体，这些抗体通过渗滤作用可以到达肺部。相反，灭活的病毒免疫不能有效地诱导黏膜抗体或 CD8$^+$ T 细胞。

母源 IgG 抗体能帮助仔猪抵御抗原性相关的猪流感病毒，但也会干扰由疫苗或感染产生的主动抗体反应。新生仔猪的母源抗体水平取决于母猪体内的抗体水平，母源抗体经 4～14 周后逐渐降低（Loeffen 等，2003）。在实验研究中，有母源抗体的猪攻毒后均不能完全阻止鼻腔排毒，但临床上有些猪能够有完全保护力（Loeffen 等，2003；Renshaw，1975）。

诊断
DIAGNOSIS

由于猪流感没有可确诊的症状以及必须与猪的其他许多呼吸道疾病进行鉴别，故对于猪流感的临床诊断只是推测性的。确诊只能通过分离病毒、检测病毒蛋白质或核酸，或者检测病毒特异性抗体。猪流感的诊断技术在其他文章中有详细描述（Swenson 等，2008）。

检测病毒、核酸或病毒蛋白可确定病原。这些方法的敏感性取决于试验所用的特定试剂以及它们与流行野毒株的"匹配度"。从活动物体内分离猪流感病毒的典型方法是通过鼻腔拭子或仔猪的口咽拭子获得黏液样本。病毒极易从发热期的

鼻咽分泌物中分离。样品应当收集到聚酯纤维（例如 Dacron®，Invista，Wichita，KS）而非棉拭子上（图 40.5）。然后将拭子悬浮于适当的运输溶液中，例如细胞培养液或 pH 中性的磷酸盐缓冲液，同时保持低温。如果病毒分离样品可在收集后的 48 h 之内进行检测，则应将其保存在冷藏温度下（4℃，39℉）。如果样品需更长时间保存，则建议储存在－70℃（－94℉），因为猪流感病毒在－20℃（－40℉）不稳定。病毒也可从在急性发病期病死猪或扑杀猪的气管或肺脏中分离到。在准备培养前，这些组织材料需要保存在同拭子一样的条件下。

图 40.5 收集鼻拭子用以检测流感病毒。将猪的头部向上抬起并从中上方向将棉拭子插入鼻腔。在鼻腔轻轻转动棉拭子以收集尽量多的鼻腔分泌物。

病毒可通过禽胚卵进行培养，通常采用 10～11 日龄鸡胚尿囊腔接种，并于 35～37℃（95～98.6℉）培养 72 h。猪流感病毒并不致死鸡胚，但可以通过对尿囊液作血凝试验（通常使用鸡或火鸡的红细胞）检测到，为流感病毒检测提供诊断依据。至少需要盲传两代以确定不存在病毒。替代使用鸡胚进行猪流感病毒分离的方法有细胞培养。几种不同来源的细胞系可支持流感病毒生长（Swenson 等，2008），而犬肾传代细胞（MDCK）最为常用。

流感病毒的 HA 及 NA 亚型一直以来是通过使用传统方法进行分型的，即 HI 及 NI 方法（Swenson 等，2008）。这些方法利用针对不同 HA 及 NA 亚型的特异性抗体对病毒进行分型。然而，分子方法越来越多地用于对流感病毒的鉴定及分型，方法有 PCR、基因测序及基因芯片技

术（Heil 等,2010）,它们通过检测不同亚型的特异性基因标志来分型。考虑到广泛的商业应用诊断猪流感,这些方法仍不成熟,而且在检测高度变异的病毒群体,甚至是同一 HA 亚型时,应用可能有限。然而这些方法已成功地用于检测猪的主要病毒亚型。

RT-PCR 方法（传统与实时技术）检测临床样品制备提取的病毒核酸时,也有高度的敏感性和特异性。经过验证的方法其敏感性和特异性至少相当于病毒分离（Landolt 等,2005）,并具有快速、廉价及可扩展性等内在优势。然而,值得注意的是,由于这些方法敏感性的提高,"弱"阳性样本可能包含病毒的降解物而非感染性病毒。

RT-PCR 方法可分为两大类。第一类方法对任何 A 型流感病毒的检测通用并可用于所有的猪流感病毒,但不能提供关于病毒亚型的信息。这些方法通常敏感性及特异性高,适用于临床样本的初次筛选。第二类方法是亚型特异性的,可用于检测特定的 HA 亚型,通常可进一步区分同一 HA 亚型中的不同毒株,即经典、类禽源猪系或 2009 pH1N1 病毒。这类方法在进行临床样本的初次筛选时敏感性及使用率比 A 型流感病毒的检测方法稍低。猪 2009 pH1N1 病毒的暴发要求任何一种检测方法都必须证明既可用于地方性猪流感病毒又要适合本病毒的检测（Hiromoto 等,2010;Lorusso 等,2010;Slomka 等,2010）。

其他检测病毒或病毒抗原的方法用于检测包括肺脏和气管的呼吸道新鲜未自溶的组织,这些方法有直接或间接免疫荧光技术（Onno 等,1990）,检测固定组织的免疫组化方法（Swenson 等,2001;Vincent 等,1997）。此外,鼻拭子可使用商品化的酶免疫膜检测方法,而不需特殊的实验室设备。尽管这种方法易于操作,但缺乏可靠的检测鼻腔分泌的 SIV 必需的敏感性（Ryan-Poirier 等,1992）。这些方法检测 A 型流感抗原,但不能区分病毒亚型。

血清学试验用于证实流感特异性抗体的存在。通过血清学诊断急性 SIV 感染需要用急性发病期和康复期（3～4 周后）配对的血清样本。血清学方法最适用于检测猪群的免疫状态、仔猪母源抗体水平及其动力学、接种后抗体滴度及猪群调运前的检测。

血凝抑制试验仍然是检测抗 SIV 抗体的最常用血清学方法。许多用于 SIV 的酶联免疫吸附试验（ELISAs）已实现商品化。ELISAs 大体上可以分为两类。第一类检测 A 型流感病毒高度保守的核心抗原的抗体。这些方法一般具有很高的敏感性（Ciacci-Zanella 等,2010）,可用于筛选试验,如确定畜群的状态,但不能区分病毒亚型。第二类检测亚型特异的抗体。这些 ELISAs 的敏感性明显低于血凝抑制试验（Barbé 等,2009;Leuwerke 等,2008）,但可用于特定病毒亚型/毒株的研究。最后一种 VN 方法应用越来越广泛,特点与 HI 相似（Leuwerke 等,2008;Van Reeth 等,2006）,但更适合专业实验室。

血清学数据的解释通常十分复杂,在不同亚型及基因谱系病毒共同感染的情况下更加困难。特别是同一亚型不同毒株同时感染,例如 H1,在进行 HI、VN 试验及亚型特异性 ELISAs 检测 HA 的抗体试验中,具有可变的交叉反应性（Barbé 等,2009;Leuwerke 等,2008）,使得结果更加可疑。猪 2009 pH1N1 病毒的出现从更广的角度上使得地方流行毒株的抗体反应在 HI 及 VN 试验中的结果更复杂,有时不可预知（Dürrwald 等,2010;Kyriakis 等,2010b;Vincent 等,2010b）。因此,在 H1N1 呈地方性流行的地区,2009 pH1N1 的感染不能仅通过血清学方法进行确诊（Kyriakis 等,2010b）。

预防和控制
PREVENTION AND CONTROL

免疫接种仍然是预防猪流感的最主要方法。商品化的 SIV 疫苗为传统的通过肌内注射的灭活苗。大部分疫苗是含油佐剂的全病毒疫苗。初次免疫注射两次,间隔 2～4 周,母猪每年加强免疫两次。产前对母猪进行常规加强免疫可使仔猪获得更高水平,持续更长时间的母源抗体,从而在整个哺乳期保护仔猪。育肥猪的免疫接种极少进行,也很难与母猪的接种相结合,因为被动免疫时间的延长可能会干扰仔猪免疫接种的效力。然而,这种措施对生长期/育肥期可能发生流感的猪群有效。

为保持欧洲和美国流行 SIVs 之间的抗原及基因差异,每个地区的疫苗由本地生产且完全不同的毒株。即使在同一大陆内,也没有统一的标准疫苗株,不同的商品疫苗之间的抗原量及佐剂也不相同。

在欧洲,SIV 疫苗于 20 世纪 80 年代中期首次获得批准,现在已应用于大部分而非全部国家。现有的大部分疫苗含自 20 世纪 80 年代以来流行的 H1N1 和 H3N2 亚型较古老的毒株,而没有更新。仅有一种三价疫苗含 H1N2 及最近的 H1N1 和 H3N2 毒株。

在美国,单价 H1N1 SIV 疫苗最初于 1993 年引入。在 1998 年美国的猪群出现 H3N2 流感病毒后,单价 H3N2 及最终多价 H1/H3 疫苗也已投入使用。截至发稿时止,美国农业部(USDA)的兽医生物制品中心(CVB)批准的可在全国范围内使用的 7 种疫苗有单一 H1N1 毒株和单一 H3N2 毒株的单价苗以及直到代表多个 H1 和 H3 分支的五价苗。与欧洲相比,近年来大部分制造商更新了 SIV 疫苗毒株,这与美国对于疫苗更换新毒株或增加新毒株采取灵活的批准程序有一定关系。来自北美及欧洲的部分商品疫苗也可用于亚洲一些国家。一种用于免疫猪预防 2009 年 pH1N1 流感病毒的疫苗在美国可以使用,但不适用于欧洲。

在美国,还广泛使用"自家苗"。这些疫苗属于专用疫苗,准许在单一猪养殖体系内使用。这些疫苗经过纯净及安全性检验,但不做效力检验。所以这些疫苗均为含佐剂的灭活疫苗。

大部分 SIV 疫苗的效力研究是通过免疫-攻毒试验进行的,即 SIV-血清阴性猪免疫接种两次商品疫苗,并于二次免疫后的 2～6 周攻击异源 SIV。这些实验使用不同的疫苗、攻毒毒株、接种途径及实验设计。极少能产生完全的免疫力。免疫接种不能完全阻止病毒传播,但可以降低肺脏、肺泡灌洗液、鼻咽拭子的病毒滴度,以及肺脏的大体及组织学病变(Haesebrouck 和 Pensaert,1986;Heinen 等,2001b;Kitikoon 等,2006,2009;Kyriakis 等,2010a;Larsen 等,2001;Lee 等,2007;Van Reeth 等,2001,2002)。

仅有少数实验使用大剂量病毒气管接种攻毒,以评价临床保护力(Haesebrouck 和 Pensaert,1986;Van Reeth 等,2001,2002)。尽管这些疫苗只能适当降低肺脏的病毒滴度,但对预防疫病仍十分有效。肺脏的病毒滴度与攻毒前病毒

的 HI 抗体滴度呈负相关,这些抗体通常比同源疫苗病毒产生的抗体滴度低几倍,并且在二次免疫接种后的 2～6 周内迅速下降(Kyriakis 等,2010a)。然而,之前感染同一亚型的流感病毒可显著提高单次免疫接种的血清抗体反应(Van Reeth 等,2006)。后者的情形类似于田间情况,因为母猪在初次接种时通常已经感染一种或多种 SIV。

由于多种新的 SIV 亚型及毒株的出现,近年来 SIV 疫苗的设计变得越来越复杂。我们需要一个更换或添加疫苗毒株的一致标准。

欧洲的几种商品疫苗明显能抵抗历经数年分离的 H1N1 和 H3N2 猪流感病毒,且与 H1 疫苗株(疫苗株和攻毒株之间的氨基酸 78%～93%同源)及 H3 疫苗株(86%的氨基酸同源)相比有着显著的基因漂移(Heinen 等,2001b;Kyriakis 等,2010a;Van Reeth 等,2001)。美国的商品疫苗对遗传分支不同于疫苗株的 H3N2 病毒的攻击能提供部分保护力(Lee 等,2007)。

现有的北美及欧洲疫苗对 2009 pH1N1 流感病毒也可产生部分血清学交叉反应及交叉保护力,尽管流行性的 H1 病毒与大多数欧洲 H1 疫苗株间只有 72%～75%的氨基酸同源(Dürrwald 等,2010;Kyriakis 等,2010b;Vincent 等,2010a)。然而基于 2009 pH1N1 流感病毒的单价疫苗表现出优良的保护力(Dürrwald 等,2010;Vincent 等,2010a)。

另一方面,欧洲的 H1N1 和 H3N2 组成的二价疫苗不能诱导产生抗体或对欧洲 H1N2 病毒的攻击提供保护。这与疫苗株和攻毒株 H1 之间氨基酸同源性很低(70.5%)的结果一致(Van Reeth 等,2003b)。然而矛盾的是,在试验研究中,与攻毒株 HA 基因关系更远的毒株制成的商品疫苗比与攻毒株 HA 基因关系最近的毒株制成的疫苗提供了更好的保护力(Kyriakis 等,2010a)。

事实上,所有的试验数据表明商品疫苗中佐剂及抗原量的不同,对于 SIV 疫苗效力至少同疫苗中采用的 SIV 毒株一样重要。与无佐剂的人流感疫苗提供的保护作用相比,大多数猪流感病毒疫苗中的油佐剂提供了更广的保护力。

所谓的 SIV 新型疫苗仍处于试验阶段,结果

不尽如人意。这些疫苗包括以流感的 HA、NP、M 基因或其组合为基础的 DNA 疫苗，表达 M2 蛋白的重组疫苗，以及表达 SIV、HA 和/或 NP 的人 5 型腺病毒载体疫苗（Heinen 等，2002；Kitikoon 等，2010；Larsen 等，2001；Macklin 等，1998；Olsen，2000；Wesley 等，2004；Wesley 和 Lager，2006）。这类疫苗与传统的灭活苗以免疫增强方式联合使用时的效果更好，将来有望采取这种联合免疫措施。一种用 NS1 基因修饰的弱毒活疫苗经过 IT/IN 途径免疫接种猪对不同亚型毒株的攻击可提供部分保护力（Richt 等，2006）。

（李慧姣译，林竹校）

参考文献
REFERENCES

Bálint A, Metreveli G, Widén F, et al. 2009. Virol J 6:180.
Barbé F, Atanasova K, Van Reeth K. 2011. Vet J 187:48–53.
Barbé F, Labarque G, Pensaert M, Van Reeth K. 2009. J Vet Diagn Invest 21:88–96.
Bateman A, Busch MG, Karasin AI, et al. 2008. J Virol 82:8204–8209.
Bateman AC, Karamanska R, Busch MG, et al. 2010. J Biol Chem 44:34016–34026.
Bi Y, Fu G, Chen J, et al. 2010. Emerg Infect Dis 16:1162–1164.
Brockmeier S, Halbur P, Thacker E. 2002. Porcine respiratory disease complex. In KA Brogden, JM Guthmiller, eds. Polymicrobial Diseases. Washington, DC: ASM Press, pp. 231–258.
Brookes SM, Núñez A, Choudhury B, et al. 2010. PLoS ONE 5:e9068.
Brown IH. 2000. Vet Microbiol 74:29–46.
Brown IH, Alexander DJ, Chakraverty P, et al. 1994. Vet Microbiol 39:125–134.
Brown IH, Done SH, Spencer YI, et al. 1993. Vet Rec 132:598–602.
Brown IH, Harris PA, McCauley JW, Alexander DJ. 1998. J Gen Virol 79:2947–2955.
Brown IH, Ludwig S, Olsen CW, et al. 1997. J Gen Virol 78:553–562.
Busquets N, Segalés J, Córdoba L, et al. 2010. Vet Res 41:74.
Campitelli L, Donatelli I, Foni E. 1997. Virology 232:310–318.
Castrucci MR, Donatelli I, Sidoli L, et al. 1993. Virology 193:503–506.
Chambers TM, Hinshaw VS, Kawaoka Y, et al. 1991. Arch Virol 116:261–265.
Choi YK, Goyal SM, Farnham MW, Joo HS. 2002a. Virus Res 87:173–179.
Choi YK, Goyal SM, Joo HS. 2002b. Arch Virol 147:1209–1220.
Choi YK, Lee JH, Erickson G, et al. 2004. Emerg Infect Dis 10:2156–2160.
Choi YK, Nguyen TD, Ozaki H, et al. 2005. J Virol 79:10821–10825.
Chu VC, Whittaker GR. 2004. Proc Natl Acad Sci USA 101:18153–18158.
Ciacci-Zanella JR, Vincent AL, Prickett JR, et al. 2010. J Vet Diagn Invest 22:3–9.
Cong Y, Wang G, Guan Z, et al. 2010. PLoS ONE 5:e12591.
Cong YL, Pu J, Liu QF, et al. 2007. J Gen Virol 88:2035–2041.
Cong YL, Wang CF, Yan CM, et al. 2008. Virus Genes 36:461–469.
de Jong JC, Smith DJ, Lapedes AS, et al. 2007. J Virol 81:4315–4322.
de Jong JC, van Nieuwstadt AP, Kimman TG, et al. 1999. Vaccine 17:1321–1328.
De Vleeschauwer A, Atanasova K, Van Borm S, et al. 2009a. PLoS ONE 4:e6662.
De Vleeschauwer A, Van Poucke S, Braeckmans D, et al. 2009b. J Infect Dis 200:1884–1892.
De Vleeschauwer AR, Van Poucke SG, Karasin AI, et al. 2011. Influenza Other Respir Viruses 5:115–122.
Donatelli I, Campitelli L, Castrucci MR, et al. 1991. J Med Virol 34:248–257.
Dürrwald R, Krumbholz A, Baumgarte S, et al. 2010. Emerg Infect Dis 16:1029–1030.
Easterday BC. 1980. Comp Immunol Microbiol Infect Dis 3:105–109.
Forgie SE, Keenliside J, Wilkinson C, et al. 2011. Clin Infect Dis 52:10–18.
Gambaryan A, Karasin AI, Tuzikov A, et al. 2005. Virus Res 114:15–22.
Gambaryan A, Webster R, Matrosovich M. 2002. Arch Virol 147:1197–1208.
Garten RJ, Davis CT, Russell CA, et al. 2009. Science 325:197–201.
Gray GC, McCarthy T, Capuano AW, et al. 2007. Emerg Infect Dis 13:1871–1878.
Guan Y, Shortridge KF, Krauss S, et al. 1996. J Virol 70:8041–8046.
Haesebrouck F, Biront P, Pensaert MB, Leunen J. 1985. Am J Vet Res 46:1926–1928.
Haesebrouck F, Pensaert M. 1986. Vet Microbiol 11:239–249.
Heil GL, McCarthy T, Yoon KJ, et al. 2010. Influenza Other Respir Viruses 4:411–416.
Heinen PP, de Boer-Luijtze EA, Bianchi AT. 2001a. J Gen Virol 82:2697–2707.
Heinen PP, Rijsewijk FA, de Boer-Luijtze EA, Bianchi AT. 2002. J Gen Virol 83:1851–1859.
Heinen PP, van Nieuwstadt AP, de Boer-Luijtze EA, Bianchi AT. 2001b. Vet Immunol Immunopathol 82:39–56.
Heinen PP, van Nieuwstadt AP, Pol JM, et al. 2000. Viral Immunol 13:237–247.
Hinshaw VS, Bean WJ, Webster RG, Easterday BC. 1978. Virology 84:51–62.
Hinshaw VS, Webster RG, Bean WJ, et al. 1983. Science 220:206–208.
Hinshaw VS, Webster RG, Turner B. 1980. Can J Microbiol 26:622–629.
Hiromoto Y, Uchida Y, Takemae N, et al. 2010. J Virol Methods 170:169–172.
Hofshagen M, Gjerset B, Er C, et al. 2009. Euro Surveill 14:19406.
Howden KJ, Brockhoff EJ, Caya FD, et al. 2009. Can Vet J 50:1153–1161.
Ito T. 2000. Microbiol Immunol 44:423–430.
Ito T, Couceiro JNSS, Kelm S, et al. 1998. J Virol 72:7367–7373.
Jung K, Song DS. 2007. Vet Rec 161:104–105.
Jung K, Song DS, Kang BK, et al. 2007. Prev Vet Med 79:294–303.
Jung T, Choi C, Chae C. 2002. Vet Pathol 39:10–16.
Kaplan MM. 1969. Bull World Health Organ 41:485–486.
——. 1980. Philos Trans R Soc Lond B Biol Sci 288:417–421.
Karasin AI, Anderson GA, Olsen CW. 2000a. J Clin Microbiol 38:2453–2456.
Karasin AI, Brown IH, Carman S, Olsen CW. 2000b. J Virol 74:9322–9327.
Karasin AI, Carman S, Olsen CW. 2006. J Clin Microbiol 44:1123–1126.

Karasin AI, Landgraf JG, Swenson SL, et al. 2002. J Clin Microbiol 40:1073–1079.

Karasin AI, Schutten MM, Cooper LA, et al. 2000c. Virus Res 68: 71–85.

Karasin AI, West K, Carman S, Olsen CW. 2004. J Clin Microbiol 42:4349–4354.

Kawaoka Y, Krauss S, Webster RG. 1989. J Virol 63:4603–4608.

Khatri M, Dwivedi V, Krakowka S, et al. 2010. J Virol 84: 11210–11218.

Kida H, Ito T, Yasuda J, et al. 1994. J Gen Virol 75:2183–2188.

Kida H, Shortridge KF, Webster RG. 1988. Virology 162:160–166.

Kim B, Ahn KK, Ha Y, et al. 2009. J Vet Med Sci 71:611–616.

Kingsford C, Nagarajan N, Salzberg SL. 2009. PLoS ONE 4:e6402.

Kitikoon P, Nilubol D, Erickson BJ, et al. 2006. Vet Immunol Immunopathol 112:117–128.

Kitikoon P, Strait EL, Thacker EL. 2008. Vet Microbiol 126: 51–62.

Kitikoon P, Vincent AL, Janke BH, et al. 2010. Vaccine 28: 523–531.

Kitikoon P, Vincent AL, Jones KR, et al. 2009. Vet Microbiol 139: 235–244.

Kyriakis CS, Brown IH, Foni E, et al. 2011. Zoonoses Public Health 58:93–101.

Kyriakis CS, Gramer MR, Barbé F, et al. 2010a. Vet Microbiol 144: 67–74.

Kyriakis CS, Olsen CW, Carman S, et al. 2010b. Emerg Infect Dis 16:96–99.

Landolt GA, Karasin AI, Hofer C, et al. 2005. Am J Vet Res 66: 119–124.

Landolt GA, Karasin AI, Phillips L, Olsen CW. 2003. J Clin Microbiol 41:1936–1941.

Landolt GA, Olsen CW. 2007. Anim Health Res Rev 8:1–21.

Lange E, Kalthoff D, Blohm U, et al. 2009. J Gen Virol 90:2119–2123.

Larsen DL, Karasin A, Olsen CW. 2001. Vaccine 19:2842–2853.

Larsen DL, Karasin A, Zuckermann F, Olsen CW. 2000. Vet Microbiol 74:117–131.

Lee JH, Gramer MR, Joo HS. 2007. Can J Vet Res 71:207–212.

Lee JH, Pascua PN, Song MS, et al. 2009. J Virol 83:4205–4215.

Leuwerke B, Kitikoon P, Evans R, Thacker E. 2008. J Vet Diagn Invest 20:426–432.

Lipatov AS, Kwon YK, Sarmento LV, et al. 2008. PLoS Pathog 4: e1000102.

Loeffen WL, Heinen PP, Bianchi AT, et al. 2003. Vet Immunol Immunopathol 92:23–35.

Loeffen WLA, Hunneman WA, Quak J, et al. 2009. Vet Microbiol 137:45–50.

Loeffen WLA, Kamp EM, Stockhofe-Zurwieden N, et al. 1999. Vet Rec 145:123–129.

Lorusso A, Faaberg KS, Killian ML, et al. 2010. J Virol Methods 164:83–87.

Lu L, Yin Y, Sun Z, et al. 2010. J Clin Virol 49:186–191.

Ludwig S, Haustein A, Kaleta EF, Scholtissek C. 1994. Virology 202:281–286.

Luoh SM, McGregor MW, Hinshaw VS. 1992. J Virol 66: 1066–1073.

Ma W, Gramer M, Rossow K, Yoon K-J. 2006. J Virol 80: 5092–5096.

Ma W, Vincent AL, Gramer MR, et al. 2007. Proc Natl Acad Sci USA 104:20949–20954.

Macklin MD, McCabe D, McGregor MW, et al. 1998. J Virol 72: 1491–1496.

Manzoor R, Sakoda Y, Nomura N, et al. 2009. J Virol 83: 1572–1578.

Marozin S, Gregory V, Cameron K, et al. 2002. J Gen Virol 83: 735–745.

Matrosovich M, Tuzikov A, Bovin N, et al. 2000. J Virol 74: 8502–8512.

Moreno A, Barbieri I, Sozzi E, et al. 2009. Vet Microbiol 138: 361–367.

Myers K, Olsen CW, Gray GC. 2007. Clin Infect Dis 44: 1084–1088.

Myers KP, Olsen CW, Setterquist SF, et al. 2006. Clin Infect Dis 42:14–20.

Nelli RK, Kuchipudi SV, White GA, et al. 2010. BMC Vet Res 6:4.

Nerome K, Kanegae Y, Shortridge KF, et al. 1995. J Gen Virol 76:613–624.

Neumann G, Kawaoka Y. 2006. Emerg Infect Dis 12:881–886.

Neumann G, Takeshi N, Kawaoka Y. 2009. Nature 459:931–939.

Newman AP, Reisdorf E, Beinemann J, et al. 2008. Emerg Infect Dis 14:1470–1472.

Nicholls JM, Chan RW, Russell RJ, et al. 2008. Trends Microbiol 16:149–157.

Nidom CA, Takano R, Yamada S, et al. 2010. Emerg Infect Dis 16: 1515–1523.

Noble S, McGregor MS, Wentworth DE, Hinshaw VS. 1993. J Gen Virol 74:1197–1200.

Olsen CW. 2000. Vet Microbiol 74:149–164.

Olsen CW, Brammer L, Easterday BC, et al. 2002. Emerg Infect Dis 8:814–819.

Olsen CW, Carey S, Hinshaw L, Karasin AI. 2000. Arch Virol 145: 1399–1419.

Olsen CW, Karasin A, Erickson G. 2003. Virus Res 93:115–121.

Olsen CW, Karasin AI, Carman S, et al. 2006. Emerg Infect Dis 12: 1132–1135.

Olsen CW, McGregor MW, Cooley AJ, et al. 1993. Am J Vet Res 54:1630–1636.

Onno M, Jestin A, Vannier P, Kaiser C. 1990. Vet Q 12:251–254.

Ouchi A, Nerome K, Kanegae Y, et al. 1996. J Gen Virol 77: 1751–1759.

Pawlisch R, Easterday B, Nelson DB, et al. 1976. Influenza—Wisconsin and Washington, D.C. MMWR Morb Mortal Wkly Rep 25:392.

Peiris JSM, Guan Y, Markwell D, et al. 2001. J Virol 75: 9679–9686.

Pensaert M, Ottis K, Vandeputte J, et al. 1981. Bull World Health Organ 59:75–78.

Pereda A, Cappuccio J, Quioga MA, et al. 2010. Emerg Infect Dis 16:304–307.

Qi X, Pang B, Lu CP. 2009. Virus Genes 39:193–199.

Ramakrishnan MA, Wang P, Abin M, et al. 2010. Emerg Infect Dis 16:728–730.

Rekik MR, Arora DJS, Dea S. 1994. J Clin Microbiol 32:515–518.

Renshaw HW. 1975. Am J Vet Res 36:5–13.

Richt JA, Lager KM, Janke BH, et al. 2003. J Clin Microbiol 41: 3198–3205.

Richt JA, Lekcharoensuk P, Lager KM, et al. 2006. J Virol 80: 11009–11018.

Rohani P, Breban R, Stallknecht DE, Drake JM. 2009. Proc Natl Acad Sci USA 106:10365–10369.

Ryan-Poirier KA, Katz JM, Webster RG, Kawaoka Y. 1992. J Clin Microbiol 30:1072–1075.

Saito T, Suzuki H, Maeda K, et al. 2008. J Vet Med Sci 70: 423–427.

Saliki JT, Rodger SJ, Eskew G. 1998. J Wildl Dis 34:834–838.

Sancho BA, Omeñaca Terés M, Martínez Cuenca S, et al. 2009. Euro Surveill 14:5–6.

Santhia K, Ramy A, Jayaningsih P, et al. 2009. Influenza Other Respir Viruses 3:81–89.

Scholtissek C, Burger H, Bachmann PA, Hannoun C. 1983. Virology 129:521–523.

Scholtissek C, Hinshaw VS, Olsen CW. 1998. Influenza in pigs and their role as the intermediate host. In KG Nicholson, RG Webster, A Hay, eds. Textbook of Influenza. London: Blackwell Healthcare Communications, pp. 137–145.

Schrader C, Süss J. 2003. Intervirology 46:66–70.

Sheerar MG, Easterday BC, Hinshaw VS. 1989. J Gen Virol 70: 3297–3303.

Shi WF, Gibbs MJ, Zhang YZ, et al. 2008. Arch Virol 153: 211–217.

Shinde V, Bridges CB, Uyeki TM, et al. 2009. N Engl J Med 360: 2616–2625.

Shu LL, Lin YP, Wright SM, et al. 1994. Virology 202:825–833.

Slomka MJ, Densham AL, Coward VJ, et al. 2010. Influenza Other Respir Viruses 4:277–293.

Smith GJD, Vijaykrishna D, Bahl J, et al. 2009. Nature 459: 1122–1125.

Sreta D, Kedkovid R, Tuamsang S, et al. 2009. Virol J 6:34.

Stallknecht DE, Shane SM, Kearney MT, Zwank PJ. 1990. Avian Dis 34:406–411.

Suarez DL, Woolcock PR, Bermudez AJ, Senne DA. 2002. Avian Dis 46:111–121.

Subbarao K, Swayne D, Olsen CW. 2006. Epidemiology and control of human and animal influenza. In Y Kawaoka, ed. Influenza Virology: Current Topics. Norfolk, UK: Caister Academic Press, pp. 229–280.

Sugimura T, Yonemochi H, Ogawa T, et al. 1980. Arch Virol 66: 271–274.

Sun L, Zhang G, Shu Y, et al. 2009. J Clin Virol 44:141–144.

Swenson SL, Foley PL, Olsen CW. 2008. 2.8.8 Swine influenza. In OIE Manual of Diagnostic Tests and Vaccines for Terrestrial Animals, 6th ed. Paris, France: OIE, pp. 1128–1138.

Swenson SL, Vincent LL, Lute BM, et al. 2001. J Vet Diagn Invest 13:36–42.

Takano R, Nidom CA, Kiso M, et al. 2009. Arch Virol 154: 677–681.

Takemae N, Parchariyanon S, Damrongwatanapokin S, et al. 2008. Influenza Other Respir Viruses 2:181–189.

Tang Y, Lee CW, Zhang Y, et al. 2005. Avian Dis 49:207–213.

Taubenberger JK, Palese P. 2006. The origin and virulence of the 1918 "Spanish" influenza virus. In Y Kawaoka, ed. Influenza Virology Current Topics. Norfolk, UK: Caister Academic Press, pp. 299–321.

Tellier R. 2009. J R Soc Interface 6:S783–S790.

Terebuh P, Olsen CW, Wright J, et al. 2010. Influenza Other Respir Viruses 6:387–396.

Thacker EL, Thacker BJ, Janke BH. 2001. J Clin Microbiol 39: 2525–2530.

Top FH, Russell PK. 1977. J Infect Dis 136:S376–S380.

Van Poucke SGM, Nicholls JM, Nauwynck HJ, Van Reeth K. 2010. Virol J 7:38.

Van Reeth K. 2007. Vet Res 38:243–260.

Van Reeth K, Brown I, Essen S, Pensaert M. 2004. Virus Res 103: 115–124.

Van Reeth K, Brown IH, Dürrwald R, et al. 2008. Influenza Other Respir Viruses 2:99–105.

Van Reeth K, Gregory V, Hay A, Pensaert M. 2003a. Vaccine 21: 1375–1381.

Van Reeth K, Labarque G, De Clercq S, Pensaert M. 2001. Vaccine 19:4479–4486.

Van Reeth K, Labarque G, Pensaert M. 2006. Viral Immunol 19: 373–382.

Van Reeth K, Nauwynck HJ, Pensaert MB. 1998. J Infect Dis 177: 1076–1079.

Van Reeth K, Pensaert M. 1994. Vet Rec 135:594–597.

Van Reeth K, Van Gucht S, Pensaert M. 2002. Viral Immunol 15:583–594.

——. 2003b. Vet Rec 153:9–13.

van Riel D, Munster VJ, de Wit E, et al. 2010. Am J Pathol 171: 1215–1223.

Vijaykrishna D, Poon LL, Zhu HC, et al. 2010. Science 328:1529.

Vincent AL, Ciacci-Zanella JR, Lorusso A, et al. 2010a. Vaccine 28:2782–2787.

Vincent AL, Lager KM, Faaberg KS, et al. 2010b. Influenza Other Respir Viruses 4:53–60.

Vincent AL, Lager KM, Harland M, et al. 2009a. PLoS ONE 4: e8367.

Vincent AL, Lager KM, Ma W, et al. 2006. Vet Microbiol 118: 212–222.

Vincent AL, Ma W, Lager KM, et al. 2008. Adv Virus Res 72: 127–154.

Vincent AL, Ma W, Lager KM, et al. 2009b. Virus Genes 39: 176–185.

Vincent AL, Swenson SL, Lager KM, et al. 2009c. Vet Microbiol 137:51–59.

Vincent LL, Janke BH, Paul PS, Halbur PG. 1997. J Vet Diagn Invest 2:191–205.

Wan H, Perez DR. 2006. Virology 346:278–286.

Webby RJ, Rossow K, Erickson G, et al. 2004. Virus Res 103: 67–73.

Webby RJ, Swenson S, Krauss SL, et al. 2000. J Virol 74: 8243–8251.

Webby RJ, Webster RG. 2001. Philos Trans R Soc Lond B Biol Sci 356:1817–1828.

Webster RG, Bean WJ, Gorman OT, et al. 1992. Microbiol Rev 56: 152–179.

Webster RG, Yakhno M, Hinshaw VS, et al. 1978. Virology 84: 268–278.

Weingartl HM, Berhane Y, Hisanaga T, et al. 2010. J Virol 84:2245–2256.

Welsh MD, Baird PM, Guelbenzu-Gonzalo MP, et al. 2010. Vet Rec 166:642–645.

Wesley RD, Lager KM. 2006. Vet Microbiol 118:67–75.

Wesley RD, Tang M, Lager KM. 2004. Vaccine 22:3427–3434.

Wood GW, Banks J, Brown IH, et al. 1997. Avian Pathol 26: 347–355.

Wright PF, Neumann G, Kawaoka Y. 2007. Orthomyxoviruses. In DM Knipe, PM Howley, eds. Fields Virology, 5th ed. Philadelphia: Lippincott Williams and Wilkins, pp. 1691–1740.

Wright SM, Kawaoka Y, Sharp GB, et al. 1992. Am J Epidemiol 136:488–497.

Wright PF, Webster RG. 2001. Orthomyxoviruses. In DM Knipe, PM Howley, DE Griffin, RA Lamb, MA Martin, B Roizman, SE Straus, eds. Fields Virology, 4th ed. Philadelphia: Lippincott-Raven Publishers, pp. 1533–1579.

Xu M, Huang Y, Chen J, et al. 2011. Vet Microbiol 147: 403–409.

Yu H, Hua RH, Wei TC, et al. 2008a. Vet Microbiol 131:82–92.

Yu H, Hua RH, Zhang Q, et al. 2008b. J Clin Microbiol 46: 1067–1075.

Yu H, Zhang GH, Hua RH, et al. 2007. Biochem Biophys Res Commun 356:91–96.

Yu H, Zhang PC, Zhou YJ, et al. 2009a. Biochem Biophys Res Commun 386:278–283.

Yu H, Zhou YJ, Li GX, et al. 2009b. Virus Res 140:85–90.

Zhou NN, Senne DA, Landgraf JS, et al. 1999. J Virol 73: 8851–8856.

41 副黏病毒
Paramyxoviruses

Peter D. Kirkland, Alberto Stephano 和 Hana M. Weingartl

综述
OVERVIEW

副黏病毒科的病原对多数动物和人具有重要意义。1997年前,除可引起猪蓝眼病的腮腺炎病毒(blue eye paramyxovirus,BEP)外,没有发现引起猪发病的其他副黏病毒。最初BEP只在墨西哥存在,且其经济影响较小。但是从1997年开始,在短短的3年时间内,相继发现了几种新的副黏病毒,其中曼那角病毒和尼帕病毒是可感染猪和人的重要病原体。

副黏病毒科的病毒形态较大且不规则(直径150~400 nm)。病毒基因组为单股RNA,由核衣壳蛋白包裹,核衣壳蛋白结构呈典型的长"人"字形,病毒粒子具有脂质囊膜,且囊膜表面具有纤突。

目前副黏病毒科分为2个亚科和7个属。其中5个属分属于副黏病毒亚科,分别为:禽腮腺炎病毒属(*Avulavirus*)、亨德拉尼帕病毒属(*Henipavirus*)、麻疹病毒属(*Morbillivirus*)、呼吸道病毒属(*Respirovirus*)和腮腺炎病毒属(*Rubulavirus*)。每个属中都有对人和动物致病的重要病原,如禽腮腺炎病毒属中的新城疫病毒;麻疹病毒属中的犬瘟热病毒和人麻疹病毒;呼吸道病毒属中可感染动物和人的几种副流感病毒;以及腮腺炎病毒属中人腮腺炎病毒、猪腮腺炎病毒和曼那角

病毒,其中猪腮腺炎病毒和曼那角病毒是感染猪的病原。亨德拉病毒(*Hendra*)和尼帕病毒(*Nipah virus*)是最近才发现的两个密切相关的副黏病毒,由于亨德拉病毒和尼帕病毒与其他副黏病毒在形态学上和遗传学上存在差异,因此在分类学上将它们归为新建立的亨德拉尼帕病毒属(*Henipavirus*)。

由于副黏病毒具有组织嗜性,所以其引起的疾病具有广泛相似性。一般致病性副黏病毒与中枢神经系统疾病(犬瘟热和新城疫病毒)和呼吸系统疾病(副流感病毒,亨德拉病毒,尼帕病毒和新城疫病毒)密切相关。还有一些如曼那角病毒和腮腺炎病毒,是重要的生殖系统疾病病原体。

引起猪发病的副黏病毒有猪腮腺炎病毒、曼那角病毒和尼帕病毒。虽然在日本(Sasahara等,1954),加拿大(Greig等,1971),以色列(Lipkind等,1986)和美国(Paul等,1994)也偶尔报道与猪呼吸系统和中枢神经系统疾病有关的其他副黏病毒,但是均未产生严重影响。虽然还未发现猪自然感染亨德拉病毒的病例,但有报道证实在实验条件下猪可通过人工感染亨德拉病毒(Weingartl,2010)。本章将对猪腮腺炎病毒、曼那角病毒和尼帕病毒以及它们所引起的疾病进行综述。

猪病学,第10版,由Jeffrey J. Zimmerman,Locke A. Karriker,Alejandro Ramirez,Kent J. Schwartz,Gregory W. Stevenson 主编。

腮腺炎病毒(蓝眼病)
RUBULAVIRUS (BLUE EYE)DISEASE

背景
Relevance

猪蓝眼病是由腮腺炎病毒(BEP)引起的,也称为拉彼达-米却肯(La Piedad-Michoacán)病毒。该病于1980年首次在墨西哥中部报道,大量发病仔猪出现脑炎和角膜混浊,并从这些发病仔猪中分离到一株毒株。该病毒具有血凝特性,经鉴定为副黏病毒科中独立血清型的病毒(Stephano 和 Gay 1983,1984,1985a;Stephano 等,1986b)。

蓝眼病首次暴发于墨西哥米却肯州(Michoacán)的拉彼达(La Piedad)的一个拥有2 500头母猪的商品猪场(Stephano 等,1982)。此后蓝眼病病毒被认为是墨西哥中部猪的重要病原体,血清学调查证明墨西哥至少有16个州存在BEP(Stephano 等,1988b)。至今该病在墨西哥中部仍不时发生,但其经济影响已大幅度降低,在墨西哥以外的地区还未见有蓝眼病的报道。

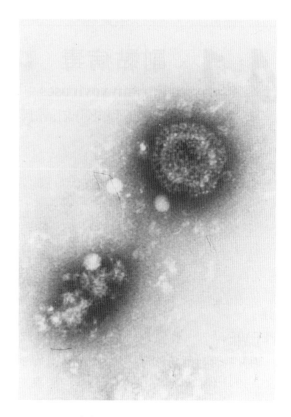

图 41.1 BEP病毒粒子,表面纤突电镜负染(×108 200)。

病因学
Etiology

根据BEP的分子特性(Berg 等,1991,1992;Sundqvist 等,1990,1992)以及其形态学和生物学特性,均与腮腺炎病毒属病毒特征相符,因此BEP分类归为腮腺炎病毒属。

腮腺炎病毒粒子与其他的副黏病毒相似,大小为(135~148) nm×(257~360) nm(图41.1)。病毒粒子呈多形性,但通常近似于球形,未见过丝状病毒。病毒粒子破裂释放出的核衣壳直径为20 nm,长为1 000~1 630 nm或更大(Stephano 和 Gay,1985a)(图41.2)。

实验室培养,BEP能在多种不同动物的细胞系中增殖并产生细胞病变,包括在传代细胞系和原代细胞中培养。BEP产生的细胞病变包括单个细胞变圆,细胞质空泡和在一些细胞内形成病毒包涵体等(Moreno-Lopez 等,1986;Stephano 和 Gay,1985a;Stephano 等,1986a)。BEP还可用鸡胚进行培养。

BEP能凝集多种动物的红细胞,包括人红细胞。在37℃条件下,凝集的红细胞30~60 min

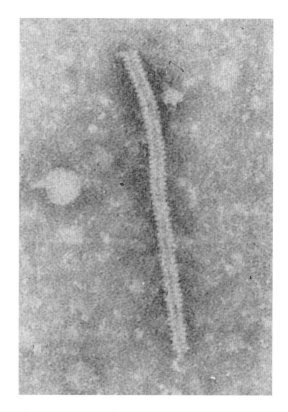

图 41.2 BEP病毒粒子破裂释放的核衣壳片段,电镜负染(×203 000)。

后可自动洗脱。BEP 能凝集鸡红细胞（Stephano 和 Gay，1985a；Stephano 等，1986b）。

目前未发现 BEP 与其他副黏病毒有相同的抗原（Stephano 等，1986b），也未发现不同 BEP 毒株间存在抗原差异（Gay 和 Stephano，1987）。

公共卫生
Role in Public Health

与其他副黏病毒不同，BEP 并不会感染人，因此不会对公共安全造成威胁。

流行病学
Epidemiology

猪是已报道的自然感染 BEP 而唯一出现临床症状的动物。BEP 可实验感染小鼠、大鼠、鸡胚；兔、犬、猫和 Peccaries（美国的一种野猪，译注）感染均不表现临床症状，但兔、猫和 Peccaries 可以产生抗体（Stephano 和 Gay，1985a；Stephano 等，1988a）。

受感染猪场的亚临床感染猪是 BEP 的主要传染源。病毒主要分布在鼻腔分泌物和尿液中，可能通过鼻对鼻的直接接触在感染猪和易感猪之间传播，病毒也可通过精液传播。感染 10～45 d 后，可在精液、睾丸、附睾、前列腺、储精囊和尿道球腺检测出 BEP（Solis 等，2007）。BEP 还可通过人员接触和交通工具传播，也可通过鸟和风媒传播，除此之外还未证明有其他传播方式。

该病在封闭的猪场中传播有一定的限制。发病 6～12 个月后的猪场新引入的健康猪，不会出现任何临床症状，BEP 抗体检测也呈阴性。虽然人工感染的猪 57～277 d 后可以在大脑、肺、淋巴结、胰腺和附睾里检测出 BEP 的 RNA，但通过免疫抑制试验，却检测不到病毒抗原（Cuevas 等，2009；Wiman 等，1998）。把阳性感染猪混至阴性猪群中，阴性猪群也不会受到感染（Stephano 和 Gay，1986b；Stephano 等，1986a）。但是当猪场引进易感猪群时该病将会复发，对于一个具有连续生产系统的大猪场，该病可能会周期性发生。

致病机理
Pathogenesis

已确定 BEP 是通过吸入感染。气管和鼻腔是有效的实验感染途径。BEP 的最初复制场所被认为是在鼻腔黏膜和神经元。从最初的复制场所，BEP 能通过嗅神经和三叉神经迅速地扩散到脑部，通过呼吸扩散到肺，之后通过血液扩散到身体其他器官。

已分离出的 BEP 表现出不同的毒力特性，这与病毒的神经氨酸酶多样性有关（Sánchez-Betancourt 等，2008）。该病早期会出现中枢神经症状，1 日龄乳猪接种 20～66 h 后可出现神经症状；断奶仔猪（21～50 日龄）接种 11 d 后出现神经症状；母猪怀孕期间接种则可发生繁殖障碍；实验感染猪偶尔也出现角膜混浊。易感猪与实验感染猪接触 19 d 后也可发病。

间质性肺炎提示病毒是通过血液扩散。可从自然患病或者实验感染猪的脑、肺、扁桃体、肝、鼻甲骨、脾、肾、肠系膜淋巴结、心脏、胰腺、卵巢以及血液中分离到病毒（Allan 等，1996；Stephano 和 Gay，1983；Stephano 等，1988b）。

猪蓝眼病伴发角膜混浊的原因还不清楚，但是显微镜下常见房前色素层炎（Stephano 和 Gay，1986b）。一般角膜混浊见于发病后期，认为可能与犬腺病毒肝炎一样由免疫反应所致。

怀孕母猪和后备母猪感染后会导致生殖障碍，BEP 可以穿过胎盘屏障。母猪在怀孕期前 1/3 感染 BEP，会导致返情；怀孕后期感染，则出现死产、木乃伊胎或流产（Sánchez-Betancourt 等，2008；Stephano 和 Gay，1984）。

青年公猪鼻腔滴注 BEP，接种 15 d 后睾丸和附睾出现炎症和水肿。接种 30 d 后输精管出现病变，附睾上皮破裂，精子漏出精囊引起胀肿。感染 80 d 后，表现为附睾纤维化、颗粒化以及睾丸萎缩（Ramirez 等，1995）。

临床症状
Clinical Signs

蓝眼病可发生于猪场的任何区域，但通常首先出现于产房，而且表现为仔猪中枢神经症状和高死亡率。几乎同时，一些断奶仔猪或育肥猪可能会出现角膜混浊（Stephano 和 Gay，1985a，1986a；Stephano 等，1988a）。发病初期，死亡率急剧上升，随后在短时间内很快降低。猪场初次发病一旦过去，便不会再有新的病例出现，除非引入新的易感猪。猪感染的临床症状差异较大，主要取决于猪的年龄，各个年龄段的猪发病通常仅有角膜混浊而无其他症状,可自我康复。因此根据此症状命名为猪蓝眼病。

2～15日龄仔猪最为易感,并且常突然出现临床症状,仔猪突然出现虚脱、侧卧或神经症状。发病仔猪通常先发热,被毛粗乱,弓背,有时伴发便秘或腹泻。随后逐渐出现神经症状,如运动失调、虚脱、强直收缩(主要为后肢)、肌肉震颤、姿势异常如犬坐样等。能行走的患猪不出现厌食症状。驱赶时一些患猪异常兴奋,尖叫,走路摇晃。另外还可出现如嗜睡、不愿意运动、瞳孔放大、明显夜盲、间有眼球震颤等其他症状;有些仔猪出现结膜炎并伴发眼睑水肿和流泪,常见眼睑有分泌物而紧闭。10%以上的感染仔猪呈单侧或双侧性角膜混浊。

在猪场发病期间,所产的仔猪约有20%受到感染,其中感染仔猪的发病率为20%～50%,发病仔猪死亡率约90%。初期发病的仔猪常在出现症状后48 h内死亡,而后期发病的仔猪通常4～6 d后才死亡。病程的长短与饲养管理状况相关,一般可持续2～9周。

大于30日龄的病猪症状温和,常出现一过性症状如厌食,发热,打喷嚏,咳嗽。而神经症状不常见,也不明显。即使出现也只表现为倦怠,运动失调,转圈和偶见晃头。单侧性或双侧性角膜混浊和结膜炎可持续1个月而无其他症状。大于30日龄的猪只有约2%感染,且死亡率一般很低。15～45 kg的病猪死亡率约为20%,且出现严重的中枢神经症状;角膜混浊者达30%(Stephano和Gay,1985b)。

多数感染母猪无临床症状。有些母猪在仔猪出现症状前的1～2 d有轻微的厌食现象,有时也可观察到角膜混浊。

感染的怀孕母猪繁殖障碍可持续2～11个月(常为4个月)。发病期间怀孕母猪的返情率增加,产仔率下降,断奶与交配间隔和空怀期延长。另外,死胎和木乃伊增加,活产仔数和总产仔数都有所降低。尽管流产并不是该病的主要特征,但在急性暴发期间,一些母猪也出现流产现象。后备母猪和其他成年猪偶尔也发生角膜混浊。

公猪和其他成年猪一样,一般不表现出临床症状,但也有记录显示可出现轻微的厌食和角膜混浊。精液检测证明BEP感染猪群有30%的公猪表现为暂时性或永久性不育,并伴有精液浓度降低,畸形精子增加,精子运动能力和活力降低,有些公猪还出现精子缺乏,射出的精液如椰汁。有些公猪睾丸肿胀,睾丸和附睾明显水肿;随后发展为颗粒化和明显的萎缩(一般为单侧性),或变得柔软松弛,颗粒化或无颗粒化的附睾炎,病变严重的公猪失去性欲(Campos和Carbajal,1989;Stephano等,1990)。

在病毒发现后的几年时间里,临床症状的差异变得愈发明显。1980年主要是仔猪感染;而大于30日龄的猪,死亡率和中枢神经系统紊乱都不常见。1983年在管理不善的猪场,15～45 kg的猪暴发了高死亡率的严重性脑炎,且常并发其他病毒性和细菌性疾病(Stephano和Gay,1985b,1986a)。1983年还报道了母猪的繁殖障碍和公猪的暂时性不育症(Stephano和Gay,1984,1985a)。1988年公猪的睾丸炎、附睾炎和睾丸萎缩等现象也变得更加严重(Campos和Carbajal,1989;Stephano等,1990)。

病理变化
Lesions

蓝眼病没有特征性肉眼变化。仔猪常见尖叶腹侧有轻度肺炎,另外还有轻度乳汁性胃扩张,膀胱积尿,腹腔积有少量纤维素性液体,脑充血,脑脊液增多。并发现结膜炎,结膜水肿,不同程度的角膜混浊(图41.3),常为单侧性病变。另外还有形成角膜囊泡、溃疡、脓肿以及房前渗出等。偶尔发现心包和肾脏有出血性变化(Stephano和Gay,1985a,1986b)。

公猪发生睾丸肿胀和附睾炎,常为单侧性。睾丸炎、附睾炎常见于疾病早期,后期则发生睾丸萎缩,有时还伴有附睾颗粒化。白膜、附睾或睾丸偶尔有出血性变化(Campog和Carbajal,1989;Ramirez等,1995;Stephano等,1990)。

组织病变主要集中在脑和脊髓。表现为丘脑、中脑和大脑皮层灰质呈非化脓性脑脊髓炎,多发性、散在性神经胶质细胞增生,淋巴细胞、浆细胞和网状细胞形成血管套,神经元坏死,噬神经现象,脑膜炎和脉络膜炎(Ramirez和Stephano,1982)。神经元有胞浆内包涵体形成(Stephano和Gay,1986b;Stephano等,1988a)。

肺脏出现散在间质性肺炎变化,特征是间质增厚并伴有单核细胞浸润。

图 41.3 7 日龄仔猪出现角膜混浊。

眼部病变主要为角膜混浊,其特征为角膜水肿,房前色素层炎。在虹膜角膜角内皮、巩膜角和角膜中有嗜中性白细胞、巨噬细胞和单核细胞浸润（Stephano 和 Gay，1986b；Stephano 等，1988a）。

公猪发生睾丸变性和生殖上皮坏死。间质中间质细胞增生,单核细胞浸润,血管壁透明化,纤维化。附睾表现为囊泡形成,上皮细胞纤毛缺乏,上皮破裂,精子漏于管间,单核细胞大量渗出,巨噬细胞吞噬精子碎片。纤维变性与精子肉芽肿均被结缔化。

诊断
Diagnosis

根据脑炎、角膜混浊、母猪繁殖障碍、公猪睾丸炎和附睾炎这些临床症状可对猪蓝眼病做出初步诊断。根据组织病理学变化如非化脓性脑炎、房前色素层炎、角膜炎、睾丸炎和附睾炎等可作进一步诊断。根据神经元和角膜上皮内包涵体的出现,再结合上述临床症状和组织学病变可对猪蓝眼病进行确诊。

BEP 需与引起脑炎和繁殖疾病的其他病原相区别,如伪狂犬病毒（欧兹斯金病病毒 Aujeszky's Disease V）和猪繁殖与呼吸障碍综合征病毒（PRRSV）,但只有 BEP 能引起角膜混浊和公猪睾丸炎及附睾炎（Campos 和 Carbajal，1989；Stephano 和 Gay，1985b；Stephano 等，1988a，1990）。

建议间隔 15 d,采集两次血清样品对 BEP 进行检测。常用的血清学方法有血凝抑制实验（HI）、病毒中和实验（VN）和酶联免疫吸附实验（ELISA）。HI 是最常用的诊断方法,但若用鸡红细胞或 BEP 抗原用鸡胚增殖时,可出现滴度达 1：16 的假阳性（Ramirez 等，1996）,故建议用牛红细胞做 HI。猪自然感染产生的抗体一般可持续终生。

大脑是分离病毒和检测抗原的最佳组织,而肺和扁桃体也比较适合病毒的分离和检测（Stephano 等，1988a）。PK-15 细胞和猪肾原代细胞较适合于该病毒的分离培养。该病毒的复制可形成包涵体,因此可以通过直接免疫荧光法和聚合酶链式反应（PCR）检测组织或者细胞培养物中的抗原（Cuevas 等，2009；Stephano 和 Gay，1985a；Stephano 等，1988a）。

预防和控制
Prevention and Control

和多数猪病毒病一样,猪蓝眼病无特效治疗方法。患有角膜混浊的猪常可以自我康复,而出现中枢神经症状的猪一般以死亡告终。

严格的卫生管理制度是防止 BEP 传入猪场的保障。猪群的引入或更换应从健康猪场引种。实行标准的生物安全措施可防止该病传入猪场,如实行周边防护,隔离装卸货物区,隔离更衣室和淋浴室,防止野鸟、鼠类进入,及时清除废弃物和死猪,控制人员和车辆流动等。对引进动物进行血清学检测。

感染猪场消除 BEP 的措施包括:封闭猪场并彻底清扫和消毒;实行"全进全出"制度;剔除感染猪;合理处置死猪。对猪群和引入猪只进行血清学检测,以确定 BEP 是否被彻底消除（Stephano 等，1986b）。

目前已有两种商品化病毒灭活苗可用于怀孕母猪、后备母猪、公猪和仔猪的免疫。基因重组疫苗的研发正在进行当中。

曼那角病毒
MENANGLE VIRUS

背景
Relevance

1997 年,在澳大利亚新南威尔士的一次疾病暴发期间首次鉴定了曼那角病毒。该病毒能引起猪的繁殖障碍和先天性畸形,偶尔引起人的严重疾病,并且果蝠(*Pteropus* sp.,狐蝠)是该病毒的贮存宿主。在当时发病的农场,该病已被完全消灭,目前还没有任何该病在其他国家发生的记录。

病因学
Etiology

曼那角病毒和腮腺炎病毒一样,属于副黏病毒科,腮腺炎病毒属(Bowden 等,2001)。已知的该属的其他病毒还有人副流感病毒 2 型、人副流感病毒 4 型和人流行性腮腺炎病毒。

曼那角病毒具有典型的副黏病毒形态,病毒粒子呈多形性,直径 100~350 nm,有纤突,长约 17 nm。成熟病毒粒子的核衣壳直径约 19 nm,呈长"人"字形(Philbey 等,1998)。

曼那角病毒在细胞培养时能引起显著的细胞病变,包括明显的细胞空泡和合胞体形成。该病毒可以在包括鸟和鱼等多种动物细胞系中生长并产生细胞病变。目前尚无证据证明该病毒是否具有吸附性或血凝性(Philbey 等,1998)。曼那角病毒在免疫学上与其他副黏病毒没有抗原相关性。

公共卫生
Role in Public Health

与尼帕病毒相反,曼那角病毒对人不具有高度传染性。然而当人们工作时遇到可能被感染的猪只或者可疑的繁殖样品时都应注意防护。尽管在直接接触了感染该病猪只的 30 多人中,仅有两人受到感染,但是被感染者都表现出严重的发热和皮疹,随后身体极度衰弱(Chant 等,1998)。目前还没有大量人群被感染的证据,包括直接或长期与潜在污染物接触的兽医、屠夫和实验室工作人员。人感染曼那角病毒可能是由于伤口或眼结膜直接接触含有曼那角病毒粒子的体液或其他组织所致。

流行病学
Epidemiology

对以前和新近收集的血清进行血清学调查研究发现,在感染猪场猪群中曼那角病毒不具有高度传染性(Kirkland 等,2001)。据推测,在母猪舍中该病毒传播速度相对较慢,在同一个舍中使所有母猪感染需要经过数周时间。然而在感染猪场的猪群中该病毒分布较广。在病毒传入猪场大约 6 个月后,收集各个年龄阶段的猪血清,检测出含有高滴度的病毒中和抗体,血清阳性率也很高(>90%)。在被检测的血清样品中,阳性血清中和抗体的滴度为 1:(16~4 096),并且在感染后的最少 2 年内均保持较高的血清抗体水平。相反,病毒传入猪群之前收集的血清样品全部呈阴性。对澳大利亚两个育肥猪场的猪血清样品进行检测,结果全部呈阳性(Kirkland 等,2001)。对采集自澳大利亚各个地方猪场的 1 114 份猪血清样品进行检测,结果显示该疫病被限制在已感染的猪场和两个相关的育肥猪场。

随着该病在整个猪群中开始流行,10~12 周龄的仔猪由于失去母源抗体的保护而被病毒持续感染。在大规模猪场中,因为有大量的易感动物存在,使该病毒能在猪群中持续地传播。而在小规模猪场中,该病毒持续传播的可能性较小。对猪场几乎所有的后备母猪配种前(28~30 周龄)进行接毒免疫并检测抗体,可以预防后备母猪随后的繁殖障碍。

猪与猪之间的紧密接触是该病传播的必要条件,因为曼那角病毒在外界环境中不能长时间存活。有试验将易感猪置于 3 d 前被感染猪污染过的圈舍,结果发现试验猪只没有被感染。

据证实狐蝠是曼那角病毒的贮存宿主(Kirkland 等,2001;Philbey 等,1998)。在夏秋季节,采集距该病毒感染猪场 200 m 内栖息的灰头果蝠(*Pteropus poliocephalus*)与小红果蝠(*Pteropus scapulatus*)的血清进行检测,结果显示灰头果蝠血清中含有曼那角病毒中和抗体。一项更广泛的研究发现,对澳大利亚多个地区采集的数种果蝠的血清进行检测,结果显示大约 1/3 的血清呈阳性,病毒中和抗体滴度为 1:(16~256)。阳性血清样品主要来自于灰头果蝠、黑果蝠(*Pteropus alecto*)和眼镜果蝠(*Pteropus conspicillatus*),而在小红果蝠的血清中没有发现阳性。这表明了曼那角病毒在感染猪之前就存在于当地的果蝠群体里。

此外,除感染人外,目前还没有证据显示曼那角病毒能自然感染其他动物。对感染猪场附近的啮齿类动物、鸟类、羊、猫和犬的血清样品进行检测,结果全部呈阴性。

致病机理
Pathogenesis

曼那角病毒的传播途径和流行机制还未清楚,但病毒可能通过粪便-口腔或尿液-口腔途径传播(Love 等,2001)。猪只呈现 10～14 d 的短期感染,并产生强大的免疫力。在该病暴发期间,产出存活的仔猪体内没有检测到曼那角病毒,说明该病毒不能持续感染,也有充分的证据证明了该病对成年猪不发生持续感染。

曼那角病毒引起的繁殖障碍主要原因是子宫内感染,造成死胎。在许多母猪体内,胚胎的早期死亡会导致延迟返情或假妊娠。

在分娩时,被感染的同窝仔猪有时大小不一和各种畸形,一部分胎儿呈现不同胎龄的木乃伊化,一部分胎儿呈现死产和先天性畸形,还有一部分表现正常(图 41.4)。这些结果表明,曼那角病毒与细小病毒一样,一些胎儿经胎盘的感染发生在妊娠早期,随后病毒在子宫内从胚胎到胚胎进一步传播,胎儿畸形则是病毒在迅速生长的胚胎组织中进行复制并造成细胞损伤的结果。

临床症状
Clinical Signs

至今已知的由曼那角病毒引起的猪群疫病暴发仅有一次(Love 等,2001;Philbey 等,1998)。1997 年 4 月中旬到 9 月初的 5 个月左右时间里,澳大利亚悉尼的新南威尔士附近的一个存栏 3 000 头母猪的规模化猪场发生了严重的母猪繁殖障碍(Love 等,2001)。该猪场母猪的木乃伊胎和死胎发生率显著增加。一段时间后,一些死胎呈现严重的畸形。该猪场 4 个繁殖区的母猪全部被感染。几周时间内母猪产仔率从 82% 降低到 38%。许多母猪在交配后大约 28 d 返情,还有一些母猪在交配后的 60 多天内一直处在假妊娠状态。该病在猪场四个繁殖区连续发生,严重影响了所有区域母猪的产子。几周后,虽然产子率上升到 45%,但仔猪存活率降低,并且木乃伊胎和死胎的比例增加,还出现一些先天性畸形胎儿。

母猪繁殖障碍主要表现为产 30 d 胎龄以上大小不同的木乃伊胎、死胎或畸形胎,以及少数正常胎儿(图 41.4)。死产仔猪常表现为关节弯曲、短颌和驼背等畸形缺陷(Love 等,2001)。另有一

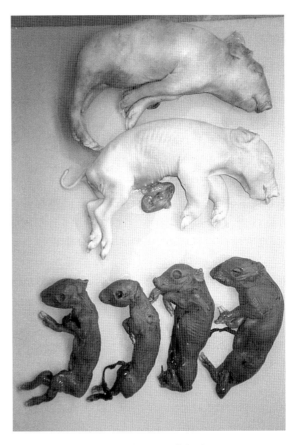

图 41.4 感染母猪所产的同一窝仔猪。

些仔猪的颅骨呈圆顶形。

虽然在两个育肥猪场检测到曼那角病毒,但这些猪场既没有种猪,之前也没有出现过临床病例。病毒是通过引进感染仔猪从几百千米外的主要发病猪场传播到了这里。在发病猪场,各个年龄阶段的育肥猪均没有明显的临床症状,只是发病母猪出现了繁殖障碍。现对曼那角病毒能否通过急性感染的公猪的精液传播还无定论。

在检测分离曼那角病毒时,两名猪场工作人员被鉴定为血清阳性(Chant 等,1998)。在后续的医疗观察期间,发现这两名工作人员都出现了伴随头痛的严重发热症状,经过广泛的检查,并没有发现任何其他可能的致病原因,从而认为该次发病是由曼那角病毒感染引起的(Chant 等,1998)。此后,经过一段较长的恢复期,两名工作人员均完全康复。

病理变化
Lesions

感染母猪所产的胎儿有木乃伊胎、自溶胎儿、

新生死胎和一些正常活仔猪（Love 等,2001;Philbey 等,1998）。先天性畸形主要表现为关节弯曲、短颌和驼背。死胎的大脑和脊髓常有不同程度的变性（图 41.5），孔洞脑和积水性无脑是最普遍的大脑畸形。偶尔可见死胎体腔纤维素性积液和肺部发育不良。

组织病变主要集中在中枢神经系统（Love 等,2001;Philbey 等,1998）。大脑、脊髓的灰质和白质发生广泛的变性和坏死,同时伴随巨噬细胞和其他炎性细胞浸润。在大脑和脊髓的神经元内可见核内与胞浆内包涵体。这些包涵体有嗜酸性的,也有嗜酸碱两性的,由病毒粒子聚集而成。一些病例中还可见非化脓性、多灶性脑膜炎和心肌炎,偶尔可见肝炎。

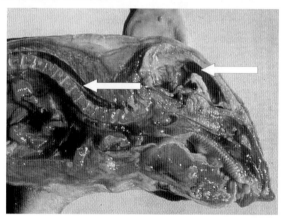

图 41.5　母猪子宫感染曼那角病毒引起的仔猪中枢神经系统病变。

诊断
Diagnosis

曼那角病毒是新近被确定的一种对猪致病的病原体,大多数猪群对该病毒非常易感,且至今只有一次暴发的记录。一个猪场同窝仔猪如果出现正常新生仔猪比率显著降低,以及产有大量畸形死胎,则可怀疑为曼那角病毒感染。排除曼那角病毒感染的最快方法是检测感染母猪是否带有该病毒的特异性抗体。

各种大小的木乃伊胎和死胎,说明母猪子宫内存在病毒性感染。目前,引起母猪子宫内病毒性感染的疾病最常见的有猪细小病毒病、脑脊髓心肌炎、典型猪瘟（猪霍乱）、伪狂犬病（奥尔斯基病）、日本乙型脑炎、猪繁殖与呼吸障碍综合征（PRRS）和猪腮腺炎病毒病（BEP）,这些都可引起严重的胎儿死亡。除日本乙型脑炎外,鉴别曼那

角病与其他上述病的不同点是,曼那角病毒感染母猪致大约有 1/3 的胎儿发生先天畸形,而其他的一些病毒感染既可引起仔猪发病,也可使成年猪发病。而 BEP 是仅有的能引起母猪显著流产的其他副黏病毒,但与曼那角病毒不同的是,BEP 感染仔猪通常出现神经症状和其他症状,并且由于 BEP 对哺乳动物和鸟类红细胞有凝集作用,容易被区分（Moreno-Lopez 等,1986）。而对于尼帕病毒繁殖障碍不是其主要特征。

实验室诊断,可采取胎儿组织样品用于病毒分离、血清学和病理学诊断。可从死胎的各种器官中分离病毒,特别是脑、肺和心肌。曼那角病毒能在许多细胞系中培养增殖,但是常用幼仓鼠肾细胞（BHK-21）来分离培养病毒。需要经过 3～5 次传代,才能观察到明显的细胞病变。曼那角病毒不具有血凝特性,病毒的鉴定主要依靠电镜和病毒中和实验。在一些死产仔猪的体液中有时也可检测到特异性抗体。

预防和控制
Prevention and Control

目前对于曼那角病毒病没有特效治疗方法,当观察到该病的临床症状时,病毒很有可能已经在猪群中广泛传播了,且尚无有效措施控制该病传播。

果蝠（*Megachiroptera*）被认为是猪群感染的主要传染源。在北美地区没有发现果蝠存在,但在非洲、中东、南亚、澳大利亚和一些太平洋岛屿有果蝠存在。目前还不知道小蝙蝠（*Microchiroptera*）是否对曼那角病毒易感,但是为了预防该病毒传入猪群,需防止猪群和蝙蝠的直接或间接接触。果蝠通常不会进入猪舍,但是它们在猪舍上方和周围飞行期间排便和排尿会掉入猪舍,或偶尔幼蝠在飞行过程中也会掉入猪舍,所以对猪舍外部区域,例如工作人员通道,都应该遮盖起来以预防可能的污染,此外在猪舍附近不要种植吸引果蝠活动的花和果树。

在一个暴发繁殖障碍性疫病的猪场中,当发现产出第一窝感染仔猪时,病毒或许已经传播到猪场的整个猪群中了。与细小病毒不同,曼那角病毒在外界环境的生存能力很差,在小型猪舍因为没有足够的易感动物,所以无法维持病毒的感染循环。而在大型猪舍,当猪群母源抗体

降低失去保护时,该疫病可能就会流行起来,所以对后备母猪在配种前进行接毒免疫是重要的预防措施。

通过转移全部易感年龄段的猪群,例如将10～16周龄的猪转移至其他未受污染的圈舍,可成功将曼那角病毒从感染猪群中清除(Love等,2001)。对受病毒污染的猪舍进行消毒,并空置几周,然后重新引入未感染的猪或对该病毒有免疫力的猪,那么该病毒在猪群中循环就会被终止,病毒自然就被消除了。

尼帕病毒病
NIPAH VIRUS

背景
Relevance

尼帕病毒是一种人畜共患病病毒,1998年与1999年间,该病曾在东南亚一个小范围地区的猪群中流行,如今已经在亚洲其他国家检测到尼帕病毒。现在认为该病毒的传播是从其野生宿主传播到家猪,再从家猪传播到人和如猫、犬、马等其他家畜。尼帕病毒在猫群或犬群之间没有传染性,但感染病例死亡率较高。

病因学
Etiology

尼帕病毒是单股负链 RNA 病毒,属于副黏病毒科。该病毒与亨德拉病毒是亨德拉尼帕病毒属的唯一两个成员(Chua等,2000)。与尼帕病毒不同的是,尚没有血清学调查证明亨德拉病毒能在自然条件下感染猪(Black等,2001),但在实验条件下,亨德拉病毒能人工感染猪并产生与尼帕病毒感染相似的临床症状(Li等,2010)。

与大多数副黏病毒一样,尼帕病毒是一种巨型的多形性病毒。病毒粒子呈多形性,平均直径约为 500 nm。囊膜上有约 10 nm 长的纤突。核衣壳蛋白呈典型的长"人"字形,直径约 21 nm,平均长度为 1.67 μm。

尼帕病毒能在数种传代细胞系上稳定繁殖,特别是 Vero 细胞和 BHK-21 细胞,细胞接毒 3～4 d 后就会出现细胞病变。尼帕病毒在 Vero 细胞中增殖能形成大合胞体,这种多核巨细胞的细胞核排列在细胞内的周围(Daniels等,2002)。抗原性方面,尼帕病毒和亨德拉病毒比较相似,亨德

拉病毒的诊断试剂也曾用于尼帕病毒的血清学调查。

公共卫生
Role in Public Health

尼帕病毒对公共健康是一个严重的威胁。尽管当初该病第一次暴发只是被限定在一个较小的地理范围,但是如今该病已经造成了邻近其他国家的许多猪场工人,以及与猪有密切接触的人员如屠宰场工人发生感染并死亡。最近报道,该病在没有猪群传播的情况下在人群中暴发流行(Chadha等,2006;Gurley等,2007;Hsu等,2004;Luby等,2006)。如果怀疑发生疫情,必须禁止疫区所有动物的调运,并尽量避免人与潜在感染动物的接触。

流行病学
Epidemiology

该病在马来西亚流行,被认为是尼帕病毒从其他野生动物传播到家猪造成的(Chua等,2000;Daniels,2000;Field等,2001;Yob等,2001)。有充分证据证明果蝠是尼帕病毒的自然宿主,在马来西亚的两种野生蝙蝠(Pteropus vampyrus 和 Pteropus hypomelanus)的体内,普遍检测出尼帕病毒的中和抗体(Yob等,2001),并从马来西亚的野生蝙蝠(P. hyomelanus)的体内分离出尼帕病毒(Chua等,2000)。在澳大利亚,果蝠群一直是猪和其他动物感染曼那角病毒的潜在传染源,同样由于果蝠的存在,尼帕病毒对孟加拉国、印度和马来西亚也构成了持续的威胁。虽然这些病毒在其他国家对猪和其他动物的危害还没有得到证实,但我们不能忽视,特别是对一些有果蝠栖息的国家。

从尼帕病毒在 1998—1999 年间在马来西亚暴发的疫情来看,尼帕病毒在猪群中具有高度传染性(Nor等,2000),该病毒可能通过感染猪呼出气体和分泌液在猪群中传播。在病猪的上呼吸道与下呼吸道的上皮组织中以及口鼻拭子中都检测出尼帕病毒。病毒在人群中则可通过痰和飞沫传播。在临床上,病猪常见的咳嗽症状更促进了该病的传播(Hooper等,2001;Middleton等,2002;Weingartl等,2006)。另外经皮下和口鼻接种或接触感染动物均可能导致病毒散播。

除猪以外，其他家畜对该病也易感。在流行病学调查中发现，受感染的农场中有大量的犬发病并死亡（Chua 等，2000；Daniels 等，2000）。现在还没有证据显示病毒能在犬群间水平传播（Asiah 等，2001）。据农场主报告，农场的猫曾被感染，通过人工感染试验证明了猫对尼帕病毒易感且能通过其尿液排毒（Muniandy，2001）。在马来西亚发病犬的肾脏中分离出了尼帕病毒（Chua 等，2000），这说明病毒可能通过家养肉食动物的尿液进行传播。目前还没有证据显示，在受感染农场，尼帕病毒能在马之间进行传播，对农场啮齿动物和其他各种野生动物的血清学调查未发现尼帕病毒感染。

在马来西亚，主要是感染猪只的调运导致了尼帕病毒在农场之间、各州之间传播，甚至传播到临国新加坡。在新加坡，屠宰场工人在对来自马来西亚的猪进行屠宰加工过程中感染了该病（Nor，2001；Nor 等，2000；Nor 和 Ong，2000；Paton 等，1999）。疫病的流行可能只源自某一个疫点（Lye 等，2001），说明该病毒可能只需要一个偶然的机会就会从其野生宿主那里传播开来。

人感染尼帕病毒和与病猪密切接触有很大关系（Parashar 等，2000）。在感染猪场，饲喂、加工、助产、治疗和转运病猪等是致使人感染尼帕病毒的最主要原因，而在感染猪场居住并不是主要的危险因素。

最近在孟加拉国和印度暴发了尼帕病毒流行，造成了比疫病第一次在马来西亚和新加坡暴发时更高的死亡率，并且还有病毒在人与人之间传播的报告。值得注意的是，有些患者并没有与猪有过接触，而是由于饮用了被带毒果蝠污染的椰枣汁（Chadha 等，2006；Gurley 等，2007；Hsu 等，2004；Luby 等，2006）。

致病机理
Pathogenesis

由于尼帕病毒的研究工作必须在生物安全等级 4（BSL4）的实验条件下进行，所以尼帕病毒发病机理的研究对象被限定于 4～10 周龄大的仔猪。尼帕病毒主要侵袭血管、神经和淋巴三个系统。通过口鼻接种，病毒可以感染口鼻黏膜上各类细胞，包括上皮细胞和免疫细胞，可能还有外围神经末梢，使病毒直接侵入动物脑部神经元（Weingartl 等，2005）。病毒侵入机体会先侵入小血管和淋巴管的内皮细胞并复制，病毒侵入内皮细胞和免疫细胞后产生病毒血症，并继续蔓延，尼帕病毒对入侵内皮细胞有特殊的器官和组织嗜性（Meisner 等，2009）。病毒进入血管内皮细胞后导致血管炎，并使免疫细胞增加，这些免疫细胞又可被病毒感染（Berhane 等，2008）。这些受感染细胞的渗出物进入器官实质，以及感染内皮细胞的细胞间传播加速了病毒在组织中的蔓延，因此尼帕病毒可穿过血脑屏障侵入中枢神经系统（Weingartl 等，2005）。

下呼吸道感染可能是由于病毒血症、血管损伤和单核细胞渗出物导致病毒释放引起的。然而下呼吸道上皮细胞的直接感染是由于直接吸入病毒颗粒或是病毒沿着上呼吸道上皮细胞传播所致，可能还有一些综合因素。

淋巴细胞也是尼帕病毒侵害的主要目标之一，病毒可感染单核细胞和 T 淋巴细胞（Berhane 等，2008）。有研究在巨噬细胞和树突状细胞中检测到尼帕病毒抗原，此外还观察到淋巴细胞损伤和坏死，尤其在淋巴结中较为明显。机体免疫细胞的减少还可能会导致一些继发感染。

临床症状
Clinical Signs

尼帕病毒不同于大多数副黏病毒科病毒，它常常会引发多种动物严重的致死性疾病。人的发病与死亡，往往是该病暴发的征兆。尼帕病毒感染人主要表现为脑炎症状，患者表现为发热、头痛、眩晕和呕吐，随病程发展，有 50% 以上的病例出现意识减退及大脑功能紊乱（Goh 等，2000）。有学者对人受尼帕病毒感染致病的临床症状进行了全面的描述（Chua 等，1999；Goh 等，2000）。

猪感染尼帕病毒或呈阴性感染或导致急性发热性疾病，并伴随呼吸症状和神经症状，故最初该病被称为"猪呼吸脑炎综合征"。不同年龄的猪感染尼帕病毒的临床表现有所不同（Bunning 等，2000；Nor 等，2000），有些自我耐过，有些则发病死亡。除了犬吠样咳嗽外，该病没有其他特征性临床症状。

在发病猪场，断奶仔猪和育肥猪出现急性高热症状，体温高达 40℃（104°F）或以上，并表现为呼吸急促、呼吸困难、干咳(大声犬吠样咳嗽)或张口呼吸等不同程度的呼吸症状。特别是在病猪被驱赶时,呼吸症状更为明显。病猪还出现神经症状,如肌肉痉挛、后肢软弱无力、不同程度的痉挛性瘫痪和共济失调。随着病程发展,病猪不能站立,只能侧卧,四肢震颤或强直性痉挛。该年龄段的病猪死亡率低,不到5%,病死猪鼻腔中流出血样分泌物。该年龄段猪感染常呈隐性经过。

偶尔还有母猪和公猪急性死亡的病例,在死亡前没有明显的临床征兆或发病不到24 h就突然死亡。尼帕病毒感染很少引起母猪和公猪的突然死亡,猪死亡后,常流出血性鼻液。猪死亡前常观察到神经症状,如头部僵直、异常兴奋(表现为啃咬围栏)、强直性痉挛或抽搐、咽部肌肉麻痹而出现吞咽困难、口吐白沫和舌外伸下垂等。另外也有母猪流产的报道。

哺乳仔猪表现为张口呼吸、后肢软弱无力、肌肉震颤和神经性抽搐。哺乳仔猪死亡率高,其原因是由于仔猪自身感染还是由母猪感染传播所致还不清楚。

在实验室条件下,通过人工感染,大多数仔猪没有出现明显的临床症状,只是在接种3~6 d后体温有轻微的上升。有一些仔猪出现轻微的呼吸症状,大约有20%的通过鼻腔或皮下接种的仔猪出现了神经症状(Berhane 等,2008;Middleton 等,2002;Weingartl 等,2006;Weingartl 等,2005)。但是接种1周后,仔猪出现的部分临床症状怀疑可能是由于一些细菌引起继发感染所致,比如在不同症状的仔猪体内分离出了粪肠球菌、猪链球菌和猪葡萄球菌(Berhane 等,2008;Middleton 等,2002)。

病理变化
Lesions

猪最常见的综合病症是以剧烈咳嗽为特征的呼吸系统症状。该病没有特征性的肉眼可见的病理变化,肺部病变可能由其他原因造成。猪自然感染和人工感染该病毒,都可见肺部和脑膜出现病变。亚临床症状表现为肺部有不同程度的粘连,切开肺表面,肺小叶间隔增厚,偶尔可见膈叶坏死性病变。支气管和气管常常充满分泌液或泡沫性液体,有时出现血性分泌液(Daniels 等,

2000;Hooper 等,2001;Shahirudin,2001)。淋巴结增大主要见于支气管、下颌和肠系膜。脑部病变主要是脑膜充血和水肿。实验感染动物于接种约3周后出现与尼帕病毒相关的病理变化。

组织学观察,如果看到多核的肺泡巨噬细胞或者在呼吸道上皮细胞发现合胞体,表明可能感染了尼帕病毒。偶尔可以在肺部、脾脏的小血管,或者淋巴结处的淋巴血管内皮细胞中发现合胞体(图41.6)。在缺乏新鲜组织病料的情况下,疑似病例可以通过免疫组化方法进行确诊,病毒抗原很容易在内皮细胞合胞体中检测出。

其他的肺部病变,如间质性肺炎,表现为支气管周围、细支气管周围以及血管周围的单核细胞浸润,以及血管炎和纤维素性坏死。某些还表现出肺泡炎,可观察到巨噬细胞、细胞残片以及蛋白样渗出物。病毒抗原可以在内皮细胞、血管中膜的平滑肌细胞、巨噬细胞和细支气管中的克拉拉细胞检测到,偶尔还可在肺泡上皮细胞中检测到(Berhane 等,2008;Hooper 等,2001;Middleton 等,2002;Tanimura 等,2004;Weingartl 等,2005)。

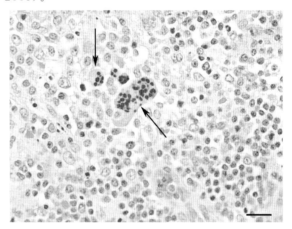

图 41.6　人工感染尼帕病毒的猪的下颌淋巴结,发现有致密核心的多核合胞体(箭头)[20 μm,苏木精和伊红染色(H 和 E)]。照片由 Dr. Carissa Embur-ry-Hyatt 提供。

由尼帕病毒引起的神经系统病变中,非化脓性脑膜炎和脑膜脑炎比较常见,同时可以从脑膜或者是大脑中发现血管套结构(Hooper 等,2001;Middleton 等,2002;Tanimura 等,2004;Weingartl 等,2005)。病毒抗原可以从神经细

胞、神经胶质细胞、内皮细胞、浸润性单核细胞、室管膜、脉络膜与脑膜中检出（Hooper 等，2001；Middleton 等，2002；Tanimura 等，2004；Weingartl 等，2005）。

淋巴组织病变是尼帕病毒感染的重要特征。猪感染尼帕病毒，除了血管和淋巴管的内皮细胞中出现合胞体以及血管炎外，还有淋巴结的淋巴细胞损伤和坏死。病毒抗原主要在内皮细胞、多核巨细胞以及树突状细胞中检出（Berhane 等，2008；Hooper 等，2001；Middleton 等，2002；Weingartl 等，2005，2006）（图 41.7）。其他器官，例如肾脏也会由于血管损伤发生病变，但病变程度要比之前提到的肺、脑部、淋巴结和脾脏轻微得多。

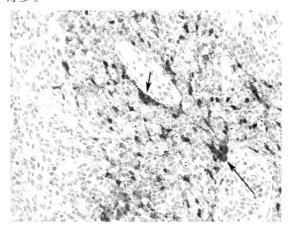

图 41.7 下颌淋巴结的免疫组化染色发现，病毒性抗原（黑色）存在于淋巴细胞、树突状网状细胞以及多核合胞体中（箭头）。照片由 Dr. Carissa Emburry-Hyatt 提供。

诊断
Diagnosis

尼帕病毒与亨德毒病毒的样品收集和诊断方法在之前叙述过（Daniels 和 Narasiman，2008）。尼帕病毒是被列为生物安全等级 4（BSL4）的病原体，因此对疑似尼帕病毒感染的病例进行诊断时要极其小心。实验室诊断的一些工作只能在 BSL4 实验室里操作。严格处理病畜死前与死后的样品，禁止无防护措施的人员接触感染动物，并建议采取呼吸防护措施（Daniels 等，2000）。

在存在果蝠威胁的地区，如果猪场出现了与尼帕病毒病相似的临床症状，可以初步诊断为尼

帕病毒感染。其临床症状表现为：公猪或母猪的突然死亡；以流产为特征的繁殖障碍；各种年龄段猪以剧烈咳嗽为特征的呼吸系统症状；以震颤，肌肉痉挛、抽搐和跛行或侧卧时强直性痉挛为特征的神经症状。

由于尼帕病毒病没有特征性临床症状，且感染动物的临床症状随年龄和生殖状况而不同，因此对不同年龄和种类的猪诊断方法可不同。其他病原体引起的继发感染会导致广泛的非特异性临床症状，患病动物若是感染了其他病原体，如古典型猪瘟或者致病菌，可能导致表现为多种症状的混合性感染（Berhane 等，2008），这给诊断该病增加了难度。混合感染可能是 1996 年马来西亚出现了尼帕病毒后无法确诊的原因之一（Chua 等，2000）。

尼帕病毒是一种高度危险性的人兽共患病，因此对其诊断应以不扩散病毒和尽量使用较少的待检样品为原则。使用反转录 RCR（RT-PCR）检测病毒 RNA 通常比病毒分离更快速，敏感性更好，同时使操作者得到更好的生物安全保障。关于尼帕病毒和亨德拉病毒的实时荧光定量 PCR（qRT-PCR）检测方法之前已经介绍过（Guillaume 等，2004；Li 等，2010）。应用高灵敏度的 qRT-PCR，能够从动物的组织和血清中检测到病毒 RNA，血清样本还可同时用于抗原检测和抗体检测。qRT-PCR 的高敏感性，使其甚至能对福尔马林浸泡的样品进行检测（Chua 等，1999；Hooper 和 Williamson，2000）。

对福尔马林固定的样品进行病毒抗原检测被认为是一种快速和安全的确诊方法。已证实能在福尔马林固定的组织包括肺脏、上呼吸道、脑膜、脾脏、嗅球、三叉神经节、淋巴结以及肾脏中检测出尼帕病毒（Daniels，2001；Middleton 等，2002；Weingartl 等，2005）。

无论是因确诊还是研究的需要而必须进行病毒的分离和鉴定时，最好选择在高生物安全等级的实验室里进行。现已从病死动物的肺、脾、肾、扁桃腺、脑膜、淋巴结以及活动物的喉拭子，脑脊液和尿液中分离出尼帕病毒（Daniels，2001；Middleton 等，2002；Weingartl 等，2005）。猪人工接种病毒 2～3 d 后，可以从口腔或鼻拭子中检测到尼帕病毒，接种后在出现明显临床症状前，猪会出

现 3 周左右的流涎症状。Vero 细胞较适合用于尼帕病毒的分离培养,接毒 2～3 d 后就会出现细胞病变,如果 5 d 后,都没有出现细胞病变,可判定病毒分离失败。

在抗体检测方面,ELISA 具有试剂容易获得、可快速检测大量样品的优点,因而是一种较好的抗体的常规监测手段(Daniels,2001),但血清样品中存在含有感染性病毒的潜在风险应得到重视。利用 ELISA 对猪群进行血清样品的抽检可用来评估猪群是否感染尼帕病毒。此外 ELISA 的试验结果需用病毒中和试验(VN)来验证(Daniels,2001),但 VN 需要用细胞培养活病毒,因此必须使用实验安全设施。

免疫
Immunity

病毒中和抗体能有效地保护猪体免受尼帕病毒的侵害(Weingartl 等,2006)。猪体在接种病毒 7～10 d 后产生中和抗体,在接种 14～16 d 后达到高峰,抗体滴度可达到 1∶1 280(Berhane 等,2008;Middleton 等,2002)。猪的体液免疫应答,例如中和抗体的产生似乎并不会受到疾病的影响,所以大多数的猪能从尼帕病毒感染后恢复。现在还没有证据表明尼帕病毒能引起持续性感染,但不排除有这个可能。

预防和控制
Prevention and Control

因为尼帕病毒是一种危险的人兽共患病病原,所以对感染动物不进行治疗。在一些国家,果蝠可能是尼帕病毒的天然宿主,猪场应采取防止尼帕病毒感染的措施(Choo,2001;Daniels,2001)。猪场应避免栽种果树或一些易吸引蝙蝠靠近圈舍的植物;并实施严格的生物安全措施,严禁引进受感染的动物,引种时必须对引进动物进行一段时间的隔离并检疫合格后再混群。

尼帕病毒感染一旦发生,必须采取严格的控制措施。首先必须防止尼帕病毒在家畜之间扩散和人群受到感染。快速扑灭是一种较理想的控制方法,疫病发生后,马来西亚政府,采取封锁感染猪场,扑杀感染动物并隔离所有易感动物。对疫区进行封锁和实行运输管制是防止疫情蔓延的必要措施(Mangat,2001)。

(曹三杰译,林竹校)

参考文献
REFERENCES

Allan GM, McNeilly F, Walker Y, et al. 1996. J Vet Diagn Invest 8:405–413.

Asiah NM, Mills JN, Ong BL, Ksiazek TG. 2001. Epidemiological investigation on Nipah virus infection in peridomestic animals in peninsula Malaysia and future plans. In Report of the Regional Seminar on Nipah Virus Infection. Tokyo, Office International des Epizooties Representation for Asia and the Pacific, pp. 47–50.

Berg M, Hjertner B, Moreno-Lopez J, Linne T. 1992. J Gen Virol 73:1195–1200.

Berg M, Sundqvist A, Moreno-Lopez J, Linne T. 1991. J Gen Virol 72:1045–1050.

Berhane Y, Weingartl HM, Lopez J, et al. 2008. Transbound Emerg Dis 55:165–174.

Black PF, Cronin JP, Morissy CJ, Westbury HA. 2001. Aust Vet J 79:424–426.

Bowden TR, Westenberg M, Wang LF, et al. 2001. Virology 283:358–373.

Bunning M, Jamaluddin A, Cheang H, et al. 2000. Epidemiological trace-back studies of the Nipah virus outbreak in pig farms in the Ipoh district of Malaysia, 1997–1999. In Proc Congr Int Pig Vet Soc, Vol. 16, p. 551.

Campos HR, Carbajal SM. 1989. Trastornos reproductivos de los sementales de una granja porcina de ciclo completo ante un brote de ojo azul. In Memorias del XXIV Congreso de la Asociación Mexicana de Veterinarios Especialista en Cerdos (AMVEC), p. 62–64.

Chadha MS, Comer JA, Lowe L, et al. 2006. Emerg Infect Dis 12:235–240.

Chant K, Chan R, Smith M, et al. 1998. Emerg Infect Dis 4:273–275.

Choo PY. 2001. Pig industry perspectives on herd health monitoring and biosecurity in Malaysia. In Report of the Regional Seminar on Nipah Virus Infection. Tokyo, Office International des Epizooties Representation for Asia and the Pacific, pp. 90–93.

Chua KB, Bellini WJ, Rota PA, et al. 2000. Science 288: 1432–1435.

Chua KB, Goh KJ, Wong KT, et al. 1999. Lancet 354:1257–1259.

Chua KB, Koh CL, Cheng SC, et al. 2001. Surveillance of wildlife for source of Nipah virus: methodologies and outcome II. In Report of the Regional Seminar on Nipah Virus Infection. Tokyo, Office International des Epizooties Representation for Asia and the Pacific, pp. 81–83.

Cuevas JS, Rodríguez-Ropón A, Kennedy S, et al. 2009. Vet Immunol Immunopathol 15:148–155.

Daniels P, Narasiman M. 2008. Hendra and Nipah viruses. In Manual of Diagnostic Tests and Vaccines for Terrestrial Animals, Vol. 2, 6th ed. Paris, France: OIE, World Organisation for Animal Health, pp. 1227–1238.

Daniels PW. 2000. The Nipah virus outbreak in Malaysia: Overview of the outbreak investigation and the issues that remain. In Proc Congr Int Pig Vet Soc, Vol. 16, p. 553–554.

——. 2001. Nipah virus preparedness—Aspects for a veterinary plan. In Report of the Regional Seminar on Nipah Virus Infection. Tokyo, Office International des Epizooties Representation for Asia and the Pacific, pp. 84–89.

Daniels PW, Aziz J, Ksiazek TG, et al. 2000. Nipah virus: developing a regional approach. In Comprehensive Reports on Technical Items Presented to the International Committee or Regional Commissions, Edition 1999. Paris, France: Office International des Epizooties, pp. 207–217.

Daniels PW, Ong BL, Aziz J. 2002. Nipah virus diagnosis and control in swine herds. In A Morilla, ZJ Yoon K-J, eds. Trends in Emerging Viral Infections of Swine. Ames, IA: Iowa State Press, pp. 111–116.

Field H, Young P, Yob JM, et al. 2001. Microbes Infect 3:307–314.

Gay GM, Stephano AH. 1987. Strain analysis of a new paramyxovirus isolated from 12 outbreaks of encephalitis and corneal opacity in pigs (blue eye syndrome). In Proc 23rd World Vet Congr Montreal, p. 161.

Goh KJ, Tan CT, Chew NK, et al. 2000. N Engl J Med 342:1229–1235.

Greig AS, Johnson CM, Bouillant AMP. 1971. Res Vet Sci 12:305–307.

Guillaume V, Lefeuvre A, Faure C, et al. 2004. J Virol Methods 120:229–237.

Gurley ES, Montgomery JM, Hossain MJ, et al. 2007. Emerg Infect Dis 13:1031–1037.

Hernández-Jáuregui P, Ramírez-Mendoza H, Mercado-García C, et al. 2004. J Comp Pathol 130:1–6.

Hooper P, Zaki S, Daniels P, Middleton D. 2001. Microbes Infect 3:315–322.

Hooper PT, Williamson MM. 2000. Vet Clin North Am Equine Pract 16:597–603.

Hsu VP, Hossain MJ, Parashar UD, et al. 2004. Emerg Infect Dis 10:2082–2087.

Kirkland PD, Love RJ, Philbey AW, et al. 2001. Aust Vet J 79:199–206.

Li M, Embury-Hyatt C, Weingartl HM. 2010. Vet Res 41:33. DOI: 10.1051/vetres/2010005.

Lipkind M, Shoham D, Shihmanter E. 1986. J Gen Virol 67:427–439.

Love RJ, Philbey AW, Kirkland PD, et al. 2001. Aust Vet J 79:192–198.

Luby SP, Rahman M, Hossain MJ, et al. 2006. Emerg Infect Dis 12:1888–1894.

Lye MS, Ong F, Parashar UD, et al. 2001. Report on the epidemiological studies conducted during the Nipah virus outbreak in Malaysia in 1999. In Report of the Regional Seminar on Nipah Virus Infection. Tokyo, Office International des Epizooties Representation for Asia and the Pacific, pp. 31–37.

Mangat AA. 2001. Management of Nipah virus outbreaks. In Report on the Regional Seminar on Nipah Virus Infection, Tokyo, OIE Representation for Asia and the Pacific, pp. 51–53.

Meisner A, Neufeld J, Weingartl H. 2009. Thromb Haemost 102:1014–1023.

Middleton DJ, Westbury HA, Morrissy CJ, et al. 2002. J Comp Pathol 126:124–126.

Moreno-Lopez J, Correa-Giron P, Martinez A, Ericsson A. 1986. Arch Virol 91:221–231.

Muniandy N. 2001. Serological screening using ELISA for IgG and IgM. In Report of the Regional Seminar on Nipah Virus Infection. Tokyo, Office International des Epizooties Representation for Asia and the Pacific, pp. 73–76.

Nor MN, Ong BL. 2000. Nipah virus infection in animals and control measures implemented in peninsular Malaysia. In Comprehensive Reports on Technical Items Presented to the International Committee or Regional Commissions, Edition 1999. Paris, France: Office International des Epizooties, pp. 237–251.

Nor MNM. 2001. Overview of Nipah virus infection in peninsular Malaysia. In Report of the Regional Seminar on Nipah Virus Infection. Tokyo, Office International des Epizooties Representation for Asia and the Pacific, pp. 24–26.

Nor MNM, Gan CH, Ong BL. 2000. Rev Sci Tech 19:160–165.

Parashar UD, Sunn LM, Ong F, et al. 2000. J Infect Dis 181:1755–1759.

Paton NI, Leo YS, Zaki SR, et al. 1999. Lancet 354:1253–1256.

Paul PS, Janke BH, Battrell MA, et al. 1994. Isolation of a paramyxo-like virus from pigs with interstitial pneumonia and encephalitis. In Proc Congr Int Pig Vet Soc, Vol.13, p. 72.

Philbey AW, Kirkland PD, Ross AD, et al. 1998. Emerg Infect Dis 4:269–271.

Ramirez MH, Carreon NR, Mercado GC, Rodriguez TJ. 1996. Hemoaglutinacion e inhibicion de la hemoaglutinacion del paramixovirus porcino a traves de la modificacion de algunas variables que participan en la prueba. Veterinaria (México) 27:257–259.

——, Reyes LJ, Kennedy S, Hernandez JP. 1995. Studies on the pathogenesis of the pig paramyxovirus of the blue eye disease on the epididymis and testis. In Memorias del XX Reunión de la Academia de la Investigación en Biología y Reproducción (México), pp. 211–214.

Ramirez TCA, Stephano AH. 1982. Histological central nervous system lesions produced by an haemagglutinating virus in naturally infected piglets. In Proc Congr Int Pig Vet Soc, Vol. 7, p. 154.

Sánchez-Betancourt JI, Santos-López G, Alonso R, et al. 2008. Res Vet Sci 85:359–367.

Sasahara J, Hayashi S, Kumagai T, et al. 1954. On a swine virus disease newly discovered in Japan. 1. Isolation of the virus. 2. Some properties of the virus. Virus 4:131–139.

Shahirudin S. 2001. Clinical and pathological features of the natural Nipah virus infection in pigs. In Report of the Regional Seminar on Nipah Virus Infection. Tokyo, Office International des Epizooties Representation for Asia and the Pacific, pp. 41–42.

Solis M, Ramírez-Mendoza H, Mercado C, et al. 2007. Res Vet Sci 83:403–409.

Stephano AH, Doporto JM, Gay M. 1986a. Estudio epidemiologico en dos granjas afectadas por el ojo azul. In Proc Congr Int Pig Vet Soc, Vol. 9, p.456.

Stephano AH, Fuentes RM, Hernandez JP, et al. 1988a. Encefalitis y opacidad de la cornea en cerdos destetados, inoculados experimentalmente con paramyxovirus de ojo azul. In Memorias del XXIII Congreso de la Asociación Mexicana de Veterinarios Especialista en Cerdos (AMVEC), pp. 90–92.

Stephano AH, Gay GM. 1983. El syndrome del ojo azul. Estudio experimental. In Memorias de la Reunión de Investigación Pecuaria en México, pp. 523–528.

——. 1984. Experimental studies of a new viral syndrome in pigs called "blue eye" characterized by encephalitis and corneal opacity. In Proc Congr Int Pig Vet Soc, Vol. 8, p. 71.

——. 1985a. El syndrome del ojo azul en cerdos I. Síntesis Porcina (México) 4:42–49.

——. 1985b. El syndrome del ojo azul en granjas engordadoras. In Memorias del IXX Congreso de la Asociación Mexicana de Veterinarios Especialista en Cerdos (AMVEC), pp. 71–74.

——. 1986a. El syndrome del ojo azul. Una nueva enfermedad en cerdos asociada a un paramyxovirus. Veterinaria (México) 17:120–122.

——. 1986b. Encefalitis, falla reproductiva y opacidad de la cornea, ojo azul. Síntesis Porcina (México) 5:26–39.

Stephano AH, Gay GM, Ramirez TC. 1988b. Vet Rec 122:6–10.

Stephano AH, Gay GM, Ramirez TC, Maqueda AJJ. 1982. An outbreak of encephalitis in piglets produced by an hemagglutinating virus. In Proc Congr Int Pig Vet Soc, Vol. 7, p. 153.

Stephano AH, Gay M, Kresse J. 1986b. Properties of a paramyxovirus associated to a new syndrome (blue eye) characterized by encephalitis, reproductive failure and corneal opacity. In Proc Congr Int Pig Vet Soc, Vol. 9, p. 455.

Stephano AH, Hernandez D, Perez C, et al. 1990. Boar infertility and testicle atrophy associated with blue eye paramyxovirus infection. In Proc Congr Int Pig Vet Soc, Vol. 11, p. 211.

Sundqvist A, Berg M, Hernandez-Jauregui P, et al. 1990. J Gen Virol 71:609–613.

Sundqvist A, Berg M, Moreno-Lopez J, Linne T. 1992. Arch Virol 122:331–340.

Tanimura N, Imada T, Kashiwazaki Y, et al. 2004. J Comp Pathol 131:199–206.

Weingartl H, Czub S, Copps J, et al. 2005. J Virol 79:7528–7534.

Weingartl HM. 2010. Effect of Nipah virus infection on cells of porcine immune system. Proc Int Vet Immunol Symp Tokyo, Japan. August 16–20.

Weingartl HM, Berhane Y, Caswell JL, et al. 2006. J Virol 80:7929–7938.

Wiman AC, Hjertner B, Linne T, et al. 1998. J Neurovirol 4:545–552.

Yob JM, Field H, Rashdi AM, et al. 2001. Emerg Infect Dis 7:439–441.

42 小核糖核酸病毒
Picornaviruses

Soren Alexandersen，Nick J. Knowles，Aldo Dekker，
Graham J. Belsham，Zhidong Zhang 和 Frank Koenen

综述
OVERVIEW

小核糖核酸病毒属于五种小核糖核酸病毒属之一，属于小核糖核酸病毒科肠病毒属，其他的存在于二顺反子病毒科和黄病毒科（均可感染无脊椎动物），正义单链 RNA 病毒科（感染藻类），亘豆病毒科（感染植物）（Le Gall O 等，2008）。目前有 12 种小核糖核酸病毒，其中有 7 种均能够感染猪，包括：口疮病毒属，心肌炎病毒属，肠病毒属，Kobu 病毒属，甲型肠道病毒属，塞内卡病毒属和捷申病毒属（表 42.1，图 42.1，Knowles 等，2011）。

肠道病毒的基因组数据可以利用，但是特异性的亚型的测序还没有确定，包括人的两类新的肠道病毒，如同蝙蝠、海豹、火鸡、野鸟、爬虫动物和鱼等的肠道病毒一样没有进行亚型鉴定（Knowles 等，2011）。

肠道病毒进入脊椎动物宿主，感染宿主细胞，通过受体介导的内吞作用，或可能通过细胞浆膜直接进入 RNA，引起受体结合的病毒粒子的变化，并且在感染细胞内进行复制。

分子生物学
Molecular Biology

肠道病毒是一类小的球形无囊膜，被蛋白衣壳包裹的病毒粒子，直径为 30 nm 左右（Ehrenfeld 等，2010），衣壳蛋白含小的正义 7～9 kb 的 RNA 编码的病毒编码的碱性病毒蛋白多肽，与基因组的 5′端共价键相连（图 42.2）。

肠道病毒含有两个非翻译区，一个前导链，一个单一的开放性阅读框。病毒 RNA 的成分有 500～1 300 个核苷酸的非翻译区，控制病毒复制，病毒蛋白的合成起始，包括核糖体的进入位点等。有 4 种不同的核糖体进入位点（Ⅰ to Ⅳ；Belsham，2009），这些不同于它们的二级结构和作用机制，比如，需要细胞受体的参与，IRES 位点 Ⅳ 在黄病毒科的家族成员上，比如 C 型肝炎病毒和典型的猪瘟病毒。3′端非翻译区，通常短很多，大概有 35～300 个核苷酸片段，而且含有病毒复制结构，随后带有 polyA 尾。

开放性阅读框架翻译成多肽，通常是由 1～2 个病毒编码的蛋白加工而成。翻译过程中经 2～3 次酶切，后期形成不同的成熟蛋白。前导链 L 不出现在所有种属，比如，在肠道病毒中不存在前体蛋白，不同于别的肠道病毒。部分口疮病毒属是木瓜蛋白酶水解的，P1 或 P1-2A 衣壳前体物包括 3 种结构蛋白亚单位（VP0，VP3 和 VP1）。这些亚单位的五种聚集形成五聚体亚单位，而 12 种亚单位又可以自我组装形成完整的衣壳蛋白。大多数种属，RNA 被包裹，在 VP0 切割成熟，产生 VP4（位于衣壳蛋白的里面）和 VP2。

猪病学，第 10 版，由 Jeffrey J. Zimmerman，Locke A. Karriker，Alejandro Ramirez，Kent J. Schwartz，Gregory W. Stevenson 主编。

表 42.1 从猪体分离的肠道病毒

属	种	血清型	曾用名称
口蹄疫病毒属	手足口病病毒	*O*	—
		A	—
		C	—
		Asia 1	—
		SAT 1	—
		SAT 2	—
		SAT 3	—
心病毒属	脑心肌炎病毒	EMCV	—
肠病毒	人肠病毒	人柯萨病毒 B5（SVDV[a]）	—
	猪肠病毒	PEV-9	—
		PEV-10	—
嵴病毒属	无指定	PKV	—
扎幌病毒	猪札幌病毒[b]	PSV	PEV-8
塞内卡病毒属	塞内加谷病毒	SVV	—
捷申病毒属	猪捷申病毒	PTV-1	PEV-1
		PTV-2	PEV-2
		PTV-3	PEV-3
		PTV-4	PEV-4
		PTV-5	PEV-5
		PTV-6	PEV-6
		PTV-7	PEV-7
		PTV-8	PEV-11
		PTV-9	PEV-12
		PTV-10	PEV-13
		PTV-11	—

[a] SVDV 是人柯萨基病毒 B5 的一个亚型。

[b] 以前的猪肠病毒。

而 P2 区由 2A,2B 和 2C 组成,2A 是肠病毒属中高度不同的一种,不仅是序列不同,而且功能也不同。在肠病毒属,2A 是糜蛋白酶样的半胱氨酸水解中断宿主细胞的翻译过程。在口蹄疫病毒、虫媒病毒、心病毒属、塞内卡病毒和艾柯病毒中包含短的多肽通过 NPG↓P 基序调节 2A 和 2B 之间的间序。因此,在这些病毒中,衣壳蛋白时 P1-2A。而在库布病毒和副肠孤病毒和震颤病毒属,2A 蛋白属于 H-rev107 家族蛋白。在甲型肝炎病毒,2A 参与了衣壳蛋白的组成。在心肌炎病毒,2A 中断了核胞浆的插膜,介导宿主细胞翻译中断的非蛋白机制。另外,在一些肠病毒属,多重 2A 修饰结构或蛋白可能出现。2B 以多重形式出现,多作为病毒离子孔道蛋白。2C 属于 SF3 解旋酶家族,含 AAA+ATPases,在 RNA 复制中起一些作用。

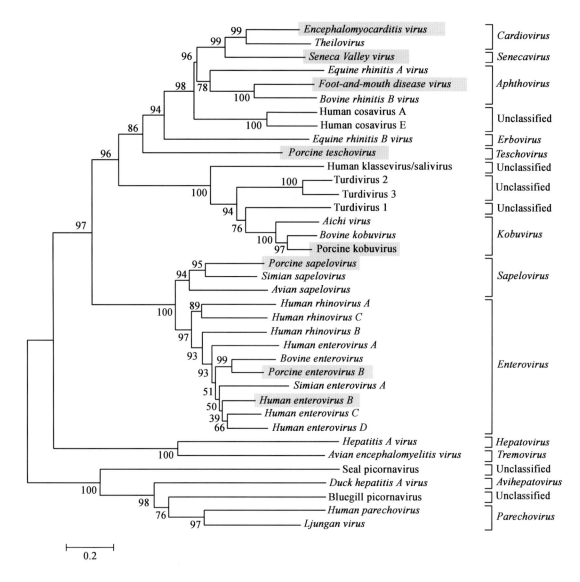

图 42.1　中间连接线表示 37 种肠道病毒的聚合酶序列的同源性进化树。该基因树采用 MEGA4.0（Tamura 等,2007）绘制,进化距离由 jTT 矩阵分析计算,形式分类识别用明显的斜体字表示,感染猪的肠道病毒用深灰色表示。

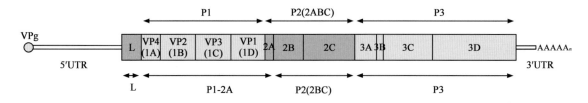

图 42.2　猪肠道病毒基因组由 UTR,多聚蛋白编码区和成熟肽分布区,在每代出现和形成 L 和 2A 蛋白是不同的。

P3 区前体蛋白由 3A,3B,3C,3D 组成。3A 是膜结合蛋白,涉及 RNA 复制。3B 是小的基因组连接蛋白 VPg,是 RNA 合成的引物。3C 是糜蛋白酶样半胱氨酸水解酶,是蛋白之间的主要切割酶。3D 是 RNA 依赖性 RNA 聚合酶。

既然肠道病毒仅能产生 11～14 个成熟的蛋白,那么大多数的蛋白可能都具有多功能性。另外一些,加工过程中的中间成分,如 3CD 也起着很明显的作用。

肠道病毒疾病
Diseases of Picornaviruses

由肠道病毒引起的疾病,往往由急性的到致残的症状都有,比如:人的小儿麻痹症,轻微的呼吸障碍,如人鼻病毒和马鼻炎病毒在别的宿主都有非典型的感染。猪的肠道病毒主要引起急性的小疱,如口蹄疫病毒 FMDV 和猪水疱病病毒(SVDV)。脑心肌炎病毒(EMCV)引起急性致死性心肌炎和再生障碍,猪捷申病毒(PTV)引起猪捷申心肌炎。

近几年的研究证实了塞尼卡峡谷病毒和猪 Kobu 病毒能特征性地感染猪。核酸序列分析起初认为是猪肠道病毒(Krumbholz 等,2002;Zell 等,2001),实际上包含了一些不同种属的肠道病毒的变异,许多都是捷申病毒的变异株(PEV1-7 和 PEV 11-13)。包括肠道病毒(PEV9 和 10)在内的一组肠道病毒属于肠道病毒 B。而 PEV8 形式上属于肠道病毒 A,现在属于猪甲型肠道病毒(PSV),以猪甲型肠道病毒知名。而水疱病病毒 SVDV 是猪的真正的肠道病毒,但它不归属于肠道病毒,是因为它更接近于人的柯萨奇病毒 B5。

RT-PCR 检测结果显示了不同类型的肠道病毒之间的差异性(Krumbholz 等,2003;Palmquist 等,2002),猪甲型肠道病毒 PSV 能够识别针对捷申病毒 5'-UTR 区的引物发生交叉反应(Palmquist 等,2002),但是 PCR 产物的大小不同。近期的研究表明了猪甲型肠道病毒 PSV 和捷申病毒在 5'-UTR 区的 RNA 结构有相同内部核糖体进入位点序列 IRES(Chard 等,2006),它是病毒 RNA 合成蛋白的起始序列。在猪肠道病毒中有 4 种不同类型的 IRES(Belsham,2009)。PSV 和捷申病毒的 IRES 的序列属于同一类,并且具有高保守序列推断可能与交叉识别位点有关系。

SVV,PSV,PKV 的临床诊断的重要性,还有 9/10 的肠道病毒未被特征化,但是一些证据说明了它们对猪是感染性的,这章的后半部分会阐述。

口蹄疫病毒
FOOT-AND-MOUTH DISEASE VIRUS

背景
Relevance

口蹄疫是一种临床上偶蹄兽动物发生的急性的水疱疾病,包括家养和野生的猪以及反刍动物等(Alexandersen 和 Mowat,2005;Thomson,1994)。因为它的发生急,传播快,在国内外引起严重的经济损失。影响了国际贸易(Leforban 和 Gerbier,2002)。口蹄疫是世界动物健康组织列表的几大类重大疫病之一。

口蹄疫在几百年以前就出现在欧洲,意大利医生 Hieronymi Fracastorii 在 1546 年他的论著《De Contagione et Contagiosis Morbis et Eorum Curatione》中提到这类疾病(1930 年 Wright 翻译成英文),口蹄疫从欧洲传入美国是在 18 世纪 60 年代,起初是在阿根廷,从 1984 年 Olascoaga 开始传播开来。一段时间口蹄疫在大多数国家出现,除了中美和北美,澳大利亚和新西兰,智利和欧盟外,口蹄疫仍然在很多国家和地区流行。

针对口蹄疫的病源学的科学研究开始于 19 世纪末,Loeffler 和 Frosch 进行病源筛选后确定引起 FMD 的病源因子(Brown,2003)。FMDV 的血清型分析开始于 19 世纪 20 年代,分为 O,A 和 C 型,后来 19 世纪 40 年代南非地区分离出 SAT1,2,3 型,19 世纪 50 年代亚洲分离出亚洲株。

在 1947 年 Frenkel 表明大多数的 FMDV 能在屠宰的牛舌上皮组织分离和培养。这一发现在 19 世纪 50 年代,成为欧洲开始研制疫苗的基础。在 19 世纪 60 年代和 70 年代随着细胞培养技术的完善使得培育大量的 FMDV 成为可能,从而提供疫苗研制所需的大量病毒株,使得疫苗的研制进一步加强(Brown,2003;Sutmoller 等,2003)。起初免疫集中在牛群,除了个别的进行性 C 株外,很少的一部分 O 株外,接种给猪是可能的,最早出现在 19 世纪 60 年代(Sutmoller 等,2003)。

20 世纪,成千上万的口蹄疫在欧洲暴发,每 5~10 年就有一次大的流行(Leforban 和 Gerbier,2002)。这种状态持续到 1970—1973 年。之后由于高效疫苗的应用这种状态明显改善。1991

年口蹄疫在欧洲完全根除,预防性接种被停止。在北美洲,口蹄疫最近的一次报道是在1929年,加拿大是1952年,墨西哥1954年最后一次报道。美国和加拿大采用扑灭来根除口蹄疫,而墨西哥采用疫苗接种和扑灭综合的办法来消除口蹄疫(Sutmoller等,2003)。尽管有疫苗,但是血清型A和O型仍然出现在南美的一些国家(Sutmoller等,2003)。

病因学
Etiology

口蹄疫病毒属于小RNA病毒科口疮病毒属肠道病毒(Belsham,1993)。无囊膜有二十面体蛋白质外壳的病毒粒子,直径为26~30 nm,含有单一的正义RNA片段,长约8 300核酸。完整的病毒衣壳蛋白由四种结构蛋白VP 1~4的60个拷贝组成,其中VP1蛋白是决定感染和免疫的核心蛋白。

FMDV病毒能持续在幼仓鼠肾细胞(BHK)上增殖(Mowat和Chapman,1962),也可以在IB-RS-2猪肾细胞上繁殖,还可以在猪、牛、羊和犬的原代细胞上增殖。肾细胞或其他牛的甲状腺细胞(BTY)对FMDV特别易感(Alexandersen等,2003c;Snowdon,1966)。牧场的样品大多数成功地培养在猪或反刍动物的细胞上,依赖于种属的不同分离出不同的病毒株。因此,常规的猪样品的诊断是接种猪或反刍动物细胞培养,而反刍动物的样品可能跟猪的样品一样的过程,也可能仅接种到反刍动物上才出现。FMDV也可以在未断奶的小鼠上增殖(Skinner,1951)。

公共卫生
Role in Public Health

尽管口蹄疫出现后已有很长的历史,科学研究证明了口蹄疫并不是病源性的,也不能引起公众健康的关注。在大量的人的病例中,水疱或小泡状病变是因其他因子引起的,包括人的肠道病毒如手足口病毒。也有人的相关感染报道,在服用未处理的牛奶或接触急性感染的病例后人出现轻微的临床症状。

找到病因需要确诊和分离病源,成功地传播给易感动物,随后在感染动物个体的血清型分析。

在人的病例中大多数缺乏这个证据,也可能不涉及FMD病毒。1966年,英国有一例口蹄疫病毒感染人的报道(Armstrong等,1967),该感染者生活在口蹄疫感染的牧场,他喝了FMD感染奶牛的牛奶,后期出现了口蹄疫的症状。水疱病变出现在手、嘴还有脚趾上,并且分离到FMD病毒的血清O型,感染后收集他的血30 d后发现其血清中有很高的O型抗体滴度。因此,可以证明其感染了FMD。对比之下,英国有2 001例口蹄疫病毒流行,家畜中2 030例暴发FMD,而RT-PCR结果显示15个人可疑病例没有一个是FMD阳性(Turbitt,2001)。因此FMD感染人的可能也不能完全排除,但是它确实是仅有1例发生轻微的短暂的症状(Bauer,1997;Donaldson和Knowles,2001)。

它虽然能证明是FMD病毒能感染人,但对FMD的疫病学没有显著作用。但是人还是起着很重要的作用,把病毒从感染的动物和污染的疑似动物表面进行传播。人类甚至在呼吸道能携带病毒一天或更多(Sellers等,1970;Sellers等,1971)。因此,人类在控制口蹄疫的传播过程中起着很重要的作用。

流行病学
Epidemiology

地理分布(Geographic Distribution)。 FMDV分布在非洲有一定的地域性,主要是STV型,但也有O型和A型。亚洲和中东是O,A型和亚洲1型,南美是O,A型,C型已经消失。尽管在疫苗方面投入很大,南美和一些国家或地区已经获得OIE的批准,无口蹄疫的标牌,但是口蹄疫在一些国家依然存在。

病毒在边境有很强的交叉传播的能力,尤其在先前没有感染的地区进行传播,正如2001年报道的FMD在英国和欧洲大陆发生,在2000年南非、日本和韩国都发生了FMD(Knowles等,2001)。据估计在英国2001年因为FMD直接的经济损失50亿美元,非直接经济损失包括农业输出和旅游贸易等也有100亿美元(Alexandersen等,2003c)。

无口蹄疫的国家自2001年后出现口蹄疫,其中,日本2010年大量地暴发O型口蹄疫,而韩国在 2000 年和 2002 年都有效地控制了 FMD 的发生,但不能控制 2010 年口蹄疫的暴发。几个月内 FMD 病毒 O 型和 A 型同时出现在韩国。台湾在 1997 年 O 型猪肠道病毒株。2009 年尽管大量的疫苗和希望停止接种疫苗,台湾依然没有免除 FMD 的发生,而且在 2010 年还出现了新的血清型,这些例子说明了除非全球根除了口蹄疫病毒,否则口蹄疫将会不断传播,每个国家都要做好准备。

易感种属(Susceptible Species)。除了个别例外,口蹄病毒(FMDV)感染大多数偶蹄兽,包括家养的和野生动物及猪等(Thomson,1994)。考虑到 FMD 的宿主特性,区分种属是很重要的,对于疫病传播的流行病学研究也有重要意义。其他类包括了一些条件下或实验条件下的易感动物种属,因为它们对 FMDV 的易感性,不能排除对疫病流行的风险性,但是在一些条件下,它们出现得很少或显得不重要(Alexandersen 和 Mowat,2005)。

种属的重要性体现在一些牛、猪和反刍动物(如绵羊和山羊)以及水牛上,特别是在亚洲和南美。非洲水牛是天然的 SAT 血清型宿主,但是其他如黑斑羚,还有羚羊、瞪羚、野生公猪等也是天然的 FMDV 传播的宿主(Thomson 等,2003)。

一些种属呈现一定程度的风险或在一定条件下传播病毒,比如北美野牛、麋鹿、鹿、美洲驼、羊驼、大夏骆驼,但不包括单峰骆驼(Alexandersen 和 Mowat,2005;Alexandersen 等,2008;Larska 等,2008;Rhyan 等,2008)。如同其他偶蹄目的动物同样具有感染性一样,印度大象而不是非洲大象属于易感动物(Bengis 等,1984;Hedger,1972;Hedger 和 Brooksby,1976;Howell 等,1973;Piragino,1970)。尽管这些种属在野外并不表现出对疫病传播的重要作用,但一旦它们接近家畜,比如保存在动物园或拥挤的鹿群等,就会产生风险。

还有其他一些不同种属的动物可能感染 FMDV,但可能不影响 FMD 的流行病学。然而,所有的动物,即使有很高的抗性的动物如马、食肉动物,在其接触污染源后紧接着接触易感动物也会使其感染 FMDV。

对于小哺乳动物感染的易感性已经做了深入的研究(Alexandersen 和 Mowat,2005),简而言之,南美的水栖动物,水鼠、鼹鼠、棕鼠对实验 FMDV 易感,但像其他的啮齿动物一样,如鼠等不会传播疫病是因为 FMDV 在它们中的感染是致死性的。相反,大鼠可能在实验性感染后存活下来,迁移到别的地方,因此,对于啮齿动物的控制是很重要的,同样,没有资料显示在根除 FMD 的家畜牧场中,啮齿动物能维持病毒的存在或再次引起 FMDV 感染。

FMDV 对于澳大利亚野生种属的感染是轻微的,尽管出现病毒血症,而且还在动物体中检测到抗体,其临床症状很少见。相比之下,袋鼠会有明显的舌头病变(Snowdon,1968),病变同样出现在印度的动物园袋鼠身上(Bhattacharya 等,2003)。澳大利亚野生动物种属在疫病传染的作用不明确,是因为大多数的野生动物在实验条件下对 FMDV 很易感,但是在野外其感染的可能性很小。

其他动物在实验条件下对 FMDV 易感,包括鼠、豚鼠、兔子、猫、犬、水貂和猴子、蛇、鸟、鸡和胚胎期的卵(Cottral 和 Bachrach,1968;Hyslop,1970;Skinner,1954)。进行这些研究必须做系统的实验设计。比如,鼠的易感性主要有年龄依赖性(仅仅非常幼小的鼠才会高度易感),还有就是依赖于易感动物株的基因型(Skinner,1951;Skinner,1953)。而且病毒不得不直接注射给动物,感染的动物不能产生小囊泡,但是能在骨骼肌产生感染和炎症(Platt,1956),或年老的鼠发生胰腺炎症等(Platt,1959)。上列的其他动物传染的发生需要从病毒复制到宿主的多重步骤。因此,这些种属的感染是可能的,但是在野外它们不能造成感染,是因为发生感染需要很高浓度的 FMDV,可是野生的感染没有那么高的浓度,让病毒适应新的脊椎动物;通常,病毒少时适合于原先宿主。

刺猬是 FMDV 的一个特异种属,因为刺猬在实验条件下是高度易感的,很容易传播给别的刺猬或家畜,当感染的时候排出病毒到呼吸道。尽管在饲养场有刺猬感染和分离出 FMDV 的报道(McLauchlan 和 Henderson,1947),但是刺猬对 FMD 的流行病学依然没有起作用。然而,在疫病传播的过程中,排除刺猬是易感动物是很明智的。

传播(Transmission)。在饲养条件下,猪能够通过接触感染的动物或污染物直接或间接地感染FMDV,通常情况下,通过食用感染了口蹄疫病毒的动物的废弃食物。当动物太接近时,空气或分泌物中的病毒会从感染动物的呼吸道传染给易感动物,形成传染。完整的皮肤能很好地抵抗FM-DV的感染,但是磨损或切伤加大了皮肤感染病毒的机会。因为动物之间存在互斗,这种在水泥地板猪饲养室中的皮肤病变并非不普遍,是因为进行性动物之间的接触造成的。

传播可能通过间接接触污染的人员、车辆和产品等发生饲养和疾病管理,如机械处理动物的尾巴、牙齿、疫苗,临床检测或收集血样等,增加了感染扩散病毒的机会。传播可能来源于使用了污染的器具,或是弱毒疫苗的接种(Beck 和 Strohmaier,1987)。

我们对口蹄疫病毒的传播的理解是基于试图直接或间接接触污染物或病毒气溶胶等刺激天然FMD的暴发实验研究。在本研究要计算不同接种方式,接种剂量是不同的,但评估均局限于生物安全前提下FMDV研究的限制与实际考量。

在舌头上,冠状动脉,脚踝皮内或皮下注射病毒,或应用病毒上清去损害溃烂的皮肤,对上皮组织高度易感(Alexandersen 等,2003c),通过损害的皮肤刺激天然的感染。感染剂量应该为$\leqslant 1 \times 10^2$,半数感染量。相比之下,一个单一感染的病毒可以达到$\leqslant 1 \times 10^{10}$,甚至每天都达到排泄峰值,包括水疱黏液、唾液、鼻液还有其他的代谢产物中。病毒通过皮内接种直接进入血液循环,也能导致感染,但是出现很少的效果或不同于上皮细胞的别的感染途径。肌肉注射相对来说是无效的,$TCID_{50}$剂量需要达到$\geqslant 1 \times 10^4$(Burrows 等,1981;Donaldson 等,1984)。

近期暴发的口蹄疫的发生,与病毒污染的人类食品中的废弃物饲喂给动物有关。比如2000年南非和2001年发生的疫情就是与未加热的食物废弃物饲喂给猪引发的传染病(Alexandersen 等,2003a;Knowles 等,2001)。在猪和反刍动物感染剂量$TCID_{50}$分别为$1 \times (10^4 \sim 10^5)$和$1 \times (10^5 \sim 10^6)$(Sellers,1971)。可想而知,通过口服途径,口腔上皮受到食物中的骨或其他物质的损害或磨损,发生感染所需的感染剂量将会大大降低。

气溶胶传播(Transmission via Aerosols)。空气传播FMD是动态的、复杂的过程,也受到不同动物种属的影响(通常猪是传染源,牛、羊是接受传染的受体),空气传播FMD也受到感染动物的数量、感染区的地形特点和气象条件的影响。

空气传播FMD是很重要的风险,当大量的动物感染FMD时,动物呼出的空气中含有大量FMDV,猪呼出的气溶胶,每只猪每天呼出的大多数FMD病毒株的病毒量$TCID_{50}$为1×10^6,而且还有过每天呼出的病毒量达到$TCID_{50}$为$1 \times 10^{8.6}$。相比之下,反刍动物的呼出病毒要少些,达到每天$TCID_{50}$为$1 \times (10^4 \sim 10^5)$,但是对吸入传染更加高度易感。实验显示反刍动物直接暴露给病毒发生感染的剂量$TCID_{50}$为1×10^1,而猪需要$TCID_{50}$为1×10^3,而且感染发生在病毒传播很高的浓度的时候(Alexandersen 和 Donaldson,2002;Alexandersen 等,2003b,c;Donaldson,1986;Donaldson 等,1987,1970)。因此,FMD的空气传播一般是从猪开始传染给下风向的牛、羊的。

长距离的空气传播需要空气中含有高浓度的病毒,而且空气条件要持续地形成完整的云雾状("病毒云")。比如,FMD传染的相对湿度＞55%,阳光照射对传染影响很少或没有影响。稳定的空气条件是持续稳定的清风,云雾笼罩,地貌水平,比如大的水域,易于保存病毒,造成空气传播的可能性增加(Alexandersen 等,2003c;Donaldson 等,2001;Gloster 和 Alexandersen,2004;Gloster 等,2005)。然而,空气受到风、树和地貌以及建筑物的扰动,会分散病毒而减少传播的可能性。

空气传播的预测模型已经成功地建立并被使用,英国是在1981年和2001年,意大利在1993年(Alexandersen 等,2003a;Donaldson 等,1982;Gloster 等,2003;Maragon 等,1994)。目前的模型显示,大多数的分离的病毒不能通过空气传播20 km,甚至在更糟糕的情况下比如:气象条件适合形成病毒云,且高浓度的病毒也来源于感染的猪体或下风向的小牛体内,也不能传播远距离。然而,特异性的因素影响着空气传播的距离:(1)一些病毒株,Noville FMD病毒C株,排出很高浓度的病毒,可能是造成其能潜在传播的原因。

(2)农场有感染的牛、羊排出高浓度的病毒,而不是猪,预测空气传播的距离将少于 2 km。(3)因为猪对空气中 FMDV 更有抵抗性,但是在 200 m 或以内传播给猪是可能的(Alexandersen 等,2003b,c;Donaldson 等,2001)。因此,应考虑空气传播的距离,但不完全,而传播模型中的一些参数是可变的,也不能很好地理解。

气溶胶是由感染的牛奶或尿液飞溅,或使用高压胶管冲洗 FMDV 污染的动物房和设备,还有处理污染的牧草地泥浆等形成的气溶胶。然而,这种气溶胶的传染可能更低于感染动物呼出的空气。

存活和传播途径(Duration and Routes of Shedding)。从感染动物体内排出的所有的分泌物和排泄物,含有很高的感染性的病毒滴度,随后易引发明显的临床症状。因此,唾液、鼻液和泪液、牛奶和呼吸排出物,在前驱期均可能一直含有病毒。尿液和粪便可能也含有病毒,但是没那么高浓度。看起来似乎粪便中含的病毒较少(Parker,1971),但是可能进一步被脱屑的病变材料和囊泡液以及唾液所污染。因为有包皮病变的出现,也可能导致了尿液感染 FMDV 的主要因素。在绵羊,呼出的病毒在临床症状出现前 1～2 d 就可以检测到(Alexandersen 等,2002b;Sellers 和 Parker,1969)。相比之下,空气中病毒排出的高峰是在牛和猪出现很明显的临床症状之后产生的(Alexandersen 等,2003b,c)。病毒在临床症状出现前的很短时间内也可从牛奶和精液中排出(Burrows,1968;McVicar 等,1977),也是侧面反映了是病毒血症的前期症状。大量的病毒排出是在囊泡液中,在脱屑的囊泡上皮和唾液中也可以排出大量病毒(Hyslop,1965;Scott 等,1966)。

猪体内病毒排泄方式如图 42.3 所示。空气中病毒排出时间是伴随囊泡病变出现,并且发生在病毒血症期内。病毒 RNA 重新获得,通过对接种病毒后出现病毒血症的动物的鼻拭子,或者是早期的代谢产物或病毒排出物中获得病毒 RNA,3 d 后对感染和病毒 RNA 进行检测(Alexandersen 等,2003b),发现鼻拭子接触动物后出现明显的症状,如同病毒血症一样的症状,可能体现了环境病毒被呼吸道吸入或捕获。猪的排出方式与牛相似,但是在血液和呼吸吸入的病毒数量

和病毒 RNA 要高于猪(Alexandersen 等,2001,2003b)。

在临床症状出现 4～5 d 后,排出的病毒急速显著下降,而且此时也可以检测到高水平的抗体滴度。然而,尽管所有的分泌物和排泄物(不是反刍动物的咽喉液体)在感染后 10～14 d 均未能检测到感染,但是感染性的病毒在前驱期和急性期已经排出,并且能稳定存在于环境中持续几周。尽管组织在此时期也没有感染病毒排出,但是高达 4 周之后,在淋巴结和扁桃体检测到低水平的病毒 RNA(Zhang 和 Bashiruddin,2009)。

在动物体内持续时间(Persistence in the Animal)。一些反刍动物感染 FMDV 后成为携带者,无论它们是否完全易感或接种后获得免疫或者是先前感染康复后携带病毒。在实验条件下,成为携带者的百分数是有差异的,但是平均都在 50% 左右。从携带者口咽部样品分析看来,病毒滴度通常很低,过段时间后甚至下降。大量的研究表明携带者携带病毒的时间具有种属依赖性,如牛为 3～5 年,绵羊为 9 个月,山羊为 4 个月,非洲水牛为 5 年,一般水牛为 2 个月。

相反,猪不能成为携带者,病毒在体内存活不超过 28 d。早期感染时,接触感染的猪体的软腭、扁桃体和咽具有较高的口蹄疫病毒(Alexandersen 等,2001;Oleksiewicz 等,2001),但是感染后 3～4 周,在淋巴结和扁桃体没能检测到病毒,仅有很低的病毒 RNA 残留水平(Zhang 和 Bashiruddin,2009),为什么 FMDV 能存在反刍动物的咽部,不存在于猪,依然不清楚。

环境中存活时间(Persistence in the Environment)。环境中 FMDV 的定量检测数据很少(Cottral,1969;Donaldson,1997;Sanson,1994),因为实验设计、过程和分析的差异性导致结果不能直接反应环境中病毒的存在对比。典型地,动物 FMDV 衰退的动力曲线是双相的:起始的急剧衰退期;紧接着一个浅尾的延伸期。病毒残基明显有抗性,特别是高浓度的组织材料上。

FMDV 在感染后数周的任何时间能够持续感染,相对的问题是:是否在这些材料上有足够的病毒残留,还是环境对动物造成的感染?病毒感染在环境中的持续时间依赖于介质、病毒起始浓度和周围环境条件比如相对湿度、温度和 pH 等。

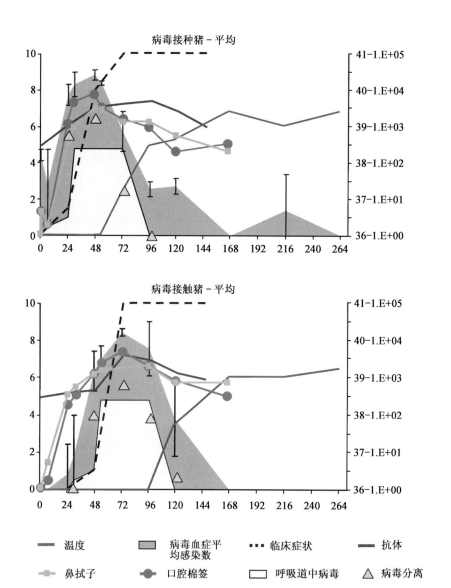

图 42.3 接种了口蹄疫病毒 UKG2001 病毒株后或者接触该病毒株的猪的感染时间分布图。X 轴表示感染时间（h），左侧 Y 轴表示感染后每毫升血清样品和口鼻分泌物中 FMDV 的 RNA 水平的 log 值（出现临床症状后的病变打分为 0～6 和 0～10），右侧 Y 轴表示 ELISA 检测的抗体的滴度水平和体温。呼出病毒用 TCID$_{50}$/h 和斜率表示，接近于 2 倍的 TCID$_{50}$/h 都可以检测到，血清样品中的病毒感染浓度通过细胞培养过程的病毒滴度检测，见附加材料，Reprinted from Alexandersen 等，2003b with permission from Elsevier。

有过关于感染后很长时间后仍能分离出病毒的报道，比如在干草和稻草中至少存在 20 周，冬天时在排泄物的沼泽中能持续存在 6 个月（Hyslop，1970；Kindyakov，1938）。更多典型的报道是，FMDV 在 18～20℃（64～68℉）的牛毛中能够存在至少 4 周，干粪中至少存在 14 d，尿中存活 39 d 以上，夏天时在土壤中存活 3 d，秋天能存活 28 d 以上。

大多数的 FMDV 在低温和 pH 7～8 时稳定

存在，并且超过该范围就增加病毒的分解（Bachrach，1968；Bachrach 等，1957）。在尸僵的牛尸体肉中产生酸度，将不能激活病毒，但是此酸度对于猪来说却是不同的。在骨髓、淋巴结以及其他器官和残渣的 pH 在尸僵过程中不会下降。因此，病毒在这些组织中可以分离到，特别是（冷藏或冷冻）很长时间后，如果饲喂给家畜不加热的废弃食物可能引起新的暴发（Donaldson，1987）。

光照灭活病毒不是直接的方式，病毒的灭活

主要受到干燥和温度的影响（Donaldson，1987；Donaldson 和 Alexandersen，2003）。干燥将会灭活大部分病毒，不是全部，所以一般的病毒存在的相对湿度 55%～60% 以上。液体或组织材料中的大部分病毒将被干燥灭活，但是耐过后的残留病毒将会更加稳定地存活，产生了尾端感染效应。

因此环境中病毒存在的时间将很难预测，感染后再次放养必须彻底地去除环境的感染，额外的信息在感染性的 FMDV 的稳定性上是可用的（Bachrach，1968；Cottral，1969；Donaldson，1987；McColl 等，1995）。

病毒对消毒剂的易感性（Susceptibility to Disinfectants）。 FMDV 对消毒剂以及有机溶剂三氯甲烷等有抗性，但是适当的消毒剂和温度可以灭活病毒（Brown 等，1963；Cunliffe 等，1979；Dekker，1998；Fellowes，1960；Sellers，1968）。不论是碱性的还是酸性的消毒剂都是高效的，特别是碱性消毒剂如氢氧化钠或碳酸钠，能够有效地分解组织材料中的病毒。增加一定量的消毒剂将提高病毒的分解率（不是病毒自身分解），进一步增加了病毒的渗透率和分解。氧化消毒剂如次氯酸钠（漂白剂）和 Virkon S（DuPont Animal Health Solutions，Sudbury，UK），是高效消毒剂，如醛类如甲醛和戊二醛等是有效消毒剂。

致病机理
Pathogenesis

除了病毒通过角质化上皮或者血液循环直接侵入损害外壳而进入外，咽部是主要的感染部位。在病毒血症或临床病变出现前 1～3 d，通过空气或接触传播的动物咽部能检测病毒的存在（Alexandersen 等，2003b，c）。在软腭的背侧，鼻咽连接处，以及扁桃体是病毒起初进入和复制的重要部位，大部分的口腔覆盖一层角质化的或使角质化分层的柱状上皮，位于死细胞的表层。相反，背侧软腭和咽顶部，以及部分扁桃体被非角质化的上皮所覆盖，因此活细胞存在于组织的表面，FMDV 在这些解剖结构分布的地方很容易存活，如果有适当的相应受体存在的话，这些组织细胞为病毒的侵入提供了有利的条件。

FMDV 在体内进入细胞，被认为是病毒衣壳蛋白黏附到宿主细胞的整合素上，比如 alphaV-beta6，存在于靶细胞的表面（Berryman 等，2005；Duque 和 Baxt，2003；Jackson 等，2000；Monaghan 等，2005）。FMDV 受体在宿主范围、靶细胞或病毒持续性等方面的作用，研究得很少。

病毒起初在咽部复制后，或病毒直接通过损伤的外皮进入皮肤后，迅速扩散到各个淋巴结（Henderson，1948）和血液循环（Alexandersen 等，2003c）。病毒血症通常持续 4～5 d，进一步病毒开始二次植入，是病毒的多个循环扩增和复制的过程，主要的增殖位点是在角质化的上皮，舌和嘴。尽管囊泡上皮含有高浓度的病毒，显而易见的是，在皮肤上无论多毛和无毛的地方均含有较高的病毒（Alexandersen 等，2001）。实验表明淋巴结跟淋巴细胞以及巨噬细胞一样，在 FMDV 复制的过程中起很小的或部分作用，任何病毒出现在淋巴器官，却产生于别的组织如咽部，皮肤和嘴（Alexandersen 等，2003c；Burrows 等，1981；Cottral 等，1963；Murphy 等，2010）。

影响疾病严重程度的因素（Factors Affecting the Severity of Disease）。 不同病毒株，还有接种剂量（高剂量的接种导致更明显的临床症状），以及动物的身体素质等均能影响疾病的严重程度（Alexandersen 等，2003b；Murphy 等，2010；Platt，1961；Quan 等，2009；Quan 等，2004）。关于宿主的遗传特性对病毒感染的易感性以及抗性的研究很少，如果把土生土长的牛引到 FMDV 感染的国家，发现瘤牛（*Bos indicus*）不像欧洲牛（*Bos taurus*）那样，其感染 FMDV 的症状表现得不严重或没有临床症状。这个差异在猪体上并没有观察到。

一些行为如拥挤、打架等导致皮肤和黏膜损伤，可能导致严重的病变。创伤或强大的应力刺激增加了侧面或病毒的局部扩散到其他的细胞（Platt，1961），导致更大面积的感染，伴随着损伤组织的剥离，出现囊泡。冠状带是血管高度分布的地方，有严重的局部炎症反应，可能导致皮肤紧张或压力，增加了血管的通透性，也可能促进了可视性血管病变的形成（Platt，1961）。

而口蹄疫复制的临时形式和特异性病变的发展已经做了很好的描述，而相对而言发病机理方面知道的很少，比如急性的临床症状，发热，精神沉郁,嗜睡,食欲减退等。而临床症状的严重程度与血管病变的严重程度不呈正相关。尽管 FMDV 与 SVDV 对猪产生一样的血管病变,但是 FMDV 引起的更严重的是临床病变,可能是 FMDV 引起致炎因子与宿主的反应,被证明的如发热、整体精神沉郁与嗜睡,食欲减退,通常不能维持体温,甚至不能活动,这些方面尽管不能很好地解释,但是可能与病毒和宿主的相互作用有关,超出了病毒感染细胞的细胞病理的范围。这些因子包括了细胞死亡(危险信号分子),病毒抗体免疫复合物的形成,补体激活,细胞因子的释放,前列腺素和急性期蛋白的形成等。

α 和 β 干扰素在宿主抗 FMD 病毒感染的过程中起着作用,但是不同的分离 FMDV 引发干扰素反应的能力不同(Chinsangaram 等,1999;Cottral 等,1966;Kothmann 等,1973;McVicar 等,1973;Seibold 等,1964;Sellers,1963)。比如大的 FMD 的瘢痕在猪细胞中形成,与高病毒感染有关(Borgen 和 Schwobel,1964;Sellers 等,1959),珠蛋白的研究表明,牛感染 FMDV 后出现病毒血症和临床症状时,急性期蛋白升高,说明炎症反应被激活。

临床症状
Clinical Signs

潜伏期(Incubation Period)。FMDV 的潜伏期因病毒株的不同、感染途径和剂量、动物种属以及饲养条件等不同而差异较大(Alexandersen 等,2002b,2003a,b,c;Quan 等,2009;Quan 等,2004),在实验条件下牛与牛直接接触平均潜伏期 3.5 d,绵羊与绵羊直接接触后潜伏期为 2 d,猪很容易传染通过直接接触,平均 1～3 d 潜伏期后就感染。依赖于接触强度,也有 9 d 潜伏期后感染的病例(Alexandersen 等,2002b,2003b;Quan 等,2004,2009)。由接触病毒的时间、剂量不同,导致潜伏期长短不同,剂量越高,接触时间越长,潜伏期越短。在养殖场,FMDV 的感染的潜伏期长短与饲养条件,饲养密度,强化和泛化管理,以及动物如何饲喂和管理等有关。

对于农场与农场之间的空气传播引发的感染,其潜伏期一般在 4～14 d,也是农场与农场之间非直接传播的正常潜伏期范围(Sellers 和 Forman,1973)。农场与农场之间的传播,一般直接接触传染的潜伏期为 2～14 d(Garland 和 Donaldson,1990)。在农场内部传染的潜伏期一般是 2～14 d,特别是在高剂量感染猪的条件下,潜伏期短的只有 24 h。当传播发生在一个牧群和兽群中,尽管潜伏期有时短的为 1 d,长的为 14 d,但是典型的潜伏期一般为 2～6 d。

临床症状(Clinical Signs)。口蹄疫典型的临床特征是急性发热,在口和蹄部形成囊泡(图 42.4),在小泡病变出现前 1～2 d,触摸蹄部会发现发热和局部疼痛,跛行或病变不一定能在整个动物发现,如果动物在软的地方躺卧,会减少蹄部病变和跛行。

在猪体,临床症状一般很严重,蹄部疼痛引起跛行,轻敲足部,脚翻,不愿站立或行走,食欲不振。早期的症状包括跛行,不愿站立,如犬卧姿势,沉郁,丧失食欲。严重影响的猪,出现昏睡,挤在一起,减少食入或绝食(Kitching 和 Alexandersen,2002)。发热出现程度不同,高达 42℃ (107.6℉),但是通常是 39～40℃(102～104℉),也有些时候会接近正常温度。体温严重影响的猪一般都低于正常体温(Kitching 和 Alexandersen,2002)。因此,猪的体温一般作为其他临床表现的主要指标,但是不能用来根除 FMDV 的传染。

发病率和致死率(Morbidity and Mortality)。死亡率在成年动物一般很低,但是幼年动物死亡率很高。特别是仔猪,由于急性心肌炎而致死。尽管在急性泡状病变的动物中很少发生死亡,但是在二次细菌感染小泡后,发生慢性跛行,衰竭或死亡。

FMD 能引起怀孕母畜的流产,但是发病机理还不清楚,一方面可能与 FMD 引起的发热有关,另一方面可能与 FMD 透过胎盘然后感染胎儿有关(Ryan 等,2008b;Ryan 等,2007)。

饲养密度影响着临床症状的表现。因此,感染后的动物应当单独隔离,如感染后的绵羊,应当饲养在相当空旷的地方,不表现明显的临床症状。相似的是,疫苗不会阻止感染,但是会阻止临床症状的进一步严重化,因此,有一段时间会认为感染不能被发现。

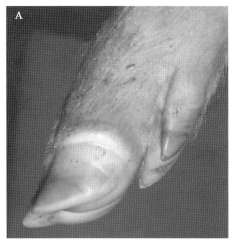

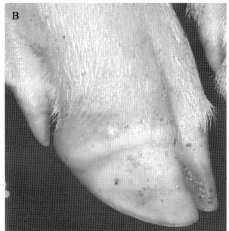

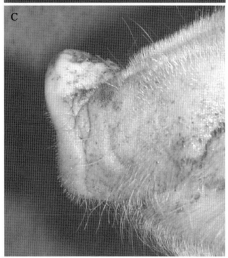

图 42.4 AB 为感染 FMD 病毒 O_1 洛桑株后 3~5 d 内的猪的大体病变。未破溃的囊泡在冠状带出现，C 为接种 UK2001FMD 毒株后的口鼻部的病变。版权属于 2005 年 Springer 的 Alexandersen 和 Mowat。

病理变化
Lesions

大体病变（Gross Lesions）。通常病变是起初光滑的区域，逐渐形成水疱病变，这些一般发现在口和足，但是有些可能在口、鼻部、奶头和胸腺、阴茎包皮、阴道口和其他部位也会发现此病变。猪足部病变包括爪脱落、紧接着脚趾受到影响，随后膝关节、跗关节、肘关节受到压力，特别时候保持僵硬。分泌乳汁总在乳房形成泡（Kitching 和 Alexandersen，2002）。整体病变因分离的不同种属的病毒株或毒力而不同，比如台湾 1997 年 O 型株，能引起猪发生严重的病变，但是却没能感染反刍动物（Dunn 和 Donaldson，1997）。

在猪，口腔病变是主要的，大多数出现在舌头，舌背后部还有舌尖都出现。脚部病变多出现在脚趾间，脚后跟肿胀，还有冠状带。如同绵羊和山羊一样，在猪的口腔病变可以治愈，没有渗出物或形成瘢痕。然而，破裂之后不久，小泡底部通常在几天内均覆盖浆液性纤维性渗出物。尽管瘢痕有很多不同，特别是严重的病变出现之后，上皮的再生通常在 2 周之内完成。小泡在脚趾或奶头发生破溃后，易于成为二次感染区，感染细菌，将会使得治疗过程变得复杂和延长。

病变的年龄将会通过如下标准来判定：

（1）小泡的发展，0~2 d。

（2）小泡破溃在 1~3 d（起初有碎片在上皮黏附）。

（3）急速边缘腐蚀（2~3 d），紧接着快速消失在 3 d 左右。

（4）浆液性纤维性渗出在 4~6 d。

（5）开始修复形成纤维组织是在 7 d 或更多（Anonymous，1986）。

严重的冠状带的病变主要出现在猪，在急性炎症期角状物分离，如果角状物不能脱落，出现典型的临床症状前 1 周会在冠状带下方形成一个环。这个环进一步随着角的生长而延伸到蹄部。生长速度是 1 周长接近 1~2 mm，远比幼畜角的生长速度要快。

在幼畜（少于 8 周龄的猪）死于急性心肌炎，肉眼观察：心脏软弱松弛，有灰白条纹，俗称虎斑心，主要见于左侧静脉，血管内隔膜。在幼畜死于过急性疾病，不能看到任何心脏病变，也不能检测到泡状病变,但是病毒能从心肌或血液中分离到,也可以从组织病理学检测到病变(Donaldson 等,1984)。偶尔骨骼肌也受到影响。

FMD 引起的急性心肌炎在传播疾病中的作用还不清楚。可能是有小的病毒排出,因为死亡通常出现在小泡状病变的早期,尽管这样,FMDV 仍然在心脏复制,病毒血症也出现(Donaldson 等,1984),病毒可能出现在呼吸系统,唾液,鼻液等(Ryan 等,2008b)。

微观病变(Microscopic Lesions)。起初的病理变化出现在角质化的层状上皮细胞,属于气性病变,细胞质增大,嗜酸性粒细胞增加,皮肤细胞内水肿。通过显微镜可以观察到这些显微病变(Gailiunas,1968;Yilma,1980)。早期有坏死,随后出现单核细胞和白细胞渗出。这个病变可以从宏观上看到,进一步发展形成小泡,与上皮分离,发现囊泡液从表层下到填充到整个腔内。在一些情况下,可能会产生很大量的囊泡液,导致囊泡变大。在其他情况下,囊泡液的量是有限的,上皮发生坏死或脱落,物理性损伤后不能形成囊泡。这个可见的差异性是与病毒株以及皮肤厚度、饲养条件有关,特别是对不同区域的皮肤的压力不同。幼畜死于急性疾病,会出现淋巴组织细胞性心肌炎,透明质病变,肌细胞坏死,单核细胞浸润。

尽管有大量的病毒在猪软腭和咽背侧,但是却未能检测病变,可能是感染未能引起这些区域的过渡性上皮细胞发生急性的细胞变化。替代的是病毒的细胞病理学的变化局限在部分细胞,因此,很难检测到。也许是这个区的上皮细胞没有角质化,典型的病理变化被抑制。不管怎样,对于细胞病理的缺乏,导致了对病理变化机制研究仍然是一片空白。

诊断
Diagnosis

鉴别诊断(Differential Diagnosis)。口蹄疫的临床诊断有时候是很难的,比如在山羊和绵羊,其临床症状一般是轻微的(Alexandersen 等,2002b;Donaldson 和 Sellers,2000;Hughes 等,2002)。而且特定的病毒株对一些种属是低毒力的(Donaldson,1998)。在猪,其他的病毒囊泡疾病,包括猪水疱病(SVD)、水疱性口炎,水疱性传

染病等,从临床症状上很难与口蹄疫区分开来。而别的肠道病毒,如 SVV 和 PEV 感染,也揭示了在猪的囊泡性疾病(先天性水疱疾病)。如果这个疾病不是很久以前形成的,任何囊泡将会破溃,将很难从如引起创伤,腐蚀和光敏感性增强等的腐蚀的病变部位区分开来。因此,要确诊必须要紧急的实验室诊断。

病理评价(Pathological Evaluation)。诊断评价的第一步是要确定水疱是否存在,如果没有水疱,应该估计其是否有病变,是否与老的水疱相一致,那是在破溃后,上皮覆盖的病变脱落,因此看起来似乎是腐蚀。尽管详细的大体检查能有助于病理评价,但是只有实验室的诊断才能确诊或排除 FMDV 的出现。

病毒检测(Virus Detection)。确定性诊断 FMD 的发生必须经过特定的实验室诊断才能完成,酶联免疫吸附试验(ELISA)由于其在敏感性特异性以及可检测大量样本等方面的优点取代了先前使用的补体固定检测实验。

实验室诊断通常使用 ELISA 检测疫病感染组织的病毒抗原,同时需要细胞分离培养和 ELISA 检测每份样品的细胞病理变化(Ferris 和 Dawson,1988;Hamblin 等,1984;Roeder 和 Le Blanc Smith,1987)。这些检测通常可以确诊 FMD 的发生和确定其血清型。

在 ELISA 检测过程中一般要有足够的病毒量去检测,3～4 h 可以获得抗原检测(包括血清型的确定)结果(Ferris 和 Dawson,1988;Hamblin 等,1984;Have 等,1984;Roeder 和 Le Blanc Smith,1987)。然而如果病毒量低时,可能造成反应较弱或无结果,或阴性结果等。因此,抗原 ELISA 适合检测高度特异性的阳性病例,但是易感的细胞培养的阴性结果需要进一步的检测,直到排除 FMD 后。

通常病毒样品被接种到原代培养的 BTY 细胞(Snowdon,1966),或牛、羊的肾细胞,也同样可以接种到 PK 细胞(IB-RS-2)系(De Castro,1964)。培养结果同使用培养细胞的上清做的 ELISA 检测的结果一致。大部分的 FMD 病毒株在 BTY 细胞系中的敏感性是其他细胞系的 10 倍(Burrows 等,1981;Snowdon,1966)。然而,特异的猪适应株,如台湾 1997 年 O 型株(Dunn 和

Donaldson,1997),在 IB-RS-2 细胞上生长良好。从 BTY 和 IBRS 分离的病毒基本检测为阳性,每毫升或每 0.1 g 有 1～5 个感染单位。依赖于病毒剂量,两个 48 h 的检测后才能出最终结果。然而,如果样品质量低,或运输条件不正规,少数样品可能出现感染是阴性,而 RT-PCR 或 ELISA 检测的结果却是阳性的情况。

　　RT-PCR 检测已经发展成为检测 FMD 的主要方法,但是缺乏敏感性、特异性和常规诊断的可靠性(House 和 Meyer,1993;Moss 和 Haas,1999;Reid 等,1998,1999)。RT-PCR 检测 FMD 的血清型,已经描述过,但是检测过程很费人力(Callens 和 De Clercq,1997;Reid 等,1998,1999;Vangrysperre 和 De Clercq,1996)。Alexandersen(2000)等发展了 RT-PCR ELISA 检测方法,增加了检测的敏感性,包括了 SNAP 的杂交技术,提高了其特异性和检测速率,也容易使用。传统的 PCR 和 SNAP 可以提供 FMD 的血清型检测的特异性诊断,但是在疫病传染的时候,不能高效地检测大量的样品。

　　荧光定量 PCR 是一种综合了普通的 RNA 提取后的 RT-PCR 和实时荧光定量两种方法,进行基因的实时荧光定量检测。这种方法大大提高了检测 FMD 的 7 种血清型基因的灵敏度和特异性(Alexandersen 等,2003b,c;Callahan 等,2002;Hearps 等,2002;Moniwa 等,2007;Rasmussen 等,2003;Reid 等,2002)。这种方法可以用于检测 FMD 的组织样品、血清样品、鼻拭子样品和组织培养悬浮物等,包括了自动化核酸提取过程、RT、PCR 等过程,增加了样品的得率(Reid 等,2003)。另外这些检测可以在手提的轻便的平台上进行(Callahan 等,2002;Hearps 等,2002;King 等,2008)。

　　实时定量 PCR 检测结合 ELISA 病毒分离检测可以做出有效的 FMD 的诊断。这些检测为病毒分离一致,避免了病毒分离时在同一天内毒力的反复对诊断的干扰。基于此,这种 RT-PCR 的方法比病毒分离更高效。对可疑病例的检测可能更贴近于农场或附近,可以携带,便于准确地做出诊断以进一步地评估。

　　另外,描述的方法还有笔端抗原检测法,是在抗原 ELISA 的方法上进行的,但是应用单抗筛选

血清型也渐渐用于这个领域(Ferris 等,2009;Reid 等,2001;Ryan 等,2008a)。实验室诊断方法中,这个方面的检测也许比传统的抗原 ELISA 的灵敏度差不多,或许更高。这项检测可能更有优势。

　　抗体检测(Antibody Detection)。 液相阻断 ELISA 通常用来检测 FMD 的抗体检测(Hamblin 等,1986)。这项检测的灵敏度接近 100%,但是特异性只有 95%,既然样品的 ELISA 检测结果不一致,需要进一步做中和病毒实验(Golding 等,1976),液相 ELISA 不适合做大规模的检测,因为低的灵敏度导致。

　　OIE 认为在病毒中和实验结果与 ELISA 结果不一致时,中和实验有特异性的参考标准。在国际参考实验室,病毒中和 O 型的抗体检测是 1∶45 稀释时,检测的特异性是 100%(Paiba 等,2004)。如果新的检测方法的数据更可靠有用的话,将可能替代病毒中和实验。

　　固相竞争性(SP-C)或阻断性(SP-B)ELISA,具有高度灵敏性和特异性的特点(Have 和 Holm-Jensen,1983;Mackay 等,2001;Sorensen 等,1992)。这些实验检测发现在实验中 5～8 d 发生感染的往往在许多个月之后还会发生感染(Paiba 等,2004)。

　　利用已经去除了 FMDV 病毒的非结构蛋白(NSPs)部分而研制的疫苗,提供将来可能会导致接种动物的差异性感染(DIVA)的保证。抗体检测对抗 FMDV 的非结构蛋白的保守片段,已经有过相关的报道(Berger 等,1990;Bergmann 等,1993;Lubroth 和 Brown,1995;Mackay,1998;Neitzert 等,1991;Shen 等,1999;Sorensen 等,1998)。在疫苗接种群体中,此检测可以用于区分群体中的免疫接种个体与感染个体。未接种的动物经过筛查抗体对结构抗原的反应如果为阴性,将会排除 FMD 感染的可能。

免疫
Immunity

　　宿主的免疫反应,包括抗体滴度的检测在感染初期出现临床症状的 3～4 d 进行,通常能清除 FMD,除了一些反刍动物咽部持续性感染外,清除外周或外部的病毒,比如鼻或口腔表面,效率较

低。病毒在感染 10～14 d 内持续存活于病变部位囊泡的上皮,在口腔的时间可能会更长些(Oliver 等,1988)。

体液免疫(Humoral Response)。ELISA 能在表现出临床症状 3～5 d 后检测到血液中的抗体而病毒中和检测的抗体要比 ELISA 晚 2 d。与检测到的抗体相符合的,循环系统中存在病毒进行性的、快速的消除某些器官、分泌物和排泄物中的病毒也大量减少。抗体的水平一般在感染后几个月持续很高,甚至有的在几年后仍能检测到抗体。然而在快速生长的猪体上,抗体寿命缩短一半如 1 周,但是抗体水平可以在几个月内检测到。

FMDV 的免疫性主要由血液中的抗体来介导,抗感染免疫与抗体的滴度有关系。血液中抗体结合病毒粒子,有助于调理素发挥作用,被肝脏、脾脏或其他组织的吞噬细胞摄入,迅速减少了病毒血症的出现(McCullough 等,1992)。因为病毒血症是早期感染的重要病症,它的减少或防止将会直接减少许多急性大体疾病的发生。然而,循环抗体不能阻止局部感染的存在(比如皮内注射或咽部注射),能够阻止疾病,但是不能阻断传染(McVicar 和 Sutmoller,1976)。

FMDV 的传染将引起很强的黏膜免疫 IgA 反应,可能保护机体不被同一种病毒再次感染。然而传统的灭活疫苗引起微弱的或没有分泌 IgA 的反应,可能与疫苗中含大分子质量的抗原引起猪诱发一些分泌性 IgA 产生,如果足够高,才能抵抗感染(Eble 等,2007;Pacheco 等,2010)。

细胞介导的先天性免疫 (Cell-Mediated and Innate Responses)。尽管猪能够从免疫接种后的循环血液中获得抗体以保护免受 FMDV 的感染,但是接种免疫后不仅是涉及体液免疫,还有很多细胞介导的免疫反应,但是知道得很少。

在猪,FMD 感染后首先出现明显的淋巴细胞减少症。在急性感染期,T 细胞的活性明显减少,也可能通过树突状细胞而增加了白介素-10 的产生(Diaz-San Segundo 等,2009;Golde 等,2008;Grubman 等,2008)。

CD-4 和 CD-8 的反应均能在接种后或感染的动物中检测到。随着中和抗体的出现,还有一些类别的转换减少了非 CD-4 或 CD-8 的 T 细胞依赖性的反应,因为在急性感染期,导致了急性组织相容性复合物 MHC Ⅰ 类在感染细胞表面的表达。而且急性感染自身迅速杀死感染的细胞(Childerstone 等,1999;Gerner 等,2009;Guzman 等,2008;Juleff 等,2009;Sanz-Parra 等,1998)。

同样地,天然免疫系统现在描述的很少,有些研究认为在疾病的预防过程中的作用很小或不起作用(Alves 等,2009;Summerfield 等,2009)。猪能被干扰素保护,被复制缺陷腺病毒表达的 Ⅰ,Ⅱ,Ⅲ 型干扰素等,是新型的潜在疫苗或抗病毒剂等(Diaz-San Segundo 等,2010)。尽管 FMDV 对干扰素的反应高度灵敏,病毒通过 FMDV 先导蛋白阻断细胞内蛋白的合成,能够有效阻断干扰素的产生(Belsham,2005)。其他的天然免疫反应可能通过自然杀伤性细胞,但是 FMDV 出现抵消机制,明显减弱在急性感染期自然杀伤性细胞的功能(Toka 等,2009)。总体来说,在急性感染期 FMDV 干扰了天然免疫保护作用(Golde 等,2008;Grubman 等,2008)。然而,疫苗的出现,综合天然免疫和获得性免疫,为 FMDV 提供了早期保护作用。

母源免疫(Maternal Immunity)。母源免疫来抵抗 FMD 主要是通过接种过疫苗的母体的初乳中的抗体供给幼畜来获得免疫力。母乳抗体的水平足够在仔畜 8～12 周龄内获得很好的对 FMD 的抵抗力。仔畜对 FMD 的抵抗力较弱,因此获得免疫的最好途径就是母源免疫。在 8～12 周母源免疫期内不能接种动物疫苗,因为此时期动物较弱不能对 FMDV 产生反应(Francis 和 Black,1986;Kitching 和 Alexandersen,2002;Kitching 和 Salt,1995;Morgan 和 McKercher,1977)。

预防和控制
Prevention and Control

FMDV 传播的最主要的途径是(1)传染病动物的运动,(2)饲喂污染的动物产品给易感动物,(3)污染物的机械传播(人或动物等)。这些途径的传播能够通过严格的疾病控制措施防止,比如,限制感染动物的活动和采取生物安全防治措施。空气传播 FMDV 基本上是很难控制的,而且近距离传播并不少见,但是远距离传播很少见。然而,一旦远距离传播出现,便造成致死性的传染(Anonymous,1969;Donaldson 等,1982;Gloster 等,

1981,1982)。

FMDV 有宿主范围广,感染剂量低,病毒复制频率快,病毒排出量大以及复合模式进行传播等特点。因此,一般可疑病例,进行诊断评价,尽可能快地实施恰当的治疗。极限措施要求根除 FMD 病毒,如果这些措施不尽快有效地实施,将有可能导致疫病的暴发流行。

目前没有方法能够治疗感染 FMDV 的猪,一旦病毒进入猪场,它将不可能消失,除非把感染的和没感染的以及假定没感染的动物都安乐致死,尸体进行(深埋、移除或焚烧等)处置,才可能根除 FMDV(Alexandersen 等,2003c;Kitching 和 Alexandersen,2002)。因此,对于 FMDV 诊断阳性的动物实施安乐死,对未感染的农场的动物进行免疫接种。根据当地的屠宰法规,对可疑感染过 FMDV 的动物转移到指定的屠宰场集中处死,尽可能减少转移过程中 FMDV 的传播给易感动物。产物一般进行热加工或罐装。

对反刍动物携带的 FMDV 的控制是很难的(Alexandersen 等,2002a;Sutmoller 和 Gaggero,1965;Van Bekkum 等,1959)。观察携带者的状态和感染的风险,对于感染后设计控制和消除 FMDV 有很大的影响。经验显示,排除感染的总数,假定感染的可疑动物进行安乐死,有的是感染的,有的看起来正常,有必要确定是消除了感染病毒的携带者(Alexandersen 等,2002a;Hedger 和 Stubbins,1971),这些策略已经证明在世界的不同国家和地区有着很好的作用。被反刍动物携带所出现的风险有明显的特征,可以采取防御措施减少养殖场动物的活动造成的传播。这些措施主要针对发生过 FMDV 的国家的疫区或散发 FMD 的动物,实施禁令从这些地方引进动物,或进行严格的检疫和检查。

2001 年,英国疫区,数学统计模型对于疫病的控制起到很好的作用,然而之前没有在操作条件下应用(Ferguson 等,2001),推断滞后,比如使用公正的平均数,数学导出的中心控制过程和它们实际的影响疾病的有效控制等方面依然是有争议的。

疫苗和接种(Vaccines and Vaccination)。FMDV 有 7 种血清型,感染或接种一种血清型都不能抵抗其他种血清型的 FMDV 的感染。而且

在同一个血清型中也有很宽的毒株范围,它们中有些很容易分散,降低了疫苗的效价(Kitching,1998;Kitching 等,1989),总的来说,对抗异源性的毒株要比对抗同源性的毒株的效价要低很多(Goris 等,2008),因此,口蹄疫的疫苗需要从疫区的病毒株中分离制备,这样才有潜能控制疫病。紧急接种需要引进急性分离的病毒株而制备,替补途径就是制备出能对抗大量 FMDV 的抗原的疫苗。

应用一种血清型的一种毒株对抗另外一种毒株抗原,这种疫苗的交互保护作用仅仅在动物实验上进行,但是大多数实验结果是有限的,因为动物的数量很少,能进行统计分析的数据很少。

病毒株之间的亲缘关系可以通过实验室 ELISA 和病毒中和实验来检测。这样可以有利于选择合适的病毒疫苗对抗既定的病毒株,很显然,这些方法很大程度上依赖于个体实验室的检测,真正疫苗的组成或者其他因素等(Jamal 等,2008;Maradei 等,2008;Mattion 等,2009;Paton 等,2005)。

尽管疫苗能够有效地控制 FMD,但是因为口蹄疫不同血清型的存在,每一种有多个毒株的持续性演化株等都应该在病毒疫苗的制作时考虑为对照。而且,疫苗引起的保护作用一般持续 4～6 个月,可疑的猪持续性地引进猪群或者通过再生产和动物的运动可能导致其携带病毒。因此,疫苗的接种系统通常需要每年两倍或更多倍的接种剂量(Domenech 等,2010)。值得一提的是,一旦在猪群中发现 FMD,就很难通过疫苗控制 FMDV(Orsel 和 Bouma,2009;Orsel 等,2007),而且很难根除它,就像台湾 1997 年发生 FMD 后,15 年后依然没有根除 FMD。然而,欧洲采用好的疫苗已经成功地根除 FMD 达到很好的预防效果,但是应该意识到的是共同有效的控制的结果,包括排除感染已经很多年的农场(Leforban 和 Gerbier,2002)。

猪水疱病病毒(SVDV)
SWINE VESICULAR DISEASE VIRUS
背景
Relevance

1966 年,出现了临床症状像 FMD 的疾病,但

是由一种肠道病毒引起,最早出现在意大利的猪上(Nardelli 等,1968)。SVDV 不仅从亚洲和欧洲分离,而且也在一些国家有过暴发的报道(表42.2)。近期葡萄牙在 2007 年和意大利在 2011年都报道了 SVD 的发生,但是 SVD 并没有出现在一些别的国家,因为未能检测抗 SVD 的抗体。

表 42.2　首次和最新报道 SVD 的国家和地区

	首次报道时间	最新报道时间
欧洲		
意大利	1966	2011
葡萄牙	1995	2007
荷兰	1975	1994
比利时	1979	1993
西班牙	1993	1993
德国	1973	1985
罗马尼亚	1973	1987
法国	1973	1983
英国	1972	1982
澳大利亚	1972	1979
希腊	1979	1979
马耳他	1975	1978
乌克兰	1972	1977
尔罗斯	1975	1975
瑞士	1974	1975
波兰	1972	1972
保加利亚	1971	1971
亚洲		
台湾(中国)	1997	2000
香港(中国)	1971	1991
澳门(中国)	1989	1989
日本	1973	1975

以上来源于联合国粮农组织动物卫生年鉴(1971—1996 年)和来自欧洲参考实验室英国水疱病研究所的资料。

SVD 是 OIE(国际兽医局)列出的疾病,因为它具有小疱病变且症状像 FMD。在过去,实验室鉴别诊断 SVDV 和 FMDV 是很难的,因此很重要的是要确定 SVD 没有发生,才可以进一步确定没有 FMD 的发生。目前的差异性诊断可能是相对容易些,甚至也没有农场诊断(Ferris 等,2009)。然而,这个依然可以作为有效的诊断,SVD 掩盖 FMD 的发生,1997 年台湾就发生这样的病例。

病因学
Etiology

SVDV 属于肠道病毒科肠道病毒属,像其他肠道病毒一样(Nardelli 等,1968),直径在 30 nm左右,无囊膜包裹。仅有一些小的抗原差异存在于 SVDV 中,因此 SVDV 被认为是单一血清型,然而通过单一抗体的发生反应形式或者是编码VP1 的核酸序列的不同又分为 4 种明显的分化系(Borrego 等,2002a,b;Brocchi 等,1997)。

SVDV 由 7 400 多个核酸碱基组成,编码单一的多聚蛋白的氨基酸有 2 815 个(Inoue 等,1989),这种多聚蛋白一般是经过翻译后剪切成11 个成熟的蛋白,外加一些不同的前体蛋白,这些蛋白的四种 1A,1B,1C,1D 组成的病毒的核衣壳蛋白(Fry 等,2003),3B 蛋白(VPg)直接与RNA 有关,因此也是病毒的一部分。NSPs 参与病毒的复制,阻断宿主细胞的功能。

这些病毒能生长在原代培养的猪肾细胞和很多猪肾细胞分化的细胞系的细胞上,这些病毒对新生小鼠是致死性的,这个可能与其先祖的柯萨奇病毒 B5 有关,因为这些病毒属于柯萨奇病毒属,能感染小鼠(Graves,1995),测序结果显示SVDV 病毒与柯萨奇病毒 B5 结构蛋白编码区有$75\% \sim 85\%$ 的同源性(Knowles 和 McCauley,1997)。与人肠道孤病毒在 NSPs 编码区有高度同源性。基因树分析结果显示在 1945—1965 年之间 SVDV 与柯萨奇病毒 B5 来源于同一个祖先(Zhang 等,1999)。

公共卫生
Role in Public Health

SVD 不被认为是公众健康的危害,感染 SVD后住院治疗(Brown 等,1976)。因为病毒接近于柯萨奇病毒 B5 和人肠道孤病毒 9(Zhang 等,1999),感染人后很难被估计。然而,由于 SVDV引发的疾病还没被报道过,甚至扫描过程中从实验室都没有分离到大量的活病毒。因此,不能证明这些在人发生的疾病是由于 SVDV 感染而引起的。而且,近期的研究表明,这些从 1993 年分离到的 SVDV 病毒已经适应了猪而不能感染人,因此也失去了传染给人的潜能。因此,目前的从

1993 年血液循环而分离到的病毒株被认为是没有传染性的(Jimenez-Clavero 等,2005)。

流行病学
Epidemiology

1971 年在香港分离到 SVDV 病毒(Mowat 等,1972),在 1972 年,SVD 病毒被英国、澳大利亚、意大利、波兰和别的地方等相继诊断出(表 42.2)。近期在葡萄牙(2007 年)和意大利(2009 年)有报道过该病的发生。意大利是筛选 SVD 抗体的几个国家之一,而且大多数的被血清学检测而检出。病毒存在于除了上述提到的国家外的其他地区也是有可能的。这些病毒可能出现在亚洲的一些国家,近期的报道是在台湾 1999 年发生,北美和南美目前还没有检出 SVDV。

不仅欧亚的猪,美洲的单趾猪也对 SVDV 病毒易感(Wilder 等,1974),在高度接触过感染 SVDV 的猪的绵羊的咽部可以检测到高滴度的 SVDV,有的也可以检测到中和抗体(Burrows 等,1974)。相似的实验在牛身上没有检测到 SVDV 的存在(Burrows 等,1974),因此这些实验表明,SVDV 病毒可能在接触过猪的 SVDV 的绵羊上复制,但是不能证明绵羊或其他的反刍动物能传播 SVD 疫病。

在英国对 SVDV 进行流行病学的研究发现,48% 的 SVD 的发生由于感染后动物的活动造成,16% 是由于感染动物的运输造成,还有 21% 的是由于使用了 SVDV 污染的器具等造成的,或者 11% 的是因为市场传播而引发的,第二阶段的感染来源是因为使用了污染的废弃物引起的(Hedger 和 Mann,1989)。病毒在宿主外还有特别高的稳定性,意味着病毒通过污染物传播 SVD 对该疾病的传播起着很基本的作用。接触污染物后,1 d 内出现病毒血症,而 2 d 内出现临床症状(Dekker 等,1995a)。对一个暴发过 SVD 的农场内的动物进行流行病学研究,发现圈养的一个群的动物由于使用共同的饮水系统和运动场所,更容易传播疾病。因此,SVD 被认为是圈养疾病而不是整个农场的疾病(Dekker 等,2002;Hedger 和 Mann,1989)。

因为临床上发现 SVD 的动物都立即处死,所以研究疾病的传播就很难了。IgG 和 IgM 的 ELISA 检测能评估病毒感染的时间(Brocchi 等,1995;Dekker 等,2002)。感染后 50 d SVD 病毒的抗体同位型基本稳定,因此如果超过 50 d 去通过血清学检测 SVD 是不可能的(Dekker 等,2002)。

病毒从小泡上脱落的时间至少要持续 7 d (Dekker 等,1995a),但是不能长时间从粪便中获得病毒。有过在感染后 126 d 分离到病毒(Lin 等,1998)的报道,但是很难再重新获得这样的发现(Lin 等,2001)。

这种病毒在尸体或加工的肉中,病毒感染后几个月依然有传染性。比如说意大利的腊肠,意大利的腊香肠中存在的 SVDV 具有传染性 (Hedger 和 Mann,1989;Mebus 等,1997)。SVDV 在泥浆中存活的时间也较长(Karpinski 和 Tereszczuk,1977)。

SVDV 在很宽的 pH 范围内能够稳定存在,因此,无论是碱性的还是酸性的消毒剂能够很好地灭活 FMDV,但是不能灭活 SVDV。像别的肠道病毒一样,SVDV 对去垢剂和有机溶剂有抗性,比如醚类和三氯甲烷等。1% 氢氧化钠能够有效地灭活 SVDV,如果让病毒长时间接触消毒剂,也可能灭活病毒,比如 2% 的福尔马林 18 min 后可以灭活 (Terpstra,1992)。

致病机理
Pathogenesis

SVDV 通过皮肤或消化道黏膜进入猪体内 (Chu 等,1979;Lai 等,1979;Mann 和 Hutchings,1980),实验性感染一般在 2 d 内出现临床症状,SVDV 也能从很多组织中分离到(Chu 等,1979;Dekker 等,1995a;Lai 等,1979)。猪接触到 SVDV 污染的环境后 1 d 内出现病毒血症,这个跟在猪体直接攻毒后间隔观察到的现象一样 (Dekker 等,1995a)。

SVDV 在上皮组织有很强的定向性,但是病毒滴度在心肌和脑要超过血浆中的病毒滴度。因此上皮、心肌和脑可能是病毒复制的主要场所 (Chu 等,1979;Lai 等,1979)。在实验感染中,淋巴结可以有很高的 SVPV 病毒滴度。然而,病毒在这些组织是否排出或复制仍然不清楚(Dekker 等,1995a)。体外实验表明,接种病毒 3.5 h 内便可以用免疫组化检测到猪肾细胞内的 SVDV 病毒。使用 SVDV 感染的组织进行原位杂交实验,更能很好地染色(Mulder 等,1997)。需要更多的实验,证明细胞能支持病毒的复制。鉴定这些细胞将有助于揭示病毒在宿主体内的定向机制。

SVD 可能处于亚临床,轻微的或严重的症状,但后者常常见于生长在潮湿的水泥地的猪(Hedger 和 Mann,1989;Kanno 等,1996;Kodama 等,1980),这也暗示了环境对疾病的病毒存活的主要因素。实验显示出了毒力的差异在各个种株和不同病毒之间产生,但是病毒的增殖能力是有问题的,因此结果没有公开发表。因此,这些实验显示病变很难检测到,要经过仔细的观察才能检测到,这方面的检测带有很强的主观性。

临床症状
Clinical Signs

实验感染通常采用后跟肿块内注射后 1~2 d 出现临床症状。在实验中,猪接触感染的环境后 2 d 后首先出现病变(Dekker 等,1995a)。结果显示实验中临床症状起初出现的时间要比自然感染的要短。

死亡率不是 SVDV 感染的特征,致死率很高,可能有很多因素,比如毒株的毒力,农场的类型,更重要的是感染和检测的时间。血清阳性率随检测时间的变化从农场检测到的 7% 到收集中心感染猪的 90%(Dekker 等,2002),如前所述,临床症状的严重程度决定于感染毒株的类型,也依赖于动物饲养于草地还是水泥地等。

病理变化
Lesions

临床的 SVD 仅限于猪,感染 SVDV 的猪在冠状带出现小泡(图 42.5 和图 42.6),掌部和跖骨皮肤也出现小泡,口鼻部、舌头和唇部出现轻微的小泡。而 FMD 引起的病变不明显,然而,SVD 引起的临床症状一般较轻微。在实验研究中(Dekker 等,1995a),发烧和跛行几乎没有看到,由于心脏恶化而突发死亡,这些常见于感染 FMDV 的仔猪,而 SVDV 感染后的仔猪不出现这种情况。

而 SVD 感染后出现的典型症状是在后跟与冠状带连接处(图 42.5 和图 42.6),整个冠状带可能最终感染,病变可能扩散到掌部和跖骨部位。触角和脚底可能极大地被损害,爪脱落等。分泌乳汁,病变可见于乳房和乳头(图 42.7)。偶然,胸部和腹部的皮肤也出现病变,超过 10% 的病变

在嘴和唇部、口鼻部等出现。

那些口鼻部的病变大多数出现在背侧,也出现出血,舌头病变是短暂的能快速治愈(Hedger 和 Mann,1989)。

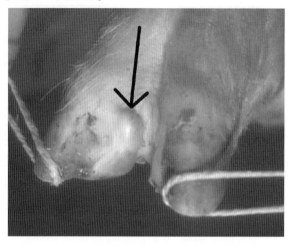

图 42.5 脚趾出现囊泡病变。冠状带囊泡在后跟形成球茎。

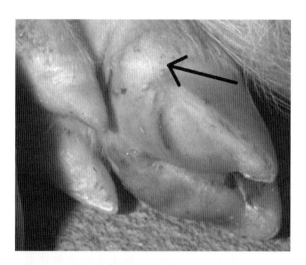

图 42.6 在冠状带的囊泡如图。

图 42.7 母乳母猪的乳头病变(1992 年暴发于 NET)。

早期的实验感染 SVDV 显示了皮肤的上皮层复制,很快传播到真皮组织(Mulder 等,1997)。还没有组织研究关于 SVDV 的小泡的显微病变,但是被认为是和 FMD 相似的病变形式。开始上皮细胞肿胀,微小泡出现在蝶骨棘的底层,在实验感染的动物,出现非化脓性脑炎,但是这个不能损害中枢神经系统的功能(Chu 等,1979)。

诊断

Diagnosis

在没有出现别的疾病前,如果农场出现小泡病变时,一般都怀疑是 FMD。相似的病变发现在 SVD,水疱性口炎,水疱性疹等。口蹄疫发生在世界上很多国家,最主要的鉴别诊断是 SVD,水疱性口炎是疫病流行于整个美洲半球的大部分地区,而非洲报道过 4 次,法国发生 2 次。水疱性疹是由疱疹病毒引起的,最后在美国发现是1959 年。

最初猪的病变是冠状带的皮肤变亮,局部感染通常在交叉指型的后部,很容易在斜靠着的猪身上发现,这个区再发展成为大量液体充满的水疱,1～2 d 后破溃,之后观察到蚀斑,真正的水疱病变仅能引起有限的几种疾病,但是蚀斑却不仅仅出现在 SVD,还出现在其他的病例,比如水泥地板引起的创伤等。

病毒从 IB-RS-2 细胞中分离(De Castro,1964)是常见的实验室诊断中最灵敏的方法。SK6,PK15 和原代或二代的猪肾细胞对 SVDV 易感(Callens 和 De Clercq,1999;Nardelli 等,1968)。一些敏感性的检测方法如 RT-PCR 来检测 SVDV 的基因型,这些是鉴别其他水疱疾病的主要方法(Fernandez 等,2008;Lin 等,1997;Niedbalski,2009;Reid 等,2004)。病毒分离和 RT-PCR 检测是检测粪便或器官中的 SVDV 的首要方法。在水疱中,水疱中的病毒含量很高,ELISA 很容易检测到鉴定抗原(Roeder 和 Le Blanc Smith,1987)。

暴发之后,在那些漏检的未感染的农场,筛选特异性的抗体是必要的。SVDV 感染后出现很高的中性抗体(Nardelli 等,1968),病毒中和实验费力,因而发展了 ELISA 方法(Armstrong 和 Barnett,1989;Brocchi 等,1995;Chenard 等,

1998;Dekker 等,1995b;Hamblin 和 Crowther,1982)。ELISA 更容易操作,但是会出现一些假阳性结果,然而使用单抗提高了 ELISA 检测的特异性(Brocchi 等,1995;Chenard 等,1998)。ELISA 是国际兽医局检测 SVDV 的标准方法,在大规模的血清防御中已经显示出高效性。

免疫

Immunity

SVDV 感染的免疫反应是很快速的。猪感染该病毒 4 d 后 IgM 出现明显增高 50%,而感染大约 12 d 后 IgG 出现明显增高 50%(Brocchi 等,1995;Dekker 等,2002)。根据对许多不同的已发表的感染实验的分析(Chenard 等,1998),50% 的受试猪在感染 7 d 后 SVD 的 ELISA 检测呈阳性,感染 8 d 后 VN 的 ELISA 检测呈阳性。

实验性 SVD 疫苗已经可以控制疾病(Delagneau 等,1974;Gourreau 等,1975;McKercher 和 Graves,1976;Mowat 等,1974)。除了单价 SVDV 疫苗,复合 FMDV 疫苗(McKercher 和 Graves,1976;Mitev 等,1978)和最近的 SVDV 亚单位苗都已经有了应用,虽然后者并没有那么有效(Jimenez-Clavero 等,1998)。尽管未活化的病毒疫苗对防御临床症状有效,他们是否减少广谱病毒的传播并没有被评估过。非 SVD 疫苗已经被商业应用,但是猪的相关疫苗却在此领域并没有被应用。

SVDV 是一种单血清型,因此预先用任意 SVDV 菌株感染或作为疫苗接种都能防御其他类型的 SVDV 菌株感染。用其他 PEVs 或者小核糖核酸病毒交叉-中和并没有发生,所以对于这些其他的病毒来说不会有交叉-保护现象。

SVDV 感染的母猪产下的仔猪会获得从母猪体内获得 SVDV 的抗体。仔猪中母系抗 SVDV(Bellini 等,2010)抗体的半衰期(30～50 d)比接种了 FMDV 疫苗的母猪喂养的仔猪中抗 FMDV 母系抗体的半衰期(7～21 d)更长(Francis 和 Black,1984)。这意味着母系的抗 SVDV 抗体可以在大概 6 个月的猪中找到。这个结果应该在解释发作的农场的猪的血清学检测时被考虑在内。

预防和控制
Prevention and Control

SVD 已经被国际兽医局 OIE 列入，并且相关政策已经在检测出的 SVD 的城市消灭了。这些都主要是因为 SVD 的临床信号不能和 FMD 的区分开。目前的诊断测试可以区分这些滤过性病毒感染，但是贸易伙伴并不愿意接受 SVDV 血清阳性的猪，因此这个疾病仍通过扑灭控制。

尽管 SVDV 对于环境因素和常用的消毒剂（Terpstra，1992）的抵抗力非常强，猪如果被干净的、消毒的运输工具运输是不会被感染的。尽管在那些 SVDV 已经出现的农场中，如果该农场实行了严格的卫生措施，这种感染也不会轻易传播到其他区域去。喂食污染的食物对于 SVD 的传播起到了很大的作用，但是尽管当不允许进行垃圾喂养时，如果猪食用了员工或者参观者遗留的食物，感染还是可以通过污染的食物传播，即使这种情况发生的概率低得多。

扑灭整个农场并且接下来消毒和清理消灭病毒。1995 年在 Nethelands，一个最后的喂养农场被检测出血清反应阳性的肥育猪，并且表明病毒已经侵入了这些猪中。没有病毒可以被任意区域的家养的血清反应阳性的猪中分离出来。于是决定屠宰这些血清反应阳性的动物，并且消毒以及彻底清理那些畜养这些猪的地方。这个措施将血清学的患病率降低为零。这似乎预示彻底将 SVDV 从农场种灭绝是可能的，因为 SVDV 的传播是缓慢且受到限制的，但是当大量的猪都临床性的患病时这种方法可能就会失效了。

脑心肌炎病毒
ENCEPHALOMYOCARDITIS VIRUS

背景
Relevance

EMCV 是一种啮齿类动物生来即带的病毒（Jungeblut 和 Sanders，1940），这种病毒在 1940 年被第一次描述出来。接着，EMCV 在弗罗里达州从感染了心肌炎的猩猩体内被分离出来（Helwig 和 Schmidt，1945），并且抗 EMCV 抗体或者 EMCV 在不同种类的动物中被相继检测出来（Tesh 和 Wallace，1978）。

感染了 EMCV 的猪常见，但是临床疾病却很罕见。在巴拿马 1958 年的一次急性疾病的暴发中，从猪肺和脾（1960 年）中分离出来 EMCV，这些猪突然暴发疾病，并在几分钟内死亡。这是第一次 EMCV 被当做猪病原体。这种由 EMCV 引起的疾病在猪中表现为 2 种主要形式中的一种：第一种是急性的心肌炎，通常引起青壮猪的突然死亡，第二种是母猪中繁殖障碍。

EMCV 会引起猪的高死亡率的现象在澳大利亚、南非、新西兰、古巴和加拿大有过报道（Acland 和 Littlejohns，1975；Dea 等，1991；Seaman 等，1986）。在欧洲，EMCV 引起的临床疾病第一次在 1986 年家养猪中被发现，并且直到现在还在按比例增加。急性心肌炎的暴发在意大利、希腊、瑞士、比利时和塞浦路斯被报道（Koenen 等，1999）。EMCV 的暴发经常聚集在所谓的疫区（Maurice 等，2007）。在比利时，EMCV 繁殖障碍的病例中被频繁地分离出来（Koenen 等，1999）。在意大利传染区域中有临床 EMC 的农场种阳性血清率在 5%～15%，并且偶尔会超过 60%，而在没有临床 EMC 的农场则有 50% 被检测出来（Maurice 等，2005）。在英国，抗 EMCV 抗体在 28% 临床表现正常的屠宰场的猪中被检测出，但是并没有进行病毒分离（Sangar 等，1977）。

病因学
Etiology

EMCV 属于小核糖核酸病毒科，心病毒属。少数抗原相似病毒，包括 Columbia-SK 和 Mengo 都在 19 世纪 40 年代被分离出来，并且被认为有相同的血清型。EMCV 的许多特性与其他小核糖核酸病毒科病毒是相似的。它抗乙醚并且在大范围的 pH 中稳定。在 60℃（140℉）下 30 min 后会失活，但是部分种类表现出明显的热稳定性。

尽管 EMCV 具有病原稳定性，但是 EMCV 的 1D（VP1 衣壳蛋白）编码区域表现出显著的基因多态性。一个特定的 EMCV 病毒种类中单独的核苷序列突变可以造成减毒或增强致糖尿病性（Nelsen-Salz 等，1996）。特别的，在希腊分离出的病毒和比利时、意大利和塞浦路斯分离出的病毒具有种属差异性（Knowles 等，1998）。

EMCV 在几种包括啮齿类、猪和灵长类动物的细胞原代培养中增殖良好（Kim 等，1991）。BHK-21 和 Vero 细胞是被最常使用的细胞。这种病毒也会在老鼠和鸡胚中复制，并且会在许多实验动物中致病。在老鼠和仓鼠以不同方式接种了病毒后会发生急性致死疾病。由脑炎所代表的神经性疾病也有所报道，但是心肌炎在尸体解剖中更常见。在大鼠、豚鼠、兔和猴子中，致死性则与动物年龄和病毒种类有关。

这种病毒在豚鼠、大鼠、马和绵羊红细胞中有红细胞凝血活性，但是这种活性在不同 EMCV 种类中却有不同表现。EMCV 的病毒碎片在细胞培养中可以改变试管内生长活性（Zimmerman，1994），毒力降低，改变红细胞凝集活性。

公共卫生
Role in Public Health

EMCV 在公共健康的影响被认为是很小的。尽管在猪的感染中频率较高，而感染和传播之间却没有联系，尽管对一些人造成了很大的感染风险（兽医、饲养员和实验室人员等），但是没有传播给人的报道（Zimmerman，1994）。根据 EMCV 在全世界一些包括灵长类的动物出现的广泛性，包括在啮齿类动物发生疫病之后（Canelli 等，2010），二次感染在抵抗力弱的人类中发生的可能性也可以被评估到。另外，如果猪被用作人类异种移植的供体，人类中 EMCV 感染的风险会变得更高。实验鼠在接受了感染 EMCV 的猪的器官移植后会造成感染佐证了这个观点（Brewer 等，2003）。最近，EMCV 已经从秘鲁高热疾病的人类中分离了出来。有趣的是，在秘鲁分离出来的病毒是最接近在欧洲从猪体内分离出的病毒。

流行病学
Epidemiology

EMCV 现在以它们广泛的地理分布和大量易受影响的宿主被广泛关在，也曾经在亚热带或热带地区成为被关注的疾病。EMCV 感染现在通过病毒分离或者抗体在全世界的分布被识别出来。在特定的国家，疾病的暴发具有季节特性，一般秋天是发病高峰（Maurice 等，2007）。

EMCV 一般被认为是啮齿类病毒，尽管

EMC 病毒从超过 30 种哺乳类和鸟类中分离出来。在哺乳类动物中，宿主包括猴子、猩猩、大象、狮子、松鼠、濛狐猴、浣熊和猪。动物园死去的狮子发现是由于喂食了死于 EMCV 感染的非洲象的尸体（Simpson 等，1977）。在所有野生动物暴发的疾病中，那些在非洲大象中发生的是记录最详细的（Grobler 等，1995；Hunter 等，1998；Reddacliff 等，1997）。在啮齿类动物中，病毒经常存活但不引起疾病（Acland，1989；Zimmerman，1994）。感染的啮齿类动物表现出在心脏、脾、肺、胰腺、集合淋巴小结和胸腺含有高浓度的病毒，并且在排泄物中含有大量病毒（Spyrou 等，2004）。节肢动物和节肢动物细胞不被 EMCV 感染，但有时到 3 个月时病毒也会被检测出来（R. S. O'Hara 等，资料未发表）。

自然感染的猪可以排泄病毒后，至少在一段很短的时间内，直接接触病猪或者接触感染的死猪都是病毒在农场内传播的潜在途径（Billinis 等，1999；Maurice 等，2002）。经胎盘的传播也许也会发生（Christianson 等，1992；Koenen 和 Vanderhallen，1997；Links 等，1986）。尽管严格的风险研究是很少的，一些与介绍或传播 EMCV 的农场有关，这些农场中有啮齿类动物出现，这些啮齿类动物携带了病毒和通过他们的排泄物或作为感染的尸体传播疾病（Acland，1989；Spyrou 等，2004）。经 EMCV 感染的啮齿类的食物或水而感染被认为是一种很重要的猪的感染途径。这些发现被比利时一个常发 EMCV 区的控制措施所验证（Maurice 等，2007）。这些数据表明了以下因素：（1）啮齿类动物，（2）一般的农场设施，和（3）一般的与 EMCV 相关的卫生学因素。然而结论却是小鼠是造成临床 EMCV 感染的最显著的因素。

致病机理
Pathogenesis

猪的天然感染最常见的是口腔传播。从那以后，猪的感染似乎被病毒、暴露剂量、传代代数以及每个动物个体的易感性。例如，一些病毒品系仅造成繁殖障碍或者心肌炎死亡（Koenen 和 Vanderhallen，1997），然而其他品系会导致这两种现象增加。澳大利亚品系比新西兰品系更具有毒性（Horner 和 Hunter，1979；Littlejohns 和 Acland，1975），并且在福罗里达州有一些特定的品系只造成心肌炎而不造成死亡（Gainer 等，1968）。其他重要因素比如感染途径以及猪的年龄都被认为是在实验条件下病毒传播的重要因素（Billinis 等，2004；Littlejohns 和 Acland，1975）。

　　在青壮猪的实验性经口感染之后，病毒在肠道表现出长约 6 h 的接种后感染状态。在心脏和扁桃体的最初接种的 30 h 内，仅在分离出的巨噬细胞和心肌细胞的细胞质中发现有病灶阳性反应。30 h 之后，一些动物死于典型的身体机能损害并且在扁桃体和心脏中有明确的免疫组织化学阳性反应。感染后 3 d，可以从血液中分离出病毒。无论在实验感染或者天然感染状态下，心肌中的病毒有最高浓度。在验尸中，心肌损伤是最主要的。Gelmetti 2006 年总结说病毒在心肌中最先复制，接下来是心脏、靶器官，并且会造成感染猪的严重心肌炎而突然死亡。促炎细胞因子比如 IL-1β、肿瘤坏死因子-α 以及 IL-6 在 EMCV 感染引起的心肌炎中发挥作用（Robinson 等，2009）。

　　经胎盘的 EMCV 感染结果并没有完全研究清楚。怀孕的母猪在肌肉内接种 EMCV，接种 2 周后经胎盘感染会造成胎儿死亡。早期产仔、流产和尸僵都在母猪妊娠中期和晚期感染时出现，然而母猪在早期怀孕期间造成的胎儿感染却是没有根据的（Koenen 和 Vanderhallen，1997；Love 和 Grewal，1986）。在胎儿中有抗体和病毒的恢复，但是心脏中机理损伤现象却有的没有出现，有的却出现大范围的斑点（Kim 等，1989a；Koenen 和 Vanderhallen，1997）。由实验室传代的病毒品系感染子宫内的猪的胎儿不会产生致病性。

　　在大鼠被心肌 EMCV 毒株感染后，没有一个器官中出现临床或肉眼可见的病理变化出现。从接种后 3 d 直到第 62 天结束观察，可以从一些组织中分离出病毒。即使是接种 60 d 后被处死的大鼠，EMCV 也可以从集合淋巴小结和胸腺中分离出来。这个发现表明口腔感染之后在这个组织有病毒存活（Spyrou 等，2004）。这种病毒很少在兔子和恒河猴中致病，除高水平的病毒血症外都不引起明显的感染。在小鼠中，特定的病毒株引起致命的脑炎、广泛传播的心肌炎或者甚至是胰

腺 β 细胞的特定病变（Cerutis 等，1989）。

临床症状
Clinical Signs

　　许多在大范围种属动物的 EMCV 感染是不致命的，可能是亚临床的。年龄越小的猪越可能发展成临床疾病，尤其在出生的第 1 周。在仔猪感染后往往由于发生急性心肌炎而突然死亡。其他临床症状例如厌食、精神委靡、颤抖、走路蹒跚、麻痹或者呼吸困难都被观察到。实验室条件下感染的猪会表现出高达 41℃ 的高烧（Craighead 等，1963；Littlejohns 和 Acland，1975），并且会在接种 2～11 d（通常 3～5 d 内）死亡，或者康复后发生慢性心肌炎。断奶仔猪感染后死亡率极高，接近 100%（Joo，1999）。在断奶前到成年这段时间的猪的感染症状是不明显的，尽管有时在成年猪中会有死亡的发生。在实验室接种感染下，Billinis 2004 年发现在 20 d 和 40 d 成年猪中有高死亡率，但是 105 d 成年猪却不会死亡。

　　在哺乳母猪中，临床症状可能会有不明显的感染，甚至不同程度的繁殖障碍，包括流产和一定数量的干尸及死胎。

病理变化
Lesions

　　死于心脏衰竭的猪可能只表现出心脏外膜的出血，并没有大的病变。心包积水、胸膜积水和肺积水水肿是检验猪死后常见的症状。心脏经常肿大、变得柔软和苍白。最严重的病变出现在心肌，特别是在右心室，存在不同大小的蚀斑，并且病变可以扩散到整个心肌深层。它们通常是疾病相关的、圆形的、线性的、灰白色的病灶（图 42.8 和图 42.9）。这种病变常见于肥胖的猪而哺乳仔猪少发（Littlejohns 和 Acland，1975）。

　　被感染的胎儿表面上经常看来正常，但是在体内有可能出血和出现水肿。在侵入病毒的不同毒株作用下，胎儿在发育过程中有可能成为木乃伊胎儿，当然这得取决于被感染的程度大小。而大的心肌病变除外。

　　从组织病理学上来说，最重要的病变是心脏。免疫组化阳性颗粒主要存于心肌细胞的胞浆中。它的强度和分布与病变的轻重有关。有时

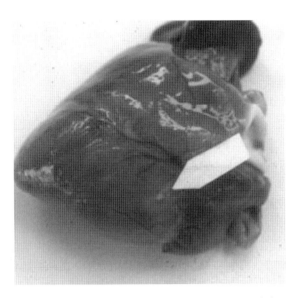

图 42.8 感染 EMCV 的猪的心脏,出现明显的白色病灶(图片来自:当地动物健康中心 Flanders, Torhout, Belgium)。

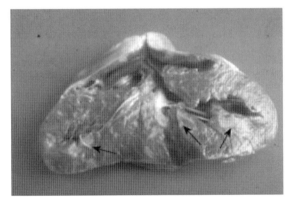

图 42.9 感染 EMCV 后的猪的心脏矢状图,可见右心室出现不同大小的白色病灶,延伸不同深度(图片来自:当地动物健康中心 Flanders, Torhout, Belgium)。

候,阳性颗粒见于普肯野氏纤维和其周围的内皮细胞中。坏死的心肌矿化是很常见的(图42.10),不过不经常表现出来。在扁桃体中,阳性颗粒出现在坏死碎片的细胞中,充满整个小室和单核巨噬细胞的胞浆。这一病变也出现在淋巴结中(Gelmetti 等,2006;Papaioannou 等,2003;Psychas 等,2001)。在脑可出现充血性脑膜炎、外周血管周围单核细胞浸润和神经退行性变化等(Acland 和 Littlejohns,1975)。当给猪注射自然的 EMCV,出现非化脓性脑炎和心肌炎(Kim 等,1989b)。

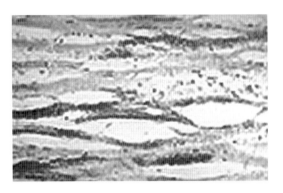

图 42.10 心肌炎和钙化灶之间的肌肉纤维(图片来自 Dr. R. Ducatelle, Faculty of Veterinary Medicine, Ghent University, Belgium)。

诊断
Diagnosis

在新生和哺乳的小猪中,感染此类疾病后往往在 3 d 到 5 周内突然死去。而大多数死亡的仔猪一般都未表现出临床症状。成年猪感染后最大特征也是突然死亡。所有年龄的猪均易感,但是大多数被感染的猪体重在 60～70 kg(130～155 lb),这种疾病通常发生于一个牲口棚中,并最常发生在猪比较活跃的午后。一些猪在死亡之前都会发出尖锐的叫声,另一些猪会出现呼吸困难。

如果要判别是否感染 EMCV,其中最有用的诊断依据是查看猪是否有繁殖障碍或者产前死亡(Joo,1999)。EMCV 导致的繁殖障碍和其他病原体导致的繁殖障碍不同。EMCV 引起的繁殖障碍会影响所有的母猪,但是其他的猪细小病毒感染会导致木乃伊胎儿增加,新生仔猪不发生死亡。另外的感染后出现繁殖障碍的疾病,如口蹄疫和猪繁殖呼吸障碍综合征,狂犬病和猪环状病毒以及细小螺旋体病等也应该鉴别诊断。

组织病变是确诊疾病的主要方法。正如之前所说的,不同程度的非化脓性心肌炎或者脑炎(淋巴细胞、组织细胞和浆细胞渗出)是判断是否感染 EMCV 的依据。

采用小鼠或培养的细胞中分离病毒来确诊EMCV。BHK-21 细胞是最敏感的,Hela 和 Vero细胞也比较常见。感染的单层细胞很快地、完全地出现了细胞病变。病毒确诊可以通过抗血清和EMCV 抗体血清中和实验来确诊。分子生物学检测,例如核酸探针和 RT-PCR 等方法也可以检测 EMCV 的感染(Kassimi 等,2002;Vanderhallen 和 Koenen,1997)。这些方法提供了更多灵敏和特异性的诊断方法,特别是测序分析。

将血清检测应用到 EMCV 的抗体检测当中,其中有血清抑制 HI,ELISA 乳胶凝集实验,免疫荧光抗体检测,琼脂糖凝胶免疫扩散实验和病毒中和实验等方法。VN 和 ELISA 是最常见的方法并且具有特异性。对于 VN,滴度大于 1∶16 的抗体浓度测定具有显著性(Joo,1999)。

免疫
Immunity

中和抗体检测最早发生在预防接种后的 5～7 d,并可以持续半年到一年。母源抗体至少保持 2 个月。EMCV 以一种单一的血清型存在,抗原的变异很少,因此,有可能产生针对全部 EMCV 的接种性交叉反应。在 EMCV 和 62 种人类肠道病毒血清或猪的肠道病毒血清型之间没有发现交叉反应。

预防和控制
Prevention and Control

这种疾病没有特异的治疗方法,严重时,避免过度兴奋和减轻压力是降低死亡率的最有效的方法。啮齿动物常常引进和传播猪群中 EMC 病毒。因此,养猪场,特别是在疫病流行区,应该严格控制啮齿类动物来预防 EMCV 的感染。

怎样使猪控制粪便感染病毒,对于控制 EMCV 感染也是很重要的,用那些板条的地板和中间凹下去的坑来排粪可以预防 EMCV 的感染(Maurice 等,2007),这可能是由于减少了猪直接接触环境中病毒的机会。

这种病毒能被含有 0.5 μg/L 次氯酸抑制。碘伏和氯化汞也能作灭菌剂。

在没有所有灭活的 EMCV 疫苗已经通过商业化应用于市场。这种疫苗显得很有效,由于体液免疫能够从接种免疫过的猪检测到,经过攻毒实验,发现接种猪没有出现临床疾病,而未被接种的猪则有 60% 出现死亡。同样,实验也证明了经胎盘感染的 EMCV 也能很好地得到控制。

猪捷申病毒
PORCINE TESCHOVIRUS
背景
Relevance

第一次发现 PTV 病毒是在 75 年以前的捷克斯洛伐克,出现猪的脑脊髓灰质炎症状,并且出现大量的死亡(Kouba,2009)。PTVs 是无处不在的,而且传统的猪都受其感染。尽管大部分的感染属于亚临床症状,但是 PTV 的发生和很多临床症状相关,包括脑脊髓灰质炎、生殖疾病、肠道疾病和肺炎。那些未表现出引起疾病的病毒株之前被认为是仔猪肠道细胞病变孤病毒或者类肠道细胞病变孤病毒,但现在一般已不这样认为。

病因学
Etiology

PTVs 最初被列为副流感病毒(PEV)。最近,所有 PEV/PTV 血清型的毒株的基因组序列已被确定,包括了一些其他分离菌的部分基因组数据(Doherty 等,1999;Kaku 等,1999,2001;Zell 等,2001)。这些数据的对比分析表明,PEV 分为三种基因型:(1)PEV 型 1～7 和 11～13;(2)PEV 型 11～13;(3)PEV 型 9 和 10。在重新分类之前,根据物理化学性质、PK 细胞中产生的 CPE 的类型、不同的细胞培养的宿主范围,PEV 被分为三个亚组(Knowles 等,1979)。新的分类体系与早期定义的 CPE 组一致。CPE Ⅰ 组病毒也具有导肽以及与口蹄疫病毒,心病毒属,马鼻病毒属类似的 2A/2B 分裂结构。

因此,10 个血清型被重新命名为 PTV-1 到 PTV-10 并且重新划归为一类,猪捷申病毒(teschovirus),属于一个新属,猪捷申病毒属。另外一个血清型,PTV-11,也基于血清学和分子序列数据被命名(Zell 等,2001)。剩下的 3 个 PEV 血清型现在分为两个种属,猪甲型肠道病毒(PEV-8,又称 PSV)和猪肠道 B 病毒(PEV-9 和 PEV-10),分别属于甲型肠道病毒和肠病毒。

正如所有小核糖核酸病毒,PTVS 的病毒粒子为球形,无囊膜,其直径为 25～30 nm 。一种单链 RNA 基因组被由 60 个四肽组成的二十面体衣壳包围。一个小的碱性的病毒编码蛋白(VPG)与基因组的 5′ 端连接。目前没有可靠的三维结构数据。

PTVs 的血清型分类依据是病毒中和试验（Dunne 等，1971；Knowles 等，1979）。在 20 世纪 60 年代和 70 年代进行了多次 PEVs 统一分类，最终分为 8 个血清型（Dunne 等，1971）。后来扩展到 13 个血清型（Auerbach 等，1994；Knowles 等，1979），如表 42.1 所示。适合于 PTVS 的快速筛查和分型的补体结合实验也已经被提出（Knowles 和 Buckley，1980）。后续的发现（Knowles，1983）暗示了其他血清型的存在。Honda 等（1990b）将在日本发现的毒株与通过病毒中和实验鉴定的 11 种世界公认的血清型比较，额外增补了四个血清型。在现有的血清型之间交叉反应较少，肠道抗体比血清抗体更广泛（Hazlett 和 Derbyshire，1978）。

PTVs 在脂溶剂处理时是稳定的，对热也有相对稳定性。然而，含氯离子的溶液加热时会破坏病毒的稳定性。PTVS 在 pH 2～9 时稳定。红细胞凝集实验尚未得到证实。

PTVS 在实验室内很容易在猪源细胞系培养。他们通常是在原代或者第二代的 PK 细胞，或在已建立的细胞系（例如 IB-RS-2）上生长，但它们也可以在其他猪源细胞，如 SST 细胞系或原代培养的猪睾丸细胞上生长（Knowles 等，1979）。

公共卫生
Role in Public Health

PTVs 对人类的感染情况尚不清楚。

流行病学
Epidemiology

捷申病持续散发，主要分布在中欧，并在非洲也有出现。轻微的出现脑脊髓灰质炎（塔尔芬病，轻微的局部麻痹），由血清学相关的 PTV 的减毒株引起，在过去的 50 年里，在西欧、北美和澳大利亚都有过报道。

PTVs 的唯一自然宿主是猪。致命的 PTV-1 株与经典捷申病有关，仅仅出现在发生疾病的地区，而北美没有分离到该毒株。减毒 PTV-1 株和其他 PTV 血清型的代表似乎是广泛存在的。

PTV 感染最频繁的传播方式是粪-口途径，同时由于病毒有相对的抵抗力，也可能间接由污染物传播。

一些 PTV 血清型的流行感染通常可以在常规的猪场出现，并且很可能出现在乳猪体内。Singh 和 Bohl（1972）经过 26 个月的长期研究，证明了在一个单一的畜群中，出现了六个不同的血清型混合感染。仔猪正常断奶后不久，母源抗体消失，并在几个猪群混合感染，并至少持续几个星期。成年猪很少排泄病毒，但具有较高的抗体水平。但是，任何年龄的猪对于以前没有接触的血清型病毒均易感。

PTVs 在环境中具有高度的抵抗力，并且能够在粪便中存活很长时间。同样，PTVS 对许多消毒剂有相对的抵抗力。Derbyshire 和 Arkell（1971）利用 10 种常用的消毒剂处理捷申病毒，只有次氯酸钠是有效的。

致病机理
Pathogenesis

肠道病毒引起自然感染发生。已被证实，病毒的初始复制发生在扁桃体和肠道（Long，1985）。大肠和回肠感染的频率高于小肠上部，而前者组织中含有更高浓度的病毒。肠细胞支持病毒复制的理论并未被清楚阐述，但通过类比脊髓灰质炎病毒（Kanamitsu 等，1967）实验，病毒复制很可能与肠道固有层网状内皮组织有关。上皮细胞的损伤并不是这些感染的一个特点。随后由于 PTV-1 病毒株的感染引起病毒血症，往往导致中枢神经系统感染，但较少出现于减毒株（Holman 等，1966）。

由于证实了经过鼻或口接种 PTV 的小母猪或胚胎发生感染，可以推断怀孕子宫在病毒血症时传播给胎儿病毒（Huang 等，1980）。病毒的鼻内接种可能会导致实验性肺感染（Meyer 等，1966），但天然气溶胶的吸入物中的病毒尚不清楚。同样已有实验清楚表明，当仔猪经过非肠道方式接种 PTVs 时，病毒迅速感染肠道。肠外感染是相对短暂的，但病毒在大肠中却能存在几个星期。

临床症状
Clinical Signs

虽然 PTV 感染是多处于亚临床症状，但不同的血清型的病毒引起不同的临床表现（表 42.3），概述如下。

脑脊髓灰质炎（Polioencephalomyelitis）。最严重的脑脊髓灰质炎由强毒株 PTV-1（能够引起 Teschen 病）产生。这是一种高发病率和高死亡率的疾病，影响所有年龄的猪，能够引起重大的经济损失。捷申病的早期症状包括发热，食欲减退，精神委靡，随后迅速发生运动性共济失调。在严重的情况下，也有可能导致眼球震颤，抽搐，角弓反张，昏迷等。麻痹随之而来，动物可能呈现犬式坐姿或保持侧卧。通过声音或触摸的刺激可能会引起不协调的肢体动作或角弓反张。3～4 d 出现常见临床症状时发生死亡。由于急性期之后的食欲恢复，有些动物可以通过精心护理维持生命，但这些病例往往出现消耗性肌肉萎缩和残留麻痹。

减毒株 PTV-1 株（Talfan 病，地方性轻瘫）和其他血清型的毒株引起轻微的脑脊髓灰质炎，有较低的发病率和相对较低的死亡率。主要是年轻仔猪受到影响，很少造成完全麻痹。最近，由于捷申病毒感染引发的脑脊髓炎的报道已经出现在美国（Pogranichniy 等，2003）和日本（Yamada 等，2004）。

表 42.3   自然感染或实验感染猪肠道病毒的临床症状

病症	PTV 血清型	其他 PTV
脑脊髓灰质炎	PTV-1,PTV-2,PTV-3,PTV-5	—
生殖障碍	PTV-1,PTV-3,PTV-6	PSV
腹泻	PTV-1,PTV-2,PTV-3,PTV-5	PSV
肺炎	PTV-1,PTV-2,PTV-3	PSV
心包炎和心肌炎	PTV-2,PTV-3	—
皮肤损伤	—	PEV-9,PEV-10

繁殖障碍（Reproducitve Disorders）。不育症（Dunne 等，1965）最初被认为是由于一组病毒，后来证明是 PTVs，其已经被认定与死胎（S），木乃伊胎儿（M），胚胎死亡（ED）和不育（Ⅰ）有关。随后同一组人员和其他人（Pensaert 等，1973；Pensaert 和 De Meurichy，1973）的研究表明实验性不育症可以被再次引发。然而，目前已经证实细小病毒感染也可能导致死胎和木乃伊胎儿，细小病毒可能更频繁地与早期和妊娠中期的疾病有关。其他调查结果（Cropper 等，1976）证实了 PTV 和细小病毒在这些疾病中的作用。实验室（Bielaaski 和 Raeside，1977）和野外（Kirkbride 和 McAdaragh，1978）实验证实了流产与猪捷申病毒感染有关。这些生殖疾病通常不会伴随母猪或小母猪的临床症状。PTVs 已经在雄性生殖道（Phillips 等，1972）中被分离出来。

腹泻（Diarrhea）。PTVS 作为肠道病原体的作用是不确定的。它们经常在仔猪腹泻的粪便中被分离出来，但因为它们可以很容易地从正常的仔猪分离出来，特别是断奶后仔猪（腹泻可引起各种其他病毒和细菌），所以它们的存在可能是同时发生的。然而，由 PTVs 引起的猪腹泻已被认为与其他病原体无关。腹泻症状温和且相对短暂，似乎很清楚 PTVs 与肠道病原体轮状病毒或冠状病毒相比，并没有后者严重。当 PTVS 和轮状病毒一起感染仔猪，仔猪感染状况与只受到轮状病毒感染相比并不严重（Janke 等，1988）。

肺炎，心包炎，心肌炎（Pneumonia，Pericarditis，and Myocarditis，PTVS）。PTVs 作为呼吸道病原体的作用也是不确定的。有可能，有一种情况，它们很少会导致呼吸系统疾病的临床症状。实验上，两种血清型 PTV 已被证明能够产生心包炎，在一个实验感染中出现心肌病变（Long 等，1969）。尽管 EMCV 也可能导致猪死亡，但是从这些实验数据可以怀疑猪的突然死亡与捷申病毒的感染有关。

与皮肤损伤的可能关系（Possible Association with Cutaneous Lesions）。在英国对于 SVD 暴发的调查过程中，从上皮细胞和粪便样本中分离得到了许多外来的病毒。其中大多数毒株被确定为捷申病毒或肠道病毒（Knowles，1983）。

病理变化
Lesions

感染 PTV 后没有特异性的病变。它们不会造成绒毛萎缩，这是肠病原体如冠状病毒和轮状病毒的特征。在慢性病例中除肌肉萎缩外，在脑脊髓灰质炎个体中无肉眼可见的器官病变。与后者相关联的组织学病变广泛分布于中枢神经系统，尤其是众多的脊髓、小脑、皮质和脑干腹侧列。与轻微的脑脊髓炎如 Talfa 病相比，病变在捷申病中更为显著和广泛，神经细胞显示出现了不断扩散的染色质断裂（Koestner 等，1966），胶质细胞增生及血管周围淋巴细胞为重点区域，特别是在小脑，也可能会出现。

SMEDI 综合征在死胎或新生仔猪中显著缺乏明显病变，但是在轻微的集中在脑干，胶质细胞增生和血管周围环偶有出现。胎盘的变化仅限于非特异性退化。

一些调查展示了肺病变。Smith 等（1973）描述了 PTV-2 感染引发的肺部前叶的灰-红联合。在肺泡和支气管，以及轻微血管周和细支气管周环出现，一些细支气管上皮细胞的增生中观察到了分泌物。

PTV-3 株持续产生实验性浆液性纤维性心包炎，同时更严重的受感仔猪表现为局灶性心肌坏死（Long 等，1969）。

诊断
Diagnosis

Teschen 病（被认为捷申病毒脑脊髓炎）被 OIE 列为重要疫病，国际公认的诊断方法细节已经出台（OIE，2008）。

与脑脊髓灰质炎有关的临床症状的发生暗示着脑部的感染，将该病毒与其他病毒进行区分时，需要把中枢神经系统分离的毒株，通过特定免疫组化分析该病毒抗原，或者通过 RT-PCR 对病毒 RNA 进行检测来鉴别诊断。类似的，繁殖障碍、腹泻、肺炎、心包炎、心肌炎，它们均不能确诊 PTV，均需要实验室诊断。

病毒检测
Virus Detection

中枢神经系统的病毒分离需要从早期显现出神经症状的仔猪的组织中分离。已瘫痪数天的动物，在中枢神经系统中可能不再含有传染性病毒（Lynch 等，1984）。该脊髓、脑干或小脑悬浮液分离的病毒可能会在猪肾细胞 PK 培养。病毒随后通过其物理化学特性，或通过免疫染色组化鉴定

（Watanabe 等，1971）。毒株的血清学鉴定是可行的。仔猪胃肠道分离出病毒，又出现神经症状，不能形成传染，但是肠道感染是同时存在的。

在 SMEDI 综合征，木乃伊胎很少含有活病毒，但可能包含病毒的抗原，需要通过免疫荧光检测。在猪肾细胞培养病毒分离，可以尝试在组织中止时或死产时进行分离。肺组织似乎是从胎儿分离 PTV 时最可靠的来源（Huang 等，1980）。这种胎儿的体液的病毒中和试验，可以进行对 SMEDI-相关的猪捷申病毒血清型。

在调查中，肺炎或腹泻，呼吸道或肠道病毒分离可能会进行实验室检测，但病毒学检测结果要综合判断，尤其是腹泻，因为猪捷申病毒引起的常见肠道感染在健康的猪仔中很常见。有研究显示，在诊断为 SVD 超过 7 年的猪粪便样本中，有 57％分离出了 PTV 和 PEV（Knowles，1983）。

分离出的病毒可能通过病毒中和（Knowles 等，1979）实验、补体结合（Knowles 和 Buckley，1980）或免疫荧光（Auerbach 等，1994；Dauber，1999）鉴定。单克隆抗体能够检测猪捷申病毒（Dauber，1999）。

现在，基因组测序数据可适用于所有的猪捷申病毒，它是能够使用的 RT-PCR 检测临床样品中的病毒 RNA 或鉴定在细胞培养中分离出的病毒。Palmquist 等描述了一个基于 RT-PCR 的方法，通过使用一组引物，同步检测和差异性猪捷申病毒和甲型肠道病毒（扩增碱基对）。巢式 RT-PCR 检测特异性检测 PTV-1，以及用于区分猪捷申病毒、甲型肠道病毒与猪肠道病毒的区别，其中特定的引物组合也被提及（Zell 等，2000）。最近，提高这些测定结果准确性，可采用实时荧光定量 PCR 检测（Krumbholz 等，2003）。

抗体检测（Antibody Detection）。血清学的诊断价值不大，除非与已知的血清型配对，在这种情况下，病毒中和实验将用来鉴定病毒。ELISA 适合于大规模筛查捷申病病毒抗体（Hubschle 等，1983），但是，由于这些病毒是无处不在，因此血清调查可能不会像想象中那么有帮助。

免疫
Immunity

感染猪产生典型的体液免疫（免疫球蛋白 IgM 和 IgG）。黏膜免疫球蛋白（IgA）也可能在

胃肠道中产生,并且有保护作用。仔猪的猪捷申病毒感染的实验研究结果表明,细胞介导的细胞免疫反应是微弱的,局部化的,并且没有明显的抗病毒活性(Brundage 等,1980)。

体液抗体被认为是重要的保护。猪捷申病毒环磷酰胺治疗的感染的猪的免疫抑制导致了缺乏血清学反应和持久性的肠道感染(Derbyshire,1983)。这导致严重腹泻,在某种情况下,还会有脑脊髓炎的症状。高浓度的病毒中和在胃肠道中的 IgA 抗体的存在下,可能对经口感染的病毒具有很大的抵抗力(Hazlett 和 Derbyshire,1977)。

由于抗体的保护可能是疾病防治的最重要的因素,至少在猪捷申病毒,多种血清型是不会发生交叉保护。

已有报道母源抗体可以保护子宫内的胚胎或胎儿免除 PTV-1 病毒的感染(Huang 等,1980)。然而,在母源抗体可能抵抗感染,并防止病毒到达子宫。就目前研究来看初乳抗体起到了保护仔猪免受感染的作用。

预防和控制
Prevention and Control

与大多数的病毒感染一样,对 PTV 的控制措施依赖于预防而不是治疗。对猪肠道小核糖核酸病毒潜在的抗病毒化学疗法很少受到关注。乳猪患有轻微脑脊髓灰质炎,如果在短暂麻痹性痴呆期进行很好的护理可以痊愈。

疫苗在对捷申病毒性疾病的控制方面也有发展。最早的捷申病毒性疾病的疫苗中含有失活的猪组织病毒,随后被减毒的或者失活的细胞培养病毒取代。Mayr 和 Correns 通过细胞培养的渠道衰弱了捷申病毒(Mayr,1959),发现活的或者是通过福尔马林灭活的此类病毒,可以在乳猪中引起相同的保护抗体。一项对这种病毒根除的措施,包括大范围的接种和扑杀被证明是成功的(Schaupp,1968)。禁止进口疫区的猪和猪肉,在限制 PTV-1 毒株的传播方面非常有效。如果这种菌株被引进到美国北部,在隔离和扑杀的政策下,这种毒株可以被控制。

疫苗接种不被用于对猪的轻微脑脊髓灰质炎和其他由 PTV 引起的猪的多种临床表现的疾病当中。因为只有猪繁殖障碍综合征的症状对这个

领域的经济很重要,所以它才有相应的特殊控制措施。而且由于可能要包含多种血清型,使发展一种有效的疫苗比较复杂。

现在,预防与 PTV 相关的猪繁殖障碍综合征的最有效措施就是,通过管理确保繁殖前的猪暴露于流行病毒至少 1 个月。如果从出生到繁殖,猪一直呆在一个圈舍里,在断奶后与各种猪混养,这可以自然而然地实现。如果良种畜在很早的时候被隔离,它们可以通过接触最近断奶的乳猪的粪便感染。这个可以通过在它们的食物中添加新鲜的粪便实现或者搜集其他猪栏的乳猪粪便制成胶囊喂食。目标就是为了确保它们接触畜群中已存在的尽可能多的病毒。封闭式圈养的好处是降低了外来引入病毒的危险,但是它不能消除风险,因为高抗性的肠道小核糖核酸病毒可以通过多种媒介传播。如果引进新的品种是繁殖必需的,那么在繁殖前,这些新的品种也必须通过上述方法,感染任何现在存在的或者引进的病毒。

长时期,通过引进未感染病的畜群繁殖来排除 PTV 的感染是困难的或者说不可能实现的。因为有实验表明,从商品流通的 SPF 畜群中分离出了这些病毒,而且即使在严格的管理下,偶然的引入也是存在的(Parker 等,1981)。由于经胎盘的胎儿可能感染,所以即使是无菌的猪也可能受到感染。

塞内卡谷病毒(SVV)
SENECA VALLEY VIRUS

SVV 最早发现于细胞培养的污染物中,但是最近从猪中分离出了一部分与其高度相关的病毒(Hales 等,2008)。这个病毒的全基因组序列(Hales 等,2008),和病毒衣壳的 3 维结构已经被描述出来了(Venkataraman 等,2008)。此病毒的蛋白与心病毒属病毒非常接近,但是在基因组序列上有一些很大的差异。由于上述原因,该病毒现在被认定为是一个新种,属于小核糖核酸病毒科。SVV 的一个特点是它能够在肿瘤细胞中进行复制,那么将它用于治疗神经分泌型癌症的溶瘤细胞病毒将非常有趣(Reddy 等,2007)。

现在关于 SVV 是否是猪的致病菌没有定论,但是有一例报道通过 RT-PCR 技术在来自加拿大曼尼托巴的一群突发性水疱病的猪中检测到

了此病毒（Pasma 等，2008）。这些猪中大都出现残废，口鼻和足部出现水疱，一些有发烧症状。FMDV、SVDV 和水疱性口腔炎病毒的检测均是阴性。但是，通过注射 SVV 到动物中来产生这种疾病的实验没有成功，尽管检测到血清对抗此种病毒的反应。

猪嵴病毒属（PKV）
PORCINE KOBUVIRUS

PKV 属一开始包括人爱知病毒和牛嵴病毒。但是 Reuter 发现 PKV 在核酸序列上有 60% 与爱知病毒和牛嵴病毒同源。PKV 首次是在用 RT-PCR 检测来自匈牙利的健康猪粪便中的猪札幌病毒时发现的，札幌病毒是一种萼状病毒。随后，发现一个非特异性序列的 PCR 产物与已知的嵴病毒有关，通过这个病毒的特性检测，发现农场中有 60% 的猪携带此病毒，那些不到 3 周的乳猪们携带率达 90%。随后泰国（Khamrin 等，2009）发现患有痢疾的仔猪，99% 含有此病毒，而且在中国（Yu 等，2009）一项通过 PCR 技术的研究，用此病毒的特殊引物序列进行检测发现，健康猪的粪便样本中有 30% 含有此病毒。但是没有试验确定病因与此病毒有关。

猪札幌病毒
PORCINE SAPELOVIRUS

以前称 PEV-8 和 CPE 二型为 PEVs，PSV 是猪萨佩罗病毒属的一个成员，猪萨佩罗病毒属还包括猴、猿和鸟类的小核糖核酸病毒。PSVS 的抗原多种多样（Dunne 等，1971）且与生殖障碍综合征（Dunne 等，1965）和腹泻（Honda 等，1990a）相关。实验表明，怀孕母猪感染 PSV 会导致胎儿的感染（Huang 等，1980）。而且 PSV 除了能在猪来源的细胞中生长外，还能在猴子的肾细胞（Vero 细胞）和 BHK-2 的细胞中生存（Knowles 等，1979）。

猪肠道病毒（PEV）
PORCINE ENTEROVIRUSES

证明 PEV 与疾病有关的证据非常少。在英国 SVD 大暴发的检测过程之中，从上皮细胞和粪便中分离出了很多病毒。它们中的大部分被鉴定为肠的小核糖核酸病毒（Knowles，1983）。PTV 和 PSV 在粪便样本中均衡分布（分别是 41% 和 44%），在上皮细胞样本中都达到 21%。但是 PEV-9/PEV-10 在粪便样本中很少见（15%），在上皮细胞样本中（Knowles 等，1988）较为常见（58%）。对采集另外一种病毒的样品进行检测发现 PTV 和 PSV 均衡分布（57%，43%），而 PEV-9 和 PEV-10 没有被检测到（Knowles 等，1988）。假设在上皮细胞的样品中分离出的 PTV 和 PSV 是偶然污染，那么就很难解释粪便中 PEV-9 和 PEV-10 的出现频率少，而在从典型皮肤病变中搜集的上皮细胞样品中它们的出现频率高。PEVs 可以在猪、仓鼠（BHK-2），猴和一些人类的细胞中进行培养（Knowles 等，1979）。

致谢
ACKNOWLEDGMENTS

感谢现在的和以前的同事们给予有价值的讨论和贡献。

（刘美丽译，吕悦校）

参考文献
REFERENCES

Acland HM. 1989. Encephalomyocarditis virus. In MC Horzinek, MB Pensaert, eds. Virus Infections of Vertebrates, Vol. 2, Amsterdam, The Netherlands: Elsevier Science Publishers BV, pp. 259–263.

Acland HM, Littlejohns IR. 1975. Aust Vet J 51:409–415.

Alexandersen S, Donaldson AI. 2002. Epidemiol Infect 128: 313–323.

Alexandersen S, Forsyth MA, Reid SM, Belsham GJ. 2000. J Clin Microbiol 38:4604–4613.

Alexandersen S, Kitching RP, Mansley LM, Donaldson AI. 2003a. Vet Rec 152:489–496.

Alexandersen S, Mowat N. 2005. Curr Top Microbiol Immunol 288:9–42.

Alexandersen S, Oleksiewicz MB, Donaldson AI. 2001. J Gen Virol 82:747–755.

Alexandersen S, Quan M, Murphy C, et al. 2003b. J Comp Pathol 129:268–282.

Alexandersen S, Wernery U, Nagy P, et al. 2008. J Comp Pathol 139:187–193.

Alexandersen S, Zhang Z, Donaldson AI. 2002a. Microbes Infect 4:1099–1110.

Alexandersen S, Zhang Z, Donaldson AI, Garland AJ. 2003c. J Comp Pathol 129:1–36.

Alexandersen S, Zhang Z, Reid SM, et al. 2002b. J Gen Virol 83:1915–1923.

Alves MP, Guzylack-Piriou L, Juillard V, et al. 2009. Clin Vaccine Immunol 16:1151–1157.

Anonymous. 1969. Report of the Committee of Inquiry on Foot-and-Mouth Disease (1968), Ministry of Agriculture, Fisheries and Food. London: Her Majesty's Stationery Office, Part 1.

——. 1986. Foot-and-Mouth Disease. Ageing of lesions, Ministry of Agriculture, Fisheries and Food. London: Her Majesty's Stationery Office, Reference Book 400.

Armstrong R, Davie J, Hedger RS. 1967. Br Med J 4:529–530.

Armstrong RM, Barnett ITR. 1989. J Virol Methods 25:71–79.

Auerbach J, Prager D, Neuhaus S, et al. 1994. Zentralbl Veterinarmed B 41:277–282.

Bachrach HL. 1968. Annu Rev Microbiol 22:201–244.

Bachrach HL, Breese SS, Callis JJ, et al. 1957. Proc Soc Exp Biol Med 95:147–152.

Bauer K. 1997. Arch Virol Suppl 13:95–97.

Beck E, Strohmaier K. 1987. J Virol 61:1621–1629.

Bellini S, Grazioli S, Nassuato C, et al. 2010. An experimental infection with swine vesicular disease virus in pregnant sows to determine the duration of passive immunity in piglets. Abstracts 4th Annual Meeting EPIZONE, Saint Malo, France. pp. 178.

Belsham GJ. 1993. Prog Biophys Mol Biol 60:241–260.

——. 2005. Curr Top Microbiol Immunol 288:43–70.

——. 2009. Virus Res 139:183–192.

Bengis RG, Hedger RS, De Vos V, Hurter LR. 1984. The role of the African elephant Loxodonta africana in the epidemiology of foot-and-mouth disease in the Kruger national park. In Proc 13th World Cong Buiatrics, Vol. 13, p. 39–44.

Berger HG, Straub OC, Ahl R, et al. 1990. Vaccine 8:213–216.

Bergmann IE, de Mello PA, Neitzert E, et al. 1993. Am J Vet Res 54:825–831.

Berryman S, Clark S, Monaghan P, Jackson T. 2005. J Virol 79:8519–8534.

Bhattacharya S, Banerjee R, Ghosh R, et al. 2003. Vet Rec 153:504–505.

Bielaaski A, Raeside JI. 1977. Res Vet Sci 22:28–34.

Billinis C, Leontides L, Psychas V, et al. 2004. Vet Microbiol 99:187–195.

Billinis C, Paschaleri-Papadopoulou E, Anastasiadis G, et al. 1999. Vet Microbiol 70:179–192.

Borgen HC, Schwobel W. 1964. Nature (Lond) 202:932–933.

Borrego B, Carra E, Garcia-Ranea JA, Brocchi E. 2002a. J Gen Virol 83:35–44.

Borrego B, Garcia Ranea JA, Douglas A, Brocchi E. 2002b. J Gen Virol 83:1387–1395.

Brewer L, Brown C, Murtaugh MP, Njenga MK. 2003. Xenotransplantation 10:569–576.

Brocchi E, Berlinzani A, Gamba D, De Simone F. 1995. J Virol Methods 52:155–167.

Brocchi E, Zhang G, Knowles NJ, et al. 1997. Epidemiol Infect 118:51–61.

Brown F. 2003. Virus Res 91:3–7.

Brown F, Cartwright B, Stewart DL. 1963. J Gen Microbiol 31:179–186.

Brown F, Goodridge D, Burrows R. 1976. J Comp Pathol 86:409–414.

Brundage LJ, Derbyshire JB, Wilkie BN. 1980. Can J Comp Med 44:61–69.

Burrows R. 1968. Vet Rec 83:387–388.

Burrows R, Mann JA, Garland AJ, et al. 1981. J Comp Pathol 91:599–609.

Burrows R, Mann JA, Goodridge D, Chapman WG. 1974. J Hyg (Lond) 73:101–107.

Callahan JD, Brown F, Osorio FA, et al. 2002. J Am Vet Med Assoc 220:1636–1642.

Callens M, De Clercq K. 1997. J Virol Methods 67:35–44.

——. 1999. J Virol Methods 77:87–99.

Canelli E, Luppi A, Lavazza A, et al. 2010. Virol J 7:64.

Cerutis DR, Bruner RH, Thomas DC, Giron DJ. 1989. J Med Virol 29:63–69.

Chard LS, Bordeleau ME, Pelletier J, et al. 2006. J Gen Virol 87:927–936.

Chenard G, Bloemraad M, Kramps JA, et al. 1998. J Virol Methods 75:105–112.

Childerstone AJ, Cedillo-Baron L, Foster-Cuevas M, Parkhouse RM. 1999. J Gen Virol 80:663–669.

Chinsangaram J, Piccone ME, Grubman MJ. 1999. J Virol 73:9891–9898.

Christianson WT, Kim HS, Yoon IJ, Joo HS. 1992. Am J Vet Res 53:44–47.

Chu RM, Moore DM, Conroy JD. 1979. Can J Comp Med 43:29–38.

Cottral GE. 1969. Bull Off Int Epizoot 70:549–568.

Cottral GE, Bachrach HL. 1968. Foot-and-mouth disease viremia. Proc Annu Meet U S Anim Health Assoc 72:383–399.

Cottral GE, Gailiunas P, Campion RL. 1963. Detection of foot-and-mouth disease virus in lymph nodes of cattle throughout course of infection. In Proc Annu Meet US Livest San Assoc, Vol. 67, p. 463–472.

Cottral GE, Patty RE, Gailiunas P, Scott FW. 1966. Arch Gesamte Virusforsch 18:276–293.

Craighead JE, Peralta PH, Murnane TG, Shelokov A. 1963. J Infect Dis 112:205–212.

Cropper M, Dunne HW, Leman AD, et al. 1976. J Am Vet Med Assoc 168:233–235.

Cunliffe HR, Blackwell JH, Walker JS. 1979. Appl Environ Microbiol 37:1044–1046.

Dauber M. 1999. Vet Microbiol 67:1–12.

Dea SA, Bilodeau R, Martineau GP. 1991. Arch Virol 117:121–128.

De Castro MP. 1964. Behaviour of the foot and mouth disease virus in cell cultures: Susceptibility of the IB-RS-2 cell line. Arq Inst Biol (Sao Paulo) 31:63–78.

Dekker A. 1998. Vet Rec 143:168–169.

Dekker A, Hemert-Kluitenberg F, Baars C, Terpstra C. 2002. Epidemiol Infect 128:277–284.

Dekker A, Moonen P, Boer-Luijtze EA, Terpstra C. 1995a. Vet Microbiol 45:243–250.

Dekker A, Moonen PL, Terpstra C. 1995b. J Virol Methods 51:343–348.

Delagneau JF, Guerche J, Adamowicz P, Prunet P. 1974. Annales de Microbiologie 125B:559–574.

Derbyshire JB. 1983. Can J Comp Med 47:235–237.

Derbyshire JB, Arkell S. 1971. Br Vet J 127:137–142.

Diaz-San Segundo F, Moraes MP, de Los ST, et al. 2010. J Virol 84:2063–2077.

Diaz-San Segundo F, Rodriguez-Calvo T, de Avila A, Sevilla N. 2009. PLoS ONE 4:e5659.

Doherty M, Todd D, McFerran N, Hoey EM. 1999. J Gen Virol 80(Pt 8):1929–1941.

Domenech J, Lubroth J, Sumption K. 2010. J Comp Pathol 142(Suppl 1):S120–S124.

Donaldson A, Knowles N. 2001. Vet Rec 148:319.

Donaldson AI. 1986. Rev Sci Tech 5:315–321.

——. 1987. Ir Vet J 41:325–327.

——. 1997. Rev Sci Tech Off Int Epiz 16:117–124.

——. 1998. Experimental and natural adaptation of strains of foot-and-mouth disease virus to different species. Session of the Research Group of the Standing Technical Committee, European Commission for the Control of Foot-and-Mouth Disease, pp. 18–22.

Donaldson AI, Alexandersen S. 2003. The virological determinants of the epidemiology of foot-and-mouth disease. In B Dodet, M Vicari, eds. Foot-and-Mouth Disease: Control Strategies. Paris, France: Elsevier, pp. 173–180.

Donaldson AI, Alexandersen S, Sorensen JH, Mikkelsen T. 2001. Vet Rec 148:602–604.

Donaldson AI, Ferris NP, Wells GA. 1984. Vet Rec 115:509–512.

Donaldson AI, Gibson CF, Oliver R, et al. 1987. Res Vet Sci 43:339–346.

Donaldson AI, Gloster J, Harvey LD, Deans DH. 1982. Vet Rec 110:53–57.

Donaldson AI, Herniman KA, Parker J, Sellers RF. 1970. J Hyg (Lond) 68:557–564.

Donaldson AI, Sellers RF. 2000. Foot-and-mouth disease. In WB Martin, ID Aitken, eds. Diseases of Sheep, 3rd ed. Oxford, UK: Blackwell Science, pp. 254–258.

Dunn CS, Donaldson AI. 1997. Vet Rec 141:174–175.

Dunne HW, Gobble JL, Hokanson JF, et al. 1965. Am J Vet Res 26:1284–1297.

Dunne HW, Wang JT, Ammerman EH. 1971. Infect Immun 4:619–631.

Duque H, Baxt B. 2003. J Virol 77:2500–2511.

Eble PL, Bouma A, Weerdmeester K, et al. 2007. Vaccine 25:1043–1054.

Ehrenfeld E, Domingo E, Ross RP, eds. 2010. The Picornaviruses. Washington, DC: ASM Press.

Fellowes ON. 1960. Ann N Y Acad Sci 83:595–608.

Ferguson NM, Donnelly CA, Anderson RM. 2001. Science 292:1155–1160.

Fernandez J, Aguero M, Romero L, et al. 2008. J Virol Methods 147:301–311.

Ferris NP, Dawson M. 1988. Vet Microbiol 16:201–209.

Ferris NP, Nordengrahn A, Hutchings GH, et al. 2009. J Virol Methods 155:10–17.

Francis MJ, Black L. 1984. Res Vet Sci 37:72–76.

——. 1986. Res Vet Sci 41:33–39.

Fry EE, Knowles NJ, Newman JW, et al. 2003. J Virol 77:5475–5486.

Gailiunas P. 1968. Arch Gesamte Virusforsch 25:188–200.

Gainer JH, Sandefur JR, Bigler WJ. 1968. Cornell Vet 58:31–47.

Garland AJM, Donaldson AI. 1990. Foot-and-mouth disease. Surveillance 17:6–8.

Gelmetti D, Meroni A, Brocchi E, et al. 2006. Vet Res 37:15–23.

Gerner W, Hammer SE, Wiesmuller KH, Saalmuller A. 2009. J Virol 83:4039–4050.

Gloster J, Alexandersen S. 2004. Atmos Environ 38:503–505.

Gloster J, Blackall J, Sellers RF, Donaldson AI. 1981. Vet Rec 108:370–374.

Gloster J, Champion HJ, Sorensen JH, et al. 2003. Vet Rec 152:525–533.

Gloster J, Freshwater A, Sellers RF, Alexandersen S. 2005. Epidemiol Infect 133:767–783.

Gloster J, Sellers RF, Donaldson AI. 1982. Vet Rec 110:47–52.

Golde WT, Nfon CK, Toka FN. 2008. Immunol Rev 225:85–95.

Golding SM, Hedger RS, Talbot P, Watson J. 1976. Res Vet Sci 20:142–147.

Goris N, Maradei E, D'Aloia R, et al. 2008. Vaccine 26:3432–3437.

Gourreau JM, Dhennin L, Labie J. 1975. Preparation of an inactivated virus vaccine against swine vesicular disease. Rec Med Vet Ec Alfort 151:85–89.

Graves JH. 1995. Nature 5424:314–315.

Grobler DG, Raath JP, Braack LE, et al. 1995. Onderstepoort J Vet Res 62:97–108.

Grubman MJ, Moraes MP, Diaz-San Segundo F, et al. 2008. FEMS Immunol Med Microbiol 53:8–17.

Guzman E, Taylor G, Charleston B, et al. 2008. J Gen Virol 89:667–675.

Hales LM, Knowles NJ, Reddy PS, et al. 2008. J Gen Virol 89:1265–1275.

Hamblin C, Armstrong RM, Hedger RS. 1984. Vet Microbiol 9:435–443.

Hamblin C, Barnett IT, Hedger RS. 1986. J Immunol Methods 93:115–121.

Hamblin C, Crowther JR. 1982. Br Vet J 138:247–252.

Have P, Holm-Jensen M. 1983. Detection of antibodies to foot-and-mouth disease virus type 01 by enzyme linked immuno- sorbent assay (ELISA). Report of the Session of the Research Group of the Standing Technical Committee of the European Commission for the Control of Foot-and-Mouth Disease, Lely- stad, The Netherlands, 20–22 September, 1983, Appendix VIII:44–51, pp. 45–51.

Have P, Lei JC, Schjerning-Thiesen K. 1984. Acta Vet Scand 25:280–296.

Hazlett DT, Derbyshire JB. 1977. Can J Comp Med 41:264–273.

——. 1978. J Comp Pathol 88:467–471.

Hearps A, Zhang Z, Alexandersen S. 2002. Vet Rec 150:625–628.

Hedger RS. 1972. J Comp Pathol 82:19–28.

Hedger RS, Brooksby JB. 1976. Vet Rec 99:93.

Hedger RS, Mann JA. 1989. Swine vesicular disease virus. In MB Pesaert, ed. Virus Infections of Porcines, 2nd ed. Amsterdam, The Netherlands: Elsevier Science Publishers BV, pp. 241–250.

Hedger RS, Stubbins AGJ. 1971. The carrier state in FMD, and the probang test. State Vet J 26:45–50.

Helwig FC, Schmidt CH. 1945. Science 102:31–33.

Henderson WM. 1948. Further consideration of some of the factors concerned in intracutaneous injection of cattle. J Pathol Bacteriol 60:137–139.

——. 1949. The Quantitative Study of Foot-and-Mouth Disease Virus. London: Her Majesty's Stationery Office, p. 8.

Hofner MC, Fosbery MW, Eckersall PD, Donaldson AI. 1994. Res Vet Sci 57:125–128.

Holman JE, Koestner A, Kasza L. 1966. Pathol Vet 3:633–651.

Honda E, Hattori I, Oohara Y, et al. 1990a. Nippon Juigaku Zasshi 52:85–90.

Honda E, Kimata A, Hattori I, et al. 1990b. Nippon Juigaku Zasshi 52:49–54.

Horner GW, Hunter R. 1979. N Z Vet J 27:202–203.

House C, Meyer RF. 1993. J Virol Methods 43:1–6.

Howell PG, Young E, Hedger RS. 1973. Onderstepoort J Vet Res 40:41–52.

Huang J, Gentry RF, Zarkower A. 1980. Am J Vet Res 41:469–473.

Hubschle OJ, Rajanarison I, Koko M, et al. 1983. Dtsch Tierarztl Wochenschr 90:86–88.

Hughes GJ, Mioulet V, Kitching RP, et al. 2002. Vet Rec 150:724–727.

Hunter P, Swanepoel SP, Esterhuysen JJ, et al. 1998. Vaccine 16:55–61.

Hyslop NS. 1965. J Comp Pathol 75:111–117.

——. 1970. Adv Vet Sci Comp Med 14:261–307.

Inoue T, Suzuki T, Sekiguchi K. 1989. J Gen Virol 70:919–934.

Jackson T, Sheppard D, Denyer M, et al. 2000. J Virol 74:4949–4956.

Jamal SM, Bouma A, van den Broek J, et al. 2008. Vaccine 26:6317–6321.

Janke BH, Morehouse LG, Solorzano RF. 1988. Single and mixed infections of neonatal pigs with rotaviruses and enteroviruses: clinical signs and microscopic lesions. Can J Vet Res 52:364–369.

Jimenez-Clavero MA, Escribano-Romero E, Ley V, Spiller OB. 2005. J Gen Virol 86:1369–1377.

Jimenez-Clavero MA, Escribano-Romero E, Sanchez-Vizcaino JM, Ley V. 1998. Virus Res 57:163–170.

Joo HS. 1999. Encephalomyocarditis virus. In BE Straw, S D'Allaire, WL Mengeling, DJ Taylor, eds. Diseases of Swine, 8th ed. Ames, IA: Iowa State University Press, pp. 139–144.

Juleff N, Windsor M, Lefevre EA, et al. 2009. J Virol 83:3626–3636.

Jungeblut CW, Sanders M. 1940. J Exp Med 72:407–436.

Kaku Y, Sarai A, Murakami Y. 2001. J Gen Virol 82:417–424.

Kaku Y, Yamada S, Murakami Y. 1999. Arch Virol 144:1845–1852.

Kanamitsu M, Kasamaki A, Ogawa M, et al. 1967. Jpn J Med Sci Biol 20:175–194.

Kanno T, Inoue T, Wang YF, et al. 1996. J Gen Virol 76: 3099–3106.

Karpinski S, Tereszczuk S. 1977. Studies on the survival of swine vesicular disease (SVD) virus under various environmental conditions. Med Weter 33:26–29.

Kassimi LB, Gonzague M, Boutrouille A, Cruciere C. 2002. J Virol Methods 101:197–206.

Khamrin P, Maneekarn N, Kongkaew A, et al. 2009. Emerg Infect Dis 15:2075–2076.

Kim HS, Christianson WT, Joo HS. 1989a. Arch Virol 109:51–57.

Kim HS, Joo HS, Bergeland ME. 1989b. J Vet Diagn Invest 1:101–104.

Kim HS, Joo HS, Christianson WT, Morrison RB. 1991. J Vet Diagn Invest 3:283–286.

Kindyakov VI. 1938. Sovetsk Vet 8–9:43. Cited in: Parker, J. 1971. Presence and inactivation of foot-and-mouth disease virus in animal feces. Vet Rec 88:659–662.

King DP, Dukes JP, Reid SM, et al. 2008. Vet Rec 162:315–316.

Kirkbride CA, McAdaragh JP. 1978. J Am Vet Med Assoc 172:480–483.

Kitching RP. 1998. J Comp Pathol 118:89–108.

Kitching RP, Alexandersen S. 2002. Rev Sci Tech Off Int Epiz 21:513–518.

Kitching RP, Knowles NJ, Samuel AR, Donaldson AI. 1989. Trop Anim Health Prod 21:153–166.

Kitching RP, Salt JS. 1995. Br Vet J 151:379–389.

Knowles NJ. 1983. Br Vet J 139:19–22.

——. 1988. Vet Rec 122:441–442.

Knowles NJ, Buckley LS. 1980. Res Vet Sci 29:113–115.

Knowles NJ, Buckley LS, Pereira HG. 1979. Arch Virol 62: 201–208.

Knowles NJ, Dickinson ND, Wilsden G, et al. 1998. Virus Res 57:53–62.

Knowles NJ, Hovi T, Hyypiä T, et al. 2011. Family Picornaviridae. In AMQ King, EJ Lefkowitz, MJ Adams, EB Carstens, eds. Virus Taxonomy: Classification and Nomenclature of Viruses. Ninth Report of the International Committee on Taxonomy of Viruses. San Diego, CA: Elsevier Academic Press. (in press).

Knowles NJ, McCauley JW. 1997. Curr Top Microbiol Immunol 223:153–167.

Knowles NJ, Samuel AR, Davies PR, et al. 2001. Vet Rec 148:258–259.

Kodama M, Ogawa T, Saito T, et al. 1980. Natl Inst Anim Health Q (Tokyo) 20:1–10.

Koenen F, Vanderhallen H. 1997. Zentralbl Veterinarmed B 44:281–286.

Koenen F, Vanderhallen H, Castryck F, Miry C. 1999. Zentralbl Veterinarmed B 46:217–231.

Koestner A, Kasza L, Holman JE. 1966. Am J Pathol 49:325–337.

Kothmann VG, Kaaden OR, Eissner G. 1973. Dtsch Tierartzl Wochenschr 80:269–271.

Kouba V. 2009. Teschen disease (Teschovirus encephalomyelitis) eradication in Czechoslovakia: a historical report. Vet Med (Praha) 54:550–560.

Krumbholz A, Dauber M, Henke A, et al. 2002. J Virol 76: 5813–5821.

Krumbholz A, Wurm R, Scheck O, et al. 2003. J Virol Methods 113:51–63.

Lai SS, McKercher PD, Moore DM, Gillespie JH. 1979. Am J Vet Res 40:463–468.

Larska M, Wernery U, Kinne J, et al. 2008. Epidemiol Infect 137: 549–554.

Leforban Y, Gerbier G. 2002. Rev Sci Tech 21:477–492.

Le Gall O, Christian P, Fauquet CM, et al. 2008. Arch Virol 153: 715–727.

Lin F, Mackay DK, Knowles NJ. 1997. J Virol Methods 65: 111–121.

——. 1998. Epidemiol Infect 121:459–472.

Lin F, Mackay DK, Knowles NJ, Kitching RP. 2001. Epidemiol Infect 127:135–145.

Links IJ, Whittington RJ, Kennedy DJ, et al. 1986. Aust Vet J 63:150–152.

Littlejohns IR, Acland HM. 1975. Aust Vet J 51:416–422.

Long JF. 1985. Pathogenesis of porcine polioencephalomyelitis. In RA Olsen, S Krakowka, JR Blakeslee, eds. Comparative Pathology of Viral Diseases. Vol. 1. Boca Raton, FL: CRC Press, pp. 179–197.

Long JF, Kasza L, Koestner A. 1969. J Infect Dis 120:245–249.

Love RJ, Grewal AS. 1986. Aust Vet J 63:128–129.

Lubroth J, Brown F. 1995. Res Vet Sci 59:70–78.

Lynch JA, Binnington BD, Hoover DM. 1984. Can J Comp Med 48:233–235.

Mackay DK. 1998. Vet Q 20(Suppl 2):2–5.

Mackay DK, Bulut AN, Rendle T, et al. 2001. J Virol Methods 97: 33–48.

Mann JA, Hutchings GH. 1980. J Hyg (Lond) 84:355–363.

Maradei E, La Torre J, Robiolo B, et al. 2008. Vaccine 26: 6577–6586.

Maragon S, Facchin E, Moutou F, et al. 1994. Vet Rec 135: 53–57.

Mattion N, Goris N, Willems T, et al. 2009. Vaccine 27:741–747.

Maurice H, Nielen M, Brocchi E, et al. 2005. Epidemiol Infect 133:547–557.

Maurice H, Nielen M, Stegeman JA, et al. 2002. Vet Microbiol 88: 301–314.

Maurice H, Nielen M, Vyt P, et al. 2007. Prev Vet Med 78:24–34.

Mayr A. 1959. Zentralbl Bakteriol 176:341–345.

McColl KA, Westbury HA, Kitching RP, Lewis VM. 1995. Aust Vet J 72:286–292.

McCullough KC, De Simone F, Brocchi E, et al. 1992. J Virol 66: 1835–1840.

McKercher PD, Graves JH. 1976. A mixed vaccine for swine: an aid for control of foot and mouth and swine vesicular diseases. Boletín del Centro Panamericano de Fiebre Aftosa 23/24: 37–49.

McLauchlan JD, Henderson WM. 1947. J Hyg (Lond) 45: 474–479.

McVicar JW, Eisner RJ, Johnson LA, Pursel VG. 1977. Foot-and-mouth disease and swine vesicular disease viruses in boar semen. Proc Annu Meet US Anim Health Assoc 81:221–230.

McVicar JW, Richmond JY, Campbell CH, Hamilton LD. 1973. Can J Comp Med 37:362–368.

McVicar JW, Sutmoller P. 1976. J Hyg (Lond) 76:467–481.

Mebus C, Arias M, Pineda JM, et al. 1997. Survival of several porcine viruses in different Spanish dry cured meat products. Food Chem 59:555–559.

Meyer RC, Woods GT, Simon J. 1966. J Comp Pathol 76: 397–405.

Mitev G, Tekerlekov P, Dilovsky M, et al. 1978. Arch Exp Veterinarmed 32:29–33.

Monaghan P, Gold S, Simpson J, et al. 2005. J Gen Virol 86:2769–2780.

Moniwa M, Clavijo A, Li M, Collignon B, Kitching PR. 2007. J Vet Diagn Invest 19:9–20.

Morgan DO, McKercher PD. 1977. Immune response of neonatal swine to inactivated foot-and-mouth disease virus vaccine with oil adjuvant. I. Influence of colostral antibody. Proc Annu Meet U S Anim Health Assoc 81:244–255.

Moss A, Haas B. 1999. J Virol Methods 80:59–67.

Mowat GN, Chapman WG. 1962. Nature 194:253–255.

Mowat GN, Darbyshire JH, Huntley JF. 1972. Vet Rec 90: 618–621.

Mowat GN, Prince MJ, Spier RE, Staple RF. 1974. Arch Gesamte Virusforsch 44:350–360.

Mulder WA, Van Poelwijk F, Moormann RJ, et al. 1997. J Virol Methods 68:169–175.

Murnane TG, Craighead JE, Mondragon H, Shelokov A. 1960. Science 131:498–499.

Murphy C, Bashiruddin JB, Quan M, et al. 2010. Vet Rec 166:10–14.

Nardelli L, Lodetti E, Gualandi GL, et al. 1968. Nature 219: 1275–1276.

Neitzert E, Beck E, de Mello PA, et al. 1991. Virology 184: 799–804.

Nelsen-Salz B, Zimmermann A, Wickert S, et al. 1996. Virus Res 41:109–122.

Niedbalski W. 2009. Pol J Vet Sci 12:119–121.

Oberste MS, Gotuzzo E, Blair P, et al. 2009. Emerg Infect Dis 15: 640–646.

OIE. 2008. 2.8.10. *Teschovirus encephalomyelitis* (previously entero-virus encephalomyelitis or Teschen/Talfan). In Manual of Diagnostic Tests and Vaccines for Terrestrial Animals, Vol. 2, 6th ed. Paris, France: OIE, World Organisation for Animal Health, pp. 1146–1152.

Olascoaga RC. 1984. Prev Vet Med 2:341–352.

Oleksiewicz MB, Donaldson AI, Alexandersen S. 2001. J Virol Methods 92:23–35.

Oliver RE, Donaldson AI, Gibson CF, et al. 1988. Res Vet Sci 44:315–319.

Orsel K, Bouma A. 2009. Can Vet J 50:1059–1063.

Orsel K, de Jong MC, Bouma A, et al. 2007. Vaccine 25:6381–6391.

Pacheco JM, Butler JE, Jew J, et al. 2010. Clin Vaccine Immunol 17:550–558.

Paiba GA, Anderson J, Paton DJ, et al. 2004. J Virol Methods 115: 145–158.

Palmquist JM, Munir S, Taku A, et al. 2002. J Vet Diagn Invest 14: 476–480.

Papaioannou N, Billinis C, Psychas V, et al. 2003. J Comp Pathol 129:161–168.

Parker BN, Wrathall AE, Cartwright SF. 1981. Br Vet J 137: 262–267.

Parker J. 1971. Vet Rec 88:659–662.

Pasma T, Davidson S, Shaw SL. 2008. Can Vet J 49:84–85.

Paton DJ, Valarcher JF, Bergmann I, et al. 2005. Rev Sci Tech 24:981–993.

Pensaert M, De Meurichy W. 1973. Zentralbl Veterinarmed B 20: 760–772.

Pensaert M, De Meurichy W, van Leeuwe G. 1973. Zentralbl Vet-erinarmed B 20:749–759.

Phillips RM, Foley CW, Lukert PD. 1972. J Am Vet Med Assoc 161:1306–1316.

Piragino S. 1970. FMD in a circus elephant. Zooprofilassi 25:17–22.

Platt H. 1956. A study of the pathological changes produced in young mice by the virus of foot-and-mouth disease. J Pathol Bacteriol 122:299–312.

——. 1959. Virology 9:484–486.

——. 1961. Nature 190:1075–1076.

Pogranichniy RM, Janke BH, Gillespie TG, Yoon KJ. 2003. J Vet Diagn Invest 15:191–194.

Psychas V, Papaioannou N, Billinis C, et al. 2001. Am J Vet Res 62:1653–1657.

Quan M, Murphy C, Zhang Z, Alexandersen S. 2004. J Comp Pathol 131:294–307.

Quan M, Murphy CM, Zhang Z, et al. 2009. J Comp Pathol 140: 225–237.

Rasmussen TB, Uttenthal A, de Stricker K, et al. 2003. Arch Virol 148:2005–2021.

Reddacliff LA, Kirkland PD, Hartley WJ, Reece RL. 1997. J Zoo Wildl Med 28:153–157.

Reddy PS, Burroughs KD, Hales LM, et al. 2007. J Natl Cancer Inst 99:1623–1633.

Reid S, Ferris N, Hutchings G, et al. 2002. J Virol Methods 105:67–80.

Reid SM, Ferris NP, Bruning A, et al. 2001. J Virol Methods 96: 189–202.

Reid SM, Forsyth MA, Hutchings GH, Ferris NP. 1998. J Virol Methods 70:213–217.

Reid SM, Grierson SS, Ferris NP, et al. 2003. J Virol Methods 107: 129–139.

Reid SM, Hutchings GH, Ferris NP, De Clercq K. 1999. J Virol Methods 83:113–123.

Reid SM, Paton DJ, Wilsden G, et al. 2004. J Comp Pathol 131: 308–317.

Reuter G, Boldizsar A, Pankovics P. 2009. Arch Virol 154: 101–108.

Rhyan J, Deng M, Wang H, et al. 2008. J Wildl Dis 44:269–279.

Robinson P, Garza A, Moore J, et al. 2009. Clin Exp Med 2: 76–86.

Roeder PL, Le Blanc Smith PM. 1987. Res Vet Sci 43:225–232.

Ryan E, Gloster J, Reid SM, et al. 2008a. Vet Rec 163:139–147.

Ryan E, Horsington J, Durand S, et al. 2008b. Vet Microbiol 127:258–274.

Ryan E, Zhang Z, Brooks HW, et al. 2007. J Comp Pathol 136: 256–265.

Sangar DV, Rowlands DJ, Brown F. 1977. Vet Rec 100:240–241.

Sanson RL. 1994. N Z Vet J 42:41–53.

Sanz-Parra A, Sobrino F, Ley V. 1998. J Gen Virol 79:433–436.

Schaupp W. 1968. Wien Tierarztl Monatsschr 55:346–356.

Scott FW, Cottral GE, Gailiunas P. 1966. Am J Vet Res 27: 1531–1536.

Seaman JT, Boulton JG, Carrigan MJ. 1986. Aust Vet J 63: 292–294.

Seibold HR, Cottral GE, Patty RE, Gailiunas P. 1964. Am J Vet Res 25:806–814.

Sellers RF. 1963. Nature 198:1228–1229.

——. 1968. Vet Rec 83:504–506.

——. 1971. Vet Bull 41:431–439.

Sellers RF, Burt LM, Cumming A, Stewart DL. 1959. Arch Gesamte Virusforsch 9:637–646.

Sellers RF, Donaldson AI, Herniman KA. 1970. J Hyg (Lond) 68:565–573.

Sellers RF, Forman AJ. 1973. J Hyg (Lond) 71:15–34.

Sellers RF, Herniman KA, Mann JA. 1971. Vet Rec 89:447–449.

Sellers RF, Parker J. 1969. J Hyg (Lond) 67:671–677.

Shen F, Chen PD, Walfield AM, et al. 1999. Vaccine 17: 3039–3049.

Simpson CF, Lewis AL, Gaskin JM. 1977. J Am Vet Med Assoc 171: 902–905.

Singh KV, Bohl EH. 1972. Can J Comp Med 36:243–248.

Skinner HH. 1951. Proc R Soc Med 44:1041–1044.

——. 1953. One-week-old white mice as test animals in foot-and-mouth disease research. In Proceedings from XVth Interna-tional Veterinary Congress IB45, pp. 3–8.

——. 1954. Nature 174:1052–1054.

Smith IM, Betts AO, Watt RG, Hayward AH. 1973. J Comp Pathol 83:1–12.

Snowdon WA. 1966. Nature 210:1079–1080.

——. 1968. Aust J Exp Biol Med Sci 46:667–687.

Sorensen KJ, Madekurozwa RL, Dawe P. 1992. Vet Microbiol 32: 253–265.

Sorensen KJ, Madsen KG, Madsen ES, et al. 1998. Arch Virol 143:1461–1476.

Spyrou V, Maurice H, Billinis C, et al. 2004. Vet Res 35:113–122.

Summerfield A, Guzylack-Piriou L, Harwood L, McCullough KC. 2009. Vet Immunol Immunopathol 128:205–210.

Sutmoller P, Barteling SS, Olascoaga RC, Sumption KJ. 2003. Virus Res 91:101–144.

Sutmoller P, Gaggero A. 1965. Vet Rec 77:968–969.

Tamura K, Dudley J, Nei M, Kumar S. 2007. MEGA4: Molecular Evolutionary Genetics Analysis (MEGA) software version 4.0. Mol Biol and Evol 24:1596–1599.

Terpstra C. 1992. Tijdschr Diergeneeskd 117:623–626.

Tesh RB, Wallace GD. 1978. Am J Trop Med Hyg 27:133–143.

Thomson GR. 1994. Foot-and-mouth disease. In JAW Coetzer, GR Thomson, RC Tustin, NPJ Kriek, eds. Infectious Diseases of Livestock with Special Reference to Southern Africa. Cape Town, South Africa: Oxford University Press, pp. 825–852.

Thomson GR, Vosloo W, Bastos AD. 2003. Virus Res 91: 145–161.

Toka FN, Nfon C, Dawson H, Golde WT. 2009. Clin Vaccine Immunol 16:1738–1749.

Turbitt D. 2001. No human cases so far in foot and mouth epidemic in the United Kingdom. Euro Surveill 5:1.

Van Bekkum JG, Frenkel HS, Frederiks HHJ, Frenkel S. 1959. Observations on the carrier state of cattle exposed to foot-and-mouth disease virus. Bull Off Int Epizoot 51:917–922.

Vanderhallen H, Koenen F. 1997. J Virol Methods 66:83–89.

Vangrysperre W, De Clercq K. 1996. Arch Virol 141:331–344.

Venkataraman S, Reddy SP, Loo J, et al. 2008. Structure 16: 1555–1561.

Watanabe H, Pospisil Z, Mensik J. 1971. Jpn J Vet Res 19: 107–112.

Wilder FW, Dardiri AH, Gay JG, et al. 1974. Susceptibility of one toed pigs to certain diseases exotic to the United States. Proc Annu Meet U S Anim Health Assoc 78:195–199.

Wright WC. 1930. Hieronymi Fracastorii—De contagione et contagiosis morbis et eorum curatione, libre III, 1st ed. New York and London: G.P. Putnam's Sons.

Yamada M, Kozakura R, Ikegami R, et al. 2004. Vet Rec 155: 304–306.

Yilma T. 1980. Am J Vet Res 41:1537–1542.

Yu JM, Jin M, Zhang Q, et al. 2009. Emerg Infect Dis 15: 823–825.

Zell R, Dauber M, Krumbholz A, et al. 2001. J Virol 75: 1620–1631.

Zell R, Krumbholz A, Henke A, et al. 2000. J Virol Methods 88: 205–218.

Zhang G, Haydon DT, Knowles NJ, McCauley JW. 1999. J Gen Virol 80:639–651.

Zhang Z, Bashiruddin JB. 2009. Vet J 180:130–132.

Zimmerman JJ. 1994. Encephalomyocarditis. In GW Beran, JH Steele, eds. Handbook of Zoonoses, 2nd ed. Boca Raton, FL: CRC Press, Inc., pp. 423–436.

43

呼肠孤病毒(轮状病毒和呼肠孤病毒)
Reoviruses（Rotaviruses and Reoviruses）

Kyeong-Ok Chang, Linda J. Saif 和 Yunjeong Kim

综述
OVERVIEW

轮状病毒和呼肠孤病毒分别属于呼肠孤病毒科的轮状病毒属和呼肠孤病毒属（*Rotavirus* 和 *Reovirus*），两种病毒都是没有囊膜的二十面体粒子，含有直径为 75 nm 的三层衣壳结构。最外层衣壳可以通过多种化学方法和酶处理而除去，分别留下非传染性粒子，即直径为 65 nm 的轮状病毒和 50 nm 的呼肠孤病毒。呼肠孤病毒科（Reoviridae）为双股 RNA 病毒。轮状病毒和呼肠孤病毒分别有 11 个和 10 个节段。除了某些特例外，每个 RNA 都可编码一个结构或非结构蛋白（NSP）。鉴于节段基因组的天然属性，轮状病毒和呼肠孤病毒的不同毒株间可能发生基因的重组，导致基因的多样性。

轮状病毒和呼肠孤病毒都是普遍存在的。轮状病毒是引起多种新生动物、未成年动物腹泻的重要病原，也是引起哺乳仔猪和断奶仔猪肠胃炎的常见病原。呼肠孤病毒在疾病中所起的作用尚不清楚，但在呼吸道、肠道和生殖道疾病中可以检测出呼肠孤病毒，在康复的猪群中也可能检测到病毒。

猪的轮状病毒
PORCINE ROTAVIRUS

背景
Relevance

轮状病毒是引起新生儿和青年人及包括猪在内的多种动物腹泻的主要病原。轮状病毒于 1969 年首先发现于犊牛（Mebus 等，1969），继而在人类（Bishop 等，1973）、猪（Rodger 等，1975）和其他动物中发现。基于 VP6 抗原性可将猪轮状病毒分成四个血清型（A-C，E）。血清 A 型轮状病毒是引起仔猪（包括断奶前后的）腹泻最常见的亚型，在由轮状病毒引起商品化猪群的所有腹泻病中占 90% 以上（Will 等，1994）。

病因学
ETIOLOGY

轮状病毒为无囊膜的二十面体粒子，直径 65~75 nm（图 43.1）。轮状病毒全基因组长约 18 522 bp，含 11 节段的双股 RNA（Estes 和 Cohen，1989）。除了节段 11 编码 NSP5 和 NSP6 以外，每个基因节段编码 6 个结构蛋白或非结构蛋白其中的一个（Estes 和 Kapikian，2007）。VP6 是

猪病学，第 10 版，由 Jeffrey J. Zimmerman，Locke A. Karriker，Alejandro Ramirez，Kent J. Schwartz，Gregory W. Stevenson 主编。

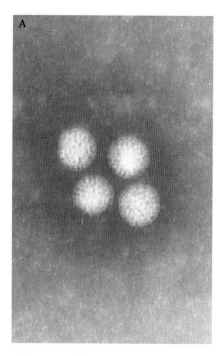
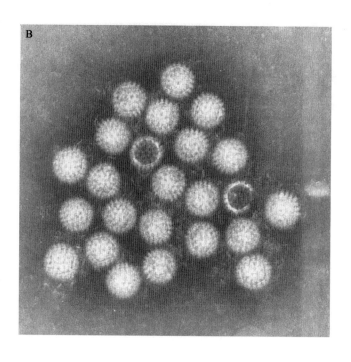

图 43.1　粪便中负染的轮状病毒粒子,电子显微镜观察(× 130 000)。A.最外层衣壳完整的三层结构病毒颗粒,轮廓光滑。B.缺乏外层衣壳的双层结构病毒颗粒,边缘不清晰。

数量最多的病毒结构蛋白,其次是糖蛋白 VP7。VP4 为非糖基化蛋白,被蛋白酶水解后,剪切成 VP5 和 VP8,对病毒的传染性至关重要。

　　轮状病毒含有三层衣壳:外层由 VP7 和 VP4 组成;内层为 VP6;核心由 VP1、VP2 和 VP3 组成。在电子显微镜下可以观察到,完整的三层粒子结构组装成一个轮状体(rota in Latin)。经过多种化学试剂和酶处理后,可以除去由 VP7 和 VP4 组成的外层衣壳。剩下的双层粒子结构的直径约为 65 nm,边缘粗糙。电镜观察轮状病毒样本时,可以频繁观察到含三层结构和双层结构的病毒颗粒。双层结构的轮状病毒由于缺乏外层蛋白,而不能参与病毒对易感细胞的侵袭,只有含三层结构的病毒颗粒具有易感性(Estes 和 Kapikian,2007)。

　　轮状病毒可分为七个亚型(A~G),虽然从形态学上很难区分,但根据抗原特异性,基于 VP6 血清型特征而加以区分(Estes 和 Kapikian,2007;Saif 和 Jiang,1994)。

　　A 亚群是引起人类和动物胃肠道疾病的主要病原,容易区分。B 亚群和 C 亚群在动物和人类中可以零星地检测到。在 1 周龄以下的尚未断奶仔猪的腹泻中越来越普遍检出 C 亚群(Rossow

等,2010)。E 亚群只在英国猪群中检测到(Chasey 等,1986),D、F 和 G 亚群已经在禽类中检测到。

　　聚丙烯凝胶电泳可以依据轮状病毒基因组提取物(双股 RNA)电泳迁移特点,进行特异性分类(Pedley 等,1986;Saif 和 Jiang,1994)。轮状病毒 RNA 节段群可分成四个区域(Ⅰ-Ⅳ)。它们分别与 A、B、C、D 四种血清型一一对应为Ⅰ、Ⅱ、Ⅲ、Ⅳ,相对应的比值为 4:2:3:2,4:2:2:3,4:3:2:2 和 5:2:2:2。需要通过血清型和核酸分析试验确定轮状病毒的群和型。

　　A 亚群轮状病毒可进一步分为 G(VP7)血清型和 P(VP4)血清型或基因型(表 43.1)。在人类和动物的轮状病毒中,外层衣壳蛋白 VP7 和 VP4 各自产生中和抗体(Greenberg 等,1983),至少存在 15 个 G 血清型(VP7)和 26 个 P 血清型(Estes 和 Kapikian,2007)。

　　需要通过血清学分析来确定病毒的血清型,比如,用多克隆或单克隆抗体进行的蚀斑减少中和试验或者荧光焦点减少试验(Bohl 等,1984;Estes 和 Cohen,1989;Hoshino 等,1984;Paul 等,1988)。通过比较序列分析和/或核酸杂交数据分析确定病毒的基因型。属于相同基因型的毒株核酸序列同源性超过 89%（Estes 和 Kapikian,2007；Gorziglia 等,1990）。

　　因为同型免疫对于抵抗轮状病毒感染至关重要,所以确定病毒的 G 和 P 型是非常重要的。在猪轮状病毒中,至少发现有 10 个 G 血清型（G1～6,G8～10 和 11）和 7 个 P 型（P1A[5],2B[6],7[5],9[7],未确定的[13],12[19]和 14[23]）与腹泻相关（表 43.1）。猪群主要的 G 型为 G3（CRW-like）,G4（Gottfried-like）,G5（OSU-like）及 G11（YM-like）（表 43.2）。而人类的

G1、2 和 9 型,牛的 G6、8、10 型也在猪群中有检测到。猪群中最普遍的 P 型是 P2B[6]和 P9[7],分别属于 Gottfried-like 型和 OSU-like 型（表43.2）,猪的其他 P 基因型 P[8]和 P[6]（M37-like）,牛的 P 基因型 P[1],P[5]和 P[11]也已经检出（表 43.1 和表 43.2）。2000—2002 年,在日本幼年猪群腹泻病大暴发期间,主要检出的是 G9（和 P2B[6]或不常见的 P 型如 P[13]、P[23]）猪轮状病毒（Teodoroff 等,2005）。

表 43.1　猪轮状病毒的血清群、血清型及基因组

Serogroup	G (VP7) Serotype	Strain	P (VP4) Serotype [Genotype]	Strain
A	1	C60,C91,C95,CN117,C86,S7,S8A	1A[8]	S8A,S9B
	2	34461-4	2A[6]	134-04-8,134/4-10
	3	CRW-8, A131, A138, LCA843, A821, A411, C176, BEN-307, ISU-65, PRV 4F, PRV 4S, Clon8, MRD-13[a]	2B[6]	Gottfried,BEN-144,S5,S7,SB-2A,
	4	Gottfried, SB-1A, SB-1B, BEN-144, BMI-13	2C[6]	JP3-6,JP29-6
	5	OSU, EE, TFR-41, A34, MDR-13,[a] A46,C134,CC117,S8B,134/04-15	7[5]	PRV 4S, 343, 84/52F, 84/104F, 84/158F
	6	84/52F,84/104F,84/158F	9[7]	OSU, YM, EE, TFR-41, C134, CRW-8, BEN-307, SB-1A, C60, C91, C95, A253, JL94, A821, A138, BMI-1, AT/76, SB-2A, SW20/21,SB-1A,CRW-8,CN117, CC117,A131,EE,ISU-64
	8	Field sample	Not tested[13]	MDR-13,A46,Clon8
	9	ISU-64,S5,A2,S8	12[19]	4F
	10	P343	14[23]	A34
	11	YM,A253	Not tested [26]	134/04-15
	12	RU172		
B		Ohio,NIAD-1,IA1146		
C		Cowden,HF,IA850		
E		DC-9		

[a] 双重 G 血清型曾有所报道。

表格改编自 Estes 和 Kapikian（2007）以及 Paul 和 Stevenson（1999）。

实验室培养（Laboratory Cultivation）。猪轮状病毒的首次培养是将胰蛋白酶或者胰液素处理之后的病毒粒子，接种于猪原代肾细胞的试管中得到的（Theil 等，1977）。随后，将病毒在非洲绿色灵猴肾细胞系 MA-104 中传代培养（Bohl 等，1984）。因为 VP4 的蛋白水解作用对病毒的传染性至关重要，故添加蛋白水解酶（胰蛋白酶或者胰液素）对于病毒的分离是必要的。这也解释了轮状病毒在已感染动物的肠道内生长良好，是因为肠道存在大量的蛋白水解酶。病毒培养可预先用胰蛋白酶（10 μg/mL）或胰液素（0.5～1 μg/mL）处理，或者在病毒吸附之后，向无血清培养基中添加胰蛋白酶或胰液素。

培养病毒的细胞从表面分离之后变圆，是细胞病变的特征性标志。这些细胞进一步裂解，培养基中出现细胞碎片。在病毒感染过的细胞胞质中，可以通过免疫荧光（图 43.2）或免疫组化等方法检测到病毒抗原。

猪轮状病毒 B 群和 C 群在含高浓度胰液素的猪源肾细胞中也可以繁殖培养（Sanekata 等，1996；Terrett 等，1987）。猪的 C 群 Cowden 毒株可以在 MA-104 细胞中生长（Saif 等，1988）。轮状病毒 E 群、大多数 B 群和 A 群的一部分始终不能在培养的细胞中传代。

物理化学和生物学特性（Physicochemical and Biological Properties）。轮状病毒对环境有一定抵抗力，比如温度、pH、化学试剂、消毒剂，包括乙醚、氯仿或者清洁剂（脱氧胆酸盐）等（Estes 和 Kapikian，2007）。轮状病毒反复冻融和经过 5 mmol/L EDTA 处理移除其外层膜后，失去传染力。在 pH 3～9 之间，轮状病毒是相对比较稳定。

蔗糖或氯化铯（CsCl）梯度离心可以分离三层结构和双层结构的轮状病毒颗粒。三层结构病毒颗粒的密度为 1.36 g/mL 的 CsCl 和沉淀系数为 520S～530S 的蔗糖。双层结构颗粒的密度为 1.38 g/mL 的 CsCl 和沉淀系数为 380S～400S 的蔗糖（Tam 等，1976）。单层结构颗粒的密度和沉淀系数分别为 1.44 g/mL 和 280S 的蔗糖（Bican 等，1982）。

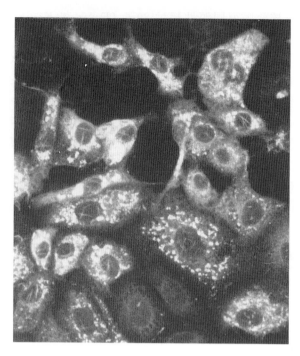

图 43.2　免疫荧光显示，在感染 A 群猪轮状病毒的 MA-104 细胞中，轮状病毒抗原聚集在胞质中（×400）。

公共卫生
Role in Public Health

由于轮状病毒频繁发生基因重组，猪轮状病毒的重组基因在人群中有检出，而人类轮状病毒的重组基因在猪群中也有检出。然而，猪轮状病毒潜在的动物源性传染能力有待进一步研究及持续的检测。

流行病学
Epidemiology

虽然血清群的流行与猪的年龄相关，A 群轮状病毒仍然在全球范围内广泛流行。在一些国家，成年猪群血清反应阳性率甚至可以达到 100%（Bridger 和 Brown，1985；Brown 等，1987；Chasey 等，1986；Hung 等，1987；Nagesha 等，1988；Terrett 等，1987；Theil 和 Saif，1985；Tsunemitsu 等，1992）。猪 B、C 和 E 群的血清阳性率也很高（表 43.3）。

表 **43.2**　各国亚临床或腹泻猪只中 A 群轮状病毒的 G 亚型和 P 亚型,在空间和时间上的多样性

国家	报道	时期	G 亚型	P 亚型	G/P 亚型
Korea	Kim 等 2010	2006—2007	G5 (70%)	P[7] (93%)	G5P[7] (64%)
		$n=98$	G8 (17%)	P[23] (2%)	
		$n=182/475$	G9 (9%)	P[1] (1%)	
		(38%)			
		3～70 d			
Japan	Teodoroff 等 2005	2000—2002	G9 (33%)	P[6] (28%)	G9P[23] (17%)
		$n=18$	G5 (28%)	P[23] (28%)	
		Nursing weaned	G3 (17%)	P[7] (17%)	
			G4,G1	P[1],P[13]	
Canada	Lamhoujeb 等 2010	2005—2006	G4 (55%)	P[6] (64%)	G4P[6] (45%)
		$n=11$ Ages?	G5 (18%)	P[27] (18%)	
		$n=21/122$ (17%)	G2,G9,G1 (9%)	P[13] (18%)	
United States	Winiarczyk 等 2002	2002	G4 (32%)	P[7] (55%)	
		$n=31$	G5 (29%)	P[6] (42%)	
	Rosen 等 1994	1985—1992	G11 (52%)	P[7] (33%)	G11P[?] (48%)
		$n=57/216$ 26%	G4 (35%)	P[6] (10%)	
		OH,CA,IA,KS,NE,SD	G5 (15%)		
Brazil	Rácz 等 2000	1995—1997	G5 (37%)	P[7} (59%)	G5P[6] (10%)
		$n=59$	G3,G4 (9%)	P[6] (49%)	G5P[7] (10%)
		1～60 d	G9 (5%)		
			G? (39%)		
	Santos 等 1999	1991—1992	G4 (20%)	P[6] (50%)	G4P[6] (20%)
		$n=10$	G9 (20%)	P[8] (10%)	G9P[6] (20%)
		21～35 d	G1,G5		
Slovenia	Steyer 等 2008	2004—2005	G5 (30%)	P[6] (41%)	G3P[6] (19%)
		$n=81/406$ 20%	G3 (27%)	P[13] (17%)	G5P[7] (14%)
		Nursing 13%	G4 (19%)	P[7] (16%)	G4P[6] (12%)
Weaning		Weaning 27%	G2,G11,G1	NT (14%)	
		Finisher 19%			
Poland	Winiarczyk 等 2002	2002?	G5 (25%)	P[7] (25%)	
		$n=88$	G4 (16%)	P[6] (16%)	
		Ages?	G3 (9%)	ND (61%)	
			ND (45%)		

^a大多数粪便样品来自亚临床表现为轮状病毒感染的猪只(18% RV+)。对于阳性猪只,76%～87%亚临床症状发生在断奶期(27%)>休整期(19%)>护理期(13%)。牛源型(G10,G6)和人源型(G1,G2,P[6])轮状病毒都有发现。

ND,未确定。

表 43.3 腹泻猪群中轮状病毒 A、B、C 群的流行状况

国家	报道/试验	猪只年龄	轮状病毒阳性数量/%	血清阳性率/% A	B	C	混合型
美国	Janke et al. 1990/	各年龄段	90/NR	68	10	11	11
	polyacrylamide gel	哺乳仔猪	68/NR	76	7	7	9
	electrophoresis(PAGE)	断奶仔猪	22/NR	41	18	23	18
泰国	Pongsuwanna et al. 1996/PAGE	仔猪	26/5	89	4	8	0
南非	Geyer et al. 1996/PAGE	仔猪(<6 周龄)	NR/38	85	5	11	ND
意大利	Martella et al. 2007/RT-PCR	断奶仔猪(1~3 月龄)	102/98	72	ND	31(3)[a]	26 (A+C)
韩国	Jeong et al. 2007/RT-PCR	仔猪(1~7 周龄)	137/26	ND	ND	17(12)[a]	11 (A+C)

[a] 所有研究中,C 群轮状病毒单独发生的几率分别为 3% 和 12%。

NR,未见报道。

在猪群中已经检测出轮状病毒 A、B、C、E 血清群,以及血清群 A 和 C 中的多个血清型。在腹泻样品中,A 群轮状病毒的流行率为 10%~70%,研究结果以分析方法、猪只年龄和区域等参数为依据(表 43.4)。最近研究采用更为敏感的检测方法,比如逆转录 PCR(RT-PCR),证实了轮状病毒 A 群在腹泻样品中的检测率很高(高达 67%)(表 43.4)(Halaihel 等,2010;Katsuda 等,2006;Kim 等,2010;Lamhoujeb 等,2010)。

轮状病毒最初的传播途径为粪-口传播。不过最近有研究表明,无菌猪群经过口腔或鼻腔接种一株人源的 A 群轮状病毒(Wa 毒株),3~4 d 后,从鼻腔分泌物和粪便中检测到的轮状病毒滴度相似(Azevedo 等,2005)。猪轮状病毒是否经呼吸道传播尚有待确定。

A 群轮状病毒在小于 60 日龄、甚至 1 周龄猪中检测率最高。最普遍的发生于 3~5 周龄猪(Bohl,1979)。轮状病毒 A 群在排泄物中存在的持续时间约为 7.4 d,从 1~14 d 不等(Fu 和 Hampson,1987)。排出病毒受被动免疫水平和轮状病毒血清群的影响。成年动物一般不常排出病毒,但它们偶尔会排出病毒,成为感染源。对于 B 群轮状病毒的感染,持续时间与病毒排出量要比 A 群轮状病毒少(Bridger,1980;Theil 和 Saif,1985)。

以前美国或英国,对于 C 群或 E 群轮状病毒暴发的记录很少(Chasey 和 Davies,1984;Kim 等,1999)。而最近的数据表明,C 群轮状病毒主要发生于 7 日龄以下的哺乳期腹泻猪群(Rossow 等,2010)。巴西 2010 年有报道指出,在腹泻和正常粪便样本中检测出遗传多样性的猪 C 群轮状病毒。

通常轮状病毒在它们的天然宿主间传播。也有报道指出,在猪群和牛群,猪群和马群及猪群和人类之间,轮状病毒会发生基因重组和种间传播(Alfi eri 等,1996;Cao 等,2008;Das 等,1993;Dunn 等,1993;Ghosh 等,2010;Laird 等,2003;Matthijnssens 等,2010;Nakagomi 和 Nakagomi,2002;Parra 等,2008)。在人类临床样品曾分离出重组的轮状病毒(Esona 等,2009;Santos 等,1999)。例如印度暴发轮状病毒腹泻病时分离出的毒株——人类 RMC321 毒株,已经鉴别出它与猪轮状病毒在基因上绝大部分相似,包括 VP4、VP6 和 NSP1~5(95%~99% 氨基酸一致性),表明猪轮状病毒可以跨过种间屏障,引起人类严重的胃肠炎(Varghese 等,2004)。

存在于粪便中的轮状病毒在 60℃ (140°F) 30 min,或 18~20℃ (64~68°F)超过 7~9 个月仍然具有活力(Woode,1978)。2% 戊二醛,70% 乙醇,3.7% 甲醛,10% 聚维酮碘,67% 氯胺 T,0.5% 三氯生都可以使组织中的轮状病毒失活(Sattar 等,1983)。能够使轮状病毒失活的消毒剂包括酚类、福尔马林、氯气和 β-丙内酯。消毒剂喷雾剂包括乙醇(0.1% 苯基苯酚和 79% 乙醇)、漂白剂(6% 次氯酸钠稀释到 800 μg/L 游离态氯气中)和苯酚产品(14.7% 石炭酸以 1∶256 的比例稀释于自来水),以上消毒剂处理 10 min 之后,可以有效减少 95%~99% 的病毒滴度(Sattar 等,1994)。乙醇(95%)具有移除轮状病毒外层衣壳的作用,可能是最有效的消毒剂(Estes 等,2001)。

表 43.4　各国轮状病毒的流行情况

国家	猪只年龄	轮状病毒阳性总数[a]/%	阳性率/%	轮状病毒阳性样品[b]/%	试验方法	报道
美国	各年龄段	90/NR	NR	68	PAGE	Janke 等(1990)
	仔猪	14/NR	NR	76.4		
	哺乳仔猪	29/NR	NR	40.9		
尼日利亚	各年龄段	43/96	44.8	100	ELISA	Atii 等(1990)
	1~3 周龄	29/52	34.2	100		
	4~6 周龄	14/41	55.8	100		
	>6 周龄	0/3	0	100		
美国	各年龄段	96/1 048	9	89	ELISA，PAGE	Will 等(1994)
泰国	仔猪	26/557	4.7	89	PAGE	Pongsuwanna 等(1996)
南非	仔猪(<6 周龄)	NR	37.8	84.6	PAGE	Geyer 等(1996)
波兰	仔猪	169/531	32	100	ELISA	Markowska-Daniel 等(1996)
德国	各年龄段	5/149	3.3	NR	EM	Wieler 等(2001)
	1~7 日龄	0/33	0	NR		
	8~14 日龄	1/50	2	NR		
	15~21 日龄	1/19	5.3	NR		
	22~28 日龄	4/16	25	NR		
	36~42 日龄	0/31	0	NR		
巴西	各年龄段	53/99	53.5	100	PAGE	Barreiros 等(2003)
	<7 日龄	10/19	53	100		
	8~21 日龄	12/20	60	100		
	>21 日龄	31/60	52	100		
日本	各年龄段	179/269	66.5	NR	RT-PCR	Katsuda 等(2006)
	仔猪	103/153	67.3	NR		
	断奶的	76/116	65.5	NR		
韩国	各年龄段	182/475	38.3	NR	RT-PCR	Kim 等(2010)
西班牙	各年龄段	37/221	16.7	NR	RT-PCR	Halaihel 等(2010)
	<8 周龄	21/64	32.8	NR		
	>8 周龄	16/157	10.2	NR		
加拿大	各年龄段	21/122[c]	17	NR	RT-PCR	Lamhoujeb 等(2010)

[a] 腹泻样本。

[b] 轮状病毒阳性样品。

[c] 腹泻和非腹泻样品。

NR,未见报道。

致病机理
Pathogenesis

轮状病毒主要在小肠绒毛上皮细胞（Buller 和 Moxley，1988），盲肠或结肠上皮细胞（Collins 等，1989；Theil 等，1978；Ward 等，1996b）繁殖。小肠的空肠段和回肠段最为易感。接种后 12～48 h，几乎在全部的空肠和回肠绒毛上皮细胞和少部分十二指肠绒毛末端可以检测到轮状病毒抗原（图 43.3）（Collins 等，1989；Saif，1999；Shaw 等，1989；Stevenson，1990；Theil 等，1978；Ward 等，1996b）。

轮状病毒在肠上皮绒毛细胞繁殖导致细胞溶解，绒毛变钝及萎缩。绒毛萎缩程度和病毒在小肠的分布情况是取决于猪的年龄（Shaw 等，1989）、轮状病毒毒株（Collins 等，1989）和血清群（Saif，1999）。较年轻的猪群其绒毛的萎缩程度更加严重和广泛，猪轮状病毒 A 和 C 群与 B 和 E 群相比，能引起更加严重的绒毛萎缩（Saif，1999）。B 群轮状病毒在小肠远侧段绒毛末端产生广泛的感染灶和轻度的腹泻（Saif 和 Jiang，1994）。

对于轮状病毒引起猪和人类腹泻的机制，普遍接受的观点是轮状病毒诱导肠绒毛萎缩，使肠道吸收性细胞失去功能，引起吸收不良，导致腹泻（Kapikian 等，2001）。对仔猪接种猪或人类轮状

病毒之后引起轮状病毒腹泻症状，这表明其肠道绒毛上皮细胞的功能发生改变，包括葡萄糖偶联钠转运功能的损伤（Davidson 等，1977；Rhoads 等，1991），双糖酶活性的减少（Graham 和 Estes，1991；Zijlstra 等，1997），胸苷激酶活性的增强（Davidson 等，1977）。这些病理生理学变化都是吸收不良性腹泻的原因（Saif，1999）。双糖酶活性的降低导致小肠内双糖无法降解，内容物渗透压升高而引起渗透性腹泻。另外，Na^+K^+-ATP 酶活性和葡萄糖偶联钠吸收能力的降低可引起肠绒毛末端吸收不充分，干扰了正常情况下钠和水在肠绒毛隐窝处的吸收平衡。

除了绒毛萎缩，轮状病毒诱导腹泻的其他机制可能有肠道炎性反应（Zijlstra 等，1999），肠神经系统的激活（Lundgren 和 Svensson，2001），轮状病毒 NSP4 的肠毒素作用（Ball 等，1996；Estes 等，2001）。

临床症状
Clinical Signs

轮状病毒的潜伏期为 18～96 h，伴随着委靡、腹泻，有时会有发热症状。天然感染轮状病毒伴发腹泻的猪多为 1～41 日龄的哺乳期猪只（Askaa 等，1983；Bohl 等，1978；Debouck 和 Pensaert，1983；Roberts 等，1980；Svensmark 等，1989；Yaeger 等，2002）或断奶后 7 d 以内的猪（Bohl 等，1978；

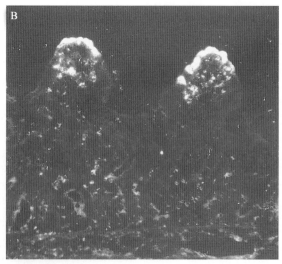

图 43.3 间接荧光抗体试验，观察轮状病毒抗原在绒毛上皮细胞胞质中的分布情况（×90）。A. 1 日龄无菌级猪接种轮状病毒 16 h 后的回肠。几乎所有的回肠上皮细胞都有病毒抗原。B. 27 日龄普通级猪接种轮状病毒 3 d 后的空肠中段。病毒抗原存在于绒毛末端的上皮细胞内。

Lecce 和 King，1978；Tzipori 等，1980b；Woode 等，1976）。在特定的猪群内，开始发病的年龄经常具有一致性。

在简单的轮状病毒感染病例中，轮状病毒没有与其他肠道病原体发生共同感染，哺乳期猪群的腹泻症状通常是轻微的，并且限于 2～3 d 以内。粪便为黄色或白色，水样到奶油状、各种絮状。发病率不同，但一般小于 20％。脱水程度轻微，在腹泻猪中，由于脱水致死的比率不到 15％，青年猪死亡率最高。哺乳期猪群经常同时感染等包子球虫（Roberts 等，1980）或者肠毒性大肠杆菌（ETEC）（Bohl 等，1978）。共同感染会导致更严重的腹泻、更高的发病率和死亡率（Lecce 等，1982；Tzipori 等，1980a）。

相比于实验接种猪群，天然感染轮状病毒的猪表现的临床症状要轻微，前者包括未经母源抗体免疫的猪只，比如无菌级猪和剥夺初乳的猪。由于轮状病毒几乎在所有猪群都呈地方性感染，多数猪群已经经过轮状病毒免疫，并且通过初乳或乳汁对仔猪进行母源抗体免疫（Askaa 等，1983；Ward 等，1996a）。当经口感染轮状病毒的剂量超过了被动免疫水平，猪群发生腹泻症状（Saif，1985）。1～5 日龄无菌级猪或剥夺初乳的普通级猪，在接种轮状病毒以后发生严重腹泻，死亡率高达 50％～100％（McAdaragh 等，1980；Pearson 和 McNulty，1977；Tzipori 和 Williams，1978；Ward 等，1996b；Woode 等，1976）。稍微大一点的猪（7～21 日龄）腹泻较轻微，脱水程度较低，死亡率较低（Crouch 和 Woode，1978；Shaw 等，1989；Theil 等，1978），28 日龄的猪腹泻仅持续 1～1.5 d（Lecce 等，1982；Tzipori 等，1980c）。

轮状病毒对于断奶猪腹泻的影响力尚不清楚。目前，对于轮状病毒在断奶仔猪腹泻中的重要性尚不清楚。有报道称，轮状病毒与传染性胃肠炎病毒（Bohl 等，1978）或者 β-溶血性产肠毒素大肠杆菌（ETEC）（Lecce 等，1982；Tzipori 等，1980a）混合感染，可引起断奶仔猪严重的腹泻。当断奶仔猪单独接种轮状病毒或者 β-溶血性 ETEC 时，仅引起轻度暂时性腹泻或无腹泻现象。然而，当接种轮状病毒后再接种 β-溶血性 ETEC，则 β-溶血性 ETEC 的定植增强，并引发严重的迁延性腹泻。自然暴发时可观察到典型的临床症状，这说明了在特定情况下，轮状病毒对断奶后腹泻起着重要作用（Melin 等，2004）。

猪只接种轮状病毒的死亡率可能与某些可导致更严重腹泻的相关因素有关，例如，环境温度过低（Steel 和 Torres-Medina，1984）、营养不良（Zijlstra 等，1997，1999）和较高的病毒暴露剂量（Shaw 等，1989）。腹泻造成脱水、电解质失去平衡，需要口服电解质进行治疗。营养不良因阻碍损伤的肠绒毛再生，延迟肠道酶和吸收能力的恢复，从而增加了轮状病毒腹泻的严重性和周期（Zijlstra 等，1997）。吸收障碍导致营养不良，并有可能导致能量不足症和低体温症。与略龄长的猪只相比，新生仔猪的死亡率更高，这有可能与肠绒毛萎缩更严重、更广泛，同时细胞外液和能量储备降低有关。

病理变化
Lesions

在小肠，典型的轮状病毒病理变化是由病毒复制造成的，导致肠绒毛的损伤和后续的适应性和再生性反应。大体病变最严重的主要见于 1～14 日龄仔猪（Collins 等，1989；Janke 等，1988；Pearson 和 McNulty，1977；Stevenson，1990；Theil 等，1978）。胃内通常含有食物，小肠末端 1/2～2/3 的部位肠壁变薄、松弛扩张，充满絮状、黄色或灰色的液体。小肠末端 2/3 部位的乳糜管内无乳糜，肠系膜淋巴窦小且呈黄褐色。21 日龄以上的猪很少见严重的大体病变，或者无可见的大体病变（Shaw 等，1989；Stevenson，1990）。

对哺乳仔猪，光学显微镜（Paul 和 Stevenson，1999）和扫描电子显微镜（Collins 等，1989；McAdaragh 等，1980；Stevenson，1990；Torres-Medina 和 Underdahl，1980）下的病理变化已有大量报道。肠绒毛上皮细胞的退化始于绒毛顶端，在接种后 16～18 h 发生。退化的细胞肿胀，胞浆稀薄，核肿胀，刷状缘不规则，与相邻细胞或者基底膜发生部分分离。接种后 16～24 h 观察到细胞脱落，明显的绒毛萎缩（图 43.4），而接种后 24～72 h 最为严重。萎缩的绒毛顶端发生溃疡，或者覆盖有肿胀的、细长的、近鳞形的上皮细胞（图 43.4）接种后的 48～72 h，由于隐窝上皮增生，使得深层隐窝明显可见。正常绒毛完全再生的时间取决于猪的年龄。

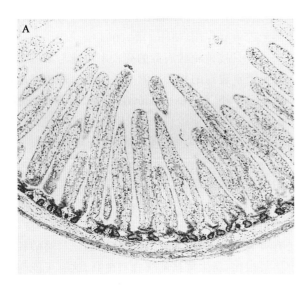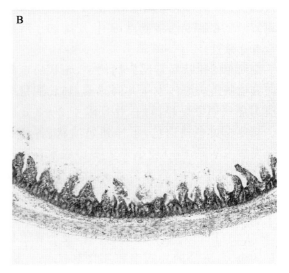

图 43.4　3 日龄无菌猪的回肠[苏木素和伊红染色（H 和 E）；×35]。A. 未接种的对照组猪正常的肠绒毛；B. 接种后 18 h，严重的绒毛萎缩。

诊断
Diagnosis

鉴于轮状病毒感染在新生仔猪中很常见，轮状病毒应当视作 1~8 周龄猪腹泻的一种病原体。要考虑到与其他传染性病原的鉴别诊断，包括大肠杆菌、传染性胃肠炎病毒、猪等孢球虫和产气荚膜梭菌。轮状病毒的检测一般针对粪便样品、肠道内容物或是来自腹泻急性期的组织切片。因轮状病毒的排毒高峰期在初次腹泻后的 24 h 内，所以样品收集的时间是比较重要的。

许多有效的方法可用于检测轮状病毒，包括小肠冰冻切片或者小肠涂片进行电镜观察、免疫电镜、免疫组化、免疫荧光等观察，酶联免疫吸附试验（ELISA）、病毒分离、乳胶凝集试验、斑点印迹杂交、RNA 电泳分型和 RT-PCR（Kapikian 等，2001）。

免疫组化法可以检测用福尔马林固定或石蜡包埋的小肠组织切片中的轮状病毒，通过蛋白 A 金和特异性的抗血清进行免疫金染色（Magar 和 Larochelle，1992）。

核酸分子杂交技术和 RT-PCR 可用于检测病毒的 RNA。使用特异性放射性标记探针或非放射性标记的探针，核酸分子杂交技术是一种特异性高、敏感性高的方法用以检测和基因分型

（Johoson 等，1990；Koromyslov 等，1990；Ojeh 等，1993；Rosen 等，1990；Zaberezhny 等，1994）。RT-PCR 则通过使用特异性的引物，成为轮状病毒检测、病毒基因分组和基因分型时最广泛应用的一种方法（Barreiros 等，2003；Ben Salem 等，2010；Chun 等，2010；Elschner 等，2002；Gouvea 等，1994a，b；Halaihel 等，2010；Katsuda 等，2006；Kim 等，2010；Martella 等，2001；Pongsuwanna 等，1996；Winiarczyk 和 Gradzki，1999；Winiarczyk 等，2002）。

因为猪群中轮状病毒感染率比较高，所以检测轮状病毒的抗体并没有太大价值。但是，可以通过检测免疫球蛋白 M（IgM）和免疫球蛋白 A（IgA）的抗体水平来评估猪的免疫状态。较高的 IgM 和 IgA 抗体水平表明是新近感染或急性感染。间接免疫荧光法、补体结合试验、免疫粘连血凝测定试验、ELISA、病毒中和试验、血凝抑制试验（Eiguchi 等，1987）、反向被动血凝抑制试验和免疫组织化学法可用于检测轮状病毒抗体滴度。ELISA 使用同型-特异性单克隆抗体（Azevedo 等，2004；Parreno 等，1999；Paul 等，1989；To 等，1998），能够检测到轮状病毒特异性的抗体反应[IgM、IgA 和免疫球蛋白 G（IgG）]。蚀斑减少中和试验和荧光减少中和试验可以检测到中和抗体（Hoshino 等，1984；To 等，1998）。

免疫

Immunity

轮状病毒感染可同时引发系统性和局灶性的免疫反应。轮状病毒感染后或口服免疫后，主要抗体反应是针对 VP6，随后是 VP7，VP4，NSP2和 NSP4（Chang 等，2001；Iosef 等，2002a；Yuan等，2004）。经过轮状病毒的强毒感染康复后，猪对同型病毒（通常是 P 或 G 型）能产生保护力，而对异型病毒没有保护力（Bohl 等，1982；Hoshino等，1988；Saif 等，1997）。这些结果显示，G 型和P 型特异性免疫反应对于控制轮状病毒感染的重要性。外衣壳 VP4 和 VP7 诱导猪产生病毒中和抗体，并对同型轮状病毒提供独立的保护力（Hoshino 等，1988）。

尽管初次感染或疫苗接种为轮状病毒不同的血清群和血清型提供了较低的或者无交叉的保护力，但是反复的接种疫苗或再感染相同的病毒株，扩大了对异型轮状病毒的保护力范围（Chiba 等，1993；Gorrell 和 Bishop，1999）。但是仅包含VP2 和 VP6 的病毒样粒子不能够诱导新生仔猪的主动免疫保护力（Azevedo 等，2004；Gonzalez等，2004；Iosef 等，2002b；Nguyen 等，2003；Yuan等，2000，2001）。亦或是被动保护新生仔猪从出生到接种了 VP2/VP6 病毒样粒子的疫苗，说明VP6 抗原不足以抵抗轮状病毒疾病（Yuan 和Saif，2002）。

使用新生无菌仔猪作为模型，可研究猪和人的轮状病毒感染引起的免疫应答及疫苗效价（Saif 和 Fernandez，1996；Saif 等，1997；Yuan 和Saif，2002）。给无菌猪口服接种人的轮状病毒，肠道 IgA 抗体分泌细胞和淋巴增殖反应的水平，与产生的保护力呈正相关，这强调了局灶性免疫反应对轮状病毒的重要性（Saif 等，1997；Ward等，1996c；Yuan 和 Saif，2002）。在肠道和血清中存在的中和 IgA 抗体，是与保护猪和人类的轮状病毒疾病最为相关的因素（Azevedo 等，2004；Coulson 等，1992；To 等，1998）。

在仔猪出生后的很短的时间内（出生后 24～36 h），可以从免疫母猪通过消化初乳而得到母源

抗体（Wagstrom 等，2000）。而母源抗体仅能局灶性保护肠道（Saif，1999）。因此在母源抗体水平下降后，仔猪最易受到轮状病毒感染。初乳和乳汁中主要的抗体分别是 IgG 和分泌型 IgA，因为后者对消化酶的裂解具有抗性，并且乳汁中含有更高水平的分泌型 IgA，所以分泌型 IgA 在肠道里更能有效对轮状病毒产生保护力（Saif 和Fernandez，1996）。母源 IgG 抗体被动地从血清渗透到肠道，也能短暂性地对轮状病毒感染产生保护力（Hodgins 等，1999；Parreno 等，2004；Ward 等，1996a）。

目前就轮状病毒感染时 T 细胞和 B 细胞在保护性免疫中发挥的作用，仅在成年小鼠上有广泛的研究（Franco 和 Greenberg 的综述，2000）。在猪（Ward 等，1996c）、羔羊（Bruce 等，1995）、小牛（Oldham 等，1993）和人（Offit 等，1993）上有限的研究表明，在限制和清除大部分轮状病毒中，CD8[+] T 细胞发挥了重要作用，CD4[+] T 细胞也有助于形成黏膜抗体反应（Oldham 等，1993）。

预防和控制

Prevention and Control

没有专门针对轮状病毒的特效抗病毒药。因此，治疗仅限于使用抗生素和液体疗法，进行支持疗法和阻止细菌继发感染（Bywater，1983；Paul和 Stevenson，1999）。为了减缓轮状病毒性腹泻造成的脱水和减重，采用含葡萄糖-甘氨酸的电解质溶液（Bywater 和 Woode，1980），或者向口服液中添加 L-谷氨酰胺，以增加空肠对钾和氯的吸收（Rhoads 等，1991）。口服给予转化的生长因子α 可促进仔猪轮状病毒感染的空肠的恢复（Rhoads 等，1995）。将含轮状病毒特异性抗体的鸡蛋粉额外添加到母猪的乳汁中，可降低 2～3 日龄仔猪腹泻的患病率（Henning-Pauka 等，2003）。

室温对于降低哺乳仔猪因轮状病毒性腹泻而引发的死亡率是非常重要的。例如，当室温为35℃（97°F）时，死亡率显著下降（Steel 和 Torres-Medina，1984）。按照制定的饲喂程序给予高能量的断奶仔猪饲料，亦可以降低轮状病毒感染的发病率和死亡率（Tzipori 等，1980b）。

由于轮状病毒在自然环境中普遍且持久地存在，因此从商业猪群中彻底清除轮状病毒是不实际的。所以在控制轮状病毒感染时，能够减少病毒积聚和敏感猪群暴露的管理规范才是实用的。成年母猪可呈亚临床性感染，并向环境中排毒（Benfield 等，1982）。为了减少病毒积聚，要搞好环境卫生。产仔舍和哺乳猪舍的地面应当建造成易于清理的模式，尽可能减少粪便堆积，并且不同群的地面应当进行消毒处理。

持续性流动式的育婴室中轮状病毒感染率要显著地低于全进全出式，这说明环境中的轮状病毒在局部母源抗体的保护下，能够诱导哺乳仔猪产生主动免疫力（Dewey 等，2003）。而在对猪只的轮状病毒感染进行管理时，被动免疫也非常重要。后备猪应当暴露在年长母猪的粪便环境中，以此增强轮状病毒的抗体滴度，以及增强被动免疫力。为了确保母源性免疫转移给乳猪，哺乳期日粮、采食量、舒适度和产仔笼的设计都应维持在最佳状态（Paul 和 Stecenson，1999）。

目前，一种致弱的轮状病毒疫苗包含两种主要的血清型，对哺乳仔猪进行口服免疫或肌内注射都有效（ProSystem® Rota，Merck Animal Health，Summit，NJ）。灭活的轮状病毒疫苗对母猪或哺乳仔猪的效力是不确定的（Saif 和 Fernandez，1996）。在哺乳仔猪体内，母源抗体可以通过诱导主动免疫来干扰轮状病毒病，并且一般能够引起致弱的口服苗失去效力（Hodgins 等，1999；Parreno 等，1999）。母源抗体可能对灭活的非肠道疫苗的抑制作用更小些。但是对轮状病毒血清反应阴性仔猪，肌肉注射灭活的轮状病毒不能够诱导肠道产生分泌型 IgA 抗体，或是提供保护力（Yuan 等，1998）。

猪呼肠孤病毒
PORCINE REOVIRUS

背景
Relevance

猪呼肠孤病毒发现于 1951 年（Tyler，2001）。Reo 是呼吸道和肠道孤儿（respiratory and enter-ic orphan）的缩写，这说明了呼肠孤病毒的名字与疾病本身不相关（Tyler，2001）。呼肠孤病毒感染或是呼肠孤病毒的抗体在所有动物物种都有检出。动物中与呼肠孤病毒感染的相关疾病主要包括呼吸系统、胃肠道系统和神经系统（Fukutomi 等，1996；Hirahara 等，1988；Tyler，1998）。在健康猪和有临床型呼吸道、肠道和繁殖症状的猪中，均能检测到呼肠孤病毒。目前，呼肠孤病毒在猪疾病中的作用尚不明确（Kasza，1970；Kirkbride 和 McAdaragh，1978；McFerran 和 Connor，1970）。

病因学
Etiology

呼肠孤病毒是一个无包膜的二十面体粒子，直径 75 nm，外缘粗糙（内衣壳直径 45～50 nm）（图 43.5），病毒基因组为 dsRNA，共有 10 个 RNA 片段。在氯化铯中，一个完整（成熟）的病毒粒子的密度是 1.36 g/mL。

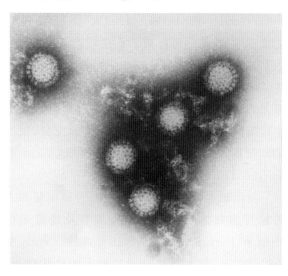

图 43.5 负染的 EM 所观察到的呼肠孤病毒粒子的电镜显微照片。

呼肠孤病毒对乙醚、氯仿和胰蛋白酶有抵抗力，但对热敏感，50℃（122℉）1 h。呼肠孤病毒对 0.1% 的脱氧胆酸盐敏感（Hirahara 等，1988）。在 pH 为 3 的酸性环境中稳定。猪的呼肠孤病毒上有一个血凝素，能够在 4℃（39℉）、22℃（72℉）和 37℃（98.6℉）凝集人的 O 型血和猪的红细胞。

哺乳动物呼肠孤病毒有一个共同的群抗原，能通过补体结合试验、免疫荧光技术和免疫扩散技术检测出(Ssbin,1959)。禽类呼肠孤病毒有一个群抗原，是所有的禽类呼肠孤病毒所共有的，但与哺乳动物的呼肠孤病毒完全不同。根据血清学，所有的哺乳动物隔离群可分为三型(1、2和3)，可以与血清中和试验、血凝抑制试验相区别。

呼肠孤病毒能够在很多动物物种的细胞中生长，包括猪、牛、猫、猴子、人类和犬的细胞(Hirahara 等,1988;Kasza,1970)。鼠源 L929 成纤维细胞是最常用于病毒培养、纯化和噬斑试验的细胞系(Tyler,2001)。呼肠孤病毒复制速度慢，并且大多数的(80%)新生病毒仍旧与细胞相关联。而呼肠孤病毒的细胞病变效应的改变，取决于所使用的细胞系。一般来说，细胞变圆、颗粒状、与表面分离。经 May -Greenwald-Giemsa 染色后，胞浆内可见嗜酸性包涵体(Paul 和 Stevenson,1999)。

流行病学
Epidemiology

猪的呼肠孤病毒感染在猪群中广泛存在，三种血清型的抗体都能检测到(Tyler,2001;Yuan 等,1976)。呼肠孤病毒通过粪口途径和呼吸道途径传播。从母体获得的抗原能够持续存在 11 周，在这期间猪只对呼肠孤病毒感染变得易感(Watt,1978)。

致病机理
Pathogenesis

呼肠孤病毒主要在呼吸道和肠道内复制。接种后 24 h,在鼻腔分泌物和粪便中能够检测到病毒，病毒排出将持续 6~14 h。感染后的 7 d,能检测到血凝抑制抗体，并在感染后的 11~21 d 达到高峰。

临床症状
Clinical Signs

健康猪只和患有呼吸系统或肠道疾病的猪只，以及流产胎儿(Kirkbride 和 McAdaragh,

1978)，均能检测到猪的呼肠孤病毒(Elazhary 等,1978;Kasza,1970;McFerran 和 Connor,1970;Robl 等,1971)。试验性轮状病毒感染不能持续地复制疾病。在大多数的研究中，在普通猪和无菌猪 1~6 周龄时，鼻内、腹膜内或脑内接种猪或人的呼肠孤病毒Ⅰ型，表现为一过性热，但没有临床疾病(Baskerville 等,1971;McFerran 和 Connor,1970;McFerran 等,1971;Watt,1878)。剖腹产的、剥夺初乳的猪只和普通猪，经鼻内或气溶胶接种呼肠孤病毒Ⅰ型，可发展为一种温和型的呼吸道疾病(发热、打喷嚏、食欲不振和精神委靡)(Hirahara 等,1988)。血清反应阴性的猪在妊娠 40~85 d 内，经过静脉或肌内途径接种，产下的幼仔包括木乃伊胎、死胎、弱胎和正常猪。从这些母猪的排泄物和胎盘中可分离到病毒(Paul 和 Stevenson,1999)。

病理变化
Lesions

有限的研究表明，猪接种了呼肠孤病毒后仅有轻微的微观病变，和极少数的大体病变。妊娠 40~85 d 的母猪通过静脉或肌肉途径接种后，尽管可见对繁殖的影响(木乃伊胎、死胎、弱胎和正常猪)，但没有发现特异性的大体病变或组织病理学变化。1 周龄未经初乳喂养的仔猪口服接种肠源性的呼肠孤病毒，可导致空肠和回肠的肠绒毛灶状萎缩(Elazhary 等,1978)。有报道称，4 周龄的无特定病原(SPF)猪暴露于猪源的呼肠孤病毒Ⅰ型气溶胶中，并不能造成大体病变，但有微观的肺脏病变，以肺泡和肺泡隔中淋巴细胞、巨噬细胞增多，细支气管周结节性淋巴细胞增多为特征(Baskerville 等,1971)。70 kg 的 SPF 猪鼻内接种猪的呼肠孤病毒 3 型分离株，形成小叶性肺膨胀不全、肺气肿和细支气管周结节性淋巴细胞增多，而各小叶间程度不同(Paul 和 Stevenson,1999)。需要更多的研究来明确猪呼肠孤病毒所引发的疾病和病变特征。

诊断
Diagnosis

最常用于检测呼肠孤病毒的方法是病毒分离

和 RT-PCR。使用呼肠孤病毒 3 种型相应的抗血清,病毒中和试验、血凝抑制试验能够对呼肠孤病毒进行分型(Paul 和 Stevenson,1999)。

(杨利锋译,姚皓校)

参考文献
REFERENCES

Alfieri AA, Leite JP, Nakagomi O, et al. 1996. Arch Virol 141: 2353–2364.

Askaa J, Bloch B, Bertelsen G, Rasmussen KO. 1983. Nord Vet Med 35:441–447.

Atii DJ, Ojeh CK, Durojaiye OA. 1990. Rev Elev Med Vet Pays Trop 42(4):494–496.

Azevedo MS, Yuan L, Iosef C, et al. 2004. Clin Diagn Lab Immunol 11:12–20.

Azevedo MS, Yuan L, Jeong KI, et al. 2005. J Virol 79:5428–5436.

Ball JM, Tian P, Zeng CQ, et al. 1996. Science 272:101–104.

Barreiros MA, Alfieri AA, Alfieri AF, et al. 2003. Vet Res Commun 27:505–512.

Baskerville A, McFerran JB, Connor T. 1971. Res Vet Sci 12:172–174.

Benfield DA, Stotz I, Moore R, McAdaragh JP. 1982. J Clin Microbiol 16:186–190.

Benfield DA, Stotz IJ, Nelson EA, Groon KS. 1984. Am J Vet Res 45:1998–2002.

Ben Salem AN, Chupin Sergei A, Bjadovskaya Olga P, et al. 2010. J Virol Methods 165:283–293.

Bican P, Cohen J, Charpilienne A, Scherrer R. 1982. J Virol 43: 1113–1117.

Bishop RF, Davidson GP, Holmes IH, Ruck BJ. 1973. Lancet 2: 1281–1283.

Bohl EH. 1979. J Am Vet Med Assoc 174:613–615.

Bohl EH, Kohler EM, Saif LJ, et al. 1978. J Am Vet Med Assoc 172: 458–463.

Bohl EH, Saif LJ, Theil KW, et al. 1982. J Clin Microbiol 15: 312–319.

Bohl EH, Theil KW, Saif LJ. 1984. J Clin Microbiol 19:105–111.

Bridger JC. 1980. Vet Rec 107:532–523.

Bridger JC, Brown JF. 1985. Vet Rec 116:150.

Brown DW, Beards GM, Chen GM, Flewett TH. 1987. J Clin Microbiol 25:316–319.

Bruce MG, Campbell IC, van Pinxteren L, Snodgrass DR. 1995. J Comp Pathol 113:155–164.

Buller CR, Moxley RA. 1988. Vet Pathol 25:516–517.

Bywater RJ. 1983. Ann Rech Vet 14:556–560.

Bywater RJ, Woode GN. 1980. Vet Rec 106:75–78.

Cao D, Barro M, Hoshino Y. 2008. J Virol 82:6073–6077.

Chang KO, Vandal OH, Yuan L, et al. 2001. J Clin Microbiol 39:2807–2813.

Chasey D, Bridger JC, McCrae MA. 1986. Arch Virol 89: 235–243.

Chasey D, Davies P. 1984. Vet Rec 114:16–17.

Chiba S, Nakata S, Ukae S, Adachi N. 1993. Clin Infect Dis 16(Suppl 2):S117–S121.

Chun YH, Jeong YJ, Park SI, et al. 2010. J Vet Diagn Invest 22: 74–77.

Collins JE, Benfield DA, Duimstra JR. 1989. Am J Vet Res 50: 827–835.

Coulson BS, Grimwood K, Hudson IL, et al. 1992. J Clin Microbiol 30:1678–1684.

Crouch CF, Woode GN. 1978. J Med Microbiol 11:325–334.

Das BK, Gentsch JR, Hoshino Y, et al. 1993. Virology 197: 99–107.

Davidson GP, Gall DG, Petric M, et al. 1977. J Clin Invest 60: 1402–1409.

Debouck P, Pensaert M. 1983. Ann Rech Vet 14:447–448.

Dewey C, Carman S, Pasma T, et al. 2003. Can Vet J 44:649–653.

Dunn SJ, Greenberg HB, Ward RL, et al. 1993. J Clin Microbiol 31:165–169.

Eiguchi Y, Yamagishi H, Fukusho A, et al. 1987. Kitasato Arch Exp Med 60:167–172.

Elazhary MA, Morin M, Derbyshire JB, et al. 1978. Res Vet Sci 25:16–20.

Elschner M, Prudlo J, Hotzel H, et al. 2002. J Vet Med B Infect Dis Vet Public Health 49:77–81.

Esona MD, Geyer A, Banyai K, et al. 2009. Emerg Infect Dis 15:83–86.

Estes MK, Cohen J. 1989. Microbiol Rev 53:410–449.

Estes MK, Kang G, Zeng CQ, et al. 2001. Novartis Found Symp 238:82–96, discussion 96–100.

Estes MK, Kapikian AZ. 2007. Rotaviruses. In DM Knipe, PM Howley, eds. Fields Virology, 5th ed. Philadelphia: Lippincott Williams and Wilkins, pp. 1917–1974.

Franco MA, Greenberg HB. 2000. Trends Microbiol 8:50–52.

Fu ZF, Hampson DJ. 1987. Res Vet Sci 43:297–300.

Fukutomi T, Sanekata T, Akashi H. 1996. J Vet Med Sci 58:555–557.

Geyer A, Sebata T, Peenze I, Steele AD. 1996. J S Afr Vet Assoc 67:115–116.

Ghosh S, Kobayashi N, Nagashima S, et al. 2010. Virus Genes 40:382–388.

Gonzalez AM, Nguyen TV, Azevedo MS, et al. 2004. Clin Exp Immunol 135:361–372.

Gorrell RJ, Bishop RF. 1999. J Med Virol 57:204–211.

Gorziglia M, Larralde G, Kapikian AZ, Chanock RM. 1990. Proc Natl Acad Sci USA 87:7155–7159.

Gouvea V, Santos N, Timenetsky Mdo C. 1994a. J Clin Microbiol 32:1338–1340.

——. 1994b. J Clin Microbiol 32:1333–1337.

Goyal SM, Rademacher RA, Pomeroy KA. 1987. Diagn Microbiol Infect Dis 6:249–254.

Graham DY, Estes MK. 1991. Pathogenesis and treatment of rotavirus diarrhea. Gastroenterology 101:1140–1141.

Greenberg HB, Valdesuso J, van Wyke K, et al. 1983. J Virol 47: 267–275.

Halaihel N, Masia RM, Fernandez-Jimenez M, et al. 2010. Epidemiol Infect 138:542–548.

Hennig-Pauka I, Stelljes I, Waldmann KH. 2003. Dtsch Tierarztl Wochenschr 110:49–54.

Hirahara T, Yasuhara H, Matsui O, et al. 1988. Nippon Juigaku Zasshi 50:353–361.

Hodgins DC, Kang SY, deArriba L, et al. 1999. J Virol 73: 186–197.

Hoshino Y, Saif LJ, Sereno MM, et al. 1988. J Virol 62:744–748.

Hoshino Y, Wyatt RG, Greenberg HB, et al. 1984. J Infect Dis 149: 694–702.

Hung T, Chen GM, Wang CG, et al. 1987. Ciba Found Symp 128: 49–62.

Iosef C, Chang K, Azevedo M, Saif L. 2002a. J Med Virol 68:119–128.

Iosef C, Van Nguyen T, Jeong K, et al. 2002b. Vaccine 20:1741–1753.

Janke BH, Morehouse LG, Solorzano RF. 1988. Can J Vet Res 52: 364–369.

Janke BH, Nelson JK, Benfield DA, Nelson EA. 1990. J Vet Diagn Invest 2:308–311.

Jeong Y, Park S, Hosmillo M, et al. 2007. Vet Microbiol 138:217–224.

Johnson ME, Paul PS, Gorziglia M, Rosenbusch R. 1990. Vet Microbiol 24:307–326.

Kapikian AZ, Hoshino Y, Chanock RA. 2001. Rotaviruses. In DM Knipe, PM Howley, eds. Fields Virology, 4th ed. Philadelphia: Lippincott-Raven and Wilkins Publishers, pp. 1787–1834.

Kasza L. 1970. Vet Rec 87:681–686.

Katsuda K, Kohmoto M, Kawashima K, Tsunemitsu H. 2006. J Vet Diagn Invest 18:350–354.

Kim HJ, Park SI, Ha TP, et al. 2010. Vet Microbiol 144:274–286.

Kim Y, Chang KO, Straw B, Saif LJ. 1999. J Clin Microbiol 37:1484–1488.

Kirkbride CA, McAdaragh JP. 1978. J Am Vet Med Assoc 172:480–483.

Koromyslov GF, Artjushin SK, Zaberezhny AD, Grashuk VN. 1990. Arch Exp Veterinarmed 44:897–900.

Laird AR, Ibarra V, Ruiz-Palacios G, et al. 2003. J Clin Microbiol 41:4400–4403.

Lamhoujeb S, Cook A, Pollari F, et al. 2010. Arch Virol 155:1127–1137.

Lecce JG, Balsbaugh RK, Clare DA, King MW. 1982. J Clin Microbiol 16:715–723.

Lecce JG, King MW. 1978. J Clin Microbiol 8:454–458.

Lundgren O, Svensson L. 2001. Microbes Infect 3:1145–1156.

Magar R, Larochelle R. 1992. J Vet Diagn Invest 4:3–7.

Markowska-Daniel I, Winiarczyk S, Gradzki Z, Pejsak Z. 1996. Comp Immunol Microbiol Infect Dis 19(3):219–232.

Martella V, Bányai K, Lorusso E, et al. 2007. Vet Microbiol 123:26–33.

Martella V, Pratelli A, Greco G, et al. 2001. Clin Diagn Lab Immunol 8:129–132.

Matthijnssens J, Rahman M, Ciarlet M, et al. 2010. Emerg Infect Dis 16:625–630.

McAdaragh JP, Bergeland ME, Meyer RC, et al. 1980. Am J Vet Res 41:1572–1581.

McFerran JB, Baskerville A, Connor T. 1971. Res Vet Sci 12:174–175.

McFerran JB, Connor T. 1970. Res Vet Sci 11:388–390.

Mebus CA, Underdahl NR, Rhodes MB, Twiehaus MJ. 1969. Calf diarrhea (scours): Reproduced with a virus from a field outbreak. Univ Nebr Res Bull 233:1–16.

Médici KC, Barry AF, Alfieri AF, Alfieri AA. 2010. Genet Mol Res 9:506–513.

Melin L, Mattsson S, Katouli M, Wallgren P. 2004. J Vet Med B Infect Dis Vet Public Health 51:12–22.

Nagesha HS, Hum CP, Bridger JC, Holmes IH. 1988. Arch Virol 102:91–98.

Nakagomi O, Nakagomi T. 2002. Res Vet Sci 73:207–214.

Nguyen TV, Iosef C, Jeong K, et al. 2003. Vaccine 21:4059–4070.

Offit PA, Hoffenberg EJ, Santos N, Gouvea V. 1993. J Infect Dis 167:1436–1440.

Ojeh CK, Parwani AV, Jiang BM, et al. 1993. J Vet Diagn Invest 5:434–438.

Ojeh CK, Tsunemitsu H, Simkins RA, Saif LJ. 1992. J Clin Microbiol 30:1667–1673.

Oldham G, Bridger JC, Howard CJ, Parsons KR. 1993. J Virol 67:5012–5019.

Parra GI, Vidales G, Gomez JA, et al. 2008. Vet Microbiol 126:243–250.

Parreno V, Bejar C, Vagnozzi A, et al. 2004. Vet Immunol Immunopathol 100:7–24.

Parreno V, Hodgins DC, de Arriba L, et al. 1999. J Gen Virol 80(Pt 6):1417–1428.

Paul PS, Lyoo YS, Andrews JJ, Hill HT. 1988. Arch Virol 100:139–143.

Paul PS, Mengeling WL, Malstrom CE, Van Deusen RA. 1989. Am J Vet Res 50:471–479.

Paul PS, Stevenson GW. 1999. Rotavirus and Reovirus. In BE Straw, S D'Allaire, WL Mengeling, DJ Taylor, eds. Diseases of Swine, 8th ed. Ames, IA: Iowa State University Press, pp. 255–275.

Pearson GR, McNulty MS. 1977. J Comp Pathol 87:363–375.

Pedley S, Bridger JC, Chasey D, McCrae MA. 1986. J Gen Virol 67(Pt 1):131–137.

Pongsuwanna Y, Taniguchi K, Chiwakul M, et al. 1996. J Clin Microbiol 34:1050–1057.

Rácz ML, Kroeff SS, Munford V, et al. 2000. J Clin Microbiol 38:2443–2446.

Rhoads JM, Keku EO, Quinn J, et al. 1991. Gastroenterology 100:683–691.

Rhoads JM, Ulshen MH, Keku EO, et al. 1995. Pediatr Res 38:173–181.

Roberts L, Walker EJ, Snodgrass DR, Angus KW. 1980. Vet Rec 107:156–157.

Robl MG, McAdaragh JP, Phillips CS, Bicknell EJ. 1971. Vet Med Small Anim Clin 66:903–909.

Rodger SM, Craven JA, Williams I. 1975. Aust Vet J 51:536.

Rosen BI, Parwani AV, Lopez S, et al. 1994. J Clin Microbiol 32:311–317.

Rosen BI, Saif LJ, Jackwood DJ, Gorziglia M. 1990. Vet Microbiol 24:327–339.

Rossow K, Rovira A, Schefers J, Torrison J. 2010. Rotavirus—An Ongoing Challenge to Young Pigs. National Hog Farmer. Nationalhogfarmer.com. Nov.1.

Sabin AB. 1959. Science 130:1387–1389.

Saif L. 1985. Passive immunity to coronavirus and rotavirus infections in swine and cattle: Enhancement by maternal vaccination. In S Tzipori, ed. Infectious Diarrhoea in the Young: Strategies for Control in Humans and Animals. Amsterdam, The Netherlands: Elsevier Science Publishers, pp. 456–467.

Saif L, Yuan L, Ward L, To T. 1997. Adv Exp Med Biol 412:397–403.

Saif LJ. 1999. Adv Exp Med Biol 473:47–59.

Saif LJ, Fernandez FM. 1996. J Infect Dis 174(Suppl 1):S98–106.

Saif LJ, Jiang B. 1994. Curr Top Microbiol Immunol 185:339–371.

Saif LJ, Terrett LA, Miller KL, Cross RF. 1988. J Clin Microbiol 26:1277–1282.

Sanekata T, Kuwamoto Y, Akamatsu S, et al. 1996. J Clin Microbiol 34:759–761.

Santos N, Lima RC, Nozawa CM, et al. 1999. J Clin Microbiol 37:2734–2736.

Sattar SA, Jacobsen H, Rahman H, et al. 1994. Infect Control Hosp Epidemiol 15:751–756.

Sattar SA, Raphael RA, Lochnan H, Springthorpe VS. 1983. Can J Microbiol 29:1464–1469.

Shaw DP, Morehouse LG, Solorzano RF. 1989. Am J Vet Res 50:1961–1965.

Steel RB, Torres-Medina A. 1984. Infect Immun 43:906–911.

Stevenson G. 1990. Pathogenesis of a new porcine serotype of group A rotavirus in neonatal gnotobiotic and weaned conventional pigs. PhD dissertation, Iowa State University, Ames, IA.

Steyer A, Poljsak-Prijatelj M, Maganja D, Marin J. 2008. J Gen Virol 89:1690–1698.

Svensmark B, Nielsen K, Dalsgaard K, Willeberg P. 1989. Acta Vet Scand 30:63–70.

Tam JS, Szymanski MT, Middleton PJ, Petric M. 1976. Intervirology 7:181–191.

Teodoroff T, Tsunemitsu H, Okamoto K, et al. 2005. J Clin Microbiol 43:1377–1384.

Terrett LA, Saif LJ, Theil KW, Kohler EM. 1987. J Clin Microbiol 25:268–272.

Theil KW, Bohl EH, Agnes AG. 1977. Am J Vet Res 38:1765–1768.

Theil KW, Bohl EH, Cross RF, et al. 1978. Am J Vet Res 39:213–220.

Theil KW, Saif LJ. 1985. J Clin Microbiol 21:844–846.

To TL, Ward LA, Yuan L, Saif LJ. 1998. J Gen Virol 79(Pt 11): 2661–2672.

Torres-Medina A, Underdahl NR. 1980. Can J Comp Med 44:403–411.

Tsunemitsu H, Jiang B, Saif LJ. 1992. J Clin Microbiol 30:2129–2134.

Tyler KL. 1998. Curr Top Microbiol Immunol 233:93–124.

———. 2001. Mammalian reoviruses. In DM Kinipe, PM Howley, eds. Fields Virology, 4th ed. Philadelphia: Lippincott-Raven and Wilkins Publishers, pp. 1729–1745.

Tzipori S, Chandler D, Makin T, Smith M. 1980a. Aust Vet J 56: 279–284.

Tzipori S, Chandler D, Smith M, et al. 1980b. Aust Vet J 56: 274–278.

Tzipori S, Williams IH. 1978. Aust Vet J 54:188–192.

Tzipori SR, Makin TJ, Smith ML. 1980c. Aust J Exp Biol Med Sci 58:309–318.

Varghese V, Das S, Singh NB, et al. 2004. Arch Virol 149: 155–172.

Wagstrom EA, Yoon KJ, Zimmerman JJ. 2000. Viral Immunol 13:383–397.

Ward LA, Rich ED, Besser TE. 1996a. J Infect Dis 174:276–282.

Ward LA, Rosen BI, Yuan L, Saif LJ. 1996b. J Gen Virol 77(Pt 7): 1431–1441.

Ward LA, Yuan L, Rosen BI, et al. 1996c. Clin Diagn Lab Immunol 3:342–350.

Watt R. 1978. Res Vet Sci 24:147–153.

Wieler LH, Ilieff A, Herbst W, et al. 2001. J Vet Med B Infect Dis Vet Public Health 48:151–159.

Will LA, Paul PS, Proescholdt TA, et al. 1994. J Vet Diagn Invest 6:416–422.

Winiarczyk S, Gradzki Z. 1999. Zentralbl Veterinarmed B 46: 623–634.

Winiarczyk S, Paul PS, Mummidi S, et al. 2002. J Vet Med B Infect Dis Vet Public Health 49:373–378.

Woode GN. 1978. Vet Rec 103:44–46.

Woode GN, Bridger J, Hall GA, et al. 1976. J Med Microbiol 9: 203–209.

Yaeger M, Funk N, Hoffman L. 2002. J Vet Diagn Invest 14: 281–287.

Yang YF, Yang SC, Tai FH. 1976. Zhonghua Min Guo Wei Sheng Wu Xue Za Zhi 9:1–4.

Yolken R, Wee SB, Eiden J, et al. 1988. J Clin Microbiol 26: 1853–1858.

Yuan L, Geyer A, Hodgins DC, et al. 2000. J Virol 74:8843–8853.

Yuan L, Iosef C, Azevedo MS, et al. 2001. J Virol 75:9229–9238.

Yuan L, Ishida S, Honma S, et al. 2004. J Infect Dis 189:1833–1845.

Yuan L, Kang SY, Ward LA, et al. 1998. J Virol 72:330–338.

Yuan L, Saif LJ. 2002. Vet Immunol Immunopathol 87:147–160.

Zaberezhny AD, Lyoo YS, Paul PS. 1994. Vet Microbiol 39:97–110.

Zijlstra RT, Donovan SM, Odle J, et al. 1997. J Nutr 127: 1118–1127.

Zijlstra RT, McCracken BA, Odle J, et al. 1999. J Nutr 129: 838–843.

逆转录病毒
Retroviruses

A. W. (Dan) Tucker 和 Linda Scobie

背景
RELEVANCE

20 世纪 70 年代,在猪肾源细胞系上清液中发现了逆转录病毒粒子,人们开始关注猪逆转录病毒(Armstrong 等,1971)。最新的研究表明,猪内源性逆转录病毒(PERV)与商业猪的死亡率具有相关性(Dieckhoff 等,2007;Pal 等,2011;Tucker 和 Scobie,2006)。但在最初发现该病毒时,并没有检测到其与猪的疾病有关,因此,人们逐渐丧失了对猪逆转录病毒的研究兴趣。

20 世纪 90 年代早期,对活猪和活猪组织的异种器官移植研究重新引起了人们对猪内源性逆转录病毒的兴趣。尽管包括猪胰岛素和因子Ⅷ在内的猪源产品已经用于人医多年,但对猪源活组织和细胞移植到免疫缺陷病人体内的应用前景,人们仍然很谨慎地考虑是否会导致猪组织内的传染病病原体体外传播给人类(Bloom,2001;Onions 等,2000)。猪逆转录病毒能够体外传染给人细胞的发现(Patience 等,1997)促使人们开始研究与异种移植相关的病原体传播的起源、生物学及其预防方法(Scobie 和 Takeuchi,2009;Wilson,2008)。

病因学
ETIOLOGY

猪内源性逆转录病毒属于逆转录病毒科,γ-逆转录病毒属,是巴尔的摩分类系统中第六类的有囊膜包裹的 RNA 病毒。第六类病毒通过一条单链正义 RNA 链与一条 DNA 互补链结合复制自身的基因组。在含有这些双链结构的病毒中,其基因组是独特的,并不作为 mRNA 行驶功能,而只作为反转录的模板(Weiss,2006)。

人们认为多达 8% 的哺乳动物基因组 DNA 在起源时是逆转录的,其反映了进化历史中,古代的外源性逆转录病毒在感染古代宿主细胞之后其病毒核苷酸历史整合进宿主细胞这一事实(Kurth 和 Bannert,2009;Niebert 和 Tonjes,2005)。人们猜想内源性逆转录病毒对其宿主也产生了积极的进化学和生理学的影响(Balada 等,2009;Kurth 和 Bannert,2009)。这种对宿主种类多样性的进化效应被认为是由能够增加重组事件的前病毒序列引起的(O'Neill 等,2001),这个特点对于形成类似 MHC Ⅱ 类分子的多基因家族的多样性同样很重要(Doxiadis 等,2008)。现在已经很清楚,内源性逆转录病毒的蛋白表达对人类胎盘合胞体滋养层的发育具有关键作用(Rote 等,2004)。

猪病学,第 10 版,由 Jeffrey J. Zimmerman、Locke A. Karriker、Alejandro Ramirez、Kent J. Schwartz、Gregory W. Stevenson 主编。

所有的猪逆转录病毒都来源于一条或多条猪基因组所编码的病毒序列。病毒通过种系间传播，以前病毒的形式存在。由此，它们被称为猪内源性逆转录病毒。根据位置、拷贝数、完整度、作为 mRNA 表达能力、病毒蛋白、最终成为具有复制能力的病毒粒子，病毒序列在不同品种间有所变化。

猪的基因组中包含数以百计的病毒整合位点，但是大多数都是不完整的。目前已鉴定的少量具有复制能力的猪内源性逆转录病毒前病毒，均属于 C 型 γ-逆转录病毒，与鼠白血病病毒（MuLV）、长臂猿白血病病毒（GaLV）、考拉逆转录病毒（KoRV）十分相近（Denner，2007）。很典型的是，一只猪体内只存在 6～15 种能够复制的前病毒（Akiyoshi 等，1998；Dieckhoff 等，2009；Herring 等，2001；Niebert 和 Tonjes，2003）。仅在猪科动物（除鹿豚亚科外）中发现了 γ-逆转录病毒非常相关的序列，表明大约 340 万年前逆转录病毒进入宿主体内（Patience 等，2001；Wilson，2008）。其他逆转录病毒残体，包括 β-逆转录病毒，已报道存在于猪的基因组中，但是都是高度不完整的，并没有功能（Ericsson 等，2001）。

全长的 PERV 基因组含有典型的逆转录病毒编码区 gag（基质和衣壳蛋白）、pol（逆转录酶和整合酶）和 env（囊膜蛋白）。根据 env-介导的细胞亲嗜性，已对 3 个亚型的 PERV（A，B，C）进行描述（Patience 等，1997；Wilson 等，2000）。A 亚型和 B 亚型在所有品种的猪中是比较普遍的，在体外能感染人的细胞。而 C 亚型在不同品种间分布差异较大，但只感染猪细胞（Denner，2008a；Dieckhoff 等，2009）。

猪基因组中的 PERV DNA 普遍存在于猪的不同品种、个体、组织中。一些病毒序列可能是组成型表达，因为在所有检测动物中的大多数组织中都能检测到 PERV 的 mRNA，尽管被检猪只的组织和年龄各异（Clemenceau 等，1999；Moon 等，2009）。病毒血症水平以及从被激活的外周血单核细胞中释放出来的病毒滴度在猪不同品种（Garkavenko 等，2008）、个体（Oldmixon 等，2002）、年龄（Tucker 和 Scobie，2006）间存在差异。虽然其中一些变异可能来自遗传，但是人们已经清楚了一些因子能够影响人内源性逆转录病毒（HERV）的表达和病毒颗粒的释放，这些因子包括分裂素、细胞因子、其他微生物、类固醇激素、毒素、维生素、包括放射性（Balada 等，2009）在内的环境信号，其中一些因子例如分裂素和细胞因子，人们已经证实其能在体外刺激 PERV 病毒粒子的释放（Cunningham 等，2004）。

虽然最初只是在一些猪源细胞系的上清液中发现有 PERV，但是，后来从猪血浆（Takefman 等，2001）、猪原代内皮细胞培养物上清液中以及外周血单核细胞中（Martin 等，1998；Wilson 等，1998）分离到该病毒。在小型猪外周血单核细胞受到刺激之后发现了重组的 PERV A/C（Wilson 等，1998）。这些重组的病毒 PERV A/C 被认为代表了单独的 PERV A 和 PERV C 基因座共同包装的产物（Scobie 等，2004）。它们可以在人类细胞中复制达到很高的水平（Wood 等，2004），也存在于商品猪的血浆中（Tucker 和 Scobie，2006）。

目前在猪体内还没有发现外源性水平传播的逆转录病毒。然而，A/C 重组病毒在宿主种系间并不以前病毒的形式存在，因此认为其是一种候选的外源病毒（Scobie 等，2004；Wood 等，2004）。一些猪体细胞中存在含有全基因组的 A/C 前病毒，表明它具有潜在的复制能力（Denner，2008b；Martin 等，2006）。

公共卫生
ROLE IN PUBLIC HEALTH

PERVs 是一种阻碍异种器官移植发展的主要传染病。人们认识到 PERV 能够在体外感染人类细胞，导致对其更加关注。第一，将猪组织移植入具有免疫抑制的病人体内会导致 PERV 的复制和肿瘤疾病的发生，例如其亲缘关系很接近的 GaLV、KoRV、MuLV（Weiss 等，2000）。第二，通过人类补体系统调控的细胞表面转基因，或者去除人体内先天性抗体所识别的半乳糖-α(1,3) 半乳糖表位，对供体猪进行遗传修饰来提高对异种移植的相容性，这就意味着从这些细胞中出芽的 PERV 颗粒将免遭宿主先天性免疫系统的清除（Weiss，1998）。最终，人们猜想 PERV 与 HERV 或者外源逆转录病毒（例如人类免疫缺陷病毒）在异种器官移植的受体中进行重组，产生新型的传染性病原体。尽管这一观点还没有得到体外实验的支持(Suling 等,2003)。

认识到这些和其他可能伴随着异种器官移植带来的危害,世界卫生大会在 2004 年 5 月发布了一项决议 WHA57.18,要求成员国调控与异种器官移植相关的动物产品的来源、病人的监护以及样品的归档。美国、加拿大、欧盟、澳大利亚等许多国家已经制定了相关指导方针和法律法规,监管与异种器官移植研究相关的活动。

流行病学
EPIDEMIOLOGY

PERV 的流行病学研究只局限于异种器官移植方面。对于其在猪只之间潜在传播性所知甚少。虽然已表明 PERV 能够造成病毒血症,但是,缺少从猪的体液如唾液、尿液、精液中排出感染性 PERV 的相关数据。尽管目前有文献表明猪—猪传播确实存在(Kaulitz 等,2011),却仍然有许多问题引起了注意,包括前病毒转录的激活、决定猪血浆和其他体液中感染性病毒颗粒滴度的因素、猪—人间传播的可能性。

猪副产品已经在人药中广泛应用,但目前还没有发现接触过活猪组织的人类和免疫缺陷非人灵长类动物感染 PERV (Denner 等,2009;Specke 等,2009;Valdes-Gonzalez 等,2010)。除了一例新生羔羊和豚鼠短期的感染报告外,所有显示 PERV 可以跨种传播的证据都是根据体外实验得出的,结果显示 PERV 在异种移植过程中带来的危害并没有像人们预想的那么严重(Argaw 等,2004;Popp 等,2007;Scobie 和 Takeuchi,2009)。

致病机理、临床症状和病理变化
PATHOGENESIS, CLINICAL SIGNS, AND LESIONS

研究表明,存在于不同物种间的 γ-逆转录病毒与肿瘤形成和免疫机能紊乱有关联(Denner,1998)。HERV 与自身免疫病、免疫抑制病有关(Balada 等,2009)。不同种类动物中的内源性逆转录病毒具有广泛的致病性,包括肿瘤形成、先天性缺陷、自身免疫病(Balada 等,2009;Kurth 和 Bannert,2009)。这些疾病通过不同的机制形成,例如分子模拟、插入相关的转录激活以及免疫抑制。

导致猪发病的各种病中,PERV 可以是直接的病原,也可能不是,或者只使起应答作用,但会伴随着一种主要的并发症,那就是内源性逆转录病毒的表达可以诱导产生炎性标记物,而这些相同的炎性介质同样能够诱导 PERV 的表达。虽然如此,还是有少量证据表明 PERV 对于猪只的健康有一定作用。通过检测饲养在生产单元内的猪血浆中病毒 RNA,PERV 浓度越高,这些猪通常具有更高的死亡率,更容易感染地方病(Harrison 等,2010;Tucker 和 Scobie,2006)。在小型猪中,发现黑素瘤组织中 PERV 会过表达,但与感染性病毒粒子是否存在没有关系(Dieckhoff 等,2007)。

诊断
DIAGNOSIS

目前已经有检测方法可以检测种猪中 PERV 带毒状态,监测异种移植接受体 PERV 的潜在感染性。实验室用来鉴定来源猪的方法包括:(1)来源猪原代细胞与人、猪靶细胞系共培养的感染性;(2)检测受到刺激的来源猪原代细胞上清液中逆转录活性;(3)检测来源猪血浆中病毒载量;(4)检测猪基因组中 PERV 前病毒的拷贝数;(5)检测畜群中 C 类 PERV 的流行(Garkavenko 等,2008)。目前为止,还没有在猪中发现抗 PERV 抗体的报道。

检测异种器官移植接受体感染 PERV 的方法包括:用于检测前病毒或转录本核酸的敏感 PCR 和 RT-PCR 方法,检测抗 PERV 的抗体,血源活细胞长期监测记录(Denner 等,2009)。一个关键的必须物是用同样敏感的方法来检测猪基因组 DNA 和 RNA,因为微嵌合体,在异种器官移植宿主体内不同位置长期存在猪细胞,是异种器官移植的常见特点,这特点可以解释在异种器官移植宿主体内存在低水平的 PERV DNA 和 RNA (Paradis 等,1999)。

预防和控制
PREVENTION AND CONTROL

对于猪的与 PERV 相关的疾病,目前的知识还不足以确定控制和预防该病的必要性或策略。

然而，假如鉴定出了相关的基因座，应用高密度基因分型和标记辅助筛选等遗传技术，就能快速鉴定体内不含有害前病毒的猪只。

为减少异种器官移植过程中 PERV 可能造成的传播，人们最初努力把精力集中在前病毒鉴定、抗性品种筛选，因为前病毒被认为在跨种传播机制中发挥了重要作用。例如，排除携带有 C 型 PERV 前病毒序列的猪只，由于它可能会发生重组形成更高滴度的人类热带 A/C（Denner 等，2009）。而人们也认识到仍然存在着危害，因为局部存在大量的 PERV 前病毒，它们可能会在将来发生重组形成具有复制能力的病毒，因此要有额外的预防方案（Mattiuzzo 等，2010；Scobie 和 Takeuchi，2009）。目前没有合适的单一方案预防该病的传播，多种途径也许是最有效的方案。

（魏财文译，周洋校）

参考文献
REFERENCES

Akiyoshi DE, Denaro M, Zhu H, et al. 1998. J Virol 72:4503–4507.

Argaw T, Colon-Moran W, Wilson CA. 2004. J Gen Virol 85:15–19.

Armstrong JA, Porterfield JS, De Madrid AT. 1971. J Gen Virol 10:195–198.

Balada E, Ordi-Ros J, Vilardell-Tarres M. 2009. Rev Med Virol 19:273–286.

Bloom ET. 2001. Curr Opin Biotechnol 12:312–316.

Clemenceau B, Lalain S, Martignat L, Sai P. 1999. Diabetes Metab 25:518–525.

Cunningham DA, Dos Santos Cruz GJ, Fernandez-Suarez XM, et al. 2004. Transplantation 77:1071–1079.

Denner J. 1998. Ann N Y Acad Sci 862:75–86.

——. 2007. Virology 369:229–233.

——. 2008a. Transplant Proc 40:587–589.

——. 2008b. Arch Virol 153:1421–1426.

Denner J, Schuurman HJ, Patience C. 2009. Xenotransplantation 16:239–248.

Dieckhoff B, Kessler B, Jobst D, et al. 2009. Xenotransplantation 16:64–73.

Dieckhoff B, Puhlmann J, Buscher K, et al. 2007. Vet Microbiol 123:53–68.

Doxiadis GG, de Groot N, Bontrop RE. 2008. J Virol 82:6667–6677.

Ericsson T, Oldmixon B, Blomberg J, et al. 2001. J Virol 75:2765–2770.

Garkavenko O, Wynyard S, Nathu D, et al. 2008. Cell Transplant 17:1381–1388.

Harrison S, Baker R, Pal N, et al. 2010. Detection of porcine endogenous retrovirus (PERV) A/C recombinant in U.S. pigs by quantitative real-time RT-PCR. Proc Congr Int Pig Vet Soc 894.

Herring C, Quinn G, Bower R et al. 2001. J Virol 75(24):12252–12265.

Kaulitz D, Mihica D, Plesker R, Geissler A, Tönjes RR, Denner J. 2011. Arch Virol 156(4):707–710.

Kurth R, Bannert N. 2009. Int J Cancer 126:306–314.

Martin SI, Wilkinson R, Fishman JA. 2006. Virol J 3:91.

Martin U, Kiessig V, Blusch JH, et al. 1998. Lancet 352:692–694.

Mattiuzzo G, Ivol S, Takeuchi Y. 2010. J Virol 84:2618–2622.

Moon HJ, Kim HK, Park SJ, et al. 2009. J Vet Sci 10:317–322.

Niebert M, Tonjes RR. 2003. Virology 313(2):427–434.

——. 2005. J Virol 79:649–654.

Oldmixon BA, Wood JC, Ericsson TA, et al. 2002. J Virol 76:3045–3048.

O'Neill RJ, Eldridge MD, Graves JA. 2001. Mamm Genome 12:256–259.

Onions D, Cooper DK, Alexander TJ, et al. 2000. Xenotransplantation 7:143–155.

Pal N, Baker R, Schalk S, Scobie L, Tucker AW, Opriessnig T. 2011. Transbound Emerg Dis .58(4):344–351.

Paradis K, Langford G, Long Z, et al. 1999. Science 285:1236–1241.

Patience C, Switzer WM, Takeuchi Y, et al. 2001. J Virol 75:2771–2775.

Patience C, Takeuchi Y, Weiss RA. 1997. Nat Med 3:282–286.

Popp SK, Mann DA, Milburn PJ, et al. 2007. Immunol Cell Biol 85:238–248.

Rote NS, Chakrabarti S, Stetzer BP. 2004. Placenta 25:673–683.

Scobie L, Takeuchi Y. 2009. Curr Opin Organ Transplant 14:175–179.

Scobie L, Taylor S, Wood JC, et al. 2004. J Virol 78:2502–2509.

Specke V, Plesker R, Wood J, et al. 2009. Xenotransplantation 16:34–44.

Suling K, Quinn G, Wood J, Patience C. 2003. Virology 312:330–336.

Takefman DM, Wong S, Maudru T, et al. 2001. J Virol 75:4551–4557.

Tucker AW, Scobie L. 2006. Vet Rec 159:367–368.

Valdes-Gonzalez R, Dorantes LM, Bracho-Blanchet E, et al. 2010. J Med Virol 82:331–334.

Weiss RA. 1998. Nat Med 4:391–392.

——. 2006. Retrovirology 3:67.

Weiss RA, Magre S, Takeuchi Y. 2000. J Infect 40:21–25.

Wilson CA. 2008. Cell Mol Life Sci 65:3399–3412.

Wilson CA, Wong S, Muller J, et al. 1998. J Virol 72:3082–3087.

Wilson CA, Wong S, VanBrocklin M, Federspiel MJ. 2000. J Virol 74:49–56.

Wood JC, Quinn G, Suling KM, et al. 2004. J Virol 78:2494–2501.

45 水疱病毒
Rhabdoviruses
Sabrina L. Swenson，Daniel G. Mead 和 Thomas O. Bunn

综述
OVERVIEW

水疱口炎病毒（Vesicular Stomatitis Virus，VSV）与狂犬病毒都属于弹状病毒科。水疱口炎病毒归属于水疱病毒属，而狂犬病毒归属于狂犬病毒属，这类病毒粒子呈子弹状，直径为 65～185 nm，病毒粒子由来源于宿主的质膜、磷质外壳和最内层的核糖核蛋白核心组成。病毒经过对细胞吸附、侵入以及脱壳过程后，可在被感染细胞胞质内进行病毒复制。病毒通过 RNA 依赖性 RNA 聚合酶转录病毒基因组的 mRNA。病毒基因组编码 5 个主要的结构蛋白，分别为核衣壳蛋白、磷蛋白、基质蛋白、糖蛋白与大聚合酶（Wagner 和 Rose，1996）。

水疱性口炎
VESICULAR STOMATITIS

背景
Relevance

牛与猪感染 VSV 后与口蹄疫的病情类似，因此世界动物卫生组织 OIE 将该病列为须向防疫部门报告的多物种疾病。该病在家畜间的传播也造成了水疱性口炎发病区与无此病地区之间的畜产品的贸易限制。

病因学
Etiology

同一病毒属内病毒的基因组有一定的差异，水疱性口炎病毒造成水疱性口炎（Wunner 等，1995）。历史上关于该病的报道可追溯到 19 世纪（Hanson，1952），第一次分离到病毒株是 1925 年在美国新泽西州，次年在印第安纳州也有分离到该毒株（Cotton，1927）。这些分离株血清学上关系较远，由此而分为不同血清型：新泽西型水疱口炎病毒（VSNJV）与印第安纳型水疱口炎病毒（VSIV）（Cartwright 与 Brown，1972）。两种血清型的病毒都可对家畜造成病理损伤，但只有 VSNJV 可使猪染病。此外，在南美洲有两种亚型的水疱口炎病毒可在畜群中流行，分别为 Cocal 亚型和 Alagoas 亚型。水疱口炎病毒可在多种细胞系中增殖（Swenson，2010）。

公共卫生
Role in Public Health

人类对水疱口炎病毒易感，直接接触与气溶胶都是该病的传播方式。临床症状包括类似流行性感冒与口疮样症状，潜伏期为 1～2 d。对于在工作中接触活的 VSV、处理可能带有 VSV 的诊断样品或动物的人员，应该针对 VSV 采取适当的预防措施。

猪病学，第 10 版，由 Jeffrey J. Zimmerman，Locke A. Karriker，Alejandro Ramirez，Kent J. Schwartz，Gregory W. Stevenson 主编。

流行病学
Epidemiology

美洲的牛、马与猪群中均有该病流行,为常见水疱类疾病中较多发的一种疾病。在多种野生动物中都有发现针对 VSV 的抗体存在,但尚未见到自然感染的野生动物临床病例的报道(Jenney 等,1970;Tesh 等,1970)。

水疱口炎病例在美洲之外的地域尚未见报道(Swenson,2010)。在美洲范围内该病主要有 VSNJV 与 VSIV 引起,呈地方性流行,流行地区包括墨西哥南部、中美洲和南美洲北部(哥伦比亚、委内瑞拉、厄瓜多尔和秘鲁)。

美国境内发生的水疱口炎病呈地方性与流行性,从 20 世纪初到 70 年代晚期,在美国东南部的畜群中几乎每年都可检测出 VSNJV。从那时以后,在乔治亚州 Ossabaw 岛地区的野生动物中只检测到了 VSNJV(Killmaster 等,2011)。在美国西部,VSNJV 与 VSIV 在牛群与马群中大约每 5 年或 10 年暴发一次,前者为主要病原(Rodriguez,2002)。VSNJV 在北美流行甚广,美国畜群中流行的水疱口炎病毒中 80% 为 VSNJV,其甚至传播到了加拿大的曼尼托巴州(Hanson,1963),VSIV 在同一地区的另外 20% 的畜群中流行(Hanson,1968)。VSNJV 较之 VSIV 对畜群的危害更大。自从 1968 年以后,美国就没有家养猪群中自然感染 VSNJV 的病例报道(Jenney 和 Brown,1972),而关于 VSIV 感染猪群的报道则从未发生。

VSNJV 能够通过多种途径传播,包括动物之间的直接接触或通过昆虫等媒介传播,VSNJV 能在本地猪群中高效传播(Stallknecht 等,2001)。在感染实验中,接种动物上水疱的形成可以促进 VSNJV 在动物之间的接触传播。接触感染分为亚临床感染状态与临床感染状态。

Radeleff(1949)认为节肢动物是 VSNJV 的传染媒介之一,但该说法仍存在争议,因为媒介被感染的机制尚不清楚,而脊椎动物宿主感染 VSV 后不能产生可以检测到的病毒血症。然而,Mead 等(2000,2004)论证了以下三点:(1)当吸血类昆虫以富含 VSNJV 的水疱液或类似液体为食时,其可被 VSNJV 感染;(2)当已感染和未感染 VSNJV 的黑蝇(带蚋)共同采食同一个脊椎动物宿主时,VSNJV 可在其间传播;(3)感染了 VSNJV 的昆虫可将病毒传播给家畜。

在临床感染的动物身上,VSV 仅局限存在于有病理损伤的部位。由此可在感染 VSV 后 10 d 内动物的水疱液、咽喉拭子、扁桃体、唾液和上皮中分离到高纯度的病毒,采集时间根据物种不同略有差异。

VSV 在 56℃(133℉)30 min(Watson,1981)或强烈紫外线(Weck 等,1979)照射下会迅速失活。在自然环境下,VSNJV 在桶类容器上被污染的唾液中可维持 3~4 d 的活力状态(Hanson,1952),在室温状态下的植物表面可存活多达 24 h(Drolet 等,2009)。VSV 可被多种脂类溶剂、清洁剂、福尔马林和一些常用的家用漂白剂所灭活。

致病机理
Pathogenesis

VSV 感染动物后一般局限存在于接种部位,也有少数报道病毒会转移至附近的引流淋巴结中。在其他组织中未曾发现过病毒。病毒的复制主要在角化细胞中进行(Scherer 等,2007)。

VSV 对猪的致病性取决于毒株种类(VSNJV 的致病力强于 VSIV)、接种方式以及接种剂量。当对家猪进行滴鼻接种 $1\times10^{0.7}$ $TCID_{50}/mL$ VSNJV 后,会造成血清转化,但是没有临床症状,但当滴鼻接种量大于或等于 $1\times10^{3.3}$ $TCID_{50}/mL$ 时,在血清转化后出现临床症状。猪只在接种 VSNJV 后 1~2 d 内,会在接种处造成严重的水疱样病理变化,并且猪只在 7~8 d 的感染期内维持较高的病毒滴度。大部分动物的口腔黏膜(包含舌头)、鼻子和冠状带在接种 VSNJV 后会形成水疱样病理损伤。相反,当在动物的有毛发处皮肤接种 VSNJV 后仅会出现血清转化与亚临床感染症状(Howerth 等,2006;Scherer 等,2007;Stallknecht 等,1999)。

虽然家猪在接种大于或等于 1×10^3 $TCID_{50}/mL$ VSIV 后会出现临床症状,但目前仍无家猪感染 VSIV 的自然病例报道(Stallknecht 等,2004)。接种小于或等于 1×10^2 $TCID_{50}/mL$ 的 VSIV 则不会引起家猪产生临床症状以及可检测到的抗体反应。相较于 VSNJV 而言,VSIV 可造成的病理损伤要更轻,并且只能以较低的病毒滴度维持 3~4 d。

对于动物自身的年龄以及品种等因素是否会

影响临床症状,目前尚无相关研究,但野外调查显示动物年龄可能与感染该病有关。

临床症状与病理变化
Clinical Signs and Lesions

水疱性口炎以高热为基本特征,动物感染后24～72 h内会在口腔黏膜、鼻子、乳头以及冠状带等处出现明显的水疱。不同部位的多处病变能在同一动物身上发生。典型病例显示感染初期较小区域会出现针尖样有边缘的白色凸起,之后迅速转变为浅灰红色的水疱,如果多个水疱较为接近则可能合并为一个较大的水疱。水疱通常在形成1～2 d后破裂,流出淡黄色富含病毒的液体(Howerth 等,1997)。染病动物表皮可能被大范围侵袭,出现溃疡以及结痂。在严重病例身上可能出现舌部上皮脱落,严重的蹄部冠状带病变可能会导致蹄壳脱落。如果水疱破裂部位没有继发感染,则通常会在1～2周内完成自我修复。

口腔内出现过多的唾液通常可作为病症的初兆,也可能是发病期仅能观察到的症状。口腔病变产生的疼痛通常会导致动物厌食与消瘦。常见牛与马的蹄部感染而导致跛行的现象,但在家猪身上更为频繁。

家畜感染水疱性口炎的潜伏期通常为1～3 d。在家畜的自然感染病例中未见病毒血症的报道,但人工感染动物可见。在此情况下,Cotton(1927)将接种了VSNJV的牛与马的血液接种到了几内亚猪的蹄部,随后在猪的蹄部出现了水疱样病变,由此认定VSNJV造成了牛与马的病毒血症。后来数名研究人员重复该试验都未得到上述结果。

水疱性口炎病毒对动物的感染率通常高达90%,但死亡率却较低。水疱性口炎是一种自我限制性疾病,动物感染该病后如果没有继发感染其他病症,通常会在2～3周内康复(Hanson,1952)。

诊断
Diagnosis

临床上一般无法区分猪水疱性口炎、口蹄疫、猪水疱病与猪水疱疹。因此,很有必要将临床样品收集并上交以进行实验室诊断。可使用排除法排查感染性的病因,包括口蹄疫、猪水疱病、猪水疱疹、海洋杯状病毒、猪细小病毒、肠病毒以及猪痘。此外,非感染性的病因包括化学物品与高温引起的灼伤、饲喂过程中误伤,毒素、植物芒以及光敏作用造成的外伤。

供检测病毒的临床样品包括水疱液、崩解水疱邻近组织、活体检查组织以及棉拭子。为了保证样品中病毒的活性,应将样品保存至4℃环境的容器中,转移至试验室诊断的过程中应置于冰袋上。注意不要冰冻样品,否则会影响到对病毒的检测。

病毒分离、补体结合试验、抗原捕获酶联免疫吸附试验以及逆转录聚合酶链式反应(RT-PCR)都可用于检测病毒或病毒核酸(Swenson,2010)。病毒分离试验可以使用传代细胞系、鸡胚以及小鼠。如果接种的VSV的病毒滴度较高,则可在接种后24 h内被检测到,如果以较低滴度存在,则可在7 d内检测到。

使用病毒中和试验、补体结合试验和酶联免疫吸附试验可检测血清中的抗体。人工感染牛的血清在数年内使用病毒中和试验仍可检测到抗体存在(Sorensen 等,1958),而自然感染马的血清使用病毒中和试验与竞争性酶联免疫吸附试验都可检测到抗体存在。补体结合试验通常只能检测到数月内的抗体反应。较之补体结合试验与病毒中和试验,竞争性酶联免疫吸附试验能检测到更早期人工感染的小牛与小马体内血清中的抗体(Katz 等,1997)。由于动物体内抗体存在时间较长,为了建立VSV感染模型,需要在动物感染后第7天,即抗体滴度升高到最低值的4倍时采集双份血清。

免疫
Immunity

感染VSV的动物其免疫反应受病毒血清型、感染方式与途径以及样品的血清学检测方法等因素的影响(Katz 等,1997;Stallknecht 等,1999)。动物感染VSV后最早可在第5天检测到血清转化。抗体的形成与病毒逃逸能力的下降有关联。在一项研究中,人工感染猪的82份样品在血清转化之前就检测到了病毒存在,其中仅有一头猪在检测到病毒前就出现了血清转化(Stallknecht 等,1999)。在另一项研究中,人工感染VSV的动物间隔49～77 d使用同源病毒进行二次人工感染,没有散毒,抗体反应也未见变化(Katz 等,1997),而动物在二次感染异源病毒后,其血清学反应与散毒情况则出现了不同。相反，田间试验显示动物在有中和抗体存在的情况下二次感染同源病毒后仍然无法被保护（Rodriguez等,1990）。在被感染母猪所产仔猪的血清中可检测到母源抗体。研究显示母源抗体在 3 月龄时仍可被检测到，而在 7 月龄时则检测不到（Sorensen等,1958）。

预防和控制
Prevention and Control

一旦发现猪只有水疱性口炎症状，需要立即将猪只与相关器具隔离，直至对该病确诊方可进行下一步动作，同时需要立即通知相关的动物卫生机构。

对于大多数感染动物的治疗效果都不甚明显，除了缓和疗法，比如饲喂较软的饲料与提供舒适的垫料。为了预防治疗细菌的继发感染，可适当使用抗生素。对于水疱损伤部位则建议使用局部抗菌药以减少继发感染的风险以及加速自我修复的进程。

由于 VSNJV 在猪只之间非常容易通过接触传播，所以感染猪以及可能与之接触过的猪都需要进行隔离。将动物之间接触的可能性降低到最小。对感染猪接触过的饲养器具、交通工具以及环境设施等都需要进行消毒。

预防该病的措施包括对昆虫等传染媒介的控制，在昆虫采食活动高峰期将动物留在舍内，完善生物安全条例以避免从感染 VSV 的农场迁移设备、人员以及动物。也有必要应用苄氯菊酯及其类似成分的驱虫剂以减少猪舍内的昆虫。在一些呈地方流行性的国家和地区，已有相应灭活疫苗的使用。

狂犬病毒
RABIES VIRUS

背景
Relevance

当猪接触了野生动物或犬类动物后有可能感染狂犬病。狂犬病毒在欧洲的主要宿主是狐狸，在亚洲为犬与狐狸，在非洲为豺类和猫鼬，在南美洲为犬与吸血蝙蝠，在北美洲则为浣熊、臭鼬和蝙蝠。相较于牛而言，感染猪的狂犬病毒量所需甚少，由此提示在对野生动物与家猪采取禁闭措施时需有所区别。美国家猪的狂犬病例几乎为每年

一例。欧洲的野生动物感染狂犬病则很罕见。

公共卫生
Role in Public Health

由于狂犬病会引起人类较高的死亡率，所以该病被视为非常重要的动物传染病。尽管目前没有明确证据表明该病可经猪传染给人。Steele 和Fernandez(1991)报道在 1908—1972 年间,印度、巴基斯坦以及孟加拉国的 521 人暴露于可能感染狂犬病的猪群中而无一人发展为狂犬病，不得不提的是所有人都接受了针对狂犬病的预防措施。

流行病学
Epidemiology

狂犬病在除了挪威与瑞典等几个少数地理屏障极其优越的国家之外广泛存在。澳大利亚已经根除了狂犬病，但仍存在蝙蝠的类狂犬病毒。所有的温血哺乳动物对狂犬病毒都易感，不同动物之间的易感性有一定差异，通常与动物的年龄、被咬部位、接触的病毒毒株以及病毒量有关，不同毒株之间的致病性有较大区别。

由于已感染狂犬病动物的唾液中含有狂犬病毒，所以该病主要通过撕咬这一途径传播。唾液中病毒的滴度以及存在时间随接种病毒量的不同而存在较大变化。当犬接种大剂量的狂犬病毒后会迅速死亡，唾液中病毒量较低；但当犬接种较低剂量的病毒后其潜伏期则会延长而其唾液中病毒量则较高（Fekadu,1991）。动物的排毒期从临床症状出现前 14 d 一直到临床症状出现后第 4 天。目前对于狂犬病毒感染猪后的排毒量与排毒时间尚无确切研究，但此类研究不可忽视，其可作为依据以选择应对措施。

狂犬病毒对 1％次氯酸钠、2％戊二醛、70％乙醇与福尔马林均较敏感，紫外线照射、50℃温度下 1 h 或脂类溶剂均可使其失活，阳光直射或脱离宿主时间过长也均会使病毒失活。

致病机理
Pathogenesis

狂犬病毒通过撕咬伤口进入宿主体内之后迅速进入隐蔽期，在该段时间内病毒无法被荧光抗体染色或病毒分离方法所检测到。Murphy 等(1973)认为狂犬病毒在入侵神经系统之前会在肌

肉纤维中复制,其推测病毒在肌肉纤维中的复制对于扩繁病毒后侵入外周神经系统很有必要,也可能与该病的潜伏期时间较长有一定关联。一旦病毒进入神经轴质之后,会迅速转移到背根神经节进而到达脊髓与脑组织中(Baer 等,1965)。当病毒通过中枢神经系统传播时,病毒也会通过外周神经系统传播到表皮、角膜、口腔上皮、鼻黏膜、肠、泪腺、胰腺、肌肉纤维、心肌膜、肺、肾、肾上腺髓质与唾液腺等非神经组织中。

临床症状与病理变化
Clinical Signs and Lesions

狂犬病根据临床表现可分为狂躁型与沉默型。该病的病程经过分为前驱期、兴奋期与麻痹期。动物在病程的前驱期可能会出现轻微的体温升高、斜瞳孔扩大与角膜反射受损。对于狂躁型与沉默型的区分主要依靠观察动物在兴奋期的临床表现,该时期内动物通常会表现出攻击性行为、肌肉震颤、动作失调、平衡缺失以及唾液激增。麻痹期是该病的最后一个时期,以上行性麻痹、昏迷以及死亡为主要特征。

目前关于家猪以及其他动物感染狂犬病后临床症状的报道材料比较有限,具体内容也不尽一致。不明病因突然死亡的仔猪病例也有相关报道(Hazlett 和 Koller,1986)。Morehouse 等(1968)报道的临床症状包括颤搐、衰竭、唾液激增以及阵发性肌肉痉挛。此外还有不安、快速咀嚼、发热、呼噜音增多、口渴以及头脸部磨蹭等症状(Dhillon 和 Dhingra,1973;DuVernoy 等,2008;Merriman,1996;Morehouse 等,1968;Yates 等,1983)。

狂犬病在猪与其他动物身上的潜伏期都不一致,有报道一只被臭鼬咬伤的猪的潜伏期为 17 d,另有报道一只被浣熊咬伤的肥猪的潜伏期为 132 d(Du Vernoy 等,2008)。Baer 和 Olson(1972)报道可从猪身上分离到狂犬病毒。值得注意的是,6 只被患狂犬病的臭鼬咬伤的猪有 4 头在经历了 32~47 d 的潜伏期后表现出进行性麻痹的临床症状,之后在 1~2 周后猪只产生了较高的抗体滴度随之临床症状逐渐减退。

患狂犬病的动物基本都不会出现大体病变,但一些动物会出现自伤的行为。显微病理变化一般出现在中枢神经系统,比如轻微的血管炎与脑组织中的胶质增生,严重者出现广泛的脑膜脑炎,以及脑组织与脊髓中的神经元变性(Morehouse 等,1968)。

诊断
Diagnosis

由于荧光抗体技术的快速与准确的优点,该方法被优先推荐为检测狂犬病毒抗原的检测方法(Goldwasser 和 Kissling,1958)。感染动物的角膜触片与皮肤活检也可检测到该病抗原。

免疫
Immunity

猪只感染狂犬病后一般容易耐过,具体情况取决于被撕咬的部位(一般面部或颈部的咬伤比较致命)、动物的年龄(仔猪更易感)、被感染的病毒毒株以及病毒量。体液免疫与细胞免疫对于抵抗狂犬病毒的致命感染都很重要。染病动物一旦表现出临床症状,通常都会迅速死亡。

预防和控制
Prevention and Control

由于狂犬病疫苗的市场有限,加上其产生免疫效力及时间的相关检测耗费颇高,所以市场上目前仍没有被批准使用的用于猪的狂犬病疫苗。在种畜场以及狂犬病流行地区也许有狂犬病灭活疫苗的标签外使用,但疫苗的保护效率不得而知。总的说来,预防狂犬病最好的方法就是控制狂犬病毒的野生动物宿主,然后构建良好的物理屏障保护家猪不与野生动物接触。

(宁宜宝、刘灿译,王继宏校)

参考文献
REFERENCES

Baer GM, Olson HR. 1972. J Am Vet Med Assoc 160:1127–1128.
Baer GM, Shanthaveerappa TR, Bourne GH. 1965. Bull World Health Organ 33:783–794.
Blenden DC, Bell JF, Tsao AT, Umoh JU. 1983. J Clin Microbiol 18:631–636.
Cartwright B, Brown F. 1972. J Gen Virol 16:391–398.
Cotton WE. 1927. Vesicular stomatitis. Vet Med 22:169–175.
Dhillon SS, Dhingra PN. 1973. Vet Med Small Anim Clin 68:1044.
Drolet BS, Stuart MA, Derner JD. 2009. Appl Environ Microbiol 75:3029–3033.
DuVernoy TS, Mitchell KC, Myers RA, et al. 2008. Zoonoses Public Health 55:431–435.
Fekadu M. 1991. Canine rabies. In GM Baer, ed. The Natural History of Rabies, 2nd ed. Boca Raton, FL: CRC Press, pp. 367–378.

Goldwasser RA, Kissling RE. 1958. Proc Soc Exp Biol Med 98:219–223.

Hanson RP. 1952. Bacteriol Rev 16:179–204.

Hanson RP. 1963. Vesicular stomatitis. In TG Hull, ed. Diseases Transmitted from Animals to Man, 5th ed. Springfield, IL: Charles C. Thomas Limited, pp. 374–384.

Hanson RP. 1968. Am J Epidemiol 87:264–266.

Hazlett MH, Koller MA. 1986. Can Vet J 27:116–118.

Howerth EW, Mead DG, Mueller PO, et al. 2006. Vet Pathol 43:943–955.

Howerth EW, Stallknecht DE, Dorminy M, et al. 1997. J Vet Diagn Invest 9:136–142.

Jenney EW, Brown CL. 1972. Surveillance for vesicular stomatitis in the United States January, 1968 through July 1972. Proc U.S. Anim Health Assoc 76:183–193.

Jenney EW, Hayes FA, Brown CL. 1970. J Wildl Dis 6:488–493.

Katz JB, Eernisse KA, Landgraf JG, Schmitt BJ. 1997. J Vet Diagn Invest 9:329–331.

Killmaster LF, Stallknecht DE, Howerth EW, et al. 2011. Apparent disappearance of vesicular stomatitis New Jersey virus from Ossabaw Island, Georgia. Vector Borne Zoonotic Dis 11:559–565.

Mead DG, Gray EW, Noblet R, et al. 2004. J Med Entomol 41:78–82.

Mead DG, Ramberg FB, Besselsen DG, Mare CJ. 2000. Science 287:485–487.

Merriman GM. 1966. J Am Vet Med Assoc 148:809–811.

Morehouse LG, Kintner LD, Nelson SL. 1968. J Am Vet Med Assoc 153:57–64.

Murphy FA, Bauer SP, Harrison AK, Winn WC. 1973. Lab Invest 28:361–376.

Radeleff RD. 1949. Clinical encephalitis occurring during an outbreak of vesicular stomatitis in horses. Vet Med 44:494–496.

Rodriguez LL. 2002. Virus Res 85:211–219.

Rodriguez LL, Vernon S, Morales AI, Letchworth GJ. 1990. Am J Trop Med Hyg 42:272–281.

Scherer CFC, O'Donnell V, Golde WT, et al. 2007. Vet Res 38:375–390.

Schneider LG. 1969. Zentralbl Veterinarmed 16:24–31.

Sorensen DK, Chow TL, Kowalczyk T, et al. 1958. Am J Vet Res 19:74–77.

Stallknecht DE, Greer JB, Murphy MD, et al. 2004. Am J Vet Res 65:1233–1239.

Stallknecht DE, Howerth EW, Reeves CL, Seal BS. 1999. Am J Vet Res 60:43–48.

Stallknecht DE, Perzak DE, Bauer LD, et al. 2001. Am J Vet Res 62:516–520.

Steele JH, Fernandez PJ. 1991. History of rabies and global aspects. In GM Baer, ed. The Natural History of Rabies, 2nd ed. Boca Raton, FL: CRC Press, pp. 1–24.

Swenson SL. 2010. Vesicular stomatitis. In Manual of Diagnostic Tests and Vaccines for Terrestrial Animals 2010 (on-line English version), Part 1. Paris, France: Office International des Epizooties, World Organisation for Animal Health.

Tesh RB, Peralta PH, Johnson KM. 1970. Am J Epidemiol 91:216–224.

Wagner RR, Rose JK. 1996. Rhabdoviridae: The viruses and their replication. In BN Fields, DM Knipe, PM Howlet, eds. Fundamental Virology, 3rd ed. Philadelphia: Lippincott-Raven, pp. 561–575.

Watson WA. 1981. Can Vet J 22:311–320.

Weck PK, Carroll AR, Shattuck DM, Wagner RR. 1979. J Virol 30:746–753.

Wunner WH, Calisher CH, Dietzgen RG, et al. 1995. Arch Virol 140(Suppl 10):275–288.

Yates WDG, Rehmtulla AJ, McIntosch DW. 1983. Can Vet J 24:162–163.

46

披膜病毒
Togaviruses
Fun-In Wang，Chia-Yi Chang 和 Chin-Cheng Huang

综述
OVEREVIEW

披膜病毒科包括大部分对人致病的虫媒传播甲病毒属成员，以及一个风疹病毒属成员（风疹病毒）。病毒粒子呈球形，直径约 70 nm，囊膜含有棒状囊膜粒，包裹二十面体的核衣壳，直径为 40 nm。棒状囊膜粒由 80 个 E1-E2 异二聚体形成的三聚体组成。

病毒的基因组为线性正链单股 RNA，大小为 $9.7 \sim 11.8$ kb，以 $5'$ M_7 G-$\boxed{\text{nsP1-nsP2-nsP3-nsP4}}$-$\boxed{\text{C-E3-E2-6K-E1}}$-$(A)_n$ $3'$ 的形式排列。基因组 RNA 作为 mRNA，翻译为多聚体蛋白，再加工成为成熟的非结构蛋白（nsP）。亚基因组 26S mRNA 翻译成为结构蛋白，并通过共翻译加工为成熟蛋白（Fauquet，2005）。E2 蛋白含有大多数的中和表位，而 E1 蛋白含有更保守的交叉反应表位。

甲病毒在 pH $7 \sim 8$ 时稳定，但在非常酸性 pH 条件下会迅速失活。在 37℃（98.6℉）下，培养液中病毒粒子半衰期为 7 h，大多数在 58℃（136℉）条件下迅速失活，半衰期仅数分钟。本属病毒通常对有机溶剂和去污剂较敏感，因为它们能溶解囊膜脂蛋白。

根据血清学交叉反应性，可将甲病毒划分为 8 个抗原复合群。东方型马脑炎病毒（EEEV）属于 EEEV 复合群，盖塔病毒（GETV）、鹭山病毒（SAGV）和罗斯河病毒（RRV）属于西门利克森林复合群。

东方型马脑炎病毒
EASTERN EQUINE ENCEPHALITIS VIRUS

EEEV 在加拿大东部、美国密西西比河西部、加勒比岛以及中、南美洲等地呈地方性流行。依赖嗜鸟蚊种，例如黑尾赛蚊以维持病原的流行循环。流行循环的传播者是兼嗜鸟类和哺乳动物的节肢动物媒介，例如伊蚊属、按蚊属，有时也包括库蚊属。

EEEV 是一种动物传染病，也可引起人的脑炎、发热、嗜睡和颈强直。症状可能会逐渐发展为意识混乱、麻痹、抽搐和昏迷。

猪对 EEEV 感染的反应与日龄有关。保育猪感染最为严重，而大于 2 月龄的猪则呈隐性感染。临床症状包括共济失调、沉郁、突然发作、呕吐、低烧和死亡。耐过猪通常生长迟缓。某些诱病因素，例如环境条件和并发疾病，可能会引起高死亡率。

1958 年，佐治亚州、马萨诸塞州和威斯康星州对猪进行的血清学研究表明，血清阳性率为

猪病学，第 10 版，由 Jeffrey J. Zimmerman，Locke A. Karriker，Alejandro Ramirez，Kent J. Schwartz，Gregory W. Stevenson 主编。

17%～26%。在佐治亚州，多达 20% 的家养动物和 16% 的野猪为血清阳性，病毒中和（VN）效价为 1：（4～128）（Elvinger 等，1996）。家猪的 VN 抗体效价通常低于野猪，来自待售猪舍和围栏的猪群，血清阳性率为 7%。然而，直至 1972 年，才报道 3 周龄仔猪自然暴发（Pursell 等，1972）。在 1991 年，2 周龄以内仔猪死亡率为 80%（Elvinger 等，1994）。因此，猪感染 EEEV 很常见，但是很少临床发病。

猪的潜伏期依然未知，因为多数感染都为亚临床，但是在实验性接种感染时，为 1～3 d（Elvinger 和 Baldwin，2006）。EEEV 最初在局部淋巴结增殖，再侵入神经外组织，导致高病毒效价和继发病毒血症。病毒血症是侵入中枢神经系统（CNS）的关键。病毒血症可维持至感染后（DPI）7 d。在感染后 4 d，可从口咽部和直肠拭子中分离到 EEEV；感染后 20 d，可从扁桃体分离到 EEEV。感染的青年猪有可能通过接触传播 EEEV，从而作为病毒宿主的来源（Elvinger 和 Baldwin，2006）。

未观察到眼观病变。显微病变包括带有坏死性脑膜炎、微观脓肿、血管周围嗜中性白细胞（早期）和淋巴细胞（晚期）聚集，以及心肌坏死等。急性期死亡的仔猪可能没有 CNS 病变（Elvinger 等，1994）。

将上述 CNS 组织和/或标本，接种 Vero 细胞或其他细胞培养系统，通过病毒分离进行诊断，随后用免疫荧光或聚合酶链式反应（PCR；Ostlund，2008）进行鉴定。

对临床感染猪尚无治疗措施。预防主要依靠免疫易感动物和/或控制媒介群体数量。人和马已有疫苗可用。为了控制疾病的严重暴发，或是为了保护有价值的猪群，免疫可能是一种经济有效的方法。免疫母猪，可为仔猪提供保护性母源抗体。

盖塔病毒
GETAH VIRUS

GETV 在整个亚洲广泛存在，北至俄罗斯，南至马来西亚砂拉越（Sarawak）。它主要是一种马的病原，但是已从猪群附近的许多种类蚊子中，分离到该病毒。一般认为刺扰伊蚊、三带喙库蚊、白雪库蚊和白头家蚊是主要的媒介，但是不同地区存在差异。

1987 年，首次报告从猪体发现 GETV；12 头新生仔猪中，有 8 头被诊断出现沉郁、震颤、淡黄棕色腹泻，并且 100% 死亡（Yago 等，1987）。亚临床感染仔猪出现一过性的生长抑制，母猪未被感染。有报道称从一头自然感染母猪后期死亡的胎儿中，分离得到了 GETV（Shibata 等，1991）。

实验性感染 GETV，可以在感染后 1～3 d 诱导产生一过性发热和厌食，某些仔猪还会出现轻微沉郁和腹泻。在感染后 1～2 d，即可发生病毒血症，可从脾脏和各类淋巴结中分离到病毒（Kumanomido 等，1988）。怀孕前 26～28 d 感染的母猪产死胎，从胎盘、羊水和胎儿器官中分离到病毒（Izumida 等，1988）。

日本某些地区流行 GETV，家猪的血清抗体率为 3%～19%（Hohdatsu 等，1990），野猪平均为 48%，成年猪的血清阳性率更高（Sugiyama 等，2009）。在斯里兰卡地区，降水充沛，稻田环绕在小规模猪群周围，猪的血清流行率为 41%（无任何疾病表现），而人类仅为 0.6%（Peiris 等，1994）。

本病诊断是采用 RK-13 或 Vero 细胞分离 GETV，或者采用 PCR 检测病毒 RNA 进行（Ogawa 等，2009）。同时还可对血清采用酶联免疫吸附试验（ELISA）或血凝抑制（HI）进行诊断。已有灭活疫苗成功应用于赛马。

鹭山病毒感染
SAGIYAMA VIRUS INFECTION

SAGV 被认为是变异型 GETV，但是由于 SAGV 衣壳蛋白存在亮氨酸（GETV 为脯氨酸），可以进行补体结合试验进行区分（Wekesa 等，2001）。通常认为三带喙库蚊和刺扰伊蚊是主要的媒介。

19 世纪 60 年代即报道了自然感染的猪，不表现临床症状，当时猪的病毒中和抗体率为 67%，而感染猪附近居住人群为 18%（Scherer 等，1962）。2006 年首次报道暴发 SAGV，9 周龄猪出现生长迟缓、喘气、腹式呼吸和关节炎等症状（Chang 等，2006）。临床现象可能因共感染日本乙型脑炎病毒（JEV）和猪圆环病毒 2 型（PCV2）

而受到影响,随后肌肉接种保育猪,未产生特异性临床症状。

在感染后 2～4 d,出现低水平的 SAGV 病毒血症,此时可从脾脏、扁桃体、淋巴结和肾脏分离到病毒,但是从口和鼻拭子中不能分离到病毒。感染后第 4 天可检测到病毒中和抗体,感染后第 7 天,病毒血症消退。通常认为 SAGV 对猪无致病性,但是共感染可能会协同互作,引起更严重的临床症状。

SAGV 可引起 ST(猪睾丸,ATCC CRL-1746™,Rockville,MD)、猪肾(PK-15)、Vero、兔肾(RK-13)和乳仓鼠肾(BHK-21)细胞产生细胞病变效应(CPE)。抗体检测可认为是感染的指标。病毒中和抗体效价>1∶48,或者血清阳性率>50%则提示重复感染了 SAGV。

SAGV 感染尚无治疗措施。还没有可用的疫苗,并且疫苗可能也不会经济有效,这就使得控制媒介成为预防和控制的最理性方式。

罗斯河病毒感染
ROSS RIVER VIRUS INFECTION

RRV 流行于澳大利亚、帕布亚新几内亚和印度尼西亚的伊里安查亚省。在 1979—1980 年,南太平洋的少数几个岛屿也发生了流行,但未在当地持续存在。主要的媒介是警觉伊蚊、玻里尼西斑蚊和环喙库蚊。

RRV 通常是经人-蚊-犬-蚊-人循环而传播。然而,当在人口稠密地区流行时,相信会发生直接的人-蚊-人途径,因为人体内出现了高水平的病毒血症。

RRV 不会引起猪发病。实验性感染幼年家猪和野猪,结果在感染后 0～5 d,检测不到病毒,或者仅有轻微的病毒血症(Harley 等,2001)。在疾病流行时,通过 HI 和 VN 检测,家猪的血清阳性率分别为 43% 和 77%(Rosen 等,1981),在流行间期,HI 检测野猪的血清阳性率为 15%(Gard 等,1976)。

人类感染 RRV 可能会引起对称的流行性多发性关节炎,主要包括外周关节、发热、皮疹和连锁效应,例如肌痛、疲劳和不适。经 ELISA 证实阳性的血清样本,血清转化(免疫球蛋白 G,IgG)

表明近期发生了感染。检测免疫球蛋白 M(IgM)进行诊断是不可靠的,特别是在地方性流行地区。对于人类和马血清,有报道采用 PCR 检测(Sellner 等,1995;Studdert 等,2003),且应与血清学方法相结合进行诊断。非类固醇类抗炎症药物(NSAID)能最有效地减轻症状。尚无可用于人的疫苗。

(康凯译,师福山校)

参考文献
REFERENCES

Chang CY, Huang CC, Huang TS, et al. 2006. J Vet Diagn Invest 18:156–161.

Elvinger F, Baldwin CA. 2006. Eastern equine encephalomyelitis virus. In BE Straw, J Zimmerman, S D'Allaire, DJ Taylor, eds. Diseases of Swine, 9th ed. Ames, IA: Blackwell Publishing Company, pp. 554–557.

Elvinger F, Baldwin CA, Liggett AD, et al. 1996. J Vet Diagn Invest 8:481–484.

Elvinger F, Liggett AD, Tang KN, et al. 1994. J Am Vet Med Assoc 205:1014–1016.

Fauquet CM. 2005. Togaviridae. In CM Fauquet, MA Mayo, J Maniloff, U Desselberger, LA Ball, eds. Virus Taxonomy: Classification and Nomenclature of Viruses. The Eighth Report of the International Committee on Taxonomy of Viruses. San Diego, CA: Elsevier Academic Press, pp. 999–1008.

Gard GP, Giles JR, Dwyer-Gray RJ, Woodroofe GM. 1976. Aust J Exp Biol Med Sci 54:297–302.

Harley D, Sleigh A, Ritchie S. 2001. Clin Microbiol Rev 14:909–932.

Hohdatsu T, Ide S, Yamagishi H, et al. 1990. Jpn J Vet Sci 52:835–837.

Izumida A, Takuma H, Inagaki S, et al. 1988. Jpn J Vet Sci 50:679–684.

Kumanomido T, Wada R, Kanemaru T, et al. 1988. Vet Microbiol 16:295–301.

Ogawa H, Taira O, Hirai T, et al. 2009. J Virol Methods 160:210–214.

Ostlund EN. 2008. 2.5.5. Equine encephalomyelitis (Eastern and Western). In Manual of Diagnostic Tests and Vaccines for Terrestrial Animals, Vol. 2, 6th ed. Paris, France: OIE, World Organisation for Animal Health, pp. 858–865.

Peiris JSM, Amerasinghe PH, Amerasinghe FP, et al. 1994. Am J Trop Med Hyg 51:154–161.

Pursell AR, Peckham JC, Cole JR, et al. 1972. J Am Vet Med Assoc 161:1143–1147.

Rosen L, Gubler DJ, Bennett PH. 1981. Am J Trop Med Hyg 30:1294–1302.

Scherer WF, Funkenbusch M, Buescher EL, Izumi T. 1962. Am J Trop Med Hyg 11:255–268.

Sellner LN, Coelen RJ, Mackenzie JS. 1995. Clin Diagn Virol 4:257–267.

Shibata I, Hatano Y, Nishimura M, et al. 1991. Vet Microbiol 27:385–391.

Studdert MJ, Azuolas JK, Vasey JR, et al. 2003. Aust Vet J 81:76–80.

Sugiyama I, Shimizu E, Nogami S, et al. 2009. J Vet Med Sci 71:1059–1061.

Wekesa SN, Inoshima Y, Murakami K, Sentsui H. 2001. Vet Microbiol 83:137–146.

Yago K, Hagiwara S, Kawamura H, Narita M. 1987. Jpn J Vet Sci 49:989–994.

第四部分
SECTION IV

细菌病
Bacterial Diseases

47 细菌综述
Overview of Bacteria
Karen W. Post

本章着重讲述包括支原体、衣原体在内的细菌引起的疾病。虽然病毒病例如猪繁殖与呼吸障碍综合征病毒（PRRSV）和猪圆环病毒在世界范围内的猪肉生产中都会产生巨大的损失，但是细菌性疾病在养猪行业内引起的持续性显著影响也不容忽视。PRRSV引起的肺炎再加上肺部致病细菌的混合感染，例如支气管炎博德特菌（Bordetella bronchiseptica）和猪肺炎支原体（Mycoplasma hyopneumoniae），会加重病情和病变的持续时间（Brockmeier 等，2000；Thacker 等，1999）。猪的呼吸道和消化道感染是造成养猪业最常见和经济损失最严重的疾病之一。引起肺炎的病原主要是肺炎支原体（M. hyopneumoniae），其次是支原体博德特菌（Straw 等，1989）。大肠杆菌（Escherichia coli）是引起新生和断奶仔猪腹泻的最主要原因（Fairbrother 和 Gyles，2006）。

细菌的表型分类是根据菌种可鉴定的特性来进行划分的，包括革兰氏染色、显微细胞形态、需氧量和形成孢子的能力等（表47.1）。

革兰氏染色根据细菌细胞壁不同的成分和厚度将细菌分为革兰氏阳性或革兰氏阴性。尽管绝大多数的猪细菌性病原体都可以被革兰氏染色，但是也有很多例外。尽管支原体是呈革兰氏染色阳性，但是细胞壁结构的缺乏使得支原体不能着染结晶紫。密螺旋体和钩端螺旋体通过染色和显微观察的方法不能进行准确的鉴定。此外，分支杆菌属（Mycobacterium）细菌的细胞壁中含有丰富的脂质和分支杆菌酸，使其很难被革兰氏染色着染。

细菌按照其细胞形态主要分为球菌（球形），杆菌（棒状）和螺旋体（弯曲棒状或者是螺旋状）。在这三种形态分组中需要考虑的是细菌在形态和大小方面的变异性。球菌一般呈簇状（葡萄球菌属 Staphylococcus）或者是呈长链或短链（乳酸球菌属 Enterococcus 和链球菌属 Streptococcus）。许多细菌通常被认为是棒状（埃希氏杆菌属 Escherichia，沙门氏菌属 Salmonella 和李斯特菌属 Listeria），其他的多为球杆菌（巴斯德菌 Pasteurella），多形菌（化脓隐秘杆菌属 Arcanobacterium pyogene 和放线杆菌属 Actinobacillus），或者丝状（副猪嗜血杆菌 Haemophilus parasuis 和猪红斑丹毒丝菌 Erysipelothrix rhusiopathiae）。螺旋菌属中有些细菌呈疏松或紧密状的螺旋形（短螺旋菌属 Brachyspira，密螺旋菌属 Treponema 和细螺旋菌属 Leptospira），有的弯曲成海鸥的形状（弯曲杆菌属 Campylobacter 和胞内劳森氏菌 Lawsonia intracellularis）。细菌个体的大小取决于细菌的生长期以及培养基的类型等。一般来说，绝大多数的螺旋菌属、芽孢杆菌属（Bacillus）和梭状芽孢杆菌属被认为大细菌。中等大小的细菌包括假单胞菌和肠杆菌科（Enterobacteriaceae）的成员（沙门氏菌和大肠杆菌 E. coli）。

猪病学，第10版，由 Jeffrey J. Zimmerman，Locke A. Karriker，Alejandro Ramirez，Kent J. Schwartz，Gregory W. Stevenson 主编。
© 2012 John Wiley & Sons，Inc. 由 John Wiley & Sons，Inc. 2012 年出版。

布鲁氏菌（*Brucella*）、嗜血杆菌（*Haemophilus*）和巴斯德菌（*Pasteurella*）都属于小细菌，而支原体和衣原体则是非常小的细菌。

表 47.1　重要的猪细菌性病原体的分类

分类	种/属
革兰氏阳性需氧兼性厌氧球菌	肠球菌（*Enterococcus*），葡萄球菌（*Staphylococcus*），链球菌（*Streptococcus*）
革兰氏阳性需氧微量需氧无孢子形成的杆菌	隐秘杆菌（*Arcanobacterium*），丹毒丝菌（*Erysipelothrix*），李斯特菌（*Listeria*），分支杆菌（*Mycobacterium*），红球菌属（*Rhodococcus*）
革兰氏阳性需氧形成孢子的杆菌	芽孢杆菌（*Bacillus*）
革兰氏阳性厌氧形成孢子的杆菌	梭菌（*Clostridium*）
革兰氏阳性厌氧无孢子形成的杆菌	放线杆菌属（*Actinobaculum*）
革兰氏阴性需氧兼性厌氧杆菌	放线杆菌（*Actinobacillus*），鲍特杆菌属（*Bordetella*），布鲁氏菌（*Brucella*），布克氏菌（*Burkholderia*），埃希氏菌属（*Escherichia*），嗜血杆菌属（*Haemophilus*），巴斯德菌（*Pasteurella*），沙门氏菌（*Salmonella*），耶尔森氏鼠疫杆菌（*Yersinia*）
革兰氏阴性微量需氧、厌氧弯曲、螺旋状杆菌	短螺旋菌属（*Brachyspira*），弯曲杆菌（*Campylobacter*），劳森氏菌（*Lawsonia*），钩端螺旋体属（*Leptospira*），密螺旋体属（*Treponema*）
无细胞壁的细菌和专性细胞内细菌	支原体（*Mycoplasma*），衣原体（*Chlamydophila*）

　　根据细菌对氧气利用度或耐受度可以对其进一步分类。绝对需要氧气的细菌叫做专性需氧菌。在引起猪的细菌性病原体中没有这一类的细菌。兼性需氧菌在有氧或者厌氧的情况下都能生存。绝大多数猪细菌性病原体都属于这一类。微量需氧菌在生长时需要痕迹量的氧气，但是大气浓度的氧气又会将该类细菌杀死。弯曲杆菌属（*Campylobacter*）成员就是微量需氧菌的最好代表。痕迹量的氧气都可以杀死专性厌氧菌。许多梭状芽孢杆菌都是厌氧菌。

　　细菌的另一种分类方法是产生孢子的能力，这种分类方法主要是针对革兰氏阳性杆菌。形成孢子的细菌中如果具有生长力的细菌被剥夺必要的生长因子或去除必要条件时会形成独特的休眠细胞叫内生孢子。孢子对环境条件和消毒剂有非常强的抵抗力。有两种形成孢子的细菌属在兽医学方面意义重大——芽孢杆菌（*Bacillus*）——是需氧孢子菌的成员，另外是梭菌属（*Clostridium*）——是厌氧孢子菌。需要值得注意的是，在猪致病病原中不形成孢子的杆菌的代表包括猪放线棒状菌（*Actinobaculumsuis*）、猪丹毒杆菌（*E. rhusiopathiae*）和化脓性链球菌（*A. pyogenes*）。

　　掌握关于细菌特性方面的知识对兽医从业者是大有裨益的。对可疑病原菌的革兰氏染色可以为兽医在细菌培养和药敏试验结果出来之前的经验疗法并选择有关抗菌药物提供信息。对临床病料进行最初诊断时，了解常见病原体的革兰氏染色和细胞形态非常重要，可以根据这些知识来判断病料中可能存在的细菌种类。当收集和运送病料到实验室时，细菌需氧要求方面的知识也非常重要。产生孢子的微生物体如艰难梭状芽孢杆菌属（*Clostridium difficile*）和产气荚膜梭菌（*Clostridium perfringens*），产房内非常难消除，因为芽孢对绝大多数的消毒剂、热和紫外线都有抵抗力。这是兽医从业者处理新生仔猪的问题时需要面对的很重要的问题。

　　主要的猪细菌病原体能够在含有必需营养物的人工培养基中生长。这些细菌可以在平板培养基中接种 24～72 h 后形成许多分散的菌落。其他的细菌例如钩端螺旋体属（*Leptospira*）和分支杆菌属（*Mycobacterium*）在培养基中的生长需要几个月的时间。一些专性细胞内寄生的细菌，例如衣原体和胞内劳森氏菌（*L. intracellularis*）只能在动物体内或者细胞系中培养，因为这些细菌在宿主体外不能产生本身需要的能量来维持自身的新陈代谢。

　　与猪相关的细菌可以视作机体正常的菌群或者共生体、机会主义者或者直接病原体。在体表或者体内的共生体对宿主是无害的。绝大多数猪消化道的需氧菌和厌氧菌都是共生体。在宿主因某种情况下造成先天性或者获得性免疫低下时，条件致病菌就会致病。最常见的条件致病菌的代表之一就是化脓性链球菌（A. pyogenes）。直接致病菌始终能成功躲避机体复杂的防御机制而感染一定百分比的健康宿主引起发病。炭疽芽孢杆菌（Bacillus anthracis）属于直接致病菌。

细菌致病性是一个多因素过程。首先细菌必须在机体内建立感染。这个过程包括细菌的吸附或者以其他方式进入宿主体内，避开宿主的防御机制并复制出相当数量的细菌，对宿主产生直接或间接的损害，然后将病原传播至其他的易感宿主（Gyles 和 Prescott，2004）。宿主免疫因子、体内初始的致病菌数量和细菌毒力在发病过程中都起很重要的作用。

一般来说，细菌致病有两大最主要的机制：侵入组织和产生毒素（Songer 和 Post，2005）。细菌吸附和/或穿透细胞，产生细胞外物质以促进入侵过程，战胜宿主防御系统。黏附素是能将细菌吸附到宿主细胞的表面蛋白。许多致病大肠杆菌株（E. coli）的表面具备用以吸附的细胞器叫做菌毛，菌毛可以调节细菌的吸附功能。吸附随之发生，能够提供细菌避开宿主体液免疫反应和增殖的能力。单核细胞增生李斯特菌（Listeria monocytogenes）和耶尔森氏菌属（Yersinia）属于兼性细胞内菌，其利用透明质酸进入宿主细胞内（Niemann 等，2004）。某些细菌可以产生细胞外酶，如猪葡萄球菌（Staphylococcus hyicus）产生凝固酶，β溶血链球菌产生链激酶，这些细胞外酶能使细菌在宿主组织内广泛传播。这些细菌致病的主要方法是产生毒素，主要包括外毒素和内毒素两种。外毒素主要是革兰氏阳性菌释放到细胞外环境中的蛋白。外毒素的毒力变化比较大，有毒力非常大的肉毒菌毒素，还有毒力很弱的化脓性链球菌（A. pyogenes）释放的毒素。其他的可以产生外毒素的猪致病菌有产气荚膜杆菌（C. perfringens）、大肠杆菌（E. coli）的肠病原株、多杀性巴氏杆菌（Pasteurella multocida）和猪葡萄球菌（S. hyicus）。内毒素是革兰氏阴性菌细胞壁内的脂多糖成分。内毒素可以由生长活跃的细菌内释放，也可以由于某种抗生素作用而溶解或者成功战胜宿主防御机制而产生的溶菌酶。释放内毒素是革兰氏阴性菌毒力的重要组成部分，是病原菌直接引起的很多临床症状的主要原因，例如发烧、休克和弥散性血管内凝血症。

许多种猪的细菌病可以通过其特异性的临床症状、大体剖检变化或流行病学特点来进行诊断（表 47.2 和表 47.3）。直接接触或间接接触感染飞沫或者排泄物、污染物或带菌猪的机械性转移都是细菌病传播的一般途径。后面的章节会全面深入地介绍细菌病，包括相关性、潜在公共卫生意义、流行病学、致病机制、临床症状、病变特点、诊断、免疫以及预防和控制措施。

表 47.2　革兰氏阳性菌和相关的猪病和/或临床症状

细菌	病和/或临床症状
猪棒状杆菌	膀胱炎、肾盂肾炎
化脓隐秘杆菌	脓肿、关节炎、心内膜炎、乳腺炎、骨髓炎和肺炎
炭疽芽孢杆菌	炭疽
肉毒杆菌	肉毒杆菌中毒
气肿疽梭菌	黑腿病
梭状芽孢杆菌	新生仔猪肠炎、假膜性结肠炎
产气荚膜梭菌	新生仔猪肠炎
水肿梭菌	猝死、肝炎
败血梭菌	恶性水肿
破伤风梭菌	破伤风
肠球菌属	肠炎
猪丹毒丝菌	丹毒
单核细胞李斯特菌	李斯特菌、流产、脑炎、白血病
分支杆菌属	结核
猪肺炎支原体	地方性肺炎
猪鼻支原体	关节炎、耳炎和多浆膜炎
猪滑液支原体	关节炎
猪支原体	贫血、不育、生长率降低、心囊炎、瘦弱
马红球菌	肉芽肿淋巴结炎
金黄色葡萄球菌	脓肿、关节炎、肠炎、乳腺炎、子宫炎、新生仔猪败血症和阴道炎
猪葡萄球菌	渗出性表皮炎
停乳链球菌	关节炎、心内膜炎、髓膜炎和败血病
豕链球菌	颈部淋巴结炎、关节炎的次级病因、脑炎和肺炎
猪链球菌	关节炎、心内膜炎、髓膜炎

表 47.3 革兰氏阴性菌和相关的猪病和/或临床症状

细菌	病和/或临床症状
胸膜肺炎放线杆菌	胸膜肺炎
猪放线杆菌	肺炎、败血病
支气管炎博德特菌	萎缩性鼻炎、肺炎
类鼻疽伯霍尔德杆菌	类鼻疽、内痈、淋巴结脓肿
猪赤痢短螺旋体	猪痢疾
毛肠短状螺旋体	结肠螺旋体病
猪布鲁氏杆菌	布鲁氏菌病、流产、关节炎、不育
结肠/空肠弯曲杆菌	肠炎
兽类嗜衣原体和鹦鹉热衣原体	衣原体病、流产、关节炎、结膜炎、肠炎、子宫炎
大肠杆菌	大肠杆菌病、水肿病、膀胱炎、肠炎、乳腺炎、新生仔猪败血症
副猪嗜血杆菌	猪革拉斯氏病、关节炎、多浆膜炎
胞内劳森氏菌属	增生性肠病
钩端螺旋体属	不育、死胎、弱胎
多杀巴斯德菌	肺巴斯德菌病、渐进性萎缩性鼻炎
肠炎沙门菌亚属	小肠和败血性沙门氏菌病
脚癣密螺旋体	皮肤螺旋体病
小肠结肠炎耶尔森菌	肠炎
假结核病耶尔森菌	结肠炎

（王金秀译，王进校）

参考文献

REFERENCES

Brockmeier SL, Palmer MV, Bolin SR. 2000. Am J Vet Res 61: 892–899.

Fairbrother JM, Gyles CL. 2006. *Escherichia coli* infections. In BE Straw, JJ Zimmerman, S D'Allaire, DJ Taylor, eds. Diseases of Swine, 9th ed. Ames, IA: Blackwell Publishing, pp. 639–679.

Gyles CL, Prescott JF. 2004. Themes in bacterial pathogenic mechanisms. In CL Gyles, JF Prescott, JG Songer, CO Thoen, eds. Pathogenesis of Bacterial Infections in Animals, 3rd ed. Ames, IA: Blackwell Publishing, pp. 3–12.

Niemann HH, Wolf-Dieter S, Heinz DW. 2004. Microbes Infect 6:101–112.

Songer JG, Post KW. 2005. Origin and evolution of virulence. In Veterinary Microbiology: Bacterial and Fungal Agents of Animal Disease. St. Louis, MO: Elsevier Saunders, pp. 3–9.

Straw B, Tuovinen VK, Bigras-Poulin M. 1989. J Am Vet Med Assoc 195:1702–1706.

Thacker EL, Halbur PG, Ross RF, et al. 1999. J Clin Microbiol 37:620–627.

48 放线杆菌病
Actinobacillosis
Marcelo Gottschalk

胸膜肺炎放线杆菌
ACTINOBACILLUS PLEUROPNEU-MONIAE

背景
Relevance

胸膜肺炎放线杆菌（*Actinobacillus pleuropneumoniae* APP）是猪胸膜肺炎的病原菌，最初命名为胸膜肺炎嗜血菌（*Haemophilus pleuropneumoniae*）（Kilian 等，1978；Shope 等，1964），后来通过与李氏放线杆菌（*Actinobacillus lignieresii*）的 DNA 同源性确定是胸膜肺炎放线杆菌（Pohl 等，1983）。从猪胸膜肺炎病例中分离到的病原最初通称为"类溶血性巴斯德菌"（*Pasteurella haemolytica*-like），后来被鉴定为是胸膜肺炎放线杆菌中一种不依赖于烟酰胺腺嘌呤二核苷酸（NAD）的生物型（Pohl 等，1983），称为胸膜肺炎放线杆菌生物 II 型（见以下）。

胸膜肺炎放线杆菌是猪的细菌性肺炎最重要的一种病原菌，世界范围内都有分布。恶性病例中，胸膜肺炎放线杆菌可以导致各年龄的猪发生严重而迅速的致死性纤维出血性、坏死性胸膜肺炎，耐过猪的肺中经常有坏死骨片，其中含致命性载量的细菌，抗生素很难穿透这种坏死骨片，从而引起后期该病的暴发。在急性暴发时，胸膜肺炎放线杆菌所致的猪死亡、生产和医疗费以及抗菌剂和/或免疫预防所发生的费用是主要的经济损失。在慢性病例中，胸膜肺炎放线杆菌感染对平均日增重的影响尚存在争论（Andreasen 等，2001；Hartley 等，1988；Hunneman，1986）。

胸膜肺炎放线杆不同菌株的毒力有显著的不同，一些菌株能引起高死亡率，另一些无致病力，也有一些是中等毒力的，在拉丁美洲、亚洲和欧洲的病例，死亡率较高，而在美国和加拿大，高死亡率病例较少（Gottschalk 等，2003a）。某些胸膜肺炎放线杆菌株也能在局部地区的畜群中造成隐性感染，在猪呼吸道疾病综合征中多为继发感染，在其他病毒或细菌共同作用下增加畜群死亡率。

许多畜群能同时感染不同菌株，这些菌株存在于扁桃体、鼻腔和慢性肺炎损伤部位。畜群能持续携带高毒力菌株而不发病，屠宰时也没有提示性病变。胸膜肺炎放线杆菌的个别携带者很难鉴定。管理方式的改变或是其他明显的应激是引起疾病突发的主要原因，因此，很难有效的检测并最终鉴别高毒力胸膜肺炎放线杆菌菌株。

人们已对胸膜肺炎放线杆菌及其所引起的疾病进行了广泛的研究，对该病的深入研究有助于设计诊断方法和新疫苗并制订有效的根除计划。但胸膜肺炎放线杆菌仍对养猪业造成明显经济损失，有待于进一步改进防控措施并消灭该病原。

病因学
Etiology

胸膜肺炎放线杆菌是一种革兰氏阴性小杆菌,有荚膜,具有典型球杆菌的形态,根据是否需要烟酰胺腺嘌呤二核苷酸(NAD)将胸膜肺炎放线杆菌分为以下几类:生物Ⅰ型(依赖于烟酰胺腺嘌呤二核苷酸)和生物Ⅱ型(不依赖于烟酰胺嘌呤二核苷酸)(Pohl 等,1983)。生物Ⅰ型在血平板上不生长,除非在平板中含有 NAD 的培养基中,或者在培养基中通过葡萄球菌保姆菌划线培养提供 NAD,胸膜肺炎放线杆菌在葡萄球菌周围形成菌落呈"卫星"状,培养 24 h 后形成 0.5～1 mm 的菌落,尤其是用绵羊红细胞时出现 β 溶血现象,事实上,在 β-毒素基因金黄色葡萄球菌(*Staphylococcus aureus*)附近的部分溶菌区域,胸膜肺炎放线杆菌使溶血增强[CAMP 现象(Christie,Atkins 和 Muench-Petersen)现象](Kilian,1976;Nicolet,1970),这种 CAMP 现象与 3 种溶细胞素即 Apx Ⅰ,Apx Ⅱ,Apx Ⅲ(Frey 等,1994;Jansen 等,1995)有关。另外,在以前的报道中,Shope (1964)和 Kilian 等(1978)曾详细描述过其形态学和生物化学特性,生物Ⅰ型可以与猪上呼吸道中正常的菌区分(Gottschalk 等,2003b;Kielstein 等,2001),没有 NAD 时,生物Ⅱ型菌株容易在血琼脂上生长,菌落与猪放线杆菌(*Actinobacillus suis*)的相似。因此,在实验室需进行生物化学试验以区别两种类型的细菌。猪放线杆菌(*A. suis*)能产生类似的生化反应,因此这个试验很重要(MacInnes 和 Desrosiers,1999;MacInnes 等,2008;Yaeger,1995),但有不同的对照设置。

胸膜肺炎放线杆菌的生物Ⅰ型有 13 个血清型(1～12,15),生物Ⅱ型有 2 个血清型(13～14),一共有 15 个血清型(Blackall 等,2002;Kamp 等,1987;Kilian 等,1978;Nielsen1985a,b,1986b;Nielsen 等,1997;Nielsen 和 O'Connor,1984;Rosendal 和 Boyd,1982)。血清型 5 又分为 2 个亚型为 5a 和 5b(Nielsen,1986a;但这种亚型分类既不是按流行病学也不是按发病机制来分的,且多数实验室不能证实这种亚型分类,上述相关的血清型和生物型虽然是主要的但不是特异的。已报道血清型 2、4、7、9 和 11 属于生物Ⅱ型(Beck

等,1994;Maldonado 等,2009)(正常情况下,这些血清型是属于生物Ⅰ型)。在美国,一种带荚膜的生物Ⅱ型从封闭饲养的患有胸膜肺炎的猪群中分离到,这种生物型和已知的 15 种血清型都不同而无法归类。用此不能分类菌株的 LPS 抗原检测时,来自于其他猪群的 1 000 多份血清呈现出相同结果,并且美国的其他几个州都出现血清学阴性,表明此不能分类菌株的分布不广泛。

血清型特异性是由胸膜肺炎放线杆菌的囊膜多糖(CPS)和细胞壁脂多糖(LPS)决定的,但一些囊膜血清型显示出细胞壁的相似性且有相同的 LPS O 链,这样就可以解释血清型 1、9 和 11,血清型 3,6 和 8,血清型 4 和 7 出现的交叉反应(Dubreuil 等,2000;Perry 等,1990)。最近,可以通过结构相似性解释血清型 3、8 和 15 间的抗原交叉反应(Gottschalk 等,2010b;Perry 等,2005)。CPS 血清型和在 LPS 水平的不同血清型的混合感染已有报道,例如,在北美和欧洲分别报道了血清型 1/7 和 2/7 的 CPS/LPS 毒株(Gottschalk 等,2000;Nielsen 等,1996),在北美出现的生物Ⅰ型血清型 13 菌株与生物Ⅱ型血清型 13 参考菌株(分离自欧洲)的抗原性不同,参考株有 LPS,可以与胸膜肺炎放线杆菌血清型 10 的 LPS 有明显的交叉反应(Gottschalk 等,2010a)。在基于 LPS 的血清学检测中,这些菌株可以引起血清型 10 出现假阳性血清学反应(见以下),因为在血清型中出现交叉反应是普遍的,至少可以用两种不同的技术来证实血清型(Mittal 等,1992)。已提出胸膜肺炎放线杆菌的血清型可以通过特异的囊膜(K)和 LPS(O)抗原进行确定(Perry 等,1990),但是这种方法还没有被广泛采用(Dubreuil 等,2000)。

公共卫生
Public Health

胸膜肺炎放线杆菌不感染人,因此不会威胁人类公共健康。

流行病学
Epidemiology

胸膜肺炎放线杆菌的分布(Distribution of App)。胸膜肺炎放线杆菌的分布广泛,且仅感染猪。主要的病原携带者是家猪,但是来自于斯洛文尼亚的报道显示:50%以上的野猪(*Sus scrofa*)对胸膜肺炎放线杆菌呈现血清学反应阳性,表明野猪也可能作为病原携带者(Vengust 等,2006)。据报道,欧洲所有国家和美国的部分地区及墨西哥、南美、日本、韩国、中国台湾和澳大利亚及许多其他国家均有家猪暴发胸膜肺炎。然而,引起世界各地暴发该病的血清型的分布是完全不同的,而且,某一个血清型菌株在一个地区具有典型的高毒力,但是相同的血清型菌株在另一个地区就会呈现典型的低毒力。因此,对引进猪进行胸膜肺炎放线杆菌检测是非常必要的,主要检测引入地的重要的毒力血清型。

已总结了不同国家胸膜肺炎放线杆菌的血清型分布(Clota 等,1996;Kucerova 等,2005;Mittal 等,1992),在一些地区,一种或多种优势血清型是致命的且引起大规模暴发,如北美流行血清型 1 和 5,大多数欧洲国家流行血清型 2,澳大利亚流行血清型 15。在欧洲国家,血清型 2 是一种高毒力的血清型,由于血清型 2 可以分泌两种细胞毒素:Apx Ⅱ 和 Apx Ⅲ,但是在北美,血清型 2 仅分泌 Apx Ⅱ 且毒力较低(Gottschalk 等,2003a)。在西班牙,血清型 4 是一种普遍存在的毒力血清型,但是在其他大多数国家不是普遍存在(Maldonado 等,2009),这种血清型分离自加拿大的无症状动物(Lebrun 等,1999),但是在北美没有血清型 4 菌株的相关报道。在澳大利亚最初流行且是优势血清型的血清型 15(Blackall 等,2002)在南北美(Gottschalk 等,2003a)和日本都有报道(Koyama 等,2007)。

在欧洲分离到的生物 Ⅱ 型毒株比美国更普遍(Frank 等,1992)的报道只有一次。传统的生物 Ⅱ 型菌株是低毒力的,但是也有报道称,在一些致死性胸膜肺炎的病例中也分离到了该菌株(Gambade 和 Morvan,2001)。正如上述提到的,报道称在美国从感染致死性胸膜肺炎的猪群中分离到一种无法归类的生物 Ⅱ 型菌株,是商业畜群中一种重要的致病菌,但是在北美的其他地区没有发现该菌株(Gottschalk 等,2003a),最近,Maldonado 等(2009)报道称:在西班牙,25%的耐过猪是属于生物 Ⅱ 型,且血清型 7、2、4 和 11 是最普遍的。

多数传统的畜群可以感染一种或多种血清型的胸膜肺炎放线杆菌,但是这些菌株是低毒力的(Gottschalk 等,2003)。最近在加拿大的研究称:通过 PCR 检测猪的上呼吸道,78%的畜群显示胸膜肺炎放线杆菌阳性(MacInnes 等,2008),在相同的研究中,通过 LPS-ELISA 检测,70%的畜群显示血清学阳性。血清型分布如下:血清型 7(4)的阳性率是 26%,血清型 12 的阳性率是 17%,血清型 3(6,8,15)的阳性率是 15%,血清型 5 的阳性率是 6%,血清型 2 的阳性率是 4%,血清型 1(9,11)的阳性率是 2%。这些数据反映了:可以将传统的优势毒力血清型 1 和 5 菌株转变为其他血清型的相对低毒力菌株,以降低疾病的暴发。这种转变可能由于管理方式和控制策略的改变引起,包括较低的断奶年龄,管理上实行全进全出,限制多种来源的动物混群,改良生物安全性,增加检测且监测毒力血清型。在加拿大的部分地区,对血清型 1 和 5 的畜群实行地方控制策略(MacInnes 等,2008)。最近几年,在许多欧洲国家,胸膜肺炎放线杆菌的临床病例有所增加。在屠宰场反映的是,慢性胸膜炎的粘连增加(Hoeltig 等,2009;Sjolund 和 Wallgren,2010),这可能由于新的福利制度要求较大的断奶年龄,胸膜肺炎放线杆菌是猪群中已知的且较早断奶明显降低了断奶猪携带病原的危险。

在胸膜肺炎放线杆菌的流行病学中,高的血清学阳性率和降低的患病率之间的矛盾表明了胸膜肺炎放线杆菌流行病学中一个重要特点。低毒力菌株广泛分布在畜群中,这样就有高的血清阳性率,而较少的动物携带了能引起畜群发病的高毒力菌株,这些动物就具有低的血清阳性率。因此,大多数流行的血清型(通过血清学检测)与耐过猪的血清型是不同的。

已对属于相同血清型的菌株进行了基因型比较,一般情况下,用不同的技术,多数研究显示:用一个或几个特有的、具有代表性的血清型进行克隆,显示具有同源性(Chatellier 等,1999;Fussing,1998;Kokotovic 和 Angen,2007;Moller 等,1992)。在流行病学研究中,用不同的分子遗传学技术,试图区别血清型和菌株,例如,Royamajhi 等(2005)利用多重 PCR 技术对胸膜肺炎放线杆菌进行鉴定和分型,这种技术是利用 5 对不同的引物用一步法扩增胸膜肺炎放线杆菌的 4 个 APX 基因,成功地区分了 15 种参考血清中的 11 种。这些结果说明分子流行病学研究的局限性,利用特殊的基因分型方法可以区分一些血清型,但不是所有的胸膜肺炎放线杆菌血清型都存在于不同的克隆中,需要进一步进行快速的亚型检测,并利用其他不同的检测方法总结流行病学规律(Kokotovic 和 Angen,2007)。

传播途径和持续时间(Routes and Duration of Shedding,Transmission)。胸膜肺炎放线杆菌仅通过猪的呼吸道感染。在最急性和急性感染期间,不仅引起肺脏损伤,而且鼻子有大量的分泌物。耐过猪可以携带病原持续几个月(Desrosiers,2004),感染后仍保持健康的动物就成为亚临床病原携带者,因此这些动物就成为带菌动物。在这些病例中,感染病原主要存在于慢性肺损伤和扁桃体中,很少在鼻腔中分离到(Chiers 等,2010;Kume 等,1984)。亚临床病例中,胸膜肺炎放线杆菌存在于扁桃体中,不仅有低毒力菌株,而且也存在高毒力菌株,此高毒力菌株有时可以长期存在于管理良好的畜群中且不引起临床发病,环境应激或肺部病原共存可导致畜群突然暴发疾病。

畜群间的传播主要是通过引入携带病原的动物造成的,传播的主要途径是通过猪与猪的直接接触或通过短距离的飞沫传播。驱赶或把猪混在一起饲养增加了该病发生的危险。急性暴发时,并不是每一个围栏中的动物都感染,表明气溶胶和空气环境在建筑物间长距离传播中可能发挥作用。牧场工作人员在污染物间的间接传播中可能起作用。研究显示,胸膜肺炎放线杆菌可以通过短距离的气溶胶传播(Desrosiers,2004),且 Kristensen 等(2004b)报道在相邻的猪舍间可能通过空气传播,但很少见。Zhuang 等(2007)报道,在地方性传播中,来自于邻近畜群的胸膜肺炎放线杆菌血清型 2 是引起传播的主要因素,主要在污染的 SPF 遗传畜群中传播。人工授精或胚胎移植传播该病的可能性较小,因为生殖道不是传染的常见途径,并且抗菌药也可以预防微生物的存活。目前,还不能确定是否可以通过小反刍动物或鸟类传播该病。

在地方性传染的畜群中,感染的母猪可以通过垂直传播把该病传染给后代。传染的概率可能取决于母猪鼻腔分泌物中的细菌量和仔猪体内的母源抗体水平,在仔猪体内初乳抗体水平可以持续 2 周到 2 个月,这主要是依赖于最初获得的初乳抗体的水平(M. Gottschalk,未发表;Vigre 等,2003)。在后期尚未断奶期间,母源抗体有所下降时,通常只有几只仔猪感染,但是在断奶后,母源抗体已经下降,即出现横向传播,使更多的猪易感(Vigre 等,2002),或与本地猪群混养也增加了易感性。

该病原在环境中存活的时间短,尤其在温暖、干燥的环境中。但有黏液或其他有机体保护时,可以存活几天(甚至几周),在 4℃ 干净的水中可存活 30 d。保护病菌的有机体被彻底洗掉时,一般的消毒药对胸膜肺炎放线杆菌是有效的(Gutierrez 等,1995)。

致病机理
Pathogenesis

毒力因子和致病机理(Virulence Factors and Pathogenesis of the Infection)。该病潜伏期不一,猪体内大量有毒力的胸膜肺炎放线杆菌可以在 3 h 内引起致死性胸膜肺炎。通过口鼻接触或吸入的方式,胸膜肺炎放线杆菌首先定植在表层的鳞状上皮细胞,然后到达扁桃体的隐窝(Chiers 等,1999)。可以观察到上皮空泡化和上皮细胞脱落,有嗜中性粒细胞,扁桃体隐窝扩张。胸膜肺炎放线杆菌不能黏附在气管或支气管的纤毛上皮细胞上(Bosse 等,2002),但是可以黏附在新生气管中(Auger 等,2009)。胸膜肺炎放线杆菌可以到达下呼吸道并黏附在肺泡(Bosse 等,2002;Van Overbeke 等,2002)。

定植取决于细菌与细胞间的黏附,这种黏附可能是通过多糖或蛋白介导的(Van Overbeke 等,2002)。在研究其他病原和宿主细胞间的关系时发现,病菌对宿主细胞的黏附是一个较复杂且受多因素影响的过程(Bosse 等,2002)。已证实胸膜肺炎放线杆菌在猪细胞的黏附过程中,LPS 的低聚糖核心起到很重要的作用(Chiers 等,2010)。敲除 LPS 的 rfaE 基因(该基因与 LPS 的生物合成有关)会导致产生突变株而不再具有黏附作用(Provost 等,2003)。已证实在胸膜肺炎放线杆菌的表面存在蛋白质的菌毛和菌毛亚单位(Zhang 等,2000),但是,它们在黏附过程中的作用还有待进一步证实。

在呼吸道环境中,缺乏细菌营养素尤其是缺铁,胸膜肺炎放线杆菌对铁的获得和吸收有多种因素影响(Chiers 等,2010;Jacques,2004)。其他的机制是,胸膜肺炎放线杆菌能够利用猪的转铁递蛋白、自由血红素、氯化血红素、高铁血红素、血红蛋白、嗜铁素等血红素复合物(Bosse 等,2002;Chiers 等,2010;Jacques,2004)。

猪通过扁桃体携带胸膜肺炎放线杆菌的毒性菌株,正常情况下,黏膜纤毛系统可以清除任何散在的、被吸入的细菌,这样可以预防胸膜肺炎放线杆菌进入到肺泡,阻止病菌的复制,进入肺泡是发展为胸膜肺炎必要的步骤。必须有影响黏膜纤毛系统功能下降的因素,只有这样才能运送足够的胸膜肺炎放线杆菌到达肺泡引起疾病。以细喷雾粒子的方式吸入大量胸膜肺炎放线杆菌可以到达肺泡,这很可能发生在急性暴发期,病猪散布大量的胸膜肺炎放线杆菌。同时,纤毛也可以被肺炎支原体(Mycoplasma hyopneumoniae)、伪狂犬病毒或气管和支气管上皮流感病毒的复制损伤。Marois 等(2009)的结果显示:用胸膜肺炎放线杆菌的血清型 9 菌株实验接种 10 周龄的猪,只有以前接触过肺炎支原体(M. hyopneumoniae)的猪发病。其他因素也可以损伤纤毛的功能,如寒冷或高浓度氨水环境。

胸膜肺炎放线杆菌一旦存在于肺泡中,宿主免疫力和胸膜肺炎放线杆菌的毒力因子间的对抗决定了胸膜肺炎放线杆菌被杀死还是引起胸膜肺炎。胸膜肺炎放线杆菌表面的 LPS 作为巨噬细胞和中性粒细胞的一种有效的吸引子,同样刺激了宿主肺泡巨噬细胞分泌炎性细胞因子。Chao 等(2005)报道,局部释放的细胞因子在猪胸膜肺炎的发病机理中起到很重要的作用,这些细胞因子激活巨噬细胞且增加了血管通透性。使肺泡具有主要抗菌血清蛋白,包括补体和抗-胸膜肺炎放线杆菌免疫球蛋白 G(IgG)抗体(母体来源、疫苗接种或以前接触过该病原的动物)。胸膜肺炎放线杆菌有一些抵抗宿主反应的策略,它的细菌荚膜多糖抑制了巨噬细胞的吞噬作用,这一结果已被非毒力、同基因型的非囊膜突变株的特性所证实(Bosse 和 Matyuanas,1999;Rioux 等,2000)。

主要由于抗-胸膜肺炎放线杆菌 IgG 的调理素活性,康复期的猪血清中出现巨噬细胞和中性粒细胞吞噬胸膜肺炎放线杆菌现象(Bosse 等,2002;Cruijsen 等,1992),胸膜肺炎放线杆菌也能抵抗补体的作用(Rioux 等,1999,2000;Ward 和 Inzana,1994)。

对巨噬细胞和中性粒细胞的吞噬功能造成损伤的最重要的因子是蛋白质 RTX(结构上重复)毒素,Apx I,Apx II 和 Apx III(Frey,2003;Haesebrouck 等,1997),Apx I 具有很强的溶血性和细胞毒性,Apx II 具有弱的溶血性和中等的细胞毒性,Apx III 是非溶血性的但具有很强的细胞毒性(Frey,2003)。最近结果显示,Apx I 毒素可以诱导猪的肺泡巨噬细胞发生细胞凋亡(Chien 等,2009),然而,Apx III 对外周血单核细胞有剧毒。通常情况下,血清型 1、5、9 和 11 菌株可以产生 Apx I 和 Apx II;血清型 2、3、4、6、8 和 15 菌株可以产生 Apx II 和 Apx III;血清型 7、12 和 13 只产生 Apx II;血清型 10 和 14 只产生 Apx I(Gottschalk 等,2003a),血清型 3 菌株分泌低水平的 Apx II,所有的血清型都产生 Apx IV(只在体内)(Schaller 等,1999),这种毒素对巨噬细胞的损伤作用还有待进一步阐述(Frey,2003)。最近,Liu 等(2009)用 Apx IV 敲除的突变株,结果显示,Apx IV 对胸膜肺炎放线杆菌完全毒力的表达是必需的。

在致病机理方面,其他的毒力因子也起到重要的作用,如外膜蛋白、有关生物膜形成的因子和蛋白酶,还有许多基因编码的产物,在感染期间,这些产物出现明显的上调,但是确切的功能还不是很清楚,全面的报道见 Chiers 等(2010)。全基因组测序、对胸膜肺炎放线杆菌两种不同的血清型(血清型 5 和 3)的初步分析以及编码蛋白的功能分析,可以进一步扩展该病原的新陈代谢和毒力特性方面的知识(Foote 等,2008;Goure 等,2009;Xu 等,2008)。

胸膜肺炎放线杆菌的 Apx 细胞毒素作用于多种肺细胞(Frey,2003;Frey 等,1993;Haesebrouck 等,1997)和胸膜肺炎放线杆菌的 LPS 引起的宿主炎性反应的共同作用引起肺脏广泛的损伤。LPS 和 Apx 共同诱导的趋化因子吸引了宿主吞噬细胞,巨噬细胞被激活且分泌有毒的含氧代谢产物,Apx 细胞毒素可以杀死巨噬细胞和中性粒细胞并释放溶酶体酶,更进一步加重肺细胞的损伤。内皮细胞的损伤可以激活凝血途径,出现微血栓形成和局部缺血性坏死(Bosse 等,2002)。在多数急性致死性胸膜肺炎病例中,动物由于吸收了大量的来自于胸膜肺炎放线杆菌的 LPS,出现内毒素休克而引起死亡。

疾病感染严重程度的影响因素(Factors Affecting Severity of Disease)。 已报道,血清型之间或者相同血清型之间菌株的毒力不同,北美的血清型 1 和 5 菌株及欧洲的血清型 2、9 和 11 菌株的毒力比其他血清型的强,表明毒力不同是因为 Apx 毒素、囊膜结构(Jacques 等,1988)、LPS 组成(Jensen 和 Bertram,1986)和溶血素类型(Frey,2003)之间的组合不同。所有菌株都产生 Apx Ⅳ 产物,毒力菌株似乎还产生两种(不是一种)毒素:Apx Ⅰ 和 Apx Ⅱ 或 Apx Ⅰ 和 Apx Ⅲ。有趣的是,非典型菌株的毒力比单独加入毒力更强的 Apx 毒素的毒力强,或非典型菌株的毒力比单独减少毒力弱的 Apx 毒素的毒力弱(Beck 等,1994;Gottschalk 等,2003a;Maldonado 等,2009),然而,毒力的不同不是都由囊膜、LPS 和 Apx 毒素决定的,如一些低毒力血清型 1 菌株没有非典型的 CPS、LPS 或毒素(Gottschalk 等,2003a)。有人试图利用分子遗传技术对 Apx 毒素和其他基因进行研究,从而对胸膜肺炎放线杆菌菌株的毒力程度进行区别(Chatellier 等,1999;Moller 等,1992);然而,目前除了对照动物的预防接种实验之外,还没有区别胸膜肺炎放线杆菌菌株毒力水平的确切方法。

许多因素影响着胸膜肺炎放线杆菌传染的结果和疾病暴发的严重性,由发病率和死亡率的增加判定严重程度,如上述提到,菌株毒力和其他病原体如肺炎支原体(M. hyopneumoniae)、伪狂犬病毒,可能还有猪流感病毒都影响着该病的发生。有趣的是,被认为低致病性的血清型(如血清型 3 和 12,北美)有时也能引起坏死性支气管肺炎或胸膜肺炎,尤其存在其他病原体时更易引起发病。相反,实验研究结果显示,猪繁殖与呼吸障碍综合征病毒(PRRSV)不会加重胸膜肺炎放线杆菌引起的疾病(Pol 等,1997)。这与 PRRSV 传染的地理区域是一致的,在 PRRSV 传染区,胸膜肺炎放线杆菌胸膜肺炎的发病率不增加。拥挤和不良的气候条件,如温度的快速改变、相对湿度较高和通风不良,都会引起疾病的发生和传播,从而影响发病率和死亡率。因此,发病率最高的是生长期的猪和出栏猪,主要受不良气候条件影响。一般来说,大群猪比小群猪或单独隔开的猪群更易发病。

针对胸膜肺炎放线杆菌的感染状态对动物进行免疫显得很重要,动物是被动的、康复期的还是接种过疫苗的。传统的动物接触了该菌的低毒力血清型或猪放线杆菌(A. suis)会抵抗特定菌株的感染,而 SPF 动物则对胸膜肺炎放线杆菌的所有血清型呈现阴性(M. Gottschalk,未发表)。然而,这取决于先前感染的血清型诱导的抗体水平以抵抗新感染菌株产生的毒素。

免疫
Immunity

实验或自然感染刺激引起免疫反应,在感染后 10～14 d 可以检测到循环抗体,在感染后 4～6 周这些抗体水平达到最高,并持续几个月(Desrosicrs,2004)。有时亚临床感染的动物呈现低水平抗体或不产生抗体(Chiers 等,2010)。然而,这一结果仍需进行一系列的研究来证实。免疫母猪可以为它们的后代提供被动免疫,这些初乳抗体持续 5～12 周(Vigre 等,2003)。但是这些结果依赖于检测抗体方法的敏感性和最初获得的抗体水平。在一些病例中,产生的保护效果只持续 3 周(Nielsen,1975),这些数据是用低灵敏度的检测方法,如补体结合实验得到的,这些抗体可以抵御范围较广的细菌结构和产物,这些产物包括囊膜、LPS 抗原、毒素(可被动中和)、外膜蛋白、过氧化物歧化酶和铁结合蛋白,可以产生局部 IgA 抗体和血清 IgG 抗体。

临床症状
Clinical Signs

由于动物的年龄、免疫情况、环境条件和与传染源接触的程度有所不同,动物发病的临床症状也有所不同,临床上分为最急性、急性或慢性三个病型(Nicolet 等,1969;Shope,1964;Shope 等,1964)。在一个感染群中可以出现疾病的所有阶段,从中等到致死、亚急性或慢性。

最急性病例中,在相同或不同的围栏内 1 头或多头断奶仔猪突然出现虚弱,高烧达到 106.7℉(41.5℃),沉郁、厌食,短期内出现轻度腹泻和呕吐。被感染动物站立时没有明显的呼吸道症状,心率增加,心血管功能衰退。鼻子、耳朵、腿上的皮肤乃至全身发绀,后期出现严重的呼吸困难,张嘴呼吸,动物保持坐姿,直肠温度明显降低,濒死时,通常嘴和鼻孔出现大量的浅血色泡沫及鼻涕。在最急性病例中,经常出现一头或更多的动物没有任何预先症状的死亡,有典型的浅血色泡沫样鼻涕(图 48.1),试验研究显示,该病的发病过程很短,从感染到死亡只有 3 h。

图 48.1 动物死于胸膜肺炎放线杆菌引起的极严重胸膜肺炎,典型的症状是浅血色泡沫状鼻涕(由 Enric Marco 供图)。

急性型病例中,相同或不同围栏内的许多猪被感染。体温上升到 105～106℉(40.5～41℃)。皮肤发红,动物精神沉郁,不愿站立,厌食,不愿饮水(Pijpers 等,1990)。严重的呼吸道症状常伴有呼吸困难、咳嗽、且有时用嘴呼吸明显,常出现心衰和循环不畅。在发病的 24 h 之内,动物体质明显下降。动物病情不同的原因在于肺部损伤程度和最初的治疗时间。

急性症状消失后会发展为慢性型,此期动物有时不发热,出现间歇性咳嗽,食欲减退,动物体质减弱,体重下降。可以通过观察感染动物的耐力来检查体力,当驱赶动物时,患病动物总是走在畜群的后面。在慢性感染的畜群中,常出现亚临床症状的病例,这些临床症状常由于其他呼吸道感染(支原体、细菌或病毒)而加重。已报道,低死亡率的非典型病例,呼吸道症状类似于流感症状(Tobias 等,2009)。

在一些暴发病例中,很少看到常见的临床症状。发病的新生猪常因败血症而死亡。主要传染怀孕母猪,发生流产(Wilson 和 Kierstead,1976),尤其是 SPF 畜群。由于中耳感染了胸膜肺炎放线杆菌使一只或两只耳朵下垂(Duff 等,1996),可见头部倾斜。

病理变化
Lesions

主要在肺出现病理性损伤(Nicolet 和 Koning,1966)。单侧或双侧肺出现肺炎病变,呈弥散性或多病灶性,感染的肺脏界限明显,经常会波及心叶、顶叶和部分膈叶(图 48.2)。

图 48.2 胸膜肺炎放线杆菌引起的严重的弥散性纤维性坏死性胸膜肺炎。肺脏呈橡胶样,有弥散性纤维素性胸膜炎,多病灶出血,出血性小叶间水肿。

在最急性病例中,气管和支气管充满泡沫,同时可见浅色混血黏液性分泌物。在最急性病例的后期,肺炎的区域变成暗红紫色且变硬,切面较脆且有弥散性出血和坏死。

在急性病例中,急性死亡的动物纤维性胸膜炎非常明显,但在心外膜和心包膜上很少见纤维蛋白(图 48.3)。这些动物在感染后可存活 24 h,胸腔里有浅色的血液。在损伤期间,肺部感染区硬如橡胶,在白色的纤维蛋白区有暗紫红色斑点,切面实质不均匀(图 48.4)且较脆,有出血和坏死,在坏死区周围有白色的纤维且小叶间隔扩张,在一些区域,小叶间隔被出血性液体代替。

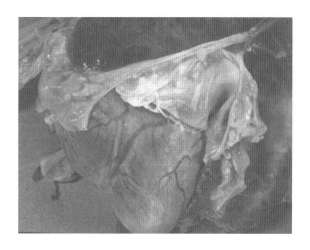

图 48.3   胸膜肺炎放线杆菌引起猪出现严重的胸膜肺炎,呈现纤维素性心外膜炎和心包炎(由 Greg Stevenson 博士供图)。

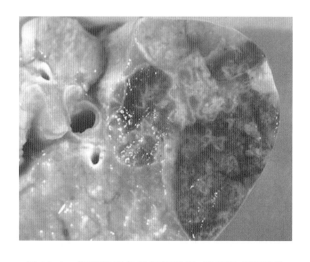

图 48.4   胸膜肺炎放线杆菌引起,肺切面有严重的纤维素性出血和坏死性肺炎,典型的不规则亮黑色区域,该区域被白细胞和纤维蛋白包围(由 Greg Stevenson 博士供图)。

在慢性病例中,出现纤维性胸膜炎且发生纤维变性,牢固地黏附于内脏和胸膜壁上。尸体剖检或在屠宰场去除肺脏时,会引起肺的撕裂,部分肺会粘连在胸壁上(图 48.5)。空洞的坏死中心周围形成瘢痕组织。在许多重症病例中,肺实质发生病变,发生纤维性胸膜粘连。屠宰时发现纤维性胸膜炎的发病率高,提示动物先前曾发生过胸膜肺炎放线杆菌胸膜肺炎(Fraile 等,2010;Meyns 等,2011)。

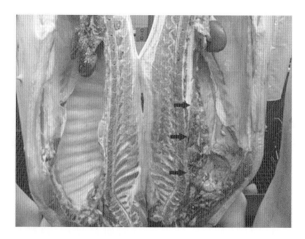

图 48.5   垂直悬挂的分离尸体。右肺粘连在右胸腔上(箭号),左肺已摘除,显示左胸腔无纤维素粘连(由 Scott Hurd 博士供图)。

诊断

Diagnosis

胸膜肺炎放线杆菌胸膜肺炎的确定和菌株类型(Confirmation of App Pleuropneumonia and Typing of Strains)。有典型的临床症状和肉眼可见损伤可怀疑是胸膜肺炎放线杆菌胸膜肺炎。在最急性病例中,肺呈暗红色且发生水肿,其他疾病也可以产生类似的病变,如典型猪瘟(38 章)、流感(40章)、伪狂犬病(28 章)、败血性沙门氏菌病(60 章)和丹毒(54 章),因此,需要与这些疾病进行区分。发生典型的纤维性出血胸膜肺炎的急性病例时,也应该考虑猪放线杆菌(A. suis)(见以下)(MacInnes 和 Desrosiers,1999;MacInnes 等,2008;Yaeger,1995)和引起胸膜炎的多杀性巴氏杆菌(Pasteurella multocida)(58 章)。通过胸膜肺炎放线杆菌的培养和菌株类型的鉴定进行诊断。培养的肺样采自于最急性或急性感染且未治疗过的动物肺病变区。在慢性病例中,由于肺部有坏死,且在剖检或屠宰时可见纤维性胸膜炎,因此,胸膜肺炎放线杆菌培养物呈现典型的阴性。用血清学对畜群进行监测可以了解畜群的状态,鉴定新鲜死亡动物的肺部损伤的病原相对容易,最初用 5%绵羊血琼脂从组织和分泌物中分离胸膜肺炎放线杆菌,用表皮葡萄球菌(Staphylococcus epidermidis)或金黄色葡萄球菌(S. aureus)进行交叉划线,有氧过夜培养后(5% CO_2),在划线周围出现小菌落(需要 NAD),且小菌落周围出现完全溶血现象,这就需要进行快速的疑似细菌的细菌学诊断。对于一些血清型(如血清型 7 和 12)溶血现象不明显,可以用其他琼脂代替血琼脂,如巧克力琼脂或添加 NAD 的 PPLO 琼脂,但效果不明显。可以通过 CAMP 现象和测定尿素酶活性对之进行生物化学特性研究。通常情况下,血清型分型能够证实胸膜肺炎放线杆菌的特性,从急性病例分离到的分离株是典型的胸膜肺炎放线杆菌,且对其鉴定也相对明确。

当生物化学特性不典型的分离株(如尿素酶阴性分离物)或分离物不能分类时,通常用 PCR 检测法进一步鉴定(见以下)。最近几年,频繁分离到生物 II 型分离株(不依赖 NAD)(Gambade 和 Morvan,2001;Gottschalk 等,2003a;Maldonado 等,2009),这些分离株很可能被错认为是猪放线杆菌(A. suis),在这些病例中,血清分型前,这些分离株的生物特性都要搞清楚。事实上,猪放线杆菌(A. suis)与胸膜肺炎放线杆菌的血清型 3、6 和 8 的血清有很强的交叉反应,但是没有合适的鉴定方法。这些分离株可能会根据血清型分型而被认为是胸膜肺炎放线杆菌(M. Gottschalk,未发表),因此,强烈建议使用 PCR 检测法进一步证实胸膜肺炎放线杆菌的生物II型分离株。

分离株的血清型分型可以用于胸膜肺炎放线杆菌的细菌学的快速诊断,在预防中使用菌苗时,有必要进行血清型分型,还可以对畜群和胸膜肺炎放线杆菌各种血清型的流行地区进行评价。只有通过生物化学(典型的)和遗传学(非典型)方法鉴定的分离株才能进行血清型分型。血清型分型时出现的问题是交叉反应,推荐使用两种或三种检测方法进行准确的血清型分型,不使用玻片凝集试验,因为许多分离株呈现交叉和/或非特异性反应。常用的方法是协同凝集试验(Mittal 等,1987),但是由于血清型之间有共同的表位而出现交叉反应,因此需要进行鉴定性实验,如琼脂糖凝胶扩散和间接血凝试验(Mittal 等,1987)。对个别的病例,有很强的交叉反应,以至于一些分离株分类为"血清型 6/8"(M. Gottschalk,未发表)。用单克隆抗体进行血清型鉴定已得到应用(Lacouture 等,1997;Lebrun 等,1999;Rodriguez-Barbosa 等,1995),尤其是直接针对囊膜表位的单克隆抗体更易进行鉴定,如区别血清型 1 和血清型 9、11,区别血清型 7 和 4。然而,针对于 LPS 的单克隆抗体,在带有 LPS 的血清型和其他血清型之间会出现交叉反应(见以上;Lacouture 等,1997;Lebrun 等,1999)。其中一些单克隆抗体甚至显示:胸膜肺炎放线杆菌血清型 7 和李氏放线杆菌(A. lignieresii)的 LPS 表位是相同的(Lebrun 等,1999)。

发展了 PCR 检测方法用于血清型分型,解决了血清学交叉反应的问题,尤其是上述提到的血清型 3、6 和 8(Zhou 等,2008)。另外还有针对不同血清型的特异 PCR、多重 PCR,如对血清型 1、7 和 12(Angen 等,2008a)、血清型 1、5 和 7(Ito,2010)和血清型 1、2 和 8(Schuchert 等,2004)的 PCR 检测。基于 Apx 毒素基因的 PCR 方法可以区别大多数血清型(Rayamajhi 等,2005),但有些血清型不能区分,而且对野生株进行血清学分型时,相关性很差(M. Gottschalk,未发表)。另一方面,进行毒素分型 PCR(Frey 等,1995)可以确定某一分离株携带哪些 Apx 毒素基因,这样有助于预计菌株的毒力。例如,来源于无胸膜肺炎放线杆菌相关疾病的健康动物的非毒力血清型 1 菌株只产生 Apx I(Gottschalk 等,2003b)。同样,分离自北美的低毒力血清型 2 菌株只产生 Apx II,而高毒力的欧洲菌株产生 Apx II 和 Apx III(Gottschalk 等,2003a)。已报道建立了 DNA 基因芯片技术对胸膜肺炎放线杆菌进行鉴定和系统分类(Xiao 等,2009),但目前该技术的应用受到一定的限制。

慢性病例的细菌学诊断非常复杂,因为慢性病例中的胸膜肺炎放线杆菌很难培养。通过提取抗原,直接检查肺组织胸膜肺炎放线杆菌的抗原,方法有环状沉淀、协同凝集试验、乳胶凝集试验、ELISA 和/或免疫电泳(Bunka 等,1989;Dubreuil 等,2000;Mittal 等,1983)。但需要谨慎解释结果,因为这些检测方法中的大多数没有经过实地验证。可以用荧光或免疫过氧化物酶抗体检测胸膜肺炎放线杆菌(Bunka 等,1989;Gutierrez 等,1993)。可以用组织标记 DNA 探针和 PCR 技术检测细菌核苷酸(Cho 和 Chae,2003),直接用 PCR 方法证实肺组织中存在胸膜肺炎放线杆菌的方法还不是很普遍。只有纤维性胸膜炎病变的病例,其肺中检测不到胸膜肺炎放线杆菌抗原,此时,血清学检测(见以下)和来源畜群的发病史更容易判定畜群的状况。

扁桃体病原携带者的检测(Detection of Tonsillar Carriers)。临床中,很难对健康的带菌动物进行胸膜肺炎放线杆菌检测。这就要求引进种畜时,需引进该菌阴性动物或根据血清学检测结果消灭带菌动物。细菌常存在于扁桃体,很少存在于鼻腔,鼻腔中的细菌必须通过培养其他共生细菌获得,包括一些依赖于 NAD 的细菌(Kielstein 等,2001)。事实上,许多新种在生物化学方面与胸膜肺炎放线杆菌很相似,已报道,猪扁桃体放线杆菌(*Actinobacillus porcintonsillarum*)与胸膜肺炎放线杆菌的血清型 1 和 9 具有相同的 CPS 和/或 LPS 表位(Gottschalk 等,2003b)。这些新种通过 ApxⅡ操纵子(APP 菌株中不存在)产生和分泌 ApxⅡ毒素(Kuhnert 等,2005)。由于平板的污染使得选择性培养基(Jacobsen 和 Nielsen1995)的灵敏度较低,为了克服污染问题,发展了一种免疫磁性分离技术。该技术可以对扁桃体中的胸膜肺炎放线杆菌的血清型进行选择性的分离。这项技术已经应用于血清型 1(在加拿大)(Gagne 等,1998)和血清型 2(在丹麦)(Angen 等,2001)。

可以用分子技术对扁桃体中的胸膜肺炎放线杆菌进行检测。实际上,最近几年,用 PCR 技术扩增胸膜肺炎放线杆菌的基因组是一种很好的方法,可以快速有效地检测病原,并已开发了商业试剂盒。最近,Fittipaldi 等(2003)评价了 8 种 PCR 检测方法,用猪扁桃体匀浆直接进行 PCR(直接 PCR 检测活的或死的细菌)或用扁桃腺培养物进行 PCR(培养后 PCR,只检测活的细菌),多数检测说明其具有很好的特异性,然而,一些检测中出现假阳性结果,直接 PCR 检测方法($10^2 \sim 10^9$ CFU/g 扁桃体)的敏感性程度差异很大,而多数培养后 PCR 方法得到的结果相似(10^2 CFU/g 扁桃体)(Fittipaldi 等,2003)。当田间样品确实时,直接的扁桃体 PCR 比扁桃体标准培养物 PCR 更敏感。同扁桃体活组织检查相比,培养后 PCR 的敏感性最高,并且对全部扁桃体的检出率较高。虽然不能区分血清型,但多数 PCR 检测方法对胸膜肺炎放线杆菌是特异的。由于一些传统的畜群是由一些低致病性的血清型感染的,因此很难解释阳性结果现象。为了克服此问题,最近出现了血清特异性的 PCR 检测法(Angen 和 Jessing,2004;Hussy 等,2004;Jessing 等,2003)。然而,这些检测方法是通过纯培养物验证的(血清型分型

的一般目的)而不是对带菌动物的检测。检测屠宰时收集的扁桃体胸膜肺炎放线杆菌时,应小心谨慎。尽管 Fittipaldi 等(2003)报道称,在屠宰场没有任何交叉污染,但是最近 Marois 等(2008)报道污染主要来源于屠宰过程中的水(Marois 等,2008)。

血清学(Serology)。血清学检测已经广泛用于控制猪胸膜肺炎。该检测方法已广泛应用于诊断、管理和消灭胸膜肺炎放线杆菌的毒力血清型菌株方面。实际上,血清学方法是一种用于诊断胸膜肺炎放线杆菌的亚临床感染很有效的方法(Broes 和 Gottschalk,2007)。一些国家如加拿大和丹麦,就用血清学方法对不同畜群进行了流行病学调查。目前发展了检测毒素抗体或菌体抗原和/或囊膜抗原的方法(详见 Dubreuil 等,2000)。多数检测 ApxⅠ、ApxⅡ和 ApxⅢ毒素抗体方法的特异性较低,因为某些微生物如猪放线杆菌(*A. suis*)可以产生相似的毒素(Dubreuil 等,2000;Nielsen 等,2000)。一些用 ApxⅡ作为抗原的商业试剂盒缺乏特异性,因为大多数血清型都可产生 ApxⅡ。

最近报道了一种检测 ApxⅣ毒素抗体的商业化 ELISA 方法(Dreyfus 等,2004)。尽管制造商称这种检测方法的特异性较高,但是也存在一定的局限性(Eamens 等,2008)。此方法对胸膜肺炎放线杆菌具有较高的特异性,因为只是针对细菌产生的 ApxⅣ,但是不能区分血清型。多数感染低毒力血清型的畜群出现高的抗体水平,但检测 ApxⅣ毒素抗体的商业化 ELISA 方法,作为一种高毒力血清型的诊断工具受到限制。如果该检测方法是对无胸膜肺炎放线杆菌任何血清型的健康状况良好的畜群进行常规的防控(M.Gottschalk,未发表),那么在胸膜肺炎放线杆菌阴性的畜群中出现无法解释的阳性反应(Broes 等,2007)是可以接受的。只在扁桃体中隐藏细菌的亚临床感染的畜群,胸膜肺炎放线杆菌毒素不能诱导产生高水平的抗体(Chiers 等,2002)。另外,在基因组中有插入序列的一些菌株不能产生 ApxⅣ,感染这种菌株的动物就不能产生毒素抗体(Tegetmeyer 等,2008)。

建立了一些基于 CPS 的 ELISA 检测方法,但是还会出现交叉反应(可能是在纯化过程中抗原的污染)(Dubreuil 等,2000)。共同的表面蛋白作为抗原,但是由于与猪体内的其他微生物的交叉反

应,限制了该方法的应用(Eamens 等,2008)。

最常用的检测方法是用 O 链 LPS 作为抗原的一种 ELISA 方法(Dubreuil 等,2000;Gott-schalk 等,1994;Grondahl-Hansen 等,2003;Klausen 等,2007)。针对这些抗原的试剂盒已问世,这些 ELISA 方法可以鉴定以下的血清型:1,9和 11,2;3,6 和 8;4 和 7,10,12。已建立了一种以不同血清型混合的 O 链 LPS 抗原的 ELISA 检测方法(Grondahl-Hansen 等,2003)。血清型15,3 和 8 的 O 抗原在化学结构上相同(Perry 等,2005),用血清型 3O 链 LPS 抗原进行 ELISA 检测时,胸膜肺炎放线杆菌血清型 15 感染的动物出现清晰的、强的血清学反应(Gottschalk 等,2010b)。另外,在血清型分型方面,血清型 15 的菌株与血清型 3 和 6 出现交叉反应。非典型的胸膜肺炎放线杆菌血清型 1 的菌株不表达 O 链LPS 抗原(Jacques 等,2005),化学组成和抗原反应之间的关系尚不清楚,如血清型 13 参考菌株的O 链 LPS 与血清型 7 的非常相似(MacLean 等,2004)。但是用 LPS 作为抗原进行 ELISA 检测时,这两种血清型从来没有出现过交叉反应(Gottschalk,未发表)。

用多克隆抗体封闭的 ELISA 检测中,可以用O 链 LPS 抗原(Andresen 等,2002)。由于敏感性和特异性问题,多数实验室不再使用血清学检测方法,如补体结合试验(CFT)和 2-巯基乙醇检测法(Dubreuil 等,2000)。尽管 CFT 的敏感性低,且容易出现假阳性结果,但一些国家(如中国和俄罗斯)仍对进口猪进行 APP 补体结合试验(Gottschalk 等,1994;Klausen 等,2007)。

血清学检测对鉴定亚临床感染的畜群很有价值,但是该方法有时会出现模棱两可的结果,应该进行基因检测和/或对扁桃体的细菌进行分离。实际上,扁桃体定植不产生抗体反应(Chiers 等,2010)。胸膜肺炎放线杆菌是一种很多变的病原,因此诊断医师和执业医师必须面对非典型病例。Broes 等,(2007)列出了一些这样的病例。

治疗
Treatment

通常情况下,胸膜肺炎放线杆菌在体外对氨苄青霉素、头孢菌素、氯霉素、黏菌素、氨苯磺胺和磺胺甲基异恶唑(甲氧苄氨嘧啶＋磺胺甲恶唑)敏感,低浓度的庆大霉素就可以对其产生抑制(最小抑菌浓度 MIC),尽管胸膜肺炎放线杆菌对 β 内酰胺类抗生素(青霉素、氨苄青霉素、羟氨苄青霉素)的敏感性很高,但是来自于美国和其他国家的散发数据显示有相当的细菌会对这些抗生素产生抗性(Nadeau 等,1988)。用青霉素对临床上感染胸膜肺炎放线杆菌的猪进行治疗,治疗效果不一致(Sjolund 等,2009)。高的 MIC 值表明胸膜肺炎放线杆菌对链霉素、卡那霉素、奇霉素、螺旋霉素和林可霉素有相对的抗性(Gilbride 和 Rosendal,1984;Nadeau 等,1988;Yoshimura 等,2002)。在最近几年,胸膜肺炎放线杆菌对四环素类和甲氨苄氨嘧啶-磺酰胺的抗性似乎有所增加(Gutierrez-Martin 等,2006;Hendriksen 等,2008;Morioka 等,2008)。抗生素抗性的分布和胸膜肺炎放线杆菌血清型之间没有明显的相关性(Matter 等,2007),但是,在一些对血清型 1,3,5和 7 的研究中显示,具有高水平的抗性(Gilbride和 Rosendal,1984;Vaillancourt 等,1988)。瑞士的最近研究中,检测的所有菌株对头孢菌素、头孢噻呋、阿莫西林-克拉维酸和氟苯尼考是敏感的(Matter 等,2007),与其他国家的报道一致(Gutierrez-Martin 等,2006;Morioka 等,2008)。胸膜肺炎放线杆菌对泰妙菌素、恩诺沙星和替米考星具有相对高的敏感性(Matter 等,2007)。

对抗生素的首要选择是应该有最低的 MIC,但是也应该考虑其药代动力学。Sjolund 等(2009)证实,控制急性感染时,具有最小 MIC 的抗生素的剂量明显不同。实验显示恩氟沙星和头孢噻呋是有效的(Kobisch 等,1990;Stephano 等,1990),且硫姆林(Anderson 和 Williams,1990)及洁霉素和奇霉素的联合(Hsu,1990)效果也较好,替米考星也很有效(Paradis 等,2004)。实验感染动物显示,土拉霉素以一次剂量 2.5 mg/kg 或 5 mg/kg的治疗效果至少与头孢噻呋 3 日的量的效果一致。治疗效果可以从肺病变程度、日增重、临床发病的天数和直肠温度来判定(Hart 等,2006)。

在疾病感染的最初阶段用抗生素疗法对临床上感染的动物治疗是有效的,并且可以降低死亡率。有趣的是,抗生素治疗的成功率会影响动物的免疫反应。事实上,高效的抗生素阻止了很好的抗体反应,在后期再感染时使动物易感该病(Sjolund 等,2009)。另一方面,延误治疗引起的损伤可以导致一定程度的梗死，并且可以引起恢复期动物发生慢性呼吸道损伤。经非肠道注射抗生素时（皮下或肌内注射）剂量要高，因为此时，感染动物采食和饮水废绝（Pijpers 等，1990）。

为了确保有效的和持久的血药浓度，需要再次注射抗生素，这主要取决于所用抗生素的药代动力学特性。成功的治疗主要取决于早期的临床症状的观察和快速的治疗方案。饮水疗法可以治疗那些还可以饮水的感染动物。所有猪的饲料和饮水吸收正常时，可以采用饲料中拌抗生素的方法进行治疗。饲料和饮水疗法可作为预防性抗菌疗法来预防高感染畜群的急性暴发。可以对发病动物持续用药，但时间不能太长，需要持续检测抗生素对该病的敏感性。通过日常的尸体剖检、临床观察和畜群抗体水平的监测鉴定疾病的危险期，对处于疾病危险期的动物应进行药物治疗。在最近的一次暴发中，非肠道和口服给药联合应用的效果很好。尽管临床上获得了明显的成功，但是抗生素疗法不能完全消除畜群的感染。肺脓肿的慢性感染或扁桃体带菌者都是其他动物感染的主要传染源。严重感染的动物即使经过很好的治疗和护理也很难恢复并且最终都要处死。结果表明抗生素治疗不能清除带菌动物体内的细菌（Angen 等，2008b；Fittipaldi 等，2005）。

预防和控制
Prevention and Control

没有感染胸膜肺炎放线杆菌的畜群，应严格执行生物安全措施以预防该病的发生。对畜群而言最大的危险是引进潜在的感染猪，通常是种畜。应该从没发生过胸膜肺炎放线杆菌的地区或血清型阴性的地区引进种畜。新引进的动物应该进行隔离和血清学检测。有时，畜群呈现一定的低毒力菌株血清型阳性，且很少或没有发病史，此时引进动物时也应与强毒力菌株一样，引起高度重视。已经感染了毒力血清型的畜群，胸膜肺炎放线杆菌阴性的种畜应接种针对于感染毒力血清型的疫苗，使其在引进前产生免疫力。

感染胸膜肺炎放线杆菌的农场暴发胸膜肺炎时，首先通过治疗控制感染动物的死亡率，包括所有接触过感染动物的和周围围栏中的动物都要用抗生素治疗。应及早治疗，动物圈养在干净的环境中，屠宰前要隔离饲养。通常，可以通过控制环境因素，如温度和通风换气，并在围栏之间使用隔离物，实行全进全出制度，适当的饲养密度，较早的断奶日龄（少于 21 d），这样可以降低该病的暴发。

此病的疫苗发展很快（完整的报道见 Ramjeet 等，2008），主要分成两类：灭活菌苗和亚单位毒素疫苗。商业疫苗中，90％是菌苗。灭活菌苗是血清特异性的（Nielsen，1984），具有交叉反应的血清型可能会出现交叉免疫反应（Nielsen，1984，1985c）。在一个地区，所有的血清型都可以产生保护性，接种过菌苗的动物可以产生抗体，此抗体在以多糖作为包被抗原的 ELISA 检测中，出现交叉反应。所用佐剂的类型可以影响疫苗的效果，对食用猪使用疫苗时要多加注意，因为一些疫苗可以在注射部位产生肉芽肿损伤（Straw 等，1985）。

最近，由三种主要的 RTX 外毒素（ApxⅠ，ApxⅡ，ApxⅢ）构成的一种新的亚单位疫苗和胸膜肺炎放线杆菌的一种 42 ku 的外膜蛋白发展的疫苗正在投入使用，并且在实验和野生条件下显示对 12 种主要的血清型（血清型 1～12）具有很高的保护性（van den Bosch 和 Frey，2003）。已有商业化的毒素-细菌联合疫苗，随后几年会有实地结果。体内产生的 ApxⅣ 毒素至少对 App 的两种不同的血清型产生免疫力和保护力（Wang 等，2009）。Liu 等（2009）报道，ApxⅣ 蛋白不是猪胸膜肺炎放线杆菌感染的有效保护蛋白。猪胸膜肺炎的发病机理非常复杂，含有其他细菌毒力因子的疫苗也很有价值（Haesebrouck 等，2004）。实验中，通过注射、气溶胶或口服途径获得的较广范围的抗原，具有实验保护性，但是都没有应用到实际中。已研制了实验室获得的突变株的活疫苗，对同源和异源的血清型具有保护性（Bei 等，2007；Lin 等，2007；Park 等，2009）。这些活疫苗中的一些甚至能区分感染动物和免疫过的动物（Liu 等，2009；Maas 等，2006），其中一种活疫苗是一种非囊膜血清型 5 突变株，在基因组膜位点含有卡那霉素抗性（KnR）基因。正常的菌群是否会产生抗生素耐药性曾一度引起重视，但进一步研究证实，这种情况不太可能（Inzana 等，2004）。

实验中，疫苗可以对疾病产生高水平的保护性，降低死亡率，减少治疗的次数，增加日增重量，并且提高饲料的转化率。鲜肉的质量提高，胸膜炎和心包炎减少，因此肺炎的发生率降低且屠宰时的花费也相应降低。注射疫苗时需谨慎考虑，不单是考虑致死带来的损失,疫苗对生产性能的影响也是值得考虑的。有时,对感染猪加强药物治疗可以降低 App 的影响(Sjolund 和 Wallgren,2010)。由于母源抗体的干扰,仔猪在产后第一周不能接受第一次接种剂量,因此,应谨慎对仔猪进行疫苗接种,可以对母猪进行免疫而不产生副作用(Kristensen 等,2004a),对引进的动物应免疫接种。

消灭和地区性控制(Eradication and Regional Control)。 一个地区或饲养场的胸膜肺炎的控制程序要涉及无胸膜肺炎的饲养场和大量畜群的健康问题,血清学检查、屠宰检查和尸体剖检、管理控制以及猪运输过程中的控制(血清学检查、隔离)都要到位。感染了胸膜肺炎放线杆菌的畜群要采取这一程序,淘汰是一种可以选择的方法,但要仔细评价经济后果。减少原畜群数量并从没有发生过胸膜肺炎的畜群中引进猪,然而,此方法的花费很高且可以导致重要种系的丢失。过去有一些其他的成功方法,包括淘汰畜群,同时使用疫苗、药物和选择饲养无病的小母猪(Larsen 等,1990)。断奶年龄和母源抗体水平对胸膜肺炎放线杆菌在仔猪体内的存活起到很重要的作用(Vigre 等,2002),断奶时对畜群用药物治疗成功消灭了胸膜肺炎放线杆菌(取决于血清型)(M. Gottschalk,未发表)。一些血清型,如血清型 12 和 3 具有很强的传染性(甚至没有临床症状),从母猪传染给仔猪的传播速度快,在早期断奶时用药治疗会起到很好的预防效果。相对低的血清学阳性动物(达到 30%)的小饲养场(达到 400 头母猪),常用的措施是在治疗的条件下"检测和淘汰"血清学阳性的动物(Nielsen 等,1976),这一消灭程序只有部分成功(Lariviere 等,1990)或甚至失败(Hunneman,1986)。而且,这一方法成功的结果主要是使用血清学检测方法,此方法由于敏感性低,不能淘汰所有的带菌母猪,而且特异性低,会把健康不带菌动物也淘汰掉,这样就会明显增加了该计划的花费。已经证实了一种成功的淘汰计划,即淘汰胸膜肺炎放线杆菌某一特定的血清型并建议使用抗生素治疗(Andersen 和 Gram,2004)。然而,已证实抗生素治疗也不能完全消除带菌动物的病原(Angen 等,2008b;Fittipaldi 等,2005),因此,没有很好的证据证明减少畜群可以根除胸膜肺炎放线杆菌的所有血清型。在执行根除计划前,应仔细考虑生物安全性问题和农场的特点以避免再污染的危险(Zhuang 等,2007)。

猪放线杆菌
ACTINOBACILLUS SUIS

猪放线杆菌(A. suis)是一种革兰氏阴性并普遍存在的机会致病菌,定植在猪的上呼吸道(MacInnes 和 Desrosiers,1999)。最近的研究中,MacInnes 等(2008)报道,94% 的检测畜群疑似猪放线杆菌(A. suis)感染,但是没有临床病例。最初的报道称,只是幼畜和新断奶猪出现败血症和死亡,但是,幼畜、断奶猪、育肥猪、甚至成年猪尤其是很健康的畜群也发病(Yaeger,1995,1996)。该病主要在没产生免疫力的相对年轻的畜群中流行(Wilson 和 McOrist,2000)。

猪放线杆菌(A. suis)能引起败血症和局部感染,临床症状包括突然死亡、呼吸困难、咳嗽、跛行、发热、虚弱、消瘦、脓肿、神经症状、流产、发绀和弥散性充血。主要的肉眼病变是肺、肾、心、肝、脾、皮肤或肠道的出血性瘀斑,耳朵、腹部和皮肤有点状出血,皮肤出现丹毒样病变(MacInnes 和 Desrosiers,1999)。Yaeger(1995)报道了猪放线杆菌(A. suis)病的三种常见形式。

第一种是急性暴发性败血症形式,主要发生于幼畜和新断奶猪,经常发现猪死亡。肉眼病变包括多器官的点状出血,在胸腔和腹腔有浆液性渗出液,多器官出现胸膜炎、心包炎、关节炎和粟粒状脓肿。组织学病变是多器官出现坏死点,这与血栓性栓塞有关。应与引起败血症的其他病原进行鉴别诊断。

第二种形式是呼吸道疾病,主要影响育成猪,经常发生于很健康的猪群。猪表现为咳嗽和发热,成年猪出现突然死亡症状。在这些病例中,主要的肉眼病变是多病灶或弥散性出血,坏死性肺炎或胸膜炎,腹部浆膜表面和胸腔内脏出现点状出血,有时出现纤维性腹膜渗出液。应与主要的胸膜肺炎放线杆菌进行鉴别诊断(Yaeger,1995,1996)。

猪放线杆菌(A. suis)病的第三种形式是成年猪的急性败血症,经常很健康的畜群发病。动物表现为昏睡、厌食、发热、红肿,皮肤病变类似于丹毒,经常出现流产且由于败血症引起死亡。肉眼病变包括多点状出血、胸腔和腹腔有纤维性渗出液,有时肝脏有坏死点。尤其是出现皮肤病变时

（见以上），易与丹毒相混淆。

从健康和患病猪分离到的猪放线杆菌（A. suis），通过生物化学分析、限制性内切酶指纹图谱、玻片凝集试验和毒素分类分析，二者很相似（MacInnes 和 Desrosiers，1999）。编码毒素的基因与胸膜肺炎放线杆菌的 ApxⅠ和 ApxⅡ很相似，这些毒素很可能是引起病原毒力的因素，然而，猪放线杆菌（A. suis）产生的 Apx 毒素水平比胸膜肺炎放线杆菌的低，这就可以解释猪放线杆菌（A. suis）毒力低的原因（MacInnes 和 Desrosiers，1999）。另一方面，与胸膜肺炎放线杆菌比较，猪放线杆菌能够抵抗胆汁和血清毒力因子，但是这点没有得到进一步证实。已证实，由于细胞表面抗原的存在，有明显不同的血清型分组：O1/K1，O1/K2 和 O2/K2，代表毒力的变化（Slavic 等，2000），一般情况下，不进行明确的血清型分类也不分析血清型与毒力的关系。猪放线杆菌（A. suis）的主要毒力因子尚不清楚，但是有一种外膜蛋白对猪细胞具有重要的凝集作用（Ojha 等，2010）。

根据典型的临床症状和肉眼病变进行初步诊断。显微镜观察典型病变区，取组织进行培养并对猪放线杆菌（A. suis）进行鉴定，以此对该病进行诊断。对感染畜群进行株特异性 ELISA 检测，对跟踪母源抗体和有效抗体水平很有价值（Lapointe 等，2001）。

在出现症状的早期，可以使用抗生素进行治疗，首选可以用头孢噻呋、庆大霉素和甲氧苄氨嘧啶/磺胺嘧啶，其次可以用氨苄青霉素磺胺二甲氧嘧啶和硫姆林（MacInnes 和 Desrosiers，1999）。猪放线杆菌（A. suis）菌株对不同的抗生素产生抗性的情况，还没有报道过。对一些畜群使用自身疫苗，但结果不尽相同，尽管畜群中的动物在免疫前已经具有高的抗体滴度，但小母猪和母猪仍要进行免疫接种（Lapointe 等，2001）。

其他放线杆菌种类
OTHER ACTINOBACILLUS SPECIES

马驹放线杆菌（Actinobacillus equuli）是马的一种感染病原，多年前，在欧洲，该病原是猪感染的一个棘手问题（Ramos-Vara 等，2008），但是，多数病例可能是由猪放线杆菌（A. suis）引起的，因为两种病原的表型和遗传方面非常相似。放线杆菌患病的动物可以得到恢复（仅从诊断方面）（Christensen 和 Bisgaard，2004）。另一方面，最近在美国和加拿大，证实猪感染的是马驹放线杆菌（A. equuli）（M. Gottschalk，未发表；Ramos-Vara 等，2008）。有时，高发病率和死亡率的情况下，可以使用自身疫苗。多数畜群的感染来源尚不清楚，但是诊断时应注意猪群中马驹放线杆菌（A. equuli）的潜在感染，并且应该与猪放线杆菌（A. suis）的感染进行明确的区别（Christensen 和 Bisgaard，2004）。

在猪的扁桃体，除了胸膜肺炎放线杆菌，还有许多放线杆菌属（Actinobacillus）的菌株，如小放线杆菌（Actinobacillus minor）、豚猪放线杆菌（Actinobacillus porcinus）、罗西放线杆菌（Actinobacillus rossii）、Bisgaard 分类单位 10 和猪扁桃体放线杆菌（A. porcintonsillarum）（Lowe 等，2010）。正如提到的"放线杆菌胸膜肺炎"（Actinobacillus pleuropneumoniae）这一章，后来发现的菌株种类被错误的判定为胸膜肺炎的病原，尽管认为是非毒力的，但最近的报道称，从患病动物能分离到猪扁桃体放线杆菌（A. porcintonsillarum）（Martinez 和 Maldonado，2006；Ohba 等，2007），但是比胸膜肺炎放线杆菌呈现较高的抗生素抗性（Matter 等，2007）。尚未研究放线杆菌属其他菌株的潜在毒力。

（韩彩霞译，何柳校）

参考文献
REFERENCES

Andersen L, Gram S. 2004. A successful elimination of *Actinobacillus pleuropneumoniae* (serotype 2), *Mycoplasma hyopneumoniae* and PRRS (European and Vaccine-strain) by partial depopulation, early weaning and Tilmicosin (Pulmotil, Elanco) treatment. Proc Congr Int Pig Vet Soc 18:179.

Anderson M, Williams J. 1990. Effects of tiamulin base administered intramuscularly to pigs for treatment of pneumonia associated with *Actinobacillus pleuropneumoniae*. Proc Congr Int Pig Vet Soc 11:15.

Andreasen M, Mousing J, Krogsgaard Thomsen L. 2001. Prev Vet Med 49:19–28.

Andresen L, Klausen J, Barfod K, Sorensen V. 2002. Vet Microbiol 89:61–67.

Angen O, Ahrens P, Jessing S. 2008a. Vet Microbiol 132: 312–318.

Angen Ø, Andreasen M, Nielsen E, et al. 2008b. Vet Rec 163:445–447.

Angen Ø, Heegaard P, Lavritsen D, Sørensen V. 2001. Vet Microbiol 79:19–29.

Angen Ø, Jessing S. 2004. PCR tests for serotype specific identification and detection of *Actinobacillus pleuropneumoniae*. Proc Int Congr Pig Vet Soc 18:161.

Auger E, Deslandes V, Ramjeet M, et al. 2009. Infect Immun 77:1426–1441.

Beck M, van den Bosch J, Jongenelen I, et al. 1994. J Clin Microbiol 32:2749–2754.

Bei W, He Q, Zhou R, et al. 2007. Vet Microbiol 125:120–127.

Blackall J, Klaasen H, van den Bosch H, et al. 2002. Vet Microbiol 84:47–52.

Bossé GM, Matyunas NJ. 1999. Emerg Med 17:679–690.

Bossé JT, Janson H, Sheehan BJ, et al. 2002. Microbes Infect 4:225–235.

Broes A, Gottschalk M. 2007. Why and how to diagnose *Actinobacillus pleuropneumoniae* sub-clinical infections. Proc Ann Meet Am Assoc Swine Vet, pp. 193–198.

Broes A, Martineau GP, Gottschalk M. 2007. J Swine Health Prod 15:264–269.

Bunka S, Müller E, Petzoldt K. 1989. Dtsch Tierarztl Wochenschr 96:371–373.

Chatellier S, Harel J, Dugourd D, et al. 1999. Can J Vet Res 63:170–176.

Chien M, Chan Y, Chen Z, et al. 2009. Vet Microbiol 135:327–333.

Chiers K, De Waele T, Pasmans F, et al. 2010. Vet Res 41:65–80.

Chiers K, Donné E, van Overbeke I, et al. 2002. Vet Microbiol 88:385–392.

Chiers K, Haesebrouck F, van Overbeke I, et al. 1999. Vet Microbiol 31:301–306.

Cho W, Chae C. 2003. Lett Appl Microbiol 37:56–60.

Cho W, Jung K, Kim J, et al. 2005. Vet Res Commun 29:111–122.

Christensen H, Bisgaard M. 2004. Vet Microbiol 26:13–30.

Clota J, Foix A, March R, et al. 1996. Med Vet 13:17–22.

Cruijsen T, Van Leengoed L, Dekker-Nooren T, et al. 1992. Infect Immun 60:4867–4871.

Desrosiers R. 2004. Epidemiology, diagnosis and control of swine diseases. Proc Annu Meet Am Assoc Swine Vet, pp. 9–37.

Dreyfus A, Schaller A, Nivollet S, et al. 2004. Vet Microbiol 99:227–238.

Dubreuil D, Jacques M, Mittal K, Gottschalk M. 2000. Anim Health Res Rev 2:73–93.

Duff J, Scott J, Wilkes M, Hunt B. 1996. Vet Rec 139:561–563.

Eamens G, Gonsalves J, Whittington A, Turner B. 2008. Aust Vet J 86:465–472.

Fittipaldi N, Broes A, Harel J, et al. 2003. J Clin Microbiol 41:5085–5093.

Fittipaldi N, Klopfenstein C, Gottschalk M, et al. 2005. Can J Vet Res 69:146–150.

Foote S, Bossé J, Bouevitch A, et al. 2008. J Bacteriol 190:1495–1496.

Fraile L, Alegre A, López-Jiménez R, et al. 2010. Vet J 184:326–333.

Frank R, Chengappa M, Oberst R, et al. 1992. J Vet Diagn Invest 4:270–278.

Frey J. 2003. Methods Mol Biol 216:87–95.

Frey J, Beck M, Van Den Bosch JF, et al. 1995. Mol Cell Probes 9:277–282.

Frey J, Bosse J, Chang Y, et al. 1993. J Gen Microbiol 139:1723–1728.

Frey J, Kuhn R, Nicolet J. 1994. FEMS Microbiol Lett 124:245–251.

Fussing V. 1998. Lett Appl Microbiol 27:211–215.

Gagné A, Lacouture S, Broes A, et al. 1998. J Clin Microbiol 36:251–254.

Gambade P, Morvan H. 2001. Bull GTV 12:19–22 (in French).

Gilbride K, Rosendal S. 1984. Can J Comp Med 48:47–50.

Gottschalk M, Altman E, Charland N, Dubreuil J. 1994. Vet Microbiol 42:91–104.

Gottschalk M, Broes A, Fittipaldi N. 2003a. Recent developments on *Actinobacillus pleuropneumoniae*. Proc Annu Meet Am Assoc Swine Vet, pp. 387–393.

Gottschalk M, Broes A, Mittal K, et al. 2003b. Vet Microbiol 92:87–101.

Gottschalk M, Lacouture S, Angen Ø, Kokotovic B. 2010a. An atypical biotype I *Actinobacillus pleuropneumoniae* serotype 13 is present in North America. Proc Congr Int Pig Vet Soc 21:290.

Gottschalk M, Lacouture S, Tremblay D, Harel J. 2010b. Animals infected with *Actinobacillus pleuropneumoniae* serotype 15 develop antibodies that cross-react with serotypes 3, 6 and 8 by LC-LPS ELISA. Proc Congr Int Pig Vet Soc 21:289.

Gottschalk M, Lebrun A, Lacouture S, et al. 2000. J Vet Diagn Invest 12:444–449.

Gouré J, Findlay W, Deslandes V, et al. 2009. BMC Genomics 10:88.

Grøndahl-Hansen J, Barfod K, Klausen J, et al. 2003. Vet Microbiol 96:41–51.

Gutierrez C, Barbosa J, Suarez J, et al. 1993. Zentralbl Veterinarmed B 40:81–88.

Gutiérrez C, Barbosa J, Suarez J, et al. 1995. Am J Vet Res 56:1025–1029.

Gutiérrez-Martín C, del Blanco N, Blanco M, et al. 2006. Vet Microbiol 115:218–222.

Haesebrouck F, Chiers K, van Overbeke I, Ducatelle R. 1997. Vet Microbiol 58:239–249.

Haesebrouck F, Pasmans F, Chiers K, et al. 2004. Vet Microbiol 100:255–268.

Hart F, Kilgore R, Meinert T, et al. 2006. Vet Rec 158:433–436.

Hartley PE, Wilesmith JW, Bradley R. 1988. Vet Rec 123:208.

Hendriksen R, Mevius D, Schroeter A, et al. 2008. Acta Vet Scand 50:19.

Hoeltig D, Hennig-Pauka I, Thies K, et al. 2009. BMC Vet Res 5:14.

Hsu F. 1990. Evaluation of lincospectin sterile solution and Linco-Spectin 44 Premix in the treatment of pleuropneumonia. Proc Congr Int Pig Vet Soc 11:15.

Hunneman WA. 1986. Vet Q 8:83–87.

Hüssy D, Schlatter Y, Miserez R, et al. 2004. Vet Microbiol 99:307–310.

Inzana T, Glindemann G, Fenwick B, et al. 2004. Vet Microbiol 104:63–71.

Ito H. 2010. J Vet Med Sci 72:653–655.

Jacobsen M, Nielsen JP. 1995. Vet Microbiol 47:191–197.

Jacques M. 2004. Can J Vet Res 68:81–85.

Jacques M, Foiry B, Higgins R, Mittal K. 1988. J Bacteriol 170:3314–3318.

Jacques M, Labrie J, St Michael F, et al. 2005. J Clin Microbiol 43:3522–3555.

Jansen R, Briare J, Kamp E, et al. 1995. FEMS Microbiol Lett 126:139–143.

Jensen A, Bertram T. 1986. Infect Immun 51:419–424.

Jessing S, Angen O, Inzana T. 2003. J Clin Microbiol 41:4095–4100.

Kamp E, Popma J, Van Leengoed L. 1987. Vet Microbiol 13:249–257.

Kielstein P, Wuthe H, Angen O, et al. 2001. Vet Microbiol 8:243–255.

Kilian M. 1976. Acta Pathol Microbiol Scand (B) 84:339–341.

Kilian M, Nicolet J, Biberstein E. 1978. Int J Syst Bacteriol 28:20–26.

Klausen J, Ekeroth L, Grøndahl-Hansen J, Andresen L. 2007. J Vet Diagn Invest 19:244–249.

Kobisch M, Vannier P, Delaporte S, Dellac B. 1990. The use of experimental models to study in vivo the antibacterial activity of Enrofloxacin against Actinobacillus (Haemophilus) pleuropneumoniae and *Mycoplasma hyopneumoniae* in combination with *Pasteurella multocida*. Proc Congr Int Pig Vet Soc 11:16.

Kokotovic B, Angen Ø. 2007. J Clin Microbiol 45:3921–3929.

Koyama T, To H, Nagai S. 2007. J Vet Med Sci 69:961–964.

Kristensen C, Andreasen M, Ersbøll A, Nielsen J. 2004a. Can J Vet Res 68:66–70.

Kristensen C, Angen O, Andreasen M, et al. 2004b. Vet Microbiol 98:243–249.

Kucerova Z, Jaglic Z, Ondriasova R, Nedbalcova K. 2005. Vet Med Czech 50:355–360.

Kuhnert P, Schlatter Y, Frey J. 2005. Vet Microbiol 107:225–232.

Kume K, Nakai T, Sawata A. 1984. Jpn J Vet Sci 46:641–647.

Lacouture S, Mittal K, Jacques M, Gottschalk M. 1997. J Vet Diagn Invest 9:337–341.

Lapointe L, D'Allaire S, Lacouture S, Gottschalk M. 2001. Vet Res 32:175–183.

Lariviere S, D'Allaire S, De Lasalle F, Nadeau M, Moore C, Ethier R. 1990. Eradication of *Actinobacillus pleuropneumoniae* serotype 1 and 5 infections in four herds. Proc Congr Int Pig Vet Soc 11:17.

Larsen H, Hogedahl Jorgensen P, Szancer J. 1990. Eradication of *Actinobacillus pleuropneumoniae* from a breeding herd. Proc Congr Int Pig Vet Soc 11:18.

Lebrun A, Lacouture S, Côté D, et al. 1999. Vet Microbiol 65:271–282.

Lin L, Bei W, Sha Y, et al. 2007. FEMS Microbiol Lett 274:55–62.

Liu J, Chen X, Tan C, et al. 2009. Vet Microbiol 137:282–289.

Lowe B, Marsh T, Isaacs-Cosgrove N, et al. 2010. Vet Microbiol 147:346–357.

Maas A, Meens J, Baltes N, et al. 2006. Vaccine 24:7226–7237.

MacInnes J, Desrosiers R. 1999. Can J Vet Res 63:83–89.

MacInnes J, Gottschalk M, Lone A, et al. 2008. Can J Vet Res 72:242–248.

MacLean L, Perry M, Vinogradov E. 2004. Infect Immun 72:5925–5930.

Maldonado J, Valls L, Martínez E, Riera P. 2009. J Vet Diagn Invest 21:854–857.

Marois C, Cariolet R, Morvan H, Kobisch M. 2008. Vet Microbiol 129:325–332.

Marois C, Gottschalk M, Morvan H, et al. 2009. Vet Microbiol 135:283–291.

Martínez E, Maldonado J. 2006. Vet Rec 159:642–643.

Matter D, Rossano A, Limat S, et al. 2007. Vet Microbiol 122:146–156.

Meyns T, Van Steelant J, Rolly E, et al. 2011. Vet J 187:388–392.

Mittal K, Higgins R, Larivière S. 1983. J Clin Microbiol 18:1355–1357.

——. 1987. Am J Vet Res 48:219–226.

Mittal K, Higgins R, Larivière S, Nadeau M. 1992. Vet Microbiol 32:135–148.

Møller K, Nielsen R, Andersen L, Killian M. 1992. J Clin Microbiol 30:623–627.

Morioka A, Asai T, Nitta H, et al. 2008. J Vet Med Sci 70:1261–1264.

Nadeau M, Lariviere S, Higgins R, Martineau GP. 1988. Can J Vet Res 52:315–318.

Nicolet J. 1970. Aspects microbiologiques de la pleuropneumonie contagieuse du porc. These d'habilitation, Berne.

Nicolet J, König H. 1966. Pathol Microbiol 29:301–306.

Nicolet J, Konig H, Scholl E. 1969. Schweiz Arch Tierheilkd 111:166–174.

Nielsen R. 1975. Nord Vet Med 27:319–328.

——. 1984. Nord Vet Med 36:221–234.

——. 1985a. Acta Vet Scand 26:501–512.

——. 1985b. Acta Vet Scand 26:581–585.

——. 1985c. Nord Vet Med 37:217–227.

——. 1986a. Acta Vet Scand 27:49–58.

——. 1986b. Acta Vet Scand 27:453–455.

Nielsen R, Andersen L, Plambeck P. 1996. Acta Vet Scand 37:327–336.

Nielsen R, Andresen L, Plambeck T, et al. 1997. Vet Microbiol 54:35–46.

Nielsen R, O'Connor PJ. 1984. Acta Vet Scand 25:96–106.

Nielsen R, Thomsen A, Vesterlund S. 1976. Nord Vet Med 28:349–352.

Nielsen R, van den Bosch J, Plambeck T, et al. 2000. Vet Microbiol 71:81–87.

Ohba T, Shibahara T, Kobayashi H, et al. 2007. J Comp Pathol 137:82–86.

Ojha S, Lacouture S, Gottschalk M, MacInnes JI. 2010. Vet Microbiol 140:122–130.

Paradis M, Vessie G, Merrill J, et al. 2004. Can J Vet Res 68:7–11.

Park C, Ha Y, Kim S, et al. 2009. J Vet Med Sci 71:1317–1323.

Perry M, Altman E, Brisson J, et al. 1990. Serodiagn Immunother Infect Dis 4:299–308.

Perry M, MacLean L, Vinogradov E. 2005. Biochem Cell Biol 83:61–69.

Pijpers A, Vernooy J, Leengoed L, Verheijden J. 1990. Feed and water consumption in pigs following an *Actinobacillus pleuropneumoniae* challenge. Proc Congr Int Pig Vet Soc 11:39.

Pohl S, Bertschinger H, Frederiksen W, Manheim W. 1983. Int J Syst Bacteriol 33:510–514.

Pol J, Leengoed L, Stockhofe N, et al. 1997. Vet Microbiol 55:259–264.

Provost M, Harel J, Labrie J, et al. 2003. FEMS Microbiol Lett 223:7–14.

Ramjeet M, Deslandes V, Gouré J, Jacques M. 2008. Anim Health Res Rev 9:25–45.

Ramos-Vara J, Wu C, Mitsui I, et al. 2008. Vet Pathol 45:495–499.

Rayamajhi N, Shin S, Kang S, et al. 2005. J Vet Diagn Invest 17:359–362.

Rioux S, Galarneau C, Harel J, et al. 1999. Can J Microbiol 45:1017–1026.

Rioux S, Galarneau C, Harel J, et al. 2000. Microb Pathog 28:279–289.

Rodriguez-Barbosa J, Gutierrez C, Tascon R, et al. 1995. FEMS Immunol Med Microbiol 11:35–44.

Rosendal S, Boyd DA. 1982. J Clin Microbiol 16:840–843.

Schaller A, Kuhn R, Kuhnert P, et al. 1999. Microbiology 145:2105–2116.

Schuchert J, Inzana T, Angen Ø, Jessing S. 2004. J Clin Microbiol 42:4344–4348.

Shope RE. 1964. J Exp Med 119:357–368.

Shope RE, White D, Leidy G. 1964. J Exp Med 119:369–375.

Sjölund M, de la Fuente A, Fossum C, Wallgren P. 2009. Vet Rec 164:550–555.

Sjölund M, Wallgren P. 2010. Acta Vet Scand 52:23.

Slavic D, Toffner T, Monteiro M, et al. 2000. J Clin Microbiol 38:3759–3762.

Stephano A, Navarro R, Rayo C, Osorio M. 1990. Effect of the use of ceftiofur sodium injectable (Excenel sterile powder) for the treatment of induced *Actinobacillus pleuropneumoniae*: Multiple dose titration study. Proc Congr Int Pig Vet Soc 11:41.

Straw B, MacLachlan N, Corbett W, et al. 1985. Can J Comp Med 49:149–151.

Tegetmeyer H, Jones S, Langford P, Baltes N. 2008. Vet Microbiol 128:342–353.

Tobias T, Raymakers R, van Nes A, Van Leengoed L. 2009. Vet Rec 164:402–403.

Vaillancourt J, Higgins R, Martineau GP, et al. 1988. J Am Vet Med Assoc 193:470–473.

van den Bosch H, Frey J. 2003. Vaccine 21:3601–3607.

Van Overbeke I, Chiers K, Charlier G, et al. 2002. Vet Microbiol 88:59–74.

Vengust G, Valencak Z, Bidovec A. 2006. J Vet Med B Infect Dis Vet Public Health 53:24–27.

Vigre H, Angen O, Barfod K, et al. 2002. Vet Microbiol 89:151–159.

Vigre H, Ersboll A, Sorensen V. 2003. J Vet Med B Infect Dis Vet Public Health 50:430–435.

Wang C, Wang Y, Shao M, et al. 2009. Vaccine 27:5816–5821.

Ward CK, Inzana TJ. 1994. J Immunol 153:2110–2121.

Wilson RJ, McOrist S. 2000. Aust Vet J 78:317–319.

Wilson RW, Kierstead M. 1976. *Haemophilus parahemolyticus* associated with abortion in swine. Can Vet J 17(8):222.

Xiao G, Cao S, Huang X, Wen X. 2009. Can J Vet Res 73:190–199.

Xu Z, Zhou Y, Li L, et al. 2008. PLoS ONE 3:e1450.

Yaeger MJ. 1995. J Swine Health Prod 3:209–210.

——. 1996. J Vet Diagn Invest 8:381–383.

Yoshimura H, Takagi M, Ishimura M, Endoh YS. 2002. Vet Res Commun 26:11–19.

Zhang Y, Tennent J, Ingham A, et al. 2000. FEMS Microbiol Lett 189:15–18.

Zhou L, Jones S, Angen Ø, et al. 2008. J Clin Microbiol 46: 800–803.

Zhuang Q, Barfod K, Wachmann H, et al. 2007. Vet Rec 160: 258–262.

49 波氏菌病
Bordetellosis

Susan L. Brockmeier，Karen B. Register，Tracy L. Nicholson，Crystal L. Loving

背景
RELEVANCE

1910 年，支气管败血波氏杆菌（*Bordetella bronchiseptica*，Bb）首次从呼吸道病犬分离后不久（Ferry，1910），又从其他呼吸道疾病的哺乳动物中发现（Ferry，1912）。直到 20 世纪 40 年代，支气管败血波氏杆菌才从肺炎病猪中分离出来，直到 50 年代才开始调查研究，认为是萎缩性鼻炎的病因（Phillips，1943；Switzer，1956）。Bb 广泛存在于猪群呼吸道疾病中，并且具有多重作用。它是引起非进行性萎缩性鼻炎（NPAR）的主要病原，其程度由温和型至中等，并且可相互转化。鼻甲骨中有 Bb 时可促进产毒素的多杀性巴氏杆菌（*Pasteurella multocida*）在此增殖，并引起严重的进行性的萎缩性鼻炎（PAR；见 58 章）（Cross，1962；de Jong 和 Nielsen，1990；Duncan 等，1966b；Pedersen 和 Barfod，1981；Rutter，1983）。Bb 能引起仔猪支气管肺炎以及大猪的呼吸障碍综合征（PRDC）（Duncan 等，1966a；Dunne 等，1961；Palzer 等，2008）。Bb 的存在也能促进除多杀性巴氏杆菌（*P. multocida*）之外其他细菌的继发感染，从而加剧猪繁殖与呼吸障碍综合征（PRRSV）等主要的或次要的呼吸道病原体疾病的严重性（Brockmeier，2004；Brockmeier 等，2008，2000，2001；Loving 等，2010；Vecht 等，1989，1992）。

病因学
ETIOLOGY

波氏杆菌（*Bordetella*）属于变形菌属（*Betaproteobacteria*），由 8 个公认的菌种组成。第九个菌种只见于文献报道，还没有给定明确的学术命名。对猪来说，Bb 是唯一的重要菌种。之所以称作支气管败血波氏杆菌群是因为它是由百日咳杆菌（*Bordetella pertussis*）、副百日咳杆菌（*Bordetella parapertussis*）和支气管败血波氏杆菌组成，所有这些都能引起呼吸道疾病。支气管败血波氏杆菌能感染大多数哺乳动物，除了偶尔会引起急性疾病之外，多数情况下是慢性的或者是隐性的上呼吸道感染（Goodnow，1980；Mattoo 和 Cherry，2005；Staveley 等，2003）。各种技术表明，Bb 菌群是高度无性繁殖的（Gerlach 等，2001；Musser 等，1986；Parkhill 等，2003）。有假说认为，百日咳（*B. pertussis*）和副百日咳杆菌（*B. parapertussis*）均起源于 Bb 样的祖先，由于基因大量的重组和缺失后独立形成，因此有人建议把它作为同一个亚群。

猪病学，第 10 版，由 Jeffrey J. Zimmerman，Locke A. Karriker，Alejandro Ramirez，Kent J. Schwartz，Gregory W. Stevenson 主编。

Bb 是需氧的、能运动的、革兰氏阴性球杆菌，大约 1.0 μm×0.3 μm 大小。该菌生长缓慢，但在血琼脂和麦康凯琼脂等其他非选择性培养基上很容易生长。37℃ 培养 36～48 h，可形成隆起的表面粗糙直径 1～2 mm 的菌落，血琼脂上通常溶血。Bb 不能发酵，但氧化酶、过氧化氢酶、脲酶和柠檬酸盐反应呈阳性。对于营养要求苛刻的百日咳杆菌(B. pertussis)进行纯培养分离鉴定时，需要对基础培养基加以改良，可在含 10% 去纤维蛋白的绵羊血的 Bordet-Gengou(BG)琼脂上培养。液体培养可用加入 40 μg/mL 链霉素的 Stainer-Scholte 肉汤(Stainer 和 Scholte,1970)，但需要在血琼脂上重新培养以便确定它的溶血性。

目前还没有可用于 Bb 菌株识别或评估种群多样性的血清型分类方法。Bb 菌株有不发生交叉反应的 O₁ 或 O₂ 两种特定的 O 抗原血清型，几乎所有的 Bb 菌株都表达其中的一种血清型(Buboltz 等,2009a)。然而由于这些抗原是由单独的位点编码的，而且可以发生重组，因此不适合于血清分型(Buboltz 等,2009a)。

研究者开始转向分子分型方法去鉴定和描述菌株之间的基因相关性。包括核糖体分型、随机扩增多态性 DNA 标记(RAPD)指纹识别、脉冲电场凝胶电泳(PFGE)、多位点序列分型(MLST)(Gueirard 等,1995；Khattak 和 Matthews,1993；Musser 等,1986,1987；Register 等,1997)。虽然典型的波氏杆菌属种群结构好像是纯系的，但是根据系统发生学、基因组比较分析表明，Bb 与百日咳杆菌(B. pertussis)和副百日咳杆菌(B. parapertussis)显著不同(Cummings 等,2004；Diavatopoulos 等,2005；Musser 等,1986,1987；van der Zee 等,1997)。事实上，一些 Bb 菌株与百日咳杆菌(B. pertussis)和副百日咳杆菌(B. parapertussis)遗传相关性都相差很远(Diavatopoulos 等,2005)。

众所周知,Bb 感染的结果从隐性感染到致死性肺炎各不相同(Goodnow,1980；Mattoo 和 Cherry,2005)。用纯系的无特异病原体的小鼠,通过半数致死量(LD₅₀)测定,不同菌株毒力可相差 10 万倍,提示毒力上的差异可能是由于菌株发生变异而引起的(Buboltz 等,2008；Gueirard 和 Guiso,1993；Gueirard 等,1995)。最近发表的报告已经证明各系谱血统在毒力因子表达和毒力大小上不同(Buboltz 等,2008,2009b)。这些报告支持一个重要的观点就是,Bb 相关性疾病的多样性和宿主的广泛性,在某种程度上可能由于系谱血统的毒株之间毒力因子的不同(Cummings 等,2006；Giardina 等,1995)。

公共卫生
PUBLIC HEALTH

尽管 Bb 引起人类的疾病还很少,但有上升的趋势(Berkelman,2003；Llombart 等,2006；Mattoo 和 Cherry,2005；Tamion 等,1996；Woolfrey 和 Moody,1991)。如果婴儿和免疫力低下的人接触携带病原体的动物是最危险的,不过免疫力正常的成年人也有发生。临床表现多种多样,包括支气管炎、百日咳、肺炎、鼻窦炎、败血症、脑膜炎和腹膜炎等,偶尔可引起死亡。现已证实家养宠物,特别是犬、猫和兔子是大多数病例的感染来源。虽然还没有证据证实有来源于猪的病例,但是在少有的几个动物分离株中,从 Bb 菌株遗传学角度分析,其中有一株来源于猪的与人传染病极具相关性。(Diavatopoulos 等,2005)。健康的成年人接触自然感染或者近期免疫过疫苗的猪或者其他动物后,是否可成为隐性病原携带者目前还不清楚。

流行病学
EPIDEMIOLOGY

Bb 广泛分布于世界各地,它可以感染家禽以及多种野生动物、家畜等哺乳动物(Farrington 和 Jorgenson,1976；Goodnow,1980；Hammond 等,2009；Heje 等,1991；Lacasse 和 Gamble,2006；Ngom 等,2006)。在猪群中广泛流行,无论是从患肺炎或者萎缩性鼻炎的病猪中,还是从表面健康猪群中都能分离出 Bb(Backstrom 等,1988；Giles 等,1980；Hensel 等,1994；Palzer 等,2008；Rutter 等,1984；Straw 和 Duran,1999)。

Bb 主要通过空气飞沫传播。亲密接触有利于传播,但是短距离的空气传播包括同一圈舍或者产房也可能发生（Brockmeier 和 Lager,2002；Stehmann 等,1992）。病猪通过咳嗽或打喷嚏产生的气溶胶更容易引起病原菌的传播。各种日龄的猪对 Bb 都易感，但日龄很小的仔猪在繁殖计划的早期就可能已经被 Bb 感染，这可能与哺乳母猪接触有关。Bb 能够在猪鼻腔中存活几个月甚至更长时间（Backstrom 等,1988；Riising 等,2002；Rutter,1981），通过引种可以把这些带菌者引进来，对于一个没有经验的全进全出养猪场来说，这可能成为日龄较大的猪的感染源。新引进的种群可能成为感染源，在一个猪群中迅速传播，尤其是在免疫力低下的猪群中传播更快（Smith 等,1982）。

仔猪可以被动地通过感染的母猪或者疫苗免疫母猪的初乳中获得抗体，保护鼻甲骨和肺脏免受损伤，但不能抵抗感染（Kobisch 和 Pennings,1989；Magyar 等,2002；Riising 等,2002；Rutter,1981）。而且母猪接种疫苗也只能保护仔猪几周内不受感染（Rutter 等,1984），在此期间损伤不典型或者明显减轻严重程度（de Jong 和 Akkermans,1986；Duncan 等,1966b；Giles 等,1980）。

Bb 已经从啮齿类动物、鸟类、浣熊、负鼠和其他的与猪有密切接触的动物中分离出来（Farrington 和 Jorgenson,1976；Le Moine 等,1987）。尽管到目前为止还没有资料证明猪与其他野生动物或者犬和猫等家养宠物有交叉感染，但可以发生。昆虫也能够把病原引入到一个兽群或者生产单位（Beatson,1972）。虽然这些非猪源性菌株对猪来说毒力较弱（Ross 等,1967），但是通过培养是否能保持它们的原始表型还不清楚。这个结论让我们重新评估目前对 Bb 毒力因素判定标准的理解，以及在培养期间保留 Bvg⁺ 表型的重要性（见致病机理部分）。随后的研究报道表明，猪源分离株与其他动物分离株相比，在细菌学特征上没有差异（Bemis 等,1977）。

虽然有关通过污染物的传播还没有评估，但考虑到 Bb 能够体外生存，因此也不能排除这个可能。在 10～37℃ 的情况下，土壤里的 Bb 能够存活 45 d（Mitscherlich 和 Marth,1984），在湖水中或者非营养性液体中能存活几周（Porter 等,1991；Porter 和 Wardlaw,1993）。在室温、75% 湿度及气溶胶状态下，该菌的半衰期为 1～2 h（Stehmann 等,1992）。

超声处理（Harris 和 Switzer,1972）、60℃ 加热（Bemis 和 Kennedy,1981；Lendvai 等,1992）或者甲醛处理（Jenkins,1978）可以灭活 Bb。该菌对畜牧场常用的几种消毒剂都敏感。

致病机理
PATHOGENESIS

Bb 的发病机理依赖于一系列的毒力因子的连续性调节合成，包括黏附素、毒素和其他的能改变宿主功能、促进免疫逃避或者有利于传播、存活的细菌产物。绝大多数毒力基因的表达需要波氏杆菌属毒力基因（Bordetella virulence genes BvgAS）系统的共表达（Beier 和 Gross,2008）。在 25℃ 及其以下时，bvgAS 基因不表达（Bvg⁻），此时毒素、黏附素和其他的已知的或疑似的毒力蛋白的合成也停止了。环境诱因，如外界环境中的微生物进入呼吸道组织中，由于生长温度的提高，激活了 bvgAS 的转录，随后 BvgAS 诱导基因开始表达（Bvg⁺）。表型调整是生物体对环境改变的一个重要的适应反应，是可逆的。

bvgAS 基因也能发生相转变，生长期的一小部分细菌会发生基因缺失和框移突变，终止了所有的活化的 bvgAS 基因表达，不管是在任何生长条件下，这个过程都是不可逆的。为防止在培养过程中转化成 Bvg⁻ 状态（血琼脂上大的、扁平的、不溶血的菌落），挑选孤立的、单个的菌落（血琼脂上小的、半球形的、溶血的菌落）接种传代是非常重要的。

之所以叫做早期的可诱导的 BvgAS 基因，包括期间产生的一些可诱导的产物，是因为它们是从 Bvg⁻ 到 Bvg⁺ 过程中产生的最早的产物。而晚期表达基因，包括几种毒素，只有在 bvgAS 基因产物积累到一定程度才开始表达的。BvgAS 系统的存在表明，在传输、定植、生长、传播、免疫逃避和脱落等整个循环周期中，环境的变化引起毒力因子精确的瞬间表达调控对于 Bb 的生存非常重要。

感染初期,Bb 黏附于鼻黏膜上皮细胞。细菌优先黏附于纤毛上皮细胞(Duncan 等,1966b;Yokomizo 和 Shimizu,1979),但是也可能与非上皮细胞黏附,这对于菌落和生物膜形成非常重要(Irie 等,2004)。目前已知有几种或者疑似的 Bb 黏附素可能以辅助的或者合作的方式参与此功能。由细胞表面分泌的丝状血凝素(FHA),是一种高度的免疫原性蛋白,最适于在上呼吸道定植(Cotter 等,1998;Edwards 等,2005;Hibr 和-Saint Oyant 等,2005;Irie 和 Yuk,2007;Nicholson 等,2009)。已经证实,细胞表面至少有 4 个不同的特异性绑定区域,其中一些具有免疫调节作用(Hannah 等,1994;Ishibashi 等,1994;Prasad 等,1993;Relman 等,1990)。菌毛蛋白在细胞表面形成发团样结构,同样控制着多重特异性绑定,其中包括增强 FHA 介导的黏附(Geuijen 等,1997;Hazenbos 等,1995)。菌毛对细菌在气管中定植和存留以及感染时对体液免疫的影响非常重要(Edwards 等,2005;Funnell 和 Robinson,1993;Geuijen 等,1997;Mattoo 等,2000)。研究显示,外膜蛋白百日咳杆菌黏附素,可能作为一种附属黏附素,有助于细菌定植,但是它的确切功能还不清楚(Hibr 和 -Saint Oyant 等,2005;icholson 等,2009)。相反,它作为一种重要的保护性免疫原,已经得到确认(Kobisch 和 Novotny,1990;Montaraz 等,1985;Novotny 等,1985)。免疫保护性抗原决定簇(Boursaux-Eude 和 Guiso,2000;Register,2001,2004)区域的序列异质性能够改变宿主的免疫反应,从而为致病菌提供了一个潜在的免疫逃避机制(Hijnen 等,2007)。

一旦 Bb 在呼吸道中定植,就会引起与疾病发展相关的毒素的表达。具有核心作用的是皮肤坏死毒素(dermonecrotic toxin,DNT),它具有多效性,其中包括破坏骨的形成(Horiguchi 等,1995)。随后的报告显示,减少皮肤坏死活动的菌株不能引起鼻甲骨和肺损伤(Magyar 等,1988;Roop 等,1987),对比研究表明,DNT 等位基因缺失的突变体,无论对猪还是鼠,DNT 对于肺炎和鼻甲骨萎缩的形成是必不可少的(Brockmeier 等,2002;Magyar 等,2000)。被称作双官能团的

腺苷酸环化酶毒素(ACT),不仅能影响腺苷酸环化酶和孔隙的形成,还能通过破坏先天性免疫保护功能而发挥毒性作用。吞噬细胞是 Bb 腺苷酸环化酶毒素的主要目标(Harvill 等,1999)。毒素也能调节猪体内树突状细胞中细胞因子的生成(Skinner 等,2004)和改变血清中抗体的分泌反应(Hibr 和 -Saint Oyant 等,2005)。使用与人类最相关的百日咳杆菌(B. pertussis)做 ACT 研究显示,Bb 腺苷酸环化酶毒素很可能还有免疫调节作用(Vojtova 等,2006)。既然 ACT 与波氏杆菌毒素最相似,而且仅在 Bvg$^+$ 表达,因此可以通过细菌的分离培养,根据血培养基溶血特性很容易进行 Bvg 类型鉴别。气管型细胞毒素(Tracheal cytotoxin,TCT)是细胞生长期间细胞壁改建过程中出现的一种肽聚糖分解产物,它不同于其他的革兰氏阴性菌,Bb 没有对 TCT 再回收利用的能力(Cookson 和 Goldman,1987),而是释放到细胞外并与脂多糖相互协同,结果导致纤毛停滞并从黏膜上皮层脱落(Flak 等,2000)。相对于 Bb 蛋白毒素,TCT 并不受 Bvg 系统调控,在 Bvg$^+$ 和 Bvg$^-$ 菌增殖过程中都能产生。TCT 似乎与感染早期发生的黏液纤毛清除有关。

Bb 致病机理与年龄和免疫状态密切相关。对于无免疫性的猪来说,仔猪更易发生严重的典型的支气管肺炎和萎缩性鼻炎。被动免疫和疫苗免疫或者是自然感染的猪尽管它们可能是带菌者,但不会发生严重的病例。

有其他呼吸道病原并发感染时也会影响 Bb 的严重性。多杀性巴氏杆菌(P. multocida)感染时能增强上呼吸道对 Bb 的易感性,并能引起 PAR(de Jong 和 Nielsen,1990;Pedersen 和 Barfod,1981;Rutter,1983)。而链球菌感染(Streptococcus suis)时也易引起 Bb 感染(Vecht 等,1989,1992)。先给猪接种 Bb,能增强猪链球菌病的临床症状和发热,提高链球菌(S. suis)的分离率,扩大肺炎和链球菌的扩散区域,死亡率升高(Vecht 等,1989,1992)。Bb 同样也能增强鼻腔中副猪嗜血杆菌 C(Haemophilus parasuis)的定植(Brockmeier,2004)。

虽然目前还不清楚 Bb 是如何加剧或者增强

继发感染的,但是在感染期间,破坏先天性的保护功能是其主要作用。TCT 诱导的对上呼吸道上皮层的破坏,极显著的损伤了黏膜绒毛的清除功能,一旦接触一些主要病原或条件性病原,将增强宿主上部或下部呼吸道对这些病原的易感性。在猪肺泡巨噬细胞中,Bb 能产生细胞性毒素(Brockmeier 和 Register,2000;Forde 等,1999),导致巨噬细胞吞噬能力和细菌清除能力降低,从而导致细菌进入肺。DNT 导致鼻甲损伤从而引起鼻腔中正常菌群变更或者清除,也易导致宿主增加对其他病原的易感性。DNT 也能引起以坏疽、出血、嗜中性粒细胞聚集、甚至纤维化为特征的肺炎(Brockmeier 等,2002)。增加黏液聚集,其他细菌易于黏附的黏膜下层的暴露,养分有效性的增加,这些都为其他细菌的定植起到了非特异性的促进作用。然而,Bb 的 DNT 突变株能增加机体对产毒素的多杀性巴氏杆菌的易感性以及萎缩性鼻炎的发生的可能性(Brockmeier 和 Register,2007)。结果,其他因素也有利于继发感染和相关性疾病的发生。有人建议可使用与 PAR 关系最密切的 D 型多杀性巴氏杆菌(P. multocida)制成的胶囊产品,对此具有特异性的相互作用。D 荚膜多糖主要由大量的肝素样物质(Rimler,1994)组成,能够与 Bb 分泌的黏附素 FHA 争夺肝素结合区域(Menozzi 等,1994)。这样,多杀性巴氏杆菌(P. multocida)可以占用 Bb 的 FHA 的合成与分泌,以此为桥梁与呼吸道上皮细胞绑定。百日咳杆菌(B. pertussis),这个 Bb 最亲近的细菌,已经被证实有利于肺炎链球菌(Streptococcus pneumoniae)、流感嗜血杆菌(Haemophilus influenzae)等其他次级细菌的继发感染,其原因是 FHA 作用后,使这些细菌获得了与纤毛黏附的能力(Tuomanen,1986)。

此外,Bb 和猪病毒共同感染可影响呼吸道对其他病原的易感性。PRRSV 能促进 Bb 对支气管肺炎的易感性(Brockmeier 等,2000)。尽管 PRRSV 单独不能增强多杀性巴氏杆菌(P. multocida)的易感性,但是 Bb 和 PRRSV 同时感染能够促进多杀性巴氏杆菌(P. multocida)对肺部的感染(Brockmeier 等,2001)。Bb 和 PRRSV 混合

感染时,由于其免疫抑制性,通过促进流行性细菌的增殖,导致条件性致病菌对猪肺部和全身的易感性。Bb 和猪流感病毒(swine influenza virus,SIV)或猪呼吸道冠状病毒(porcine respiratory coronavirus,PRCV)混合感染能增加肺炎的严重性,发作提前,治疗时间延长(Brockmeier 等,2008;Loving 等,2010)。混合感染的猪产生的炎症细胞因子增多、持久,加重了肺部的损伤(Brockmeier 等,2008;Loving 等,2010)。

临床症状
CLINICAL SIGNS

根据感染日龄、免疫状况以及是否有其他病原混合感染,猪感染 Bb 后临床症状差别很大。通常情况下,病猪感染后 2~3 d 后,会出现鼻炎和支气管炎等典型症状,包括打喷嚏,流鼻汁,流泪以及反复性的干咳。新生仔猪一旦发生支气管肺炎时症状将加重,呼吸困难、嗜睡等。几周后症状减轻,但是病原可在呼吸道中存留几个月。

当临床上有多杀性巴氏杆菌(P. multocida)、副猪嗜血杆菌(H. parasuis)、猪链球菌(S. suis)或者其他病原菌、病毒感染时,会出现 PAR、支气管肺炎甚至全身性疾病(Brockmeier,2004;Brockmeier 等,2001;de Jong 和 Nielsen,1990;Pedersen 和 Barfod,1981;Rutter,1983;Vecht 等,1989,1992)。Bb 与产毒素的多杀性巴氏杆菌(P. multocida)混合感染时,能引起以 PAR 为特征的更严重的上呼吸道症状,包括流鼻血、短颌或者歪鼻子(Pedersen 和 Barfod,1981;Rutter,1983)。肺炎可能是由 Bb 引起的,也可能是由 PRCV、SIV 和 PRRSV 等普通病毒继发感染引起的(Brockmeier 等,2008,2000;Loving 等,2010)。主动或被动免疫的猪虽然不会出现明显的临床症状,但携带病原,极易受到其他病原菌的继发感染。Bb 具有高度的传染性,传播迅速,很容易通过直接接触或者气溶胶传播,发病率高,但死亡率较低,除了非常小的或者严重混合感染的猪(Brockmeier 和 Lager,2002)。

病理变化

LESIONS

Bb 可在整个呼吸道中增殖并引起损伤,但对鼻腔和肺脏具有特殊亲嗜性,引起萎缩性鼻炎和化脓性支气管肺炎(Duncan 等,1966a,b)。肉眼上可见鼻腔损伤,鼻腔中有分泌物,中度至轻度的鼻甲骨萎缩,通常称作非进行性萎缩性鼻炎(NPAR)(图 49.1 和图 49.2)。鼻中隔扭曲,猪鼻子弯曲,单独的 Bb 感染看不到短颌现象,但是会在有产毒素巴氏杆菌混合感染时发生。泪腺发生炎症和阻塞会导致眼睛内眦周围分泌物的着色和积累,但是引起鼻炎的其他细菌存在时也会发生这种情况。大多数 Bb 引起的简单的鼻炎病例,鼻甲会慢慢再生,但是腹鼻甲的持久扭曲也常发生(Duncan 等,1966b)。由于损伤病变过程漫长,因此眼观肺脏病变由急性红逐渐发展到梅红色,界限清楚的颅腹合并区域发展到变灰变黄结实的纤维化的病变(图 49.3)。

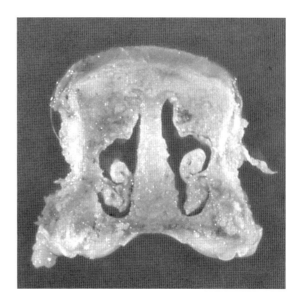

图 49.2　1 周龄猪感染支气管败血波氏杆菌 5 周龄时萎缩的鼻甲骨横断面。

图 49.1　没感染的 5 周龄猪正常鼻甲骨卷曲横断面。

鼻腔的微观病变主要以上皮变化为主,包括病理性增生、鳞状上皮化生、纤毛损失和伴随上皮细胞微脓肿的黏膜下层中性粒细胞、淋巴细胞和巨噬细胞的浸润(Duncan 等,1966b)。鼻甲的骨小梁被纤维结缔组织替换也会发生。肺的微观病变主要是肺泡腔出血、坏死和炎性细胞(大多是中性粒细胞)的聚集。小叶间和肺泡腔水肿也会发生。最终纤维化引起的肺实变被坏死区域的隔离所代替,可能需要花费几个月的时间才能完全溶

解。其他细菌或病毒的混合感染也会改变损伤病变的性质,但是化脓性的支气管肺炎也常发生。

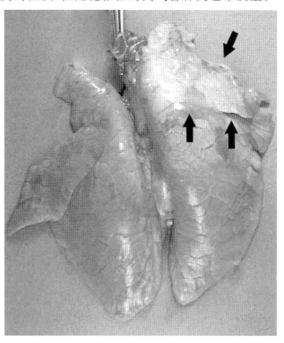

图 49.3　猪感染支气管败血波氏杆菌 4 周后肉眼损伤:右侧隔叶(箭头)纤维化。

诊断

DIAGNOSIS

除了 Bb 之外,还有很多病原体也能引起猪

的肺炎。作为主要病原菌,可以从肺炎病例中单独分离出 Bb。然而,通常的情况下,Bb 常与一种或多种其他呼吸性病原体混合感染。这种情况下,就很难确定 Bb 在疾病中的主要作用了。特别严重的肺部损伤时,往往与猪流感病毒(SIV)、猪呼吸道冠状病毒(PRCV)、败血性巴氏杆菌(*P. multocida*)、猪放线杆菌(*Actinobacillus suis*)、胸膜肺炎放线杆菌(*Actinobacillus pleuropneumoniae*)、猪肺炎支原体(*Mycoplasma hyopneumoniae*)、猪霍乱沙门氏菌(*Salmonella choleraesuis*)、猪链球菌(*S. suis*)和副猪嗜血杆菌(*H. parasuis*)感染时所引起的损伤相似。调查仔猪鼻炎的发病原因时,猪巨噬细胞病毒和多杀性巴氏杆菌的诊断是不同的。应用鼻甲骨萎缩程度的等级评分方式可对 PAR 进行评估。对猪嘴第一或第二前白齿横切面腹侧 4 个鼻甲骨萎缩程度进行打分,作为等级评分标准。

采取鼻棉签法、死后肺脏洗涤液或者活体标本培养,检测 Bb 的感染,对可疑的菌落进行分离,通过典型菌落的形成和生化试验进行鉴别。对仔猪来说,可用小棉签进行鼻腔采样,棉签应放在非营养性培养基中,如磷酸盐缓冲液(PBS),4℃中保存,24 h 内移送到诊断实验室。

虽然 Bb 在血琼脂上生长迅速,但是为了防止其他生长快速的、具有典型致病性的细菌生长,可使用选择性培养基培养。许多实验室使用改良的麦康凯琼脂加上 1% 葡萄糖和 20 μg/mL 呋喃它酮(Farrington 和 Switzer,1977)培养,但是如果 Bb 数量很少,使用蛋白胨琼脂(Smith 和 Baskerville,1979)可能更好。相比而言,从鼻棉签中分离 Bb,上面两种培养基都不如加入头孢氨苄的血琼脂(Lariviere 等,1993)。加入 20% 青霉素、10 μg/mL 两性霉素 B、10 μg/mL 链霉素、10 μg/mL 壮观霉素的血琼脂平板可用于高污染区域如鼻腔等部位的细菌分离培养(Brockmeier,1999)。正如上面所提到的,初次分离出来的细菌在随后的培养过程中也应该继续使用血液培养基,以便评估和保留原始的 Bvg 表型。尽管所使用的试剂来源广泛,但是传统的方法费时而且敏感性低。DNA 探针杂交分析可用于初次平板分离转移菌落的检测,与传统方法和生化检验相比,特异强,敏感高(Register 等,1995)。最近,最初用于检测人样品的 PCR 技术用于(Hozbor 等,1999)鉴别猪呼吸道中(Register 和 DeJong,2006)Bb 的种属特性,结果其敏感性和特异性都是 100%。

早期用于诊断 Bb 感染的血清学方法是基于一种应用试管法(Jenkins,1978)或平板法(Shashidhar 等,1983)来检测凝集抗体的试验方法。随后,出现了酶联免疫吸附试验(ELISA),该方法可检测血清中(Kono 等,1994;Venier 等,1984)或鼻分泌物(Kono 等,1994)中的抗体。由于该方法是依赖于单克隆抗体绑定技术,检测的是终点目标,比凝集反应更敏感,而且具有可重复性。血清学主要用于监测一个畜群的健康状态,通常不用于诊断。

免疫
IMMUNITY

小鼠的抗波氏杆菌保护机制研究已经完成了,对揭示感染或疫苗免疫机理提供了非常有价值的信息。研究显示,免疫球蛋白 A(IgA)对清除上呼吸道病原非常重要,而对肺中病原的清除起决定性作用的却是免疫球蛋白 G(IgG);因此,疫苗引起强烈的 IgA 反应对清除整个呼吸道中病原起决定性的作用(Kirimanjeswara 等,2003;Wolfe 等,2007)。相对疫苗诱导免疫而言,感染诱导免疫对于上呼吸道和下呼吸道都提供了显著的保护作用。虽然疫苗免疫在后来会产生效价很高的抗体,但保护作用却很弱(Gopinathan 等,2007)。同时,这些信息表明自然感染部位引起的免疫反应更有效、更活跃,因此,弱毒疫苗使用滴鼻途径免疫效果更好。

疫苗引起机体产生对抗一个 68 ku 的细菌表面蛋白——百日咳杆菌黏附素的反应,这对机体具有很好的保护作用,可减轻疾病的严重性(Kobisch 和 Novotny,1990;Li 等,1992)。疫苗虽然能诱导机体产生大量的脂多糖抗体,但提供的保护作用却很弱(Novotny 等,1985)。百日咳杆菌黏附素基因具有异质性(Register,2004),因此在选择菌株做疫苗时一定要考虑到其对抗野毒的高效性。尽管百日咳杆菌黏附素是主要的保护性抗原,但对全细胞疫苗来说,更能提供更好的保护性,这与其他的外膜蛋白共同参与反应密切相关

（Kobisch 和 Novotny，1990；Novotny 等，1985）。目前对抗 PAR 最理想的疫苗已有商业化的，具有代表性的疫苗有 Bb 疫苗和多杀性巴氏杆菌（*P. multocida*）类毒素。疫苗虽然不能提供消除性免疫，但能够显著地限制甚至消除临床性疾病。

刚出生几周内的仔猪就能感染 Bb，因此母猪接种疫苗能够有效的保护仔猪不受感染。尽管母猪接种疫苗能够减轻仔猪疾病的严重性，提高仔猪性能，但它不能清除仔猪体内的致病菌（Rising 等，2002）。另外，仔猪体内母源抗体能够干扰非肠道性疫苗免疫效果（Smith 等，1982）。来源于非免疫性母猪的仔猪在 1 周龄和 4 周龄接种疫苗，产生循环抗体，保护鼻甲骨不发生萎缩，抗体能持续保持 12 周龄以上（Farrington 和 Switzer，1979）。但是只有仔猪对疫苗的反应达到一定程度时才有保护作用，否则仔猪容易感染。

预防与控制
PREVENTION AND CONTROL

治疗多杀性巴氏杆菌（*P. multocida*）、副猪嗜血杆菌（*H. parasuis*）和猪链球菌（*S. suis*）等 Bb 相关的猪呼吸道疾病时，结果显示，所有的抗生素（Kadlec 等，2004）中，Bb 主要对金霉素、土霉素和恩诺沙星敏感。在治疗 Bb 引起的猪的呼吸道疾病时，拖拉霉素被特异性地列在应用列表中。头孢噻呋主要用于治疗猪混合性呼吸道细菌感染，但波氏杆菌属（*Bordetella*）对其具有广泛的抗性。因此，在治疗由 Bb 引起的猪混合型呼吸道感染时，不能优先选择头孢噻呋进行治疗（Kadlec 等，2004）。抗生素虽然能够减轻肺炎和减少临床症状，但不能完全清除上呼吸道中的波氏杆菌（*Bordetella*）。通常情况下，当 PAR 示病症状——萎缩性鼻炎出现时才开始治疗，而此时常常有多杀性巴氏杆菌（*P. multocida*）混合感染了。在围产期和断奶前后，可以通过饲喂或者非口服途径使用抗生素来控制萎缩性鼻炎，以便减少病原在仔猪体内存在的程度。甲氧苄氨嘧啶-磺酰胺可用于这方面的治疗，但是有些证据显示出现了细菌对抗生素的多重抗性现象（Rutter，1981）。同样，使用土霉素也减少了猪群 PAR 的发病率（de Jong 和 Oosterwoud，1977）。这种方法用于治疗成年猪严重的萎缩性鼻炎疗效不佳。

Bb 疫苗常常与多杀性巴氏杆菌（*P. multocida*）菌苗或类毒素合在一起，但也有一部分是致弱 Bb 疫苗，滴鼻效果也很好。当使用疫苗预防 PAR 时，多杀性巴氏杆菌（*P. multocida*）类毒素（PMT）是一个重要组分，具有更好的保护作用（Foged 等，1989；Hsuan 等，2009；Nielsen 等，1991；To 等，2005；Voets 等，1992）。母猪产仔之前 6 周和 2 周接种两次疫苗，能减少仔猪感染，对仔猪具有很好的保护作用（Riising 等，2002）。无论是通过抗生素治疗还是从母猪获得母源抗体，或者二者结合，对控制刚出生的仔猪前几周发生萎缩性鼻炎是非常重要的（Pejsak 等，1994）。由于母源抗体的干扰或者在疫苗产生有效反应之前仔猪感染，因此在仔猪出生后第 2 和第 4 周免疫可能出现不同的结果（Farrington 和 Switzer，1979；Smith 等，1982）。仔猪出生后几天内滴鼻弱毒疫苗，可以竞争性抑制有毒力的 Bb 在鼻腔中增殖，并诱导产生黏膜免疫。由于母源抗体的干扰或者弱毒株的本身特性，产生的结果也不是绝对的（de Jong，1987；Pejsak 等，1994）。致弱的 *bvg* 基因座突变体虽然无致病性，但在呼吸道中增殖很弱，因此不能引起强烈的免疫反应。基因缺失毒株仅见于工程化的 DNT 产品，虽然毒力大大减弱了，但是和野毒株一样，使机体对多杀性巴氏杆菌的易感性增强，因此，也适合用于研制疫苗（Brockmeier 和 Register，2007）。大多数疫苗都是用于预防萎缩性鼻炎的，但是由于 Bb 感染时易引起其他的呼吸道病原菌感染，因此，接种疫苗或者淘汰阳性猪，对维持猪群呼吸道健康具有广泛的影响。虽然疫苗能够防止猪群临床症状暴发，减少波氏杆菌的压力，但是疫苗绝不可能防止波氏杆菌（*Bordetella*）的定植。

Bb 是一种广泛性存在的病原，具有高度传染性。猪群单独感染时临床症状较温和，很少引起注意，结果导致亚临床症状，成为长期带菌猪。因此，防止 Bb 引入猪群或者彻底清除是非常困难的。在临床呼吸道病中，由于呼吸道继发其他细菌感染而导致临床症状加剧，而往往忽略了 Bb 的存在。控制和清除猪群中 PAR 的措施是改进饲养管理，如提高空气质量、改进通风设备和加强猪群流动（全进全出式的管理，每批次之间彻底的清扫和消毒），断奶前加药，后备母猪群和育肥猪接种疫苗。强化这些方法能减轻猪群中 Bb 和多杀性巴氏杆菌（*P. multocida*）的压力，结合鼻棉签检测，淘汰阳性猪，能够清除猪群中产毒素多杀性巴氏杆菌（*P. multocida*），但是能否完全清除 Bb 还不清楚。

（吴长德译，袁振校）

参考文献
REFERENCES

Backstrom LR, Brim TA, Collins MT. 1988. Can J Vet Res 52:23–29.
Beatson SH. 1972. Lancet 1:425–427.
Beier D, Gross R. 2008. Adv Exp Med Biol 631:149–160.
Bemis DA, Greisen HA, Appel MJ. 1977. J Clin Microbiol 5:471–480.
Bemis DA, Kennedy JR. 1981. J Infect Dis 144:349–357.
Berkelman RL. 2003. Clin Infect Dis 37:407–414.
Boursaux-Eude C, Guiso N. 2000. Infect Immun 68:4815–4817.
Brockmeier SL. 1999. FEMS Microbiol Lett 174:225–229.
———. 2004. Vet Microbiol 99:75–78.
Brockmeier SL, Lager KM. 2002. Vet Microbiol 89:267–275.
Brockmeier SL, Loving CL, Nicholson TL, Palmer MV. 2008. Vet Microbiol 128:36–47.
Brockmeier SL, Palmer MV, Bolin SR. 2000. Am J Vet Res 61:892–899.
Brockmeier SL, Palmer MV, Bolin SR, Rimler RB. 2001. Am J Vet Res 62:521–525.
Brockmeier SL, Register KB. 2000. Vet Microbiol 73:1–12.
———. 2007. Vet Microbiol 125:284–289.
Brockmeier SL, Register KB, Magyar T, et al. 2002. Infect Immun 70:481–490.
Buboltz AM, Nicholson TL, Karanikas AT, et al. 2009a. Infect Immun 77:3249–3257.
Buboltz AM, Nicholson TL, Parette MR, et al. 2008. J Bacteriol 190:5502–5511.
Buboltz AM, Nicholson TL, Weyrich LS, Harvill ET. 2009b. Infect Immun 77:3969–3977.
Cookson BT, Goldman WE. 1987. J Cell Biochem 11(Suppl B):124.
Cotter PA, Yuk MH, Mattoo S, et al. 1998. Infect Immun 66:5921–5929.
Cross RF. 1962. J Am Vet Med Assoc 141:1467–1468.
Cummings CA, Bootsma HJ, Relman DA, Miller JF. 2006. J Bacteriol 188:1775–1785.
Cummings CA, Brinig MM, Lepp PW, et al. 2004. J Bacteriol 186:1484–1492.
de Jong MF. 1987. Vet Q 9:123–133.
de Jong MF, Akkermans JP. 1986. Vet Q 8:204–214.
de Jong MF, Nielsen JP. 1990. Vet Rec 126:93.
de Jong MF, Oosterwoud RA. 1977. Tijdschr Diergeneeskd 102:266–273.
Diavatopoulos DA, Cummings CA, Schouls LM, et al. 2005. PLoS Pathog 1:e45.
Duncan JR, Ramsey FK, Switzer WP. 1966a. Am J Vet Res 27:467–472.
Duncan JR, Ross RF, Switzer WP, Ramsey FK. 1966b. Am J Vet Res 27:457–466.
Dunne HW, Kradel DC, Doty RB. 1961. J Am Vet Med Assoc 139:897–899.
Edwards JA, Groathouse NA, Boitano S. 2005. Infect Immun 73:3618–3626.
Farrington DO, Jorgenson RD. 1976. J Wildl Dis 12:523–525.
Farrington DO, Switzer WP. 1977. J Am Vet Med Assoc 170:34–36.
———. 1979. Am J Vet Res 40:1347–1351.
Ferry NS. 1910. Am Vet Rev 37:499–504.
———. 1912. Vet J 68:376–391.
Flak TA, Heiss LN, Engle JT, Goldman WE. 2000. Infect Immun 68:1235–1242.
Foged NT, Nielsen JP, Jorsal SE. 1989. Vet Rec 125:7–11.
Forde CB, Shi X, Li J, Roberts M. 1999. Infect Immun 67:5972–5978.
Funnell SG, Robinson A. 1993. FEMS Microbiol Lett 110:197–203.
Gerlach G, von Wintzingerode F, Middendorf B, Gross R. 2001. Microbes Infect 3:61–72.
Geuijen CA, Willems RJ, Bongaerts M, et al. 1997. Infect Immun 65:4222–4228.
Giardina PC, Foster LA, Musser JM, et al. 1995. J Bacteriol 177:6058–6063.
Giles CJ, Smith IM, Baskerville AJ, Brothwell E. 1980. Vet Rec 106:25–28.
Goodnow RA. 1980. Microbiol Rev 44:722–738.
Gopinathan L, Kirimanjeswara GS, Wolfe DN, et al. 2007. Microbes Infect 9:442–448.
Gueirard P, Guiso N. 1993. Infect Immun 61:4072–4078.
Gueirard P, Weber C, Le Coustumier A, Guiso N. 1995. J Clin Microbiol 33:2002–2006.
Hammond EE, Sosa D, Beckerman R, Aguilar RF. 2009. J Zoo Wildl Med 40:369–372.
Hannah JH, Menozzi FD, Renauld G, et al. 1994. Infect Immun 62:5010–5019.
Harris DL, Switzer WP. 1972. Am J Vet Res 33:1975–1984.
Harvill ET, Cotter PA, Yuk MH, Miller JF. 1999. Infect Immun 67:1493–1500.
Hazenbos WL, van den Berg BM, Geuijen CW, et al. 1995. J Immunol 155:3972–3978.
Heje NI, Henriksen P, Aalbaek B. 1991. Acta Vet Scand 32:205–210.
Hensel A, Ganter M, Kipper S, et al. 1994. Am J Vet Res 55:1697–1702.
Hibrand-Saint Oyant L, Bourges D, Chevaleyre C, et al. 2005. Vet Res 36:63–77.
Hijnen M, de Voer R, Mooi FR, et al. 2007. Vaccine 25:5902–5914.
Horiguchi Y, Okada T, Sugimoto N, et al. 1995. FEMS Immunol Med Microbiol 12:29–32.
Hozbor D, Fouque F, Guiso N. 1999. Res Microbiol 150:333–341.
Hsuan SL, Liao CM, Huang C, et al. 2009. Vaccine 27:2923–2929.
Irie Y, Mattoo S, Yuk MH. 2004. J Bacteriol 186:5692–5698.
Irie Y, Yuk MH. 2007. FEMS Microbiol Lett 275:191–198.
Ishibashi Y, Claus S, Relman DA. 1994. J Exp Med 180:1225–1233.
Jenkins EM. 1978. Can J Comp Med 42:286–292.
Kadlec K, Kehrenberg C, Wallmann J, Schwarz S. 2004. Antimicrob Agents Chemother 48:4903–4906.
Khattak MN, Matthews RC. 1993. Int J Syst Bacteriol 43:659–664.
Kirimanjeswara GS, Mann PB, Harvill ET. 2003. Infect Immun 71:1719–1724.
Kobisch M, Novotny P. 1990. Infect Immun 58:352–357.
Kobisch M, Pennings A. 1989. Vet Rec 124:57–61.
Kono Y, Suzuki S, Mukai T, et al. 1994. J Vet Med Sci 56:249–253.
Lacasse C, Gamble KC. 2006. J Zoo Wildl Med 37:190–192.
Lariviere S, Leblanc L, Mittal KR, Martineau GP. 1993. J Clin Microbiol 31:364–367.
Le Moine V, Vannier P, Jestin A. 1987. Prev Vet Med 4:399–408.
Lendvai N, Magyar T, Semjén G. 1992. Vet Microbiol 31:191–196.

Li J, Fairweather NF, Novotny P, et al. 1992. J Gen Microbiol 138:1697–1705.

Llombart M, Chiner E, Senent C. 2006. Arch Bronconeumol 42:255–256.

Loving CL, Brockmeier SL, Vincent AL, et al. 2010. Microb Pathog 49:237–245.

Magyar T, Chanter N, Lax AJ, et al. 1988. Vet Microbiol 18:135–146.

Magyar T, Glávits R, Pullinger GD, Lax AJ. 2000. Acta Vet Hung 48:397–406.

Magyar T, King VL, Kovács F. 2002. Vaccine 20:1797–1802.

Mattoo S, Cherry JD. 2005. Clin Microbiol Rev 18:326–382.

Mattoo S, Miller JF, Cotter PA. 2000. Infect Immun 68:2024–2033.

Menozzi FD, Mutombo R, Renauld G, et al. 1994. Infect Immun 62:769–778.

Mitscherlich E, Marth EH. 1984. In Microbial Survival in the Environment: Bacteria and Rickettsiae Important in Human and Animal Health. Berlin: Springer-Verlag, pp. 45–47.

Montaraz JA, Novotny P, Ivanyi J. 1985. Infect Immun 47: 744–751.

Musser JM, Bemis DA, Ishikawa H, Selander RK. 1987. J Bacteriol 169:2793–2803.

Musser JM, Hewlett EL, Peppler MS, Selander RK. 1986. J Bacteriol 166:230–237.

Ngom A, Boulanger D, Ndiaye T, et al. 2006. Vector Borne Zoonotic Dis 6:179–182.

Nicholson TL, Brockmeier SL, Loving CL. 2009. Infect Immun 77: 2136–2146.

Nielsen JP, Foged NT, Sorensen V, et al. 1991. Can J Vet Res 55: 128–138.

Novotny P, Kobisch M, Cownley K, et al. 1985. Infect Immun 50: 190–198.

Palzer A, Ritzmann M, Wolf G, Heinritzi K. 2008. Vet Rec 162: 267–271.

Parkhill J, Sebaihia M, Preston A, et al. 2003. Nat Genet 35: 32–40.

Pedersen KB, Barfod K. 1981. Nord Vet Med 33:513–522.

Pejsak Z, Wasińska B, Markowska-Daniel I, Hogg A. 1994. Comp Immunol Microbiol Infect Dis 17:125–132.

Phillips CE. 1943. Can J Comp Med Vet Sci 7:58–59.

Porter JF, Parton R, Wardlaw AC. 1991. Appl Environ Microbiol 57:1202–1206.

Porter JF, Wardlaw AC. 1993. FEMS Microbiol Lett 110:33–36.

Prasad SM, Yin Y, Rodzinski E, et al. 1993. Infect Immun 61:2780–2785.

Register KB. 2001. Infect Immun 69:1917–1921.

——. 2004. Vaccine 23:48–57.

Register KB, Ackermann MR, Dyer DW. 1995. J Clin Microbiol 33:2675–2678.

Register KB, Boisvert A, Ackermann MR. 1997. Int J Syst Bacteriol 47:678–683.

Register KB, DeJong KD. 2006. Vet Microbiol 117:201–210.

Relman D, Tuomanen E, Falkow S, et al. 1990. Cell 61:1375–1382.

Riising HJ, van Empel P, Witvliet M. 2002. Vet Rec 150:569–571.

Rimler RB. 1994. Vet Rec 134:191–192.

Roop RM 2nd, Veit HP, Sinsky RJ, et al. 1987. Infect Immun 55:217–222.

Ross RF, Switzer WP, Duncan JR. 1967. Can J Comp Med Vet Sci 31:53–57.

Rutter JM. 1981. Vet Rec 108:451–454.

——. 1983. Res Vet Sci 34:287–295.

Rutter JM, Taylor RJ, Crighton WG, et al. 1984. Vet Rec 115:615–619.

Shashidhar BY, Underdahl NR, Socha TE. 1983. Am J Vet Res 44:1123–1125.

Skinner JA, Reissinger A, Shen H, Yuk MH. 2004. J Immunol 173:1934–1940.

Smith IM, Baskerville AJ. 1979. Res Vet Sci 27:187–192.

Smith IM, Giles CJ, Baskerville AJ. 1982. Vet Rec 110:488–494.

Stainer DW, Scholte MJ. 1970. J Gen Microbiol 63:211–220.

Staveley CM, Register KB, Miller MA, et al. 2003. J Vet Diagn Invest 15:570–574.

Stehmann R, Rottmayer J, Zschaubitz K, Mehlhorn G. 1992. Zentralbl Veterinarmed B 39:546–552.

Straw B, Duran O. 1999. Respiratory diseases. In Current Veterinary Therapy Food Animal Practice. Philadelphia: W.B. Saunders Company, pp. 437–443.

Switzer WP. 1956. Am J Vet Res 17:478–484.

Tamion F, Girault C, Chevron V, et al. 1996. Scand J Infect Dis 28:197–198.

Thomson JR, Bell NA, Rafferty M. 2007. Pig J 60:15–25.

To H, Someno S, Nagai S. 2005. Am J Vet Res 66:113–118.

Tuomanen E. 1986. Infect Immun 54:905–908.

van der Zee A, Mooi F, Van Embden J, Musser J. 1997. J Bacteriol 179:6609–6617.

Vecht U, Arends JP, van der Molen EJ, Van Leengoed LA. 1989. Am J Vet Res 50:1037–1043.

Vecht U, Wisselink HJ, van Dijk JE, Smith HE. 1992. Infect Immun 60:550–556.

Venier L, Rothschild MF, Warner CM. 1984. Am J Vet Res 45:2634–2636.

Voets MT, Klaassen CH, Charlier P, et al. 1992. Vet Rec 130:549–553.

Vojtova J, Kamanova J, Sebo P. 2006. Curr Opin Microbiol 9:69–75.

Wolfe DN, Kirimanjeswara GS, Goebel EM, Harvill ET. 2007. Infect Immun 75:4416–4422.

Woolfrey BF, Moody JA. 1991. Clin Microbiol Rev 4:243–255.

Yokomizo Y, Shimizu T. 1979. Res Vet Sci 27:15–21.

50 短螺旋体结肠炎

Brachyspiral Colitis

David J. Hampson

短螺旋体属概述
OVERVIEW OF BRACHYSPIRA SPECIES

短螺旋体属包含 7 种正式命名的和几种非正式命名的螺旋体,其中的几个种之前被归于小蛇螺旋体属。2006 年,Stanton 对该属成员的特性做了评述。这类革兰氏阴性厌氧菌在遗传性质上不同于其他属的螺旋体,且已经适应于生活在多种鸟类和牲畜(包括猪)大肠内特定的小环境内。有 6 种短螺旋体可以在猪体内定植,其中两种主要的致病性短螺旋体是猪痢疾短螺旋体(*B. Hyodysenteiae*)——猪痢疾(SD)的病原和结肠绒毛样短螺旋体,即猪肠螺旋体病(PIS)或猪结肠螺旋体病(PCS)的病原;另外几个种中,包括建议命名的猪鸭短螺旋体(*Brachyspira suanatina*)、墨多奇短螺旋体(*Brachyspira murdochii*)的某些菌株及中间短螺旋体(*Brachyspira intermedia*)偶尔也能引起猪结肠炎;通常认为无害短螺旋体(*B. innocens*)是非致病性共生菌。图 50.1 显示的是正式命名的几种螺旋体的 16S rRNA 基因序列之间的关系。

所有短螺旋体的菌体像一条舒展的螺旋状的小而纤细的蛇(图 50.2)。定植在猪体内的短螺旋体,长 5～11 μm,宽 0.2～0.4 μm。与其他螺旋体相似,短螺旋体有两套外周质鞭毛,分别位于细胞两端;它们缠绕在菌体的周围并覆盖着一层

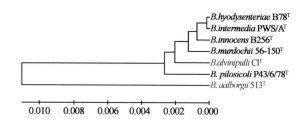

图 50.1 根据 7 种正式命名的短螺旋体模式株的 16S rRNA 基因序列绘制的进化关系图。字体加粗的是 5 种可以感染猪的短螺旋体。

外膜,两套鞭毛的游离端在细胞中点位置重叠。这些鞭毛使螺旋体具有了强劲的螺旋动力,有助于其在结肠上皮组织表面上覆盖的黏稠食糜和黏液中穿行移动。

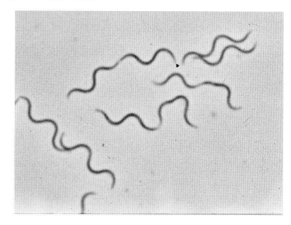

图 50.2 *B. Hyodysenteiae* 细胞的相差显微镜观察图像。

猪病学,第 10 版,由 Jeffrey J. Zimmerman, Locke A. Karriker , Alejandro Ramirez, Kent J. Schwartz, Gregory W. Stevenson 主编。

© 2012 John Wiley & Sons, Inc. 由 John Wiley & Sons, Inc. 2012 年出版。

短螺旋体的 DNA 中的 G、C 含量较低,在 24.6%～28%。不同种的短螺旋体的基因组大小在(2.5～3.2)×10⁶ 个碱基对之间,均含有超过 2 300 个蛋白编码序列。大部分短螺旋体的 16S rRNA 基因序列相似性极高,暗示其分化时间较晚。B. Hyodysenteiae WA1 株、结肠绒毛样短螺旋体 95/1000 株和墨多奇短螺旋体 56～150ᵀ 株的基因组序列已经公布(Bellgard 等,2009;Pati 等,2010;Wanchanthuek 等,2010)。B. Hyodysenteiae 含有一个前噬菌体样基因转移子(GTA),随机组装于约为 7.5 kb 的宿主 DNA 片段并将其转移给其他 B. Hyodysenteiae(Humphrey 等,1997;Matson 等,2005)。其他的短螺旋体拥有相似的 GTA 序列(Motro 等,2009;Stanton 等,2003),但尚不知晓其是否具有功能。短螺旋体自身以及种间广泛的基因重组现象也许是由 GTAs 造成的(Zuerner 等,2004)。

短螺旋体为厌氧细菌,可耐受短时间的暴露于氧气中。生长缓慢,除非使用加有适宜抗生素的选择性分离培养基进行分离和培养,否则其生长易被过度生长的其他肠道厌氧菌抑制。在 37～42℃(98.6～108°F)培养 3～5 d 后,通常会形成扁平薄雾样生长,不会形成单个菌落。在含有 5%脱纤绵羊或牛血的平板培养基上培养,在生长物周围形成 β-溶血区,B. Hyodysenteiae 和 B. suanatina 呈强溶血,而所有其他的短螺旋体均呈弱溶血(图 50.3)。

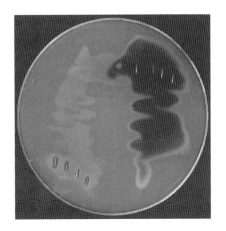

图 50.3　血琼脂平板显示 B. innocens 周围的弱 β-溶血区(左)和 B. hyodysenteriae 周围的强 β-溶血区(右)。

2006 年,Stanton 报道了 B. Hyodysenteiae 和其他的肠道螺旋菌的新陈代谢活动。重新构建的三种已测序的螺旋体的代谢途径(Bellgard 等,2009;Wanchanthuek 等,2010)表明它们之间的差别甚微。

β-溶血强度、吲哚产生能力以及用商品化的 API-ZYM 试剂盒所测定的酶图谱可用于螺旋体种的鉴别(bioMérieux,Marcy l'Etoile,France;Fellström 等,1997)。猪螺旋体的一些特性比较见表 50.1。偶尔会见到异常表型分离株在特性上表现出差异(Thomson 等,2001),所以不能完全仅按表中所列对应的特性进行菌株的鉴定。

表 50.1　通过在胰酪胨大豆血琼脂培养基上的溶血性、生化反应及糖利用以鉴别 6 种感染猪的短螺旋体

螺旋体种名	溶血性	吲哚	马尿酸盐	API～ZYMᵈ	D-核糖
猪痢疾短螺旋体	强	+ᵃ	—	1	—
中间短螺旋体	弱	+	+	1	—
无害短螺旋体	弱	—	—	2	—
墨多齐短螺旋体	弱	—	—	3	—
结肠绒毛样短螺旋体	弱	+ᵃ	+ᶜ	4	+
猪鸭短螺旋体	强	+ᵇ	—	5	—

ᵃ 已经发现了吲哚阴性 B. hyodysenteriae 菌株和吲哚阳性 B. pilosicoli 菌株。

ᵇ 弱阳性吲哚反应。

ᶜ 已经发现了马尿酸盐阴性 B. pilosicoli 菌株。

ᵈ 商品化 API-ZYM 试剂盒反应:

1,α-葡萄糖苷酶阳性,α-半乳糖苷酶阴性。

2,α-葡萄糖苷酶阳性或阴性,α-半乳糖苷酶阳性。

3,α-葡萄糖苷酶阴性,α-半乳糖苷酶阴性。

4,可变反应,包括对两种酶阳性,β-半乳糖苷酶阴性。

5,α-半乳糖苷酶阴性,β-葡萄糖苷酶阳性。

+,阳性;—,阴性。

猪痢疾短螺旋体:猪痢疾
BRACHYSPIRA HYODYSENTEIAE : SWINE DYSENTERY

背景
Relevance

人们早在 20 世纪 20 年代就发现了猪痢疾(SD),直到 20 世纪 70 年代才发现螺旋体是 SD 的病原(Glock 和 Harris,1972;Taylor 和 Alexander ,1971)。该病原最初命名为猪痢疾密螺旋体(*Treponema hyodysenteriae*) (Harris 等,1972),之后该螺旋体和 β-溶血能力较弱的无害密螺旋体(*Treponema innocens*) (Kinyon 和 Harris,1979)被转至 *Serpula* 属随后又转至 *Serpulina* 属(Stanton,1992),现与其他 5 个正式命名的螺旋体划分到短螺旋体(*Brachyspira*) (Ochiai 等,1997)。

猪感染 SD 后会因死亡、生长缓慢、饲料转化率低及治疗费用产生严重的经济损失。在无 SD 猪群中实施预防措施以及 SD 传入种猪群所导致的猪群供应和转移中断也会造成费用的增加。

病因学
Etiology

痢疾密短螺旋体是短螺菌属中一个独立的种,其菌群结构的多位点酶电泳(MLEE)分析表明该菌呈多样性,存在着有大量的遗传基因不同的菌株(Lee 等,1993a)。对 MLEE 数据的进一步分析,推测该菌是一种重组菌,但存在着一个包含广泛流行的菌株的感染性菌群(Trott 等,1997b)。最近报道的多位点序列分型(MLST) (La 等,2009b;Råsbäck 等,2007b)和多点可变数量串联重复序列分析研究(MLVA) (Hidalgo 等,2010a)证实了这种多样性;但是,根据关联值指数分析, *B. Hyodysenteiae* 似乎不是一种重组菌。脉冲场电泳(PFGE)和/或随机扩增多态 DNA 分析同样可以证实其存在多种不同的菌株(Hidalgo 等,2010b)。根据提取的细胞壁脂寡糖(LOS),可将该菌进一步分为不同的血清群和血清型。

对 *B. Hyodysenteiae* 分离株的分子水平分析显示其会在猪场出现新的变种(Atyeo 等,1999a;Hidalgo 等,2010b)。除了随机突变和重组外,GTAs 可能会通过导入其他种的短螺旋体或其他的 *B. Hyodysenteiae* 菌株的新序列而促进菌株的"微进化"。新出现的菌株的表型特征可能已发生改变,这些变化可能包括菌株的抗生素易感性、定植能力或毒力变化。已经记录到同一农场在数年内不同时间分离到的菌株,其表面 LOS 出现抗原性漂移的现象(Combs 等,1992)。

B. Hyodysenteiae,长 6~8.5 μm,宽 0.32~0.38 μm,菌体两端有 7~14 条外周质鞭毛。细胞外裹有松散的外包膜。 *B. Hyodysenteiae* WA1 株有一条约 3.0 Mbp 的环形染色体和一个约 36 kb 的环形质粒(Bellgard 等,2009)。许多 *B. Hyodysenteiae* 的转运及代谢相关蛋白与埃希氏大肠菌和梭菌属的此类蛋白的相似性大大高于其他螺旋体的相似性,表明 *B. Hyodysenteiae* 编码这类蛋白的基因是通过基因的水平转移从其他肠道菌逐渐获得的。

人们已按不同的方式描述了若干个猪痢疾短螺旋菌的外膜蛋白和脂蛋白并给出了不同的命名,然而根据其分子大小做出的描述最为恰当。例如,一个分子质量为 29.7 ku 的脂蛋白曾被命名为 BmpB 或 BlpA,而现在称为 Bhlp29.7。编码 Bhlp29.7 的基因序列是四个串联同源基因编码大小约为 30 ku 的脂蛋白基因座的一部分,另外还发现了一个由连锁基因编码、分子质量为 39 ku 的可变表面蛋白,因其基因表达的差异性可能与免疫逃逸有关(McCaman 等,2003;Witchell 等,2006)。

B. Hyodysenteiae 的外包膜含有 LOS,一种半粗糙型的脂多糖(Halter 和 Joens,1988)。WA1 菌株的质粒上携带 *rfbBADC* 基因,它编码参与鼠李糖生物合成的酶,预测其可能与 LOS 中 O-抗原的同化作用有关(Bellgard 等,2009)。 *B. Hyodysenteiae* 的 LOS 与其他革兰氏阴性菌的 LOS 具有某些相同的生物学特性,其毒性作用可破坏局部的结肠上皮细胞屏障。

B. Hyodysenteiae 含有许多与运动和趋化相关的基因(Bellgard 等,2009),且表现为黏蛋白靶向趋化性和趋黏性(Milner 和 Sellwood ,1994;Naresh 和 Hampson,2010)。这种重要的能力使得 *B. Hyodysenteiae* 能够黏附在肠道黏膜上(Kennedy 等,1988)。破坏 *B. Hyodysenteiae* 的

鞭毛基因(flaA 和 flaB),会使其运动能力和定植能力下降(Kennedy 等,1997;Rosey 等,1996)。

B. Hyodysenteiae 的 NADH 氧化酶活性可以保护其自身免受氧中毒,从而提高其在结肠黏膜的定植能力。与此一致的是,NADH 氧化酶基因(nox)失活的菌株在猪体内的定植能力和致病力均下降(Stanton 等,1999)。

溶血活性可能是 B. Hyodysenteiae 一个重要的毒力因子。编码 B. Hyodysenteiae 假定溶血素的三个基因(tlyA,tlyB 和 tlyC),最初是依据在它们大肠杆菌内诱导溶血性表型的能力而报道的(ter Huurne 等,1994)。另一个鉴定的基因编码 8.93 ku 的具有溶血活性的酰基载体蛋白(hlyA)(Hsu 等,2001)。tly 基因除编码溶血素本身外,还可能是调控元件。然而,tlyA 失活会降低 B. Hyodysenteiae 的溶血活性和毒力(Hyatt 等,1994)。已分离到了具有强溶血性的无毒力的 B. Hyodysenteiae 菌株(Lysons 等,1982;Thomson 等,2001),这些研究可能有助于确定 B. Hyodysenteiae 的其他毒力因子。

用含 5%~10%脱纤血的胰蛋白酶大豆琼脂或类似琼脂培养基,在 98.6~108°F (37~42℃)条件下厌氧培养,B. Hyodysenteiae 可生长。培养 3~5 d 后,呈扁平薄雾状生长,菌落周围形成强 β-溶血区,如果在接种过程,将琼脂切割成几个小部分,可增强溶血现象的形成(Olson,1996)。B. Hyodysenteiae 在预还原的厌氧胰酪胨大豆肉汤培养基或含有 10%(V/V)胎牛血清的脑心浸液肉汤培养基中培养 2~3 d,菌数可达 $10^8 \sim 10^9$/mL。在培养环境中加入 1%氧气可以促进其生长。

公共卫生
Public Health

B. Hyodysenteiae 不感染人类。

流行病学
Epidemiology

SD 呈全球性分布。发病率在不同的国家和地区不同并随时间变化。在欧盟、南美和东南亚的许多国家,SD 仍然是一个相对普遍且重要的地区性难题。美国在近 20 年内,由于新的高健康状况猪群在非传统养猪州的建立以及大规模、多点生产和早期断奶系统的引入,SD 发病率降低了。卡巴氧的日常给药治疗也可能抑制该病的发生,某些州停止使用卡巴氧治疗后,该病的发病率又有所升高。

B. Hyodysenteiae 自然感染猪(包括野猪),偶尔感染某些鸟类(美洲鸵鸟、鸡、鸭和鹅)。从已感染猪场捕获的小鼠、大鼠、犬和野鸟(包括海鸥)中分离到了 B. Hyodysenteiae。

在呈地方性流行的猪场中,SD 主要通过猪摄入带菌的粪便而传播。尤其在场所单一、自繁自养型猪群中,当持续转群流动且猪场生物安保较差时,这种传播更易发生。饲养人员不更换衣服和鞋靴可能会将 B. Hyodysenteiae 散播在粪便中。畜栏之间有开放通道的畜舍可能会发生畜栏之间的传播。混入污物的蓄水池会成为污染源(Glock 等,1975),因此池中的水不能重复使用。养猪场里的其他动物及野生动物会成为潜在的细菌宿主,并可能造成疾病的传播。

引入未经检疫和/或预防性治疗的无症状带菌猪群,通常会暴发新的 SD。污染的饲料或运畜车以及接触过感染猪的参观人员进入猪场也可能导致疫情暴发。1992 年 Robertson 等在调查 SD 风险因素时发现,允许参观者进入猪场和猪场存在啮齿类动物都与该病的发生有关。另外,为参观者提供靴子和防护服、设置安全围栏、使用自混饲料和从相同来源获得替换种猪都可起到保护作用。

B. Hyodysenteiae 在不同时期的粪便中都有排放。当易感猪与已被感染达 70 d 但出现临床症状的猪接触后,就会发生病原的传播(Songer 等 Harris,1978)。

B. Hyodysenteiae 在潮湿的粪便中具有一定的抵抗力。在用水稀释的粪便中,B. Hyodysenteiae 在 32~50°F (0~10℃)条件下可存活 48 d,在 77°F (25℃)条件下可存活 7 d,在 98.6°F (37℃)条件下则存活不到 24 h(Chia 和 Taylor,1978)。其他研究发现,在 50°F (10℃)的土壤中 B. Hyodysenteiae 可存活 10 d,在混有 10%猪粪的泥土中可存活 78 d,而在纯的猪粪中存活长达 112 d(Boye 等,2001)。对痢疾粪便进行干燥可迅速杀灭 B. Hyodysenteiae。酚类化合物和次氯酸钠是最有效的消毒剂。

致病机理
Pathogenesis

　　猪在摄入粪便后，B. Hyodysenteiae 能够在胃部的酸性环境中生存，并最终到达大肠内。实验条件下，给猪接种 10^5 个菌即可产生 SD（Kinyon 等，1977），尽管有时必须接种更高的剂量（如 10^{10} 个菌）。如前所述，螺旋体的增殖和在黏膜中的定植要需要特定的特性，如利用可用基质的能力，利用化学趋向梯度在黏稠的黏液中穿行、移动进入腺窝的能力以及在结肠黏膜表面逃避潜在的氧气毒性能力。当黏膜的菌数达到 $10^6/cm^2$ 时，猪开始出现临床症状和病变（Hughes 等，1977；Whipp 等，1979）。粪便中出现螺旋体后 1～4 d，猪就会发生腹泻（Kinyon 等，1977），同时结肠内的细菌由革兰氏阳性菌占优势变为以革兰氏阴性菌为主（Robinson 等，1984）。

　　B. Hyodysenteiae 菌株间的毒力差异较大，但引起该现象的机制了解甚少。螺旋体在盲肠和结肠管腔及腺窝上皮细胞内的大量附着，刺激肠道产生大量黏液（Wilcockand Olander，1979a，b）。目前尚不清楚它们黏附于腺窝上皮细胞的意义，因为将其黏附于培养的动物细胞不会对细胞造成损伤或侵害（Bowden 等，1989；Knoop 等，1979）。

　　SD 造成组织破坏的机制尚未完全阐明。溶血素和 LOS 可能通过破坏结肠局部的上皮屏障发挥作用，从而导致上皮细胞脱落。随后，继发的细菌和原生动物结肠小袋虫侵害黏膜下层形成病灶。

　　腹泻可能是由于上皮细胞从管腔向血液主动运输钠离子和氯离子的功能失调导致结肠吸收不良造成的，而不是发炎的黏膜释放的肠毒素和/或前列腺素的活性所致（Argenzio 等，1980；Argenzio，1981；Schmall 等，1983）。B. Hyodysenteiae 肉汤培养液的无菌滤液不会在猪或乳鼠的结扎的结肠袢内引起液体积聚，不也会引起 Y-1 肾上腺细胞发生变化（Whipp 等，1978）。B. Hyodysenteiae 灭活的全菌制剂和超声波裂解物也不会在结扎的结肠袢内引起病变或液体积聚。偶发的最急性死亡可能是由内毒素释放造成的。

　　饲料对 SD 发病影响较大。极易消化（Pluske 等，1996）或富含菊糖的饲料可以抑制 B. Hyodysenteiae 的定植（Hansen 等，2010；Thomsen 等，2007）。保护机制可能与由于抑制螺旋体的细菌数量增加导致结肠中的微生物菌群发生改变有关。（Klose 等，2010；Leser 等，2000；Mølbak 等，2007）。然而，作为结肠菌群组成部分的某些其他厌氧菌则会促进 B. Hyodysenteiae 的定植并加重炎症反应和病变（Joens 等，1981；Whipp 等，1979）。

临床症状
Clinical Signs

　　SD 主要发生于生长猪和育肥猪，很少见于断奶仔猪。动物通常在从保育舍移出后数周发病，这与饲料的改变和控制呼吸和肠道疾病抗生素的停用相关。由未接触过 B. Hyodysenteiae 的母猪生产的较大日龄仔猪以及新感染猪群中的仔猪偶尔会发病。

　　通常，SD 的最初表现为拉黄到灰色的稀软粪便。部分病猪出现厌食、直肠温度上升至 104～105℉（40～40.5℃）。感染后数小时到数天，粪便中出现大量黏液和血斑并常带有血块，随着腹泻的进一步发展，出现混有血液、黏液及白色的黏液纤维渗出物碎片的水样粪便，同时会阴部被污染。大部分猪在几周内康复，但生长速度下降。持续腹泻导致病猪脱水，变得虚弱消瘦。

　　SD 的潜伏期从 2 d 到 3 个月不等，自然感染通常在感染后 10～14 d 发病。该病通常是逐渐传播的，每天都会出现新的动物感染。猪群内个体以及不同猪群间的病程均有差异。有时，最急性感染的猪在几小时内死亡。

　　SD 暴发后，断奶仔猪的发病率可达 90%，如果不进行及时有效的治疗，死亡率可达 30%。试验研究发现，发病猪不进行治疗，死亡率可达 50%。慢性感染的猪群，尤其是进行治疗的猪群，临床症状不明显。

　　实验性诱发的 SD 的发生和严重程度取决于试验猪所受到应激强度、给予的感染性接种物的量、细菌培养物所处的生长期（对数生长期菌液感染性最强）、饲料、群体大小以及猪的体重（Jacobson 等，2004）。

　　在呈地方性流行的猪场，SD 的临床症状经常表现周期性,在单个猪和猪群中,以 3～4 周的间隔重复出现。当饲料和水中不再添加抗生素,可能会重新出现临床症状。转入新圈舍、与不同的动物混养、称重和改变饲料,都会使猪发生腹泻。过度拥挤或气温骤然变化等应激也会促发疾病。在常规使用抗生素药物治疗的猪场,动物如因食欲不振(如患上肺炎)等原因而不能摄入药物,动物就会对 SD 易感。

病理变化
Lesions

急性 SD 的典型病变是大肠肠壁和肠系膜充血和水肿。肠系膜淋巴结肿大,腹腔产生少量清亮的腹水。由于黏膜下单核细胞的聚集,浆膜表面出现白色稍突起的病灶。黏膜通常会出现肿胀,典型皱褶消失,并被黏液和纤维蛋白覆盖且混有血斑。结肠内容物质软或呈水样,并含有渗出物。随着病情的发展,结肠肠壁水肿逐渐减轻,而黏膜病变愈发严重,纤维蛋白渗出增多并形成厚的、带血的黏膜纤维素性假膜。由于慢性病变的形成,黏膜表面通常被薄而致密的纤维蛋白渗出物所覆盖,形似表面坏死。临床表现健康猪也会出现病变,出现不连续的黏膜变红区,但结肠内容物正常。

病变在大肠内的分布不尽相同。有时整个大肠出现病变,有时仅感染某些肠段。病程后期病变趋于更加弥散。可能出现肝瘀血、胃底充血或瘀血;但这些并不是 SD 的特异病变。

明显的显微病变仅见于盲肠、结肠和直肠内。典型的急性病变包括因血管充血和液体及白细胞渗出所造成的黏膜和黏膜下层增厚。杯状细胞增生,腺窝底部上皮细胞可能被拉长并着色加深。螺旋体可能进入腺窝的杯状细胞并可穿过上皮细胞的细胞间隙。结肠细胞的黏结作用消失,导致上皮细胞坏死和脱落。螺旋体吸附在内腔表面和被破坏的上皮细胞内。固有层内白细胞数量增加,管腔附近的毛细血管内以及其周围中性粒细胞聚积。固有层内也可能发现一些螺旋体,血管周围的固有层内尤为明显。受损上皮区域下面的小血管出血,这可能是结肠内微生物对上皮细胞的侵袭所致。

晚期变化包括纤维蛋白、黏液及细胞碎片在黏膜腺窝和大肠内腔表面的聚积。黏膜表面出现广泛性浅表性坏死,但深层溃疡不典型。整个固有层可见中性粒细胞大量增多。在疾病急性期,在肠管腔及腺窝内可见到大量的螺旋体(可见图 50.4)。慢性病变不十分特异,充血和水肿不明显。黏膜的浅表性坏常更加明显并覆盖有一层厚的纤维性假膜。

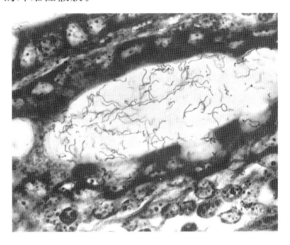

图 50.4 在 SD 感染猪的大肠腺窝和上皮细胞内的 *B. Hyodysenteiae*(Warthin-Starry;×750)。

早期的超微结构变化包括肠腔表面和腺窝内可见大量的螺旋体。相邻的上皮细胞的微绒毛结构破坏,线粒体和内质网肿胀,其他细胞器丢失和密度降低。上皮细胞、杯状细胞和固有层内也可见到 *B. Hyodysenteiae*(Glock 等,1974;Taylor 和 Blake-more,1971)。

血液学变化包括不一致的白细胞总数增多,常表现为明显的核左移。急性期蛋白增多(Jonasson 等,2006)。可能出现早期的血红细胞沉降率和纤维蛋白水平的一过性增高,血浆总蛋白量上升,血液中某些氨基酸浓度发生改变,但葡萄糖和乳酸浓度不变(Jonasson 等,2007)。血液中钠离子、氯离子和碳酸氢盐的浓度降低。可能发生显著的代谢性酸中毒和末期的高钾血症。

诊断
Diagnosis

SD 易与许多肠道性疾病相混淆,该病常与其他肠道感染同时发生(Møller 等,1998;Thomson 等,1998)。由胞内劳氏菌(第 59 章)引起的增生性肠病(PE)的临床症状与 SD 相似,但是 SD 并不感染小肠。沙门氏菌病(第 60 章)也有相似的临床症状和病变,但沙门氏菌感染会造成实质器官和淋巴结出血或坏死,并在小肠黏膜造成病变。深层溃疡性肠道病变也是沙门氏菌病的典型症状。鞭虫病(第 66 章)可以根据大肠内是否存在大量猪鞭虫与 SD 区分。胃溃疡以及其他出血性诱因会导致血便,但这往往是血液分解后造成的残迹。PIS/PCS 与温和型 SD 十分相似,因而最难以鉴别诊断。

死于 SD 的猪常表现为消瘦、脱水、被毛粗糙并伴有阴部粪便污染。最典型的症状是局限于大肠的弥散性黏膜出血性肠炎,其病变已在上文中描述。为了鉴别和定位螺旋体,核酸探针可用于固定肠组织的荧光原位杂交(FISH)(Boye 等,1998)。

微生物学检查的样本最好取自于几头急性感染的猪,因为在它们的结肠黏膜和粪便中存有大量的 B. Hyodysenteiae($10^8 \sim 10^9$/g)。无症状猪不适合采样,因为它们只是定期地排出可检测水平量的 B. Hyodysenteiae(10^3 个/mL)。药物治疗会使微生物数量降低到可检测水平之下。肠内容物是最好的样本,粪便也可以。如果疾病是温和或亚临床症状的,必须检测大量的样品以发现阳性动物。Fellström 等(2001)建议将 5 个直肠拭子样品混合后进行检测以提高检出率。

在结肠黏膜或粪便的涂片中可观察到螺旋体,但不能区分不同种的短螺旋菌体。英国使用间接荧光抗体试验检测涂片中的 B. Hyodysenteiae(Hunter 和 Saunders,1977),但会出现假阳性反应。单克隆抗体的特异性有待提高(Lee 和 Hampson,1996),用磁珠结合的单抗提取粪便中的 B. Hyodysenteiae,并不能增加检测的敏感性(Corona-Barrera 等,2004b)。

SD 的确诊是在结肠黏膜或粪便中检测到 B. Hyodysenteiae。传统做法是进行选择性厌氧培养和分离菌株的表型特征分析。最佳的培养基和培养条件如前所述,在制备选择性培养基时,琼脂中需加入 400 μg/mL 壮观霉素和 25 μg/mL 的多黏菌素和万古霉素,制成 CVS(colistin, vancomycin 和 spectinomycin)培养基(Jenkinson 和 Wingar,1981)。也可以使用更具选择性的 BJ 培养基,该培养基除含有较低浓度的上述三种抗生素外,还添加

了 25 μg/mL 的螺旋霉素和 12.5 μg/mL 的利福平(Kunkle 和 Kinyon,1988)。

在血琼脂培养基上,B. Hyodysenteiae 呈难以区分菌落的薄雾状生长,并在生长区周围形成较强的 β-溶血区。无溶血现象的平板应进一步培养,每日观察一次,观察 10 d。样品处理或储存不当如暴露于高温、干燥或者运输耽搁等均会导致培养假阴性结果。

不同种的螺旋体混合物可在同一个平板上生长。因此,在进行表性特征分析前,必须对单个分离株进行克隆纯化(表 50.1)。已报道的基于抗原的 B. Hyodysenteiae 的鉴定方法有荧光抗体试验、生长抑制试验和快速玻片凝集试验,但上述方法的大部分已被 PCR 取代。

PCR 扩增特异性序列已广泛用于 B. Hyodysenteiae 的检测和鉴定。最常见的目的片段包括 23S rRNA 的部分基因(Leser 等,1997),nox 基因(Atyeo 等,1999b)和 tlyA 基因(Fellström 等,2001)。通常用初次平板上的菌进行 PCR,3~5 d 即可获得结果,并可获得用于抗生素敏感性试验和/或菌株定型的分离物。

另一种基于 PCR 的试验方法是首先对特定基因的一部分进行扩增,用限制性内切酶对扩增产物进行酶切,然后进行凝胶电泳,获得种特异性带型(限制性片段长度多态性[RFLP]分析)。目的片段包含 16S rRNA 基因(Stanton 等,1997),23S rRNA 基因(Barcellos 等,2000)和 nox 基因(Rohde 等,2002)。遗憾的是,已发现了不能用 23S rRNA PCR 进行鉴定的 B. Hyodysenteiae 分离株(Thomson 等,2001)。

早期的 PCR 方法已经得到了扩展,比如,可以从粪便直接提取的 DNA 中鉴别 B. Hyodysenteiae 和 B. pilosicoli 的双重 PCR(La 等,2003)。最近,又报道了鉴别短螺旋体和胞内劳氏菌的多重实时 PCR(Song 和 Hampson,2009;Willems 和 Reiner,2010),该方法的另一优点是可以对临床样本中的细菌进行定量分析。

已报道,有几种血清学试验可以用于检测 SD 感染猪群(La 和 Hampson,2001 综述),但尚未制成商品化试剂盒,使用这些方法的实验室也不多。总的来讲,这些都不是基于种特异性抗原的检测方法,因此特异性和/或敏感性较差。已证实

一种以 LOS 作为包被抗原的 ELISA 方法有助于感染猪群的鉴定,但不适于单个猪的 SD 的检测(Joens 等,1982)。基于脂多糖的 ELISA 系统需要了解被检测猪群中存在的菌株的血清型,以便使用合适的 LOS 作为包被抗原。最近报道了以重组 Bhlp29.7 作为包被抗原的 ELISA(La 等,2009a),其他的重组抗原正在评价中。

免疫
Immunity

SD 感染猪的抗体水平和细胞介导反应都会发生变化,但其重要性尚不清楚。抗 B. Hyodysenteiae 血清 IgG 水平与临床症状的持续期相关,而大肠内的 IgA 水平则表明最近接触过该病原(Rees 等,1989b)。这两种抗体的水平与保护猪免发 SD 之间没有很强的相关性(Joens 等,1982;Rees 等,1989b)。

SD 康复猪可抵抗 B. Hyodysenteiae 的再次感染达 17 周(Joens 等,1979;Olson,1974),然而仍有部分动物(7%~43%)易感(Jenkins,1978;Joens 等,1979;Rees 等,1989a),仅有不到 10% 的猪能够在两次发病后获得保护力(Rees 等,1989a)。免疫力不完全是血清型特异针对 LOS 抗原的(Joens 等,1983)。

免疫血清结合的补体成分可能与结肠中 B. Hyodysenteiae 的清除有关(Joens 等,1985)。细胞介导免疫也与保护有关,在康复猪中发现了针对 B. Hyodysenteiae 抗原的外周血白细胞迁移抑制、迟缓性超敏反应和 T 细胞增殖反应现象(Jenkins 等,1982)。已发现 SD 康复猪体内有 CD8αα 细胞的增殖(Waters 等,2000a)。Jonasson 等(2004)比较了发病和未发病猪体内循环白细胞和淋巴细胞亚群水平,推断 γδT 细胞和 CD8+ T 细胞可能与感染的易感性有关,而单核细胞和 CD4+、CD8+ T 细胞可能是主要的应答细胞。已发现康复期的猪其嗜中性粒细胞数、γδT 细胞数和特异性抗体滴度均有提高(Jonasson 等,2006)。

实验性感染或者接种菌苗后,除对猪接触过的 B. Hyodysenteiae 血清型外,对其他猪短螺旋体血清型也产生一定程度的保护作用(Kennedy 等,1992;Parizek 等,1985)。尚不清楚感染一种 B. Hyodysenteiae 能否对另一种短螺旋体的感染提供保护。

哺乳期仔猪的 SD 并不常见,可能与其存在一定水平的保护性母源免疫力有关。

预防和控制
Prevention and Control

猪的治疗或控制疾病暴发的方法(Methods to Treat Pigs or Control Outbreaks)。目前仅有几种可以有效治疗 SD 的抗生素,但 B. Hyodysenteiae 对截短侧耳素这类重要药物的耐药性威胁着养猪业。这些药物应只用于在其他控制措施无效时的特异性治疗和疾病根除计划。重要的是要用琼脂或肉汤稀释法测定药物的最小抑菌浓度。

对患病严重的动物治疗需至少连续 3 d 肌内注射抗生素。大多数情况下,首选治疗方法是饮水给药 5~7 d。如果不能进行饮水给药,可采用将药物混入饲料中饲喂 7~10 d,尽管患病动物的采食量较少。应该采用自由饮水的方式进行给药治疗,可以给发病严重的猪口服葡萄糖电解质溶液。急性 SD 应在治疗之后,继续以低于治疗剂量的混饲方式给药 2~4 周,预防再次感染。

治疗 SD 的常用药物是截短侧耳素泰妙菌素、沃尼妙林、泰乐菌素和林肯霉素,其剂量水平和潜在的副作用列于表 50.2。药代动力学特性和体外敏感性数据表明,截短侧耳素可能是治疗 SD 的最好的抗生素;一些国家报道 B. Hyodysenteiae 对泰妙菌素敏感性降低了。使用泰妙菌素可筛选出对其敏感性降低的 B. Hyodysenteiae 分离株(Karlsson 等,2004),以降低截短侧耳素耐药性出现的危险。如果猪群记录或者 MIC 值表明其他药物是有效的,就应使用这些药物进行治疗。对泰乐菌素和林肯霉素耐药的短螺旋体频繁出现(Hommez 等,1998;Karlsson 等,2003)。对大环内酯类药物和林可酰胺类药物的耐药性产生,是由细菌的 23S rRNA 基因的单位点突变所致,细菌在体外 2 周即可产生对泰乐菌素的耐药性(Karlsson 等,1999)。有关 B. Hyodysenteiae 多药物抗性菌株的报道不断增加(Duinhof 等,2008)。

表 50.2　四种常用于治疗猪痢疾药物的剂量、给药期和副作用

药物	剂量和给药期	副作用
泰妙菌素	10 mg/kg 体重；肌内注射 1~3 d 8 mg/kg 体重，饮水给药 5~7 d 或：用 100 mg/kg 混饲给药 7~10 d 接着 30~40 mg/kg 混饲给药 2~4 周	红疹较少见。注射部位有局部反应。与离子载体联合使用可能出现致死性副反应。
沃尼妙林	3~4 mg/kg 体重，混饲给药 1~4 周	副反应包括昏睡，沉郁，红疹，水肿，发热，共济失调，厌食和死亡。与离子载体联合使用可能出现致死性副反应。
泰乐菌素	10 mg/kg 体重，肌内注射 3~5 d，每天两次或 5~ 10 mg/kg 体重，饮水给药 5~7 d，之后，按 100 g/t 加入饲料，混饲给药 3 周，然后再按 40 g/t 加入饲料，混饲给药	腹泻，瘙痒，红疹，直肠水肿或下垂
林肯霉素	8 mg/kg 体重，饮水给药，用药不能超过 10 d，不能用于体重超过 250 lb（115 kg）的猪 按 100 g/t 加入饲料，混饲给药 3 周直到病症消失，接着按 40 g/t 加入饲料混饲给药，不能用于体重超过 250 lb（115 kg）的猪	很少

注：该表格资料是产品标签的简略摘要。关于停药时间的信息（各国变化很大）请参阅国家法规和产品标签。

乙酰异戊酰泰乐菌素（爱乐新）是一种改良的老药，将其添加于饲料，对 SD 的预防和治疗都是有用的。其他抗生素如杆菌肽、螺旋霉素、庆大霉素、迪美唑、罗硝唑、维吉尼霉素、奥喹多司和卡巴多司等已用于 SD 的治疗和预防。遗憾的是，已有报道 Hyodysenteiae 对其中的几种药产生了耐药性。目前，国际上可供使用的药物大大减少。这些药物对 B. Hyodysenteiae 的最小抑菌浓度（MICs）通常较低，但其药代动力学特性导致了药物在胃肠道中浓度很低，因而只适用于 SD 的预防（de Graaf 等，1988）。卡巴多司和甲硝哒唑可诱导 B. Hyodysenteiae GTA 的表达，从而可能导致菌株间抗性基因的转移概率增加（Stanton 等，2008）。使用盐霉素和莫能菌素等离子载体促生长剂能防止损失的产生。然而，如果这类促生长剂与截短侧耳素或其他可能干扰肝脏代谢的药物一同使用时，会产生毒性。

批次间进行清洁和消毒的全进全出管理制度，能够降低治愈动物再感染的风险和限制感染的传播。理想情况下，当治疗结束后，应将受到影响的猪群转移至干净圈舍，以打破感染循环。仔细处理污染垫料、使用鞋刷和消毒洗脚盆、清洗和消毒感染区域使用过的设备及更换防护服，都是至关重要的预防控制措施。由于 SD 的暴发常与应急情况有关，如对猪的进行操作处理，拥挤，运输，恶劣天气条件和饲料改变，所以最大限度地减少应激因素是重要的。同时还应注意饲料性状和成分。

在猪群中，小鼠和大鼠可能是 B. Hyodysenteiae 的保菌宿主。因此，对啮齿类动物采取有效的控制是非常重要的。遗憾的是，有效预防户外养猪场所中由鸟类和其他可能的野生动物保菌宿主造成的传染性材物质的机械性传播是完全不可能的。

一些国家已有商品化的且对 SD 提供一定水平保护的菌苗（Diego 等，1955）。遗憾的是，这些菌苗大多是 LOS 血清群特异性的，因而需要使用自家苗或者多价苗。另外，螺旋体的生长需求苛刻，难以大批量生产且成本昂贵。也有报道，用 B. Hyodysenteiae 菌苗进行免疫实际上加重了痢疾病情（Olson 等，1994）。一种商业化的蛋白酶消化菌苗比常规菌苗能提供更好水平的保护（Waters 等，2000b）。

自然无毒或低毒力菌株已作为疫苗进行实验性应用（Hudson 等，1976），有时与菌苗联合使用（Lysons 等，1986）。通过对影响运动性（Rosey 等，1996）、溶血性（Hyatt 等，1994）、抗氧毒性 Stanton 等，1999）的基因诱导突变，已经获得了

修饰的活菌株。然而,这些菌株在猪体内的定植能力下降了且只产生有限的保护作用。

用一种38ku的 *B. Hyodysenteiae* 重组鞭毛蛋白免疫动物后,不能够阻止 *B. Hyodysenteiae* 在猪体内的定植(Gabe 等,1995),用具免疫原性的 *B. Hyodysenteiae* 外膜磷脂蛋白 Bhlp29.7 免疫,实验性攻毒后,可降低50%的发病率(La 等,2004)。其他重组蛋白在实验条件下也能提供相似水平的保护(Song 等,2009),证明这种方法是普遍有效的。

防止 *B. Hyodysenteiae* 引入或避免暴发的方法 (Methods to Prevent Introduction or Avoid Outbreaks of Brachyspira hyodysenteiae)。封闭猪群或封闭建筑内猪群,如果实施地理性的隔离饲养并采取预防污染措施,应能保持无 SD 发生。引入新的猪群的风险最大,所以猪群的可靠来源史是极其重要的。对购买的猪至少隔离检疫3周并进行治疗以清除 *B. Hyodysenteiae*。工作人员的鞋子、猪场器具、饲料或动物运输车等污染物也可能将传染性物质带入猪群,因此必须采取措施来避免这些情况的发生。

消除猪群中 *B. Hyodysenteiae* 的方法 (Methods to Eliminate Brachyspira hyodysenteriae from Herds)。根据猪群的结构,生产模式和经济考虑等情况,可通过几种不同方法根除 SD。根除方法可能发生变化,从对猪群进行全面的短期治疗到治疗性早期断奶和多点饲养生产体系的引进,直到采取一种循环清空和消毒每个猪群单元,将治疗过的猪转入干净消毒过的单元的不断改进的程序。疾病根除的计划、组织以及获得涉及的所有工作人员的充分理解和合作需付出极大的努力。一般来说,随着猪群规模的增大,公司运营规模的加大和更加复杂,疾病的根除就变得愈加困难。Wood 和 Lysons(1988)研究表明,对仔细选择的猪群实施根除计划,成功的概率为80%~90%。消灭 SD 的成本,在6~12个月里会随着生产的改善和用药量的减少得到弥补(Windsor 和 Simmons,1981;Wood 和 Lysons,1988)。

全群扑杀、清洁、消毒和以无 SD 猪群替换现有猪群,有时是根除猪群 *B. Hyodysenteiae* 唯一供选择的方法。然而只有在作出准确的财政测算后,才应该采取这种方法。(Wood 和 Lysons,1988)在此过程中,应仔细遵循执行下面所描述的不扑杀消除疾病的一般指导原则。经济评估表明,不进行扑杀的根除方案比扑杀/更新猪群的方案更具吸引力(Polson 等,1992),但是根除成功的可能性无疑将影响根除方案的选择。

建议通过整群扑杀的办法消灭 SD,除非能够获得有效控制该猪场 *B. Hyodysenteiae* 分离株的抗菌药物。建立一个种猪替代来源以确保无 SD 也是很重要的。替代猪群必须在进行隔离和治疗之后,才能进入养殖场。

SD 根除计划的一般指导方针如下。SD 的诊断应通过实验室检测确诊。应能获得数个分离株并测定其对使用抗生素的 MIC。应对分离株定型以确定是否存在多个血清型的菌株。在根除计划实施之前,采用连续生产体系的猪群应尝试改变为分批次的生产模式。根除计划应在温暖季节进行,因为 *B. Hyodysenteiae* 在温度较高的环境中的存活时间变短。应减少猪群的动物数量。在理想情况下,应将所有的断奶仔猪、生长期和育成期的猪移出。在计划实施过程中,应停止猪群的更新。应执行啮齿类动物和昆虫的控制计划,采取措施防止野生鸟类进入猪舍。禁止饲养的狗和猫进入饲养区。猪舍所有区域内的环境污染物和饮水饲喂设施都应在用热水进行高压冲洗和消毒后移出。冲洗消毒前应竖起地板,清空淤泥。户外生产单元棚舍在移到新的场所前,应进行清洁和消毒。焚烧旧场所遗留的有机物并进行重新耕种或空置数月。所有的母猪、小猪和公猪应该通过饮水或者混饲给药治疗至少14 d,并转移到腾空2周以上的干净消毒过的圈舍。治疗期间出生的仔猪应在场外断奶育成,并用相同的抗生素经非肠道给药方式进行治疗。母猪治疗结束后出生的仔猪可以在原场所断奶和育成。

结肠绒毛样状短螺旋体:猪肠道/结肠螺旋体病
BRACHYSPIRA PILOSICOLI:PORCINE INTESTINAL/COLONIC SPIROCHETOSIS

背景
Relevance

Taylor 等,(1980)第一个报道猪的 *B. pilosicoli* 病(PIS/PCS)。在该研究中,试验猪用弱 β-血

溶性 *B. pilosicoli* P43/6/78T 株经口服攻毒后，出现了出血性黏液性腹泻和结肠病变。该分离株现为结肠绒毛样短螺旋体(*B. pilosicoli*)的种模式株，之前文献称之为"*Anguillina coli*"(Lee 等，1993b)、"*Serpulina coli*"(Duhamel 等，1993)、Ⅳ群微溶血性 *B. pilosicoli*(Fellstrom 和 Gunnarsson，1995) 和 *Serpulina pilosicoli* (Trott 等，1996a)。

猪感染 PIS/PCS 造成的损失表现形式不仅相同，如达到上市体重的时间延长，扰乱猪群的有效生产流程(Duhamel，1998)。

病因学
Etiology

MLEE 试验证明，*B. pilosicoli* 是一个与其他螺旋体明显不同的种，菌株呈广泛的多样性，且菌株间易发生重组现象(Lee 和 Hampson，1994；Trott 等，1998)。GTAs 的活性可引起一定程度的菌株重组和基因组重排(Zuerner 等，2004)。目前，最常用的 *B. pilosicoli* 分型方法是 PFGE(Atyeo 等，1996；Fossi 等，2003)。

B. pilosicoli，长 6～10 μm，宽 0.25～0.30 μm，具有特征性的 4～7 条周质鞭附着在菌体细胞的两端，菌体末端尖细。*B. pilosicoli* 95/1 000 株有一个大小约为 2.59 Mbp 的环状染色体、GTA 基因编码和一个整合的原噬菌体，但不带有质粒(Wanchhanthuek 等，2010)。*B. pilosicoli* 外包膜含有 LOS，不同菌株的 LOS 的血清学特性不同(Lee 和 Hampson，1999)。*B. pilosicoli* 缺少在 *B. Hyodysenteiae* 质粒中发现的 *rfbBADC* 基因簇，因此推测其有着不同的 LOS 结构。已经报道了许多种 *B. pilosicoli* 外膜蛋白和磷脂蛋白(Trott 等，2001 综述)。确定这些外膜蛋白和磷脂蛋白在致病中潜在作用需做更多工作，如它们是否与吸附和/或免疫力产生有关。

推测 *B. pilosicoli* 比 *B. Hyodysenteiae* 更能耐受氧化压力。与 *B. Hyodysenteiae* 不同，*B. pilosicoli* 含有编码甘氨酸还原酶复合体的基因，使其能够利用甘氨酸，同时保护其免受氧化的压力，还含有顺乌头酸酶及与不完全三羧酸循环相关的酶的编码基因，使其能够合成谷氨酸盐并在氧化压力下循环发挥功能(Wanchanthuek 等，

2010)。实质上，*B. pilosicoli* 的受甲基化趋化性基因数量比 *B. Hyodysenteiae* 的少，因此，这两种菌可能有着不同的趋化性反应，这助于解释它们不同的宿主范围和定植位点。

B. pilosicoli 可在与培养 *B. Hyodysenteiae* 相同厌氧条件下培养。在胰蛋白胨大豆血琼脂上培养 3～5 d 后，*B. pilosicoli* 形成一个表面展开的薄雾状生长，菌落周围形成一个弱 β 血溶区。在接种前将琼脂切成块，能够提高 *B. pilosicoli* 分离率，但通常见不到溶血现象增强的区域。一旦分离成功，*B. pilosicoli* 很容易在所报道的用于培养 *B. Hyodysenteiae* 的各种厌氧液体培养基中生长。

公共卫生
Public Health

B. pilosicoli 定植于免疫低下或生活在卫生条件差、可能出现粪便污染水源的发展中地区的人群中(Margawani 等，2004)。感染可能与慢性腹泻和/或者生活条件无法改善有关。分离自人的 *B. pilosicoli* 株，给猪和鸡接种后，可使其发病(Duhamel 等，1995；Muniappa 等，1997；Trott 等，1995,1996b)。尽管健康猪 场的工人，通过与猪接触患病的危险性很小，但不可忽视 *B. pilosicoli* 从动物传给人的潜在可能性。

流行病学
Epidemiology

PIS/PCS 在大多数养猪国家已有报道。由于诊断方法的改进、抗生素促生长剂停用以及其许多国家主要肠道疾病的有效控制，对该病的了解在不断增加。

不同地区进行的调查发现，不同程度但常常是高比例地出现持续性腹泻问题的猪场存在着 *B. pilosicoli* 感染，而不发生腹泻的猪场则很少或没有 *B. pilosicoli* 感染。

感染 *B. pilosicoli* 可自然感染多种动物，所有感染的宿主动物都出现典型的临床症状和病变(Duhamel，2001 综述)。从猪、犬、鸟和人分离到的菌株具有密切的基因相关型(Lee 和 Hampson，1994；Trott 等，1998)。

该病经粪/口途径传播，带菌猪可将感染传入

幼年猪群。B. pilosicoli 可在环境中持续存活,如果猪舍不进行充分的清洁和消毒,不同批次的猪群会再次发病。野生动物和鸟类可能是传染源。在一个猪场中的鸡、流动的池塘水及池塘中野鸭中均分离到了 B. pilosicoli(Oxberry 和 Hampson,2003)。从池塘和猪体中分离到的菌株属于相同的基因型,此发现和以前观察到的结果一致。表明野生水鸟可以污染水源,是猪感染 B. pilosicoli 的潜在来源(Oxberry 等,1998)。啮齿类动物似乎不可能是重要的 B. pilosicoli 长期生物学保菌宿主。

猪场 B. pilosicoli 的流行病学情况变化很大(Oxberry 和 Hampson,2003)。有时发病率很低,大多数局限于一个年龄群,而在其他猪群中,可能广泛传播且与存在大量不同的菌株有关。在特定的农场中,多种 B. pilosicoli 菌株的存在或许可 对恢复期或抗生素治疗过的猪通常会再次发生 PIS/PCS 原因做出解释。在这些情况下,再次感染可能是由不同的菌株引起的,而这些菌株可能具有不同的抗原决定簇、抗生素菌敏感性或定植和致病能力。

在芬兰,大多数猪场的 B. pilosicoli 有其自己独特的基因型,而在其他不同的猪场很少发现与其相同基因型的 B. pilosicoli(Fossi 等,2003)。猪场内的 B. pilosicoli 基因型似乎是很稳定的。3 年后,在三个农场再次进行检测,发现依然是相同的基因型。

B. pilosicoli 可通过粪便排泄,排泄可能是间歇型的,在一些猪中可持续很多周。B. pilosicoli 在环境中具有相对较强的抵抗力,在 39°F(4℃)湖水中可存活 66 d(Oxberry 等,1998)。在 50°F(10℃)土壤中可存活 119 d,在含有 10% 猪粪的土壤和猪粪中存活可达 210 d(Boye 等,2001)。B. pilosicoli 对许多常用的消毒剂敏感,尽管其中的一些消毒剂的消毒效果会被粪便等有机物降低(Corona-Barrera 等,2004a)。

致病机理

Pathogenesis

B. pilosicoli 具有运动性,不同的菌株对黏蛋白的吸引力是不同的(Naresh 和 Hampson,2010)。螺旋体一旦侵入大肠,便可穿过覆盖在结肠黏膜上的黏液。在感染的初期,B. pilosicoli 大量地吸附于盲肠和结肠上皮细胞的胞腔表面,吸附发生于腺窝单元之间的成熟的顶端肠上皮细胞内,而不是腺窝深处的未成熟的细胞内(Trott 等,1996b)。

尽管已经对 B. pilosicoli 的基因组序列进行了测定,但是却未鉴定出任何 B. pilosicoli 可能导致疾病的特征。该领域的研究因缺乏基因操作的方法而进展缓慢。已经鉴定了 B. pilosicoli 的一些蛋白酶(Dassayake 等,2004);然而其对致病中的潜在作用还尚未不清楚。已经用肠上皮细胞系实现了 B. polisicoli 的体外细胞吸附,但是还尚未发现假定的黏附素和宿主细胞受体(Muniappa 等,1998;Naresh 等,2009)。感染的 Caco-2 单层细胞的细胞连接点为吸附的原始位点(Naresh 等,2009)。已证明,B. pilosicoli 感染的单层细胞层,出现细胞连接点肌动蛋白聚集、紧密连接完整性消失和细胞凋亡等时间依赖性变化,但引起这些变化的机制尚未确定。还证明,克隆的单层细胞感染 B. pilosicoli 后,其白细胞介素-1β(IL-1β)和 IL-8 的表达量明显增加。如果体内也释放趋化因子 IL-8,则该因子可能会引起嗜中性粒细胞趋向于感染的结肠。

像 SD 一样,B. polisicoli 的定植和/或疾病的发生受猪日粮的影响。对猪场风险因子的分析表明,使用自制混合和/或是非颗粒性食物可以降低发病率(Stege 等,2001)。在猪的日粮中,实验性地添加羧甲基纤维素可以增加肠道内容物的黏性,增强 B. polisicoli 的增殖能力(Hopwood 等,2002)。大麦和黑麦这类谷物含有高水平的可溶性非淀粉多糖(可溶性纤维素),也可增加肠内容物的黏性,从而增强 B. polisicoli 的增殖能力。与此一致的是,饲喂以煮熟的白米饭(极易消化且可溶性纤维素含量低)作为日粮主要成分的猪与饲喂常规日粮的猪相比,煮熟的白米饭降低了 B. polisicoli 的增殖(Hampson 等,2000;Lindercrona 等,2004)。饲喂颗粒饲料而非粗粉饲料会增加细菌定植的风险,但是发酵的液体饲料和乳酸不会影响细菌的定植(Lindercrona 等,2004)。

临床症状
Clinical Signs

PIS/PCS 最常发生于刚刚断奶后的仔猪或刚混合在一起且更换了一种新的日粮后不久的育肥猪,但是也会发生于育成猪,偶尔发生于怀孕母猪和新引进的种猪。PIS/PCS 会影响同一单元的猪群,也会存在于各年龄猪混养的猪群。同一个猪场中的断奶仔猪、育肥猪以及育成猪临床症状表现不同。不是所有的感染猪都会发生腹泻,但亚临床感染仍然会降低猪的生长率。

最先出现的临床症状为侧腹部塌陷、排出松软有时呈黏性的粪便。持续发病,粪便可变成湿的水泥灰浆样或粥状样,外观闪光发亮,这种情况通常仅见于育肥猪,断奶仔猪和保育猪通常会出现绿色或棕色水样至黏液样腹泻,偶尔可见浓厚的黏液残留物,有时含有血液碎片。尽管有些动物会复发腹泻,但是通常是自限性的,持续 2～14 d。

病猪生长发育不良,会阴部沾有排泄物,拱背,有时会发热,但通常会继续采食。出现拉稀粪便的猪健康状况明显下降,饲料转化率降低,且达到上市体重的时间延长(Thomson 等,1997,1998)。

猪实验性接种后,可在 2～7 d 内从粪便中排出 B. polisicoli,但潜伏期可长达 20 d。实验性感染实验中,17%～100%的猪被感染,其中 17%～67%的猪出现腹泻,8%～100%的猪出现结肠炎(Duhamel,2001)。在田间,B. polisicoli 很少引起死亡。

PIS/PCS 猪常伴有可使病情加重的其他的疾病发生,特别是像 SD、沙门氏菌病、PE 等肠道疾病或猪圆环病毒 2 型感染(PCV2)。(Duhamel 等,1995;Girard 等,1995;Moller 等,1998;Stege 等,2000;Thomson 等,1998,2001)。

病理变化
Lesions

眼观病变仅限于盲肠和结肠,特别是在疾病的早期可能很轻微。出现临床症状后即行解剖,可见盲肠和结肠松弛、充满液体,有浆膜炎性表面水肿、肠系膜和结肠淋巴结增大。肠内充满大量水样、绿色或黄色且多泡内容物。黏膜表面可能出现中度充血并伴有溃疡及坏死性病灶。疾病后期,炎症进一步发展可导致多病灶的糜烂性、溃疡性或黏膜出血性结肠炎。黏膜增厚,局部表面出现斑状或点状出血。慢性病例和损伤恢复期,出血部位被附着的小纤维蛋白、坏死物和消化物残片覆盖,看起来像一层圆锥形鳞片附着在黏膜上。

病变一般局限于黏膜及黏膜下层,但可能会蔓延至黏膜肌层。黏膜通常变厚、出现水肿、偶见充血,其特征为出现膨胀拉长的腺窝,里面充满黏液、细胞碎片以及退化的炎性细胞。B. polisicoli 在腺窝内和固有层细胞内的存在可能与嗜中性粒细胞胞外分泌(腺窝脓肿)及固有层淋巴细胞和嗜中性粒细胞混合浸润有关(图 50.5)。慢性感染过程中,固有层通常浸润着大量的单核细胞、淋巴球、浆细胞(Duhamel,2001)。腺窝细胞的有丝分裂增加,腺窝单元间的黏膜表面存在着未成熟的、方形或鳞状上皮细胞。螺旋体细胞的一端附着在结肠表面的柱状上皮细胞,形成一深色的特征性"伪刷状边缘"的螺旋体边缘(Girard 等,1995;Taylor 等,1980)(图 50.6)。这种附着物对 PIS/PCS 具有诊断意义,尽管并不是所有病例都能观察到这种附着物(Thomson 等,1997)。在结肠表面常可见到结肠小袋纤毛虫(Taylor 等,1980;Trott 等,1996b)。

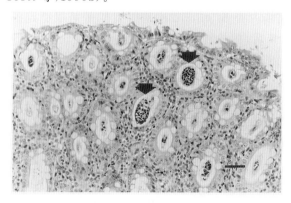

图 50.5 感染 B. pilosicoli 的猪结肠切片显微镜照片。照片显示嗜中性粒细胞胞外分泌(腺窝脓肿物质)存在于膨胀的肠道腺窝内(见箭头),炎性细胞在固有层内形成弥散性浸润。标尺=37 μm。

在膨胀的结肠腺窝内可观察到 B. pilosicoli 细胞(Trott 等,1996b),B. pilosicoli 穿过结肠上皮细胞间的紧密连接处入侵到杯状细胞(Thomson 等,1997)和固有层细胞(Duhamel,2001)。研究发现,*B. polisicoli* 入侵和在上皮细胞附着可以同时出现,也可以单独出现。已经从临床症状严重或免疫力损伤的病人的血液中分离到了 *B. polisicoli*(Trott 等,1997a)。目前,尚未有 *B. polisicoli* 在猪体内的全身传播以及螺旋体血症的记录,但是并不能排除这种情况的发生。

透射电子显微镜观察,可见螺旋体有 4～7 根周质鞭毛附着在细胞的末端并内陷到末端内质网中,影响到微绒毛,破坏微丝,但并不侵入到宿主细胞的细胞质膜(图 50.7)。扫描电子显微镜观察显示,结肠上皮细胞表面附着的螺旋体形成不规则边缘,在腺窝间的突出区域的上皮细胞间见到入侵的螺旋体(Duhamel,1998)。

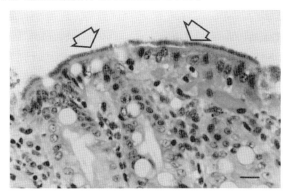

图 50.6 感染 PIS/PCS 猪的结肠上皮细胞光学显微镜照片。注意由螺旋体细胞的一端附着在肠上皮细胞形成的一条致密的"假刷状物边缘"的螺旋体边缘(见箭头)。标尺=16 *μ*m。

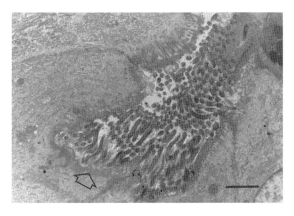

图 50.7 感染 PIS/PCS 的猪的结肠上皮细胞的透射电子显微镜照片。显示了大量螺旋体细胞一端吸附于肠上皮细胞膜的顶,造成微绒毛损伤、末端内质网微丝破坏(见箭头)。

局部入侵造成的上皮损伤以及随后出现的结肠炎共同导致盲肠和结肠内容物中水分的增加,并伴有大量黏液的产生。上皮细胞的糜烂导致其被未成熟细胞所代替,结肠表面吸收水分、电解质和挥发性脂肪酸的面积减少,由此导致饲料食物转化率降低、体重减轻(Duhamel,1998;Thomson 等,1997)。

诊断
Diagnosis

PIS/PCS 的临床症状与增生性肠炎(PE)非常相似。PIS/PCS 可与 PE(第 59 章)、沙门氏菌病(第 60 章)、断奶仔猪大肠杆菌病(53 章)、SD、耶尔森菌氏菌病(第 64 章)、PCV2 肠炎(第 26 章)、鞭虫病 s(第 66 章)和/或"非特异性结肠炎"——一种饲料敏感性结肠炎(第 15 章;Smith and Nelson,1987;Wood,1991)同时发生。在进行猪结肠炎鉴别诊断时,所有这些病均应考虑。

应对多头感染猪进行尸体剖解。每一批次的猪的体重是不均匀的。常可观察到发生温和或偶尔严重的结肠炎固定区域,并且可见如前所述的眼观和显微的病变。特异性抗体免疫组化染色或特异性寡核苷酸探针荧光原位杂交(FISH)试验(Boye 等,1998;Jensen 等,2000)可确证附着在结肠上皮细胞表面的、存在于膨胀肠道腺窝中的以及偶尔存在于固有层内的 *B. polisicoli*。

PIS/PCS 的确诊需要证明 *B. polisicoli* 的存在,但是从粪便中分离到细菌并不是总是与腹泻和上皮细胞的附着现象有关,对病原分离重要性的解释需建立在一个完整的诊断调查基础上(Thomson 等,1998)。用于分离培养和/或 PCR 粪便样品必需来自于感染猪肠道的横切面。结肠壁采集的棉拭子样本可制备成湿抹片用相差显微镜进行观察,或者将这些标本固定进行革兰氏染色。

CVS 培养基最适于 *B. polisicoli* 的分离培养,而 BJ 培养基可能抑制 *B. polisicoli* 的生长,因而不推荐使用(Duhamel 和 Joens,1994;Trott 等,1996c)。从猪体内分离的螺旋体纯培养物可以用表 50.1 列出的简单生化试验进行鉴定。一般来讲,通过 *β*-溶血强度、马尿酸盐水解、核糖代谢以及缺乏 *β*-葡萄糖苷活性能对 *B. polisicoli* 作出鉴定（Fellstrom 和 Gunnarsson，1995；Trott 等，1996c）。

针对 16S rRNA（Fellstrom 等，1997）、23S rRNA（Leser 等，1997）和 nox 基因（Atyeo 等，1999b）的特异性 PCR 通常支持该病的诊断。有时也同时检测肠道其他病原的双重或多重 PCRs 已有报道。可对螺旋体定量检测的实时定量 PCR 也已开始应用（见 SD 部分）。

同 B. Hyodysenteiae 一样，RFLP 分析也可用于鉴别 B. polisicoli 分离株。使用 B. polisicoli 特异性外膜蛋白单克隆抗体的间接荧光抗体试验可对粪便中 B. polisicoli 作出诊断（Lee 和 Hampson，1995），但与细菌培养和 PCR 相比，基于单抗的免疫磁珠分离方法并不能提高从粪便中的分离 B. polisicoli 的敏感性（Corona-Barrera 等，2004b）。

到目前为止，还没有可用于检测 B. polisicoli 种特异性血清抗体的常规商品化检测方法。

免疫
Immunity

宿主针对 B. polisicoli 的免疫机制还不清楚。早期的研究表明，在实验感染康复的猪可检测到凝集血清抗体（Taylor 等，1980）。另一研究中，实验感染的患有温和结肠炎的猪，在感染 18 d 后，其抗 B. polisicoli 全细胞的抗体水平并不明显（Hampson 等，2000）。在另一实验中，猪攻毒 2～7 周后，体内出现低水平的主要针对 B. polisicoli 全细胞提取物和细胞膜制剂的血清 IgG 抗体（Zhang 和 Duhamel，2002；Zhang 等，1999）。PIS/PCS 的免疫保护性还不清楚。B. polisicoli 在动物体内的长期定植，暗示螺旋体可能能够逃逸免疫。B. polisicoli 菌株表现出相当强的 LOS 变异能力，因此 B. polisicoli 不可能存在交叉保护（Lee 和 Hampson，1999）。尽管还没有未断奶仔猪自然感染的报道，但是对母源性免疫还不清楚。

预防和控制
Prevention and Control

猪的治疗和控制疾病暴发的方法（Methods to Treat Pigs or Control Outbreaks）。由于 PIS/ PCS 对经济的影响比较温和，虽然对治疗和控制程序做了改进，但大部分内容与应对 SD 所提出的程序相似。在改善动物福利的同时，使用抗生素进行治疗可减少 B. polisicoli 感染并维持动物的生产性能；此外，还需要预防由于 新引进幼猪群、改变饲料及其他应激造成的发病率的突然提高。感染 B. polisicoli 的猪应该以与治疗 SD 所推荐的给药水平及持续时间，采用饮水或混饲给药进行治疗。发病严重的猪必须采用注射给药的方法治疗。尽管 B. polisicoli 的体外耐药敏感性资料有限，已经证明对 B. Hyodysenteiae 治疗有效多种抗生素，如泰妙菌素、沃尼妙林、卡巴多司和二甲硝咪唑以及使用剂量更低的林肯霉素，用猪 B. polisicoli 分离株进行试验时，其最小抑菌浓度值都很低（Fossi 等，2000；Hommez 等，1998；Kinyon 等，2002；Trott 等，1996c）。研究发现，少数菌株对泰乐菌素敏感，但对包括泰妙菌素的几种抗生素具有抗药性。喹乙醇对 B. polisicoli 的最小抑菌浓度值为 <1.0 g/mL，可能是一种有效的预防药，饲喂添加 100 mg/kg 喹乙醇的饲料的猪群，分离不到螺旋体（Fellstrom 等，1996）。

限制猪进入污染环境的管理策略能够减少 PIS/PCS 的影响。采用全进全出的换群连续流程体系能降低感染的风险（Stege 等，2001）。改进饲料的成分和/或其形状，或在饲料中按 3 kg/t 的比例添加氧化锌有助于该病的预防和控制（Love，1996）。

预防 Brachyspira pilosicoli 的引入及避免其暴发的方法（Methods to Prevent Introduction or Avoid Outbreaks of Brachyspira pilosicoli）。尽管可以采用与应对 SD 相似的策略，但由于像野生鸟类这类的保菌宿主的存在，避免猪群 B. polisicoli 的传入是很困难的。遗憾的是，目前尚无有效的 B. polisicoli 疫苗。自家菌苗可以诱导机体抗体产生，但免疫猪攻毒后，B. polisicoli 仍然在猪体内定植并发生腹泻（Hampson 等，2000）。

根除猪群 B. polisicoli 的方法（Methods to Eliminate Brachyspira pilosicoli from Herds）。现有的根除 SD 的方法对 PIS/PCS 可能也是有效的，但是鉴于该病对经济效益的影响较小，通常无法保证费用如此昂贵的措施得到实施。Fossi

（2001）等报道通过移出种猪群、彻底清洁和消毒猪舍、然后将成年猪回迁至原地址，随后再用泰妙菌素进行治疗的方法，从一个 60 头的母猪群中根除了 *B. polisicoli*。这个方法很难在较大的猪群中实施，因为保菌宿主的存在使得重新引入病原的威胁持续不断。

可能会引起结肠炎的其他短螺旋体
OTHER BRACHYSPIRA SPECIES THAT MAY CAUSE COLITIS

"猪鸭短螺旋体"（*Brachyspira suanatina*）是一个建议推荐的、最近在 candinavia 鉴定的强 β-溶血性短螺旋体新种。有报道称该菌可以引起猪的结肠炎（Rasback 等，2007a）。从野鸭粪便分离到了与其类似的菌株，表明其可能来源于野鸭。目前仍不确定"*Brachyspira suanatina*"的分布以及其对猪的健康的总体意义。

其他致病性弱溶血性短螺旋体偶尔也能够引起猪的结肠炎和慢性腹泻。怀疑中间短螺旋体（*Brachyspira intermedia*）的某些菌株具有潜在致病性。因此，这群细菌所表现出的极端多样性并不令人惊奇（Phillips 等，2010）。墨多奇短螺旋体（*Brachyspira murdichii*）是与温和结肠炎病变相关性最大的细菌（Komarek 等，2009；Weissenbok 等，2005），最近的一个 *Brachyspira murdichii* 感染猪实验证明，该菌具有中等程度的致病性（Jensen 等，2010）。一个或者多个无致病性或中等致病性短螺旋体的感染或定植是很常见的。引起人们争议的是，这种现象的最重要的意义是这些螺旋体的存在可能会使 SD 和 PIS/PCS 的诊断变得更加复杂。这两种疾病都是在经济意义上具有重要影响的疾病，需要实施强有力的控制措施。

（蒋玉文译，何柳校）

参考文献
REFERENCES

Achacha M, Messier S, Mittal KR. 1996. Can J Vet Res 60:45–49.
Argenzio RA. 1981. Am J Vet Res 41:2000–2006.
Argenzio RA, Whipp SC, Glock RD. 1980. J Infect Dis 142: 676–684.
Atyeo RF, Oxberry SL, Hampson DJ. 1996. FEMS Microbiol Lett 141:77–81.
——. 1999a. Epidemiol Infect 123:133–138.
Atyeo RF, Stanton TB, Jensen NS, et al. 1999b. Vet Microbiol 67:49–62.
Barcellos DE, de Uzeda M, Ikuta N, et al. 2000. Vet Microbiol 75:189–198.
Bellgard MI, Wanchanthuek P, La T, et al. 2009. PLoS ONE 4(3): e4641.
Bowden CA, Joens LA, Kelley LM. 1989. Am J Vet Res 50: 1481–1485.
Boye M, Baloda SB, Leser TD, Moller K. 2001. Vet Microbiol 81: 33–40.
Boye M, Jensen TK, Moller K, et al. 1998. Mol Cell Probes 12: 323–330.
Chia SP, Taylor DJ. 1978. Vet Rec 103:68–70.
Combs BG, Hampson DJ, Harders SJ. 1992. Vet Microbiol 31: 273–285.
Corona-Barrera E, Smith DG, Murray B, Thomson JR. 2004a. Vet Rec 154:473–474.
Corona-Barrera E, Smith DGE, La T, et al. 2004b. J Med Microbiol 53:301–307.
Cullen PA, Coutts SA, Cordwell SJ, et al. 2003. Microbes Infect 5: 275–283.
Dassanayake RP, Caceres NE, Sarath G, Duhamel GE. 2004. J Med Microbiol 53:319–323.
de Graaf GJ, Jager LP, Baars AJ, Spierenburg TJ. 1988. Vet Q 10: 34–41.
Diego R, Lanza I, Carvajal A et al. 1995. Vaccine 13:663–667.
Duhamel GE. 1998. Large Anim Pract 19:14–22.
——. 2001. Anim Health Res Rev 2:3–17.
Duhamel GE, Joens LA. 1994. Laboratory Procedures for Diagnosis of Swine Dysentery. American Association of Veterinary Laboratory Diagnosticians, Inc., USA.
Duhamel GE, Mathiesen MR, Schafer RW et al. 1993. Description of a new species of spirochete, *Serpulina coli* sp. nov. associated with intestinal spirochetosis of swine and human beings. Conf Res Worker in Anim Dis Abstract, p. 14.
Duhamel GE, Muniappa N, Gardner I, et al. 1995. Pig J 35: 101–110.
Duinhof TF, Dierikx CM, Koene MG, et al. 2008. Tijdschr Diergeneeskd 133:604–608.
Fellström C, Gunnarsson A. 1995. Res Vet Sci 59:1–4.
Fellström C, Pettersson B, Johansson K, et al. 1996. Am J Vet Res 57:807–811.
Fellström C, Pettersson B, Thompson J, et al. 1997. J Clin Microbiol 35:462–467.
Fellström C, Zimmerman U, Aspan A, Gunnarsson A. 2001. Anim Health Res Rev 2:37–43.
Fossi M, Heinonen M, Pohjanvirta T, et al. 2001. Anim Health Res Rev 2:53–57.
Fossi M, Pohjanvirta T, Pelkonen S. 2003. Epidemiol Infect 131: 967–973.
Fossi M, Saranpaa T, Rautiainen E. 2000. Acta Vet Scand 41: 355–358.
Gabe JD, Chang R-J, Sloiany R, et al. 1995. Infect Immun 63: 142–148.
Girard C, Lemarchand T, Higgins R. 1995. Can Vet J 36: 291–294.
Glock RD, Harris DL. 1972. Vet Med Small Anim Clin 67: 65–68.
Glock RD, Harris DL, Kluge JP. 1974. Infect Immun 9:167–178.
Glock RD, Vanderloo KJ, Kinyon JM. 1975. J Am Vet Med Assoc 166:277–278.
Greer JM, Wannemuehler MJ. 1989. Microb Pathog 7:279–288.
Halter MR, Joens LA. 1988. Infect Immun 56:3152–3156.

Hampson DJ, Atyeo RF, Combs BG. 1997. Swine dysentery. In DJ Hampson, TB Stanton, eds. Intestinal Spirochaetes in Domestic Animals and Humans. Wallingford, UK: CAB International, pp. 175–209.

Hampson DJ, La T, Adler B, Trott DJ. 2006. Microbiology 152:1–2.

Hampson DJ, Robertson ID, La T, et al. 2000. Vet Microbiol 73: 75–84.

Hansen CF, Phillips ND, La T et al. 2010. J Anim Sci 88: 3327–3336.

Harris DL, Glock RD, Christensen CR, Kinyon JM. 1972. Vet Med Small Anim Clin 67:61–64.

Hidalgo Á, Carvajal A, La T et al. 2010a. J Clin Microbiol 48: 2859–2865.

Hidalgo Á, Carvajal A, Pringle M et al. 2010b. Epidemiol Infect 138:76–85.

Hommez J, Devriese LA, Castryck F, et al. 1998. Vlaams Diergen Tijdschr 67:32–35.

Hopwood DE, Pethick DW, Hampson DJ. 2002. Br J Nutr 88: 523–532.

Hsu T, Hutto DL, Minion FC, et al. 2001. Infect Immun 69: 706–711.

Hudson MJ, Alexander TJ, Lysons RJ, Prescott JF. 1976. Res Vet Sci 21:366–367.

Hughes R, Olander HJ, Kanitz DL, Qureshi S. 1977. Vet Pathol 14:490–507.

Humphrey SB, Stanton TB, Jensen NS, Zuerner RL. 1997. J Bacteriol 179:323–329.

Hunter D, Saunders CN. 1977. Vet Rec 101:303–304.

Hyatt DR, ter Huurne AAHM, Van der Zeist BAM, Joens LA. 1994. Infect Immun 62:2244–2248.

Jacobson M, Fellström C, Lindberg R, Wallgren P, Jensen-Waern M. 2004. J Clin Microbiol 53:273–280.

Jenkins EM. 1978. Vet Med Small Anim Clin 73:931–936.

Jenkins EM, Mohammad A, Klesius PH. 1982. Evaluation of cell-mediated immune response to Treponema hyodysenteriae. In 6th Proc Congr Int Pig Vet Soc, p. 41.

Jenkinson SR, Wingar CR. 1981. Vet Rec 109:384–385.

Jensen TK, Christensen AS, Boye M. 2010. Vet Pathol 47: 334–338.

Jensen TK, Møller K, Boye M, et al. 2000. Vet Pathol 37:22–32.

Joens LA, Deyoung DW, Glock RD, et al. 1985. Am J Vet Res 46:2369–2371.

Joens LA, Glock RD, Whipp SC, et al. 1981. Vet Microbiol 6: 69–77.

Joens LA, Harris DL, Baum DH. 1979. Am J Vet Res 40:1352–1354.

Joens LA, Nord NA, Kinyon JM, Egan IT. 1982. J Clin Microbiol 15:249–252.

Joens LA, Whipp SC, Glock RD, Nuessen ME. 1983. Infect Immun 39:460–462.

Jonasson R, Andersson M, Råsbäck T, et al. 2006. J Med Microbiol 55:845–855.

Jonasson R, Essén-Gustavsson B, Jensen-Waern M. 2007. Res Vet Sci 82:323–331.

Jonasson R, Johannisson A, Jacobson M, et al. 2004. J Med Microbiol 53:267–272.

Karlsson M, Aspan A, Landen A, Franklin A. 2004. J Med Microbiol 53:281–285.

Karlsson M, Fellström C, Gunnarsson A, et al. 2003. J Clin Microbiol 41:2596–2604.

Karlsson M, Fellström C, Heldtander MU, et al. 1999. FEMS Microbiol Lett 172:255–260.

Kennedy MJ, Rosey EL, Yancey RJ Jr. 1997. FEMS Microbiol Lett 153:119–128.

Kennedy MJ, Rosnick DK, Ulrich RG, Yancey RJ. 1988. J Gen Microbiol 134:1565–1567.

Kennedy MJ, Rosnick DK, Ulrich RG, Yancey RJ Jr. 1992. Identification and immunological characterisation of the major immunogenic antigens of serotypes 1 and 2 of Serpulina hyodysenteriae. In 12th Proc Congr Int Pig Vet Soc, p. 273.

Kinyon JM, Harris DL. 1979. Int J Syst Bacteriol 29:102–109.

Kinyon JM, Harris DL, Glock RD. 1977. Infect Immun 15: 638–646.

Kinyon JM, Murphy D, Stryker C, et al. 2002. Minimum inhibitory concentration for US swine isolates of Brachyspira pilosicoli to valnemulin and four other antimicrobials. In 17th Proc Congr Int Pig Vet Soc, p. 50.

Klose V, Bruckbeck R, Henikl S, et al. 2010. J Appl Microbiol 108: 1271–1280.

Knoop FC, Schrank GD, Ferraro FM. 1979. Can J Microbiol 25: 399–405.

Komarek V, Maderner A, Spergser J, Weissenböck H. 2009. Vet Microbiol 134:311–317.

Kunkle RA, Harris DL, Kinyon JM. 1986. J Clin Microbiol 24: 669–671.

Kunkle RA, Kinyon JM. 1988. J Clin Microbiol 26:2357–2360.

La T, Hampson DJ. 2001. Anim Health Res Rev 2:45–52.

La T, Phillips ND, Hampson DJ. 2003. J Clin Microbiol 41: 3372–3375.

——. 2009a. Vet Microbiol 133:98–104.

La T, Phillips ND, Harland BL, et al. 2009b. Vet Microbiol 138:330–338.

La T, Phillips ND, Reichel MP, Hampson DJ. 2004. Vet Microbiol 102:97–109.

Lee BJ, Hampson DJ. 1995. FEMS Microbiol Lett 131:179–184.

——. 1996. FEMS Microbiol Lett 136:193–197.

——. 1999. J Med Microbiol 48:411–415.

Lee JI, Hampson DJ. 1994. J Med Microbiol 40:365–371.

Lee JI, Hampson DJ, Combs BG, Lymbery AJ. 1993a. Vet Microbiol 34:35–46.

Lee JI, Hampson DJ, Lymbery AJ, Harders SJ. 1993b. Vet Microbiol 34:273–285.

Leser TD, Lindecrona RH, Jensen TK, et al. 2000. Appl Environ Microbiol 66:3290–3296.

Leser TD, Møller K, Jensen TK, Jorsal SE. 1997. Mol Cell Probes 11:363–372.

Lindecrona RH, Jensen TK, Møller K. 2004. Vet Rec 154: 264–267.

Love R. 1996. Aust Assoc Pig Vet News 20:6.

Lysons RJ, Burrows MR, Debney TG, Bew J. 1986. Vaccination against swine dysentery—An effective novel method. In 9th Proc Congr Int Pig Vet Soc, p. 180.

Lysons RJ, Lemcke RM, Bew J, et al. 1982. An avirulent strain of Treponema hyodysenteriae isolated from herds free of swine dysentery. In 7th Proc Congr Int Pig Vet Soc, p. 40.

Margawani KR, Robertson ID, Brooke JC, Hampson DJ. 2004. J Med Microbiol 53:325–332.

Matson EG, Thompson MG, Humphrey SB, et al. 2005. J Bacteriol 187:5885–5892.

McCaman MT, Auer K, Foley W, Gabe JD. 2003. Microbes Infect 5:1–6.

Milner JA, Sellwood R. 1994. Infect Immun 62:4095–4099.

Mølbak L, Thomsen LE, Jensen TK, et al. 2007. J Appl Microbiol 103:1853–1867.

Møller K, Jensen TK, Jorsal SE, et al. 1998. Vet Microbiol 62: 59–72.

Motro Y, La T, Bellgard MI, et al. 2009. Vet Microbiol 134: 340–345.

Muniappa N, Mathiesen MR, Duhamel GE. 1997. J Vet Diagn Invest 9:165–171.

Muniappa N, Ramanathan MR, Tarara MP, et al. 1998. J Spiro Tick-borne Dis 5:44–53.

Naresh R, Hampson DJ. 2010. Microbiology 156:191–197.

Naresh R, Song Y, Hampson DJ. 2009. PLoS ONE 4(12):e8352.

Nibbelink SK, Sacco RE, Wannemuehler MJ. 1997. Microb Pathog 23:181–187.

Nuessen ME, Joens LA, Glock RD. 1983. J Immunol 131: 997–999.

Ochiai S, Adachi Y, Mori K. 1997. Microbiol Immunol 41: 445–452.

Olson LD. 1974. Can J Comp Med 28:7–13.

——. 1996. J Clin Microbiol 34:2937–2941.

Olson LD, Dayalu KI, Schlink GT. 1994. Am J Vet Res 55:67–71.

Oxberry SL, Hampson DJ. 2003. Vet Microbiol 93:109–120.

Oxberry SL, Trott DJ, Hampson DJ. 1998. Epidemiol Infect 121: 219–225.

Parizek R, Stewart R, Brown K, Blevins D. 1985. Vet Med 80: 80–86.

Pati A, Sikorski J, Gronow S, et al. 2010. Stand Genomic Sci 2: 260–269.

Phillips ND, La T, Amin MA, Hampson DJ. 2010. Vet Microbiol 143:246–254.

Pluske JR, Siba PM, Pethick DW, et al. 1996. J Nutr 126: 2920–2933.

Polson DD, Marsh WE, Harris DL. 1992. Financial considerations for individual herd eradication of swine dysentery. In 12th Proc Congr Int Pig Vet Soc, p. 510.

Råsbäck T, Jansson DS, Johansson KE, Fellström C. 2007a. Environ Microbiol 9:983–991.

Råsbäck T, Johansson K-E, Jansson DS, et al. 2007b. Microbiology 153:4074–4087.

Rees AS, Lysons RJ, Stokes CR, Bourne FJ. 1989a. Res Vet Sci 47:263–269.

——. 1989b. Vet Immunol Immunopathol 47:263–269.

Robertson ID, Mhoma JRL, Hampson DJ. 1992. Aust Vet J 69: 92–93.

Robinson IM, Whipp SC, Bucklin JA, Allison MJ. 1984. Appl Environ Microbiol 48:964–969.

Rohde J, Rothkamp A, Gerlach GF. 2002. J Clin Microbiol 40: 2598–2600.

Rosey EL, Kennedy MJ, Yancey RJ. 1996. Infect Immun 64: 4154–4162.

Schmall MS, Argenzio RA, Whipp SC. 1983. Am J Vet Res 44: 1309–1316.

Smith WJ, Nelson EP. 1987. Vet Rec 121:334.

Song Y, Hampson DJ. 2009. Vet Microbiol 137:129–136.

Song Y, La T, Phillips ND, et al. 2009. Vet Microbiol 137: 111–119.

Songer JG, Harris DL. 1978. Am J Vet Res 39:913–916.

Stanton TB. 1992. Int J Syst Bacteriol 42:189–190.

——. 2006. The genus Brachyspira. In M Dworkin, S Falkow, E Rosenberg, K-H Schleifer, E Stackebrandt, eds. The Prokaryotes, Vol. 7. Berlin: Springer, pp. 330–356.

Stanton TB, Fournie-Amazouz E, Postic D, et al. 1997. Int J Syst Bacteriol 47:1007–1012.

Stanton TB, Humphrey SB, Sharma VK, Zuerner RL. 2008. Appl Environ Microbiol 74:2950–2956.

Stanton TB, Lebo DF. 1988. Vet Microbiol 18:177–190.

Stanton TB, Rosey EL, Kennedy MJ, et al. 1999. Appl Environ Microbiol 65:5028–5034.

Stanton TB, Thompson MG, Humphrey SB, Zuerner RL. 2003. FEMS Microbiol Lett 224:225–229.

Stege H, Jensen TK, Møller K, et al. 2000. Prev Vet Med 46: 279–292.

Stege H, Jensen TK, Møller K, et al. 2001. Prev Vet Med 50: 153–164.

Taylor DJ, Alexander TJL. 1971. Br Vet J 127:58–61.

Taylor DJ, Blakemore WF. 1971. Res Vet Sci 12:177–179.

Taylor DJ, Simmons JR, Laird HM. 1980. Vet Rec 106:326–332.

ter Huurne AAHM, Muir S, Van Houten M, et al. 1994. Microb Pathog 16:269–282.

Thomsen LE, Knudsen KE, Jensen TK, et al. 2007. Vet Microbiol 119:152–163.

Thomson JR, Smith WJ, Murray BP. 1998. Vet Rec 142:235–239.

Thomson JR, Smith WJ, Murray BP, McOrist S. 1997. Infect Immun 65:3693–3700.

Thomson JR, Smith WJ, Murray BP, et al. 2001. Anim Health Res Rev 2:31–36.

Trott DJ, Alt DP, Zuerner RL, et al. 2001. Anim Health Res Rev 2: 19–30.

Trott DJ, Huxtable CR, Hampson DJ. 1996b. Infect Immun 64: 4648–4654.

Trott DJ, Jensen NS, Saint Girons I, et al. 1997a. J Clin Microbiol 35:482–485.

Trott DJ, McLaren AJ, Hampson DJ. 1995. Infect Immun 63: 3705–3710.

Trott DJ, Mikosza ASJ, Combs BG, et al. 1998. Int J Syst Bacteriol 48:659–668.

Trott DJ, Oxberry SL, Hampson DJ. 1997b. Microbiology 143: 3357–3365.

Trott DJ, Stanton TB, Jensen NS, Hampson DJ. 1996c. FEMS Microbiol Lett 142:209–214.

Trott DJ, Stanton TB, Jensen NS, et al. 1996a. Int J Syst Bacteriol 46:206–215.

Wanchanthuek P, Bellgard MI, La T, et al. 2010. PLoS ONE 5(7): e11455.

Waters WR, Hontecillas R, Sacco RE, et al. 2000a. Immunology 101:333–341.

Waters WR, Pesch BA, Hontecillas R, et al. 2000b. Vaccine 18: 711–719.

Weissenböck H, Maderner A, Herzog AM, et al. 2005. Vet Microbiol 111:67–75.

Whipp SC, Harris DL, Kinyon JM, et al. 1978. Am J Vet Res 39: 1293–1296.

Whipp SC, Robinson IM, Harris DL, et al. 1979. Infect Immun 26:1042–1047.

Wilcock BD, Olander HJ. 1979a. Vet Pathol 16:450–465.

——. 1979b. Vet Pathol 16:567–573.

Willems H, Reiner G. 2010. Berl Munch Tierarztl Wochenschr 123:205–209.

Windsor EN, Simmons JR. 1981. Vet Rec 122:482–484.

Witchell TD, Coutts SA, Bulach DM, Adler B. 2006. Infect Immun 74:3271–3276.

Wood EN. 1991. Pig Vet J 27:193–197.

Wood EN, Lysons RJ. 1988. Vet Rec 121:277–279.

Zhang P, Duhamel GE. 2002. Serum antibody responses of pigs following challenge with Brachyspira pilosicoli. In 17th Proc 17th Int Pig Vet Soc, p. 188.

Zhang P, Witters NA, Duhamel GE. 1999. Adv Exp Med Biol 473:191–197.

Zuerner RL, Stanton TB, Minion FC, et al. 2004. Anaerobe 10: 229–237.

51 布鲁氏菌病

Brucellosis

Steven C. Olsen, Bruno Garin-Bastuji, Jos é M. Blasco, Ana M. Nicola, and Luis Samartino

背景

RELEVANCE

布鲁氏菌病是一种由布鲁氏菌属的细菌（*Brucella*）引起的传染性疾病,其特征是在多种哺乳动物中引起流产和不孕,是世界范围内的一种重要的人畜共患病（Cutler 等,2005）。猪布鲁氏菌病主要由猪布氏杆菌（*Brucella suis*）引起。这种病原最初由 Traum（1914）从流产的仔猪胎儿分离到,并在 1929 年被确认为一种单独的布鲁士杆菌属（*Brucella*）（Huddleston）。猪布氏杆菌可以在感染家畜中引起不孕和流产,是重要的人畜共患病原体。

自 20 世纪 20 年代以来,在美国随着医疗系统对布鲁氏菌病了解的深入,大大提高了此病的诊断率。最初由于微生物技术的局限,很多人源性猪布鲁氏杆菌（*B. suis*）被误认为是流产布鲁氏杆菌（*B. abortus*）。同样,20 世纪 60 年代由于噬菌体检测和氧化代谢试验技术的缺乏,很多猪源性生物型 3 猪布鲁氏杆菌（*B. suis*）被误诊为生物型 2 马尔他布鲁氏杆菌（*B. melitensis*）（Alton,1990）。尽管如此,在美国 1959—1974 年间猪布鲁氏杆菌（*B. suis*）仍然是从人布鲁氏菌病中最常分离到的病原菌（Frye,1983）。

1956—1960 年,美国通过对 88 000 多头畜群进行血清学检测发现畜群的布鲁氏杆菌感染率大约为 6.15%。对布鲁氏杆菌系统性的消灭工作始于 1959 年。通过数据验证发现在活的携带病原畜群中实行控制或消灭项目是减少人布鲁氏菌病的最有效和最经济的方法（Jelastopulu 等,2008;Roth 等,2003;Zinsstag 等,2007）。

病因学

ETIOLOGY

到目前为止,共发现 8 个布鲁氏菌种属[流产布鲁氏杆菌（*B. abortus*）,马耳他布鲁氏杆菌（*B. melitensis*）,猪布鲁氏杆菌（*B. suis*）,犬布鲁氏杆菌（*Brucella canis*）,羊布鲁氏杆菌（*Brucella ovis*）,沙林鼠布鲁氏杆菌（*Brucella neotomae*）,鲸种布鲁氏杆菌（*Brucella ceti*）和鳍种布鲁氏杆菌（*Brucella pinnipedialis*）]在宿主方面存在差异（表 51.1;Alton 等,1988）,另外在微生物学和特异性基因标记上也有一定差异（Alton 等,1988;OIE,2008）。最新研究发现,从野鼠（Scholz 等,2008）和隆胸手术感染的病人（Scholz 等,2010）和慢性破坏性肺炎（Tiller 等,2010）中分离到具有布鲁氏菌特征的新种属。这些新种属包括:从野鼠中分离到的田鼠型布鲁氏菌和人源性的湖浪布鲁氏菌（*Brucella inopinata*）。但是,田鼠型布鲁氏杆菌可能是猪布鲁氏杆菌生物型 5 的

猪病学,第 10 版,由 Jeffrey J. Zimmerman, Locke A. Karriker , Alejandro Ramirez, Kent J. Schwartz, Gregory W. Stevenson 主编。

分支(Audic 等,2009)。采用结合微生物学、血清学和分子学方法,已经分别将马耳他布鲁氏杆菌、流产布鲁氏杆菌和猪布鲁氏杆菌进一步区分为生物型 3,生物型 8 和生物型 5(表 51.2;Alton 等,1988)。

大部分猪布鲁氏菌病都由猪布鲁氏杆菌引起,很多年来猪布鲁氏杆菌一直被认为是高致病

性流产布鲁氏杆菌的变种(Alton,1990;Huddleston,1929)。虽然人工饲养的猪(家养猪)最初感染的是猪布鲁氏杆菌,而猪布鲁氏菌病可能是由流产布鲁氏杆菌和马耳他布鲁氏杆菌引起的,在这些地区的牛和小型反刍动物中也有布鲁氏菌病的流行。

表 51.1 布鲁氏杆菌属不同种的微生物学特性(来源:章节 2.4.3(626 页和 627 页),牛布鲁氏菌病。2008 年 OIE 陆生动物诊断方法和疫苗手册,第六版((http://web.oie.int/boutique/index.php? page = fi cprod & id_produit = 124 & lang = en;http://www.oie.int/fi leadmin/Home/eng/Health _standards/tahm/2.08.05_PORCINE_BRUC.pdf))。

种属	菌落形态[b]	血清	噬菌体裂解[a]					氧化酶	尿素酶	主要宿主
			Tb		Wb	Iz₁	R/C			
			RTD	10⁴RTD	RTD	RTD	RTD			
流产布鲁氏杆菌(B. abortus)	S	−[c]	+	+	+	+	−	+[d]	+[e]	牛和其他牛科动物
猪布鲁氏杆菌(B. suis)	S	−	−	+	+[f]	+[f]	−	+	+[g]	猪,野猪,欧洲野兔,驯鹿和野生型啮齿类动物
马尔他布鲁氏杆菌(B. melitensis)	S	−	−	−	−[h]	+	−	+	+[i]	羊和山羊
沙林鼠布鲁氏杆菌(B. neotomae)	S	−	−[i]	+	+	+	−	−	+[g]	沙漠林鼠[k]
羊布鲁氏杆菌(B. ovis)	R	+	−	−	−	−	+	+	−	公羊
犬布鲁氏杆菌(B. canis)	R	−	−	−	−	−	+	+	+[g]	犬
鲸种布鲁氏杆菌(B. ceti)	S	−	−[l]		+[m]	+[m]	−	+	+	鲸目动物
鳍种布鲁氏杆菌(B. pinnipedialis)	S	−	−[l]		+[m]	+[m]	−	+	+	鳍足动物

[a] 噬菌体:Tbilisi(Tb),Weybridge(Wb)和 Izatnagarl(Iz₁)。

[b] 通常出现的形态:S:光滑,R:粗糙。

[c] 流产布鲁氏杆菌(B. abortus)的初次分离通常需要血清。

[d] 一些非洲的生物型 3 分离株为阴性。

[e] 中间速率,除了参考株 544 和一些野生株外。

[f] 一些猪布鲁氏杆菌(B. suis)生物型 2 不能或只有部分能被 Wb 或 Iz₁ 噬菌体所裂解。

[g] 快速反应。

[h] 一些分离株可以被 WB 噬菌体所裂解。

[i] 低速率,除了一些快速的菌株外。

[j] 微小斑块。

[k] 沙漠林鼠。

[l] 一些分离株可被 Tb 所裂解。

[m] 大部分菌株可被 Wb 或和 Iz₁ 所裂解。

RTD,常规试验稀释法。

猪布鲁氏杆菌是革兰氏阴性球杆菌,长为 $0.6\sim1.5~\mu m$,宽为 $0.5\sim0.7~\mu m$。在自然界中,猪布鲁氏杆菌一直以光滑(S)的形式存在,从而无法将猪布鲁氏杆菌与其他的光滑的布鲁氏菌属区分开。在猪布鲁氏杆菌的 5 个生物型中,生物型 1,2 和 3 是引起猪布鲁氏菌病的主要生物型。生物型 4 只从驯鹿或北美洲驯鹿(驯鹿的不同种属)、驼鹿(驼鹿科驼鹿属)、美洲野牛(野牛科野牛属)、白狐(北极狐)和亚北极区的狼(犬科狼)分离到。而生物型 5 只仅仅从前苏联(USSR)的野生啮齿类动物中分离到(OIE2008)。

猪布鲁氏杆菌生物型 1,2 和 3 可以用适当的培养基分离到(见下面的"诊断"章节),可以采用特异性 A 抗血清玻片凝集法和其他细菌学方法进行鉴定(Alton 等,1988)。生物型 1 和 3 为人病原体,因此在操作和丢弃潜在感染性材料时需要谨慎。在实验室条件下,处理感染动物的组织或污染材料时必须严格遵循生物安全条例。建议在生物安全 3 级实验室操作致病性猪布鲁氏杆菌。

表 51.2 布鲁氏杆菌各种生物型的微生物学特性(来源:章节 2.4.3(626 页和 627 页),牛布鲁氏菌病。2008 年 OIE 陆生动物诊断方法和疫苗手册,第六版(http://web.oie.int/boutique/index.php? page = fi cprod & id_produit = 124 & lang = en;http://www.oie.int/fi leadmin/Home/eng/Health _standards/tahm/2.08.05_PORCINE_BRUC.pdf)

种属	生物型	主要宿主	CO$_2$	H$_2$S	染料中生长情况[a]		与特异性抗血清凝集反应		
					劳氏紫	碱性品红	A	M	R
马耳他布鲁氏杆菌	1	羊和山羊	—	—	+	+	—	+	—
(*B. melitensis*)	2		—	—	+	+	+	—	—
	3		—	—	+	+	+	+	—
流产布鲁氏杆菌	1	牛	+	+	—	+	+	—	—
(*B. abortus*)	2		+	+	—	+	+	—	—
	3		+	+	+	+	+	—	—
	4		+	+	+	+	—	+	—
	5		—	—	+	+	—	+	—
	6		—	—	+	+	+	—	—
	9		+/−	+	+	+[b]	—	+	—
猪布鲁氏杆菌(*B. suis*)	1	猪	—	—	+	—[c]	+	—	—
	2	猪,野猪,欧洲野兔	—	—	+	+	+	—	—
	3	猪	—	—	+	+	+	—	—
	4	驯鹿	—	—	+	—[d]	+	+	—
	5	野生啮齿类动物	—	—	+	+	—	+	—

[a] 在血清葡萄糖培养基中染料浓度:20 μg/mL。
[b] 大部分菌株耐碱性品红。也有分离到敏感株。
[c] 大部分菌株对碱性品红敏感。也有分离到耐受株(特别是在南非)。
[d] 大部分菌株为阴性。

对种属和生物型的进一步鉴定需要在专门的布鲁氏菌病实验室进行。精确的分型有赖于噬菌体测试,产 H$_2$S 能力(只有生物型 1 产 H$_2$S)和在染料中的生长情况(表 51.2)。部分猪布鲁氏杆菌(*B. suis*)生物型 1 可以非典型性地在含 20 μg/mL 品红的培养基中生长(Lucero 等,2008)。大部分猪布鲁氏杆菌(*B. suis*)在 1/10 000 的 O 盐基性红色染料中生长受抑制,并且猪布鲁氏杆菌(*B. suis*)对尿素酶的反应比流产布鲁氏杆菌(*B.*

abortus)和马耳他布鲁氏杆菌(*B. melitensis*)快。对于生物型 1,2,3 的区分没有直接的方法,除了上述方法外可能需要进一步的其他测试方法。

对于布鲁氏菌的 5 个种属的 8 个菌株进行了全基因组测序,证实它们之间存在高度同源性。测序结果表明,全基因组为 3.3 Mb 的猪布鲁氏杆菌(*B. suis*)(菌株号为 1330)与流产布鲁氏杆菌(*B. abortus*)和马尔他布鲁氏杆菌(*B. melitensis*)在基因组结构、组成和基因构成方面都非常相似(Chain 等,2005)。基于聚合酶链反应(PCR)的一步式分子生物学技术可以将猪布鲁氏杆菌(*B.suis*)与其他布鲁氏杆菌区分开(Garin-Bastuji,2008;López-Goñi 等,2008;Mayer-Scholl 等,2010)。但是,单凭 PCR 技术很难将猪布鲁氏杆菌(*B.suis*)的 5 个生物型区分开(Ferrao-Beck 等,2006)。

目前也采用了其他基于 PCR 的方法来区分猪布鲁氏杆菌(*B.suis*)的生物型。最广泛应用的是聚合酶链反应-限制性片段长度多态性(PCR-RFLP),分析 *omp2a* 和 *omp2b* 基因可以将生物型 1,2 和 3 区分开(Cloeckaert 等,1995),分析 *omp31* 基因可以将生物型 1 和 3 与生物型 2 区分开(Vizcaíno 等,1997)。最新的基于 PCR 技术的分型方法-多位点可变数目串联重复分析(ML-VA)也被应用于对猪布鲁氏杆菌(*B.suis*)的分子分型(García-Yoldi 等,2007)。这项技术在分析比较不同生物型或同一生物型菌株方面和流行病学调查方面都很有用(García-Yoldi 等,2007)。期望在这些方法的基础上,可以发展出新的多重 PCR 方法来快速区分猪布鲁氏杆菌(*B.suis*)的生物型。

公共卫生
PUBLIC HEALTH

马耳他布鲁氏杆菌(*B.melitensis*)是仅次于流产布鲁氏杆菌(*B.abortus*)和猪布鲁氏杆菌(*B.suis*)的感染人类的主要种属,因此也是消灭活动的主要目标。人布鲁氏菌病是世界范围内的主要人畜共患病,大部分病例是由污染的未经高温消毒的牛奶以及牛奶制品所引起(Pappas 等,2006)。猪布鲁氏杆菌(*B.suis*)生物型 1,3 和 4 主要对人致病,目前的数据表明很少有生物型 2 对人致病的报道,只有在与感染野生动物有过接触史的免疫缺陷病人身上致病(Garin-Bastuji 等,2006;Lagier 等,2005;Paton 等,2001)。在布鲁氏菌种属中,只有猪布鲁氏杆菌(*B.suis*)生物型 1 和 3 以及马耳他布鲁氏杆菌(*B.melitensis*)对人致病(Corbel,2006)。

世界上猪布鲁氏杆菌(*B.suis*)在人身上发生感染只限于在家养或野生猪中存在生物型 1 和 3 地方性流行的地区。比如,在一些拉丁美洲国家猪布鲁氏杆菌(*B.suis*)是猪和人布鲁氏菌病的重要病原体(Alton,1990;Boletín Epidemiológico Periódico,2004;Lucero 等,2008)。在这些国家,人源性菌株大部分为生物型 1,非典型的分离株不仅可以在硫堇上生长,还可以在品红,O 盐基性红色染料,硫堇蓝,红雀绿和青霉素(Corbel 等,1984)中生长(García-Carrillo,1990)。目前有一半的人源性分离株都来自于拉丁国家。

由于猪布鲁氏杆菌(*B.suis*)在很多组织中都存在菌血症,并在猪的排泄物中持续存在,而在人中的感染剂量又相对较低,导致从猪传播到人的概率很高。某些容易接触感染猪的职业比如屠宰场工人(Hendricks 等,1962;Trout 等,1995)和牧场工人(Alton,1990)感染猪布鲁氏杆菌病的风险更高。有报道证实在捕猎野猪的过程中可以直接传播猪布鲁氏杆菌病(Garin-Bastuji 等,2006;Irwin 等,2009;Lagier 等,2005;MMWR,2009;Robson 等,1993)。

虽然在流产布鲁氏杆菌(*B.abortus*)和马耳他布鲁氏杆菌(*B.melitensis*)中通过污染的牛奶制品的间接方式是感染的普遍途径,但在猪布鲁氏杆菌(*B.suis*)中并不普遍。与流产布鲁氏杆菌(*B.abortus*)一样,当牛感染猪布鲁氏杆菌(*B.suis*)后细菌主要分布于乳腺,并随牛奶排出(Ewalt 等,1997)。也有几例关于通过未高温消毒的牛奶传播猪布鲁氏杆菌(*B.suis*)的报道(Beattie 和 Rice,1934;Borts 等,1943)。

在人类临床上,布鲁氏菌病通常是一种慢性消耗性发热疾病,由各种器官的肉芽肿炎症引起。大约一半的病人潜伏 2～3 周后暴发,也可在接触后的数周到数月后出现症状(Corbel,2006)。症状包括发热和非特异性类似流感症状如头疼,身体不适,背疼,肌肉疼痛和全身疼痛。特别是在晚上会出现汗淋漓。如果没有特殊治疗(Ariza 等,2007),症状会持续数周到数月。在痊愈后 6 个月经常出现复发(Wallach,1998),但通常与耐药性菌株的出现无关(Corbel,2006)。病程的持续性和较长的恢复期意味着布鲁氏菌病不仅是个医学问题,同时也由于对正常生产的影响造成重大的经济损失(Corbel,2006)。

流行病学
EPIDEMIOLOGY

猪布鲁氏杆菌(B. suis)在全世界都有分布。在美国,在人工饲养的猪中有关于生物型 1 和 3 的报道,但已被根除。在美洲中部和南部,数据显示在人工饲养的猪中分离到的猪布鲁氏杆菌(B. suis)主要为生物型 1 (Luna-Martínez 和 Mejía-Terán,2002;Poester 等,2002;Samartino,2002)。在中国,饲养猪的数量很多,猪布鲁氏杆菌(B. suis)具有重要的经济学意义,对于生物型 1 和 3 都有报道。虽然目前的数据有限,但在部分东南亚地区也有猪布鲁氏菌病的流行,包括印度尼西亚、菲律宾、中国台湾和其他太平洋岛屿(Alton,1990)。在撒哈拉以南的非洲地区猪布鲁氏菌病被认为是广泛存在的,虽然目前的数据较少,猪的数量也相对较少(McDermott 和 Arimi,2002)。

归功于对猪产品的监管,限制以及其他管理措施的改变,在很多国家和地区(澳大利亚、美国、西欧和中欧以及其他地区)野猪已经成为猪布鲁氏杆菌(B. suis)的主要宿主。现有证据表明在整个欧洲大陆猪布鲁氏杆菌(B. suis)生物型 3 是野猪(野猪,Sus scrofa scrofa)感染的主要生物型,感染率为 8% ～ 32% (Al Dahouk 等,2005;Cvetnić 等,2003;Garin-Bastuji 和 Delcueillerie,2001;Hubálek 等,2002;Koppel 等,2007;Muñoz 等,2010)。如果家养猪与野猪接触可能会存在感染风险。在欧洲大陆,除了芬兰、挪威和瑞典外,都存在围栏外家养猪感染来源于野猪(野猪,Sus scrofa scrofa)或野兔(欧洲野兔,Lepus europaeus)猪布鲁氏菌(B. suis)生物型 2 的风险(Cvetnić 等, 2009;EFSA, 2009;Godfroid 等,2005;Godfroid 和 Käsbohrer,2002)。由于有交叉仔猪(斑纹)的报道,所以认为从野猪到家养猪的传播方式可能是性传播,当然可能存在其他传播方式。因为猪布鲁氏杆菌(B. suis)生物型 2 在人布鲁氏菌病中并不是非常重要的病原,因此在这些国家大多还没有出现特别的控制措施。法国是个特例,有用来区隔兔子、野猪与家养猪的围栏,因此家养猪的感染率也大大下降。猪布鲁氏杆菌(B. suis)生物型 2 在世界上其他国家还没有报道。

通过进食被捕感染野兔的下脚料或者自然摄取牧场中的死亡野兔,猪布鲁氏杆菌(B. suis)生物型 2 可以从欧洲野兔(欧洲野兔,L. europaeus)传播给人工饲养猪。有意思的是,唯一从西班牙北部欧洲野兔中分离到的猪布鲁氏杆菌(B. suis)生物型 2(Lavín 等,2006)与野猪中分离到的单体基因型存在基因组上的差异(Muñoz 等,2010)。这株特异性的野兔菌株在分子图谱上与 Thomsen 生物型 2 参考菌株和从北欧国家野兔中分离到的猪布鲁氏杆菌(B. suis)生物型 2 分离株均不同(B. Garin-Bastuji 和 J. M, Blasco,数据未发表)。这说明至少在有些地区猪布鲁氏杆菌(B. suis)生物型 2 在欧洲棕兔和野猪中的感染情况不同。然而,这个发现还需要更多的动物来进一步证实。

猪也可能感染布鲁氏菌的其他种属。在南卡罗莱纳州的野猪中,感染了猪布鲁氏杆菌(B. suis)痊愈后,分离到了流产布鲁氏杆菌(B. abortus)生物型 1 野生菌株和疫苗株 19(Stoffregen 等,2007)。由于在同一地区大概 40 年内持续的从家养动物中分离到这种野猪源性菌株,因此认为流产布鲁氏杆菌(B. abortus)在猪群中可以持续长期存在和传播。也有关于马尔他布鲁氏杆菌(B. melitensis)引起家养猪布鲁氏菌病的报道(B. Garin-Bastuji,个人结果;Lucero 等,2008)。

另外值得注意的是,在有管理措施的猪场内也会有严重的猪布鲁氏杆菌(B. suis)感染,而在单个牧场内的传播相当迅速。同样地,在一些有牲畜流动的垂直一体化的系统比如从一些核心种畜农场到大量的繁殖和商业农场,布鲁氏菌会在地理面积较大的农场之间特别是种畜农场或野猪配种的农场之间迅速传播,因为细菌会随着感染的精子传播。

在猪群中只有不断和疑似宿主直接或近距离接触才可能造成长期的猪布鲁氏杆菌(B. suis)的感染(Olsen 等,2010)。猪布鲁氏杆菌(B. suis)在环境中不能自由生存并且不能作为共生菌而存在。但是,在低温和潮湿的环境中布鲁氏菌可以生存数月(Walker,1999)。布鲁氏菌可以耐受干燥和低温,并且在低温天气下的流产胎儿、粪便、干草、灰尘、设备和衣物中可以长期存活(CFSPH-ISU,2007)。阳光直射可以减少它的生存时间,巴斯德消毒法或蒸煮处理和大部分消毒剂可以杀灭布鲁氏菌。有数据表明,猪布鲁氏杆菌(B. suis)生物型2和其他的布鲁氏菌一样都不能在宿主以外的环境中存活(B. Garin-Bastuji,未发表)。

人工饲养猪群感染布鲁氏菌病的主要来源是引入新的感染动物,与野生动物宿主接触和通过人工授精的方式引入带病野猪的精子。间接传播方式可能是通过机械性媒介比如犬、猫、野生食肉动物和迁徙鸟类,但其具体机制还不清楚(EFSA,2009)。有报道称猪布鲁氏杆菌(B. suis)存在于一些节肢动物比如壁虱中,但应该不是常见的传播方式(Alton,1990)。

在畜群首次感染猪布鲁氏杆菌(B. suis)时,流产会导致细菌对食物,水和环境的广泛污染。猪布鲁氏杆菌(B. suis)可以在几个月之内从一个动物传播到畜群中50%的动物。在早期的暴发中70%~80%的感染率也是常见的(Bathke,1980;B. Garin-Bastuji 和 J. M. Blasco,未发表;Szulowski,1999)。当感染成为地区性的流行时,感染率可能会下降。

与其他布鲁氏菌一样,猪布鲁氏杆菌(B. suis)也可以通过直接接触,气溶胶或摄入感染食物如流产胎儿或胎盘进入黏膜以水平传播的方式进行传播(Alton,1990)。口腔传播是主要方式,但也存在通过结膜感染或通过破损的皮肤感染。在畜群内的传播最初是由摄入流产胎儿,污染的食物和子宫分泌物引起(Alton,1990)。当发生流产时,大量的猪布鲁氏杆菌(B. suis)会随着胎儿、胎盘和子宫分泌物排出。子宫和阴道分泌物通常在流产后 40 d 停止细菌的排出,但少数母猪可以持续 30~36 个月(Manthei,1974;Manthei 和 Deyoe,1970)。

猪布鲁氏杆菌(B. suis)与其他布鲁氏杆菌不同之处在于它可以通过性传播的方式在畜群内或畜群间传播(Alton,1990)。在野公猪的生殖器官内猪布鲁氏杆菌(B. suis)可以形成肉芽肿而造成散发并持续很长时间。在一个研究中有报道称在公猪生殖器官中感染可以持续 3~4 年(Manthei,1964)。

猪布鲁氏杆菌(B. suis)也可以垂直传播。仔猪可以在子宫内感染,造成生产仔猪带毒但没有

临床症状,或是虚弱而造成断奶前死亡率升高。大部分先天感染仔猪在 6 个月后可以清除细菌,但也有研究报道 230 头中占 8% 的仔猪在 3 个月后仍有菌血症,2.5% 的仔猪在两年后呈组织检测阳性(Manthei 等,1952)。先天性感染仔猪可以在没有临床和免疫反应症状的情况下作为隐性携带者而传播疾病(Acha 和 Szyfres,2003;J. M. Blasco,未发表)。在仔猪哺乳期也可以通过污染的母奶垂直传播。与野猪排出的精子相似,猪布鲁氏杆菌(B. suis)也可以通过乳腺组织内形成的肉芽肿造成分泌的母乳散发性的长期带毒。

致病机理
PATHOGENESIS

猪布鲁氏杆菌(B. suis)可以在不同器官中以肉芽肿炎症的形成造成长期的非致死性感染。在公猪和母猪的生殖系统内感染是造成临床上流产、不育和排泄的主要原因。布鲁氏杆菌的各个菌属均可以入侵到巨噬细胞和胚胎层细胞等细胞内,并在细胞内存活和繁殖,这是其致病的基础。

猪布鲁氏杆菌(B. suis)的最小感染剂量还不明确,但 $10^{5\sim6}$ 可以感染大部分实验猪(Alton,1990)。猪布鲁氏杆菌(B. suis)通常通过黏膜感染,有时上皮层的破损也可造成感染。在器官内的分布主要取决于感染途径,通常口腔传播方式是在口咽或者肠黏膜,而性传播的方式是在阴道和子宫。关于流产布鲁氏杆菌(B. abortus)的研究证明通过黏膜传播时主要是通过卵泡相关上皮细胞如 M 细胞或者是被上皮内吞噬细胞所吞入从而传递给黏膜下淋巴小结或邻近的淋巴结(Ackermann 等,1988)。感染后最初的分布和繁殖是在邻近感染部位的淋巴网状组织。

之后细菌会通过游离的方式或者通过猪布鲁氏杆菌(B. suis)负载的血源性吞噬细胞快速流动。菌血症平均可以持续 5 周,但在母猪中可以存在最多至 34 个月(Deyoe,1967,1972a,b)。菌血症可以引起全身性的淋巴器官和组织的二次感染。引起感染的淋巴组织存在于包括下腭、胃与肝、髂内、上咽骨和乳腺中(Deyoe 和 Manthei,1967)。最易引起感染的部位包括乳腺、胎盘和滑膜组织。但以下部位同样可以被感染,包括精囊、前列腺、附睾、睾丸、子宫、输卵管、肝、脾、骨骼、

筋腱、滑囊和大脑（Alton，1990；Rosenbusch，1951）。与性成熟母猪相比，未成年母猪的生殖系统更不易于感染猪布鲁氏杆菌（*B. suis*）（Deyoe，1967）。而与反刍动物中的布鲁氏菌病相比，猪布鲁氏杆菌（*B. suis*）在猪中更容易引起骨骼和关节的损伤（Enright，1990）。

在其分布部位，猪布鲁氏杆菌（*B. suis*）可以刺激产生细胞因子、趋化因子和其他炎症介质，从而导致淋巴细胞、浆细胞、巨噬细胞和多核巨细胞聚集的肉芽肿炎症反应（Foster 和 Ladds，2007；Schlafer 和 Miller，2007）。肉芽肿进一步发展最终会形成被周围组织包围的干酪性坏死。

对于布鲁氏菌是如何逃避在细胞外被消灭，进入巨噬细胞（和其他细胞），逃避吞噬溶酶体的破坏并成功繁殖，目前还没有完全了解。光滑的毒力株脂多糖上的 O 侧链（O-LPS）由于其免疫原性低并对互补性介导的细菌裂解和杀菌阳离子多肽有一定的抵抗力，因此对于细菌在细胞外存活相当重要（Allen 等，1998；Lapaque 等，2005）。研究表明 O-LPS 也有帮助被布鲁氏菌感染的细胞抵抗凋亡（Gross 等，2000）和入侵宿主免疫系统（Lapaque 等，2005）的功能。在下面"免疫"的章节会对布鲁氏菌对免疫的调控作进一步阐述。

易受调理素作用的布鲁氏菌会被 Fc 受体内在化并被巨噬细胞快速消化（Gorvel 和 Moreno，2002）。而不易受调理素作用的布鲁氏菌会通过位于宿主细胞膜上的脂筏参与的不同机制进入宿主细胞（Naroeni 和 Porte，2002）。被内化的布鲁氏菌最开始是位于吞噬体上。吞噬体早期的酸化（与溶酶体融合前的准备步骤）会诱导布鲁氏菌中的 IV 型分泌系统（VirB）从而抑制吞噬体成熟，阻止与溶酶体融合，并且与细菌繁殖中的空泡功能类似对于吞噬体进入特定的内质网起到关键作用，这个过程称作布鲁氏菌小体化（Celli，2006）。大部分布鲁氏菌（70%～85%）通过与吞噬溶酶体融合进而得到消除，但布鲁氏菌小体化可以让细菌在细胞内存活并繁殖（Pappas 等，2005）。布鲁氏菌还可以通过以下方式增加细菌在布鲁氏菌小体中的存活，包括利用静止期的生理学，利用含铁细胞清除恶劣环境中的铁离子（Roop 等，2003）和利用多种分子机制来消除包括过氧化歧化酶、烷基氢过氧化物还原酶 C 和其他自由基来抵抗氧化剂的杀伤作用。

布鲁氏菌病的严重程度不仅取决于感染菌株的毒力和剂量，还与宿主先天和后天免疫机制中的抵抗力和易感性有关（Enright，1990）。猪布鲁氏杆菌（*B. suis*）生物型 1 和 3 在猪中的毒力相似（Alton，1990）。通常认为生物型 2 在猪中与生物型 1 和 3 的毒力也相似，但还没有实验来证明这一点。性别和年龄对猪布鲁氏杆菌（*B. suis*）的易感性没有差异（Alton，1990）。与之相比，有实验证明杜洛克猪和新泽西州的红色十字架对猪布鲁氏杆菌（*B. suis*）相对不易感（Cameron 等，1942）。

临床症状
CLINICAL SIGNS

在猪布鲁氏杆菌（*B. suis*）感染未经污染的畜群之初，会导致流产、围产期致死率和不育率增加，造成重大经济损失。在地方性感染的畜群中，猪布鲁氏杆菌（*B. suis*）通常只会引起轻度到中等程度的临床症状，从而不易被发现。流行性猪布鲁氏杆菌（*B. suis*）感染在临床上往往引起繁殖障碍，包括母猪的流产、死胎和不育，先天感染仔猪的存活率下降和公猪的不育。但是，大部分感染猪不会表现明显的临床症状。在急性和慢性猪布鲁氏杆菌（*B. suis*）感染中通常不会出现发热和食欲下降，白细胞亦维持正常水平。

布鲁氏菌病的主要临床表现都没有特异病征性，在鉴别诊断中其他可以导致繁殖障碍的病因也应考虑在内。更有可能的病因包括猪繁殖和呼吸系统病毒（第 31 章）、伪狂犬病毒（第 28 章）、猪圆环状病毒（第 26 章）、猪细小病毒（第 29 章）、猪瘟病毒（第 38 章）、猪流感病毒（第 40 章）、猪肠道病毒（第 42 章）、钩端螺旋体（第 56 章）和丹毒丝菌（第 54 章）（Dial 等，1992；Kirkbride，1990；Manthei，1974）。

在野外条件下，流产可能只是疾病表现的一个很小的方面（Johnson 和 Huddleson，1931），并在妊娠期的任何阶段都有可能发生。在自然繁殖中通过感染公猪或者人工授精感染精子而感染的母猪会导致胎盘炎，从而破坏氧气和营养传递，并在妊娠期的 21～27 d 内导致胎儿死亡和流产。由于流产胎儿很小很有可能被忽视，但在配种后 40～45 d 会反常性的再次发情。一个研究表明在母猪人工授精中被猪布鲁氏杆菌（B. suis）阳性精子感染后的 22 d 就出现了流产,并在感染后 30～45 d 反常性的再次发情（Manthei 和 Deyoe,1970）。

在实验中妊娠 40 d 对母猪进行口服或者非肠道接种细菌可造成胎儿感染,并在孕期的中后期导致流产。野外条件下的流产通常发生在孕期的 50～100 d 内发生的感染。有时,母猪也会在 100～110 d 产下死胎或者弱胎（Manthei,1974）。部分流产母猪会表现出伴有阴道分泌物和胎盘滞留为症状的子宫炎。不育可能与感染的持续时间和子宫受损程度有关（Manthei 和 Deyoe,1970；Thomsen,1934）。子宫感染通常会在流产后持续 30～40 d,但也可能会持续 4～36 个月（Manthei,1974）。

猪布鲁氏杆菌（B. suis）引起的仔猪先天性感染会增加新生胎儿死亡率（Hutchings 等,1946a,b）。在先天性感染和在性成熟期前被感染的猪中,通常不会有明显的临床症状,只会出现关节肿胀和跛行。在性成熟之后,与母猪相比,公猪中的感染持续期变长,并伴有更明显的慢性病症状。在成熟公猪中,猪布鲁氏杆菌（B. suis）引起的组织损伤在实验感染 6 个月后 66.7% 可以痊愈,而 50% 的公猪在 42 个月后仍然可以检测到阳性。与之相比,大约 25% 的实验感染母猪在实验感染后 6～42 个月呈现阳性结果（Deyoe,1972a）。数据表明野生猪在布鲁氏菌感染中亦存在相似的性别差异,公猪和母猪的阳性检测率分别为 93% 和 61%（Stoffregen 等,2007）。

在正常公猪中,虽然猪布鲁氏杆菌（B. suis）通常分布在附属性器官,睾丸和附睾中,很少在肿胀或者萎缩性结节性睾丸或附睾中分布。当采用感染的公猪繁育时会导致受孕率下降和出生的存活胎儿变少。但是,如果性器官的损伤是双侧的,即使存在大量感染了猪布鲁氏杆菌（B. suis）的精子,也可能不会出现受孕率或者性欲下降（Hutchings 和 Andrews,1946；Manthei 和 Deyoe,1970）。

可能会出现关节或者腱鞘肿胀,并伴有跛行或走路不稳。偶尔会出现后躯麻痹,脊椎炎,在不同的器官出现脓肿（Enright,1990；Schlafer 和 Miller,2007）。

病理变化
LESIONS

猪布鲁氏杆菌（B. suis）刺激产生的肉芽肿短期内会出现脓肿,但时间久了之后形成完好包裹的干酪样中心的肉芽肿。通常情况下,在感染的组织中肉芽肿呈现单个或者联合的液状或结节状。前面提到,分布最广泛的组织包括乳腺组织、胎盘和滑膜组织,但是精囊、前列腺、附睾、睾丸、子宫、阴道、肝、脾、骨骼、筋腱、黏液囊、大脑和淋巴结也可被感染（Alton,1990；Rosenbusch,1951）。显微镜下肉芽肿中心为无固定形状的结节性坏死组织,被聚集在周围的巨噬细胞、上皮样巨噬细胞、多核巨细胞、淋巴细胞和浆细胞环绕。在边缘,圆周状纤维和胶原蛋白形成胶囊状。

在子宫和输卵管中,可见多病灶粟粒状 2～3 mm 黄色结节,切开可产生干酪样渗出液。干酪样结节可以形成斑块导致黏膜增厚。在输卵管中,结节可导致输卵管阻塞和积脓。子宫内膜通常会因增生性淋巴细胞结节导致的淋巴浆细胞性浸润而产生扩张。在子宫腔的表面子宫内膜会出现化脓性浸润。在子宫上皮或黏膜内腺体可见包括钉突或细胞内质的部分脱落或鳞状细胞化生。子宫韧带表面也可能会出现细小不规则的肉芽肿（Schlafer 和 Miller,2007）。

在怀孕的子宫内,粟粒样病变可以发展为重叠扩散、伴有出血和水肿的卡他性子宫内膜炎以及含有大量细菌的卡他性渗出物。流产胎儿或胎盘的损伤并不常见（Manthei 和 Deyoe,1970）。胎儿中,特别是在肚脐和体腔周围,可能会出现伴有出血的皮下组织水肿（Schlafer 和 Miller,2007）。

在正常公猪中,在实质中会出现广泛的脓肿和（或）肉芽肿引起的睾丸炎和附睾炎,偶尔伴有纤维素性脓肿和出血性睾丸鞘膜炎。外表检测观察通常正常,但在切面会出现肉芽肿。有时会出现睾丸肿大或萎缩,并伴有不同程度的附睾肿大。副性腺感染可能会出现精囊腺肥大和精囊腺、前列腺或者尿道球腺微脓肿（Foster 和 Ladds,2007）。在睾丸或者副性腺体和器官特别是附睾和贮精囊中还容易出现钙化灶。邻近组织可能会出现单一或多个精液囊肿,具体表现为充满液体样或干酪样渗出物的脓肿。在鞘膜中的精液囊肿最后往往可能会导致出血性或脓肿性炎症。

四肢关节损伤表现为脓性或纤维素样脓性滑膜炎。骨髓炎通常在腰椎，并会出现中间软骨损伤。脊髓压迫或脊柱病理性骨折通常会造成下身瘫痪或麻痹。骨损伤通常伴发干酪样坏死性肉芽肿，但也有可能转化为出脓性脓肿（Schlafer 和 Miller，2007）。

诊断
DIAGNOSIS

直接诊断
Direct Diagnosis

一般认为通过显微镜下观察染色的阴道拭子，胎盘或流产胎儿的抹片可以鉴定猪布鲁氏菌。但是这种方法缺少敏感性和特异性。

通过细菌学培养可以对猪布鲁氏菌病进行确诊。对于小淋巴结进行细菌分离的阳性率与血清型诊断相似（Alton，1990；Rogers 等，1989）。从猪样品或者组织中分离布鲁氏菌不仅说明是体内感染，而且也可以排除血清学交叉反应问题，并提供种属特异性和生物型信息。

对于分离培养来说，从活体动物采样比较容易，包括阴道分泌物（拭子）、奶、精子、胎膜和流产胎儿样本（胃内容物，脾和肺）。从死猪的脾以及头部、乳腺和肠道的淋巴结也可以分离到细菌。猪布鲁氏杆菌可以从公猪的睾丸、附睾、精囊腺、前列腺和尿道球腺中分离到。

猪布鲁氏杆菌（B. suis）在 98.6℉（37℃）大多数基础培养基（比如血平板）中添加血液或血清的条件下生长良好。但是，由于容易污染并且其他营养要求苛刻的细菌也可以造成布鲁氏菌病，所以建议用选择性培养基，并且平板应置于 98.6℉（37℃）5%～10% CO_2 培养箱中。在常见的布鲁氏选择培养基上，猪布鲁氏杆菌生物型 2 比生物型 1 和 3 更敏感。因此，对生物 2 型建议同时用 Farrell ʼs 和改良的 Thayer-Martin ʼs（Marin 等，1996）培养基。通常菌落在 3～4 d 内可以长出，但也可能在 8 d 内长出。

猪布鲁氏杆菌（B. suis）菌落在形态上通常难于与其他布鲁氏菌相区别。虽然三个最接近的生物型（1，2，3）对 A 抗血清都有凝集反应，但对单一抗血清 M 反应不一致，所以可以通过对单一抗

血清的凝集实验来区分（Alton 等，1988；OIE，2008）。建议在布鲁氏菌标准参考实验室进行种属和生物型鉴定。

可以通过 PCR 方法对猪布鲁氏杆菌（B. suis）进行直接鉴定（Bounaadja 等，2009；OIE，2008）。但 PCR 方法的敏感性不如分离培养。

间接诊断
Indirect Diagnosis

关于猪布鲁氏菌血清学检测在诊断上的应用的报道较少。在猪个体上，对传统的应用于反刍动物的血清学诊断方法对于猪布鲁氏菌的鉴别并不可靠。建议对畜群或成批样本可以采用血清学方法。对于畜群中血清学测试阳性的样本，需要采用其他方法，比如细菌分离培养或检测布鲁氏菌 DNA 的分子方法对其进行验证。

在所有动物中，光滑布鲁氏菌引起的抵抗感染发生的血清学反应主要抗原为光滑脂多糖（S-LPS）。大多数建立的血清学标准方法最初都是针对牛流产布鲁氏杆菌（B. abortus），一般是利用流产布鲁氏杆菌（B. abortus）LPS 中多聚糖的 O 端（O-PS）作为抗原。由于 O-PS 的结构成分与小肠结肠炎耶尔森氏菌（Yersinia enterocolitica）O：9、大肠杆菌（Escherichia coli）中 O：157 以及其他细菌的 LPS 抗原表位相似（Bundle 等，198），因此会产生交叉反应。在许多国家小肠结肠炎耶尔森氏菌（Yersinia enterocolitica）O：9 的感染非常普遍，所以这也是造成血清学假阳性的主要原因（EFSA，2009）。所以解释了为什么在没有流行病学和细菌学报道的情况下出现大量关于猪布鲁氏菌阳性的报道。

一般血清学测试的敏感性和特异性都很高，但是猪布鲁氏杆菌（B. suis）对于感染动物的检出率并非 100%，并且在慢性感染中检出率更低。所以血清学报道中的敏感性和特异性差异很大。标准测试的敏感性范围大概是：标准试管法（SAT；51.1%～100%），巯基乙醇法（38.5%～100%），利凡诺法（23.1%～100%），补体结合试验（CFT；49.1%～100%），卡测试（Rose-Bengal test，RBT；20%～100%），缓冲板抗原法（61%～77.1%），荧光极化法（FPA；63%～98.9%）（Ferris 等，1995；García-Carillo 等，1971；Hutchings

和 Andrews，1946；Lord 等，1997；Nielsen 等，1999；Paulo 等，2000；Rogers 等，1989）。特异性的范围大概是：SAT（62％～100％），巯基乙醇法（81.1％～100％），利凡诺法（74％～100％），CFT（86％～100％），RBT（76％～92％），缓冲板抗原法（90％～95.9％），FPA（55％～99.9％）（Ferris 等，1995；Garin-Bastuji 等，2008；Lord 等，1997；Nielsen 等，1999；Paulo 等，2000；Rogers 等，1989）。

虽然在猪血清中存在免疫球蛋白 M（IgM），但是由于抗体非特异性造成的假阳性，因此 SAT 法不能用于猪布鲁氏菌病的诊断。由于猪补体容易与豚鼠补体相互作用产生抗补体活性，因此 CFT 的敏感性较低。事实上，CFT 的诊断敏感性远远低于 RBT（J. M. Blasco 和 B. Garin-Bastuji，未发表；Ferris 等，1995；Rogers 等，1989）。但是，除了相对较低的敏感性外，在对群体中的个别牛进行确诊时，CFT 法具有很高的特异性（L. Dieste 等，未发表）。

欧洲食品安全委员会的专家曾经利用 meta 分析法分析大量文献报道中血清学诊断猪布鲁氏菌病的敏感性和特异性，以期找到最好的诊断方法。结论表明间接（iELISA）和竞争（cELISA）性酶联免疫吸收法（ELISAs）的敏感性和特异性最好，因此是最理想的诊断方法。但是 ELISAs 在猪的应用中并没有统一标准。世界动物卫生组织（OIE）目前已经推出初步的参考标准。由 OIE 提出的标准流程应该被用于猪群布鲁氏杆菌（B. suis）的检测（EFSA，2009）。

粗糙型马耳他布鲁氏杆菌（B. melitensis）B115 菌株中提取的无 S-LPS 的布鲁氏菌胞质蛋白（俗称布鲁氏菌素）引起延迟型超敏反应（皮肤敏感试验）（Bhongbhibhat 等，1970），由于小肠结肠炎耶尔森氏菌（Yersinia enterocolitica）O：9 没有这些蛋白，因此诊断方法较有意义。除细菌分离培养外，皮肤测试是仅有的区分布鲁氏菌感染和小肠结肠炎耶尔森氏菌（Yersinia enterocolitica）O：9 或其他交叉反应细菌引起的感染的方法。而且，布鲁氏菌素不会刺激产生作用于 RBT、CFT 或者 ELISAs 的抗体。皮肤敏感试验还用于反刍类动物，但在猪群中也是有效的确诊方法（EFSA，2009）。

免疫
IMMUNITY

虽然大部分光滑菌株在感染后会引起一系列免疫反应，但在慢性感染中这些免疫反应并不足以杀灭细胞内的布鲁氏菌（Olsen 等，2010）。布鲁氏菌抑制或逃避宿主免疫反应的能力在其致病性中起重要作用。在哺乳动物宿主内，与其他革兰氏阴性细菌的内毒素相比，布鲁氏菌 LPS 脂蛋白 A 可以大大降低炎症反应（Barquero-Calvo 等，2007）。光滑菌株中 LPS O 链的特殊化学结构在抑制免疫反应中也起重要作用。特别是巨噬细胞降解布鲁氏菌 LPS O 链的能力较差，而未被消化的 O 链可以直接抑制巨噬细胞通过经典通路 II 中的主要组织相容性复合体（MHC）向 T 细胞递呈抗原的能力（Forestier 等，2000）。

与 Th1（白介素 [IL]-2，IL-12，IL-18，干扰素-γ [IFN-γ]，肿瘤坏死因子生长-α [TNF-α]，肿瘤坏死因子生长-β [TNF-β] 细胞因子）反应相关的细胞免疫和由 T 细胞亚群介导的溶细胞活性对细胞内病原免疫相当重要（Tizard，2009）。抗猪布鲁氏杆菌（B. suis）的一个重要免疫成分是干扰素-γ，是激活巨噬细胞杀灭和抑制细胞内细菌繁殖的重要因子。在人布鲁氏菌病中，慢性感染常常伴随 IFN-γ 的减少和细胞中 Th2 细胞因子 IL-13 表达升高（Rafiei 等，2006）。对单核细胞进行 IFN-γ 处理，会激活抗-布鲁氏菌活性，不仅会增强杀灭细菌的活性还会抑制细胞内的细菌繁殖（Jiang 等，1993）。最新关于单核细胞的研究表明 IFN-γ 可以刺激吞噬体成熟、吞噬体和溶酶体融合以及增加自我吞噬的概率，因此加速细胞内小囊泡和细胞器的降解。

猪布鲁氏杆菌（B. suis）的脂多糖和其他抗原具有很强的免疫原性，在猪中可以诱导产生体液免疫。由于脂多糖不需要 T 细胞参与可以直接激活 B 细胞产生抗体，因此是一种与原 T 细胞无关的抗原。抗体通过调理素的活性、补体介导的杀灭能力、介导抗体依赖性细胞毒性和与细菌受体结合来抑制布鲁氏菌对宿主组织的黏附。调理素可以增强噬菌体对布鲁氏菌的吞噬作用和细胞内的杀灭作用，因此调理素是特异性抗体抵抗布鲁氏菌的关键因子。感染猪体内猪布鲁氏杆菌（B.

suis)抗体的产生机制还不明确。但是,与其他布鲁氏菌感染相似,在感染后的两周内主要以 IgM 抗体为主,三周内免疫球蛋白(IgG)慢慢增加。在巨噬细胞抗布鲁氏菌中,IgG 与 IgM 的作用尚不清楚。由于一些布鲁氏杆菌菌株对补体不易感,因此抗体通过补体介导的杀灭机制尚有争议(Baldwin 和 Goenka,2006;Moreno 和 Gorvel,2004)。

预防和控制
PREVENTION AND CONTROL

目前为止,还没有研究表明有疫苗可以有效控制猪布鲁氏杆菌。虽然中国有关于口服猪布鲁氏杆菌(*B. suis*)2 型疫苗株的报道(Xin,1986),但没有其安全性和有效性的数据报道。最新的研究报道此菌株已经在中国猪群中停止使用(Deqiu 等,2002)。之前有报道称在猪中口服流产布鲁氏杆菌(*B. abortus*)菌株 RB51 10^{11} 的菌落形成单位(CFU)实验有效(Edmonds 等,2001),而临床引用父本 RB51 菌株并不能起到保护作用(Olsen 和 Stoffregen,2005)。

猪布鲁氏杆菌(*B. suis*)2 型在欧洲大部分国家的野猪和野兔中广泛存在,在开放环境或自由农场饲养的猪最易被感染(EFSA,2009)。感染风险取决于野外野生动物中的流行程度和农场中预防家畜被野生动物传染的生物安全等级。目前为止,除了日益增加的狩猎活动外,还没有有效的措施来降低或消灭野生动物的感染和携带率。因此,目前减少猪群野外感染的唯一有效的方法是通过完善生物安全措施来预防家畜与野兔、野猪等野生动物接触(EFSA,2009)。最新研究表明在猪群中采用免疫-节育和口服疫苗的方法可能可以用来控制野生动物感染。

由于目前缺少有效的措施来控制布鲁氏菌病,减少家畜群数量是清除猪群布鲁氏菌病的唯一方法。由于对猪群的血清学调查相对完善,因此应针对畜群而非个体动物来制定控制猪布鲁氏杆菌(*B. suis*)的方法(Olsen 和 Stoffregen,2005)。对于不携带猪布鲁氏杆菌(*B. suis*)的猪群,预防此病从野生动物或感染畜群感染或再次感染畜群相当重要(Acha 和 Szyfres,2003)。

在畜群数量不减少的情况下,单一的抗生素治疗或与检测屠宰相结合,是唯一可以减少临床感染和降低疾病造成的经济损失的方法。但是,

虽然在猪中利用抗生素治疗布鲁氏菌病的有效性还没有相关文献报道,在其他动物或人群中抗生素是治疗布鲁氏菌病的唯一标准方法(Ariza 等,2007;Marín 等,1989;Nicoletti 等,1985)。土霉素(20 mg/kg 体重 4~6 周)结合氨基糖苷类(链霉素——每日 20 mg/kg 体重,连续 2~3 周 或是庆大霉素——每日 0.5/1 g,连续 2 周)是治疗动物中布鲁氏菌病的最好方法(Grilló 等,2006;Marín 等,1989;Nicoletti 等,1985)。但是在猪中氨基糖苷类药物非肠道给药方式有一定困难。最新研究表明在不影响猪场猪群生产力的情况下,延长土霉素的口服用药时间(20 mg/kg 体重至少 90 d)可以有效减少猪布鲁氏杆菌(*B. suis*)2 型的临床反应。(J. M. Blasco,未发表数据)。除了抗生素治疗外,剔除流产、不育猪或者宰杀皮肤测试阳性猪可以有效减少布鲁氏菌病的传播。但目前还没有相关文献的报道。

(徐雪芳译,何柳校)

参考文献
REFERENCES

Acha PN, Szyfres B. 2003. Zoonoses and communicable diseases common to man and animals. In Bacterioses and Mycoses, Vol. I, 3rd ed. Scientific and Technical series No. 580. Washington, DC: Pan American Health Organization, pp. 40–67.

Ackermann MR, Cheville NF, Deyeoe BL. 1988. Vet Pathol 25:28–35.

Al Dahouk S, Nockler K, Tomaso H, et al. 2005. J Vet Med B Infect Dis Vet Public Health 52:444–455.

Allen CA, Adams LG, Ficht TA. 1998. Infect Immun 66:1008–1016.

Alton GG. 1990. Brucella suis. In K Nielsen, JR Duncan, eds. Animal Brucellosis. Boston: CRC Press, pp. 411–422.

Alton GG, Jones LM, Angus RD, et al. 1988. Bacteriological methods (chapter 1), Serological methods (chapter 2), and Allergic tests (chapter 3). In Techniques for the Brucellosis Laboratory. Paris, France: INRA, pp. 13–142.

Ariza J, Bosilkovski M, Cascio A, et al. 2007. PLoS Med 4:e317.

Audic S, Lescot M, Claverie JM, et al. 2009. BMC Genomics 10:352.

Baldwin CL, Goenka R. 2006. Crit Rev Immunol 26:407–442.

Barquero-Calvo E, Chaves-Olarte E, Weiss DS, et al. 2007. PLoS ONE 2:e631.

Bathke, W. 1980. Schweinebrucellose (Brucella-suis-Infektion). In: J. Beer, ed. Infektionskrankheiten der Haustiere, Chapter 40, Brucellose. Jena, Germany: VEB Fischer-Verlag, pp. 542–549.

Beattie CP, Rice RM. 1934. J Am Med Assoc 102:1670–1673.

Bhongbhibhat N, Elberg S, Chen TH. 1970. J Infect Dis 122:70–81.

Boletín Epidemiológico Periódico. 2004. Edición especial N° 33. Ministerio de Salud Presidencia de la Nación.

Borts IH, Harris DM, Joyant MF, et al. 1943. J Am Med Assoc 121:319–324.

Bounaadja L, Albert D, Chénais B, et al. 2009. Vet Microbiol 137:156–164.

Bundle DR, Cherwonogrodzky JW, Gidney MAJ. 1989. Infect Immun 57:2829–2836.

Cameron HS, Hughes EH, Gregory PW. 1942. J Anim Sci 1:106–110.

Celli J. 2006. Res Microbiol 157:93–98.

CFSPH-ISU. 2007. Porcine and Rangiferine Brucellosis: *Brucella suis*. Enzootic Abortion, Contagious Abortion, Undulant Fever. Disease Factsheet. The Center for Food Security and Public Health, Iowa State University, Ames, IA.

Chain PS, Comerci DJ, Tolmasky ME, et al. 2005. Infect Immun 73:8353–8361.

Cloeckaert A, Verger JM, Grayon M, et al. 1995. Microbiology 141:2111–2121.

Corbel MJ. 2006. Clinical manifestation (chapter 2) and Epidemiology (chapter 3). In Brucellosis in Humans and Animals. Geneva, Switzerland: World Health Organization Press, pp. 3–12 and 13–21.

Corbel MJ, Thomas EL, Garcia-Carrillo C. 1984. Br Vet J 140:34–43.

Cutler SJ, Whatmore AM, Commander AJ. 2005. J Appl Microbiol 98:1270–1281.

Cvetnić Z, Mitak M, Ocepek M, et al. 2003. Acta Vet Hung 51:465–473.

Cvetnić Z, Spicić S, Toncić J, et al. 2009. Rev Sci Tech 28:1057–1067.

Dequi S, Donglou X, Jiming Y. 2002. Vet Microbiol 90:165–182.

Deyoe BL. 1967. Am J Vet Res 28:951–957.

——. 1972a. Research finds applicable to eradication of swine brucellosis. Proc Annu Meet U S Anim Health Assoc 76:108–114.

——. 1972b. J Am Vet Med Assoc 160:640–643.

Deyoe BL, Manthei CA. 1967. Sites of Localization of *Brucella suis* in swine. Proc US Livest Sanit Assoc, pp. 102–108.

Dial GD, Marsh WE, Polson DD, et al. 1992. Reproductive failure: Differential diagnosis. In AD Leman, BE Straw, WL Mengeling, eds. Diseases of Swine, 7th ed. Ames, IA: Iowa State University Press, pp. 88–137.

Edmonds MD, Samartino LE, Hoyt PG, et al. 2001. Am J Vet Res 61:1328–1331.

EFSA (European Food Safety Authority). 2009. Porcine brucellosis (*Brucella suis*), Scientific Opinion of the Panel on Animal Health and Welfare (AHAW) on a request from the Commission on *Brucella suis*. (Question No EFSA-Q-2008-665), Adopted on 5 June 2009. EFSA J 1144:1–112.

Enright F. 1990. The pathogenesis and pathobiology of Brucella infection in domestic animals. In K Nielsen, JR Duncan, eds. Animal Brucellosis. Boston: CRC Press, pp. 301–320.

Ewalt DR, Payeur JB, Rhyan JC, et al. 1997. J Vet Diagn Invest 9:417–420.

Ferrao-Beck L, Cardoso R, Muñoz PM, et al. 2006. Vet Microbiol 115:269–277.

Ferris RA, Schoenbaum MA, Crawford RP. 1995. J Am Vet Med Assoc 204:1332–1333.

Forestier C, Deleuii F, Lapaque N, et al. 2000. J Immunol 154:5202–5210.

Foster RA, Ladds PW. 2007. Male genital system. In MG Maxie, ed. Jubb, Kennedy and Palmer's Pathology of Domestic Animals, Vol. 3, 5th ed. St. Louis, MO: Saunders, pp. 565–617.

Frye GH. 1983. Swine Brucellosis—A vanishing disease. Proc Annu Meet U S Anim Health Assoc 87:137–146.

García-Carillo C, Cedro VCF, de Benedettí LME. 1971. Evaluación de técnicas serológicas en cerdos con infección reciente de *Brucella suis*. Seríe 4, Vol. VIII, No 4, República Argentina: Revista de Investigaciones Agropecuarias, INTA: pp. 99–107.

García-Carrillo C. 1990. Brucella isolated in humans and animals in Latin America from 1968 to 2006. In Animal and Human Brucellosis in the Americas. Paris, France: Office International des Epizooties, p. 296.

García-Yoldi D, Le Flèche P, De Miguel MJ, et al. 2007. J Clin Microbiol 45:4070–4072.

Garin-Bastuji B. 2008. J Clin Microbiol 46:3484–3487.

Garin-Bastuji B, Delcueillerie F. 2001. Med Mal Infect 31:202–216.

Garin-Bastuji B, Vaillant V, Albert D, et al. 2006. Is brucellosis due to biovar 2 of *Brucella suis* an emerging zoonosis in France? Two case reports in wild boar and hare hunters. In Proc Int Soc Chemotherapy Dis Management Meeting, 1st International Meeting on Treatment of Human Brucellosis, pp. 7–10.

Garin-Bastuji B, Zanella G, Cau C, et al. 2008. Assessment of EIA, RBT and FPA for the diagnosis of Brucella infection in domestic pigs. In Proc Brucellosis 2008 Int Res Conf (Incl 61st Brucellosis Res Conf), London, UK, p. 179.

Godfroid J, Cloeckaert A, Liautard JP, et al. 2005. Vet Res 36:313–326.

Godfroid J, Käsbohrer A. 2002. Vet Microbiol 90:135–145.

Gorvel JP, Moreno E. 2002. Vet Microbiol 90:281–297.

Grilló MJ, de Miguel MJ, Muoz PM, et al. 2006. J Antimicrob Chemother 58:622–626.

Gross A, Terraza A, Ouahrani-Bettache S, et al. 2000. Infect Immun 8:342–351.

Hendricks SL, Borts IH, Heren RH, et al. 1962. Am J Public Health Nations Health 52:1166–1178.

Hubálek Z, Treml F, Juricova Z, et al. 2002. Veterinární medicína 47:60–66.

Huddleston IF. 1929. The differentiation of the species Genus Brucella. Bull Mich Agric Exp Stn 100.

Hutchings LM, Andrews FN. 1946. Am J Vet Res 7:379–384.

Hutchings LM, Delez AL, Donham CR. 1946a. Am J Vet Res 7:11–10.

——. 1946b. Am J Vet Res 7:388–394.

Irwin MJ, Massey PD, Walker P, et al. 2009. N S W Public Health Bull 20:192–194.

Jelastopulu E, Bikas C, Petropoulos C, et al. 2008. BMC Public Health 8:241.

Jiang X, Leonard B, Benson R, et al. 1993. Cell Immunol 15:309–319.

Johnson HW, Huddleson IF. 1931. J Am Vet Med Assoc 78:849–862.

Kirkbride CA. 1990. Laboratory diagnosis of abortion caused by various species of bacteria (chapter 4) and Porcine abortion and stillbirth caused by porcine Herpesvirus (Aujeszky's or pseudorabies virus) (chapter 18). In Laboratory Diagnosis of Livestock Abortion, 3rd ed. Ames, IA: Iowa State University Press, pp. 17–19 and 98–111.

Koppel C, Knopf L, Ryser MP, et al. 2007. Eur J Wildl Res 53:212–220.

Lagier A, Brown S, Soualah A, et al. 2005. Med Mal Infect 35:185.

Lapaque N, Moriyon I, Moreno E, et al. 2005. Curr Opin Microbiol 8:60–66.

Lavín S, Blasco JM, Velarde R, et al. 2006. Descripción del primer caso de brucelosis en la liebre europea (*Lepus europaeus*) en la Península Ibérica. Información Veterinaria 10:18–21.

López-Goñi I, García-Yoldi D, Marín CM, et al. 2008. J Clin Microbiol 46:3484–3487.

Lord VR, Cherwonogrodzky JW, Melendez G. 1997. J Clin Microbiol 35:295–297.

Lucero N, Ayala S, Escobar G, et al. 2008. Epidemiol Infect 136:496–503.

Luna-Martínez JE, Mejía-Terán C. 2002. Vet Microbiol 90:19–30.

Manthei CA. 1964. Brucellosis. In HW Dunne, ed. Diseases of Swine, 2nd ed. Ames, IA: Iowa State University Press, pp. 338–340.

——. 1974. Aspectos clínicos y patológicos de la brucelosis suina. Revista Nacional de Higiene Vol. VII Marzo. Venezuela. pp. 105–106.

Manthei CA, Deyoe BL. 1970. Brucellosis. In HW Dunne, ed. Diseases of Swine, 2nd ed. Ames, IA: Iowa State University Press, pp. 433–456.

Manthei CA, Mingle CK, Carter RW. 1952. J Am Vet Med Assoc 121:373–382.

Marín CM, Alabart JL, Blasco JM. 1996. J Clin Microbiol 34:426–428.

Marín CM, Jimenez de Bagues MP, Blasco JM. 1989. Am J Vet Res 50:560–563.

Mayer-Scholl A, Draeger A, Gollner C, et al. 2010. J Microbiol Methods 80:112–114.

McDermott JJ, Arimi SM. 2002. Vet Microbiol 90:111–134.

(MMWR) Morbidity and Mortality. 2009. *Brucella suis* infection associated with feral swine hunting—Three states, 2007–2009. MMWR 58:618–621.

Moreno E, Gorvel JP. 2004. Invasion, intracellular trafficking and replication of Brucella organisms in professional and non professional phagocytes. In I Lopez-Goñi, I Moriyon, eds. Brucella: Molecular and Cellular Biology. Portland, OR: Horizon Bioscience, pp. 230–306.

Muñoz PM, Boadella M, Arna M, et al. 2010. BMC Infect Dis 10:46.

Naroeni A, Porte F. 2002. Infect Immun 70:1640–1644.

Nicoletti P, Milward FW, Hoffman E, et al. 1985. J Am Vet Med Assoc 187:493–495.

Nielsen K, Gall D, Smith P, et al. 1999. Vet Microbiol 68:245–253.

OIE (World Organization for Animal Health). 2008. Porcine brucellosis. In Manual of Diagnostic Tests and Vaccines for Terrestrial Animals. Chapter 2.8.5. Paris, France: OIE, World Organisation for Animal Health, pp. 1108–1114.

Olsen SC, Bellaire BH, Roop RM, et al. 2010. Brucella. In CL Gyles, JF Prescott, JG Songer, CO Thoen, eds. Pathogenesis of Bacterial Infections in Animals. Ames, IA: Wiley-Blackwell, pp. 429–442.

Olsen SC, Stoffregen WS. 2005. Expert Rev Vaccines 4:915–928.

Pappas G, Akritidis N, Bosilkoviski M, et al. 2005. N Engl J Med 352:2325–2336.

Pappas G, Papadimitriou P, Akritidis N, et al. 2006. Lancet Infect Dis 6:91–99.

Paton NI, Tee NWS, Vu CKF, et al. 2001. Clin Infect Dis 32:129–130.

Paulo PS, Vigliocco AM, Ramondina RF, et al. 2000. Clin Diagn Lab Immunol 7:828–831.

Poester FP, Goncalves VSP, Lage AP. 2002. Vet Microbiol 90:55–62.

Rafiei A, Ardestani SK, Kariminia A, et al. 2006. J Infect 53:315–324.

Robson JM, Harrison MW, Tilse RN, et al. 1993. Med J Aust 159:153–158.

Rogers RJ, Cook DR, Ketterer PJ. 1989. Aust Vet J 66:77–80.

Roop RM, Gee JM, Robertson GT, et al. 2003. Annu Rev Microbiol 57:57–76.

Rosenbusch F. 1951. Patología comparada y patología de la Brucelosis. Congreso Argentino de la Asociación médica Argentina. Volume I, pp. 479–483.

Roth F, Zinsstag J, Orkhon D, et al. 2003. Bull World Health Organ 81:867–876.

Samartino LE. 2002. Vet Microbiol 90:71–80.

Schlafer DH, Miller RB. 2007. Female genital system. In MG Maxie, ed. Jubb, Kennedy and Palmer's Pathology of Domestic Animals, Vol. 3, 5th ed. St. Louis, MO: Saunders, pp. 474–537.

Scholz HC, Hubalek Z, Sediácek I, et al. 2008. Int J Syst Evol Microbiol 58:375–382.

Scholz HC, Nöckler K, Göllner C, et al. 2010. Int J Syst Evol Microbiol 60:801–808.

Stoffregen WC, Olsen SC, Wheeler J, et al. 2007. J Vet Diagn Invest 19:227–237.

Szulowski K. 1999. Pol J Vet Sci 2:65–70.

Thomsen A. 1934. Acta Pathol Microbiol Scand Suppl 21:115–130.

Tiller RV, Gee JE, Lonsway DR, et al. 2010. BMC Microbiol 10:23.

Tizard IR. 2009. Acquired immunity to bacteria and fungi. In Veterinary Immunology: An Introduction, 8th ed. Burlington, MA: Elsevier Inc, pp. 286–296.

Traum J. 1914. Annual report to the chief of the Bureau of Animal Industry, year ending June 30, 1914. USDA Bureau of Animal Industry, pp. 30.

Trout D, Gomez TM, Bernard BP, et al. 1995. J Occup Environ Med 37:697–703.

Vizcaíno N, Verger JM, Grayon M, et al. 1997. Microbiology 143:2913–2921.

Walker RL. 1999. Brucella. In DC Hirsh, YC Zee, eds. Veterinary Microbiology. Malden, MA: Blackwell Science, Inc., pp. 196–203.

Wallach J. 1998. Zoonosis y enfermedades emergentes. 2nd Congreso Argentino de Zoonosis, Ed Asociación Argentina de Zoonosis, pp. 64–67.

Xin X. 1986. Vaccine 4:212–216.

Zinsstag J, Schelling E, Roth F, et al. 2007. Emerg Infect Dis 13:527–531.

52 梭菌病
Clostridiosis
J. Glenn Songer

引言
INTRODUCTION

梭菌是一类严格厌氧的革兰氏阳性产芽孢杆菌。除气肿疽梭菌（*Clostridium chauvoei*）外，A 型产气荚膜梭菌（*Clostridium perfringens* types A）、C 型产气荚膜梭菌（*Clostridium perfringens* types C）、艰难肠梭菌（*Clostridium difcile*）、破伤风梭菌（*Clostridium tetani*）、诺魏氏梭菌（*Clostridium novyi*）、肉毒梭菌（*Clostridium botulinum*）、腐败梭菌（*Clostridium septicum*）等都是猪常见的病原菌（表 52.1），对猪造成伤害并引起相应的病理变化。

表 52.1 主要的梭菌和引起的猪病

梭菌种类	综合征
C 型产气荚膜梭菌	初生仔猪的出血性、坏死性肠炎
A 型产气荚膜梭菌	初生仔猪的坏死性肠炎、气性坏疽
艰难肠梭菌	初生仔猪结肠炎
腐败梭菌	恶性水肿
气肿疽梭菌	黑腿病
诺魏氏梭菌	母猪猝死
破伤风梭菌	破伤风
肉毒梭菌	肉毒毒素中毒

肠道感染
ENTERIC INFECTIONS

肠道感染主要是由 C 型产气荚膜梭菌和 C 型艰难肠梭菌引起的。根据产气荚膜梭菌产生主要毒素的能力，将其分为 5 种毒素型（毒素 A—E），这 5 种毒素分别是 α 毒素[C 型产气荚膜梭菌 α 毒素（CPA）]，β 毒素[C 型产气荚膜梭菌 β 毒素（CPB）]，ε 毒素[C 型产气荚膜梭菌 ε 毒素（ETX）]，ι 毒素[C 型产气荚膜梭菌 ι 毒素（ITX）]（表 52.2）。产 A 型毒素类型的菌株是温血动物肠道微生物区系的一部分，同时在环境中也较为常见，而产生其他毒素类型的菌株在正常动物体内不常见。

C 型产气荚膜梭菌性肠炎
Clostridium perfringens Type C Enteritis

C 型产气荚膜梭菌的感染呈世界性分布（Azuma 等，1983；Barnes 和 Moon，1964；Field 和 Gibson，1955；Hogh，1965；Matthias 等，1968；Morin 等，1983；Plaisier，1971；Szent-Ivanyi 和 Szabo，1955）。C 型产气荚膜梭菌可以引起育成猪的致死性、出血性和坏死性肠炎。其标志性的病理变化就是小肠的广泛性坏死和气肿，通常是

猪病学，第 10 版，由 Jeffrey J. Zimmerman, Locke A. Karriker，Alejandro Ramirez, Kent J. Schwartz, Gregory W. Stevenson 主编。
© 2012 John Wiley & Sons, Inc. 由 John Wiley & Sons, Inc. 2012 年出版。

片段性的肠道的透壁性坏死。有时候病变会扩展到盲肠和近侧结肠,但毒素的影响却具有全身性。

病因学和流行病学(Etiology and Epidemiology)。 C 型产气荚膜梭菌是原发性的病原菌,有时也可以继发于其他疫病,例如传染性胃肠炎(Transmissible gastroenteritis,TGE)。也有报道 B 型产气荚膜梭菌感染(Bakhtin,1956)和 D 型产气荚膜梭菌感染(Harbola 和 Khera,1990)具有类 C 型产气荚膜梭菌症状,同时体内的多个系统的某些异常性表征表明 B 型产气荚膜梭菌和 D 型产气荚膜梭菌是初生仔猪严重肠炎稀有病原的说法值得商榷。

C 型产气荚膜梭菌可能是在仔猪与仔猪之间传播的,但最根本的来源可能是母猪排泄的粪便,故通过剔除发病动物来预防 C 型产气荚膜梭菌感染的发生并非行之有效的办法。C 型产气荚膜梭菌是母猪肠道菌群的一个较小的组成部分,但是仔猪却在 C 型产气荚膜梭菌的传播中充当了病菌的富集器,在仔猪体内很少数量的 C 型产气荚膜梭菌能够超越其他细菌而大量增殖,最终导致疾病的发生。

在环境中,C 型产气荚膜梭菌主要以芽孢的形式持续存在,它对热、消毒剂和紫外线等具有抵抗力。

C 型产气荚膜梭菌感染的大部分病例通常出现在仔猪出生后 3 d,最早也有在出生后 12 h 出现的病例。几乎没有 1 周龄以上的仔猪发生 C 型产气荚膜梭菌感染的报道(Bergeland 等,1966;Mat-thias 等,1968;Meszaros 和 Pesti,1965)。C 型产气荚膜梭菌性肠炎主要发生和流行在没有免疫的猪群(Bergeland 等,1966),且仔猪的发病率有时高达 100%。依据疾病发生形式的不同,病死率也具有不同的变化,畜群的病死率可能会高达 50%～60%(Bergeland 等,1966;Hogh,1967b),但是在非免疫母猪分娩的仔猪群内发生 100% 死亡的现象并不常见。群体免疫力的升高与带菌母猪向仔猪的传播有关系,母猪向仔猪的传播会导致疾病的地方性流行。温和型的感染能持续超过一个月,急性型感染的持续期取决于群体免疫力的高低(与母猪和初生母猪的重复排菌有关系)。

表 52.2　梭菌产生的主要毒素及其引起的主要疾病

毒素种类	主要疾病	毒素类型
A	食物中毒,家禽坏死性肠炎,羔羊肠毒血症,新生仔猪坏死性肠炎,新生犊牛出血性肠炎	α
B	羔羊痢疾,绵羊慢性肠炎,牛/马出血性肠炎	α,β,ε
C	家禽坏死性肠炎,仔猪、羔羊、牛、山羊和驹出血性或坏死性肠毒血症,成年绵羊的肠毒血症	α,β
D	绵羊肠毒血症、山羊结肠炎、牛结肠炎(小牛、成年牛也有可能)	α,ε
E	牛肠毒血症(可能包括绵羊)	α,ι

临床症状及病理变化(Clinical Signs and Lesions)。 临床症状因猪群中的免疫状况和感染仔猪日龄的不同而不同。最急性型感染的病例(Peracutely affected piglets)可以发展成为出血性肠炎,会阴部被粪便污染。感染的仔猪迅速转变为虚弱,勉强运动,然后很快转变为濒死期,具有极易被母猪压死的危险。直肠温度降为 35℃ 或更低,腹部皮肤在死前会变黑。多数病例会在出生后 12～36 h 死亡,一些动物即使没有发现肠炎症状就已经死亡。尸体检验时最直接、最明显的症状就是大面积的、出血性小肠炎(图 52.1)、腹腔中积聚血样的腹水,空肠和回肠的病变也很典型,这些病变会扩展到幽门前数厘米,到结肠的前部,有时候相邻结肠的几厘米部分也会受到损害。黏膜的大体损伤是大面积出血,肠壁上会有气泡。肠系膜淋巴结红肿。显微检查可见发现:

空肠绒毛及其表面布满一层大的、革兰氏阳性细菌菌膜,隐窝上皮细胞坏死,黏膜和黏膜下层大面积出血。

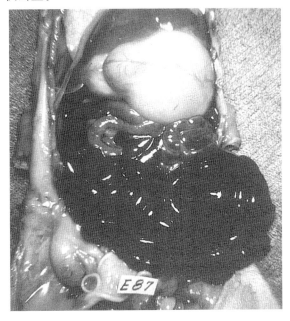

图52.1　最急性型C型产气荚膜梭菌感染引起的1日龄仔猪的坏死性出血性空肠炎。

C型产气荚膜梭菌急性型感染(acutely affected piglets)的仔猪出现临床症状后一般仅能存活1～2 d,拉黄棕色的粪便,粪便中含有灰色的组织碎片,仔猪进一步发展为脱水,会阴部黏附有红色的粪便。如果缺乏护理,仔猪会变得虚弱,枯瘦如柴。明显的病变通常会局限在一定的区域(图52.1)。空肠部分会发生界限明显的气肿,与空肠临近的区域发生急性型的、纤维素性腹膜炎(图52.2)。肠壁通常会增厚,呈现黄色或灰白色,肠内容物充满血液和坏死的细胞碎片。肾脏中尿酸盐结晶的现象比较常见。显微检查可见,肠绒毛大面积坏死,暴露的黏膜下层覆盖着一层厚厚的伪膜,包含有细菌,脱落的上皮细胞,纤维蛋白,退化的炎性细胞等物质。黏膜下的血管发生坏死,大部分含有血栓。黏膜下层、肌肉层、浆膜下层发生气肿,肠壁的深层会出现大量的革兰氏阳性菌。

亚急性型C型产气荚膜梭菌感染(pigs with subacute disease)的仔猪一般发生非出血性的腹泻,这些猪只活泼好动,警惕性强,逐渐进行性衰弱;经过5～7 d后会发生死亡,死亡时表现为消

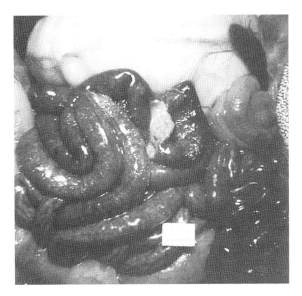

图52.2　3日龄仔猪急性C型产气荚膜梭菌肠炎,气肿的空肠上部(左)与急性腹膜炎的组织相连. 从浆膜表面能看到空肠下游的黏膜坏死(右)。

瘦和脱水。仔猪的粪便在初期为黄色,然后变化为含有坏死碎片的清亮液体。受影响的小肠区域会发生粘连,肠壁增厚、质脆。黏膜表面紧紧粘连坏死的黏膜细胞(图52.3)。

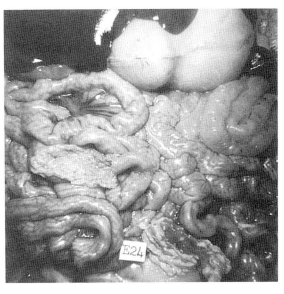

图52.3　6日龄仔猪的亚急性C型产气荚膜梭菌感染,全部空肠内充满坏死的黏膜。

C型产气荚膜梭菌感染慢性病例(chronic cases)通常具有超过一周的间歇性的下痢,粪便是灰白色的黏性液体,尾部和会阴部通常会被排泄物污染,这些猪只虽然保持机敏和活力,但会在

数周后死亡,或因为不健康被处以安乐死。对于与此症状类似的亚急性病例,从浆膜看症状并不明显。肠壁的局部区域会增厚,并与界限明显的坏死区域粘连,肠壁的深层组织表现为慢性炎症。

致病机理(Pathogenesis)。产气荚膜梭菌增殖快,世代间隔短,在数小时内,C型产气荚膜梭菌在肠内容物内可以增殖 $10^8 \sim 10^9$ 个/g(Ohnuna等,1992)。细菌黏附在空肠上皮细胞的绒毛顶端,紧邻脱落的细胞,并在绒毛基底膜处大量增殖(Arbuckle,1972;Walker等,1980)。绒毛固有膜广泛性坏死,并伴有出血。坏死区域从隐窝开始,发展到黏膜肌层、黏膜下层,有时候会进一步发展到肌肉层。与细菌在肌肉层、腹膜下、肠系膜淋巴结处引起气肿(有时兼有血栓)一样,肠穿孔易导致腹膜炎。细菌与坏死的肠绒毛粘连在一起,或与血液、细胞碎片一起流入到肠腔,有时可以观察到有芽孢的形成(Kubo和Watase,1985)。

在C型产气荚膜梭菌感染的发病过程中,致死的、坏死性的β毒素(CPB)起关键作用(Hogh,1967a;Warrack,1963)。最近开发成功的动物模型为研究C型产气荚膜梭菌感染引起的肠毒血症提供了很好的机遇(Uzal等,2009)。使用类毒素制备的疫苗能够预防感染的发生,但是由于制备疫苗的类毒素是天然的、未经过处理的,包含有β毒素、很多梭菌抗原等物质,故没有实际应用价值。有关的实验证据表明:β毒素(CPB)是发病过程中主要因子的说法值得商榷。通过口服类毒素的方式能够复制出病例,但是实验动物却是可能含有C型产气荚膜梭菌的猪只(Field和Goodwin,1959)。通过灌服C型产气荚膜梭菌肉汤培养物复制的病例,会发现在肠绊处发生典型的病理变化,但是单独灌服β毒素(CPB)的时候,坏死却不会发生(Bergeland,1972)。一些公开发表的文献记载,疫病的发生具有较多的、潜在的协同因子,包括使用较大日龄的猪只作为实验动物。胰岛素分泌不足、初乳中蛋白酶抑制剂可能会增加小于4日龄仔猪的易感性。

在感染猪的腹腔液和肠内容物中能够检测到β毒素(CPB),这种现象说明,肠损伤和肠毒血症是导致死亡的元凶。大剂量类毒素的静脉注射能够导致死亡,低剂量类毒素的静脉注射能够导致脑灰质软化症、肾上腺坏死、肾脏病变和肺水肿。低

糖血症和其他细菌的继发感染提高了感染猪只的死亡率(Field和Goodwin,1959;Hogh,1967b)。

分离的大部分或全部猪C型产气荚膜梭菌均能产生产气荚膜梭菌β2毒素(CPB2),这说明该毒素可能在致病过程中起着一定的作用(具体见A型产气荚膜梭菌性肠炎)。

诊断(Diagnosis)。根据疾病的临床症状、死亡率的高低、大体病变和组织学病变可以初步诊断为C型产气荚膜梭菌性肠炎。对于慢性感染病例的诊断和确诊,需要较为详细的猪群的发病史资料,如其他坏死性肠炎发病原因的排除,和在受损伤区域检测到C型产气荚膜梭菌的存在。球虫(猪等孢子球虫感染)和其他引起绒毛萎缩的致病因子(如轮状病毒感染、传染性胃肠炎和流行性腹泻)首先导致损伤,然后C型产气荚膜梭菌在此定居、增殖,进而导致感染的发生。这一点对区别C型产气荚膜梭菌感染和A型产气荚膜梭菌感染引起的亚急性和慢性型病例非常重要,当然通过细菌培养、毒素检测和基因图谱分析也能做到。

实验室诊断包括细菌培养、肠内容物和黏膜损伤处的抹片显微检查、肠组织切片,分离革兰氏阳性大肠杆菌等。产气荚膜梭菌并不是高效的芽孢产生者,但是卵圆形端生的芽孢有时可以被观察到。细菌在马或牛鲜血琼脂平板上培养24 h,可见直径3~5 mm的、灰色圆形菌落。由于产生θ毒素(perfringolysin O,PFO)的原因,菌落周围的内层会形成一个完全溶血区,CPA会在外层形成一个不完全的溶血环,而作为革兰氏阳性大肠杆菌,厌氧的产气荚膜梭菌能够形成双溶血环。可以通过基因分型也是分离菌生物学特性的重要的部分。

组织学病变是疫病的示病症状。在出血性肠内容物的洗脱液或腹腔液中检测到CPB,就可以确诊为本病。现在鼠类的保护性试验已经很少采用,较多采用操作较为简单的酶免疫分析法(Havard等,1992)。在分离菌的分型方面,检测主要毒素基因的聚合酶链式反应(PCR)已经取代传统的毒素检测方法,并为确诊提供强有力的技术支撑(Buogo等,1995;Meer和Songer,1997;Songer和Meer,1996)。

在缺乏能从样品中检测毒素的方法时,细菌

分离和基因分型有助于疾病的诊断。在多数情况下，通过肠黏膜的刮屑能够分离到大量的 C 型产气荚膜梭菌和纯的培养物。由于机体受到传染性胃肠炎或其他病毒的侵袭，引起 C 型产气荚膜梭菌的继发感染，可能会导致误诊，但是这种情况比较少见。对于慢性病例，细菌的分离结果可能是阴性，当分离阳性时，通常获得的是 C 型产气荚膜梭菌和 A 型产气荚膜梭菌的混合培养物，因此对于初次分离的混合培养物进行基因分型和表型分型就显得较为重要。在一些案例中，确诊必须从全局出发，而不能仅仅依靠对单个发病动物的检测就轻率的下结论。

预防和治疗（Treatment and Prevention）。对于已经出现临床症状的动物，治疗的作用甚微（Hogh，1967b；Szabo 和 Szent-Ivanyi，1957），加强预防是较好的、可以选择的方法。没有经过免疫的猪群暴发梭菌病时，利用马抗毒素血清进行被动免疫效果较好，能提供 3 周以上的保护（Ripley 和 Gush，1983），抗毒素最好在仔猪出生后尽早的时间经非肠道途径注射。口服抗生素，如氨苄西林和阿莫西林等在出生后立即投喂，预防性使用时可以持续使用 3 d。有报道称 C 型产气荚膜梭菌具有抗生素抗性，并且携带有四环素抗性的质粒已经被鉴定出来（Rood 等，1985）。然而产气荚膜梭菌却一致对青霉素保持敏感，头孢噻呋可以作为治疗仔猪疾病的替代药物。在母猪产前和产后注射亚甲基双水杨酸杆菌肽可以预防仔猪的梭菌感染。

在母猪饲养期、妊娠中期、分娩前 2～3 周注射 C 型产气荚膜梭菌疫苗具有较好的预防作用（Kennedy 等，1977）。商业化的类毒素疫苗具有较好的免疫效果，通过免疫可以在一个繁殖周期内消除本病的发生和流行。考虑到母猪对免疫的正常反应（Matishek 和 McGrinley，1986）和仔猪摄入梭菌的数量，10 倍量的降低死亡率是很常见的（Ripley 和 Gush，1983）。加强免疫应该在母猪产前 3 周进行。类毒素在预防断奶仔猪感染方面具有一定的价值（Meszaros 和 Pesti，1965）。

A 型产气荚膜梭菌性肠炎
Clostridium perfringens Type A Enteritis

A 型产气荚膜梭菌是猪肠道内正常微生物区系的组成部分（Mansson 和 Smith，1962），一旦条件适宜就大量增殖，引起新生仔猪、偶尔也可以引起断奶仔猪的肠道疾病（Jestin 等，1985）。该病在世界范围内发生与流行（Amtsberg 等，1976；Collins 等，1989；Nabuurs 等，1983；Ramisse 等，1979；Secasiu，1984）。A 型产气荚膜梭菌与出血性肠炎综合征之间的因果关系目前没有被证实。

病因学和流行病学（Etiology and Epidemiology）。A 型产气荚膜梭菌与 C 型产气荚膜梭菌在培养条件下比较相似，但是 A 型产气荚膜梭菌在培养中产生它最主要的毒素：CPA（表 52.2）。最近的文献（Bueschel 等，2003；Waters 等，2003）表明：在产气荚膜梭菌性肠炎的形成过程中，β2 毒素（CPB2）扮演着一定的角色。并且几乎所有的 A 型产气荚膜梭菌都能产生这种蛋白（Bueschel 等，2003；Waters 等，2003；见下）。临床症状已经通过动物实验复制成功（Johannsen 等，1993a；M. A. Ander-son 和 J. G. Songer，未发表）。

表 52.3 A 型产气荚膜梭菌不同毒株对新生仔猪的毒力

毒株代号	来源	临床症状和病理变化
JGS1882	新生仔猪肠炎	＋＋＋/＋＋
JGS4024	新生仔猪肠炎	＋＋＋＋/＋＋＋
Various	母猪正常粪便	无
Various	仔猪正常粪便	无
JGS1936	新生犊牛肠炎	无
JGS4142	牛空肠出血	无
JGS4151	人气性坏疽（毒株 13）	无
JGS4104	火鸡坏死性肠炎	无
JGS1235	鸡坏死性肠炎、肝炎	无

经烹调后慢慢冷却的肉类食物，产肠毒素（CPE）的 A 型产气荚膜梭菌毒株逐步生长与增殖，人类食用后会发生梭菌性食物中毒。但是由产肠毒素性 A 型产气荚膜梭菌毒株引起的动物疾病较为少见（Collins 等，1989；Estrada Correa 和 Taylor，1989；Miwa 等，1997；van Damme-Jongsten 等，1990）。能导致食物中毒的、肠毒素阳性菌株在一般情况下多数与禽类相关，但是猪

源性毒株几乎全部能产肠毒素；在人类食源性疾病中分离到的菌株，绝大多数在染色体上都具有CPE基因。产肠毒素梭菌毒株在动物体内较为常见，对于人类来说，一般会引起与抗生素抗性相关的下痢。

非肠毒素性 A 型产气荚膜梭菌感染通常发生在仔猪出生 1 周后；一般情况下认为母猪可能是仔猪感染的来源。然而在育肥猪和母猪体内具有普遍性的抗体（Estrada Correa 和 Taylor，1989）。A 型产气荚膜梭菌的一些毒株能够引起猪只发病，但是其他毒株却不能（表 52.3）。通过体外的试验方法不能区分正常微生物区系的毒株和致病毒株，但是基于 CPB2 基因建立的鉴别PCR 方法除外。尽管大多数毒株是 CPB2 基因阴性的非致病毒株，但 A 型产气荚膜梭菌在肠内容物和土壤中普遍存在，故对 A 型产气荚膜梭菌肠道感染流行病学的讨论与人们的推测一样，没有实际意义。

如上所述，产气荚膜梭菌产生芽孢的能力不是很强，但是，芽孢对在环境中维持病原体的持续存在具有重要的意义，这一点毋庸置疑。有时候该病菌也能从猪饲料中分离到。

临床症状与病理变化（Clinical Signs and Lesions）。仔猪在出生后 48 h 内发展成为浆液性下痢，表现为被毛粗乱，会阴部被粪便污染（Johannsen 等，1993a）。病程持续 5 d 后，粪便变化为黏液状，有时粪便呈现粉红色。多数仔猪能够康复，但是其生产性能会在生长期和育肥期明显落后于没有受到感染的猪只。疾病能够在无初乳饲喂和正常饲喂的猪群中进行传播。（Johannsen 等，1993d；M. A. Anderson 和 J. G. Songer，未发表文献）。

尸体剖检发现：小肠蠕动无力，肠壁菲薄，充满气体，内容物呈水样，肠壁缺血，黏膜呈现轻微肿胀，时而与坏死物质粘连在一起。大肠管腔扩张，内有灰白色、黏糊状的内容物，无明显的病理变化。仔猪感染后的显微病变主要有肠绒毛尖部坏死，纤维蛋白沉积，但是从大体上看肠绒毛表现正常（图 52.4）。尽管可以在肠腔内发现大量的细菌（Johannsen 等，1993c），但空肠和回肠的病

理变化会因为产气荚膜梭菌的定植而加重（Nabuurs 等，1983）。有时毛细血管管腔扩张，但是没有出血。胃没有明显的变化，但是胃内容物中具有富含毒力强的细菌。

在产肠毒素性梭菌感染的病例中，黏膜坏死和绒毛萎缩现象比较常见（Collins 等，1989；Estrada Correa 和 Taylor，1989；Nabuurs 等，1983）。实验室复制本病后症状表现出多样性，包括奶油状下痢、低死亡率的消瘦、出血性下痢、肠炎，甚至导致死亡（Olubunmi 和 Taylor，1985）。小肠绒毛和肠细胞在形态学上表现正常，结肠和盲肠也表现正常，但是在肠腔内和肠绒毛基底部细胞处发现有大量的细菌芽孢和革兰氏阳性杆菌。

育成猪的下痢性疾病与产肠毒素性梭菌菌株有关，下痢性疾病的发病和严重程度与粪便中的CPE 有关系，随后感染猪的血清中会出现 CPE抗体（Jestin 等，1985）。

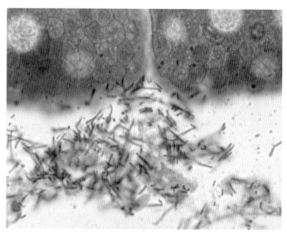

图 52.4 在 A 型产气荚膜梭菌感染的 3 日龄仔猪空肠肠腔内，可以见到大量的病原体积聚，在肠绒毛的基底部有类似梭菌性病原体聚集（图片由 Jane Christopher-Hennings 提供）。

致病机理（Pathogenesis）。尽管人们对梭菌型感染的发病机理知之甚少，但是疫病的发生可能是由多因素共同作用的结果。在猪的肠内容物中，产 CPA 和产 CPB2 的菌株的数量可以达到 $10^8 \sim 10^9$ 个/g，但是在实验性 A 型产气荚膜梭菌感染病例中，A 型菌的吸附和侵入现象并没有发生（Johannsen 等，1993c；M. A. Anderson 和 J. G. Songer，未公开发表的文献）。在实验性 A 型产

气荚膜梭菌感染病例中,发现肠上皮细胞发生了坏死,但在自然感染的病例中这种情况却没有出现。少量的大体病变和显微病变说明,A型产气荚膜梭菌肠炎表现就是以分泌性为主的下痢。

暂时还没有直接的证据证明特定毒素在致病机理中的作用。在肠绊处接种经过纯化的CPA,动物模型没有出现一致的症状,给出生6h的仔猪注射80～800个半数小鼠致死量的毒素时,肠绒毛会出现轻微的水肿(Johannsen等,1993b)。截止到目前CPB2毒素在致病机理中的特别作用尚不可知,但是该毒素与猪肠炎性疾病的牢固联系提示我们,该毒素至少是有毒力菌株的一个标志(Bueschel等,2003;Gibert等,1997;Herholz等,1999)。很少能从正常仔猪体内分离到分泌CPB2毒素的菌株,但是从新生仔猪肠炎的病例中分离到的菌株,有90%的菌株能分泌该毒素,并且该毒素几乎不保持沉默而发挥一定的作用(Bueschel等,2003)。CPE毒素很少能引起疾病的发生,但是该毒素引起肠绒毛坏死和流体分泌物进入肠腔。抗CPE毒素的抗体出现在初乳中,一旦母源抗体消失后,与CPE毒素相关的疾病通常就会出现在断奶仔猪身上(Estrada Correa和Taylor,1989)。

诊断(Diagnosis)。对于A型产气荚膜梭菌肠炎的诊断,通常会使诊断者处于模棱两可的状态,对于诊断最有价值的证据就是共有的临床症状和从感染的空肠和回肠中分离到大量的梭菌性细菌。胃中富含具有毒力的产气荚膜梭菌。通过基因分型的方法能够确定携带CPB2毒素基因的产气荚膜梭菌。显微检查发现病原菌黏附在黏膜上,或在肠腔中富集。在肠内容物中检测到CPE毒素对疾病的诊断具有一定的帮助,但是由于这样或那样的原因该实验没有被广泛使用。检测CPE毒素的商业化试剂盒容易出现假阳性,但是在排泄物中CPE毒素的滴度>1∶32就会引起肠炎(Popoff和Jestin,1985)。在排泄物中检测不到其他的病原体也具有支持意义。

预防和治疗(Treatment and Prevention)。利用抗生素治疗A型产气荚膜梭菌肠炎的效果要优于C型产气荚膜梭菌感染的治疗效果。A型

产气荚膜梭菌的疫苗可以采用定向定制的办法获得,在一些国家也可以找到用于其他动物免疫的同类疫苗,但是说明书中的适用靶动物不包括猪。商业化的疫苗不包括CPE类毒素。一些生长促进剂如阿伏帕星(Taylor和Estrada Correa,1988)和盐霉素(Kyriakis等,1995)已经在饲料中添加,杆菌肽锌可以作为母猪的预防用药和仔猪的治疗用药(Madsen,1995)。

艰难梭菌感染
Clostridium diffcile Infection

病原学和流行病学(Etiology and Epidemiology)。人类艰难梭菌感染(CDI)相关的病例占到与抗生素相关性腹泻病例的大多数(Bartlett,1992;Bartlett等,1978;Borriello和Wilcox,1998;Johnson等,1999)。细菌芽孢在空肠、盲肠、结肠中产生(Kelly等,1984)。生长力强的细菌细胞填充了肠小窝,并产生毒素,但经过抗生素治疗后,细菌在肠小窝中消失。疾病的症状有下痢、结肠炎、伪膜性结肠炎和急性结肠炎(Kelly等,1984)。随着疾病的发展,最终会导致肠梗阻、中毒性巨大结肠症和肠穿孔。

艰难梭菌感染也可以在经过抗生素治疗的仓鼠(Libby等,1982)、豚鼠和新生驹(Jones等,1988)上发生,也可导致新生仔猪肠炎。在美国主要的猪生产区,有2/3的仔猪肠炎具有艰难梭菌感染的症状(Songer等,2000)。在个别猪群中100%流行,并导致在猪生产系统中每窝仔猪高达50%的感染率(J. G. Songer和K. W. Post,未公开发表的观察资料)。

临床症状、病理变化和致病机理(Clinical Signs,Lesions and Pathogenesis)。

典型的艰难梭菌感染通常在初产母猪分娩的1～7日龄的仔猪和多产母猪上发生。早期表现为腹泻,时而发生呼吸道疾病(胸水或腹水)。大致变化主要有结肠系膜水肿(图52.5)、大肠内充满有浆液性粪便和黄色的水样粪便。在一栋感染艰难梭菌猪群的猪舍内,大量的样品检测表明,2/3仔猪和超过1/3的猪只为毒素阳性。即使没有肠炎症状的仔猪也可能是毒素阳性(Bakker

等,2010;Hunter 等,2010;J. G. Songer,未公开发表的结论;Waters 等,1998;Weese 等,2010;Yaeger 等,2002)。

结肠固有膜上出现化脓性病灶是该病的标志性病变特征,结肠浆膜和肠系膜的水肿很常见。单核炎性细胞和嗜中性粒细胞在水肿的组织中发生浸润的现象经常出现。也可能会发生结肠黏膜上皮细胞阶段性糜烂和火山状病变(嗜中性粒细胞和纤维蛋白渗出到肠腔中)(Songer 等,2000)。家畜中的艰难梭菌相关性疾病(CDAD)可能单独由艰难梭菌毒素 A 介导(TcdA,308 ku,一种肠毒素)。艰难梭菌毒素 B(TcdB,270 ku,一种细胞类毒素和肠毒素)明显与新生仔猪的每一种组织都不结合,当然不会造成对猪只肠道的损伤(Keel 和 Songer,2007)。通过这些论断可以明显的推断出仔猪的自然发病是由 TcdA 单独介导的。

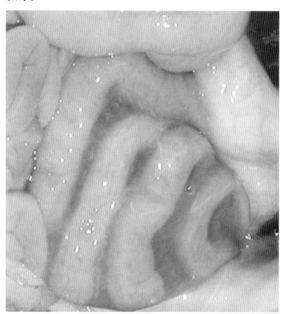

图 52.5 艰难梭菌引起的 4 日龄仔猪的结肠系膜水肿(J. Glenn Songer 供图)。

诊断(Diagnosis)。诊断艰难梭菌感染的金标准就是检测粪便和结肠内的内容物,标准的检测方法就是利用中国仓鼠卵细胞或其他细胞的单层细胞做的细胞毒素中和试验,不过大多数实验室现在使用的是商业化的酶联免疫吸附试验试剂盒。与其他梭菌相比,艰难梭菌的培养条件具有

挑战性,该细菌对厌氧条件的要求极其严格。大多数分离菌都能产生毒素,一部分分离菌只能产生 TcdB 或根本不能产生毒素。艰难梭菌感染引起的大体病变较少,但是通过组织学观察发现,盲肠和结肠的病变验证了前文所述,由其他病原体引起的哺乳仔猪的结肠炎较为少见。

预防和治疗(Treatment and Prevention)。通过免疫接种的办法来预防家畜的艰难梭菌感染,尚没有人进行过系统性的研究,其他病原菌引起的案例提示我们可以使用抗毒素进行免疫预防。抗 TcdA(Allo 等,1979)和抗 TcdB(Kink 和 Williams,1998;Viscidi 等,1983)的抗体能够阻止毒素与实验动物模型小鼠和仓鼠组织的结合,对减少分泌物分泌、减轻炎症和减少临床症状等具有一定的作用。体外进行的抗生素敏感性实验结果表明,使用泰乐菌素对发病仔猪进行治疗可能具有一定的作用。

蜂窝织炎和气性坏疽
CELLULITIS AND GAS GANGRENE

梭菌伤口感染的临床症状主要有急性炎症、水肿、广泛的组织水肿、局部组织形成坏疽。炎症自伤口位置迅速向外扩散,最终往往形成脓毒败血症。腐败梭菌、A 型产气荚膜梭菌、诺魏氏梭菌、气肿疽梭菌等经常能引起蜂窝织炎和气性坏疽。

腐败梭菌感染(恶性水肿)
Clostridium septicum Infection (Malignant Edema)

病原学和流行病学(Etiology and Epidemiology)。腐败梭菌是猪只梭菌性蜂窝织炎和气肿疽最常见、最普遍的病原。它是厌氧的革兰氏阳性杆菌,在土壤和粪便中形成卵圆形的芽孢(Finegold 等,1983;Kahn,1924;Princewill,1985;Princewill 和 Oakley,1976)。该梭菌还经常侵袭动物的尸体(MacLennan,1962)。如果某地饲养家畜多年,并且恶性水肿的发病率特别高,则提示我们农场周边的环境中可能有芽孢大量存在,这就要求我们要做好腐败梭菌感染的预防。

临床症状和病理变化(Clinical Signs and Lesions)。腐败梭菌引起的恶性水肿的急性型病

例,在不超过 24 h 内通常会造成感染猪只的死亡。感染的扩散是顺着肌肉的纹理而发展,逐步发展成为出血、水肿、坏疽,发生的区域主要有腹股沟、腹部、头部、腹侧颈部、肩部等。感染动物的四肢勉强站立,肿胀区的皮肤上有红紫色斑点,水肿区的组织先是疼痛和发热,然后迅速变化为冰凉,按压有捻发音。濒死期感染猪侧卧在地板上,强迫呼吸并发出呻吟声。

感染的最初部位肿大,皮下极度水肿导致皮肤苍白,点状出血,或具有血样的液体聚集。邻近的骨骼肌可能发生水肿、皮肤颜色正常、或黑色,按压具有捻发音。与反刍动物的黑腿病(气肿疽梭菌感染)一样,受影响的肌肉具有奶油气味。区域淋巴结肿大、出血,有时会导致肺气肿。急性纤维素性腹膜炎比较常见,脾脏轻度肿大,肺脏中度水肿和充血。在胸腔和心包中具有数量不等的血样液体和纤维蛋白。

尸体剖检发现皮下气体持续产生,直到整个尸体的皮下组织全部发生气肿。死亡后数小时肝脏的变化最为明显,肝脏上的出血点逐渐融合,形成灰褐色的病灶,并具有数量较多的气泡。组织病理学检查发现发生水肿的皮下组织含有较多的退化的炎性细胞和病原体。在皮下血管和皮下淋巴结中会发现有腐败性的血栓存在(图 52.6)。受到影响的骨骼肌纤维片段性、凝固性坏死和消散,在退化的骨骼肌纤维中间可以发现较多的病原体。

致病机理(Pathogenesis)。大多数病例从伤口部位开始发生水肿,局部组织的损伤有助于感染的进一步发展。α毒素引起的坏死进一步加大了对组织的损害作用,同时透明质酸酶引起肌内膜的消失(Aikat 和 Dible,1960),有助于疾病通过肌纤维进一步扩散。细菌毒血症可能是最终的致死因素,α毒素就是一个备受瞩目的奠基者(Ballard 等,1993)。静脉注射该毒素会影响实验动物的冠状循环和肺循环,进一步导致肺水肿的发生(Kellaway 等,1941)。

诊断(Diagnosis)。基于病原体对动物有机体造成的大体病变,可以做出初步诊断。通过病原体的分离排除其他疾病,并进行病原的系统学

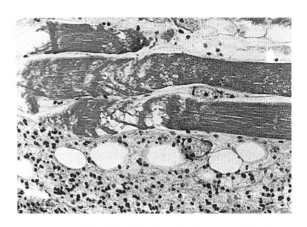

图 52.6 感染腐败梭菌猪后肢,骨骼肌纤维断裂和溶解。相邻的组织水肿和气肿,并含有细菌和退化的炎性细胞(HE 染色)。

鉴定,可以进行实验室确诊。采取皮下组织或肌肉进行直接涂片,染色,就可以观察到病原体,荧光抗体标记技术是一项快速、准确的实验室确诊腐败梭菌的方法(Batty 和 Walker,1963)。与免疫荧光抗体方法相比,细菌培养是一种费时、可靠性差的替代方法(Martig,1966)。少量腐败梭菌的积聚,可能会导致强阳性的反应,导致误诊的发生。

预防与治疗(Treatment and Prevention)。在有恶性水肿暴发的区域,预防优于治疗。较好的卫生条件和预防伤口的发生是预防该病重要的一环。有时候医源性感染可能会经常发生,故在兽药注射和外科手术时,完善的卫生消毒程序很重要。如果疾病卷土重来,尽管这种情况较少发生,但是考虑进行免疫接种预防该病还是有必要的。针对细胞壁和毒素抗原的抗体能够使动物获得终生的免疫保护(Green 等,1987)。如果在疾病的早期进行抗生素的治疗,可以取得较好的治疗效果(Zeller,1956)。在以小鼠为动物模型的试验中,四环素、青霉素和氯霉素的使用可以预防疾病的发生与发展(Taylor 和 Novak,1952)。

A 型产气荚膜梭菌感染(气肿疽)
Clostridium perfringens Type A Infection (Gas Gangrene)

病因学和流行病学(Etiology and Epidemiology)。大多数梭菌引起肌肉坏疽的病例都是由 A 型产气荚膜梭菌引起的。感染的源头通常是内源

性的,多数病例是伤口感染导致的。在青年猪群中具有较高的内源性感染率是由为预防仔猪营养性贫血注射铁制剂而引起的并发症。较多的证据都支持这样一个观点,无论是纯化的或混合的腐败梭菌,在机体被注射生物制剂后,会在注射的局部部位形成一个利于腐败梭菌生长的微环境(Jaartsveld 等,1962;Taylor 和 Bergeland,1992),这种病例的病死率通常接近于 50%。

临床症状与病理变化(Clinical Signs and Lesions)。感染猪显著的临床症状为受影响的肢体全部肿大,因医源性感染的仔猪,肿大的区域可以从头部蔓延到脐部,肿胀区域的皮肤有一个模糊的红棕色变色点,在肌肉和皮下组织处可以发现大面积的水肿和大量的气体,肿胀的部位有铁制剂形成的污斑,并具有恶臭味。死亡后尸体分解较快,在死亡后数小时内猪的肝脏上具有显著的灰色病灶,病灶周围具有较小的气泡。在显微镜下能够较为明显的观察到急性静脉性血栓,骨骼肌纤维从分解发展到液化性坏死。

子宫感染引发坏疽,其内容物的分解会导致难产的发生,在分娩时进行人工助产会使难产的情况变得更糟。可以见到潮红、污秽、湿润的阴户会有水样物质流出,经过 12～24 h 的发展后,病畜会发生死亡,子宫内容物通常呈暗绿色或黑色,有恶臭味,含有气泡。腹腔中有污秽的红色液体。尸体分解较快,其他部位的损害较少被发现。

致病机理(Pathogenesis)。芽孢和裂殖体在缺血的组织和感染的区域增殖,逐渐蔓延到健康的肌肉。尽管我们对疾病发病机理的研究主要来自于小鼠,但 CPA 和 PFO 毒素在肌肉坏死过程中起着局限性的和全面促进的作用(Awad 等,2000)。尽管人们很早就知道包含 CPA 的类毒素在预防气性坏疽方面具有保护作用,抗 CPA 的抗体和抗 C 末端的抗体能够耐受毒素和多个半数致死量(LD_{50})芽孢的攻击(Titball 等,1993;Williamson 和 Titball,1993)。

诊断(Diagnosis)。基于临床症状、病理变化、梭菌的分离与鉴定可以作出诊断。感染部位的细菌抹片,革兰氏染色法有助于评估病原体的数量,病原体的分离可以在血琼脂和蛋黄琼脂的培养基上进行,培养时间为 18～24 h,条件为厌氧培养。

预防和治疗(Treatment and Prevention)。利用青霉素对较深的、污染的伤口进行系统的处理有助于预防气性坏疽的发生。在疾病早期进行治疗效果较好,利用小白鼠进行的动物实验表明,在梭菌感染的早期应用青霉素进行预防能够阻止疾病的发生和发展,但是若耽搁 3 h 后再注射抗生素进行治疗,小白鼠的存活率就会相当低(Hac 和 Habert,1943)。临床上的发病猪在注射青霉素进行治疗后可能会康复(Jaartsveld 等,1962)。

在北美,为了预防家畜 A 型产气荚膜梭菌感染的发生与流行,主要使用抗 CPA 免疫,类毒素疫苗和细菌一类毒素疫苗在世界其他地方也在广泛使用。

气肿疽梭菌感染(黑腿病)
Clostridium chauvoei Infection (Blackleg)

病原学和流行病学(Etiology and Epidemiology)。气肿疽梭菌是多形态的、厌氧的、革兰氏阳性杆菌,菌体中央、两端有芽孢,可以引起黑腿病(Burke 和 Opeskin,1999;Kuhnert 等,1996),气肿,坏死,肌炎,以及反刍动物和其他动物的恶性水肿(表 52.1)。

临床症状与病理变化(Clinical Signs and Lesions)。尽管腐败梭菌参与了黑腿病的发生,但是有关猪发生黑腿病的报道很少,在卫生条件很差,先前饲养过发生黑腿病牛的地方养猪,发生猪只感染黑腿病的报道已经发表(Gualandi,1955;Sterne 和 Edwards,1955)。一旦采食了来源于黑腿病病牛的牛源性饲料,猪只就可能会发生黑腿病(Eggleston,1950),在发生黑腿病的病例中,脸部和咽喉的肿胀最为典型。对肢体的危害较为普遍(Mavenyengwa 和 Matope,1995),黑腿病的临床症状有高热、食欲减退、精神沉郁、跛行、按压感染处有捻发音、猝死等,感染的中央区域干燥、气肿,外围水肿、出血、坏死、少量白细胞浸润。

致病机理(Pathogenesis)。人们对猪气肿疽梭菌感染的发病机理知之甚少,可能是经口源途径发生感染,而非大家以前认为的经伤口途径感染。病原体在不同的组织中存在,呈现休眠状态,一旦组织中的微环境发生变化,具有适宜气肿疽梭菌增殖的环境时它就大量增殖。有专家认为 α 毒素是坏死因子、溶血因子和致死因子,β 毒素是 DNA 酶(Ramachandran,1969),但是这些说法都没有得到验证。鞭毛与菌株的毒力相关,鞭毛在运动性和排列方式上也能发生变异(Tamura 等,1995),同时鞭毛抗原具有明显的免疫原性(Kojima 等,2000;Verpoort 等,1966)。

诊断(Diagnosis)。 由于腐败梭菌感染与气肿疽梭菌感染的症状、发病机理与黑腿病相似,故黑腿病的诊断只能依赖病原菌的分离。采用感染组织直接抹片的荧光抗体实验,是快速和操作性强的方法(Batty 和 Walker,1963)。在已经腐败分解的组织中,由于其他杂菌,如腐败梭菌的过度增殖,故病原体的分离比较困难。

预防和治疗(Treatment and Prevention)。 预防气肿疽梭菌感染的办法主要是尽量减少猪只与病原菌的接触。气肿疽梭菌并不是土壤中的常见微生物,较多的经验表明,猪只接触污染的土壤、饲喂患黑腿病的反刍动物尸体制成的饲料都是危险的因素。

诺魏氏梭菌感染(猝死症)
Clostridium novyi Infection (Sudden Death)

病原学和流行病学(Etiology and Epidemiology)。 诺魏氏梭菌是厌氧、能形成芽孢的、革兰氏阳性杆菌,毒素 A 型和毒素 B 型诺魏氏梭菌均参与了猪诺魏氏梭菌感染的发生和流行(Duran 和 Walton,1997;Itoh 等,1987)。

临床症状与病理变化(Clinical Signs and Lesions)。 诺魏氏梭菌与猪猝死症有关(Batty 等,1964),它能够非常快的引起尸体的腐败和分解。尸体剖检会发现尸体快速膨胀,额下水肿,腹膜、心包、腹腔中有血性液体,浆膜出血,脾脏肿大,肝脏降解、气肿,形成所谓的"泡沫肝",颜色为青铜色,并具有较多的气泡(Duran 和 Walton,1997)。病原体在各种组织中存在,包括肝脏和心血。

该病主要影响育肥猪和种猪,大部分为母猪。营养中等到营养良好的高龄的,分娩超过 4 胎的母猪多发(Duran 和 Walton,1997)。

致病机理(Pathogenesis)。 尽管尚无文献能说明病原体是通过何种途径达到肝脏的,也不清楚休眠性芽孢是如何产生的,但是用细菌培养基能够从正常母猪的肝脏中分离获得诺魏氏梭菌。致病机理很可能是由致死的、致坏死的 α 毒素介导的,α 毒素就是大家所说的大梭菌,如 A 型梭菌和 B 型梭菌,产生的细胞毒素(Busch 等,2001;Selzer 等,1996)。β 毒素,与梭菌 CPA 相关的磷酸酶,由 B 型梭菌产生,量较少。α 毒素的扩散能导致水肿、引起浆膜的通透性增加并进一步导致小分子物质渗出、肝脏坏死,导致最急性或急性死亡(Cotran,1979;Elder 和 Miles,1957;Rutter 和 Collee,1967)。

诊断(Diagnosis)。 一般情况下,由于疑似病例发现时已经死亡,并且由于诺魏氏梭菌的大量增殖,从细菌的侵袭,引起死亡到尸体腐败的间隔时间比较短,所以对诺魏氏梭菌的诊断比较困难。当一个猪群具有猝死的历史和典型的尸体剖检症状,并排除其他病原时,应考虑诺魏氏梭菌感染的可能。当发现病例具有子宫颈和腹股沟区域皮下水肿比较明显,肺水肿,气管中有泡沫状液体,心包和胸腔中有浆液性和纤维素性渗出物,积聚气体的肝脏分解速度非常快时,可以进行确诊。肝脏中具有气泡与其他新鲜尸体的肝脏具有明显的区别(Duran 和 Walton,1997)。

通过感染组织的抹片,利用免疫荧光方法可以快速地进行病原菌的鉴定。在猪源梭菌中,该梭菌对营养的要求最为苛刻(Duran 和 Walton,1997;Itoh 等,1987;J. G. Songer 和 K. W. Post,未公开发表的观察资料)。

预防和治疗(Treatment and Prevention)。 该病最主要的症状就是猝死,故治疗在本病中的意义不大。在临产期饲喂杆菌肽甲基水杨酸盐可能能够预防本病的发生。给动物注射类毒素疫苗、细菌-类毒素二联疫苗,表达或重组 α 和 β 毒素的二代基因疫苗可以预防该病的发生与流行(Amimoto 等,1998)。

神经毒素性梭菌感染
NEUROTOXIGENIC CLOSTRIDIA

破伤风梭菌感染(破伤风)
Clostridium tetani (Tetanus)

破伤风是由破伤风梭菌感染引起的一种由毒素介导的,骨骼肌持续性痉挛为特征的传染病。所有年龄的猪只均为易感动物,大多数病例为青年猪,多数病例是因阉割伤口感染和脐部感染而引起。

病原学和流行病学(Etiology and Epidemiology)。 破伤风梭菌是一类修长的、厌氧、革兰氏阳性杆菌。它能产生端生芽孢在环境中普遍存在。芽孢能通过外伤伤口途径感染,阉割、母猪子宫下垂感染等是引起破伤风发生的主要因素。

临床症状与病理变化(Clinical Signs and Lesions)。 破伤风的临床特征就是全身骨骼肌的持续痉挛。疾病的潜伏期为数天到数周。一般来说较短的潜伏期多数与疾病的急性型和暴发型发生有关,发病动物具有较高的致死率。

疾病最早期的症状表现为步态僵硬,疾病在1~2 d内发展较快,耳朵直立,尾巴翘立,头部轻抬,瞬膜突出. 猪只逐渐变得行走困难,肌肉触诊感到结实。最后病畜角弓反张,四肢伸直,侧卧在地板上(图 52.7)。痉挛从间歇性的发作到持续性的痉挛,当受到突然性的神经刺激时,痉挛的程度会显著加强。濒死期心跳过速,呼吸加快等现象常见,口和鼻孔四周出现白色泡沫。

图 52.7 10 日龄仔猪因脐带感染导致破伤风,双耳直立,四肢僵直。

对于急性病例,严重的骨骼肌痉挛导致呼吸困难,似乎是引起发病动物死亡唯一的、最重要的

因素。加强休息,减少营养供给可能会延长动物的生存时间。尸体剖检时不会发现有破伤风的特征性病变。由于长期躺卧,着地部位的皮肤磨损严重。肺部会发生充血和水肿。

致病机理(Pathogenesis)。 破伤风的发生依赖于破伤风梭菌在组织中的微环境,当组织发生有利于该菌增殖的微环境时,芽孢和裂殖体就会增殖,产生毒素,导致破伤风的发生。芽孢通常经过小而深的伤口侵入机体,组织中出现杂物或厌氧微生物存在时,会降低氧化还原电势,促进芽孢的活化和增殖。破伤风溶血毒素是一种与胆固醇结合的毒素,能够促进破伤风梭菌的增殖和增强破伤风类毒素的作用,同时能够抑制嗜中性粒细胞和巨噬细胞的趋化性,进而引起局部皮肤的坏死。芽孢能够在愈合的伤口中存活 10 年或更长时间。破伤风梭菌不具有侵袭性,只存在于感染的局部部位。对于猪破伤风梭菌感染存在的部位,报道最多的就是阉割部位(Kaplan,1943)。

包含毒素的囊泡从感染部位的神经结合部沿着运动神经纤维的轴突逆向扩散。最后在脊髓腹侧角质部发挥抑制神经元的作用。毒素由轻链和重链组成,轻链具有酶活性(依赖锌元素肽链内切酶),重链结合到受体上。轻链剪切突触小泡蛋白(一种神经元细胞分泌的神经传导素的蛋白),从而导致骨骼肌痉挛和抽搐。

诊断(Diagnosis)。 根据疾病典型的临床症状即可确诊。感染的区域(如阉割伤口和脐带脓肿)较为明显地被发现。病原体能够通过细菌培养或免疫荧光技术进行鉴定(Batty 和 Walker,1963)。如果感染的动物在濒死期具有典型的临床症状,这些办法均可以省略而直接确诊。

预防和治疗(Treatment and Prevention)。 截止到目前尚无有效的办法消除土壤中芽孢,故预防伤口被土壤和粪便污染是控制该病的较好办法。产房中良好的卫生条件、出生后脐带的无菌处理方式、犬齿的早期剪除等都是预防新生仔猪破伤风的措施。由于尖锐的物体会导致皮肤伤口,具有导致破伤风的发生的风险,故应该从环境中去除。大多数破伤风都起因于去势手术,因此需要特别强调的是实施去势手术的人员应具备良

好的外科技术,并且在去势后为猪只提供一个尽量避免土壤和粪便污染伤口的卫生环境。

利用破伤风抗毒素进行被动免疫,利用抗生素进行预防或利用破伤风类毒素进行主动免疫对于预防破伤风来说都是必要的。在进行的人工破伤风动物模型试验中发现,如果在感染后的数小时内,注射大剂量的、长效青霉素或四环素的治疗效果要优于破伤风抗毒素血清的治疗效果(Veronesi,1966)。接种单剂量的经过铝制剂处理的类毒素疫苗可以使被接种的动物获得主动免疫。如果间隔数周连续注射 3 个剂量的疫苗,可以使免疫动物获得极佳的、一年或更长时间的免疫保护。

一般情况下,发生破伤风感染的猪只多预后不良,只有极少数的证据表明目前采取的治疗措施具有真正的治疗作用(Kaplan,1943;Mihaljevic,1966)。较多文献建议的治疗措施包含重新切开阉割伤口、利用双氧水冲洗伤口、注射抗毒素血清用于中和尚没有与神经组织结合的毒素、注射抗生素、使用镇静剂或注射巴比妥类药物松弛肌肉等。

肉毒梭菌感染(肉毒毒素中毒)
Clostridium botulinum (Botulism)

肉毒梭菌可以产生 8 种肉毒梭菌毒素(BoNT)(Linial,1995;Smith,1977,1979),并且这 8 种毒素具有地理区域性分布和种属易感性(CDC,1998;Hatheway,1990,1995;Shapiro 等,1998;Smith,1977;Smith 和 Milligan,1979)。肉毒毒素中毒的特征就是快速的、进行性的肌肉松弛和瘫痪。猪类对肉毒梭菌具有较高的抵抗力。

病因学和流行病学(Etiology and Epidemiology)。 肉毒梭菌是严格厌氧的、革兰氏阳性菌,(Smith 和 Holde-man,1968),产生卵圆形的芽孢、通常为顶端芽孢,芽孢适宜的温度为 30℃。在美国各地的土壤中到处都存在着肉毒梭菌芽孢(Kelch 等,2000;Smith,1979;Whitlock 和 Williams,1999)。肉毒梭菌引起其他动物种类的中毒一般与饲草(Franzen 等,1992;Kelly 等,1984;Kinde 等,1991;Ricketts 等,1984;Whitlock,

1997;Wichtel 和 Whit-lock,1991)、动物尸体分解物污染的谷物饲料(Divers 等,1986;Enfors 等,1975;Galey 等,2000;Whitlock 和 Williams,1999)、乌鸦传播 BoNT 或乌鸦采食正在腐败分解的动物尸体有关(Schoenbaum 等,2000)。D 型肉毒梭菌中毒与异食癖有关,由于缺乏磷元素而采食死于肉毒梭菌毒素中毒的同类骨骼来补充磷元素而发病,该病的流行与土壤中大量的病原体以及用肥料给土壤施肥增加病原体的数量等有关。

猪肉毒梭菌毒素中毒很少见,故有关毒素来源的记载也相应地较少见。但有报道称 C 型肉毒梭菌毒素中毒可能与采食死鱼(Beiers 和 Simmons,1967)和腐败的啤酒下脚料(Doiurtre,1967)有关系。生性贪食的猪只容易发生肉毒毒素中毒,但是通过肉毒毒素实验表明猪对肉毒梭菌具有天然的抗性。猪的胃肠道似乎对肉毒梭菌毒素的渗透能力比较低(Dack 和 Gibbard,1926b;von Scheibner,1955;Smith 等,1971)。

临床症状与病理变化(Clinical Signs and Lesions)。 该病的潜伏期为 8 h 至 3 d 不等,潜伏期的长短取决于摄入的毒素量(Beiers 和 Simmons,1967;Smintzis 和 Dunn,1950)。最早出现的症状表现为虚弱无力、运动失调、步履蹒跚,前肢首先表现为虚弱无力,随后后肢也出现相同的症状,运动神经麻痹,瞳孔散大(Smith 等,1971)。骨骼肌渐进性的表现为虚弱无力、麻痹,最后全身性的衰弱,侧卧在地板上。其他的临床症状包括厌食、视力减退甚至全盲、失声、大量流涎、尿失禁、用力呼吸等(Beiers 和 Simmons,1967;Smintzis 和 Dunn,1950)。

尸体剖检时没有特征性的病变,典型的症状就是在胃内可能会出现可能与毒素来源有关的杂物,以及由于吞咽肌麻痹引起的吸入性肺炎(Beiers 和 Simmons,1967)。

致病机理(Pathogenesis)。 因肉毒梭菌毒素种类不同而致病作用大小各异,因毒株不同产生的毒素量也多少不等。摄食已经产生毒素的食物、伤口感染引起的毒素扩散、病原体在胃肠器官内的大量增殖或其他因素均可引起肉毒梭菌中毒

（Bernard 等，1987；Hathe-way，1995；Swerczek，1980）。不同种属的动物和肠的不同部位吸收不同种类的毒素（May 和 Whaler，1958）。

肉毒梭菌毒素由轻链（具有依赖锌元素的肽内切酶）和结合受体的重链组成，轻链剪切蛋白为神经元胞外分泌的神经传递素。B、D 和 F 毒素剪切神经肌肉结合处的突触小泡蛋白，A 和 E 型毒素作用于神经肌肉结合处的突触小泡蛋白，A 和 E 型毒素作用于神经肌肉结合处的 SNAP-25，C 型毒素作用于神经肌肉结合处的突触融合蛋白，从而阻止肌肉的收缩。由于呼吸肌麻痹引起动物昏厥，进而引起死亡。

诊断（Diagnosis）。 当发现有体温正常、警惕性高、进行性虚弱和无力斜躺在地板上的猪只，提示我们应当考虑肉毒梭菌中毒。因为猪对肉毒梭菌有一定的抵抗力，只有在全面检查的基础上，完全排除其他可能的病原体后才能诊断为肉毒梭菌中毒（Beiers 和 Simmons，1967）。急性发病动物的血清或血浆中的毒素有时能检测到，有时则不能，这可能与动物对不同种属病原体有不同易感性有关系。尽管由于吞咽肌麻痹造成吸入性肺炎，全身或组织学病变较少见。由于吞咽困难，造成胃肠区空虚无物。

从饲料和其他样品中进行肉毒梭菌的分离与鉴定对诊断的建立具有重要的参考意义（Muller，1967；Narayan，1967；Yamakawa 等，1992）。

预防和治疗（Treatment and Prevention）。 如果怀疑为肉毒梭菌中毒，则应该寻找毒素的来源，并且阻止畜群进一步采食可能引起中毒的剩余物。抗毒素治疗是治疗肉毒梭菌中毒的唯一的、特效的方法，当人类摄入怀疑含有毒素的食物时，应用抗毒素在降低病死率方面具有较好的效果（Lamanna 和 Carr，1967）。当兽医对动物治疗时，尽量注射含有该地流行的毒素种类制成的多价抗毒素。治疗目的就是减少胃肠道对毒素的持续吸收（注射硫酸镁），减少机体对毒素的持续吸收对疾病的痊愈有一定的帮助。

对于疾病的预防，主要是尽可能减少畜群采

食潜在的、含有毒素的物质，比如说腐败的垃圾，腐烂的动物组织。由于猪很少发生该病，故用类毒素进行免疫注射实用性较低。

（郑杰译，丁天健校）

参考文献
REFERENCES

Aikat BK, Dible JH. 1960. J Pathol 79:277.
Allo M, Silva J Jr, Fekety R, et al. 1979. Gastroenterology 76:351.
Amimoto K, Sasaki O, Isogai M, et al. 1998. J Vet Med Sci 60:681.
Amtsberg GW, Bisping W, el-Sulkhon SN, et al. 1976. Berl Munch Tierarztl Wochenschr 21:409–414.
Arbuckle JBR. 1972. J Pathol 106:65.
Awad MM, Ellemor DM, Bryant AE, et al. 2000. Microb Pathog 28:107.
Azuma R, Hamacka T, Shioi H, et al. 1983. Nippon Juigaku Zasshi 45:135.
Bakhtin AG. 1956. Veterinariya (Moscow) 33:30.
Bakker D, Corver J, Harmanus C, et al. 2010. J Clin Microbiol 48:3744–3749.
Ballard J, Sokolov Y, Yuan WL, et al. 1993. Mol Microbiol 10:627–634.
Barnes DM, Moon HW. 1964. J Am Vet Med Assoc 144:1391.
Bartlett JG. 1992. Clin Infect Dis 15:573.
Bartlett JG, Chang TW, Gurwith M, et al. 1978. N Engl J Med 298:531.
Batty I, Buntain D, Walker PD. 1964. Vet Rec 76:1115.
Batty I, Walker PD. 1963. J Pathol 85:517.
Beiers PR, Simmons GC. 1967. Aust Vet J 43:270.
Bergeland ME. 1972. J Am Vet Med Assoc 160:658.
Bergeland ME, Dermody TA, Sorensen DK. 1966. Porcine enteritis due to *Clostridium perfringens* type C. I. Epizootiology and diagnosis. Proc U S Livest Sanit Assoc 70:601.
Bernard W, Divers TJ, Whitlock RH, et al. 1987. J Am Vet Med Assoc 191:73.
Borriello SP, Wilcox MH. 1998. J Antimicrob Chemother 41(Suppl C):67–69.
Bueschel DM, Jost BH, Billington SJ, et al. 2003. Vet Microbiol 94:121.
Buogo C, Capaul S, Haeni H, et al. 1995. Zentralbl Veterinarmed B 42:51–58.
Burke MP, Opeskin K. 1999. Am J Forensic Med Pathol 20:158.
Busch C, Schomig K, Hofmann F, et al. 2001. Infect Immun 68:6378.
Centers for Disease Control and Prevention. 1998. Botulism in the United States, 1899–1996. Handbook for Epidemiologists, Clinicians, and Laboratory Workers, Atlanta, GA: Centers for Disease Control and Prevention.
Collins JE, Bergeland ME, Bouley D, et al. 1989. J Vet Diagn Invest 1:351–353.
Cotran RS. 1979. Lab Invest 17:39.
Dack GM, Gibbard J. 1926b. J Infect Dis 39:181.
Divers TJ, Bartholomew RC, Messick JB, et al. 1986. J Am Vet Med Assoc 188:382.
Dobereiner J, Tokarnia CH, Langenegger J, et al. 1992. Dtsch Tierarztl Wochenschr 99:188.
Doiurtre MP. 1967. Bull Off Int Epizoot 67:1497.
Duran CO, Walton JR. 1997. Pig J 39:37–53.
Eggleston EL. 1950. Vet Med 45:253.
Elder JM, Miles AA. 1957. J Pathol Bacteriol 74:133.

Enfors E, Gunnarsson A, Hurvell B, et al. 1975. Svensk Veterinär-tidning 27:333–339.

Estrada Correa AE, Taylor DJ. 1989. Vet Rec 124:606–611.

Field HL, Gibson EA. 1955. Vet Rec 67:31.

Field HL, Goodwin RFW. 1959. J Hyg (Camb) 57:81.

Finegold SM, Sutter VL, Mathisen GL. 1983. Normal indigenous intestinal flora. In D Hentges, ed. Human Intestinal Microflora in Health and Disease. New York: Academic Press, pp. 3–31.

Franzen P, Gustafsson A, Gunnardsson A. 1992. Svensk Veterinär-tidning 44:555–559.

Galey FD, Terra R, Walker R, et al. 2000. J Vet Diagn Invest 12:204–209.

Gibert M, Jolivet-Renaud C, Popoff MR. 1997. Gene 203:65–73.

Green DS, Green MJ, Hillyer MH, et al. 1987. Vet Rec 120:435–439.

Gualandi GL. 1955. Arch Vet Ital 6:57.

Hac LR, Habert AC. 1943. Penicillin in treatment of experimental Clostridium welchii infection. Proc Soc Exp Biol Med 53:61.

Harbola PC, Khera SS. 1990. Porcine enteritis due to Clostridium perfringens and its immunoprophylaxis. Proc Int Pig Vet Soc Congr 11:164.

Hatheway CL. 1990. Clin Microbiol Rev 3:66–98.

——. 1995. Curr Top Microbiol Immunol 195:55–75.

Havard HL, Hunter SEC, Titball RW. 1992. FEMS Microbiol Lett 97:77–81.

Herholz C, Miserez R, Nicolet J, et al. 1999. J Clin Microbiol 37:358–361.

Hogh P. 1965. Nord Vet Med 17:1.

——. 1967a. Acta Vet Scand 8:26.

——. 1967b. Acta Vet Scand 8:301.

Hunter PA, Dawson S, French GL, et al. 2010. J Antimicrob Chemother 65(Suppl 1):13–17.

Itoh H, Uchida M, Sugiura H, et al. 1987. J Jpn Vet Med Assoc 40:365–369.

Jaartsveld FHJ, Janssens FTM, Jobse CJ. 1962. Tijdschr Dierge-neeskd 87:768.

Jestin A, Popoff MR, Mahe S. 1985. Am J Vet Res 46:2149–2151.

Johannsen U, Arnold P, Kohler B, et al. 1993a. Monatsh Veteri-narmed 48:129–136.

Johannsen U, Arnold P, Köhler B, et al. 1993d. Monatsh Veteri-narmed 48:129–136.

Johannsen U, Menger S, Arnold P, et al. 1993b. Monatsh Veteri-narmed 48:267–273.

Johannsen U, Menger S, Arnold P, et al. 1993c. Monatsh Veteri-narmed 48:299–306.

Johnson S, Samore MH, Farrow KA. 1999. N Engl J Med 341:1645–1651.

Jones RL, Adney WS, Alexander AF, et al. 1988. J Am Vet Med Assoc 193:76–79.

Kahn CM. 1924. J Infect Dis 35:423–478.

Kaplan MM. 1943. Middx Vet 3:8.

Keel MK, Songer JG. 2007. Vet Pathol 44:814–822.

——. 2011. Vet Pathol 48:369–380.

Kelch WJ, Kerr LA, Pringle JK, et al. 2000. J Vet Diagn Invest 12:453–455.

Kellaway CH, Reid G, Trethewie ER. 1941. Aust J Exp Biol Med Sci 19:277.

Kelly AR, Jones RJ, Gillick JC, et al. 1984. Equine Vet J 16:519–521.

Kennedy KK, Norris SJ, Beckenhauer WH, et al. 1977. Am J Vet Res 38:1515–1518.

Kinde H, Betty RL, Ardans A, et al. 1991. J Am Vet Med Assoc 199:742–746.

Kink JA, Williams JA. 1998. Infect Immun 66:2018–2025.

Kojima A, Uchida I, Sekizaki T, et al. 2000. Vet Microbiol 76:359–372.

Kubo M, Watase H. 1985. Nippon Juigaku Zasshi 47:497–501.

Kuhnert P, Capaul SE, Nicolet J, et al. 1996. Int J Syst Bacteriol 46:1174–1176.

Kyriakis SC, Sarris K, Kritas SK. 1995. Zentralbl Veterinarmed B 42:355–359.

Lamanna C, Carr CJ. 1967. Clin Pharmacol Ther 8:286–332.

Libby JM, Jortner BS, Wilkins TD. 1982. Infect Immun 36:822–829.

Linial M. 1995. Isr J Med Sci 31:591–595.

MacLennan JD. 1962. Bacteriol Rev 26:177.

Madsen DP. 1995. Swine Health Prod 3:207–208.

Mansson I, Smith LDS. 1962. Acta Pathol Microbiol Scand 55:342–348.

Martig J. 1966. Schweiz Arch Tierheilkd 108:303.

Matishek PH, McGrinley M. 1986. Am J Vet Res 46:2147–2148.

Matthias D, Illner F, Bauman G. 1968. Arch Exp Veterinarmed 22:417.

Mavenyengwa M, Matope G. 1995. Zimbabwe Vet J 26:135–138.

May AJ, Whaler BC. 1958. Br J Exp Pathol 39:307.

Meer RR, Songer JG. 1997. Am J Vet Res 58:702–705.

Meszaros J, Pesti L. 1965. Acta Vet Acad Sci Hung 15:465.

Mihaljevic K. 1966. Vet Arh 36:152.

Miwa N, Nishima T, Kubo S, et al. 1997. J Vet Med Sci 59:89–92.

Morin M, Turgeon D, Jolette J, et al. 1983. Can J Comp Med 47:11.

Muller J. 1967. Bull Off Int Epizoot 67:1473–1478.

Nabuurs MJA, Haagsma J, van der Molen EJ, et al. 1983. Ann Rech Vet 14:408–411.

Narayan KG. 1967. Zentralbl Bakteriol [Orig] 202:212–220.

Ohnuna Y, Kondo H, Saino H, et al. 1992. J Jpn Vet Med Assoc 45:738–741.

Olubunmi PA, Taylor DJ. 1985. Trop Vet 3:28–33.

Plaisier AJ. 1971. Tijdschr Diergeneesk 96:324.

Popoff MR, Jestin A. 1985. Am J Vet Res 47:1132–1133.

Post KW, Jost BH, Songer JG. 2002. J Vet Diagn Invest 14:258–259.

Princewill TJ, Oakley CL. 1976. Med Lab Sci 33:110–118.

Princewill TJT. 1985. Bull Anim Health Prod Afr 33:323–326.

Ramachandran S. 1969. Indian Vet J 46:754–768.

Ramisse J, Brement A, Poirier J, et al. 1979. Rev Vet Med 130:111–122.

Ricketts SW, Greet TRC, Glyn PJ, et al. 1984. Equine Vet J 16:515–518.

Ripley PH, Gush AF. 1983. Vet Rec 112:201.

Rood JI, Buddle JR, Wales AJ, et al. 1985. Aust Vet J 62:276–279.

Rutter JM, Collee JG. 1967. J Med Microbiol 2:395–417.

Schoenbaum MA, Hall SM, Glock RD, et al. 2000. J Am Vet Med Assoc 217:365–368.

Secasiu V. 1984. Revista de crestera animalelor 2:38–45.

Selzer J, Hofmann F, Rex G, et al. 1996. J Biol Chem 271:25173–25177.

Shapiro RL, Hatheway C, Swerdlow DL. 1998. Ann Intern Med 129:221–228.

Smintzis G, Dunn D. 1950. Bull Soc Sci Vet (Lyon):71.

Smith GR, Milligan RA. 1979. J Hyg (Camb) 83:237–241.

Smith LDS. 1977. Botulism in animals. In Botulism: The Organism, Its Toxins, the Disease. Springfield, IL: Charles C. Thomas, p. 236.

——. 1979. Rev Infect Dis 1:637–641.

Smith LDS, Davis JW, Libke KG. 1971. Am J Vet Res 32:1327.

Smith LDS, Holdeman LV. 1968. In The Pathogenic Anaerobic Bacteria. Springfield, IL: Charles C. Thomas.

Songer JG, Meer RR. 1996. Anaerobe 2:197–203.

Songer JG, Post KW, Larson DJ, et al. 2000. Swine Health Prod 8:185–189.

Sterne M, Edwards JB. 1955. Vet Rec 67:314.

Swerczek TW. 1980. J Am Vet Med Assoc 176:348–350.

Szabo S, Szent-Ivanyi T. 1957. Acta Vet Acad Sci Hung 7:413.

Szent-Ivanyi T, Szabo S. 1955. Magy Allatorv Lapja 10:403.

Tamura Y, Kijima-Tanaka M, Aoki A, et al. 1995. Microbiology 141:605–610.

Taylor DJ, Bergeland ME. 1992. Clostridial infections. In AD Leman, BE Straw, WL Mengeling, S DAllaire, DJ Taylor, eds. Diseases of Swine, 7th ed. Ames, IA: Iowa State University Press, pp. 454–469.

Taylor DJ, Estrada Correa AE. 1988. Avoparcin in the prevention of enterotoxigenic *C. perfringens* type A infections and diarrhoea in pigs. Proc Int Pig Vet Soc Congr 10:140.

Taylor WI, Novak M. 1952. Antibiot Chemother 2:639.

Titball RW, Fearn AM, Williamson ED. 1993. FEMS Microbiol Lett 110:45–50.

Uzal FA, Saputo J, Sayeed S, et al. 2009. Infect Immun 77: 5291–5299.

van Damme-Jongsten M, Haagsma J, Notermans S. 1990. Vet Rec 126:191–192.

Veronesi R. 1966. Antibiotics versus antitetanic serum in the prevention of human tetanus. Principles on Tetanus. In Proc 2nd Int Conf Tetanus, p. 417.

Verpoort JA, Joubert FJ, Jansen BC. 1966. S Afr J Agric Sci 9: 153–172.

Viscidi R, Laughon BE, Yolken R. 1983. J Infect Dis 148:93–100.

von Scheibner G. 1955. Dtsch Tierarztl Wochenschr 62:355.

Walker PD, Murrell TGC, Nagy LK. 1980. J Med Microbiol 13:445.

Warrack GH. 1963. Bull Off Int Epizoot 59:1393.

Waters EH, Orr JP, Clark EG, et al. 1998. J Vet Diagn Invest 10: 104–108.

Waters M, Savoie A, Garmory HS, et al. 2003. J Clin Microbiol 41: 3584–3591.

Weese JS, Wakeford T, Reid-Smith R, et al. 2010. Anaerobe 16: 501–504.

Whitlock RH. 1997. Vet Clin North Am Equine Pract 13: 107–128.

Whitlock RH, Williams JM. 1999. Proc Annu Conf Am Assoc Bovine Pract 32:45–53.

Wichtel JJ, Whitlock RH. 1991. J Am Vet Med Assoc 199: 471–472.

Williamson ED, Titball RW. 1993. Vaccine 11:1253–1258.

Yaeger M, Funk N, Hoffman L. 2002. J Vet Diagn Invest 14: 281–287.

Yamakawa K, Kamiya S, Yoshimura K, et al. 1992. Microbiol Immunol 36:29–34.

Zeller M. 1956. Tierarztl Umsch 11:406.

53 大肠杆菌病

Colibacillosis

John M. Fairbrother 和 Carlton L. Gyles

背景

RELEVANCE

只要提起猪,大肠杆菌引起的疾病就是一个公认的问题。20 世纪 60 年代和 70 年代的早期研究已经阐明了可引起新生仔猪腹泻的大肠杆菌的致病机制,使得有效的控制母猪患病的疫苗得以发展。然而,母猪疫苗并不能预防断奶仔猪发生的腹泻和水肿病(ED)。

据我们了解,通过更精确的诊断方法,越来越多有关大肠杆菌引发疾病的新进展已经使得致病菌株可以根据所存在的毒力因子得到更好的分类。由于耐药基因转移进入食物链的可能性,抗菌素耐药性往往会限制养猪者的治疗选择范围,并且会增加公共卫生危险。这些都促进了替代控制方法,如新型断奶仔猪疫苗的研究。

在世界各地,大肠杆菌是猪群中很多疾病,包括新生仔猪腹泻、断奶仔猪腹泻(PWD)、ED、败血症、多发性浆膜炎、大肠菌性乳房炎(CM)和尿路感染(UTI)的一个重要原因。

特别是由于发病率、死亡率和体重降低的增加,以及治疗、疫苗和饲料添加剂的成本增加,大肠杆菌引起的腹泻和 ED 可能导致显著的经济损失。大肠杆菌性 PWD 也被称为断奶仔猪肠型大肠杆菌病。因为胃和结肠系膜黏膜下层水肿往往是这个疾病的一个突出特点,所以 ED 也称为"肠水肿"和"内脏水肿"。大肠杆菌性 PWD 和 ED 可能独立发生,也可能在一次暴发中或在同一头猪中同时出现。在许多农场 PWD 呈地方性,它的流行随时间波动。

近年来,在猪身上发现了一个更为厉害的大肠杆菌感染,主要表现为断奶后 2~3 周发生突然死亡或严重腹泻。分离到的大肠杆菌通常能抵抗多种抗菌素。

产后泌乳障碍综合征(PPDS)或乳房炎、子宫炎、无乳综合征(MMA)导致猪饥饿,是一种产后产奶量降低的特征,复杂的能引起重大经济损失的疾病(详见第 18 章)。其中乳房炎是最重要的一种,在感染母猪中最常分离到的细菌是大肠杆菌类细菌和占主导地位的大肠杆菌群。"大肠杆菌性乳房炎"(CM)这一术语被用来命名产后母猪的乳房炎。

正常无菌的尿路某部分一旦有细菌的定植,就会出现尿路感染(UTI)。UTI 是一种可能有也可能没有临床或亚临床症状的疾病。在猪,特异性 UTI 是由猪放线菌引起的(第 48 章),这与非特异性的 UTI 不同,后者是由多种微生物引起的,本章将进行讨论。根据 Liebhold 等(1995)的报道结果可知,这种非特异性的 UTI 为猪放线菌感染铺平了道路。

猪病学,第 10 版,由 Jeffrey J. Zimmerman, Locke A. Karriker , Alejandro Ramirez, Kent J. Schwartz, Gregory W. Stevenson 主编。

© 2012 John Wiley & Sons, Inc. 由 John Wiley & Sons, Inc. 2012 年出版。

某些大肠杆菌,尤其是 O157:H7 血清型,O26 血清型和其他非 O157 大肠杆菌,可能散在地出现在正常猪的肠道和粪便的中,而且被认为是人畜共患。

病因学
ETIOLOGY

分类学、形态学和实验室培养
Taxonomy, Morphology, and Laboratory Cultivation

大肠杆菌是以德国儿科医生 Theodor Escherich(1857—1911)的名字而命名的。大肠杆菌是属于肠杆菌科,需氧或兼性厌氧的革兰氏阴性杆菌。大肠杆菌属包括胃肠道的部分正常杆菌及引起猪肠道内外疾病的病原菌。

大肠埃希氏菌是革兰氏阴性杆菌,能运动,周身鞭毛长短不一,直径约 1 μm。在固体培养基上,1 d 即可长成较大菌落,菌落表面平滑或粗糙。能产生 F4(K88)或 F18 黏附素的肠毒素性大肠杆菌(ETEC)和水肿病大肠杆菌(EDEC)分离株,和某些能产生 F6(987P)分离株在血琼脂上都具有溶血性。所有来自猪的其他 ETEC 都不具有溶血性。多种选择性培养基可以用于培养大肠杆菌。

物种鉴定主要依靠生化特性,但是并没有鉴别性生化试验可以使 100% 的菌株都呈现阳性反应。因此,应用市售诊断试剂盒需鉴定至少 50 个特性以获得高度准确性,并通过计算辅助程序对数据进行分析。确定 DNA 相关性即菌种鉴定的科学基础仅局限于实验室研究。

分类
Classification

血清型可用多种方法分类,到目前为止,各血清型一般与菌种的毒力相关。完整的血清分型应包括菌体抗原(O 抗原)、荚膜抗原(K 抗原)、鞭毛抗原(H 抗原)及菌毛抗原(F 抗原)的鉴定。血清分型局限于已证实或被怀疑的病原分离株,因此,与沙门氏杆菌不同,只有少部分大肠杆菌分离株可以通过现有抗血清来分型。到目前为止,已有 175 个 O 抗原,80 个 K 抗原,56 个 H 抗原及 20 多个 F 抗原被正式鉴定。

能够引起病理变化的细菌性状被称为毒力因子。在过去的很多年里,这个术语一直在致病性大肠杆菌中应用。根据大肠杆菌毒力机制,致病型这个术语可以用来鉴定其类型。这个方法将致病性大肠杆菌分为很多类,如 ETEC;包括 EDEC 和肠出血性大肠杆菌(EHEC)在内的能产生志贺氏菌毒素的大肠杆菌(STEC);致肠病性大肠杆菌(EPEC);肠外致病性大肠杆菌 (ExPEC)(Gyles 和 Fairbrother,2010)。

检测毒力因子对于鉴定致病型大肠杆菌非常重要,可以根据大肠杆菌特定的毒力因子来确定其致病特性。表 53.1 总结了大肠杆菌的主要致病型,其共同的毒力因子和血清型,以及它们引起的疾病。

表 53.1　猪致病性大肠杆菌的主要致病型,细菌细胞表面配基,毒素和血清型

致病型	细菌细胞表面配基	毒素	血清型	疾病
ETEC	F5(K99),F6(987P),F41	STa	O8,O9,O20,O64,O101	新生仔猪腹泻
	F4(K88)	STa,STb,LT,EAST-1,α-溶血素	O8,O138,O141,O145,O147,O149,O157	新生仔猪腹泻断奶仔猪腹泻
	F4(K88),AIDA,未知	STa,STb,LT,EAST-1,α-溶血素	O8,O138,O139,O141,O147,O149,O157,O?:K48	PWD
	F18,AIDA	STa,STb,LT,Stx (VT),EAST-1,α-溶血素	O8,O138,O139,O141,O147,O149,O157	
EPEC	Eae (intimin)		O45,O103	

续表 53.1

致病型	细菌细胞表面配基	毒素	血清型	疾病
STEC (VTEC)	F18,AIDA	Stx2e（VT2e），EAST-1，α-溶血素	O138,O139,O141,O147	ED
	Eae（intimin）	Stx1 和/或 Stx2	O157	猪中没有；人类血性腹泻和溶血性尿毒综合征
ExPEC	P,S	CNF	O6，O8，O9，O11，O15，O17，O18，O20，O45，O60，O78，O83,O93,O101，O112,O115，O116	大肠杆菌性败血症/多发性浆膜炎
	P,S	CNF	O1,O4,O6,O18	泌尿生殖感染

肠毒素性大肠杆菌（Enterotoxigenic *Escherichia coli*）。ETEC 是猪最重要的致病型菌株，包括能产生一种或几种肠毒素引起分泌性腹泻菌株（Fairbrother 等，2005；Gyles 和 Fairbrother，2010）。猪 ETEC 主要产生两类肠毒素：热稳定毒素（ST）和热敏感毒素（LT）（Guerrant 等，1985）。根据在甲醇中的溶解性和生化特性，ST 又进一步分为 STa 和 STb（Burgess 等，1978）。而且，LT 有两个亚单位，LT Ⅰ 和 LT Ⅱ 已有报道（Holmes 等，1986）。大肠杆菌肠毒素及其活力在其他地方进行详细描述（Gyles 和 Fairbrother，2010）。

为了定植和产生糖复合物，在具有肠毒素微环境下，ETEC 必须附着于小肠黏膜上皮细胞或结膜层上。细菌细胞通过菌毛黏附素附着。这些如毛发状的附着物从菌体上伸出，由结构蛋白亚单位组成，常起支持菌毛顶端的黏液蛋白的作用。在电子显微镜下观察，ETEC 通常位于离微绒毛约半个菌体宽的地方，菌毛有时也可能在细菌和微绒毛之间出现（图 53.1）。菌毛依据血清学反应进行分类。

新生仔猪肠毒素性大肠杆菌（Neonatal Enterotoxigenic *Escherichia coli*）。引起新生仔猪腹泻的 ETEC 通常只产生热稳定肠毒素 Sta 和一个或多个菌毛 F4（K88），F5（K99），F6（987P）和 F41。其中，F4（K88）阳性的 ETEC 通常属于 O149,O8,O147 和 O157 血清型（Harel 等，1991；Soderlind 等，1988；Wilson 和 Francis,1986），F5（K99）、F6（987P）和 F41 阳性的 ETEC 通常分别

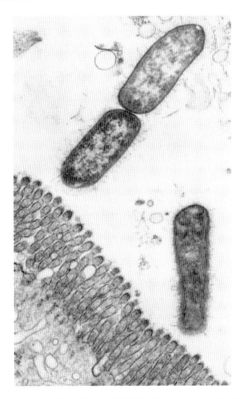

图 53.1　肠道内肠毒素性大肠杆菌（ETEC）典型性菌毛附着电镜图。如毛发状的附着物从菌体上伸出，位于离肠道上皮细胞的细菌细胞表面微绒毛约半个菌体宽的地方。

属于 O8、O9、O64 和 O101 血清型。

断奶仔猪肠毒素性大肠杆菌（Postweaning Enterotoxigenic *Escherichia coli*）。这些 PWD 菌株通常或者具有 F4（K88）菌毛黏附素或者具有 F18 菌毛黏附素（Fairbrother 等，2005；Francis，2002；Frydendahl,2002；Mainil 等，2002；Zhang

等,2007)。然而,一些 F4(K88)和 F18 阴性的 PWD 毒力因子已经被确定(Do 等,2006;Frydendahl,2002)。在腹泻过程中,这些 F4(K88)和 F18 阴性的毒力因子的功能还没研究清楚。

基于抗原差异,PWD 两种菌毛类型都有几个不同的亚型。F4(K88)的变种 ab、ac 和 ad 已有被报道。然而,几乎所有的都属于 F4ac(K88ac),而且通常被简称为 F4(K88)。F18 有两个主要的变种,ab 和 ac。后者多与 PWD 菌株相关,然而 F18ab 与 ED 菌株相关。从断奶仔猪分离出来的,具有 STb 或 STb:EAST-1 毒力因子的 ETEC 分离株也可以产生一种最初在人类大肠杆菌中检测到的参与弥漫性黏附素(AIDA-I)(Mainil 等,2002;Ngeleka 等,2003;Niewerth 等,2001)目前在 PWD,大多数 F4(K88)阳性分离株属于 O149 血清型,而 F18 分离株更为复杂,包含 O139、O138、O141、O147 和 O157 血清型。来自 PWD 感染猪的致病性 ETEC 共同血清毒力型列于表 53.2。

表 53.2 来自 PWD 或 ED 感染猪的致病性大肠杆菌的共同血清毒力型

菌毛黏附素	血清毒力型
F4(K88)	O149:LT:STb:EAST-1
	O149:LT:STa:STb:EAST-1
	O149:LT:STb
F18	O149:LT:STb:EAST-1
	O138:STa:STb
	O138:LT:STb:EAST1:Stx2e
	O139:Stx2e:(AIDA)
	O147:STa:STb:AIDA
未知	O?:STa:STb
	O?:STa:STb:Stx2e
	O?:STa:STb
	O?:STb:EAST-1:AIDA
	O45/O?:Eae:(EAST-1)

注:括号内的致病因子并不总是在检测时存在,也不总是在所有实验室检测。

某些菌株,无论是 F18ab 菌毛变种还是 F18ac 菌毛变种,能够产生肠毒素和 Stx2e(见"能产生志贺氏菌毒素的大肠杆菌")。这些菌株被归类为 ETEC 而不是 STEC,因为在临床上它们引起 PWD 的概率多于 ED。存在 F18 阳性的 STEC 和 F4(K88)阳性的 ETEC 混合感染的现象。在这些情况下,虽然可能存在 ED 病理学变化,但是主要的临床表现往往是由 F4(K88)阳性的 ETEC 引发的腹泻。

ETEC 也可能继发败血症,特别是大猪。这些分离株最常见的血清毒力型见表 53.2。

致病性大肠杆菌(Enteropathogenic *Escherichia coli*)。在 PWD 感染猪,发现的另一个致病型被称为 EPEC。EPEC 最初与儿童腹泻相关,尤其是在发展中国家。这些细菌并不是靠菌毛黏附的,相反,他们有一个复杂的分泌系统,能将超过 20 的效应蛋白注进宿主细胞,致使细菌紧密依附到宿主肠上皮,发展为"黏附性和损伤性"(AE)特征(图 53.2)。EPEC 和其他引起 AE 病变的细菌都被称为黏附和损伤性大肠杆菌(AEEC)。来自不同动物物种的 EPEC 可能具有不同的毒力因子,但都拥有 EPEC 黏附和损伤因子(Eae 或 intimin)变种。细菌外膜蛋白黏附素具有紧密依附的作用,因此,Eae(intimin)的存在就代表 EPEC 的存在。EPEC 不具有经典 ETEC PWD 或 ED 菌株的任何毒力因子(Zhu 等,1994)。

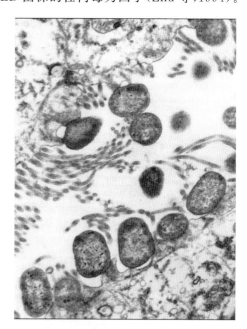

图 53.2 致病性大肠杆菌(*EPEC*)紧密黏附和典型的黏附和损伤性病变(*AE*)电镜图。细菌紧密黏附在肠上皮细胞膜顶端,使根尖细胞的细胞质中出现高密度区域,同时损伤细胞微绒毛。

能产生 Stx2e 的大肠杆菌,水肿病大肠杆菌和肠出血性大肠杆菌(Shiga Toxin-Producing *Escherichia coli*,Edema Disease *Escherichia coli*, and Enterohemorrhagic *Escherichia coli*)。STEC 能产生一个或多个家族的细胞毒素,统称为志贺毒素(STX)或细胞外毒素(VT),之所以这样称呼是因为它们与痢疾杆菌毒素的结构具有相似性,而且对培养的 Vero 细胞具有杀伤性(Mainil,1999)。在许多文献中这两个名字是交替使用的。许多 STEC 可能不致病,但却以肠道正常菌群的形式存在。然而,某些 STEC 菌株具有一些附加的毒力因子可能具有高度的致病性。在猪最重要的是能引起 ED 的 STEC,即 EDEC。这些菌株能产生 Stx2e(VT2e)Stx 变种,也可能具有 F18ab 或 F18ac 菌毛变种(DebRoy 等,2009)。多数 EDEC 属于 O139 血清型。常见的 EDEC 血清毒力型见表 53.2。另一 STEC 亚群也被称为肠出血性大肠杆菌,在人类属于高致病性致病型菌株。大多数 EHEC 是 AE,也具有 Eae 和与 EPEC 相同的分泌系统。

造成严重休克的大肠杆菌(*Escherichia coli* Causing Fatal Shock)。大肠杆菌病并发休克也发生在仔猪断奶前后。与此病相关的大肠杆菌或者是(1)通常属于 O157、O149 或 O8 血清型,只是偶尔产生 Stx2e 的 F4(K88)阳性的 ETEC(Faubert 和 Drolet,1992);或者是(2)与 ED 有关的能产生 Stx2e 的大肠杆菌。

肠道外致病性大肠杆菌(Extraintestinal Pathogenic *Escherichia coli*)。ExPEC 是一组不同种类的大肠杆菌,如此命名是因为他们的正常定植地是在肠道,但却能侵入引起菌血症,并诱发败血症或局部肠道外感染,如脑膜炎、关节炎(Fairbrother 和 Ngeleka,1994;Morris 和 Sojka,1985)。与 ETEC、EPEC 和 STEC 相反,经鉴定它们并不是具有一个恒定的毒力因子群。相反,它们拥有大量毒力因子,而且菌株间变化很大。它们往往拥有有助于细菌定植的 P、S 和 F1C 家族菌毛抗原(Dozois 等,1997),以及细胞毒素如溶血素和细胞毒性坏死因子(CNF)。它们通常包含一个或几个 iron-捕捉系统,如 aerobactin,这个系统可以使他们能在血液和肠道外其他组织中生存(Gyles 和 Fairbrother,2010)。ExPEC 拥有

脂多糖类(LPS;O 抗原)和小容器物质(K 抗原),它们都可以保护细菌避开血清补体和吞噬细胞的杀伤作用。

在败血症病例中,只有相对少的大肠杆菌血清型被报道。在分离株中,O8,O6,O9,O11,O15,O17,O18,O20,O45,O60,O78,O83,O93,O101,O112,O115 和 O116 血清型最常被鉴定为与败血症有关(Fairbrother 等,1989)。

大肠菌乳腺炎大肠杆菌(Coliform Mastitis *Escherichia coli*)。母猪 CM 出现在粪便污染物中,并非接触性传染。在畜群中一个母猪不同腺体间,甚至是亚腺间,发现了来自乳腺炎病例的大肠杆菌分离株具有多个血清型(Awad-Masalmeh 等,1990;Morner 等,1998)。异质性乳腺炎分离株也被随机扩增多态性 DNA 基因分型证实(Ramasoota 等,2000)。这各种各样的与 CM 有关的大肠菌群证明了有潜在致病性细菌有大量蓄积。虽然血清抗性和纤连蛋白结合能力都与这些分离株有关,但来自 CM 的大肠杆菌的毒力因子还是不太清楚。

非特异性泌尿道感染大肠杆菌(Nonspecific Urinary Tract Infection *Escherichia coli*)。非特异性 UTI 可以由包括大肠杆菌在内的一种或多种细菌引起。来自 UTI 感染猪的大肠杆菌分离株都还未得到很好的鉴定。关于毒力分布,来自猪肾盂肾炎的分离株不同于那些来自人肾盂肾炎的分离株,很少引起溶血且往往具有 P 和 F1C 菌毛(Krag 等,2009)。

毒力因子遗传学特征
Genetics of Virulence

多数大肠杆菌病,由质粒、噬菌体或致病性岛(PAIs)编码的毒力基因决定致病性(Gyles 和 Fairbrother,2010)。质粒为肠毒素或菌毛而编码,噬菌体为 Stx 而编码,PAI 为 EPEC 和 EHEC 中的 AE 病变而编码。在多数肠外感染的品系中,菌毛基因、细胞毒素基因及溶血素基因多在染色体上。在实验室很容易将质粒从供体转到受体菌株中,但在实际情况中这种转导不是主要的。致病性大肠杆菌的遗传物质非常稳定,这是因为特定品系的毒力因子是受许多因素影响的,而有些受菌体不表达转导的质粒特征。临床上较为重

要的抗菌剂抗性的产生是个例外。

公共卫生
PUBLIC HEALTH

STEC 亚群 EHEC，尤其是 EHEC O157：H7，O26 和其他非 O157 血清型的某些大肠杆菌，可能偶尔会在正常猪的肠道和粪便中存在，而且是人畜共患，因为它们可能通过动物粪便污染的食物或水感染人类，导致血性腹泻、出血性结肠炎，和/或溶血性尿毒综合征（Fairbrother 和 Nadeau，2006）。猪不是 O157 EHEC 的主要来源，患病率通常很低。牛和其他反刍动物是人畜共患 EHEC 的主要宿主。ED 与能密切产生相关 Stx 的 EHEC 引起的人类疾病类似。然而，人类 EHEC 菌株定植肠道的机制与 EDEC 和 Stx 定植靶器官有所区别（Gyles 和 Fairbrother，2010）。与 ED 相关的血清型与能引起人类疾病 EHEC 不同。

使用抗菌素，无论是用在饲料中作为生长促进剂还是口服或注射用来治疗细菌感染，肠道生态系统中共生的和致病的大肠杆菌，都可能获得抗菌素耐药性。当对首选用于治疗重症感染的抗菌素具有耐药性菌株进入食物链时，就会限制人类可使用的药物，如第三代头孢菌素类（例如头孢噻呋）和氟喹诺酮类药物（例如恩诺沙星），构成公共卫生威胁。

流行病学
EPIDEMIOLOGY

在工业化国家和发展中国家，在温带，亚热带和热带，感染大肠杆菌都非常普遍。在饲养商品猪的所有国家都会发生腹泻（新生仔猪 ETEC，断奶仔猪 ETEC 和 EPEC）、EDEC 引起的 ED，ExPEC、CM 和 UTI 引起的系统感染。

猪的大肠杆菌多存在于胃肠道。个别猪的大肠杆菌群较为复杂，在一个猪体中可鉴定出 25 种以上的菌株（Hinton 等，1985）。很多显性品系在肠道内 1 d 或数周内就发生改变而引起显性菌群的连续变化（Katouli 等，1995 年）。大肠杆菌的繁殖多在小肠内进行，一般在回肠与结肠间数量保持不变（McAllister 等，1979）。在每克大肠流动物中可分离出 1×10^7 左右的活菌，但大肠杆菌数小于全部细菌数的 1%。

在肠道外，大肠杆菌在粪便污染的饲料、水、土壤和猪舍环境中被发现。在诸多因素中，低温和充足的水分是大肠杆菌在环境中长期存在的促进因素。在泥土样品中，猪大肠杆菌 O139：K82 株可保持其活力在 11 周以上（Burrows 和 Rankin，1970）。据推测，致病性大肠杆菌的是通过气溶胶、饲料、其他车辆、猪和其他可能的动物进行传播的。F4（K88）阳性 ETEC 菌株传播试验中多次发现，距离 1.5 m 的铁丝笼中猪之间存在空气传播现象。

由 ETEC、EDEC 和 EPEC 引起的肠道感染具有传染性。同一菌株通常在许多头病猪中发现，也常常在连续批次的猪中发现。相反，由 ExPEC 和大肠杆菌引起的 CM 和 UTI 感染，不具有传染性。由一个以上菌株引起的混合感染非常常见。在 ExPEC 病例和已存在细菌通过从粪便和/或环境污染的乳头及尿道入侵的 CM 和 UTI 病例而导致混合感染。

常规的清洗和消毒是往往不足以打破大肠杆菌感染循环（Hampson 等，1987）。然而，在实验条件下可以通过严格的卫生措施来预防（Kausche 等，1992）。大肠杆菌分离株对常用消毒剂敏感性的研究数据有限。根据丹麦的一项研究，畜禽排泄的大肠杆菌分离株不能抵抗耐苯扎氯铵、H_2O_2、醋酸、甲醛或氯化锌（Aarestrup 和 Hasman，2004）。然而，Beier 等（2005）证实，来自发生腹泻的新生仔猪的与耐庆大霉素和链霉素相关的烈性大肠杆菌分离株对洗必泰敏感性降低。这些发现强调了这种抗性的转移，以及环境污染的可能影响。

新生仔猪大肠杆菌性腹泻
NEONATAL *ESCHERICHIA COLI* DIARRHEA

由大肠杆菌引起的新生仔猪腹泻多发生在 0～4 日龄，这种菌被称为 ETEC。新生仔猪从脱离母猪子宫到吃奶的期间，接触了产床、母猪的皮肤等严重污染的环境导致食入来自于母猪肠道菌群的细菌。这样，在一个卫生条件不好或污染的产仔系统中，环境中致病性大肠杆菌的增加都可能导致新生仔猪大肠杆菌性腹泻的暴发。

致病机理

Pathogenesis

在特定环境及宿主条件下,ETEC 在宿主肠道内繁殖并通过特异的毒力因子导致腹泻。根据毒力因子的产生而确定大肠杆菌的分类来讨论发病机理(表 53.1;也见上述"病原学"部分)。对各种猪大肠杆菌病发展的危险因素总结见表 53.3 ETEC 必须能黏附和定植于肠道黏膜以释放足够的肠毒素来引起腹泻。依附于黏膜上皮细胞和邻近的黏膜层特异性受体可以介导如毛发状的附着物从菌体上伸出(图 53.1)。

影响新生仔猪的 ETEC,能产生一个或多个定植在整个空肠和回肠部的 F4(K88)菌毛,和多定植在空肠或回肠下部的 F5 (K99)、F6 (987P)和 F411 菌毛。在出生的最初几天仔猪对 F5 (K99)和 F6 (987P)阳性的 ETEC 最敏感,随后抵抗力变强。这说明了,这种敏感性可能与随日龄增长而导致的肠上皮细胞受体数量减少,以及通过优先与黏液 F6 (987P)受体而非肠上皮细胞 F6 (987P)受体结合引起的定植抑制有关。

ETEC 黏附在小肠黏膜上产生肠毒素,继而使小肠中水分和电解质的量发生改变,如果大肠不能将来自小肠的过多水分吸收,则会导致腹泻。过量的分泌导致脱水、代谢性酸中毒,最终死亡。新生仔猪 ETEC 多数菌株会产生热稳定肠毒素 STa。

STa(STI,ST1,鼠 ST)是小分子无免疫原性蛋白,其分子量为 2 000 (Lallier 等,1982)。STa 在乳鼠和 2 周龄内仔猪体内有活性,但在 2 周龄以上仔猪体内活性较低,这可能是由于在不同日龄猪体内肠道受体量不同(Cohen 等,1988)。根据编码毒素的基因差别,由人和猪 ETEC 产生的 STa 分别被命名为 STah 和 STap。STa 结合于小肠上皮受体的鸟苷酸环化酶上,并激活鸟苷酸环化酶,继而刺激环鸟苷酸(cGMP)的产生(Giannella 和 Mann,2003),导致电解质和液体的分泌。基于 STa 受体的浓度和亲和力,在针对 Sta 的反应中,空肠后段是分泌过多主要位置。

在哺乳仔猪,ETEC 引起疾病的严重程度取决于母猪乳汁的抗体滴度(Sarmiento 等,1988b)。初乳中含有非特异性杀菌因子及特异性抗体(IgG 和 IgA)可以抑制致病性大肠杆菌在肠道的附着。如果母猪在产仔前未曾接触过致病性大肠杆菌,也不会在初乳中有特异性抗体,因而,仔猪就会对大肠杆菌易感。同样,如果个别仔猪由于受伤,缺少竞争力,母猪乳汁缺乏,乳头不足等原因不能获得初乳,也会对大肠杆菌易感。

产房的低温环境度也能影响疾病的严重程度。饲养于温度低于 77℉(25℃)条件下的猪肠管蠕动能力显著降低,结果细菌的排出及保护性抗体的分泌都降低(Sarmiento,1983)。这些猪比饲养于 86℉(30℃)条件下的猪肠道内致病性大肠杆菌的数量多,腹泻更严重。

表 53.3 针对大肠杆菌病发展的危险因素

疾病	病原学	危险因素	
	致病性或其他大肠杆菌	宿主	环境
新生仔猪腹泻	ETEC:F4,F5,F6,F41	• F5、F6 敏感性随着年龄的增长而下降 • F18 敏感性低,但会随着年龄的增加而增加 • F4 敏感性不受年龄影响 • 首次怀孕:母源抗体水平低	环境温度低于 25℃
败血症	ExPEC	初乳低转移	
仔猪腹泻	ETEC:F4		出现其他感染,如轮状病毒、牛或猪传染性胃肠炎病毒

续表 53.3

疾病	病原学	危险因素	
	致病性或其他大肠杆菌	宿主	环境
伴有休克的大肠杆菌病	ETEC:F4	· 由于缺乏受体,高达 50% 的猪可以抵抗 F4 · 由于缺乏受体,一些猪可以抵抗 F18	
ED	STEC:F18	处于快速生长期的猪	· 高蛋白饮食 · 运输 · 混群饲养 · 断奶早期
PWD	ETEC: F4, F18, ETEC: AIDA, EPEC, 混合致病型大肠杆菌	· 紧张 · 母乳中缺乏特异性抗体	· 低水平的母乳和其他动物源性产品 · 特定成分如黄豆 · 存在其他感染,如 PRRSV、PRV
泌尿生殖道感染	ExPEC	· 上次怀孕期 · 分娩 · 性交损伤	

临床症状
Clinical Signs

不同大肠杆菌病的临床症状和最常感染日龄段见表 53.4。新生仔猪下痢可在仔猪出生 2～3 h 后发生,可影响单个猪或整窝猪。初产母猪所产的仔猪比经产母猪所产的仔猪更易感。感染猪群的发病率变数很大,平均 30%～40%,但一些猪群中可能高达 80%。少量猪的感染可能非常迅速,以致于在没有出现腹泻时就已经死亡。

腹泻症状可能非常轻,无脱水表现或腹泻物清亮,呈水样。粪便颜色不一,从清亮到白色或程度不一的棕色。在较严重流行时,少量病猪可能呕吐,由于体液流进肠管可造成体重下降 30%～40% 并伴发脱水症状,腹肌系统松弛、无力,猪精神抑郁、迟钝,眼睛无光,皮肤蓝灰色,质地枯燥,水分丢失和体重下降,不久仔猪死亡。在慢性或不很严重时,猪的肛门和会阴部可能由于与碱性粪便接触而发炎。脱水不严重的病猪可能还饮水,治疗及时可以恢复,只是有一点长期病变。

病理变化
Lesions

肠道大肠杆菌感染很少有特异病变,大体病变包括脱水、胃扩张(可能包括未消化的凝乳),胃大弯部静脉梗死,局部小肠壁充血,小肠扩张。

F4 阳性 ETEC 分离株感染时,在黏膜上皮细胞发现大肠杆菌,并多在空肠和回肠,而其他 ETEC 分离株感染时病变多在空肠和回肠后端。一般仅在李氏隐窝处发现黏附细菌,或见于隐窝表面和绒毛顶端。有时也会观察到其他病变,包括固有层血管充血、肠腔出血、固有层中中性白细胞和巨噬细胞增加、肠管迁移以及绒毛萎缩。

诊断
Diagnosis

新生仔猪 ETEC 感染应与引起同龄仔猪腹泻的普通感染区分开。这些病原包括 A 型和 C 型魏氏梭菌(52 章)、传染性胃肠炎病毒(TGEV)(35 章)、A 型、B 型和 C 型轮状病毒(43 章)和猪繁殖与呼吸综合征病毒(PRRSV;31 章)。在 5 d 以上的哺乳仔猪,孢球虫(66 章)也必须考虑。粪便 pH 值测定可能有助诊断。因为肠道 ETEC 感染造成的分泌性腹泻液 pH 值为碱性,而由 TGEV 或轮状病毒引起代谢紊乱的腹泻液 pH 值多是酸性。

对肠道大肠杆菌感染的诊断要基于临床症状、组织病理学变化及在小肠黏膜上检出革兰氏阴性细菌。通过常规组织病理学中的福尔马林固定、石蜡包埋组织可以看到定植现象，或者通过免疫组化或冰冻切片的间接免疫荧光法可以直接检测出大肠杆菌菌体。这种诊断，强化了通过从直肠拭子或肠道中分离出具有特定血清型的大肠杆菌，或者更重要的是检测出所拥有的特定毒力因子。猪腹泻大肠杆菌鉴定标准见表 53.5。肠内容物样品或拭子应被接种到血琼脂、麦康凯琼脂或其他能区别乳糖发酵和非乳糖发酵革兰氏阴性肠杆菌的培养基上。如果分离不能在 24 h 内完成，应考虑使用运输介质如藻酸盐拭子或 Stuart's 溶液。

表 53.4　不同大肠杆菌病常见感染日龄段

临床疾病	年龄段[a]				
	新生[b]	哺乳	断奶	育肥—结束	成年
新生仔猪腹泻[c]	▓				
严重腹泻,脱水,感染猪群死亡率达 70%					
败血症	▓	▓			
休克,抑郁,死亡,多发性关节炎					
仔猪腹泻		▓			
低死亡率,中度腹泻,体重下降					
伴有休克的大肠杆菌病			▓		
快速死亡,四肢呈紫绀色,腹泻					
ED[c]			▓		
突然死亡,可能瘫痪,眼睑水肿,散发性,死亡率高达 65%					
PWD[c]			▓	▓	
最初表现为死亡,伴有严重到中度腹泻,体重下降,不进行治疗者死亡率高达 25%					
泌尿生殖道感染					▓
交配后常见散发性膀胱炎,产后 2 周可见肾盂肾炎					
CM					▓
产后最初几天,一般持续时间短。与临床上泌乳失败症状相似					

[a]阴影标记的最常影响年龄段；[b]前几天；[c]最重要的临床疾病。

表 53.5　猪腹泻大肠杆菌鉴定标准

致病性大肠杆菌鉴定							
标准	ETEC				STEC F18	EPEC	ExPEC
	F4(K88)	F18	F5(K99),F6(987P),F41	AIDA			
溶血菌落	全部（不能区分）		无		全部	无	一些
OK 血清分型	多数（一些非 ETEC 鉴定）			不知道	多数	少数	一些
F 黏附素血清分型	全部	不可靠	多数（不可靠）	未检测	不可靠	未检测	
毒力分型	全部						一些

大肠杆菌的首要指征是形态、在麦康凯琼脂上进行乳糖发酵，以及菌落的气味。为了鉴定大肠杆菌的种类，确定菌落转化吲哚的能力必不可少。因为99%的大肠杆菌菌株为吲哚阳性。这种鉴定试验可以通过柠檬酸盐法（柠檬酸盐不能作为大肠杆菌的唯一碳源）和甲基红法完成。

由于只有少数特异性的O血清型与疾病有关，所以致病性大肠杆菌可通过血清分型来进行识别。因此，一个诊断实验室可以使用当地最流行的优质抗血清型分型血清来获得一个快速的假定诊断。与猪病相关的常见O血清型见表53.1。完整的O和H血清型鉴定，只能在少数参考实验室中进行。

因为不是所有给定血清型都具有致病性，所以毒力分型或毒力因子确定是一个更为明确的致病性大肠杆菌方式确定方式（表53.1）。

直到最近，通过对毒素生物学特性的检测可以发现产生的肠毒素及细胞毒素。STa的活性测定用幼鼠试验，STb用猪试验，更多的是采用大鼠肠结扎试验，而LT及Stx是用细胞培养物鉴定法。然而，这些测试要求使用动物保健设备设施，更趋向于在研究实验室和参考实验室开展。酶联免疫吸附试验（ELISA）可检出能产生Stx的培养物或直接检出粪便中能产生Stx的细菌，可以在诊断实验室获得更为广泛的应用。

有或无乳胶粒子的玻片凝集法，是一种测定大肠杆菌菌毛黏附素的简单易行的方法，其中黏附素是在培养基中获得表达的。这种方法通常用于识别F4（K88）阳性ETEC。ELISA法也可以用来确定的黏附素的存在。然而，为了检测仅在低葡萄糖或丙氨酸的培养基中表达良好的F5（K99）和F41，细菌必须生长在特定的介质如Minca培养基中。其他菌毛如F1和F6（987P），可能发生变异或在实验室经过数次传代后而表达不佳。

目前，基因型分析常用于定义参与感染的毒力型。用于检测毒素和黏附素等毒力因子编码基因的具体技术包括，克隆、DNA杂交和聚合酶链反应（PCR）（Francis，2002；Frydendahl，2002；Wray和Woodward，1994）。对猪ETEC分离株的菌毛黏附素和肠毒素而言，采用标准血清学和生物学鉴定法检测与运用基因探针的检测有高度相关性（Harel等，1991）。PCR也可以用来原位检测福尔马林固定、石蜡包埋组织中的致病性大肠杆菌。

免疫
Immunity

对大肠杆菌感染的免疫主要是体液免疫，初期靠初乳、母乳中的母源抗体，后期靠肠道局部的免疫反应。特异性抗体可以抑制细菌对小肠上皮细胞上受体的结合及对大肠杆菌产生的肠毒和细胞毒素的中和作用。

出生后第一周的初乳是仔猪免疫蛋白的主要来源。初乳中含高水平免疫球蛋白（IgG），在泌乳期间IgG水平很快下降，而IgA成为主要免疫球蛋白，并可保护肠道抵抗大肠杆菌的感染。免疫保护基于抗表面抗原特别是F4（K88）、F5（K99）、F6（987P）和F41菌毛黏附素抗体的存在，抗ETEC多糖荚膜抗体也具有保护作用。抗菌毛抗体和抗K抗体都可以阻止ETEC附着到肠上皮细胞。1种菌毛抗原如F5（K99）阳性的ETEC感染，不能交叉保护其他菌毛抗原如F4（K88）或F41阳性的ETEC感染，除非是由抗共同K抗原的抗体赋予的保护作用。

预防和控制
Prevention and Control

对于新生仔猪，通过口服或注射途径使用抗生素。通过细菌培养来确诊大肠杆菌感染和进行药敏试验都很重要，因为大肠杆菌分离株间的抗生素敏感性差异很大。近年来，体外的大肠杆菌对许多抗菌剂的抵抗力已大大增强。通常使用的抗生素包括氨苄青霉素、阿泊拉霉素、新霉素、奇霉素和增强磺胺类药剂。另外，在实验室中还成功应用噬菌体作为治疗肠道大肠杆菌感染的另一方法，但实际中此法还未被广泛应用。

口服含有葡萄糖的电解质替代溶液的补液疗法对脱水和酸中毒很有效。具有抑制肠毒素分泌作用的药物，如氯丙嗪和硫酸黄连素可能对治疗腹泻有用，尽管这些药多有副作用。对如苄替米特和洛哌丁胺等抑制分泌药物，建议单独使用或与抗菌剂合用（Solis等，1993）。

肠道大肠杆菌感染的预防在于通过良好的卫

生管理,保持适宜的环境条件,出生时提供足够量的初乳和高水平的免疫力,以减少环境中大肠杆菌的数量。控制肠道大肠杆菌感染的常用策略见表53.6。

表 53.6　控制肠道大肠杆菌感染的常用策略

	可产生以下结果的策略	
	致病性大肠杆菌数量减少	动物抗感染力增强
断奶腹泻	· 温暖 · 卫生 · 门和地板设计 · 检疫 · 产仔全进全出	· 母体免疫接种 F4(K88),F5(K99),F6(987P),F41 · γ-猪免疫球蛋白
PWD 和 ED	· 增加断奶日龄 · 温暖 · 饮食 · 高度易消化 · 乳蛋白 · 限制采食量 · 卫生 · 水添加剂 · 有机酸 · 饲料添加剂 · 有机酸 · ZnO · 喷雾干燥血浆 · 益生元	· 口服 F4 和 F18 大肠杆菌脱毒活疫苗 · 口服来自 F4 和 F18 免疫蛋鸡的蛋黄粉 · Stx2e 类毒素疫苗(ED) · 筛选 F4 和 F18 抗性动物

　　肠道大肠杆菌感染和败血症最重要预防措施之一是保持仔猪足够的环境温度,无穿堂风及热传导差的地板,特别是对低于平均体重的仔猪,因为它们单位体重皮肤表面积大,进而失热快。

　　严格的生物安全措施应被用于预防将不同毒力大肠杆菌或其他感染性病原体引进猪群。猪群个体对它们没接触过的大肠杆菌菌毛抗原几乎没有免疫力。

　　产房内的良好环境有利于减少仔猪与大肠杆菌的接触,在一定程度上,可通过仔猪自身防御体系得以控制。产房要彻底清洁,避免猪群中窝间感染。对每批妊娠母猪实行全进全出制,产房严格消毒可减少环境中大肠杆菌的繁殖。

　　产房的设计是很重要的,因为它关系到母猪粪便的排泄问题。在过长的猪圈,大部分地板都排满了粪便,因而增加了严重污染的面积。理想的话,应调整猪圈,为仔猪提供一个比母猪稍短的猪圈。采用升高、漏缝地板的猪圈可以让粪便掉下,远离仔猪;采用这种地板的妊娠母猪群腹泻发生率明显比采用水泥地板的猪群低。

　　干燥温暖的环境可以降低有效湿度而提高大肠杆菌的存活率。它受通风率影响很大,如果温度过高,母猪会躺在水中散热,这样会不利于卫生。母猪应在 72℉(22℃)左右的温度条件下,为仔猪提供一个较暖和的爬行区是很必要的。确保较小仔猪的生活环境保持 86～93℉(30～34℃)恒温,这一点很重要。

　　母源性免疫是控制新生仔猪 ETEC 腹泻最有效的手段之一。最早的疫苗是将感染猪肠内容物在奶中培养后再饲喂给妊娠母猪,一般在产仔前一个月左右进行(Kohler,1974)。这种方法较为有效,其免疫力可持续整个哺乳期,现仍在应用,尤其是美国。

　　在市场上常用的疫苗是通过非肠道途径进行免疫的,多为灭活全细胞菌苗或纯化的菌毛苗,两种疫苗的效果相似。菌苗多含有较重要血清型的菌株,并能产生菌毛抗原 F4（K88）、F5（K99）、F6（987P）和 F41（Nagy,1986）。这种疫苗多在分娩前 6 周和 2 周前进行非肠道给予。如果免疫无效,鉴定可能的血清型并尽可能制成自家苗是非常重要的。对分离株的进一步鉴定可能鉴定出在 ETEC 腹泻中致病机理起重要作用的新的或变异的菌毛黏附素。

断奶后大肠杆菌性腹泻及水肿病
POSTWEANING ESCHERICHIA COLI DIARRHEA AND EDEMA DISEASE

断奶后的大肠杆菌性腹泻与水肿病常在一起讨论,因为它们常发生在一个猪群,病原菌毒力因子也有相同之处,一些大肠杆菌株可以造成两种疾病,但是它们也有一些明显的区别。

当母乳中的保护性抗体水平减弱时,较大日龄的断奶仔猪可能感染大肠杆菌性腹泻和 ED,但是,断奶后乳汁抗体的损失极大程度上增加了断奶仔猪对大肠杆菌肠道感染的易感性（Deprez等,1986；Sarmiento 等,1988b）。因此,断奶后可感染多数疾病。

PWD 和 ED 由具有某种黏附因子并能产生一种或多种外毒素的大肠杆菌菌株引起,这些黏附因子可使大肠杆菌定植于小肠。几乎所有的这些大肠杆菌都是 α 溶血性的,它们大多属于有限的几种血清型。这两种病之间无明显区别,因为某些大肠杆菌可同时引起这两种病。PWD 和 ED 可能单独发生,也可能在一次疾病暴发中同一头猪上出现。

PWD 最常由 ETEC 引起,由肠毒素介导。但是也能由 EPEC 引起,而 EPEC 不具备任何传统 PWD 或 ED 菌株所拥有的毒力因子。常见 PWD 和 ED 血清毒力型见表 53.2,毒力因子见表 53.1,详细描述见前面的病原学部分。这些毒力型通常包括作为菌毛黏附素的 F4 和 F18。位于 Quebec 和其他地方的大肠杆菌实验室在感染 PWD 的猪中鉴定出来一些 F4 和 F18 阴性的菌株部分。

虽然存在一些 F4（K88）和 F18 阴性的毒力型,但是 PWD 菌株通常要么具有 F4（K88）菌毛黏附素要么具有 F18 菌毛黏附素变种 F18ac 或 F18ab。这些菌株产生一种或多种肠毒素,包括热稳定的 St 和 STb,热不稳定的 LT 和 EAST-1。多数 PWD F4（K88）阳性分离株属于 O149 血清型,F18 阳性分离株属于 O139、O138、O141、O147 或 O157 血清型。在特定区域发生的猪 PWD,通常由某一血清毒力型占主导地位（Do等,2010；Fairbrother 等,2000；Francis,2002；Frydendahl,2002）。在任一时间,F4（K88）阳性大肠杆菌的暴发往往仅涉及一个菌株。有时分离到两个潜在的病原体,但是在任一给定的暴发中占主导地位的通常只有一株。在 84 个猪群中,有 47％涉及不同血清型的多重暴发（Awad-Masalmeh等,1988）。猪的死亡率通常是 1.5％～2％,如果不给予治疗的话可以达到 25％。

ED 由特定大肠杆菌 EDEC 引起,这种大肠杆菌主要定植在小肠,还可产生能进入血液损伤血管壁最终导致靶组织水肿的 Stx 和 Stx2e。最值得注意的是,脑水肿主要导致神经症状。ED 菌株通常具有 F18ab 或 F18ac 菌毛黏附素。多数 ED 菌株属于 O138、O139、O141 和 O147 血清型。与报道的 PWD 造成的损失不同,在美国北部和欧洲 ED 的死亡率并不一样。ED 最常表现为散发和特定年龄段猪群的小范围暴发。发生 ED 后的死亡率在 50％～90％,甚至超过 90％,病程 4～14 d,平均病程 1 周以内。疾病可能和它的出现一样突然消失。再次发生也很普遍。

一些 F18ab 和 F18ac 阳性的大肠杆菌菌株能产生肠毒素和 Stx2e。感染这些菌株的猪,临床上表现 PWD 者一般多于 ED 者。这些疾病的暴发也可能是由 ETEC 和 EDEC 菌株混合感染引起。当这种情况发生时,尽管能存在 ED 显微病变,但在临床上多数表现为腹泻。

初次感染 PWD 和/或 ED 与断奶日龄和饮食有关。F4 阳性和 F18 阳性的大肠杆菌之间有一些差异。猪从出生到成年,所表达的肠上皮细胞 F4（K88）受体使各年龄段猪存在潜在的易感性。F4（K88）阳性株最常导致刚断奶仔猪 PWD 的暴发。在断奶后,农场采取下面这些管理,例如添加高水平的动物源性蛋白、血浆、酸化食品、氧化锌物质,都可在断奶后 3 周,甚至 6～8 周引起腹泻和休克性肠大肠杆菌高发（J. M. Fairbrother,未公开发表）。这就解释了为何有 F18 菌毛的大肠杆菌不引起新生仔猪的腹泻或 ED。F18 阳性菌株多导致断奶后 5～14 d 的或转入育肥群仔猪发生 ED 或 PWD。菌毛受体可能是一种糖基化受体，它可用含豆科植物饲料中的植物血凝素加以调节(Kelly 等，1994)。据推测，在断奶后最初几天，饲料诱导的受体变化可减少 F18 阳性大肠杆菌的定植的可能性(Bertschinger 等，1993)。

断奶仔猪所处的环境最有可能是致病性大肠杆菌的来源。大点的哺乳仔猪在产圈中感染，可能来源于相同的感染来源，并把它携带到断奶猪群。由大肠杆菌引起的肠道感染具有传染性，可以通过口服污染的饲料和饮水，以及气溶胶而感染。同一菌株通常在许多病猪中出现，也可以在连续批次的猪中出现。例如，1994 年丹麦发生 ED 时，有 63% 的暴发可以追溯到同一个感染种猪群(Jorsal 等，1996)。另一方面，在猪群贸易性接触中，ED 的发生率不超过 5%。可能是由于免疫力的提高，在感染后通常只排毒几天。不是所有的感染猪疾病都会恶化；菌株的定植程度直接决定着是否感染疾病。

致病机理
Pathogenesis

定植(Colonization)。造成 PWD 和 ED 的大肠杆菌通过被摄取的方式进入动物体内，在达到一定数量后，就会通过鞭毛黏附素与小肠上皮细胞受体或上皮细胞黏液层结合，以这种方式定植到小肠上。这些细菌在回肠上快速增长，迅速达到 109。对于 ETEC 和 EDEC，定植要求菌毛黏附素与对应受体相结合，这些受体分布于小肠上皮细胞，或者是覆盖于空肠中段至回肠上的黏液层。然而，对于 EPEC 而言，Eae 黏附素是与宿主小肠和大肠上皮细胞顶端表面的对应受体相结合，尤其以在十二指肠和盲肠的定植居多。

不是每头猪都有致病性 ETEC 和 EDEC 上皮细胞受体。由于一些猪肠上皮细胞没有 F4 (K88) 黏附素受体，所以能抵抗 F4(K88) 阳性大肠杆菌的感染。这种遗传性感染抑制能通过一个简单的 Mendelian 方式来继承，而且这种受体的等位基因是显性的。后来的研究表明，根据不同猪肠黏膜上皮的刷状缘对产生不同变种 F4ab (K88ab)、F4ac (K88ac) 和 F4ad (K88ad) 的分离株的黏附敏感性，猪至少分 5 种表现型(Hu 等，

1993)。F4ab (K88ab) 和 F4ac (K88ac) 的小肠受体基因最可能是相连在 13 号染色体上(Edfors-Lilja 等，1995)。其他新生仔猪 ETEC 菌毛的相同遗传抗性还未被发现。

编码 F18 菌毛受体的基因位于和控制应激易感性位点靠近的 6 号染色体上，而且该受体的出现显著多于缺失的情况。拥有至少一个副本的受体显性等位基因的猪很容易黏附上皮细胞引起肠道定植。并未共筛选 F18 受体和氟烷敏感性(Coddens 等，2007)。

其他因素也可能影响细菌的定植和疾病的严重程度。据报道，断奶猪圈中温度低会使断奶后腹泻的情况更加严重(Wathes 等，1989)。这可能是因为肠蠕动变缓提高了细菌的定植水平。相比之下，实验条件中 ED 不因冷应激所恶化(Kausche 等，1992)。内源性及口服蛋白酶能降低 F4(K88) 菌毛受体活性(Mynott 等，1996)，从而降低 F4(K88) 介导的腹泻的严重程度。一些诱发因素，如含有大豆和豌豆的，或[猪繁殖与呼吸障碍综合征病毒感染(PRRS)]的断奶食物，可以增加细菌的定植，加速 EPEC AE 病变的发展(Neef 等，1994)。

断奶后肠毒素性大肠杆菌腹泻发病机理 (Mechanisms of Enterotoxigenic *Escherichia coli* Postweaning Diarrhea)。断奶仔猪 ETEC 与新生仔猪 ETEC 相似，黏附在小肠黏膜上产生肠毒素，继而使小肠中水分和电解质的量发生改变，如果大肠不能将来自小肠的过多水分吸收，则会导致腹泻。过量的分泌导致脱水、代谢性酸中毒，最终死亡。

断奶仔猪 ETEC 菌株能产生一种或多种肠毒素，如 Sta、STb、LT 和 EAST-1。Sta 的特性和作用机理在新生仔猪 ETEC 部分有详细描述。

STb(ST Ⅱ、ST2、猪 ST) 是小分子蛋白，其相对分子质量为 5 000，其抗原性及基因与 STa 无联系，并且免疫原性差(Dubreuil，1997)。肠上皮细胞 STb 的结合受体是 3′-磺基半乳糖基-神经酰胺(Gonçalves 等，2008)。STb 不能改变肠黏膜细胞 cGMP 和环腺苷酸(cAMP)水平，因此与 Sta 和 LTI 的作用机理不同。STb 与其受体的结合会使 Ca^{2+} 摄入细胞，导致十二指肠和空肠的水和电解质的分泌，但机制还不太清楚(Harville 和

Dreyfus，1995)。

　　由猪 PWD 菌株产生的 LT,归属于 LTI 亚群。根据毒素编码基因的细微区别,由人和猪 ETEC 产生的 LT 分别被命名为 LTh 和 LTp。LTI 是一种高分子量的毒素复合物,5 个 B 亚单位和一个具有生物学活性的 A 亚单位组成,前者能与小肠上皮细胞表面神经节甙脂受体 GM1 结合。LTI 横跨外膜进入肠腔,通过受体介导的内吞作用在肠上皮细胞中内在化(Dorsey 等,2006)。毒素在细胞基底外侧边缘永久性激活腺苷酸环化酶,导致电解质和水的过多分泌。最近的研究表明,LT 还能促进 ETEC 在体内外的黏附(Johnson 等,2009)。

　　EADT1 最初是从人 ETEC 中被发现,随后在猪 ETEC 中也有报道(Yamamoto 和 Nakazawa,1997)。EADT1 常见于引起猪腹泻的 F4 阳性 ETEC 株和引起猪水肿病的 F18：Stx2e 株中(Choi 等,2001)。EADT1 不同于 STa 和 STb,它由 38 个氨基酸残基组成,分子量为 4100,但它与 STa 的肠毒素区域有 50% 的同源性(Savarino 等,1993)并同 STa 受体鸟苷酸环化酶 C 作用产生 cGMP。因此,一般认为 EADT1 作用机制与 STa 相同,但是它在腹泻中的作用仍然不清楚。

断奶后致病性大肠杆菌腹泻发病机理(Mechanisms of Enteropathogenic *Escherichia coli* Postweaning Diarrhea)。猪 EPEC 黏附到肠黏膜和引发病变的方式与从婴儿腹泻中分离到的 EPEC 类似(Hélie 等,1991)。它们通过被称为"EPEC 黏附和损伤因子"Eae 或 intimin 的细菌外膜蛋白紧密黏附在肠上皮细胞膜上。EPEC 染色体 PAI 的产物是 Eae,由 40 多种涉及宿主细胞内亲密黏附和信号转导蛋白的编码基因组成(Dean 和 Kenny,2009；Nataro 和 Kaper,1998)。"易位 intimin 受体"(Tir)就是这些蛋白之一,它能进入宿主细胞的细胞质中,并再次出现在起 intimin 受体作用的宿主细胞表面(Gyles 和 Fairbrother,2010)。黏附 EPEC 会损伤微绒毛,有时还会侵入上皮细胞(图 53.2)(Zhu 等,1994)。

　　EPEC 和其他引起 AE 病变的细菌都被称为黏附和损伤性大肠杆菌(AEEC)。来自不同动物物种的 EPEC 可能具有不同的毒力因子,但都拥有 EPEC 黏附和损伤因子(Eae 或 intimin)变种。

细菌外膜蛋白黏附素具有紧密依附的作用。因此,Eae(intimin)的存在就代表 EPEC 的存在。EPEC 不具有经典 ETEC PWD 或 ED 菌株的任何毒力因子(Zhu 等,1994)。

　　我们对 EPEC 引起腹泻的机制了解甚少。微绒毛的消失和吸收表面的损伤都可能会导致吸收不良性腹泻(Nataro 和 Kaper,1998)。腹泻发病快速表明,可能存在一个由 EPEC 引起的分泌机制,来提示肠道细胞内离子,如钙、肌醇磷酸盐和酪氨酸蛋白激酶的转运介质活性(Gyles 和 Fairbrother,2010)。其他可能的机制包括,上皮细胞间紧密连接点增加的渗透性,病变部位的局部炎症反应或多型核(PMN)白细胞反向迁移后的氯化物分泌。当混合感染时,如常出现的与 F4(K88)阳性的大肠杆菌的混合感染,其临床结果是很难评价的。

水肿病大肠杆菌水肿发生机制(Mechanisms of Edema Formation by Edema Disease *Escherichia coli*)。ED 是一种 Stx2e 毒血症,可以使猪的特定位置发生严重水肿,而且水肿部位所吸收的 Stx2e 来自 EDEC 定植的肠道。用高度纯化的 Stx2e 毒素静脉接种猪可诱发与 ED 类似的疾病(MacLeod 和 Gyles,1990)。

　　EDEC 定植由质粒编码的 F18ab 或 F18ac 菌毛介导,可在空肠末端和回肠的绒毛两侧和顶端上超过 3～6 d(Bertschinger 等,1990b)。

　　肠道中由 EDEC 产生的 Stx2e 能被吸收进入血液循环,引起靶组织的血管损伤。这种毒素与红细胞具有特殊的亲和力,所以血管受毒素作用时间也最长(Boyd 等,1993)。利用免疫学方法可以在小肠小血管内皮细胞及位于绒毛底部肠细胞的微绒毛膜中检测到毒素(Waddell 等,1996)。在正常情况下 Stx2e 不能从肠道吸收,但是肠道内脱氧胆酸的增加会促进 Stx2e 的吸收(Waddell 和 Gyles,1995),也就是说胆汁可能会影响吸收水平。EDEC 菌株可以通过肠道进入肠系膜淋巴结,产生的 Stx2e 毒素,成为毒素进入血液的又一种吸收机制。

　　在自然感染病例中,人工接种注射部分经纯化的毒素(Gannon 等,1989)与给猪口服活的培养菌(Kausche 等,1992)后可见到的最为一致的损伤是小动脉的退化性血管病。在多种组织的水肿液中都发现其蛋白含量较低,这是血管通透性轻微增加的结果。有关 ED 病理生理方面的资料还很少。Clugston 等(1974a)发现人工静脉接种水肿病标准品(EDP)—— 一种 Stx2e 纯化制品,后血压会升高,由于高血压症状的出现晚于水肿,因而它被认为是血管损伤的结果而不是原因。高血压可使已经受损的血管的损伤恶化。除水肿外,神经系统病变的发展可能与因血流受损而造成的缺氧有关(Clugston 等,1974b)。

典型的 ED 后期出现血性下痢及胃贲门部、回肠和大肠出血(Bertschinger 和 Pohlenz,1983)。Gannon 等在 1989 年发现,给予猪大剂量的 Stx2e 会引起急性出血性胃肠炎。小动脉及内皮细胞的坏死可能是导致肠腔出血的原因。

临床症状
Clinical Signs

断奶后腹泻(Postweaning Diarrhea)。哺乳后期到断奶期,猪发生腹泻与新生仔猪类似,但往往不是太严重。腹泻物呈黄色或灰色,可持续一周,引起脱水和消瘦。数日后,猪群中多数猪只可能被感染,死亡率可达 25%。断奶后 3 周,或者甚至在断奶后 6~8 周进入育肥栏时,腹泻可以达到高峰。

水肿病(Edema Disease)。虽然 ED 在猪育肥前都可能发生,但是最近却大多发生于断奶仔猪。这种疾病可能散发,也可能感染整个猪群,最先出现无任何疾病症状的突然死亡。一些感染猪食欲不振、眼睑和前额肿胀(图 53.3),发出奇怪的尖叫声、出现共济失调和呼吸窘迫(Sojka 1965)。其中一部分很快倒地死亡,通常没有出现腹泻或发烧。轻度者皮下水肿与搔痒同时存在,恢复后消失。一些有或没有呼吸困难的猪,呼吸时伴有鼾声。一些猪晚期出现水样腹泻,排泄物中有新鲜的血凝块。

可能发生亚临床 ED,此时猪临床表现正常,但出现血管病变,生长速度降低。由可产生 Stx2e 的菌株引起的 ED 或大肠杆菌性 PWD 急性感染恢复的猪,慢性 ED 发生概率很低(Bertschinger 和 Pohlenz,1974;Nakamura 等,1982)。这种情形在它与 ED 的关系明显之前被称为脑脊髓血管病。在肠道感染后几天到几周

图 53.3 经口给断奶仔猪人工接种能产生 Stx2e 的腹泻大肠杆菌 O139：K12：H1 培养物,4 d 后出现眼睑、前额和唇部肿胀,张口呼吸,不能站立。

内,病猪生长停止,共济失调,头部扭曲或前肢萎缩,皮下水肿不多见。

病理变化
Lesions

断奶后腹泻(Postweaning Diarrhea)。死于大肠杆菌性 PWD 的猪一般大体状况良好,但有严重脱水,眼睛下陷和一定程度的发绀。胃里常常充满干燥的食物,底区胃黏膜可见不同程度的充血。小肠扩张充血、轻度水肿,内容物水样或黏液样有异味,肠系膜高度充血。大肠内容物黄绿色,黏液样或水样。在急性暴发中死亡较晚的猪,外观消瘦,尸体散发出浓烈的氨味。胃底区有形状不规则的较浅的溃疡,大肠中也有相似的较小面积的病变,粪便黄褐色,眼前房液体尿素反应呈阳性。如果 ETEC 病原菌也能产生 Stx2e,那么就没有或仅可见轻度的典型 ED 病变(见下文)。

ETEC PWD 感染猪很少出现显微病变。在部分回肠和空肠绒毛上皮细胞顶面可观察到细菌层(Sarmiento 等,1988a)。黏膜和上皮细胞看起来保持正常;但是,可见固有层浅表中性粒细胞数量的增加。

EPEC 感染猪显微镜下观察发现,在成熟肠细胞的刷状缘上可观察到有多灶性的栅栏状排列

的大肠杆菌定植,肠细胞变性和固有层轻度至中度炎症多见于回肠(Hélie等,1991)。在十二指肠和盲肠细菌定植最多,有时可在肠细胞的胞浆内液泡中发现细菌,定植的肠上皮细胞发生肿胀和脱落导致小肠中有轻度至中度绒毛萎缩。在透射电镜片中,可见细菌紧密吸附于成熟肠细胞的胞膜上,并呈规则的栅栏状排列,与微绒毛平行,可见临近微绒毛脱落。细菌细胞壁和肠细胞的细胞膜顶部凹陷处有一条窄的规则的宽 10 nm 的缝隙隔开,吸附位点处可见致密区(图 53.2)。

水肿病(Edema Disease)。 死于 ED 的猪大多营养状况良好。水肿的部位不定,有些动物并无水肿症状。可能会出现皮下水肿,且最常发生于眼睑和面部(图 53.3)。

在胃贲门黏膜下层和偶尔发生的基底部的水肿具有特征性,胶状水肿厚度可从几乎看不到 2 cm(图 53.4)。结肠系膜是水肿的常见部位。有时可见小肠系膜水肿和胆囊水肿。肠系膜和疝气结外观从正常到轻度肿胀和充血不等。心周、胸膜和腹腔有时可以发现白色的纤维素丝和浆液的轻微增多。

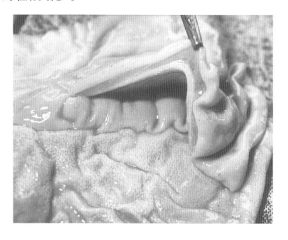

图 53.4 水肿病大肠杆菌(EDEC)O139:K12:H1 感染的田间病例,胃贲门区域黏膜水肿,胃壁切面上可见黏膜下有胶冻样物。

一般胃内充满干燥、新鲜的食物,而小肠相对空虚。有人认为,这是胃排空延迟的表现,因为一些动物在临死前都有一段时间的厌食。结肠内容物数量减少,一些猪可能发生便秘。肺表现不同程度的水肿,次级小叶有特征性的、斑块状的充血。在一些病例中,这是唯一可观察到的病变,有些也见到喉部水肿的病例。心内膜和心外膜附近可能出现瘀血点,此病变不要与发生严重心肌出血的桑葚心相混淆。

一些 ED 感染猪可能会出现一种与大肠杆菌性 PWD 完全不同的出血性胃肠炎。除显著水肿外,胃的贲门区、小肠下段及大肠上段黏膜下层出现广泛的出血。一些猪死前出现水样腹泻,排泄物中混有血凝块。

显微镜观察发现,在 ED 的早期病程中,片状细菌层黏附于空肠远端和回肠的黏膜表面(Bertschinger 和 Pohlenz,1983)。与大肠杆菌性 PWD 相比,ED 病例在濒死时细菌的定植现象常常消失(Smith 和 Halls,1968)。

ED 最重要的显微病变是小动脉和毛细血管的退行性血管病,这与周围组织的水肿有关(Clugston 等,1974b)。最常发生的部位是上述提到的出现水肿的部位以及脑部。最常受感染的部位是靠近结肠淋巴结的结肠系膜内稠密的小动脉网。急性病例的血管病变难于见到,但在存活猪或亚临床感染的猪体则很容易看到(Kausche 等,1992)。

早期急性病变是被膜中部平滑肌细胞的坏死,特征是细胞核固缩、破裂和细胞浆的透明变性。一些受感染的血管壁有纤维素样物质的沉积(图 53.5),也可见内皮细胞肿胀。人工感染的急性病例会出现柔脑膜和血管周的水肿。在脑部,被感染血管周围可能出现嗜酸性粒细胞的 PAS 阳性的滴状物。旧的病灶伴有外膜和中膜细胞的增生(图 53.6)。血栓通常不是在 ED 感染中简简单单自然出现的特征。

在 ED 病例中,可见出血性胃肠炎。胃、小肠下段及大肠上段上受感染血管的变化与由 EHEC 引起的人出血性结肠炎惊人的相似。其中包括内皮细胞肿胀、空泡变性和增生、内皮下纤维变性、轻度坏死、血管周水肿和微血栓形成。

在自然发病中恢复或急性症状出现后存活几天的猪,脑干部有局灶性脑软化并伴有小动脉和毛细血管的病变(Kausche 等,1992)。这些病变被认为是由继发于血管损伤的缺血造成的。

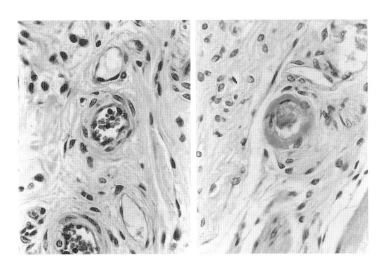

图 53.5　膀胱黏膜下小动脉：（左）正常；（右）纤维或透明变性，人工感染急性 ED 病例（Clugston 等，1974b）。

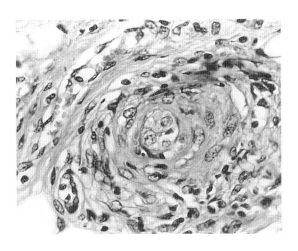

图 53.6　人工接种水肿病标准品（EDP）——一种 Stx2e 纯化制品，17 d 后胃贲门区域黏膜下层呈现增生性血管病的小动脉。

诊断

Diagnosis

断奶早期出现腹泻（或者如先前在特定饮食中所述是晚期），极度脱水，至少会出现一些死亡是帮助早期诊断肠道大肠杆菌感染的一些特征。大体病变，包括特征性的气味对确诊也有帮助。而且应该与断奶仔猪非血性腹泻的普通病原，如轮状病毒病（43 章）、猪传染胃肠炎病毒病（35 章）、沙门氏菌病（60 章）和大日龄断奶仔猪增生性肠病（59 章）区分开。

同样，ED 感染的诊断基于断奶后 1～2 周生长旺盛的仔猪中突然出现神经症状。活猪最重要和最恒定的诊断性症状是轻度共济失调或步态蹒跚，眼睑和前肢皮下的水肿也是一个主要的症状。剖检时，胃黏膜和肠系膜出现特征性水肿病变非常有助于确诊，但很多病例缺乏此症状，尤其当急性腹泻先于 ED 出现时。而且应该与其他断奶仔猪神经症状的普通病原，如包括伪狂犬病（28 章），猪捷申病毒性脑炎（42 章），猪链球菌（62 章）或副猪嗜血杆菌（55 章）和诱发性脑膜炎和禁水/盐中毒（70 章）区分开。

ETEC 或 EPEC PWD 和 ED 的确诊基于典型病变和具有特定血清型和（或）毒力因子（表53.1 和表53.2）存在证据的大肠杆菌培养物的出现。猪腹泻大肠杆菌鉴别标准见表53.5。通过常规的组织病理学技术在福尔马林固定、石蜡包埋的组织中可以看到定植现象，或者通过免疫组化法或冰冻切片的间接免疫荧光法确定和可视化大肠杆菌菌体。细菌的培养和血清毒型鉴定方法已在前面新生仔猪 ETEC 的诊断部分讨论。

对小肠和结肠的细菌学检查应得到纯的或近乎纯的溶血性大肠杆菌培养物。然而，在迁延不愈的病例，细菌的数量可能已经下降（Bertsch-inger 和 Pohlenz，1983）。因此，出现阴性的细菌学结果并不能排除诊断为 ED 的可能性。

因为引起 ED 和 ETEC PWD 的所有 F4

(K88)或 F18 大肠杆菌都具有溶血作用,所以溶血菌落的出现常作为确诊的一个快速方法。然而,这种方法不能检出同样能引起 PWD 的 EPEC,因为这些细菌在血琼脂培养基上产生的是非溶血性菌落。这可能是实施预防策略如接种时需要考虑的一个重要因素。

此外,在混合感染溶血性和非溶血性 ETEC 的腹泻病例中,溶血性菌落的出现表明 F4(K88)或 F18 ETEC 是唯一病原的假设可能会导致非溶血性 ETEC 不能被发现。同样,在混合感染有亚临床 ED 病例中,这种假设会导致检不出 ED。必须要考虑一些重要因素,如与腹泻病例相关的致病性大肠杆菌混合感染增多,尤其是在感染后期或具有更多流行史的猪群。

在亚急性 ED 病例、慢性 ED 病例或成年猪 ED 病例,EDEC 是肠道中不占优势的非典型性菌株,这种情况下进行细菌培养基本上没有价值。亚急性和慢性 ED 可通过病变,尤其是亚急性到慢性动脉病病变和可能的局灶性脑软化得以确诊。对成年猪 ED 的诊断需作额外的工作,例如,对 1 头以上的猪进行死后剖检和组织学检查。成年猪死亡偶尔是由动脉严重受损引发的脑出血造成,同时伴有基底神经节的明显亲和力,尤其是纹状体。

免疫
Immunity

基于产生黏膜抗体(多为分泌型 IgA)的获得性免疫力能抵抗断奶仔猪菌毛黏附素,尤其是 F4(K88)和 F18。感染 F4(K88)阳性和 F18 阳性 ETEC 的断奶仔猪,它们的感染机制和免疫机制都有所不同(Verdonck 等,2002)。F4(K88)阳性 ETEC 感染导致比 F18 阳性 ETEC 感染更为迅速的肠道定植和抗菌毛抗体产生,而且 F18 阳性 ETEC 感染从 IgM 到 IgA 和 IgG 的转换早于 F4(K88)阳性 ETEC 感染。曾被能产生 STa 和 STb 的 F18 ETEC 定植过的猪仅能对和免疫株有相同菌毛 F18 的异种 ETEC 的再次定植起到防护作用。但是,菌毛变异株 F18ab 和 F18ac 之间的交叉保护作用可能不是太强(Bertschinger

等,2000)。

ED 幸存猪能产生抗 Stx2e 的保护性抗体。Wielev 等(1995)用 ELISA 的方法检测到了 ED 急性暴发中恢复的病例血液中有抗 Stx2e B 亚单位的抗体。有关研究证明,利用不同形式的 Stx2e 类毒素制作的疫苗对 ED 疾病模型具有保护作用(见下面主动和被动免疫部分)。

预防和控制
Prevention and Control

治疗(Treatment)。断奶仔猪大肠杆菌病应该使用抗菌素和电解质治疗。患病仔猪吃奶量很少,尽管其所处位置靠近乳头能吃上奶,也必须通过给母猪用药的方式来对其进行治疗。随后再通过水或饲料饲喂抗菌素。为了预防脱水和酸中毒,如果仔猪没有饮欲,也可通过饮用或腹腔内注射来进行补液。所补充的液体应该是含有葡萄糖、电解质、枸橼酸和磷酸二氢钾的等渗溶液(Bywater 和 Woode,1980)。补液的量应和损失的量相等(即≤25%体重)。

用化学药物控制细菌繁殖,在大肠杆菌性 PWD 中比在 ED 中有效。因为对后者而言,当临床症状明显时,肠道中的毒素已经被吸收到循环中,且与受体结合。一般而言,表现出神经症状的仔猪预后不良。细菌对广谱抗菌素产生耐药性,使得抗菌素的治疗效果具有了不确定性。要筛选出有效的药物,抗菌素敏感性试验是必不可少。抗菌素必须选择能到达小肠腔的药物,如阿莫西林/克拉维酸、氟喹诺酮、头孢菌素、阿泊拉霉素、新霉素或三甲氧苄二氨嘧啶。

对处于 ED 暴发阶段的猪群,控制饲料被认为能降低定植能力,更是预防新感染发生的有价值策略。

预防性管理措施(Preventive Husbandry)。仔猪房应按全进全出制管理,在使用前还应进行彻底清洁和消毒,以减少环境中的病原体。应做到尽量减少环境或其他形式的应激,如没有必要的断奶仔猪混群、寒冷、运输、转群入新的圈舍等。最近的研究表明,断奶仔猪应被饲养于通风、85℉(29.5℃)左右的恒温环境中。

主动和被动免疫（Passive and Active Immunoprophylaxis）。包括被动免疫在内的预防 PWD 和 ED 的不同策略，已获得不同程度的成功运用。给早期断奶仔猪（10 日龄）饲喂含猪血浆干粉（SDPP）的日粮，可见体重增加，腹泻频率降低。其原因一部分是 SDPP 中含有特异性的抗 ETEC 抗体（Owusu-Asiedu A 等，2002）。同样，喷干猪血浆对大肠杆菌性肠毒血症起抑制作用。（Deprez 等，1990，1996）。对 F4 和 F18 阳性大肠杆菌定植的免疫保护可以通过给仔猪饲喂经免疫母鸡所产的鸡蛋的方法达到（Imberechs 等，1997）。有报道，通过给马注射 Stx2e 毒素产生的抗血清，能有效保护丹麦 2 个 ED 感染猪群中的猪免受 ED 的感染（Johansen 等，2000）。

商业疫苗很少能阻止断奶后仔猪 PWD 和 ED 大肠杆菌的发生。可注射性疫苗比如说那些可用于母猪来预防仔猪腹泻的疫苗主要引起系统免疫而不是黏膜免疫，可使循环中抗体的浓度升高，但此类抗体不能以足够高浓度水平到达肠道从而有效抑制其中的细菌（Vanden Broeck 等，1999）。在继发的经口感染致病型大肠杆菌病程中，这类疫苗甚至可能抑制黏膜免疫反应（Bianchi 等，1996）。

目前，几种控制断奶仔猪大肠杆菌性腹泻的方法正在研究。至少在腹泻发作前 1 周，携带菌毛黏附素的大肠杆菌减毒活疫苗可以通过饮水的方式给予断奶仔猪或通过经口定量给料的方式给予未断奶仔猪。仔猪断奶后马上口服市售的不产生肠毒素的 F4（K88）大肠杆菌活疫苗，对 F4（K88）ETEC 强毒的攻击可具有明显的保护作用，能保持正常的生长水平（Nadeau 等，2010）。目前研究的目标是用可口服的纯化 F4（K88）菌毛替代全菌作为疫苗来控制断奶仔猪大肠杆菌性腹泻的暴发（Van den Broeck 等，1999）。这种亚基因疫苗的使用能导致肠道中特异性的黏膜免疫反应和排泄物中致病性 F4（K88）的显著减少。Hodgson 和 Barton（2009）最近有报道 ETEC 疾病的预防策略。

目前，已研究出几种控制 ED 的途径。接种各种不同的 Stx2e 毒素制品，都能提供最好的预防效果。用含 Stx2e 菌株攻毒后，经去毒 Stx2e 纯化制品免疫的猪，由 ED 造成的死亡率大大降低，日增重明显提高（MacLeod 和 Gyles，1991）。Bosworth 等（1996）研究发现，当免疫猪受到 EDEC 的攻击时，基因改良的 Stx2e 毒素能够预防典型的和亚临床型的 ED。Johansen 等（1997）报道，在丹麦 2 个反复感染 ED 的猪群，免疫 Stx2e 毒素几乎能完全杜绝 ED 引起的大量死亡。

与 ETEC PWD 一样，在 ED 攻击前至少 1 周，仔猪口服携带菌毛黏附素的 F18 阳性 Stx2e 阴性的减毒活菌。在不受控制的试验中，结果不一。与 F4（K88）菌毛试验结果相比，经口免疫纯化的 F18 菌毛，不能诱导产生黏膜免疫反应以抵抗 F18 阳性大肠杆菌感染（Verdonck 等，2007）。

抗菌素预防（Antimicrobial Prophylaxis）。目前，在饲料中加入药物的预防方法在很多国家被广泛采用。尽管该方法有如下严重缺陷：消费者不接受，损害免疫力的建立，和抗性细菌的筛选。耐药性几天或几周内即可产生。从 PWD 大肠杆菌和 ED 中分离细菌试验表明，猪大肠杆菌产生耐药性几率最高。除了以上提到的用于母源性治疗的几类抗生素外，氨基糖苷类和多黏菌素也被广泛地应用。后者具有稳定，低毒，不易产生耐药性等优点。研究人员报道说，氧四环素的浓度在低于最小抑菌浓度的条件下即可减少大肠杆菌的黏附。Sarmiento 和 Moon（1988）报道，在由抗四环素菌株引起的 PWD 大肠杆菌，不论在饲料中是否添加四环素，猪体中都发生相同的过程。

营养性预防（Dietary Preventive Measures）。据报道，限制饲料摄入量、高纤维日粮或自由采食粗纤维可有效减少 ED 和断奶后腹泻的发生（Bertschinger 等，1978；Smith 和 Halls，1968）。增加饲料中的粗纤维含量到 15%～20%，将粗蛋白和可消化能量降低到正常含量的一半，可降低饲料的营养价值。向正常日粮中添加额外的纤维的方法也许有好处。

低蛋白饮食可以减少有毒的蛋白代谢产物，减少 PWD 发生范围（Halas 等，2007）。动物源性蛋白似乎能预防 PWD。可能由于更大的消化率和高采食量刺激（Lalles 等，2007），饲喂添加乳制品的饲料，可以延迟 PWD 的发生，降低死亡率（Tzipori 等，1980）。

引入酸结合能力差的日粮后，由大肠杆菌肠毒素血症造成的死亡率降低，增重增加。有机酸也可起到相似的效果。有机酸可以保持酸性的胃肠道环境，进行控制潜在的致病菌。但是，将无机酸和有机酸混合后添加于饲料中的做法不能降低 ED 造成的死亡率（Tohansen 等，1996）。鉴于靠近肠道黏膜表面 pH 的高度可变性，这种结果一点也不足为奇（McEwan 等，1990）。

氧化锌可以替代抗生素使用。饲料中锌的含量在 2 400～3 000 mg/kg 时，可降低腹泻和死亡并促进生长。氧化锌的保护作用，可能不是源于抗菌活性，而是源于通过抑制细菌的黏附、内吞和调控基因表达来保护肠细胞不受 ETEC 感染（Roselli 等，2003）。然而，在氧化锌含量高的情况下，应考虑环境因素。

最近报道了几种有效的膳食补充剂。通过口服免疫来自酵母细胞壁的 β-葡聚糖，可降低断奶仔猪对 ETEC F4（K88）感染的易感性。外源和内源性蛋白酶可降低小肠 F4（K88）受体的活性。给猪经口服一种从菠萝树干提取的蛋白酶——菠萝蛋白酶，可抑制 F4 阳性 ETEC 结合于刷状缘，并且具有剂量依赖性（Mynott 等，1996）。

大肠杆菌素 E1 是细菌素的一员，能够有效抵抗大肠杆菌。在仔猪饮食添加大肠杆菌素 E1，可以减少 F18 阳性 ETEC 引起的 PWD 的发生范围和严重程度，提高仔猪的生长性能（Cutler 等，2007）。

益生元能够选择性地促进胃肠道中潜在益生菌的增殖。例如，饲喂可热灭活的干粪肠球菌菌株可显著减少 STEC 感染的临床症状的发生（Tsukahara 等，2007）。

使用潜在有益微生物取得了一些可喜的结果。饲喂添加有分离于猪小肠中的乳酸菌菌株的饲料，在受到 ETEC F4（K88）攻击时，可使 ETEC 数量大大下降，日增重明显增加（Konstantinov 等，2008）。另一方面，研究人员给人工感染猪或自然感染猪饲喂粪肠球菌、无乳链球菌和蜡样芽孢杆菌，结果未发现防护性效果（De Cupere 等，1992）。

饲喂含有发酵大豆（尤其是根霉发酵大豆和芽孢杆菌发酵大豆）的饲料，能减少 ETEC 的排泄和断奶仔猪腹泻的发生范围、严重程度和持续时间（Kiers 等，2003）。

选育有抵抗力的猪（Breeding of Resistant Pigs）。 通过选育扩大猪群中 F4 和 F18 抗性基因的出现范围，是预防 PWD 和 ED 的一个有吸引力的方法。但重要的是，必须避免同时筛选出不希望出现的与编码 F4 和 F18 受体位点紧密连锁的特性。不可预知是否还会出现可以和未经确定的受体相结合的一些其他类型的黏附性菌毛或已知类型的新的变体。抗病动物大规模筛选技术缺乏，将是不久的将来面临的主要挑战。

聚合酶链式反应－限制性片段长度多态性（PCR-RFLP）试验用于检测与控制大肠杆菌 F18 受体表达的基因相关的 FUT1 M307 的多态性，是大规模筛选动物的一种简单又廉价的方法（Frydendahl 等，2003）。这个试验还可用作对大肠杆菌 F18 相关性腹泻敏感性的预报器。

跨膜黏液素 MUC13 似乎与对 ETEC F4ab/ac 的易感性和抵抗力有关，因为 MUC13 基因与编码 F4ab（K88ab）和 F4ac（K88ac）受体的基因紧密相连。因此，MUC13 为筛选 ETEC F4ab/ac（K88ab/ac）抗性动物提供了潜在标志（Zhang 等，2008）。虽然可能涉及其他受体，但具有 F4ab/ac（K88ab/ac）遗传抗性，与 ETEC F4（K88）黏附肠上皮细胞有关的黏液素 4 基因多态性，一直也被用于筛查试验（Rasschaert 等，2007）。另一方面，如果想选育出 F4（K88）阳性 ETEC 抗性猪，就应该考虑免疫因素。因为抗病母猪（F4（K88）受体阴性猪）不产生，也不通过初乳转移 F4（K88）特异性抗体，因此杂交仔猪并不能受到被动保护，使其免于这些菌株引起的新生仔猪腹泻。

猪群病原根除办法（Methods to Eliminate Agents from Herds）。 因为多数致病性 ETEC、EPEC 和 EDEC 都归属于有限数量的血清群，所

以伴有选择病变型的肠道大肠杆菌感染理论上可以被清除出猪群。在丹麦,ED暴发之后都会采取根除该病的措施,包括受感染猪场的减群和猪舍的消毒。多数采取这些措施的猪场,一直可以保持不发生临床性疾病至少4~7个月(Johansen等,1996)。然而,证明给定猪群中没有致病性大肠杆菌的方法还不充分,大肠杆菌很难从环境中消除。

大肠杆菌性严重休克
ESCHERICHIA COLI CAUSING FATAL SHOCK

大肠杆菌病并发休克发生在仔猪断奶前后。与此病相关的大肠杆菌或者是(1)通常属于O157、O149或O8血清型,只是偶尔产生Stx2e的F4(K88)阳性的ETEC(Faubert和Drolet,1992);或者是(2)与ED有关的能产生Stx2e的大肠杆菌。

在这些ETEC或ED病例中,感染发展是如此迅速,以致于在未发生腹泻前,或是在ETEC病例中发生严重腹泻之前,再或是在ED病例中发生严重的大脑水肿之前,就休克死亡。这种现象可能是由ETEC定植快速释放大量的大肠杆菌LPS导致。LPS脂质A部分促进炎症调节因子,如肿瘤坏死因子(TNF)-α、白细胞介素(IL)-1和IL-6的过量生成。中性粒细胞的聚集和随后脱颗粒都由这些调节因子激活,引起血管内皮损伤、液体损失和低血容量性休克。凝血途径的调节也会导致纤维蛋白沉积和血栓形成。

极少出现临床症状。表面上健康的仔猪发生突然死亡,或四肢下垂同时伴随发绀。有时可观察到腹泻,颜色呈黄色到褐色。

典型的大体病变包括小肠和胃壁发生明显充血,以及出现血样肠内容物。显微镜下观察发现胃和小肠黏膜严重充血,这通常与微血管纤维蛋白血栓的形成有关。在严重病例,发生伴有明显中性粒细胞浸润的绒毛坏死。在空肠和回肠的黏膜固有层,仅偶尔会出现大出血(Faubert和Drolet,1992)。

免疫、诊断和防控同EPEC和ED部分。

全身性大肠杆菌感染
SYSTEMIC *ESCHERICHIA COLI* INFECTIONS

大肠杆菌可由菌血症引起全身性感染,如败血症或局部肠道外感染,如脑膜炎或关节炎(Fairbrother等,1989;Fairbrother和Ngeleka,1994;Morris和Sojka,1985)。大肠杆菌引起的败血症可以是原发的,主要发生于新生至4日龄猪(Nielsen等,1975),也可以继发于腹泻或其他一些危害青年猪的疾病。

新生期原发性败血症发生于缺乏免疫力的仔猪。这种免疫力的缺乏,或是由于没有食到初乳,或是由于初乳中缺乏特异性抗体。母猪无乳、出生体重低、健康乳头数量不足,或其他任何可以降低初乳量的因素,能导致仔猪易感。虽然这些仔猪通常在出生后的最初几天内出现败血症,但该病可发生于整个泌乳期,在有些病例可延续发生至80日龄。温度低和卫生条件差都会增加全身性感染的风险。小肠常被认为是大肠杆菌侵入的主要部位,因为该病可通过口服或胃内投喂接种物人工诱发(Ngeleka等,1993)。细菌也可通过呼吸道或脐污物入侵。所涉及的菌株被称为ExPEC,是一组具有大量不同毒力因子的混合群体(在本章病原学部分讨论)。然而,代表血清型数量非常有限(表53.1)。

继发性败血症在肠毒素型大肠杆菌(ETEC)侵入后发生。最经常涉及的ETEC血清毒力型见表53.2。患ETEC性严重腹泻的年长哺乳仔猪通常最容易受到感染。刚分娩后不久母猪也可能受到感染。有助于致死性ETEC入侵的其他风险因子可能包括:能损伤小肠和改变菌群环境的肠道病毒,或感染可引起免疫抑制的PRRS病毒(Nakamine等,1998)。

致病机理
Pathogenesis

细菌穿过消化道黏膜,可能是通过肠上皮细胞的胞吞作用,亦可能是直接穿过由邻近上皮细胞的侧血浆膜形成的肠上皮细胞膜间隙,在进入血流之前先侵入肠系膜淋巴结。细菌的这种侵入并随血流分布到各种肠道外器官,如肺、肝、脾、肾、脑和心可引起全身感染（如败血症、多发性浆膜炎），或局部感染（脑膜炎或关节炎）（M orris 和 Sojka,1985）。

虽然似乎 ExPEC 分离株所拥有的毒力因子数量越大其致病潜力也就越大，但与 ExPEC 致病性相关的各致病因子的具体作用仍不十分明了。有人认为，细菌的脂多糖荚膜、K 型荚膜和 O 抗原荚膜以及含铁血黄素巨噬细胞的产物，如气溶素，能使细菌侵入机体并逃避机体的防御机制。这些致病因子增强了细菌对补体和吞噬细胞杀菌力的抵抗作用，并使得细菌能在低浓度自由铁离子的体液环境中生长（Ngeleka 等,1992）。菌毛在细菌的存活、体内的扩散以及随后的致病过程中发挥重要的作用。这种作用的发挥部分是通过增加对吞噬杀菌效力的抵抗而实现的（Ngeleka 等,1994）。

临床症状
Clinical Signs

感染后的临床症状包括精神抑郁、跛行、不愿活动、厌食、被毛粗糙和呼吸困难，部分原因是受细菌内毒素，或细胞毒素，或这些细菌代谢产物所诱导产生的炎性细胞因子的影响（Jesmok 等,1992；Nakajima 等,1991）。感染仔猪俯卧，腹部稍膨大，有时仔猪意识丧失，并伴有痉挛和划桨运动；有可能体况良好但可见到身体末梢部位瘀血发绀。一些仔猪发现时即已死亡，而其他猪只昏迷并未见任何腹泻症状。这些临床症状在出生后 12 h 即可发生,48 h 内出现死亡。在年龄较大的仔猪，临床症状有周期性腹泻，在急性败血症出现前的一些疾病与新生仔猪相似。

病理变化
Lesions

在急性原发性败血症，可能除了小肠、肠系膜淋巴结和一些肠道外器官的充血外没有其他大体病变。在亚急性病例，可见浆膜下或黏膜出血，并经常可见到纤维素性多发性浆膜炎，且常伴有化脓性脑膜炎和关节炎。肺脏的组织学检查可见肺泡间的间质性肺炎并伴有水肿和中性粒细胞浸润，但肺泡内没有渗出物。

在继发于肠源性大肠杆菌病的败血症，浆膜表面可见出血斑，脾脏肿大并伴有急性腹泻，一些病例还可见到脱水。在继发性全身感染大肠杆菌的许多病例中，感染可能发生在原发性疾病的晚期，变化常很轻微或根本看不到全身性 ETEC 特有的病变。

诊断
Diagnosis

当出现尤其是在 4 日龄以下仔猪出现上述症状时，应怀疑为全身性大肠杆菌病。要区别考虑全身性细菌感染的其他病因。在年长哺乳仔猪尤其是患有多发性浆膜炎的刚断奶仔猪，应该与副猪嗜血杆菌（55 章）、猪鼻支原体（57 章）和猪链球菌（62 章）进行区分。

血液培养结果呈阳性，在诊断菌血症中必不可少。但是，治疗应该于获得血液培养结果之前进行。待检血液必须在无菌条件下从静脉抽取，并接种于好氧和厌氧两种血液培养瓶中。通过分离纯培养物或者肠外器官如脾、肝、脑、肺、心包液和胸腹膜液中的优势菌株来进行确诊。与原发性败血症有关的典型大肠杆菌血清型见表 53.1，与继发性败血症有关的 ETEC 血清毒力型见表 53.2。分离、鉴定和血清毒力分型方法，在新生仔猪大肠杆菌性腹泻章节中的诊断部分描述。

预防和控制
Prevention and Control

最有效的预防措施是重视哺乳管理，确保仔猪吃到足够量的初乳。此外，设施设计和最小化粪便对环境污染的管理措施，都将会降低哺乳仔猪暴露于大肠杆菌的概率和传播大肠杆菌的概率。

在败血症中，治疗措施对亚急性感染病例也许有效，但对已出现临床症状的病例大多无效。然而，应对剩下未感染的同窝及邻窝仔猪用抗菌素进行预防性治疗很少考虑通过接种疫苗来控制大肠杆菌性败血症。但是，在小群暴发的情况下，最好对可疑血清型进行仔细监测，并对怀孕母猪进行自家苗免疫。

大肠杆菌性乳房炎

COLIFORM MASTITIS

用"大肠杆菌性乳房炎"(CM)这一术语来命名产后母猪的乳房炎,另外该表达也指奶牛的大肠杆菌性乳房炎。对无乳症母猪的剖检结果显示,有高达80%的母猪表现乳房炎的大体病变(Ross等,1981)。Wegmann等(1986)报道,有79%的患有乳房炎的猪乳腺中可分离到大肠杆菌或肺炎克雷伯氏菌,但患有PPDS的经产母猪所产仔猪的死亡率高达55.8%,而健康母猪所产仔猪的死亡率为17.2%(Bäckström等,1984)。

粪便菌群是肠外(如乳腺炎和UTI)大肠菌感染的储藏器。每头猪的小肠都发现有各种不同的大肠菌菌株,而且混合感染往往多于单纯感染。有约1/3的患乳房炎的母猪,从它们的乳腺、尿液及膀胱得到了相同的分离结果(Bertschinger等,1977a)。母猪肠道中、新生仔猪口腔及外界环境中的细菌群均可能是引起乳头污染的来源。A-wad-Masalmeh等(1990)发现,67头患有CM母猪的乳腺分泌物及粪便中,约有1/4都分离到了O型大肠杆菌。Muirhead(1976)认为,母猪的垫料非常重要,粪尿可污染乳房。克雷伯氏菌也可来源于用作垫料的刨花。在传统的产仔箱中产仔的母猪,其乳头上大肠菌的数量和乳房内大肠杆菌的感染概率,比躺在干净区域产仔的母猪明显大(Bertschinger等,1990a)。

在一猪群内患有乳房炎的母猪,或者同一母猪不同腺体间,再或者甚至在同一腺体不同次级腺体中,可分离到的大肠杆菌极度不同,表现为多血清型和DNA基因型的随机扩增多态性(Awad-Masalmeh等,1990;Morner等,1998;Ramasoota等,2000)。

致病机理

Pathogenesis

通过乳腺内注射,不超过120个肺炎克雷伯氏菌即可在母猪体内复制出乳房炎。外部污染乳头,不论是在分娩后2 h进行或是在妊娠后111 d进行,结果均一样成功(Bertschinger等,1977b)。

但是,自发病例,微生物在何时侵入乳池仍很不清楚。McDonald(1975)发现,分娩前对乳腺进行培养,约有1/4的乳腺中发现大量的大肠杆菌。新的感染似乎最常发生在仔猪出生到产后2 d(Bertschinger等,1990b)。

细菌出现在腺管或腺泡腔中,或自由存在或存在于吞噬细胞内,黏附到表面的现象不明显。在死后剖检时,最常在附近的淋巴结中分离到致病菌,而分离自肝、脾、肾的情况少见(Ross等,1981)。

细菌在乳腺分泌物中的繁殖可用抗菌机制加以控制。牛乳房中的抗菌活力归因于多种抑制因子,这些抑制因子联合发挥作用,可使干乳期的乳房中大肠杆菌的繁殖几乎完全停止。分娩时,母猪乳腺分泌物中可见较低的调理素活性(Oster-lundh等,1998),和初乳中多核细胞较低的吞噬能力(Osterlundh等,2001),这就可以解释分娩时CM易感性的增强。CM是一自愈的疾病,细菌通常在分娩后1~6 d内消失(Bertschinger等,1990b)。然而在严重病例,它们可在坏死灶中持续存在整个泌乳期(Löpfe,1993)。

猪发生CM,其被感染乳腺的腔中常有大量中性粒细胞的聚积,同时可出现严重的白细胞减少症(Bertschinger等,1977b)。伴有对与循环中性粒细胞功能受损相关的感染易感的严重反应,是由于接种物大量持续繁殖的结果(Löfstedt等,1983)。而中性粒细胞功能减弱的原因仍是一个谜。Magnusson等(2001)认为在分娩前4 d直接进行实验性感染,母猪的易感性更强,此时血液中中性粒细胞的数量比以前更多。这就暗示了循环中中性粒细胞的数量在母猪CM感染发展过程中的作用。然而,Osterlundh等(2002)在实验性免疫研究中发现,分娩时母猪血液中粒细胞趋化能力和吞噬能力的削弱与其对CM易感性无关。对细胞学检查结果的解释必须谨慎。仔猪不选择的乳腺在分娩后很快退化,退化的同时伴有总体细胞计数及多形核(PMN)细胞比例的升高(Wegmann和Bertschinger,1984)。在一些母猪,多只乳腺在无细菌的情况下表现为总体细胞和多形核细胞的增多(Bertschinger 等,1990)。

CM 的全身症状是由细菌内毒素引起的(Bertschinger 等,1990b)。CM 临床症状像高烧的发展,与细胞调节因子如 IL-1 和 IL-6 的定位表达程度有关。

临床症状
Clinical Signs

CM 的初期症状最常见于产后第 1 天或第 2 天,第 3 天少见,然而也可在早至分娩期间见到(Martin 等,1967)。初期症状主要表现为发热、精神倦怠、衰弱无力和对仔猪失去兴趣。被感染母猪喜俯卧。严重者表现晕眩、不愿站立甚至出现昏迷,采食及饮水减少甚至废绝,体温轻微升高,很少超过 42℃。另一方面,许多正常母猪在分娩当天或其后 2 d,直肠温度可超过 39.7℃(King 等,1972)。被感染母猪的心率和呼吸次数增加,一般而言,临床症状的持续时间不超过 2~3 d。

CM 母猪的临床症状被证明与前述具有哺乳障碍疾病的母猪的变化非常相似。由于出现外观健康的亚临床型 CM,使得对临床指标的解释更加困难。仔猪行为对泌乳障碍的早期检查很有帮助。营养不良的仔猪外观瘦弱,它们不时地试图吸吮,从一个乳头转移到另一个,轻咬垫料,舔食地面上的尿液。如果母猪给予其接近乳头的机会,吮吸的时间很短,吮吸后仔猪会四处游荡,而不是在同窝仔猪附近休息。

乳腺病变常不可能确切定位,因为皮肤的发红、发热常涉及多个次级乳腺。皮下脂肪及皮下的极度水肿常给对真正乳腺组织状态的可靠的临床评价造成很大的困难。触诊发现乳腺组织坚硬,并且触摸可造成疼痛,皮肤的红色指压变白。只靠临床检查最多只能诊断出部分被感染的次级乳腺(Persson 等,1996)。腹股沟淋巴结可能肿大。

病理变化
Lesions

CM 病变局限于乳腺和局部淋巴结。大体上,炎性渗出物呈浆液状到奶油状,可能含有纤维蛋白或血凝块。乳房被感染部分出现皮下水肿。在不同次级乳腺中检查到了规则的散在分布的乳房炎病灶。受感染乳腺组织的外观变化不一,从质度轻度增加和颜色变灰到出现界限清晰、红色、坚硬、干燥的斑驳状区域(图 53.7)。

显微镜观察可见伴有充血的急性化脓性乳房炎。在各个次级乳腺之间或之内,病变程度严重不同,可从肺泡内出现少量嗜中性粒细胞一直到坏疽的严重脓性渗出。腹股沟及髂下淋巴结出现急性脓性淋巴结炎。人工乳池内接种后连续作显微病变检查发现,在急性病例,这种被结缔组织所包裹的大的脓性坏死灶可持续存在整个泌乳期(Löpfe,1993)。

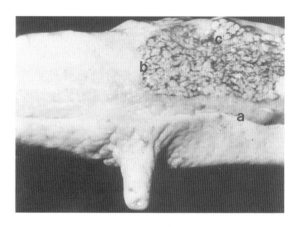

图 53.7 乳腺纵切面上,有急性 CM 症状的邻接正常乳腺组织的次级乳腺:(a)皮下水肿;(b)与周围正常组织界限分明;(c)被感染组织的斑驳状外观。

诊断
Diagnosis

在泌乳初期出现的任何少乳情况均可疑为 CM。发热、厌食、不愿起立、俯卧、对仔猪失去兴趣等症状的出现可辅助诊断。急性病例的乳腺发红、肿胀、坚硬,分泌物外观异常。

还没有一种可供猪场使用的快速、可靠的检测手段。因为母猪乳汁中富含细胞,所以并不推荐使用改进的测试方法。细菌学和细胞学检查分泌物的方法只有在对所有乳腺均进行取样或被感染乳腺已知的情况下才可行。pH 值的诊断价值有限(Persson 等,1996)。细胞学检查可检出健康腺体和乳腺炎腺体之间的不同,但是至少要在分娩后首个 48 h 内进行(Wegmann 和 Bertschinger,1984)。因为乳腺炎是一种局部性感染,所以样品必须从单个乳腺采取,不可合并。一个推荐的临界标准是,每毫升乳汁中细胞总数为 5×10^6 个,PMN 低于 70%。在不明病例中,有必要进行分泌物的培养。培养方法在新生仔猪腹泻中有描述。

免疫
Immunity

CM 显然对感染的再次发生没有保护作用(Bertschinger 和 Bühlmann,1990)。Ringarp(1960)报道说,大母猪比小母猪发病率高,并且个体母猪的重复感染最高可达 10 次。

预防和控制
Prevention and Control

在 CM 乳腺炎,母猪出现泌乳障碍的症状前,一般不采取治疗措施。因此,治疗至多能起到使仔猪食乳不足期缩短。抗菌素治疗会因为抗菌素有效性的不一致而变得复杂化,这种不一致既体现在猪群体中,也体现在猪个体中。因此,药敏试验对单个病例的价值不大。

应对仔猪给予很大的关注,或由其他母猪哺育或仍留下来食用乳汁代替品。可用 5% 灭菌葡萄糖溶液,腹腔内注射,每间隔几小时一次,或用更高浓度的葡萄糖溶液经胃内灌服。当仔猪得不到充足的奶时,防止感冒变得尤为重要。

CM 的预防策略包括保护乳头不受细菌污染(Muirhead,1976)。最佳预防措施是合理设计产仔圈,以使母猪不躺在其排泄物中为原则;另一方面,对产仔圈和新转入的母猪进行清洗和消毒,预防效果不大,在 CM 病例增加的情况下,有必要检查垫料。在母猪分娩前不久大幅度降低母猪的日粮配给量是广泛采用的措施。市售饲料日配给量的减少可大大降低无乳症的发病率(Persson 等,1989)。乳头上微生物数量的减少,反映了休息区域内的粪便和尿液污染程度较低。

在圈舍条件不能改进的情况下,化学预防是最有前途的一种控制 CM 乳腺炎的方法。挑选药物时必须考虑该猪场常用药物的抗性及与该病相关的细菌的多样性。拌料大群投药的方法必须用少量饲料拌药分别投服的方法替代,因为围产期母猪的采食量变化很大。尽量缩短治疗期可减少抗药性的出现。被证明有效的抗菌素,包括甲氧苄啶胺嘧啶、磺胺二甲嘧啶和磺胺噻唑合剂;阿泊拉霉素和恩诺沙星。

非特异性尿路感染
NONSPECIFIC URINARY TRACT INFECTION

与 CM 一样,非特异的 UTI 就像一种自生的不具有传染性的疾病。粪便菌群是肠外(如乳腺炎和 UTI)大肠菌感染的储藏器。雌性动物与雄性动物相比,其粪便中的细菌更易进入泌尿道。在集约化养殖条件下,母猪的外阴常很容易接触到粪便(Smith,1983)。犬坐姿势也可协助粪便物质进入阴部。长时间休息的母猪排尿间隔时间延长。然而,就 UTI 问题,还没有对畜舍条件做过相关的研究。UTI 的患病年龄分布也支持了持续接触粪便污染物的观点。UTI 的流行随母猪胎次和胎次增长而增加,这与更大更严重的外阴和尿道的损伤和松弛相关(Becker 等,1985)。饮水减少可能也是易于感染 UTI 的一个原因。

致病机理
Pathogenesis

在人和犬,主要通过菌毛尤其是 1 型和 P 型菌毛黏附的尿路病原大肠杆菌特别容易在生殖道和泌尿道的下段定植(Gyles 和 Fsirbrother,2010)。同样,在患有菌尿症猪尿道分离出的大肠杆菌中发现 P 型菌毛和甘露糖敏感性红细胞凝聚,提示 1 型菌毛(de Brito 等,1999)。从 UTI 常分离到的大肠杆菌血清毒力型列于表 53.1。

细菌最可能顺着尿道上行(Smith,1983)。雌性动物的尿道短而宽,妊娠晚期和分娩时括约肌的松弛,性交和分娩对尿道和膀胱的创伤,细菌在泌乳生殖道及生殖器官的不正常的定植,瓣膜关闭不全,膀胱的导管插入术等因素更加有利于细菌的侵入。无症状的菌尿症可暂时性的恶化成膀胱炎。非特异性感染可促进猪放线菌在膀胱的定植(Liebhold 等,1995)。细菌的定植可引起输尿管瓣膜的收缩和变形,这样就更加有利于尿液的反流(Carret 等,1990)。

UTI 可使母猪更易患 MMA,因为似乎很可能发生分娩时细菌沿生殖道上行入侵和休息区域污染物污染乳腺的情况。在患 MMA 的母猪的膀胱和子宫中,或者膀胱和乳腺中,发现有相同血清亚型(O,K)的大肠杆菌(Berts chinger 等,1977a)

临床症状
Clinical Signs

大多数非特异的 UTI 没有临床症状。具有严重菌尿症的母猪趋于产仔数少,配种率低,身体状况差(Akkermans 和 Pomper,1980)。患有膀胱炎的母猪,可能排尿少且尿紧张,或者可见犬坐式(Becker 等,1988)。

阴道排出物呈干痂状,粘在外阴周围、尾下部,更见于母猪身下的地面上(Dial 和 McLachlan,1988a)。排出物呈黏液性、黏液血性、脓性,最常见于排尿后期。然而,这种排出物亦可由尿生殖道某一部分的炎症引起。严重的排出是子宫内膜炎的结果而非 UTI 引起。

有 40% 的病例,在产后前 2 周,严重的肾盂肾炎的临床症状开始表现出来。典型的病例表现直肠温度低于 100°F(38℃),心率超过 120 次,呼吸迫促,发绀,共济失调,全身震颤症状少见,血液中尿素和肌醇的浓度高于正常。

病理变化
Lesions

膀胱炎的大体病变为黏膜的局灶性或弥散性充血(Dial 和 Maclachlan,1988b)。随后,感染区域会出现伴有纤维脓性渗出物的黏膜溃疡,膀胱壁变厚。如果感染沿尿路上行,在生殖道和肾盂会出现相同的病变。在肾盂肾炎,炎症病变可延及到肾实质。观察发现,炎症病灶多分布不均匀,主要影响肾两极(Isling 等,2010)。楔形的病灶

从扭曲的肾盂延伸至皮质,随发病时间的延长可发生肾脏的纤维化。

即便在患有非特异 UTI 且无蛋白尿的母猪,都可发生膀胱的显微病变。病变包括杯状细胞明显增生,上皮细胞内含有少量吞噬颗粒,上皮细胞层中有中性粒细胞浸润,在固有层中以单核细胞为主(Liebhold 等,1995)。在肾脏,主要可发现伴随嗜中性粒细胞和单核细胞的小管间质性浸润和小管损伤(Isling 等,2010)。

诊断
Diagnosis

只靠临床检查对诊断 UTI 价值不大。阴道和尿道远端正常菌群的定植给细菌学检查带来困难。因此,污染及感染的区别就在于尿液中细菌的数量。细菌计数为 10^5 CFU/mL,可以肯定发生了感染,而 10^4 CFU/mL 只能疑为感染。给母猪导尿可行,但并不能避免污染还有可能造成新 UTI 的问题。

免疫
Immunity

抗感染性大肠杆菌菌株的血清抗体在患有肾盂肾炎的母猪中经常被检测到,在患有膀胱炎的母猪中较少被检测到,在患有无菌尿的母猪则基本检测不到(Wagner,1990)。大肠杆菌菌株可能始终保持在尿道中,尽管尿液中抗体浓度很高。

预防和控制
Prevention and Control

猪泌尿生殖道感染的治疗效果不太理想(Dial 和 MacLachlan,1988b)。由于对不同细菌的易感性不同以及抗性时常产生,所以对于 UTI,推荐使用广谱抗生素或联合用药,如甲氧苄氨嘧啶-磺胺类药物来治疗(Berner,1990)。可能建议长期母源治疗,虽然在治疗后亚临床 UTI 还将常常持续(Becker 等,1988)。在分娩前,用特异性抗菌药物治疗感染母猪可能非常有效。

UTI 控制策略包括通过改善排泄物排放和畜棚条件来降低环境暴露。当水的摄入量增加以

及母猪能到运动场活动的情况下，母猪的排尿量增加，而饮水的增加是由于饲料中含有 1% 的盐造成的（Smith，1983）。应该评估水源可接近性、水流速度和乳头。饮水减少也可能是因为适口性差造成的。

（范运峰译，赵炜校）

参考文献
REFERENCES

Aarestrup FM, Hasman H. 2004. Vet Microbiol 100:83–89.

Akkermans JPWM, Pomper W. 1980. The significance of a bacteriuria with reference to disturbances in fertility. Proc Congr Int Pig Vet Soc 6:44.

Awad-Masalmeh M, Baumgartner W, Passernig A, et al. 1990. Tierärztl Umschau 45:526–535.

Awad-Masalmeh M, Reitinger H, Quakyi E, Hinterdorfer H, Silber R, Willinger H. 1988. Observations on the isolation and characterization of E. coli derived from edema disease cases. Proc Congr Int Pig Vet Soc 10:114.

Bäckström L, Morkoc AC, Connor J, et al. 1984. J Am Vet Med Assoc 185:70–73.

Becker HA, Kurtz R, Von Mickwitz G. 1985. Prakt Tierarztl 66:1006–1011.

Becker W, Kurtz R, Von Mickwitz G. 1988. Prakt Tierarztl 69:41–45.

Beier RC, Bischoff KM, Ziprin RL, et al. 2005. Bull Environ Contam Toxicol 75:835–844.

Berner H. 1990. Dtsch Tierärztl Wochenschr 97:20–24.

Bertschinger HU, Bachmann M, Mettler C, et al. 1990b. Vet Microbiol 25:267–281.

Bertschinger HU, Bühlmann A. 1990. Absence of protective immunity in mammary glands after experimentally induced coliform mastitis. Proc Congr Int Pig Vet Soc 11:175.

Bertschinger HU, Bürgi E, Eng V, Wegmann P. 1990a. Schweiz Arch Tierheilkd 132:557–566.

Bertschinger HU, Eggenberger U, Jucker H, Pfirter HP. 1978. Vet Microbiol 3:281–290.

Bertschinger HU, Nief V, Tschape H. 2000. Vet Microbiol 71:255–267.

Bertschinger HU, Pohlenz J. 1974. Schweiz Arch Tierheilkd 116:543–554.

——. 1983. Vet Pathol 20:99–110.

Bertschinger HU, Pohlenz J, Hemlep I. 1977a. Schweiz Arch Tierheilkd 119:223–233.

Bertschinger HU, Pohlenz J, Middleton-Williams DM. 1977b. Schweiz Arch Tierheilkd 119:265–275.

Bertschinger HU, Stamm M, Vögeli P. 1993. Vet Microbiol 35:79–89.

Bianchi AT, Scholten JW, van Zijderveld AM, et al. 1996. Vaccine 14:199–206.

Bosworth BT, Samuel JE, Moon HW, et al. 1996. Infect Immun 64:55–60.

Boyd B, Tyrrell G, Maloney M, et al. 1993. J Exp Med 177:1745–1753.

Burgess MN, Bywater RJ, Cowley CM, et al. 1978. Infect Immun 21:526–531.

Burrows MR, Rankin JD. 1970. Br Vet J 126:32–34.

Bywater RJ, Woode GN. 1980. Vet Rec 106:75–78.

Carr J, Walton JR, Done SH. 1990. Observations on the intravesicular portion of the ureter from healthy pigs and those with urinary tract disease. Proc Congr Int Pig Vet Soc 11:286.

Choi C, Cho W, Chung H, et al. 2001. Vet Microbiol 81:65–71.

Clugston RE, Nielsen NO, Roe WE. 1974a. Can J Comp Med 38:29–33.

Clugston RE, Nielsen NO, Smith DLT. 1974b. Can J Comp Med 38:34–43.

Coddens A, Verdonck F, Tiels P, et al. 2007. Vet Microbiol 122:332–341.

Cohen MB, Guarino A, Shukla R, Giannella RA. 1988. Gastroenterology 94:367–373.

Cutler SA, Lonergan SM, Cornick N, et al. 2007. Antimicrob Agents Chemother 51:3830–3835.

de Brito BG, Leite DS, Linhares RE, Vidotto MC. 1999. Vet Microbiol 65:123–132.

De Cupere F, Deprez P, Demeulenaere D, Muylle E. 1992. J Vet Med B Infect Dis Vet Public Health 39:277–284.

Dean P, Kenny B. 2009. Curr Opin Microbiol 12:101–109.

DebRoy C, Roberts E, Cheuchenzuber W, et al. 2009. J Vet Diagn Invest 21:359–364.

Deprez P, De Cupere F, Muylle E. 1990. The effect of feeding dried plasma on experimental Escherichia coli enterotoxemia in piglets. Proc Congr Int Pig Vet Soc 11:149.

Deprez P, Van den Hende C, Muylle E, Oyaert W. 1986. Vet Res Commun 10:469–478.

Dial G, MacLachlan NJ. 1988a. Comp Contin Educ Pract Vet 10:63–71.

——. 1988b. Comp Contin Educ Pract Vet 10:529–540.

Do TN, Cu PH, Nguyen HX, et al. 2006. J Med Microbiol 55:93–99.

Do TN, Trott DJ, Nadeau E, et al. 2010. Comparison of the pathotypes and virotypes of pathogenic Escherichia coli in diseased pigs in Vietnam and Quebec, Canada. Proc Congr Int Pig Vet Soc, p. 766.

Dorsey FC, Fischer JF, Fleckenstein JM. 2006. Cell Microbiol 8:1516–1527.

Dozois CM, Clement S, Desautels C, Fairbrother JM. 1997. FEMS Microbiol Lett 152:307–312.

Dubreuil JD. 1997. Microbiology 143:1783–1795.

Edfors-Lilja I, Gustafsson U, Duval-Iflah Y, et al. 1995. Anim Genet 26:237–242.

Fairbrother JM, Broes A, Jacques M, Larivière S. 1989. Am J Vet Res 50:1029–1036.

Fairbrother JM, Higgins R, Desautels C. 2000. Trends in pathotypes and antimicrobial resistance of E. coli isolates from weaned pigs. Proc Congr Int Pig Vet Soc 16:17.

Fairbrother JM, Nadeau E. 2006. Rev Sci Tech 25:555–569.

Fairbrother JM, Nadeau E, Gyles CL. 2005. Anim Health Res Rev 6:17–39.

Fairbrother JM, Ngeleka M. 1994. Extraintestinal Escherichia coli infections in pigs. In CL Gyles, ed. Escherichia coli in Domestic Animals and Humans. Wallingford, CT: CAB International, pp. 221–236.

Faubert C, Drolet R. 1992. Can Vet J 33:251–256.

Francis DH. 2002. J Swine Health Prod 10:171–175.

Frydendahl K. 2002. Vet Microbiol 85:169–182.

Frydendahl K, Kare Jensen T, Strodl Andersen J, et al. 2003. Vet Microbiol 93:39–51.

Gannon VPJ, Gyles CL, Wilcock BP. 1989. Can J Vet Res 53:306–312.

Giannella RA, Mann EA. 2003. Trans Am Clin Climatol Assoc 114:67–85.

Gonçalves C, Berthiaume F, Mourez M, Dubreuil JD. 2008. FEMS Microbiol Lett 281:30–35.

Guerrant RL, Holmes RK, Robertson CC, Greenberg RN. 1985. Roles of enterotoxins in the pathogenesis of Escherichia coli diarrhea. In L Leive, PF Bonventre, JA Morello, S Schlesinger,

SD Silver, HC Wu, eds. Microbiology. Washington, DC: ASM, pp. 68–73.

Guinée PAM, Veldkamp J, Jansen J. 1977. Infect Immun 15:676–678.

Gyles CL, Fairbrother JM. 2010. Escherichia coli. In CL Gyles, JF Prescott, JG Songer, CO Thoen, eds. Pathogenesis of Bacterial Infections in Animals, 4th ed. Ames, IA: Wiley-Blackwell, pp. 267–308.

Halas D, Heo JM, Hansen CF, et al. 2007. CAB Rev: Persp Agric Vet Sci Nutr Nat Resour 2 79.

Hampson DJ, Fu ZF, Robertson ID. 1987. Epidemiol Infect 99: 149–153.

Harel J, Lapointe H, Fallara A, et al. 1991. J Clin Microbiol 29: 745–752.

Harville BA, Dreyfus LA. 1995. Infect Immun 63:745–750.

Hélie P, Morin M, Jacques M, Fairbrother JM. 1991. Infect Immun 59:814–821.

Hinton M, Hampson DJ, Hampson E, Linton AH. 1985. J Appl Bacteriol 58:471–478.

Hodgson KR, Barton MD. 2009. CAB Rev: Persp Agric Vet Sci Nutr Nat Resour 4 44:1–16.

Holmes RK, Twiddy EM, Pickett CL. 1986. Infect Immun 53: 464–473.

Hu ZL, Hasler-Rapacz J, Huang SC, Rapacz J. 1993. J Hered 84: 157–165.

Imberechts H, Deprez P, Van Driessche E, Pohl P. 1997. Vet Microbiol 54:329–341.

Isling LK, Aalbaek B, Schroder M, Leifsson PS. 2010. Acta Vet Scand 52:48.

Jamalludeen N, Johnson RP, Shewen PE, Gyles CL. 2009. Vet Microbiol 136:135–141.

Jesmok G, Lindsey C, Duerr M, et al. 1992. Am J Pathol 141: 1197–1207.

Johansen M, Andresen LO, Jorsal SE, et al. 1997. Can J Vet Res 61:280–285.

Johansen M, Andresen LO, Thomsen LK, et al. 2000. Can J Vet Res 64:9–14.

Johansen M, Baekbo P, Thomsen LK. 1996. Control of edema disease in Danish pig herds. Proc Congr Int Pig Vet Soc 14:256.

Johnson AM, Kaushik RS, Francis DH, et al. 2009. J Bacteriol 191: 178–186.

Jorsal SE, Aarestrup FM, Ahrens P, Johansen M, Baekbo P. 1996. Oedema disease in Danish pig herds: Transmission by trade of breeding animals. Proc Congr Int Pig Vet Soc 14:265.

Katouli M, Lund A, Wallgren P, et al. 1995. Appl Environ Microbiol 61:778–783.

Kausche M, Dean EA, Arp LH, et al. 1992. Am J Vet Res 53:281–287.

Kelly D, Begbie R, King TP. 1994. Nutr Res Rev 7:233–257.

Kiers JL, Meijer JC, Nout MJ, et al. 2003. J Appl Microbiol 95: 545–552.

Kohler EM. 1974. Am Vet J 35:331–338.

Konstantinov SR, Smidt H, Akkermans ADL, et al. 2008. FEMS Microbiol Ecol 66:599–607.

Krag L, Hancock V, Aalbaek B, Klemm P. 2009. Vet Microbiol 134: 318–326.

Lalles JP, Bosi P, Smidt H, Stokes CR. 2007. Proc Nutr Soc 66: 260–268.

Lallier R, Bernard F, Gendreau M, et al. 1982. Anal Biochem 127: 267–275.

Liebhold M, Wendt M, Kaup F-J, Drommer W. 1995. Vet Rec 137: 141–144.

Löfstedt J, Roth JA, Ross RF, Wagner WC. 1983. Am J Vet Res 44: 1224–1228.

Löpfe PJ. 1993. Experimentelle Mastitis bei der Sau: Korrelation der pathologisch-anatomischen und histologischen Befunde mit den klinischen Befunden 4–30 Tage nach der Ansteckung mit E. coli und Klebsiella pneumoniae. DVM thesis, Zurich.

MacLeod DL, Gyles CL. 1990. Infect Immun 58:1232–1239.

——. 1991. Vet Microbiol 29:309–318.

Magnusson U, Pedersen Morner A, Persson A, et al. 2001. J Vet Med B Infect Dis Vet Public Health 48:501–512.

Mainil J. 1999. Vet Res 30:235–257.

Mainil JG, Jacquemin E, Pohl P, et al. 2002. Vet Microbiol 86: 303–311.

McAllister JS, Kurtz HJ, Short EC Jr. 1979. J Anim Sci 49: 868–879.

McDonald TJ, McDonald JS. 1975. Cornell Vet 65:73–83.

McEwan GTA, Schousboe B, Skadhauge E. 1990. Zentralbl Veterinarmed A 37:439–444.

Morner AP, Faris A, Krovacek K. 1998. Zentralbl Veterinarmed B 5:287–295.

Morris JA, Sojka WJ. 1985. Escherichia coli as a pathogen in animals. In M Sussman, ed. The Virulence of Escherichia coli: Reviews and Methods. London: Academic Press, pp. 47–77.

Muirhead MR. 1976. Vet Rec 99:288–292.

Mynott TL, Luke RK, Chandler DS. 1996. Gut 38:28–32.

Nadeau E, Tremblay D, Fairbrother JM. 2010. Vaccination with Coliprotec vaccine for the prevention of post-weaning diarrhea associated with F4 (K88)-positive enterotoxigenic Escherichia coli (ETEC). Proc Congr Int Pig Vet Soc, p. 463.

Nagy B. 1986. Vaccines against toxigenic Escherichia coli disease in animals. In Development of Drugs and Vaccines against Diarrhea. 11th Nobel Conf., Stockholm, 1985. Lund: Stdentlitteratur, p. 53.

Nagy B, Casey TA, Whipp SC, Moon HW. 1992. Infect Immun 60: 1285–1294.

Nakajima Y, Ishikawa Y, Momotani E, et al. 1991. J Comp Pathol 104:57–64.

Nakamine M, Kono Y, Abe S, et al. 1998. J Vet Med Sci 60: 555–561.

Nataro JP, Kaper JB. 1998. Clin Microbiol Rev 11:142–201.

Neef NA, McOrist S, Lysons RJ, et al. 1994. Infect Immun 62: 4325–4332.

Ngeleka M, Harel J, Jacques M, Fairbrother JM. 1992. Infect Immun 60:5048–5056.

Ngeleka M, Jacques M, Martineau-Doizé B, et al. 1993. Infect Immun 61:836–843.

Ngeleka M, Martineau-Doizé B, Fairbrother JM. 1994. Infect Immun 62:398–404.

Ngeleka M, Pritchard J, Appleyard G, et al. 2003. J Vet Diagn Invest 15:242–252.

Nielsen NC, Bille N, Riising HJ, Dam A. 1975. Can J Comp Med 39:421–426.

Niewerth U, Frey A, Voss T, et al. 2001. Clin Diagn Lab Immunol 8:143–149.

Osterlundh I, Holst H, Magnusson U. 1998. Theriogenology 50: 465–477.

——. 2001. Am J Vet Res 62:1250–1254.

Osterlundh I, Hulten F, Johannisson A, Magnusson U. 2002. Vet Immunol Immunopathol 90:35–44.

Owusu-Asiedu A, Baidoo SK, Nyachoti CM, Marquardt RR. 2002. J Anim Sci 80:2895–2903.

Persson A, Pedersen AE, Göransson L, Kuhl W. 1989. Acta Vet Scand 30:9–17.

Persson A, Pedersen Mörner A, Kuhl W. 1996. Acta Vet Scand 37: 293–313.

Ramasoota P, Krovacek K, Chansiripornchai N, et al. 2000. Acta Vet Scand 41:249–259.

Rasschaert K, Verdonck F, Goddeeris BM, et al. 2007. Vet Microbiol 123:249–253.

Ringarp N. 1960. Acta Agric Scand Suppl 7:166.

Roselli M, Finamore A, Garaguso I, et al. 2003. J Nutr 133: 4077–4082.

Ross RF, Orning AP, Woods RD, et al. 1981. Am J Vet Res 42: 949–955.

Sarmiento JI. 1983. Environmental temperature: A predisposing factor in the enterotoxigenic *Escherichia coli*–induced diarrhea of the newborn pig. MS thesis, University of Guelph, Ontario, Canada.

Sarmiento JI, Casey TA, Moon HW. 1988a. Am J Vet Res 49: 1154–1159.

Sarmiento JI, Dean EA, Moon HW. 1988b. Am J Vet Res 49: 2030–2033.

Sarmiento JI, Moon HW. 1988. Am J Vet Res 49:1160–1163.

Savarino SJ, Fasano A, Watson J, Martin BM, Levine MM, Guandalini S, Guerry P. 1993. Enteroaggregative *Escherichia coli* heat-stable enterotoxin 1 represents another subfamily of *E. coli* heat-stable toxin. Proc Natl Acad Sci U S A 90: 3093–3097.

Smith HW, Halls S. 1968. J Med Microbiol 1:45–59.

Smith WJ. 1983. Pig News Inf 4:279–281.

Soderlind O, Thafvelin B, Mollby R. 1988. J Clin Microbiol 26:879–884.

Sojka WJ. 1965. *Escherichia coli* in domestic animals and poultry. Commonw Agric Bur, Farnham Royal, Bucks. pp. 104–156.

Solis CA, Sumano LH, Marin HJA. 1993. Pig Vet J 30:83–88.

Stirnimann J. 1984. Schweiz Arch Tierheilkd 126:597–605.

Stuyven E, Cox E, Vancaeneghem S, et al. 2009. Vet Immunol Immunopathol 128:60–66.

Tsukahara T, Inoue R, Nakanishi N, et al. 2007. J Vet Med Sci 69: 103–109.

Tzipori S, Chandler D, Smith M, et al. 1980. Aust Vet J 56: 274–278.

Van den Broeck W, Coxa E, Goddeeris BM. 1999. Vaccine 17: 2020–2029.

Verdonck F, Cox E, van Gog K, et al. 2002. Vaccine 20: 2995–3004.

Verdonck F, Tiels P, van Gog K, et al. 2007. Vet Immunol Immunopathol 120:69–79.

Waddell TE, Gyles CL. 1995. Infect Immun 63:4953–4956.

Waddell TE, Lingwood CA, Gyles CL. 1996. Infect Immun 64: 1714–1719.

Wagner S. 1990. Die Immunreaktion bei der durch *Escherichia coli* bedingten chronischen Harnwegsinfektion des weiblichen Schweines. DVM Thesis, Univ München.

Wathes CM, Miller BG, Bourne FJ. 1989. Anim Prod 49: 483–496.

Wegmann P, Bertschinger HU. 1984. Sequential cytological and bacteriological examination of the secretions from sucked and unsucked mammary glands with and without mastitis. Proc Congr Int Pig Vet Soc 8:287.

Wegmann P, Bertschinger HU, Jecklin H. 1986. A field study on the prevalence of coliform mastitis (MMA) in Switzerland and the antimicrobial susceptibility of the coliform bacteria isolated from the milk. Proc Congr Int Pig Vet Soc 9:92.

Wieler LH, Franke S, Menge C et al. 1995. Dtsch Tierarztl Wochenschr 102:40–43.

Wilson RA, Francis DH. 1986. Am J Vet Res 47:213–217.

Wray C, Woodward MJ. 1994. Laboratory diagnosis of *Escherichia coli* infections. In CL Gyles, ed. *Escherichia coli* in Domestic Animals and Humans. Wallingford, CT: CAB International, pp. 595–628.

Yamamoto T, Nakazawa M. 1997. J Clin Microbiol 35:223–227.

Zhang B, Ren J, Yan X, et al. 2008. Anim Genet 39:258–266.

Zhang W, Zhao M, Ruesch L, et al. 2007. Vet Microbiol 123: 145–152.

Zhu C, Harel J, Jacques M, et al. 1994. Infect Immun 62: 4153–4159.

Zhu Y, Magnusson U, Fossum C, Berg M. 2008. Vet Immunol Immunopathol 125:182–189.

54 丹毒
Erysipelas

TanjaOpriessnig 和 Richard L. Wood

背景
RELEVANCE

1882 年 Louis Pasteur 首次从病猪体内分离出猪丹毒的病原体—猪红斑丹毒丝菌（*Erysipelothrix rhusiopathiae*）。1985 年，在美国从感染猪体内分离出猪红斑丹毒丝菌（*Erysipelothrix rhusiopathiae*）（Smith，1885）。1886 年，Friedrich Löffle 利用实验感染猪首次公开对该病进行了完整描述。在最初发现该病后的头 40 年，猪丹毒被报道在猪群中零星发生。在 20 世纪 30 年代初，在北美观察到该病的流行，为此首次有组织地进行了努力尝试并在治疗、预防及控制等方面取得成功。自首次报道该病的流行以后，一些证据表明大约每隔 10 年就会再次发生更为严重的猪丹毒暴发流行。

如果对猪丹毒不加以控制，它将成为一种具有重要经济意义的疾病，能够对猪肉生产的各个阶段产生影响。最为严重的损失通常表现为生长发育猪的突然死亡或急性败血症。急性感染病例中的幸存病猪通常出现跛行和慢性关节炎，从而导致其发育不全。丹毒发生过程中伴随产生的败血症和关节炎都会对猪肉生产造成显著的损失并且降低了动物尸体的价值。

病因学
ETIOLOGY

1876 年，Koch 首次从患有败血症小鼠的血液中分离出鼠败血丹毒丝菌（*Erysipelothrix muriseptic*）。1966 年，将其更名为猪丹毒丝菌（*E. rhusiopathiae*）。直到近年来，该属一直被认为仅包含一个种，即猪丹毒丝菌（*E. rhusiopathiae*）。丹毒丝菌属（*Erysipelothrix*）现在被细分为两个主要种：猪红斑丹毒丝菌（*E. rhusiopathiae*）（Migula，1900；Skerman 等，1980）和扁桃体丹毒丝菌（*Erysipelothrix tonsillarum*）（Takahashi 等，1987）。此外，还有其他的一些菌株构成的一个或更多个种，当前已知的有丹毒丝菌 sp.-1（*Erysipelothrix* sp.-1）（Takahashi 等，1992，2008）、丹毒丝菌 sp.-2（*Erysipelothrix* sp.-2）（Takahashi 等，1992，2008）、丹毒丝菌 *inopinata*（*Erysipelothrix inopinata*）（Verbarg 等，2004）和丹毒丝菌 sp.-3（*Erysipelothrix* sp.-3）（Takahashi 等，2008）。根据细胞壁上的热稳定性抗原，利用兔高免血清通过沉淀反应将丹毒丝菌属 spp. 菌株（*Erysipelothrix* spp.）划分为至少 28 个血清型（Kucsera，1973；Wood 和 Harrington，1978）。所提及的不具有热稳定细胞壁抗原的菌

猪病学，第 10 版，由 Jeffrey J. Zimmerman，Locke A. Karriker ，Alejandro Ramirez，Kent J. Schwartz，Gregory W. Stevenson 主编。
© 2012 John Wiley & Sons，Inc. 由 John Wiley & Sons，Inc. 2012 年出版。

株,像 N 血清型的猪红斑丹毒丝菌(*Erysipelothrix rhusiopathiae*)包括 1a,1b,2,4,5,6,8,9(大多数菌株),11,12,15,16,17,19,21 和 N 血清型菌株;扁桃体丹毒丝菌(*E. tonsillarum*)包括 3,7(大多数菌株),10(大多数菌株),14,20,22,23,24,25 和 26 血清型菌株;丹毒丝菌 sp.-1(*Erysipelothrix* sp.-1)包含血清型为 13 的菌株;丹毒丝菌 sp.-2(*Erysipelothrix* sp.-2)包含血清型为 18 的菌株,其中少数菌株的血清型为 9 和 10;丹毒丝菌 sp.-3(*Erysipelothrix* sp.-3)包含血清型为 7 的一些菌株;以及还未进行血清学鉴定的丹毒丝菌 *inopinata*(*E. inopinata*)(Takahashi 等,1987,1992,2008;Verbarg 等,2004)。

猪丹毒自然病例遍布世界各地,主要是由血清型为 1a、1b 或 2 的猪红斑丹毒丝菌(*E. rhusiopathiae*)所引起,而不常见的血清型对猪的毒力较低。扁桃体丹毒丝菌(*Erysipelothrix tonsillarum*)及包含潜力新种在内的少数菌株通常被认为对猪没有致病性。罕见的是,从患有慢性关节炎和疣性心内膜炎的感染病例中分离获得扁桃体丹毒丝菌(*E. tonsillarum*)(Bender 等,2011;Takahashi 等,1984,1996),这表明其具有潜在的致病性。然而,到目前为止通过猪的接种试验研究还不能证实扁桃体丹毒丝菌(*E. tonsillarum*)是一个重要的病原菌(Harada 等,2011;Takahashi 等,1987,1992,2008)。

丹毒丝菌属(*Erysipelothrix*)成员是一类不能运动、无芽孢、不耐酸、细长的革兰氏阳性杆菌(Brooke 和 Riley,1999)。它们是一类兼性厌氧菌,且能够在 41℉(5℃)和 111℉(44℃)温度范围内生长,最适的生长温度为 86℉(30℃)和 98.6℉(37℃)(Brooke 和 Riley,1999;Carter,1990;Sneath 等,1951)。丹毒丝菌(*Erysipelothrix* spp.)形成的菌落光滑或粗糙,其中粗糙型菌落稍大,边缘不规则(Grieco 和 Sheldon,1970)。在琼脂培养基上,95℉(35℃)或 81℉(27℃)温度条件下孵育 24 h 后可形成透明的环形小菌落(直径 0.1~0.5 mm);在孵育 48 h 后菌落增大(直径为 0.5~1.5 mm)(Carter,1990)。大多数菌株在血琼脂培养基上能够诱导产生狭窄的溶血带,其通常呈现绿色。粗糙型菌落通常不伴有溶血(Carter,1990)。该病原菌喜碱性,pH 在 7.2~

7.6 之间(Sneath 等,1951)。丹毒丝菌属(*Erysipelothrix*)成员一般不运动且与过氧化氢酶、氧化酶、甲基红或吲哚不发生反应(Cottral,1978),但是在三糖铁琼脂培养基中能够产生酸和硫化氢(Vickers 和 Bierer,1958;White 和 Shuman,1961)。

其他一些无芽孢的革兰氏阳性杆菌容易与丹毒丝菌(*Erysipelothrix* spp.)相混淆,主要包括环丝菌属(*Bronchothrix*)、棒状杆菌属(*Corynebacterium*)、乳酸杆菌属(*Lactobacillus*)、李斯特菌属(*Listeria*)、库特氏菌属(*Kurthia*)和漫游球菌属(*Vagococcus*)成员(Bender 等,2009;Brooke 和 Riley,1999;Dunbar 和 Clarridge,2000)。

公共卫生
PUBLIC HEALTH

猪红斑丹毒丝菌(*Erysipelothrix rhusiopathiae*)是一种人兽共患病原菌。作为一种职业病主要发生于那些从事与感染动物或它们的产品密切接触的工作人员,大多数病例是通过皮肤划痕或刺伤而发生感染(Wood,1975)。屠夫、屠宰场、屠宰厂工人、兽医、农民、渔夫、鱼类处理工及家庭主妇感染的风险最高(Reboli 和 Farrar,1989)。在人类,该病最常见的形式即我们所熟知的"类丹毒",出现急性、局灶性、疼痛性的蜂窝织炎,伴随有皮肤发红(Rosenbach,1909)。一些临床案例出现发热、关节疼痛以及淋巴结病等全身性的临床症状。大多数病例在 1~2 周内可以自愈。鉴于其职业相关性,类丹毒有历史上我们所熟知的一类名称,比如捕鲸者手指、海豹捕捉者手指、斑点手指、鲸脂手指、鱼的毒害、鱼处理工疾病以及猪肉处理工手指(Reboli 和 Farrar,1989;Wood,1975)。偶尔,类丹毒可发展为在多个位点同时出现丘疹等全身性皮肤发生感染的形式,并伴发全身性的临床症状(Klauder,1938)。这种临床病例的病程比局部性的类丹毒要长,且复发非常频繁。在极少数的情况下,猪红斑丹毒丝菌(*E. rhusiopathiae*)能引起败血症,通常导致致死性心内膜炎的发生(Gorby 和 Peacock,1988)。不应当将这类疾病症状与由 A 群 β-溶血性链球菌所引起人类的有时称为"丹毒"的疾病相混淆。

流行病学
EPIDEMIOLOGY

猪红斑丹毒丝菌（*Erysipelothrix rhusiopathiae*）遍布于世界各地且无处不在。家猪被认为是最重要的储存宿主。除猪以外，已知至少还有 30 种野生鸟类和 50 种哺乳动物可藏匿这种菌，从而提供了广泛的储存宿主（Shuman，1970）。值得注意的潜在储存宿主包括：羊、牛、马、犬、小鼠、大鼠、淡水和海水鱼类、海洋哺乳动物、火鸡、鸡、鸭、鹅、麻雀、八哥和乌鸦（Bricker 和 Saif，199；Grieco 和 Sheldon，1970；Reboli 和 Farrar，1989；Wood，1975）。有研究证实，能够很容易地从临床正常牛的扁桃体内获得猪红斑丹毒丝菌（*E. rhusiopathiae*）（Hassanein 等，2001，2003）。

据估计，大约 30%～50%外观健康猪的扁桃体和其他淋巴组织内潜伏有猪红斑丹毒丝菌（Stephenson 和 Berman，1978）。这些携带者能够通过排泄物和口鼻分泌物散布病菌，因此将其列为重要的传染源。猪红斑丹毒丝菌（*Erysipelothrix rhusiopathiae*）被认为通过口鼻分泌物和粪便直接传播，并且能通过环境污染物而间接传播。猪能够通过摄入被污染的饲料或水或污染的皮肤创伤而发生感染。在室内生产式系统，被感染动物粪便和尿液污染的地板是可能的传染源。

急性丹毒感染猪的粪便、尿液、唾液及鼻腔分泌物含有大量的猪红斑丹毒丝菌（*E. rhusiopathiae*），能长时间向外散播。在感染后几周内，猪红斑丹毒丝菌（*Erysipelothrix rhusiopathiae*）能够很容易地从急性感染猪的口腔分泌物中分离获得（尚未发表的观察报告）。

猪丹毒丝菌（*Erysipelothrix* spp.）在土壤中至少能存活 35 d（Wood，1973）。对猪红斑丹毒丝菌（*E. rhusiopathiae*）在不同温度、pH、湿度及有机质等多种条件下的生长和存活情况进行调查，没有证据显示其能在土壤中存活并形成稳定的菌群（Wood，1973）。猪红斑丹毒丝菌（*Erysipelothrix rhusiopathiae*）在湿热条件下，于 131℉（55℃）时即可被灭活。然而，它对盐及许多食品的防腐剂具有一定的抵抗力（Conklin 和 Steele，1979）。

猪丹毒丝菌（*Erysipelothrix* spp.）能够被常用的消毒剂灭活（Conklin 和 Steele，1979）。一些市售的家用消毒剂非常有效，然而，对结构上复杂且含有有机质的设备进行消毒较为困难，尤其是在没有清洗的情况下（Fidalgo 等，2002）。由于消毒剂并不能完全消除环境中的细菌，建议从饲养、畜禽管理、环境卫生和免疫等多方面采取措施。

致病机理
PATHOGENESIS

不同猪红斑丹毒丝菌（*Erysipelothrix rhusiopathiae*）菌株的毒力存在明显的差异，该现象是由一些毒力因子调控所致，这些毒力因子包括部分已被鉴定以及最近已进行综述者（Wang 等，2010）。最重要的毒力因子是神经氨酸酶、荚膜多糖和表面蛋白。神经氨酸酶的分泌数量与猪红斑丹毒丝菌（*Erysipelothrix rhusiopathiae*）菌株所具有的毒力成正比（Krasemann 和 Muller，1975；Nikolov 等，1978），不分泌神经氨酸酶者通常是无致病性的扁桃体丹毒丝菌（*E. tonsillarum*）（Wang 等，2005）。神经氨酸酶是一种能够裂解来源于宿主细胞壁的糖蛋白、糖脂和多糖中的唾液酸，从而为细菌提供营养并且有助于细菌的黏附和入侵（Nakato 等，1986，1987；Schauer，1985）。猪红斑丹毒丝菌（*E. rhusiopathiae*）的荚膜多糖在对抗宿主细胞的吞噬作用过程中起着非常重要的作用（Shimoji 等，1994）。细胞壁的表面蛋白可能会有利于病菌入侵，包括在生物膜形成过程中起重要作用的新奇的黏附素 RspA 和 RspB（Shimoji 等，2003）。其他一些重要的表面蛋白包括能在强毒菌株中以较高数量表达的64～66 ku 蛋白（Galán 和 Timoney，1990），由于它们是作为猪红斑丹毒丝菌（*E. rhusiopathiae*）的主要免疫原发挥作用，之后将其命名为表面保护性抗原（Spa）（Imada 等，2003；Makino 等，1998）。Spa 蛋白类似于肺炎链球菌（*Streptococcus*）的胆碱结合蛋白，这表明其在致病性方面具有潜在的作用（Jedrzejas，2001）。

猪红斑丹毒丝菌（*E. rhusiopathiae*）的接触途径主要是经口腔以及初次感染的扁桃体或胃肠道黏膜。细菌也可通过与皮肤伤口的直接接触或被作为机械性传播媒介的昆虫的叮咬而侵入机体（Chirico 等，2003）。机体在缺乏有效免疫应答的情况下,通常会在 24 h 内出现菌血症。随后出现的败血症将会导致病菌的全身分布。在败血症的早期阶段,损伤多发生于大多数身体器官和滑膜组织的毛细血管和小静脉(Schulz 等,1975a,1977)。在皮下接种后 36 h,内皮细胞发生肿胀、单核细胞黏附至血管壁并形成透明血栓(Schulz 等,1975b)。该过程指的是类似于休克的全身性凝血紊乱,这将导致纤维蛋白血栓形成、血细胞渗出、细菌侵入血管内皮细胞以及纤维蛋白在血管周围组织中的沉积(Schulz 等,1975a,1976a)。最终,关节、心脏瓣膜及皮肤等易感染部位的结缔组织发生活化(Schulz 等,1976b)。在重症病例,可发生溶血和缺血性坏死。有研究报道称,猪红斑丹毒丝菌(*E. rhusiopathiae*)能够隔离存在于猪关节软骨细胞胞浆内(Franz 等,1995),并能获得宿主的免疫保护,从而有利于慢性关节炎的发生。

研究发现,3 月龄以下的仔猪(由于被动获得性免疫的免疫保护效应)或 3 岁以上的猪(由于亚临床疾病的反复发生)通常情况下极少诱发丹毒。被动性获得免疫的程度和持续时间被认为与母猪的免疫状态以及仔猪摄入的初乳有关。

尚无实验证据证实猪丹毒的易感性与宿主的遗传学特征有关。天气的突变,尤其是高热或其他的应激因素被提示能够增加疾病的发生率。

临床症状
CLINICAL SIGNS

猪丹毒三种临床表现形式包括:急性型、亚急性型和慢性型(Conklin 和 Steele,1979;Grieco 和 Sheldon,1970)。急性型为败血性疾病,表现为以下述任何一种组合形式突然发病:急性死亡;流产;精神沉郁;嗜睡;发热(104~108°F[40~42°C]或更高);退缩;卧地不起;步态僵硬及不稳所证实的关节疼痛;不愿活动和/或运动时发声;部分程度或完全食欲不振;以及特征性的粉红色、红色或紫色的隆起的坚实的呈菱形或方形的"菱形皮肤"病变。对于深色皮肤的动物,通过触诊或观察毛发隆起区域是鉴别皮肤病变最好的方法。在非致死性病例,皮肤病变将在 4~7 d 内逐渐消失。

亚急性型也会出现败血症,但是在临床上没有急性型严重。与急性型相比,动物通常不呈现病态、体温升高程度较低且持续时间较短、食欲可能不受影响、皮肤损伤部位较少或无皮肤损伤、死亡率较低,而且动物能够较快恢复。动物有可能出现不孕、产木乃伊胎或产弱仔数量增多及产前或产后外阴脱出。一些病例症状较为轻微以至于未被察觉(亚临床)。

慢性丹毒常发生于急性型、亚急性型,有时是亚临床败血性丹毒感染后部分幸存猪。慢性关节炎是最具有显著经济学意义的类型,可能出现在首次暴发后不久,大约 3 周。感染动物出现轻度至严重的跛行,伴随有采食减少。常可观察到感染动物后肢踝关节、后肢膝关节以及腕关节增大。慢性丹毒的第二个表征是疣性心内膜炎,这可能会导致心功能不全及继发的肺水肿和呼吸困难、嗜睡、发绀或突然死亡的发生。

该病发病率和死亡率的变化取决于猪群的免疫状态水平的不同。仔猪群暴发急性丹毒时,其死亡率能迅速升高至 20%~40%。在亚临床或慢性感染猪群中,猪丹毒丝菌(*Erysipelothrix* spp.)感染引起的发病率和死亡率有所不同,这主要取决于放牧情况、环境以及其他并发感染等因素。

病理变化
LESIONS

急性型猪丹毒特征性的眼观病理变化包括有轻微隆起的粉红色至紫色呈菱形的多部位病灶(图 54.1),主要是在口鼻周围、耳、下颌、喉部、腹部以及大腿等部位皮肤。四肢的皮肤也可能呈现紫色。除皮肤损伤外,还能观察到其他一些典型的败血病症状,包括淋巴结充血肿胀、脾脏肿大及肺瘀血水肿。肾脏皮质、心脏(心外膜和心房肌)、偶尔或在其他一些部位可见有瘀血斑点(图 54.2)。关节轻度肿胀,滑膜及关节周围组织可见有浆液性纤维蛋白渗出物,这些物质也可能填充关节腔。

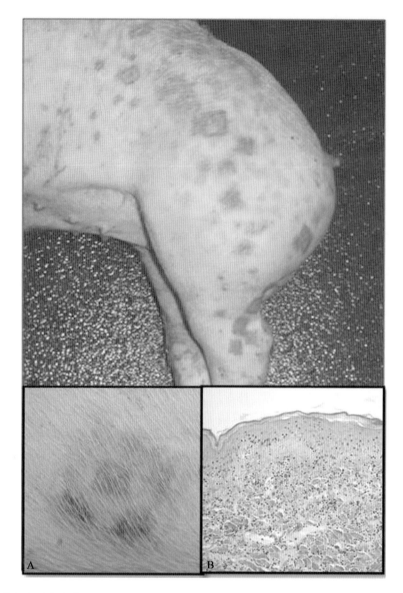

图54.1   猪红斑丹毒丝菌(*Erysipelothrix rhusiopathiae*)感染猪的菱形皮肤病变。图 A:大体病变;图
B:微观病变。可见中度弥散性化脓性及温和性坏死性皮炎(由 Dr. Patrick Halbur 供图)。

对于临床上急性或亚临床感染疾病所幸存的
猪,可能会出现慢性型的眼观病理变化。慢性关
节炎可能累及一个或多个腿关节或腰椎间关节。
可见滑膜增生(图 54.3)和关节腔内有浆液性出
血性渗出液。关节囊通常发生充血。这很可能引
起关节软骨增生及腐蚀,从而导致纤维化、关节强
直和脊椎炎的发生。在心脏瓣膜上(二尖瓣最为
常见)可见呈增生性、颗粒状生长的疣状心内膜炎
(图 54.4)。菱形皮肤病变及四肢末端皮肤发生
缺血性坏死时,也可见干燥、发黑有时呈局部分离
的皮肤(图 54.5)。

急性丹毒的镜检变化主要是在血管,导致局

部缺血和坏死。真皮毛细血管和小静脉常发生扩
张充血。微血栓和细菌栓子可能会造成血管堵
塞,导致循环停滞及局灶性坏死的发生(图
54.6)。感染的真皮可见有中性粒细胞浸润。在
脑、心、肾、肺、肝、脾和滑膜也可见充血、血管炎、
中性粒细胞浸润及局灶性坏死等相类似的病变。
肺脏可见急性间质性渗出性肺炎的变化,比如肺
泡隔血管发生感染、浆液渗出液导致肺泡隔扩张
并填充肺泡,也通常包括巨噬细胞的聚集等。肾
小球血管的损伤可能导致肾皮质肉眼可见的出
血。感染的淋巴结充血、出血,并可见有中性粒细
胞浸润。肌纤维发生断裂、颗粒状变性坏死,随后

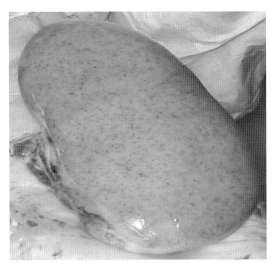

图 54.2 患猪丹毒病猪肾皮质可见针尖大小的出血点（由 Dr. João Gomes-Neto 供图）。

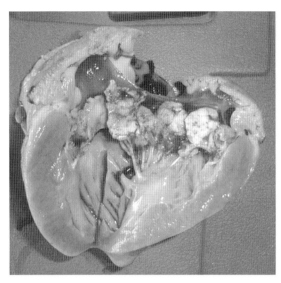

图 54.4 猪丹毒自然感染猪的疣性心内膜炎。在心脏瓣膜可见增生性的颗粒状物质生长（由 Dr. João Gomes-Neto 供图）。

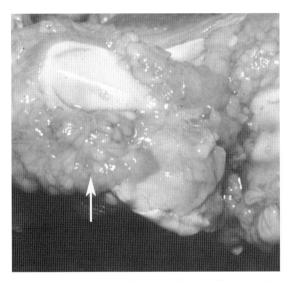

图 54.3 患猪丹毒病猪膝关节增生性滑膜炎病变（由 Dr. Greg Stevenson 供图）。

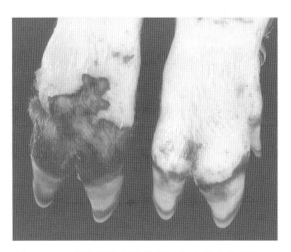

图 54.5 8 周龄猪丹毒感染猪四肢末端皮肤的缺血性坏死。可见黑色、干燥及部分脱落的皮肤（由 Dr. Greg Stevenson 供图）。

可见肌纤维发生纤维化、钙化和再生。当病变转化为亚急性时，在炎症部位也可见有单核细胞、淋巴细胞和巨噬细胞浸润。

慢性关节炎以滑膜细胞显著异常增生为特征，从而导致滑膜上增生的绒毛变厚，同时由于淋巴细胞、浆细胞及巨噬细胞浸润引起间质增厚，以及新生血管形成等变化。在感染的后期阶段，滑膜及关节周围组织可见有显著的纤维化。关节软骨可能发生局灶性至广泛性的坏死，同时伴随产生纤维素性至脓性纤维素性的渗出物。

慢性疣性心内膜炎病变是由纤维蛋白、坏死的细胞碎片、混合的炎性细胞、细菌菌落以及肉芽组织所构成的不规则的层状体。

诊断
DIAGNOSIS

急性猪丹毒主要引起生长发育猪的败血症和急性死亡，这是与猪霍乱沙门氏菌（第 60 章）、猪放线杆菌（第 48 章）、猪传染性胸膜肺炎放线杆菌（第 48 章）、猪副嗜血杆菌（第 55 章）、链球菌（第 62 章）及其他细菌感染引起相关疾病的鉴别要点。在猪瘟（第 38 章）、猪皮炎与肾病综合征（PDNS）（第 17 章）或链球菌性败血症也可见与

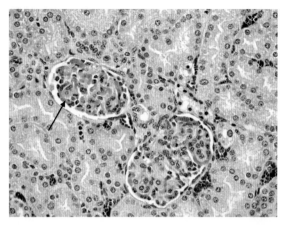

图 54.6　猪红斑丹毒丝菌（*Erysipelothrix rhusio-pathiae*）实验感染猪在感染 2 d 后肾脏的病理变化。可见炎症性变化和充血。

猪丹毒相类似的皮肤病变。

对猪丹毒进行及时、准确的诊断与采取有效的治疗同等重要。多种测试方法可用于猪丹毒丝菌 spp.（*Erysipelothrix* spp.）的诊断（表 54.1）。应当根据检测成本、给出诊断报告所需时间以及在不同地区的可用性等选择诊断方法。

从发生形态学变化的组织（心、肺、肝、脾、肾、关节、皮肤）分离获得猪丹毒丝菌 spp.（*Erysipelothrix* spp.）将为丹毒感染提供了确切的实验室诊断结果。未污染样本的直接培养通常较为迅速、容易，且使用基本的实验设备即可开展。对于慢性感染病例及污染的样本，通常需要预先使用选择性肉汤培养基进行富集。在一些文献中对几种富集方法进行了描述（Cross 和 Eamens,1987；Harrington 和 Hulse,1971；Wood,1965），这些是近来应用于兽医实验室诊断中非常有效的技术（Bender 等,2009）。猪红斑丹毒丝菌（*Erysipelothrix rhusiopathiae*）在常规的生化实验中相对不活跃（Cottral,1978）。该病菌在某些碳化合物中能产酸但不产气，而且在三糖铁培养基中能够产生硫化氢（Vickers 和 Bierer,1958；White 和 Shuman,1961）。

有研究报道，利用荧光抗体测定法能够快速鉴定冰冻组织切片中的猪红斑丹毒丝菌（*E. rhusiopathiae*）；然而，人们发现这种测定方法不如培养方法敏感（Harrington 等,1974）。利用抗 1a、1b 和 2 血清型的兔高免血清还建立起一种免疫组织化学测定法，与直接培养技术相比，这种方法有高度的敏感性和特异性，尤其是对于治疗动物

（Opriessnig 等,2010）。

已经建立起一些用于猪丹毒丝菌 spp.（*Erysipelothrix* spp.）快速检测的聚合酶链式反应（PCR）方法。在常规的 PCR 测定方法中，对种特异性方法（Makino 等,1994；Shimoji 等,1998a）、能够区分丹毒丝菌属（*Erysipelothrix*）四个种的常规鉴别 PCR 方法（Takeshi 等,1999）以及能够区分猪红斑丹毒丝菌（*Erysipelothrix rhusiopathiae*）和扁桃体丹毒丝菌（*Erysipelothrix tonsillarum*）的常规多重 PCR 方法（Yamazaki,2006）进行了描述。最近，有研究者对一种能够区分猪红斑丹毒丝菌（*Erysipelothrix rhusiopathiae*）、猪扁桃体丹毒丝菌（*Erysipelothrix tonsillarum*）和猪丹毒丝菌 spp.（*Erysipelothrix* spp.）菌株 2 的实时多重 PCR 方法进行了描述（Pal 等,2009）。

通常利用一些方法区分猪丹毒丝菌 spp.（*Erysipelothrix* spp.）分离株在遗传学或抗原物质上的差异，以获得对某一生产系统下或地理区域内某一农场或农场间分离的各个菌株的起源和亲缘关系的认知。这些区分方法包括有血清分型、基因组指纹分析和脉冲场凝胶电泳（PFGE）。

目前所使用的标准血清分型方法是利用型特异性兔抗血清及经热水萃取回收的抗原的双层琼脂凝胶沉淀试验（Kucsera,1973；Wang 等,2010）。两个表面蛋白分别是种特异性的不耐热蛋白和耐酸的多糖抗原，成为了用于分离株血清分型的主要成分。血清分型取决于所使用的抗血清，而完成该测试大约需要 3 d 时间。

基因组指纹分析是针对信息量极少的物种所设立，可利用随机扩增多态 DNA（RAPD）方法进行分析。在 2000 年,利用该方法对 81 个猪丹毒丝菌 spp.（*Erysipelothrix* spp.）分离株进行了鉴别，并总计鉴定出了 14 个型（Okatani 等,2000）。利用该方法对猪丹毒丝菌 spp.（*Erysipelothrix* spp.）菌株间的遗传变异情况进行了鉴定，并且可用于具有同一血清型不同菌株的区分（Okatani 等,2000,2004）。

在当前基于 DNA 的分型方法中，一些研究者将 PFGE 作为检测的金标准（Olive 和 Bean,1999）；然而,这种测定方法的缺点是给出检测报告的时间较长,大约需要 3～4 个工作日才能完成。在不同的研究中使用 Sma Ⅰ限制性内切酶对猪丹毒丝菌 spp.（*Erysipelothrix* spp.）菌株进

行分析,大多数分离株都具有清晰的 PFGE 模式图,而在不同的分离株之间允许有差异存在(Okatani 等,2001;Opriessnig 等,2004)。

已尝试使用多种血清学测定方法检测血清抗体以对猪丹毒进行诊断。这些测定方法包括有平板、试管及微管凝集试验;间接血凝试验;血凝抑制试验;补体结合试验;酶联免疫吸附试验(ELISA)和间接免疫荧光试验。血清学诊断对于种猪群疫苗接种效果的检测可能非常有用,但是在急性猪丹毒诊断中的实际应用受到限制。

表 54.1　用于猪丹毒丝菌属(*Erysipelothrix*)种鉴定的不同诊断方法

测定方法	首选样本			预计出报告时间(h)
	新鲜组织[a]	甲醛固定、石蜡包埋组织[a]	液体或血	
直接分离	X[b]		X[b]	24～48
富集	X		X	48～72
荧光抗体测定	X[b]			24～48
免疫组织化学	X			27
		X		3
常规 PCR	X		X	5
实时 PCR	X		X	3

[a] 组织包括有脾、肺、肝、感染皮肤切片、肾脏及淋巴结
[b] 未使用抗生素治疗

免疫

IMMUNITY

机体的体液免疫和细胞免疫在宿主对抗猪红斑丹毒丝菌(*E. rhusiopathiae*)感染过程中起着非常重要的作用。抗血清治疗作为一种用于急性败血症治疗的有效方法得到广泛应用,这暗示体液免疫起着非常显著的作用。Shimoji 等,1994,1996)证实与未经调理的细菌相比,使用免疫血清调理的猪红斑丹毒丝菌(*E. rhusiopathiae*)容易被中性粒细胞、外周血单核细胞和巨噬细胞清除。这表明在 I 型吞噬作用中,抗血清的免疫保护活性是由免疫球蛋白 G(IgG)抗体的调理活性介导产生(Shimoji,2000),而参与的抗原位于细菌细胞表面。使用猪红斑丹毒丝菌(*E. rhusiopathiae*)荚膜抗原免疫的小鼠不能为随后的攻菌提供免疫保护(Shimoji,2000)。相比较而言,表面蛋白 SpaA 的抗血清能够对鼠(Makino 等,1998)和猪(Shimoji 等,1999)产生免疫保护。目前公认 Spa 蛋白是猪红斑丹毒丝菌(*E. rhusiopathiae*)的主要免疫抗原(Imada 等,2003)。

目前还不太清楚细胞免疫的免疫保护作用。对无荚膜猪红斑丹毒丝菌(*E. rhusiopathiae*)YS-1 株免疫小鼠的研究证实,其能够诱导机体产生保护性抗体以及细胞免疫应答,由收获自免疫后7,15 和 21 d 的脾细胞对猪红斑丹毒丝菌(*E. rhusiopathiae*)抗原产生应答而诱导脾淋巴细胞显著的增殖反应证实机体细胞免疫的产生(Shimoji 等,1998b)。目前尚不清楚细胞免疫对于免疫保护的相对作用以及诱导细胞免疫应答所涉及的细菌抗原。

在不同血清型的猪红斑丹毒丝菌(*E. rhusiopathiae*)菌株之间可观察到显著的交叉保护。接种 2 型活疫苗的猪能够为临床上 1A、1B、2、5、8、11、12、18、19 或 21 血清型菌株攻击引起的猪丹毒提供免疫保护,但 9 和 10 血清型菌株攻击后会产生局部的皮炎病变(Takahashi 等,1984)。在早期的研究中(Wood,1979),也得出了相似的结论;此外,使用 2 型分离株进行疫苗接种后,猪仍然对 9 和 10 血清型菌株易感,然而,当受 1、2、4 和 11 血清型菌株的攻击时则能被保护。

根据后期研究对 Spa 蛋白作用的阐明能够最好地理解交叉保护作用。已知这些分子量为 64～66 ku 的细胞表面蛋白能够诱导产生高水平的保护性抗体(Galán 和 Timoney,1990;Groschup 等,1991;Lachmann 和 Deicher,1986)。因此这类蛋白被 Makino 等,(1998)命名为 Spa,当进行基因测序后,第一个 Spa 被定义为 Spa A。之后,对另外 2 个 Spa 相关基因进行描述(SpaB 和 SpaC),并对 Spa 基因在不同血清型参考株的

情况进行鉴定,结果如下:SpaA 在血清型为 1A、1B、2、5、8、9、12、15、16、17 和 N 的菌株;SpaB 在血清型为 4、6、11、19 和 21 的菌株;SpaC 在未进行分类的血清型为 18 的菌株(To 和 Nagai,2007)。Ingebritson 等(2010)随后开展了对起源于猪、鱼或鲸类动物来源的各种血清型的一些猪红斑丹毒丝菌(E. rhusiopathiae)的评价工作,揭示了更为复杂的情况。Spa(A、B 或 C)的类型并不局限于特定的血清型,一些水生来源的菌株包含不止一种 Spa 血清型,而在一些菌株可能检测不到 Spa,这表明还可能存在额外的 Spa 型或亚型。

利用鼠的交叉保护模型已经证实重组的 Spa A、Spa B 或 SpaC 蛋白能够诱导产生对抗含有 Spa 蛋白同系物菌株攻击的完全的免疫保护,但是异源性的保护有所不同(To 和 Nagai,2007)。与此相似的是,猪红斑丹毒丝菌(E. rhusiopathiae)2 型 SpaA 菌株免疫小鼠能够抵抗多种猪红斑丹毒丝菌(E. rhusiopathiae)分离株的攻击,对存在同源 Spa 的菌株展现出完全的免疫保护;然而,对于具有异源 Spa 或不止一个 Spa 类型菌株的免疫保护性有所不同(Ingebritson 等,2010)。由于依据亲缘关系对 Spa 分类预示着它们之间存在有交叉保护作用,同时由于不容易获得可利用的血清分型试剂而导致实验室间的检测结果不容易重复,因此研究者提出了一个基于 Spa 基因的新方案用于猪红斑丹毒丝菌(E. rhusiopathiae)分离株的分类(Ingebritson 等,2010)。

预防和控制
PREVENTION AND CONTROL

猪红斑丹毒丝菌(Erysipelothrix rhusiopathiae)对盘尼西林高度敏感,因此成为首选的治疗药物。然而,大多数菌株对氨苄青霉素、氯唑西林、青霉素、头孢噻呋、泰乐菌素、恩诺沙星和达氟沙星也非常敏感(Yamamoto 等,2001)。在感染早期进行治疗通常在 24～36 h 内产生良好的效果。在急性暴发期间,对哺乳仔猪或整个基础群使用抗血清治疗是应用于世界部分国家和地区的一种相当普遍和有效的方式。皮下注射抗血清的猪能立即获得免疫保护,而且这种被动性免疫保护的持续时间高达 2 周。

免疫接种是预防猪丹毒最好方法。当前使用的疫苗是以 1 型或 2 型的猪红斑丹毒丝菌(E. rhusiopathiae)为基础而制备,既有用于肌内注射的灭活菌苗,又有依据通过饮水途径对全群集体治疗方案所设计的减毒(无毒的活的)疫苗。大多数菌苗是血清 2 型菌株(Eamens 等,2006;Wood,1979),而大多数的减毒活疫苗为血清 1a 型(Opriessnig 等,2004)。疫苗接种是预防猪丹毒发生的广泛而有效的方法,正确接种菌苗和减毒疫苗后的免疫持续时间为 6～12 个月(Swan 和 Lindsey,1998)。由于猪红斑丹毒丝菌(E. rhusiopathiae)被隔离存在于关节软骨的软骨细胞胞浆内而逃避宿主免疫获得保护,因此疫苗接种在预防慢性关节炎方面可能不是那么有效。据报道,在临床感染猪群中对种畜进行疫苗接种能够减少围产期外阴脱出的发生率、降低分娩间隔周期并提高出生仔猪的存活数(Gertenbach 和 Bilkei,2002)。

任何活疫苗的使用都存在一定的风险,而在日本已经证实猪红斑丹毒丝菌(E. rhusiopathiae)活疫苗存在有风险。在 1932 年,研制出一种吖啶黄抗性减毒活疫苗(Kondô 等,1932),并且在 1966 年和 1967 年猪丹毒暴发期间以及之后被广泛应用。近来的一项研究涉及分离自日本丹毒感染猪中的 800 株猪丹毒丝菌 spp.(Erysipelothrix spp.)菌株,研究发现,在 381 株血清 1a 型菌株中,吖啶黄抗性的发生率是 97.7%。由此可以推断,自 20 世纪 90 年代以后,该活疫苗的广泛使用每年能导致大约 2 000 个由疫苗接种引起猪丹毒病例的发生(Imada 等,2004)。

通过剖腹产衍化或早期断奶仔猪给药能够建立起阴性畜群。然而,由于猪红斑丹毒丝菌(E. rhusiopathiae)普遍存在,所建立的阴性畜群不可能维持很长时间。

(赵魁、贺文琦、高丰译,赵炜校)

参考文献
REFERENCES

Bender JS, Irwin CK, Shen HG, Schwartz KJ, Opriessnig T. 2011. J Vet Diagn Invest 23:139–142.

Bender JS, Kinyon JM, Kariyawasam S, et al. 2009. J Vet Diagn Invest 21:863–868.

Bricker Saif, ——. 1997. Erysipelas. In BW Calnek, HJ Barnes, CW Beard, LR McDougald, YM Saif, eds. Diseases of Poultry, 10th ed. Ames, IA: Iowa State University Press, pp. 302–313.

Brooke CJ, Riley TV. 1999. J Med Microbiol 48:789–799.

Carter GR. 1990. *Erysipelothrix rhusiopathiae*. In JR Cole, ed. Diagnostic Procedures in Veterinary Microbiology and Mycology, 5th ed. Springfield, IL: Academic Press, pp. 195–196.

Chirico J, Eriksson H, Fossum O, Jansson D. 2003. Med Vet Entomol 17:232–234.

Conklin RH, Steele JH. 1979. *Erysipelothrix* infections. In JH Steele, ed. CRC Handbook, Series in Zoonoses, Vol. 1. Boca Raton, FL: CRC Press, pp. 327–337.

Cottral GE. 1978. *Erysipelothrix*. In Manual of Standardized Methods for Veterinary Microbiology. Ithaca, NY: Cornell University Press, pp. 429–436, 671, 672, 679, 687.

Cross GM, Eamens GJ. 1987. *Erysipelothrix rhusiopathiae* infection: Clinical and gross pathology, and bacteriology. In AL Corner, TJ Bagust, eds. Australian Standard Diagnostic Techniques for Animal Diseases. East Melbourne, Australia: CSIRO, pp. 3–6.

Dunbar SA, Clarridge JE III. 2000. J Clin Microbiol 38:1302–1304.

Eamens GJ, Chin JC, Turner B, Barchia I. 2006. Vet Microbiol 116:138–148.

Fidalgo SG, Longbottom CJ, Rjley TV. 2002. Pathology 34:462–465.

Franz B, Davies ME, Horner A. 1995. FEMS Immunol Med Microbiol 12:137–142.

Galán JE, Timoney JF. 1990. Infect Immun 58:3116–3121.

Gertenbach W, Bilkei G. 2002. J Swine Health Prod 10:205–207.

Gorby GL, Peacock JE Jr. 1988. Rev Infect Dis 10:317–325.

Grieco MH, Sheldon C. 1970. Ann N Y Acad Sci 174:523–532.

Groschup MH, Cussler K, Weiss R, Timoney JF. 1991. Epidemiol Infect 107:637–649.

Harada K, Muramatsu M, Suzuki S et al. 2011. Res Vet Sci 90:20–22.

Harrington R Jr, Hulse DC. 1971. Appl Microbiol 22:141–142.

Harrington R Jr., Wood RL, Hulse DC. 1974. Am J Vet Res 35:461–462.

Hassanein R, Sawada T, Kataoka Y et al. 2001. Vet Microbiol 82:97–100.

——. 2003. Vet Microbiol 91:231–238.

Imada Y, Mori Y, Daizoh M et al. 2003. J Clin Microbiol 41:5015–5021.

Imada Y, Takase A, Kikuma R, et al. 2004. J Clin Microbiol 42:2121–2126.

Ingebritson AL, Roth JA, Hauer PJ. 2010. Vaccine 28:2490–2496.

Jedrzejas MJ. 2001. Microbiol Mol Biol Rev 65:187–207.

Klauder JV. 1938. J Am Med Assoc 111:1345–1348.

Kondô S, Yamada S, Sugimura K. 1932. Bull Natl Inst Anim Health 13:131–151.

Krasemann C, Muller HE. 1975. Med Mikrobiol Parasitol 231:206–213.

Kucsera G. 1973. Int J Syst Bacteriol 23:184–188.

Lachmann PG, Deicher H. 1986. Infect Immun 52:818–822.

Löffler F. 1886. Arb Kais Gesundheitsamte 1:47–55.

Makino S, Okada Y, Maruyama T, et al. 1994. J Clin Microbiol 32:1526–1531.

Makino S, Yamamoto K, Murakami S, et al. 1998. Microb Pathog 25:101–109.

Migula W. 1900. System der Bakterien, Vol. 2. Jena, Germany: Gustav Fischer.

Nakato H, Shinomiya K, Mikawa H. 1986. Pathol Res Pract 181:311–319.

——. 1987. Pathol Res Pract 182:255–260.

Nikolov P, Abrashev I, Ilieva K, Avromova T. 1978. Acta Microbiol Bulg 2:62–65.

Okatani AT, Hayashidani H, Takahashi T, et al. 2000. J Clin Microbiol 38:4332–4336.

Okatani AT, Ishikawa M, Yoshida S, et al. 2004. J Vet Med Sci 66:729–733.

Okatani AT, Uto T, Taniguchi T, et al. 2001. J Clin Microbiol 39:4032–4036.

Olive DM, Bean P. 1999. J Clin Microbiol 37:1661–1669.

Opriessnig T, Bender JS, Halbur PG. 2010. J Vet Diagn Invest 22:86–90.

Opriessnig T, Hoffman LJ, Harris DL, et al. 2004. J Vet Diagn Invest 16:101–107.

Pal N, Bender JS, Opriessnig T. 2009. J Appl Microbiol 108:1083–1093.

Pasteur L. 1882. C R Acad Sci 95:1120–1121.

Reboli AC, Farrar WE. 1989. Clin Microbiol Rev 2:354–359.

Rosenbach PJ. 1909. Z Hyg Infektionskr 63:343–369.

Schauer R. 1985. Trends Biochem Sci 10:357–360.

Schulz LC, Drommer W, Ehard H, et al. 1977. Dtsch Tierarztl Wochenschr 84:107–111.

Schulz LC, Drommer W, Seidler D, et al. 1975a. Beitr Pathol 154:27–51.

——. 1975b. Beitr Pathol 154:1–26.

Schulz LC, Ehard H, Drommer W, et al. 1976a. Zentralbl Veterinarmed B 23:617–637.

Schulz LC, Hertrampf B, Ehard H, et al. 1976b. Z Rheumatol 35:315–323.

Shimoji Y. 2000. Microbes Infect 2:965–972.

Shimoji Y, Mori Y, Fischetti VA. 1999. Infect Immun 67:1646–1651.

Shimoji Y, Mori Y, Hyakutake K, et al. 1998a. J Clin Microbiol 36:86–89.

Shimoji Y, Mori Y, Sekizaki T, et al. 1998b. Infect Immun 66:3250–3254.

Shimoji Y, Ogawa Y, Osaki M, et al. 2003. J Bacteriol 185:2739–2748.

Shimoji Y, Yokomizo Y, Mori Y. 1996. Infect Immun 64:1789–1793.

Shimoji Y, Yokomizo Y, Sekizaki T, et al. 1994. Infect Immun 62:2806–2810.

Shuman RD. 1970. *Erysipelothrix* infection. In JW David, LH Karstad, DO Trainer, eds. Infectious Diseases of Wild Mammals. Ames, IA: Iowa State University Press, pp. 267–272.

Skerman VBD, McGowan V, Sneath PHA. 1980. Int J Syst Bacteriol 30:225–420.

Smith T. 1885. Second Annual Report of the Bureau of Animal Industry. Washington, DC: U.S. Department of Agriculture, p. 187.

Sneath PH, Abbott JD, Cunliffe AC. 1951. Br Med J 2:1063–1066.

Stephenson EH, Berman DT. 1978. Am J Vet Res 39:187–188.

Swan RA, Lindsey MJ. 1998. Aust Vet J 76:325–327.

Takahashi T, Fujisawa T, Benno Y, et al. 1987. Int J Syst Bacteriol 37:166–168.

Takahashi T, Fujisawa T, Tamura Y, et al. 1992. Int J Syst Bacteriol 42:469–473.

Takahashi T, Fujisawa T, Umeno A, et al. 2008. Microbiol Immunol 52:469–478.

Takahashi T, Nagamine N, Kijima M et al. 1996. J Vet Med Sci 58:587–589.

Takahashi T, Takagi M, Sawada T, Seto K. 1984. Am J Vet Res 45:2115–2118.

Takeshi K, Makino S, Ikeda T, et al. 1999. J Clin Microbiol 37:4093–4098.

To H, Nagai S. 2007. Clin Vaccine Immunol 14:813–820.

Verbarg S, Rheims H, Emus S, et al. 2004. Int J Syst Evol Microbiol 54:221–225.

Vickers CL, Bierer BW. 1958. J Am Vet Med Assoc 133:543–544.

Wang Q, Chang BJ, Mee BJ, Riley TV. 2005. Vet Microbiol 107:265–272.

Wang Q, Chang BJ, Riley TV. 2010. Vet Microbiol 140:405–417.

White TG, Shuman RD. 1961. J Bacteriol 82:595–599.

Wood RL. 1965. Vet Res 26:1303–1308.

——. 1973. Cornell Vet 63:390–410.

——. 1975. *Erysipelothrix* infection. In WT Hubbert, WF McCullough, PR Schnurrenberger, eds. Diseases Transmitted from Animals to Man, 6th ed. Springfield, IL: Thomas, pp. 271–281.

——. 1979. Am J Vet Res 40:795–801.

Wood RL, Harrington R Jr. 1978. Am J Vet Res 39:1833–1840.

Yamamoto K, Kijima M, Yoshimura H, Takahashi T. 2001. J Vet Med B Infect Dis Vet Public Health 48:115–126.

Yamazaki Y. 2006. J Vet Diagn Invest 18:384–387.

55 格拉瑟氏病
Glässer's Disease

Virginia Aragon，JoaquimSegalés 和 Simone Oliveira

背景
RELEVANCE

1910 年，K. Glässer 在患有纤维性多浆膜炎病猪的渗出液中发现了芽孢杆菌。对这种生长条件苛刻的芽孢杆菌的分离和鉴定需要花费几年的时间，在经过一些改变后，它现在被命名为猪副嗜血杆菌（*Haemophilus parasuis*，Hps）。这种由 Hps 引起的以纤维性多浆膜炎和关节炎为特征的疾病即为已知的格拉瑟氏病。

格拉瑟氏病存在于所有的主要养猪国家，而且仍然是现代化的日龄隔离式生产系统下的一种重要疾病。当前，格拉瑟氏病的流行呈上升趋势，对高健康状况猪群造成严重影响。例如，在美国，它被认为是保育猪的一个主要的传染病，也对生长发育猪和母猪造成影响（Holtkamp 等，2007）。

病因学
ETIOLOGY

1931 年，Lewis 和 Shope 将格拉瑟氏病的病原体正式确定为流感嗜血杆菌（*Haemophilus influenzae*）（猪变种），该病原与人类乙型流感嗜血杆菌（*H. influenzae*）相类似，但是为猪源。在 1942—1952 年间，一些研究者利用纯化培养的这种芽孢杆菌复制出格拉瑟氏病（Bakos 等，1952；Hjärre，1958；Hjärre 和 Wramby，1943）。之后，在 1969 年，Biberstein 和 White 证实，其与乙型流感嗜血杆菌（*H. influenzae*）相反，猪源的细菌种类在生长时不需要 X 因子（氯化高铁血红素）。根据该群微生物标准的命名法，乙型流感嗜血杆菌（variety *suis* 猪源）被更名为 Hps（Biberstein 和 White，1969）。

Hps 是一种革兰氏阴性菌，为巴斯德菌科（*Pasteurellaceae*）成员，但是尚不清楚它在巴斯德菌科的定位。通过 16S rRNA 基因测序对该科的一些成员进行分类，结果显示，嗜血杆菌属（*Haemophilus*）及放线杆菌属（*Actinobacillus*）和巴斯德菌属（*Pasteurella*）不能形成单源群。事实上，已有研究报道，种内 Hps 的 16S rRNA 基因序列高度变异并被分为两个不同的簇（Angen 等，2007；Olvera 等，2006a，2007a）。

Hps 菌株的分类
Classification of Hps Strains

Hps 菌株在表型和基因型特性上具有异质性，包括毒力。菌株分类被专门用在对 Hps 的诊断和防控上，因为这对于区分寄居的无毒菌株和致病的毒力菌株非常必要。

猪病学，第 10 版，由 Jeffrey J. Zimmerman，Locke A. Karriker ，Alejandro Ramirez，Kent J. Schwartz，Gregory W. Stevenson 主编。

针对 Hps 菌株分类所进行的首要努力是集中在抗原特性方面,比如利用耐热抗原和兔多克隆抗血清进行琼脂凝胶沉淀试验(AGPT)而确定抗原的特性(Bakos 等,1952;Kielstein 等,1991;Morozumi 和 Nicolet,1986;Rapp-Gabrielson 和 Gabrielson,1992;Schimmel 等,1985)。将具有相类似抗原的菌株分为 15 个血清型(Kielstein 和 Rapp-Gabrielson,1992)。高比例的分离株使用 AGPT 方法未能分型(NT),这导致了间接血凝血清学分型方法的出现,该方法能更加有效地将 Hps 分离株指派到 15 个公认的血清型菌群中(del Río 等,2003b;Tadjine 等,2004b)。然而,已有研究报道,NT 分离株数量的减少并不总是达到分型的目的,且在结果上存在有差异(Turni 和 Blackall,2005)。不一致的血清分型结果很可能是由于方法、抗血清以及应答抗原的不同所导致。

不考虑使用的血清分型方法,Hps 血清型 4 和 5 的菌株以及 NT 分离株被报道在不同国家是最为流行(Angen 等,2004;Cai 等,2005;del Río 等,2003b;Neil 等,1969;Oliveira 等,2003a;Rapp-Gabrielson 和 Gabrielson,1992;Rubies 等,1999;Tadjine 等,2004b;Turni 和 Blackall,2005)。英国是个例外,因为在英国流行最为普遍的是血清型 10(Morris 等,2006)。

一些研究已经尝试对血清型和毒力之间的关系进行了探讨(表 55.1)。然而,这两种特性之间的严格关系还未得到证实。例如,血清型为 7 的菌株是从具有全身性病变的格拉瑟氏病病猪体内分离获得(Morris 等,2006),且被认为是无毒力,而利用一个血清型为 7 的菌株能够复制出该病(Aragon 等,2010b)。

一些基因分型方法已被用于 Hps 菌株的分类。与血清分型相比,基因分型的一个重要优势是能够对所有的分离菌株进行分型。通过基因组指纹分析和基因组测序对 Hps 菌株进行基因分型的研究进一步证实其具有高度的异质性。通过限制性内切酶图谱(REP)首次对 Hps 进行基因分型(Smart 等,1988),这包括限制性内切酶对基因组 DNA 的消化以及消化产生碎片的分析。该方法能够对单一动物或农场内的一些 Hps 菌株进行鉴定;而且,该研究表明分离自全身和呼吸系统的菌株代表两个不同的群。利用肠杆菌基因间

重复共有序列基因扩增技术(ERIC-PCR)进一步证实了这些观点,该技术是基于随机扩增 PCR 而产生基因组指纹图谱(Oliveira 等,2003a;Rafi ee 等,2000;Ruiz 等,2001)。

表 55.1 实验接种不同血清型猪副嗜血杆菌(*Haemophilus parasuis*)动物的临床和病理结果。

血清型	临床或病理结果	接种途径	参考文献
1,5,10,12,13,14	死亡/垂死	IP	Kielstein 和 Rapp Gabrielson,1992
2,4,8,15	多浆膜炎		
3,6,7,9,11	健康		
1,5	多浆膜炎	IN	Nielsen,1993
2,3,4,6,7	健康	IN	
1,5	死亡/多浆膜炎	IN	Amano 等,1994
4	多浆膜炎[a]		
10,12,4	健康	IN	Aragon 等,2010b
4,15,10,5	多浆膜炎		
7	多浆膜炎[a]		

[a] 1/6 的猪。
IP:腹腔内。
IN:鼻内。

基因型和血清型之间没有直接的联系。同一血清型的分离株可能包括不同基因型的菌株,然而具有相同基因型菌株的血清型也可能不同(Neil 等,1969;Oliveira 等,2003a;Turni 和 Blackall,2010)。这些差异可能与在体外表达的热稳定抗原的不同有关,或者最有可能是与血清分型技术重复性的缺乏有关。在实验室之间的重复性也是 ERIC-PCR 存在的一个问题,从而限制了实验室间数据的共享(Olvera 等,2007c)。通过使用针对 *tbpA*(de la Puente Redondo 等,2003)、16s rRNA(Lin,2003)和 *aroA* 基因的三个不同的限制性片段长度多态性 PCR(RFLP-PCR)方法证实了基因型和血清型之间缺乏关联性。

为了交换实验室间的基因分型信息,测序方法得到发展(Olvera 等,2006a,b)。多位点测序分型(MLST)能够检测出与全身性病变有关的一簇菌株,以及一簇来源于健康动物鼻腔的菌株(Aragon 等,2010b;Olvera 等,2006b,2007b)。

基因组构成和基因表达

Genomic Organization and Gene Expression 近来，Yue 等，（2008）报道了 Hps 菌株 SH0165 株的全基因组序列（GenBank 登录号 CP001321），该毒株为来源于中国的血清 5 型强毒株。Hps 基因组大小约为 2.3 Mb，包含 2 000 多个预测基因。在 SH0165 菌株种检测到一些被认为与毒力有关的基因；然而，对这些基因在 Hps 致病过程中所起的功能所知甚少。

Hps 毒力基因的鉴定对于区分潜在的高致病性菌株及促进疫苗的发展具有实际意义。目前主要使用下面两种途径：分析强毒株和无毒力菌株之间的遗传差异，以及分析强毒株在体内的基因表达。

Dhps 基因具有磺胺抗性，已被发现存在于血清 2 型菌株，而血清 1,3 和 5 型菌株不存在该基因（del Rio 等，2005b）。然而，尚不清楚该基因与毒力之间的关系，而由于 dhps 能够被质粒携带，该基因可能具有菌株特异性。通过对血清 5 型的长崎强毒株和血清 11 型的无毒菌株进行比较，检测到一些血清 5 型特有的基因：溶血素 hhdAB、铁捕获基因 cirA 和噬菌体基因（Sack 和 Baltes，2009）。尽管无毒菌株不存在这些基因，但是它们也并不总存在于有毒菌株，这表明它们并不是毒力所严格必需的基因。使用相类似的方法对长崎菌株的 15 个基因进行鉴定，这些基因不存在于血清 3 型的 SW114 无毒菌株（Zhou 等，2010a）。除在细菌定居中发挥作用的菌毛相关基因（fimB）以外，大多数基因与新陈代谢以及假设的或未知功能有关，与毒力缺乏一个明确的关联。

通过对来源于不同临床背景菌株的比较分析，检测到一组 13 个基因能够编码产生 VtaA 或毒力相关的三聚体自主转运蛋白（Pina 等，2009）。这些蛋白表现出免疫原性并且能在体内表达（Olvera 等，2010）。最后，有研究报道了外膜蛋白 P2 和 P5 的差异，但是没有观察到其与毒力的明确联系（Mullins 等，2009）。

为了鉴定 Hps 的毒力因子，一些研究者对强毒株在模拟体内环境即高温、酸性环境、铁限制性和/或脑脊髓液孵育条件下基因的表达情况进行研究（Hill 等，2003；Melnikow 等，2005；Metcalf

和 MacInnes，2007；Xie 等，2009）。然而，这些研究所鉴定基因中的大多数与适应应激状态下的新陈代谢或编码的假定蛋白有关。由于这些基因存在于所有血清型菌株，并且可能参与在宿主体内的适应和生存，这是 Hps 无毒和有毒菌株所必需的，因此很难预测它们对毒力的作用。这些基因中频繁被检测到的是铁捕获基因 hxuCBA、tonB-exbBD-tbpAB 和 yfeACD 及蛋白酶基因（Hill 等，2003；Melnikow 等，2005；Xie 等，2009）。有趣的是，在两个不同的变种中检测出一种与强毒株有关的水解酶以及参与核苷酸利用的 cpdB 基因，但还未发现其与毒力之间的确切关系（Metcalf 和 MacInnes，2007）。Xie 等，（2009）检测到铁限制条件下 pilA 的上调，这表明铁限制可诱导菌毛的生物合成，并可作为菌落定居的信号。

最后，与推定的毒力因子具有同源性的一些基因，例如假定的大黏附素（或 VtaA）、siaB（参与唾液酸的利用）或蛋白酶，能够在体内即感染的肺脏中表达（Jin 等，2008）。另外，检测到假定的与菌膜形成相关的基因，说明菌膜形成在 Hps 感染以及定植中的具有作用。

实验室培养

Laboratory Cultivation

Hps 是巴斯德菌科（Pasteurellaceae）的一个体积较小的、不运动的、多形性的（从单球杆菌到丝状链）的革兰氏阴性菌，它在生长过程中需要 V 因子（烟酰胺腺嘌呤二核苷酸，NAD）但不需要 X 因子（氯化高铁血红素）。在实验室中，Hps 生长在浓缩的巧克力琼脂而不是血琼脂培养基中。然而，它也能在提供 V 因子来源的葡萄球菌划线血琼脂培养基中进行培养，呈现出特征性的卫星生长。Hps 在巧克力琼脂培养基上生长 1～3 d 后能够产生小的、棕色至灰白色的菌落，或在血琼脂培养基上产生小的、半透明的、不溶血菌落。

流行病学

EPIDEMIOLOGY

Hps 是正常呼吸菌群的一个成员，并且在猪群中普遍存在。它是仔猪上呼吸道的一个早期寄居菌，最初是在出生后通过伴随分娩时与母猪的接触而获得。从母猪阴道分离 Hps 的尝试未获得成功,并且这与无 Hps 仔猪是通过抓取生产及随后的人工饲喂相一致。抓取生产且未给予初乳的仔猪有益于实验上复制 Hps 疾病模型(Blanco 等,2004;Oliveira 等,2003b)。

在出生后 6 个月的仔猪鼻拭子中能够检测到 Hps,但是菌落定居最为流行是发生在 60 日龄仔猪(Angen 等,2007;Cerdà-Cuéllar 等,2010)。从健康仔猪的鼻腔内也能分离到不同的 Hps 菌株,而且单个动物也可携带不止一种菌株。最近,研究证实在一个猪群内的菌株具有高度的多样性和周转量(Cerdà-Cuéllar 等,2010)。在给定的时间内,能够从一个猪群中分离获得 4~5 个菌株(Oliveira 等,2003a;Olvera 等,2006b,2007b;Smart 等,1993),同时在 5~6 个月的时间内从一猪群中总共鉴定出 16 个不同的菌株(Cerdà-Cuéllar 等,2010)。尽管猪群中存在有多样性的菌株,但是通常是一单一的流行菌株与疾病的暴发有关(Rafiee 等,2000)。

在健康状态下,当仔猪仍然受到母源抗体保护时可出现 Hps 菌落定居,而且在定居菌落与免疫之间会达成一个平衡。当这种平衡被打破后可引起疾病的发生。不同的因素能够引起疾病的发生,包括管理实施,例如:室内温度不稳定、通风不良或早期断奶,仔猪的免疫状态,其他病原体的出现及猪群中存在有 Hps 毒力菌株或新的毒力菌株的引进。

家猪和野猪是该菌当前已知的仅有的宿主。在野猪已经分离获得 Hps 菌株(Olvera 等,2007a),并且检测到其特异性的抗体(Vengust 等,2006),但是在该种还未见有格拉瑟氏病的报道。野猪作为 Hps 感染的自然储存宿主的作用仍需要被进一步评价。

格拉瑟氏病的传播是通过易感动物与携带者或病猪的接触而发生。因此,将不同来源的猪进行混合饲养是在控制该病发生过程中应当考虑的一个危险因素。Hps 在环境中非常不稳定。尽管没有太多关于其对消毒剂抗性的研究,但是对氯胺-T 和季铵类化合物等一些有效杀毒成分进行了报道(Rodríguez-Ferri 等,2010)。

致病机理
PATHOGENESIS

经不同途径接种 Hps 均能够复制出该病(Amano 等,1994;Blanco 等,2004;Hjärre,1958;Neil 等,1969;Rosendal 等,1985)。经自然途径(例如,鼻内接种)接种后,能够在观察有化脓性鼻炎和上皮细胞变性的鼻黏膜检测出 Hps(Vahle 等,1997)。这可能代表致病过程的第一步,而生物膜形成在该阶段可能起着重要的作用,尤其是在无毒菌株的正常定居过程中(Jin 等,2006)。细菌黏附至上皮细胞、诱导细胞凋亡及释放细胞因子也是 Hps 定居的重要事件(Bouchet 等,2009)。在鼻腔定居之后,能够从肺脏分离获得,随后在经过短时间的血液传送后,也能从内脏器官中分离获得(Vahle 等,1995)。Rosendal 等(1985)通过一项研究发现,肺脏为病菌引发全身性感染的原发性侵入位点,在接种细菌沉积到下呼吸道之后引发全身性感染。在肺脏的 Hps 强毒株能够在猪肺泡吞噬细胞(PAMs)的吞噬活性下存活,而无毒菌株很容易被 PAMs 吞噬并杀死(Olvera 等,2009)。吞噬抗性的产生很可能与荚膜的表达有关(Olvera 等,2009),该结论与在体内传代后能够检测到荚膜的产生相一致(Rapp-Gabrielson 等,1992)。

Hps 侵入内皮细胞并诱导凋亡以及促炎症细胞因子白介素(IL)-6 和 IL-8 的产生(Aragon 等,2010a;Bouchet 等,2008;Vanier 等,2006)。这些现象在经血液传播和突破血脑屏障过程中可能发挥重要作用。脂低聚糖(LOS)在内皮细胞的黏附和诱导炎症的发生过程中起到一定的作用(Bouchet 等,2008)。毒力菌株能够逃避血液中补体的杀菌效应而存活(Cerdà-Cuéllar 和 Aragon,2008),并且能够到达全身各部位,包括脑。最终,Hps 到达机体的内脏器官并在浆膜进行复制,产生格拉瑟氏病特征性的纤维素性物质沉着及液体蓄积。

在感染过程中细菌的存活需要提供有效的营养物质。在宿主体内,微生物面临一个有限的游离铁浓度问题。因此,Hps 能够通过表面受体,如 TbpA(Charland 等,1995;del Río 等,2005a;Morton 和 Williams,1989)或 FhuA(del Río 等,

2006b)获取铁。此外,Hps 还具有一种神经氨酸酶(Lichtensteiger 和 Vimr,1997,2003),其作为营养物质唾液酸的清除剂或通过对细菌表面进行修饰而逃避机体的免疫系统。

有研究者利用感染动物脾脏对 Hps 感染诱导猪的免疫反应进行研究(Chen 等,2009)。在感染过程中与免疫反应相关的基因呈现差异表达,这些基因包括炎症分子、急性期蛋白、黏附分子、补体以及在抗原加工和递呈中发挥功能的基因。

尽管家猪和野猪是 Hps 仅有的自然宿主,但是豚鼠模型也适用于复制病变(Morozumi 等,1982;Rapp-Gabrielson 等,1992),而且小鼠模型已被证实有利于对试验候选疫苗株免疫保护能力的研究(Tadjine 等,2004a;Zhou 等,2009a)。

该病的严重程度取决于 Hps 菌株的毒力、仔猪的免疫力、猪群中并存的其他病原体以及宿主的遗传抗性等多种因素。Hps 可以是原发性或继发性病原菌。免疫抑制的发生能够促使通常局限于呼吸道的 Hps 侵入机体,并可从全身各部位分离获得(Olvera 等,2009)。已有研究报道了 Hps 感染与猪繁殖与呼吸综合征病毒(PRRSV)、猪 2 型圆环病毒(PCV2)和 A 型流感病毒的流行病学联系(Li 等,2009;Palzer 等,2008)。Brockmeier(2004)的早期研究将 Hps 菌株在鼻腔较高程度的定居与支气管炎博德特菌(*Bordetella bronchiseptica*.)的前期定居联系起来。已有研究对遗传背景对 Hps 全身性感染抗性的影响进行了评价。Blanco 等,(2008)报道称,6 个来自不同父本的仔猪的抗性存在明显不同,但与抗性有关的确切的基因特质仍有待解释说明。

临床症状
CLINICAL SIGNS

虽然易感动物的年龄可能有所不同,但是临床症状主要见于 4~8 周龄的猪,这取决于获得性母源免疫水平和菌落定居情况。尽管较为少见,但是已有来源于阴性猪群的成年猪暴发格拉瑟氏病的报道,通常情况下该病发生在与健康的 Hps 寄居动物混合饲养之后(Wiseman 等,1989)。依据无 Hps 仔猪的实验感染结果(Aragon 等,2010b),接种后其潜伏时间从低于 24 h 到 4~5 d 不等,感染菌株的不同潜伏期也不相同。

最急性型病程较短(<48 h),并且可能导致感染动物急性死亡,死亡动物不出现特征性的眼观病变(Peet 等,1983)。急性格拉瑟氏病最典型的临床症状包括高热(41.5℃)、咳嗽、腹式呼吸、关节肿胀伴有跛行以及侧卧、四肢划动和震颤等中枢神经症状(Neil 等,1969;Nielsen 和 Danielsen,1975;Riley 等,1977;Vahle 等,1995)。这些症状可能会同时或单独出现。具有轻度至中度临床症状的动物在该病的急性期通常能够存活下来,并发展为以被毛粗糙、生长率降低以及跛行为特征的慢性阶段。呼吸困难和咳嗽症状连同分离自肺实变交界处的 Hps 分离株也一起被描述(Little,1970;Narita 等,1994)。还有其他一些与 Hps 感染相关的零星发生的症状,例如生长育肥猪耳部的脂膜炎(Drolet 等,2000)或小母猪咀嚼肌的急性肌炎(Hoefling,1991)。

在感染农场内,格拉瑟氏病的发病率和死亡率在传统上存在有很大的变化,但是在一般农场内可能从 5%~10% 不等,而在隐性群中可达 75%(Wiseman 等,1989)。疾病的流行也受到伴发的应激物的调节,主要的病毒感染能够改变机体的免疫系统。有研究报道,格拉瑟氏病流行的增加主要是在发生猪繁殖与呼吸综合征(PRRS)(Pijoan,1995;Zimmerman 等,2006)和断奶仔猪多系统衰竭综合征(PMWS)(Kim 等,2002;Madec 等,2000)的农场。然而,Hps 与 PRRS 病毒潜在的协同作用还未得到实验证实(Cooper 等,1995;Solano 等,1997)。目前,还未见有尝试对 Hps 与其他病原的相互作用调查的实验研究。

病理变化
LESIONS

最急性型病猪通常发生死亡,不表现特征性的眼观病变,但是在一些组织中可能出现点状出血(Peet 等,1983;Riley 等,1977)。在组织学上,这些病猪出现类似于败血症的微观病变,例如弥散性血管内凝血(肾小球、肝脏窦状隙和肺脏毛细血管等不同组织内出现有纤维素性血栓)和微灶性出血(Amano 等,1994)。在急性型的 Hps 感染病例也可见胸腔和腹腔内浆液成分增多,不含纤维蛋白成分。

急性型全身感染病例是以纤维素性或纤维素

性脓性多浆膜炎、多关节炎和脑膜炎的发生为特征(图 55.1)。在胸膜、心包、腹膜、滑膜及脑膜可见有纤维素性渗出物,而且通常伴随有液体的增多(Oliveira 等,2003b;Riley 等,1977;Vahle 等,1995)。纤维蛋白性胸膜炎可能被发现存在于由卡他性化脓性支气管肺炎,或较为少见的纤维素性出血性肺炎引发肺实变/不发生实变的情况下(Little,1970;Narita 等,1994)。病猪缺少该病特征性的眼观病变也非常常见,大量缺乏特征性病变的猪表现出神经系统症状。典型格拉瑟氏病的病理组织学检查显示出纤维素性至纤维素性脓性浆膜炎病变,而除了潜在的纤维素性化脓性脑膜炎之外(图 55.1C),通常提供不出其他额外的有用信息,其中临床上 80% 的 Hps 感染猪能够出现纤维素性化脓性脑膜炎病变(Thomson,2007)。

　　慢性感染猪通常出现严重的纤维素性心包炎、胸膜炎和/或腹膜炎,以及慢性关节炎。

诊断
DIAGNOSIS

　　对 Hps 全身性感染临床症状和病变的描述并非该病原特异性的变化,而且需要对其他的病原进行鉴别诊断。纤维素性多浆膜炎可能是由其他的革兰氏阴性细菌所引起,例如,非溶血性大肠杆菌(Nielsen 等,1975;Wilkie,1981)。非溶血性大肠杆菌(*E. coli*)引起的多浆膜炎多为零星发生,并且通常是感染哺乳仔猪(Nielsen 等,1975)。β-溶血性志贺毒素 2E(Stx2e)阳性的大肠杆菌(*E. coli*)能够引起刚断奶仔猪的中枢神经系统症状,其与 Hps 全身性感染中所观察到的症状相似。然而,镜检观察,Stx2e 不引起 Hps 感染所特有的纤维素性化脓性脑膜炎病变,但通常会导致小动脉和动脉的内皮细胞和平滑肌细胞坏死,而 Hps 感染猪无该病变(Moxley,2000)。猪鼻支原体(*Mycoplasma hyorhinis*)是引起保育猪纤维素性多浆膜炎的另一个重要原因(Friis 和 Feenstra,1994),并且发现其通常与 Hps 共感染猪(Rovira,2009)。猪链球菌(*Streptococcus suis*)与 Hps 感染猪的年龄通常相同,并且能引起相类似的病变(Reams 等,1994;Vecht 等,1989)。其他与跛行和关节炎发生有关的病原包括有猪红斑丹毒丝菌(*Erysipelothrix rhusiopathiae*)和猪滑液

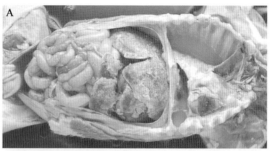
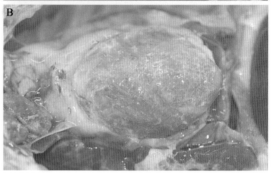
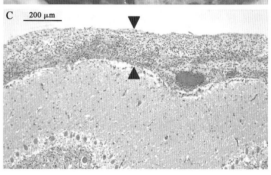

图 55.1　猪副嗜血杆菌(*Haemophilus parasuis*)感染产生的眼观及镜检病变。(A)多浆膜炎以在腹腔和胸腔的浆膜表面有纤维素性化脓性渗出物为特征。可见胸腔内有大量的液体。(B)心包表面的纤维素性脓性渗出物。(C)脑,纤维素性化脓性脑膜炎。

支原体(*Mycoplasma hyosynoviae*)。然而,两种病原更易引起肥育猪的慢性非化脓性关节炎(Hagedorn-Olsen 等,1999;Hariharan 等,1992)。

　　考虑到 Hps 是健康猪上呼吸道内的寄生菌,该病原微生物在鼻腔和气管的检出并不预示疾病的发生。全身性的分离株非常可能携带有重要的毒力因子,因此,这些分离株应当通过实验室确认该病原所引起的发病率和死亡率。

　　Hps 可从纤维素渗出物、感染的内脏器官实质和肺炎病例的肺脏病变部位分离获得(Pijoan 等,1983;Turni 和 Blackall,2007)。它是一种对生长条件要求苛刻的微生物,在室温下仅少量存

活,专门需要在体内环境中生长(Biberstein 等,1977;Morozumi 和 Hiramune,1982)。利用艾米斯运送培养基保存拭子和将样本保存在实验室冷藏条件下能够相当大地提高 Hps 菌株的分离概率(del Rio 等,2003a;Oliveira,2007)。虽然 Hps 的分离是一个很难的任务,但是 Hps 分离株的获得对于抗生素敏感性的测定和分型而言非常重要。

通过免疫组织化学方法(Amano 等,1994;Segales 等,1997;Vahle 等,1995)或原位杂交技术(Jung 等,2004)也能够直接检测出感染组织病变部位中的 Hps。然而,原位杂交技术的特异性尚未充分阐明,而且在免疫组织化学检测中,有报道称其与猪放线杆菌胸膜肺炎(*Actinobacillus pleuropneumoniae*)存在有交叉反应(Segales 等,1997)。

PCR 是用于 Hps 检测的一种敏感性高、特异性强的方法。在文献中对几种方法进行了描述,从常规的凝胶电泳测试到实时(RT-PCR)检测等不同的方法(Angen 等,2007;Jung 等,2004;Oliveira 等,2001;Turni 等,2010)。利用 PCR 甚至可以检测丧失活性的 Hps,与细菌分离相比较,该方法在敏感性方面的优点非常大。近来有报道称,利用实时 PCR 在每个反应中的检测限为 0.83～9.5 个菌落形成单位(CFU),比之前报道的基于凝胶的测试方法的敏感性和特异性要高(Turni 等,2010)。PCR 也能被用来区分毒力菌株和无毒菌株。近来描述的基于 vtaAs 基因检测的多重 PCR 方法能够进一步确定菌株潜在的侵袭力(Pina 等,2009)。该信息非常有意义,尤其是当选择对抗生素敏感的菌株或生产自身菌苗的时候。

利用补体结合试验和酶联免疫吸附试验(ELISA)能够检测出抗 Hps 的抗体。补体结合试验主要用于实验性感染过程中抗体反应调查的基础研究(Nielsen,1993)。ELISAs 主要也是用于以研究为目的的应用。全细胞间接 ELISAs 方法已被用于描述母源抗体从母猪到仔猪的转移过程和证实疫苗接种后血清转换(Baumann 和 Bilkei,2002;Cerdà-Cuéllar 等,2010;Solano-Aguilar 等,1999)。Blanco 等(2004)利用商品化的 ELISA 方法检测母源抗体消退的特征,同时为常规的实验感染猪的易感性的鉴定打开了一扇窗口。目前还未对试验性和商业化可利用的 HpsELISAs 方法的特异性进行广泛的评估,同时检测抗不同血清型 Hps 抗体以及菌株的能力还没有被充分地鉴定。

免疫
IMMUNITY

与任何一种革兰氏阴性菌相似,Hps 能够在多种水平上与机体的免疫系统相互作用,包括先天性和特异性免疫系统。文献给出了大量关于抗体介导免疫反应的描述,但当前有关细胞介导免疫反应的可用信息很少。

免疫应答
Immune Responses

通过免疫组织化学和原位杂交方法已经证实,在发生感染后,Hps 能够被中性粒细胞和巨噬细胞吞噬并被发现作为变性的细菌存在于膨胀的吞噬体内(Amano 等,1994;Segales 等,1999)。无毒菌株能够迅速地被 PAMs 吞噬,然而强毒株则需要预先用特异性抗体处理。如果 Hps 菌株被成功内化,无论它们潜在的毒力如何,它们都将会被 PAMs 杀死(Olvera 等,2009)。

Hps 在与新生仔猪气管细胞和猪脑微血管内皮细胞发生黏附基础上刺激 IL-8 和 IL-6 促炎细胞因子的产生(Bouchet 等,2009;Bouchet 等,2008)。IL-8 是白细胞的一个有效化学引诱物,而 IL-6 是急性期反应发展过程中的一个重要介质。已有研究报道,实验性感染后表现严重疾病的猪体内的 IL-1α 表达水平增加,而 IL-4、IL-10、肿瘤坏死因子 α(TNF-α)和干扰素 γ(IFN-γ)在存活猪体内的表达水平显著增加(Martín de la Fuente 等,2009a)。

通过补体结合试验、Western blot 分析和 ELISA 试验已经证实在寄居、恢复期和疫苗接种猪等与抗原接触后抗 Hps 抗体的产生(Miniats 等,1991b;Nielsen,1993;Solano-Aguilar 等,1999)。猪暴露在 Hps 活培养物环境中或接种灭活的细菌后能够产生短暂的免疫球蛋白 M(IgM)应答反应,随之产生了一个稳固的、逐渐增加的免疫球蛋白 G(IgG)抗体应答反应。具有高滴度水平的 IgG 能够使猪承受病菌的攻击而获得保护（Martín de la Fuente 等，2009b）。猪与 Hps 活细胞接触后能够产生抗 VtaAs 抗体，然而接种灭活疫苗的猪缺少抗这些抗原的抗体。抗 VtaAs 抗体在保护性免疫中的作用仍有待阐明（Olvera 等，2010）。

免疫保护和交叉保护
Protective Immunity and Cross Protection

抗 Hps 感染的保护性免疫主要是与活细胞接触或免疫接种后产生的特异性抗体存在联系。已知特异性抗体能够成功调解 Hps 并促进 PAMS 的吞噬作用（Olvera 等，2009）。完全的免疫保护通常由同源疫苗接种而获得，而部分免疫保护常在异源菌株的攻击时观察到（Martín de la Fuente 等，2009b；Miniats 等，1991a，b；Nielsen，1993；Smart 和 Miniats，1989；Takahashi 等，2001）。自身菌苗在对易感猪的保护上非常有效，尤其是在引进藏匿有强毒株的种群过程中（Smart 等，1993）。

与 Hps 活细胞接触及 Hps 在活细胞寄居也能产生保护性免疫。猪在给予血清型 2、3、4 或 7 菌株气溶胶后能够产生循环的抗体并且能够抵抗血清 5 型毒力菌株的攻击（Nielsen，1993）。与使用商业化灭活疫苗和自身菌苗进行疫苗接种相比，在受控状态下将 5 日龄猪给予低剂量的群特异性 Hps 活培养物能明显降低死亡率（Oliveira 等，2004）。灭活的 Hps 代表不完全抗原而且不能产生仅在体内表达的 Hps 重要的毒力相关因子的抗体。

不同血清型，甚至同一血清型的交叉保护是多变的，因而很难进行预测（Rapp-Gabrielson 等，1997）。因此，目前采用不同的途径去设计新型的通用疫苗。当前采用蛋白质组学和免疫蛋白质组学方法用于具有免疫保护作用表面蛋白的鉴定（Martínez 等，2010；Zhou 等，2009a，b）。

母源免疫
Maternal Immunity

母源抗体是易感仔猪保护性免疫的一个重要来源。缺乏母源免疫的猪在使用低剂量 Hps 感染时更易引发全身感染，而具有母源抗体猪能抵抗病菌的攻击（Blanco 等，2004；Oliveira 等，2003b）。

母源抗体水平直接影响到后代对 Hps 全身性感染的易感性。Solano-Aguilar 等，（1999）证实，与来源于未进行疫苗接种的小母猪的后代仔猪相比，来源于疫苗接种小母猪的仔猪具有较高的母源抗体滴度。接种疫苗的小母猪的后代仔猪在 28 日龄时可获得免疫保护抵抗病菌攻击，然而来源于未进行疫苗接种的小母猪后代仔猪非常易感，在 21 日龄时出现全身性感染症状。未进行疫苗接种小母猪的后代仔猪在 16 日龄时母源免疫消退非常明显。来源于接种疫苗的小母猪的后代仔猪的母体免疫在 38 日龄时可见轻微的衰减。Cerdà-Cuéllar 等（2010）最近的一项研究使用分别来源于接种疫苗及未进行疫苗接种猪的后代仔猪证实了母源免疫的动态变化对菌群定居的影响。根据这项研究，来源于未免疫母猪的后代仔猪在 20 日龄时可观察到母源免疫消退，而来源于免疫母猪的后代仔猪在 60 日龄时才发生消退。这些时间周期与从这些猪鼻腔内高水平的分离和检测到 Hps 相一致。与来源于未接种母猪的后代仔猪相比，来源于疫苗接种猪的后代仔猪的 Hps 菌株通常具有较低的数量和较少的种类。

预防和控制
PREVENTION AND CONTROL

疫苗接种和抗生素可用于 Hps 感染的预防和控制。在一些国家，有法规限制作为预防措施的抗生素的使用，仅允许这些药物以治疗的目的使用。根据这些规程，疫苗接种成为预防全身性感染和死亡发生的一个有价值的选择。

抗生素被用来建议对单个发病猪进行治疗及控制 Hps 全身性感染引起的严重暴发。由于 Hps 全身性感染猪临床上表现为衰竭卧倒而很少有可能通过食物和饮水摄取到所需剂量的抗生素，因此单个治疗通常比饮水或食物给药更为有效。

在不同国家抗生素的敏感性存在有差异，因而影响着各个地区对使用药物的选择。例如，据报道丹麦和英国的分离菌株对大多数抗生素敏感，然而有中国和西班牙分离菌株对常用抗生素产生高度抗性的报道（Aarestrup 等，2004；Martín de la Fuente 等，2007；Zhou 等，2010b）。对四环

素和 β-内酰胺类抗生素的抗性与 Hps 携带的质粒抗性基因有关(Lancashire 等,2005;San Millan 等,2007)。

　　Hps 是上呼吸道的一种共生体并定居于所有的猪体内。在强毒株定居猪体的早期,若存在有母源免疫则将能够阻止疾病的发生并降低断奶仔猪的死亡率(Oliveira 等,2004)。已选择一些由于缺乏免疫在与毒力 Hps 菌株接触后高度易感而严重暴发且死亡率高达 60% 的猪群进行 Hps 根除(Torrison 和 Rossow,2004)。禁止引入 Hps 阳性猪等严格的生物安全措施对于阻止这种情况下高死亡率的发生非常必要。由于缺乏异源保护,哺乳期间的自然定居菌群通常不能阻止多种菌株在猪群中的流通循环(Oliveira 等,2004)。因而,将不同来源猪进行混合饲养是导致格拉瑟氏病死亡率增加的一个重要原因,因此如果有可能的话应当尽量避免。

　　疫苗接种是降低该病死亡发生的一个有效措施(Miniats 等,1991a;Smart 和 Miniats,1989;Smart 等,1988)。包含有在农场流行的毒力菌株的疫苗应该是最为有效的。藏匿于农场特异性疫苗内的菌株应当从浆膜纤维蛋白、关节或脑膜渗出物中分离,而不是从鼻拭子、扁桃体或肺实质中分离获得。

（赵魁、贺文琦、高丰译,刘春法校）

参考文献
REFERENCES

Aarestrup FM, Seyfarth AM, Angen Ø. 2004. Vet Microbiol 101:143–146.
Amano H, Shibata M, Kajio N, Morozumi T. 1994. J Vet Med Sci 56:639–644.
Angen Ø, Oliveira S, Ahrens P, et al. 2007. Vet Microbiol 119:266–276.
Angen Ø, Svensmark B, Mittal KR. 2004. Vet Microbiol 103:255–258.
Aragon V, Bouchet B, Gottschalk M. 2010a. Vet J 186:264–267.
Aragon V, Cerdà-Cuéllar M, Fraile L, et al. 2010b. Vet Microbiol 142:387–393.
Bakos K, Nilsson A, Thal E. 1952. Nord Vet Med 4:241–255.
Baumann G, Bilkei G. 2002. Vet Rec 151:18–21.
Biberstein EL, Gunnarsson A, Hurvell B. 1977. Am J Vet Res 38:7–11.
Biberstein EL, White DC. 1969. J Med Microbiol 2:75–78.
Blanco I, Canals A, Evans G, et al. 2008. Can J Vet Res 72:228–235.
Blanco I, Galina-Pantoja L, Oliveira S, et al. 2004. Vet Microbiol 103:21–27.
Bouchet B, Vanier G, Jacques M, Gottschalk M. 2008. Vet Res 39:42.
Bouchet B, Vanier G, Jacques M, et al. 2009. Microb Pathog 46:108–113.
Brockmeier SL. 2004. Vet Microbiol 99:75–78.
Cai X, Chen H, Blackall PJ, et al. 2005. Vet Microbiol 111:231–236.
Cerdà-Cuéllar M, Aragon V. 2008. Vet J 175:384–389.
Cerdà-Cuéllar M, Naranjo JF, Verge A, et al. 2010. Vet Microbiol 145:315–320.
Charland N, D'Silva CG, Dumont RA, Niven DF. 1995. Can J Microbiol 41:70–74.
Chen H, Li C, Fang M, et al. 2009. BMC Genomics 10:64.
Cooper VL, Doster AR, Hesse RA, Harris NB. 1995. J Vet Diagn Invest 7:313–320.
de la Puente Redondo VA, Navas Mendez J, Garcia del Blanco N, et al. 2003. Vet Microbiol 92:253–262.
del Río ML, Gutiérrez B, Gutiérrez CB, et al. 2003a. Am J Vet Res 64:1176–1180.
del Río ML, Gutiérrez CB, Rodríguez-Ferri EF. 2003b. J Clin Microbiol 41:880–882.
del Río ML, Gutiérrez-Martín CB, Rodríguez-Barbosa JI, et al. 2005a. FEMS Immunol Med Microbiol 45:75–86.
del Río ML, Martín CB, Navas J, et al. 2006a. Res Vet Sci 80:55–61.
del Río ML, Navas J, Martín AJ, et al. 2006b. Vet Res 37:49–59.
del Río ML, Navas-Mendez J, Gutiérrez-Martín CB, et al. 2005b. Lett Appl Microbiol 40:436–442.
Drolet R, Germain MC, Tremblay C, Higgins R. 2000. Ear panniculitis associated with Haemophilus parasuis infection in growing-finishing pigs. In Proc 16th Intl Congr Pig Vet Soc, p. 528.
Friis NF, Feenstra AA. 1994. Acta Vet Scand 35:93–98.
Hagedorn-Olsen T, Basse A, Jensen TK, Nielsen NC. 1999. APMIS 107:201–210.
Hariharan H, MacDonald J, Carnat B, et al. 1992. J Vet Diagn Invest 4:28–30.
Hill CE, Metcalf DS, MacInnes JI. 2003. Vet Microbiol 96:189–202.
Hjärre A. 1958. Adv Vet Sci 4:235–263.
Hjärre A, Wramby G. 1943. Hyg Haustiere 60:37–64.
Hoefling DC. 1991. J Vet Diagn Invest 3:354–355.
Holtkamp D, Rotto H, Garcia R. 2007. Swine News Newsletter. Vol. 30, p. 4.
Jin H, Wan Y, Zhou R, et al. 2008. Environ Microbiol 10:3326–3336.
Jin H, Zhou R, Kang M, et al. 2006. Vet Microbiol 118:117–123.
Jung K, Ha Y, Kim SH, Chae C. 2004. J Vet Med Sci 66:841–845.
Kielstein P, Rapp-Gabrielson VJ. 1992. J Clin Microbiol 30:862–865.
Kielstein P, Rosner H, Muller W. 1991. Zentralbl Veterinarmed B 38:315–320.
Kim J, Chung HK, Jung T, et al. 2002. J Vet Med Sci 64:57–62.
Lancashire JF, Terry TD, Blackall PJ, Jennings MP. 2005. Antimicrob Agents Chemother 49:1927–1931.
Lewis PA, Shope RE. 1931. J Exp Med 54:361–371.
Li JX, Jiang P, Wang Y, et al. 2009. Prev Vet Med 91:274–279.
Lichtensteiger CA, Vimr ER. 1997. FEMS Microbiol Lett 152:269–274.
——. 2003. Vet Microbiol 93:79–87.
Lin BC. 2003. Identification and differentiation of Haemophilus parasuis serotypeable strains using a species specific PCR and the digestion of PCR products with HindIII endonuclease. In Proc Ann Meet Amer Assoc Swine Vet, pp. 299–301.
Little TW. 1970. Vet Rec 87:399–402.

Madec F, Eveno E, Morvan P, et al. 2000. Livest Prod Sci 63:223–233.

Martín de la Fuente AJ, Ferri EF, Tejerina F, et al. 2009b. Res Vet Sci 87:47–52.

Martín de la Fuente AJ, Rodríguez-Ferri EF, Frandoloso R, et al. 2009a. Res Vet Sci 86:248–253.

Martín de la Fuente AJ, Tucker AW, Navas J, et al. 2007. Vet Microbiol 120:184–191.

Martínez S, Frandoloso R, Rodríguez-Ferri EF, et al. 2010. FEMS Microbiol Lett 307:142–150.

Melnikow E, Dornan S, Sargent C, et al. 2005. Vet Microbiol 110:255–263.

Metcalf DS, MacInnes JI. 2007. Can J Vet Res 71:181–188.

Miniats OP, Smart NL, Ewert E. 1991a. Can J Vet Res 55:33–36.

Miniats OP, Smart NL, Rosendal S. 1991b. Can J Vet Res 55:37–41.

Morozumi T, Hiramune T. 1982. Natl Inst Anim Health Q (Tokyo) 22:90–91.

Morozumi T, Hiramune T, Kobayashi K. 1982. Natl Inst Anim Health Q (Tokyo) 22:23–31.

Morozumi T, Nicolet J. 1986. J Clin Microbiol 23:1022–1025.

Morris S, Carrington L, Guttierez-Martin C, Jackson G, Tucker A. 2006. Characterisation of field isolates of *Haemophilus parasuis* from the UK. In Proc Intl Congr Pig Vet Soc, p. 201.

Morton DJ, Williams P. 1989. FEMS Microbiol Lett 53:123–127.

Moxley RA. 2000. Vet Clin North Am Food Anim Pract 16:175–185.

Mullins MA, Register KB, Bayles DO, et al. 2009. J Bacteriol 191:5988–6002.

Narita M, Kawashima K, Matsuura S, et al. 1994. J Comp Pathol 110:329–339.

Neil DH, McKay KA, L'Ecuyer C, Corner AH. 1969. Can J Comp Med 33:187–193.

Nielsen NC, Bille N, Riising HJ, Dam A. 1975. Can J Comp Med 39:421–426.

Nielsen R. 1993. Acta Vet Scand 34:193–198.

Nielsen R, Danielsen V. 1975. Nord Vet Med 27:20–25.

Oliveira S. 2007. J Swine Health Prod 15:99–103.

Oliveira S, Blackall PJ, Pijoan C. 2003a. Am J Vet Res 64:435–442.

Oliveira S, Galina L, Blanco I, et al. 2003b. Can J Vet Res 67:146–150.

Oliveira S, Galina L, Pijoan C. 2001. J Vet Diagn Invest 13:495–501.

Oliveira S, Pijoan C, Morrison R. 2004. J Swine Health Prod 12:123–128.

Olvera A, Ballester M, Nofrarias M, et al. 2009. Vet Res 40:24.

Olvera A, Calsamiglia M, Aragon V. 2006a. Appl Environ Microbiol 72:3984–3992.

Olvera A, Cerdà-Cuéllar M, Aragon V. 2006b. Microbiology 152:3683–3690.

Olvera A, Cerdà-Cuéllar M, Mentaberre G, et al. 2007a. Vet Microbiol 125:182–186.

Olvera A, Cerdà-Cuéllar M, Nofrarias M, et al. 2007b. Vet Microbiol 123:230–237.

Olvera A, Pina S, Perez-Simo M, et al. 2010. Vet Res 41:26.

Olvera A, Segales J, Aragon V. 2007c. Vet J 174:522–529.

Palzer A, Ritzmann M, Wolf G, Heinritzi K. 2008. Vet Rec 162:267–271.

Peet RL, Fry J, Lloyd J, et al. 1983. Aust Vet J 60:187.

Pijoan C. 1995. Disease of high-health pigs: Some ideas on pathogenesis. In Proc Allen D Leman Swine Conf, p.16.

Pijoan C, Morrison RB, Hilley HD. 1983. J Clin Microbiol 18:143–145.

Pina S, Olvera A, Barcelo A, Bensaid A. 2009. J Bacteriol 191:576–587.

Rafiee M, Bara M, Stephens CP, Blackall PJ. 2000. Aust Vet J 78:846–849.

Rapp-Gabrielson V, Kocur GJ, Clark JT, Muir SK. 1997. Vet Med 92:83–90.

Rapp-Gabrielson VJ, Gabrielson DA. 1992. Am J Vet Res 53:659–664.

Rapp-Gabrielson VJ, Gabrielson DA, Schamber GJ. 1992. Am J Vet Res 53:987–994.

Reams RY, Glickman LT, Harrington DD, et al. 1994. J Vet Diagn Invest 6:326–334.

Riley MG, Russell EG, Callinan RB. 1977. J Am Vet Med Assoc 171:649–651.

Rodríguez-Ferri EF, Martínez S, Frandoloso R, et al. 2010. Res Vet Sci 88:385–389.

Rosendal S, Boyd DA, Gilbride KA. 1985. Can J Comp Med 49:68–74.

Rovira A. 2009. Review of *Mycoplasma hyorhinis*. In Proc Allen D. Leman Swine Conf, pp.87–88.

Rubies X, Kielstein P, Costa L, et al. 1999. Vet Microbiol 66:245–248.

Ruiz A, Oliveira S, Torremorell M, Pijoan C. 2001. J Clin Microbiol 39:1757–1762.

Sack M, Baltes N. 2009. Vet Microbiol 136:382–386.

San Millan A, Escudero JA, Catalan A, et al. 2007. Antimicrob Agents Chemother 51:2260–2264.

Schimmel D, Kielstein P, Hass R. 1985. Arch Exp Veterinarmed 39:944–947.

Segales J, Domingo M, Solano GI, Pijoan C. 1997. J Vet Diagn Invest 9:237–243.

——. 1999. Vet Microbiol 64:287–297.

Smart NL, Hurnik D, Macinnes JI. 1993. Can Vet J 34:487–490.

Smart NL, Miniats OP. 1989. Can J Vet Res 53:390–393.

Smart NL, Miniats OP, MacInnes JI. 1988. Can J Vet Res 52:319–324.

Solano GI, Segales J, Collins JE, et al. 1997. Vet Microbiol 55:247–257.

Solano-Aguilar GI, Pijoan C, Rapp-Gabrielson V, et al. 1999. Am J Vet Res 60:81–87.

Tadjine M, Mittal KR, Bourdon S, Gottschalk M. 2004a. Microbiology 150:3935–3945.

——. 2004b. J Clin Microbiol 42:839–840.

Takahashi K, Naga S, Yagihashi T, et al. 2001. J Vet Med Sci 63:487–491.

Thomson K. 2007. Bones and joints. In MG Maxie, ed. Jubb, Kennedy and Palmer's Pathology of Domestic Animals, 5th ed. Toronto, Canada: Saunders-Elsevier, pp. 2–184.

Torrison J, Rossow K. 2004. Clinical and diagnostic considerations for an acute, high mortality syndrome in grow-finish swine. In Proc Iowa State Swine Disease Conf Swine Pract, pp. 92–100.

Turni C, Blackall PJ. 2005. Vet Microbiol 106:145–151.

——. 2007. Aust Vet J 85:177–184.

——. 2010. Aust Vet J 88:255–259.

Turni C, Pyke M, Blackall PJ. 2010. J Appl Microbiol 108:1323–1331.

Vahle JL, Haynes JS, Andrews JJ. 1995. J Vet Diagn Invest 7:476–480.

——. 1997. Can J Vet Res 61:200–206.

Vanier G, Szczotka A, Friedl P, et al. 2006. Microbiology 152:135–142.

Vecht U, Arends JP, van der Molen EJ, van Leengoed LA. 1989. Am J Vet Res 50:1037–1043.

Vengust G, Valencak Z, Bidovec A. 2006. J Vet Med B Infect Dis Vet Public Health 53:24–27.

Wilkie IW. 1981. Can Vet J 22:171–173.

Wiseman B, Harris DL, Glock RD, Wilkins L. 1989. Management of seedstock that is negative for *Haemophilus parasuis*. In Proc Ann Meet Amer Assoc Swine Pract, pp.23–25.

Xie Q, Jin H, Luo R, et al. 2009. Biometals 22:907–916.

Yue M, Yang F, Yang J, et al. 2008. J Bacteriol 191:1359–1360.

Zhou H, Yang B, Xu F, et al. 2010a. Vet Microbiol 144:377–383.

Zhou M, Guo Y, Zhao J, et al. 2009a. Vaccine 27:5271–5277.

Zhou M, Zhang A, Guo Y, et al. 2009b. Proteomics 9:2722–2739.

Zhou X, Xu X, Zhao Y, et al. 2010b. Vet Microbiol 141:168–173.

Zimmerman JJ, Benfield DA, Murtaugh MP, Osorio F, Stevenson GW, Torremorell M. 2006. Porcine reproductive and respiratory syndrome virus (porcine arterivirus). In BE Straw, JJ Zimmerman, S D'Allaire, D Taylor, eds. Diseases of Swine, 9th ed. Carlton, Australia: Blackwell Publishing, pp. 387–417.

56 钩端螺旋体病
Leptospirosis
William A. Ellis

背景
RELEVANCE

钩端螺旋体病是一种可引起猪群繁殖障碍的疾病,世界各地均有报道。该病主要发生于集约化养猪企业,如北半球的澳大利亚、新西兰,南美洲的阿根廷、巴西等一些大型养猪场均因此遭受了不少经济损失。

地方流行性钩端螺旋体病发生时,发病猪一般仅表现轻微的临床症状,但当猪群第一次感染或自身免疫力低下时,便可引起怀孕母猪流产、死胎、弱胎,生育力下降,甚至不育等。

钩端螺旋体在猪的肾脏和生殖道长期存在,随尿及分泌物排出,并能在温度、湿度适宜的条件中生存,通过直接或间接接触方式传播至其他易感动物。切断感染猪或其他宿主动物与健康猪群之间的传播途径是控制该病的关键。

病因学
ETIOLOGY

钩端螺旋体病是由一类形态相似但抗原性和遗传性明显不同的、细长的、能运动的、需氧的钩端螺旋体引起的疾病。钩端螺旋体属于细螺旋体属,菌体细长、螺旋状、能运动、革兰氏染色阴性,通常一端或两端呈钩状。菌体沿其长轴规则旋转

运动,长度 6~20 μm,直径 0.1~0.15 μm,运动波幅约 0.5 μm。钩端螺旋体在不利的营养条件下,能大大伸长其菌体,而在高盐条件、老化培养或组织中则可形成球状,直径 1.5~2 μm。钩端螺旋体以二分裂的方式繁殖,不被苯胺染色,未着色的菌体只有在暗视野显微镜中才能看到。在适宜的液体环境中,钩端螺旋体通过其长轴旋转进行运动,但在半固体培养基中,则变为波浪形运动。培养钩端螺旋体需用加哺乳动物血清或白蛋白的特殊培养基(Faine,1999)。

钩端螺旋体的最外层是外膜,其内是由胞浆膜和肽聚糖胞壁组成的双层膜结构。两根鞭毛位于壁膜间隙负责维持运动(Adler 和 de la Peña Moctezuma,2010)。外膜中的脂多糖构成了细螺旋体属的主要抗原。除脂多糖以外,外膜中还含有一些结构和功能蛋白,其中大部分脂蛋白(如 L32、L21、L41)主要集中在外膜的外表面(Cullen,2005)。而膜内蛋白 OmpL1 则位于外膜的内表面(Shang,1995)。

钩端螺旋体属包括腐生性菌群和致病性菌群两类。致病性菌群共有 13 种致病性钩端螺旋体和 260 多个血清型。13 种致病性钩端螺旋体分别为亚历山大钩端螺旋体(*L. alexanderi*)、爱尔斯顿钩端螺旋体(*L. alstonii*)、博格帕特森钩端螺旋(*L. borgpetersenii*)、伊纳傣钩端螺旋体(*L. inadai*)、

猪病学,第 10 版,由 Jeffrey J. Zimmerman, Locke A. Karriker, Alejandro Ramirez, Kent J. Schwartz, Gregory W. Stevenson 主编。

问号状钩端螺旋体(*L. interrogans*)、啡内钩端螺旋体(*L. fainei*)、凯拉斯克钩端螺旋体(*L. kir-schneri*)、里瑟艾斯钩端螺旋体(*L. licerasiae*)、诺卡奇钩端螺旋体(*L. noguchi*)、桑塔罗萨钩端螺旋体(*L. santarosai*)、特普斯特钩端螺旋体(*L. terpstrae*)维梨钩端螺旋体(*L. weilii*)和沃尔夫钩端螺旋体(*L. wolffi*)。腐生性菌群目前只发现有6种钩端螺旋体(Adler和de la Peña Mocte-zuma,2010)。不同种的钩端螺旋体在全球的分布是不同的,如:问号状钩端螺旋体、博格帕特森钩端螺旋体、凯拉斯克钩端螺旋体呈全球性分布;而诺卡奇钩端螺旋体和桑塔罗萨钩端螺旋体主要分布于美洲北部和南部;维梨钩端螺旋体主要分布于中国和东亚。引起猪致病的菌株主要是问号状钩端螺旋体和博格帕特森钩端螺旋体。

在亚种方面,钩端螺旋体的血清型分类仍然被广泛应用于血清学诊断和流行病学的研究中。这主要是由于钩端螺旋体脂多糖抗原的表位是由多糖构成并由空间构象决定的,且具有特异性。此外,血清群的分类还可用于血清学试验中交叉反应菌株的选择和区分。

公共卫生
PUBLIC HEALTH

钩端螺旋体病是与猪有接触人员的一种重要职业性人兽共患病,尤其是养殖户、兽医和生猪屠宰工人(Faine,1999)。黏膜或皮肤创口直接或间接接触病猪的尿液都可以引起人类的感染。大部分人类感染的病例都无症状表现,或者好像是患了一周左右的突发性感冒一样,一般表现为怕冷、结膜充血、头痛、下背或腿部肌肉痛、腹痛、呕吐或腹泻等症状。大约5%～10%的病例会很快发展为黄疸、肾衰竭、咳嗽、呼吸困难和喀血,甚至导致死亡。

流行病学
EPIDEMIOLOGY

猪钩端螺旋体病的流行病学是十分复杂的,因为猪可以被任何致病性血清型钩端螺旋体感染。值得庆幸的是仅有少数血清型在一些特殊地区或国家呈地区性流行。此外,钩端螺旋体病是一种自然疫源性疾病,每种血清型保持在特定的生存宿主。因此,在任何地区,猪可以被猪携带的血清型或本区域其他动物的血清型传染。这些偶然感染的相对重要性是由从其他动物到猪的接触与传播钩端螺旋体的机会来决定的,包括:带菌状况、饲养管理和环境因素。

以猪作为生存宿主的血清型有:波摩那、澳洲和塔拉索夫血清群,而属于犬热、黄疸出血和流感伤寒血清群的菌株感染猪更为普遍。

波摩那型感染
Pomona Infection

波摩那(Pomona)血清型和与其关系密切的肯尼威克(Kennewicki)血清型是世界各地从猪体分离到最常见的血清型。对该血清型感染已经进行了深入研究,并提供了一个适当的模型以阐明猪钩端螺旋体病的一般概念。波摩那和肯尼威克血清型的多数菌株,尤其是发现于美国和加拿大的菌株(Kennewicki)都特别喜欢以猪为宿主。它们是北美洲、南美洲、澳大利亚、新西兰、亚洲部分地区、东欧和中欧等地区广泛发生钩端螺旋体病的罪魁祸首,并在以上区域的大部分地区呈地方性流行。有迹象表明在非洲部分区域(Agun-loye,2001)和东南亚地区(Al-Khleif,2009)目前正处于感染的高发期。以上菌株在欧洲西部的地区是不存在的,在那里有一种以啮齿类动物为宿主 Mozdok 血清型偶尔可引起钩端螺旋体病的暴发性流行(Barlow,2004;Rocha,1990;Zieris,1991)。

在北美洲的部分地区,猪感染波摩那型钩端螺旋体的流行程度已从20世纪50—60年代初期观察到的高水平下降了。在依阿华州,1989年一年对肉联厂进行检查没有检出携带波摩那型钩端螺旋体猪(Bolin Cassells 等,1992)。与此相反,Baker 等(1989)在加拿大的一个小型调查中,从近10%的猪中了检出肯尼威克型(Kennewicki)。

钩端螺旋体对易感猪的肾脏有一种特殊的亲和性,它们在肾脏生存、繁殖、随尿排出体外,这种特征在感染的传播中是十分重要的。

钩端螺旋体病侵入易感畜群有三个可能的途

径：引进已感染的家畜，暴露于污染的环境中和接触动物媒介物。携带钩端螺旋体的猪可能是最普通的引入途径。更换小母猪或被感染的公猪已被证明是引发传染病的重要方式（Ellis，2006）。

游牧饲养畜群感染波摩那型钩端螺旋体的可能性取决于地理位置。在北美洲，臭鼬已被证明是猪群暴发波摩那型的一个来源（Mitchel1 等，1966），而将臭鼬迁移至户内已经减少了其感染猪的机会。

一旦波摩那型钩端螺旋体侵入一个猪群，就形成高发感染流行。传播该病只需要很低的感染量（Chaudhary 等，1966a，b）。即使防止了直接接触，通过污染的水源、土壤的间接接触也能造成传播。间接传播的关键是有潮湿的环境，钩端螺旋体不能抵御干燥，但具感染性的尿沉积在潮湿土壤或 pH 略偏碱性的水中时，钩端螺旋体能够延长存活期（Ellis，2006）。

猪群感染初期，所有年龄的母猪都表现有临床症状。初期随着感染的出现，宿主群会形成一种感染的流行循环特征（Hathaway，1981），仔猪在产下的头几周内从感染母猪的初乳中获得免疫球蛋白而得到被动保护（Bolt 和 Mar-shall，1995a；Fish 等，1963），这种保护的持续期主要取决于从初乳中获得的免疫球蛋白的质量（Chaudhary 等，1966b）。在新西兰对青年猪的研究表明钩端螺旋体感染从 12 周龄时就变得很明显，而到屠宰时感染率可达 90％。钩端螺旋体在尿中的浓度在感染后第 3～4 周最高，随后浓度减低并变为间歇性（Bolt 和 Marshall，1995a，b）。育肥猪群间的感染常常是通过尿污染共同的排水系统而发生（Buddle 和 Hodges，1997）。在地方流行性感染的猪群中，可以通过一直隔离饲养断奶小母猪并重新放入猪群的方式，或从未感染的猪群中引入小母猪的方式，限制临床病例的发生，后一种方式更为常用。

澳洲型感染
Australis Infection

布拉迪斯拉瓦（Bratislava）血清型和处于次要地位的慕尼黑（Muenchen）血清型在过去几年中已成为猪感染钩端螺旋体的主要因素，但由于这些菌株均难以培养，所以人们对它们的了解甚少。血清学数据表明布拉迪斯拉瓦在欧洲、美国、加拿大、澳大利亚、巴西、南非（Ellis，2006），尼日利亚（Agunloye，2001）、韩国（Choi 等，2001）和日本（Kikuchi 等，2009）等国家广泛传播。

虽然布拉迪斯拉瓦（Bratislava）在世界各地广泛存在，但仅在少数几个国家分离到菌株，如荷兰（Hartman 等，1975）、英国（Ellis 等，1991）、美国（Bolin 和 Cassells，1990，1992；Ellis 和 Thier-mann，1986）、德国（Schonberg 等，1992）和越南（Boqvist 等，2003）。

这些菌株的流行病学还不十分清楚，有些是猪特异性适应菌株，有些在猪、犬、马和豪猪中生存，有些仅在野生动物中发现。而存在于猪中的基因型与疾病发生的关系更密切（Ellis 等，1991；W. A. Ellis，尚未出版）。

在地区性流行的感染猪群中观察到两种独特的血清学现象，母猪室内感染猪适应的布拉迪斯拉瓦型钩端螺旋体菌株，其显微镜凝集试验（MAT）的血清学滴度很低，许多母猪有低于 1：100 滴度，而自然感染的母猪血清学滴度大于 1：100，比室内感染的高 50％，这是因为母猪暴露于感染的啮齿动物尿中引起全身感染造成的。

尽管肾脏带菌状态已经明确，但与波摩那型菌株带菌情况比较，布拉迪斯拉瓦型经尿排出不明显，而在育肥猪群中不能传播。此外，已证实了重要的带菌位置，即母猪与公猪的生殖道（Bolin 和 Cassells，1992；Ellis 等，1986b，c；Power，1991）。交配传播在感染布拉迪斯拉瓦型钩端螺旋体起重要作用。

塔拉索夫型感染
Tarassovi Infection

有关猪感染塔拉索夫型（Tarassovi）钩端螺旋体流行病学方面的资料很少。之前有研究发现，在东欧和澳大利亚猪是塔拉索夫型一些菌株的保存宿主。然而，低血清阳性率表明以上研究并不一定正确（Wasinski，2005）。最近有报道称，在越南发现有导致繁殖障碍的高血清阳性型出现

（Boqvist 等，2007）。

塔拉索夫型的很多菌株存在于野生动物并从中分离到，这些菌株偶尔可以使猪发生感染，例如：美国未从猪体内分离到塔拉索夫型钩端螺旋体，但在东南部的州有猪感染的血清学证据（Cole 等，1983），而这些地方已从浣熊、臭鼬和美国袋鼠中分离到该血清型（McKeever 等，1958；Roth，1964）。

犬型感染
Canicola Infection

虽然在很多国家都从猪体内分离到该血清型的钩端螺旋体，但有关猪感染犬钩端螺旋体（Canicola）的流行病学知道的很少。尽管一些野生动物也是该血清型的来源（Paz-Soldan 等，1991），但传统观点都认为，犬是这一血清型公认的保存宿主，该血清型必须以犬作为传播媒介感染猪群。钩端螺旋体能在带菌猪群尿中长期观察到（至少 90 d，Michna，1962），犬钩端螺旋体在未被稀释的猪尿中能存活 6 d（Michna，1962），这给在种群内传播带来机会。

出血性黄疸型感染
Icterohaemorrhagiae Infection

感染黄疸出血性血清型的血清学证明在许多国家均有报道，但从猪体内分离到菌体的非常少。它大致包括哥本哈根（Copen hageni）和黄疸出血性两种血清型。这些血清型的保存宿主是棕色大鼠（*Rattus norvegicus*），哥本哈根和黄疸出血性血清型钩端螺旋体可能是经鼠尿污染环境传人易感畜群。感染该血清型的猪经尿排菌的时间少于 35 d（Schnurrenberger 等，1970），猪与猪之间很少发生传播（Hathaway，1985）。据报道，在美国流行的黄疸出血性菌株，并不与疫苗产生免疫反应相一致。与临床发病有关的高血清阳性率的出血性黄疸型目前已经在巴西的一些猪群中发现（Osava 等，2010）。

流感伤寒型感染
Grippotyphosa Infection

流感伤寒（Grippotyphosa）血清型钩端螺旋体以野生动物为生存宿主，在不同地区尤其在东欧、中欧和美国猪偶然有感染，并可引起小范围流行。之前，在俄罗斯和美国均从猪中分离出了该血清型（Ellis，2006）。而最近报道称，在泰国也发现了一种高血清阳性率的流感伤寒型菌株（Puchadapirom 等，2006）。

哈德焦型感染
Hardjo Infection

哈德焦（Hardjo）血清型钩端螺旋体通过牛发生感染，在于世界各地传播广泛。存在牛和猪近距离接触的地方，猪发生该型感染的机会就大。从猪体内分离到哈德焦型钩端螺旋体在英国（Hathaway 等，1983；Ellis 等，1986a）和美国（Bolin 和 Cassells，1992）均有报道。感染试验证实肾组织带菌（Hathaway 等，1983）不起重要作用，因此种内传播不大可能。

致病机理
PATHOGENESIS

自然感染的最主要途径至今还没有定论。一般认为，钩端螺旋体可通过眼、口或鼻腔黏膜感染动物，也可能经阴道感染（Ferguson 和 Powers，1956；Chaudhary 等，1966a）。实验证明钩端螺旋体可通过乳汁传播感染，感染后最初的 1～2 d，就会出现菌血症，且菌血症至少持续 1 周。这期间钩端螺旋体可以从动物体内大部分器官和脑脊髓液中分离到（Ellis，2006）。当出现循环抗体时，菌血症初期阶段结束，这通常发生在感染后 5～10 d（Hanson 和 Triapathy，1986）。据报道，在用哈德焦型人工感染后的 15～26 d 出现第二期菌血症（Hathaway 等，1983）。

在感染后 5～10 d 钩端螺旋体凝集素达到可检测水平，感染后大约 3 周达到最高水平。抗体滴度变化相当大，显微镜凝集试验（MAT）效价为（1∶1 000）～（1∶100 000），并可持续 3 周，随后逐渐下降。但低滴度的抗体在许多动物中几年内都可检测到。

钩端螺旋体菌血症后期，钩端螺旋体定居于近端肾小管，在此繁殖并随尿排出体外。钩端螺旋体随尿排出的期限和浓度与猪的个体和感染的血清型有关。在感染波摩那血清型的病例中，第一个月时尿中排出的菌体浓度最高,此阶段每升尿中的钩端螺旋体数超过 100 万个;这期间尿中钩端螺旋体一直持续不断,此阶段结束后出现尿中含钩端螺旋体浓度较低的间歇性不稳定期,这种情形在某些病例中可持续 2 年。

钩端螺旋体也定居在怀孕母猪的子宫里,经常引起流产,生产死胎和新生儿疾病是怀孕后半期子宫内发生感染的结果。流产和死胎通常发生在小母猪和母猪感染后的 1～4 周(Hansen 和 Tripathy,1986),此时大多数母猪已经能检出抗体滴度。由于猪胎儿在母猪怀孕后期能够产生抗体,一些死产仔猪可以检查到抗体。

生殖性疾病的机理还不十分清楚,但一些作者认为胎盘传递感染仅发生于母猪感染钩端螺旋症的菌血症时期,而且是唯一起因。如波摩那型全身感染时,能在母猪体内检测到低滴度抗体,而感染布拉迪斯拉瓦型钩端螺旋体时胎儿发生流产,子宫免疫力下降,结果不能阻止存在于生殖道的钩端螺旋体经胎盘传递感染。母猪钩端螺旋体血症期间,同胎仔猪之间不发生水平传播感染也有可能。一旦胎盘屏障被破坏,菌血症导致在所有胎儿组织中出现大量的钩端螺旋体(Ellis,2006)。

在布拉迪斯拉瓦型钩端螺旋体感染时可以见到,但在母猪感染其他型钩端螺旋体未见报道的另一个特征,即在未怀孕母猪的子宫和输卵管里和公猪生殖道里存在钩端螺旋体(Ellis,2006;Oliveira 等,2007)。

临床症状
CLINICAL SIGNS

感染钩端螺旋体的绝大多数猪呈现亚临床症状,小仔猪和怀孕母猪最有可能遭受临床感染。

急性钩端螺旋体病
Acute Leptospirosis

这一阶段通常与菌血症同时一起发生。在感染实验中,急性期大多数猪表现为厌食、发热和精神委顿(Hanson 和 Tripathy,1986)。然而在自然感染中,这些病症表现轻微,尤其是发生地方性流行感染时也许只有一头或两头动物被感染,这一阶段的感染通常被忽视。

有几篇关于在自然感染引起暴发时出现黄疸和血红蛋白尿的报道(Ferguson 等,1956),特别是小于 3 月龄仔猪遭黄疸出血性血清群的菌株感染的一些病例(Field 和 Sellers,1951;Modric 等,2006),在出现症状 1 周内自然痊愈比例高。此类报道较少,而出现较多严厉症状的病例也是罕见的。

慢性钩端螺旋体病
Chronic Leptospirosis

慢性钩端螺旋体病的主要症状是:流产、死胎和产下生存能力低下而又瘦弱的仔猪,尤其是猪感染波摩那型钩端螺旋体。此类钩端螺旋体病能导致相当大的经济损失,瘦弱的整窝仔猪出现黄疸出血型感染为特征也有报道(Azevedo 等,2008;Ellis,2006)。

有关猪群由于钩端螺旋体病导致流产的重要资料未见报道,即使有,不同国家一定有很大的差别,这取决于流行水平、流行病学和饲养管理因素,包括控制措施的落实。从获得的有限资料分析,即使广泛实行疫苗免疫接种的国家,仍有钩端螺旋体病出现,此病是导致猪流产最常见的病因。例如在安大略省,猪流产的 6％ 是感染波摩那型钩端螺旋体造成的(Anon,1986)。Wan durski(1982)在波兰的调查表明,地方性流行的塔拉索夫型钩端螺旋体感染是引起畜群 3％ 流产的原因。Fearnley 等(2008)通过 PCR 试验发现 24 头胎儿中有 4 头携带钩端螺旋体。急性暴发还能造成严重的经济损失;Saravi 等(1989)描叙在一个猪群暴发引起 19％ 的怀孕母猪流产,仔猪和母猪的死亡数由暴发前的 8％ 上升到暴发时期的 28％。菌株致病性的差异也在感染猪群中造成不同程度的流产(Nagy,1993)。

在英国部分地区,从流产仔猪中观察到属于澳洲血清群的高流行血清型,Eillis 等(1986a)也报道相同的菌株在英国流产仔猪中分离到(Bolin 和 Cassells,1990;Bolin 等,1991)。Rehmtulla 等(1992)报道,在安大略省,一个猪群胎儿感染布拉迪斯拉瓦型钩端螺旋体后,16％ 的母猪发生流产。

Egan(1995)报道在爱尔兰的诊断报告中荧光抗体试验(FAT)阳性率5%～23%。但至今未见出版具有微生物学意义的实验评价。然而,有一个明显的缺陷就是如何把其他原因的流产与这些情况分开,因为用猪群已用布拉迪斯拉瓦型疫苗免疫接种(Frantz等,1989)和实施抗生素治疗计划(Ellis,1989)。

对于波摩那型引起的流产,在进行限制性繁育工作以后没有显示出任何改进,猪甚至仍然保持长期感染(Ferguson和Powers,1956;Kemenes和Suveges,1976;Mitchell等,1966)。

不育是布拉迪斯拉瓦型感染的一个特征,Hathaway和Little(1981)对血清学和临床资料进行分析表明:澳大利亚血清群抗体滴度和母猪不育两者之间存在显著的相关性,Jensen和Binder(1989),Van Til和Dohoo(1991)也观察到相似的结果。应用布拉迪斯拉瓦型疫苗进行分群试验证明对母猪的生育能力有显著的改进(Franz等,1989)。

病理变化
LESIONS

所有感染的主要病变基本一致,主要的病变是小血管内皮细胞膜的损伤。

急性钩端螺旋体病没有肉眼观察的显著病变,急性波摩那型感染的病变是非常有限的,只表现出轻微的急性临床病症。Hansan和Tripathy(1986)报道了感染钩端螺旋体正处急性期的猪被处死后少有眼观和组织病理学变化。Burnstein和Baker(1954)报道在一些猪的肺脏见到出血点和瘀斑,组织学检查表明有较轻微肾小管病变,肝有坏死病灶,肾上腺淋巴细胞浸润和血管周围淋巴细胞渗透性脑膜炎(Burnstein和Baker,1954;Sleight等,1960;Chaudhary等,1966a)。

慢性钩端螺旋体病的病变局限于肾脏,呈现灰色小病灶散在于肾脏并经常出现环绕出血环,显微镜检查表明这些病变是间质性肾炎的进行性病灶(Burnstein和Baker,1954;Langham等,1958;Cheville等,1980)。该间质白细胞浸润主要包括淋巴细胞、巨噬细胞病和浆细胞,在有些区域这种浸润是广泛性的。病灶损害包括肾小球和肾小管,有些受损的肾小球肿大,有些萎缩,另一些被纤维化替代,包囊增厚,含有嗜酸性颗粒的物质(Lang ham等,1958)。肾小管的病变包括萎缩、不正常增生和在有些区域的管腔中存在坏死性物质,偶尔在间质中存在点状出血。旧的病变主要由纤维化和间质浸润组成。慢性病变伴随着急性炎症变化,在感染后的14个月仍然能观察到(Morter等,1960)。

实验性研究表明钩端螺旋体能侵入猪的乳腺,并引起一种轻微的非化脓性乳房炎病灶(Tripathy等,1981)。

肉眼观察到感染波摩那型引起胎儿流产及继发病在病理学上是非特异性的,包括各种组织的水肿,在体腔中有浆液性或血液样的液体,有时肾皮质部分有点状出血(Fennestad和Borg-Petersen,1966;Ryley和Simmons,1954b;Wrathall,1975)。这些病变可能是在子宫内自溶作用的结果,在有些流产仔猪可以看到黄疸(Hath away等,1983)。在肝脏经常见到小的灰白色点状坏死灶(Fennestad和Borg-Petersen,1966;Fish等,1963;Ryley和Simmons,1954)。组织学检查可以看到间质性肾炎的小病灶。流产胎儿的胎盘大体上是正常的(Fennestad和Borg-Petersen,1966;Fish等,1963)。

诊断
DIAGNOSIS

诊断猪钩端螺旋体病不仅需要临床医生将钩端螺旋体病作为一种病因来确认,而且还有其他原因。如:①评估一个猪群感染和免疫状况以制定出一个猪群或一个国家养猪业的疾病控制或消灭计划;②流行病学研究;③对动物个体传染状态的鉴定,以便评估对国际贸易的适合性或引进非感染猪群。

急性钩端螺旋体病的临床症状是轻微、不明显的,这使临床诊断变得困难;因此,诊断通常以实验室检验结果为依据。钩端螺旋体病的实验室诊断过程分为两个部分:第一部分由抗体检查试验组成;第二部分是从猪组织中钩端螺旋体的分离鉴定试验,所用试验的选择取决于将要完成的诊断目的和材料的来源。

血清学试验
Serological Tests

血清学试验是诊断钩端螺旋体病应用最广泛的方法,而且显微凝集试验(MAT)(OIE2008)是标准的血清学实验,所需最少量的抗原种类应包括特定国家发现的所有血清群的各个代表性菌株,加上其他地方性猪携带的菌株。

MAT 是检测猪群的基本试验方法,对至少10 头猪或猪群 10%的猪或更多的猪进行检测,以便获得有效数据。当大多数受检动物的抗体效价达到 1∶1 000 或更高时,要了解急性钩端螺旋体病和波摩那型流产病史,增加样本体积和样品数量可以明显增加流行病学信息,以及进行临床疾病调查、评估免疫接种需求和公共健康水平。

当检测动物个体时,MAT 诊断急性感染是非常有用的,抗体效价高是急性期和恢复期血清样本的特征。胎儿血清中存在抗体是钩端螺旋体病流产的特征。

MAT 在慢性感染猪的个体性流产、肾脏及生殖道带菌的诊断中非常有限。感染动物的MAT 滴度可能低于广泛承认的 1∶100 最低有效滴度(Ellis 等,1986b,c)。此外,酶联免疫吸附试验(ELISA)已经被证明是非常有效的(Frizzell等,2004)。

猪组织中钩端螺旋体的检查
Demonstration of Leptospires in Pig Tissues

临床上需要从被感染动物的脏器(如肝、肺、脑)和体液(血液、脑脊液、胸液和腹水)中分离钩端螺旋体以证实其存在,从而对急性感染病例、流产胎儿和慢性感染的母畜作出确切的诊断。

钩端螺旋体存在于雄性或雌性动物的生殖道、肾或尿中,缺少一般性感染的体征是慢性感染的特性。在一头猪的尿中没有检测到钩端螺旋体,不能排除该动物是一头肾带菌猪的可能性,这仅表明在检测期间该猪没有排出可检查到的一定数量的钩端螺旋体。

分离
Isolation

分离鉴定是专业实验室的一项工作,钩端螺旋体的分离,尤其是从临床材料中分离非常困难,而且费时。从肾带菌动物分离到病原对流行病学调查非常有用,便于确定一个动物种或在一个特定动物群以及某个地理区域存在那些血清型。

钩端螺旋体分离是证实其存在最确切的方法,分离培养时应无抗生素残留、组织未发生自溶、用于分离的组织必须保存在于适宜的温度(39℉[4℃])、收集的尿样 pH 应适宜。

培养钩端螺旋体须用含土温-80(Johnson 和Harris,1967)或土温-80 与土温-40 混合物(Ellis,1986)和含牛血清白蛋白的半固体(0.1%~0.2%)培养基。如果是营养条件更苛刻的钩端螺旋体,如布拉迪斯拉瓦型的分离培养,最好在培养基中加入少量的新鲜兔血清(0.4%~2%),并采用稀释培养法(Ellis,1986)。可以用一种选择性试剂,如 5-氟脲嘧啶、萘啶酸、磷霉素、利福霉素混剂、多黏菌素、新霉素、杆菌肽和放线菌酮控制污染。当分离物仅存有少量的钩端螺旋体时,使用选择性培养基将降低分离的机会,含 200~500 μg/mL5-氟脲嘧啶培养基被用于运输时作收集样本培养基(Ellis,1990)。培养物应该在 29~30℃的条件下至少培养 12 周,最好培养 26 周(Ellis,1986),每 1~2 周用暗视野显微镜进行检查。

钩端螺旋体的其他检查方法
Other Methods of Demonstrating Leptospires

钩端螺旋体不能被苯胺着色,镀银法染色技术也缺乏敏感性和特异性(Baskerville,1986),暗视野显微镜是有经验医生的常用诊断工具。用暗视野显微镜检查胎儿液和尿液已广泛应用于钩端螺旋体病的诊断,但多数组织经人工处理后会错判为钩端螺旋体。

对于大多数有条件实验室来说,用免疫化学试验(免疫荧光、免疫过氧化物酶、免疫金)检查钩端螺旋体更为合适,不过这些试验依赖于"菌体数量"而且缺少培养的敏感性。往往不能提供正在感染的血清型资料(Ellis,1990)及还未商品化的高滴度 IgG 的抗钩端螺旋体血清。免疫荧光是诊断胎儿钩端螺旋体病的方法。

由于聚合酶链式反应(PCR)不依赖活的生物有机体,所以通过 PCR 鉴定组织和液体中的钩端螺旋体 DNA 是最敏感的方法。目前,很少有利用 PCR 技术诊断鉴别猪钩端螺旋体的报道,而且体外如何培养钩端螺旋体也未见报道(Miraglia 等,2008),但是一些研究表明该技术是可行的(Oliveira 等,2007)。

预防和控制
PREVENTION AND CONTROL

切断感染猪或其他宿主向另一头猪传播钩端螺旋体病,是控制本病的关键环节。钩端螺旋体病的控制取决于三项措施的联合应用:即抗生素治疗、免疫接种和饲养管理。不幸的是,这些措施不是在每一个国家都能实现的,包括英国在内的许多西欧国家都不使用疫苗,另一种情形是由于抗生素残留使得使用抗生素治疗变得困难。在美国主要使用抗生素控制和治疗钩端螺旋体病,兽医使用链霉素不能长久有效,因此控制该病计划必须视当地情形而加以改进。

免疫接种产生的免疫持续期比较短,对感染的免疫力不能达到 100%,最好的免疫持续期为 3 个多月(Ellis 等,1989;Kemenes 和 Suveges,1976);虽然不知道确切的免疫期,免疫接种对临床性疾病的免疫力被认为持续时间稍长,可以显著的降低一个畜群的感染水平(Kemenes 和 Suveges,1976;Wrathall,1975),但不能清除感染(Cargill 和 Davos,1981;Edwards 和 Daines,1979;Hodges 等,1976)。在欧洲部分国家为了控制布拉迪斯拉瓦型感染,饲料中广泛地添加四环素类药物,导致所有这些国家出现了药物残留问题。欧洲市场上急需一种有效的布拉迪斯拉瓦型疫苗。

单独使用抗生素不能从单个带菌动物体内清除猪携带的钩端螺旋体感染以及控制畜群感染。尽管一些研究者主张按每千克体重 25 mg 链霉素全身性给药(Alt 和 Bolin,1996;Dobson,1974)或按每吨饲料 800 g 口服四环素药物(Stalheim,1967)将能清除带菌者,但其他研究者则认为这种治疗方式不起作用(Hodges 等,1979;Doherty 和 Baynes,1967)。最近交替使用抗生素治疗结果表明:使用四环素(40 mg/kg,给药 3~5 d),泰乐菌素(44 mg/kg,给药 5 d),红霉素(25 mg/kg,给药 5 d)能有效地从实验感染猪的肾脏清除波摩那型感染(Alt 和 Bolin,1996)。

控制钩端螺旋体病的主要管理因素是预防直接或间接与野外媒介动物和其他家畜的接触。严格贯彻生物安全措施并提倡在生产企业内部和周围环境中控制啮齿动物措施。当面临临床疾病暴发时,最好的选择是治疗已发病和处于危险期的家畜,以每千克体重肌内注射链霉素 25 mg。对受威胁的家畜实施免疫接种,然后定期的采取疫苗免疫措施。如果疫苗免疫不是唯一有效方法,应采取饲料给药措施,每吨饲料添加含氯或氧四环素 600~800 g。这种给药方式可以连续喂服或投喂一个月/停药一个月。另外,也可在一年中分为两个阶段投药,每阶段 4 周;最好分别选择在春季和秋季。

采用人工授精的方法是控制布拉迪斯拉瓦型钩端螺旋体感染的一种重要手段。

（牟爱生译，王辉暖校）

参考文献
REFERENCES

Adler B, de la Peña Moctezuma A. 2010. Vet Microbiol 140:287–296.
Agunloye CA. 2001. Trop Vet 19:188–190.
Al-Khleif A, Damriyasa IM, Bauer C, et al. 2009. Dtsch Tierarztl Wochenschr 116:389–391.
Alt DP, Bolin CA. 1996. Am J Vet Res 57:59–62.
Anonymous. 1986. Can Vet J 27:290–294.
Azevedo SSD, Soto FRM, Morais ZMD, et al. 2008. Vet Arh 78:13–21.

Baker TF, McEwen SA, Prescott JF, Meek AH. 1989. Can J Vet Res 53:290–294.

Barlow AM. 2004. Pig J 54:123–131.

Baskerville A. 1986. Histological aspects of diagnosis of leptospirosis. In WA Ellis, TWA Little, eds. The Present State of Leptospirosis Diagnosis and Control. Dordrecht, The Netherlands: Martinus Nijhoff, pp. 33–43.

Bolin CA, Cassells JA. 1990. J Am Vet Med Assoc 196:1601–1604.

———. 1992. J Vet Diagn Invest 4:87–89.

Bolin CA, Cassells JA, Hill HT, et al. 1991. J Vet Diagn Invest 3:152–154.

Bolt I, Marshall RB. 1995a. NZ Vet J 43:10–15.

———. 1995b. NZ Vet J 43:204.

Boqvist S, Montgomery JM, Hurst M, et al. 2003. Vet Microbiol 93:361–368.

Boqvist S, Thi VTH, Magnusson U. 2007. Endemic leptospira infection in pigs in southern Vietnam: Epidemiology and clinical affection. In Proc 12th Int Conf Assoc Instit Trop Vet Med (AITVM), pp. 401–404.

Buddle JR, Hodges RT. 1977. NZ Vet J 25:56, 65–66.

Burnstein T, Baker A. 1954. J Infect Dis 94:53–54.

Cargill CF, Davos DE. 1981. Aust Vet J 57:236–238.

Chaudhary RK, Fish NA, Barnum DA. 1966a. Can Vet J 7:106–112.

———. 1966b. Can Vet J 7:121–127.

Cheville NF, Huhn R, Cutlip RC. 1980. Vet Pathol 17:338–351.

Choi C, Park YC, Paik MA, et al. 2001. Vet Rec 148:416.

Cole JR, Hall RF, Ellinghausen HC, Pursell AR. 1983. Prevalence of leptospiral antibodies in Georgia cattle and swine, with emphasis on Leptospira interrogans serovar tarassovi. In Proc Annu Meet US Anim Health Assoc 87:199–210.

Cullen PA, Xu X, Matsunaga J, et al. 2005. Infect Immun 73:4853–4863.

Dobson KJ. 1974. Aust Vet J 50:471.

Doherty PC, Baynes ID. 1967. Aust Vet J 43:135–137.

Edwards JD, Daines D. 1979. NZ Vet J 27:247–248.

Egan J. 1995. Ir Vet J 48:399, 401–402.

Ellis WA. 1986. The diagnosis of leptospirosis in farm animals. In WA Ellis, TWA Little, eds. The Present State of Leptospirosis Diagnosis and Control. Dordrecht, The Netherlands: Martinus Nijhoff, pp. 13–31.

———. 1989. Pig Vet J 22:83–92.

———. 1990. Leptospirosis. In OIE Manual of Recommended Diagnostic Techniques and Requirements for Biological Products for List A and B Diseases, Vol. 2, section 7. Paris, France: OIE, pp. 1–11.

———. 2006. Leptospirosis. In BE Straw, JJ Zimmermann, S D'allaire, DJ Taylor, eds. Diseases of Swine, 9th ed. Ames, IA: Blackwell Publishing, pp. 691–700.

Ellis WA, McParland PJ, Bryson DG, Cassells JA. 1986a. Vet Rec 118:63–65.

———. 1986c. Vet Rec 118:563.

Ellis WA, McParland PJ, Bryson DG, et al. 1986b. Vet Rec 118:294–295.

Ellis WA, Montgomery JM, McParland PL. 1989. Vet Rec 125:319–321.

Ellis WA, Montogomery JM, Thiermann AB. 1991. J Clin Microbiol 29:957–961.

Ellis WA, Thiermann AB. 1986. Am J Vet Res 47:1458–1460.

Faine S, Adler B, Bolin C, Perolat PE. 1999. Leptospira and Leptospirosis, 2nd ed. Melbourne, Australia: MedSci.

Fearnley C, Wakeley PR, Gallego-Beltran J, et al. 2008. Res Vet Sci 85:8–16.

Fennestad LK, Borg-Petersen C. 1966. J Infect Dis 116:57–66.

Ferguson LC, Lococo S, Smith HR, Handy AH. 1956. J Am Vet Med Assoc 129:263–265.

Ferguson LC, Powers TE. 1956. Am J Vet Res 17:471–477.

Field HI, Sellers KC. 1951. Vet Rec 63:78–81.

Fish NA, Ryu E, Holland JJ. 1963. Can Vet J 4:317–327.

Frantz JC, Hanson LE, Brown AL. 1989. Am J Vet Res 50:1044–1047.

Frizzell C, Mackie DP, Montgomery JM, Ellis WA. 2004. Pig J 53:195–199.

Hanson LE, Tripathy DN. 1986. Leptospirosis. In AD Leman, B Straw, RD Glock, WI Mengeling, RHC Penny, E Scholl, eds. Diseases of Swine, 6th ed. Ames, IA: Iowa State University Press, pp. 591–599.

Hartman EG, Brummelman B, Dikken H. 1975. Tijdschr Diergeneeskd 100:421–425.

Hathaway SC. 1981. NZ Vet J 29:109–112.

———. 1985. Pig News Inf 6:31–34.

Hathaway SC, Ellis WA, Little TWA, Stevens AE, Ferguson HW. 1983. Vet Rec 113:153–154.

Hathaway SC, Little TWA. 1981. Vet Rec 108:224–228.

Hodges RT, Stocker RP, Buddle JR. 1976. NZ Vet J 24:37–39.

Hodges RT, Thompson J, Townsend KG. 1979. NZ Vet J 27:124–126.

Jensen AM, Binder M. 1989. Dan Vet 72:1181–1187.

Johnson RC, Harris VG. 1967. J Bacteriol 94:27–31.

Kemenes F, Suveges T. 1976. Acta Vet Acad Sci Hung 26:395–403.

Kikuchi N, Shikano M, Hatanaka M, et al. 2009. J Vet Epidemiol 13:95–99.

Langham RF, Morse EV, Morter RL. 1958. Am J Vet Res 19:395–400.

McKeever S, Gorman GW, Chapman JF, et al. 1958. Am J Trop Med Hyg 7:646–655.

Michna SW. 1962. Vet Rec 74:917–919.

Miraglia F, Moreno AM, Gomes CR, et al. 2008. Braz J Microbiol 39:501–507.

Mitchell D, Robertson A, Corner AH, Boulanger P. 1966. Can J Comp Med Vet Sci 30:211–217.

Modric Z, Turk N, Artukovic B, et al. 2006. Hrvatski Veterinarski Vjesnik 29:223–230.

Morter EV, Morse EV, Langham RF. 1960. Am J Vet Res 21:95.

Nagy G. 1993. Acta Vet Hung 41:315–324.

OIE. 2008. Leptospirosis. In Manual of Diagnostic Tests and Vaccines for Terrestrial Animals, Vol. 1, 6th ed. Paris, France: OIE, pp. 251–264.

Oliveira SJD, Bortolanza F, Passos DT, et al. 2007. Braz J Vet Res Anim Sci 44:18–23.

Osava CF, Salaberry SRS, Nascimento CCN, et al. 2010. Biosci J 26:202–207.

Paz-Soldan SV, Dianderas MT, Windsor RS. 1991. Trop Anim Health Prod 23:233–240.

Power SB. 1991. Diagnosing leptospira in pigs. Vet Rec 128:43.

Puchadapirom P, Niwetpathomwat A, Luengyosluechakul S. 2006. Thai J Vet Med 36:86.

Rehmtulla AJ, Prescott JF, Nicholson VM, Bolin CA. 1992. Vet J 33:344–345.

Rocha T. 1990. Vet Rec 126:602.

Roth EE. 1964. Leptospirosis in wildlife in the United States. In Proc 101st Annu Meet Am Vet Med Assoc, p. 211.

Ryley JW, Simmons GC. 1954. Aust Vet J 30:203–208.

Saravi MA, Molinari R, Soria EH, Barriola JL. 1989. Rev Sci Tech 8:697–718.

Schnurrenberger PR, Hanson LE, Martin RJ. 1970. Am J Epidemiol 92:223–239.

Schonberg A, Hahnhey B, Kampe U, et al. 1992. J Vet Med B 39:362–368.

Shang ES, Exner MM, Summers TA, et al. 1995. Infect Immun 63:3174–3181.

Sleight SO, Langham RF, Morter RL. 1960. J Infect Dis 106:262–269.

Stalheim OHV. 1967. Am J Vet Res 28:161–166.

Tripathy DN, Hanson LE, Mansfield ME, Thilsted JP. 1981. Pathogenesis of *Leptospira pomona* in lactating sows and transmission to piglets. In Proc 85th Annu Meet US Anim Health Assoc, p. 188.

Van Til LD, Dohoo IR. 1991. Can J Vet Res 55:352–355.

Wandurski A. 1982. Med Weter 38:218–220.

Wasinski B. 2005. Med Weter 61:46–49.

Wrathall AE. 1975. Reproductive disorders in pigs. In Animal Health Review Series. Commonwealth Agricultural Bureaux International (CABI), Oxfordshire, UK, no. 11.

Zieris H. 1991. Monatsh Veterinarmed 46:355–358.

57

支原体病
Mycoplasmosis
Eileen L. Thacker 和 F. Christopher Minion

支原体疾病综述
OVERVIEW OF MYCOPLASMALDISEASES

支原体为柔膜体纲成员,是缺乏细胞壁而能广泛感染多种动植物(包括人类)的细菌群。柔膜菌纲包含 G + C 含量较低的真细菌,它们是与种系发育相关的革兰氏阳性芽孢杆菌、梭状芽孢杆菌、肠球菌、乳酸菌、葡萄球菌和链球菌。1898年,Edmund Nocard 和 Emile Roux 成功培养出第一个支原体即丝状支原体,它被描述为引起胸膜肺炎的微生物(Nocard 和 Roux,1990)。以后又相继鉴定出支原体属(*Mycoplasma*)的 119 个种,与来源于其他 14 个属的 109 个种组成了柔膜体纲。尽管柔膜体纲成员在分类学上具有相关性,但是它们在生活环境、生长需求以及总体结构上存在显著差异(Pollack 等,1997;Razin 等,1998)。

支原体是已知的最小细胞,能够在无细胞培养基条件下进行增殖,而且所有支原体基因组较少,基因数量较为有限,从而导致生物合成途径的缺乏(Pollack 等,1997)。由于生物合成途径的缺乏而需要它们从其生长环境中去获取氨基酸、嘌呤、嘧啶和膜成分。支原体科(Mycoplasmataceae)成员中的动物类病原主要是存在宿主黏膜表面,在该部位通过多种机制对宿主细胞造成损伤。

通过基因组序列的比较,预示每一种类均发生独立进化。除少数外,支原体基因组在基因含量和组成方面存有广泛的不同。

支原体的基因组不仅在大小上非常小,而且有很多不同寻常的特征。支原体包含相对低的 G+C 组成,为 27%～32%。较低的 G+C 组成被认为是因为在支原体进化过程中,有强大的偏向 A+T 的突变(Muto 和 Ushida,2002)。支原体的基因系统也有很多不同寻常的特征。例如,它们利用密码子 UGA 作为色氨酸密码子而非终止密码子(Muto 和 Ushida,2002)。它们同样包含非常少的 tRNA(大约为 62 个中的 20 个),但依然能翻译所有可能的密码子(Muto 和 Ushida,2002)。支原体控制基因表达的机制已经阐明。支原体基因组序列的比较暗示了每个品种进化的独立性。只有少数特殊支原体的基因组在基因的组成和排列上有显著差异。

猪肺炎支原体(*Mycoplasma hyopneumoniae*,Mhyo)遍布世界各地,已经受到养猪业的关注。支原体引起的肺炎,也称地方性肺炎,在猪呼吸道疾病综合征(PRDC)发生过程中起着重要作用,是给养猪户造成经济损失的一个主要原因。在猪体内发现其他一些重要的致病性支原体,包括能诱发多发性浆膜炎和关节炎的猪鼻支原体(*Mycoplasma hyorhinis*,Mhr);能引起生长育肥

猪病学,第 10 版,由 Jeffrey J. Zimmerman, Locke A. Karriker , Alejandro Ramirez, Kent J. Schwartz, Gregory W. Stevenson 主编。

猪关节炎的猪滑液支原体（*Mycoplasma hyosy-noviae*，Mhs）以及造成猪发生传染性贫血的猪支原体（*Mycoplasma suis*，Ms），正式被命名为猪附红细胞体（*Eperythrozoon suis*）。其他的一些猪支原体，包括絮状支原体（*Mycoplasma floccu-lare*）、猪肠支原体（*Mycoplasma sualvi*）、舌咽支原体（*Mycoplasma hyopharyngis*）以及几种无胆支原体（*Acholeplasma*）均能从猪体内分离获得，但是不表现出致病性。

猪肺炎支原体
MYCOPLASMA HYOPNEUMONIAE

在美国，Mare 和 Switzer（1965 年）及 Good-win（1985）在英国均分离获得了 Mhyo。自那以后，Mhyo 在呼吸系统疾病发生中的作用和由此而引起猪生产力的下降逐渐为人们所认知。Mhyo 能够引起慢性隐性支气管肺炎，即为已知的"地方性肺炎"，其通过抑制先天性和后天性的肺脏免疫导致多杀性巴氏杆菌（*Pasteurella mul-tocida*）、猪链球菌（*Streptococcus suis*）、猪副嗜血杆菌（*Haemophilus parasuis*）和/或胸膜肺炎放线杆菌（*Actinobacillus pleuropneumoniae*）等上呼吸道共生菌在肺脏增殖并促使疾病的发生。此外，当与引起 PRDC 的部分病毒性病原体结合时，Mhyo 也能够导致由特定病毒性病原包括猪繁殖与呼吸综合征病毒（PRSSV）和猪 2 型圆环病毒（PCV2）感染所引起疾病的发生。同样，一些病毒感染性疾病也可能是 Mhyo 所引起。尽管 Mhyo 并非引起肺脏疾病的唯一原因，但是 Mhyo 作为其他能引起肺脏疾病病原体的增强子而著称，因此，成为造成经济损失的一个主要原因。

病因学
Etiology

Mhyo 的培养和分离较为缓慢和复杂。它能在专门的培养基中生长，然而，其培养和鉴别非常繁琐、费时，而且通常情况下不易获得成功（Friis，1975）。其他的细菌或支原体污染，尤其是 Mhr 污染，通常会妨碍病原体的成功分离和培养。Ross 和 Whittlestone（1983）综述了 Mhyo 分离所使用的培养基和方法。

在培养过程中，与其他的猪源支原体相比，Mhyo 生长较为缓慢，在接种至培养基 3～30 d 后产生混浊且培养基颜色变黄。将其接种于固体琼脂培养基并置于 5%～10%二氧化碳气体条件下进行孵育，在孵育 2～3 d 后几乎见不到的菌落出现。应当将 Mhyo 与其他的猪支原体，以及在形态学上、生长和抗原特性上与 Mhyo 有许多相似之处的无致病性的絮状支原体（*Mycoplasma flocculare*）加以鉴别区分。最近，聚合酶链式反应（PCR）测定方法被用于 Mhyo 的检测和证实，而该方法随后将在诊断学部分进行讨论。

Mhyo 菌株在抗原学和遗传学上具有多样性。抗原多样性首先是由 Frey 等（1992）进行鉴定，并且得到了 Artiushin 和 Minion（1996）及 Kokotovic 等（1999）的进一步支持。Minion 等（2004）最先完成了 Mhyo 232 菌株基因组的测序，之后 Vasconcelos 等（2005）完成对 J 和 7448 菌株的测序，同时菌株间遗传变异性也得到证实（Djordjevic 等，2004）。Mayor 等（2007，2008）使用多位点测序分析对遗传差异进行了评价，而 Madsen 等（2007）通过比较基因组杂交展现了一系列美国中西部分离菌株的遗传多样性。他们的研究表明单个的基因组区域具有高度的变异性。最后，通过脉冲场凝胶电泳、扩增片段长度多态性技术（AFLP）、随机扩增多态性 DNA 技术（RAPD）、基因编码脂蛋白 P146 的限制性片段长度多态性分析（RFLP）以及 P97 编码基因的可变数串联重复序列分析（VNTRs）证实 Mhyo 在基因水平上存在明显的变异（Stakenborg 等，2005b，2006）。尚不清楚不同菌株间关系到其毒力或菌株间可能的交叉反应的抗原学和遗传学上差异的重要性。一项研究证实，感染低毒力的 Mhyo 分离株不能阻止高毒力分离株的感染和疾病的发生（Villarreal 等，2009）。

多年来的研究已经表明不同野菌株之间表面蛋白的变异，但是仅在最近才揭示了其分子基础（Calus 等，2007；Ro 和 Ross，1983）。一系列的研究揭示，Mhyo 表面抗原在跨膜易位过程中可被蛋白水解处理（Burnett 等，2006；Djordjevic 等，2004；Wilton 等，2009）。与多种其他的支原体不同的是，Mhyo 不包含可通过随机遗传改变而引起大小和相位发生转变的可变表面蛋白。Mhyo 反而是通过改变蛋白水解酶使其表面蛋白发生改变,导致免疫印迹蛋白模式发生改变,进而混淆了免疫印迹对菌株亲缘关系的分析评价。

流行病学
Epidemiology

Mhyo 是通过与带菌猪鼻对鼻的接触而进行传播,带菌猪是野外条件下最常见的传染源。Goodwin(1972)首次证实能从感染猪的鼻样本中分离获得病原菌。最近,通过 PCR 方法证实感染猪的鼻腔分泌物中存在有 Mhyo(Calsamiglia 等,1999,2000;Kurth 等,2002;Mattsson 等,1995)。病菌的传播发生在同伴之间,与年龄无关(Etheridge 等,1979;Piffer 和 Ross,1984)。Mhyo 缓慢的生长特性和苛刻的生长需求预示其在畜群间的传播将很困难。然而,众多研究者已经证实畜群中感染或再感染的发生。早在 1985年,Goodwin 发现畜群间距离少于 3.2 km 能够发生相互传染。对丹麦无特定病原体(SPF)系统的大量研究发现,畜群再感染通常发生在秋季和冬季或当 SPF 畜群与非 SPF 畜群接近时(Jorsal 和 Thomsen,1988)。最近,在瑞士确定出无 Mhyo 畜群再感染的风险因素,包括密切靠近育肥场、种猪和育肥猪的大量混合饲养、感染的邻居以及靠近生猪运输停车地点的农场(Hege 等,2002)。Mhyo 经空气进行传播已经得到证实(Fano 等,2005a)。最近的研究工作证实,在实验系统中 Mhyo 在 1,75 和 150 m 高度能够经气溶胶成功传播(Cardona 等,2005),而且 Mhyo 经气溶胶传输可高达 5.7 m(9.2 km)(Otake 等,2010)。

在大多数猪群中,Mhyo 感染的维持是通过母猪与仔猪的鼻对鼻传播(Calsamiglia 和 Pijoan,2000;Rautiainen 和 Wallgren,2001)。母猪散播 Mhyo 至鼻腔分泌物中的比例随着产胎次数增加而降低。一项研究显示,第 1 次产仔散播病原体的比率为 73%,2~4 产次为 42%,6~7 产次为 50%,而 8~11 产次为 6%(Calsamiglia 和 Pijoan,2000)。采取早期断奶策略,即在仔猪 7~10日龄时断奶并将其移至隔离圈,这样能显著降低疾病的发生率,但并不总能完全清除来自母猪的垂直传播(Dritz 等,1996)。

一旦一些哺乳仔猪确实发生感染,将会传染给同窝仔猪,而且随后同圈猪也可发生感染。Mhyo 能够感染动物个体较长时间,且已从 119日龄(Fano 等,2005b)和 214 日龄(Pieters 等,2009)猪的呼吸道中分离获得病菌。通常情况下,鼻对鼻的传播效率低且传播缓慢。一项研究估计,每头被感染的哺育猪在 6 周时间内才能将 Mhyo 传染至另外一头猪(Meyns 等,2004)。通过调查农场和生产系统之间的差异证实了众多影响 Mhyo 疾病在畜群水平上动态变化和严重性的重要因素,包括圈舍建筑风格、通风系统以及管理方式,包括饲养密度、气候条件和系统类型,即一、二或三场所生产系统(Sibila 等,2004;Vicca 等,2002)。尽管早至 1 周龄仔猪即可分离获得 Mhyo,但是在大多数畜群中是在断奶后开始在同伴间显著传播(Sibila 等,2007)。在连续不断的流动系统中,Mhyo 可能会在哺育猪中大量传播,不仅仅是通过断奶组中的少数感染猪传播,更显著的是通过哺育猪中年龄较大的感染猪进行传播。然而,尽管所有年龄的猪均易感,但是 6 周龄以下的猪观察不到支原体肺炎这个明显的症状(Piffer 和 Ross,1984)。与 PRRSV 的共感染可能会缩短潜伏期(Thacker 等,1999),而且在一些案例中可能会导致临床上幼龄动物暴发 Mhyo 的感染。

在不同国家,支原体肺炎的发病率有所不同。美国国家动物健康监测系统(NAHMS,2000)近来对美国猪群的调查发现,在被调查的 29% 个养猪场中,19.6% 养殖户认为保育猪的 Mhyo 感染值得担忧。在超过 10 000 头猪的大型猪场,认为支原体相关疾病对保育猪影响很大的占 52.7%,对肥育猪影响很大的占 68%。对超过 50% 的猪场作出了 Mhyo 感染的诊断。其他的一些国家也已经指出,畜群中肺炎的流行与变动范围有 38%~100% 与支原体存在率相一致(Guerrero,1990)。通常很难准确确定由 Mhyo 感染引起肺炎的流行,这是由于不能准确诊断并发症以及其他呼吸道病原体的存在,包括多杀性巴氏杆菌(*P. multocida*)、PRRSV、猪流感病毒(SIV)和 PCV2。

许多国家已实行根除 Mhyo 的策略,并取得了程度不同的成功。瑞士采取了一项完全排空所有动物设施的策略。部分根除计划是关于将仔猪和小母猪分离大约 10 个月,同时为剩余的动物提供 10～14 d 的饲喂给药。使用的抗生素包括硫姆林或金霉素、泰乐菌素以及磺胺类药物的联合用药。有一个方法可以部分根除病原,即在 2 周内不允许 10 月龄以下的动物存在,该方法已经在包括瑞士、丹麦、瑞典、芬兰在内的一些欧洲国家得到成功应用(Baekbo 等,1996;Heinonen 等,1999,2011;Rautiainen 等,2001;Zimmerman 等,1989)。对瑞士根除计划进行追踪观察,确定有 2.6% 的农场发生再感染,与根除计划实施完成前感染农场的数量相比有大幅度的减少(Hege 等,2002)。瑞士继续进行检测发现,2005 年临床病例的发生率不到 1%(Stark 等,2007)。在将 Mhyo 从畜群根除过程中存在的一些困难是来自诊断的挑战,以上内容以及病原在猪体内长期存在的问题将在后面进行讨论。

支原体肺炎造成的经济损失与日体重(DWG)的降低、死亡率的增加、饲料利用率的下降以及给药治疗导致的成本增加等有关。在 24 项不同的研究中,DWG 的降低从 2.8%～44.1% 不等(Straw 等,1989)。Pointon 等,(1985)发现,感染 Mhyo 的猪生长率下降了 12.7%。通常,很难阐明精确的经济损失和肺炎发生百分率的相关信息。Scheidt 等,(1990)发现,在屠宰时平均日增重和肺炎的严重性之间没有相关性。Paisley 等,(1993)报道称,类支原体肺炎及其他的呼吸道病变的产生归因于平均 DWG 的减少。然而,他们推断屠宰时出现的病变仅对 9%～27% 的变化产生影响,而这也暗示其余的变化是由环境、饲养、遗传和管理体系等因素所致。

致病机理
Pathogenesis

Mhyo 的致病机理非常复杂,涉及在气道上皮细胞的长期寄居、持续的炎症反应刺激、先天性和适应性免疫反应的抑制和调节以及其他传染性病原体的相互作用。Mhyo 在气道内的定居首先是病菌与猪气道纤毛上皮细胞的结合(Zielinski 和 Ross,1993)。然而,病菌黏附至纤毛的确切方法尚未被充分阐明,已经鉴定出多种与黏附相关的蛋白。P97 蛋白与 Mhyo 黏附至纤毛有关,因为针对该蛋白的单克隆抗体能够体外阻断病菌的

黏附(Zhang 等,1994)。已克隆获得 P97 基因并且鉴定出其结合区域(Hsu 等,1997;Hsu 和 Minion,1998)。然而,已经确定重复氨基酸的增加或减少会引起该基因的变异,这将会导致蛋白发生改变从而干扰免疫系统的识别,因此很难获得抗 P97 蛋白的有效免疫(Wilton 等,1998)。虽然 P97 蛋白被公认为在病菌黏附至纤毛过程中发挥重要作用,然而单独使用针对该蛋白的疫苗不能阻止临床疾病的发生或病菌在体内的定居(King 等,1997)。

其他的糖蛋白和细胞表面特征物质也可能参与病菌与纤毛的结合(Chen 等,1998;Zielinski 和 Ross,1992)。与邻近基因编码的 P102 蛋白相似,P97 蛋白也是蛋白家族的一个成员(Minion 等,2004)。研究表明,这两个基因家族产物的联合作用能够有利于细胞的黏附(Burnett 等,2006;Wilton 等,2009)。

Mhyo 在呼吸道纤毛的定居会导致纤毛停滞、凝集和丧失(DeBey 和 Ross,1994),以及支气管上皮和杯状细胞的丧失(DeBey 等,1992)。这将导致纤毛清除碎屑的有效性显著下降,并有利于细菌,尤其是经黏液器官传播的细菌的入侵。这种情况的结果以及 Mhyo 存在的其他免疫抑制效应(见下文)将使多杀性巴氏杆菌(*P. multocida*)、猪链球菌(*S. suis*)、猪副嗜血杆菌(*H. parasuis*)、胸膜肺炎放线杆菌(*A. pleuropneumoniae*)等上呼吸道共生菌作为继发病原菌在肺泡中定居增殖。这种由 Mhyo 作为原发性病原菌和其他的继发性病原菌共感染所引起的支气管肺炎即为已知的地方性肺炎。

Mhyo 的毒力因子在很大程度上是未知的而且看起来非常复杂。最近,完成了对 Mhyo 毒力菌株 232 以及 J 和 7448 菌株的基因测序,这将有利于鉴定能够诱导疾病发生和免疫原性相关的重要基因和蛋白(Minion 等,2004;Vasconcelos 等,2005)。尚不清楚有利于参与黏附、定居、细胞毒性、底物竞争和逃避并调节呼吸道免疫系统的毒力因子。Mhyo 感染涉及多种发病机制,可能不是由单一基因所引起而是多种基因共同作用的结果,这些基因需要进行鉴定。

Mhyo 寄居也对先天性和获得性呼吸道免疫反应进行调节(Thacker,2001)。尽管免疫系统

的改变能够阻止 Mhyo 的全身性传播,但是不能迅速地清除感染,从而导致病菌在气道内长期定居以及持续的肺脏炎症反应。免疫病理在病变的发生过程中起着重要的作用,然而,尚未完全理解免疫调节/变化和免疫病理发生的确切机制。当病菌在纤毛定居后,细支气管周围和邻近的血管周围结缔组织可见巨噬细胞和 T、B 淋巴细胞浸润。随着时间的推移,形成具有生发中心的淋巴小结。在该淋巴小结反应中,CD4$^+$ T 细胞较 CD8$^+$ T 细胞更为普遍(Sarradell 等,2003)。

巨噬细胞能够发挥重要的作用。尽管巨噬细胞通过其吞噬和杀伤能力成为先天性免疫的第一道防线,其对于 Mhyo 的作用效果较差。Caruso 和 Ross(1990)的一项研究发现,从 Mhyo 感染猪体内获得的巨噬细胞对胸膜肺炎放线杆菌(A. pleuropneumoniae)感染细胞的吞噬能力较来源于正常对照动物吞噬细胞要差。吞噬能力受损很可能是对 Mhyo 清除以及应对其他细菌病原体的继发感染能力下降的主要原因。Mhyo 感染也可诱导巨噬细胞在体内((Ahn 等,2009;Asai 等,1993,1994;Choi 等,2006;Lorenzo 等,2006;Thacker 等,2000a)和体外(Thanawongnuwech 等,2001)产生促炎细胞因子,包括白介素(IL)-1、IL-6、IL-8 和肿瘤坏死因子-α。此外,在接种 Mhyo 后第 28 天,支气管肺泡灌洗液中的 IL-10 和 IL-12 表达水平增加(Thanawongnuwech 和 Thacker,2003)。另外一个促炎细胞因子 IL-18 在 Mhyo 感染后表达量也增加。然而,预期由 IL-18 诱导分泌的干扰素 γ 的释放受到抑制,干扰素 γ 具有介导细胞免疫的能力(Muneta 等,2006)。这预示 Mhyo 能够下调细胞介导的免疫反应。这些促炎细胞因子能够刺激炎症反应的发生,而反过来也会对肺组织造成损伤。事实上,Mhyo 感染引起的组织损伤更多的是由于宿主的炎症反应所导致,而非支原体对细胞的直接作用。

除巨噬细胞以外,Mhyo 也能改变 B 和 T 淋巴细胞的功能。Kishima 和 Ross (1985)的一项研究发现,在应对非特异性 T 细胞促有丝分裂剂植物凝集素的免疫反应过程中,Mhyo 胞膜能够降低淋巴细胞的转化能力(Kishima 和 Ross,1985),这表明 Mhyo 对细胞免疫应答产生广泛的抑制作用。随后的一项研究发现 Mhyo 可以诱导

淋巴细胞产生非特异性促有丝分裂刺激(Messier 和 Ross,1991),这表明支原体病肺脏病变处有淋巴细胞蓄积,并且至少在部分程度上对支原体抗原不致敏,因而不能直接对抗 Mhyo 感染。Tajima 等(1984)通过证实胸腺切除猪经抗胸腺细胞血清处理后接种 Mhyo 所引发的肺炎并不严重,进一步证实了免疫系统在支原体肺炎发生机制中的作用。以上这些结果表明,T 细胞依赖性的作用机制可能在肺炎的发生过程中起着非常重要的作用。而且在同一项研究中,从一头已切除胸腺的猪脾脏内分离出 Mhyo,这表明 T 淋巴细胞在阻止病菌的全身性传播过程中起着非常关键的作用。

并非所有由 Mhyo 引起的呼吸道感染均能导致临床上肺炎的发生。在临床上,肺炎的发生取决于在呼吸道寄居的微生物数量、Mhyo 感染菌株的毒力以及地方性肺炎病例继发感染所涉及的细菌病原体和 PRDC 病例继发感染所涉及的病毒性病原体。猪体内寄居的微生物数量很可能是取决于累积的感染量、Mhyo 菌株在肺脏中的繁殖能力以及感染时间。Mhyo 菌株的毒力也有所不同,具有高毒力的菌株能够诱导较高比例的猪发生较为严重的肺炎(Meyns 等,2007;Vicca 等,2003)。可把高毒力菌株的较高致病性归因于其在肺脏具有较高的繁殖力和能够诱导较为严重的炎症过程(Meyns 等,2007)。在试验感染时,动物在接种后 7~14 d 开始发病,出现咳嗽;然而,在自然感染状态下,很难预料其潜伏期而且潜伏期通常较长(Roberts,1974;Sorensen 等,1997;Vicca 等,2002)。早在 2 周龄即有该病发生的报道(Holmgren,1974),但更为常见的是,病菌在猪群中的传播非常缓慢并且临床疾病发生在 2~6 月龄。

Mhyo 与其他病原的相互作用在地方性肺炎和 PRDC 的发病过程中起着重要的作用。单纯的 Mhyo 感染有代表性地引起温和型慢性肺炎;然而,在结合其他病原的情况下,通常引起严重的呼吸系统疾病。在大量的实验性共感染中,Mhyo 能够使其他呼吸道病原产生更为严重且通常更为持久的疾病。对 Mhyo 与多种呼吸道内继发性细菌病原体的相互作用已经进行综述(Ciprian 等,1994)。发生地方性肺炎时,一旦 Mhyo 的原发感

染与任意数量的上呼吸道共生菌的继发感染共同作用,将会导致比 Mhyo 单独感染引起的肺炎更为严重的症状出现。例如,研究证实 Mhyo 能够增加胸膜肺炎放线杆菌(*A. pleuropneumoniae*)血清 9 型临床症状更加严重(Marois 等,2009)。

Mhyo 也能与呼吸道的病毒性病原体相互作用,促使 PRDC 的发生。在首次对 Mhyo 和 PRRSV 相互作用的调查中,Van Alstine 等(1996)并没有看到二者之间强烈的相互作用。然而,在之后的研究中,Thacker 等(1999)等证实当两种病原同时存在时,由 PRRSV 诱导产生的病毒性肺炎的严重性和持续时间显著增加。同时还发现,PRRSV 的存在能够引起严重的急性支原体肺炎。在另外一项研究中发现,猪伪狂犬病病毒(PRV)也能够促进支原体肺炎的发生(Shibata 等,1998)。Mhyo 也表现出能够加重 PCV2 感染相关肺脏和淋巴结病变的程度,并且增加 PCV2 抗原存在的数量,延长其存在时间(Opriessnig 等,2004)。PCV2 也能够增加 Mhyo 感染猪呼吸系统疾病的严重性(Dorr 等,2007;Wellenberg 等,2010)。相比之下,Mhyo 和 SIV 的共感染缺乏所观察到的与其他病毒的相互作用,然而在共感染的顶峰肺炎的严重性增加,没有观察到 PRRSV 和 PCV2 的增强作用(Thacker 等,2001a;Yazawa 等,2004)。

临床症状
Clinical Signs

该病发生的两种形式分别为:流行性和地方性。Mhyo 流行性疾病不常见,而当病菌被引进到免疫学阴性的易感畜群时能够发生。所有年龄的动物均易感,而且疾病传播相对较为迅速,这很可能是由于病菌在未免疫动物体内的迅速定居以及经鼻腔大量散播所致。该病的发病率可达 100%,并且临床上可见有咳嗽、急性呼吸窘迫、发热和死亡。较为独特的是,在 2~5 个月内流行性感染可转变为地方性模式。

地方性支原体病是临床上最常见的形式。根据前面所提到的管理因素,可首次在哺育或育肥阶段动物中观察到该病的临床症状。病初呈潜伏感染,首先感染少数动物后慢慢传染至大多数。感染猪表现为干咳,当动物被激怒时最为明显。

感染个体可能仅咳嗽 2~3 周或咳嗽状态持续存在于整个生长期。由于继发性病原体感染,病猪可能出现较为严重的临床症状,包括有发烧、食欲下降、呼吸困难或衰竭等。通常而言,在患有呼吸道支原体病的猪群中的猪看起来相当健康,但是猪只饲料摄入量不同程度的降低将会导致其大小差别较大。

病理变化
Lesions

流行性支原体病急性病例的眼观病变包括肺尖叶或肺脏弥漫性实变、肺塌陷及明显的肺水肿。最为常见的眼观病变见于慢性感染的地方性肺炎,包括在肺尖叶可见有紫红色至灰白色的呈橡皮样的实变结节。在无并发症的感染,病变范围仅累及小部分的肺脏,而且从肺脏切面上看,肺实质颜色相对均一,同时气管内可见有卡他性渗出液。相比之下,在地方性肺炎继发其他化脓菌感染时,感染范围可累及大部分的肺脏,肺脏质地坚实、重量增加,从肺脏切面上看,肺脏由于膨胀肺泡中的灰白色渗出物形成树枝状分叉而呈现斑驳状,而且气管内可见有黏性脓性渗出液。慢性恢复期的病变为肺尖叶小叶间白色致密结缔组织增厚。气管及支气管淋巴结通常表现为坚实、湿润及体积变大。

镜检病变在临床感染肺脏中呈现亚急性至慢性的表现特征。淋巴细胞和少数巨噬细胞在支气管周围形成"套袖"结构,且邻近的血管和淋巴细胞导致支气管固有层及黏膜下层扩张。支气管上皮细胞和一些散在的肺泡上皮细胞可能发生增生。肺泡腔和支气管管腔内含有大量浆液性液体及混杂有巨噬细胞及少量中性粒细胞、淋巴细胞和浆细胞的液体。在较多的慢性型病变中,淋巴细胞形成的"套袖"结构更加明显,且可形成淋巴小结。支气管杯状细胞数量增多,黏膜下腺异常增生。在地方性肺炎,肺泡腔和支气管腔内的渗出物较多,主要是中性粒细胞,同时可能包含继发感染菌的聚集物。在病变的恢复期,支气管周围可见肺泡塌陷和/或肺气肿、淋巴小结以及纤维化结构。

在屠宰时,通常对肺脏进行鉴定以评价畜群中肺炎的发生率。已有许多不同的方法用于对肺脏的评价。这些方法以分数或受感染肺脏的百分率为根据（Christensen 等，1999；Hannan 等，1982；Morrison 等，1985；Straw 等，1986）。为了确定某一体系下肺炎的发生率，对足够数量的肺脏进行评估对于获得农场内肺炎发生的精确值非常重要。有研究者建议，应当对大约 30 个动物的肺脏进行评价和打分；然而，由于生产规模大小和屠宰时动物数量的不同导致评价结果可能存在差异（Davies 等，1995）。在屠宰时进行肺脏评估的缺点是如果这个时候感染猪已经恢复健康，由 Mhyo 感染引起的支原体肺炎将会被遗漏。如果地方性肺炎成为畜群中的一个问题，应对临床症状表现为呼吸系统疾病的猪定期进行剖检，同时应当确定肺炎发生的原因。

诊断

Diagnosis

对呼吸系统支原体病进行初步诊断的依据是畜群典型的流行特点以及病初广泛流行的干咳。在鉴别诊断过程中应当排除其他原因引起的咳嗽，尤其是流感病毒（见第 40 章）。大体和微观病变可有助于诊断，但是也是非特异性的，而且可能与亚急性病毒性肺炎病变非常相似，尤其是当继发细菌性病原体感染时使原发性疾病更加错综复杂，那即是说，Mhyo 或呼吸系统病毒性病原。确诊则需要证实具有典型病变的肺脏中存在有 Mhyo。由于 Mhyo 在气管内的定居可能是不均匀且分段的，因此从具有典型大体病变的区域收集一些包含肉眼可见的气管在内的肺脏样本对于测试而言非常重要。

用于证实肺脏组织中是否存在 Mhyo 的传统参照标准是进行培养。然而，Mhyo 的培养非常困难，而且由于其生长到测定水平大约需要 4~8 周，因而对其进行培养是不切实际的（Friis，1975）。此外，它的最佳生长条件需要含有 Mhyo 抗体阴性猪血清的特殊培养基，并有利于支原体较为迅速的生长，尤其是猪鼻支原体（Mhr）。培养通常不用于常规诊断，而且分离不到 Mhyo 不应当作为推断 Mhyo 不存在的根据。

可以通过荧光抗体（FA）或免疫组织化学方法（IHC）对肺脏组织中的 Mhyo 进行检测，这两种测定方法具有快速、检测成本低等优点，且通常应用于兽医的实验室诊断（Amanfu 等，1984；Opriessnig 等，2004）。通常很少用原位杂交技术（ISH）检测肺组织中的 Mhyo（Kwon 和 Chae，1999）。IHC 和 FA 利用抗 Mhyo 特异性抗体，而 ISH 通过利用特异性的核苷酸探针，分别对呼吸道黏膜上皮细胞进行标记并使其可见。由于组织发生变性后气管上皮组织容易发生脱落，因而必须使用尸体剖检后没有发生变性的组织进行检测。因此，在动物死亡后应尽快收集组织，一部分经 10%中性福尔马林（NBF）固定后用于 IHC 或 ISH 检测，另一部分应冷藏并置于冰上于 24 h 内送往实验室进行 FA 测试。由于上述方法的敏感性相对较低，因此一个隐性的测试结果不应当被视为 Mhyo 感染已得到清除。

多种 PCR 技术的发展为多种样本中 Mhyo 的确诊提供了灵敏和特异的方法（Artiushin 等，1993；Calsamiglia 等，1999；Harasawa 等，1991；Mattsson 等，1995；Stark 等，1998；Stemke，1997；Stemke 等，1994；Verdin 等，2000），而且被越来越多地应用于实验室的常规诊断。对多种样本以及准确检测 Mhyo 的 PCR 方法的潜在应用已经进行调查研究（Cai 等，2007；Calsamiglia 和 Pijoan，2000；Calsamiglia 等，1999；Fablet 等，2010；Kurth 等，2002；Sorensen 等，1997）。肺组织、支气管拭子及支气管冲洗液是最为有效的样本，而从鼻拭子中检测 Mhyo 则变化无常。为了提高测试方法的敏感性，包含两对引物的巢式 PCR 方法的使用具有典型的价值。该方法能够检测到少至四到五个微生物。此外，还发展产生了多重 PCR 测定方法用于肉汤培养基中多个相关猪支原体的鉴定（Stakenborg 等，2006）。近来，发展起大量实时 PCR 测定方法用于 Mhyo 的检测（Dubosson 等，2004；Marois 等，2010；Strait 等，2008a）。实时 PCR 测定方法能够对样本中 Mhyo 进行定量检测。PCR 测定方法存在的一个潜在问题是 Mhyo 具有的遗传多样性可能会导致假阴性结果的出现。因此，测定时应当同时靶向几个基因进行检测（Marois 等，2010；Strait 等，2008b）。这些敏感而特异的方法的应用能够提高 Mhyo 的检出率。此外，使用 PCR 方法能够尽早检测出 Mhyo，而且通常情况下比血清转化测定方法更为准确。

PCR 检测方法的高灵敏度使其能够检测到数量较少的 Mhyo 微生物，但是很难确定样本收集过程中或实验室内是否存在潜在的污染。这对于具有较高敏感性的测定方法尤为显著。事实上，已有研究证实能够从 Mhyo 感染猪饲养单元的空气中检测到病原体（Stark 等，1998），而这很可能是起源于实验室表面的污染，或者供应的空气也可能已经污染（Kurth 等，2002）。因此，应当对一些样本中的阳性样本进行证实或者在判定为真实阳性结果之前通过不同的测试技术进行确认。

Mhyo 菌株基因组之间存在差异（见"支原体疾病概述"下的"病原"部分）。随着更多分离株基因组的公布，为了调查临床疾病的发生情况和疫苗效果，越来越多的人利用分子分型技术对畜群内或畜群间 Mhyo 菌株的数量和亲缘关系进行评价。已有农场有被单一或多个 Mhyo 菌株感染的报道（Mayor 等，2007；Stakenborg 等，2005b）。随着越来越多分子研究机制的完成，人们对于菌株的遗传变异和抗原变异对诊断方法和疫苗效果的影响有了深入的理解，这将有利于检测方法的改进以及 Mhyo 的预防。

血清学方法是确定群体 Mhyo 阳性或隐性状态的最为常用的工具。然而，对血清学结果的判定通常会引起争议。血清学方法最适合于确定畜群的感染状态，因此在给出关于个体动物 Mhyo 感染状态或评定疫苗是否合格时必须要谨慎。而且，血清学方法不适合畜群近期感染的检测（见下文）。大量的研究对多种测定方法以及它们与肺脏病变和疾病预防之间的关系进行了比较。最初，补体结合试验被用于 Mhyo 抗体的检测。然而，通过一些比较研究证实间接酶联免疫吸附试验（ELISA）用于 Mhyo 抗体检测时较补体结合试验方法更为准确（Bereiter 等，1990；Okada 等，2005；Piffer 等，1984）。目前，ELISAs 方法的应用最为普遍。

当前，在美国用于血清中支原体抗体检测的三个 ELISAs 方法包括吐温-20 测定法（Bereiter 等，1990；Nicolet 等，1980）、Herdcheck 猪肺炎支原体 ELISA 检测试剂盒（IDEXX 实验室，Westbrook，ME）以及一个基于固有抗原蛋白的阻断 ELISA 方法即 Oxoid 猪肺炎支原体 ELISA 检测法（Oxoid Limited，Basingstoke，UK）。一项对来源于试验感染猪血清进行的研究发现，上述三个测定方法在识别抗体阴性样本方面具有较高的特异性，因而很少能观察到假阳性结果（Erlandson 等，2005）。相比之下，这些方法的敏感性相对较低，检出率为 37%～49%。在接触病菌 3～6 周后，利用 ELISA 方法可首次检测到猪血清中的抗体，而且一些动物至少在一年时间内仍能检测到（Bereiter 等，1990；Okada 等，2005；Sorensen 等，1993）。这些敏感性较低的检测方法导致阴性预测价值较低并出现高百分比的假阳性结果。对上述所有的测定方法进行评价，DAKO ELISA 方法对感染猪的鉴定结果最为一致；然而，各测定方法的联合使用可提高测试的预测能力。Sorensen 等（1994）发现用于 Mhyo 检测的 ELISAs 方法具有高特异性和低敏感性这一相似的结果。此外，研究也发现各测定方法对不同野菌株试验感染动物体内诱导产生的抗体的检测能力有所不同（Strait 等，2008b；Vicca 等，2002）。据报道絮状支原体（*M. flocculare*）抗体能够与大量的血清学测定方法产生交叉，因此在农场内建立诊断方法时必须考虑较为复杂的 Mhyo 的血清学诊断方法（Bereiter 等，1990）。

在丹麦的一项对 9 个自然感染猪群的研究发现，大多数猪的血清转化发生在生长或育肥阶段，而屠宰时的肺脏病变与血清转化间的关系非常复杂（Andreasen 等，2000，2001）。研究证实，猪在接近屠宰时发生针对 Mhyo 的血清转化，屠宰时肺炎的发生率最高而且早期的血清转化可能与肺脏尖叶区域内胸膜炎病变有关（Andreasen 等，2001）。此外，与 PRRSV（Thacker 等，1999）、SIV（Thacker 等，2001b）或 PCV2（Opriessnig 等，2004）发生共感染表现能够增加 Mhyo 的抗体水平。使用 Mhyo 菌苗接种后的抗体水平可能存在差异，测试结果主要取决于疫苗种类、猪的感染状态以及使用的血清学测定方法（Erlandson 等，2005；Thacker 等，1998b，2000c）。疫苗诱导产生的抗体水平与阻止病菌定居及疾病发生之间未见有相关性（（Djordjevic 等，1997；Thacker 等，1998a）。

除了对血清样本中 Mhyo 抗体水平进行评价外，初乳也被用于证实畜群中有无感染发生

（Rautiainen 等，2000）。对初乳中抗体的检测通常是在临床支原体肺炎暴发前的数周（Sorensen 等，1993）。然而，采集母猪分娩后 2 h 以内的初乳用于抗体检测是最为准确的，这降低了在典型野毒感染情况下的实例。此外，研究证实了经产次数对于初乳中抗体的准确检测非常重要，高产次母猪可作为抗体检测的较好来源，进而可以对畜群感染状态进行评价（Rautiainen 等，2000）。

归根结底，用于 Mhyo 检测的方法应取决于其是否能够确定感染状态而有助于制定实时干预策略，或是否能够用于根除方案中对畜群中病原微生物存在情况的评价。在进行诊断时，大多情况下最好以畜群为依据，而不是依靠个体病例。单独使用血清学方法证实畜群为 Mhyo 阴性不是很好的选择，而 PCR 测定方法通常不被用于确定疫苗接种或治疗时间，其主要被应用于临床疾病发生的初期。Sorensen 等（1997）对试验接种感染后疾病的持续时间和针对包括血清学和 PCR 方法在内的四种诊断方法的评价进行了比较。他报道称，所有的测定方法具有相似的预测价值。因而，为了能够尽量准确地检测病原微生物，很可能需要采用多种诊断方法。因此，在进行结果判定时应当考虑所采用测试方法的敏感性和特异性，而且以畜群为单位进行判定时应该包含所有的测定结果包括临床症状和病变。

治疗
Treatment

抗 Mhyo 抗生素的使用能够有助于控制疾病，但是可能既不能清除呼吸道的病原微生物，也不能治愈出现的病变。大量的研究使用许多不同的测试系统对多种抗生素在体外的有效性进行了评价，包括多种喹诺酮类、泰乐菌素、替米考星、土霉素及托拉菌素（Cooper 等，1993；Godinho，2008；Hannan 等，1989；Tanner 等，1993；Ter Laak 等，1991；Thacker 等，2001b；Williams，1978；Wu 等，1997）。在早期的研究中发现喹诺酮类药物较为有效，而硫姆林、达氟沙星、金霉素、林可霉素、替米考星以及其他的一些抗生素也具有抗菌活性。一项对 21 株野菌株抗药性的研究发现，其中 1 个分离菌株对林可霉素、泰乐菌素和替米考星产生耐药性，并且证实 5 个菌株对氟喹

诺酮产生耐药性（Vicca 等，2004）。然而，由于病菌定植于呼吸道纤毛上，因此当对抗 Mhyo 抗生素的体外活性与它们在猪体内性能进行比较时应当非常谨慎。对于一种能有效抵抗病菌的抗生素，它必须能在呼吸道黏液和液体中达到显著水平。

也有研究对抗生素体内抗菌活性进行了评价，有时候会出现相互矛盾的结果。Mhyo 缺乏细胞壁，这将妨碍那些能够干扰细胞壁合成的抗生素的有效性，例如青霉素、氨苄西林、阿莫西林以及头孢菌素。其他一些抗生素对 Mhyo 几乎无效，包括多黏菌素、红霉素、链霉素、甲氧苄啶和磺胺类药物。尚不清楚针对 Mhyo 抗生素抗性的发生频率，然而，已有研究报道野生型菌株可对四环素类、大环内酯类、林可酰胺类和氧氟沙星产生抗性（Le Carrou 等，2006；Maes 等，1996；Stakenborg 等，2005a；Vicca 等，2007）。

在体内使用抗生素治疗的结果通常是不定的。硫姆林已被报道能够降低试验诱导和自然获得的支原体肺炎的严重性（Hannan 等，1982）。在另外一项研究中，Ross 和 Cox（1988）未能观察到硫姆林产生的宏观或微观的病变，或通过 FA 检测到的 Mhyo 抗原的有效性。这些差异可能是由于 Mhyo 分离株在对药物的敏感性、试验设计、测定参数以及其他继发病原的存在或缺乏等方面存在差异。

有研究证实在病菌攻击前使用金霉素进行饲喂给药能够降低肺炎的严重性以及病原菌的数量。相比较来看，在发病初期临床上出现咳嗽症状后进行给药，药物的有效性不太明显（Thacker 等，2006）。其他的一些研究也证实硫姆林、替米考星和泰乐菌素、替米考星、托拉霉素以及多西环素对增加体重和临床疾病产生有益的效果（Bousquet 等，1998；Hsu 等，1983；Mateusen 等，2001；Nanjiani 等，2005；Nutsch 等，2005）。然而，这些都是野外试验且所用的猪也感染有多种病原，因此使得抗生素对 Mhyo 影响的评价难以解释。此外，继发感染使得针对该病的治疗更加具有挑战性，而且通常导致需要使用多种抗生素去控制所有与呼吸道疾病发生有关的病原。已经有使用抗生素联合治疗成功的报道（Burch 等，1986；Stipkovits 等，2001）。

抗生素作为支原体肺炎的一个治疗方法最好是应用于猪的各种应激时期,包括断奶和混合饲养。了解呼吸道内存在的其他病原体对于该病的成功治疗以及确定治疗的最佳时机非常关键。在病原体出现之前或早期采取给药策略有助于使用药物成功控制肺炎支原体的发生(Thacker 等,2006)。在危及猪生命的关键时刻,脉管给药也被成功应用(Le Grand 和 Kobisch,1996)。然而,大范围的脉管给药品应当降到最低,从而降低分离菌株抗药性增加的风险。总的来说,对支原体肺炎的预防是降低 Mhyo 对猪群造成经济影响的最为有效的方法。

预防
Prevention

对支原体肺炎、流行性肺炎或 PRDC 的有效预防和控制应当基于为猪群提供最佳的生活环境,包括良好的空气质量、通风和室内温度以及在可用的空间内适当的动物数量。Maes 等,(2008)总结了一篇非常好的有关 Mhyo 感染控制策略的综述。在这篇综述中,作者推荐采用全进全出、断奶早期进行给药和隔离以及分阶段推进对与 Mhyo 感染有关的呼吸道疾病的控制等管理措施(Maes 等,2008)。其他的管理策略有助于限制 Mhyo 对养猪生产的影响,包括建立平衡与稳定的且后备母猪少于30%的母猪群、封闭猪群或使猪源最小化、分阶段进行生产、采用生物安全策略阻止疾病传播和引进、降低猪的应激、最佳的饲养密度和通风以及最适的室温。

之前已经讨论过,根除也成为许多生产系统的一个目标。瑞士已经使用之前所提到的早期根除计划根除国内的病原体(Zimmerman 等,1989)。用于畜群中病原根除的其他方法包括早期断奶给药方案,即母猪使用抗生素进行处理而仔猪在 6 日龄断奶(Alexander 等,1980);以及隔离断奶仔猪并采用分阶段生产方案,以上方法可显著降低由母猪传播给仔猪的病原菌数量(Harris,1990)。利用经剖腹产生产及未吃初乳的猪组建畜群一直以来是保证生产无 Mhyo 猪的唯一办法。然而,大量的畜群遗传系统已经成功根除了 Mhyo,使它们成为了阴性猪的一个潜在来源。对用于提供后备动物的畜群状态进行谨慎评价对

于维持无 Mhyo 感染状态至关重要。在所有情况下,再次曝光和再感染一直是无 Mhyo 猪维持过程中所面临的一个问题。

利用添加佐剂的全细胞或膜制剂生产的抗 Mhyo 疫苗通常用于与支原体肺炎相关的临床疾病。目前,大量商业化疫苗的应用遍布于美国和全世界。在美国,85%以上的畜群接种了支原体疫苗(美国农业部国家动物健康监测系统,2000)。尽管此时还没有利用分子生物学技术研制的可用的疫苗,但是目前正在利用该技术进行疫苗研制,包括亚单位疫苗和口服疫苗。

已经完成的大量研究证实了野外和试验条件下疫苗的效果。目前,在美国使用单倍或双倍剂量疫苗接种方案能够成功控制疾病的发生。这两种策略的成功应用基于许多因素,包括畜群的整体健康水平、与 Mhyo 相关临床疾病的发生次数、母源抗体水平以及 PRRSV 在畜群内的流通。

大量研究已经证实使用支原体疫苗接种的经济效益(Dohoo 和 Montgomery,1996;Jensen 等,2002;Maes 等,1999)。对 Mhyo 菌苗诱导产生免疫应答的分析证实其能够降低肺脏病变的百分率、产生血清抗体、在呼吸道局部产生免疫球蛋白 G(IgG)和免疫球蛋白 A(IgA)及减少促炎细胞因子的产生(Djordjevic 等,1997;Kobisch 等,1987;Kristensen 等,1981;Messier 等,1990;Ross 等,1984;Sheldrake 等,1993;Thacker 等,1998b,2000c)。此外,有效抗生素与疫苗的联合应用已被证实作为一种有效的方法能够降低与 Mhyo 感染相关的临床疾病(Mateusen 等,2001,2002)。

母猪的疫苗接种策略仍然存在争议,一项研究证实母猪的疫苗接种对 Mhyo 在仔猪体内的定居不产生影响,但是产自疫苗接种母猪的仔猪肺炎的严重程度降低(Sibila 等,2008)。看来似乎只有在抗体水平非常高的情况下,抗 Mhyo 母源抗体水平能够抑制疫苗的效果(Jayappa 等,2001;Thacker 和 Thacker,2001;Thacker 等,1998b,2000c)。另外一项研究证实来源于疫苗接种母猪的仔猪在野生型菌株感染前不产生免疫应答反应,而对已接触抗原的机体免疫系统进行疫苗接种,被动获得性抗体的产生证实其不产生回忆应答(Martelli 等,2006)。对来源于疫苗接种母猪或未接种母猪的仔猪的细胞免疫应答反应进

行了比较(Bandrick 等,2008)。来源于疫苗接种母猪的仔猪出现迟发性超敏反应和血液中淋巴细胞增殖现象。然而,还未调查这些研究结果对防护的意义,因而尚不清楚这种途径的有效性。如前所述,哺乳仔猪也会被感染,因此母源抗体对猪的保护作用以及母猪疫苗接种的效果仍存在争议。

引起养猪业关注的一个问题是 Mhyo 疫苗的效果显著降低。引起疫苗效果丧失的可能原因有很多。这些原因可能只是简单的疫苗使用不规范或储存不当。最近,猪蛔虫(Ascaris suum)感染表现出能够降低 Mhyo 疫苗的有效性(Steenhard 等,2009)。然而,一项研究报道支原体疫苗有效性降低的原因是疫苗接种过程中或接种后不久有 PRRSV 存在(Thacker 等,2000b)。抗 Mhyo 疫苗接种能够减弱由 PRRSV 联合 Mhyo 作用所导致肺炎的严重程度;然而,由于感染或减毒活疫苗使用导致 PRRSV 的存在能够显著降低抗 Mhyo 诱导疾病疫苗的有效性。自该报道之后,其他的一些研究发现 PRRSV 对 Mhyo 影响较少,从表面上看影响取决于 PRRSV 和 Mhyo 菌株(Drexler 等,2010;Moreau 等,2004)。

当前的疫苗能够有效降低支原体肺炎相关的临床疾病,包括肺脏病变和咳嗽发生的百分率;然而,不能阻止病原菌在宿主体内的定居(Thacker 等,2000c)。对新的疫苗策略的调查仍在继续进行,包括无毒活疫苗、气溶胶和饲喂免疫疫苗以及亚单位疫苗的应用(Fagan 等,1996,2001;Frey 等,1994;Lin 等,1991;Murphy 等,1993)。

猪鼻支原体
MYCOPLASMA HYORHINIS

多浆膜炎、关节炎及中耳炎是 Mhr 感染相关的临床症状。该病原体在猪群中无处不在,而且来源于人和所有动物种类细胞系培养过程中常见的污染物。

病因学
Etiology

对猪支原体疾病的调查研究发现,Mhr 是第一个典型的能在培养基中生长的支原体。Ross 和 Whittlestone(1983)对用于 Mhr 分离和生长的方法和培养基进行了很好地综述。猪体内存在的微生物通常会阻止其他支原体的分离。

流行病学
Epidemiology

Mhr 是猪生产部门常见的病原体,母猪或年龄较大的猪均可发生感染。Ross 和 Spear(1973)证实能够从 10% 母猪和 30%~40% 断奶仔猪的鼻腔分泌物中分离获得该病原。它被认为是仔猪上呼吸道内的正常菌群(Ross 和 Young,1993)。该病原在暴露之后能迅速通过呼吸道传播,且通常可从肺脏和咽鼓管分离获得。大多数的感染猪不出现明显的临床疾病,尽管已有 Mhr 感染过程中会产生肺炎、关节炎、多发性浆膜炎、结膜炎、咽鼓管炎以及中耳炎等临床疾病的相关报道。

致病机理
Pathogenesis

对于 Mhr 的毒力因子或有关 Mhr 诱发疾病的发生机制尚不清楚。与 Mhyo 一样,Mhr 能够黏附至猪上呼吸道和下呼吸道的纤毛上皮细胞上。据报道,肺炎的发生与呼吸道内存在的一些 Mhr 菌株有关(Lin 等,2006)。此外,Mhr 感染可导致中耳炎的发生(Morita 等,1999)。咽鼓管内存在的病原菌由于黏附至上皮细胞的纤毛上可能会对黏膜纤毛器造成损伤,从而促使多杀性巴氏杆菌(P. multocida)和化脓隐秘杆菌(Arcanobacterium pyogenes)上行性感染的发生。与呼吸道其他病原体的共感染,包括 PRRSV 和支气管炎博德特菌(Bordetella bronchiseptica)(Gois 等,1977;Kawashima 等,1996),被暗示在呼吸道疾病增多以及偶尔发生的 Mhr 感染上发挥着重要作用。

虽然 Mhr 是猪呼吸道内的正常寄生菌,但是大多数疾病的发生与病菌的全身性入侵有关,从而导致多浆膜炎和关节炎的发生。目前尚不清楚 Mhr 离开呼吸道及诱导全身性疾病发生的机制,但是其他病原体或应激的存在可能会促进病原的全身性传播。一旦发生全身性感染,该病原菌将会引起 8 周龄以下猪多发性浆膜炎和关节炎,而仅导致 3~6 月龄感染猪发生关节炎(Potgieter 和 Ross,1972;Potgieter 等,1972)。

在该病的急性期,从病猪多浆膜炎或关节炎部位分离病原菌最容易获得成功。在之后的感染中也可能分离获得病菌,而且有研究表明病原菌能够在一些感染猪关节内存在长达 6 个月。在加拿大一项对关节炎的研究显示,在 153 个患有关节炎的关节中,56 个呈现细菌阳性;而细菌阳性的关节中 5 个为支原体种(Mycoplasma sp.),有 3 个已经被证实为 Mhr(Hariharan 等,1992)。这表明当发生 Mhr 感染时可能会诱导关节炎的产生,但这不是常见的原因。有研究提出试验接种 Mhr 猪在易感性上存在遗传差别,而这可能与促炎细胞因子的产生有关(Magnusson 等,1998;Reddy 等,2000)。

临床症状
Clinical Signs

Mhr 感染产生的多浆膜炎通常发生于 3~10 周龄猪,但是偶尔也可发生于年龄更大的猪。典型的疾病症状出现在暴露后的第 3~10 天。感染猪表现为被毛粗乱、轻度发热、精神沉郁、食欲下降、不愿活动、呼吸困难、腹部触痛、跛行及关节肿胀。在急性临床症状出现后 10~14 d 开始消退,这取决于临床疾病的严重程度。有些猪持续衰弱或发生急性死亡。在发生关节炎的情况下,跛行和关节肿胀将持续 2~3 个月,但是很多猪会维持跛行长达 6 个月。

Mhr 肺炎病例在临床上较为罕见,但是当发生该病时临床上会出现与 Mhyo 感染很难区分的特征性的干咳。该病通常缺乏临床症状或在患有中耳炎的猪可见头部倾斜,而从该部位可能分离获得 Mhyo 以及其他的细菌。由于 Mhr 定居在上呼吸道和下呼吸道的呼吸上皮上,通常观察不到典型的临床症状。能够观察到 Mhr 引起的结膜炎,如结膜潮红、眼睑外缘渗出物形成结痂以及撕裂(Friis,1976)。

病理变化
Lesions

败血性 Mhr 感染病例可观察到的严重眼观病变包括纤维素性化脓性心包炎、胸膜炎,偶尔可见腹膜炎。随着时间的推移,发生感染的浆膜增厚、混浊并且粗糙,通常发生纤维素性粘连。急性

Mhr 关节炎的关节由于浆液性和纤维素性滑液量的增多通常会发生肿胀。滑膜也发生肿胀、充血。随着时间的推移,滑膜液的量增加,同时可能发生角膜翳、关节软骨腐蚀以及纤维素性粘连。Mhr 引起的肺脏病变与之前描述的 Mhyo 肺脏病变相似(见上文),但通常较为轻微。Mhr 感染引起的中耳炎以在耳道和中耳纤毛中出现支原体为特征,而当继发细菌性病原体感染的情况下,如化脓隐秘杆菌(A. pyogenes)或多杀性巴氏杆菌(P. multocida),所形成的脓性渗出物可能会填满中耳。

诊断
Diagnosis

根据典型的临床症状和大体病变可对 Mhr 作出初步诊断。然而,在进行鉴别诊断时应排除其他一些常见的能引起纤维素性多浆膜炎和关节炎的原因,包括猪副嗜血杆菌(H. parasuis)和猪链球菌(S. suis)。对 Mhr 的确诊需要证实在典型病变部位存在病原体。应当从临床症状与 Mhs 感染一致的病例和急性感染期病例中收集样本进行诊断。浆膜或具有典型渗出物关节的拭子,或者这些部位的纤维蛋白渗出物是理想的样本。在败血性 Mhr 感染病例,不应当从肺实质、气道或上呼吸道采集样本,由于 Mhr 在这些部位的出现仅能证实发生共感染。

使用 Ross 和 Whittlestone(1983)所描述的培养方法或通过分子生物学方法(Taylor 等,1984,1985)能够对样本中的 Mhr 进行鉴定。能够检测 Mhr 的 PCR 测定方法已被用于协助鉴别多个分离自野外感染病例中的支原体种(Stakenborg 等,2006;Strait 等,2008a),并且被一些兽医诊断实验室被作为常规诊断试验而使用。

治疗
Treatment

针对 Mhr 的体外抗生素敏感性试验结果显示其对多种抗生素较为敏感。然而,由于在自然感染状态下大多数病变为慢性的而且微生物的清除也很少会减少粘连和炎症的发生,因此对临床感染动物的治疗通常不易获得成功。使用泰乐菌素和林可霉素进行治疗可能会产生一定疗效

（Ross，1992）。

预防
Prevention

防控计划应重点阻止其他的一些可能会导致 Mhr 在动物体内全身性传播的条件。没有公开的信息表明抗生素具有减少临床疾病发生的能力，而且目前没有商品化可利用的疫苗。

猪滑液支原体
MYCOPLASMA HYOSYNOVIAE

Mhs 能够引起关节炎已经在世界范围内得到公认，美国、英国、德国和丹麦均已有相关报道（Blowey，1993；Nielsen 等，2001；Roberts 等，1972；Ross 和 Duncan，1970；Ross 等，1977）。研究证实，1995 年，8%～9%滑液样本来源于丹麦经病原检测阳性的患有非化脓性关节炎的屠宰猪，而且 Friis 等（1992）从丹麦屠宰场中 20%患有关节炎的病猪体内分离到病菌（Buttenshon 等，1995）。

病因学
Etiology

Ross 和 Karmon（1970）报道了一篇用于 Mhs 分离的分离技术和必需培养基的相关综述。由于 Mhr 和其他细菌的过度生长，因此该病菌的分离通常较为复杂。有研究描述了一种选择性培养基，在 Mhr 存在的情况下能够有利于 Mhs 的分离（Friis，1979）。研究证实，在单一畜群中，一些基因型明显发生变异的病原分离株之间存在遗传变异，但是在这些研究之后没有更进一步对多样性进行研究的报道（Kokotovic 等，1999，2002）。

流行病学
Epidemiology

Mhs 主要寄居在猪的呼吸道，且主要是位于上半部分（Friis 等，1991；Ross 和 Spear，1973）。病原菌能够持续存在于带菌猪的扁桃体（Friis 等，1991；Ross 和 Spear，1973）。尽管病菌能够持续存在于感染母猪体内，但其仅传染 4～8 周龄以上猪（Ross 和 Spear，1973）。大量病原菌脱落仅

发生在急性感染期间，并且间歇性病原来源于持续感染母猪（Ross 和 Spear，1973）。目前尚不清楚为什么不能从 4 周龄以下仔猪体内分离出该病菌；然而，无病原菌的猪能够感染获得该病菌。

少数 4～8 周龄猪在发生感染后，人们认为病菌是由急性或慢性感染猪通过围栏进行传播（Hagedorn-Olsen 等，1999a）。传播的速度可能与环境因素以及饲养密度有关。并且发现所有年龄阶段的猪均易发生 Mhs 感染及 Mhs 临床疾病（Lauritsen 等，2008）。

致病机理
Pathogenesis

Mhs 感染急性期可持续 1～2 周，在此期间病菌能够全身性地传播至关节和多种组织中，遍布机体全身。经过 4～9 d 潜伏期后可出现关节炎症状并且能从急性期感染关节内分离出 Mhs，即发生跛行后的 1～2 周以及暴露后的 2～3 周。亚急性期和慢性期为临床出现关节炎症状后的 3～16 周，在该阶段扁桃体仍被感染而且活菌能够持续存在于关节和淋巴结。通过围栏接触慢性感染猪而被感染的猪可能不引起病菌的全身性传播，但是仅感染扁桃体。这表明动物最初是通过扁桃体感染，之后可能由此引起全身性的传播（Hagedorn-Olsen 等，1999b）。Hagedorn-Olsen 等，（1999c）的一项研究发现，90%的试验感染猪出现有败血症；23 头猪中有 12 头临床上出现关节炎症状；而且从 20%外观正常的关节内分离获得病菌，从而证实感染并不总是会导致临床疾病的发生。遗传学、管理模式以及环境的差异在确定临床上所出现的关节炎症状是否起因于 Mhs 感染上起到一定的作用（Ross，1973）。骨软骨病或外伤引起的黏液囊病变可能会使猪更易出现 Mhs 感染引起的关节炎病变（Nielsen 等，2001）。

临床症状
Clinical Signs

临床上与 Mhs 有关的跛行主要发生于 3～5 月龄猪。病猪迅速出现跛行，且可能不止一条腿。一项研究发现，在临床上仅后肢的跛行与该病原菌感染有关（Nielsen 等，2001）。病猪体温维持正常，可能出现轻微的食欲下降且伴随有体重减轻。

关节可能维持正常大小,或者可能出现肿胀、变软及波动感。

急性症状能够持续3~10 d,之后跛行的严重程度逐渐减轻。许多动物在康复后不出现跛行或可能出现运动僵硬。持续出现的临床症状通常是由骨软骨病以及 Mhs 诱导的关节炎所致。该病死亡率较低,在感染畜群中发病率从1%~50%不等(Ross,1992)。

病理变化
Lesions

Mhs 感染关节常见有增生、肿胀、水肿以及滑膜充血等病变。滑膜表面可覆盖有少量的纤维素性或纤维素性化脓性渗出物。滑膜液增多,通常可见浆液纤维素性、血性浆液或浑浊的褐色液体。感染关节周围的组织通常发生水肿。在慢性期,关节膜由于纤维化而增厚。软骨的变化可能与 Mhs 感染有关或由于骨软骨病所致。在腕关节颅面或跗关节跖肌和外侧面可能出现假性囊肿或胼胝体(Nielsen 等,2001)。镜检观察,滑膜的急性病变以水肿、充血、滑膜细胞异常增生以及血管周围可见淋巴细胞、浆细胞和巨噬细胞浸润为特征。随着感染的不断发展,浆细胞和淋巴细胞数量不断增加,偶尔可见淋巴小结的生成和纤维化的发生(Hagedorn-Olsen 等,1999c)。

诊断
Diagnosis

10~20 周龄的急性跛行猪对青霉素没有立即产生反应,这暗示其可能为 Mhs 感染(Ross,1992)。证实与 Mhs 感染病变一致的关节中 Mhs的存在对于该病的确诊非常关键。应当选择疾病特性与 Mhs 感染相一致且处于疾病急性期的动物进行诊断。应当无菌收集出现严重跛行而未经治疗动物的关节液或滑膜进行检测。通过培养或PCR 方法能够证实样本中的 Mhs。研究发现,用于 Mhyo 检测的 PCR 方法确实与 Mhs 不产生交叉反应。

血清学方法能够用于该病原菌的抗体检测。已被描述的有补体结合试验和 ELISA 方法,但这两种方法在美国并未得到广泛应用(Hagedorn-

Olsen 等,1999a;Zimmermann 和 Ross,1982)。与早期的血清学测定方法相比,丹麦建立的间接ELISA 方法能够提高检测的敏感性和特异性;然而,这种方法在美国并未被采用。亚临床感染猪在不表现临床症状的情况下也可能产生抗体,因此应当使用收集自疾病急性和亚急性/慢性期的双份血清来确定抗体水平是否随临床疾病的进程而提高(Nielsen 等,2005)。

治疗
Treatment

一项体外研究证实,恩氟沙星、林可霉素、四环素和硫姆林都能有效对抗 Mhs(Aarestrup 和Friis,1998)。在同一项研究中发现,收集自1968—1971 年间的菌株对泰乐菌素高度敏感,而收集自 1995—1996 年间的菌株被划分在高度敏感与相对耐药之间,这表明一些菌株对泰乐菌素产生抗性(Aarestrup 和 Friis,1998)。早期的研究证实 Mhs 对泰乐菌素、林可霉素和伐奈莫林敏感(Hannan 等,1997;Zimmermann 和 Ross,1975)。此外,Burch 和 Goodwin(1984)证实使用泰乐菌素和林可霉素能够有效提高生产性能,并且减少发生 Mhs 感染相关临床疾病畜群中跛行的发生。然而,一项对丹麦9个畜群的研究发现,治疗对临床疾病的结局不产生明显的影响,由于大部分跛行的消退不依赖于所使用的抗生素疗法(Nielsen 等,2001)。

尚未研制出可用于 Mhs 感染引起相关疾病预防的商品化疫苗。尚不清楚使用自家苗是否有助于阻止疾病的发生。

猪支原体(猪附红细胞体)
MYCOPLASMA (EPERYTHROZOON) SUIS

随着分子生物学的发展,根据病菌的物理特性和 16S rRNA 基因序列将猪附红细胞体(*Eperythrozoon suis*)重新命名为猪支原体[*Mycoplasma suis*(Ms)],且被重新分类为柔膜体纲(*Mollicutes*)家族的成员(Neimark 等,2002)。不依赖其名称,该病原仍然是引起猪贫血的原因。

病因学
Etiology

Ms 最初发现于临床上以 2～8 月龄的猪出现黄疸性贫血、呼吸窘迫、衰弱以及发热为特征的"类立克次体或猪的类边虫病"(Doyle,1932)。1950 年,Splitter 和 Williamson 对 Doyle 在此之前所观察到临床疾病发生的病原进行了描述,由于该病原与在牛和羊体内存在的病原相似,因此将其命名为猪附红细胞体(*E. suis*)(Splitter,1950a)。由于病原体在外观上存在差异,最初将其分为猪附红细胞体(*E. suis*)和短小附红细胞体(*Eperythrozoon parvum*),之后它们被确定为处于不同成熟阶段的同一病原体(Liebichand Heinritzi,1992;Zachary 和 Basgall,1985)。

由于 Ms 在生物学和表型特征上与常规的细菌不一致,因此最初被划分到无形体科(Anaplasmataceae)(Moulder,1974)。然而,根据其在细胞内寄生的体积小、无细胞壁、具有抵抗力以及对四环素类敏感等特点,该病原菌被怀疑是柔膜体纲的一员(Tanaka 等,1965)。1997 年,Rikihisa 等,(1997)通过测定该病原菌 16S rRNA 基因序列而证实了上面的假设。研究人员发现该基因序列与其他的立克次氏体有很少的共同之处,相反它与其他支原体种类更为接近(Johansson 等,1999)。因此,提议将猪附红细胞体(*E. suis*)命名为猪支原体(*M. suis*)(Neimark 等,2002)。

Ms 呈圆形至椭圆形,平均直径为 0.2～2 μm,能够黏附到红细胞膜的表面(Liebich 和 Heinritzi,1992;Zachary 和 Basgall,1985)且能侵入红细胞,存在于膜结合空泡或游离于细胞浆内(Groebel 等,2009)。迄今为止,不能在缺乏细胞的培养基中培养 Ms。

流行病学
Epidemiology

据报道,该病广泛存在于美国的中西部(Splitter,1950a,b)。Smith 和 Rahn (1975)利用间接血凝试验(IHA)对 10 000 份猪血清进行了测试,发现大约 20% 的动物呈现血清学阳性,血清学滴度在 40 或以上。该病发病率为 10%～

60% 不等,而急性病例死亡率可达 90%(Anthony 等,1962)。亚临床感染的发病率很低,因此与死亡率一样很难测定。最近,建立发展起一种 PCR 测定方法并应用于 60 头猪进行小规模研究,发现在 29% 的血清测试阳性样本检测到病原体(Messick 等,1999)。该病的发生通常与畜群中存在的其他传染性疾病的暴发密切相关。

病原体能够经口摄入血液或血液成分而直接接触传播,例如舔舐伤口、同类相残或摄取污染血液的尿液等。通过媒介也可发生间接传播,主要的传播媒介包括体外寄生虫和吸血昆虫以及无活性的载体,例如污染的针头、手术器械或圈套器。经精液传播仅发生在血液污染的情况下,因此临床上较为少见(Heinritzi,1999)。Ms 可通过子宫由母猪传播至仔猪(Henderson 等,1997)。

试验感染脾脏切除猪的潜伏期为 3～10 d。这会导致疾病急性期的出现。然而,带菌状态也很可能会复发(Splitter,1950b)。在自然感染动物体的潜伏期差异很大,由于一些感染猪根本不表现临床疾病。感染猪在出现临床疾病前数月能够维持正常状态,这通常与应激或个体易感性有关。

致病机理
Pathogenesis

急性感染期以出现严重的菌血症为特征,这可能会导致严重的致死性贫血。Ms 感染初期可观察到血细胞压积、总红细胞(RBC)计数以及血红蛋白浓度的降低,这可能是由于病菌在 RBCs 大量寄生所致。已经证实,寄生虫能够通过其纤丝结构结合到 RBCs 细胞膜上(Zachary 和 Basgall,1985)。这将导致 RBCs 的损伤。近来研究发现,某些 Ms 分离株能够侵入细胞引起对生命构成威胁疾病的发生(Groebel 等,2009)。目前尚不清楚通常情况下 Ms 是如何侵入 RBCs。Ms 细胞内寄生可以保护其不受宿主免疫系统的破坏,且能够增加 Ms 持续感染的可能性。RBCs 数量的减少可能会导致贫血和胆红素血症的发生。感染的红细胞较为脆弱,细胞膜结构发生改变而被识别为异物,并通过脾脏将其从血液循环系统中移除。除了对 RBCs 造成直接损伤外,宿主的免疫系统在与 Ms 相关的急性型和慢性型贫血的发生过程中起到一定的作用。机体可能会产生抗宿主 RBCs 的自身抗体(Smith,1992),导致产生靶向细胞表面唾液酸糖结合物的冷凝集素(Feizi 和 Loveless,1996)。有研究指出宿主的免疫反应可能会加剧溶血反应。RBC 凝集的先决条件是存在某些类型的膜损伤,然后来源于自发性和试验性诱导 Ms 感染猪的血液在冷条件下能够发生凝集(Hoffman 等,1981)。Ms 黏附到 RBCs 上的机制尚不清楚。

在急性期,偶尔可观察到出血现象可能增多,这将导致消耗性的凝血功能障碍。随着病菌感染 RBCs 数量的增多,将会观察到更加显著的病变。对于 Ms 潜伏感染动物,观察不到相似的血液凝固效应(Plank 和 Heinritzi,1990)。在急性感染期间,由于病原菌的代谢活动可能会引起感染猪发生低血糖和血液酸中毒(Heinritzi,1999)。

除引起 RBCs 的变化外,一些研究证实 Ms 感染能够引起短暂性的能使 IHA 效价增高的高球蛋白血症。在发生严重的寄生物血症后,淋巴细胞对非特异性的促有丝分裂素、植物血凝素、美洲商陆以及大肠杆菌(Escherichia coli)脂多糖的反应降低。该免疫抑制可能为了增加感染后消化道和呼吸道疾病的发生(Zachary 和 Smith,1985)。通过对 Ms 感染畜群中其他疾病进行控制时的难度增加而进一步证实病原菌对宿主免疫系统的影响(Henry,1979)。

该病的临床暴发可能会增加感染畜群的发生率,但是最终会在病原菌和猪之间达到一个平衡,导致直接由 Ms 引起疾病的发生最小化。这种平衡能够被其他的病原菌、应激或不恰当的管理方式等打破,从而导致临床上疾病的暴发。因此,良好的管理方式对于控制感染畜群中疾病的发生非常关键。畜群中 Ms 感染最主要的是感染对生产参数造成的影响。

临床症状
Clinical Signs

Ms 感染能够引起仔猪、产前母猪以及断奶应激仔猪和架子猪的急性溶血性疾病和死亡(Henry,1979;Smith,1992)。任何年龄的猪均可出现与 Ms 相关的疾病。在疾病的急性期,临床上可观察到皮肤苍白、发热、偶尔出现黄疸以及末梢发绀,尤其是耳朵。在断奶仔猪和架子猪更常见有轻度贫血和生长率低下。母猪感染可能会引起发热、厌食、嗜睡、产奶量下降及缺少母性行为。母猪典型的临床疾病出现在分娩前的 3～4 d 内或分娩后立即出现。

慢性感染动物会出现衰弱、皮肤苍白及偶尔的以荨麻疹为特征的皮肤过敏症状,这些动物体内的病原体含量较低或检测不到。Ms 慢性感染与生产性能的降低有关,这点已经得到证实,感染母猪出现不发情、延迟发情、早期胚胎死亡以及流产。然而,Zinn 等(1983)发现母猪的生产性能没有受到明显的影响,但是可见具有高 IHA 滴度的母猪的产仔率下降。

在所有的情况下,继发的细菌或病毒感染、管理水平低下,包括拥挤、生活环境条件较差以及寄生虫的存在都会增加 Ms 感染相关疾病的严重性。频繁的注射和疫苗接种也是造成病原菌传播以及随后发生再感染的重要因素。使用四环素口服治疗其他的疾病能够掩盖临床症状。

诊断
Diagnosis

无法培养 Ms 使得诊断检测很难得到发展。通常根据临床症状、血液学检测结果以及分离得到的病原对该病作出诊断。最初,检测或证实带菌动物发生潜伏感染的最好诊断方法是通过脾切除潜在性感染猪或通过使用可疑猪血液接种脾切除猪。随着检测技术的改良,尤其是 PCR 方法的出现使得这种方法在大部分地区被废弃。

通常使用补体结合试验、间接血凝以及近来的 ELISAs 方法用于血清抗体的检测。已经证实全血 ELISAs 方法不能准确检测 Ms 感染,而且由于很难获得一致的抗原使得很少应用该方法进行检测。近来,研制开发出一种使用两个重组的抗原 rMSG1 和 rHspA1 的新的 ELISA 方法(Hoelzle 等,2007a)。该方法的敏感性分别为84.8%、83.8% 和 90.6%。然而,其特异性较低,变动范围为 74%～58.1%。由于每次再感染或复发都会导致新抗体的产生,抗体的产生通常会出现波动。然而,抗体滴度通常仅能维持 2～3 个月,从而会导致假阴性结果的频繁出现(Heinritzi,1999)。

最近,发展建立起 PCR 测定方法,该方法更为敏感而且能够用于病菌携带者或亚临床感染猪的检测而使得猪的检出率增高(Hoelzle 等,2003;Messick 等,1999)。发展产生一种敏感和特异的实时 PCR 检测方法,该方法是目前用于病原菌检测的最好方法(Hoelzle 等,2007b)。一项研究发现,在对感染猪进行检测时,实时 PCR 检测方法比血涂片方法更为敏感(Ritzmann 等,2009)。以 PCR 检测结果为依据,猪的 Ms 感染可能比之前预想的更为常见(Ritzmann 等,2009)。

治疗
Treatment

可选用土霉素对感染猪进行治疗,经注射途径给药,剂量为 20～30 mg/kg(Heinritzi,1999)。由于缺乏充足的食物消耗,急性病猪需要注射治疗。在感染畜群发生应激或治疗时使用土霉素能够有助于阻止急性疾病的发生。然而,治疗并不能将病原体从病猪体内完全清除。尽管口服金霉素并不能阻止疾病的暴发,但能够降低贫血的发生率。支持疗法和铁注射(200 mg 右旋糖酐铁/头猪)将有助于疾病的恢复并且使死亡率降到最低。

预防
Prevention

用于对表现临床疾病 Ms 感染猪进行处理的支持和预防措施应当包括治疗(Claxton 和 Kunish,1975)。停止病原的传播和阻止再感染的发生是控制畜群感染状态的关键环节。对寄生病原的控制和卫生保健是控制疾病的关键环节。通过更换针头可使病原在母猪和仔猪之间经针头或手术器械传播的可能最小化。

目前尚未有可利用的疫苗,由于缺乏培养 Ms 的能力以及其毒力因子的相关信息造成疫苗的研发非常复杂。对利用大肠杆菌(E. coli)重组蛋白所生产疫苗的效果进行探索,其能够诱导机体产生体液和细胞免疫应答,但是对病原攻击不能提供有效的保护(Hoelzle 等,2009)。因此,如果一个畜群无 Ms 感染,那么补充动物应当来源

于 Ms 阴性畜群。假如来源于分娩母猪的血清经血清学或 PCR 检测为阴性或输送至少 10 个血样至脾切除猪而对其不产生影响,即可假定为阴性状态。

来源于猪的其他支原体种类
OTHER *MYCOPLASMA* SPP. FROM SWINE

在猪群中还存在大量其他的支原体种类,它们在养猪业中的重要性不如 Mhyo,Mhr,Mhs 和 Ms。这些种类还包括存在其他物种中的有代表性的支原体,这些菌株通常不引起猪的疾病,如无胆甾支原体通常广泛存在于多种动植物中。

通常能从猪体内分离到一种支原体,即絮状支原体(*M. flocculare*),但是它被公为无致病性支原体。在丹麦首次从猪的呼吸道内分离获得絮状支原体(Friis,1972)。自此以后,一些研究者从英国、瑞典及美国均分离出该病原菌(Armstrong 和 Friis,1981)。研究证实,絮状支原体(*M. flocculare*)能够诱导鼻腔和支气管周围区域的淋巴细胞浸润(Friis,1973)。这一发现之后被 Armstrong 等(1987)证实。然而,絮状支原体(*M. flocculare*)在野外呼吸道疾病发生过程中的作用仍然未得到充分阐述。由于絮状支原体(*Mycoplasma flocculare*)与 Mhyo 具有相似的抗原特性,因此其在养猪业中的地位非常重要,这会使得用于对二者进行鉴别诊断的、在分离培养后的抗原分型以及更为重要的血清学方法变得较为复杂(Bereiter 等,1990)。然而,也有研究证实可使用分子生物学技术从二者的遗传学差异角度进行区分,目前已发展起用于猪致病性支原体的 PCR 方法且能对不同的种类进行区分(Blank 和 Stemke,2001;Stakenborg 等,2006;Stemke 等,1994;Strait 等,2008a)。

尿生殖道的支原体感染也非常普遍;然而,很少有证据显示猪体内相似发现的报道。Shin 等,(2003)证实一个能够致细胞病变的种类 Mhr,其被认为是造成母猪流产的重要原因。

已经从猪体内分离获得的其他种类的支原体包括猪腹支原体(*M. sualvi*)、猪喉支原体(*M. hyopharyngis*)、精氨酸支原体(*M. arginii*)、牛生殖道支原体(*M. bovigenitalium*)、上颌支原体(*M. buccale*)、鸡霉形体(*M. gallinarum*)、惰性霉

形体(*M. iners*)、丝状支原体(*M. mycoides*)及唾液支原体(*M. salivarium*)。除支原体以外,偶尔能从猪呼吸道内分离到无胆甾支原体(Gois 等,1969)。无胆甾支原体与支原体目成员的不同之处是其具有较大的基因组,并且能够在无甾醇的培养基中生长(Ross,1992)。已经证实它们在猪体内的存在对猪不产生影响。

(赵魁、贺文琦、高丰译,宋志琦校)

参考文献
REFERENCES

Aarestrup FM, Friis NF. 1998. Vet Microbiol 61:33–39.

Ahn KK, Kwon D, Jung K, et al. 2009. J Vet Med Sci 71: 441–445.

Alexander TJ, Thornton K, Boon G, et al. 1980. Vet Rec 106: 114–119.

Amanfu W, Weng CN, Ross RF, Barnes HJ. 1984. Am J Vet Res 45: 1349–1352.

Andreasen M, Mousing J, Krogsgaard Thomsen L. 2001. Prev Vet Med 52:147–161.

Andreasen M, Nielsen JP, Baekbo P, et al. 2000. Prev Vet Med 45: 221–235.

Anthony H, Kelley D, Nelson D. 1962. Vet Med Small Anim Clin 57:702–703.

Armstrong CH, Friis NF. 1981. Am J Vet Res 42:1030–1032.

Armstrong CH, Sands-Freeman L, Freeman MJ. 1987. Can J Vet Res 51:185–188.

Artiushin S, Minion FC. 1996. Int J Syst Bacteriol 46:324–328.

Artiushin S, Stipkovits L, Minion FC. 1993. Mol Cell Probes 7: 381–385.

Asai T, Okada M, Ono M, et al. 1993. Vet Immunol Immunopathol 38:253–260.

Asai T, Okada M, Ono M, et al. 1994. Vet Immunol Immunopathol 44:97–102.

Baekbo P, Kooij D, Mortensen S, et al. 1996. Acta Vet Scand Suppl 90:63–65.

Bandrick M, Pieters M, Pijoan C, Molitor TW. 2008. Clin Vaccine Immunol 15:540–543.

Bereiter M, Young TF, Joo HS, Ross RF. 1990. Vet Microbiol 25: 177–192.

Blank WA, Stemke GW. 2001. Int J Syst Evol Microbiol 51: 1395–1399.

Blowey RW. 1993. Pig Vet J 30:72–76.

Bousquet E, Pommier P, Wessel-Robert S, et al. 1998. Vet Rec 143: 269–272.

Burch DG, Goodwin RF. 1984. Vet Rec 115:594–595.

Burch DG, Jones GT, Heard TW, et al. 1986. Vet Rec 119: 108–112.

Burnett TA, Dinkla K, Rohde M, et al. 2006. Mol Microbiol 60: 669–686.

Buttenshon J, Svensmark B, Kyrval J. 1995. Zentralbl Veterinarmed A 42:633–641.

Cai HY, van Dreumel T, McEwen B, et al. 2007. J Vet Diagn Invest 19:91–95.

Calsamiglia M, Collins JE, Pijoan C. 2000. Vet Microbiol 76: 299–303.

Calsamiglia M, Pijoan C. 2000. Vet Rec 146:530–532.

Calsamiglia M, Pijoan C, Trigo A. 1999. J Vet Diagn Invest 11: 246–251.

Calus D, Baele M, Meyns T, et al. 2007. Vet Microbiol 120: 284–291.

Cardona AC, Pijoan C, Dee SA. 2005. Vet Rec 156:91–92.

Caruso JP, Ross RF. 1990. Am J Vet Res 51:227–231.

Chen JR, Lin JH, Weng CN, et al. 1998. Vet Microbiol 62: 97–110.

Choi C, Kwon D, Jung K, et al. 2006. J Comp Pathol 134:40–46.

Christensen G, Sorensen V, Mousing J. 1999. Diseases of the respiratory system. In BE Straw, S D'Allaire, W Mengeling, DJ Taylor, eds. Diseases of Swine, 8th ed. Ames, IA: Iowa University Press, pp. 913–940.

Ciprian A, Cruz TA, de la Garza M. 1994. Arch Med Res 25: 235–239.

Claxton M, Kunish J. 1975. Iowa State Vet 37:82–83.

Cooper AC, Fuller JR, Fuller MK, et al. 1993. Res Vet Sci 54: 329–334.

Davies PR, Bahnson PB, Grass JJ, et al. 1995. Am J Vet Res 56: 09–14.

DeBey MC, Jacobson CD, Ross RF. 1992. Am J Vet Res 53: 1705–1710.

DeBey MC, Ross RF. 1994. Infect Immun 62:5312–5318.

Djordjevic SP, Cordwell SJ, Djordjevic MA, et al. 2004. Infect Immun 72:2791–2802.

Djordjevic SP, Eamens GJ, Romalis LF, et al. 1997. Aust Vet J 504: 511.

Dohoo IR, Montgomery ME. 1996. Can Vet J 37:299–302.

Dorr PM, Baker RB, Almond GW, et al. 2007. J Am Vet Med Assoc 230:244–250.

Doyle L. 1932. J Am Vet Med Assoc 8:668–671.

Drexler CS, Witvliet MH, Raes M, et al. 2010. Vet Rec 166: 70–74.

Dritz SS, Chengappa MM, Nelssen JL, et al. 1996. J Am Vet Med Assoc 208:711–715.

Dubosson CR, Conzelmann C, Miserez R, et al. 2004. Vet Microbiol 102:55–65.

Erlandson K, Thacker B, Wegner M, et al. 2005. J Swine Health Prod 13:198–203.

Etheridge JR, Cottew GS, Lloyd LC. 1979. Aust Vet J 55: 356–359.

Fablet C, Marois C, Kobisch M, et al. 2010. Vet Microbiol 143: 238–245.

Fagan PK, Djordjevic SP, Eamens GJ, et al. 1996. Infect Immun 64:1060–1064.

Fagan PK, Walker MJ, Chin J, et al. 2001. Microb Pathog 30: 101–110.

Fano E, Pijoan C, Dee S. 2005a. Can J Vet Res 69:223–228.

——. 2005b. Vet Rec 157:105–108.

Feizi T, Loveless RW. 1996. Am J Respir Crit Care Med 154: S133–S136.

Frey J, Haldimann A, Kobisch M, et al. 1994. Microb Pathog 17: 313–322.

Frey J, Haldimann A, Nicolet J. 1992. Int J Syst Bacteriol 42: 275–280.

Friis NF. 1972. Acta Vet Scand 13:284–286.

——. 1973. Acta Vet Scand 14:344–346.

——. 1975. Nord Vet Med 27:337–339.

——. 1976. Acta Vet Scand 17:343–353.

——. 1979. Acta Vet Scand 20:607–609.

Friis NF, Ahrens P, Larsen H. 1991. Acta Vet Scand 32:425–429.

Friis NF, Hansen KK, Schirmer AL, et al. 1992. Acta Vet Scand 33: 205–210.

Godinho KS. 2008. Vet Microbiol 129:426–432.

Gois M, Cerny M, Rozkosny V, et al. 1969. Zentralbl Veterinarmed B 16:253–265.

Gois M, Kuksa F, Sisak F. 1977. Zentralbl Veterinarmed B 24: 89–96.

Goodwin RF. 1972. Res Vet Sci 13:262–267.

——. 1985. Vet Rec 116:690–694.

Groebel K, Hoelzle K, Wittenbrink MM, et al. 2009. Infect Immun 77:576–584.

Guerrero RJ. 1990. Respiratory disease: An important global problem in the swine industry. In Proc Congr Int Pig Vet Soc, p. 98.

Hagedorn-Olsen T, Basse A, Jensen TK, et al. 1999a. APMIS 107: 201–210.

Hagedorn-Olsen T, Nielsen NC, Friis NF. 1999b. Zentralbl Veterinarmed A 46:317–325.

Hagedorn-Olsen T, Nielsen NC, Friis NF, et al. 1999c. Zentralbl Veterinarmed A 46:555–564.

Hannan PC, Bhogal BS, Fish JP. 1982. Res Vet Sci 33:76–88.

Hannan PC, O'Hanlon PJ, Rogers NH. 1989. Res Vet Sci 46: 202–211.

Hannan PC, Windsor HM, Ripley PH. 1997. Res Vet Sci 63: 157–160.

Harasawa R, Koshimizu K, Takeda O, et al. 1991. Mol Cell Probes 5:103–109.

Hariharan H, MacDonald J, Carnat B, et al. 1992. J Vet Diagn Invest 4:28–30.

Harris D. 1990. Large Anim Vet 45:10–13.

Hege R, Zimmermann W, Scheidegger R, et al. 2002. Acta Vet Scand 43:145–156.

Heinonen M, Autio T, Saloniemi H, et al. 1999. Acta Vet Scand 40:241–252.

Heinonen M, Laurila T, Vidgren G, et al. 2011. Vet J 188: 110–114.

Heinritzi K. 1999. Eperythrozoonosis. In B Straw, S D'Allaire, WL Mengeling, DJ Taylor, eds. Diseases of Swine, 8th ed. Ames, IA: Iowa State University Press, pp. 413–418.

Henderson JP, O'Hagan J, Hawe SM, et al. 1997. Vet Rec 140: 144–146.

Henry SC. 1979. J Am Vet Med Assoc 174:601–603.

Hoelzle K, Doser S, Ritzmann M, et al. 2009. Vaccine 27: 5376–5382.

Hoelzle K, Grimm J, Ritzmann M, et al. 2007a. Clin Vaccine Immunol 14:1616–1622.

Hoelzle LE, Adelt D, Hoelzle K, et al. 2003. Vet Microbiol 93: 185–196.

Hoelzle LE, Helbling M, Hoelzle K, et al. 2007b. J Microbiol Methods 70:346–354.

Hoffman R, Schimd DO, Hoffmann-Fezer G. 1981. Vet Immunol Immunopathol 2:111–119.

Holmgren N. 1974. Res Vet Sci 16:341–346.

Hsu FS, Yeh TP, Lee CT. 1983. J Anim Sci 57:1474–1478.

Hsu T, Artiushin S, Minion FC. 1997. J Bacteriol 179: 1317–1323.

Hsu T, Minion FC. 1998. Infect Immun 66:4762–4766.

Jayappa H, Davis R, Rapp-Gabrielson V, et al. 2001. Evaluation of the efficacy of *Mycoplasma hyopneumoniae* bacterin following immunization of young pigs in the presence of varying levels of maternal antibodies. In Proc Annu Meet Am Assoc Swine Vet, pp. 237–241.

Jensen CS, Ersboll AK, Nielsen JP. 2002. Prev Vet Med 54: 265–278.

Johansson KE, Tully JG, Bolske G, et al. 1999. FEMS Microbiol Lett 174:321–326.

Jorsal SE, Thomsen BL. 1988. Acta Vet Scand 29:436–438.

Kawashima K, Yamada S, Kobayashi H, et al. 1996. J Comp Pathol 114:315–323.

King KW, Faulds DH, Rosey EL, et al. 1997. Vaccine 15:25–35.

Kishima M, Ross RF. 1985. Am J Vet Res 46:2366–2368.

Kobisch M, Quillien L, Tillon JP, et al. 1987. Ann Inst Pasteur Immunol 138:693–705.

Kokotovic B, Friis NF, Ahrens P. 2002. J Vet Med B Infect Dis Vet Public Health 49:245–252.

Kokotovic B, Friis NF, Jensen JS, et al. 1999. J Clin Microbiol 37: 3300–3307.

Kristensen B, Paroz P, Nicolet J, et al. 1981. Am J Vet Res 42: 784–788.

Kurth KT, Hsu T, Snook ER, et al. 2002. J Vet Diagn Invest 14: 463–469.

Kwon D, Chae C. 1999. Vet Pathol 36:308–313.

Lauritsen KT, Hagedorn-Olsen T, Friis NF, et al. 2008. Vet Microbiol 130:385–390.

Le Carrou J, Laurentie M, Kobisch M, et al. 2006. Antimicrob Agents Chemother 50:1959–1966.

Le Grand A, Kobisch M. 1996. Vet Res 27:41–253.

Liebich HG, Heinritzi K. 1992. Tierarztl Prax 20:270–274.

Lin JH, Chen SP, Yeh KS, Weng CN. 2006. Vet Microbiol 115: 111–116.

Lin SY, Tzan YL, Weng CN, et al. 1991. J Microencapsul 8: 537–545.

Lorenzo H, Quesada O, Assuncao P, et al. 2006. Vet Immunol Immunopathol 109:199–207.

Madsen ML, Oneal MJ, Gardner SW, et al. 2007. J Bacteriol 189: 7977–7982.

Maes D, Deluyker H, Verdonck M, et al. 1999. Vaccine 17: 1024–1034.

Maes D, Segales J, Meyns T, et al. 2008. Vet Microbiol 126: 297–309.

Maes D, Verdonck M, Deluyker H, et al. 1996. Vet Q 18: 104–109.

Magnusson U, Wilkie B, Mallard B, et al. 1998. Vet Immunol Immunopathol 61:83–96.

Mare CJ, Switzer WP. 1965. Vet Med Small Anim Clin 60: 841–846.

Marois C, Dory D, Fablet C, et al. 2010. J Appl Microbiol 108: 1523–1533.

Marois C, Gottschalk M, Morvan H, et al. 2009. Vet Microbiol 135 :283–291.

Martelli P, Terreni M, Guazzetti S, et al. 2006. J Vet Med B Infect Dis Vet Public Health 53:229–233.

Mateusen B, Maes D, Hoflack G, et al. 2001. J Vet Med B Infect Dis Vet Public Health 48:733–741.

Mateusen B, Maes D, Van Goubergen M, et al. 2002. Vet Rec 151: 135–140.

Mattsson JG, Bergstrom K, Wallgren P, et al. 1995. J Clin Microbiol 33:893–897.

Mayor D, Jores J, Korczak BM, et al. 2008. Vet Microbiol 127: 63–72.

Mayor D, Zeeh F, Frey J, et al. 2007. Vet Res 38:391–398.

Messick JB, Cooper S, Huntley M. 1999. J Vet Diagn Invest 11:229–236.

Messier S, Ross RF. 1991. Am J Vet Res 52:1497–1502.

Messier S, Ross RF, Paul PS. 1990. Am J Vet Res 51:52–58.

Meyns T, Maes D, Calus D, et al. 2007. Vet Microbiol 120: 87–95.

Meyns T, Maes D, Dewulf J, et al. 2004. Prev Vet Med 66: 265–275.

Minion FC, Lefkowitz EJ, Madsen ML, et al. 2004. J Bacteriol 186: 7123–7133.

Moreau IA, Miller GY, Bahnson PB. 2004. Vaccine 22: 2328–2333.

Morita T, Ohiwa S, Shimada A, et al. 1999. Vet Pathol 36: 174–178.

Morrison RB, Pijoan C, Hilley HD, et al. 1985. Can J Comp Med 49:129–137.

Moulder J. 1974. Order I. Rickettsiales. In R Buchannan, N Gibbons, eds. Bergey's Manual of Determinative Bacteriology, 8th ed. Baltimore, MD: The Williams and Wilkins Co., pp. 882–890.

Muneta Y, Minagawa Y, Shimoji Y, et al. 2006. J Interferon Cytokine Res 26:637–644.

Murphy D, Van Alstine WG, Clark LK, et al. 1993. Am J Vet Res 54:1874–1880.

Muto A, Ushida C. 2002. Transcription and translation. In S Razin, R Herrmann, eds. Molecular Biology and Pathogenicity of Mycoplasmas. New York: Plenum Press, pp. 323–345.

Nanjiani IA, McKelvie J, Benchaoui HA, et al. 2005. Vet Ther 6:203–213.

National Animal Health Monitoring Survey (NAHMS). 2000. www.aphis.usda.gov/animal_health/nahms/swine/index. shtml#swine2000.

Neimark H, Johansson KE, Rikihisa Y, et al. 2002. Int J Syst Evol Microbiol 52:683.

Nicolet J, Paroz P, Bruggmann S. 1980. Res Vet Sci 29:305–309.

Nielsen EO, Lauritsen KT, Friis NF, et al. 2005. Vet Microbiol 111:41–50.

Nielsen EO, Nielsen NC, Friis NF. 2001. J Vet Med A Physiol Pathol Clin Med 48:475–486.

Nocard E, Roux ER. 1990. Rev Infect Dis 12:354–358.

Nutsch RG, Hart FJ, Rooney KA, et al. 2005. Vet Ther 6: 214–224.

Okada M, Asai T, Futo S et al. 2005. Vet Microbiol 105:251–259.

Opriessnig T, Thacker EL, Yu S, et al. 2004. Vet Pathol 41: 624–640.

Otake S, Dee S, Oliveira S, Deen J. 2010. Vet Microbiol 145: 198–208.

Paisley LG, Vraa-Andersen L, Dybkjaer L, et al. 1993. Acta Vet Scand 34:319–344.

Pieters M, Pijoan C, Fano E, Dee S. 2009. Vet Microbiol 134: 261–266.

Piffer IA, Ross RF. 1984. Am J Vet Res 45:478–481.

Piffer IA, Young TF, Petenate A, et al. 1984. Am J Vet Res 45: 1122–1126.

Plank G, Heinritzi K. 1990. Berl Munch Tierarztl Wochenschr 103: 13–18.

Pointon A, Byrt M, Heap P. 1985. Aust Vet J 62:13–18.

Pollack JD, Williams MV, McElhaney RN. 1997. Crit Rev Microbiol 23:269–354.

Potgieter LND, Frey ML, Ross RF. 1972. Can J Comp Med 36: 145–149.

Potgieter LND, Ross RF. 1972. Am J Vet Res 33:99–105.

Rautiainen E, Oravainen J, Virolainen JV, et al. 2001. Acta Vet Scand 42:355–364.

Rautiainen E, Tuovinen V, Levonen K. 2000. Acta Vet Scand 41: 213–225.

Rautiainen E, Wallgren P. 2001. J Vet Med B Infect Dis Vet Public Health 48:55–65.

Razin S, Yogev D, Naot Y. 1998. Microbiol Mol Biol Rev 62: 1094–1156.

Reddy NRJ, Wilke BN, Borgs P, et al. 2000. Infect Immun 68: 1150–1155.

Rikihisa Y, Kawahara M, Wen B, et al. 1997. Clin Microbiol 35: 823–829.

Ritzmann M, Grimm J, Heinritzi K, et al. 2009. Vet Microbiol 133: 84–91.

Ro LH, Ross RF. 1983. Am J Vet Res 44:2087–2094.

Roberts DH. 1974. Br Vet J 130:68–74.

Roberts DH, Johnson CT, Tew NC. 1972. Vet Rec 90:307–309.

Ross R. 1992. Mycoplasmal diseases. In AD Leman, B Straw, WL Mengeling, eds. Diseases of Swine, 7th ed. Ames, IA: Iowa State University Press, pp. 537–551.

Ross RF. 1973. J Infect Dis 127(Suppl):S84–S86.

Ross RF, Cox DF. 1988. J Am Vet Med Assoc 193:441–446.

Ross RF, Duncan JR. 1970. J Am Vet Med Assoc 157:1515–1518.

Ross RF, Karmon JA. 1970. J Bacteriol 103:707–713.

Ross RF, Spear ML. 1973. Am J Vet Res 34:373–378.

Ross RF, Weiss R, Kirchhoff H. 1977. Zentralbl Veterinarmed B 24: 741–745.

Ross RF, Whittlestone P. 1983. Methods Mycoplasmol 2: 115–127.

Ross RF, Young TF. 1993. Vet Microbiol 37:369–380.

Ross RF, Zimmermann-Erickson BJ, Young TF. 1984. Am J Vet Res 45:1899–1905.

Sarradell J, Andrada M, Ramirez AS, et al. 2003. Vet Pathol 40: 395–404.

Scheidt AB, Mayrose VB, Hill MA, et al. 1990. J Am Vet Med Assoc 196:881–884.

Sheldrake RF, Romalis LF, Saunders MM. 1993. Res Vet Sci 55: 371–376.

Shibata I, Okada M, Urono K, et al. 1998. J Vet Med Sci 60: 295–300.

Shin JH, Joo HS, Lee WH, et al. 2003. J Vet Med Sci 65: 501–509.

Sibila M, Bernal R, Torrents D, et al. 2008. Vet Microbiol 127: 165–170.

Sibila M, Calsamiglia M, Vidal D, et al. 2004. Can J Vet Res 68: 12–18.

Sibila M, Nofrarias M, Lopez-Soria S, et al. 2007. Vet Microbiol 121:352–356.

Smith A. 1992. Eperythrozoonosis. In B Straw, WL Mengeling, S D'Allaire, DJ Taylor, eds. Diseases of Swine, 7th ed. Ames, IA: Iowa State University Press, pp. 470–474.

Smith AR, Rahn T. 1975. Am J Vet Res 36:1319–1321.

Sorensen V, Ahrens P, Barfod K, et al. 1997. Vet Microbiol 54:23–34.

Sorensen V, Barfod K, Ahrens P, et al. 1994. Comparison of four different methods for demonstration of *Mycoplasma hyopneumoniae* in lungs of experimentally inoculated pigs. In Proc 13th Congr Int Pig Vet Soc, pp. 188.

Sorensen V, Barfod K, Feld NC, et al. 1993. Rev Sci Tech 12: 593–604.

Splitter EJ. 1950a. Science 111:513–514.

——. 1950b. Am J Vet Res 11:324–330.

Stakenborg T, Vicca J, Butaye P, et al. 2005a. Microb Drug Resist 11:290–294.

Stakenborg T, Vicca J, Butaye P, et al. 2005b. Vet Microbiol 109: 29–36.

Stakenborg T, Vicca J, Butaye P, et al. 2006. Vet Res Commun 30: 239–247.

Stark KD, Miserez R, Siegmann S, et al. 2007. Rev Sci Tech 26: 595–606.

Stark KD, Nicolet J, Frey J. 1998. Appl Environ Microbiol 64: 543–548.

Steenhard NR, Jungersen G, Kokotovic B, et al. 2009. Vaccine 27: 5161–5169.

Stemke GW. 1997. Lett Appl Microbiol 25:327–330.

Stemke GW, Phan R, Young TF, et al. 1994. Am J Vet Res 55: 81–84.

Stipkovits L, Miller D, Glavits R, et al. 2001. Can J Vet Res 65: 213–222.

Strait E, Rapp-Gabrielson V, Erickson B, et al. 2008a. J Swine Health Prod 16:200–206.

Strait EL, Madsen ML, Minion FC, et al. 2008b. J Clin Microbiol 46:2491–2498.

Straw B, Tuovinen V, Bigras-Poulin M. 1989. J Am Vet Med Assoc 195:1702–1706.

Straw BE, Backstrom L, Leman AD. 1986. Compend Contin Educ Pract Vet 8:106–112.

Tajima M, Yagihashi T, Nunoya T, et al. 1984. Am J Vet Res 45: 1928–1932.

Tanaka H, Hall WT, Sheffield JB, et al. 1965. J Bacteriol 90: 1735–1749.

Tanner AC, Erickson BZ, Ross RF. 1993. Vet Microbiol 36: 301–306.

Taylor MA, Wise KS, McIntosh MA. 1984. Isr J Med Sci 20: 778–780.

——. 1985. Infect Immun 47:827–830.

Ter Laak EA, Pijpers A, Noordergraaf JH, et al. 1991. Antimicrob Agents Chemother 35:228–233.

Thacker B, Boettcher T, Anderson T, et al. 1998a. The influence of passive immunity on serological responses to *Mycoplasma hyopneumoniae* vaccination. In Proc 15th Congr Int Pig Vet Soc, p. 154.

Thacker B, Halbur PG, Ross RF, et al. 1999. J Clin Microbiol 37: 620–627.

Thacker B, Thacker BJ, Boettcher TB, et al. 1998b. J Swine Health Prod 6:107–112.

Thacker B, Thacker BJ, Janke BH. 2001a. J Clin Microbiol 39: 2525–2530.

Thacker B, Thacker BJ, Kuhn M, et al. 2000b. Am J Vet Res 61: 1384–1389.

Thacker B, Thacker BJ, Wolff T. 2006. J Swine Health Prod 14: 140–144.

Thacker B, Thacker BJ, Young TF, et al. 2000c. Vaccine 18: 1244–1252.

Thacker B, Thacker E, Halbur P, et al. 2000a. The influence of maternally-derived antibodies on *Mycoplasma hyopneumoniae* infection. In Proc 16th Congr Int Pig Vet Soc, p. 454.

Thacker B, Young TF, Erickson BZ, et al. 2001b. Vet Ther 2: 293–300.

Thacker BJ, Thacker EL. 2001. Influence of maternally-derived antibodies on the efficacy of a *Mycoplasma hyopneumoniae* bacterin. In Proc Annu Meet Am Assoc Swine Vet, pp. 513–515.

Thacker EL. 2001. Vet Clin North Am Food Anim Pract 17: 551–565.

Thanawongnuwech R, Thacker EL. 2003. Viral Immunol 16: 357–367.

Thanawongnuwech R, Young TF, Thacker BJ, et al. 2001. Vet Immunol Immunopathol 79:115–127.

Van Alstine WG, Stevenson GW, Kanitz CL. 1996. Vet Microbiol 49:297–303.

Vasconcelos AT, Ferreira HB, Bizarro CV, et al. 2005. J Bacteriol 187:5568–5577.

Verdin E, Saillard C, Labbe A, et al. 2000. Vet Microbiol 76: 31–40.

Vicca J, Maes D, Stakenborg T, et al. 2007. Microb Drug Resist 13: 166–170.

Vicca J, Maes D, Thermote L, et al. 2002. J Vet Med B Infect Dis Vet Public Health 49:349–353.

Vicca J, Stakenborg T, Maes D, et al. 2003. Vet Microbiol 97: 177–190.

Vicca J, Stakenborg T, Maes D, et al. 2004. Antimicrob Agents Chemother 48:4470–4472.

Villarreal I, Maes D, Meyns T, et al. 2009. Vaccine 27: 1875–1879.

Wellenberg GJ, Bouwkamp FT, Wolf PJ, et al. 2010. Vet Microbiol 142:217–224.

Williams PP. 1978. Antimicrob Agents Chemother 14:210–213.

Wilton J, Jenkins C, Cordwell SJ, et al. 2009. Mol Microbiol 71: 566–582.

Wilton JL, Scarman AL, Walker MJ, et al. 1998. Microbiology 144: 1931–1943.

Wu CC, Shryrock TR, Lin TL, et al. 1997. J Swine Health Prod 5: 227–230.

Yazawa S, Okada M, Ono M, et al. 2004. Vet Microbiol 98: 221–228.

Zachary JF, Basgall EJ. 1985. Vet Pathol 22:164–170.

Zachary JF, Smith AR. 1985. Am J Vet Res 46:821–830.

Zhang Q, Young TF, Ross RF. 1994. Infect Immun 62: 1616–1622.

Zielinski GC, Ross RF. 1992. Am J Vet Res 53:1119–1124.

——. 1993. Am J Vet Res 54:1262–1269.

Zimmerman W, Odermatt W, Tschudi P. 1989. Schweiz Arch Tierheilkd 1989:179–191.

Zimmermann BJ, Ross RF. 1975. Can J Comp Med 39:17–21.

——. 1982. Vet Microbiol 7:135–146.

Zinn GM, Jesse GW, Dobson AW. 1983. J Am Vet Med Assoc 182:369–371.

58

巴氏杆菌病

Pasteurellosis

Karen B. Register，Susan L. Brockmeier，Marten F. de Jong 和 Carlos Pijoan

背景

RELEVANCE

自 1880 年 Louis Pasteur 确定禽霍乱的病原体为多杀性巴氏杆菌以后，巴氏杆菌属细菌则被人们公认为是致病菌（Pasteur，1880），后来为了纪念 Louis Pasteur，将该属名称以他的名字命名。早在 125 年前，多杀性巴氏杆菌（Pm）作为猪呼吸道疾病的一种重要病原，已经得到人们的认可，它也能引起猪进行性萎缩性鼻炎（PAR）及肺炎，因此可以对世界养猪业健康发展造成可持续的严重影响。

猪萎缩性鼻炎首次报道于德国，并在一些地区广泛流行，临床上以鼻甲发育不全或缺失为特征（Franque，1830）。在随后的一个多世纪，关于该病精确的病因学一直存在较大的争议，目前已得到公认的说法是，PAR 是一种严重且不可逆的病变，它是由能够产生毒素的多杀性巴氏杆菌单独引起或与支气管败血性博德特氏菌共同引起（de Jong 和 Nielsen，1990）的疾病。虽然对自然感染的猪群进行了动态的观察（Cowart 等，1990；Donkó 等，2005），PAR 可能会对动物生长率和饲料转化率带来负面影响（Pedersen 和 Barfod，1981；Riising 等，2002）。PAR 的发生给世界养猪业带来了明显的经济损失，其中中度至严重的暴发被认为能造成重大的经济损失（Muirhead，1979；Pedersen 和 Nielsen，1983）。支气管败血性博德特氏菌单纯感染也可以引发仔猪鼻黏膜炎症和鼻甲萎缩，并伴随动物生长而对动物产生较小的影响，但是该病变是可逆的，即为已知的与 PAR 不同的非进行性萎缩性鼻炎（NPAR）（见第 49 章）。

肺炎型巴氏杆菌病是由多杀性巴氏杆菌感染肺脏所引起，通常是地方性肺炎或猪呼吸系统疾病综合征（PRDC）的最后阶段。该综合征是猪群中流行最为广泛且花费较大的疾病之一，尤其是对那些饲养在密闭环境下的猪。在美国，肺炎是导致保育和生长肥育猪死亡的主要原因（USDA，2007），也是活猪交易市场遭受谴责的最常见原因之一（USDA，2008）。动物体重增长降低及患病动物所需治疗费用（较高）进一步加大了对经济造成的影响。多杀性巴氏杆菌作为细菌因子之一，通常从高度流行肺炎的肥育猪的肺脏中分离获得（Choi 等，2003；Hansen 等，2010）。多杀性巴氏杆菌极少引起猪的原发性肺炎，但是可以该菌作为一个条件致病菌而继发于原发性因素性的细菌和病毒感染。

在东半球的一些国家，散在暴发于无呼吸系统疾病的仔猪和成年猪中的致死性败血症也被归因于多杀性巴氏杆菌感染（Kalorey 等，2008；Mackie 等，1992；Townsend 等，1998b）。

猪病学，第 10 版，由 Jeffrey J. Zimmerman, Locke A. Karriker , Alejandro Ramirez, Kent J. Schwartz, Gregory W. Stevenson 主编。

© 2012 John Wiley & Sons, Inc. 由 John Wiley & Sons, Inc. 2012 年出版。

病因学
ETIOLOGY

多杀性巴氏杆菌包括四个亚种：多杀亚种、败血亚种、杀禽亚种和杀虎亚种。绝大多数的猪源分离株为多杀亚种，但偶尔也有败血亚种和杀禽亚种见于报道（Blackall 等，2000；Bowles 等，2000；Cameron 等，1996；Davies 等，2003；Varga 等，2007）。

多杀性巴氏杆菌是一个不运动的革兰氏阴性杆菌或球杆菌，长度约为 1.0～2.0 μm。原始的或低代次菌株可能存在清晰的两极浓染，然而其在经系列传代培养之后通常观察不到。该菌为兼性厌氧菌，98.6℉（37℃）条件下能在大多数的增菌培养基中生长良好。在血琼脂培养板上，该菌能够形成浅灰色的、非溶血性的菌落，通常类似于黏蛋白样且具有特征性的甜味。在麦康凯培养基上不生长，氧化酶和过氧化氢酶阳性，并能产生吲哚。

多杀性巴氏杆菌荚膜血清型被公认分为 A、B、D、E、F 五个型（Carter，1955；Rimler 和 Rhoades，1987），其中大多数猪源分离株为 A 型和 D 型。少部分分离自呼吸道的菌株没有荚膜，因而不能进行分型。A 型通常分离自患有肺炎的肺脏，而大多数 PAR 分离株为 D 型，但是在任何一种情况下均有可能分离获得任一血清型菌株（Bethe 等，2009；Choi 等，2001；Davies 等，2003；Ewers 等，2006；Høie 等，1991；Pijoan 等，1983，1984；Varga 等，2007）。血清 F 型同样也很少能从猪体内分离获得。猪急性败血性巴氏杆菌病中最为流行的荚膜血清型为 B 型，但是也有关于 D 型和 A 型的报道（Kalorey 等，2008；Mackie 等，1992；Townsend 等，1998b）。

此外，随着研究的深入，一种依据"菌体的"脂多糖（LPS）抗原的血清分型方法，能够进一步对各菌株加以区分（Heddleston 等，1972）。目前，已有 16 种已知的菌体血清型，命名为 1～16，同时也经常会遇到同时表达多种血清型的菌株。血清型 3,5 和 12 通常从猪呼吸道检测到（Pijoan 等，1983；Rimler 和 Brogden，1986）。依照惯例，

（通常）是根据荚膜和菌体分型联合检测的结果对分离菌株进行鉴定，但是只应用其中一种遗传分型技术鉴定的现象逐渐增多，这在部分程度上可能是由于两种分型结果很难达到一致，（而工作人员手中）很难具备可用的高品质及快速血清分型试剂等所导致。依据 DNA 的菌株检测方法具有较高的鉴别能力，且更有益于疾病暴发时的调查。多种依据基因组 DNA 片段的模式分析技术，包括限制性内切酶分析（REA）、脉冲式凝胶电泳及核糖分型等已被应用于猪源多杀性巴氏杆菌的分型（Dziva 等，2008）。聚合酶链式反应（PCR）和随机扩增多态 DNA 方法也展现出良好的应用前景，因为其仅需要少量的设备和试剂。所有这些方法都存在的一个明显的缺陷，即缺乏标准化，随之而来的困难是在各种临床试验技术之间的数据比较。

多位基因座序列分型技术（MLST）是一种基于 DNA 序列测定的基因分型技术，选定一组管家基因的内部片段序列进行序列分析。对于多种病原菌而言，该技术已经取代其他的分型方案。MLST 能够提供最后的、客观的结果，有利于评估、比较和存档。近年来，Subaaharan 等（2010）描述了一种用于鉴别禽源多杀性巴氏杆菌的 MLST 方案，该方法具有高度的鉴别能力且能预测其种群结构，其测定结果与可供选择的分型方法结果普遍一致。尽管还没有使用猪源分离株对该方法进行评价，但作者已经提议将该方法作为多杀性巴氏杆菌分型的新"金标准"。

对于多杀性巴氏杆菌而言，当前可用的仅有一个已注释的基因组序列，即禽霍乱 Pm70 株（May 等，2001）。Pm70 株基因组长为 2.25 Mb，G + C 含量为 41%。据推测，其能够编码产生 2 000 个基因产物，其中很可能有 104 个基因与其毒力有关。根据我们对该基因组的生物学理解，546 个含有大量缺口的编码区功能未知。为了探测不同条件下基因表达的变化，使用 Pm70 株以及少数非猪源菌株在模拟体内环境条件下开展全基因组研究。目前尚不清楚这些数据与 Pm 引起猪疾病之间的关系。

公共卫生
PUBLIC HEALTH

多杀性巴氏杆菌是一个重要的动物传染病病原,对于大多数由动物咬伤或抓挠所致的人类感染具有重大的责任。犬和猫是主要的传染源,但也有被猪、兔、鼠及多种野生动物咬伤导致感染的报道(Holst 等,1992;Hubbert 和 Rosen,1970;Migliore 等,2009)。人巴氏杆菌病通常呈现皮肤或软组织感染,疾病初期即出现典型症状,以出现炎症、肿胀及化脓为特征。较为严重的症状通常仅出现在患有败血症、骨髓炎、心内膜炎、肺炎、脑膜炎及腹膜炎的免疫妥协病人。

多杀性巴氏杆菌不是人类上呼吸道常见的组分,该菌通常分离自养猪户和猪群饲养密度较大区域中的居民,但是这些菌株与那些来源于猪宿主的菌株在遗传学上完全相同(Donnio 等,1999;Marois 等,2009)。人携带者大多数仍然是健康的,但是多杀性巴氏杆菌也可能与人的急性或慢性呼吸道疾病的发生有关。有人提议,应当将肺炎巴氏杆菌病认定为一种职业病。对于那些与感染多杀性杆菌病猪接触的人员应当引起人们的足够警惕,尤其是免疫妥协病人。

流行病学
EPIDEMIOLOGY

多杀性巴氏杆菌遍布世界各地,通常分离自野生和家养的哺乳动物及鸟类,包括水栖动物(Smith 等,1978)。它主要引起家禽、牛、水牛、猪、羊及兔的急性或慢性疾病。多杀性巴氏杆菌通常是多种宿主中正常菌群的一部分,在临床上常表现为隐性感染,而在免疫阴性动物则会促使疾病的暴发。该菌还没有已知的环境贮存库。

猪多杀性巴氏杆菌的流行病学调查还没有得到充分的认识。该病原体在临床上能够存在于多种动物种群,且能够从健康动物的鼻腔和扁桃体中检测到。虽然(我们)做出了经空气传播的假设,但是在发生 PAR 的育肥群仅检测到少量的经空气散播的多杀性巴氏杆菌(144 CFU/mL)(Bækbo 和 Nielsen,1988)。尽管该菌偶尔能够通过气溶胶传播,但鼻与鼻接触传播很可能是常见的感染途径。多杀性巴氏杆菌可能经垂直传播被引入到猪群,其中种猪作为一个贮存器能够使该病在血清阴性动物之间迅速传播,但是在养殖场内,常见的传播方式为水平传播(Dritz 等,1996;Fablet 等,2011;Zhao 等,1993)。多杀性巴氏杆菌能够持续在猪群中存在数月甚至数年,有时会有感染猪出现少许疾病症状。研究显示,其传播方式是通过污染的传播媒介或中间宿主进行传播(Goodwin 等,1990)。也有证据表明,禽类、牛、羊、犬以及猪源菌株偶尔会通过种间传播(Davies 等,2004)。啮齿类动物、猫、犬以及其他一些宿主通常携带多杀性巴氏杆菌,因此应当被考虑为与猪接触的可能来源。目前尚不清楚人类健康携带者是否能将多杀性巴氏杆菌传递给猪。

分子分型技术已被使用以便更好地理解巴氏杆菌在猪群中的流行病学情况,但是由于没有被广泛采纳且无标准化的方法,因此造成多个研究之间的比较存在疑问,且许多研究未能提供定量测定多样性的方法。尽管如此,猪肺炎分离株之间存在一定的遗传差异。在密闭猪群或有少量动物引进的群体中,通常是一个菌株或少数几个菌株占据优势,但是在猪群之间菌株会存在差异(Blackall 等,2000;Marois 等,2009;Rúbies 等,2002;Zhao 等,1993)。在发生过猪只移动的猪群中,很可能分布有多种菌株(Bowles 等,2000)。人们推测,高致病性的克隆菌主要引起肺炎,但是由于没有鉴定出其与毒力有直接关系的特性,而且来源于健康猪和病猪的共生体具有相似程度的遗传异质性,因此该推论似乎存在疑问(Bethe 等,2009;Ewers 等,2006)。

仅有少数基于 DNA 分型方法的调查用于评价与 PAR 发生有关的菌株,而它们的相似性证实了它们之间的遗传差异相对有限。REA 和核糖分型结果证实在一个猪群中可能发现有多种 PAR 菌株,而单个菌株很可能出现在不止一个猪群中(Bethe 等,2009;Gardner 等,1994;Harel 等,1990)。

多杀性巴氏杆菌在 39°F(4℃)条件下,能够在液体或固体培养基中存活 1 周,但是一些菌株在 59°F(15℃)或 98.6°F(37℃)条件下贮存数月后仍可能保持活力。在猪粪中能够培养 6 d,而在从仔猪获得的鼻腔冲洗液中能够培养 49 d,同时在 59℉(15℃)或更高的温度条件下存活率达到最高(Thomson 等,1992)。经雾化处理的病菌重悬于鼻腔冲洗液中后,仍能够至少保持活力 45 min。多杀性巴氏杆菌在 73℉(23℃)和 75% 相对湿度条件下,其在悬浮气溶胶中的半衰期为 21 min。

适合在农场使用的消毒剂是针对多杀性沙门氏菌的杀菌剂,其中一些低于高效有机物的条件(Thomson 等,2007)。细菌能够在 140℉(60℃)条件下加热 10 min 或经 0.5% 苯酚或 0.2% 福尔马林灭活,能够在 39℉(4℃)条件下孵育过夜。

致病机理
PATHOGENESIS

菌落定居
Colonization

在没有对气管黏膜造成损伤的情况下,多杀性巴氏杆菌很少定居在猪的呼吸道中(Pedersen 和 Elling,1984)。使用猪鼻甲骨分离块或分离自鼻腔或气管的上皮细胞进行体外研究,再次证实了其仅有少量细菌黏附或无细菌黏附(Chung 等,1990;Frymus 等,1986;Jacques 等,1988;Nakai 等,1988)。

多杀性巴氏杆菌能够与猪呼吸道黏液组分结合(Jacques 等,1993;Letellier 等,1991)。当黏膜纤毛清除率降低时,病菌与细胞外基质成分的相互作用可能会促使其在黏膜上皮的定居。与多杀性巴氏杆菌单独感染气管环相比,在感染过支气管炎博德特菌后,其黏附到气管环的能力能够增加几个数量级(Dugal 等,1992)。结合能力的增强归因于支气管炎博德特菌能够引起黏液的蓄积及纤毛停滞。在大量来源于健康猪和病猪具有代表性的含有荚膜的能够产生毒素或不产生毒素的 A 型和 D 型多杀性巴氏杆菌中,均能观察到这种现象。

外膜蛋白 OmpA 和 OmpH 的同系物是其他病原菌中已经含有的或假设的细菌细胞表面配基,这在多杀性巴氏杆菌猪源分离株中已得到证实(Davies 等,2003;Lugtenberg 等,1986;Marandi 和 Mittal,1996)。来源于牛源分离株的 OmpA 表现出能够介导其体外黏附到组织培养细胞以及与真核细胞外基质组分结合(Dabo 等,2003)的能力,但尚未见有研究显示 OmpA 或 OmpH 在猪体内作为细菌细胞表面配基而发挥功能。

LPS 是外膜的一个重要组成成分,其被暗示在多杀性巴氏杆菌的黏附过程中发挥作用。纯化自猪源 D 型产毒分离株的 LPS 能够与猪呼吸道黏液结合,从而阻断病菌与猪气管环的黏附(Jacques 等,1993)。经体外连续传代后其菌体荚膜消失,并引起病菌黏附数量明显增多,这暗示具有荚膜的 D 型菌可能干扰其与气管的结合。作者做出了以下假设,在感染的早期阶段,病菌表达产生较少数量的荚膜成分,因此其出现掩盖了外膜中其他一些与黏附有关的组分(LPS 或者其他一些可能成分)。之后的一项研究显示,生长在铁限制条件下的细胞,比如体内对抗,其表面能够被一薄层荚膜物质遮盖;与在充足铁条件下培养的细胞相比,其与猪呼吸道黏液以及猪肺脏和气管冰冻切片的黏附能力增强(Jacques 等,1994)。

许多的多杀性巴氏杆菌具有血凝性,但是这与其体外结合或体内定居之间没有关联(Fortin 和 Jacques,1987;Pijoan 和 Trigo,1990;Vena 等,1991)。而菌毛是由许多产毒和不产毒的荚膜 A 型和 D 型菌株产生的,但是在黏附细胞或猪源组织方面看起来不起作用(Isaacson 和 Trigo,1995;Pijoan 和 Trigo,1990)。

在肺泡水平上,上呼吸道与运动相关黏液纤毛结构发生缺失,该结构对于吞噬细胞、抗微生物肽、补体及其他先天性免疫反应的产生非常重要。PAR 的发生与产毒 D 型菌株在上呼吸道定居有关,而肺炎与不产毒 A 型菌株在肺泡的定居有关,这个差异暗示两个荚膜血清型之间的定居机制可能存在差别。Vena 等(1991)报道,与 D 型菌株相比而言,A 型菌株能够优先与原代培养的猪肺细胞结合。除此之外,其他一些研究提供的有关不同荚膜类型菌株采用不同黏附策略的论据较少(Dugal 等,1992;Frymus 等,1986;Letellier 等,199;Pijoan 和 Trigo,1990)。有趣的是,在一项对 158 个猪源分离株开展的研究过程中，Davies 等，(2003)发现大多数的肺炎分离株与那些 PAR 分离株的外膜形状存在明显差异，这与荚膜类型无关。然而，目前尚不清楚这些差异外膜蛋白能否在菌体黏附和定居过程中发挥作用。

　　扁桃体尤其是扁桃体隐窝，可能是猪体内多杀性巴氏杆菌的主要栖居地，且能保护细菌不被炎性细胞杀伤或起着物理障碍的作用，即通过舌咽对菌体进行清除(Ackermann 等，1994)。有研究报道，在实验感染仔猪的黏膜发生损伤之前，A 型和 D 型菌株已经能在扁桃体定居，并且能在感染后持续存在 60 d(Ono 等，2003；Pijoan 和 Trigo，1990)。目前尚不清楚该细菌产物对于其在该位点定居的必要性，但是扁桃体可能作为引发 PAR 或肺炎菌株的一个贮存器，当上呼吸道或下呼吸道先天性免疫功能减弱或丧失后开始传播。

进行性萎缩性鼻炎
Progressive Atrophic Rhinitis

　　猪 PAR 自然感染常见的易感因素为感染前发生的支气管炎博德特菌感染(Pedersen 和 Barfod，1981)。虽然支气管炎博德特菌促进多杀性巴氏杆菌定居的机制还未被证实，但是其释放的一种气管细胞毒素很可能起到非常重要的作用，该毒素能够引起纤毛停滞以及黏膜上皮的损伤(Dugal 等，1992；Flak 等，2000)。而支气管炎博德特菌产生的其他毒素和效应子也可能起到一定的作用(见第 49 章)。

　　多杀性巴氏杆菌能够产生一个大小为 146 kDu 的蛋白毒素，称之为 Pm 毒素(PMT)，该毒素是 PAR 发生过程中所必需的毒力因子。当给猪经鼻内(Il'ina 和 Zasukhin，1975)及多种肠外途径(Rutter 和 Mackenzie，1984)注射 PMT 后，能够引起猪的鼻进行性缩短及鼻甲萎缩。它能引起鼻甲、肝、泌尿道等的病变，以退行性和畸形病变为特征。该毒素能够干扰鼻甲的正常骨再塑和骨形成(Dominick 和 Rimler，1988；Foged 等，1987；Martineau-Doizé 等，1990)，并且能够降低猪长骨的生长面积(Ackermann 等，1996)，可能伴随着 PAR 的发生并造成动物生长

缓慢。当产毒菌株在动物鼻腔生长时，PMT 可能会直接侵害鼻甲骨，但是从其能够侵害机体全身的能力来看，该毒素也可能在细菌定居的扁桃体或机体其他解剖学位点发挥其效应。

　　PMT 能够干扰 G 蛋白和 Rho 依赖的信号传导途径，并且能刺激有丝分裂的发生(Lax 等，2004)。该毒素的生物学活性中心定位于 C-末端，而细胞结合和/或细胞内摄作用区域定位于 N-末端(Busch 等，2001；Pullinger 等，2001)。PMT 由 toxA 基因编码产生(Petersen 和 Foged，1989)，其 G+C 含量明显不同于在 Pm 基因组的含量(May 等，2001)，这表明它可能是通过水平传播获得的。Pullinger 等(2004)的进一步研究显示，该基因定位于一个可诱导的原噬菌体内。PMT 缺少一个典型的信号序列且在体外生长过程中不被分泌出来，从而得出这样一个提示，它与其他的细菌毒素相类似，是通过与宿主细胞接触或通过机体拮抗的环境因子而触发噬菌体诱导细胞发生裂解，这就是分泌输出的机制。噬菌体介导的转导很可能通过不产生毒素的 Pm 菌株或者甚至是通过其他的细菌获取并表达 toxA 基因，但是目前尚不清楚是否以这种方式获取。

　　一些环境、管理以及饲养因素可能影响 PAR 的发生和表现(Penny，1977)。较为严重疾病的发生通常与密集的室内生产系统，即较高的饲养密度、较差的卫生环境及较差的通风条件有关。接触高水平的粉尘和氨水可能会促进 Pm 在上呼吸道定居并且/或使疾病恶化(Andreasen 等，2000；Hamilton 等，1999)。猪只连续不断输出、频繁移动及猪只混合也是重要的患病原因。

　　猪出生后的前几周内感染产毒多杀性巴氏杆菌是最为严重的感染，很容易引起 PAR 的发生，但是对于 16 周龄以上的感染该菌的猪仅表现出轻度至中度的鼻甲病变(Rutter 等，1984)。当外观上看起来健康的 3 月龄猪只被引入进一个正在发生严重疾病的猪群单元时，该猪能够发生 PAR (Nielsen 等，1976)。在猪发育成熟时，年龄依赖性疾病的严重性在部分程度上与鼻腔中出现黏液素数量和类型的改变及黏膜上皮中细胞分布的改变有关(Larochelle 和 Martineau-Doizé，1990，

1991)。对仔猪而言,气体污染物对其影响也非常巨大(Robertson 等,1990)。

食物消耗可能会影响 PAR 的发生,这是由于仔猪在发生急性鼻炎时会引起采食量减少,进而导致动物发育障碍和消瘦。生长发育猪由于鼻甲的损伤也可能导致其食物摄入量降低。

肺炎
Pneumonia

目前尚不清楚多杀性巴氏杆菌的哪些毒力因子能够促使肺炎的发生,这与肺脏中存在的其他病原菌数量和种类而有所不同。虽然没有令人信服的论据支持 PMT 的作用,但是其重要性仍然不能忽视。Pijoan 等(1984)首次从肺脏中分离获得产毒菌株,自那之后,一些研究报道证实从该部位分离获得产毒菌株的百分率非常高(Høie 等,1991;Iwamatsu 和 Sawada,1988),有时与一些急性病例关系十分密切(Kielstein,1986)。尽管如此,不产毒菌株仍然占据肺脏分离株的绝大多数,而对它们总体流行率改变的解释没有一致的论据。

与其他呼吸系统疾病病原共感染是促使猪肺炎巴氏杆菌病发生的最重要因素。涉及的病原包括猪肺炎支原体(Amass 等,1994;Ciprián 等,1988)和伪狂犬病病毒(Carvalho 等,1997;Fuentes 和 Pijoan,1987);与猪霍乱疫苗的协同效应也已经得到证实(Pijoan 和 Ochoa,1978)。共感染猪胸膜肺炎放线杆菌能够促使多杀性巴氏杆菌在肺脏的定居,这可能是通过干扰猪肺泡巨噬细胞的吞噬及杀伤细菌的能力而实现的(Chung 等,1993),但是随之而发生疾病的严重程度可能低于仅有猪胸膜肺炎放线杆菌感染所引起疾病的严重程度(Little 和 Harding,1980)。猪繁殖与呼吸综合征病毒(PRRSV)单独出现并不对多杀性巴氏杆菌产生影响,但是前期 PRRSV 与支气管炎博德特菌共同感染将会导致随后出现的不产毒多杀性巴氏杆菌在肺脏的定居并诱导肺炎的发生(Brockmeier 等,2001;Carvalho 等,1997)。前期仅感染支气管炎博德特菌会导致多杀性巴氏杆菌在鼻腔和扁桃体定居,但是并不出现明显疾病,因

此这可能是健康带菌猪未被检测出来的一种手段。长期潜伏在扁桃体内的不产毒多杀性巴氏杆菌在其他易感因素的作用下,可能随后导致肺炎发生。

荚膜在猪巴氏杆菌病发生过程中可能会促进病菌侵入,但是其确切的作用尚未完全清楚。猪肺泡巨噬细胞很少能够吞噬有荚膜的病原菌(Chung 等,1993;Fuentes 和 Pijoan,1986),而且荚膜也能干扰猪中性粒细胞对病原菌的摄取(Rimler 等,1995)。然而,一项研究通过模拟体内生长环境证实,多杀性巴氏杆菌在铁限制性生长条件下可产生少量的荚膜物质,因此对其抗吞噬作用提出质疑(Jacques 等,1994)。由于对暴露于感染和疾病的多个阶段的多杀性巴氏杆菌生存的细胞微环境条件了解较少,因此尚不清楚根据现有资料所能作出推断的程度。其在不同的组织或/甚至单个组织不同的子结构内的生长条件可能存在明显的不同,此外,其生长条件可能还取决于局部宿主细胞的损伤程度。

多杀性巴氏杆菌的一些毒株能够引起胸膜炎和脓肿(Pijoan 和 Fuentes,1987)。目前还未确定能够将这些菌株与毒力较弱肺炎菌株区分开的因子。然而,一些研究暗示 PMT 可能与肺脓肿的形成有关(Ahn 等,2008;Iwamatsu 和 Sawada,1988;Kielstein,1986)。

肺炎的高度盛行可能与大猪群的高密度饲养及空气质量较差有关(Done,1991)。据报道,空气中氨浓度过高能够促进 Pm 感染的未断奶仔猪发生肺部感染(Neumann 等,1987)。其他一些研究者报道,氨对于猪肺炎支原体和 Pm 共感染猪肺脏病变的发生影响较小,但是观察发现,那些长期处于较高氨浓度下的猪的屠宰体重较轻(Andreasen 等,2000;Diekman 等,1993)。口腔接触内毒素或烟曲霉毒素,也能够促使 Pm 感染而引起肺炎的发生,口腔接触很可能是通过污染的饲料接触发生的(Halloy 等,2005a,b)。

临床症状
CLINICAL SIGNS

进行性萎缩性鼻炎
Progressive Atrophic Rhinitis

仔猪喷嚏通常是 PAR 最先出现的临床症状,但是也可能起因于其他病原的感染,进而引发急性鼻炎。在整个生长期内,病猪可能继续出现打喷嚏、鼻塞及喷鼻等症状,并且鼻孔可能会有数量不等的清涕至黏液脓涕及眼分泌物流出。从眼内眦流出的泪痕是由鼻腔泪管闭塞引起的,该症状可能存在于 NPAR 或 PAR 猪中,但是鼻衄是 PAR 的典型症状,仅在 PAR 病猪观察到。接着发生的鼻吻畸形也是 PAR 的典型症状,4～12 周龄病猪中的症状非常明显。PAR 最为常见的临床表现为上颌短小,其中上颌缩短与下颌推压鼻子有关,鼻背面皮肤外观可见典型的嵌入皱褶(图 58.1)。当头骨一侧的畸形比另一侧严重时,鼻吻的侧偏可能会很明显(图 58.2)。病变的严重性可能有所不同,从一个几乎不能察觉的失调到明显的扭曲。鼻吻畸形的发生流行在不同的暴发之间存在差异,而且并非所有鼻甲发生萎缩的猪均能发展为明显畸形。在 PAR 严重暴发过程中,可能会引起动物生长延迟及饲料利用效率降低现象的发生。

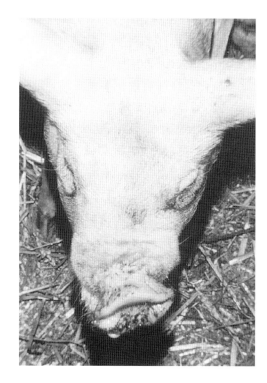

图 58.2 临床上出现进行性萎缩性鼻炎的 15 周龄猪头部鼻吻出现严重侧偏。由于骨发育异常,头颅的解剖学特征出现明显异常。

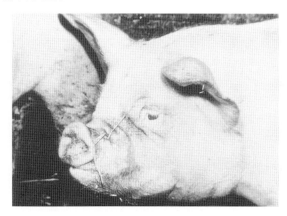

图 58.1 一头临床上出现进行性萎缩性鼻炎的 17 周龄猪,表现出明显的上颌短小,鼻背面的皮肤起皱及泪痕。

肺炎
Pneumonia

肺炎巴氏杆菌病最常发生于生长肥育猪,它能使原发性支原体病恶化或促使 PRDC 的发生。这些由多种微生物感染所引起的疾病进程能引起典型的高发病率和低死亡率,此外还会极大地延长动物上市的时间并增加淘汰动物的数量。其临床症状的变化取决于所涉及病原和疾病的进程或严重性,通常包括咳嗽、间歇热、精神沉郁、食欲减退及呼吸困难,而对于严重病例,其耳尖常出现发绀或蓝斑。更为严重的疾病和临床症状可能与某些能够产生脓肿和胸膜炎的某些多杀性巴氏杆菌有关。在临床上,肺炎型巴氏杆菌病与猪胸膜肺炎放线杆菌引起的胸膜肺炎非常相似(见第 48 章)。二者主要的区分特征是引起胸膜炎的巴氏杆菌病很少会导致动物猝死。感染猪能在很短时间内变得极度消瘦但是却能存活很长时间。

败血型巴氏杆菌病
Septicemic Pasteurellosis

败血型巴氏杆菌病往往发生突然,死亡率从5%~40%不等,所有年龄动物均可发生。临床症状包括高热、呼吸困难、衰竭、咽喉和下颌水肿以及腹部出现紫斑,紫斑暗示动物发生内毒素性休克。

病理变化
LESIONS

进行性萎缩性鼻炎
Progressive Atrophic Rhinitis

PAR 的眼观病变通常局限于鼻腔及邻近的头骨,但是在一些早期感染病例中,PAR 也可引起猪的发育障碍。腹侧及背侧鼻甲所发生的不同程度的萎缩是 PAR 的标志性病变。在轻度至中度的感染病例中,腹侧面是最为一致和广泛的易感区域;严重的病例中,病猪可能发展为整个鼻甲缺失及鼻中隔偏移(图 58.3 至图 58.7)。在鼻腔内可能会见有脓性渗出液,偶尔伴随出血。

在疾病发生的不同阶段进行尸检,可观察到急性、亚急性及慢性期的组织学变化。PAR 主要的镜检变化特征是,鼻甲的骨小梁被纤维结缔组织所取代(Pedersen 和 Elling,1984)。镜检可见,破骨细胞数量增多,从而促使上述进程的发生。上皮损伤或炎症的程度取决于疾病的感染阶段以及是否存在支气管炎博德特菌的共同感染(Duncan 等,1966;Elling 和 Pedersen,1985)。传统猪的亚急性病例将会出现退化、炎症、营养不良以及修复等多种综合变化。

肺炎
Pneumonia

在通常情况下,Pm 仅为复合感染过程中的一个组分,因此其引起的肺炎病变有所不同。眼观病变包括,类似头盖形的腹叶上散布有典型的灰红色坚实结节,其为细菌性肺炎的特征性病变(图 58.8)。偶尔也会发生脓肿、内脏与侧壁胸膜粘连引起的胸膜炎以及心包炎(图 58.9 和图

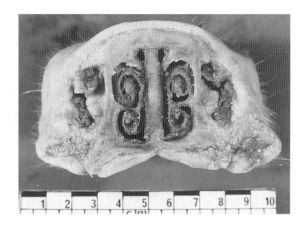

图 58.3 一头 18 周龄猪鼻吻的横切面表现为鼻甲骨正常的解剖学结构。

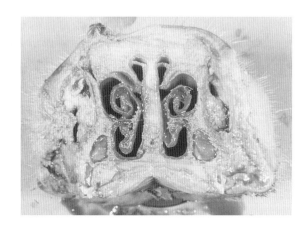

图 58.4 一头 18 周龄猪鼻吻的横切面。鼻甲腹侧面存在轻微的畸变,为一般性的变化。

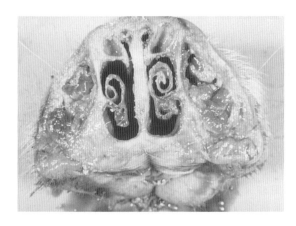

图 58.5 一头表现轻微,但可确诊为鼻甲发生萎缩的 18 周龄猪鼻吻横切面。

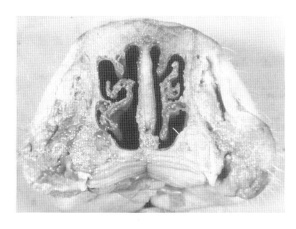

图58.6　一头表现较为严重、两侧鼻甲发生萎缩的 18周龄猪鼻吻横切面。

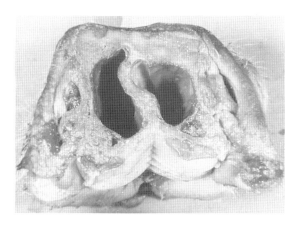

图58.7　一头表现为整个鼻甲结构全部发生萎缩的 22周龄猪鼻吻的横切面,并伴随有鼻中隔的严重弯 曲变形。

58.10)。镜检病变包括化脓性支气管肺炎病变, 该病变特征是在支气管和肺泡腔内见有中性粒细 胞浸润及肺间质增厚。在出现胸膜炎和脓肿的病 例中,可见有纤维素性化脓性胸膜炎和化脓坏死 区的纤维素性包囊。除此之外的病变可能会非常 明显,但这取决于疾病过程中所摄入的其他病原。 例如,当存在支原体时,可见细支气管周围有淋巴 细胞浸润;而当存在 PRRSV 时,则会表现出特征 性的间质性肺炎病变。

败血型巴氏杆菌病
Septicemic Pasteurellosis

　　眼观病变可能包括皮下出血水肿、浆膜出血 和充血、肺脏斑块状出血及腹腔器官的广泛性充

血(Mackie 等,1992)。纤维蛋白可能存在于腹膜 腔和胸膜腔中。在新生仔猪中,也可见其心外膜 发生广泛性出血。镜检观察可见,血管内的血栓 形成及血管的变化与眼观明显的泛发性血管损伤 变化相一致,并且在血管和各感染组织中能够观 察到细菌。

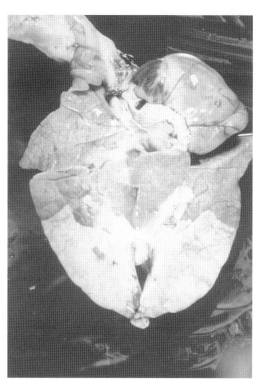

图58.8　肺炎巴氏杆菌病。肺脏腹面前发生实 变,在感染和健康组织之间有一明显的分界线。

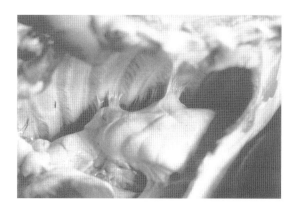

图58.9　在一起胸膜炎巴氏杆菌病案例中,肺脏与 胸壁发生胸膜粘连。注意观察,可见胸膜呈现半透 明状、干燥的外观。

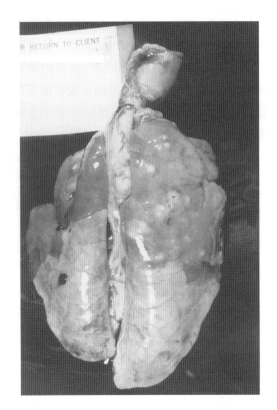

图 58.10 来源于一起胸膜炎巴氏杆菌病案例的肺脏。注意观察肺脏前腹面界限清楚的病变,伴随有多发性脓肿和叶间的广泛粘连。

诊断

DIAGNOSIS

进行性萎缩性鼻炎

Progressive Atrophic Rhinitis

PAR 的最终诊断依赖于临床和病变观察及产毒 Pm 的证实。人们通常根据典型的临床症状对 PAR 作出初步诊断。动物临床上的鼻吻侧偏和/或明显的前颌短小几乎总是被诊断为鼻甲萎缩,但是单纯的鼻吻畸形并不是该病的特异性病变。当临床症状不明显或流行减少时,例如,在经过治疗后,即使是经验丰富的观察者也不可能评估出存活动物鼻甲萎缩的程度。X 线摄影(Done,1976)和 CT(Magyar 等,2003)能够为活体动物提供客观的观察依据,它们虽然对动物没有攻击性,但是还需要将猪镇静或对其进行身体固定。

在常规的屠宰检验过程中,可以通过鼻甲检查对鼻甲萎缩的流行程度和严重性作出做好的评估。应该在第一/二级上颚白齿水平线上对鼻吻进行横切;这样切开头颅可能会给出一个假阳性的结果。萎缩可能是通过多种体系进行主观评价得出的结论(Cowart 等,1990)。尽管在一个体系内有大量的观察者变异,但是主观的评分对于猪群状态的监控及治疗效果的评估还是非常有用的。同时,我们也可利用更加适合于数据分析的客观方法(Gatlin 等,1996)。为了确保做出正确的诊断,我们应当对收集自扁桃体及鼻腔的样本进行产毒 Pm 的存在情况进行评估。当初次检测到严重的 PAR 时,实际上,感染可能早在数周或数月前就已经发生,因此产毒 Pm 的证据很难获得。在这种情况下,也推荐使用严重程度较低的易感猪(通常为仔猪)进行检查和培养。

除了鼻拭子签之外,扁桃体拭子或活组织中 Pm 的分离率最高(Ackermann 等,1994)。活猪应该被适当地限制,而且其外鼻孔也应当被清理干净。优先选择带有柔性杆的拭子,这能够避免动物在突然移动时造成杆的断裂。袖珍型尖头拭子有利于仔猪样本的采集。扁桃体的表面采样应当采取轻轻擦拭的方法,或者当采集鼻腔样本时,单个拭子应当被轻轻旋转插入,并逐渐深入到鼻腔面。采集的拭子在 24 h 内应当被送回至实验室,更好的方法是将其放置于冷却条件下(39～46℉ [4～8℃])的转移培养基中。营养转移培养基能够促进污染物的快速生长,但是使用无菌的磷酸盐缓冲液能够避免该现象发生的最好的方法。

产毒和不产毒的 Pm 菌株共有许多交叉反应性抗原,目前为止,还没有令人满意的仅用于产毒菌株感染动物的鉴定的血清学试验方法。使用细菌设计的 PMT 特异性酶联免疫吸附试验(ELISA s)(Bowersock 等,199;Foged 等,1988)能够适用于血清的检测,但是 PMT 在自然感染的猪中是一个较弱的免疫原,而且 PMT 特异性抗体在通常情况下很难被检测到。含有类毒素疫苗的使用限制了该途径对没有接种疫苗猪群的诊断价值或对免疫猪群疫苗免疫应答水平的检测。

仔猪喷嚏发生在活化的 PAR 进程中,但是在支气管炎博德特菌或猪细胞巨化病毒感染过程中也常有发生,且流行均较为广泛。上颌短小可自然发生于大白/约克等一定的品系,但是由于其缺少鼻甲萎缩症状,因此通常情况下能将其与PAR 区分开。饲养在圈栏里的母猪和小母猪通常会发生撕咬、咀嚼,或与栏杆、饮水器玩耍等情况,这样所引起骨的不对称发育会导致动物下颌突出或下颌失调。这些状况容易与 PAR 引起的面部畸形相混淆,尤其在年龄较大的猪中,但是认真的检查将会辨别出其是下颌异常安置而不是鼻吻缩短或侧位偏离。猪群中存在的轻度鼻甲萎缩可能表示有 NPAR 发生或 PAR 的正在发生。确切的诊断还需要进行细菌的分离培养。

肺炎
Pneumonia

Pm 引起的肺脏病变并非其特异性病征,因而不能被用于建立精确诊断方法的唯一标准。同时应当将疾病的暴发史、病理组织学变化以及病原分离等用于初步诊断的证实。

最佳的组织样本包括支气管渗出液拭子以及采集自病健交界部位的感染的肺组织。鼻拭子也可能是用于 Pm 分离的较好样本(Schöss 和 Alt,1995)。采集的拭子应当被浸入到一个合适的转运培养基中,例如 Stuart's 转送培养基。肺脏样品应当尽可能无菌采集。获得的所有样本在进行培养之前均应当被冷却(但不是冰冻)。尚无常规的可用于协助对 Pm 感染肺脏的诊断的血清学试验方法。

鉴别诊断应当包括与其他因素引起的化脓性支气管肺炎或者胸膜肺炎进行区分,例如猪肺炎支原体、猪链球菌、猪副嗜血杆菌、化脓隐秘杆菌、支气管炎博德特菌、猪霍乱沙门氏菌、猪放线杆菌及猪胸膜肺炎放线杆菌。做出准确的临床诊断通常很难,需要通过细菌培养、病理组织学观察以及其他的试验相结合做出准确的诊断。

败血型巴氏杆菌病
Septicemic Pasteurellosis

败血型巴氏杆菌病的诊断应由以下几个方面共同决定:对血液和易感组织中 Pm 的检测、多部位存在血栓和坏死灶,以及无其他病原引起动物的突然死亡。

多杀性巴氏杆菌的鉴定
Identification and Characterization of Pasteurella multocida

培养和表型检测 (Culture and Phenotypic Methods)。Pm 在血琼脂培养基上生长迅速,但是只有在正常情况下,从无菌部位进行无菌采集到的样本才可适合使用非选择性培养基,例如肺脏。对于大多数样本而言,应优先选择使用选择性培养基,在通常情况下可以阻止以较多数量存在的、其他细菌过度生长所引起菌落掩蔽现象的发生。尽管已使用多种计算公式进行分析,但是文献中比较学研究结果表明,使用改良的 Knight 培养基(Lariviere 等,1993)或 KPMD 培养基(Ackermann 等,1994)的分离效率最高。有研究者描述了一种能将 Pm 和支气管炎博德特菌同时从猪体内分离出来的选择性培养基(de Jong 和 Borst,1985)。一旦分离获得菌株后,则可使用常规的生化试验对可疑菌落进行鉴定。Vera Lizarazo 等,(2008)近来通过一些常规使用的商品化的体系对猪源 Pm 的性能进行了评价。

Pm 的荚膜表型对于流行病学调查非常有用。在传统上,使用间接血凝反应进行血清分型(Carter,1955),但是对于 A 型和 D 型菌株的检测的较为简单的方法分别是透明质酸酶测试(Carter 和 Rundell,1975)和吖啶黄测试(Carter 和 Subronto,1973)。

根据 PMT 阳性或 PMT 阴性对 Pm 进行分类的方法对于 PAR 的诊断非常关键,并且也可能为其他疾病提供资料。最初基于毒素引起的皮肤坏死或致死效应的测试是在啮齿类动物上进行的,但是在体外通过测定其在胎牛肺细胞或 Vero 细胞上的细胞病变能够较为容易地证实其产毒性(Chanter 等,1986;Pennings 和 Storm,1984)。目前,基于 PMT 特异性的单克隆抗体的 ELISAs 已经逐渐取代生物学测定方法,并且该方法更为快速、敏感和特异(Bowersock 等,1992;Foged 等,1988)。

基于 DNA 的检测方法 (DNA-based Methods)。目前,已经研制出一些用于 Pm 检测的特异性 PCR 测定方法,但是用于猪源分离株评价的方法相对较少(Dziva 等,2008)。Townsend 等,(1998a)在已公开报道方法的基础之上,以预测的酯酶/脂肪酶基因 Kmt1 作为靶标建立起一种 PCR 检测方法,目前来看该方法的使用范围最为广泛且具有较高的特异性和敏感性。Kmt1 基因作为环介导等温 PCR 扩增方法的靶标基因也被成功应用(Sun 等,2010)。由于不需要热循环仪,而且扩增产物不需要经过电泳即可直接观察,因此这种操作容易的方法可作为一种有应用潜力的筛查方法。

在荚膜基础上的多重 PCR 方法(Townsend 等,2001)在很大程度上已经取代了血清分型方法。它与血清学检测结果有较高的关联性,除依据抗原荧光分析的 A 型和 F 型外,PCR 分型结果相对较为准确。由于 Pm 在培养基中进行传代培养时通常会引起荚膜成分的减少甚至完全丧失,因此少数分离株通过 PCR 方法可能比通过血清学方法更加不可能分型。然而,由于引物靶向 DNA 序列上的点突变或其他微小的改变可能导致一些菌株不能合成荚膜,因此可能会出现假阳性结果。

为了更好地检测产毒猪源分离株,已经进行大量基于应用 DNA 探针(Kamps 等,1990;Register 等,1998)或 PCR(Kamp 等,1996;Lichten-steiger 等,1996;Nagai 等,1994)的测定方法。能同时对支气管炎博德特菌和产毒及不产毒 Pm 进行检测的多重 PCR 方法在实验室诊断方面也表现出良好的应用前景(Register 和 DeJong,2006)。

免疫
IMMUNITY

进行性萎缩性鼻炎
Progressive Atrophic Rhinitis

PMT 为 PAR 主要的保护性抗原,而且 PMT 类毒素单独给药能够减轻相关的病变(Foged 等,1989)。正如在被动转移试验中证实的那样,抗体在免疫防御过程中显现出重要的作用(Chanter 和 Rutter,1990),而且仔猪的免疫保护是通过免疫母猪而获得被动免疫抗体(Foged 等,1989)。以 Pm 产毒株制备的疫苗能够诱导机体产生抗菌抗体,但是通常情况下它们不能诱导机体产生足够的毒素特异性抗体,因此疫苗的有效性会有所改变(Chanter 和 Rutter,1990)。因此,添加有类毒素疫苗的免疫效果优于单纯的菌苗的免疫效果。由于 PMT 的纯化及减毒很难,因此通过依赖基因截断技术(Nielsen 等,1991;Petersen 等,1991),或通过在两个关键位点进行氨基酸置换的遗传修饰技术(To 等,2005)研制出了生产重组减毒 PMT 的方法。由于接触感染经常发生在出生后前几周,因此通过初乳为出生后不久的仔猪提供母源抗体保护非常重要。在母猪分娩前 4～8 周进行首免,2～4 周进行再次免疫,这是控制疾病的发生的一个有效的方法。为了给这些病原提供联合的免疫保护效应,针对 PAR 的疫苗通常包含有支气管炎博德特菌和 Pm。尽管疫苗接种不提供消除性免疫,但是其能够降低病原负荷量且能使临床疾病及 PAR 相关病变的发生明显减少或终止(Riising 等,2002)。

肺炎
Pneumonia

很难鉴定出对猪巴氏杆菌病免疫防御起着重要作用的免疫原或免疫反应。对安泰乐与气溶胶疫苗的比较研究结果表明,呼吸道黏膜免疫反应对于病原体的清除及防护肺脏病变的发生起到非常重要的作用(Müller 等,2000)。多数研究者致力于除猪以外的宿主肺炎巴氏杆菌病疫苗的研究。对于猪而言,由于缺少一个可用的肺部疾病模型,因而很难测定疫苗的效应。由于该病主要是发生于年龄较大的猪,因此母源性免疫很可能不像能够防御 Pm 引发肺炎的获得性免疫那么重要。总体而言,对于猪巴氏杆菌病疫苗效应的控制仍存在很多疑问。

预防和控制
PREVENTION AND CONTROL

进行性萎缩性鼻炎
Progressive Atrophic Rhinitis

PAR 的有效治疗需要从饲养管理、环境、化学治疗药以及疫苗接种等方面进行有选择性的综合治疗。没有能同样应用于所有易感猪群的单一途径。治疗的总体目标包括以下三个方面：第一个目标是在有或无支气管炎博德特菌的情况下，通过母猪免疫接种、饲喂给药以及仔猪抗生素治疗等方法降低 Pm 在仔猪中的流行及负荷量。第二个目标是对发生急性鼻炎的生长发育猪进行治疗，降低感染的负荷量及发育不全病变的严重性，并维持动物高效生长及饲料利用率。最后一个目标是通过对圈舍、通风以及管理进行完善而提高总体生存环境。

为了降低通过水池获得的鼻腔感染的流行及严重性，在母猪妊娠的后几个月内可进行含药饲喂。磺胺类药物和四环素类药物的使用最为广泛。有研究报道，Pm 和支气管炎博德特菌均对一些磺胺类药物的耐药性逐渐增加，同时 Pm 对土霉素及其他一些潜在性治疗抗生素的耐药性也不断增加（Lizarazo 等，2006；Tang 等，2009）。因此，我们在确定抗生素对个别猪群分离株的易感性时应当非常谨慎。哺乳仔猪最好的给药方式是在其出生后的头 3～4 周内注射治疗剂量的抗生素。通常情况下用于 Pm 治疗的药物包括有头孢噻呋、恩氟沙星和托拉菌素。然而，由于耐药性的存在，因此如果支气管炎博德特菌是导致 PAR 发生的病因时，使用头孢噻呋进行治疗并不是我们的首要选择。断奶仔猪中 PAR 的发生能够引起屠宰过程中可见的显著性鼻甲萎缩，通过对断奶仔猪和/或生长发育猪定量给药或在饮水中添加抗生素的方法，能在一定程度上控制该病的发生。这样的给药方式在遇到 PAR 活化的情况下，也能有助于保持动物生长率和饲料利用率。当在环境和管理得到改善且进行过疫苗接种的情况下，应用药物治疗最为有效。

母猪的疫苗接种能够诱导显著程度的抗PAR 被动性母源抗体的产生（Riising 等，2002）。通常情况下疫苗接种中包含 Pm 和支气管炎博德特菌的联合菌苗。PMT 是 PAR 疫苗的一个重要组分，并且那些添加有 PMT 类毒素的疫苗能够提供较好的免疫保护（Foged 等，1989；Hsuan等，2009；Nielsen 等，1991；To 等，2005）。

在母猪分娩前 2～6 周应当给予双倍剂量的疫苗，接下来应当对每头即将分娩的母猪在分娩前 2 周进行再次接种。在出生后 1～4 周，对产自未进行过疫苗接种母猪的未免疫仔猪进行接种会比较有价值。然而，从母猪被动获得的抗体能够干扰仔猪的胃肠道外疫苗接种。疫苗接种中，年龄较大的猪毋庸置疑地能诱导产生活化的体液免疫应答，但是仍存在争议，这可能由于该疫苗的免疫效应主要是针对易发生感染的幼龄仔猪。

在没有去尝试改善管理及饲养的同时，不推荐进行药物治疗和疫苗接种。全进全出制度的实施将有利于分娩母猪、断奶仔猪，且更加有利于育肥群体。为了减少经空气传播的细菌、有毒气体及粉尘，应当降低饲养密度、严格实施卫生措施并保持良好的通风条件。为避免新引入大量发生感染的小母猪，允许适当提高母猪群的年龄。为了降低造成幼龄猪发生应激的因素，比如温度变化、寒冷、气流等，也应当采取一些措施。通过全群扑杀和重新储备能够使感染得到根除，并且通过采取隔离、监控以及使用清洁的种群等措施也能使净化猪群保持无 PAR 的水平。

肺炎
Pneumonia

由于在异体愈合的、患有肺炎的肺脏（中的抗体）很难达到治疗浓度，因此使用抗生素治疗肺脏的 Pm 感染具有一定的挑战性。较为适合选用的安泰乐类抗生素包括长效土霉素、氨苄青霉素、头孢噻呋、诺氟沙星及托拉菌素。近来的研究报道表明不同菌株在易感性上有所不同，而且其对一些抗生素的耐药性逐渐增加（Lizarazo 等，2006；Tang 等，2009），因此在开始治疗前，应当进行抗生素抗菌谱测定。在饲料中添加抗生素，例如金霉素是预防治疗效果最佳的成分。

在野外条件下，抗 Pm 感染而引发的肺炎疫苗的有效性还不能确定。由于肺炎巴氏杆菌病通常出现在地方性肺炎或 PRDC 的后期阶段，表现为多种微生物共同感染，因此通过疫苗接种、药物治疗或管理实践等控制原发性病原体，例如猪肺炎支原体、支气管炎博德特菌或 PRRSV 可能是控制该病发生的最为有效的方法。管理状况的改善能够降低有关病原的散播，这在降低肺炎的发生率方面具有重要的价值。这些管理方式主要包括尽早隔离断奶仔猪、全进全出生产、限制外来猪的引进并确定其购买猪场的健康状况、最小可能地进行混合和分圈、减少建筑和围栏容量以及降低动物的饲养密度。

（赵魁、贺文琦、高丰译，吴文玉校）

参考文献
REFERENCES

Ackermann MR, DeBey MC, Register KB, et al. 1994. J Vet Diagn Invest 6:375–377.

Ackermann MR, Register KB, Stabel JR, et al. 1996. Am J Vet Res 57:848–852.

Ahn KK, Lee YH, Ha Y, et al. 2008. J Comp Pathol 139:51–53.

Amass SF, Clark LK, van Alstine WG, et al. 1994. J Am Vet Med Assoc 204:102–107.

Andreasen M, Bækbo P, Nielsen JP. 2000. J Vet Med B Infect Dis Vet Public Health 47:161–171.

Bækbo P, Nielsen JP. 1988. Airborne *Pasteurella multocida* in pig fattening units. In Proc Congr Int Pig Vet Soc, p. 51.

Bethe A, Wieler LH, Selbitz HJ, et al. 2009. Vet Microbiol 139:97–105.

Blackall PJ, Fegan N, Pahoff JL, et al. 2000. Vet Microbiol 72:111–120.

Bowersock TL, Hooper T, Pottenger R. 1992. J Vet Diagn Invest 4:419–422.

Bowles RE, Pahoff JL, Smith BN, et al. 2000. Aust Vet J 78:630–635.

Brockmeier SL, Palmer MV, Bolin SR, et al. 2001. Am J Vet Res 62:521–525.

Busch C, Orth J, Djouder N, et al. 2001. Infect Immun 69:3628–3634.

Cameron RDA, O'Boyle D, Frost AJ, et al. 1996. Aust Vet J 73:27–29.

Carter GR. 1955. Am J Vet Res 16:481–484.

Carter GR, Rundell SW. 1975. Vet Rec 96:343.

Carter GR, Subronto P. 1973. Am J Vet Res 34:293–294.

Carvalho LF, Segalés J, Pijoan C. 1997. Vet Microbiol 55:241–246.

Chanter N, Rutter JM. 1990. Vet Microbiol 25:253–265.

Chanter N, Rutter JM, Luther PD. 1986. Vet Rec 119:629–630.

Choi C, Kim B, Cho WS, et al. 2001. Vet Rec 149:210–212.

Choi YK, Goyal SM, Joo HS. 2003. Can Vet J 44:735–737.

Chung WB, Bäckström L, McDonald J, et al. 1993. Can J Vet Res 57:190–197.

Chung WB, Collins MT, Bäckström LR. 1990. APMIS 98:453–461.

Ciprián A, Pijoan C, Cruz T, et al. 1988. Can J Vet Res 52:434–438.

Cowart RP, Lipsey RJ, Hedrick HB. 1990. J Am Vet Med Assoc 196:1262–1264.

Dabo SM, Confer AW, Quijano-Blas RA. 2003. Microb Pathog 35:147–157.

Davies RL, MacCorquodale R, Baillie S, et al. 2003. J Med Microbiol 52:59–67.

Davies RL, MacCorquodale R, Reilly S. 2004. Vet Microbiol 99:145–158.

de Jong MF, Borst GH. 1985. Vet Rec 116:167.

de Jong MF, Nielsen JP. 1990. Vet Rec 126:93.

Diekman MA, Scheidt AB, Sutton AL, et al. 1993. Am J Vet Res 54:21.

Dominick MA, Rimler RB. 1988. Vet Pathol 25:17–27.

Done JT. 1976. Vet Rec 98:23–28.

Done SH. 1991. Vet Rec 128:582–586.

Donkó T, Kovács M, Magyar T. 2005. Acta Vet Hung 53:287–298.

Donnio PY, Allardet-Servent A, Perrin M, et al. 1999. J Med Microbiol 48:125–131.

Dritz SS, Chengappa MM, Nelssen JL, et al. 1996. J Am Vet Med Assoc 208:711–715.

Dugal F, Bélanger M, Jacques M. 1992. Can J Vet Res 56:260–264.

Duncan JR, Ross RF, Switzer WP, et al. 1966. Am J Vet Res 27:457–466.

Dziva F, Muhairwa AP, Bisgaard M, et al. 2008. Vet Microbiol 128:1–22.

Elling F, Pedersen KB. 1985. Vet Pathol 22:469–474.

Ewers C, Lübke-Becker A, Bethe A, et al. 2006. Vet Microbiol 114:304–317.

Fablet C, Marois C, Kuntz-Simon G, et al. 2011. Vet Microbiol 147:329–339.

Flak TA, Heiss LN, Engle JT, et al. 2000. Infect Immun 68:1235–1242.

Foged NT, Nielsen JP, Jorsal SE. 1989. Vet Rec 125:7–11.

Foged NT, Nielsen JP, Pedersen KB. 1988. J Clin Microbiol 26:1419–1420.

Foged NT, Pedersen KB, Elling F. 1987. FEMS Microbiol Lett 43:45–51.

Fortin M, Jacques M. 1987. J Clin Microbiol 25:938–939.

Franque LW. 1830. Dtsch Z Gesammte Tierheilkd 1:75–77.

Frymus T, Wittenbrink MM, Petzoldt K. 1986. Zentralbl Veterinarmed B 33:140–144.

Fuentes M, Pijoan C. 1986. Vet Immunol Immunopathol 13:165–172.

Fuentes MC, Pijoan C. 1987. Am J Vet Res 48:1446–1448.

Gardner IA, Kasten R, Eamens GJ, et al. 1994. J Vet Diagn Invest 6:442–447.

Gatlin CL, Jordan WH, Shryock TR, et al. 1996. Can J Vet Res 60:121–126.

Goodwin RF, Chanter N, Rutter JM. 1990. Vet Rec 126:452–456.

Halloy DJ, Gustin PG, Bouhet S, et al. 2005a. Toxicology 213:34–44.

Halloy DJ, Kirschvink NA, Mainil J, et al. 2005b. Vet J 169:417–426.

Hamilton TD, Roe JM, Hayes CM, et al. 1999. Clin Diagn Lab Immunol 6:199–203.

Hansen MS, Pors SE, Jensen HE, et al. 2010. J Comp Pathol 143:120–131.

Harel J, Côté S, Jacques M. 1990. Can J Vet Res 54:422–426.

Heddleston KL, Gallagher JE, Rebers PA. 1972. Avian Dis 16:925–936.

Høie S, Falk K, Lium BM. 1991. Acta Vet Scand 32:395–402.

Holst E, Rollof J, Larsson L, et al. 1992. J Clin Microbiol 30:2984–2987.

Hsuan SL, Liao CM, Huang C, et al. 2009. Vaccine 27:2923–2929.

Hubbert WT, Rosen MN. 1970. Am J Public Health Nations Health 60:1103–1108.

Il'ina ZM, Zasukhin MI. 1975. Sbornik Nauchnykh Rabot, Sibirskii Nauchno-Issledovatel'skii Veterinaryni Institut, Omsk, Vol. 25, p. 76.

Isaacson RE, Trigo E. 1995. FEMS Microbiol Lett 132:247–251.

Iwamatsu S, Sawada T. 1988. Nippon Juigaku Zasshi 50:1200–1206.

Jacques M, Bélanger M, Diarra MS, et al. 1994. Microbiology 140:263–270.

Jacques M, Kobisch M, Bélanger M, et al. 1993. Infect Immun 61:4785–4792.

Jacques M, Parent N, Foiry B. 1988. Can J Vet Res 52:283–285.

Kalorey DR, Yuvaraj S, Vanjari SS, et al. 2008. Comp Immunol Microbiol Infect Dis 31:459–465.

Kamp EM, Bokken GC, Vermeulen TM, et al. 1996. J Vet Diagn Invest 8:304–309.

Kamps AM, Buys WE, Kamp EM, et al. 1990. J Clin Microbiol 28:1858–1861.

Kielstein P. 1986. Zentralbl Veterinarmed B 33:418–424.

Lariviere S, Leblanc L, Mittal KR, et al. 1993. J Clin Microbiol 31:364–367.

Larochelle R, Martineau-Doizé B. 1990. Acta Anat 139:214–219.

———. 1991. Am J Anat 191:103–111.

Lax AJ, Pullinger GD, Baldwin MR, et al. 2004. Int J Med Microbiol 293:505–512.

Letellier A, Dubreuil D, Roy G, et al. 1991. Am J Vet Res 52: 34–39.

Lichtensteiger CA, Steenbergen SM, Lee RM, et al. 1996. Direct PCR analysis for toxigenic *Pasteurella multocida*. J Clin Microbiol 34:3035–3039.

Little TW, Harding JD. 1980. Br Vet J 136:371–383.

Lizarazo YA, Ferri EF, de la Fuente AJ, et al. 2006. Am J Vet Res 67:663–668.

Lugtenberg B, van Boxtel R, Evenberg D, et al. 1986. Infect Immun 52:175–182.

Mackie JT, Barton M, Kettlewell J. 1992. Aust Vet J 69:227–228.

Magyar T, Kovács F, Donkó T, et al. 2003. Acta Vet Hung 51:485–491.

Marandi M, Mittal KR. 1996. Vet Microbiol 53:303–314.

Marois C, Fablet C, Gaillot O, et al. 2009. J Appl Microbiol 107:1830–1836.

Martineau-Doizé B, Frantz JC, Martineau GP. 1990. Anat Rec 228:237–246.

May BJ, Zhang Q, Li LL, et al. 2001. Complete genomic sequence of *Pasteurella multocida*, Pm70. Proc Natl Acad Sci USA 98: 3460–3465.

Migliore E, Serraino C, Brignone C, et al. 2009. Adv Med Sci 54:109–112.

Muirhead MR. 1979. Br Vet J 135:497–508.

Müller G, Köhler H, Diller R, et al. 2000. Vaccine 19:751–757.

Müller W, Schneider J, Von Dossow A, et al. 1992. Monatsh Vet Med 47:253–256.

Nagai S, Someno S, Yagihashi T. 1994. J Clin Microbiol 32:1004–1010.

Nakai T, Kume K, Yoshikawa H, et al. 1988. Infect Immun 56: 234–240.

Neumann R, Mehlhorn G, Buchholz I, et al. 1987. Zentralbl Veterinarmed B 34:241–253.

Nielsen JP, Foged NT, Sørensen V, et al. 1991. Can J Vet Res 55:128–138.

Nielsen NC, Riising HJ, Bille N. 1976. Experimental reproduction of atrophic rhinitis in pigs reared to slaughter weight. In Proc Congr Int Pig Vet Soc, p. 202.

Ono M, Okada M, Namimatsu T, et al. 2003. J Comp Pathol 129:251–258.

Pasteur L. 1880. C R Acad Sci (Paris) 90:239–248.

Pedersen KB, Barfod K. 1981. Nord Vet Med 33:513–522.

Pedersen KB, Elling F. 1984. J Comp Pathol 94:203–214.

Pedersen KB, Nielsen NC. 1983. Atrophic rhinitis of pigs. In Comm Eur Communities Rep EUR 8643 EN, Luxembourg, p. 205.

Pennings AM, Storm PK. 1984. Vet Microbiol 9:503–508.

Penny RHC. 1977. Vet Annu 17:111.

Petersen SK, Foged NT. 1989. Infect Immun 57:3907–3913.

Petersen SK, Foged NT, Bording A, et al. 1991. Infect Immun 59:1387–1393.

Pijoan C, Fuentes M. 1987. J Am Vet Med Assoc 191:823–826.

Pijoan C, Lastra A, Ramirez C, et al. 1984. J Am Vet Med Assoc 185:522–523.

Pijoan C, Morrison RB, Hilley HD. 1983. J Clin Microbiol 17: 1074–1076.

Pijoan C, Ochoa G. 1978. J Comp Pathol 88:167–170.

Pijoan C, Trigo F. 1990. Can J Vet Res 54(Suppl):S16–S21.

Pullinger GD, Bevir T, Lax AJ. 2004. Mol Microbiol 51:255–269.

Pullinger GD, Sowdhamini R, Lax AJ. 2001. Infect Immun 69: 7839–7850.

Register KB, DeJong KD. 2006. Vet Microbiol 117:201–210.

Register KB, Lee RM, Thomson C. 1998. J Clin Microbiol 36: 3342–3346.

Riising HJ, van Empel P, Witvliet M. 2002. Vet Rec 150: 569–571.

Rimler RB, Brogden KA. 1986. Am J Vet Res 47:730–737.

Rimler RB, Register KB, Magyar T, et al. 1995. Vet Microbiol 47: 287–294.

Rimler RB, Rhoades KR. 1987. J Clin Microbiol 25:615–618.

Robertson JF, Wilson D, Smith WJ. 1990. Anim Prod 50: 173–182.

Rúbies X, Casal J, Pijoan C. 2002. Vet Microbiol 84:69–78.

Rutter JM, Mackenzie A. 1984. Vet Rec 114:89–90.

Rutter JM, Taylor RJ, Crighton WG, et al. 1984. Vet Rec 115: 615–619.

Schöss P, Alt M. 1995. Dtsch Tierarztl Wochenschr 102:427–430.

Smith AW, Vedros NA, Akers TG, et al. 1978. J Am Vet Med Assoc 173:1131–1133.

Subaaharan S, Blackall LL, Blackall PJ. 2010. Vet Microbiol 141:354–361.

Sun D, Wang J, Wu R, et al. 2010. Vet Res Commun 34:649–657.

Tang X, Zhao Z, Hu J, et al. 2009. J Clin Microbiol 47:951–958.

Thomson CM, Chanter N, Wathes CM. 1992. Appl Environ Microbiol 58:932–936.

Thomson JR, Bell NA, Rafferty M. 2007. Pig J 60:15–25.

To H, Someno S, Nagai S. 2005. Am J Vet Res 66:113–118.

Townsend KM, Boyce JD, Chung JY, et al. 2001. J Clin Microbiol 39:924–929.

Townsend KM, Frost AJ, Lee CW, et al. 1998a. J Clin Microbiol 36:1096–1100.

Townsend KM, O'Boyle D, Phan TT, et al. 1998b. Vet Microbiol 63:205–215.

USDA. 2007. Swine 2006, Part I: Reference of swine health and management practices in the United States, 2006. USDA-APHIS-VS, CEAH. Fort Collins, CO. #N475.1007.

———. 2008. Part IV: Changes in the U.S. pork industry, 1990–2006. USDA-APHIS-VS, CEAH. Fort Collins, CO. #N520.1108.

Varga Z, Sellyei B, Magyar T. 2007. Acta Vet Hung 55:425–434.

Vena MM, Blanchard B, Thomas D, et al. 1991. Ann Rech Vet 22:211–218.

Vera Lizarazo YA, Rodríguez Ferri EF, Gutiérrez Martín CB. 2008. Res Vet Sci 85:453–456.

Zhao G, Pijoan C, Murtaugh MP. 1993. Can J Vet Res 57: 136–138.

59 增生性肠炎
Proliferative Enteropathy
Steven. McOris 和 Connie. J. Gebhart

背景

RELEVANCE

增生性肠炎(proliferative enteropathy, PE, 也称为回肠炎)是一种表现为急性和慢性等不同临床症状的症候群,但在尸体剖检时一般都有肉眼可见的特异病变,即小肠和结肠的黏膜增厚。在病理组织学上,被感染组织表现为肠腺窝中未成熟上皮细胞的明显增生,并形成一种增生性腺瘤样黏膜。在这些增生性的细胞中通常都含有大量的胞浆内生菌(胞内劳森氏菌, *L. intracellularis*),这是一种专性胞内寄生菌。

育肥猪发生无并发症的黏膜增生,这种病例就是慢性增生性肠炎,也称为猪小肠腺瘤病(PIA)。有些猪的这些病变可能是轻微的、亚临床的,还可能发生腹泻和体重减轻的症状。在更严重的病例中,除了出现这些一般性病变外还会同时出现下列病变,包括坏死性肠炎或急性增生性出血性肠炎(proliferative hemorrhagic enteropathy, PHE(Rowland 和 Lawson, 1975)。所有这些 PE 的病变还是很普遍而且很重要的肠道疾病。初步估计整个全球养猪业大约有 96% 养猪场感染此病,其中在某些猪场断奶至育成之间的猪群 30% 检测到病变,引起了显著的经济损失

(McORist 等, 2003; Stege 等, 2000)。

20 世纪 30 年代, PE 在猪体上引起的病变首次报道于美国衣阿华州(Biester 和 Schwarte, 1931; Biester 等, 1939), 后发现该病在世界各地的主要养猪地区都有发生。在 1973 年, Alan Rowland 和 Gordon Lawson 调查了在英国的发病情况, 并制定了一份富有成效的研究计划。他们发现, 无论采用超微结构观察还是银染色技术对猪的这些增生性病变进行研究, 在异常增生的细胞中总是存在着细胞内细菌(Rowland 和 Lawson, 1974)。1993 年, 由于成功地进行了体外培养, 并用此病原的纯培养物在猪体上复制出本病, 从而最终鉴定出这种细菌及其在 PE 病猪上的致病机理(Lawson 等, 1993; McOrist 等, 1993), 证实了 Koch 的推测假设。同样也在 1993 年确定了该病菌的分类学位置(Gebhart 等, 1993), 其正式名称为胞内劳森氏菌(*Lawsonia Intracellularis*)(McOrist 等, 1995a)。在欧亚混血的野猪群中也报道发生了该病(Tomanova 等, 2002)。

PE 引起的经济损失包括对屠宰体重、饲料转化率、空间利用率、饲养方式及发病率和死亡率等方面带来影响, 根据不同品种猪的价格、猪舍空间大小和饲料的差异, 据估计, 每头猪的经济损失在 1~5 美元之间。

猪病学, 第 10 版, 由 Jeffrey J. Zimmerman, Locke A. Karriker , Alejandro Ramirez, Kent J. Schwartz, Gregory W. Stevenson 主编。

病因学
ETIOLOGY

引起 PE 的病原是专性胞内寄生菌——胞内劳森氏菌($L. intracellularis$),此菌最容易在肠上皮细胞的细胞浆内生长。这种细菌的生长总是伴随着感染了的未成熟的腺窝上皮细胞的局部增生。由于其独特的代谢过程,包括需要消耗线粒体三磷酸盐结合物,因此到目前为止还没有能够在无细胞的培养基中培养出该菌(Schmitz-Esser 等,2008)。一些早期的文献认为这种胞内菌是一种类弯曲杆菌属($Campylobacter$),但是其理由仅仅是因为其形态上与该属的相似性。

胞内劳森氏菌($L. intracellularis$)是一种弯曲或直的弧状杆菌,末端渐细或钝圆,长 1.25～1.75 μm,宽 0.25～0.43 μm。此菌是一种典型的具有三层外膜的革兰氏阴性菌,没有发现纤毛和孢子。该菌有一个小的单基因组和三个质粒,其基因总长 1.72×10^6 bp 和 1 324 个蛋白质编码区。在细胞系上共培养分离到的某些菌群中观察到单独的一根长的极性鞭毛并在快速运动,但这只发生在细菌位于细胞外的时候。鞭毛控制着小基因组、低 G+C% 值以及热休克蛋白的大量表达,这种蛋白在其他胞内菌的共生体中比较常见(Dale 等,1998)。在厌氧弧菌的脱硫弧菌科中,胞内劳森氏菌($L. intracellularis$)独自形成一个不同的分支,但是它具有细胞依赖性呼吸作用的特性,并失去了硫的还原能力(Schmita-Esser 等,2008)。

胞内劳森氏菌($L. intracellularis$)的体外培养最初是在小肠上皮细胞的单层上进行,并在82.2%氮气、8.8%的二氧化碳和8%的氧气的微厌氧环境中,98.6 ℉(37℃)培养,以模拟体内繁殖的条件(Lawson 等 1993)。但是后来的研究发现,在 98.6 ℉(37℃)低氧环境和加氢空气环境下,胞内劳森氏菌($L. intracellularis$)在 McCoy 小鼠成纤维细胞系单层上共培养更加容易些(Guedes 和 Gebhart,2003a)。

与猪 PE 的病变非常相似,胞内劳森氏菌($L. intracellularis$)引起青年马等某些实验动物(如兔和仓鼠)的病变现在也很常见(Cooper 和 Geb-hart,1998;Pusterla 等,2009)。在其他一些宿主体内也报道发现该菌及其引起的相关病变,如犬、

鹿、狐狸、猴子和平胸类鸟等(Cooper 和 Gebhart,1998;Klein 等,1999)。由于实验兔可能感染了其他该菌变种,使得通过实验兔感染该菌制备特异多抗的生产过程变得复杂化(Duhamel 等,1998)。从不同猪以及不同种类的宿主上分离到的胞内劳森氏菌($L. intracellularis$)在 16s rDNA 序列和其外膜蛋白上都具有高度的相似性(>99%)。但是,在跨种交叉传播后,细菌的感染力变化非常明显(Jasni 等,1994;Murakata 等,2008),这表明该菌可能存在两个生物变种,一个来自猪群,另一个来自其他种属动物。全球感染猪的劳森氏菌只是同一个菌群,最近演化分离的菌种和在全球养猪场广泛传播的菌种(Schmitz-Esser 等,2008),如 19 世纪 80 年代至 20 世纪 70 年代的发生病例中的菌种都是同一菌种。因此,猪发生 PE 表现出的临床差异都是由于治疗用药的剂量和猪体差异引起的,而不是由于分离到不同的病菌,这一结论也在通过使用不同临床症状分离到的菌株进行攻毒试验的结果中得到了证实(Mapother 等,1987)。

在感染实验研究中,用胞内劳森氏菌($L. intracellularis$)的纯培养物对常规猪和事先接种小剂量非致病性肠道菌的悉生猪进行口服接种,结果产生了 PE 的特异性病变(McOrist 等,1993,1994)。在一些早期攻毒试验中,用粗制的或部分过滤的病变黏膜匀浆液接种猪,能够复制出特异性的肠道病变,并产生临床症状(Roberts 等,1977;Mapother 等,1987;McOrist 和 Lawson,1989a)。常规方法培养胞内劳森氏菌($L. intra-cellularis$)的困难使得这种方法后来用作为黏膜匀浆液在常规猪上复制 PE 的很好攻毒模型(Boutrop 等,2010;Guedes 和 Gebhart,2003b;Winkelman 等,2002)。人工感染不同分离菌株产生的宿主肠道病变都具有自然发病的特点,包括黏膜增生和出现胞内菌(Guedes 和 Gebhart,2003b;McOrist 等,1993)。

公共卫生
PUBLIC HEALTH

尽管存在很多的感染机会,但是没有在人身上发现过劳森氏菌感染引起的病例。克隆氏症和其他人的黏膜炎症病例调研结果表明,未发现典

型的 PE 症状或胞内劳森氏菌(*L. intracellularis*)引起的典型病变(Crohn 和 Turner,1952;Michalski 等,2006)。

流行病学
EPIDEMIOLOGY

该病分布于世界各地,在所有养猪地区以及所有形式的猪场管理模式中,包括野外猪群都经常发生本病(McOrist 等,2003)。在正常屠宰年龄的猪,病变发生率一般较低,在 0.25%～2.0% 之间,因此屠宰场的监测结果并不可靠(Christensen 和 Cullinane,1990;Suto 等,2004)。血清学和粪便 PCR 诊断方法的广泛应用,使得人们能够十分清楚地掌握 PE 的流行模式。如上所述,调查结果表明,大约 4% 的养猪场未检测到该菌感染,通常是从相近猪群的养殖场中分离到该菌。

养猪场感染有三种基本模型,这和养猪管理系统和抗生素使用情况密切相关(图 59.1)。在隔离猪场中,由于场区的猪群流动(仔猪到育肥猪均在同一猪场的饲养模型),仔猪感染通常发生在断奶后数周内,这可能与母源抗体消失有关(模型 1)。这种感染在接下来数周内可能通过口-粪传播方式在断奶猪-育肥猪群和早期青年猪群间不断扩大感染(Stege 等,2004)。在分组饲养和使用稻草铺垫猪舍的猪场,血清抗体阳性率更高,在症状典型的猪场育肥猪的抗体阳性率大约 70%(Chouet 等,2003;Stege 等,2000)。发生在某些猪场的 PE 感染更加常见的模型是断奶猪、育肥猪到成年猪的间歇性感染(模型 2),这种感染通常是和在不同时期口服抗生素有关。在根据年龄分组将断奶猪群和育肥猪群在不同猪舍分开饲养(分栋饲养管理系统)的管理模型下,胞内劳森氏菌(*L. intracellularis*)很少感染繁殖猪群,而且通常延迟到 12～20 周龄时的生长期结束时才发生感染(模型 3,Bronsvoort 等,2001;Marsteller 等,2003)。这种感染模型在美国尤为突出,在这些猪场可能给断奶-保育猪饲喂喹喔啉抗生素,以保证在早期不会感染。

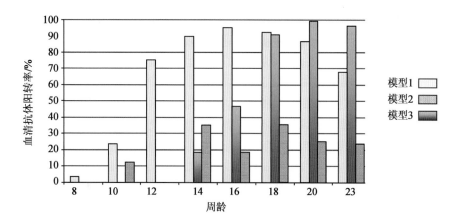

图 59.1　不同管理系统的胞内劳森氏菌感染和血清阳转模型。模型 1:典型模型见于单点猪场的仔猪到育成猪管理方式。模型 2:非典型模型见于使用不同抗生素的猪场。模型 3:典型模型见于根据日龄和猪舍独立饲养的多点猪场管理方式。模型图表示不同日龄的猪胞内劳森氏菌(*L. intracellularis*)感染后血清抗体阳转百分率。

在大多数猪场,环境中可能持续存在胞内劳森氏菌(*L. intracellularis*),细菌附着在残留的粪便物、有机垫料、污染物、猪舍栏架或猪舍内的昆虫等环境物品上。这就可能引起多数不同日龄的新猪群通过口-粪途径再感染。但是这种类型的感染可快可慢,在不同的猪场出现临床症状的时间也不同,而且更为严重的是,在同一猪场的同一猪舍或猪圈内的不同猪群出现症状的时间也可能不同(Hammer,2004)。在哺乳到育肥是饲养在同一猪场的饲养模式下,从污染区内将阳性粪便污染物运输到其他区域(如饲养有其他育肥猪群区域),发生感染更为常见。这种传播途径中,传播方式可能通过包括靴子上的粪便或其他污染物传播,也可能通过猪粪便中污染的昆虫和接触到粪便的啮齿类动物传播(Friedman 等,2008)。

特定时期的生产活动可能引起猪群急性 PHE 的暴发,如未阉割的公猪和小母猪等青年猪(4～12 月龄)在发情期进行的性能测试时,需要运输到新猪场的育肥小母猪,以及将小公猪和小母猪混到其他育肥猪群中等活动时(Friendship 等,2005)。在对育肥猪广泛使用劳森氏菌弱毒活疫苗的猪场这种疫情暴发的现象显著减少。

胞内劳森氏菌(L. intracellularis)在 5～59℉(-15～15℃)条件下可以在粪便中存活 2 周(Collins 等,2000)。感染剂量相对较低(Guedes 等,2003;McOrist 等,1993),在某些感染的"散毒"猪群粪便排泄物可能含菌量很高(Guedes 等,2002a;Smith 和 McOrist 等,1997)。对育肥猪群感染 PE 的跟踪研究表明,生产区内感染的母猪或公猪不能完全传给其子代仔猪引起感染(Guedes 等,2002a;Jacobson 等,2010)。

改善猪场的卫生条件能够降低 PE 发生率。季铵盐化合物能够有效地杀灭劳森氏菌(Collins 等,2000;Wattanaphasak 等,2010),但是细菌分离物对酚类或碘类化合物具有一定的耐药性。无论是在单点猪场还是在多点猪场中,严格清洁和清洗猪圈中栏杆、设施、靴子和设备上的全部粪便和严格控制昆虫和鼠类动物比仅仅用带缝隙的地面和凹陷的地沟来清除粪便的方法能够更显著地降低 PE 的发生率(Bronsvoort 等,2001;Smith 等,1998)。

致病机理
PATHOGENESIS

对易感猪接种胞内劳森氏菌(L. intracellularis)或含有这种细菌的病变黏膜可以复制出 PE 模型(Guedes 和 Gebhart,2003a,b;McOrist 和 Lawson,1989;McOrist 等,1993,1994;Roberts 等,1977)。在用胞内劳森氏菌(L. intracellularis)的标准菌株和接种剂量,10^8 个细菌口服接种攻毒断奶仔猪的实验研究中,接种后的 1～3 周感染高峰期时,在不断增生的肠细胞和粪便中都能够观察到许多胞内菌,攻毒 3 周后可以见到病灶。大部分的这些猪群里,肠道感染、病灶增生和排毒大约持续 4 周,但是在一些感染猪,排毒可能持续至少 10 周(Guedes 等,2002a;Smith 和 McOrist,1997)。用此接种物口服攻毒后 3 周达到感染高峰期,通常可以见到 50% 的攻毒接种猪有中度腹泻,而且 100% 产生 PE 组织学病变。口服攻毒引起小肠感染后的 1 或 2 周时一般可以见到大肠感染和产生病灶(Guedes 和 Gebhart,2003b)。从未用过疫苗的各年龄段猪(新生仔猪到出栏猪)对口服攻毒都很敏感。

增生性肠炎的发生是由于大量胞内菌定居在未成熟的上皮细胞中引起越来越严重的细胞增生。大多数情况下不发生显著的炎症反应,在此阶段细菌仍存留在上皮细胞中。在严重的 PE 病例中,在肠系膜淋巴结和扁桃体中也能够观察到胞内劳森氏菌(Jense 等,2000;Roberts 等,1980),但这些都是细菌定居的次要位点。体内和体外实验研究已经阐明一些早期的细菌-细胞间的相互作用机理(Boutrop 等,2010;Lawson 等,1995;McOrist 等,1989,1995b)。细菌首先结合在细胞膜上然后通过入侵空泡迅速穿透细胞进入细胞内。目前没有证实有特异性黏附素或受体,但胞内劳森氏菌(L. intracellularis)可能控制着 III 型分泌系统,这有助于细胞的入侵。侵入的空泡很快就会破裂(3 h 之内),细菌就在细胞浆内活动并游离增殖(不与细胞膜结合)。尽管劳森氏菌的全基因组序列已经测定(Genbank 目录号 AM180252、AM180253、AM180254 和 AM180255),但是细菌如何使感染的细胞难于成熟却能够持续地进行有丝分裂并形成增生性腺窝的机制还没有完全清楚。这可以反映出正常腺窝细胞在分化过程中的抑制作用,在腺窝颈局部受调控(McOrist 等,2006;Oh 等,2009)。胞内劳森氏菌(L. intracellularis)感染的肠腺窝细胞能够变得非常细长并经常形成分支。在无并发症的慢性感染猪和仓鼠中,体内蛋白和氨基酸都流失到了肠腔,而且由于肠黏膜缺乏成熟的细胞,使得营养吸收降低,这可能是引起体重降低和饲料转化率下降的原因(Gogolewski 等,1991;Rawson 和 Lawrence,1982;Vanucci 等,2010)。

肠上皮细胞在增生的基础上可能还会发生细胞衰退性、坏死性和修复性的病变重叠发生。急性出血性 PE(PHE)的显著症状就是肠腔严重出血,但有慢性 PE 病灶。出血的同时常伴随有许多上皮细胞大范围的变性和脱落并从毛细血管床上渗漏出。这种急性病例的致病机理还没有完全研究清楚。

临床症状
CLINICAL SIGNS

在6～20周龄的断奶仔猪，慢性 PE 的临床病例最为常见。许多育成猪的慢性 PE 病例中临床症状表现很轻微直至出现亚临床症状，而且除不能正常生长外，摄食正常，没有其他可见症状。回肠发生病变是这些猪的共同特点。有些猪表现为一定程度的厌食，对食物有特别的好奇心，但拒绝进食。感染猪的症状有多种表现，从无明显症状到表现显著的迟钝和冷漠，各不相同。出现腹泻的症状时一般都是温和性的，排出正常灰-绿色的疏松、稀薄直至水样粪便。这可能是感染慢性 PE 猪群中部分猪的临床症状（Moller 等，1998）。出血或黏液粪便并不是慢性 PE 腹泻的特征。在猪群中如怀疑是慢性或亚临床 PE 时，温和病例相对多见，但很难确诊（Jacobson 等，2003）。因此，这些猪场在出现贫血和无规则腹泻引起生长不良的猪，或猪群中出现不同大小的育成猪时，应该仔细检查猪群。应仔细检查并记录断奶后仔猪的平均增重率和饲料利用率（Gogolewski 等，1991；Robert 等，1979）。发展成坏死性肠炎的这些猪会表现为体重严重下降并且经常持久性腹泻。这些严重的病例可能更容易发生在使用稻草铺垫的猪群中，这些猪群更容易发生"口-粪"摄入情况和继发细菌（如沙门氏菌）感染。

急性出血性 PE 病例与慢性 PE 不一样，急性出血性 PE 更常发生于4～12月龄的青年猪，如繁殖小母猪，在临床上表现为急性出血性贫血。首次观察到的临床症状常常是排出黑色柏油状粪便，可能会逐渐变稀。然而有的动物没有出现粪便异常情况即发生死亡，仅仅表现为皮肤苍白。大约有半数的感染动物最终会以死亡而告终，其余的动物在数周内逐渐恢复健康。怀孕动物临床感染后在出现症状的6 d内可能发生流产，一些残留下来的猪可能丧失繁殖能力（McOrist 等，1999）。急性感染病例母猪所产的仔猪不能获得对 PE 的保护（Guedes 等，2002a；Jacobson 等，2010）。

大多数无并发症的慢性 PE 病例，临床症状出现后的4～10周开始恢复，表现为食欲恢复、生长率恢复到正常水平。尽管病猪仍可长到屠宰时应有的体重标准但是会出现大面积的病变（Suto 等，2004），平均日增重和饲料转化率会降低，达到市场需要的体重时间更长，进而增加了经济成本。和正常猪相比较，感染猪的平均日增重降低6%～20%，每单位增重所需饲料增加6%～25%（Gogolewski 等，1991；McOrist 等，1996b，1997）。用于繁殖计划或有特定目标市场的猪群感染后成本增加的变化是十分显著的。

病理变化
LESIONS

患有慢性 PE 的青年猪，最常见的病变部位在小肠末端60 cm处以及邻近结肠的上 1/3 处。严重病例中，病灶会扩展到空肠、盲肠和大肠的下端。增生程度的变化很大，但在病变部位处都可见到肠壁增厚、肠管直径增加。在病变范围较小时，应仔细检查回肠末端的靠近回盲瓣10 cm区域，因为此部位是最可能的感染部位。在检查轻微病变区时应仔细检查，与 Peyer's 淋巴带上的肠黏膜褶皱相区别。常常可以看到一些浆膜下和肠系膜水肿，重点检查浆膜表面的正常褶皱形式。黏膜表面湿润，但没有黏液，有时黏附着点状炎性渗出物。感染的肠黏膜本身脱落进入纵向或横向皱褶深处（图59.2）。发生相似病变的大肠可形成厚厚的病灶。

在病理组织学上，黏膜由不成熟的上皮细胞排列形成肿大的分支状腺窝。与只有一层细胞厚的正常腺窝相比，感染的病变腺窝常常有5、10或更多层细胞那么厚（图59.3）。整个腺窝出现大量明显的有丝分裂现象（Lomax 和 Glock，1982；Rowland 和 Lawson，1974）。其他感染的细胞核可表现为肿大的小泡结构或呈着色较深的细长纺锤形。杯状细胞较缺乏，而如果杯状细胞重新出现在肠腺窝深处，则预示炎症开始消退。在没有并发症的病例中，黏膜固有层都是正常的。

银染、特异性免疫学染色或电镜观察，可以发现感染部位的肠细胞内有大量的胞内劳森氏菌（L. intracellularis），位于感染的上皮细胞顶端胞

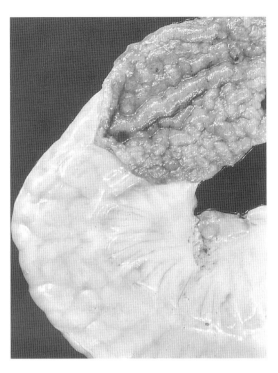

图 59.2 慢性 PE。回肠增厚,有隆起的黏膜。

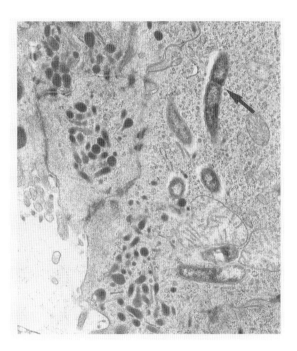

图 59.4 慢性 PE 回肠上皮细胞,在胞浆和侵袭区的顶端胞浆中含有几个游离的胞内劳森氏菌(*L. intra-cellularis*)(箭头所指)(醋酸铀和柠檬酸铅染色 10 000×)。

浆中(图 59.4)。在恢复期病变中,细菌呈凝结状,也可能被挤压在退化的细胞中再进入肠腔或被固有层中活化的巨噬细胞所吞噬。许多病例几乎无炎症反应。恢复期病变的显著特征是随着成熟上皮细胞的发育,上皮细胞逐渐恢复,在腺窝深部出现杯状细胞,腺瘤细胞从表面迅速消失(McOrist 等,1996a)。

在严重的临床病例中可能会形成凝固性坏死灶,并且在已发生的 PE 病灶上叠加覆盖着大量炎性渗出物。常出现黄灰色奶酪状团块紧密黏附在空肠-回肠黏膜上。在组织学上,凝固性坏死很容易区分,带有纤维素性沉积和退变性的炎性细胞。如果在深层组织中观察到增生上皮细胞的残留即可做出确诊。

在急性出血性 PE(PHE)病例中,感染猪的肠壁增厚、肿胀并有一定程度的浆膜水肿。回肠和结肠肠腔中常含有一个或多个血块(图 59.5),通常没有其他血液或饲料内容物存在(Lawson 等,1979;Rowland 和 Lawson,1975)。在直肠中可能含有由血液和消化产物混合而成的黑色柏油

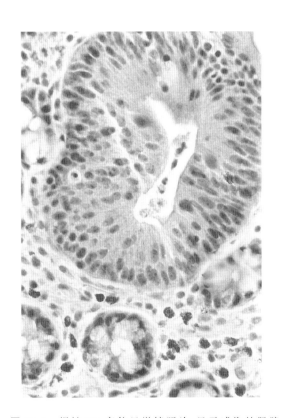

图 59.3 慢性 PE 高倍显微镜照片,显示感染的肠腺窝显著增大。与正常的毗邻腺窝相比,有 5～10 个上皮细胞厚(H&E,400×)。

状粪便。肠道感染部位的黏膜表面除了显著的增生性增厚外，还有少量粗糙的损伤。但没有发现出血点、溃疡或糜烂。组织学检查证实在增生性上皮细胞中细胞多发生退行性变化、组织充血和出血变化。在感染肠黏膜和感染肠道腺窝内，堆积了含大量胞内劳森氏菌（*L. intracellularis*）的血细胞碎片。

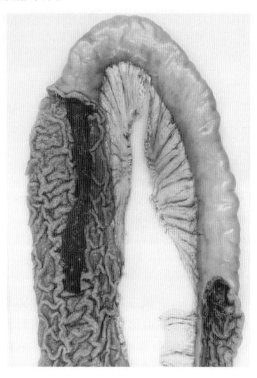

图 59.5　急性出血性 PE 小肠黏膜增厚、肠腔中有凝血块。

诊断

DIAGNOSIS

PE 的临床病例具有不同的特征性表现，采用的鉴别诊断方法也不相同。慢性 PE（或称为 PIA）很容易和冠状病毒感染（第 35 章）或轮状病毒感染（第 43 章）引起的肠炎、中度猪结肠螺旋体病（结肠炎，第 50 章）、鼠伤寒沙门氏菌引起的沙门氏菌病（*Salmonella typhimurium*）（第 60 章）、猪圆环病毒引起的相关疾病（第 26 章）和营养性腹泻（第 68 章）等疾病相混淆。这些地方性流行病原经常会发生混合感染。急性出血性 PE（或称 PHE）很容易和食管胃溃疡（第 15 章）或急性猪

痢疾（第 50 章）相混淆。急性出血性 PE 也要和"肠出血综合征"，这是一种肠扭转的肠道充血症状（Straw 等，2002）。

由于胞内劳森氏菌（*L. intracellularis*）很难人工培养，须采用其他几种替代方法进行诊断。可通过证实粪便中含有胞内劳森氏菌（*L. intracellularis*）对 PE 做出临床确诊，即通过用胞内劳森氏菌（*L. intracellularis*）的特异性引物进行 PCR 技术（Jacobson 等，2004；Jones 等，1993）或采用特异性抗体结合粪便样品的免疫学技术。具有活性病灶的感染猪在感染的数周内都能够排出病菌（Guedes 等，2002b；Jacobson 等，2010；Knittel 等，1998）。但是，粪便分析敏感度不高，不能充分诊断所有感染病例（Jacobson 等，2004，2010）。根据 DNA 的提取方法和所用的试验类型（巢式或直接 PCR 试验）不同，PCR 能够检测到每克粪便中含有 $10^2 \sim 10^5$ 个细菌。对单点猪场进行普查时，6~10 周龄的猪流行病率最高。大龄猪通常只有在暴发急性 PE 时才进行采样。任何一种试验的粪便样本必须保存在 39 ℉（4℃）或以下。

PE 的血清学诊断方法是采用全菌体抗原进行间接免疫荧光试验（Knittel 等，1998）或免疫过氧化酶单层试验（Guedes 等，2002b）。已有报道过，使用不同的抗原提取物研制的几种酶联免疫吸附试验（ELISA）方法（Boesen 等，2005；Kroll 等，2005；Watarai 等，2004）。血清学试验结果证实猪对胞内劳森氏菌（*L. intracellularis*）产生的血清抗体反应是特异的，主要有免疫球蛋白 M（IgM）和免疫球蛋白 G（IgG）。尽管能够检测到的抗体反应和出现病变之间有很好的相关性，但是并不是所有感染的病例都能够引起猪血清抗体阳性。虽然采血比采集粪便较为费时，但是血清学试验比较便宜，而且更适合大量样本的检验。

在尸体剖检时，采用姜-尼氏染色或姬姆萨染色对黏膜涂片进行检查以证实胞内菌的存在是最为简便的技术（Love 等，1977）。对感染的病变组织进行组织学检查，可以对增生病变在形态学上进行鉴别。猪圆环病毒感染可能引起肠道黏膜非常明显的增厚，但是引起的系统性淋巴结症状和

肉芽肿型（非腺瘤性）肠炎使其区别于 PE 症状（Jensne 等，2006）。对病灶中的胞内劳森氏菌（*L. intracellularis*）进行特异性鉴定可以采用对固定包埋的组织进行免疫组化染色（Guedes 和 Gebhart，2003a；Ladinig 等，2009；McOrist 等，1987）。如果没有特异性的免疫学试剂时，采用银染技术也能够清楚地显示细胞中的胞内菌（图59.6）。由于胞内劳森氏菌（*L. intracellularis*）很小，需要在高倍镜下对感染的腺窝组织进行仔细检查。如果采用电镜技术，可以证实胞内菌的存在。

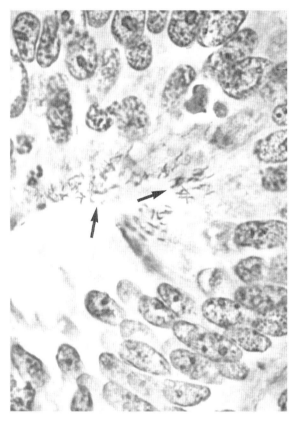

图 59.6　慢性 PE 回肠黏膜腺窝显微照片 上皮细胞胞浆中可见大量的胞内菌（箭头所指）（Warthin-Stary 银染；放大 2 000×）。

　　在实验室进行胞内劳森氏菌（*L. intracellularis*）的专性培养需要建立适宜的细胞系，如 IEC-18 大鼠肠细胞，再加入从猪肠道纯化而来的胞内劳森氏菌（*L. intracellularis*）和一定的抗生素以防止其他细菌的生长（Lawson 等，1993；McOrist 等，1995b）。细菌的维持和在肠细胞内

共培养继代时需要有适宜的微需氧环境和细胞溶菌条件（Lawson 等，1993）。大部分单层细胞中每个细胞可以感染超过 30 个胞浆内菌（图59.7），一般不引起明显的细胞病变，尤其是未见异常的细胞增生现象。从 PHE 病例中分离培养细菌比从慢性 PE 病例中更容易成功。

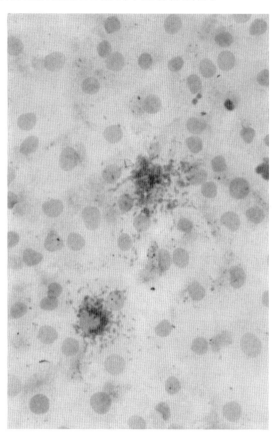

图 59.7　肠上皮细胞内单层共培养的胞内劳森氏菌（*L. intracellularis*）免疫组化染色图。

免疫
IMMUNITY

　　早期的病灶中含有一些渗透性炎性细胞，不是猪肠道内的正常细胞（McOrist 等，1992），表现出原始上皮细胞的自然特性。感染的上皮细胞内含有大量的 IgA 富集（Lawson 等，1979；McOrist 等，1992），肠道洗液中含有可检测到的劳森氏菌特异的 IgA（Guedes 等，2002a）。在病灶形成过程中，吞噬了胞内劳森氏菌（*L. intracellularis*）的巨噬细胞可能会在固有层引起典型的 Th-1 型细胞免疫反应（MacIntyre 等，2003；McOrist 等，

1992)。胞内劳森氏菌（L. intracellularis）进入宿主细胞内引起干扰素的非特异性"警报反应"和相关免疫学反应及启动细胞凋亡基因活性（Oh 等，2009）。感染猪的血液内既发生细胞介导的免疫反应，也产生体液免疫反应（Guedes 和 Gebhart 等，2003a；Knittel 等，1998；McOrist 和 Lawson，1993）。在急性感染的猪病例中，这些免疫学反应在感染后 2 周内即可首次检测到，并能够持续大约 3 个月（Guedes 等，2002a）。因此大多数感染了胞内劳森氏菌（L. intracellularis）的动物个体都表现出特异性的免疫学反应。这种免疫反应似乎具有长期免疫保护作用，能够抵抗细菌的再感染（Kroll 等，2004）。

预防和控制
PREVENTION AND CONTROL

采用细胞共培养法在体外进行的评价试验，比较了对胞内劳森氏菌（L. intracellularis）具有潜在活性的多种抗生素的最小抑菌浓度（McOrist 等，1995c；Wattanaphasak 等，2009）。通过对多年和多个猪场的商品化猪进行人工试验感染后治疗和预防试验研究，结果表明，在按每千克体重的比例给予适当药量时，大环内酯类和截短侧耳素是最为有效的抗生素（McOrsit 等，1996b，1997a；Schwartz 等，1999；Walter 等，2001）。在美国，一些喹啉药物（如卡巴氧）也可以使用，而且十分有效。还没有发现对这些药物有耐受性的胞内劳森氏菌（L. intracellularis）菌群（McOrist，2000）。用这些药物进行治疗失败的病例主要发生于发生回肠炎的猪群，这是由于根据体重计算时给药量不足，例如繁殖猪群的饲料摄入量低，或者在感染高峰前或感染后很长时间才使用药物治疗的猪群。在 PE 临床病例上，目前已知对胞内劳森氏菌（L. intracellularis）肯定无效的抗生素有青霉素、杆菌肽、氨基糖苷类如新霉素、维吉尼霉素和离子载体类药物。非抗生素治疗，如铜或锌的化合物或饲料酸味剂等也已证明没有治疗作用。

根据发病猪的年龄可以采用不同的治疗方法。对繁殖猪群的急性 PE 治疗需要采取有力的治疗方法，治疗既包括临床感染的猪，也包括接触过感染猪的猪（可能是整个猪群）。首选的治疗药物是泰妙菌素（120 mg/kg）或泰乐菌素（100 mg/kg），可通过水溶液或预混料口服或通过肌内注射等量药物对感染猪和接触猪进行连续治疗 14 d（McOrist 等，1999）。

严重的慢性临床病例表现为猪体消瘦，在使用泰乐菌素、林可霉素或泰妙菌素（如果有也可用卡巴氧）进行治疗后，这些猪通常表现出轻微的临床症状。如果临床上育肥猪发病较多，将感染猪移到隔离的猪舍，并进行辅助治疗可以降低损失。田间治疗试验结果表明，在感染过程的早期将抗生素通过预混料或水溶液进行给药能够取得很好的治疗效果。在许多单点猪场通常是在大约 8～11 周龄时进行。对大龄猪的治疗，如繁殖猪群，不可能完全消除感染。因此，仅仅通过减少部分猪群和对部分猪群进行治疗来达到消除感染在大多数情况下都是不可能成功的。因为不同猪场之间以及同一猪场不同批次猪之间发生 PE 病例的时间各不相同，治疗时在饲料中添加抗生素的时间可能太迟，这样就不能终止对感染猪的临床症状及其生产行为的影响（Hammer，2004）。反之，如果药物添加时间太早，那么猪群就可能没有机会产生主动免疫反应并维持其原有易感状态，从而在以后更容易发生严重急性 PE。

考虑到 PE 的地方流行性特征、引起的经济损失较大以及发病的时间不同，免疫接种是广泛使用的而且是有效的控制该病的方法。通过口服给青年猪免疫接种一次低剂量的弱毒活疫苗（德国，殷格翰，勃林格殷格翰公司的 Enterisol® 回肠炎疫苗）能够获得显著的免疫保护水平，能够抵抗胞内劳森氏菌（L. intracellularis）不同强毒株的攻毒（Kroll 等，2004）。这种免疫保护作用和所选择的口服免疫途径无关（分别口服给药或群体饮水给药）。疫苗免疫以后，尤其是通过饮水免疫可以观察到猪增重率显著提高，粪便的胞内劳森氏菌（L. intracellularis）排菌量明显减少。此疫苗已经在全球范围内广泛使用，具有较好的免疫效果（Hardge 等，2004；McOrist 和 Smits 等，2007），而且有助于发生 PE 的猪场减少使用抗生素（Bak 和 Rathkjen，2009）。尚没有商品化灭活的或亚单位疫苗。

这种弱毒疫苗在繁殖猪群引进到新猪舍时尤为重要。在这种情形下，前面提到的使用适应性训练和药物治疗措施都可能造成该病的控制失败，从而引起 PE 的暴发。一直以来急性或慢性 PE 对于高度健康的猪群、发病率极低的猪群、早期断奶仔猪以及优质商品种猪是最为严重的问题。对于大多数常规猪群，即使一年以上没有发生 PE 的临床病例，也不能保证是无病猪群，这一点无论如何强调也不过分。显然来自于这些猪群的无病猪也许可将 PE 传播到其他污染的环境中，并在以后暴发急性出血性 PE，随后出现低水平的流行性慢性 PE。

（印春生译，袁振校）

参考文献
REFERENCES

Alberdi MP, Watson E, McAllister GEM, et al. 2009. Vet Microbiol 139:298–303.

Bak H, Rathkjen PH. 2009. Acta Vet Scand 51:1.

Biester HE, Schwarte LH. 1931. Am J Pathol 7:175–185.

Boesen HT, Jensen TK, Moller K, et al. 2005. Vet Microbiol 109:105–112.

Boutrop TS, Boesen HT, Boye M, et al. 2010. J Comp Pathol 143:101–109.

Bronsvoort M, Norby B, Bane DP, Gardner IA. 2001. J Swine Health Prod 9:285–290.

Chouet S, Prieto C, Mieli L, et al. 2003. Vet Rec 152:14–17.

Christensen NH, Cullinane LC. 1990. NZ Vet J 38:136–141.

Collins AM, Love RJ, Pozo J, et al. 2000. J Swine Health Prod 8:211–215.

Cooper DM, Gebhart CJ. 1998. J Am Vet Med Assoc 212:1446–1451.

Crohn BB, Turner DA. 1952. Gastroenterology 20:350–351.

Dale CJH, Moses EJ, Ong C, et al. 1998. Microbiology 144:2073–2084.

Duhamel GE, Klein EC, Elder RO, Gebhart CJ. 1998. Vet Pathol 35:300–303.

Friedman M, Bednar V, Klimes J, et al. 2008. Lett Appl Microbiol 47:117–121.

Friendship RM, Corzo CA, Dewey CE, Blackwell T. 2005. J Swine Health Prod 13:139–142.

Gebhart CJ, Barns SM, McOrist S, et al. 1993. Int J Syst Bacteriol 43:533–538.

Gogolewski RP, Cook RW, Batterham ES. 1991. Aust Vet J 68:406–408.

Guedes RMC, Gebhart CJ. 2003a. Vet Microbiol 91:135–145.

———. 2003b. Vet Microbiol 93:159–166.

Guedes RMC, Gebhart CJ, Armbruster G, Roggow BD. 2002a. Can J Vet Res 66:258–263.

Guedes RMC, Gebhart CJ, Winkelman NL, et al. 2002b. Can J Vet Res 66:99–107.

Guedes RMC, Winkelman NL, Gebhart CJ. 2003. Vet Rec 153:432–433.

Hammer JM. 2004. J Swine Health Prod 12:29–33.

Hardge T, Nickoll E, Grunert H, et al. 2004. Pig J 54:17–34.

Jacobson M, Aspan A, Konigsson MH, et al. 2004. Vet Microbiol 102:189–201.

Jacobson M, Aspan A, Nordengrahn A, et al. 2010. Vet Microbiol 142:317–322.

Jacobson M, Segerstad CH, Gunnarsson A, et al. 2003. Res Vet Sci 74:163–169.

Jasni S, McOrist S, Lawson GHK. 1994. Vet Microbiol 41:1–9.

Jensen TK, Moller K, Lindecrona R, Jorsal SE. 2000. Res Vet Sci 68:23–26.

Jensen TK, Vigre H, Svensmark B, Bille-Hansen V. 2006. J Comp Pathol 135:176–182.

Jones GF, Ward GE, Murtaugh MP, et al. 1993. J Clin Microbiol 31:2611–2615.

Klein EC, Gebhart CJ, Duhamel GE. 1999. J Med Primatol 28:11–18.

Knittel JP, Jordan DM, Schwartz KJ, et al. 1998. Am J Vet Res 59:722–726.

Kroll J, Roof MB, McOrist S. 2004. Am J Vet Res 65:559–565.

Kroll JJ, Eichmeyer MA, Schaeffer ML, et al. 2005. Clin Diag Lab Immunol 12:693–699.

Ladinig A, Sommerfeld-Stur I, Weissenbock H. 2009. J Comp Pathol 140:140–148.

Lawson GHK, Mackie RA, Smith DGE, McOrist S. 1995. Vet Microbiol 45:339–350.

Lawson GHK, McOrist S, Sabri J, Mackie RA. 1993. J Clin Microbiol 31:1136–1142.

Lawson GHK, Rowland AC, Roberts L, et al. 1979. Proliferative haemorrhagic enteropathy. Res Vet Sci 27:46–51.

Lomax LG, Glock RD. 1982. Am J Vet Res 43:1608–1614.

Love RJ, Love DN, Edwards MJ. 1977. Vet Rec 100:65–68.

MacIntyre N, Smith DGE, Shaw DJ, et al. 2003. Vet Pathol 40:421–432.

Mapother ME, Joens LA, Glock RD. 1987. Vet Rec 121:533–536.

Marsteller TA, Armbruster G, Bane DP, et al. 2003. J Swine Health Prod 11:127–130.

McOrist S. 2000. Trends Microbiol 8:483–487.

———. 2005. Vet J 170:8–9.

McOrist S, Barcellos DE, Wilson RJ. 2003. Pig J 51:26–35.

McOrist S, Boid R, Lawson GHK, McConnell I. 1987. Vet Rec 121:421–422.

McOrist S, Gebhart CJ, Boid R, Barns SM. 1995a. Int J Syst Bacteriol 45:820–825.

McOrist S, Gebhart CJ, Bosworth BT. 2006. Can J Vet Res 70:155–159.

McOrist S, Jasni S, Mackie RA, et al. 1993. Infect Immun 61:4286–4292.

McOrist S, Jasni S, Mackie RA, et al. 1995b. Res Vet Sci 59:255–260.

McOrist S, Lawson GHK. 1989. Res Vet Sci 46:27–33.

———. 1993. Vet Microbiol 34:381–388.

McOrist S, Lawson GHK, Rowland AC, MacIntyre N. 1989. Vet Pathol 26:260–264.

McOrist S, MacIntyre N, Stokes CR, Lawson GHK. 1992. Infect Immun 60:4184–4191.

McOrist S, Mackie RA, Lawson GHK. 1995c. J Clin Microbiol 33:1314–1317.

McOrist S, Mackie RA, Neef N, et al. 1994. Vet Rec 134:331–332.

McOrist S, Morgan J, Veenhuizen MF, et al. 1997a. Am J Vet Res 58:136–139.

McOrist S, Roberts L, Jasni S, et al. 1996a. J Comp Pathol 115:35–45.

McOrist S, Smith SH, Green LE. 1997b. Vet Rec 140:579–581.

McOrist S, Smith SH, Klein T. 1999. Vet Rec 144:202–204.

McOrist S, Smith SH, Shearn MFH, et al. 1996b. Vet Rec 139:615–618.

McOrist S, Smits RJ. 2007. Vet Rec 161:26–28.

Michalski CW, Di Mola FF, Kummel K, et al. 2006. BMC Microbiol 6:81.

Moller K, Jensen TK, Jorsal SE, et al. 1998. Vet Microbiol 62:59–72.

Murakata K, Sato A, Yoshiya M, et al. 2008. J Comp Pathol 139:8–15.

Oh Y-S, Lee J-B, McOrist S. 2009. Vet J 184:340–345.

Pusterla N, Jackson R, Wilson R, et al. 2009. Vet Microbiol 136:173–176.

Roberts L, Lawson GHK, Rowland AC, Laing AH. 1979. Vet Rec 104:366–368.

Roberts L, Rowland AC, Lawson GHK. 1977. Vet Rec 100:12–13.

———. 1980. Gut 21:1035–1040.

Rowan TG, Lawrence TLJ. 1982. Vet Rec 110:306–307.

Rowland AC, Lawson GHK. 1974. Res Vet Sci 17:323–330.

———. 1975. Vet Rec 97:178–180.

Schmitz-Esser S, Haferkamp I, Knab S, et al. 2008. J Bacteriol 190:5746–5752.

Schwartz K, Knittel J, Walter D, et al. 1999. J Swine Health Prod 7:5–11.

Smith SH, McOrist S. 1997. Res Vet Sci 62:6–10.

Smith SH, McOrist S, Green LE. 1998. Vet Rec 142:690–693.

Stege H, Jensen TK, Moller K, et al. 2000. Prev Vet Med 46:279–292.

Stege H, Jensen TK, Moller K, et al. 2004. Vet Microbiol 104:197–206.

Straw B, Dewey C, Kober J, Henry SC. 2002. J Swine Health Prod 10:75–79.

Suto A, Asano S, Goto Y, et al. 2004. Jpn J Vet Med Sci 66:547–549.

Tomanova K, Bartak P, Smola J. 2002. Vet Rec 151:765–767.

Vanucci FA, Borges EL, Vilaça de Oliveira JS, Guedes RMC. 2010. Vet Microbiol doi:10.1016/j.vetmic.2010.03.027.

Veenhuizen MF, Elam TE, Soenksen N. 2002. Comp Contin Educ Pract Vet 24:S10–S15.

Walter D, Knittel J, Schwartz K, et al. 2001. J Swine Health Prod 9:109–115.

Watarai M, Yamato Y, Horiuchi N, et al. 2004. Jpn J Vet Med Sci 66:735–737.

Wattanaphasak S, Sinder RS, Gebhart CJ. 2010. J Swine Health Prod 18:11–17.

Wattanaphasak S, Singer RS, Gebhart CJ. 2009. Vet Microbiol 134:305–310.

Winkelman NL, Crane JP, Elfring GD, et al. 2002. J Swine Health Prod 10:106–110.

60 沙门氏菌病
Salmonellosis

Steven A. Carlson，Alison E. Barnhill 和 Ronald W. Griffith

背景
RELEVANCE

沙门氏菌(*Salmonella*)因能感染许多动物宿主而声名狼藉。[Taylor 和 McCoy (1969) 观察到，从何而来，原文中没有此句话]，在受检的所有脊椎动物中都分离出了沙门氏菌。尽管在 2 400 多个血清型中，许多血清型的沙门氏菌宿主范围很广且分布广泛，但其中几个血清型只有一个动物宿主。比较典型的血清型有感染人的伤寒沙门氏菌(*Salmonella typhi*)、感染牛的都柏林沙门氏菌(*Salmonella dublin*)、感染人的鸡白痢沙门氏菌(*Salmonella pullorum/gallinarum*)以及感染猪的猪霍乱沙门氏菌(*Salmonella choleraesuis*)。

猪沙门氏菌的感染备受关注，原因有二：一是其引起猪的临床疾病(沙门氏菌病)；二是猪可受到多种血清型沙门氏菌的感染，从而成为许多猪肉产品的感染源，威胁人类健康。

病因学
ETIOLOGY

猪霍乱沙门氏菌属于沙门氏菌属的一个型，产生硫化氢的孔成道夫(*kunzendorf*)生物变种仅限于猪体。人们对沙门氏菌属的命名存在争议，并且提出了一些更改建议。尽管属于同一种属，规程涉及 2 400 多种学清型的每一种(一般认为 2 400 多种不同的血清型属于同一种属。新的建议是指定猪霍乱为猪霍乱沙氏门菌血清型)。

临床上，猪沙门氏菌病几乎均由猪霍乱沙门氏菌变种孔成道夫血清型(*S. choleraesuis* variety *kunzendorf*)及鼠伤寒沙门氏菌(*S. typhimurium*)引起。前者产生败血症，导致多数器官病变。无论是过去还是现在，在世界上许多地方，该菌是引起猪沙门氏菌病的最常见血清型(Lawson 和 Dow，1966；Levine 等，1945；Mills 和 Kelly，1986；Morehouse，1972；Schwartz 和 Daniels，1987；Wilcock 等，1976)。最新的一个关注点是，鉴定的具有多重耐药性的猪霍乱沙门氏菌感染水中原虫后，毒力增强(Xiong 等，2010)。

在北美的发病猪中，鼠伤寒沙门氏菌是(Foley 等，2008)是最为常见的血清型病菌，由于小肠结肠炎常导致腹泻。在那些被认为洁净猪群(纯种的繁育猪群)中，由于引进了未免疫猪群，由鼠伤寒沙门氏菌引起的疾病的发生率比预想的要高(Gooch 和 Haddock，1969；Heard 等，1968；Lynn 等，1972)。鼠伤寒沙门氏菌常在发生肠道疾病及体质虚弱的病猪中分离到。同猪霍乱沙门氏菌一样，一些多重耐药的鼠伤寒沙门氏菌株在接触水中原虫后变成超强毒株。

猪病学，第 10 版，由 Jeffrey J. Zimmerman, Locke A. Karriker , Alejandro Ramirez, Kent J. Schwartz, Gregory W. Stevenson 主编。

生化特性非典型鼠伤寒沙门氏菌引起的地方性流行病，曾在美国中西部（Andrews，1976；Barnes 和 Bergeland，1968）和欧洲报道过（Barnes 和 Sorensen，1975）。本菌在分离沙门氏菌的标准选择培养基上生长不良，但其引起的疾病特征很典型，因此本病的暴发必须引起人们的重视（Barnes 和 Bergeland，1968）。最近的文献报道，该血清型能够依赖抗生素作为唯一的碳源存活（Barnhill 等，2010）。因此，存在于粪池中的潜在的抗生素源受到关注（最新的一项研究证明了）。

其他的血清型偶尔也会成为猪病的致病原，但很短暂且往往需要条件。这些条件包括病猪体质虚弱和免疫抑制，其他肠道疾病，或未免疫猪群接触大量细菌的环境。不同的血清型可从刚断奶的腹泻仔猪中分离出。海德堡沙门氏菌（*Salmonella heidelberg*）曾引起断奶后仔猪腹泻，其导致的肠毒素原性腹泻病变由猪霍乱沙门氏菌（*S. choleraesuis*）和鼠伤寒沙门氏菌（*S. typhimurium*）引起的纤维素性坏死性肠炎病变更典型（Reed 等，1985）。有报道证实都柏林沙门氏菌（*Salmonella dublin*）（Lawson 和 Dow，1966；McErlean，1968）和肠炎沙门氏菌（*Salmonella enteritidis*）（Reynolds，1967）是引起哺乳仔猪脑膜脑炎的病因。

公共卫生
PUBLIC HEALTH

非伤寒沙门氏菌病是一个世界范围内的卫生学问题，在美国和世界许多地方，是引起食物源性疾病的首要原因。该主题已经被论述过（Doyle 等，2009；Foley 和 Lynne，2008；Foley 等，2008）。尽管没有通过被污染食品感染沙门氏菌普遍，直接接触临床或亚临床感染的动物可能也是人类感染的一个主要原因（Hoelzer 等，2011）。从患病人群中分离到的排名前 20 个沙门氏菌血清型中，四个血清型包括鼠伤寒沙门氏菌、海德堡沙门氏菌、阿戈纳沙门氏菌及婴儿沙门氏菌（*S. typhimurium，heidelberg，agona*，and *infantis*）在猪体内也被分离到。即便如此，在美国通过食用污染的未煮熟的家禽、蛋、牛肉（人类感染沙门氏菌的普遍途径）比食用猪肉和直接接触猪患沙门氏菌病更普遍。在美国，猪霍乱沙门氏感染人并不多见，但在亚洲许多国家却是人沙门氏菌病的主要病原。

非伤寒沙门氏菌开始于经口感染后 6～12 h，病人主要表现为轻度腹泻、腹部阵痛性痉挛、呕吐、发热，2～7 d 后痊愈。少数病人发展为败血症，导致骨髓炎、肺炎或脑膜炎，需抗生素治疗。霍乱沙门氏菌例外，其感染可引起持久性的败血症。病人死亡主要是由于脱水和败血症。严重病例和死亡病例最常见于婴儿、老人或免疫抑制的个体。

流行病学
EPIDEMIOLOGY

沙门氏菌存在于温血动物或冷血动物的肠道内。沙门氏菌几乎具备了一切使其广泛分布所需的特性，包括广泛的动物宿主、带菌动物的粪便排泄物，对自然环境的抵抗力及有效利用传播介质（饲料、污染物、运输工具等）。持续或间断性地从粪便中排出大量沙门氏菌的隐性长期带菌猪普遍存在。许多应激因素可使带菌猪排菌加剧，这些应激原包括混群、运输、并发其他疾病、抗生素治疗和饲料缺乏。

感染一种或一种以上血清型沙门氏菌并持续排菌的现象非常普遍，但是除了猪霍乱沙门氏菌和鼠伤寒沙门氏菌外，其他血清型很少引起原发性临床疾病。不同的是，临床健康猪可能感染并散播多种血清型的非致病性沙门氏菌，这些血清型虽然对猪的威胁较小，但可通过直接接触或污染猪肉产品对人类健康造成威胁。因此，临床或亚临床感染猪向外排菌时可污染猪肉酮体，引起食源性疾病，也可引起猪群中沙门氏菌的发生。

猪肉的沙门氏菌污染
Salmonellae in Pork

尽管多数经粪便污染沙门氏菌的猪肉产品发生于屠宰场，但其来源却是那些早在猪场就感染了沙门氏菌的猪。运输及饲料不足等应激因素增加了隐性带菌猪的排菌，从而使运猪卡车及屠宰场受到污染（Isaacson 等，1999；Williams 和 Newell，1970）。屠宰前，猪群的沙门氏菌感染率随着其在围栏的天数的延长而增加，每 24 h 增加 50%

(Graven 和 Hurst,1982；Morgan 等,1987)。

尽管沙门氏菌的污染在禽肉及牛肉制品高于猪肉制品中,但制定控制猪肉沙门氏菌污染的程序仍是食品安全工作的重点。减少沙门氏菌污染的程序目前普遍采用,其长远目标是生产及销售无沙门氏菌的猪肉产品。现有许多灵活的程序采用了危害分析及临界控制点(hazard analysis and critical control point,HACCP)法则。这些程序(如丹麦程序)在很长一段时间内发挥了重要作用,显著地降低了沙门氏菌对猪肉产品的污染率(Nielsen 等,1995)。幸运的是,大多数有利于减少猪群沙门氏菌的方法都与良好的饲养管理有关,从而也改善了养猪业的整体健康水平。丹麦程序利用血清学方法鉴定沙门氏菌感染猪群,控制把排菌猪引进猪场,但并不像预期那样成功。

猪沙门氏菌病
Salmonellosis in Swine

大多数沙门氏菌病暴发于断奶的幼崽猪群,尽管在成年猪及未断奶仔猪中沙门氏菌病并不多见,但感染率却很高(Gooch 和 Haddock,1969；Wilcock 等,1976)。哺乳仔猪沙门氏菌病并不多见,可能是由于其通过母源抗体获得免疫。因为经口感染时,未免疫新生猪与断奶猪对沙门氏菌的敏感性相似(Wilcock,1978)。本病在世界范围内发生,但其感染率、发病率及死亡率却相差甚大。

宿主适应性猪霍乱沙门氏菌几乎只能从病猪中分离出,它是猪沙门氏菌病的主要致病原,常导致败血症。美国中西部的许多兽医诊断室以及兽医师们发现,从 1981—1990 年,由猪霍乱沙门氏菌引起的猪沙门氏菌病呈上升趋势。但却在 1991—1997 年,呈下降趋势(Schwartz,1997b)。20 世纪 90 年代中期,本病在中西部地区减少,可能是由于猪场改善了经营管理,开发并应用了有效的弱毒疫苗。沙门氏菌病的地区性差异可能与猪的饲养密度、饲养方式、特别是与不同年龄以及不同来源的猪混群有关。

鼠伤寒沙门氏菌呈世界性分布,无宿主特异性,是美国目前最常分离到的血清型。病猪的临床病症常发展为小肠结肠炎、腹泻及脱水。本病常并发于感染了大剂量沙门氏菌,免疫抑制,且体质虚弱及卫生条件差的猪群。后者在现代猪场,实行按年龄隔离饲养的情况下,更易发生。

在确定其他沙门氏菌血清型为原发病原时一定要谨慎。其他血清型大多在体内短暂停留,偶尔引起猪发病,并且由于没有独特的标准,疾病很难通过实验进行复制。最近发现,海德堡沙门氏菌引断奶猪的水样腹泻,被认为是由于肠毒素介导的分泌机制所引起,并与轻度卡他性小肠结肠炎有关。这显著区别于鼠伤寒沙门氏菌感染病例中所见到的重度纤维素性坏死性小肠结肠炎。

传染源
Sources of Infection

猪群沙门氏菌的潜在传染源数不胜数。在美国,关于猪沙门氏菌的最主要传染源进行过一次专题研究,但未得出一致的结论,主要是由于沙门氏菌属的多样性及生物学特性。猪霍乱沙门氏菌是在临床病猪中分离出最多的沙门氏菌,但在猪饲料和非猪源沙门氏菌宿主中并不常见。因此,感染的排菌猪和污染了的环境是猪霍乱沙门氏菌造成新感染的主要来源。垂直(母猪到仔猪)传播与水平传播共存。

其他血清型沙门氏菌的传染源还不太清楚。因为沙门氏菌的宿主和传播介质范围很广,并且在体外持续存活的能力很强。对于除了猪霍乱沙门氏菌以外的其他血清型病菌,猪被看做是那些少量血清型病菌的过滤器,这些病菌一般存在于饲料、水或者被鸟和啮齿类及其他动物污染的垃圾内。例如,在一些猪屠宰场的调查发现德尔卑沙门氏菌(Salmonella derby)似乎很普遍。目前,还没有证据能证明这些污染能引起无并发症且饲养良好的猪能够暴发临床疾病。含有动物源成分的饲料是猪群沙门氏菌感染源的观点被大多数人所接受。但需强调的是,植物源成分也可能是饲料污染沙门氏菌的来源。一般认为水不是感染源,除非猪饮用了地表水或回收的湖水。鸟类、昆虫、啮齿动物、宠物都可能是带菌者,垫草也可带菌(Allred 等,1967；Williams 等,1969；Nape 和 Murphy,1971)。最近在美国进行的一项调查发现,30 个猪场的有 14 个,1 228 个饲料样品中的 36 个分离到沙门氏菌(Harris 等,1997)。在缺乏防鸟设施的猪舍,在猪场自己制备的饲料中,在没有完全封闭的猪舍中,整个饲养过程中均分离出了沙门氏菌。

传播、排菌及带菌状态
Transmission, Shedding, and Carrier State

由于沙门氏菌、宿主以及环境间的动力学关系,感染并不一定引起疾病,所以,对传播、排菌及带菌状态的确切定义往往不容易。沙门氏菌在不同的猪群、千变万化的环境、饲料和管理方式下传播和排菌,将会导致无数的难以预料的情况发生,这些可能产生的情况难以通过实验进行复制。

基本说来,粪便经口传播是沙门氏菌强毒株最可能的传播方式。猪经口感染几分钟之后,沙门氏菌就可在猪肠道内存活下来。这种方式可发生在猪与猪之间、污染的环境与猪之间及母猪与幼猪之间。口咽分泌物、唾液中含有沙门氏菌,主要是因为扁桃体很快感染了经口传播的沙门氏菌。沙门氏菌可导致鼻对鼻的传播。气雾分泌物、粪便或污染了的灰尘颗粒使通过空气短距离传播成为可能。实际上,利用食管实验方法通过引入病原体灰尘颗粒可以使猪获得系统的沙门氏菌(Fedorka-Cray 等,1995)。

猪群的沙门氏菌感染率高于发病率。在荷兰所进行的分析研究发现,25%的猪群从未感染过沙门氏菌,24%猪群持续感染,50%猪群大部分时间感染。这似乎是沙门氏菌感染循环周期,地方性流行的沙门氏菌较新出现的沙门氏菌血清型更具生态学优势。在接触细菌的第一周猪开始感染。2~3 周感染率最高达 80%。有 5%~30%的猪在感染期结束时仍然排菌。2006 年,美国国立动物健康监察机构(National Animal Health Monitoring Service,NAHMS)抽样调查发现,全美 52.6%的猪群沙门氏菌阳性,高于 1995 年的 38.2%和 2000 年的 32.8%。

临床急性发病猪,其排菌可达每克粪便含 10^6 个猪霍乱沙门氏菌(Smith 和 Jones,1967),或 10^7 个鼠伤寒沙门氏菌(Gutzmann 等,1976)。在临床条件下,这两种血清型的最小致病量还没有确定,但用小剂量很难人工诱发疾病。有报道指出,口腔感染 10^6 沙门氏菌引起了温和型沙门氏菌病(Dawe 和 Troutt,1976),但大多数研究报道指出,人工感染诱发疾病至少需要 10^8~10^{11} 个细菌(除非应用地塞米松或其他方法先应激猪体,才能减少剂量)。感染 10^3 个沙门氏菌的猪,临床表现正常,但是同栏饲养的未接种猪却发病了(Groy 等,1996)。可能是这一剂量(及毒力)的沙门氏菌在感染后,经猪体增殖(增强)了,随后在猪与猪之间传播,引起其他猪发病。所以,在猪群内,起始感染量要比实验中所需的感染量要小。据估计,密度过大、运输应激、营养缺乏病或其他传染病都可增强带菌猪的排菌及接触猪的易感性(沙门氏菌委员会,1969)。检测不到排菌的猪,在应激数小时后就可检测到其排菌。育肥猪之间的沙门氏菌传播可在市场运输或屠宰场内停留时发生,这时,猪的感染率与猪的运输时间及在屠宰场停留的时间成正比(Hurd 等,2001a,b)。猪应激时可能释放儿茶酚胺,导致胃酸产生减少,小肠运动增强。胃 pH 升高,使得沙门氏菌在经过胃时还存活,并得以在小肠和结肠中繁殖。

沙门氏菌病的暴发,主要通过介质以及饲养人员传播。其特征是从一个猪栏传播到另一个猪栏,甚至到很远的猪栏。所有的猪同时发病时,应考虑其有共同传染源,即共同的饲料、垫草、水或污染的环境等。与全进全出猪场相比,频繁流动猪场的沙门氏菌感染率似乎更高。沙门氏菌感染率在具有开放型冲洗粪尿沟的猪舍比在条缝地板的猪舍高,而在露天猪场中最高(Davies 等,1997)。

通过对不同动物宿主应用各种血清型进行的大量研究表明,猪感染后带菌期延长了。临床明显的疾病发生后,猪的排菌以及带菌期的规律只在圈养一起的猪群中研究过,这些圈养在一起的猪只完全没有隔栏以防其重复感染(Wilcock 和 Olander,1978;Wood 等,1989)。人工感染后的前 10 d,每天都可从猪粪中分离出鼠伤寒沙门氏菌,在随后的 4~5 个月中,也常常能分离到。感染 4~7 个月后,90%以上的猪屠宰时其肠系膜淋巴结、扁桃体、盲肠或粪便呈鼠伤寒沙门氏菌阳性(Fedorka-Cray 等,1994;Wilcock 和 Olander,1978;Wood 和 Rose,1992;Wood 等,1989)。纽波特沙门氏菌(*Salmonella newport*)可在肠系膜淋巴结中生存 28 周。单个猪的感染可能相对较短(8 周以内),但细菌却可在猪群内或猪与环境中继续流通更长时间。在潮湿的粪便中,猪霍乱沙门氏菌可存活至少 3 个月,在干燥的粪便中可存活 6 个月以上。

抗生素对猪沙门氏菌感染率及排菌期的影响已经引起了一些关注。在人类肠道沙门氏菌病中使用抗生素,已经被公认为可以延长载体状态。(Aserkoff 和 Bennett,1969;Dixon,1965)。在猪患有小肠结肠炎时,抗生素不能缩短沙门氏菌在粪便的排菌期及排菌量,但也未见报道其延长或加重了排菌(DeGeeter 等,1976;Finlayson 和 Barnum,1973;Gutzmann 等,1976;Jacks 等,1988;Jones 等,1983;Wilcock 和 Olander,1978)。比较而言,在猪霍乱沙门氏菌引起的败血症早期,有效的抗菌治疗显著地减弱了从粪便排菌的程度并缩短了排菌期(Jacks 等,1981)。

致病机理
PATHOGENESIS

沙门氏菌感染的临床症状及病理变化差别很大,严重程度完全取决于其血清型、毒力、宿主的天然或获得性免疫以及感染的途径和剂量。与沙门氏菌相关的毒力因子超过 200 种,但没有几种被完全研究清楚。一般来讲,那些使致病性沙门氏菌毒力增强的因子,包括黏附、侵入、细胞毒性以及抗细胞内杀灭作用,能协同作用而加重病情。尽管猪霍乱沙门氏菌和鼠伤寒沙门氏菌引起的临床疾病明显不同,但在发病机理上,它们却有很多相似之处。

尽管在人工实验感染时需大剂量的沙门氏菌(10^7 个以上),接种小剂量沙门氏菌即可导致其在管腔内复制。疾病受到一些诸如肠蠕动异常、肠内菌群的干扰以及胃液 pH 值增高等因素影响(Clark 和 Gyles,1993)。人们发现猪感染了鼠伤寒沙门氏菌后,菌体需要繁殖到每克肠容物含 10^7 以上个细菌时才能引起病变。这一发现或许也适用于其他血清型引起的小肠结肠炎。抗生素引起的肠内正常菌群变化或寒冷引起的肠运动性变化降低了正常的肠道内防御能力,这些变化往往降低了疾病所需的细菌量,使沙门氏菌的繁殖更容易(Bohnhoff 等,1954)。

细菌的侵入能力是致病所必需的,这种能力由血清型特异的质粒编码决定的(Helmuth 等,1985)。将这一质粒敲除,会导致细菌侵入能力丧失,但不影响其被鼠吞噬细胞消化与杀死,也不影响其产生脂多糖以及血清反应性(Gulig 和 Curtiss,1987)。在细菌侵入过程中可诱导合成新的蛋白,这种蛋白可增强细菌在细胞内的存活(Finlay 等,1989)。然而空肠和回肠内各型上皮细胞(如消化道内皮细胞、M-细胞、杯状细胞)可以被侵入。黏膜下层的主要侵入口为集合淋巴小结(Peyer's patches)。聚集于回肠结合淋巴小结的 M 细胞表面上的猪霍乱沙门氏菌首先在结肠内定居增殖(Posischil 等,1990)。细菌的侵入靠肠相关淋巴组织的 M 细胞和肠内皮细胞的内吞作用来完成。细菌吸附在上皮细胞的受体上,启动微纤毛控制的吸收,空泡形成、运输空泡通过细胞质、经泡吐穿过基底膜而进入黏膜固有层(Takeachi,1967,Takeuchi 和 Sprinz,1967)。细菌穿过上皮组织时导致短暂的肠内皮细胞轻度损伤。沙门氏菌感染巨噬细胞时,可选择性地诱导合成 30 多种蛋白,使其成为兼性胞内菌(与布氏杆菌、分枝杆菌和李氏杆菌相同),从而使其能在黏膜固有层吞噬细胞和中性粒细胞中存活(Roof 等,1992a,b)。在接种结肠圆锥 2 h 内,或口腔接种后 24 h,细菌可迅速到达肠系膜淋巴结,(Reed 等,1985,1986)。基因敲除鼠的研究发现,CD^{18+} 吞噬细胞在细菌扩散到脾脏和肝脏中起重要作用。(Vazquez-Torres 等,1999)。两种器官运输的主要细胞是巨噬细胞和树突状细胞(Vazquez-Torres 等,2000)。最近的体外实验表明树突状细胞能够产生紧密连接蛋白并穿透上皮细胞和肠道菌如沙门氏菌。细菌扩散的同时,也引起急性的吞噬性炎症反应,以及明显的微血管损伤和伴有黏膜固有层和黏膜下层的血栓形成。非肠道侵入途径可能也很重要。鼻内接种食管切除猪,猪霍乱沙门氏菌 4 h 内可在肺部定居(Fedorka-Cray 等,1995;Gray 等,1995)。

肠道早期炎症在肠型沙门氏菌病的形成中起主要作用。中性粒细胞聚集和移出,穿过上皮细胞被认为是最主要的过程。(McCormick 等,1995)。宿主来源的 Caspase-1(半胱氨酸天冬氨酸酶-1)充当一种把 IL-1β 和 IL-18 裂解为活性分子的前致炎因子。已经表明,SipA 通过激活磷酸激酶 C 引起炎症反应。(Lee 等,2000)。沙门氏菌诱导的炎性介质如核因子 KappaB 和磷酸激酶

C 的激活导致了 IL-8 的基底分泌和病原诱导的趋化因子的顶浆分泌。这些分子促进中性粒细胞穿过上皮细胞进入肠腔（Gewirtz 等，1999）。相反，用兔、猴、犊牛及猪进行的试验表明，液体分泌与黏膜坏死和炎症没有关系（Giannella 等，1973；Rout 等，1974；Kinsey 等，1976；Clarke 和 Gyles，1987）。这些研究表明，至少在疾病的早期，霍乱样及志贺氏病样肠道内毒素造成钠吸收减少和氯分泌增多，引起腹泻。内毒素刺激中性粒细胞释放前列腺素，而后者进一步刺激氯的分泌，这在致病上也很重要（Stephen 等，1985）。某些沙门氏菌外膜蛋白的毒素作用以及脂多糖中的磷脂 A，也是造成细胞损伤的重要介质。在吞噬细胞内存活是强毒力沙门氏菌的重要特性，但其机理仍不清楚。具有光滑型 LPS、O 侧链及完整的 LPS 的沙门氏菌对吞噬细胞的杀伤抵抗力更强。

黏膜坏死、炎症及败血症与腹泻可同时发生，但也可能独立出现。黏膜下层和黏膜固有层中微血栓和内皮细胞坏死是猪沙门氏菌病常见的早期病变（Lawson 和 Dow，1966；Wilcock 等，1976；Jubb 等，1993；Reed 等，1986），这可能是对局部产生的内毒素的反应。沙门氏菌与血管损伤无直接关系，但却通过周围黏膜下层或黏膜固有层吞噬细胞内环境导致这些损伤（Takeuchi 和 Sprinz，1967）。在沙门氏菌引发的所有动物的疾病中，由微血栓导致的黏膜局部缺血可能是沙门氏菌病黏膜坏死的主要原因。其次，黏膜坏死可能是由于黏膜发生炎症时产生了一些化学产物。败血性沙门氏菌病（几乎仅见于猪霍乱沙门氏菌感染）的全身症状和病变，最常见原因是细菌内毒素的扩散。内毒素的复杂生物学特性不在此章赘述，读者可参阅参考文献 Wolff，1973；Elin 和 Wolff，1976 或 Cybulsky 等，1988）。简言之，内毒素与血浆作用，并作用于白细胞启动炎症、发热。大多数反应是由 IL-1（一种由内毒素刺激巨噬细胞产生的淋巴因子）介导的（Rubin 和 Weinstein，1977）。内毒素直接对组织细胞产生效应，或通过一系列的细胞因子介质与 TLR-4 作用，从而对组织产生效应。

临床症状
CLINICAL SIGNS

猪霍乱沙门氏菌
Salmonella choleraesuis

败血症性沙门氏菌病通常由猪霍乱沙门氏菌引起，常发生于 5 月龄以内断奶仔猪中，但也常见于出栏猪、哺乳仔猪或育肥猪，其症状为败血症或流产。临床症状最初为全身性败血症，后期症状局限于一个或多个器官/系统。患猪霍乱沙门氏菌的病猪最初食欲不振、嗜睡，体温升高至 40.5～41.6℃，可能伴有浅湿性咳嗽及轻微呼吸困难、黄疸。发病的最初症状为病猪不爱活动，蜷缩于猪栏的拐角内，甚至死亡，四肢末端及腹部发绀。败血型沙门氏菌通常在发病后 3～4 d，出现水样、黄色粪便后，才开始腹泻。在猪瘟和伪狂犬病中，由于坏死及组织细胞血管炎导致的脑炎或/和脑膜脑炎诱发的神经症状。怀孕母猪常见流产。本病暴发时，死亡率很高；发病率不同，但一般在 10% 以下。每次流行时，猪的病程以及每次发病的时间及严重程度都无法预测，如不进行有效的治疗，病程会变长。

鼠伤寒沙门氏菌
Salmonella typhimurium

感染鼠伤寒沙门氏菌最初的临床症状表现为黄色水样下痢，粪便中不带血和黏液。几天内疾病快速传播给同一猪舍内的大多数猪。个别猪的首次腹泻可持续 3～7 d，但通常可能会再次复发 2～3 次，提示腹泻将持续数周。粪便中可见有散在的少量出血。大量血便见于猪痢疾或出猪血性增生性肠病（PPE）。感染猪发热、采食量下降，加重了腹泻的严重性及持续时间。死亡率较低，常出现在腹泻后几天。据推测，死亡可能由低血钾和脱水所致。大多数猪可完全恢复，但有一部分猪至少在 5 个月内继续带菌并不断排菌。少数猪生长发育不良、饲料报酬率低，个别的可发展为肛门狭窄，引起便秘和显著的腹胀。直肠狭窄主要是由于鼠伤寒沙门氏菌感染引起的溃疡性直肠炎不全愈合所致（Wilcock 和 Olander，1977a，b）。据报道，直肠狭窄部位由于局部缺血易纤维化。

其他血清型
Other Serotypes

猪霍乱沙门氏菌并不是慢性腹泻及具有典型干酪样坏死病变的慢性消耗性疾病的常见病因。海德堡沙门氏菌也与断奶仔猪的急性水样腹泻没有必然联系。都柏林沙门氏菌和肠炎沙门氏菌几乎不引起化脓性脑炎导致的神经症状。

病理变化
LESIONS

猪霍乱沙门氏菌
Salmonella choleraesuis

死于急性败血症猪的大体病变包括耳部、足部、尾部和腹部皮肤发绀。淋巴结尤其是肝胃淋巴结及肠系膜淋巴结常肿大、湿润多汁、瘀血；脾肿大、暗紫色、质度变软（图 60.1）；肝轻微肿大，肝实质可见散在的大小为 1～2 mm 的坏死灶，胆囊壁变厚、水肿。肾皮质常见瘀血。急性间质性肺炎常表现为肺湿润、轻度变硬有弹性，弥漫性充血，常伴有小叶间水肿及出血。胃黏膜常显著充血。此外，存活几天的猪，常见耳尖梗死的皮肤干燥、呈深紫色，有时局部脱落（图 60.2）。不同猪黄疸轻重不一。可见支气管肺炎，特征为气道内由于脓性渗出物而使肺变实。胃基底黏膜梗死，呈暗紫色。小肠结肠炎与鼠伤寒沙门氏菌的病变相同。

组织学病变比较广，可侵害很多器官。最独特的具有诊断意义的病变是肝脏可见由多少不等的中性粒细胞和巨噬细胞浸润的散在的凝固型坏死灶（Lawson 和 Dow，1966），即所谓的"副伤寒结节"。脾和淋巴结也可看到类似的散在白色坏死灶。沙门氏菌病的其他典型病变有：类纤维蛋白血栓形成于胃黏膜小静脉、发绀的皮肤、肾小球毛细血管，偶见于肺血管中；脾及淋巴结网状细胞增生，以及具革兰氏阴性菌所致的脓肿为特征的内皮细胞和组织细胞增大。肺组织细胞弥散性间质性肺炎及化脓性支气管肺炎也常可见到。以血管周围组织细胞浸润为特征的节段性坏死性脉管炎及局灶性坏死性脑炎并不常见。小肠及大肠的病变与鼠伤寒沙门氏菌引起的病变相同（见下文）。败血性沙门氏菌病病理学的完整论述可参

阅文献（Lawson 和 Dow，1966；及 Jubb 等，1993）。

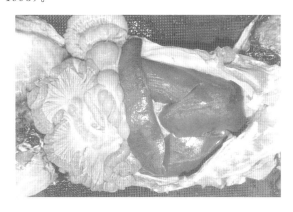

图 60.1　感染猪霍乱沙门氏菌的猪脾肿大、肝肿大、肠系膜淋巴结肿胀。

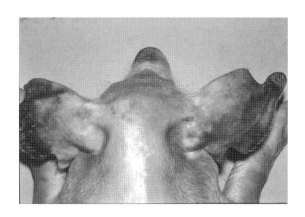

图 60.2　感染猪霍乱沙门氏菌的育肥猪耳尖皮肤缺血性坏死。（艾奥瓦州立大学的 Greg Stevenson 博士供图）

鼠伤寒沙门氏菌
Salmonella typhimurium

感染鼠伤寒沙门氏菌猪的主要病变是小肠结肠炎。病变常见于回肠、盲肠及结肠圆锥，有时可扩散到降结肠及直肠。病变的肠壁增厚水肿，黏膜呈红色、粗糙不平的颗粒样外观，并可见弥散性或融合性的糜烂和溃疡灶。病灶表面覆盖纤维素性坏死性碎片（图 60.4）。慢性病例中可见明显的纽扣状溃疡灶，肠系膜淋巴结，特别是回盲肠系淋巴结严重肿大、湿润。胃肠内容物常缺乏，被胆汁污染。盲肠和结肠内容物含有黑色的沙粒样物质。在只有鼠伤寒沙门氏菌感染的病例中，回肠黏膜发红、轻度粗糙不平，有时附着纤维蛋白。本

图 60.3　感染猪霍乱沙门氏菌的育肥猪肝脏的"副伤寒结节",特点为病变局部凝固型坏死,中性粒细胞和巨噬细胞浸润。(艾奥瓦州立大学的 Darin Madson 博士供图)

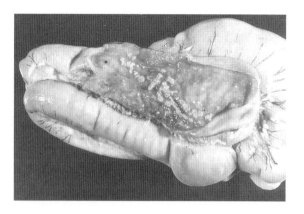

图 60.4　感染鼠伤寒沙门氏菌的育肥猪结肠融合性溃疡,表面附着纤维素性坏死性物质。

病变不应与历史上称为"坏死性肠病"相混淆,现在通常被称为"增生性肠病",坏死的回肠黏膜显著增厚(见第 59 章)。由肠壁纤维化引起的直肠狭窄及临近结肠的扩张、粪便干结很少见(图 60.5)。

鼠伤寒沙门氏菌的组织学病变最常见于盲肠和结肠圆锥,有时也见于回肠、降结肠、直肠,病变包括隐窝及表面上皮细胞的局灶型到弥漫型坏死,黏膜固有层和黏膜下层开始中性粒细胞浸润,随后在第二天可见多量的巨噬细胞及少量的淋巴细胞。纤维蛋白性血栓常见于黏膜固有层的微血管,很少见于黏膜下层的大血管。

坏死常常可扩展至黏膜肌层、黏膜下层和淋巴滤泡,引起明显的溃疡(图 60.6)。含有大量的条件性致病菌及结肠小袋虫的纤维素性碎片常黏附于被破坏的上皮表面。急性病例中可见集合淋巴小结坏死,但在随后自然发病的死亡猪中,常见淋巴细胞肥大及增生。急性阶段,局部淋巴结水肿,可见中性粒细胞,2～3 d 后,髓窦内主要为巨噬细胞。一些淋巴结内,可见局灶性坏死。更详尽的病变可参阅 Wilcock 等(1976),Reed 等(1986)和 Jubb 等(1993)。

图 60.5　切开腹腔部骨盆,打开结肠,可见暴露的直肠狭窄,相邻直肠扩张(粪便已清理),该病变在感染鼠伤寒沙门氏菌的猪中并不多见。

图 60.6　感染鼠伤寒沙门氏菌的育肥猪结肠溃疡,炎性细胞浸润。

其他血清型
Other Serotypes

感染猪霍乱沙门氏菌的消瘦猪的病变具有特征性(Andrews,1976;Barnes 和 Bergeland,1968;Fenwick 和 Olander,1987)。患慢性溃疡性结肠炎的猪肠黏膜可见较深的弥漫性或融合性的溃疡灶,其中心为干酪样坏死物。同样,淋巴结局部肿大,内含干酪样坏死物。患支气管肺炎的猪肺可见干酪样脓肿,病变同结核。

感染海德堡沙门氏菌的腹泻猪病变轻微或不出现病变。小肠和大肠充满稀薄液体,黏膜上附着少量到中等数量的黏液。据报道,感染都柏林沙门氏菌和肠炎沙门氏菌后,少数出现神经症状的仔猪软脑膜扩张,内含纤维蛋白,并可见中性粒细胞及少量巨噬细胞聚集。

诊断
DIAGNOSIS

临床症状和病理变化可用于沙门氏菌病的初步诊断,但是不足以将其他与沙门氏菌病相似的病与各血清型沙门氏菌病区分开。沙门氏菌的诊断不能仅仅依靠临床症状,因为这些症状与其他病原:特别是猪红斑丹毒丝菌(第54章)、猪链球菌(第62章)、猪放线杆菌引(第48章)引起的猪败血症症状,以及由猪瘟(第38章)和胸膜肺炎放线菌(第48章)引起的死亡症状非常相似。肉眼所见的病变,如脾肿大、肝肿大、淋巴结病变、间质性肺炎,及局灶性肝坏死等都作为败血性沙门氏菌病的诊断依据,但这些病变不可能在每个病例中都出现。

引起断奶仔猪腹泻的疾病,除了考虑鼠伤寒沙门氏菌及猪霍乱沙门氏菌病外,鉴别诊断还应包括猪痢疾(第50章)、猪增生性肠病(第59章)、轮状病毒(第43章)、冠状病毒(第35章)、圆环病毒Ⅱ型(第26章)、大肠杆菌病(第53章)、球虫病(第66章)和鞭虫病(第67章)。目前,腹泻病的混合感染很常见。肠道沙门氏菌病、猪痢疾、猪增生性肠病的大体病变相似,三者都表现为纤维素性坏死性盲肠结肠炎。然而,剖检时鉴别此三种疾病主要是看其病变分布部位的不同。沙门氏菌病病灶常在结肠,偶见于小肠,病变为局灶性或弥漫性,黏膜溃疡,肠系膜淋巴结显著肿胀。猪痢疾的病变是弥散性的浅表型溃疡灶,仅发生在盲肠和结肠,淋巴结一般不肿大或轻微肿胀。猪增生性肠病时,回肠病变比结肠病变更严重,纤维素性坏死性渗出物下的黏膜显著增生。

慢性腹泻的猪如果消瘦,病变表现为结肠的干酪样纽扣状溃疡灶、干酪样淋巴结炎、肺干酪样

脓肿的支气管肺炎、应首先考虑猪霍乱沙门氏菌感染。然而,一部分猪的肠道病变可愈合,淋巴结和肺脏病变应与猪结核病及猪生脓放线杆菌区别(Barnes 和 Sorense,1975)。沙门氏菌在环境中的广泛分布,加之各种血清型沙门氏菌的亚临床感染及排菌,使得沙门氏菌病的确诊不能单纯依靠病原的分离。分离到细菌并具有典型的病理变化,才能确诊为猪沙门氏菌病。

为了从疑似病例中分离到猪霍乱沙门氏菌病,通过肺脏、肝脏或脾脏样本,可在煌绿、硫化铋、血琼脂或麦康凯琼脂上分离出纯培养物。如果器官样本被粪便或因操作不当污染了,或样本发生自溶,需要使用增菌技术。在这种情况下,可选择连四硫酸钠肉汤在 42～43℃下增菌。亚硒酸盐肉汤对猪霍乱沙门氏菌有抑制作用,应避免应用(Edwards 和 Ewing,1972)。想从经过抗菌素治疗的猪中分离沙门氏菌,往往是徒劳无益的。急性败血症时,猪小肠和粪便并不是分离沙门氏菌的可靠样本(Schwartz,1991)。

在疑似猪沙门氏菌病的腹泻病例中,回肠和回盲肠淋巴结的混合样本应足以诊断出正在发病的或新近康复的病例,其他组织如扁桃体或盲肠壁也常常可分离出细菌(Wilcock 等,1976;Wood等,1989)。在猪活体中取样,粪便(10 g)或咽扁桃体刮取物比肛门拭子分离沙门氏菌更有效,细菌分离选用连四硫酸钠增菌法来进行。

其他更准确的诊断技术如聚合酶链反应(PCR),一般不用于日常诊断。目前,PCR 是一种有效的鉴别诊断工具,但费用较高。如果细菌量过少,则敏感性较差。基于 PCR 方法的沙门氏菌检测不能完全用于沙门氏菌病的诊断,因为该方法也可检测到已死亡的沙门氏菌,在这种情况下,沙门氏菌存在但并不致病。

血清学方法也得到越来越多的应用,最常用的诊断方法为 ELISA。最常用的表面抗原为LPS,某些诊断使用混合抗原(包括猪霍乱沙门氏菌及鼠伤寒沙门氏菌的 LPS,或其他血清型的抗原),对于单个猪的诊断缺乏敏感性和特异性,但对于猪群病原的净化比较有用(Baum 等,1996)。在丹麦,将屠宰场的肉汁作为混合抗原检测沙门氏菌的不同血清型,该方法用于评价猪场中沙门氏菌的感染水平很有效。

预防和控制
PREVENTION AND CONTROL

预防
Prevention

目前猪沙门氏菌的预防还不太可能。感染并不一定会发病，猪只有首次接触细菌长时间后由于严重应激才会发病。控制疾病的发生依赖于尽可能减少猪接触病菌的机会，最大限度地增强猪的抵抗力。带菌猪和污染的饲料及环境是最重要的传染源，猪最容易在应激或接触了大量的沙门氏菌时发病。不同来源的断奶猪混在一起运输到育肥猪场时，增加了带菌猪潜在排菌以及应激猪和沙门氏菌接触的机会（Allred，1972）。宿主适应性猪霍乱沙门氏菌极少能从饲料或饲料成分中分离到，其主要来源是带菌猪和以前污染了此血清型的设施。在环境卫生好的猪场多次暴发沙门氏菌病，应激因素可能是疾病发生的主要原因。采取同一来源、同一年龄的猪进入饲养栏及育成栏的管理措施对预防本病有利。最大限度减少与沙门氏菌暴发有关的应激因素，需要注意饲养管理中的每一个环节，包括适当的饲养密度、干燥舒适的猪栏、适宜的温度以及适度的通风等。对发生过传染病的猪场，首先改善猪场设施及环境，采取全进全出的饲养管理方式，然后制订药物预防计划。抗生素对预防疾病的发生可能有作用，但不能预防感染，单纯依靠药物来预防沙门氏菌病不会成功。

像其他兼性细胞内寄生菌一样，激发细胞免疫的活疫苗最有可能预防猪沙门氏菌病。历史上，弱毒猪霍乱沙门氏菌疫苗曾在英国被广泛应用了许多年，随着该病在英国的减少甚至消失，该疫苗不再被使用。最近，在北美洲引进了安全有效的弱毒猪霍乱沙门氏菌疫苗，对控制系统性沙门氏菌病的发生起到了重要的作用。这些疫苗所用的菌株是本身无毒力的猪霍乱沙门氏菌，或毒力强的菌株经在猪中性粒细胞中多次传代后获得的菌株。这些传代后的菌株已经丧失了一个50 kb的有毒力的质粒，而该质粒是细菌在细胞内生存所必需的（Roof 等，1992b；Kramer 等，1987，1992）。猪在断奶时免疫，疫苗可保护猪不受同型沙门氏菌感染至少 20 周（Roof 和 Doitchi-noff，1995）。对异型菌株，此疫苗也有一定的交叉保护作用。

疫苗可提供部分保护，主要是因为脂多糖（LPS）具有非特异性促有丝分裂和免疫刺激效应及沙门氏菌 O 抗原的免疫原性（Fenwick 等，1986）。鼠伤寒沙门氏菌灭活菌很安全，但大量数据显示，其对免疫后强毒力细菌的攻击几乎无保护作用，因为机体抵抗力主要依赖于细胞免疫（Collins，1974；Davies 和 Kotlarsk，1976）。但是通过在人体（Hornick 等，1970；Welliver 和 Ogra，1978）及牛体（Bairey，1978）研究数据表明，使用有效的灭活菌苗时，致病所需的感染细菌量增加。对败血性沙门氏菌病有一定的保护作用。可能体液免疫在起作用。

猪群沙门氏菌感染的检测技术还不是很成熟。检查带菌猪比较困难，因为无法预料粪便是否排菌。哺乳仔猪群中腹泻猪的粪便、扁桃体培养沙门氏菌可能是最好的鉴定感染猪群的方法。然而，即使粪便及扁桃体多次细菌分离阴性，也不能保证某猪群或某头猪不是带菌者或不潜在排菌。沙门氏菌血清学检验能测定出此猪群是否以前接触过沙门氏菌，但无法知道此猪群是否带菌及排菌。对食品安全的重视使得人们重新把血清学检验作为检测上市猪群沙门氏菌感染的方法。这一技术提供了一种敏感、特异的鉴定感染猪群的方法，但它还不能用来检测单个猪的感染状态。

控制
Control

不管是败血型还是肠炎型沙门氏菌病，对其暴发的治疗旨在最低限度地降低临床疾病的严重程度，防止细菌感染及疾病的传播，并阻止其在猪群中复发。但对沙门氏菌病来讲，要做到这些尤为困难。实验研究表明，猪霍乱沙门氏菌和鼠伤寒沙门氏菌对应用于猪的大多数抗菌素均有抗药性（Barnes 和 Sorensen，1975；Wilcock 等，1976；Blackburn 等，1984；Schuhz，1989；Fales 等 1990；Schwartz，1997a）。在临床疾病中，细菌生长于许多普通抗菌素无法到达且受保护的细胞环境中。建议应用不同的抗菌素治疗沙门氏菌病（More-house，1972；Barnes 和 Sorensen，1975；Blood 等，1979），但大多数支持这些提议的数据是来自测定抗生素预防效果的动物试验,而不是来自测定其治疗效果的动物试验。这样,饲喂了抗生素饲料的猪,在经口攻毒沙门氏菌时,其胃肠内已有抗生素存在,使得沙门氏菌感染数量减少,从而减轻症状。一些用来检测抗生素对肠道沙门氏菌病临床治疗的动物试验效果并不佳(Heard 等,1968;Gutzmann 等,1977;Wilcock 和 Olander,1978)。抗生素尽管无治疗作用,但经口服后可减少此菌的传播,对未感染的猪有预防作用。抗生素通常以其最大允许量添加于饲料中,尤其水中。最理想的是,选择抗生素应基于每次暴发时分离菌株的体外药敏试验。由于每次用药时,没有药敏实验结果,故只能根据以前的经验和对照实验结果来选择抗生素。

相比较而言,对猪霍乱沙门氏菌所致的败血症,早期积极治疗显著减短了病程,减轻了病情(Jacks 等,1981)。这篇报道中,治疗起始于攻毒后,疾病发生前。在一般情况下,由于疾病的不可预测性以及饲养管理的改变加上疾病暴发时抗生素的使用,故对抗生素的疗效很难作出评价。然而,美国中西部地区的研究和管理人员发现,对发病猪注射大量抗生素的疗法很有效(Schwartz,1991)。大量抗生素被广泛地应用于感染沙门氏菌的猪群,以减轻病情及沙门氏菌的传播。抗生素的选择应依据抗生素的抗菌谱及以前的治疗经验。如果没有这些依据的话,硫酸阿米卡星、庆大霉素、新霉素、安普霉素及磺胺甲氧嘧啶对大多数实验沙门氏菌分离株有效(Barnes 和 Sorensen,1975;Wilcock 等,1976;Mills 和 Kelly,1986;Schultz,1989;Evelsizer,1990;Fales 等,1990;Schwartz,1997b)。抗炎药有时用于病重的猪,以降低内毒素作用(Schwartz 和 Daniels,1987;Schultz,1989;Evelsizer,1990)。安乃近是常用的抗炎药,但现在仅用于商品猪,该药具有抗内毒素作用。

大多数沙门氏菌的抗生素抗性是由质粒介导的。值得关注的是,最近出现的鼠伤寒沙门氏血清型 104(S. typhimurium definitive type 104,DT 104),该型最初从牛群和人群中分离出,具有染色体整合的多重抗生素抗性(Low 等,1997)。该菌株比其他的鼠伤寒沙门氏菌引起人群更高的发病率和死亡率,在人及牛群中的感染率呈上升趋势。最近发现的一个 DT 104 样的抗生素抗性基因在体内表现出强毒力。然而,该分离株并未在暴发沙门氏菌病的猪群中发现。

除抗菌素治疗外,对沙门氏菌的成功防治主要依靠控制猪群传染病的日常管理程序。腹泻猪严重污染周围环境,是最重要的传染源。移除并隔离病猪、严格消毒猪栏、最大限度地降低接触传染源的机会,经常清洗水槽,严格控制猪及工作人员从潜在污染区进入清洁地带。努力改善饲养管理及环境卫生、防止猪拥挤、减少猪应激、使其生存得更舒适,这些都是对症疗法的必要补充。

(张交儿译,宋志琦校)

参考文献
REFERENCES

Allred JN. 1972. J Am Vet Med Assoc 160:601–602.
Allred JN, Walker JW, Beal VC et al. 1967. J Am Vet Med Assoc 151:1857–1860.
Andrews JJ. 1976. *Salmonella typhisuis* infection in swine. In Proc North Cent Conf Vet Lab Diagn, p. 7.
Aserkoff B, Bennett JV. 1969. N Engl J Med 281:636–640.
Bairey MH. 1978. J Am Vet Med Assoc 173:610–613.
Barnes DM, Bergeland ME. 1968. J Am Vet Med Assoc 152:1766–1769.
Barnes DM, Sorensen DK. 1975. Salmonellosis. In HW Dunne, AD Leman, eds. Diseases of Swine, 4th ed. Ames, IA: Iowa State University Press, pp. 554–564.
Barnhill AE, Weeks KE, Xiong N, et al. 2010. Appl Environ Microbiol 76:2678–2680.
Baum DH, Harris DL, Nielsen B, et al. 1996. Comparison of serology and culture for detecting *Salmonella* infection in 5 to 7 month old swine. In Iowa State University Swine Research Report, ASL-R1407.
Bixler WB. 1978. FDA salmonella control activities for animal feeds and feed ingredients. In Proc Nat Salmonellosis Sem, Washington, DC.
Blackburn BO, Schlater LK, Swanson MR. 1984. Am J Vet Res 45:1245–1249.
Bohnhoff M, Drake BL, Miller CP. 1954. Effect of streptomycin on susceptibility of intestinal tract to Salmonella infection. Proc Soc Exp Biol Med 86:133–137.
Brown CC, Baker DC, Barker IK. 2007. Alimentary system. In MG Maxie, ed. Jubb, Kennedy and Palmer's Pathology of Domestic Animals, Vol. 2. Burlington, MA: Elsevier, pp. 196–199.
Clarke RC, Gyles CL. 1987. Am J Vet Res 48:504–510.
———. 1993. Salmonella. In CL Gyles, CO Thoen, eds. Pathogenesis of Bacterial Infections in Animals, 2nd ed. Ames, IA: Iowa State University Press, pp. 133–153.
Collins FM. 1974. Bacteriol Rev 38:371–402.
Craven JA, Hurst DB. 1982. J Hyg (Camb) 88:107–111.
Cybulsky MI, Chan MKW, Movat HZ. 1988. Lab Invest 58:365–378.
Davies PR, Morrow WEM, Jones FT, et al. 1997. J Am Vet Med Assoc 210:386–389.
Davies R, Kotlarski I. 1976. Aust J Exp Biol Med Sci 54:207–219.
Dawe DL, Troutt HF. 1976. Treatment of experimentally induced salmonellosis in weanling pigs with trimethoprim and sulfadiazine. Proc Congr Int Pig Vet Soc 4:M4.

Degeeter MH, Stahl GL, Geng S. 1976. Am J Vet Res 37:525–529.

Dixon JM. 1965. Br Med J 2:1343–1345.

Doyle ME, Kaspar C, Rachel Klos JA. 2009. White paper on human illness caused by Salmonella from all food and non-food vectors. FRI Briefings 2009.

Eaves-Pyles T, Szabo C, Salzman AL. 1999. Infect Immun 67:800–804.

Edwards PR, Ewing WH. 1972. Identification of *Enterobacteriaceae*, 3rd ed. Minneapolis, MN: Burgess Publishing, pp. 146–207.

Elin RJ, Wolff SM. 1976. Ann Rev Med 27:127–141.

Fantuzzi G, Dinarello CA. 1999. J Clin Immunol 19:1–11.

Fedorka-Cray PJ, Kelley LC, Stabel TJ, et al. 1995. Infect Immun 63:2658–2664.

Fedorka-Cray PJ, Whipp SC, Isaacson RE, et al. 1994. Vet Microbiol 41:333–344.

Fenwick BS, Cullor JS, Osburn BI, et al. 1986. Infect Immun 53:296–302.

Fenwick BW, Olander HJ. 1987. Am J Vet Res 48:1568–1573.

Finlay BB, Heffron F, Falkow S. 1989. Science 243:940–943.

Finlayson M, Barnum DA. 1973. Can J Comp Med 37:139–146.

Foley SL, Lynne AM. 2008. J Anim Sci 86:E173–E187.

Foley SL, Lynne AM, Nayak R. 2008. J Anim Sci 86:E149–E152.

Gewirtz AT, Siber AM, Madara JL, et al. 1999. Infect Immun 67:608–617.

Giannella RA, Formal SB, Dammin GJ, et al. 1973. J Clin Invest 52:441–453.

Gooch JM, Haddock RL. 1969. J Am Vet Med Assoc 154:1051–1054.

Gray JT, Fedorka-Cray PJ, Stabel TJ, et al. 1995. Vet Microbiol 47:43–59.

Gray JT, Stabel TJ, Fedorka-Cray PJ. 1996. Am J Vet Res 57:313–319.

Gulig PA, Curtiss R. 1987. Infect Immun 55:2891–2901.

Gutzmann F, Layton H, Simiins K, et al. 1976. Am J Vet Res 37:649–655.

Heard TW, Jennett NE, Linton AH. 1968. Vet Rec 82:92–99.

Helmuth R, Stephan R, Bunge C, et al. 1985. Infect Immun 48:175–182.

Hoelzer K, Moreno Switt AI, Wiedmann M. 2011. Vet Res 42:34.

Hornick RB, Griesman SE, Woodward TE. 1970. N Engl J Med 283:735–746.

Hurd HS, Gailey JK, McKean JD, Rostagno MH. 2001a. Am J Vet Res 62:1194–1197.

Hurd HS, McKean JD, Wesley IV, Karriker LA. 2001b. J Food Prot 64:939–944.

Isaacson RE, Firkins LD, Weigel RM, et al. 1999. Am J Vet Res 60:1155–1158.

Jacks TM, Frazier E, Judith FR, et al. 1988. Am J Vet Res 49:1832–1835.

Jacks TM, Welter CJ, Fitzgerald GR, et al. 1981. Antimicrob Agents Chemother 19:562–566.

Jones FT, Langlois BE, Cromwell GL, et al. 1983. J Anim Sci 57:279–285.

Kinsey MD, Dammin GJ, Formal SB, et al. 1976. Gastroenterology 71:429–434.

Kramer TT, Pardon P, Marly J, et al. 1987. Am J Vet Res 48:1072–1076.

Kramer TT, Roof MB, Matheson RR. 1992. Am J Vet Res 53:444–448.

Lawson GHK, Dow C. 1966. J Comp Pathol 76:363–371.

Lee CA, Silva M, Siber AM, et al. 2000. A secreted Salmonella protein induces a proinflammatory response in epithelial cells, which promotes neutrophil migration. Proc Natl Acad Sci USA 97:12283–12288.

Levine ND, Peterson EH, Graham R. 1945. Am J Vet Res 6:241–246.

Low JC, Angus M, Hopkins G, et al. 1997. Epidemiol Infect 118:97–103.

Lynn M, Dobson AW, McClune EL, Dorn CR. 1972. Vet Med Small Anim Clin 67:1022–1027.

McCormick BA, Miller SI, Carnes D, et al. 1995. Infect Immun 63:2302–2309.

McErlean BA. 1968. Vet Rec 82:257–258.

McGettrick AF, O'Neill LA. 2010. Subcell Biochem 53:153–171.

Meyerholz DK, Stabel TJ. 2003. Vet Pathol 40(4):371–375.

Meyerholz DK, Stabel TJ, Ackermann MR, et al. 2002. Vet Pathol 39(6):712–720.

Mills KW, Kelly BL. 1986. Am J Vet Res 47:2349–2350.

Morehouse LG. 1972. J Am Vet Med Assoc 160:594–601.

Morgan IR, Krautil FL, Craven JA. 1987. Epidemiol Infect 98:323–330.

Mousing J, Thode Jensen P, Bager F, et al. 1997. Prev Vet Med 29:247–261.

Nape WF, Murphy C. 1971. J Am Vet Med Assoc 159:1569–1572.

Nielsen B, Baggesen D, Bager F, et al. 1995. Vet Microbiol 47:205–218.

Olson LD, Rodebaugh DE, Morehouse LG. 1977. Am J Vet Res 38:1471–1477.

Pospischil A, Wood RL, Anderson TD. 1990. Am J Vet Res 51:619–624.

Radostits OM, Gay CC, Hinchcliff KW, et al. 2007. Veterinary Medicine, 10th ed. New York: Saunders Elsevier, pp. 913–914.

Reed WM, Olander HJ, Thacker HL. 1985. Am J Vet Res 46:2300–2310.

———. 1986. Am J Vet Res 47:75–83.

Rescigno M, Urbano M, Valzasina B, et al. 2001. Nat Immunol 2:361–367.

Reynolds IM, Miner PW, Smith RE. 1968. Cornell Vet 58:180–185.

Roof MB, Doitchinoff DD. 1995. Am J Vet Res 56:39–44.

Roof MB, Kramer TT, Kunesh JP, et al. 1992b. Am J Vet Res 53:1333–1346.

Roof MB, Kramer TT, Roth JA, et al. 1992a. Am J Vet Res 53:1328–1332.

Rout WR, Formal SB, Giannella RA, et al. 1974. Gastroenterology 67:59–70.

Rubin RH, Weinstein L. 1977. Salmonellosis: Microbiologic, Pathologic, and Clinical Features. New York: Stratton Intercontinental Medical Book Corporation, p. 25.

Schauser K, Olsen JE, Larsson LI. 2004. J Med Microbiol 53(7):691–695.

Schultz RA. 1989. Salmonellosis—The problem—How do we handle it? In Proc Ann Meet Am Assoc Swine Pract, pp. 181–188.

Schwartz KJ. 1991. Compend Contin Educ 13:139–148.

———. 1997. Salmonella: What are the best approaches? In Proc Annu Meet Am Assoc Swine Pract, pp. 385–388.

Schwartz KJ, Daniels G. 1987. Salmonellosis. In Proc Minnesota Swine Herd Health Prog Conf, pp. 96–100.

Smith HW, Jones JET. 1967. J Pathol 93:141–156.

Stephen J, Wallis TS, Starkey WG, et al. 1985. Ciba Found Symp 112:175–192.

Takeuchi A. 1967. Am J Pathol 50:109–136.

Takeuchi A, Sprinz H. 1967. Am J Pathol 51:137–161.

Taylor J, McCoy JH. 1969. Salmonella and Arizona infections and intoxications. In Foodborne Infections and Intoxications. New York: Academic Press, pp. 3–71.

van der Wolf PJ, Vercammen TJ, van Exsel AC, et al. 2001. Vet Q 23:199–201.

Vazquez-Torres A, Jones-Carlson J, Baumler AJ, et al. 1999. Nature 401:804–808.

Vazquez-Torres A, Jones-Carlson J, Baumler AJ, et al. 2000. Gastroenterology 118:803–805.

Welliver RC, Ogra PL. 1978. J Am Vet Med Assoc 173:560–564.

Wilcock BP. 1978. Can J Comp Med 43:100–106.

Wilcock BP, Armstrong CH, Olander HJ. 1976. Can J Comp Med 40:80–88.

Wilcock BP, Olander HJ. 1977a. Vet Pathol 14:36–42.

———. 1977b. Vet Pathol 14:43–55.

———. 1978. J Am Vet Med Assoc 172:472–477.

Williams LP, Newell KW. 1970. Am J Public Health 50:926–929.

Williams LP, Vaughn JP, Scott A, et al. 1969. J Am Vet Med Assoc 155:167–174.

Wolff SM. 1973. J Infect Dis 128(Suppl):159–164.

Wood RL, Pospischil A, Rose R. 1989. Am J Vet Res 50:1015–1021.

Wood RL, Rose R. 1992. Am J Vet Res 53:653–658.

Xiong N, Brewer MT, Day TA, et al. 2010. Am J Vet Res 71:1170–1077.

61 葡萄球菌病
Staphylococcosis
Timothy S. Frana

葡萄球菌多见于猪和猪舍设施上,实际上它们无处不在。最常见的致病微生物是猪葡萄球菌和金黄色葡萄球菌,前者引起猪渗出性皮炎,后者导致化脓和其他疾病。偶尔也能从病变部位分离到产色素葡萄球菌、表皮葡萄球菌、松鼠葡萄球菌、瓦氏葡萄球菌、木糖葡萄球菌等,但将其视为原发性病原体应当慎重。然而,由于这些菌种中的某些潜在致病菌株将在本章节中公开并详述,为此缜密的调查研究是必要的。

猪葡萄球菌:渗出性皮炎
STAPHYLOCOCCUS HYICUS : EXUDATIVE EPIDERMITIS

渗出性皮炎(Exudative epidermitis,EE)是由葡萄球菌引起的最常见的猪皮肤病。EE 也被称为"溢脂性皮炎"、"猪油皮病"或"仔猪湿疹",最常见于新生至 8 周龄左右的仔猪。典型病例表现为全身非瘙痒性皮炎或表皮炎,伴随体液丢失导致脱水和死亡。EE 广泛存在于世界各地,在所有养猪国家均有报道。大约 170 年前(1842 年)Spinola 已对其进行了临床描述,但直到 1953 年才确定 EE 的病原为猪微球菌,现称为猪葡萄球菌。葡萄球菌产生的剥脱毒素是引发疾病的重要原因,但是其他降低宿主免疫力的因素也起到了辅助作用。治疗主要采取补液、局部消毒和抗生素疗法。现在常常分离到耐药性增强的菌株。年龄较大的病猪多表现为局限型 EE,见于耳尖、头部、肷部和四肢末端。猪葡萄球菌也与关节炎和生殖障碍有关(Duncan 和 Smith,1992;Hill 等,1996)。

病因学
Etiology

猪葡萄球菌是革兰氏阳性球菌,是成年猪皮肤上的正常菌群。病原体可来自于猪舍设施及环境。强毒株和减毒株猪葡萄球菌可同时见于患病及健康小猪皮肤(Park,1986;Wegener 等,1993)。毒力与其产生的剥脱毒素密切相关(Andresen 等,1997;Futagawa-Saito 等,2007;Sato 等,1991b;Wegener 等,1993)。发病猪的猪葡萄球菌菌株至少可以产生 6 种剥脱毒素,ExhA,ExhB,ExhC,ExhD,ShetA,和 ShetB(Ahrens 和 Andresen,2004;Andresen,1998;Andresen 等,1997;Sato 等,2000;Watanabe 等,2000)。这些毒素的靶细胞是表皮的颗粒层细胞,与人葡萄球菌性烫伤样皮肤综合征分离到的金黄色葡萄球菌菌株产生的毒素相似。除了产毒的猪葡萄球菌之外,还有一些其他因素可使动物易患 EE,包括病毒性疾病,营养不良,癣感染,玫瑰糠疹,寄生虫病,环境卫生差,通风不良,高湿,创伤,遗传易感性等。

猪病学,第 10 版,由 Jeffrey J. Zimmerman、Locke A. Karriker ,Alejandro Ramirez、Kent J. Schwartz、Gregory W. Stevenson 主编。
© 2012 John Wiley & Sons, Inc. 由 John Wiley & Sons, Inc. 2012 年出版。

起初,在 1953 年将猪葡萄球菌(S.hyicus)描述为猪微球菌(M.hyicus)(Sompolinsky,1953),1965 年,将其归入葡萄球菌属(Baird-Parker,1965)。随后猪葡萄球菌(S.hyicus)分为 hyicus 和 chromogenes 两个亚种(Devriese 等,1978)。1986 年猪葡萄球菌产色素亚种(S.hyicus subsp. chromogenes)提升为产色素葡萄球菌(S.chromogenes)种,作为一个独立的菌种(Hajek 等,1986)。猪葡萄球菌(S.hyicus)菌落在血琼脂培养基上呈非溶血性、乳白色、凸起的圆形菌落。生化特性显示,猪葡萄球菌过氧化氢酶阳性,氧化酶阴性,Voges-Proskauer 阴性。猪葡萄球菌(Staphylococcus hyicus)产 DNA 酶,磷酸酶,透明质酸酶,明胶酶和卵磷脂酶(Gillespie 和 Timoney,1981)。有些菌株产凝固酶,猪血浆可使其活性增强(Lammler,1991)。大多数菌株需氧发酵果糖、葡萄糖、乳糖、甘露糖和海藻糖(Lammler,1991)。在巧克力琼脂平板上可见小的溶血环;在绵羊血琼脂平板上可见金黄色葡萄球菌 β 溶解素不完全溶解环中完全溶解的 CAMP 样环(Lammler,1991)。IgG 蛋白 A 样受体的表达在猪菌株中很常见(Lammler,1991)。尽管猪葡萄球菌不形成芽孢,但它耐干燥,可在环境中长时间存活。

公共卫生
Public Health

猪葡萄球菌不会引起人类疾病。

流行病学
Epidemiology

猪葡萄球菌(Staphylococcus hyicus)遍布全球,存在于很多畜群中但不发病。据报道,美国 27.5% 的哺乳仔猪场(USDA,2007)和英国 16.5% 的仔猪群(Taylor,2004)有发病或死亡。虽然 EE 偶尔发生,但是当被引入感染猪群或环境后,新建猪群或头胎仔猪群中的仔猪往往频繁发病。整窝仔猪感染,且死亡率高。猪葡萄球菌(S.hyicus)流行地区,携带者或感染动物的后代一般不受影响,这提示免疫力在疾病预防中起重要作用。疾病暴发通常可自行限制,一般持续 2~3 个月,但也可能会持续 12~18 个月。S.hy-icus 可以从健康猪皮肤多处分离到(Hajsig 等,1985)。母猪分娩时仔猪通过产道被感染,可疑为病菌垂直传播的一种途径。从出生后 24 h 仔猪皮肤上分离得到的猪葡萄球菌菌株,与母猪所带菌株同型,且与同窝仔猪 3 周后分离出的菌株相同(Wegener 和 Skov-Jensen,1992)。许多原因会诱发 EE,包括打架或撕咬所致外伤,环境危害,矿物质和维生素缺乏,高湿度和通风不良,皮肤寄生虫,癣和病毒感染(如痘病毒)等。EE 与猪圆环病毒 2 型(PCV2)和猪细小病毒(PPV)有关(Kim 和 Chae,2004;Wattrang 等,2002)。总之,EE 的发生与免疫状态,伤口暴露,营养状况,圈舍条件,相关疾病,菌株毒力,皮肤感染部位相关。

猪葡萄球菌(S.hyicus)可以从一系列其他动物中分离得到,如牛、羊、马和鸡等,可能对乳腺炎、皮炎和腱鞘炎等疾病的发生有影响(Birgers-son 等, 1992;Devriese 等, 1983;Jarp, 1991;Kibenge 等, 1983;Myllys, 1995;Akeuchi 等, 1985)。动物种属差异可能阻止其他动物源的葡萄球菌(S.hyicus)引起猪 EE(Devriese 等,1978;Shimizu 等,1987,1997;Takeuchi 等,1987)。

致病机理
Pathogenesis

尽管猪葡萄球菌(S.hyicus)可以直接渗入皮肤,但表皮的创伤裂口是 EE 最常见的诱因。病变初期皮肤变红,同时伴有颗粒层局灶性糜烂。随着细菌大量增殖,病变扩大形成多病灶表皮溃疡,可延伸到生发层,伴发化脓性毛囊炎。病变进一步扩大融合。过多的皮脂分泌物和浆液渗出物积聚在病变处及周围皮肤,呈现油腻而潮湿的外观。当渗出液干燥后,皮肤结痂、龟裂。大量细菌附着在分泌物上。嗜中性粒细胞入侵,降解,释放出促炎酶。严重感染的仔猪,体液及电解质丢失导致其脱水和死亡。年龄较大的动物可发展成皮下脓肿,多关节炎,耳、尾坏死。

几种猪葡萄球菌(S.hyicus)毒力因子已有描述。金黄色葡萄球菌 A 蛋白的同源物与 IgG 有多个结合位点,它的表达有助于细菌抵抗吞噬作用(Rosander 等,2011)。凝固酶的产生有助于形成纤维蛋白凝块,它能保护猪葡萄球菌抵抗宿主防御。表面纤连蛋白结合蛋白对细菌黏附纤维连接蛋白可能是重要的（Lammler 等，1985）。此外，猪葡萄球菌分泌葡萄球菌激酶和脂肪酶，它们分别裂解蛋白质和磷脂。这些因素增强毒力的确切作用目前尚不清楚。

在猪 EE 发病过程中，剥脱毒素被认为是最重要的致病因子。1979 年，Amtsberg 证明，猪葡萄球菌培养液可以引起仔猪皮肤剥落，提示这是由于外毒素产生所致。到目前为止，猪葡萄球菌中 6 种剥脱毒素已被鉴定。在丹麦鉴定出其中四种，EhA-D（Ahrens 和 Andresen，2004；Andresen，1998；Andresen 等，1997），在日本鉴定出另外两种，SHETA 和 SHETB（Sato 等，2000；Watanabe 等，2000）。剥脱毒素 EhA、EhB、EhC、EhD 和 SHETB 与丝氨酸蛋白酶 ETA，ETB 和 ETD 非常相似，后者是由金黄色葡萄球菌菌株产生，引起人皮肤烫伤样综合征（Ahrens 和 Andresen，2004）。这组毒素的靶蛋白是桥粒芯糖蛋白（Dsg1），是一种在桥粒中发现的细胞-细胞黏附分子（Fudaba 等，2005）。切割 Dsg1 胞外结构域导致表皮生发层细胞分离、皮肤剥落和浆液性物质渗出。皮下注射纯化的猪葡萄球菌剥脱毒素引起仔猪和鸡的皮肤剥落（Sato 等，1991a；Tanabe 等，1993）。此外，人工接种猪葡萄球菌产毒素菌株的仔猪呈现局部红斑，皮肤剥落，渗出和结痂，而接种非产毒素菌株的动物只出现局部红斑，并在 48 h 内消失（Tanabe 等，1996）。流行病学调查表明，从 EE 病猪比健康猪更容易分离出产毒素猪葡萄球菌（Andresen，2005；Kanbar 等，2008）。然而，研究尚不能确定哪种毒素最为常见，显然，毒素还存在地域性差异。除携带剥脱毒素基因猪葡萄球菌外，葡萄球菌属的某些菌株也能引起猪 EE。Chen 等（2007）报道，从 EE 患病仔猪分离出一株携带 ExhC 基因的松鼠葡萄球菌。此外，从产色素葡萄球菌中分离出类似于 ExhB 的毒素，该菌株人工接种仔猪后能够诱发 EE 临床症状（Andresen 等，2005）。这些发现是代表新出现的 EE 病原，还是非猪葡萄球菌诱发 EE 的个例，尚待进一步研究。

临床症状
Clinical Signs

出生 3～4 日龄仔猪可发生严重的、急性的

EE。早期症状可见精神不振，抑郁，厌食等，全窝或部分仔猪发病。体温很少升高，皮肤变红，但无搔痒。最初病变发生在腋下或腹股沟处，往往被忽视。面部或头部出现直径 1～2 cm 褐色斑块，被血清和渗出物覆盖。随后病变处可见褐色至黑色的痂皮。而后病变继续扩大融合，从头部向后蔓延，24～48 h 内扩展到全身各处。起初的病变通常见于有毛区域，可出现舌或口腔溃疡（Andrews，1979）。年幼仔猪可在 24 h 内死亡。其他病猪存活时间较长，但通常在 3～10 d 内死亡。通常年幼仔猪总发病率和死亡率高。断奶仔猪先在蹄部出现病变，继而向上蔓延到腿部和全身其他各处。6 周龄以上的仔猪只有少数几个局限的病灶，主要局限在头部。尾尖和耳尖咬伤后会继发感染，可导致这些部位坏死。成年猪在背部和臀部偶尔有几个褐色的渗出性病变，往往与年幼仔猪已知疾病的暴发无关。疾病痊愈至少需要 10 d，急性 EE 存活下来的患病仔猪仍会长期受到影响并且发育受阻。轻度感染的断奶仔猪或生长猪往往存活，但增重速度较未感染猪缓慢。其他报道结果显示，猪葡萄球菌的感染还会导致多关节炎（Hill 等，1996）和流产（Duncan 和 Smith，1992）。

病理变化
Lesions

肉眼观察病变起先可见局部皮肤变红，伴有清亮渗出物。这些病变最常出现于腋窝和腹股沟处，但往往被忽视。早期病变也可以发生在眼睛，嘴巴，耳朵和皮肤创伤的周围。渗出物很快变稠，呈褐色，病变相互融合。由于细菌和污垢积聚，渗出物变油腻，呈黑色，最终形成广泛的、有臭味的痂层（图 61.1）。痂层下皮肤明显增厚，粗糙不平。尸检剖检结果显示，病猪显著脱水消瘦。肾乳头可见线性条纹，在肾盂和输尿管中可见细胞碎片堆积。引流皮肤的淋巴结肿大和水肿。

显微镜下观察可见，浆液细胞性硬痂由嗜中性粒细胞，纤维蛋白和含有革兰氏阳性细菌的蛋白质性物质构成，覆盖于表皮上。表皮可见溃疡或增生，伴发多病灶的或融合的脓疱和化脓性毛囊炎。真皮充血水肿，伴随多灶性出血。在真皮

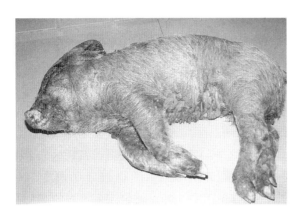

图 61.1 12 周龄仔猪全身性 EE。

浅层可见淋巴细胞,浆细胞和巨噬细胞在血管周围和间质中浸润。表皮溃疡下区域炎症较为明显。肿大的淋巴结可见化脓性淋巴结炎。肾脏病变可见肾小管上皮细胞空泡形成、变性和脱落,这可能是由于脱水所致(Blood 和 Jubb,1957)。

诊断
Diagnosis

一般根据临床症状和病变特征即可对幼仔猪做出诊断。对于局部病变继发于创伤的成年猪或动物,EE 诊断是比较困难的。通过猪葡萄球菌的分离培养或组织病理学检查可以确诊。如果疾病暴发,做细菌培养和药敏试验很重要。剥掉痂皮,轻轻刮取创面湿润的分泌物进行细菌培养,可以很容易地分离出病原微生物。肿大的表皮淋巴结也是很好的细菌分离样本。猪葡萄球菌在绵羊或牛血琼脂培养基上生长良好,可是,继发的病原微生物,如假单胞菌,变形杆菌,或其他葡萄球菌也能从 EE 病灶中分离出来。含硫氰酸钾(Devriese,1977)或小于 10% 的 NaCl 溶液的选择培养基有助于分离猪葡萄球菌。猪葡萄球菌可采用常规生化试验或面板识别系统鉴定。产毒素和非产毒菌株可以从同一病灶中分离出来。噬菌体分型的方法有助于区分猪葡萄球菌强毒株和减毒株(Wegener,1993)。然而,相对于常规试验而言,这不是一个简单的方法。一种用于检测毒素 ExhA,ExhB 和 ExhC 的间接酶联免疫吸附试验(ELISA)可以替代噬菌体分型法(Andresen,1999)。此外,用聚合酶链反应鉴定和检测毒素也

是可行的(Andresen 和 Ahrens,2004;Voytenko 等,2006)。然而,这些试验尚未在兽医诊断实验室普及应用。

其他皮肤疾病有看起来类似 EE 的。猪痘(第 30 章)有局灶性病变,但极少致命。疥癣(第 65 章)有瘙痒症状;螨虫可见皮屑。癣(第 17 章)有典型的大面积表皮病变,通过真菌培养或显微镜检查可发现皮肤真菌。玫瑰糠疹(第 17 章)可见大片不油腻的红斑圆形病灶,为自限性和非致死性疾病。锌缺乏(第 68 章)引起角化不全,在 2～4 月龄猪身上呈现对称的干燥病变。最后,猪增生性皮肤病(第 17 章)是长白猪的一种罕见遗传性疾病,引起致死性肺炎。

治疗和预防
Treatment and Prevention

疾病早期治疗效果最好,严重感染的动物可能不见效。抗菌素常用于治疗 EE。然而,有报道表明,猪葡萄球菌对多种抗微生物药物耐药(Aarestrup 和 Jensen,2002;Teranishi 等,1987;Wegener 等,1994;Werckenthin 等,2001)。尽管存在地区差异,但其对青霉素,红霉素,链霉素,磺胺类药物,四环素普遍耐药。因此,推荐从 EE 病灶分离病原做药敏试验,可为选择有效治疗药物提供依据。在无药敏试验结果的情况下,最好的选择是头孢噻呋,恩诺沙星,或甲氧苄啶/碘胺二甲氧嘧啶与林可霉素结合使用。建议抗菌素注射,不严重的病例也可口服。日本的一项研究比较了产毒和非产毒菌株的药物敏感性,结果表明,携带毒素基因和抗菌素耐药性之间没有明显的相关性(Futagawa-Saito 等,2009)。其他治疗方法,包括一日多次给病猪喷洒皮肤消毒剂,如液状石蜡新生霉素、洗必泰或稀释的碘伏。护理是必要的,要防止病猪着凉,尤其是年幼的仔猪。重度感染的仔猪要及时补充体液和电解质,可以口服。初产母猪与老母猪交叉哺乳可获得被动免疫力。另外,使用从发病群分离出的菌株制成自身疫苗对久病状态有帮助。分娩前接种新引进母猪或初产母猪为其后代提供一定的初乳保护力,有助于避免严重的 EE。另外,修平初生小猪尖牙,磨平

围栏表面,及时治疗疥癣,尽力减少皮肤外伤。栏舍及其设施应彻底清洗和消毒,母猪分娩或进入产房前应清洗和消毒。预防母猪和小猪外伤和改善环境,如良好通风,清洁和干燥栏舍,控制湿度,降低饲养密度等,都有助于控制 EE。

金黄色葡萄球菌
STAPHYLOCOCCUS A UREUS

除猪葡萄球菌(S. hyicus)外,金黄色葡萄球菌(Staphylococcus aureus)是唯一能从猪的病灶中经常分离到的葡萄球菌属细菌。除了皮肤感染,金黄色葡萄球菌还与败血病,乳房炎,阴道炎,子宫炎,骨髓炎及心内膜炎有关。尽管金黄色葡萄球菌常见于猪舍设施和正常猪的皮肤,但其极少引发疾病,且与大群疾病暴发没有关联。最近,猪作为耐甲氧西林金黄色葡萄球菌(MRSA)的贮存宿主,成为一个公共健康问题引起人们关注。一个独特的 MRSA 序列型(ST398)首次在欧洲报道(Armand-Lefevre 等,2005),一直以来,它被认为是优势 MRSA 菌型,在世界上许多国家和地区亚临床感染猪。

病因学
Etiology

像所有葡萄球菌一样,金黄色葡萄球菌为革兰氏阳性,在羊血琼脂上菌落不透明,呈黄白色,带有两个溶血环。内环是由 α-溶血素引起的完全溶血环,而外环则是由 β-溶血素引起的不完全溶血环。金黄色葡萄球菌在有氧条件下,95~98.6°F(35~37℃)生长最好。从固体培养基观察最好,菌落呈球形葡萄串样聚集。除了溶血素外,它还不确定地产生许多被认为是毒力因子的物质,如蛋白质 A,磷壁质酸,凝固酶,葡萄球菌激酶,DNA 酶,脂肪酶,透明质酸酶,杀白细胞素,肠毒素,剥脱毒素等。

公共卫生
Public Health

金黄色葡萄球菌在人是引起局部皮肤感染和一些危及生命的疾病如败血症,肺炎,心内膜炎或其他软组织和骨感染的一种常见病因(Falcone

等,2009)。在 20 世纪 60 年代出现的 MRSA 感染,因其疗效差和死亡率高,人们给予了极大关注。传统上,大多数 MRSA 疾病一直是与卫生保健相关(HCA),也就是说,MRSA 是导致医院感染的主要原因,也与家庭医疗保健人员治疗的患者有关(Tiemersma 等,2004)。最近,除了 HCA 风险因素之外,MRSA 相关疾病已在社区人群中出现,即所谓的社区获得性(CA)MRSA(Vandenesch 等,2003)。特定序列类型的 MRSA 在 HCA 和 CA 感染中占主导地位。据报道,MRSA 在家畜包括猪体内定植(van Loo 等,2007),即所谓的家畜相关的(LA)MRSA。在欧洲,北美和其他地区的研究表明,多位点序列 ST398 类型常常导致猪亚临床性鼻腔感染,有别于典型的 HCA 和 CA 的 MRSA 类型(Smith 等,2009;Smith 和 Pearson,2010)。动物管理者,兽医及长时间接触病猪的人相对于一般人群鼻拭子检测 MRSA 阳性的风险显著提高(Smith 等,2009;Voss 等,2005)。研究调查了 20 个加拿大养猪场的 285 头猪和 25 个农场工人,结果 45% 的养猪场,25% 的猪和 20% 的人 MRSA 检测阳性(Khanna 等,2008)。在同一研究中,来自同一养猪场的猪和人的菌株没有明显区别,表明是内部互传。然而,ST398 型 MRSA 感染人的时间取决于与动物的接触强度,也就是说,鼻黏液污染比真正鼻黏膜细菌定植致病可能更多(Graveland 等,2011)。已有报道表明,ST398 型 MRSA 阳性的农场工人可以传给不接触猪的家庭成员,但很少会蔓延到整个社区(Cuny 等 2009,Graveland 等,2011)。也有少量报道指出,在一些人类疾病中,ST398 菌株与其他金黄色葡萄球菌菌株相似,但是它不会像其他的人 MRSA 菌株引起那么多的疾病(相对于细菌定植)(Cuny 等,2009;Smith 和 Pearson,2010)。在人和猪体内有关 ST398 定植仍存在许多悬而未决的问题,其在农场或社区中需要首先得到解决才能成功防控细菌传播。

致病机理
Pathogenesis

皮肤和黏膜表面的损伤可以诱发金黄色葡萄

球菌皮肤病,与猪葡萄球菌引起的 EE 类似。一些金黄色葡萄球菌菌株可产生剥脱毒素,也与猪葡萄球菌所产剥脱毒素类似。金黄色葡萄球菌侵入可引起菌血症,一旦感染新生儿可能发展到败血症从而危及生命。更多的时候,菌血症会导致骨骼,关节,心脏瓣膜,肝,肾,淋巴结和其他内脏器官脓肿。在屠宰时可以观察到脓肿。上行性感染可导致乳房炎,阴道炎,子宫炎和脐脓肿。

临床症状和病理变化
Clinical Signs and Lesions

由于金黄色葡萄球菌可引起多种疾病,该病原体导致的临床症状是无法预测的。大多数病例发生在单个动物,动物间的传播是罕见的。新生儿败血症一般是致命的或导致 7～10 日龄仔猪发育不良。可见脐脓肿,多关节炎,以及伴有心脏肥大的增生性心内膜炎,或动物死亡而无肉眼病变。慢性感染呈现皮肤、脐、骨骼、关节、乳腺和内部器官脓肿。骨髓炎可以导致病理性骨折,尤其是在椎骨。足部皮肤创伤感染往往会蔓延引起足骨和关节感染。脓肿通常含有乳白色或带血色的脓液,常常被厚厚的纤维囊包裹。脓液也可以聚集在腹膜腔,心包腔或子宫内腔。在患子宫内膜炎的动物可见到白色,无气味,脓疱样的阴道分泌物(Roberson 等,2007)。金黄色葡萄球菌也可引起散发性流产(Kohler 和 Wille,1980),从肠炎病例中很少分离到该菌,但肠毒素可以加重病情(Taylor 等,1982)。

诊断和治疗
Diagnosis and Treatment

金黄色葡萄球菌的诊断依据疑似病灶细菌培养和分离。在羊血琼脂培养基上,需氧条件下培养,可长出直径 1～2 mm、黄色或白色、不透明、具有双层溶血环的菌落。进一步鉴定可做革兰氏染色和生化试验。金黄色葡萄球菌对过氧化氢酶,凝固酶,甘露糖醇,和 Voges-Proskauer 反应呈阳性。这些实验可以将金黄色葡萄球菌从其他引发脓肿的细菌如化脓性隐秘杆菌和链球菌中区分出来。在过去,从公共健康意义上考虑,可采用噬菌体分型和质粒分析进一步确认金黄色葡萄球菌。这些方法大多数已被多位点序列分型(MLST)或蛋白 A 基因序列分型(spa 分型)等其他方法替代。

单个脓肿的治疗可以采取手术引流和抗生素疗法。建议及时静脉注射给药,以减少广泛的和致命性脓肿的发展。由于许多菌株对常用药物耐药,如青霉素、氨苄青霉素、金霉素、土霉素和壮观霉素,为此推荐药敏试验帮助选择有效的抗菌药。在没有药敏试验结果的情况下,头孢噻呋,恩诺沙星,或甲氧苄啶/碘胺二甲氧嘧啶都是不错的选择。由于金黄色葡萄球菌一般为个体性感染,通常不需要整群治疗。除非确诊病情非常严重,通常不推荐饲料中预防性给药。有报道使用菌苗的,但并非普遍有效或广泛使用。对严重污染地区的环境要严格地清洗和消毒。金黄色葡萄球菌对消毒剂多少有点耐受,特别是在有机物质保护的情况下,但它对酚类,次氯酸盐,碘和碘伏等消毒剂敏感。

(尹朋、许剑琴译,周洋校)

参考文献
REFERENCES

Aarestrup FM, Jensen LB. 2002. Vet Microbiol 89:83–94.
Ahrens P, Andresen LO. 2004. J Bacteriol 186:1833–1837.
Amtsberg G. 1979. Zentralbl Veterinarmed B 26:137–152.
Andresen LO. 1998. FEMS Immunol Med Microbiol 20:301–310.
———. 1999. Vet Microbiol 68:285–292.
———. 2005. Vet Rec 157:376–378.
Andresen LO, Ahrens P. 2004. J Appl Microbiol 96:1265–1270.
Andresen LO, Ahrens P, Daugaard L, et al. 2005. Vet Microbiol 105:291–300.
Andresen LO, Bille-Hansen V, Wegener HC. 1997. Microb Pathog 22:113–122.
Andrews JJ. 1979. Vet Pathol 16:432–437.
Armand-Lefevre L, Ruimy R, Andremont A. 2005. Emerg Infect Dis 11:711–714.
Baird-Parker AC. 1965. J Gen Microbiol 38:363–387.
Birgersson A, Jonsson P, Holmberg O. 1992. Vet Microbiol 31:181–189.
Blood DC, Jubb KV. 1957. Aust Vet J 33:126–127.
Chen S, Wang Y, Chen F, et al. 2007. PLoS One 2:e147.
Cuny C, Nathaus R, Layer F, et al. 2009. PLoS One 4:e6800.
Devriese LA. 1977. Am J Vet Res 38:787–792.
Devriese LA, Hajek V, Oeding P, et al. 1978. Int J Syst Bacteriol 28:482–490.
Devriese LA, Vlaminck K, Nuytten J, et al. 1983. Equine Vet J 15:263–265.
Duncan M, Smith D. 1992. Can Vet J 33:75–76.

Falcone M, Serra P, Venditti M. 2009. Eur J Intern Med 20:343–347.

Fudaba Y, Nishifuji K, Andresen LO, et al. 2005. Microb Pathog 39:171–176.

Futagawa-Saito K, Ba-Thein W, Fukuyasu T. 2009. J Vet Med Sci 71:681–684.

Futagawa-Saito K, Ba-Thein W, Higuchi T, et al. 2007. Vet Microbiol 124:370–374.

Gillespie JH, Timoney JF. 1981. Hagan and Bruner's Infectious Diseases of Domestic Animals, 7th ed. London: Cornell University Press.

Graveland H, Wagennar JA, Bergs K et al. 2011. PLoS One 6:e16830.

Hajek V, Devriese LA, Mordarski M, et al. 1986. Syst Appl Microbiol 8:169–173.

Hajsig D, Babic T, Madic J. 1985. Veterinarski Arhiv 55:45–51.

Hill BD, Corney BG, Wagner TM. 1996. Aust Vet J 73:179–181.

Jarp J. 1991. Vet Microbiol 27:151–158.

Kanbar T, Voytenko AV, Alber J, et al. 2008. J Vet Sci 9:327–329.

Khanna T, Friendship R, Dewey C, et al. 2008. Vet Microbiol 128:298–303.

Kibenge FS, Rood JI, Wilcox GE. 1983. Vet Microbiol 8:411–415.

Kim J, Chae C. 2004. Vet J 167:104–106.

Kohler B, Wille H. 1980. Monatsh Veterinarmed 35:506–510.

Lammler C. 1991. J Clin Microbiol 29:1221–1224.

Lammler C, de Freitas JC, Chhatwal GS, et al. 1985. Zentralbl Bakteriol Mikrobiol Hyg A 260:232–237.

Myllys V. 1995. J Dairy Res 62:51–60.

Park C. 1986. Korean J Vet Res 26:251–257.

Roberson J, Moll D, Saunders G. 2007. Vet Rec 161:821–822.

Rosander A, Guss B, Pringle M. 2011. Vet Microbiol 149:273–276.

Sato H, Kuramoto M, Tanabe T, et al. 1991a. Vet Microbiol 28:157–169.

Sato H, Tanabe T, Kuramoto M, et al. 1991b. Vet Microbiol 27:263–275.

Sato H, Watanabe T, Higuchi K, et al. 2000. J Bacteriol 182:4096–4100.

Shimizu A, Kloos WE, Berkhoff HA, et al. 1997. J Vet Med Sci 59:443–450.

Shimizu A, Teranishi H, Kawano J, et al. 1987. Zentralbl Bakteriol Mikrobiol Hyg A 265:57–61.

Smith TC, Male MJ, Harper AL, et al. 2009. PLoS One 4:e4258.

Smith TC, Pearson N. 2010. Vector Borne Zoonotic Dis 11:327–339 [Epub ahead of print].

Sompolinsky D. 1953. De l'impetgo contagiosa suis. Schweiz Arch Tierheilkd 95:302–309.

Spinola J. 1842. Die Krankhelten der Schweine. Berlin, Germany: Verlag Hirschwald Publishers, pp. 146–148.

Takeuchi S, Kobayashi Y, Morozumi T. 1987. Vet Microbiol 14:47–52.

Takeuchi S, Kobayashi Y, Morozumi T, et al. 1985. Nippon Juigaku Zasshi 47:841–843.

Tanabe T, Sato H, Kuramoto M, et al. 1993. Infect Immun 61:2973–2977.

Tanabe T, Sato H, Watanabe K, et al. 1996. Vet Microbiol 48:9–17.

Taylor DJ. 2004. Exudative epidermitis. In JAW Coetzer, RC Tustin, eds. Infectious Diseases of Livestock, 2nd ed. Cape Town, South Africa: Oxford University Press.

Taylor SL, Schlunz LR, Beery JT, et al. 1982. Infect Immun 36:1263–1266.

Teranishi H, Shimizu A, Kawano J, et al. 1987. Nippon Juigaku Zasshi 49:427–432.

Tiemersma EW, Bronzwaer L, Lyytikainen O, et al. 2004. Emerg Infect Dis 10:1627–1634.

USDA. 2007. Swine 2006 Part II: Reference of Swine Health and Health Management Practices in the United States, 2006. Fort Collins, CO: USDA, APHIS, CEAH.

Vandenesch F, Naimi T, Enright MC, et al. 2003. Emerg Infect Dis 9:978–984.

van Loo I, Huijsdens X, Tiemersma E, et al. 2007. Emerg Infect Dis 13:1834–1839.

Voss A, Loeffen F, Bakker J, et al. 2005. Emerg Infect Dis 11:1965–1966.

Voytenko AV, Kanbar T, Alber J, et al. 2006. Vet Microbiol 116:211–216.

Watanabe T, Sato H, Hatakeyama Y, et al. 2000. J Bacteriol 182:4101–4103.

Wattrang E, McNeilly F, Allan GM, et al. 2002. Vet Microbiol 86:281–293.

Wegener HC. 1993. Res Microbiol 144:237–244.

Wegener HC, Andresen LO, Bille-Hansen V. 1993. Can J Vet Res 57:119–125.

Wegener HC, Skov-Jensen EW. 1992. Epidemiol Infect 109:433–444.

Wegener HC, Watts JL, Salmon SA, et al. 1994. J Clin Microbiol 32:793–795.

Werckenthin C, Cardoso M, Martel JL, et al. 2001. Vet Res 32:341–362.

62 链球菌病
Streptococcosis
Marcelo Gottschalk

引言
INTRODUCTION

从临床健康猪的扁桃体、肠道和生殖道中能分离到多种链球菌,其中一部分是潜在的病原菌。属于猪的肠道正常菌群的链球菌有猪肠链球菌(Devriese 等,1988)、猪链球菌、无乳链球菌(肠链球菌)和牛链球菌(Devriese 等,1994b)。猪链球菌、豕链球菌和停乳链球菌类马亚种(Vieira 等,1998)常见于属于扁桃体(Devriese 等,1994b)。猪口腔链球菌和变形链球菌样株为猪口腔常在菌(Takada 和 Hirasawa,2007;Takada 等,2008)。阴道菌群除包括上述一些菌种外,还有猪阴道链球菌和托尔豪特链球菌(Devriese 等,1997)。肠球菌属的粪肠球菌、屎肠球菌、耐久肠球菌、空肠肠球菌和盲肠球菌也是肠道正常菌群的重要成员。

本章节主要讲述了与链球菌和肠球菌有关的疾病。由于最近猪链球菌(S. suis)在规模化养猪场和共患病中的地位越发重要,本章对其进行了重点讨论。也简述了其他链球菌引起的偶然性感染,如豕猪链球菌(革兰氏 E、P、U 和 V 群)和停乳链球菌类马亚种(革兰氏 C、G 和 L 群),以及肠球菌。

猪链球菌
STREPTOCOCCUS SUIS
病因学与流行性
Etiology and Prevalence

猪链球菌有荚膜,是革兰氏阳性菌。其细胞壁表面抗原决定簇与革兰氏 D 群链球菌稍微相关。最早报道猪链球菌感染见于荷兰学者 Jansen 和 Van Dorssen 等(1951)以及英格兰的 Field 等(1954)。从那时起,猪链球菌病报道逐渐遍及全球传统养猪企业和现代集约化猪场。

据细胞壁荚膜多糖(CPSs)可将链球菌分为35 个血清型。早期兰氏分类法中的 R、S 和 T 群以及它们与 D 群和不同荚膜血清型链球菌之间的分类关系不够清晰。最初的革兰氏 R 群和 S 群后来鉴定为革兰氏 D 群的猪链球菌后,又重新划归了血清 1 型(原来为 S 群)和血清 2 型(原来为 R 群)以及血清 1/2 型(原来为 R/S 群)(Windsor 和 Elliott,1975)。几年后,T 群重新划归血清15 型(Gottschalk 等,1989)。革兰氏分类法中的R、S、RS 和 T 群链球菌等学术称谓偶尔用于描述人的链球菌感染,但是,要注意避免菌株分型描述时出现混乱(Gottschalk 等,2010b)。

猪链球菌共有 35 种血清型,其中 32 个新血清型是在 1983—1995 年间鉴定的(Gottschalk 等,1989,1991;Higgins 等,1995;Perch 等,1983)。多数参考菌株来源于病猪,尽管部分来源于临床健康猪、病人、病犊或病羔(Gottschalk 等,1989;Higgins 等,1995)。因为猪链球菌与已鉴定的其他链球菌之间存在显著的遗传学差异,也无种属关系,因此,在 1987 年,猪链球菌被正式划归为一个新菌种(Kilpper-Balz 和 Schleifer,1987)。后来通过基因组学比较分析,发现血清 2 型菌株的 2Mb 基因组中约 40％与其他种属链球菌的不同(Chen 等,2007;Holden 等,2009)。还有 2 个血清型(血清 32 和 34 型)从猪链球菌中独立出来,重新划分为田鼠口腔链球菌。尽管这些研究结果相互矛盾,目前尚无定论。猪链球菌种内的每一个血清型的菌株成员之间都存在遗传学差异(Blume 等,2009;Luey 等,2007;Marois 等,2006)。在诊断、监测和控制该病时要重视其遗传学多样性。

从发病猪中分离到的链球菌大多属于血清 1～9 型(Fittipaldi 等,2009;Hogg 等,1996;Messier 等,2008;Reams 等,1996;Vela 等,2005)。尽管血清 2 型菌株在大多数国家发病猪中都占主导地位,但是,在欧洲多国的局部地区,其他血清型,包括血清 9 型,在临床上是重要的致病菌(Vela 等,2005;Wisselink 等,2000)。而在英国以血清 1 型和 14 型为主,在斯堪的拉维亚以血清 7 型为主(Baums 和 Valentin-Weigand,2009)。从该病散发的地区也分到了血清型不明的菌株(Fittipaldi 等,2009;Messier 等,2008)。大部分菌株没有荚膜,意味着该菌属于已知的血清型,只是在体外培养的过程中荚膜丢失了(M. Gottschalk,该发现未发表)。在欧亚大陆的大多数国家,血清 2 型菌株是主要的流行毒株和致病毒株(Berthelot-Herault 等 2000;Wei 等,2009;Wisselink 等,2000)。而在北美洲,情况有所不同。尽管在加拿大(Messier 等,2008)和美国(Fittipaldi 等,2009)从病猪分离到的菌株仍然以血清 2 型和 3 型为主,但是,血清 2 型菌株还不是优势毒株,其流行率不足 25％。据此可以推测,欧亚大陆和北美洲的猪链球菌血清 2 型菌株具有不同的潜在致病力(Gottschalk 和 Segura,2000;

Gottschalk 等,2010b)。

公共卫生
Public Health

猪链球菌是一种新出现的动物传染病病原。在过去 5 年,其重要性日渐显现。尽管部分病人未查到外伤证据,但是,皮肤小创口仍然是链球菌进入病人体内的主要途径(Gottschalk 等,2010b)。2‰的液体肥皂液不到 1 min 即可将猪链球菌血清 2 型菌株杀灭,故用肥皂和水洗足以将皮肤表面污染的链球菌清除(Clifton-Hadley 和 Enright,1984)。猪链球菌也是人鼻喉部和胃肠道的正常菌群。人感染后的潜伏期为数小时至 2 d。前驱期临床表现为腹泻(Wertheim 等,2009)。患者感染猪链球菌后通常出现化脓性脑膜炎,也有其他临床表现,包括心内膜炎、蜂窝织炎、腹膜炎、横纹肌溶解、关节炎、脊椎关节盘炎、肺炎、葡萄膜炎和眼内炎(Wertheim 等,2009)。在西方大多数国家,人感染猪链球菌后的致死率不足 3％。而部分亚洲国家该病的死亡率高达 26％(Gottschalk 等,2010b)。由于前庭功能受损导致耳聋,是猪链球菌感染人的最严重的后遗症(Wertheim 等,2009)。除青霉素外,全球都用头孢曲松治疗人猪链球菌性脑膜炎(Gottschalk 等,2010b;Wertheim 等,2009)。

虽然在西方 20 多国报道了人感染猪链球菌的病例,但是,猪链球菌感染人仍属罕见。而且,大多数患者都与养猪业有关,包括养猪场员工、屠宰场工人、猪肉搬运工、肉品检疫官、猪肉零售商和猪兽医(Gottschalk 等,2010b)。处理病猪也会增加人感染猪链球菌的机会。甚至,加工隐性感染猪的工人的黏膜也会发生链球菌定植。从扁桃体中分离出链球菌的携带者大多数为屠宰场的从业人员的许多报告也证实了这一点(Gottschalk 等,2010b)。新西兰和美国有报道称,与猪相关职业的员工体内存在相当高猪链球菌血清 2 型抗体(Robertson 和 Blackmore,1989;Smith 等,2008)。但是,由于没有检测人或猪体内的猪链球菌抗体的标准的血清学检验方法,因此,解释检测结果时要格外谨慎。

2005 年,中国暴发猪链球菌感染,感染的 200 人有 39 人死亡,引发了全球对猪链球菌感染人的关注,此后几年对人感染猪链球菌的认识提高并加强研究(Gottschalk 等,2010b;Ye 等,2006)。此次中国暴发的人感染猪链球菌的独特之处为病人以全身性感染为主,而脑膜炎的发生率却相当低。其临床特征性表现为链球菌中毒性休克综合征(STSS)(Tang 等,2006)也有许多文献报道显示,猪链球菌败血性休克与 STSS 相似(Gottschalk 等,2010b)。此次中国人感染猪链球菌疫情中的败血症病人和休克患者的致死率高达63%(Ye 等,2006)。

亚洲各国发生人感染猪链球菌的情况与西方国家明显不同。在香港社区获得性细菌性脑膜炎病例中,经培养确认病原发现,猪链球菌位居最常见细菌性病原的第三名。在越南,猪链球菌是成年人细菌性脑膜炎中的最常见病原 Gottschalk 等,2010b)。亚洲与西方国家病原培养结果的差异可能与猪链球菌的流行病学不同有关,包括生活方式、通用后院养猪模式、混养不同种类的动物、人与各种动物近距离接触,以及消费生猪肉的行为模式(Gottschalk 等,2010b)。在亚洲各国,消费生猪肉或半熟猪肉制品可能是亚洲人感染猪链球菌的途径,而与病人是否从事养猪业无关(Gottschalk 等,2010b)。由于猪链球菌在 4℃ 的猪胴体中可以存活 6 周以上,因此,屠宰后长期冷藏或冷冻都是导致猪链球菌感染人的危险因素。在亚洲,从猪肉市场上抽样检测发现,猪肉污染猪链球菌的比例相当高(Cheung 等,2008)。

导致亚洲人群感染猪链球菌比例非常高、欧洲人相对较高,而北美人较低的其他原因包括诊断失误和局部地区流行对人致病力更强的菌株(Gottschalk 等,2010b)。亚洲的人医实验室对感染人的猪链球菌非常熟悉,欧洲相对熟悉,而许多西方国家的人医实验室(尤其在北美)不重视猪链球菌,经常将其误诊为肠球菌、肺炎链球菌、牛链球菌、或其他链球菌,甚至李氏杆菌(Gottschalk 等,2010b)。有限的文献表明,不同地理位置的不同菌株对人类的致病力不同。另外,在泰国和英国多次分离到血清 2 型和血清 14 型链球菌,但这在法国、澳大利亚和加拿大却很少见(Gottschalk 等,2010b)。也有其他血清型链球菌致病的零星报道,如血清 4 型、血清 1 型和血清 16 型(Gottschalk 等,2010b)。部分学者认为,中国存

在具有独特致病力的高致病链球菌毒株,但需要更进一步调查研究来确定该假设(Gottschalk 等,2010b)。与亚洲和欧洲相比,北美很少从病猪体内分离到猪链球菌血清 2 型。当然也就说明了北美人感染猪链球菌较少的原因。因为感染人的链球菌以血清 2 型为主,而因为北美的猪群中血清2 型链球菌的流行率较低,因此人的感染率也较低,故患者血清 2 型链球菌的流行率就较低了。

流行病学
Epidemiology

天然定植部位(Natural Habitat)。 猪链球菌的天然定植部位是猪的上呼吸道(特别是扁桃体和鼻腔)、生殖道和消化道(Baele 等,2001;Devriese 等,1994b;Hogg 等,1996;Luque 等,2010)。从各个日龄段的猪群中都很容易分离到猪链球菌(Luque 等,2010;MacInnes 等,2008)。亚健康猪群可能携带血清 2 型链球菌,但是,在无临床症状的猪群中只有少数猪只带菌,故仔猪带菌率就更低了(Marois 等,2007;Monter Flores 等,1993)。在表现临床症状的猪群中,通常携带血清 2 型链球菌的猪较多(Marois 等,2007)。定植于亚健康猪群鼻腔和阴道的链球菌以血清 9~34 型为主,但不引发疾病(Hogg 等,1996)。同一头猪体内中可能同时定植一种血清型以上的链球菌菌株。有研究表明,31% 的猪鼻腔中仅带有一种血清型的猪链球菌;38% 的猪带有两种或三种血清型的链球菌,6% 的猪带有四种血清型以上的链球菌(Monter Flores 等,1993)。

在某些国家,野公猪携带猪链球菌,它们可能是重要的保菌动物(Baums 等,2007)。从多种动物和鸟类中分离得到猪链球菌的数量在增加(Devriese 等,1994a;Higgins 等,1990,1995)。它们可能是该病的保菌动物,甚至散播致病菌株。

传播(Transmission)。 猪群之间致病菌株的散播通常是由于健康带菌者的运送所致。将携带致病菌株的健康猪只(后备母猪、公猪、断奶仔猪)引入一个链球菌阴性猪群后,可导致断奶仔猪群和/或育肥猪群暴发本病。母猪通过分娩、呼吸可将产道或呼吸道污染菌传给其后代(Amass 等,1997;Clifton-Hadley 等,1986b;Robertson 等,1991;Cloutier 等,2003;Robertson 等,1991)。

虽然多数断奶仔猪携带猪链球菌,但几乎没有菌株可以导致断奶仔猪发病(Cloutier 等,2003;Marois 等,2007)。关于血清 2 型和 5 型的报道表明,即使同一猪群存在同一血清型的不同菌株,通常一种菌株就可以致病(Cloutier 等,2003;Marois 等,2007)。对于其他血清型菌株,如血清1/2 型,尽管从病猪体内分离到了该血清型菌株,这些菌株的致病力与无临床症状的带菌猪仔中分离的菌株相似(Martinez 等,2002)。该病主要的传播方式主要为水平传播,尤其是疾病暴发初期,患病动物会向环境中排出大量细菌,通过直接接触或吸入气溶胶方式增强该菌的传播机会(Cloutier 等,2003)。

目前已经证实,血清 2 型菌株主要通过气溶胶而非鼻-鼻接触进行传播的(Berthelot-Hérault 等,2001)。已经从仔猪和母猪料槽上分离到猪链球菌 1 型和 2 型菌株(Robertson 等,1991),这暗示了环境污染在本病的传播过程中也具有重要作用。猪链球菌也可以通过粉尘传播(Dee 和 Corey,1993;Robertson 等,1991)。Enright 等(1987)证实,苍蝇可携带猪链球菌 2 型长达 5 d,故苍蝇至少能污染猪的采食地 4 d。因此,苍蝇能在本场内或不同的猪场间传播本病。其他动物或鸟类作为本菌储存宿主或媒介的重要性仍有待证实。

对环境的抵抗力(Survival in the Environment)。有人对不同环境中猪链球菌的存活时间进行了研究。猪链球菌在 4℃的水中可存活 1~2周。粪便接种试验,发现猪链球菌可在 0℃、9℃和 22~25℃的粪便中分别存活 104 d、10 d 和8 d;而在 0℃、9℃和 22~25℃的粉尘中,可分别存活 54 d、25 d 和 0 d。因此,在夏天或 22~25℃的保育舍中,猪链球菌在粪便中可存活 8 d,但在粉尘中存活时间不超过 24 h(Clifton Hadley 和Enright,1984)。猪链球菌 2 型活菌可在农场腐烂的猪尸体中生存,4℃时存活时间为 6 周,22~25℃时为 12 d。这为鸟、野鼠、小白鼠或犬等其他动物传播本病提供了潜在机会(Clifton Hadley 等,1986c)。

常用消毒剂能在 1 min 内杀死猪舍中污染的2 型猪链球菌,即使工作浓度低于制造商推荐的浓度时也能杀灭(Clifton-Hadley 和 Enright,1984;Roberston 等,1991)。有机物会影响化学消毒剂杀菌的作用。因此,消毒之前应冲洗并彻底清除猪舍表面的有机物。猪链球菌 2 型可在50℃热水中存活 2 h,但在 60℃热水中仅可存活10 min。虽然可以用热水消毒,但高压热水冲洗器喷出的热水在猪舍表面会快速变凉,从而抵消了热水的消毒作用,与常温水消毒效果相比,实际价值有限(Clifton-Hadley 和 Enright,1984)。

毒力因子和致病机理
Virulence Factors and Pathogenesis of the Infection

关于猪链球菌毒力因子、致病机理、保护机制和动物模型的所有研究,都是用血清 2 型菌株完成的(Gottschalk 和 Segura,2000)。将猪链球菌 2 型的研究成果外推至其他血清型时要非常慎重。因为试验设计的变化,猪链球菌的致病因子的测定和保护机制的研究举步维艰。由于用于定义致病株和非致病株的参数并不一致,因此,没有统一的致病力定义(Gottschalk 等,1999a)。不同实验室研究猪链球菌所用的动物模型也不相同。用猪进行攻毒试验时,试验猪的健康状态和攻毒日龄都不一致;采用小白鼠、豚鼠、斑马鱼和悉生格丁根猪进行的攻毒试验也存在同样的问题(Kay,1991;Madsen 等,2001;Wu 等,2010)。不同的实验室采用不同的攻毒途径,不同的攻毒剂量,而且不清楚实验动物是否存在其他感染或黏膜是否受到化学刺激物的影响(Gottschalk 等,1999a;Pallares 等,2003)。因此,同一菌株的致病力在不同实验室的文献中存在显著差异(Berthelot-Herault 等,2005)。然而,猪链球菌 2 型的部分毒株具有致病力,其余毒株无毒力确实与实际情况吻合(Gottschalk 和 Segura,2000)。

猪链球菌的毒力因子非常复杂,而且还未完全弄清楚。文献中描述的潜在毒力因子也不一定就是猪链球菌的毒力因子,因为致病毒株和非致病毒株中它们都存在。或者因为无法得到基因敲除突变株而无法进行深入研究。若有兴趣了解更详细的内容,请查阅最近由 Baums 和 Valentin-Weigand(2009)所著的有关猪链球菌毒力因子的综述。

已经确认的猪链球菌最重要的毒力因子为荚

膜多糖（CPS）。最新研究表明其化学成分包括 D-Gal,3;D-Glc,1;D-GlcNAc,1;D-Neu5Ac,1 和 L-Rha,1,糖链末端连接唾液酸（van Calsteren 等,2010）。虽然 CPS 是主要的毒力因子,但绝大多数无毒力菌株的菌体也包裹了一层 CPS,这说明猪链球菌的综合致病力需要多种毒力。虽然没有有 CPS 包裹的菌株的侵袭性那么广泛,但无 CPS 包裹的菌株可能也能侵袭宿主组织（Baums 和 Valentin- Weigand,2009）。

尽管有 CPS 包裹,猪链球菌细胞壁成分也会暴力于菌体表面,从而诱导宿主产生强烈的炎性反应。肽聚糖和磷壁酸以及脂磷壁酸也是毒力因子,主要参与抵抗巨噬细胞的杀伤作用,协助细菌黏附宿主细胞,抵抗阳离子抗菌肽,或诱导更严重的炎性反应（Fittipaldi 等,2008a,b）。另外,与缺失 C 末端细胞壁分选信号蛋白分子的同源突变株相比较发现,C 末端细胞壁分选信号蛋白,包括 LPXTG 或具有类似功能片段的蛋白分子,也是重要毒力因子（Baums 和 Valentin-Weigand,2009）。血清 2 型菌株也拥有 B 群链球菌纤毛岛 2b 区截干同源片段,该片段包含 2 个基因,负责编码关键菌毛蛋白及其附属蛋白的亚基,即 srtF 基因簇（Takamatsu 等,2009）。虽然纤毛是由主要的纤毛亚基组装而成,但纤毛主要由 srtF 基因所转录表达。原因只是编码纤毛次要亚基的基因,即假定的黏附蛋白基因 5′ 末端无意义的突变（Fittipaldi 等,2010;Holden 等,2009）。其他蛋白,包括那些缺乏已知的 C-末端细胞壁分选信号的蛋白、血凝素、脂蛋白和各种蛋白酶也可以看作猪链球菌 2 型的毒力因子（Baums 和 Valentin-Weigand,2009）。由猪链球菌分泌的化学成分也算是毒力因子。在这类成分中,研究较为透彻的是溶血素（suilysin）,它对上皮细胞、内皮细胞和巨噬细胞具有毒性（Gottschalk 和 Segura,2000）。据称,2005 年在中国爆发,关于对人具有高致病性的猪链球菌 2 型毒株的其他潜在毒力因子,最近也有相关表述（Feng 等,2010;Gottschalk 等,2010b）。

尽管大部分的文献不能确证某些假定的毒力因子具有明显的毒力作用,但这些因子仍然会作为毒力标记,或用于不同菌株之间的表型比较。比如,胞壁酸酶释放蛋白（MRP）和胞外因子（EF）

（Smith 等,1997;Vecht 等,1991）,以及溶血素（Jacobs 等,1994）。虽然 MRP,EF 或溶血素的同源突变株对猪的毒性与其亲本毒株相同（Allen 等,2001;Smith 等,1997）,但欧洲和亚洲多国的病例表明,这些蛋白与菌株的毒力之间为正相关的关系（Silva 等,2006;Tarradas 等,2001;Wei 等,2009）。有趣的是,迄今为止没有报道过猪链球菌 2 型非致病菌株带有 MRP、EF 和溶血素基因。但 MRP、EF 和溶血素基因中任何一个或全部的缺失,也不一定与毒力的缺失有关。而事实是,北美的大多数致病菌株,和欧洲以及亚洲的部分致病菌株都不表达这类蛋白分子（Berthelot-Herault 等,2000;Fittipaldi 等,2009;Gottschalk 等,1998）。

猪链球菌散布到猪体各个脏器的机理还不十分清楚。不过,猪链球菌还是能够从鼻咽部散布到全身各处,偶尔引发败血症和死亡（Gottschalk 和 Segura,2000;Madsen 等,2002）。硬腭和咽扁桃体是猪链球菌侵入猪体的两个门户,随后经血液或淋巴液散播到全身组织（Madsen 等,2002）。虽然黏膜表面的猪链球菌很少,但目前还不知道猪链球菌是突破上呼吸道黏膜上皮的机理。很少有猪链球菌与上皮细胞相互作用的研究报道。各种结果表明,猪链球菌的黏附能力和侵袭力较弱（Bengal 等,2004;Lalonde 等,2000）。

猪链球菌感染机制的概述参见图 62.1。CPS 和细胞壁成分能有效阻碍巨噬细胞的吞噬作用,这能够提高猪链球菌在血流中成活的机会（Charland 等,1998;Fittipaldi 等,2008a,b;Smith 等,1999）。早期理论认为,在缺乏特异性抗体时,猪链球菌被单核细胞吞噬,并在细胞内存活,经血流转移,再通过单核细胞侵入中枢神经系统（又称为特洛伊木马学说）（Williams 和 Blakemore,1990）。后来许多实验室研究表明,猪链球菌能够通过血流（细胞外）,可能是经血液裸游或黏附于单核细胞表面进行转移（又称为特洛伊木马改良说）（Baums 和 Valentin-Weigand,2009;Gottschalk 和 Segura,2000;Segura 和 Gottschalk,2002）。此外,当血清中缺乏特异性抗体时,溶血素有助于荚膜猪链球菌抵抗巨噬细胞的杀灭作用（Benga 等,2008;Chabot-Roy 等,2006）。

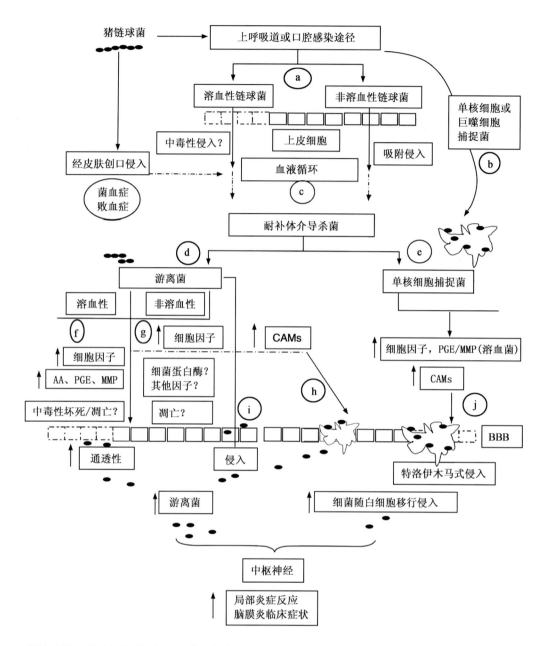

图 62.1　猪链球菌 2 型引发脑膜炎的已证实和假定的发病过程概述。

步骤 a 和 c 为链球菌定植于上呼吸道上皮细胞和进入血流的过程。

步骤 a：表明溶血性链球菌利用毒素破坏细胞，侵入机体，进入血流。而非溶血性链球菌致病机理还不清楚。

步骤 b：链球菌直接被单核细胞或巨噬细胞吞噬后，经循环细胞代入血流。但是，该过程与具有强抗吞噬力的链球菌不同。其他进入机体（人体）的途径包括皮肤擦伤和肠道内容物移位导致的口腔污染。

步骤 c：当血流中缺乏特异性抗体时，被覆完整荚膜的链球菌能够抵抗补体介导的吞噬和杀菌作用。此时，链球菌可以吸附于专业吞噬细胞表面，但是，不会被吞噬。因此，链球菌可以作为游离菌体通过血流转运至全身组织（步骤 d）。同时，也可以附着于单核细胞表面而转移（步骤 e）。而步骤 f、g、h、i 和 j 描述了猪链球菌穿过血脑屏障的可能机理。

步骤 f：游离溶血性链球菌通过分泌细胞毒性溶血素导致血脑屏障细胞坏死和诱导凋亡以及诱导血脑屏障形成细胞产生炎性细胞因子 AA、PGE 和 MMP 等方式增加了血脑屏障的通透性。

步骤 g：游离的非溶血性链球菌主要通过诱导细胞凋亡增加了血脑屏障的通透性。

步骤 h：溶血性和非溶血性猪链球菌通过诱导炎性细胞因子增加了 CAMs 和白细胞的移行，间接地为游离链球菌的侵入打开了窗口。

步骤 i：游离的溶血性和非溶血性链球菌能够直接穿过或移行侵入血脑屏障。

步骤 j：猪链球菌可以通过藏在巨噬细胞内或吸附于其表面穿过血脑屏障。其机制在于猪链球菌可以激活巨噬细胞释放 PGE 和 MMP。

CAMs：细胞吸附分子；AA：花生四烯酸；PGE：前列腺素 E；MMP：基质金属蛋白酶。

摘自 Future Microbiology（2010）5(3)，371-391

关于猪链球菌穿过血脑屏障（BBB）的机理还不完全清楚。大脑微血管内皮细胞（BMECs）和脉络丛内皮细胞（CPECs）共同构成了血脑屏障的结构基础。猪链球菌吸附或经细胞毒性侵入BMEC（Benga 等，2005；Vanier 等，2004）。猪链球菌感染导致 EPECs 细胞的死亡或凋亡后，进一步影响猪 CPEC 屏障的功能和完整性。该机制或其他机制有助于猪链球菌侵入中枢神经系统（Segura 等，2002；Tenenbaum 等，2006，2009）。

炎症反应在猪链球菌导致的败血症和脑膜炎发病机制中起着重要作用。猪链球菌细胞壁成分可以诱导鼠、人和猪细胞产生炎性细胞因子前体（Gottschalk 和 Segura，2000）。而且，猪链球菌溶血素破坏红细胞后产生的血红蛋白能够协同溶血素诱导细胞因子的产生。用猪链球菌感染小白鼠标准动物模型，Dominguez-Punaro 等（2007）发现感染后 24 h 内，随着部分实验鼠败血性休克和死亡，小白鼠产生了高滴度的数种炎性细胞因子前体和趋化因子。同样，还发现猪链球菌侵入中枢神经系统后，很快就激活了炎性细胞因子前体、趋化因子的转录活动，并诱导了引发中枢神经系统具有临床症状的炎症反应。最近的报道表明，无论猪链球菌感染人还是感染猪的病例，发病的潜伏期较短，病情发展迅速，而且死亡率更高（Feng 等，2010；Gottschalk 等，2010a，b），而且这可能的原因，部分是因为炎症反应的诱导增强的结果。

临床症状和病理变化
Clinical Signs and Lesions

即使猪群的带菌率接近 100%，在不同的时间段，本病的发生率也不同，通常低于 5%（Clifton Hadley 等，1986a）。但若不加以治疗，死亡率可达到 20%（Cloutier 等，2003）。大多数情况下，发病年龄一般为 5～10 周龄。但也有 32 周龄以上和产后几小时的仔猪发病的报道（Cloutier 等，2003；Lapointe 等，2002；MacInnes 和 Desrosiers，1999）。Reams 等（1996）发现，在美国，75% 的猪链球菌感染病例小于 16 周龄。最早出现的临床症状是直肠温度高达 42.5℃，此前无任何其他明显的异常表现，随后伴发菌血症或败血症，此时如果不及时治疗，可持续 3 周。在这一时期，可发生温度浮动的发烧和不同程度的食欲不振、精神沉郁或者交替性跛行（Clifton-Had-

ley 等，1984；MacInnes 和 Desrosiers，1999）。

发生最急性感染时，病猪可能无任何征兆突然死亡。部分病猪因为脑膜炎而出现典型的神经症状。早期神经症状包括运动失调、姿态异常，很快发展到不能站立、划动、角弓反张、惊厥和眼球震颤，双眼通常直视，结膜发红。非典型临床症状包括，由于败血症和肺炎导致的乏力和厌食，以及因为关节炎导致的跛行。猪链球菌感染的其他非常见症状有营养性瓣膜心内膜炎、鼻炎、流产和阴道炎（Sanford 和 Tilker，1982）；在北美洲，于发生心内膜炎的病猪常可分离到猪链球菌，感染猪可突然死亡或表现不同程度的呼吸困难、发绀和消瘦。

在英国，由猪链球菌 2 型菌株引起的断奶仔猪感染的主要症状是败血症和脑膜炎（Windsor 和 Elliott，1975）。在北美洲，早期报道表明猪链球菌多数分离于肺炎病例（Erickson 等，1984；Koehne 等，1979；Sanford 和 Tilker，1982）。几年后，英国的报道表明，猪链球菌主要来自于败血症、脑膜炎、多发性关节炎病例，但很少来源于肺炎病例（Heath 等，1996；MacLennan 等，1996）。与此相反的是，在北美洲，病猪的病变主要在肺部（Hogg 等，1996；Reams 等，1994，1996）。在荷兰，猪链球菌血清 2 型病例中 42% 的病猪患有肺炎，18% 的病猪患有脑膜炎，18% 的病猪患有心内膜炎，10% 的病猪患有多发性浆膜炎（Vecht 等，1985）。在一些国家，如丹麦（Perch 等，1983）、荷兰（Vecht 等，1985）、比利时（Hommez 等，1986）、芬兰（Sihvonen 等，1988）、澳大利亚（Gogolewski 等，1990）、加拿大（Higgins 和 Gottschalk，1990；等，1991a，b）和美国（Reams 等，1994）等，从支气管肺炎病例中分离到 2 型之外的其他猪链球菌。在没有其他病原的情况下，猪链球菌作为肺部病变的主要病原还存在争议（Staats 等，1997）。提前用醋酸处理实验猪后，用致病性猪链球菌菌株进行鼻内接种试验可以复制出脑膜炎和败血症，但未能引发肺炎（Pallares 等，2003）。总之，感染不同血清型的猪链球菌致病毒株后，剖检的病变相同（Reams 等，1996）。总的来说，SPF 仔猪通过静脉注射猪链球菌 9 型的菌株都可以成功复制与脑膜炎、关节炎以及浆膜炎有关的临床症状（Beineke 等，2008）。

有诊断意义的组织学病变一般仅限于肺、脑、心脏和关节（Reams 等，1984）。主要病变是中性白细胞性脑膜炎和脉络膜炎（伴随脑血管充血）、纤维素性或化脓性心外膜炎（Erickson 等 1984；Reams 等，1994，1996；Sanford 和 Tilker，1982）。也可见到脑炎、脑水肿和脑充血（Staats 等，1997）。脉络丛部位的血管丛刷状缘崩解破坏，脑室内出现纤维素性和炎性细胞渗出物（Staats 等，1997）。用免疫组织化学技术观察可发现脑膜病变处的中性粒细胞和巨噬细胞内有猪链球菌（Zheng 等，2009）。也可见到间质性肺炎，这是败血症的继发病变（Reams 等，1994）。仅有一篇文献提到了猪链球菌 2 型感染 SPF 试验猪后观察到了纤维素性胸膜炎和支气管肺炎（Berthelot-Herault 等，2001）。不同血清型的猪链球菌感染导致的组织学病变完全相同（Reams 等，1994）。罕见病例报道了出血性纤维素性肺炎和肺泡隔坏死，这说明某些菌株会引起血管相关的病变（Reams 等，1995）。关于血管相关病变的方面，有报道称溶血性菌株对内皮细胞有毒性（Charl 等，2000；Vanier 等，2004）。Sanford 还报道了出血性坏死性心肌炎、亚急性脑膜脑炎和脑膜脑脊髓炎等特殊病变（1987a，b）。

诊断
Diagnosis
发病猪群（Diseased Pigs）。一般根据临床症状、发病猪仔的年龄和剖检病变即可作出猪链球菌感染的初步诊断。若要确诊，则需要病原菌分离和镜检发现典型的组织病变。因为猪链球菌感染暴发时，可能存在多个血清型和多种菌株。因此，建议从同一猪群中的不同动物或同一动物不同组织中收集一个以上的 α 型溶血菌落进行鉴定（Higgins 和 Gottschalk，1990；Reams 等，1996）。因为导致猪群发病的链球菌菌株会随着时间的推移而变化，因此，Amass 等（1997）建议要定期从脑膜炎病猪群中采集脑脊髓液进行跟踪培养监测。尤其是考虑通过自家疫苗免疫接种控制猪链球菌病时，该方法能确保改善自家疫苗的抗原品质。用于制备自家疫苗的菌株应该来源于机体不同组织脏器，包括脑膜、脾脏、肝脏和关节。但不能使用来源于肺脏、鼻腔和扁桃体的菌株。

虽染已经研究了感染组织猪链球菌的直接检测方法，但其在猪链球菌血清型的鉴定方面的应用非常有限（Boye 等，2000）。目前已经报道了开发的快速检测猪链球菌 2 型和 1/2 型的胶体金免疫层析技术，但该技术只能用鉴定分离纯化的菌株，直接用于感染脏器中菌株的鉴定还未得到证实（Ju 等，2010）。有报道可用 PCR 技术检测猪链球菌部分血清型的菌株（Wisselink 等，2002a）。上述这些方法已经被人医临床诊断实验室采用，但却很难用于兽医常规临床诊断实践（Gott-schalk 等，2010b）。

分离得到临床菌株后，通过简单的生化鉴定试验鉴定后才能进行猪链球菌菌株的血清分型（Higgins 和 Gottschalk，1990）。Devriese 等（1991）认为仅用两种生化试验就能完成猪链球菌的生化鉴定，即淀粉酶阳性和伏-普试验阴性（3-羟基丁酮反应阴性，Voges-Proskauer 反应阴性），但该简略的鉴定方法只能用于鉴定从病死猪的上呼吸道以外的脏器中分离得到的链球菌菌株。

血清型鉴定仍然是常规诊断技术中的重要部分。虽然能用不同技术进行血清型鉴定，但多数实验室还是采用凝集试验进行血清型分析。由于绝大多数能分型的菌株属于 1～9 型和 1/2 型，因此，建议普通诊断室仅使用该类菌株的抗血清进行分析，而将难以分型的菌株送到参考实验室进行分析即可（Higgins 和 Gottschalk，1990；Hogg 等，1996）。使用协同凝集试验和荚膜反应试验进行血清型鉴定时，有些菌株可与多种分型用抗血清发生交叉反应。血清 1/2 型分离株与血清 1 型和 2 型抗血清及血清 1 型分离株与血清 14 型抗血清之间的交叉反应最显著（Gottschalk 和 Se-gura，2000；Gottschalk 等，1989）。然而，有时会发现野毒株之间的非典型特异性交叉反应（相同菌株的荚膜抗原混合物）（猪链球菌血清分型国际参考实验室；M. Gottschalk，未公开资料）。

遗传学检测技术在以下几个方面具有应用价值：区分猪链球菌的不同菌株；确立某一猪群猪链球菌的感染来源；监测疾病暴发的变化规律或选择合适的疫苗抗原菌株。常用的遗传学技术包括：限制性片段长度多态性分型、DNA 随机扩增片段多态性分析、核糖体基因分型、脉冲场凝胶电泳技术，以及多位点变异串联重复数量分析（Li 等，2010；Martinez 等，2002；Tian 等，2004）。研究表明，同一血清型或不同血清型的猪链球菌分离株之间存在遗传多样性（Blume 等，2009；Prin-civalli 等，2009）。基因指纹识别技术可用于鉴定同一猪群不同时段暴发猪链球菌感染时分离的不同菌株（Cloutier 等，2003）。同一猪群暴发猪链球菌病时，可能从同一头病死猪不同脏器或不同病死猪体内分离获得血清 2 型菌株（Marois 等，2007）。感染了非血清 2 型菌株的猪群，如血清 1/2 型菌株，其临床表现更易受到猪群固有遗传因素而非特定菌株毒力的影响（Martinez 等，2002）。总之，猪链球菌菌株间的基因的显著差异、同一猪群中存在不同的分离菌株以及在一些猪群中有些菌株占据优势地位等，说明了猪链球菌的感染是一个非常复杂的动力学过程，也就是说，猪链球菌病的流行病学非常复杂（Vela 等，2003）。从不同地区分离的猪链球菌 2 型菌株可能存在基因型差异和表型差异（Rehm 等，2007）。比如：欧洲和亚洲分离的猪链球菌血清 2 型菌株与北美洲血清 2 型菌株不同，前者带有 MRP、EF 和猪溶血素基因，而后者没有。

临床健康猪群的监测（Surveillance in Clinically Healthy Pigs）。检测扁桃体或鼻腔中的猪链球菌在临床上诊断猪链球菌感染没有实际意义。因为猪链球菌是所有猪群上呼吸道的正常菌群，而且，在同一头猪或同一猪群中的上呼吸道中存有大量无毒力或不同血清型致病菌株的链球菌混合群体（Baele 等，2001；MacInnes 等，2008）。因此，这些部位被高度污染，传统的细菌分离方法敏感性很低，很难将致病菌株分离纯化（Gottschalk 等，1999b）。如果鼻腔中某种猪链球菌的数目很高反映了猪群处于传染活跃期而非带菌状态（Cloutier 等，2003；Marois 等，2007）。由于缺乏敏感的细菌分离技术，经鼻腔或扁桃体拭子分离链球菌，可能导致某个血清型的流行强度被低估。据报道，与标准分离方法相比，用包被 2 型菌株特异抗体的免疫磁珠或 PCR 技术来筛选目标菌株可显著提高检出率（Cloutier 等，2003；Gottschalk 等，1999b；Marois 等，2007）。但是，基于检测血清 2 型菌株的荚膜多糖基因的 PCR 技术也可能同时检出血清 1/2 型菌株（Marois 等，2004；Wisselink 等，2002a）。目前也已经有了直接从扁桃体中检测 EF 和 MRP 阳性菌株的 PCR 方法（Swildens 等，2005；Wisselink 等，1999）；但部分致病菌株并没有 EF 和 MRP 这两种基因。由于与猪链球菌相似的许多种链球菌也是上呼吸道的常在菌群，因此，当从扁桃体或鼻腔中分离获得的菌株难以进行血清分型时，应当先用遗传学方法确证其是否为猪链球菌（Okwunabua 等，2003）。单独采用生化鉴定方法进行分析可能会产生错误的检测结果。从健康猪群扁桃体中分离所得菌株生化鉴定的结果为猪链球菌后，再用群特异性 PCR 方法进行核查，发现 50％以上的菌株实际上不是猪链球菌。这些非猪链球菌的细菌甚至能够与猪链球菌特异性抗血清发生反应，因此，这会让猪链球菌的鉴定工作变得更为复杂（M. Gottschalk，未公开资料）。

目前已经评估了检测猪链球菌抗体的各种血清学方法（del Campo Sepulveda 等，1996；Kataoka 等，1996）。但这些方法一般没有应用价值。对猪群中的猪链球菌优势致病株提取蛋白后，制备的菌群或菌株特异性酶联免疫检测技术，可用于母源抗体效价的评估，以确定最佳免疫时机，以及用于监测自然感染的抗体效价和免疫接种产生的抗体水平（Cloutier 等，2003；Lapointe 等，2002）。实际上，该方法作为常规手段没有任何实用价值，因为不同猪群感染的链球菌菌株存在巨大的差别，要开发一种群或菌株特异性血清学方法根本行不通。最近，有报道评价人感染猪链球菌的全菌体 ELISA 技术，但目前暂无相关评价（Smith 等，2008）。

治疗
Treatment

选择抗猪链球菌感染最有效的抗菌药物时必须考虑如下几个方面：细菌的敏感性、感染类型和给药途径。最小抑菌浓度的测定表明，大多数分离的菌株对青霉素中度敏感，但对阿莫西林、氨苄西林敏感率在 90％左右（Dee 和 Corey，1993；Shryock 等，1992）。欧洲 6 国的数据分析表明，所有养猪国家的猪链球菌菌株对四环素（48.0％～92.0％）和红霉素（29.1％～75.0％）高度耐药。而不同国家的菌株对环丙沙星和青霉素的抗药性不同（Hendriksen 等，2008）。英国、法国和荷兰的分离菌株对青霉素敏感，而波兰和葡萄牙的菌株对青霉素的抗药性分别为 8.1％和 13％，对头孢喹肟的耐药性分别为 12.6％和 79％。另一项 7 国的调查表明，猪链球菌分离株对头孢噻呋、氟苯尼考、环丙沙星、青霉素没有产生耐药性，仅有少数菌株对庆大霉素（1.3％）、壮观霉素（3.6％）

和甲氧苄啶/磺胺甲噁唑(6.0%)存在耐药性,而大多数菌株对四环素(75.1%)耐药(Wisselink等,2006)。从敏感性和抗微生物性的血清型特定模式存在着地域差异性(Hendriksen 等,2008;Marie 等,2002;Vela 等,2005)。MacInnes 和 Desrosiers(1999)认为,氨苄西林、头孢噻呋、庆大霉素、泰妙菌素和甲氧苄啶磺胺复合物是最有效的注射用抗菌药。但是,选择抗菌药物治疗发病猪群,应该充分了解当地的流行菌株的血清型及其耐药谱(Dee 和 Corey,1993)。

目前,提高仔猪成活率的最好方法就是及时发现链球性脑膜炎早期症状,立即选用适当抗菌素对感染猪进行非肠道途径治疗(Amass 等,1997)。早期脑膜炎病猪很难发现,每天需检查猪群 2～3 次。感染猪早期神经症状包括耳朵朝后、眼睛斜视、犬坐姿势,一旦出现以上表现,建议尽快选用敏感抗菌药,或配合消炎药进行注射治疗,降低猪群的病死淘汰率(Amass 等,1997)。猪群暴发猪链球菌后,每天应巡场 2～3 次,以便及时发现新病例并予以有效治疗。对处于隔离期的早期断奶仔猪发生急性猪链球菌脑膜炎时,肌注青霉素和地塞米松即可获得良好疗效(Clark,1995)。在急性发作期,肌注抗生素的疗效较差。只要出现病猪或病死猪,建议对同圈的所有猪仔进行用药治疗(MacInnes 和 Desrosiers,1999)。也可以通过饮水给药或拌料投药进行治疗,但治疗要尽快进行,而且无论采用哪种方式投药治疗,都需持续用药 5 d 以上(Denicourt 和 Le Coz,2000)。

预防
Prevention

减少发病诱因(Reduction of Predisposing Factors)。 对于高密度规模化养猪企业来说,猪链球菌是一种重要致病菌。除菌株的毒力外,影响猪链球菌疫情发展的诸多因素还包括,猪群的免疫状况、感染猪群与非感染猪群的混群、合并感染、免疫抑制、猪舍环境条件和饲养管理技术、菌株致病力的强弱及环境和管理的质量。消除以上各种不良因素的干扰,有助于预防猪群感染致病菌株。

拥挤、通风不良、温差变化过大以及日龄差达 2 周龄以上的猪群混养,都是导致易感猪群发生猪链球菌病的重要应激因素(Dee 和 Corey,1993)。全进全出的管理方法有助于减少疾病的

发生。将大猪舍改成小猪舍,有助于降低温差变化和减少猪群日龄差别。此外,清洗不同日龄段猪群的猪舍可以减少猪舍内微生物的聚集和改进猪群健康状况、提高日平均增重和饲料转化率(Dee 和 Corey,1993)。

混合感染其他病毒会增加猪群对猪链球菌的易感性和潜在的组织损伤。有效控制该类病毒的感染,可以降低猪链球菌病的危害。急性感染北美致病性猪繁殖与呼吸障碍综合征病毒(PRRSV)可以明显增加猪群对猪链球菌的易感性(Galian 等,1994;Thanawongnuwech 等,2000)。同样,Feng 等(2001)明确证实子宫感染 PRRSV 可使仔猪对血清 2 型猪链球菌更易感且更易发病。混合感染伪狂犬病毒会加重猪链球菌血清 2 型感染的临床症状(Iglesias 等,1992)。

抗菌药物预防治疗(Antimicrobial Preventive Medication)。 通过抗菌药物预防性治疗猪链球菌感染必须考虑几个问题:生物利用率、给药途径(经料或饮水)、猪仔之间的争斗(抢料和水)和药物在血清中的有效杀菌浓度等(Amass 等,1997;del Castillo 等,1995)。普鲁卡因青霉素 G 经口服给药可达到一定的血液循环浓度,但用相同剂量的苯氧甲基青霉素可获得较高的血浆浓度。Del Castillo 等(1995)证明:在所有青霉素类制剂中,只有青霉素 V 通过饮水给药于禁食的仔猪,才能达到杀灭猪链球菌的血浆浓度。尽管如此,Byra 等(2011)报道,通过饮水投放青霉素 G 钾盐可以有效降低猪链球菌感染导致的死亡数量。

阿莫西林也是一种可以选用的抗生素。它能够迅速达到高血浆浓度,充分扩散到细胞间隙,且多数猪链球菌菌株都对其敏感(Denicourt 和 Le Coz,2000)。其他研究表明,使用氨苄西林和青霉素 G 不能明显减少猪链球菌与 PRRSV 的混合感染的发病率(Halbur 等,2000;Schmitt 等,2001)。用头孢噻呋治疗是唯一可以显著降低死亡率、肺部肉眼病变程度以及猪链球菌在尸检组织中复苏率的方法。

免疫(Immunization)。 无论是使用预防猪链球菌病的商品疫苗还是自家疫苗,免疫后的结果都互相矛盾(Halbur 等,2000;Reams 等,1996;Torremorell 等,1997;Wisselink 等,2001,2002b)。免疫失败的原因有如下几种:由于加热或福尔马林灭活导致细菌保护性抗原的降解或抗

原性的丢失(Holt 等,1990a);疫苗刺激猪产生了的抗体并非是针对毒力因子的(Holt 等,1988);带有荚膜的细菌免疫原性弱(del Campo Sepulveda 等,1996);部分病例说明,用灭活疫苗能够获得较好的血清 2 型菌株同源性保护(Baums 等,2009),但却都不能产生非同源性菌株,如血清 9 型菌株的攻毒保护(Baums 等,2009)。大多数免疫攻毒研究都是用仔猪完成的,母猪和青年母猪免疫后有一定的保护效果(Amass 等,2000;Swildens 等,2007;Torremorell 等,1997)。

感染仔猪的发病时间通常为 6～10 周龄,若存在母源抗体的干扰,应在 3～4 周龄进行第一次免疫接种并接种两头份的灭活疫苗。Lapointe 等(2002)发现,2～4 周龄的仔猪在有针对血清 1/2 型菌株较低的母源抗体效价时,产生的免疫反应比较高母源抗体效价的仔猪要好。另外,疫苗佐剂的作用也非常重要。Wisselink 等(2001)的研究表明油包水佐剂比氢氧化铝佐剂的疫苗效果更好。

对猪链球菌 2 型攻毒的保护力可以进行被动传递,这说明体液免疫在猪链球菌病的预防中非常重要(Andresen 和 Tegtmeier,2001;Holt 等,1988)。Wisselink 等(2002b)证明,在对同源毒株攻击时的完全保护中,必须有针对 CPSs 和其他菌体成分的抗体。荚膜的抗原性以及荚膜抗体在免疫保护方面的作用仍然存在争议。无论是用猪完成的实验,还是自然感染猪链球菌 2 型的猪,都只能产生较低效价的抗荚膜多糖抗体(del Campo Sepulveda 等,1996)。相似的实验结果有,Andresen 和 Tegtmeier(2001)用猪链球菌 2 型全菌体免疫马 40 周后,发现 2 匹马中的一匹几乎检测不到荚膜抗体。Baums 等(2009)的研究证实,用菌体灭活疫苗免疫获得的血清型特异性保护力是因为存在针对荚膜多糖抗原以外的调理性抗体。

亚单位疫苗的保护作用也存在争议。早期研究结果表明血清 2 型菌体的不同蛋白都能产生较好的免疫保护作用(Holt 等,1990b)。类似的报告有,用 MRP 和 EF 蛋白免疫后能够抵抗猪链球菌 2 型致病毒株的攻击(Wisselink 等,2001)。而 Kock 等(2009)的实验结果与其不同,即使产生了高效价的 MRP 和 EF 抗体,也不能抵抗同源或异源性菌株的攻击。后来的实验也确认,MRP 亚单位疫苗配合其他抗原也不能刺激猪产生免疫保护(Baums 等,2009)。Jacobs 等(1996)报告,猪链球菌溶血素免疫后能够完全抵抗猪链球菌感染,而非 MRP 和 EF 中的富含物。相反,用链球菌溶血素阳性非致病活菌株免疫后,尽管能够产生高效价溶血素中和抗体,但与空白非免疫对照猪相比,并不能抵抗同源或异源性毒株的攻击(Kock 等,2009)。这些结果之间的差别,可能是由于实验时所使用的菌株不同,而且不是所有致病性猪链球菌菌株都存在 MRP、EF 和猪链球菌溶血素(Berthelot-Herault 等,2000;Fittipaldi 等,2009;Gottschalk 等,1998)。

最近,Baums 和 Valentin-Weigand(2009)就猪链球菌亚单位苗候选蛋白进行了综述。相同蛋白的免疫效果频繁出现不一致的结果,如 1 型表面蛋白(SAO)或 α-烯醇酶。该综述认为,免疫效果不一致的原因在于验证疫苗效果的实验条件不同。最近还对其他候选亚单位疫苗进行了评价(Chen 等,2010;zhang 等,2009)。猪链球菌疫苗免疫的攻毒研究需要谨慎分析。有的研究使用了商业上严格禁止的弗氏完全佐剂。其他研究声称其疫苗的免疫力能保护小白鼠抵抗经静脉注射或腹腔内注射 10^9 CFU 攻毒量,也就是说,疫苗免疫诱导的保护力可以超过任何其他方法刺激动物产生的免疫保护力(Chen 等,2010;Tan 等,2009)。由其他研究团队用不同的研究方法和不同菌株来完成研究,所以还需要清晰地确认特制的亚单位疫苗是用于保护猪链球菌感染的。由于疫苗菌株和血清型不同,故需要多种蛋白的混合物才能达到合理的免疫保护效果。迄今为止,市场上还没有单一成分的亚单位疫苗销售。

由于康复动物能够抵抗再次感染,因此,通过试验发现,口服低剂量致病性猪链球菌可以刺激猪产生较好的抵抗力,尽管试验菌存在残留毒性(Schmitt 等,2001)。同样,给猪接种活的无致病性的猪链球菌 2 型后,试验猪获得了中等保护力(Busque 等,1997;Holt 等,1988)。无毒力活菌诱导猪产生的抵抗力与致病性活菌诱导的抵抗力相似,可能是由于无毒力活菌的重要抗原与毒力因子不同(Gottschalk 和 Segura,2000)。也有试验表明,用无荚膜突变活菌不能刺激试验猪产生免疫保护力(Fittipaldi 等,2007;Wisselink 等,2002b),可能是试验菌被巨噬细胞快速清除了。鼻内接种一种缺失猪链球菌血清混浊因子(OFS,猪链球菌的一种主要致病因子。Baums 和 Valentin-Weigand,2009)而富含荚膜的无毒力突变株,能够诱导猪产生针对猪链球菌不同抗原的特异性抗体,如 MRP、EF 和猪链球菌溶血素的抗体。但是,仍然不能抵抗血清 2 型和 9 型菌株的攻击(Kock 等,2009)。

由于猪链球菌全身性致病菌株很少在母猪和后备母猪的上呼吸道定植,而且也不会在哺乳仔猪定植,因此,诱导仔猪鼻腔定植本场全身性致病菌株,可以作为预防猪链球菌病的一种手段(Oliveira 等,2001;Torremorell 等,1999)。这些研究说明,用本场全身感染性猪链球菌直接接种 5 日龄仔猪,比仔猪通过与带菌母猪鼻对鼻接触感染猪链球菌,能更有效地降低猪群的发病率和死亡率低(Oliveira 等,2001)。

根除
Eradication

目前根除猪链球菌病的尝试仅限于血清 2 型菌株。因为猪链球菌定植很早,因此,早期断奶时给药效果不明显。通过剖腹产手术可以从带菌母猪群中产下无猪链球菌的猪仔。据 Clifton-Hadley 等(1986b)报道,只有全群淘汰后,重新引进清洁猪才能保证本病的根除。对多数猪群而言,这种措施是不经济的。即使将带菌猪全群淘汰,还需要严格的生物安全措施来维护,包括啮齿类动物和苍蝇的消灭,以阻止猪链球菌的重复感染(Amass 等,1997)。最近,Mills(1996)报道了从携带致病性猪链球菌 2 型菌株的后备母猪群中建立疫病最少纯种猪群的措施;但是,Amass 等(1996)并不推荐使用该措施。与此相反的,Amass 等强调通过加强管理和优化环境,同时对临床发病猪给予有效的治疗,来控制和减少链球菌病的死亡率。据称,通过接种菌体灭活疫苗和配合使用药物治疗,可以消除母猪扁桃体上的猪链球菌,从而保证妊娠母猪不会带菌(Swildens 等,2007)。但是,在推广该方法之前,一定要先确认有效。Byra 等(2011)报告称,经饮水投给青霉素 G 钾盐能有效降低猪链球菌感染所造成的死亡和猪扁桃体上链球菌的载菌量。

考虑到清除猪链球菌的成本和失败的风险以及维持无菌猪群的难度和缺乏监测猪群状态的手段,那么,直接开发控制该病的方法比根除该病更加可行。

β-溶血性链球菌感染
INFECTIONS CAUSED BYBETA-HEMOLYTIC STREPTOCOCCI

猪链球菌
Streptococcus Porcinus

为了统一 E、P、U 和 V 血清群的链球菌,Collins 等于 1984 年提出了猪链球菌这一专业术语,并形成了独立的 DNA-DNA 同源性菌群。除了血清学差异外,猪链球菌拥有鉴别该菌群的独特表型。经 rRNA 测序表明,猪链球菌与其他 β-溶血性链球菌更接近,如 A 群、B 群和 C 群(Facklam 等,1995)。

在美国,猪链球菌 E 群与育肥猪传染性疾病密切相关,如链球菌淋巴腺炎、下颌脓肿或颈部脓肿。通过直接接触脓疱渗出物或感染性粪便,或其污染的饮水和饲料而感染猪链球菌。该群链球菌突破喉头或扁桃体黏膜后侵入淋巴,转移至头颈部淋巴结形成脓肿(Wessman,1986)。在 20 世纪 60 年代,该病导致了美国的重大损失。此后,随着其发病率的下降,该病也变得不再重要。在其他国家,因为从猪脓肿中分离得该菌的比例较低,故该病并无太大经济学价值(Wessman,1986)。西班牙曾报道,50 头断奶仔猪中的 80% 暴发了下颌骨和咽后淋巴结脓肿(Real 等,1992)。用抗菌素治疗脓肿病猪或清除带菌者效果一般不太理想。也有该菌抵抗四环素的报道(Facklam 等,1995;Lammler 和 Bahr,1996)。虽然该病可用疫苗控制,但因为流行面太窄,故尚未得到广泛应用。

猪链球菌可从病愈猪的扁桃体、咽喉、鼻腔等处检出。偶尔也能从母猪产道、公猪精液和包皮中检出该菌。该菌的感染也常常继发于肺炎、肠炎、脑炎和关节炎(Wessman,1986)。

除了 E 群,Hommez 等(1991)还从猪肺脏、生殖器官以及大脑中分离到了猪链球菌 P 群、U 群和 V 群,但并未发现其导致的相关的组织学病变。猪链球菌 P 群和 V 群还与猪流产有关(Lammler 和 Bahr,1996;Plagemann,1998)。最后提一下,还有从妇女泌尿生殖道中检出猪链球菌。但是,后来发现这类菌属于伪猪链球菌新种(Bekal 等,2006)。

日本 Katsumi 等(1997)从 1.6% 伴有心内膜炎病变的屠宰猪中发现了猪链球菌。在 1998 年,他们又从屠宰猪病变中检出 170 株 β 溶血链球菌,其中,22.4% 属于猪链球菌,3.0% 属于 E 群,3.0% 属于 P 群,8.2% 属于 U 群,还有 8.2% 不能定型(Katsumi 等,1998)。

停乳链球菌类马亚种

Streptococcus dysgalactiae subsp. equisimilis

在 1984 年,Farrow 和 Collins 应用 DNA-DNA 杂交技术、DNA 碱基组成和生化试验,证明了停乳链球菌(S. dysgalactiae)、类马链球菌(S. equisimilis)和革兰氏 C 群、G 群和 L 群链球菌为同一种属。1996 年,Vandamme 等建议将源于动物的菌株命名为停乳链球菌停乳链球菌亚种,源于人的菌株命名为停乳链球菌类马链球菌亚种。但在 1998 年,Vieira 等根据多位点酶切电泳分型技术和基因组 DNA 相关性,建议对这些病原进行新的分类:将兰氏 C 群的 α 型溶血和不溶血菌株命名为停乳链球菌停乳链球菌亚种;将属于 C 群、G 群和 L 群的 β 型溶血链球菌命名为停乳链球菌马链球菌亚种。

猪的停乳链球菌类马亚种均为 β 型溶血链球菌。虽然这些细菌都属于正常菌群,但它们被认为是导致猪病变最重要的 β 型溶血链球菌,且通过尸体剖检被确认为重要的病原菌(Hommez 等,1991)。停乳链球菌 C 群通常存在于鼻咽分泌物、扁桃体及阴道和包皮分泌物中(Jones,1976)。产后母猪的阴道分泌物和乳汁是仔猪的最危险的传染来源(Woods 和 Ross,1977)。链球菌通过皮肤伤口、脐带和扁桃体进入血液,随后导致菌血症或败血症,然后细菌定居在一种或多种组织中,引起关节炎、心内膜炎或脑膜炎。仔猪摄入初乳或母乳不足或母源抗体水平不够(尤其是头胎母猪)时,仔猪容易感染本病(Windsor,1978)。

感染通常发生在 1～3 周龄的仔猪。最显著、最持久的临床症状是关节肿胀和跛行。也可观察到体温升高、倦怠无力、被毛粗乱、食欲减退等症状。早期病变为关节周围水肿、滑膜肿胀充血及关节液混浊。发病后的 15～30 d 可见关节软骨坏死,而且越来越严重。也可发生关节周围组织纤维化、多位点脓肿及滑膜绒毛肥大。Hill 等(1996)报道,在发生跛行的猪最大为 12 周龄,造成关节炎的致病菌从强到弱依次排列:停乳链球菌类马亚种(26.3%)、猪葡萄球菌(24.6%)、化脓隐秘杆菌(13.2%)、金黄色葡萄球菌(7.9%)和副猪嗜血杆菌(7.9%)。因关节炎而被淘汰的猪多在 6 周龄以下(Hill 等,1996)。Hommez 等(1991)报道,可频繁地从发生败血症、关节炎和瓣膜性心内膜炎的猪体内分离到停乳链球菌。1997 年,Katsumi 等报道,15.2% 的屠宰猪存在心内膜炎,并从心内膜炎病变中分离到停乳链球菌。同时,从 25.7% 的屠宰猪中检出猪链球菌。1998 年,Katsumi 等报道,在 7 年期间,从日本屠宰猪上分离到的 β-溶血链球菌中,有 77.6% 属于停乳链球菌。其中,45.8% 属于兰氏 C 群,25.3% 属于 L 群,6.5% 属于 G 群。

在确认仔猪接触了停乳链球菌后,应采取有效的预防措施。让仔猪充分摄取母乳以获得母源抗体(Zoric 等,2004)。避免哺乳区地面的磨损以减少蹄部和腿部的挫伤。β-溶血链球菌对 β 内酰胺类抗生素敏感。长效抗菌素更有效,应在进行性炎症之前使用抗菌素(Sanford 和 Higgins,1992)。目前还没有关于 C 群或 L 群链球菌免疫接种的报道。据报道,对母猪进行产前免疫自家疫苗,可降低仔猪关节炎的发生率(Woods 和 Ross,1977)。

其他链球菌
OTHER STREPTOCOCCI

马链球菌兽疫亚种(兽疫链球菌)属于兰氏 C 群链球菌,可导致多种哺乳动物的呼吸道疾病。在欧洲和美国,兽疫链球菌主要导致马驹呼吸道感染和母马流产。但在中国,兽疫链球菌是猪的主要病原。1975 年夏天,中国西部出现了猪链球菌病的大面积流行并造成了严重的经济损失,经病原鉴定发现为兽医链球菌(Feng 和 Hu,1977)。从 20 世纪 90 年代至今,该病一直呈地方流行或散发,威胁着中国的养猪企业(Mao 等,2008)。

2002 年和 2003 年,分别从两头患有肺炎和败血症病猪的肺脏和肾脏分离出了两株链球菌。虽然分离这两株链球菌的动物来自西班牙不同省份、不同农场的不同动物,但经鉴定,它们属于一个多器官链球菌新种(Vela 等,2009)。此后,又发现一种可以导致肺炎和心包炎的链球菌新种,名为类猪链球菌(Vela 等,2010)。到目前为止,还没有关于这两种新菌的分布区域和致病力的背景资料。

仔猪肠球菌性肠炎

ENTERITIS ASSOCIATED WITH ENTERO-COCCI IN PIGLETS

肠球菌是肠道正常菌群的一部分,其中部分菌株能够高密度定植于小肠黏膜表面。不过,报道该菌导致动物患病的文献很少。有的肠球菌能够特征性地吸附于幼龄猪小肠肠细胞顶端表面,并能导致不同种类动物的腹泻(Vancanneyt 等,2001)。已报道的本菌导致的仔猪腹泻病例一般介于 2~20 日龄。且大多数病例呈散发(Drole 等,1990;Johnson 等,1983),仅有一例报道(Cheon 和 Chae,1996)。分类学表明,大多数肠球菌属于粪肠球菌群,主要分属于耐久肠球菌和空肠肠球菌两类。

与黏附性肠球菌相关的肠道疾病的致病机理目前还不清楚。菌体可能借助伞毛状突起物完成了黏附(Tzipori 等,1984),腹泻与肠毒素的产生或黏膜损伤无关(Cheon 和 Chae,1996)。因为肠球菌对一些抗菌素有天然的抵抗力,所以在治疗前应进行药敏试验。目前,因缺乏感染该菌的临床和流行病学的相关知识,因此还难以制定有效的预防措施。

(尹晓敏译,周洋校)

参考文献
REFERENCES

Allen AG, Bolitho S, Lindsay H, et al. 2001. Infect Immun 69:2732–2735.

Amass S, San Miguel P, Clark L. 1997. J Clin Microbiol 35:1595–1959.

Amass S, Stevenson G, Vyverberg B, et al. 2000. Swine Health Prod 8:217–219.

Amass S, Wu C, Clark LK. 1996. J Vet Diagn Invest 8:64–67.

Andresen L, Tegtmeier C. 2001. Vet Microbiol 81:331–344.

Baele M, Chiers K, Devriese L, et al. 2001. J Appl Microbiol 91:997–1003.

Baums C, Kock C, Beineke A, et al. 2009. Clin Vaccine Immunol 16:200–208.

Baums C, Valentin-Weigand P. 2009. Anim Health Res Rev 10:65–83.

Baums C, Verkühlen G, Rehm T, et al. 2007. Appl Environ Microbiol 73:711–717.

Beineke A, Bennecke K, Neis C, et al. 2008. Vet Microbiol 128:423–430.

Bekal S, Gaudreau C, Laurence R, et al. 2006. J Clin Microbiol 44:2584–2586.

Benga L, Friedl P, Valentin-Weigand P. 2005. J Vet Med B Infect Dis Vet Public Health 52:392–395.

Benga L, Fulde M, Neis C, et al. 2008. Vet Microbiol 132:211–219.

Benga L, Goethe R, Rohde M, Valentin-Weigand P. 2004. Cell Microbiol 6:867–881.

Berthelot-Hérault F, Gottschalk M, Labbe A, et al. 2001. Vet Microbiol 82:69–80.

Berthelot-Hérault F, Gottschalk M, Morvan H, Kobisch M. 2005. Can J Vet Res 69:236–240.

Berthelot-Hérault F, Morvan H, Kéribin AM, et al. 2000. Vet Res 31:473–479.

Blume V, Luque I, Vela A, et al. 2009. Int Microbiol 12:161–166.

Boye M, Feenstra A, Tegtmeier C, et al. 2000. J Vet Diagn Invest 12:224–232.

Busque P, Higgins R, Caya F, Quessy S. 1997. Can J Vet Res 61:275–279.

Byra P, Cox W, Gottschalk M, et al. 2011. Can Vet J 52:272–276.

Chabot-Roy G, Willson P, Segura M, et al. 2006. Microb Pathog 41:21–32.

Charland N, Harel J, Kobisch M, et al. 1998. Microbiology 144:325–332.

Chen B, Zhang A, Li R, et al. 2010. FEMS Microbiol Lett 307:12–18 [Epub ahead of print].

Chen C, Tang J, Dong W, et al. 2007. PLoS One 2:e315.

Cheon D, Chae C. 1996. J Vet Diagn Invest 8:123–124.

Cheung P, Lo K, Cheung T, et al. 2008. Int J Food Microbiol 127:316–320.

Clark L. 1995. SEW: Program, problems, performances, potential profits and methods of implementation for various herd sizes. In Proc 36th George A. Young Swine Conf, pp. 1–14.

Clifton-Hadley F, Alexander T, Enright M. 1986a. Diagnosis of Streptococcus suis infection in pigs. In Proc Intl Congr Pig Vet Soc, pp. 27–34.

———. 1986b. The epidemiology, diagnosis, treatment and control of Streptococcus suis type 2 infection. In Proc Am Assoc Swine Pract, pp. 473–491.

Clifton-Hadley F, Alexander T, Enright M, Guise J. 1984. Vet Rec 115:562–564.

Clifton-Hadley F, Enright M. 1984. Vet Rec 114:585–587.

Clifton-Hadley F, Enright M, Alexander T. 1986c. Vet Rec 118:275.

Cloutier G, D'Allaire S, Martinez G, et al. 2003. Vet Microbiol 97:135–151.

Collins M, Farrow J, Katic V, Kandler O. 1984. Syst Appl Microbiol 5:402–413.

Dee S, Corey MM. 1993. Swine Health Prod 1:17–20.

del Campo Sepúlveda E, Altman E, Kobisch M, et al. 1996. Vet Microbiol 52:113–125.

del Castillo J, Martineau GP, Messier S, Higgins R. 1995. The use of pharmacokinetics to implement penicillin prophylaxis for streptococcal diseases. In Proc Allen D. Leman Swine Conf, pp. 93–96.

Denicourt M, Le Coz P. 2000. Treatment. In GP Martineau, ed. Streptococcus suis 2000 Update: Nine Strategic and Practical Steps to Quickly Understand Streptococcus suis Infection and Disease. Carros, France: VIRBAC, pp. 18–19.

Devriese L, Ceyssens K, Hommez J, et al. 1991. Vet Microbiol 26:141–150.

Devriese L, Haesebrouck F, De Herdt P, et al. 1994a. Avian Pathol 23:721–724.

Devriese L, Hommez J, Pot B, Haesebrouck F. 1994b. J Appl Bacteriol 77:31–36.

Devriese L, Kilpper-Balz A, Schleifer K. 1988. Int J Syst Bacteriol 38:440–441.

Devriese L, Pot B, Vandamme P, et al. 1997. Int J Syst Bacteriol 47:1073–1077.

Domínguez-Punaro M, Segura M, Plante M, Lacouture S, et al. 2007. J Immunol 179:1842–1854.

Drole R, Higgins R, Jacques M. 1990. Méd Vét Qué 20:114–115.

Enright M, Alexander T, Clifton-Hadley FA. 1987. Vet Rec 121:132–133.

Erickson E, Doster A, Pokorny T. 1984. J Am Med Vet Assoc 185:666–668.

Facklam R, Elliott J, Pigott N, Franklin A. 1995. J Clin Microbiol 33:385–388.

Farrow J, Collins M. 1984. Syst Appl Microbiol 5:483–493.

Feng W, Laster S, Tompkins M, et al. 2001. J Virol 75: 4889–4895.

Feng Y, Zhang H, Ma Y, Gao G. 2010. Trends Microbiol 18: 124–131.

Feng Z, Hu J. 1977. Outbreak of swine streptococcosis and identification of pathogen. Anim Husbandry Vet Med Lett 2:7–12.

Field H, Buntain D, Done J. 1954. Vet Rec 66:453–455.

Fittipaldi N, Fuller T, Teel J, et al. 2009. Vet Microbiol 139: 310–317.

Fittipaldi N, Harel J, D'Amours B, et al. 2007. Vaccine 25: 3524–3535.

Fittipaldi N, Sekizaki T, Takamatsu D, et al. 2008a. Mol Microbiol 70:1120–1135.

Fittipaldi N, Sekizaki T, Takamatsu D, et al. 2008b. Infect Immun 76:3587–3594.

Fittipaldi N, Takamatsu D, de la Cruz Domínguez-Punaro M, et al. 2010. PLoS One 5:e8426.

Galina L, Pijoan C, Sitjar M, et al. 1994. Vet Rec 134:60–64.

Gogolewski R, Cook R, O'Connell C. 1990. Aust Vet J 67: 202–204.

Gottschalk M, Higgins R, Jacques M, et al. 1989. J Clin Microbiol 27:2633–2635.

Gottschalk M, Higgins R, Jacques M, et al. 1991. J Clin Microbiol 29:2590–2594.

Gottschalk M, Higgins R, Quessy S. 1999a. J Clin Microbiol 37:4202–4203.

Gottschalk M, Lacouture S, Odierno L. 1999b. J Clin Microbiol 37:2877–2881.

Gottschalk M, Lebrun A, Wisselink H, et al. 1998. Can J Vet Res 62:75–79.

Gottschalk M, Segura M. 2000. Vet Microbiol 76:259–272.

Gottschalk M, Surprenant CH, Lecours MP, et al. 2010a. A highly virulent *Streptococcus suis* serotype 33 strain as a cause of acute sepsis in pigs. In Proc Congr Intl Pig Vet Soc, p.832.

Gottschalk M, Xu J, Calzas C, Segura M. 2010b. Future Microbiol 5:371–391.

Halbur P, Thanawongnuwech R, Brown G, et al. 2000. J Clin Microbiol 38:1156–1160.

Heath P, Hunt B. 2001. Vet Rec 148:207–208.

Heath P, Hunt B, Duff J, Wilkinson J. 1996. Vet Rec 139: 450–451.

Hendriksen R, Mevius D, Schroeter A, et al. 2008. Acta Vet Scand 50:19.

Higgins R, Gottschalk M. 1990. J Vet Diagn Invest 2:249–252.

Higgins R, Gottschalk M, Boudreau M, et al. 1995. J Vet Diagn Invest 7:405–406.

Higgins R, Gottschalk M, Fecteau G, et al. 1990. Can Vet J 31:529.

Hill B, Corney B, Wagner T. 1996. Aust Vet J 73:179–181.

Hill J, Gottschalk M, Brousseau R, et al. 2005. Vet Microbiol 107:63–69.

Hogg A, Amass S, Hoffman L, et al. 1996. A survey of *Streptococcus suis* isolations by serotype and tissue of origin. In Proc Am Assoc Swine Pract, pp. 79–81.

Holden M, Hauser H, Sanders M, et al. 2009. PLoS One 4:e6072.

Holt M, Enright M, Alexander T. 1988. Res Vet Sci 45:345–352.

———. 1990a. Res Vet Sci 48:23–27.

———. 1990b. J Comp Pathol 103:85–94.

Hommez J, Devriese L, Castryck F, Miry C. 1991. J Vet Med B 38:441–444.

Hommez J, Devriese L, Henrichsen J, Castryck F. 1986. Vet Microbiol 11:349–355.

Iglesias J, Trujano M, Xu J. 1992. Am J Vet Res 53:364–367.

Jacobs A, Loeffen P, van den Berg A, Storm P. 1994. Infect Immun 62:1742–1748.

Jacobs A, van den Berg A, Loeffen P. 1996. Vet Rec 139:225–228.

Jansen E, Van Dorssen C. 1951. Tijdschr Diergeneeskd 76: 815–832.

Johnson D, Duimstra J, Gates C, McAdaragh J. 1983. Streptococcal colonization of pig intestine. In Proc Vet Infect Dis Org, pp. 292–298.

Jones J. 1976. Br Vet J 132:276–283.

Ju Y, Hao H, Xiong G, et al. 2010. Vet Immunol Immunopathol 133:207–211.

Kataoka Y, Yamashita T, Sunaga S, et al. 1996. J Vet Med Sci 58:369–372.

Katsumi M, Kataoka Y, Takahashi T, et al. 1997. J Vet Med Sci 59:75–78.

Katsumi M, Kataoka Y, Takahashi T, et al. 1998. J Vet Med Sci 60:129–131.

Kay R. 1991. Neuropathol Appl Neurobiol 17:485–493.

Kilpper-Balz R, Schleifer K. 1987. Int J Syst Bacteriol 37:160–162.

Kock C, Beineke A, Seitz M, et al. 2009. Vet Immunol Immunopathol 132:135–145.

Koehne G, Maddux R, Cornell WD. 1979. Am J Vet Res 40:1640–1641.

Lalonde M, Segura M, Lacouture S, Gottschalk M. 2000. Microbiology 146:1913–1921.

Lämmler C, Bahr K. 1996. Med Sci Res 24:177–178.

Lapointe L, D'Allaire S, Lebrun A, et al. 2002. Can J Vet Res 66:8–14.

Li W, Ye C, Jing H, et al. 2010. Microbiol Immunol 54:380–288.

Luey C, Chu Y, Cheung T, et al. 2007. J Microbiol Methods 68:648–650.

Luque I, Blume V, Borge C, et al. 2010. Vet J 186:396–398 [Epub ahead of print].

MacInnes J, Desrosiers R. 1999. Can J Vet Res 63:83–89.

MacInnes J, Gottschalk M, Lone A, et al. 2008. Can J Vet Res 72:242–248.

MacLennan M, Foster G, Dick K, et al. 1996. Vet Rec 139: 423–424.

Madsen L, Svensmark B, Elvestad K, et al. 2002. J Comp Pathol 126:57–65.

Madsen LW, Aalbaek B, Nielsen OL, Jensen HE. 2001. A new model. APMIS 109:412–418.

Mao Y, Fan H, Lu C. 2008. FEMS Microbiol Lett 286:103–109.

Marie J, Morvan H, Berthelot-Hérault F, et al. 2002. J Antimicrob Chemother 50:201–209.

Marois C, Bougeard S, Gottschalk M, Kobisch M. 2004. J Clin Microbiol 42:3169–3175.

Marois C, Le Devendec L, Gottschalk M, Kobisch M. 2006. Can J Vet Res 70:94–104.

———. 2007. Can J Vet Res 71:14–22.

Martinez G, Harel J, Gottschalk M. 2002. Can J Vet Res 66:240–248.

Messier S, Lacouture S, Gottschalk M. 2008. Can Vet J 49: 461–462.

Mills G. 1996. Ir Vet J 49:674–677.

Monter Flores J, Higgins R, D'Allaire S, et al. 1993. Can Vet J 34:170–171.

Okwunabua O, O'Connor M, Shull E. 2003. FEMS Microbiol Lett 218:79–84.

Oliveira S, Batista L, Torremorell M, Pijoan C. 2001. Can J Vet Res 65:161–167.

Pallarés F, Halbur P, Schmitt C, et al. 2003. Can J Vet Res 67:225–228.

Perch B, Pedersen K, Henrichsen J. 1983. J Clin Microbiol 17:993–996.

Plagemann O. 1988. Zentrbl Vet B 35:770–772.

Princivalli M, Palmieri C, Magi G, et al. 2009. Euro Surveill 14(33):pii: 19310.

Real F, Ferrer O, Rodriguez J. 1992. Vet Rec 131:151–152.

Reams R, Glickman L, Harrington D, et al. 1994. J Vet Diagn Invest 6:326–334.

Reams R, Harrington D, Glickman L, et al. 1995. J Vet Diagn Invest 7:406–408.

Reams R, Harrington D, Glickman L, et al. 1996. J Vet Diagn Invest 8:119–121.

Rehm T, Baums C, Strommenger B, et al. 2007. J Med Microbiol 56:102–109.

Robertson I, Blackmore D, Hampson D, Fu Z. 1991. Epidemiol Infect 107:119–126.

Robertson I, Blackmore DK. 1989. Epidemiol Infect 103:157–164.

Sanford SE. 1987a. Can J Vet Res 51:481–485.

———. 1987b. Can J Vet Res 51:486–489.

Sanford SE, Tilker A. 1982. J Am Med Vet Assoc 181:673–676.

Schmitt C, Halbur P, Roth J, et al. 2001. Vet Microbiol 78:29–37.

Segura M, Gottschalk M. 2002. Infect Immun 70:4312–4322.

Segura M, Vadeboncoeur N, Gottschalk M. 2002. Clin Exp Immunol 127:243–254.

Shryock T, Mortensen J, Rhoads S. 1992. Curr Ther Res 52:419–424.

Sihvonen L, Kurl D, Henrichsen J. 1988. Acta Vet Scand 29:9–13.

Silva L, Baums C, Wisselink H, et al. 2006. Vet Microbiol 115:117–127.

Smith H, Damman M, van der Velde J, et al. 1999. Infect Immun 67:1750–1756.

Smith H, Wisselink H, Stockhofe-Zurwieden N, et al. 1997. Adv Exp Med Biol 418:651–655.

Smith T, Capuano A, Boese B, et al. 2008. Emerg Infect Dis 14:1925–1927.

Staats J, Feder I, Okwumabua O, Chengappa M. 1997. Vet Res Commun 21:381–407.

Swildens B, Nielen M, Wisselink H, et al. 2007. Vet Rec 160:619–621.

Swildens B, Wisselink H, Engel B, et al. 2005. Vet Microbiol 109:223–228.

Takada K, Hirasawa M. 2007. Int J Syst Evol Microbiol 57:1272–1275.

Takada K, Igarashi M, Yamaguchi Y, Hirasawa M. 2008. Microbiol Immunol 52:64–68.

Takamatsu D, Nishino H, Ishiji T, et al. 2009. Vet Microbiol 138:132–139.

Tan C, Liu M, Liu J, et al. 2009. FEMS Microbiol Lett 296:78–83.

Tang J, Wang C, Yang W, et al. 2006. PLoS Med 3:e151.

Tarradas C, Borge C, Arenas A, et al. 2001. Vet Rec 148:183–184.

Tenenbaum T, Essmann F, Adam R, et al. 2006. Brain Res 1100:1–12.

Tenenbaum T, Papandreou T, Gellrich D, et al. 2009. Cell Microbiol 11:323–336.

Thanawongnuwech R, Brown G, Halbur P, et al. 2000. Vet Pathol 37:143–152.

Tian Y, Aarestrup F, Lu CP. 2004. Vet Microbiol 103:55–62.

Torremorell M, Pijoan C, Dee S. 1999. Can J Vet Res 63:269–275.

Torremorell M, Pijoan C, Trigo E. 1997. Swine Health Prod 5:139–143.

Tzipori S, Hayes J, Sims L, Withers M. 1984. J Infect Dis 150:589–593.

van Calsteren MR, Gagnon F, Lacouture S, et al. 2010. Biochem Cell Biol 88:513–525.

Vancanneyt M, Snauwaert C, Cleenwenk I, et al. 2001. Int J Syst Evol Microbiol 51:393–400.

Vandamme P, Pot B, Falsen E, Devriese L. 1996. Int J Syst Bacteriol 46:774–781.

Vanier G, Segura M, Friedl P, et al. 2004. Infect Immun 72:1441–1449.

Vecht U, van Leengoed L, Verheijen E. 1985. Vet Q 7:315–321.

Vecht U, Wisselink H, Jellema M, Smith H. 1991. Infect Immun 59:3156–3162.

Vela A, Casamayor A, Sánchez Del Rey V, et al. 2009. Int J Syst Evol Microbiol 59:504–508.

Vela A, Goyache J, Tarradas C, et al. 2003. J Clin Microbiol 41:2498–2502.

Vela A, Moreno M, Cebolla J, et al. 2005. Vet Microbiol 105:143–147.

Vela A, Perez M, Zamora L, et al. 2010. Int J Syst Evol Microbiol 60:104–108.

Vieira V, Teixeira L, Zahner V, et al. 1998. Int J Syst Bacteriol 48:1231–1243.

Wei Z, Li R, Zhang A, et al. 2009. Vet Microbiol 137:196–201.

Wertheim H, Nghia H, Taylor W, Schultsz C. 2009. Clin Infect Dis 48:617–625.

Wessman G. 1986. Vet Microbiol 12:297–328.

Williams A, Blakemore W. 1990. J Infect Dis 162:474–481.

Windsor R. 1978. Vet Annu 18:134–143.

Windsor RS, Elliott SD. 1975. J Hyg 75:69–78.

Wisselink H, Joosten J, Smith H. 2002a. J Clin Microbiol 40:2922–2929.

Wisselink H, Reek F, Vecht U, et al. 1999. Vet Microbiol 67:143–157.

Wisselink H, Smith H, Stockhofe-Zurwieden N, et al. 2000. Vet Microbiol 74:237–248.

Wisselink H, Stockhofe-Zurwieden N, Hilgers L, Smith H. 2002b. Vet Microbiol 84:155–168.

Wisselink H, Vecht U, Stockhofe-Zurwieden N, Smith H. 2001. Vet Rec 148:473–477.

Wisselink H, Veldman K, Van den Eede C, et al. 2006. Vet Microbiol 113:73–82.

Woods R, Ross RF. 1977. Am J Vet Res 38:33–36.

Wu Z, Zhang W, Lu Y, Lu C. 2010. Microb Pathog 48:178–187.

Ye C, Zhu X, Jing H, et al. 2006. Emerg Infect Dis 12:1203–1208.

Zhang A, Chen B, Li R, et al. 2009. Vaccine 27:5209–5213.

Zheng P, Zhao YX, Zhang AD, et al. 2009. Vet Pathol 46:531–535.

Zoric M, Nilsson E, Lundeheim N, Wallgren P. 2009. Acta Vet Scand 51:23.

Zoric M, Sjölund M, Persson M, et al. 2004. J Vet Med B Infect Dis Vet Public Health 51:278–284.

63 结核病
Tuberculosis
Charles O. Thoen

背景
RELEVANCE

在世界范围内,结核病给养猪业带来了巨大的经济损失。虽然在许多发达国家,牛结核病几乎已经被根除,但在肉品检验中,依然有在猪颈部、肠系膜淋巴结见到结核病变的报道。结核病猪胴体的处理费用相当昂贵,因此可造成巨大的经济损失。美国农业部(USDA)肉品和家禽检验条例要求,具有一个以上原发结核病灶(如颈和肠系膜淋巴结)的猪胴体的未感染部分,在食用

前,需经过 170°F(76.7℃)高温处理 30 min(National Archives 和 Records Services,1973)。加热处理的酮体的价值仅仅只有未加热胴体的20%~25%,在机械化的加工厂中处理过程中是没有必要加热的,这些部分的酮体被废弃,没有任何价值。

目前,还没有采取过消灭猪结核病的直接措施。在美国,1917 年开始采取的消灭牛结核病的措施,曾一度导致使猪结核病下降。自 1922 年屠宰中发现猪结核病变比例达到峰值后,以后结核病变猪的百分比逐年降低(表 63.1)。

表 63.1 美国猪结核病的流行情况(官方屠宰场检疫结果)

年份	屠宰数	结核病百分数[a]	销毁百分数[b]
1912	34 966 378	4.69	0.12
1917	40 210 847	9.89	0.19
1922	34 416 439	16.38	0.20
1927	42 650 443	13.54	0.14
1932	45 852 422	11.38	0.08
1937	36 226 309	9.48	0.08
1942	50 133 871	7.96	0.026
1947	47 073 370	8.50	0.023
1952	63 823 263	4.40	0.015
1956	66 781 940	4.76	0.010
1962	67 109 539	2.25	0.008

猪病学,第 10 版,由 Jeffrey J. Zimmerman,Locke A. Karriker,Alejandro Ramirez,Kent J. Schwartz,Gregory W. Stevenson 主编。

© 2012 John Wiley & Sons,Inc. 由 John Wiley & Sons,Inc. 2012 年出版。

续表 63.1

年份	屠宰数	结核病百分数[a]	销毁百分数[b]
1968	72 325 507	1.35	0.005
1972	83 126 396	0.85	0.007
1978	71 805 911	0.75	0.006
1983	79 992 743	0.41	0.003
1989	82 110 688	0.67	0.002
1995	94 490 329	0.21	0.003
2004[c]	102 707 038	0.036 4	0.001
2008[c]	115 949 655	0.017 8	0.001 8

来源:USDA(1922,1973,1979,1984,1990,1996)和 Feldman(1963)手机的数据。

[a] 包括所有结核病猪,病变程度从颈部小淋巴结到全身感染不等。

[b] 包括结核全身感染的所有病猪。

[c] 来源于 USDA Food Safety Inspection Service (FSIS)电子设备跟踪系统显示的动物。

病因学
ETIOLOGY

猪对禽分枝杆菌复合群(*M. avium* complex)、结核分枝杆菌复合群(*Mycobacterium tuberculosis* complex)和其他种属结核分枝杆菌都敏感(Thoen 等,1975)。在美国,常可以从猪结核病灶中分离到血清型为 1、2、4 和 8 禽分枝杆菌(Mitchell 等,1975)。在美国(Thoen 等,1975)以及其他国家,如澳大利亚(Tammemagi 和 Simmons,1971)、巴西(Pestanade Castro 等,1978)、匈牙利(Szabo 等,1975)、日本(Nishimori 等,1995;Yugi 等,1972)、南非(Kleeberg 和 Nel,1973)和捷克斯洛伐克共和国(Matlova 等,2004),从猪中已分离出至少 20 个其他血清型的禽分枝杆菌。这些报道表明,在世界范围内广泛分布有禽分枝杆菌引起的猪结核病。从禽分枝杆菌和胞内分枝杆菌(*M. intracellulare*)的相似性来看,建议将后者归类为禽分枝杆菌的一种血清型(Dvorska 等,2002;Wolinsky 和 Schaefer,1973)。

分子技术包括应用插入序列 IS1245 限制性片段多肽性(RFLP)、在 PCR 基础上的散点-变量随机序列分析(MIRU-VNTR)和血清型研究显示:鉴定猪群中分离禽的分枝杆菌是可信的((Domingos 等,2009;Komijn 等,1999;Pavlik 等,2000;Radomski 等,2010;Thorensen 和 Saxegaard,1993;Van Soolingen 等,1998)。禽分枝杆菌血清型 1 和 2 主要引起鸟类发病,也见于人和猪,而在人和猪体内发现血清型 4～6 和 8～11 型禽分枝杆菌。分子生物学证据支持人/猪感染的禽分枝杆菌血清型就是人类自身的禽分枝杆菌的观点(Bruijnesteijn van Coppenraet 等,2008;Mijs 等,2002)。

在美国,由于加强鸡群饲养管理,禽结核病发病率下降,很大程度上降低了猪结核病的流行(表 63.1)。因此,改善家禽饲养制度将有利于猪结核病的控制,但也会因养禽业的改变受到继发效应。然而,在封闭饲养的大猪群中,已发现禽分枝杆菌血清型 4、6 和 8 感染病例,这种情况有时与以被禽分枝杆菌污染的锯末和草灰作仔猪的垫料有关(Dalchow 和 Nassal,1979;Matlova 等,2005;Songer 等,1980)。

公共卫生
PUBLIC HEALTH

禽型结核分枝杆菌复合群,特别是禽结核分枝杆菌能够引起艾滋病患者、少数器官移植和其他的免疫缺陷患者发生传染性疾病或肺炎(Primm 等,2004)。也是导致慢性阻塞性肺炎、囊性纤维化和其他退行性肺脏疾病患者发生肺炎的病因(Parrish 等,2008)。此外,近年来禽结核分枝杆菌也成为导致儿童淋巴结炎的病因(Bruijnesteijn van Coppenraet 等,2008;Primm 等,2004;Wolinsky,1995)。除免疫缺陷和慢性肺炎易感外,人类感染禽结核分枝杆菌的风险未知。众所周知,自来水氯处理可以为结核分枝杆菌特别是禽结核分枝杆菌生物膜增殖提供良好环境（Vaerewijck 等，2005）。迄今为止，没有资料显示因接触感染猪或猪肉能够增加人类的感染风险。

流行病学
EPIDEMIOLOGY

　　猪一般不做结核菌素试验，所以猪结核病的流行情况和地域分布方面的信息唯一来源是肉品检验记录。基于这些数据，美国猪结核病的感染率在 1922 年前一直呈增长趋势（表 63.1）。在 1922 年期间，16.38% 的屠宰猪在检疫时发现有结核病灶；其中 0.2% 由于存在广泛的全身病灶而被彻底销毁。1922 年以后发病率显著下降；2004 年和 2008 年流行率分别降低到 0.036 4% 和 0.017 8%，全身感染率只有 0.001% 和 0.001 8%。

　　结核病的肉品检验主要依据眼观病变的诊断（图 63.1），有一定数量的结核病感染病例由于无眼观病变而被漏检，所以，源于肉品检验记录的猪结核病流行病学调查资料与实际感染病例间存在一定的误差。已经从眼观上正常猪群的扁桃体（Feldman 和 Karlson，1940）和淋巴结（Langenegger 和 Langenegger，1981）上分离到了禽结核分枝杆菌。

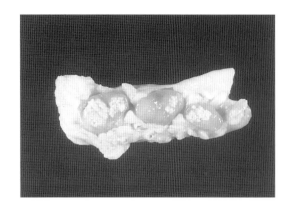

图 63.1　屠宰场肠系膜淋巴结结核病变。

　　在美国和加拿大，从屠宰场收集疑似猪结核病淋巴结进行细菌学检查结果发现：有一定比例的淋巴结分离不到结核杆菌（表 63.2）。澳大利亚（Clapp，1956）、丹麦（Plum，1946；Jorgensen 等，1972）、英格兰（Cochin，1943）、芬兰（Vasenius，1956）、法国（La Font 等，1968）和德国（Dalchow 和 Nassal，1979；Retlaff，1966）的研究者也做了相似的观察。从有明显眼观结核病变的病灶中分离不到结核杆菌的原因，可能是由于其病变是由结核杆菌以外的一些微生物（如马棒状杆菌）引起的（Komijn 等，2007；参见第 64 章）。

表 63.2　根据北美从猪的结核性淋巴结中分离出结核杆菌报告的资料摘要

分离者	日期[a]	猪来源	样品	结核杆菌的型/%			
				禽型	哺乳动物型	混合型	未获分离者[b]
Van Es	1925b	内布拉斯加州	248	74.6	4.4	5.6	15.4
Van Es 和 Martin	1925b	密歇根州	14	92.9	无	7.1	无
Mitchell 等	1934b	加拿大	96	38.5	无	无	61.5
Feldman	1938b	明尼苏达州东南部	30[c]	80.0	6.6（牛）	无	13.3
Feldman	1939b	明尼苏达州	75[d]	46.6	16.0（人）	无	37.3
Feldman 和 Karlson	1940b	明尼苏达州	89	61.8	无	无	38.2
Pullin	1946b	加拿大东部	232	44.8	0.9（牛）	无	54.3
Bankier	1946b	加拿大亚伯达州	102	88.0	1.0（牛）	无	11.0
Karlson 和 Thoen	1971b	明尼苏达州	6	72.0	无	无	28.0
Thoen 等	1975b	美国	2036	76.0	＜1.0	＜1.0	22.0
Pritchard 等	1977b	爱达荷州	31	80.0	无	无	无
Cole 等	1978b	乔治亚州	112	53.6	无	无	46.4
Margolis 等	1994b	宾夕法尼亚州	125	70	无	无	26

注：样品在官方监督下从屠宰场采取。

[a] 几篇文章表明在发表前该项工作已进行了 1～2 年。

[b] 没有进行结核菌培养和动物实验。

[c] 结核病敏感病例，样本包括有肺脏、肝脏和脾脏。

[d] 垃圾猪。

感染源
Sources of Infection

猪对人型结核分枝杆菌、牛型结核分枝杆菌和禽分枝杆菌各种血清型均易感。因此,猪结核病的发生在一定程度上与患结核病的牛、人和禽或者环境中的微生物直接或间接接触的机会有关。

在那些采取扑杀措施后牛结核病得到控制的地区,牛型结核分枝杆菌一般不引起猪的结核病。例如,美国和加拿大,在猪的病料中罕见牛型结核分枝杆菌(表63.2)。1952—1955年,在英国猪的牛型结核随着牛结核病的消灭而随之显著降低。Lesslie等历经10年研究发现,禽型结核的发病率从前5年的44%升高到5年后的92%(Lesslie等,1968)。然而,偶尔在猪体内发现牛型结核分枝杆菌预示着牛结核病仍是一种长期存在的威胁。

在牛发生结核病的地区,猪可能会由于饲喂了未经消毒的牛奶和奶副产品而被感染。结核病牛的粪便可能含有活的结核杆菌,这对猪、牛同圈饲养的地方非常危险。

用屠宰场的内脏或未煮熟的下脚料喂猪明显是不明智的,因为其中可能含有来自牛胴体的结核杆菌的污染。Fichandler和Osborne(1966)报道过康涅狄克州的一个猪群由于饲喂了处理不适当的结核病牛下水而流行结核病的例子。在丹麦,也有系列有关猪场由于饲喂家禽屠宰场处理不当的下脚料而引发猪群禽结核病暴发的报道(Biering Sorensen,1959)。在猪结核病灶中偶尔也分离到人型结核分枝杆菌,患有活动性肺结核的病人不应与猪或其他动物有任何接触。

用未处理的下脚料喂猪是猪感染结核病的一种潜在的传播途径。Feldman(1939)报道,264头喂下脚料的猪中屠宰后发现有75头(28.4%)有结核病灶,其中47头分离到结核杆菌(35头为禽型,12头为人型)。因此认为,下脚料可能含有处理不适当的结核鸡内脏和结核病人污染的材料。

猪自然感染禽分枝杆菌病例中感染禽结核后病变的发生主要仅局限在颈和肠系膜淋巴结处,这表明禽结核主要是通过消化道感染。Janetsch-ke(1963)发现,1 000个有结核病灶的胴体中有97.3%的含有消化道原发病灶;而从气管淋巴结的病变来看,只有2.7%的是通过呼吸道感染的。

Schalk等(1935)发现,在两年前曾饲养过结核病鸡的场地上养猪时,猪可能感染结核病。4年后,仍可在一个鸡栏的土壤废弃物中发现活的和有致病性的结核杆菌。Schalk及其同事认为,被结核病鸡粪便污染的土壤是猪结核病最重要的感染源。由于养殖场土壤仍是污染过的,仅靠结核菌素试验和淘汰阳性反应猪来控制猪结核病是不能成功的。他们建议,理想的控制禽结核病的方法是:在干净的场地上饲养雏禽,并有计划地处理1岁以上的所有家禽。

Schliesser和Weber(1973)研究了禽分枝杆菌在锯末中的存活时间。在64~72°F(18~22℃),两株强毒可存活153~160 d,两株弱毒可存活169~214 d。当污染的锯末放在37℃的条件下,细菌的存活时间大大缩短。

野生鸟类可能是猪禽结核病的另一个感染源。在一个没有养过家禽8年的农场里,发现野鸟感染结核病,猪的结核发病率也很高(Bickford等,1966)。已经在各种野生鸟类中发现有禽分枝杆菌而引起的结核病,其中有些野生鸟常被笼养(Thoen,1977)。

猪在活动场和圈内的密切接触为结核病在猪间传播提供了机会(Alfredsen和Skjerve,1933)。肠道病灶的发生使猪粪便中的结核杆菌得以传播。Feldman和Karlson(1940)、Pullar和Rush-ford(1954)证明,猪扁桃体中存在禽分枝杆菌。后来的几位学者认为这种情况可能是其他动物的一个感染源。Smith(1958)发现,7%的猪,5%的绵羊和5%的牛正常淋巴结中存在禽分枝杆菌,但在正常的成年鸡体内未发现。因此,他认为:牲畜通过相互接触,或者接触了结核病禽而感染禽结核病。

结核病猪的肺、子宫和乳腺都是其他动物的感染源。Jorgensen等(1972)报道了一例由禽分枝杆菌引起的猪肺结核大流行的病例。Lesslie和Birn(1967)发现在18头奶牛的乳腺和乳汁中含有禽分枝杆菌,这类牛很可能就是猪禽型结核病的一个感染源。Bille和Larsen(1973)报道:由禽分枝杆菌可引起猪的先天性感染,这表明已感染的怀孕母猪可能在疾病传播过程中起着重要的作用。最近,已经从流产的猪胎儿中分离到了禽结核分枝杆菌亚种 *hominissuis*(Wellenberg 等,2010)。

在锯末作垫料的养殖场,已从猪的病灶和锯屑中同时分离到禽分枝杆菌血清型 4 和 8 型。有报道显示,对禽和牛结核菌素呈阳性反应的公猪,已被证明接触过分离到禽分枝杆菌与其他不产色分支杆菌(nonphotochromogenic mycobacteria)的锯末(Fodstad,1977)。Schliesser 和 Weber(1973)发现,锯末中禽分枝杆菌可存活 214 d 之久。在匈牙利,Szabo 等(1975)发现,用锯末作小猪垫料时,猪结核性淋巴腺炎的发病率较高;停止用锯末作垫料时,则这些病变的发病率明显下降。Dalchow 和 Nassal(1979)报道,在锯末中发现禽分枝杆菌的血清型与在猪中发现的相同。这些学者还发现,在存放 4 年后的锯末中仍含有传染性的分枝杆菌病。Songer 等(1980)调查了亚利桑那州的猪群,并至少在一个猪群中发现感染源是锯末和刨花。捷克斯洛伐克的研究表明:禽分枝杆菌血清型 8 型可能通过成年苍蝇传播疾病(Fischer 等,2001)。

致病机理
PATHOGENESIS

猪结核病的发生取决于结核杆菌在宿主组织内增殖及其诱导免疫应答的能力。虽然抗酸杆菌进入体内后,首先遇到颗粒性白细胞和体液成分的作用,但活化的单核巨噬细胞在机体抗分枝杆菌的保护反应中具有更加重要的作用(Olsen 等,2010)。

禽分枝杆菌产生渐进性疾病的能力可能与其细胞壁中存在的某些复合性脂质成分有关,如位于细胞膜表面的糖肽脂质(以前称为复合分支糖苷脂的物质)(Rastogi 和 Barrow,1994)。然而,显然这些成分单独或共同的对吞噬溶酶体融合的作用并不能解释其毒力的强弱。有资料表明,强毒结核杆菌释放的一种毒性脂质和因子可引起吞噬体的崩解,干扰吞噬溶酶体的形成,改变溶酶体内水解酶的释放,如/或抑制溶解酶释放到细胞浆空泡中(Thoen 和 Barletta,2006)。某些血清型的禽分枝杆菌对巨噬细胞的杀伤机制是敏感的;然而,猪感染强毒结核杆菌后,体内单核巨噬细胞中活性氮中间体和氧基的重要性有待进一步阐明(Thoen 等,2009)。虽然分枝杆菌使猪产生疾病的机制还不十分清楚,但仔猪的实验性研究结果表明,接种禽分枝杆菌复合群血清型 8 之后 7 d,淋巴结单核巨噬细胞内的非特异性酯酶活性升高(Momotani 等,1980)。接种后 14 d,可在肠系膜与颌下淋巴结以及肠黏膜内观察到不同发展阶段的肉芽肿。其他的研究还表明,在接触禽分枝杆菌或牛型结核分支杆菌后 14～28 d,出现致敏淋巴细胞和可检测到的分枝杆菌抗体(Muscoplat 等,1975;Thoen 等,1979a)。

临床症状
CLINICAL SIGNS

一般情况下,在没有临床症状时,结核病病变仅表现在消化道一些淋巴结的小的局部性病灶。结核感染范围较大时,可能会呈现传染病的一些特征,而缺少结核病临床诊断的特异性病变。

病理变化
LESIONS

Pallaske(1931)、Feldman(1938a)、Francis(1958)和 Kramer(1962)都曾对猪结核病的病理剖检做过详尽的描述。如在屠宰场所见,猪结核性病变通常局限在颈部和肠系膜淋巴结,病灶大小不等,从较小的、黄白色干酪样、直径仅数毫米的病灶到整个淋巴结的弥漫性肿大均可见到(图 63.1),这种病变可局限于一组淋巴结,也可能波及整个消化道许多淋巴结。

要从眼观上区分由禽分枝杆菌复合群与结核杆菌复合群引起的结核性淋巴腺炎较为困难,但总的来说,两者各有其一些不同的特征。禽分枝杆菌感染病例的淋巴结可能肿大,但无分散性脓灶,或存在一个或多个边缘不清晰的软的干酪样区域,很少发生钙化。病灶切面呈赘生物样外观,上有几个干酪样病灶。虽可能有弥漫性纤维渗出,但几乎没有形成包囊的倾向。可能出现相对较大面积的干酪样变,有的偶尔波及整个淋巴结,禽分枝杆菌引起的病灶一般不易形成核。相比而言,由结核杆菌或牛结核分枝杆菌引起的感染病灶往往能形成较好的包囊,且易于周围组织剥离。此外,通常也有明显的钙化,有的病灶形成明显的弥漫性干酪样变。上述所描述的这些区别并非是绝对的,结合病猪的淋巴结外观往往有很大变化。

Clapp(1956)用细菌学方法检查了被肉品检验定为结核的 420 个淋巴结(多位颌下淋巴结),结果发现淋巴结外观和病原间有着某些联系。不易形成核、大的、干燥的和整个淋巴结都处于钙化过程中的局部病灶往往是由禽分枝杆菌引起的;而较大的包囊化脓肿、不清晰的斑状和条状病灶以易核化的病变通常都不是由结核杆菌属引起的。被检验的 420 个样品中,只有 5 个来自全身性结核的病猪,并且都与牛结核和禽结核有关。

镜检表明,禽分枝杆菌引起猪组织的特征变化是上皮样细胞和巨细胞的弥漫性增生,可能有些坏死和钙化(特别在旧的病变),但钙化不显著,在母猪和屠宰猪中也可见到相似的病变(Thoen等,1976b)。该过程常常伴有结缔组织成分的增生。由哺乳动物结核杆菌引起的病变,往往被结缔组织包绕形成清晰的包囊(图 63.2),另外,常发生早期干酪样变和明显钙化(Karlson 和 Thoen,1971)。但是,不可能用组织病理学的方法明确鉴别结核分枝杆菌复合群和禽分枝杆菌复合群所引起病变的不同(Himes 等,1983)。

猪的全身性结核病变通常不常见。在大多数情况下,是由牛型结核分枝杆菌引起,但也可见于禽分枝杆菌的感染(Feldman,1938b;Jorgensen 等,1972)。全身性结核病的范围和特征是不同的,从一些器官出现小的病灶,到肝、脾、肺、肾和许多淋巴结发生广泛的结核结节均可见到。禽分枝杆菌引起的全身性病变通常表现为弥漫性,切面通常光滑,没有形成明显纤维化包囊的倾向,有的发生干酪样变,但钙化不明显。然而,由结核分枝杆菌感染而引起的病变往往是分散的、干酪样的,并形成纤维化包囊,钙化较明显。

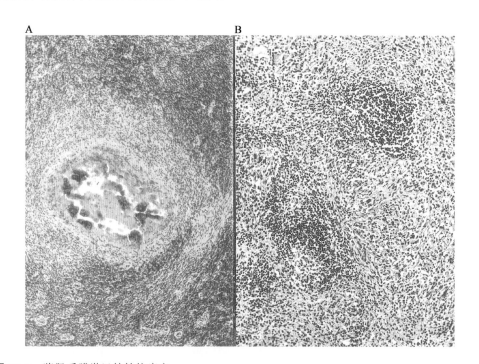

图 63.2　猪肠系膜淋巴结结核病变

(A)哺乳动物结核分枝杆菌感染。牛或人结核病灶外周纤维化、坏死和钙化[苏木苏-伊红染色(H & E)× 40]。

(B) 禽结核分枝杆菌感染。小坏死灶周围细胞浸润(H & E × 95)。

非结核分枝杆菌性病变
Bacteria Other Than Tubercle Bacilli

从许多国家的猪和其他动物中已分离到各种非结核性分枝杆菌,但这些报道很少,且均为散发病例(Schliesser,1976)。发现堪萨斯分枝杆菌(M. kansasii)、蟾分枝杆菌(M. xenopi)或偶发分枝杆菌(M. fortuitum)的意义还不清楚,但弄清楚动物和人的感染是否同源是很重要的（Thoen和Williams，1994）。从猪中分离到龟分枝杆菌（M.chelonei）具有潜在的重要性，因为已从用猪的材料制成的修复性心瓣膜中分离到这种菌（Thoen和Himes，1977）。

在挪威，从猪的肠系淋巴结病灶和与一个副结核病牛群密切接触的正常猪都已分离到副结核分枝杆菌（Ringdal，1963）。美国从一头屠宰猪中也分离到了该菌（Thoen等，1975b）。Jorge nsen（1969）和Larsen等（1971）发现，猪可以口服感染副结核分枝杆菌。从美国东南部屠宰猪的组织中已分离到蟾分枝杆菌（M.xenopi）（Jarnagin等，1971）。另一个较少见的是从3头猪的淋巴节中分离到田鼠分枝杆菌（M.microti）（Huitema和Jaartsveld，1967）。

必须提及的是由马红球菌（R.equi）引起的局部性病变不论从眼观上还是从组织学上，均难与结核病变相区分（Feldman等，1940；Goodfellow等，1982）。在挪威，已从98例猪结核肉芽肿病灶中分离到了44例含有马红球菌（44.9％）（Komiji等，2007）；Holth和Amundsen（1936）报道，162例结核病猪的淋巴结中只有103例分离到结核分枝杆菌（对97株做了分型实验，其中80株为禽型，16株为人型，1株为牛型），其余59例淋巴肿，得到38株含有不同抗酸性的"球杆菌"，但这种抗酸性不稳定，传代培养后即丢失。这种微生物存在于患猪局部结核样病灶中，斯堪的纳维亚的其他研究者也证实了这一结论。Ottosen（1945）也证明马红球菌在猪圈的土壤中比在其他地方更易出现。在丹麦，Plum（1946）研究了大量的结核病猪的淋巴结，认为检查者在屠宰厂进行结核病和马红球菌感染的鉴别是困难的。Barton和Hughes（1980）记录了32份关于猪感染马红球菌的报道。在所有从猪体内分离出的马红球菌均表达一种20 ku抗原片段，有2/5的从猪中分离出的质粒与从人分离出的是相同的，由此可见，人类感染的马红球菌可能来源于猪或猪舍（Takai等，1996）。同样也有一报道称已从猪的肠系膜淋巴结结核病灶中分离出马红球菌（Rhodococcus sputi）（Tsukamura等，1988）。

诊断
DIAGNOSIS

猪结核通常无法进行临床诊断。大多数病例无临床症状或呈现非特异性的委靡。肉芽肿性淋巴结炎病变是结核病初步诊断的特征，但并非特异性病变，因为局灶性结核病变和马红球菌及其他细菌引起的病灶非常相似（在前面已经讨论过），慢性结核性肉芽肿与寄生虫结节或肿瘤赘生物从大体观察上难以区别，而且仅依靠渗出液或病灶中细菌抗酸染色检测，往往易出现误诊。有学者报道，在猪淋巴结的坏死性材料涂片上马红球菌也是抗酸的（Ottosen，1945）。从猪体内已分离到非结核性的其他抗酸性微生物（Brandes，1961；Karlson和Feldman，1940）。对于抗酸染色的微生物，大体和显微病变仅仅是预测性诊断，但是如果需要确切诊断需要进行分枝杆菌的培养以及铜通过生化和血清学实验或/和分子技术检测鉴别结核分枝杆菌的种类（Thoen等，2009）。

在猪禽分枝杆菌感染的抗体可用ELISA方法检测（Thoen等，1979；Wisselink等，2010）。在实验性感染猪和自然发病猪中均以观察到ELISA阳性反应，这是一种能够自动化的，具有推广应用价值的快速检测方法。

对一个猪群而言，采用结核菌素试验诊断猪结核病是一种非常有效的方法。通常在耳和阴门上进行皮内结核菌素试验。许多研究者已发现，有些结核病猪可能对皮内结核菌素试验无反应。因此，应在已将阳性反应猪淘汰的猪群内反复进行试验，确定阳性病例并及时淘汰。

因为猪对禽型分枝杆菌复合群和结核杆菌复合群都易感，所以可应用禽型和牛型结核分枝杆菌纯化蛋白合适比例进行联合检测（Thoen和Karlsin，1970）。Fichandler和Osborne（1966）报道，在一次猪广泛暴发牛型结核病的过程中，猪对哺乳动物型结核菌素的反应是耳朵出现红斑和肿大，但对禽型结核菌素反应微轻。

Feldman（1938a）推荐了一种方法，即将0.2 mL 25％的老结核菌素（Old Tuberculin）注入耳背根稍上方的皮内，24 h内出现阳性反应，即注射处有直径可达3 cm、红色扁平的肿胀，48 h内反应最强，这时红斑和肿胀更明显，中央部位出血,并可能发生溃疡。McDiarmid(1956)介绍了一种不需保定动物的猪结核菌素的试验方法,即当猪在饲槽中采食时,用只有 3.5 mm 长的针头将 0.1 mL 结核菌素注入耳与颈连接处的右直角皮肤,使用短针头可确保大部分结核菌素都会被注入皮内。在 48 h 内记录反应结果,阳性反应的变化是从水肿到发炎,伴有紫斑和坏死。根据 Paterson(1949)的方法,McDiarmid 应用了 Weybridge 纯化蛋白衍生物(Weybridge purified protein derivative;PPD),其中哺乳型结核菌素蛋白含量为 3 mg/mL,禽结核菌素蛋白含量为 0.8 mg/mL。

Lesslie 等(1968)应用 Weybridge PPD,检验一个已知患有结核病猪群的 84 头白猪。禽结核菌素的注射量为 0.1 mL,内含 2 500 个结核菌素单位(TU),哺乳动物结核菌素注射量也为 0.1 mL,内含 10 000 个结核菌素单位。两者同时注射,部位取两侧耳根部;记录 48~72 h 的反应,如出现水肿或红斑者则判为阳性反应。猪人工感染禽分枝杆菌血清型 4 和 8 后,对美国农业部禽型老结核菌素和由禽结核杆菌血清型 1 制成的 PPD 均产生较好的反应(Thoen 等,1976a)。

在猪耳根部表面进行 PPD 皮内注射是一种可取的结核菌素试验方法,注射部位应在 48 h 内观察是否有硬化或肿胀。

预防和控制
PREVENTION AND CONTROL

应尽量避免使用刨花、锯末和泥炭作为垫料,避免野生鸟类污染饲料和水;从屠宰或尸检 3 年以上无结核病的封闭群中购买后备母猪和/或公猪。来源不明的猪群应隔离饲养,在 2~6 月时用 5 000TU 禽结核分枝杆菌结核菌素进行皮下检疫。清除反应阳性病例并进行剖检,从分枝杆菌检疫阳性的病例中收集消化道淋巴结样本进行结核分枝杆菌的生物学检测。

猪及其他动物结核病的扑灭依赖于一种经济而特异的检查动物感染的方法。前面描述的结核菌素检疫间隔时间在 60~90 d,并且要及时清除反应阳性病例。对比结核菌素检疫应用的是禽型和牛型结核分枝杆菌纯化蛋白生物学上的平衡检疫猪群中牛型或人型结核杆菌感染。血清学实验(如 ELISA)常用于确定猪群中结核病,但在确定

动物 MAC 早期感染中敏感性不够。但是,对于结核菌素皮下检疫失败的潜伏感染的病猪有一定的诊断价值。

采取适当的措施清除或消毒结核病污染的环境。MAC 可能会在土壤、建筑物或饲养设备中存在相当长一段时间;因此,2~3 周重复消毒是非常必要的。在存在结核病蔓延和扩散的畜群中减少畜群密度是唯一能够有效清除禽结核分枝杆菌复合群感染的途径。

(郝俊峰译,刘春法校)

参考文献
REFERENCES

Alfredsen S, Skjerve E. 1993. An abattoir-based case-control study of risk factors for mycobacteriosis in Norwegian swine. Prev Vet Med 15:253–259.

Barton MD, Hughes KL. 1980. *Corynebacterium equi*: A review. Vet Bull 50:65–80.

Bickford AA, Ellis GH, Moses HE. 1966. Epizootiology of tuberculosis in starlings. J Am Vet Med Assoc 149:312–318.

Biering-Sorensen U. 1959. Ophobning af tilfaelde af aviaer tuberkulose I en svinebesaetning. Medd Dan Dyrlaegeforen 42:550–552.

Bille N, Larsen JL. 1973. Porcine congenital infection due to *Mycobacterium tuberculosis typus avium*: Report of a case. Nord Vet Med 25:139–143.

Brandes T. 1961. Zur makroskopischen Unterscheidung zwischen tuberkulosen und tuberkuloseahnlichen Veranderungen in den Mesenterial-lymphoknoten des Schweines. Arch Lebensmittelhyg 12:53–56.

Bruijnesteijn van Coppenraet LE, de Haas PE, Lindeboom JA, et al. 2008. Eur J Clin Microbiol Infect Dis 27:293–299.

Clapp KH. 1956. Tuberculosis-like lesions in swine in South Australia. Aust Vet J 32:110–113.

Cochin E. 1943. Tubercle bacilli in lesions of the submaxillary lymph nodes of swine. J Comp Pathol 53:310–314.

Dalchow W, Nassal J. 1979. Mykobakteriose beim Schwein durch Sagemehleinstreu. Tierärztl Umsch 34:253–261.

Domingos M, Amado A, Botelho A. 2009. IS1245 RFLP analysis of strains of *Mycobacterium avium* subspecies *hominissuis* isolated from pigs with tuberculosis lymphadenitis in Portugal. Vet Rec 164:116–120.

Dvorska L, Bartos M, Ostadal O, et al. 2002. IS1311 and IS1245 restriction fragment length polymorphism analyses, serotypes, and drug susceptibilities of *Mycobacterium avium* complex isolates obtained from a human immunodeficiency virus-negative patient. J Clin Microbiol 40:3712–3719.

Feldman W. 1938b. Generalized tuberculosis of swine due to avian tubercle bacilli. J Am Vet Med Assoc 92:681–685.

——. 1939. Types of tubercle bacilli in lesions of garbage-fed swine. Am J Public Health Nations Health 29:1231–1238.

Feldman WH. 1938a. Avian Tuberculosis Infections. Baltimore, MD: Williams & Wilkins.

Feldman, WH. 1963. Tuberculosis. In TG Hull, ed. Diseases Transmitted from Animals to Man, 5th ed. Springfield, IL: Charles C. Thomas.

Feldman WH, Karlson AG. 1940. Avian tubercle bacilli in tonsils of swine. J Am Vet Med Assoc 96:146–149.

Feldman WH, Moses HE, Karlson AG. 1940. *Corynebacterium equi* as a possible cause of tuberculosis-like lesions of swine. Cornell Vet 30:465–481.

Fichandler PD, Osborne AD. 1966. Bovine tuberculosis in swine. J Am Vet Med Assoc 148:167–169.

Fischer O, Matlova L, Dvorska L, et al. 2001. Diptera as vectors of mycobacterial infections in cattle and pigs. Med Vet Entomol 15:208–211.

Fodstad FH. 1977. Tuberculin reactions in bulls and boars sensitized with atypical mycobacteria from sawdust. Acta Vet Scand 18:374–383.

Francis J. 1958. Tuberculosis in Animals and Man: A Study in Comparative Pathology. London: Cassell, p. 177.

Goodfellow M, Beckham AR, Feldman WH, et al. 1982. Numerical classification of *Rhodococcus equi*. J Appl Bacteriol 53:199–207.

Himes EM, Miller LD, Thoen CO. 1983. Swine tuberculosis: Histologic similarities of lesions from which *Mycobacterium tuberculosis*, *M. avium* complex or *M. bovis* was identified. In 26th Proc Annu Meet Am Assoc Vet Lab Diagn, pp. 63–76.

Holth H, Amundsen H. 1936. Fortsatte undersokelser over baciltypene ved tuberkulose hos svinet pa Ostlandet. Nor Vet Tidsskr 48:2–17.

Huitema H, Jaartsveld FHJ. 1967. *Mycobacterium microti* infection in a cat and some pigs. Antonie Van Leeuwenhoek 33:209–212.

Janetschke P. 1963. Über die tuberkulose beim Schwein. Monatsschr Veterinärmed 18:860–864.

Jarnagin JL, Richards WD, Muhm RL, et al. 1971. The isolation of *Mycobacterium xenopi* from granulomatous lesions in swine. Am Rev Respir Dis 104:763–765.

Jorgensen JB. 1969. Paratuberculosis in pigs: Experimental infection by oral administration of *Mycobacterium paratuberculosis*. Acta Vet Scand 10:275–287.

——. 1978. Serological investigation of strains of *Mycobacterium avium* and *Mycobacterium intracellulare* isolated in animal and non-animal sources. Nord Vet Med 30:155–162.

Jorgensen JB, Haarbo K, Dam A, et al. 1972. An enzootic of pulmonary tuberculosis in pigs caused by *M. avium*. I. Epidemiological and pathological studies. Acta Vet Scand 13:56–57.

Karlson AG, Feldman WH. 1940. Studies on an acid-fast bacterium frequently present in tonsillar tissue of swine. J Bacteriol 39:461–472.

Karlson AG, Thoen CO. 1971. *Mycobacterium avium* in tuberculous adenitis of swine. Am J Vet Res 32:1257–1261.

Kleeberg HH, Nel EE. 1973. Occurrence of environmental atypical mycobacteria in South Africa. Ann Soc Belg Med Trop 53:405–418.

Komijn RE, de Haas PE, Schneider MM, et al. 1999. Prevalence of *Mycobacterium avium* in slaughter pigs in The Netherlands and comparison of IS1245 restriction fragment length polymorphism patterns of porcine and human isolates. J Clin Microbiol 37:1254–1259.

Komijn RE, Wisselink HJ, Rijsman VM, et al. 2007. Granulomatous lesions in lymph nodes of slaughter pigs bacteriologically negative for *Mycobacterium avium* subsp. *avium* and positive for *Rhodococcus equi*. Vet Microbiol 120:352–357.

Kramer H. 1962. Zur Beurteilung tuberkuloseahnalicher Veranderungen in den Gekroslymphknoten des Schweines unter besonderer Beruchsichigung der bakterioskopisher Prufung. Arch Lebensmittelhyg 13:264–271.

LaFont P, LaFont J. 1968. Étude microbiologigue des adenites cervicales du porc. II. Adenites a mycobacteries atypiques. Rec Méd Vét 144:611–630.

Langenegger CH, Langenegger J. 1981. Prevalence and distribution of serotypes of mycobacteria of the MAIS-complex isolated from pigs in Brazil. Pesqui Vet Bras 1:75–80.

Larsen AB, Moon HW, Merkal RS. 1971. Susceptibility of swine to *Mycobacterium paratuberculosis*. Am J Vet Res 32:589–595.

Lesslie IW, Birn KJ. 1967. Tuberculosis in cattle caused by the avian type tubercle bacillus. Vet Rec 80:559–564.

Lesslie IW, Birn KJ, Stuart P, et al. 1968. Tuberculosis in the pig and the tuberculin test. Vet Rec 83:647–651.

Matlova L, Dvorska L, Ayele WY, et al. 2005. Distribution of *Mycobacterium avium* complex isolates in tissue samples of pigs fed peat naturally contaminated with mycobacteria as a supplement. J Clin Microbiol 43:41–48.

Matlova L, Dvorska L, Palecek K, et al. 2004. Impact of sawdust and wood shavings in bedding on pig tuberculous lesions in lymph nodes, and IS1245 RFLP analysis of *Mycobacterium avium* subsp. *hominissuis* of serotypes 6 and 8 isolated from pigs and environment. Vet Microbiol 102:227–236.

McDiarmid A. 1956. Tuberculin testing of pigs. Vet Rec 68:298–299.

Meissner G, Viallier J, Coullioud D. 1978. Identification serologique de 1590 souches de *Mycobacterium avium* isolées en France et en Allemagne Federale. Ann Microbiol (Paris) 129A:131–137.

Mijs W, de Haas P, Rossau R, et al. 2002. Molecular evidence to support a proposal to reserve the designation *Mycobacterium avium* subsp. Avium for bird-type isolates and "*M. avium* subsp. *hominissuis*" for the human/porcine type of *M. avium*. Int J Syst Evol Microbiol 52:1505–1518.

Mitchell MD, Huff IH, Thoen CO, et al. 1975. Swine tuberculosis in South Dakota. J Am Vet Med Assoc 167:152–153.

Momotani E, Yokomizo Y, Shoya S, et al. 1980. Experimental granuloma formation with *Mycobacterium intracellulare* in HPCD piglets. J Tokyo Vet Zootec Sci 29:25–32.

Muscoplat CC, Thoen CO, Chen AW, et al. 1975. Development of specific lymphocyte immunostimulation and tuberculin skin reactivity in swine infected with *Mycobacterium bovis* and *Mycobacterium avium*. Am J Vet Res 36:1167–1171.

National Archives and Records Services. 1973. Code of Federal Regulations: Animal and Animal Byproducts. Title 9, chap. 3, subchap. A, pt. 311. Washington, DC: Gen Serv Adm.

Nishimori K, Eguchi M, Nakaoka Y, et al. 1995. Distribution of IS901 in strains of *Mycobacterium avium* complex from swine using IS901 detecting primers that discriminate between *M. avium* and *Mycobacterium intracellulare*. Clin Microbiol 33:2102–2106.

Olsen I, Barletta R, Thoen CO. 2010. Mycobacterium. In CL Gyles, JF Prescott, JG Songer, CO Thoen, eds. Pathogenesis of Bacterial Infections of Animals, 4th ed. Ames, IA: Wiley-Blackwell Publishing, pp. 113–132.

Ottosen HE. 1945. Undersogelser over Corynebacterium Magnusson-Holth, specielt med Henblik paa dens serologiske Forhold. Copenhagen, Denmark: A/S Carl. Fr Mortensen.

Pallaske G. 1931. Studien zum Ablauf, zur Pathogenese und pathologischen Anatomie der Tuberkulose des Schweines. Beitrag zum Vergleichenden Studium der Tiertuberkulose. Z Infektioskr Parasitenkd Krankheit Haustiere 39:211–260.

Parrish SC, Myers J, Lazarus A. 2008. Postgrad Med 120:78–86.

Paterson AB. 1949. Tuberculosis in animals other than cattle. III. Vet Rec 61:880–881.

Pavlik I, Svastova P, Bartl J, et al. 2000. Relationship between IS901 in the *Mycobacterium avium* complex strains isolated from birds, animals, humans, and the environment and virulence for poultry. Clin Diagn Lab Immunol 7:212–217.

Pestana de Castro AF, Campedelli Filho O, Waisbich E. 1978. Opportunistic mycobacteria isolated from the mesenteric lymph nodes of apparently healthy pigs in São Paulo, Brazil. Rev Microbiol (Brazil) 9:74–83.

Plum N. 1946. Om Vaerdien af den Makroskopiske Diagnose af de Holthske Processer. Maandsskr Dyrlaegeforen 58:27–37.

Primm TP, Lucero CA, Falkinham JO. 2004. Clin Microbiol Rev 17:98–106.

Pullar EM, Rushford BH. 1954. The accuracy of the avian intradermal tuberculin test in pigs. Aust Vet J 30:221–231.

Radomski N, Thibault VC, Karoui C et al. 2010. J Clin Microbiol 48:1026–1034.

Rastogi N, Barrow WW. 1994. Cell envelope constituents and the multifaceted nature of *Mycobacterium avium* pathogenicity and drug resistance. Res Microbiol 145:243–252.

Retzlaff N. 1966. Histologische Untersuchungen an Lymphknoten von mit Mykobakterien infizierten Schlachtschwein. Arch Lebensmittelhyg 17:56–62.

Ringdal G. 1963. Johne's disease in pigs. Nord Vet Med 15:217–238.

Schalk AF, Roderick LM, Foust HL, et al. 1935. Avian tuberculosis: Collected studies. ND Agric Exp Stn Tech Bull 279:279–288.

Schliesser T. 1976. Vorkommen und Bedeutung von Mycobakterien bei Tieren. Zentralbl Bakteriol (Orig A) 235:184–194.

Schliesser T, Weber A. 1973. Untersuchungen über die Tenazitzt von Mykobakterien der Gruppe III nach Runyon in Sagemehleinstreu. Zentralbl Veterinärmed B 20:710–714.

Smith HW. 1958. The source of avian tuberculosis in the pig (letter to the editor). Vet Rec 70:586.

Songer JG, Bicknell EJ, Thoen CO. 1980. Epidemiological investigations of swine tuberculosis in Arizona. Can J Comp Med 44:115–120.

Szabo I, Tuboly S, Szecky A, et al. 1975. Swine lymphadenitis due to *Mycobacterium avium* and atypical mycobacteria. II. Studies on the role of littering in mycobacterial lymphadenitis incidence in large-scale pig units. Acta Vet Acad Sci Hung 25:77–83.

Takai S, Fukunaga N, Ochiai S, et al. 1996. Identification of intermediately virulent *Rhodococcus equi* isolate from pigs. Clin Microbiol 34:1034–1037.

Tammemagi L, Simmons GC. 1971. Pathogenicity of *Mycobacterium intracellulare* to pigs. Aust Vet J 47:337–339.

Thoen CO. 1997. Avian tuberculosis. In YM Saif, HJ Barnes, JR Glisson, AM Fadly, LR McDougald, DE Swayne, eds. Diseases of Poultry, 11th ed. Ames, IA: Blackwell Publishing.

Thoen CO, Armbrust AL, Hopkins MP. 1979. Enzyme-linked immunosorbent assay for detecting antibodies in swine infected with *Mycobacterium avium*. Am J Vet Res 40:1096–1099.

Thoen CO, Barletta RG. 2006. Pathogenesis of *Mycobacterium bovis*. In CO Thoen, JH Steele, MJ Gilsdorf, eds. Mycobacterium bovis *infection in animals and humans*. Ames, IA: Blackwell Publishing, pp. 18–33.

Thoen CO, Himes EM. 1977. Isolation of *Mycobacterium chelonei* from a granulomatous lesion in pig. J Clin Microbiol 6:81–83.

Thoen CO, Himes EM, Weaver DE, et al. 1976b. Tuberculosis in brood sows and pigs slaughtered in Iowa. Am J Vet Res 37:775–778.

Thoen CO, Jarnagin JL, Richards WD. 1975. Isolation and identification of mycobacteria from porcine tissues: A three-year summary. Am J Vet Res 36:1383–1386.

Thoen CO, Johnson DW, Himes EM, et al. 1976a. Experimentally induced *Mycobacterium avium* serotype 8 infection in swine.

Am J Vet Res 37:177–181.

Thoen CO, Karlson AG. 1970. Epidemiologic studies on swine tuberculosis. In Proc Annu Meet US Anim Health Assoc, pp. 459–464.

Thoen CO, LoBue PA, Enarson DA, et al. 2009. Tuberculosis: A re-emerging disease in animals and humans. Vet Ital 45:135–181.

Thoen CO, Williams DE. 1994. Tuberculosis, tuberculoidoses and other mycobacterial infections. In GW Beran, ed. Handbook of Zoonoses, 2nd ed. Boca Raton, FL: CRC Press, pp. 41–60.

Thorensen OF, Saxegaard F. 1993. Comparative use of DNA probes for *Mycobacterium avium* and *Mycobacterium intracellulare* and serotyping for identification and characterization of animal isolates of the *M. avium* complex. Vet Microbiol 34:83–88.

Tsukamura M, Komatsuzaki C, Sakai R, et al. 1988. Mesenteric lymphadenitis of swine caused by *Rhodococcus sputi*. J Clin Microbiol 26:155–157.

USDA. 1922. Yearbook of Agriculture. Washington, DC: U.S. Department of Agriculture.

——. 1973. Statistical Summary. Federal Meat and Poultry Inspection for Calendar Year 1972. MPI-1.

——. 1979. Statistical Summary. Federal Meat and Poultry Inspection for Calendar Year 1978. MPI-1.

——. 1984. Statistical Summary. Federal Meat and Poultry Inspection for Calendar Year 1983. MPI-1.

——. 1990. Statistical Summary. Federal Meat and Poultry Inspection for Calendar Year 1989. MPI-1.

——. 1996. Statistical Summary. Federal Meat and Poultry Inspection for Calendar Year 1995.

Vaerewijck MJ, Huys G, Palomino JC et al. 2005. FEMS Microbiol Rev 29:911–934.

van Soolingen D, Bauer J, Ritacco V et al. 1998. J Clin Microbiol 36:3051–3054.

Vasenius H. 1965. Tuberculosis-like lesions in slaughter swine in Finland. Nord Vet Med 17:17–21.

Wellenberg GJ, de Hass PEW, van Ingen J, et al. 2010. Multiple strains of *Mycobacterium avium* subspecies *hominissuis* infections associated with aborted fetuses and wasting pigs. Vet Rec 167:451–454.

Wisselink HJ, van Solt-Smits CB, Oorburg D, et al. 2010. Serodiagnosis of *Mycobacterium avium* infections in pigs. Vet Microbiol 142:401–407.

Wolinsky E. 1995. Mycobacterial lymphadenitis in children: A prospective study of 105 nontuberculous cases with long-term follow-up. Clin Infect Dis 20:954–963.

Wolinsky E, Schaefer WB. 1973. Proposed numbering scheme for mycobacterial serotypes of agglutination. Int J Syst Bacteriol 23:182–183.

Yugi H, Nemoto H, Watanabe K. 1972. Serotypes of *Mycobacterium intracellulare* of porcine origin. Nat Inst Anim Health Q (Tokyo) 12:168–169.

64 其他细菌感染
Miscellaneous Bacterial Infections
David J. Taylor

猪放线杆菌 ACTINOBACULUM（EUBACTERIUM）SUIS

引言、病因学和公共健康
RELEVANCE, ETIOLOGY, AND PUBLIC HEALTH

猪放线杆菌引起一些母猪或个别母猪膀胱炎和肾盂肾炎，公猪是其携带者，并不会影响公共健康。猪放线杆菌最早归于猪放线菌和猪真杆菌（Lawson 等，1997）。

猪放线杆菌是革兰氏阳性长杆菌，长 2～3 μm，宽 0.3～0.5 μm，感染组织的涂片呈现所谓中国字样和栅栏样。此菌不运动，不形成芽孢，可在厌氧条件下于血琼脂上培养，2 d 后可见直径 2～3 mm 的菌落，接着长成扁平的大菌落，菌落干燥，灰色，表面不透明，边缘呈锯齿状；经 5～6 d 培养后，菌落可达 4～5 mm，加入最终浓度为 1.2％（W/V）的尿素，可促进其生长。猪放线杆菌可产生尿素酶。

流行病学和致病机理
EPIDEMIOLOGY AND PATHOGENESIS

美洲、欧洲、亚洲和澳大利亚都报道了猪放线杆菌感染与母猪泌尿道疾病有关。猪是其主要宿主。大多数 6 月龄或更大些的公猪在包皮的憩室部位隐藏有猪放线杆菌。未感染的公猪在它们与带菌公猪同舍时，会慢慢受到感染（Jones 和 Dagnall，1984）。Carr 和 Walton（1990）从公猪圈的工作人员鞋上分离到猪放线杆菌。而健康母猪的阴道却很少发现有猪放线杆菌。

感染途径为上行感染。Larsen 等（1986）证实一些菌株带有很丰富的菌毛，并且能够黏附到猪的膀胱上皮细胞。膀胱感染后，接着就是尿道和肾的感染。大多数病例发生在配种的 1～3 周。水潴留和尿结晶的出现也会促进感染（Went 和 Sobestiansky，1995）。新近的尿道感染或是先前疾病的复发，使得在母猪生殖周期内的其他时间也可能发病。

临床症状、病理变化以及诊断
CLINICAL SIGNS, LESIONS, AND DIAGNOSIS

一小群母猪或后备母猪可能突然死亡，有的发病、衰竭或口渴并伴随弓背、血尿、脓尿，有时伴随外阴损伤。急性期时主要表现为血尿，随着病情的发展，体重下降。一般与公猪交配后的 2～3 周

猪病学，第 10 版，由 Jeffrey J. Zimmerman、Locke A. Karriker，Alejandro Ramirez，Kent J. Schwartz，Gregory W. Stevenson 主编。
© 2012 John Wiley & Sons，Inc. 由 John Wiley & Sons，Inc. 2012 年出版。

出现临床症状,有的也可能在产仔后才表现出临床症状。一些母猪因急性肾脏衰竭而突然死亡,发病的母猪通常死亡,很少康复。轻微的病例,症状不明显,外阴损伤是唯一可见明显的症状表现。发生肾盂肾炎的动物会出现典型的尿毒症。

病变限于泌尿系统。尿道、膀胱和输尿管的黏膜发炎,可表现为卡他性、纤维素性及出血性或坏死性炎症。感染的肾脏常常在表面可见的实质存在无规则的黄色变性区。肾盂可扩张并含有黏液,其中有坏死碎片和变质的血液出现。髓质锥体部可能有黑色坏死灶。输尿管常常扩张并充满红紫色尿液。

诊断的依据是临床症状和尿液细菌学检查。出现血尿并持续 2～3 周,提示为猪放线杆菌引起的膀胱炎和肾盂肾炎,而不是大肠杆菌(见 53 章)引起的膀胱炎。膀胱血尿及膀胱黏膜、输尿管出血,更能证实是猪放线杆菌感染。但在革兰氏染色的玻片上很容易辨别出是猪放线杆菌,虽然常常有其他细菌的存在,特别是链球菌。尿液或感染组织中细菌的分离需要厌氧培养 4 d。Dagnall 和 Jones(1982)介绍了分离猪放线杆菌的选择性培养基。

预防和控制
PREVENTION AND CONTROL

在体外试验中,猪放线杆菌对包括青霉素和链霉素在内的一些抗生素敏感。使用抗生素治疗通常是有效的,但会出现复发,建议对感染动物尽早屠宰。可用 20 mg/kg 氨苄青霉素进行长达 20 d 的治疗(Wendt 和 Sobestiansky,1995),用恩诺沙星 10 mg/kg 治疗 10 d 也有效。慢性感染并且状况很差的以及对治疗无效的动物应给予安乐死。

猪放线杆菌可在交配时从公猪传染给母猪。淘汰感染公猪,四环素清洗包皮憩室部位,配种后立即使用抗生素,人工授精都有助于本病的预防。

参考文献
REFERENCES

Carr J, Walton JR. 1990. Investigation of the pathogenic properties of *Eubacterium* (*Corynebacterium*) *suis*. In Proc Congr Int Pig Vet Soc, p.178.
Dagnall GJR, Jones JET. 1982. Res Vet Sci 32:389–390.
Jones JET, Dagnall GJR. 1984. J Hyg (Camb) 93:381–388.
Larsen JL, Hogh P, Hovind-Hougen K. 1986. Acta Vet Scand 27:520–530.
Lawson PA, Vandamme P, Collins MD. 1997. Int J Syst Bacteriol 47:899–903.
Wendt M, Sobestiansky J. 1995. Dtsch Tierarztl Wochenschr 102:21–22.

隐秘杆菌 *ARCANOBACTERIUM PYOGENES*

背景、病因学和公共卫生
RELEVANCE, ETIOLOGY, AND PUBLIC HEALTH

在全球范围内,隐秘杆菌能够引起猪化脓性病变,组织遭到破坏。感染后,将其屠宰,胴体可能会带有难看的含乳白色浓汁的脓肿,如将其去除,经济将受到损失,隐秘杆菌也很少影响公共健康。

隐秘杆菌(Pascual Ramos 等,1997)一开始被命名为化脓棒杆菌和化脓放线菌。它是无孢子、革兰氏阳性小杆菌,具有菌毛(Jost 和 Billington,2005)。能产生溶血外毒素、溶血素、疏基活性溶细胞素,分子质量为 57.9 ku(Billington 等,1997)。它能产生 2 种神经氨酸酶和多肽合成蛋白 CbpA,促进细胞附着。

培养基加入血清或血液可促进隐秘杆菌生长。其在有氧或无氧条件下均能生长,最适生长温度是 37℃。菌落半透明,培养 48 h 直径达 1 mm。在血琼脂培养基上培养 24 h,化脓性隐秘杆菌菌落呈圆形,周围有一狭窄的溶血带。隐秘杆菌能水解蛋白,发酵葡萄糖,但会发生多种其他碳水化合物反应,最容易的生化鉴定方法是 API Coryne 试条(BioMerieux,Durham,NC)。

流行病学与致病机理
EPIDEMIOLOGY AND PATHOGENESIS

隐秘杆菌感染广泛存在于反刍动物、猪和马。它是宿主动物的黏膜常在菌,能从临床表现正常的猪只粪便中分离到,并能从感染动物上呼吸管道、乳头、外阴和粪便排出。因此,能直接或是间接通过饮水器或其他污染物传播。排出的细菌能在冷冻和干燥的环境下存活。隐秘杆菌对多种消毒剂敏感。

感染的发生是有条件的,隐秘杆菌要通过皮肤和黏膜侵入机体。通过神经氨酸酶、菌毛和多肽合成蛋白 CbpA 黏附于组织,产生溶血素破坏组织。细菌能在发炎的支气管上皮、阴道和子宫黏膜、泌尿道表面繁殖,引起乳腺上行或是出血性感染,经菌血症扩散到关节、肺、脊椎体和实质器官,引起病变。细菌感染的部位及程度决定了临床表现。机体能产生抗体,但是不能消除脓肿感染。

临床症状、病理变化以及诊断
CLINICAL SIGNS, LESIONS, AND DIAGNOSIS
因为隐秘杆菌所引发的病变范围较大,所以表现出的临床症状亦是非常多的。心内膜炎、支气管肺炎和粘连性腹膜炎可能是致死性的,并伴随有发热。化脓性骨髓炎一般影响椎体,导致病理性骨折、椎体压缩骨折和脊髓压迫症。多发性关节炎或蜂窝组织炎和关节周边炎引起跛行。乳腺炎可见乳头处脓性分泌物,腺体脓肿。家畜阴道可见脓性排出物,尿液里带有膀胱炎和肾盂肾炎产生的脓汁。皮下或肌肉脓肿临床上不常见,仅在尸检或屠宰时能被发现。死亡发生在组织损伤已经危及生命时,譬如母猪的肾盂肾炎。通常,脓肿仅会造成动物体质衰弱,不会引起临床症状。

隐秘杆菌引起动物尤其是消瘦的仔猪发炎的黏膜表面有黏稠、绿色黏液样脓性物质,膀胱炎病例尿液排出脓液,肾盂肾炎病例肾盂和输尿管排出脓汁,子宫炎病例子宫排出脓肿分泌物。最明显的病变是动物体几乎所有的组织都出现脓肿。

这样的脓肿从几毫米至几厘米大小不等,常有较厚的纤维素包膜,并含有程度不一的黄绿色脓汁,位于关节处、肋骨破坏处、感染节点以及实质器官。乳腺炎可局限于一个腺体或影响几个腺体。

隐秘杆菌感染是引起脓肿以及猪排出各种脓液的主要原因,出现这种症状要高度怀疑隐秘杆菌感染。其他化脓性病菌如链球菌(见 62 章)也会引起脓肿、心内膜炎、乳腺炎、子宫内膜炎和肾盂肾炎〔也要考虑大肠杆菌(见 53 章)和猪放线杆菌(前面提到)〕和支气管肺炎。隐秘杆菌感染确诊需要通过实验室培养。血平皿形成 β 溶血菌落说明该菌的存在,API Coryne 试条可用于确诊(BioMerieux)。猪放线杆菌可能存在于早期的膀胱炎和肾盂肾炎病例,后来隐秘杆菌过度生长。

预防和控制
PREVENTION AND CONTROL
隐秘杆菌对很多广谱抗生素敏感,包括青霉素、链霉素和红霉素。一些菌株对磺胺药和三甲氧苄氨嘧啶有抗性。确定为脓肿后可用外科手术去除。

对猪来说,没有合适有效的疫苗。预防需要加强管理,减少或消除隐秘杆菌感染发生的条件。产仔前对母猪进行抗菌药物治疗,可消除感染以及预防子宫内膜炎。

参考文献
REFERENCES
Billington SJ, Jost BH, Cuevas WA, et al. 1997. J Bacteriol 179:6100–6106.
Jost BH, Billington SJ. 2005. Antonie Van Leeuwenhoek 88:87–102.
Pascual Ramos C, Foster G, Collins MD. 1997. Int J Syst Bacteriol 47:46–53.

炭疽 BACILLUS ANTHRACIS :ANTHRAX

背景、病因学和公共卫生
RELEVANCE, ETIOLOGY, AND PUBLIC HEALTH
猪炭疽病较少见并且不致死。炭疽是人畜共患病,感染后会对饲养员、兽医、屠宰工人及加工或消费炭疽感染猪制品的人员构成威胁。发现感染猪只,要对尸体进行处理并对屠宰场进行消毒。肉加工者不愿意屠宰来自感染农场的猪只,零售商也越来越重视对消费者应尽的责任,而粪便安全处理也成为一个大问题。目前的顾虑是,此菌很可能被生物恐怖活动所利用,需要加强对此菌和诊断试剂的控制,提高本病的重要性。

炭疽是由炭疽杆菌引起的。它是一种革兰氏阳性、需氧、产芽孢、无运动的棒状杆菌。此菌直径 $1\sim5$ μm，长 $3\sim8$ μm，两端平截。炭疽菌体外包围着谷氨酸和外毒素形成的保护性荚膜。外毒素由 3 个片段组成，当每毫升血液菌体量达到 $(5\sim10)\times10^6$ 时产生（Davis 等，1973）。炭疽杆菌在大多数普通培养基上生长良好，在血琼脂平板上，通常培养 12 h，即长出菌落。37℃ 培养 24 h 后，菌落呈非溶血性，外观如"毛玻璃"，边缘不规则，有波纹，呈卷发状。可用生化试验、PCR 和特定的噬菌体来区分炭疽杆菌及同属的其他成员。在没有适当的生物安全防护条件下，不要进行细菌培养。从事本菌操作的人员应进行预防接种。

人类暴露于炭疽感染猪只的风险还不清楚，因为这种病例很少见，而且临床症状也不明显。人类感染通常发生在动物已经因为炭疽感染发生死亡，在没有任何防护措施的情况下进行尸检或是动物尸体处理。经破溃的皮肤感染，主要引起局限性蜂窝组织炎和淋巴腺炎，通常具有自限性。更严重的是，吸入炭疽芽孢，引起流感样症状，演变为脓毒症和毒血症。感染动物尸体的血样渗出物经动物机体自然孔排出并污染皮肤，因炭疽杆菌暴露于氧气中可形成大量芽孢，使检查时吸入芽孢的风险加大。当感染动物或尸体进入食物链，一旦人摄入未煮熟的污染肉制品将引起感染。细菌在消化道里繁殖，引起厌食症、血便和腹痛，演变成致命的脓毒症和毒血症。处理炭疽污染物后，炭疽芽孢会污染土壤长达 50 年，人类会因为暴露于污染土壤而感染。

流行病学和致病机理
EPIDEMIOLOGY AND PATHOGENESIS

2009 年，炭疽广泛出现在世界各地。猪的炭疽发生率很低，并呈散发性，有些国家没有发生过感染。炭疽在反刍动物最严重，最容易识别，特别是牛和羊，很多哺乳动物也会感染。

猪发生炭疽病通常是因为摄入含大量炭疽杆菌或芽孢的饲料。炭疽芽孢污染的肉骨粉或其他动物产品来源的饲料是猪感染炭疽最常见的原因（Ferguson，1986）。炭疽病原能通过潮湿的饲料传播，但感染猪群中很少有 $1\sim2$ 头以上的猪发病。然而，有些报道指出存在连续 14 周的暴发（Edgington，1990；Jackson，1967；Jackson 和 Taylor，1989）。

从动物到动物的传播并不常见，感染发生源

于摄入土壤或环境中存在多年的炭疽芽孢。饲喂后 4 h，苍蝇（*Stomoxys calcitrans*）和蚊子（*Aedes aegypti* 和 *taeniorhynchus*）叮咬就导致本病实验性传播（Turell 和 Knudson，1987）。蜱（*Dermacentor marginatus*）可能也是本菌的携带者。

感染途径通常为口腔，经扁桃体或咽黏膜侵入体内。有些病例的感染仅局限于咽部区域的淋巴结，引起咽型炭疽病。主要侵入途径可能也通过肠道。当炭疽杆菌进入全身循环系统时，则引起败血症型炭疽病。病原菌局部繁殖，葡萄糖酸荚膜能抵抗细胞吞噬，产生的毒素破坏线粒体从而导致动物死亡。

临床症状和病变
CLINICAL SIGNS AND LESIONS

潜伏期 $1\sim8$ d，接着死亡率增加。猪炭疽表现为三种类型：咽型、肠型和败血症型。在咽型炭疽病中，常见症状为颈部水肿和呼吸困难，病猪表现精神沉郁、食欲不振和呕吐，体温升高达41.7℃。多数病猪在颈部出现水肿后 24 h 内死亡，也有猪不经治疗即康复，康复猪可能继续携带炭疽杆菌。

肠型炭疽病严重时引起急性消化功能紊乱，并伴有呕吐、停食和血痢。最严重时会导致死亡，但大多数较轻病例可康复（Brennan，1953）。在试验研究（Redomond 等，1997）中，50 头感染猪中有 33 头在感染后 $1\sim8$ d 出现厌食、反应迟钝、颤抖、便秘、拉稀和血便，有时运动失调。仅有 2 头死亡。发烧未超过 41.9℃，高峰出现在感染后 48 h。

败血症型炭疽是最急性的，畜主未见症状时即死亡。对猪而言，此型不常见。小猪比成年猪更常出现败血症（Ferguson，1986）。

为了减少炭疽芽孢污染，炭疽病例不提倡完全尸检。但在尸检前，是难以确定猪是否真正得了炭疽病，所以大体病变很重要。因本病死亡的成年猪可能会出现鼻孔流血（Edgington，1990），而小猪可能表现为苍白和脱水。颈部出现水肿，草莓样色、粉红或血红色液体渗出，组织呈凝胶状。扁桃体常常覆盖着一层纤维蛋白渗出物，或出现广泛性坏死。咽喉黏膜常见炎症和水肿。腭和上咽淋巴结比正常大几倍，切面颜色从深砖红色至草莓红色不等。在多数慢性病例中，淋巴结的剖检变化呈现灰黄色，表明有坏死。肠型出现桃红色腹水，遇到空气后可凝结成块。小肠通常有炎症，浆膜面有纤维蛋白粘连。肠系膜淋巴结可见肿胀、出血或坏死,常伴有肠系膜水肿。肠黏膜覆盖有白喉样膜并可见出血,肠壁变厚。败血症型病例中,腹腔有血样液体、局部黏膜有淤点。可能出现脾脏肿大以及肾脏明显淤点。在康复猪的淋巴结可见小脓肿(Redmond 等,1997)。毛细血管和出血坏死的淋巴结可在显微镜下看到带有包膜的杆菌。

诊断
DIAGNOSIS

炭疽的确诊非常重要,取决于炭疽杆菌或其DNA的分离和鉴别诊断。官方推荐的炭疽杆菌诊断方法能在陆生动物诊断和免疫手册中找到(OIE,2010)。当猪出现颈部水肿和呼吸困难时应怀疑为炭疽病。但败血梭状芽孢杆菌引起的恶性水肿也可能出现类似临床症状(见52章)。粪便带血和发烧可能是肠型炭疽病,但需要与猪痢疾(50章)和增生性出血性肠炎(59章)区别开来,后两者都不出现发热。

当尸体被剖开后,咽部出现水肿液,颈部或肠系膜淋巴结肿大很可能是炭疽病变。腹膜出现血性液体,肾脏或浆膜表面淤点,脾脏肿大,小肠增厚和炎症都是炭疽病的特点。发病动物通常饲喂过动物蛋白产品。在败血症病例中,应排除猪霍乱/经典猪瘟(38章)和非洲猪瘟(25章)。

颈淋巴结、腹腔液、脾、肠系膜淋巴结、肠黏膜或肾脏切面涂片和培养可确定炭疽杆菌。涂片应固定并用多色亚甲基蓝染色。炭疽杆菌呈末端方形、带有粉色荚膜的蓝色杆菌。涂片可能存在其他杆菌,在用抗生素治疗后,可能仅存带荚膜的杆菌。用于做诊断的涂片和材料需要加以焚化或甲醛固定。

炭疽杆菌可疑菌落可通过 API 系统(BioMerieux)的生化特性鉴定。炭疽杆菌病原的最终确定要通过炭疽噬菌体敏感性、动物接种和16S rRNA 基因序列测定。所有培养物和实验动物应以甲醛固定并焚化。用商品化试剂盒提取的DNA 和相关引物进行 PCR 检测(Hutson 等,1993)。已报道可用以检查毒素 IgG 抗体的竞争酶联免疫吸附试验(EIA)(Turnbull 等,1986)。

预防和控制
PREVENTION AND CONTROL

Ferguson(1986)报道出现炭疽病症状的猪用青霉素治疗后康复。20~75 mL 剂量的炭疽抗血清也用于治疗。土霉素对炭疽杆菌也有效,可按每千克体重,日剂量 4.4~11.0 mg 进行注射(Edgington,1990)。炭疽感染可持续 21 d,这一点在提供胴体用作消费前应该注意。

可检测到康复动物免疫反应和血清抗体毒素反应。疫苗可以产生保护性免疫。Kaufmann 等(1973)使用了 Sterne 株炭疽疫苗,是一种无毒芽孢疫苗。

防制炭疽病的传播与大多数动物疾病明显不同,这种差别在于需控制土壤、粪便或其他污染饲料(如肉骨粉)中的炭疽芽孢。避免环境遭到长久存活的炭疽芽孢的污染是关键。炭疽病死亡动物未进行剖检,动物体内很少形成炭疽芽孢。胴体的体孔和任何切口须用浸透消毒剂的医用脱脂棉堵塞以防止芽孢形成和感染扩散。尸体应该焚烧处理,用石灰覆盖,至少埋入土内 4 in(1.25 m)。

可用新鲜配制的 5%氢氧化钠或 10%的福尔马林(更有效)进行消毒(Edgington,1990)。只有消毒剂能灭活炭疽杆菌芽孢,应选用含戊二醛和福尔马林的消毒剂。消毒应在清理感染场所的前提下进行,污染的物品应该焚烧,暴露面应该用消毒剂擦洗。

通过上述方法安全处理所有的污染尸体、物品和农场污水,便可预防人的感染。遭受感染威胁的人员可给予抗生素,如青霉素和四环素,病例也可以用这些抗生素来治疗。对于长期接触炭疽杆菌的人员,应该进行疫苗接种。

参考文献
REFERENCES

Brennan ADJ. 1953. Vet Rec 65:255–258.
Davis BD, Dulbecco R, Eisen NH, et al. 1973. Microbiology, 2nd ed. New York: Harper and Row.
Edgington AB. 1990. Vet Rec 127:321–324.
Ferguson LC. 1986. Anthrax. In AD Leman, B Straw, RD Glock, WL Mengeling, RHC Penny, E Scholl, eds. Diseases of Swine, 6th ed. Ames, IA: Iowa State University Press, pp. 622–627.
Hutson RA, Duggleby CJ, Lowe JR, et al. 1993. J Appl Bacteriol 75:463–472.
Jackson WT. 1967. State Vet J 22:67–71.
Jackson WT, Taylor KC. 1989. State Vet J 43:119–125.
Kaufmann AF, Fox MD, Kolb RC. 1973. J Am Vet Med Assoc 163:442.
OIE. 2010. Anthrax. In Manual of Diagnostic Tests and Vaccines for Terrestrial Animals. Paris: OIE, pp. 135–144.
Redmond C, Hall GA, Turnbull PCB, et al. 1997. Vet Rec 141:244–247.
Turell MJ, Knudson GB. 1987. Infect Immun 55:1859–1861.
Turnbull PCB, Broster MG, Carman JA, et al. 1986. Infect Immun 52:356–363.

类鼻疽 *BURKHOLDERIA P SEUDOMALLEI : MELIOIDOSIS*

病因学和公共卫生
RELEVANCE, ETIOLOGY, AND PUBLIC HEALTH

类鼻疽是热带和亚热带地区的一种猪慢性细菌性传染病。人类可能通过污染的猪肉或是暴露粪便排出的病菌而感染。目前类鼻疽也可作为生化恐怖武器。

类鼻疽是一种革兰氏阴性短杆菌,0.8 μm$\times$1.5 μm,不形成芽孢。37℃培养,能在大多数培养基上形成粗糙型、黏液型菌落,在麦康凯培养基上形成无色菌落。

人感染类鼻疽是致命的,出现败血症、肺炎或皮肤、淋巴结、骨骼慢性化脓性损伤。经治疗或不治疗,人类的死亡率在 20%～50% 之间。很少发生人传人的现象,通常是摄入污染的食物和饮水感染。污染可能仅是环境污染或感染动物粪便污染了水源和食物。摄入未煮熟的感染动物制品也可能引起人的感染。

流行病学和致病机理
EPIDEMIOLOGY AND PATHOGENESIS

类鼻疽存在于热带和亚热带地区的水和土壤中,当饮用污染的水源或摄入污染的动物或植物时,猪群会遭到感染,澳大利亚(Millan 等,2007)、马来西亚(Omar 等,1962)和加勒比海都有所报道。感染源于环境或动物粪便污染的水源和食物。最近一则动物病例报告(Millan 等,2007)显示,猪群感染源是地洞的水,PFGE 电泳得到地洞水中的类鼻疽与从猪群中分离到的类鼻疽一致。

酚(2%来苏儿)、氯(0.1%～0.5%)、氧化消毒剂(1% Virkon,3%过氧化氢)或甲醛(4%)对类鼻疽有效。

临床症状、病理变化以及诊断
CLINICAL SIGNS, LESIONS, AND DIAGNOSIS

感染猪的临床症状不明显,但会出现持续 4 d 的高热(40～42℃),步态不稳、跛行或衰弱;少量鼻腔分泌物流出;四肢皮下水肿;有的出现死亡,但成年猪很少出现;有的会发生流产和子宫排出分泌物(Laws 和 Hall,1964;Millan 等,2007;Omar 等,1962;Rogers 和 Andersen,1970)。

无临床症状的猪以及类鼻疽死亡的猪,屠宰后可见明显的病灶。肺、肝、肾、肠系膜和皮下淋巴结等出现大量的充满奶油色或干酪样黄绿色浓汁的脓肿,从中能分离到类鼻疽杆菌。

如果发生于热带地区,临床上表现为持续稽留热、步态不稳和四肢皮下肿胀,即可怀疑是类鼻疽。通常,假定诊断常常依据剖检时在脏器中发现的奶油色脓肿(Ketterer 等,1986)。确诊需细菌分离培养,选择性培养基于环境样本的分离(Peacock 等,2005)。API NE 试条(BioMerieux)可用于生化确诊可疑菌落。敏感性高的试验包括结核菌素试验(类鼻疽菌素试验)、血清凝集试验和补体结合试验,用于活猪类鼻疽感染诊断。实验性感染证实 7 d 内产生抗体(Najdenski 等,2004)。

预防和控制
PREVENTION AND CONTROL

类鼻疽体外对氨基糖苷类抗生素有抗性,对头孢菌素和阿莫西林敏感,如克拉维酸。给猪饮用清洁或用氯消毒过的水,不让猪接触污染土壤,都可起到预防本病的作用。鉴于该病在公共健康上的重要性,感染猪尸体应进行安全处理。严格的生猪屠宰检疫标准有助于公共健康安全。

参考文献
REFERENCES

Ketterer PJ, Webster WR, Shield J, et al. 1986. Aust Vet J 63:146–149.

Laws L, Hall WTK. 1964. Aust Vet J 40:309–314.

Millan JM, Mayo M, Janmaat A, et al. 2007. Vet J 174:200–202.

Najdenski H, Kussowski V, Vesschnova A. 2004. J Vet Med B 51:225–230.

Omar AR, Cheah KK, Mahendranathan T. 1962. Br Vet J 118:421–429.

Peacock SJ, Chieng G, Cheng AG, et al. 2005. J Clin Microbiol 43:5359–5361.

Rogers RJ, Andersen DJ. 1970. Aust Vet J 46:292.

弯曲杆菌 *CAMPYLOBACTER*

背景、病因学和公共卫生
RELEVANCE, ETIOLOGY, AND PUBLIC HEALTH

弯曲杆菌是由 Doyle(1948)首次从猪群中分离到的,命名为大肠弧菌,并认为这是引起猪痢疾的原因。关于此菌对猪群肠道可能产生影响的大多数信息来源于非免疫猪空肠弯曲杆菌感染模型,以及猪肠炎时该菌存在情况的记录。弯曲杆菌与猪群肠道常见综合征无关。相反,弯曲杆菌,特别是空肠弯曲杆菌,是人类食源性肠道疾病的主因。

目前已经从猪群中分离到多种弯曲杆菌。Doyle(1948)从猪群中分离到的第一株弯曲杆菌鉴别为结肠弯曲杆菌。黏膜弯曲杆菌由 Gebhart 等(1985)分离到。空肠弯曲杆菌是最主要的人类弯曲杆菌病致病菌,也可在猪群中发现。目前弯曲杆菌的基因分群是由 Vandamme 等(1991)确定的。从猪群中分离到的其他种以及亚种的弯曲杆菌会不断增加,并与肠炎有关。

弯曲杆菌为革兰氏阴性,弯曲杆状或短螺旋状菌,长 $2\sim3\ \mu m$,直径 $0.3\ \mu m$,一端有鞭毛,不形成孢子,微需氧,大多能在含铁或含血培养基上生长。为了细菌分离,大多数商业化培养基中都含有选择性抗生素,如头孢哌酮和两性霉素 B。弯曲杆菌可在 37℃ 生长,但通常是在较高温度 $40\sim42$℃ 培养。菌落在培养 48 h 后出现。结肠弯曲杆菌在血平皿上培养 48 h 后形成水样蔓延菌落,而空肠弯曲杆菌形成直径为 $2\sim3\ mm$ 的较小菌落。用生化鉴定管可以初步鉴定细菌的种类(API 公司,BioMerieux)。

弯曲杆菌是引起人类肠道食源性感染最常见的原因。禽肉是最主要的感染源,猪肉及内脏也很有可能因遭到感染而导致人类的感染。与空肠弯曲杆菌相比,结肠弯曲杆菌常见于污染的猪尸体(Mafu 等,1989),但是很少造成人类感染。一些国家在猪肉或是猪肝脏中分离到空肠弯曲杆菌。胴体冷冻,特别是急速冷冻(Nesbakken 等,2008),能降低猪胴体弯曲杆菌数量,所以能减少对消费者的暴露。直接接触猪体,其粪便,猪场被污染的污水都会增加人类的感染的几率。

流行病学和致病机理
EPIDEMIOLOGY AND PATHOGENESIS

在这里提及的四种弯曲杆菌普遍存在于全世界的猪群中。结肠弯曲杆菌在猪群中最常见,但也常见于其他宿主,包括牛群以及家禽。空肠弯曲杆菌在猪群中很少分离到,但广泛存在于哺乳动物以及家禽中,且很容易引起肠炎。猪肠弯曲杆菌和肠黏膜弯曲杆菌也存在于其他哺乳动物中。

经口感染而且通常是从感染猪只直接传播。细菌在粪便以及污染的水源中繁衍,产生非直接传播。鸟类、啮齿动物和昆虫可能会污染饲草和饮水,引起动物感染。仔猪因为接触母猪粪便(Soultos 和 Madden,2007)、污染水源或是水平传播遭到感染。母源性免疫通常能保护不出现临床表现,但是不能阻止细菌繁殖。感染动物长时间带菌,以每克粪便 $10^3\sim10^4$ 个细菌量排出,并持续数月。细菌主要存在于回肠以及大肠黏膜,经粪便排出。

感染后,细菌的繁殖通常发生在小肠,特别是在回肠以及大肠黏膜,可能会发生菌血症,但是细菌不能通过上皮细胞。最新研究表明这很可能产生细胞毒素,引起可见的炎性变化。$1\sim3$ d 潜伏期后,出现临床症状。这些只在无免疫性的子宫摘除以及去势的仔猪上反复发生(Vitovci 等,1989)。试验证明其他肠道病原微生物的感染,如猪鞭虫感染,会导致空肠弯曲杆菌排出增加(Mansfield 和 Gauthier,2004;Mansfield 等,2003)。

Mansfield 和 Gauthier(2004)通过空肠弯曲杆菌感染试验,阐述了复合淋巴结弯曲杆菌抗原捕获以及大肠 IgA 应答发生。Altrock(2006)等检测到了血清抗体。

临床症状、病理变化以及诊断
CLINICAL SIGNS, LESIONS, AND DIAGNOSIS

感染可能不易察觉,但是仔猪可能会出现临床反应,持续2~3 d体温轻微升高至40.6℃。会出现水样或是奶油色腹泻,偶有含带血黏液(Olubunmi 和 Taylor,1982)。断奶仔猪,结肠弯曲杆菌感染,可能会伴有慢性黏液性腹泻,很少带血。疾病感染的这两种形式,会造成机能下降,但是很少发生死亡。

2006年前在欧洲,继而在世界大范围使用的抗菌生长促进剂,能有效遏制弯曲杆菌数量以及临床症状的出现。其他疾病的抗菌治疗均能缓解临床症状严重程度。

哺乳期仔猪,大体病变较轻微并局限于小肠,回肠壁轻度炎性并增厚,特别是在末端部位。肠系膜淋巴结节明显。回肠黏膜轻度炎症,黏液样内容物出现在盲肠。大肠黏膜轻度炎症或正常。

组织学病变较轻微,最显著的是回肠绒毛发育不良,回肠末端淋巴组织增生。可能出现隐窝脓肿。断奶仔猪,小肠末端可能显著增生。大肠病变类似于慢性温和型猪痢疾。用选择性培养基可从小肠中大量分离到结肠弯曲杆菌或其他弯曲杆菌,如空肠弯曲杆菌。

目前,通过排除其他疾病引起的肠炎来诊断猪群中单纯性弯曲杆菌病。结肠弯曲杆菌或空肠弯曲杆菌感染可能会引起仔猪带血黏液样腹泻,很少发生死亡,但生理机能下降。空肠弯曲杆菌能从断奶仔猪水样黏液样排泄物中分离到,通常其他的弯曲杆菌都可能引起肠炎。诊断弯曲杆菌作为仔猪腹泻的主因时,导致腹泻的其他原因,如:轮状病毒、流行性腹泻、产气荚膜梭菌、大肠杆菌、球虫、隐孢子虫等需要排除。在诊断为弯曲杆菌病时,要先排除增生性肠炎、沙门氏菌病、钩端螺旋体性腹泻以及猪痢疾。

肠炎综合征时,回肠末端黏膜淋巴增生,肠系膜淋巴结肿大但没有明显增生性肠炎,要怀疑弯曲杆菌感染。通过肠道内容物或粪便微生物培养来确定弯曲杆菌的存在。细菌(特别是结肠弯曲杆菌)是猪群肠道常规菌群,所以当细菌培养到的弯曲杆菌数量显著增加时,或仔猪空肠弯曲杆菌大量存在时,才能说明是弯曲杆菌感染。

目前空肠弯曲杆菌和结肠弯曲杆菌的分离手段借助于 DNA 探针、PCR、实时荧光定量 PCR(Jensen 等,2005)。限制性片段长度多态性(RFLP)、脉冲场凝胶电泳(PFGE)、多位点序列分型(MLST)这些方法都用于不同宿主、不同部位或是不同抗菌敏感性细菌分型。抗体检测不能用于感染诊断,但是 Altrock 等(2006)认为血清酶联免疫吸附试验(ELISA)可以用于感染诊断。

预防和控制
PREVENTION AND CONTROL

几乎没有针对弯曲杆菌的特异性治疗。口服新霉素、其他氨基糖苷类、四环素、大环内酯类、氟喹诺酮类可以消除或显著降低弯曲杆菌感染。弯曲杆菌对大多数农场消毒剂敏感。

控制措施很少在猪群中使用。低剂量抗生素治疗比较合适,结合消毒措施以及水源的氯化处理。通过严格的隔离,可以从感染猪群中获得未感染绝育后背猪群。Weijtens 等(2000)阐述了实际应用中弯曲杆菌的控制措施。

参考文献
REFERENCES

Doyle LP. 1948. Am J Vet Res 9:50–51.
Gebhart CJ, Edmonds P, Ward GE, et al. 1985. J Clin Microbiol 21:715–720.
Jensen AN, Andersen MT, Dalsgaard A, et al. 2005. J Appl Microbiol 99:292–300.
Lawson GHK, Leaver JL, Pettigrew GW, et al. 1981. Int J Syst Bacteriol 31:385–391.
Mafu AA, Higgins R, Nadeau M, et al. 1989. J Food Prot 52:642–645.
Mansfield LS, Gauthier DT. 2004. Comp Med 54:514–523.
Mansfield LS, Gauthier DT, Abner SR. 2003. Am J Trop Med Hyg 68:70–80.
Nesbakken T, Eckner K, Rotterud OJ. 2008. Int J Food Microbiol 123:130–133.
Olubunmi PA, Taylor DJ. 1982. Vet Rec 111:197–202.
Soultos N, Madden RH. 2007. J Appl Microbiol 102:916–920.
Vandamme P, Falsen E, Rossau R, et al. 1991. Int J Syst Bacteriol 41:88–103.
Vitovci J, Kondela B, Sterba J, et al. 1989. Zentralbl Bakteriol 271:91–103.
von Altrock A, Louis AL, Rosler U, et al. 2006. Berl Munch Tierarztl Wochenschr 119:391–399.
Weijtens MJ, Urlings HA, Van der Plas J. 2000. Lett Appl Microbiol 30:479–484.

衣原体 *CHLAMYDIA*

背景、病因学与公共卫生
RELEVANCE, ETIOLOGY, AND PUBLIC HEALTH

猪中发现 2 个属 4 种衣原体（猪衣原体、猫心衣原体、流产衣原体和鹦鹉热衣原体）。已证实可以引起猪结膜炎、肠炎、胸膜炎、心包炎、关节炎、睾丸炎、子宫感染和流产。存在单独或多重感染。禽源的鹦鹉热衣原体引起人类的发烧和肺炎，源自反刍动物的流产衣原体会引起人类流产，但是，尚没有人类感染猪衣原体的记录。

Everett 等（1999）将衣原体分为 2 个属：衣原体属（猪衣原体）和嗜衣体属（鹦鹉热衣原体、猫心衣原体和流产衣原体）。衣原体为革兰氏阴性胞内菌，仅能在活细胞内繁殖，该菌脱离细胞后仅仅是一种不活动的、耐胰酶，直径为 0.2～0.3 μm（200～300 nm）的原生小体。原生小体侵入细胞后，可形成一个直径为 1 μm（1 000 nm）的网状体，网状体成熟为原生小体，形成衣原体包涵体。感染的细胞可溶解，释放出原生小体，或从持续感染的细胞芽生而出。因为原生小体可以抵抗干燥，所以衣原体能在环境中存活很长时间。

衣原体可在鸡胚的卵黄囊中生长，也可通过细胞培养生长，在 McCoy 或 L929 细胞中较易生长。已经获得外膜蛋白 A（ompA）基因编码序列（Anderson 等，1996；Kaltenboeck 和 Storz，1992；Kaltenboeck 等，1993），并用于衣原体的病原分类和诊断。目前，不同种和生物型的衣原体分类主要依赖其抗原性，针对外膜蛋白的差异，用单克隆抗体进行免疫过氧化物酶、免疫荧光试验或 ELISA 方法来检测；针对核酸，用基因组和ompA 序列进行 PCR 测定（Anderson 等，1996；Kaltenboeck 和 Storz，1992；Kaltenboeck 等，1993）。

流行病学和致病机理
EPIDEMIOLOGY AND PATHOGENESIS

北美、欧洲及亚洲报道过猪感染衣原体的病例。猪衣原体只感染猪，但是其他衣原体，除了感染猪以外，也感染其他动物。鹦鹉热衣原体感染鸟和哺乳动物；猫心衣原体感染反刍动物；流产衣原体感染牛、马和羊。

衣原体感染在猪只中广泛存在。Zahn 等（1995）报道 67％的仔猪，Szeredi 等（1996）报道 99％的育肥猪感染过衣原体。

猪经吸入、摄食污染食物、接触特别是交配而感染。子宫内感染病例发生垂直传播。衣原体结膜炎可由苍蝇和灰尘传播（Rogers 等，1993）。

衣原体病原可从任何感染部位排出体外。4 周以下的小猪肠道感染不常见（6.9％），而 4 周以上较常见（41.8％）。Rogers 等（1993）记录了 2～8 周龄猪结膜感染的情况。衣原体可以抵抗干燥，并可在感染环境的尘埃中存活，但是对很多消毒剂敏感，包括氧化的、酚的、氯的产品，季铵化合物和一些洗涤剂。

原生小体由呼吸道、口腔或生殖道进入动物体后，在上皮细胞内繁殖或被吞噬细胞吞噬后带到淋巴结。病原可在侵入部位形成局部感染，以隐性状态潜伏下来，可引起局部病变，如肺炎、肠炎或生殖障碍，也可形成全身感染。肺炎病例中分离到的沙眼衣原体，感染无菌猪后产生了肺部损伤。除了肺部病变，还发现了温和型复合性鼻炎和腹泻。Guscetti（2009）报道了较多的肠道感染的致病机理，用猪衣原体感染无菌仔猪，发现感染后 2～4 d 肠绒毛衣原体数达到峰值。生殖系统感染时，公猪的精液带菌，母猪交配后产下体弱的小猪，并不断排菌达 20 个月之久。感染或再次感染后产生血清抗体，3～4 周后疾病无进一步发展。

临床症状、病理变化以及诊断
CLINICAL SIGNS, LESIONS, AND DIAGNOSIS

很多衣原体感染均为隐性感染，但是呼吸道和全身感染可导致食欲不振，体温高达 39～41℃。可能出现呼吸困难（Reinhold 等，2005）、肺炎或关节炎，并持续 4～8 d。可能出现胸膜炎或心包炎，一个或多个关节受损和滑膜炎可能导致跛行。其他的步态失调包括仔猪衰弱和各年龄组猪的神经症状。致死性感染往往发生在幼龄动物中。3~11 d 潜伏期后发生呼吸道和全身感染,2~5 d 后发生仔猪腹泻。

Guscetti 等(2009)用猪衣原体感染无菌仔猪,导致中度及重度腹泻,出现凝乳状水样粪便、食欲不振、轻微衰弱、体况下降,感染后 2~3 d 体重下降。许多报道涉及生殖道感染并影响繁殖。公猪感染后,出现睾丸炎、附睾炎和尿道炎,而母猪感染后导致后期流产、弱胎或死胎。血清学和细菌分离研究提示,许多猪生殖系统感染后无明显临床症状。

衣原体造成的病变往往还包括一些别的病原。大多数病例伴随着肺部病变(Harris 等,1984)。病变组织呈不规则形,凸起,质硬连片,往往扩展到肺组织深部,与周围正常组织有明显的界限。早期病灶呈淡红色,随着时间推移变成灰色。可能出现支气管淋巴结肿大。显微镜检查看到肺泡隔增厚、水肿,支气管周围和上皮细胞下有嗜中性白细胞浸润。在肺泡腔内常常出现嗜中性细胞和巨噬细胞,在一些部位渗出物堵塞了末端细支气管。病变严重的肺叶出现水肿,并有大量的上皮细胞脱落(Martin 等,1983)。实验感染(Rogers 等,1996)或自然感染(Done 等,1992)的猪可以在支气管、细支气管上皮细胞和肺泡细胞中检测到抗原。

心包炎,胸膜炎,肾和膀胱出血,脾脏肿大,滑膜炎,关节病变,公猪睾丸炎的间质水肿和管性退变均有报道。流产胎儿可能为木乃伊胎、死胎和弱胎。实验感染无菌猪的病变表现为:伴有未消化团块的水性结肠内容物、绒毛萎缩、淋巴结炎以及绒毛末端多灶性坏死(Rogers 和 Anderson,1996)。

猪衣原体感染的假定诊断是困难的,因为临床症状不具有特征性,可能有结膜炎、肺炎、多发性关节炎、肠炎(特别是仔猪)、怀孕后期流产、死胎或木乃伊胎以及公猪睾丸炎。鉴别诊断需要出现衣原体感染常见的临床症状,实验室检测要排除其他病原。吉姆萨染色和 Koster 染色后,涂片和组织样本中可观察到衣原体。也可以使用特异性免疫荧光试验或免疫过氧化物酶试验(Chasey 等,1981)。商品化的抗原 ELISA 试剂盒,能用来检测组织提取物中的衣原体抗原(Guscetti 等,

2009)。但 PCR 技术最常用,可以检测到特异性衣原体。引物包括基因组 DNA 序列,16S rRNA 基因序列,ompA 基因序列和质粒序列。巢式 PCR 可用于混合感染时的特异性检测(Schiller 等,1997)。

细胞培养物和受精鸡蛋中可分离衣原体。做衣原体方面的工作是危险的,可造成人严重感染,甚至死亡。应执行必要的安全防护措施。ELI-SAs 能检测到抗体,但没有检测到抗体并不意味着没有发生感染。

预防和控制
PREVENTION AND CONTROL

鹦鹉热衣原体最常用四环素治疗。治疗时间不足可导致疾病复发。为了完全消除感染或是抑制潜伏期感染,应按治疗剂量连续给药 21 d。可通过饮水或饲料给药。

应避免健康猪与感染猪、其他哺乳动物和鸟类的粪便接触。所有感染种畜只有在用四环素治疗后方可使用,或将其隔离饲养,直到有足够的非感染猪代替它们为止。用石炭酸和福尔马林喷雾消毒可杀灭建筑物上的原生小体。

参考文献
REFERENCES

Anderson IE, Baxter SI, Dunbar S, et al. 1996. Int J Syst Bacteriol 46:245–251.
Chasey D, Davis P, Dawson M. 1981. Br Vet J 137:634–638.
Done SH, MCGill I, Spencer Y, et al. 1992. *Chlamydia psittaci* and necrotizing interstitial pneumonia. In Proc Congr Int Pig Vet Soc, p. 341.
Everett KDE, Bush RM, Andersen AA. 1999. Int J Syst Bacteriol 49:415–440.
Guscetti F, Schiller I, Sydler T, et al. 2009. Vet Microbiol 135:157–168.
Harris JW, Hunter AR, Martin DA. 1984. Comp Immunol Microbiol Infect Dis 7:19–26.
Kaltenboeck B, Kousoulas KG, Storz J. 1993. J Bacteriol 175:487–502.
Kaltenboeck B, Storz J. 1992. Am J Vet Res 53:1482–1487.
Martin J, Kielstein P, Stellmacher P, et al. 1983. Arch Exp Veterinarmed 37:939–949.
Reinhold P, Jaeger J, Melzer F, Sachse K. 2005. Vet Res Commun 29S:125–150.
Rogers DG, Andersen AA. 1996. J Vet Diagn Invest 8:433–440.
Rogers DG, Anderson AA, Hogg A, et al. 1993. J Am Vet Med Assoc 203:1321–1323.
Rogers DG, Anderson AA, Hunsaker BD. 1996. J Vet Diagn Invest 8:45–55.
Schiller I, Koesters R, Weilenmann R, et al. 1997. Vet Microbiol 58:251–260.
Szeredi L, Schiller I, Sydler T, et al. 1996. Vet Pathol 33:369–374.
Zahn I, Szeredi L, Schiller I, et al. 1995. Zentralbl Veterinarmed B 42:266–276.

单核细胞增生李斯特氏菌 *LISTERIA MONOCYTOGENES*

背景、病因学与公共卫生
RELEVANCE，ETIOLOGY，AND PUBLIC HEALTH

单核细胞增生性李斯特氏菌通常存在于猪群肠道中，很少引起仔猪死亡。各日龄猪群均能出现神经症状，母猪流产。此菌会引起严重的人类食源性感染，虽然比较少见，但如果胴体带菌的话，将会影响到食品安全。

单核细胞增生性李斯特氏菌是猪群环境菌李氏杆菌属的一种，在李氏杆菌里唯一会引发临床疾病，并引起食源性传播。单核细胞增生性李斯特氏菌是革兰氏阳性杆菌（1.2 μm×0.5 μm），不形成芽孢。携带的 Hly 基因编码溶血素，具有致病性。细菌能在 4～37℃ 的温度生长，有营养液的冷藏条件或是室温情况下能繁殖。此菌为需氧菌，能产生 1 mm 灰色不透明菌落，血平皿上形成 β 溶血环。能在很多培养基上生长。

单核细胞增生性李斯特氏菌感染人会引起败血症、流产以及神经症状。怀孕妇女、新生胎儿、老人以及免疫抑制人群的感染风险最大。尽管细菌存在于环境中，但是食品，特别是肉制品是最主要的来源。由于细菌存在于猪群环境中，而且猪是携带者，所以要监测农场环境和生猪屠宰过程中的细菌状况。Thevenot 等（2006）阐述了猪肉及猪肉制品单核细胞增生性李斯特氏菌污染问题。因为交叉污染和细菌繁殖，从农场到最终产品污染加重，高达 30% 的猪肉糜可能遭受污染。

流行病学和致病机理
EPIDEMIOLOGY AND PATHOGENESIS

单核细胞增生性李斯特氏菌感染世界各地均有发生，大多数食用动物带菌，临床病例偶有出现。单核细胞增生性李斯特氏菌多存在猪肠道中，也有少量存在于扁桃体中。丹麦、日本以及南斯拉夫的研究表明 10% 屠宰生猪带菌。当饲喂液体或是青贮饲料时带菌率增加。猪只主要经采食暴露感染。细菌通过粪便及流产分泌物排出。细菌在粪便中存在 55 d 后还能被检测到（Grewal 等，2007），对大多数消毒剂敏感。巴氏消毒能杀灭单核细胞增生性李斯特氏菌，但是加热后会出现食品污染。

细菌通过 2 种模式侵入。神经症状病例中，细菌通过神经逆行至脑部，败血症病例中，细菌通过扁桃体或是内脏引发淋巴腺炎发展成败血症。细菌随菌血症或是败血症侵入脑、关节及子宫这些特定的部位。细菌侵入和溶血素的产生引起临床症状。新生动物以及怀孕动物最容易受到临床感染。

临床症状、病理变化以及诊断
CLINICAL SIGNS，LESIONS，AND DIAGNOSIS

单核细胞增生性李斯特氏菌感染很少出现症状，但是发生过仔猪突然死亡、败血症、42℃高温和神经症状（Lopez 和 Bildfell，1989）。母猪很可能发生流产、死胎和弱胎。在新生动物的潜伏期是 24～48 h。临床病例通常在出现临床症状的 4 d 内发生死亡，特别是那些有神经症状的病例。猪群发生李氏杆菌感染并不常见，症状也不典型，所以很少表现出明显的临床症状。如果出现神经症状，临床上可以认为是李氏杆菌感染疑似病例，但需要与不少国家发生的链球菌性脑膜炎加以鉴别。

仔猪的病变可能包括肝脏点状坏死、肺脏斑块状损伤以及胸腔积液。组织学损伤包括脑膜炎、血管周围白细胞聚集、脑部微脓肿。这些地方都可见细菌。仔猪的败血症病例中，肝脏可见小块灰色半透明坏死灶，有可能是李氏杆菌感染，但是仔猪伪狂犬病也可见此病变。

确诊或显示带菌需要证明单核细胞增生性李斯特氏菌的存在。临床样本分离的细菌在血平皿上生长形成典型的溶血环，但是污染的样本、扁桃体样本、盲肠内容物、粪便、环境样本以及动物制品，增菌培养基 4℃过夜增菌，添加含两性霉素 B 的抗生素，然后在含七叶苷的选择培养基中再次培养，效果不错。

基于 Hly 基因序列引物的 PCR 技术用于定性检测，实时荧光定量 PCR 用于定量检测。增菌产物可以用于这些检测。商品化基因芯片，可以节省检测时间至 10 h。感染猪只可能会出现血清抗体,特别是流产后的母猪。

预防和控制
PREVENTION AND CONTROL

　　细菌对盘尼西林、氨基糖苷类等一些抗生素敏感,如果治疗及时,感染猪只很可能得到治愈,已经瘫痪的猪只需销毁。饲喂干料能降低细菌数。55℃以上高温处理粪便,或是有氧处理能降低废弃物中李氏杆菌的数量(Grewal 等,2007)。

参考文献
REFERENCES

Grewal S, Sreevatsan S, Michel FC. 2007. Compost Sci Util 15:53–62.
Lopez A, Bildfell R. 1989. Can Vet J 30:828–829.
Thevenot D, Dernburg A, Vernozy-Rozand C. 2006. J Appl Microbiol 101:7–17.

马红球菌 RHODOCOCCUS EQUI

背景、病因学与公共卫生
RELEVANCE,ETIOLOGY,AND PUBLIC HEALTH

　　马红球菌引起猪头部和颈部淋巴结发生肉芽肿性淋巴结炎。屠宰时,此病变易与结核病混淆(见63章),由于这个原因,本病的重要性就不仅仅是其引起了临床病变。马红球菌能使免疫功能不全的人感染甚至死亡。目前还不清楚,猪是否是人类感染马红球菌的风险因素。

　　马红球菌(Goodfellow,1987)一开始命名为马棒状杆菌,是革兰氏阳性球菌,不形成芽孢,但有荚膜。从猪上分离到的一些细菌具有毒力相关蛋白(vapA),此蛋白由毒性质粒或其他含有 vapA 的质粒编码。细胞壁包含分支杆菌,富含酸性脂多糖荚膜,是血清型分类的基础(Nakazawa 等,1983)。固体培养基上,马红球菌产生粉红色菌落。菌落生长缓慢,培养 48 h 长成 2～4 mm。典型菌落呈不规则的圆形,浅黄粉色,光滑,黏液样。马红球菌是生化不活泼菌,API Coryne 杆菌生化鉴定体系(BioMerieux)最容易鉴别诊断。

　　马红球菌公共健康意义重大,因为其能引起猪颈部淋巴结肉芽肿病变。需与鸟分支杆菌和其他分支杆菌鉴别诊断,因此要关注生肉检疫。马红球菌会感染人类,通常会引起坏死性肺炎,免疫功能不全人的慢性病,特别是那些 HIV 病人。感染导致高死亡率,死亡率约为 25%。从人上分离到的病菌与从猪上分离到的相似。

流行病学和致病机理
EPIDEMIOLOGY AND PATHOGENESIS

　　猪自然发生本病的流行病学所知甚少,但是,据报道马红球菌可以感染猪、牛、鹿、马、羊、山羊、野鸟和人类(Woolcock 等,1979)。马红球菌感染源自于环境,摄入污染的饲草或是被污染的猪圈(Barton 和 Hughes,1984)。这些猪的粪便里都能分离出病菌。Komum 等(2007)在荷兰检查了 15 900 例猪,0.75% 有颈部淋巴结肉芽肿,其中 44% 病例中分出马红球菌。马红球菌存在于灰尘,甚至是农场建筑物蜘蛛网上,对化学消毒剂有相当的抵抗力。

　　马红球菌导致猪头部和颈部的肉芽肿淋巴结炎症的途径还不清楚。通常经口感染,但 Zink 和 Yager 通过气溶胶方式使其产生了肺炎。

临床症状、病理变化和诊断
CLINICAL SIGNS,LESIONS,AND DIAGNOSIS

　　猪马红球菌感染通常是亚临床的,很少引起严重的临床病变。仅在屠宰时见到肉芽肿淋巴腺炎。受感染的下颌和颈部淋巴结肿大,有复合性黄褐色病灶中心,常常位于被膜下。有时出现干酪样钙化。

　　死后进行诊断。马红球菌引起很多淋巴结炎病变,能在宰后生肉检疫中发现,但是马红球菌的微生物鉴定和感染的消除对确诊很重要。选择性培养基(Makrai 等,2005;Woolcock 等,1979)有利于细菌培养结果,马红球菌 48 h 后形成 2～4 mm 大小的奶油粉色菌落。

预防和控制
PREVENTION AND CONTROL

　　对猪而言,马红球菌引发的疾病,死前诊断和治疗,以及特定的预防措施并不是十分重要。

参考文献
REFERENCES

Barton MD, Hughes KL. 1984. Vet Microbiol 9:65–76.
Goodfellow M. 1987. Vet Microbiol 14:205–209.
Komun RE, Wisselink HJ, Rijsman VMC, et al. 2007. Vet Microbiol 120:352–357.

Makrai L, Fodor L, Vendeg I, et al. 2005. Acta Vet Hung 53:275–285.
Nakazawa M, Kubo M, Sugimoto C, et al. 1983. Microbiol Immunol 27:837–846.
Woolcock JB, Farmer AMT, Mutimer MD. 1979. J Clin Microbiol 9:640–642.
Zink MC, Yager JA. 1987. Can J Vet Res 51:290–296.

足密螺旋体：皮肤螺旋体 *TREPONEMA PEDIS：CUTANEOUS SPIROCHETOSIS*

背景、病因学与公共卫生
RELEVANCE，ETIOLOGY，AND PUBLIC HEALTH

足密螺旋体，最初是从牛蹄炎中分离的密螺旋体（Evans 等，2009），现在又从猪只耳部坏死处以及皮肤损伤处分离到（Pringle 和 Fellstrom，2010；Pringle 等，2009）。其他细菌，如猪葡萄球菌和链球菌，也曾从耳部坏死处分离到，所以足密螺旋体并不一定是唯一或初始的病原。猪只耳部坏死性综合征目前尚不能通过实验重现。以往的研究表明，感染对猪只的死亡率、生长率或是胴体瘦肉成分没有显著的影响。足密螺旋体公共健康学的影响未知，因此，猪只感染不会对人类有风险。

足密螺旋体的形态学、培养特性、16SrRNA 和 flaB2 基因序列具有明显特征。直径约为 0.25 μm，4～6 μm 长，3：6：3 鞭毛型，不形成芽孢，厌氧；产生酯酶、脂肪酶和胰岛素样蛋白酶。添加 10％马血清 FAA 培养基 37℃严格厌氧条件下培养，4～5 d 形成明显的菌落。

流行病学和致病机理
EPIDEMIOLOGY AND PATHOGENESIS

世界各国都有报道过猪的病变，皮肤病变、钩端螺旋体肉芽肿和耳部坏疽。这些报道显示足密螺旋体只感染猪，但在牛、羊蹄炎中也有发现。因为 Pringle 等（2009）在感染猪的齿龈中发现足密螺旋体，所以认为在猪中的传播可能是通过皮肤和耳部撕咬。尚不清楚其在猪场环境的存活持续情况，但在牛场泥浆里能持续感染数天。

感染局限于皮肤损伤处，看起来可能是因为撕咬或擦伤。酯酶、脂肪分解酵素和蛋白酶更有助于损伤的扩大。最初的感染并渗透至组织可能受限于足密螺旋体厌氧特性。

临床症状、病理变化以及诊断
CLINICAL SIGNS，LESIONS，AND DIAGNOSIS

耳部坏死（见 17 章）是猪断奶后在耳部边缘形成的小块炎症区域，传播、强化，一些严重的病例中最终在失去整个耳朵。损伤一开始出现在耳朵边缘小范围区域，临近与头部的连接处，结痂、扩散并坏死（Pringle 等，2009），会失去整个耳廓。治疗康复后留下疤痕。类似的损伤会发生于腹侧和后肢上部，Pringle 和 Fellstrom（2010）从肩部溃疡中分离到了足密螺旋体。死亡率通常很低，感染猪只与未感染对照组没有明显差异（Busch 等，2010）。很多文献认为此情况及其严重程度与行为改变有关，并归因于饲养和管理（Smulders 等，2008）。

病变为慢性溃疡和脓包性皮炎。边缘由纤维蛋白、渗出物和炎性细胞组成的厚痂包裹，并伴有含血栓或无血栓的血管炎。细菌存在于表层，组织深处银染后可见螺旋菌。老年动物上可见病变治愈后的疤痕。

耳部坏死以及身体其他部位局部坏死，有可能是足密螺旋体感染，但猪葡萄球菌（61 章）也可能表现这些病变。需排除猪痘（30 章），虽然具有局限性，并留下疤痕。与咬伤很难区分，需要监视其行为，确定是单纯咬伤。大体病变的发展提示螺旋体的感染，并能在炎症组织中证实其存在。可以利用组织切片银染，通过镜检做出初步诊断。

用含 25％胎牛血清、10％兔血清、利福平和恩诺沙星的苛养琼脂肉汤在厌氧条件下进行分离。培养物通过 0.22 μm 孔径 Millipore 滤膜接种于 FAA 进行纯化,形成针尖样灰色溶血性小菌落(Pringle 等,2009)。该菌也能通过 PCR 检测(Pringle 等,2009)。

预防和控制
PREVENTION AND CONTROL

可以通过抗生素注射进行个体治疗,但是很少采用,因为条件不允许。目前,林可霉素和壮观霉素复合物可用于牛足密螺旋体。局部的皮肤消毒有效。改善环境条件,特别是操作工具的改良,有助于改善环境或社会因素造成的腹侧及耳部咬伤的发生。甲醛和戊二醛可以降低环境污染。

参考文献
REFERENCES

Busch ME, Jensen IM, Korsgaard J. 2010. The development and consequences of ear necrosis in a weaner herd and two growing finishing herds. In Proc Congr Int Pig Vet Soc, p. 45.
Evans NJ, Brown JM, Demirkan I, et al. 2009. Int J Syst Evol Microbiol 59:987–991.
Pringle M, Backhans A, Otman F, et al. 2009. Vet Microbiol 139:279–283.
Pringle M, Fellstrom C. 2010. Vet Microbiol 142:461–463.
Smulders D, Hautekiet V, Verbeke G, et al. 2008. Anim Welf 17:61–69.

耶尔森氏菌 *YERSINIA* SPP.

背景、病因学与公共卫生
RELEVANCE , ETIOLOGY , AND PUBLIC HEALTH

从发热、肠炎和腹泻病猪体分离出伪结核耶尔森氏菌和小肠结肠炎耶尔森氏菌,而且使用这两种细菌可以试验性制造出。小肠结肠炎耶尔森氏菌血清型 O_9 抗体与猪种布鲁氏菌有交叉反应,也会引起人类食源性疾病。

耶尔森氏菌属于肠杆菌科,从猪分离到的种包括:伪结核耶尔森氏菌、伪结核耶尔森氏菌鼠疫亚种、小肠结肠炎耶尔森氏菌、中间型耶尔森氏菌、费雷德里克斯耶尔森氏菌和克里斯坦森耶尔森氏菌。小肠结肠炎耶尔森氏菌和伪结核耶尔森氏菌与猪临床疾病关系重大。耶尔森氏菌为革兰氏阴性短杆菌,长约 $1.2~\mu m$,直径为 $0.5\sim1.0~\mu m$,无芽孢。荚膜、黏附性抗原和内毒素都有描述。个别种还可细分生物型和血清型,含质粒和毒力因子。小肠结肠炎耶尔森氏菌和伪结核耶尔森氏菌能在 $4\sim37℃$ 温度中生长,冷藏条件下能繁殖。耶尔森氏菌是需氧和兼性厌氧菌。常规培养基 $24\sim48$ h 就可出现 $1\sim2$ mm 的灰色菌落,而在麦康凯培养基上形成大小相似的非乳酸发酵性菌落。生化鉴定试纸条,如 API 20E(BioMerieux),可用于鉴别诊断。

小肠结肠炎耶尔森氏菌很少引起食源性疾病,通常为人自限性胃肠炎和肠系膜淋巴腺炎,类似于阑尾炎。大多数人的感染与生物型 2,O_9 和生物型 4,O_3 有关。生物型 1,O_8 也与有些人的感染有关。从猪体分离到 O 群小肠结肠炎耶尔森氏菌,包括 O_3 和 O_9。猪是人类感染的主要来源,通过未煮熟的猪肉及猪内脏感染。但是,也存在非猪源感染,如来源于蔬菜原料和莎拉。Fredricksson Ahomaa 等(2006)报道从猪和人中分离到的细菌具有分子学相似性。猪的分离菌与人的致病因素相同。

流行病学和致病机理
EPIDEMIOLOGY AND PATHOGENESIS

猪小肠结肠炎耶尔森氏菌感染很多国家都有报道,但伪结核耶尔森氏菌感染较少。猪和很多哺乳动物包括灵长类动物,可携带小肠结肠炎耶尔森氏菌,但伪结核耶尔森氏菌通常由啮齿动物携带。

猪小肠结肠炎耶尔森氏菌在感染猪的扁桃体中可存在相当长时间,可通过粪便排菌长达 30 周。苍蝇(Fukushima 等,1979),污染的饲料,污染的猪圈(Fukushima 等,1983)引起感染,可持续 3 周。在适宜的基质中,$20\sim22℃$ 条件下细菌可以增殖。和大肠杆菌一样,耶尔森氏菌对消毒剂敏感,常规的农场消毒剂都有效。

已证实小肠结肠炎耶尔森氏菌可经口腔感染猪并在猪体繁殖,感染后 $2\sim3$ 周可在粪便中分离到,30 周后从粪便中消失(Fukushima 等,1984)。Nielsen 等(1996)的试验研究证实,在感染后的 $5\sim21$ d,粪便中有细菌污染,扁桃体的带菌时间更长。口腔感染先从扁桃体开始,然后出现回肠和大肠的肠炎(Schiemann,1988;Shu 等,1995a,b,

1997）。血清抗体在感染 2 周内出现,感染后 33 d 达到峰值,感染后 70 d 消失(Nielsen 等,1996)。

临床症状、病理变化以及诊断
CLINICAL SIGNS, LESIONS, AND DIAGNOSIS

通过大量培养,已经从断奶仔猪暴发腹泻的病例中分离到小肠结肠炎耶尔森氏菌,但没有获得其他病原菌。病猪出现中等程度发热(39.4℃),有不含血和黏液的腹泻,呈黑色。直肠狭窄部的病例中从直肠黏液分离到病原菌。乳猪实验感染导致厌食、腹泻和体重减轻(Shu 等,1995a)。哺乳仔猪实验室感染出现厌食、呕吐、腹泻和体重下降(Shu 等,1995a)。小肠结肠炎耶尔森氏菌出现于很多例"结肠炎",哺乳仔猪无特征性腹泻通常存在其他肠道病原感染(Thomson 等,2001)。小肠结肠炎耶尔森氏菌也能从流产仔猪中分离到,感染怀孕 89 d 的母猪,出现综合征(Platt-Samoraj 等,2009)。猪伪结核耶尔森氏菌的感染现轻微食欲不振,血便,眼睑、面下部和下腹部肿胀(Neef 和 Lysons,1994)。

小肠结肠炎耶尔森氏菌感染引起的病变包括小肠和大肠的卡他性肠炎。镜检遭破坏的肠道上皮细胞可见病原菌的微菌落,病猪出现直肠病变,细菌穿透肠壁,黏膜肌层出现炎症(Shu 等,1995a)。伪结核耶尔森氏菌引起的病变包括肝、脾出现粟粒状灰白色小点,肠系膜淋巴结肿胀呈灰白色,结肠和直肠出现卡他样和白喉样病变,还可见水肿和腹水(Morita 等,1968;Neef 和 Lysons,1994)。微观病变包括肺、肝、脾肠系膜淋巴结和大肠淋巴滤泡出现由一薄层颗粒样组织包围着的含细菌团的坏死中心。

耶尔森氏菌的临床诊断是困难的,因为临床症状不具有特征性。特征性病变可能包含耶尔森氏菌的感染,但诊断要依据病因学分离和鉴定。Nielsen 等(1996)建立了间接 ELISA 方法检查小肠结肠炎耶尔森氏菌 O_3 的感染,此方法在野外应用可能有价值。血琼脂和麦康凯琼脂在 37℃ 很容易地从病变组织分离出伪结核耶尔森氏菌和小肠结肠炎耶尔森氏菌。最常用的耶尔森氏菌的分离方法是冷增菌技术,将待检组织或样品置 4℃,再接种到一种选择性培养基上。选择性培养基可以是麦康凯琼脂(30℃培养)或小肠结肠炎耶尔森氏菌专业培养基(Catteau 等,1983)。食品微

生物学家利用一系列检测技术,如免疫磁分离和 Rasmussen 等(1995)的 PCR 技术。

预防和控制
PREVENTION AND CONTROL

耶尔森氏菌感染很少进行特异性治疗。分离物通常对土霉素、痢特灵、新霉素、磺胺类和壮观霉素敏感。饲料中添加四环素来消除感染和临床症状。小肠结肠炎耶尔森氏菌猪与猪间的传播,与粪便接触有关,所以搞好独立排水区内猪圈的卫生消毒将会减少感染的发生。控制苍蝇和啮齿动物,以及引种前对猪圈全面消毒也会减少病原菌的传播。

屠宰时去除扁桃体可减少猪肉中小肠结肠炎耶尔森氏菌的感染,但当发现与布鲁氏菌病试验的交叉反应时,应采取控制措施。血清学反应的高峰在感染后 33 d,70 d 后消失(Nielsen 等,1996),因此,可在猪感染时进行治疗或处理,以防止抗体的出现或持续,并在抗体水平下降后再次进行检测。控制猪圈鸟类和啮齿动物,可防止伪结核耶尔森氏菌感染(Morita 等,1968)。

（余琦译,王敏校）

参考文献
REFERENCES

Catteau M, Krembel C, Wauters G. 1983. Rec Med Vet 159:89–94.
Fredricksson-Ahomaa M, Stolle A, Korkeala H. 2006. FEMS Immunol Med Microbiol 47:315–329.
Fukushima H, Ito Y, Saito K, et al. 1979. Appl Environ Microbiol 38:1009–1010.
Fukushima H, Nakamura R, Ito Y, et al. 1983. Vet Microbiol 8:469–483.
Fukushima H, Nakamura R, Ito Y, et al. 1984. Vet Microbiol 9:375–389.
Morita M, Nakamatsu M, Goto M. 1968. Nippon Juigaku Zasshi 30:233–239.
Neef NA, Lysons RJ. 1994. Vet Rec 135:58–63.
Nielsen B, Heisel C, Wingstrand A. 1996. Vet Microbiol 48:293–303.
Platt-Samoraj A, Szweda W, Procajlo Z. 2009. Pol J Vet Sci 12:710–718.
Rasmussen HN, Rasmussen OF, Christensen H, et al. 1995. J Appl Bacteriol 78:563–568.
Schiemann DA. 1988. Can J Vet Res 52:325–330.
Shu D, Simpson HV, Xu RJ, et al. 1995a. NZ Vet J 45:27–36.
Shu D, Simpson HV, Xu RJ, et al. 1995b. Biol Neonate 67:360–369.
Shu D, Simpson HV, Xu RJ, et al. 1997. NZ Vet J 43:50–56.
Thomson JR, Smith WJ, Murray BP, et al. 2001. Anim Health Res Rev 2:31–36.

第五部分
SECTION V

寄生虫病
Parasitic Diseases

65 外寄生虫
External Parasites

John H. Greve 和 Peter Davies

因为气候和养殖方式的不同,体外寄生虫对养猪业的危害具有很强的地区差异性。放养猪与圈养猪更易受到昆虫的侵袭。此外,圈养的环境可控性可能能够减少极端天气造成的寄生虫病的发生。疥螨(mange mites)、蠕形螨(demodectic mites)、虱子(lice)、跳蚤(fleas)、蚊子(mosquitoes)、苍蝇(flies)和蜱(ticks)都是可以使猪产生一系列症状的体外寄生虫,以瘙痒和皮肤损伤最为常见。感染猪只生长缓慢、饲料转化率低以及屠宰胴体质量下降,造成难易估量的经济损失。屠宰时,因蚊虫叮咬引起的皮肤损伤可能导致不必要的修建和剔除。另外,对动物产品的不恰当处理可能导致体外寄生虫在组织中残存,造成猪肉的污染。某些体外寄生虫还是某些病原微生物的载体。

疥螨
SARCOPTIC MANGE

疥螨病是世界上最重要的猪体外寄生虫。猪只感染疥螨后,表现为生长缓慢、饲料转化率低以及繁殖母猪的繁殖力下降(Kessler 等,2003)。当猪场发生猪疥螨病时,农场主一般不能及时发现,使得该病的经济重要性易被低估。猪疥螨病一般有两种临床表现,一种为慢性皮肤角质化,主要见于母猪;一种为以皮肤瘙痒为特征的过敏反应,主要见于生长猪。历史上,疥螨在猪群中广为流行(流行率一般为 40%～90%),已感染猪群的流行率在 20%～95%。现代养殖技术和种畜繁殖策略可以成功地清除疥螨,但同时也使对疥螨流行情况的准确评估更加困难。

病因学及生活史
Etiology and Life Cycle

疥螨病的病原为猪疥螨(*Sarcoptes scabiei*),属蛛形纲(Arachnida),螨亚纲(Acarina),疥螨科(Sarcoptidae)。虫体呈圆形,长约 0.5 mm,肉眼可见,在黑色背景易见。低倍放大可见虫体有 4 对短粗的足,其中有些足长有较长的、不分节的柄,柄的末端有吸盘样结构。雌螨的第 1、第 2 对足和雄螨的第 1、第 2、第 4 对足的末端长有这种带柄吸盘结构,而没有带柄吸盘的足则长有较长的刚毛。

疥螨终生寄生,卵、幼虫、若虫和成虫均在表皮发育。雌虫在表皮交配后,通过在表皮挖掘隧道进入到表皮内的 2/3 处,在此产卵 40～50 个,然后将卵留在此处,雌虫则继续前行。雌虫在表皮内挖掘隧道是通过消化表皮的角质层、颗粒层和棘层来实现的,并且隧道最深也超不过表皮的棘层。大约 30 d 后,雌虫在隧道中死亡,3～5 d 后虫卵孵化为幼虫,幼虫又进一步蜕化为若虫,并

猪病学,第 10 版,由 Jeffrey J. Zimmerman、Locke A. Karriker、Alejandro Ramirez、Kent J. Schwartz、Gregory W. Stevenson 主编。

© 2012 John Wiley & Sons, Inc. 由 John Wiley & Sons, Inc. 2012 年出版。

发育为成虫,全部发育过程均在表皮隧道内进行。成虫通过隧道又回到皮肤表面,开始进行下一轮的交配,然后重复上述发育过程。从虫卵发育到孕卵雌虫的周期为 10~15 d,并且全部发育过程都是在宿主猪体上完成。

流行病学
Epidemiology

母猪是疥螨在猪群中的主要宿主,疥螨通过感染猪与其他猪只的物理接触进行传播。因为目前人工授精技术的广泛使用,公猪与其他猪只的日常接触较少,但其仍可成为另一个传染源。母猪和公猪在感染疥螨后的典型病变是耳廓内侧面的皮肤发生明显的角质化。少数成年猪也可感染,感染后身体皮肤可见角质化。易感猪通过吮吸感染母猪的乳汁或与其他感染猪直接接触感染疥螨。疥螨在猪只之间的传播速度慢(Stegeman等,2000)。据统计,疥螨在猪群中的传播速率为每只每天 6%。新受精的雌虫被认为是虫体传播的主要阶段,此时它们在皮肤表面而非隧道里。对猪的一些管理措施,如母猪的群养、生长猪的流水养殖系统和生长猪较大的猪群规模都会促进疥螨的传播。疥螨的感染率和严重程度会在寒冷月份升高,在温暖月份降低(Davies 等,1991)。

环境污染对疥螨传播来说并不重要,但是在移走感染猪只后马上引进新猪可能造成感染(Smith,1986)。尽管在最佳实验条件下,疥螨可存活 3 周,但是在离开宿主后,其残存的感染力很有限。干燥可降低螨虫的活力。阳光直射几分钟或在 28℃ 以上的环境中几个小时,螨虫即可死亡。即使在较冷的环境中(温度为 7~18℃,相对湿度为 65%~75%),螨虫存活不超过 12 d(Mikhalochkina,1975)。将健康猪与提前 3 d 撤下来的污染的垫料(春天或秋天)反复接触,未见疥螨感染(Cargill 和 Dobson,1977)。实验证明,当温度低于 25℃ 时,疥螨存活时间不超过 96 h;在 25~30℃ 时,存活时间不超过 24 h;当温度高于 30℃ 时,存活时间不超过 1 h。

猪可能是疥螨病唯一的宿主,迄今为止,未见除猪之外的其他宿主动物。疥螨病在猪群中的传播常通过隐形感染猪只的移动造成。

经济重要性
Economic Importance

Davies(1995)综述了疥螨病对养猪业的影响。除非有并发病,疥螨一般不造成动物的死亡。现场研究表明,有效控制疥螨病可以提高猪的产奶量,降低仔猪因堆叠产生的死亡率,提高断奶仔猪的体重(Hewitt 和 Heard,1982;Schultz,1986)。其他经济影响还包括屠宰时胴体的修剪和降级,因猪只摩擦而导致的围栏和器械的损坏等。

疥螨病最重要的影响是降低了生长猪的生长速度和饲料转化率。有试验通过比较感染猪和健康猪(Davies,1995),或对比治疗组和非治疗组(Sheahan 和 Kelly,1974),验证了疥螨病对猪生长速度的影响。在实验中,通过测量 12 周(或更长时间)内猪的生长速度,或从体重小于 20 kg 一直监测到体重大于 60 kg,大多数的实验结果证实疥螨病使猪的生长速率降低 4.5%~12%。Smets 等(1999)研究发现,产奶母猪在根除疥螨后,需要的饲料量减少了 5%。

临床症状和致病机理
Clinical Signs and Pathogenesis

疥螨病的最常见症状是瘙痒,一般在感染 2~11 周后,出现广泛性瘙痒。感染疥螨后,猪一般经过如下几个阶段:无反应阶段、迟发性过敏反应阶段、迟发性和过敏性过敏反应阶段,最后是速发性过敏反应阶段(Davis 和 Moon,1990)。瘙痒和摩擦的程度取决于初次感染疥螨的数量和持续感染的水平。研究发现,感染少量(100 个)或大量(大于 1 000 个)螨虫时,迟发性过敏反应(非速发性过敏反应)的发生与感染剂量有关。到目前为止,在实验中未见患猪的自然脱敏现象,但在生产实践中会发生。

猪感染疥螨后,在螨虫富集区域,尤其是在耳廓内侧面形成结痂,这种板状结痂聚合在一起覆盖耳廓 70% 的区域,但随着时间的推移和过敏反应的发生,结痂性病变逐渐缩小。Morsy 等(1989)用电子显微镜证实了表皮的病变过程。

随着结痂性病变的消退,多数猪出现过敏性皮肤丘疹,丘疹多出现在臀部、胁腹部和腹部。组织学检查可见丘疹内含有大量嗜酸性白细胞、肥大细胞和淋巴细胞,但螨虫检查阴性。感染 2～5 周后,免疫球蛋白分泌细胞的数量达到高峰,几周后迅速下降(Morsy 和 Gaafar,1989)。再次感染只引起免疫球蛋白分泌细胞数量的少量增加。瘙痒可以引起结缔组织增生和皮肤角质化,导致脱毛和(或)皮肤损伤,尤其在侧腹部。

角化过度型疥螨病主要见于成年猪,生长猪也可发生,但未发生典型的过敏反应。结痂如石棉样,松散地附着在下层皮肤上,内含大量螨虫。结痂在耳朵多见,但也可扩散到背部,脖子和身体的其他部位。

免疫力、营养不良及管理不善与角化型疥螨病的关系已引起人们的注意。一般认为,角化型疥螨病多见于管理不善和营养不良猪只。蛋白和铁摄入不足可导致过敏反应降低,大量的角化型疥螨病猪与此有关(Sheahan,1974)。总体临床表现受治疗和群体管理办法的影响。

诊断
Diagnosis

多数猪群都会发生疥螨病,除非是之后采取了特殊的净化措施。很多种猪养殖场和生产商根除了疥螨,但会复发。当猪身体上出现伴有瘙痒的小红丘疹时,应该怀疑患了疥螨病。猪会非特异性地摩擦,所以应该统计摩擦次数(摩擦指标)以估计瘙痒等级(Rubbing Index,RI)。选取25～30 头猪,观察 15 min,记录摩擦次数。当 RI 大于 0.1 时,表明该猪群已经感染疥螨(Pointon 等,1995)。通过在皮肤刮取物中发现虫体来确诊,但是通常虫体不易发现,因为感染猪群的大多数猪可能呈隐性感染或并不表现出瘙痒症状(Kessler 等,2003)。

发现虫体最好的方法是用手电筒检查种猪耳内侧的结痂。用刀片或凿子刮取 1～2 cm² 的结痂,用以检查是否有螨虫。将结痂弄碎,放于黑色纸上,静置几分钟后轻轻将结痂移走,用放大镜观察可见螨虫附着在这张黑色纸上。更灵敏的方法是将刮取的结痂浸于 10% 的氢氧化钾或氢氧化钠溶液中消化,可以通过低温加热加速消化过程,因为虫体的外壳不溶于氢氧化物溶液,所以在低倍显微镜下观察即可发现螨虫。第三种方法是将耳廓刮取物置于平皿内,低温加热培养过夜,平皿内会出现大量的螨虫或附着在平皿的底部(Sheahan 和 Hatch,1975)。

只有极少数的生长猪会携带大量螨虫。耳朵的结痂刮取物比其他部位的皮肤刮取物更易检测到虫体(Bogatko,1974)。Davies 等(1996b)发现,通过皮肤刮取物检测呈阳性的猪的数量与丘疹性皮炎的严重程度呈正相关,通过皮肤刮屑检测出的阳性率为 3%～63%。在某一患有疥螨病猪群中,其中 47% 的猪表现为过敏型,5% 表现为过度角化型,皮肤刮取物的检测结果显示,只在33% 的过敏型猪的皮肤内发现虫体,而 81% 的过度角化型患猪检测到虫体(Kambarage,1993)。

在感染疥螨后,同一猪群的猪根据感染数量和过敏反应一般可划分为两种:一小部分猪携带有大量虫体,但是并未发展成严重的过敏型疥螨病;而大部分猪只携带少量虫体,但会发生明显的过敏反应(Davies 等,1996a)。对于后一种情况来说,随着时间的推移,其过敏反应越强烈,螨虫的数量反而越少(Cargill 和 Dobson,1979;Davis 和Moon,1990)。与患猪长时间持续接触,过敏型疥螨病患猪的过敏反应和临床症状可持续存在。

在剖检或屠宰时检查胴体同样可以对猪群的感染情况做出诊断。根据丘疹性皮炎的严重程度对皮肤的损伤程度进行打分和分类。可忽略因垫料或蚊虫叮咬造成的小点。但是肩部、腰部、腹部和臀部的皮肤病变等级是评价是否感染疥螨病的关键(Cargill 等,1997)。

最近,酶联免疫吸附试验(ELISA)已经作为诊断工具来检测猪血清中的抗疥螨(S. scabiei)抗体(Borntein 和 Wallgren,1997;Bornstein 等,2000;Decker 等,2000;Zalunardo 等,2000)。虽然该方法对于个体的检测敏感性仅为 29%～64%,但是群体的检测敏感性可高达 95%。个体猪只的抗体特异性可达 78%～97%(Smets 和Vercruysse,2000)。感染疥螨后的 5～7 周或在开始出现临床症状后的 3～4 周,才可检测到特异性抗体(Bornstein 和 Zakrisson,1993),并且在之后的 9～12 个月内仍可持续检测到(Smets 和Vercruysse,2000)。虽然对感染后的猪进行治疗后,其体内抗体仍可持续数月,但是抗体的半衰期将短于 2 个月(Bornstein 和 Wallgren,1997)。今后可能会把 ELISA 作为评价净化措施有效性的方法(Cargill 等,2004)。

疥螨病与其他皮肤病的鉴别诊断非常重要。易与疥螨病混淆的疾病有角质增生、渗出性皮炎、尼克酸和生物素缺乏症、猪痘、真菌性皮肤病、晒伤、光敏症及蚊虫叮咬等。有时,在疥螨病阴性猪群的耳朵刮取物中仍然可以发现某些虫体和/或虫卵,但这些虫体可能只是隐居在陈旧稻草垫料中的"假性疥螨",其结构与疥螨科虫体的不同。

治疗、控制和净化
Treatment,Control and Elimination

因为养殖户常把猪的瘙痒症状视为一种正常现象,所以疥螨病常被忽视。只有及时发现,才能制订合理的控制措施。生产商可以选择一些策略来降低疥螨病带来的经济损失。在感染疥螨后,某些猪场可以选择治疗和控制,但更多倾向于净化。

成功治疗的关键是正确使用杀螨药。如果采用正确的剂量和治疗程序,大多数注册药品均可以很好地控制甚至净化疥螨病。油制剂要比水制剂效果好,因为油制剂可以软化结痂。目前,油制剂仍可单独使用或与某些杀螨药配合使用。

某些较早使用的药物(如机油、柴油、石灰硫黄混合杀虫剂)因治疗效果有限,不推荐使用。氯化烃类(林丹和毒杀芬)或有机磷类(马拉硫磷、敌百虫和二嗪农)曾经也用作杀螨药,但是由于其毒性作用、药效不佳或在组织中的残留时间较长,目前已被禁用。

现在越来越多的杀虫剂(表 65.1)更安全,疗效更好,使用更方便。如果其活性成分不能杀死虫卵,则必须在初次给药后 10 d 进行二次给药,以杀死出现的幼虫。在使用杀虫剂时,必须认真阅读厂家提供的说明书上有关稀释方法、残留期及注意事项的介绍,严格遵循说明书用药。在一些特定国家,有些药物的使用要依照相关法律规定。最近研制的非常有效的杀螨药有亚胺硫磷浇泼剂、双甲脒喷洒剂及阿维菌素类药物(伊维菌素、多拉菌素和莫西菌素)。阿维菌素类药物可以注射给药,伊维菌素也可口服(拌料)。使用亚胺硫磷时,建议将少量药物涂抹在猪每只耳朵的内侧面。阿维菌素类药物是光谱抗寄生虫药,对大部分体内寄生虫和虱、疥螨等体外寄生虫均有效。这些药物的药效持续性不同,由于其自身疗效和使用方便的特点,该类产品更为有效和实用。

表 65.1 猪体外寄生虫感染的化学治疗指南

化学药物名称	浓度	敏感虫种	使用方法
双甲脒(Amitraz)	0.1%溶液	螨	喷洒猪体、圈舍和环境,每 7 d 重复一次
丁烯磷(Clodrin)	0.25%	虱	喷洒,14 d 后重复给药
蝇毒磷(Coumphos,Co-Ral)	0.06%溶液	虱、角蝇	喷洒
	0.12%溶液	硬蜱	清理伤口
	0.24%溶液	螨	用于猪;同时猪舍每平方米新鲜垫料用 20 g
	1%粉剂	螺旋蝇幼虫、绿头苍蝇	
	5%粉剂	虱、耳蜱	撒于耳及耳朵附近的头部区域
二嗪农(Diazanon)	0.05%乳剂	虱、螨	喷洒 3 次,每次间隔 10 d
敌杀磷(Dioxathion,Delnav)	0.15%溶液	虱、硬蜱	喷洒或浸泡。围产期及产仔母猪禁用,2 周内禁止重复给药
多拉菌素(Doramectin)	肌内注射	虱、螨、跳蚤	300 $\mu g/kg$ 体重
伊维菌素(Ivermectin)	皮下注射	虱、螨、跳蚤	300 $\mu g/kg$ 体重
	拌料饲喂	虱、螨、跳蚤	300~500 $\mu g/kg$ 体重
林丹(Lindane)	0.06%乳剂	虱、疥螨	浸泡或喷洒。禁止使用六氯苯

续表 65.1

化学药物名称	浓度	敏感虫种	使用方法
	1%粉剂	跳蚤	撒于头部、颈部和背部
	3%涂抹剂、糊剂、高压喷雾剂	跳蚤、螺旋蝇幼虫、绿头苍蝇	彻底清理伤口
马拉硫磷(Malathion)	0.05%乳剂	虱、蜱、螨	喷洒
	6%粉剂	跳蚤、虱	涂抹全身
	2.5%乳剂	家蝇、厩蝇、跳蚤	喷洒环境
莫西菌素(Moxidectin)	皮下注射、浇注	虱、螨、跳蚤	300 μg/kg 体重
亚胺硫磷(Phosmet)	20%油液	螨	1 mL/10 kg 体重沿背浇注,少量滴于耳内
多硫化合物(Polysulfide)	2%溶液	疥螨	喷洒
嘧啶磷/安定磷(Primiphos, Actelic 50 EC)	粉末	跳蚤	撒于垫料(观察药物的休药期)
杀虫畏(Rabon)	2%溶液	家蝇、厩蝇、虱	喷洒 4.5 L/(12~14) g/m²
皮蝇磷(Ronnel)	0.25%乳剂	虱	喷洒
	5%颗粒	虱	25 g/m² 垫料
	5%高压喷雾剂	螺旋蝇幼虫、绿头苍蝇	清理伤口
鱼藤酮(Roteneone)	1%粉剂	跳蚤	撒于头部、颈部和背部
毒杀芬(Toxaphene)	0.5%乳剂	虱、硬蜱、螨	喷洒
敌百虫(Trichlorfon)	0.125%乳剂	家蝇、厩蝇、螨	喷洒房舍,切勿污染饲料和饮水

控制
Control

控制疥螨应首先发现并确认感染慢性疥螨病的猪,然后采取常规的治疗措施,防止其传染给其他仔猪。控制方案视不同种猪场而定。根据Mercier 等(2002)的相关报道,在母猪产仔前的8 d 一次性使用伊维菌素(300 μg/kg 体重),能有效地控制疥螨病感染仔猪。检出和剔除具有广泛过度角化损伤的母猪,然后在产仔前对剩余的其他母猪进行治疗。公猪需 3~6 个月治疗一次,防止交配时传播该病。无疥螨母猪所产仔猪饲养于洁净圈舍内,不会感染螨虫,除非接触了感染猪。如果种猪群和生长猪群均感染了疥螨,则需对全群猪进行处理和治疗。但是,成功净化疥螨需要同时从两方面着手,在对种猪群进行治疗的同时,对生长猪群的环境和用具采取消毒等生物安全措施。对于引进猪,必须在引进前进行严格的检查和处理。清除污染的垫草,并用杀虫剂喷洒圈舍环境。接触过感染猪的工作人员也能成为疥螨的

传播载体(Mock,1997),因此有必要规定工作人员从一个猪群去往另一个猪群之前,必须更换衣服,并进行淋浴消毒。

净化
Elimination

了解 3 个现象有助于建立和保持无疥螨猪群及健康猪的数量。第一,仔猪出生时不带虫,感染是通过出生后与感染母猪或生长猪的接触产生的;第二,疥螨具有高度宿主特异性,离开猪体后很难存活;第三,现代杀虫剂对于疥螨非常有效。

因此,可以通过下列途径建立无疥螨猪群:剖腹产,用无疥螨猪群繁殖,隔离饲养已治疗和处理过的猪,用阿维菌素或其他杀虫剂净化。对于引进猪,采取生物安全措施,从引进源头上认真检查和监测,从而预防病原寄生虫的引入。在许多国家,主要种猪场为无疥螨场,而且大部分集约化生产的猪群在很多年以来也无疥螨,这应该是大多数养殖者追求的目标。

随着越来越多的有效杀螨剂的出现,控制措

施的选择也多样化。如果采取合适的控制程序，并正确使用杀螨剂，净化疥螨病是完全可能的。疥螨净化的成功与失败往往取决于养殖户在治疗过程中或采取生物安全措施时的态度与细心程度。净化程序一般包括几个关键因素。如果计划对全群用药治疗，则可以在治疗前出售所有可上市的猪以降低成本，并严格遵守药物的休药期。根据杀螨药的推荐剂量和使用间隔，对所有猪治疗 2 次。如果只计划治疗母猪群，则有 2 个方案可供选择：按照推荐的用药间隔，治疗所有的母猪和公猪；或在产前给母猪用药，并移至清洁猪舍。如果采取后一种措施，公猪每 3 个月用药一次，并将用药母猪所产的仔猪与未用药母猪所产仔猪分开饲养。生长猪群的净化相对比较容易，将连续式管理模式改为全进全出式管理模式，如按照日龄分群隔离饲养或多圈舍分群饲养。当然，改善管理方式必须配合母猪产前用药才能有效。通过实践证明，所有这些方法均有效，并且经济实用。

蠕形螨

DEMODECTIC MANGE

猪多为隐性感染蠕形螨，对于猪来讲相对不重要。所有养猪的地方均有报道此病。

蠕形螨病的病原为猪蠕形螨（*Demodex phylloides*），形似短吻鳄，终生寄生于毛囊内，并靠近毛干。为了适应其狭窄的生存空间，虫体呈纺锤形，腿短粗。猪蠕形螨的生活周期与其他蠕形螨类似。受孕雌虫生活在毛囊中，并在此产卵。幼虫期和若虫期均在毛囊内进行，大约 2 周后发育为成熟的成虫，成虫寿命为 1～2 个月。随着猪年龄的增长，蠕形螨的发育周期减慢，最终毛囊内含有的少量虫体基本上都是成虫。螨虫可通过毛孔从一个毛囊爬入相邻毛囊。

蠕形螨病可能主要通过与新生仔猪直接接触（如哺乳或堆压拥挤）进行传播。蠕形螨的抵抗力很强，在潮湿环境中可存活数天。在实验条件下，将含螨的皮肤病料置于阴冷潮湿处，可存活 21 d 之久（Nutting，1976）。但当蠕形螨离开宿主皮肤后，仅能存活 1～2 d。在干燥环境中，20℃下仅1 h 就可将皮肤表面的螨虫杀死。

蠕形螨主要寄生于猪的口鼻部、眼睑、下颌、颈部下侧、乳房及股内侧（Walton，1967）。初期形成红色斑点，后期逐渐角质化，形成结节。结节为肿胀的毛囊，里面含有不同发育时期的虫体和角质化的皮屑，并引发轻微的炎性反应。结节切面可见白色的干酪样物，内含大量螨虫。此病变容易和猪痘相混淆。

诊断
Diagnosis

通过在深层皮肤刮屑物中发现大量虫体诊断该病。几乎所有的猪都携带蠕形螨，所以只发现一两只蠕形螨并不能确诊此病的发生。临床上，根据虫体的出现、虫体数量的大量增加（如毛囊内出现大量未成熟阶段的虫体）以及眼观可见病变进行该病的诊断。

治疗
Treatment

目前使用的杀虫剂（无论是局部用药还是全身用药），对猪的蠕形螨病没有良好的治疗效果。但是，伊维菌素或双甲脒对犬蠕形螨有很好疗效，故可试用。严重感染的猪只必须淘汰，因为已经确切证实临床上犬蠕形螨的发生具有基因遗传性，因此猪蠕形螨可能也具有同样的特性。

虱（虱病）
LICE（PEDICULOSIS）

猪虱（*Haematopinus suis*）是虱子中个体较大的，因此很容易观察。螨病防治较好的猪群，几乎不携带虱，因为虱和螨对同样的杀虫剂敏感。猪虱几乎呈世界性分布，寄生于猪的虱只有猪虱（*H. suis*）。

猪虱属于吸虱亚目（即可进行吸食），虫体呈灰褐色，体表有黑色花纹。雌虫长约 6 mm，雄虫稍小。头长且窄，含有吸食血液的刺吸式口器。猪虱具有严格的宿主特异性，感染猪群的过程中不需要中间宿主（野生鸟、啮齿类动物或其他昆虫），宿主只有猪。

猪虱在猪体内完成整个生活周期。雌虫每天可产卵 3～4 个，一个产卵期（约 25 d）可产卵 90

个左右。卵长 1～2 mm,常通过一种黏性物质牢固地黏附在毛发上。卵在 12～20 d 孵化成若虫,若虫经 3 个龄期发育,整个若虫期以吸食猪体的血液为食,若虫通过猪体皮肤较薄处(如耳朵或其他部位)来吸食血液。第三龄期若虫在产卵后的 23～30 d 发育为成虫。猪虱为永久性寄生虫,终生寄生于宿主,离开宿主后只能存活 2～3 d。

猪血虱寄生于猪体的所有部位,但以颈部、面颊部、体侧和四肢内侧面为多。它们也常隐藏在耳内,并且成群寄生,应与寄生在耳内的蜱进行鉴别诊断。猪血虱的传播方式为直接接触感染。

与疥螨病不同,虱病的经济意义尚未得到充分的估计和重视。但据报道,严重感染时可引起幼猪贫血,可能会影响猪的生长速度和饲料转化效率。据估计,感染后幼猪的体重增长速度每天减慢 50 g(Hiepe 和 Ribbeck,1975),但其他人并未通过实验得出同样的结果。虱为猪痘的传播媒介,即使是隐形感染的猪也不适合用作高品质皮革的生产(Hiepe 和 Ribbeck,1975)。

诊断
Diagnosis

应该注意猪虱病与瘙痒症的鉴别诊断。可通过检测成虫或幼虫来诊断此病。幼虫常黏附在毛干较低区域,这有助于与更易传播的绿头蝇的虫卵区分开。

治疗和控制
Treatment and Control

猪虱的所有发育阶段均在猪体完成,根据这一特点可以对猪虱进行有效的治疗和控制。喷洒剂、浇泼剂和粉剂均可用于猪虱的治疗(表 65.1)。通过在垫料中放入杀虫颗粒进行有效控制。浇泼剂和粉剂的优势是在寒冷的季节仍可使用,而喷洒剂却不适用。如果杀虫剂的有效成分不能有效杀死虫卵,可在用药后 10 d 重复给药。

前文介绍的针对猪疥螨病的控制和净化措施同样适用于猪虱。其中包括特别观察耳部病变、治疗公猪、母猪产仔前综合治疗、健畜与患畜分开饲养以及对所有引进动物进行治疗等措施。

跳蚤
FLEAS

蚤类(Siphonaptera)宿主特异性较低,可在任何哺乳类或鸟类动物上寄生。跳蚤可在多宿主间转移,所以其对疾病的传播有很重要的研究意义。跳蚤可能寄生于系统发育学上与之相关的物种或寄生于与之共同生存环境的物种。所有跳蚤具有相似的基本结构,无翅、腹部平坦、后腿粗壮,利于跳跃,外表呈棕褐色。

与猪有关的跳蚤主要有致痒蚤(Pulex irritans)或人蚤、鸡蚤(Echidnophaga gallinacea)或鬼针草蚤、穿皮潜蚤(Tunga penetrans)或沙蚤(注意与恙螨进行区分)、猫栉首蚤(Ctenocephalides felis)或猫蚤。

所有跳蚤的生活史均相似。成年跳蚤仅以宿主的血液为食,且只有成虫阶段寄生于宿主体。交配后,雌虫产卵,卵离开宿主体落入环境,2～16 d 后,孵化出幼虫,幼虫如蠕虫样,且以环境中的有机物碎屑和跳蚤的血液和粪便为食。幼虫发育需要较高的湿度和较温暖的环境,在条件适宜的情况下,1～2 周发育成熟并准备化蛹。幼虫吐丝结茧,并和周围的灰尘颗粒粘结,以保护织好的茧。因环境条件不同,幼虫在茧内化蛹的过程可能需要 18 d,也有可能延长至 1 年。跳蚤借助宿主身体活动时产生的一系列信号(如振动、二氧化碳浓度、体温或体味)来发现宿主,并引起跳跃。在等待宿主的过程中,跳蚤可存活数月,其存活时间因环境的不同而不同,在最适宜的湿度和温度下至少存活 1～2 年。无宿主存在时,环境的湿度和温度是影响跳蚤存活的主要因素,另外一个影响因素是化蛹时间的推迟。

诊断
Diagnosis

除非在宿主体上发现跳蚤的成虫,否则将难以诊断此病。跳蚤的卵、幼虫和蛹这 3 个阶段均在环境中,而非在宿主体上,因此难以发现。即使成虫阶段在宿主体上,但也难以观察鉴别。跳蚤与其他昆虫的叮咬也无明显区别。因为跳蚤的寄生无严格的宿主特异性,处在同一环境中的人类也有可能受到跳蚤的侵扰。跳蚤对临床兽医从业人员的侵扰和叮咬可能是感染跳蚤的初兆，要加以注意。

跳蚤感染后，大多数跳蚤的成虫会在宿主皮肤内漫游，在成虫叮咬吸食血液的皮肤处会出现皮肤损伤。这种叮咬损伤可发生在身体的任何位置，但以腹部和四肢内侧为主。与疥螨的情况类似，跳蚤引起犬发生的过敏性皮炎（跳蚤叮咬性皮炎）和猪的相似（Nesbitt 和 Schmitz，1978），但是穿皮潜蚤（或沙蚤）例外。穿皮潜蚤主要分布于非洲、加勒比海以及热带南美洲。穿皮潜蚤的雌虫较小（身长 1 mm），能够钻入宿主皮肤，并终生寄生于此。雌虫在能够产卵前，膨胀至豌豆样大小，引起皮肤发生严重的炎性反应和溃疡。好发部位为足部、口鼻部、腹部和阴囊。卵从未发生溃疡的皮肤表面释放进入到环境中，并在环境中完成幼虫阶段的发育。但如果跳蚤感染乳腺，将堵塞乳腺管，引起无乳症（Verhulst，1976）。

治疗和控制
Treatment and Control

用于治疗其他体外寄生虫的杀虫剂均适用于猪跳蚤病的治疗（表 65.1）。但是，若某发育阶段的跳蚤正处在垫料中，则难以清除和净化。通过清除和焚烧垃圾、污垢和粪便进行有效的环境控制。用毒死蜱、嘧啶或马拉硫磷喷洒环境可能也会有效，但是必须考虑动物暴露问题和药物的残留期。

蚊
MOSQUITOES

尽管蚊子通常被认为是侵害人类的害虫，但其也侵扰猪和其他家畜。由蚊虫造成的经济损失尚没有记录可寻，但是在某些情况下该病却有重要的临床意义。据报道，某些种属的蚊虫可刺激机体引起过敏、不适，有时造成病毒的传播。即使是密闭性良好的操作，仍可受到蚊虫的干扰。

所有蚊虫均需要某种类型的水才能完成生活周期。蚊虫在水中产卵，并在水中发育为幼虫和若虫。根据蚊虫种类不同，利于产卵的水的类型也各异。有可能是盐水，也有可能是新鲜的水；有

可能是静水，也有可能是流水；有可能是光照下的水，也有可能是黑暗之处的水；有可能是开放水域中的水，也有可能是蓄水池的水。伊蚊（Aedes）常在干燥的低凹处（如车辙、蹄印、废轮胎）产卵，并在下一个雨季储存积水。因此，在制定蚊虫的控制措施时必须考虑蚊虫的种类，因为控制蚊虫发育所需的水是关键。一种控制措施不可能对所有的蚊虫有效。在使用杀虫剂时，必须将有效的杀虫剂在恰当的时间用于蚊虫出没的地方，否则没有效果。选取封闭区域饲养可能暂时能躲避蚊虫的侵扰，但是却不切实际。若有效控制蚊虫滋生，必须对大片区域进行驱蚊处理，因为蚊虫可以从周围的未驱蚊区域飞入。

目前有大量有关猪遭蚊虫侵袭的报道（Becker 和 Gross，1987；Dobson，1973）。根据 Wada 和 Smith（1988）的报道，蚊虫是日本乙型脑炎病毒的重要传播媒介，尤其是在水稻种植地区。另外，蚊虫也能传播猪的繁殖与呼吸障碍综合征病毒（PRRS）（Otake 等，2003）。病毒可以寄居在蚊子的肠道中长达 6 h，但在蚊子的表面不能存活。蚊虫还能传播猪嗜血支原体（Mycoplasma suis）（Prullage 等，1993）。

蝇
FLIES

蝇对养猪业的重要性主要源于以下几点。首先，卫生部门常把家蝇作为猪舍卫生检验标准；其次，某些蝇类和昆虫叮咬猪，引起猪的不适，甚至引起疾病；另外，某些蝇类能引起蝇蛆病，蝇蛆病可能会引起更严重的疾病，甚至死亡。蝇的寄生无严格的宿主特异性，因此本章节讨论的蝇可能也会侵扰其他家畜、野生动物和人类。

家蝇
Housefly

在猪生产过程中，最常见的是家蝇（Musca domestica）。家蝇可在任何潮湿的有机物上（如粪便、动物尸体的腐肉和垃圾）繁殖产蛆。蝇蛆从幼虫的环境中爬出，并在干燥环境中化蛹。成虫从蛹中钻出，整个过程大约需要 2 周，但是根据环境的温度不同而不同。

家蝇并不叮咬家畜,但因从动物皮肤爬行,给动物造成困扰,并且可以传播病原体,如沙门氏菌(*Salmonella*)、炭疽杆菌、大肠杆菌(*Escherichia coli*)、猪瘟病毒、溶血性链球菌和线虫卵。通过家蝇体表器官(如毛发、腿和口器)传播以上或其他病原体。采食食物时,通过口器舔吸食物或家蝇的粪便。消灭苍蝇最根本的办法是消灭其滋生地。使用表面残留杀虫剂喷洒苍蝇会停留的地方(如地面、屋顶、隔墙等),可取得理想效果。对粪便每周至少喷洒一次,在地面喷洒较薄的一层,即可干扰家蝇的生活周期。捕蝇灯往往只是吸引更多的苍蝇,而不能很好地杀灭。

厩螫蝇

Stable Fly

在猪生产中的蝇类,除了家蝇,第二大常见蝇类是厩螫蝇(*Stomoxys calcitrans*)。厩螫蝇是一类讨厌的叮咬昆虫。该类蝇喜欢光亮区域,但仍会进入各种房屋和建筑场所内。成年厩螫蝇的外形与家蝇类似,但可根据口器的不同将其区分开来。厩螫蝇侵扰动物,引起动物不适,造成动物的饲料转化率小幅降低。厩螫蝇是猪瘟病毒和猪嗜血支原体(*M. suis*)的传播载体。厩螫蝇常在潮湿、腐败的植物中(如腐败的稻草垛和干草垛)繁殖。蝇蛆从幼虫的孵化地爬出,并钻入临近地面,大约 2 周后孵化为成虫。厩螫蝇的防治措施与家蝇一样。

虻蝇

Tabanids

虽然除了家蝇和厩螫蝇之外的其他蝇类对养猪业没有那么重要,但是仍然有必要提一提。虻蝇(马蝇、牛虻、芒果实蝇、牛蝇、鹿蝇等)体型较大、强壮、具刺吸口器。虻蝇叮咬引起疼痛反应,该类蝇为血食性,未吸食完的血液常从伤口流出。水对于虻蝇的发育繁殖非常重要,虻蝇一般将卵产在生长在水面上的植物叶子上。幼虫孵化后,落入水中,并以水生昆虫为食。一般在干燥地面上化蛹,在 1～3 周后羽化为成虫。虻蝇可以传播猪瘟和其他宿主血液内的病因学。虻蝇难以控制,因为常用的杀虫剂和驱虫剂均对虻蝇无明显

效果。可以考虑将猪的饲养区域转移至离虻蝇滋生地较远的区域。

蚋

GNATS

蚋科(墨蚊)成虫体型较小、短粗,背面隆起如驼背,吸血,呈世界性分布。在小溪水面下滋生繁殖,下一代成虫将在这些溪流下成群出现。大多数蚋科昆虫为嗜鸟血蚊虫,但是很多以各种哺乳动物的血为食。只有雌蚋吸血,其叮咬习性和成群出现常引起家畜不安。如果不被打搅,雌蚋将在 4～5 min 内吸饱血。防治措施同虻蝇。

蝇蛆病

Myiasis

苍蝇的幼虫引起蝇蛆病。南美洲的螺旋锥蝇(*Cochliomyia hominivorax*)(北美洲已经根除)以及非洲和南亚的蛆症金蝇(*Chrysomyia bezziana*)是引起蝇蛆病的主要蝇类。这些蝇类在新鲜伤口(新生儿脐带、外科切口、虻蝇叮咬处、指甲抓伤、打斗伤口等)产卵,其幼虫(蝇蛆)钻入皮肤组织,在皮肤组织上留下蝇蛆移行的隧道,有时为致死性的。产卵雌蝇可以侵袭任何哺乳动物,并在伤口边缘产下 150～500 个卵,幼虫在伤口处生活 3～6 d 后,离开宿主,在地面化蛹,在 3 d 或几周内羽化为成虫。清除环境中可能致伤的尖锐物、及时关注产仔猪以及减少雌蝇产卵滋生地的管理方法,对于控制蝇蛆病非常重要。在雌蝇产卵前,建议在伤口处涂抹驱蝇防水剂。如果伤口已经感染,倘若幼虫仍停留在皮肤表面,可以使用加压喷雾剂以杀灭幼虫。

绿头苍蝇或丽蝇(*Phaenicia*,*Calliphora*,*Phormia* 等)可引起某些宿主发生非特异性的蝇蛆病。一般所指的蝇蛆病是雌蝇将卵产在坏死的、腐烂的或腐化区域,而绿头苍蝇或丽蝇与之不同。某些绿头苍蝇只把卵产在轻微腐烂的区域,但是某些绿头苍蝇将卵产在腐化后的伤口处,仍然有些绿头苍蝇直至动物死亡后才产卵。因此,在伤口的发展过程中,均有不同种的绿头苍蝇在伤口处接连产卵。此种蝇蛆病比一般意义上所指的蝇蛆病更为常见,但是对于宿主的危害相对较

小，因为蝇蛆始终停留在坏死组织的边缘，而不进入深层组织。可以采用相同的防治措施对蝇蛆病进行预防和控制。

蜱
TICKS

国内饲养的猪虽然对蜱非常敏感，但是一般不会接触到蜱。现代化养猪管理系统会保护猪只远离蜱的侵扰。有两类蜱可感染猪：硬蜱科和软蜱科。硬蜱有坚硬的盾板，覆盖雄虫的整个背部和雌虫的部分前背部，而软蜱则不具有这种盾板结构。不同种类的蜱可以适应特殊的地理环境和气候条件，因此可以根据当地的条件对蜱的种类进行鉴定。在美洲，感染猪的硬蜱主要是革蜱属（*Dermacentor*）、硬蜱属（*Ixodes*）和花蜱属（*Amblyomma*），感染猪的软蜱主要是钝缘蜱属（*Ornithodorus*）和残喙蜱属（*Otobius*）。

蜱的发育过程包括卵、幼虫、若虫和成虫4个阶段。有些蜱的所有发育阶段都寄生在一个宿主体上（单宿主蜱）；某些蜱的幼虫和若虫寄生在同一宿主体上，若虫落到地面，蜕化为成蜱，成虫寻找另外的宿主寄生（二宿主蜱）；有些蜱的幼虫、若虫和成虫接连在3个不同宿主体上寄生（三宿主蜱）。雌蜱落地后产卵，硬蜱一生只产一次卵，一次可产出数百至数千个卵。软蜱可在每次吸饱血后产卵，每次产出的卵的数量较少，而且成虫寄生在宿主的窝里或巢穴里，而非在宿主体上。软蜱在每次产卵前都需寻找宿主寄生，在一生中寻找宿主多次（多宿主蜱）。

蜱的经济重要性在于可以传播病原微生物，如原虫、立克次氏体和病毒。实验感染非洲猪瘟的猪在同时感染非洲钝缘蜱（*Ornithodoros moubata*）后，其恢复时间接近1年（Greig，1972），证明蜱作为病原传播载体的重要性，以及蜱可将野生猪携带的病因学传播给圈养猪。

蜱感染的诊断主要考虑蜱的地理分布和猪有无疫区接触史。硬蜱，肉眼可见，可直接进行肉眼检查。蜱虽可寄生于宿主的任何部位，但主要见于耳、颈和体侧。软蜱几乎不寄生于宿主体上，而是存在于宿主生活的窝内或巢穴内，但是多刺耳蜱（*Otobius megnini*）例外，它寄生于宿主的外耳道内。

如果只有少量蜱存在，可以人工捕捉清除，并且必须将感染猪只进行牧场隔离。很多杀虫剂均可有效杀灭蜱。

（神翠翠译，刘春法、林竹校）

参考文献
REFERENCES

Becker HN, Gross TL. 1987. Agri-Pract 8:8–10.

Bogatko W. 1974. Med Weter 30:38.

Bornstein S, Eliasson-Selling L, Naslund K, Wallgren P. 2000. Evaluation of a serodiagnostic ELISA for swine sarcoptic mange. In Proc Congr Int Pig Vet Soc 2000, p. 269.

Bornstein S, Wallgren P. 1997. Vet Rec 141:8–12.

Bornstein S, Zakrisson G. 1993. Vet Dermatol 4:123–131.

Cargill C, Davies PR. 2006. External parasites. In BE Straw, JJ Zimmerman, S D'Allaire, DJ Taylor, eds. Diseases of Swine, 9th ed. Ames, IA: Blackwell Publishing Professional, pp. 875–889.

Cargill C, Sandeman M, Garcia R, Homer D. 2004. Three mange eradication programs based on breeding herd treatment only––Validated by slaughter check and ELISA assay. In Proc Congr Int Pig Vet Soc, Hamburg, Germany.

Cargill CF, Dobson KJ. 1977. Field and experimental studies of sarcoptic mange in pigs in South Australia. In Proc 54th Annu Conf Aust Vet Assoc, p. 129.

——. 1979. Vet Rec 104:11–14.

Cargill DF, Pointon AM, Davies P, Garcia R. 1997. Vet Parasitol 70:191–200.

Davies PR. 1995. Vet Parasitol 60:249–264.

Davies PR, Bahnson PB, Grass JJ, et al. 1996b. Vet Parasitol 62:143–153.

Davies PR, Garcia R, Gross S. 1996a. Preliminary evidence of parasite aggregation in swine sarcoptic mange. In Proc Congr Int Pig Vet Soc 14:354.

Davies PR, Moore MJ, Pointon AM. 1991. Aust Vet J 68:390–392.

Davis DP, Moon RD. 1990. Vet Parasitol 36:285–293.

Deckert A, Nixon R, Diagenault J, et al. 2000. The evaluation of Bommeli ELISA SARCOPTEST for *Sarcoptes scabiei* var. *suis* and the prevalence of mange in Ontario, Canada. In Proc Congr Int Pig Vet Soc, Melbourne, Australia, September 17–20, 2000, p. 268.

Dobson KJ. 1973. External parasites of pigs: Mosquitoes. In Univ Sydney Post Grad Comm Vet Sci Proc 19:349.

Greig A. 1972. Arch Gesamte Virusforsch 39:24C.

Hewitt GR, Heard TW. 1982. Vet Rec 111:558.

Hiepe T, Ribbeck R. 1975. The pig louse (*Haematopinus suis*). Angew Parasitol 16(Suppl):1–13.

Kambarage DM. 1993. Zimbabwe Vet J 24:31–36.

Kessler E, Matthes H-F, Schein E, Wendt M. 2003. Vet Parasitol 114:63–73.

Mercier P, Cargill CF, White CR. 2002. Vet Parasitol 110:25–33.

Mikhalochkina EI. 1975. Uch Zap Vitebsk Vet Inst 28:179.

Mock DE. 1997. Lice, mange and other swine insect problems. Kansas State University.

Morsy GH, Gaafar SM. 1989. Vet Parasitol 33:165–175.

Morsy GH, Turek JJ, Gaafar SM. 1989. Vet Parasitol 31:281–288.

Nesbitt GH, Schmitz JA. 1978. J Am Vet Med Assoc 173:282–288.

Nutting WB. 1976. Cornell Vet 66:214–231.

Otake S, Dee SA, Moon RD, et al. 2003. Can J Vet Res 67:265–270.

Pointon AM, Cargill CF, Slade J. 1995. Skin disease. In J Ferguson, ed. The Good Health Manual for Pigs. Canberra, Australia: Pig Research and Development Corp, pp. 113–115.

Prullage JB, Williams RE, Gaafar SM. 1993. Vet Parasitol 50:125–135.

Schultz R. 1986. Mange costs millions. Hog Farm Management, Apr, p. 17.

Sheahan BJ. 1974. Vet Rec 94:202–209.

Sheahan BJ, Hatch C. 1975. J Parasitol 61:350.

Sheahan BJ, Kelly EP. 1974. Vet Rec 95:169–170.

Smets K, Neirynck W, Vercruysse J. 1999. Vet Rec 145:721–724.

Smets K, Vercruysse J. 2000. Vet Parasitol 90:137–145.

Smith HJ. 1986. Can Vet J 27:252–254.

Stegeman JA, Rambags PG, van der Heijden HM. 2000. Vet Parasitol 93:57–67.

Verhulst A. 1976. Vet Rec 98:384.

Wada Y, Smith WH. 1988. Strategies for the Control of Japanese Encephalitis in Rice Production Systems in Developing Countries. Proc Workshop on Res and Training Needs in the Field of Integrated Vector-borne Disease Control. Manila, Philippines: Int Rice Inst, pp. 153–160.

Walton GS. 1967. Vet Rec 80(Clin Suppl) 9:11–13.

Zalunardo M, Cargill C, Sandeman RM. 2000. Serological confirmation of mange eradication in pigs. In Proc Congr Int Pig Vet Soc, Melbourne, Australia, p. 270.

66 球虫和其他原虫
Coccidia and Other Protozoa

David S. Lindsay, Jitender P. Dubey, Mónica Santín-Durán 和 Ronald Fayer

球虫(猪等孢球虫和艾美耳球虫)
COCCIDIA (*ISOSPORA SUIS* AND *EIMERIA* SPP.)

球虫是一类细胞内专性寄生原虫。其中,艾美耳属(*Eimeria*)、等孢属(*Isospora*)、隐孢子虫属(*Cryptosporidium*)、弓形虫属(*Toxoplasma*)和肉孢子虫属(*Sarcocystis*)是哺乳动物和禽类重要的寄生原虫。家畜能被多种球虫感染,但对某种家畜而言,只有少数几种球虫有致病性。

由于大多数球虫只能在体外的孢子化卵囊阶段才能对其进行鉴定,因此能感染猪的球虫有效虫种的数量至今尚不清楚。Levine 和 Ivens (1986)列举出了 13 种能感染猪的艾美耳球虫(*Eimeria*)和 3 种能感染猪的等孢球虫(*Isospora*)。感染猪的 3 种等孢球虫(*Isospora*)是:猪等孢球虫(*Isospora suis*)、马他等孢球虫(*I. almataensis*)和内拉氏等孢球虫(*I. neyrai*)。马他等孢球虫和内拉氏等孢球虫只在猪粪便中发现,并且在美国没有发现这两种等孢球虫,它们可能不是有效虫种。由猪等孢球虫(*I. suis*)引起的初生仔猪球虫病是猪最重要的原虫病。尽管引起该病的病原体——猪等孢球虫在 1934 年就在猪中被发现(Biester 和 Murray,1934),但直到 20 世纪 70 年代中期(人们)才认识到该球虫能引起哺乳仔猪

的临床型球虫病(Sangster 等,1976)。1978 年,发现猪等孢球虫是引起自然发病的猪球虫病的病原,并且在哺乳仔猪中人工复制出该球虫病(Stuart 等,1978)。新生仔猪球虫病呈世界性分布,可发生于集约化饲养的任何猪场。

猪等孢球虫的生活史
Life Cycle of *Isospora suis*

球虫的生活史可分为 3 个阶段:孢子生殖阶段、脱囊阶段和内生性发育阶段(图 66.1)。每种球虫的每一发育阶段都是唯一的,了解球虫生活史的各个阶段对球虫病的诊断、治疗、预防和控制是很重要的。

孢子生殖是粪便中排出的未孢子化、非感染性的卵囊发育为感染性卵囊(对环境不利因素有抵抗力)的过程(图 66.2)。孢子化过程需要合适的温度和湿度。猪等孢球虫卵囊在 20~37℃ 下能迅速孢子化(Lindsay 等,1982)。母猪产房内为新生仔猪提供的 32~35℃ 温度条件有利于猪等孢球虫的迅速孢子化(在 12 h 内)。未孢子化卵囊和孢子化过程中的卵囊很容易被杀灭。但卵囊一旦完成孢子化过程,孢子化球虫卵囊便对大多数消毒剂有抵抗力。完全孢子化后,猪等孢球虫和所有其他等孢球虫(*Isospora*)卵囊内均含两个孢子囊,每个孢子囊中含 4 个子孢子。

猪病学,第 10 版,由 Jeffrey J. Zimmerman, Locke A. Karriker , Alejandro Ramirez, Kent J. Schwartz, Gregory W. Stevenson 主编。

这一章是公共领域。由 John Wiley & Sons, Inc. 2012 年出版。

脱囊阶段是感染性卵囊被吞入后立刻会发生的阶段。卵囊进入胃后,卵囊壁破裂,胆汁盐和消化酶激活子孢子。被激活的子孢子离开孢子囊和卵囊,侵入细胞内,开始增殖,这属于内生性发育阶段。

猪等孢球虫的内生性发育阶段在整个小肠肠细胞的细胞浆内进行,其中大部分阶段在空肠和回肠中完成。感染严重时,偶尔也可在盲肠和结肠中发现猪等孢球虫。猪等孢球虫的各个发育阶段通常在小肠绒毛的远端,并且位于肠细胞细胞

核的寄生虫空泡内(Lindsay 等,1980)。在严重的临床或人工感染病例中,各发育阶段的球虫虫体也可位于肠细胞隐窝内。猪等孢球虫的内生性发育阶段存在两个不同的无性生殖阶段。有性生殖阶段包括小配子体和单核的大配子体,小配子体产生小配子。小配子和大配子体受精形成卵囊。小配子与大配子受精,最后形成卵囊。有性生殖可见于感染后的第 4 天(DPI),而粪便中最早出现卵囊的时间是感染后第 5 天(极少数情况下在第 4 天可见卵囊)。

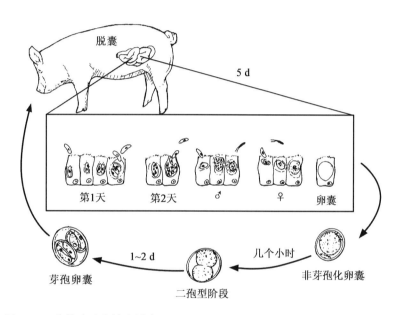

图 66.1　猪等孢球虫的生活史。

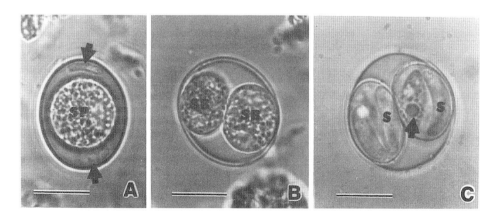

图 66.2　粪便漂浮法分离的猪等孢球虫的卵囊(标尺＝10 μm)。
A. 刚排出的未孢子化卵囊,可见模糊体(箭号)和孢子体(SP);B. 排出后数小时的卵囊,可见 2 个孢子细胞(SB);C. 排出约 1 d 后的孢子化卵囊,可见孢子囊中子孢子(S)和孢子囊残体(箭头处)(由 Lindsay 等,1982 年图修改而来)

猪对等孢球虫的免疫力
Immunity to Isospora suis

曾经感染过猪等孢球虫(*I. suis*)的猪恢复后会对攻击感染产生抵抗力。被攻击感染后,猪仅排出少数(与初次感染相比)甚至不排出球虫卵囊,并且不出现临床症状。给予皮质激素类药物(醋酸甲泼尼龙)不会引起曾经感染猪等孢球虫的猪重新排出球虫卵囊,说明猪已产生很强的免疫保护力。母猪初乳中的猪等孢球虫抗体不能有效保护仔猪并防止其出现临床球虫病。在间接荧光抗体检测试验中,猪等孢球虫的特异性抗体不能识别的艾美耳球虫(*Eimeria*)的子孢子。

在对猪等孢球虫感染和发病的敏感性上,不同日龄的仔猪存在个体差异(Koudela 和 Kucerova,1999)。在感染相同数量的球虫卵囊的情况下,1～2 日龄的仔猪比 2～4 周龄的仔猪发病严重。

临床症状
Clinical Signs of Isospora suis

临床症状见于以前临床表现健康的 7～11 日龄的哺乳仔猪(Stuart 等,1978)。主要的临床症状是黄色至灰白色腹泻。开始时粪便呈疏松、糊状,随着病程发展变为液体状。仔猪可黏附上粪便,使得仔猪看起来很潮湿,并有腐败酸奶的臭味。仔猪通常仍能继续吃乳,但会出现被毛粗乱、脱水和体重减轻(Lindsay 等,1985)的症状。产房内不同窝仔猪的临床症状不尽相同,即使是同一窝仔猪,受影响的程度也不尽相同。本病发病率较高,死亡率一般中等。但如果并发其他细菌、病毒和寄生虫病,则可导致极高的死亡率,并且使诊断复杂化。

有时在刚断奶的仔猪粪便中也可出现猪等孢球虫(*I. suis*)卵囊,部分仔猪还会出现腹泻。由猪等孢球虫引起的腹泻通常发生在 5～6 周龄的猪中。仔猪在断奶后接触到环境中卵囊 4～7 d 内发生腹泻。发病率很高,但死亡很少。对于新生仔猪而言,需要排除其他原因造成的腹泻。猪等孢球虫不会引起育肥猪或后备种猪发病。

病理变化
Pathological Changes with Isospora suis

人工感染试验表明,猪等孢球虫(*I. suis*)发病的严重程度取决于仔猪摄入等孢球虫孢子化卵囊的数量(Stuart 等,1980)。新生仔猪球虫病大体病变的特征是空肠和回肠出现纤维素坏死膜,但这种病变只见于严重感染的仔猪中。即使在极为严重的自然感染仔猪和人工大剂量球虫卵囊感染的仔猪中也不出现肠道出血。

显微病变包括肠绒毛萎缩、肠绒毛融合、隐窝增生和坏死性肠炎(Stuart 等,1980)。肠绒毛顶端的柱状上皮细胞可以被破坏,暴露出基底膜,或被肥大的、未成熟肠细胞所替代。发生病变的肠上皮吸收功能下降,引起液体丢失和腹泻。病变出现在感染后的第 4 天,主要是由无性生殖阶段的虫体所引起的。在大多数自然感染的病例中,只有少数虫体存在于切片中,并且大多数虫体处于无性生殖阶段。在严重感染病例中,仔猪在球虫进入有性生殖阶段之前可能已死于球虫病。

诊断
Diagnosis of Isospora suis

当 7～14 日龄仔猪出现腹泻,并且这种腹泻不受抗生素治疗的影响,提示新生仔猪可能存在猪等孢球虫感染。猪等孢球虫病应与可引起猪肠道疾病的其他病原,如大肠杆菌(*Escherichia coli*)、传染性胃肠炎病毒、轮状病毒、C 型产气荚膜梭菌(*Clostridium perfringens* type C)、兰氏类圆线虫(*Strongyloides ransomi*),所引起的疾病进行鉴别诊断。

猪等孢球虫病确诊的最好方法是对有临床症状的仔猪进行粪便检查,看是否存在卵囊(图 66.2A,B)。这是现有诊断方法中最快的诊断方法。由于腹泻开始于卵囊排出的前一天,而卵囊的高峰期出现在临床症状出现后 2～3 d,用粪便涂片法或粪便漂浮对多窝仔猪粪便检查球虫卵囊时,应在临床症状出现后 2～3 d 时进行。仔猪可在好几个阶段排出卵囊,而在此期间粪便卵囊检查可能呈阴性。与液状粪便相比,糊状粪便中可能含更多的卵囊。猪等孢球虫卵囊在卵囊壁和孢子体之间存在被称之为"模糊体"的特征性结构

（图 66.2A）。猪的艾美耳球虫（Eimeria）卵囊没有这一结构，所以这一特征性结构可以用于猪等孢球虫的诊断中（Lindsay 等，1982）。此外，有些卵囊可能处于双细胞的孢子母细胞阶段（图 66.2B），这也是猪等孢球虫的诊断依据。在采用粪便漂浮进行检查时，粪便中的脂肪可能会使猪等孢球虫卵囊变得难以辨认。葡萄糖饱和食盐水（将 500 g 葡萄糖溶解于 1 000 mL 饱和食盐水中）是一种有效的漂浮液（Henriksen 和 Christensen，1992）。PCR 方法和检测卵囊的自发荧光也可用来检测猪等孢球虫感染，但由于需要使用特殊的仪器设备而受到限制。

黏膜涂片中各个发育阶段的球虫虫体（图 66.3A～D）也可用来进行猪等孢球虫的诊断（Lindsay 等，1983）。用手术刀片或载玻片刮取肠黏膜，刮取时应用足够的压力以保证将肠黏膜刮下，应将刮取物置于载玻片上涂制成一涂片。然后用任何一种血细胞染色剂对涂片进行染色。

涂片中成对的 1 型裂殖子（图 66.3D）具有诊断意义。猪等孢球虫无性生殖阶段（如双核的 1 型裂殖体或 2 型裂殖体和裂殖子）和有性生殖阶段（小配子体和大配子体）也可能存在于涂片中，但它们确认起来更困难，不是诊断的必要依据。也可对组织切片中的猪等孢球虫进行组织学诊断（Lindsay 等，1983）。在黏膜涂片上，成对的 1 型裂殖子具有诊断意义（图 66.3E～H）。多核的 2 型裂殖体呈细长型，并且常出现在同一宿主细胞中。此外，猪等孢球虫的大裂殖体缺少特征性有囊壁的嗜酸性颗粒，而这种结构见于艾美耳球虫。

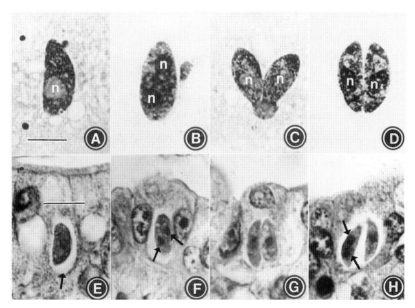

图 66.3 赖特-姬姆萨染色的肠组织涂片中（A～D，标尺＝5 μm）和 H.E.染色的组织切片中（E～H，标尺＝10 μm）具有诊断意义的猪等孢球虫各发育阶段虫体。
A.单核(n)裂殖子；B.双核(n)1 型裂殖体；C.分裂中的 1 型裂殖体，可见核(n)；D.成对的 1 型裂殖子，可见每个都有单一核(n)；E.内含球虫空泡（箭号）的裂殖子；F.1 型裂殖体，可见核（箭号）；G.成对的 1 型裂殖子；H.含一个 1 型裂殖体的宿主细胞（箭号处为核）和一个裂殖子（由 Lindsay 等，1980 年图修改而来）

流行病学：艾美耳球虫属
EPIDEMIOLOGY: *EIMERIA* SPECIES

在美国，能感染猪的艾美耳球虫（Eimeria）有 8 种。有关艾美耳球虫引起猪球虫病的报道很少（Hill 等，1985），但是在过去的 20 年里，分年龄段饲养和饲养房屋的改变增加了发病的风险。人工感染试验表明：给 3 日龄、4 周龄和 2～3 月龄的仔猪感染 400 万～1 000 万个蒂氏艾美耳球虫（Eimeria debliecki）卵囊（猪中最为常见的一种球虫）也不会出现临床症状（Lindsay 等，1987）。关于有刺艾美耳球虫引起断奶仔猪临床球虫病病例的报道,表明这种球虫在田间合适条件下可引起仔猪发病(Lindsay 等,2002;Yaeger 等,2003)。临床型球虫病可以发生在饲养在被污染猪圈的育成猪群中,也可发生在出生于污染猪圈并在该猪圈饲养的种猪群中(Caudie 等,2004;Henry 和 Tokach,2008)。

流行病学:猪等孢球虫
Epidemiology:*Isospora suis*

一旦在哺乳仔猪中确认存在猪等孢球虫病,大多数兽医和研究者会认为是因为仔猪摄食了母猪粪便中的卵囊而感染,然而,现有的研究结果并未能证实这一点。对美国猪场进行的调查表明:圈养的猪和散养的猪中艾美耳球虫的感染很普遍(60%~95%),而在所调查的猪中,只有不足 3%的猪排出等孢球虫卵囊(Vetterling,1966;Lindsay 等,1984)。在一项试验中,怀孕母猪饲养在泥土猪圈内,这些猪场中哺乳仔猪有或没有等孢球虫感染史,(因而)对母猪排出的粪便进行了球虫卵囊检测(Lindsay 等,1984)。结果表明,新生仔猪有球虫病史的猪场有 82%的母猪所排出的粪便中存在艾美耳球虫卵囊,但未发现猪等孢球虫卵囊;新生仔猪没有球虫病史的猪场,母猪粪便中艾美耳球虫卵囊的感染率为 95%,猪等孢球虫的感染率不足 1%(Lindsay 等,1984)。

在美国,Stuart 和 Lindsay(1986)对佐治亚州的 2 个猪场的等孢球虫的传播情况进行了研究。在分娩前 1 周、分娩当天和分娩后 1 周期间,每天从母猪直肠采集粪便,对数条母猪的初乳和胎盘进行显微检查,查找球虫虫体,每个猪场的一半的母猪投喂抗球虫药物(盐酸氨丙啉,25%预混剂)。结果表明,在母猪粪便中只发现了艾美耳球虫卵囊,给盐酸氨丙啉的母猪在分娩时粪便中没有发现球虫卵囊。在所检测的初乳和胎盘中没有发现处于任何发育阶段的球虫。在其中的一个猪场中,有 7/12 窝由未治疗母猪产出的仔猪和 9/12 窝由治疗母猪产出的仔猪出现了临床球虫病。在另一个猪场中,有 11 窝由未治疗母猪产出的仔猪和 11/12 窝由治疗母猪产出的仔猪出现了临床球虫病。猪等孢球虫是这些仔猪中发现的唯一球虫虫种。

这些研究结果表明,母猪不是仔猪等孢球虫感染的主要来源。至今仍不清楚猪等孢球虫感染是如何在一猪场中建立起来的。一旦感染被建立,它能迅速传播到整个产房。产房中的温度(32~35℃)和湿度有利于猪等孢球虫的迅速孢子化。

治疗与控制
Treatment and Control

抗球虫药物 Anticoccidials。母猪似乎不是哺乳仔猪的主要感染源(Stuart 和 Lindsay,1986)。因此,往母猪饲料中添加抗球虫药物对控制新生仔猪球虫病意义不大。早期有关通过治疗母猪成功控制仔猪球虫病的报道也许是由于养殖者意识到存在仔猪球虫病后改善了卫生条件。研究表明:用抗球虫药物对断奶仔猪或育成猪球虫的抗球虫效果来预测其对仔猪球虫的抗虫效果是不可取的。

百球清是一种有效防治仔猪球虫病的药物。给 3 日龄的仔猪一次口服 20 mg/kg 体重的百球清可有效减少临床症状的出现(Skampardonis 等,2010),并取得较好的防治效益(Scala 等,2009)。百球清有如此良好的抗球虫效果,也许是因为它既能杀灭有性生殖阶段的猪等孢球虫虫体,又能杀灭无性生殖阶段的球虫虫体,而且它能从治疗动物的组织中缓慢释放出来。

至今为止,在哺乳仔猪中进行的对照试验仍未能确定一种有效的抗球虫药物。有关其他常见抗球虫药物(如癸氧喹酯 decoquinate、氨丙啉 amprolium、磺胺嘧啶 sulfonimides 和离子载体类药物 ionophores)防治猪等孢球虫病的资料很少。

环境卫生 Sanitation。重视环境卫生是迄今减少由新生仔猪球虫病引起的损失的最为成功的方法(Stuart 和 Lindsay,1985)。一个好的卫生方案应包括:彻底将产房中的组织碎片清除,用漂白粉(浓度不低于 50%)或氨水复合物消毒几个小时或过夜和进行熏蒸。消毒时,猪圈应该是空置的。为了防止工作人员吸入过多的漂白粉、氨蒸气,应进行充分通风或让工作人员戴上防生化口罩。应限制饲养人员进入产房,以防止由鞋子、衣服携带的卵囊在产房间传播。同样,应防止宠物进入产房,因为宠物的爪子可携带卵囊从而导致卵囊在产房中散布。为了防止鼠类机械传播卵囊,应采取灭鼠措施。

　　每次分娩后应对猪圈进行消毒,养殖者应认识到尽管临床型球虫病已得到控制,但在以后暴发球虫病的可能性还是存在的。

弓形虫病(刚第弓形虫)
TOXOPLASMOSIS (*TOXOPLASMA GONDII*)

　　弓形虫病是一种由球虫类原虫——刚第弓形虫(*Toxoplasma gondii*)引起的原虫病。在人和动物中感染弓形虫病很常见。出生后,人或动物通过摄入或饮入被刚第弓形虫卵囊污染的食物或饮水而被感染,或通过食入含有包囊的肉而被感染。猫(以及其他猫科动物)是唯一一种能从粪便排出弓形虫卵囊的动物,在弓形虫传播给猪和其他动物中起重要作用(图 66.4)。包囊主要存在于被感染动物的可食组织中,包囊含有以缓慢方式进行增殖的缓殖子(图 66.5B)。包囊在组织中可存活数年,包囊的存活时间甚至与宿主生命一样长。被宿主摄入的卵囊或缓殖子可通过胃,并且保持其活力。一旦进入肠道,子孢子或缓殖子进入一种快速增殖阶段——速殖子阶段(图66.5A)。速殖子在肠道的固有层增殖,并且最终扩散到全身。如果母猪在怀孕期间被感染,则仔猪也可能在生前就会被感染。母体血液中的速殖子可通过胎盘进入胎儿。速殖子可引起组织损伤,并最终发育为缓殖子,并形成包囊。弓形虫病是一种人畜共患病,在很多国家,猪肉被认为是人感染弓形虫的主要来源(Dubey,2009;Dubey 等,2005)。在美国,尽管育肥猪的弓形虫感染率在下降,但仍有小部分猪存在感染(Dubey 等,2008)。

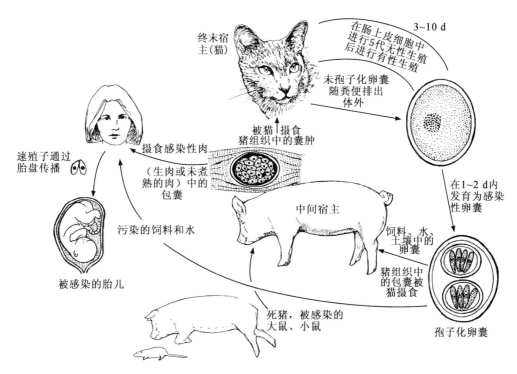

图 66.4　刚第弓形虫生活史。

临床症状
Clinical Signs

　　大多数猪被感染后呈亚临床症状(Dubey,1986)。尽管由刚第弓形虫引起的流产不常见,但也可发生于怀孕期间被感染的母猪。经胎盘被感染的胎儿在出生时可能会出现发育不全、死亡或弱仔,有时在出生后不久便很快死亡。即使出生后存活的仔猪也可能会出现腹泻、共济失调、震颤、咳嗽等症状。很少有关于仔猪出生后被弓形虫感染并表现临床症状的报道,但在幼龄猪和成年猪中已发现了临床型弓形虫病。研究表明,与摄入弓形虫包囊相比,摄入弓形虫卵囊更容易使仔猪发生临床型弓形虫病(Dubey,1986)。发病的严重程度取决于摄入卵囊的数量。老龄动物不易发生临床型弓形虫病。

病理变化
Pathological Changes

病变与速殖子迅速增殖引起的宿主组织坏死有关。在自然感染的猪中,可见肠炎、淋巴结炎、脾炎、肝炎、肺炎,有时也可见肌炎和脑炎(Dubey,1986;2009)。

诊断
Diagnosis

有好几种血清学方法可用来检测猪的弓形虫抗体。优化的间接凝集试验是检测弓形虫隐性感染的最敏感、特异性最好的一种方法(Dubey 等,1995a)。不过,在成年猪中检测出弓形虫抗体只能说明猪曾被弓形虫感染过,而在胎儿中检测抗体则表明存在先天性感染,因为母体的抗体不能被转运到胎儿。可用常规组织染色的组织切片的病变特征和弓形虫的结构确认弓形虫虫体(图66.5A,B)。

流行病学
Epidemiology

仔猪中先天性刚第弓形虫病的感染率不足0.01%。在美国伊利诺斯州进行的大范围调查表明:与母猪(15%~20%)相比,架子猪(小于 6 月龄)(3%~5%)弓形虫抗体的阳性率更低(Dubey和 Jones,2008;Dubey 等,1995b;Hill 等,2010;Patton,2001;Weigel 等,1995)。被刚第弓形虫感染的猫和鼠类被认为是猪弓形虫感染的主要来源(Weigel 等,1995)。断乳后,猫由于摄食被弓形虫感染的动物(鼠类和鸟类)而被感染。因此,被感染的幼龄猫被认为是猪场中猪弓形虫感染的主要来源。

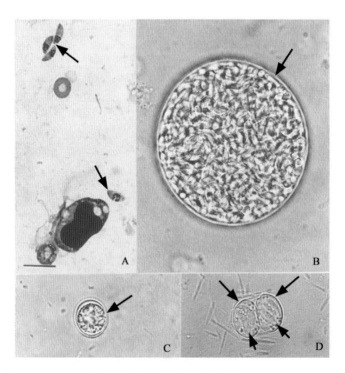

图 66.5 动物组织涂片中刚第弓形虫的各发育阶段的虫体(标尺=10 μm)。

A.肺脏中的速殖子(箭号),姬母萨染色;B.脑组织中的包囊,未染色。在包囊壁(箭号)内含数百个缓殖子;C.猫粪便中未孢子化卵囊(箭号),未染色;D.猫粪便中孢子化卵囊,未染色,内有 2 个孢子囊(箭号处)和子孢子(箭头,难辨认)

治疗与控制
Treatment and Control

　　由于猪感染弓形虫后通常呈亚临床症状,所以对本病的治疗了解得不多。一般情况下,用治疗人弓形虫病的药物来治疗猪弓形虫病是有效的。这些药物包括有全身性作用的磺胺和与之配合使用的乙胺嘧啶(pyrimethamine)和甲氧苄胺嘧啶(trimethoprin)。

　　由于弓形虫与公共卫生有关,所以猪刚第弓形虫的防治是很重要的。弓形虫病可引起先天性感染儿童的痴呆症和失明。在人工感染试验中,活的刚第弓形虫包囊可见于大多数商品猪排中,这些包囊至少可存活 2.5 年(Dubey,1988)。冰冻和烹煮可杀灭组织中的包囊。

　　通过科学管理可防止猪感染刚第弓形虫。至今仍无弓形虫疫苗。为了防止由卵囊引起的感染,不要让猫进入猪圈和存放饲料的房舍中。使用杀鼠药物来控制鼠类,以消除这种可能的包囊感染来源。死猪应及时移走,以防止猪残食死猪。

野生动物的尸体和未煮熟的泔水不要用来喂猪,为了防止猫在饲料中拉粪便,应将饲料盖住。

住肉孢子虫病
SARCOCYSTIS

　　住肉孢子虫(Sarcocystis spp.)是一种有两个宿主的球虫类寄生虫。有 3 种住肉孢子虫以猪作为中间宿主,并且在肌肉中形成包囊。米氏猪住肉孢子虫(Sarcocystis miescheriana)有猪-犬循环的生活史,并且是在美国唯一一个被发现的种。犬排出的粪便中的包囊有感染性。另两种猪住肉孢子虫是猪人住肉孢子虫(S. suihominis)——以人为其终末宿主和猪猫住肉孢子虫(S. porcifelis)——以猫为其终末宿主(Dubey 等,1989)。调查表明:在美国,有 3%～18% 的商品母猪和 32% 的野猪存在住肉孢子虫感染(Dubey 和 Powell,1994)。没有由自然感染的住肉孢子虫引起猪临床病例的报道(Dubey 等,1989)。可以通过防止猪接触犬粪便而防止米氏猪住肉孢子虫感染(图 66.6)。

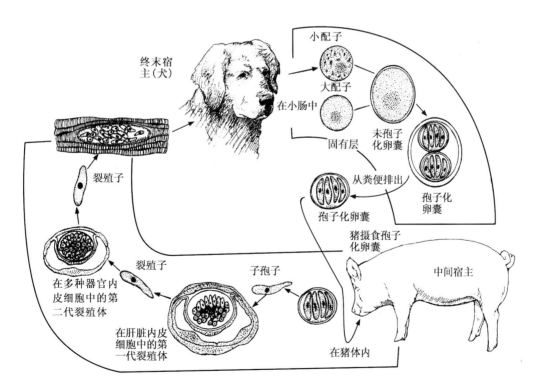

图 66.6　米氏住肉孢子虫生活史。

隐孢子虫病

CRYPTOSPORIDIUM

隐孢子虫（*Cryptosporidium*）感染在动物和人中广泛存在。现有大约 25 种隐孢子虫，而基因型的数量是其 2 倍，而且新鉴定的隐孢子虫和基因型的数量在持续增加。这些寄生于脊椎动物的专性细胞内寄生原虫有的种宿主特异性很强，有的种可寄生于多种宿主（Fayer，2010）。在猪中，最为常见的隐孢子虫是猪隐孢子虫，其次是猪基因 Ⅱ 型隐孢子虫，偶尔也会感染小球隐孢子虫（*Cryptosporidium parvum*），这是一种被人熟知的、在犊牛中广泛流行的人畜共患病病原。

生活史

Life Cycle

宿主与粪便直接接触或摄食被粪便污染的食物或水而食入卵囊时会被感染（图 66.7）。在肠腔中，每个卵囊（直径小于 5 μm）释放出 4 个子孢子，并入侵小肠细胞。所有内生殖阶段均是在细胞内而在细胞质外，主要在肠腔表面的肠黏膜细胞上。进行 2 代或 2 代以上无性生殖，每代形成裂殖子，入侵其他肠上皮细胞。裂殖子最终形成雌性和雄性虫体阶段。受精的雌性虫体发育为卵囊，在体内发育成熟，经粪便排出体外时具有感染性。

一般而言，猪隐孢子虫的潜隐期为 2～9 d，排卵囊的时间为 9～15 d。

隐孢子虫感染：临床症状

Cryptosporidia：Clinical Signs

已报道的猪隐孢子虫病的临床症状差异很大，可能与悉生猪和常规饲养的猪存在差异以及感染猪的隐孢子虫分离株存在差异有关（Santín 和 Trout，2008）。当给仔猪人工感染牛源隐孢子虫［如小隐孢子虫（*C. parvum*）］时，出现的临床症状包括食欲不振、精神沉郁、呕吐和/或腹泻。然而，仔猪隐孢子虫病并不一定出现临床症状。如不进行分子检测，不可能确定感染的隐孢子虫种类和基因型。猪隐孢子虫、猪基因 Ⅱ 型隐孢子虫和人隐孢子虫引起的症状没有小隐孢子虫严重。很明显，在确定隐孢子虫分离株的致病性和宿主的易感性时，需要确定隐孢子虫的种类和基因型。此外，与其他病原（如猪等孢球虫或病毒）混合感染时也可影响其致病性。例如，给猪人工感染隐孢子虫时意外感染了轮状病毒，引起了明显的临床症状，并出现死亡；而没有发生轮状病毒感染的猪只出现了轻微的症状。

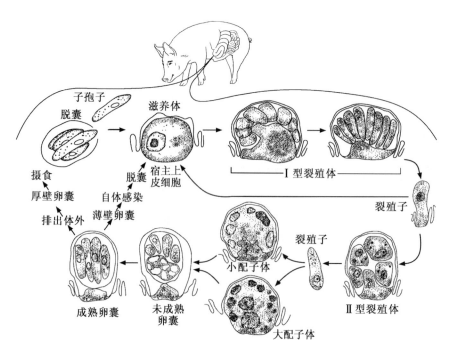

图 66.7　隐孢子虫生活史。

检测与诊断
Detection and Diagnosis

对粪便或从粪便中提取和浓缩后的卵囊进行显微镜、粪便抗原 ELISA 和 PCR 检测的方法已被采用。然而，与其他动物粪便相比，从猪粪便中提取卵囊存在回收率低的问题。用蔗糖、氯化铯和其他漂浮液作梯度离心可有效浓缩卵囊，减少粪便中的杂质。由于大多数隐孢子虫及基因型卵囊呈球形，大小范围为 4.5～5.5 μm，没有明显的鉴别特征，显微镜检查只能证实是否存在卵囊。隐孢子虫种属和基因型的确定需要借助分子生物学方法，如基因测序、PCR-RFLP（限制性片段长度多态性分析）。猪可以寄生多种（或基因型）可以感染人的隐孢子虫，包括小隐孢子虫（*C. parvum*）和猪隐孢子虫（*C. suis*）。因此，需要采用分子生物学分析来评价隐孢子虫感染人的风险（表66.1）。

表 66.1 寄生于猪的隐孢子虫(*Cryptosporidium*)、贾第虫(*Giardia*)、微孢子虫(*microsporidia*)的种类及基因型和潜在的人畜共患性

种类	基因型/类群	人畜共患性
猪隐孢子虫(*Cryptosporidium suis*)		否
隐孢子虫(*Cryptosporidium* sp.)	Ⅱ	是
小隐孢子虫(*Cryptosporidium parvum*)		是
肠贾第虫(*Giardia intestinalis*)	A	是
肠贾第虫(*Giardia intestinalis*)	E	否
兔脑炎微孢子虫(*Encephalitozoon cuniculi*)	Ⅲ	是
彼氏肠微孢子虫(*Enterocytozoon bieneusi*) 感染多种哺乳动物	D	是
彼氏肠微孢子虫(*Enterocytozoon bieneusi*) 感染多种哺乳动物	EbpC	是
彼氏肠微孢子虫(*Enterocytozoon bieneusi*) 只感染猪，有 8 种基因型	PigEBITS 1～8	否
彼氏肠微孢子虫(*Enterocytozoon bieneusi*) 只感染猪，有 5 种基因型	EbpB, D G, H, O	否
彼氏肠微孢子虫(*Enterocytozoon bieneusi*) 感染猪和牛	EbpA	否

隐孢子虫的各个发育阶段均在肠道中完成，所引起的病变包括不同程度的肠绒毛坏死、绒毛融合、基底膜细胞浸润，有时可见肠上皮细胞的脱落。所有隐孢子虫引起的病变类型相似，但是小隐孢子虫引起的病变最为严重，所表现出的临床症状也更为明显。除肠道感染外，在自然感染的仔猪中还有胆囊感染的报道；在免疫抑制仔猪中还可感染胆囊、胆管和胰管。给免疫功能正常的仔猪进行人工感染，隐孢子虫还可感染气管和结膜。这些非肠道感染所引起的后果至今仍不清楚。

流行病学
Epidemiology

对各个流行地点进行的观测结果表明，大多数仔猪感染 1～6 月龄的仔猪，只有少数病例发生在 1 月龄以下的仔猪或成年猪；数项研究中，这 2 个年龄段的猪没有发现隐孢子虫感染(Santín 和 Trout, 2008)。在猪场环境条件下，猪主要感染猪隐孢子虫，其次为猪基因Ⅱ型隐孢子虫。有时也可见小隐孢子虫。猪可以人工感染人隐孢子虫(*C. hominis*)和火鸡隐孢子虫(*C. meleagridis*)。用分子生物学方法检测猪场各头猪粪样的方法已

在澳大利亚、加拿大、中国、捷克、丹麦、荷兰、挪威、西班牙和瑞典等国家采用,但美国没有采用这一方法。在大多数情况下,以猪隐孢子虫为主,其次为猪基因Ⅱ型隐孢子虫。

通过对如下因素进行综合考虑:潜在的感染人的风险、小隐孢子虫在猪中流行率不高、猪隐孢子虫感染人只有零星的报道,可以推断出猪作为人感染隐孢子虫感染来源的风险是有限的。

治疗
Treatment

由于卵囊数量众多、可以保持感染性长达数月、对很多种化学消毒剂有很强的抵抗力,因此通过环境消毒的方法来控制猪隐孢子虫病是很困难的。加热、干燥和阳光直射是最为有效的防治措施。

Stockdale 等(2008)对隐孢子虫病的化学药物治疗进行了全面综述。已证实数百种药物对隐孢子虫无效。巴姆霉素曾经是治疗人和动物隐孢子虫的一线药物,但是其疗效是不确定的。硝唑尼特是目前唯一被批准应用于人的治疗隐孢子虫的药物。

其他不太重要或可能传染给人的原虫
OTHER PROTOZOA OF MINOR IMPORTANCE OR POTENTIALLY TRANSMISSIBLE TO HUMANS
贾第虫
Giardia

十二指肠贾第虫(*Giardia duodenalis*,也称兰氏贾第虫和肠贾第虫)可能是人和家畜中最为常见的肠道寄生虫。根据基因型分析,十二指肠贾第虫可分为 7 个类群,各类群的贾第虫在形态上没有区别。A、B 类群感染人和多种哺乳动物。其他类群主要感染特定的动物:C、D 类群感染犬科动物,E 类群感染家畜,F 类群感染猫科动物,G 类群感染啮齿类动物。

滋养体是带有鞭毛的梨状原虫,吸附在小肠刷状缘上吸收营养,通过二分裂进行增殖(图66.8)。当受到未知刺激时,滋养体在小肠或大肠中形成包囊,经粪便排出体外。这种卵囊对外界环境因素有抵抗力。新排出的卵囊具有感染性,在潮湿和阴凉的条件下可在数周内保持感染性。

滋养体经粪便排出体外时不能存活。包囊通过直接接触或通过摄食被包囊污染的食物或饮水经粪口途径传播。

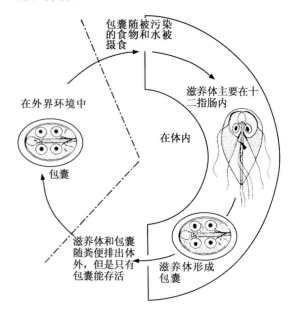

图 66.8　贾第虫生活史。

在美国,没有(证据)证实贾第虫感染可以引发猪临床型疾病(Xiao 等,1994)。同样,在欧洲的猪场,也未证实贾第虫感染可以引发猪发病。然而,在澳大利亚发现 E 类群贾第虫感染引起了猪腹泻和排稀便,但是由于没有对病毒和细菌进行检测,因此贾第虫可能不是引发腹泻的原因(Armson 等,2009)。

在稀粪或腹泻粪便的盐漂浮液中可检出贾第虫滋养体(长度为 10～20 μm)。用硫酸锌漂浮液(比重为 1.18)对粪便中的包囊进行浓缩后最为容易检测。蔗糖、氯化钠漂浮液是有效的,但是这些漂浮液是高渗的,如果检查不快速则会导致包囊变形。由于包囊的排出是间断的,因此应在一周内的不同时间段采集多份样品进行检查。为了确定贾第虫的类群,最常用的基因标记物是 β-贾第素基因,但是,有时也用小亚单位核糖体 DNA、磷酸丙糖异构酶基因和谷氨酸脱氢酶基因。

确定猪在人贾第虫感染中的作用和追溯其感染来源需要进行分子生物学分析(表 66.1)。家畜在人感染十二指肠贾第虫(*G. duodenalis*)来源中起的作用目前尚不清楚。美国、加拿大、欧洲、澳大利亚和亚洲的流行病学调查结果显示,贾第虫可以感染各年龄段的猪,包括哺乳仔猪、公猪和母猪,流行率为 0.1%～20%(Armson 等,2009)。在美国俄亥俄州,在 8.3% 的断奶前仔猪、2.6% 的断奶仔猪和 1.5% 母猪中检出贾第虫感染(Xiao 等,1994)。在加利福尼亚州,7.6% 的野猪存在贾第虫感染(Atwill 等,1997),表明存在野猪将贾第虫传染给人的风险,野猪可能是家养猪贾第虫的感染源。在加拿大,参与调查的 50 个猪场中有 70% 存在贾第虫感染,在 8.5% 的粪样中检出贾第虫。在 3.8% 的哺乳仔猪、9.8% 的断奶仔猪、0.8% 的生长猪、15% 的育成猪、5.7% 的公猪和 4.1% 的母猪粪样中检出贾第虫包囊(Guselle 和 Olson,1999)。在丹麦,哺乳仔猪、断奶仔猪和母猪群贾第虫的流行率分别是 22%、84% 和 18%(Maddox-Hyttel 等,2006)。在丹麦,从哺乳仔猪和断奶仔猪中均分离出人畜共患的 A 类群贾第虫。在澳大利亚,17% 和 41% 的哺乳仔猪和断奶仔猪存在贾第虫感染,以 E 类群为主,但也存在 A 类群感染(Armson 等,2009)。

3 种十二指肠贾第虫亚类群主要流行于并且偏向在特定的宿主中形成感染循环:A I 亚类群在家畜中、A II 在人中、A III 在野生动物中。在北美洲、中美洲、南美洲和欧洲,大部分家畜感染 A I 亚类群,少数感染 A II 亚类群;而人的感染情况与此相反,大部分人感染 A II 亚类群,少数感染 A I 亚类群(Sprong 等,2009)。

没有疫苗可用于大动物贾第虫病的预防,也没有药物批准应用于动物贾第虫病的治疗。然而,有用芬苯达唑和阿苯达唑治疗动物贾第虫的报道。经粪便排出的包囊具有传染性,但是干燥、多种季铵盐类药物、漂白粉和沸水均可使其失活。当没有场地被污染时,在清洗和消毒之后,建议对其进行彻底干燥。研究发现,装于罐中猪液态粪便中的贾第虫包囊会发生降解,表明液态粪便的散布对地表水的污染不太可能成为引发严重的贾第虫感染(Guselle 和 Olson,1999)。

微孢子虫
Microsporidia

已命名的微孢子虫大约有 1 200 种,它们是一种细胞内寄生物,以前被认为是原虫,现在认为它们是真菌。大多数微孢子虫感染脊椎动物和鱼,但是有 8 个属的 14 种微孢子虫感染人(Didier 和 Weiss,2006)。其中,4 种微孢子虫,即彼氏肠微孢子虫(*Enterocytozoon bieneusi*)、脑炎微孢子虫属的肠脑炎微孢子虫(*Encepholitozoon intestinalis*)、兔脑炎微孢子虫(*E.cuniculi*)、海伦脑炎微孢子虫(*E.hellem*)可以感染人和其他动物。猪是人微孢子虫感染的潜在来源。彼氏肠微孢子虫是人中检出最为常见的种。在很多国家的猪中也发现了该虫,但该虫在美国猪中的流行情况不是很清楚。调查表明,猪可以作为在人中检出的微孢子虫基因型的宿主(表 66.1)。III 基因型兔脑炎微孢子虫(犬基因型)在猪中也被发现,是美国人中最为常见的基因型。

(我们)用彼氏肠微孢子虫作为例子描述了微孢子虫的生活史阶段(图 66.9)。微孢子虫所有阶段均寄生于细胞内,与宿主的细胞浆直接接触,可包括双核的细胞、孢子原生质团块、无核的孢母细胞、孢子等阶段。孢子(1.5 $\mu m \times$ 0.5 μm)是感染性阶段,通过粪便排出体外。孢子内有带 6～7 个缠绕的极管、一个细胞核和一个延伸至极胞体的后部吸附器。当孢子被摄食后,缠绕的极管解离,将孢母细胞和核注入宿主细胞。在早期增值阶段,虫体变长、进行核分裂。增值的合胞体细胞含有多个长核。此后,孢子原生质团块在极管形成阶段发育成盘状,有时呈书架状或弧状。带有极管复合物的各个核进一步分化、成熟为孢母细胞,进而发育为成熟的孢子。孢子从宿主细胞中释放出,经粪便排出体外,被下一宿主摄食。

微孢子虫在临床疾病中的作用目前尚不清楚。

从 4 头严重腹泻且生长抑制的猪(Rinder 等,2000)和 28 头健康猪(Breitenmoser 等,1999)粪便中检出彼氏肠微孢子虫。38 头有腹泻症状的仔猪和 29 头没有腹泻症状的仔猪彼氏肠微孢子虫为阳性(Jeong 等,2007)。有些基因型的微孢子虫具有致病性,而其他的微孢子虫致病性仍不清楚。

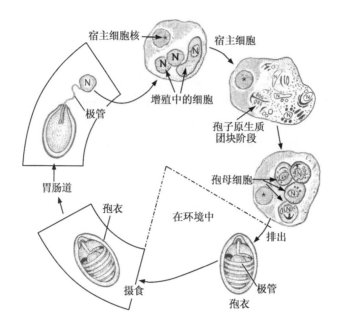

图 66.9 彼氏肠微孢子虫生活史 GI,胃肠道。

由于孢子非常小(1.5 μm×0.5 μm),检测微孢子虫感染是很困难的。有些血清学试验,如 ELISA、间接免疫荧光抗体(IFA)显微观察,被用于检测兔脑炎微孢子虫。在一些特定的实验室,也用显微技术检测微孢子虫的孢子。然而,显微观察的方法不能确定微孢子虫的种类和基因型。可以用特异、敏感的分子生物学方法来确定彼氏肠微孢子虫和兔脑炎微孢子虫的基因型。尽管这些检测在临床诊断实验室不太常用,但在研究型实验室和一些政府部门的公共卫生实验室中被广泛使用。因为微孢子虫 rRNA 基因的 ITS 区域有高度的变异性,ITS 已成为彼氏肠微孢子虫不同分离株基因型检测和鉴定的标准(Santín 和 Fayer,2009)。

由于只有少数猪微孢子虫病例报道,因此其流行病学不清楚。传染源、传播途径也不清楚。然而,通过对来源于不同宿主微孢子虫基因型的比较,人和多种动物微孢子虫潜在的感染来源已开始被确认。

用抗蠕虫药物阿苯达唑对微孢子虫进行治疗时,对兔脑炎微孢子虫、肠脑炎微孢子虫和海伦脑炎微孢子虫有效,但是对彼氏肠微孢子虫无效。随着高效抗反转录病毒药物使用的增加,人微孢子虫病例的数量已明显减少了。

结肠小袋纤毛虫
Balantidium coli

结肠小袋纤毛虫(*Balantidium coli*)是一种既感染人又感染猪的纤毛虫。它通过宿主粪便排出的包囊而进行传播。包囊的直径为 50~70 μm,内含一大核和一小核。包囊不进行分裂。滋养体外被短纤毛,长度可达 100 μm,内也含一大核和一小核。滋养体通常发现于大肠的肠腔内。

人和猪感染结肠小袋纤毛虫后多呈亚临床症状。在美国没有规模化猪场结肠小袋纤毛虫流行情况估测的报道。然而,从猪结肠分泌物中可经常检出(显微镜检查)结肠小袋纤毛虫。结肠小袋纤毛虫不大可能在疾病中起主要作用,但是结肠中的其他病原需要进行检测。

20 世纪 80 年代进行的调查显示,结肠小袋纤毛虫的感染率随着猪日龄的增长而增长,饲养在牧场和比较脏的猪圈的猪的感染率比集中饲养的猪高。居住于寓所周围有猪的地方的人结肠小袋纤毛虫的感染率高(Schuster 和 Ramirez-Avila,2008)。猪小袋纤毛虫(*Balantidium suis*)与结肠小袋纤毛虫相似,也存在于人和猪中。猪小袋纤毛虫比结肠小袋纤毛虫小,其作为单独种的可靠性受到质疑(Schuster 和 Ramirez-Avila,2008)。

内阿米巴原虫
Entamoeba Species

属于内阿米巴原虫属的阿米巴原虫在世界各地的猪场中均有报道。猪不是组织内阿米巴原虫（*Entamoeba histolytica*）的主要贮存宿主。已被证实猪是一种对人和猪没有致病性的阿米巴原虫——波列基阿米巴原虫（*Entamoeba polecki*）的贮存宿主。这些阿米巴原虫在美国猪场的流行情况目前尚不清楚。

（汪明、潘保良译，吴文玉、林竹校）

参考文献
REFERENCES

Armson A, Yaang R, Thompson J, et al. 2009. Exp Parasitol 121:381–383.

Atwill ER, Sweitzer RA, Pereira GC, et al. 1997. Appl Environ Microbiol 63:3946–3949.

Biester H, Murray CM. 1934. J Am Vet Med Assoc 85:207–209.

Breitenmoser AC, Mathis A, Burgi E, et al. 1999. Parasitology 118:447–453.

Caudie CM, Done SH, Evans RJ. 2004. Vet Rec 155:647.

Didier ES, Weiss LM. 2006. Curr Opin Infect Dis 19:485–492.

Dubey JP. 1986. Vet Parasitol 19:181–223.

——. 1988. Am J Vet Res 49:910–913.

——. 2009. Vet Parasitol 164:89–103.

Dubey JP, Hill DE, Jones JL, et al. 2005. J Parasitol 91:1082–1093.

Dubey JP, Hill DE, Sundar N, et al. 2008. J Parasitol 94:36–41.

Dubey JP, Jones JL. 2008. Int J Parasitol 38:1257–1278.

Dubey JP, Powell EC. 1994. Vet Parasitol 52:151–155.

Dubey JP, Speer CA, Fayer R. 1989. Sarcocystis of Animals and Man. Boca Raton, FL: CRC Press.

Dubey JP, Thulliez P, Weigel RM, et al. 1995a. Am J Vet Res 56:1030–1036.

Dubey JP, Weigel RM, Siegel AM, et al. 1995b. J Parasitol 81:723–729.

Fayer R. 2010. Exp Parasitol 124:90–97.

Guselle N, Olson ME. 1999. Human pathogens in Alberta Hog Operations. Report to Alberta Hog Industry Development Fund, Alberta Pork Producers.

Henriksen SA, Christensen JPB. 1992. Vet Rec 131:443–444.

Henry SC, Tokach LM. 2008. Swine Health Prod 3:200–201.

Hill DE, Haley C, Wagner B, et al. 2010. Seroprevalence of and risk factors for *Toxoplasma gondii* in the U.S. swine herd using sera collected during the National Animal Health Monitoring Survey (Swine 2006). Zoonoses Public Health 57:53–59.

Hill JE, Lomax LG, Lindsay DS, Lynn BS. 1985. J Am Vet Med Assoc 186:981–982.

Jeong DK, Won GY, Park BK, et al. 2007. Parasitol Res 102:123–128.

Koudela B, Kucerova S. 1999. Vet Parasitol 82:93–99.

Levine ND, Ivens V. 1986. The Coccidian Parasites (Protozoa, Apicomplexa) of Artiodactyla. Illinois Biological Monographs 55. Champaign, IL: University of Illinois Press.

Lindsay DS, Blagburn BL, Boosinger TR. 1987. Vet Parasitol 25:39–45.

Lindsay DS, Current WL, Ernst JV. 1982. J Parasitol 68:861–865.

Lindsay DS, Current WL, Ernst JV, Stuart BP. 1983. Vet Med Small Anim Clin 78:89–95.

Lindsay DS, Current WL, Taylor JR. 1985. Am J Vet Res 46:1511–1512.

Lindsay DS, Ernst JV, Current WL, et al. 1984. J Am Vet Med Assoc 185:419–421.

Lindsay DS, Neiger R, Hildreth M. 2002. J Parasitol 88:1262–1263.

Lindsay DS, Stuart BP, Wheat BE, et al. 1980. J Parasitol 66:771–779.

Maddox-Hyttel C, Langkjær RB, Enemark HL, et al. 2006. Vet Parasitol 141:48–59.

Patton S. 2001. *Toxoplasma gondii* in sows and market-weight pigs in the US. NPB#00-130 from 2000 NAHMS data.

Rinder H, Dengjel B, Gothe R, Loschert T. 2000. Mitteilung Österreich Gesellsch Tropenmed Parasit 22:1–6.

Sangster LT, Seibold HR, Mitchell FE. 1976. Proc Annu Meet Am Assoc Vet Lab Diag 19:51–55.

Santín M, Fayer R. 2009. J Eukaryot Microbiol 56:34–38.

Santín M, Trout JM. 2008. Livestock. In R Fayer, L Xiao, eds. Cryptosporidium and Cryptosporidiosis, 2nd ed. Boca Raton, FL: CRC Press, pp. 451–483.

Scala A, Demontis F, Varcasia A, et al. 2009. Vet Parasitol 163:362–365.

Schuster FL, Ramirez-Avila L. 2008. Clin Microbiol Rev 21:626–638.

Skampardonis V, Sotiraki S, Kostoulas P, et al. 2010. Vet Parasitol 172:46–52.

Sprong H, Cacciò SM, van der Giessen JWB. 2009. PLoS Negl Trop Dis 3:e558.

Stockdale HD, Spencer JA, Blagburn BL. 2008. Prophylaxis and chemotherapy. In R Fayer, L Xiao, eds. Cryptosporidium and Cryptosporidiosis, 2nd ed. Boca Raton, FL: CRC Press, pp. 255–287.

Stuart BP, Lindsay DS. 1986. Vet Clin North Am Food Anim Pract 2:455–468.

Stuart BP, Lindsay DS, Ernst JV. 1978. Coccidiosis as a cause of scours in baby pigs. Proc Int Symp Neonatal Diarrhea 2:371–382.

Stuart BP, Lindsay DS, Ernst JV, et al. 1980. Vet Pathol 17:84–93.

Weigel RM, Dubey JP, Siegel AM, et al. 1995. J Parasitol 81:736–741.

Xiao L, Herd RP, Bowman GL. 1994. Vet Parasitol 52:331–336.

Yaeger MJ, Holtcamp A, Jarvinen JA. 2003. J Vet Diagn Invest 15:387–389.

67 内寄生虫:蠕虫
Internal Parasites:Helminths
John H. Greve

引言
INTRODUCTION

猪的体内寄生虫在世界范围内普遍存在,不仅引发临床疾病,而且危及生产。线虫感染实验证明,与对照组相比,感染线虫后,会使猪每日平均增重(ADG)下降。同样,与对照组相比,感染组饲料增重比率(F/G)增加。此外,体内寄生虫感染会造成广泛的危害,也可与其他地方性潜在的病原体协同作用,造成危害。多数情况下,体内寄生虫会导致少数但明显的亚临床疾病。

因为猪的生产性能或行为活动在每一天内的改变不明显,因此无法引起猪肉生产商足够的重视。但从长远来看,这些细微的变化所造成的损失是很明显的。损失的程度与营养水平、饲养方式、地理区域、猪的品种、感染寄生虫的种类等因素有关。想要避免这种损失,通常需要使用抗蠕虫药,配合防止寄生虫病传播的科学管理体系。

在历史上,大多数的寄生虫防控方案,旨在降低由猪蛔虫和猪肾虫(Stephanurus dentatus)所造成的肝脏淘汰率,如美国中西部地区建立的"McLean County"系统(Raffensperger 和 Connely,1927),北卡罗来纳州建立的"Profit"系统(Behlow 和 Batte,1974),佐治亚州建立的"Gilt-Only"系统(Stewart 等,1964)等。这些系统或单独或联合使用卫生管理、抗蠕虫药及综合管理措施等,以降低产品的淘汰和损失。自20世纪50年代以来,抗蠕虫药的使用对猪蛔虫病的防控发挥了显著的作用,但猪蛔虫至今仍是猪体内主要的寄生虫。单独使用抗蠕虫药无法达到效果,要结合寄生虫的生活周期、生态学和风险因素等,根据实践制定科学的抗蠕虫方案,才能更有效地控制和消除此病。

近来,人们研究了生物防制系统。如连续2个月给感染已知数量的有齿食道口线虫(Oesophagostomum dentatum) 和红色猪圆线虫(Hyostrongylus rubidus)的猪拌饲料喂 Duddingtonia flagrans(真菌)的厚壁孢子,与对照组相比,两种线虫的感染性幼虫数量明显减少。(Murrell 等,1996;Nansen 等,1996)。

原生动物寄生虫已在其他章节(第66章)做过讨论,本章仅讨论蠕虫(线虫、绦虫和吸虫),并按照其对宿主器官系统的影响,进行分节讨论。

消化系统
DIGESTIVE SYSTEM

寄生虫很容易从宿主的消化系统进入和排出。因此,大量的寄生虫寄生于这个系统。除了口腔之外,其他消化道都有寄生虫寄生。

猪病学,第10版,由 Jeffrey J. Zimmerman, Locke A. Karriker , Alejandro Ramirez, Kent J. Schwartz, Gregory W. Stevenson主编。

食道

Esophagus

旋尾科的美丽筒线虫（*Gongylonema pul-chrum*）寄生于食道，通过窦道进入有上皮组织覆盖的食道和舌头。这些通道通常与食道的纵轴对齐，但偶尔也发生在舌黏膜。这些通道形成均匀的正弦波，8～10个波长。当从这些通道移动时，雄性长 60 mm，雌性长约 90 mm。受孕完全的卵，呈大椭圆形，卵壳较且透明[（55～65）μm×（30～35）μm]多从宿主的粪便排出。这些卵被蟑螂或某些食粪的甲虫摄入后，即发育成感染性幼虫，猪通过摄入这些昆虫而感染。

Gongylonema 在通道内来回滑动，引起轻微的刺激。该病的主要影响是在屠宰时，如果发现组织损伤，需对其进行修整。反刍动物和人类也易感（*G. pulchrum*），但必须摄取美丽筒线虫的中间宿主后才会感染，因此出于利益的目的，在屠宰时会对感染的组织进行修整。

胃

Stomach

胃内有五种线虫属。猪圆形线虫属（*Hyo-strongylus*）是比较常见的一种，而其他四种由于受寄生位置的限制（斜环咽线虫属 *Ascarops*，膨首线虫属 *Physocephalus*，颚口线虫属 *Gnathostoma*，西蒙属 *Simondsia*）不太常见。

猪圆形线虫属　毛圆科的红色猪圆线虫（*Hyostrongylus rubidus*）是寄生于猪胃内的线虫，主要集中于猪胃底部的小弯处。成虫体长不足 10 mm。虫卵具有圆形线虫的典型结构，圆形，卵壳薄而透明（（60～76）μm×（30～38）μm）排出时含有 16～32 个胚细胞。红色猪圆线虫卵与寄生在大肠内的结节虫（*Oesophagostomum* spp.）的虫卵非常相似，鉴别这两种线虫较好的方法是幼虫培养法（Honer，1967）。与十二指肠的球头线虫（*Globocephalus*）的虫卵也很相似，但是后者的虫卵较小（（52～56）μm ×（25～35）μm）。

直接生活史，不需要中间宿主，排出的虫卵在体外经 7 d 的发育即成为感染性幼虫。感染性幼虫被猪摄入后经粪便排到牧场上。因此，放牧饲养的猪更易感染猪圆线虫。摄入的幼虫进入胃腺，经过两次蜕变后，返回胃腔。有一些低生活力的幼虫仍遗留在胃腺，在胃腺形成结节性膨胀。当其再次进入胃腔后，恢复活力发育为成虫。

很少有人知道红色猪圆线虫的致病性。它们吸食少量的血液，引起卡他性胃炎，导致黏膜糜烂。不过，这是否为胃腺溃疡的发病机制，还存在争议。胃黏膜的这些变化可能会降低饲料转化率，使体重增加减少（Stewart 等，1985）。

旋尾科胃蠕虫（Spiruroid Stomach Worms）

胃的其他蠕虫，如膨首线虫（*Physocephalus sexalatus*）、圆形旋翼线虫（*Ascarops strongyli-na*）、棘颚口线虫（*Gnathostoma spinigerum*）和奇异西蒙线虫（*Simondsia paradoxa*）是旋尾科线虫。它们比猪圆线虫要大得多，更结实，体长能达到 20 mm。成虫经口腔进入黏膜，这只会导致大量的黏液产生，但不会造成明显的损伤。雌性西蒙属线虫通过前端末梢进入胃腺，因此，只能看到其球形后端。

就已知的四种旋尾科线虫而言，其生活史都彼此相似。典型的旋尾科卵（厚壳的、透明的、卵圆形、受孕的）经粪便排出，再被粪居的甲虫摄入，与 *Gongylonema* 的卵很相似，但旋尾科线虫的卵略小。*Gongylonema* 卵大小（55～65）μm×（30～35）μm，而这些卵大小（30～40）μm×（15～20）μm。感染性幼虫在甲虫内发育，被放牧饲养的猪摄入后，使猪感染，潜伏期 4～6 周。

小肠

Small Intestine

类圆线虫属　兰氏类圆线虫（*Strongyloides ransomi*）寄生于小肠，为世界性分布的杆状线虫。在温热带地区更盛行，是哺乳仔猪体内重要的寄生虫。

生活史　微小（3～5 mm 长）细长的线虫嵌入小肠上皮。只有孤雌生殖的雌性寄生。受孕的虫卵，卵壳薄而透明，寄生在黏膜孔内，经粪便排出。杆状幼虫在几个小时内即可孵化，3 d 内即有可能发展为感染性第三阶段幼虫（同源性生活史），或自由生活的杆状的雄性和雌性幼虫（异源性生活史）。自由生活周期历经几代后，最终成为感染性幼虫。结果，异同源性生活史产生的数量，呈指数增长，相应地增加了感染性幼虫的数量。

占优势的是同源性生活史还是异源性生活史,取决于环境,如湿度和可用的相应基质,有利的环境因素以及有利于异源性生活史。

感染性幼虫可以通过以下几个途径进入下一个宿主:经皮、口腔、初乳或产前。较常见的是经皮渗透,幼虫通过这种途径进入血液,到达肺部,然后经气管到达咽,被吞咽进入消化道(气管移行)。这种移行在 6~10 d 内完成。因为幼虫会被胃液杀死,所以通过口腔进入的幼虫,必须穿透颊黏膜后到达肺。

初乳中的幼虫具有活力(Moncol,1975)。幼虫可在母猪的乳脂中蓄积,进入乳腺肺泡,然后进入初乳中。一旦初乳被新生仔猪摄入,幼虫不用经历气管移行,即可以直接发育成雌性成虫(气管移行曾在母猪发生,所以不会在新生仔猪重复出现)。

怀孕母猪在妊娠后期摄入感染性幼虫,会通过胎盘感染新生仔猪。幼虫经移行进入胎盘循环,并在胎儿组织内蓄积。在仔猪出生 2~3 d 后,幼虫即迅速迁移到新生仔猪小肠中。

病理学 根据感染性虫体的数量和宿主的抵抗力强弱,病变程度不同。经常发现,只感染少量的类圆线虫时,并未见相关病变。重度感染会导致增重减少、腹泻和死亡。严重感染的仔猪,10~14 日龄前即可死亡。即使在这些死亡病例中,也少见特异性病变。抵抗力的大小取决于感染性幼虫的数量和宿主的年龄。

诊断 如果是显而易见的感染,粪便漂浮检查发现典型的受孕卵,具有诊断价值。尸体剖检时,刮削黏膜能发现雌虫。由于类圆线虫成虫很小(3~5 mm),可能会与其他线虫的幼虫相混淆。无论如何,可以考虑在寄生虫的子宫找到虫卵,或其他部位的刮削找到幼虫(幼虫没有卵),进行诊断。易与其他因素,如球虫病或大肠杆菌病造成的腹泻和增重减少等相混淆(图 67.1)。

蛔虫 猪蛔虫(Ascaris suum)是猪体内的大型线虫,尽管用药物控制已历经几十年,但至今仍呈世界性分布。过去曾认为它是人类的一种变体蛔虫(Ascaris lumbricoides),但是现在多将它作为一个物种。

猪蛔虫是一种圆柱形大型线虫,雌性体长 40 cm,而雄性只有 25 cm。寄生于空肠肠腔,能抵抗肠蠕动而独自游走。虫卵壳较厚,呈柱状卵圆形,较大(50~80) μm~(40~60) μm。无色的卵壳覆盖一层棕色有黏性的乳头状蛋白质层,壳内只有一个大细胞。在约 6 个月的寿命内,每条雌虫每天能产成千上万个卵。虫卵具有弹性,能长期生存,由于猪的分布较广,所以环境较易受到严重污染。

生活史 蛔虫为直接生活史。虫卵通过粪便排出,大约经过 4 周发育为感染性幼虫。感染性幼虫停留在卵壳内,直到虫卵被猪摄入,这让幼虫抵御了许多致命性环境因素的影响。感染性幼虫被猪摄入后,在小肠内孵化,然后钻入空肠壁,大部分幼虫经肝门系统进入肝脏,少数幼虫能进入肠系膜淋巴结、腹膜腔和其他部位,这些幼虫可能不会进入下一个生活史。幼虫于感染后 1~2 d 内即到达肝脏,4~7 d 时经循环系统到达肺部;幼虫在肺部停留几天进行蜕变,然后离开肺毛细血管进入细支气管,经咳嗽到达咽部,被吞咽进入小肠;10~15 d 时到达小肠并发育成熟;43 d 时开始产卵。虫卵能耐极端温度,在牧场上生存 10 多年仍具有感染性。大多数消毒药对虫卵无效,但是蒸汽和阳光直射能杀灭虫卵。虫卵具有黏性,因而极易通过工作靴、昆虫和其他机械设备等传播。

衰老的蛔虫从粪便排出,但猪会持续几个月的轻度感染。仔猪常在 5~6 个月大的时候感染蛔虫,由于之前经历过幼虫迁移,或逐渐成长,其抵抗力增强,导致幼虫被小肠壁阻滞,幼虫试图通过引发剧烈的炎症反应以穿过小肠壁。猪蛔虫的幼虫是破坏力很强的迁移者,如果宿主不适宜其寄居,就会造成内脏幼虫移行症。在不适合的宿主内,这样的幼虫很少会发育为成虫,但偶尔也会在人体内发育为成虫。迁移的幼虫可能引发严重的蠕虫性间质性肺炎,在不适合的宿主内,例如牛,由于它们在肺部持续长时间的迁移,会导致宿主死亡。

病理学 猪蛔虫成虫竞争宿主的营养,干扰其营养物质的吸收。此外,成虫也可能移行至胆管,造成胆管堵塞并引起黄疸。

蛔虫成虫在迁移过程中会对肝、肺造成严重损伤。一波又一波的幼虫经肝脏移行,造成门脉区嗜酸性粒细胞的大量浸润,小叶间结缔组织纤维化,可见白斑,即"乳斑"。感染 7～10 d 后,可见肝脏的早期病变,如果持续感染,病变就会延续和扩展。在这些病灶内会出现有抗原性的幼虫,这些幼虫可能因宿主的应激反应被杀死。25 d 内如果肝脏不再受其他幼虫的感染,乳斑就会消退。严重而持续的感染会导致弥漫性肝纤维化。幼虫在肝脏内迁移的刺激和肝酶升高会导致临床症状的出现。

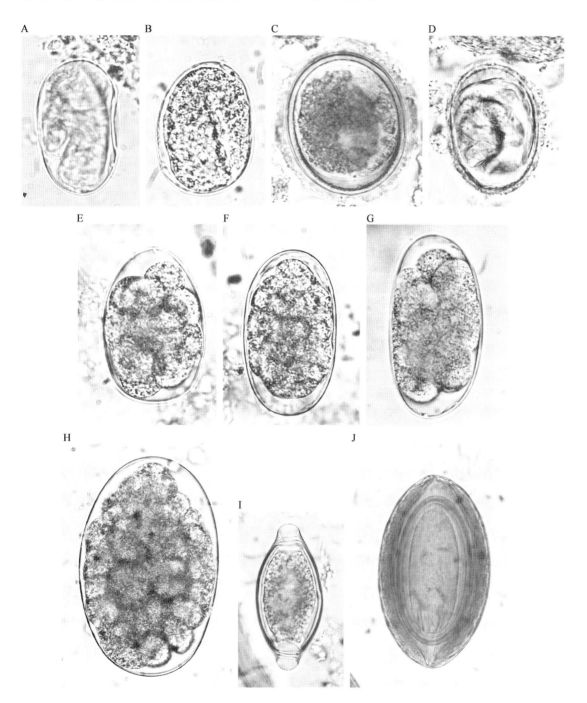

图 67.1　(A)类圆线虫(*Strongyloides*)虫卵,壳薄,无卵膜及内含幼虫;(B)似蛔线虫(*Ascarops*)虫卵,内含幼虫,形态学上类似膨首线虫(*Physocephalus*)和筒线虫(*Gongylonema*)虫卵;(C)猪蛔虫(*Ascaris*)虫卵,具有蛋白外壳,常脱落;(D)后圆线虫(*Metastronylus*)虫卵;(E)食道口线虫(*Oesophagostomum*)虫卵;(F)猪圆形线虫(*Hyostrongylus*)虫卵;(G)球首线虫(*Globocephalus*)虫卵;(H)有齿冠尾线虫(*Stephanurus dentatus*)虫卵;(I)猪鞭虫(*Trichuris*)虫卵;(J)巨吻棘头虫(*Macracanthorhynchus*)虫卵(所有虫卵同倍数拍照和印刷)。

幼虫在肺部移行时,穿过毛细血管,造成肺泡出血斑。同时,在幼虫移行过的区域会出现间质性肺炎,以及细支气管炎和肺泡水肿。这些变化,在临床上表现为特征性起伏性咳嗽,即众所周知的"猪肺蛔虫病(thumps)",如果肺部的病变过于严重,将会是致命的。这些病变使肺变得更易感,容易受到其他疾病的影响,如支原体肺炎。感染性虫卵都是滴流式摄入,所以幼虫移行造成的损伤常与成虫引起损伤相伴随。这种损伤将持续到宿主产生抵抗力为止。

初生仔猪第一次触地就会首次接触到蛔虫虫卵(Eriksen,1982)。有时因为某些原因猪长到约20 kg时才第一次接触蛔虫虫卵,当虫卵数量较大时,肺内的幼虫会引起剧烈反应。临床上表现为呼吸系统疾病,如呼吸困难、倦怠和高烧。

经济意义 很多学者从多方面详细阐述了猪蛔虫对经济的影响。感染实验的结果显示,即使感染水平很低,平均日增重(ADG)和饲料转化率都会有细微的变化(Hale等,1985)。代谢性研究表明,小肠中发育不全的虫体快速生长时,会对氮(N)的代谢产生显著影响(大约感染后1个月)。还有种损失发生在屠宰时,如肝脏变形、胴体严重黄疸。虽然很难量化,但这些经济损失无疑是巨大的,1980年,仅美国就损失近4亿美元(Stewart和Hale,1988)。

诊断 只感染猪蛔虫时的临床症状是很直观的。由于雌虫产卵率惊人,标准的漂浮法很容易检测到虫卵。如果在地面上饲养猪,我们可以认为这些猪感染了线虫,因为自然界的线虫无处不在,虫卵的寿命极长,在土壤内也能生存若干年。即使没有特异的感染证据,猪肉生产商通常也会假定他们的猪已感染蛔虫,并预防性投药或制定相应的治疗程序。

尸体剖检时,肝脏存在乳斑,表明动物在过去的几个月内摄入蛔虫虫卵,且这些虫卵很可能是猪蛔虫虫卵。早期,在消退前,点状的病灶会逐渐扩大。在 S. dentatus 地区,猪肾膨结线虫迁移造成的瘢痕与蛔虫移行造成的乳斑需相鉴别。乳斑存在的部位更广,其他器官,如肺和肾周围脂肪,都存在类似的瘢痕。犬弓蛔虫(Toxocara canis)幼虫的移行也会形成乳斑(Helwigh等,1999),猪体内还可能经历其他寄生虫的幼虫内脏移行。

猪蛔虫成虫很大,肉眼即可看到或通过空肠壁就能触摸到。尸体剖检时胃肠道存在的猪蛔虫,可能是猪死后,尚活着的健壮的线虫移行来的。

有时在感染的潜伏期内猪也会发病或死亡。因此,粪便漂浮法是没有诊断价值的。除了肉眼观察到大量的小乳斑和肺炎外,在空肠可以找到小的、未发育完全的蛔虫,在肺部有移行来的幼虫。在漏斗中放入剪取的肺组织,用漂洗法可以收集到幼虫。潜伏期内,幼体会移行到水中,然后沉入漏斗杆,将此处液体倒入培养皿,能在显微镜下观察到虫体。

旋毛虫病 大多数的哺乳动物都会发生旋毛虫病(Trichinellosis),包括人类(Despommier,1990;Kazacos,1986)。有一段时间,人们认为,所有的病例都是由旋毛虫(Trichinella spiralis)引起的,但是DNA研究发现了一群未明确命名的物种(McLean等,1989),包括在北美和欧洲的 T. spiralis,极地的 Trichinella nativa,欧亚大陆的 Trichinella britovi 和赤道非洲的 Trichinella nelsoni。规范猪饲喂泔水的管理,加强公共卫生事业,以及近来旋毛虫检查和血清学诊断技术的提高,都大大降低了旋毛虫的发病率。

生活史 旋毛虫的成虫是一种微型的线虫(2~4 mm长),生命较短暂,因此不常见。成虫寄生于绒毛上皮的细胞内壁。在交配5 d后,雌虫在其生命周内(2~3周),在黏膜固有层内持续产幼虫。这些幼虫可移行分布于全身。当它们进入骨骼肌细胞肌纤维膜时,继续发育成熟,大约到14 d即具备感染性。在这个过程中,肌细胞转变为一个"营养细胞",滋养包蚴多年。通常,每个幼虫都有个包囊,包囊呈梭形,其长轴与肌细胞的长轴一致。未经移行进入肌细胞的幼虫死亡后形成肉芽肿。几个月后,肌肉囊肿可能从两极开始钙化,但幼虫仍可能在囊内存活一段时间。当肌肉包囊被摄入体内后,幼虫脱囊,并在48 h内迅速发育成熟。在猪群内传播的途径包括咬尾、清除尸体(老鼠,浣熊等)、进食含有旋毛虫的物质。

病理学 肠道伴随有亚临床性肠炎。肌肉阶段病变主要集中在营养细胞囊肿。营养细胞正在成型时,出现不适、发热并伴有嗜酸性粒细胞增多性肌痛。这可能会出现暂时性增长率降低,但通常是一过性的。营养细胞是由肌原纤维和肥大的肌细胞核溶解形成的。这种变化只发生于局部，被感染的肌细胞常由胶原纤维包绕，包囊内含有盘成约 2.5 圈螺旋形的幼虫。一旦营养细胞发育完成，症状就开始消退，恢复正常发育速率。

诊断　诊断旋毛虫病的传统方法是寻找肌肉囊肿。这些囊肿并非均匀分布在整个肌肉系统，而是集中在一些活力较高的肌肉（如隔膜、眼的外部肌肉和肌肉的姿态）内，可能是因为这些部位的肌肉内毛细血管丰富。主要用两种尸体剖检的方法来查找肌肉囊肿；两者都比较费力，且易出现假阴性。一种方法是剪下几块肌肉，在玻板上压成薄片，放在显微镜下观察囊肿（trichinoscopy）。另一种方法是用人造胃液（1% 胃蛋白酶，1% 盐酸，37℃）（"stomacher"）消化几克的肌肉，并在显微镜下观察沉积物。另一种更为有效而灵敏的方法是酶联免疫吸附测定（ELISA），用幼虫分泌的抗原（Murrell 等，1986）检测单个血清或一个猪群的混合血清。假阴性（False-negative）ELISA 方法通常用于检测幼虫数量很少的组织（每克肌肉不到 5 个）。

公共健康　旋毛虫病是人畜共患的，能感染人和其他哺乳动物。旋毛虫的来源很多，常怀疑的对象是猪肉产品。猪肉香肠尤其引人担忧，因为在一根香肠内发现了旋毛虫，则同批次多数香肠都可能会有旋毛虫。然而，最近几年，在美国有很多感染旋毛虫的病例，是由于食用了未煮熟的熊肉或自家屠宰猪肉，两者都是没有经过肉类检验程序的。鹿肉或牛肉香肠常因掺杂旋毛虫感染的猪肉而含有旋毛虫。在欧洲北部，因长期实施旋毛虫检疫措施，已经消灭了猪旋毛虫病。自 20 世纪中期，在美国，猪旋毛虫病的发病率在 0.1%～0.3%。现代的饲养方法（禁止喂食生的杂碎、卫生的饲养、尾巴对接、饲喂高水平的营养等）已经大大降低猪旋毛虫病的发病率。在美国，有一个新的、自发的综合性程序（国家旋毛虫认证程序）来确保猪肉安全。

美国农业部（USDA）最近建议，新鲜猪肉煮到内部温度高达 63℃，切完放 3 min 后再烹饪。就算烹饪方法不同，这个温度都有一定的安全性（如微波炉加热不均匀）。厚度低于 15 mm 的新鲜冷冻猪肉产品，在零下 15℃放 20 d 或在零下

29℃放 6 d，将杀死大部分幼虫（Campbell，1988），但不包含那些能适应寒冷的幼虫（主要是 *T. nativa*，但 *T. nativa* 感染并不是猪肉产业一个主要问题）。盐腌制不一定能杀死旋毛虫幼虫，所以猪肉产品还应煮熟。

综上所述，在美国，人感染旋毛虫的病例已经在逐年下降，从 1947 年的每年约 450 例，50 年后降到每年 12 例（Kennedy 等，2009），其他地方的情况也类似。猪旋毛虫病会偶发，所以仍需对其保持警惕。

钩虫　锥尾球头线虫（*Globocephalus urosubulatus*）在地理位置上分布广泛，但在北美，它仅限于对猪进行牧养的南方各州。成虫通过口吸附在空肠黏膜。致病性不强，但它是一个典型的十二指肠虫。小猪比大猪更容易贫血。成年的球头线虫长约 7 mm，卵（52～56）μm×（25～35）μm。感染性幼虫在地上发育，被摄入或经皮肤渗透进入另一头猪。其地理分布仅限于不冻结的地区。

棘头虫　猪棘头虫（棘刺状的头）是猪巨吻棘头虫（*Macracanthorhynchus hirudinaceus*），是一种非常大的寄生虫，有时体长可超过 40 cm。新生状态下，虫体呈珊瑚粉红色，前端可见刺状的吻突与宿主空肠壁相连。因水化状态不同，虫体可能是肿胀的、扁平的或皱褶的，所以可能将其误认为是蛔虫或绦虫。然而，蛔虫没有吻突，不能吸附，绦虫拥有真正的分节（不仅仅是皱纹）和一个头节（不是吻突）。

生活史　棘头虫成虫在宿主的粪便中产卵（70～110）μm×（40～65）μm。虫卵有三层结构，呈杏仁状、棕色，并包含一个幼虫（棘头蚴）。棘头蚴一端有一个椭圆形针状的钩。虫卵被一些甲虫幼虫（可能甲虫、蛴螬或某些水生甲虫）摄入后，在其体内经 3 个月发展成为感染性幼虫（感染性棘头体）。感染性棘头体的发育始于甲虫幼虫（白色幼虫）的体内，但它需要通过蜕变进入成虫体内而存活。猪因吞食含有感染性棘头体的甲虫（包括幼虫、蛹或成虫）而感染。感染猪以后，感染性棘头体即可发育成熟。潜伏期 2～3 个月。

病理学　棘头虫的吻突插入到宿主空肠壁，由于吻突长于肠道壁厚，所以可能发生肠穿孔。通常，宿主会产生纤维结缔组织包裹吻突，封闭任何

穿孔。尸检时,这些结节较大,很容易看到。有比棘头虫成虫大的结节,表明可能发生了再附着。棘头虫排 1 个月后,结节才会消退。很少有临床症状,但发生肠穿孔时,可能表现为腹痛、腹泻和消瘦。

少数报道显示,在有吃生甲虫习俗的地域,人会感染巨吻棘头虫(*Macracanthorhynchus*)。因为是间接的生活史,在处理含虫卵或成虫的组织时,没有危险。

大肠
Large Intestine

在猪的盲肠和结肠有两种线虫:结节蠕虫(nodular worms)和鞭虫(whipworms)。两者都很常见,而且都可以引发严重的临床疾病。

鞭虫　猪鞭虫(*Trichuris suis*),主要出现在盲肠,感染较严重时,也能发展到结肠。雌性鞭虫成虫体长 60 mm。体长的 2/3 是丝状食管部,因其吸附于黏膜内而不易被注意到。临时检查看到的只是在盲肠黏膜外部的虫体后段。因为线虫细长的食管段易断裂,所以尸体剖检时很难看到完整的线虫。虫卵呈腰鼓形,卵壳厚而光滑,呈棕色,两端有塞。卵的大小为(50～68) μm×(21～35)μm,卵内是一个大细胞。

生活史　鞭虫为直接生活史。虫卵经粪便排出体外,一旦离体,卵壳内幼虫就开始形成,3～4周发育为感染性幼虫。第 1 期感染性幼虫一直停留在卵内,直到被猪摄入。虫卵在地面上可以持续生存数年。摄入后,肺的两极开始溶解,释放第 1 期幼体,穿透并到达小肠黏膜固有层和盲肠。促组织生长的迁移持续 2 周,幼虫将再次经历 4 次蜕变。鞭虫体的后端开始伸展到肠腔。感染 6～7 周后开始产卵,成虫寿命为 4～5 个月(Beer,1973)。

病理学　在盲肠的鞭虫成虫数量小,造成的病变较微小。它们可能是猪痢疾的诱发因子。严重感染时,出现黏膜溃疡、黏膜水肿、出血、痢疾和黏膜纤维素性坏死。这些组织损伤是由促组织生长的幼虫造成的,成虫并未参与。

诊断　鞭虫病常用的诊断方法是,通过粪便漂浮法找到鞭虫卵。鞭虫卵是最重的卵,所以必须选用正确的技术。此外,因雌性不定时的产卵及盲肠不定期地排空,会出现假阴性。同样,较重

的鞭虫感染病例中,由于大量幼虫的移行,粪便中也没有虫卵。假定得了痢疾,在尸检时找到生活史阶段的鞭虫就能确诊。通常,这些症状不明显,必须通过黏膜刮削物或组织病理学检查来确诊。鞭虫因其特殊的食管结构而被认知,虫体长的食管段管外有杆状体包绕,杆状体由单行排列的大的腺体细胞排列组成。

结节蠕虫　结节蠕虫(食道口线虫(*Oesophagostomum* spp.))很常见,呈世界性的分布(Stewart 和 Gasbarre,1989)。这些圆线虫寄生在盲肠和结肠的黏膜表面。成虫长 8～15 mm。有几个品种,但是所有的品种都非常相似。为典型的圆线虫虫卵(70 μm×40 μm,薄壳、透明、在桑葚胚期)。

直接生活史。虫卵经粪便排出,幼虫从卵中孵出,在粪便中大约经 1 周左右发育为感染性幼虫。感染性幼虫从粪便里爬到植物上,从而被猪摄入。感染性幼虫将其最后蜕下的皮肤作为鞘,所以它们对环境的适应能力很强,能生存约 1 年。被摄入的幼虫出鞘并进入回肠、盲肠和结肠的黏膜腺,进入固有层,蜕皮,并在此停留约 2 周。它们进入肠腔后发育为成虫,感染 3～6 周后开始产卵。

成虫对黏膜的损害较小,没有太多的临床症状。幼虫在固有层移行和蜕皮会造成特征性结节,通常是一个小脓肿(约 2 mm),但也可能会有更大的脓肿。通常,幼虫在进入肠腔前会在脓肿内停留数周。各个年龄段的猪都可感染结节状蠕虫,所以没有有效的预防方法(Hass 等,1972)。

结节线虫(*Oesophagostomosis*)死前的诊断依赖于粪便漂浮法找到的虫卵。然而,这与猪圆形线虫(*Hyostrongylus*)和球头线虫(*Globocephalus*)的诊断相似。尸体剖检时,在盲肠和结肠找到结节有助于诊断,但必须与因慢性炎性复合淋巴结(*Lymphoglandular complexes*)造成的憩室炎相鉴别诊断。

呼吸系统
RESPIRATORY SYSTEM
肺线虫
Lungworms

猪圆线虫(*Metastrongylus apri*)、复阴后圆

线虫（*Metastrongylus pudendotectus*）和萨氏后圆线虫（*Metastrongylus salmi*）呈全球性分布。猪圆线虫最常见，但通常是两种或三种线虫的混合感染。寄生于猪的支气管和细支气管，以肺膈叶多见。

成虫呈白色，纤细，体长 40～50 mm。大量盘绕的覆盖着黏液的蠕虫，几乎堵塞了整个外周气道。虫卵壳厚、表面粗糙、无色，受孕卵，大小（50～60）μm×（35～40）μm。

间接生活史。虫卵随痰液咳出，进入口腔后被咽下，再随粪便排出体外，被蚯蚓（特别是 *Eisenia* spp. 和 *Allolobophora* spp.）吞食后，幼虫孵化，然后侵入蚯蚓的组织（石灰质腺、心脏、背血管和嗉囊）。经 8～10 d 发育为感染性幼虫。蚯蚓被猪吞食后，肺线虫的幼虫经淋巴系统移行到肺。整个过程在 4～5 周内完成。

肺后圆线虫病引起楔形的肺气肿（局部气道堵塞），或者肺不张（气道全部堵塞）。这些病变通常发生在膈叶的尖部和中间部，膈叶边缘与主要支气管相连。右肺所受的影响比左肺更大。管腔内大量的线虫造成支气管肌肉肥大、上皮细胞增生及结节性淋巴增生。肺的变化多出现于肺泡周围，这是由于虫卵进入肺泡而不是随痰咳出，及猪肺炎支原体（*Mycoplasma hyopneumoniae*）与受侵害的肺组织相互作用。雄性成虫可能独自出现在其寄生的支气管周围的细支气管内。临床症状不明显，但严重感染或并发细菌性感染时会引起咳嗽和"脚尖站立"。

对后圆线虫病的临床诊断方法是，通过漂浮法找到特征性虫卵，但虫卵的漂浮性不强。剖检时，剪开肺膈叶边缘 1 cm，然后挤压，可发现成虫。

肺吸虫
Lung Flukes

在北美，猫肺并殖吸虫（*Paragonimus kellicotti*）是一种寄生于支气管囊肿的吸虫，宿主广泛，包括猪。卫斯特曼并殖吸虫（*Paragonimus westermani*）是发生在东南亚和南美洲的吸虫。*Paragonimus* 外形大、肥厚、呈棕色，长 8～12 mm、宽 4～6 mm、厚 3～4 mm。经常成对出现。尸体剖检时，很容易看到或触摸到一个直径约 2 cm 的、与炎症反应相关的囊肿。通常，因为少数几个囊肿对肺功能的影响不大，故没有临床症状。然而，感染较重时会造成排痰性咳嗽，运动后尤为明显。

生活史包括两个中间宿主，第一个是蜗牛，第二个是小龙虾（对于 *P. kellicotti*）或螃蟹（对于 *P. westermani*）。被猪吞食后，甲壳动物内的后囊蚴（metacercariae）脱囊而出，穿过肠壁进入腹腔，再穿过横膈进入肺实质。它们成对地寄生于支气管，发育成熟，约 60 d 后开始产卵。

尸体剖检时，肺部有特异性病征。临床上，存在的特征性虫卵具有诊断价值。虫卵相对较重，但能漂浮在糖溶液上，从而达到分离目的。虫卵呈棕色、杯形、大小约（80～110）μm×（50～60）μm，有卵盖。虫卵的数量及发现的时间不稳定，因为它们通过粪便排出取决于被咳出和吞咽的时间。

一些迁移脱囊的后囊蚴不能到达肺部，因此被囊的成虫可能会异常性出现在淋巴结、肝脏等部位。

肝和胰
LIVER AND PANCREAS

肝脏和胰腺只是一些幼虫移行时途径的部位（如蛔虫和肾线虫），只有很少的寄生虫寄生。

肝吸虫
Hepatic Distomosis

肝片吸虫（*Fasciola hepatica*）呈世界性分布，宿主广泛，包括猪。成虫很大（30 mm×10 mm），叶状，有一个圆锥形前端。虫卵较大（（130～150）μm×（65～90）μm），椭圆形、黄棕色，有卵盖，卵内充满颗粒细胞（卵黄细胞）。

虫卵经粪便排出，在水里发育。有纤毛的毛蚴孵化，进入钉螺体内，形成成百上千的尾蚴。每个尾蚴包囊，都可以附着在草叶或其他植物的表面，形成感染性后囊蚴。在潮湿的环境中，后囊蚴可长期保持感染性，但在干燥后，不久就会死亡。被终末宿主摄入后，后囊蚴穿透肠壁和肝被膜，穿过实质的迁移需要 6 周或更久。最终到达胆管系统，移行到更大的管道以及胆囊。潜伏期为 10～12 周。

幼虫的移行会引起肝实质 hemorrhagiconecrotic。一旦吸虫进入胆管后，这些症状就会消退。可在胆管存留数月到数年。由于胆管显著纤维化,经常矿化,使管道像过去陶制的排水管道,这个阶段的特征性损伤叫"pipestem liver"。切开胆管,能看到成虫和棕色渗出物。肝片吸虫病的临床症状是贫血(由于肝损伤和成虫吸血)和体重减轻,但通常不表现临床症状。在屠宰时,可见肝脏损伤。

在非洲和南亚,有类似的大片吸虫(*Fasciola gigantica*),也能感染猪。

棘球蚴(棘球蚴病)
ECHINOCOCCUS CHYDATID DISEASE

棘球蚴(*Echinococcus* spp.)绦虫成虫存在于全球范围内的肉食动物体内,其幼虫的包囊(hydatids)存在于各种食草动物和杂食动物,包括人和猪体内。成虫非常小(3～6 mm),通常数以百计地寄居在终末宿主的肠内。充满虫卵的节片经粪便排出而污染环境。虫卵与其他绦虫(*Taenia*,*Multiceps* 等)完全相同。虫卵被猪吞食后,卵内的幼虫(六钩蚴)在小肠孵出,穿透肠壁,进入循环。大约70%的六钩蚴寄居在肝脏,在此处发育成棘球蚴囊。第 5 个月,包囊的直径达到 1 cm,其囊壁已经分化成一个外护膜和内胚层。完全成熟的棘球蚴囊为1～7 cm。内胚层会产生很多薄壁的生发囊。每个生发囊都能发育成一个胚膜,孵育出几十个感染性原头蚴(protoscolices)。这些生发囊以及个性化的原头蚴,统称为"棘球蚴砂(hydatid sand)",沉聚在囊液最低点。棘球蚴囊的另外一个主要发育场所是肺部,但几乎所有的器官都适宜其寄居。最终的结果是,每个六钩蚴可发育为成千上万的感染性原头蚴。有一些棘球蚴囊在猪体内是不育的,也就是说,包囊内没有原头蚴。

棘球蚴病在美国不常见。其主要发生在允许对猪进行散养的社会。不表现临床症状,其诊断只能依靠尸体剖检。

泌尿系统
URINARY SYSTEM

猪肾虫
Swine Kidney Worm

有齿冠尾线虫(*Stephanurus dentatus*),也称猪肾虫,成虫寄生在肾周的包囊,有一个开口的瘘管与输尿管相连。经常可在其他器官发现异位包囊,如脾、胃、膀胱和脊髓。肾实质本身很少涉及。猪肾虫成虫是较大((20～40) mm×2 mm)的圆线虫,体壁较薄,可见其内脏器官,外观斑驳光鲜。典型的圆线虫虫卵,大小约 120 μm×70 μm。感染局限在没有经历过严冬的地区(Smith 和 Hawkes,1978)。

生活史 虫卵到达输尿管后随尿液排出。1～2 d 虫卵孵化,幼虫开始发育,4～5 d 具有感染性。在温暖潮湿的环境下,幼虫可在牧场存活数月。感染性幼虫被摄入或者经皮肤侵入后,移行到肠系膜淋巴结,在此蜕变,然后通过门静脉移行到肝脏。幼虫在肝脏寄居几个星期,长到 5～6 mm 后离开肝脏,迁移到肾周脂肪。炎性囊肿包绕发育中的成虫,形成一个连接输尿管的开口瘘管。潜伏期较长(9～12 个月),虫卵随尿排出,可以持续 3 年左右。

移行的幼虫具有侵袭性,多终止于异位部位。由于大部分沿着血管沟迁移,一些幼虫会进入子宫的血管内,从而感染子宫胎盘内的猪。

病理学 幼虫移行过的器官均可造成 *hemorrhagiconecrotic*。出现大量的脓肿、嗜酸性粒细胞增多、门静脉炎、血栓以及肝脏瘢痕化。这些病变都较粗糙,与蛔虫幼虫形成的"乳斑"界限很分明,它们往往有花边状的边缘,无脓肿。血栓性静脉炎是特征性病变。幼虫在其他组织内迁移造成的病变与此类似。

经济意义 发生猪肾虫的地区,其主要损失是屠宰时要对瘢痕化和脓肿进行修整。另一个损失是生长率和饲料转化效率下降(Hale 和 Marti,1983)。由于潜伏期较长(9～12 个月),再结合只选用初产母猪的繁殖系统,这样就使降低或消除感染成为可能。初产母猪产子后,在发病之前即将其送去屠宰。

肌骨骼系统
MUSCULOSKELETAL SYSTEM

身体肌肉组织内仅有少数未成熟的寄生虫寄生。如前面已论述的"营养细胞"的旋毛虫(*Trichinella* spp.)幼虫和错乱移行的有齿冠尾线虫幼虫(*S. dentatus*)。本节论述的是猪肉绦虫(*Taenia solium*),寄生在肌肉的纤维结缔组织内。

囊虫病（猪囊尾蚴病）
Cysticercosis("Pork Measles")

猪带绦虫幼虫（囊尾蚴），又称为猪囊尾蚴（*Cysticercus cellulosae*）寄生于猪的骨骼肌和心肌。成熟期的绦虫寄生于人的肠道。曾经广泛分布于世界各地，但目前主要局限于有吃生的或未煮熟的猪肉习俗的地区。它仍然是拉丁美洲的一个重要的公共卫生问题。

生活史　人感染猪带绦虫成虫后，经粪便排出脱落的节片。缓慢运动的孕节片从裂缝释放出虫卵。虫卵在牧场能保持数周的活力，被猪摄入。从卵中孵化出来的六钩蚴，穿透小肠，进入全身循环。它们在骨骼肌和心肌内，经 2～3 个月发育为感染性囊尾蚴。这种情况有时被生产商称为"猪囊尾蚴病（pork measles）"。术语"measle"指的是囊尾蚴。囊尾蚴呈球形、白色、充满液体、直径约 1 cm。表面为白色，有直径 1～2 mm 的斑点，为倒置的头节。囊肿的感染性在肌肉内可保持 2 年之久，但最终会死亡，形成干酪样变和矿化。猪囊尾蚴可在机体任何部位的肌肉内发育，但代谢活跃的肌肉包括心脏、腰肌、咬肌、舌和四肢更易寄生。

诊断　没有与囊尾蚴病有关的临床症状。历史上与囊尾蚴病有关的因素有散养的猪饲喂泔水及接触人的粪便（厕所不足）。尸体剖检/屠宰时，通常发现猪囊尾蚴无包被，是由于肌肉切口暴露包囊所致。触诊舌头时，也可能触摸到深部的包囊。白色斑点（头节）压片，可以在显微镜下看到典型的绦虫状小钩。这些小钩不会分裂，因而即使是在干酪状坏死的炎性碎片内，也可见到它们。

免疫测定方法用于囊尾蚴病的死前诊断。目前这些测定的田间试验并不准确，但有希望成功。

除了猪囊尾蚴外，在猪体内发现的另一囊尾蚴是长颈囊尾蚴（bladder worm）（细颈囊尾蚴 *Cysticercus tenuicollis*，犬水泡绦虫幼虫）。容易与猪囊尾蚴相区别，它的体型更大（8 cm），在体内的位置固定（网膜和肠系膜），有一个长的、延伸的臂（颈）连接倒置的头节。

公共健康　猪囊尾蚴也能感染人，所以可通过常规的肉类检验程序对其进行检测。如果检查显示只有少数囊肿，可将其切除或弃用。检查有一些囊肿，则需要将整个胴体煮熟（170℃，30 min），从而杀死囊肿，再进行销售。只要发现一处感染较重的部位，表明整体感染都很严重。将猪肉进行冷冻是杀死囊尾蚴的另一个方法。要把握好温度和时间，温度取决于猪肉的尺寸和切片的厚度。

人不仅是猪带绦虫的终末宿主，摄入虫卵后也能成为囊尾蚴的宿主。囊尾蚴好寄生于人的中枢神经系统，使感染后情况变严重。

预防
PREVENTION

控制寄生虫的方法，总的说来可以分为预防和治疗。那些需要中间宿主的寄生虫，可通过防止猪接触中间宿主而成功地加以预防，如食粪甲虫和蚯蚓。因此，在混凝土地面饲养猪，可以预防猪感染旋尾线虫、棘头虫和后圆线虫。另外一个好处是可以降低或防止其他寄生虫，如猪圆线虫、球首线虫和毛圆线虫的感染，这些寄生虫需要适宜的牧场环境才能传播。

良好的环境卫生是控制寄生虫感染的一个关键环节。蠕虫主要是通过污染的饲料、土壤或粪尿污染的垫料而传播的。虫卵的生存和发育需要一定的湿度和温度条件，在阳光直射和干燥条件下存活时间不长。采用洗涤剂和蒸煮的方法，彻底清洁猪舍、饲槽及设备用具，是控制虫卵和幼虫的最好方法。蒸汽能穿透裂缝和缝隙，从而杀死虫卵和幼虫。常规消毒剂不能杀死线虫虫卵，如蛔虫卵。

充足的营养有助于提高饲料转化率和日增重，但肠道线虫会与猪竞争营养物质。研究表明，饲料中的蛋白质和维生素含量可以影响感染寄生虫猪的生产性能，增加饲料中的蛋白质或维生素水平，可以提高猪的日增重和饲料转化率（Stewart 等，1969）。

只选用初产母猪作为种猪群的管理模式，可以有效地净化猪肾虫病，因为猪肾虫的潜伏期为 6 个月以上，而只有 2 岁以上的猪才能排出大量的猪肾虫卵。头窝猪断奶后出售种猪，公猪分开饲养或用后备母猪替代种猪，可以防止猪舍的污染。采用后备母猪做种猪的管理模式，在 2 年内即可净化寄生虫感染（Stewart 等，1964）（表 67.1）。

表 67.1 胃肠道次要的寄生虫

种类	场所	描述	评论
埃及腹盘吸虫 人似腹盘吸虫 (*Gastrodiscus aegyticus* *Gastrodiscoides hominis*)	小肠和大肠 非洲和南亚	肉质 *paramphistome* 吸虫 5 mm×14 mm; 有盖的卵 150 μm× 70 μm	感染人;摄入含 *metacer-cariae* 的植物而感染
布氏姜片吸虫 (*Fasciolopsis buski*)	小肠,南亚和印度	大吸虫肠 20～75 mm;有盖的卵 135 μm × 85 μm	感染人;与肝片吸虫生活史相似
颚口线虫 (*Gnathostoma* spp.)	胃壁皱褶处, 欧亚大陆和非洲	20～40 mm 长,棘状的角质层;虫卵一端有帽状结构,70 μm× 40 μm,黄褐色	第二中间宿主史小的脊椎动物(爬虫、鸟等);潜伏期约 3 个月
圆形旋翼线虫 (*Ascarops strongylina*)	胃黏膜表面	15～20 mm;卵壳厚、透明、受孕、椭圆形,(30～40) μm ×(15～20) μm	中间宿主是食粪甲虫;潜伏期 4～6 周
Physocephalus sexalatus(见于猪胃内的一种膨首线虫)	胃黏膜表面	15～20 mm;虫卵与斜环咽线虫虫卵相似	生活史与斜环咽线虫相似
奇异西蒙线虫 (*Simondsia paradoxa*)	胃黏液腺	15～20 mm;雌虫有球状后端,内含虫卵	生活史与斜环咽线虫相似
胰阔盘吸虫 (*Eurytrema pancreaticum*)	胰管吸虫	(10～15) mm × 2 mm;虫卵(40～50) μm×(25～35) μm;深褐色、含毛蚴	第二中间宿主是蝗虫
华支睪吸虫 (*Clonorchis sinensis*)	胆管吸虫	(10～25) mm × 4 mm;虫卵(27～35) μm×(12～20) μm;浅褐色、含毛蚴	第二中间宿主是淡水鱼

治疗
TREATMENT

除非感染的寄生虫种类发生变化,采用抗蠕虫药治疗猪寄生虫只能暂时解决问题。没有一种药物能对所有寄生虫都有效,之前的组织损伤会导致生长率降低,营养需求增加。不要将药物治疗作为唯一的控制手段,可采用良好的管理模式并结合实践,如卫生、遗传选择和营养来预防感染。驱虫药的选择根据感染寄生虫的种类和药物的价格而定。通常根据临床寄生虫病的发病史来选择适宜的药物,通过治疗可以降低能产卵的虫体的数量,使猪舍污染程度降至最低。

连续几周使用化学药物,如酒石酸噻嘧啶(*pyrantel tartrate*),可以有效地控制舍饲或放牧猪群的寄生虫感染,降低蛔虫和食道口线虫所造成的损伤。预防性使用噻嘧啶或重复使用芬苯达唑(fenbendazole,FBZ)可以降低线虫感染的程度,并能激发猪体对猪蛔虫的免疫反应(Southern等,1989;Stankiewicz 和 Jeska,1990)。

产前 10～14 d,给母猪使用伊维菌素(ivermectin),可以有效地防止兰氏类圆线虫感染仔猪,同时也可有效地预防猪疥螨的传播。

抗蠕虫药
Anthelmintics

1960—1996 年间,开发研制了许多新型的猪用的抗蠕虫药,并推向市场,其剂型有饮水、拌料和注射。驱虫谱依药物不同而异,一些药物只对几种虫体有效,而有些广谱抗寄生虫药物则对多种虫体均有效。

大环内酯类药物 阿维菌素类药物(Avermectins)是阿佛曼链霉菌（*Streptomyces avermitilis*）的发酵产物,该类药物的作用机理是刺激靶器官,抑制神经递质 γ-氨基丁酸(GABA)的释放,从而抑制神经肌肉的传导,引起虫体麻痹和死亡。除猪鞭虫以外,此类药物对体内外寄生虫均有效。

伊维菌素既有注射剂,又有饲料添加剂,其他的阿维菌素类药物为注射剂。阿维菌素类药物可有效控制猪蛔虫、红色猪圆线虫、食道口线虫、兰氏圆线虫(成虫和幼虫)、后圆线虫、有齿冠尾线虫、猪血虱、猪疥螨感染。

莫昔克丁(moxidectin)是与密尔比霉素(milbemycin)相关的阿维菌素类药物,实验证明该药物能有效控制猪蛔虫、食道口线虫和后圆线虫,抗旋毛虫效果有一定变数(Stewart 等,1999)。

氨基甲酸苯并咪唑类药物　目前已有几种有效的氨基甲酸苯并咪唑(benzimidazole carbamates)类药物。噻苯咪唑(TBZ)是众所周知的,但其对猪的效果不如 FBZ。FBZ 能有效对抗蛔虫、鞭虫、结节蠕虫、肺蠕虫和猪肾虫的幼虫与成虫(Batte,1977)。其疗效优于 TBZ,尤其是对猪蛔虫疗效更优。FBZ 药理作用是抑制葡萄糖吸收,从而抑制虫体 ATP 合成。拌料饲喂,3 d 一疗程,给药 2～3 d 即可排出虫体(Corwin 等,1984)。公认其能有效控制猪蛔虫、有齿食道口线虫、四棘食道口线虫、红色猪圆线虫、野猪后圆线虫、复阴后圆线虫、猪鞭虫和有齿冠尾线虫。宰前无需停药。该药也可用于猪鞭虫的控制,但效果有差异(Marti,1978)。

咪唑噻唑类药物(imidazothiazoles)　左咪唑(levamisole)能有效对抗蛔虫、类圆线虫、猪圆线虫、后圆线虫和食道口线虫,对鞭虫的效果较低(Marti 等,1978),对冠尾线虫也有效(Stewart 等,1977)。只有左咪唑盐酸盐制剂被批准用于猪,按每千克 8 mg 的剂量,拌饲或饮水给药。猪食道口线虫对左旋咪唑的耐药性和噻吩嘧啶的交叉耐药性在丹麦已有报道(Bjorn 等,1990)。

有机磷酸化合物　敌敌畏(dichlorvos)是一种有机磷酸化合物,也是最早用于猪的广谱驱虫药。除了对类圆线虫效果稍差,对蛔虫、食道口线虫、鞭虫、红色圆线虫均有较好的效果(Marti 等,1978)。敌敌畏能与聚氯乙烯丸粒结合,通过动物胃肠道时,其有效成分缓慢释放入肠腔。这种缓慢释放作用可持续到盲肠,从而对鞭虫产生驱除作用。敌敌畏可与 1/3 的日粮混饲。推荐剂量为11.2～21.6 mg/kg。

四氢嘧啶　酒石酸噻嘧啶(pyrantel tartrate)是用于猪的唯一的四氢嘧啶(tetrahydropyrimidine),对蛔虫、食道口线虫及猪圆线虫的成虫、感染期幼虫均有驱除作用。该药最常用作仔猪、育成猪的连续混饲驱虫剂,预防猪蛔虫和食道口线虫幼虫迁移。食道口线虫对该药已产生耐药性在丹麦已有报道(Roepstorff 等,1987)。

哌嗪盐　哌嗪盐(piperazine salts)是一种较老的抗寄生虫药,目前仍广泛使用。作为驱蠕虫药,能有效地驱除蛔虫和结节蠕虫的成虫,但由于幼虫阶段不受影响,建议 6～8 周后进行二次用药。哌嗪盐拌入饲料或水中后,应在 8～12 h 内用完,因此,最好在给药的头天夜间禁食、禁水。一般剂量为每千克体重 275～440 mg。可用于控制猪蛔虫和食道口线虫。

(叶思丹译,薛志新校)

参考文献
REFERENCES

References to publications prior to 1975 cited in the text are not included below but can be found in the 8th edition of *Diseases of Swine* (Straw BE et al., editors).

Batte EG. 1977. Vet Med Small Anim Clin 73:1183–1186.

Beer RJS. 1973. Parasitology 67:253–262.

Behlow RF, Batte EG. 1974. Ext Folder 259. NC Agric Ext Service, Raleigh, NC.

Bjorn H, Roepstorff A, Waller PJ, et al. 1990. Vet Parasitol 37:21–30.

Campbell WC. 1988. Parasitol Today 4:83–86.

Corwin RM, Pratt SE, Muser RK. 1984. J Am Vet Med Assoc 185:58–59.

Despommier DD. 1990. Parasitol Today 6:193–196.

Eriksen L. 1982. Nord Vet Med 34:177–187.

Hale OM, Marti OG. 1983. J Anim Sci 56:616–620.

Hale OM, Stewart TB, Marti OG. 1985. J Anim Sci 60:220–225.

Hass DK, Brown LJ, Young R. 1972. Am J Vet Res 33:2527–2534.

Helwigh AB, Lind P, Nansen P. 1999. Int J Parasitol 29:559–565.

Honer MR. 1967. Z Parasitenkd 29:40–45.

Kazacos KR. 1986. J Am Vet Med Assoc 188:1272–1275.

Kennedy ED, Hall RL, Montgomery SP, et al. 2009. Morb Mortal Wkly Rep 58:55–59.

Marti OG, Stewart TB, Hale OM. 1978. J Parasitol 64:1028–1031.

McLean JP, Vialett J, Law C, et al. 1989. J Infect Dis 160:513–520.

Moncol DJ. 1975. Proc Helminthol Soc Wash 42:86–92.

Murrell KD, Anderson WR, Schad GA, et al. 1996. Parasitol Res 82:580–584.

Nansen P, Larson M, Roepstorff A. 1996. Parasitol Res 82:580–584.

Raffensperger HB, Connely JW. 1927. Tech Bull 44. US Dept Agric, Washington, DC.

Roepstorff A, Bjorn H, Nansen P. 1987. Vet Parasitol 24:229–239.

Smith HJ, Hawkes AR. 1978. Can Vet J 19:30–43.

Southern LL, Stewart TB, Bodak-Koszalka E, et al. 1989. J Anim Sci 67:628–634.

Stankiewicz M, Jeska EL. 1990. Int J Parasitol 20:77–81.

Stewart TB, Batte EG, Connell HE, et al. 1985. Am J Vet Res 46:1029–1033.

Stewart TB, Fincher GT, Marti OG, et al. 1977. J Am Vet Med Assoc 38:2081–2083.

Stewart TB, Gasbarre LC. 1989. Parasitol Today 5:209–213.

Stewart TB, Hale OM. 1988. J Anim Sci 66:1548–1554.

Stewart TB, Hale OM, Andrews JS. 1964. Am J Vet Res 25:1141–1150.

Stewart TB, Hale OM, Johnson JC. 1969. J Parasitol 55:1055–1062.

Stewart TB, Wiles SE, Miller JE, et al. 1999. Vet Parasitol 87:39–44.

第六部分
SECTION Ⅵ

非传染性疾病
Noninfectious Diseases

68 营养缺乏症和营养过剩症
Nutrient Deficiencies and Excesses
Duane E. Reese 和 Phillip S. Miller

对于肉猪生产来说,适当营养是持续的经济和环境生存能力的基础。只有当日粮中含必需营养素的含量合适并达到平衡时,猪的生产性能最好且随粪便排出的营养素更少。但有时猪所食的日粮中一种或多种营养素含有不足或过量,会产生不同程度的影响。轻者为生长缓慢和饲料效率轻度降低,重者出现明显的临床和亚临床症状,甚至死亡。

图 68.1 显示了在营养素中,一种营养素的缺乏和过剩之间的关系。克服营养缺乏(即需求)相关的营养素摄取与出现毒性时的营养素摄取之间的绝对差异(耐受范围)可大(例如水溶性维生素)可小(例如硒)。这种观察结果与特定营养素的安全范围一样至关重要。

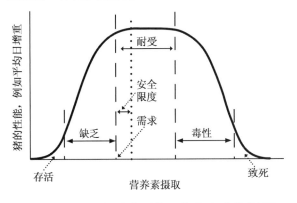

图 68.1 猪的性能(例如平均日增重)与营养素摄取之间的理想关系。

本章介绍了在猪只上出现过的营养缺乏症和营养过剩症的临床症状(外观的)和亚临床症状(只能通过尸体解剖或临床学予以证实)。尽管现在很少观察到单一的营养缺乏症和营养过剩症的症状,但识别营养不良应是克服养猪业问题的措施之一。

本章提供的内容来自用猪进行研究的结果,并且多数情况下是通过一次改变一种营养素的摄取所获得的。但往往营养素的作用是相互关联的;当多种营养素缺乏和过剩时,会出现何种情况尚不清楚(如在日粮中不适当添加维生素和微量矿物盐混合物时)。

在当今的农场,维生素和矿物盐过剩症比缺乏症更易发生。原因在于日粮中按常规添加维生素和矿物盐。本章报道的营养缺乏症中许多问题在于饲喂纯化或半纯化日粮的猪只上,对此应重点加以考虑。为了能够观察到缺乏症的症状,必须提供一种含此种营养素极低的日粮。在实际猪日粮中使用的原料包含了多种必需的营养素(NRC,1988)。但如果不添加适当的营养素,就会出现某些症状。

猪病学,第 10 版,由 Jeffrey J. Zimmerman,Locke A. Karriker,Alejandro Ramirez,Kent J. Schwartz,Gregory W. Stevenson 主编。

营养缺乏症的原因
CAUSES OF NUTRIENT DEFICIENCIES

饲料摄入减少
Reduced Feed Intake

猪应每日消耗一定量的必需营养素以利于最适生长发育。因为日粮通常按配方配制，猪摄取低于需要的饲料量就可能导致营养缺乏症。这种情况最常见于怀孕母猪和育种公猪，其原因是此时因控制增重而限制其摄食。对于哺乳母猪，则因消耗的饲料低于最适生产性能所需，也可能发生这种情况。

原料中营养素的生物可利用率降低
Low Nutrient Bioavailability in Ingredients

原料中的营养素并非全为维持、生长和哺乳的猪只所充分利用。原料中，以被猪可利用形式吸收的营养素部分被称作生物可利用营养素。生物可利用营养素的量主要取决于营养素的来源。例如磷酸氢钙中的磷就比谷物和植物蛋白质添加剂中的磷具有高得多的生物可利用性。在后者原料中，磷被结合到肌醇六磷酸盐复合物中，在消化过程中不能充分释放。因此，如果在日粮配方中不考虑生物可利用性的话，就可能发生磷缺乏；另一方面，虽然有些饲料原料中所含营养素的生物可利用性低，但仍能释放足够量的营养素以满足动物的需要。值得注意的是，生物可利用性的估计与参考原料有关；因此，应该仔细检查参考原料的性质。

原料中营养素含量的变化
Variability in Nutrient Content of Ingredients

如果不考虑日粮配方，原料中营养素含量与期望或"书本"值之间的偏差可能导致营养缺乏症。例如，据报道，来自美国 15 个州的玉米样品所含赖氨酸为 0.24%～0.31%，大豆粉为 0.27%～3.0%（NCR-42 Committee on Swine Nutrition，1992）。同时也报道了维生素含量的更大差异，并且这种变化与种植、收获、贮藏和加工条件有关（Roche，1991）。

日粮配方与配制错误
Diet Formulation and Preparation Errors

在日粮配方和配制时可能出现一些错误，并导致营养缺乏症。这些错误包括：在日粮中使用不正确的量或错误的原料，在批次间没有适当清洁混匀器。此外，当使用没有设计互补的商售饲料产品配制日粮时，也可能发生营养缺乏症。外包装矿物盐随意加到已适当添加了的日粮中，可以使一些矿物盐干扰另一些矿物盐的利用，并导致营养缺乏症。而且，据 Traylor 等（1994）报道，缩短饲料混匀器混匀的时间也可以使最终日粮的营养素含量发生明显变化，并降低猪的生产性能。

猪营养需要的变化
Variation in Nutrient Requirements of Pigs

猪具有不同的瘦肉生长和繁殖的能力，因此有不同的营养需求。例如一定水平的日粮赖氨酸对于病态的低瘦肉增长的猪来说似乎是适当的，但对于健康的、高瘦肉增长的猪来说是缺乏的（Williams 等，1997）。Stahly 等（1991）也报道，增加日粮赖氨酸水平比不同基因型瘦肉生长能力更能提高生产性能，表明赖氨酸水平与基因型的相互作用。此外，在同龄组猪中，有些可能出现缺乏症症状，而有些则不出现（Cunha，1977）；表明需要仔细观察每头猪的营养缺乏症。

营养过剩
Nutrient Excesses

所有必需营养素必须被猪只消化和利用，以避免缺乏症。为此，保持日粮中营养素的适当平衡是很重要的。许多营养素在小肠有共同的吸收位点。因此，一种营养素在日粮中水平通过吸收位点时因为竞争可能损害另一种营养素的吸收，并引起缺乏症。此外，一种营养素的过剩可能形成某种难以吸收的化学复合物。在实际情况下，可能产生问题的营养素间相互作用主要发生在钙与磷、钙与锌，以及铜、铁与锌之间。

不适当的钙磷比例可以减少磷的吸收，尤其是在接近需求饲喂磷时更是如此（NRC，1998）；并且这样的比例还可以降低外源性肌醇六磷酸酶的效力（Liu 等，1998）。因此，推荐使用 1∶1 的钙磷比例,以尽量提高肌醇六磷酸酶的效力并降低与磷缺乏症(例如佝偻病)相关的问题(Patience 和 DeRouchey,2010)。

营养缺乏症的症状
SYMPTOMS OF NUTRIENT DEFICIENCIES

表 68.1,表 68.2,表 68.3 列出了几种营养素的临床和亚临床缺乏症症状。在开始出现营养缺乏症症状的时间上存在很大的差异。例如,饲喂缺乏维生素 D 日粮的猪经过 4~6 个月才出现缺乏症的症状(NRC,1998),而盐缺乏症的症状几天就可出现(Patience 和 Zijlstra,2001)。

猪的营养需求由 NRC 发布(1998),并且可以作为指南,以便在配制猪日粮时尽量减少出现营养缺乏症的可能性。已知有多个因素影响营养素需求(NRC,1998),因此对这些需求应小心地增加安全限度,以保证动物的最适生产性能(Reese 等,2010)。包含安全限度的营养素推荐剂量可以从多种来源获得。

表 68.1 猪维生素缺乏症症状

营养素	临床症状	亚临床症状	参考文献
维生素 A	运动失调,脊柱前凸,后肢麻痹,夜盲症,先天性缺陷,生长缓慢,呼吸紊乱,皮肤粗糙,头歪斜,眼睛分泌物,死胎,流产胎儿腭裂、唇裂和后肢变形,精子形成受损,胚胎死亡增加	骨生长缓慢,脑脊髓液压增加,坐骨和股骨神经退化,视紫红质 最小化,生殖道上皮层萎缩,血浆维生素 A 水平降低	NRC,1979,1998;Ullrey,1991;Darroch,2001
维生素 D	佝偻病,骨软症,强直,体重增长缓慢,僵直和跛行,后肢麻痹	缺乏骨质钙化和骨骺软组织增生,肋骨和脊柱骨骨折,血浆钙、镁和无机磷水平降低,血清碱性磷酸酶水平升高	NRC, 1979; Cunha,1977;Crenshaw,2001
维生素 E	泌乳停止,产仔数减少,分娩时间延长,初生仔猪体弱,突然死亡(快速生长猪),断奶后腹泻	肝坏死(肝病营养学),心肌退化(桑葚心),心包积液,胃溃疡,贫血,脂肪组织黄变,骨骼退化,血清谷氨酸草-乙酸转氨酶和谷氨酸丙酮酸转氨酶水平升高,凝血酶原时间缩短,血清维生素 E 水平和免疫反应降低,睾丸退化	NRC, 1998; Mahan,1991,2001
维生素 K (甲萘醌)	因脐带供血丧失使新生仔猪苍白无色,块状皮下出血,耳内出血,关节肿大、出血,摄入双香豆素后突然死亡,血尿	凝血酶原和血液凝固时间延长,内出血,失血性贫血	NRC,1979,1998;Fritsche 等,1971;Cren-Shaw,2001
生物素	被毛过量脱落,皮肤溃烂和皮炎,眼周分泌物,口腔黏膜炎症,蹄裂,足垫龟裂和出血,后腿痉挛,腹泻,产仔数减少	血清生物素水平降低	NRC,1998;Dove 和 Cook,2001
胆碱	生长缓慢,产仔数减少,产仔率降低,被毛粗糙,步态失衡和蹒跚	肝肾脂肪浸润,红细胞计数、红细胞密度和血红蛋白水平均降低,血浆碱性磷酸酶水平升高	NRC,1998
叶酸	生长缓慢,产仔数减少,被毛褪色	正红细胞性和巨红细胞性贫血,白细胞减少,凝血酶减少,红细胞密度减少,骨髓增生	NRC,1998;Dove 和 Cook,2001

续表 68.1

营养素	临床症状	亚临床症状	参考文献
烟碱酸	厌食,生长缓慢,被毛粗糙,脱毛,严重腹泻,皮炎,呕吐	口腔黏膜溃烂,溃疡性胃炎,盲肠和结肠炎症和坏死,正红细胞性贫血	NRC,1998
泛酸	厌食,生长缓慢,皮肤干燥,被毛粗糙,脱毛,异常步态(鹅步),母猪繁殖力受损	小肠黏膜水肿和坏死,黏膜下结缔组织浸润增加,神经髓磷脂丧失,背根神经结退化,脂肪肝,肾上腺肿大,卵巢萎缩,子宫幼小,免疫反应降低,肌肉内出血	NRC,1998;Dove 和 Cook,2001
核黄素	生长缓慢,白内障,皮脂溢出,步态僵直,呕吐,脱毛,产仔率降低,乏情,仔猪死亡率升高	血液嗜中性粒细胞增加,肝和肾组织色泽变淡,脂肪肝,卵泡萎缩,卵巢退化,坐骨和背神经髓磷脂减少,血红细胞谷胱苷肽还原酶活性系数增加,免疫反应降低	NRC,1998;Dove 和 Cook,2001
维生素 B_1(硫胺素)	厌食,生长缓慢,偶尔呕吐,突然死亡	心脏肥大,心搏缓慢,血浆丙酮酸水平升高,体温降低,心肌变性,心脏松弛	NRC,1998;Dove 和 Cook,2001
维生素 B_6(吡哆素)	厌食,生长缓慢,惊厥,眼周分泌物,共济失调,呕吐,昏迷,死亡	小红细胞低铬性贫血,血清铁和 γ-球蛋白水平升高,肝脂肪浸润,白蛋白、血红蛋白、红细胞和淋巴细胞减少	NRC,1998;Dove 和 Cook,2001
维生素 B_{12}	厌食,生长缓慢,产仔数减少,初生仔猪体重降低,过敏,被毛粗糙,皮炎,后肢运动失调	正红细胞性贫血,嗜中性白细胞计数增加,淋巴细胞计数减少,肝肿大	NRC,1998;Dove 和 Cook,2001
维生素 C(抗坏血酸)[a]	无资料	无资料	Dove 和 Cook,2001

[a] 在猪体内由 D-葡萄糖和相关化合物合成,其缺乏症尚无定论。但有报道,在实际日粮中添加维生素 C 可以提高猪的生产性能。

表 68.2　猪矿物盐缺乏症症状

营养素	临床症状	亚临床症状	参考文献
钙	佝偻病,软骨病,低钙性强直或死亡,驼背,生长缓慢,步态僵直,跛行,关节肿大和疼痛,自发性骨折,臀部麻痹(抑制性母猪综合征)	骨骼抗断强度降低,血浆钙水平低,血清磷和碱性磷酸酶水平升高,骨骼矿化作用降低	NRC,1979;Peo,1991;Crenshaw,2001
铬[a]	无资料	无资料	Hill 和 Spears,2001
铜	厌食,生长缓慢,弓形腿,自发性骨折,运动失调	小红细胞低铬性贫血,白细胞减少,血浆铜蓝蛋白水平降低,红细胞寿命缩短,主动脉破裂,心脏肥大	Miller,1991;NRC,1998;Hill 和 Spears,2001
碘	甲状腺肿,母猪产下弱的、无毛仔猪	甲状腺肿大、出血,甲状腺滤泡细胞增生,血浆蛋白质结合碘水平降低	Hill 和 Spears,2001
铁	摄食减少,生长缓慢,饲料效率低,被毛粗糙,皮肤苍白、皱缩,呼吸困难,死亡	小红细胞低铬性贫血,心脏和脾脏肿大,脂肪肝肿大,腹水,血清铁和铁传递蛋白质百分饱和度降低,血红蛋白水平降低(<7 g/100 mL),血液稀薄、水样,抗病能力降低	NRC,1979,1998;Miller,1991;Hill 和 Spears,2001
镁	过敏,肌肉抽搐,不愿站立,蹄冠变弱,失去平衡,僵直,死亡	血清镁和钙水平降低,骨骼镁含量减少	NRC,1979,1998

续表 68.2

营养素	临床症状	亚临床症状	参考文献
锰	跛行,跗关节肿大,弓形腿,腿变短,脂肪沉积增加,胎儿重吸收,产弱小胎儿,产奶量减少,发情周期不正常或缺乏,断奶后发情推迟	纤维组织代替骨松质,远端骺板早期封闭,血清锰和碱性磷酸酶水平低	NRC,1979,1998;Hill 和 Spears,2001
磷	生长缓慢,饲料效率低,佝偻病,骨软症,自发性骨折,臀部麻痹(抑制性母猪综合征)	骨骼抗断强度和矿物化降低,血清钙和碱性磷酸酶水平升高,肋软骨连接处肿大(串珠病),血清无机磷水平降低	NRC,1979;Kock 和 Mahan,1986;Hall 等,1991;Crenshaw,2001
钾	厌食,生长缓慢,被毛粗糙,消瘦,运动失调,沉郁	心率降低,在心电图上 PR、QRS 和 QT 间隔增加,多灶性心肌坏死	Van Vleet 和 Ferrans,1986;NRC,1998;Patience 和 Zijlstra,2001
硒	突然死亡,产奶量减少,分娩时间延长,弱胎,断奶后腹泻,精子产生和活性降低,精尾异常	肝坏死(肝病营养学),心肌变性(桑葚心),心包积液,胃溃疡,骨骼退化,血清谷氨酸草-乙酸转氨酶和谷氨酸丙酮酸转氨酶水平升高,凝血酶原时间缩短,免疫反应降低,血清和骨骼肌硒含量减少,谷胱甘肽过氧化物酶活性降低	Ullrey,1987;NRC,1998;Mahan,2001
钠和氯	摄食减少,生长缓慢,饲料效率低,饮水减少,瘦弱,产仔数减少和个体变小,断奶发情间隔延长,血液引力增加,可能咬尾	血浆钠和氯水平降低(钠缺乏),血浆钾升高(钠缺乏),血浆尿素氮升高(钠和氯缺乏),血浆总蛋白和白蛋白水平升高(钠缺乏)	Honeyfieldd 等,1985;Fraser,1987;Cromwell 等,1989;Seynasvs 等,1996;Patience 和 Zi-Jlstra,2001
锌	厌食,生长缓慢,饲料效率低,角化不全,分娩时间延长,死胎率增加,初生仔猪体重降低和产仔数减少,脱毛,伤口愈合缓慢	血清、组织、奶中锌水平降低,血清白蛋白和碱性磷酸酶水平降低,胸腺重量降低,睾丸发育减缓,脂肪贮藏缺乏,脂肪浆液性萎缩,胸腺细胞衰竭,舌、食管和胃喷门角质化,免疫反应降低	Kalinowshi 和 Chavez,1986;Miller,1991;NRC,1998;Hill 和 Spears,2001

[a] 添加铬(以三甲酸铬、丙酸铬或 L-甲硫酸铬形式)可以提高生长性能、肌肉产生和产仔数(Southern 和 Payne,2003)。

表 68.3　猪的其他营养素和日粮组分缺乏症症状

营养素	临床症状	亚临床症状	参考文献
能量	体弱,体温低,生长缓慢,体重降低,母猪繁殖能力受损,昏迷,死亡	低血糖,皮下脂肪减少,红细胞密度和血清胆固醇水平升高,血液葡萄糖、钙和钠的水平降低	NRC,1979;Pettigrew 和 Tokach,1991
脂肪(亚油酸)	皮炎,脱毛,皮肤坏死	胆囊变小,组织脂类中三、四碳链脂肪酸水平升高	NRC,1979;ARC,1981
蛋白质/氨基酸	摄食减少,生长缓慢,饲料效率降低,沉郁,母猪和公猪繁殖力受损,背部脂肪增加、饲料损耗和血液引力增加(可能咬尾)	初生仔猪出现恶性营养不良综合征,包括血清蛋白质和血清白蛋白水平降低,贫血,全身水肿,肝脏脂类浓度增加,血浆尿水平增加,抗细菌感染能力降低	NRC,1979,1998;Baker 和 Speer,1983;Pettiggrew 和 Tokach,1991;Fraser 等,1991;Lewis,1992
水	摄食减少,生长缓慢,脱水,可能发生盐中毒,呼吸加快,仔猪腹泻,死亡	红细胞密度增加,血浆电解质水平升高,体温调节功能丧失,组织脱水,结晶尿,蛋白质尿,细菌尿,膀胱炎	NRC,1979;Madec 等,1986;Thacker,2001

营养过剩症的原因
CAUSES OF NUTRIEN EXCESSES

过多的摄食
Excessive Feed Intake

有时给怀孕母猪和种公猪饲喂超过其最适生产性能所需的日粮,致使它们消耗太多的能量,导致体重过重和脂肪过剩,从而降低繁殖性能和缩短寿命。

日粮配制错误
Diet Preparation Errors

在引起营养缺乏症的日粮配制中的错误,同样可以引起营养过剩症。

水质差
Poor Water Quality

水可以是过剩矿物盐和不适当矿物盐消耗的介质(NRC,2005)。已有几项报道对饮用较差水质的水引起营养过剩症的研究。尽管如此,猪似乎能够耐受含高达 5 000 mg/kg 的总可溶性固体的水,并且在不适应的情况下,可能出现轻微的暂时性腹泻和某种程度的厌食。猪饮用含超过 7 000 mg/kg 的总可溶性固体的水是不安全的

(Carson,2006)。

污染的矿物盐添加剂
Contaminated Mineral Supplements

将矿物盐添加剂,如磷酸氢钙和磷酸脱氟石,加到猪的日粮中,以补充由谷物和蛋白质补充料配制的日料中矿均质的不足。这些矿物盐添加剂除主要有利元素外,通常还含有其他元素,例如,磷酸脱氟石还含有 3.27% 的钠和 0.84% 的铁(NRC,1998)。此外,有些磷源还含有高水平的铝和氟,有些钙源含大量的镁和铁。如果在配制日粮时加以考虑的话,这些"额外"元素通常对猪不会产生影响。矿物盐添加剂所含"其他"元素的类型和量取决于制造添加剂的原材料和加工类型(NRC,1980)。

营养过剩症的症状和耐受水平
SYMPTOMS OF NUTRIENT EXCESSES AND TOLERANCE LEVELS

表 68.4 至表 68.6 列出了几种营养素过剩摄入引起的症状及估计的耐受水平。因为许多矿物盐在消化和利用过程中可以相互作用,所以一种矿物盐(如钙)的高摄入可以导致另一种矿物盐(如磷)的缺乏。为了解决这类问题,可减少日粮钙的水平或提高日粮中磷或锌的水平。

表 68.4　猪维生素过剩症的症状和估计的耐受水平

营养素	临床症状	亚临床症状	估计的日粮耐受水平[a]	参考文献
维生素 A[b]	摄食减少,生长缓慢,骨骼畸形,毛被粗糙,过敏,失调,尿血和便血,关节疼痛和肿胀,皮肤增厚,死亡	骨损伤,内出血,骨折,脊柱液压降低,肝和血清维生素 E 水平降低,关节软骨中尿酸水平降低,血凝时间延长	20 000 IU/kg(生长猪),40 000 IU/kg(繁殖群)	NRC,1987;blair,等,1992,1996;Darroch,2001
维生素 D[c]	摄食减少,饲料效率低,生长缓慢,被毛粗糙,跛行,僵直,弓背,瘫痪,呕吐,死亡	肝脏、桡骨和尺骨重量减轻,主动脉、心脏、肾脏和肺脏钙化,骨质高钙性和高磷性出血,骨质疏松,出血性胃炎	22 000 IU/kg(<60 日龄)[d],2 200 IU/kg(>60 日龄)[d]	Long,1984;Hancock 等,1986;NRC,1987,1998;Crenshaw,2001
维生素 E	无资料	无资料	未确定[e]	Mahan,2001
维生素 K(甲萘醌)	无资料	无资料	500 mg/kg	NRC,1998;Crenshaw,2001
生物素	无资料	无资料	0.2~0.5 mg/kg	NRC,1998;Dove 和 Cock,2001

续表 68.4

营养素	临床症状	亚临床症状	估计的日粮耐受水平[a]	参考文献
胆碱	摄食减少,生长缓慢[f]	无资料	未确定	Dove 和 Cock,2001
叶酸	无资料	无资料	未确定	Dove 和 Cock,2001
烟碱酸	无资料	无资料	未确定	Dove 和 Cock,2001
泛酸	无资料	无资料	未确定	Dove 和 Cock,2001
核黄素	无资料	无资料	未确定[g]	Campbell 和 Combs, 1990a;Dove 和 Cock, 2001
维生素 B_1 (硫胺素)	无资料	无资料	未确定[h]	Dove 和 Cock,2001
维生素 B_6 (吡哆素)	无资料	无资料	未确定[i]	Dove 和 Cock,2001
维生素 B_{12}	无资料	无资料	未确定	Dove 和 Cock,2001
维生素 C (抗坏血酸)	无资料	无资料	未确定[j]	Dove 和 Cock,2001

[a] 当提供高日食量水平时,在试验条件下观察到一定的临床症状和亚临床症状。这些水平不能代表生产条件下的实际耐受水平,后者一般以一种随意吃食的方式提供给生长猪。

[b] 提高维生素 D、维生素 E 和维生素 K 的日食量水平,可以减少维生素 A 的毒性。

[c] 当日粮中钙水平低或维生素 A 水平高时,毒性降低。

[d] 适用于维生素 D_3。维生素 D_2 具有明显更高的毒性。

[e] 对于生长猪,饲喂含≤1 000 IU/kg 的饲料不引起任何致病作用。

[f] 在哺乳、生长和育肥整个阶段中饲喂 2 000 mg/kg 都可观察到。

[g] 当 37 kg 的猪被饲喂 70 d 添加 0.1%、0.3%、0.5% 和 0.7% 核黄素的日粮时,没有观察到致病作用。

[h] 幼龄猪饲喂 100 mg/kg 不产生致病作用。

[i] 早期断奶猪饲喂含 9.2 mg/kg 日粮时,没有观察到有害影响。

[j] 幼龄猪饲喂含 10 g/kg 的日粮时,没有任何不良反应。

表 68.5 猪矿物盐过剩症的症状和估计的耐受水平

营养素	临床症状	亚临床症状	估计的日粮耐受水平[a]	参考文献
钙	摄食减少,生长缓慢,饲料转化率低,角化不全[b]	血浆钙水平升高,凝血酶原凝固时间延长[c]	1.0%	NRC,1980,2005;Foley 等,1990;Hall 等,1991;Crenshaw,2001
铬	厌食,腹泻,抑郁,迟钝,呼吸困难,肌肉震颤[d]	无资料	3 000 mg/kg(氧化物) 100 mg/kg(可溶性+++)	NRC,2005;Vishnyakov,1985;Hill 和 Spears,2001
钴[e]	厌食,生长缓慢,四肢僵硬,弓背,共济失调,肌肉震颤	贫血	100 mg/kg	NRC,1980,1998,2005;Hill 和 Spears,2001
铜	厌食,生长缓慢,血便,黄疸,死亡	贫血,肝脏变黄,内出血,胃食管带形成溃疡,肺水肿,肝脏和肾脏铜水平升高,血红蛋白减少	250 mg/kg[f]	NRC,1980,1998,2005;Cromwell 等,1983;Miller,1991;Hill 和 Spears,2001

续表 68.5

营养素	临床症状	亚临床症状	估计的日粮耐受水平[a]	参考文献
碘	摄食减少,生长缓慢	肝脏铁减少,血红蛋白水平降低	400 mg/kg	NRC,1980,2005;Miller,1991;Hill 和 Spears,2001
铁	摄食减少,生长缓慢,饲料转化率低,腹泻,失调,颤抖,强直性惊厥,呼吸困难,昏迷,嗜睡,死亡,佝偻病[g]	胃壁水肿,充血,广泛性黏膜坏死,骨骼肌苍白,肾水肿,心外膜出血,心包过小,胸膜积水,肌肉严重退化,肾变病,肝坏死	3 000 mg/kg <100 mg[h]	NRC,1980,1998,2005;Miller,1991
镁	无资料	无资料	0.24%	NRC,1998,2005
锰	摄食减少,生长缓慢,僵直	血红蛋白减少	1 000 mg/kg	NRC,1980,1998,2005
磷	生长缓慢,饲料效率低	尿结石,骨营养不良性纤维化,软组织代谢性钙化	1.0%[i]	NRC,2005;Hall 等,1991;Cren-Shaw,2001
钾	生长缓慢,摄食减少	心电图异常	1%	NRC,2005;PatIence 和 Zijl-Stra,2001
硒[j]	厌食,摄食减少,生长缓慢,脱毛,蹄冠处蹄与皮肤分离,妊娠率降低,产仔数减少,出生时仔猪个体小、体弱或死亡,呼吸困难,呕吐,虚脱,口流涎沫,异常蹒跚运动,肌肉痉挛,易受惊,脊柱麻痹,死亡	肝脏和肾脏退变,肺水肿,血清硒和谷氨酸丙酮酸转氨酶水平升高,肝脏硒水平高,肝脂肪浸润	4 mg/kg	Mahan,1991,2001;NRC,1998;Kim 和 Mahan,2001
氯化钠	厌食,体重减轻,水肿,神经过敏,体弱,蹒跚,腹泻,癫痫发作,麻痹,死亡		3%[k]	NRC,1998,2005
硫	摄食减少,可能发生渗透性腹泻		0.4%	NRC,2005
锌	生长缓慢,摄食减少,饲料转化率低,产仔数减少,断奶仔猪体重减轻,关节炎,跛行,精神沉郁	腹腔出血,肾炎,母猪骨软症,肝脏锌水平升高,肝脏铁和铜水平降低	3 000 mg/kg（断奶猪）[l]	Pousen,1995;NRC,1998;Hill 和 Spears,2001

　　[a] 当提供更高的日食量水平时,在试验条件下观察到一定临床和亚临床症状。这些水平不代表生产条件下的实际耐受水平,后者通常以一种随意吃食的方式提供给生长猪。

　　[b] 与限定的日粮锌一起。

　　[c] 在日粮中不添加维生素 K。

　　[d] 三价铬经胃管提供(3 g/kg 体重)给 60 日龄猪。

　　[e] 硒、维生素 E 和半胱氨酸对过量水平钴具有一定的预防作用。

　　[f] 当在整个初生、生长和育肥期和日粮铁、锌和硫摄取受到限制时,250 mg/kg 可以引起过剩症状。以硫酸铜形式时,哺乳猪可以耐受含 500 mg/kg 的日粮 28 d。

　　[g] 提高日粮中的磷可以减轻佝偻病。

　　[h] 作为葡萄糖铁肌内注射产自维生素 E 缺乏母猪的仔猪。

　　[i] 日粮中钙的量是重要的。钙缺乏可以降低耐受水平。

　　[j] 在日粮中添加 40 mg/kg 砷或 50~100 mg/kg 砷酸可以治疗慢性硒中毒(Osweiler 等,1985)。

　　[k] 保证提供充足的饮水。限制饮水将降低耐受水平。

　　[l] 作为氧化锌提供给最大 35 日龄猪。

表 68.6　猪的其他营养素过剩症的症状和估计的耐受水平

营养素	临床症状	亚临床症状	估计的日粮耐受水平[a]	参考文献
能量	哺乳期母猪摄食减少[b]，胴体背部脂肪增加，胚胎存活降低[c]	妨碍泌乳组织的发育，血浆非脂化脂肪酸水平升高，血浆胰岛素水平降低	可变	Kirkwood 和 Thacker，1988；Weldon 等，1991，1994a，b；澳大利亚农业委员会，1987
脂肪	胴体背部脂肪增加	胴体脂肪软化[d]	可变	Wood 等，1994；Azain，2001
蛋白质	生长缓慢，饲料转化率低，胴体背脂肪减少，温和性腹泻	血浆脲水平增加	未确定	Hansen 和 Lewis，1993；Dewey，1993；Chen 等，1995；NRC，1998
赖氨酸	生长缓慢，饲料转化率低[e]	无资料	未确定[f]	Wahlstrom 和 Libal，1974；Edmonds 等，1987；Goodband 等，1989；Campbell 和 Combs，1990b
甲硫氨酸	生长缓慢，摄食减少，饲料转化率低	无资料	可变[g]	Wahlstrom 和 Libal，1974；Edmonds 等，1987；Edmonds 和 Baker，1987；Campbell 和 Combs，1990c；Van Heugten 等，1994
苏氨酸	摄食减少，生长缓慢	无资料	1%	Edmonds 等，1987；Edmonds 和 Baker，1987
色氨酸	摄食减少，生长缓慢，饲料转化率低，腹泻	无资料	1%（100 kg 猪）2%（10 kg 猪）	Edmonds 等，1987；Edmonds 和 Baker，1987；Chung 等，1991

[a] 当提供更高的日食量水平时，在试验条件下观察到一定临床和亚临床症状。这些水平不代表生产条件下的实际耐受水平，后者通常以一种随意吃食的方式提供给生长猪。"可变"表明耐受水平一般清楚，但它们依条件而变化，这里难于描述。

[b] 妊娠期能量摄入过多的结果。

[c] 抚养期、发情周期和怀孕早期能量摄入过多的结果。

[d] 在日粮中提供高碘数量（高度不饱和）脂肪时发生。

[e] 当作为醋酸 L-赖氨酸（日粮的 4%）给 28 日龄猪饲喂 16 d 时。

[f] 盐酸 L-赖氨酸（日粮的 0.7%）给 31 kg 猪饲喂 85 d 不影响生产性能。此外，盐酸 L-赖氨酸（日粮的 1.03%）给 61 kg 猪饲喂 50 d 也不影响生产性能。

[g] 耐受水平受猪的日龄和日粮的氨基酸浓度和原料的组分影响。对于饲喂赖氨酸缺乏日粮的育肥猪，添加 DL-甲硫氨酸的耐受水平低于 0.2%。尽管如此，在饲喂含 1% 或 1.08%DL-甲硫氨酸日粮的哺乳猪上没有观察到致病作用。

铜（以硫酸铜的形式，250 mg/kg）和锌（以氧化锌的形式，3 000 mg/kg）对促进仔猪的生长有独特的作用，其日粮中含量水平远超过猪对这些营养素的需求（Hill 和 Spears，2001）。尽管如此，像其他矿物盐一样，日粮中太多的铜和锌将产生有害作用（表 68.5）。

Lewis（2001）将消耗不正确量氨基酸的有害作用至少分成中毒和失衡两大类，消耗超水平的某种氨基酸可以引起中毒，而过剩摄入一种或多种氨基酸则导致失衡。对于后者，日粮中一种氨基酸的过剩可以加重另一种特定氨基酸的缺乏；

此时可以通过适当添加相应氨基酸加以平衡。实际上，只有在使用结晶型氨基酸配制日粮过程中的错误可以导致中毒和失衡。目前饲料级氨基酸只有赖氨酸、色氨酸、苏氨酸和甲硫氨酸。

Wahlstrom 和 Libal（1974）的研究中对添加赖氨酸和甲硫氨酸进行了评价。当把有利氨基酸加入到认为所有必需氨基酸都是适当的基础日粮中时，才能观察到表 68.6 所列出的超水平氨基酸的影响。换言之，就是在基础和氨基酸添加日粮中保持大豆粉的稳定水平。

Wahlstrom 和 Libal（1974）在含大豆粉比基

础日粮少的日粮中加入 DL-甲硫氨酸(0.2%)。当添加甲硫氨酸低于其他研究者所报道的水平时,猪的生长性能降低;其原因在于这种情况加重了赖氨酸缺乏(即造成氨基酸失衡)。不过,根据 Baker(1977)的报道,猪似乎对日粮中过剩的甲硫氨酸特别敏感。将饲料级氨基酸加入到含 10 种精确定量必需氨基酸的日粮中比单独加入到低蛋白日粮中可能具有更高的耐受水平,认识到这一点很重要。

还没有资料证明某些营养素具有耐受水平,因为还没有报道猪过剩摄入可以产生副作用。因此,当表中出现"无资料"时,不应推论该营养素对猪是绝对安全的。有报道称,镁(NRC,2005)以及烟碱酸、维生素 K、维生素 E 和吡哆酸(NRC,1987)在其他动物上有毒性。一般来说,在猪上尚未观察到副反应的维生素,比需求大得多的日粮浓度是比较安全的。特别是 B 族维生素(核黄素、叶酸)更是如此。这些维生素不能在体内广泛存留,过剩时很容易从尿中排出。

一种营养素的估计耐受量被定义为日食量,在限定时间内饲喂,不会影响猪的健康和生产性能(NRC,2005)。尽管耐受水平随动物的年龄和生理条件而变化(NRC,2005),而在表中,对每种营养素只列出了一个耐受水平;除非有足够的资料证明可列出多个耐受水平。所列出的耐受值不能代表生产条件下的实际耐受水平。许多根据耐受水平所做的试验研究是在限定的时间内,使用具有与实际猪日粮中所有的不同生物可利用性的营养素源进行的。表中"不确定"意味着没有足够的资料提供一个猪的耐受水平。

对于可能的饲喂失调的调查
INVESTIGATION OF A POSSIBLE FEED-RELATED DISORDER

规范的生产记录,结合每日对动物的仔细观察,对于鉴别营养不当所致的问题是很重要的。应监测增重、饲料摄取和饲料效率,因为它们受很多饲料相关失调的影响。当生长性能明显降低,或者多只动物出现异常时,应重点考虑饲喂和营养方面的问题。一般来说,饲喂失调是由于不适当地摄食或摄入劣质饲料所引起的。

饲料摄取
Feed Intake

由于猪只没有摄入足够的饲料,造成猪场出现饲料相关的问题。例如,哺乳母猪和生长猪的采食受到太多的限制,人为错误、贮藏罐或进料器输送饲料或设备损坏常常限制采食。不适当摄食的其他原因是水的量和质的问题,过分拥挤以及进料器空间和设计不合理。在调查饲料质量之前,首先应消除不适当采食造成饲喂失调的可能性。

饲料质量
Feed Quality

如果饲喂失调不是由不适当采食引起的,则应查找可能的饲料质量问题。检查饲料是否存在外部污染(如垃圾、石头和啮齿动物排泄物)和其他指标(如颜色和气味)的变化,颜色的明显变化可能是原料改变造成的(这不一定是问题),也可能是不适当的加工过程(如过热)引起的;此外,还应考虑饲料是否发霉或受真菌毒素污染。当然,饲料中含过少或过多的一种或多种营养素同样可以影响饲料的质量。

猪的营养缺乏症和营养过剩症在养猪场几乎很少达到出现临床或亚临床症状的严重程度。但实际上确有发生。已观察到硒、维生素 E、氨基酸、生物素(对于母猪)、锌、磷和盐缺乏症,也已观察到与硒、维生素 A、维生素 D、铜和锌超量有关的问题。

为了查找和鉴别可能与饲喂有关的营养素问题,可以使用表 68.7 进行初步排查。在表中,以字母顺序将表 68.1 至表 68.6 所列出的临床症状进行了归纳排列。以观察到的临床症状,就可确定有关的营养素。例如,如果猪摄食受到影响,在表 68.7 中找到"厌食或摄食减少"项,并找到可能与摄食减少有关的营养素列表。如果还观察到其他的临床症状,则用这些临床症状缩小相关营养素种类范围。然后,参考表 68.1 至表 68.6 所列出的亚临床症状,做出更加准确的诊断。不容忽视的是表 68.7 所列出的某些临床症状可能是由营养不当以外的其他因素引起的(例如,环境、传染病等)。最后,采集饲料样品,分析其中可能有问题的营养素。

表 68.7 猪营养缺乏症和营养素过剩症的临床症状摘要

临床症状	营养缺乏症	营养过剩症
流产	维生素 A	—
乏情	核黄素,锰,能量,蛋白质/氨基酸	—
厌食	烟碱酸,泛酸,维生素 B_1,维生素 B_6,维生素 B_{12},铜,铁,钾,氯化钠,锌,蛋白质、氨基酸,水	维生素 A,维生素 D,铬,钴,铜,碘,铁,锰,硒,锌,钙,氯化钠,能量(妊娠母猪),甲硫氨酸,苏氨酸,色氨酸
运动失调	维生素 B_6,铜,钾	
关节出血	维生素 K	
血液引力增加	钠和氯,蛋白质/氨基酸	
血便	—	铜
血尿和血便	—	维生素 A
呼吸困难	铁	铬,铁,硒
昏迷	维生素 B_6,能量	铁
先天不足	维生素 A	
死亡	维生素 B_6,镁,能量,水,铁	维生素 A,维生素 D,铁,硒,氯化钠,铜
死亡(突然)	维生素 E,硒,维生素 B_1	
脱水	水	
抑郁	—	铬,锌
皮炎	生物素,烟碱酸,亚油酸,维生素 B_{12},泛酸	—
腹泻	烟碱酸,生物素,硒,维生素 E,水	铬,铁,蛋白质,色氨酸,氯化钠
胚胎存活降低	维生素 A	能量
癫痫发作	—	氯化钠
眼周分泌物	维生素 A,生物素,维生素 B_6	—
分娩率降低	铬,泛酸,核黄素,能量,蛋白质/氨基酸	硒
饲料转化率降低	铁,磷,氯化钠,锌,蛋白质/氨基酸	钙,磷,铁,锌,维生素 D,蛋白质,赖氨酸,甲硫氨酸,色氨酸
自发性骨折	钙,铜,磷	—
口流涎沫	—	硒
鹅步	泛酸	—
步态僵直和夸张	核黄素,钙	钴,锰
甲状腺肿	碘	
被毛粗糙	胆碱,烟碱酸,泛酸,维生素 B_{12},铁,钾	维生素 A,维生素 D
脱毛(脱毛症)	生物素,烟碱酸,泛酸,核黄素,亚油酸,锌	硒
皮下出血	维生素 K	—
角质龟裂	生物素	
冠状带角质与皮肤分离	—	硒
驼背	钙	钴,维生素 D
过敏/易怒	维生素 B_{12},镁	维生素 A,氯化钠

续表 68.7

临床症状	营养缺乏症	营养过剩症
迟钝	—	钾,铬
共济失调/蹒跚	维生素 A,维生素 B_{12},胆碱	维生素 A,铬,铁,硒,氯化钠
关节肿大	钙,锰	维生素 A
泌乳停止	维生素 E,硒	—
跛行	维生素 D,锰,钙	维生素 D,锌
弓形腿	铜,锰	—
产仔数减少	维生素 A,维生素 E,生物素,胆碱,柠胶素,泛酸,维生素 B_{12},氯化钠,硒,锌,锰,能量,蛋白质/氨基酸	硒,锌
泌乳减少	锰,锌,能量,蛋白质/氨基酸	—
夜盲症	维生素 A	—
软骨症	维生素 D,钙,磷	—
苍白	铁	—
角化不全	锌	钙
麻痹	维生素 A,维生素 D,钙,磷	维生素 D,硒,氯化钠
分娩时间延长	维生素 E,硒,锌	—
新生仔猪弱小	维生素 E,核黄素,维生素 B_{12},锰,锌,硒,蛋白质/氨基酸	硒
新生仔猪无毛和变弱	碘	—
新生仔猪苍白和出血	维生素 K	—
虚脱	—	硒
佝偻病	维生素 D,钙,磷	铁
骨骼畸形	—	维生素 A
精子运动性降低	硒	—
精尾异常	硒	—
精子产生减少	硒,蛋白质/氨基酸,维生素 A	—
死胎增加	维生素 A,锌	—
咬尾	钠和氯,蛋白质/氨基酸	—
强直	维生素 D,钙,镁	铁
肌肉震颤	—	铬,钴,硒
胃溃疡	维生素 E,硒	—
呕吐	核黄素,烟碱酸,维生素 B_6,维生素 B_1	维生素 D,硒
饮水减少	钠和氯	—
断奶后发情期间隔延长	钠和氯,锰,能量,蛋白质/氨基酸	—
生长缓慢	维生素 A,维生素 D,胆碱,叶酸,烟碱酸,泛酸,核黄素,维生素 B_1,维生素 B_6,维生素 B_{12},钙,铜,铁,磷,氯化钠,锌,钾,能量,蛋白质/氨基酸,水	维生素 A,维生素 D,胆碱,钙,钴,铜,碘,铁,锰,磷,硒,锌,蛋白质,赖氨酸,甲硫氨酸,苏氨酸,色氨酸

采样程序
Sampling Procedures

不恰当的采样技术可以导致不准确和误导性的试验结果。使用适当的工具采样可以获得最准确的结果。用于采集干物质的普通工具包括谷粒采样器和 Pelican 采样器或一个干净的 1 lb 装量罐。使用 Pelican 采样器或采样罐采集卸载或传输的样品。Pelican 采样器由一个长 18 ft、宽 2 ft 和深 6 ft 的容器和连接手柄组成。将 Pelican 采样器或采样罐横穿无漏传输样品，以采集准确的样品（NPPC,1996）。

下面列出了适当的饲料及原料采样的指南。在每一项采样中，将采集的样品装入干净的、5 加仑装量桶或类似的容器中，为采样简化做准备。

饲喂器中的饲料
Feed in Feeders

从饲喂器中采样可以对整个饲料制备过程（混合和加工过程、原料质量等）做出最好的评价。如果饲喂器在 10 台以下，则从所有的饲喂器中采样；如在 11 台以上，则随机选择 10 台进行采样。可以选择谷粒采集器对饲喂器进行采样（Reese 和 Thaler,2010）。

大批量的饲料
Bulk Feeds

车运时，要求供应商提供每一种运往养猪场的饲料的样品（Reese 和 Thaler,2010）。

大批量的原料
Bulk Ingredients

在传输过程中，使用 Pelican 采样器或 1 lb 采集罐，以相同的间隔至少 10 次横切采样（AAF-CO,2000；NPPC,1996）；或者在卸载前，从 4～6 个均匀的空间位置插入车载的原料中，采集代表整车原料的样品（Reese 和 Thaler,2010）。

包装原料
Bagged Ingredients

将每一袋原料水平放置，从一端插入到另一端采集中心样品。如果一批原料少于 10 袋,则采集所有袋中的样品；如一批原料多于 11 袋,则随机选择 10 袋进行采样（AAFCO,2000；NPPC,1996）。每袋所取样品的重量约 0.23 kg(0.5 lb) (NPPC,1996)。

将采集到的样品装入一大的、干净的容器中。充分混匀后,取两个 0.45 kg(1 磅)的样品,分装于两个容器中,密封后做好明确标记并标记采样日期。最好使用厚塑料袋、带帽塑料瓶或干净的广口瓶保存样品。将其中一份样品送去实验室,另一份样品冷冻保存至分析完成（Reese 和 Thaler,2010）。

实验室结果判定
Interpreting Laboratory Results

即使采集的饲料样品是合格的,在采样和实验室分析过程中也可能出现错误,但可以最大限度地减少这些错误。这些错误可以造成实验室报告与生产者期望之间的营养素水平的不同。一般来说,只要分析的营养素值与日粮中计算的营养素含量之间没有显著差异,可以不必在意。在判定试验结果时,将分析值与日粮中计算的营养素含量进行比较是必需的步骤。

按日粮配方、相应的饲料标签和原料营养素含量,计算配制饲料的营养素含量。与所计算的值比较,将实验报告的值判定为：适宜饲喂、符合或接受。

通过比较计算值与分析值之间差异的大小,得出是否存在饲料质量问题的相应结论。表 68.8 列出了某些营养素与采样和实验室分析有关期望误差量（例如磷为 13%）。通过变异值和日粮中营养素的含量计算,可以估计日粮中营养素量的期望范围。例如,假定日粮中磷的计算含量为 0.65%,考虑正常的实验误差,那么日粮中磷水平的可接受范围为 0.57%～0.73%。其计算如下：0.65%×0.13＝0.08;0.65%－0.08%＝0.57%;0.65%＋0.08%＝0.73%。如果分析值在可接受的范围之内（如为 0.57%～0.73%）,就可能不存在某种营养素的饲料质量问题。尽管如此,如果任意一种或全部营养素的水平超出可接受范围,并且使用了适当的采样程序,那么应该把另一份保留的样品送到同一实验室或另一实验室进行重新分析。如果第二次分析的结果也超出正常范围,就可能存在饲料的质量问题。

综合本章前述的营养素缺乏症和营养素过剩症的病因,就可分析确定质量问题的原因。需再次强调的是,一种营养素的拮抗作用或过剩可以证明另一种营养素的缺乏;因此,通过提供大致适当的日粮营养素浓度就可以观察到缺乏症症状。在锌与铜和钙与锌之间,最有可能出现这种情况。

表 68.8　分析变量[a]

组分	变量/%	样品	
		计算水平	正常范围
粗蛋白质	±3	16%	15.5%～16.5%
赖氨酸	±20	0.70%	0.56%～0.84%
钙	±26	0.70%	0.52%～0.88%
磷	±13	0.65%	0.57%～0.73%
铜	±25	250 mg/kg	187～313 mg/kg
锌	±20	100 mg/kg	80～120 mg/kg
硒	±25	0.3 mg/kg	0.22～0.38 mg/kg
维生素 A	±30	5 500 IU/kg	3 850～7 150 IU/kg

[a] 改自 AAFCO,2009。

营养素缺乏症和营养素过剩症的预防
PREVENTING NUTRIENT DEFICIENCIES AND EXCESSES

预防重点应该放在减少猪摄食不适当或超水平营养素日粮的机会。适当的营养才能保证经济、生产性能、健康和环境管理目标的实现。

满足猪的营养素需求
Meet the Pigs' Nutrient Requirements

几个因素,包括性别、年龄、季节和基因型,可以影响猪的营养素需求。因此,监测猪的生产性能(例如瘦肉率、摄食等)对于单个养猪场是重要的。并且根据观察到的生产情况而不是使用一整套的营养素推荐资料来配制日粮。此外,当使用日粮百分率表达时,随着猪生长其营养素需求降低。因此,猪出栏时应该饲喂含低强度营养素的

日粮。这通常叫做"阶段饲养"。在典型的阶段饲养计划中,长到 20～122 kg 的猪应该饲喂 4 种以上不同的日粮。同样,在生长-完成期公猪比母猪消耗更多的饲料,所以公猪的氨基酸需求(日粮百分率)要低一些。公猪和母猪最好分开饲养,并饲喂含不同氨基酸浓度的日粮。

执行质量控制计划
Implement a Quality Control Program

周期性监测原料和配制好的饲料的营养素含量有助于预防营养不当的问题。仔细采集样品,保证其代表性,然后将其提供给有资质的实验室进行分析。分析原料和日粮中猪需求的所有营养素是不现实的;因此,只需分析原料或日粮中的主要营养素。一般来说,在完全日粮中,这些营养素包括粗蛋白、钙和磷。分析粗蛋白的蛋白质添加剂、钙和副产品原料(例如干酒糟的溶解性等)中的蛋白质、赖氨酸、脂肪和纤维素。分析在基础混合剂和预混剂中的钙、磷,至少一种微量矿物盐(例如锌)和维生素 A 或维生素 E。在判定结果时,将分析值与原料或日粮的期望营养素含量进行比较。

当动物没有按照期望要求生长时,有时应适当采集水样进行化学分析。有些商业实验室可以提供包括不同矿物盐分析在内的"家畜适应性"试验。水中的矿物盐不应代替饲料中推荐的量。当水中所含矿物盐高于正常值时,可以将猪对该种矿物盐的日常需求与通过水消耗的量进行比较,然后确定日粮中矿物盐含量是否应调节以防止产生矿物盐过剩的问题。与猪的需求相比较,水中矿物盐的作用通常微乎其微。因此,日粮中矿物盐浓度不需调节。

执行饲料生产管理规范
Adopt Good Feed-Manufacturing Practices

执行饲料生产管理规范包括:依据生产厂家的说明书使用产品,正确操作饲料混合器,以及使用可靠的磅秤称重原料。原料的容积密度或测试重量是可变的;因此,不宜根据容积将原料加入日粮中。此外,要保证所有的饲料原料标签清楚,配

料区清洁;监督原料的购买和使用,保证按照参数配制饲料,并且在配制后 30 d 内使用。

营养素摄取的最大化和营养素排泄的最小化
Maximize Nutrient Intake and Minimize Nutrient Excretion

饲料原料和饲料中的营养素只有部分能够被猪利用。消化和代谢的无效性分别反映在粪便和尿液中排泄营养素。因此,为了计算饲料(特别是副产品饲料)中营养素可利用性的变异率,应尽可能根据可消化性或可利用性营养素含量配制日粮。在不同文献中报道了几种原料中营养素的相对生物可利用性。

混合掺兑的饲料
Blend Adulterated Feed

在喂猪前,有时需鉴定含高于预期营养素水平的饲料。通常将掺兑饲料作为一种新的原料对待,并用于配制其他日粮。

结论
CONCLUSION

当没有提供理想的营养时,猪只表现出一定的症状。生产者和顾问们的职责是保证猪只不断地接受平衡的、适宜数量的所有必需营养素,并有效地监测和识别营养不当的症状。

（范书才译,王敏校）

参考文献
REFERENCES

AAFCO. 2000. Feed Inspector's Manual. Official Publication Association of American Feed Control Official Incorporated, 2nd edition, May 1, 2000. Chapter 3, pp. 1–27.
——. 2009. Official Publication Association of American Feed Control Officials Incorporated. Association of American Feed Control Officials.
ARC. 1981. The Nutrient Requirements of Pigs, 2nd ed. Slough, England: Commonwealth Agricultural Bureaux.
Australian Agricultural Council Pig Subcommittee. 1987. Feeding Standards for Australian Livestock-Pigs. Collingwood, Victoria, Australia: Editorial and Publishing Unit, CSIRO.
Azain MJ. 2001. Fat in swine nutrition. In AJ Lewis, LL Southern, eds. Swine Nutrition. Boca Raton, FL: CRC Press, pp. 95–105.
Baker DH. 1977. Sulfur in Nonruminant Nutrition. West Des Moines, IA: National Feed Ingredients Assoc.

Baker DH, Speer VC. 1983. J Anim Sci 57(Suppl 2):284–299.
Blair R, Aherne FX, Doige CE. 1992. Int J Vitam Nutr Res 62: 130–133.
Blair R, Facon M, Bildfell RJ, et al. 1996. Can J Anim Sci 76:121–126.
Campbell DR, Combs GE. 1990a. Univ Florida 35th Annu Swine Field Day Res Report. AL-1990-4:14–17.
——. 1990b. Univ Florida 35th Annu Swine Field Day Res Report. AL-1990-1:1–4.
——. 1990c. Univ Florida 35th Annu Swine Field Day Res Report. AL-1990-3:9–13.
Carson TL. 2006. Toxic minerals, chemicals, plants and gases. In BE Straw, JJ Zimmerman, S D'Alliare, DJ Taylor, eds. Diseases of Swine, 9th ed. Ames, IA: Blackwell Publishing, pp. 971–984.
Chen HY, Miller PS, Lewis AJ, et al. 1995. J Anim Sci 73: 2631–2639.
Chung TK, Gelberg HB, Dorner JL, Baker DH. 1991. J Anim Sci 69:2955–2960.
Crenshaw TD. 2001. Calcium, phosphorus, vitamin D, and vitamin K in swine nutrition. In AJ Lewis, LL Southern, eds. Swine Nutrition. Boca Raton, FL: CRC Press, pp. 187–212.
Cromwell G, Hall LDD, Combs GE, et al. 1989. J Anim Sci 67: 374–385.
Cromwell GL, Stahly TS, Monegue HJ. 1983. Univ Kentucky Swine Res Report Progress Report 274:14.
Cunha TJ. 1977. Swine Feeding and Nutrition. New York: Academic Press.
Darroch CS. 2001. Vitamin A in swine nutrition. In AJ Lewis, LL Southern, eds. Swine Nutrition. Boca Raton, FL: CRC Press, pp. 263–280.
Dewey CE. 1993. J Swine Health Prod 1(2):16–21.
Dove CR, Cook DA. 2001. Water-soluble vitamins in swine nutrition. In AJ Lewis, LL Southern, eds. Swine Nutrition. Boca Raton, FL: CRC Press, pp. 315–355.
Edmonds MS, Baker DH. 1987. J Anim Sci 64:1664–1671.
Edmonds MS, Gonyou HW, Baker DH. 1987. J Anim Sci 65: 179–185.
Foley MK, Galloway ST, Luhman CM, et al. 1990. J Nutr 120: 45–51.
Fraser D. 1987. Can J Anim Sci 67:909–918.
Fraser D, Bernon DE, Ball RO. 1991. Can J Anim Sci 71: 611–619.
Fritschen RD, Grace OD, Peo ER Jr. 1971. Nebr Swine Rep. EC71 219:22–23.
Goodband RD, Hines RH, Nelssen JL, et al. 1989. Kansas State Univ Swine Day Proc Report of Progress 581:125–127.
Hall DD, Cromwell GL, Stahly TS. 1991. J Anim Sci 69:646–655.
Hancock JD, Peo ER Jr, Lewis AJ, et al. 1986. Vitamin D toxicity in young pigs. J Anim Sci 63(Suppl 1):268.
Hansen BC, Lewis AJ. 1993. J Anim Sci 71:2122–2132.
Hill GM, Spears JW. 2001. Trace and ultratrace elements in swine nutrition. In AJ Lewis, LL Southern, eds. Swine Nutrition. Boca Raton, FL: CRC Press, pp. 229–261.
Honeyfield DC, Froseth JA, Barke RJ. 1985. J Anim Sci 60: 691–698.
Kalinowski J, Chavez ER. 1986. Can J Anim Sci 66(1):201–216.
Kim YY, Mahan DC. 2001. J Anim Sci 79:942–948.
Kirkwood RN, Thacker PA. 1988. Pig News Info 9(1):15–21.
Koch ME, Mahan DC. 1986. J Anim Sci 62:163–172.
Lewis AJ. 1992. Determination of the amino acid requirements of animals. In S Nissen, ed. Modern Methods in Protein Nutrition and Metabolism. San Diego, CA: Academic Press, pp. 67–85.
——. 2001. Amino acids in swine nutrition. In AJ Lewis, ed. LL Southern. In: Swine Nutrition. Boca Raton, FL: CRC Press, pp. 131–150.
Liu J, Bollinger DW, Ledoux DR, Veum TL. 1998. J Anim Sci 78: 808–813.

Long GG. 1984. J Am Vet Med Assoc 184(2):164–170.

Madec F, Cariolet R, Dantzer R. 1986. Ann Rech Vet 17: 177–184.

Mahan DC. 1991. Vitamin E and selenium in swine nutrition. In ER Miller, DE Ullrey, AJ Lewis, eds. Swine Nutrition. Stoneham, MA: Butterworth-Heinemann, pp. 193–214.

——. 2001. Selenium and vitamin E in swine nutrition. In AJ Lewis, LL Southern, eds. Swine Nutrition. Boca Raton, FL: CRC Press, pp. 281–314.

Miller ER. 1991. Iron, copper, zinc, manganese, and iodine in swine nutrition. In ER Miller, DE Ullrey, AJ Lewis, eds. Swine Nutrition. Stoneham, MA: Butterworth-Heinemann, pp. 267–284.

NCR-42 Committee on Swine Nutrition. 1992. J Anim Sci 70 (Suppl 1):70.

NPPC. 1996. Feed Purchasing Manual. National Pork Producers Council publication #04257, 12/96.

NRC. 1979. Nutrient Requirements of Swine, 8th revised ed. Washington, DC: National Academy Press.

——. 1980. Mineral Tolerance of Domestic Animals. Washington, DC: National Academy Press.

——. 1987. Vitamin Tolerance of Animals. Washington, DC: National Academy Press.

——. 1998. Nutrient Requirements of Swine, 10th revised ed. Washington, DC: National Academy Press.

——. 2005. Mineral Tolerance of Animals. Washington, DC: National Academy Press.

Osweiler GD, Carson TL, Buck WB. 1985. Clinical and Diagnostic Veterinary Toxicology, 3rd ed. Dubuque, IA: Kendall/Hunt, pp. 132–142.

Patience JF, DeRouchey JM. 2010. Feed additives for swine— Enzymes and phytase. In National Swine Nutrition Guide. US Pork Center of Excellence. Factsheet 07-03-04, pp. 184–186.

Patience JF, Zijlstra RT. 2001. Sodium, potassium, chloride, magnesium, and sulfur in swine nutrition. In AJ Lewis, LL Southern, eds. Swine Nutrition. Boca Raton, FL: CRC Press, pp. 213–2227.

Peo ER Jr. 1991. Calcium, phosphorus, and vitamin D in swine nutrition. In ER Miller, DE Ullrey, AJ Lewis, eds. Swine Nutrition. Stoneham, MA: Butterworth-Heinemann, pp. 165–182.

Pettigrew JE, Tokach MD. 1991. Pig News Info 12(4):559–562.

Poulsen HD. 1995. Acta Agric Scand 45(1):159–167.

Pretzer SD. 2000. Swine Health Prod 8(4):181–183.

Reese DE, Carter SD, Shannon MC, Allee GT, Richert BT. 2010. Understanding the nutrient recommendations in the National Swine Nutrition Guide. In National Swine Nutrition Guide. US Pork Center of Excellence. Factsheet 07-02-03, pp. 13–21.

Reese DE, Thaler B. 2010. Swine feed and ingredient sampling and analysis. In National Swine Nutrition Guide. US Pork Center of Excellence. Factsheet 07-04-02, pp. 199–206.

Roche H-L. 1991. Vitamin Nutrition for Swine. Animal Health and Nutrition Department. Nutley, NJ: Hoffmann-La Roche.

Seynaeve MR, De Wilde R, Janssens G, De Smet B. 1996. J Anim Sci 74:1047–1055.

Southern LL, Brown DR, Werner DD, Fox MC. 1986. J Anim Sci 62:992–996.

Southern LL, Payne RL. 2003. Feedstuffs 75(34):11–24.

Stahly TS, Cromwell GL, Terhune D. 1991. J Anim Sci 69 (Suppl 1):364.

Thacker PA. 2001. Water in swine nutrition. In AJ Lewis, LL Southern, eds. Swine Nutrition. Boca Raton, FL: CRC Press, pp. 381–398.

Traylor SL, Hancock JD, Behnke KC, et al. 1994. J Anim Sci 72(Suppl 1):59.

Ullrey DE. 1987. J Anim Sci 65:1712–1726.

——. 1991. Vitamins A and K in swine nutrition. In ER Miller, DE Ullrey, AJ Lewis, eds. Swine Nutrition. Stoneham, MA: Butterworth-Heinemann, pp. 215–233.

Van Heugten E, Spears JW, Coffey MT, et al. 1994. J Anim Sci 72: 658–664.

Van Vleet JF, Ferrans VJ. 1986. Am J Pathol 124(1):98–178.

Vishnyakov SI, Levantovskii SA, Morozov VV, Ryzhkova GF. 1985. Toxicity for Swine of Trivalent Chromium Compounds. Veterinariya, Moscow, USSR No 5, 69–70. Abstract no 2657 in Pig News and Info 6(4):496.

Wahlstrom RC, Libal GW. 1974. J Anim Sci 38:1261–1266.

Weldon WC, Lewis AJ, Louis GF, et al. 1994a. J Anim Sci 72: 387–394.

Weldon WC, Lewis AJ, Louis GF, et al. 1994b. Postpartum hypophagia in primiparous sows. II. J Anim Sci 72:395–403.

Weldon WC, Thulin AJ, MacDougald OA, et al. 1991. J Anim Sci 69:194–200.

Williams NH, Stahly TS, Zimmerman DR. 1997. J Anim Sci 75: 2481–2496.

Wood JD, Wiseman J, Cole DJA. 1994. Control and manipulation of meat quality. In DJA Cole, J Wiseman, M Varley, eds. Principles of Pig Science. Nottingham: Nottingham University Press, pp. 433–456.

69 谷物和饲料中的霉菌毒素
Mycotoxins in Grains and Feeds

Gary D. Osweiler and Steve M. Ensley

引言
INTRODUCTION

霉菌毒素是谷物或饲料中霉菌生长产生的次级代谢物。霉菌毒素影响很多身体系统,伴随多种多样的临床症状、损伤及繁殖力损伤,其对美国农业的影响每年约在 14 亿美元(CAST,2003)。Wu 和 Munkvold(2008)估计,若美国猪饲料中 20%的酒糟蛋白饲料(DDGS)遭到完全污染,那么每年仅烟曲霉毒素一项将导致增重减少的损失就高达 1.47 亿美元。

本章主要介绍猪的六种高风险霉菌毒素:黄曲霉毒素 B_1(AFB$_1$)、赭曲霉毒素 A(OTA)、脱氧萎镰菌醇(DON)、麦角、烟曲霉毒素 B_1(FB$_1$)及玉米烯酮(ZEA)。大多数的猪霉菌毒素问题涉及饲喂谷类饲料(例如玉米、小麦、高粱、棉花籽、大麦及其他谷类)。霉菌生长需要易于获得的碳水化合物(由谷物提供)、充足的水分、氧气和适宜的温度(通常为 12~25℃)。植物或霉菌应激因素(如干旱、环境温度过高、虫害、收割时的机械损伤、植物活力降低)使作物植株易受能产生霉菌毒素的霉菌感染(CAST,2003)。

仅凭肉眼观察或谷物或饲料的培养检测并不能确定其对动物的安全性。许多产生毒素的霉菌品系在谷物中并不产生霉菌毒素,而且孢子计数或霉菌生长程度与霉菌毒素存在的关联很少。相反,饲料中未检出霉菌孢子并不意味着饲料中不存在霉菌毒素,因为碾磨/制粒过程的高温、高压可能会杀死霉菌孢子,但是耐热的霉菌毒素仍然存在(CAST,2003)。霉菌毒素在某些饲料的副产品中可以浓缩 3 倍。霉菌毒素的控制和减少对动物的影响依赖于农作物管理、储存条件及在饲料中合理使用霉菌毒素结合剂。

霉菌毒素的形成
MYCOTOXIN FORMATION

收割前作物中生长的田间霉菌和仓库霉菌被认为是最常见的霉菌毒素来源。田间霉菌(如镰刀菌)的生长需要较高的相对湿度(>70%)或作物含水量(>22%),它可引起胚珠死亡、种子皱缩、胚虚弱或死亡。田间霉菌在收获后的储藏过程中生长极差,而且即使干燥的谷物受潮,也不会产生毒素(Christensen 和 Kaufmann,1965)。

仓库霉菌包括曲霉菌和青霉菌,它们甚至在谷物湿度在 12%~18%和温度为 10~50℃条件下都可产生霉菌毒素。但是,黄曲霉菌,通常被认为是一种仓库霉菌,经常在收获前的作物中产生黄曲霉毒素。各种霉菌生长和霉菌毒素形成的条件汇总于表 69.1。

猪病学,第 10 版,由 Jeffrey J. Zimmerman, Locke A. Karriker , Alejandro Ramirez, Kent J. Schwartz, Gregory W. Stevenson 主编。

表 69.1 某些猪常见霉菌生长及其一般霉菌毒素合成的条件

产生的霉菌毒素	霉菌种类	易感谷物	适宜生长条件	农事方面影响
黄曲霉毒素：AFB₁，AFB₂，AFG₁，AFG₂，AFB₁ 毒性最大	黄曲霉、寄生曲霉	玉米，花生，棉籽，高粱	24～35℃，ERH 80%～85%，EMC 17%	干旱、病虫害、日夜温差大于21℃将增加储藏时的毒性
脱氧雪腐镰刀菌	粉红镰孢	玉米，小麦，	26～28℃；ERH 88%	冷暖交替的生长
烯醇	真菌	大麦，其他谷物	EMC 24%	季节、潮湿条件,不利于储藏
麦角碱（麦角胺，麦角瓦灵及其他）	麦角菌	黑麦，小麦，燕麦，大麦	种子形成期适度的凉爽温度；湿润潮湿的气候	温暖潮湿的条件；风和昆虫也有利于麦角的传播
烟曲霉素：B₂ 毒性最大；B₁ 最常见	串珠镰刀菌	玉米	一般＜25℃；EMC＞20%	生长季节喜干热，成熟季节喜湿润
赭曲毒素；OTA 是毒性部分	赭曲霉纯绿青霉菌	玉米，小麦，大麦黑麦	12～25℃，4℃ 时可产生毒素；ERH 85%，EMC 19%～22%	低温有利于增加毒素产量；欧洲某些地区广泛流行；美国少见
T-2 毒素	石竹类立枝镰刀菌	玉米，大麦，高粱，小麦	8～15℃；EMC 22%～26%	冷暖交替的条件；过冬作物
玉米烯酮	粉红镰孢真菌	玉米，小麦	7～21℃；EMC 24%	成熟期高低温交替

ERH：平衡相对湿度；EMC：平衡水分浓度。

某些地区被认为是某些特定霉菌毒素的高发区(Pier，1981)。然而，当地的生长条件(例如干旱虫害和早霜)，谷物的运输或混装，以及不适宜的贮藏等均严重地影响着霉菌毒素产生的地区性。

环境和管理条件可影响霉菌毒素的产生和动物接触霉菌毒素。过筛过程可使谷物受损或破碎并出现轻质谷粒，霉菌毒素在受损或破碎的谷物中的浓度较高(例如，过筛或碾磨谷物)。当收割时，在农场内或当地过筛时将增加霉菌毒素暴露的机会。贮藏于稍高于最适湿度的谷物，可继续呼吸并产生水分；秋、春季节，由于冷、暖温度交替会促进粮仓内水分的转移和冷凝，达到开放贮藏的湿度，从而促进霉菌生长和产生霉素。贮存于温暖、潮湿条件下(例如苗圃)的饲料，仅在数天时间内即可发霉并产生霉菌毒素。对于霉菌毒素形成和来源的更深层次讨论和记录超出本章节范围，可参见 CAST(2003)。另外，知名的国家或商贸网站保存有关于霉菌和霉菌毒素对作物危害的信息。

依据降雨、温度和虫害预测霉菌毒素产生可能性的电脑模型已经研制成功并用于协助作物霉菌毒素风险评估中(Dowd，2004；Prandini 等，2009)。

霉菌毒素引起的中毒
INTOXICATION BY MYCOTOXINS

霉菌中毒发生的最重要因素是易感动物接触被污染的谷物。剂量一般表示为饲料中的每百万分之一(ppm)或每亿分之一(ppb)，从 ppm(饲料)到 mg/kg 体重的换算公式为 mg/kg 体重＝ppm(饲料)×% 进食量。比例以百分数的形式表示(例如，3%＝0.03)。

日粮中缺少蛋白质、硒和维生素被认为是霉菌毒素中毒的易感因素，而且改变外化源性化合物代谢的药物会影响机体对霉菌毒素的反应(Coppock 和 Christian，2007)。

一些霉菌毒素的联合可增强彼此的作用，或至少产生相加效应，最常见的霉菌毒素组合是 AFB₁ 联合 FB₁，以及 DON 联合 ZEA (CAST，2003)。有记载的协同联合为 AFB₁ 联合 FB₁，以及 DON 联合 FB₁(Harvey 等，1995a，1996)。

据报道，有些霉菌毒素在一定的条件下可改变机体的免疫功能，促进传染病的发展 Bondy 和

Pestka，2000；Panangala 等，1986；Pier，1981）。现已证实黄曲霉毒素、有些单端孢霉毒素和赭曲霉毒素 A 对家畜和实验动物具有免疫抑制作用，但是猪类报告与报告之间有着潜在的不同。欲了解详情，请参见各个霉菌毒素介绍。因为免疫抑制一般都不是直接表现，所以因霉菌毒素导致的疾病很难被识别或判断，有时甚至被误诊。

性或慢性，并具有剂量和时间依赖关系。临床表现大多为亚急性或慢性的，出现的临床症状经常是微细和不明显的，表现为生殖周期紊乱，采食量减少，生长缓慢、饲料利用率低或免疫抑制。然而，了解动物对特定霉菌毒素的临床反应状况对于霉菌毒素中毒的鉴别诊断和临床预后评价是重要的。表 69.2 归纳了影响猪的常见霉菌毒素及相关信息的讨论。

临床霉菌毒素中毒症
CLINICAL MYCOTOXICOSES

猪对霉菌毒素的临床反应表现为急性、亚急

表 69.2　影响猪的常见霉菌毒素的主要特性

霉菌毒素种类	来源	临床反应	损害、诊断及残留
黄曲霉毒素：AFB$_1$，AFB$_2$，AFG$_1$，AFG$_2$	玉米、棉籽、小麦、花生、高粱	蛋白合成减少，肝毒性坏死，胆管肝炎，出血，凝血，生长受阻，饲料转化率低，奶产量降低，免疫系统功能丧失，可作为致癌剂	肝坏死，血清中胆酸增多，胆管增生，饲料中有黄曲霉毒素，肝或尿中有黄曲霉毒素 M$_1$，接触 1～2 周后恢复正常
赭曲霉素和/或橘青霉素	玉米、小麦、花生、黑麦、燕麦、大麦	伴随有多尿症、烦渴症的肾毒性坏死；胃溃疡；食欲不振及体重丢失；免疫活性降低	胃溃疡及肾小管损伤或纤维变性；赭曲霉素在肾脏中代谢；尿中蛋白分泌增多；残留可持续数周
草镰孢烯醇（T-2 毒素）北美相对少见	玉米、大麦、小麦、黑麦、高粱	造血抑制、贫血、白细胞减少、出血、腹泻、皮肤刺激/坏死、免疫活性降低、拒食导致自限	饲料中可检测到霉菌毒素、口腔溃疡、淋巴细胞减少、残留可持续 1～3 d，北美不常见临床反应
脱氧雪腐镰孢烯醇（DON，呕吐毒素）	玉米、小麦、大麦、高粱；全世界常见	拒食、呕吐、腹泻、精神委靡、对免疫功能的影响各异、少见报道产仔数量减少或死胎	饲料中 DON 浓度＞0.5 mg/kg——轻度影响；1～8 mg/kg 可引起临床症状；残留物排泄迅速（1～3 d）；葡甘聚糖黏合剂对毒性的影响不一
玉米烯酮	玉米、小麦、大麦、高粱	初情期前的后备母猪：外阴阴道炎；阴道和直肠脱垂；动情期的表现；成年母猪：表现各异——慕雄狂或乏情；假孕，持久黄体——对注射前列腺素 F$_{2\alpha}$ 有反应	增大的子宫/外阴（小母猪），持久黄体（母猪）；阴道角化；饲料中玉米烯酮＞1 mg/kg；尿液中排泄；1～5 d 后奶中含量较少
烟曲霉毒素	玉米	急性、致死性肺水肿（高剂量）；伴有黄疸和肝坏死的肝毒性坏死（亚急性接触）；某些报道可见慢性肺脏影响；可作为致癌剂	组织病理学可见广泛的肺小叶间水肿；细胞凋亡及胆汁潴留；轻微残留，一般发生于肝/肾脏；以血清中 AST、GGT、胆红素和胆固醇含量增加为特点
麦角碱（麦角胺，麦角瓦灵）	谷物（大麦、黑麦、黑小麦、小麦、燕麦）和禾草	急性高剂量：伴有周边坏疽的末梢血管坏死（脚、尾、耳）；孕晚期，催乳素释放减少导致缺乳，仔猪饿死	饲料中麦角含量应小于 0.3%；接触 1～2 d 后，可在尿中检到麦角碱；推荐饲料中麦角碱的含应小于 100 μg/kg；残留物排泄迅速；残留一般不是问题

黄曲霉毒素
AFLATOXINS

形成及代谢
Formation and Metabolism

黄曲霉、寄生曲霉和曲霉属可在收割前及贮藏期间产生黄曲霉毒素（AFB_1，AFB_2，AFG_1 和 AFG_2）。AFB_1 和 AFB_2 常由玉米和棉籽中的黄曲霉产生，而花生中的寄生曲霉可产生所有的四种毒素（Coppock 和 Christian，2007）。AFB_1 是自然污染中含量最高的毒性成分。美国东南部的环境或其他地区的干旱和虫害常常引起黄曲霉毒素的产生（Bennett 和 Klich，2003）。Rustemeyer 等，(2010)报道过 DDGS 中黄曲霉毒素暴露的风险。黄曲霉毒素在酒精生产过程中不会被破坏，而是在 DDGS 组分中浓缩了 3～4 倍。因此，将受污染的玉米售卖给造酒厂可能会增加这些产品霉菌中毒的风险。DDGS 中发生率的多变是在意料之中的，因此需要保证采样和检测的一致性。

AFB_1 被肝微粒体混合功能氧化酶代谢后至少形成 7 种代谢物（Coppock 和 Christian，2007）。其主要的毒性代谢物是一种 8,9-环氧化物，它可与 DNA、RNA 和蛋白质共价结合。DNA N^7 加合物对修复具有抗性而且易引起中毒症状、损伤以及肝癌。蛋白质合成受损，继而不能动员脂肪，导致肝脂肪变化和坏死的早期特征性损伤，以及增重率降低。日粮中缺乏蛋白质会加剧黄曲霉毒素对增重的影响（Coffey 等，1989；Harvey 等，1989a）。

毒性
Toxicity

黄曲霉毒素的毒性受其剂量、饮食的相互作用、接触持续时间、动物种类和年龄的影响。引起猪半数致死量（LD_{50}）的剂量为一次性内服 0.62 mg/kg 体重的毒素（相当于一日内饲料中的含量为 20 mg/kg）；持续饲喂含毒素为 2～4 mg/kg 的日粮可引起动物致死性中毒；而连续数周定量饲喂含量为 260 和 280 ppb 的日粮可引起生长速率下降（Allcroft，1969；Marin 等，2002）。一般情况下，动物经常会连续数周时间内接触含有中、低浓度黄曲霉毒素的饲料。一些作者的试验报告，田野病理和个人经验表明，连续数周饲喂含量高于 300 μg/kg 自然产生的黄曲霉毒素的日粮很可能导致动物生长迟缓和饲料利用率下降。用含有 2.5 mg/kg AFB_1 的日粮饲喂 17.5 kg 的公猪 35 d 后，发现动物体重、增重率及采食量皆减少（Harvey 等，1995a，b）；血清 γ-谷氨酰转移酶（GGT）及总铁浓度增加（TIC）；而血尿素氮（BUN）和总铁结合力（TIBC）降低。黄曲霉还可相对地增加肝重量，并导致肝苍白、胶状样变、异常坚韧。显微病变包括肝的变性坏死，并伴随胆管增生。

饮食中长期含有黄曲霉毒素会影响生殖和免疫功能（Cook 等，1989；Dilkin 等，2003；Harvey 等，1988，1989c；Marin 等，2002；Rustemeyer 等，2010）。连续 12 周饲喂 140 μg/kg 低浓度的黄曲霉毒素可引起体重为 18～64 kg 的猪肝损伤，而 690 μg/kg的黄曲霉毒素可引起体重为 64～91 kg 育肥猪轻度肝损伤（Allcroft，1969）。如果连续 28 d 给断奶仔猪食用 280 μg/kg 的黄曲霉毒素会严重影响猪体重的增加，但是对血液中总红细胞计数、白细胞分类计数、总球蛋白、白蛋白或总蛋白浓度没有影响。低浓度的 AFB_1（140 μg/kg）导致平均每日增重减少，但是没有显著差异（$P<0.05$）。Rustemeyer 等，(2010)分别用 0、250 和 500 μg/kg 的浓度饲喂架子猪 7、28 或 70 d，500 μg/kg 的 AFB_1 饲料大大降低了猪的摄食量和平均日增重，但是 250 μg/kg 没有影响。黄曲霉毒素组中，血清中的天冬氨酸氨基转移酶（AST）较高，但是 BUN 低于对照组。BUN 低可能是因为蛋白转化降低和/或肝脏功能减弱。250 和 500 μg/kg 都对动物表现和健康有不利影响。总而言之，大多数研究表明对猪影响较小的限值为 200 μg/kg 左右。

临床症状
Clinical Effects

急性至亚急性中毒临床症状是精神沉郁和厌食，进一步可发展为贫血、腹水、黄疸和出血性腹泻，并出现以低凝血酶原血为特征的凝血病

（Coppock 和 Christian，2007；Osweiler 等，1985）。与肝细胞损伤相关酶的含量升高，包括天冬氨酸转氨酶（AST）、丙氨酸转氨酶（ALT）、碱性磷酸酯酶（ALP）和 γ-谷氨酰转移酶（GGT）。可观察到的其他血清学的临床化学变化包括血清总铁结合能力、总蛋白、白蛋白、胆固醇、血脲氮和葡萄糖含量下降（Harvey 等，1989c）。临床黄曲霉毒素中毒时，总胆红素、黄疸指数、黄溴酞的清除率、凝血酶原时间和部分促凝血酶原激酶时间也上升（Panangala 等，1986）。

外伤
Lesions

与猪黄曲霉毒素中毒相关的肉眼损伤包括肝小叶中心出血引起肝呈淡褐色或陶土色，浆膜下层淤斑和淤斑出血，小肠和结肠出血。随着黄曲霉毒素中毒病情的发展，肝变黄并纤维化，其特征变化为肝坚硬，并伴有亢进性肝小叶硬变。浆膜下层和黏膜表面出现黄疸的黄褪。显微变化有助于诊断，一般包括肝细胞空泡形成、坏死和脂肪变性，这些主要发生于中央静脉区。当疾病发展成亚急性或慢性时，可见肝细胞（包括多核细胞）肿大。在慢性病例中，可出现肝小叶间纤维变性和特征性胆囊增生（Cook 等，1989；Harvey 等，1988，1989b）。

生殖系统影响
Reproductive Effects

流产并不常见。饲喂含有 500 和 700 $\mu g/kg$ 黄曲霉毒素的日粮，母猪连续 4 个妊娠期均表现正常。虽然妊娠和产仔正常，但由于黄曲霉毒素可经乳汁排泄，因此由这些母猪哺育的仔猪生长速率下降（Armbrecht 等，1972；McKnight 等，1983）。Mocchegiani 等，（1998）发现当母猪从妊娠期的第 60 天至产仔后的第 28 天一直饲喂 800 $\mu g/kg$ 的 AFB_1，则仔猪的出生重量降低。

免疫活性
Immunocompetence

黄曲霉毒素通过作用于细胞介导免疫和细胞吞噬机能来发挥它的免疫调节剂作用（Bondy 和 Pestka，2000）。在试验条件下，受黄曲霉毒素影响的常见病有猪丹毒、猪痢疾和沙门氏菌病（CAST，2003），通常只有在能引起霉菌毒素典型的微细或慢性病变浓度时才能见到黄曲霉毒素的免疫抑制作用（Osweiler，2000）。如果母猪在整个妊娠和泌乳期的日粮内含 AFB_1 800 或 400 $\mu g/kg$，那么仔猪对黄曲霉毒素免疫力降低，分娩后乳中的黄曲霉毒素 B_1 和 M_1 残留会持续 5~25 d，残留物中的含量大约是饲料中的千分之一，并在 25 d 哺乳期中不断增加。从而导致淋巴组织增生效应下降，同时也造成有单核细胞衍生的巨噬细胞在短阵快速脉冲刺激氧化后，在体外不能有效地产生超氧负离子。虽然巨噬细胞对红细胞的吞噬能力不会受影响，但是粒细胞对外来化学诱导物如细胞因子和酪蛋白的趋化性反应会减弱。Marin 等（2002）报道，给猪连续饲喂 280 $\mu g/kg$ 的黄曲霉毒素将会降低其增重，而白细胞计数和血清伽玛球蛋白均增加；机体对病原为无乳支原体的免疫反应降低，而细胞因子 mRNA 的表达与某些炎性介质[白介素-1（IL-1）β 和肿瘤坏死因子-α（TNF-α）]的减少，及抗炎 IL-10 细胞因子表达有关。

残留物
Residues

AFM_1 残留于猪的组织、乳及尿液中，一般浓度相对较低且不持久。含 400 $\mu g/kg$ 黄曲霉毒素的日粮所导致的猪组织的残留量为 0.05 $\mu g/kg$ 或更低，在停止饲喂黄曲霉毒素后，组织中的残留能很快消失（Trucksess 等，1982）。

诊断
Diagnosis

当出现精神委靡、出血性腹泻、急性黄疸、出血或凝血病，一般提示为急性黄曲霉毒素中毒。而慢性临床症状包括生长缓慢、营养不良、黄疸和持续发生轻度感染等。一般对受污染的饲料进行历史调查是非常重要的。肝损伤、临床化学变化，以及对日粮和供应谷物的化学分析对于确诊黄曲霉毒素中毒都是非常重要的。但对于饲料来说，有时引起中毒的谷物已无法获得。任何谷物样本应具有代表性(见如下"取样程序")。在紫外光下,对可疑谷样进行强黄绿色荧光(BGYF)检查已成为一种筛查的最基本的方法,但不是确诊方法。有效而经济的酶联免疫吸附试验(ELISA)试剂盒是目前广泛用于检测可疑谷样和初步量化的方法。应使用 USDA-GIPS 认证的检测手段,若检测为阳性,则验证性的化学分析可以用于结果核实(CAST,2003)。

治疗
Therapy

黄曲霉毒素中毒一般是群发的病,仅对动物进行个体治疗并不合适。对黄曲霉毒素中毒没有特效解毒药。对家禽的研究表明,提高日粮中硒的含量,对家禽有一定效果。建议在日粮中增加硒、高品质蛋白质和维生素补充添加剂(维生素 A,维生素 D,维生素 E,维生素 K 和复合维生素 B)(Coffey 等,1989;Coppock 和 Christian,2007)。家禽中建议使用胆碱和蛋氨酸的辅助疗法治疗黄曲霉毒素中毒,但是尚未应用于猪(Cullen 和 Newberne,1994)。由于黄曲霉毒素会损伤免疫系统,因此引起并发各种传染病的动物应以适宜抗菌药物进行紧急治疗,在条件允许时,还可进行被动免疫。在黄曲霉毒素污染的日粮中添加林可霉素和泰乐菌素既不会减弱也不会增强黄曲霉毒素对育肥猪的毒害作用(Harvey等,1995b)。

预防
Prevention

目前在美国尚无美国食品药物管理局(FDA)许可的黄曲霉毒素中毒的预防性添加剂。各国现有的预防性的饲料成分皆不同。一种或多种常用的饲料消结块剂可能会为黄曲霉素提供有效的物理结合。日粮中添加 0.5% 水合铝矽酸钠钙(HSCAs)对预防黄曲霉毒素引起的猪增重下降和病变发生有作用(Harvey 等,1989c;Phillips 等,2002)。钠基或钙基膨润土同样可以作为很好的吸附剂(Schell 等,1993)。用无水氨处理谷物 10~14 d,可减少谷物中黄曲霉毒素的含量。并且猪嗜好氨化谷物,其生长与对照组相似。目前,这种处理方法尚未得到 FDA 的认可。

最近研究表明,来源于酵母中的膳食葡甘露聚糖对于黄曲霉毒素中毒具有潜在的预防作用。Meissonier 等,(2009)用 1 912 ppb 的 AFB_1 饲喂断奶仔猪 28 d,发现 0.2% 的膳食葡甘露聚糖可大大降低肝脏损伤,保护 I 段代谢酶及恢复被黄曲霉毒素抑制的卵白蛋白免疫特异性淋巴细胞增殖,表明其对黄曲霉毒素的预防具有潜在益处(表 69.3)。

表 69.3　灭活猪饲料中霉菌毒素的可行手段

毒素名称	试剂或操作	细节及讨论	参考文献
黄曲霉毒素	通过注入无水氨或豆粕(脲酶)进行氨化	有效破坏黄曲霉素并被猪接受;目前尚未被 FDA 批准用于食用动物。一般没有商品化的黄曲霉素破坏剂	CAST(2003)
	膨润土、沸石	某些研究证明有效,但效力一般不及 HSCAs(如下)	CAST(2003)
	水合钠钙铝硅酸盐(HSCAs)	有效提高生产性能(增重、饲料利用率)及在日常饲喂 10 g/kg(5~20 g/kg)时,可保护肝脏免受损害。有商业化的防结块剂,但尚未被 FDA 批准使用	Phillips 等(2002);CAST(2003)
脱氧雪腐镰孢烯醇(DON,催吐素)	HSCAs、膨润土及沸石	一般对包括 DON 在内的单端孢霉烯族毒素类的结合无效	CAST(2003)

续表 69.3

毒素名称	试剂或操作	细节及讨论	参考文献
	葡甘聚糖聚合物吸附剂(GMA)	当 DON 为主要毒素时,其对采食量或增重的提高作用各异。某些研究表明,DON 和/或玉米赤霉烯酮在繁殖力或活胎率降低,或血清氨的增多等方面有关联作用	Avantaggiato 等(2004);Diaz-Llano 和 Smith(2006,2007);Swamy 等(2002);Swamy 等(2003);Diaz-Llano 等(2010)
	物理净化	研磨取粒的方法可去除 66% 的 DON,而仅损失 15% 的谷物重量	House 等(2003)
麦角	物理清洁方法去除麦角体	化学结合剂一般没有应用于饲料或在饲料中无效	CAST(2003)
烟曲霉毒素	使用葡萄糖或果糖结合烟曲霉毒素	已证实葡糖糖或果糖可以化学灭活烟曲霉毒素;此种方法虽然有效,但尚未商业化	Fernández-Surumay 等(2005)
玉米赤霉烯酮	GMA 结合剂	某些研究显示 GMA 结合剂对玉米赤霉烯酮有作用;但仍需进行进一步的研究	参见如上 DON 参考文献
	活性炭或苜蓿草粉	一定比例的活性炭或高浓度(≥20%)的苜蓿草粉对玉米赤霉烯酮也有作用	Avantaggiato 等(2003);James 和 Smith(1982)
霉的生长	预防霉的生长	保持储存条件洁净并将湿度控制于推荐水平。对于潮湿或受损谷物,有机酸(例如,丙酸)可用于控制霉的生长,但不能破坏已形成的霉菌毒素	CAST(2003)

赭曲霉毒素和橘青霉素
OCHRATOXIN AND CITRININ

赭曲霉毒素(OTA)是一种真菌肾毒素。橘青霉毒也是一种肾毒素。表 69.1 列举了其产生的来源及条件。OTA 常见于北欧、加拿大和美国北部(Juszkiewicz 等,1992)。OTA 中毒曾在丹麦流行,与饲喂大麦和燕麦有关(Carlton 和 Krogh,1979)。在美国,至少已报道一例关于猪饲喂霉变玉米而导致中毒的事件(Cook 等,1986)。

毒性的出现是肾小管的一种有机离子转运蛋白与 OTA 的特异受体结合的结果(Huessner 等,2002)。其作用机理比较复杂,主要包括苯丙氨酸代谢酶被抑制,ATP 的产生过程被抑制和脂质过氧化反应的积聚三个过程(Marquardt 和 Frohlich 等,1992)。赭曲霉毒素是一种通过氧化 DNA 损伤及 DNA 加合物产生作用的遗传毒性致癌物(Pfohl-Leszkowicz 和 Manderville,2007)。免疫抑制效应的发生与淋巴细胞增殖受到抑制以及补体系统被干扰有关(Bondy 和 Pestka,2000)。

对于猪而言,主要作用于近曲小管上。动物摄入 1 mg/kg 体重剂量(相当于饮食中含有 33.3 mg/kg)的 OTA 可在 5～6 d 致死。饲喂含 1 mg/kg 浓度赭曲霉毒素的日粮 3 个月可引起动物烦渴、尿频、生长迟缓和饲料利用率降低;饲喂含量低至 200 μg/kg 的日粮数周可检测到肾损伤。其他的临床症状还有腹泻、厌食和脱水。有时临床症状不明显,在赭曲霉素中毒呈地方性流行病的地区(如东欧、丹麦和瑞典),动物在屠宰时唯一可观察到的病变是肾苍白、坚硬。

临床病理学变化包括血尿素氮、血浆蛋白、血细胞压积、天冬氨酸转氨酶和异柠檬酸脱氢酶增加,以及尿液中的葡萄糖和蛋白质含量上升。Riley 和 Petska(2005)辨别出组织学肾损害与赭曲霉毒素、尿蛋白大量排泄之间的区别与关系。橘青霉素、赭曲霉毒素和青霉酸三者间具有协同作用,主要引起以近曲小管坏死为特征的肾病,进而发展为间质性纤维化。也可出现以脂肪变性和坏死为特征的肝损伤,但不及其他原发性肝病严重。在慢性临床病例中,胃溃疡是一种常见的特征性损伤(Szczech 等,1973;Carlton 和 Krogh,1979)。通过口服接种 20 μg OTA 长达 6 周的公猪射精量减少,并且储存 24 h 的精子的活力和运动性都比对照组明显降低(Biro 等,2003)。

对小猪饲喂 1 mg/kg 和 3 mg/kg 的赭曲霉毒素,可引起自发的与剂量相关临床性沙门氏菌感染(Stoev 等,2000)。进一步研究表明,猪痢疾蛇形螺旋体和大肠弯曲杆菌的感染皆伴有免疫抑制及免疫反应延迟。

诊断应包括在饲料和新鲜肾样品中检测出毒素和/或其代谢物(赭曲霉毒素 A),并有发病史及特征性病变。最近报道了一种简单的高性能液体色谱方法,利用这种方法可以在临床样品和饲料中检测出 0.3~3 ng 的赭曲霉毒素 A 或 B。赭曲霉毒素 A 在猪组织中的半衰期为 3~5 d。停止接触赭曲霉毒素 30 d 后,很难在肾中检测到赭曲霉毒素(Carlton 和 Krogh,1979)。如果迅速更换被污染的饲料,轻微中毒的动物可以康复。然而,如果临床病程拖延,则动物不易康复。

因其具有污染食品及潜在致癌性的风险,已知或潜在赭曲霉毒素污染的国家应控制食物及动物饲料中的 OTA。目前,FDA 对饲料中 OTA 含量未作规定。

单端孢霉烯族毒素类
TRICHOTHECENES

单端孢霉素类(Trichothecenes)至少包括 148 种结构相似的化合物。重要的已知兽医单端孢霉素类是由镰孢霉(Fusarium),特别是禾谷镰孢霉(Fusarium graminearum)和拟分枝孢镰孢霉(Fusarium sporotrichioides)产生的(表 69.1)。这组倍半萜烯毒素具有环氧化物基因,大多数毒效应由该基因引起。在全世界引起关注最多的三种毒素是 T-2 毒素(T-2 toxin),双乙酸基草烯醇(diacetoxy scirpenol,DAS)和脱氧雪腐镰孢烯醇(deoxynivalenol,DON,催吐素)。虽然已做了大量大环单端孢霉素类(T-2 毒素和 DAS)对猪毒性的工作,但在北美谷物中这些毒素很少达到中毒浓度。然而,DON 是具有潜在多种影响的常见污染物(Mostrom 和 Raisbeck,2007)。

单端孢霉素类的代谢分为两个阶段,第一阶段氧化和水解产生转化产物,继而与葡萄糖醛酸结合;第二阶段,单端孢霉素类的环氧化物环被胃肠中的微生物打开(Bauer,1995),血清、胆汁、尿液、肝脏、肾脏和肌肉中都可能含有 DON 的代谢产物(主要为脱氧 DON)(Doll 等,2003;Goyarts 等,2007)。葡糖苷酸被迅速排泄,主要存在于尿中,并不在血浆中积聚(Eriksen 等,2003)。

实验性大剂量饲喂动物 T-2 毒素,可引起对皮肤的直接刺激和坏死,淋巴系统严重损伤,胃肠炎、腹泻、休克、心血管衰竭和死亡。长期给予该毒素可抑制造血功能,最终导致各类血细胞减少。另外,T-2 和 DAS 是免疫抑制剂。虽然 T-2 和 DAS 是强毒素,浓度相对较低时即可发生中毒反应,但是它们除了引起猪的采食量减少外,还会引起猪拒食和/或呕吐,从而限制了其自身的毒性作用。

由于 DON 是玉米、大麦和小麦中常见的霉菌毒素,文献也已证明它是引起猪拒食和采食量减少的原因,因此 DON 在北美具有重要的经济意义(Bergsjo 等,1993;Rotter 等,1996;Trenholm 等,1984)。在有些收获季节,玉米中可产生低浓度的 DON,其发生率可高达 50%。其他谷物被霉菌毒素污染事件在世界其他地方也时有发生(CAST,2003)。

DON 的临床表现
Clinical Effects of DON

当饲料中 DON 的浓度为 1 mg/kg 或更高时,猪开始自动减少采食量,当超过 10 mg/kg 时,猪完全拒食(Bergsjo 等,1992;Pollman 等,1985;Rotter 等,1996;Young 等,1983)。饲喂小于 1 mg/kg,4 倍于平时膳食水平的 DON,不影响动物的采食量(Accensi 等,2006)。Prelusky(1997)证明腹腔内注射 DON 会降低采食量及影响增重。

对 DON 中毒的血液学和临床化学的研究是非常有限的。对于饲喂低或中剂量的 DON 是否会显著影响猪血液学和生物化学指标,各科学家观点不一。Accensi 等(2006)的研究表明,当饲喂含量小于 1 mg/kg DON 的饲料时,9 种标准血液学指标或 18 种常规生化指标(阳离子、葡萄糖、尿素、肌酐、胆红素、胆固醇、甘油三酯及血浆酶活性)都没有改变。低浓度 DON 对仔猪的免疫球蛋白(Ig)浓度、淋巴细胞增殖和细胞因子产生等免疫反应无影响。基于成对饲喂对照实验可知,由于饲料摄入量不同会引起临床实验数值的变化。因此,血液学和血液化学检测在诊断猪食入含低浓度 DON 日粮时的意义是有限的(Accensi等,2006;Lun 等,1985;Prelusky 等,1994;Swamy 等,2003)。

猪的大多数 DON 实验选择剂量为 2～8 mg/kg,也就是自然污染谷类中的一般水平,并且动物的拒食反应不一。这一章节概述了 DON 引起的伴随有相关临床实验或免疫学改变的采食量减少。一般而言,DON 引起的反应是短暂的,一旦从饲料中去除 DON 或建立起代偿/适应机制,受干扰的功能会在短时间内恢复(Rotter 等,1994)。

饲料中添加 2～8 mg/kg DON 的饲喂研究表明,采食量及增重率呈线性减少关系,但是饲料转化效率的结果各异(Dänicke 等,2008;Doll 等,2008)。症状包括嗜睡、烦躁不安、体重下降、同类相食及皮温增高(一例)。大体病变常见体况不佳、肠道空瘪、胃的食管部褶皱增多、肝重量增加及甲状腺体积缩小。较为一致的临床实验改变为血清蛋白的减少,伴随有白蛋白/球蛋白比率增加α-球蛋白的减少,以及血清尿素的减少。可变的或不一致的实验数值包括血细胞压积、分叶中性粒细胞、血清钙及血清磷降低,血清甲状腺素(T4)增多,以及血清皮质醇的改变,或没有一致性改变(Bergsjo 等,1993;Dänicke 等,2008;Diaz-Llano 和 Smith,2007;Doll 等,2007,2008;Rotter等,1994)。

在对猪的研究表明免疫功能低下的各种实验结果各异。一般而言,DON 可以增加血液中免疫球蛋白 A(IgA)的含量,而非特异性淋巴细胞增殖有增加,也有减少(Doll 等,2009;Frankic 等,2008;Pinton 等,2008;Tiemann 等,2006)。Pinton 等(2008)用 2.2～2.5 mg/kg 的 DON 饲喂猪9 周,结果显示卵白蛋白特异性 IgA 和 IgG 增多,受试猪的淋巴结中 TGF-β 和 IFN-γ mRNA 的表达减少。作者解释为 DON 降低了疫苗的免疫应答。Doll 等(2009)发现了如下的体外改变:①DON 和脂多糖(LPS)能协同作用,增加肝细胞中 TNF-α mRNA 的表达;②DON 可刺激 IL-6

mRNA 的剂量依赖诱导;③LPS 诱导的 IL-6 的上清浓度显著减少;④抗炎性 IL-10 的 mRNA 表达也因 DON 而增加。他们得出结论,DON 具有潜在的激发和调节猪肝细胞免疫反应的能力。

各种体内、体外研究结果,以及动物实验皆证实了 DON 在哺乳动物中的作用特点。现有研究中没有清晰的剂量反应关系。

最近的 DON 霉菌毒素研究清晰阐述了DON 在猪中的进展,并着重于优化和扩展临床及实验知识的需求。

拒食作用机制
Feed Refusal Mechanisms

最近研究显示 DON 引起猪条件性味觉厌恶,而且调味剂也不能有效地使猪采食被污染的谷物(Osweiler 等,1990)。接触低剂量 DON[胃内(IG)30 μg/kg],可引起脑脊液 5-羟基吲哚乙酸(5HIAA)的增加,这表明饲喂 DON 依次增加了脑色氨酸、血清素(5-羟色胺[5HT])及5HIAA,下丘脑多巴胺而减少,5HIAA:5HT 比值增高,同时脑去甲肾上腺素水平降低。血清素(5HT)浓度起初上升,继而在 8h 后显著下降(Prelusky,1993,1996;Swamy 等,2002,2004)。镰刀菌酸(FA)是不常见的霉菌毒素,可在色氨酸-5HIAA-羟色胺的关系中与 DON 作用。其可认为是 DON 拒食的作用或潜在霉菌毒素,并且对拒食机制而言可能是极其重要的一部分(Swamy等,2002,2004)。

诊断
Diagnosis

与霉菌毒素相关的拒食诊断是临床兽医当前面临的一个困难问题。其他毒素、药物、并发病、恶劣的天气和饮水量减少也可引起动物拒食。在引起猪呕吐的剂量下,DON 对血浆脑神经递质浓度没有明显可检测的影响,因此,外周血取样并不能预测与 DON 中毒有关的中枢 5-羟色胺的作用(Prelusky,1994)。由于单端孢霉素类代谢快,因此企图通过组织或血样分析 进行诊断是不可能的,也不实用。多变的血液学和组织数值,以及代谢产物的快速排泄,不能支持动物饲喂低剂量的 DON 的鉴别诊断(Doll 等,2008)。幸运的是,由于快速的代谢和排泄,使得在猪食用组织中不可能出现有意义的单端孢霉素类霉菌毒素残留(Bauer,1995)。

通常以化学方法能检测出饲料 DON 的浓度,不足以充分解释拒食。应注意,饲料浓度仅仅是近似值,样品不可能具有充分的代表性,而且许多畜群和环境因素对临床兽医师或畜牧生产者并不是显而易见的。最近,包括共轭 DON 在内的共轭单端孢霉菌毒素的发现,表明标准的化学方法并不能检测谷物中存在的所有 DON,但是它们被水解后可能会释放于肠道中。分析实验室目前正着力于检测饲料来源中的这部分霉菌毒素(Berthiller 等,2005;Zhou 等,2007)。

治疗
Therapy

已证实,对 5-羟色胺受体具有特效拮抗作用的抗催吐药(ICS 205-930,BRL 43694 A)可用于猪以预防由 DON 引起的呕吐。高剂量抗胆碱能药物对呕吐中枢具有缓和的直接作用。然而,具有抗组胺和抗多巴胺作用而不具抗胆碱能作用的抗催吐剂不能有效地用于治疗由 DON 引起的呕吐(Prelusky 和 Trenholm,1993)。

预防
Prevention

预防 DON 毒作用的措施主要集中于运用饲料吸附剂或化学物理方法解毒,例如硅铝酸钙、膨润土和亚硫酸氢钠。但没有一种在经济方面和实际应用中是成功的。目前,Avantaggiato 等(2004)已经表示,活体外胃肠道模型能明显减少对 DON 和雪腐镰刀菌烯醇的吸收。用 2% 活性炭可使对 DON 的吸收从 51% 降到 28%,对雪腐镰刀菌烯醇的吸收从 21% 降到 12%。后续还需进行饲喂实验以证实此体外模型。

最近研究表明,酵母衍生的葡甘露聚糖聚合物可通过在肠道中与毒素结合而降低 DON 的拒食反应。饲喂架子猪聚合葡甘聚糖吸附剂(GMA)可预防单端孢霉素类对脑神经化学的某些已知影响,并促进血清 Ig 浓度的增加,但是不能提高生长率(Swamy 等,2002)。Swamy 等(2003)饲喂架子猪被 DON,FA 和 ZEA 同时污染

的饲料,并检测 GMA 控制霉菌毒素影响的能力。他们还加入了成对饲喂对照组以评价采食量降低的影响。虽然 GMA 能预防某些毒素相关的代谢改变,但是生长抑制仍得不到纠正。大多数实验数值的不利影响都是由采食量减少引起的。Diaz-Llano 和 Smith(2006)给怀孕的初产母猪饲喂 5.5～5.7 mg/kg 的 DON,从妊娠第 91 天至产仔;对照组饲喂 DON,辅以 0.2% GMA。初产母猪的日增重减少,并且死产仔猪显著增加;但是标准临床化学数值上没有影响。添加 0.2% GMA 显著增加了仔猪成活率。Diaz-Llano 和 Smith(2007)继续给一胎母猪饲喂 5.5～5.7 mg/kg 的 DON,从妊娠第 91 天至仔猪 21 d 离乳。DON 饲料降低了平均每日采食量(ADFI)、体重及血清蛋白,但是乳的消耗或仔猪的体重没有变化。添加 0.2% GMA 不能预防采食量的降低、体重的丢失或离乳期与发情间隔之间的某种程度延长。根据现有文献报道,GMAs 具有提高 DON 在猪中的某些作用的潜在能力,但是仍需深入研究以阐明近期研究中的不同结果。

有报道称可使用研磨取粒的物理方法去除大麦中的 DON,这种方法可以去除 66% 的 DON,而谷物重量损耗仅为 15%(House 等,2003)。这种现实可行的方法可以在数年内将普遍的 DON 作物污染降低至可控水平。

2010 年,FDA 更新了他们 1993 年版的动物饲料中 DON 使用的非法规指南。当前谷物及谷物产品中的限量为 5 mg/kg;日粮最高允许含量为 20%,相当于最终饲料中的限量为 1 mg/kg。

玉米赤霉烯酮(F-2 毒素)
ZEARALENONE (F-2 TOXIN)

来源及机制
Sources and Mechanism

禾谷镰孢霉[Fusarium graminearum(粉红镰孢霉 Froseum)]可产生玉米赤霉烯酮(zearalenone),它是一种生长在玉米、高粱和小麦上的具有雌激素作用的霉菌毒素。粉红镰孢霉既可产生玉米赤霉烯酮(ZEA),又可产生脱氧雪腐镰孢烯醇(DON)(Diekman 和 Green,1992),其生长需要高湿(23%～25%)环境。未完全晒干的整株玉米以及环境温度高低交替有利于玉米赤霉烯

酮的产生（Christensen 和 Kaufmann，1965）。玉米赤霉烯酮经常在收割前的田间产生。

玉米赤霉烯酮是一种取代的 2,4-二羟基苯甲酸内酯，其结构与牛用合成代谢剂玉米赤霉醇相似。作为一种雌激素，玉米赤霉烯酮可竞争地结合子宫、乳腺、肝和下丘脑的雌激素受体，并可引起子宫肥大和阴道上皮角质化。玉米赤霉烯酮在肠内被迅速吸收，并代谢为甲种，乙种玉米赤霉烯酮，然后再与尿和胆汁中的葡萄糖醛酸相结合（Meyer 等，2000）。

临床症状
Clinical Signs

玉米赤霉烯酮在临床上的有效剂量据报道可引起卵泡闭锁和类似于颗粒细胞变化的细胞凋零现象，此外还可造成子宫和输卵管内激烈的细胞增殖现象（Obremski 等，2003）。饲喂含 2 mg/kg 玉米赤霉烯酮的饲料 90 d，初情期前的后备母猪仍能保持正常性成熟，并对以后的繁殖功能没有影响（Green 等，1990；Rainey 等，1990）。猪对玉米赤霉烯酮的反应随剂量和年龄的不同而不同。给予后备母猪日粮中浓度仅为 1～5 mg/kg 的玉米赤霉烯酮即可引起以外阴和阴道肿大、水肿为特点的阴道炎，以及乳房发育的早熟。常见里急后重，偶而导致直肠脱垂（Osweiler，2000）。给予尚未性成熟的母猪以临床有效剂量的玉米赤霉烯酮，可引起卵泡闭锁及颗粒细胞的凋亡样改变。子宫和输卵管可见大量细胞增殖（Obremski 等，2003）。给予尚未性成熟的母猪 2 mg/kg 的玉米赤霉烯酮长达 90 d，母猪可达到正常的性成熟，并且对后续的生殖功能没有任何不利影响（Green 等，1990；Rainey 等，1990）。Doll 等（2003）用被污染的玉米饲喂仔猪，相当于日粮中含有高达 4.3 mg/kg 的 DON 和 0.6 mg/kg 的 ZEA。结果导致体重增重显著降低，子宫重量相对于体重而言增加近 100%。

玉米赤霉烯酮对性成熟母猪繁殖功能的影响与其对初情期前后备母猪的影响完全不同。与其他雌激素一样，玉米赤霉烯酮对猪具有促黄体作用，如果给处于发情中期母猪饲喂含 3～10 mg/kg 玉米赤霉烯酮的日粮，则可引发休情期。由于雌激素对猪具有促黄体作用，因此后两个怀孕期发

生流产的可能性很小。停止接触玉米赤霉烯酮较长时间后，休情期和血清孕酮升高将会持续数个月（Edwards 等，1987）。

饲喂高浓度玉米赤霉烯酮日粮的母猪，其每胎产仔量较少，每胎产仔量减少的敏感期似乎是在交配 7～10 d 后的胚胎植入前期（Diekman 和 Long，1989；Long 等，1983）。于交配后 7～10 d，给怀孕母猪饲喂 1 mg/kg 体重玉米赤霉烯酮（约相当于饲料中含 30 mg/kg 玉米赤霉烯酮）导致 11 d 时囊胚轻度退化，13 d 时囊胚进一步退化。个别胚胎存活时间明显地不超过 21 d。在这一时期，玉米赤霉烯酮不引起子宫内膜形态变化（子宫内膜腔上皮的高度和子宫内膜腺上皮分泌囊的形态），这可能与雌激素过多有关（Long 等，1992）。饲喂含有 22.1 mg/kg 玉米赤霉烯酮日粮，引起种母猪黄体数减少、卵巢重量减轻、存活胚胎数减少、分娩死仔数和流产次数上升（Kordic 等，1992）。

摄入玉米赤霉烯酮母猪所产仔猪的外生殖器和子宫肥大。曾接触过毒素的母猪奶中含有玉米赤霉烯酮和它的代谢物，α 和 β 玉米赤霉烯酮，它们会对仔猪产生雌激素作用（Dacasto 等，1995；Palyusik 等，1980）。已报道并经实验证实，猪群围产期雌激素分泌过多综合征包括受孕率降低，屡配不孕母猪增加，一窝仔数减少和死胎数增加。新生后备母猪的临床症状为外阴和乳头肿胀，会阴部、下腹和脐水肿性浸润，经常伴有乳头渗出性结痂炎和坏死。曾报道仔猪腿外展和震颤增加。雌激素分泌过多引起的损伤包括卵巢和子宫增大，卵巢中出现成熟卵泡，子宫内膜腺增生和阴道上皮增生（Vanyi 等，1994）。从母猪妊娠 30 d 到仔猪断奶期间给母猪饲喂含有 2 mg/kg 玉米赤霉烯酮的日粮，不影响猪的生殖功能。在 21 日龄时雌激素对可观察到仔猪的睾丸，子宫和卵巢的重量有影响，但并不影响以后的繁殖功能（Yang 等，1995）。

公猪接触玉米赤霉烯酮后包皮增大，青年公猪性欲降低，睾丸变小，但成年公猪不受 200 mg/kg 高浓度玉米赤霉烯酮的影响（Ruhr 等，1983；Young 和 King，1983）。

诊断

Diagnosis

玉米赤霉烯酮中毒的鉴别诊断应包括雌激素饲料添加剂和天然雌激素如成熟苜蓿内的拟雌内酯。首先分析可疑玉米饲料中是否含有玉米赤霉烯酮,然后再分析其他雌激素。休情期或重配种期的饲料样品不能代表引发问题被污染的饲料。玉米赤霉烯酮对不同类型猪的作用的总结参见表69.4。

表 69.4 猪对霉菌毒素的临床反应

毒素名称	猪的种类	日粮水平	临床反应
黄曲霉毒素	生长-育肥猪	1)<100 μg/kg	1)没有临床反应
	种母猪和后备母猪	2)200~400 μg/kg	2)生长受阻和饲料利用率降低;可能有免疫抑制作用;轻度肝显微损伤
		3)400~800 μg/kg	3)肝显微损伤、胆管肝炎;血清肝酶升高;免疫抑制
		4)800~1 200 μg/kg	生长受阻,采食量减少;被毛粗糙;黄疸;低蛋白血症
		5)>2 000 μg/kg	急性肝病和凝血病;动物在 3~10 d 死亡
		6)400~800 μg/kg	原则上无反应;分娩正常仔猪,但仔猪因乳中含有黄曲霉毒素生长缓慢
赭曲霉毒素和橘霉素	育肥猪	1)200 μg/kg	1)屠宰时可见轻微肾脏损伤;增重下降
	经产母猪和后备母猪	2)1 000 μg/kg	2)烦渴;生长受阻;氮血症和糖尿
		3)4 000 μg/kg	3)尿频和烦渴
		4)3~9 mg/kg	4)饲喂的第一个月怀孕正常
单端孢霉素类烯 T2 毒素和 DAS	生长-育肥猪	1)1 mg/kg	1)无临床反应
		2)3 mg/kg	2)采食量减少
		3)10 mg/kg	3)采食量减少;口腔/皮肤受刺激;免疫抑制
		4)20 mg/kg	4)完全拒食;呕吐
脱氧雪腐镰孢烯醇(DON,催吐素)	生长-育肥猪	1)1< mg/kg	1)没有临床反应;含量>0.5 mg/kg 时采食量轻微下降(10%)
		2)2~8 mg/kg	2)采食量降低 25%~50%;产生味觉厌恶。有限而多变的免疫抑制——体液及细胞介导;偶见死胎报道
		3)10 mg/kg	3)完全拒食
玉米赤霉烯酮	初情期前后备母猪	1)1~3 mg/kg	1)发情;外阴阴道炎、脱垂
	未孕母猪和后备母猪	2)3~10 mg/kg	2)持久黄体;不发情;假孕
	妊娠母猪	3)>30 mg/kg	3)交配后饲喂 1~3 周出现早期胚胎死亡
	成年公猪	4)200 mg/kg	4)对繁殖力无影响
麦角	各种猪群	1)0.1%	1)增重下降
	妊娠最后 3 个月的母猪	2)0.3%或>3 mg/kg 麦角碱	2)采食量降低,无乳;新生仔猪初生体重下降,甚至饿死
		3)1.0%	3)耳部、尾部、脚等发生坏疽
烟曲霉毒素	各种猪群	1)25 mg/kg	1)轻微的临床化学变化(激活蛋白和过敏血清增加)
		2)50~75 mg/kg	2)采食量轻微下降,可能引起轻微的肝功能障碍
		3)75~100 mg/kg	3)采食量下降,体重增加缓慢,以及以黄疸、胆红素和 γ-谷氨酰转移酶增加为特征的肝功能障碍
		4)>100 mg/kg	4)3~5 d 后出现急性肺水肿,存活者发展为肝机能障碍

治疗
Treatment

玉米赤霉烯酮中毒的治疗取决于毒作用的性质,猪年龄和繁殖状况。清除含毒素的饲料,初情期前后备母猪的中毒症状可在 3～7 d 消失。有必要采取药物和手术治疗阴道和直肠脱垂。对于正处于休情期的成熟未孕母猪,一次给予 10 mg 剂量的前列腺素 $F_{2\alpha}$($PGF_{2\alpha}$)或者连续给两天(每天 5 mg)有助于清除滞留黄体(B. N. Day,personal communication;Green 等,1990)。

预防
Prevention

实验证明,脱水苜蓿对玉米赤霉烯酮所导致的青年猪子宫增大症有若干预防功效(James 和 Smith,1982),但猪日粮中添加高浓度(＞20％)苜蓿是不切实际的。活性炭或消胆胺已经被应用到 2％活体外胃肠道模式系统,用来估计它对玉米赤霉烯酮的结合作用。活性炭可以使玉米赤霉烯酮的吸收从 32％降为 5％,消胆胺可以使其从 32％降为 16％(Avantaggiato 等,2004)。如果喂养实验有效的话,那么由活性炭引起吸收的显著降低对受污染的谷物是很有价值的。

麦角
ERGOT

麦角,麦角菌(*Claviceps purpurea*),是一种寄生性霉菌,感染禾谷类作物的籽实特别是黑麦、燕麦和小麦。霉菌侵入作物子房,形成黑色细长形的菌核(硬粒),其产生的生物碱可引起坏疽和生殖障碍。主要有毒生物碱包括麦角胺、麦角毒碱和麦角新碱。一般麦角总生物碱的含量占麦角菌硬粒重量的 0.2％～0.6％。美国农业部制定的谷物麦角允许量为 0.3％(Christensen 和 Kaufmann,1965)。

坏疽性麦角中毒是血管收缩和内皮损伤联合作用的结果,可导致附件长期缺血最终导致坏疽。由于静脉管和淋巴管灌注未受损,因此坏疽是"干性的"。中毒症状可在数天或数周内出现,包括精神沉郁,采食量减少,脉搏和呼吸加快,全身状况不佳。有可能发生跛行,通常是后腿,严重者尾

巴、耳朵和蹄坏死及腐肉脱离。寒冷气候可使病情加重。架子猪日粮中含 0.1％低浓度的麦角,可引起增重降低,较高浓度的麦角(3.0％)则可导致饲料耗损和动物生长缓慢(Roers 等,1974)。

来自于麦角菌的麦角碱通过刺激 D_2DA 受体,持续影响仔猪生产力;饲喂麦角菌核会导致怀孕母猪催乳素抑制及无乳。仔猪出生时健康,但是因母猪无乳而饿死(Whitacre 和 Threlfall,1981)。在妊娠期给怀孕青年母猪饲喂含 0.3％或 1％麦角菌核的饲料,可导致新生仔猪出生体重下降,存活率降低及增重缓慢。妊娠期和泌乳期日粮含 0.3％菌核会造成 50％的初产母猪发生无乳症(Nordskog 和 Clark,1945)。最近,Kopinski 等(2008)对之前工作进行了进一步研究,显示在母猪分娩前 6～10 d,对其饲喂日粮中含有高达 1.5％麦角菌菌核的饲料(相当于 7 mg/kg 麦角碱),可导致无乳及 87％的仔猪死亡。血液中催乳素减少。作者建议多产母猪日粮中不得多于 0.3％的麦角或 1 mg/kg 麦角碱,而初产母猪日粮中不得多于 0.1％麦角或应完全避免含有麦角。

鉴别诊断及治疗
Differential Diagnosis and Treatment

鉴别诊断应包括玉米赤霉烯酮或其他雌激素因素、细菌感染和乳房炎、子宫炎、无乳综合征。如果临床症状显示有麦角中毒,应检查谷物中是否含有大量的麦角菌硬粒。对于磨成粉的或经加工处理的饲料,有必要进行饲料镜检和麦角碱化学分析以进一步确诊。

清除坏疽组织和进行局部治疗,使用广谱抗生素控制继发性感染。更换饲料后的 2 周内,坏疽可得到缓解。当无乳症发生时,可在更换饲料后 3～7 d 恢复泌乳,在此期间,给仔猪补饲营养品和乳替代品。对马进行治疗时,胃肠外使用 D_2DA 拮抗剂多潘立酮对于预防由麦角碱引起的无乳症有效,但是此疗法在猪中尚未被证实。

烟曲霉毒素
FUMONISINS

念珠镰孢霉(Fusarium moniliforme)和增生镰孢霉(Fproliferatum)普遍存在于世界各地的白

玉 米 和 黄 玉 米 中（Bezuidenhoudt 等，1988；Gelderblom 等，1988）。最近，这些霉菌被鉴定为烟曲霉毒素的来源。猪摄烟曲霉毒素后引起猪肺水肿病（PPE）。中等干燥后持续雨季或高湿度条件下，玉米可产生烟曲霉毒素（P. Nelson，个人通讯）。被烟曲霉毒素污染的玉米筛出物是烟曲霉毒素 的 主 要 来 源（Harrison 等，1990；Osweiler 等，1992；Ross 等，1991，1992）。

玉米中的烟曲霉毒素通常是烟曲霉毒素 B_1（FB_1）、烟曲霉毒素 B_2（FB_2）和烟曲霉毒素 B_3（FB_3）。它们溶于水，耐热，是具有一个末端氨基和两个三羧酸侧链的耐碱脂肪烃（Steyn，1995）。FB_1、FB_2 的毒性近似（P. F. Ross，个人通讯），而 FB_3 基本对猪无毒力（G. D. Osweiler，未发表数据）。

作用机制及毒性
Mechanism of Action and Toxicity

口服后动物吸收烟曲霉毒素较少（消化量的 $3\%\sim6\%$），一旦吸收，可快速通过胆汁和尿液排出（Prelusky 等，1994）。烟曲霉毒素抑制酶介导的二氢鞘氨醇与鞘氨醇（神经胺）之间转换，从而使二氢鞘氨醇/鞘氨醇（SA/SO）的比率升高并可能干扰细胞周期控制和细胞功能（Vos 等，2007）。FB_1 可影响几种细胞信号蛋白，包括蛋白激酶 C（PKC）、丝氨酸/苏氨酸激酶以及与之相关的许多信号转导通路，如细胞因子诱导，致癌作用和凋亡作用（Gopee 和 Sharama，2004）。FB_1 也可抑制神经酰氨合酶，该酶是猪升主动脉阻抗谱神经鞘脂类信号通路的一员，可致心肌 L 型钙通道抑制、心脏收缩能力下降、系统性动脉压减缓、心率降低以及肺动脉压升高，从而导致左心衰、大面积肺水肿和胸腔积水（Constable 等，2003；Smith 等，2000）。Zomborszky-Kovacs 等（2002）报道说，连续饲喂低浓度的 FB_1 8 周后导致猪发生慢性肺结缔组织增生，主要发生于胸膜下、肺的小叶间结缔组织、支气管和细支气管周围。

连续 $4\sim10$ d 饲喂高于 120 mg/kg 的烟曲霉毒素日粮，可导致猪急性肺水肿（Colvin 等，1993；Haschek 等，1992；Osweiler 等，1992）。在 $7\sim10$ d 存活的猪可发生亚急性肝中毒。猪饲喂含烟曲霉毒素高于 50 mg/kg 的日粮 $7\sim10$ d 后，可引起肝

机能障碍。尽管低于 25 mg/kg 不引起明显临床症状；饲喂含量为 23 mg/kg 的日粮的猪，组织病理学可见肝轻度损伤。人工饲喂含 5 mg/kg 烟曲霉毒素的日粮，可改变猪血清中 SA/SO 的比率，但这种变化与临床的关系尚不清楚（Moetlin 等，1994；Riley 等，1993）。有人评价过烟曲霉毒素与黄曲霉毒素、DON 的潜在互作关系。发现黄曲霉毒素和烟曲霉毒素共同饲喂时，彼此可协同作用；除了胆碱酯酶和碱性磷酸酯酶参数对黄曲霉毒素类与 FB_1 具有增效反应外，黄曲霉毒素类和烟曲霉毒素对其他参数均具有相加作用（Harvey 等，1995a）。FB_1 和 DON 合用对大多数参数具有相加作用，但对于体重、增重、肝重、平均血红细胞浓度作用呈强于加性效应（greater-than-additive）方式（Harvey 等，1996）。

临床症状及损伤
Clinical Signs and Lesions

日粮中烟曲霉毒素的浓度高于 120 mg/kg 时，可引起动物急性间质性肺水肿和胸膜腔积水，其发病率高达 50%，病畜死亡率达 $50\%\sim90\%$。最初症状为嗜睡、不安、精神沉郁和皮肤充血，迅速发展为轻度流涎、呼吸困难、张口呼吸、后躯虚弱、斜卧和湿性罗音，继而发绀、衰弱和死亡。连续 $4\sim7$ d 摄取烟曲霉毒素后，开始出现初期症状（Colvin 和 Harrison，1992；Osweiler 等，1992）。上述症状一旦出现后，动物通常在 $2\sim4$ h 死亡。存活动物可能出现肝脏疾病。饲喂 $75\sim100$ mg/kg 浓度的烟曲霉毒素 $1\sim3$ 周后，动物可出现黄疸、厌食、健康状况不良和体重减轻，无肺气肿症状出现（Osweiler 等，1993）。

血清化学分析显示 γ-谷氨酰转移酶（GGT）、天冬氨酸转氨酶（AST）、碱性磷酸酯酶（ALP）、乳酸酯脱氢酶（LDH）、胆固醇和胆红素的浓度升高。早期血清酶和胆固醇增加，继而 γ-谷氨酰转移酶和血清胆红素增加，并伴有临床黄疸（Colvin 等，1993；Osweiler 等，1992）。

现有的证据表明烟曲霉毒素可造成猪中度免疫抑制。曾有一研究表明，毒素可导致猪淋巴母细胞减少和对伪狂犬病疫苗效价反应延迟（Osweiler 等，1993）。其他人也曾报道淋巴母细胞转化减少（Harvey 等，1995a，1996）。Tornyos 等

(2003)。饲喂猪高剂量(100 mg/头·d)8 d)或低浓度(1,5 和 10 mg/kg 3~4 mol/L)FB$_1$ 后,再接种灭活奥叶兹基氏病病毒(Aujeszky's disease)疫苗。通过非特异性淋巴细胞刺激试验(LST)或体液免疫应答(中和抗体滴度)检测,未发现特征性改变。他们得出结论:FB$_1$ 对体液和细胞特异/非特异免疫反应无明显影响。

猪肺水肿病特征性损伤是肺水肿和胸膜腔积水,后者由 200~350 mL 的清晰、无细胞、浅黄色胸渗出液形成。肺沉重、潮湿并伴有小叶间水肿导致的 3~10 mm 宽缝。细支气管、支气管和气管相对清晰,伴有轻微肺泡水肿(Colvin 等,1993;Haschek 等,1992;Moetlin 等,1994;Osweiler 等,1992;Palyusik 和 Moran,1994)。发现肺泡和小叶间的淋巴管中有嗜酸性纤维状物存在,可能有玻璃样肺泡毛细血管血栓。据报道,通过电子显微镜可以观察到肺血管内充满嗜锇酸物质的巨噬细胞数量增加,是因为其吞噬受损细胞碎片造成。亚急性烟曲霉毒素猪出现胰坏死和肝组织结构杂乱、机能障碍、肝细胞有丝分裂图像增加、肝单细胞坏死等现象(Haschek 等,1992)。慢性中毒的猪显微镜下可见:肝增生结节、小肺动脉中度肥大。

急性症状出现后的 1~4 d 常常发生流产,可能是由于母猪严重肺水肿导致胎儿缺氧而造成的(Becker 等,1995;Osweiler 等,1992)。在妊娠期最后 30 d 饲喂含有 100 mg/kg FB$_1$ 的饲料不引起肺水肿,也不会引起猪流产、畸胎或母猪再孕(G. D. Osweiler,未发表资料)。

诊断
Diagnosis

当出现急性呼吸窘迫临床症状并伴有高死亡率,以及有间质性肺水肿和胸膜腔积水等病理变化,提示可能发生烟曲霉毒素中毒。病畜曾有饲喂玉米筛出物或劣质玉米的病史具有典型诊断价值,可见血清化学变化和血清二氢鞘氨醇/鞘氨醇比率升高,并于开始接触毒素后 4~7 d 肝酶浓度通常急剧达峰,如果继续接触亚致死剂量的毒素,胆红素和 γ-谷氨酰转移酶将在 1~2 周持续升高。血清二氢鞘氨醇/鞘氨醇比率可灵敏反应烟曲霉毒素摄入,为其特有指示(Riley 等,1993;

Moetlin 等,1994)。然而,目前这种测定方法不能广泛应用。目前烟曲霉毒素是许多兽医诊断和商业性实验室能对玉米和饲料的常规检测项目,但常规化学分析方法尚不能检测出组织中的烟曲霉毒素,因为烟曲霉毒素的代谢速度快、排泄率尚不清楚(Prelusky 等,1994a)。

治疗和管理
Treatment and Management

对于毒素本身没有解毒药。烈性的大面积猪肺水肿病变不容得采用有效的对症和支持疗法。由于接触烟曲霉毒素后数天或数周才出现临床症状,因此口服解毒药通常是无用的。采取适当的支持疗法可以减轻烟曲霉毒素中毒引起的肝损伤。

最近,Fernandez-Surumay 等(2005)发现烟曲霉毒素与葡萄糖结合后可有效降低病畜临床症状、病变的发生及生化指标的改变。这一发现可用于开发大规模霉变饲料的去毒素技术,此技术正处于评估阶段。

分析玉米或饲料中的烟曲霉毒素能确定毒素的来源,并帮助评估某一特定饲料的危险度(Ross 等,1991)。应清除被污染的玉米,检测优质谷物以确定其中烟曲霉毒素达到安全水平。

烟曲霉毒素是人类和动物潜在的致癌物,政府可能会强制其在食材中限制范围。目前 FDA 规定猪直接食用的玉米中烟曲霉毒素浓度应低于 20 mg/kg,含一半玉米的饲料中烟曲霉毒素浓度应低于 10 mg/kg(Federal Register,2001)。

霉菌及霉菌毒素的预防及管理
PREVENTION AND MANAGEMENT OF MOLD AND MYCOTOXIN PROBLEMS

当发生霉菌毒素中毒或怀疑是霉菌毒素中毒时,首先采取的措施应是更换饲料来源。即使霉菌毒素的种类尚不能确定,这项措施也是有益的。全面检查谷物仓库、混合设备和饲料槽,可发现结块、发霉或霉臭。应清除所有被污染的饲料并清洗设备。另外,应使用稀释的次氯酸盐溶液(洗衣用漂白粉)冲洗墙壁和容器以减少污染的霉菌量。

对饲料及饲料制品取代表性样本检测霉菌毒

素。尽管仅靠孢子计数或霉菌培养方法不能确诊霉菌毒素,但其可指示霉菌毒素产生的可能性。

如果贮藏条件很差或谷物湿度太高,使用霉菌抑制剂(丙酸盐或钙)可有效减少或延迟霉菌的生长。需要注意的是,霉菌抑制剂并不能破坏已经形成的毒素。

通常使用清洁的谷物稀释被霉菌污染的谷物,以达到降低霉菌毒素的作用。对于任何霉菌毒素问题,稀释法最初可以减少动物对霉菌的接触,但是还应采取措施以预防潮湿或已污染的谷物产生新的霉菌和污染。

因为霉菌毒素作用可能会延迟,谨慎做法应该是取每批混合料代表性样品保留至猪上市或至少使用该饲料饲喂 1 个月后。

饲料或谷物样品应对全部供给具有代表性。具有代表性样品最好的获取方法如下:待饲料粉碎和混合后,不时地通过转动着的流动式螺旋输送机,再将其充分混合,并留样 4.5 kg(10 磅)用于分析(Davis 等,1980)。

含水量高的样品应干燥至湿度 12% 或冷冻贮藏。需要长期贮藏的样品建议用纸袋包装并标明取样日期和饲料或谷物的来源,样品应保存在干燥、清洁的地方。

霉菌毒素对于养猪者(猪场主)和兽医是一个严峻的挑战。诊断有时较困难,而实践中又缺乏有效的治疗方法。一个合理而且实用的预防方案应成为每个养猪管理系统的一部分。

（白玉译,刘进校）

参考文献
REFERENCES

Accensi F, Pinton P, Callu P, et al. 2006. J Anim Sci 84: 1935–1942.

Allcroft R. 1969. Aflatoxicosis in farm animals. In LA Goldblatt, ed. Aflatoxin. New York: Academic Press, pp. 237–264.

Armbrecht BH, Wiseman HG, Shalkopf T. 1972. Environ Physiol Biochem 2:77–85.

Avantaggiato G, Havenaar R, Visconti A. 2003. Food Chem Toxicol 41(10):1283–1290.

Avantaggiato G, Havenaar R, Visconti A. 2004 Food Chem Toxicol 42:817–824.

Bauer J. 1995. Dtsch Tierarztl Wochenschr 102:50–52.

Becker BA, Pace L, Rottinghaus GE, et al. 1995. Am J Vet Res 56: 1253–1258.

Bennett JW, Klich M. 2003. Mycotoxins. Clin Microbiol Rev 16: 497–516.

Bergsjo B, Langseth W, Nafstad I, et al. 1993. Vet Res Commun 17:283–294.

Bergsjo B, Matre T, Nafstad I. 1992. Zentralbl Veterinärmed A 39: 752–758.

Berthiller F, Asta DC, Schuhmacher R, et al. 2005. J Agric Food Chem 53:3421–3425.

Bezuidenhoudt SC, Wentzel A, Gelderblom WCA. 1988. J Chem Soc Chem Commun 1:743–745.

Biro K, Barna-Vetro I, Pecsi T, et al. 2003. Theriogenology 60: 199–207.

Bondy GS, Pestka JJ. 2000. J Toxicol Environ Health B Crit Rev 3: 109–143.

Carlton WW, Krogh P. 1979. Ochratoxins: A review. In Conference on Mycotoxins in Animal Feeds and Grains Related to Animal Health. Springfield, VA: National Technical Information Service, pp. 165–287.

Christensen CM, Kaufmann HH. 1965. Annu Rev Phytopathol 3:69–84.

Coffey MT, Hagler WM, Cullen JM. 1989. J Anim Sci 67: 465–472.

Colvin BM, Cooley AJ, Beaver RW. 1993. J Vet Diagn Invest 5: 232–241.

Colvin BM, Harrison LR. 1992. Mycopathologia 117:79–82.

Constable PD, Smith GW, Rottinghaus GE, et al. 2003. Am J Physiol Heart Circ Physiol 284:H2034–H2044.

Cook WO, Osweiler GD, Anderson TD, Richard JL. 1986. J Am Vet Med Assoc 188:1399–1402.

Cook WO, Van Alstine WG, Osweiler GD. 1989. J Am Vet Med Assoc 194:554–558.

Coppock RW, Christian RG. 2007. Aflatoxins. In RC Gupta, ed. Veterinary Toxicology: Basic and Clinical Principles. New York: Elsevier, pp. 939–950.

Council for Agricultural Science and Technology (CAST). 2003. Mycotoxins: Risks in Plant, Animal, and Human Systems. Task Force Report 139. Ames, IA: Council for Agricultural Science and Technology.

Cullen JM, Newberne PM. 1994. Acute hepatotoxicity of aflatoxins. In DL Eaton, JD Groopman, eds. The Toxicology of Aflatoxins. Human Health, Veterinary, and Agricultural Significance. Toronto, Ontario: Academic Press, pp. 2–26.

Dacasto M, Rolando P, Nachtmann C, et al. 1995. Vet Hum Toxicol 37:359–361.

Dänicke S, Beineke A, Goyarts T, et al. 2008. Arch Anim Nutr 62:263–286.

Davis ND, Dickens JW, Freie JW, et al. 1980. J Assoc Off Anal Chem 63:95–102.

Diaz-Llano G, Smith TK. 2006. J Anim Sci 84:2361–2366.

Díaz-Llano G, Smith TK, Boermans HJ, et al. 2010. J Anim Sci 88:998–1008.

——. 2007. J Anim Sci 85:1412–1423.

Diekman MA, Green ML. 1992. J Anim Sci 70:1615–1627.

Diekman MA, Long GG. 1989. Am J Vet Res 50:1224–1227.

Dilkin P, Zorzete P, Mallmann CA, et al. 2003. Food Chem Toxicol 41:1345–1353.

Doll S, Danicke S, Ueberschar KH, et al. 2003. Arch Tierernahr 57: 311–334.

Doll S, Danicke S, Valenta H. 2008. Mol Nutr Food Res 52: 727–735.

Doll S, Goyarts T, Tiemann U, Danicke S. 2007. Arch Anim Nutr 61:247–265.

Doll S, Schrickz JA, Danicke S, Fink-Gremmels J. 2009. Toxicol Lett 190:96–105.

Dowd P. 2004. Mycopathologia 157:463.

Edwards S, Cantley TC, Rottinghaus GE, et al. 1987. Theriogenology 28:43–57.

Eriksen GS, Pettersson H, Lindberg JE. 2003. Arch Tierernahr 57:335–345.

Federal Register. 2001. Federal Register 66 (No. 218, Nov. 9, 2001). 56688–56689.

Fernández-Surumay G, Osweiler GD, Yaeger MJ, et al. 2005. J Agric Food Chem 18:4264–4271.

Frankic T, Salobir J, Rezar V. 2008. Anim Feed Sci Technol 141:274–286.

Gelderblom WC, Jaskiewicz K, Marasas WF, et al. 1988. Appl Environ Microbiol 54(7):1806–1811.

Gopee NV, Sharma RP. 2004. Life Sci 74:1541–1559.

Goyarts T, Danicke S, Valenta H, Ueberschar KH. 2007. Food Addit Contam 24:369–380.

Green ML, Diekman MA, Malayer JR, Scheidt AB, Long GG. 1990. J Anim Sci 68:171–178.

Harrison LR, Colvin BM, Green JT, et al. 1990. J Vet Diagn Invest 2:217–221.

Harvey RB, Edrington TS, Kubena LF, Corrier DE, Elissalde MH. 1995b. J Vet Diagn Invest 7:374–379.

Harvey RB, Edrington TS, Kubena LF, Elissalde MH, Casper HH, Rottinghaus GE, Turk JR. 1996. Am J Vet Res 57:1790–1794.

Harvey RB, Edrington TS, Kubena LF, et al. 1995a. Am J Vet Res 56:1668–1672.

Harvey RB, Huff WE, Kubena LF, Phillips TD. 1989a. Am J Vet Res 50:1400–1404.

Harvey RB, Huff WE, Kubena LF, et al. 1988. Am J Vet Res 49:482–487.

Harvey RB, Kubena LF, Huff WE, et al. 1989b. Am J Vet Res 50:602–607.

Harvey RB, Kubena LF, Phillips TD, Huff WE, Corrier DE. 1989c. Am J Vet Res 50:416–420.

Haschek WM, Moetlin G, Ness DK, Harlin KS, Hall WF, Vesonder RF, Peterson RE, Beasley VR. 1992. Mycopathologia 117:83–96.

House JD, Nyachoti CM, Abramson D. 2003. J Agric Food Chem 51:5172–5175.

Huessner AH, O'Brien E, Dietrich DR. 2002. Exp Toxicol Pathol 54:151–159.

James LJ, Smith TK. 1982. J Anim Sci 55:110–117.

Juszkiewicz T, Piskorska M, Pliszczynska J. 1992. J Environ Pathol Toxicol Oncol 11:211–215.

Kopinski JS, Blaney BJ, Murray SA, Downing JA. 2008. J Anim Physiol Anim Nutr 92:554–561.

Kordic B, Pribicevic S, Muntanola-Cvetkovic M, Mikolic P, Nikolic B. 1992. J Environ Pathol Toxicol Oncol 11:53–55.

Long GG, Diekman MA, Tuite JF, et al. 1983. Vet Res Commun 6:199–204.

Long GG, Turek J, Diekman MA, Scheidt AB. 1992. Vet Pathol 29:60–67.

Lun AK, Young LG, Lumsden JH. 1985. J Anim Sci 61:1178–1185.

Marin DE, TaranuI BRP, et al. 2002. J Anim Sci 80:1250–1257.

Marquardt RR, Frohlich AA. 1992. J Anim Sci 70:3968–3976.

McKnight CR, Armstrong WD, Hagler WM, Jones EE. 1983. J Anim Sci 55(Suppl 1):104.

Meissonier GM, Raymond I, Laffitte J, et al. 2009. World Mycotox J 2:161–172.

Meyer K, Usleber E, Martlbauer E, Bauer J. 2000. Berl Munch Tierarztl Wochenschr 113:374–379.

Mocchegiani E, Corradi A, Santarelli L, et al. 1998. Vet Immunol Immunopathol 62:245–260.

Moetlin GK, Haschek WM, Ness DK, et al. 1994. Mycopathologia 126:27–40.

Mostrom MS, Raisbeck MF. 2007. Trichothecenes. In RC Gupta, ed. Veterinary Toxicology: Basic and Clinical Principles. New York: Elsevier, pp. 939–950.

Nordskog AW, Clark RT. 1945. Am J Vet Res 6:107–116.

Obremski K, Gajecki M, Zwierzchowski W, et al. 2003. Pol J Vet Sci 6:239–245.

Osweiler GD. 2000. Mycotoxins. Vet Clin North Am Food Anim Pract 15:33–46.

Osweiler GD, Carson TL, Buck WB, Van Gelder GA. 1985. Mycotoxicoses. In Clinical and Diagnostic Veterinary Toxicology, 3rd ed. Dubuque, IA: Kendall Hunt, pp. 409–442.

Osweiler GD, Hopper DL, Debey BM. 1990. J Anim Sci 68 (Suppl 1):403.

Osweiler GD, Ross PF, Wilson TM, et al. 1992. J Vet Diagn Invest 4:53–59.

Osweiler GD, Schwartz KJ, Roth JR. 1993. Effect of fumonisin contaminated corn on growth and immune function in swine. (Abstract) Midwestern Sec, Am Soc Anim Sci. Mar 30, Des Moines, IA.

Palyusik M, Harrach B, Mirocha CJ, Pathre SV. 1980. Acta Vet Acad Sci Hung 28:217–222.

Palyusik M, Moran EM. 1994. J Environ Pathol Toxicol Oncol 13:63–66.

Panangala VS, Giambrone JJ, Diener UL, et al. 1986. Am J Vet Res 47:2062–2067.

Pfohl-Leszkowicz A, Manderville RA. 2007. Mol Nutr Food Res 51:61–99.

Phillips TD, Lemke SL, Grant PG. 2002. Characterization of clay-based enterosorbents for the prevention of aflatoxicosis. In JW DeVries, MW Trucksess, LS Jackson, eds. Mycotoxins & Food Safety. New York: Klewer Academic/Plenum Publishers, pp. 157–171.

Pier AC. 1981. Adv Vet Sci Comp Med 25:185–243.

Pinton P, Accensi F, Beauchamp E. 2008. Toxicol Lett 177 3:215–222.

Pollman DS, Koch BA, Seitz LM. 1985. J Anim Sci 60:239–247.

Prandini A, Silogo S, Filippi L, et al. 2009. Food Chem Toxicol 47:927–931.

Prelusky DB. 1993. J Environ Sci Health B 28:731–761.

——. 1994. J Environ Sci Health B 29:1203–1218.

——. 1996. J Environ Sci Health B 31:1103–1117.

——. 1997. Nat Toxins 5:121–125.

Prelusky DB, Gerdes RG, Underhill KL, et al. 1994. Nat Toxins 2:97–104.

Prelusky DB, Trenholm HL. 1993. Nat Toxins 1:296–302.

Rainey MR, Tubbs RC, Bennett LW, Cox NM. 1990. J Anim Sci 68:2015–2022.

Riley RT, An NH, Showker JL, et al. 1993. Toxicol Appl Pharmacol 118:105–112.

Riley RT, Petska JJ. 2005. Mycotoxins: Metabolism, mechanisms and biochemical markers. In DE Diaz, ed. The Mycotoxin Blue Book. Nottingham: Nottingham University Press, pp. 279–294.

Roers JE, Harrold RI, Haugse CN, Vinusson WE. 1974. Barley rations for baby pigs. Farm Research Nov-Dec, North Dakota Agricultural Experiment Station.

Ross PF, Rice LG, Osweiler GD. 1992. Mycopathologia 117:109–114.

Ross PF, Rice LG, Plattner RD, et al. 1991. Mycopathologia 114:129–135.

Rotter BA, Prelusky DB, Pestka JJ. 1996. J Toxicol Environ Health 48:1–34.

Rotter BA, Thompson BK, Lessard M, et al. 1994. Fundam Appl Toxicol 23:117–124.

Ruhr LP, Osweiler GD, Foley CW. 1983. Am J Vet Res 44:483–485.

Rustemeyer SM, Lamberson WR, Ledoux DR, et al. 2010. J Anim Sci V1:2663.

Schell TC, Lindemann MD, Kornegay ET, Blodgett DJ. 1993. J Anim Sci 71:1209–1218.

Silvotti L, Petterino C, Bonomi A, Cabassi E. 1997. Vet Rec 141:469–472.

Smith GW, Constable PD, Eppley RM, et al. 2000. Toxicol Sci 56:240–249.

Steyn PS. 1995. Toxicol Lett 82–83:843–851.

Stoev SD, Goundasheva D, Mirtcheva T. 2000. Exp Toxicol Pathol 52:287–296.

Swamy HV, Smith TK, MacDonald EJ. 2004. J Anim Sci 82:2131–2139.

Swamy HV, Smith TK, MacDonald EJ, et al. 2002. J Anim Sci 80:3257–3267.

——. 2003. J Anim Sci 81:2792–2803.

Szczech GM, Carlton WW, Tuite J, Caldwell R. 1973. Vet Pathol 10:347–364.

Tiemann U, Brussow KP, Jonas L, et al. 2006. J Anim Sci 84:236–245.

Tornyos G, Kovacs M, Rusvai M, et al. 2003. Acta Vet Hung 51:171–179.

Trenholm HL, Hamilton RMG, Friend DW, et al. 1984. J Am Vet Med Assoc 185:527–531.

Trucksess MW, Stoloff L, Brumley WC, et al. 1982. J Assoc Off Anal Chem 65:884–887.

Vanyi A, Bata A, Glavits R, Kovacs F. 1994. Acta Vet Hung 42:433–446.

Vos KA, Smith GW, Haschek WM. 2007. Anim Feed Sci Technol 137:299–325.

Whitacre MD, Threlfall WR. 1981. Am J Vet Res 42:1538–1541.

Wilson DM, Abramson D. 1992. Mycotoxins. In DB Sauer, ed. Storage of Cereal Grains and Their Products. St. Paul, MN: American Association of Cereal Chemists, pp. 341–389.

Wu F, Munkvold GP. 2008. J Agric Food Chem 56:3900–3911.

Yang HH, Aulerich RJ, Helferich W, et al. 1995. J Appl Toxicol 15:223–232.

Young LG, King GJ. 1983. J Anim Sci 57(Suppl 1):313–314.

Young LG, McGirr L, Valli VE, et al. 1983. J Anim Sci 57: 655–664.

Zhou B, Lin Y, Gillespie J, et al. 2007. J Agric Food Chem 55:10141–10149.

Zomborszky-Kovács M, Vetési F, Horn P, et al. 2002. J Vet Med B Infect Dis Vet Public Health V49(4):197–201.

70 有毒矿物质、化学物质、植物和气体
Toxic Minerals，Chemicals，Plants and Gases
Steve M. Ensley 和 Gary D. Osweiler

虽然现代设备的改进及配合日粮、饲养管理的改善已经降低了散养猪中毒的危害性，但猪中毒性疾病仍时有发生。由于环境、饲料或管理措施等方面问题所造成的猪中毒疾病的发生，常可以作为猪病鉴别诊断的依据。下面总结讨论猪可能接触的毒物对猪的影响。

微量矿物质
ESSENTIAL MINERALS

绝大多数猪的配合饲料中均添加适量微量元素。然而由于各种原因，有时有意地超量添加一些微量矿物质，它们主要包括铜（Cu）、硒（Se），偶而有铁（Fe）和锌（Zn）。这些矿物质浓缩预混料的使用增加了意外饲喂高浓度、潜在中毒量元素的危险性。

铜
Copper

猪日粮中铜的需要量为 5～6 mg/kg，最大耐受量（MTL）大约是 250 mg/kg；含量在 300～500 mg/kg 可引起生长减缓和贫血。猪对铜的耐受力与日粮中铁、锌、钼和硫酸盐的含量呈正相关。如果同时补充 750 mg/kg 铁和 500 mg/kg 锌，动物食入 750 mg/kg 铜后仍表现正常。日粮中无机铜和有机铜在含量为 134 mg/kg 时对正在生长的猪发育和健康都是有益的。日粮中高含量的铜和锌对保育猪的累加作用已经被证实。250 mg/kg 硫酸铜和 0 或 3 000 mg/kg 氧化锌喂到 14 d，再同 0 或 2 000 mg/kg 氧化锌从 14 d 喂到 28 d，可提高平均日喂养效率。

猪铜的中毒可出现黄疸、贫血、血红蛋白尿和肾炎，并有伴发溶血的危险，但其中毒现象不及绵羊常见。可根据动物临床症状和采食过量铜的病史做出诊断。当肝和肾组织含铜量分别超过 250 mg/kg 和 60 mg/kg（按湿重计）时，可作为辅助诊断。

铁
Iron

猪日粮中铁的推荐量为 40～150 mg/kg，幼猪需要量更高。许多因素可影响铁的毒性。元素铁和铁氧化物相对无毒，而铁盐的毒性较大。日粮中的肌醇六磷酸盐、磷酸盐、钴、锌、铜、锰和双糖均可竞争性地抑制铁的吸收。维生素 C、山梨醇、果糖和几种氨基酸可促进铁的吸收，该作用主要是因为它们可以与柠檬酸、乳酸、丙酮酸和琥珀酸发生螯合作用所致。铁与去铁敏（desferriox-amine）形成的螯合物很难被吸收。

猪病学，第 10 版，由 Jeffrey J. Zimmerman，Locke A. Karriker ，Alejandro Ramirez，Kent J. Schwartz，Gregory W. Stevenson 主编。

在猪的日粮中以盐形式添加 1 100 mg/kg 铁导致增重下降。采食 5 000 mg/kg 可表现采食量和增重减少,同时还表现以低磷酸盐血症和骨质灰分含量降低为特征的佝偻病,在日粮中提供 0.92% 的磷亦不能预防本病。注射右旋糖酐铁可引起中毒,表现为心血管源性休克,给药后数小时内死亡,同时在注射部位、局部淋巴结、肝脏和肾脏发生色素沉着,此类急性中毒发生率有所下降。一次采食高剂量的铁盐可引起胃肠炎,然后外观恢复正常,继而经常在两天内发生虚脱和死亡。根据病史、临床症状和尸体剖检变化进行诊断,并应分析饲料和血清中铁的含量正常血 清铁含量大约为 100 mg/dL,动物中毒时此值会上升。铁中毒应与其他因素导致的佝偻病相鉴别。

注射右旋糖酐铁后数小时内可以引起心脏休克和死亡以及注射部位和局部淋巴结、肝脏、肾脏的改变。这种急性中毒的发生率正在降低。

对于铁中毒没有有效的治疗方法。在一些病例中可以选择性地使用去铁敏,纠正日粮铁不平衡。

硒
Selenium

猪的日粮中硒的推荐量为 0.1~0.3 mg/kg。以硒酸盐或亚硒酸盐形式添加硒,其允许添加量为 0.3 mg/kg。猪饲料中硒预混料的补给过量偶有发生,特别是在幼猪时期诊断出桑葚心疾病时。

当给生长猪饲喂 5~8 mg/kg 硒时,动物表现厌食、脱毛、蹄壳从冠状沟处开裂,肝、肾组织退行性病变。肝脏病变与在维生素 E、硒缺乏症所见异常相似。给种母猪饲喂 10 mg/kg 硒引起妊娠期延长和死胎或产弱仔。含硒为 10~27 mg/kg 的配方错误的饲料使生长猪出现一种麻痹性疾病,特征表现为四肢或后躯瘫痪,而猪仍保持警觉并继续饮食。病猪还表现局灶对称性脊髓灰质软化(Harrison 等,1983;Ca steel 等,1985)。

含有不同浓度硒的注射剂现在可用于治疗或预防缺硒引起的疾病。当误用高浓度制剂或错误计算推荐剂量而导致超剂量用药时,死亡率可达到 100%。注射用硒的最小致死剂量大约为 0.9 mg/kg 体重,硒缺乏猪更易中毒(Van Vleet 等,1974)。超剂量应用硒后,在 24 h 内猪表现软弱和进行性呼吸困难,继而发展为不规则性喘息和死亡。

猪硒中毒诊断可根据硒的添加史、临床症状、尸体剖检变化和动物组织和饲料的化学检测结果而得出。猪硒中毒时,其肝脏和肾脏组织中硒浓度大于 3 mg/kg(以湿重计)。

锌
Zinc

根据猪日龄、性别、不同生长阶段及其他因素,猪日粮中锌的推荐量为 50~100 mg/kg,幼猪需要量更高。浓度为 2 000 mg/kg 的锌导致生长抑制、关节炎、肌内出血、胃炎和肠炎。最大耐受量(MTL)可能低于 300 mg/kg,这可能是因为高浓度锌盐对猪的适口性差。饲喂猪 268 mg/kg 锌出现关节炎、骨和软骨变形、内出血。锌竞争性抑制铁、钙和铜的吸收。除了日粮补充外,锌的摄入量可通过电镀管、铜或塑料管饮水而增加。根据临床症状、病史以及饲料和动物组织中锌浓度检测结果进行锌中毒的诊断。正常肾脏和肝脏组织锌浓度为 25~75 mg/kg(以湿重计),中毒时增加,但是锌从动物体内排泄十分迅速。

非必需矿物质
NONESSENTIAL MINERALS
砷
Arsenic

无机砷制剂与后面讨论的饲料添加剂中所含的苯胂酸类化合物有明显区别,它用作蚂蚁诱饵、已废弃的马唐属植物落叶调控剂、除草剂和杀虫剂和一些动物疾病的治疗药物。猪对于无机砷中毒具有相对的抵抗力,亚砷酸钠对猪的致死剂量为 100~200 mg/kg,这相当于饲料中含砷 2 000~4 000 mg/kg。急性中毒临床症状表现为腹痛、呕吐、腹泻、脱水、虚脱、震颤,病畜可在数小时或数天内死亡。剖检的显著变化是脱水、出血性胃炎和肠炎,伴有黏膜脱落和水肿。诊断依据应包括病史、临床症状、尸体剖检所见及化学检测结果。肝脏和肾脏含砷达到 10 mg/kg(以湿重计)对于确诊为急性无机砷中毒有重要意义。组织损伤和脱水严重时,预后一般不良。

氟
Fluorine

　　氟中毒可见于动物饮食被附近工厂污染的水或饲料,或采食种植于高氟地区的谷物,最为常见的是摄食高氟矿物质。根据有关规定,饲料级磷酸盐其氟与磷含量的比值不能超过 1/100。为了防止氟中毒,建议猪一生饲喂的日粮中氟含量不宜超过 70 mg/kg。氟化钠用作驱蛔虫药,使用剂量为 500 mg/kg,更高的剂量会引起呕吐。急性中毒的其他症状包括腹泻、跛行、强直、虚脱和死亡。

　　由于氟中毒引起的跛行与佝偻病、支原体病和猪丹毒时所发生的跛行相似,因此慢性氟中毒很难确诊。猪正常骨氟浓度为 3 000～4 000 mg/kg,超过此浓度为氟中毒。正常尿氟浓度为 5～15 mg/kg,高于此浓度具有诊断学意义。尸体剖检可见长骨出现外出骨疣和牙齿出现釉斑。治疗时要降低日粮中氟含量,并补充含铝和钙的矿物质。

铅
Lead

　　猪对过量的铅有较强的抵抗力,因此猪铅中毒事例很少。人工给猪饲喂 35.2 mg/kg 体重铅(以醋酸盐计)90 d,尽管血铅浓度高达 290 μg/dL,仍未见因猪铅中毒而引起死亡(Lassen 和 Buck,1979)。当疑似中毒时,应对肝、肾组织做彻底检查来诊断。

汞
Mercury

　　汞可用于制造油漆、电池、纸张和杀菌剂,但是许多用途已被禁止使用。所有的汞化合物均是有毒的,但有机汞化合物对各种动物的毒性最大。汞具有蓄积性,其毒性大小取决于汞化合物的形态、剂量和接触时间的长短。猪采食有机汞杀菌剂处理过的种子就会中毒。

　　起初,中毒症状表现为胃肠炎,继而出现尿毒症和中枢神经系统功能紊乱,包括共济失调、失明、盲目运动、麻痹、昏迷直至死亡。汞中毒易与猪丹毒、猪霍乱、藜属植物和苯胂类制剂中毒相混

淆,而通过对患畜临床症状、病史、尸体 剖检所见和化学检测结果的分析则有助于做出正确的诊断。正常肝、肾组织含汞量低于 1 mg/kg,中毒后其汞浓度升高很多,汞中毒治疗效果不佳。

饲料添加剂
FEED ADDITIVES

　　药物添加剂的不良作用是很少的,基本上是由于误用或日粮配比不当造成的(Lloyd,1978)。特定药物的作用最近已详细综述(Adams,1996)。

苯胂酸类化合物
Phenylarsonic Compounds

　　苯胂酸化合物,有时被称为有机胂,曾用作猪的促生长剂及治疗猪痢疾和附红细胞体病。氨苯胂酸和罗沙胂(三硝基四羟基苯胂酸)被允许在猪日粮中使用,它们的钠盐多添加于饮水。氨苯胂酸在猪日粮中使用浓度为 50～100 mg/kg(45～90 g/t)。目前,其可用性很局限并且不希望有毒性,除非在没有标签的情况下使用。

　　猪中毒的临床症状为共济失调、后躯麻痹、失明和四肢瘫痪,在提供饲料和饮水的情况下,瘫痪动物仍可以继续生存和生长。1 000 mg/kg 对氨基苯胂酸可在数天内引起中毒临床症状,而400 mg/kg 则需要 2 周,250 mg/kg 需要 3～6 周。动物长期摄取低剂量药物会出现"鹅步"和因视神经损伤导致的失明。猪摄食大剂量药物时,例如 10 000 mg/kg,则出现类似无机砷化合物中毒的胃肠炎症状。

　　罗沙胂用作猪饲料添加剂时的允许浓度为22.7～34.1 mg/kg,或 181.5 mg/kg 添加 5～6 d。在饲料中的浓度超过 250 mg/kg 且持续3～10 d 就可以产生中毒症状。临床症状表现为尿失禁、肌肉震颤痉挛,这些都是由于罗沙胂对机体的刺激造成的。尽管没有二甲胂酸中毒表现严重,但共济失调仍可以观察到。在病情继续发展阶段,猪可出现下身瘫痪,但仍能够正常饮食和饮水。

　　临床症状和摄取含砷饲料和饮水的病史是苯胂酸类化合物中毒诊断的最基本依据。尸体剖检结果基本上没有什么意义,然而组织病理学检查则可见外周神经,尤其是坐骨神经发生脱髓鞘

现象。

由于苯肿酸类化合物在停止给药后数天内即被排泄,因此化学检测组织中特定化合物的浓度对于诊断苯肿酸中毒较为困难。然而,测定肾、肝、肌肉和饲料中的砷含量有助于诊断。肾和肝中元素砷浓度(以湿重计)超过 2 mg/kg,肌肉中超过 0.5 mg/kg 视为 As(砷)超量摄入。进一步分析饲料中特定苯肿化合物可为诊断提供更多的依据。B 族维生素,尤其是泛酸和吡哆醇缺乏时亦会引起类似的外周神经脱髓鞘作用。慢性苯肿酸类中毒表现与佝偻病相似。由于缺水症、有机汞中毒和某些病毒性疾病均主要影响中枢神经系统,它们易与苯肿酸类化合物中毒相混淆。如果能尽快地清除饲料和饮水中的砷制剂,中毒是可以逆转的。

卡巴氧
Carbadox

卡巴氧(Mecadox)作为促生长剂的添加剂量为 10～25 mg/kg,控制猪痢疾和细菌性肠炎的剂量为 50 mg/kg。当饲料中卡巴氧的浓度达 100 mg/kg 时,引起采食量减少和生长迟缓,若饲料中药物的浓度再高,则可导致动物拒食并出现呕吐。饲喂含 50 mg/kg 卡巴氧的饲料 10 周可引起肾上腺皮质球状带轻度损伤,而饲喂含 100～150 mg/kg 饲料 5 周,则可见更广泛的损伤(Van der Molen,1988)。当饲喂含 331～363 mg/kg 卡巴氧的日粮时,引起断奶仔猪拒食并表现增重减少,后躯瘫痪和硬球状粪便,动物在 7～9 d 死亡(Power 等,1989)。

地美硝唑
Dimetridazole

地美硝唑是一种抗组织滴虫药,在一些国家用于火鸡日粮及治疗和预防猪痢疾。猪日粮中含 1 500 mg/kg 并不引起中毒,但 17 000 mg/kg 则引起猪腹泻。超大剂量地美硝唑唑引起共济失调、心动过缓、呼吸困难、流涎、肌肉痉挛、衰竭直至死亡,动物或迅速死亡或快速康复。

莫能菌素和拉沙洛西(离子载体)
Monensin and Lasalocid (Ionophore)

莫能菌素通常作为牛的饲料添加剂和家禽抗球虫药,商品名为 CobanR。饲料中使用浓度,家禽应为 120 mg/kg,牛为 44 mg/kg,但一些预混剂中莫能菌素的含量可高达 440 mg/kg。猪有可能误食莫能菌素,但药物对它们的毒性不大。与硫姆林(Tiamulin)合用可增加猪莫能菌素中毒的危险度。硫姆林是一种治疗猪痢疾的抗生素。可加强莫能菌素的作用(Van Vleet 等,1987)这两种药物合用引起的猪中毒症状表现为急性大面积坏死性骨骼肌肌炎、肌红蛋白尿和急性死亡。

饲喂猪含 11～120 mg/kg 莫能菌素的饲料 112 d,不影响其饲料消耗和增重。饲喂后备母猪含 110～880 mg/kg 莫能菌素的日粮可引起短暂性厌食(持续 14 d),此后仅增重下降。莫能菌素对猪的半数致死量为 16.8 mg/kg。猪莫能菌素中毒表现为张口呼吸、口吐白沫、共济失调、嗜睡、肌无力和腹泻。这些症状在给药后 1 d 即可出现,大约可持续 3 d。给予猪 40 mg/kg 莫能菌素可引起心肌和骨骼肌坏死(Van Vleet 等,1983)。

拉沙洛西是一种聚醚类抗生素,用于提高肥育肉牛的饲料报酬和增重。给猪饲喂 2.78 mg/kg 和 21 mg/kg 剂量的拉沙洛西未出现副作用。然而 35 mg/kg 剂量的拉沙洛菌素(相当于饲料中含 1 000 mg/kg 拉沙洛西),则引起暂时性肌无力,以 58 mg/kg 剂量饲喂 1 d,导致死亡。作为饲料添加剂所添加的离子载体包括沙利霉素,标志为 Bio-Xox 或 Sacox,以及莱特洛霉素,标志为 Cattlyst。

磺胺类药物
Sulfonamides

胺类药物是防治猪病常用的一类抗菌药物,超量使用会导致结晶性肾病。由于磺胺类药适口性差,因而猪不太可能通过饮用含磺胺类药的饮水中毒。但是,饲料中药物含量过高,加上饮水不足,则可引起肾病和尿毒症。在美国唯一适用猪饲喂等级的磺胺类药为磺胺噻唑和磺胺甲嘧啶。由橘青霉素和赭曲霉毒素等肾毒性霉菌毒素引起的中毒猪易于发生磺胺类药物中毒,猪肉中磺胺类药物残留是由于饲料中不断地添加磺胺类药物而药物又没及时从动物体内排出所致。药物残留不是由中毒所引起的。

尿素和铵盐
Urea and Ammonium Salts

含非蛋白氮类化合物（如尿素和铵盐）的牛饲料也常被用来喂猪。尿素对猪相对无毒，2.5%的尿素仅引起采食量和生长速率下降，血液尿素氮（BUN）升高、烦渴和尿频。较高浓度的尿素不引起急性中毒症状。氨和铵盐对猪的毒性大，一次给予 0.25～0.5 g/kg 体重的剂量可引起中毒，0.54～1.5 g/kg 体重的剂量可致死。以生长猪每日采食量相当于其体重的 5%～10% 计算，则铵盐的推算中毒剂量和致死剂量分别为 0.25%～1%和 1.5%～3%。猪氨和铵盐中毒表现为精神沉郁、强直阵挛性惊厥，病猪在数小时内死亡或耐过康复。

雷托巴胺
Ractopamine

雷托巴胺是一种 β-2 激动剂，在猪完成刺激肌肉生长后的 6 周内可用作饲料添加剂（4.5～9 g/t 全餐）。β-2 激动剂有潜在的不良反应，包括心动过速、低血压、由于过度刺激骨骼肌 β-2 受体而导致的震颤、焦虑或坐立不安等行为变化、虚弱、昏睡、低钾血症（Rosendale，2004）。

杀虫剂
PESTICIDES：INSECTICIDES

家畜和作物的生产是在同一基地上同时进行的，这就使得猪有机会接触到农用化学物质。在这些化学物质中，具有最大潜在危害的是有机磷（OP），氨基甲酸酯类和氯代烃类杀虫剂。

当杀虫剂意外地被混入饲料中时，有可能引起猪中毒。废弃或无标签的颗粒性杀虫剂可能被误用作矿物质混合饲料或干燥的饲料原料而添加于猪饲料中。当运载饲料的农用设备又被用作杀虫剂的运输工具时，这些被杀虫剂污染的设备可导致杀虫剂被无意地混入动物饲料中。除此之外，当杀虫剂存放或散落于农舍时，猪也可能意外地接触到杀虫剂。不适当的背部摩擦物和油腻物亦给家畜接触这类杀虫剂提供了另一种来源。

在喷雾、浸泡、浇泼杀虫剂时，错误计算杀虫剂浓度可导致中毒。在数天内重复使用有机磷或氨基甲酸酯制剂处置动物也会导致中毒。

有机磷和氨基甲酸酯类杀虫剂
Organophosphorus and Carbamate Insecticides

由于有机磷和氨基甲酸酯类杀虫剂的作用机制相同，故将它们放在一起讨论。胆碱能神经以乙酰胆碱作为传递神经冲动的递质。在正常情况下，副交感神经突触和肌肉神经结点所释放的乙酰胆减很快会被胆碱酯酶水解。有机磷农药中毒所表现的临床症状是因为水解酶受到抑制，乙酰胆碱持续存在，引起持久性的神经冲动所致。一般来说，有机磷杀虫剂对酶活性的抑制作用是不可逆的，而氨基甲酸酯类所产生的抑制作用是可逆的。

有机磷和氨基甲酸酯类杀虫剂中毒所出现的临床症状的基本特点是副交感神经系统和骨骼肌受到过度刺激。急性中毒的早期临床症状通常表现为从轻度至重度的流涎、排便、排尿、呕吐、步态蹒跚和不安。随着病情的发展，会出现大量流涎；胃肠道蠕动过度导致的重度疝痛，呕吐和痉挛性腹痛；腹泻；过度流泪；出汗；瞳孔缩小；呼吸困难；发绀；尿失禁及脸部、眼睑和全身肌肉震颤。骨骼肌过度兴奋之后，随之出现的是肌肉麻痹，这主要是由于肌肉不能对持续的刺激做出反应。猪中毒时很少出现中枢神经系统兴奋现象，如果有，也仅仅是惊厥发作，最常见的中毒症状为重度中枢神经系统抑制。猪中毒通常死于呼吸道分泌物过多、支气管狭窄、心跳徐缓和不规则所引起的缺氧。严重急性中毒在几分钟内即可出现临床症状，轻者则在几小时内出现。

有机磷和氨基甲酸酯急性中毒时，一般没有特征性病变，通常可见呼吸道内有大量的液体以及肺水肿。

诊断时有机磷和氨基甲酸酯类杀虫剂的接触史以及副交感神经系统兴奋为特征的临床症状常可作为暂时性诊断此类化合物中毒的根据。由于有机磷和氨基甲酸酯类杀虫剂降解快，导致其在组织中的残留低，因此化学检测动物组织杀虫剂的含量没有多大意义，但在胃内容物、饲料或其他可疑材料中发现杀虫剂对于确诊很有价值。

另外,应检测可疑动物全血和组织中胆碱酯酶活性被抑制的程度。全血胆碱酯酶活性下降至正常水平的25%,可确定动物曾过量接触此类杀虫剂。此类杀虫剂中毒死亡的动物,其脑组织中胆碱酯酶活性水平通常低于正常脑组织胆碱酯酶活性的10%。为取得更佳的分析结果,应低温而不是冷冻保存全血和脑组织样品,胃内容物以及可疑饲料或材料样品应送往实验室进行化学检测。

由于有机磷和氨基甲酸酯类杀虫剂中毒临床综合征中的呼吸困难发展迅速,因此应采取紧急措施对中毒动物进行治疗,治疗猪中毒首先应按0.5 mg/kg体重剂量静脉注射硫酸阿托品,对于特别严重的病例,可用1/4此剂量静脉注射进行急救。阿托品能阻断蓄积于神经末梢乙酰胆碱的作用,但对杀虫剂——胆碱酯酶复合物不产生作用。尽管给予阿托品后,一般在几分钟内可见副交感神经兴奋症状明显消失,但阿托品不能缓解骨骼肌震颤。只有当副交感神经兴奋的症状再度出现时,应再给予阿托,约用首次剂量的一半量来控制。一般使用阿托品足以控制病情,特别当出现呕吐症状时,特殊病例需要使用氯磷定或活性炭解毒。

口服活性炭被推荐用于任何经口摄入的杀虫剂中毒的治疗,以抑制杀虫剂继续通过胃肠道吸收。尽管这是一个很有效的治疗方法,但当猪中毒时由于呕吐可以有助于排空胃肠道,进一步减少杀虫剂的吸收,因此活性炭的使用量可以减少。

使用肟类(如TMB-4,2-PAM,氯磷定)治疗尽管有效,但大动物使用该药不经济。如果使用此类药物,氯磷定的推荐剂量为20 mg/kg体重。肟类化合物对氨基甲酸酯类杀虫剂中毒无效。

通过皮肤接触毒物的动物,可用肥皂和清水清洗,以防止这类化合物进一步被吸收。

当有机磷中毒时,严禁使用吗啡、琥珀酰胆碱和吩噻嗪类镇静剂解救。

氯代烃类化合物
Chlorinated Hydrocarbons

氯代烃杀虫剂(如毒杀芬、氯丹、艾氏剂、狄氏剂和林丹)作为一种扩散性、作用强大的中枢神经系统兴奋剂可引起猪中毒。尽管这些老产品在市场上禁销30多年,但在清理旧谷仓或贮藏区时,对其废弃方法不妥,动物仍可能接触到这些氯代烃类化合物。

临床症状显示动物经常在接触毒物后12～24 h出现临床症状。初期,动物表现为反应敏捷,接着出现对刺激物产生过度反应的高度兴奋和感觉过敏时期,经常可观察到肌肉自发痉挛。自发肌肉震颤和肌纤维自发性收缩多见于脸部,包括唇、面部肌肉、眼睑和耳,逐渐向尾侧发展至肩、背和后腿的大量肌群,这种痉挛可发展为强直阵挛性惊厥发作。可见动物姿态异常、伸颈和咀嚼动作。发作期各有不同程度的呼吸麻痹,在发作期间表现沉郁和迟钝。对个体而言,凡中毒发生迅速、临床症状严重的动物,其预后不良。有时动物会死于痉挛发作,而有些动物则可能在多次剧烈的痉挛发作后完全康复。

诊断时过度兴奋和强直阵挛性惊厥发作的临床症状,加上已知其接触过氯代烃类杀虫剂,可做出该类杀虫剂中毒的暂时性诊断依据。除了发作造成的机械性损伤之外,没有其他特征性病变。肝、肾和脑组织中存在高浓度氯代烃类杀虫剂对于确诊非常重要。这些组织的样本以及胃内容物和可疑物如饲料或用作喷雾的液体应送往实验室。为防止错误的分析结果,送检样品应避免被毛发或胃肠道内容物污染。通常需要根据实验室检验结果将此类杀虫剂中毒与伪狂犬病、脱水症或胃肠道水肿病鉴别。

目前没有特效解毒药治疗氯代烃类杀虫剂中毒,一般应用长效巴比妥类药物使动物镇静以控制痉挛的发作。经皮肤接触中毒动物应用温热的肥皂水冲去皮肤上的化学物以防止继续吸收。如果杀虫剂是经口摄入的,可使用活性炭与水的混悬液灌胃以防止杀虫剂进一步被吸收。避免使用油类泻药,它们可加快杀虫剂的吸收。对于延误治疗的病例,还需静注葡萄糖和输液。

由于氯代烃类杀虫剂作用的持久性及其在动物脂肪中蓄积,因此死于氯代烃类杀虫剂中毒的动物胴体的污染来源是饲料原料,如动物下脚料、肉粉、骨粉和脂肪。由此可见,正确处理污染的动物胴体是非常重要的。对于氯代烃类杀虫剂中毒康复的猪,其组织中的药物残留是商品猪的重要问题。由于此类杀虫剂排泄所需时间过长,因此清除组织中的药物残留在经济上不可行。

合成除虫菊酯类
Synthetic Pyrethroids

有几种合成除虫菊酯类农药(如苄氯菊酯、杀灭菊酯)已作为商品用于控制蝇和外寄生虫。从整个类来看,合成除虫菊酯类对哺乳动物相对无毒,因而也不会引起猪中毒。

甲脒类
Formamidines

二甲苯胺脒是一种具有杀虫和杀螨特性的甲脒类杀虫剂。在美国,其商品名为 Taktic,用于防治猪虱和疥癣病。该药对哺乳动物毒性低,不会引起猪中毒。

新烟碱类
Neonicotinoids

在 20 世纪 70 年代后新烟碱类被发展用作杀虫剂。吡虫啉作为这一类中最常见的杀虫剂,安全系数较高。这类杀虫剂作用于突触后烟碱性受体,不太可能对猪产生毒性作用。

苯基吡唑类
Phenylpyrazoles

氟虫腈是苯基吡唑类杀虫剂之一。这类化合物作用于伽玛氨酪酸(GABA)相关的氯离子通道。这类杀虫剂很安全,其 LD_{50} 高于大鼠的 97 mg/kg—不太可能对猪产生毒性作用。

杀菌剂
FUNGICIDES

克菌丹广泛用作种子处理剂。在美国,作为商品出售的谷物种子一般均用 1 000 mg/kg 克菌丹处理。由于克菌丹对家畜的急性致死剂量大于 250 mg/kg 体重,因此采食被克菌丹处理过的谷物种子引起中毒危害一般较小。

有机汞包括氯化苯汞、醋酸苯汞和各种脂肪烃类化合物,如氯化乙基汞及复杂的芳香族衍生物,如煤酚羟汞。有关以汞为基础的种子处理剂中毒已在上面汞章节中讨论。

五氯酚(PCP)用作木材防腐剂和杀菌剂已有 45 年历史。经 PCP 或"五氯酚"处理的木材被用于制造牲畜的驾驭工具和棚舍,这样这些木材与土壤、肥料和潮气接触。经 PCP 处理的木材引起的急性中毒不是主要问题,但当猪接触用 PCP 制剂新处理过的表面则可发生中毒,包括引起死胎(Schipper,1961)。一次口服 80 mg/kg 的 PCP 对断奶仔猪不会致命。如果发生中毒,可观察到的临床症状有精神沉郁、呕吐、肌肉无力、呼吸急促和后躯麻痹。最值得注意的问题是检测曾接触过经 PCP 处理过的器具的猪体内血液和组织中的 PCP 残留。当全血 PCP 浓度为 10～1 000 μg/kg 时与五氯酚中毒无明显关系。

砷酸铬酸铜(CCA)广泛用作户外使用木材的防腐剂。由于金属盐与木材纤维结合,因此经 CCA 处理过的木材一般对猪没有危害,但是经 CCA 处理过的木材在燃烧后,其灰烬中残留的无机砷可引起猪中毒。2003 年 12 月 31 日,根据美国环境保护局(EPA)相关规定,木材处理者及制造商不允许用经 CCA 处理过的木材用作家居使用。

除草剂
HERBICIDES

有机的选择性除草剂在控制及清除有害杂草方面很常用。毒性很少来源于处理过的植物或过度喷药,更多情况是由于人为因素或偶发摄食了浓缩剂或喷雾剂。

苯氧类除草剂(例如 2,4-D;2,4,5-T;4-氯-2-甲基苯氧基乙酸;2,4,5-涕丙酸;二氯甲氧苯酸)是在农作物生产、牧草和牧区管理上广泛使用的选择性除草剂。由于连续几天应用 2,4-T 和 2,4,5-T,其中毒剂量大于 300 mg/kg。因此,在正常使用条件下,这类化合物的中毒危害小。但当在实验室条件下大剂量给药时,可见动物表现精神沉郁、厌食、失重、肌肉无力和共济失调。

酰胺除草剂(例如 thiomide,allidochlor,propanil)可引起厌食、流涎、抑郁和衰竭。毒性剂量相当高,野外条件下产生中毒十分少见。其他种类的除草剂(例如草甘膦、三嗪、苯甲酸衍生物)相对无毒。

联吡啶类除草剂(例如敌草快、百草枯)是一种植物干燥型除草剂,在免耕种植技术中得到广泛使用。偶然接触或蓄意投毒,百草枯均可毒害猪导致其中毒,百草枯对猪的致死剂量大约为75 mg/kg。急性毒性作用包括口腔和胃黏膜的坏死和糜烂,它们是由载体溶剂造成的。而更多的典型症状发生于摄入后的7～10 d,特征表现为肺充血和肺水肿,肺组织病变进一步发展为严重的弥散性的肺组织间质纤维变性。初期临床症状表现为呕吐和腹泻,后期症状以呼吸困难为特征。一旦临床症状提示肺部病变,通常治疗是无效的。

杀鼠剂
RODENTICIDES

杀鼠剂用于控制农田、饲料仓储地和猪圈内及其附近的各种鼠群。通常猪接触杀鼠剂的途径是意外摄取这类化合物,但也有恶意投毒的病例。

抗凝血杀鼠剂
Anticoagulant Rodenticides

抗凝血杀鼠剂(如杀鼠灵、敌鼠、氯鼠酮、溴敌鼠、溴敌拿鼠、杀鼠酮)是最大的一类零售杀鼠剂。猪对这一类化合物很敏感,一次口服 3 mg/kg 体重剂量的杀鼠灵可引起猪中毒。每天口服仅0.05 mg/kg,连续 7 d,亦可使猪中毒(Osweiler,1978)。这类杀鼠剂通过干扰维生素 K 的利用而降低凝血酶原含量。其生理学的结果是血凝时间延长,临床表现为轻度至重度出血。临床症状包括跛行、僵硬、嗜睡、卧地不起、厌食和深柏油色的粪便——均直接与血液外渗有关。可见的病变包括血肿、关节肿胀、鼻衄、肌间出血、贫血和黑粪症。

抗凝血杀鼠剂中毒的诊断应包括证实凝血机制缺陷,表现为凝血时间延长,一期凝血酶原形成的时间延长或激活部分凝血激酶时间延长。化学检测血、肝或可凝饵料样品中的杀鼠剂有助于诊断。

注射维生素 K 和口服维生素 K 补充饲料可取得较好的治疗效果,对于特殊病例可采用全部换血的治疗方法。

士的宁
Strychnine

士的宁,一种吲哚生物碱,市场上到处可见,常为绿色或红色小丸或颗粒或为白色粉末。这种生物碱可选择性地拮抗一些特异性的抑制性神经元,使得不受控制的和相对扩散的反射活动表现得更为失控。士的宁对猪的口服致死剂量为0.5～1 mg/kg 体重。

摄入后 10 min 到 2 h 即出现临床症状,其特征为剧烈地强直性惊厥发作,可自发发作或在外界的触摸、光或声刺激下发作,在惊厥发作的间歇常伴有松弛期。动物多在惊厥期发作后的 1 h 内因缺氧和衰竭而死亡。

检测胃内容物或尿液中的士的宁生物碱可以确诊。治疗多采用长效巴比妥盐和其他肌肉松弛药控制痉挛发作。

胆钙化醇
Cholecalciferol

市售的含胆钙化醇(维生素 D_3)的杀鼠剂有Rampage R,Quintox 或 Ortho Rat-B -Gone。应用这些产品的中毒剂量产生维生素 D 中毒,表现为高钙症,软组织钙化,精神沉郁、虚弱、恶心、厌食、多尿和烦渴。

溴鼠胺
Bromethalin

溴鼠胺类杀鼠剂的商品化产品有 Assault,Vengeance 或 Trounce R,产生脑水肿和后肢共济失调和/或麻痹及中枢神经系统抑制。给予犬较高剂量的溴甲胺可见动物过度兴奋、肌肉震颤和痉挛(Dorman 等,1990)。

有毒植物
TOXIC PLANTS

红根苋属植物(红根藜)
Amaranthus Retroflexus (Redroot Pigweed)

在夏季和早秋季节,发生猪的一种特征性综合征名为肾外周水肿。起因于猪在牧地、厩舍或围栏,采食含有一定量红根苋属植物(红根藜)。在采食苋属植物后 5～10 d 突然出现临床症状。初期表现为虚弱、颤抖和共济失调,继而快速发展为以趾关节着地,最终后肢几乎完全麻痹。病猪通常以胸骨着地躺卧,如果受到惊吓,则试图以蹲伏姿势移动身躯或拖着后肢行走。体温一般正常,双眼有神。临床症状出现后的 48 h 内病猪发生昏迷和死亡,但病猪可存活 5～15 d,症状从急性肾病变发展为慢性纤维性肾炎。对于中毒猪群,清除毒源后 10 d 仍有新的病例发生。各群发病率从 5%～50% 不等。出现临床症状者的死亡率通常为 75%～80%。

尸体剖检肉眼可见具有明显特征的肾周围结缔组织水肿。肾周围的液体数量有所不同,有时可占腹腔的大部分。尽管肾脏自身大小正常、颜色苍白,但水肿液可能含有大量血液。还可观察到腹壁和直肠周围水肿,腹水和胸膜积水。病猪的组织病理学特征变化为近曲小管和远曲小管水肿变性和凝固性坏死。肾小球皱缩和鲍曼氏囊膨胀,远曲小管和集合管内有大量的蛋白管型。

作为重症肾病的结果,还出现尿素氮、血清肌肝和血清钾含量升高。病猪心电图显示高钾血症性心衰(Osweiler 等,1969)。病变包括心搏徐缓、QRS 波变宽模糊不清,T 波幅度和偏差增加。动物的死因可能是高钾血症性心力衰竭。目前唯一确切的可推荐的治疗措施是立即将发病猪转移离开毒草区。

苍耳属植物(苍耳)
Xanthium spp.(Cocklebur)

苍耳属植物包括瘤突苍耳(Xanthium strumarium)和其他品种,它们是仅靠种子繁衍的一年生草本植物。它们在世界各地的耕地、围栏和沟渠中均可见到,并被雨水从邻近庄稼地冲入牧场而严重侵袭牧场。

当动物采食二叶期秧苗和落到地上的种子时,苍耳中毒的危险增加,而成熟植物适口性差,有毒成分羟基苍术苷(carboxyatractyloside)含量低。猪采食后 8～24 h 出现精神沉郁、恶心、虚弱、共济失调和体温低于正常,还可能出现颈部肌肉痉挛、呕吐和呼吸困难。在症状出现后数小时内猪死亡。

典型的病变包括腹水、肝脏和其他内脏表面有大量纤维素、肝充血和肝小叶中央增强。镜检可观察到急性肝小叶坏死(Stuart 等,1981)。

治疗方法是口服矿物油延迟羧基苍术苷的吸收。某些病例肌内注射 5～30 mg 毒扁豆碱可获得良好的治疗效果(Link,1975)。

茄属植物(龙葵)
Solanum Nigrum (Black Nightshade)

茄属植物生长于树林、永久性牧场和围栏。茄类生物碱主要存在于叶和绿色浆果中。该植物适口性差,通常是在其生长茂盛和缺乏其他合适的饲料时才被动物采食,因而实际中毒病例较为罕见。

发病动物表现厌食、便秘、精神沉郁和共济失调。猪中毒还会出现呕吐。观察到的神经症状有瞳孔扩大和肌肉震颤,还可见动物侧卧,四肢乱踢,进一步发展为昏迷和死亡。尸体剖检显示胃肠道在某种程度上受过刺激。有毒生物碱可通过尿液很快被排泄(Kingsbury,1964)。

硝酸盐和亚硝酸盐
Nitrates and Nitrites

作为单胃动物,尤其与牛相比,猪对硝酸盐具有一定的耐受力,当硝酸盐和亚硝酸盐离子富集于植物和/或饮水中时,最易引起动物中毒。有些肥料,如硝酸铵或硝酸钾,也可成为动物硝酸盐的来源。几种不同植物依赖各种气候和土壤肥沃程度可富集硝酸盐。硝酸盐富集于茎,尤其是其较低的部位及植物叶中,但并不富集于果实或谷粒中。

源于饮水(参考下面的"水质量"部分)和植物中的硝酸盐具有相加作用,对各个田间病历应将两者放在一起评价。硝酸根离子(NO_3^-)本身毒性并不大,最多只不过是对胃肠道产生刺激作用。然而硝酸盐的还原型亚硝酸盐(NO_2^-)的毒性较大。亚硝酸根离子能将血红蛋白中的亚铁离子氧化为铁离子,并形成不能携带和输送氧分子的正铁血红蛋白,其结果是由于血液含氧量降低而导致组织缺氧。

猪口服亚硝基氮(如亚硝酸钾)的一次投给剂量大于 10～20 mg/kg 体重可引起中毒临床症状,但可康复,而给予亚硝基氮的一次投给剂量大于 20 mg/kg 体重则可在摄入后 90～150 min 引起死亡(London 等,1967)。当血液中血红蛋白总量大约有 20% 转化为亚铁血红蛋白时,猪可表现明显的临床症状;当亚铁血红蛋白的含量高达 80% 时,猪即会死亡。

急性亚硝酸盐中毒的临床症状包括呼吸速率加快、流涎、瞳孔缩小、多尿、虚弱、共济失调和末梢缺氧性惊厥发作。由于正铁血红蛋白的作用而使血液和组织呈巧克力棕色。急性亚硝酸盐中毒的治疗方法是按 10 mg/kg 体重的剂量静脉注射 4% 的亚甲基蓝溶液(Link,1975)。

水质量
WATER QUALITY

水是猪的重要营养物质之一。获得充足高质量的水对于成功养猪十分必要。尽管很容易将猪的生产性能低下和一些不确定的疾病的发生原因归罪于水,但水质量检测应该是进行全面诊断调查的一部分。调查内容包括动物及水源的详细历史资料、仔细的临床评估,应提交具有代表性动物及水样供调查研究用。根据已有的家畜饮水质量标准对水质检测结果进行评价。评价家畜饮水质量参数的一些标准见表70.1。

应记录水源信息。池塘、井和地区农业水系统是最普通的水源,每一种都可影响供水的质量。由于深井的水中金属离子含量高,浅井的水中硝酸盐含量高和大肠杆菌数量多,故井深有益。有时井的使用年限和抽水机的机型也存在一些机械问题,包括表面有裂缝和卫生防护缺陷。评估消费的水量也有助于调查潜在的水问题。

表 70.1 家畜饮水质量标准

项 目	最大推荐限量 /(mg/kg)
主要离子	
钙	1 000
硝酸盐+亚硝酸盐	100
亚硝酸盐(单独)	10
硫酸盐	1 000
总溶解固体	3 000
重金属和微量离子	
铝	50
砷	0.5[a]
铍	0.1[b]
硼	5.0
镉	0.02
铬	1.0

续表 70.1

项 目	最大推荐限量 /(mg/kg)
钴	1.0
铜(猪)	5.0
氟	2.0[c]
铁	无标准
铅	0.1
镁	无标准
汞	0.003
钼	0.5
镍	1.0
硒	0.05
铀	0.2
钒	0.1
锌	50.0

来源:加拿大水质量特别工作组 1987。
[a] 5.0 如果不添加于饲料;[b] 暂行标准;[c] 1.0 如果饲料中无氟。

微生物学标准
Microbiological Standards

通过水样微生物学的检测可确定水样的一般卫生质量,指示人畜废弃物对水的污染程度。这类检测通常不是分离病原细菌,而是探测指示生物的存在。传统使用大肠杆菌类作为评价水污染程度和水样卫生质量的指示物。水微生物学检测进一步发展,从大肠杆菌类中鉴别出粪便大肠杆菌亚类。美国环境保护局(1973)提出,直接供给家畜饮用的水,其大肠杆菌总数的最高允许量不能超过 1 000 个/100 mL。然而许多人认为,只要让动物自由活动和饮用地表水,提供的这些限制是无效力的,其价值可疑。35℃ 计数细菌繁殖数的标准平板计数法,除了有助于判断各种水处理过程的功效外,对于评价家畜的水源没有重要意义。

含盐度
Salinity

含盐度或溶解固体总量(TDS)是特定水样中可溶性盐总量的一种表达方式,通常以每升水中的毫克数表示。这是评价水质量的最重要的参数之一。含盐水中的主要离子是钙、镁和以碳酸钠、氯化钠或硫酸钠形式存在的钠离子。水的硬度有时与含盐度相混淆，两者间没有必然联系。硬度是指水中钙和镁的总量，以折算成等量的碳酸钙来表示。尽管由于矿物质的沉积，水的硬度有可能影响阀门和饮水器的机械功能，但就硬度本身而言其对动物的生产性能影响甚小。

饮水中可溶性盐低于 1 000 mg/L 对各种猪没有严重危害。含可溶性盐量为 1 000～5 000 mg/L 的水可引起猪暂时性轻度腹泻，或因不适口，猪初次会拒绝饮用，但对猪的健康和生产性能无严重影响（NRC，1974；Anderson 和 Strothers，1978；Paterson 等，1979）。含盐量为 5 000～7 000 mg/L 的水危害妊娠、哺乳或应激动物的健康，含可溶性盐量为 7 000 mg/L 的水被认为对猪不安全。

在一些地区，硫酸盐是水中溶解固体总量的主要成分，最近研究（Fleck Veenhuizen 等，1992）证明，钠、镁或硫酸钠和硫酸镁混合物含量为 1 800 mg/L 的水，除了使粪便湿度增加外，对幼猪的生产性能没有影响。猪场水流行病学研究表明，尽管随着井的深度加深水中硫酸盐含量增加，但硫酸盐含量与流行性腹泻没有联系（Fleck Veenhuizen，1993）。近来对 173 个艾奥瓦州的猪场的水质研究发现 TDS 的平均值为 343 mg/L（范围 100～2 500 mg/L），但 TDS 的提高对几个性能指标参量的衡量无重要意义（Ensley，1998）。

硝酸盐和亚硝酸盐
Nitrates and Nitrites

硝酸盐和亚硝酸盐都是水溶性的，因此它们可以从土壤或土壤表面渗漏到地下水中。动物废弃物、氮肥、腐殖有机物、青贮饲料汁液和富含固氮菌的土壤，通过地表水流入邻近缺乏遮挡、浅或地势低的井或水库，而成为污染的来源。

人饮用水中硝酸盐含量的最大限量是 45 mg/L（美国环境保护局，1975）。这一限量可防止由高硝酸盐饮水配制的各种婴儿食品导致的以"蓝色婴儿"综合征为特征的正铁血红蛋白症的发生。尽管已提出新生仔猪对硝酸盐含量升高敏感，但目前尚缺乏证据支持这一理论。然而，Em-

erick 等（1965）得出结论，1 周龄仔猪对亚硝酸盐引起的正铁血红蛋白症并不比年龄较大些的生长猪更敏感。在家畜水质量评论（NRC，1974）中提出家畜饮水中硝酸盐的允许最大安全限量为 440 mg/L。

有关人工诱发家畜慢性或低剂量硝酸盐中毒综合征的报道已做了广泛的评论（Turher 和 Kienholz，1972；Emerick，1974；Ridder 和 Oehme，1974）。大量证据表明亚致死性或慢性中毒极为罕见而且难以证实。London 等（1967）饲喂生长猪 18.3 mg/kg 体重亚硝基氮 124 d，未见严重效应。当饮水中硝酸盐的含量为 1 320 mg/kg 时，生长肥育猪的生产性能或后备母猪的繁殖性能未受到影响（Seerley 等，1965）。

其他各种毒物
MISCELLANEOUS TOXICANTS

钠离子中毒
Sodium Ion Toxicosis

钠离子中毒，又称缺水症或盐中毒，常发生于猪。钠离子中毒与饮水量呈逆相关。该中毒病几乎总是与缺水有关，而缺水往往由供水不足或由管理方式改变引起。中毒的可能性随着日粮中含盐量的升高而增加，即使日粮中添加的盐量正常时，如 0.25%～1%，也可能发生中毒，这与饲喂乳清或其他乳副产品有关。钠离子中毒可发生于缺水后仅数小时内，但大多数病例的发病时间超过 24 h。

钠离子中毒的初始临床症状表现为口渴、便秘。在缺水后的一天到数天开始出血间歇性抽搐，然而此时补充饮水可能加重病情，表现强直阵挛性惊厥和角弓反张频率增加。濒临死亡的猪会出血昏迷、侧卧、四肢划动等症状，多数猪在数日内死亡。有些未表现症状的猪最后死于亚急性脑脊髓灰质软化症。因摄食过多的盐或饮用盐水造成的盐中毒，通常还引起呕吐和腹泻。

诊断时最好确定发生过水缺失，但对于许多病例很难做到这一点。如果水缺失不明显，必须采用其他手段帮助诊断。尸体剖检可见胃炎、胃溃疡、便秘或肠炎。血清和脑脊液化学检测可证实高钠血症,钠离子浓度高于 160 mEq/L (Os-weiler 和 Hurd,1974)。然而补充饮水后,钠离子浓度处于正常水平 140～145 mEq/L。脑钠离子浓度高于 1 800 mg/kg(以湿重计),与钠离子中毒诊断一致。脑组织特别是大脑的组织学检查,可见到以嗜酸性粒细胞在脑脊膜和大脑血管形成管套为特征的特征性嗜酸细胞性脑膜炎。然而当猪存活数天时,嗜酸性粒细胞可能会消失,取而代之的是单核细胞。亚急性发病猪会出现大脑皮层下层状脑灰质软化症。分析饲料中的钠含量通常价值有限。需鉴别诊断的病包括病毒性脑病如伪狂犬病、猪瘟氯代烃类杀虫剂中毒和水肿病。对于已知缺水的病例,应逐渐补充水,但预后不良。

煤焦油沥青
Coal Tar Pitch

煤焦油是烟煤干馏过程中形成的一种缩合的挥发性产物的混合物。该产物的酚成分具有最大的急性毒性。猪的这类物质的来源是飞碟(clay pigeon)射击运动中抛于空中用作射击目标的碟状枪靶。以沥青、石膏等原料混合加热、模压而成。褐煤焦油铺成的路面、柏油纸和用作防水和封口的焦油。由于临床发病迅速,因此经常肉眼首先见到的症状是突然死亡。那些可存活数小时甚至数天的中毒动物则表现虚弱、精神沉郁和呼吸加快,还可发展为黄疸和继发性贫血。煤焦油沥青中毒的猪剖检可见肝高度肿大、质脆、肝小叶界限明显,某些小叶呈橘黑色,其他小叶呈橘黄色。显微镜检观察到的病变为严重的肝小叶中央区坏死和小叶内出血,同时还可见腹水和肾脏肿胀。

对于煤焦油沥青中毒没有特效的治疗方法。将猪从含煤焦油的地方移开对于防止中毒再次发生非常重要。

乙二醇
Ethylene Glycol

大多数液体制冷发动机使用的永久性防冻剂/冷却剂的混合物中含有大约 95% 的乙二醇。在发动机维修期间或为防冻而将防冻液用于管件系统,猪可能会意外接触防冻液而中毒。猪采食 4～5 mL/kg 体重乙二醇即可发生中毒。乙二醇中毒分为两个临床阶段。初期,乙二醇进入脑脊液,产生一种麻醉或欢欣状态,继而由于大量高毒性乙二醇代谢产物的产生和肾小管中草酸钙结晶的形成,出现酸中毒和肾衰的临床症状。在摄食后 1～3 d,出现肾小管阻塞和尿毒症。

临床症状一般包括呕吐、厌食、脱水、虚弱、共济失调、惊厥、昏迷和死亡。摄食大量乙二醇后,整个发病过程历时仅 12 h。组织病理学检查可见草酸盐肾变病,其特征为肾小管中发现淡黄色、具有双向折光性的草酸盐结晶。极性滤过法有助于检测肾切面和新鲜切开肾涂片上的草酸盐结晶。

一旦出现肾衰症状,治疗通常无效。如果在摄食后 6～12 h 进行治疗,按 5.5 mL/kg 体重剂量给犬静脉注射 20% 乙醇和按 98 mL/kg 体重,剂量静脉注射 5% 碳酸氢钠,可以使乙二醇中毒的犬病情好转。

棉籽酚
Gossypol

棉籽粉(CSM),一种棉纺业和棉籽油工业的副产物,在产棉区是家畜日粮中的一种重要蛋白质补充饲料,但由于棉籽中含有棉籽酚,故限制了其作为蛋白质补充饲料的使用。棉籽酚的含量因棉花品种、生长的地理环境、气候条件及采用的炼油方法不同而异。棉籽酚,一种多酚的联二萘,是去皮棉籽腺中的一种黄色色素。有毒游离的棉籽酚在提炼、研磨和制备过程中部分形成无活性的(结合的)物质。棉籽酚对动物的毒性大小与动物的种类和年龄以及日粮中各种成分,特别是蛋白质、赖氨酸和铁离子浓度有关(Eisele,1986)。

长期(数周至数月)饲喂含有高浓度游离棉籽酚的棉籽粉(CSM)可引起中毒,表现为不健壮或急性呼吸疾病继而死亡。主要病理变化为心肌病、肝充血、坏死、骨骼肌损伤及动物全身严重水肿。饲喂猪含＞200 mg 游离棉籽酚的日粮,可见总血清血红蛋白、蛋白质浓度和血细胞压积减少(Haschek 等,1989)。

含蛋白质为 15％～16％ 的生长和肥育猪的日粮中 CSM 的推荐量不得超 9％,游离棉籽酚少于 1 00 mg（0.01％）。在日粮中添加 $FeSO_4$（400 mg/kg）,其与游离棉子酚的重量比为 1∶1 时,猪对棉子酚可产生耐受性。增加粗蛋白或补充赖氨酸也可诱导耐受性的产生（Pond 和 Maner,1984）。

通风障碍和有毒气体
VENTILATION FAILURE AND TOXIC GASES

将猪在封闭式结构中密集圈养增加了有毒气体中毒和发生其他与机械通风动力学的问题的危险性。幸运的是,即使在寒冷的天气通风率相当低的情况下,与粪便分解相关的两种最危险气体,氨和硫化氢的浓度通常低于中毒浓度。然而,各种事故,低水平的设计和不正确的操作,可导致通风不充足而使有毒气体达到中毒浓度。当调查通风失败时,使用到的一些有意义的名词:过热(体温升高)、窒息(氧气被另一种气体 CO_2 取代)、中毒(硫化氢等气体对机体结构和功能的毒性作用)、窒息(气体通道阻塞)。

在猪圈无氧的地下排泄物坑中或垫草、堆粪的深部,尿和粪分解释放的两种最重要的气体是氨和硫化氢。亦分解产生二氧化碳和甲烷,但浓度均不高。另外,粪便分解还产生一些臭气,包括有机酸类、胺类、酰胺类、醇类、碳酰类、粪臭素、硫化物和硫醇类。有毒气体浓度通常以气体体积占空气体积的百万分之几(mg/kg)表示。

比有毒气体造成猪死亡更常见的因素是机械通气系统设计失败。发生在整个禁闭空间的通风失败可导致高死亡率。相似的动物学设计和死亡也可发生在运输猪的密闭货车中。

过热
Hyperthermia

当由于风暴、停电或机械障碍停止通风时,饲养舍内的空气、热和湿度的动力学达到临界状态。猪舍内,热和湿气的滞留引起相对湿度升高和蒸气冷却不良,从而导致舍内高温,这对舍饲猪是最不利的因素。在这种环境下,死亡亏损可达95％。尽管无法证明舍内高温是猪死亡的原因,

但通常可见尸体迅速腐烂、肌肉外观呈熟肉样苍白和气管内充满血染泡沫。

氨
Ammonia

氨（NH_3）是一种有毒空气污染物,通常在畜舍中的浓度高,尤其当排泄物能在坚固地面上分解时最为常见。由于这种气体具有特征的刺激性气味,大约 10 mg/kg 或更低浓度时,人能觉察到。在封闭式低通风率的畜舍内,氨的浓度通常低于 30 mg/kg;然而在长时间设备操作正常条件下,氨的浓度也经常可达 50 mg/kg 或更高。

氨极易溶于水,因而可与潮湿的眼睛黏膜和呼吸道作用。大气氨中毒的症状为过度流泪、呼吸浅和清亮或化脓性鼻漏。

在动物实际生长环境的氨浓度（＜100 mg/kg）下,该气体的最初作用是作为一种慢性应激因素,影响传染病的发病过程并能直接影响健康幼猪的生长。幼猪接触空气中 50 mg/kg 氨时,增重率下降 12％,接触 100 mg/kg 或 150 mg/kg 时,减少 30％（Drummond 等,1980）。空气氨浓度为 50 mg/kg 或 75 mg/kg 可降低健康幼猪清除肺部细菌的能力（Drummond 等,1978）。空气氨浓度为 50 mg/kg 或 100 mg/kg,可加重感染支气管败血性博代杆菌的幼猪鼻甲的损伤,但不增加由感染所致的生长率降低（Drummond 等,1981a）。在另一个研究中,空气氨浓度为 100 mg/kg 可使增重率降低 32％,蛔虫感染率减少 28％;然而当氨和感染同时作用于猪时,它们具有相加作用,使增重率降低 61％（Drummond 等,1981b）。Curtis（1983）和国家研究会（1979a）对空气氨和它对动物生产性能的影响进行了广泛评价。

硫化氢
Hydrogen Sulfide

硫化氢（H_2S）是一种潜在的致死性气体,是由厌氧细菌分解蛋白质和其他含硫有机物产生的。对家畜危害最大的 H_2S 来源是液态粪坑。大多数持续产生的 H_2S 滞留于粪坑的液体中。

然而,在清理之前为使固体物悬浮起来搅动粪坑,可使 H_2S 快速释放,并停留于畜舍内。通常存在于封闭式畜舍内的 H_2S 浓度(小于 10 mg/kg)是无毒的,但是搅动后释放出的气体可使畜舍内 H_2S 的浓度达到 1 000 mg/kg 或更高。

在封闭式畜舍内,多数动物死亡事故是与急性 H_2S 中毒直接相关,除一氧化碳外,其他任何一种气体的毒性均不如 H_2S。另外,在每年畜舍 H_2S 事故中均有人员死亡的记载。在空气中 H_2S 浓度很低时(0.025 mg/kg), H_2S 的典型臭气也可被觉察到。接触这些低浓度的 H_2S,对人类健康影响很小或者没有影响,嗅觉反应是 H_2S 存在的实用警告信号。然而,在高浓度时(大于 200 mg/kg), H_2S 对嗅觉器官呈现明显的麻痹效应性危害,这样使警告信号失去作用(NRC,1979b)。

硫化氢是一种刺激性气体,它直接作用于组织引起眼睛和呼吸道湿润黏膜的局部炎症。当吸入时,尽管深部肺组织损伤最严重,但 H_2S 对整个呼吸道的作用或多或少是一致的。深部肺结构炎症可表现为肺水肿。如果吸入足够高浓度的 H_2S,则 H_2S 可通过肺被吸收并产生致死性全身性中毒(O'Donoghue,1961)。空气中 H_2S 的浓度超过 500 mg/kg,可认为对生命有严重的危急性威胁;在 500~1 000 mg/kg, H_2S 对神经系统产生永久性效应。如果不能自行恢复,又不能立即提供人工呼吸,则会死于窒息。

加强管理是防止动物死于 H_2S 的重要措施。当搅动贮存于畜舍下面粪坑内的粪便时,如有可能,应将动物移出畜舍;当不能移出动物时,在搅动过程中应采取其他措施保护动物。在机械化通风的畜舍内,甚至在冬季,也应全力开动风扇;在自然通风的畜舍,只有当风吹动时才能搅动粪坑。不要试图立即营救中毒的猪,因为营救工作者可能很快会成为 H_2S 中毒的牺牲品。

二氧化碳
Carbon Dioxide

二氧化碳(CO_2)是一种无味气体,在大气中的浓度为 300 mg/kg。它作为能量代谢终产物由猪和虽经适当调整但排放不当的燃料燃烧器排出。CO_2 也是由肥料分解产生的大量气体。除了这些,封闭式畜舍内的 CO_2 浓度很少能达到危害动物健康的程度(Curtis,1983)。

甲烷
Methane

甲烷(CH_2)是一种含碳物质的微生物降解的产物,不是一种有毒气体。它具有生物活性而不是惰性物质,只有通过置换某种特定大气中的氧而对动物产生窒息效应。之前,在正常大气压下,某种特定大气中甲烷的浓度需达到 87%~90% 后,动物才会产生呼吸不规则和最终因缺氧导致呼吸停止。该气体固有的主要危害是当其占空气体积 5%~15% 时,有爆炸的危险(Osweiler 等,1985)。

一氧化碳
Carbon Monoxide

一氧化碳(CO),是由含碳燃料不充分燃烧所产生的,也存在于用汽油燃烧的内燃机所排放的废气中,对猪具有潜在的致死作用。当在紧闭、通风不良的畜舍(如产房)使用调整和排放不当的室内供热器或炉子时,会发生中毒。周围新鲜空气中 CO 的本底浓度为 0.02 mg/kg,城市街道内 CO 的浓度为 13 mg/kg,交通车辆密集区内 CO 的浓度为 40 mg/kg。

一氧化碳与氧竞争各种蛋白质(包括血红蛋白)的结合位点,CO 与血红蛋白的亲和力是氧的 250 倍。当 CO 与亚铁血红素基团结合形成碳氧血红蛋白时,分子携带氧的能力降低,导致组织缺氧。当细胞和组织缺氧时,碳氧血红蛋白会引起血液和组织肉眼可观察到的樱桃红色。

猪产房中高浓度的 CO(>250 mg/kg)可导致死产仔猪数增加。与这些死产仔猪有关的临床史包括空气不流通;由于自然通风口堵塞或机械通风率降至最低而导致的通风不良;使用无排气道的或排气道不当的燃烧液化石油气(LP)的室内供热器；近足月的一些母猪在进入人工加热取暖的产房后，于数小时内，分娩死亡仔猪的百分率均很高；临床表现正常的一些母猪，但所产仔猪整窝均是死仔，实验室检测结果表明流产不是传染性的（Carson，1990）。

通过测定空气中 CO 浓度或测定中毒动物血液中碳氧血红蛋白的百分率可确认动物是否曾接触过高浓度 CO。除了这两个指标外，胎儿胸液中的碳氧血红蛋白浓度超过 2％，可作为 CO 引起分娩死仔的辅助诊断（Dominick 和 Carson，1983）。

无水氨
Anhydrous Ammonia

猪偶然可能接触到用作农肥的无水氨（氨气）。由于它存在于农场而且需在高压条件下贮存、运输和使用，因此该气体对于动物和人均有接触的独特危险性。氨气中毒与软管破裂、阀门失灵和运输或设备操作错误造成的气体泄漏有关。一旦泄漏，氨气迅速与水结合，形成腐蚀性的氢氧化铵。角膜、口腔和呼吸道湿度大，而且对于氢氧化铵造成的严重碱灼伤尤为敏感。由喉痉挛和肺积液引起的急性死亡可在数分钟内发生。接触氨气较少的幸存猪可见其角膜混浊而导致失明和呼吸道上皮腐肉形成并脱落。残留化学物对呼吸道损伤和继发细菌感染使得病猪不能恢复最佳生产性能。

（苏晓鸥译，刘进、林竹校）

参考文献
REFERENCES

Anderson DM, Strothers SC. 1978. J Anim Sci 47:900–907.

Brown SA. 1996. Chapter 57. In HR Adams, ed. Veterinary Pharmacology and Therapeutics, 7th ed. Ames, IA: Iowa State University Press.

Canadian Task Force of Water Quality. 1987. Task Force on Water Quality Guidelines. Prepared for the Canadian Council of Resource and Environment Ministers. Ottawa, Ontario.

Carson TL. 1990. Carbon monoxide-induced stillbirth. In CA Kirkbride, ed. Laboratory Diagnosis of Livestock Abortion, 3rd ed. Ames, IA: Iowa State University Press, pp. 186–189.

Casteel SW, Osweiler GD, Cook WO, et al. 1985. J Am Vet Med Assoc 186:1084–1085.

Curtis SE. 1983. Environmental Management in Animal Agriculture. Ames, IA: Iowa State University Press.

Dominick MA, Carson TL. 1983. Am J Vet Res 44:35–40.

Dorman DC, Simon J, Harlin KA, Buck WB. 1990. J Vet Diagn Invest 2:123–128.

Drummond JG, Curtis SE, Meyer RC, et al. 1981a. Am J Vet Res 42:963–968.

Drummond JG, Curtis SE, Meyer RC, et al. 1981b. Am J Vet Res 42:969–974.

Drummond JG, Curtis SE, Simon J. 1978. Am J Vet Res 39:211–212.

Drummond JG, Curtis SE, Simon J, Norton HW. 1980. J Anim Sci 50:1085–1091.

Eisele GR. 1986. Vet Hum Toxicol 28:118–122.

Emerick R. 1974. Consequences of high nitrate levels in feed and water supplies. Fed Proc 33:1183.

Emerick R, Embry LB, Seerly RW. 1965. J Anim Sci 24:221–230.

Ensley SM. 1998. Relationships of swine water quality to cost and efficiency of swine production. Master of Science Thesis, Iowa State University, Ames, IA.

Harrison LH, Colvin BM, Stuart BR, et al. 1983. Vet Pathol 20:265–273.

Haschek WM, Beasley VR, Buck WB, Finnell JH. 1989. J Am Vet Med Assoc 195:613–615.

Kingsbury JM. 1964. Poisonous Plants of the United States and Canada. Englewood Cliffs, NJ: Prentice-Hall.

Lassen ED, Buck WB. 1979. Am J Vet Res 40:1359–1364.

Link RP. 1975. Toxic plants, rodenticides, herbicides, and yellow fat disease. In H Dunne, AD Leman, eds. Diseases of Swine, 4th ed. Ames, IA: Iowa State University Press, p. 861.

Lloyd WE. 1978. Feed additives toxicology. Iowa State University.

London WT, Hendersen W, Cross RF. 1967. J Am Vet Med Assoc 150:398–402.

National Research Council (NRC). 1974. Nutrients and Toxic Substances in Water for Livestock and Poultry. Washington, DC: National Academy Press.

——. 1979a. Ammonia. Committee on Medical and Biologic Effects of Environmental Pollutants, Subcommittee on Ammonia. Baltimore, MD: University Park Press.

——. 1979b. Hydrogen Sulfide. Committee on Medical and Biologic Effects of Environmental Pollutants, Subcommittee on Hydrogen Sulfide. Baltimore, MD: University Park Press.

O'Donoghue JG. 1961. Can J Comp Med Vet Sci 25:217–219.

Osweiler GD. 1978. Am J Vet Res 39:633–638.

Osweiler GD, Buck WB, Bicknell EJ. 1969. Am J Vet Res 30:557–577.

Osweiler GD, Carson TL, Buck WB, Van Gelder GA. 1985. Clinical and Diagnostic Veterinary Toxicology, 3rd ed. Dubuque, IA: Kendall/Hunt.

Osweiler GD, Hurd JW. 1974. J Am Vet Med Assoc 64:165–167.

Paterson DW, Wahlstrom RC, Libal GW, Olson OE. 1979. J Anim Sci 49:664–667.

Pond WG, Maner JH. 1984. Swine Production and Nutrition. Westport, CT: AVI Publishing.

Power SB, Donnelly WJC, McLaughlin JG, et al. 1989. Vet Rec 124:367–370.

Ridder WE, Oehme FW. 1974. Clin Toxicol 7:145.

Rosendale M. 2004. Bronchodilators. In KH Plumlee, ed. Clinical Veterinary Toxicology. Philadelphia: Mosby, pp. 305–307.

Schipper IA. 1961. Am J Vet Res 22:401–405.

Seerley RW, Emerick RJ, Embry LB, Olson OE. 1965. J Anim Sci 24:1014–1019.

Stuart BP, Cole RJ, Gosser HS. 1981. Vet Pathol 18:368–383.

Turner CA, Kienholz EW. 1972. Nitrate toxicity. Feedstuffs 44:28–30.

U.S. Environmental Protection Agency (USEPA). 1973. Proposed criteria for water quality: Quality of water for livestock. Environ Rep 4(16):663.

——. 1975. Primary drinking water proposed interim standards. F.R. 40(51)11990.

Van der Molen EJ. 1988. J Comp Pathol 98:55–67.

Van Vleet JF, Amstuts HE, Weirich WE, Rebar AH, Ferrans VJ. 1983. Am J Vet Res 44:1469–1475.

Van Vleet JF, Meyer KB, Olander HJ. 1974. J Am Vet Med Assoc 165:543–547.

Van Vleet JF, Runnels LJ, Cook JR, Scheidt AB. 1987. Am J Vet Res 48:1520–1524.

Veenhuizen M. 1993. J Am Vet Med Assoc 202:1255–1260.

Veenhuizen M, Shurson GC, Kohler EM. 1992. J Am Vet Med Assoc 201:1203–1208.

索　引